2026 단기 완성

최신 한국전기설비규정

electrical engineer

전기기사
산업기사 필기

Contents

Contents

ELECTRICITY

CREATIVE
INDUSTRIAL
ELECTRIC

Chapter

01

전기자기학

영상 학습 QR   출제경향분석

제1장 벡터의 해석에서는 기본적인 벡터의 계산법을 다루었으며 시험에 자주 출제가 되는 내용은 다음과 같다.
❶ 방향벡터   ❷ 벡터의 내적
❸ 벡터의 외적   ❹ 벡터의 미분

1 벡터의 기본

1. 직각좌표계의 표현

1) 기본벡터

크기가 1이면서 각 좌표의 방향을 나타내는 방향성분 벡터를 말한다.

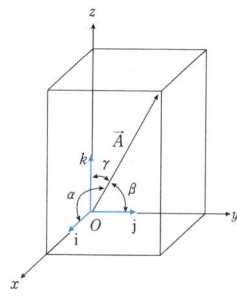

① 벡터 연산자

    ⓐ $i(a_x)$: x축 방향을 표시하는 기본 벡터를 말한다.

    ⓑ $j(a_y)$: y축 방향을 표시하는 기본 벡터를 말한다.

    ⓒ $k(a_z)$: z축 방향을 표시하는 기본 벡터를 말한다.

2) 직각좌표계

x, y, z축이 각각 $90°$의 각을 이루며 공간좌표를 표시하는 좌표계를 말한다.

① 직각좌표계 벡터표시

$$\vec{A} = A_x i + A_y j + A_z k$$

② 스칼라표시

$$A = |\vec{A}| = \sqrt{A_x^{\,2} + A_y^{\,2} + A_z^{\,2}}$$

참고

스칼라

크기만을 가진 양

예 길이, 질량, 온도, 전위, 자위

벡터

크기와 방향을 가지고 있는 성분

예 힘, 속도, 가속도, 전계, 자계, 토크

벡터의 표기

$A = \dot{A} = \vec{A} = A\vec{n}$(스칼라 · 단위벡터)
여기서 $\vec{n}$는 단위벡터이며 크기가 1이
면서 방향성분을 나타내는 벡터이다.

콕콕 포인트

3) 단위벡터(Unit Vector)

크기가 1이며 벡터에 방향성을 제시하는 벡터이다.

$$\vec{n} = \frac{\text{벡터}}{\text{스칼라}} = \frac{\vec{A}}{|\vec{A}|} = \frac{A_x i + A_y j + A_z k}{\sqrt{A_x^2 + A_y^2 + A_z^2}} = \frac{A_x}{|\vec{A}|}i + \frac{A_y}{|\vec{A}|}j + \frac{A_z}{|\vec{A}|}k$$

FAQ

단위벡터란 무엇인가요?

답

▶ 전체 크기가 1인 벡터를 말합니다.

참고

벡터와 스칼라의 표현

$A = i + 2j + 3k$와 같이 $i(ax)$ $j(ay)$ $k(az)$가 붙어 있으면 벡터이며

$|A| = \sqrt{1^2 + 2^2 + 3^2} = \sqrt{14} = 3.741$

크기만 표시되면 스칼라이다.

일반좌표를 직각좌표로 표현 방법

크기 순서는 x, y, z이며 방향도 순서대로 i, j, k를 부여 한다.
$A(1, 2, 3)$을 직각좌표로 표현시 $A = i + 2j + 3k$이 된다.

Q 포인트문제 1

원점에서 점 $A(-2, 2, 1)$로 향하는 단위벡터 a_o는?

① $-2i + 2j + k$

② $\frac{1}{3}i + \frac{2}{3}j + \frac{2}{3}k$

③ $-\frac{2}{3}i + \frac{2}{3}j + \frac{1}{3}k$

④ $-\frac{2}{5}i + \frac{2}{5}j + \frac{1}{5}k$

A 해설

원점$(0,0,0)$에서 점 $A(-2,2,1)$에 대한 거리벡터는

$\vec{r} = (x_2 - x_1)i + (y_2 - y_1)j + (z_2 - z_1)k$

$= (-2-0)i + (2-0)j + (1-0)k$

$= -2i + 2j + k$

이므로 방향의 단위 벡터 a_o는

$a_o = \frac{r}{|\vec{r}|} = \frac{-2i + 2j + k}{\sqrt{(-2)^2 + 2^2 + 1^2}}$

$= -\frac{2}{3}i + \frac{2}{3}j + \frac{1}{3}k$이다.

정답 ③

▌ 필수확인 O·X 문제 ▌

1차 2차 3차

1. 벡터는 크기만 표시한 양이다. · (　)

2. x축 방향의 기본벡터는 i이다. · (　)

상세해설

1. (X) 벡터는 크기와 방향을 동시에 표현한 양이다.

2. (O) · $i(a_x)$: x축 방향을 표시하는 기본 벡터를 말한다.

· $j(a_y)$: y축 방향을 표시하는 기본 벡터를 말한다.

· $k(a_z)$: z축 방향을 표시하는 기본 벡터를 말한다.

electrical engineer · electrical engineer · electrical engineer · electrical engineer · electrical engineer · electrical engineer · electrical engineer · electrical e

2 벡터의 연산

1. 벡터의 합과 차

같은 성분(방향)의 단위벡터의 계수끼리 더하고 빼준다.

$$\vec{A}=A_x i+A_y j+A_z k$$
$$\vec{B}=B_x i+B_y j+B_z k$$
$$\vec{A}\pm\vec{B}=(A_x\pm B_x)i+(A_y\pm B_y)j+(A_z\pm B_z)k$$

2. 두 벡터량의 곱

$$\vec{A}=A_x i+A_y j+A_z k,\ \vec{B}=B_x i+B_y j+B_z k$$

1) 벡터의 내적

(·)로 표시하고 스칼라의 곱이라 하며 벡터를 스칼라로 환원시킨다.

① 내적의 정의식

$$\vec{A}\cdot\vec{B}=|\vec{A}||\vec{B}|\cos\theta$$

② 내적의 성질

$$i\cdot i=j\cdot j=k\cdot k=1$$
$$i\cdot j=j\cdot k=k\cdot i=0$$

③ 내적의 계산

같은 성분끼리 계수만 곱하여 모두 합산한다.

$$\vec{A}\cdot\vec{B}=A_x B_x+A_y B_y+A_z B_z$$

2) 벡터의 외적

(×)로 표시하고 벡터를 벡터로 환원 시킨다.

① 외적의 정의식

$$\vec{A}\times\vec{B}=|\vec{A}||\vec{B}|\sin\theta\,\vec{n}=|A\times B|\vec{n}$$

② 외적의 크기

평행사변형의 넓이가 된다.

③ 외적의 방향

앞쪽 벡터에서 뒤 벡터를 오른손으로 감았을 때 엄지손가락의 방향. 즉, 오른나사 법칙을 사용한다.

참고

평행 사변형의 벡터합

$$|\vec{A}+\vec{B}|=\sqrt{A^2+B^2+2AB\cos\theta}$$

참고

내적의 성질

· $i\cdot i=j\cdot j=k\cdot k=1$
  $\cos0°=1$이므로 $|i|\cdot|i|\cos0°=1$
· $i\cdot j=j\cdot k=k\cdot i=0$
  $\cos90°=0$이므로 $|i|\cdot|i|\cos90°=0$

Q 포인트문제 2

$A=2i+3j+5k,\ B=3i+4j+5k$
일 때 두 벡터의 합과 차는?

A 해설

· $A+B=(2+3)i+(3+4)j$
  $+(5+5)k=5i+7j+10k$
· $A-B=(2-3)i+(3-4)j$
  $+(5-5)k=-i-j$

electrical engineer · electrical engineer · electrical engineer · electrical engineer · electrical engineer · electrical engineer · electrical engineer · electrical engineer

콕콕 포인트

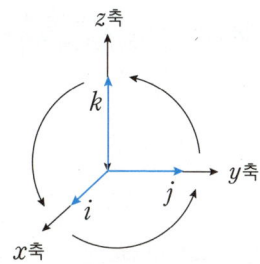

참고

외적의 계산은 3행 3렬에서 2행 2렬로
바꾸어 계산하면 수월하다.

$$\vec{A}\times\vec{B}=\begin{vmatrix} i & j & k \\ A_x & A_y & A_z \\ B_x & B_y & B_z \end{vmatrix}$$

$$=i\begin{vmatrix} A_y & A_z \\ B_y & B_z \end{vmatrix}-j\begin{vmatrix} A_x & A_z \\ B_x & B_z \end{vmatrix}+k\begin{vmatrix} A_x & A_y \\ B_x & B_y \end{vmatrix}$$

크로스 곱을 하고 오른쪽 곱한 식에서
왼쪽 곱한 식을 빼준다.

$$=(A_yB_z-A_zB_y)i-(A_xB_z-A_zB_x)j$$
$$+(A_xB_y-A_yB_x)k$$

④ 외적의 성질

오른나사 법칙을 평면으로 표현을 하면 다음과 같다.

$$i\cdot j\cdot k \quad i\cdot j\cdot k$$

$$i\times i=j\times j=k\times k=0$$
$$i\times j=-j\times i=k(i에서\ j를\ 감으면\ 엄지는\ k를\ 가리킨다.)$$
$$j\times k=-k\times j=i(j에서\ k를\ 감으면\ 엄지는\ i를\ 가리킨다.)$$
$$k\times i=-i\times k=j(k에서\ i를\ 감으면\ 엄지는\ j를\ 가리킨다.)$$

⑤ 외적의 계산

사루스의 법칙을 이용 3행 3렬의 행렬식으로 계산한다.

$$\vec{A}\times\vec{B}=|\vec{A}||\vec{B}|\sin\theta|\vec{n}|=|A\times B|n=\begin{vmatrix} i & j & k \\ A_x & A_y & A_z \\ B_x & B_y & B_z \end{vmatrix}$$

$$=(A_yB_z-A_zB_y)i-(A_xB_z-A_zB_x)j+(A_xB_y-A_yB_x)k$$

Q 포인트문제 3

$A=10x-10y+5z$, $B=4x-2y+5z$는 어떤 평행사변형의 두 변을 표시하는 벡터일 때 이 평행사변형의 면적의 크기는?
(단, x : x축 방향의 기본 벡터, y : y축 방향의 기본 벡터, z : z축 방향의 기본 벡터이며, 좌표는 직각 좌표이다.)

① $5\sqrt{3}$　② $7\sqrt{19}$
③ $10\sqrt{29}$　④ $14\sqrt{7}$

A 해설

$$A\times B=\begin{bmatrix} i & j & k \\ 10 & -10 & 5 \\ 4 & -2 & 5 \end{bmatrix}$$
$$=i(-50+10)-j(50-20)+k(-20+40)$$
$$=-40i-30i+20k$$
평행사변형의 면적
$$|A\times B|=\sqrt{40^2+30^2+20^2}$$
$$=10\sqrt{29}$$

정답 ③

필수확인 O·X 문제

1차 2차 3차

1. 내적은 스칼라량이다. ‥‥‥‥‥‥‥‥‥ (　)
2. 외적의 크기는 평행사변형의 면적이다. ‥‥‥ (　)
3. $A\times B=B\times A$이다. ‥‥‥‥‥‥‥‥‥ (　)

상세해설

1. (○)
2. (○)
3. (×) 외적은 교환 법칙이 성립하지 않는다. $A\times B=-B\times A$이다.

콕콕 포인트

electrical engineer · electrical engineer · electrical engineer · electrical engineer · electrical engineer · electrical engineer · electrical engineer · electrical e

3 벡터의 미분

1. 벡터 미분 연산자의 종류

1) ▽(nabla)

$$\nabla = \frac{\partial}{\partial x}i + \frac{\partial}{\partial y}j + \frac{\partial}{\partial z}k$$

2) 라플라스 연산자(Laplacian)

$$\nabla \cdot \nabla = \nabla^2 = \left(\frac{\partial}{\partial x}i + \frac{\partial}{\partial y}j + \frac{\partial}{\partial z}k\right) \cdot \left(\frac{\partial}{\partial x}i + \frac{\partial}{\partial y}j + \frac{\partial}{\partial z}k\right) = \frac{\partial^2}{\partial x^2} + \frac{\partial^2}{\partial y^2} + \frac{\partial^2}{\partial z^2}$$

2. 벡터 미분 연산 방법

1) 스칼라의 기울기

gradient라 하며 스칼라 함수 V를 벡터로 환원 한다.

$$grad\,V = \nabla V = \left(\frac{\partial}{\partial x}i + \frac{\partial}{\partial y}j + \frac{\partial}{\partial z}k\right)V = \frac{\partial V}{\partial x}i + \frac{\partial V}{\partial y}j + \frac{\partial V}{\partial z}k$$

2) 벡터의 발산

divergence라 하며 벡터함수 $\vec{E}$를 스칼라로 환원 한다.

$$div\,\vec{E} = \nabla \cdot \vec{E} = \left(\frac{\partial}{\partial x}i + \frac{\partial}{\partial y}j + \frac{\partial}{\partial z}k\right) \cdot (E_x i + E_y j + E_z k) = \frac{\partial E_x}{\partial x} + \frac{\partial E_y}{\partial y} + \frac{\partial E_z}{\partial z}$$

3) 벡터의 회전

rotation, curl이라 하며 벡터 함수 $\vec{E}$를 벡터로 환원 한다.

$$rot\,\vec{E} = curl\ \vec{E} = \nabla \times \vec{E} = \begin{vmatrix} i & j & k \\ \frac{\partial}{\partial x} & \frac{\partial}{\partial y} & \frac{\partial}{\partial z} \\ E_x & E_y & E_z \end{vmatrix}$$

$$= \left(\frac{\partial E_z}{\partial y} - \frac{\partial E_y}{\partial z}\right)i - \left(\frac{\partial E_z}{\partial x} - \frac{\partial E_x}{\partial z}\right)j + \left(\frac{\partial E_y}{\partial x} - \frac{\partial E_x}{\partial y}\right)k$$

el engineer · electrical engineer · electrical engineer · electrical engineer · electrical engineer · electrical engineer · electrical engineer · electrical engineer

콕콕 포인트

4 스토크스의 정리와 발산의 정리

1. 스토크스의 정리

선적분을 면적분으로 변환 시 $\int_l = \oint_c \rightarrow \int_s,\ dl \rightarrow ds$으로 변환하고
$rot \cdot$ 벡터$= \triangledown \times$ 벡터를 추가 한다.

$$\text{적분형}\quad \oint_c \vec{E} \cdot dl = \int_s rot\,\vec{E}\,ds = \int_s \left(\triangledown \times \vec{E} \right) \cdot ds$$

$$\text{미분형}\quad rot\,\vec{E} = curl\,\vec{E} = \triangledown \times \vec{E}$$

2. 발산의 정리

면적분을 체적적분으로 변환 시 $\int_s \rightarrow \int_v,\ ds \rightarrow dv$으로 변환하고
$div \cdot$ 벡터$= \triangledown \cdot$ 벡터를 추가 한다.

$$\text{적분형}\quad \oint_s \vec{E} \cdot ds = \int_v div\,\vec{E}\,dv = \int_v \triangledown \cdot \vec{E}\,dv$$

$$\text{미분형}\quad div\,\vec{E} = \triangledown \cdot \vec{E}$$

필수확인 O·X 문제
[1차] [2차] [3차]

1. 벡터의 기울기는 $gradV = \triangledown \times V$이다. · (   )
2. 벡터의 발산 $divE$는 벡터를 스칼라로 환원 시킨다. · · · · · · · · · · · · (   )
3. 벡터의 회전은 $rotE = \triangledown \cdot E$이다. · (   )

상세해설

1. ($\times$) 벡터의 기울기는 $gradV = \triangledown V$이다.
2. ($\circ$) $div\vec{E} = \triangledown \cdot \vec{E} = \frac{\partial E_x}{\partial x} + \frac{\partial E_y}{\partial y} + \frac{\partial E_z}{\partial z}$ 이다.
3. ($\times$) $rot\vec{E} = curl\vec{E} = \triangledown \times \vec{E} = \begin{vmatrix} i & j & k \\ \frac{\partial}{\partial x} & \frac{\partial}{\partial y} & \frac{\partial}{\partial z} \\ E_x & E_y & E_z \end{vmatrix}$ 이다.

Q 포인트문제 4

$E = i3x^2 + j2xy^2 + kx^2yz$의 $divE$를 구하시오.

① $-i6x + jxy + kx^2y$
② $i6x + j6xy + kx^2y$
③ $-(i6x + j6xy + kx^2y)$
④ $6x + 4xy + x^2y$

A 해설

$divE = \triangledown \cdot E = \frac{\partial E_x}{\partial x} + \frac{\partial E_y}{\partial y} + \frac{\partial E_z}{\partial z}$
$= \frac{\partial}{\partial x}(3x^2) + \frac{\partial}{\partial y}(2xy^2) + \frac{\partial}{\partial z}(x^2yz)$
$= 6x + 4xy + x^2y$

정답 ④

Q 포인트문제 5

$\int_s E \cdot ds = \int_{vol} \triangledown \cdot E\,dv$ 식은
다음 중 어느 것에 해당되는가?

① 발산의 정리
② 가우스의 정리
③ 스토크스의 정리
④ 암페어의 법칙

A 해설

발산정리는 면적분을 체적적분으로 변환시 div를 첨가하면 된다.
$\int_s E\,ds = \int_v div E\,dv$
$= \int_v \triangledown \cdot E\,dv$

정답 ①

영상 학습 QR

- QR 코드를 찍으시면, 가장 중요한 우선순위 문제풀이 영상을 보실 수 있습니다.
- 우선순위 논점은 전기(산업)기사 시험에서 가장 출제 빈도가 높은 문제로써, 수험생분들께서는 각 파트별 우선순위 문제의 논점과 키워드를 학습하시기를 바랍니다.
- 체크 리스트를 작성하시면서 문제의 유형과 학습의 완성도를 스스로 체크 해 보시기를 바랍니다.
- "선생님의 콕콕 포인트"는 틀리기 쉬운 문제의 함정과 문제의 포인트를 집어드립니다. 우선순위 문제풀이의 포인트를 꼭 참고하고 응용문제의 해결능력을 길러 줍니다.

번호	우선순위 논점	KEY WORD	나의 정답 확인				선생님의 콕콕 포인트
			맞음	틀림(오답확인)			
				이해 부족	암기 부족	착오 실수	
5	벡터의 내적	두 벡터가 이루는 각, 스칼라(크기) 계산					두 벡터가 이루는 각을 계산 시 내적을 이용할 것
6	벡터의 내적	$A \cdot B$					ijk 삭제 후 같은 방향의 크기끼리 곱하고 합산할 것
7	벡터의 외적	평행사변형의 적, 삼각형의 적, 두 벡터의 수직한 단위 벡터					외적을 이용 행렬 연산으로 풀 것
10	벡터의 발산	div, $\nabla \cdot$벡터					같은 방향의 계수만 곱하고 편미분 후 모두 합산할 것
12	스토크 정리	선형정리, stokes					$\int_c \to \int_s$, $dl \to ds$로 변환 시 $rot = \nabla \times$되는 것을 찾을 것

★★☆☆☆

01 어떤 물체에 $F_1 = -3i + 4j - 5k$와 $F_2 = 6i + 3j - 2k$의 힘이 작용하고 있다. 이 물체에 F_3을 가했을 때 세 힘이 평형이 되기 위한 F_3은?

① $F_3 = -3i - 7j + 7k$ ② $F_3 = 3i + 7j - 7k$

③ $F_3 = 3i - j - 7k$ ④ $F_3 = 3i - j + 3k$

🔍 해설

벡터의 합과 차

$F_1 = -3i + 4j - 5k$, $F_2 = 6i + 3j - 2k$일 때 세 힘이 평형이 되는 경우는 세 힘을 모두 합산 시 0이 되면 평형이 된다.

그러므로 $F_1 + F_2 + F_3 = 0$에서

$F_3 = -(F_1 + F_2)$
$= -[(-3i + 4j - 5k) + (6i + 3j - 2k)]$
$= -3i - 7j + 7k$[N] 이 된다.

★★☆☆☆

02 벡터에 대한 계산식이 옳지 않은 것은?

① $i \cdot i = j \cdot j = k \cdot k = 0$

② $i \cdot j = j \cdot k = k \cdot i = 0$

③ $A \cdot B = AB\cos\theta$

④ $i \times i = j \times j = k \times k = 0$

🔍 해설

벡터의 곱

내적의 성질 $i \cdot i = j \cdot j = k \cdot k = 1 \cdot 1 \cdot \cos 0° = 1$

★★☆☆☆

03 벡터 $A = i - j + 3k$, $B = i + ak$일 때 벡터 A가 수직이 되기 위한 a의 값은? (단, i, j, k는 x, y, z방향의 기본벡터이다.)

① -2 ② $-\dfrac{1}{3}$

③ 0 ④ $\dfrac{1}{2}$

🔍 해설

벡터의 내적

$A \cdot B$가 수직이 되기 위한 조건은 $A \cdot B = 0$

$A \cdot B = (1 \times 1) + (-1 \times 0) + (3 \times a) = 0$에서 $1 + 3a = 0$이므로

$a = -\dfrac{1}{3}$이다.

[정답] 01 ① 02 ① 03 ②

★★☆☆☆

04 다음 벡터의 곱을 나타내는 식 중 틀린 것은?

① $A \cdot B = AB\cos\theta$ ② $A \times B = AB\sin\theta$

③ $A \cdot B = B \cdot A$ ④ $A \times B = B \times A$

🔍 **해설** - - - - - - - - - - - - - - - - -

벡터의 곱

벡터의 외적(벡터 곱, cross적)은 교환 법칙이 성립되지 않는다.
$A \times B$와 $B \times A$의 크기는 $AB\sin\theta$로 같으나 방향이 반대이다.
$A \times B = -B \times A$

★★★☆☆

05 두 벡터 $A = 2i + 4j$, $B = 6j - 4k$가 이루는 각은 몇 도인가?

① $30°$ ② $42°$

③ $50°$ ④ $61°$

🔍 **해설** - - - - - - - - - - - - - - - - -

벡터의 내적

$A = 2i + 4j$, $B = 6j - 4k$일 때 벡터가 이루는 각은 내적의 정의식
① 벡터 A의 크기 $|A| = \sqrt{2^2 + 4^2} = 2\sqrt{5}$
② 벡터 B의 크기 $|B| = \sqrt{6^2 + (-4)^2} = 2\sqrt{13}$
③ 내적의 계산 $A \cdot B = (2i + 4j) \cdot (6j - 4k) = 24$ 이므로
내적의 정의식 $A \cdot B = |A||B|\cos\theta$에서
$$\cos\theta = \frac{A \cdot B}{|A||B|} = \frac{24}{2\sqrt{5} \times 2\sqrt{13}} = 0.744$$
$\theta = \cos^{-1} 0.744 = 41.92°$가 된다.

★★☆☆☆

06 벡터 A, B 값이 $A = i + 2j + 3k$, $B = -i + 2j + k$일 때 $A \cdot B$는 얼마인가?

① 2   ② 4

③ 6   ④ 8

🔍 **해설** - - - - - - - - - - - - - - - - -

벡터의 내적

$$A \cdot B = A_x B_x + A_y B_y + A_z B_z$$
$$= (1 \cdot -1) + (2 \cdot 2) + (3 \cdot 1)$$
$$= 6$$

★★★☆☆

07 벡터 $A = 2i - 6j - 3k$와 $B = 4i + 3j - k$에 수직한 단위 벡터는 ?

① $\pm\left(\dfrac{3}{7}i - \dfrac{2}{7}j + \dfrac{6}{7}k\right)$

② $\pm\left(\dfrac{3}{7}i + \dfrac{2}{7}j - \dfrac{6}{7}k\right)$

③ $\pm\left(\dfrac{3}{7}i - \dfrac{2}{7}j - \dfrac{6}{7}k\right)$

④ $\pm\left(\dfrac{3}{7}i + \dfrac{2}{7}j + \dfrac{6}{7}k\right)$

🔍 **해설** - - - - - - - - - - - - - - - - -

벡터의 외적

$$A \times B = |A \times B| \cdot n, \quad n = \frac{A \times B}{|A \times B|}$$

$$A \times B = \begin{vmatrix} i & j & k \\ 2 & -6 & -3 \\ 4 & 3 & -1 \end{vmatrix} = 15i - 10j + 30k$$
$$|A \times B| = \sqrt{15^2 + (-10)^2 + 30^2} = 35$$
$$n = \frac{A \times B}{|A \times B|} = \frac{15i - 10j + 30k}{35} = \frac{3}{7}i - \frac{2}{7}j + \frac{6}{7}k$$

$A \times B = -B \times A$이므로 $\pm\left(\dfrac{3}{7}i - \dfrac{2}{7}j + \dfrac{6}{7}k\right)$이다.

★★☆☆☆

08 V를 임의의 스칼라라 할 때 $gradV$의 직각 좌표에 있어서의 표현은 ?

① $\dfrac{\partial V}{\partial x} + \dfrac{\partial V}{\partial y} + \dfrac{\partial V}{\partial z}$

② $i\dfrac{\partial V}{\partial x} + j\dfrac{\partial V}{\partial y} + k\dfrac{\partial V}{\partial z}$

③ $\dfrac{\partial^2 V}{\partial x^2} + \dfrac{\partial^2 V}{\partial y^2} + \dfrac{\partial^2 V}{\partial z^2}$

④ $i\dfrac{\partial^2 V}{\partial x^2} + j\dfrac{\partial^2 V}{\partial y^2} + k\dfrac{\partial^2 V}{\partial z^2}$

🔍 **해설** - - - - - - - - - - - - - - - - -

스칼라의 구배 및 기울기

$$gradV = \nabla V = \left(\frac{\partial}{\partial x}i + \frac{\partial}{\partial y}j + \frac{\partial}{\partial z}k\right)V = \frac{\partial V}{\partial x}i + \frac{\partial V}{\partial y}j + \frac{\partial V}{\partial z}k$$

$grad$는 스칼라를 벡터로 변환시킨다.

[**정답**] 04 ④   05 ②   06 ③   07 ①   08 ②

★★☆☆☆

09 임의 점의 전계가 $E=iE_x+jE_y+kE_z$로 표시되었을 때 $\dfrac{\partial E_x}{\partial x}+\dfrac{\partial E_y}{\partial y}+\dfrac{\partial E_z}{\partial z}$와 같은 의미를 갖는 것은?

① $\triangledown \times E$　　　　② $rot\,E$

③ $grad\,E$　　　　　④ $\triangledown \cdot E$

해설

벡터의 발산

$divE=\triangledown \cdot E=\left(\dfrac{\partial}{\partial x}i+\dfrac{\partial}{\partial y}j+\dfrac{\partial}{\partial z}k\right)\cdot(E_xi+E_yj+E_zk)$

$\qquad =\dfrac{\partial E_x}{\partial x}+\dfrac{\partial E_y}{\partial y}+\dfrac{\partial E_z}{\partial z}$

같은 성분끼리 계수만 곱해서 편미분 후 모두 합산하고, div는 벡터를 스칼라로 변환한다.

★★★☆☆

10 $f=xyz$, $A=xi+yj+zk$일 때 점 $(1,1,1)$에서의 $div(fA)$는?

① 3　　　　　　② 4

③ 5　　　　　　④ 6

해설

벡터의 발산

• $fA=xyz(xi+yj+zk)=x^2yzi+xy^2zj+xyz^2k$

• $div(fA)=\left(\dfrac{\partial}{\partial x}i+\dfrac{\partial}{\partial y}j+\dfrac{\partial}{\partial z}k\right)\cdot(x^2yzi+xy^2zj+xyz^2k)$

　같은 성분끼리 계수만 곱해서 편미분 후 모두 합산하고, div는 벡터를 스칼라로 변환한다.

　$=2xyz+2xyz+2xyz=6xyz|_{x=1,\,y=1,\,z=1대입}=6$이 된다.

★★★☆☆

11 전계 $E=i2e^{3x}\sin5y-je^{3x}\cos5y+k3ze^{4z}$일 때, 점$(x=0,\ y=0,\ z=0)$에서의 발산은?

① 0　　　　　　② 3

③ 6　　　　　　④ 10

해설

벡터의 발산

$divE=\triangledown \cdot E=\dfrac{\partial E_x}{\partial x}+\dfrac{\partial E_y}{\partial y}+\dfrac{\partial E_z}{\partial z}$

$\qquad =\dfrac{\partial 2e^{3x}\sin5y}{\partial x}-\dfrac{\partial e^{3x}\cos5y}{\partial y}+\dfrac{\partial 3ze^{4z}}{\partial z}$

→ $\dfrac{\partial e^{ax}}{\partial x}=ae^{ax}$ 를 이용해서 미분하면

　$\dfrac{\partial 2e^{3x}\sin5y}{\partial x}=2\cdot3e^{3x}\sin5y=6e^{3x}\sin5y$

→ $\dfrac{\partial \cos ay}{\partial y}=-a\sin ay$를 이용해서 미분하면

　$-\dfrac{\partial e^{3x}\cos5y}{\partial y}=-\left(e^{3x}\cdot-5\sin5y\right)=5e^{3x}\sin5y$

→ $\dfrac{\partial f(z)g(z)}{\partial z}=f'(z)g(z)+f(z)g'(z)$를 이용해서 미분하면

　$\dfrac{\partial 3ze^{4z}}{\partial z}=\dfrac{\partial(3z)'e^{4z}}{\partial z}+\dfrac{\partial 3z(e^{4z})'}{\partial z}=3e^{4z}+3z4e^{4z}=3e^{4z}+12ze^{4z}$

이를 정리하면 $11e^{3x}\sin5y+3e^{4z}+12ze^{4z}$

여기에 $(x=0,\ y=0,\ z=0)$을 대입하면

$11e^{3\cdot0}\sin5\cdot0+3e^{4\cdot0}+12\cdot0e^{4\cdot0}=0+3+0=3$이다.

★★☆☆☆

12 다음 중 Stokes의 정리는?

① $\oint H\cdot dS=\iint_s(\triangledown\cdot H)\cdot dS$

② $\iint B\cdot dS=\iint_s(\triangledown\cdot H)\cdot dS$

③ $\oint H\cdot dS=\int(\triangledown\cdot H)\cdot dl$

④ $\oint_c H\cdot dl=\iint_s(\triangledown\times H)\cdot dS$

해설

스토크스의 정리

선적분과 면적분의 변환식 $\oint_c Edl=\int_s rotEds$이다.

$\oint_c \rightarrow \iint_s \rightarrow \iiint_v$

[정답] 09 ④　10 ④　11 ②　12 ④

electrical engineer

진공 중의 정전계

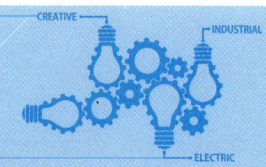

영상 학습 QR   출제경향분석

제2장 진공중의 정전계에서 시험에 자주 출제가 되는 내용은 다음과 같다.

❶ 전계의 세기   ❷ 전기력선의 성질
❸ 전속 및 전속밀도   ❹ 도체모양에 따른 전계 및 전위 공식
❺ 여러 가지 방정식

1 정전계의 기본이론

1. 정전계의 정의

1) 정지한 두 전하 사이에 작용하는 힘의 영역을 말한다.

2) 전계에너지가 최소가 되는 전하 분포의 전계이다.

2. 전기의 발생

1) 정전 유도 현상

중성 상태인 도체 가까이 대전된 도체를 놓으면 대전체와 같은 정(+) 부(−) 동량의 전하가 유도 되는 현상을 말한다.

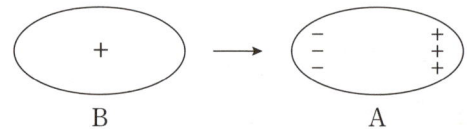

2) 마찰 전기

유전체나 도체를 서로 마찰시키면 마찰열에 의하여 자유전자가 이동하여 발생한다.

3) 전기의 발생원인

전자의 과부족현상에 의하여 발생한다.

4) 전류 $I[\mathrm{A}]$

단위 시간당 이동한 전기량의 크기를 말한다.

$$I=\frac{Q}{t}=\frac{ne}{t}[\mathrm{C/sec}=\mathrm{A}]$$

여기서 n : 전자의 개수, $e=-1.602\times10^{-19}[\mathrm{C}]$: 전자의 1개의 전하량, $t[\mathrm{sec}]$: 시간

5) 전압 $V[\mathrm{V}]$

전기량이 어떤 도선 내부를 이동시 잃거나 얻는 에너지의 비를 말한다.

$$V=\frac{W}{Q}\;[\mathrm{J/C}=\mathrm{V}],\;W=QV[\mathrm{J}]$$

여기서 $V[\mathrm{V}]$: 전압, $Q[\mathrm{C}]$:전하량, $W[\mathrm{J}]$: 전하 이동시 한일 또는 에너지

> **참고**
> - 전자 : 음전하($-$ 전하)
>   전자 하나당 질량 : $9.109\times10^{-31}[\mathrm{kg}]$
>   전자 하나당 전하량 : $-1.602\times10^{-19}[\mathrm{C}]$
>   전자의 비전하 : $-1.759\times10^{11}[\mathrm{C/kg}]$
> - 양자 : 양전하($+$ 전하)
>   양자 하나당 질량 : $1.672\times10^{-27}[\mathrm{kg}]$
>   양자 하나당 전하량 : $1.602\times10^{-19}[\mathrm{C}]$
>   양자의 비전하 : $9.581\times10^{7}[\mathrm{C/kg}]$
> - 전하량 : 전하가 가지는 전기의 양을 말하며 단위는 쿨롬 [C=Coulomb] 사용
> - 전하의 성질 : 동종의 전하사이에는 반발력이 작용하며 이종의 전하 사이에는 흡인력이 작용

Q 포인트문제 1

전하가 이동시에 한일을 나타낸 식은?
① $W=QV^2[\mathrm{J}]$
② $W=\frac{1}{2}CV^2[\mathrm{J}]$
③ $W=\frac{1}{2}QV^2[\mathrm{J}]$
④ $W=QV[\mathrm{J}]$

A 해설

$W=QV[\mathrm{J}]$
여기서 $V[\mathrm{V}]$: 전압,
$Q[\mathrm{C}]$: 전하량

정답 ④

필수확인 O·X 문제

1차 2차 3차

1. 전자 1개의 전기량은 $e=-1.602\times10^{-19}$ [C]이다. · · · · · · · · · · · · ( )
2. 전하가 이동시 단위시간당 이동한 전기량을 전류라 한다. · · · · · · · · · · · ( )

상세해설
1. (O)
2. (O)

2 쿨롱의 법칙

1. 쿨롱의 법칙

Q_1[C]　　　　　　　　　　　　Q_2[C]

r[m]

1) 힘의 크기는 매질과 관계가 있다.

2) 힘의 크기는 두 전하량의 곱에 비례한다.

3) 힘의 방향은 두 전하를 연결하는 일직선상에 존재한다.

4) 힘의 크기는 두 전하 사이의 떨어진 거리의 제곱에 반비례한다.

5) 동종의 전하 사이에는 반발력이 작용하며 이종의 전하 사이에는 흡인력이 작용한다.

2. 정지한 두 전하 사이에 작용하는 힘

두 전하 사이에 작용하는 힘을 계산 시에 사용하며 정전력이라 한다.

$$F=\frac{Q_1Q_2}{4\pi\varepsilon_o r^2}=9\times10^9\frac{Q_1Q_2}{r^2}\,[N]$$

여기서 Q_1Q_2[C] : 임의의 전하량, r[m] : 두 전하사이의 거리

1) 진공(공기)의 유전율

$$\varepsilon_o=\frac{1}{\mu_o C_o^2}=\frac{10^7}{4\pi C_o^2}=\frac{10^{-9}}{36\pi}=\frac{1}{120\pi C_o}=8.855\times10^{-12}\,[F/m]$$

여기서 $C_o=\frac{1}{\sqrt{\varepsilon_o\mu_o}}=3\times10^8\,[m/sec\,]$: 진공 중 광속도

$\mu_o=4\pi\times10^{-7}\,[H/m]$: 진공 중 투자율

2) 비유전율

$\varepsilon_s=\dfrac{\varepsilon}{\varepsilon_0}$, ε_0에 대한 다른 매질의 유전율의 비율을 말하며 진공이나 공기 $\varepsilon_s=1$

그 외 매질은 $\varepsilon_s>1$이다.

FAQ

유전율이란 무엇인가요?

답

▶ 전기력선이 잘 통과하는 정도, 전하가 유전되어 나가는 비율로서 $\varepsilon=\varepsilon_o\varepsilon_s$[F/m](매질이나 유전체에서의 유전율)로 표시한다.

Q 포인트문제 2

1[nC]의 전하량을 갖는 두 점전하가 공기 중에 1[m] 떨어져 놓여 있을 때 두 점전하 사이에 작용하는 힘은 얼마인가?

① 9[N]　　② 9[μN]

③ 9[nN]　　④ 9[pN]

A 해설

$F=9\times10^9\times\dfrac{Q_1Q_2}{r^2}$

$=9\times10^9\times\dfrac{1\times10^{-9}\times1\times10^{-9}}{1^2}$

$=9\times10^{-9}[N]=9[nN]$

정답 ③

engineer · electrical engineer · electrical engineer · electrical engineer · electrical engineer · electrical engineer · electrical engineer · electrical engineer

콕콕 포인트

3 전계의 세기

1. 전계의 정의

임의의 $Q[C]$의 전하가 단위 정전하(1[C]) 사이에 작용하는 힘을 말한다.

2. 전계의 세기

$$E=\frac{Q}{4\pi\varepsilon_{o}r^2}=9\times10^{9}\frac{Q}{r^2}\,[\mathrm{V/m=N/C=A\Omega/m}]$$

3. 전계와 힘의 관계

전계 내에 전하 $Q[C]$를 놓았을 때 전하가 전계에 의하여 받는 힘을 말한다.

$$F=QE[\mathrm{N}]$$

| 필수확인 O·X 문제 | 1차 2차 3차

1. 두 전하 사이에 작용하는 힘은 거리에 반비례 한다. ················ (   )
2. 전계의 세기는 임의의 $Q[C]$의 전하가 단위 정전하 사이에 작용하는 힘을 말한다.
   ··· (   )

상세해설

1. (×) 두 전하 사이에 작용하는 힘은 $F=\dfrac{Q_1Q_2}{4\pi\varepsilon_{o}r^2}=9\times10^{9}\dfrac{Q_1Q_2}{r^2}[\mathrm{N}]$이므로 거리에 제곱에 반비례 한다.

2. (O)

콕콕 포인트

electrical engineer · electrical engineer · electrical engineer · electrical engineer · electrical engineer · electrical engineer · electrical engineer · electrical

4 전기력선(전력선)의 전속과 전속밀도

1. 전기력선의 성질

1) 전하가 없는 점에서는 전기력선의 발생 및 소멸은 없다.
2) 전기력선은 정(+)전하에서 시작하여 부(−)전하에서 끝난다.
3) 전기력선의 방향은 그 점의 전계의 방향과 일치한다.
4) 전기력선의 밀도는 전계의 세기와 같다.
5) 전기력선은 전위가 높은 점에서 낮은 점으로 향한다.
6) 전기력선은 도체 표면(등전위면)에 수직으로 만난다.
7) 도체에 주어진 전하는 도체 표면에만 분포한다.
8) 전기력선은 대전도체 내부에는 존재하지 않는다.
9) 전하는 곡률이 큰 곳 곡률 반경이 작은 곳에 큰 밀도를 이룬다.
10) 전기력선은 서로 반발하여 교차 할 수 없으며 그 자신만으로 폐곡선을 이룰 수 없다.

2. 전기력선의 수

1) 유전체내 $\varepsilon_s > 1$

$$N = \frac{Q}{\varepsilon} = \frac{Q}{\varepsilon_o \varepsilon_s} \text{ [개]}$$

2) 진공(공기) $\varepsilon_s = 1$

$$N = \frac{Q}{\varepsilon} = \frac{Q}{\varepsilon_o} \text{ [개]}$$

3. 전속 및 전속 밀도

전기력선의 묶음을 말하며 전하의 존재를 흐르는 선속으로 표시한 가상적인 선으로 $Q[\text{C}]$에서는 Q개의 전속선이 발생하고 1[C]에서는 1개의 전속선이 발생하며 항상 전하와 같은 양의 전속이 발생한다.

1) 전속수 : 물질(매질)의 종류와 관계없이 전하량 만큼만 발생한다.

$$\Psi = Q \text{ [C]}$$

2) 전속밀도 : 면적당 전속을 말한다.

$$D = \frac{\Psi}{S} = \frac{Q}{S} = \frac{Q}{4\pi r^2} = \varepsilon_o E = \rho_s = \sigma \text{ [C/m}^2\text{]}$$

여기서 $S = 4\pi r^2 [\text{m}^2]$: 구의 면적

colcolcolol engineer · electrical engineer · electrical engineer · electrical engineer · electrical engineer · electrical engineer · electrical engineer · electrical engineer

콕콕 포인트

5 가우스의 정리 및 전계의 세기 공식

1. 가우스의 정리

진공중의 전계 내에서 임의의 폐곡면을 통해서 나오는 전기력선의 총수는 전계의 면적분 값과 같고 그 양은 폐곡면 내에 존재하는 전하 $Q[C]$의 $\dfrac{1}{\varepsilon_o}$배와 같다.

1) 전기력선수

$$N=\int Eds=\frac{Q}{\varepsilon_o}$$

2) 전속수

$$\Psi=\int Dds=Q$$

2. 가우스의 정리에 의한 전계의 세기 공식 [점전하에 의한 전계의 세기]

표면적 $S=4\pi r^2[m^2]$

전계 E

$r[m]$S

$Q[C]$

$$E=\frac{Q}{4\pi\varepsilon_o r^2}\,[V/m]$$

필수확인 O·X 문제

1차 2차 3차

1. 전기력선은 도체 표면과 수직으로 출입한다. · · · · · · · · · · · · · · · · · · ( )
2. 전기력선은 서로 교차 할 수 있다. · ( )
3. 전속은 매질에 따라 달라진다. · ( )

상세해설

1. (O)
2. (×) 전기력선은 서로 반발하여 교차 하지 않는다.
3. (×) 전속은 전하량만큼만 발생 한다.

2) 구 도체에 의한 전계의 세기

① 대전 구 도체

$$r > a : \text{외부의 전계의 세기} \rightarrow E = \frac{Q}{4\pi\varepsilon_0 r^2} \, [\text{V/m}]$$

$$r < a : \text{내부의 전계의 세기} \rightarrow E_i = 0$$

② 전하가 대전체에 균등하게 대전되었을 때

$$r > a : \text{외부의 전계의 세기} \rightarrow E = \frac{Q}{4\pi\varepsilon_0 r^2} \, [\text{V/m}]$$

$$r < a : \text{내부의 전계의 세기} \rightarrow E_i = \frac{Qr}{4\pi\varepsilon_0 a^3} \, [\text{V/m}]$$

3) 무한장 직선 도체에 의한 전계의 세기(거리에 반비례)

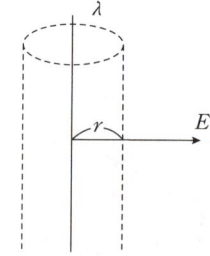

$$E = \frac{\lambda}{2\pi\varepsilon_0 r} = 18 \times 10^9 \frac{\lambda}{r} \, [\text{V/m}]$$

참고

- 문제에서 별 다른 언급이 없을 때에는 대전 구도체로 보고 전하가 표면에 있는 것으로 본다.(내부에는 전하가 존재하지 않는다.)
- 전하가 대전체에 균등하게 대전(내부에도 전하가 존재한다.)

Q 포인트문제 6

진공 중에서 $Q[\text{C}]$의 전하가 반지름 $a[\text{m}]$인 구에 내부까지 균일하게 분포되어 있는 경우, 구의 중심으로부터 $\frac{a}{2}$인 거리에 있는 점의 전계의 세기$[\text{V/m}]$는?

① $\dfrac{Q}{16\pi\varepsilon_0 a^2}$ ② $\dfrac{Q}{8\pi\varepsilon_0 a^2}$

③ $\dfrac{Q}{4\pi\varepsilon_0 a^2}$ ④ $\dfrac{Q}{\pi\varepsilon_0 a^2}$

A 해설

전하 균일시 구도체

$r = \dfrac{a}{2} < a$(내부)일 때 전하 균일시 내부 전계는

$$E = \frac{Qr}{4\pi\varepsilon_0 a^3}\bigg|_{r=\frac{a}{2}} = \frac{Q \times \frac{a}{2}}{4\pi\varepsilon_0 a^3}$$

$$= \frac{Q}{8\pi\varepsilon_0 a^2} [\text{V/m}]$$

정답 ②

electrical engineer · electrical engineer · electrical engineer · electrical engineer · electrical engineer · electrical engineer · electrical engineer · electrical engineer

콕콕 포인트

4) 원통(원주)도체에 의한 전계의 세기

① 대전 원주

 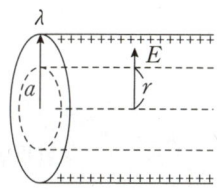

$$r > a : \text{외부의 전계의 세기} \rightarrow E = \frac{\lambda}{2\pi\varepsilon_o r} \, [\text{V/m}]$$

$$r < a : \text{내부의 전계의 세기} \rightarrow E_i = 0$$

② 전하가 대전체에 균등하게 대전되었을 때

 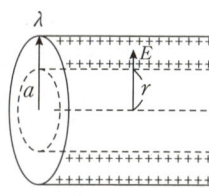

$$r > a : \text{외부의 전계의 세기} \rightarrow E = \frac{\lambda}{2\pi\varepsilon_o r} \, [\text{V/m}]$$

$$r < a : \text{내부의 전계의 세기} \rightarrow E_i = \frac{\lambda r}{2\pi\varepsilon_o a^2} \, [\text{V/m}]$$

참고

구도체와 원통 원주 도체의 전계와 거리와의 관계

[전하 내외 균일시]

[대전 시]

▍필수확인 O·X 문제 ▍   난이도 ★★☆☆☆   1차 2차 3차

1. 대전된 도체의 내부 전계는 존재하지 않는다. ·················(   )
2. 선 전하에 의한 전계의 세기는 거리에 제곱에 반비례 한다. ·········(   )

상세해설

1. (○)
2. (×) 선 전하에 의한 전계 $E = \dfrac{\lambda}{2\pi\varepsilon_o r}[\text{V/m}]$ 거리에 반비례 한다.

5) 무한 평면(무한평판)에 의한 전계의 세기(거리와 무관)

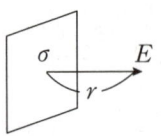

무한평면 → $E = \dfrac{\sigma}{2\varepsilon_o}$ [V/m]

평행판 또는 구도체 표면에 면전하 존재시 → $E = \dfrac{\sigma}{\varepsilon_o}$ [V/m]

6) 원형(원환) 도체(도선) 전하에 의한 전계

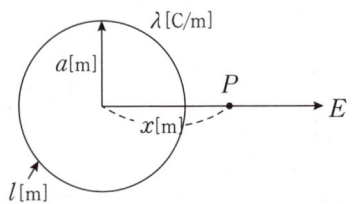

점전하 Q[C]일 때 → $E = \dfrac{Qx}{4\pi\varepsilon_o(a^2+x^2)^{\frac{3}{2}}}$ [V/m]

선전하 λ[C/m]로 표현 시 전계의 세기 → $E = \dfrac{\lambda ax}{2\varepsilon_o(a^2+x^2)^{\frac{3}{2}}}$ [V/m]

여기서 a[m] : 원형도체의 반지름, r[m] : 중심축에서 떨어진 거리

3. 지정된 지점의 전계의 세기 계산 방법

지정된 지점에 단위 정전하 1[C]을 두고 지정된 거리까지 전하의 극성과 관계없이 각각 E_1과 E_2를 계산 후 1[C]을 기준으로 작용하는 힘의 방향이 서로 같은 방향이면 E_1과 E_2를 더해 주고 서로 반대방향이면 큰 전계에서 작은 전계를 뺀다.

FAQ

원형(원환)도체전하에 의한 전계에서 점전하 Q[C]일 때

$E = \dfrac{Qx}{4\pi\varepsilon_o(a^2+x^2)^{\frac{3}{2}}}$인데 선 전하

λ[C/m]로 표현 시 전계의 세기

$E_r = \dfrac{\lambda ax}{2\varepsilon_o(a^2+x^2)^{\frac{3}{2}}}$[V/m]는 왜

이렇게 표현하는 건가요?

답

▶ 원형도체는 선을 원형으로 한 형태입니다. 그러므로 선 전하

$\lambda = \rho_l = \dfrac{Q}{l}$[C/m], $Q = \lambda l$[C]

이고 이때선의 길이 $l = 2\pi a$[m]

이다. 이를 대입하면

$E_r = \dfrac{\lambda l x}{4\pi\varepsilon_o(a^2+x^2)^{\frac{3}{2}}}$

$= \dfrac{\lambda 2\pi ax}{4\pi\varepsilon_o(a^2+x^2)^{\frac{3}{2}}}$

이를 정리하면

$E_r = \dfrac{\lambda ax}{2\varepsilon_o(a^2+x^2)^{\frac{3}{2}}}$ 입니다.

4. 전계의 세기가 0이되는 위치

1) 전계의 세기가 0이 되는 조건

$$E_1 = E_2$$

2) 두 전하의 극성이 같으면

두 전하 사이에 존재한다.

3) 두 전하의 극성이 다르면

절대값이 작은 전하의 외측에 존재한다.

5. 전계의 세기 벡터 표시 방법

$$\vec{E} = E\vec{n} = E\frac{\vec{r}}{|r|}$$

> 참고
>
> • 정삼각형 정점의 전계의 세기
>
> 1. 정삼각형 각 정점에 전하 존재 시 주어진 두전하의 극성과 전하량이 같다면 : 평행사변형의 원리를 이용
>
> $$\sqrt{E_1^2 + E_2^2 + 2E_1E_2\cos\theta} = \sqrt{3}\,E_1$$
>
> 2. 정삼각형 각 정점에 전하 존재 시 주어진 두전하의 극성은 다르고 전하량이 같다면 : 평행사변형의 원리를 이용
>
> $$\sqrt{E_1^2 + E_2^2 + 2E_1E_2\cos\theta} = E_1$$

참고

• 지정된 지점의 전계의 세기 계산 시 그림을 주지 않고 두 전하가 일직선상 수평(평행)으로 놓여 져 있는 상황

1. 일직선상 두 전하의 극성이 같으면 : 임의의 전하와 단위 정전하 +1[C]사이로 전하의 극성에 관계없이 각각 전계를 계산 후 큰 전계에서 작은 전계를 빼준다.

2. 일직선상 두 전하의 극성이 다르면 : 임의의 전하와 단위 정전하 +1[C]사이로 전하의 극성에 관계없이 각각 전계를 계산 후 큰 전계에서 작은 전계를 더 해준다

▮필수확인 O·X 문제▮

1차 2차 3차

1. 무한평면의 전계의 세기는 거리에 반비례한다. · · · · · · · · · · · · · · · · · · · (   )
2. 지정된 지점의 전계의 세기는 지정된 지점에 1[C]을 놓고 계산을 한다. · · · (   )

상세해설

1. (×) 무한 평면의 전계의 세기는 거리와는 관계가 없다.
2. (○)

6 전위 및 전위차

참고

- 전위(전기적 위치에너지)
단위 정전하(+1[C])를 전계로부터 무한원점 떨어진 곳에서 전계 안의 임의의 점까지 전계와 반대방향으로 이동시키는데 필요한 일의 양

- 전계의 방향
1. $V = -Er$[V] : 전계와 반대 방향
2. $V = Er$[V] : 전계와 같은 방향

Q 포인트문제 8

원점에 전하 $0.01[\mu C]$이 있을 때, 두 점 A(0, 2, 0)[m]와 B(0, 0, 3)[m] 간의 전위차 V_{AB}는 몇 [V]인가?

① 8 ② 11
③ 13 ④ 15

A 해설

$V_A = \dfrac{Q}{4\pi\varepsilon_0 r} = 9 \times 10^9 \times \dfrac{10^{-8}}{2}$

$V_B = \dfrac{Q}{4\pi\varepsilon_0 r} = 9 \times 10^9 \times \dfrac{10^{-8}}{3}$

$V = V_A - V_B$

$\quad = 9 \times 10^9 \times 10^{-8} \times \left(\dfrac{1}{2} - \dfrac{1}{3}\right)$

$\quad = 15[V]$

정답 ④

1. 전위의 정의식

$$V = -\int_{\infty}^{r} E dr = \int_{r}^{\infty} E dr \, [\text{V}]$$

여기서 ∞ : 출발점, r : 관측점

2. 전위차

$$\text{B점에 대한 A점의 전위} \rightarrow V_{AB} = V_A - V_B = -\int_{B}^{A} E dr \, [\text{V}]$$

3. 전계의 비회전성

$$\oint_C E dl = \int_S rot E ds = 0$$

전계 내에서 폐회로를 따라 단위전하를 일주 시 한 일은 항상 0이다.

$$rot E = Curl E = \triangledown \times E = 0$$

시간적으로 변하지 않는 보존적인 전하가 비회전성이라는 의미한다.

4. 도체 모양에 따른 전위 공식

1) 점전하 Q[C]에 의한 전위

$$V = \frac{Q}{4\pi\varepsilon_0 r} = 9 \times 10^9 \frac{Q}{r} \, [\text{V}]$$

2) 구도체

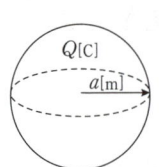

- 외부($r > a$) : $V = \dfrac{Q}{4\pi\varepsilon_0 r}$ [V]

- 표면 및 내부($r < a$, $r = a$) : $V = \dfrac{Q}{4\pi\varepsilon_0 a}$ [V]
대전 구도체의 내부전위와 표면전위는 같다.

cal engineer · electrical engineer · electrical engineer · electrical engineer · electrical engineer · electrical engineer · electrical engineer · electrical engineer

콕콕 포인트

3) 동심구 전위

A도체

B도체

- A도체에 $+Q$[C], B도체에 $Q=0$[C]인 경우
  A도체의 전위 V_A

$$V_A = \frac{Q}{4\pi\varepsilon_o}\left(\frac{1}{a} - \frac{1}{b} + \frac{1}{c}\right)[\text{V}]$$

- A도체에 $+Q$[C], B도체에 $-Q$[C]인 경우

$$V_{AB} = V_A - V_B = \frac{Q}{4\pi\varepsilon_o}\left(\frac{1}{a} - \frac{1}{b}\right)[\text{V}]$$

4) 무한장 직선, 원통, 원주, 동축

① 무한장 직선

$$V = \infty\,[\text{V}]$$

② 원통, 원주, 동축 : a와 b 사이의 전위차

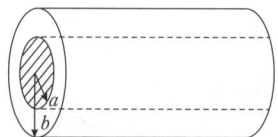

$$V = \frac{\lambda}{2\pi\varepsilon_o}\ln\frac{b}{a}\,[\text{V}]$$

$$V = E\cdot r\ln\frac{b}{a}\,[\text{V}]$$

여기서 a[m] : 내원통 반지름, b[m] : 외원통 반지름, $\lambda = \rho_l$[C/m] : 선전하

│ 필수확인 O·X 문제 │   1차 2차 3차

1. 무한장 직선 전하에 의한 전위는 무한대이다. · · · · · · · · · · · · · · · · · · · (   )

2. 실용상 영전위의 기준은 대지이다. · (   )

3. 구 도체의 전위는 표면전위와 내부전위는 다르다. · · · · · · · · · · · · · · (   )

상세해설

1. (○)

2. (○)

3. (×) 구 도체의 전위는 표면전위와 내부전위는 같다.

Q 포인트문제 9

반지름이 a[m]인 구 도체에 Q[C]의 전하가 주어졌을 때 구심에서 $5a$[m]되는 점의 전위 V[V]는?

① $\dfrac{1}{24\pi\varepsilon_0}\cdot\dfrac{Q}{a}$[V]

② $\dfrac{1}{24\pi\varepsilon_0}\cdot\dfrac{Q}{a^2}$[V]

③ $\dfrac{1}{20\pi\varepsilon_0}\cdot\dfrac{Q}{a}$[V]

④ $\dfrac{1}{20\pi\varepsilon_0}\cdot\dfrac{Q}{a^2}$[V]

A 해설

구도체의 전위 $V = \dfrac{Q}{4\pi\varepsilon_0 r}$[V]

여기서 r[m]는 떨어진 거리 및 반지름 이므로 $r=5a$[m]를 대입시 $V = \dfrac{1}{20\pi\varepsilon_0}\cdot\dfrac{Q}{a}$[V]

정답 ③

Q 포인트문제 10

진공 중에 반지름이 2[cm]인 도체 구 A와 내외 반지름이 4[cm], 5[cm]인 도체 구 B를 동심으로 놓고 도체 구 A에 $Q_A = 2\times10^{-10}$[C]의 전하를 대전시키고 도체 구 B의 전하를 0으로 하였을 때 도체구의 전위 V[V]는?

① 9[V]   ② 45[V]

③ 81[V]   ④ 171[V]

A 해설

A도체 $+Q$[C], B도체 $Q=0$[C]인 경우의 A도체의 전위 V_A

$$V_A = \frac{Q}{4\pi\varepsilon_0}\left(\frac{1}{a} - \frac{1}{b} + \frac{1}{c}\right)[\text{V}]$$

$V = 9\times10^9\times2\times10^{-10}$

$\quad\times\left(\dfrac{1}{0.02} - \dfrac{1}{0.04} + \dfrac{1}{0.05}\right)$

$= 81$[V]

정답 ③

콕콕 포인트

electrical engineer · electrical engineer · electrical engineer · electrical engineer · electrical engineer · electrical engineer · electrical engineer · electrical e

5) 평행 두 도선간의 전위

$$d > a \text{ 평행 도선} \rightarrow V = \frac{\lambda}{\pi \varepsilon_o} \ln \frac{d}{a} \, [\mathrm{V}]$$

여기서 $d[\mathrm{m}] \fallingdotseq d - a[\mathrm{m}]$: 도선 사이 간격, $a[\mathrm{m}]$: 도선의 반지름,

$\lambda = \rho_l[\mathrm{C/m}]$: 선전하

6) 무한평면의 전위

① 무한평면

$$V = \infty \, [\mathrm{V}]$$

② 평행판

$$V = Ed = \frac{\sigma}{\varepsilon_o} \cdot d \, [\mathrm{V}]$$

여기서 $\sigma = \rho_s[\mathrm{C/m^2}]$: 면전하, $d = r = a[\mathrm{m}]$: 떨어진 거리, 간격

5. 전위의 기울기 및 전위 경도

전계의 세기 E와 전위경도는 크기는 같고 방향이 반대

$$E = -grad V = -\nabla V = -\left(\frac{\partial V}{\partial x} i + \frac{\partial V}{\partial y} j + \frac{\partial V}{\partial z} k \right) [\mathrm{V/m}]$$

Q 포인트문제 11

간격이 2[mm] 단면적이 10[mm²]인 평행 전극에 500[V]의 직류 전압을 공급할 때 전극 사이의 전계의 세기 [V/m]는?

① $2.5 \times 10^5 [\mathrm{V/m}]$

② $5 \times 10^5 [\mathrm{V/m}]$

③ $2.5 \times 10^7 [\mathrm{V/m}]$

④ $5 \times 10^7 [\mathrm{V/m}]$

A 해설

전계와 전위의 관계식

$E = \dfrac{V}{r} [\mathrm{V/m}]$

여기서

$r = l = d[\mathrm{m}]$: 거리, 길이, 간격

$E[\mathrm{V/m}]$: 전계

$E = \dfrac{V}{d} = \dfrac{500}{2 \times 10^{-3}}$

$\quad = 2.5 \times 10^5 [\mathrm{V/m}]$

정답 ①

Q 포인트문제 12

전위함수가 $V = 3xy + z + 1[\mathrm{V}]$일 때 점$(4, -4, 4)$에 있어서 전계의 세기는?

① $i12 + j12 - k$

② $-i12 + j12 + k$

③ $i - j - k$

④ $i12 - j12 - k$

A 해설

전위 $V = 3xy + z + 1[\mathrm{V}]$, $(4, -4, 4)$일 때 전계의 세기는

$E = -grad V = -\nabla V$

$= -\left(\dfrac{\partial V}{\partial x} i + \dfrac{\partial V}{\partial y} j + \dfrac{\partial V}{\partial z} k \right)$

$= -3yi - 3xj - k[\mathrm{V/m}]$

이므로 $x = 4$, $y = -4$를 대입하면

$E = 12i - 12j - k[\mathrm{V/m}]$가 된다.

정답 ④

콕콕 포인트

7 전기 쌍극자 및 전기 2중층

1. 전기쌍극자

1) 전위

$$V=\frac{M}{4\pi\varepsilon_o r^2}\cos\theta=\frac{Q\delta}{4\pi\varepsilon_o r^2}\cos\theta=9\times10^9\frac{M}{r^2}\cos\theta[\text{V}]$$

여기서 전기 쌍극자 모멘트 $M=Q\cdot\delta[\text{C}\cdot\text{m}]$, δ : 두 전하 사이의 미소거리

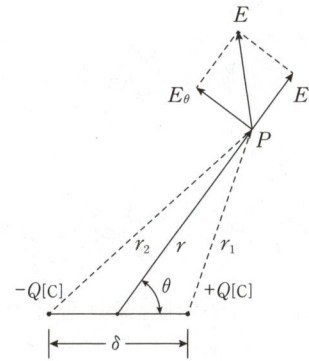

2) 전계의 세기

- r 성분의 전계 : $E_r=\dfrac{M}{2\pi\varepsilon_o r^3}\cos\theta\,[\text{V/m}]$

- θ 성분의 전계 : $E_\theta=\dfrac{M}{4\pi\varepsilon_o r^3}\sin\theta\,[\text{V/m}]$

- 전체 전계의 세기 : $E=\dfrac{M}{4\pi\varepsilon_o r^3}\sqrt{1+3\cos^2\theta}\,[\text{V/m}]$

FAQ

전기쌍극자가 무엇인가요?

답

▶ 전기쌍극자란 크기는 같고 부호가 반대인 점전하 2개가 매우 근접해 존재하는 것을 전기쌍극자라 한다.

Q 포인트문제 13

전기쌍극자의 중점으로부터 거리 $r[\text{m}]$만큼 떨어진 P점의 전계의 세기는?

① r^2에 비례
② r^3에 비례
③ r^2에 반비례
④ r^3에 반비례

A 해설

$E=\dfrac{M}{4\pi\varepsilon_o r^3}\sqrt{1+3\cos^2\theta}[\text{V/m}]$

$E\propto\dfrac{1}{r^3}$이므로 r^3에 반비례 한다.

정답 ④

필수확인 O·X 문제

1차 2차 3차

1. 무한평면의 전위는 $V=(\sigma/\varepsilon_0)d[\text{V}]$이다. · ( )
2. 전기쌍극자의 전위가 최대인 각은 $\theta=0°$이다. · ( )

상세해설

1. (×) 무한평면의 전위는 무한대이다.
2. (○) $\cos0°=1$일 때 최대 $\cos90°=0$일 때 최소이다.

2. 전기 2중층

1) 전위 [V]

① P점(정전하측 기준)의 전위

$$V_P=\frac{M}{4\pi\varepsilon_0}\omega_1$$

② Q점(부전하측 기준)의 전위

$$V_Q=\frac{-M}{4\pi\varepsilon_0}\omega_2$$

여기서 $M=\sigma\delta$[C/m] : 이중층세기 또는 판의 세기, ω[sr] : 입체각

2) 입체각 [sr]

① 정전하측(부전하측)에서만 판에 무한히 접근

$$\omega=2\pi$$

② 정전하측과 부전하측이 동시에 판에 무한히 접근

$$\omega=4\pi$$

③ 전기이중층 중심축에서 떨어진 임의의 지점

$$\omega=2\pi(1-\cos\theta)$$

8 여러 가지 방정식

1. 전기력선의 방정식

전계 및 전위 함수로 전기력선의 길이를 계산한다.

1) 전기력선의 방정식 성립조건

$$\frac{dx}{E_x}=\frac{dy}{E_y}=\frac{dz}{E_z}$$

2) 전기력선의 방정식 계산

- i, j가 동일 부호이면 $y=Cx$(C 임의 상수)
- i, j가 다른 부호이면 $y=C/x$.
- (x, y) 한점(좌표값)이 주어지면 보기의 각 식에 대입하여 등식이 성립하면 답이다.

2. 가우스의 발산 정리

1) 발산정리

$$N=\int_S Eds=\int_v divEdv=\int_v \frac{\rho}{\varepsilon_o}dv$$

2) 가우스의 미분형

$$divE=\frac{\rho}{\varepsilon_o}, \ divD=\rho[C/m^3]$$

여기서, $\rho[C/m^3]$는 체적 당 전하량(공간전하밀도)

3. 포아송(푸아송)의 방정식

$$-\nabla^2V=\frac{\rho}{\varepsilon_o}$$

$$\nabla^2V=-\frac{\rho}{\varepsilon_o}$$

여기서, $\rho[C/m^3]$: 체적 당 전하량(공간전하밀도)

4. 라플라스 방정식(전하가 없는 곳의 포아송의 방정식)

$$\nabla^2V=0$$

▌ 필수확인 O·X 문제 ▌

1차 2차 3차

1. 포아송의 방정식이란 전속밀도로 체적전하를 계산하는 것이다. ········· (   )
2. $divD=\rho[C/m^3]$와 관계가 있는 것은 가우스의 정리이다. ··········· (   )

상세해설

1. (×) 포아손의 방정식은 전위함수로 공간(체적) 전하밀도를 구할 때 적용한다.
2. (○)

Q 포인트문제 15

도체 표면에서 전계 $E=E_xa_x+E_ya_y+E_za_z[V/m]$ 이고 도체 면과 법선 방향인 미소 길이 $dL=dxa_x+dya_y+dza_z$ [m]일 때 다음 중 성립되는 식은?

① $E_xdx=E_ydy$
② $E_ydz=E_zdy$
③ $E_xdy=-E_ydz$
④ $E_ydy=E_zdz$

A 해설

전기력선 방정식 성립조건
$$\frac{dx}{E_x}=\frac{dy}{E_y}=\frac{dz}{E_z}$$

정답 ②

Q 포인트문제 16

Poisson이나 Laplace의 방정식을 유도하는데 관련이 없는 식은?

① $E=-gradV$
② $rotE=-\frac{\partial B}{\partial t}$
③ $divD=\rho$
④ $D=\varepsilon E$

A 해설

$rotE=-\frac{\partial B}{\partial t}$는 맥스웰의 제2방정식 이다.

정답 ②

- QR 코드를 찍으시면, 가장 중요한 우선순위 문제풀이 영상을 보실 수 있습니다.
- 우선순위 논점은 전기(산업)기사 시험에서 가장 출제 빈도가 높은 문제로써, 수험생분들께서는 각 파트별 우선순위 문제의 논점과 키워드를 학습하시기를 바랍니다.
- 체크 리스트를 작성하시면서 문제의 유형과 학습의 완성도를 스스로 체크 해 보시기를 바랍니다.
- "선생님의 콕콕 포인트"는 틀리기 쉬운 문제의 함정과 문제의 포인트를 집어드립니다. 우선순위 문제풀이의 포인트를 꼭 참고하고 응용문제의 해결능력을 길러 줍니다.

번호	우선순위 논점	KEY WORD	나의 정답 확인				선생님의 콕콕 포인트
			맞음	틀림(오답확인)			
				이해 부족	암기 부족	착오 실수	
6	전기력선의 성질	표면, 외부, 대전					대전시 에너지는 도체 표면과 외부공간에 존재 할 것
13	전계의세기	무한도선, 원통, 원주					전하 분포의 면적이 겉 표면적 이므로 분모에 $2\pi\varepsilon_0 r$ 일 것
21	전계의세기	지정된 지점 전계의 세기가 0					절대값 작은 전하기준 주어진 거리보다 약간 클 것
24	전위	전위차, 전계의 방향					전계와 같은 방향이면 −, 전계와 반대 방향이면 + 일 것
28	전위	동심구, 중공 도체구					내도체와 외도체의 주어진 전하량을 반드시 확인 할 것
44	가우스의정리	가우스, 체적전하, 전속과 전하					가우스의 정리 미분형과 적분형을 이용 할 것
46	포아손	전위 함수, 체적전하					$-\nabla^2 V = \dfrac{\rho}{\varepsilon_0}, \nabla^2 V = -\dfrac{\rho}{\varepsilon_0}$ (− 존재를 확인 할 것)

★★☆☆☆

01 그림과 같은 $Q_A = 4 \times 10^{-6}$[C], $Q_B = 2 \times 10^{-6}$[C], $Q_C = 5 \times 10^{-6}$[C]의 전하를 가진 작은 도체구 A, B, C 가 진공 중에서 일직선상에 놓여질 때 B구에 작용하는 힘 [N]은?

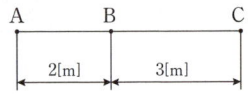

① 1.8×10^{-2} [N]

② 1×10^{-2} [N]

③ 0.8×10^{-2} [N]

④ 2.8×10^{-2} [N]

해설

쿨롱의 법칙

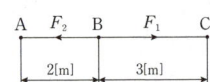

- Q_A와 Q_B 사이의 거리는 $r = 2$[m]이고 전하량의 부호가 동일하므로 반발력

$$F_1 = \frac{Q_A \cdot Q_B}{4\pi\varepsilon_0 r^2} = 9 \times 10^9 \times \frac{4 \times 10^{-6} \times 2 \times 10^{-6}}{2^2} = 18 \times 10^{-3}[N]$$

- Q_B와 Q_C 사이의 거리는 $r = 3$[m]이고 전하량의 부호가 동일하므로 반발력

$$F_2 = \frac{Q_B \cdot Q_C}{4\pi\varepsilon_0 r^2} = 9 \times 10^9 \times \frac{2 \times 10^{-6} \times 5 \times 10^{-6}}{3^2} = 10 \times 10^{-3}[N]$$

- B점에 작용하는 힘 F_B는 F_1과 F_2의 힘의 방향이 반대이므로 빼준다.

$$F_B = F_1 - F_2 = 18 \times 10^{-3} - 10 \times 10^{-3} = 0.8 \times 10^{-2}[N]$$

★★☆☆☆

02 점 $P(1,2,3)$[m]와 $Q(2,0,5)$[m]에 각각 4×10^{-5}[C]과 -2×10^{-4}[C]의 점전가 있을 때 점 P에 작용하는 힘은 몇 [N]인가?

① $\dfrac{8}{3}(i - 2j + 2k)$[N]   ② $\dfrac{8}{3}(-i - 2j + 2k)$[N]

③ $\dfrac{3}{8}(i + 2j + 2k)$[N]   ④ $\dfrac{3}{8}(2i + j - 2k)$[N]

[정답] 01 ③ 02 ①

🔍 해설

쿨롱의 법칙

두 전하사이에 작용하는 힘=쿨롱의 법칙 $F = k\dfrac{Q_1 Q_2}{r^2}[\text{N}]$

여기서 쿨롱상수 $k = \dfrac{1}{4\pi\varepsilon_0} = 9 \times 10^9$

• $F = \dfrac{Q_1 Q_2}{4\pi\varepsilon_0 |r|^2} \cdot n = 9 \times 10^9 \times \dfrac{Q_1 Q_2}{|r|^2} \cdot n [\text{N}]$

여기서 $Q_1 Q_2 [\text{C}]$: 임의의 전하량, $r[\text{m}]$: 두 전하사이의 거리

• 방향벡터 $n = \dfrac{\text{벡터}}{\text{스칼라}} = \dfrac{r}{|r|}$

$-Q[\text{C}]$측으로 흡인력이 작용하므로
$r = Q - P = (2-1)i + (0-2)j + (5-3)k = i - 2j + 2k[\text{m}]$
$|r| = \sqrt{1^2 + (-2)^2 + 2^2} = 3[\text{m}]$

• $F = 9 \times 10^9 \times \dfrac{4 \times 10^{-5} \times 2 \times 10^{-4}}{3^2} \cdot \dfrac{i - 2j + 2k}{3}$

$= \dfrac{8}{3} \cdot (i - 2j + 2k)[\text{N}]$

★★☆☆☆

03 평등 전계 E 속에 있는 정지된 전자 e가 받는 힘은?

① 크기는 $e^2 E$이고 전계와 같은 방향
② 크기는 $e^2 E$이고 전계와 반대 방향
③ 크기는 eE이고 전계와 같은 방향
④ 크기는 eE이고 전계와 반대 방향

🔍 해설

전계의 세기

$$\begin{array}{c} F \qquad Q = e[\text{C}] \\ \longleftarrow \ominus \\ (+) \xrightarrow{\hspace{4cm}} (-) \\ E \end{array}$$

전계내 전하를 놓았을 때 작용하는 힘 $F = QE[\text{N}]$이므로 전하량 $Q = e[\text{C}]$를 대입하면 $F = eE[\text{N}]$이며 전자는 $(-)$전하이므로 방향은 전계와 반대가 된다.

★★★☆☆

04 전기력선의 기본 성질에 관한 설명으로 옳지 않은 것은?

① 전기력선의 방향은 그 점의 전계의 방향과 일치한다.
② 전기력선은 전위가 높은 점에서 낮은 점으로 향한다.

③ 전기력선은 그 자신만으로 폐곡선이 된다.
④ 전계가 0이 아닌 곳에서 전기력선은 도체 표면에 수직으로 만난다.

🔍 해설

전기력선의 성질

• 전기력선의 성질
① 전하가 없는 점에서는 전기력선의 발생 및 소멸은 없다.
② 전기력선은 정(+)전하에서 시작하여 부(-)전하에서 끝난다.
③ 전기력선의 방향은 그 점의 전계의 방향과 일치한다.
④ 전기력선의 밀도는 전계의 세기와 같다.
⑤ 전기력선은 전위가 높은 점에서 낮은 점으로 향한다.
⑥ 전기력선은 도체 표면(등전위면)에 수직으로 만난다.
⑦ 도체에 주어진 전하는 도체 표면에만 분포한다.
⑧ 전기력선은 대전도체 내부에는 존재하지 않는다.
⑨ 전하는 곡률이 큰 곳 곡률 반경이 작은 곳에 큰 밀도를 이룬다.
⑩ 전기력선은 서로 반발하여 교차 할 수 없으며 그 자신만으로 폐곡선을 이룰 수 없다.

★★★☆☆

05 대전된 도체 표면의 전하 밀도는 도체 표면의 모양에 따라 어떻게 되는가?

① 표면 전하 밀도는 표면의 모양과 무관하다.
② 표면 전하 밀도는 평면일 때 가장 크다.
③ 표면 전하밀도는 뾰족할수록 커진다.
④ 표면 전하밀도는 곡률이 크면 작아진다.

🔍 해설

전기력선의 성질

전하 밀도는 곡률이 큰 곳 또는 곡률 반경이 작은 곳에 큰 밀도를 이룬다. 즉 뾰족한 곳에 큰 밀도를 이룬다.

★★★☆☆

06 진공 중에 있는 구도체 일정 전하를 대전 시켰을 때 정전 에너지가 존재하는 것으로 다음 중 옳은 것은?

① 도체 내에만 존재한다.
② 도체 표면에만 존재한다.
③ 도체 내외에 모두 존재한다.
④ 도체 표면과 외부 공간에 존재한다.

[정답] 03 ④ 04 ③ 05 ③ 06 ④

🔍 **해설**

전기력선의 성질

도체 내부에는 전하가 존재하지 않으므로 내부 정전에너지는 없으며 정전에너지는 도체 표면과 외부 공간에만 존재한다.

★★★☆☆

07 대전도체의 성질 중 옳지 않은 것은?

① 도체 표면의 전하 밀도를 σ[C/m²]이라 하면 표면상의 전계는 $E=\dfrac{\sigma}{\varepsilon_0}$[V/m]이다.

② 도체 표면상의 전계는 면에 대해서 수평이다.

③ 도체 내부의 전계는 0이다.

④ 도체는 등전위이고, 그의 표면은 등전위면이다.

🔍 **해설**

전기력선의 성질

전기력선은 도체 표면(등전위면)과 외부에만 존재하며 수직으로 출입한다.

★★☆☆☆

08 단위 구면을 통해 나오는 전기력선의 수[개]는? (단, 구 내부의 전하량은 Q[C]이다.)

① 1[개]

② 4π[개]

③ ε_o[개]

④ $\dfrac{Q}{\varepsilon_0}$[개]

🔍 **해설**

전기력선의 성질

Q[C]에서 발생하는 전기력선의 총수는 $\dfrac{Q}{\varepsilon_o}$[개]다.

★★☆☆☆

09 폐곡면으로부터 나오는 유전속(dielectric flux)의 수가 N일 때 폐곡면 내의 전하량은 얼마인가?

① N

② $\dfrac{N}{\varepsilon_0}$

③ $\varepsilon_o N$

④ $\dfrac{N}{2\varepsilon_0}$

🔍 **해설**

전속 및 전속밀도

폐곡면을 통해서 나오는 유전속의 수는 매질과 관계없이 내부 전하량과 같다.

★★★☆☆

10 지구의 표면에 있어서 대지로 향하여 $E=300$[V/m]의 전계가 있다고 가정하면 지표면의 전하 밀도은 몇[C/m²]인가?

① 1.65×10^{-9} [C/m²]

② -1.65×10^{-9} [C/m²]

③ 2.65×10^{-9} [C/m²]

④ -2.65×10^{-9} [C/m²]

🔍 **해설**

전속 및 전속 밀도

전계의 방향은 (+)에서 (−)로 들어가므로 전계가 지구로 향하면 지구의 지표면은 (−)전하가 분포 하므로

$\rho_s=D=\varepsilon_o\cdot(-E)=8.855\times10^{-12}\times(-300)$
$\quad=-2.65\times10^{-9}$[C/m²]

★★☆☆☆

11 전기력선 밀도를 이용하여 대칭 정전계의 세기를 구하기 위하여 이용되는 법칙은?

① 패러데이의 법칙

② 가우스의 법칙

③ 쿨롱의 법칙

④ 톰슨의 법칙

🔍 **해설**

가우스의 정리

· 가우스의 정리 $\displaystyle\int_S E\cdot dS=\dfrac{Q}{\varepsilon_o}$: 전기력선의 총수 및 대칭 정전계의 세기를 계산하는 식이다.

· $\displaystyle\int_S D\cdot dS=Q$: 전속의 총수 및 폐곡면을 통과하는 전속과 폐곡면 내부의 전하와의 관계를 나타낸 식이다.

★★☆☆☆

12 정전계에서 주어진 전하의 분포에 의하여 발생되는 전계의 세기를 구하려고 할 때 적당하지 않은 방법은?

① 쿨롱의 법칙을 이용

② 전위를 이용

③ 가우스의 법칙을 이용

④ 비오사바르의 법칙을 이용

[**정답**] 07 ② 08 ④ 09 ① 10 ④ 11 ② 12 ④

🔍 해설

가우스의 정리

비오 사바르 법칙은 미소길이 미소 전류의 미소 자계의 세기를 결정하는 법칙이다.

★★★☆☆

13 축이 무한히 길며 반경이 a[m]인 원주 내에 전하가 축대칭이며 축방향으로 균일하게 분포 되어 있을 경우, 반경 $r(>a)$[m]되는 동심 원통면상의 한 점 P의 전계 세기[V/m]는? (단, 원주의 단위 길이당 전하를 λ[C/m]라 한다.)

① $\dfrac{\lambda}{2\varepsilon_0}$[V/m] 　　　② $\dfrac{\lambda}{2\pi\varepsilon_0}$[V/m]

③ $\dfrac{\lambda}{2\pi a}$[V/m] 　　　④ $\dfrac{\lambda}{2\pi\varepsilon_0 r}$[V/m]

🔍 해설

가우스의 정리에 의한 전계의 세기 공식

원통(원주)도체에 의한 전계의 세기

• 내외 전하 균일시

　$(r>a)$ 외부의 전계의 세기 : $E=\dfrac{\lambda}{2\pi\varepsilon_o r}$[V/m]

　$(r<a)$ 내부의 전계의 세기 : $E=\dfrac{\lambda r}{2\pi\varepsilon_o a^2}$[V/m]

• 전하 대전시

　$(r>a)$ 외부의 전계의 세기 : $E=\dfrac{\lambda}{2\pi\varepsilon_o r}$[V/m]

　$(r<a)$ 내부의 전계의 세기 : $E_i=0$

★★★☆☆

14 무한 길이의 직선도체에 전하가 균일하게 분포되어 있다. 이 직선 도체로부터 l인 거리에 있는 점의 전계의 세기는?

① l에 비례 　　　② l에 반비례

③ l^2에 비례 　　　④ l^2에 반비례

🔍 해설

가우스의 정리에 의한 전계의 세기 공식

무한장 직선에 의한 전계 $E=\dfrac{\lambda}{2\pi\varepsilon_o l}=18\times10^9\dfrac{\lambda}{l}$[V/m]이므로 l[인] 거리에 반비례 한다.

★★☆☆☆

15 반지름 a인 무한히 긴 원통상의 도체에 전하 Q가 균일하게 흐를 때 도체 내외에 발생하는 전계의 모양은?

① 　　②

③ 　　④

🔍 해설

가우스의 정리에 의한 전계의 세기 공식

원통(원주)도체에 의한 전계의 세기

• 내외 전하 균일시

　$(r>a)$ 외부의 전계의 세기 : $E=\dfrac{\lambda}{2\pi\varepsilon_o r}$[V/m]

　$(r<a)$ 내부의 전계의 세기 : $E=\dfrac{\lambda r}{2\pi\varepsilon_o a^2}$[V/m]

• 전하 대전시

　$(r>a)$ 외부의 전계의 세기 : $E=\dfrac{\lambda}{2\pi\varepsilon_o r}$[V/m]

　$(r<a)$ 내부의 전계의 세기 : $E_i=0$

　　[전하 내외 균일시]　　　　[대전시]

★★☆☆☆

16 진공중에 선전하 밀도 $+\lambda$[C/m]의 무한장 직선전하 A와 $-\lambda$[C/m]의 무한장 직선전하 B가 d[m]의 거리에 평행으로 놓여 있을 때, A에서 거리 $\dfrac{d}{3}$[m]되는 점의 전계의 크기는 몇[V/m]인가?

① $\dfrac{3\lambda}{4\pi\varepsilon_0 d}$[V/m] 　　　② $\dfrac{9\lambda}{4\pi\varepsilon_0 d}$[V/m]

③ $\dfrac{3\lambda}{8\pi\varepsilon_0 d}$[V/m] 　　　④ $\dfrac{9\lambda}{8\pi\varepsilon_0 d}$[V/m]

🔍 해설

지정된 지점의 전계의 세기 계산 방법

[**정답**] 13 ④　14 ②　15 ④　16 ②

electrical engineer · electrical engineer · electrical engineer · electrical engineer · electrical engineer · electrical engineer · electrical engineer · electrical

· 선전하 $+\lambda$에 의한 전계 : $E_1 = \dfrac{\lambda}{2\pi\varepsilon_o r_1} = \dfrac{\lambda}{2\pi\varepsilon_o \dfrac{d}{3}} = \dfrac{3\lambda}{2\pi\varepsilon_o d}$

· 선전하 $-\lambda$에 의한 전계 : $E_2 = \dfrac{\lambda}{2\pi\varepsilon_o r_2} = \dfrac{\lambda}{2\pi\varepsilon_o \dfrac{2d}{3}} = \dfrac{3\lambda}{4\pi\varepsilon_o d}$ 이므로

P점의 전계의 방향이 동일하므로 전체 전계는

$E = \dfrac{3\lambda}{2\pi\varepsilon_o d} + \dfrac{3\lambda}{4\pi\varepsilon_o d} = \dfrac{9\lambda}{4\pi\varepsilon_o d}$가 된다.

★★☆☆☆

17 자유 공간 내에 밀도가 $10^{-9}\,[\mathrm{C/m}]$인 균일한 선전하가 $x=4$, $y=3$인 무한장 선상에 있을 때 점 $(8,6,-3)$에서 전계 $E\,[\mathrm{V/m}]$는?

① $2.88a_x + 2.16a_y\,[\mathrm{V/m}]$

② $2.16a_x + 2.88a_y\,[\mathrm{V/m}]$

③ $2.88a_x - 2.16a_y\,[\mathrm{V/m}]$

④ $2.16a_x - 2.88a_y\,[\mathrm{V/m}]$

🔎 **해설**

전계의 세기 벡터 표시 방법

전계의 세기 벡터 표시 방법 $\vec{E} = E\,|\vec{n}| = E\dfrac{\vec{r}}{|\vec{r}|}$

· 거리벡터 $\vec{r} = (x_2 - x_1)a_x + (y_2 - y_1)a_y$
  $= (8-4)i + (6-3)a_z = 4a_x + 3a_y$

· 거리벡터의 크기 $|\vec{r}| = \sqrt{4^2 + 3^2} = 5\,[\mathrm{m}]$

· 방향 벡터 $\vec{n} = \dfrac{\vec{r}}{|\vec{r}|} = \dfrac{4a_x + 3a_y}{5} = 0.8a_x + 0.6a_y$

· 무한장 직선에 의한 전계
  $E = \dfrac{\lambda}{2\pi\varepsilon_o r}\vec{n} = \dfrac{10^{-9}}{2\pi\varepsilon_o \times 5} \cdot (0.8a_x + 0.6a_y)$
  $= 2.88a_x + 2.16a_y\,[\mathrm{V/m}]$

★★★☆☆

18 진공 중에서 있는 임의의 구도체 표면 전하밀도가 σ일 때의 구도체 표면의 전계 세기$[\mathrm{V/m}]$는?

① $\dfrac{\varepsilon_o \sigma^2}{2}\,[\mathrm{V/m}]$

② $\dfrac{\sigma}{2\varepsilon_0}\,[\mathrm{V/m}]$

③ $\dfrac{\sigma^2}{\varepsilon_0}\,[\mathrm{V/m}]$

④ $\dfrac{\sigma}{\varepsilon_0}\,[\mathrm{V/m}]$

🔎 **해설**

가우스의 정리에 의한 전계의 세기 공식

· 무한 평면(판) $E = \dfrac{\sigma}{2\varepsilon_o}\,[\mathrm{V/m}]$

· 평행판=구도체 표면에 면 전하 존재 시 $E = \dfrac{\sigma}{\varepsilon_o}\,[\mathrm{V/m}]$

★★★☆☆

19 전하밀도 $\rho_s\,[\mathrm{C/m^2}]$인 무한 판상 전하분포에 의한 임의 점의 전장에 대하여 틀린 것은?

① 전장은 판에 수직방향으로만 존재한다.

② 전장의 세기는 전하밀도 ρ_s에 비례한다.

③ 전장의 세기는 거리 r에 반비례한다.

④ 전장의 세기는 매질에 따라 변한다.

🔎 **해설**

가우스의 정리에 의한 전계의 세기 공식

· 무한 평면(판) $E = \dfrac{\sigma}{2\varepsilon_o}\,[\mathrm{V/m}]$

· 평행판=구도체 표면에 면 전하 존재 시 $E = \dfrac{\sigma}{\varepsilon_o}\,[\mathrm{V/m}]$

  면 전하밀도에 의한 전계의 세기는 거리와 무관하다.

★★☆☆☆

20 진공 중에서 전하 밀도 $\pm\sigma\,[\mathrm{C/m^2}]$의 무한 평면이 간격 $d\,[\mathrm{m}]$로 떨어져 있다. $\pm\sigma$의 평면으로부터 $r\,[\mathrm{m}]$ 떨어진 점 P의 전계의 세기 $[\mathrm{N/C}]$는?

① $0\,[\mathrm{N/C}]$

② $\dfrac{\sigma}{\varepsilon_0}\,[\mathrm{N/C}]$

③ $\dfrac{\sigma^2}{2\varepsilon_0}\,[\mathrm{N/C}]$

④ $\dfrac{\sigma}{2\varepsilon_0}\left(\dfrac{1}{r} - \dfrac{1}{r+d}\right)[\mathrm{N/C}]$

🔎 **해설**

지정된 지점의 전계의 세기 계산 방법

[정답] 17 ① 18 ④ 19 ③ 20 ①

38 | 전기기사·산업기사 필기

- $+\sigma$에 의한 전계 $E_1=\dfrac{\sigma}{2\varepsilon_o}[\mathrm{V/m}]$
- $-\sigma$에 의한 전계 $E_2=\dfrac{\sigma}{2\varepsilon_o}[\mathrm{V/m}]$이므로

  평행판 외측은 전계의 방향이 반대이므로 $E=E_1-E_2=0[\mathrm{V/m}]$

★★★☆☆

21 점전하 $+2Q[\mathrm{C}]$이 $x=0$, $y=1$인 점에 놓여 있고 $-Q[\mathrm{C}]$의 전하가 $x=0$, $y=-1$인 점에 위치할 때 전계의 세기가 0이 되는 점을 찾아라.

① $-Q[\mathrm{C}]$쪽으로 5.83 $\begin{bmatrix} x=0 \\ y=-5.83 \end{bmatrix}$

② $+2Q[\mathrm{C}]$쪽으로 5.83 $\begin{bmatrix} x=0 \\ y=5.83 \end{bmatrix}$

③ $-Q[\mathrm{C}]$쪽으로 0.17 $\begin{bmatrix} x=0 \\ y=-0.17 \end{bmatrix}$

④ $+2Q[\mathrm{C}]$쪽으로 0.17 $\begin{bmatrix} x=0 \\ y=0.17 \end{bmatrix}$

🔍 **해설**

전계의 세기가 0이 되는 지점

두 전하의 다르므로 전계의 세기가 0 인점은 전하의 절대값이 큰 반대편 외측에 존재한다.

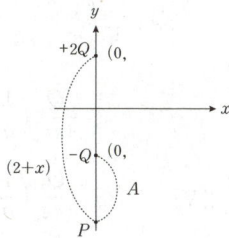

$E_1=E_2$

$\dfrac{Q}{4\pi\varepsilon_o A^2}=\dfrac{2Q}{4\pi\varepsilon_o(2+A)^2}$ 이를 정리하면

$2A^2=(2+A)^2$

$\sqrt{2}\,A=2+A$

$(\sqrt{2}-1)A=2$

$A=\dfrac{2}{\sqrt{2}-1}=4.83$

즉 전계의 세기가 0 인 점의 좌표는

$x=0$, $y=-1-4.83=-5.83$ 이다.

★★☆☆☆

22 그림과 같이 $+q[\mathrm{C/m}]$로 대전된 두 도선이 $d[\mathrm{m}]$의 간격으로 평행하게 가설 되었을 때 이 두 도선 간에 전계가 최소가 되는 점은?

① $\dfrac{d}{3}$ ② $\dfrac{d}{2}$

③ $\dfrac{2d}{3}$ ④ $\dfrac{3d}{5}$

🔍 **해설**

전계의 세기가 0이 되는 지점

전위경도(전계)가 최소가 되는 지점은 전계의 세기가 0이 되는 조건이므로 두 전하의 극성(부호)가 같은 경우 두 선전하 사이에 존재한다. 전계의 세기가 0인 점의 거리를 x라 하면 $E_1=E_2$이므로

$\dfrac{q}{2\pi\varepsilon_o x}=\dfrac{q}{2\pi\varepsilon_o(d-x)}$, 이를 정리 하면 $d-x=x$, $2x=d$, $x=\dfrac{1}{2}d$

★★★☆☆

23 $30[\mathrm{V/m}]$인 평등전계 중의 $80[\mathrm{V}]$되는 점에서 $1[\mathrm{C}]$의 전하를 전계 방향으로 $80[\mathrm{cm}]$ 떨어진 점의 전위는 몇 $[\mathrm{V}]$인가?

① $9[\mathrm{V}]$ ② $24[\mathrm{V}]$

③ $30[\mathrm{V}]$ ④ $56[\mathrm{V}]$

🔍 **해설**

전위 및 전위차

전계와 전위의 관계식

- 전위 $V=Er=El=Ed=Gr[\mathrm{V}]$
- 전계 $E=\dfrac{V}{r}=[\mathrm{V/m}]$

여기서 $G[\mathrm{V/m}]$: 절연내력 $r=l=d[\mathrm{m}]$: 거리, 길이, 간격

전위차 $V_{AB}=E\cdot r=30\times0.8=24[\mathrm{V}]$이므로 전계의 방향은 전위가 감소하는 방향이므로 $V_B=V_A-V_{AB}=80-24=56[\mathrm{V}]$

★★★☆☆

24 전위가 V_A인 A점에서 $Q[C]$의 전하를 전계와 반대 방향으로 $l[m]$ 이동 시킨 점 P의 전위[V]는? (단 전계 E는 일정하다고 가정한다.)

① $V_P = V_A - El[V]$ ② $V_P = V_A + El[V]$

③ $V_P = V_A - EQ[V]$ ④ $V_P = V_A + EQ[V]$

🔍 해설

전위 및 전위차

전위 $V = -\int_{\infty}^{l} Edl = -\int_{\infty}^{P} Edl = -El[V]$,

전하를 전계와 반대 방향인 V_A에서 V_P로 이동 하였으므로
점 P의 전위 $V_P = V_A - V_P = V_A - (-)El = V_A + El[V]$

★★☆☆☆

25 어느 점전하에 의하여 생기는 전위를 처음 전위의 1/2이 되게 하려면 전하로부터 거리를 몇 배하면 되는가?

① $\dfrac{1}{\sqrt{2}}$ ② $\dfrac{1}{2}$

③ $\sqrt{2}$ ④ 2

🔍 해설

도체 모양에 따른 전위 공식

점전하의 전위 $V = \dfrac{Q}{4\pi\varepsilon_o r}[V] \propto \dfrac{1}{r}$이므로 거리를 2배로 늘리면
된다.

★★★☆☆

26 무한 평행판 평행 전극 사이의 전위차 $V[V]$는? (단, 평행판 전하 밀도 $\sigma[C/m^2]$, 판간 거리 $d[m]$라 한다.)

① $\dfrac{\sigma}{\varepsilon_o}[V]$ ② $\dfrac{\sigma}{\varepsilon_o}d[V]$

③ σd ④ $\dfrac{\varepsilon_o \sigma}{d}[V]$

🔍 해설

도체 모양에 따른 전위 공식

평행판 = 구 도체 표면에 면 전하 존재 시

• 전계 $E = \dfrac{\sigma}{\varepsilon_o}[V/m]$

• 전위 $V = Ed = \dfrac{\sigma}{\varepsilon_o} \cdot d[V]$

여기서 $\sigma[C/m^2]$: 면 전하밀도, $r = l = d[m]$: 거리, 길이, 간격

★★☆☆☆

27 반지름 $r = 1[m]$인 도체구의 표면전하밀도가 $\dfrac{10^{-8}}{9\pi}$ $[C/m^2]$가 되도록 하는 도체구의 전위는 몇 [V]인가?

① $10[V]$ ② $20[V]$

③ $40[V]$ ④ $80[V]$

🔍 해설

도체 모양에 따른 전위 공식

평행판 = 구도체 표면에 면 전하 존재 시

전위 $V = Er = \dfrac{\sigma}{\varepsilon_o} \cdot r[V]$ 이를 이용 $V = \dfrac{\dfrac{10^{-8}}{9\pi}}{8.855 \times 10^{-12}} \cdot 1 = 40[V]$

여기서 $\sigma[C/m^2]$면 전하밀도, $r = l = d[m]$: 거리, 길이, 간격

★★★★☆

28 그림과 같은 동심구에서 도체 A에 $Q[C]$을 줄 때 도체 A의 전위는 몇 [V]인가? (단, 도체 B의 전하는 0이다.)

① $\dfrac{Q}{4\pi\varepsilon_0 c}[V]$ ② $\dfrac{Q}{4\pi\varepsilon_0}\left(\dfrac{1}{a} - \dfrac{1}{b}\right)[V]$

③ $\dfrac{Q}{4\pi\varepsilon_0}\left(\dfrac{1}{a} + \dfrac{1}{b}\right)[V]$ ④ $\dfrac{Q}{4\pi\varepsilon_0}\left(\dfrac{1}{a} - \dfrac{1}{b} + \dfrac{1}{c}\right)[V]$

🔍 해설

도체 모양에 따른 전위 공식

동심구의 전위는
• A도체 $+Q[C]$, B도체 $Q = 0[C]$인경우의 A도체의 전위 V_A

$V_A = \dfrac{Q}{4\pi\varepsilon_o}\left(\dfrac{1}{a} - \dfrac{1}{b} + \dfrac{1}{c}\right)[V]$

• A도체에 $+Q[C]$, B도체 $-Q[C]$인 경우 A도체와 B도체 사이에 전위차

$V_{AB} = V_A - V_B = \dfrac{Q}{4\pi\varepsilon_o}\left(\dfrac{1}{a} - \dfrac{1}{b}\right)[V]$

[정답] 24 ② 25 ④ 26 ② 27 ③ 28 ④

29 ★★★☆☆ 무한장 직선전하, 대전된 무한 평면 도체로부터 일정한 거리 r[m] 떨어진 점의 전전위[V]은?

① 0이다.
② 무한대의 값이다.
③ 거리 r에 반비례한다.
④ r이다.

🔍 **해설** ------

도체 모양에 따른 전위 공식

• 무한장 직선

$$V = -\int_\infty^r E dr = -\frac{\lambda}{2\pi\varepsilon_0}\int_\infty^r \frac{1}{r}dr = -\frac{\lambda}{2\pi\varepsilon_0}\int_\infty^r dr[\ln r]_\infty^r$$

$$= \frac{\lambda}{2\pi\varepsilon_0}[\ln\infty - \ln r] = \infty[V]$$

• 무한평면 도체

$$V = -\int_\infty^r E dr = \int_r^\infty E dr = \int_r^\infty \frac{\sigma}{2\varepsilon_0}dr = \frac{\sigma}{2\varepsilon_0}[r]_r^\infty$$

$$= \frac{\sigma}{2\varepsilon_0}[\infty - r] = \infty[V]$$

30 ★★★☆☆ 한 변의 길이가 a[m]인 정 4각형 A, B, C, D의 각 정점에 각각 Q[C]의 전하를 놓을 때, 정 4각형 중심 O의 전위는 몇 [V]인가?

① $\dfrac{3Q}{4\pi\varepsilon_0 a}[V]$
② $\dfrac{3Q}{\pi\varepsilon_0 a}[V]$
③ $\dfrac{\sqrt{2}Q}{\pi\varepsilon_0 a}[V]$
④ $\dfrac{2Q}{\pi\varepsilon_0 a}[V]$

🔍 **해설** ------

도체 모양에 따른 전위 공식

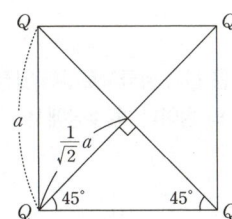

$\cos 45° = \dfrac{r}{a} = \dfrac{1}{\sqrt{2}}$이므로

$r = \dfrac{a}{\sqrt{2}}$ 중심점 전체전위는 전하가 4개이므로

$$V = \frac{Q}{4\pi\varepsilon_0 r} = \frac{4Q}{4\pi\varepsilon_0 \frac{a}{\sqrt{2}}} = \frac{\sqrt{2}Q}{\pi\varepsilon_0 a}[V]$$

31 ★★★☆☆ 전계 E와 전위 V 사이의 관계 즉, $E = -grad\,V$에 관한 설명으로 잘못된 것은?

① 전계는 전위가 일정한 면에 수직이다.
② 전계의 방향은 전위가 감소하는 방향으로 향한다.
③ 전계의 전기력선은 연속적이다.
④ 전계의 전기력선은 폐곡면을 이루지 않는다.

🔍 **해설** ------

전위의 기울기 및 경도

전계의 전기력선은 (+)전하에서 (−)전하에 끝나므로 불연속이다.

32 ★★★☆☆ $V = x^2$[V]로 주어지는 전위 분포 일 때 $x = 20$[cm]인 점의 전계?

① $+x$ 방향으로 40[V/m]
② $-x$ 방향으로 40[V/m]
③ $+x$ 방향으로 0.4[V/m]
④ $-x$ 방향으로 0.4[V/m]

🔍 **해설** ------

전위의 기울기 및 경도

$$E = -grad\,V = -\nabla V = -\frac{\partial x^2}{\partial x}i = -2xi$$

여기에 $x = 0.2$[m] 대입하면
$E = -0.4i$[V/m]이므로 전계의 방향은 $-x$의 방향 전계의 크기는 0.4[V/m]가 된다.

33 ★★☆☆☆ 다음 중 실용상 영(0) 전위의 기준으로 가장 적합한 것은?

① 자유공간
② 무한 원점
③ 철제 부분
④ 대지

🔍 **해설** ------

도체 모양에 따른 전위 공식

도체를 접지시킬 때 도체의 전위는 영전위이다.

[**정답**] 29 ② 30 ③ 31 ③ 32 ④ 33 ④

★★☆☆☆

34 정전유도에 의해서 고립 도체에 유기되는 전하는?

① 정전하만 유기되며 도체는 등전위이다.

② 정, 부 동량의 전하가 유기되며 도체는 등전위이다.

③ 부전하만 유기되며 도체는 등전위가 아니다.

④ 정, 부 동량의 전하가 유기되며 도체는 등전위가 아니다.

해설

도체 모양에 따른 전위 공식

중성 상태인 도체 가까이 대전된 도체를 놓으면 대전체와 같은 정 (+) 부(−) 동량의 전하가 유도 되는 현상을 말한다.

★★★☆☆

35 등전위면(equipotential surface)에 대한 설명으로 옳은 것은?

① 전기력선은 등전위면과 평행하게 지나간다.

② 전하를 갖고 등전위면에 따라 이동하면 일이 생긴다.

③ 다른 전위의 등전위면은 서로 교차한다.

④ 점전하가 만드는 전계의 등전위면은 동심구면이다.

해설

전기력선의 성질

· 등전위면 : 전계중에서 전위가 같은 점끼리 이어서 만들어진 하나의 면을 말한다.

· 등전위면의 특징

① 등전위면은 폐곡면이다.

② 전기력선은 등전위면과 항상 직교한다.

③ 두 개의 서로 다른 등전위면은 서로 교차하지 않는다.

★★☆☆☆

36 등전위면을 따라 전하 $Q[\text{C}]$을 운반하는데 필요한 일은?

① 전하의 크기에 따라 변한다.

② 전위의 크기에 따라 변한다.

③ QV

④ 0

해설

전위 및 전위차

등전위면은 전위차가 0이므로 전하 이동시 하는 일 에너지는 0이 된다.

★★☆☆☆

37 크기가 같고 부호가 반대인 두 점전하 $+Q[\text{C}]$과 $-Q[\text{C}]$이 극히 미소한 거리 $\delta[\text{m}]$ 만큼 떨어져 있을 때 전기 쌍극자 모멘트는 몇 $[\text{C}\cdot\text{m}]$인가?

① $\frac{1}{2}Q\delta$　　　　② $Q\delta$

③ $2Q\delta$　　　　④ $4Q\delta$

해설

전위 및 전위차

전기 쌍극자 모멘트 $M = Q\cdot\delta[\text{C}\cdot\text{m}]$

★★★☆☆

38 전기쌍극자 모멘트 $M[\text{C}\cdot\text{m}]$인 전기쌍극자에 의한 임의의 점의 전위는 몇 $[\text{V}]$인가? (단, 전기쌍극자간의 중심점에서 임의 점까지의 거리는 $R[\text{m}]$, 이들 간에 이루어진 각은 θ이다.)

① $9 \times 10^9 \dfrac{M\cos\theta}{R}[\text{V}]$　　② $9 \times 10^9 \dfrac{M\cos\theta}{R^2}[\text{V}]$

③ $9 \times 10^9 \dfrac{M\sin\theta}{R}[\text{V}]$　　④ $9 \times 10^9 \dfrac{M\sin\theta}{R^2}[\text{V}]$

해설

전기 쌍극자 및 전기 이중층

전기 쌍극자 전위

$$V = \frac{M\cos\theta}{4\pi\varepsilon_o R^2} = 9 \times 10^9 \frac{M\cos\theta}{R^2}[\text{V}]$$

★★☆☆☆

39 다음 그림은 전기 쌍극자로부터 일정한 거리를 표시한 반지름 $R[\text{m}]$의 원이다. 원주상에서 가장 전위가 높은 점은?

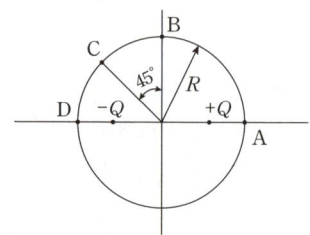

[정답] 34 ②　35 ④　36 ④　37 ②　38 ②　39 ①

① A ② B
③ C ④ D

🔍 **해설**

전기 쌍극자 및 전기 이중층

전기 쌍극자 전위 $V=\dfrac{M\cos\theta}{4\pi\varepsilon_o R^2}=9\times10^9\dfrac{M\cos\theta}{R^2}$ [V]

전기쌍극자의 전위 V는 $\theta=0°$일 때가 최대가 된다.

★★★☆☆
40 그림과 같은 전기쌍극자에서 P 점의 전계의 세기는 몇 $[V/m]$인가?

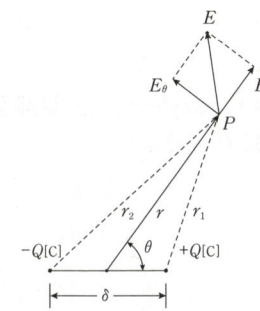

① $a_r\dfrac{Q\delta}{2\pi\varepsilon_o r^3}\sin\theta+a_\theta\dfrac{Q\delta}{4\pi\varepsilon_o r^3}\cos\theta[V/m]$

② $a_r\dfrac{Q\delta}{4\pi\varepsilon_o r^3}\sin\theta+a_\theta\dfrac{Q\delta}{4\pi\varepsilon_o r^3}\cos\theta[V/m]$

③ $a_r\dfrac{Q\delta}{2\pi\varepsilon_o r^3}\cos\theta+a_\theta\dfrac{Q\delta}{4\pi\varepsilon_o r^3}\sin\theta[V/m]$

④ $a_r\dfrac{Q\delta}{4\pi\varepsilon_o r^3}\omega+a_\theta\dfrac{Q\delta}{4\pi\varepsilon_o r^3}(1-\omega)[V/m]$

🔍 **해설**

전기 쌍극자 및 전기 이중층
전기 쌍극자

• r성분 전계의 세기 : $E_r=\dfrac{M}{2\pi\varepsilon_o r^3}\cos\theta=\dfrac{Q\delta}{2\pi\varepsilon_o r^3}\cos\theta[V/m]$

• θ성분의 전계의 세기 : $E_\theta=\dfrac{M}{4\pi\varepsilon_o r^3}\sin\theta=\dfrac{Q\delta}{4\pi\varepsilon_o r^3}\sin\theta[V/m]$

• 전체 전계의 세기 : $E=\dfrac{M}{4\pi\varepsilon_o r^3}\sqrt{1+3\cos^2\theta}$
$=\dfrac{Q\delta}{4\pi\varepsilon_o r^3}\sqrt{1+3\cos^2\theta}[V/m]$

여기서 $M=Q\cdot\delta[C\cdot m]$: 쌍극자모멘트

★★★★☆
41 쌍극자모멘트가 $M[C\cdot m]$인 전기쌍극자에 의한 임의의 점 P의 전계의 크기는 전기 쌍극자의 중심에서 축방향과 점 P를 잇는 선분 사이의 각 θ가 얼마일 때 최소가 되는가?

① 0 ② $\pi/2$
③ $\pi/3$ ④ $\pi/4$

🔍 **해설**

전기 쌍극자 및 전기 이중층

전기 쌍극자 전계 $E=\dfrac{M}{4\pi\varepsilon_o r^3}\sqrt{1+3\cos^2\theta}$ [V/m]이므로

전계가 최대일 경우 $\theta=0°$, 최소일 경우 $\theta=90°$일 때이다.

★★★☆☆
42 $E=i\left(\dfrac{x}{x^2+y^2}\right)+j\left(\dfrac{y}{x^2+y^2}\right)$인 전계의 전기력선의 방정식을 옳게 나타낸 것은? (단, c는 상수이다.)

① $y=c\ln x$ ② $y=\dfrac{c}{x}$
③ $y=cx$ ④ $y=cx^2$

🔍 **해설**

여러 가지 방정식
전기력선의 방정식에서 전계의 세기가

$E=\dfrac{x}{x^2+y^2}i+\dfrac{y}{x^2+y^2}j$ [V/m]일 때 전기력선의 방정식을 구하면

전기력선의 방정식 $\dfrac{dx}{Ex}=\dfrac{dy}{Ey}$이므로

$\dfrac{dx}{\frac{x}{x^2+y^2}}=\dfrac{dy}{\frac{y}{x^2+y^2}}$ → $\dfrac{1}{x}dx=\dfrac{1}{y}dy$에서 양변을 적분하면

$\ln x=\ln y+\ln A$, $\ln x-\ln y=\ln A$, $\ln\dfrac{x}{y}=A$가 되므로

$y=\dfrac{1}{A}x=cx$이다.

★★★☆☆
43 $E=xa_x-ya_y[V/m]$일 때 점 (6, 2)[m]를 통과하는 전기력선의 방정식은?

① $y=12x$ ② $y=\dfrac{12}{x}$
③ $y=\dfrac{x}{12}$ ④ $y=12x^2$

해설 ----------------

여러 가지 방정식

전계의 세기가 $E = xa_x - ya_y$[V/m]일 때 $(6,2,0)$을 지나는 전기력선의 방정식을 구하면 전기력선의 방정식 $\dfrac{dx}{Ex} = \dfrac{dy}{Ey}$이므로

$\dfrac{dx}{x} = \dfrac{dy}{-y}$ ➡ $\dfrac{1}{x}dx = -\dfrac{1}{y}dy$에서 양변을 적분하면

$\ln x = -\ln y + c$, $\ln xy = \ln c$, $xy = c$가 되므로

$(x=6,\ y=2,\ z=0)$을 대입하면 $xy = 12$에서 $y = \dfrac{12}{x}$가 된다.

★★★★☆
44 $div D = \rho$와 관계가 가장 깊은 것은?

① Ampere의 주회적분 법칙

② Faraday의 전자유도 법칙

③ Laplace의 방정식

④ Gauss의 정리

해설 ----------------

여러 가지 방정식

가우스 정리의 미분형

· $div E = \dfrac{\rho}{\varepsilon_0}$

· $div D = \rho$[C/m³]
  (전속밀도 D 함수로 체적 전하밀도를 계산시 이용)

★★☆☆☆
45 원점에 점전하 Q[C]이 있을때 원점을 제외한 모든 점에서 $\nabla \cdot D$의 값은?

① ∞ ② 0

③ 1 ④ ε_0

해설 ----------------

여러 가지 방정식 및 전기력선의 성질

전하가 없는 점 에서는 전기력선의 발생 및 소멸은 없다.
그러므로 $div D = \nabla \cdot D = 0$이다.

★★★★☆
46 Poisson의 방정식은?

① $div \dot{E} = \dfrac{\rho}{\varepsilon_0}$ ② $\nabla^2 V = -\dfrac{\rho}{\varepsilon_0}$

③ $\dot{E} = grad V$ ④ $div \dot{E} = \varepsilon_0$

해설 ----------------

여러 가지 방정식

포아손(포아송)의 방정식

V 함수로 체적전하밀도 ρ를 구하는 식(∇^2 두 번 미분의 의미)

$div E = \dfrac{\rho}{\varepsilon_0}$을 이용 $div E = div(-grad V) = \dfrac{\rho}{\varepsilon_0}$,

$-\nabla \cdot \nabla V = \dfrac{\rho}{\varepsilon_0}$, $-\nabla^2 V = \dfrac{\rho}{\varepsilon_0}$, $\nabla^2 V = -\dfrac{\rho}{\varepsilon_0}$

★★★★☆
47 전위함수 $V = 2xy^2 + x^2yz^2$[V]일 때 점$(1,0,0)$[m]의 공간 전하 밀도[C/m³]는?

① $4\varepsilon_0$ ② $-4\varepsilon_0$

③ $6\varepsilon_0$ ④ $-6\varepsilon_0$

해설 ----------------

여러 가지 방정식

포아손의 방정식을 이용하면 $-\nabla^2 V = \dfrac{\rho}{\varepsilon_0}$이므로

$-\nabla^2 V = -\dfrac{\partial^2 V}{\partial x^2} - \dfrac{\partial^2 V}{\partial y^2} - \dfrac{\partial^2 V}{\partial z^2} = \dfrac{\rho}{\varepsilon_0}$

$= -\dfrac{\partial^2 2xy^2 + x^2yz^2}{\partial x^2} - \dfrac{\partial^2 2xy^2 + x^2yz^2}{\partial y^2} - \dfrac{\partial^2 2xy^2 + x^2yz^2}{\partial z^2} = \dfrac{\rho}{\varepsilon_0}$

$= -\dfrac{\partial 2y^2 + 2xyz^2}{\partial x} - \dfrac{\partial 2x2y + x^2z^2}{\partial y} - \dfrac{\partial 2x^2yz}{\partial z} = \dfrac{\rho}{\varepsilon_0}$

$= -2yz^2 - 4x - 2x^2y$

이때 $x=1, y=0, z=0$을 대입하면 $-4 = \dfrac{\rho}{\varepsilon_0}$이므로

$\rho = -4\varepsilon_0$[C/m³]

★★☆☆☆
48 전위 V가 단지 x만의 함수이며 $x=0$에서 $V=0$이고 $x=d$일 때 $V=V_0$인 경계 조건을 갖는다고 한다. 라플라스 방정식에 의한 V의 해는?

① $\nabla^2 V$ ② $V_0 d$

③ $\dfrac{V_0}{d}x$ ④ $\dfrac{Q}{4\pi\varepsilon_0 d}$

[**정답**] 44 ④   45 ②   46 ②   47 ②   48 ③

🔍 해설

여러 가지 방정식

라플라스 방정식 $\nabla^2 V = \dfrac{\partial^2 V}{\partial x^2} = 0$ 이므로 V는 x의 1차 함수이며 적분상수를 A, B라 하면 $V = Ax + B$ 경계의 조건에서 $x = 0$일 때 $V = 0$이며 $B = 0$이다. 또한 $x = d$일 때 $V = V_0$에서 $A = \dfrac{V_0}{d}$가 되므로 $V = \dfrac{V_0}{d} x$라 할 수 있다.

★★☆☆☆

49 다음 중 전계 E가 보존적인 것과 관계되지 않는 것은?

① $\oint_c E \cdot dl = 0$　　　② $E = -grad\,V$

③ $rot\,E = 0$　　　④ $div\,E = 0$

🔍 해설

여러 가지 방정식

가우스의 정리 미분형 $div\,E = \dfrac{\rho}{\varepsilon_0}$이다.

★★☆☆☆

50 다음 중 옳지 못한 것은?

① 라플라스 방정식 $\nabla^2 V = 0$

② 발산정리 $\oint_s A\,dS = \displaystyle\int_v div\,A\,dv$

③ 포아송의 방정식 $\nabla^2 V = \dfrac{\rho}{\varepsilon_0}$

④ 가우스의 정리 $div\,D = \rho$

🔍 해설

여러 가지 방정식
포아손의 방정식
$-\nabla^2 V = \dfrac{\rho}{\varepsilon_0}$ 또는 $\nabla^2 V = -\dfrac{\rho}{\varepsilon_0}$이다.

진공 중의 도체계

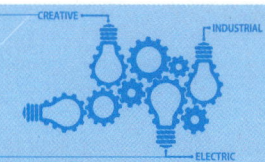

영상 학습 QR　　출제경향분석

제3장 진공중의 도체계에서 시험에 자주 출제가 되는 내용은 다음과 같다.
❶ 정전용량 공식　　　　　　　　　　❷ 콘덴서에 축적되는 에너지
❸ 정전흡인력　　　　　　　　　　　　❹ 합성정전용량
❺ 전위계수와 용량계수 및 유도 계수의 성질

콕콕 포인트

1 정전용량과 도체모양에 따른 정전용량 공식

1. 정전 용량

FAQ

정전용량이란 무엇인가요?

답

▶ 전하를 축적하는 능력을 정전
용량 또는 커패시턴스(Capaci-
tance)라하며 단위는 파라드
또는 패럿[Farad＝F]이라고
한다.

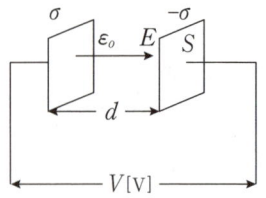

1) 정전용량 : $C = \dfrac{Q}{V} = \dfrac{전기량}{전위차}$ [F]

2) 축적되는 전하량 : $Q = CV$ [C]

3) 전위차 : $V = \dfrac{Q}{C}$ [V＝C/F]

4) 엘라스턴스 : 정전용량의 역수

$$P = \frac{1}{C} = \frac{V}{Q} = \frac{d}{\varepsilon_0 S} \left[\text{daraf} = \frac{1}{F} \right]$$

 전기 용어해설

콘덴서란 전하를 축적하는 장치를 말
하며 전하를 축적하는 능력을 정전용
량이라 한다.

2. 도체 모양에 따른 정전용량 공식

1) 구도체

 이해력 높이기

$b > a$ 동심구의 정전용량

전하는 도체 A도체와 B도체 사이에
만 축적되므로 전위 V는 a와 b 사이만
계산하여 정전용량을 계산한다.

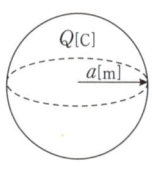

$$C = \frac{Q}{V} = \frac{Q}{\dfrac{Q}{4\pi\varepsilon_0 a}} = 4\pi\varepsilon_0 a = \frac{a}{9 \times 10^9} [\text{F}]$$

여기서 $a[\text{m}]$: 도체구의 반지름

2) 반구도체

$$C = 2\pi\varepsilon_0 a = \frac{a}{18 \times 10^9} [\text{F}]$$

al engineer · electrical engineer · electrical engineer · electrical engineer · electrical engineer · electrical engineer · electrical engineer · electrical engineer

3) $b > a$ 동심구의 정전용량

A도체

B도체

$$C = \frac{Q}{V} = \frac{Q}{4\pi\varepsilon_0 \left(\frac{1}{a} - \frac{1}{b} \right)} = \frac{4\pi\varepsilon_0}{\frac{1}{a} - \frac{1}{b}} = \frac{4\pi\varepsilon_0 ab}{b-a} [\text{F}]$$

여기서 $a[\text{m}]$: 내구 반지름, $b[\text{m}]$: 외구 반지름

동심구형 콘덴서 내외 반지름 ab 를 각각 n배 증가시 정전용량 $C[\text{F}]$도 n배 증가

① 동심 도체구 내구 접지 시 정전 용량

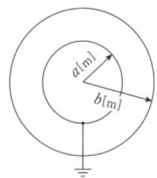

$a[\text{m}]$

$b[\text{m}]$

$$C = \frac{4\pi\varepsilon_0 ab}{b-a} + 4\pi\varepsilon_0 b = \frac{4\pi\varepsilon_0 b^2}{b-a} [\text{F}]$$

② 동심 도체구 외구 접지 시 정전 용량

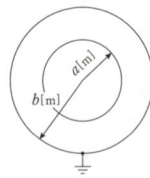

$a[\text{m}]$

$b[\text{m}]$

$$C = \frac{4\pi\varepsilon_0 ab}{b-a} [\text{F}]$$

4) 평행판 정전용량

σ $-\sigma$

ε_0 E

S

d

$V[\text{V}]$

$$C = \frac{Q}{V} = \frac{\sigma S}{\frac{\sigma}{\varepsilon_0} d} = \frac{\varepsilon_0 S}{d} [\text{F}]$$

여기서 $S[\text{m}^2]$: 극판의 면적, $d[\text{m}]$: 극판의 간격

| 필수확인 O·X 문제 |

1차 2차 3차

1. 구도체의 정전용량은 반지름에 비례한다. · (   )
2. 동심구형 콘덴서의 내외 반지름을 5배 증가시키면 정전용량은 5배 증가한다.(   )
3. 평행판 콘덴서의 극간의 거리를 1/2로 줄이면 정전용량은 1/2배가 된다. · · · (   )

상세해설

1. (○)
2. (○)
3. (×) $C = \frac{\varepsilon_0 S}{d} = \frac{\varepsilon_0 S}{\frac{d}{2}} = \frac{2\varepsilon_0 S}{d} [\text{F}]$이므로 2배가 된다.

모든 전기 장치에 접지시키는 근본적인 이유는?

① 지구의 용량이 커서 전위가 거의 일정하기 때문이다.
② 편의상 지면을 영전위로 보기 때문이다.
③ 영상 전하를 이용하기 때문이다.
④ 지구는 전류를 잘 통하기 때문이다.

A 해설

지구의 정전용량이 매우 크므로 많은 전하가 축적되더라도 표면전위와 내부전위가 같아 지구의 전위가 거의 일정하기 때문이다. 모든 전기 장치를 접지 시키고 대지를 실용상 등전위로(0[V]) 한다.

정답 ①

Q 포인트문제 2

1[μF]의 정전용량을 가진 구의 반지름[km]은?

① 9×10^3 ② 9
③ 9×10^{-3} ④ 9×10^{-6}

A 해설

구도체의 정전용량은
$$C = 4\pi\varepsilon_0 a$$
이때 구의 반지름은
$$a = \frac{C}{4\pi\varepsilon_0} = 9 \times 10^9 \times 1 \times 10^{-6}$$
$$= 9 \times 10^3 [\text{m}] = 9 [\text{km}]$$

정답 ②

Q 포인트문제 3

내구의 반지름이 1[m], 외구의 반지름이 2[m]인 두 개의 동심구 도체가 있다 구사이가 진공일 때 동심구간의 정전용량은 몇 [F]인가?

① $2\pi\varepsilon_0$ ② $4\pi\varepsilon_0$
③ $8\pi\varepsilon_0$ ④ $12\pi\varepsilon_0$

A 해설

내구반지름 $a = 1[\text{m}]$, 외구반지름 $b = 2[\text{m}]$이므로 동심구간의 정전용량은
$$C = \frac{4\pi\varepsilon_0 ab}{b-a} = \frac{4\pi\varepsilon_0 \times 1 \times 2}{2-1}$$
$$= 8\pi\varepsilon_0 [\text{F}]$$

정답 ③

5) $b>a$ 동심 원통 도체의 정전용량

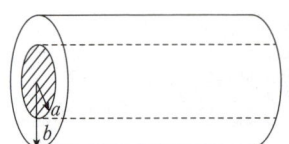

1) $C=\dfrac{Q}{V}=\dfrac{\lambda l}{\dfrac{\lambda}{2\pi\varepsilon_0}\ln\dfrac{b}{a}}=\dfrac{2\pi\varepsilon_0 l}{\ln\dfrac{b}{a}}[\text{F}]$

2) **단위 길이당 정전용량** : $C=\dfrac{2\pi\varepsilon_0}{\ln\dfrac{b}{a}}[\text{F/m}]$

여기서 $a[\text{m}]$: 내 원통의 반지름,
$\qquad$ $b[\text{m}]$: 외 원통의 반지름, $l[\text{m}]$: 원통의 길이

6) $d>a$ 평행 도선간의 정전용량

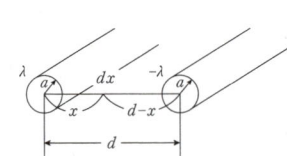

1) $C=\dfrac{Q}{V}=\dfrac{\lambda l}{\dfrac{\lambda}{\pi\varepsilon_0}\ln\dfrac{d}{a}}=\dfrac{\pi\varepsilon_0 l}{\ln\dfrac{d}{a}}[\text{F}]$

2) **단위 길이당 정전용량** : $C=\dfrac{\pi\varepsilon_0}{\ln\dfrac{d}{a}}[\text{F/m}]$

여기서 $d[\text{m}]$: 평행 두 도선 사이의 거리 $d\fallingdotseq d-a$,
$\qquad$ $a[\text{m}]$: 도선의 반지름

7) 바리콘(가변형 콘덴서)

고정자
회전자

1) **바리콘의 정전용량** : $C_\theta=C_0\dfrac{\theta}{\pi}[\text{F}]$

2) **토크** : $T=\dfrac{\partial W_\theta}{\partial\theta}=\dfrac{\partial\left(\dfrac{C_0 V^2}{2\pi}\theta\right)}{\partial\theta}=\dfrac{C_0 V^2}{2\pi}[\text{N}\cdot\text{m/rad}]$

$\qquad W_\theta=\dfrac{1}{2}C_\theta V^2=\dfrac{C_0 V^2}{2\pi}\theta[\text{J}]$

---

2 합성 정전용량

1. 직렬 연결

저항의 병렬 개념으로 해석하며 회로 내에 흐르는 전하는 일정하고 전압은 분배 된다.

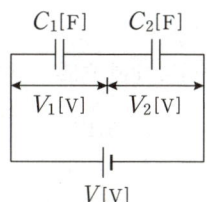

1) 합성정전용량

$$C = \frac{1}{\frac{1}{C_1} + \frac{1}{C_2}} = \frac{C_1 \cdot C_2}{C_1 + C_2} \, [F]$$

2) 전체전하

$$Q = CV = \frac{C_1 \cdot C_2}{C_1 + C_2} V \, [C]$$

3) 전압 분배 법칙

① C_1에 분배되는 전압

$$V_1 = \frac{\frac{1}{C_1}}{\frac{1}{C_1} + \frac{1}{C_2}} V = \frac{C_2}{C_1 + C_2} V \, [V]$$

② C_2에 분배되는 전압

$$V_2 = \frac{\frac{1}{C_2}}{\frac{1}{C_1} + \frac{1}{C_2}} V = \frac{C_1}{C_1 + C_2} V \, [V]$$

참고

- 먼저 파괴되는 콘덴서
  $Q = CV \, [C]$으로 계산 시 전하량이 가장 작은 콘덴서가 먼저 파괴 된다.
- 전체내압 = 콘덴서 파괴 시 전압

$$전체내압 = \frac{\frac{1}{C_1} + \frac{1}{C_2} + \frac{1}{C_3}}{\frac{1}{C_1}} \times 내압 [V]$$

여기서 분모의 $\frac{1}{C_1}$은 먼저 파괴되는 콘덴서이다.

Q 포인트문제 6

내압이 $1000[V]$, 정전용량 $1[\mu F]$, 내압 $750[V]$, 정전용량 $2[\mu F]$, 내압 $500[V]$ 정전용량 $5[\mu F]$인 콘덴서를 직렬로 접속하고 인가 전압을 서서히 높이면 최초로 파괴되는 콘덴서는?

① $1[\mu F]$가 가장 먼저 파괴된다.
② $2[\mu F]$가 가장 먼저 파괴된다.
③ $5[\mu F]$가 가장 먼저 파괴된다.
④ 동시에 모두 파괴된다.

A 해설

정전용량이 $C_1 = 1[\mu F]$, $C_2 = 2[\mu F]$, $C_3 = 5[\mu F]$이고 내압이 $V_1 = 1000[V]$, $V_2 = 750[V]$, $V_3 = 500[V]$ 이므로 각 콘덴서의 전하량은 $Q_1 = C_1 V_1 = 1 \times 10^{-3}$, $Q_2 = C_2 V_2 = 1.5 \times 10^{-3}$, $Q_3 = C_3 V_3 = 2.5 \times 10^{-3}$ 이므로 전하량이 가장 작은 C_1인 $1[\mu F]$ 콘덴서가 가장 먼저 파괴 된다.

정답 ①

| 필수확인 O·X 문제 |

[1차] [2차] [3차]

1. 콘덴서를 직렬로 연결시 각 콘덴서에 분포되는 전하량은 콘덴서의 크기에 비례한다.
   · (   )
2. 용량이 같은 콘덴서를 n개 직렬 연결 시 내압은 n배 용량은 $1/n$배가 된다. (   )

상세해설

1. (×) 콘덴서 직렬 접속시 각 콘덴서에 분포되는 전하량은 모두 일정하다.
2. (○)

콕콕 포인트

electrical engineer · electrical engineer · electrical engineer · electrical engineer · electrical engineer · electrical engineer · electrical engineer · electrical e

2. 병렬 연결

저항의 직렬 개념으로 해석하며 회로 내에 흐르는 전하는 분배되고 전압은 일정하다.

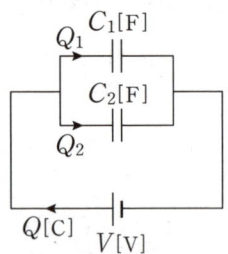

1) 합성정전용량

$$C=C_1+C_2[\mathrm{F}]$$

2) 단자전압＝공통전위

$$V=\frac{Q}{C}=\frac{Q_1+Q_2}{C_1+C_2}=\frac{C_1V_1+C_2V_2}{C_1+C_2}[\mathrm{V}]$$

3) 전하 분배법칙

① C_1에 분배되는 전하

$$Q_1=\frac{C_1}{C_1+C_2}Q=\frac{C_1}{C_1+C_2}(Q_1+Q_2)[\mathrm{C}]$$

② C_2에 분배되는 전하

$$Q_2=\frac{C_2}{C_1+C_2}Q=\frac{C_2}{C_1+C_2}(Q_1+Q_2)[\mathrm{C}]$$

3 전위계수와 용량계수 및 유도계수

1. 전위계수

1) 엘라스턴스

$$P=\frac{1}{C}=\frac{V}{Q}=\frac{d}{\varepsilon_0 S}\left[\mathrm{daraf}=\frac{1}{\mathrm{F}}\right]$$

2) 두 도체의 전위

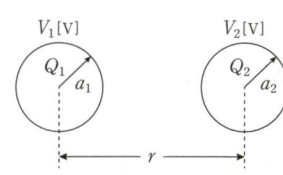

$V_1[\mathrm{V}]$ $V_2[\mathrm{V}]$

- **1도체의 전위**
$$V_1 = \frac{Q_1}{4\pi\varepsilon_0 a_1} + \frac{Q_2}{4\pi\varepsilon_0 r} = P_{11}Q_1 + P_{12}Q_2 [\mathrm{V}]$$

- **2도체의 전위**
$$V_2 = \frac{Q_1}{4\pi\varepsilon_0 r} + \frac{Q_2}{4\pi\varepsilon_0 a_2} = P_{21}Q_1 + P_{22}Q_2 [\mathrm{V}]$$

3) 전위계수 성질

① $P_{rr}(P_{11},\ P_{22},\ P_{33}\cdots\cdots) > 0$

② $P_{rs}(P_{12},\ P_{23},\ P_{34}\cdots\cdots) \geqq 0$

③ $P_{rs} = P_{sr}(P_{12} = P_{21})$

④ $P_{rr} \geq P_{sr}(P_{11} \geq P_{21})$

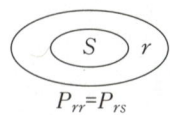

$P_{rr} = P_{rs}$

$r(1)$ 도체가 $s(2)$ 도체를 완전 포위

참고 $\pm Q[\mathrm{C}]$ 대전된 두 개의 도체의 전위 및 정전용량

- 전위계수에 의한 전위차
$$V_1 - V_2 = (P_{11} - 2P_{12} + P_{22})Q[\mathrm{V}]$$

- 전위계수에 의한 정전 용량
$$C = \frac{Q}{V_1 - V_2} = \frac{1}{P_{11} - 2P_{12} + P_{22}}[\mathrm{F}]$$

Q 포인트문제 8

두 도체 1, 2가 있다. 1 도체에만 2[C]의 전하를 주면, 1 및 2 도체의 전위가 각각 4[V] 및 6[V]가 되었다. 두 도체에 같은 전하 1[C]을 주면 1 도체의 전위는?

① 0[V] ② 3[V]
③ 5[V] ④ 7[V]

A 해설

1 도체에만 2[C]의 전하를 주었으므로 2 도체에 전하량은 0[C]이 된다.
두 도체의 전위
$V_1 = P_{11}Q_1 + P_{12}Q_2$,
$V_2 = P_{21}Q_1 + P_{22}Q_2$,
$Q_1 = 2[\mathrm{C}]$, $Q_2 = 0[\mathrm{C}]$,
$V_1 = 4$, $V_2 = 6$을 대입하면
$P_{11} = 2$, $P_{21} = P_{12} = 3$가 된다.

두 도체에 같은 전하
$Q_1 = Q_2 = 1[\mathrm{C}]$을 주었을 때의
1 도체의 전위는
$V_1 = P_{11}Q_1 + P_{12}Q_2$
$\quad = 2 \times 1 + 3 \times 1 = 5[\mathrm{V}]$

정답 ③

필수확인 O·X 문제

1차 2차 3차

1. 전위계수의 단위는 [F]이다. ·····················( )

2. $P_{11} = P_{12}$의 의미는 "도체 2가 도체 1의 내측에 있다."라는 의미이다. ····( )

상세해설

1. (×) 전위계수의 단위는 $P = 1/C[1/\mathrm{F} = \mathrm{Daraf}]$

2. (○)

2. 용량계수와 유도계수

정전용량을 결정하는 계수나 전하를 정전 유도시키는 계수 q[F]라 한다.

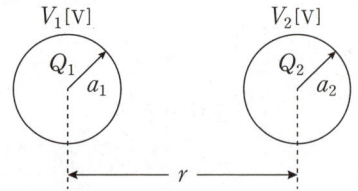

1) 용량계수 및 유도계수의 단위

$$Q = 4\pi\varepsilon_0 aV = CV = qV\,[\text{C}]$$

$$C = q = \frac{Q}{V}\,[\text{C/V} = \text{F}]$$

2) 두 도체의 전하량

$$1\text{도체의 전하} : Q_1 = q_{11}V_1 + q_{12}V_2\,[\text{C}]$$

$$2\text{도체의 전하} : Q_2 = q_{21}V_1 + q_{22}V_2\,[\text{C}]$$

여기서 첨자가 같은 것을 용량계수라 하며 첨자가 다른 것을 유도 계수라 한다.
이때 유도계수는 − 성질을 갖는다.

3) 용량계수, 유도계수의 일반적인 성질

① 용량계수 : $q_{11},\ q_{22},\ q_{33},\ \cdots\ q_{rr} > 0$
② 유도계수 : $(q_{12} = q_{21},\ q_{13} = q_{31},\ \cdots\ q_{rs} = q_{sr}) \leqq 0$
③ $q_{rr} \geqq -(q_{12} + q_{13} + \cdots + q_{1n})$

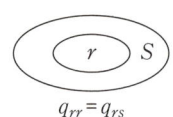
$q_{rr} = q_{rs}$

$s(2)$ 도체가 $r(1)$ 도체를 완전 포위(포함)한다.

4) 정전차폐

도체계 에서 임의에 도체를 일정전위의 도체로 완전 포위하면 내외 공간을 완전 차단
하는 것을 의미 한다.

4 정전에너지 및 정전흡인력

1. 콘덴서 및 도체에 축적되는 에너지

정전에너지라고 하며 임의의 도체에 $Q[\text{C}]$의 전하를 대전시킬 때 필요한 에너지를 말한다.

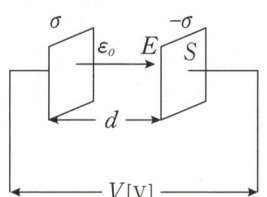

$$W=\frac{1}{2}QV=\frac{1}{2}CV^2=\frac{Q^2}{2C}[\text{J}]$$

정전에너지와 전하와 전위의 관계 곡선은 포물선이다.

2. 전계 내 또는 유전체 내에 축적되는 단위 체적당 에너지

1) 전체 에너지

$W=\dfrac{1}{2}CV^2$ 평행판을 기준으로 $C=\dfrac{\varepsilon_0 S}{d}[\text{F}]$, $V=Ed[\text{V}]$을 대입하면

$$W=\frac{1}{2}\frac{\varepsilon_0 S}{d}(Ed)^2=\frac{1}{2}\varepsilon_0 E^2 Sd=\frac{1}{2}\varepsilon_0 E^2 v\,[\text{J}]$$

여기서 $v=Sd\,[\text{m}^3]$: 체적

2) 단위 체적당 축적되는 에너지

$$W_E=\frac{W}{\text{체적}}=\frac{\frac{1}{2}\varepsilon_0 E^2 v}{v}=\frac{1}{2}\varepsilon_0 E^2[\text{J/m}^3]$$

$$W_E=\frac{\sigma^2}{2\varepsilon_0}=\frac{D^2}{2\varepsilon_0}=\frac{1}{2}\varepsilon_0 E^2=\frac{1}{2}ED\,[\text{J/m}^3]$$

▌필수확인 O·X 문제 ▌   1차 2차 3차

1. 누설이 없는 콘덴서의 소모전력은 $1/2\ CV^2[\text{W}]$이다. ················· (   )
2. 단위 체적당 축적되는 에너지는 유전체에 반비례 한다. ··············· (   )

상세해설

1. ($\times$) 누설이 없다면 전하의 이동이 없으므로 $0[\text{W}]$이다.
2. ($\times$) 전계를 기준으로 $W_E=\dfrac{D^2}{2\varepsilon}=\dfrac{(\varepsilon E)^2}{2\varepsilon}=\dfrac{1}{2}\varepsilon E^2\propto\varepsilon$이다.

참고

- 정전에너지
전하가 이동시에 한 일을 이용하여
$W=QV[\text{J}]$
$W=\displaystyle\int_0^q V dQ$에서
$V=\dfrac{Q}{C}=\displaystyle\int_0^q \dfrac{Q}{C}dQ$
$\quad=\dfrac{1}{C}\displaystyle\int_0^q QdQ=\dfrac{Q^2}{2C}[\text{J}]$

1) 충전을 해야 하는 상황
전압을 인가, 콘덴서에 저항 및 코일 연결한다는 말이 나오는 경우
- 평행판 콘덴서일 경우
$W=\dfrac{1}{2}CV^2=\dfrac{1}{2}\dfrac{\varepsilon_0 S}{d}V^2[\text{J}]\propto\dfrac{1}{d}$

2) 충전이 끝난 상황 (완충)
전하 $Q[\text{C}]$대전 또는 주었다, 전원을 인가 후 제거 한다는 말이 나오는 경우
- 평행판 콘덴서일 경우
$W=\dfrac{Q^2}{2C}=\dfrac{dQ^2}{2\varepsilon_0 S}[\text{J}]\propto d$
- 도체계 총에너지
$W=\dfrac{1}{2}\sum Q_n V_n[\text{J}]$

참고

- 콘덴서 병렬 연결시 전위차가 같아지도록 전하 이동이 생길 때 줄열 손실에 의해 에너지는 감소한다
$W<W_1+W_2$
- 비누 방울이 합칠 때 에너지는 증가한다.
$W>W_1+W_2$
여기서 W : (합친 후 에너지),
W_1+W_2 : (합치기 전 에너지)

3. 정전흡인력

정전응력, 대전도체에 작용하는 힘, 면 또는 판에 작용하는 힘이라고 한다.

1) 대전도체에 작용하는 정전 흡인력

① 전압 일정 시

$$F = \frac{\partial W}{\partial d} = \frac{\partial}{\partial d} \frac{1}{2} CV^2 = \frac{\partial}{\partial d} \frac{\varepsilon_0 S}{2d} V^2 = -\frac{\varepsilon_0 S}{2d^2} V^2 [\text{N}]$$

② 전하량 일정 시

$$F = \frac{\partial W}{\partial d} = \frac{\partial}{\partial d} \frac{Q^2}{2C} = \frac{\partial}{\partial d} \frac{dQ^2}{2\varepsilon_0 S} = \frac{Q^2}{2\varepsilon_0 S} [\text{N}]$$

2) 대전 도체나 콘덴서 사이에 작용하는 흡인력을 F라 하면 F와 에너지와의 관계는 $\partial W = F \partial d [\text{J}]$이다.

① 총 힘

$$F = \frac{\partial W}{\partial d} = \frac{\partial}{\partial d} \left(\frac{1}{2} \varepsilon_0 E^2 S d \right) = \frac{1}{2} \varepsilon_0 E^2 S = fS [\text{N}]$$

② 단위 면적당 정전흡인력

$$f = \frac{\sigma^2}{2\varepsilon_0} = \frac{D^2}{2\varepsilon_0} = \frac{1}{2} \varepsilon_0 E^2 = \frac{1}{2} ED [\text{N/m}^2]$$

음성 학습 QR

- QR 코드를 찍으시면, 가장 중요한 우선순위 문제풀이 영상을 보실 수 있습니다.
- 우선순위 논점은 전기(산업)기사 시험에서 가장 출제 빈도가 높은 문제로써, 수험생분들께서는 각 파트별 우선순위 문제의 논점과 키워드를 학습하시기를 바랍니다.
- 체크 리스트를 작성하시면서 문제의 유형과 학습의 완성도를 스스로 체크 해 보시기를 바랍니다.
- "선생님의 콕콕 포인트"는 틀리기 쉬운 문제의 함정과 문제의 포인트를 집어드립니다. 우선순위 문제풀이의 포인트를 꼭 참고하고 응용문제의 해결능력을 길러 줍니다.

번호	우선순위 논점	KEY WORD	나의 정답 확인				선생님의 콕콕 포인트
			맞음	틀림(오답확인)			
				이해 부족	암기 부족	착오 실수	
2	정전용량 ①	동심구, 중공 도체구, $a>b$					부등호의 크기를 확인 할 것
4	정전용량 ②	극판, 평행판					도체에 저축되는 전하 및 정전용량 공식을 반드시 암기할 것
9	정전용량 ③	동축, 원통, 원주					분자에 $2\pi\varepsilon_0$ 분모에 $\ln$ 큰 거리에서 작은 거리를 나눌 것
11	합성정전용량	병렬연결, 선으로 연결					선으로 연결 또는 접촉이라는 말은 병렬연결로 볼 것
17	전위계수	전위계수의 성질					아래 첨자 수가 많은 도체가 첨자수가 적은 도체를 포위할 것
22	정전에너지	평행판, 극판, 축적 에너지					정전용량 공식과 정전에너지 공식 및 단위 환산을 확인 할 것.
29	정전 흡인력	평행판, 극판, 전위, 전계					평행판 사이 정전용량과 전위차를 확인 할 것

★★★☆☆

01 공기 중에 고립된 금속구가 반지름 r일 때, 그 정전용량은 몇 [F]인가?

① $\dfrac{\varepsilon_0 r}{4\pi}$

② $\varepsilon_0 r$

③ $4\pi\varepsilon_0 r$

④ $8\pi\varepsilon_0 r$

🔍 해설

도체 모양에 따른 정전용량 공식

구도체의 정전용량 $C=\dfrac{Q}{V}=\dfrac{Q}{\dfrac{Q}{4\pi\varepsilon_0 r}}=4\pi\varepsilon_0 r=\dfrac{r}{9\times10^9}[\mathrm{F}]$

여기서 $r[\mathrm{m}]$: 반지름

★★★☆☆

02 반지름 $a>b$(단위 : [m])인 동심구 도체의 정전용량은 몇 [F]인가?

① $\dfrac{2\pi\varepsilon_0 ab}{a-b}$

② $\dfrac{4\pi\varepsilon_0 ab}{a-b}$

③ $\dfrac{8\pi\varepsilon_0 ab}{a-b}$

④ $\dfrac{16\pi\varepsilon_0 ab}{a-b}$

🔍 해설

도체 모양에 따른 정전용량 공식

- $b>a$ 동심구의 정전용량

$C=\dfrac{4\pi\varepsilon_0}{\dfrac{1}{a}-\dfrac{1}{b}}=\dfrac{4\pi\varepsilon_0 ab}{b-a}=\dfrac{1}{9\times10^9}\cdot\dfrac{ab}{b-a}[\mathrm{F}]$

$b>a$이라면 b가 외구의 반지름, a가 내구의 반지름을 말한다.

- 문제에서는 $b<a$가 되므로 $C=\dfrac{4\pi\varepsilon_0}{\dfrac{1}{b}-\dfrac{1}{a}}=\dfrac{4\pi\varepsilon_0 ab}{a-b}[\mathrm{F}]$

★★★☆☆

03 동심구형 콘덴서의 내외 반지름을 각각 10배로 증가시키면 정전 용량은 몇 배로 증가하는가?

① 5

② 10

③ 20

④ 100

🔵 **해설**

도체 모양에 따른 정전용량 공식

동심구의 정전용량은 반지름을 각각 n배씩 증가시키면 $C[\text{F}]$도 n배로 증가한다.

동심구의 정전 용량은 $C=\dfrac{4\pi\varepsilon_0 ab}{b-a}[\text{F}]$이므로 내외 반지름을 각각 10배로하면, $b=10b$, $a=10a$이고 이를 대입 정리하면

$C=\dfrac{4\pi\varepsilon_0 ab}{b-a}=\dfrac{4\pi\varepsilon_0 10a\cdot 10b}{10b-10a}=\dfrac{100(4\pi\varepsilon_0 ab)}{10(b-a)}=10C$이므로 10배가 된다.

★★★☆☆

04 공기중에 1변이 40[cm]인 정방형 전극을 가진 평행판 콘덴서가 있다. 극판 간격을 4[mm]로 할 때 극판 간에 100[V]의 전위차를 주면 축적되는 전하[C]는?

① 3.54×10^{-9} ② 3.54×10^{-8}

③ 6.56×10^{-9} ④ 6.56×10^{-8}

🔵 **해설**

도체 모양에 따른 정전용량 공식

평행판 콘덴서에 축적되는 전하 $Q=CV=\dfrac{\varepsilon_0 S}{d}V=\dfrac{\varepsilon_0 l^2}{d}V[\text{C}]$이고 이에 한 변 길이 $l=40[\text{cm}]$인 정사각형(정방형) 평행판 간격 $d=4[\text{mm}]$, 전위차 $V=100[\text{V}]$를 대입 정리하면

$Q=\dfrac{8.855\times 10^{-12}\times (0.4)^2}{4\times 10^{-3}}\times 100=3.54\times 10^{-8}[\text{C}]$

★★★☆☆

05 극판의 면적이 4[cm²], 정전 용량 1[pF]인 종이 콘덴서를 만들려고 한다. 비유전율 2.5, 두께 0.01[mm]의 종이를 사용하면 종이는 몇 장을 겹쳐야 되겠는가?

① 87장   ② 100장

③ 250장   ④ 885장

🔵 **해설**

도체 모양에 따른 정전용량 공식

평행판 콘덴서 $C=\dfrac{\varepsilon_0\varepsilon_s S}{d}[\text{F}]$이고 여기서 극판의 간격 $d=\dfrac{\varepsilon_0\varepsilon_s S}{C}[\text{m}]$

$d=\dfrac{\varepsilon_0\varepsilon_s S}{C}=\dfrac{8.855\times 10^{-12}\times 2.5\times 4\times 10^{-4}}{10^{-12}}$
$=8.85\times 10^{-3}[\text{m}]=8.85[\text{mm}]$

이때 두께 0.01[mm]의 종이의 개수는 $N=\dfrac{8.85}{0.01}=885$장

★★☆☆☆

06 비유전율이 4인 유리를 넣어서 내압이 5[kV], 용량이 50[pF]인 평행판 콘덴서를 제작하려면 평행판 콘덴서의 전극 면적은 몇 [m²]로 하면 되는가? (단, 유리의 절연내력은 5[kV/mm]이다.)

① $1.41\times 10^{-3}[\text{m}^2]$ ② $1.41\times 10^{-2}[\text{m}^2]$

③ $2.82\times 10^{-3}[\text{m}^2]$ ④ $2.82\times 10^{-2}[\text{m}^2]$

🔵 **해설**

도체 모양에 따른 정전용량 공식

평행판 콘덴서 $C=\dfrac{\varepsilon_0\varepsilon_s S}{d}[\text{F}]$이고

여기서 극판의 면적 $S=\dfrac{Cd}{\varepsilon_0\varepsilon_s}[\text{m}^2]$ 간격을 주지 않았으므로

간격을 구하면 $d=\dfrac{V[\text{V}]}{E[\text{V/m}]}=\dfrac{5\times 10^3}{5\times 10^6}=10^{-3}[\text{m}]$이므로

전극의 면적 $S=\dfrac{50\times 10^{-12}\times 10^{-3}}{8.855\times 10^{-12}\times 4}=1.411\times 10^{-3}[\text{m}^2]$

★★★☆☆

07 공기 중에 놓여진 직경 2[m]의 구도체에 줄 수 있는 최대 전하는 약 몇 [C]인가? (단, 공기의 절연내력은 3000 [kV/m]이다.)

① $5.3\times 10^{-4}[\text{C}]$ ② $3.33\times 10^{-4}[\text{C}]$

③ $2.65\times 10^{-4}[\text{C}]$ ④ $1.67\times 10^{-4}[\text{C}]$

🔵 **해설**

도체 모양에 따른 정전용량 공식

축적되는 전하량 $Q=CV[\text{C}]$

반지름 r인 구도체의 정전용량 $C=4\pi\varepsilon_0 r[\text{F}]$이고

전위 $V=E\cdot r[\text{V}]$이므로

$Q=4\pi\varepsilon_0 r\cdot Er=4\pi\varepsilon_0\cdot E\cdot r^2[\text{C}]$

문제에서는 직경 2[m]이므로 반경 $r=1[\text{m}]$

$Q=4\pi\times 8.855\times 10^{-12}\times 3000\times 10^3\times 1^2=3.388\times 10^{-4}[\text{C}]$

★★☆☆☆

08 반지름 2[mm]의 두 개의 무한히 긴 원통 도체가 중심 간격 2[m]로 진공 중에 평행하게 놓여 있을 때 1[km]당의 정전용량은 약 몇 [μF]인가?

① $1\times 10^{-3}[\mu\text{F}]$ ② $2\times 10^{-3}[\mu\text{F}]$

③ $4\times 10^{-3}[\mu\text{F}]$ ④ $6\times 10^{-3}[\mu\text{F}]$

[**정답**] 04 ② 05 ④ 06 ① 07 ② 08 ③

🔍 **해설**

도체 모양에 따른 정전용량 공식

$d>a$ 평행 두 도선 사이 단위 길이당 정전 용량은 $C=\dfrac{\pi\varepsilon_0}{\ln\dfrac{d}{a}}$[F/m],

따라서 전체 정전용량

$$C=\frac{\pi\varepsilon_0\ell}{\ln\left(\dfrac{2}{2\times10^{-3}}\right)}[F]=\frac{\pi\varepsilon_0\times10^3}{\ln\left(\dfrac{2}{2\times10^{-3}}\right)}\times10^6$$

$$=4.027\times10^{-3}\fallingdotseq4\times10^{-3}[\mu F]$$

★★★☆☆

09 내원통 반지름 10[cm], 외원통 반지름 20[cm]인 동축 원통 도체의 정전 용량[pF/m]은?

① 100[pF/m]

② 90[pF/m]

③ 80[pF/m]

④ 70[pF/m]

🔍 **해설**

도체 모양에 따른 정전용량 공식

원통사이의 단위 길이당 정전 용량은

$$C=\frac{2\pi\varepsilon_0}{\ln\dfrac{b}{a}}=\frac{2\pi\times8.855\times10^{-12}}{\ln\left(\dfrac{0.2}{0.1}\right)}=80\times10^{-12}[F/m]$$

$$=80[pF/m]$$

★★☆☆☆

10 그림과 같은 용량 C_0[F]의 콘덴서를 대전하고 있는 정전 전압계에 직렬로 접속하였더니 그 계기의 지시가 10[%]로 감소하였다면 계기의 정전용량은 몇 [F]인가?

① $9C_0$[F]

② $99C_0$[F]

③ $\dfrac{C_0}{9}$[F]

④ $\dfrac{C_0}{99}$[F]

🔍 **해설**

합성 정전용량

콘덴서 직렬 연결이므로

$C_1=C$[F]에 분배되는 $V_1=\dfrac{C_2}{C_1+C_2}V$[V]전압 이고

여기서 $V_1=0.1$[V], $C_1=C$[F], $C_2=C_0$[F]를 대입

$0.1V=\dfrac{C_0}{C+C_0}V$[V]가 되고 이를 정리하면 다음과 같다.

$0.1V(C+C_0)=C_0V$, $0.1CV+0.1C_0V=C_0V$,

$0.1CV=C_0V-0.1C_0V$, $0.1CV=0.9C_0V$

$C=\dfrac{0.9C_0V}{0.1V}=9C_0$

★★☆☆☆

11 반지름이 각각 a[m], b[m], c[m]인 독립 구도체가 있다. 이들 도체를 가는 선으로 연결하면 합성 정전용량은 몇 [F]인가?

① $4\pi\varepsilon_0(a+b+c)$[F]

② $4\pi\varepsilon_0\sqrt{a+b+c}$[F]

③ $12\pi\varepsilon_0\sqrt{a^3+b^3+c^3}$[F]

④ $\dfrac{4}{3}\pi\varepsilon_0\sqrt{a^2+b^2+c^2}$[F]

🔍 **해설**

합성 정전용량

가는 선으로 연결하면 병렬연결이므로 합성 정전용량은

$C=C_1+C_2+C_3=4\pi\varepsilon_0a+4\pi\varepsilon_0b+4\pi\varepsilon_0c$

$=4\pi\varepsilon_0(a+b+c)$[F]

★★☆☆☆

12 3개의 콘덴서 $C_1=1$[μF], $C_2=2$[μF], $C_3=3$[μF]를 직렬로 연결하여 600[V]의 전압을 가할 때 C_1 양단 사이에 걸리는 전압은 약 몇 [V]인가?

① 55[V]

② 164[V]

③ 327[V]

④ 382[V]

🔍 **해설**

합성 정전용량

전압 분배법칙에 의해 C_1에

[**정답**] 09 ③   10 ①   11 ①   12 ③

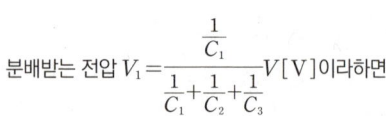

분배받는 전압 $V_1 = \dfrac{\dfrac{1}{C_1}}{\dfrac{1}{C_1}+\dfrac{1}{C_2}+\dfrac{1}{C_3}}V\,[\mathrm{V}]$ 이라하면

$V_1 = \dfrac{\dfrac{1}{1}}{\dfrac{1}{1}+\dfrac{1}{2}+\dfrac{1}{3}}\times 600 = 327.27\,[\mathrm{V}]$

★★☆☆☆

13 그림과 같이 콘덴서 $C_1 = 0.5[\mu\mathrm{F}]$와 $C_2 = 0.01[\mu\mathrm{F}]$를 접속하여 C_1에 1000[V]의 약 $\dfrac{1}{100}$ 전압이 걸리도록 하기 위하여 C_x를 C_1에 병렬로 접속하였다. C_x의 용량은 몇 $[\mu\mathrm{F}]$인가 ?

1000[V]

① $4.9[\mu\mathrm{F}]$　　　② $0.49[\mu\mathrm{F}]$
③ $1.49[\mu\mathrm{F}]$　　　④ $49[\mu\mathrm{F}]$

🔍 **해설**

합성 정전용량

직렬연결이므로 전압분배를 이용하면

C_1에 분배되는 전압 $V_1 = \dfrac{C_2}{C_1+C_2}V\,[\mathrm{V}]$

C_1에 $1000[\mathrm{V}]$의 $\dfrac{1}{100}$인 $V_1 = 10[\mathrm{V}]$ 분배되도록

C_x를 병렬로 접속 시 $V_1 = \dfrac{C_2}{(C_1+C_x)+C_2}V\,[\mathrm{V}]$이므로

이를 이용 정리하면 다음과 같다.

$10 = \dfrac{0.01}{0.5+0.01+C_x}\times 1000$

$10 = \dfrac{0.01}{0.51+C_x}\times 1000$

$10(0.51+C_x) = 10$

$C_x = 0.49[\mu\mathrm{F}]$이다.

★★☆☆☆

14 전압 V로 충전된 용량 C의 콘덴서에 용량 $2C$의 콘덴서를 병렬 연결한 후의 단자 전압[V]은?

① $3V[\mathrm{V}]$　　　② $2V[\mathrm{V}]$
③ $\dfrac{V}{2}[\mathrm{V}]$　　　④ $\dfrac{V}{3}[\mathrm{V}]$

🔍 **해설**

합성 정전용량

콘덴서 병렬 연결시 공통 전위 및 단자전압

$V = \dfrac{Q}{C} = \dfrac{Q_1+Q_2}{C_1+C_2} = \dfrac{C_1V_1+C_2V_2}{C_1+C_2}[\mathrm{V}]$

여기에 $C_1=C,\ V_1=V\ \rightarrow\ Q_1=C_1V_1=CV[\mathrm{C}]$

$C_2=2C,\ V_2=0\ \rightarrow\ Q_2=C_2V_2=2C\cdot 0=0[\mathrm{C}]$

대입 정리하면 $V = \dfrac{Q_1+Q_2}{C_1+C_2} = \dfrac{CV+0}{C+2C} = \dfrac{V}{3}[\mathrm{V}]$

★★☆☆☆

15 반지름 R인 도체구에 전하 Q가 분포되어 있다. 이에 반지름 $R/2$인 작은 도체구를 접촉시켰을 때 이 작은 구로 이동하는 전하 $[\mathrm{C}]$를 구하면?

① $Q[\mathrm{C}]$　　　② $\dfrac{1}{2}Q[\mathrm{C}]$
③ $\dfrac{1}{3}Q[\mathrm{C}]$　　　④ $\dfrac{1}{4}Q[\mathrm{C}]$

🔍 **해설**

합성 정전용량

두 구를 접촉 시 병렬연결이다

• 반지름 $R[\mathrm{m}]$ 구도체의 정전용량 $C_1=4\pi\varepsilon_o R[\mathrm{F}]$이고 $Q_1=Q[\mathrm{C}]$

• 반지름 $\dfrac{R}{2}$ 구도체의 정전용량 $C_2=4\pi\varepsilon_o \dfrac{R}{2}=\dfrac{C_1}{2}[\mathrm{F}]$이고 $Q_2=0[\mathrm{C}]$

전하량 분배 법칙에 의하여 작은 구 C_2로 이동한 전기량은

이를 대입하면 $Q_2' = \dfrac{C_2}{C_1+C_2}Q = \dfrac{C_2}{C_1+C_2}(Q_1+Q_2)$

$= \dfrac{\dfrac{C_1}{2}}{C_1+\dfrac{C_1}{2}}(Q+0) = \dfrac{\dfrac{C_1}{2}}{\dfrac{2C_1}{2}+\dfrac{C_1}{2}}Q = \dfrac{2C_1}{6C_1}Q = \dfrac{1}{3}Q[\mathrm{C}]$

[**정답**] 13 ②　14 ④　15 ③

58 | 전기기사·산업기사 필기

★★☆☆☆

16 엘라스턴스(elastance)란?

① $\dfrac{1}{전위차 \times 전기량}$

② 전위차 × 전기량

③ $\dfrac{전위차}{전기량}$

④ $\dfrac{전기량}{전위차}$

🔍 **해설** ----------------------------

전위계수와 용량계수 및 유도계수

정전용량의 역수 엘라스턴스

$P = \dfrac{1}{C} = \dfrac{V}{Q} = \dfrac{d}{\varepsilon_0 S} \left[daraf = \dfrac{1}{F} \right]$

★★★☆☆

17 전위 계수에 있어서 $P_{11} = P_{21}$의 관계가 의미하는 것은?

① 도체 1과 도체 2가 멀리 떨어져 있다.

② 도체 1과 도체 2가 가까이 있다.

③ 도체 1이 도체 2의 내측에 있다.

④ 도체 2가 도체 1의 내측에 있다.

🔍 **해설** ----------------------------

전위계수와 용량계수 및 유도계수

전위 계수 및 성질($P_1 = P_r, P_2 = P_s$)

$P_{11} > 0, P_{11} \geqq P_{12}, P_{12} = P_{21} \geqq 0,$

$P_{11} = P_{12}$: 1 도체는 2 도체를 포함한다. 또는 2도체가 1도체 내측에 존재 한다.

★★★☆☆

18 그림과 같이 점 0을 중심으로 반지름 a[m]의 도체구 1과 내반지름 b[m], 외반지름 c[m]의 도체구 2가 있다. 이 도체계에서 전위계수 $P_{11}[1/F]$에 해당되는 것은?

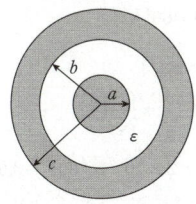

① $\dfrac{1}{4\pi\varepsilon} \dfrac{1}{a}$

② $\dfrac{1}{4\pi\varepsilon} \left(\dfrac{1}{a} - \dfrac{1}{b} \right)$

③ $\dfrac{1}{4\pi\varepsilon} \left(\dfrac{1}{b} - \dfrac{1}{c} \right)$

④ $\dfrac{1}{4\pi\varepsilon} \left(\dfrac{1}{a} - \dfrac{1}{b} + \dfrac{1}{c} \right)$

🔍 **해설** ----------------------------

전위계수와 용량계수 및 유도계수

도체 1 및 도체 2의 전위를 V_1, V_2 전하를 Q_1, Q_2이라고 하면 $V_1 = P_{11}Q_1 + P_{12}Q_2, \ V_2 = P_{21}Q_1 + P_{22}Q_2$의 관계가 성립한다. $Q_1 = 1, Q_2 = 0$일 때 이를 대입 정리하면 $V_1 = P_{11}, \ V_2 = P_{21}$ $Q_1 = 0, Q_2 = 1$일 때 이를 대입 정리하면 $V_1 = P_{12}, \ V_2 = P_{22}$이다. 내구(도체 1)에 $Q_1 = 1$을 주면 외구에는 $-1[C], 1[C]$의 전하가 유기되므로 내구의 전위 $V_1 = \dfrac{Q_1}{4\pi\varepsilon} \left(\dfrac{1}{a} - \dfrac{1}{b} + \dfrac{1}{c} \right)$이다.

$P_{11} = \dfrac{V_1}{Q_1} = \dfrac{1}{4\pi\varepsilon} \left(\dfrac{1}{a} - \dfrac{1}{b} + \dfrac{1}{c} \right) [1/F]$

★★★☆☆

19 도체계에서 각 도체의 전위를 $V_1, V_2, \cdots\cdots$ 으로 하기 위한 각 도체의 유도계수와 용량 계수에 대한 설명으로 옳은 것은?

① q_{11}, q_{22}, q_{33} 등을 유도계수라 한다.

② q_{21}, q_{31}, q_{41} 등을 용량계수라 한다.

③ 일반적으로 유도계수 ≤ 0이다.

④ 용량계수와 유도계수의 단위는 모두 V/C 이다.

🔍 **해설** ----------------------------

전위계수와 용량계수 및 유도계수

유도 계수 및 용량 계수의 성질($q_1 = q_r, q_2 = q_s$)

• $q_{11} > 0, q_{12} = q_{21} \leqq 0, q_{11} \geqq -q_{12}, q_{11} = -q_{12}$
  (2 도체는 1 도체를 포함한다.)

• $q = C[F] = \dfrac{Q}{V}[C/V]$

★★☆☆☆

20 도체계에서 임의의 도체를 일정 전위의 도체로 완전 포위하면 내외 공간의 전계를 완전히 차단할 수 있다. 이것을 무엇이라 하는가?

① 전자차폐

② 정전차폐

③ 홀(hall) 효과

④ 핀치(pinch) 효과

[**정답**] 16 ③ 17 ④ 18 ④ 19 ③ 20 ②

🔍 **해설** - - - - - - - - - - - -

전위계수와 용량계수 및 유도계수

도체계에서 임의의 도체를 일정 전위의 도체로 완전 포위하면 내외 공간의 전계를 완전히 차단할 수 있다. 이를 정전 차폐라 한다. 정전 차폐를 이용한 것으로 가공지선이 있다.

★★☆☆☆
21 정전 용량이 각각 C_1, C_2 그 사이의 상호 유도 계수가 M인 절연된 두 도체가 있다. 두 도체를 가는 선으로 연결할 경우 그 정전 용량은?

① $C_1 + C_2 - M$ ② $C_1 + C_2 + M$

③ $C_1 + C_2 + 2M$ ④ $2C_1 + 2C_2 + M$

🔍 **해설** - - - - - - - - - - - -

전위계수와 용량계수 및 유도계수

도체에 축적되는 전하

$Q_1 = q_{11}V_1 + q_{12}V_2$, $Q_2 = q_{21}V_1 + q_{22}V_2$ 식에서

$q_{11} = C_1$, $q_{22} = C_2$, $q_{12} = q_{21} = M$이고, $V_1 = V_2 = V$이므로

$Q_1 = (q_{11} + q_{12})V = (C_1 + M)V[C]$,

$Q_2 = (q_{21} + q_{22})V = (M + C_2)V[C]$가 되므로

정전 용량 $C = \dfrac{Q_1 + Q_2}{V} = \dfrac{(C_1 + M)V + (M + C_2)V}{V}$

$\qquad\qquad = C_1 + C_2 + 2M$

★★☆☆☆
22 극판면적 10[cm²], 간격 1[mm]의 평행판 콘덴서에 비유전율 3인 유전체를 채웠을 때 전압 100[V]를 가하면 저축 되는 에너지는 몇 [J]인가?

① 1.33×10^{-7} [J] ② 2.66×10^{-7} [J]

③ 3.5×10^{-8} [J] ④ 6.9×10^{-8} [J]

🔍 **해설** - - - - - - - - - - - -

정전 에너지

극판의 면적 $S = 10$[cm²], 간격 $d = 1$[mm], 비유전율 $\varepsilon_s = 3$,
전압 $V = 100$[V]일 때 평행판 사이에 저축되는 에너지

$W = \dfrac{1}{2}CV^2 = \dfrac{1}{2} \cdot \dfrac{\varepsilon_o \varepsilon_s S}{d} \cdot V^2$

$W = \dfrac{1}{2} \cdot \dfrac{8.855 \times 10^{-12} \times 3 \times 10 \times 10^{-4}}{1 \times 10^{-3}} \cdot 100^2 = 1.33 \times 10^{-7}$[J]

★★★☆☆
23 공기 중에서 반지름 a[m]의 도체구에 Q[C]의 전하를 주었을 때 전위가 V[V]로 되었다. 이 도체구가 갖는 에너지는?

① $\dfrac{Q^2}{4\pi\varepsilon_o a}$ ② $\dfrac{Q^2}{8\pi\varepsilon_o a}$

③ $\dfrac{Q}{4\pi\varepsilon_o a^2}$ ④ $\dfrac{Q}{8\pi\varepsilon_o a^2}$

🔍 **해설** - - - - - - - - - - - -

정전 에너지

반지름 a[m]일 때 구도체 정전용량 $C = 4\pi\varepsilon_o a$[F]

도체구가 갖는 정전에너지 $W = \dfrac{Q^2}{2C} = \dfrac{Q^2}{2 \times 4\pi\varepsilon_o a} = \dfrac{Q^2}{8\pi\varepsilon_o a}$[J]

★★☆☆☆
24 그림에서 2[μF]의 콘덴서에 축적되는 에너지[J]는?

① 3.6×10^{-3} [J] ② 4.2×10^{-3} [J]

③ 3.6×10^{-2} [J] ④ 4.2×10^{-4} [J]

🔍 **해설** - - - - - - - - - - - -

정전 에너지

• 콘덴서 2[μF]에 인가되는 전압

$V_2 = \dfrac{C_1}{C_1 + C'}V$

여기서 $C_1 = 3$[μF],

C'는 병렬 연결부분 이므로 $C' = 2 + 4 = 6$[μF]

$V_2 = \dfrac{3}{3+6} \times 180 = 60$[V]

• 콘덴서에 축적되는에너지

$W = \dfrac{1}{2}QV = \dfrac{1}{2}CV^2 = \dfrac{Q^2}{2C}$[J]

$W = \dfrac{1}{2}CV^2 = \dfrac{1}{2} \times 2 \times 10^{-6} \times (60)^2 = 3.6 \times 10^{-3}$[J]

[**정답**] 21 ③ 22 ① 23 ② 24 ①

★★☆☆☆

25 공간 전하밀도 ρ[C/m³]를 가진 점의 전위가 V[V], 전계의 세기가 E[V/m]일 때 공간 전체의 전하가 갖는 에너지는 몇 [J]인가?

① $\dfrac{1}{2}\displaystyle\int_v EV\,dv$

② $\dfrac{1}{2}\displaystyle\int_v \rho\,dv$

③ $\dfrac{1}{2}\displaystyle\int_v E^2\,dv$

④ $\dfrac{1}{2}\displaystyle\int_v V\,div D\,dv$

🔍 **해설**

정전 에너지

$W=\dfrac{1}{2}QV=\dfrac{1}{2}CV^2=\dfrac{Q^2}{2C}$[J]에서

전하가 갖는 에너지는

$W=\dfrac{1}{2}QV=\dfrac{1}{2}\rho\cdot vV=\dfrac{1}{2}\displaystyle\int_v \rho V\,dv=\dfrac{1}{2}\displaystyle\int_v V\,div D\,dv$[J]

🔽 **참고**

전하량 $Q=\rho v$[C], 가우스의 미분형 $div D=\rho$[C/m³]

★★☆☆☆

26 한 쪽 지름이 다른 쪽 지름의 6배인 2개의 금속구가 가늘고 긴 전선으로 접속되어 대전되어 있다. 큰 쪽은 작은 쪽보다 몇 배의 정전 에너지가 축적되는가 ?

① 3

② 6

③ 18

④ 36

🔍 **해설**

정전 에너지

금속구의 정전용량 $C_1=4\pi\varepsilon_0 r$, $C_2=4\pi\varepsilon_0 6r=6C_1$

두 금속구의 전위는 가늘고 긴 전선으로 접속되어 병렬 연결이므로

공통전위 V[V]가 발생하므로 $W_1=\dfrac{1}{2}C_1 V^2$[J],

$W_2=\dfrac{1}{2}C_2 V^2=\dfrac{1}{2}(6C_1)V^2$[J]이므로 $W_2=6W_1$

★★★☆☆

27 도체 표면의 전하 밀도를 σ[C/m²], 전계를 E[V/m]라 할 때 도체 표면에 작용 하는 힘 f는?

① $f\propto E$

② $f\propto \sigma$

③ $f\propto E/\sigma$

④ $f\propto E^2$

🔍 **해설**

정전 흡인력

대전된 도체의 면적당 작용하는 힘=정전응력=정전흡인력

$f=\dfrac{\sigma^2}{2\varepsilon_0}=\dfrac{D^2}{2\varepsilon_0}=\dfrac{1}{2}\varepsilon_0 E^2=\dfrac{1}{2}ED$[N/m²]에서 $f\propto\sigma^2\propto D^2\propto E^2$

★★☆☆☆

28 넓이 4[m²], 간격 1[m]의 진공 평행판 콘덴서에 1[C]의 전하를 충전하는 경우 평행판 사이의 힘[N]은?

① $\dfrac{1}{4\varepsilon_0}$[N]

② $\dfrac{1}{8\varepsilon_0}$[N]

③ $\dfrac{1}{16\varepsilon_0}$[N]

④ $\dfrac{1}{32\varepsilon_0}$[N]

🔍 **해설**

정전 흡인력

대전된 도체의 면적당 작용하는 힘=정전응력=정전흡인력=면(판)에 작용하는 힘

• 면적당 작용하는 힘 $f=\dfrac{\sigma^2}{2\varepsilon_0}=\dfrac{D^2}{2\varepsilon_0}=\dfrac{1}{2}\varepsilon_0 E^2=\dfrac{1}{2}ED$[N/m²]

• 전체 (총) 힘

$F=f\cdot S=\dfrac{\sigma^2}{2\varepsilon_0}S=\dfrac{\left(\dfrac{Q}{S}\right)^2}{2\varepsilon_0}S=\dfrac{Q^2}{2\varepsilon_0 S}$[N]

$F=\dfrac{Q^2}{2\varepsilon_0 S}=\dfrac{1^2}{2\varepsilon_0\times 4}=\dfrac{1}{8\varepsilon_0}$[N]

★★★★☆

29 면적이 300[Cm²], 판간격 2[Cm]인 2장의 평행판 금속 간을 비유전율 5인 유전체로 채우고 양 판 간에 20[kV]의 전압을 가할 경우 판 간에 작용하는 정전 흡인력[N]은?

① 0.75[N]

② 0.66[N]

③ 0.89[N]

④ 10[N]

🔍 **해설**

정전 흡인력

정전 흡인력 $F=fS$[N]이므로 정리하면 $F=\dfrac{1}{2}\varepsilon E^2 S$[N]

전계 $E=\dfrac{V}{d}$[V/m] 대입하면 $F=\dfrac{1}{2}\varepsilon_0\varepsilon_s\left(\dfrac{V}{d}\right)^2 S$[N]

$F=\dfrac{1}{2}\times 8.855\times 10^{-12}\times 5\times\left(\dfrac{20\times 10^3}{2\times 10^{-2}}\right)^2\times 300\times 10^{-4}$

$=0.66$[N]

[정답] 25 ④ 26 ② 27 ④ 28 ② 29 ②

★★★☆☆

30
반지름 2[m]인 구도체에 전하 10×10^{-4}[C]이 주어질 때 구도체 표면에 작용하는 정전 응력은 약 몇 [N/m²]인가?

① 22.4 [N/m²]   ② 26.6 [N/m²]

③ 30.8 [N/m²]   ④ 32.2 [N/m²]

🔍 해설

정전 흡인력

대전된 도체의 면적당 작용하는 힘=정전응력=정전흡인력=면(판)에 작용하는 힘

• 면적당 작용하는 힘

$f = \frac{1}{2}\varepsilon_0 E^2$[N/m²]   구도체의 전계의 세기 $E = \frac{Q}{4\pi\varepsilon_0 r^2}$[V/m]

$f = \frac{1}{2}\varepsilon_o\left(\frac{Q}{4\pi\varepsilon_0 r^2}\right)^2 = \frac{Q^2}{32\pi^2\varepsilon_0 r^4}$[N/m²]

$f = \frac{(10 \times 10^{-4})^2}{32\pi^2 \times 8.855 \times 10^{-12} \times 2^4} = 22.35 \fallingdotseq 22.4$[N/m²]

★★☆☆☆

31
커패시터를 제조하는데 A, B, C, D와 같은 4가지의 유전재료가 있다. 커패시터 내에서 단위체 적당 가장 큰 에너지 밀도를 나타내는 재료부터 순서대로 나열하면?
(단, 유전재료 A, B, C, D의 비유전율은 각각 $\varepsilon_{rA}=8$, $\varepsilon_{rB}=10$, $\varepsilon_{rC}=2$, $\varepsilon_{rD}=4$이다.)

① $B > A > D > C$ ② $A > B > D > C$

③ $D > A > C > B$ ④ $C > D > A > B$

🔍 해설

전계 내 또는 유전체내에 축적되는 단위 체적당 에너지

유전체 내에 저장되는 단위 체적당 에너지 밀도 $W = \frac{1}{2}\varepsilon E^2$[J/m³]
는 기준이므로 $W \propto \varepsilon$
즉 에너지 밀도는 비유전율에 비례한다.
따라서, $\varepsilon_{rB} > \varepsilon_{rA} > \varepsilon_{rD} > \varepsilon_{rC}$ 이므로 $B > A > D > C$이다.

★★☆☆☆

32
유전율 $\varepsilon = 10$이고 전계의 세기가 100[V/m]인 유전체 내부에 축적되는 에너지밀도 몇[J/m³]인가?

① 2.5×10^4 [J/m³]   ② 5×10^4 [J/m³]

③ 4.5×10^9 [J/m³]   ④ 9×10^9 [J/m³]

🔍 해설

전계 내 또는 유전체내에 축적되는 단위 체적당 에너지

단위 체적당 축적된 에너지 : $W = \frac{\sigma^2}{2\varepsilon} = \frac{D^2}{2\varepsilon} = \frac{1}{2}\varepsilon E^2 = \frac{1}{2}ED$[J/m³]

유전율과 전계가 $\varepsilon = 10$, $E = 100$[V/m]

$W = \frac{1}{2}\varepsilon E^2 = \frac{1}{2} \times 10 \times 100^2 = 5 \times 10^4$[J/m³]

★★☆☆☆

33
자유공간 중에서 전위 $V = xyz$[V]로 주어질 때 $0 \leq x \leq 1$, $0 \leq y \leq 1$, $0 \leq z \leq 1$인 입방체에 존재하는 정전 에너지는 몇 [J]인가?

① $\frac{1}{6}\varepsilon_o$[J]   ② $\frac{1}{5}\varepsilon_o$[J]

③ $\frac{1}{4}\varepsilon_o$[J]   ④ $\frac{1}{3}\varepsilon_o$[J]

🔍 해설

전계 내 또는 유전체내에 축적되는 단위 체적당 에너지

• 단위 체적당 축적된 에너지

$W = \frac{\sigma^2}{2\varepsilon} = \frac{D^2}{2\varepsilon} = \frac{1}{2}\varepsilon E^2 = \frac{1}{2}ED$[J/m³]

• 전계의 세기

$E = -grad V = -i\frac{\partial V}{\partial x} - j\frac{\partial V}{\partial y} - k\frac{\partial V}{\partial z}$

$\quad = -yzi - xzj - xyk$[V/m]

$E^2 = E \cdot E = (-yzi - xzj - xyk) \cdot (-yzi - xzj - xyk)$

$\quad = y^2z^2 + x^2z^2 + x^2y^2$

• 자유공간중의 저장되는 에너지는

$W = \int_v \frac{1}{2}\varepsilon_0 E^2 dv$

$\quad = \frac{1}{2}\varepsilon_0\int_0^1\int_0^1\int_0^1 y^2z^2 + x^2z^2 + x^2y^2 dxdydz = \frac{1}{6}\varepsilon_0$[J]

electrical engineer

유전체

영상 학습 QR **출제경향분석**

제4장 유전체에서 시험에 자주 출제가 되는 내용은 다음과 같다.
❶ 분극의 세기   ❷ 유전체의 경계면의 조건
❸ 경계면에서 작용하는 힘   ❹ 복합 유전체의 합성 정전용량 계산

콕콕 포인트

1 유전체

1. 유전체

전계 내 놓였을 때 유전체 내 속박전하의 변위에 의해서 분극현상이 나타나는 물질

1) 비유전율의 특징

① 진공이나 공기중의 비유전율 : $\varepsilon_s = 1$, 유전체일 때의 비유전율 : $\varepsilon_s = \varepsilon / \varepsilon_o > 1$
② 비유전율은 재질에 따라 다르다.
③ 비유전율의 단위는 없다.
④ 비유전율이 1보다 큰 절연체는 도체 간 절연은 물론 정전용량의 값을 증가시킨다.
⑤ 비유전율이 1보다 큰 절연체내에서는 분극 현상이 발생한다.

2) 각종 유전체의 비유전율

유전체	비유전율 ε_s	유전체	비유전율 ε_s
진공	1	운모	5.5 ~ 6.7
공기	1.00058	유리	3.5 ~ 10
종이	1.2 ~ 1.6	물(증류수)	80
폴리에틸렌	2.3	산화티탄	100
변압기유	2.2 ~ 2.4	로셀염	100 ~ 1000
고무	2.0 ~ 3.5	티탄산바륨 자기	1000 ~ 3000

FAQ

유전체란 무엇인가요?

답

▶자유 전하가 거의 없고 속박전
하만 존재하는 물질을 말하며
대표적인 물질로 유리, 고무, 플
라스틱 등이 있으며 유전체내
에 전계를 가하면 전기분극현
상 및 전기쌍극자 유도 현상이
일어나는 물체를 말한다.

Q 포인트문제 1

다음 물질 중 비유전율이 가장 큰
것은?
① 산화티탄 자기
② 종이
③ 운모
④ 변압기 기름

A 해설

① 산화티탄 자기 : 100
② 종이 : 1.2 ~ 1.6
③ 운모 : 5.5 ~ 6.7
④ 변압기 기름 : 2.2 ~ 2.4

정답 ①

2. 진공(공기중)시 와 유전체의 비교

공기중(ε_0)	임의의 유전체($\varepsilon=\varepsilon_0\varepsilon_s$)	유전율(ε_s)
$F_0=\dfrac{Q_1Q_2}{4\pi\varepsilon_0 r^2}$	$F=\dfrac{Q_1Q_2}{4\pi\varepsilon_0\varepsilon_s r^2}$	$\dfrac{1}{\varepsilon_s}$ 배 감소
$E_0=\dfrac{Q}{4\pi\varepsilon_0 r^2}$	$E=\dfrac{Q}{4\pi\varepsilon_0\varepsilon_s r^2}$	$\dfrac{1}{\varepsilon_s}$ 배 감소
$V_0=\dfrac{Q}{4\pi\varepsilon_0 r}$	$V=\dfrac{Q}{4\pi\varepsilon_0\varepsilon_s r}$	$\dfrac{1}{\varepsilon_s}$ 배 감소
$D_0=\varepsilon_0 E_0=\dfrac{Q}{4\pi r^2}$	$D=\varepsilon_0\varepsilon_s E=\dfrac{Q}{4\pi r^2}$	불변
$C_0=\dfrac{\varepsilon_0 S}{d}$	$C=\dfrac{\varepsilon_0\varepsilon_s S}{d}$	$\varepsilon_s=\dfrac{C}{C_0}$

3. 패러데이관의 특징

① 패러데이관 내의 전속수는 일정하다.
② 패러데이관 양단에는 정·부 단위 전하가 있다.
③ 진 전하가 없는 점에는 패러데이관은 연속이다.
④ 패러데이관의 밀도는 전속밀도와 같다.
⑤ 패러데이관에서 단위 전위차시 에너지는 1/2[J]이다.

Q 포인트문제 2

콘덴서에 비유전율 ε_r인 유전체로 채워져 있을 때 정전 용량 C와 공기로 채워져 있을 때의 정전 용량 C_0와의 비 $\dfrac{C}{C_0}$는?

① ε_r ② $\dfrac{1}{\varepsilon_r}$
③ $\sqrt{\varepsilon_r}$ ④ $\dfrac{1}{\sqrt{\varepsilon_r}}$

A 해설

유전체 내 정전용량
$C=\dfrac{\varepsilon_0\varepsilon_s S}{d}=\varepsilon_s C_0$이므로
$\dfrac{C}{C_0}=\varepsilon_s=\varepsilon_r$

정답 ①

Q 포인트문제 3

일정 전압을 가하고 있는 공기 콘덴서에 비유전율 ε_s인 유전체를 채웠을 때 일어나는 현상은?

① 극판의 전하량이 ε_s배 된다.
② 극판의 전하량이 $\dfrac{1}{\varepsilon_s}$배 된다.
③ 극판의 전계가 ε_s배 된다.
④ 극판의 전계가 $\dfrac{1}{\varepsilon_s}$배 된다.

A 해설

$V[V]$ 일정, 유전체 삽입 시 유전체 내 전하량 $Q=CV \propto C=\varepsilon_s C_0$이므로 전하량은 진공중 보다 ε_s배로 증가한다. 이때 유전체 내 전계 $E=\dfrac{V}{d}$일정

정답 ①

▶ 전기 용어해설

패러데이관은 전속밀도의 역선인 전속선으로 역선에 의해 생긴 역관이라고도 한다.

필수확인 O·X 문제 [1차] [2차] [3차]

1. 비유전율은 1보다 작은 물질은 존재한다. ·······( )
2. 비유전률의 단위는 [F/m]이다. ·······( )
3. 유전율의 유전체 내에 있는 전하 $Q[C]$에서 나오는 전속수는 항상 전하량만큼 발생한다. ·······( )

상세해설
1. (×) 비유전율은 1보다 작은 값은 없다.
2. (×) 비유전율의 단위는 없다.
3. (○)

2 분극 현상

1. 분극의 종류

1) 전자분극

다이아몬드와 같은 단결정체에서 외부 전계에 의해 양점하 중심인 핵의 위치와 음전하의 위치가 변화하는 분극현상

2) 이온분극

$NaCl$과 같은 이온결합의 특성을 가진 물질에 전계를 가하면 $+ -$ 이온에 상대적 변위가 일어나 쌍극자를 유발하는 분극현상

3) 배향분극

물 암모니아 알콜등 영구 자기 쌍극자를 가진 유극분자들은 외부 전계와 같이 같은 방향으로 움직이려는 성질을 가지고 있으며 온도의 영향을 받는 분극 현상

4) 전기분극

유전체에 전계가 인가되면 유전체 안에 있는 중성 상태의 전자와 핵이 외부전계의 영향을 받아 전자운이 전계의 (+)쪽으로 치우쳐서 원자 내에서 약간의 위치이동을 하게 되어 전자운의 중심과 원자핵의 중심이 분리되는 현상

2. 유전체 내의 분극의 세기

- 유전체의 전속밀도

$$D = \varepsilon_0 \varepsilon_s E \, [\text{C/m}^2]$$

- 외부전계

$$E_0 = \frac{\sigma}{\varepsilon_0} \, [\text{V/m}]$$

σ : 진전하밀도(유전체의 전하밀도 $D\,[\text{C/m}^2]$)

$\sigma' = \sigma_P$: 분극전하밀도($P\,[\text{C/m}^2] =$ 분극의 세기)

콕콕 포인트

electrical engineer · electrical engineer · electrical engineer · electrical engineer · electrical engineer · electrical engineer · electrical engineer · electrical

1) 유전체의 전계와 분극의 세기 관계

$$E=\frac{\sigma-\sigma'}{\varepsilon_0}[\text{V/m}]$$

2) 분극의 세기

$$P=D-\varepsilon_0 E=\varepsilon_0(\varepsilon_s-1)E=xE=D\left(1-\frac{1}{\varepsilon_s}\right)=\frac{M}{v}[\text{C/m}^2]$$

① 분극률 $x=\varepsilon_0(\varepsilon_s-1)$

② 비분극률(전기 감수율) $x_m=\dfrac{x}{\varepsilon_o}=\varepsilon_s-1$

③ 비유전율 $\varepsilon_s=\dfrac{x}{\varepsilon_o}+1$

④ 분극의 정의 : $P=\dfrac{M}{v}[\text{C/m}^2]$ 단위체적당 전기모멘트

여기서 전속밀도 $D=\dfrac{Q}{S}=\varepsilon E=\varepsilon_0 \varepsilon_s E=\varepsilon_0 E+P[\text{C/m}^2]$

전기모멘트 $M=Q\delta[\text{C·m}]$, 체적 $v[\text{m}^3]$

Q 포인트문제 5

유전체에서 분극의 세기의 단위는?

① [C] ② [C/m]
③ [C/m²] ④ [C/m³]

A 해설

분극의 세기 $P[\text{C/m}^2]$이다.

정답 ③

Q 포인트문제 6

전계 E, 전속 밀도 D, 유전율 ε 사이의 관계를 옳게 표시한 것은?

① $P=D+\varepsilon_o E$
② $P=D-\varepsilon_o E$
③ $\varepsilon_o P=D+E$
④ $\varepsilon_o P=D-E$

A 해설

분극의 세기
$P=D-\varepsilon_o E=\varepsilon_o(\varepsilon_s-1)E$
$=xE=D\left(1-\dfrac{1}{\varepsilon_s}\right)$
$=\dfrac{M}{v}[\text{C/m}^2]$

정답 ②

▌ 필수확인 O·X 문제 ▌

1차 | 2차 | 3차

1. 전기분극은 비유전률이 1보다 큰 물질에서만 발생한다. ·············· (   )
2. 분극의 정의는 전체면적당 전하이다. ······················· (   )
3. 유전체내의 전속밀도는 진전하만이다. ····················· (   )

상세해설

　1. (○)
　2. (×) 분극의 정의는 단위체적당 전기 모멘트이다.
　3. (○)

포인트문제 7

두 유전체의 경계면에서 정전계가 만족하는 것은?

① 전계의 법선 성분이 같다.
② 분극의 세기의 접선 성분이 같다.
③ 전계의 접선 성분이 같다.
④ 전속 밀도의 접선 성분이 같다.

해설

1) 법선(수직)에는
전속밀도 $D_{n1}=D_{n2}$만 존재
① $D_{n1}=D_{n2}$: 연속적이다.
② $E_{n1}\neq E_{n2}$: 불연속적이다.
여기서 n은 법선(수직)성분을 의미한다.
$$D_1\cos\theta_1=D_2\cos\theta_2$$
$$\varepsilon_1 E_1\cos\theta_1=\varepsilon_2 E_2\cos\theta_2$$
2) 접선(수평)에는
전계 $E_{t1}=E_{t2}$만 존재
① $E_{t1}=E_{t2}$: 연속적이다
② $D_{t1}\neq D_{t2}$: 불연속적이다
여기서 t는 접선(수평)성분을 의미한다.
$$E_1\sin\theta_1=E_2\sin\theta_2$$
3) 굴절각
$$\varepsilon_1\tan\theta_2=\varepsilon_2\tan\theta_1$$

정답 ③

포인트문제 8

두 종류의 유전율 ε_1, ε_2를 가진 유전체 경계면에 전하가 존재하지 않을 때 경계조건이 아닌 것은?

① $\varepsilon_1 E_1\cos\theta_1=\varepsilon_2 E_2\cos\theta_2$
② $\varepsilon_1 E_1\sin\theta_1=\varepsilon_2 E_2\sin\theta_2$
③ $E_1\sin\theta_1=E_2\sin\theta_2$
④ $\dfrac{\tan\theta_1}{\tan\theta_2}=\dfrac{\varepsilon_1}{\varepsilon_2}$

해설

포인트 문제 6번 해설 참조

정답 ②

---

3 복합유전체의 경계면 조건

1. 완전경계조건

1) 경계면(접선)에는 진전하가 존재하지 않음 $\sigma=0[C/m^2]$

2) 경계면(접선)에는 전위차는 없다

2. 경계면과 법선(수직) 성분의 전속밀도

1) $D_{n1}=D_{n2}$: 연속적이다

   $E_{n1}\neq E_{n2}$: 불연속적이다

   여기서 n은 법선(수직)성분을 의미한다.

2) $D_1\cos\theta_1=D_2\cos\theta_2$, $\varepsilon_1 E_1\cos\theta_1=\varepsilon_2 E_2\cos\theta_2$ (1)식

3. 경계면과 접선(수평) 성분의 전계

1) $E_{t1}=E_{t2}$: 연속적이다

   $D_{t1}\neq D_{t2}$: 불연속적이다

   여기서 t은 접선(수평)성분을 의미한다.

2) $E_1\sin\theta_1=E_2\sin\theta_2$ (2)식

4. 굴절각

$$\frac{(2)식}{(1)식}=\frac{E_1\sin\theta_1}{\varepsilon_1 E_1\cos\theta_1}=\frac{E_2\sin\theta_2}{\varepsilon_2 E_2\cos\theta_2} \rightarrow \frac{\tan\theta_1}{\varepsilon_1}=\frac{\tan\theta_2}{\varepsilon_2}$$

굴절각은 $\varepsilon_1\tan\theta_2=\varepsilon_2\tan\theta_1$이며 유전체에 비례한다.

electrical engineer · electrical engineer · electrical engineer · electrical engineer · electrical engineer · electrical engineer · electrical engineer · electrical engineer

콕콕 포인트

※ 굴절하지 않을 경우

① $\theta_1 = 0$

② 전계와 전속밀도가 수직으로 입사할 때 이때 전계는 불연속 전속밀도는 불변이다.

4. 비례 관계

$\varepsilon_1 > \varepsilon_2$일 때 $\theta_1 > \theta_2$, $D_1 > D_2$, $E_1 < E_2$

5. 경계면에 작용하는 힘(Maxwell 변형력)

① 유전율이 큰 쪽에서 작은 쪽으로 힘이 작용한다.

② 전속(밀도)선은 유전율이 큰 쪽으로 모이려는 성질이 있다.

③ 전계(전기력선)는 유전율이 작은 쪽으로 몰리는 속성이 있다.

④ 전계가 경계면에 수평으로 입사 시 경계면에서는 압축응력이 작용한다.

$$\varepsilon_1 > \varepsilon_2$$
$$f = \frac{1}{2}(\varepsilon_1 - \varepsilon_2)E^2 [\text{N/m}^2]$$

⑤ 전계가 경계면에 수직으로 입사 시 경계면에서는 인장응력이 작용한다.

$$\varepsilon_1 > \varepsilon_2$$
$$f = \frac{1}{2}(\frac{1}{\varepsilon_2} - \frac{1}{\varepsilon_1})D^2 [\text{N/m}^2]$$

Q 포인트문제 9

그림에서 전계와 전속밀도의 분포 중 맞는 것은?

$E_{t1} \uparrow\quad\uparrow E_{t2}$
$\xrightarrow{D_{n1}}\quad\xrightarrow{D_{n2}}$

매질 I (공기) | 매질 II (유리)

① $E_{t1} = 0$, $D_{n1} = \rho_s$
② $E_{t2} = 0$, $D_{n2} = \rho_s$
③ $E_{t1} = E_{t2}$, $D_{n1} = D_{n2}$
④ $E_{t1} = E_{t2} = 0$, $D_{n1} = D_{n2} = 0$

A 해설

포인트 문제 6번 해설 참조

정답 ③

필수확인 O·X 문제

1차 2차 3차

1. 유전율이 각각 다른 두 종류의 유전체 경계면에 전계가 수직입사하면 두 유전체 내의 전계의 세기는 같다. · ( )

2. 각각 다른 두 종류의 유전체 경계면에서 작용하는 힘의 방향은 유전율이 작은 쪽에서 큰 쪽을 잡아당기는 방향이다. · ( )

상세해설

1. (×) 두 유전체의 경계면에 전계가 수직 입사하면 두 유전체 내의 전속밀도는 같다.

2. (O)

콕콕 포인트

electrical engineer · electrical engineer · electrical engineer · electrical engineer · electrical engineer · electrical engineer · electrical engineer · electrical

4 복합 유전체에 의한 콘덴서의 합성정전용량

1. 직렬접속

극판의 간격이 각각 나누어지고 극판의 면적이 일정하고 극판과 평행하게 유전체를 채운 경우

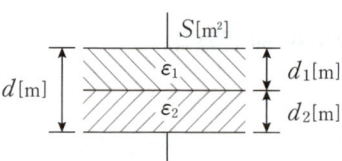

1) 합성 정전용량

$$C = \cfrac{1}{\dfrac{1}{C_1} + \dfrac{1}{C_2}} = \cfrac{1}{\dfrac{1}{\dfrac{\varepsilon_1 S}{d_1} + \dfrac{\varepsilon_2 S}{d_2}}} = \cfrac{1}{\dfrac{d_1}{\varepsilon_1 S} + \dfrac{d_2}{\varepsilon_2 S}}$$

$$= \cfrac{1}{\dfrac{1}{S} \left(\dfrac{d_1}{\varepsilon_1} + \dfrac{d_2}{\varepsilon_2} \right)} = \cfrac{S}{\dfrac{d_1}{\varepsilon_1} + \dfrac{d_2}{\varepsilon_2}} = \dfrac{\varepsilon_1 \varepsilon_2 S}{\varepsilon_1 d_2 + \varepsilon_2 d_1} [\text{F}]$$

$$\boxed{C = \cfrac{S}{\dfrac{d_1}{\varepsilon_1} + \dfrac{d_2}{\varepsilon_2}} = \dfrac{\varepsilon_1 \varepsilon_2 S}{\varepsilon_1 d_2 + \varepsilon_2 d_1} [\text{F}]}$$

2) 공기 콘덴서에 유전체를 판간격 반만 평행하게 채운 경우

$$\boxed{C = \cfrac{1}{\dfrac{1}{C_1} + \dfrac{1}{C_2}} = \dfrac{2C_0}{1 + \dfrac{\varepsilon_0}{\varepsilon}} = \dfrac{2C_0}{1 + \dfrac{1}{\varepsilon_s}} = \dfrac{2\varepsilon_s}{1 + \varepsilon_s} C_0 [\text{F}]}$$

여기서 $C_0 [\text{F}]$: 공기콘덴서 용량

콕콕 포인트

2. 병렬접속

극판의 면적은 각각 나누어지고 극판의 간격은 일정하고 극판과 수직으로 경계를 이루도록 유전체를 채운 경우

$$C = C_1 + C_2 = \frac{\varepsilon_1 S_1}{d} + \frac{\varepsilon_2 S_2}{d} = \frac{1}{d}(\varepsilon_1 S_1 + \varepsilon_2 S_2)[F]$$

5 단절연

절연층의 전계의 세기를 거의 일정하게 유지할 목적으로 심선에 가까운 곳은 유전율이 큰 것으로 심선에서 먼 곳은 유전율이 작은 것으로 절연하는 방법

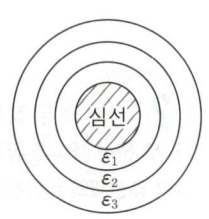

유전체를 채우는 순서 $\varepsilon_1 > \varepsilon_2 > \varepsilon_3$

Q 포인트문제 11

그림과 같이 정전용량 C_o[F]되는 평행판 공기 콘덴서의 판면적의 2/3되는 공간에 비유전율 ε_s인 유전체를 채우면 공기콘덴서의 정전용량[F]은?

① $\frac{2\varepsilon_s}{3} C_o$　② $\frac{3}{1+2\varepsilon_s} C_o$

③ $\frac{1+\varepsilon_s}{3} C_o$　④ $\frac{1+2\varepsilon_s}{3} C_o$

A 해설

그림에서 유전체를 수직으로 채운 경우 또는 극판의 면적이 각각 극판의 간격이 일정 또는 선으로 연결 시 병렬연결이다.

$C = C_1 + C_2 = \frac{\varepsilon_1 S_1}{d} + \frac{\varepsilon_2 S_2}{d}$

$= \frac{1}{d}(\varepsilon_1 S_1 + \varepsilon_2 S_2)[F]$

$C = \frac{1}{d}\left(\varepsilon_o \frac{1}{3} S + \varepsilon_o \varepsilon_s \frac{2}{3} S\right)$

$= \frac{\varepsilon_o S}{d3}(1 + 2\varepsilon_s)$

이때 공기중 콘덴서 $C_o = \frac{\varepsilon_o S}{d}$[F]

이므로 $C = \frac{(1+2\varepsilon_s)}{3} C_o$

정답 ④

필수확인 O·X 문제

1차 2차 3차

1. 평행판의 극판의 면적은 일정하고 극판의 간격이 나누어지면 병렬연결이다. ( )
2. 단절연시 기포가 들어가면 절연이 나빠진다. ( )

상세해설
1. (×) 극판의 면적은 일정하고 극판의 간격이 나누어지면 직렬 연결로 본다.
2. (○)

음성 학습 QR

- QR 코드를 찍으시면, 가장 중요한 우선순위 문제풀이 영상을 보실 수 있습니다.
- 우선순위 논점은 전기(산업)기사 시험에서 가장 출제 빈도가 높은 문제로써, 수험생분들께서는 각 파트별 우선순위 문제의 논점과 키워드를 학습하시기를 바랍니다.
- 체크 리스트를 작성하시면서 문제의 유형과 학습의 완성도를 스스로 체크 해 보시기를 바랍니다.
- "선생님의 콕콕 포인트"는 틀리기 쉬운 문제의 함정과 문제의 포인트를 집어드립니다. 우선순위 문제풀이의 포인트를 꼭 참고하고 응용문제의 해결능력을 길러 줍니다.

번호	우선순위 논점	KEY WORD	나의 정답 확인				선생님의 콕콕 포인트
			맞음	틀림(오답확인)			
				이해 부족	암기 부족	착오 실수	
14	분극현상	분극의 세기, 전기분극도, 분극 전하밀도, 유전체 표면의 전하밀도					• 전계만 존재 시 ε_s-1, 전속밀도만 존재 시 $1-\frac{1}{\varepsilon_s}$일 것 • 분극의세기 계산시 $\varepsilon_0=10^{-9}/36\pi[\text{F/m}]$ 이용 할 것
24	경계조건 ①	두 유전체의 경계의 조건, $\theta_1=0°$, 수직					법선(수직)에 전속밀도만 접선(수평)에 전계만 존재하고 할 것
28	경계조건 ②	경계면의 각					굴절각 공식을 이용 할 것
33	경계조건 ③	전속밀도 및 전계					수직 입사를 기준 전속밀도를 이용하고 x영역의 크기만 계산 할 것
41	합성 정전용량 ④	평행판, 합성정전용량, 판의 간격					극판의 간격이 각각 극판의 면적이 일정 시 직렬연결 일 것

★★☆☆☆
01 비유전율 ε_s에 대한 설명으로 옳은 것은?

① 진공의 비유전율은 0이고, 공기의 비유전율은 1이다.

② ε_s는 항상 1보다 작은 값이다.

③ ε_s는 절연물의 종류에 따라 다르다.

④ ε_s의 단위는 [C/m]이다.

🔍 **해설**

유전체

① 진공이나 공기중 일 때는 $\varepsilon_s=1$, 유전체일 때 $\varepsilon_s=\frac{\varepsilon}{\varepsilon_o}>1$인 절연체 즉 비유전율은 1보다 작은 값은 없다.

② 비유전율은 재질에 따라 다르다.

③ 비유전율의 단위는 없다.

④ 비유전율이 1보다 큰 절연체(절연물)는 도체 간 절연은 물론 정전용량의 값을 증가 시킨다.

⑤ 비유전율이 1보다 큰 절연체내에서는 분극 현상이 발생한다.

★★☆☆☆
02 공기 중 두 점전하 사이에 작용하는 힘이 5[N]이었다. 두 전하 사이에 유전체를 넣었더니 힘이 2[N]으로 되었다면 유전체의 비유전율은 얼마인가?

① 15

② 10

③ 5

④ 2.5

🔍 **해설**

유전체

공기중 $F_o=5[\text{N}]$, 유전체 내 $F=2[\text{N}]$일 때 비유전율은

$F=\frac{Q_1 \cdot Q_2}{4\pi\varepsilon_o\varepsilon_s r^2}=\frac{F_o}{\varepsilon_s}[\text{N}]$이므로 $\varepsilon_s=\frac{F_o}{F}=\frac{5}{2}=2.5$

★★☆☆☆
03 정전에너지, 전속밀도 및 유전상수 ε_r의 관계에 대한 설명 중 옳지 않은 것은?

① 동일전속밀도에서는 ε_r이 클수록 정전에너지는 작아진다.

② 동일 정전에너지는 ε_r이 클수록 전속밀도가 커진다.

[정답] 01 ③ 02 ④ 03 ③

③ 전속은 매질에 축적되는 에너지가 최대가 되도록 분포한다.

④ 굴절각이 큰 유전체는 ε_r이 크다.

🔍 해설

유전체

전속은 매질에 축적되는 에너지가 최소가 되도록 분포한다.

★★★☆☆

04 콘덴서에 대한 설명 중 옳지 않은 것은?

① 콘덴서는 두 도체 간 정전용량에 의하여 전하를 축적시키는 장치이다.

② 가능한 한 많은 전하를 축적하기 위하여 도체간의 간격을 작게 한다.

③ 두 도체간의 절연물은 절연을 유지할 뿐이다.

④ 두 도체간의 절연물은 도체 간 절연은 물론 정전용량의 값을 증가시키는 위함 이다.

🔍 해설

유전체

절연물은 절연을 유지하고 정전용량은 절연물의 유전율에 따라 달라지므로 정전용량의 크기에도 영향을 준다.

★★☆☆☆

05 공기 콘덴서를 100[V]로 충전한 다음 전극 사이에 유전체를 넣어 용량을 10배로 했다. 정전 에너지는 몇 배로 되는가?

① $1/10$[배]
② 10[배]
③ $1/1000$[배]
④ 1000[배]

🔍 해설

유전체

충전 후 에는 Q가 일정해지므로. 정전용량 C를 10배로 증가 시 충전 후 정전에너지는 $W = \dfrac{Q^2}{2C} \propto \dfrac{1}{C}$이므로 $\dfrac{1}{10}$배로 감소한다.

★★☆☆☆

06 진공 중에서 어떤 대전체의 전속이 Q였다. 이 대전체를 비유전율 2.2인 유전체 속에 넣었을 경우의 전속은?

① Q
② εQ
③ $2.2Q$
④ 0

🔍 해설

유전체

전속선은 매질과 관계가 없고 전하량만큼 발생하므로 유전체내 전속선은 $\psi = Q$

★★★☆☆

07 비유전율이 4이고 전계의 세기가 20[kV/m]인 유전체 내의 전속 밀도[μC/m²]는?

① $0.708[\mu C/m^2]$
② $0.168[\mu C/m^2]$
③ $6.28[\mu C/m^2]$
④ $2.83[\mu C/m^2]$

🔍 해설

유전체

유전체내 전속밀도 $D = \varepsilon_o \varepsilon_s E [C/m^2]$이고
$E = 20[kV/m]$, $\varepsilon_s = 4$를 대입하면
$D = 8.855 \times 10^{-12} \times 4 \times 20 \times 10^3 \times 10^6$
$\quad = 0.708 = 0.71[\mu C/m^2]$

★★☆☆☆

08 공기 콘덴서의 극판 사이에 비유전율 5의 유전체를 채운 경우 같은 전위차에 대한 극판의 전하량은?

① 5 배로 증가
② 5 배로 감소
③ 10배 로 증가
④ 불변

🔍 해설

유전체

충전되는 전하량 $Q = CV = \dfrac{\varepsilon_o \varepsilon_s S}{d} V \propto \varepsilon_s$이므로 5배로 증가

★★☆☆☆

09 평행판 콘덴서의 원형 전극의 지름이 60[cm], 극판 간격이 0.1[cm], 유전체의 비유전율이 16이다. 이 콘덴서의 정전 용량[μF]은?

① $0.04[\mu F]$
② $0.03[\mu F]$
③ $0.02[\mu F]$
④ $0.01[\mu F]$

[정답] 04 ③ 05 ① 06 ① 07 ① 08 ① 09 ①

🔍 **해설** --------

유전체

원판의 지름 $D=60[\text{cm}]$, 극판 간격 $d=0.1[\text{cm}]$, 비유전율 $\varepsilon_s=16$일 때 정전용량은 $C=\dfrac{\varepsilon_o\varepsilon_s S}{d}=\dfrac{\varepsilon_o\varepsilon_s \pi r^2}{d}[\text{F}]$

여기서 반지름 $r=0.3[\text{m}]$ 주어진 수치를 대입하면

$C=\dfrac{8.855\times10^{-12}\times16\times\pi\times(0.3)^2}{0.1\times10^{-2}}\times10^6=0.04[\mu\text{F}]$

★★★☆☆

10 패러데이(Faraday)관에 대한 설명 중 틀린 것은?

① 패러데이관 중에 있는 전속수는 그 관속에 진전하가 없으면 일정하며 연속적이다

② 패러데이관의 양단에는 양 또는 음의 단위 진전하가 존재하고 있다

③ 패러데이관의 밀도는 전속밀도와 같지 않다

④ 단위 전위차 당 패러데이관의 보유에너지는 1/2[J]이다.

🔍 **해설** --------

유전체

패러데이관의 밀도는 전속밀도와 같다.

★★☆☆☆

11 유전체내 분극(유전분극)의 종류가 아닌 것은?

① 전하분극 　　　② 전자분극

③ 이온분극 　　　④ 배향분극

🔍 **해설** --------

분극현상

① 전자분극

　다이아몬드와 같은 단결정체에서 외부 전계에 의해 양점하 중심인 핵의 위치와 음전하의 위치가 변화하는 분극현상

② 이온분극

　$NaCl$과 같은 이온결합의 특성을 가진 물질에 전계를 가하면 + - 이온에 상대적 변위가 일어나 쌍극자를 유발하는 분극현상

③ 배향분극

　물, 암모니아, 알콜 등 영구 자기 쌍극자를 가진 유극분자들은 외부 전계와 같이 같은 방향으로 움직이려는 성질을 가지고 있으며 온도의 영향을 받는 분극 현상

④ 전기분극

　유전체에 전계가 인가되면 유전체 안에 있는 중성 상태의 전자와 핵이 외부전계의 영향을 받아 전자운이 전계의 (+)쪽으로 치우쳐서

원자 내에서 약간의 위치이동을 하게 되어 전자운의 중심과 원자핵의 중심이 분리되는 현상

★★☆☆☆

12 다이아몬드와 같은 단결정 물체에 전장을 가할 때 유도되는 분극은?

① 전자분극

② 이온분극과 배향분극

③ 전자분극과 이온분극

④ 전자분극, 이온분극, 배향분극

🔍 **해설** --------

분극현상

문제 11번 해설 참조

★★★☆☆

13 전기분극이란?

① 도체내의 원자핵의 변위이다.

② 유전체내의 원자의 흐름이다.

③ 유전체내의 속박전하의 변위이다.

④ 도체내의 자유전하의 흐름이다.

🔍 **해설** --------

분극현상

전계 내 놓았을 때 유전체 내 속박전하의 변위에 의해서 발생하는 분극현상

★★★☆☆

14 유전체내의 전계의 세기 E와 분극의 세기 P와의 관계를 나타내는 식은?

① $P=\varepsilon_o(\varepsilon_s-1)E$

② $P=\varepsilon_o\varepsilon_s E$

③ $P=\varepsilon_o(1-\varepsilon_s)E$

④ $P=(1-\varepsilon_s)E$

🔍 **해설** --------

분극현상

[**정답**] 10 ③ 11 ① 12 ① 13 ③ 14 ①

$$P = D - \varepsilon_0 E = \varepsilon_0(\varepsilon_s - 1)E = xE = D(1 - \frac{1}{\varepsilon_s}) = \frac{M}{V}[\text{C/m}^2]$$

① 분극률 $x = \varepsilon_0(\varepsilon_s - 1)$

② 비분극률 $x_m = \frac{x}{\varepsilon_s} = \varepsilon_s - 1$

③ 비유전률 $\varepsilon_s = \frac{x}{\varepsilon_0} + 1$

★★★☆☆
15
유전율이 10인 등방 유전체의 한 점에서의 전계 세기가 5[V/m]이다. 이 점의 유전체표면전하밀도는 몇 [C/m²] 인가? (단, 유전체의 표면과 전계는 직각이다.)

① $0.5[\text{C/m}^2]$ ② $1.0[\text{C/m}^2]$

③ $50[\text{C/m}^2]$ ④ $250[\text{C/m}^2]$

🔍 해설

분극현상
유전체 표면 전하밀도는 분극의 세기와 같으므로
$P = xE = (\varepsilon - \varepsilon_0)E = \varepsilon_0(\varepsilon_s - 1)E[\text{C/m}^2]$
$P = (10 - 8.855 \times 10^{-12}) \times 5 = 50[\text{C/m}^2]$

★★★☆☆
16
평등 전계내에 수직으로 비유전율 $\varepsilon_s = 2$인 유전체 판을 놓았을 경우 판 내의 전속밀도가 $D = 4 \times 10^{-6}[\text{C/m}^2]$ 이었다. 유전체 내의 분극의 세기 $P[\text{C/m}^2]$는?

① $1 \times 10^{-6}\,[\text{C/m}^2]$ ② $2 \times 10^{-6}\,[\text{C/m}^2]$

③ $4 \times 10^{-6}\,[\text{C/m}^2]$ ④ $8 \times 10^{-6}\,[\text{C/m}^2]$

🔍 해설

분극현상
분극의 세기
$$P = D(1 - \frac{1}{\varepsilon_s}) = 4 \times 10^{-6}(1 - \frac{1}{2}) = 2 \times 10^{-6}[\text{C/m}^2]$$

★★☆☆☆
17
전지에 연결된 진공 평행판 콘덴서에서 진공 대신 어떤 유전체로 채웠더니 충전전하가 2배로 되었다면 전기 감수율(susceptibility) x_{er}은 얼마인가?

① 0   ② 1

③ 2   ④ 3

🔍 해설

분극현상
전기감수율(비분극율) $x_{er} = \frac{x}{\varepsilon_0} = \varepsilon_s - 1$이므로

비유전율 $\frac{Q}{Q_0} = \frac{CV}{C_0 V} = \frac{C}{C_0} = \varepsilon_s = 2$이므로

비분극율 및 전기감수율 $x_{er} = 2 - 1 = 1$

★★☆☆☆
18
비유전율 $\varepsilon_s = 5$인 등방 유전체의 한 점에서 전계의 세기가 $E = 10^4[\text{V/m}]$일 때 이 점의 분극률 x는 몇 [F/m] 인가?

① $\dfrac{10^{-9}}{9\pi}$ ② $\dfrac{10^{-9}}{18\pi}$

③ $\dfrac{10^9}{9\pi}$ ④ $\dfrac{10^9}{36\pi}$

🔍 해설

분극현상
분극률 $x_e = \varepsilon_0(\varepsilon_s - 1) = \dfrac{10^{-9}}{36\pi}(5 - 1) = \dfrac{10^{-9}}{9\pi}$

★★★☆☆
19
두 평행판 축전기에 채워진 폴리에틸렌의 비유전율이 ε_r, 판간 거리 $d = 1.5[\text{mm}]$일 때 만일 평행판 내의 전계의 세기가 10[kV/m]라면 평행판간 폴리에틸렌 표면에 나타난 분극전하 밀도[C/m²]는?

① $\dfrac{\varepsilon_r - 1}{18\pi} \times 10^{-5}$ ② $\dfrac{\varepsilon_r - 1}{36\pi} \times 10^{-6}$

③ $\dfrac{\varepsilon_r}{18\pi} \times 10^{-5}$ ④ $\dfrac{\varepsilon_r - 1}{36\pi} \times 10^{-5}$

🔍 해설

분극현상
분극의 세기
$$P = \varepsilon_0(\varepsilon_s - 1)E = \frac{10^{-9}}{36\pi}(\varepsilon_s - 1) \times 10 \times 10^3$$
$$= \frac{10^{-5}}{36\pi}(\varepsilon_s - 1)[\text{C/m}^2]$$

[정답] 15 ③   16 ②   17 ②   18 ①   19 ④

★★★☆☆

20 공기 중에서 평등 전계 $E[\text{V/m}]$에 수직으로 비유전율이 ε_s인 유전체를 놓았더니 $\sigma_P[\text{C/m}^2]$의 분극전하가 표면에 생겼다면 유전체 중의 전계 강도 $E[\text{V/m}]$는?

① $\sigma_P/\varepsilon_0\varepsilon_s$

② $\sigma_P/\varepsilon_0(\varepsilon_s-1)$

③ $\varepsilon_0\varepsilon_s\sigma_P$

④ $\varepsilon_0(\varepsilon_s-1)\sigma_P$

🔍 **해설**

분극현상

분극의 세기를 이용하면

$P=\varepsilon_0(\varepsilon_s-1)E[\text{C/m}^2]$, $E=\dfrac{\sigma_P}{\varepsilon_0(\varepsilon_s-1)}[\text{V/m}]$

여기서 분극의 세기 P＝분극전하밀도 σ_P

★★★☆☆

21 평행 평판 공기 콘덴서의 양극판에 $+\sigma[\text{C/m}^2]$, $-\sigma[\text{C/m}^2]$의 전하가 분포되어 있다. 이 두 전극 사이에 유전율 ε인 유전체를 삽입한 경우의 전계$[\text{V/m}]$는? (단, 유전체의 분극 전하 밀도를 $+\sigma_P[\text{C/m}^2]$, $-\sigma_P[\text{C/m}^2]$라 한다.)

① $\dfrac{\sigma_P}{\varepsilon_0}$

② $\dfrac{\sigma}{\varepsilon_0}-\dfrac{\sigma_P}{\varepsilon}$

③ $\dfrac{\sigma-\sigma_P}{\varepsilon_0}$

④ $\dfrac{\sigma+\sigma_P}{\varepsilon_0}$

🔍 **해설**

분극현상

$E=\dfrac{\sigma-\sigma'}{\varepsilon_0}[\text{V/m}]$ 여기서 $\sigma'=\sigma_P[\text{C/m}^2]$이다.

★★☆☆☆

22 유전체 콘덴서에 전압을 인가할 때 발생하는 현상으로 옳지 않은것은?

① 속박전하의 변위가 분극전하로 나타난다.

② 유전체면에 나타나는 분극전하 면밀도와 분극의 세기는 같다.

③ 유전체콘덴서는 공기콘덴서에 비하여 전계 세기는 작아지고 정전용량은 커진다.

④ 단위 면적당의 전기 쌍극자모멘트가 분극의 세기이다.

🔍 **해설**

분극현상

분극의 정의는 단위 체적당 전기쌍극자 모멘트를 분극의 세기라 한다.

$P=\dfrac{M}{v}[\text{C/m}^2]$

★★★☆☆

23 유전율이 각각 ε_1, ε_2인 두 유전체가 접해 있다. 각 유전체 중의 전계 및 접속 밀도가 각각 E_1, D_1 및 E_2, D_2이고, 경계면에 대한 입사각 및 굴절각이 θ_1, θ_2일 때 경계 조건으로 옳은 것은?

① $\dfrac{E_2}{E_1}=\dfrac{\sin\theta_2}{\sin\theta_1}$

② $\dfrac{\cos\theta_2}{\cos\theta_1}=\dfrac{D_2}{D_1}$

③ $\dfrac{\tan\theta_2}{\tan\theta_1}=\dfrac{\varepsilon_2}{\varepsilon_1}$

④ $\tan\theta_2-\tan\theta_1=\varepsilon_1\varepsilon_2$

🔍 **해설**

복합유전체의 경계면 조건

① 법선(수직)에는 전속밀도 $D_{n1}=D_{n2}$만 존재

  ⓐ $D_{n1}=D_{n2}$: 연속적이다

  ⓑ $E_{n1}\neq E_{n2}$: 불연속적이다

  여기서 n은 법선(수직)성분을 의미한다.

        $D_1\cos\theta_1=D_2\cos\theta_2$

        $\varepsilon_1E_1\cos\theta_1=\varepsilon_2E_2\cos\theta_2$

② 접선(수평)에는 전계 $E_{t1}=E_{t2}$만 존재

  ⓐ $E_{t1}=E_{t2}$: 연속적이다

  ⓑ $D_{t1}\neq D_{t2}$: 불연속적이다

  여기서 t는 접선(수평)성분을 의미 한다.

        $E_1\sin\theta_1=E_2\sin\theta_2$

③ 굴절각

        $\varepsilon_1\tan\theta_2=\varepsilon_2\tan\theta_1$

★★★☆☆

24 두 유전체가 접했을 때 $\dfrac{\tan\theta_1}{\tan\theta_2}=\dfrac{\varepsilon_1}{\varepsilon_2}$의 관계식에서 $\theta_1=0°$일 때, 다음 중에 표현이 잘못된 것은?

① 전기력선은 굴절하지 않는다.

② 전속 밀도는 불변이다.

③ 전계는 불연속이다.

④ 전기력선은 유전율이 큰 쪽에 모여진다.

[정답] 20 ② 21 ③ 22 ④ 23 ③ 24 ④

🔍 **해설**

복합유전체의 경계면 조건

$\theta_1=0°$일 때 전계와 전속밀도는 수직으로 입사하는 경우 이므로

① 전기력선은 굴절하지 않는다.
② 전속 밀도는 불변이다.
③ 전계는 불연속이다.
④ 전속은 유전률이 큰 곳 전기력선은 유전률이 작은 곳에 모이려 한다.

★★★☆☆

25 유전율이 각각 ε_1, ε_2인 두유전체가 접한 경계면에서 전하가 존재하지 않는다고 할때 유전율이 ε_1인 유전체에서 유전율이 ε_2인 유전체로 전계 E_1이 입사각 $\theta=0°$로 입사할 때 성립되는 식은?

① $E_1=E_2$
② $E_1=\varepsilon_1\varepsilon_2E_2$
③ $\dfrac{E_1}{E_2}=\dfrac{\varepsilon_1}{\varepsilon_2}$
④ $\dfrac{E_1}{E_2}=\dfrac{\varepsilon_2}{\varepsilon_1}$

🔍 **해설**

복합유전체의 경계면 조건

$D_1\cos\theta_1=D_2\cos\theta_2$, $\varepsilon_1E_1\cos\theta_1=\varepsilon_2E_2\cos\theta_2$에서

$\cos0°=1$이므로 $\varepsilon_1E_1=\varepsilon_2E_2$

이를 정리하면 $\dfrac{E_1}{E_2}=\dfrac{\varepsilon_2}{\varepsilon_1}$이 된다.

★★★☆☆

26 유전체 A, B의 접합면에 전하가 없을 때, 각 유전체 중 전계의 방향이 그림과 같고 $E_A=100[\text{V/m}]$이면, E_B는 몇 $[\text{V/m}]$인가?

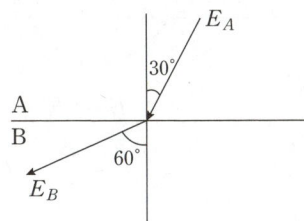

① $\dfrac{100}{3}$
② $\dfrac{100}{\sqrt{3}}$
③ 300
④ $100\sqrt{3}$

🔍 **해설**

복합유전체의 경계면 조건

전계의 접선 성분이 같으므로 $E_A\sin\theta_A=E_B\sin\theta_B$

$E_B=\dfrac{\sin\theta_A}{\sin\theta_B}\cdot E_A=\dfrac{\sin30°}{\sin60°}\times100=\dfrac{\frac{1}{2}}{\frac{\sqrt{3}}{2}}\times100=\dfrac{100}{\sqrt{3}}[\text{V/m}]$

★★★★☆

27 매질 1이 나일론(비유전율 $\varepsilon_s=4$) 이고, 매질 2가 진공일 때 전속밀도 D가 경계면에서 각각 θ_1, θ_2의 각을 이룰 때 $\theta_2=30°$라 하면 θ_1의 값은?

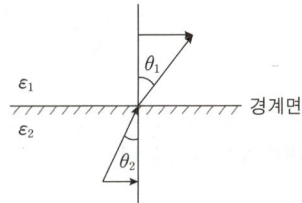

① $\tan^{-1}\dfrac{4}{\sqrt{3}}$
② $\tan^{-1}\dfrac{\sqrt{3}}{4}$
③ $\tan^{-1}\dfrac{\sqrt{3}}{2}$
④ $\tan^{-1}\dfrac{2}{\sqrt{3}}$

🔍 **해설**

복합유전체의 경계면 조건

경계면 조건에서 $\dfrac{\tan\theta_1}{\tan\theta_2}=\dfrac{\varepsilon_1}{\varepsilon_2}$이므로 $\varepsilon_1\tan\theta_2=\varepsilon_2\tan\theta_1$가 된다.

이때 $\theta_1=\tan^{-1}\left(\dfrac{\varepsilon_1}{\varepsilon_2}\tan\theta_2\right)$이고

매질1 나일론의 유전률을 $\varepsilon_1=\varepsilon_0 4$이고
매질2 진공의 유전률 $\varepsilon_2=\varepsilon_0$, $\theta_2=30°$

이를 대입하면 $\theta_1=\tan^{-1}\left(\dfrac{\varepsilon_0 4}{\varepsilon_0}\tan30°\right)=\tan^{-1}\dfrac{4}{\sqrt{3}}$가 된다.

★★★☆☆

28 공기 중의 전계 $E_1=10[\text{kV/cm}]$가 30°의 입사각으로 기름의 경계에 닿을 때, 굴절각 θ_2와 기름 중의 전계 E_2 $[\text{V/m}]$는? (단, 기름의 비유전율은 3이라 한다.)

① $60°$, $10^6/\sqrt{3}$
② $60°$, $10^3/\sqrt{3}$,
③ $45°$, $10^6/\sqrt{3}$
④ $45°$, $10^3/\sqrt{3}$

[**정답**] 25 ④ 26 ② 27 ① 28 ①

◎ 해설

복합유전체의 경계면 조건

경계면 조건에서 $\dfrac{\tan\theta_1}{\tan\theta_2}=\dfrac{\varepsilon_1}{\varepsilon_2}$이므로

$\tan\theta_2=\dfrac{\varepsilon_2}{\varepsilon_1}\tan\theta_1=\dfrac{\varepsilon_o\varepsilon_s}{\varepsilon_o}\tan\theta_1$가 된다.

여기에 $\varepsilon_s=3$, $\theta_1=30°$를 대입하면

$\tan\theta_2=\varepsilon_s\tan\theta_1=3\times\dfrac{1}{\sqrt{3}}=\sqrt{3}$ 이므로

$\theta_2=\tan^{-1}\sqrt{3}=60^0$가 된다.

또한 $E_1\sin\theta_1=E_2\sin\theta_2$에서 전계 E_2를 구하면

$E_2=\dfrac{\sin\theta_1}{\sin\theta_2}E_1=\dfrac{\dfrac{1}{2}}{\dfrac{\sqrt{3}}{2}}\times10^6=\dfrac{10^6}{\sqrt{3}}[\text{V/m}]$

★★★☆☆

29 유전율이 각각 ε_1, ε_2인 두 유전체가 접한 경계면에서 $\varepsilon_1>\varepsilon_2$이면 θ_1과 θ_2의 관계는?

① $\theta_1=\theta_2$ ② $\theta_1<\theta_2$

③ $\theta_1>\theta_2$ ④ $\theta_1<\theta_2$ 혹은 $\theta_1>\theta_2$

◎ 해설

복합유전체의 경계면 조건

유전체의 경계의 조건에서 $\varepsilon_1>\varepsilon_2$일 때

비례관계는 $\theta_1>\theta_2$, $D_1>D_2$, $E_1<E_2$

★★★☆☆

30 자유 공간 중에서 점 $P(2, -4, 5)$가 도체면상에 있으며 이 점에서 전계 $E=3a_x-6a_y+2a_z[\text{V/m}]$이다. 도체면에 법선 성분 E_n 및 접선 성분 E_t의 크기는 몇 $[\text{V/m}]$인가?

① $E_n=3$, $E_t=-6$

② $E_n=7$, $E_t=0$

③ $E_n=2$, $E_t=3$

④ $E_n=-6$, $E_t=0$

◎ 해설

복합유전체의 경계면 조건

점 P에서의 표면 전하 밀도 $\sigma=D=\varepsilon_0 E=\sqrt{3^2+(-6)^2+2^2}\,\varepsilon_0=7\varepsilon_0[\text{C/m}^2]$

도체의 면 전하밀도 σ일 때 도체의 성질로부터 전계는 수직(법선성분)으로 향하고 크기 $E_n=\dfrac{\sigma}{\varepsilon_0}$이며 접선 성분 $E_t=0$이 된다.

법선성분 $E_n=\dfrac{\sigma}{\varepsilon_0}=\dfrac{7\varepsilon_0}{\varepsilon_0}=7[\text{V/m}]$, 접선성분 $E_t=0$

★★★☆☆

31 비유전률 ε_s인 유전체의 판을 E_0인 평등 전계내에 전계와 수직으로 놓았을 때 유전체 내의 전계 E는?

① $E=\varepsilon_s E_0$ ② $E=\dfrac{E_0}{\varepsilon_s}$

③ $E=E_0$ ④ $E=\varepsilon_s^2 E_0$

◎ 해설

복합유전체의 경계면 조건

전계가 경계면에 수직 입사시 전속밀도가 불변(같다)이므로 $D_0=D$

여기서 D_0 : 공기 중 전속밀도, D : 유전체 전속밀도

$\varepsilon_0 E_0=\varepsilon_0\varepsilon_s E$ 이므로 이를 정리하면 $E=\dfrac{E_0}{\varepsilon_s}[\text{V/m}]$

★★☆☆☆

32 그림과 같이 평행판 콘덴서의 극판 사이에 유전율이 각각 ε_1, ε_2인 두 유전체를 반반씩 채우고 극판 사이에 일정한 전압을 걸어준다. 이 때 매질 Ⅰ, Ⅱ 내의전계의 세기 E_1, E_2 사이에는 다음 어느 관계가 성립 하는가?

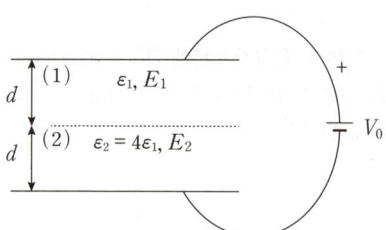

① $E_2=4E_1$ ② $E_2=2E_1$

③ $E_2=E_1/4$ ④ $E_2=E_1$

◎ 해설

복합유전체의 경계면 조건

그림 상에서 경계면에 전계가 수직입사이므로 경계면 양측에서 전속밀도는 같아야 된다.

$D_1=D_2$, $\varepsilon_1 E_1=\varepsilon_2 E_2$, $\varepsilon_1 E_1=4\varepsilon_1 E_2$, $E_1=4E_2$, $E_2=\dfrac{E_1}{4}$

[정답] 29 ③ 30 ② 31 ② 32 ③

★★★☆☆

33 $x=0$인 무한평면을 경계면으로 하여 $x<0$인 영역에는 비유전율 $\varepsilon_{r1}=2$, $x>0$인 영역에는 $\varepsilon_{r2}=4$인 유전체가 있다. ε_{r1}인 유전체내에서 전계 $E_1=20a_x-10a_y+5a_z$ [V/m]일 때 $x>0$인 영역에 있는 ε_{r2}인 유전체내에서 전속밀도 D_2[C/m²]는? (단, 경계면상에는 자유전하가 없다고 한다.)

① $D_2=\varepsilon_0(20a_x-40a_y+5a_z)$

② $D_2=\varepsilon_0(40a_x-40a_y+20a_z)$

③ $D_2=\varepsilon_0(80a_x-20a_y+10a_z)$

④ $D_2=\varepsilon_0(40a_x-20a_y+20a_z)$

🔍 **해설** --------------------

복합유전체의 경계면 조건

경계면에 전계가 수직입사이므로 경계면 양측에서 전속밀도는 같아야 된다. $D_1=D_2$, $\varepsilon_1E_1=\varepsilon_2E_2$이고 이를 정리하면

$$E_2=\frac{\varepsilon_0\varepsilon_{r1}}{\varepsilon_0\varepsilon_{r2}}E_1=\frac{2}{4}(20a_x-10a_y+5a_z)$$

x의 영역이므로 $E_2=(\frac{20}{2}a_x-10a_y+5a_z)$

$$=10a_x-10a_y+5a_z[\text{V/m}]$$

전속밀도 $D_2=\varepsilon_0\varepsilon_{r2}E_2=\varepsilon_04(10a_x-10a_y+5a_z)$

$$=\varepsilon_0(40a_x-40a_y+20a_z)[\text{C/m}^2]$$

★★★☆☆

34 유전체에 작용하는 힘과 관련된 사항으로 전계 중의 두 유전체가 경계면에서 받는 변형력을 무엇이라 하는가?

① 쿨롱의 힘
② 맥스웰의 응력
③ 톰슨의 응력
④ 볼타의 힘

🔍 **해설** --------------------

복합유전체의 경계면 조건

유전율이 큰 유전체가 작은 유전체 쪽으로 끌려 들어가는 힘을 받는다. 이 힘을 맥스웰(Maxwell)의 응력이라 한다.

★★★☆☆

35 $\varepsilon_1>\varepsilon_2$의 두 유전체의 경계면에 전계가 수직으로 입사할 때 경계면에 작용하는 힘은?

① $f=\frac{1}{2}\left(\frac{1}{\varepsilon_2}-\frac{1}{\varepsilon_1}\right)D^2$의 힘이 ε_1에서 ε_2로 작용한다.

② $f=\frac{1}{2}\left(\frac{1}{\varepsilon_1}-\frac{1}{\varepsilon_2}\right)E^2$의 힘이 ε_2에서 ε_1로 작용한다.

③ $f=\frac{1}{2}\left(\frac{1}{\varepsilon_1}-\frac{1}{\varepsilon_2}\right)D^2$의 힘이 ε_2에서 ε_1로 작용한다.

④ $f=\frac{1}{2}\left(\frac{1}{\varepsilon_2}-\frac{1}{\varepsilon_1}\right)E^2$의 힘이 ε_1에서 ε_2로 작용한다.

🔍 **해설** --------------------

복합유전체의 경계면 조건

전계가 수직입사이므로 전속밀도가 같으므로 경계면에 작용하는 힘은 $f=\frac{D^2}{2}\left(\frac{1}{\varepsilon_2}-\frac{1}{\varepsilon_1}\right)[\text{N/m}^2]$가 되고 작용하는 힘은 유전율이 큰 쪽에서 작은 쪽으로 작용하므로 ε_1에서 ε_2로 작용한다.

★★★☆☆

36 평행판 공기 콘덴서 극판간에 비유전율 6인 유리판을 일부만 삽입한 경우 내부로 끌리는 힘은 약 몇 [N/m²]인가? (단, 극판간의 전위 경도는 30[kV/cm]이고, 유리판의 두께는 판간 두께와 같다.)

① 199[N/m²]
② 223[N/m²]
③ 247[N/m²]
④ 269[N/m²]

🔍 **해설** --------------------

복합유전체의 경계면 조건

$\varepsilon_1=\varepsilon_0$ 공기중, $\varepsilon_2=6\varepsilon_0$유전체 가 있으므로 $\varepsilon_2>\varepsilon_1$일 때 경계면에 작용하는 힘은 $f=\frac{1}{2}(\varepsilon_2-\varepsilon_1)E^2[\text{N/m}^2]$

여기서 $E=\frac{30\times10^3}{10^{-2}}=3\times10^6[\text{V/m}]$

$f=\frac{1}{2}(6\varepsilon_0-\varepsilon_0)\times(3\times10^6)^2=199[\text{N/m}^2]$

★★★☆☆

37 그림과 같은 유전속의 분포에서 ε_1과 ε_2의 관계는?

① $\varepsilon_1>\varepsilon_2$
② $\varepsilon_2>\varepsilon_1$
③ $\varepsilon_1=\varepsilon_2$
④ $\varepsilon_2<\varepsilon_1$

[**정답**] 33 ② 34 ② 35 ① 36 ① 37 ②

🔍 해설 - - - - - - - - - - - - - - -

복합유전체의 경계면 조건

유전체에 작용하는 힘(Maxwell 변형력)

① 유전율이 큰 쪽에서 작은 쪽으로 힘이 작용한다.

② 전속(밀도)선은 유전율이 큰 쪽으로 모이려는 성질이 있다.

③ 전계(전기력선)는 유전율이 작은 쪽으로 몰리는 속성이 있다.

★★☆☆☆

38 $\varepsilon_1 > \varepsilon_2$인 두 유전체의 경계면에 전계가 수직일 때 경계면에 작용하는 힘의 방향은?

① 전계의 방향

② 전속 밀도의 방향

③ ε_1의 유전체에서 ε_2의 유전체 방향

④ ε_2의 유전체에서 ε_1의 유전체 방향

🔍 해설 - - - - - - - - - - - - - - -

복합유전체의 경계면 조건

경계면에 작용하는 힘은 유전율이 큰 쪽에서 작은 쪽으로 작용하므로 ε_1에서 ε_2로 작용 한다.

★★☆☆☆

39 고전압이 가해진 유전체 중에 공기의 기포가 있으면 유전체 중의 기포는 절연에 영향을 준다. 절연은 유전체의 유전율에 대하여 어떠한가?

① 유전율이 클수록 절연은 향상된다.

② 유전율이 작을수록 절연은 나빠진다.

③ 유전율에는 무관계하다.

④ 유전율이 클수록 절연은 나빠진다.

🔍 해설 - - - - - - - - - - - - - - -

단절연

구형 기포내의 전계의 세기 $E_i = \dfrac{3\varepsilon_1}{2\varepsilon_1 + \varepsilon_2}E = \dfrac{3\varepsilon_r}{2\varepsilon_r + 1}E$

유전체의 유전율이 클수록 기포 내부의 전계의 세기는 커지게 되어 절연이 나빠진다.

★★★☆☆

40 면적 $S[\text{m}^2]$, 간격 $d[\text{m}]$인 평행판콘덴서에 그림과 같이 두께 $d_1, d_2[\text{m}]$이며 유전율 $\varepsilon_1, \varepsilon_2[\text{F/m}]$인 두 유전체를 극판간에 평행으로 채웠을 때 정전용량은 얼마인가?

① $\dfrac{S}{\dfrac{d_1}{\varepsilon_1} + \dfrac{d_2}{\varepsilon_2}}$

② $\dfrac{\varepsilon_1 \varepsilon_2 S}{d}$

③ $\dfrac{\varepsilon_1 S}{d_1} + \dfrac{\varepsilon_2 S}{d_2}$

④ $\dfrac{S}{\dfrac{d_1}{\varepsilon_2} + \dfrac{d_2}{\varepsilon_1}}$

🔍 해설 - - - - - - - - - - - - - - -

복합 유전체에 의한 콘덴서의 합성정전용량

그림은 유전체가 평행판에 수평으로 채워진 경우이므로 콘덴서 직렬 연결이므로 합성정전용량은 $C = \dfrac{\varepsilon_1 \varepsilon_2 S}{\varepsilon_1 d_2 + \varepsilon_2 d_1} = \dfrac{S}{\dfrac{d_1}{\varepsilon_1} + \dfrac{d_2}{\varepsilon_2}}[\text{F}]$

★★★☆☆

41 정전용량이 $C_o[\text{F}]$인 평행판 공기 콘덴서가 있다. 이 극판에 평행으로 판 간격 $d[\text{m}]$의 1/2 두께되는 유리판을 삽입하면 , 이때의 정전용량 $[\text{F}]$는? (단, 유리판의 유전율은 $\varepsilon[\text{F/m}]$이라 한다.)

① $\dfrac{C_o}{1 + \dfrac{1}{\varepsilon}}$

② $\dfrac{2C_o}{1 + \dfrac{1}{\varepsilon}}$

③ $\dfrac{C}{1 + \dfrac{\varepsilon}{\varepsilon_0}}$

④ $\dfrac{2C_o}{1 + \dfrac{\varepsilon_o}{\varepsilon}}$

🔍 해설 - - - - - - - - - - - - - - -

복합 유전체에 의한 콘덴서의 합성정전용량

공기 콘덴서에 판간격 반만 평행하게 채운 경우의 정전용량은

$C = \dfrac{1}{\dfrac{1}{C_1} + \dfrac{1}{C_2}} = \dfrac{2C_0}{1 + \dfrac{\varepsilon_0}{\varepsilon}} = \dfrac{2C_0}{1 + \dfrac{1}{\varepsilon_s}} = \dfrac{2\varepsilon_s}{1 + \varepsilon_s}C_0[\text{F}]$

여기서 $C_0[\text{F}]$: 공기콘덴서 용량

[정답] 38 ③ 39 ④ 40 ① 41 ④

★★★☆☆

42 정전용량이 $1[\mu F]$인 공기 콘덴서가 있다. 이 콘덴서 판간의 $\dfrac{1}{2}$인 두께를 갖고 비유전율 $\varepsilon_s=2$인 유전체를 그 콘덴서의 한 전극면에 접촉하여 넣었을 때 전체의 정전 용량 $[\mu F]$은?

① 2

② $\dfrac{1}{2}$

③ $\dfrac{4}{3}$

④ $\dfrac{5}{3}$

🔍 **해설**

복합 유전체에 의한 콘덴서의 합성정전용량

공기콘덴서 정전용량 $C_o=1[\mu F]$, 비유전율 $\varepsilon_s=2$일 때
공기콘덴서 판간격 절반 두께에 유전체를 평행판에 수평으로 채운
경우의 정전용량은 $C=\dfrac{2\varepsilon_s}{1+\varepsilon_s}C_o=\dfrac{2\times 2}{1+2}\times 1=\dfrac{4}{3}[\mu F]$

★★☆☆☆

43 그림과 같이 한변의 길이가 $500[mm]$인 정사각형 평행 평판 2장이 $10[mm]$ 간격으로 놓여 있고 그림과 같이 유전율이 다른 2개의 유전체로 채워진 경우 합성 정전용량은 약 몇 $[pF]$인가?

① $402[pF]$

② $922[pF]$

③ $2028[pF]$

④ $4228[pF]$

🔍 **해설**

복합 유전체에 의한 콘덴서의 합성정전용량
복합 유전체의 합성 정전용량
직렬 접속 : 그림에서 유전체를 수평으로 채운 경우 또는 극판의 간격이 각각 극판의 면적이 일정

$C=\dfrac{S}{\dfrac{d_1}{\varepsilon_1}+\dfrac{d_2}{\varepsilon_2}}=\dfrac{\varepsilon_1\varepsilon_2 S}{\varepsilon_1 d_2+\varepsilon_2 d_1}[F]$을 이용

$\varepsilon_1=\varepsilon_0\ d_1=4[mm]$, $\varepsilon_2=4\varepsilon_0\ d_2=6[mm]$를 대입하면

$C=\dfrac{\varepsilon_1\varepsilon_2 S}{\varepsilon_1 d_2+\varepsilon_2 d_1}=\dfrac{\varepsilon_0\varepsilon_0\varepsilon_s S}{\varepsilon_0 d_2+\varepsilon_0\varepsilon_s d_1}=\dfrac{\varepsilon_0\varepsilon_s S}{d_2+\varepsilon_s d_1}$

$=\dfrac{8.855\times 10^{-12}\times 4\times 0.5^2}{6\times 10^{-3}+4\times 4\times 10^{-3}}\times 10^{12}=402.5[pF]$

★★☆☆☆

44 $Q[C]$의 전하를 가진 반지름 $a[m]$인 도체구를 비유전율 ε_s인 탱크에서 공기 중으로 꺼내는데 필요한 에너지 $[J]$는?

① $\dfrac{Q^2}{8\pi\varepsilon_o a}\left(1-\dfrac{1}{\varepsilon_s}\right)$

② $\dfrac{Q^2}{4\pi\varepsilon_o a}\left(1-\dfrac{1}{\varepsilon_s}\right)$

③ $\dfrac{Q^2}{\pi\varepsilon_o a}\left(1-\dfrac{1}{\varepsilon_s}\right)$

④ $\dfrac{Q}{8\pi\varepsilon_o a}\left(1-\dfrac{1}{\varepsilon_s}\right)$

🔍 **해설**

유전체에 저축되는 에너지

필요한 에너지 $W'=W_o-W=\dfrac{Q^2}{8\pi\varepsilon_o a}-\dfrac{Q^2}{8\pi\varepsilon_o\varepsilon_s a}$

$=\dfrac{Q^2}{8\pi\varepsilon_o a}\left(1-\dfrac{1}{\varepsilon_s}\right)[J]$이다.

여기서 공기중 축적에너지 $W_o=\dfrac{Q^2}{2C_o}=\dfrac{Q^2}{2\times 4\pi\varepsilon_o a}=\dfrac{Q^2}{8\pi\varepsilon_o a}[J]$

유전체 내 축적에너지 $W=\dfrac{Q^2}{2C}=\dfrac{Q^2}{2\times 4\pi\varepsilon_o\varepsilon_s a}=\dfrac{Q^2}{8\pi\varepsilon_o\varepsilon_s a}[J]$

[**정답**] 42 ③ 43 ① 44 ①

전계의 특수 해법 = 전기영상법

영상 학습 QR   출제경향분석

제5장 유전체 에서 시험에 자주 출제가 되는 내용은 다음과 같다.
❶ 접지 무한 평면과 점전하   ❷ 접지 무한 평면과 선전하
❸ 접지 구도체와 점점하

콕콕 포인트

1 접지 무한 평면과 점전하 = 무한평면에 의한 영상 전하

1. 영상전하

접지 무한 평판에서 a[m] 떨어진 점에 Q[C]의 점전하를 놓으면 반대 방향에 영상전하 $Q' = -Q$[C]있다고 가정한다.

1) 영상전하의 크기 및 위치

① 영상전하의 크기 : 영상전하는 점전하와 크기는 같고 극성이 반대

$$Q' = -Q[\text{C}]$$

② 영상 전하의 위치 : 영상전하는 점전하와 대칭인 지점에 존재

2. 영상전하와 점전하 사이에 작용하는 힘

$$F = -9 \times 10^9 \frac{Q^2}{4a^2} = -2.25 \times 10^9 \frac{Q^2}{a^2} = -\frac{Q^2}{16\pi\varepsilon_0 a^2}[\text{N}]$$

여기서 $(-)$: 항상 흡인력을 의미, a[m] : 무한평면에서 떨어진 거리

FAQ

무한 평면과 점전하 사이에 작용하는 힘을 유도해낸 방법은 무엇인가요?

답

▶ 두 전하사이에 작용하는 힘은 쿨롱의 법칙을 이용

$$F = \frac{Q_1 Q_2}{4\pi\varepsilon_0 r^2}[\text{N}]$$

$Q_1 = Q$, $Q_2 = -Q$ 대입
영상전하는 점전하와 전기량(크기)는 같고 부호(극성)가 반대이고 두 전하 사이에 떨어진 거리가 $r = 2a$[m] 이므로

$$F = \frac{-Q^2}{4\pi\varepsilon_0 (2a)^2}$$
$$= \frac{-Q^2}{16\pi\varepsilon_0 a^2}[\text{N}]가 된다.$$

3. 전계의 세기

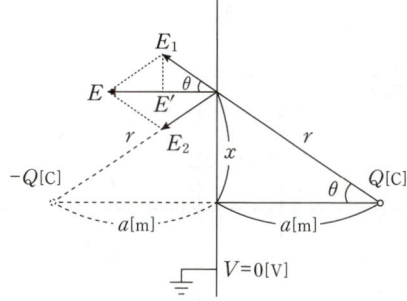

1) 영상전하에 의한 전계의 세기

$$E = -\frac{Qa}{2\pi\varepsilon_0(a^2+x^2)^{\frac{3}{2}}}[\text{V/m}]$$

2) 전계 최대값은 $x=0$인 지점

$$E_{\max} = -\frac{Q}{2\pi\varepsilon_0 a^2}[\text{V/m}]$$

4. 최대 전하 밀도 (최대 전속 밀도)

$$\sigma_{\max} = D_{\max} = \varepsilon_0 E = -\frac{Q}{2\pi a^2}[\text{C/m}^2]$$

5. 점전하가 무한원까지 이동시 한일(에너지)

$$W = F \cdot a = \frac{Q^2}{16\pi\varepsilon_0 a}[\text{J}]$$

| 필수확인 O·X 문제 |

1차 2차 3차

1. 접지 무한 평면과 점전하에서 도체평면 S와 점전하 q이 대립되어 있을 때 점전하 $+q$와 영상전하 $-q$가 대립되어 있는 모양으로 풀 수 있다. ············ (　)
2. 도체평면에 대한 점전하와 그 영상전하는 항상 전하량은 같고 부호가 반대이다.
··· (　)

상세해설

1. (○)
2. (○)

Q 포인트문제 1

점전하에 의한 무한 평면 도체의 영상 전하는?

① $-Q[\text{C}]$보다 작다.
② $Q[\text{C}]$보다 크다.
③ $-Q[\text{C}]$과 같다.
④ $Q[\text{C}]$과 같다.

A 해설

무한평면 도체에 의한 영상 전하는 크기는 같고 부호는 반대이므로 $Q' = -Q[\text{C}]$이 된다.

└─ 정답 ③

Q 포인트문제 2

공기 중에서 무한 평면 도체 표면 아래의 1[m] 떨어진 곳에 1[C]의 점전하가 있다. 전하가 받는 힘의 크기는 몇 [N]인가?

① $9 \times 10^9[\text{N}]$
② $\frac{9}{2} \times 10^9[\text{N}]$
③ $\frac{9}{4} \times 10^9[\text{N}]$
④ $\frac{9}{16} \times 10^9[\text{N}]$

A 해설

$$F = \frac{QQ'}{4\pi\varepsilon_0(2a)^2}$$
$$= 9 \times 10^9 \frac{-Q^2}{4a^2}$$
$$= 9 \times 10^9 \frac{1^2}{4 \times 1^2}$$
$$= \frac{9}{4} \times 10^9[\text{N}]$$

└─ 정답 ③

콕콕 포인트

electrical engineer · electrical engineer · electrical engineer · electrical engineer · electrical engineer · electrical engineer · electrical engineer · electrical

2 접지무한 평판과 선 전하 = 선과 대지사이

1. 영상 선 전하

접지 무한 평판에서 $h[\text{m}]$ 떨어진 점에 $\lambda[\text{C/m}]$의 선전하를 놓으면 반대 방향에 영상 선 전하 $\lambda' = -\lambda[\text{C/m}]$있다고 가정한다.

1) 영상전하 의 크기 및 위치

① 영상전하의 크기 : 영상 선전하는 선전하와 크기는 같고 극성이 반대

$$\lambda' = -\lambda[\text{C/m}]$$

② 영상 선전하의 위치 : 영상 선전하는 선전하와 대칭인 지점에 존재

2. 영상 선전하와 선전하 사이에 작용하는 힘 = 영상력

1) 전체 힘

$$F = QE = -\lambda \cdot l\,\frac{\lambda}{4\pi\varepsilon_0 h} = -\frac{\lambda^2 l}{4\pi\varepsilon_0 h}[\text{N}]$$

2) 단위 길이 당 힘

$$f = -\frac{\lambda^2}{4\pi\varepsilon_0 h}[\text{N/m}] \propto \frac{1}{h}$$

$(-)$: 항상 흡인력을 의미, $h[\text{m}]$: 무한평면에서 떨어진 거리

3. 대지와 도선 사이에 정전용량

$$C' = \frac{2\pi\varepsilon_0}{\ln\dfrac{2h-a}{a}} = \frac{2\pi\varepsilon_0}{\ln\dfrac{2h}{a}}[\text{F/m}]$$

FAQ

무한 평면과 선전하 사이에 작용 하는 힘을 유도해낸 방법은 무엇 인가요?

답

▶두 전하사이에 작용하는 힘은 전계 내에서 전하가 받는 힘을 이용
$F = QE[\text{N}]$, $Q = \lambda l[\text{C}]$
선 전하에 의한 전계
$E = \dfrac{\lambda'}{2\pi\varepsilon_0 r}[\text{V/m}]$, $r = 2h$,
$\lambda' = -\lambda[\text{C/m}]$을 대입 정리
하면 $F = \lambda l\dfrac{-\lambda}{2\pi\varepsilon_0 2h}$
$= -\dfrac{\lambda^2 l}{4\pi\varepsilon_0 h}[\text{N}]$ 가 되고
단위 길이당
$f = \dfrac{F}{l} = -\dfrac{\lambda^2}{4\pi\varepsilon_0 h}[\text{N/m}]$이다.

engineer · electrical engineer · electrical engineer · electrical engineer · electrical engineer · electrical engineer · electrical engineer · electrical engineer

콕콕 포인트

3 $d > a$ 접지도체구와 점전하

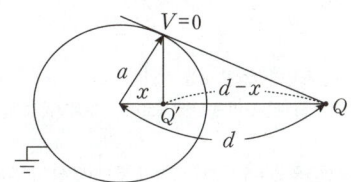

1. 영상전하 : 영상전하는 점전하와 전기량의 크기는 다르고 부호가 반대

$$Q' = -\frac{a}{d}Q[C]$$

여기서 $d[m]$: 접지 구도체 중심에서 떨어진 거리, $a[m]$: 접지 구도체의 반지름

2. 영상전하 위치 : 접지 구도체 내부에 존재

$$x = \frac{a^2}{d}[m]$$

3. 영상전하와 점전하 사이에 작용하는 힘

$$F = \frac{Q \cdot Q'}{4\pi\varepsilon_0\left(\frac{d^2-a^2}{d}\right)^2} = -\frac{adQ^2}{4\pi\varepsilon_0(d^2-a^2)^2}[N]$$

$(-)$: 항상 흡인력을 의미

│ 필수확인 O·X 문제 │   1차 2차 3차

1. 접지무한 평면과 선전하가 대립되어 있을 때 작용하는 힘은 거리에 반비례한다.
 ‥‥‥‥‥‥‥‥‥‥‥‥‥‥‥‥‥‥‥‥‥‥‥ ( )

2. 접지 구 도체와 점전하간에 작용하는 힘은 조건적 흡인력이 작용한다. ‥‥ ( )

3. 도체 접지 구에 관한 점전하와 그 영상전하는 항상 전하량은 같고 부호가 반대이다.
 ‥‥‥‥‥‥‥‥‥‥‥‥‥‥‥‥‥‥‥‥‥‥‥ ( )

상세해설

1. (○)
2. (×) 접지 구 도체와 점전하간에 작용하는 힘은 항상 흡인력이 작용 한다.
3. (×) 도체 접지구에 관한 점전하와 그 영상전하는 전하량은 다르고 부호가 반대이다.

FAQ

접지 구 도체와 점전하 사이에 작용하는 힘을 유도해낸 방법은 무엇 인가요?

답

▶ 쿨롱의 힘을 이용 $F = \dfrac{Q \cdot Q'}{4\pi\varepsilon_0 r^2}$

이때 영상전하와 점전하 사이의 거리는 $d-x$

$F = \dfrac{Q \cdot Q'}{4\pi\varepsilon_0(d-x)^2}$이고

영상전하의 위치 $x = \dfrac{a^2}{d}[m]$를

대입 정리하면

$F = \dfrac{Q \cdot Q'}{4\pi\varepsilon_0\left(\frac{d^2-a^2}{d}\right)^2}$

영상전하 $Q' = -\dfrac{a}{d}Q[C]$

대입 정리 하면

$F = \dfrac{-adQ^2}{4\pi\varepsilon_0(d^2-a^2)^2}[N]$가 된다.

Q 포인트문제 2

반지름 a인 접지 도체구의 중심에서 $d > a$되는 곳에 점전하 Q가 있다. 구도체에 유기되는 영상전하 및 그 위치(중심에서의 거리)는 각각 얼마인가?

① $+\dfrac{a}{d}Q$이며 $\dfrac{a^2}{d}$이다.

② $-\dfrac{a}{d}Q$이며 $\dfrac{a^2}{d}$이다.

③ $+\dfrac{d}{a}Q$이며 $\dfrac{a^2}{d}$이다.

④ $-\dfrac{d}{a}Q$이며 $\dfrac{d^2}{a}$이다.

A 해설

접지 구도체와 점전하에서 영상 전하 $Q' = -\dfrac{a}{d}Q$ 및 영상전하 위치 $x = \dfrac{a^2}{d}$이다.

정답 ②

음성 학습 QR

- QR 코드를 찍으시면, 가장 중요한 우선순위 문제풀이 영상을 보실 수 있습니다.
- 우선순위 논점은 전기(산업)기사 시험에서 가장 출제 빈도가 높은 문제로써, 수험생분들께서는 각 파트별 우선순위 문제의 논점과 키워드를 학습하시기를 바랍니다.
- 체크 리스트를 작성하시면서 문제의 유형과 학습의 완성도를 스스로 체크 해 보시기를 바랍니다.
- "선생님의 콕콕 포인트"는 틀리기 쉬운 문제의 함정과 문제의 포인트를 집어드립니다. 우선순위 문제풀이의 포인트를 꼭 참고하고 응용문제의 해결능력을 길러 줍니다.

번호	우선순위 논점	KEY WORD	나의 정답 확인				선생님의 콕콕 포인트
			맞음	틀림(오답확인)			
				이해 부족	암기 부족	착오 실수	
4	접지무한평면과 점전하	접지된 도체, 무한 평면 도체 간 점전하 작용력					$9 \times 10^9/4a^2$, 분모 $16\pi a^2$ 매질상수를 확인할 것
6	접지무한평면과 점전하	무한평면(무한원점)에너지					$W = Fr[\text{N} \cdot \text{m} = \text{J}]$과 영상력을 이용할 것
9	접지무한 평면과 점전하	복합유전체에서 작용하는 힘. 유전체 경계면					분모 $16\pi a^2$ 분자에 유전율이 큰 곳에서 작은 곳을 빼줄 것
11	접지무한평면과 선전하	접지무한평면과 선전하 작용력					분모에 $4\pi\varepsilon_0 h$ 여기서 h는 선전하와 무한평면과 떨어진 거리 일 것
14	접지구도체와 점전하	영상전하 및 유기되는 전하, 구도체					접지 구도체와 점전하의 영상전하 공식을 암기할 것

★★☆☆☆
01

전류 $+I$와 전하 $+Q$가 무한히 긴 직선상의 도체에 각각 주어졌고 이들 도체는 진공 속에서 각각 투자율과 유전율이 무한대인 물질로 된 무한대 평면과 평행하게 놓여 있다. 이 경우 영상법에 의한 영상 전류와 영상 전하는? (단, 전류는 직류이다.)

① $-I$, $-Q$ ② $-I$, $+Q$

③ $+I$, $-Q$ ④ $+I$, $+Q$

🔍 해설

접지무한평면과 점전하

무한 평면에 의한 영상전하는 $-Q[\text{C}]$이므로 영상전류는 $-I[\text{A}]$이다.

★★★☆☆
02

접지된 무한 평면도체 전방의 한 점 P에 있는 점전하 $Q[\text{C}]$의 평면도체에 대한 영상 전하는?

① 점 P의 대칭점에 있으며, 전하는 $-Q[\text{C}]$이다.
② 점 P의 대칭점에 있으며, 전하는 $-2Q[\text{C}]$이다.
③ 평면 도체상에 있으며, 전하는 $-Q[\text{C}]$이다.
④ 평면 도체상에 있으며, 전하는 $-2Q[\text{C}]$이다.

🔍 해설

접지무한평면과 점전하

무한평면으로부터 $a[\text{m}]$ 떨어진 P점에 점전하 $Q[\text{C}]$이 있는 경우 영상전하는 무한평면 뒤쪽으로 점 P의 대칭점에 존재하며, 그 크기는 점전하와 같고 부호는 반대로 $Q' = -Q[\text{C}]$이다.

★★☆☆☆
03

그림과 같이 무한 평면 도체로부터 수직 거리 $a[\text{m}]$인 곳에 점전하 $Q[\text{C}]$이 있다. 점전하 $Q[\text{C}]$으로부터 $r[\text{m}]$ 떨어진 점 $(0, y)$의 전위$[\text{V}]$는?

① 0

② $\dfrac{Q}{4\pi\varepsilon_0}\left[\dfrac{1}{\sqrt{a^2+x^2}}\right]$

③ $\dfrac{Q}{4\pi\varepsilon_0}\left[\dfrac{1}{(a^2+x^2)}+\dfrac{1}{(a^2-x^2)}\right]$

④ $\dfrac{Q}{4\pi\varepsilon_0}\left[\dfrac{1}{\sqrt{a^2+y^2}}+\dfrac{1}{\sqrt{a^2+y^2}}\right]$

🔍 **해설**

접지무한평면과 점전하

무한평면 도체의 전위는 영전위이다.

★★★★★

04 무한평면도체로부터 거리 $a[\mathrm{m}]$인 곳에 점전하 $Q[\mathrm{C}]$이 있을 때 $Q[\mathrm{C}]$과 무한 평면도체간의 작용력$[\mathrm{N}]$은? (단, 공간 매질의 유전율은 $\varepsilon[\mathrm{F/m}]$이다.)

① $\dfrac{Q^2}{2\pi\varepsilon_0 a^2}$ ② $\dfrac{-Q^2}{16\pi\varepsilon_0 a^2}$

③ $\dfrac{Q^2}{4\pi\varepsilon a^2}$ ④ $\dfrac{-Q^2}{16\pi\varepsilon a^2}$

🔍 **해설**

접지무한평면과 점전하

점전하과 영상전하 사이에 작용하는 힘은 다음과 같다.
공간 매질의 유전율은 $\varepsilon[\mathrm{F/m}]$이므로
$$F=\dfrac{Q_1 Q_2}{4\pi\varepsilon r^2}=\dfrac{QQ'}{4\pi\varepsilon(2a)^2}=-\dfrac{Q^2}{16\pi\varepsilon a^2}[\mathrm{N}]$$
$(-)$는 항상 흡인력이 발생한다는 의미

★★☆☆☆

05 무한 평면도체로부터 거리 $a[\mathrm{m}]$의 곳에 점전하 2π $[\mathrm{C}]$이 있을 때 도체 표면에 유도되는 최대 전하밀도는 몇 $[\mathrm{C/m^2}]$인가?

① $-\dfrac{1}{a^2}$ ② $-\dfrac{1}{2a^2}$

③ $-\dfrac{1}{2\pi a}$ ④ $-\dfrac{1}{4\pi a}$

🔍 **해설**

접지무한평면과 점전하

무한 평면에서 최대전하밀도 및 최대전속 밀도
$$\sigma_{\max}=D_{\max}=\varepsilon_0 E=-\dfrac{Q}{2\pi a^2}[\mathrm{C/m^2}]$$
여기서 점전하 $Q=2\pi[\mathrm{C}]$을 대입하면
$$\sigma_{\max}=-\dfrac{2\pi}{2\pi a^2}=-\dfrac{1}{a^2}[\mathrm{C/m^2}]$$이 된다.

★★★★★

06 평면도체 표면에서 $d[\mathrm{m}]$의 거리에 점전하 $Q[\mathrm{C}]$가 있을 때 이 전하를 무한원까지 운반하는데 요하는 일은 몇 $[\mathrm{J}]$인가?

① $\dfrac{Q^2}{4\pi\varepsilon_0 d}$ ② $\dfrac{Q^2}{8\pi\varepsilon_0 d}$

③ $\dfrac{Q^2}{16\pi\varepsilon_0 d}$ ④ $\dfrac{Q^2}{32\pi\varepsilon_0 d}$

🔍 **해설**

접지무한평면과 점전하

전하가 무한 평면으로 이동했을 때 한 일
$$W=F\cdot d=\dfrac{Q^2}{16\pi\varepsilon_0 d^2}\times d=\dfrac{Q^2}{16\pi\varepsilon_0 d}[\mathrm{N\cdot m=J}]$$

★★☆☆☆

07 질량 $m[\mathrm{kg}]$인 작은 물체가 전하 $Q[\mathrm{C}]$을 가지고 중력 방향과 직각인 무한도체평면 아래쪽 $d[\mathrm{m}]$의 거리에 놓여있다. 정전력이 중력과 같게 되는데 필요한 $Q[\mathrm{C}]$의 크기는?

① $\dfrac{d}{2}\sqrt{\pi\varepsilon_0 mg}$ ② $d\sqrt{\pi\varepsilon_0 mg}$

③ $2d\sqrt{\pi\varepsilon_0 mg}$ ④ $4d\sqrt{\pi\varepsilon_0 mg}$

🔍 **해설**

접지무한평면과 점전하

• 중력에 의한 힘 $F_1=mg[\mathrm{N}]$

• 무한 평면과 점전하 사이에 작용하는 힘 $F_2=\dfrac{Q^2}{16\pi\varepsilon_0 d^2}[\mathrm{N}]$

  F_1과 F_2는 같은 힘이므로 $mg=\dfrac{Q^2}{16\pi\varepsilon_0 d^2}$에서 정리하면

  $Q=\sqrt{16\pi\varepsilon_0 d^2 mg}=4d\sqrt{\pi\varepsilon_0 mg}$ 가 된다.

  여기서 $m[\mathrm{kg}]$: 질량, $g[\mathrm{m/s^2}]$: 중력가속도$=9.8$

[**정답**] 04 ④ 05 ① 06 ③ 07 ④

★★☆☆☆

08 그림과 같이 무한 도체판으로부터 $a[\text{m}]$ 떨어진 점에 $+Q[\text{C}]$ 점전하가 있을 때 $\frac{1}{2}a[\text{m}]$인 P점의 세기[V/m]는?

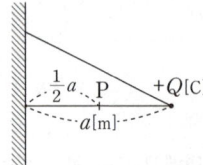

① $\dfrac{10Q}{\pi\varepsilon_0 a^2}$ ② $\dfrac{10Q}{9\pi\varepsilon_0 a^2}$

③ $\dfrac{Q}{9\pi\varepsilon_0 a^2}$ ④ $\dfrac{8Q}{9\pi\varepsilon_0 a^2}$

🔎 **해설**

접지무한평면과 점전하

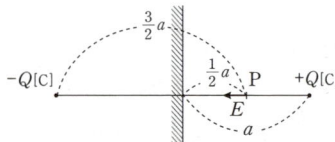

지정된 지점의 전계의 세기를 이용 P점에 1[C]을 놓고 전계의 세기를 계산하면

- $-Q[\text{C}]$과 1[C] 사이의 거리는 $\frac{3}{2}a[\text{m}]$이므로
$$E_1 = \frac{Q}{4\pi\varepsilon_0\left(\frac{3}{2}a\right)^2}[\text{V/m}]\text{이다.}$$

- $Q[\text{C}]$과 1[C] 사이의 거리는 $\frac{1}{2}a[\text{m}]$이므로
$$E_2 = \frac{Q}{4\pi\varepsilon_0\left(\frac{1}{2}a\right)^2}[\text{V/m}]\text{이다.}$$

- 1[C]과의 작용하는 전계의 방향이 동일한 방향이므로
$$E = E_1 + E_2 = \frac{Q}{4\pi\varepsilon_0\left(\frac{3}{2}a\right)^2} + \frac{Q}{4\pi\varepsilon_0\left(\frac{1}{2}a\right)^2}$$
$$= \frac{Q}{9\pi\varepsilon_0 a^2} + \frac{Q}{\pi\varepsilon_0 a^2} = \frac{10Q}{9\pi\varepsilon_0 a^2}[\text{V/m}]$$

★★★☆☆

09 유전율 $\varepsilon_1[\text{F/m}]$, $\varepsilon_2[\text{F/m}]$인 두종류의 유전체가 무한 평면을 경계로 접해있다. 유전체 내에서 경계면으로 부터 $r[\text{m}]$만큼 떨어진 점P에 점전하 $Q[\text{C}]$이 있을 때 점전하와 유전체 $\varepsilon_2[\text{F/m}]$ 사이에 작용하는 힘[N]은?

① $\dfrac{Q^2}{4\pi\varepsilon_1 r^2}\dfrac{\varepsilon_1-\varepsilon_2}{\varepsilon_1+\varepsilon_2}$ ② $\dfrac{Q}{4\pi\varepsilon_1 r^2}\dfrac{\varepsilon_1-\varepsilon_2}{\varepsilon_1+\varepsilon_2}$

③ $\dfrac{Q^2}{16\pi\varepsilon_1 r^2}\dfrac{\varepsilon_1-\varepsilon_2}{\varepsilon_1+\varepsilon_2}$ ④ $\dfrac{Q}{16\pi\varepsilon_1 r^2}\dfrac{\varepsilon_1-\varepsilon_2}{\varepsilon_1+\varepsilon_2}$

🔎 **해설**

접지무한평면과 점전하

매질 ε_1 중의 전계는 모든 매질을 ε_1로 하고 Q의 대칭점(거리 $2r[\text{m}]$)에 $Q' = \dfrac{\varepsilon_1-\varepsilon_2}{\varepsilon_1+\varepsilon_2}Q$의 전하가 있는 경우와 같다.

Q에 작용하는 힘 F는 거리 $2r[\text{m}]$가 떨어진 경우의 쿨롱의 힘과 같으므로 $F = \dfrac{1}{4\pi\varepsilon_1}\cdot\dfrac{QQ'}{(2r)^2} = \dfrac{Q^2}{16\pi\varepsilon_1 r^2}\cdot\dfrac{\varepsilon_1-\varepsilon_2}{\varepsilon_1+\varepsilon_2}[\text{N}]$

★★☆☆☆

10 그림과 같이 직교 도체 평면상 P점에 $Q[\text{C}]$이 있을 때 P'인 점의 영상 전하는 어느 것인가?

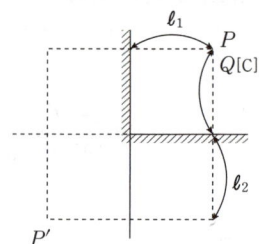

① Q^2 ② Q

③ $-Q$ ④ 0

🔎 **해설**

접지무한평면과 점전하

P점에서 대칭인 점의 영상전하는 $-Q[\text{C}]$이고 바로 아래 P'점의 영상전하는 Q이다.

★★☆☆☆

11 무한대 평면 도체와 $d[\text{m}]$ 떨어져 평행한 무한장 직선 도체에 $\rho[\text{C/m}]$의 전하 분포가 주어졌을 때 직선 도체의 단위 길이 당 받는 힘은? (단, 공간의 유전율은 ε임)

① $0[\text{N/m}]$ ② $\dfrac{\rho^2}{\pi\varepsilon d}[\text{N/m}]$

③ $\dfrac{\rho^2}{2\pi\varepsilon d}[\text{N/m}]$ ④ $\dfrac{\rho^2}{4\pi\varepsilon d}[\text{N/m}]$

[**정답**] 08 ② 09 ③ 10 ② 11 ④

🔍 해설

접지무한평면과 선 전하

접지무한평판과 선 전하 사이에 작용하는 힘은 다음과 같다.

선 전하 $\rho[\text{C/m}] = \lambda[\text{C/m}]$

공간의 유전율 ε이므로

- 총 힘 $F = QE = -\lambda \cdot l \dfrac{\lambda}{4\pi\varepsilon h} = -\dfrac{\lambda^2 l}{4\pi\varepsilon h}[\text{N}]$

- 길이 당 힘은 $f = -\dfrac{\lambda^2}{4\pi\varepsilon h}[\text{N/m}] \propto \dfrac{1}{h}$

★★★☆☆

12 대지면에 높이 $h[\text{m}]$로 평행 가설된 매우 긴 선전하 (선전하 밀도[C/m])가 지면으로부터 받는 힘[N/m]은?

① h에 비례한다. 　② h에 반비례한다.

③ h^2에 비례한다. 　④ h^2에 반비례한다.

🔍 해설

접지무한평면과 선 전하

문제 11번 해설 참조

★★☆☆☆

13 무한평면 도체에서 $h[\text{m}]$의 높이에 반지름 $a[\text{m}]$ $(a \ll h)$의 도선을 평행하게 가설 하였을 때 도체에 대한 도선의 정전 용량은 몇 $[\text{F/m}]$인가?

① $\dfrac{\pi\varepsilon_0}{\ln\dfrac{h}{a}}$ 　② $\dfrac{2\pi\varepsilon_0}{\ln\dfrac{2h}{a}}$

③ $\dfrac{\pi\varepsilon_0}{\ln\dfrac{2h}{a}}$ 　④ $\dfrac{2\pi\varepsilon_0}{\ln\dfrac{h}{a}}$

🔍 해설

접지무한평면과 선 전하

평행 두 도선사이의 정전용량

$C = \dfrac{\pi\varepsilon_0}{\ln\dfrac{d}{a}}[\text{F/m}]$ 이때 $d = 2h$이므로 $C = \dfrac{\pi\varepsilon_0}{\ln\dfrac{2h}{a}}[\text{F/m}]$가 된다.

이때 대지면과 도선 사이에는

$C'[\text{F/m}]$ 2개가 직렬연결 상태이므로

$C = \dfrac{C'}{2}$이고 이를 정리하면 $C' = 2C = \dfrac{2\pi\varepsilon_0}{\ln\dfrac{2h}{a}}[\text{F/m}]$

★★☆☆☆

14 반경이 $0.01[\text{m}]$인 구도체를 접지시키고 중심으로부터 $0.1[\text{m}]$의 거리에 $10[\mu\text{C}]$의 점전하를 놓았다. 구도체에 유도된 총 전하량은 몇 $[\mu\text{C}]$인가?

① $0[\mu\text{C}]$ 　② $-1.0[\mu\text{C}]$

③ $-10[\mu\text{C}]$ 　④ $+10[\mu\text{C}]$

🔍 해설

접지 구 도체와 점전하

영상전하 $Q' = -\dfrac{a}{d}Q = -\dfrac{0.01}{0.1} \times 10 \times 10^{-6} = -1.0[\mu\text{C}]$

★★☆☆☆

15 반지름이 $10[\text{cm}]$인 접지 구도체의 중심으로부터 $1[\text{m}]$ 떨어진 거리에 한 개의 전자를 놓았다. 접지구도체에 유도된 충전 전하량은 몇 $[\text{C}]$인가?

① $-1.6 \times 10^{-20}[\text{C}]$

② $-1.6 \times 10^{-21}[\text{C}]$

③ $1.6 \times 10^{-20}[\text{C}]$

④ $1.6 \times 10^{-21}[\text{C}]$

🔍 해설

접지 구 도체와 점전하

전자 한 개의 전하량 $e = -1.602 \times 10^{-19}[\text{C}]$

접지 구 도체에 유도된 전하량 $Q = \dfrac{a}{d}Q = -\dfrac{a}{d}e$이므로

$Q' = -\dfrac{0.1}{1}(-1.602 \times 10^{-19}) = 1.602 \times 10^{-20}[\text{C}]$

[**정답**] 12 ② 　13 ② 　14 ② 　15 ③

★★☆☆☆

16 그림과 같이 접지된 반지름 a[m]의 도체 구 중심 0에서 떨어진 점 A에 Q[C]의 점전하가 존재할 때, A'점에 Q'의 영상 전하를 생각하면 구 도체와 점전하간에 작용하는 힘[N]은?

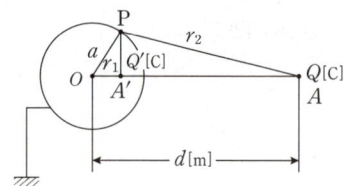

① $F = \dfrac{QQ'}{4\pi\varepsilon_0\left(\dfrac{d^2-a^2}{d}\right)}$

② $F = \dfrac{QQ'}{4\pi\varepsilon_0\left(\dfrac{d}{d^2-a^2}\right)}$

③ $F = \dfrac{QQ'}{4\pi\varepsilon_0\left(\dfrac{d^2+a^2}{d}\right)^2}$

④ $F = \dfrac{QQ'}{4\pi\varepsilon_0\left(\dfrac{d^2-a^2}{d}\right)^2}$

🔍 **해설** --------

접지 구 도체와 점전하

쿨롱의 힘을 이용 $F = \dfrac{Q \cdot Q'}{4\pi\varepsilon_0 r^2}$

이때 영상전하와 점전하 사이의 거리는 $d - x$

$F = \dfrac{Q \cdot Q'}{4\pi\varepsilon_0(d-x)^2}$ 이고 영상전하의 위치 $x = \dfrac{a^2}{d}$[m]

대입 정리하면 $F = \dfrac{Q \cdot Q'}{4\pi\varepsilon_0\left(\dfrac{d^2-a^2}{d}\right)^2}$ 영상전하 $Q' = -\dfrac{a}{d}Q$[C]

대입 정리 하면 $F = \dfrac{-adQ^2}{4\pi\varepsilon_0(d^2-a^2)^2}$[N]가 된다.

★★☆☆☆

17 점전하와 접지된 유한한 도체 구가 존재할 때 점전하에 의한 접지 구 도체의 영상전하에 관한 설명 중 틀린 것은?

① 영상전하는 구 도체 내부에 존재한다.

② 영상전하는 점전하와 크기는 같고 부호는 반대이다.

③ 영상전하는 점전하와 도체 중심축을 이은 직선상에 존재한다.

④ 영상전하가 놓인 위치는 도체 중심과 점전하와의 거리와 도체 반지름에 결정된다.

🔍 **해설** --------

접지구도체와 점전하

접지구도체와 점전하에서 점전하 Q,

영상전하 $Q' = -\dfrac{a}{d}Q$이므로 부호는 반대지만 크기는 같지 않다.

★★☆☆☆

18 전기 영상법에 대하여 옳지 않은 것은?

① 도체 평면 S와 점전하 q가 대립되어 있을 때의 문제를 점전하 $+q$와 영상 전하 $-q$가 대립되어 있는 문제로 풀 수 있다.

② $+q$, $-q$인 점전하가 대립되어 있을 때의 문제를 점전하 $+q$와 도체 평면 S가 대립되어 있을 때의 문제로 풀 수 있다.

③ 도체 평면에 대한 점전하와 그 영상 전하는 항상 전하량이 같고 부호가 반대이다.

④ 도체 접지구에 관한 점전하와 그 영상 전하는 항상 전하량이 같고 부호가 반대이다.

🔍 **해설** --------

접지구도체와 점전하

문제 17번 해설 참조

[정답] 16 ④ 17 ② 18 ④

electrical engineer

Chapter 06

전류

영상 학습 QR   출제경향분석

제6장 전류에서 시험에 자주 출제가 되는 내용은 다음과 같다.

❶ 전기저항   ❷ 온도 변화에 따른 저항
❸ 정전용량과 저항의 관계   ❹ 전류
❺ 여러 가지 전기현상

콕콕 포인트

FAQ

MKS 단위계로 고유 저항의 단위는 어떻게 되나요?

답

▶ 고유저항의 단위
- MKS : $1[\Omega \cdot m]$
- CGS : $1[\Omega \cdot mm^2/m]$
  $1[\Omega \cdot m] = 10^6[\Omega \cdot mm^2/m]$
  $1[\Omega \cdot mm^2/m] = 10^{-6}[\Omega \cdot m]$

Q 포인트문제

도체의 고유 저항과 관계 없는 것은?

① 온도   ② 길이
③ 단면적   ④ 단면적의 모양

A 해설

$\rho = \dfrac{SR}{l}[\Omega \cdot m]$이므로 길이 단면적과 관련 있으며 단면적의 모양과 관련 없다.
온도 변화에 따른 저항은
$R_T = R_t + \alpha_t R_t(T-t)$
$\quad = R_t\{1 + \alpha_t(T-t)\}[\Omega]$
이므로 온도와도 관련 있다.

정답 ④

---

1 저항의 종류

1. 옴의 법칙에 의한 저항

$$V = IR[\text{V}]$$

$$I = \frac{V}{R}[\text{A}]$$

$$R = \frac{V}{I} = \frac{1}{G}[\Omega]$$

2. 도선에서의 전기저항

$$R = \rho \frac{l}{S} = \rho \frac{l}{\pi r^2} = \rho \frac{4l}{\pi D^2} = \frac{l}{kS}[\Omega]$$

여기서, $k = \sigma = \dfrac{1}{\rho}[\text{℧/m}]$: 도전율, $\rho = \dfrac{1}{k}[\Omega \cdot m]$: 고유 저항

$l[\text{m}]$: 도선의 길이, $S = \pi r^2 = \dfrac{\pi D^2}{4}[\text{m}^2]$: 도선의 단면적

$r[\text{m}]$: 도선 단면적의 반지름, $D[\text{m}]$: 도선 단면적의 지름

3. 저항의 온도계수

도체는 온도가 상승하면 저항이 상승하는 정(+)온도 특성을 가지며 반도체는 이와 반대로 온도가 상승하면 저항이 감소하는 부(-)온도 특성을 갖는다.

1) 동의 온도계수

① 0[℃]에서의 저항의 온도계수

0[℃]에서 1[Ω]의 저항을 1[℃] 상승 시 저항의 증가계수이다.

$$\alpha_0 = \frac{1}{234.5} = 4.264 \times 10^{-3} [1/℃]$$

② t[℃]에서의 저항의 온도계수

t[℃]에서 1[Ω]의 저항을 1[℃] 상승 시 저항의 증가 계수이다.

$$\alpha_t = \frac{1}{234.5 + t} = \frac{a_0}{1 + a_0 t}$$

2) t[℃]에서 R_t인 저항이 T[℃]로 상승 시 저항 값 계산

$$R_T = R_t + \alpha_t R_t (T - t) = R_t \{1 + \alpha_t (T - t)\} = R_t \frac{234.5 + T}{234.5 + t} [Ω]$$

여기서, R_t[Ω] : 온도 상승 전 저항, α_t[1/℃] : t[℃]에서의 저항의 온도계수,

  $(T - t)$[℃] : 온도차

3) 저항 R_1, R_2[Ω]이고 온도계수가 α_1, α_2일 때 저항이 직렬연결 시 합성온도계수

$$\alpha(R_1 + R_2) = \alpha_1 R_1 + \alpha_2 R_2$$

$$\alpha = \frac{\alpha_1 R_1 + \alpha_2 R_2}{R_1 + R_2}$$

Q 포인트문제 2

20[℃]에서 저항 온도 계수 a_{20} = 0.004인 저항선의 저항이 100[Ω] 이다. 이 저항선의 온도가 80[℃] 로 상승될 때 저항은 몇 [Ω]이 되겠는가?

① 24[Ω] ② 48[Ω]
③ 72[Ω] ④ 124[Ω]

A 해설

온도 변화에 따른 저항값 계산은 다음과 같다.
$$R_T = R_t \{1 + \alpha_t (T - t)\}$$
$$= 100\{1 + 0.004(80 - 20)\}$$
$$= 124[Ω]$$

정답 ④

Q 포인트문제 3

다음 중 20[℃]에서 저항온도계수(temperature coefficient of resistance)가 가장 큰 것은?

① Ag ② Cu
③ Al ④ Ni

A 해설

저항 온도계수

· Ag (은) : 0.00405
· Cu (구리) : 0.00393
· Al (알루미늄) : 0.0042
· Ni (니켈) : 0.0054

정답 ④

참고

줄열은 자유전자가 원자사이의 공간을 이동하거나 전자상호간 충돌이 일어나거나 원자와 전자가 충돌하여 발생하는 열을 말한다.

필수확인 O·X 문제

[1차] [2차] [3차]

1. 지멘스(siemens)는 저항의 단위이다. · ( )
2. 금속 도체에서 전기저항은 온도가 상승하면 증가한다. · · · · · · · · · · · · · ( )

상세해설

1. (×) 지멘스는 컨덕턴스의 단위이다.
2. (○)

콕콕 포인트

electrical engineer · electrical engineer · electrical engineer · electrical engineer · electrical engineer · electrical engineer · electrical engineer · electrical e

4. 전기저항과 정전용량의 관계

1) 도선에서의 전기저항과 정전용량

① 전기저항 $R = \rho \dfrac{l}{S} \, [\Omega]$

② 정전용량 $C = \dfrac{\varepsilon S}{l} \, [\text{F}]$

2) 정전용량과 저항의 관계

$$RC = \rho\varepsilon$$

$$\frac{C}{G} = \frac{\varepsilon}{k}$$

여기서, $R = \dfrac{1}{G} \, [\Omega]$: 저항, $G = \dfrac{1}{R} \, [\mho = \text{S}]$: 컨덕턴스,

$k = \sigma = \dfrac{1}{\rho} \, [\mho/\text{m}]$: 도전율, $\rho = \dfrac{1}{k} \, [\Omega\text{m}]$: 고유 저항

3) 접지저항

$$R = \frac{\rho\varepsilon}{C} \, [\Omega]$$

4) 누설전류

$$I = \frac{V}{R} = \frac{V}{\dfrac{\rho\varepsilon}{C}} = \frac{CV}{\rho\varepsilon} \, [\text{A}]$$

2 전류의 종류

1. 전도 전류

전도전류 및 정상전류라고도 하며 자유전자의 이동으로 인해 도체 내 발생하는 전류를 말한다.

1) 전류의 정전계 표현

옴의 법칙(Ohm's law) 의 미분형 이라 하며 전류의 크기는 도전율에 비례한다.

$$I = \frac{Q}{t} = \frac{V}{R} = \frac{V}{\frac{l}{kS}} = k\frac{VS}{l} = kES = \frac{E}{\rho}S[\text{A}]$$

여기서, $Q = ne[\text{C}]$, $n[\text{개}]$: 전자의 개수, $e = -1.602 \times 10^{-19}[\text{C}]$: 전자의 1개의 전하량,

$t[\text{sec}]$: 시간, $k = \sigma = \frac{1}{\rho}[\mho/\text{m}]$: 도전율, $\rho = \frac{1}{k}[\Omega\text{m}]$: 고유 저항,

$E = \frac{V}{l}[\text{V/m}]$: 전계

2) 전류 밀도

도체에 흐르는 단위면적당 전류를 말한다.

$$i = i_c = J = \frac{I_c}{S} = kE = \frac{E}{\rho} = nev = Qv[\text{A/m}^2]$$

여기서, $n[\text{개/m}^3]$: 단위체적당 전자 개수, $v[\text{m/sec}]$: 전자 이동속도,

$Q[\text{C/m}^3]$: 단위체적당 전하량

필수확인 O·X 문제

1차 2차 3차

1. 저항과 정전용량의 관계는 $\frac{R}{\varepsilon} = \frac{\rho}{C}$ 이다. ⋯⋯⋯⋯⋯⋯ ( )

2. 옴의 법칙을 미분형으로 표시하면 $i = \rho E[\text{A/m}^2]$이다. ⋯⋯⋯⋯⋯ ( )

상세해설

1. (○) $\frac{R}{\varepsilon} = \frac{\rho}{C}$ 을 정리하면 $RC = \rho\varepsilon$이다.

2. (×) $i = \frac{E}{\rho} = kE[\text{A/m}^2]$이다.

Q 포인트문제 4

10[mm]의 지름을 가진 동선에 50[A]의 전류가 흐를 때 단위 시간에 동선의 단면을 통과하는 전자의 수는 얼마인가?

① 약 50×10^{19}개
② 약 20.45×10^{15}개
③ 약 31.25×10^{19}개
④ 약 7.85×10^{16}개

A 해설

전기량 $Q = It = ne[\text{C}]$

이때 전류 $I = \frac{ne}{t}[\text{A}]$

이때 전자의 수 $n = \frac{I \cdot t}{e}$

$n = \frac{50 \times 1}{1.602 \times 10^{-19}}$

$\fallingdotseq 31.25 \times 10^{19}$

정답 ③

Q 포인트문제 5

길이가 1[cm], 지름이 5[mm]인 동선에 1[A]의 전류를 흘렸을 때 전자가 동선에 흐르는데 걸린 평균 시간은 대략 얼마인가?(단, 동선에서의 전자 밀도는 1×10^{28}[개/m³]라고 한다.)

① 3[초]　② 31[초]
③ 314[초]　④ 3147[초]

A 해설

동선의 단위체적당 전자수(전자밀도) n, 전자 한개의 전하량 e라 하면 총 전하량 $Q = neSl$이므로

$I = \frac{Q}{t}$에서 시간 t는 이므로

$$t = \frac{Q}{I} = \frac{neSl}{I} = \frac{ne\left(\frac{\pi D^2}{4}\right)}{I} \times l$$

전류가 1[A]

$t = 1 \times 10^{28} \times 1.602 \times 10^{-19} \times$

$\frac{\pi(5 \times 10^{-3})^2}{4} \times 1 \times 10^{-2}$

$\fallingdotseq 314$

정답 ③

콕콕 포인트

electrical engineer · electrical engineer · electrical engineer · electrical engineer · electrical engineer · electrical engineer · electrical engineer · electrical

2. 변위전류

1) 변위 전류

유전체에서 전하의 이동으로 발생하는 가상의 전류를 말한다.

$$I_D = \frac{dQ}{dt} = \frac{dS\sigma}{dt} = \frac{\partial D}{\partial t} S [A]$$

여기서, $\sigma = D = \frac{Q}{S} [C/m^2]$: 전속밀도

2) 변위전류 밀도

$$i_D = \frac{I_D}{S} = \frac{\partial D}{\partial t} = \varepsilon \frac{\partial E}{\partial t} [A/m^2]$$

3. 전류의 불연속성과 연속성

1) 전류의 불연속성

도체의 단면을 전류가 감소하면서 통과한다면 다음과 같은 식이 성립한다.

- 적분형 $\int_s i \cdot dS = \int_v div i\, dv = \frac{\partial Q}{\partial t} = \int_v -\frac{\partial \rho}{\partial t} dv$

- 미분형 $div i = -\frac{\partial \rho}{\partial t}$
  : 체적 전하밀도의 감소비율을 나타낸다.

2) 전류의 연속성

키르히호프의 전류 법칙은 임의의 도체 단면에 유입하는 전류의 총합은 유출하는 전류의 총합과 같다.

- 적분형 $\sum I = \int_s i \cdot dS = \int_v div i\, dv = 0$
- 미분형 $div i = 0$
  : 전류의 연속성을 나타낸다.

단위 체적당의 전류의 발산은 없으며 단위 시간당 전하가 일정하며 회로내에 흐르는 전류는 일정하다는 의미이다.

콕콕 포인트

3   전기의 여러 가지 현상

1) 제벡 효과 [열전효과] : 서로 다른 금속을 접속하고 접속점을 서로 다른 온도를 유지하면 기전력이 생겨 일정한 방향으로 전류가 흐른다.

2) 펠티어 효과 : 서로 다른 금속에서 다른 쪽 금속으로 전류를 흘리면 열의 발생 또는 흡수가 일어나는 현상을 펠티어 효과라 하며 전자 냉동기의 원리로 이용한다.

3) 톰슨 효과 : 동종의 금속에서 각부에서 온도가 다르면 그 부분에서 열의 발생 또는 흡수가 일어나는 효과를 톰슨 효과라 한다.

4) 홀(Hall) 효과 : 홀효과는 전류가 흐르고 있는 도체에 자계를 가하면 플레밍의 왼손 법칙에 의하여 도체 내부의 전하가 횡 방향으로 힘을 받아 도체 측면에 정 부 의 전하가 나타나는 현상이다.

5) 핀치 효과 : 직류(D.C)전압 인가 시 전류가 도선 중심으로 집중되어 흐르려는 현상

6) 파이로(Pyro)전기 [초전효과] : 롯셈염 및 수정 등의 결정을 가열하면 한 면에 정(正), 반대편에 부(負)의 전기가 분극을 일으키고 반대로 냉각시키면 역의 분극이 나타나는 것을 파이로 전기라 한다.

7) 압전효과 : 어떤 유전체의 결정을 압력이나 인장을 가하면 그 응력으로 인하여 내부에 전기분극이 일어나고 그 단면에 분극전하가 나타나는 현상

① 압전기 진동자 재료 : 압전기 현상이 가장 현저한 로셀염을 비롯하여 수정, 전기석, 티탄산바륨 등이 있다.
② 응용범위 : 마이크, 압력측정, 초음파발생, 전기진동(발진기), 크리스탈 픽업
③ 응력과 분극방향이 동일방향인 경우를 종효과라 하며 응력과 분극방향이 수직방향 인 경우를 횡효과라 한다.

8) 접촉전기 [볼타효과] : 도체와 도체, 유전체와 유전체, 유전체와 도체를 접촉시키면 전자가 이동하여 양, 음으로 대전되는 현상

▌필수확인 O·X 문제 ▌   1차 2차 3차

1. $div\ i = 0$의 의미는 전류가 연속적으로 흐름을 말한다. · · · · · · · · · · · · · (   )
2. 전자냉동기의 원리는 제벡의 역효과이다. · · · · · · · · · · · · · · · · · · · (   )

상세해설
  1. (○)
  2. (○)

전류
출제예상문제

- QR 코드를 찍으시면, 가장 중요한 우선순위 문제풀이 영상을 보실 수 있습니다.
- 우선순위 논점은 전기(산업)기사 시험에서 가장 출제 빈도가 높은 문제로써, 수험생분들께서는 각 파트별 우선순위 문제의 논점과 키워드를 학습하시기를 바랍니다.
- 체크 리스트를 작성하시면서 문제의 유형과 학습의 완성도를 스스로 체크 해 보시기를 바랍니다.
- "선생님의 콕콕 포인트"는 틀리기 쉬운 문제의 함정과 문제의 포인트를 집어드립니다. 우선순위 문제풀이의 포인트를 꼭 참고하고 응용문제의 해결능력을 길러 줍니다.

번호	우선순위 논점	KEY WORD	나의 정답 확인				선생님의 콕콕 포인트
			맞음	틀림(오답확인)			
				이해 부족	암기 부족	착오 실수	
5	저항의 종류 ①	온도계수, 합성 온도계수					온도 변화에 따른 저항 계산 및 온도계수를 이용 할 것
9	저항의 종류 ②	손실유전체, 비저항, 정전용량					정전용량과 저항의 관계식을 이용 할 것
16	전류의 종류 ③	전자의 개수, 전자의 이동시간					전류의 정전계의 표현을 이용할 것
25	전기의 여러 가지 현상 ①	서로 다른금속, 온도차, 기전력발생					제벡 효과를 암기 할 것
31	전기의 여러 가지 현상 ②	압전기, 분극이 응력과 수직					압전기효과를 암기 할 것

★★☆☆☆

01 일정 전압의 직류 전원에 저항을 접속하여 전류를 흘릴 때, 저항값을 10[%] 감소 시키면 흐르는 전류는 본래의 저항에 흐르는 전류에 비해 어떤 관계를 가지는가?

① 10[%] 증가
② 10[%] 감소
③ 11[%] 증가
④ 11[%] 감소

🔍 **해설**

저항의 종류

옴의 법칙에서 전류 $I = \dfrac{V}{R}$[A] 여기서 저항을 10[%] 감소시키면

$I = \dfrac{V}{0.9R} = \dfrac{1.11V}{R} = 1.11I$[A]이므로 저항은 11[%] 증가한다.

★★☆☆☆

02 전선의 체적을 동일하게 유지하면서 2배의 길이로 늘렸을 때 저항은 어떻게 되는가 ?

① 1/2로 감소 한다.
② 동일하다.
③ 2배로 증가 한다.
④ 4배로 증가 한다.

🔍 **해설**

저항의 종류

전기저항 $R = \rho\dfrac{l}{S}$[Ω] 여기서 체적 $v = S \cdot l$[m³]이므로

$R = \rho\dfrac{l^2}{v} \propto l^2$이 된다.

그러므로 $l^2 = 2^2 = 4$배로 증가 한다.

★★★☆☆

03 지름이 3.2[mm], 길이가 500[m]인 경동선의 상온에서의 저항[Ω]은 대략 얼마인가? (단, 상온에서의 고유 저항은 $\dfrac{1}{55}$[Ω·mm²/m]이다.)

① 1.13[Ω]
② 2.26[Ω]
③ 3.3[Ω]
④ 3.8[Ω]

🔍 **해설**

저항의 종류

도선의 전기저항 $R = \rho\dfrac{l}{S} = \rho\dfrac{l}{\pi r^2} = \rho\dfrac{4l}{\pi D^2} = \dfrac{l}{kS}$[Ω]

[**정답**] 01 ③   02 ④   03 ①

여기서, $k=\sigma=\dfrac{l}{\rho}[\mho/m]$: 도전율, $\rho=\dfrac{1}{k}[\Omega\cdot m]$: 고유 저항

$l[m]$: 도선의 길이, $S=\pi r^2=\dfrac{\pi D^2}{4}[m]$: 도선의 단면적

$r[m]$: 도선 단면적의 반지름, $D[m]$: 도선 단면적의 지름

$R=\dfrac{1}{55}\times 10^{-6}\times\dfrac{500}{\pi\times(1.6\times 10^{-3})^2}=1.13[\Omega]$

★★☆☆☆

04 온도 $t[\degree C]$에서 저항 $R_t[\Omega]$인 동선은 30$[\degree C]$일 때 저항은 어떻게 변하는가?

① $\dfrac{30-t}{234.5}R_t$

② $\dfrac{234.5+t}{264.5}R_t$

③ $\dfrac{30-t}{234.5+t}R_t$

④ $\dfrac{264.5}{234.5+t}R_t$

🔍 **해설** -

저항의 종류

온도 변화에 따른 저항값 계산은 다음과 같다

$R_T=R_t\{1+\alpha_t(T-t)\}=R_t\dfrac{234.5+T}{234.5+t}[\Omega]$

처음온도 $t[\degree C]$에서의 저항 $R_t[\Omega]$일 때

상승 온도 $T=30[\degree C]$일 때의 저항

$R_T=R_t\dfrac{234.5+T}{234.5+t}=R_t\dfrac{234.5+30}{234.5+t}=R_t\dfrac{264.5}{234.5+t}[\Omega]$가 된다.

★★★☆☆

05 저항 10$[\Omega]$인 구리선과 30$[\Omega]$의 망간선을 직렬 접속하면 합성 저항 온도계수는 몇 $[\%]$인가? (단, 동선의 저항 온도계수는 0.4$[\%]$, 망간선은 0이다.)

① 0.1$[\%]$

② 0.2$[\%]$

③ 0.3$[\%]$

④ 0.4$[\%]$

🔍 **해설** -

저항의 종류

구리선 $R_1=10[\Omega]$, $\alpha=0.4[\%]$

망간선 $R_2=30[\Omega]$, $\alpha=0[\%]$ 일 때

합성저항온도계수은 다음과 같다.

$\alpha_t=\dfrac{\alpha R_1+\alpha_2 R_2}{R_1+R_2}=\dfrac{0.4\times 10+0\times 30}{10+30}=0.1$

★★☆☆☆

06 25$[\degree C]$에서 저항이 10$[\Omega]$인 코일이 있다. 70$[\degree C]$에서 코일의 저항$[\Omega]$은 ?(단, 25$[\degree C]$에서 코일의 저항온도계수는 0.004이다.)

① 10$[\Omega]$

② 10.6$[\Omega]$

③ 11.2$[\Omega]$

④ 11.8$[\Omega]$

🔍 **해설** -

저항의 종류

온도 변화에 따른 저항값 계산은 다음과 같다

$R_T=R_t\{1+\alpha_t(T-t)\}=10\{1+0.004(70-25)\}$
$=11.8[\Omega]$

★★☆☆☆

07 0$[\degree C]$일 때 저항 온도계수가 0.004인 도체의 저항이 0$[\degree C]$일 때 저항의 2배로 될 때의 온도는 몇 $[\degree C]$가 되는가? (단, 저항률은 온도 상승에 비례해서 증가한다고 한다.)

① 100$[\degree C]$

② 150$[\degree C]$

③ 250$[\degree C]$

④ 500$[\degree C]$

🔍 **해설** -

저항의 종류

온도 변화에 따른 저항값 계산은 다음과 같다

$R_T=R_t\{1+\alpha_t(T-t)\}$에서 $2R=R\{1+0.004(T-0)\}$

$T=\left(\dfrac{2R}{R}-1\right)\times\dfrac{1}{0.004}=250[\degree C]$

★★☆☆☆

08 다음 ( )안에 공통적으로 들어갈 내용으로 알맞은 것은 ?

줄열은 자유전자가 ( ) 사이의 공간을 이동하여 서로 충돌하거나 ( )와의 충돌 때문이다.

① 핵

② 원자

③ 분자

④ 전자

🔍 **해설** -

저항의 종류

줄열은 자유전자가 원자사이의 공간을 이동하거나 전자상호간 충돌이 일어나거나 원자와 전자가 충돌하여 발생하는 열을 말한다.

[**정답**] 04 ④ 05 ① 06 ④ 07 ③ 08 ②

★★★☆☆

09 평행판 콘덴서에 유전율 9×10^{-8} [F/m], 고유 저항 $\rho = 10^6$ [$\Omega \cdot$m]인 액체을 채웠을 때 정전 용량이 3[μF]이었다. 이 양극판 사이의 저항은 몇 [kΩ]인가?

① 37.6[kΩ] ② 30[kΩ]

③ 18[kΩ] ④ 15.4[kΩ]

🔍 해설 - - - - - - - - - - - - - -

저항의 종류

정전용량과 저항의 관계에서 $RC = \rho\varepsilon$를 이용

$$R = \frac{\rho\varepsilon}{C} = \frac{10^6 \times 9 \times 10^{-8}}{3 \times 10^{-6}} \times 10^{-3} = 30[\text{k}\Omega]$$

★★★☆☆

10 액체 유전체를 포함한 콘덴서 용량이 30[μF]이다. 여기에 500[V]의 전압을 가했을 경우에 흐르는 누설 전류는 약 얼마인가? (단, 유전체의 비유전율은 $\varepsilon_s = 2.2$ 고유저항은 $\rho = 10^{11}$ [$\Omega \cdot$m]이라 한다.)

① 5.5[mA] ② 7.7[mA]

③ 10.2[mA] ④ 15.4[mA]

🔍 해설 - - - - - - - - - - - - - -

저항의 종류

정전용량과 저항의 관계에서 이용 $R = \frac{\varepsilon\rho}{C}[\Omega]$

누설전류 $I = \frac{V}{R} = \frac{V}{\frac{\varepsilon\rho}{C}} = \frac{CV}{\rho\varepsilon}[\text{A}]$

$$I = \frac{CV}{\rho\varepsilon_0\varepsilon_s} = \frac{30 \times 10^{-6} \times 500}{10^{11} \times 8.855 \times 10^{-12} \times 2.2} \times 10^3 = 7.699[\text{mA}]$$

★★★★☆

11 내반경 a[m], 외반경 b[m], 길이 l[m]인 동축 케이블의 내원통 도체와 외원통 도체간에 유전율 ε[F/m], 도전율 σ[S/m] 손실유전체를 채웠을 때 양 원통간의 저항[Ω]을 나타내는 식은?

① $R = \frac{0.16\sigma}{\varepsilon l} \ln \frac{b}{a}$ ② $R = \frac{0.08}{\sigma l} \ln \frac{b}{a}$

③ $R = \frac{0.32}{\sigma l} \ln \frac{b}{a}$ ④ $R = \frac{0.16}{\sigma l} \ln \frac{b}{a}$

🔍 해설 - - - - - - - - - - - - - -

저항의 종류

동축 및 원주형 도체 $C = \frac{2\pi\varepsilon l}{\ln \frac{b}{a}}$[F]

$$R = \frac{\rho\varepsilon}{C} = \frac{\rho\varepsilon}{2\pi\varepsilon l} \ln \frac{b}{a} = \frac{\rho}{2\pi l} \ln \frac{b}{a} = \frac{1}{2\pi\sigma l} \ln \frac{b}{a}[\Omega]$$

여기서, 고유저항 $\rho = \frac{1}{k}[\Omega \cdot m]$, 도전율 $k = \sigma = \frac{1}{\rho}[\mho/m]$

$\frac{1}{2\pi} = 0.156 \fallingdotseq 0.16$ 이므로 $R = \frac{0.16}{\sigma l} \ln \frac{b}{a}[\Omega]$이 된다.

★★★★☆

12 내반경 a[m], 외반경 b[m], 길이 l[m]인 동축 케이블의 내원통 도체와 외원통 도체간에 유전율 ε[F/m], 도전율 k[S/m]인 유전체를 채워놓고 전압 V[V]를 걸었을 때 전류는 몇 [A]인가?

① $\frac{\pi l V k}{\ln \left(\frac{b}{a}\right)}$ ② $\frac{2\pi l V k}{\ln \left(\frac{b}{a}\right)}$

③ $\frac{4\pi l V k}{\ln \left(\frac{b}{a}\right)}$ ④ $\frac{\pi l V k}{2\ln \left(\frac{b}{a}\right)}$

🔍 해설 - - - - - - - - - - - - - -

저항의 종류

동축 및 원주형 도체 $C = \frac{2\pi\varepsilon l}{\ln \frac{b}{a}}$[F]

$$R = \frac{\rho\varepsilon}{C} = \frac{\rho\varepsilon}{2\pi\varepsilon l} \ln \frac{b}{a} = \frac{\rho}{2\pi l} \ln \frac{b}{a} = \frac{1}{2\pi k l} \ln \frac{b}{a}[\Omega]$$

여기서, 고유저항 $\rho = \frac{1}{k}[\Omega \cdot m]$, 도전율 $k = \sigma = \frac{1}{\rho}[\mho/m]$

전류 $I = \frac{V}{R} = \frac{V}{\frac{1}{2\pi k l} \ln \frac{b}{a}} = \frac{2\pi k l V}{\ln \frac{b}{a}}$[A]이다.

★★★☆☆

13 반지름 a, b인 두 구상 도체 전극이 도전율 k인 매질 속에 중심간의 거리 l 만큼 떨어져 놓여 있다. 양 전극간의 저항[Ω]은? (단, $l \gg a$, b이다.)

① $4\pi k \left(\frac{1}{a} + \frac{1}{b}\right)$ ② $4\pi k \left(\frac{1}{a} - \frac{1}{b}\right)$

[**정답**] 09 ② 10 ② 11 ④ 12 ② 13 ③

③ $\dfrac{1}{4\pi k}\left(\dfrac{1}{a}+\dfrac{1}{b}\right)$ ④ $\dfrac{1}{4\pi k}\left(\dfrac{1}{a}-\dfrac{1}{b}\right)$

🔍 해설

저항의 종류

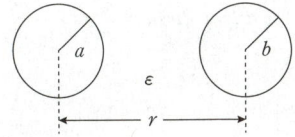

① 반지름 a[m]인 도체구 $C_1=4\pi\varepsilon a$[F], $R_1=\dfrac{\rho\varepsilon}{C_1}=\dfrac{\rho}{4\pi a}$[Ω]

② 반지름 b[m]인 도체구 $C_2=4\pi\varepsilon b$[F], $R_2=\dfrac{\rho\varepsilon}{C_2}=\dfrac{\rho}{4\pi b}$[Ω]

③ 전체 저항은 직렬 연결이므로

$R=R_1+R_2=\dfrac{\rho}{4\pi}\left(\dfrac{1}{a}+\dfrac{1}{b}\right)=\dfrac{1}{4\pi k}\left(\dfrac{1}{a}+\dfrac{1}{b}\right)$[Ω]

★★☆☆☆
14 그림과 같은 반지름 a인 반구 도체 2개가 대지에 매설되어 있다. 이경우 양 반구 도체 사이의 저항[Ω]은? (단, 대지의 고유 저항을 ρ라 하고 도체의 고유 저항은 0이며, $l \gg a$이다.)

① $\dfrac{1}{4\pi a}$ ② $\dfrac{\rho}{2\pi a}$

③ $\dfrac{\rho}{\pi a}$ ④ $\dfrac{\rho}{2\pi}$

🔍 해설

저항의 종류

반구형이므로 $R=\dfrac{\rho\varepsilon}{C}=\dfrac{\rho\varepsilon}{2\pi\varepsilon a}=\dfrac{\rho}{2\pi a}$[Ω]

2개가 직렬연결이므로 $R=R_1+R_2=\dfrac{\rho}{2\pi a}+\dfrac{\rho}{2\pi a}=\dfrac{\rho}{\pi a}$[Ω]

★★☆☆☆
15 간격 50[cm]의 평행 도체판간에 10[Ω/m]인 물질을 채웠을 때 단위 면적당의 저항은?

① 1 ② 5
③ 10 ④ 15

🔍 해설

저항의 종류

문제에서는 고유 저항이 아닌 길이 당 저항을 주었으므로

$R=10$[Ω/m]$\times0.5$[m]$=5$[Ω]이므로

단위 면적(1[m²])당 저항은 $R'=\dfrac{R}{S}=\dfrac{5}{1}=5$[Ω/m²]이다.

★★★☆☆
16 전자가 매초 10^{10}개의 비율로 전선 내를 통과하면 이것은 몇 [A]의 전류에 상당하는가? (단, 전기량은 1.602×10^{-19}[C]이다.)

① 1.602×10^{-9} ② 1.602×10^{-29}

③ $\dfrac{1}{1.602}\times10^{-9}$ ④ $\dfrac{1}{1.602}\times10^{-29}$

🔍 해설

전류의 종류

전기량 $Q=It=ne$[C] 이때 전류 I[A]

$I=\dfrac{10^{10}\times1.602\times10^{-19}}{1}=1.602\times10^{-9}$

★★★☆☆
17 다음 중 옴의 법칙은 어느 것인가? (단, k는 도전율, ρ는 고유 저항, E는 전계의 세기이다.)

① $i=\dfrac{E}{\rho}$ ② $i=\dfrac{E}{k}$

③ $i=\rho E$ ④ $i=-kE$

🔍 해설

전류의 종류

단위 면적당 전류 $i=i_c=J=\dfrac{I_c}{S}=kE=\dfrac{E}{\rho}=nev=Qv$[A/m²]

여기서, I[A] : 전류, S[m²] : 면적, k[℧/m] : 도전율, E[V/m] : 전계의 세기, n[개/m³] : 단위체적당 전자 개수, v[m/sec] : 전자 이동속도, Q[C/m³] : 단위체적당 전하량

[**정답**] 14 ③ 15 ② 16 ① 17 ①

★★★☆

18 공간 도체 중의 정상 전류밀도가 i, 전하밀도가 ρ일 때 키르히호프 전류법칙을 나타내는 것은?

① $i = \dfrac{\partial \rho}{\partial t}$　　　　② $div\, i = 0$

③ $i = 0$　　　　④ $div\, i = -\dfrac{\partial \rho}{\partial t}$

🔍 **해설**

전류의 종류

키르히호프의 전류 법칙은 임의의 도체 단면에 유입하는 전류의 총합은 유출하는 전류의 총합과 같다.

> • 적분형 $\sum I = \int_s i \cdot dS = \int_v div\, i\, dv = 0$
> • 미분형 $div\, i = 0$
> : 전류의 연속성을 나타낸다.

단위 체적당의 전류의 발산은 없으며 단위 시간당 전하가 일정하며 전류가 일정하다는 의미이다.

★★★☆

19 $div\, i = 0$에 대한 설명이 아닌 것은?

① 도체 내에 흐르는 전류는 연속적이다.
② 도체 내에 흐르는 전류는 일정하다.
③ 단위 시간당 전하의 변화는 없다.
④ 도체 내에 전류가 흐르지 않는다.

🔍 **해설**

전류의 종류

문제 18번 해설 참조

★★☆☆

20 $\nabla \cdot J = -\dfrac{\partial \rho}{\partial t}$에 대한 설명으로 옳지 않은 것은?

① "-" 부호는 전류가 폐곡면에서 유출되고 있음을 뜻한다.
② 단위 체적당 전하 밀도의 시간당 증가 비율이다.
③ 전류가 정상 전류가 흐르면 폐곡면에 통과하는 전류는 0(ZERO)이다.
④ 폐곡면에서 수직으로 유출되는 전류밀도는 미소체적인 한 점에서 유출되는 단위체적당 전류가 된다.

🔍 **해설**

전류의 종류

도체의 단면을 전류가 감소하면서 통과한다면 다음과 같은 식이 성립한다.

> • 적분형 $\int_s i \cdot dS = \int_v div\, i\, dv = \dfrac{\partial Q}{\partial t} = \int_v -\dfrac{\partial \rho}{\partial t} dv$
> • 미분형 $div\, i = -\dfrac{\partial \rho}{\partial t}$
> : 체적 전하밀도의 감소비율을 나타낸다.

★★☆☆

21 구리 중에는 $1[\mathrm{cm}^3]$에 8.5×10^{22} 개의 자유 전자가 있다. 단면적 $2[\mathrm{mm}^2]$의 구리선에 $10[\mathrm{A}]$의 전류가 흐를 때의 자유 전자의 평균 속도는 약 몇 $[\mathrm{Cm/s}]$인가?

① $0.037[\mathrm{Cm/s}]$　　　　② $0.37[\mathrm{Cm/s}]$

③ $3.7[\mathrm{Cm/s}]$　　　　④ $37[\mathrm{Cm/s}]$

🔍 **해설**

전류의 종류

전류 밀도 $i = i_c = J = \dfrac{I_c}{S} = kE = \dfrac{E}{\rho} = nev = Qv[\mathrm{A/m^2}]$

여기서, $n[\mathrm{개/m^3}]$: 체적당 전자계수,
　　　　$v[\mathrm{m/s}]$: 속도, $Q[\mathrm{C/m^3}]$: 단위체적당 전하량

전류 $I = I_c = i \cdot S = nevS[\mathrm{A}]$

속도 $v = \dfrac{I}{neS} = \dfrac{i}{ne}[\mathrm{m/s}]$

$i_c = \dfrac{I_c}{S} = \dfrac{10}{2 \times 10^{-6}} = 5 \times 10^6[\mathrm{A/m^2}] = 500[\mathrm{A/cm^2}]$

$v = \dfrac{i}{ne} = \dfrac{500[\mathrm{A/cm^2}]}{8.5 \times 10^{22}[\mathrm{1/cm^3}] \times 1.602 \times 10^{-19}[\mathrm{C}]} = 0.0367[\mathrm{cm/s}]$

$v = \dfrac{I}{neS} = \dfrac{10[\mathrm{A}]}{8.5 \times 10^{22}[\mathrm{1/cm^3}] \times 1.602 \times 10^{-19}[\mathrm{C}] \times 2 \times 10^{-6}[\mathrm{m^2}]}$

$= 0.000367[\mathrm{m/s}] = 0.0367[\mathrm{cm/s}]$

★★☆☆

22 원점 주위의 전류 밀도가 $J = \dfrac{2}{r} a_r [\mathrm{A/m^2}]$의 분포를 가질 때 반지름 $5[\mathrm{cm}]$의 구면을 지나가는 전 전류는 몇 $[\mathrm{A}]$인가?

① $0.1\pi[\mathrm{A}]$　　　　② $0.2\pi[\mathrm{A}]$

③ $0.3\pi[\mathrm{A}]$　　　　④ $0.4\pi[\mathrm{A}]$

[정답] 18 ②　19 ④　20 ②　21 ①　22 ④

🔍 **해설**

전류의 종류

전류 $I = i \cdot S[\text{A}]$, 전류밀도 $i = i_c = J = \dfrac{I}{S}[\text{A/m}^2]$

전류밀도 $J = \dfrac{2}{r} a_r [\text{A/m}^2]$ 여기서, a_r을 단위벡터로 보면 $a_r = 1$

구의 표면적 $S = 4\pi r^2 [\text{m}^2]$ 여기서, $r[\text{m}]$은 반지름

$I = J \cdot S = J \cdot 4\pi r^2 = \dfrac{2}{r} \times 4\pi r^2 = 8\pi r = 8\pi \times 5 \times 10^{-2} = 0.4\pi[\text{A}]$

★★☆☆☆
23 $15[^{\circ}\text{C}]$의 물 $4[l]$를 용기에 넣어 $1[\text{kW}]$의 전열기로 가열하여 물의 온도를 $90[^{\circ}\text{C}]$로 올리는데 30분이 필요하였다. 이 전열기의 효율은 약 몇 $[\%]$인가?

① $50[\%]$ ② $60[\%]$

③ $70[\%]$ ④ $80[\%]$

🔍 **해설**

전열기 출력식 $860P\eta t = Cm\theta$
여기서, $860[\text{kcal}]$, $P[\text{kw}]$, $t[\text{h}]$, C 비열(물 $C=1$),
    $m[\text{kg}]$ 질량(물 ℓ), $\theta[^{\circ}\text{C}]$ 온도차

$\eta = \dfrac{Cm\theta}{860Pt} = \dfrac{1 \times 4 \times (90-15)}{860 \times 1 \times \frac{30}{60}} \times 100 = 69.76 = 70[\%]$

★★☆☆☆
24 $200[\text{V}]$, $30[\text{W}]$인 백열전구와 $200[\text{V}]$, $60[\text{W}]$인 백열전구를 직렬로 접속하고 $200[\text{V}]$의 전압을 인가하였을 때 어느 전구가 더 어두운가? (단, 전구의 밝기는 소비전력에 비례한다.)

① 둘 다 같다.

② $30[\text{W}]$ 전구가 $60[\text{W}]$ 전구보다 더 어둡다.

③ $60[\text{W}]$ 전구가 $30[\text{W}]$ 전구보다 더 어둡다

④ 비교 할 수 없다.

🔍 **해설**

$30[\text{W}]$ 전구의 $V_1 = 200[\text{V}]$, $P_1 = 30[\text{W}]$

$R_1 = \dfrac{V_1}{P_1} = \dfrac{200^2}{30} = 1333.333[\Omega]$

$60[\text{W}]$ 전구의 $V_2 = 200[\text{V}]$, $P_2 = 60[\text{W}]$

$R_1 = \dfrac{V_2^2}{P_2} = \dfrac{200^2}{60} = 666.666[\Omega]$

$P = I^2 R \propto R,\ R_1 > R_2,\ P_1 > P_2$

전구의 밝기는 소비전력에 비례하므로 $30[\text{W}]$ 전구가 $60[\text{W}]$의 전구보다 밝다.

★★★☆☆
25 다른 종류의 금속선으로 된 폐회로의 두 접합점의 온도를 달리하였을 때 전기가 발생하는 효과는?

① 톰슨 효과   ② 핀치 효과

③ 펠티어 효과   ④ 제벡 효과

🔍 **해설**

전기의 여러 가지 현상

★★★☆☆
26 한 금속에서 전류의 흐름으로 인한 온도 구배부분의 줄열 이외의 발열 또는 흡열에 관한 현상은?

① 펠티에 효과(Peltier effect)

② 볼타 법칙(Volta law)

③ 지벡 효과(Seebeck effect)

④ 톰슨 효과(Thomson effect)

🔍 **해설**

전기의 여러 가지 현상

★★★☆☆
27 펠티에 효과에 관한 공식 또는 설명으로 틀린 것은? (단, H는 열량, P는 펠티에 계수, I는 전류, t는 시간이다.)

① $H = P \displaystyle\int_0^t I dt [\text{Cal}]$

② 펠티에 효과는 지벡효과와 반대의 효과이다.

③ 반도체와 금속을 결합시켜 전자냉동 등에 응용된다.

④ 펠티에 효과란 동일한 금속이라도 그 도체 중의 2점간에 온도차가 있으면 전류를 흘림으로써 열의 발생 또는 흡수가 생긴다는 것이다.

🔍 **해설**

전기의 여러 가지 현상

[**정답**] 23 ③   24 ③   25 ④   26 ④   27 ④

★★★☆☆

28 전류가 흐르고 있는 도체에 자계를 가하면 도체 측면에는 정부의 전하가 나타나 두 면간에 전위차가 발생하는 현상은?

① 핀치 효과   ② 톰슨 효과

③ 홀 효과   ④ 제벡 효과

🔍 **해설** -

전기의 여러 가지 현상

★★★☆☆

29 DC전압을 가하면 전류는 도선 중심쪽으로 흐르려고 한다. 이러한 현상을 무슨 효과라 하는가?

① Skin 효과   ② Pinch 효과

③ 압전기 효과   ④ Palter 효과

🔍 **해설** -

전기의 여러 가지 현상

★★★☆☆

30 전기석과 같은 결정체를 냉각시키거나 가열시키면 전기분극이 일어난다. 이와 같은 것을 무엇이라 하는가?

① 압전기 현상   ② Pyro 전기

③ 톰슨효과   ④ 강유전성

🔍 **해설** -

전기의 여러 가지 현상

★★★★☆

31 압전기 현상에서 분극이 응력에 수직한 방향으로 발생하는 현상을 무슨 효과라 하는가?

① 종효과   ② 횡효과

③ 역효과   ④ 간접효과

🔍 **해설** -

전기의 여러 가지 현상

응력과 분극방향이 동일방향인 경우를 종효과라 하며 응력과 분극방향이 수직방향인 경우를 횡효과라 한다.

[**정답**] 28 ③   29 ②   30 ②   31 ②

electrical engineer

진공중의 정자계

영상 학습 QR   출제경향분석

제7장 진공중의 정자계에서 시험에 자주 출제가 되는 내용은 다음과 같다.
❶ 두 자극사이에 작용하는 힘   ❷ 자계의 세기
❸ 자속 및 자속밀도   ❹ 자기 쌍극자

1 **정전계와 정자계의 비교**

1. 정전계와 정자계의 대응관계

	정 전 계		정 자 계
유전율	$\varepsilon=\varepsilon_0\varepsilon_s[\text{F/m}]$ $\varepsilon_0=8.855\times10^{-12}[\text{F/m}]$ 진공이나 공기 $\varepsilon_s=1$ 그 외 매질은 $\varepsilon_s>1$ 이다.	투자율	$\mu=\mu_0\mu_s[\text{H/m}]$ $\mu_0=4\pi\times10^{-7}[\text{H/m}]$ 진공이나 공기 $\mu_s=1$ 그 외 매질은 $\mu_s>1,\ \mu_s<1$
전하량	$Q[\text{C}]$ $Q[\text{C}]$: 정전하 $-Q[\text{C}]$: 부전하	자하량 (자극의 세기)	$m[\text{Wb}]$ $m[\text{Wb}]$: 정자하(N극) $-m[\text{Wb}]$: 부자하(S극)
쿨롱의 법칙	$F=\dfrac{Q_1Q_2}{4\pi\varepsilon_0r^2}[\text{N}]$	쿨롱의 법칙	$F=\dfrac{m_1m_2}{4\pi\mu_0r^2}[\text{N}]$
쿨롱상수	$\dfrac{1}{4\pi\varepsilon_0}=9\times10^9$	쿨롱상수	$\dfrac{1}{4\pi\mu_0}=6.33\times10^4$
전계의세기	$E=\dfrac{F}{Q}[\text{V/m}]$ $=\dfrac{Q}{4\pi\varepsilon_0r^2}$ 정의 : 임의의 $Q[\text{C}]$의 전하가 단위 정전하(1[C]) 사이에 작용하는 힘을 말한다.	자계의세기	$H=\dfrac{F}{m}[\text{A/m}=\text{AT/m}]$ $=\dfrac{m}{4\pi\mu_0r^2}$ 정의 : 임의의 $m[\text{Wb}]$의 자하가 단위 정자하(1[Wb]) 사이에 작용하는 힘을 말한다.
전계 내 $Q[\text{C}]$이 받는 힘	$F=QE[\text{N}]$	자계 내 $m[\text{Wb}]$이 받는 힘	$F=mH[\text{N}]$
전기력선수	$N=\dfrac{Q}{\varepsilon_0}$	자기력선수	$N=\dfrac{m}{\mu_0}$
전계 세기 계산 방법	지정된 지점에 단위 정전하 +1[C]을 두고 계산	자계 세기 계산 방법	지정된 지점에 단위 정자하 +1[Wb]을 두고 계산

	정 전 계		정 자 계
전속	$\Psi=Q=D\cdot S\,[\mathrm{C}]$	자속	$\phi=m=B\cdot S\,[\mathrm{Wb}]$
전속밀도	$D=\dfrac{\Psi}{S}=\dfrac{Q}{S}$ $=\dfrac{Q}{4\pi r^2}=\varepsilon_0 E\,[\mathrm{C/m^2}]$	자속밀도	$B=\dfrac{\phi}{S}=\dfrac{m}{S}$ $=\dfrac{m}{4\pi r^2}=\mu_0 H\,[\mathrm{Wb/m^2}]$
전 위	$V=\dfrac{Q}{4\pi\varepsilon_0 r}\,[\mathrm{V}]$	자위	$U=I=\dfrac{m}{4\pi\mu_0 r}\,[\mathrm{A=AT}]$
전기 쌍극자 전위	$V_p=\dfrac{M}{4\pi\varepsilon_0 r^2}\cos\theta\,[\mathrm{V}]\propto\dfrac{1}{r^2}$ $\theta=0°$: 최대 $\theta=90°$: 최소 전기 쌍극자 모멘트 $M=Q\cdot\delta\,[\mathrm{C\cdot m}]$ δ : 두 전하 사이의 거리	자기 쌍극자 자위	$U_p=\dfrac{M}{4\pi\mu_0 r^2}\cos\theta\,[\mathrm{A}]\propto\dfrac{1}{r^2}$ $\theta=0°$: 최대 $\theta=90°$: 최소 자기 쌍극자 모멘트 $M=m\cdot l\,[\mathrm{Wb\cdot m}]$ l : 두 자극 사이의 거리
전기 쌍극자 전계	$E_r=\dfrac{M}{2\pi\varepsilon_0 r^3}\cos\theta\,[\mathrm{V/m}]$ $E_\theta=\dfrac{M}{4\pi\varepsilon_0 r^3}\sin\theta\,[\mathrm{V/m}]$ $E=\dfrac{M}{4\pi\varepsilon_0 r^3}\sqrt{1+3\cos^2\theta}\,[\mathrm{V/m}]$	자기 쌍극자 자계	$H_r=\dfrac{M}{2\pi\mu_0 r^3}\cos\theta\,[\mathrm{AT/m}]$ $H_\theta=\dfrac{M}{4\pi\mu_0 r^3}\sin\theta\,[\mathrm{AT/m}]$ $H=\dfrac{M}{4\pi\mu_0 r^3}\sqrt{1+3\cos^2\theta}\,[\mathrm{AT/m}]$

Q 포인트문제 1

공기 중에서 가상 자극 $m_1\,[\mathrm{Wb}]$ 과 $m_2\,[\mathrm{Wb}]$를 $r\,[\mathrm{m}]$ 떼어 놓았을 때 두 자극간의 작용력이 $F\,[\mathrm{N}]$이었다면, 이때의 거리 $r\,[\mathrm{m}]$은?

① $\sqrt{\dfrac{m_1 m_2}{F}}$

② $\dfrac{6.33\times10^4 m_1 m_2}{F}$

③ $\sqrt{\dfrac{6.33\times10^4 m_1 m_2}{F}}$

④ $\sqrt{\dfrac{9\times10^9\times m_1 m_2}{F}}$

A 해설

두 자극 사이 쿨롱의 법칙을 이용
$$F=\dfrac{m_1 m_2}{4\pi\mu_0 r^2}=6.33\times10^4\dfrac{m_1 m_2}{r^2}$$
$[\mathrm{N}]$이므로 이를 정리하면
$$r=\sqrt{6.33\times10^4\dfrac{m_1 m_2}{F}}\,[\mathrm{m}]$$이다.

정답 ③

Q 포인트문제 2

공기 중에서 자극의 세기 $m\,[\mathrm{Wb}]$ 인 점자극으로부터 나오는 총자력 선의 수는 얼마인가?

① m ② $\mu_o m$

③ m/μ_o ④ m^2/μ_o

A 해설

자(기)력선의 수
$$N=\dfrac{m}{\mu_o}\,[\text{개}]\,(\text{단, 진공,공기중일 때})$$

정답 ③

┃ 필수확인 O·X 문제 ┃

1차 | 2차 | 3차

1. 자속밀도와 대응되는 정전계 요소는 전류밀도이다. ･･････････････( )
2. 두 자극사이에 작용하는 힘은 거리에 제곱에 반비례한다. ･･･････････( )

상세해설

　1. (×) 자속밀도와 대응되는 정전계 요소는 전속밀도이다.

　2. (○) 쿨롱의 법칙 $F=\dfrac{m_1 m_2}{4\pi\mu_0 r^2}\,[\mathrm{N}]$

electrical engineer · electrical engineer · electrical engineer · electrical engineer · electrical engineer · electrical engineer · electrical engineer · electrical e

	정 전 계		정 자 계
전기이중층	1) 정전하측 전위 $V_P = \dfrac{M}{4\pi\varepsilon_0}\omega_1$[V] 2) 부전하측 전위 $V_Q = \dfrac{-M}{4\pi\varepsilon_0}\omega_2$[V] 판의 세기 $M = \sigma\delta$[C/m] ① 정전하측(부전하측)에서만 판에 무한히 접근 $\omega = 2\pi$[sr] ② 정전하측과 부전하측이 동시에 판에 무한히 접근 $\omega = 4\pi$[sr] ③ 전기이중층 중심축에서 떨어진 임의의 지점 $\omega = 2\pi(1-\cos\theta)$[sr]	자기이중층	1) N극측 자위 $U_P = \dfrac{M}{4\pi\mu_0}\omega_1$[A] 2) S극측 자위 $U_Q = \dfrac{-M}{4\pi\mu_0}\omega_2$[A] 판의 세기 $M = \sigma\delta$[Wb/m] ① N극 측(S극 측)에서만 판에 무한히 접근 $\omega = 2\pi$[sr] ② N극 측과 S극 측이 동시에 판에 무한히 접근 $\omega = 4\pi$[sr] ③ 판자석 중심축에서 떨어진 임의의 지점 $\omega = 2\pi(1-\cos\theta)$[sr]
분극의 세기	$P = D - \varepsilon_0 E$ $= \varepsilon_0(\varepsilon_s - 1)E = xE$ $= D(1 - \dfrac{1}{\varepsilon_s}) = \dfrac{M}{v}$[C/m²] 1) 분극률 $x = \varepsilon_0(\varepsilon_s - 1)$ 2) 비분극률 $x_m = \dfrac{x}{\varepsilon_0} = \varepsilon_s - 1$	자화의 세기	$J = B - \mu_0 H$ $= \mu_0(\mu_s - 1)H = xH$ $= B(1 - \dfrac{1}{\mu_s}) = \dfrac{M}{v}$[Wb/m²] 1) 자화율 $x = \mu_0(\mu_s - 1)$ 2) 비자화율 $\dfrac{x}{\mu_0} = \mu_s - 1$
유전체 경계의 조건	완전경계조건 1) $\sigma = 0$ 경계면에 진전하가 존재하지 않음 2) 경계면의 전위차는 없다. $E_1 \sin\theta_1 = E_2 \sin\theta_2$ $D_1 \cos\theta_1 = D_2 \cos\theta_2$ $\dfrac{\tan\theta_1}{\tan\theta_2} = \dfrac{\varepsilon_1}{\varepsilon_2}$	자성체 경계의 조건	완전경계조건 1) $i = 0$ 경계면에 전류밀도가 존재하지 않음 2) 경계면의 자위차는 없다 $H_1 \sin\theta_1 = H_2 \sin\theta_2$ $B_1 \cos\theta_1 = B_2 \cos\theta_2$ $\dfrac{\tan\theta_1}{\tan\theta_2} = \dfrac{\mu_1}{\mu_2}$
정전 흡인력	$f = \dfrac{D^2}{2\varepsilon_0} = \dfrac{1}{2}\varepsilon_0 E^2 = \dfrac{1}{2}ED$[N/m²]	자석 흡인력	$f = \dfrac{B^2}{2\mu_0} = \dfrac{1}{2}\mu_0 H^2 = \dfrac{1}{2}HB$[N/m²]
전계 내 축적되는 에너지	$W = \dfrac{D^2}{2\varepsilon_0} = \dfrac{1}{2}\varepsilon_0 E^2 = \dfrac{1}{2}ED$[J/m³]	자계 내 축적되는 에너지	$W = \dfrac{B^2}{2\mu_0} = \dfrac{1}{2}\mu_0 H^2 = \dfrac{1}{2}HB$[J/m³]
콘덴서에 축적되는 에너지	$W = \dfrac{1}{2}CV^2 = \dfrac{Q^2}{2C} = \dfrac{1}{2}QV$[J] 축적되는 그림 : 포물선	코일에 축적되는 에너지	$W = \dfrac{1}{2}LI^2 = \dfrac{\phi^2}{2L} = \dfrac{1}{2}\phi I$[J] 축적되는 그림 : 포물선

el engineer · electrical engineer · electrical engineer · electrical engineer · electrical engineer · electrical engineer · electrical engineer · electrical engineer

콕콕 포인트

2. 정전계와 정자계의 적분형과 미분형 비교

구 분		적 분 형	미 분 형
정전계	가우스의 법칙 (발산정리)	$\int_s D dS = Q$ $\int_s E dS = \dfrac{Q}{\varepsilon_o}$	$div\,D = \nabla D = \rho$ $div\,E = \nabla E = \dfrac{\rho}{\varepsilon_o}$
	보존장의 조건 (스토크스정리)	$\int_l E dl = \int_s rot\,E dS = 0$ $E = -grad\,V = -\nabla V\,[\text{V/m}]$	$rot\,E = \nabla \times E = 0$
정자계	암페어의 주회적분 (스토크스정리)	$\int_l H dl = \int_s rot\,H dS = I$	$rot\,H = \nabla \times H = i$
	자속 관계식 (발산정리)	$\int_s B dS = 0$	$div\,B = \nabla B = 0$ 자속의 연속성
전도전류	옴의 법칙 (발산정리)	$\int_s i dS = I$	$div\,i = \nabla i = 0$

필수확인 O·X 문제

1차 2차 3차

1. 자계의 정의는 임의의 $Q[\text{C}]$의 전하가 단위 정전하($1[\text{C}]$) 사이에 작용하는 힘을 말한다. ·· ( )
2. 자위는 자기적 위치 에너지를 말하며 전류를 의미한다. ···················· ( )
3. 전기분극도와 대응되는 정자계 요소는 자기분극도 이다. ················· ( )
4. 지정된 지점의 자계의 세기는 지정된 지점에 $1[\text{Wb}]$을 놓고 계산을 한다. ·· ( )
5. 자기쌍극자의 자위가 최대인 각은 $\theta = 90°$이다. ······················· ( )

상세해설

1. (×) 임의의 $m[\text{Wb}]$의 자하가 단위 정자하($1[\text{Wb}]$) 사이에 작용하는 힘을 말한다.
2. (○) 자위 $U = I = \dfrac{m}{4\pi\mu_o r}[\text{A}]$
3. (×) 전기분극도는 분극의 세기이며 분극의 세기와 대응되는 정자계 요소는 자화의 세기 이다.
4. (○)
5. (×) 자기쌍극자의 자위는 $U_P = \dfrac{M}{4\pi\mu_0 r^2}\cos\theta\,[\text{A}]$이므로 $\theta = 0°$ 최대, $\theta = 90°$ 최소이다.

콕콕 포인트

electrical engineer · electrical engineer · electrical engineer · electrical engineer · electrical engineer · electrical engineer · electrical engineer · electrical e

2 전기력선과 자기력선의 비교

전기력선의 성질	자기력선의 성질
1) 전하가 없는 점에서는 전기력선의 발생 및 소멸은 없다.	1) 자극이 존재하지 않는 곳에서는 자기력선의 발생 및 소멸이 없다
2) 전기력선은 정(+)전하에서 시작하여 부(−)전하에서 끝난다.	2) 정자하(극)에서 나와 부자하 (극)에서 끝난다.
3) 전기력선의 방향은 그 점의 전계의 방향과 일치한다.	3) 자기력선의 방향은 그 점의 자계의 방향과 일치한다.
4) 전기력선의 밀도는 전계의 세기와 같다.	4) 자기력선의 밀도는 자계의 세기와 같다.
5) 전기력선은 전위가 높은 점에서 낮은 점으로 향한다.	5) 자기력선은 자위가 높은 점에서 낮은 점으로 향한다.
6) 전기력선은 도체 표면(등전위면)에 수직으로 만난다.	6) 자기력선은 도체 표면(등자위면)과 수직으로 출입한다.
7) 도체에 주어진 전하는 도체 표면에만 분포한다.	그러나 정자계에서는 정전계의 도체에 해당되는 것이 없으므로 항상 등자위를 이루지는 않는다.
8) 전기력선은 대전도체 내부에는 존재하지 않는다.	7) 자기력선은 고무줄과 같은 응축력이 존재한다.
9) 전하는 곡률이 큰 곳 곡률반경이 작은 곳에 큰 밀도를 이룬다.	8) 자기력선은 서로 반발하여 교차 할 수 없으며 그 자신만으로 폐곡선을 이룰 수 있다.
10) 전기력선은 서로 반발하여 교차 할 수 없으며 그 자신만으로 폐곡선을 이룰 수 없다.	9) 자속의 연속성 $$\phi = \int_s B ds = \int_s div B dv = 0$$ $$\triangledown \cdot B = div B = 0$$ N극과 S극은 항상 공존한다.

Q 포인트문제 7

자속 밀도의 단위가 아닌 것은 ?

① [Wb/m²]
② [maxwell/m²]
③ [gauss]
④ [gauss/m²]

A 해설

자속밀도의 단위
$B = 1[\text{Wb/m}^2]$
$= 10^8[\text{maxwell/m}^2]$
$= 10^4[\text{maxwell/cm}^2]$
$= 10^4[\text{gauss}]$
$= 1[\text{Tesra}]$

정답 ④

3 자속 및 자속밀도의 단위

M K S	C G S
1[Wb]	$10^8[\text{Maxwell}] = 10^8[\text{emu}]$
1[Wb/m²]	$10^8[\text{Maxwell/m}^2] = 10^4[\text{Maxwell/cm}^2]$ $10^4[\text{Gauss}] = 1[\text{Tesla} = \text{T}]$

콕콕 포인트

4 막대자석에 작용하는 회전력

1. 회전력

외부 자계 $H[\mathrm{AT/m}]$ 내에 길이가 $l[\mathrm{m}]$인 막대자석을 자계와 θ각으로 놓았을 때 외부의 자계와 흡인력 반발력이 작용하여 회전시 아래와 식과 같다.

1) 토크

$$T = Fl\sin\theta = mlH\sin\theta = MH\sin\theta\,[\mathrm{N\cdot m = N\cdot m/rad}]$$

여기서, $M = ml\,[\mathrm{Wb\cdot m}]$: 자기 쌍극자 모멘트
$F = mH\,[\mathrm{N}]$: 자계 내 $m[\mathrm{Wb}]$이 받는 힘

2) 외적 표현

$$T = M \times H$$

3) 막대 자석을 θ만큼 회전시 필요한 일 $W[\mathrm{J}]$

$$W = \int_0^\theta T d\theta = \int_0^\theta mlH\sin\theta d\theta = mlH(1-\cos\theta) = MH(1-\cos\theta)\,[\mathrm{J}]$$

필수확인 O·X 문제

[1차] [2차] [3차]

1. 자기력선은 서로 반발하여 교차 할 수 없으며 그 자신만으로 폐곡선을 이룰 수 없다.
   .... (   )

2. 자속밀도의 MKS 단위는 $1[\mathrm{Wb/m^2}]$이며 CGS단위는 $1[\mathrm{T}]$이다. .... (   )

상세해설

   1. (×) 자기력선은 서로 반발하여 교차 할 수 없으며 그 자신만으로 폐곡선을 이룰 수 있다.
   2. (O)

- QR 코드를 찍으시면, 가장 중요한 우선순위 문제풀이 영상을 보실 수 있습니다.
- 우선순위 논점은 전기(산업)기사 시험에서 가장 출제 빈도가 높은 문제로써, 수험생분들께서는 각 파트별 우선순위 문제의 논점과 키워드를 학습하시기를 바랍니다.
- 체크 리스트를 작성하시면서 문제의 유형과 학습의 완성도를 스스로 체크 해 보시기를 바랍니다.
- "선생님의 콕콕 포인트"는 틀리기 쉬운 문제의 함정과 문제의 포인트를 집어드립니다. 우선순위 문제풀이의 포인트를 꼭 참고하고 응용문제의 해결능력을 길러 줍니다.

번호	우선순위 논점	KEY WORD	나의 정답 확인				선생님의 콕콕 포인트
			맞음	틀림(오답확인)			
				이해 부족	암기 부족	착오 실수	
3	정전계와 정자계의 비교 ①	자계 내에 점자극이 받는 힘					자속밀도 공식과 자극이 받는 힘 공식을 암기 할 것
4	정전계와 정자계의 비교 ②	자기력선수					전기력선수 대응관계로 공식을 유도할 것
5	정전계와 정자계의 비교 ③	삼각형 정점의 힘					전계에서 삼각형 정점의 전계의 세기계산 법을 이용할 것
6	정전계와 정자계의 비교 ④	자계의 세기					지정된 전계의 세기 계산법을 이용 할 것
13	막대자석에 작용 하는 회전력	막대자석 봉자석 나침반에 회전력					회전력이 발생하게 한 외부자계가 무엇인지 확인 할 것

★★☆☆☆
01 자극의 크기 $m=4[\text{Wb}]$의 점자극으로부터 $r=4$ [m] 떨어진 점의 자계의 세기[AT/m]를 구하면?

① $7.9 \times 10^3 [\text{AT/m}]$ ② $6.3 \times 10^4 [\text{AT/m}]$

③ $1.6 \times 10^4 [\text{AT/m}]$ ④ $1.3 \times 10^3 [\text{AT/m}]$

🔍 해설

정전계와 정자계의 비교

점 자극에 의한 자계의 세기 $H = \dfrac{m}{4\pi\mu_o r^2} = 6.33 \times 10^4 \dfrac{m}{r^2} [\text{AT/m}]$

이므로 이에 대입하면 $H = 6.33 \times 10^4 \times \dfrac{4}{4^2} = 1.6 \times 10^4 [\text{AT/m}]$

★★★☆☆
02 1000[AT/m]의 자계 중에 어떤 자극을 놓았을 때 $3 \times 10^2 [\text{N}]$의 힘을 받았다고 한다. 자극의 세기는?

① 0.1   ② 0.2

③ 0.3   ④ 0.4

🔍 해설

정전계와 정자계의 비교

자계 내에서 자극을 놓았을 때 자극이 받는 힘 $F = mH[\text{N}]$이므로

이를 이용 자극의 세기 m을 구하면 $m = \dfrac{F}{H} = \dfrac{3 \times 10^2}{1000} = 0.3[\text{Wb}]$

이 된다.

★★☆☆☆
03 비투자율 μ_s, 자속밀도 B인 자계 중에 있는 $m[\text{Wb}]$의 자극이 받는 힘은?

① $\dfrac{Bm}{\mu_o \mu_s}$ ② $\dfrac{Bm}{\mu_o}$

③ $\dfrac{\mu_o \mu_s}{Bm}$ ④ $\dfrac{Bm}{\mu_s}$

🔍 해설

정전계와 정자계의 비교

자계 내에서 자극을 놓았을 때 자극이 받는 힘,

자속밀도 $B = \dfrac{\phi}{S} = \mu H [\text{Wb/m}^2]$

[정답] 01 ③ 02 ③ 03 ①

자속밀도를 이용 자계를 구하면 $H = \dfrac{B}{\mu}$[AT/m]

힘 $F = mH$[N]에 대입하면 $F = \dfrac{Bm}{\mu} = \dfrac{Bm}{\mu_o \mu_s}$[AT/m]

04 진공 중에서 8π[Wb]의 자하로부터 발산되는 총 자력선수는?

① 10^7[개] ② 2×10^7[개]

③ $8\pi \times 10^7$[개] ④ $\dfrac{10^7}{8\pi}$[개]

🔍 해설 ------------------------------

정전계와 정자계의 비교

진공 및 공기중 자(기)력선의 수 $N = \dfrac{m}{\mu_o}$[개]이므로

m[Wb]의 자하로부터 나오는 자기력선은

$N = \dfrac{m}{\mu_o} = \dfrac{8\pi}{\mu_o} = \dfrac{8\pi}{4\pi \times 10^{-7}} = 2 \times 10^7$[개]

★★☆☆☆

05 그림과 같이 공기 중에서 1[m]의 거리를 사이에 둔 2점 A, B에 각각 3×10^{-4}[Wb]와 -3×10^{-4}[Wb]의 점자극 두었다. 이때 점 P에 단위 정자극을 두었을 때 이극에 작용하는 힘의 합력은 몇 [N]인가?
(단, $m(\overline{AP}) = m(\overline{BP})$, $m(\angle APB) = 90°$이다.)

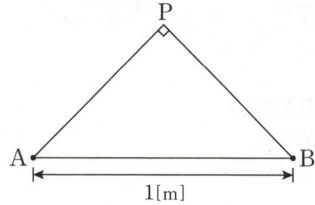

① 0[N] ② 18.9[N]

③ 37.9[N] ④ 53.7[N]

🔍 해설 ------------------------------

정전계와 정자계의 비교

두자극(자하) 사이에 작용하는 힘

$F = \dfrac{m_1 m_2}{4\pi \mu_o r^2} = 6.33 \times 10^4 \times \dfrac{m_1 m_2}{r^2}$[N]을 이용

$AP = BP$의 거리는 $\dfrac{1}{\sqrt{2}}$이므로

$F_1 = 6.33 \times 10^4 \times \dfrac{1 \times 3 \times 10^{-4}}{\left(\dfrac{1}{\sqrt{2}}\right)^2} = 12.66 \times 3 = 37.98$[N]

$F_2 = 6.33 \times 10^4 \times \dfrac{1 \times -3 \times 10^{-4}}{\left(\dfrac{1}{\sqrt{2}}\right)^2} = 12.66 \times -3 = -37.98$[N]

평행사변형의 원리를 이용하면

$\sqrt{F_1{}^2 + F_2{}^2 + 2F_1 F_2 \cos\theta} = \sqrt{F_1{}^2 + F_2{}^2 + 2F_1 F_2 \cos 90°}$
$= \sqrt{F_1{}^2 + F_2{}^2}$

$\sqrt{F_1{}^2 + F_2{}^2} = \sqrt{37.98^2 + (-37.98)^2} = 53.711 ≒ 53.70$[N]

★★☆☆☆

06 두 개의 자력선이 동일한 방향으로 흐르면 자계강도는?

① 더 약해진다.

② 주기적으로 약해졌다 또는 강해졌다 한다.

③ 더 강해진다.

④ 강해졌다가 약해진다.

🔍 해설 ------------------------------

정전계와 정자계의 비교

자(기)력선이 동일한 방향으로 흐르면 합하여 지므로 자계강도는 더 강해진다.

★★★☆☆

07 등자위면의 설명으로 잘못 된 것은?

① 등자위면은 자력선과 직교한다.

② 자계 중에서 같은 자위점으로 이루어진 면이다.

③ 자계 중에 있는 물체의 표면은 항상 등자위면이다.

④ 서로 다른 등자위면은 교차하지 않는다.

🔍 해설 ------------------------------

전기력선과 자기력선의 비교

자계 중에서 같은 자위의 점으로부터 이루어진 면을 등자위면 이라 하며 자기력선과 직교 한다 그러나 자기에는 전기의 도체에 해당되는 것이 없으므로 어떤 물체를 자계안에 놓았을 때 표면이 항상 등자위면이 되지는 않는다.

★★☆☆☆

08 자기 쌍극자에 의한 자위 $U[\mathrm{A}]$에 해당되는 것은? (단, 자기 쌍극자의 자기 모멘트는 $M[\mathrm{Wb \cdot m}]$, 쌍극자의 중심으로부터의 거리는 $r[\mathrm{m}]$, 쌍극자의 정방향과의 각도는 θ도라 한다.)

① $6.33 \times 10^4 \dfrac{M\sin\theta}{r^3}$

② $6.33 \times 10^4 \dfrac{M\sin\theta}{r^2}$

③ $6.33 \times 10^4 \dfrac{M\cos\theta}{r^3}$

④ $6.33 \times 10^4 \dfrac{M\cos\theta}{r^2}$

🔍 **해설**

정전계와 정자계의 비교

자기쌍극자에 의한 P점의 자위

$U_P = \dfrac{M}{4\pi\mu_0 r^2}\cos\theta = 6.33 \times 10^4 \dfrac{M\cos\theta}{r^2}[\mathrm{A}]$

자기 쌍극자 모멘트 $M = m \cdot l[\mathrm{Wb \cdot m}]$

단, $\delta = l[\mathrm{m}]$: 두 자하 사이의 거리($\theta = 0°$: 최대, $\theta = 90°$: 최소)

★★☆☆☆

09 그림과 같이 자기 모멘트 $M[\mathrm{Wb \cdot m}]$인 판자석의 N과 S극측에 입체각 ω_1, ω_2인 P점과 Q점이 판에 무한히 접근해 있을 때 두 점 사이의 자위차$[\mathrm{J/Wb}]$는?(단, 판자석의 표면 밀도를 $\pm\sigma[\mathrm{Wb/m^2}]$라 하고 두께를 $\delta[\mathrm{m}]$라 할 때 $M = \sigma \cdot \delta[\mathrm{Wb/m}]$이다.)

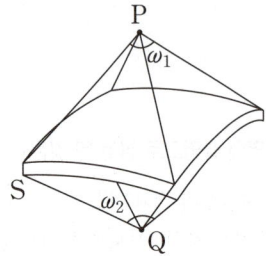

① $\dfrac{M}{\mu_0}$

② $\dfrac{M}{4\pi\mu_0}$

③ $\dfrac{2M}{4\pi\mu_0}(\omega_1 - \omega_2)$

④ 0

🔍 **해설**

정전계와 정자계의 비교

판 자석 및 자기 이중층의 자위는 다음과 같다.

① N극측 자위 $U_P = \dfrac{M}{4\pi\mu_0}\omega_1[\mathrm{A}]$

② S극측 자위 $U_Q = \dfrac{-M}{4\pi\mu_0}\omega_2[\mathrm{A}]$

여기서, $M = \sigma\delta[\mathrm{Wb/m}]$: 판의 세기, $\omega[\mathrm{sr}]$: 입체각

③ 입체각 $\omega[\mathrm{sr}]$는 다음과 같다.

ⓐ N극 측(S극 측)에서만 판에 무한히 접근 : $\omega = 2\pi[\mathrm{sr}]$

ⓑ N극 측과 S극 측이 동시에 판에 무한히 접근 : $\omega = 4\pi[\mathrm{sr}]$

ⓒ 판자석 중심축에서 떨어진 임의의 지점 : $\omega = 2\pi(1 - \cos\theta)[\mathrm{sr}]$

★★☆☆☆

10 판자석의 표면 밀도를 $\pm\sigma[\mathrm{Wb/m^2}]$라고 하고 두께를 $\delta[\mathrm{m}]$라 할 때, 이판자석의 세기$[\mathrm{Wb/m}]$는?

① $\sigma\delta[\mathrm{Wb/m}]$

② $\dfrac{1}{2}\sigma\delta[\mathrm{Wb/m}]$

③ $\dfrac{1}{2}\sigma\delta^2[\mathrm{Wb/m}]$

④ $\sigma\delta^2[\mathrm{Wb/m}]$

🔍 **해설**

정전계와 정자계의 비교

문제 9번 참조

★★☆☆☆

11 세기 M이 균일한 판자석의 S극축으로부터 $r[\mathrm{m}]$ 떨어진 점 P의 자위는? (단, 점 P에서 판자석을 본 입체각을 ω라 한다.)

① $\dfrac{M}{4\pi\mu_o}\omega$

② $-\dfrac{M}{4\pi\mu_o}\omega$

③ $-\dfrac{M}{4\pi\mu_o r}\omega$

④ $\dfrac{M}{4\pi\mu_o r}\omega$

🔍 **해설**

정전계와 정자계의 비교

문제 9번 해설 참조

★★★☆☆

12 자극의 세기 $4 \times 10^{-6}[\mathrm{Wb}]$, 길이 $10[\mathrm{cm}]$인 막대 자석을 $150[\mathrm{AT/m}]$의 평등 자계내에 자계와 $60°$의 각도로 놓았다면 자석이 받는 회전력$[\mathrm{N \cdot m}]$은?

① $\sqrt{3} \times 10^{-4}[\mathrm{N \cdot m}]$

② $3\sqrt{3} \times 10^{-5}[\mathrm{N \cdot m}]$

③ $3 \times 10^{-4}[\mathrm{N \cdot m}]$

④ $3 \times 10[\mathrm{N \cdot m}]$

[**정답**] 08 ④ 09 ① 10 ① 11 ② 12 ②

해설

막대자석에 작용하는 회전력

$T = Fl\sin\theta = mlH\sin\theta = MH\sin\theta[\text{N}\cdot\text{m} = \text{N}\cdot\text{m/rad}]$

여기서, $M = ml[\text{Wb}\cdot\text{m}]$: 자기 쌍극자 모멘트

$F = mH[\text{N}]$: 자계 내 $m[\text{Wb}]$이 받는 힘

$T = 4 \times 10^{-6} \times 10 \times 10^{-2} \times 150 \times \sin 60^\circ$

$= 5.196 \times 10^{-5} = 3\sqrt{3} \times 10^{-5}[\text{N}\cdot\text{m}]$

★★★☆☆

13 그림에서 직선 도체 바로 아래 $10[\text{cm}]$ 위치에 자침이 나란히 있다고 하면 이때의 자침에 작용하는 회전력은 약 몇 $[\text{N}\cdot\text{m/rad}]$인가? (단, 도체의 전류는 $10[\text{A}]$, 자침의 자극의 세기는 $10^{-6}[\text{Wb}]$이고, 자침의 길이는 $10[\text{cm}]$이다.)

① $1.59 \times 10^{-6}[\text{N}\cdot\text{m/rad}]$

② $7.95 \times 10^{-7}[\text{N}\cdot\text{m/rad}]$

③ $15.9 \times 10^{-6}[\text{N}\cdot\text{m/rad}]$

④ $49.5 \times 10^{-7}[\text{N}\cdot\text{m/rad}]$

해설

막대자석에 작용하는 회전력

$T = Fl\sin\theta = mlH\sin\theta = MH\sin\theta[\text{N}\cdot\text{m} = \text{N}\cdot\text{m/rad}]$

여기서, $M = ml[\text{Wb}\cdot\text{m}]$: 자기 쌍극자 모멘트

$F = mH[\text{N}]$: 자계 내 $m[\text{Wb}]$이 받는 힘

여기서, 외부 자계 $H[\text{AT/m}]$

무한장 직선도체에 의한 자계 $H = \dfrac{I}{2\pi r}[\text{AT/m}]$이므로

이를 정리하면

$T = 10^{-6} \times \dfrac{10}{2\pi \times 0.1} \times 0.1 \times \sin 90^\circ = 1.59 \times 10^{-6}[\text{N}\cdot\text{m}]$

전류에 의한 자계

영상 학습 QR   출제경향분석

제8장 전류에 의한 자계에서 시험에 자주 출제가 되는 내용은 다음과 같다.
❶ 암페어의 주회적분   ❷ 무한장 직선에 의한 자계
❸ 비오-사바르의식   ❹ 원형코일 중심의 자계
❺ 솔레노이드의 자계   ❻ 플레밍의 왼손 법칙
❼ 로렌쯔의 힘

콕콕 포인트

1 전류에 의한 자계-1

1. 암페어(앙페르)의 오른 나사 법칙

도체에 전류를 흘러주었을 때 그 주변에 생기는 자계(자장)의 회전성과 자계의 방향을
결정하며 오른 나사의 진행 방향이 전류의 방향이라면 오른 나사의 회전 방향이 바로
자계(자장)의 방향이된다.

오른손을 기준으로 엄지손가락은 전류가 흐르는 방향 나머지 손가락은 자계의 회전방향
이며 이때 지면으로 들어가는 방향은 $\otimes$으로 표시하고 나오는 방향은 $\odot$으로 표시한다.

2. 암페어(앙페르)의 주회 적분 법칙

폐회로 주위를 따라 자계를 선적분한 값은 폐회로내의 총 전류와 같다.

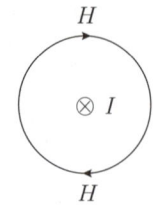

$$\oint_c H dl = \sum I$$

코일 및 도체의 권수가 $N[\text{T}]$회 이면

$$\oint_c H dl = \sum NI$$

여기서, $N[\text{T}]$: 권수, $I[\text{A}]$: 전류 $l[\text{m}]$ 자로

※ 전류에 의한 자계의 세기는 투자율과 관계가 없고 전류와 관계가 있다.

3. 무한장 직선 전류에 의한 자계

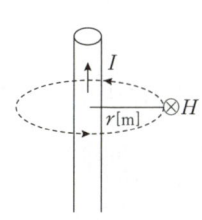

$$\oint_c H dl = \sum NI \text{을 적분하면 } Hl = NI$$

$$H = \frac{NI}{l}[\text{AT/m}] \text{ 이때 권수 } N = 1[\text{T}]$$

자로의 길이 $l = 2\pi r[\text{m}]$이므로

$$H = \frac{I}{2\pi r}[\text{AT/m}] \propto \frac{1}{r}$$

여기서, $N[\text{T}]$: 권수, $I[\text{A}]$: 전류, $r[\text{m}]$: 떨어진 거리

4. 원통(원주)도체에 의한 자계의 세기

1) 전류가 도체 표면에만 흐를 시(내부에는 전류가 존재하지 않는다.)

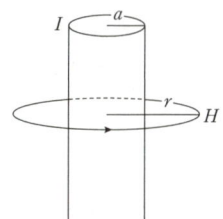

① 외부($r > a$) : $H = \frac{I}{2\pi r}[\text{AT/m}]$

② 내부($r < a$) : 내부 자계를 H_i라 하면 전류가 내부에는 흐르지 않기 때문에 $I = 0[\text{A}]$이므로 내부 자계

$H_i = 0[\text{AT/m}]$

2) 전류가 도체 내외 균일하게 흐를 시(내부에도 전류가 존재한다.)

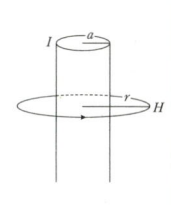

① 외부($r > a$)

$$H = \frac{I}{2\pi r}[\text{AT/m}]$$

② 내부($r < a$)

내부에 흐르는 전류

$$I' = \frac{\pi r^2}{\pi a^2}I = \frac{r^2}{a^2}I[\text{A}]$$

$$H_i = \frac{I'}{2\pi r} = \frac{rI}{2\pi a^2}[\text{AT/m}]$$

1. 앰페르의 주회적분식은 전류와 자계의 관계를 나타낸 식이다. ·········(   )

2. 무한장 직선에 의한 자계의 세기는 거리 $1/r$에 반비례한다. ·········(   )

상세해설

1. (○)

2. (✕) 무한장 직선 $H = \frac{I}{2\pi r}[\text{AT/m}] \propto \frac{1}{r}$이므로 r에 반비례 또는 $1/r$에 비례한다.

Q 포인트문제 2

앰페어의 주회 적분 법칙은 직접적으로 다음의 어느 관계를 표시하는가?

① 전하와 전계
② 전류와 인덕턴스
③ 전류와 자계
④ 전하와 전위

A 해설

앰페르의 주회적분법칙은

$$\oint_c H dl = \sum NI \text{이므로 전류와}$$

자계의 관계를 표시한다.

정답 ③

Q 포인트문제 3

전전류 $I[\text{A}]$가 반지름 $a[\text{m}]$인 원주를 균일하게 흐를 때, 원주 내부 중심에서 $r[\text{m}]$ 떨어진 원주 내부의 점의 자계의 세기[AT/m]는?

① $\frac{rI}{2\pi a^2}$ ② $\frac{I}{2\pi a^2}$

③ $\frac{rI}{\pi a^2}$ ④ $\frac{I}{4\pi a^2}$

A 해설

원통(원주)도체에 전류가 도체 내외 균일하게 흐를 시 내부자계가 존재하므로 내부에 흐르는 전류

$$I' = \frac{\pi r^2}{\pi a^2}I = \frac{r^2}{a^2}I[\text{A}]\text{이고}$$

이를 이용 정리하면 내부자계는

$$H_i = \frac{I'}{2\pi r} = \frac{rI}{2\pi a^2}[\text{AT/m}]\text{이다.}$$

정답 ①

2 전류에 의한 자계-2

1. 비오 – 사바르의 법칙

전류에 의한 자계의 크기를 결정하며 미소길이 dl에 대한 미소자장 dH를 계산 시 이용

① $dH = \dfrac{I\sin\theta}{4\pi r^2}dl\,[\text{AT/m}]$

　(θ는 r과 전류방향(I)가 이루는 각)

② 외적 표현 $dH = \dfrac{I \times ar}{4\pi r^2}dl\,[\text{AT/m}]$

2. 원형 코일 중심의 자계의 세기

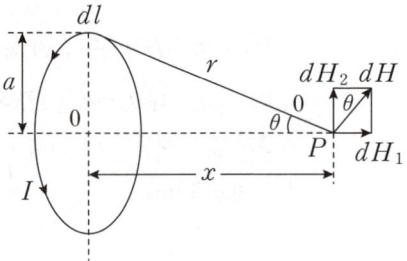

1) 원형 코일 중심에서 떨어진 지점의 자계

$$H = \frac{NIa^2}{2(a^2+x^2)^{\frac{3}{2}}} = \frac{NI}{2a}\sin^3\theta\,[\text{AT/m}]$$

여기서, $N[\text{T}]$: 권수, $I[\text{A}]$: 전류, $a[\text{m}]$: 반지름

2) 반지름이 $a[\text{m}]$인 원형코일 중심의 자계

$$x=0일\ 때\ H = \frac{NI}{2a}\,[\text{AT/m}]$$

① 반지름이 $a[\text{m}]$ 반원 : $H = \dfrac{NI}{4a}\,[\text{AT/m}]$

② 반지름이 $a[\text{m}]$ $\dfrac{3}{4}$원 : $H = \dfrac{3NI}{8a}\,[\text{AT/m}]$

③ 반지름이 $a[\text{m}]$ $\dfrac{3}{4}$원과 유한장 직선 : $H = \dfrac{(3\pi-2)NI}{8\pi a}\,[\text{AT/m}]$

Q 포인트문제 4

무한 직선 도체의 전류에 의한 자계가 직선도체로부터 $1[\text{m}]$ 떨어진 점에서 $1[\text{AT/m}]$로 될 때 도체의 전류 크기는 몇 $[\text{A}]$인가?

① $\dfrac{\pi}{2}$ 　　② π

③ $\dfrac{3\pi}{2}$ 　　④ 2π

A 해설

무한장 직선의 자계의 세기

$H = \dfrac{I}{2\pi r}[\text{AT/m}]$이고 전류

$I = 2\pi r \cdot H = 2\pi \times 1 \times 1 = 2\pi[\text{A}]$

정답 ④

Q 포인트문제 5

전류에 의한 자계의 세기를 결정한 법칙은?

① 앙페르의 오른손 법칙
② 플레밍의 왼손 법칙
③ 렌쯔의 법칙
④ 비오 – 사바르의 법칙

A 해설

전류에 의한 자계의 크기를 결정하며 미소길이 dl에 대한 미소자장 dH를 계산 시 이용

정답 ④

3. 유한장 직선 전류에 의한 자계의 세기

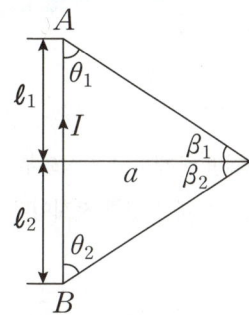

$$H = \frac{I}{4\pi a}(\sin\beta_1 + \sin\beta_2) = \frac{I}{4\pi a}(\cos\theta_1 + \cos\theta_2)[\text{AT/m}]$$

1) 정삼각형 중심의 자계의 세기

$$H = \frac{9I}{2\pi l}[\text{AT/m}]$$

2) 정사각형 중심의 자계의 세기

$$H = \frac{2\sqrt{2}I}{\pi l}[\text{AT/m}]$$

3) 정육각형 중심의 자계의 세기

$$H = \frac{\sqrt{3}I}{\pi l}[\text{AT/m}]$$

여기서, $l[\text{m}]$는 한변의 길이, $I[\text{A}]$: 전류

4) 반지름 $r[\text{m}]$인 원에 내접하는 n각형 중심의 자계의 세기

$$H = \frac{nI}{2\pi r}\tan\frac{\pi}{n}[\text{AT/m}]$$

▌ 필수확인 O·X 문제 ▌

[1차] [2차] [3차]

1. 비오 – 사바르 법칙은 전류에 의한 자계의 회전방향을 결정한 식이다. ····(   )
2. 전류에 의한 자계는 투자율에 반비례 한다. ····················(   )
3. 원형코일중심의 자계는 권수에 비례하며 반지름에 반비례한다. ········(   )

상세해설

1. (×) 비오 – 사바르 법칙은 전류에 의한 자계의 세기를 결정한 식이다.
2. (×) 전류에 의한 자계의 세기는 투자율과 관계가 없고 전류와 관계가 있다.
3. (○) $H = \frac{NI}{2a}[\text{AT/m}]$

Q 포인트문제 6

반지름 $a[\text{m}]$인 2개의 원형 선조 루프가 $\pm Z$ 축상에 그림과 같이 놓여진 경우 $I[\text{A}]$의 전류가 흐를 때 원형 전류 중심축상의 자계 $H_z[\text{AT/m}]$는? (단, a_z, a_ϕ는 단위 벡터이다.)

① $H_z = \dfrac{a^2 I a_z}{(a^2+z^2)^{\frac{3}{2}}}$

② $H_z = \dfrac{a^2 I a_\phi}{(a^2+z^2)^{\frac{3}{2}}}$

③ $H_z = \dfrac{a^2 I a_z}{2(a^2+z^2)^{\frac{3}{2}}}$

④ $H_z = \dfrac{a^2 I a_\phi}{2(a^2+z^2)^{\frac{3}{2}}}$

A 해설

반지름 $a[\text{m}]$인 원형 코일 중심에서 $x[\text{m}]$ 떨어진 지점의 자계

$$H = \frac{Ia^2}{2(a^2+x^2)^{\frac{3}{2}}}[\text{AT/m}]$$

여기서, $x = z[\text{m}]$이므로

$$H = \frac{Ia^2}{2(a^2+z^2)^{\frac{3}{2}}}[\text{AT/m}]$$이며

원형 코일의 전류와 자계가 같은 방향이므로 자계의 세기가 2배가 되므로

$$H_z = 2H = 2 \cdot \frac{Ia^2 a_z}{2(a^2+z^2)^{\frac{3}{2}}}$$

$$= \frac{Ia^2 a_z}{(a^2+z^2)^{\frac{3}{2}}}[\text{AT/m}]$$

정답 ①

꼭꼭 포인트

electrical engineer · electrical engineer · electrical engineer · electrical engineer · electrical engineer · electrical engineer · electrical engineer · electrical e

3 솔레노이드에 의한 자계

1. 솔레노이드의 특징

1) 철심 단면적 중심의 내부자계만 존재하고 철심외부 자계는 존재하지 않는다.

2) 철심 단면적 중심의 내부자계는 내부 평등 자계이다.

2. 솔레노이드의 자계의 세기

1) 무한장 솔레노이드 자계의 세기

> 1) 철심 외부 자계 : $H=0$[AT/m]
>
> 2) 철심 내부 자계 : $H=\dfrac{NI}{l}=nI$[AT/m]

여기서, N[T] : 권수, I[A] : 전류, l[m] : 자로의 길이, $n=\dfrac{N}{l}$[T/m] : 단위 길이 당 권수

2) 환상 솔레노이드의 자계의 세기

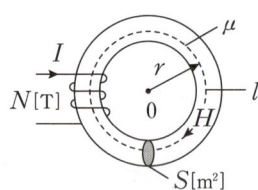

> 1) 철심 외부 자계 : $H=0$[AT/m]
>
> 2) 철심 내부 자계 : $H=\dfrac{NI}{l}=\dfrac{NI}{2\pi r}$[AT/m]

여기서, N[T] : 권수, I[A] : 전류, $l=2\pi r$[m] : 자로의 길이

4 전류에 의한 자위

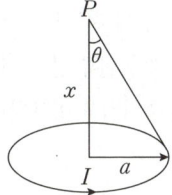

1. 자기 이중층(판자석)의 자위

$$U=\frac{M}{4\pi\mu_0}\omega\,[\mathrm{A}]$$

2. 전류에 의한 자위

1) 전류

$$I=\frac{M}{\mu_0}\,[\mathrm{A}]$$

여기서, $M=\sigma_s\delta\,[\mathrm{Wb/m}]$: 자기 이중층의 세기

2) 전류에 의한 자위

$$U=\frac{I}{4\pi}\omega\,[\mathrm{A}]$$

여기서, $\omega=2\pi(1-\cos\theta)\,[\mathrm{sr}]$: 입체각

3) 원형코일 중심에서 떨어진 지점의 자위

$$U=\frac{I}{4\pi}\omega=\frac{I}{4\pi}\times2\pi\left(1-\frac{x}{\sqrt{x^2+a^2}}\right)=\frac{I}{2}\left(1-\frac{x}{\sqrt{x^2+a^2}}\right)[\mathrm{A}]$$

▌ 필수확인 O·X 문제 ▌

1차 2차 3차

1. 비오 – 사바르 법칙은 전류에 의한 자계의 회전방향을 결정한 식이다. · · · · ( )
2. 전류에 의한 자계는 투자율에 반비례 한다. · ( )
3. 원형코일중심의 자계는 권수에 비례하며 반지름에 반비례한다. · · · · · · · ( )
4. 솔레노이드의 외부자계는 존재한다. · ( )

상세해설

1. (×) 비오 – 사바르 법칙은 전류에 의한 자계의 세기를 결정한 식이다.
2. (×) 전류에 의한 자계의 세기는 투자율과 관계가 없고 전류와 관계가 있다.
3. (○) $H=\frac{NI}{2a}\,[\mathrm{AT/m}]$
4. (×) 철심 단면적 중심의 내부자계만 존재하고 철심외부 자계는 존재하지 않는다.

콕콕 포인트

참고

정삼각형 중심의 자계

유한장 직선 이용을 이용하여
$$H=\frac{I}{4\pi a}(\cos\theta_1+\cos\theta_2)[\mathrm{AT/m}]$$
이때 $a[\mathrm{m}]$의 길이를 구하면
$\tan30=\frac{1}{\sqrt{3}}=\frac{a}{\frac{1}{2}}$이고 이를 정리하면
$a=\frac{l}{2\sqrt{3}}[\mathrm{m}]$이다. 이를 대입하고 유한장 직선이 3개 있으므로 $3H[\mathrm{AT/m}]$
$$H=\frac{I}{4\pi a}(\cos30°+\cos30°)\times3$$
$$=\frac{a}{4\pi\frac{l}{2\sqrt{3}}}\left(\frac{\sqrt{3}}{2}\times2\right)\times3$$
$$=\frac{9I}{2\pi l}[\mathrm{AT/m}]$$

※ 정사각형 중심과 정육각형 중심의 자계도 위 해설과 같은 방법으로 유도하면 된다.

참고

① 무한장 솔레노이드 철심 내부의 자계 (적분경로 $ABCD$)
$$\oint Hdl=\oint H_1dl-\oint H_2dl$$
이때 폐곡선 내에 전류가 없으므로
$$\oint H_1dl-\oint H_2dl=0$$이므로
$H_1=H_2$
② 철심 외부의 자계(적분경로 $JKML$)
①과 같이 평등 자계임을 알 수 있으나 무한히 먼 곳 까지 존재한다고 볼 수 없으므로 $H_3=H_4=0$
③ 도선을 끼고 있는 자계 (적분경로 $EFHG$)
도선 내부의 경로 EF에서의 자계만 고려해주면 된다.

콕콕 포인트

electrical engineer · electrical engineer · electrical engineer · electrical engineer · electrical engineer · electrical engineer · electrical engineer · electrical

$\oint Hdl = NI$에서

$Hl = NI = nIl$이므로

$H = nI[\text{AT/m}]$이다.

여기서, $n = \dfrac{N}{l}$: 단위 길이 당 권수

Q 포인트문제 8

그림과 같이 권수 $N[\text{T}]$ 평균 반지름인 $r[\text{m}]$ 환상 솔레노이드에 전류 $I[\text{A}]$의 전류가 흐를때 내부 중심 0의 자계의 세기 몇 $[\text{AT/m}]$인가?

① 0   ② NI

③ $\dfrac{NI}{2\pi r}$ ④ $\dfrac{NI}{2\pi r^2}$

A 해설

그림에서 내부중심 0점은 환상솔레노이드 철심 외부이므로 $H = 0[\text{AT/m}]$이다.

정답 ①

Q 포인트문제 9

반지름 $a[\text{m}]$인 원형코일의 중심 축상 $r[\text{m}]$의 거리에 있는 점 P의 자위는 몇 $[\text{AT}]$인가? (단, 점 P에 대한 원의 입체각을 ω, 전류를 $I[\text{A}]$라 한다.)

① $\dfrac{\omega}{4\pi I}$ ② $4\pi\omega I$

③ $\dfrac{I}{4\pi\omega}$ ④ $\dfrac{\omega I}{4\pi}$

A 해설

전류에 의한 자위 $U = \dfrac{M}{4\pi\mu_0}\omega$

여기서,
입체각 $\omega = 2\pi(1 - \cos\theta)[\text{sr}]$

정답 ④

---

5 전자력

자계가 있는 공간에 도선을 놓고 도선에 전류를 인가 시 도선에서도 자계가 발생하여 도선에 힘이 작용한다. 이와 같은 자계와 전류 간에 작용하는 힘을 전자력이라 한다.

전자력을 해석 시에는 플레밍의 왼손법칙을 이용한다.

1. 플레밍의 왼손법칙

전동기원리 및 전동기 회전자 도체의 운동 방향 결정

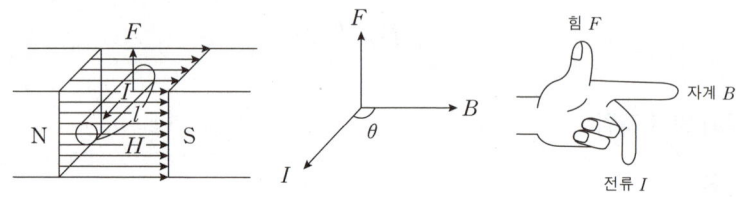

$$F = BIl\sin\theta = \mu_0 HIl\sin\theta = \oint(Idl) \times B[\text{N}]$$

여기서, $l[\text{m}]$: 도선의 길이, $H[\text{AT/m}]$: 자계

엄지 : $F[\text{N}]$(힘의 방향＝전자력의 방향)

검지 : $B[\text{Wb/m}^2]$(자속밀도, 자장, 자계의 방향)

중지 : $I[\text{A}]$(전류의 방향)

2. 자계 내에서 사각(장방형) 코일의 회전력

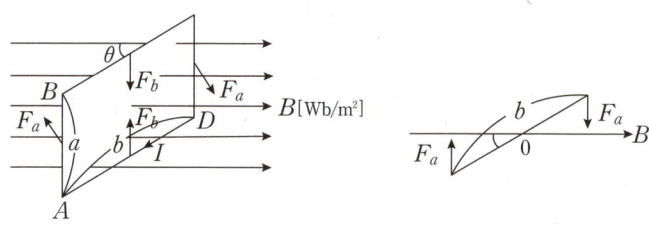

$$T = NI\phi = NBSI\cos\theta = NBIab\cos\theta[\text{N·m}]$$

여기서, $N[\text{T}]$: 권수, $B[\text{Wb/m}^2]$: 자속밀도, $I[\text{A}]$: 전류, $S(A) = ab[\text{m}^2]$: 면적

3. 로렌쯔의 힘

자계 내에 전하, 전자, 하전입자가 속도 v[m/s]를 가지고 이동 시 전하가 받는 힘

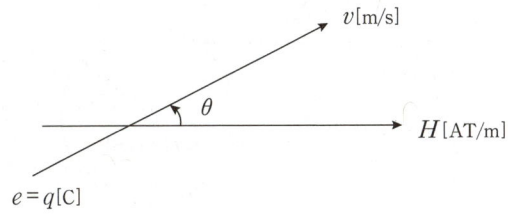

1) 자계만 존재시

$F = BIl\sin\theta$[N]에서 $Il = \dfrac{Q}{t}l = qv$[C·m/s]이므로

$$F = Bqv\sin\theta = \mu_o Hqv\sin\theta = (\vec{v} \times \vec{B})q \text{[N]}$$

2) 자계와 전계가 동시 존재 시

$$F = F_H + F_E = q(\vec{v} \times \vec{B} + \vec{E}) \text{[N]}$$

여기서, $q = e$[C] : 전하, 전자, v[m/s] : 속도, B[Wb/m²] : 자속밀도, E[V/m] : 전계

필수확인 O·X 문제

1차 2차 3차

1. 전자력이 작용하는 방향은 플레밍의 왼손을 이용한다. ·············( )
2. 전자력을 해석 시 자계의 방향은 왼손의 검지의 방향이다. ·········( )
3. 플레밍의 왼손 법칙은 발전기의 원리이다. ····················( )
4. 전자가 자계 내를 이동시 받는 힘은 속도에 반비례 한다. ··········( )

상세해설

1. (○)
2. (○)
3. (×) 플레밍의 왼손법칙은 전동기원리 및 전동기 회전자 도체의 운동 방향 결정
4. (×) $F = Bqv\sin\theta = \mu_o Hqv\sin\theta = (\vec{v} \times \vec{B})q$[N] 이동 속도에 비례한다.

Q 포인트문제 10

같은 평등 자계 중의 자계와 수직 방향으로 전류 도선을 놓으면 N극 S극이 만드는 자계와 전류에 의한 자계와의 상호 작용에 의하여 자계의 합성이 이루어지고 전류 도선은 힘을 받는다. 이러한 힘을 무엇이라 하는가?

① 전자력   ② 기전력
③ 기자력   ④ 전계력

A 해설

전류가 흐르는 도선을 자계 안에 놓으면 이 도선에 힘이 작용 한다. 이와 같은 자계와 전류간에 작용하는 힘을 전자력이라 하며 그 세기는 플레밍의 왼손법칙을 이용한다.
플레밍의 왼손 법칙 : 전동기원리 및 회전방향 결정
$F = BIl\sin\theta = \mu_o HIl\sin\theta$
$= \oint (Idl) \times B$[N]
· 엄지 : F[N](힘의 방향=전자력의 방향)
· 검지 : B[Wb/m²](자속밀도, 자속, 자장의 방향)
· 중지 : I[A](전류의 방향)

정답 ①

Q 포인트문제 11

전류가 흐르는 도선을 자계안에 놓으면, 이 도선에 힘이 작용한다. 평등자계의 진공 중에 놓여 있는 직선 전류 도선이 받는 힘에 대하여 옳은 것은?

① 전류의 세기에 반비례한다.
② 도선의 길이에 비례한다.
③ 자계의 세기에 반비례한다.
④ 전류와 자계의 방향이 이루는 각의 탄젠트 각에 비례한다.

A 해설

포인트 문제 10번 해설 참조

정답 ②

4. 자계 내에 전자 수직 입사

자계 내 전자가 수직으로 입사 시 자계의 원심력과 전자력에 의해 전자가 원운동을 한다.

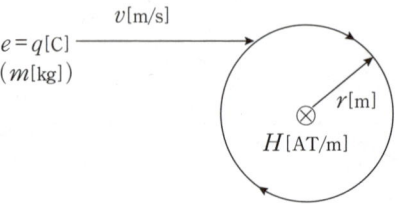

1) 원심력과 전자력

$$F=\frac{mv^2}{r}=qvB\sin\theta\,[\text{N}]\quad \text{전자가 수직으로 입사하므로 }\sin90°=1$$

$$F=\frac{mv^2}{r}=qvB\,[\text{N}]$$

2) 회전 반경(궤도)

$$r=\frac{mv}{eB}=\frac{mv}{e\mu_o H}\,[\text{m}]$$

여기서, $e[\text{C}]$: 전자, $v[\text{m/s}]$: 속도, $B[\text{Wb/m}^2]$: 자속밀도, $m[\text{kg}]$: 질량

3) 전자의 운동속도 : $v=\dfrac{eBr}{m}\,[\text{m/s}]$

4) 각속도 (각주파수) : $\omega=\dfrac{v}{r}=\dfrac{eB}{m}=2\pi f\,[\text{rad/s}]$

5) 주파수 : $f=\dfrac{1}{T}=\dfrac{\omega}{2\pi}=\dfrac{eB}{2\pi m}\,[\text{Hz}]$

6) 주기 : $T=\dfrac{1}{f}=\dfrac{2\pi}{\omega}=\dfrac{2\pi m}{eB}\,[\text{sec}]$

5. 평행 도선 사이에 작용하는 힘

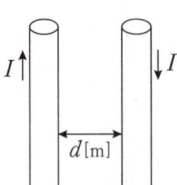

① 단위 길이당 작용하는 힘
$$F=\frac{\mu_o I_1 I_2}{2\pi d}=\frac{2I_1 I_2}{d}\times 10^{-7}\,[\text{N/m}]$$
② 전류의 방향이 같은 경우 : 흡인력이 작용한다.
전류의 방향이 반대인 경우 : 반발력이 작용한다.

포인트문제 12

자속밀도 $B[\text{Wb/m}^2]$의 자계 내에서 전하량의 크기가 $e[\text{C}]$인 전자가 속도 $v[\text{m/s}]$의 속도로 이동할 때 전자가 받는 힘 $F[\text{N}]$은?

① $-ev\cdot B$ ② $ev\cdot B$
③ $ev\times B$ ④ $eB\times v$

해설

자계 내에 전하, 전자, 하전입자가 속도 $v[\text{m/s}]$를 가지고 이동 시 전하가 받는 힘
$F=Bqv\sin\theta=\mu_o Hqv\sin\theta$
$=(\vec{v}\times\vec{B})q[\text{N}]$
여기서, $q=e[\text{C}]$: 전하, 전자, $v[\text{m/s}]$: 속도, $B[\text{Wb/m}^2]$: 자속밀도

정답 ③

포인트문제 13

평등 자계 내에 수직으로 돌입한 전자의 궤적은?

① 원운동을 하는데 반지름은 자계의 세기에 비례한다.
② 구면위에서 회전하고 반지름은 자계의 세기에 비례한다.
③ 원운동을 하고 반지름은 전자의 처음 속도에 반비례한다.
④ 원운동을 하고 반지름은 자계의 세기에 반비례한다.

해설

자계 내 전자가 수직으로 입사 시 원심력과 전자력에 의해 전자가 항상 원운동을 한다.
전자가 운동하는 궤적의 반지름은
$r=\dfrac{mv}{eB}=\dfrac{mv}{e\mu_o H}$이므로 속도에 비례하고 자계의 세기에 반비례한다.

정답 ④

Chapter 08

전류에 의한 자계
출제예상문제

음성 학습 QR

- QR 코드를 찍으시면, 가장 중요한 우선순위 문제풀이 영상을 보실 수 있습니다.
- 우선순위 논점은 전기(산업)기사 시험에서 가장 출제 빈도가 높은 문제로써, 수험생분들께서는 각 파트별 우선순위 문제의 논점과 키워드를 학습하시기를 바랍니다.
- 체크 리스트를 작성하시면서 문제의 유형과 학습의 완성도를 스스로 체크 해 보시기를 바랍니다.
- "선생님의 콕콕 포인트"는 틀리기 쉬운 문제의 함정과 문제의 포인트를 집어드립니다. 우선순위 문제풀이의 포인트를 꼭 참고하고 응용문제의 해결능력을 길러 줍니다.

번호	우선순위 논점	KEY WORD	나의 정답 확인					선생님의 콕콕 포인트
			맞음	틀림(오답확인)				
				이해 부족	암기 부족	착오 실수		
1	전류에 의한 자계 – 1	자계의 방향, 비오 사바르						자계의 방향은 암페어(앙페르)오른나사, 자계의 크기 결정은 비오 – 사바르 일 것
5	전류에 의한 자계 – 1	무한장 직선, 자계의 방향						무한장 직선 분모 을 기억하고 자계의 방향은 암페어(앙페르)오른나사 이용 할 것
15	전류에 의한 자계 – 2	원형코일의 자계						원형코일 중심에서 떨어진 지점의 자계와 중심의 자계를 구분 할 것
25	전류에 의한 자계 – 2	정삼각형, 정사각형, 정육각형 중심의 자계						정삼각형, 정사각형, 정육각형의 공식을 암기 할 것
29	솔레노이드의 자계	환상철심, 원환철심, 무단코일, 트로이드 코일						솔레노이드 내부 자계공식과 자로의 길이를 암기할 것
40	전자력	전하가 자계내에서 받는 힘						공식을 암기하고 계산하는 방법을 숙지 할 것

★★★☆☆

01 전류에 의한 자계의 방향을 결정하는 법칙은 ?

① 렌쯔의 법칙
② 플레밍의 오른손 법칙
③ 플레밍의 왼손 법칙
④ 암페어의 오른손 법칙

🔍 해설 - - - - - - - - - - - - - - - -

전류에 의한 자계 – 1
암페어의 오른나사법칙 : 도체에 전류를 흘러주었을 때 그 주변에 생기는 자계(자장)의 회전성과 자계의 방향 을 결정하며 오른 나사의 진행 방향이 전류의 방향이라면 오른 나사의 회전 방향이 바로 자계(자장)의 방향이다.

★★☆☆☆

02 자장에 대한 설명 중 옳은 것은?

① 자장은 보존장이다.
② 자장은 스칼라장이다.
③ 자장은 발산성장이다.
④ 자장은 회전성장이다.

🔍 해설 - - - - - - - - - - - - - - - -

전류에 의한 자계 – 1
문제 1번 해설 참조

★★☆☆☆

03 그림과 같은 x, y, z의 직각 좌표계에서 z축상에 있는 무한 길이 직선 도선에 $+z$ 방향으로 직류 전류가 흐를 때, $y > 0$인 $+y$축상의 임의의 점에서의 자계의 방향은?

[정답] 01 ④ 02 ④ 03 ①

① $-x$축 방향   ② $-y$축 방향

③ $+x$축 방향   ④ $+y$축 방향

🔍 **해설**

전류에 의한 자계 – 1

암페어의 오른나사를 적용하여 엄지는 $+z$축 방향이고 나머지 손가락은 $y-z$면상에 자계가 들어가는 지점의 합성이므로 $-x$축 방향이라 할 수 있다.

★★★☆☆

04 전류 및 자계와 직접 관련이 없는 것은 ?

① 앙페르의 오른손 법칙   ② 플레밍의 왼손 법칙

③ 비오–사바르의 법칙   ④ 렌츠의 법칙

🔍 **해설**

전류에 의한 자계 – 1

① 암페어(앙페르)의 오른나사 법칙 : 전류에 의한 자계 방향 결정
② 비오사바르의 법칙 : 전류에 의한 자계 크기 결정
③ 플레밍의 왼손 법칙 : 전류에 의한 도체에 작용하는 힘
④ 렌츠의 법칙 : 전자유도에 의한 유기기전력 방향 결정

★★★☆☆

05 그림과 같이 전류 $I[\text{A}]$가 흐르고 있는 직선 도체로부터 $r[\text{m}]$ 떨어진 P점의 자계의 세기 및 방향을 바르게 나타낸 것은? (단, $\otimes$은 지면을 들어가는 방향, $\odot$은 지면을 나오는 방향)

① $\dfrac{I}{2\pi r}$, $\otimes$ ② $\dfrac{I}{2\pi r}$, $\odot$

③ $\dfrac{Idl}{4\pi r^2}$, $\otimes$ ④ $\dfrac{Idl}{4\pi r^2}$, $\odot$

🔍 **해설**

전류에 의한 자계 – 1

무한장 직선전류에 의한 자계의 세기 $H=\dfrac{I}{2\pi r}[\text{AT/m}]$이고 그림상에 자장의 방향은 암페어의 오른나사의 법칙을 적용하면 들어가는($\otimes$) 방향이 된다.

★★☆☆☆

06 무한장 직선 전류에 의한 자계는 전류에서의 거리에 대하여 ( )의 형태로 감소한다. ( )에 알맞은 것은?

① 포물선   ② 원

③ 타원   ④ 쌍곡선

🔍 **해설**

전류에 의한 자계 – 1

무한장 직선전류에 의한 자계의 세기 $H=\dfrac{I}{2\pi r}[\text{AT/m}]$이므로 거리에 대하여 반비례하므로 쌍곡선의 형태로 감소한다.

★★☆☆☆

07 $2\pi[\text{A}]$의 전류가 흐르고 있는 무한직선으로부터 $2[\text{m}]$ 만큼 떨어진 자유공간 내 P점의 자속밀도의 크기는?

① $\dfrac{\mu_0}{8}$ ② $\dfrac{\mu_0}{4}$

③ $\dfrac{\mu_0}{2}$ ④ μ_0

🔍 **해설**

전류에 의한 자계 – 1

자속밀도 $B=\mu H[\text{Wb/m}^2]$이며

무한장 직선 도체의 자계 $H=\dfrac{I}{2\pi r}[\text{AT/m}]$이므로

이를 대입하면 $B=\dfrac{\mu_0 I}{2\pi r}=\dfrac{\mu_0 \times 2\pi}{2\pi \times 2}=\dfrac{\mu_0}{2}[\text{Wb/m}^2]$

★★☆☆☆

08 그림과 같이 평행 왕복 도선에 $\pm I[\text{A}]$가 흐르고 있을 때 점 $P(\theta=90°)$의 자계의 세기는 몇 $[\text{AT/m}]$인가?

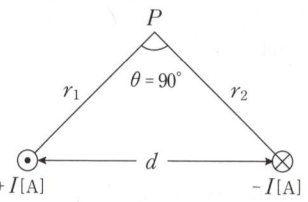

① $\dfrac{I}{2\pi d}$ ② $\dfrac{I}{2\pi r_1 r_2}$

③ $\dfrac{I\sqrt{r_1+r_2}}{2\pi d}$ ④ $\dfrac{Id}{2\pi r_1 r_2}$

[정답] 04 ④   05 ①   06 ④   07 ③   08 ④

🔍 **해설**

전류에 의한 자계 – 1

무한장 직선 도체에 의한 자계의 세기 $H[\text{AT/m}]$ 그림에서 P점의 자계의 세기는 두 개가 존재하고 같은 방향이므로 각각 구하여 벡터 합으로 계산하면 된다.

$$H=\dot{H}_1+\dot{H}_2=\sqrt{H_1^2+H_2^2}=\sqrt{\left(\frac{I}{2\pi r_1}\right)^2+\left(\frac{I}{2\pi r_2}\right)^2}$$

$$=\sqrt{\left(\frac{I}{2\pi}\right)^2\left(\frac{1}{r_1^2}+\frac{1}{r_2^2}\right)}=\frac{I}{2\pi}\sqrt{\frac{r_1^2+r_2^2}{(r_1r_2)^2}}=\frac{Id}{2\pi r_1r_2}[\text{AT/m}]$$

★★★☆☆

09 무한장 직선 도체가 있다. 이 도체로부터 수직으로 $0.1[\text{m}]$ 떨어진 점의 자계의 세기가 $180[\text{AT/m}]$이다. 이 도체로부터 수직으로 $0.3[\text{m}]$ 떨어진 점의 자계의 세기는 몇 $[\text{AT/m}]$인가?

① $20[\text{AT/m}]$ ② $60[\text{AT/m}]$
③ $180[\text{AT/m}]$ ④ $540[\text{AT/m}]$

🔍 **해설**

전류에 의한 자계 – 1

무한장 직선 도체에 의한 자계의 세기 $H=\frac{I}{2\pi r}[\text{AT/m}]$이고 자계는 $H\propto\frac{1}{r}$이므로 $H_1=180$, $r_1=0.1$일 때 $r_2=0.3$에 대한 $H_2=\frac{r_1}{r_2}H_1=\frac{0.1}{0.3}\times180=60[\text{AT/m}]$가 된다.

★★☆☆☆

10 전류 분포가 균일한 반지름 $a[\text{m}]$인 무한장 원주형 도선에 $1[\text{A}]$의 전류를 흘렸더니, 도선 중심에서 $a/2[\text{m}]$ 되는 점에서의 자계 세기가 $\frac{1}{2\pi}[\text{AT/m}]$이였다. 이 도선의 반지름은 몇 $[\text{m}]$인가?

① $4[\text{m}]$ ② $2[\text{m}]$
③ $1/2[\text{m}]$ ④ $1/4[\text{m}]$

🔍 **해설**

전류에 의한 자계 – 1

$\left(\frac{a}{2}<a\right)=(r<a)$이고 전류분포가 균일한 무한장 원주도선의 내부 자계의 세기는 $H_i=\frac{rI}{2\pi a^2}[\text{AT/m}]$이고 $r=\frac{a}{2}$이므로

$1[\text{A}]$의 전류를 인가 시 자계의 세기는 $\frac{1}{2\pi}[\text{AT/m}]$

$\frac{1}{2\pi}=\frac{\frac{a}{2}\times1}{2\pi a^2}=\frac{1}{4\pi a}$ 이를 정리하면 $a=\frac{1}{2}[\text{m}]$

★★☆☆☆

11 그림과 같이 무한장 직선 도체에 $I[\text{A}]$의 전류가 흐를 때 도체에서 $d[\text{m}]$ 떨어진 곳에 있는 가로, 세로가 각각 $a[\text{m}]$, $b[\text{m}]$인 구형의 면적을 통과하는 자속$[\text{Wb}]$은?

① $\frac{\mu_o bI}{2\pi}\ln\frac{d}{d+a}$ ② $\frac{\mu_o bI}{2\pi}\ln\frac{d+a}{d}$

③ $\frac{\mu_o bI}{\pi}\ln\frac{d}{d+a}$ ④ $\frac{\mu_o bI}{\pi}\ln\frac{d+a}{d}$

🔍 **해설**

전류에 의한 자계 – 1

$r[\text{m}]$의 거리에 폭 dr의 미소 면적은 $dS=bdr[\text{m}^2]$이다.

$r[\text{m}]$ 위치의 자계 $H=\frac{I}{2\pi r}[\text{AT/m}]$

dS에 있어서의 자속은 $d\phi=\mu_0HdS=\frac{\mu_0Ibdr}{2\pi r}[\text{Wb}]$

장방형 전부를 통하는 자속은

$\phi=\int Bds\int_d^{d+a}\mu_0HdS=\frac{\mu_0Ib}{2\pi r}\ln\frac{d+a}{d}[\text{Wb}]$

★★★☆☆

12 그림과 같이 무한히 긴 두 개의 직선상 도선이 $1[\text{m}]$ 간격으로 나란히 놓여 있을 때 도선 ①에 $4[\text{A}]$, 도선 ②에 $8[\text{A}]$가 흐르고 있을 때 두 선간 중앙점 P에 있어서의 자계의 세기는 몇 $[\text{AT/m}]$인가? (단, 지면의 아래쪽에서 위쪽을 향하는 방향을 정(+)으로 한다.)

[정답] 09 ② 10 ③ 11 ② 12 ①

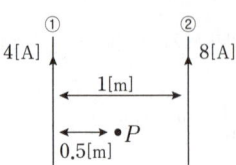

① $\dfrac{4}{\pi}$ ② $\dfrac{12}{\pi}$

③ $-\dfrac{4}{\pi}$ ④ $-\dfrac{5}{\pi}$

🔍 해설 - - - - - - - - - - - - - - -

전류에 의한 자계 – 1

그림과 같이 P점에 작용하는 두 자계의 방향이 반대이므로

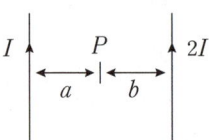

$$H = 大 - 小 = \left(\dfrac{8}{2\pi \times 0.5}\right) - \left(\dfrac{4}{2\pi \times 0.5}\right) = \dfrac{4}{\pi}[\mathrm{AT/m}]$$

★★★☆☆

13 그림과 같이 평행한 두 개의 무한 직선 도선에 전류가 I, $2I$인 전류가 흐른다. 두 도선 사이의 점 P에서 자계의 세기가 0이다. 이 때 $\dfrac{a}{b}$는?

```
 I        P        2I
  |    ←─a─┤├─b─→    |
```

① 4 ② 2

③ $\dfrac{1}{2}$ ④ $\dfrac{1}{4}$

🔍 해설 - - - - - - - - - - - - - - -

전류에 의한 자계 – 1

P점에 작용하는 두 자계의 방향이 반대이므로 크기가 같으면 P점의 자계의 세기가 0이 된다.

```
 I     a   P   b     2I
  |    ←──┤├──→        |
       H_1⊗   ⊙H_2
```

$H_1 = \dfrac{I}{2\pi a}[\mathrm{AT/m}]$, $H_2 = \dfrac{2I}{2\pi b}[\mathrm{AT/m}]$ 자계의 세기가 0이 되는 조건 $H_1 = H_2$이고 $\dfrac{I}{2\pi a} = \dfrac{2I}{2\pi b}$이다.

이를 정리하면 $\dfrac{a}{b} = \dfrac{1}{2}$이다.

★★☆☆☆

14 진공 중에 미소 선전류 $I \cdot d\ell[\mathrm{AT/m}]$에 기인된 $r[\mathrm{m}]$ 떨어진 점 P에 생기는 자계 $dH[\mathrm{A/m}]$를 나타내는 식은?

① $dH = \dfrac{I \times a_r}{4\pi r^2} d\ell[\mathrm{A/m}]$

② $dH = \dfrac{a_r \times I}{8\pi \mu_0 r^2} d\ell[\mathrm{A/m}]$

③ $dH = \dfrac{I \times a_r}{4\pi \mu_0 r^2} d\ell[\mathrm{A/m}]$

④ $dH = \dfrac{a_r \times I}{8\pi r^2} d\ell[\mathrm{A/m}]$

🔍 해설 - - - - - - - - - - - - - - -

전류에 의한 자계 – 2

전류에 의한 자계의 크기를 결정하며 미소길이 dl에 대한 미소자장 dH를 계산 시

비오 – 사바르 법칙 $dH = \dfrac{Idl}{4\pi r^2}\sin\theta[\mathrm{AT/m}]$

외적표현 $dH = \dfrac{Idl \times a_r}{4\pi r^2} = \dfrac{I \times a_r}{4\pi r^2} dl[\mathrm{AT/m}]$

★★★☆☆

15 반지름 $1[\mathrm{cm}]$인 원형코일에 전류가 $10[\mathrm{A}]$가 흐를 때, 코일의 중심에서 코일면에 수직으로 $\sqrt{3}[\mathrm{cm}]$ 떨어진 점의 자계의 세기는 몇 $[\mathrm{A/m}]$인가?

① $\dfrac{1}{16} \times 10^3[\mathrm{A/m}]$ ② $\dfrac{3}{16} \times 10^3[\mathrm{A/m}]$

③ $\dfrac{5}{16} \times 10^3[\mathrm{A/m}]$ ④ $\dfrac{7}{16} \times 10^3[\mathrm{A/m}]$

🔍 해설 - - - - - - - - - - - - - - -

전류에 의한 자계 – 2

원형코일 중심축상의 자계 $H = \dfrac{a^2 I}{2(a^2 + x^2)^{\frac{3}{2}}}[\mathrm{AT/m}]$이므로

$$H = \dfrac{(10^{-2})^2 \times 10}{2[(10^{-2})^2 + (\sqrt{3} \times 10^{-2})^2]^{\frac{3}{2}}} = \dfrac{1}{16} \times 10^3[\mathrm{AT/m}]$$

[**정답**] 13 ③ 14 ① 15 ①

16 ★★★☆☆ 그림과 같이 반지름 2[m], 권수 100회인 원형 코일에 전류 1.5[A]가 흐른다면 중심점 0의 자계의 세기는 몇 [A/m]인가?

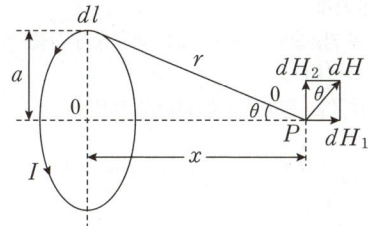

① 30[AT/m]
② 37.5[AT/m]
③ 75[AT/m]
④ 105[AT/m]

🔍 **해설**
전류에 의한 자계 – 2
0점은 원형코일의 중심이므로 원형코일 중심점의 자계의 세기 $H = \dfrac{NI}{2a}$[AT/m]이므로 $H = \dfrac{100 \times 1.5}{2 \times 2} = 37.5$[AT/m]가 된다.

17 ★★☆☆☆ 전류의 세기가 I[A], 반지름 r[m]인 원형 선전류 중심에 m[Wb]인 가상 점자극을 둘 때 원형 선 전류가 받는 힘은 몇 [N]인가?

① $\dfrac{mI}{2\pi r}$
② $\dfrac{mI}{2r}$
③ $\dfrac{mI^2}{2\pi r}$
④ $\dfrac{mI}{2\pi r^2}$

🔍 **해설**
전류에 의한 자계 – 2
자계가 있는 곳에 자극을 두었을 때 자극이 받는 힘 $F = mH$[N] 원형코일(원형선전류) 중심의 자계 $H = \dfrac{I}{2r}$[AT/m]이며 이를 정리하면 $F = mH = \dfrac{mI}{2r}$[N]

18 ★★☆☆☆ 지름 10[cm]인 원형 코일 중심에서 자계가 1000 [AT/m]이다. 원형코일이 100회 감겨 있을 때 전류는 몇 [A]인가?

① 1[A]
② 2[A]
③ 3[A]
④ 5[A]

🔍 **해설**
전류에 의한 자계 – 2
원형코일 중심의 자계 $H = \dfrac{NI}{2r}$[AT/m]에서
전류 $I = \dfrac{2rH}{N} = \dfrac{2 \times \frac{0.1}{2} \times 1000}{100} = 1$[A]
여기서 r[m]는 반지름이다.

19 ★★☆☆☆ 그림과 같이 반지름 1[m]인 반원과 2줄의 반직선으로 된 도선에 전류 4[A]가 흐를 때 반원의 중심 0의 자계 [AT/m]는?

① 0.5[AT/m]
② 1[AT/m]
③ 2[AT/m]
④ 4[AT/m]

🔍 **해설**
전류에 의한 자계 – 2
반원형코일 중심점의 자계의 세기는 원형코일 중심점의 자계의 세기에 반만 작용하므로 $H = \dfrac{I}{2a} \times \dfrac{1}{2} = \dfrac{I}{4a}$[AT/m]가 되고 이를 이용하여 계산하면 $H = \dfrac{4}{4 \times 1} = 1$[AT/m]

20 ★★☆☆☆ 그림과 같이 반지름 r[m]인 원의 임의의 2점 A, B 사이에 전류 I[A]가 흐른다. 원의 중심 0의 자계의 세기는 몇 [A/m]인가

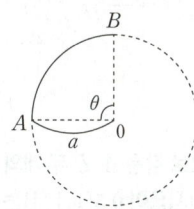

① $\dfrac{I\theta}{4\pi a^2}$
② $\dfrac{I\theta}{4\pi a}$
③ $\dfrac{I\theta}{2\pi a^2}$
④ $\dfrac{I\theta}{2\pi a}$

[**정답**] 16 ② 17 ② 18 ① 19 ② 20 ②

① 1   ② 2

③ 3   ④ 4

🔍 해설

전류에 의한 자계 – 2

A, B가 같은 방향으로 전류가 흐르는 경우 중심자계는 합해지므로

$H_A + H_B = 2H_A$

즉, $H_A = H_B$이고 원형코일 중심에서의 자계는 $H = \dfrac{NI}{2a}$이므로

$H_A = \dfrac{5I_A}{2 \times 0.5} = H_B = \dfrac{5 \times I_B}{2 \times 1}$ 관계가 성립 한다.

따라서 $\dfrac{I_B}{I_A} = \dfrac{1}{0.5} = 2$

🔍 해설

전류에 의한 자계 – 2

전체를 원형 코일의 중심자계의 세기로 보고 A에서 B구간에만 전류가 흐르는 경우이므로 $H = \dfrac{I}{2a} = \dfrac{I}{2a} \times \dfrac{\theta}{2\pi} = \dfrac{I\theta}{4\pi a}$[AT/m]

★★☆☆☆

21 같은 길이의 도선으로 M회와 N회 감은 원형 동심 코일에 각각 같은 전류를 흘릴 때 M회 감은 코일의 중심 자계는 N회 감은 코일의 몇 배인가?

① $\dfrac{N}{M}$ ② $\dfrac{N^2}{M^2}$

③ $\dfrac{M}{N}$ ④ $\dfrac{M^2}{N^2}$

🔍 해설

전류에 의한 자계 – 2

원형코일 중심점의 자계의 세기는 $H = \dfrac{NI}{2a}$[AT/m]

(단, N : 권선수, I : 전류, a : 반지름)이므로

[A코일]   [B코일]

① A 원형코일의 도선 길이 $l_1 = 2\pi aM$[m]

② A 원형코일 중심자계 $H_1 = \dfrac{MI}{2a}$[AT/m]

③ B 원형코일의 도선 길이 $l_2 = 2\pi bN$[m]

④ B 원형코일 중심자계 $H_2 = \dfrac{NI}{2b}$[AT/m]

문제에서 도선의 길이는 $l_1 = l_2$ 같으므로 $2\pi aM = 2\pi bN$이고

이를 정리하면 $\dfrac{b}{a} = \dfrac{M}{N}$이 되므로 $\dfrac{H_1}{H_2} = \dfrac{\frac{MI}{2a}}{\frac{NI}{2b}} = \dfrac{bM}{aN} = \dfrac{M^2}{N^2}$이 된다.

★★☆☆☆

22 같은 방향으로 감은 A, B 두 개의 원형코일이 있다. A의 권수가 5회, 반지름이 0.5[m], B는 권수 5회, 반지름 1[m]이다. A, B 두 코일을 포개고 각 코일에 전류를 같은 방향으로 흘려 코일의 중심자계의 세기가 A코일만 있을 때의 2배가 될 때 A, B 코일의 전류비 $\dfrac{I_B}{I_A}$는?

★★★☆☆

23 그림과 같이 l_1[m]에서 l_2[m]까지 전류 I[A]가 흐르고 있는 직선 도체에서 수직 거리 a[m] 떨어진 P점의 자계를 구하면 몇 [AT/m]인가?

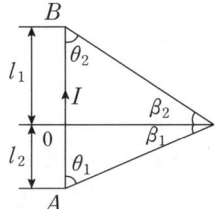

① $\dfrac{I}{4\pi a}(\sin\theta_1 + \sin\theta_2)$ ② $\dfrac{I}{4\pi a}(\cos\theta_1 + \cos\theta_2)$

③ $\dfrac{I}{2\pi a}(\sin\theta_1 + \sin\theta_2)$ ④ $\dfrac{I}{2\pi a}(\cos\theta_1 + \cos\theta_2)$

🔍 해설

전류에 의한 자계 – 2

유한장 직선 도체에 의한 자계의 세기

$H = \dfrac{I}{4\pi a}(\cos\theta_1 + \cos\theta_2) = \dfrac{I}{4\pi a}(\sin\beta_1 + \sin\beta_2)$[AT/m]이다.

★★☆☆☆

24 그림과 같은 길이 $\sqrt{3}$[m]인 유한장 직선 도선에 π[A]의 전류가 흐를 때 도선이 일단 B에서 수직하게 1[m] 되는 P점의 자계의 세기 [AT/m]는?

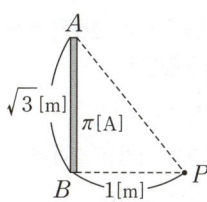

① $\sqrt{3}/8[\text{AT/m}]$ ② $\sqrt{3}/4[\text{AT/m}]$

③ $\sqrt{3}/2[\text{AT/m}]$ ④ $\sqrt{3}[\text{AT/m}]$

해설

전류에 의한 자계 – 2

유한장 직선 도체에 의한 자계의 세기는

$$H=\frac{I}{4\pi a}(\cos\theta_1+\cos\theta_2)=\frac{I}{4\pi a}(\sin\beta_1+\sin\beta_2)[\text{AT/m}]$$

여기서 $\cos\theta_2=\dfrac{\sqrt{3}}{\sqrt{1^2+(\sqrt{3})^2}}$

$$H=\frac{\pi}{4\pi\times1}\left(\cos90°+\frac{\sqrt{3}}{2}\right)=\frac{1}{4}\times\frac{\sqrt{3}}{2}=\frac{\sqrt{3}}{8}[\text{AT/m}]$$

또는 $H=\dfrac{\pi}{4\pi\times1}(\sin60°+\sin0°)=\dfrac{1}{4}\times\dfrac{\sqrt{3}}{2}=\dfrac{\sqrt{3}}{8}[\text{AT/m}]$

★★☆☆☆
25 1변의 길이가 $l[\text{m}]$인 정방형 도체 회로에 직류 $I[\text{A}]$를 흘릴 때 회로의 중심점 자계의 세기[A/m]는?

① $\dfrac{2I}{2\pi l}[\text{A/m}]$ ② $\dfrac{\sqrt{2}I}{2\pi l}[\text{A/m}]$

③ $\dfrac{2I}{\pi l}[\text{A/m}]$ ④ $\dfrac{2\sqrt{2}I}{\pi l}[\text{A/m}]$

해설

전류에 의한 자계 – 2

정사각형(정방형) 코일에 의한 중심점에 작용하는 자계는

$$H=\frac{2\sqrt{2}I}{\pi l}[\text{AT/m}]$$

★★★☆☆
26 한변의 길이가 2[cm]인 정삼각형 회로에 100[mA]의 전류를 흘릴 때, 삼각형 중심점의 자계의 세기 [AT/m]는?

① 3.6[AT/m]   ② 5.4[AT/m]

③ 7.2[AT/m]   ④ 2.7[AT/m]

해설

전류에 의한 자계 – 2

정삼각형 코일에 의한 중심점에 작용하는 자계는 $H=\dfrac{9I}{2\pi l}[\text{AT/m}]$

이므로 주어진 수치를 대입하면

$$H=\frac{9\times100\times10^{-3}}{2\pi\times2\times10^{-2}}=7.161≒7.2[\text{AT/m}]$$가 된다.

★★★☆☆
27 그림과 같이 한 변의 길이가 $l[\text{m}]$인 정6각형 회로에 전류 $I[\text{A}]$가 흐르고 있을 때 중심 자계의 세기는 몇 [A/m]인가?

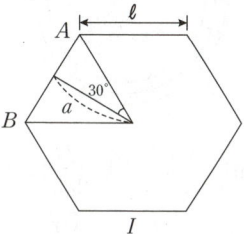

① $\dfrac{1}{2\sqrt{3}\pi l}\times I\,[\text{A/m}]$ ② $\dfrac{2\sqrt{2}}{\pi l}\times I\,[\text{A/m}]$

③ $\dfrac{\sqrt{3}}{\pi l}\times I\,[\text{A/m}]$ ④ $\dfrac{\sqrt{3}}{2\pi l}\times I\,[\text{A/m}]$

해설

전류에 의한 자계 – 2

정육각형 중심의 자계의 세기 : $H=\dfrac{\sqrt{3}I}{\pi l}[\text{AT/m}]$

★★☆☆☆
28 반지름 $a[\text{m}]$인 원에 내접하는 정 n 변형의 회로에 $I[\text{A}]$가 흐를 때, 그 중심에서의 자계의 세기[AT/m]는?

① $\dfrac{nI\tan\dfrac{\pi}{n}}{2\pi a}[\text{AT/m}]$ ② $\dfrac{nI\sin\dfrac{\pi}{n}}{2\pi a}[\text{AT/m}]$

③ $\dfrac{nI\tan\dfrac{\pi}{n}}{\pi a}[\text{AT/m}]$ ④ $\dfrac{nI\sin\dfrac{\pi}{n}}{\pi a}[\text{AT/m}]$

해설

전류에 의한 자계 – 2

[정답] 25 ④   26 ③   27 ③   28 ①

반지름 a[m]인 원에 내접하는 정 n 변형의 회로에 I[A]가 흐를 때 중심에서의 자계의 세기는 $H=\dfrac{nI\tan\dfrac{\pi}{n}}{2\pi a}$[AT/m]이다.

★★★★☆

29 환상 솔레노이드(Solenoid) 내의 자계의 세기[AT/m]는? (단, N은 코일의 감긴 수, a는 환상 솔레노이드의 평균 반지름이다.)

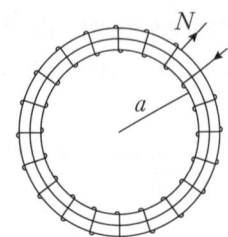

① $\dfrac{2\pi a}{NI}$[AT/m]

② $\dfrac{NI}{2\pi a}$[AT/m]

③ $\dfrac{NI}{\pi a}$[AT/m]

④ $\dfrac{NI}{4\pi a}$[AT/m]

🔎 **해설**

솔레노이드에 의한 자계

환상 솔레노이드에 의한 내부 자계의 세기는

$H=\dfrac{NI}{l}=\dfrac{NI}{2\pi a}$[AT/m]이된다.

여기서, r[m] : 평균 반지름, N[T] : 권수, I[A] : 전류

★★★☆☆

30 철심을 넣은 환상솔레노이드의 평균 반지름은 20[cm] 이다. 이 코일에 10[A]의 전류를 흘려 내부자계의 세기를 2000[AT/m]로 하기 위한 코일의 권수는 약 몇 회 인가?

① 200

② 250

③ 300

④ 350

🔎 **해설**

솔레노이드에 의한 자계

환상솔레노이드의 자계의 세기는 $H=\dfrac{NI}{2\pi r}$이므로

권수 $N=\dfrac{2\pi r H}{I}=\dfrac{2\pi\times20\times10^{-2}\times2000}{10}=251.32$[T]≒250[T]

여기서, r[m] : 평균 반지름, N[T] : 권수, I[A] : 전류

★★★☆☆

31 무한장 솔레노이드에 전류가 흐를 때 발생되는 자장에 관한 설명 중 옳은 것은?

① 내부 자장은 평등 자장이다.

② 외부와 내부 자장의 세기는 같다.

③ 외부 자장은 평등 자장이다.

④ 내부 자장의 세기는 0이다.

🔎 **해설**

솔레노이드에 의한 자계

무한장 솔레노이드에 의한 내부 자계의 세기는 내부 평등자계이며 $H=nI$[AT/m]이고 외부 자계의 세기는 0이다. (단, n[T/m] 은 단위 길이당 권선수이다.)

★★☆☆☆

32 평등자계를 얻는 방법으로 가장 알맞은 것은?

① 길이에 비하여 단면적이 충분히 큰 솔레노이드에 전류를 흘린다.

② 길이에 비하여 단면적이 충분히 큰 원통형도선에 전류를 흘린다.

③ 단면적에 비하여 길이가 충분히 긴 원통형도선에 전류를 흘린다.

④ 단면적에 비하여 길이가 충분히 긴 솔레노이드에 전류를 흘린다.

🔎 **해설**

솔레노이드에 의한 자계

길이 당 권수에 비례하므로 단면적에 비하여 길이가 충분히 긴 솔레노이드에 전류를 흘린다.

★★★☆☆

33 1[cm] 마다 권수가 100인 무한장 솔레노이드에 20[mA]의 전류를 유통 시킬 때 솔레노이드 내부의 자계의 세기[AT/m]는?

① 0[AT/m]

② 20[AT/m]

③ 100[AT/m]

④ 200[AT/m]

🔎 **해설**

솔레노이드에 의한 자계

[**정답**] 29 ② 30 ② 31 ① 32 ④ 33 ④

단위 길이 당 권선수 $n=\dfrac{N}{l}=\dfrac{100}{0.01}=10000[\mathrm{T/m}]$이므로

무한장 솔레노이드의 자계의 세기는

$H=nI=10000\times20\times10^{-3}=200[\mathrm{AT/m}]$가 된다.

★★☆☆☆

34
평균길이 1[m], 권수 1000회의 솔레노이드 코일에 비투자율 1000인 철심을 넣고 1[Wb/m²]을 얻기 위해 코일에 흘려야 할 전류는 몇 [A]인가?

① $\dfrac{10}{4\pi}[\mathrm{A}]$ ② $\dfrac{100}{8\pi}[\mathrm{A}]$

③ $\dfrac{6\pi}{100}[\mathrm{A}]$ ④ $\dfrac{4\pi}{10}[\mathrm{A}]$

🔍 해설 ---------------------------------

솔레노이드에 의한 자계

자속밀도 $B=\dfrac{\phi}{S}=\mu_o\mu_s H\,[\mathrm{Wb/m^2}]$에서

무한장 솔레노이드 내부의 자계 $H=nI=\dfrac{NI}{l}[\mathrm{AT/m}]$이므로

$B=\dfrac{\mu NI}{l}[\mathrm{Wb/m^2}]$이고

$I=\dfrac{Bl}{\mu N}=\dfrac{Bl}{\mu_o\mu_s N}=\dfrac{1\times1}{4\pi\times10^{-7}\times1000\times1000}=\dfrac{10}{4\pi}[\mathrm{A}]$

★★★☆☆

35
그림과 같은 반지름 a[m]인 원형코일에 I[A]가 흐르고 있다. 이 도체 중심축상 x[m]인 점 P의 자위[A]는?

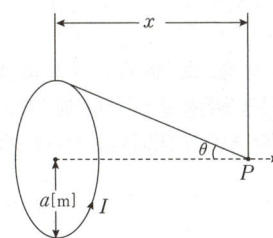

① $\dfrac{I}{2}\left(1-\dfrac{x}{\sqrt{a^2+x^2}}\right)$ ② $\dfrac{I}{2}\left(1-\dfrac{a}{\sqrt{a^2+x^2}}\right)$

③ $\dfrac{I}{2}\left(1-\dfrac{x^2}{(a^2+x^2)^{\frac{2}{3}}}\right)$ ④ $\dfrac{I}{2}\left(1-\dfrac{a^2}{(a^2+x^2)^{\frac{2}{3}}}\right)$

🔍 해설 ---------------------------------

전류에 의한 자위

전류에 의한 자위 $U=\dfrac{M}{4\pi\mu_0}\omega$

여기서 입체각 $\omega=2\pi(1-\cos\theta)=2\pi\left(1-\dfrac{x}{\sqrt{a^2+x^2}}\right)$을 대입

정리하면 $U=\dfrac{\omega I}{4\pi}=\dfrac{I}{4\pi}\times2\pi\left(1-\dfrac{x}{\sqrt{x^2+a^2}}\right)=\dfrac{I}{2}\left(1-\dfrac{x}{\sqrt{x^2+a^2}}\right)[\mathrm{A}]$

★★★☆☆

36
자계 B의 안에 놓여 있는 전류 I의 회로 C가 받는 힘 F의 식으로 옳은 것은? (단, dl은 미소 변위)

① $F=\displaystyle\int_c(Idl)\times B$ ② $F=\displaystyle\int_c(IB)\times dl$

③ $F=\displaystyle\int_c(Idl)\cdot(B)$ ④ $F=\displaystyle\int_c(-IB)\cdot(dl)$

🔍 해설 ---------------------------------

전자력

전류가 흐르는 도선을 자계 안에 놓으면 이 도선에 힘이 작용 한다. 이와 같은 자계와 전류 간에 작용하는 힘을 전자력이라 하며 그 세기는 플레밍의 왼손법칙을 이용 한다.

플레밍의 왼손 법칙 : 전동기원리 및 회전방향 결정

$F=BIl\sin\theta=\mu_0 HIl\sin\theta=\displaystyle\oint(Idl)\times B[\mathrm{N}]$

엄지 : $F[\mathrm{N}]$(힘의 방향=전자력의 방향)

검지 : $B[\mathrm{Wb/m^2}]$(자속밀도, 자속, 자장의 방향)

중지 : $I[\mathrm{A}]$(전류의 방향)

★★★☆☆

37
플레밍(Flaming)의 왼손법칙을 나타내는 $F-B-I$에서 F는 무엇인가?

① 전동기 회전자의 도체의 운동방향을 나타낸다.

② 발전기 정류자의 도체의 운동방향을 나타낸다.

③ 전동기 자극의 운동방향을 나타낸다.

④ 발전기 전기자의 도체 운동방향을 나타낸다.

🔍 해설 ---------------------------------

전자력

문제 36번 해설 참조

[정답] 34 ① 35 ① 36 ① 37 ①

★★☆☆☆

38 그림과 같이 O_x, O_y, O_z를 직각 좌표축이라 하고, 무한장 직선 도선 l이 z축상에 있으며, 이것에 z의 + 방향으로 전류 i_1이 흐르고 있다. 그리고 $y-z$ 면상에 직사각형 도선 $ABCD$가 있고 이것에 $ABCD$ 방향으로 전류 i_2가 흐르고 있을 때 z의 + 방향으로 힘이 발생하는 변은?

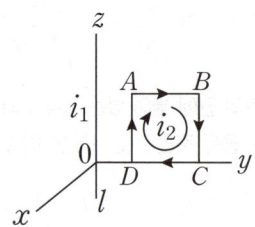

① AB
② BC
③ CD
④ DA

🔍 해설

전자력

무한장 직선 도선에 의해 발생되는 자계 내 직사각형 도선 $ABCD$에 전류가 흐르면 발생하는 전자력을 해석하는 것이므로 플레밍의 왼손법칙을 이용하면

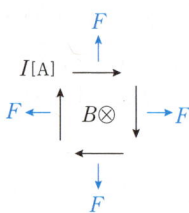

엄지 : $F[N]$(힘의 방향=전자력의 방향)
검지 : $B[Wb/m^2]$(자속밀도, 자속, 자장의 방향)
중지 : $I[A]$(전류의 방향)

★★★☆☆

39 진공 중에서 $e[C]$의 전하가 $B[Wb/m^2]$의 자계 안에서 자계와 수직 방향으로 $v[m/s]$의 속도로 움직일 때 받는 힘[N]은?

① $\dfrac{evB}{\mu_0}$
② $\mu_0 evB$
③ evB
④ $\dfrac{eB}{v}$

🔍 해설

전자력

자계 내에 전하, 전자, 하전입자가 속도 $v[m/s]$를 가지고 이동 시 전하가 받는 힘

$F = Bqv\sin\theta = \mu_0 Hqv\sin\theta = (\vec{v} \times \vec{B})q[N]$에서

수직 입사이므로 $F = Bqv\sin 90°$가 된다. 여기서 $q = e[C]$

★★☆☆☆

40 $0.2[C]$의 점전하가 전계 $E = 5a_y + a_z[V/m]$ 및 자속 밀도 $B = 2a_y + 5a_z[Wb/m^2]$ 내로 속도 $v = 2a_x + 3a_y$ $[m/s]$로 이동할 때 점전하에 작용하는 힘 $F[N]$는? (단, a_x, a_y, a_z는 단위 벡터이다.)

① $2a_x - a_y + 3a_z$
② $3a_x - a_y + a_z$
③ $a_x + a_y - 2a_z$
④ $5a_x + a_y - 3a_z$

🔍 해설

전자력

자계와 전계 동시 존재 시 전하가 받는 힘은
$F = q(\vec{E} + \vec{v} \times \vec{B})[N]$이므로

① $\vec{v} \times \vec{B} = \begin{vmatrix} a_x & a_y & a_z \\ 2 & 3 & 0 \\ 0 & 2 & 5 \end{vmatrix} = a_x(15-0) - a_y(10-0) + a_z(4-0)$

$= 15a_x - 10a_y + 4a_z$

② $\vec{E} + (\vec{v} \times \vec{B}) = (5a_y + a_z) + (15a_x - 10a_y + 4a_z)$

$= 15a_x - 5a_y + 5a_z$

③ $F = q(\vec{E} + \vec{v} \times \vec{B}) = 0.2 \cdot (15a_x - 5a_y + 5a_z)$

$= 3a_x - a_y + a_z[N]$이 된다.

★★☆☆☆

41 $v[m/s]$의 속도로 전자가 $B[Wb/m^2]$의 평등 자계에 직각으로 들어가면 원운동을 한다. 이 때 각속도 $\omega[rad/s]$ 및 주기 $T[s]$는? (단, 전자의 질량은 m, 전자의 전하는 e이다.)

① $\omega = \dfrac{m}{eB}$, $T = \dfrac{eB}{2\pi m}$
② $\omega = \dfrac{eB}{m}$, $T = \dfrac{2\pi m}{eB}$
③ $\omega = \dfrac{mv}{eB}$, $T = \dfrac{2\pi B}{mv}$
④ $\omega = \dfrac{em}{B}$, $T = \dfrac{2\pi m}{Bv}$

🔍 해설

전자력

① 원심력과 전자력

$F = \dfrac{mv^2}{r} = qvB\sin\theta[N]$

[정답] 38 ① 39 ③ 40 ② 41 ②

전자가 수직으로 입사하므로 $\sin 90° = 1$

$$F = \frac{mv^2}{r} = qvB \,[\text{N}]$$

② 회전 반경(궤도)

$$r = \frac{mv}{eB} = \frac{mv}{e\mu_o H} \,[\text{m}]$$

여기서, $e[\text{C}]$: 전자, $v[\text{m/s}]$: 속도, $B[\text{Wb/m}^2]$: 자속밀
도, $m[\text{kg}]$: 질량

③ 전자의 운동속도 : $v = \frac{eBr}{m} \,[\text{m/s}]$

④ 각속도 (각주파수) : $\omega = \frac{v}{r} = \frac{eB}{m} = 2\pi f \,[\text{rad/s}]$

⑤ 주파수 : $f = \frac{1}{T} = \frac{\omega}{2\pi} = \frac{eB}{2\pi m} \,[\text{Hz}]$

⑥ 주기 : $T = \frac{1}{f} = \frac{2\pi}{\omega} = \frac{2\pi m}{eB} \,[\text{sec}]$

★★★☆☆
42 그림과 같이 직류 전원에서 부하에 공급하는 전류는
50[A]이고, 전원 전압은 480[V]이다. 도선이 10[cm] 간
격으로 평행하게 배선되어 있다면 1[m]당 도선 사이에 작
용하는 힘은 몇 [N]이며, 어떻게 작용 하는가?

① 5×10^{-3} [N], 흡인력　　② 5×10^{-3} [N], 반발력
③ 5×10^{-2} [N], 흡인력　　④ 5×10^{-2} [N], 반발력

해설

전자력
평행 두 도선 사이에 작용하는 힘
① 단위 길이당 작용하는 힘
　$F = \frac{\mu_o I_1 I_2}{2\pi d} = \frac{2 I_1 I_2}{d} \times 10^{-7} \,[\text{N/m}]$
② 전류의 방향이 같은 경우 : 흡인력이 작용한다.
　전류의 방향이 반대인 경우 : 반발력이 작용한다.
③ 두 도선 간 흐르는 전류의 크기는 같은 왕복 도선이므로
　$F = \frac{\mu_o I^2}{2\pi d} = \frac{2 I^2}{d} \times 10^{-7} \propto I^2 \propto \frac{1}{d} \,[\text{N/m}]$
　$F = \frac{2 \times 50^2}{10 \times 10^{-2}} \times 10^{-7} = 5 \times 10^{-3} \,[\text{N}]$

★★★☆☆
43 공기 중에 10[cm] 떨어져 평행으로 놓여 진 두 개의
무한히 긴 도선에 왕복전류가 흐를 때 단위 길이 당 0.04[N]
의 힘이 작용한다면 이 때 흐르는 전류는 약 몇 [A]인가?

① 58[A]　　　　　② 62[A]
③ 83[A]　　　　　④ 141[A]

해설

전자력
평행 두 도선 사이에 작용하는 힘
왕복전류가 흐르므로 $I_1 = I_2$, $I_1 I_2 = I^2$, $F = \frac{\mu_o I^2}{2\pi d} = \frac{2 I^2}{d} \times 10^{-7} \,[\text{N/m}]$
이를 정리하면
$I = \sqrt{\frac{Fd}{2 \times 10^{-7}}} = \sqrt{\frac{0.04 \times 10 \times 10^{-2}}{2 \times 10^{-7}}} = 141.42 ≒ 141 \,[\text{A}]$

★★☆☆☆
44 반지름 50[cm]의 서로 나란한 두 원형 코일(헤름홀
쯔 코일)을 1[mm] 간격으로 동축상에 평행 배치한 후 각 코
일에 100[A]의 전류가 같은 방향으로 흐를 때 코일 상호간
에 작용하는 인력은 몇 [N] 정도 되는가?

① 3.14[N]　　　　② 6.28[N]
③ 31.4[N]　　　　④ 62.8[N]

해설

전자력
평행 두 도선 사이에 작용하는 힘을 이용
원형코일 도선을 직선으로 보고 평행 두 선 사이에 작용하는 힘을
계산하면 $dF = \frac{\mu_o I^2}{2\pi d} dl$가 되고
$F = \int_0^{2\pi a} \frac{\mu_o I^2}{2\pi d} dl = \frac{\mu_o I^2 a}{d} \,[\text{N}]$이다.

$\therefore F = \frac{4\pi \times 10^{-7} \times 100^2 \times 0.5}{1 \times 10^{-3}} ≒ 6.28 \,[\text{N}]$

자성체와 자기회로

영상 학습 QR   출제경향분석

제9장 자성체와 자기회로에서 시험에 자주 출제가 되는 내용은 다음과 같다.
❶ 자성체   ❷ 자화의 세기
❸ 자성체의 경계의 조건   ❹ 자기회로

콕콕 포인트

1 자성체

1. 자성체

1) 자계가 있는 공간에 임의의 물체를 놓았을 때 자기유도 및 스스로 자석화(자화)되는 물체를 자성체라 한다.

2) 자화의 근본적 원인은 자성체내 전자의 자전현상 때문이다.

2. 자성체의 종류

1) 상자성체

자화가 외부 자계와 같은 방향으로 자화되는 자성체로 자화시 미약하게 자화되며 비투자율이 $\mu_s \geqq 1$ 물질을 말한다. 알루미늄(Al), 백금(Pt), 주석(Sn), 산소(O_2) 등이 있다.

2) 반자성체

자화가 외부 자계와 반대 방향으로 역자화되는 자성체로 비투자율이 $\mu_s < 1$ 물질을 말한다. 납(Pb), 아연(Zn), 비스무트(Bi), 구리(Cu) 등이 있다.

3) 강자성체

상자성체중 자화가 강하게 되는 자성체로 자화 시 강하게 자화되며 비투자율이 $\mu_s \ggg 1$ 물질을 말한다. 철(Fe), 니켈(Ni), 코발트(Co) 등이 있다.

① 강자성체는 자석재료이며 자기 차폐제로 이용된다.

여기서 자기차폐란 강자성체로 물질이나 공간을 포위시켜서 외부 자계의 영향을 차폐시키는 현상으로 완전 차폐는 되지 않는다.

② 강자성체의 특징

    ⓐ 고투자율을 가질 것   ⓑ 자기포화특성이 있을 것

    ⓒ 히스테리시스 특성   ⓓ 자구의 미소 영역을 갖을 것

FAQ

자구란 무엇인가요

답

▶자구란 강자성체의 원자들이 결정을 이룰 때 자기모멘트가 같은 원자들의 일정한 영역을 자구라 하고 자구의 크기는 물질의 종류, 상태에 따라 다르다.

Q 포인트문제 1

비투자율 μ_s는 역자성체에서 다음 어느 값을 갖는가?

① $\mu_s = 1$ ② $\mu_s < 1$
③ $\mu_s > 1$ ④ $\mu_s = 0$

A 해설

① 상자성체 $\mu_s > 1$
② 강자성체 $\mu_s \ggg 1$
③ 역자성체 $\mu_s < 1$

정답 ②

③ 큐리온도(=임계온도) : 자화된 강자성체의 온도를 서서히 높이면 자화가 점점 감소하다가 급격히 강자성을 잃어버리고 상자성체가 되는 온도지점을 말하며 순철기준으로 770[℃] ~ 790[℃]가 된다

3. 자성체의 스핀배열(자기쌍극자 배열)

[상자성체]

[강자성체]

[반강자성체]

[훼리(페리)자성체]

1) 상자성체 : 배열이 불규칙하다.

2) 강자성체 : 크기와 방향이 동일하다.

3) 반강자성체 : 크기는 같으나 방향이 서로 반대이다.

4) 훼리자성체 : 크기와 방향 모두 다르다.

4. 히스테리시스 곡선(B-H 곡선, 자기이력곡선, 자기포화곡선)

히스테리시스 현상이란 교류에 의한 교번자계가 자기 분자 간에 마찰을 일으켜서 발생한다.

1) 종축 : 자속밀도 $B[\text{Wb/m}^2]$

  종축과 만남은 잔류자기밀도 $B_r[\text{Wb/m}^2]$

2) 횡축 : 자계 $H[\text{AT/m}]$

  횡축과 만남은 보자력 $H_c[\text{AT/m}]$

3) 히스테리시스 곡선의 기울기 : 투자율 $\dfrac{B}{H}=\dfrac{\mu H}{H}=\mu$

4) 히스테리시스 루프의 면적은 강자성체의 자화시 필요한 단위체적당 필요한 에너지 $S=W_h=\int_0^B H\,dB[\text{J/m}^3]$

5) 히스테리시스 필요 전력 $P_h=\eta f B^{1.6}[\text{W/m}^3]$

| 필수확인 O·X 문제 |

1차 | 2차 | 3차

1. 알루미늄은 강자성체이다. ·· (   )
2. 스핀배열이 크기는 같으나 서로 반대 방향인 자성체는 반강자성체이다. ···· (   )
3. 강자성체가 상자성체가 되는 온도지점을 큐리온도라 한다. ··············· (   )
4. 히스테리시스 곡선의 기울기는 자속밀도이다. ····························· (   )

상세해설

1. (×) 알루미늄은 상자성체이다.
2. (○)
3. (○)
4. (×) 히스테리시스 곡선의 기울기는 투자율이다.

참고

각형 형태의 히스테리시스 곡선

① 강자성체가 자화시 필요한 단위 체적당 에너지 밀도 :
$W = 4B_r H_c$ [J/m³]
② 히스테리시스 :
$P = 4B_r H_c f$ [W/m³]
여기서, B_r [Wb/m²] : 잔류자기밀도,
H_c [AT/m] : 보자력,
　: f [Hz] : 주파수

참고

바크하우젠 효과

자성체내에서 임의의 방향으로 배열되었던 자구가 외부자장의 힘이 일정치 이상이 되면 순간적으로 회전하여 자장의 방향으로 배열되기 때문에 자속밀도가 증가하며 B−H곡선을 자세히 관찰하면 매끈한 곡선이 아니라 B가 계단적으로 증가 또는 감소함을 알 수 있는 효과를 말한다.

5. 자석의 재료 조건

1) 영구 자석의 재료 조건

히스테리시스곡선의 면적이 크고, 잔류자기와 보자력이 모두 크다.

2) 전자석의 재료 조건

히스테리시스곡선의 면적이 작고, 잔류자기는 크고, 보자력은 작다.

2 　자화의 세기

자성체를 자계 내에 놓았을 때 물질이 자화되는 경우 이것을 양적으로 표시하면 단위 체적 당 자기 모멘트를 자화의 세기 J [Wb/m²]라 한다.

1. 자화의 세기

1) 자화의 세기 : 단위 체적당 자기 모멘트

$$J = \frac{M[\text{Wb·m}]}{v[\text{m}^3]} = B - \mu_0 H = \mu_0(\mu_s - 1)H = xH = B\left(1 - \frac{1}{\mu_s}\right)[\text{Wb/m}^2]$$

(1) 자화율 $x = \mu_0(\mu_s - 1)$

(2) 비자화율 $x_m = \dfrac{x}{\mu_0} = \mu_s - 1$

(3) 비투자율 $\mu_s = \dfrac{x}{\mu_0} + 1$

(4) 강자성체에서 자화의 세기 J는 B 보다 약간 작다.

2) 분극의 세기와 자화의 세기 비교

분극의 세기	자화의 세기
$P = D - \varepsilon_0 E = \varepsilon_0(\varepsilon_s - 1)E = xE$ $= D\left(1 - \dfrac{1}{\varepsilon_s}\right) = \dfrac{M}{v}[\text{C/m}^2]$	$J = B - \mu_0 H = \mu_0(\mu_s - 1)H = xH$ $= B\left(1 - \dfrac{1}{\mu_s}\right) = \dfrac{M}{v}[\text{Wb/m}^2]$
1) 분극률 $x = \varepsilon_0(\varepsilon_s - 1)$	1) 자화율 $x = \mu_0(\mu_s - 1)$
2) 비분극률 $x_m = \dfrac{x}{\varepsilon_0} = \varepsilon_s - 1$	2) 비자화율 $\dfrac{x}{\mu_0} = \mu_s - 1$

콕콕 포인트

3) 감자력 H'

감자력은 자화의 세기로 인해 자극 표면에 S, N이 자기 유도가 되어 자성체의 자계와 반대 방향으로 발생하는 자계(H')를 말하며, 자화의 세기 $J[\text{Wb/m}^2]$에 비례한다.

1) 감자력 $H' = H_o - H = \dfrac{N}{\mu_o}J$

감자력은 자화의 세기 $J[\text{Wb/m}^2]$에 비례한다.

2) 감자율 : N

① 가늘고 긴 막대 $N \fallingdotseq 0$

② 환상(솔레노이드) 철심 $N = 0$

③ 굵고 짧은 막대 $N = 1$

④ 구자성체 $N \fallingdotseq \dfrac{1}{3}$

Q 포인트문제 5

전자석에 사용하는 연철(soft iron)은 다음 어느 성질을 가지는가?

① 잔류자기, 보자력이 모두 크다.
② 보자력이 크고 히스테리시스 곡선의 면적이 작다.
③ 보자력과 히스테리시스 곡선의 면적이 모두 작다.
④ 보자력이 크고 잔류 자기가 작다.

A 해설

① 영구 자석의 재료 조건
히스테리시스곡선의 면적이 크고, 잔류자기와 보자력이 모두 큰 것
② 전자석의 재료 조건
히스테리시스곡선의 면적이 작고, 잔류자기는 크고, 보자력은 작을 것

정답 ③

3 ┃ 자성체의 경계면 조건

유전체 경계의 조건	완전경계조건	자성체 경계의 조건	완전경계조건
	1) $\sigma = 0$ 경계면에 진전하가 존재하지 않음 2) 경계면의 전위차는 없다. $E_1\sin\theta_1 = E_2\sin\theta_2$ $D_1\cos\theta_1 = D_2\cos\theta_2$ $\dfrac{\tan\theta_1}{\tan\theta_2} = \dfrac{\varepsilon_1}{\varepsilon_2}$		1) $i = 0$ 경계면에 전류밀도가 존재하지 않음 2) 경계면의 자위차는 없다 $H_1\sin\theta_1 = H_2\sin\theta_2$ $B_1\cos\theta_1 = B_2\cos\theta_2$ $\dfrac{\tan\theta_1}{\tan\theta_2} = \dfrac{\mu_1}{\mu_2}$

Q 포인트문제 6

자화의 세기 $P_m[\text{Wb/m}^2]$을 자속밀도 $B[\text{Wb/m}^2]$과 비투자율 μ_r로 나타내면?

① $P_m = (1 - \mu_r)B$
② $P_m = \left(1 - \dfrac{1}{\mu_r}\right)B$
③ $P_m = (1 - \mu_r)B$
④ $P_m = \left(\dfrac{1}{\mu_r} - 1\right)B$

A 해설

$J = \dfrac{M[\text{Wb·m}]}{v[\text{m}^3]}$
$= B - \mu_0 H = \mu_0(\mu_s - 1)H$
$= xH = B\left(1 - \dfrac{1}{\mu_s}\right)[\text{Wb/m}^2]$

정답 ②

┃ 필수확인 O·X 문제 ┃

1차 2차 3차

1. 영구자석의 재료는 히스테리시스곡선의 면적이 작고 잔류자기는 크며 보자력은 작다. ·· ( )
2. 자화의 세기와 대응관계는 전계의 세기이다. ·················· ( )
3. 감자력은 자화의 세기에 비례한다. ····························· ( )
4. 감자율이 0인 자성체는 환상솔레노이드이다. ·················· ( )

상세해설

1. (×) 히스테리시스곡선의 면적이 크고 잔류자기와 보자력이 모두 큰 것
2. (×) 자화의 세기와 대응관계는 분극의 세기이다.
3. (○)
4. (○)

콕콕 포인트

electrical engineer · electrical engineer · electrical engineer · electrical engineer · electrical engineer · electrical engineer · electrical engineer · electrical e

4 흡인력과 축적에너지 비교

정전 흡인력	$f = \dfrac{D^2}{2\varepsilon_o} = \dfrac{1}{2}\varepsilon_o E^2 = \dfrac{1}{2}ED[\mathrm{N/m^2}]$	자석 흡인력	$f = \dfrac{B^2}{2\mu_o} = \dfrac{1}{2}\mu_o H^2 = \dfrac{1}{2}HB[\mathrm{N/m^2}]$
전계 내 축적되는 에너지	$W = \dfrac{D^2}{2\varepsilon_o} = \dfrac{1}{2}\varepsilon_o E^2 = \dfrac{1}{2}ED[\mathrm{J/m^3}]$	자계 내 축적되는 에너지	$W = \dfrac{B^2}{2\mu_o} = \dfrac{1}{2}\mu_o H^2 = \dfrac{1}{2}HB[\mathrm{J/m^3}]$

5 자기회로

1. 전기회로와 자기회로의 비교

전기회로		자기회로	
기전력	$V = IR[\mathrm{V}]$	기자력	$F = NI = R_m\phi[\mathrm{AT}]$
전류	$I = \dfrac{V}{R}[\mathrm{A}]$	자속	$\phi = \dfrac{F}{R_m} = \dfrac{\mu SNI}{l}[\mathrm{Wb}]$
전기저항	$R = \rho\dfrac{l}{S} = \dfrac{l}{k \cdot S}[\Omega]$	자기저항	$R_m = \dfrac{F}{\phi_m} = \dfrac{l}{\mu \cdot S}[\mathrm{AT/Wb}]$
도전율	$k = \sigma[\mho/\mathrm{m}]$	투자율	$\mu[\mathrm{H/m}]$
전류밀도	$i_c = \dfrac{I}{S}[\mathrm{A/m^2}]$	자속밀도	$B = \dfrac{\phi}{S}[\mathrm{Wb/m^2}]$
컨덕턴스	$G = \dfrac{1}{R}[\mho = \mathrm{S}]$	퍼미언스	$P = \dfrac{1}{R_m}[\mathrm{Wb/AT}]$

1) 자기회로의 특징

① 전기저항에 의한 줄열의 손실은 있으나 자기저항에 의한 줄열에 의한 손실은 없다.
② 누설자속은 전기회로의 누설전류에 비하여 대체적으로 많다.
③ 전기회로에서의 $L[\mathrm{H}]$과 $C[\mathrm{F}]$에 대응하는 소자는 없다.
④ 기자력과 자속 사이에는 비직선적 특성을 갖고 있다.

2) 자기회로의 키르히호프 법칙

① 제1법칙 : 하나의 폐자기 회로 내에서 나가고 들어가는 자속의 대수의 합은 같다.
$\Sigma\phi_i = \Sigma\phi_o,\ \Sigma\phi = 0$
② 제2법칙 : 하나의 폐자기 회로에 대하여 각 분로의 자속과 자기저항을 곱한 것의 대수합은 폐자기 회로에 작용하는 기자력의 대수합과 같다.
$F = \Sigma(NI) = \Sigma\phi R_m$

2. 공극 발생 시 합성 자기저항

1) 공극 발생 시 합성자기저항

$$R = R_m + R_g = \frac{l}{\mu \cdot S} + \frac{l_g}{\mu_o \cdot S} = \frac{l + \mu_s l_g}{\mu \cdot S} [\text{AT/Wb}]$$

여기서, $l_g[\text{m}]$: 공극의 길이, $R_g[\text{AT/Wb}]$: 공극 시 자기저항

① 기자력

$$F = NI = R\phi = RBS = BS \cdot \left(\frac{l}{\mu \cdot S} + \frac{l_g}{\mu_o \cdot S}\right) = B\left(\frac{l}{\mu} + \frac{l_g}{\mu_o}\right) = \frac{B}{\mu_o}\left(\frac{l}{\mu_s} + l_g\right)[\text{AT}]$$

② 전류 $I = \dfrac{F}{N} = \dfrac{B}{N}\left(\dfrac{l}{\mu} + \dfrac{l_g}{\mu_o}\right)[\text{A}]$

③ 자속 $\phi = \dfrac{NI}{R} = \dfrac{NI}{\dfrac{l}{\mu \cdot S} + \dfrac{l_g}{\mu_o \cdot S}}[\text{Wb}]$

2) 공극 발생 시 자기저항 증가율

$$\frac{R}{R_m} = 1 + \frac{\mu l_g}{\mu_0 l} = 1 + \frac{l_g \mu_s}{l}$$

| 필수확인 O·X 문제 |

1차 2차 3차

1. 전기회로의 전류와 대응되는 자기회로 소자는 자속이다. · · · · · · · · · · · · (   )
2. 자기저항의 역수는 컨덕턴스이다. · (   )
3. 자기저항에 의한 줄열의 손실은 없다. · (   )
4. 자기저항의 옴의 법칙은 직선적이다. · (   )

상세해설

  1. (○)
  2. (×) 자기저항의 역수는 퍼미언스이다.
  3. (○)
  4. (×) 자기저항의 옴의 법칙은 자기포화에 의하여 비직선적이다.

Q 포인트문제 9

자기회로의 퍼미언스(permeance)에 대응하는 전기회로의 요소는?

① 도전율   ② 컨덕턴스
③ 정전용량   ④ 엘라스턴스

A 해설

- **전기회로**
  컨덕턴스 $G[\mho = S]$
- **자기회로**
  퍼미언스 $P = \dfrac{1}{R_m}[\text{Wb/AT}]$

───── 정답 ②

Q 포인트문제 10

길이 $1[\text{m}]$의 철심($\mu_s = 1000$) 자기 회로에 $1[\text{mm}]$의 공극이 생겼을 때 전체의 자기 저항은 약 몇 배로 증가 되는가? (단, 각부의 단면적은 일정하다.)

① 1.5   ② 2
③ 2.5   ④ 3

A 해설

공극 발생 시 자기저항 증가율

$$\frac{R}{R_m} = \frac{R_m + R_g}{R_m} = \frac{\dfrac{l + \mu_s l_g}{\mu S}}{\dfrac{l}{\mu S}}$$

$$= 1 + \frac{\mu l_g}{\mu_o l} = 1 + \frac{l_g \mu_s}{l} \text{ 배 이므로}$$

이를 대입하면 $\dfrac{R}{R_m} = 1 + \dfrac{\mu_s l_g}{l}$

$$= 1 + \frac{1000 \times 10^{-3}}{1} = 2$$

───── 정답 ②

음성 학습 QR

- QR 코드를 찍으시면, 가장 중요한 우선순위 문제풀이 영상을 보실 수 있습니다.
- 우선순위 논점은 전기(산업)기사 시험에서 가장 출제 빈도가 높은 문제로써, 수험생분들께서는 각 파트별 우선순위 문제의 논점과 키워드를 학습하시기를 바랍니다.
- 체크 리스트를 작성하시면서 문제의 유형과 학습의 완성도를 스스로 체크 해 보시기를 바랍니다.
- "선생님의 콕콕 포인트"는 틀리기 쉬운 문제의 함정과 문제의 포인트를 집어드립니다. 우선순위 문제풀이의 포인트를 꼭 참고하고 응용문제의 해결능력을 길러 줍니다.

번호	우선순위 논점	KEY WORD	맞음	이해 부족	암기 부족	착오 실수	선생님의 콕콕 포인트
4	자성체 ①	강자성체, 반자성체					강자성체의 특성을 암기할 것
13	자성체 ②	강자성, 상자성, 온도					큐리(퀴리),임계온도 770[℃]를 기억할 것
14	자성체 ③	히스테리시스루프 면적, 체적당 에너지					강자성체의 단위체적당 자화에 필요한 에너지 일 것
25	자화의 세기	감자력, 자성체내 자화의 세기					(μ_s-1) 또는 $(\mu-\mu_0)$를 암기할 것
41	자기회로 ①	자기저항, 전기저항					전기회로와 자기회로의 대응관계를 암기 할 것
46	자기회로 ②	공극시 자기저항					공극 시 자기저항 증가율 공식을 암기할 것

("나의 정답 확인" / "틀림(오답확인)" 헤더)

★★☆☆☆
01 물질의 자화 현상은?

① 전자의 이동
② 전자의 공전
③ 전자의 자전
④ 분자의 운동

해설

자성체
자화의 근본적 원인은 자성체내 전자의 자전현상 때문이다.

★★☆☆☆
02 다음 자성체 중 반자성체가 아닌 것은?

① 창연
② 구리
③ 금
④ 알루미늄

해설

자성체
보기 ①, ②, ③번은 반자성체(역자성체)이며 보기 ④번은 상자성체이다.

★★★☆☆
03 금속물질 중에서 강자성체가 아닌 것은?

① 철
② 니켈
③ 백금
④ 코발트

해설

자성체
보기 ①, ②, ④번은 강자성체이며 보기 ③번은 상자성체이다.

★★★☆☆
04 강자성체의 세가지 특성이 아닌 것은?

① 와전류 특성
② 히스테리시스 특성
③ 고투자율 특성
④ 자기 포화 특성

해설

자성체
강자성체의 특징
① 고투자율을 가질 것
② 자기포화특성이 있을 것
③ 히스테리시스 특성
④ 자구의 미소 영역을 갖을 것

[정답] 01 ③   02 ④   03 ③   04 ①

★★☆☆☆

05 인접 영구 자기 쌍극자가 크기는 같으나 방향이 서로 반대 방향으로 배열된 자성체를 어떤 자성체라 하는가?

① 반자성체   ② 상자성체
③ 강자성체   ④ 반강자성체

🔍 **해설**

자성체
① 상자성체 : 배열이 불규칙하다.
② 강자성체 : 크기와 방향이 동일하다.
③ 반강자성체 : 크기는 같으나 방향이 서로 반대이다.
④ 훼리자성체 : 크기와 방향 모두 다르다.

[상자성체]   [강자성체]   [반강자성체]   [훼리자성체]

★★☆☆☆

06 일반적으로 자구를 가지는 자성체는?

① 상자성체   ② 강자성체
③ 역자성체   ④ 비자성체

🔍 **해설**

자성체
문제 5번 해설 참조

★★☆☆☆

07 자구(magnetic domain)의 크기는?

① 물질의 종류와 상태에 따라 다르다.
② 물질의 종류에 관계 없이 크기가 일정하다.
③ 물질의 원자나 분자의 질량에 따라 다르다.
④ 물질의 상태에 관계없이 크기가 모두 같다.

🔍 **해설**

자성체
강자성체의 원자들이 결정을 이룰 때 자기모멘트가 같은 원자들의 일정한 영역을 자구라 하고 자구의 크기는 물질의 종류, 상태에 따라 다르다.

★★★☆☆

08 다음 설명 중 잘못된 것은?

① 초전도체는 임계온도 이하에서 완전 반자성을 나타낸다.
② 자화의 세기는 단위 면적당의 자기 모멘트이다.
③ 상자성체에 자극 N극을 접근시키면 S극이 유도된다.
④ 니켈(Ni), 코발트(Co)등은 강자성체에 속한다.

🔍 **해설**

자성체 및 자화의 세기
자화의 세기 $J = \dfrac{M[\text{모멘트}]}{v[\text{체적}]}[\text{Wb/m}^2]$이므로 단위 체적당 자기 모멘트로 정의할 수 있다.

★★☆☆☆

09 히스테리시스 곡선의 기울기는 다음의 어떤 값에 해당하는가?

① 투자율   ② 유전율
③ 자화율   ④ 감자율

🔍 **해설**

자성체
히스테리시스 곡선
① 종축 : 자속밀도 $B[\text{Wb/m}^2]$ 종축과 만남은 잔류자기밀도 $B_r[\text{Wb/m}^2]$
② 횡축 : 자계 $H[\text{AT/m}]$ 횡축과 만남은 보자력 $H_c[\text{AT/m}]$
③ 히스테리시스 곡선의 기울기 : 투자율 $\dfrac{B}{H} = \dfrac{\mu H}{H} = \mu$

★★☆☆☆

10 히스테리시스 곡선에서 횡축과 종축은 각각 무엇을 나타내는가?

① 자속밀도(횡축), 자계(종축)
② 기자력(횡축), 자속 밀도(종축)
③ 자계(횡축), 자속 밀도(종축)
④ 자속 밀도(횡축), 기자력(종축)

🔍 **해설**

자성체
문제 9번 해설 참조

[**정답**] 05 ④   06 ②   07 ①   08 ②   09 ①   10 ③

★★☆☆☆

11 자기이력곡선(Hysteresis loop)에 대한 설명 중 틀린 것은?

① 자화의 경력이 있을 때나 없을 때나 곡선은 항상 같다.

② Y축은 자속밀도이다.

③ 자화력이 0일 때 남아있는 자기가 잔류자기이다.

④ 잔류자기를 상쇄시키려면 역방향의 자화력을 가해야 한다.

🔍 해설

자성체

자화의 경력이 있을 때와 없을 때의 곡선은 항상 다르다.

★★★☆☆

12 영구 자석에 관한 설명 중 옳지 않은 것은?

① 히스테리시스 현상을 가진 재료만이 영구 자석이 될 수 있다.

② 보자력이 클수록 자계가 강한 영구 자석이 된다.

③ 잔류 자속 밀도가 높을수록 자계가 강한 영구 자석이 된다.

④ 자석 재료로 폐회로를 만들면 강한 영구 자석이 된다.

🔍 해설

자성체

영구 자석의 재료 조건은 히스테리시스곡선의 면적이 크고, 잔류자기와 보자력이 모두 큰 것이다.

자석재료인 강자성체로 자석 주위를 폐회로를 만들면 영구자석의 자성은 서서히 약해지거나 잃어버린다.

★★★☆☆

13 자화된 철의 온도를 높일 때 자화가 서서히 감소하다가 급격히 강자성이 상자성으로 변하면서 강자성을 잃어버리는 온도는?

① 켈빈(Kelvin) 온도

② 연화(Transition) 온도

③ 전이 온도

④ 퀴리(Curie) 온도

🔍 해설

자성체

강자성체에서 큐리온도(=임계온도)란 자화된 강자성체의 온도를 서서히 높이면 자화가 점점 감소하다가 급격히 강자성을 잃어버리고 상자성체가 되는 온도지점을 말하며 순철기준으로 $770[°C]$~$790[°C]$가 된다.

★★★☆☆

14 강자성체에 있어서 히스테리시스 루프의 면적은?

① 강자성체의 단위 체적당 필요한 에너지이다.

② 강자성체의 단위 면적당 필요한 에너지이다.

③ 강자성체의 단위 길이당 필요한 에너지이다.

④ 강자성체의 전체 체적에 필요한 에너지이다.

🔍 해설

자성체

강자성체에서 히스테리시스 루프의 면적은 강자성체의 단위체적당 필요한 에너지이다.

$$S = W_h = \int_0^B H dB [\text{J/m}^3]$$

★★☆☆☆

15 그림과 같은 모양의 자화곡선을 나타내는 자성체 막대를 충분히 강한 평등자계 중에서 매분 3,000회 회전시킬 때 자성체의 단위 체적당 약 몇 [kcal/sec]의 열이 발생하는가? (단, $B_r = 2[\text{Wb/m}^2]$, $H_c = 500[\text{AT/m}]$, $B = \mu H$에서 $\mu \neq$ 일정)

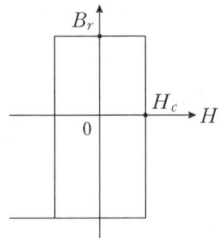

① 11.7[kcal/sec]

② 47.6[kcal/sec]

③ 70.2[kcal/sec]

④ 200[kcal/sec]

🔍 **해설**

자성체

각형 형태의 히스테리시스 루프의 면적 $S = W_h [J/m^3]$
분당회전수 $N = 3000[rpm]$, 잔류자기 자속밀도 $B_r = 2[Wb/m^2]$,
자계 $H_C = 500[AT/m]$일 때 자화곡선의 면적

$$S = W_h = 4\int_0^B HdB = 4H_cB_r = 4 \times 500 \times 2 = 4000[J/m^3]$$

이 된다. 이 때 단위체적당 단위시간당 열량

$$Q = 0.24W_h \times \frac{N}{60} \times 10^{-3} = 0.24 \times 4000 \times \frac{3000}{60} \times 10^{-3}$$

$$= 48[Kcal/m^3 sec]$$이 된다.

★★☆☆☆
16 어느 강철의 자화 곡선을 응용하여 종축을 자속 밀도 B 및 투자율 μ, 횡축을 자화의 세기 J라면 다음 중에 투자율 곡선을 가장 잘 나타내고 있는 것은?

①

②

③

④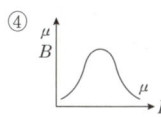

🔍 **해설**

자성체

보기 ①번 자화 곡선, ④번 투자율 곡선

★★★☆☆
17 반경이 $3[cm]$인 원형 단면을 가지고 있는 원환 연철심에 같은 코일에 전류를 흘려서 철심 중의 자계의 세기가 $400[AT/m]$ 되도록 여자 할 때 철심 중의 자속 밀도 $[Wb/m^2]$는 얼마인가?(단, 철심의 비투자율은 400이라고 한다.)

① $0.2[Wb/m^2]$ ② $2.0[Wb/m^2]$

③ $0.02[Wb/m^2]$ ④ $2.2[Wb/m^2]$

🔍 **해설**

자화의 세기

자속밀도 $B = \mu_o\mu_s H = 4\pi \times 10^{-7} \times 400 \times 400 = 0.2[Wb/m^2]$

★★★☆☆
18 단면적 $2[cm^2]$의 철심에 $5 \times 10^{-4}[Wb]$의 자속을 통하게 하려면 $2000[AT/m]$의 자계가 필요하다. 철심의 비투자율은 약 얼마인가?

① 332   ② 663

③ 995   ④ 1990

🔍 **해설**

자화의 세기

자속밀도 $B = \frac{\phi}{S} = \mu_o\mu_s H[Wb/m^2]$

여기서, 비투자율 $\mu_s = \frac{\phi}{\mu_o HS}$이므로

주어진 수치를 대입하면 $\mu_s = \dfrac{5 \times 10^{-4}}{4\pi \times 10^{-7} \times 2000 \times 2 \times 10^{-4}} = 995$

★★★☆☆
19 자화의 세기로 정의할 수 있는 것은?

① 단위 체적당 자기모우멘트

② 단위 면적당 자위 밀도

③ 자화선 밀도

④ 자력선 밀도

🔍 **해설**

자화의 세기

자화의 세기 $J = \frac{M}{v}[Wb/m^2]$이므로 단위 체적 당 자기 모멘트로 정의할 수 있다.

★★★☆☆
20 쌍극자 자기 모멘트를 이용하면 자화율과 절대 온도와의 관계는 어떠한가?

① 항상 같다.   ② 비례한다.

③ 반비례한다.   ④ 관계가 없다.

🔍 **해설**

자화의 세기

강자성체가 상자성체가 되는 온도지점을 퀴리(큐리)점이라 하므로 온도가 상승하면 자화의 세기가 약해지므로 절대온도에 반비례한다.

[**정답**] 16 ④   17 ①   18 ③   19 ①   20 ③

★★☆☆☆

21 비투자율은? (단, μ_0는 진공의 투자율, x_m은 자화율이다.)

① $1 + \dfrac{x_m}{\mu_0}$

② $\mu_0(1 + x_m)$

③ $\dfrac{1}{1 + x_m}$

④ $\dfrac{1}{1 - x_m}$

🔍 해설

자화의 세기

자화의 세기 J와 자계의 세기에서

$J = x_m H = \mu_0(\mu_s - 1)H[\text{Wb/m}^2]$이고

여기서, x_m은 자화율이며 이를 정리하면 비투자율 값은 $\mu_s = 1 + \dfrac{x_m}{\mu_0}$

★★★☆☆

22 비투자율 $\mu_s = 400$인 환상 철심 내의 평균 자계의 세기가 $H = 3000[\text{AT/m}]$이다. 철심 중의 자화의 세기 $J[\text{Wb/m}^2]$는?

① $0.15[\text{Wb/m}^2]$

② $1.5[\text{Wb/m}^2]$

③ $0.75[\text{Wb/m}^2]$

④ $7.5[\text{Wb/m}^2]$

🔍 해설

자화의 세기

$J = \dfrac{M[\text{Wb·m}]}{v[\text{m}^3]} = B - \mu_0 H = \mu_0(\mu_s - 1)H = B\left(1 - \dfrac{1}{\mu_s}\right)$

$= xH[\text{Wb/m}^2]$

$J = \mu_0(\mu_s - 1)H = 4\pi \times 10^{-7}(400 - 1) \times 3000 = 1.5[\text{Wb/m}^2]$

★★☆☆☆

23 길이 $10[\text{cm}]$, 단면의 반지름 $a = 1[\text{cm}]$인 원통형 자성체가 길이의 방향으로 균일 하게 자화되어 있을 때 자화의 세기가 $J = 0.5[\text{Wb/m}^2]$ 이라면, 이 자성체의 자기 모멘트$[\text{Wb·m}]$는?

① $1.57 \times 10^{-4}[\text{Wb·m}]$

② $1.57 \times 10^{-5}[\text{Wb·m}]$

③ $15.7 \times 10^{-4}[\text{Wb·m}]$

④ $15.7 \times 10^{-5}[\text{Wb·m}]$

🔍 해설

자화의 세기

자화의 세기 $J = \dfrac{M[\text{모멘트}]}{v[\text{체적}]}[\text{Wb/m}^2]$이므로

자기모멘트 $M = v \cdot J = \pi a^2 \cdot \ell \cdot J$

$= \pi \times (0.01)^2 \times 0.1 \times 0.5 = 1.57 \times 10^{-5}[\text{Wb·m}]$

★★★☆☆

24 다음 설명 중 옳은 것은?

① 상자성체는 자화율이 0보다 크고, 반자성체에서는 자화율이 0보다 작다.

② 상자성체는 투자율이 1보다 작고, 반자성체에서는 투자율이 1보다 크다.

③ 반자성체는 자화율이 0보다 크고, 투자율이 1보다 크다.

④ 성자성체는 자하율이 0보다 작고, 투자율이 1보다 크다.

🔍 해설

자성체 및 자화의 세기

상자성체는 비투자율 $\mu_s > 1$이므로 자화율 $x = \mu_0(\mu_s - 1) > 0$이 되고, 반자성체는 비투자율 $\mu_s < 1$이므로 자화율 $x = \mu_0(\mu_s - 1) < 0$이 된다.

★★★☆☆

25 투자율이 μ이고, 감자율 N인 자성체를 외부 자계 H_o중에 놓았을 때의 자성체의 자화세기 $J[\text{Wb/m}^2]$를 구하면?

① $\dfrac{\mu_o(\mu_s + 1)}{1 + N(\mu_s + 1)}H_o$

② $\dfrac{\mu_o \mu_s}{1 + N(\mu_s + 1)}H_o$

③ $\dfrac{\mu_o \mu_s}{1 + N(\mu_s - 1)}H_o$

④ $\dfrac{\mu_o(\mu_s - 1)}{1 + N(\mu_s - 1)}H_o$

🔍 해설

자화의 세기

자화의 세기 $J[\text{Wb/m}^2]$자성체의 감자력 $H' = H_o - H = \dfrac{N}{\mu_o}J$이고 자성체의 자화의 세기는 $J = \mu_0(\mu_s - 1)H[\text{Wb/m}^2]$이다.

자화의 세기 식에서 자성체 내부의 자계

$H = \dfrac{J}{\mu_o(\mu_s - 1)}[\text{AT/m}]$를 감자력식에 대입하여 정리하면

$H' = H_o - \dfrac{J}{\mu_o(\mu_s - 1)} = \dfrac{N}{\mu_o}J$이고

$J = \dfrac{\mu_o(\mu_s - 1)}{1 + N(\mu_s - 1)}H_o[\text{Wb/m}^2]$가 된다.

[정답] 21 ① 22 ② 23 ② 24 ① 25 ④

★★★★☆

26 다음 중 감자율이 0인 것은?

① 가늘고 짧은 막대 자성체

② 굵고 짧은 막대 자성체

③ 가늘고 긴 막대 자성체

④ 환상 솔레노이드

🔍 **해설**

자화의 세기

감자율 : N

① 가늘고 긴 막대 $N = 0$

② 환상(솔레노이드) 철심 $N = 0$

③ 굵고 짧은 막대 $N = 1$

④ 구자성체 $N = \dfrac{1}{3}$

★★★☆☆

27 자성체가 균일하게 자화되어 있을 때의 자극의 상태로 옳은 것은?

① 자성체에는 자극이 나타나지 않는다.

② 자성체 전체에 자극이 골고루 분포되어 나타난다.

③ 자성체의 내부에 자극이 나타난다.

④ 자성체의 양단면에 자극이 나타난다.

🔍 **해설**

자화의 세기

자성체의 내부에서 전자의 자전운동으로 인하여 발생되는 자기 쌍극자 모멘트가 생기므로 자성체 전체에 자극이 골고루 균일하게 분포한다.

★★★★☆

28 강자성체의 자속 밀도 B의 크기와 자화의 세기 J의 크기 사이에는?

① J는 B 보다 약간 크다.   ② J는 B 보다 대단히 크다.

③ J는 B 보다 약간 작다.   ④ J는 B 보다 대단히 작다.

🔍 **해설**

자화의 세기

$J = B - \mu_0 H [\mathrm{Wb/m^2}]$를 이용하면 $B - J = \mu_0 H$이므로 J는 B 보다 약간 작다. 또는 B가 J 보다 약간 크다.

★★★☆☆

29 투자율이 다른 두 자성체가 평면으로 접하고 있는 경계면에서 전류 밀도가 0일 때 성립 하는 경계 조건은?

① $\mu_2 \tan\theta_1 = \mu_1 \tan\theta_2$ ② $\mu_1 \cos\theta_1 = \mu_2 \cos\theta_2$

③ $B_1 \sin\theta_1 = B_2 \cos\theta_2$ ④ $\mu_1 \tan\theta_1 = \mu_2 \tan\theta_2$

🔍 **해설**

자성체의 경계면의 조건

① 경계면의 접선(수평)성분은 양측에서 자계의 세기가 같다.

$H_1 \sin\theta_1 = H_2 \sin\theta_2$

② 경계면의 법선(수직)성분의 자속밀도는 양측에서 같다.

$B_1 \cos\theta_1 = B_2 \cos\theta_2$

③ 굴절각 $\dfrac{\tan\theta_1}{\tan\theta_2} = \dfrac{\mu_1}{\mu_2}$

④ 비례 관계

ⓐ $\mu_1 > \mu_2,\ \theta_1 > \theta_2,\ B_1 > B_2$: 비례 관계에 있다.

ⓑ $H_1 < H_2$: 반비례 관계에 있다.

💧 **참고**

제4장에서 학습했던 유전체의 경계의 조건을 그대로 대응관계로 보면 문제를 해석하기 쉽다.

★★☆☆☆

30 투자율이 다른 두 자성체의 경계면에서의 굴절각은?

① 투자율에 비례한다.   ② 투자율에 반비례한다.

③ 비투자율에 비례한다.   ④ 비투자율에 반비례한다.

🔍 **해설**

자성체의 경계면의 조건

문제 29번 해설 참조

★★☆☆☆

31 두 자성체 경계면에서 정자계가 만족하는 것은?

① 양측 경계면상의 두 점간의 자위차가 같다.

② 자속은 투자율이 작은 자성체에 모은다.

③ 자계의 법선성분이 같다.

④ 자속밀도의 접선성분이 같다.

🔍 **해설**

자성체의 경계면의 조건

완전경계조건 : 경계면에 전류밀도 $i = 0[\mathrm{A/m^2}]$ 경계면의 자위차는 없다.

[**정답**] 26 ④ 27 ② 28 ③ 29 ① 30 ① 31 ①

★★☆☆☆

32 그림과 같이 진공 중에 자극면적이 $2[\text{cm}^2]$, 간격이 $0.1[\text{cm}]$인 자성체내에서 포화자속밀도가 $2[\text{Wb/m}^2]$일 때 두 자극 면 사이에 작용하는 힘의 크기는 약 몇 $[\text{N}]$인가?

① $53[\text{N}]$　　　　② $106[\text{N}]$

③ $159[\text{N}]$　　　　④ $318[\text{N}]$

🔍 **해설**

흡인력과 축적에너지 비교

자석의 흡인력

① 자석의 흡인력(단위 면적당 받는 힘)

$$f_m = \frac{F}{S} = \frac{B^2}{2\mu} = \frac{1}{2}\mu H^2 = \frac{1}{2}BH[\text{N/m}^2]$$

② 총 힘

$$F = f_m \cdot S = \frac{B^2}{2\mu_o} \cdot S[\text{N}] \propto B^2$$

여기서, $S[\text{m}^2] = A[\text{m}^2]$: 흡인력이 작용하는 자극의 면적

$$F = f_m \cdot S = \frac{B^2}{2\mu_o} \cdot S = \frac{2^2}{2 \times 4\pi \times 10^{-7}} \times 2 \times 10^{-4} = 318[\text{N}]$$

★★☆☆☆

33 그림과 같이 Gap의 단면적 $S[\text{m}^2]$의 전자석에 자속밀도 $B[\text{Wb/m}^2]$의 자속이 발생될 때 철편을 흡입하는 힘은 몇 $[\text{N}]$인가?

① $\dfrac{B^2 S}{2\mu_0}$　　　　② $\dfrac{B^2 S}{\mu_0}$

③ $\dfrac{B^2 S^2}{\mu_0}$　　　　④ $\dfrac{2B^2 S^2}{\mu_0}$

🔍 **해설**

흡인력과 축적에너지 비교

자석의 흡인력

① 자석의 흡인력(단위 면적당 받는 힘)

$$f_m = \frac{F}{S} = \frac{B^2}{2\mu} = \frac{1}{2}\mu H^2 = \frac{1}{2}BH[\text{N/m}^2]$$

② 총 힘

$$F = f_m \cdot S = \frac{B^2}{2\mu_o} \cdot S[\text{N}] \propto B^2$$

여기서, $S[\text{m}^2]$: 흡인력이 작용하는 자극의 면적

그림 상에서 작용하는 힘은 양쪽에서 작용하므로 전체적인 힘은

$$F' = F \times 2 = \frac{B^2}{\mu_o} \cdot S[\text{N}]$$

💙 **별해**

면적이 동일하므로 $F = \dfrac{B^2}{2\mu_o} \cdot 2S = \dfrac{B^2}{\mu_o}[\text{N}]$

★★☆☆☆

34 단면적 $15[\text{cm}^2]$의 자석 근처에 같은 단면적을 가진 철편을 놓을 때 그 곳을 통하는 자속이 $3 \times 10^{-4}[\text{Wb}]$이면 철편에 작용하는 흡인력은 약 몇 $[\text{N}]$인가?

① $12.2[\text{N}]$　　　　② $23.9[\text{N}]$

③ $36.6[\text{N}]$　　　　④ $48.8[\text{N}]$

🔍 **해설**

흡인력과 축적에너지 비교

$$F = f_m \cdot S = \frac{B^2}{2\mu_o} \cdot S = \frac{\left(\frac{\phi}{S}\right)^2}{2\mu_o} \cdot S = \frac{\phi^2}{2\mu_o S}$$

$$= \frac{(3 \times 10^{-4})^2}{2 \times 4\pi \times 10^{-7} \times 15 \times 10^{-4}} = 23.88[\text{N}]$$

★★☆☆☆

35 자기인덕턴스 $L[\text{H}]$인 코일에 전류 $I[\text{A}]$를 흘렸을 때, 자계의 세기가 $H[\text{AT/m}]$이다. 이 코일에 전류 $\dfrac{I}{2}[\text{A}]$를 흘리면 저장되는 자기에너지 밀도$[\text{J/m}^3]$는?

① $\dfrac{2}{2}LI^2[\text{J/m}^3]$　　　　② $\dfrac{1}{8}LI^2[\text{J/m}^3]$

③ $\dfrac{1}{2}\mu_0 H^2[\text{J/m}^3]$　　　　④ $\dfrac{1}{8}\mu_0 H^2[\text{J/m}^3]$

[**정답**] 32 ④　33 ②　34 ②　35 ④

🔍 **해설**

흡인력과 축적에너지 비교

자계 내 축적되는 단위 체적당 자기 에너지 밀도는 다음과 같다.

$$W = \int_0^B H dB = \int_0^B \frac{B}{\mu} dB = \frac{B^2}{2\mu} = \frac{1}{2}\mu H^2 = \frac{1}{2} BH [\text{J/m}^3]$$

이때 전류 $\frac{1}{2}[\text{A}]$가 흘렀을 때 $H \rightarrow \frac{1}{2}H$가 되므로

이때 자기 에너지밀도는 $\omega = \frac{1}{2}\mu_0 \left(\frac{1}{2}H\right)^2 = \frac{1}{8}\mu_0 H^2 [\text{J/m}^3]$

★★☆☆☆
36
비투자율이 2500인 철심의 자속밀도가 $5[\text{Wb/m}^2]$이고 철심의 부피가 $4 \times 10^{-6} [\text{m}^3]$일 때, 이 철심에 저장된 자기에너지는 몇 [J]인가?

① $\frac{1}{\pi} \times 10^{-2}[\text{J}]$ ② $\frac{3}{\pi} \times 10^{-2}[\text{J}]$

③ $\frac{4}{\pi} \times 10^{-2}[\text{J}]$ ④ $\frac{5}{\pi} \times 10^{-2}[\text{J}]$

🔍 **해설**

흡인력과 축적에너지 비교

자계 내 축적되는 단위 체적당 자기 에너지 밀도는 다음과 같다.

$$W = \int_0^B H dB = \int_0^B \frac{B}{\mu} dB = \frac{B^2}{2\mu} = \frac{1}{2}\mu H^2 = \frac{1}{2} BH [\text{J/m}^3]$$

$$W = \frac{B^2}{2\mu_0\mu_s} \times v[\text{m}^3] = \frac{5^2}{2 \times 4\pi \times 10^{-7} \times 2500} \times 4 \times 10^{-6}$$

$$= \frac{5}{\pi} \times 10^{-2}[\text{J}]$$

★★★☆☆
37
다음 중 자기회로와 전기회로의 대응관계로 옳지 않은 것은?

① 자속 – 전속
② 자계 – 전계
③ 투자율 – 도전율
④ 기자력 – 기전력

🔍 **해설**

자기회로

전기회로와 자기회로의 비교

	전기회로		자기회로
기전력	$V = IR[\text{V}]$	기자력	$F = NI = R_m\phi[\text{AT}]$
전류	$I = \frac{V}{R}[\text{A}]$	자속	$\phi = \frac{F}{R_m} = \frac{\mu SNI}{l}[\text{Wb}]$
전기저항	$R = \rho\frac{l}{S} = \frac{l}{k \cdot S}[\Omega]$	자기저항	$R_m = \frac{F}{\phi_m} = \frac{l}{\mu \cdot S}[\text{AT/Wb}]$
도전율	$k = \sigma[\mho/\text{m}]$	투자율	$\mu[\text{H/m}]$
전류밀도	$i_c = \frac{I}{S}[\text{A/m}^2]$	자속밀도	$B = \frac{\phi}{S}[\text{Wb/m}^2]$
컨덕턴스	$G = \frac{1}{R}[\mho = \text{S}]$	퍼미언스	$P = \frac{1}{R_m}[\text{Wb/AT}]$

★★★☆☆
38
자기 회로에 관한 설명으로 옳지 못한 것은? (단, C는 커패시턴스, L은 인덕턴스이다.)

① 기자력과 자속 사이에는 비직선성을 갖고 있다.
② 자기 저항에서 손실이 있다.
③ 누설 자속은 전기 회로의 누설 전류에 비하여 대체적으로 많다.
④ 전기 회로의 정전용량에 해당하는 것은 없다.

🔍 **해설**

자기회로

자기회로의 특징
① 전기저항에 의한 줄열의 손실은 있으나 자기저항에 의한 줄열에 의한 손실은 없다.
② 누설자속은 전기회로의 누설전류에 비하여 대체적으로 많다.
③ 전기회로에서의 $L[\text{H}]$과 $C[\text{F}]$에 대응하는 소자는 없다.
④ 기자력과 자속 사이에는 비직선적 특성을 갖고 있다.

★★★☆☆
39
자기 회로에 대한 키르히호프의 법칙 중 옳은 것은?

① 수 개의 자기 회로가 1 점에서 만날 때는 각 회로의 기자력의 대수합은 0이다.
② 수 개의 자기 회로가 1 점에서 만날 때는 각 회로의 자속과 자기저항을 곱한 것의 대수합은 0이다.

[**정답**] 36 ④   37 ①   38 ②   39 ④

③ 하나의 폐자기 회로에 대하여 각 분로의 기자력과 자기 저항을 곱한 것의 대수합은 폐자기 회로에 작용하는 자속의 대수합과 같다.

④ 하나의 폐자기 회로에 대하여 각 분로의 자속과 자기저항을 곱한 것의 대수합은 폐자기 회로에 작용하는 기자력의 대수합과 같다.

🔎 해설

자기회로

자기회로의 키르히호프 법칙

① 제1법칙 : 하나의 폐 자기 회로 내에서 나가고 들어가는 자속의 대수의 합은 같다.

$$\sum \phi_i = \sum \phi_o, \ \sum \phi = 0$$

② 제2법칙 : 하나의 폐 자기 회로에 대하여 각 분로의 자속과 자기 저항을 곱한 것의 대수합은 폐자기 회로에 작용하는 기자력의 대수합과 같다.

$$\sum F(NI) = \sum \phi R_m$$

★★★☆☆

40 다음 중 자기회로에서 키르히호프의 법칙으로 알맞은 것은?

① $\displaystyle\sum_{i=1}^{n} \phi_i = \infty$ ② $\displaystyle\sum_{i=1}^{n} N_i \phi_i = \infty$

③ $\displaystyle\sum_{i=1}^{n} R_i \phi_i = \sum_{i=1}^{n} N_i I_i$ ④ $\displaystyle\sum_{i=1}^{n} R_i \phi_i = \sum_{i=1}^{n} R_i L_i$

🔎 해설

자기회로

문제 39번 해설 참조

★★★☆☆

41 자기 회로의 단면적 $S[\mathrm{m}^3]$, 길이 $l[\mathrm{m}]$, 비투자율 μ_s, 진공의 투자율 $\mu_o[\mathrm{H/m}]$일 때의 자기 저항은?

① $\dfrac{l}{\mu_o \mu_s S}$ ② $\dfrac{\mu_o \mu_s l}{S}$

③ $\dfrac{S}{\mu_o \mu_s l}$ ④ $\dfrac{\mu_o \mu_s S}{l}$

🔎 해설

자기회로

자기저항 $R_m = \dfrac{F}{\phi_m} = \dfrac{l}{\mu \cdot S} = \dfrac{l}{\mu_0 \mu_s S}[\mathrm{AT/Wb}]$

★★★☆☆

42 단면적 $S[\mathrm{m}^3]$, 길이 $l[\mathrm{m}]$, 투자율 $\mu[\mathrm{H/m}]$의 자기 회로에 N회의 코일을 감고 $I[\mathrm{A}]$의 전류를 통할 때의 옴의 법칙은?

① $B = \dfrac{\mu SNI}{l}$ ② $\phi = \dfrac{\mu SI}{lN}$

③ $\phi = \dfrac{\mu SNI}{l}$ ④ $\phi = \dfrac{l}{\mu SNI}$

🔎 해설

자기회로

자기회로에서 자속 $\phi = \dfrac{F}{R_m} = \dfrac{NI}{\dfrac{l}{\mu S}} = \dfrac{\mu SNI}{l}[\mathrm{Wb}]$

★★★☆☆

43 아래 그림과 같은 자기회로에서 A 부분에만 코일을 감아서 전류를 인가할 때의 자기저항과 B 부분에만 코일을 감아서 전류를 인가 할 때 의 자기저항을 각각 구하면 어떻게 되는가?
(단, 자기저항 $R_1 = 1$, $R_2 = 0.5$, $R_3 = 0.5[\mathrm{AT/Wb}]$이다.)

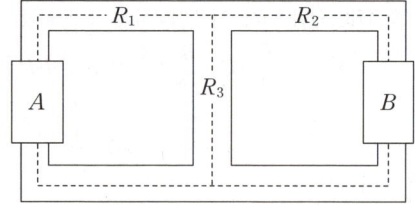

① $R_A = 1.25$, $R_B = 0.83$
② $R_A = 1.25$, $R_B = 1.25$
③ $R_A = 0.83$, $R_B = 0.83$
④ $R_A = 0.83$, $R_B = 1.25$

🔎 해설

자기회로

① A 부분에만 코일을 감아 전류 인가 시 자속이 분배되는 합성 자기저항 R_2, R_3는 병렬이고 이에 R_1는 직렬이므로

$$R_A = R_1 + \dfrac{R_2 \times R_3}{R_2 + R_3} = 1 + \dfrac{0.5 \times 0.5}{0.5 + 0.5} = 1.25[\mathrm{AT/Wb}]$$

② B 부분에만 코일을 감아 전류 인가 시 자속이 분배되는 합성 자기저항 R_1, R_3는 병렬이고 이에 R_2는 직렬이므로

$$R_B = R_2 + \dfrac{R_1 \times R_3}{R_1 + R_3} = 0.5 + \dfrac{1 \times 0.5}{1 + 0.5} = 0.83[\mathrm{AT/Wb}]$$

[정답] 40 ③   41 ①   42 ③   43 ①

★★☆☆☆

44 비투자율 μ_r인 철심이든 환상 솔레노이드의 권수가 N회, 평균지름이 $d[\mathrm{m}]$, 철심의 단면적이 $A[\mathrm{m}^2]$라 할 때 솔레노이드에 $I[\mathrm{A}]$의 전류가 흐르면, 자속은 몇 $[\mathrm{Wb}]$인가?

① $\dfrac{2\pi \times 10^{-7}\mu_r NIA}{d}$ ② $\dfrac{4\pi \times 10^{-7}\mu_r NIA}{d}$

③ $\dfrac{2 \times 10^{-7}\mu_r NIA}{d}$ ④ $\dfrac{4 \times 10^{-7}\mu_r NIA}{d}$

🔍 **해설**

자기회로

자속 $\phi = \dfrac{\mu ANI}{l} = \dfrac{\mu_o \mu_r ANI}{\pi d} = \dfrac{4\pi \times 10^{-7}\mu_r ANI}{\pi d} = \dfrac{4 \times 10^{-7}\mu_r ANI}{d}$

여기서, $l = 2\pi r = \pi d[\mathrm{m}]$, $r[\mathrm{m}]$: 평균반지름, $d[\mathrm{m}]$: 평균지름

★★★☆☆

45 비투자율 500, 단면적 $3[\mathrm{cm}^2]$, 평균 자로 $30[\mathrm{cm}]$의 환상 철심에 코일이 600회 감겨 있다. 이 코일에 $10[\mathrm{A}]$의 전류를 흘릴 때 생기는 자기 저항 $R[\mathrm{AT/Wb}]$와 자속 $\phi[\mathrm{Wb}]$는? (단, 진공 중의 투자율 $\mu_o = 1.257 \times 10^{-6}[\mathrm{H/m}]$는 계산의 편의상 $1 \times 10^{-6}[\mathrm{H/m}]$로 하여 계산한다.)

① $R = 2 \times 10^{-6}$, $\phi = 3 \times 10^{-3}$

② $R = 2 \times 10^{-6}$, $\phi = 3 \times 10^3$

③ $R = 2 \times 10^6$, $\phi = 3 \times 10^{-3}$

④ $R = 2 \times 10^6$, $\phi = 3 \times 10^6$

🔍 **해설**

자기회로

자기저항 $R_m = \dfrac{l}{\mu S} = \dfrac{l}{\mu_o \mu_s S} = \dfrac{30 \times 10^{-2}}{1 \times 10^{-6} \times 500 \times 3 \times 10^{-4}}$

$= 2 \times 10^6 [\mathrm{AT/Wb}]$

자속 $\phi = \dfrac{F}{R_m} = \dfrac{NI}{R_m} = \dfrac{600 \times 10}{2 \times 10^6} = 3 \times 10^{-3}[\mathrm{Wb}]$

★★★★☆

46 코일로 감겨진 자기 회로에서 철심의 투자율을 μ라 하고 회로의 길이를 l이라 할 때, 그 회로 일부에 미소 공극 l_g를 만들면 자기 저항은 처음의 몇 배가 되는가? (단, $l \gg l_g$ 이다.)

① $1 + \dfrac{\mu l}{\mu_o l_g}$ ② $1 + \dfrac{\mu_o l_g}{\mu l}$

③ $1 + \dfrac{\mu_o l}{\mu l_g}$ ④ $1 + \dfrac{\mu l_g}{\mu_o l}$

🔍 **해설**

자기회로

공극 발생 시 자기저항 증가율

$\dfrac{R}{R_m} = \dfrac{R_m + R_g}{R_m} = \dfrac{\dfrac{l + \mu_s l_g}{\mu S}}{\dfrac{l}{\mu S}} = 1 + \dfrac{\mu l_g}{\mu_o l} = 1 + \dfrac{l_g \mu_s}{l}$ 배

★★★☆☆

47 공극이 있는 환상 솔레노이드에 권수는 1000회 철심의 길이 $l = 10[\mathrm{cm}]$ 공극의 길이 $l_g = 2[\mathrm{mm}]$, 단면적 $3[\mathrm{cm}^2]$, 철심의 비투자율 800, 전류는 $10[\mathrm{A}]$라 했을 때 이 솔레노이드의 자속은 약 몇 $[\mathrm{Wb}]$인가? (단, 누설자속은 없다고 한다.)

① $3 \times 10^{-2}[\mathrm{Wb}]$ ② $1.89 \times 10^{-3}[\mathrm{Wb}]$

③ $1.77 \times 10^{-3}[\mathrm{Wb}]$ ④ $2.89 \times 10^{-3}[\mathrm{Wb}]$

🔍 **해설**

자기회로

공극발생시 합성자기저항

$R = \dfrac{l + \mu_s l_g}{\mu \cdot S} = \dfrac{l + \mu_s l_g}{\mu_o \mu_s \cdot S} = \dfrac{10 \times 10^{-2} + 800 \times 2 \times 10^{-3}}{4\pi \times 10^{-7} \times 800 \times 3 \times 10^{-4}}$

$= 5636737.568 \fallingdotseq 536.67 \times 10^4 [\mathrm{AT/Wb}]$

자속 $\phi = \dfrac{F}{R_m} = \dfrac{NI}{R_m}[\mathrm{Wb}]$이므로

$\phi = \dfrac{1000 \times 10}{563.67 \times 10^4} = 1.774 \times 10^{-3} \fallingdotseq 1.77 \times 10^{-3}[\mathrm{Wb}]$

★★★☆☆

48 공극(air gap)을 가진 환상 솔레노이드에서 총권수 N회, 철심의 투자율 $\mu[\mathrm{H/m}]$, 단면적 $S[\mathrm{m}^2]$, 길이 $l[\mathrm{m}]$이고 공극의 길이 δ일 때 공극부에 자속밀도 $B[\mathrm{Wb/m}^2]$를 얻기 위해서는 몇 $[\mathrm{A}]$의 전류를 흘려야 하는가?

[정답] 44 ④ 45 ③ 46 ④ 47 ③ 48 ③

① $\dfrac{N}{B}\left(\dfrac{l}{\mu}+\dfrac{\delta}{\mu_o}\right)$ ② $\dfrac{N}{B}\left(\dfrac{l}{\mu_o}+\dfrac{\delta}{\mu}\right)$

③ $\dfrac{B}{N}\left(\dfrac{l}{\mu}+\dfrac{\delta}{\mu_o}\right)$ ④ $\dfrac{B}{N}\left(\dfrac{l}{\mu_o}+\dfrac{\delta}{\mu}\right)$

해설 -

자기회로

$$F=NI=\phi R=BSR=BS\left(\dfrac{l}{\mu S}+\dfrac{l_g}{\mu_o S}\right)=B\left(\dfrac{l}{\mu}+\dfrac{l_g}{\mu_o}\right)[\mathrm{AT}]$$

이므로 전류 I를 구하면 $I=\dfrac{B}{N}\left(\dfrac{l}{\mu}+\dfrac{l_g}{\mu_o}\right)[\mathrm{A}]$가 된다.

문제에서 공극의 길이를 $l_g=\delta$로 주어졌으므로

이를 대입하면 $I=\dfrac{B}{N}\left(\dfrac{l}{\mu}+\dfrac{\delta}{\mu_o}\right)[\mathrm{A}]$가 된다.

★★☆☆☆

49 공심 환상 솔레노이드의 단면적이 $10[\mathrm{cm^2}]$, 자로의 길이 $20[\mathrm{cm}]$, 코일의 권수가 500회, 코일에 흐르는 전류가 $2[\mathrm{A}]$일 때 솔레노이드의 내부 자속$[\mathrm{Wb}]$은 얼마인가?

① $4\pi\times10^{-4}\,[\mathrm{Wb}]$ ② $4\pi\times10^{-6}\,[\mathrm{Wb}]$

③ $2\pi\times10^{-4}\,[\mathrm{Wb}]$ ④ $2\pi\times10^{-6}\,[\mathrm{Wb}]$

해설 -

자기회로

자속

$$\phi=\dfrac{\mu_o SNI}{l}=\dfrac{4\pi\times10^{-7}\times10\times10^{-4}\times500\times2}{20\times10^{-2}}$$

$$=2\pi\times10^{-6}[\mathrm{Wb}]$$

※ 공심이므로 공기를 말한다. $\mu=\mu_o[\mathrm{H/m}]$

electrical engineer

전자유도

영상 학습 QR   출제경향분석

제10장 전자유도 에서 시험에 자주 출제가 되는 내용은 다음과 같다.
❶ 패러데이법칙   ❷ 렌츠의 법칙
❸ 플레밍의 오른손법칙   ❹ 표피효과

콕콕 포인트

Q 포인트문제 1

100회 감은 코일과 쇄교하는 자속
이 1/10초 동안에 0.5[Wb]에
서 0.3[Wb]로 감소했다. 이 때
유기되는 기전력은 몇 [V]인가?

① 100[V]   ② 200[V]

③ 300[V]   ④ 400[V]

A 해설

$e=-N\dfrac{d\phi}{dt}$

$=-100\times\dfrac{0.3-0.5}{\dfrac{1}{10}}$

$=200$[V]

정답 ②

1 전자유도법칙

전자유도법칙이란 도체에 전류 및 자속의 시간적 변화가 일어나면 유기기전력 즉 역기전
력이 발생하는 현상을 말한다.

1. 패러데이 법칙

$$e=-N\frac{d\phi}{dt}=-L\frac{di}{dt}[\text{V}]$$

정의 전자 유도에 의해 회로에 발생되는 기전력은 쇄교 자속수의 시간에
대한 감쇠율에 비례 한다.

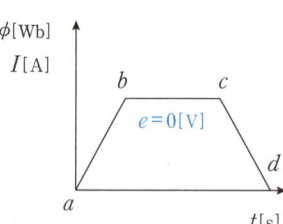

$LI=N\phi$ 인덕턴스 $L=\dfrac{N\phi}{I}$[H]에서 SW−ON시와 SW−Off시에 전류와 자속
의 시간적 변화가 일어나 유도기전력이 발생 한다.

2. 렌쯔의 법칙

코일에 전류 변화에 의한 유기 기전력 방향을 결정 한 식을 말한다. 전자 유도에 의해서
생기는 기전력의 방향은 쇄교 자속의 변화를 방해하는 방향이다.

3. 코일에 유기되는 기전력

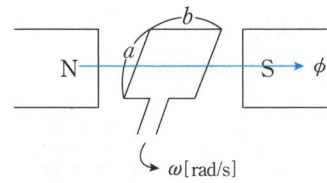

1) 유기기전력

정현파 자속 $\phi = \phi_m \sin\omega t\,[\mathrm{Wb}]$이 주어진 경우

$$e = -N\frac{d\phi}{dt} = -\omega N\phi_m\cos\omega t = \omega N\phi_m\sin\left(\omega t - \frac{\pi}{2}\right)[\mathrm{V}]$$

코일에 유기되는 전압은 자속보다 위상이 90° 뒤진다.

2) 유기기전력의 최대값

$$e_{\max} = \omega N\phi_m\,[\mathrm{V}]$$

여기서, $\omega = \dfrac{2\pi n}{60} = 2\pi f\,[\mathrm{rad/s}]$: 각속도, $f\,[\mathrm{Hz}]$: 주파수,

$n\,[\mathrm{rpm}]$: 분당 회전수, $N\,[\mathrm{T}]$: 권수

> **참고** 여현파 자속 $\phi = \phi_m\cos\omega t\,[\mathrm{Wb}]$이 주어지는 경우
>
> $$e = -N\frac{d\phi}{dt} = -\omega N\phi_m(-\sin\omega t) = \omega N\phi_m\sin\omega t\,[\mathrm{V}]$$

▎필수확인 O·X 문제 ▎

1차 2차 3차

1. 패러데이 전자유도법칙은 유도 기전력의 방향을 결정한 식이다.·········(　)
2. 렌츠의 법칙에 의한 유도기전력의 방향은 쇄교 자속의 변화를 방해하는 방향이다.
　···(　)

상세해설

1. (×) 패러데이 전자 유도 법칙은 유도 기전력의 크기를 결정한 식이다.
2. (○)

Q 포인트문제 2

전자유도에 의해서 회로에 발생하는 기전력에 관계되는 두 개의 법칙은?

① 가우스 법칙과 옴의 법칙
② 플레밍의 법칙과 옴의 법칙
③ 패러데이 법칙과 렌쯔의 법칙
④ 암페어의 법칙과 비오 – 사바르 법칙

A 해설

· 패러데이의 법칙 : 유도 기전력의 크기 결정
· 렌쯔의 법칙 : 유도 기전력의 방향 결정

정답 ③

Q 포인트문제 3

자기 인덕턴스 0.05[H]의 회로에 흐르는 전류가 매초 530[A]의 비율로 증가할 때 자기 유도 기전력[V]을 구하면?

① −25.5　　② −26.5
③ 25.5　　④ 26.5

A 해설

렌쯔의 법칙을 이용

$L=0.05[\mathrm{H}]$, $\dfrac{di}{dt}=530[\mathrm{A/sec}]$

일 때 유기기전력 $e=-L\dfrac{di}{dt}$

$=-0.05\times530=-26.5[\mathrm{V}]$이다.

유도기전력의 크기가
(+) $e[\mathrm{V}]>0$이면
인가된 전류와 같은 방향으로 유기
유도기전력의 크기가
(−) $e[\mathrm{V}]<0$이면 인가된 전류와 반대 방향으로 유기

정답 ②

3. 플레밍의 오른손 법칙

자계 내에 도체(도선)을 넣고 속도를 가지고 운동 시 발생되는 유도기전력의 크기 및 방향을 결정 하는 법칙으로 발전기의 원리가 된다.

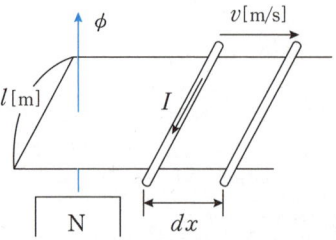

$$e = Blv\sin\theta = (\vec{v} \times \vec{B})l = \frac{F}{I}v\,[\mathrm{V}]$$

오른손가락 방향 → $v[\mathrm{m/s}]$: 엄지, $B[\mathrm{Wb/m^2}]$: 검지(인지), $e[\mathrm{V}]$: 중지

여기서, $B[\mathrm{Wb/m^2}]$: 자속밀도, $l[\mathrm{m}]$: 도체의 길이, $v[\mathrm{m/s}]$: 이동속도
$F[\mathrm{N}]$: 전자력, $I[\mathrm{A}]$: 전류

4. 아라고의 원판 = 패러데이 원판

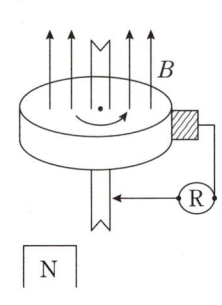

1) 유도(기)기전력 $e = \dfrac{\omega Ba^2}{2}[\mathrm{V}]$

2) 전류 $I = \dfrac{e}{R} = \dfrac{\omega Ba^2}{2R}[\mathrm{A}]$

여기서, $\omega = \dfrac{2\pi n}{60}[\mathrm{rad/s}]$: 각속도,

$B[\mathrm{Wb/m^2}]$: 자속밀도, $a[\mathrm{m}]$: 원판의 반지름,

$n[\mathrm{rpm}]$: 분당 회전수

※ 원판과 자석을 동시에 같은 방향, 같은 속도로 회전
시킬 때 $e = 0[\mathrm{V}]$

2 표피효과 및 와전류

도선에 교류를 인가시 전류는 내부로 갈수록 전류와 쇄교하는 자속이 커지고 이에 따른 유도기전력 $e = -N\dfrac{d\phi}{dt}[\mathrm{V}]$도 커져서 전류가 잘 흐르지 못한다. 이때 도선 표면의 전류 밀도는 증가하고 도선중심의 전류 밀도는 감소하는 현상을 표피효과라 한다.

engineer · electrical engineer · electrical engineer · electrical engineer · electrical engineer · electrical engineer · electrical engineer · electrical engineer

콕콕 포인트

1. 표피두께

$$\delta = \sqrt{\frac{2}{\omega\mu\sigma}} = \frac{1}{\sqrt{\pi f \mu\sigma}}[\text{m}]$$

여기서, $\omega = 2\pi f[\text{rad/s}]$: 각속도(각주파수), $\mu[\text{H/m}]$: 투자율,

$\sigma = k = \dfrac{1}{\rho}[\text{℧/m}]$: 도전율

2. 표피효과

$$P \propto \frac{1}{\delta} = \sqrt{\pi f \mu\sigma}$$

3. 표피효과의 영향

표피효과는 주파수가 클수록 도선의 온도가 높을수록 크다 그러므로 전기저항을 증가 시킨다. $R = \rho\dfrac{l}{S} \propto \sqrt{f}$ 저항의 증가 방지책으로는 압분철심, 연선, 중공도선 사용한다.

4. 와전류

일반적으로 도체를 관통하는 자속이 변화하든가 또는 자속과 도체가 상대적으로 운동하여 도체 내의 자속이 시간적으로 변화를 일으키면, 이 변화를 막기 위하여 도체 내에 국부적으로 형성되는 임의의 폐회로를 따라 전류가 유기되는데 이 전류를 와전류라 한다.

1) 와전류의 방향은 자속이 수직인 면을 회전 한다.
2) 와전류 응용법 : 권상기(전동기)의 제동에 응용 된다.

| 필수확인 O·X 문제 | 1차 2차 3차

1. 플레밍의 오른손법칙에서 유도기전력의 방향은 엄지손가락이다. ········( )
2. 원판에 유기되는 기전력은 원판과 자석이 같은 방향 같은 속도로 회전시에 발생한다.
    ···( )
3. 표피효과에 의한 침투깊이는 주파수가 커질수록 작아진다. ··········( )

상세해설

1. (×) 플레밍의 오른손에서 $v[\text{m/s}]$: 엄지, $B[\text{Wb/m}^2]$: 검지(인지), $e[\text{V}]$: 중지
2. (×) 원판과 자석을 동시에 같은 방향, 같은 속도로 회전시킬 때 $e = 0[\text{V}]$
3. (○)

Q 포인트문제 6

고유 저항 $\rho = 2 \times 10^{-8}[\Omega \cdot \text{m}]$, $\mu = 4\pi \times 10^{-7}[\text{H/m}]$인 동선에 $50[\text{Hz}]$의 주파수를 갖는 전류가 흐를 때 표피 두께는 몇 [mm]인가?

① 5.13 ② 7.15
③ 10.07 ④ 12.3

A 해설

표피두께

$\delta = \sqrt{\dfrac{2}{\omega\mu\sigma}} = \dfrac{1}{\sqrt{\pi f \mu\sigma}}[\text{m}]$

여기서, $\sigma[\text{℧/m}]$ 도전율이고

$\sigma = \dfrac{1}{\rho}[\text{℧/m}]$,

고유저항 $\rho = \dfrac{1}{\sigma}[\Omega/\text{m}]$이므로

$\delta = \sqrt{\dfrac{2\rho}{\omega\mu}}[\text{m}]$ 이므로

$\delta = \sqrt{\dfrac{2 \times 2 \times 10^{-8}}{2\pi \times 50 \times 4\pi \times 10^{-7}}} \times 10^3$

$= 10.065 \fallingdotseq 10.07[\text{mm}]$

정답 ③

Q 포인트문제 7

일반적으로 도체를 관통하는 자속이 변화하든가 또는 자속과 도체가 상대적으로 운동하여 도체 내의 자속이 시간적으로 변화를 일으키면, 이 변화를 막기 위하여 도체 내에 국부적으로 형성되는 임의의 폐회로를 따라 전류가 유기되는데 이 전류를 무엇이라 하는가?

① 변위전류 ② 도전전류
③ 대칭전류 ④ 와전류

A 해설

일반적으로 도체를 관통하는 자속이 변화하든가 또는 자속과 도체가 상대적으로 운동하여 도체 내의 자속이 시간적으로 변화를 일으키면, 이 변화를 막기 위하여 도체 내에 국부적으로 형성되는 임의의 폐회로를 따라 전류가 유기되는데 이 전류를 와전류라 한다.

① 와전류의 방향은 자속이 수직인 면을 회전 한다.
② 와전류 응용법 : 전동기의 제동에 응용 된다.

정답 ④

음성 학습 QR

- QR 코드를 찍으시면, 가장 중요한 우선순위 문제풀이 영상을 보실 수 있습니다.
- 우선순위 논점은 전기(산업)기사 시험에서 가장 출제 빈도가 높은 문제로써, 수험생분들께서는 각 파트별 우선순위 문제의 논점과 키워드를 학습하시기를 바랍니다.
- 체크 리스트를 작성하시면서 문제의 유형과 학습의 완성도를 스스로 체크 해 보시기를 바랍니다.
- "선생님의 콕콕 포인트"는 틀리기 쉬운 문제의 함정과 문제의 포인트를 집어드립니다. 우선순위 문제풀이의 포인트를 꼭 참고하고 응용문제의 해결능력을 길러 줍니다.

번호	우선순위 논점	KEY WORD	나의 정답 확인				선생님의 콕콕 포인트
			맞음	틀림(오답확인)			
				이해 부족	암기 부족	착오 실수	
1	전자유도법칙 ①	자속의 시간적 변화, 전자유도법칙					패러데이 전자유도 법칙 정의를 암기 할 것
3	전자유도법칙 ②	렌쯔(츠), 코일의 전류에 시간적 변화					유도기전력의 방향은 쇄교 자속의 변화를 방해하는 방향 일 것
10	전자유도법칙 ③	유도기전력의 위상, 역기전력					역기전력이므로 인덕턴스의 위상과 반대로 생각 할 것
17	전자유도법칙 ④	자계 내에 도체가 움직일 때 유도기전력					플레밍의 오른손법칙을 암기할 것
22	표피효과	표피효과, 침투(표피)깊이					표피효과와 침투(표피)깊이를 구분 할 것

★★★☆☆

01 전자유도에 의하여 회로에 발생되는 기전력은 자속 쇄교수의 시간에 대한 감쇠비율에 비례한다고 정의하는 법칙은 ?

① 쿨롱의 법칙

② 가우스 법칙

③ 노이만의 법칙

④ 패러데이의 법칙

🔍 **해설**

전자유도법칙

패러데이(노이만) 법칙은 유도(기)기전력의 크기를 결정한 식

$$e = -N\frac{d\phi}{dt}[V]$$

💙 **정의**

전자 유도에 의해 회로에 발생되는 기전력은 쇄교 자속수의 시간에 대한 감쇠율에 비례 한다.

★★☆☆☆

02 패러데이 법칙 중 옳지 않은 것은?

① $e = \dfrac{d\phi_m}{dt}$

② $e = -N\dfrac{d\phi_m}{dt}$

③ $e = \displaystyle\int_s \dfrac{\partial B}{\partial t} \cdot ds$

④ $e = -\dfrac{1}{N} \cdot \dfrac{d\phi_m}{dt}$

🔍 **해설**

전자유도법칙

패러데이 전자유도 법칙

① $-$는 붙여도 되고 떼어도 좋다.

ⓐ $e = -N\dfrac{d\phi}{dt}[V]$ 이때 $\phi = 小 - 大$

ⓑ $e = N\dfrac{d\phi}{dt}[V]$ 이때 $\phi = 大 - 小$

② 권수에 대한 말이 없다면 $N = 1$

ⓐ $e = -\dfrac{d\phi}{dt}[V]$

ⓑ $e = \dfrac{d\phi}{dt}[V]$

③ $\phi = BS = \mu HS = \dfrac{\mu SNI}{l}[\text{Wb}]$

적분형 $e = -\dfrac{d\phi}{dt} = -\dfrac{d}{dt}\displaystyle\int_s B \cdot dS = -\displaystyle\int_s \dfrac{\partial B}{\partial t} \cdot dS[V]$

[정답] 01 ④ 02 ④

★★★☆☆

03 렌쯔의 법칙을 올바르게 설명한 것은?

① 전자유도에 의하여 생기는 전류의 방향은 항상 일정하다.

② 전자유도에 의하여 생기는 전류의 방향은 자속변화를 방해하는 방향이다.

③ 전자유도에 의하여 생기는 전류의 방향은 자속변화를 도와주는 방향이다.

④ 전자유도에 의하여 생기는 전류의 방향은 자속변화와는 관계가 없다.

해설

전자유도법칙

렌쯔(츠)의 법칙으로 유도 기전력의 방향을 결정하며 $e = -N\dfrac{d\phi}{dt}[\mathrm{V}]$ 전자유도에 의하여 생기는 전류의 방향은 쇄교 자속변화를 방해하는 방향이다.

★★★☆☆

04 다음에서 전자유도 법칙과 관계가 먼 것은?

① 노이만의 법칙　　② 렌쯔의 법칙

③ 암페어 오른나사의 법칙　　④ 패러데이의 법칙

해설

전자유도법칙

암페어의 오른나사 법칙은 전류에 의한 자계의 방향을 결정하는 법칙이다.

★★☆☆☆

05 권수 500[T]의 코일 내를 통하는 자속이 다음 그림과 같이 변화하고 있다. bc기간 내에 코일 단자 간에 생기는 유기기전력 [V]은?

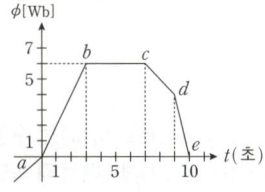

① 1.5[V]　　② 0.7[V]

③ 1.4[V]　　④ 0[V]

해설

전자유도법칙

bc구간은 자속의 변화가 없으므로 유도기전력은 발생하지 않으므로 $e = 0[\mathrm{V}]$이다.

★★☆☆☆

06 1권선의 코일에 5[Wb]의 자속이 쇄교하고 있을 때 $t = \dfrac{1}{100}$초 사이에 이 자속을 0으로 했다면 이 때 코일에 유도 되는 기전력은 몇 [V]인가?

① 100[V]　　② 250[V]

③ 500[V]　　④ 700[V]

해설

전자유도법칙

패러데이 전자유도 법칙을 이용하면

$$e = -N\frac{d\phi}{dt} = -1 \times \frac{0-5}{\frac{1}{100}} = 500[\mathrm{V}]$$

★★☆☆☆

07 그림(a)의 인덕턴스에 전류가 그림(b)와 같이 흐를 때 2초에서 6초 사이의 인덕턴스 전압 V_L은 몇 [V]인가? (단, $L = 1[\mathrm{H}]$이다.)

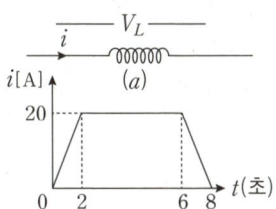

① 0[V]　　② 5[V]

③ 10[V]　　④ -5[V]

해설

전자유도법칙

코일의 전류 변화에 의한 유기기전력은 렌쯔(츠)의 전자유도 현상으로 $e = -L\dfrac{di}{dt}[\mathrm{V}]$

2~6초 사이에는 전류의 변화가 없으므로 유도기전력은 발생하지 않으므로 $e = 0[\mathrm{V}]$이다.

[**정답**] 03 ② 04 ③ 05 ④ 06 ③ 07 ①

★★☆☆☆

08 어느 코일에 흐르는 전류가 $0.01[s]$간에 $1[A]$ 변화하여 $60[V]$의 기전력이 유기되었다. 이 코일의 자기 인덕턴스$[H]$는?

① $0.4[H]$ ② $0.6[H]$

③ $1.0[H]$ ④ $1.2[H]$

🔍 해설
- -

전자유도법칙

코일에 전류 변화에 의한 유기 기전력 $e=-L\dfrac{di}{dt}[V]$를 이용하면

$$L=\frac{et}{i}=\frac{60\times0.01}{1}=0.6[H]$$

★★★☆☆

09 자속 $\phi[Wb]$가 주파수 $f[Hz]$로 $\phi=\phi_m\sin2\pi ft$ $[Wb]$일 때, 이 자속과 쇄교하는 권수 N회인 코일에 발생하는 기전력은 몇 $[V]$인가?

① $-2\pi fN\phi_m\cos2\pi ft[V]$ ② $-2\pi fN\phi_m\sin2\pi ft[V]$

③ $2\pi fN\phi_m\tan2\pi ft[V]$ ④ $2\pi fN\phi_m\sin2\pi ft[V]$

🔍 해설
- -

전자유도법칙

자속 $\phi=\phi_m\sin2\pi ft[Wb]$일 때 코일에 유기되는 기전력은 패러데이법칙을 이용하면

$$e=-N\frac{d\phi}{dt}=-N\frac{d}{dt}\phi_m\sin2\pi ft$$
$$=-N\phi_m\frac{d}{dt}\sin2\pi ft=-N\phi_m(\cos2\pi ft)\cdot2\pi f$$
$$=-2\pi fN\phi_m\cos2\pi ft[V]$$

★★★☆☆

10 $\phi=\phi_m\sin\omega t[Wb]$인 정현파로 변화하는 자속이 권수 N인 코일과 쇄교할 때의 유기 기전력의 위상은 자속에 비해 어떠한가?

① $\dfrac{\pi}{2}$ 만큼 빠르다.   ② $\dfrac{\pi}{2}$ 만큼 늦다.

③ π 만큼 빠르다.   ④ 동위상이다.

🔍 해설
- -

전자유도법칙

정현파 자속 $\phi=\phi_m\sin\omega t[Wb]$

$$e=-N\frac{d}{dt}\phi_m0\sin\omega t=-\omega N\phi_m\cos\omega t$$
$$=\omega N\phi_m\sin(\omega t-\frac{\pi}{2})[V]$$

여기서, $\omega=2\pi f=\dfrac{2\pi n}{60}[rad/sec]$, $n[rpm]$: 분당 회전수

유기 기전력 e는 자속 ϕ에 비하여 위상이 $\dfrac{\pi}{2}$ 만큼 늦다.

★★☆☆☆

11 저항 $24[\Omega]$의 코일을 지나는 자속이 $0.3\cos800t$ $[Wb]$일 때 코일에 흐르는 전류의 최대치는?

① $10[A]$ ② $20[A]$

③ $30[A]$ ④ $40[A]$

🔍 해설
- -

전자유도법칙

최대값 $e_m=\omega N\phi_m=800\times1\times0.3=240[V]$

$$I_m=\frac{e_m}{R}=\frac{240}{24}=10[A]$$

★★☆☆☆

12 N회의 권선에 최대값 $1[V]$, 주파수 $f[Hz]$인 기전력을 유기시키기 위한 쇄교 자속의 최대값$[Wb]$은?

① $\dfrac{f}{2\pi N}[Wb]$ ② $\dfrac{2N}{\pi f}[Wb]$

③ $\dfrac{1}{2\pi fN}[Wb]$ ④ $\dfrac{N}{2\pi f}[Wb]$

🔍 해설
- -

전자유도법칙

코일에 유기되는 최대값 $e_{max}=\omega N\phi_m[V]$이므로

최대자속 $\phi_m=\dfrac{e_{max}}{\omega N}=\dfrac{1}{2\pi fN}[Wb]$

★★☆☆☆

13 권수 n, 가로 $a[m]$, 세로 $b[m]$인 구형 코일이 자속밀도 $B[Wb/m^2]$되는 평등 자계내에서 각 속도 $\omega[rad/s]$로 회전할 때 발생하는 유기 기전력의 최대값$[V]$은?

[정답] 08 ②   09 ①   10 ②   11 ①   12 ③   13 ③

① $\omega nB\,[\mathrm{V}]$ ② $\omega ab B^2\,[\mathrm{V}]$

③ $\omega nab B\,[\mathrm{V}]$ ④ $\omega nab B^2\,[\mathrm{V}]$

🔍 **해설** ------------------------

전자유도법칙

코일에 유기되는 최대값 $e_{\max}=\omega N\phi_m=\omega nBS=\omega nBab\,[\mathrm{V}]$
이 된다.
여기서 권수 $N\,[\mathrm{T}]=n\,[\mathrm{T}]$

★★☆☆☆

14 자속 밀도 $B\,[\mathrm{Wb/m^2}]$의 평등 자계와 평행한 축 둘레에 각속도 $\omega\,[\mathrm{rad/s}]$로 회전하는 반지름 $a\,[\mathrm{m}]$의 도체 원판에 그림과 같이 브러시를 접촉시킬 때 저항 $R\,[\Omega]$에 흐르는 전류$[\mathrm{A}]$는?

① $\dfrac{\omega B a^2}{2R}\,[\mathrm{A}]$ ② $\dfrac{\omega B a^2}{R}\,[\mathrm{A}]$

③ $\dfrac{\omega B a}{2R}\,[\mathrm{A}]$ ④ $\dfrac{\omega B a}{R}\,[\mathrm{A}]$

🔍 **해설** ------------------------

전자유도법칙

① 유도(기)기전력 $e=\dfrac{\omega B a^2}{2}\,[\mathrm{V}]$

② 전류 $I=\dfrac{e}{R}=\dfrac{\omega B a^2}{2R}\,[\mathrm{A}]$

여기서, $\omega=\dfrac{2\pi n}{60}\,[\mathrm{rad/s}]$: 각속도, $B\,[\mathrm{Wb/m^2}]$: 자속밀도,

　　$a\,[\mathrm{m}]$: 원판의 반지름, $n\,[\mathrm{rpm}]$: 분당 회전수

★★☆☆☆

15 막대자석 위쪽에 동축 도체 원판을 놓고 회로의 한 끝은 원판의 주변에 접촉시켜 습동 하도록 해놓은 그림과 같은 패러데이 원판 실험을 할 때 검류계에 전류가 흐르지 않는 경우는?

① 자석을 축 방향으로 전진시킨 후 후퇴시킬 때

② 자석만을 일정한 방향으로 회전시킬 때

③ 원판만을 일정한 방향으로 회전시킬 때

④ 원판과 자석을 동시에 같은 방향, 같은 속도로 회전시킬 때

🔍 **해설** ------------------------

전자유도법칙

원판과 자석을 동시에 같은 방향, 같은 속도로 회전 시 자속을 끊지 못해 전압이 유기되지 않는다.

★★☆☆☆

16 자계 중에 이것과 직각으로 놓인 도선에 $I\,[\mathrm{A}]$의 전류를 흘리니 $F\,[\mathrm{N}]$의 힘이 작용하였다. 이 도선을 $v\,[\mathrm{m/s}]$의 속도로 자계와 직각으로 운동시키면 기전력은 몇 $[\mathrm{V}]$인가?

① $\dfrac{vI}{F}\,[\mathrm{V}]$ ② $\dfrac{F^2 v}{I}\,[\mathrm{V}]$

③ $\dfrac{Fv}{I}\,[\mathrm{V}]$ ④ $\dfrac{Fv^2}{I}\,[\mathrm{V}]$

🔍 **해설** ------------------------

전자유도법칙

플레밍의 오른손 법칙으로 자계 내에 도체(도선)를 넣고 속도를 가지고 운동 시 발생되는 유도기전력의 크기 및 방향을 결정 하는 법칙으로 발전기의 원리가 된다.

$e=Blv\sin\theta=(\vec{v}\times\vec{B})l=\dfrac{F}{I}v\,[\mathrm{V}]$

• 오른손가락 방향

　$v\,[\mathrm{m/s}]$: 엄지, $B\,[\mathrm{Wb/m^2}]$: 검지(인지), $e\,[\mathrm{V}]$: 중지

여기서, $B\,[\mathrm{Wb/m^2}]$: 자속밀도, $l\,[\mathrm{m}]$: 도체의 길이,

　　$v\,[\mathrm{m/s}]$: 이동속도, $F\,[\mathrm{N}]$: 전자력, $I\,[\mathrm{A}]$: 전류

[정답] 14 ① 15 ④ 16 ③

★★★☆☆

17 그림과 같은 균일한 자계 $B[\text{Wb/m}^2]$ 내에서 길이 $l[\text{m}]$인 도선 AB가 속도 $v[\text{m/s}]$로 움직일 때 $ABCD$ 내에 유도되는 기전력 $e[\text{V}]$는?

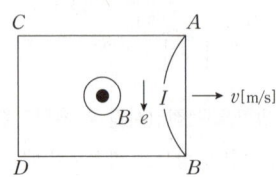

① 시계방향으로 Blv이다.

② 반시계방향으로 Blv이다.

③ 시계방향으로 Blv^2이다.

④ 반시계방향으로 Blv^2이다.

🔍 **해설** ----------------------------

전자유도법칙

플레밍의 오른손법칙

① 자계내 도체 이동시 유기기전력의 크기 :

$$e = Blv\sin\theta = (\vec{v} \times \vec{B})l = \frac{F}{I}v[\text{V}]$$

② 유기기전력의 방향 : $\vec{v} \times \vec{B}$ (외적의 방향)

외적의 방향은 오른나사 법칙에 의해 벡터 $\vec{v}$에서 뒤쪽 벡터 $\vec{B}$를 오른손으로 감았을 때 엄지손가락의 방향이 된다. 그림에서 자계와 이루는 각도는 수직($\theta = 90°$)이므로 유기기전력의 크기는 $e = Blv\sin90° = Blv[\text{V}]$이며 $\vec{v}$에서 $\vec{B}$쪽으로 오른손으로 감았을 때 유기기전력의 방향은 시계방향이 된다.

★★☆☆☆

18 그림과 같이 평등자장 및 두 평행 도선이 놓여 있을 때 두 평행 도선상을 한 도선봉이 $V[\text{m/s}]$의 일정한 속도로 이동한다면 부하 $R[\Omega]$에서 줄열로 소비되는 전력[W]은 어떻게 표시되는가? (단, 도선봉과 두 평행 도선은 완전도체로 저항이 없는 것으로 한다.)

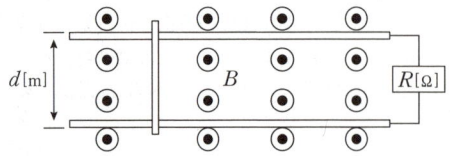

① $\dfrac{Bd^2V^2}{R}[\text{W}]$

② $\dfrac{B^2dV^2}{R}[\text{W}]$

③ $\dfrac{B^2d^2V^2}{R}[\text{W}]$

④ $\dfrac{B^2d^2V^2}{2R}[\text{W}]$

🔍 **해설** ----------------------------

전자유도법칙

플레밍의 오른손법칙을 이용하여

소비전력 $P = \dfrac{e^2}{R}[\text{W}]$이고

이때 유도기전력 $e = Blv\sin90° = BlV = BdV[\text{V}]$

$$P = \frac{(BdV)^2}{R} = \frac{B^2d^2V^2}{R}[\text{W}]$$

여기서 $V = v[\text{m/s}]$: 속도

★★☆☆☆

19 철도 궤도 간 거리가 $1.5[\text{m}]$이며 궤도는 서로 절연되어 있다. 열차가 매시 $60[\text{km}]$의 속도로 달리면서 차축이 지구 자계의 수직 분력 $B = 0.15 \times 10^{-4}[\text{Wb/m}^2]$을 절단할 때 두 궤도 사이에 발생되는 기전력은 몇 $[\text{V}]$인가?

① $1.75 \times 10^{-4}[\text{V}]$

② $2.75 \times 10^{-4}[\text{V}]$

③ $3.75 \times 10^{-4}[\text{V}]$

④ $4.75 \times 10^{-4}[\text{V}]$

🔍 **해설** ----------------------------

전자유도법칙

플레밍의 오른손 법칙 이용 $e = Blv\sin\theta = (\vec{v} \times \vec{B})l = \dfrac{F}{I}v[\text{V}]$

여기서, $B[\text{Wb/m}^2]$: 자속밀도, $l[\text{m}]$: 도체의 길이, $v[\text{m/s}]$: 이동속도, $F[\text{N}]$: 전자력, $I[\text{A}]$: 전류

이때 속도 $v = \dfrac{60 \times 10^3}{3600}[\text{m/s}]$이고 자속을 수직으로 끊으므로

$$e = 0.15 \times 10^{-4} \times 1.5 \times \frac{60 \times 10^3}{3600} \times \sin90° = 3.75 \times 10^{-4}[\text{V}]$$

★★☆☆☆

20 $50[\text{A}]$의 전류가 흐르고 있는 도선에 0.2초 동안 $0.03[\text{Wb}]$의 자속을 끊었다. 이 때 일률[W]은 얼마인가?

① $3[\text{W}]$

② $20[\text{W}]$

③ $7.5[\text{W}]$

④ $5.5[\text{W}]$

🔍 **해설** ----------------------------

전자유도법칙

$I = 50[\text{A}]$, $dt = 0.5[\text{sec}]$, $d\phi = 0.03[\text{Wb}]$

일률 $P[\text{W}]$는 $P = e \cdot I = \dfrac{d\phi}{dt} \cdot I = \dfrac{0.03}{0.2} \times 50 = 7.5[\text{W}]$

[**정답**] 17 ① 18 ③ 19 ③ 20 ③

★★★☆☆

21 표피부근에 집중해서 전류가 흐르는 현상을 표피효과라 하는데 표피효과에 대한 설명으로 잘못된 것은?

① 도체에 교류가 흐르면 표면에서부터 중심으로 들어갈수록 전류 밀도가 작아진다.
② 표피효과는 고주파일수록 심하다.
③ 표피효과는 도체의 전도가가 클수록 심하다.
④ 표피효과는 도체의 투자율이 작을수록 심하다.

🔍 해설 -------------------------------------

표피효과 및 와전류
표피효과란 도선에 교류를 인가시 도선 표면의 전류밀도는 증가하고 도선중심의 전류 밀도는 감소하는 현상을 말한다.

① 표피두께 $\delta = \sqrt{\dfrac{2}{\omega\mu\sigma}} = \dfrac{1}{\sqrt{\pi f\mu\sigma}}$ [m]

　침투깊이는 주파수가 클수록, 투자율이 클수록, 도전율이 높을수록 작아진다.

② 표피효과 $\delta = \dfrac{1}{\delta} = \sqrt{\pi f\mu\sigma}$

　여기서, $\omega = 2\pi f$ [rad/s] : 각속도(각주파수), μ [H/m] : 투자율,
　$\sigma = k = \dfrac{1}{\rho} = $ [℧/m] : 도전율

　표피효과는 주파수가 클수록, 투자율이 클수록, 도전율이 높을수록 커진다.

★★★☆☆

22 도전율 σ, 투자율 μ인 도체에 교류 전류가 흐를 때 표피 효과에 의한 침투 깊이 δ는 σ와 μ, 그리고 주파수 f에 어떤 관계가 있는가?

① 주파수 f와 무관하다.　② σ가 클수록 작다.
③ σ와 μ에 비례한다.　④ μ가 클수록 크다.

🔍 해설 -------------------------------------

표피효과 및 와전류
문제 21번 해설 참조

★★☆☆☆

23 도선이 고주파로 인한 표피 효과의 영향으로 저항분이 증가하는 양은?

① $\sqrt{f}$에 비례　　　② f에 비례
③ f^2에 비례　　　④ $\dfrac{1}{f}$에 비례

🔍 해설 -------------------------------------

표피효과 및 와전류
표피효과는 주파수가 클수록 도선의 온도가 높을수록 크다. 그러므로 전기저항을 증가 시킨다. $R = \rho\dfrac{l}{S} \propto \sqrt{f}$ 저항의 증가 방지책으로는 압분철심, 연선, 중공도선 사용한다.

★★☆☆☆

24 표피 효과의 영향에 대한 설명이다. 부적합한 것은?

① 전기 저항을 증가시킨다.
② 상호 유도 계수를 증가시킨다.
③ 주파수가 높을수록 크다.
④ 도전율이 높을수록 크다.

🔍 해설 -------------------------------------

표피효과 및 와전류
문제 21번 및 23번 해설참조

★★★☆☆

25 표피 효과에 관한 설명으로 옳지 않은 것은?

① 도체에 교류가 흐르면 표면으로부터 중심으로 들어갈수록 전류 밀도가 작아진다
② 고주파일수록 도체의 전도도 및 투자율이 클수록 심하다.
③ 도체내부는 전류의 전도에 거의 관여하지 않으므로 전기저항이 증가하는 요인이다.
④ 도체 내의 전류 또는 자속의 분포는 표면에서의 깊이에 대하여 지수 함수적으로 증가된다.

🔍 해설 -------------------------------------

표피효과 및 와전류
표피효과란 도선에 교류를 인가시 도선 표면의 전류밀도는 증가하고 도선중심의 전류 밀도는 감소하는 현상을 말하므로 도체내부의 전류밀도는 외부의 전류밀도보다 지수 함수적으로 감소된다.

★★★☆☆

26 고주파를 취급할 경우 큰 단면적을 갖는 한 개의 도선을 사용하지 않고 전체로서는 같은 단면적이라도 가는 선을 모은 도체를 사용하는 주된 이유는?

[**정답**] 21 ④　22 ②　23 ①　24 ②　25 ④　26 ④

① 히스테리시스손을 감소시키기 위하여

② 철손을 감소시키기 위하여

③ 과전류에 대한 영향을 감소시키기 위하여

④ 표피 효과에 대한 영향을 감소시키기 위하여

🔍 **해설** -

표피효과 및 와전류
문제 23번 해설 참조

★★☆☆☆
27 다음 중에서 주파수의 증가에 대하여 가장 급속히 증가하는 것은?

① 표피 두께의 역수

② 히스테리시스 손실

③ 교번 자속에 의한 기전력

④ 와전류 손실

🔍 **해설** -

표피효과 및 와전류
① 표피두께의 역수는 표피 효과를 나타냄

$$P = \frac{1}{\delta} = \frac{1}{\sqrt{\dfrac{1}{\pi f \sigma \mu}}} = \sqrt{\pi f \mu \sigma} \propto \sqrt{f}$$

② 히스테리시스 손실 $P_h = kfB_m^{1.6} \propto f$
③ 교번자속에 의한 기전력 $e = 4.44 f \phi_m N [\text{V}] \propto f$
④ 와전류 손실 $Pe = k(fB)^2 \propto f^2$
   와전류 손실이 주파수 제곱에 비례하므로 주파수 증가에 따라 가장 급속히 증가

★★☆☆☆
28 와전류의 방향은?

① 일정치 않다.
② 자력선 방향과 동일
③ 자계와 평행되는 면을 관통
④ 자속에 수직되는 면을 회전

🔍 **해설** -

표피효과 및 와전류
와전류는 도체 내에 국부적으로 흐르는 맴돌이 전류로
$rot\, i = -k\dfrac{\partial B}{\partial t}$로 자속의 변화를 방해하기 위한 역 자속을 만드는
전류이다. 따라서 이 전류는 자속의 수직되는 면을 회전한다.

[정답] 27 ④ 28 ④

electrical engineer

인덕턴스

영상 학습 QR   출제경향분석

제11장 전자유도 에서 시험에 자주 출제가 되는 내용은 다음과 같다.
❶ 자기인덕턴스   ❷ 상호인덕턴스
❸ 코일에 측적되는 에너지

콕콕 포인트

1 자기 인덕턴스

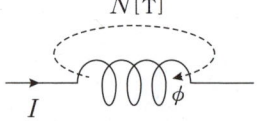

코일에 전류 I[A]가 흐르면 자속 ϕ[Wb]가 발생되고 I[A]$\propto\phi$[Wb]의 관계가 성립된다. 이들에 비례상수 L[H]를 대입하면 $LI=\phi$ 관계가 성립하며 권수가 N[T]인 경우는 $LI=N\phi$가 된다.

1. 자기 인덕턴스

$$L=\frac{N\phi}{I}=\frac{et}{I}\ [\text{Wb/A}=\text{Vsec/A}=\Omega\cdot\text{sec}=\text{J/A}^2=\text{H}]$$

[SI 단위계]

유도량	이름	기호	SI단위계
자기선속	웨버	Wb	$\text{Vs}=\text{m}^2\text{kgs}^{-2}\text{A}^{-1}$
인덕턴스	헨리	H	$\text{Wb/A}=\text{m}^2\text{kgS}^{-2}\text{A}^{-2}$

1) 자기인덕턴스의 성질 : 항상 (+) 정이다

2) 1[H]란 1[A]의 전류에 대한 자속이 1[Wb]인 경우이다.

3) 코일에 전류의 변화에 의한 유기기전력 $e=-L\dfrac{di}{dt}$[V]

콕콕 포인트

2. 솔레노이드의 인덕턴스

1) 무한장 솔레노이드의 인덕턴스

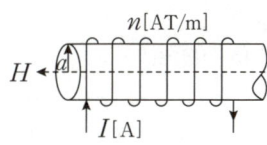

$$L = \mu S n^2 = \mu \pi a^2 n^2 [\text{H/m}] \propto \mu \propto a^2 \propto n^2$$

여기서, $\mu = \mu_0 \mu_s [\text{H/m}]$: 투자율

$$S = \pi a^2 = \frac{\pi D^2}{4} [\text{m}^2] \ : \ 철심의 단면적$$

$a[\text{m}]$: 철심 단면적 반지름

$D[\text{m}]$: 철심 단면적 지름

$$n = \frac{N}{l} [\text{T/m}] \ : \ 단위 길이당 권수$$

2) 환상 솔레노이드의 인덕턴스

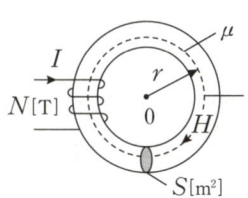

$$L = \frac{\mu S N^2}{l} = \frac{N^2}{R_m} [\text{H}] \propto \mu \propto N^2$$

여기서, $\mu = \mu_0 \mu_s [\text{H/m}]$: 투자율

$$S = \pi a^2 = \frac{\pi D^2}{4} [\text{m}^2] \ : \ 철심의 단면적$$

$a[\text{m}]$: 철심 단면적 반지름

$D[\text{m}]$: 철심 단면적 지름

$l = 2\pi r = \pi d [\text{m}]$: 자로(철심)의 길이

$r[\text{m}]$: 평균 반지름

$d[\text{m}]$: 평균 지름

$$R_m = \frac{l}{\mu S} [\text{AT/m}] \ : \ 자기저항$$

Q 포인트문제 2

인덕턴스의 단위에서 1[H]는?

① 1[A]의 전류에 대한 자속이 1[Wb]인 경우이다.
② 1[A]의 전류에 대한 유전율이 1[F/m]이다.
③ 1[A]의 전류가 1초 간에 변화하는 양이다.
④ 1[A]의 전류에 대한 자계가 1[AT/m]인 경우이다.

A 해설

$\phi = L \cdot I$ 에서 $N = 1[\text{T}]$
$L = \dfrac{\phi}{I} = \dfrac{1[\text{Wb}]}{1[\text{A}]} = 1[\text{H}]$가 된다.

정답 ①

Q 포인트문제 3

단면의 지름이 $D[\text{m}]$, 비투자율 μ_s, 권수가 $n[\text{T/m}]$인 무한장 솔레노이드에 전류 $I[\text{A}]$를 흘렸을 때 길이 $l[\text{m}]$에 대한 인덕턴스 $L[\text{H}]$은?

① $4\pi^2 \mu_s n D^2 l \times 10^{-7}$
② $4\pi \mu_s n^2 l \times 10^{-7}$
③ $\pi^2 \mu_s n D^2 l \times 10^{-7}$
④ $\pi^2 \mu_s n^2 D^2 l \times 10^{-7}$

A 해설

$L = \mu S n^2 l$
$\quad = 4\pi \times 10^{-7} \times \mu_s \times \dfrac{\pi D^2}{4} n^2 l$
$\quad = \pi^2 \mu_s n^2 D^2 l \times 10^{-7} [\text{H}]$

정답 ④

▮ 필수확인 O·X 문제 ▮

[1차] [2차] [3차]

1. 자기 인덕턴스의 성질은 항상 정이거나 항상 부이다. · · · · · · · · · · · · · ( )
2. 환상 솔레노이드의 권수를 2배 증가 시 인덕턴스는 4배 증가한다. · · · · · · ( )

상세해설

1. (×) 자기 인덕턴스의 성질은 항상 정(+)이다.
2. (○)

3. 동심(동축) 원통사이의 인덕턴스

Q 포인트문제 4

단면적 $S[\text{m}^2]$, 평균반지름 $r[\text{m}]$, 권회수 $N[\text{T}]$인 토로이드코일에 누설자속이 없는 경우, 자기인덕턴스의 크기는?

① 권선수의 자승에 비례하고 단면적에 반비례한다.
② 권선수 및 단면적에 비례한다.
③ 권선수의 자승 및 단면적에 비례한다.
④ 권선수의 자승 및 평균 반지름에 비례한다.

A 해설

환상 솔레노이드＝환상철심
＝원환철심＝무단코일
＝트로이드코일

$L=\dfrac{\mu S N^2}{l}=\dfrac{\mu S N^2}{2\pi r}=\dfrac{N^2}{R_m}[\text{H}]$

이므로 권선수의 자승 및 단면적에 비례하고 평균 반지름에 반비례한다.

정답 ③

참고

① 동심(동축) 원통사이의 인덕턴스
ⓐ 외부 $a<r<b$

$L=\dfrac{N\phi}{I}[\text{H}]$에서

$\phi=\displaystyle\int d\phi=\int Bds$

여기서 $(ds=ldr)$

자속 $\phi=\dfrac{\mu_0 I l}{2\pi}\ln\dfrac{b}{a}[\text{Wb}]$

인덕턴스 $L=\dfrac{\phi}{I}=\dfrac{\dfrac{\mu_0 I l}{2\pi}\ln\dfrac{b}{a}}{I}$

$=\dfrac{\mu_0 l}{2\pi}\ln\dfrac{b}{a}[\text{H}]$

② 평행 도선 사이의 인덕턴스
ⓐ 자장 $H=\dfrac{I}{2\pi}\left(\dfrac{1}{x}+\dfrac{1}{d-x}\right)[\text{AT/m}]$

ⓑ 자속 $\phi=\displaystyle\int d\phi=\int Bds$

$=\dfrac{\mu_0 I}{\pi}\ln\dfrac{d-a}{a}[\text{Wb}]$

ⓒ 단위길이당 자기 인덕턴스

$L=\dfrac{\phi}{I}=\dfrac{\dfrac{\mu_0 I}{\pi}\ln\dfrac{d-a}{a}}{I}$

$=\dfrac{\mu_0}{\pi}\ln\dfrac{d-a}{a}≒\dfrac{\mu_0}{\pi}\ln\dfrac{d}{a}[\text{H/m}]$

1) 외부 $a<r<b$

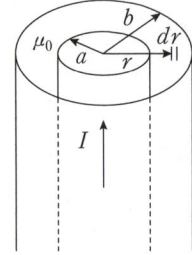

$$L=\dfrac{\phi}{I}=\dfrac{\dfrac{\mu_0 I l}{2\pi}\ln\dfrac{b}{a}}{I}=\dfrac{\mu_0 l}{2\pi}\ln\dfrac{b}{a}[\text{H}]$$

※ 단위 길이당 인덕턴스

$$L=\dfrac{\mu_0 l}{2\pi}\ln\dfrac{b}{a}\times\dfrac{1}{l}=\dfrac{\mu_0}{2\pi}\ln\dfrac{b}{a}[\text{H/m}]$$

2) 내부 $r<a$

$$L=\dfrac{\mu l}{8\pi}[\text{H}]$$

※ 단위 길이당 인덕턴스

$$L=\dfrac{\mu l}{8\pi}\times\dfrac{1}{l}=\dfrac{\mu}{8\pi}[\text{H/m}]$$

3) 심선값을 고려한다면 전체 인덕턴스는

$$L=\dfrac{\mu_2}{2\pi}\ln\dfrac{b}{a}+\dfrac{\mu_1}{8\pi}[\text{H/m}]$$

4) $L[\text{H}]$과 $C[\text{F}]$의 관계

$$L\cdot C=\mu\cdot\varepsilon$$

전체의 자기 인덕턴스는 심선의 내부자기 인덕턴스를 무시한 경우 유전체의 투자율에만 비례한다. 만약, 심선값도 고려한다면 심선의 투자율과 유전체의 투자율에 비례한다.

4. 평행도선 사이의 인덕턴스

1) 단위 길이 당 자기 인덕턴스

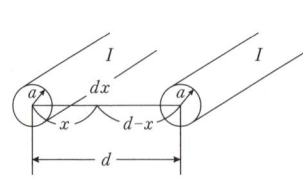

$$L=\dfrac{\phi}{I}=\dfrac{\dfrac{\mu_0 I}{2\pi}\ln\dfrac{d-a}{a}}{I}=\dfrac{\mu_0}{\pi}\ln\dfrac{d-a}{a}≒\dfrac{\mu_0}{\pi}\ln\dfrac{d}{a}[\text{H/m}]$$

2) 전체길이에 대한 인덕턴스

$$L=\dfrac{\mu_0 l}{\pi}\ln\dfrac{d}{a}[\text{H}]$$

3) 평행 왕복 도선의 전 인덕턴스

$$L_0=L+2L_i=\dfrac{\mu_0}{\pi}\ln\dfrac{d}{a}+\dfrac{2\mu}{8\pi}=\dfrac{\mu_0}{\pi}\ln\dfrac{d}{a}+\dfrac{\mu}{4\pi}[\text{H/m}]$$

2 상호 인덕턴스

한 코일의 전류에 의해 발생한 자속이 다른 코일과 결합(쇄교)하는 자속의 비율로 코일과 코일사이에 작용하는 인덕턴스를 말한다.

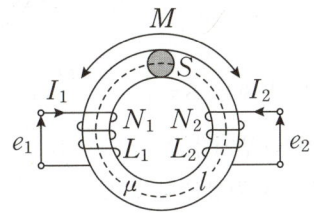

1. 상호 인덕턴스

1) A코일에서 만든 자속은 B코일에 전부 쇄교 되고
   B코일에서 만든 자속은 A코일에 전부 쇄교 된다.

2) 상호 인덕턴스의 성질 : 항상 정(+)이거나 항상 부(−)이다

3) 상호 인덕턴스

$$M = k\sqrt{L_1 L_2}\ [\mathrm{H}]$$

4) 결합 계수

   결합계수는 두 회로의 자기적 결합정도를 표시하는 양 $k = \dfrac{M}{\sqrt{L_1 L_2}}$

   이상적인 결합 및 누설자속이 없을시 결합계수 $k = 1$

5) 결합계수의 범위

$$0 \le k \le 1$$

| 필수확인 O·X 문제 |

1차 2차 3차

1. 동축케이블의 인덕턴스는 동축선간 유전체 내에 투자율에 비례한다. ‥‥‥( )
2. 상호 인덕턴스의 성질은 항상 정이거나 항상 부이다. ‥‥‥‥‥‥( )
3. 결합계수는 두 회로의 자기적 결합정도를 표시하는 양이다. ‥‥‥‥( )

상세해설

   1. (○)
   2. (○)
   3. (○)

Q 포인트문제 5

내도체의 반지름 $a[\mathrm{m}]$이고, 외도체의 내반지름이 $b[\mathrm{m}]$, 외반지름이 $c[\mathrm{m}]$인 동축 케이블의 단위 길이당 자기 인덕턴스는 몇 $[\mathrm{H/m}]$인가?

① $\dfrac{\mu_0}{2\pi}\ln\dfrac{b}{a}$ ② $\dfrac{\mu_0}{\pi}\ln\dfrac{b}{a}$

③ $\dfrac{2\pi}{\mu_0}\ln\dfrac{b}{a}$ ④ $\dfrac{\pi}{\mu_0}\ln\dfrac{b}{a}$

A 해설

동축 케이블(원통)사이의 자기인덕턴스 $L = \dfrac{\mu_0}{2\pi}\ln\dfrac{b}{a}[\mathrm{H/m}]$이다.

정답 ①

참고

상호 인덕턴스의 두 코일의 자속과 쇄교 자속은

$\phi_1 = \dfrac{L_1 I_1}{N_1}$, $\phi_{21} = \dfrac{M_{21} I_1}{N_2}$, $\phi_2 = \dfrac{L_2 I_2}{N_2}$,

$\phi_{12} = \dfrac{M_{12} I_2}{N_1}$이고 이를 이용하면

결합계수 $k = \sqrt{\dfrac{\phi_{21}}{\phi_1} \times \dfrac{\phi_{12}}{\phi_2}}$

$= \sqrt{\dfrac{\dfrac{M_{21} I_1}{N_2}}{\dfrac{L_1 I_1}{N_1}} \times \dfrac{\dfrac{M_{12} I_2}{N_1}}{\dfrac{L_2 I_2}{N_2}}}$

$= \sqrt{\dfrac{M_{21}}{L_1} \times \dfrac{M_{12}}{L_2}} = \sqrt{\dfrac{M^2}{L_1 L_2}}$

$= \dfrac{M}{\sqrt{L_1 L_2}}$이다.

콕콕 포인트

electrical engineer · electrical engineer · electrical engineer · electrical engineer · electrical engineer · electrical engineer · electrical engineer · electrical

2. 결합계수 $k=1$일 경우 상호 인덕턴스

$M=\sqrt{L_1 L_2}$ 이고, $L_1=\dfrac{\mu S N_1^2}{l}$, $L_2=\dfrac{\mu S N_2^2}{l}$ 을 대입하면 정리하면

$$M=\frac{\mu S N_1 N_2}{l}=\frac{N_1 N_2}{R_m}=L_1\frac{N_2}{N_1}=L_2\frac{N_1}{N_2}=\frac{e \cdot t}{I}[\text{H}]$$

여기서, $\mu=\mu_0\mu_s[\text{H/m}]$: 투자율, $S=\pi a^2=\dfrac{\pi D^2}{4}[\text{m}^2]$: 철심의 단면적

$a[\text{m}]$: 철심 단면적 반지름, $D[\text{m}]$: 철심 단면적 지름 ,

$l=2\pi r=\pi d[\text{m}]$: 자로(철심)의 길이, $r[\text{m}]$: 평균 반지름, $d[\text{m}]$: 평균 지름

$e[\text{V}]$: 유도기전력, $t[\text{s}]$: 시간, $I[\text{A}]$: 전류

3. 노이만의 상호 인덕턴스

$$M_{21}=\frac{\phi_{21}}{I_1}\oint_{c_2} B \cdot dS=\frac{\mu}{4\pi}\oint_{c_1}\oint_{c_2}\frac{dl_1 \cdot dl_2}{r_{21}}=\frac{\mu}{4\pi}\oint_{c_1}\oint_{c_2}\frac{\cos\theta dl_1 dl_2}{r_{21}}[\text{H}]$$

3 ▶ 전자 에너지

1. 전자력이 한일

$$W=\phi I[\text{J}]$$

2. 코일에 축적되는 에너지

$$W=\frac{1}{2}LI^2=\frac{1}{2}\phi I=\frac{\phi^2}{2L}[\text{J}]$$

4 ▶ 합성 인덕턴스

1. 자속이 간섭이 없는 경우(상호인덕턴스가 발생하지 않은 경우)

1) 직렬연결 : $L=L_1+L_2[\text{H}]$

2) 병렬연결 : $L=\dfrac{L_1 L_2}{L_1+L_2}[\text{H}]$

---

2. 자속이 간섭 하는 경우(상호인덕턴스가 발생하는 경우)

1) 직렬접속

(1) 가동접속(최대값) : 자속이 같은 방향으로 쇄교

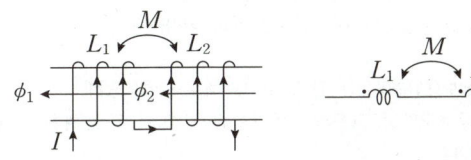

$$L = L_1 + L_2 + 2M = L_1 + L_2 + 2k\sqrt{L_1 L_2}\,[\mathrm{H}]$$

(2) 차동접속 (최소값) : 자속이 반대 방향으로 쇄교

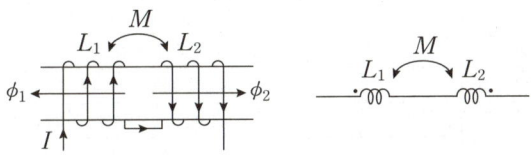

$$L = L_1 + L_2 - 2M = L_1 + L_2 - 2k\sqrt{L_1 L_2}\,[\mathrm{H}]$$

2) 병렬접속

$$L_0 = \frac{L_1 L_2 - M^2}{L_1 + L_2 \pm 2M}\,[\mathrm{H}] \quad (\text{가동} : -, \ \text{차동} : +)$$

곡곡 포인트

Q 포인트문제 8

10[A]의 전류가 흐르고 있는 도선이 자계 내에서 운동하여 5[Wb]의 자속을 끊었다고 하면, 이 때 전자력이 한일은 몇 [J]인가?

① 25   ② 50

③ 75   ④ 100

A 해설

전자력이 한일
$W = \phi I\,[\mathrm{J}]$
$W = 5 \times 10 = 50\,[\mathrm{J}]$

정답 ②

Q 포인트문제 9

자기 인덕턴스가 L_1, $L_2[\mathrm{H}]$ 상호인덕턴스 $M[\mathrm{H}]$인 두 회로에 자속을 돕는 방향으로 각각 I_1, $I_2[\mathrm{A}]$의 전류가 흘렀을 때 저장되는 자계의 에너지는 몇 [J]인가?

① $\frac{1}{2}(L_1 I_1^2 + L_2 I_2^2)$

② $\frac{1}{2}(L_1 I_1 + L_2 I_2)^2$

③ $\frac{1}{2}(L_1 I_1^2 + L_2 I_2^2 + 2M I_1 I_2)$

④ $\frac{1}{2}(L_1 I_1^2 + L_2 I_2^2 + M I_1 I_2)$

A 해설

두 회로에 자속을 돕는 방향이므로 가동 접속이고 각각 I_1, $I_2[\mathrm{A}]$의 전류가 흘렀을 때 저장되는 자계의 에너지

$W = \frac{1}{2}L_1 I_1^2 + \frac{1}{2}L_2 I_2^2 + \frac{1}{2}2M I_1 I_2$

$= \frac{1}{2}(L_1 I_1^2 + L_2 I_2^2 + 2M I_1 I_2)\,[\mathrm{J}]$

정답 ③

▎필수확인 O·X 문제 ▎

1차   2차   3차

1. 권수비를 이용한 상호인덕턴스 $M = L_1 N_1 / N_2\,[\mathrm{H}]$이다. · · · · · · · · · · · (   )

2. 코일의 직렬 접속시 합성인덕턴스의 최대값은 차동 결합이다. · · · · · · · · · (   )

상세해설

1. (×) $M = \dfrac{\mu S N_1 N_2}{l} = \dfrac{N_1 N_2}{R_m} = L_1 \dfrac{N_2}{N_1} = L_2 \dfrac{N_1}{N_2}\,[\mathrm{H}]$

2. (×) 코일의 직렬 접속시 합성인덕턴스의 최대값은 가동 결합이다.

음성 학습 QR

- QR 코드를 찍으시면, 가장 중요한 우선순위 문제풀이 영상을 보실 수 있습니다.
- 우선순위 논점은 전기(산업)기사 시험에서 가장 출제 빈도가 높은 문제로써, 수험생분들께서는 각 파트별 우선순위 문제의 논점과 키워드를 학습하시기를 바랍니다.
- 체크 리스트를 작성하시면서 문제의 유형과 학습의 완성도를 스스로 체크 해 보시기를 바랍니다.
- "선생님의 콕콕 포인트"는 틀리기 쉬운 문제의 함정과 문제의 포인트를 집어드립니다. 우선순위 문제풀이의 포인트를 꼭 참고하고 응용문제의 해결능력을 길러 줍니다.

번호	우선순위 논점	KEY WORD	나의 정답 확인				선생님의 콕콕 포인트
			맞음	틀림(오답확인)			
				이해 부족	암기 부족	착오 실수	
4	자기인덕턴스 ①	무한장 솔레노이드, 자기인덕턴스					단위길이당 권수제곱 및 면적과 투자율에 비례 할 것
5	자기인덕턴스 ②	환상솔레노이드, 환상철심, 무단코일, 트로이드코일					권수제곱 및 면적과 투자율에 비례하며 자로의 길이에 반비례 할 것
10	자기인덕턴스 ③	환상솔레노이드, 환상철심, 무단코일, 트로이드코일					환상 솔레노이드 공식을 암기 할 것
17	상호인덕턴스 ④	상호인덕턴스, 결합계수					상호인덕턴스 결합계수가 1인 경우의 공식을 암기할 것
26	전자에너지	코일에 축적되는 에너지, 전류					전자에너지 공식과 각 인덕턴스공식을 암기 할 것

★★☆☆

01 단면적 100[cm²], 비투자율 1000인 철심에 500회의 코일을 감고 여기에 1[A]의 전류를 흘릴 때 자계가 1.28[AT/m]였다면 자기 인덕턴스[mH]는?

① 8.04[mH] ② 0.16[mH]

③ 0.81[mH] ④ 16.08[mH]

🔍 **해설**

자기 인덕턴스

$N\phi = L \cdot I$에서 자기인덕턴스 $L = \dfrac{N \cdot \phi}{I}$[H]이고

자속 $\phi = BS = \mu HS$[Wb]이므로 이를 대입정리하면

$L = \dfrac{NBS}{I} = \dfrac{N\mu_0 \mu_s HS}{I}$[H]이므로 수치를 대입 계산하면

$L = \dfrac{500 \times 4\pi \times 10^{-7} \times 1000 \times 1.28 \times 100 \times 10^{-4}}{1} \times 10^3 = 8.04$[mH]

★★★☆☆

02 [ohm·sec]와 같은 단위는?

① [farad] ② [farad/m]

③ [henry] ④ [henry/m]

🔍 **해설**

자기 인덕턴스

자기 인덕턴스의 단위

$L = \dfrac{N \cdot \phi}{I} = \dfrac{et}{I}$[Wb/A=Vsec/A=Ω·sec=J/A²=H]

★★☆☆

03 다음 중 자기 인덕턴스의 성질을 옳게 표현한 것은?

① 항상 부(負)이다.

② 항상 정(正)이다.

③ 항상 0이다.

④ 유도되는 기전력에 따라 정(正)도 되고 부(負)도 된다.

🔍 **해설**

자기 인덕턴스

자기회로에 전위 전류가 흐를 때 발생되는 자속 쇄교수를 인덕턴스 또는 자기유도계수라 한다.
성질은 항상 정(+)이다.

[정답] 01 ① 02 ③ 03 ②

★★★☆☆

04 단면적 $S[\text{m}^2]$, 단위 길이에 대한 권수가 $n_o[\text{T/m}]$인 무한히 긴 솔레노이드의 단위 길이당 자기 인덕턴스$[\text{H/m}]$를 구하면?

① $\mu S n_o[\text{H/m}]$

② $\mu S n_o^2[\text{H/m}]$

③ $\mu S^2 n_o^2[\text{H/m}]$

④ $\mu S^2 n_o[\text{H/m}]$

💡 해설

자기 인덕턴스
단위 길이 당 솔레노이드의 자기인덕턴스 $L=\mu S n^2[\text{H/m}]$
(단, $n[\text{T/m}]$: 단위길이당 권선수)이므로 전체 자기인덕턴스는
$L'=\mu S n^2 l[\text{H}]$가 된다.

★★★★☆

05 그림과 같이 환상의 철심에 일정한 권선이 감겨진 권수 N회, 단면 $S[\text{m}^2]$, 평균 자로의 길이 $l[\text{m}]$인 환상 솔레노이드에 전류 $i[\text{A}]$를 흘렸을 때 이 환상 솔레노이드의 자기 인덕턴스를 옳게 표현한 식은?

① $\dfrac{\mu^2 SN}{l}$

② $\dfrac{\mu S^2 N}{l}$

③ $\dfrac{\mu SN}{l}$

④ $\dfrac{\mu SN^2}{l}$

💡 해설

자기 인덕턴스

환상솔레노이드의 인덕턴스 $L=\dfrac{\mu SN^2}{l}=\dfrac{N^2}{R_m}[\text{H}]\propto\mu\propto N^2$

여기서, $\mu=\mu_0\mu_s[\text{H/m}]$: 투자율, $R_m=\dfrac{l}{\mu S}[\text{AT/m}]$: 자기저항

$S=\pi a^2=\dfrac{\pi D^2}{4}[\text{m}^2]$: 철심의 단면적, $a[\text{m}]$: 철심 단면적 반지름,

$D[\text{m}]$: 철심 단면적 지름, $l=2\pi r=\pi d[\text{m}]$: 자로(철심)의 길이

$r[\text{m}]$: 평균 반지름, $d[\text{m}]$: 평균 지름

★★★☆☆

06 권수가 N인 철심이 든 환상 솔레노이드가 있다. 철심의 투자율은 일정하다고 하면, 이 솔레노이드의 자기 인덕턴스 L은? (단, 여기서 R_m은 철심의 자기 저항이고 솔레노이드에 흐르는 전류를 I라 한다.)

① $L=\dfrac{R_m}{N^2}$

② $L=\dfrac{N^2}{R_m}$

③ $L=R_m N^2$

④ $L=\dfrac{N}{R_m}$

💡 해설

자기 인덕턴스
문제 5번 해설 참조

★★☆☆☆

07 코일에 있어서 자기 인덕턴스는 다음의 어떤 매질 상수에 비례하는가?

① 저항률

② 유전율

③ 투자율

④ 도전율

💡 해설

자기 인덕턴스

자기인덕턴스 $L=\dfrac{\mu SN^2}{l}[\text{H}]$이므로 투자율 μ와 비례한다.

★★☆☆☆

08 그림과 같은 공심 트로이드 코일의 권선수를 N배하면 인덕턴스는 몇 배가 되는가?

① N^{-2} [배]

② N^{-1} [배]

③ N [배]

④ N^2 [배]

💡 해설

자기 인덕턴스
문제 5번 해설 참조

[정답] 04 ② 05 ④ 06 ② 07 ③ 08 ④

★★★★☆

09 자기회로의 자기저항이 일정할 때 코일의 권수를 $\frac{1}{2}$로 줄이면 자기인덕턴스는 원래의 몇 배가 되는가?

① $\frac{1}{\sqrt{2}}$[배]

② $\frac{1}{2}$[배]

③ $\frac{1}{4}$[배]

④ $\frac{1}{8}$[배]

🔍 **해설**

자기 인덕턴스

환상 솔레노이드의 자기인덕턴스 $L \propto N^2$이므로 권선수를 1/2배로 하면 1/4배가 된다.

★★★★☆

10 권수가 N회 감긴 환상 코일의 단면적 $S[\mathrm{m}^2]$이고 길이가 $l[\mathrm{m}]$이다. 이 코일의 권수를 반으로 줄이고 인덕턴스를 일정하게 하려면?

① 길이를 $\frac{1}{4}$배로 한다.

② 단면적을 2배로 한다.

③ 전류의 세기를 2배로 한다.

④ 전류의 세기를 4배로 한다.

🔍 **해설**

자기 인덕턴스

환상 솔레노이드의 자기인덕턴스 $L \propto N^2$이므로 권선수를 1/2배로 하면 1/4배가 된다.

$L[\mathrm{H}]$을 일정하게 하려면 $L = \dfrac{\mu S N^2}{l} = \dfrac{\mu 4 S \frac{1}{4} N^2}{l} = \dfrac{\mu S \frac{1}{4} N^2}{\frac{1}{4} l}$

단면적 S를 4배 증가 시키거나 길이를 $\frac{1}{4}$배로 한다.

★★☆☆☆

11 권수 3000회인 공심 코일의 자기 인덕턴스는 0.06 [mH]이다. 지금 자기 인덕턴스를 0.135[mH]로 하자면 권수는 몇 회로 하면 되는가 ?

① 3500[회]

② 4500[회]

③ 5500[회]

④ 6750[회]

🔍 **해설**

자기 인덕턴스

권수 $N_1 = 3000$회 일 때 $L_1 = 0.06[\mathrm{mH}]$이고 $L_2 = 0.135[\mathrm{mH}]$ 하고자 할 때 권수를 N_2라 하면 솔레노이드의 자기인덕턴스 $L \propto N^2$이므로 $L_1 : L_1^2 = L_2 : L_2^2$에서

$N_2 = \sqrt{\dfrac{L_2}{L_1}} \cdot N_1 = \sqrt{\dfrac{0.135}{0.06}} \times 3000 = 4500[회]$

★★★☆☆

12 반지름 $a[\mathrm{m}]$인 원통 도체가 있다. 이 원통 도체의 길이가 $l[\mathrm{m}]$일 때 내부 인덕턴스[H]는 얼마인가? (단, 원통 도체의 투자율은 $\mu[\mathrm{H/m}]$이다.)

① $\frac{1}{2} \times 10^{-7} \mu_s l \,[\mathrm{H}]$

② $10^{-7} \mu_s l \,[\mathrm{H}]$

③ $2 \times 10^{-7} \mu_s l \,[\mathrm{H}]$

④ $\frac{1}{2a} \times 10^{-7} \mu_s l \,[\mathrm{H}]$

🔍 **해설**

자기 인덕턴스

원통도체 내부의 자기인덕턴스 $L_i = \dfrac{\mu l}{8\pi}[\mathrm{H}]$이므로

$L_i = \dfrac{\mu_0 \mu_s l}{8\pi} = \dfrac{4\pi \times 10^{-7} \mu_s l}{8\pi} = \dfrac{1}{2} \times 10^{-7} \mu_s l \,[\mathrm{H}]$

★★☆☆☆

13 무한히 긴 원주 도체의 내부 인덕턴스의 크기는 어떻게 결정 되는가?

① 도체의 인덕턴스는 0이다.

② 도체의 기하학적 모양에 따라 결정된다.

③ 주위 자계의세기에 따라 결정된다.

④ 도체의 재질에 따라 결정된다.

🔍 **해설**

자기 인덕턴스

원주도체 내부의 자기인덕턴스 $L_i = \dfrac{\mu l}{8\pi}[\mathrm{H}]$이므로 투자율 $\mu[\mathrm{H/m}]$에 따라 결정 된다.

[**정답**] 09 ③ 10 ① 11 ② 12 ① 13 ④

★★★☆☆

14 내경의 반지름이 $1[\text{mm}]$, 외경의 반지름이 $3[\text{mm}]$인 동축케이블의 단위 길이 당 인덕턴스는 약 몇 $[\mu\text{H/m}]$인가? (단, 이 때 $\mu_r = 1$이며, 내부 인덕턴스는 무시한다.)

① $0.1[\mu\text{H/m}]$ ② $0.2[\mu\text{H/m}]$

③ $0.3[\mu\text{H/m}]$ ④ $0.4[\mu\text{H/m}]$

🔍 **해설**

자기 인덕턴스

동축케이블 외부 인덕턴스 $L = \dfrac{\mu_0}{2\pi}\ln\dfrac{b}{a}[\text{H/m}]$이므로

$L = \dfrac{4\pi \times 10^{-7}}{2\pi}\ln\left(\dfrac{3}{1}\right) \fallingdotseq 0.2 \times 10^{-6}[\text{H/m}] = 0.2[\mu\text{H/m}]$

★★★★☆

15 반지름 $a[\text{m}]$, 선간거리 $d[\text{m}]$의 평행 왕복 도선간의 단위길이당 자기 인덕턴스$[\text{H/m}]$는? (단, 도체는 공기 중에 있고 $d \gg a$로 한다.)

① $L = \dfrac{\mu_0}{\pi}\ln\dfrac{a}{d} + \dfrac{\mu}{4\pi}$ ② $L = \dfrac{\mu_0}{\pi}\ln\dfrac{a}{d} + \dfrac{\mu}{2\pi}$

③ $L = \dfrac{\mu_0}{\pi}\ln\dfrac{d}{a} + \dfrac{\mu}{4\pi}$ ④ $L = \dfrac{\mu_0}{\pi}\ln\dfrac{d}{a} + \dfrac{\mu}{2\pi}$

🔍 **해설**

자기 인덕턴스

평행 왕복 도선의 전 인덕턴스는

$L_0 = L + 2L_i = \dfrac{\mu_o}{\pi}\ln\dfrac{d}{a} + \dfrac{2\mu}{8\pi} = \dfrac{\mu_o}{\pi}\ln\dfrac{d}{a} + \dfrac{\mu}{4\pi}[\text{H/m}]$이다.

★★☆☆☆

16 임의의 단면을 가진 2개의 원주상의 무한히 긴 평행 도체가 있다. 지금도체의 도전율을 무한대라고 하면 C, L, ε 및 μ 사이의 관계는? (단, C는 두 도체간의 단위 길이당 정전용량, L은 두 도체를 한 개의 왕복회로로 한 경우의 단위 길이당 자기 인덕턴스, ε은 두 도체 사이에 있는 매질의 유전율, μ는 두 도체 사이에 있는 매질의 투자율이다.)

① $C\varepsilon = L\mu$ ② $\dfrac{C}{\varepsilon} = \dfrac{L}{\mu}$

③ $\dfrac{1}{LC} = \varepsilon\mu$ ④ $LC = \varepsilon\mu$

🔍 **해설**

자기 인덕턴스

$L[\text{H}]$과 $C[\text{F}]$의 관계 $L \cdot C = \mu \cdot \varepsilon$

★★★☆☆

17 그림과 같이 단면적 $S[\text{m}^2]$, 평균 자로의 길이 $l[\text{m}]$, 투자율 $\mu[\text{H/m}]$인 철심에 $N_1 N_2$의 권선을 감은 무단 솔레노이드가 있다. 누설자속을 무시할 때 권선의 상호 인덕턴스는 몇 $[\text{H}]$가 되는가?

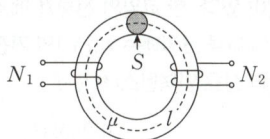

① $\dfrac{\mu N_1 N_2 S}{l^2}[\text{H}]$ ② $\dfrac{\mu N_1 N_2 S}{l}[\text{H}]$

③ $\dfrac{\mu N_1^2 N_2^2 S}{l}[\text{H}]$ ④ $\dfrac{\mu N_1 N_2 S^2}{l}[\text{H}]$

🔍 **해설**

상호 인덕턴스

결합계수 $k=1$일 경우 상호 인덕턴스

$M = \dfrac{\mu S N_1 N_2}{l} = \dfrac{N_1 N_2}{R_m} = L_1\dfrac{N_2}{N_1} = L_2\dfrac{N_1}{N_2} = \dfrac{e \cdot t}{I}[\text{H}]$

여기서, $\mu = \mu_0 \mu_s[\text{H/m}]$: 투자율,

$S = \pi a^2 = \dfrac{\pi D^2}{4}[\text{m}^2]$: 철심의 단면적, $a[\text{m}]$: 철심 단면적 반지름,

$D[\text{m}]$: 철심 단면적 지름, $l = 2\pi r = \pi d[\text{m}]$: 자로(철심)의 길이

$r[\text{m}]$: 평균 반지름, $d[\text{m}]$: 평균 지름, $e[\text{V}]$: 유도(기)기전력,

$t[\text{s}]$: 시간, $I[\text{A}]$: 전류

★★★☆☆

18 그림과 같이 단면적이 균일한 환상 철심에 권수 N_1인 A코일과 권수 N_2인 B코일이 있을 때 A코일의 자기 인덕턴스가 $L_1[\text{H}]$라면 두 코일의 상호 인덕턴스 $M[\text{H}]$는? (단, 누설 자속은 0이다.)

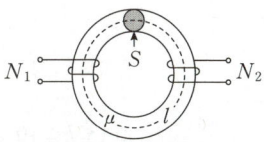

[**정답**] 14 ②   15 ③   16 ④   17 ②   18 ④

① $\dfrac{L_1 N_1}{N_2}$[H] ② $\dfrac{N_2}{L_1 N_1}$[H]

③ $\dfrac{N_1}{L_1 N_2}$[H] ④ $\dfrac{L_1 N_2}{N_1}$[H]

해설

상호 인덕턴스

문제 17번 해설 참조

★★☆☆☆

19 두 코일이 있다. 한 코일의 전류가 매초 120[A]의 비율로 변화할 때 다른 코일에는 15[V]의 기전력이 발생하였다면 두 코일의 상호 인덕턴스[H]는?

① 0.125[H] ② 0.255[H]

③ 0.515[H] ④ 0.615[H]

해설

상호 인덕턴스

$\dfrac{dI_1}{dt} = 120$[A/sec], $e_2 = 15$[V]일 때

$M = \dfrac{e \cdot t}{I} = \dfrac{15 \times 1}{120} = 0.125$[H]

★★☆☆☆

20 자기 인덕턴스가 L_1, L_2이고 상호 인덕턴스가 M인 두 회로의 결합계수가 1일 때, 다음 중 성립되는 식은?

① $L_1 \cdot L_2 = M$ ② $L_1 \cdot L_2 < M^2$

③ $L_1 \cdot L_2 > M^2$ ④ $L_1 \cdot L_2 = M^2$

해설

상호 인덕턴스

$k = 1$일 경우 $M = \sqrt{L_1 L_2}$ 이고 $M^2 = L_1 L_2$이다.

★★☆☆☆

21 자기 인덕턴스와 상호 인덕턴스와의 관계에서 결합계수 k의 값은?

① $0 \leq k \leq \dfrac{1}{2}$ ② $0 \leq k \leq 1$

③ $1 \leq k \leq 2$ ④ $1 \leq k \leq 10$

해설

상호 인덕턴스

결합계수 $k = \dfrac{M}{\sqrt{L_1 \cdot L_2}}$ $\therefore 0 \leq k \leq 1$

★★☆☆☆

22 자기 인덕턴스가 각각 L_1, L_2인 A, B 두 개의 코일이 있다. 이 때, 상호 인덕턴스 $M = \sqrt{L_1 L_2}$ 라면 다음 중 옳지 않은 것은?

① A코일이 만든 자속은 전부 B코일과 쇄교된다.

② 두 코일이 만드는 자속은 항상 같은 방향이다.

③ A코일에 1초 동안에 1[A]의 전류 변화를 주면 B코일에는 1[V]가 유기된다.

④ L_1, L_2는 (−) 값을 가질 수 없다.

해설

상호 인덕턴스

$k = \dfrac{M}{\sqrt{L_1 L_2}}$에서 $M = \sqrt{L_1 L_2}$ 라면 $k = 1$을 의미하므로 누설자속이 없이 A코일이 만드는 자속은 전부 B코일에 쇄교 된다.
그리고 $L_1 > 0$, $L_2 > 0$이므로 $M > 0$이기 때문에 두 코일이 만드는 자속은 항상 같은 방향이다.
그러나 $M = 1$이라는 것은 아니므로 보기 ③의 설명은 옳지 않다.

★★☆☆☆

23 자기 인덕턴스 L_1, L_2이고 상호 인덕턴스가 M인 두 코일을 직렬로 연결하여 합성 인덕턴스 L을 얻었을 때 다음 중 항상 양의 값을 갖는 것만 골라 묶은 것은?

① L_1, L_2, M

② L_1, L_2, L

③ L, M

④ 항상 양의 값을 갖는 것은 없다.

해설

상호 인덕턴스

자기인덕턴스 L_1, L_2의 성질과 합성 인덕턴스 L의 성질은 항상 정(+)이다. 상호 인덕턴스 M의 성질은 항상 정(+)이거나 항상 부(−)이다.

[정답] 19 ① 20 ④ 21 ② 22 ③ 23 ②

★★☆☆☆

24 C_1, C_2의 두 폐로로간의 상호인덕턴스를 구하는 노이만의 공식은?

① $\dfrac{\mu}{2\pi}\displaystyle\oint_{C1}\oint_{C2}\dfrac{d\boldsymbol{\ell}_1 \cdot d\boldsymbol{\ell}_2}{r^2}$

② $4\pi\mu\displaystyle\oint_{C1}\oint_{C2}\dfrac{d\boldsymbol{\ell}_1 \cdot d\boldsymbol{\ell}_2}{r}$

③ $\dfrac{\mu}{4\pi}\displaystyle\oint_{C2}\oint_{C1}\dfrac{d\boldsymbol{\ell}_1 \cdot d\boldsymbol{\ell}_2}{r}$

④ $\dfrac{4\pi}{\mu}\displaystyle\oint_{C1}\oint_{C2}\dfrac{d\boldsymbol{\ell}_1 \cdot d\boldsymbol{\ell}_2}{r}$

🔍 해설

상호 인덕턴스

$$M_{21}=\frac{\phi_{21}}{I_1}\oint_{c_2}B\cdot dS=\frac{\mu}{4\pi}\oint_{c_1}\oint_{c_2}\frac{dl_1\cdot dl_2}{r_{21}}$$

$$=\frac{\mu}{4\pi}\oint_{c_1}\oint_{c_2}\frac{\cos\theta dl_1 dl_2}{r_{21}}[\text{H}]$$

★★☆☆☆

25 전원에 연결한 코일에 10[A]가 흐르고 있다. 지금 순간적으로 전원을 분리하고 코일에 저항을 연결하였을 때 저항에서 24[cal]의 열량이 발생하였다 코일의 자기 인덕턴스는 몇 [H]인가?

① 0.1[H]   ② 0.5[H]

③ 2[H]   ④ 24[H]

🔍 해설

전자 에너지

코일에 축적되는 에너지 $W=\dfrac{1}{2}LI^2[\text{J}]$이고

$1[\text{cal}]=4.186[\text{J}]$이므로 $24[\text{cal}]=100.464[\text{J}]$

$L=\dfrac{2W}{I^2}=\dfrac{2\times100.464}{10^2}=2.009\fallingdotseq2[\text{H}]$

★★★☆☆

26 그림에서 $l=100[\text{cm}]$, $S=10[\text{cm}^2]$, $\mu_s=100$, $N=1000$회인 회로에 전류 $I=10[\text{A}]$를 흘렸을 때 축적되는 에너지[J]는?

① $2\times10^{-1}[\text{J}]$ ② $2\pi\times10^{-2}[\text{J}]$

③ $2\pi\times10^{-3}[\text{J}]$ ④ $2\pi[\text{J}]$

🔍 해설

전자 에너지

코일에 축적되는 에너지 $W=\dfrac{1}{2}LI^2[\text{J}]$

환상솔레노이드의 인덕턴스를 적용

$W=\dfrac{1}{2}\dfrac{\mu SN^2}{l}I^2=\dfrac{1}{2}\dfrac{\mu_o\mu_s SN^2}{l}I^2[\text{J}]$ 주어진 수치를 대입하면

$W=\dfrac{1}{2}\dfrac{4\pi\times10^{-7}\times100\times10\times10^{-4}\times1000^2}{100\times10^{-2}}\times10^2=2\pi[\text{J}]$

★★★☆☆

27 어떤 자기회로에 3000[AT]의 기자력을 줄 때, $2\times10^{-3}[\text{Wb}]$의 자속이 통하였다. 이 자기회로의 자화에 필요한 에너지는 몇 [J]인가?

① $3\times10^{-3}[\text{J}]$ ② 3[J]

③ $1.5\times10^{-3}[\text{J}]$ ④ 1.5[J]

🔍 해설

전자 에너지

$W=\dfrac{1}{2}F\phi=\dfrac{1}{2}\phi I[\text{J}]$

$W=\dfrac{1}{2}F\phi=\dfrac{1}{2}\times2\times10^{-3}\times3000=3[\text{J}]$

★★☆☆☆

28 반지름 a의 직선상 도체에 전류 I가 고르게 흐를 때 도체내의 전자 에너지와 관계 없는 것은?

① 투자율

② 도체의 단면적

③ 도체의 길이

④ 전류의 크기

[정답] 24 ③ 25 ③ 26 ④ 27 ② 28 ②

🔍 해설

전자 에너지

원주도체 내부에 축적되는 에너지

$W_i=\dfrac{1}{2}L_iI^2[\text{J}]$이고 원주 내부 인덕턴스 $L_i=\dfrac{\mu l}{8\pi}[\text{H}]$이므로

이를 적용하면 $W=\dfrac{\mu lI^2}{16\pi}[\text{J}]$이므로 도체의 단면적과 관계없다.

★★☆☆☆

29 자기 인덕턴스 L_1, L_2이고, 상호인덕턴스가 $M[\text{H}]$인 두 코일을 직렬로 연결하였을 경우 합성인덕턴스는?

① $L_1+L_2\pm2M$
② $\sqrt{L_1+L_2}\pm2M$
③ $L_1+L_2\pm2\sqrt{M}$
④ $\sqrt{L_1+L_2}\,2\sqrt{M}$

🔍 해설

합성 인덕턴스

직렬 연결 시 합성 인덕턴스 $L[\text{H}]$
① 가동접속 (합성인덕턴스의 최대값) : 자속이 같은 방향으로 쇄교
$L=L_1+L_2+2M=L_1+L_2+2k\sqrt{L_1L_2}\,[\text{H}]$
② 차동접속 (합성인덕턴스의 최소값) : 자속이 반대 방향으로 쇄교
$L=L_1+L_2-2M=L_1+L_2-2k\sqrt{L_1L_2}\,[\text{H}]$

★★★☆☆

30 직렬로 연결한 2개의 코일에 있어서 합성 자기 인덕턴스는 $80[\text{mH}]$가 되고 한쪽 코일의 연결을 반대로 하면 합성 자기 인덕턴스는 $50[\text{mH}]$가 된다. 두 코일 사이의 상호인덕턴스는 얼마인가?

① 2.5
② 6
③ 7.5
④ 9

🔍 해설

합성 인덕턴스

코일의 연결이 같은 방향 연결시
$L(\text{가동})=L_1+L_2+2M=80[\text{mH}]$
한쪽코일의 연결을 반대 방향으로 연결시
$L'(\text{차동})=L_1+L_2-2M=50[\text{mH}]$
가동과 차동을 연립하여 풀면 $L-L'=4M$이고
$M=\dfrac{L-L'}{4}=\dfrac{80-50}{4}=7.5[\text{mH}]$

[정답] 29 ① 30 ③

electrical engineer

영상 학습 QR   출제경향분석

제12장 전자계에서 시험에 자주 출제가 되는 내용은 다음과 같다.

❶ 변위전류   ❷ 맥스웰의 전자 방정식
❸ 파동 임피던스   ❹ 전자파의 속도
❺ 포인팅 벡터

1 변위 전류

1. 변위 전류

전속밀도의 시간적 변화율로서 유전체를 통해 흐르는 가상의 전류를 변위전류라 한다.

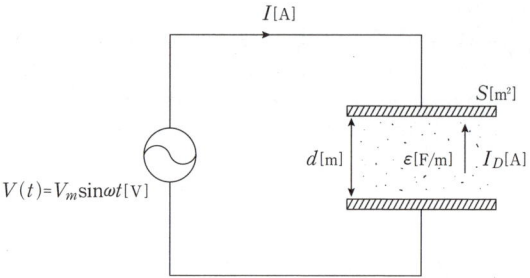

$$V(t)=V_m\sin\omega t[\text{V}]$$

1) 전류(전도전류) 및 전류 밀도

도체에 흐르는 전류 밀도로서 전계의 작용으로 자유 전자의 이동으로 생기는 전류

① 전도 전류 : $I=I_c=kES[\text{A/m}^2]$

② 전도 전류 밀도 : $i=i_c=\dfrac{I}{S}=kE[\text{A/m}^2]$

2) 변위전류 및 변위 전류 밀도

① 변위 전류 : $I_D=\dfrac{dQ}{dt}=\dfrac{dS\sigma}{dt}=\dfrac{\partial D}{\partial t}S[\text{A}]$

② 변위 전류 밀도 : 전속밀도의 시간적 변화는 변위 전류를 발생하고 그리고 변위전류는 자계를 발생 시킨다.

$$i_D=i_d=\frac{\partial D}{\partial t}=\varepsilon\frac{\partial E}{\partial t}=\frac{\varepsilon}{d}\frac{\partial V}{\partial t}[\text{A/m}^2]$$

여기서, $D=\varepsilon E[\text{C/m}^2]$: 전속밀도, $E=\dfrac{V}{d}[\text{V/m}]$: 전계, $V=Ed[\text{V}]$: 전위차

---

③ 전계 $E = E_m \sin \omega t [\text{V/m}]$일 때 변위 전류밀도

$$i_D = \varepsilon \frac{\partial}{\partial t} E_m \sin \omega t = \omega \varepsilon E_m \cos \omega t = \omega \varepsilon E_m \sin(\omega t + 90°) = j\omega \varepsilon E_m [\text{A/m}^2]$$

3) 유전체 손실각 δ

허수 j $i_D [\text{A/m}^2]$

δ

실수 $i_c [\text{A/m}^2]$

$i_c = kE$, $i_D = j\omega \varepsilon E$라면 i_D가 i_c 보다 90° 빠르다.

① 유전체 손실각

$$\tan\delta = \frac{i_c}{i_D} = \frac{kE}{\omega \varepsilon E} = \frac{k}{\omega \varepsilon} = \frac{k}{2\pi \varepsilon f} = \frac{f_c}{f}$$

② 임계주파수(f_c)

도체와 유전체를 구분하는 임계점($i_c = i_D$)에서의 주파수

$$f_c = \frac{k}{2\pi \varepsilon} = \frac{\sigma}{2\pi \varepsilon} [\text{Hz}]$$

여기서 도전율 $k[\text{℧/m}] = \sigma[\text{℧/m}]$

③ 유전체 손실은 인가된 전압의 크기와는 무관하다.

필수확인 O·X 문제

[1차] [2차] [3차]

1. 변위 전류는 도체에 흐르는 전류이다. ····················· (　)
2. 변위 전류 발생과 관계가 있는 것은 전속밀도, 유전율, 전계, 자계이다. ···· (　)
3. 도체와 유전체를 구분하는 임계점의 주파수를 임계주파수라 한다. ······· (　)
4. 유전체 손실은 인가된 전압의 크기와는 관계가 없다. ··········· (　)

상세해설

　1. (×) 전속밀도의 시간적 변화율로서 유전체를 통해 흐르는 가상의 전류를 변위전류이다.
　2. (×) 변위전류에 의해 자계가 발생하므로 자계가 변위 전류를 발생하는 것은 아니다.
　3. (○)
　4. (○)

Q 포인트문제 3

유전체내의 전계의 세기가 E, 분극의 세기가 P, 유전율이 ε_0인 유전체내의 변위 전류 밀도는?

① $\varepsilon \frac{\partial E}{\partial t} + \frac{\partial P}{\partial t}$

② $\varepsilon_0 \frac{\partial E}{\partial t} + \frac{\partial P}{\partial t}$

③ $\left(\frac{\partial E}{\partial t} + \frac{\partial P}{\partial t} \right)$

④ $\varepsilon \left(\frac{\partial E}{\partial t} + \frac{\partial P}{\partial t} \right)$

A 해설

・분극의 세기
$P = \varepsilon_0(\varepsilon_s - 1)E = \varepsilon_0 \varepsilon_s E - \varepsilon_0 E$
$= D - \varepsilon_0 E [\text{C/m}^2]$

・분극시 전체 전속밀도
$D = P + \varepsilon_0 E [\text{C/m}^2]$

・변위 전류 밀도
$i_D = \frac{\partial D}{\partial t} = \varepsilon_0 \frac{\partial E}{\partial t} + \frac{\partial P}{\partial t} [\text{A/m}^2]$

정답 ②

Q 포인트문제 4

그림에서 축전기를 $\pm Q$로 대전한 후 스위치 k를 닫고 도선에 전류 i를 흘리는 순간의 축전기 두 판 사이의 변위전류는?

① $+Q$판에서 $-Q$판 쪽으로 흐른다.
② $-Q$판에서 $+Q$판 쪽으로 흐른다.
③ 왼쪽에서 오른쪽으로 흐른다.
④ 오른쪽에서 왼쪽으로 흐른다.

A 해설

변위 전류 : 전속밀도의 시간적 변화에 의한 것으로 하전체에 의하지 않는 전류로 유전체에서 전하의 이동으로 발생하는 전류이므로 스위치를 닫으면 축전지는 방전을 하는 상태이므로 방전 시에는 도체를 흐르는 전도전류는 $+Q[\text{C}]$에서 $-Q[\text{C}]$로 흘러 들어가고 축전기내에 전해액(유전체)내에서는 $-Q[\text{C}]$에서 $+Q[\text{C}]$로 전도전류와 반대로 구속되지 않는 변위전류가 흐르게 된다.

정답 ②

콕콕 포인트

electrical engineer · electrical engineer · electrical engineer · electrical engineer · electrical engineer · electrical engineer · electrical engineer · electrical e

Q 포인트문제 5

도전율 $\sigma=4[\text{S/m}]$, 비투자율 $\mu_s=1$, 비유전율 $\varepsilon_s=81$인 바닷물 중에서 최소한 유전손실정접 $(\tan\delta)$이 100 이상이 되기 위한 주파수 범위[MHz]는?

① $f \le 2.23$ ② $f \le 4.45$
③ $f \le 8.89$ ④ $f \le 17.78$

A 해설

유전체 손실각을 이용

$\tan\delta=\dfrac{i_c}{i_D}=\dfrac{kE}{\omega\varepsilon E}$

$\quad=\dfrac{k}{2\pi\varepsilon}\times\dfrac{1}{f}=\dfrac{f_c}{f}$

$\tan\delta=\dfrac{\sigma(k)}{2\pi f\varepsilon}$

$=\dfrac{4}{2\pi\times 8.855\times 10^{-12}\times 81\times f}\ge 100$

이므로 $f \le 8.89[\text{MHz}]$

정답 ③

Q 포인트문제 6

Maxwell의 전자기파 방정식이 아닌 것은?

① $\oint_c H\cdot d\ell=nI$

② $\oint_c E\cdot d\ell=-\int_s \dfrac{\partial B}{\partial t}\cdot ds$

③ $\oint_s D\cdot ds=\int_v \rho dv$

④ $\oint_s B\cdot ds=0$

A 해설

맥스웰의 제1의 기본 방정식

$rotH=curlH=\nabla\times H$

$=i_c+\dfrac{\partial D}{\partial t}=i_c+\varepsilon\dfrac{\partial E}{\partial t}[\text{A/m}^2]$

암페어의 주회적분법칙에서 유도한 식이지만

보기 ① $\oint_c H\cdot d\ell=nI$은 암페어의 주회 적분을 직접적 표기하여 보기①이 정답이다.

정답 ①

2 맥스웰의 방정식 (전자 방정식)

1.맥스웰의 제 1의 기본 방정식

$$rotH=curlH=\nabla\times H=i_c+\frac{\partial D}{\partial t}=i_c+\varepsilon\frac{\partial E}{\partial t}[\text{A/m}^2]$$

1) 암페어(앙페르)의 주회적분법칙에서 유도한 식이다.
2) 전도 전류, 변위 전류는 자계를 형성한다.
3) 전류와 자계와의 관계를 나타내며 전류의 연속성을 표현한다.

2. 맥스웰의 제 2의 기본 방정식

$$rotE=curlE=\nabla\times E=-\frac{\partial B}{\partial t}=-\mu\frac{\partial H}{\partial t}[\text{V}]$$

1) 패러데이의 법칙에서 유도한 식이다.
2) 자속 밀도의 시간적 변화는 전계를 회전 시키고 유기 기전력을 형성한다.

3. 정전계의 가우스의 미분형

$$divD=\nabla\cdot D=\rho[\text{C/m}^3]$$

1) 임의의 폐곡면 내의 전하에서 전속선이 발산한다.
2) 가우스 발산 정리에 의하여 유도된 식
3) 고립(독립)된 전하는 존재한다.

4. 정자계의 가우스의 미분형

$$divB=\nabla\cdot B=0$$

1) 자속의 연속성을 나타낸 식이다.
2) 고립(독립)된 자극(자하)는 없으며 N극과 S 극이 항상 공존한다.

5. 벡터 포텐셜

$$rot\vec{A}=\nabla\times\vec{A}=B[\text{Wb/m}^2]$$

벡터 포텐셜($\vec{A}$)의 회전은 자속 밀도를 형성한다.

electrical engineer · electrical engineer · electrical engineer · electrical engineer · electrical engineer · electrical engineer · electrical engineer · electrical engineer

콕콕 포인트

3 전자파

전자파란 전계와 자계가 같은 매질 내에 동시에 존재하며 같은 에너지, 속도로 나아가는 것을 말한다.

1. 완전 절연체인 경우의 전자파의 파동방정식

1) 완전절연체인 경우 파동 방정식

① 전파 방정식 $\nabla^2 E = \varepsilon \mu \dfrac{\partial^2 E}{\partial t^2}$

② 자파 방정식 $\nabla^2 H = \varepsilon \mu \dfrac{\partial^2 H}{\partial t^2}$

2) 전계와 자계의 관계

$$\sqrt{\varepsilon}\, E = \sqrt{\mu}\, H$$

2. 전자파의 파동 임피던스

$\alpha = 0$(감쇠비)이라면 전계와 자계가 손실없이 같은 폭으로 진동하며 이 때 자계에 대한 전계의 비을 고유임피던스(파동, 특성 임피던스)라 한다.

1) 파동 임피던스

$$\eta = Z = \frac{E}{H} = \sqrt{\frac{\mu}{\varepsilon}}\,[\Omega]$$

① $(\varepsilon_s > 1,\ \mu_s > 1)$

$$Z = \frac{E}{H} = \sqrt{\frac{\mu}{\varepsilon}} = \sqrt{\frac{\mu_0}{\varepsilon_0}\frac{\mu_s}{\varepsilon_s}} = \sqrt{\frac{4\pi \times 10^{-7}}{\frac{10^{-9}}{36\pi}}\frac{\mu_s}{\varepsilon_s}} = 120\pi\sqrt{\frac{\mu_s}{\varepsilon_s}} = 377\sqrt{\frac{\mu_s}{\varepsilon_s}}\,[\Omega]$$

② (공기＝진공)

$$Z = \frac{E}{H} = \sqrt{\frac{\mu_0}{\varepsilon_0}} = 120\pi = 377\,[\Omega]$$

| 필수확인 O·X 문제 |

`1차` `2차` `3차`

1. 맥스웰의 제1 방정식은 전류와 자계와의 관계를 나타낸 식이다. · · · · · · · · · · (   )
2. $div B = \nabla \cdot B = \phi$은 자속의 연속성을 나타낸 식이다. · · · · · · · · · · · (   )
3. 공기중 전자파의 파동 임피던스는 $Z = 477\,[\Omega]$이다. · · · · · · · · · · · (   )

상세해설

  1. (O)

  2. (×) $div B = \nabla \cdot B = 0$이 자속의 연속성을 나타낸 식이다.

  3. (×) 공기중 파동 임피던스 $Z = \dfrac{E}{H} = \sqrt{\dfrac{\mu_0}{\varepsilon_0}} = 120\pi = 377\,[\Omega]$

벡터 마그네틱 퍼텐셜(vector magnetic potential) A는 다음과같은 식을 만족하여야 한다. 옳은 것은? (단, H : 자계의 세기, B : 자속 밀도이다.)

① $\nabla \times A = 0$ ② $\nabla \cdot A = 0$

③ $H = \nabla \times A$ ④ $B = \nabla \times A$

A 해설

자속 밀도는 벡터 포텐셜의 회전이다.

$rot A = curl A = \nabla \times A$

$\qquad = B\,[\mathrm{Wb/m^2}]$

정답 ④

Q 포인트문제 8

도전성이 없고 유전율과 투자율이 일정하며, 전하분포가 없는 균질완전절연체 내에서 전계 및 자계가 만족하는 미분방정식의 형태는?

(단, $\alpha = \sqrt{\varepsilon\mu}$, $v = \dfrac{1}{\sqrt{\varepsilon\mu}}$)

① $\nabla^2 \overline{F} = \overline{O}$

② $\nabla^2 \overline{F} = \dfrac{1}{\alpha^2} \cdot \dfrac{\partial \overline{F}}{\partial t}$

③ $\nabla^2 \overline{F} = \dfrac{1}{v^2} \cdot \dfrac{\partial^2 \overline{F}}{\partial t^2}$

④ $\nabla^2 \overline{F} = \dfrac{1}{\alpha^3} \cdot \dfrac{\partial \overline{F}}{\partial t} + \dfrac{1}{v^2} \cdot \dfrac{\partial^2 \overline{F}}{\partial t^2}$

A 해설

$\nabla^2 \overline{F} = \dfrac{1}{v^2} \cdot \dfrac{\partial^2 \overline{F}}{\partial t^2}$

정답 ③

참고

복소유전체로 표현한 임피던스 및 전파 정수

① 복소 유전체 : $\varepsilon_c = \varepsilon - j\dfrac{\sigma}{\omega}$

② 임피던스 :

$$Z = \sqrt{\frac{\mu}{\varepsilon_c}} = \sqrt{\frac{\mu}{\varepsilon - j\frac{\sigma}{\omega}}} = \sqrt{\frac{\frac{\mu}{\varepsilon}}{1 - j\frac{\sigma}{\omega\varepsilon}}}$$

③ 전파정수 : $\gamma = \sqrt{(\sigma + j\omega\varepsilon) \cdot j\omega\mu}$

$\qquad = j\omega\sqrt{\mu\varepsilon} \cdot \sqrt{1 - j\dfrac{\sigma}{\omega\varepsilon}}$

electrical engineer · electrical engineer · electrical engineer · electrical engineer · electrical engineer · electrical engineer · electrical engineer · electrical

2) 진공(공기)중일 때 전계와 자계의 실효값

① 전계의 실효값 $E=\sqrt{\dfrac{\mu_0}{\varepsilon_0}}\,H=377H\,[\mathrm{V/m}]$

② 자계의 실효값 $H=\sqrt{\dfrac{\varepsilon_0}{\mu_0}}\,E=\dfrac{1}{377}E=2.65\times10^{-3}E\,[\mathrm{A/m}]$

3) 전송전로(무한장 분포정수회로) 특성임피던스

$$Z_0=\sqrt{\dfrac{Z}{Y}}=\sqrt{\dfrac{R+j\omega L}{G+j\omega C}}=\sqrt{\dfrac{L}{C}}\,[\Omega]$$

여기서, $Z[\Omega]$: 직렬임피던스, $Y[\mho]$: 병렬어드미턴스

4) 전파 정수

$$\gamma=\alpha+j\beta=\sqrt{YZ}=\sqrt{(R+j\omega L)\cdot(G+j\omega C)}$$

감쇠비(α) : 전파의 크기가 1[m]당 감쇠하는 정도

위상비(β) : 전파의 위상이 1[m]당 감쇠하는 정도

5) $b>a$ 동축케이블의 임피던스

$$L=\dfrac{\mu_0\mu_s}{2\pi}\ln\dfrac{b}{a}\,[\mathrm{H/m}],\ C=\dfrac{2\pi\varepsilon_0\varepsilon_s}{\ln\dfrac{b}{a}}\,[\mathrm{F/m}]$$

$$Z=\sqrt{\dfrac{L}{C}}=\dfrac{1}{2\pi}\sqrt{\dfrac{\mu}{\varepsilon}}\ln\dfrac{b}{a}\,[\Omega]$$

3. 전자파의 속도

1) 전자파의 속도

$$v=\lambda f=\dfrac{\omega}{\beta}=\dfrac{1}{\sqrt{LC}}=\dfrac{1}{\sqrt{\mu\varepsilon}}\,[\mathrm{m/s}]$$

여기서, $\beta=\omega\sqrt{LC}$: 위상정수, $\lambda[\mathrm{m}]$: 파장, $f[\mathrm{Hz}]$: 주파수

2) 진공 중 전자파 속도

$$v=\dfrac{1}{\sqrt{\mu_0\varepsilon_0}}=3\times10^8\,[\mathrm{m/s}]$$

Q 포인트문제 9

전계 $E=\sqrt{2}\,E_e\sin\omega(t-x/c)$ [V/m]인 평면 전자파가 있을 때 자계의 실효치[A/m]는? (단, 진공 중이라 한다.)

① $5.4\times10^{-3}E_e$
② $4.0\times10^{-3}E_e$
③ $2.7\times10^{-3}E_e$
④ $1.3\times10^{-3}E_e$

A 해설

진공(공기) 자계의 실효값

$H=\sqrt{\dfrac{\varepsilon_0}{\mu_0}}E=\dfrac{1}{377}E$

$\quad=0.265\times10^{-2}E\,[\mathrm{AT/m}]$

정답 ③

Q 포인트문제 10

비유전율 4, 비투자율 4인 매질내에서의 전자파의 전파속도는 자유공간에서의 빛의 속도의 몇 배인가?

① $\dfrac{1}{3}$ ② $\dfrac{1}{4}$
③ $\dfrac{1}{9}$ ④ $\dfrac{1}{16}$

A 해설

전자파의 전파속도

$v=\dfrac{3\times10^8}{\sqrt{\varepsilon_s\mu_s}}=\dfrac{3\times10^8}{\sqrt{4\times4}}$

$\quad=\dfrac{3\times10^8}{4}\,[\mathrm{m/sec}]$

정답 ②

Q 포인트문제 11

주파수 6[MHz]인 전자파의 파장은?

① 2 ② 10
③ 50 ④ 300

A 해설

진공시 전자파의 전파속도
$v=3\times10^8=\lambda f[\mathrm{m/sec}]$이므로

파장 $\lambda=\dfrac{3\times10^8}{f}=\dfrac{3\times10^8}{6\times10^6}$

$\quad=50[\mathrm{m}]$가 된다.

정답 ③

4. 전자파의 특징

전자파는 전계와 자계가 서로 동반되어 매질을 통해 파동을 일으키며 전달되고 어떤 일정한 속도 $v[\text{m/s}]$로 진행한다.

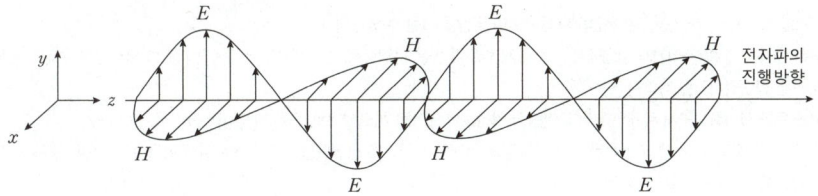

1) 전자파에서는 전계와 자계가 동시에 존재하고 위상은 동상이다.

2) 전계 에너지와 자계 에너지는 같다

3) 전자파의 진행 방향 : $E \times H$의 외적 방향이다.

4) 전자파는 진행 방향에 대한 전계와 자계의 성분은 없고 수직 성분만 존재 한다.
   즉, z방향으로 진행하는 전자파는 진행성분인 z방향의 전계와 자계는 존재하지 않으며 z의 수직성분인 x, y성분의 전계와 자계는 존재한다. 또한 x, y에 대한 1차 도함수(미분계수)는 0이며 z에 대한 1차 도함수(미분계수)는 0이 아니다.

5) 포인팅 벡터 : 임의의 점을 통과할 때 전력밀도 또는 면적당 전력

$$R = \frac{P}{S} = E \times H = EH\sin\theta = EH\sin90° = EH \; [\text{W/m}^2]$$

6) 진공, 공기중에서 포인팅 벡터

$$R = EH = 377H^2 = \frac{1}{377}E^2 = \frac{P}{S}[\text{W/m}^2]$$

| 필수확인 O·X 문제 |

1차 2차 3차

1. 공기 중 전자파의 광속도는 $3 \times 10^8[\text{m/s}]$이다. ·····( )
2. 전자파에서 전계와 자계의 위상관계는 전계가 자계보다 $\pi/2$ 앞선다. ·····( )
3. 전자파의 진행 방향은 $H \times E$이다. ·····( )
4. 전자파는 진행하는 방향에 전계와 자계의 성분은 없다. ·····( )

상세해설

1. (○)
2. (×) 전자파에서는 전계와 자계가 동시에 존재하고 위상은 동상이다.
3. (×) 전자파의 진행 방향 : $E \times H$의 외적 방향이다.
4. (○)

Q 포인트문제 12

자유공간에 있어서 포인팅 벡터를 $S[\text{W/m}^2]$라 할 때 전장의 세기의 실효값 $E[\text{V/m}]$를 구하면?

① $\sqrt{\frac{\mu_0}{\varepsilon_0}}S$ ② $S\sqrt{\frac{\varepsilon_0}{\mu_0}}$
③ $S\sqrt{\frac{\mu_0}{\varepsilon_0}}$ ④ $\sqrt{S\frac{\varepsilon_0}{\mu_0}}$

A 해설

전자파의 포인팅 벡터 $S[\text{W/m}^2]$ 단위시간에 단위 면적을 지나는 에너지로서
$S = \vec{E} \times \vec{H} = EH\sin\theta$
$= EH = E \cdot \sqrt{\frac{\varepsilon_0}{\mu_0}}E$
$= \sqrt{\frac{\varepsilon_0}{\mu_0}}E^2[\text{W/m}^2]$이다.
$S = \sqrt{\frac{\varepsilon_0}{\mu_0}}E^2[\text{W/m}^2]$에서
전계의 실효값은
$E^2 = S\sqrt{\frac{\mu_0}{\varepsilon_0}}, E = \sqrt{S\sqrt{\frac{\mu_0}{\varepsilon_0}}}[\text{V/m}]$

정답 ③

Q 포인트문제 13

자계 실효값이 $1[\text{mA/m}]$인 평면 전자파가 공기 중에서 이에 수직되는 수직 단면적 $10[\text{m}^2]$를 통과하는 전력은?

① 3.77×10^{-3}
② 3.77×10^{-4}
③ 3.77×10^{-5}
④ 3.77×10^{-6}

A 해설

포인팅벡터
$R = \frac{P}{S} = 377H^2[\text{W/m}^2]$에
전력 $P = 377H^2S$
$= 377 \times (10^{-3})^2 \times 10$
$= 3.77 \times 10^{-3}[\text{W}]$

정답 ①

번호	우선순위 논점	KEY WORD	나의 정답 확인					선생님의 콕콕 포인트
			맞음	틀림(오답확인)				
				이해 부족	암기 부족	착오 실수		
1	변위전류	변위전류, 전속밀도, 시간적 변화						변위전류의 정의식을 암기할 것
7	변위전류	유전체 손실각						임계주파수 f_c/f의 비를 암기 할 것
9	맥스월의 방정식	맥스웰의 방정식, 전류와 자계						맥스웰의 방정식 식을 전부 암기 할것
17	전자파	파동, 고유, 특성 임피던스						전계와 자계의 비를 이용할 것
26	전자파	전자파의 진행방향						전계가 우선으로 나오는 외적을 기억할 것
32	전자파	포인팅벡터, 전계, 자계, 실효값						포인팅벡터 공식을 암기 할 것

★★★☆☆
01 유전체에서 변위 전류를 발생하는 것은 ?

① 분극 전하 밀도의 시간적 변화

② 전속 밀도의 시간적 변화

③ 자속 밀도의 시간적 변화

④ 분극 전하 밀도의 공간적 변화

🔍 **해설**

변위전류

변위전류밀도 $i_d = \dfrac{\partial D}{\partial t}[\text{A/m}^2]$이므로 전속밀도의 시간적 변화에 의해서 유전체를 통해 평행판 사이에 흐르는 가상의 전류이다.

★★★☆☆
02 변위전류는 (A)의 시간적 변화로 주위에 (B)를 만든다. (A), (B)에 맞는 말은?

① A : 자속밀도, B : 자계 ② A : 자속밀도, B : 전계

③ A : 전속밀도, B : 자계 ④ A : 전속밀도, B : 전계

🔍 **해설**

변위전류

전속밀도의 시간적 변화로 변위 전류가 발생하고 그리고 변위전류는 자계를 발생 시킨다.

★★★☆☆
03 전력용 유입 커패시터가 있다. 유(기름)의 유전율이 2이고 인가된 전계가 $E = 200\sin\omega t a_x[\text{V/m}]$일 때 커패시터 내부에서의 변위 전류밀도는 몇 $[\text{A/m}^2]$인가?

① $400\omega\cos\omega t a_x[\text{A/m}^2]$ ② $400\omega\sin\omega t a_x[\text{A/m}^2]$

③ $200\omega\cos\omega t a_x[\text{A/m}^2]$ ④ $200\omega\sin\omega t a_x[\text{A/m}^2]$

🔍 **해설**

변위전류

변위전류밀도 $i_d = \dfrac{\partial D}{\partial t}[\text{A/m}^2]$

주어진 수치 $\varepsilon = 2$, $\vec{E} = 200\sin\omega t \vec{a_x}[\text{V/m}]$를 대입 정리하면

$i_d = \dfrac{\partial D}{\partial t} = \varepsilon\dfrac{\partial E}{\partial t} = 2\dfrac{\partial}{\partial t}(200\sin\omega t a_x) = \omega \times 2 \times 200\cos\omega t$

$= 400\omega\cos\omega t \vec{a_x}[\text{A/m}^2]$

[정답] 01 ② 02 ③ 03 ①

★★☆☆☆

04 한 공간 내의 전계의 세기가 $E=E_o\cos\omega t$일 때 이 공간 내의 변위전류밀도의 크기는?

① ωE_o에 비례한다.　　② ωE_o^2에 비례한다.

③ $\omega^2 E_o$에 비례한다.　　④ $\omega^2 E_o^2$에 비례한다.

🔍 **해설** ------------------

변위전류

전압 $E=E_m\cos\omega t\,[\mathrm{V}]$, 전속밀도 $D=\varepsilon\dfrac{E_m}{d}\cos\omega t\,[\mathrm{C/m^2}]$이므로 변위전류밀도는

$i_D=\dfrac{\partial D}{\partial t}=\dfrac{\partial}{\partial t}\left(\varepsilon\dfrac{E_m}{d}\cos\omega t\right)=-\omega\varepsilon\dfrac{E_m}{d}\sin\omega t\,[\mathrm{A/m^2}]$가 된다.

★★★☆☆

05 극판간격 $d\,[\mathrm{m}]$, 면적 $S\,[\mathrm{m^2}]$인 평행판 콘덴서에 교류전압 $V=V_m\sin\omega t\,[\mathrm{V}]$가 가해졌을 때 이 콘덴서에서 전체의 변위전류는 몇 $[\mathrm{A}]$인가?

① $\dfrac{\varepsilon S}{d}\omega V_m\cos\omega t$　　② $\dfrac{\varepsilon}{d}V_m\sin\omega t$

③ $\dfrac{d\omega}{\varepsilon S}V_m\sin\omega t$　　④ $\dfrac{\varepsilon S}{\omega d}V_m\cos\omega t$

🔍 **해설** ------------------

변위전류

$V=V_m\sin\omega t\,[\mathrm{V}]$일 때

변위전류밀도 $i_d=\omega\dfrac{\varepsilon}{d}V_m\cos\omega t\,[\mathrm{A/m^2}]$이므로

변위 전류 $I_d=i_d\times S=\omega\dfrac{\varepsilon S}{d}V_m\cos\omega t\,[\mathrm{A}]$

★★☆☆☆

06 공기 중에서 $E\,[\mathrm{V/m}]$의 전계를 변위 전류로 흐르게 하려면 주파수$[\mathrm{Hz}]$는 얼마가 되어야 하는가?

① $f=\dfrac{i_d}{2\pi\varepsilon E}$　　② $f=\dfrac{i_d}{4\pi\varepsilon E}$

③ $f=\dfrac{\varepsilon i_d}{2\pi^2 E}$　　④ $f=\dfrac{i_d E}{4\pi^2\varepsilon}$

🔍 **해설** ------------------

변위전류

전계 $E\,[\mathrm{V/m}]$, 변위전류밀도 $i_d\,[\mathrm{A/m^2}]$에서

$i_d=\omega\dfrac{\varepsilon}{d}V_m\cos\omega t=\omega\varepsilon E=2\pi f\varepsilon E\,[\mathrm{A/m^2}]$가 되므로

주파수 $f=\dfrac{i_d}{2\pi\varepsilon E}\,[\mathrm{Hz}]$가 된다.

★★★☆☆

07 유전체에서 임의의 주파수 f에서의 손실각을 $\tan\delta$라 할 때, 전도 전류 i_c와 변위 전류 i_D의 크기가 같아지는 주파수 f_c라 하면 $\tan\delta$는?

① $\dfrac{f_c}{f}$　　　　② $\dfrac{f_c}{\sqrt{f}}$

③ $\dfrac{\sqrt{f_c}}{f}$　　　④ $2f_c f$

🔍 **해설** ------------------

변위전류

$i_c=kE,\ i_D=j\omega\varepsilon E$라면

유전체 손실각 : $\tan\delta=\dfrac{i_c}{i_D}=\dfrac{kE}{\omega\varepsilon E}=\dfrac{k}{\omega\varepsilon}=\dfrac{k}{2\pi\varepsilon f}=\dfrac{f_c}{f}$

여기서, 도전율 $k\,[\mho/\mathrm{m}]=\sigma\,[\mho/\mathrm{m}]$

★★★☆☆

08 도전율 σ, 유전율 ε인 매질에 교류전압을 가할 때 전도전류와 변위전류의 크기가 같아지는 주파수는?

① $f=\dfrac{\sigma}{2\pi\varepsilon}$　　② $f=\dfrac{\varepsilon}{2\pi\sigma}$

③ $f=\dfrac{2\pi\varepsilon}{\sigma}$　　④ $f=\dfrac{2\pi\sigma}{\varepsilon}$

🔍 **해설** ------------------

변위전류

임계주파수(f_c)는 도체와 유전체를 구분하는 임계점$(i_c=i_D)$에서의 주파수로 $f_c=\dfrac{k}{2\pi\varepsilon}=\dfrac{\sigma}{2\pi\varepsilon}\,[\mathrm{Hz}]$이다.

★★★☆☆

09 맥스웰 방정식 중에서 전류와 자계의 관계를 직접 나타내고 있는 것은? (단, D는 전속 밀도, σ는 전하 밀도, B는 자속 밀도, E는 전계의 세기, i_c는 전류 밀도, H는 자계의 세기이다.)

[정답] 04 ①　05 ①　06 ①　07 ①　08 ①　09 ③

① $div D=\sigma$　　　　② $div B=0$

③ $\nabla \times H=i_c+\dfrac{\partial D}{\partial t}$　　④ $\nabla \times E=-\dfrac{\partial B}{\partial t}$

🔍 해설

맥스웰의 방정식

1. 맥스웰의 제 1의 기본 방정식

$: rot H=curl H=\nabla \times H=i_c+\dfrac{\partial D}{\partial t}=i_c+\varepsilon\dfrac{\partial E}{\partial t}[A/m^2]$

① 암페어(앙페르)의 주회적분법칙에서 유도한 식이다.
② 전도 전류, 변위 전류는 자계를 형성한다.
③ 전류와 자계와의 관계를 나타내며 전류의 연속성을 표현한다.

2. 맥스웰의 제 2의 기본 방정식

$: rot E=curl E=\nabla \times E=-\dfrac{\partial B}{\partial t}=-\mu\dfrac{\partial H}{\partial t}[V]$

① 패러데이의 법칙에서 유도한 식이다.
② 자속 밀도의 시간적 변화는 전계를 회전 시키고 유기 기전력을 형성한다.

3. 정전계의 가우스의 미분형 : $div D=\nabla \cdot D=\rho[C/m^3]$
① 임의의 폐곡면 내의 전하에서 전속선이 발산한다.
② 가우스 발산 정리에 의하여 유도된 식
③ 고립(독립)된 전하는 존재한다.

4. 정전계의 가우스의 미분형 : $div B=\nabla \cdot B=0$
① 자속의 연속성을 나타낸 식이다.
② 고립(독립)된 자극(자하)는 없으며 N극과 S 극이 항상 공존한다.

5. 벡터 포텐셜 : $rot\vec{A}=\nabla \times \vec{A}=B[Wb/m^2]$
벡터 포텐셜($\vec{A}$)의 회전은 자속 밀도를 형성한다.

★★★☆☆

10 자계의 벡터 포텐셜(vector potential)을 $A[Wb/m]$라 할 때 도체 주위에서 자계 $B[Wb/m^2]$가 시간적으로 변화하면 도체에 발생하는 전계의 세기 $E[V/m]$는?

① $E=-\dfrac{\partial A}{\partial t}$　　② $rot E=-\dfrac{\partial A}{\partial t}$

③ $rot E=\dfrac{\partial B}{\partial t}$　　④ $E=rot B$

🔍 해설

맥스웰의 방정식

$rot\vec{A}=\nabla \times \vec{A}=B[Wb/m^2]$이므로 $\nabla \times E=-\dfrac{\partial B}{\partial t}$에서

이를 대입하면 $\nabla \times E=-\dfrac{\partial B}{\partial t}=-\dfrac{\partial}{\partial t}(\nabla \times A)$이므로

$E=-\dfrac{\partial A}{\partial t}$

★★★☆☆

11 패러데이-노이만 전자 유도 법칙에 의하여 일반화된 맥스웰 전자 방정식의 형태는?

① $\nabla \times E=i_c+\dfrac{\partial D}{\partial t}$　　② $\nabla \cdot B=0$

③ $\nabla \times E=-\dfrac{\partial B}{\partial t}$　　④ $\nabla \cdot D=\rho$

🔍 해설

맥스웰의 방정식
문제 9번 해설 참조

★★★☆☆

12 다음 중 맥스웰의 방정식으로 틀린 것은?

① $rot H=J+\dfrac{\partial D}{\partial t}$　　② $rot E=-\dfrac{\partial B}{\partial t}$

③ $div D=\rho$　　④ $div B=\phi$

🔍 해설

맥스웰의 방정식
보기 ①에서 $J=i_c[A/m^2]$이며 문제 9번 해설 참조

★★☆☆☆

13 다음 중 전자계에 대한 맥스웰의 기본 이론이 아닌 것은?

① 전자계의 시간적 변화에 따라 전계의 회전이 생긴다.
② 전도 전류와 변위 전류는 자계를 발생시킨다.
③ 고립된 자극이 존재한다.
④ 전하에서 전속선이 발산한다.

🔍 해설

맥스웰의 방정식
문제 9번 해설 참조

★★★★☆

14 자속의 연속성을 나타낸 식은?

① $B=\mu H$　　② $\nabla \cdot B=0$

③ $\nabla \cdot B=\rho$　　④ $\nabla \cdot B=-\mu H$

[정답] 10 ① 11 ③ 12 ④ 13 ③ 14 ②

🔍 해설

맥스웰의 방정식
문제 9번 해설 참조

★★★☆☆
15 자계가 비보존적인 경우를 나타내는 것은?
(단, j는 공간상에 0이 아닌 전류 밀도를 의미한다.)

① $\nabla \cdot B = 0$　　　　② $\nabla \cdot B = j$

③ $\nabla \times H = 0$　　　　④ $\nabla \times H = j$

🔍 해설

맥스웰의 방정식
$rot H = \nabla \times H = j$: 자계의 비보존성
$rot H = \nabla \times H = 0$: 자계의 보존성

★★☆☆☆
16 매질이 완전 절연체인 경우의 전자파동방정식을 표시하는 것은?

① $\nabla^2 E = \varepsilon \mu \dfrac{\partial E}{\partial t}$, $\nabla^2 H = k\mu \dfrac{\partial H}{\partial t}$

② $\nabla^2 E = \varepsilon \mu \dfrac{\partial^2 E}{\partial t}$, $\nabla^2 H = k\mu \dfrac{\partial^2 E}{\partial t^2}$

③ $\nabla^2 E = \varepsilon \mu \dfrac{\partial^2 E}{\partial t^2}$, $\nabla^2 H = \varepsilon \mu \dfrac{\partial^2 H}{\partial t^2}$

④ $\nabla^2 E = \varepsilon \mu \dfrac{\partial E}{\partial t}$, $\nabla^2 H = \varepsilon \mu \dfrac{\partial H}{\partial t}$

🔍 해설

전자파
완전절연체인 경우 파동 방정식
① 전파 방정식 $\nabla^2 E = \varepsilon \mu \dfrac{\partial^2 E}{\partial t^2}$
② 자파 방정식 $\nabla^2 H = \varepsilon \mu \dfrac{\partial^2 H}{\partial t^2}$

★★★★★
17 자유 공간의 고유 임피던스[Ω]는? (단, ε_o는 유전율, μ_o는 투자율이다.)

① $\sqrt{\dfrac{\varepsilon_o}{\mu_o}}$　　　　② $\sqrt{\dfrac{\mu_o}{\varepsilon_o}}$

③ $\sqrt{\varepsilon_o \mu_o}$　　　　④ $\sqrt{\dfrac{1}{\varepsilon_o \mu_o}}$

🔍 해설

전자파
파동 고유 임피던스

$$Z = \frac{E}{H} = \sqrt{\frac{\mu}{\varepsilon}} = \sqrt{\frac{\mu_o}{\varepsilon_o} \frac{\mu_s}{\varepsilon_s}} = \sqrt{\frac{4\pi \times 10^{-7}}{\frac{10^{-9}}{36\pi}} \frac{\mu_s}{\varepsilon_s}}$$

$$= 120\pi \sqrt{\frac{\mu_s}{\varepsilon_s}} = 377 \sqrt{\frac{\mu_s}{\varepsilon_s}} \, [\Omega]$$

자유공간은 진공·공기 상태를 말하므로 $Z = \sqrt{\dfrac{\mu_o}{\varepsilon_o}}$ 가 된다.

★★★★★
18 $\varepsilon_s = 81$, $\mu_s = 1$인 매질의 전자파의 고유 임피던스(intrinsic impedance)는 얼마인가?

① 41.9[Ω]　　　　② 33.9[Ω]

③ 21.9[Ω]　　　　④ 13.9[Ω]

🔍 해설

전자파
파동 고유임피던스
$$Z = \sqrt{\frac{\mu}{\varepsilon}} = \sqrt{\frac{\mu_o}{\varepsilon_o}} \sqrt{\frac{\mu_s}{\varepsilon_s}} = 377 \sqrt{\frac{\mu_s}{\varepsilon_s}} = 377 \sqrt{\frac{1}{81}} = 41.888 \fallingdotseq 41.9 [\Omega]$$
이 된다.

★★★☆☆
19 평면 전자파의 전계의 세기가 $E = E_m \sin \omega \left(t - \dfrac{Z}{V} \right)$ [V/m]일 때 수중에 있어서의 자계의 세기는 몇 [AT/m]인가? (단, 물의 ε_s는 80이고 μ_s는 1이다.)

① $1.19 \times 10^{-2} E_m \sin \omega t$

② $1.19 \times 10^{-2} E_m \cos \omega \left(t - \dfrac{Z}{V} \right)$

③ $2.37 \times 10^{-2} E_m \sin \omega \left(t - \dfrac{Z}{V} \right)$

[정답]　15 ④　16 ③　17 ②　18 ①　19 ③

④ $2.37 \times 10^{-2} E_m \cos\omega\left(t - \dfrac{Z}{V}\right)$

🔍 **해설** ------------------------

전자파

파동 고유임피던스

$Z = \sqrt{\dfrac{\mu}{\varepsilon}} = 377\sqrt{\dfrac{\mu_s}{\varepsilon_s}} = 377\sqrt{\dfrac{1}{80}} = 42.15 = \dfrac{E}{H}$ 을 이용

$H = \dfrac{1}{42.15}E = \dfrac{1}{42.15}E_m \sin\omega\left(t - \dfrac{Z}{V}\right)$

$\quad = 2.37 \times 10^{-2} E_m \sin\omega\left(t - \dfrac{Z}{V}\right)$

★★★★★
20 유전율 ε, 투자율 μ의 공간을 전파하는 전자파의 전파 속도 $v[\text{m/s}]$는?

① $v = \sqrt{\varepsilon\mu}$　　　② $v = \sqrt{\dfrac{\varepsilon}{\mu}}$

③ $v = \sqrt{\dfrac{\mu}{\varepsilon}}$　　　④ $v = \dfrac{1}{\sqrt{\varepsilon\mu}}$

🔍 **해설** ------------------------

전자파

전자파의(전파)속도

$v = \lambda f = \dfrac{\omega}{\beta} = \dfrac{1}{\sqrt{LC}} = \dfrac{1}{\sqrt{\mu\varepsilon}}[\text{m/s}]$

여기서, $\beta = \omega\sqrt{LC}$: 위상정수, $\lambda[\text{m}]$: 파장, $f[\text{Hz}]$: 주파수

★★★☆☆
21 유전율 ε, 투자율 μ인 매질 중을 주파수 $f[\text{Hz}]$의 전자파가 전파되어 나갈 때 의 파장[m]은?

① $f\sqrt{\varepsilon\mu}$　　　② $\dfrac{1}{f\sqrt{\varepsilon\mu}}$

③ $\dfrac{f}{\sqrt{\varepsilon\mu}}$　　　④ $\dfrac{\sqrt{\varepsilon\mu}}{f}$

🔍 **해설** ------------------------

전자파

전자파의 전파속도 $v = \dfrac{1}{\sqrt{\varepsilon\mu}} = \lambda f[\text{m/sec}]$에서

파장 $\lambda = \dfrac{1}{f\sqrt{\varepsilon\mu}}[\text{m}]$이 된다.

★★★☆☆
22 비유전율 $\varepsilon_s = 3$, 비투자율 $\mu_s = 3$인 공간이 있다고 가정할 때, 이 공간에서의 전자파 파장이 10[m]였을 때 주파수[MHz]는?

① 1[MHz]　　　② 3[MHz]

③ 6[MHz]　　　④ 10[MHz]

🔍 **해설** ------------------------

전자파

전자파의 전파속도 에서 $v = \dfrac{3 \times 10^8}{\sqrt{\varepsilon_s \mu_s}} = \lambda f[\text{m/sec}]$에서

$f = \dfrac{3 \times 10^8}{\lambda\sqrt{\varepsilon_s \mu_s}} = \dfrac{3 \times 10^8}{10\sqrt{3 \times 3}} \times 10^{-6} = 10[\text{MHz}]$

★★★★☆
23 전자파는?

① 전계만 존재한다.

② 자계만 존재한다.

③ 전계와 자계가 동시에 존재한다.

④ 전계와 자계가 동시에 존재하되 위상이 다르다.

🔍 **해설** ------------------------

전자파

전자파의 특징
① 전자파에서는 전계와 자계가 동시에 존재하고 위상은 동상이다.
② 전계 에너지와 자계 에너지는 같다
③ 전자파의 진행 방향 : $E \times H$의 외적 방향이다.
④ 전자파는 진행 방향에 대한 전계와 자계의 성분은 없고 수직 성분만 존재 한다.
　즉 z방향으로 진행하는 전자파는 진행성분인 z방향의 전계와 자계는 존재하지 않으며 z의 수직성분인 x, y성분의 전계와 자계는 존재한다. 또한 x, y에 대한 1차 도함수(미분계수)는 0이며 z에 대한 1차 도함수(미분계수)는 0이 아.니다.
⑤ 포인팅 벡터 : 임의의 점을 통과할 때 전력밀도 또는 면적당 전력

$$R = \dfrac{P}{S} = E \times H = EH\sin\theta = EH\sin90° = EH[\text{W/m}^2]$$

⑥ 진공, 공기중에서 포인팅 벡터

$$R = EH = 377H^2 = \dfrac{1}{377}E^2 = \dfrac{P}{S}[\text{W/m}^2]$$

★★★☆☆

24 시변 전자파에 대한 설명 중 틀린 것은?

① 전자파는 전계와 자계가 동시에 존재한다.

② TEM파에서는 전파의 진행 방향으로 전계와 자계가 존재한다.

③ 포인팅 벡터의 방향은 전자파의 진행 방행과 같다.

④ 수직편파는 대지에 대해서 전계가 수직면에 있는 전자파이다.

🔍 **해설** --------------------------------

전자파
TEM(횡전자파)는 전계와 자계 전파의 진행방향과 수직으로 존재한다.

★★☆☆☆

25 자유공간을 진행하는 전자기파의 전계와 자계의 위상차는?

① 전계가 $\frac{\pi}{2}$ 빠르다.   ② 자계가 $\frac{\pi}{2}$ 빠르다.

③ 위상이 같다.   ④ 전계가 π 빠르다.

🔍 **해설** --------------------------------

전자파
문제 23 해설 참조

★★★★★

26 전자파의 진행 방향은?

① 전계 E의 방향과 같다.   ② 자계 H의 방향과 같다.

③ $E \times H$의 방향과 같다.   ④ $H \times E$의 방향과 같다.

🔍 **해설** --------------------------------

전자파
문제 23 해설 참조

★★☆☆☆

27 변위 전류에 의하여 전자파가 발생되었을 때 전자파의 위상은?

① 변위 전류보다 90° 빠르다.

② 변위 전류보다 90° 늦다.

③ 변위 전류보다 30° 빠르다.

④ 변위 전류보다 30° 늦다.

🔍 **해설** --------------------------------

전자파
전자파가 변위 전류보다 90° 늦다.

★★★☆☆

28 전계 및 자계의 세기가 각각 E, H일 때 포인팅벡터 R은 몇 $[\text{W/m}^2]$인가?

① $E + H$ ② $V(E \cdot H)$

③ $E \times H$ ④ $\oint E \times H d\ell$

🔍 **해설** --------------------------------

전자파
① 포인팅 벡터 : 임의의 점을 통과할 때 전력밀도 또는 면적당 전력

$$R = \frac{P}{S} = E \times H = EH\sin\theta = EH\sin 90° = EH\,[\text{W/m}^2]$$

② 진공, 공기중에서 포인팅 벡터

$$R = EH = 377H^2 = \frac{1}{377}E^2 = \frac{P}{S}[\text{W/m}^2]$$

★★★☆☆

29 자유공간에 있어서의 포인팅 벡터를 $P[\text{W/m}^2]$이라 할 때, 전계의 세기의 실효값 $E_0[\text{V/m}]$를 구하면?

① $377P$ ② $\dfrac{P}{377}$

③ $\sqrt{377P}$ ④ $\sqrt{\dfrac{P}{377}}$

🔍 **해설** --------------------------------

전자파
진공, 공기중에서 포인팅 벡터

$$R = EH = 377H^2 = \frac{1}{377}E^2 = \frac{P}{S}[\text{W/m}^2]에서$$

$$R = \frac{1}{377}E^2[\text{W/m}^2]을 이용 정리하면$$

전계 $E = \sqrt{377P}[\text{V/m}]$가 된다.

[**정답**] 24 ② 25 ③ 26 ③ 27 ② 28 ③ 29 ③

★★★★★

30 전계의 실효치가 $377[\text{V/m}]$인 평면전자파가 진공을 진행하고 있다. 이 때 이 전자파에 수직되는 방향으로 설치된 단면적 $10[\text{m}^2]$의 센서로 전자파의 전력을 측정하려고 한다. 센서가 $1[\text{W}]$의 전력을 측정했을 때 $1[\text{mA}]$의 전류를 외부로 흘려준다면 전자파의 전력을 측정했을 때 외부로 흘려주는 전류는 몇 $[\text{mA}]$인가?

① $3.77[\text{mA}]$
② $37.7[\text{mA}]$
③ $377[\text{mA}]$
④ $3770[\text{mA}]$

🔍 **해설**

전자파

진공, 공기중에서 포인팅 벡터

$R = EH = 377H^2 = \dfrac{1}{377}E^2 = \dfrac{P}{S}[\text{W/m}^2]$에서

이때 전력 $P = EHS[\text{W}] = \dfrac{1}{377}E^2S[\text{W}]$이므로

$P = \dfrac{1}{377}E^2S = \dfrac{1}{377} \times 377^2 \times 10 = 3770[\text{W}]$

$1[\text{W}]$의 전력을 측정 했을 때 $1[\text{mA}]$의 전류를 외부로 흘려주므로 $3770[\text{W}]$의 전력 측정 시 외부로 흘려주는 전류는 $3770[\text{mA}]$이다.

★★★☆☆

31 진공중의 점 A에서 출력 $50[\text{kW}]$의 전자파를 방사하여 이것이 구면파로서 전파할 때 점 A에서 $100[\text{km}]$ 떨어진 점 B에 있어서의 포인팅 벡터 값은 약 몇 $[\text{W/m}^2]$인가?

① $4 \times 10^{-7}[\text{W/m}^2]$
② $4.5 \times 10^{-7}[\text{W/m}^2]$
③ $5 \times 10^{-7}[\text{W/m}^2]$
④ $5.5 \times 10^{-7}[\text{W/m}^2]$

🔍 **해설**

전자파

포인팅 벡터 $R = \dfrac{P}{S}[\text{W/m}^2]$에서

$R = \dfrac{P}{4\pi r^2} = \dfrac{50 \times 10^3}{4\pi \times (100 \times 10^3)^2} = 3.98 \times 10^{-7}[\text{W/m}^2]$

★★★★★

32 $100[\text{kW}]$ 전력이 안테나에서 사방으로 균일하게 방사될 때 안테나에서 $1[\text{km}]$의 거리에 있는 전계의 실효값은 몇 $[\text{V/m}]$인가?

① $1.73[\text{V/m}]$
② $2.45[\text{V/m}]$
③ $3.68[\text{V/m}]$
④ $6.21[\text{V/m}]$

🔍 **해설**

전자파

포인팅벡터 $R = \dfrac{P}{S} = \dfrac{1}{377}E^2[\text{W/m}^2]$에서

전계 $E = \sqrt{\dfrac{377P}{S}} = \sqrt{\dfrac{377P}{4\pi r^2}} = \sqrt{\dfrac{377 \times 100 \times 10^3}{4\pi \times (1 \times 10^3)^2}} = 1.73[\text{V/m}]$

★★☆☆☆

33 수평 전파는?

① 대지에 대해서 전계가 수직면에 있는 전자파
② 대지에 대해서 전계가 수평면에 있는 전자파
③ 대지에 대해서 자계가 수직면에 있는 전자파
④ 대지에 대해서 자계가 수평면에 있는 전자파

🔍 **해설**

전자파

수평 전파는 전계가 대지에 대해서 수평면(입사면에 수직)에 있는 전자파이고 수직전파는 전계가 대지에 대해서 수직면(입사면에 수평)에 있는 전자파를 말한다.

★★☆☆☆

34 상이한 매질의 경계면에서 전자파가 만족해야 할 조건이 아닌 것은?

① 경계면의 양측에서 전계의 세기의 접선성분은 서로 같다.
② 경계면의 양측에서 자계의 접선 성분은 서로 같다.
③ 경계면의 양측에서 자속 밀도의 접선 성분은 서로 같다.
④ 이상 도체 표면에서는 자계의 세기의 접선 성분은 표면 전류 밀도와 같다.

🔍 **해설**

전자파

상이한 매질의 경계면에서 전자파는 다음과 같은 조건을 만족한다.
① 경계면의 양측에서 전계의 세기의 접선성분은 같다.
　$(E t_1 = E t_2 = E)$
② 경계면의 양측에서는 전속밀도의 법선성분이 같다. $(D_{n1} = D_{n2})$
③ 경계면의 양측에서는 자계의 세기의 접선성분이 같다. $(H_{t1} = H_{t2})$
④ 경계면의 양측에서는 자속밀도의 법선성분이 같다. $(B_{n1} = B_{n2})$
⑤ 이상 도체면에서는 자계의 세기의 접선 성분은 표면 전류 밀도가 같다.

[정답] 30 ④　31 ①　32 ①　33 ②　34 ③

★★☆☆☆

35 높은 주파수의 전자파가 전파 될 때 일기가 좋은 날 보다 비오는날 전자파의 감소가 심한 원인은?

① 도전율의 관계임　　　② 유전율 관계임

③ 투자율 관계임　　　　④ 분극율 관계임

🔍 **해설**

전자파

진공이 아닌 일반 공기는 자유공간이라 하여 무시할 수 있을 정도의 도전율을 가지고 있으나 비오는 날 (습도가 많은 날)은 도전성이 증가하여 감쇠가 심하게 나타난다.

[정답] 35 ①

ELECTRICITY

CREATIVE
INDUSTRIAL
ELECTRIC

Chapter

02

전력공학

영상 학습 QR   출제경향분석

본장은 가공송전선로에서 사용되는 전선, 애자, 금구류, 이도의 계산 등을 다루며, 기본적인 송전선로의 전기적 특성을 학습한다.

❶ 전선의 구비조건   ❷ 표피효과
❸ 켈빈의 법칙   ❹ 애자련의 보호와 연효율
❺ 전선의 이도계산

콕콕 포인트

▶ 전기 용어해설

송전선로와 배전선로는 가공 또는 지중으로 가설된다. 이때 전주, 철탑 등을 지지물로 하여 공중에 가설한 모든 전선로를 가공 전선로라 한다.

▶ 전기 용어해설

신장률이란 전선의 늘어나는 정도를 의미하며 가선공사를 할 때 용이하도록 신장률이 커야한다. 한편, 도전율이란 (導電率, conductivity) 물질에서 전류가 잘 흐르는 정도를 나타내는 물리량을 나타낸다.

FAQ

전선의 비중은 왜 작아야 하나요?

답

▶비중이 높은 재료를 사용할수록 전선의 무게는 무거워집니다. 무거운 전선을 사용할 경우 이를 지지하기 위한 철탑의 크기와 강도는 커지게 됩니다. 이러한 문제 때문에 송전선로에서는 밀도가 낮은 알루미늄을 재료로 하는 전선을 사용합니다.

♥ 핵심 포인트

강심 알루미늄연선(ACSR)은 비교적 도전율이 높은 경 알루미늄연선을 인장강도가 큰 강선 주위에 꼬아서 만든 전선이다. 가공송전선로의 대부분이 ACSR을 사용하고 있으며, 중량이 가볍고 바깥지름이 큰 것이 특징이다.

1 가공전선로의 개요

1. 전선의 구비조건

• 비중이 작을 것   • 신장률이 클 것   • 도전율이 높을 것
• 내구성이 있을 것   • 가격이 저렴할 것   • 기계적 강도가 클 것

2. 전선의 분류

1) 단선 : 단면이 원형인 가닥을 도체로 한 것

2) 연선 : 수 ~ 수십 가닥으로 된 가느다란 소선을 꼬아 하나의 전선으로 한 것

3) 연선의 바깥지름

$$D=(2n+1)d$$

• n : 층수
• d : 소선의 지름
• D : 연선의 바깥지름

3. 표피효과

표피효과란 도선의 중심으로 갈수록 전류밀도가 작아지고 표피 쪽으로 갈수록 전류밀도가 커지는 현상이다. 표피 효과는 주파수, 전선의 단면적, 도전율, 비투자율에 비례한다.

4. 댐퍼와 오프셋

1) 전선의 진동방지 : 댐퍼(damper) 설치

2) 상하전선의 단락방지 : 오프셋(off-set)

5. 켈빈의 법칙

건설 후에 전선의 단위 길이를 기준으로 해서, 여기서 1년간 잃게 되는 전력손실량의 금액과 건설시 구입한 단위 길이의 전선비에 대한 이자와 상각비를 가산한 연경비가 같게 되게끔 하는 굵기가 가장 경제적인 전선의 굵기이다.

electrical engineer   electrical engineer   electrical engineer   electrical engineer   electrical engineer   electrical engineer   electrical engineer   electrical engineer

콕콕 포인트

2 가공전선용 애자

1. 애자의 구비조건

- 누설전류가 작을 것
- 절연저항이 클 것
- 가격이 저렴할 것
- 습기를 흡수하지 말 것
- 기계적 강도가 클 것

2. 전압별 애자 수

공칭 전압	66kV	154kV	345kV	765kV
애자 수	4 ∼ 6(5)	9 ∼ 11(10)	19 ∼ 23(20)	33 ∼ 43(40)

3. 애자의 전압분포

154kV 송전선로 현수애자 10개를 기준으로 했을 경우 전압분담의 최대 애자는 전선에서 가장 가까운 애자이며 전압분담 최소 애자는 철탑에서 3번째 애자이다.

4. 소호환 · 소호각

송전선에 낙뢰가 가해져서 애자에 섬락이 생기면 아크가 발생하여 애자가 손상되는 경우가 있다. 즉, 애자련을 낙뢰로부터 보호하기 위해 소호환 또는소호각(아킹링, 아킹혼)을 설치한다. 한편, 애자련에 걸리는 전압분담을 균일하게 한다.

5. 연효율

애자련의 섬락전압은 1련의 애자개수를 증가시킴에 따라 그 1개당의 평균섬락전압이 저하된다. 여기서, V_n은 애자련의 섬락전압, V_1은 애자 1개의 섬락전압, n은 애자의 개수라 할 때 애자련의 효율은 아래와 같다.

$$\eta = \frac{V_n}{nV_1} \times 100$$

| CHECK POINT | 난이도 ★★☆☆☆   1차 2차 3차

250[mm] 현수애자 10개를 직렬로 접속한 애자련의 건조섬락전압이 590[kV]이고 연효율(string efficiency)이 0.74이다. 현수애자 한 개의 건조섬락전압은 약 몇 [kV]인가?

① 80[kV]
② 90[kV]
③ 100[kV]
④ 120[kV]

상세해설

연효율 $\eta = \dfrac{V_n}{nV_1} \times 100[\%]$에서, $V_1 = \dfrac{V_n}{\eta \times n} = \dfrac{590}{0.74 \times 10} = 79.7$ ∴ $V_1 \fallingdotseq 80[kV]$

답 ①

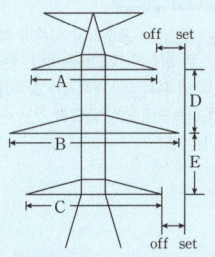

콕콕 포인트

electrical engineer · electrical engineer · electrical engineer · electrical engineer · electrical engineer · electrical engineer · electrical engineer · electrical

3 전선의 이도

1. 전선의 합성하중

전선에 걸리는 하중에는 수직하중(전선자중 W_i, 빙설하중 W_c)과, 전선에 미치는 풍압의 수평하중(W_p)이 있다.

1) 빙설이 적은 지방

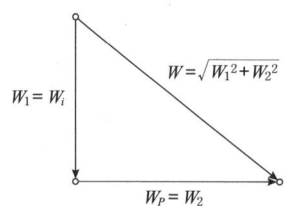

풍압하중 : 풍압$d/1000[\mathrm{kg/m}]$

합성하중 : $W = \sqrt{W_i^2 + W_p^2}$

2) 빙설이 많은 지방

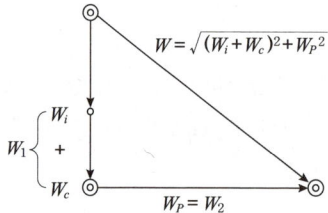

풍압하중 : $P(d+12)/1000[\mathrm{kg/m}]$

합성하중 : $W = \sqrt{(W_i + W_c)^2 + W_p^2}$

2. 전선의 이도계산

전선의 이도란 전선의 지지점을 연결하는 수평선으로부터 밑으로 내려가 있는 길이를 이도라 한다. 이도의 대·소는 지지물의 높이를 좌우한다. 한편, 전선의 이도는 장력 T에 반비례하고, 경간의 제곱에 비례한다. W는 합성하중[kg/m], S는 경간[m], T는 전선의 수평장력[kg]이며, 전선의 수평장력은 안전율에 대한 인장하중의 비이다.

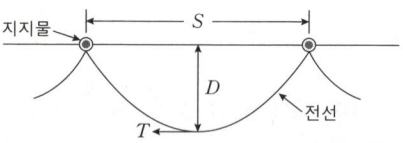

$$D = \frac{WS^2}{8T}\,[\mathrm{m}]$$

3. 전선의 총길이

$$L = S + \frac{8D^2}{3S}\,[\mathrm{m}]$$

al engineer · electrical engineer · electrical engineer · electrical engineer · electrical engineer · electrical engineer · electrical engineer · electrical engineer

콕콕 포인트

4. 온도 변화 후의 이도

$$D_2 = \sqrt{D_1{}^2 \pm \frac{3}{8}\alpha t S^2}\,[\mathrm{m}]$$

여기서, D_1, S_1 : 온도변화 전의 이도와 길이, α : 전선의 온도계수, t : 변화온도

5. 전선의 지표상 평균높이

$$H = h - \frac{2}{3}D\,[\mathrm{m}]$$

여기서, h : 지지물의 높이, D : 이도

4 | 철탑의 종류

사각 철탑   방형 철탑   문형 철탑

우드형 철탑   회전형 철탑   MC 철탑

Q 포인트문제

경간 200[m]의 지점이 수평인 가공 전선로가 있다. 전선 1[m]의 하중은 2[kgf], 풍압하중은 없는 것으로 하고 전선의 전단 인장하중이 4000[kgf], 안전율을 2.2로 하면 이도는 몇 [m]인가?

① 4.7   ② 5.0
③ 5.5   ④ 6.0

A 해설

$$D = \frac{WS^2}{8T} = \frac{2 \times 200^2}{8 \times \frac{4000}{2.2}}$$

$$= 5.5[\mathrm{m}]$$

정답 ③

♥ 핵심 포인트

내장형 철탑은 직선철탑이 여러 기로 연결될 때 10기마다 1기의 비율로 넣은 철탑으로서 선로의 보강용으로 사용되며, E형 철탑이라고도 한다. 이밖에도 직선형, 각도형, 인류형 등이 있다.

| CHECK POINT | 난이도 ★★☆☆☆ 1차 2차 3차

전선 지지점에 고저차가 없는 경간 300[m]인 송전선로가 있다. 이도를 10[m]로 유지할 경우 지지점간의 전선 길이는 약 몇 [m]인가?

① 300.0[m]   ② 300.3[m]
③ 300.6[m]   ④ 300.9[m]

상세해설

전선의 길이는 경간보다 $\dfrac{8D^2}{3S}$ 만큼 길기 때문에 $L = S + \dfrac{8D^2}{3S} = 300 + \dfrac{8 \times 10^2}{3 \times 300} \fallingdotseq 300.9[\mathrm{m}]$

답 ④

- QR 코드를 찍으시면, 가장 중요한 우선순위 문제풀이 영상을 보실 수 있습니다.
- 우선순위 논점은 전기(산업)기사 시험에서 가장 출제 빈도가 높은 문제로써, 수험생분들께서는 각 파트별 우선순위 문제의 논점과 키워드를 학습하시기를 바랍니다.
- 체크 리스트를 작성하시면서 문제의 유형과 학습의 완성도를 스스로 체크 해 보시기를 바랍니다.
- "선생님의 콕콕 포인트"는 틀리기 쉬운 문제의 함정과 문제의 포인트를 집어드립니다. 우선순위 문제풀이의 포인트를 꼭 참고하고 응용문제의 해결능력을 길러 줍니다.

번호	우선순위 논점	KEY WORD	나의 정답 확인				선생님의 콕콕 포인트
			맞음	틀림(오답확인)			
				이해 부족	암기 부족	착오 실수	
2	ACSR	중량, 바깥지름, 장경간, 코로나					ACSR전선의 대표적인 특징은 중량이 가볍다는 것
5	애자련의 보호	아킹링, 아킹혼, 초호환, 초호각					아킹링, 아킹혼, 초호환, 초호각, 소호환, 소호각 모두 애자련을 보호하는 역할이며, 용어를 바꾸어 가면서 출제되고 있음
9	이도의 계산	장력, 인장하중, 합성하중, 안전율					계산문제시 인장하중과 안전율이 주어지면 장력을 계산하고, 합성하중 계산방법을 숙지할 것
14	지표상 평균높이	이도, 지지물의 높이, 평균높이					간단한 계산문제가 출제되고 있으므로, 공식만 암기할 것
15	표피효과	전류밀도, 주파수, 도전율, 굵기					표피효과는 주파수, 도전율 등에 비례하는 관계이며, 반비례가 있으면 오답일 확률이 높음

★☆☆☆☆

01 가공전선의 구비조건으로 옳지 않은 것은?

① 도전율이 클 것
② 기계적 강도가 클 것
③ 비중이 클 것
④ 신장률이 클 것

🔍 해설

전선의 구비조건

가공전선로에서 사용되는 전선의 비중, 밀도는 작아야 된다. 비중이 클 경우 철탑의 강도와 크기가 커지기 때문에 경제성이 낮아진다.

★★☆☆☆

02 ACSR은 동일한 길이에서 동일한 전기저항을 갖는 경동연선에 비하여 어떠한가?

① 바깥지름은 크고 중량은 작다.
② 바깥지름은 작고 중량은 크다.
③ 바깥지름과 중량이 모두 크다.
④ 바깥지름과 중량이 모두 작다.

🔍 해설

강심알루미늄연선

강심알루미늄연선은 중심에 스틸로 보강된 전선으로서 바깥지름은 크고 중량은 작다. 또한 ACSR은 장거리 송전선로에 적합하고, 코로나현상 방지에 효과적이다.

💙 참고

해안지방의 경우 염의 피해를 예방 또는 최소화하기 위해 염분에 강한 동선을 사용한다.

★★★☆☆

03 다음 중 켈빈(Kelvin)의 법칙이 적용되는 경우는?

① 전력손실량을 축소시키고자 하는 경우
② 전압강하를 감소시키고자 하는 경우
③ 부하 배분의 균형을 얻고자 하는 경우
④ 경제적인 전선의 굵기를 선정하고자 하는 경우

[정답] 01 ③ 02 ① 03 ④

해설

켈빈의 법칙

경제적인 전선의 굵기를 선정하고자 하는 경우에는 켈빈의 법칙을 적용하며, 스틸의 식은 경제적인 송전전압 선정할 때 사용한다.

• 스틸의 식 : $V_s = 5.5 \times \sqrt{0.6 \cdot \ell [\text{km}] + P[\text{kW}]/100}[\text{kV}]$

참고

옥내배선의 굵기를 설계하는 경우 전압강하, 허용전류, 기계적 강도 등을 고려하여 결정하여야 한다. 이 중에서 가장 중요한 것은 허용전류이다.

★★☆☆☆

04 애자가 갖추어야 할 구비조건으로 옳은 것은?

① 온도의 급변에 잘 견디고 습기도 잘 흡수해야 한다.

② 지지물에 전선을 지지할 수 있는 충분한 기계적 강도를 갖추어야 한다.

③ 비 눈 안개 등에 대해서도 충분한 절연저항을 가지며 누설전류가 많아야 한다.

④ 선로전압에는 충분한 절연내력을 가지며 이상전압에는 절연내력이 매우 적어야 한다.

해설

애자의 구비조건

• 누설전류가 작을 것   • 절연저항이 클 것
• 가격이 저렴할 것   • 습기를 흡수하지 말 것
• 기계적 강도가 클 것

★★★☆☆

05 송전선에 낙뢰가 가해져서 애자에 섬락이 생기면 아크가 생겨 애자가 손상되는 경우가 있다. 이것을 방지하기 위하여 사용되는 것은?

① 댐퍼   ② 아머로드(armour rod)
③ 가공지선   ④ 아킹혼(arcing horn)

해설

소호환·소호각

• 애자련을 보호
• 애자련에 걸리는 전압분담 균일

★☆☆☆☆

06 가공 송전선에 사용되는 애자 1련 중 전압부담이 최대인 애자는?

① 철탑에 제일 가까운 애자

② 전선에 제일 가까운 애자

③ 중앙에 있는 애자

④ 철탑과 애자련 중앙의 그 중간에 있는 애자

해설

애자련의 전압분담

• 전압부담 최대 : 전선에서 가장 가까운 애자
• 전압부담 최소 : 전선에서 8번째 애자

★★☆☆☆

07 전선의 자체 중량과 빙설의 종합하중을 W_1, 풍압하중을 W_2라 할 때 합성하중은?

① $W_1 + W_2$ ② $W_2 - W_1$
③ $\sqrt{W_1 + W_2}$ ④ $\sqrt{W_1^2 + W_2^2}$

해설

전선의 합성하중

전선에 걸리는 하중의 크기는 수직하중(자체중량 W_i, 빙설하중 W_c)과, 전선에 미치는 풍압하중(W_p)의 벡터 합이다.

참고

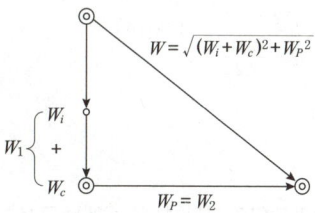

★★★☆☆

08 가공 송전선로를 가선할 때에는 하중조건과 온도조건을 고려하여 적당한 이도(dip)를 주도록 하여야 한다. 다음 중 이도에 대한 설명으로 옳은 것은?

① 이도가 작으면 전선이 좌우로 크게 흔들려서 다른 상의 전원에 접촉하여 위험하게 된다.

② 전선을 가선할 때 전선을 팽팽하게 가선하는 것을 크게 준다고 한다.

③ 이도를 작게 하면 이에 비례하여 전선의 장력이 증가되며 너무 작으면 전선 상호간이 꼬이게 된다.

④ 이도의 대소는 지지물의 높이를 좌우한다.

🔍 **해설**

전선의 이도계산

이도가 너무 작으면 장력이 커져 단선이 될 수도 있고, 이도가 크면 다른 상이나 수목에 접촉할 우려가 있기 때문에 적당한 이도를 적용하여야 한다.

★★★★★
09 공칭단면적 200[mm²], 전선무게 1.838[kg/m], 전선의 바깥지름 18.5[mm]인 경동연선을 경간 200[m]로 가설하는 경우 이도[m]는? (단, 경동연선의 인장하중은 7910[kg], 빙설하중은 0.416[kg/m], 풍압하중은 1.525[kg/m]이고, 안전율은 2.2라 한다.)

① 3.28[m]　　　　② 3.78[m]

③ 4.28[m]　　　　④ 4.78[m]

🔍 **해설**

이도의 계산

$$W = \sqrt{(W_i + W_c)^2 + W_p^2}$$
$$= \sqrt{(1.838 + 0.416)^2 + 1.525^2} = 2.72[\text{kg/m}]$$
$$D = \frac{WS^2}{8T} = \frac{2.72 \times 200^2}{8 \times \frac{7910}{2.2}} = 3.78[\text{m}]$$

★★☆☆☆
10 그림과 같이 지지점 A, B, C에는 고저차가 없으며, 경간 AB와 BC사이에 전선이 가설되어, 그 이도가 12[cm]이었다. 지금 경간 AC의 중점인 지지점 B에서 전선이 떨어져서 전선의 이도가 D로 되었다면 D는 몇 [cm]인가?

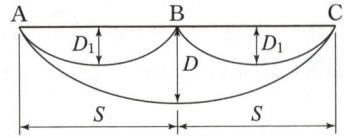

① 18[cm]　　　　② 24[cm]

③ 30[cm]　　　　④ 36[cm]

🔍 **해설**

이도의 계산

지지점에서 전선이 떨어지더라도 전선의 실제길이는 변하지 않는다. 즉, $2L_1 = L_2$이다. 이것을 이용하여 전선이 떨어졌을 때의 이도 D는 아래와 같이 계산할 수 있다.

$$2\left(S + \frac{8D_1^2}{3S}\right) = 2S + \frac{8D_2^2}{3 \times 2S}$$
$$\rightarrow \frac{8D_2^2}{3 \times 2S} = 2\left(S + \frac{8D_1^2}{3S}\right) - 2S$$

윗 식을 정리하면 아래와 같다.

$$D_2 = \sqrt{4D_1^2} = 2D_1 = 2 \times 12 = 24[\text{cm}]$$

★★★★★
11 전선 1[m]당 중량이 0.5[kg], 전선의 허용수평장력 250[kg], 이도 5.6[m]일 때 전선의 지지점 사이의 경간 $S[\text{m}]$와 전선의 실제길이 $L[\text{m}]$은?

① $S = 150, \; L = 150.6$

② $S = 150, \; L = 156$

③ $S = 152, \; L = 160$

④ $S = 152, \; L = 168$

🔍 **해설**

전선의 총길이

$$D = \frac{WS^2}{8T} \text{에서 } S = \sqrt{\frac{8TD}{W}} = \sqrt{\frac{8 \times 250 \times 5.6}{0.5}} \fallingdotseq 150[\text{m}]$$

전선의 실제길이

$$L = S + \frac{8D^2}{3S} = 150 + \frac{8 \times 5.6^2}{3 \times 150} \fallingdotseq 150.6[\text{m}]$$

★★☆☆☆
12 가공 전선로에서 전선의 단위 길이당 중량과 경간이 일정할 때 이도는 어떻게 되는가?

① 전선의 장력에 비례한다.

② 전선의 장력에 반비례한다.

③ 전선의 장력의 제곱에 비례한다.

④ 전선의 장력의 제곱에 반비례한다.

[**정답**] 09 ②　10 ②　11 ①　12 ②

🔍 해설

전선의 이도계산

$D = \dfrac{WS^2}{8T}$: 중량과 경간이 일정하면 장력은 이도에 반비례한다.

★☆☆☆☆
13 온도가 $t[\,^\circ\mathrm{C}]$ 상승했을 때의 이도는 약 몇 $[\mathrm{m}]$ 정도 되는가? (단, 온도변화 전의 이도를 $D_1[\mathrm{m}]$, 경간을 $S[\mathrm{m}]$, 전선의 온도계수를 α라 한다.)

① $\sqrt{D_1 + \dfrac{3}{8}S\alpha t}$　　② $\sqrt{D_1 + \dfrac{8}{3}S\alpha^2 t^2}$

③ $\sqrt{D_1^{\,2} + \dfrac{3}{8}S^2 \alpha t}$　　④ $\sqrt{D_1^{\,2} + \dfrac{8}{3}S^2 \alpha t}$

🔍 해설

온도 변화 후의 이도

$D_2 = \sqrt{D_1^{\,2} \pm \dfrac{3}{8}\,\alpha t S^2}\;[\mathrm{m}]$

여기서, $D_1 S_1$: 온도변화 전의 이도와 길이 , α : 전선의 온도계수, t : 변화온도

★★★☆☆
14 전선의 지지점 높이가 $31[\mathrm{m}]$이고 전선의 이도가 $9[\mathrm{m}]$라면 전선의 평균높이는 몇 $[\mathrm{m}]$가 적당한가?

① $25.0[\mathrm{m}]$　　② $26.5[\mathrm{m}]$

③ $28.5[\mathrm{m}]$　　④ $30.0[\mathrm{m}]$

🔍 해설

전선의 지표상 평균높이

$H = h - \dfrac{2}{3}\cdot D = 31 - \dfrac{2}{3}\times 9 = 25[\mathrm{m}]$

여기서, h : 지지물의 높이, D : 이도

★★★★★
15 다음 아래의 내용은 우리나라 송전선로 154kV, 345kV, 765kV의 관한 설명이다. 가장 틀린 것을 모두 고르시오.

① 송전선로에서 사용되는 현수애자의 특성저하의 원인은 시멘트의 화학 팽창 및 동결 팽창, 누설전류에 의한 편열, 애자 각 부분의 열팽창 상이, 전기적 부식 등이 있다.

② 현수애자 1개의 건조섬락전압은 80kV이며, 큰 하중에 대하여는 현수애자 2련 또는 3련으로 하여 사용할 수 있다.

③ 표피효과란 도선의 중심으로 갈수록 전류밀도가 작아지고, 도선의 표피 쪽으로 갈수록 전류밀도가 커지는 현상이다. 표피효과는 주파수에 비례, 전선의 굵기에 반비례한다.

④ 전선을 수직으로 배치할 경우에 상·중·하선 상호간에 아킹링(Arcing Ring) 또는 소호각(Arcing Horn)을 설치하여 상하전선의 단락사고를 방지한다.

🔍 해설

전선을 수직으로 배치할 경우에 상·중·하선 상호간에 오프셋(off-set)을 두어 상하전선의 단락사고를 방지한다.

[정답] 13 ③　14 ①　15 ③,④

지중 전선로

영상 학습 QR | 출제경향분석

본장은 지중전선로의 특징, 케이블의 구조에 따른 전력손실의 종류, 지중전선로의 시공방법 등을 다룬다. 출제빈도는 낮지만, 2차 실기 시험에서도 출제되는 부분이다.

❶ 지중전선로의 특징   ❷ 지중케이블 시공방법
❸ 지중케이블 고장점 탐지법

콕콕 포인트

🔵 이해력 높이기

유전정접은 유전체인 절연체의 정정용량 중 저항성분으로 인한 손실률을 나타내는 것으로, 이론적으로 완전한 유전체라 한다면 손실률은 0이다. 케이블의 고장 또는 절연체의 열화로 인해 유전체 손실이 발생한다.

▶ 전기 용어해설

근접효과
양 도체에 같은 방향의 전류가 흐를 경우 바깥쪽의 전류밀도가 높아지고 그 반대인 경우에는 서로 인력이 발생하여 가까운 쪽으로 전류밀도가 높아지는 효과를 말한다.

1 지중케이블의 개요

1. 지중 전선로의 특징

- 경과지 확보가 가공전선로에 비해 용이
- 다회선 설치가 가공전선로에 비해 용이
- 외부 기상여건 등의 영향을 받지 않음
- 지중전선로는 가공전선로에 비해 송전용량이 작음

2. 케이블의 종류

- CNCV : 동심중성선 차수형 전력 케이블
- CNCV-W : 동심중성선 수밀형 전력 케이블
- TR CNCV-W : 동심중성선 수밀형 트리억제형 전력케이블
- FR CNCO-W : 동심중성선 수밀형 저독성·난연성 전력케이블

3. 케이블의 전력손실

1) 저항손

케이블 전력손실의 주체이며 도체에 전류가 흐르면 저항에 의해 발생

$$P_c = I^2 R \, [\text{W}]$$

2) 유전체손

유전체를 전극 간에 끼우고 교류전압 인가시 발생하는 손실이며, 유전체 손실각 δ가 적을수록, θ가 $90°$에 가까울수록 유전역률이 작고 유전체손이 적어진다.

단심 : $P_{d1} = \omega C E^2 \tan\delta \, [\text{W}]$ 3심 : $P_{d3} = \omega C V^2 \tan\delta \, [\text{W}]$

여기서, E : 대지전압, C : 도체와 절연체의 정전용량, $\tan\delta$: 유전정접

electrical engineer electrical engineer electrical engineer electrical engineer electrical engineer electrical engineer electrical engineer electrical engineer

콕콕 포인트

[케이블의 등가회로 및 벡터도]

3) 시스손

근접효과로 인해 발생하는 와전류손과 전자유도작용에 의해 발생

2 지중케이블의 시공방법의 특징

방 법	장 점	단 점
직매식	• 케이블의 열발산 양호 • 케이블의 융통성 양호 • 저렴한 공사비, 짧은 공기	• 케이블의 외상 가능성 높음 • 보수 점검이 어려움 • 케이블의 재시공, 증설이 곤란
관로식	• 케이블의 증설이 용이 • 고장 복구가 비교적 용이 • 보수 점검이 편리	• 회선이 많을수록 송전용량 감소 • 케이블의 융통성이 좋지 않음 • 신축 진동에 의한 시스피로
전력구식	• 보수 점검이 편리 • 케이블의 증설이 용이 • 다회선 전력전송 가능	• 공사비가 고가 • 공사기간이 장기간 소요 • 화재에 대한 대책 필요

3 지중케이블의 고장점 탐지법

- 머레이 루프법
- 수색 코일법
- 정전용량 법
- 펄스 레이더법

| CHECK POINT | 난이도 ★★☆☆☆ [1차] [2차] [3차]

케이블의 전력손실과 관계가 없는 것은?

① 도체의 저항손 ② 유전체손
③ 연피손 ④ 철손

상세해설

철손은 변압기 또는 전동기에서 발생하는 손실이며, 고정손에 속한다.

답 ④

FAQ

전력구식과 암거식, 공동구식은 모두 같은 뜻인가요?

답

▶ 전력구식과 암거식은 같은 의미입니다. 그리고, 공동구식도 일종의 전력구식이다. 공동구식은 공동의 지하구를 만들어 하수도, 가스, 전화, 전력 등을 수송하는 방식이다.

Q 포인트 O·X 퀴즈

현재 가장 많이 사용되고 있는 케이블의 고장점 탐지법은 메거이다.

A 해설

메거는 절연저항을 측정하는 기기이다.

정답(×)

영상 학습 QR

- QR 코드를 찍으시면, 가장 중요한 우선순위 문제풀이 영상을 보실 수 있습니다.
- 우선순위 논점은 전기(산업)기사 시험에서 가장 출제 빈도가 높은 문제로써, 수험생분들께서는 각 파트별 우선순위 문제의 논점과 키워드를 학습하시기를 바랍니다.
- 체크 리스트를 작성하시면서 문제의 유형과 학습의 완성도를 스스로 체크 해 보시기를 바랍니다.
- "선생님의 콕콕 포인트"는 틀리기 쉬운 문제의 함정과 문제의 포인트를 집어드립니다. 우선순위 문제풀이의 포인트를 꼭 참고하고 응용문제의 해결능력을 길러 줍니다.

| 번호 | 우선순위 논점 | KEY WORD | 나의 정답 확인 | | | | 선생님의 콕콕 포인트 |
| | | | 맞음 | 틀림(오답확인) | | | |
				이해 부족	암기 부족	착오 실수	
1	유전체손	유전체, 정전용량, 주파수, fE^2					유전체손실은 전압의 제곱에 비례함을 암기할 것
2	연피손	시스손, 와전류, 전자유도작용					연피손을 시스손이라고도 하며, 간단한 원리만 숙지할 것
3	케이블의 고장점 탐지법	머레이, 수색, 펄스, 정전용량					메거는 절연저항을 측정하는 기기로써 케이블의 고장점 탐지법이 아닌 보기로 빈번히 출제되고 있음

★★☆☆☆

01 주파수 f, 전압 E일 때 유전체손실은 다음 어느 것에 비례하는가?

① E/f ② fE

③ f/E^2 ④ fE^2

🔍 해설

케이블의 전력손실

유전체 손실은 $2\pi fCE^2\tan\delta$이며, 정전용량과 유전정접이 일정할 경우 fE^2에 비례한다.

★☆☆☆☆

02 케이블의 연피손(시스손)의 원인은?

① 도플러 효과   ② 히스테리시스 현상

③ 전자유도작용   ④ 유전체손

🔍 해설

케이블의 전력손실

케이블에 교류가 흐르면, 도체로부터의 전자유도작용으로 연피에 전압이 유기되고, 또 그 와전류가 흐르게 되어 손실이 발생한다.

★☆☆☆☆

03 지중 케이블에 있어서 고장 점을 찾는 방법이 아닌 것은?

① 머레이 루프 시험기에 의한 방법

② 수색 코일에 의한 방법

③ 메거에 의한 측정방법

④ 펄스에 의한 측정법

🔍 해설

케이블의 고장점 탐지법

메거는 절연저항을 측정하는 방법이다.

★★★★☆

04 케이블 금속 외피의 부식을 방지하기 위한 방법 중 선택 배류법에 대한 설명으로 옳은 것은?

① 매설 금속의 양 끝단에 선택 배류기를 접속하여 매설 금속의 전위가 전철 레일에 대해 가장 낮게 그리고 단시간에 걸쳐 정전위가 되는 장소에 설치하는 것이 효과적이다.

[정답] 01 ④   02 ③   03 ③   04 ④

② 전철 레일에 선택 배류기를 접속한 것으로 선택 배류기는 매설 금속의 전위가 전철 레일에 대해 가장 낮게 그리고 장시간에 걸쳐 정전위가 되는 곳에 설치하는 것이 효과적이다.

③ 매설 금속과 대지사이에 선택 배류기를 접속한 것으로 선택 배류기는 매설 금속의 전위가 전철 레일에 대해 가장 높게 그리고 단시간에 걸쳐 정전위가 되는 곳에 설치하는 것이 효과적이다.

④ 매설 금속과 전철 레일사이에 선택 배류기를 접속한 것으로 선택 배류기는 매설 금속의 전위가 전철 레일에 대해 가장 높게 그리고 장시간에 걸쳐 정전위가 되는 곳에 설치하는 것이 효과적이다.

해설

선택 배류기

매설 금속에 유입한 전기 철도로부터의 누설전류를 대지에 유출시키지 않고 직접 레일에 되돌려 주는 방식이다.

★★★☆☆

05 선택 배류기는 다음의 어느 전기설비에 설치하는가?

① 지하 전력케이블　　② 급전선
③ 가공 전화선　　　　④ 가공 통신케이블

해설

선택 배류기는 전기적 부식을 방지해주는 역할을 하며 지하 전력케이블에 설치한다.

참고

선택 배류기는 지중 케이블의 전기적 부식을 방지해주는 역할을 하며 지하 전력케이블에 설치한다. 매설 금속과 전철 레일사이에 선택 배류기를 접속한 것으로 선택 배류기는 매설 금속의 전위가 전철 레일에 대해 가장 높게 그리고 장시간에 걸쳐 정전위가 되는 곳에 설치하는 것이 효과적이다.

[정답] 05 ①

선로정수와 코로나 현상

영상 학습 QR **출제경향분석**

본장은 송전선로의 특성을 해석하기 위한 필수요소로서 선로정수에 대해 학습한다. 선로정수는 전력공학을 이해하고 안정도, 전압강하, 전력손실 등을 학습하기 전에 선행되어야 하는 이론이다.

❶ 작용 인덕턴스   ❷ 작용 정전용량
❸ 코로나 현상   ❹ 연가[Transposition]
❺ 복도체[다도체]

1 선로정수의 의미

송·배전 선로는 저항 R, 인덕턴스 L, 정전용량(커패시턴스) C, 누설 컨덕턴스 G라는 4개의 정수로 이루어진 연속된 전기회로이다. 이들 정수를 선로정수라고 부르는데 이것은 전선의 배치, 전선의 종류, 전선의 굵기 등에 따라 정해진다.

2 저항과 누설컨덕턴스

1. 전선의 저항

균일한 단면적을 갖는 도체의 저항 R은 그 길이 ℓ에 비례하고, 단면적 A에 반비례한다. 선로의 저항이 클수록 선로의 전압강하, 전력손실 등이 커진다.

$$R = \rho \frac{\ell}{A} [\Omega]$$

여기서, ℓ은 전선의 길이[m], A는 단면적[mm²], ρ는 고유저항율[Ω·mm²/m]

2. 누설컨덕턴스

가공선로의 누설컨덕턴스는 주로 애자의 누설저항과 애자의 유전체손, 전선을 지지하는 클램프의 히스테리시스손, 코로나손, 케이블의 유전체손 등의 전력손실을 전기적인 등가 컨덕턴스로 표시한다.

$$G = \frac{1}{R} [℧]$$

콕콕 포인트

이해력 높이기
선로정수는 전선의 배치에 가장 많은 영향을 받는다. 반면 선로정수는 전압, 전류, 역률, 주파수 등에 의해서 좌우되지 않는다.

이해력 높이기
저항 성분으로 변화시킨 리액턴스($X_L = 2\pi f$)는 주파수 f성분이 있으므로 선로정수에 포함되지 않는다.

전기 용어해설
송·배선로에서 인덕턴스란 전류에 대한 자속의 비를 의미한다. 한편, 인덕턴스에는 자기유도에 의한 자기인덕턴스와 상호유도에 의한 상호인덕턴스 두 가지가 있으며, 이를 합하여 한 상에 대해 나타낸 것을 작용인덕턴스라 한다. 인덕턴스는 선로의 전압강하, 안정도 등에 큰 영향을 미친다.

콕콕 포인트

3 작용 인덕턴스

1. 단도체의 작용 인덕턴스 (여기서, r은 반지름, D는 등가선간거리)

$$L = 0.05 + 0.4605 \log_{10} \frac{D}{r} \, [\text{mH/km}]$$

2. 등가선간거리

1) 정삼각형 배치

$$D = D_1$$

2) 일직선 수평배치

$$D = \sqrt[3]{2} \, D_1$$

3) 정사각형 배치

$$D = \sqrt[6]{2} \, D_1$$

4) 임의의 배치

$$D = \sqrt[3]{D_{ab} \times D_{bc} \times D_{ca}}$$

3. 복도체의 인덕턴스 (여기서, n은 도체수, r_e은 등가 반지름, D는 등가선간거리)

$$L_n = \frac{0.05}{n} + 0.4605 \log_{10} \frac{D}{r_e} \, [\text{mH/km}]$$

4. 복도체의 등가반지름 (소도체간의 거리 s, 소도체 개수 n, 소도체의 반지름을 r)

$$r_e = \sqrt[n]{r s^{n-1}}$$

| CHECK POINT | 난이도 ★★☆☆☆　　　　1차 2차 3차

반지름 $r[\text{m}]$이고 소도체 간격 S인 4 복도체 송전선로에서 전선 A, B, C가 수평으로 배열되어 있다. 등가선간거리가 $D[\text{m}]$로 배치되고 완전 연가 된 경우 송전선로의 인덕턴스는 몇 $[\text{mH/km}]$인가?

① $0.4605 \log_{10} \frac{D}{\sqrt{rS^2}} + 0.0125$

② $0.4605 \log_{10} \frac{D}{\sqrt[2]{rS}} + 0.025$

③ $0.4605 \log_{10} \frac{D}{\sqrt[3]{rS^2}} + 0.0167$

④ $0.4605 \log_{10} \frac{D}{\sqrt[4]{rS^3}} + 0.0125$

상세해설

4 복도체의 등가반지름 $r_e = \sqrt[n]{r s^{n-1}} = \sqrt[4]{r s^3}$

∴ 복도체의 인덕턴스 $L_4 = \frac{0.05}{4} + 0.4605 \log_{10} \frac{D}{\sqrt[4]{rS^3}}$

답 ④

FAQ

다도체 또는 복도체란 무엇인가요?

답

▶ 송전선로를 2선 이상으로 설치하는 방식을 다도체 또는 복도체 방식이라 한다. 154[kV]는 2도체 345[kV]는 4도체 765[kV] 송전선로에서는 6도체를 사용하고 있다. 2도체 이상 사용할 경우 도체간의 흡인력으로 인한 충돌을 방지하기 위해 스페이서(spacer)를 설치한다.

참고

[정삼각형 배치]

[일직선 수평배치]

[정사각형 배치]

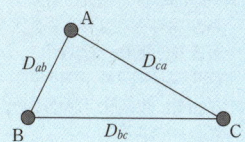
[임의의 배치]

콕콕 포인트

electrical engineer · electrical engineer · electrical engineer · electrical engineer · electrical engineer · electrical engineer · electrical engineer · electrical

4 작용 정전용량

1. 단도체의 작용 정전용량

$$C_n = \frac{0.02413}{\log_{10} \dfrac{D}{r}} [\mu\text{F/km}]$$

2. 다도체의 작용 정전용량

$$C_n = \frac{0.02413}{\log_{10} \dfrac{D}{r_e}} [\mu\text{F/km}]$$

3. 부분 정전용량

전선과 대지사이의 정전용량을 대지 정전용량 C_s, 전선과 전선사이의 정전용량을 선간 정전용량 C_m이라 할 때 선로의 부분정전용량은 아래와 같다.

[단상 1회선인 경우]

$$C_n = C_s + 2C_m [\mu\text{F/km}]$$

[3상 1회선인 경우]

$$C_n = C_s + 3C_m [\mu\text{F/km}]$$

▶ 전기 용어해설

정전용량이란 선로에서 전하를 축적할 수 있는 능력을 말하며, 선로의 정전용량이 클 경우 페란티 현상, 발전기의 자기여자현상 등이 발생할 수 있다.

4. 선로의 충전전류

선로의 정전용량으로 인해 흐르는 전류를 충전전류라하며, 충전전류는 전압보다 90° 앞선 진상전류이다. 충전전류를 계산할 경우에는 변압기 결선과 관계없이 대지전압 $(V/\sqrt{3})$을 적용한다. 여기서, E는 대지전압, V는 선간전압이다.

$$I_c = 2\pi f C E = 2\pi f C \frac{V}{\sqrt{3}} \, [\text{A}]$$

FAQ

송배전선로에서 작용정전용량은 왜 계산하는 것인가요?

답

▶송전선로에서 작용정전용량의 계산 목적은 정상시의 충전전류를 계산한다는 것입니다. 한편, 지락사고시 지락전류를 계산하는 경우에는 대지정전용량을 사용합니다.

5. 선로의 충전용량

$$Q_c = 3 \times 2\pi f C E^2 \times 10^{-3} = 3 \times 2\pi f C \left(\frac{V}{\sqrt{3}}\right)^2 \times 10^{-3} \, [\text{kVA}]$$

electrical engineer · electrical engineer · electrical engineer · electrical engineer · electrical engineer · electrical engineer · electrical engineer · electrical engineer

콕콕 포인트

5 연가

1. 연가의 방법 : 송전선로를 3의 배수로 등분

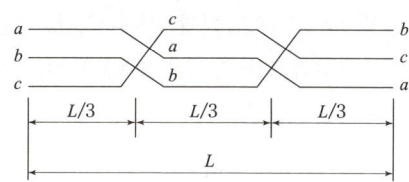

2. 연가의 효과 : 선로정수 평형

• 유도장해 억제
• 직렬공진에 의한 이상전압 억제

참고

[점퍼선식]　　　　[회전식]

○ 이해력 높이기

선로에 정전용량이 클 때 발생하는 페란티 현상은 수전단 전압이 송전단 전압보다 높아지는 현상이다. 이를 방지하기 위해 분로리액터를 설치한다.

FAQ

변압기의 결선에 따라 선간전압과 상전압이 다른가요?

답

▶ 변압기를 Y결선 했을 경우, 선간전압 V는 상전압 E 보다 $\sqrt{3}$ 배 큽니다. 그리고 변압기 Y결선의 경우 선전류와 상전류는 같습니다. 반면에, 변압기를 델타결선 했을 때에는 선간전압 V와 상전압 E는 같습니다.

| CHECK POINT |　난이도 ★★☆☆☆　　　　1차 2차 3차

3상 3선식 3각형 배치의 송전선로에 있어서 각 선의 대지 정전용량이 $0.5038[\mu\mathrm{F}]$이고, 선간 정전용량이 $0.1237[\mu\mathrm{F}]$일 때 1선의 작용 정전용량은 몇 $[\mu\mathrm{F}]$인가?

① $0.6275[\mu\mathrm{F}]$　　　　　　② $0.8749[\mu\mathrm{F}]$
③ $0.9164[\mu\mathrm{F}]$　　　　　　④ $0.9755[\mu\mathrm{F}]$

상세해설

3상 작용 정전용량
$C = C_s + 3C_m = 0.5038 + 3 \times 0.1237 = 0.8749[\mu\mathrm{F}]$
여기서, C_s : 대지 정전용량, C_m : 선간 정전용량

답 ②

콕콕 포인트

electrical engineer · electrical engineer · electrical engineer · electrical engineer · electrical engineer · electrical engineer · electrical engineer · electrical

6 코로나 현상

1. 공기의 파열극한 전위경도

전선로 주변의 공기의 절연이 부분적으로 파괴되는 현상으로 낮은 소리나 엷은 빛을 내면서 방전하는 현상을 코로나라 한다. 직류의 경우 $30[\text{kV/cm}]$, 교류의 경우 $21.1[\text{kV/cm}]$에서 공기의 절연이 파괴된다.

2. 코로나 발생의 임계전압

$$E_0 = 24.3 m_0 m_1 \delta d \log_{10} \frac{D}{r} [\text{kV}]$$

여기서, m_0는 표면계수, m_1은 날씨계수, δ는 공기 상대밀도, d는 전선직경, D는 선간거리

3. 코로나 영향

1) 전력손실 발생

$$P_c = \frac{241}{\delta} (f+25) \sqrt{\frac{d}{2D}} (E-E_0)^2 \times 10^{-5} [\text{kW/km/선}]$$

- δ : 상대공기밀도
- D : 선간거리
- d : 전선의 지름
- f : 주파수
- E : 전선에 걸리는 대지전압
- E_0 : 코로나 임계전압

2) 오존에 의한 전선의 부식

3) 통신선의 유도장해 발생

4. 코로나 방지대책

1) 가선금구를 개량

2) 복도체 또는 굵은 전선 사용

3) 전선 표면에 손상이 발생하지 않도록 유의

7 복도체

1. 복도체의 특징

- 코로나 방지에 가장 효과적인 방법이다.
- 인덕턴스는 감소하고, 정전용량은 증가한다.
- 허용전류가 증가하고, 송전용량이 증가한다.
- 전선표면의 전위경도는 감소하고, 코로나 임계전압은 증가한다.
- 154[kV]는 2도체, 345[kV]는 4도체, 765[kV]는 6도체 방식을 채용한다.

2. 복도체 방식의 문제점

각 소도체에 같은 방향의 대전류가 흐르면 소도체간에 흡인력이 발생하여 서로 충돌할 수가 있다. 소도체간의 충돌을 방지하기 위해 스페이서(spacer)를 설치한다.

참고

| 단도체 | 복도체 154kV | 4도체 345kV | 6도체 765kV |

FAQ

코로나현상 방지대책 중에서 "가선금구 개량"이라는 것은 무슨 말인가요?

답

▶ 가선금구란 송전선로에 사용되는 쇠로된 기구(댐퍼, 요크, 스페이서 등)를 말합니다. 이러한 금구류의 표면이 매끄럽지 않고 작은 돌기들이 많거나, 금구류의 모서리가 뾰족할 경우에는 코로나 현상이 잘 발생합니다. 그렇기 때문에 금구류를 만들 때 돌기가 없도록 매끄럽게 제작하거나, 끝을 둥글게 만들어 코로나 현상을 방지할 수 있도록 합니다. 즉, 코로나 현상이 발생되지 않도록 가선금구의 표면처리, 모양의 변형 등을 일컬어 가선금구의 개량이라고 합니다.

| CHECK POINT | 난이도 ★★☆☆☆ [1차] [2차] [3차]

코로나 현상에 대한 설명으로 거리가 먼 것은?
① 소호리액터의 소호능력이 저하된다.
② 전선 지지점 등에서 전선의 부식이 발생한다.
③ 공기의 절연성이 파괴되어 나타난다.
④ 전선의 전위경도가 50[kV] 이상일 때부터 나타난다.

상세해설

직류전압은 30[kV/cm]에서, 교류전압은 21[kV/cm]에서 공기의 절연이 파괴된다.

답 ④

영상 학습 QR

- QR 코드를 찍으시면, 가장 중요한 우선순위 문제풀이 영상을 보실 수 있습니다.
- 우선순위 논점은 전기(산업)기사 시험에서 가장 출제 빈도가 높은 문제로써, 수험생분들께서는 각 파트별 우선순위 문제의 논점과 키워드를 학습하시기를 바랍니다.
- 체크 리스트를 작성하시면서 문제의 유형과 학습의 완성도를 스스로 체크 해 보시기를 바랍니다.
- "선생님의 콕콕 포인트"는 틀리기 쉬운 문제의 함정과 문제의 포인트를 집어드립니다. 우선순위 문제풀이의 포인트를 꼭 참고하고 응용문제의 해결능력을 길러 줍니다.

| 번호 | 우선순위 논점 | KEY WORD | 나의 정답 확인 | | | | 선생님의 콕콕 포인트 |
| | | | 맞음 | 틀림(오답확인) | | | |
				이해 부족	암기 부족	착오 실수	
4	등가 선간거리	정사각형, 평균거리, 4도체					각각의 전선의 배치에 따른 등가선간거리 계산방법을 숙지하고, 계산기 사용시 입력할 때 실수하지 말 것
6	작용 인덕턴스	반지름, 전선의 배치, 선간거리					작용 인덕턴스 계산시 기지값이 반지름인지 지름인지를 파악하며, 전선의 배치에 따른 등가 선간거리 방법을 적용할 것
7	작용 정전용량	반지름, 전선의 배치, 선간거리					송전선로의 작용 정전용량과 작용 인덕턴스의 특성은 서로 반대임을 기억하면 쉽게 접근이 가능함
12	충전전류	진상전류, 선간전압, 대지전압					주로 선간전압이 주어지며, 충전전류 계산시 대지전압으로 변환할 것
21	복도체[다도체]	인덕턴스, 송전용량, 안정도, 코로나					복도체의 특징은 가능한 이해 후 암기할 것

★★☆☆☆
01 송·배전선로에 대한 다음 설명 중 틀린 것은?

① 송·배전선로는 저항, 인덕턴스, 정전용량, 누설 컨덕턴스라는 4개의 정수로 이루어진 연속된 전기회로이다.

② 송·배전선로의 전압강하, 수전전력, 송전손실, 안정도 등을 계산하는데 선로정수가 필요하다.

③ 장거리 송전선로에 대해서 정밀한 계산을 할 경우에는 분포정수회로로 취급한다.

④ 송·배전선로의 선로정수는 원칙적으로 송전전압, 전류 또는 역률 등에 의해서 영향을 많이 받게 된다.

🔍 **해설**

선로정수의 의미
송전선로에서 선로정수는 전선의 배치, 선간거리에 영향을 받고 전압, 전류, 역률, 주파수 등에는 영향을 받지 않는다.

★★★☆☆
02 현수애자 4개를 1련으로 한 $66[kV]$ 송전선로가 있다. 현수애자 1개의 절연저항이 $2000[M\Omega]$이라면, 표준경간을 $200[m]$로 할 때 $1[km]$ 당의 누설 컨덕턴스$[\mho]$는?

① $0.63 \times 10^{-9} [\mho]$

② $0.93 \times 10^{-9} [\mho]$

③ $1.23 \times 10^{-9} [\mho]$

④ $1.53 \times 10^{-9} [\mho]$

🔍 **해설**

저항과 누설컨덕턴스
애자 한 개의 저항이 $2000[M\Omega]$이고, 이것이 직렬로 연결되어 있으므로, 애자련의 합성절연저항 $R = 4 \times 2000 = 8000[M\Omega]$이다. 한편, 표준경간이 $200[m]$이므로 $1[km]$당 애자련 5개가 병렬접속 되어 있는 것이다. 따라서 총 합성절연저항 $R_0 = \frac{8000}{5} = 1600[M\Omega]$이며, 누설컨덕턴스는 이 값의 역수이다.

누설컨덕턴스 $G = \frac{1}{R_0} = \frac{1}{1600 \times 10^6} = 0.63 \times 10^{-9}[\mho]$이다.

★☆☆☆☆
03 그림과 같은 선로의 등가선간거리는 몇 [m]인가?

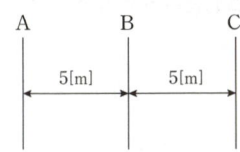

① $5[m]$

② $5\sqrt{2}\,[m]$

③ $5\sqrt[3]{2}\,[m]$

④ $10\sqrt[3]{2}\,[m]$

🔍 **해설**

등가선간거리

$D = \sqrt[3]{D_1 \times D_1 \times 2D_1} = \sqrt[3]{2}\,D_1 = 5\sqrt[3]{2}$

★★★☆☆
04 정사각형으로 배치된 4도체 송전선이 있다. 소도체의 반지름이 1[cm]이고 한 변의 길이가 32[cm]일 때 소도체간의 기하학적 평균거리는 몇 [cm]인가?

① $32 \times 2^{\frac{1}{3}}$

② $32 \times 2^{\frac{1}{4}}$

③ $32 \times 2^{\frac{1}{5}}$

④ $32 \times 2^{\frac{1}{6}}$

🔍 **해설**

등가선간거리

정사각형 등가선간거리

$D = \sqrt[6]{2} \cdot 32 = 2^{\frac{1}{6}} \times 32$

💙 **참고**

$\sqrt[6]{2} = 2^{\frac{1}{6}}$

★★★★☆
05 가공 왕복선 배치에서 지름이 $d[m]$이고 선간거리가 $D[m]$인 선로 한 가닥의 작용인덕턴스는 몇 [mH/km]인가?

① $0.05 + 0.04605 \log_{10} \dfrac{D}{d}$ [mH/km]

② $0.05 + 0.4605 \log_{10} \dfrac{D}{d}$ [mH/km]

③ $0.5 + 0.4605 \log_{10} \dfrac{2D}{d}$ [mH/km]

④ $0.05 + 0.4605 \log_{10} \dfrac{2D}{d}$ [mH/km]

🔍 **해설**

단도체의 인덕턴스

분모의 반지름이 지름으로 표현 되었으므로, 분자에 2를 곱한다.

$\therefore 0.05 + 0.4605 \log_{10} \dfrac{2D}{d}$ [mH/km]

★★★☆☆
06 반지름 16[mm]의 강심 알루미늄 연선으로 구성된 완전 연가된 3상 1회선 송전선로가 있다. 각 상간의 등가 선간거리가 3000[mm]라고 할 때, 이 선로의 작용인덕턴스는 약 몇 [mH/km]인가?

① 0.8 [mH/km]

② 1.1 [mH/km]

③ 1.5 [mH/km]

④ 1.8 [mH/km]

🔍 **해설**

작용인덕턴스

$L = 0.05 + 0.4605 \log_{10} \dfrac{3000}{16} = 1.1 [mH/km]$

★★☆☆☆
07 송전 선로의 정전용량은 등가 선간거리 D가 증가하면 어떻게 되는가?

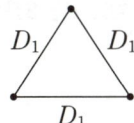

① 증가한다.

② 감소한다.

③ 변하지 않는다.

④ D^2에 반비례하여 감소한다.

[**정답**] 03 ③ 04 ④ 05 ④ 06 ② 07 ②

해설

작용 정전용량

정전용량 $C_n = \dfrac{0.02413}{\log_{10}\dfrac{D}{r}}[\mu\text{F/km}]$ 이므로,

등가 선간거리 D가 증가하면 정전용량은 감소한다.

★☆☆☆☆

08 3상 1회선 전선로에서 대지정전용량은 C_s이고 선간정전용량을 C_m이라 할 때, 작용정전용량 C_n은?

① $C_s + C_m$ ② $C_s + 2C_m$

③ $C_s + 3C_m$ ④ $2C_s + C_m$

해설

작용정전용량

3상 1회선에서 작용 정전용량 $C_n = C_s + 3C_m$

★★★☆☆

09 충전전류는 일반적으로 어떤 전류를 말하는가?

① 앞선전류   ② 뒤진전류

③ 유효전류   ④ 누설전류

해설

충전전류

충전전류는 전압보다 90° 앞선 진상전류이다.

★★★★★

10 정전용량 0.01$[\mu\text{F/km}]$, 길이 173.2$[\text{km}]$, 선간전압 60$[\text{kV}]$, 주파수 60$[\text{Hz}]$인 3상 송전선로의 충전전류는 약 몇 $[\text{A}]$인가?

① 6.3$[\text{A}]$ ② 12.5$[\text{A}]$

③ 22.6$[\text{A}]$ ④ 37.2$[\text{A}]$

해설

충전전류 $I_c = 2\pi f C E = 2\pi f C \dfrac{V}{\sqrt{3}}$ 에서 E는 대지전압이고 V는 선간전압이다. 문제에서 60$[\text{kV}]$는 선간전압이므로, 대지전압의 경우 선간전압을 $\sqrt{3}$ 으로 나눈다.

$I_c = 2 \times 3.14 \times 60 \times 0.01 \times 10^{-6} \times 173.2 \times \dfrac{60 \times 10^3}{\sqrt{3}} = 22.6[\text{A}]$이다.

★★☆☆☆

11 3상 3선식 송전선을 연가할 경우 일반적으로 몇 배수(培數)의 구간으로 등분하여 연가하는가?

① 2   ② 3

③ 5   ④ 6

해설

연가

연가의 방법 : 3의 배수로 송전선로의 구간을 등분

★☆☆☆☆

12 선로정수를 평형되게 하고, 근접 통신선에 대한 유도장해를 줄일 수 있는 방법은?

① 연가를 시행한다.

② 전선으로 복도체를 사용한다.

③ 전선로의 이도를 충분하게 한다.

④ 소호리액터 접지를 하여 중성 점 전위를 줄여준다.

해설

연가의 효과

• 선로정수 평형
• 유도장해 억제
• 직렬공진에 의한 이상전압 억제

★☆☆☆☆

13 공기의 파열 극한 전위경도는 정현파 교류의 실효치로 약 몇 $[\text{kV/cm}]$인가?

① 21$[\text{kV/cm}]$

② 25$[\text{kV/cm}]$

③ 30$[\text{kV/cm}]$

④ 33$[\text{kV/cm}]$

해설

코로나 현상

공기의 파열극한 전위경도
직류 : 약 30$[\text{kV/cm}]$, 교류 : 약 21$[\text{kV/cm}]$

[정답] 08 ③ 09 ① 10 ③ 11 ② 12 ① 13 ①

★☆☆☆☆

14 송전선로의 코로나 손실을 나타내는 Peek식에서 E_o에 해당하는 것은? (단, Peek식

$$P = \frac{241}{\delta}(f+25)\sqrt{\frac{d}{2D}}(E-E_o)^2 \times 10^{-5} \, [\text{kW/km/선}]$$

이다.)

① 코로나 임계전압

② 전선에 걸리는 대지전압

③ 송전단 전압

④ 기준충격 절연강도 전압

🔍 해설

코로나 전력손실

코로나 손실을 나타내는 Peek식

$$P = \frac{241}{\delta}(f+25)\sqrt{\frac{d}{2D}}(E-E_0)^2 \times 10^{-5} \, [\text{kW/km/선}]$$

여기서 δ : 상대공기밀도
D : 선간거리[cm]
d : 전선의 지름[cm]
f : 주파수[Hz]
E : 전선에 걸리는 대지전압[kV]
E_0 : 코로나 임계전압[kV]

★★★☆☆

15 다음 중 코로나 손실에 대한 설명으로 옳은 것은?

① 전선의 대지전압의 제곱에 비례한다.

② 상대공기밀도에 비례한다.

③ 전원주파수의 제곱에 비례한다.

④ 전선의 대지전압과 코로나 임계전압의 차의 제곱에 비례한다.

🔍 해설

코로나 손실

코로나현상에 의해 발생하는 전력손실은 전선의 대지전압과 코로나 임계전압의 차의 제곱에 비례$(E-E_0)^2$한다.

★★★☆☆

16 송전선로의 코로나 임계전압이 높아지는 경우가 아닌 것은?

① 상대공기밀도가 적다.

② 전선의 반지름과 선간거리가 크다.

③ 날씨가 맑다.

④ 낡은 전선을 새 전선으로 교체하였다.

🔍 해설

코로나 임계전압

코로나 임계전압은 날씨가 맑은 날, 상대공기밀도가 높은 경우, 전선의 직경이 큰 경우 높아진다.

★★★★☆

17 송전선로에 복도체 또는 다도체를 사용하는 이유로 가장 알맞은 것은?

① 선로의 진동을 없앤다.

② 철탑의 하중을 평형화한다.

③ 코로나를 방지하고 인덕턴스를 감소시킨다.

④ 선로를 뇌격으로부터 보호한다.

🔍 해설

복도체

복도체의 특징

• 인덕턴스 감소 리액턴스 감소

• 송전용량 증가, 안정도 증가

• 코로나 임계전압이 상승하여 코로나손 감소

• 전선표면 전위경도가 감소

★★★★☆

18 송전선에 복도체 또는 다도체를 사용하는 경우 같은 단면적의 단도체를 사용하는 것에 비하여 우수한 점으로 알맞은 것은?

① 전선의 코로나 개시전압은 변화가 없다.

② 전선의 인덕턴스와 정전용량은 감소한다.

③ 전선표면의 전위경도가 증가한다.

④ 송전용량과 안정도가 증대된다.

[정답] 14 ① 15 ④ 16 ① 17 ③ 18 ④

🔍 **해설**

복도체

복도체의 특징
- 인덕턴스 감소, 리액턴스 감소
- 송전용량 증가, 안정도 증가
- 코로나 임계전압이 상승하여 코로나손 감소
- 전선표면 전위경도가 감소

★★★★★

19 송전선에 복도체(또는 다도체)를 사용할 경우 같은 단면적의 단도체를 사용하였을 경우와 비교할 때 다음 표현 중 적합하지 않는 것은?

① 전선의 인덕턴스는 감소되고 정전용량은 증가된다.

② 고유 송전용량이 증대되고 정태안정도가 증대된다.

③ 전선표면의 전위경도가 증가한다.

④ 전선의 코로나 개시전압이 높아진다.

🔍 **해설**

복도체

복도체의 특징
- 인덕턴스 감소, 리액턴스 감소
- 송전용량 증가, 안정도 증가
- 코로나 임계전압이 상승하여 코로나손 감소
- 전선표면 전위경도가 감소

electrical engineer

송전특성

영상 학습 QR

출제경향분석

본장은 송전선로의 특성을 단거리, 중거리 ,장거리 선로로 분류하여 해석하며, 회로이론의 기본적인 4단자정수 이론을 병행 학습한다.

❶ 전압강하·전압강하율　　　　　　❷ 전력손실·전력손실률
❸ T형회로·π형회로　　　　　　　　❹ 특성임피던스
❺ 송전전압과 송전용량

콕콕 포인트

🔽 **이해력 높이기**

송전선로의 길이에 따라 수[km] 정도의 단거리, 수십[km]정도의 중거리, 100[km] 이상의 장거리로 대략 3가지로 나누고 각각에 알맞은 등가회로를 사용해서 아래 표와 같이 전기적 특성을 해석한다.

송전 선로	선로길이 [km]	선로정수	해석방법
단거리	50 이하	R, L	집중 정수회로
중거리	50~100 이하	R, L, C	집중 정수회로
장거리	100 이상	$R, L,$ C, G	분포 정수회로

🔽 **이해력 높이기**

송전단전압과 수전단전압의 차를 전압강하라 하며, 전압강하는 전압에 반비례한다. 전압강하와 전압강하율, 전압변동률 모두 수전단전압이 기준이다.

참고

[전압강하 등가회로]

---

1 단거리 송전선로

1. 전압강하 : 송전단전압과 수전단전압의 차

1) 3상 3선식의 전압강하

$$e = V_s - V_r$$

$$e = \sqrt{3}\, I(R\cos\theta + X\sin\theta)$$

$$e = \frac{P}{V_r}(R + X\tan\theta)$$

$$e \propto \frac{1}{V_r}$$

2) 단상 2선식의 전압강하

$$e = 2I(R\cos\theta + X\sin\theta)$$

$$e = I(R\cos\theta + X\sin\theta)$$

[전선 한 가닥의 저항값인 경우]　　　　　　[왕복선의 저항값인 경우]

2. 전압강하율 : 수전단 전압에 대한 전압강하의 비율

$$\delta = \frac{e}{V_r} \times 100 = \frac{V_s - V_r}{V_r} \times 100$$

$$\delta = \frac{P}{V_r^2}(R + X\tan\theta)$$

$$\delta \propto \frac{1}{V_r^2}$$

3. 전압변동률

$$\varepsilon = \frac{V_{ro} - V_r}{V_r} \times 100 \ \text{단}, \ \begin{cases} V_{ro} : \text{무부하시 수전단전압} \\ V_r : \text{전부하시 수전단전압} \end{cases}$$

4. 전력손실과 전력손실률

1) 3상 전력손실

$$P_\ell = 3I^2 R = 3\left(\frac{P}{\sqrt{3}\,V\cos\theta}\right)^2 R = \frac{P^2 R}{V^2\cos^2\theta} = \frac{P^2 \rho\ell}{V^2\cos^2\theta A} \,[\text{W}]$$

2) 전력손실률

전력손실률이란, 공급전력에 대한 전력손실의 비를 말한다. 전력손실률 K이 일정할 경우 공급전력은 전압의 제곱에 비례한다.

$$K = \frac{P_\ell}{P} \times 100 = \frac{PR}{V^2\cos^2\theta} \times 100$$

$$K \propto \frac{P}{V^2} \ \rightarrow \ P \propto KV^2$$

| CHECK POINT | 난이도 ★★☆☆☆   1차 2차 3차

부하전력 및 역률이 같을 때 전압을 n배 승압하면 전압강하율과 전력손실은 어떻게 되는가?

① 전압강하율 : $\frac{1}{n}$, 전력손실 : $\frac{1}{n^2}$ ② 전압강하율 : $\frac{1}{n^2}$, 전력손실 : $\frac{1}{n}$

③ 전압강하율 : $\frac{1}{n}$, 전력손실 : $\frac{1}{n}$,   ④ 전압강하율 : $\frac{1}{n^2}$, 전력손실 : $\frac{1}{n^2}$

상세해설

전압강하율과 전력손실 모두 전압의 제곱에 반비례한다.

답 ④

콕콕 포인트

⊙ 핵심 포인트

전압강하는 수전단전압에 반비례하고, 전압강하율은 수전단전압에 제곱에 반비례한다.

FAQ

전압강하율과 전압변동률의 차이점은 무엇인가요?

답

▶ 송전선로에서의 전압강하율은 송전단과 수전단 사이에서 전선의 저항과 리액턴스에 의해서 발생하는 전압강하의 비율을 말하며, 전압변동률은 부하가 있을때와 부하가 없을 때의 전압의 변동의 크기를 비율로 나타낸 것입니다.

참고

- $P_\ell \propto \dfrac{1}{V^2\cos^2\theta}$
- $A \propto \dfrac{1}{V^2\cos^2\theta}$
- $W \propto \dfrac{1}{V^2\cos^2\theta}$

Q 포인트 O·X 퀴즈

배전전압을 2배로 하면 동일한 전력 손실률로 보낼 수 있는 전력은 3배가 된다.

A 해설

전력손실률이 일정한 경우 전력은 전압에 제곱에 비례하므로, 전압을 2배로 하면 전력은 4배가 된다.

정답 (X)

콕콕 포인트

electrical engineer · electrical engineer · electrical engineer · electrical engineer · electrical engineer · electrical engineer · electrical engineer · electrical

🔽 이해력 높이기

실제 송전선로는 정수가 다른 선로의
연결, 분기선, 변압기 등으로 인해 복잡
한 회로를 구성한다. 회로의 특성을 4
단자정수로 나타내면 간단하게 표현할
수 있어 실용적이다.

🔽 이해력 높이기

- $A=\dfrac{E_s}{E_r}(I_r=0)$: 전압비
- $B=\dfrac{E_s}{I_r}(E_r=0)$: 임피던스
- $C=\dfrac{I_s}{E_r}(I_r=0)$: 어드미턴스
- $D=\dfrac{I_s}{I_r}(E_r=0)$: 전류비

참고

4단자망이 대칭인 경우 $A=D$의 관계
가 성립된다.

2 전송 파라미터[A·B·C·D]

1. 4단자 정수

4단자망은 임의의 선형 회로망에 대해 입력측과 출력측에 각각의 변수 E_s, E_r, I_s, I_r의
파라미터로 표시한다. A, B, C, D 4단자 정수라고 하고, $AD-BC=1$의 관계가 있다.

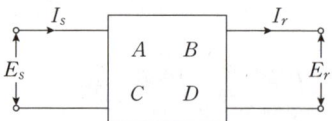

2. A, B, C, D 파미미터의 관계

$$\begin{bmatrix} E_s \\ I_s \end{bmatrix} = \begin{bmatrix} A & B \\ C & D \end{bmatrix}\begin{bmatrix} E_r \\ I_r \end{bmatrix}$$

$$E_s = AE_r + BI_r,\ I_s = CE_r + DI_r$$

3. 단일 회로의 4단자 정수

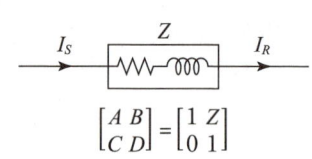

$$\begin{bmatrix} A & B \\ C & D \end{bmatrix} = \begin{bmatrix} 1 & Z \\ 0 & 1 \end{bmatrix}$$

[임피던스만의 회로]

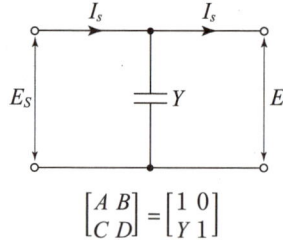

$$\begin{bmatrix} A & B \\ C & D \end{bmatrix} = \begin{bmatrix} 1 & 0 \\ Y & 1 \end{bmatrix}$$

[어드미턴스만의 회로]

3 중거리 송전선로

1. T 회로

T 회로 해석법은 어드미턴스를 선로의 중앙에 집중시키고 임피던스 Z를 반분하여 송전
단과 수전단에 놓는 경우의 근사법이다.

$$\begin{bmatrix} A & B \\ C & D \end{bmatrix} = \begin{bmatrix} 1+\dfrac{ZY}{2} & Z\left(1+\dfrac{ZY}{4}\right) \\ Y & 1+\dfrac{ZY}{2} \end{bmatrix}$$

[등가회로]

2. π 회로

π 회로 해석법은 임피던스 Z를 전부 선로 중앙에 집중시키고 어드미턴스 Y를 반분하여 송전단과 수전단에 놓는 경우의 근사법이다.

$$\begin{bmatrix} A & B \\ C & D \end{bmatrix} = \begin{bmatrix} 1+\dfrac{ZY}{2} & Z \\ Y\left(1+\dfrac{ZY}{4}\right) & 1+\dfrac{ZY}{2} \end{bmatrix}$$

[등가회로]

3. 병행 2회선 선로의 4단자 정수

4단자 정수가 A_1, B_1, C_1, D_1인 송전선로를 2회선으로 운용할 경우 A와 D는 즉, 전압비와 전류비는 변하지 않는다. 그러나, 직렬성분인 임피던스 B_1은 병렬접속이므로 $1/2$배로 감소하고 어드미턴스 C는 병렬접속이므로 2배 증가한다.

1차 2차 3차

| CHECK POINT | 난이도 ★★☆☆☆

그림과 같은 회로에 있어서 합성 4단자 정수에서 B_0의 값은?

$$\boxed{A \cdot B \cdot C \cdot D} \; Z_{tr} \qquad \boxed{A_0 \cdot B_0 \cdot C_0 \cdot D_0}$$

① $B_0 = B + Zt_r$ ② $B_0 = A + BZt_r$
③ $B_0 = C + DZt_r$ ④ $B_0 = B + AZt_r$

상세해설

$$\begin{bmatrix} A_0 & B_0 \\ C_0 & D_0 \end{bmatrix} = \begin{bmatrix} A & B \\ C & D \end{bmatrix}\begin{bmatrix} 1 & Z_{tr} \\ 0 & 1 \end{bmatrix} = \begin{bmatrix} A & AZ_{tr}+B \\ C & CZ_{tr}+D \end{bmatrix} \text{이므로}$$

임피던스 $B_0 = AZ_{tr} + B$

답 ④

곡곡 포인트

💙 이해력 높이기

중거리 송전선로 50~100km에서 정전용량을 무시할 경우 실제 선로와 오차가 커지게 된다. 정전용량은 전 긍장에 대하여 분포되어 있으므로, 분포되어 있는 정전용량의 전부를 중앙에 집중시킨 T형 회로와 반분해서 선로의 송수전단에 집중시킨 π형으로 해석한다.

Q 포인트문제

일반회로정수가 A, B, C, D이고 송전단 상전압이 E_s인 경우, 무부하시의 충전전류(송전단 전류)는?

A 해설

• 무부하일 경우 $I_r = 0$이므로 송전단 전압 $E_s = AE_r$이다.
  $$\therefore E_r = \frac{E_s}{A} \text{가 된다.}$$
• 무부하일 경우 $I_r = 0$이므로 $I_s = CE_r$이다.
  $\therefore$ 처음에 구한 값을 대입하면
  $$I_s = CE_r = C \cdot \frac{E_s}{A} \text{가 된다.}$$

Q 포인트문제

송전선로의 일반회로정수가 $A=0.7$, $B=j190$, $D=0.9$라면 C의 값은?

① $-j1.95 \times 10^{-3}$
② $j1.95 \times 10^{-3}$
③ $-j1.95 \times 10^{-4}$
④ $j1.95 \times 10^{-4}$

A 해설

$$C = \frac{AD-1}{B} = \frac{0.9 \times 0.7 - 1}{j190}$$
$$= j1.95 \times 10^{-3} [\text{℧}]$$

정답 ②

콕콕 포인트

electrical engineer · electrical engineer · electrical engineer · electrical engineer · electrical engineer · electrical engineer · electrical engineer · electrical

4 장거리 송전선로

1. 특성임피던스

$$Z_0 = \sqrt{\frac{Z}{Y}} = \sqrt{\frac{r+j\omega L}{g+j\omega C}} = \sqrt{\frac{L}{C}} = 138\log_{10}\frac{D}{r}\,[\Omega]$$

2. 전파정수

$$\gamma = \sqrt{Z \cdot Y} = \sqrt{(r+j\omega L)(g+j\omega C)} = \sqrt{LC}$$

5 송전전압과 송전용량

1. 송전전압[스틸의 식]

$$V_s = 5.5 \times \sqrt{0.6\ell + \frac{P[\text{kW}]}{100}}\,[\text{kV}]$$

2. 송전용량의 약식계산

1) 송전용량 계수법

$$P = k\frac{V_r^{\,2}}{\ell}\,[\text{kW}]$$

여기서, 송전 용량 계수 k, V_r : 수전단 선간전압[kV], ℓ : 송전거리[km]

2) 송전전력 일반식

$$P = \frac{V_s V_r}{X} \times \sin\delta\,[\text{MW}]$$

단, 리액턴스 : X, δ : 송수전단 전압의 상차각, $V_s V_r$: 송수전단 전압[kV]

콕콕 포인트

6 전력원선도

1. 전력원선도

전력원선도의 가로축은 유효전력, 세로축은 무효전력이다. 한편, 전력원선도 작도시 전력 방정식에 의해서 송·수전단 전압(E_s, E_r)과 일반회로정수(A, B, C, D)가 필요하다.

2. 전력원선도의 특징

전력원선도에서 알 수 있는 사항	전력 원선도에서 알 수 없는 사항
• 송·수전단 전압간의 상차각 • 송·수전할 수 있는 최대전력 • 선로손실, 송전효율 • 수전단의 역률, 조상용량	• 과도 안정 극한전력 • 코로나 손실 • 송전단 역률 • 도전율

| **CHECK POINT** | 난이도 ★★☆☆☆   1차 2차 3차

송전용량 계수법에 의하여 송전선로의 송전용량을 결정할 때 수전전력의 관계를 옳게 표현한 것은?

① 수전전력의 크기는 송전거리와 송전전압에 비례한다.
② 수전전력의 크기는 송전거리에 비례하고 수전단 선간전압의 제곱에 비례한다.
③ 수전전력의 크기는 송전거리에 반비례하고 수전단 선간전압에 비례한다.
④ 수전전력의 크기는 송전거리에 반비례하고 수전단 선간전압의 제곱에 비례한다.

상세해설

송전용량은 전압의 크기에 의하여 정해지며 선로길이를 고려한 것이 송전용량 계수법이다.

답 ④

| **CHECK POINT** | 난이도 ★★☆☆☆   1차 2차 3차

전력원선도에서 알 수 없는 것은?

① 조상용량   ② 선로손실
③ 수전단의 역률   ④ 과도안정 극한전력

상세해설

전력원선도

전력원선도에서 알 수 있는 사항	전력 원선도에서 알 수 없는 사항
• 송·수전단 전압간의 상차각 • 송·수전할 가능한 최대전력 • 선로손실 및 송전효율 • 수전단 역률 및 조상용량	• 과도 안정 극한전력 • 코로나 손실 • 송전단 역률 • 도전율

답 ④

FAQ

전력원선도는 어떤 그림인가요?

답

▶ 전력원선도란 4단자 정수와 복소 전력법을 이용하여 송·수전 전력관계를 원으로 나타낸 그림이다.

번호	우선순위 논점	KEY WORD	나의 정답 확인				선생님의 콕콕 포인트
			맞음	틀림(오답확인)			
				이해 부족	암기 부족	착오 실수	
1	전압강하	부하전류, 3상 3선식, 전압강하					전류가 기지값일 경우를 제외한 나머지는 전압강하 근사식을 이용할 것
6	전압강하율	전압강하율 근사식, 길이, 부하전력					전압강하율이 기지값일 경우 단위법으로 환산한 후 계산하여 접근할 것
7	전력손실	저항, 전압, 역률, 제곱의 반비례					전력손실에서 대부분 어떤 요소의 제곱에 반비례함을 기억할 것
12	π형회로	송전단전력, 4단자정수					T형회로와 π형회로의 각각의 A,B,C,D를 암기한 후 풀 것
17	송전용량	송전용량계수, 거리, 2회선, 단위					지문에서 2회선이므로, 마지막에 2를 반드시 곱할 것

★☆☆☆☆
01
3상 3선식 가공 송전선로가 있다. 전선 한 가닥의 저항은 15[Ω], 리액턴스는 20[Ω]이고 부하전류는 100[A], 부하역률은 0.8로 지상이다. 이때 선로의 전압강하는 약 몇 [V]인가?

① 2400[V] ② 4157[V]
③ 6062[V] ④ 10500[V]

🔍 해설

전압강하
$$e = \sqrt{3} \times 100 \times (15 \times 0.8 + 20 \times 0.6) ≒ 4157[V]$$

★★☆☆☆
02
단상 2선식의 교류 배전선이 있다. 전선 한 줄의 저항은 0.15[Ω], 리액턴스는 0.25[Ω]이다. 부하는 무유도성으로 100[V], 3[kW]일 때 급전점의 전압은 약 몇 [V]인가?

① 100[V] ② 110[V]
③ 120[V] ④ 130[V]

🔍 해설

전압강하
$$V_s = V_r + e = V_r + 2I(R\cos\theta + X\sin\theta)$$
$$= 100 + 2 \times \frac{3000}{100} \times 0.15 = 109[V]$$

★★★☆☆
03
늦은 역률의 부하를 갖는 단거리 송전선로의 전압강하의 근사식은? (단, P는 3상 부하전력[kW], E는 선간전압[kV], R은 선로저항[Ω], X는 리액턴스[Ω], θ는 부하의 늦은 역률각이다.)

① $\dfrac{\sqrt{3}P}{E}(R + X\tan\theta)$ ② $\dfrac{P}{\sqrt{3}E}(R + X\tan\theta)$

③ $\dfrac{P}{E}(R + X\tan\theta)$ ④ $\dfrac{P}{\sqrt{3}E}(R\cos\theta + X\tan\theta)$

🔍 해설

전압강하
선간전압을 E라고 했을 경우 전압강하 근사식은 $\dfrac{P}{E}(R + X\tan\theta)$ 이다.

[정답] 01 ② 02 ② 03 ③

🔽 참고

일반적으로 선간전압은 V 로 표현하지만 이 문제에서는 E 라고 표현했기 때문에 유의할 것

★☆☆☆☆

04 수전단전압이 3300[V]이고, 전압강하율이 4[%]인 송전선의 송전단전압은 몇 [V]인가?

① 3395[V]

② 3432[V]

③ 3495[V]

④ 5678[V]

🔍 해설

전압강하율

$V_s = V_r \cdot (1+\delta) = 3300 \times (1+0.04) = 3432[V]$

★★★★★

05 3상 계통에서 수전단전압 60[kV], 전류 250[A], 선로의 저항 및 리액턴스가 각각 7.61[Ω], 11.85[Ω]일 때 전압강하율은? (단, 부하역률은 0.8(늦음)이다.)

① 약 5.50[%]

② 약 7.34[%]

③ 약 8.69[%]

④ 약 9.52[%]

🔍 해설

전압강하율

$\delta = \dfrac{e}{V_r} \times 100 = \dfrac{\sqrt{3}\,I(R\cos\theta + X\sin\theta)}{V_r} \times 100$

$= \dfrac{\sqrt{3} \times 250(7.61 \times 0.8 + 11.85 \times 0.6)}{60000} \times 100$

$= 9.52[\%]$

★★★☆☆

06 역률 80[%]의 3상 평형부하에 공급하고 있는 선로 길이 2[km]의 3상 3선식 배전선로가 있다. 부하의 단자전압을 6000[V]로 유지하였을 경우, 선로의 전압강하율 10[%]를 넘지 않게 하기 위해서는 부하전력을 약 몇 [kW]까지 허용할 수 있는가? (단, 전선 1선당의 저항은 0.82[Ω/km], 리액턴스는 0.38[Ω/km]라 하고, 그 밖의 정수는 무시한다.)

① 1303[kW]

② 1629[kW]

③ 2257[kW]

④ 2821[kW]

🔍 해설

전압강하율

$P = \dfrac{\delta \times V^2}{(R + X\tan\theta)} = \dfrac{0.1 \times 6000^2}{0.82 \times 2 + 0.38 \times 2 \times \dfrac{0.6}{0.8}} \times 10^{-3}$

$\fallingdotseq 1629[kW]$

★★☆☆☆

07 3상 선로의 전압이 $V[V]$이고, $P[W]$, 역률 $\cos\theta$ 인 부하에서 한 선의 저항이 $R[\Omega]$이라면 이 3상 선로의 전체 전력손실은 몇 [W]가 되겠는가?

① $\dfrac{PR}{\sqrt{3}\,V^2\cos^2\theta}$

② $\dfrac{P^2R^2}{V^2\cos^2\theta}$

③ $\dfrac{PR^2}{V\cos^2\theta}$

④ $\dfrac{P^2R}{V^2\cos^2\theta}$

🔍 해설

전력손실

$P_\ell = 3I^2R = 3\left(\dfrac{P}{\sqrt{3}\,V\cos\theta}\right)^2 R = \dfrac{P^2R}{V^2\cos^2\theta}$

$= \dfrac{P^2\rho\ell}{V^2\cos^2\theta\,A}[W]$

★★☆☆☆

08 송전전력, 송전거리, 전선의 비중 및 전력손실률이 일정하다고 하면 전선의 단면적 $A[\text{mm}^2]$와 선간전압 $V[kV]$와의 관계로 옳은 것은?

① $A \propto V$

② $A \propto V^2$

③ $A \propto \dfrac{1}{\sqrt{V}}$

④ $A \propto \dfrac{1}{V^2}$

🔍 해설

전력손실

전선의 단면적은 전압의 제곱에 반비례한다.

🔽 참고

· 전압강하 : $e \propto \dfrac{1}{V}$ 　　　· 전력손실 : $P_\ell \propto \dfrac{1}{V^2}$

· 전압강하율 : $\delta \propto \dfrac{1}{V^2}$ 　　· 전선단면적 : $A \propto \dfrac{1}{V^2}$

[정답] 04 ② 　05 ④ 　06 ② 　07 ④ 　08 ④

★☆☆☆☆

09
송전단 전압이 66[kV], 수전단 전압이 61[kV]인 송전선로에서 수전단의 부하를 끊은 경우 수전단 전압이 63[kV]라면 전압변동률은 약 몇 [%]인가?

① 2.55[%] ② 2.90[%]

③ 3.17[%] ④ 3.28[%]

🔍 **해설**

전압변동률

$$\varepsilon = \frac{V_{ro} - V_r}{V_r} \times 100 = \frac{63 - 61}{61} \times 100 = 3.28[\%]$$

★☆☆☆☆

10
송전선로의 일반회로정수가 $A = 0.7$, $B = j190$, $D = 0.9$라면 C의 값은?

① $-j1.95 \times 10^{-3}$ ② $j1.95 \times 10^{-3}$

③ $-j1.95 \times 10^{-4}$ ④ $j1.95 \times 10^{-4}$

🔍 **해설**

전송 파라미터$[A \cdot B \cdot C \cdot D]$

$AD - BC = 1$에서 어드미턴스를 계산한다.

$$C = \frac{AD - 1}{B} = \frac{0.9 \times 0.7 - 1}{j190} = j1.95 \times 10^{-3}[\mho]$$

★★★☆☆

11
일반회로정수가 A, B, C, D인 선로에 임피던스가 $\frac{1}{Z_T}$인 변압기가 수전단에 접속된 계통의 일반회로정수 D_0는?

① $\dfrac{C + DZ_T}{Z_T}$ ② $\dfrac{C + AZ_T}{Z_T}$

③ $\dfrac{B + AZ_T}{Z_T}$ ④ $\dfrac{B + DZ_T}{Z_T}$

🔍 **해설**

4단자 정수

$$\begin{bmatrix} A_0 & B_0 \\ C_0 & D_0 \end{bmatrix} = \begin{bmatrix} A & B \\ C & D \end{bmatrix} \begin{bmatrix} 1 & \frac{1}{Z_T} \\ 0 & 1 \end{bmatrix} = \begin{bmatrix} A & \frac{A}{Z_T} + B \\ C & \frac{C}{Z_T} + D \end{bmatrix}$$

$$\therefore D_0 = \frac{C}{Z_T} + D = \frac{C + DZ_T}{Z_T}$$

★★★★☆

12
중거리 송전선로의 π형 회로에서 송전단전류 I_s는? (단, Z, Y는 선로의 직렬임피던스와 병렬 어드미턴스이고, E_r, I_r은 수전단 전압과 전류이다.)

① $\left(1 + \dfrac{ZY}{2}\right) E_r + ZI_r$

② $\left(1 + \dfrac{ZY}{2}\right) E_r + Z\left(1 + \dfrac{ZY}{4}\right) I_r$

③ $\left(1 + \dfrac{ZY}{2}\right) I_r + Z\left(1 + \dfrac{ZY}{4}\right) E_r$

④ $\left(1 + \dfrac{ZY}{2}\right) I_r + Y\left(1 + \dfrac{ZY}{4}\right) E_r$

🔍 **해설**

π 회로의 4단자정수

$$= \begin{bmatrix} A & B \\ C & D \end{bmatrix} = \begin{bmatrix} 1 + \frac{ZY}{2} & Z \\ Y\left(1 + \frac{ZY}{4}\right) & 1 + \frac{ZY}{2} \end{bmatrix}$$

$I_s = CE_r + DI_r$이므로

$$I_s = \left(1 + \frac{ZY}{2}\right) I_r + Y\left(1 + \frac{ZY}{4}\right) E_r$$

★★☆☆☆

13
선로의 길이가 250[km]인 3상 3선식 송전선로가 있다. 중성선에 대한 1선당 1[km]의 리액턴스는 0.5[Ω], 용량 서셉턴스는 $3 \times 10^{-6}[\mho]$이다. 이 선로의 특성 임피던스는 약 몇 [Ω]인가?

① 366[Ω] ② 408[Ω]

③ 424[Ω] ④ 462[Ω]

🔍 **해설**

특성임피던스

특성 임피던스 $Z_s = \sqrt{\dfrac{Z}{Y}} = \sqrt{\dfrac{0.5}{3 \times 10^{-6}}} = 408.25[\Omega]$

[정답] 09 ④ 10 ② 11 ① 12 ④ 13 ②

★☆☆☆☆

14 다음 중 송전선로의 특성 임피던스와 전파정수를 구하기 위한 시험으로 가장 적절한 것은?

① 무부하시험과 단락시험 ② 부하시험과 단락시험

③ 부하시험과 충전시험 ④ 충전시험과 단락시험

🔍 해설 ----------

특성임피던스

어드미턴스 Y는 무부하시험으로 임피던스 Z는 단락시험으로 구한다.

★★☆☆☆

15 62000[kW]의 전력을 60[km] 떨어진 지점에 송전하려면 전압은 약 몇 [kV]로 하면 좋은가?

① 66[kV] ② 110[kV]

③ 140[kV] ④ 154[kV]

🔍 해설 ----------

송전전압

경제적인 송전전압을 결정시 스틸식

$$V_s = 5.5 \times \sqrt{0.6 \times 60 + \frac{62000}{100}} \fallingdotseq 140[kV]$$

★★☆☆☆

16 송전용량 계수법에 의하여 송전선로의 송전용량을 결정할 때 수전전력의 관계를 옳게 표현한 것은?

① 수전전력의 크기는 송전거리와 송전전압에 비례한다.

② 수전전력의 크기는 송전거리에 비례하고 수전단 선간전압의 제곱에 비례한다.

③ 수전전력의 크기는 송전거리에 반비례하고 수전단 선간전압에 비례한다.

④ 수전전력의 크기는 송전거리에 반비례하고 수전단 선간전압의 제곱에 비례한다.

🔍 해설 ----------

송전용량 계수법

송전용량은 전압의 크기에 의하여 정해지며 선로길이를 고려한 것이 송전용량 계수법이다.

$$P_s = K \frac{V_r^{\,2}}{\ell}[kW]$$

★★★★☆

17 345[kV] 2회선 선로의 선로길이가 220[km] 이다. 송전용량 계수법에 의하면 송전용량은 약 몇 [MW]인가? (단, 345[kV]의 송전용량계수는 12000이다.)

① 525[MW] ② 650[MW]

③ 1050[MW] ④ 1300[MW]

🔍 해설 ----------

송전용량 계수법

$$P_s = 1200 \times \frac{345^2}{220} \times 2회선 \times 10^{-3} \fallingdotseq 1300[MW]$$

★★★☆☆

18 교류송전에서는 송전거리가 멀어질수록 동일 전압에서의 송전 가능전력이 적어진다. 다음 중 그 이유로 가장 알맞은 것은?

① 선로의 어드미턴스가 커지기 때문이다.

② 선로의 유도성 리액턴스가 커지기 때문이다.

③ 코로나 손실이 증가하기 때문이다.

④ 표피 효과가 커지기 때문이다.

🔍 해설 ----------

송전용량

교류송전에서는 송전거리가 멀어질수록 동일 전압에서의 송전 가능전력이 적어지는 이유는 선로의 유도성 리액턴스는 선로의 길이가 길어질수록 커지기 때문이다.

★★★★★

19 정전압 송전방식에서 전력 원선도를 그리려면 무엇이 주어져야 하는가?

① 송·수전단 전압, 선로의 일반회로정수

② 송·수전단 전류, 선로의 일반회로정수

③ 조상기 용량, 수전단 전압

④ 송전단 전압, 수전단 전류

🔍 해설 ----------

전력원선도

전력 방정식에 의해서 송·수전단 전압(E_s, E_r)과 일반회로정수(A, B, C, D)가 필요하다.

[정답] 14 ① 15 ③ 16 ④ 17 ④ 18 ② 19 ①

영상 학습 QR   **출제경향분석**

본장은 선로의 고장 발생시 흐르는 고장전류(단락전류)를 계산하여 적절한 차단기용량(단락용량)을 선정함을 목표로 하며, 회로이론의 대칭좌표법을 병행 학습한다.

❶ 퍼센트 임피던스   ❷ 퍼센트 임피던스의 집계
❸ 단락전류의 계산   ❹ 단락용량의 계산
❺ 불평형 고장해석법

🖐️ ★ **콕콕 포인트**

🔽 **이해력 높이기**

%Z 사용시 장점
· 식 중의 정수 등이 생략되어서 식이 간단해진다.
· %Z 값은 단위가 없기 때문에 계산 도중 단위를 환산할 필요가 없다.
· %Z 값이 일정한 범위 내에 들어가기 때문에 기억이 쉽다.

참고

고장계산의 목적
· 차단기용량 계산
· 보호계전기 정정
· 단락시 전자력계산

Q **포인트문제 1**

154/22.9[kV], 40[MVA]인 3상 변압기의 %리액턴스가 14[%]라면 1차측으로 환산한 리액턴스는 약 몇 [Ω]인가?

A 해설

$\%X = \dfrac{P_a X}{10V^2} \rightarrow \dfrac{10V^2 \times \%X}{P_a}$

$X = \dfrac{10 \times 154^2 \times 14}{40 \times 10^3} = 83[\Omega]$

1 퍼센트 임피던스

1. 퍼센트 임피던스의 정의

변압기, 발전기, 전선로 등은 자기 자신의 임피던스 $Z[\Omega]$를 가지고 있다. 여기에, 정격전압 $E[V]$을 인가시켜 정격전류 $I[A]$가 흐르면 $ZI[V]$ 만큼의 전압강하가 발생한다. 이 전압강하 $ZI[V]$가 회로에 가해진 정격전압 $E[V]$에 대해서 몇 [%]에 해당하는가를 퍼센트 임피던스(%Z) 또는 백분율 임피던스라 한다.

[퍼센트 임피던스]   [변압기 임피던스]

2. 퍼센트 임피던스의 계산

1) 정격전류[A]가 기지값인 경우

$$\%Z = \frac{Z[\Omega]I[A]}{E[V]} \times 100[\%]$$

2) 정격용량[kVA]이 기지값인 경우

$$\%Z = \frac{P_a[kVA]Z[\Omega]}{10V^2[kV]}$$

3. 퍼센트 임피던스의 집계

1) 퍼센트 임피던스의 환산

%Z를 집계할 경우에는 임의로 기준용량을 정한 후 나머지 기기나 선로의 %Z를 기준용량에 맞게 아래와 같이 환산한다.

$$Z' = \frac{기준용량}{자기용량} \times 환산할\ \%Z$$

2) 퍼센트 임피던스의 집계

$\%Z$를 기준용량에 맞게 환산한 후 고장점을 기준으로 전원측을 바라보면서 $\%Z$를 모두 집계한다. 고장 계산을 위한 $\%Z$ 집계시, 옴법에서 직·병렬 회로의 임피던스 합성과 같은 방법으로 계산한다.

2　3상 단락고장

1. 3상 단락전류의 계산

1) 옴(Ω)법에 의한 계산방법

$$I_s = \frac{E}{Z}$$

2) 퍼센트법(%)에 의한 계산방법

$$I_s = \frac{100}{\%Z} \times I_n$$

2. 단락용량

1) 옴(Ω)법에 의한 계산방법

$$P_s = \sqrt{3}\,VI_s$$

2) 퍼센트법(%)에 의한 계산방법

$$P_s = \frac{100}{\%Z} \times P_n$$

3. 단락용량의 경감방법

- 계통전압을 격상시킨다.
- 한류리액터를 사용한다.
- 고임피던스 기기를 채용한다.
- 선의 분할, 분리, 회선감소 등을 한다.

| CHECK POINT |　난이도 ★★☆☆☆　　　　　1차 2차 3차

용량 25000[kVA], 임피던스 10[%]인 3상 변압기가 2차측에서 3상 단락되었을 때 단락용량은 몇 [MVA]인가?

> 상세해설
>
> $$P_s = \frac{100}{\%Z} \times P_n = \frac{100}{10} \times 25000 \times 10^{-3} = 250[MVA]$$

이해력 높이기

계통의 전압이 서로 다른 여러개의 부분으로 이루어질 경우, 옴법으로 계산을 하면 임피던스는 전압에 따라 그 값이 달라져 각 부분의 임피던스를 기준으로한 전압값에 맞추어 환산해 준 다음 집계를 한다. 실제 계통의 고장해석에서는 이러한 이유 등으로 퍼센트법을 더 많이 사용하고 있다.

FAQ

퍼센트 임피던스를 환산할 경우 기준용량은 어떻게 정하나요?

답

▶퍼센트 임피던스의 크기는 용량에 비례합니다. 그러므로 어떤 용량이던 기준용량을 정한 후 그 크기를 기준으로해서 퍼센트 임피던스를 환산하시면 됩니다.

콕콕 포인트

electrical engineer · electrical engineer · electrical engineer · electrical engineer · electrical engineer · electrical engineer · electrical engineer · electrical

| CHECK POINT | 난이도 ★★☆☆☆   1차 2차 3차

그림의 F점에서 3상 단락고장이 생겼다. 발전기 쪽에서 본 3상 단락전류는 몇 [kA]가 되는가? (단, 154[kV] 송전선의 리액턴스는 1000[MVA]를 기준으로 하여 2[%/km]이다.)

발전기   변압기   154[kV]송전선   20[km] F점

11[kV]   11/154[kV]
500[MVA]   500[MVA]
25[%]   15[%]

① 43.7[kA]   ② 47.7[kA]

③ 53.7[kA]   ④ 59.7[kA]

상세해설

① 용량[kVA]이 같지 않기 때문에 먼저 기준용량을 임의로 정한다.

② 각 $\%Z$ 값을 기준용량에 맞게 환산한다.

$$\%Z' = \text{자기 } \%Z \times \frac{\text{기준용량}}{\text{자기용량}}, \text{ 기준용량을 } 1000[\text{MVA}]\text{로 선정하면}$$

㉠ 발전기 : $\%Z' = 25 \times \dfrac{1000}{500} = 50[\%]$ ㉡ 변압기 : $\%Z' = 15 \times \dfrac{1000}{500} = 30[\%]$

㉢ 선로 : $\%Z' = 20 \times 2 = 40[\%]$

③ 고장난 F점에서 전원측을 바라보고 환산한 각각의 $\%Z$를 집계 및 합성한다.

$$\%Z' = 50 + 30 + 40[\%]$$

④ 단락전류 계산식에 대입하여 계산한다.

$$I_s = \frac{100}{\%Z'}I_n = \frac{100}{\%Z' \text{의 합}} \times \frac{P}{\sqrt{3}\,V} = \frac{100}{50+30+40} \times \frac{1000 \times 10^3}{\sqrt{3} \times 11} = 43.7[\text{kA}]$$

답 ①

electrical engineer · electrical engineer · electrical engineer · electrical engineer · electrical engineer · electrical engineer · electrical engineer · electrical engineer

콕콕 포인트

3 대칭좌표법에 의한 고장 계산

1. 대칭좌표법의 개요

1) 대칭좌표법의 활용

평형 고장인 3상 단락사고를 제외한 불평형 고장인 1선,2선지락 또는 선간단락사고 등은 고장시 각 상의 걸리는 전압을 따로 구분해서 계산을 해서 해석이 상당히 어렵다. 대칭좌표법이란 이러한 불평형 사고를 쉽게 해석하기 위한 고장해석법이다.

이 해석법은 불평형 전압과 전류를 대칭적인 3개(정상분, 역상분, 영상분)의 성분으로 나누어서 각각의 대칭분이 존재하는 경우의 계산을 먼저 하고 마지막에는 계산한 결과들을 중첩시켜 불평형 고장을 계산하는 방법이다.

[대칭좌표법의 개념]

[영상 전류]   [정상 전류]   [역상 전류]

2) 벡터 연산자

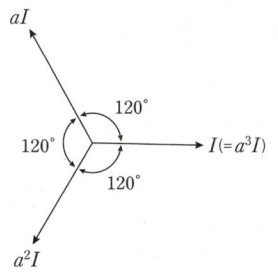

- $1 + a + a^2 = 0$
- $a = \angle 120° = \cos \dfrac{2}{3}\pi + j\sin \dfrac{2}{3}\pi = -\dfrac{1}{2} + j\dfrac{\sqrt{3}}{2}$
- $a^2 = \angle 240° = \cos \dfrac{4}{3}\pi + j\sin \dfrac{4}{3}\pi = -\dfrac{1}{2} - j\dfrac{\sqrt{3}}{2}$

● 핵심 포인트

평형 고장시 사용되는 계산법
옴[Ω]법, %법에 의한 계산, 단위(PU)법에 의한 계산

Q 포인트문제 2

3상 송전선로의 고장에서 1선 지락사고 등 3상 불평형 고장시 사용되는 계산법은?

① 옴[Ω]법에 의한 계산
② %법에 의한 계산
③ 단위(PU)법에 의한 계산
④ 대칭좌표법

정답 ④

콕콕 포인트

electrical engineer · electrical engineer · electrical engineer · electrical engineer · electrical engineer · electrical engineer · electrical engineer · electrical

2. 비대칭 전압과 비대칭 전류

비대칭전류를 대칭분으로 표시	비대칭전압을 대칭분으로 표시
• $I_a = I_0 + I_1 + I_2$ • $I_b = I_0 + a^2 I_1 + a I_2$ • $I_c = I_0 + a I_1 + a^2 I_2$	• $V_a = V_0 + V_1 + V_2$ • $V_b = V_0 + a^2 V_1 + a V_2$ • $V_a = V_0 + a V_1 + a^2 V_2$

3. 대칭분전압과 대칭분전류

[영상전류]   [정상전류]   [역상전류]

영상분	정상분	역상분
• $V_0 = \frac{1}{3}(V_a + V_b + V_c)$ • $I_0 = \frac{1}{3}(I_a + I_b + I_c)$	• $V_1 = \frac{1}{3}(V_a + aV_b + a^2 V_c)$ • $I_1 = \frac{1}{3}(I_a + aI_b + a^2 I_c)$	• $V_2 = \frac{1}{3}(V_a + a^2 V_b + aV_c)$ • $I_2 = \frac{1}{3}(I_a + a^2 I_b + aI_c)$

4. 고장해석

1) 1선 지락사고 : 정상분, 역상분, 영상분

a상 지락시 : $I_b = I_c = 0$, $I_0 = I_1 = I_2$

$I_0 = \frac{1}{3} I_a = \frac{1}{3} I_g = \frac{E_a}{Z_0 + Z_1 + Z_2}$ [A]

$$I_g = 3I_0 = \frac{3E_a}{Z_0 + Z_1 + Z_2}$$

2) 선간 단락사고 : 정상분, 역상분

b상과 c상이 단락시 : $I_a = 0$

$I_b = -I_c = I_s$, $I_0 = 0$, $V_0 = 0$

$$I_s = \frac{a^2 - a}{Z_1 + Z_2} \cdot E_a$$

3) 3상 단락사고 : 정상분

$I_a + I_b + I_c = 0$, $V_a + V_b + V_c = 0$

$I_b = a^2 I_a$, $I_c = a I_a$

$$I_s = I_a = \frac{E_a}{Z_1}$$

al engineer · electrical engineer · electrical engineer · electrical engineer · electrical engineer · electrical engineer · electrical engineer · electrical engineer

콕콕 포인트

| CHECK POINT | 난이도 ★★☆☆☆   1차 2차 3차

3본의 송전선에 동상의 전류가 흘렀을 경우 이 전류를 무슨 전류라 하는가?

① 영상전류   ② 평형
③ 단락전류   ④ 대칭전류

상세해설

영상전류는 3상의 전류 크기가 같고 위상이 동위상이다.

답 ①

| CHECK POINT | 난이도 ★★☆☆☆   1차 2차 3차

그림과 같은 3상 무부하 교류발전기에서 a상이 지락된 경우 지락전류는 어떻게 나타내는가?

① $\dfrac{E_a}{Z_0 + Z_1 + Z_2}$ ② $\dfrac{2E_a}{Z_0 + Z_1 + Z_2}$

③ $\dfrac{3E_a}{Z_0 + Z_1 + Z_2}$ ④ $\dfrac{\sqrt{3}\,E_a}{Z_0 + Z_1 + Z_2}$

상세해설

1선 지락전류

a상이 지락 되었을 때 $I_b = I_c = 0$, $V_a = 0$이므로

$$I_0 = I_1 = I_2 = \frac{1}{3}I_a = \frac{1}{3}I_g = \frac{E_a}{Z_0 + Z_1 + Z_2} \quad \therefore I_0 = I_1 = I_2 \neq 0 \quad \therefore I_g = 3I_0 = \frac{3E_a}{Z_0 + Z_1 + Z_2}$$

답 ③

영상 학습 QR

- QR 코드를 찍으시면, 가장 중요한 우선순위 문제풀이 영상을 보실 수 있습니다.
- 우선순위 논점은 전기(산업)기사 시험에서 가장 출제 빈도가 높은 문제로써, 수험생분들께서는 각 파트별 우선순위 문제의 논점과 키워드를 학습하시기를 바랍니다.
- 체크 리스트를 작성하시면서 문제의 유형과 학습의 완성도를 스스로 체크 해 보시기를 바랍니다.
- "선생님의 콕콕 포인트"는 틀리기 쉬운 문제의 함정과 문제의 포인트를 집어드립니다. 우선순위 문제풀이의 포인트를 꼭 참고하고 응용문제의 해결능력을 길러 줍니다.

번호	우선순위 논점	KEY WORD	나의 정답 확인				선생님의 콕콕 포인트
			맞음	틀림(오답확인)			
				이해 부족	암기 부족	착오 실수	
1	%임피던스 ①	변압기 용량[kVA], 선간전압[kV]					정격용량[kVA], 전압[kV]의 단위를 유의하며 숙지할 것
3	%임피던스 ②	변압기 용량[kVA], 선간전압[kV]					정격용량[kVA], 전압[kV]의 단위를 유의하며 계산할 것
8	3상 단락용량	정격전압, 정격차단전류, 3상					단락용량의 공식을 물어보는 문제로서 단상과 3상을 구분하여 암기할 것
9	단상 단락용량	정격전압, 정격차단전류, 1상					단락용량을 계산하는 문제로서 단상과 3상을 구분하여 계산할 것
13	3상 단락용량	퍼센트 임피던스의 집계					퍼센트 임피던스의 합성방법을 먼저 숙지한 후 접근할 것

★★☆☆☆

01 3상 변압기의 %임피던스는? (단, 임피던스는 $Z[\Omega]$, 선간전압은 $V[\mathrm{kV}]$, 변압기의 용량은 $P[\mathrm{kVA}]$이다.)

① $\dfrac{PZ}{V}$

② $\dfrac{PZ}{10V}$

③ $\dfrac{PZ}{10V^2}$

④ $\dfrac{10PZ}{V^2}$

🔍 **해설**

퍼센트 임피던스의 계산

$$\%Z = \frac{PZ}{V^2} \times 100 = \frac{P \times 10^3 \times Z}{(10^3 V)^2} \times 100 = \frac{PZ}{10V^2}$$

★★☆☆☆

02 기준 선간전압 23[kV], 기준 3상 용량 5000[kVA], 1선의 유도 리액턴스가 15[Ω]일 때 %리액턴스는?

① 28.36[%]

② 14.18[%]

③ 7.09[%]

④ 3.55[%]

🔍 **해설**

퍼센트 임피던스의 계산

$$\%X = \frac{PX}{10V^2} = \frac{5000 \times 15}{10 \times 23^2} = 14.18[\%]$$

★★★☆☆

03 어느 발전소의 발전기는 그 정격이 13.2[kV], 93000[kVA], 95%Z라고 명판에 씌어 있다. 이것은 몇 [Ω]인가?

① 1.2[Ω]

② 1.8[Ω]

③ 1200[Ω]

④ 1780[Ω]

🔍 **해설**

퍼센트 임피던스의 계산

$$\%Z = \frac{PZ}{10V^2} \text{에서 } Z = \frac{\%Z \times 10V^2}{P} = \frac{95 \times 10 \times 13.2^2}{93000} = 1.8[\Omega]$$

[정답] 01 ③ 02 ② 03 ②

★★★☆☆

04 154[kV] 3상 1회선 송전선로 1선의 리액턴스가 25[Ω]이고 전류가 400[A]일 때 %리액턴스는 약 얼마인가?

① 6.49[%] ② 10.22[%]

③ 11.25[%] ④ 19.48[%]

🔍 **해설**

퍼센트 임피던스의 계산

$$\%X = \frac{IX}{E} \times 100 = \frac{400 \times 25}{154 \times 10^3 / \sqrt{3}} \times 100 = 11.25[\%]$$

★★★★★

05 기준용량 P[kVA], V[kV]일 때 % 값이 Z_p인 것을 기준용량 P_1[kVA], V_1[kV]로 기준값을 변환하면, 새로운 기준값에 대한 %값 P_{p1}은?

① $Z_p \times \dfrac{P_1}{P} \times \left(\dfrac{V}{V_1}\right)^2$ ② $Z_p \times \dfrac{P_1}{P} \times \left(\dfrac{V}{V_1}\right)$

③ $Z_p \times \dfrac{P_1}{P} \times \left(\dfrac{V_1}{V}\right)^2$ ④ $Z_p \times \dfrac{P_1}{P} \times \dfrac{V_1}{V}$

🔍 **해설**

퍼센트 임피던스의 집계

$\%Z$는 기준용량에 비례하고, 전압의 제곱에 반비례 한다.

★★☆☆☆

06 고장점에서 전원 측을 본 계통 임피던스를 Z[Ω], 고장점의 상전압을 E[V]라 하면 3상 단락전류[A]는?

① $\dfrac{E}{Z}$[A] ② $\dfrac{ZE}{\sqrt{3}}$[A]

③ $\dfrac{\sqrt{3}\,E}{Z}$[A] ④ $\dfrac{3E}{Z}$[A]

🔍 **해설**

3상 단락전류의 계산

3상 단락전류를 계산할 경우 1상분의 전압과 1상분의 임피던스를 기준으로 한다. 한편, 임피던스는 정상분 임피던스만 고려한다.

★★☆☆☆

07 단락전류는 일반적으로 다음 어느 것인가?

① 무효전류 ② 지상전류

③ 유효전류 ④ 진상전류

🔍 **해설**

3상 단락고장

단락전류는 전압을 기준으로 할 때 발전기, 변압기, 선로의 리액턴스의 영향을 받아 지상전류가 흐른다.

★☆☆☆☆

08 3상 차단기의 정격차단용량을 나타낸 것은?

① $\sqrt{3}$ × 정격전압 × 정격전류

② $\dfrac{1}{\sqrt{3}}$ × 정격전압 × 정격전류

③ $\sqrt{3}$ × 정격전압 × 정격차단전류

④ $\dfrac{1}{\sqrt{3}}$ × 정격전압 × 정격차단전류

🔍 **해설**

3상 단락고장

3상 차단기의 정격차단용량은 정격전압과 정격차단전류의 곱에 $\sqrt{3}$ 배를 곱하며, 단상의 선로에서 정격차단용량은 정격전압과 정격차단전류의 곱으로만 계산한다.

★★★☆☆

09 단락점까지의 전선 한 가닥의 임피던스가 $Z = 6 + j8$[Ω](전원포함), 단락 전의 단락점 전압이 22.9[kV]인 단상 2선식 전선로의 단락용량은 몇 [kVA]인가? (단, 부하전류는 무시한다.)

① 13100[kVA] ② 26220[kVA]

③ 18300[kVA] ④ 21200[kVA]

🔍 **해설**

1상 단락고장

단락전류 $I_s = \dfrac{E}{Z} = \dfrac{22900}{2 \times \sqrt{6^2 + 8^2}} = 1145$[A]

$P_s = VI_s = 22900 \times 1145 \times 10^{-3} = 26220$[kVA]

🔽 **참고**

3상 차단기의 단락용량은 공칭전압과 정격전류의 곱에 $\sqrt{3}$ 배를 곱하며, 단상의 선로에서 단락용량은 공칭전압과 정격전류의 곱으로만 계산한다.

[정답] 04 ③ 05 ① 06 ① 07 ② 08 ③ 09 ②

★★★☆☆

10 3상용 차단기의 정격전압은 170[kV]이고 정격차단전류가 50[kA]일 때 차단기의 정격차단용량은 약 몇 [MVA] 인가?

① 5,000[MVA] ② 10,000[MVA]

③ 15,000[MVA] ④ 20,000[MVA]

🔍 **해설**

3상 단락고장

$P_s = \sqrt{3} \, V_n I_s = \sqrt{3} \times 170 \times 50 ≒ 15000[\text{MVA}]$

★★★☆☆

11 정격용량 20000[kVA], 임피던스 8[%]인 3상 변압기가 2차 측에서 3상 단락되었을 때 단락용량은 몇 [MVA]인가?

① 160[MVA] ② 200[MVA]

③ 250[MVA] ④ 320[MVA]

🔍 **해설**

3상 단락고장

$P_s = \dfrac{100}{\%Z} \times P_n = \dfrac{100}{8} \times 20000 \times 10^{-3} = 250[\text{MVA}]$

★★★★☆

12 정격전압 7.2[kV]인 3상용 차단기의 차단용량이 100[MVA]라면 정격차단전류는 약 몇 [kA]인가?

① 2[kA] ② 4[kA]

③ 8[kA] ④ 12[kA]

🔍 **해설**

3상 단락전류의 계산

차단용량 $P_s = \sqrt{3} \times V_n \times I_s$

정격차단전류 $I_s = \dfrac{P_s}{\sqrt{3} \times V_n} = \dfrac{100 \times 10^3}{\sqrt{3} \times 7.2} \times 10^{-3} ≒ 8[\text{kA}]$

★★★★★

13 그림과 같은 전선로의 단락 용량은 약 몇 [MVA] 인가? (단, 그림의 수치는 10,000[kVA]를 기준으로 한 %리액턴스를 나타낸다.)

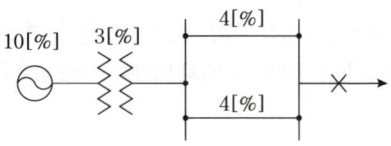

① 33.7[MVA] ② 66.7[MVA]

③ 99.7[MVA] ④ 132.7[MVA]

🔍 **해설**

3상 단락고장

· 기준용량 선정 10000[kVA]=10[MVA]

· 퍼센트 임피던스의 집계

$\%Z_{tl} = \dfrac{4 \times 4}{4 + 4} = 2[\%]$

$\%Z_{total} = 10 + 3 + 2 = 15[\%]$

· $P_s = \dfrac{100}{\%Z} \times P_n = \dfrac{100}{15} \times 10 = 66.7[\text{MVA}]$

★☆☆☆☆

14 A, B 및 C상 전류를 각각 I_a, I_b 및 I_c라 할 때 $I_x = \dfrac{1}{3}(I_a + a^2 I_b + a I_c)$, $a = -\dfrac{1}{2} + j\dfrac{\sqrt{3}}{2}$으로 표시되는 I_x는 어떤 전류인가?

① 정상전류 ② 역상전류

③ 영상전류 ④ 역상전류와 영상전류의 합

🔍 **해설**

대칭좌표법

· 영상분 전류 $I_0 = \dfrac{1}{3}(I_a + I_b + I_c)$

· 정상분 전류 $I_1 = \dfrac{1}{3}(I_a + a I_b + a^2 I_c)$

· 역상분 전류 $I_2 = \dfrac{1}{3}(I_a + a^2 I_b + a I_c)$

★★☆☆☆

15 3본의 송전선에 동상의 전류가 흘렀을 경우 이 전류를 무슨 전류라 하는가?

① 영상전류 ② 평형

③ 단락전류 ④ 대칭전류

[**정답**] 10 ③ 11 ③ 12 ③ 13 ② 14 ② 15 ①

해설

대칭좌표법

1선 지락사고시 흐르는 영상전류는 각상 전류의 크기가 같고 위상이 같은 전류를 말한다. 한편, 1선 지락사고시 지락전류는 영상전류의 3배의 전류가 흐른다.

★★☆☆☆

16 선간 단락 고장을 대칭 좌표법으로 해석할 경우 필요한 것은?

① 정상 임피던스도 및 역상 임피던스도

② 정상 임피던스도 및 영상 임피던스도

③ 역상 임피던스도 및 영상 임피던스도

④ 정상 임피던스도

해설

대칭좌표법

선간 단락 고장 발생시 영상분은 나타나지 않고, 정상분과 역상분만 나타나므로 정상임피던스도와 역상 임피던스도가 필요하다.

참고

고장의 종류별 대칭분

- 1선지락 고장 : 정상분, 역상분, 영상분
- 선간단락 고장 : 정상분, 역상분
- 3상단락 고장 : 정상분

★★☆☆☆

17 다음 설명 중 옳은 것은?

① 송전 선로의 정상 임피던스는 역상 임피던스의 반이다.

② 송전 선로의 정상 임피던스는 역상 임피던스의 배이다.

③ 송전선의 정상 임피던스는 역상 임피던스와 같다.

④ 송전선의 정상 임피던스는 역상 임피던스의 3배이다.

해설

대칭좌표법

- 송전선의 정상 임피던스는 역상 임피던스와 같고, 영상 임피던스 보다는 작다.
  $Z_1 = Z_2 < Z_0$
- 반면에, 변압기의 정상, 역상, 영상 임피던스는 모두 같다.
  $Z_1 = Z_2 = Z_0$

[**정답**] 16 ① 17 ③

중성점 접지 방식과 유도장해

영상 학습 QR   출제경향분석

본장은 송전선로에서 사용되는 여러 가지 변압기의 중성점 접지방식의 종류 및 그에 따른 특징에 대해 학습하며, 중성점 접지방식과 유도장해의 관계에 대해 학습한다.

❶ 중성점 직접접지   ❷ 소호리액터 접지
❸ 비접지 방식   ❹ 전자유도장해
❺ 정전유도장해

콕콕 포인트

FAQ

중성점 접지는 어디에 하는 건가요?

답

▶중성점 접지는 변압기를 Y결선한 후 중선선을 인출하여 접지하는 방식입니다. 중성점 접지는 송전선 및 기기의 절연, 통신선의 유도장해, 보호계전기의 동작, 차단기 용량, 피뢰기 용량, 계통의 안정도와 밀접한 관련이 있다.

▶ **전기 용어해설**

• 저감절연
직접접지 계통에서는 건전상의 대지전위상승이 매우 낮으므로 변압기의 절연을 낮출 수 있어 정격전압이 낮은 피뢰기를 사용할 수 있다. 하여, 피뢰기의 충격방전개시전압 및 제한전압도 저하되어 변압기 및 기타 기기의 절연을 저감(Reduced insulation)할 수 있다.

• 절연계급
전력용기기, 공작물의 절연강도의 계급을 말하며, 각 절연계급에 대응해서 절연강도를 지정할 때 기준이 되는 기준충격절연강도(BIL)가 있다. 즉, 절연계급이 높을수록 더 많은 절연비용이 필요해진다.

1 ▶ 중성점 접지방식의 개요

1. 중성점 접지방식의 목적

- 1선 지락시 건전상의 전위상승을 억제하여 전선로, 기기의 절연레벨 경감
- 뇌, 아크 지락, 기타에 의한 이상전압의 경감 및 발생억제
- 1선 지락시 지락계전기를 확실하게 동작
- 1선 지락시의 아크 지락을 재빨리 소멸시켜 안정도 향상

2. 접지임피던스 Z_n에 따른 접지방식의 종류

- 직접접지 방식 : $Z_n = 0$
- 소호리액터접지방식 : $Z_n = X_L$
- 저항접지 방식 : $Z_n = R$
- 비접지 방식 : $Z_n = \infty$

2 중성점 직접접지

1. 직접접지의 개요

송전선에 접속되는 변압기의 중성점을 직접 도선으로 접지 시키는 방식으로 지락점의 임피던스를 0으로 하여 지락전류를 최대로 하는 접지방식이다.

2. 직접접지방식의 특징

- 1선 지락시 건전상의 전위상승이 가장 작다.
- 전선로, 기기의 절연레벨을 낮출 수 있다.(저감절연, 단절연 가능)
- 지락전류가 커서 보호계전기의 동작이 확실하다.
- 지락전류는 지상 및 대전류 이므로 과도 안정도가 나쁘다.
- 지락전류가 커서 인접 통신선에 대한 전자 유도장해가 크다.

3 소호리액터 접지

1. 소호리액터 접지의 개요

송전선에 접속되는 변압기의 중성점에 리액터를 설치하는 방식이다. 대지정전용량 C_s과 소호리액터 X_L가 병렬공진이 되면 지락전류의 소멸 및 아크가 소호된다.

[소호 리액터 접지 계통의 지락 고장]

2. 소호리액터의 크기

1) 변압기의 리액턴스 X_t를 고려하지 않는 경우

$$X_L = \frac{1}{3\omega C_s}\,[\Omega]$$

$$L = \frac{1}{3\omega^2 C_s} = \frac{1}{3(2\pi f)^2 C_s}\,[\mathrm{H}]$$

FAQ

우리나라 송전선로 또는 배전선로는 어떤 접지방식을 사용하나요?

답

▶ 송전선로인 154, 345, 765kV 선로는 중성점 직접접지 방식을 배전선로인 22.9kV은 중성점 다중접지 방식을 채택하여 사용하고 있습니다.
한편, 소호 리액터접지 방식은 66kV의 선로에서 사용됩니다.

콕콕 포인트

electrical engineer · electrical engineer · electrical engineer · electrical engineer · electrical engineer · electrical engineer · electrical engineer · electrical

2) 변압기의 리액턴스 X_t를 고려하는 경우

$$X_L = \frac{1}{3\omega C_s} - \frac{X_t}{3}\,[\Omega]$$

3. 합조도

합조도는 리액터의 탭이 완전공진 상태에서 벗어나고 있는 정도를 나타낸다. 실제 소호 리액터 접지계통에서는 합조도가 +인 경우 즉, 과보상 상태가 되도록 한다. 이는 직렬공진에 의한 이상전압 발생을 방지하기 위해서이다.

$$\omega L < \frac{1}{3\omega C_s} : \text{과보상, 합조도 } +$$

4. 소호리액터의 용량

$$Q_L = 3\omega C_s E^2 \times 10^{-3} = 6\pi f C_s E^2 \times 10^{-3}\,[\text{kVA}]$$

4 중성점 접지방식의 비교

구분 ＼ 종류	직접접지 154 · 345 · 765kV	소호리액터 66kV
건전상의 전위 상승	최저	최고
절연레벨(단절연/저감절연)	최저(可)	최고(不)
지락전류의 크기	최대	최소
보호계전기 동작	확실	불확실
통신선 유도장해	최대	최소
과도 안정도	나쁨	좋음

콕콕 포인트

5　비접지 방식

1. 비접지 방식의 개요

33[kV] 이하의 계통에서 중성점을 접지하지 않는 방식이다. 변압기의 결선을 △−△로 할 수 있어 변압기 1대 고장시 $V-V$ 결선으로 송전이 가능하다. 저전압·단거리 선로에 적용된다. 1선 지락시 건전상의 전위는 $\sqrt{3}$ 배 상승한다.

2. 비접지 선로의 지락전류

비접지식 선로의 지락전류는 전압보다 90° 빠른 진상전류이며, 지락전류가 매우 작기 때문에 그대로 송전이 가능하다.

$$I_g = j3\omega C_s E = j\sqrt{3}\,\omega C_s V\,[\text{A}]$$

| CHECK POINT |　난이도 ★★☆☆☆　　　　　　　　1차　2차　3차

중성점 직접접지방식에 대한 설명 중 틀린 것은?
　① 애자 및 기기의 절연수준 저감이 가능하다.
　② 변압기 및 부속설비의 중량과 가격을 저하시킬 수 있다.
　③ 1상 지락사고시 지락전류가 작으므로 보호계전기 동작이 확실하다.
　④ 지락전류가 저역률 대전류이므로 과도안정도가 나쁘다.

　상세해설

　중성점 직접접지 계통에서는 1선 지락시 지락전류가 커서 지락(접지)계전기의 동작을 확실하다. 반면에, 소호리액터접지방식은 지락전류가 작아 보호계전기의 동작이 불확실하다.

답　③

6 유도장해

1. 전자유도장해

1선 지락시 지락전류에 의해 전력선과 통신선 사이에 상호 인덕턴스 M에 의해 통신선에 전압이 유기된다.

$$E_m = j\omega M\ell(I_a + I_b + I_c) = j\omega M\ell \times 3I_0$$

$3I_0 = 3 \times$ 영상 전류 : 지락전류=기유도 전류, ℓ : 전력선과 통신선의 병행길이

2. 정전유도장해

송전선로의 영상 전압과 통신선과의 상호 정전용량으로 통신선에 유도되는 전압을 정전유도전압이라 하며, 정상시에 통신장해를 일으켜 문제가 된다.

1) 전력선을 3선 일괄한 경우

[대지정전용량과 상호정전용량]

$$E_s = \frac{C_{ab}}{C_{ab} + C_b} \times E \,[\text{V}]$$

2) 전력선 각상과 통신선의 유도장해

[각 상의 정전용량과 대지정전용량]

$$E_s = \frac{\sqrt{C_a(C_a - C_b) + C_b(C_b - C_c) + C_c(C_c - C_a)}}{C_a + C_b + C_c + C_s} \times \frac{V}{\sqrt{3}}$$

> **참고** 대지정전용량의 불평형으로 인하여 중성점의 전위가 0이 아닌 값을 갖게 된다. 이 때 나타나는 전위를 중성점 잔류전압 E_n이라 한다.
>
>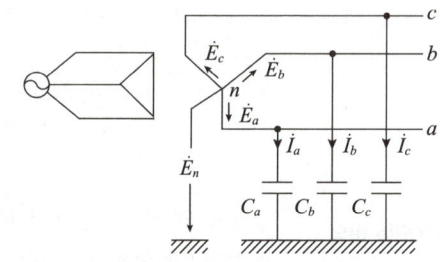
>
> $$E_n = \frac{\sqrt{C_a(C_a - C_b) + C_b(C_b - C_c) + C_c(C_c - C_a)}}{C_a + C_b + C_c} \times \frac{V}{\sqrt{3}}$$

| CHECK POINT | 　난이도 ★★☆☆☆　　　　　　　　　1차 2차 3차

전력선과 통신선간의 상호정전용량 및 상호인덕턴스에 의해 발생하는 유도장해로 옳은 것은?

① 정전유도장해 및 전자유도장해　　② 전력유도장해 및 정전유도장해
③ 정전유도장해 및 고조파유도장해　④ 전자유도장해 및 고조파유도장해

상세해설

- 정전유도장해 : 전력선과 통신선 사이의 선간정전용량과 통신선과 대지 사이의 대지정전용량에 의해서 통신선에 전압이 유기되는 현상을 말한다.
- 전자유도장해 : 지락사고시 지락전류와 영상전류에 의해서 자기장이 형성되고 전력선과 통신선 사이에 상호인덕턴스에 의하여 통신선에 전압이 유기되는 현상을 말한다.

답 ①

핵심 포인트

유도장해 경감대책
① 전력선측의 대책
- 전력선을 통신선으로부터 멀리 떨어져서 건설
- 전력선과 통신선을 수직 교차
- 연가를 충분히 하여 중성점의 잔류전압 경감
- 고속도차단기를 설치하여 고장전류를 신속히 제거
- 차폐선을 설치
  (가공지선 : 30 ~ 50% 경감)
② 통신선측의 대책
- 연피 통신케이블 사용
- 배류코일이나 중계코일을 등으로 통신선을 접지
- 통신선에 우수한 피뢰기를 설치

영상 학습 QR

- QR 코드를 찍으시면, 가장 중요한 우선순위 문제풀이 영상을 보실 수 있습니다.
- 우선순위 논점은 전기(산업)기사 시험에서 가장 출제 빈도가 높은 문제로써, 수험생분들께서는 각 파트별 우선순위 문제의 논점과 키워드를 학습하시기를 바랍니다.
- 체크 리스트를 작성하시면서 문제의 유형과 학습의 완성도를 스스로 체크 해 보시기를 바랍니다.
- "선생님의 콕콕 포인트"는 틀리기 쉬운 문제의 함정과 문제의 포인트를 집어드립니다. 우선순위 문제풀이의 포인트를 꼭 참고하고 응용문제의 해결능력을 길러 줍니다.

번호	우선순위 논점	KEY WORD	나의 정답 확인				선생님의 콕콕 포인트
			맞음	틀림(오답확인)			
				이해 부족	암기 부족	착오 실수	
1	중성점 직접접지	절연레벨, 단절연, 저감절연					중성점 직접접지방식의 장점과 단점을 구분하여 학습할 것
6	소호리액터 용량	대지정전용량, 소호리액터 용량					소호리액터의 용량을 계산하는 방식과 3선 일괄 대지충전용량을 계산하는 방식이 같음을 숙지하고, 공식의 변형에 유의하여 문제를 풀 것
12	비접지 방식	델타결선, V결선, 출력비, 이용률					V결선의 출력을 계산할 때 변압기 용량은 단상변압기 1대의 용량임
16	접지방식의 비교	직접접지, 고저항 접지, 저저항 접지, 비접지, 소호리액터 접지					접지방식의 종류에 따른 특징에 대한 문제로서 종합적인 이해력을 묻는 문제로서 충분히 각각의 접지방식을 숙지한 후 이러한 문제를 풀 것
20	전자유도장해	영상전류, 상호인덕턴스, 병행길이					전자유도장해와 정전유도장해의 차이점을 비교하고 차이점을 숙지할 것

★★☆☆☆

01 직접 접지방식이 초고압 송전선로에 채용되는 이유로 가장 타당한 것은?

① 계통의 절연 레벨을 저감하게 할 수 있으므로
② 지락시의 지락전류가 적으므로
③ 지락고장시 병행 통신선에 유기되는 유도전압이 작기 때문에
④ 송전선의 안정도가 높으므로

🔍 **해설**

중성점 직접접지
직접접지방식은 다른 접지방식과는 다르게 지락 사고시에 건전상의 전위 상승이 가장 낮으므로 단절연(graded insulation) 또는 저감절연(reduced insulation)을 할 수 있는 이점이 있다.

★★☆☆☆

02 중성점 직접 접지방식에 대한 설명으로 옳지 않은 것은?

① 1선 지락시 건전상의 전압은 거의 상승하지 않는다.
② 변압기의 단절연(段絶緣)이 가능하다.
③ 개폐 서지의 값을 저감시킬 수 있으므로 피뢰기의 책무를 경감시키고 그 효과를 증대시킬 수 있다.
④ 1선 지락전류가 적어 차단기가 처리해야 할 전류가 적다.

🔍 **해설**

중성점 직접접지
직접 접지방식은 사고시 1선 지락전류가 가장 크므로 차단기가 처리해야 할 전류가 크다.

★☆☆☆☆

03 소호리액터를 송전계통에 사용하면 리액터의 인덕턴스와 선로의 정전용량이 어떤 상태로 되어 지락전류를 소멸시키는가?

① 병렬공진　　　　② 직렬공진
③ 고임피던스　　　④ 저임피던스

[**정답**] 01 ①　02 ④　03 ①

🔍 해설

소호리액터 접지

송전선에 접속되는 변압기의 중성점에 리액터를 설치하는 방식이다. 대지정전용량 C_s과 소호리액터 X_L가 병렬공진이 되면 지락전류의 소멸 및 아크가 소호된다.

★★★☆☆

04 한 상의 대지 정전 용량 $0.4\,[\mu\mathrm{F}]$, 주파수 $60\,[\mathrm{Hz}]$인 3상 송전선이 있다. 이 선로에 소호 리액터를 설치하려 한다. 소호 리액터의 공진 리액턴스는 약 몇 $[\Omega]$인가?

① $565\,[\Omega]$ ② $1370\,[\Omega]$
③ $1770\,[\Omega]$ ④ $2210\,[\Omega]$

🔍 해설

소호리액터 접지

$$\omega L = \frac{1}{3\omega C} = \frac{1}{3 \times 2\pi \times 60 \times 0.4 \times 10^{-6}} = 2210\,[\Omega]$$

💬 참고

소호 리액터 접지방식의 특징

- 1선 지락시 지속적인 송전가능
- 과도안정도가 좋음
- 보호계전기 동작이 불확실

★★★☆☆

05 1상의 대지정전용량 $C\,[\mathrm{F}]$, 주파수 $f\,[\mathrm{Hz}]$인 3상 송전선의 소호리액터 공진탭의 리액턴스는 몇 $[\Omega]$인가? (단, 소호리액터를 접속시키는 변압기의 리액턴스는 $X_t\,[\Omega]$이다.)

① $\dfrac{1}{3\omega C} + \dfrac{X_t}{3}\,[\Omega]$ ② $\dfrac{1}{3\omega C} - \dfrac{X_t}{3}\,[\Omega]$
③ $\dfrac{1}{3\omega C} + 3X_t\,[\Omega]$ ④ $\dfrac{1}{3\omega C} - 3X_t\,[\Omega]$

🔍 해설

소호리액터의 크기

- 소호리액터의 리액턴스 $X_L = \dfrac{1}{3\omega C_s} - \dfrac{X_t}{3}$
- 소호리액터의 인덕턴스 $L = \dfrac{1}{3\omega^2 C_s} - \dfrac{X_t}{3\omega}$

★★★★☆

06 선간전압이 $V\,[\mathrm{kV}]$이고, 1상의 대지정전용량이 $C\,[\mu\mathrm{F}]$, 주파수가 $f\,[\mathrm{Hz}]$인 3상 3선식 1회선 송전선의 소호리액터 접지방식에서 소호리액터의 용량은 몇 $[\mathrm{kVA}]$인가?

① $6\pi f C V^2 \times 10^{-3}\,[\mathrm{kVA}]$
② $3\pi f C V^2 \times 10^{-3}\,[\mathrm{kVA}]$
③ $2\pi f C V^2 \times 10^{-3}\,[\mathrm{kVA}]$
④ $\sqrt{3}\,\pi f C V^2 \times 10^{-3}\,[\mathrm{kVA}]$

🔍 해설

소호리액터의 용량

$$Q_L = 3\omega C E^2 \times 10^{-3} = 3\omega C \left(\frac{V}{\sqrt{3}}\right)^2 \times 10^{-3}$$
$$= \omega C V^2 \times 10^{-3} = 2\pi f C V^2 \times 10^{-3}\,[\mathrm{kVA}]$$

★★★★☆

07 선로의 길이가 $50\,[\mathrm{km}]$인 $66\,[\mathrm{kV}]$ 3상 3선식 1회선 송전선의 1선당 대지정전용량은 $0.0058\,[\mu\mathrm{F/km}]$이다. 여기에 시설할 소호리액터의 용량은 몇 $[\mathrm{kVA}]$인가? (단, 소호리액터의 용량은 $10\,[\%]$의 여유를 주도록 한다.)

① $386\,[\mathrm{kVA}]$ ② $435\,[\mathrm{kVA}]$
③ $524\,[\mathrm{kVA}]$ ④ $712\,[\mathrm{kVA}]$

🔍 해설

소호리액터의 용량

$$Q_L = 3 \times 2\pi \times 60 \times 0.0058 \times 10^{-6} \times 50 \times \left(\frac{66000}{\sqrt{3}}\right)^2 \times 1.1 \times 10^{-3}$$
$$= 524\,[\mathrm{kVA}]$$

★★★☆☆

08 소호리액터 접지에 대한 설명으로 틀린 것은?

① 지락전류가 작다.
② 과도안정도가 높다.
③ 전자유도장애가 경감된다.
④ 선택지락계전기의 작동이 쉽다.

🔍 해설

소호리액터 접지

소호리액터 접지방식의 경우 1선 지락사고시 지락전류가 작기 때문에 보호계전기의 동작이 불확실 하다.

[정답] 04 ④ 05 ② 06 ③ 07 ③ 08 ④

★★☆☆☆

09 중성점 비접지방식을 이용하는 것이 적당한 것은?

① 고전압 장거리   ② 고전압 단거리

③ 저전압 장거리   ④ 저전압 단거리

🔍 **해설**

비접지 방식

비접지 방식은 변압기의 결선을 △−△로 할 수 있어 변압기 1대 고장시 V−V결선으로 송전이 가능하다. 저전압(20~30kV)·단거리 선로에 적용된다. 1선 지락시 건전상의 전위는 $\sqrt{3}$ 배 상승한다.

★☆☆☆☆

10 다음 중 중성점 비접지방식에서 가장 많이 사용되는 변압기의 결선 방법은?

① △−Y ② △−△

③ Y−V   ④ Y−Y

🔍 **해설**

비접지 방식

△−△ 결선은 중성점 비접지방식에서 가장 많이 사용되는 변압기의 결선 방법이다.

★★☆☆☆

11 3300 [V], △ 결선 비접지 배전선로에서 1선이 지락하면 전선로의 대지전압은 몇 [V]까지 상승하는가?

① 4125 [V]   ② 4950 [V]

③ 5715 [V]   ④ 6600 [V]

🔍 **해설**

비접지 방식

비접지 계통에서 1선 지락시 건전상의 전위상승은 상전압의 $\sqrt{3}$ 배가 증가한다.

그러므로 ∴ $\sqrt{3} \times 3300 ≒ 5715$[V]이다.

★☆☆☆☆

12 400 [kVA] 단상변압기 3대를 △-△ 결선으로 사용하다가 1대의 고장으로 V-V 결선을 하여 사용하면 약 몇 [kVA] 부하까지 걸 수 있겠는가?

① 400 [kVA]   ② 566 [kVA]

③ 693 [kVA]   ④ 800 [kVA]

🔍 **해설**

비접지 방식

$P_V = \sqrt{3}\, P_1 = \sqrt{3} \times 400 = 693$[kVA]

★★★☆☆

13 비접지식 3상 송배전 계통에서 선로정수 중 1선 지락 고장시 고장 전류를 계산하는 데 사용되는 정전 용량은?

① 작용 정전용량   ② 대지 정전용량

③ 합성 정전용량   ④ 선간 정전용량

🔍 **해설**

비접지 방식

지락전류 $I_g = \sqrt{3}\omega C_s V$ [A]이며, 여기서 C_s는 대지 정전용량이다.

★★★☆☆

14 선간전압 V [V], 1선의 대지정전용량 C [μF]의 비접지식 3상 1회선 송전선로에 1선 지락사고가 발생하였을 때의 지락전류 [A]는?

① $j\omega C V \times 10^{-6}$ [A]   ② $j3\omega C V \times 10^{-6}$ [A]

③ $j\omega C \sqrt{3}\, V \times 10^{-6}$ [A]   ④ $j\omega C \dfrac{V}{\sqrt{3}} \times 10^{-6}$ [A]

🔍 **해설**

비접지 방식

지락전류 $I_g = \sqrt{3}\omega C_s V$ [A]이며, 여기서 C_s는 대지 정전용량이다.

★★★★☆

15 6.6 [kV], 60 [Hz] 3상 3선식 비접지식에서 선로의 길이가 10 [km]이고 1선의 대지 정전 용량이 0.005 [μF/km]일 때 1선 지락시의 고장전류 I_g [A]의 범위로 옳은 것은?

① $I_g < 1$ ② $1 \le I_g < 2$

③ $2 \le I_g < 3$ ④ $3 \le I_g < 4$

[정답] 09 ④ 10 ② 11 ③ 12 ③ 13 ② 14 ③ 15 ①

해설

비접지 방식

지락전류 $I_g = \sqrt{3}\omega C_s V \,[\text{A}]$

$I_g = \sqrt{3} \times 2\pi \times 60 \times 0.005 \times 10^{-6} \times 10 \times 6600 \fallingdotseq 0.215\,[\text{A}]$

★★★★★

16 송전계통의 접지에 대한 설명으로 옳은 것은?

① 소호 리액터 접지방식은 선로의 정전용량과 직렬공진을 이용한 것으로 지락전류가 타 방식에 비해 좀 큰 편이다.

② 고저항 접지방식은 이중고장을 발생시킬 확률이 거의 없으나, 비접지식보다는 많은 편이다.

③ 직접 접지방식을 채용하는 경우 이상전압이 낮기 때문에 변압기 선정시 단절연이 가능하다.

④ 비접지방식을 택하는 경우, 지락전류의 차단이 용이하고 장거리 송전을 할 경우 이중고장의 발생을 예방하기 좋다.

해설

중성점 접지방식의 비교

구 분	건전상 전위상승	지락전류
직접 접지	1.3배 이하(최저)	$I_g = 3I_o$(최대)
소호 리액터 접지	$\sqrt{3}$ 배 이상(최대)	$I_g = 0$(최저)
비접지방식	$\sqrt{3}$ 배	$0 \le I_g \le 1$

★★★☆☆

17 중성점 저항접지방식에서 1선 지락시의 영상전류를 I_o라고 할 때 저항을 통하는 전류는 어떻게 표현되는가?

① $\frac{1}{3}I_o$

② $\sqrt{3}I_o$

③ $3I_o$

④ $6I_o$

해설

중성점 저항접지

1선 지락 사고시 저항을 통하는 전류는 영상전류의 3배이다.

★★★★☆

18 중성점이 직접 접지된 6600 [V] 3상 발전기의 1단자가 접지되었을 경우 예상되는 지락전류의 크기는 약 몇 [A]인가? (단, 발전기의 임피던스는 $Z_0 = 0.2 + j0.6\,[\Omega]$, $Z_1 = 0.1 + j4.5\,[\Omega]$, $Z_2 = 0.5 + j1.4\,[\Omega]$이다.)

① 1578 [A]　　　　② 1678 [A]

③ 1745 [A]　　　　④ 3023 [A]

해설

중성점 직접접지

지락전류는 영상전류의 3배의 크기이다.

$$I_g = 3I_0 = 3 \times \frac{E}{Z_0 + Z_1 + Z_2}$$

$$= 3 \times \frac{6600/\sqrt{3}}{0.2 + j0.6 + 0.1 + j4.5 + 0.5 + j1.4} \fallingdotseq 1745$$

★☆☆☆☆

19 평형 3상 송전선에서 보통의 운전 상태인 경우 중성점 전위는 항상 얼마인가?

① 0　　　　　　　② 1

③ 송전전압과 같다.　④ ∞(무한대)

해설

중성점 잔류전압

정상시 중성점의 전위는 0[V]이다.

★☆☆☆☆

20 전력선에 영상전류가 흐를 때 통신선로에 발생되는 유도장해는?

① 고조파유도장해　② 전력유도장해

③ 정전유도장해　　④ 전자유도장해

해설

유도장해

영상전류가 흐를 시에 발생하는 유도 장해는 전자 유도장해이며, 전자유도전압은 다음과 같다.

$E_m = \omega M \ell (I_a + I_b + I_c) = \omega M \ell (3I_0)$

여기서, I_0 : 영상전류, M : 상호인덕턴스,

I_a, I_b, I_c : 각선에 흐르는 전류, ℓ : 전력선과 통신선이 병행한 길이

[**정답**]　16 ③　17 ③　18 ③　19 ①　20 ④

★★★☆☆

21 통신선과 평행된 주파수 60[Hz]의 3상 1회선 송전선에서 1선 지락으로 영상전류가 100[A] 흐르고 있을 때 통신선에 유기되는 전자유도전압은 약 몇 [V]인가?
(단, 영상전류는 송전선 전체에 걸쳐 같으며, 통신선과 송전선의 상호 인덕턴스는 0.05[mH/km]이고, 양 선로의 병행 길이는 50[km]이다.)

① 94[V]　　　　② 163[V]

③ 242[V]　　　　④ 283[V]

🔍 **해설**

유도장해

$E_m = \omega M \ell (3I_0)$
$\quad = 2\pi \times 60 \times 0.05 \times 10^{-3} \times 50 \times 3 \times 100$
$\quad \fallingdotseq 283[V]$

★★☆☆☆

22 전력선 a의 충전 전압을 E, 통신선 b의 대지 정전용량을 C_b, ab 사이의 상호정전용량을 C_{ab}라고 하면 통신선 b의 정전 유도 전압 E_s는?

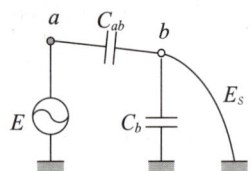

① $\dfrac{C_{ab} + C_b}{C_{ab}} E$　　② $\dfrac{C_{ab} + C_b}{C_b} E$

③ $\dfrac{C_b}{C_{ab} + C_b} E$　　④ $\dfrac{C_{ab}}{C_{ab} + C_b} E$

🔍 **해설**

유도장해

$E_s = \dfrac{C_{ab}}{C_{ab} + C_b} E [V]$

★★☆☆☆

23 송전선의 통신선에 대한 유도 장해 방지 대책이 아닌 것은?

① 전력선과 통신선과의 상호 인덕턴스를 크게 한다.

② 전력선의 연가를 충분히 한다.

③ 고장 발생시의 지락 전류를 억제하고 고장 구간을 빨리 차단한다.

④ 차폐선을 설치한다.

🔍 **해설**

유도장해 경감대책
상호인덕턴스를 작게 하여 통신선의 유도전압을 경감시킨다. 상호 인덕턴스를 작게 하기 위해 전력선과 통신선의 이격거리를 증대시킨다.

[**정답**] 21 ④　22 ④　23 ①

electrical engineer

이상전압과 안정도

콕콕 포인트

🔽 **핵심 포인트**

페란티현상

계통의 정전용량이 커져 발생하는 것으로서 송전단의 전압보다 수전단의 전압이 상승하는 것을 의미한다. 페란티 현상을 방지하기 위하여 분로리액터를 설치한다.

▶ **전기 용어해설**

개폐 서지

송전선로의 개폐 조작에 따른 과도현상 때문에 발생하는 이상전압이다. 일반적으로 회로를 투입할 때보다도 개방하는 경우, 부하가 있는 회로를 개방하는 것보다 무부하의 회로를 개방할 때가 더 높은 이상전압이 발생된다. 그러므로 이상전압이 가장 큰 경우는 무부하 송전선로의 충전전류를 차단하는 경우이며, 송전선 대지전압의 최고 4배 정도다. 한편, 재점호가 일어나기 쉬운 전류는 진상전류이다.

1 이상전압의 분류

구분	원인	종류	대책	결과
내부	충전전류 진상전류	개폐 서지	개폐 저항기	이상전압 저감
		지락시 전위상승	중성점 접지	이상전압 저감
		페란티 현상	분로 리액터	전압상승 방지
		중성점 잔류전압	연가	선로정수 평형
외부	뢰	직격뢰·유도뢰	가공지선	직격뢰·유도뢰차폐

2 가공지선과 매설지선

1. 가공지선 : 철탑상부에 설치

직격뢰 차폐, 유도뢰 차폐, 통신선의 유도장해를 경감을 목적으로 하며, 차폐각은 작을수록 보호율이 높고 건설비가 비싸다. 또한, 가공지선을 2회선으로 하면 차폐각이 작아져서 보호율이 상승한다.

2. 매설지선 : 철탑 다리에 설치

철탑의 탑각 접지저항이 크면 낙뢰시 철탑의 전위가 상승하여 철탑으로부터 송전선으로 뇌 전류가 흘러 역섬락이 발생한다. 이를 방지하기 위해 매설지선을 설치한다. 매설지선을 설치할 경우 탑각의 접지저항이 감소되어 역섬락을 방지할 수 있다.

electrical engineer · electrical engineer · electrical engineer · electrical engineer · electrical engineer · electrical engineer · electrical engineer · electrical engineer

 콕콕 포인트

3 충격파형

- 충격파형 : 극히 짧은 시간에 파고값에 달하고 소멸하는 파형
- 표준 충격전압 파형 : $1.2 \times 50\,[\mu s]$
- 파두장 T_f : 규약영점부터 시작된 직선이 A를 통과하는 수평선과 만나는 시간
- 파미장 T_t : 규약영점부터 파미부분에서 파고값의 반으로 내려가는 시간

4 반사파전압 · 투과파전압

- 반사계수 β

  반사파전압 $e_2 = \beta e_1 = \left(\dfrac{Z_2 - Z_1}{Z_2 + Z_1}\right) e_1$

- 투과계수 γ

  투과파전압 $e_3 = r e_1 = \left(\dfrac{2Z_2}{Z_2 + Z_1}\right) e_1$

- 무반사 조건 : $Z_1 = Z_2$

5 피뢰기[LA]와 서지흡수기[SA]

1. 피뢰기의 역할

이상 전압을 대지에 방전하여 기기의 단자 전압을 내전압 이하로 저감하여 기기의 절연 파괴를 방지하기 위해 사용한다. 즉, 피뢰기[LA]는 이상전압 내습시 뇌전류를 방전하고 속류를 차단한다.

2. 피뢰기의 구조

- 직렬갭 : 누설전류가 특성요소에 흐르는 것을 방지하고 충격파가 내습하면 즉시 방전을 개시한다. 동작 후에는 그 속류를 차단한다.
- 특성요소 : 피뢰기가 뇌전류를 방전할 때 자신의 전위상승을 억제한다.

FAQ

속류를 왜 차단해야 하는 거에요?

 답

▶ 피뢰기가 뇌전류를 방전시킨 후에 정상적인 전류가 피뢰기를 통해 흐를 때 이 전류를 속류 또는 기류라고 합니다.
만약에 속류가 차단되지 않는다면 이상전압이 없어져서 단자전압이 일정 값 이하가 되더라도 전력계통이 정상화되지 않게 되는 것입니다.

콕콕 포인트

electrical engineer · electrical engineer · electrical engineer · electrical engineer · electrical engineer · electrical engineer · electrical engineer · electrical

3. 피뢰기의 구비조건

- 제한전압은 낮고 방전내량은 클 것
- 충격 방전개시전압이 낮을 것
- 속류 차단 능력이 클 것
- 상용주파 방전개시 전압이 높을 것

4. 서지흡수기 [SA]

진공차단기(VCB)의 개폐서지 등의 내부 이상전압에 대한 방호설비

▶ 전기 용어해설

- **피뢰기의 정격전압**
  속류를 차단하는 상용주파수 최고의 교류전압
- **피뢰기의 제한전압**
  충격파 전류가 흐를때 피뢰기 단자 전압의 파고치
- **충격방전개시전압**
  피뢰기 단자에 충격파 인가시 방전을 개시하는 전압

6 절연협조와 기준충격절연강도 [BIL]

1. 절연협조

계통 내 기기, 기구 및 애자 등의 상호간에 적정한 절연강도를 지니게 하여 계통 설계 시 경제적, 합리적으로 할 수 있게 하는 것을 말한다.

2. 기준충격절연강도(Basic impulse Insulation Level)

전력기기의 각 절연계급에 대응해서 절연강도를 지정할 때 기준이 되는 것으로 피뢰기 제한전압보다 높은 전압을 BIL로 정한다. 이것을 통해 전력기기, 공작물의 절연설계 표준화 및 계통의 절연의 구성을 통일시킬 수 있다.

> 선로애자 > 차단기 > 변압기 > 피뢰기

Q 포인트 O·X 퀴즈

서지흡수기는 내부이상전압에 대한 방호대책이다.

정답(O)

| CHECK POINT | 난이도 ★★☆☆☆   1차 2차 3차

이상전압의 파고치를 저감시켜 기기를 보호하기 위하여 설치하는 것은?

① 리액터   ② 아마 로드(Armour rod)
③ 피뢰기   ④ 아킹 혼(Arcing horn)

상세해설

피뢰기는 이상 전압을 대지에 방전하여 기기의 단자 전압을 내전압 이하로 저감하여 기기의 절연 파괴를 방지하기 위해 사용한다.

답 ③

electrical engineer · electrical engineer · electrical engineer · electrical engineer · electrical engineer · electrical engineer · electrical engineer · electrical engineer · electrical engineer

콕콕 포인트

7 안정도

1. 안정도의 정의

안정도란 주어진 운전조건에서 안정하게 운전을 계속할 수 있는 능력을 말한다. 안정도의 종류에는 크게 정태, 동태, 과도 안정도가 있다.

2. 안정도의 종류

1) 정태안정도 : 정상상태에서 서서히 부하를 증가시켰을 경우 운전능력
2) 동태안정도 : AVR 등이 갖는 제어효과까지 고려했을 경우 운전능력
3) 과도안정도 : 선로의 사고, 발전기 탈락 등의 큰 외란에 대한 운전능력

3. 안정도 향상대책

1) 직렬 리액턴스의 감소

- 선로의 병행 회선을 증가, 복도체 사용
- 직렬 콘덴서를 설치하여 유도성 리액턴스 보상
- 발전기나 변압기의 리액턴스 감소, 발전기의 단락비 증가

2) 전압 변동의 억제

- 계통의 연계
- 속응 여자방식 채용
- 중간 조상방식 채용

3) 계통에 주는 충격을 경감

- 고속도 재폐로방식 채용
- 고속 차단방식 채용
- 적당한 중성점 접지방식을 채용

8 조상설비

1. 조상설비의 정의

조상설비란 진상 또는 지상성분의 무효전력을 조정하여 전압조정 및 전력손실의 경감을 도모하기 위한 설비로서, 동기조상기, 콘덴서, 리액터, SVC 등이 있다.

◎ 이해력 높이기

복도체를 사용할 경우 인덕턴스가 감소되어 유도성 리액턴스가 감소한다.

◎ 이해력 높이기

발전기의 단락비가 크다는 것은 동기 임피던스가 작다는 것을 의미하여, 발전기의 리액턴스가 작다는 의미이다. 즉, 안정도 향상을 위해서는 단락비가 커야한다.

FAQ

속응여자방식이 뭐에요?

답

▶ 쉽게 말해 발전기의 전압조정 속도를 크게 높이는 방식을 말합니다. 속응 여자는 고장시 여자계의 응답을 빠르게 하고, 사고시에 단자전압이 저하되는 것을 고려하여 여자 정상전압을 크게 합니다. 여자 정상전압을 높였을 경우 고장발생시 발전기 내부 유기기전력을 증가시켜 출력을 증가시킵니다.

2. 조상설비의 특성

구 분	동기조상기	콘덴서	리액터
무효전력	진상 및 지상	진상	지상
조정의 형태	연속	불연속	불연속
보수	곤란	용이	용이
손실	대	소	소
시충전	가능	불가능	불가능

3. 병렬콘덴서와 부속설비

1) 전력용 콘덴서[SC]

① 병렬콘덴서 : 역률개선

② 직렬콘덴서 : 전압강하 보상

2) 전력용 콘덴서의 부속설비

① 직렬리액터[SR] : 제 5고조파를 제거하여 파형개선

　• 직렬리액터의 용량 : 콘덴서 용량의 4%[이론] ~ 6%[실무] 리액터를 삽입

　• 직렬리액터 용량 근거식 : $2\pi \times 5f_0 L = \dfrac{1}{2\pi \times 5f_0 C}$

② 방전코일[DC] : 잔류전하를 방전시켜 감전사고 방지

● 이해력 높이기

제 3고조파 전압은 변압기의 △ 결선에 의해 제거하고 제 5고조파는 직렬리액터로 제거한다.

● 핵심 포인트

• 분로 리액터 : 페란티 현상 방지
• 직렬 리액터 : 5고조파 제거
• 한류 리액터 : 단락전류 제한
• 소호 리액터 : 아크소멸

9 직류송전방식

1. 직류송전방식의 장점

• 안정도가 좋다.
• 역률이 항상 1이다.
• 유효전력만 존재한다.
• 송전효율이 높다.
• 절연계급을 낮출 수 있다.
• 비동기 연계가 가능하다.

2. 직류송전방식의 단점

• 승압 및 강압이 어렵다.
• 회전자계를 얻기 어렵다.
• 전류차단이 어렵다.
• 차단기를 만들기 어렵다.

engineer · electrical engineer · electrical engineer · electrical engineer · electrical engineer · electrical engineer · electrical engineer · electrical engineer

콕콕 포인트

참고

- 고속도 재폐로

  송전선로 사고시 계통에서의 사고 대부분은 애자의 섬락에 의해 발생하는 1선 지락사고이다. 이러한 사고 발생시 고장 구간을 차단기로 차단해서 무전압으로 하면 바로 그 원인이 소멸된다. 사고원인이 없어진 다음 다시 차단기를 투입해서 송전을 계속할 수 있어 안정도가 향상된다.

- 중간 조상방식

  선로의 송·수전 양단의 중간 위치에 동기조상기를 설치하고, 이 점의 전압을 올려서 일정하게 유지함으로써 안정극한전력을 증가시킬 수 있다.

- 정전압·정주파수(Constant Voltage Constant Frequency)

  전력계통의 안정적인 운전을 위해 정전압(Constant voltage)·정주파수(Constant frequency)를 유지하여야 한다. 전압을 조정하기 위해 일반적으로 무효전력 조정하며, 전력용 콘덴서와 전력용 분로리액터 등을 사용한다. 또한, 전력계통의 주파수 변동은 주로 유효전력의 변동 때문에 발생한다. 이를 보상하기 위해 발전출력(유효전력 : [kW])을 조정한다.

- 154[kV] 송전계통 절연협조

CHECK POINT

난이도 ★★☆☆☆   [1차] [2차] [3차]

직류 송전방식이 교류 송전방식에 비하여 유리한 점을 설명한 것으로 옳지 않은 것은?

① 표피 효과에 의한 송전손실이 없다.
② 통신선에 대한 유도잡음이 적다.
③ 선로의 절연이 쉽다.
④ 정류가 필요 없고, 승압 및 강압이 쉽다.

상세해설

직류송전방식 장점	교류송전방식 장점
· 계통의 절연계급을 낮출 수 있다. · 무효전력 및 표피 효과가 없다. · 송전효율과 안정도가 좋다. · 비동기 연계가 가능하다.	· 승압 및 강압이 용이하다. · 회전자계를 쉽게 얻을 수 있다. · 대부분 교류송전이므로 일관된 운용을 할 수 있다.

답 ④

- QR 코드를 찍으시면, 가장 중요한 우선순위 문제풀이 영상을 보실 수 있습니다.
- 우선순위 논점은 전기(산업)기사 시험에서 가장 출제 빈도가 높은 문제로써, 수험생분들께서는 각 파트별 우선순위 문제의 논점과 키워드를 학습하시기를 바랍니다.
- 체크 리스트를 작성하시면서 문제의 유형과 학습의 완성도를 스스로 체크 해 보시기를 바랍니다.
- "선생님의 콕콕 포인트"는 틀리기 쉬운 문제의 함정과 문제의 포인트를 집어드립니다. 우선순위 문제풀이의 포인트를 꼭 참고하고 응용문제의 해결능력을 길러 줍니다.

번호	우선순위 논점	KEY WORD	나의 정답 확인				선생님의 콕콕 포인트
			맞음	틀림(오답확인)			
				이해 부족	암기 부족	착오 실수	
3	내부이상전압	페란티현상, 수전단전압상승, 리액터					전압강하와 대조적인 현상으로 각각을 비교할 것
6	가공지선	철탑각, 접지저항, 보호각, 차폐각					철탑각과 차폐각은 다른 용어이며, 매설지선과 혼동하지 말 것
13	피뢰기 제한전압	피뢰기 단자전압, 절연협조					피뢰기의 제한전압과 정격전압은 피뢰기 용어에서 출제빈도가 높은 논점이며, 두 개의 정의를 각각 이해하고 다름을 설명할 수 있도록 학습할 것
23	조상설비의 종류	콘덴서, 진상, 불연속, 전력손실					조상설비의 종류, 그에 따른 특징을 묻는 문제로서 동기조상기와 비교할 것
32	리액터의 종류	병렬리액터, 직렬리액터, 한류리액터					리액터의 종류별 그 목적에 대해 구분해서 숙지할 것

★☆☆☆☆
01 송배전 계통에 발생하는 이상전압의 내부적 원인이 아닌 것은?

① 선로의 개폐
② 직격뢰
③ 아크 접지
④ 선로의 이상 상태

 해설

이상전압의 분류
직격뢰와 유도뢰는 외부 이상전압이다.

★☆☆☆☆
02 차단기의 개폐에 의한 이상전압은 대부분 송전선 대지전압의 몇 배 정도가 최고인가?

① 2 배
② 4 배
③ 8 배
④ 10 배

해설

이상전압의 분류
이상전압이 가장 큰 경우는 무부하 송전선로의 충전전류를 차단하는 경우이며, 송전선 대지전압의 최고 4배 정도다.

★★★★☆
03 송전선로의 페란티 효과에 관한 설명으로 옳지 않은 것은?

① 송전선로에 충전전류가 흐르면 수전단 전압이 송전단 전압보다 높아지는 현상을 말한다.
② 페란티 효과를 방지하기 위하여 선로에 분로리액터를 설치한다.
③ 장거리 송전선로에서 정전용량으로 인하여 발생한다.
④ 페란티 현상을 방지하기 위해서는 진상 무효전력을 공급하여야 한다.

해설

이상전압의 분류
페란티 현상을 방지하기 위해서는 정전용량을 감소시키기 위하여 지상 무효전력을 공급하여 페란티 현상을 방지한다. 지상무효전력의 공급은 동기발전기를 부족여자 운전하거나 수전단에 분로 리액터 설치한다.

[정답] 01 ② 02 ② 03 ④

★★☆☆☆

04 송전선로에서 가공지선을 설치하는 목적이 아닌 것은?

① 뇌(雷)의 직격을 받을 경우 송전선 보호
② 유도에 의한 송전선의 고 전위 방지
③ 통신선에 대한 차폐 효과 증진
④ 철탑의 접지저항 경감

🔍 해설

가공지선

철탑의 접지저항을 경감시켜 역섬락을 방지하는 것은 매설지선의 목적이다.

★★☆☆☆

05 가공지선에 대한 설명 중 틀린 것은?

① 직격뢰에 대하여 특히 유효하며 탑 상부에 시설하므로 뇌는 주로 가공지선에 내습한다.
② 가공지선 때문에 송전선로의 대지 정전용량이 감소하므로 대지사이에 방전할 때 유도전압이 특히 커서 차폐 효과가 좋다.
③ 송전선의 지락시 지락전류의 일부가 가공지선에 흘러 차폐작용을 하므로 전자 유도장해를 적게 할 수도 있다.
④ 유도뢰 서지에 대하여도 그 가설구간 전체에 사고방지의 효과가 있다.

🔍 해설

가공지선

대지 정전용량의 감소와 가공지선은 서로 무관하다.

★★★☆☆

06 가공 송전선로에서 이상전압의 내습에 대한 대책으로 틀린 것은?

① 철탑의 탑각 접지저항을 작게 한다.
② 기기 보호용으로서의 피뢰기를 설치한다.
③ 가공지선을 철탑 상부에 설치한다.
④ 가공지선의 차폐각을 크게 한다.

🔍 해설

가공지선

철탑에서 차폐각을 45° 이내로, 이때 보호율은 97 [%]정도이다. 차폐각이 작을수록 보호율이 높아진다.

★★☆☆☆

07 접지봉으로 탑각의 접지저항값을 희망하는 접지저항값까지 줄일 수 없을 때 사용하는 것은?

① 가공지선
② 매설지선
③ 크로스본드선
④ 차폐선

🔍 해설

매설지선

철탑 다리에 방사형 매설지선을 포설하여 탑각의 접지저항을 낮추면 역섬락을 방지할 수 있다.

★★★★☆

08 이상전압에 대한 설명 중 옳지 않은 것은?

① 송전선로의 개폐 조작에 따른 과도현상 때문에 발생하는 이상전압을 개폐 서지라 부른다.
② 충격파를 서지라 부르기도 하며 극히 짧은 시간에 파고값에 도달하고 극히 짧은 시간에 소멸한다.
③ 일반적으로 선로에 차단기를 투입할 때가 개방할 때 보다 더 높은 이상전압을 발생한다.
④ 충격파는 보통 파고값과 파두길이와 파미길이로 나타낸다.

🔍 해설

이상전압의 분류

일반적으로 회로를 투입할 때보다도 개방하는 경우, 부하가 있는 회로를 개방하는 것보다 무부하의 회로를 개방할 때가 더 높은 이상전압이 발생된다. 그러므로 이상전압이 가장 큰 경우는 무부하 송전선로의 충전전류를 차단하는 경우이며, 송전선 대지전압의 최고 4배 정도다.

★★★☆☆

09 파동임피던스 $Z_1=400\,[\Omega]$인 선로종단에 파동임피던스 $Z_2=1200\,[\Omega]$인 변압기가 접속되어 있다. 지금 선로에서 파고 $e_1=800\,[kV]$인 전압이 입사했다. 접속점에서 전압 반사파의 파고값 $[kV]$은?

① 400 [kV] ② 800 [kV]
③ 1200 [kV] ④ 1600 [kV]

해설

반사파전압 · 투과파전압

반사파 전압 $e_2=\dfrac{Z_2-Z_1}{Z_1+Z_2}\times e_1=\dfrac{1200-400}{400+1200}\times 800=400\,[kV]$

★★★☆☆

10 서지파(진행파)가 서지 임피던스 Z_1의 선로측에서 서지 임피던스 Z_2의 선로측으로 입사할 때 투과계수(투과파 전압÷입사파전압) b를 나타내는 식은?

① $b=\dfrac{Z_2-Z_1}{Z_1+Z_2}$ ② $b=\dfrac{2Z_2}{Z_1+Z_2}$
③ $b=\dfrac{Z_1-Z_2}{Z_1+Z_2}$ ④ $b=\dfrac{2Z_2}{Z_1-Z_2}$

해설

반사파전압 · 투과파전압

투과계수는 $b=\dfrac{2Z_2}{Z_1+Z_2}$이며, 반사계수는 $b=\dfrac{Z_2-Z_1}{Z_1+Z_2}$이다.

★★★★☆

11 임피던스 Z_1, Z_2 및 Z_3을 그림과 같이 접속한 선로의 A쪽에서 전압파 E가 진행해 왔을 때 접속점 B에서 무반사로 되기 위한 조건은?

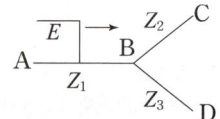

① $Z_1=Z_2+Z_3$ ② $\dfrac{1}{Z_1}=\dfrac{1}{Z_3}-\dfrac{1}{Z_2}$
③ $\dfrac{1}{Z_1}=\dfrac{1}{Z_2}+\dfrac{1}{Z_3}$ ④ $\dfrac{1}{Z_1}=-\dfrac{1}{Z_2}-\dfrac{1}{Z_3}$

해설

반사파전압 · 투과파전압

무반사가 되기 위해서는 접속점을 기준으로 임피던스의 크기가 같아야 한다.

$$Z_1=\dfrac{1}{\dfrac{1}{Z_2}+\dfrac{1}{Z_3}}\ \text{또는}\ \dfrac{1}{Z_1}=\dfrac{1}{Z_2}+\dfrac{1}{Z_3}$$

★★☆☆☆

12 피뢰기의 정격전압에 대한 설명으로 가장 알맞은 것은?

① 뇌전압의 평균값
② 뇌전압의 파고값
③ 속류를 차단할 수 있는 최고의 교류전압
④ 피뢰기가 동작되고 있을 때의 단자전압

해설

피뢰기

피뢰기의 정격전압은 속류를 차단하는 상용주파수 최고의 교류전압이며, 22.9kV선로의 피뢰기 정격전압은 18kV, 방전내량은 2.5kA이다.

★★☆☆☆

13 피뢰기의 제한전압이란?

① 상용주파수의 방전개시전압
② 충격파의 방전개시전압
③ 충격방전 종료 후 전력계통으로부터 피뢰기에 상용주파 전류가 흐르고 있는 동안의 피뢰기 단자전압
④ 충격방전전류가 흐르고 있는 동안의 피뢰기의 단자전압의 파고값

해설

피뢰기

피뢰기의 제한전압이란 충격방전전류가 흐르고 있는 동안의 피뢰기의 단자전압의 파고값이다. 피뢰기의 제한전압은 절연협조의 기본이 되며 반드시 변압기의 기준충격절연강도는 이보다 높아야 한다.

[정답] 09 ① 10 ② 11 ③ 12 ③ 13 ④

★★☆☆☆

14 계통내의 각 기기, 기구 및 애자 등의 상호간에 적정한 절연강도를 지니게 함으로써 계통 설계를 합리적으로 할 수 있게 한 것을 무엇이라 하는가?

① 기준충격절연강도 ② 보호계전방식

③ 절연계급 선정 ④ 절연협조

🔍 **해설**

절연협조

절연협조란, 계통내의 각 기기, 기구 및 애자 등의 상호간에 적정한 절연강도를 지니게 함으로써 계통 설계를 합리적으로 할 수 있게 한 것을 말한다.

★★★☆☆

15 송전계통에서 절연협조의 기본이 되는 사항은?

① 애자의 섬락전압

② 권선의 절연내력

③ 피뢰기의 제한전압

④ 변압기 부싱의 섬락전압

🔍 **해설**

절연협조

피뢰기의 제한전압은 절연협조의 기본이 되며 반드시 변압기의 기준충격절연강도는 이보다 높아야 한다.

★★☆☆☆

16 계통의 기기 절연을 표준화하고 통일된 절연 체계를 구성하는 목적으로 절연계급을 설정하고 있다. 이 절연계급에 해당하는 내용을 무엇이라 부르는가?

① 제한전압

② 기준충격절연강도

③ 상용주파 내전압

④ 보호계전

🔍 **해설**

기준충격절연강도

★★☆☆☆

17 과도 안정 극한 전력이란?

① 부하가 서서히 감소할 때의 극한 전력

② 부하가 서서히 증가할 때의 극한 전력

③ 부하가 갑자기 사고가 났을 때의 극한 전력

④ 부하가 변하지 않을 때의 극한 전력

🔍 **해설**

안정도의 종류

과도안정도란 선로의 사고, 발전기 탈락 등의 큰 외란에 대한 운전능력을 말한다.

★☆☆☆☆

18 전력계통 안정도는 외란의 종류에 따라 구분되는데, 송전선로에서의 고장, 발전기 탈락과 같은 큰 외란에 대한 전력계통의 동기운전 가능 여부로 판정되는 안정도는?

① 과도안정도

② 정태안정도

③ 전압안정도

④ 미소신호안정도

🔍 **해설**

안정도의 종류

과도안정도란 선로의 사고, 발전기 탈락 등의 큰 외란에 대한 운전능력을 말한다.

★★☆☆☆

19 송전계통의 안정도 향상대책으로 적당하지 않은 것은?

① 직렬 콘덴서로 선로의 리액턴스를 보상한다.

② 기기의 리액턴스를 감소한다.

③ 발전기의 단락비를 작게 한다.

④ 계통을 연계한다.

🔍 해설

안정도 향상대책

발전기의 단락비가 크다는 것은 동기임피던스가 작다는 것을 의미하여, 발전기의 리액턴스가 작다는 의미이다.즉, 안정도 향상을 위해서는 단락비가 커야한다.

★★☆☆☆

20 중간 조상 방식(intermediate phase modifying system)이란?

① 송전선로의 중간에 동기 조상기 연결

② 송전선로의 중간에 직렬 전력 콘덴서 삽입

③ 송전선로의 중간에 병렬 전력 콘덴서 삽입

④ 송전선로의 중간에 개폐소 설치, 리액터와 전력 콘덴서 병렬연결

🔍 해설

안정도 향상대책

선로의 송·수전 양단의 중간 위치에 동기조상기를 설치하고, 이 점의 전압을 올려서 일정하게 유지함으로써 안정극한전력을 증가시킬 수 있다.

★★☆☆☆

21 전력계통을 연계시켜서 얻는 이득이 아닌 것은?

① 배후 전력이 커져서 단락용량이 작아진다.

② 부하의 부등성에서 오는 종합첨두부하가 저감된다.

③ 공급 예비력이 절감된다.

④ 공급 신뢰도가 향상된다.

🔍 해설

안정도 향상대책

계통연계시 임피던스의 감소로 단락용량이 증대된다.

★★★☆☆

22 동기조상기에 대한 설명 중 옳지 않은 것은?

① 무부하로 운전되는 동기전동기로 역률을 개선한다.

② 전압조정이 연속적이다.

③ 중부하시에는 과 여자로 운전하여 뒤진전류를 취한다.

④ 진상, 지상 무효전력을 모두 얻을 수 있다.

🔍 해설

조상설비의 특성

동기조상기는 중부하시에는 과여자로 운전하여 앞선 전류를 취하고 경부하시에는 부족여자로 운전하여 뒤진 전류를 취한다.

★★★☆☆

23 전력계통에서 무효전력을 조정하는 조상설비 중 전력용 콘덴서를 동기조상기와 비교할 때 옳은 것은?

① 전력손실이 크다.

② 지상 무효전력분을 공급할 수 있다.

③ 전압조정을 계단적으로 밖에 못한다.

④ 송전선로를 시송전할 때 선로를 충전할 수 있다.

🔍 해설

조상설비의 특성

구 분	동기조상기	콘덴서
무효전력	진상 및 지상	진상
조정의 형태	연속	불연속
보수	곤란	용이
손실	대	소
시충전	가능	불가능

★★★★☆

24 조상설비에 대한 설명으로 잘못된 것은?

① 송·수전단의 전압이 일정하게 유지되도록 하는 조정 역할을 한다.

② 역률의 개선으로 송전 손실을 경감시키는 역할을 한다.

③ 전력 계통 안정도 향상에 기여한다.

④ 이상전압으로부터 선로 및 기기의 보호능력을 가진다.

[정답] 19 ③ 20 ① 21 ① 22 ③ 23 ③ 24 ④

🔍 **해설**

조상설비

이상전압으로부터 선로 및 기기의 보호능력을 가진설비는 피뢰기 또는 서지흡수기 등이 있다.
조상설비와 이상전압에 대한 방호대책은 관련이 없다.

★★★☆☆

25 전력계통의 전압을 조정하는 가장 보편적인 방법은?

① 발전기의 유효전력 조정

② 부하의 유효전력 조정

③ 계통의 주파수 조정

④ 계통의 무효전력 조정

🔍 **해설**

정전압[Constant voltage]

전력계통의 진상 및 지상 무효전력을 조정하여 전압을 조정한다.
무효전력 조정에 사용되는 기기는 전력용 콘덴서와 전력용 분로리액터 등이 있다.

★★★☆☆

26 전력계통의 주파수 변동은 주로 무엇의 변화에 기인하는가?

① 유효전력   ② 무효전력

③ 계통 전압   ④ 계통 임피던스

🔍 **해설**

정주파수[Constant frequency]

계통의 안정적인 운전을 위해서는 정전압·정주파수를 유지하여야 한다.
전력계통의 주파수 변동은 주로 유효전력의 변동 때문에 발생한다.
예를들어 전력계통의 주파수가 기준치보다 증가하는 경우 발전출력 [kW]을 감소시켜 주파수를 다시 낮춤으로 정주파수를 유지한다.

★★☆☆☆

27 제3고조파의 단락전류가 흘러서 일반적으로 사용되지 않는 변압기 결선방식은?

① $\triangle - Y$ ② $Y - \triangle$

③ $Y - Y$ ④ $\triangle - \triangle$

🔍 **해설**

고조파 제거

변압기를 $\triangle$ 결선 했을 경우 제3고조파를 제거할 수 있다. 반면에 변압기를 $Y - Y$ 결선을 하면 3고조파를 제거할 수 있는 방법이 없게 되어 $Y - Y$ 결선 방식은 사용하지 않는다.

★★☆☆☆

28 송전선로에서 고조파 제거 방법이 아닌 것은?

① 변압기를 $\triangle$ 결선한다.

② 유도전압 조정장치를 설치한다.

③ 무효전력 보상장치를 설치한다.

④ 능동형 필터를 설치한다.

🔍 **해설**

고조파 제거

유도전압 조정장치는 단순히 전압만을 조정하는 장치이다. 한편, 변압기 $\triangle$ 결선시 제 3고조파를 제거할 수 있다. 또한, 무효전력 보상장치, 수동형 필터, 능동형 필터, 하이브리드 필터 등으로 고조파를 제거할 수 있다.

★★☆☆☆

29 제 5고조파 전류의 억제를 위해 전력용 콘덴서에 직렬로 삽입하는 유도 리액턴스의 값으로 적당한 것은?

① 전력용 콘덴서 용량의 약 6[%] 정도

② 전력용 콘덴서 용량의 액 12[%] 정도

③ 전력용 콘덴서 용량의 약 18[%] 정도

④ 전력용 콘덴서 용량의 액 24[%] 정도

🔍 **해설**

직렬리액터의 용량

직렬리액터의 용량은 콘덴서 용량의 4[%](이론)~6[%](실무) 리액터를 삽입한다.

★★★★☆

30 전력용 콘덴서를 변전소에 설치할 때 직렬 리액터를 설치하려고 한다. 직렬 리액터의 용량을 결정하는 식은?
(단, f_o는 전원의 기본주파수, C는 역률개선용 콘덴서의 용량, L은 직렬 리액터의 용량임)

[**정답**] 25 ④   26 ①   27 ③   28 ②   29 ①   30 ③

① $2\pi f_o L = \dfrac{1}{2\pi f_o C}$ ② $6\pi f_o L = \dfrac{1}{6\pi f_o C}$

③ $10\pi f_o L = \dfrac{1}{10\pi f_o C}$ ④ $14\pi f_o L = \dfrac{1}{14\pi f_o C}$

🔍 **해설**

직렬리액터 용량 근거식

$2\pi \times 5 f_o L = \dfrac{1}{2\pi \times 5 f_o C}$ 또는 $10\pi f_o L = \dfrac{1}{10\pi f_o C}$

★★★☆☆

31 다음 중 1상당의 용량 $200\,[\mathrm{kVA}]$의 콘덴서에 제5고조파를 억제하기 위하여 직렬 리액터를 설치하고자 한다. 기본파 기준으로 직렬리액터의 용량 $[\mathrm{kVA}]$으로 가장 알맞은 것은?

① $9\,[\mathrm{kVA}]$ ② $12\,[\mathrm{kVA}]$

③ $18\,[\mathrm{kVA}]$ ④ $25\,[\mathrm{kVA}]$

🔍 **해설**

직렬 리액터의 용량

직렬 리액터의 용량은 콘덴서용량의 $6\,[\%]$정도 적용한다.
리액터 용량 $= 200 \times 0.06 = 12\,[\mathrm{kVA}]$

★★★★★

32 다음 표는 리액터의 종류와 그 목적을 나타낸 것이다. 바르게 짝지어진 것은?

종류	목적
㉠ 병렬 리액터	ⓐ 지락 아크의 소멸
㉡ 한류 리액터	ⓑ 송전 손실 경감
㉢ 직렬 리액터	ⓒ 차단기의 용량 경감
㉣ 소호 리액터	ⓓ 제5고조파 제거

① ㉠ – ⓑ   ② ㉡ – ⓐ

③ ㉢ – ⓓ   ④ ㉣ – ⓒ

🔍 **해설**

리액터의 종류

• 분로 리액터 : 페란티 현상 방지
• 직렬 리액터 : 5고조파 개선
• 한류 리액터 : 단락전류 제한
• 소호 리액터 : 아크소멸

★★★☆☆

33 안정권선(△권선)을 가지고 있는 대용량 고전압의 변압기에서 조상용 전력용 콘덴서는 주로 어디에 접속되는가?

① 주변압기의 1차

② 주변압기의 2차

③ 주변압기의 3차(안정권선)

④ 주변압기의 1차와 2차

🔍 **해설**

조상설비

3권선 변압기의 3차측 권선인 △ 권선을 안정권선이라고도 한다.
3차측인 안정권선에 조상설비를 설치한다.

★★★★☆

34 교류 송전방식에 비교하여 직류 송전방식을 설명할 때 옳지 않은 것은?

① 선로의 리액턴스가 없으므로 안정도가 높다.

② 유전체손은 없지만 충전용량이 커지게 된다.

③ 코로나손 및 전력손실이 적다.

④ 표피 효과나 근접 효과가 없으므로 실효저항의 증대가 없다.

🔍 **해설**

직류송전방식

직류송전방식은 주파수가 0이므로 유전체손과 충전용량 모두 없다.

★★★★☆

35 직류송전방식에 대한 설명으로 틀린 것은?

① 직류방식은 선로 전압이 교류 전압의 최고값보다 낮아 절연계급이 낮아진다.

② 직류방식은 교류방식의 표피효과가 없어 송전효율은 떨어진다.

③ 직류방식은 리액턴스나 위상각을 고려할 필요가 없어서 안정도가 높다.

④ 장거리 송전의 경우에는 교류방식보다 직류방식이 유리하다.

[정답] 31 ②   32 ③   33 ③   34 ②   35 ②

🔍 해설

직류송전방식

직류송전방식은 주파수가 없으므로 표피효과가 없고, 무효성분이 없기 때문에 안정도와 송전효율이 교류송전방식에 비해 높다.

참고

직류송전방식이란 직류 고전압을 이용하여 송전하는 방식을 말한다. 송선선로에 사용되는 전기방식의 하나로 송전쪽의 교류전력을 순변환장치(컨버터)로 직류전력으로 변환한 뒤 송전선로를 통해 수전 쪽으로 보내면, 수전 쪽에서는 역변환장치(인버터)로 직류전력을 다시 교류전력으로 변호나한다. 우리나라는 제주도 지역에 전력을 공급하기 위한 방편으로 1998년 해남–제주 간 약 100km 거리를 해저 케이블로 연결한 HVDC(High Voltage DC) 시스템을 건설했다. 그 이후 늘어나는 전력수요를 감당하기 위해 2013년 제주–진도 간 제2 HVDC를 추가 건설하여 운용하고 있다.

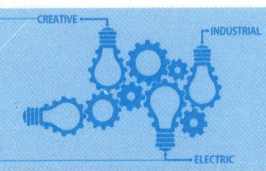

영상 학습 QR   출제경향분석

본장은 2차변전소로부터 수용가에 이르기까지의 배전방식과 수용가에서 사용하고 있는 전기 공급방식의 종류별 특징에 대해 학습한다.

❶ 배전방식의 종류별 특징   ❷ 전기 공급방식의 종류별 특징
❸ 배전선로의 전압조정 방법   ❹ 말단집중부하와 균등부하의 비교

콕콕 포인트

▶ 전기 용어해설

· 급전선[궤전선]
배전용 변전소에서 인출되는 배전선로에서 최초의 분기점까지의 전선으로 도중에 부하가 접속되어 있지 않은 선로를 말하며 궤전선이라고도 한다. 한편, 궤전점이란 급전선과 간선과의 접속점을 말한다.

· 간선
급전선에 접속되어 부하로 전력을 공급하거나 분기선을 통하여 배전하는 선로

· 분기선
간선으로 분기되는 변압기에 이르는 선로

Q 포인트 O·X 퀴즈

루프(환상식) 배전방식은 전압강하가 적은 이점이 있으며, 부하밀도가 적은 농.어촌에 적당하다.

A 해설

루프 배전방식은 부하밀도가 높은 시가지에 적당하다.
정답 (X)

❤ 핵심 포인트

네트워크 배전방식은 네트워크 프로텍터가 필요하다. 네트워크 프로텍터는 저압차단기, 퓨즈, 방향 계전기로 구성된다.

1 배전방식의 종류

1. 가지식

1) 정의 : 변압기 단위로 저압 배전선이 분할되고 있으며 부하의 증설에 따라 수지상 모양으로 간선이나 분기선이 접속되어 있는 배전방식이다.

2) 특징 : 공사비가 저렴하고 농·어촌에 적합하다. 반면에, 정전범위, 전압강하, 전압변동이 크며 신뢰성이 낮은 배전방식이다.

2. 환상식[루프식]

1) 정의 : 배전 간선이 하나의 환상선으로 구성되고 수요 분포에 따라 임의의 각 장소에서 분기선을 끌어서 공급하는 방식이다.

2) 특징 : 경제적인 배전방식이며, 비교적 수용밀도가 큰 지역의 고압 배전선으로 주로 사용된다. 정전범위, 전압강하, 전압변동이 작고 신뢰성이 높은 배전방식이다.

3. 저압 뱅킹방식

1) 정의 : 동일 고압 배전선에 2대 이상의 변압기를 경유해서 저압측 간선을 병렬접속하는 방식으로, 부하가 밀집된 시가지에서 주로 사용된다.

2) 특징 : 변압기 또는 선로의 사고에 의해서 뱅킹 내의 건전한 변압기의 일부 또는 전부가 연쇄적으로 회로로부터 차단되는 캐스케이딩 현상이 발생할 수 있다.

4. 저압 네트워크방식

1) 정의 : 배전용 변전소의 동일 모선으로부터 2회선 이상의 급전선으로 전력을 공급하는 방식으로 2대 이상의 배전용 변압기의 저압측을 연결하여 망상(network)으로 한 방식이다. 각 수용가는 이 네트워크로부터 분기해서 전력을 공급받는다.

2) 특징 : 무정전 공급이 가능하여 배전의 신뢰도가 가장 높고, 부하증가의 양호한 적응성, 낮은 전력손실이 특징이다. 반면에, 건설비가 비싸며 인축의 접촉사고의 가능성이 높다.

2 | 배전선로의 전기 공급방식

1. 전기공급방식의 개요

우리나라의 고압 배전선은 3.3[kV], 6.6[kV], 22[kV]의 3상 3선식이었으나 배전전압 승압정책에 따라 배전선로는 모두 22.9[kV](13200/22900[V])로 되었다. 한편, 저압 배전선의 일반 수용가는 단상 2선식 110V, 동력 수용가에 대해서는 3상 3선식 200V였으나 전압강하, 전력손실을 감소시키기 위해 3상 4선식(220/380[V])로 승압하였고, 일부에서는 단상 3선식(110/220[V])도 사용하고 있다.

2. 저압배전선의 전기방식

1) 단상 2선식(110V 또는 220V)

단상 전력을 전선 2가닥으로 배전하는 방식으로 가장 많이 사용되는 방식

| CHECK POINT | 난이도 ★★☆☆☆   1차 2차 3차

네트워크 배전방식의 장점이 아닌 것은?
① 정전이 적다.   ② 전압변동이 적다.
③ 인축의 접촉사고가 적어진다.   ④ 부하 증가에 대한 적응성이 크다.

상세해설

저압 네트워크방식

장 점	단 점
· 무정전 공급이 가능하다. · 전압변동이 작고, 전력손실이 감소된다. · 기기의 이용률이 향상된다. · 부하 증가에 대한 적응성이 좋다. · 변전소의 수를 줄일 수 있다.	· 가격이 비싸다. · 인축의 접촉사고가 많아진다. · 특별한 보호장치가 필요하다. (네트워크 프로텍터)

답 ③

콕콕 포인트

electrical engineer · electrical engineer · electrical engineer · electrical engineer · electrical engineer · electrical engineer · electrical engineer · electrical

2) 단상 3선식(110/220 V)

① 개요 : 변압기의 저압측을 2개의 권선을 직렬로 하고 그 접속의 중간점에서 중성선을 끌어내어 전선 3가닥으로 배전하는 방식으로 110[V]와 220[V]를 동시에 얻을 수 있다.

② 단상 3선식의 특징

• 2종의 전압을 얻을 수 있다.

• 단상 2선식보다 전압강하, 전력손실이 작다.

• 단상 2선식보다 전선량이 절약되는 이점이 있다.

• 중성선 단선시 전압의 불평형이 발생한다. (밸런서 설치 필요)

3) 3상 3선식(220 V)

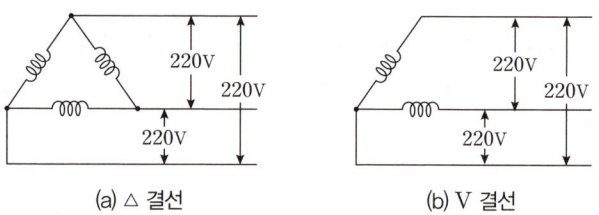

(a) △ 결선　　　　　　　(b) V 결선

4) 3상 4선식(220/380 V)

Q 포인트문제 1

동일 전력을 동일 선간전압, 동일 역률로 동일 거리에 보낼 때 사용하는 전선의 총중량이 같으면, 단상 2선식과 3상 3선식의 전력손실 비(3상 3선식/단상 2선식)는?

① $\dfrac{1}{3}$　　　　② $\dfrac{1}{2}$

③ $\dfrac{3}{4}$　　　　④ 1

A 해설

동일 전력, 동일 전압이므로
$VI_1 = \sqrt{3}\, VI_3$에서
$\therefore I_1 = \sqrt{3}\, I_3$이다.
전선의 총중량이 같으므로
$2\sigma A_1 l = 3\sigma A_3 l$
$\therefore 2A_1 = 3A_3$

$R = \rho \dfrac{l}{A}$ 에서 전선의 단면적과 저항은 반비례관계에 있으므로
$\therefore 2R_3 = 3R_1$

$\dfrac{\text{3상 전력손실}}{\text{단상 전력손실}} = \dfrac{3I_3^2 R_3}{2I_1^2 R_1}$

$= \dfrac{3I_3^2 R_3}{2 \times (\sqrt{3}\, I_3)^2 \times \dfrac{2}{3} R_3} = \dfrac{3}{4}$

정답 ③

engineer · electrical engineer · electrical engineer · electrical engineer · electrical engineer · electrical engineer · electrical engineer · electrical engineer

콕콕 포인트

3 전기방식의 비교

전기방식	전 력	1선당 전력	1선당 공급전력 비교	전선량 비
단상 2선식	$VI\cos\theta$	$0.5\,VI\cos\theta$	100%	100%
단상 3선식	$2\,VI\cos\theta$	$0.67\,VI\cos\theta$	133%	37.5%
3상 3선식	$\sqrt{3}\,VI\cos\theta$	$0.57\,VI\cos\theta$	115%	75%
3상 4선식	$3\,VI\cos\theta$	$0.75\,VI\cos\theta$	150%	33.3%

4 배전선로의 전압조정

- 주상 변압기 탭 전환
- 정지형 전압 조정기(SVR)
- 유도 전압 조정기(IVR)

5 균등부하의 전기적 특징

구분	전압강하	전력손실
말단 집중 부하	1	1
균등 분포 부하	1/2	1/3

> **참고**
> - 부하가 균일하게 분포될 경우의 전압강하

$$e=\int_0^1 iRdx=\int_0^1 I\times(1-x)Rdx=IR\int_0^1(1-x)dx$$

$$=IR\left[x-\frac{x^2}{2}\right]_0^1=\frac{1}{2}IR$$

> - 부하가 균일하게 분포될 경우의 전력손실

$$P_\ell=\int_0^1 i^2Rdx=\int_0^1 I^2(1-x)^2Rdx$$

$$=I^2R\int_0^1(1-2x+x^2)dx=I^2R\left[x-x^2+\frac{x^3}{3}\right]_0^1=\frac{1}{3}I^2R$$

🔽 **핵심 포인트**

부하에 따라 전압변동이 심한 급전선을 가진 배전용 변전소의 전압조정은 유도전압조정기(IVR)를 사용한다. 한편, 유도전압조정기는 절연내력 시험을 하기 위해 시험용 변압기로 가장 많이 사용된다.

▶ **전기 용어해설**

선로 전압강하 보상기
(Line Drop Compensator)
선로의 전압강하를 고려하여 모선전압을 조정하는 설비를 말한다.

콕콕 포인트

electrical engineer · electrical engineer · electrical engineer · electrical engineer · electrical engineer · electrical engineer · electrical engineer · electrical

6 변전소

1. 변전소의 설치 목적

- 전압의 승압 및 강압
- 전력의 집중 및 분배
- 계통의 전력 조류제어
- 유효 및 무효전력 제어

2. 변전소의 변압기

- 송전용 변압기(1차 변전소) : 체승 변압기(승압용)
- 배전용 변압기(2차 변전소) : 체강 변압기(강압용)

| CHECK POINT | 난이도 ★★☆☆☆   1차 2차 3차

송전전력, 부하역률, 송전거리, 전력손실 및 선간전압이 같을 경우 3상 3선식에서 전선 한 가닥에 흐르는 전류는 단상 2선식에서 전선 한 가닥에 흐르는 경우의 몇 배가 되는가?

① $\dfrac{1}{\sqrt{3}}$[배]

② $\dfrac{2}{3}$[배]

③ $\dfrac{3}{4}$[배]

④ $\dfrac{4}{9}$[배]

상세해설

$P_3=\sqrt{3}\,VI_3\cos\theta,\ P_1=VI_1\cos\theta$

$P_3=P$이므로, $\sqrt{3}\,VI_3\cos\theta=VI_1\cos\theta$

$I_3=\dfrac{VI_1\cos\theta}{\sqrt{3}\,V\cos\theta}=\dfrac{I_1}{\sqrt{3}}=\dfrac{1}{\sqrt{3}}I_1$

답 ①

영상 학습 QR

• QR 코드를 찍으시면, 가장 중요한 우선순위 문제풀이 영상을 보실 수 있습니다.
• 우선순위 논점은 전기(산업)기사 시험에서 가장 출제 빈도가 높은 문제로써, 수험생분들께서는 각 파트별 우선순위 문제의 논점과 키워드를 학습하시기를 바랍니다.
• 체크 리스트를 작성하면서 문제의 유형과 학습의 완성도를 스스로 체크 해 보시기를 바랍니다.
• "선생님의 콕콕 포인트"는 틀리기 쉬운 문제의 함정과 문제의 포인트를 집어드립니다. 우선순위 문제풀이의 포인트를 꼭 참고하고 응용문제의 해결능력을 길러 줍니다.

번호	우선순위 논점	KEY WORD	나의 정답 확인				선생님의 콕콕 포인트
			맞음	틀림(오답확인)			
				이해 부족	암기 부족	착오 실수	
3	루프배전방식	부하밀집지역, 경제성, 전압강하					루프배전방식 고유특징의 키워드를 중점적으로 숙지할 것
4	저압뱅킹방식	캐스케이딩, 플리커					저압뱅킹방식 고유특징의 키워드를 중점적으로 숙지할 것
6	망상배전방식	무정전, 감전사고, 네트워크프로텍터					망상배전방식 고유특징의 키워드를 중점적으로 숙지할 것
10	3상4선식	1선당 전력, 배전선로, 전선량(1/3)					전기방식별 공급전력, 1선당공급전력, 전선소요량의 표를 숙지할 것
16	송전단 역률	무유도성, 임피던스의 크기, 역률					무유도성의 의미를 이해하고, 회로이론에서 학습하는 역률의 기본개념을 숙지한 후 풀 것

★★★☆☆

01 배전선로의 용어 중 틀린 것은?

① 궤전점 : 간선과 분기선의 접속점
② 분기선 : 간선으로 분기되는 변압기에 이르는 선로
③ 간선 : 급전선에 접속되어 부하로 전력을 공급하거나 분기선을 통하여 배전하는 선로
④ 급전선 : 배전용 변전소에서 인출되는 배전선로에서 최초의 분기점까지의 전선으로 도중에 부하가 접속되어 있지 않은 선로

🔍 해설

배전선로의 용어(급전선)

급전선배전용 변전소에서 인출되는 배전선로에서 최초의 분기점까지의 전선으로 도중에 부하가 접속되어 있지 않은 선로를 말하며 급전선이라고도 한다. 한편, 궤전점이란 급전선과 간선과의 접속점을 말한다.

★☆☆☆☆

02 특고수용가가 근거리에 밀집하여 있을 경우, 설비의 합리화를 기할 수 있고, 경제적으로 유리한 지중송전 계통의 구성방식은?

① 루프(loop)방식
② 수지상방식
③ 방사상방식
④ 유니트(unit)방식

🔍 해설

배전방식의 종류

루프(Loop) 배전방식의 특징
특고수용가가 근거리에 밀집하여 있을 경우, 설비의 합리화를 기할 수 있고, 경제적으로 유리한 지중송전 계통의 구성방식은 루프방식이다.

★☆☆☆☆

03 루프(loop) 배전방식에 대한 설명으로 옳은 것은?

① 전압강하가 적은 이점이 있다.
② 시설비가 적게 드는 반면에 전력손실이 크다.
③ 부하밀도가 적은 농.어촌에 적당하다.
④ 고장시 정전 범위가 넓은 결점이 있다.

[정답] 01 ① 02 ① 03 ①

🔍 해설

배전방식의 종류

루프(Loop) 배전방식의 특징
- 전압강하가 작고, 전력손실이 작다.
- 가지식 보다 시설비가 많이 든다.
- 부하밀도가 높은 시가지에 적당하다.
- 고장시 정전 범위를 축소시킬 수 있다.

★★☆☆☆
04 저압 뱅킹(banking)방식에 대한 설명으로 옳은 것은?

① 깜박임(light flicker) 현상이 심하게 나타난다.
② 저압 간선의 전압강하는 줄어지나 전력손실은 줄일 수 없다.
③ 캐스케이딩(cascading) 현상의 염려가 있다.
④ 부하의 증가에 대한 융통성이 없다.

🔍 해설

저압 뱅킹방식

저압뱅킹 배전방식은 변압기 또는 선로의 사고에 의해서 뱅킹 내의 건전한 변압기의 일부 또는 전부가 연쇄적으로 회로로부터 차단되는 캐스케이딩 현상이 발생할 수 있다.

★★☆☆☆
05 저압뱅킹 배전방식에서 캐스케이딩(cascading) 현상이란?

① 저압선이나 변압기에 고장이 생기면 자동적으로 고장이 제거되는 현상
② 변압기의 부하 배분이 균일하지 못한 현상
③ 저압선의 고장에 의하여 건전한 변압기의 일부 또는 전부가 차단되는 현상
④ 전압동요가 적은 현상

🔍 해설

배전방식의 종류

저압뱅킹 배전방식은 변압기 또는 선로의 사고에 의해서 뱅킹 내의 건전한 변압기의 일부 또는 전부가 연쇄적으로 회로로부터 차단되는 캐스케이딩 현상이 발생할 수 있다.

★★★☆☆
06 망상(Network) 배전방식에 대한 설명으로 옳은 것은?

① 부하 증가에 대한 융통성이 적다.
② 전압변동이 대체로 크다.
③ 인축에 대한 감전사고가 적어서 농촌에 적합하다.
④ 환상식보다 무정전 공급의 신뢰도가 더 높다.

🔍 해설

네트워크방식의 특징

[장 점]
- 무정전 공급이 가능하다.
- 전압변동이 작고, 전력손실이 감소된다.
- 기기의 이용률이 향상된다.
- 부하 증가에 대한 적응성이 좋다.
- 변전소의 수를 줄일 수 있다.

[단 점]
- 인축의 접촉사고가 많아진다.
- 건설비가 가장 비싸다.
- 네트워크 프로텍터가 필요하다.(차단기, 퓨즈, 방향 계전기)

★★☆☆☆
07 교류 단상 3선식 배전방식을 교류 단상 2선식에 비교하면?

① 전압강하가 작고, 효율이 높다.
② 전압강하가 크고, 효율이 높다.
③ 전압강하가 작고, 효율이 낮다.
④ 전압강하가 크고, 효율이 낮다.

🔍 해설

단상 3선식의 특징
- 2종의 전압을 얻을 수 있다.
- 단상 2선식보다 전압강하, 전력손실이 작다
- 단상 2선식보다 전선량이 절약되는 이점이 있다.
- 중성선 단선시 전압의 불평형이 발생한다.(밸런서 설치 필요)

★★☆☆☆
08 단상 3선식 110/220[V]에 대한 설명으로 옳은 것은?

[**정답**] 04 ③　05 ③　06 ④　07 ①　08 ④

① 전압 불평형이 우려되므로 콘덴서를 설치한다.

② 중성선과 외선 사이에만 부하를 사용하여야 한다.

③ 중성선에는 반드시 퓨즈를 끼워야 한다.

④ 2종의 전압을 얻을 수 있고 전선량이 절약되는 이점이 있다.

🔍 해설

단상 3선식의 특징

· 전선량이 절약된다.

· 2종의 전원을 얻을 수 있다.

· 전압변동률, 전압강하가 적다.

· 중성선에는 퓨즈를 삽입해서는 안된다.

· 전압 불평형이 우려되므로 밸런서를 설치한다.

★★★☆☆

09 송전전력, 선간전압, 부하역률, 전력손실 및 송전거리를 동일하게 하였을 경우 단상 2선식에 대한 3상 3선식의 총 전선량(중량)비는 얼마인가?

① 0.75　　　　　　　② 0.94

③ 1.15　　　　　　　④ 1.33

🔍 해설

전기방식의 비교

전기방식	전선량 비	전선량 비
단상 2선식	100%	1
단상 3선식	37.5%	3/8
3상 3선식	75%	3/4
3상 4선식	33.3%	1/3

★★★☆☆

10 3상 4선식 배전방식에서 1선당의 최대전력은?
(단, 상전압 : V, 선전류 : I라 한다.)

① $0.5VI$　　　　　　② $0.57VI$

③ $0.75VI$　　　　　　④ $1.0VI$

🔍 해설

전기방식의 비교

전기방식	전력	1선당 전력
단상 2선식	$VI\cos\theta$	$0.5VI\cos\theta$
단상 3선식	$2VI\cos\theta$	$0.67VI\cos\theta$
3상 3선식	$\sqrt{3}VI\cos\theta$	$0.57VI\cos\theta$
3상 4선식	$3VI\cos\theta$	$0.75VI\cos\theta$

★★★☆☆

11 동일한 조건하에 3상 4선식 배전선로의 총 소요 전선량은 3상 3선식의 것에 비해 몇 배 정도로 되는가?
(단, 중성선의 굵기는 전력선의 굵기와 같다고 한다.)

① $\dfrac{1}{3}$　　　　　　　② $\dfrac{3}{4}$

③ $\dfrac{3}{8}$　　　　　　　④ $\dfrac{4}{9}$

🔍 해설

전기방식의 비교

전기방식	전선량 비	전선량 비
단상 2선식	100%	1
단상 3선식	37.5%	3/8
3상 3선식	75%	3/4
3상 4선식	33.3%	1/3

★★★★★

12 선간전압, 부하역률, 선로손실, 전선중량 및 배전거리가 같다고 할 경우 단상 2선식과 3상 3선식의 공급전력의 비(단상/3상)는?

① $\dfrac{3}{2}$　　　　　　　② $\dfrac{1}{\sqrt{3}}$

③ $\sqrt{3}$　　　　　　　④ $\dfrac{\sqrt{3}}{2}$

🔍 해설

전기방식의 비교

조건에서 단상 2선식과 3상 3선식의 선간전압, 부하역률, 선로손실, 전선중량 및 배전거리가 같다고 할 경우 아래와 같이 저항의비를 먼저 계산한다.

[**정답**] 09 ①　10 ③　11 ④　12 ④

$P_\ell = 2I_1^2 R_1 = 3I_3^2 R_3$ 에서 $\left(\dfrac{I_1}{I_3}\right)^2 = \dfrac{3R_3}{2R_1} = \left(\dfrac{3}{2}\right) \times \dfrac{R_3}{R_1}$ 이다.

전선의 중량이 같을 경우 전선의 단면적과 저항의 반비례 관계를 이용하여 아래와 같이 (R_3/R_1)의 비를 계산한다.

$\dfrac{A_3}{A_1} = \dfrac{2}{3} = \dfrac{R_1}{R_3}$ 이 식을 이용하여 아래와 같이 정리한다.

$\left(\dfrac{I_1}{I_3}\right)^2 = \dfrac{3R_3}{2R_1} = \left(\dfrac{3}{2}\right) \times \dfrac{3}{2}$ → $\dfrac{I_1}{I_3} = \dfrac{3}{2}$ 이다. 그러므로,

$\dfrac{P_1}{P_3} = \dfrac{VI_1}{\sqrt{3}\,VI_3} = \dfrac{1}{\sqrt{3}} \times \dfrac{I_1}{I_3} = \dfrac{1}{\sqrt{3}} \times \dfrac{3}{2} = \dfrac{\sqrt{3}}{2}$

★★☆☆☆
13 선로에 따라 균일하게 부하가 분포된 선로의 전력 손실은 이들 부하가 선로의 말단에 집중적으로 접속되어 있을 때 보다 어떻게 되는가?

① 2배로 된다.　　　② 3배로 된다.

③ $\dfrac{1}{2}$로 된다.　　　④ $\dfrac{1}{3}$로 된다.

🔍 해설

균등부하의 전기적 특징

구분	전압강하	전력손실
말단 부하	1	1
균등 부하	1/2	1/3

★☆☆☆☆
14 주상변압기의 2차측 접지공사는 어느 것에 의한 보호를 목적으로 하는가?

① 2차측 단락

② 1차측 접지

③ 2차측 접지

④ 1차측과 2차측의 혼촉

🔍 해설

전기공급방식의 개요

주상변압기 2차측에는 접지공사를 하며 1차측과 2차측 혼촉사고시 저압(2차)측 전위상승 억제 역할을 한다.

★☆☆☆☆
15 공통 중성선 다중 접지 3상 4선식 배전선로에서 고압측(1차측) 중성선과 저압측(2차측)중성선을 전기적으로 연결하는 주된 목적은?

① 저압측의 단락사고를 검출하기 위함

② 저압측의 접지사고를 검출하기 위함

③ 주상변압기의 중성선측 부싱(bushing)을 생략하기 위함

④ 고저압 혼촉시 수용가에 침입하는 상승전압을 억제하기 위함

🔍 해설

전기공급방식의 개요

공통 중성선 다중 접지 3상 4선식 배전선로에서 고압측(1차측) 중성선과 저압측(2차측)중성선을 전기적으로 연결하는 주된 목적은 고저압 혼촉시 수용가에 침입하는 상승전압을 억제하기 위함이다.

★★★★☆
16 단상 2선식 배전선로의 선로임피던스가 $2+j5\,[\Omega]$ 이고 무유도성 부하전류 $10\,[A]$일 때 송전단 역률은? (단, 수전단 전압의 크기는 $100\,[V]$이고, 위상각은 $0°$이다.)

① $\dfrac{5}{12}$　　　② $\dfrac{5}{13}$

③ $\dfrac{11}{12}$　　　④ $\dfrac{12}{13}$

🔍 해설

배전방식의 개요

무유도성 이므로, 전류는 동상의 전류가 흐르며, 부하의 저항을 아래와 같이 계산할 수 있다.

$I_R = 10\,[A]$이므로, $R = \dfrac{V}{I} = \dfrac{100}{10} = 10\,[\Omega]$

임피던스의 크기는 선로의 임피던스와 부하의 저항을 합성한 값이다.

$Z = 10 + 2 + j5 = 12 + j5\,[\Omega]$

$|Z| = \sqrt{12^2 + 5^2}\,[\Omega]$

$\cos\theta = \dfrac{R}{Z} = \dfrac{12}{\sqrt{12^2 + 5^2}} = \dfrac{12}{13}$

[정답]　13 ④　14 ④　15 ④　16 ④

electrical engineer

수변전설비 설계

영상 학습 QR   출제경향분석

본장은 수변전설비를 설계할 때 필요로 하는 수용률, 부하율, 부등률, 합성최대전력, 변압기 용량을 계산방법과 의미를 다루며, 전력용 콘덴서에 대해 학습한다.

❶ 부하율   ❷ 부등률
❸ 합성최대전력 · 변압기용량   ❹ 전력용 콘덴서

FAQ

수용률을 어디에 사용되나요?

답

▶ 전력특성항목 중의 하나인 수용률은 발전기 용량, 변압기 용량, 전선의 굵기 등을 결정할 때 사용되며, 최대전력을 계산할 때 사용합니다.

 이해력 높이기

부하율이 높을수록 부하설비가 유효하게 사용되고 있다는 뜻이며, 어느 일정 기간동안 전력을 평활하게 사용하고 있음을 나타낸다.

1 수용률

어느 기간 중에 총 설비용량에 대한 최대수용전력의 비로 정의하며, 수용률이 낮을수록 경제적이다. 수용률은 부하의 종류, 사용기간, 계절에 따라 다르고 1보다는 작다.

$$수용률 = \frac{최대수용전력}{총\ 부하\ 설비용량} \times 100\,[\%]$$

2 부하율

어느 기간 중에 최대전력에 대한 평균전력의 비로 정의하며, 어느 기간 중의 전력사용의 변동 상태를 나태 내는 지표이다. 부하율은 높을수록 경제적이며, 1보다는 작다.

$$부하율 = \frac{평균전력}{최대전력} \times 100$$

$$일\ 부하율 = \frac{1일\ 사용전력량[kWh]/24\,[h]}{일간\ 최대전력\,[kW]} \times 100$$

$$월\ 부하율 = \frac{한달\ 사용전력량[kWh]/720\,[h]}{월간\ 최대전력\,[kW]} \times 100$$

$$연\ 부하율 = \frac{연간\ 사용전력량[kWh]/8760\,[h]}{연간\ 최대전력\,[kW]} \times 100$$

electrical engineer · electrical engineer · electrical engineer · electrical engineer · electrical engineer · electrical engineer · electrical engineer · electrical engineer · electrical engineer

콕콕 포인트

3 손실계수와 부하율의 관계

1) 손실계수의 정의

같은 기간 중의 평균 손실 전력에 대한 어느 기간 중의 평균 손실 전력의 비를 손실계수 H라 한다. 손실계수는 부하율이 좋은 부하일수록 부하율 F에 가까운 값이 되는 경향이 있으며 부하의 시간적 변동 상황에 따른 전력손실의 정도를 나타낸다. a는 정수로서 $0.1 \sim 0.4$정도 이다.

$$H = aF + (1-a)F^2$$

2) 손실계수와 부하율의 관계

$$1 \geq F \geq H \geq F^2 \geq 0$$

4 부등률

일반적으로 수용가 상호간, 배전 변압기 상호간, 급전선 상호간 또는 변전소 상호간에서 각개의 최대부하는 그 발생시각이 약간씩 다르다. 따라서 각개의 최대수요전력의 합계는 그 군의 종합최대 수요전력보다도 큰 것이 보통이다. 이 최대전력의 발생시각 또는 발생시기의 분산을 나타내는 지표를 부등률이라 한다. 일반적으로 부등률은 1보다 크며, 퍼센트로 나타내는 않는다.

1) 부등률

$$부등률 = \frac{각 \, 부하의 \, 최대수요전력의 \, 합}{합성최대전력}$$

2) 합성최대전력

$$합성최대전력 = \frac{각 \, 부하의 \, 최대수요전력의 \, 합}{부등률}$$

콕콕 포인트

electrical engineer · electrical engineer · electrical engineer · electrical engineer · electrical engineer · electrical engineer · electrical engineer · electrical e

5 변압기용량 [kVA]

Q 포인트문제 3

어떤 고층건물의 부하 총 설비전
력이 800kW이고, 수용률이 0.5
이며, 역률이 0.8(뒤짐)일 때 이 건
물의 변전시설 용량의 최저값은
몇 kVA인가?

A 정답

$$TR = \frac{800 \times 0.5}{1 \times 0.8} = 500 \mathrm{kVA}$$

$$변압기용량 = \frac{각\ 부하의\ 최대수요전력의\ 합}{부등률 \times 역률}$$

$$변압기용량 = \frac{설비용량 \times 수용률}{부등률 \times 역률}$$

6 전력용 콘덴서 [SC]

1. 역할 : 부하의 역률개선
2. 역률 개선시 효과
   - 전력손실 감소
   - 전압강하 감소
   - 설비용량 여유증가
   - 전기요금 절감
3. 콘덴서 용량 선정

$$Q_c = P(\tan\theta_1 - \tan\theta_2) = P\left(\frac{\sin\theta_1}{\cos\theta_1} - \frac{\sin\theta_2}{\cos\theta_2}\right)$$
$$= P\left(\frac{\sqrt{1-\cos^2\theta_1}}{\cos\theta_1} - \frac{\sqrt{1-\cos^2\theta_2}}{\cos\theta_2}\right)[\mathrm{kVA}]$$

| CHECK POINT | 난이도 ★★☆☆☆   1차 2차 3차

3000 [kW], 역률 75 [%](늦음)의 부하에 전력을 공급하고 있는 변전소에 콘덴서를
설치하여 역률을 93 [%]로 향상시키고자 한다. 필요한 전력용 콘덴서의 용량은 약
몇 [kVA]인가?

① 1460   ② 1540
③ 1620   ④ 1730

상세해설

$$Q_c = P \cdot \left(\frac{\sqrt{1-\cos^2\theta_1}}{\cos\theta_1} - \frac{\sqrt{1-\cos^2\theta_2}}{\cos\theta_2}\right) = 3000 \times \left(\frac{\sqrt{1-0.75^2}}{0.75} - \frac{\sqrt{1-0.93^2}}{0.93}\right) ≒ 1460\,[\mathrm{kVA}]$$

답 ①

영상 학습 QR

- QR 코드를 찍으시면, 가장 중요한 우선순위 문제의 영상을 보실 수 있습니다.
- 우선순위 논점은 전기(산업)기사 시험에서 가장 출제 빈도가 높은 문제로써, 수험생분들께서는 각 파트별 우선순위 문제의 논점과 키워드를 학습하시기를 바랍니다.
- 체크 리스트를 작성하면서 문제의 유형과 학습의 완성도를 스스로 체크 해 보시기를 바랍니다.
- "선생님의 콕콕 포인트"는 틀리기 쉬운 문제의 함정과 문제의 포인트를 집어드립니다. 우선순위 문제풀이의 포인트를 꼭 참고하고 응용문제의 해결능력을 길러 줍니다.

번호	우선순위 논점	KEY WORD	나의 정답 확인				선생님의 콕콕 포인트
			맞음	틀림(오답확인)			
				이해 부족	암기 부족	착오 실수	
2	부하율	월 부하율, 30일, 720시간					부하율의 종류에 따른 기준시간을 암기하고 있을 것
8	합성최대전력	수용률, 부등률, 역률					문제에서 요구하는 합성최대전력의 단위에 유의할 것
12	종합역률의 개념	유효전력의 합, 무효전력의 합					종합역률의 개념을 파악하고 문제풀이 연습을 할 것
13	역률개선의 효과	전력손실, 전압강하, 설비이용률					역률개선의 효과와 과보상시 문제점을 함께 숙지할 것
16	전력용 콘덴서	무효분 감소, 역률개선, 부하 감소					역률개선의 원리를 이해하고, 콘덴서 설치시 역률을 계산하는 방법을 숙지한 후 여러유형의 문제를 연습할 것

★★☆☆☆
01 정격 $10[\text{kVA}]$의 주상 변압기가 있다. 이것의 2차측 일부하곡선이 그림과 같을 때 1일의 부하율은 몇 $[\%]$인가?

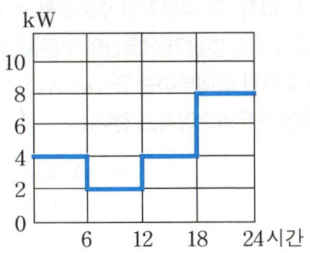

① $51.25[\%]$ ② $54.25[\%]$

③ $56.25[\%]$ ④ $58.25[\%]$

🔍 **해설**

일 부하율

$$일\ 부하율 = \frac{(4 \times 6 + 2 \times 6 + 4 \times 6 + 8 \times 6)/24}{8} \times 100$$

$$≒ 56.25[\%]$$

★★☆☆☆
02 30일간의 최대수용전력이 $200[\text{kW}]$ 소비전력량이 $72000[\text{kWh}]$일 때 월 부하율은 몇 $[\%]$인가?

① $30[\%]$ ② $40[\%]$

③ $50[\%]$ ④ $60[\%]$

🔍 **해설**

월 부하율

$$월\ 부하율 = \frac{72000/(30 \times 24)}{200} \times 100 = 50[\%]$$

★★☆☆☆
03 연간 전력량이 $E[\text{kWh}]$이고, 연간 최대전력이 $W[\text{kW}]$인 연 부하율은 몇 $[\%]$인가?

① $\dfrac{E}{W} \times 100$ ② $\dfrac{W}{E} \times 100$

③ $\dfrac{8760W}{E} \times 100$ ④ $\dfrac{E}{8760W} \times 100$

[정답] 01 ③ 02 ③ 03 ④

해설

연 부하율

$$연\ 부하율 = \frac{연간\ 사용전력량[kWh]/8760[h]}{최대전력[kW]} \times 100$$

$$= \frac{E}{8760W} \times 100$$

★★★☆☆

04 각 개의 최대수요전력의 합계는 그 군의 종합 최대 수요전력보다도 큰 것이 보통이다. 이 최대전력의 발생 시각 또는 발생 시기의 분산을 나타내는 지표를 무엇이라 하는가?

① 전일효율
② 부등률
③ 부하율
④ 수용률

해설

부등률

일반적으로 수용가 상호간, 배전 변압기 상호간, 급전선 상호간 또는 변전소 상호간에서 각개의 최대부하는 그 발생시각이 약간씩 다르다. 따라서 각개의 최대수요전력의 합계는 그 군의 종합최대 수요전력보다도 큰 것이 보통이다. 이 최대전력의 발생시각 또는 발생시기의 분산을 나타내는 지표를 부등률이라 한다. 일반적으로 부등률은 1보다 크며, 퍼센트로 나타내지는 않는다.

★☆☆☆☆

05 설비 A가 150[kW], B가 350[kW], 수용률이 각각 0.6 및 0.7일 때 합성최대전력이 279[kW]이면 부등률은?

① 1.1
② 1.2
③ 1.3
④ 1.4

해설

부등률

$$부등률 = \frac{150 \times 0.6 + 350 \times 0.7}{279} = 1.2$$

★☆☆☆☆

06 설비용량 600[kW] 부등률 1.2 수용률 60[%]일 때의 합성 최대수용전력은 몇 [kW]인가?

① 240[kW]
② 300[kW]
③ 432[kW]
④ 833[kW]

해설

합성최대전력

$$합성최대수용전력 = \frac{600 \times 0.6}{1.2} = 300[kW]$$

★☆☆☆☆

07 설비용량이 360[kW], 수용률 0.8, 부등률 1.2일 때 최대수용전력은 몇 [kW]인가?

① 120[kW]
② 240[kW]
③ 360[kW]
④ 480[kW]

해설

합성최대전력

$$합성최대전력 = \frac{설비용량 \times 수용률}{부등률} = \frac{360 \times 0.8}{1.2} = 240[kW]$$

★★★★☆

08 수용가를 2군으로 나누어서 각 군에 변압기 1대씩을 설치하고 각 군 수용가의 총 설비부하용량을 각각 30[kW] 및 20[kW]라 하자. 각 수용가의 수용률을 0.5, 수용가 상호간의 부등률을 1.2, 변압기 상호간의 부등률을 1.3이라 하면 고압 간선에 대한 최대부하는 몇 [kVA]인가? (단, 부하역률은 모두 0.8이라고 한다.)

① 13[kVA]
② 16[kVA]
③ 20[kVA]
④ 25[kVA]

해설

합성최대전력

$$최대부하 = \frac{\dfrac{30 \times 0.5}{1.2} + \dfrac{20 \times 0.5}{1.2}}{1.3 \times 0.8} = 20[kVA]$$

★★★☆☆

09 그림과 같은 수용설비용량과 수용률을 갖는 부하의 부등률이 1.5이다. 평균부하역률을 75[%]라 하면 변압기 용량은 약 몇 [kVA]인가?

[정답] 04 ② 05 ② 06 ② 07 ② 08 ③ 09 ③

5[kW]	10[kW]	8[kW]	6[kW]	15[kW]
60[%]	60[%]	50[%]	50[%]	40[%]

① 45 [kVA] ② 30 [kVA]

③ 20 [kVA] ④ 15 [kVA]

🔍 **해설**

변압기용량

$$TR = \frac{5 \times 0.6 + 10 \times 0.6 + 8 \times 0.5 + 6 \times 0.5 + 15 \times 0.4}{1.5 \times 0.75}$$
$$= 20[kVA]$$

★★☆☆☆

10 400[kVA] 단상변압기 3대를 △-△ 결선으로 사용하다가 1대의 고장으로 V-V 결선을 하여 사용하면 약 몇 [kVA] 부하까지 걸 수 있겠는가?

① 400 [kVA] ② 566 [kVA]

③ 693 [kVA] ④ 800 [kVA]

🔍 **해설**

변압기용량

$$P_V = \sqrt{3}\,P_1 = \sqrt{3} \times 400 = 693[kVA]$$

★★★★☆

11 단상 2선식 배전선로의 선로임피던스가 $2+j5\,[\Omega]$ 이고 무유도성 부하전류 10 [A]일 때 송전단 역률은? (단, 수전단 전압의 크기는 100 [V]이고, 위상각은 0°이다.)

① $\dfrac{5}{12}$ ② $\dfrac{5}{13}$

③ $\dfrac{11}{12}$ ④ $\dfrac{12}{13}$

🔍 **해설**

전력용 콘덴서

$I_R = 10[A]$이므로, $R = \dfrac{V}{I} = \dfrac{100}{10} = 10[\Omega]$

$Z = 10 + 2 + j5 = 12 + j5[\Omega]$

$|Z| = \sqrt{12^2 + 5^2}\,[\Omega]$

$\cos\theta = \dfrac{R}{Z} = \dfrac{12}{\sqrt{12^2+5^2}} = \dfrac{12}{13}$

★★★★★

12 한 대의 주상변압기에 역률(뒤짐) $\cos\theta_1$, 유효전력 $P_1[kW]$의 부하와 역률(뒤짐) $\cos\theta_2$, 유효전력 $P_2[kW]$의 부하가 병렬로 접속되어 있을 때 주상변압기 2차측에서 본 부하의 종합역률은 어떻게 되는가?

① $\dfrac{P_1+P_2}{\sqrt{(P_1+P_2)^2 + (P_1\tan\theta_1 + P_2\tan\theta_2)^2}}$

② $\dfrac{P_1+P_2}{\sqrt{(P_1+P_2)^2 + (P_1\sin\theta_1 + P_2\sin\theta_2)^2}}$

③ $\dfrac{P_1+P_2}{\dfrac{P_1}{\cos\theta_1} + \dfrac{P_2}{\cos\theta_2}}$

④ $\dfrac{P_1+P_2}{\dfrac{P_1}{\sin\theta_1} + \dfrac{P_2}{\sin\theta_2}}$

🔍 **해설**

전력용 콘덴서

- 합성역률 $= \dfrac{\text{유효전력의 합}}{\sqrt{(\text{유효전력의 합})^2 + (\text{무효전력의 합})^2}}$

- 합성역률 $= \dfrac{P_1+P_2}{\sqrt{(P_1+P_2)^2 + (P_1\tan\theta_1 + P_2\tan\theta_2)^2}}$

★★☆☆☆

13 역률개선에 의한 배전계통의 효과가 아닌 것은?

① 전력손실 감소 ② 전압강하 감소

③ 변압기 용량 감소 ④ 전선의 표피효과 감소

🔍 **해설**

전력용 콘덴서

역률개선시 효과

- 전력손실 감소
- 전압강하 감소
- 설비이용률 향상
- 전기요금 절감

★★★☆☆

14 정격용량 P[kVA]의 변압기에서 늦은 역률 $\cos\theta_1$의 부하에 P[kVA]를 공급하고 있다. 합성역률 $\cos\theta_2$로 개선하여 이 변압기의 전용량까지 전력을 공급하려고 한다. 소요 콘덴서의 용량은 몇 [kVA]인가?

① $P\cos\theta_1(\tan\theta_1-\tan\theta_2)$

② $P\cos\theta_2(\cos\theta_1-\cos\theta_2)$

③ $P(\tan\theta_1-\tan\theta_2)$

④ $P(\cos\theta_1-\cos\theta_2)$

🔍 **해설**

전력용 콘덴서
$$Q_c=P(\tan\theta_1-\tan\theta_2)=P_a\times\cos\theta_1(\tan\theta_1-\tan\theta_2)$$
단, 윗 식에서 P_a는 피상전력을 나타낸다.

★☆☆☆☆

15 역률 0.8(지상)의 2800[kW] 부하에 전력용 콘덴서를 병렬로 접속하여 합성역률을 0.9로 개선하고자 할 경우, 필요한 전력용 콘덴서의 용량은 약 몇 [kVA]인가?

① 372[kVA]

② 558[kVA]

③ 744[kVA]

④ 1116[kVA]

🔍 **해설**

전력용 콘덴서
$$Q_c=2800\times\left(\frac{0.6}{0.8}-\frac{\sqrt{1-0.9^2}}{0.9}\right)=744[\text{kVA}]$$

★★★★★

16 역률 80[%]인 10000[kVA]의 부하를 갖는 변전소에 2000[kVA]의 콘덴서를 설치해서 역률을 개선하면 변압기가 공급할 수 있는 용량은 몇 [kW]인가?

① 8000[kW]

② 8540[kW]

③ 8940[kW]

④ 9440[kW]

🔍 **해설**

전력용 콘덴서

• 콘덴서 설치후 역률
$$\cos\theta_2=\frac{8000}{\sqrt{8000^2+(6000-2000)^2}}=0.894$$

• 역률개선 후 유효전력
$$P_2=P_a\times\cos\theta_2=10000\times0.894=8940[\text{kW}]$$

★★★☆☆

17 역률 개선용 콘덴서를 부하와 병렬로 연결하고자 한다. △결선방식과 Y결선방식을 비교하면 콘덴서의 정전용량[μF]의 크기는 어떠한가?

① △결선방식과 Y결선방식은 동일하다.

② Y결선방식이 △결선방식의 $\frac{1}{2}$이다.

③ △결선방식이 Y결선방식의 $\frac{1}{3}$이다.

④ Y결선방식이 △결선방식의 $\frac{1}{\sqrt{3}}$다.

🔍 **해설**

결선방식에 따른 정전용량

Y결선에서는 △결선방식에서 보다 전압이 $1/\sqrt{3}$ 배로 감소한다.

콘덴서 용량 $Q_y=3\omega C_s\left(\dfrac{V}{\sqrt{3}}\right)^2=\omega C_s V^2$

정전용량 $C_y=\dfrac{Q_y}{\omega V^2}$

 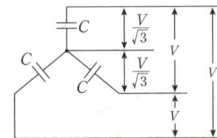

★★★★★

18 주파수 60[Hz], 정전용량 $\dfrac{1}{6\pi}$[μF]의 콘덴서를 △결선해서 3상 전압 20000[V]를 가했을 경우의 충전용량은 몇 [kVA]인가?

① 12[kVA]   ② 24[kVA]

③ 48[kVA]   ④ 50[kVA]

🔍 **해설**

콘덴서의 충전용량

$$Q_c = 3 \times 2\pi \times 60 \times \frac{1}{6\pi} \times 10^{-6} \times 20000^2 \times 10^{-3} = 24[\mathrm{kVA}]$$

여기서, △결선이므로 상전압과 선간전압은 동일하므로 공칭전압을 $\sqrt{3}$ 으로 나누지 않는다.

수변전설비 운영

영상 학습 QR   출제경향분석

본장은 수용가의 수변전설비의 여러 기기 중에서 출제빈도가 높은 개폐기, 차단기, 변성기, 릴레이 등을 중점적으로 학습한다.

❶ 개폐기의 종류별 특성   ❷ 차단기의 종류별 특성
❸ 계기용변성기의 종류별 특성   ❹ 보호계전기의 종류별 특성

콕콕 포인트

▶ 전기 용어해설

자동고장 구분 개폐기[ASS]는 가공 배전선로 분기점에 설치하여 후비보호 장치와 협조하여 고장구간을 자동으로 구분·분리하는 개폐기로서 공급 신뢰도 향상과 다른 수용가에 대한 정전을 방지한다.

Q 포인트문제 1

차단기의 고속도 재폐로의 목적으로 가장 알맞은 것은?

① 고장의 신속한 제거
② 안정도 향상
③ 기기의 보호
④ 고장전류 억제

정답 ②

---

1 개폐기

1. 단로기[DS]

단로기는 아크소호능력이 없기 때문에 부하전류의 개폐를 하지 않는 것이 원칙이다. 다만, 긴급할 경우 여자전류, 충전전류는 차단할 수 있다. 한편, 66[kV]이상의 경우 선로개폐기(LS)를 사용한다.

2. 자동부하 전환 개폐기[ALTS]

22.9[kV] 가공 배전선로에서 주 공급 선로의 정전 사고 시 예비전원선로로 자동 전환되는 개폐장치로서 무정전 전원공급을 수행하는 3회로 2스위치의 개폐기이다.

3. 전력퓨즈[PF : 단락전류 차단]

1) 전력퓨즈의 장점

• 소형·경량이며, 릴레이나 변성기 등이 필요 없다.
• 보수가 간단하고, 차단용량이 크며, 고속도로 차단한다.

2) 전력퓨즈의 단점

• 재투입이 불가능하고, 과도전류에 용단되기 쉽다.
• 결상의 우려가 있으며, 시간–전류 특성을 자유롭게 조정이 불가능하다.

3) 전력퓨즈와 타 개폐기와의 비교

기구명칭	회로분리		사고차단	
	무부하	부하	과부하	단락
단 로 기	○			
전력퓨즈	○			○
전자접촉기	○	○	○	
차 단 기	○	○	○	○

4. 컷아웃스위치[COS]

배전용 변압기의 과전류에 대한 보호 장치로써 1차측인 고압측에 설치한다. 한편, 변압기의 2차측인 저압측 보호에는 캐치 홀더를 사용한다.

5. 구분개폐기

배전선로의 고장 또는 보수 점검시 정전구간을 축소하기 위하여 사용되는 기기로써 부하전류는 개폐할 수 있으나, 고장전류는 차단할 수 없다. 구분개폐로는 유입개폐기(OS), 기중개폐기(AS), 진공개폐기(VS) 등이 있다.

6. 재폐로 차단기[리클로저]

리클로저는 차단기의 일종으로서 변전소 측에 설치하며, 선로의 고장구간을 고속차단하고 재송전하는 조작을 자동적으로 시행하는 재폐로 차단장치를 장비한 자동차단기이다.

7. 자동선로 구분개폐기[섹셔널라이저]

섹셔널라이저는 부하측에 설치하며, 선로 고장 발생시 타 보호기기와의 협조에 의해 고장 구간을 신속히 개방하는 자동구간 개폐기로서 고장전류를 차단할 수 없어 차단 기능이 있는 후비 보호장치와 직렬로 설치되어야 하는 배전용 개폐기이다.

8. 보호협조를 위한 개폐기의 설치순서

공통 중성선 다중접지방식인 계통에 있어서 사고가 생기면 정전이 되지 않도록 선로 도중이나 분기선에 보호장치를 설치하여 상호 보호협조를 기함으로써 사고 구간만을 국한하여 제거시킬 수 있다. 보호협조를 위한 기기의 설치순서는 "변전소 차단기 → 리클로저(R) → 섹셔너라이저(S) → 라인퓨즈(F)" 순이다.

Q 포인트문제 2

공통 중성선 다중접지방식인 계통에 있어서 사고가 생기면 정전이 되지 않도록 선로 도중이나 분기선에 보호장치를 설치하여 상호 보호협조로 사고 구간만을 제거할 수 있도록 각종 개폐기의 설치순서를 옳게 나열한 것은?

① 변전소 차단기 → 섹셔너라이저 → 리클로저 → 라인퓨즈
② 변전소 차단기 → 리클로저 → 라인퓨즈 → 섹셔너라이저
③ 변전소 차단기 → 섹셔너라이저 → 라인퓨즈 → 리클로저
④ 변전소 차단기 → 리클로저 → 섹셔너라이저 → 라인퓨즈

정답 ④

| CHECK POINT | 난이도 ★★☆☆☆   1차 2차 3차

다음 중 무부하시의 전류 차단을 목적으로 사용하는 것은?

① 진공차단기   ② 유입차단기
③ 단로기   ④ 자기차단기

상세해설

단로기는 아크소호능력이 없기 때문에 부하전류의 개폐를 하지 않는 것이 원칙이다. 즉, 무부하시 선로의 개폐를 주 목적으로 한다. 무부하시 여자전류, 충전전류는 단로기로도 차단할 수는 있다.

답 ③

electrical engineer · electrical engineer · electrical engineer · electrical engineer · electrical engineer · electrical engineer · electrical engineer · electrical

2 차단기 – 부하전류 개폐·사고전류 차단

1. 차단기종류별 특징

명칭[약호]	특징
가스차단기 [GCB]	• 154kV 이상의 변전소에 주로 사용 • 아크에 SF_6(육불화유황 : 무색, 무취, 무해) 가스를 불어 넣어 소호
공기차단기 [ABB]	• 공기압력은 $15\sim30[\text{kg/cm}^2]$, 유지보수가 곤란 • 아크에 압축공기를 차단기 주 접점에 불어넣어 소호
유입차단기 [OCB]	• 개폐시 발생되는 아크를 절연유의 소호작용에 의해 소호 • 방음설비가 필요 없으며, 공기보다 소호능력이 뛰어남
진공차단기 [VCB]	• 소내 전력공급용으로 주로 사용되나, 개폐서지가 가장 높음 • 고진공의 높은 절연특성을 이용하여 아크를 소호
자기차단기 [MBB]	• 전자력을 이용하여 아크를 소호실 내로 유도하여 냉각차단
기중차단기 [ACB]	• 타 차단기와는 다르게 저압에서만 사용 • 자연공기 내에서 개방할 때 자연 소호에 의한 방식으로 소호

2. 차단기의 정격차단시간

트립코일 여자부터 아크 소호까지의 시간(3~8Hz)

3. 차단기의 동작책무

1) 정의

차단기가 차단(O) – 투입(C) – 차단(O)을 반복해서 동작할 때 어느 시간간격을 두고 행하여지는 일련의 동작을 규정한 것(단, CO : 투입 후 차단)

2) 표준 동작책무

① 일반용
• 갑호 : O – 1분 – CO – 3분 – CO
• 을호 : CO – 15초 – CO
② 고속도 재투입용 : O – 임의 – CO – 1분 – CO

4. 차단기와 단로기의 조작순서

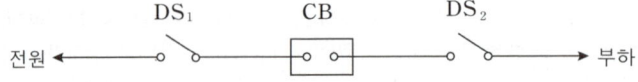

• 차단순서 : CB OFF → DS_2 OFF → DS_1 OFF
• 투입순서 : DS_2 ON → DS_1 ON → CB ON

♥ 핵심 포인트

SF_6가스의 특징
• 안정성 우수
• 열전도성 우수
• 소호능력 우수
• 절연내력 우수
• 무색, 무취, 무독
• 화재위험이 없음

▶ 전기 용어해설

계통에서 사고가 발생하여 차단된 후 사고가 복구되지 않은 상태(고장상태)에서 차단기를 재투입할 경우 의해 접촉자는 전자 반발력을 받는다. 이 반발력에 의해서 투입이 되지 않을 수도 있다. 즉, 차단기의 정격 투입 전류란 투입할 수 있는 전류의 최대치를 말하며, 최초 주파의 최대값으로 표시하며 정격 차단전류의 2.5배를 표준으로 한다.

3 계기용변성기

1. 계기용변압기[PT]

고전압을 저전압으로 변성하여 계측기 및 계전기에 전원공급

정격 1차 전압[V]	2차 정격전압	보수 점검시 2차측 상태
3300, 6600, 22000	110[V]	개방
22900/$\sqrt{3}$		

2. 변류기[CT]

대 전류를 소 전류로 변환하여 계측기 및 계전기에 전원공급

정격 1차 전류[A]	2차 정격전류	보수 점검시 2차측 상태
5, 10, 15, 20, 30 ··	5[A]	단락

3. 전력수급용 계기용변성기[MOF]

PT와 CT를 함께 내장한 것으로 전력량계[WH]에 전원공급

4. 영상변류기[ZCT]

비접지 선로의 지락사고시 영상전류 검출

5. 접지형 계기용변압기[GPT]

비접지 선로의 지락사고시 영상전압 검출
1선지락시 GPT 2차측 V_2에 나타나는 영상전압은 190 [V]이다.

1차측   2차측

Q 포인트 O·X 퀴즈

배전반에 접속되어 운전 중인 PT와 CT를 점검할 때 CT는 개방시키고, PT는 단락시킨다.

A 해설

배전반에 접속되어 운전 중인 PT와 CT를 점검할 때 CT는 단락, PT는 개방시킨다.

정답 (X)

FAQ

유지·보수할 때 변류기 2차 측을 단락하는 이유는 무엇인가요?

답

▶ 통전중인 상태에서 변류기 2차 측을 개방하면 2차측에 과전압이 유기되어 2차측의 절연이 파괴되기 때문입니다.

electrical engineer · electrical engineer · electrical engineer · electrical engineer · electrical engineer · electrical engineer · electrical engineer · electrical

4 보호계전기

1. 과전류계전기[OCR]

일정값 이상의 전류가 흘렀을 때 동작하는 계전기로써 과부하 또는 단락 사고시에 동작한다. 과전류계전기의 탭(TAP)이란, 계전기가 동작하는 최소 동작전류이다. 이것을 조정하여 OCR의 동작특성을 조정할 수 있다.

2. 과전압계전기[OVR]와 부족전압계전기[UVR]

OVR은 일정값 이상의 전압이 걸렸을 때 동작하는 계전기이며, UVR은 일정값 이하로 전압이 떨어졌을 때 동작하는 계전기이다.

3. 지락과전압계전기[OVGR]

지락 사고시 접지형계기용변압기[GPT]에서 검출한 영상전압(190V)을 받아 지락 사고시 동작한다. 반면에, OVR은 지락보호에 사용되지 않는다.

4. 지락계전기[GR]

중성점 비접지 선로(△-△결선)에서 영상변류기에서[ZCT] 전류를 공급받아 이들을 조합하여 지락전류를 검출하는 계전기이다.

5. 지락과전류계전기[OCGR]

GR은 중성점 비접지 선로(△-△결선)에서 사용하며, OCGR은 중성점 접지식 선로(△-Y결선)에 사용하는 지락계전기이다. OCGR은 CT3개를 Y결선한 잔류회로를 이용한다.

6. 방향지락계전기[DGR]

과전류 지락계전기에 방향성을 준 계전기로서 전압은 접지형계기용변압기[GPT]에서 전류는 변류기[CT]에서 공급받아 지락사고시 동작하는 계전기이다.

7. 선택지락계전기[SGR]

전압은 접지형계기용변압기[GPT]에서 받으나 전류는 영상변류기[ZCT]에서 공급받아 동작하며, 선택접지계전기는 특히 병행 2회선 선로에서 1회선에서 지락사고가 발생했을 때 고장 회선만을 선택하여 차단한다.

8. 비율차동계전기[RDF]

발전기, 변압기, 모선의 내부고장 보호용으로 사용되며 변압기 결선을 $Y-\Delta$로 하였을 경우 1차측과 2차측은 30°의 위상차가 발생한다. 따라서 비율차동계전기에 연결된 변류기의 결선은 1차측은 Δ, 2차측은 Y로 접속하여 차동 계전기의 입력전류는 동상이 되도록 한다.

9. 방향단락계전기[DSR]

과전류계전기에 방향성을 준 계전기로써 어느 일정한 방향으로 일정값 이상의 단락 전류가 흘렀을 경우 동작한다.

10. 역상계전기

3상 결선 변압기의 단상 운전에 의한 소손 방지를 목적으로 설치하는 계전기

11. 거리계전기

전압 및 전류를 입력량으로 하여, 전압과 전류의 비의 함수가 예정치 이하로 되었을 때 동작한다. 거리계전기는 선로의 단락보호 또는 계통 탈조 사고의 검출용으로 한다.

12. 방향거리계전기

거리계전기에 방향성을 준 계전기로써 전원이 2군데 이상 환상 선로의 단락보호에 사용된다. 한편, 전원이 2군데 이상의 방사 선로의 단락보호에는 방향 단락계전기와 과전류계전기[OCR]를 조합하여 사용한다.

| CHECK POINT | 난이도 ★★☆☆☆   1차 2차 3차

변압기의 내부 고장시 동작하는 것으로서 단락고장의 검출 등에 사용되는 계전기는?

① 부족전압 계전기   ② 비율차동 계전기
③ 재폐로 계전기   ④ 선택 계전기

상세해설

비율차동계전기[RDF]는 발전기, 변압기, 모선의 내부고장 보호용으로 사용된다. 한편, 변압기 결선이 $\triangle-Y$시 1차와 2차 사이에 30°의 위상차가 발생하므로 이를 보상하기 위하여 변압기 1차측 결선이 $\triangle$면 CT 1차측은 Y결선하며, 변압기 2차측기 Y결선이면 CT 2차측은 결선은 $\triangle$로 한다. 즉 변압기 결선방식과 반대로 한다.

참고 : 변압기 내부 고장시 동작하는 계전기 : 비율차동 계전기, 부흐홀츠 계전기, 온도 계전기

답 ②

- QR 코드를 찍으시면, 가장 중요한 우선순위 문제풀이 영상을 보실 수 있습니다.
- 우선순위 논점은 전기(산업)기사 시험에서 가장 출제 빈도가 높은 문제로써, 수험생분들께서는 각 파트별 우선순위 문제의 논점과 키워드를 학습하시기를 바랍니다.
- 체크 리스트를 작성하시면서 문제의 유형과 학습의 완성도를 스스로 체크 해 보시기를 바랍니다.
- "선생님의 콕콕 포인트"는 틀리기 쉬운 문제의 함정과 문제의 포인트를 집어드립니다. 우선순위 문제풀이의 포인트를 꼭 참고하고 응용문제의 해결능력을 길러 줍니다.

번호	우선순위 논점	KEY WORD	나의 정답 확인				선생님의 콕콕 포인트
			맞음	틀림(오답확인)			
				이해 부족	암기 부족	착오 실수	
2	단로기[DS]	무부하, 아크소호, 선로개폐기[LS]					단로기와 차단기의 차이점을 이해하고, 단로기와 선로개폐기의 유사성을 암기할 것
7	전력퓨즈[PF]	단락전류, 재투입 불가, 과도전류					전력퓨즈와 컷아웃스위치의 용도를 혼동하지 말 것
11	아크 소호매질	절연유, 육불화유황(SF₆), 압축공기, 전자력, 고 진공, 자연공기					차단기의 소호방식에 따른 종류별 고유특징을 이해하고 키워드를 중점적으로 숙지할 것
21	변류기[CT]	단락, 고전압 발생, 2차측 절연보호					PT와 CT의 점검시 유의사항을 비교하면서 숙지할 것
29	보호계전기의 한시특성	순한시, 정한시, 반한시					계전기의 한시특성의 종류별 특징을 그래프로 이해하고 키워드를 중점적으로 숙지할 것

★☆☆☆☆
01 다음 중 부하전류의 차단에 사용되지 않는 것은?

① NFB ② OCB
③ VCB ④ DS

🔍 **해설**

개폐기
단로기(Disconnecting Switch)는 보수점검을 위해 무부하 선로를 개폐하며, 사고전류와 부하전류는 차단할 수 없다.

💬 **참고**

NFB(No Fuse Breaker)는 배선용 차단기의 일종으로 부하전류와 사고전류를 차단할 수 있다.

★☆☆☆☆
02 단로기에 대한 설명으로 적합하지 않은 것은?

① 소호장치가 있어 아크를 소멸시킨다.
② 무부하 및 여자전류의 개폐에 사용된다.
③ 배전용 단로기는 보통 디스커넥팅바로 개폐한다.
④ 회로의 분리 또는 계통의 접속 변경시에 사용한다.

🔍 **해설**

단로기
단로기는 아크소호능력이 없기 때문에 부하전류의 개폐를 하지 않는 것이 원칙이다. 다만, 긴급할 경우 여자전류, 충전전류는 차단할 수 있다. 한편, 66kV 이상의 경우 선로개폐기(LS)를 사용한다.

★★★★★
03 다음 중 단로기에 대한 설명으로 바르지 못한 것은?

① 선로로부터 기기를 분리, 구분 및 변경할 때 사용되는 개폐기구로 소호 기능이 없다.
② 충전전류의 개폐는 가능하나 부하전류 및 단락전류의 개폐 능력을 가지고 있지 않다.
③ 부하측의 기기 또는 케이블 등을 점검할 때에 선로를 개방하고 시스템을 절환하기 위해 사용된다.
④ 차단기와 직렬로 연결되어 전원과의 분리를 확실하게 하는 것으로 차단기 개방 후 단로기를 열고 차단기를 닫은 후 단로기를 닫아야 한다.

[정답] 01 ④ 02 ① 03 ④

🔍 **해설**

단로기

차단기와 직렬로 연결되어 전원과의 분리를 확실하게 하는 것으로 차단기 개방 후 단로기를 열고 투입시에는 단로기를 닫은 후 차단기를 닫아야 한다.

★★☆☆☆

04 인터록(interlock)의 설명으로 옳은 것은?

① 차단기가 열려 있어야만 단로기를 닫을 수 있다.

② 차단기가 닫혀 있어야만 단로기를 닫을 수 있다.

③ 차단기가 열려 있으면 단로기가 닫히고, 단로기가 열려 있으면 차단기가 닫힌다.

④ 차단기의 접점과 단로기의 접점이 기계적으로 연결되어 있다.

🔍 **해설**

개폐기

단로기는 부하전류를 개폐할 수 없으므로 차단기와 단로기를 개폐할 때는 반드시 정해진 순서에 의해 조작해야 한다.

인터록 이란 차단기가 열려 있는 상태에서만 단로기를 닫거나 열수 있게 하는 기능을 말한다.

★★★☆☆

05 그림과 같은 배전선로에서 부하의 급전시와 차단시에 조작방법 중 옳은 것은?

① 급전 시는 DS, CB 순이고, 차단 시는 CB, DS 순이다.

② 급전 시는 CB, DS 순이고, 차단 시는 DS, CB 순이다.

③ 급전 및 차단 시 모두 DS, CB 순이다.

④ 급전 및 차단 시 모두 CB, DS 순이다.

🔍 **해설**

단로기

단로기의 조작순서

• 차단순서 : 차단기 ➡ 단로기 순으로

• 투입순서 : 단로기 ➡ 차단기 순으로

★☆☆☆☆

06 전력용 퓨즈는 주로 어떤 전류의 차단을 목적으로 사용하는가?

① 충전전류   ② 부하전류

③ 단락전류   ④ 지락전류

🔍 **해설**

전력퓨즈

전력퓨즈[PF]는 단락전류 과부하전류를 차단할 수 있으며, 주로 단락전류를 차단한다. 한편, 단락전류는 지상전류이다.

★★☆☆☆

07 전력용 퓨즈의 장점으로 틀린 것은?

① 소형으로 큰 차단용량을 갖는다.

② 밀폐형 퓨즈는 차단시에 소음이 없다.

③ 가격이 싸고 유지보수가 간단하다.

④ 과도전류에 의해 쉽게 용단되지 않는다.

🔍 **해설**

전력퓨즈

전력퓨즈는 기동전류 등의 과도전류에 용단되기 쉽기 때문에 결상을 일으킬 염려가 있다.

★★☆☆☆

08 고압가공 배전선로에서 고장, 또는 보수 점검시, 정전구간을 축소하기 위하여 사용되는 것은?

① 구분 개폐기

② 컷아웃스위치

③ 캐치홀더

④ 공기차단기

🔍 **해설**

개폐기

구분 개폐기는 배전선로의 고장 또는 보수 점검시 정전구간을 축소하기 위하여 사용되는 기기로써 부하전류는 개폐할 수 있으나, 고장전류를 차단할 수 없다. 구분개폐로는 유입개폐기(OS), 기중개폐기(AS), 진공개폐기(VS) 등이 있다.

[정답] 04 ①   05 ①   06 ③   07 ④   08 ①

★☆☆☆☆
09 다음 중 현재 널리 사용되고 있는 GCB(Gas Circuit Breaker)용 가스는?

① SF_6가스 ② 아르곤가스
③ 네온가스 ④ N_2가스

🔍 **해설**

가스차단기

GCB는 154kV이상의 변전소에 주로 사용되며 SF_6(육불화유황 : 무독, 무취, 무해)가스를 불어 넣어 아크를 소호시킨다.

★☆☆☆☆
10 SF_6가스차단기의 설명이 잘못된 것은?

① SF_6가스는 절연내력이 공기의 2~3배이고 소호능력이 공기의 100~200배이다.
② 밀폐구조이므로 소음이 없다.
③ 근거리 고장 등 가혹한 재기전압에 대해서 우수하다.
④ 아크에 의해 SF_6가스는 분해되어 유독가스를 발생시킨다.

🔍 **해설**

육불화유황가스

아크에 의해 SF_6가스는 분해되어 유독가스를 발생시키지 않는다.

★★★☆☆
11 차단기와 차단기의 소호매질이 틀리게 연결된 것은?

① 공기차단기 – 압축공기
② 가스차단기 – SF_6가스
③ 자기차단기 – 진공
④ 유입차단기 – 절연유

🔍 **해설**

차단기

자기차단기 전자력을 이용하여 아크를 소호실 내로 유도하여 냉각 차단하며, 전류절단현상이 비교적 잘 발생한다.

★★★★☆
12 유입차단기에 대한 설명으로 틀린 것은?

① 기름이 분해하여 발생되는 가스의 주성분은 수소가스이다.
② 부싱 변류기를 사용할 수 없다.
③ 기름이 분해하여 발생된 가스는 냉각작용을 한다.
④ 보통 상태의 공기 중에서보다 소호능력이 크다.

🔍 **해설**

차단기

유입차단기는 부싱 변류기를 사용할 수 있으며, 정기적으로 절연유를 교체해야 하므로 보수가 어렵다.

★★☆☆☆
13 특별고압차단기 중 개폐 서지전압이 가장 높은 것은?

① 유입차단기(OCB) ② 진공차단기(VCB)
③ 자기차단기(MBB) ④ 공기차단기(ABB)

🔍 **해설**

차단기

진공차단기[VCB]는 소내 전력공급용으로 주로 사용되나, 개폐서지가 매우 높으므로 VCB 2차측에 몰드변압기 또는 건식변압기를 사용할 경우 서지흡수기를 설치해야 한다.

★☆☆☆☆
14 배선계통에서 사용하는 고압용 차단기의 종류가 아닌 것은?

① 기중차단기(ACB) ② 공기차단기(ABB)
③ 진공차단기(VCB) ④ 유입차단기(OCB)

🔍 **해설**

차단기

기중차단기는 대기 중에서 아크를 길게 하여 소호실에서 냉각 차단하는 방식으로서 저압에서만 사용한다.

★★☆☆☆
15 차단기의 정격투입전류란 투입되는 전류의 최초 주파수의 어느 값을 말하는가?

[정답] 09 ① 10 ④ 11 ③ 12 ② 13 ② 14 ① 15 ②

① 평균값　　　　② 최대값

③ 실효값　　　　④ 직류값

해설
차단기

차단기의 정격투입전류란 최초 주파수의 최댓값을 말한다.

★★☆☆☆
16 차단기의 정격차단시간은?

① 가동 접촉자의 동작시간부터 소호까지의 시간

② 고장 발생부터 소호까지의 시간

③ 가동 접촉자의 개극부터 소호까지의 시간

④ 트립코일 여자부터 소호까지의 시간

해설
차단기

차단기의 정격차단시간이란 트립코일이 여자되는 순간부터 아크가 소호되는데 까지 걸리는 시간을 말하며 3~8Hz이다.

★★☆☆☆
17 다음 중 고속도 재투입용 차단기의 표준 동작책무 표기로 가장 옳은 것은? (단, t는 임의의 시간 간격으로 재투입하는 시간을 말하며, O은 차단동작, C는 투입동작, CO는 투입 동작에 계속하여 차단동작을 하는 것을 말함)

① O - 1분 - CO

② CO - 15초 - CO

③ CO - 15분 - CO - t초 - CO

④ O - t초 - CO - 1분 - CO

해설
차단기
표준 동작책무
① 일반용
　• 갑호 : O - 1분 - CO - 3분 - CO
　• 을호 : CO - 15초 - CO
② 고속도 재투입용
　• O - 임의 - CO - 1분 - CO

★★★★★
18 재폐로 차단기에 대한 설명으로 옳은 것은?

① 배전선로용은 고장구간을 고속차단하여 제거한 후 다시 수동조작에 의해 배전이 되도록 설계된 것이다.

② 재폐로 계전기와 함께 설치하여 계전기가 고장을 검출하여 이를 차단기에 통보, 차단하도록 된 것이다.

③ 3상 재폐로 차단기는 1상의 차단이 가능하고 무전압 시간을 약 20~30초로 정하여 재폐로 하도록 되어 있다.

④ 송전선로의 고장구간을 고속차단하고 재송전하는 조작을 자동적으로 시행하는 재폐로 차단장치를 장비한 자동차단기이다.

해설
재폐로 차단기[리클로저]

리클로저는 차단기의 일종으로서 변전소 측에 설치하며, 선로의 고장구간을 고속차단하고 재송전하는 조작을 자동적으로 시행하는 재폐로 차단장치를 장비한 자동차단기이다.

★★☆☆☆
19 선로 고장 발생시 타 보호기기와의 협조에 의해 고장구간을 신속히 개방하는 자동구간 개폐기로서 고장전류를 차단할 수 없어 차단 기능이 있는 후비 보호장치와 직렬로 설치되어야 하는 배전용 개폐기는?

① 배전용 차단기　　② 부하 개폐기

③ 컷아웃스위치　　④ 섹셔널라이저

해설
섹셔널라이저[자동선로 구분개폐기]

섹셔널라이저는 부하측에 설치하며, 선로 고장 발생시 타 보호기기와의 협조에 의해 고장 구간을 신속히 개방하는 자동구간 개폐기로서 고장전류를 차단할 수 없어 차단 기능이 있는 후비 보호장치와 직렬로 설치되어야 하는 배전용 개폐기이다.

★★☆☆☆
20 자가용 수전설비의 13.2/22.9 [kV - Y] 결선에서 계기용변압기의 2차측 정격전압은 몇 [V]인가?

① 100　　　　② $100\sqrt{3}$

③ 110　　　　④ $110\sqrt{3}$

해설

계기용변압기
- PT(계기용 변압기) 2차측 정격전압 : 110[V]
- CT(계기용 변류기) 2차측 정격전류 : 5[A]

★★★☆☆

21 배전반에 접속되어 운전 중인 PT와 CT를 점검할 때의 조치 사항으로 옳은 것은?

① CT는 단락시킨다.
② PT는 단락시킨다.
③ CT와 PT 모두를 단락시킨다.
④ CT와 PT 모두를 개방시킨다.

해설

변류기
CT는 점검할 때 2차측 절연 보호를 위해 CT 2차측을 단락시킨다.

★☆☆☆☆

22 20[kV] 미만의 옥내 변류기로 주로 사용되는 것은?

① 유입식 권선형
② 부싱형
③ 관통형
④ 건식 권선형

해설

변류기
변류기는 권선형과 부싱형이 있으며, 권선형 변류기에는 건식과 유입식이 있다. 20kV 미만의 옥내 변류기로 주로 건식 권선형 변류기가 사용된다.

★★★☆☆

23 변전소에서 비접지 선로의 접지 보호용으로 사용되는 계전기에 영상전류를 공급하는 것은?

① CT
② GPT
③ ZCT
④ PT

해설

영상 변류기
- 영상전류 검출 : 영상 변류기[ZCT]
- 영상전압 검출 : 접지형 계기용 변압기[GPT]

★★★☆☆

24 영상변류기와 관계가 가장 깊은 계전기는?

① 차동계전기
② 과전류계전기
③ 과전압계전기
④ 선택접지계전기

해설

계기용변성기
영상변류기는 지락사고시 지락전류(영상전류)를 검출하여 지락계전기를 동작시킨다.

★★★★☆

25 6.6[kV] 고압 배전선로(비접지 선로)에서 지락보호를 위하여 특별히 필요치 않은 것은?

① 과전류 계전기(OCR)
② 선택접지 계전기(SGR)
③ 영상변류기(ZCT)
④ 접지변압기(GPT)

해설

과전류계전기
과전류계전기[OCR]는 일정 값 이상의 전류가 흘렀을 때 동작하는 계전기로써 과부하 또는 단락 사고시에 동작한다.

★★☆☆☆

26 선택접지(지락) 계전기의 용도를 옳게 설명한 것은?

① 단일회선에서 접지고장 회선의 선택 차단
② 단일회선에서 접지전류의 방향 선택 차단
③ 병행 2회선에서 접지고장 회선의 선택 차단
④ 병행 2회선에서 접지사고의 지속시간 선택 차단

해설

선택지락계전기[SGR]
전압은 접지형계기용변압기[GPT]에서 받고, 전류는 영상변류기[ZCT]에서 공급받아 동작하며, 선택접지계전기는 특히 병행 2회선 선로에서 1회선에서 지락사고가 발생했을 때 고장 회선만을 선택하여 차단한다.

[**정답**] 21 ① 22 ④ 23 ③ 24 ④ 25 ① 26 ③

★★★★★

27 전원이 양단에 있는 방사상 송전선로의 단락보호에 사용되는 계전기의 조합방식은?

① 방향거리 계전기와 과전압 계전기의 조합

② 방향단락 계전기와 과전류 계전기의 조합

③ 선택접지 계전기와 과전류 계전기의 조합

④ 부족전류 계전기와 과전압 계전기의 조합

🔎 **해설**

송전선로의 단락보호

① 방사 선로
  - 전원이 1단에만 있는 경우 : 과전류 계전기
  - 전원이 양단에 있는 경우 : 과전류 계전기＋방향단락 계전기

② 환상 선로
  - 전원이 1단에만 있을 경우 : 방향 단락 계전기
  - 전원이 두 군데 이상 있는 경우 : 방향 거리 계전기

★★☆☆☆

28 보호 계전기의 한시 특성 중 정한시에 관한 설명을 바르게 표현한 것은?

① 입력 크기에 관계없이 정해진 시간에 동작한다.

② 입력이 커질수록 정비례하여 동작한다.

③ 입력 150[%]에서 0.2초 이내에 동작한다.

④ 입력 200[%]에서 0.04초 이내에 동작한다.

🔎 **해설**

보호계전기의 한시특성

정한시 계전기는 동작전류의 크기와는 관계없이 항상 일정한 시간에 동작하는 계전기이다.

★★☆☆☆

29 계전기의 반한시 특성이란?

① 동작전류가 클수록 동작시간이 길어진다.

② 동작전류가 흐르는 순간에 동작한다.

③ 동작전류에 관계없이 동작시간은 일정하다.

④ 동작전류가 크면 동작시간은 짧아진다.

🔎 **해설**

보호계전기의 한시특성

계전기의 한시특성

- 순한시 계전기 : 정정된 전류 이상의 전류가 흐르면 즉시 동작
- 정한시 계전기 : 동작전류의 크기와는 관계없이 항상 정해진 일정한 시간에서 동작
- 반한시 계전기 : 전류 값이 클수록 빨리 동작하고 반대로 전류 값이 작아질수록 느리게 동작
- 정한시-반한시 계전기: 정한시와 반한시 계전기의 특성을 조합

★★★★★

30 변압기 등 전력설비 내부 고장 시 변류기에 유입하는 전류와 유출하는 전류의 차로 동작하는 보호계전기는?

① 차동계전기

② 지락계전기

③ 과전류계전기

④ 역상전류계전기

🔎 **해설**

비율차동계전기

변류기에 유입하는 전류와 유출하는 전류의 차로 동작하는 차동계전기는 변압기, 발전기 내부고장 보호에 주로 사용된다.

★★★★☆

31 변압기의 내부 고장시 동작하는 것으로서 단락고장의 검출 등에 사용되는 계전기는?

① 부족전압 계전기

② 비율차동 계전기

③ 재폐로 계전기

④ 선택 계전기

🔎 **해설**

비율차동계전기

발전기, 변압기, 모선의 내부고장 보호용으로 사용되며 변압기 결선을 $Y-\varDelta$로 하였을 경우 1차측과 2차측은 $30°$의 위상차가 발생한다. 따라서 비율차동계전기에 연결된 변류기의 결선은 1차측은 $\varDelta$, 2차측은 Y로 접속하여 차동 계전기의 입력전류는 동상이 되도록 한다.

★★★★★

32 변압기 보호용 비율차동 계전기를 사용하여 $\triangle-Y$ 결선의 변압기를 보호하려고 한다. 이때 변압기 1, 2차측에 설치하는 변류기의 결선방식은?

① $\triangle-\triangle$

② $\triangle-Y$

③ $Y-\triangle$

④ $Y-Y$

🔍 해설

비율차동계전기

발전기, 변압기의 내부고장 보호용, 모선보호용으로 사용되며 변압기 결선을 $\triangle-Y$로 하였을 경우 1차측과 2차측은 $30°$의 위상차가 발생한다. 따라서 비율차동계전기에 연결된 변류기의 결선은 1차측은 Y, 2차측은 $\triangle$로 접속하여 차동 계전기의 입력전류는 동상이 되도록 한다.

★★☆☆☆
33 다음 중 모선 보호용 계전기로 사용하면 가장 유리한 것은?

① 재폐로 계전기　　　② 옴형 계전기
③ 역상 계전기　　　　④ 차동 계전기

🔍 해설

모선 보호 계전방식
- 전류차동 계전방식
- 전압차동 계전방식
- 방향비교 계전방식
- 위상비교 계전방식

★★☆☆☆
34 모선 보호에 사용되는 계전방식이 아닌 것은?

① 위상 비교방식　　　② 선택접지 계전방식
③ 방향거리 계전방식　④ 전류차동 보호방식

🔍 해설

모선 보호 계전방식
- 전류차동 계전방식
- 전압차동 계전방식
- 방향비교 계전방식
- 위상비교 계전방식

★★☆☆☆
35 22.9[kV] 가공배전선로에서 주 공급 선로의 정전 사고시 예비전원선로로 자동 전환되는 개폐장치는?

① 자동고장구간 개폐기　② 자동선로구분 개폐기
③ 자동부하전환 개폐기　④ 기중부하 개폐기

🔍 해설

자동부하전환 개폐기

22.9kV 가공 배전선로에서 주 공급 선로의 정전 사고 시 예비전원 선로로 자동 전환되는 개폐장치로서 무정전 전원공급을 수행하는 3회로 2스위치의 개폐기이다.

★☆☆☆☆
36 가공배전선로에서 부하용량 4000[kVA] 이하의 분기점에 설치하여 후비 보호장치인 차단기 또는 리클로저와 협조하여 고장구간을 자동으로 구분 분리하는 개폐장치는?

① 자동고장구간 개폐기　② 자동선로구분 개폐기
③ 자동부하전환 개폐기　④ 기중부하 개폐기

🔍 해설

자동고장 구분 개폐기[ASS]

ASS는 가공배전선로에서 부하용량 4000kVA이하의 분기점에 설치하여 후비보호 장치와 협조하여 고장구간을 자동으로 구분·분리하는 개폐기로서 공급 신뢰도 향상과 다른 수용가에 대한 정전을 방지한다.

★☆☆☆☆
37 송전계통에서 발생한 고장 때문에 일부 계통의 위상각이 커져서 동기를 벗어나려고 할 경우 이것을 검출하고 계통을 분리하기 위해서 차단하지 않으면 안 될 경우에 사용되는 계전기는?

① 한시계전기　　　　② 선택단락계전기
③ 탈조보호계전기　　④ 방향거리계전기

🔍 해설

탈조보호계전기

탈조보호계전기란 송전시스템에 발생한 고장 때문에 일부 시스템의 위상각이 커져서 동기(synchronous)를 벗어나려고 할 경우 이것을 검출하여 해당 시스템을 분리하고자 할 때 사용되는 계전기이다.

[정답] 33 ④　34 ②　35 ③　36 ①　37 ③

electrical engineer

수력발전

영상 학습 QR
출제경향분석

본장에서는 수력발전의 기초역학, 원리, 특성을 유기적으로 연결하여 학습하고, 수력발전소에 필수적인 설비의 종류별 특징을 중점적으로 학습한다.

❶ 연속의 원리
❷ 수력발전의 출력
❸ 특유속도와 케비테이션현상
❹ 낙차변화에 의한 특성변화

참고

조력발전이란 조석간만의 차를 이용한 발전방식으로서 우리나라의 경우 시화호 조력발전소가 있다. 조력발전소의 수차는 저낙차발전에 사용하는 원통형 (튜블러)수차이다.

🔽 핵심 포인트

베르누이의 정리

1. 수두 : 1[kg] 당 물이 갖는 에너지로서 단위는 [m]를 사용한다.
   ① 위치수두 : H[m] : 여기서, H 는 어느 기준면에서의 높이
   ② 압력수두 : $P/\omega = P/1000$[m] 여기서, ω는 물의 비중량 (1000[kg/m³])
   ③ 속도수두 : $v_7^2/2g$[m] 여기서, g 는 중력가속도(9.8[m/s²])
2. 베르누이의 정리 : 어느 곳에서나 위치, 압력, 속도에너지의 합은 일정
   ① 손실을 무시할 경우
   $H + P/\omega + v^2/2g = k$(일정)
   ② 손실을 고려할 경우
   $H_1 + \dfrac{P_1}{\omega} + \dfrac{v_1^2}{2g} = H_2 + \dfrac{P_1}{\omega} + \dfrac{v_1^2}{2g} + H_l$

1 수력학

1. 연속의 원리

수류가 고체에 둘러싸여 있고 A로부터 유입되는 수량과 B로부터 유출되는 수량이 같다. 즉, 관로나 수로 등에 흐르는 물의 양 Q[m³/s]은 유수의 단면적 A[m²]와 평균유속 v[m/s]와 곱으로 나타내며 관로나 수로 어느 지점에서나 유량은 같다.

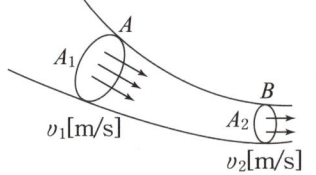

$$Q = Av = A_1 v_1 = A_2 v_2 \text{[m}^3\text{/s]}$$

2. 물의 이론 분출속도

$$v_2 = \sqrt{2gH} \text{ [m/s] 단, } H = h_1 - h_2$$

2 수력발전의 출력

1. 수차 출력

$$P = 9.8QH\eta_t \,[\text{kW}]$$

2. 발전소 출력

$$P = 9.8QH\eta_t\eta_g \,[\text{kW}]$$

3. 유량의 종별

- 갈수량 : 1년 365일 중 355일은 이것보다 내려가지 않는 유량 또는 수위
- 평수량 : 1년 365일 중 185일은 이것보다 내려가지 않는 유량 또는 수위

4. 유황곡선과 적산 유량곡선

- 유황곡선 : 유량도를 토대로 가로축에 1년의 일수를, 세로축에 매일의 유량을 큰 순서대로 나타낸 곡선이다.

- 적산유량 곡선 : 유량도를 토대로 가로축에 1년 365일을 역일순으로, 세로축으로는 유량의 누계를 잡아서 만든 곡선으로서 댐설계시, 저수지 용량을 결정할 때 사용한다.

5. 연평균유량

$$Q = \frac{\text{면적}\,[\text{km}^2] \times 10^6 \times \text{강수량}\,[\text{mm}] \times 10^{-3}}{365 \times 24 \times 3600} \times \text{유출계수}\,[\text{m}^3/\text{s}]$$

| CHECK POINT | 난이도 ★★☆☆☆   1차 2차 3차

수력발전소의 댐을 설계하거나 저수지의 용량 등을 결정하는데 가장 적당한 것은?

① 유량도   ② 적산유량곡선
③ 유황곡선   ④ 수위유량곡선

상세해설

적산유량 곡선은 유량도를 토대로 가로축에 1년 365일을 역일순으로, 세로축으로는 유량의 누계를 잡아서 만든 곡선으로서 댐설계시, 저수지 용량을 결정할 때 사용한다.

답 ②

참고

Q : 유량$[\text{m}^3/\text{s}]$, H : 유효낙차$[\text{m}]$,
η_t : 수차효율, η_g : 발전기 효율,
t : 시간$[\text{h}]$

Q 포인트문제

그림과 같은 유황곡선을 가진 수력 지점에서 최대사용 수량 OC로 1년간 계속 발전하는데 필요한 저수지의 용량은?

A 정답

면적 DEB

핵심 포인트

수력발전의 분류

- 낙차를 얻는 방법
  수로식, 댐식, 댐수로식, 유역 변경식
- 유량의 사용 방법
  자연유입식, 저수지식, 조정지식, 양수식

콕콕 포인트

electrical engineer · electrical engineer · electrical engineer · electrical engineer · electrical engineer · electrical engineer · electrical engineer · electrical

3 양수식 발전

대용량 화력발전 또는 원자력발전소에서 발전전력에 여유가 있을 때 이러한 잉여전력을 이용해서 하부저수지의 물을 전동기로 펌프를 돌려 물을 상부의 저수지에 저장하였다가 필요에 따라 수압관을 통하여 이 물을 이용해서 발전하는 방식이다. 우리나라의 수력발전의 50[%] 정도가 양수식발전에 해당하며 이는 첨두부하 발전에 적합하다.

4 특유속도와 케비테이션 현상

1. 특유속도

$$N_s = N \times \frac{P^{\frac{1}{2}}}{H^{\frac{5}{4}}}[\text{m}\cdot\text{kW}]$$

2. 케비테이션 현상

1) 정의와 영향

빠른 속도로 액체가 운동할 때 액체의 압력이 증기압 이하로 낮아져서 액체 내에 증기 기포가 발생하는 현상으로 수차의 효율 저하, 진동 및 소음, 러너와 버킷 등에 침식을 발생시킨다.

2) 방지대책

· 흡출관높이를 높게 취하지 않는다.
· 비속도를 적당히 한다.
· 침식에 강한 재료로 제작하고 러너표면을 매끄럽게 가공한다.

5 수차의 종류

1. 반동수차와 충동수차의 종류

구 분	저 낙차	중 낙차		고 낙차
범 위	15m 이하	15~45m 이하	30~400m 이하	350m 이상
수차종류	원통형수차 튜블러수차	프로펠러수차 카플란수차	프란시스수차 사류수차	펠턴수차
		반동수차		충동수차

2. 특유속도의 크기 순서

| 원통형수차
튜블러수차 | > | 프로펠러수차
카플란수차 | > | 프란시스수차
사류수차 | > | 펠턴수차 |

6 낙차변화에 의한 특성변화

1. 회전수와 낙차

$$\frac{N_2}{N_1}=\left(\frac{H_2}{H_1}\right)^{\frac{1}{2}}$$

2. 유량과 낙차

$$\frac{Q_2}{Q_1}=\left(\frac{H_2}{H_1}\right)^{\frac{1}{2}}$$

3. 출력과 낙차

$$\frac{P_2}{P_1}=\left(\frac{H_2}{H_1}\right)^{\frac{3}{2}}$$

7 조압수조

압력수로와 수압관 사이에 설치하며, 부하 변동시 급격한 수압을 흡수하여 수격압을 완화시켜 수압관을 보호한다.

♥ 핵심 포인트

조속기는 부하변동에 따른 수차의 회전속도를 자동으로 조정해주는 장치이다. 조속기가 예민하면 난조탈조를 일으킬 수 있다. 조속기의 주요 부분은 검출부, 복원 기구, 배압밸브, 서보 모터, 압유 장치 등이 있다.

참고

조속기의 동작순서

평속기 → 배압밸브 → 서보 모터 → 복원기구

조압수조의 종류

(a) 단동형

(b) 차동형

(c) 수실형

(d) 제수공형

| CHECK POINT | 난이도 ★★☆☆☆   [1차] [2차] [3차]

어느 수차의 정격회전수가 450[rpm]이고 유효낙차가 220[m]일 때 출력은 6000[kW]이었다. 이 수차의 특유속도는 약 몇 [m·kW]인가?

① 35[m·kW]   ② 38[m·kW]
③ 41[m·kW]   ④ 47[m·kW]

상세해설

특유속도 $N_s = N \cdot \dfrac{P^{0.5}}{H^{\frac{5}{4}}} = 450 \times \dfrac{6000^{0.5}}{220^{\frac{5}{4}}} \fallingdotseq 41[\text{m·kW}]$

답 ③

영상 학습 QR

- QR 코드를 찍으시면, 가장 중요한 우선순위 문제풀이 영상을 보실 수 있습니다.
- 우선순위 논점은 전기(산업)기사 시험에서 가장 출제 빈도가 높은 문제로써, 수험생분들께서는 각 파트별 우선순위 문제의 논점과 키워드를 학습하시기를 바랍니다.
- 체크 리스트를 작성하시면서 문제의 유형과 학습의 완성도를 스스로 체크 해 보시기를 바랍니다.
- "선생님의 콕콕 포인트"는 틀리기 쉬운 문제의 함정과 문제의 포인트를 집어드립니다. 우선순위 문제풀이의 포인트를 꼭 참고하고 응용문제의 해결능력을 길러 줍니다.

번호	우선순위 논점	KEY WORD	나의 정답 확인				선생님의 콕콕 포인트
			맞음	틀림(오답확인)			
				이해 부족	암기 부족	착오 실수	
2	연속의 원리	유량, 유속, 지름, 단면적					연속의 원리를 이해하고 유속은 수압관지름의 제곱에 반비례함을 기억할 것
10	수력발전의 출력	유효낙차, 유량[m³/s], 단위					유량의 단위는 [m³/s]이므로, 수력발전의 출력 계산시 저수량 1000[m³]을 3600으로 나누어 계산할 것
12	연평균 유량	유역면적, 강우량, 유출계수					연평균유량계산시 면적과 연강우량의 단위를 기본단위로 통일시켜 유량의 단위인 [m³/s]로 만들 것
20	조압수조	서지탱크, 수격압, 수압관					조압수조의 역할과 흡출관의 역할을 혼동하지 말 것
21	낙차변화에 의한 특성변화	낙차, 유량					낙차가 변할 경우 회전수, 유량, 출력이 변하며, 유량과 회전수는 1/2승에 비례하고, 출력은 3/2승에 비례함을 유의하여 계산할 것

★★☆☆☆

01 그림과 같이 "수류가 고체에 둘러싸여 있고 A로부터 유입되는 수량과 B로부터 유출되는 수량이 같다."고 하는 이론은?

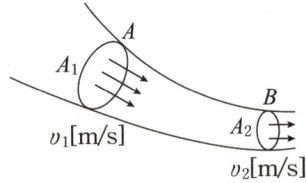

① 베르누이 정리　　② 연속의 원리
③ 토리첼리의 정리　　④ 수두이론

🔍 **해설**

연속의 원리
수류가 고체에 둘러싸여 있고 A로부터 유입되는 수량과 B로부터 유출되는 수량이 같다. 즉, 관로나 수로 등에 흐르는 물의 양 $Q[\text{m}^3/\text{s}]$은 유수의 단면적 $A[\text{m}^2]$와 평균유속 $v[\text{m/s}]$와 곱으로 나타내며 관로나 수로 어느 지점에서나 유량은 같다.
$$Q = Av = A_1 v_1 = A_2 v_2$$

★★★☆☆

02 수압 철관의 안지름이 4[m]인 곳에서의 유속이 4[m/s]이었다. 안지름이 3.5[m]인 곳에서의 유속은 약 몇 [m/s]인가?

① 4.2[m/s]　　② 5.2[m/s]
③ 6.2[m/s]　　④ 7.2[m/s]

🔍 **해설**

연속의 원리
$$Q = A_1 v_1 = A_2 v_2 [\text{m}^3/\text{s}]$$
$$v_2 = \frac{A_1}{A_2} \times v_1 = \left(\frac{d_1}{d_2}\right)^2 \times v_1 = \left(\frac{4}{3.5}\right)^2 \times 4 = 5.2 [\text{m/s}]$$

★☆☆☆☆

03 수력학에 있어서 수두(水頭)의 단위는?

① [m]　　② [kg·m]
③ [kg/m]　　④ [kg/m³]

[정답] 01 ②　02 ②　03 ①

🔍 **해설**

수두

수두는 1[kg] 당 물이 갖는 에너지로서 단위는 [m]를 사용하며, 위치수두, 압력수두, 속도수두가 있다.

★☆☆☆☆

04 그림과 같이 수심이 5[m]인 수조가 있다. 이 수조의 측면에 미치는 수압 P_0[kg/m²]는 얼마인가?

① 2500[kg/m²]
② 3000[kg/m²]
③ 3500[kg/m²]
④ 4000[kg/m²]

🔍 **해설**

정수압

깊이 H[m]인 지점의 압력의 세기

$$P=\frac{W_o}{A}=\frac{\omega AW}{A}=\omega H=1000H\,[\text{kg/m}^2]=\frac{1}{10}H\,[\text{kg/cm}^2]$$

압력의 세기는 깊이에 비례하므로 아래의 그림 2처럼 압력의 세기는 일정한 기울기로 나타난다.

따라서 A점과 B점 압력의 평균 압력의 세기는 아래와 같이 구할 수 있다.

$$\therefore P=\frac{1}{2}(P_A+P_B)=\frac{1}{2}(0+1000H)$$

$$=\frac{1}{2}\times 1000H\,(H=5\ \text{대입})=\frac{1}{2}\times 1000\times 5$$

$$=2500\,[\text{kg/m}^2]$$

★☆☆☆☆

05 수력발전소의 댐을 설계하거나 저수지의 용량 등을 결정하는 데 가장 적당한 것은?

① 유량도
② 적산유량곡선
③ 유황곡선
④ 수위유량곡선

🔍 **해설**

적산유량곡선

유량도를 토대로 가로축에 1년 365일을 역일순으로, 세로축으로는 유량의 누계를 잡아서 만든 곡선으로서 댐설계시, 저수지 용량을 결정할 때 사용한다.

★★★☆☆

06 수력발전소에서 낙차를 취하기 위한 방식이 아닌 것은?

① 댐식
② 수로식
③ 역조정지식
④ 유역변경식

🔍 **해설**

수력발전의 분류

- 낙차를 얻는 방법
  수로식, 댐식, 댐수로식, 유역 변경식
- 유량의 사용 방법
  자연유입식, 저수지식, 역조정지식, 양수식

★★☆☆☆

07 유량의 크기를 구분할 때 갈수량이란?

① 하천의 수위 중에서 1년을 통하여 355일간 이보다 내려가지 않는 수위 때의 물의 양
② 하천의 수위 중에서 1년을 통하여 275일간 이보다 내려가지 않는 수위 때의 물의 양
③ 하천의 수위 중에서 1년을 통하여 185일간 이보다 내려가지 않는 수위 때의 물의 양
④ 하천의 수위 중에서 1년을 통하여 95일간 이보다 내려가지 않는 수위 때의 물의 양

🔍 **해설**

유량의 종별

- 갈수량 : 1년 365일 중 355일은 이것보다 내려가지 않는 유량 또는 수위
- 평수량 : 1년 365일 중 185일은 이것보다 내려가지 않는 유량 또는 수위

[**정답**] 04 ① 05 ② 06 ③ 07 ①

★☆☆☆☆

08 취수구에 제수문을 설치하는 주된 목적은?

① 낙차를 높이기 위하여   ② 홍수위를 낮추기 위하여
③ 모래를 배제하기 위하여 ④ 유량을 조정하기 위하여

🔍 **해설**

제수문
제수문이란 취수 수량을 조절하기 위한 장치를 말한다.

★★☆☆☆

09 유효낙차 $100\,[\mathrm{m}]$, 최대사용수량 $20\,[\mathrm{m}^3/\mathrm{s}]$인 발전소의 최대출력은 약 몇 $[\mathrm{kW}]$인가? (단, 수차 및 발전기의 합성효율은 $85\,[\%]$라 한다.)

① $14160\,[\mathrm{kW}]$ ② $16660\,[\mathrm{kW}]$
③ $24990\,[\mathrm{kW}]$ ④ $33320\,[\mathrm{kW}]$

🔍 **해설**

수력발전 출력
$P = 9.8 \times 20 \times 100 \times 0.85 = 16660\,[\mathrm{kW}]$

★★★☆☆

10 평균유효낙차 $48\,[\mathrm{m}]$의 저수지식 발전소에서 $1000\,[\mathrm{m}^3]$의 저수량은 약 몇 $[\mathrm{kWh}]$의 전력량에 해당하는가? (단, 수차 및 발전기의 종합효율은 $85\,[\%]$라고 한다.)

① $111\,[\mathrm{kWh}]$ ② $122\,[\mathrm{kWh}]$
③ $133\,[\mathrm{kWh}]$ ④ $144\,[\mathrm{kWh}]$

🔍 **해설**

수력발전 출력
$P = 9.8 \times \dfrac{1000}{3600} \times 48 \times 0.85 = 111.07\,[\mathrm{kWh}]$

★★★★☆

11 유역면적이 $4000\,[\mathrm{km}^2]$인 어떤 발전 지점이 있다. 유역내의 연강우량이 $1400\,[\mathrm{mm}]$이고 유출계수가 $75\,[\%]$라고 하면, 그 지점을 통과하는 연평균유량은 약 몇 $[\mathrm{m}^3/\mathrm{s}]$인가?

①121   ②133
③251   ④150

🔍 **해설**

연평균유량
$Q = \dfrac{4000\,[\mathrm{km}^2] \times 10^6 \times 1400\,[\mathrm{mm}] \times 10^{-3}}{365 \times 24 \times 3600} \times 0.75$

$\quad = 133.18\,[\mathrm{m}^3/\mathrm{s}]$

★★★★☆

12 유역면적 $550\,[\mathrm{km}^2]$인 어떤 하천의 1년간 강수량이 $1500\,[\mathrm{mm}]$이다. 증발침투 등의 손실을 $30\,[\%]$라고 하면 1년을 통하여 평균적으로 흐른 유량은 약 몇 $[\mathrm{m}^3/\mathrm{s}]$이겠는가?

① $18.3\,[\mathrm{m}^3/\mathrm{s}]$ ② $21.3\,[\mathrm{m}^3/\mathrm{s}]$
③ $24.2\,[\mathrm{m}^3/\mathrm{s}]$ ④ $26.2\,[\mathrm{m}^3/\mathrm{s}]$

🔍 **해설**

연평균유량
$Q = \dfrac{550\,[\mathrm{km}^2] \times 10^6 \times 1500\,[\mathrm{mm}] \times 10^{-3}}{365 \times 24 \times 3600} \times 0.7$

$\quad = 18.3\,[\mathrm{m}^3/\mathrm{s}]$

★★★★★

13 유효저수량 $100000\,[\mathrm{m}^3]$, 평균유효낙차 $100\,[\mathrm{m}]$, 발전기 출력 $5000\,[\mathrm{kW}]$ 1대를 유효저수량에 의해서 운전할 때 약 몇 시간 발전할 수 있는가? (단, 수차 및 발전기의 합성효율은 $90\,[\%]$이다.)

① $2\,[시간]$ ② $3\,[시간]$
③ $4\,[시간]$ ④ $5\,[시간]$

🔍 **해설**

수력발전 출력
$P = 9.8QH\eta_t\eta_g = \dfrac{9.8 \times V \times H\eta_t\eta_g}{T \times 3600}\,[\mathrm{kW}]$

$T = \dfrac{9.8 \times 100000 \times 100 \times 0.9}{5000 \times 3600} = 5\,[\mathrm{h}]$

단, 유량 : $Q = \dfrac{V}{T \times 3600}\,[\mathrm{m}^3/\mathrm{s}]$

여기서, V : 저수량$[\mathrm{m}^3]$, T : 발전시간$[\mathrm{h}]$

[정답] 08 ④ 09 ② 10 ① 11 ② 12 ① 13 ④

★★★★☆

14 조정지 용량 $100000\,[\mathrm{m^3}]$, 유효낙차 $100\,[\mathrm{m}]$인 수력발전소가 있다. 조정지의 전 용량을 사용하여 발생될 수 있는 전력량은 약 몇 $[\mathrm{kWh}]$인가? (단, 수차 및 발전기의 종합효율을 $75\,[\%]$로 하고 유효낙차는 거의 일정하다고 본다.)

① $20000\,[\mathrm{kWh}]$

② $25000\,[\mathrm{kWh}]$

③ $30000\,[\mathrm{kWh}]$

④ $50000\,[\mathrm{kWh}]$

🔍 **해설**

수력발전 출력

$$W = 9.8 \times \frac{조정지\ 용량}{3600} \times H \times \eta\,[\mathrm{kWh}]$$

$$= 9.8 \times \frac{100000}{3600} \times 100 \times 0.75 = 20000\,[\mathrm{kWh}]$$

★★★☆☆

15 수차의 특유속도 $[N_s]$를 나타내는 식은? (단, N : 정격회전수$[\mathrm{rpm}]$, H : 유효낙차$[\mathrm{m}]$, P : 유효낙차 $H\,[\mathrm{m}]$일 경우의 최대출력 $[\mathrm{kW}]$이라고 함.)

① $N \times \dfrac{\sqrt{P}}{H^{\frac{5}{4}}}$

② $N \times \dfrac{\sqrt[3]{P}}{H^{\frac{1}{4}}}$

③ $N \times \dfrac{P}{H^{\frac{3}{2}}}$

④ $N \times \dfrac{P}{H^{\frac{1}{4}}}$

🔍 **해설**

특유속도

$$N_s = N \times \frac{\sqrt{P}}{H^{\frac{5}{4}}} = N \times \frac{P^{\frac{1}{2}}}{H^{\frac{5}{4}}}\,[\mathrm{m \cdot kW}]$$

★★★☆☆

16 유효낙차 $90\,[\mathrm{m}]$, 출력 $103000\,[\mathrm{kW}]$, 비속도(특유속도) $210\,[\mathrm{m \cdot kW}]$인 수차의 회전 속도는 약 몇 $[\mathrm{rpm}]$인가?

① $150\,[\mathrm{rpm}]$

② $180\,[\mathrm{rpm}]$

③ $210\,[\mathrm{rpm}]$

④ $240\,[\mathrm{rpm}]$

🔍 **해설**

특유속도

$$N = N_s \times \frac{H^{\frac{5}{4}}}{\sqrt{P}} = \frac{210 \times 90^{\frac{5}{4}}}{103000^{0.5}} = 180\,[\mathrm{rpm}]$$

★★☆☆☆

17 수차의 특유속도에 대한 설명으로 옳은 것은?

① 특유속도가 크면 경부하시의 효율 저하는 거의 없다.

② 특유속도가 큰 수차는 러너의 주변속도가 일반적으로 적다.

③ 특유속도가 높다는 것은 수차의 실용속도가 높은 것을 의미한다.

④ 특유속도가 높다는 것은 수차 러너와 유수와의 상대속도가 빠르다는 것이다.

🔍 **해설**

특유속도

특유속도가 높다는 것은 수차 러너와 유수와의 상대속도가 빠르다는 것이며, 특유속도가 너무 클 경우 케비테이션 현상이 발생할 수 있다. 또한, 특유속도가 너무 크면 경부하시 효율의 저하가 더욱 심해지고 운전에 안정도가 떨어진다.

★★★☆☆

18 흡출관이 필요 없는 수차는?

① 프로펠러수차

② 카플란수차

③ 프란시스수차

④ 펠턴수차

🔍 **해설**

흡출관

반동수차의 러너 출구에서 방수로까지 이르는 관으로 유효낙차를 증가시킨다. 반동수차 방식에서 필요하며, 충동수차방식인 펠턴수차에서는 필요 없다.

[**정답**] 14 ① 15 ① 16 ② 17 ④ 18 ④

★☆☆☆

19 수차의 조속기가 너무 예민하면 어떤 현상이 발생되는가?

① 탈조를 일으키게 된다.

② 수압 상승률이 크게 된다.

③ 속도 변동률이 작게 된다.

④ 전압 변동이 작게 된다.

🔍 해설

조속기

조속기는 부하변동에 따른 수차의 회전속도를 자동으로 조정해주는 장치이다. 조속기가 예민하면 난조 또는 탈조를 일으킬 수 있다. 조속기의 주요 부분은 검출부, 복원 기구, 배압밸브, 서보 모터, 압유장치 등이 있다.

★★☆☆

20 수력발전소에서 이용되는 서지탱크의 설치목적이 아닌 것은?

① 흡출관을 보호하기 위함이다.

② 부하의 변동시 생기는 수격압을 경감시킨다.

③ 수압관을 보호한다.

④ 수격압이 압력수로에 미치는 것을 방지한다.

🔍 해설

조압수조

조압수조는 서지탱크라고도 하며, 압력수로와 수압관 사이에 설치하며, 부하 변동시 급격한 수압을 흡수하여 수격압을 완화시켜 수압관을 보호한다.

★★★☆

21 유효낙차 100[m], 최대유량 20[m³/s]의 수차에서 낙차가 81[m]로 감소하면 유량은 몇 [m³/s]가 되겠는가? (단, 수차안내날개의 열림은 불변이라고 한다.)

① 15[m³/s]

② 18[m³/s]

③ 24[m³/s]

④ 30[m³/s]

🔍 해설

낙차변화에 의한 특성변화

$$Q_2 = 20 \times \left(\frac{81}{100}\right)^{\frac{1}{2}} = 18[\text{m}^3/\text{s}]$$

★☆☆☆

22 수력발전소에서 조압수조를 설치하는 목적은?

① 부유물의 제거

② 수격작용의 완화

③ 유량의 조절

④ 토사의 제거

🔍 해설

조압수조

압력수로와 수압관 사이에 설치하며, 부하 변동시 급격한 수압을 흡수하여 수격작용을 완화시켜 수압관을 보호한다.

★★★☆

23 다음 중 특유속도가 가장 작은 수차는?

① 프로펠러수차

② 프란시스수차

③ 펠턴수차

④ 카플란수차

🔍 해설

특유속도의 크기 순서

| 원통형수차 튜블러수차 | > | 프로펠서수차 카플란수차 | > | 프란시스수차 사류수차 | > | 펠턴수차 |

electrical engineer

화력발전

영상 학습 QR

출제경향분석

본장은 화력발전의 기초역학, 원리, 특성을 유기적으로 연결하여 학습하고, 화력발전소에 필수적인 설비의 종류별 특징을 중점적으로 학습한다.

❶ 기본 열역학　　　　　　　❷ 카르노 사이클
❸ 열 사이클의 종류별 특징　　❹ 화력발전소의 열효율

콕콕 포인트

Q 포인트 O·X 퀴즈

가장 효율이 높은 이상적인 열 사이클은 재생 사이클이다.

A 해설

가장 효율이 높은 이상적인 열 사이클은 카르노 사이클이다.

정답 (X)

이해력 높이기

· 등온팽창(1→2)
온도변화 없이 부피가 증가하며, 고열원에서 열량 Q_1을 얻어 팽창한다.

· 단열팽창(2→3)
단열상태에서 팽창하는 것을 말하며, 온도는 T_1에서 T_2로 내려가면서 팽창한다.

· 등온압축(3→4)
온도변화 없이(T_2의 온도유지) 저열원의 열량 Q_2를 방출하면서 압축된다.

· 단열압축(4→1)
단열상태에서 압축하며, 온도는 T_2에서 T_1으로 상승한다.

1 열역학 개요

1. 열량의 단위

- $1\,[\mathrm{kcal}] = 1/860\,[\mathrm{kWh}]$
- $1\,[\mathrm{BTU}] = 0.252\,[\mathrm{kcal}] = 252\,[\mathrm{cal}]$

2. 증기의 엔탈피

각 온도에 있어서 $1\,[\mathrm{kg}]$ 증기의 보유열량

3. 카르노 사이클

1) 카르노 사이클의 효율

두 개의 등온 변화와 두 개의 단열 변화로 이루어진 사이클이며, 가장 효율이 좋은 이상적인 사이클이다.

$$\eta = \frac{공급열량 - 방출열량}{공급열량} = \frac{(T_1 - T_2)(S_2 - S_1)}{T_1(S_2 - S_1)} = 1 - \frac{T_2}{T_1}$$

2) 카르노 사이클의 T−S 선도와 랭킨 사이클 장치선도

2 열 사이클

1. 랭킨 사이클

기력 발전소의 열 사이클 중 가장 기본적인 것으로 두 개의 등압변화와 두 개의 단열 변화로 되어 있다.

> 보일러(등압가열) → 터빈(단열팽창) → 복수기(등압냉각) → 급수펌프(단열압축)

[랭킨 사이클]   [재생 사이클]

2. 재생 사이클

랭킨 사이클 터빈 내에서 팽창 중도에서 증기 일부를 추기하여 보일러의 급수를 가열하여 열손실을 회수하는 사이클이며, 랭킨 사이클 보다 효율이 좋다.

[재열 사이클]   [재생재열 사이클]

3. 재열 사이클

고압터빈(HT)에서 나온 증기를 모두 추기하여 보일러의 재열기로 보내어 다시 과열증기로 만들어 이것을 저압터빈(LT)으로 보내는 방식이다.

4. 재생·재열 사이클

재생과 재열 사이클의 방식을 조합하여 효율을 향상시킨 사이클로서 가장 효율이 좋다.

콕콕 포인트

electrical engineer · electrical engineer · electrical engineer · electrical engineer · electrical engineer · electrical engineer · electrical engineer · electrical en

| CHECK POINT | 난이도 ★★☆☆☆   1차 2차 3차

최근의 고압 고온을 채용한 기력 발전소에서 채용되는 열 사이클로서 그림과 같은 선도의 열 사이클은?

① 랭킨   ② 재생
③ 재열   ④ 재열 재생

상세해설

재생 사이클과 재열 사이클의 방식을 조합하여 효율을 향상시킨 사이클로서 가장 효율이 좋다.

답 ④

3 보일러水 불순물에 의한 장해

1. 스케일(Scale)

보일러 급수 중에 포함되어 있는 염류(알루미늄, 나트륨 등)가 보일러 물이 증발함에 따라 그 농도가 증가되어 용해도가 작은 것부터 차례로 침전하여 보일러의 내벽에 부착되는 것

2. 포밍

급수에 불순물(칼슘, 마그네슘, 나트륨)이 포함되어 포밍 발생

4 화력발전소의 열효율

$$\eta = \frac{860W}{mH} \times 100$$

여기서, W : 발생 전력량[kWh], m : 연료 소비량[kg], H : 연료 발열량[kcal/kg]

참고

가스터빈은 증기터빈과는 달리 연소가스를 가열·압축시켜 직접 터빈에서 팽창 작동시키는 열기관으로 장치가 소형경량으로 건설 및 유지비가 적으며 기동정지 시간이 짧고 조작이 간단하여 첨두부하 발전에 적당하다.

💧 이해력 높이기

터빈에서 배기되는 증기를 용기 내로 도입하여 물로 냉각하면 증기는 응결하고 용기 내는 진공이 되며, 증기를 저압까지 팽창시킬 수 있다. 이렇게 하면 전체의 열낙차를 증가시키고, 증기터빈의 열효율을 높일 수 있는데 이러한 목적으로 사용되는 설비가 복수기이다.

el engineer · electrical engineer · electrical engineer · electrical engineer · electrical engineer · electrical engineer · electrical engineer · electrical engineer

콕콕 포인트

| CHECK POINT | 난이도 ★★☆☆☆ 1차 2차 3차

화력발전소에서 절탄기의 용도는?

① 보일러에 공급되는 급수를 예열한다.
② 포화증기를 과열한다.
③ 연소용 공기를 예열한다.
④ 석탄을 건조한다.

상세해설

절탄기는 배기가스의 여열을 이용해서 보일러에 공급되는 급수를 예열한다.

답 ①

| CHECK POINT | 난이도 ★★☆☆☆ 1차 2차 3차

화력발전소에서 매일 최대출력 100000 [kW], 부하율 90 [%]로 60일간 연속 운전할 때 필요한 석탄량은 약 몇 [t]인가? (단, 사이클 효율은 40 [%], 보일러 효율은 85 [%], 발전기 효율은 98 [%]로 하고 석탄의 발열량은 5500[kcal/kg]이라 한다.)

① 60820　　　　　　　　② 61820
③ 62820　　　　　　　　④ 63820

상세해설

$$m = \frac{860W}{\eta_c \eta_b \eta_g H} = \frac{860 \times 100000 \times 0.9 \times 60 \times 24}{0.4 \times 0.85 \times 0.98 \times 5500} \times 10^{-3} = 60820\,[\mathrm{t}]$$

$$W = P \cdot t \cdot L = 100000 \times 0.9 \times 60 \times 24\,[\mathrm{kWh}]$$

참고 : 증기압, 증기온도가 일정하다면 추기할 때는 추기하지 않을 때 보다 단위발전량당 증기소비량은 증가하고, 연료소비량은 감소한다.

답 ①

화력발전
출제예상문제

- QR 코드를 찍으시면, 가장 중요한 우선순위 문제풀이 영상을 보실 수 있습니다.
- 우선순위 논점은 전기(산업)기사 시험에서 가장 출제 빈도가 높은 문제로써, 수험생분들께서는 각 파트별 우선순위 문제의 논점과 키워드를 학습하시기를 바랍니다.
- 체크 리스트를 작성하시면서 문제의 유형과 학습의 완성도를 스스로 체크 해 보시기를 바랍니다.
- "선생님의 콕콕 포인트"는 틀리기 쉬운 문제의 함정과 문제의 포인트를 집어드립니다. 우선순위 문제풀이의 포인트를 꼭 참고하고 응용문제의 해결능력을 길러 줍니다.

번호	우선순위 논점	KEY WORD	나의 정답 확인				선생님의 콕콕 포인트
			맞음	틀림(오답확인)			
				이해 부족	암기 부족	착오 실수	
5	랭킨사이클 ①	2개의 등압변화, 2개의 단열변화					랭킨사이클은 2개의 등압변화는 보일러, 복수기에서, 2개의 단열변화는 터빈, 급수펌프에서 과정이 발생함을 이해할 것
7	랭킨사이클 ②	보일러, 터빈, 복수기, 급수펌프					랭킨사이클의 순서를 암기하고, 절탄기가 있을 경우의 순서도 함께 암기해 둘 것
9	재생사이클	일부 추기, 급수가열					재생사이클과 재열사이클의 차이점을 비교 및 숙지하고 그림을 보고 사이클의 종류를 구별할 수 있을 것
15	화력발전소 효율	발열량, 연료, 전력량, 단위					화력발전소의 열효율을 공식을 활용시에는 분자와 분모, 지문에서 요구하는 요소의 단위를 주의하여 풀 것
16	화력발전소의 열효율 향상	절탄기, 공기예열기, 재생·재열사이클, 과열기, 고온고압의 증기					화력발전소에 필수적인 설비의 종류별 특징을 중점적으로 학습하면서, 열효율 향상과 연계시킬 것

★★☆☆
01 1[BTU]는 몇 [cal]인가?

① 250 ② 252
③ 242 ④ 232

🔍 해설

열량의 단위
- $1[kcal]=1/860[kWh]$
- $1[BTU]=0.252[kcal]=252[cal]$

★★☆☆
02 증기의 엔탈피란?

① 증기 1[kg]의 잠열
② 증기 1[kg]의 보유열량
③ 증기 1[kg]의 현열
④ 증기 1[kg]의 증발열을 그 온도로 나눈 것

🔍 해설

증기의 엔탈피
엔탈피란 각 온도에 있어서 1[kg] 증기의 보유열량이다.

★★★★☆
03 그림은 어떤 열 사이클을 $T-S$ 선도로 나타낸 것인가?

① 랭킨 사이클 ② 재생 사이클
③ 재열 사이클 ④ 카르노 사이클

[정답] 01 ② 02 ② 03 ④

🔍 **해설** -

카르노 사이클

두 개의 등온 변화와 두 개의 단열 변화로 이루어진 사이클이며, 가장 효율이 좋은 이상적인 사이클이다.

$$\eta = \frac{공급열량-방출열량}{공급열량} = \frac{(T_1-T_2)(S_5-S_6)}{T_1(S_5-S_6)} = 1-\frac{T_2}{T_1}$$

★★★★☆
04 기력 발전의 열 사이클인 랭킨 사이클에서 단열압축 과정이 행하여지는 기기의 명칭은?

① 보일러　　　　　② 터빈

③ 복수기　　　　　④ 급수펌프

🔍 **해설** -

랭킨 사이클

• 보일러(등압가열) → 터빈(단열팽창) → 복수기(등압압축)
　→ 급수펌프(단열압축)

★★☆☆☆
05 기력 발전소에서 열사이클 중 가장 기본적인 것으로 두 등압변화와 두 단열변화로 되는 열 사이클은?

① 랭킨 사이클

② 재생 사이클

③ 재열 사이클

④ 재생 재열사이클

🔍 **해설** -

랭킨 사이클

기력 발전소의 열 사이클 중 가장 기본적인 것으로 두 개의 등압변화와 두 개의 단열 변화로 되어 있다.
보일러(등압가열) → 터빈(단열팽창) → 복수기(등압냉각)
→ 급수펌프(단열압축)

★★★★☆
06 그림과 같은 $T-S$ 선도를 갖는 열사이클은?

① 카르노 사이클　　　　② 랭킨 사이클

③ 재생 사이클　　　　　④ 재열 사이클

🔍 **해설** -

랭킨 사이클

★★★☆☆
07 화력발전소의 기본 랭킨 사이클(Rankine cycle)을 바르게 나타낸 것은?

① 보일러 → 급수펌프 → 터빈 → 복수기 → 과열기
　→ 다시 보일러로

② 보일러 → 터빈 → 급수펌프 → 과열기 → 복수기
　→ 다시 보일러로

③ 급수펌프 → 보일러 → 과열기 → 터빈 → 복수기
　→ 다시 급수펌프로

④ 급수펌프 → 보일러 → 터빈 → 과열기 → 복수기
　→ 다시 급수펌프로

🔍 **해설** -

랭킨 사이클

기력 발전소의 열 사이클 중 가장 기본적인 것으로 두 개의 등압변화와 두 개의 단열 변화로 되어 있다.

• 보일러(등압가열) → 터빈(단열팽창) → 복수기(등압냉각)
　→ 급수펌프(단열압축)

[**정답**] 04 ④　05 ①　06 ②　07 ③

★★☆☆☆

08 증기터빈 내에서 팽창 도중에 있는 증기를 일부 추기하여 그것이 갖는 열을 급수가열에 이용하는 열사이클은?

① 랭킨 사이클　　　② 카르노 사이클

③ 재생 사이클　　　④ 재열 사이클

해설

재생 사이클

랭킨 사이클 터빈 내에서 팽창 중도에서 증기 일부를 추기하여 보일러의 급수를 가열하여 열손실을 회수하는 사이클이며, 랭킨 사이클보다 효율이 좋다.

★★☆☆☆

09 그림과 같은 열사이클의 명칭은?

① 랭킨사이클

② 재생사이클

③ 재열사이클

④ 재생재열사이클

해설

재생 사이클

랭킨 사이클 터빈 내에서 팽창 중도에서 증기 일부를 추기하여 보일러의 급수를 가열하여 열손실을 회수하는 사이클이며, 랭킨 사이클보다 효율이 좋다.

★☆☆☆☆

10 화력발전소에서 탈기기의 설치 목적으로 가장 타당한 것은?

① 급수 중의 용해산소의 분리

② 급수의 습증기 건조

③ 연료 중의 공기제거

④ 염류 및 부유물질 제거

해설

탈기기

보일러 급수 중에 포함되어 있는 산소 등에 의한 보일러 배관의 부식을 방지할 목적으로 사용한다.

★★☆☆☆

11 기력발전소에서 과잉공기가 많아질 때의 현상으로 적당하지 않은 것은?

① 노 내의 온도가 낮아진다.

② 배기가스가 증가한다.

③ 연도손실이 커진다.

④ 불완전연소로 매연이 발생한다.

해설

공기 과잉률

과잉공기란 이론공기량에 대한 실제공기량의 비를 말하며, 과잉공기가 많아지면 노 내의 온도저하, 배기가스의 증가, 연도손실이이 커진다.

참고

공급연료를 완전 연소시키기 위해서는 연소방식에 따라 1보다 큰 과잉 공기율을 채택하고 있다.

★☆☆☆☆

12 중유 연소 기력발전소의 공기 과잉률은 대략 얼마인가?

① 0.05　　　　② 1.22

③ 2.38　　　　④ 3.45

해설

공기 과잉률

• 중유연소의 경우 : 1.2 정도

• 미분탄연소의 경우 : 1.3 정도

★★★★☆

13 "화력발전소의 ㉠은 발생 ㉡을 열량으로 환산한 값과 이것을 발생하기 위하여 소비된 ㉢의 보유열량 ㉣를 말한다." 빈칸 ㉠~㉣에 알맞은 말은?

[정답] 08 ③　09 ②　10 ①　11 ④　12 ②　13 ③

① ㉠ 손실률 ㉡ 발열량 ㉢ 물 ㉣ 차
② ㉠ 발전량 ㉡ 증기량 ㉢ 연료 ㉣ 결과
③ ㉠ 열효율 ㉡ 전력량 ㉢ 연료 ㉣ 비
④ ㉠ 연료소비율 ㉡ 증기량 ㉢ 물 ㉣ 합

🔍 해설

화력발전소의 열효율

화력발전소의 [열효율 η]은 발생[전력량 W]을 열량으로 환산한 값과 이것을 발생하기 위하여 소비된 [연료 m]의 보유열량 H[비]를 말한다.

$$\eta = \frac{860W}{mH} \times 100$$

★★★☆☆

14 기력발전소에서 1톤의 석탄으로 발생할 수 있는 전력량은 약 몇 [kWh]인가? (단, 석탄의 발열량은 5500 [kcal/kg]이고 발전소 효율을 33[%]로 한다.)

① 1860   ② 2110
③ 2580   ④ 2840

🔍 해설

화력발전소의 열효율

$$W = \frac{mH\eta}{860} = \frac{1 \times 10^3 \times 5500 \times 0.33}{860} = 2110[\text{kWh}]$$

★★★☆☆

15 발열량 5000[kcal/kg]의 석탄을 사용하고 있는 기력발전소가 있다. 이 발전소의 종합효율이 30[%]라면, 30억[kWh]를 발생하는데 필요한 석탄량은 몇 [t]인가?

① 300000[t]
② 500000[t]
③ 860000[t]
④ 1720000[t]

🔍 해설

화력발전소의 열효율

$$m = \frac{860 \times 30 \times 10^8}{0.3 \times 5000} \times 10^{-3} = 1720000[\text{t}]$$

★★☆☆☆

16 화력발전소에서 열사이클의 효율 향상을 기하기 위하여 채용되는 방법으로 볼 수 없는 것은?

① 조속기를 설치한다.
② 재생재열 사이클을 채용한다.
③ 절탄기, 공기예열기를 설치한다.
④ 고압, 고온 증기의 채용과 과열기를 설치한다.

🔍 해설

화력발전소의 열효율 향상

화력발전소의 열효율 향상 대책
• 재생재열 사이클을 채용
• 절탄기, 공기예열기를 설치
• 고압, 고온 증기의 채용과 과열기를 설치

★★☆☆☆

17 다음 중 화력발전소에서 가장 큰 손실은?

① 소내용 동력
② 연도 배출가스 손실
③ 복수기에서의 손실
④ 송풍기 손실

🔍 해설

복수기

기력 발전소에서 열손실이 가장 많은 곳은 복수기 이며, 그 손실량은 전 공급열량의 약 50%이다.
정답 ③

★★☆☆☆

18 보일러에서 흡수 열량이 가장 큰 것은?

① 수냉벽   ② 보일러 수관
③ 과열기   ④ 절탄기

🔍 해설

수냉벽

보일러에서 수냉벽은 흡수열량이 40~50%로 가장 크며, 노벽을 보호하고 노 내의 복사열을 흡수한다.

[**정답**] 14② 15④ 16① 17③ 18①

★☆☆☆☆

19 가스터빈발전의 장점은?

① 효율이 가장 높은 발전방식이다.

② 기동시간이 짧아 첨두부하용으로 사용하기 용이하다.

③ 어떤 종류의 가스라도 연료로 사용이 가능하다.

④ 장기간 운전해도 고장이 적으며, 발전효율이 높다.

🔍 해설 --------------------------------

가스터빈

가스터빈은 증기터빈과는 달리 연소가스를 가열·압축시켜 직접 터빈에서 팽창 작동시키는 열기관으로 장치가 소형경량으로 건설 및 유지비가 적으며 기동정지 시간이 짧고 조작이 간단하여 첨두부하 발전에 적당하다.

[정답] 19 ②

electrical engineer

원자력발전

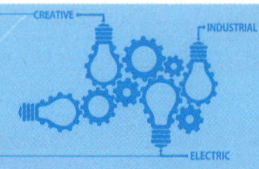

본장은 원자력발전의 원리와 구성을 유기적으로 연결하여 학습하고, 원자로의 종류에 따른 특징을 학습한다.
❶ 원자력발전의 원리   ❷ 원자력발전의 특징
❸ 냉각재·제어재·감속재

콕콕 포인트

Q 포인트문제

원자번호 92 질량수 235인 우라늄 1[g]이 핵분열 함으로써 발생하는 에너지는 6000[kcal/kg]의 발열량을 갖는 석탄 몇 톤 에 상당하는가? (단, 우라늄 1[g]이 발생하는 에너지는 약 1965×10^4 [kcal]이다.)

A 정답

3.3[톤]

1 원자력발전의 개요

1. 원자력발전의 원리

원자력이란 일반적으로 무거운 원자핵이 핵 분열하여 가벼운 핵으로 바뀌면서 발생하는 핵분열 에너지를 이용하는 것이고, 핵융합 발전은 가벼운 원자핵을 융합하여 무거운 핵으로 바뀌면서 핵반응 전후의 질량결손에 해당하는 방출에너지를 이용하는 방식이다.

2. 원자력발전의 특징

- 원자력발전은 기력발전보다 발전소 건설비가 높고, 연료비는 낮다. 원자력발전은 화력발전의 보일러 대신 원자로를 사용한다.
- 핵분열 생성물에 의한 방사선 장해와 방사선 폐기물이 발생하므로 방사선측정기, 폐기물처리장치 등이 필요하다.
- 핵연료의 허용온도와 열전달특성 등에 의해서 증발 조건이 결정되므로 비교적 저온, 저압의 증기로 운전 된다.

2 원자로의 구성

1. 핵연료

핵분열은 노심에서 진행되고, 핵연료와 감속재가 있다.

1) 핵연료의 종류

저농축우라늄, 고농축우라늄, 천연우라늄, 플루토늄

al engineer · electrical engineer · electrical engineer · electrical engineer · electrical engineer · electrical engineer · electrical engineer · electrical engineer

콕콕 포인트

2) 핵연료의 구비조건

- 중성자 흡수 단면적이 작을 것
- 가볍고 밀도가 클 것
- 내 부식성, 내방사성이 우수할 것
- 열전도율이 높을 것

2. 냉각재

1) 역할 : 원자로에서 핵분열을 하면서 발생한 열에너지를 외부로 꺼내기 위한 열매체의 역할과 노 내의 온도를 적당한 값으로 유지시키는 역할을 한다.

2) 재료 : 경수(H_2O), 중수(D_2O), 헬륨(He), 이산화탄소(CO_2)

3) 구비조건

- 중성자 흡수 단면적이 작을 것
- 비열과 열전도가 클 것
- 연료피복재, 감속재 등의 사이에서 화학반응이 적을 것

3. 제어재

1) 역할 : 원자로 내의 중성자 수를 적당하게 유지해서 연쇄반응 제어

2) 재료 : 카드뮴(Cd), 하프늄(Hf), 붕소(B)

3) 구비조건

- 중성자 흡수 단면적이 클 것
- 열과 방사선에 대하여 안정할 것
- 내식성이 크고 기계적 가공이 용이할 것
- 장시간 그 효과를 유지할 것

4. 감속재

1) 역할 : 원자로에서 고속 중성자를 열중성자로 변환

2) 재료 : 경수(H_2O), 중수(D_2O), 흑연(C), 베릴륨(Be)

3) 구비조건

- 감속능과 감속비가 클 것
- 중성자 흡수 단면적이 적을 것
- 원자량이 적은 원소일 것

FAQ

핵분열로 발생한 고속 중성자를 왜 열성중성자로 바꿔야 하나요?

답

▶핵분열하여 발생한 고속중성자는 속도가 너무 고속이어서 새로이 다음 핵분열을 일으키게 하는 데에 부적당합니다. 따라서, 감속재를 사용하여 고속중성자의 속도를 떨어뜨려 줄 필요가 있습니다.

electrical engineer · electrical engineer · electrical engineer · electrical engineer · electrical engineer · electrical engineer · electrical engineer · electrical

3 원자로의 종류

1. 비등수형 원자로[BWR]

- 감속재와 냉각재로 경수를 사용하고 연료로는 농축우라늄을 사용한다.
- 증기가 직접 터빈에 들어가기 때문에 누출을 적절히 방지해야 한다.
- 물을 원자로 내에서 직접 비등시켜 열 교환기가 필요 없다.
- 원자로는 노 내에서 물이 끓으므로 내부압력은 가압수형 원자로보다 낮다.

2. 가압수형 원자로[PWR]

- 감속재와 냉각재로 경수를 사용하고 연료로는 저 농축우라늄을 사용한다.
- 노심에서 발생한 열은 가압된 경수에 의하여 열교환기에 운반된다.
- 냉각재의 물이 비등하지 않게끔 노 내를 $160[kg/cm^2]$으로 유지한다.
- PWR 발전소는 열교환기를 경유해서 1차와 2차로 나누어져 있다.

| CHECK POINT | 난이도 ★☆☆☆☆   1차 2차 3차

원자력발전소에서 비등수형 원자로에 대한 설명으로 틀린 것은?
  ① 연료로 농축 우라늄을 사용한다.
  ② 감속재로 헬륨 액체금속을 사용한다.
  ③ 냉각재로 경수를 사용한다.
  ④ 물을 원자로 내에서 직접 비등시킨다.

상세해설

비등수형 원자로는 감속재와 냉각재로 경수를 사용하고 연료로는 농축우라늄을 사용한다.

답 ②

영상 학습 QR

- QR 코드를 찍으시면, 가장 중요한 우선순위 문제풀이 영상을 보실 수 있습니다.
- 우선순위 논점은 전기(산업)기사 시험에서 가장 출제 빈도가 높은 문제로써, 수험생분들께서는 각 파트별 우선순위 문제의 논점과 키워드를 학습하시기를 바랍니다.
- 체크 리스트를 작성하시면서 문제의 유형과 학습의 완성도를 스스로 체크 해 보시기를 바랍니다.
- "선생님의 콕콕 포인트"는 틀리기 쉬운 문제의 함정과 문제의 포인트를 집어드립니다. 우선순위 문제풀이의 포인트를 꼭 참고하고 응용문제의 해결능력을 길러 줍니다.

번호	우선순위 논점	KEY WORD	나의 정답 확인				선생님의 콕콕 포인트
			맞음	틀림(오답확인)			
				이해 부족	암기 부족	착오 실수	
3	원자력발전 특징	건설비, 연료비, 발전원가, 방사선					원자력발전의 특징 중 출제빈도가 높은 것은 연료비와 건설비이며, 화력발전과 비교하여 특징을 기억할 것
5	감속재①	고속중성자, 열중성자, 경수, 중수					감속재, 제어재, 냉각재의 역할 및 구비조건을 구별할 것
7	감속재②	흡수 단면적, 원자량, 흑연, 베릴륨					감속재, 제어재, 냉각재의 역할 및 구비조건을 구별할 것
8	제어재	흡수 단면적, 하프늄, 붕소, 카드뮴					감속재, 제어재, 냉각재의 역할 및 구비조건을 구별할 것
10	냉각재	열매체, 온도유지, 경수, 중수, 헬륨					감속재, 제어재, 냉각재의 역할 및 구비조건을 구별할 것

★☆☆☆☆
01 우라늄 U^{235} 1 [g]에서 얻을 수 있는 에너지는 일반적인 경우, 석탄 몇 [톤] 정도에서 얻을 수 있는 에너지에 상당하는가?

① 0.3 [톤] ② 0.5 [톤]
③ 1 [톤] ④ 3.3 [톤]

 해설

원자력발전의 개요
우라늄 235(U^{235}) 1[g]에서 석탄 3.3[톤] 정도 얻을 수 있다.

★★☆☆☆
02 다음 (㉠), (㉡), (㉢)에 알맞은 것은?

원자력이란 일반적으로 무거운 원자핵이 핵분열하여 가벼운 핵으로 바뀌면서 발생하는 핵분열 에너지를 이용하는 것이고, (㉠)발전은 가벼운 원자핵을(과) (㉡)하여 무거운 핵으로 바뀌면서 (㉢) 전후의 질량결손에 해당하는 방출에너지를 이용하는 방식이다.

① ㉠ 원자핵융, ㉡ 융합, ㉢ 결합
② ㉠ 핵결합, ㉡ 반응, ㉢ 융합
③ ㉠ 핵융합, ㉡ 융합, ㉢ 핵반응
④ ㉠ 핵반응, ㉡ 반응, ㉢ 결합

해설

원자력발전의 특징
원자력이란 일반적으로 무거운 원자핵이 핵 분열하여 가벼운 핵으로 바뀌면서 발생하는 핵분열 에너지를 이용하는 것이고, [핵융합] 발전은 가벼운 원자핵을 [융합]하여 무거운 핵으로 바뀌면서 [핵반응] 전후의 질량결손에 해당하는 방출에너지를 이용하는 방식이다.

★★★☆☆
03 원자력발전의 특징으로 적절하지 않은 것은?

① 처음에는 과잉량의 핵연료를 넣고 그 후에는 조금씩 보급하면 되므로 연료의 수송기지와 저장 시설이 크게 필요하지 않다.
② 핵연료의 허용온도와 열전달특성 등에 의해서 증발 조건이 결정되므로 비교적 저온, 저압의 증기로 운전 된다.

[**정답**] 01 ④ 02 ③ 03 ④

③ 핵분열 생성물에 의한 방사선 장해와 방사선 폐기물이 발생하므로 방사선측정기, 폐기물처리장치 등이 필요하다.

④ 기력발전보다 발전소 건설비가 낮아 발전원가 면에서 유리하다.

해설

원자력발전의 특징
원자력 발전은 기력발전보다 발전소 건설비가 높고, 연료비는 낮다.

★★☆☆☆
04 감속재의 온도 계수란?

① 감속재의 시간에 대한 온도 상승률

② 반응에 아무런 영향을 주지 않는 계수

③ 감속재의 온도 1[℃]변화에 대한 반응도의 변화

④ 열중성자로에의 양(+)의 값을 갖는 계수

해설

온도계수
원자로에서 온도가 상승하면 반응도가 변화하는데 이때 온도에 따른 반응도에 미치는 영향을 온도계수라 한다.

★★★☆☆
05 원자로에서 고속 중성자를 열 중성자로 만들기 위하여 사용되는 재료는?

① 제어재   ② 감속재

③ 냉각재   ④ 반사재

해설

감속재
원자로에서 고속 중성자를 열성자로 변환시켜 다음 핵분열을 일으키게 한다.

★★★☆☆
06 원자력발전소에서 감속재로 사용되지 않는 것은?

① 경수   ② 중수

③ 흑연   ④ 카드뮴

해설

감속재
감속재로는 경수, 중수, 흑연, 베릴륨을 사용한다.

★★★☆☆
07 원자로의 감속재가 구비하여야 할 사항으로 적합하지 않은 것은?

① 중성자의 흡수 단면적이 적을 것

② 원자량이 큰 원소일 것

③ 중성자와의 충돌 확률이 높을 것

④ 감속비가 클 것

해설

감속재
감속재 구비조건
• 감속능과 감속비가 클 것
• 중성자 흡수 단면적이 적을 것
• 원자량이 적은 원소일 것

★★★☆☆
08 원자로의 제어재가 구비하여야 할 조건으로 틀린 것은?

① 중성자 흡수 단면적이 적을 것

② 높은 중성자속에서 장시간 그 효과를 간직할 것

③ 열과 방사선에 대하여 안정할 것

④ 내식성이 크고 기계적 가공이 용이할 것

해설

제어재
제어재 구비조건
• 장시간 그 효과를 유지할 것
• 중성자 흡수 단면적이 클 것
• 열과 방사선에 대하여 안정할 것
• 내식성이 크고 기계적 가공이 용이할 것

[정답] 04 ③ 05 ② 06 ④ 07 ② 08 ①

★★★☆☆

09 원자로에서 카드뮴 봉(rod)에 대한 설명으로 옳은 것은?

① 생체차폐를 한다.

② 냉각재로 사용된다.

③ 감속재로 사용된다.

④ 핵분열 연쇄반응을 제어한다.

해설

제어재

- 제어봉 역할 : 원자로 내의 중성자 수를 적당하게 유지해서 연쇄반응 제어
- 제어재 재료 : 카드뮴(Cd), 하프늄(Hf), 붕소(B)

★★★☆☆

10 원자로 내에서 발생한 열에너지를 외부로 끄집어내기 위한 열매체를 무엇이라고 하는가?

① 반사체   ② 감속재

③ 냉각재   ④ 제어봉

해설

냉각재

냉각재는 원자로에서 핵분열을 하면서 발생한 열에너지를 외부로 꺼내기 위한 열매체의 역할과 노 내의 온도를 적당한 값으로 유지시키는 역할을 한다.

★★★☆☆

11 원자로의 냉각재가 갖추어야 할 조건이 아닌 것은?

① 열용량이 적을 것

② 중성자의 흡수가 적을 것

③ 열전도율 및 열전달 계수가 클 것

④ 방사능을 띠기 어려울 것

해설

냉각재

냉각재 구비조건

- 비열과 열전도가 클 것(열용량이 클 것)
- 중성자 흡수 단면적이 작을 것
- 연료피복재, 감속재 등의 사이에서 화학반응이 적을 것

★★★★★

12 비등수형 원자로의 특색에 대한 설명이 틀린 것은?

① 열교환기가 필요하다.

② 기포에 의한 자기 제어성이 있다.

③ 순환펌프로서는 급수펌프뿐이므로 펌프동력이 작다.

④ 방사능 때문에 증기는 완전히 기수분리를 해야 한다.

해설

비등수형 원자로[BWR]

- 감속재와 냉각재로 경수를 사용하고 연료로는 농축우라늄을 사용한다.
- 증기가 직접 터빈에 들어가기 때문에 누출을 적절히 방지해야 한다.
- 물을 원자로 내에서 직접 비등시켜 열 교환기가 필요 없다.
- 원자로는 노 내에서 물이 끓으므로 내부압력은 가압수형 원자로보다 낮다.

★★★★☆

13 가압수형 동력용 원자로에 대한 설명으로 옳은 것은?

① 냉각재인 경수는 가압되지 않은 상태이므로 끓여서 높은 온도까지 올려야 한다.

② 노심에서 발생한 열은 가압된 경수에 의하여 열교환기에 운반된다.

③ 노심은 약 $100 \, [\mathrm{kg/cm^2}]$ 정도의 압력에 견딜 수 있는 압력 용기 안에 들어 있다.

④ 가압수형 원자로는 BWR이라고 한다.

해설

가압수형 원자로[PWR]

- 감속재와 냉각재로 경수를 사용하고 연료로는 저 농축우라늄을 사용한다.
- 노심에서 발생한 열은 가압된 경수에 의하여 열교환기에 운반된다.
- 냉각재의 물이 비등하지 않게끔 노 내를 $160 \, [\mathrm{kg/cm^2}]$으로 유지한다.
- PWR 발전소는 열교환기를 경유해서 1차와 2차로 나누어져 있다.

[**정답**] 09 ④   10 ③   11 ①   12 ①   13 ②

★★★★☆

14 가압수형 원자력 발전소에서 사용하는 연료, 감속재 및 냉각재로 적당한 것은?

① 연료 : 천연우라늄, 감속재 : 흑연감속, 냉각재 : 이산화탄소 냉각

② 연료 : 농축우라늄, 감속재 : 중수감속, 냉각재 : 경수냉각

③ 연료 : 저농축우라늄, 감속재 : 경수감속, 냉각재 : 경수냉각

④ 연료 : 저농축우라늄, 감속재 : 흑연감속, 냉각재 : 경수냉각

🔍 해설

가압수형 원자로[PWR]
- 연료 : 저농축우라늄
- 감속재와 냉각재 : 경수

★☆☆☆☆

15 증식비가 1 보다 큰 원자로는?

① 흑연로　　　　　　② 중수로

③ 고속증식로　　　　④ 경수로

🔍 해설

고속증식로
고속증식로는 핵연료에서 방출되는 고속중성자를 열중성자로 감속시키지 않고 연쇄반응에 사용하는 형식이다. 고속증식로의 증식비는 1보다 크다.

★★☆☆☆

16 원자로의 주기란 무엇을 말하는 것인가?

① 원자로의 수명

② 원자로가 냉각 정지 상태에서 전 출력을 내는 데까지의 시간

③ 원자로가 임계에 도달하는 시간

④ 중성자의 밀도(flux)가 $\varepsilon = 2.718$배 만큼 증가하는데 걸리는 시간

🔍 해설

원자로 주기
원자로의 주기란 중성자의 밀도(flux)가 $\varepsilon = 2.718$배 만큼 증가하는데 걸리는 시간을 말한다.

★★★☆☆

17 다음 중 원자로에서 독작용을 설명한 것으로 가장 알맞은 것은?

① 열중성자가 독성을 받는 것을 말한다.

② $_{54}Xe^{135}$와 $_{62}Sn^{149}$가 인체에 독성을 주는 작용이다.

③ 열중성자 이용률이 저하되고 반응도가 감소되는 작용을 말한다.

④ 방사성 물질이 생체에 유해작용을 하는 것을 말한다.

🔍 해설

독작용
원자로의 독작용이란 열중성자 이용률이 저하되고 반응도가 감소되는 작용이며, 열중성자 흡수 단면적이 큰 핵분열 생성물을 독물질이라 한다.

[정답] 14 ③　15 ③　16 ④　17 ③

electrical engineer

ELECTRICITY

CREATIVE
INDUSTRIAL
ELECTRIC

Chapter

03

전기기기

영상 학습 QR   출제경향분석

본장은 전기기기를 공부함에 있어서 기초가 되는 부분으로 기기의 구조 및 용도에 관련된 문제가 출제된다.

❶ 직류발전기의 원리 및 구조   ❷ 전기자 권선법
❸ 직류기의 유기기전력   ❹ 전기자 반작용
❺ 정류작용   ❻ 직류발전기의 종류 및 특성
❼ 직류발전기의 병렬운전 조건

콕콕 포인트

◉ 이해력 높이기

직류기의 3요소는 계자, 전기자, 정류자이다.

참고

• 계자 : 영구자석이나 전자석을 사용하며 회전자인 전기자와 함께 자기회로를 형성한다.

• 정류자 : 항상 브러시와 접촉하여 마찰이 생길 뿐만 아니라 불꽃 등에 의해 파손 우려가 있어 기계적으로 튼튼하게 만들어야 한다.

1 직류발전기의 원리 및 구조

1. 직류기의 3요소

1) 계자 : 직류기의 계자는 전류를 흘리면 자속을 발생시키는 부분이다. 계자권선에 전류를 흘려주는 것을 여자(勵磁)라 한다.

2) 전기자 : 전기자는 전기자철심과 권선으로 이루어진 부분으로 도체가 회전하여 자속을 끊어서 기전력을 발생하는 부분이다. 이때, 전기자가 회전함에 따라 전기자 철심 내부에서 자속의 방향이 변화하므로 히스테리시스손과 와류손에 의한 철손이 발생한다.

　① 전기자철심 : 철손을 감소시키기 위해 규소강판을 성층한 철심을 사용한다.

　② 전기자권선 : 전기자철심에 슬롯을 내서 코일을 감은 구조이다.

3) 정류자 : 전기자에서 발전된 교류기전력을 정류자와 접촉된 브러시와의 정류작용을 하여 직류로 변환하는 부분이다.

2. 브러시

브러시는 정류자에 접촉하여 정류작용을 하며 변환된 직류를 외부로 유출하는 장치이다. 브러시는 정류자면을 손상시키지 않도록 접촉저항이 적당하고 내열성이 크며, 고유저항이 작고, 기계적으로 튼튼해야 한다.

① 탄소 브러시 : 접촉저항이 크고 전류용량이 작아 주로 소형 직류기에 사용한다.

② 금속 흑연 브러시 : 미세한 구리 분말과 흑연 분말을 혼합한 브러시로서 접촉저항이 작고 전류용량이 커서 대전류용 기계에 사용한다.

2 전기자 권선법

1. 고상권

철심에 슬롯을 만들어 표면에만 도체를 배치하는 방법으로 도체가 기전력을 유효하게 사용하며 제작 및 수리에 용이하다.

2. 폐로권

전기자 철심에 감겨진 코일들이 한 개의 폐회로가 구성됨으로서 브러시로부터의 전류가 끊기지 않고 흘러 정류가 양호해 지는 권선법이다.

3. 이층권

1개의 슬롯 내에 상,하 2층으로 코일변을 삽입하는 방법이다.

4. 중권 및 파권의 특징

① 중권 : 극수와 동일한 브러시 개수가 필요하며 브러시마다 회로가 독립 되는 권선법이다. 자극 밑에 여러개의 코일변이 같은 전압을 하지며 병렬로 놓이므로 저전압 대전류가 얻어진다.

② 파권 : 극수에 상관없이 브러시가 같은극끼리 연결되어 2개의 병렬회로를 만드는 권선법이다. 자극 밑의 코일변이 직렬 연결 되어 브러시 양단에는 고전압, 소전류가 얻어진다.

③ 중권 및 파권의 비교

	중권(병렬권)	파권(직렬권)
전기자 병렬회로수(a)	극수	2
브러시 수(b)	극수	2 또는 극수
용도	저전압 대전류	고전압 소전류
균압환	필요	불필요

참고

[고상권]

[폐로권]

[이층권]

참고

균압선의 역할은 무엇인가요?
공극이 불균일할 때 순환전류로 인한 불꽃 방지 및 안정운전을 위하여 권선의 등전위점을 저항이 작은 도선으로 연결한 것이다.

Q 포인트 O·X 퀴즈

권선법에서 직류기에 주로 사용되는 것은 단층권, 폐로권, 2층권이다.

A 해설

직류기에 주로 사용되는 권선법은 고상권, 폐로권, 2층권이다.

정답 (X)

| CHECK POINT | 난이도 ★★★☆☆   1차 2차 3차

직류기의 3대 요소가 아닌 것은?

① 전기자   ② 계자
③ 공극   ④ 정류자

상세해설

직류기의 3요소는 계자, 전기자, 정류자이다. 공극(air gap)은 고정자와 회전자의 이격(2~3mm)으로서 직류기의 3요소는 아니다.

답 ③

콕콕 포인트

electrical engineer · electrical engineer · electrical engineer · electrical engineer · electrical engineer · electrical engineer · electrical engineer · electrical en

3 직류발전기의 유기기전력

참고

전기각 α_e = 기하학적 각도 α[rad] $\times \dfrac{p}{2}$

　　 $= \dfrac{360}{\text{슬롯수}} \times \dfrac{p}{2}$

이해력 높이기

유기기전력과 회전수의 비례관계
· $E \propto \phi N$: 자속과 회전수에 비례
· $\phi \propto \dfrac{1}{N}$: 자속과 회전수는 반비례

1. 직선도체의 유기기전력

평등자계가 존재하는 두 자극 사이에 도체를 쇄교 시키면 플레밍의 오른손 법칙에 의한 방향으로 기전력이 발생한다. 이때 유기기전력의 크기는 다음과 같다.

$$e = B\ell v[\text{V}]$$

2. 평균 자속밀도

고정자의 자극수 p, 자극에서 발생하는 자속 ϕ[Wb]라 하면, 자속밀도는 다음과 같다.

$$B = \frac{\text{전체자속}}{\text{전기자표면적}} = \frac{p\phi}{\pi D\ell}[\text{Wb/m}^2]$$

3. 회전자의 주변속도

지름 D[m]인 회전자는 회전수 N일 때 회전속도는 다음과 같다.

$$v = \text{원의 둘레} \times \text{초당회전수} = \pi D \times \frac{N}{60}[\text{m/s}]$$

4. 브러시 양단에 발생하는 유기기전력

직류발전기의 전기자 총 도체수 Z, 브러시 간의 병렬회로수 a일 때 브러시 사이에 연결된 도체수는 Z/a가 되므로 발생하는 유기기전력은 다음과 같다.

$$E = B\ell v \times \frac{Z}{a} = \frac{pZ\phi N}{60a}[\text{V}]$$

· a : 병렬회로수
· p : 극수
· ϕ[Wb] : 자속수
· N[rpm] : 분당 회전수
· Z : 총도체수=전체 슬롯수×한 슬롯 내 코일변 수

5. 기계정수

$pZ/60a$는 발전기가 제작될 때 정해지는 기계정수(K)이다. 따라서, 유기기전력(E)는 자속수(ϕ)와 회전수(N)에 정비례한다.

$$E = K\phi N[\text{V}]$$

일반적으로 발전기의 회전수는 정속으로 운전되므로 자속은 여자전류에 의해 변화하여 전압을 조정할 수 있다.

electrical engineer · electrical engineer · electrical engineer · electrical engineer · electrical engineer · electrical engineer · electrical engineer · electrical engineer · electrical engineer

콕콕 포인트

4 전기자 반작용

1. 전기자 반작용 의미

전기자 전류에 의하여 발생 자속이 계자에 의해 발생되는 주자속에 영향을 주는 현상을 전기자 반작용이라 하며, 주자속의 왜곡 및 감소를 일으킨다.

2. 전기자 반작용의 영향

① 교차 자화작용에 의한 편자에 의해 주 자속이 감소
  • 발전기
   자속ϕ 감소 → 기전력E 감소 → 출력P 감소 → 단자전압V 감소
  • 전동기
   자속ϕ 감소 → 토크T 감소 → 회전수N 증가
② 전기적 중성축이 이동
  • 발전기 : 회전방향
  • 전동기 : 회전 반대방향
③ 정류자 편간 국부적인 불꽃 섬락이 발생

3. 전기자반작용의 방지대책

① 브러시를 중성축 이동방향과 같게 이동한다.
② 보상권선을 설치한다.
  계자극에 홈을 판 후 전기자권선과 직렬연결한 권선이다. 여기에 전기자전류와 반대 방향의 전류를 흘려서 대부분의 전기자 반작용 기자력을 상쇄하는 가장 좋은 방지대책이다.
③ 보극을 설치한다.
  중성축에서 발생되는 전기자반작용을 상쇄시킨다.

| CHECK POINT | 난이도 ★★☆☆☆   1차 2차 3차

직류발전기의 전기자반작용을 줄이고 정류를 잘 되게 하기 위해서는?

① 리액턴스 전압을 크게 할 것
② 보극과 보상권선을 설치 할 것
③ 브러시를 이동시키고 주기를 크게 할 것
④ 보상권선을 설치하여 리액턴스전압을 크게 할 것

상세해설

전기자반작용 방지대책
  • 보상권선
  • 보극(리액턴스 전압 감소)

답 ②

이해력 높이기

전기자 반작용의 영향 중 전동기에서 자속이 감소하고 토크가 감소하더라도 회전수는 반대로 증가한다.

참고

전기자 반작용 방지대책
• 보상권선 : 전기자와 직렬연결하고 전기자전류와 반대방향의 전류를 인가한다.
• 보극 : 보극은 전기자와 직렬연결하고 1.3~1.4배의 기자력을 발생시킨다. 발생된 기자력으로 리액턴스 전압의 반대방향의 전압을 유기시켜 양호한 정류를 얻는다.

Q 포인트 O·X 퀴즈

1. 유기기전력과 회전수는 비례 관계이다. ·················( )
2. 전기자 반작용의 방지대책중 가장 좋은 방법은 보극설치이다. ·················( )

A 해설

1. (○) 전기자 병렬회로수가극수에 관계없이 항상 2이다.
2. (×) 전기자 반작용의 방지대책 중 가장 좋은 방법은 보상권선 설치이다.

5 정류 작용

1. 정류작용

전기자 권선에서 유기되는 교류 기전력을 직류로 변환하는 작용이며, 정류자편 수가 많아질수록 맥동이 감소하고 평활한 직류파형이 얻어진다.

2. 정류작용을 저해하는 원인

브러시와 접촉된 정류자 편이 이동하면서 전기자 코일의 전류의 방향이 바뀌게 되는데 코일이 유도성 소자이므로 전류의 급격한 변화를 막기 위해 리액턴스 전압이 유도된다.

$$리액턴스 전압 \ e_L = L\frac{di}{dt} = L\frac{I_c-(-I_c)}{T_c} = L\frac{2I_c}{T_c}$$

3. 리액턴스 전압의 영향

전기자 코일에 리액턴스 전압이 높게 되면 브러시에 단락된 정류자에 큰 불꽃이 발생하여 정류자 표면과 브러시를 손상시켜 정류를 방해한다.

[정류 개시]   [정류 중]   [정류 완료]

4. 양호한 정류 대책

- 보극을 설치한다.
- 단절권을 사용한다.
- 정류주기를 길게 한다.
- 탄소브러시를 사용한다.
- 리액턴스전압을 작게 한다.
- 브러시 접촉면 전압강하 > 평균 리액턴스 전압강하

---

5. 정류자 편간 유기되는 전압

• 정류자 편간 평균전압

이웃하는 정류자편 사이의 전압은 그 사이에 접속된 코일에 비례한다.

$$e_a = \frac{\text{전체 유기기전력}}{\text{정류자 편수}} = \frac{E \times a(\text{병렬회로수})}{K}[\text{V}]$$

| CHECK POINT | 난이도 ★★★★☆   1차 2차 3차

다음은 직류 발전기의 정류곡선이다. 이중에서 정류 말기에 정류의 상태가 좋지 않은 것은?

① 1   ② 2
③ 3   ④ 4

상세해설

• 불꽃 없는 양호한 정류곡선 1,4
• 정류초기 불꽃발생 3
• 정류말기 불꽃발생 2

답 ②

콕콕 포인트

electrical engineer · electrical engineer · electrical engineer · electrical engineer · electrical engineer · electrical engineer · electrical engineer · electrical

6 직류발전기의 종류 및 특성

1. 직류발전기의 종류

직류발전기는 계자와 전기자의 연결방식에 따라 다음과 같이 분류한다.

- 타여자 발전기
- 자여자 발전기 ┬ 분권 발전기
  ├ 직권 발전기
  └ 복권 발전기 ┬ 가동 복권 발전기 ┬ 과복권
                                                        └ 평복권
                                └ 차동 복권 발전기

1) 타여자 발전기

[타여자 발전기 회로도]

$$E = V + I_a R_a \text{[V]}$$

$$I_a = I = \frac{P}{V} \text{[A]}$$

- 결선방법 : 독립된 전원을 가지고 계자와 전기자가 연결되지 않은 발전기이다.
- 용도 : 정격부하상태에서 전압변동이 적은 정전압 발전기이며, 직류 전동기 속도 제어용 전원으로 많이 사용한다.
- 특징 : 잔류자기가 없어도 발전이 가능하며, 원동기의 회전방향을 반대로 하면 극성이 반대로 발전하게 된다.

2) 자여자 발전기

① 분권발전기

[분권 발전기 회로도]

$$E = V + I_a R_a \text{[V]}$$

$$I_a = I + I_f = \frac{P}{V} + \frac{V}{R_f} \text{[A]}$$

- 결선방법 : 계자와 전기자가 병렬로 접속
- 용도 : 전기화학용, 전지의 충전용, 동기기의 여자용 전원
- 특징 : 운전중 전기자 회전방향을 반대로 하면 잔류자기가 소멸되어 발전이 불가능하게 된다.

② 직권발전기

[직권 발전기 회로도]

$$E = V + I_a(R_a + R_s)\,[\mathrm{V}]$$

$$I_a = I_s = I = \frac{P}{V}\,[\mathrm{A}]$$

참고

직권 발전기 구조

[직권 발전기 등가회로]

- 결선방법 : 계자와 전기자가 직렬로 접속
- 용도 : 선로의 전압강하 보상용도의 승압기

③ 복권발전기

$$E = V + I_a(R_a + R_s)\,[\mathrm{V}]$$

$$I_a = I + I_f = \frac{P}{V} + \frac{V}{R_f}\,[\mathrm{A}]$$

- 결선방법 : 계자와 전기자가 직·병렬로 접속
- 용도 : 두 개의 계자권선 접속 방향에 따라 가동복권과 차동복권으로 나뉘며 승압 또는 강압용으로 사용한다.
- 가동복권 발전기 : 직권계자 권선과 분권 계자권선의 자속이 더해진다.$(\phi_f + \phi_s)$
- 차동복권 발전기 : 특성은 수하특성이라 하고 용접용 발전기 또는 누설변압기에 이용한다.$(\phi_f - \phi_s)$

참고

복권 발전기 구조

[복권(내분권)]

[복권(외분권)]

| CHECK POINT | 난이도 ★★★☆☆　　　　1차 2차 3차

전기자 저항이 0.3[Ω]이며, 단자전압이 210[V], 부하 전류가 95[A], 계자 전류가 5[A] 인 직류 분권 발전기의 유기기전력[V]은?

① 180[V]　　　　　　　　② 230[V]
③ 240[V]　　　　　　　　④ 250[V]

상세해설

- 직류 분권 발전기의 유기기전력 $E = V + I_a R_a\,[\mathrm{V}]$, 전기자 저항 $R_a = 0.3[\Omega]$, 단자 전압 $V = 210[\mathrm{V}]$, 전기자 전류 $I_a = I + I_f = 95 + 5 = 100[\mathrm{A}]$
- $E = 210 + 100 \times 0.3 = 240[\mathrm{V}]$

답 ③

콕콕 포인트

electrical engineer · electrical engineer · electrical engineer · electrical engineer · electrical engineer · electrical engineer · electrical engineer · electrical

2. 발전기의 전압변동률

발전기에 부하를 연결했을 때 단자에는 전압강하에 의해 변동이 생기게 되며 이를 전압변동률이라 한다.

$$\varepsilon = \frac{무부하전압 - 정격전압}{정격전압} \times 100 = \frac{V_0 - V_n}{V_n} \times 100[\%]$$

① 무부하시 단자전압 $V_0 = (1+\varepsilon)V_n$
② 정격부하시 단자전압 $V_n = V_0 / (1+\varepsilon)$

3. 발전기의 특성곡선의 종류

단자전압 V, 유기기전력 E, 부하전류 I, 전기자전류 I_a, 계자전류 I_f, 속도 $n[\text{rps}]$ 등의 상호관계를 나타내는 곡선을 특성곡선이라고 한다.

구 분	가로축	세로축	조 건
무부하 포화 특성곡선	I_f	$V(E)$	n=일정, $I=0$
부하 특성 곡선	I_f	V	n=일정, I=일정
외부 특성 곡선	I	V	n=일정, R_f=일정
내부 특성 곡선	I	E	n=일정, R_f=일정

[등가회로]　　　　　[특성곡선]

1) 무부하 포화특성 곡선

정격속도의 무부하 상태에서 계자전류 I_f의 변화에 따른 유도기전력 E의 변화곡선으로 발전기의 특성을 알 수 있는 곡선이다.

2) 부하 특성 곡선

정격속도에서 부하를 걸었을 때 계자전류 I_f의 변화에 따른 단자전압 V의 변화곡선이다.

electrical engineer · electrical engineer · electrical engineer · electrical engineer · electrical engineer · electrical engineer · electrical engineer · electrical engineer

콕콕 포인트

3) 외부 특성 곡선

① 과복권, 직권 발전기 : 부하전류가 증가하면 직권계자전류가 증가하여 단자전압이 상승한다.

② 평복권 발전기 : 전부하시와 무부하시 단자전압이 같게 되는 발전기이다.

③ 타여자, 분권, 차동복권 : 전부하시 부하전류가 증가하면 전기자의 전압강하도 증가하여 무부하시 보다 단자전압이 감소하는 발전기이다

| CHECK POINT | 난이도 ★★★☆☆   1차 2차 3차

직류발전기의 무부하 포화 곡선과 관계되는 것은 어느것인가?

① 유기기전력과 계자전류   ② 단자전압과 부하전류
③ 단자전압과 여자전류   ④ 부하전류와 회전속도

상세해설

무부하 포화 특성곡선은 계자전류를 증가시켰을 때 얻는 유기기전력에 대한 곡선이다.

답 ①

| CHECK POINT | 난이도★★★★☆   1차 2차 3차

정격 전압 200[V], 무부하 전압 220[V]인 발전기의 전압 변동률[%]은 얼마인가?

① 5[%]   ② 6[%]
③ 9[%]   ④ 10[%]

상세해설

전압변동률 $\varepsilon = \dfrac{V_0 - V_n}{V_n} \times 100 = \dfrac{220 - 200}{200} \times 100 = 10[\%]$

답 ④

7 직류발전기의 병렬 운전 조건

1. 발전기의 병렬운전 조건

① 극성이 일치할 것

② 단자전압이 같을 것

③ 외부특성이 수하특성일 것

④ 균압선을 설치하여 안정한 운전을 할 것

2. 발전기 병렬운전 시 부하의 분담

발전기를 병렬운전 할 때 A발전기와 B발전기의 단자전압은 같으므로 관계는 다음과 같다.

$$E_A - I_A R_A = E_B - I_B R_B$$

3. 균압선

① 병렬운전이 불가능한 발전기 : 직권, 과복권

직권계자가 있으므로 외부특성이 한쪽 발전기의 부하전류가 증가하면 단자전압이 증가하여 병렬운전을 안정하게 할 수 없다.

② 해결책 : 균압선을 설치하여 한쪽 부하가 증가시 다른 쪽 직권 권선으로 분류되어 동시에 여자 되므로 안정된 병렬운전이 가능하도록 한다.

콕콕 포인트

필수확인 O·X 문제

1차 | 2차 | 3차

1. 발전기를 병렬운전하기 위해서는 극성이 일치하여야한다. · · · · · · · · · · · · (   )
2. 복권발전기를 병렬운전 하기 위해서는 균압선이 필요하다. · · · · · · · · · · · (   )

상세해설

1. (○) 발전기 병렬운전 조건은 극성이 일치하여야 한다.
2. (○) 복권, 직권발전기를 병렬운전 하기 위해서는 균압선이 필요하다.

CHECK POINT   난이도 ★★☆☆☆

1차 | 2차 | 3차

2대의 직류발전기를 병렬운전할 때, 필요한 조건 중 틀린 것은?

① 전압의 크기가 같을 것
② 극성이 일치할 것
③ 주파수가 같을 것
④ 외부특성이 수하특성일 것

상세해설

직류발전기 병렬운전 조건
• 극성이 일치할 것
• 단자전압이 같을 것
• 외부특성이 수하특성일 것
• 직권 및 과복권의 경우 균압선을 설치

답 ③

CHECK POINT   난이도 ★★☆☆☆

1차 | 2차 | 3차

직류복권 발전기의 병렬운전에 있어 균압선을 붙이는 목적은 무엇인가?

① 운전을 안정하게 한다.
② 손실을 경감한다.
③ 전압의 이상상승을 방지한다.
④ 고조파의 발생을 방지한다.

상세해설

균압선은 직권과 복권 발전기의 병렬운전에 안정운전을 도모한다.

답 ①

FAQ

병렬운전을 하는 이유가 뭔가요?

답

▶ 한 대의 발전기로 부하에 공급하는 전력 용량이 부족하거나, 발전기가 가지고 있는 용량 이상으로 부하가 걸릴 때에는 또 다른 발전기를 동일한 모선에 병렬로 접속하여 공통의 부하에 전력을 공급할 수 있는데, 이러한 방법을 병렬 운전이라고 한다.
이렇게 하면 부하에 안정된 전기에너지를 공급할 수 있으며, 동시에 발전기에 걸리는 과부하를 분산하는 효과가 있어 발전기의 고장이나 사고를 예방할 수 있다.

영상 학습 QR

- QR 코드를 찍으시면, 가장 중요한 우선순위 문제풀이 영상을 보실 수 있습니다.
- 우선순위 논점은 전기(산업)기사 시험에서 가장 출제 빈도가 높은 문제로써, 수험생분들께서는 각 파트별 우선순위 문제의 논점과 키워드를 학습하시기를 바랍니다.
- 체크 리스트를 작성하시면서 문제의 유형과 학습의 완성도를 스스로 체크 해 보시기를 바랍니다.
- "선생님의 콕콕 포인트"는 틀리기 쉬운 문제의 함정과 문제의 포인트를 집어드립니다. 우선순위 문제풀이의 포인트를 꼭 참고하고 응용문제의 해결능력을 길러 줍니다.

번호	우선순위 논점	KEY WORD	나의 정답 확인				선생님의 콕콕 포인트
			맞음	틀림(오답확인)			
				이해 부족	암기 부족	착오 실수	
2	전기자 권선법	중권 및 파권, 병렬회로수					중권과 파권의 병렬회로수를 구분할 것
7	발전기의 유기기전력	비례관계, 자속, 계자전류					계자전류와 자속은 비례관계인 것을 기억할 것
11	전기자 반작용	방지대책, 보상권선					보상권선의 역할과 특징을 암기할 것
15	정류작용	정류곡선, 직선, 정현파					정류곡선을 이해하고 암기할 것
19	직류발전기의 종류 및 특성	직류발전기의 종류별 유기기전력					각 기기별 유기기전력 계산공식을 구분하여 암기할 것
26	직류발전기의 종류 및 특성	특성곡선, 가로축, 세로축					가로축과 세로축을 확인하며 특성곡선을 암기할 것
27	직류발전기의 종류 및 특성	병렬운전조건, 극성, 단자전압, 수하특성, 균압선					발전기와 변압기의 병렬운전 조건을 구분하여 암기할 것

★★☆☆☆

01 전기자철심을 규소강판으로 성층하는 가장 적절한 이유는?

① 가격이 싸다.

② 철손을 작게 할 수 있다.

③ 가공하기 쉽다.

④ 기계손을 작게 할 수 있다.

🔍 **해설**

전기자(Amature)

전기자철심에 규소를 함유하여 성층하면 철손(히스테리시스손, 와류손)을 감소시킬 수 있다.

★★★☆☆

02 직류기의 권선을 단중 중권으로 하였을 때, 옳지 않은 것은?

① 전기자권선의 병렬회로수는 극수와 같다.

② 브러시수는 2개이다.

③ 전압이 낮고, 비교적 전류가 큰 기기에 적합하다.

④ 균압선 접속을 할 필요가 있다.

🔍 **해설**

중권 및 파권의 특징

	중권(병렬권)	파권(직렬권)
전기자 병렬회로수	극수	2
브러시 수	극수	2 또는 극수
용도	저전압 대전류	고전압 소전류
균압환	4극 이상	불필요

★★★☆☆

03 직류기 파권 권선의 이점은?

① 효율이 좋다.

② 전압이 작아진다.

③ 전압이 높아진다.

④ 출력이 증가한다.

[정답] 01 ② 02 ② 03 ③

🔍 해설

중권 및 파권의 특징

	중권(병렬권)	파권(직렬권)
전기자 병렬회로수(a)	극수	2
브러시 수(b)	극수	2 또는 극수
용도	저전압 대전류	고전압 소전류
균압환	4극 이상	불필요

★★☆☆☆

04 4극 전기자권선이 단중 중권인 직류발전기의 전기
자전류가 20[A]이면 각 전기자권선의 병렬회로에 흐르는
전류[A]는?

① 10[A]   ② 8[A]

③ 5[A]   ④ 2[A]

🔍 해설

중권과 파권의 특징

전기자권선이 중권(병렬권)일 경우 병렬회로수 a만큼 분배

- 전기자전류 $I_a = 20[A]$, 병렬회로수 $a = p = 4$
- 각 권선에 흐르는 전류 $\dfrac{I}{a} = \dfrac{20}{4} = 5[A]$

★★★★☆

05 전기자도체의 총 수 400, 10극 단중 파권으로 매극
의 자속수가 0.02[Wb]인 직류발전기가 1200[rpm]의 속
도로 회전할 때, 그 유도기전력[V]은?

① 800[V]   ② 750[V]

③ 720[V]   ④ 700[V]

🔍 해설

직류발전기의 유기기전력

$$E = \frac{pZ\phi N}{60a}[V]$$

- 총 도체수 $Z = 400$, 극수 $p = 10$극, 파권 $a = p = 2$,
  자속 $\phi = 0.02[Wb]$, 회전수 $N = 1200[rpm]$
$$\therefore E = \frac{10 \times 400 \times 0.02 \times 1200}{60 \times 2} = 800[V]$$

★★★★★

06 직류 분권발전기의 극수 8, 전기자 총 도체수 600으
로 매분 800회전할 때, 유기기전력이 110[V]라 한다. 전기
자권선은 중권일 때, 매극의 자속수[Wb]는?

① 0.03104[Wb]   ② 0.02375[Wb]

③ 0.01014[Wb]   ④ 0.01375[Wb]

🔍 해설

직류발전기의 유기기전력

$$E = \frac{pZ\phi N}{60a}[V] \rightarrow \phi = \frac{60aE}{pZN}[Wb]$$

- 극수 p=8극, 총 도체수 $Z = 600$, 회전수 $N = 800[rpm]$,
  기전력 $E = 110[V]$, 중권 $a = p = 8$
$$\therefore \phi = \frac{60aE}{pZN} = \frac{60 \times 8 \times 110}{8 \times 600 \times 800} = 0.01375[Wb]$$

★★★★★

07 타여자발전기가 있다. 여자전류 2[A]로 매분 600
회전할 때, 120[V]의 기전력을 유기한다. 여자 전류 2[A]
는 그대로 두고 매분 500회전할 때의 유기기전력[V]은 얼
마인가?

① 140[V]   ② 120[V]

③ 110[V]   ④ 100[V]

🔍 해설

직류발전기의 유기기전력

$E = K\phi N$에서,
여자전류 $I_f = \phi = 2[A]$인 상태의 변화 없이 회전수 N이
5/6배가 되었으므로 유기기전력도 5/6배가 된다.

$$\therefore E' = 120[V] \times \frac{5}{6} = 100[V]$$

★★★★☆

08 어떤 타여자발전기가 800[rpm]으로 회전할 때,
120[V]기전력을 유도하는데 4[A]의 여자 전류를 필요로
한다고 한다. 이 발전기를 640[rpm]으로 회전하여 140
[V]의 유도기전력을 얻으려면 몇 [A]의 여자 전류가 필요
한가? (단, 자기 회로의 포화현상은 무시한다)

① 6.7[A]   ② 6.4[A]

③ 6[A]   ④ 5.8[A]

[**정답**] 04 ③ 05 ① 06 ④ 07 ④ 08 ④

🔍 **해설** -----------------

직류발전기의 유기기전력

$E = K\phi N (I_f \fallingdotseq \phi)$

• 회전수가 바뀌기 전 조건으로 기계정수 K를 알 수 있다.

$$K = \frac{E}{\phi N} = \frac{120}{4 \times 800} = 0.0375$$

회전수가 바뀐 후 $E' = K\phi N'$ 관계에서

$$\therefore \text{여자전류 } I_f'(\fallingdotseq \phi) = \frac{E'}{KN'} = \frac{140}{0.0375 \times 640} \fallingdotseq 5.8[\text{A}]$$

★★★☆☆

09 극수가 24일 때, 전기각 180°에 해당되는 기계각은?

① 7.5° ② 15°

③ 22.5° ④ 30°

🔍 **해설** -----------------

직류발전기의 유기기전력

기계각(α) = 전기각(α_e) × $\dfrac{2}{p(\text{극수})}$

$$\therefore \alpha_e \times \frac{2}{p} = 180° \times \frac{2}{24} = 15°$$

★★★☆☆

10 직류발전기의 전기자반작용을 줄이고 정류를 잘 되게 하기 위해서는?

① 리액턴스 전압을 크게 할 것

② 보극과 보상권선을 설치 할 것

③ 브러시를 이동시키고 주기를 크게 할 것

④ 보상권선을 설치하여 리액턴스전압을 크게 할 것

🔍 **해설** -----------------

전기자 반작용 방지대책

• 보상권선 : 계자극 표면에 설치하여 전기자 전류와 반대방향의 자속을 발생시켜 전기자 반작용을 크게 줄인다.

• 보극(리액턴스 전압 감소) : 중성축 부근의 반작용만을 줄인다.

★★★☆☆

11 직류기의 전기자반작용에 관한 사항으로 틀린 것은?

① 전기자 반작용을 보상하는 효과는 보상 권선보다 보극이 유리하다.

② 보상권선은 계자극면의 자속분포를 수정할 수 있다.

③ 고속기나 부하변화가 큰 직류기에는 보상권선이 적당하다.

④ 보극은 바로 밑의 전기자권선에 의한 기자력을 상쇄한다.

🔍 **해설** -----------------

전기자 반작용 방지대책

• 보상권선 : 계자극 표면에 설치하여 전기자 전류와 반대방향의 자속을 발생시켜 전기자 반작용을 크게 줄인다.

• 보극(리액턴스 전압 감소) : 중성축 부근의 반작용만을 줄인다.

★★★★★

12 직류 발전기에서 기하학적 중성축과 $\alpha[\text{rad}]$만큼 브러시의 위치가 이동되었을 때 극당 감자 기자력은 몇 $[\text{AT}]$인가? (단, 극수 p, 전기자 전류 I_a, 전기자 도체수 Z, 병렬회로수 a이다.)

① $\dfrac{I_a Z}{2pa} \cdot \dfrac{\alpha}{180}$

② $\dfrac{2pa}{I_a Z} \cdot \dfrac{\alpha}{180}$

③ $\dfrac{I_a Z}{2pa} \cdot \dfrac{2\alpha}{180}$

④ $\dfrac{2pa}{I_a Z} \cdot \dfrac{2\alpha}{180}$

🔍 **해설** -----------------

전기자 기자력

감자기자력	교차기자력
$AT_d = \dfrac{ZI_a}{2ap} \times \dfrac{2\alpha}{\pi}$	$AT_d = \dfrac{ZI_a}{2ap} \times \dfrac{\beta}{\pi}$

★★☆☆☆

13 전기자 총 도체수 152, 4극, 파권인 직류 발전기가 전기자 전류를 100$[\text{A}]$로 할 때, 매극당 감자 기자력$[\text{AT/극}]$은 얼마인가? (단, 브러시의 이동각은 10°이다.)

① 33.6 ② 52.8

③ 105.6 ④ 211.2

🔍 **해설** -----------------

전기자 기자력

도체수 $Z=152$, 극수 $p=4$, 파권 $a=2$
전기자전류 $I_a=100[A]$, 브러시의 이동각 10°

$$AT_d = \frac{2a}{180} \cdot \frac{Z \times I_a}{2ap} = \frac{2 \times 10}{180} \cdot \frac{152 \times 100}{2 \times 2 \times 4} = 105.6[AT/극]$$

★★★★☆

14 직류기의 정류불량이 되는 원인은 다음과 같다. 이 중 틀린 것은 어느 것인가?

① 리액턴스 전압이 과대하다.
② 보극 권선과 전기자 권선을 직렬로 연결한다.
③ 보극의 부적당
④ 브러시 위치 및 재질이 나쁘다.

🔍 **해설**

정류작용

보극의 과도한 보상은 오히려 정류를 방해하기 때문에 전기자 권선과 직렬로 연결하며, 이는 정류불량의 원인이 아니다.

★★★★★

15 그림과 같은 정류곡선에서 양호한 정류를 얻을 수 있는 곡선은?

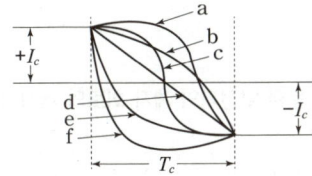

① c, d
② a, b
③ a, f
④ b, e

🔍 **해설**

정류작용

• 양호한 정류곡선(c, d)
 c : 불꽃 없는 가장 이상적인 곡선이다.
 d : 보극에 의해 정현파 정류가 되며 양호한 정류 곡선이다.
• 부족정류곡선(a, b)
 정류말기에서 전류변화가 급격해져 정류가 불량해지며, 브러시 후반부에 불꽃이 발생한다.
• 과정류곡선(e, f)
 정류초기에서 전류변화가 급격해져 정류가 불량해지며, 브러시 전반부에 불꽃이 발생한다.

★★★☆☆

16 6극 직류발전기의 정류자 편수가 132, 단자전압이 220[V], 직렬 도체수가 132개이고 중권이다. 정류자 편간 전압[V]은?

① 10[V]
② 20[V]
③ 30[V]
④ 40[V]

🔍 **해설**

정류자 편수

• 정류자편간 평균전압

$$e_a = \frac{전체회로의 기전력}{정류자편수} = \frac{E \times a}{K}[V]$$

• 브러시 사이의 기전력 $E=220[V]$
 중권의 병렬회로수 $a=p=6$
 정류자편수 $K=132$

• $e_a = \frac{220 \times 6}{132} = 10[V]$

★★★★☆

17 정격이 5[kW], 100[V], 50[A], 1800[rpm]인 타여자 직류 발전기가 있다. 무부하시의 단자전압은 얼마인가? (단, 계자전압은 50[V], 계자 전류 5[A], 전기자 저항은 0.2[Ω]이고 브러시의 전압 강하는 2[V]이다.)

① 100[V]
② 112[V]
③ 115[V]
④ 120[V]

🔍 **해설**

타여자발전기의 유기기전력

무부하시 단자전압＝유기기전력

유기기전력 : $E = V + I_a R_a + e_b$

전기자전류 : $I_a = I = \frac{P}{V} = \frac{5 \times 10^3}{100} = 50[A]$

∴ $E = V + I_a R_a + e_b$
 $= 100 + 50 \times 0.2 + 2$
 $= 112[V]$

[**정답**] 14 ② 15 ① 16 ① 17 ②

★★★☆☆

18 전기자 저항이 0.3[Ω]이며, 단자전압이 210[V], 부하 전류가 95[A], 계자 전류가 5[A]인 직류 분권 발전기의 유기기전력[V]은?

① 180[V] ② 230[V]

③ 240[V] ④ 250[V]

🔍 **해설**

분권발전기의 유기기전력
$E = V + I_a R_a [\text{V}]$
전기자 저항 $R_a = 0.3[\Omega]$
단자 전압 $V = 210[\text{V}]$
전기자 전류 $I_a = I + I_f = 95 + 5[\text{A}] = 100[\text{A}]$
$\therefore E = 210 + 100 \times 0.3 = 240[\text{V}]$

★★★☆☆

19 정격 전압 100[V], 정격 전류 50[A]인 분권 발전기의 유기기전력은 몇 [V]인가? (단, 전기자 저항 0.2[Ω], 계자 전류 및 전기자 반작용은 무시한다.)

① 110[V] ② 120[V]

③ 125[V] ④ 127.5[V]

🔍 **해설**

분권발전기의 유기기전력
$E = V + I_a R_a [\text{V}]$
정격 전압 $V = 100[\text{V}]$
전기자 저항 $R_a = 0.2[\Omega]$
전기자 전류 $I_a = I + I_f = 50 + 0[\text{A}] = 50[\text{A}]$
$\therefore E = 100 + 50 \times 0.2 = 110[\text{V}]$

★★☆☆☆

20 직류 분권 발전기의 무부하 포화 곡선이 $V = \dfrac{940 I_f}{33 + I_f}$ 이고, I_f는 계자전류[A], V는 무부하전압[V]으로 주어질 때 계자 회로의 저항이 20[Ω]이면 몇 [V]의 전압이 유기되는가?

① 140[V] ② 160[V]

③ 280[V] ④ 300[V]

🔍 **해설**

분권발전기의 유기기전력
계자전류 $I_f = \dfrac{V}{R_f} = \dfrac{V}{20}$ 를 대입

• $V = \dfrac{940 + \dfrac{V}{20}}{33 + \dfrac{V}{20}} \rightarrow (33 + \dfrac{V}{20})V = 940 \times \dfrac{V}{20}$

• 양변의 V를 소거하면 $33 + \dfrac{V}{20} = \dfrac{940}{20} = 47$

$\therefore V = 280[\text{V}]$

★★★★★

21 직류 분권 발전기를 역회전하면?

① 발전되지 않는다.
② 정회전 때와 마찬가지이다.
③ 과대 전압이 유기된다.
④ 섬락이 일어난다.

🔍 **해설**

분권발전기의 특징
자여자 발전기인 직류 분권 발전기는 역회전시 반대로 흐르는 전류가 잔류자기를 소멸시켜 발전이 되지 않는다.

★★★★☆

22 직류 분권 발전기의 계자 회로의 개폐기를 운전 중 갑자기 열면?

① 속도가 감소한다.
② 과속도가 된다.
③ 계자 권선에 고압을 유발한다.
④ 정류자에 불꽃을 유발한다.

🔍 **해설**

분권발전기의 특징
직류 분권 발전기는 운전 중 계자권선이 단선이 되면 개방회로가 전류가 순환되지 않으므로 자속이 증가된 상태에서 고압을 유기하여 절연이 파괴되기 때문에 퓨즈나 개폐기를 설치하지 않는다.

[정답] 18 ③ 19 ① 20 ③ 21 ① 22 ③

★★★☆☆

23 25[kW], 125[V], 1200[rpm]의 타여자 발전기가 있다. 전기자 저항(브러시 포함)은 0.04[Ω]이다. 정격 상태에서 운전하고 있을 때 속도를 200[rpm]으로 늦추었을 경우 부하전류[A]는 어떻게 변화하는가? (단, 전기자 반작용은 무시하고 전기자 회로 및 부하 저항은 변하지 않는다고 한다.)

① 33.3[A] ② 200[A]
③ 1200[A] ④ 3125[A]

🔍 **해설**

직류발전기의 유기기전력

$E=K\phi N$에서 기전력 E와 회전수 N은 비례관계이다.
따라서, 회전수가 1200[rpm]에서 200[rpm]으로 1/6배 감소했으므로 전압도 1/6배 감소하며 부하 전류도 1/6배 감소한다.

• 회전수가 바뀌기 전

  부하전류 $I=\dfrac{P}{V}=\dfrac{25\times10^3}{125}=200[A]$

• 회전수가 바뀐 후

  부하전류 $I'=200\times\dfrac{1}{6}=33.3[A]$

★★★☆☆

24 전기자 저항이 0.04[Ω]인 직류 분권 발전기가 있다. 회전수가 1000[rpm]이고, 단자 전압이 200[V]일 때, 전기자 전류가 100[A]라 한다. 이것을 전동기로 사용하여 단자 전압 및 전기자 전류가 같을 때, 회전수[rpm]는 얼마인가?(단, 전기자 반작용은 무시한다.)

① 980[rpm] ② 1041[rpm]
③ 961[rpm] ④ 1000[rpm]

🔍 **해설**

분권발전기의 유기기전력

• 발전기의 유기기전력
  $E'=V+I_aR_a=200+100\times0.04=204[V]$
• 전동기의 역기전력
  $E=V-I_aR_a=200-100\times0.04=196[V]$
• 기전력 E는 회전수 N에 비례하므로

  $\therefore$ 바뀐 회전수 $N'=\dfrac{196}{204}\times1000[rpm]≒961[rpm]$

★★★★☆

25 직류 분권 발전기의 무부하 특성 시험을 할 때, 계자 저항기의 저항을 증감하여 무부하 전압을 증감시키면 어느 값에 도달하면 전압을 안정하게 유지할 수 없다. 그 이유는 무엇인가?

① 전압계 및 전류계의 고장
② 잔류 자기의 부족
③ 임계 저항값으로 되었기 때문에
④ 계자 저항기의 고장

🔍 **해설**

발전기의 특성곡선

계자저항이 임계저항값 이상이 되면 잔류자기에 더해지는 자기를 만들기 위한 전류값이 적어져서 자기의 증가가 이루어지지 않아 전압확립이 이루어지지 않는다.

★★★★★

26 직류발전기의 외부특성곡선에서 나타내는 관계로 옳은 것은?

① 계자전류와 단자전압
② 계자전류와 부하전류
③ 부하전류와 유기기전력
④ 부하전류와 단자전압

🔍 **해설**

발전기의 특성곡선

• 무부하 포화 특성곡선
  유기기전력(E) – 계자전류(I_f) 관계
• 부하 포화 특성곡선
  단자전압(V) – 계자전류(I_f) 관계
• 외부 특성 곡선
  단자전압(V) – 부하전류(I) 관계

★★★★★

27 2대의 직류발전기를 병렬운전할 때, 필요한 조건 중 틀린 것은?

① 전압의 크기가 같을 것
② 극성이 일치할 것
③ 주파수가 같을 것
④ 외부특성이 수하특성일 것

[**정답**] 23 ① 24 ③ 25 ③ 26 ④ 27 ③

🔍 해설

직류발전기의 병렬운전

- 극성이 일치할 것
- 단자전압이 같을 것
- 외부특성이 수하특성일 것
- 직권, (과)복권의 경우 균압선을 설치

★★★★☆

28 직류발전기를 병렬운전 할 때 균압선이 필요한 직류기는?

① 직권발전기, 분권발전기

② 직권발전기, 복권발전기

③ 복권발전기, 분권발전기

④ 분권발전기, 단극발전기

🔍 해설

직류발전기의 병렬운전

- 균압모선의 목적 : 직류발전기의 안정된 병렬운전을 위하여
- 병렬운전시 균압모선이 필요한 발전기 : 직권발전기, (과)복권발전기

★★★☆☆

29 A, B 두 대의 직류 발전기를 병렬 운전하여 부하에 100[A]를 공급하고 있다. A발전기의 유기기전력과 내부저항은 110[V]와 0.04[Ω]이고 B발전기의 유기기전력과 내부저항은 112[V]와 0.06[Ω]이다. 이때 A발전기에 흐르는 전류[A]는?

① 4[A]

② 6[A]

③ 40[A]

④ 60[A]

🔍 해설

직류발전기의 병렬운전

직류 발전기의 병렬운전은 단자전압이 같아야 한다.($V_A = V_B$)

- 이는 $E_A - I_A R_A = E_B - I_B R_B [\text{V}]$로 표현되며 문제에서 주어진 값들을 대입하면 $110 - I_A \times 0.04 = 112 - I_B \times 0.06$이다.
- 부하전류
  $I = I_A + I_B = 100 \to I_A = 100 - I_B$로 치환되므로 이를 대입하면
  $110 - (100 - I_B) \times 0.04 = 112 - I_B \times 0.06$
- $\therefore 0.1 I_B = 6, I_B = 60[\text{A}], I_A = 40[\text{A}]$

★★☆☆☆

30 A종축에 단자 전압, 횡축에 정격 전류의 [%]로 눈금을 적은 외부 특성 곡선이 겹쳐지는 두 대의 분권 발전기가 있다. 각각의 정격이 100[kW]와 200[kW]이고, 부하 전류가 150[A]일 때 각 발전기의 분담전류[A]는?

① $I_1 = 77, I_2 = 75$

② $I_1 = 50, I_2 = 100$

③ $I_1 = 100, I_2 = 50$

④ $I_1 = 70, I_2 = 80$

🔍 해설

직류발전기의 부하분담

각 발전기의 분담전류

용량이 주어진 : $P = VI$에서 $P \propto I$ 비례함으로
P가 1 : 2이면 I도 1 : 2가 된다.

$\therefore I_1 = 150 \times \frac{1}{3} = 50[\text{A}]$

$I_2 = 150 \times \frac{2}{3} = 100[\text{A}]$

[정답] 28 ② 29 ③ 30 ②

electrical engineer

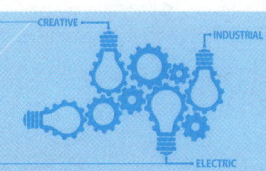

영상 학습 QR   출제경향분석

본장은 직류전동기의 원리 및 특성, 토크, 운전법 등을 배우며 그것에 관련된 문제가 출제된다.

❶ 직류전동기의 원리 및 토크   ❷ 직류전동기의 종류와 특성
❸ 직류전동기의 종류와 특성   ❹ 전기기기의 손실과 효율
❺ 직류기의 측정 및 시험법

콕콕 포인트

플레밍의 왼손법칙

그림과 같이 왼손의 엄지, 검지, 중지를
서로 직각이 되게 벌리고 중지를 전류
의 방향, 검지를 자기력선의 방향으로
하면 도체가 받는 힘의 방향은 엄지가
가리키는 방향이다. 플레밍의 왼손 법
칙은 전동기의 회전 방향을 결정할 때
에 사용된다.

 이해력 높이기

직류전동기는 단자에서 전기에너지가
입력되고 출력은 전기자에서 기계적
에너지로 발생된다.

• 전동기의 입력
$P_{입력} = V \cdot I\,[\mathrm{W}]$

• 전동기의 출력
$P_{출력} = E \cdot I_a\,[\mathrm{W}]$

1 직류전동기의 원리 및 토크

1. 직류전동기의 원리

직류전동기는 직류 전력을 기계적 동력으로 변환시키는 장치이며 구조는 직류발전기와
동일하다. N극과 S극 사이에 코일을 놓고 여기에 직류전원으로부터 브러시를 통해 정류
자편을 거쳐 전류를 흘리면 코일변 ab와 cd에는 각각 시계방향의 토크가 생겨서 코일 전
체가 시계방향으로 회전을 한다. 이 방향은 플레밍의 왼손법칙을 따른다.

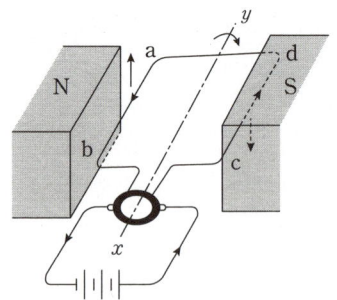

[직류전동기의 원리]

2. 직류전동기의 역기전력

직류 전동기와 직류 발전기는 구조가 같기 때문에 직류 전동기가 회전할 때에는 그림(a)
와 같이 전기자가 회전하면서 계자의 자기력선속을 끊게 된다. 이는 전동기가 회전하면
서 동시에 발전을 하고 있다는 것을 의미한다. 이렇게 전동기가 회전하고 있을 때에 발전
되는 기전력을 역기전력이라고 한다. 전동기에서 발생되는 역기전력은 E로 표시한다. 역
기전력 E는 그림(b)와 같이 전동기에 입력된 전압, 즉 단자전압 V와는 반대 방향이며,
전기자에 흐르는 전류 I_a를 방해하는 방향으로 발생한다.

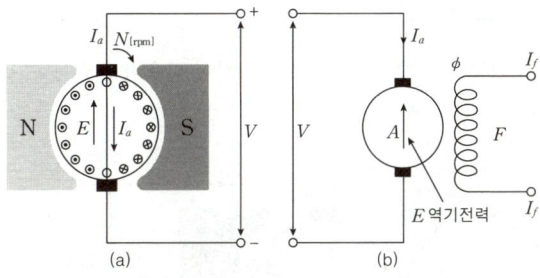

(a)　　　　(b)

1) 역기전력의 크기

$$E=\frac{pZ\phi N}{60a}=K\phi N[\text{V}]$$

2) 역기전력과 단자전압의 관계

$$E=V-I_a R_a[\text{V}]$$

역기전력은 부하가 증가하면 속도가 감소하면서 크기가 감소하게 된다. 이때 역기전력이 감소하였으므로 전기자전류가 증가하며 전기적 입력도 증가 한다고 볼 수 있다.

| CHECK POINT |　난이도 ★★☆☆☆　　1차 2차 3차

4극 직류 분권 전동기의 전기자에 단중 파권 권선으로 된 420개의 도체가 있다. 1극당 0.025[Wb]의 자속을 가지고 1400[rpm]으로 회전시킬 때 몇 [V]의 역기전력이 생기는가? 또 전기자 저항을 0.2[Ω]이라 하면 전기자 전류 50[A]일 때 단자 전압은 몇 [V]인가?

① 490, 500　　　　　　② 490, 480
③ 245, 500　　　　　　④ 245, 480

상세해설

$p=4,\ a=2,\ Z=420,\ \phi=0.025,\ N=1400$이므로

$E=\dfrac{pZ}{a}\phi\dfrac{N}{60}=\dfrac{4\times420}{2}\times0.025\times\dfrac{1400}{60}=490[\text{V}]$

$V=E+R_a I_a=490+0.2\times50=500[\text{V}]$

답 ①

| CHECK POINT |　난이도 ★★☆☆☆　　1차 2차 3차

100[V], 10[A], 전기자 저항 1[Ω], 회전수 1800[rpm]인 전동기의 역기전력[V]은?

① 120　　　　　　　② 110
③ 100　　　　　　　④ 90

상세해설

전동기의 역기전력 $E=V-I_a R_a=100-(10\times1)=90[\text{V}]$

답 ④

3. 직류전동기의 토크와 회전수

전동기에서의 토크는 전동기를 회전시키기 위하여 필요한 회전능력, 즉 전동기를 회전시키기 위하여 필요한 힘을 뜻한다.

참고

토크의 정의
1[kg·m]의 토크란 엔진축에서 1[m] 떨어진 곳에 걸린 1[kg]의 힘

참고

1[kgf]=9.8[N]

[직류전동기의 토크]

1) 전동기의 토크

① 전동기의 동력

$$P = \omega(\text{각속도}) \times T(\text{토크})[\text{W}]$$

② 전동기의 토크

$$T = \frac{P[\text{W}]}{\omega[\text{rad/sec}]} = \frac{E \times I_a}{2\pi n} = \frac{60E \times I_a}{2\pi N} = \frac{60 I_a (V - I_a R_a)}{2\pi N}[\text{N·m}]$$

ⓐ 토크의 단위[N·m]인 경우

$$T = \frac{60 I_a}{2\pi N} \times \frac{pZ\phi N}{60a} = \frac{pZ\phi I_a}{2\pi a} = K\phi I_a[\text{N·m}]$$

◎ 이해력 높이기

역기전력공식 $E = \frac{PZ\phi N}{60a}[\text{V}]$와 토크공식 $T = \frac{pZ\phi I_a}{2\pi a}[\text{N·m}]$는 모양이 비슷하게 생겼기 때문에 구분을 잘 해서 암기하여야 한다.

ⓑ 토크의 단위[kg·m]인 경우

$$T = \frac{60P}{2\pi N} \times \frac{1}{9.8}[\text{N·m}] = 0.975 \times \frac{P}{N}[\text{kg·m}]$$

◎ 이해력 높이기

토크 $T = \frac{pZ\phi I_a}{2\pi a}$에서 $\frac{pZ}{2\pi a}$는 기계상수(K)이다.
따라서, 토크 T는 자속수 ϕ와 전기자전류 I_a에 비례한다.

③ 토크의 비례관계

$$T = K\phi I_a[\text{N·m}]$$

2) 직류전동기의 회전수

직류전동기의 회전속도는 역기전력 $E = K\phi N[\text{V}]$에서

회전수 $N = K\dfrac{E}{\phi} = K\dfrac{V - I_a R_a}{\phi}[\text{rps}]$로 나타낼 수 있다.

engineer · electrical engineer · electrical engineer · electrical engineer · electrical engineer · electrical engineer · electrical engineer · electrical engineer

콕콕 포인트

3) 직류전동기의 속도변동률

발전기에 부하를 연결했을 때 속도는 변동하며 이를 속도변동률이라 한다.

$$\varepsilon = \frac{\text{무부하속도} - \text{정격속도}}{\text{정격속도}} \times 100 = \frac{N_0 - N_n}{N_n} \times 100 [\%]$$

① 무부하시 회전속도 $N_0 = (1+\varepsilon)N_n$

② 정격부하시 회전속도 $N_n = \dfrac{N_0}{(1+\varepsilon)}$

| CHECK POINT | 난이도 ★★☆☆☆   　　　1차　2차　3차

직류 분권 전동기가 있다. 총 도체수 100, 단중 파권으로 자극수는 4, 자속수 3.14[Wb], 부하를 가하여 전기자에 5[A]가 흐르고 있으면 이 전동기의 토크[N·m]는?

① 400[N·m]　　　　　　　　② 450[N·m]
③ 500[N·m]　　　　　　　　④ 550[N·m]

상세해설

토크 $T = \dfrac{pZ\phi I_a}{2\pi a}[\text{N·m}]$

총 도체수 $Z=100$, 자극수 $p=4$, 자속수 $\phi=3.14[\text{Wb}]$, 전기자 전류 $I_a=5[\text{A}]$
파권 이므로 병렬회로수 $a=2$이다.

∴ 토크 $T = \dfrac{4 \times 100 \times 3.14 \times 5}{2\pi \times 2} \fallingdotseq 500[\text{N·m}]$

답 ③

| CHECK POINT | 난이도 ★★☆☆☆   　　　1차　2차　3차

직류 전동기의 공급 전압을 $V[\text{V}]$, 자속을 $\phi[\text{Wb}]$, 전기자 전류를 $I_a[\text{A}]$, 전기자 저항을 $R_a[\Omega]$, 속도를 $N[\text{rps}]$라 할 때, 속도식은?(단, K는 정수이다.)

① $N = K\dfrac{V+I_aR_a}{\phi}$　　　　　　② $N = K\dfrac{V-I_aR_a}{\phi}$

③ $N = K\dfrac{\phi}{V+I_aR_a}$　　　　　　④ $N = K\dfrac{\phi}{V-I_aR_a}$

상세해설

회전수를 나타내는 속도식은 $N = K\dfrac{V-I_aR_a}{\phi}[\text{rps}]$이다.

답 ②

콕콕 포인트

electrical engineer · electrical engineer · electrical engineer · electrical engineer · electrical engineer · electrical engineer · electrical engineer · electrical

2 직류전동기의 종류 및 특성

1. 직류전동기의 종류 및 특성

1) 타여자 전동기

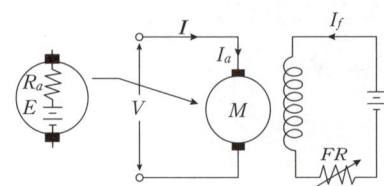

[타여자 전동기 등가회로]

여자전류를 조절할 수 있어서 속도를 세밀하고 광범위하게 조정이 가능하다. 외부여
자전원에 의해 자속이 일정하게 공급되므로 정속도특성을 지니고 있으며 전원의 극
성을 반대로 하면 회전방향이 반대가 된다. 주로 압연기, 엘리베이터 등에 사용된다.

2) 분권 전동기

$$E = V - I_a R_a$$

$$I_a = I - I_f$$

[분권 전동기 등가회로]

① 특성

계자와 전기자가 병렬로 연결되어 있으며 부하가 증가할 때 속도는 감소하나 그 폭
이 크지 않으므로 타여자와 같이 정속도특성을 지니며 공작기계, 컨베이어벨트 등
정속도 운전이 필요한 곳에 사용한다.

② 주의사항

정격전압 상태에서 무여자 운전 시(계자회로의 단선) 위험속도에 도달하여 원심력
에 의해 기계가 파손될 우려가 있다. 이를 방지하기 위하여 계자권선에 단선이 되
지 않도록 계자회로에 퓨즈나 개폐기를 설치하지 않는다.

③ 토크관계

계자권선과 전기자 권선이 병렬연결이므로 각 회로에 걸리는 단자전압은 일정하
다. 따라서 부하가 증가해도 자속는 일정하므로 토크는 부하전류에 비례하며 이에
따라 회전수에는 반비례 한다.

$$T = K\phi I_a \;\rightarrow\; T \propto I_a \propto \frac{1}{N}$$

3) 직권전동기

$$E=V-I_a(R_a+R_s)$$

$$I_a=I=I_s=\phi$$

[직권전동기 등가회로]

① 특성

계자와 전기자가 직렬연결 되어 있으며 부하가 증가할 때 부하전류와 계자전류의 크기가 동일하므로 ($I_a=I_s=I≒\phi$) 기동토크가 크고 이에 따라 속도변동이 크기 때문에 가변속도특성을 지닌다. 주로 전동차, 기중기, 크레인 등 기동토크가 큰 곳에 사용된다.

② 주의사항

정격전압상태에서 무부하 운전 시 위험속도에 도달하여 원심력에 의해 기계가 파손될 우려가 있다. 방지대책으로 벨트를 걸고 운전 시 끊어질 우려가 있으므로 벨트 운전을 금하고 톱니바퀴 식으로 부하를 바로 연결한다.

③ 토크관계

계자권선과 전기자 권선이 직렬연결이므로 각 회로에 걸리는 전류는 일정하다. 따라서 부하가 증가하면 토크는 부하전류와 자속의 곱에 비례하므로 토크는 부하전류의 제곱에 비례하며 이에 따라 회전수는 제곱에 반비례 하게 된다.

$$T=K\phi I_a \rightarrow T \propto I_a^2 \propto \frac{1}{N^2}$$

참고

직권전동기 속도와 토크 특성곡선

$$n=K\cdot\frac{V-I_a(R_a+R_f)}{\phi}$$

$I_a=I_f=I≒\phi$

직권전동기는 부하가 증가할 때 자속도 증가되므로 속도변동이 크게 된다. 또한 무부하($I_a≒0$)시 위험속도($n=\infty$)에 도달하게 된다.

| CHECK POINT | 난이도 ★★☆☆☆   1차 2차 3차

무부하로 운전하고 있는 분권전동기의 계자회로가 갑자기 끊어졌을 때의 전동기의 속도는?

① 전동기가 갑자기 정지한다.   ② 속도가 약간 낮아진다.
③ 속도가 약간 빨라진다.   ④ 전동기가 갑자기 가속하여 고속이 된다.

상세해설

전동기의 회전수 $n=K'\frac{V-I_aR_a}{\phi}$[rps]에서 계자회로가 끊어지면 $\phi≒0$이 되어 $n=\infty$(위험속도)에 도달하게 된다.

답 ④

3 직류전동기의 운전법

1. 직류전동기의 속도제어법

참고

직류전동기의 기동법

기동저항기(SR)는 최대위치에 두어 기동전류를 줄이며, 계자저항기(FR)은 최소위치에 두어 계자전류를 크게 하여 기동토크를 보상한다.

[전압제어법(타여자)] [저항제어법(분권, 직권)] [계자제어법(타여자, 분권)]

1) 전압제어법

전동기의 외부단자에서 공급전압을 조절하여 속도를 제어하기 때문에 효율이 좋고 광범위한 속도제어가 가능하다.

① 워드레오너드 제어방식

　MGM제어방식으로서 정부하시 사용하며 광범위한 속도제어가 가능한 방식이다.

② 일그너 제어방식

　MGM제어방식으로서 부하변동이 심할 경우 사용하며 플라이 휠을 설치하여 속도제어하는 방식이다.

③ 직·병렬 제어방식

　직·병렬시 전압강하로 2단속도제어하며 직권전동기에만 사용하는 방식이다.

2) 저항제어법

전기자 회로에 삽입한 기동저항으로 속도제어하는 방법이며 부하전류에 의한 전압강하를 이용한 방법이다. 손실이 크기 때문에 거의 사용하지 않는다.

3) 계자제어법

계자저항을 조절하여 계자자속을 변화시켜 속도제어하는 방법이며 계자저항에 흐르는 전류가 적기 때문에 전력손실이 적고 간단하지만 속도제어범위가 좁다. 출력을 변화시키지 않고도 속도제어를 할 수 있기 때문에 정출력제어법이라 부른다.

2. 직류전동기의 제동법

운전중인 전동기를 제동하는 방식으로 기계적 제동이 아닌 전기적 제동방식을 말하며 그 방법은 다음과 같다.

[발전제동]   [회생제동]

1) 발전제동

전동기 회전시 자속을 유지한 상태에서 입력전원을 끊고 저항(전열부하)를 연결하면 전동기가 발전기로 작동한다. 이 전력을 전열부하에서 열로 소비하며 제동하는 방식이다.

2) 회생제동

전동기가 회전시 입력전원을 끊고 자속을 강하게 하면 역기전력이 전원 전압보다 높아져서 전류가 역류하게 된다. 이 전류를 가까운 부하의 전원으로 사용하는 방식이다. 주로 내리막길에서 전동차의 제동에 사용된다.

3) 역전제동(플러깅제동)

전동기 회전 시 계자 또는 전기자 전류의 방향을 전환시켜 방향을 바꾸어 역방향의 토크를 발생시켜 급제동하는 방식이다.

| CHECK POINT | 난이도 ★★☆☆☆   1차 2차 3차

다음 중에서 직류전동기의 속도제어법이 아닌 것은?

① 계자제어법   ② 전압제어법
③ 저항제어법   ④ 2차 여자법

상세해설

직류 전동기의 속도 제어법은 저항제어법, 계자제어법, 전압제어법이 있다.

답 ④

콕콕 포인트

electrical engineer · electrical engineer · electrical engineer · electrical engineer · electrical engineer · electrical engineer · electrical engineer · electrical e

4 전기기기의 손실과 효율

1. 실측효율

실측효율이란 전기기기의 입력 및 출력을 직접 측정하여 계산된 효율이다.

$$\eta = \frac{출력[\mathrm{W}]}{입력[\mathrm{W}]} \times 100[\%]$$

이해력 높이기

전동기의 입력과 출력관계
• 입력=출력+손실
• 출력=입력−손실

2. 규약효율

전기기기는 한쪽이 기계적인 동력이므로 정확한 측정이 곤란하다. 따라서 기계적인 동력을 입력 또는 출력과 손실의 관계로 변환하여 오차를 줄이는 방법을 사용한다.

1) 발전기의 규약효율

$$\eta_G = \frac{출력[\mathrm{W}]}{출력[\mathrm{W}] + 손실[\mathrm{W}]} \times 100[\%]$$

2) 전동기의 규약효율

$$\eta_M = \frac{입력[\mathrm{W}] - 손실[\mathrm{W}]}{입력[\mathrm{W}]} \times 100[\%]$$

3. 전기기기 손실의 종류

```
총 손실 ┬ 무부하손 ┬ 철 손 ┬ 히스테리시스손
        │          │       └ 와 류 손
        │          └ 기계손 : 풍손, 마찰손, 베어링손
        └ 부 하 손 ┬ 동 손 : 저항손, 전기자손, 계자손
                   └ 표유 부하손
```

① 철손 : 자기 회로 중에서 자속이 시간에 따라 변화하면서 생기는 철심의 전력손실로 히스테리시스손과 와전류손이 있다.
② 기계손 : 전기자 회전에 따라 생기는 풍손과 베어링 부분 및 브러시의 접촉에 의한 마찰손이다.
③ 동손 : 코일에 전류가 흘러서 도체 내에 발생하는 저항손실이다.
④ 표유 부하손 : 기계에서 발생하는 주요 손실 이외의 손실로서 누설자속에 의해 발생한다.

electrical engineer · electrical engineer · electrical engineer · electrical engineer · electrical engineer · electrical engineer · electrical engineer · electrical engineer

콕콕 포인트

5 직류기의 측정 및 시험법

1. 토크 측정 시험법

① 대형 직류기의 토크 측정 시험 : 전기 동력계법

② 중·소형 직류기의 토크 측정 시험 : 프로니 브레이크법

③ 보조 발전기 사용법

2. 온도 상승 시험법

시험기에 전부하를 가하여 유온 및 권선 온도상승의 규정 한도를 검증하기 위한 시험법이다.

① 반환부하법

동일 정격의 2대를 연결 하여 한쪽은 발전기, 다른쪽을 전동기로 운전하며 손실에 상당하는 전력을 전원으로부터 공급하여 시험하는 방법이며 중용량 이상의 기계에서 사용한다. 종류는 카프법, 브론델법, 홉킨스법이 있다.

② 실부하법

전구나 저항 등을 부하로 하여 시험하는 방법이나 전력손실이 발생하기 때문에 소형에만 사용한다

3. 절연물의 최고허용온도

절연의 종류	Y	A	E	B	F	H	C
허용 최고 온도[℃]	90	105	120	130	155	180	180 초과

| CHECK POINT | 난이도 ★★☆☆☆   1차 2차 3차

직류기의 온도시험에는 실부하법과 반환부하법이 있다. 이 중에서 반환 부하법에 해당되지 않는 것은?

① 홉킨스법　　　　　　　② 프로니 브레이크법

③ 블론델법　　　　　　　④ 카프법

상세해설

프로니 브레이크법은 중·소형 직류기의 토크 측정법이다.

답 ②

직류 전동기
출제예상문제

영상 학습 QR

- QR 코드를 찍으시면, 가장 중요한 우선순위 문제풀이 영상을 보실 수 있습니다.
- 우선순위 논점은 전기(산업)기사 시험에서 가장 출제 빈도가 높은 문제로써, 수험생분들께서는 각 파트별 우선순위 문제의 논점과 키워드를 학습하시기를 바랍니다.
- 체크 리스트를 작성하시면서 문제의 유형과 학습의 완성도를 스스로 체크 해 보시기를 바랍니다.
- "선생님의 콕콕 포인트"는 틀리기 쉬운 문제의 함정과 문제의 포인트를 집어드립니다. 우선순위 문제풀이의 포인트를 꼭 참고하고 응용문제의 해결능력을 길러 줍니다.

번호	우선순위 논점	KEY WORD	나의 정답 확인				선생님의 콕콕 포인트
			맞음	틀림(오답확인)			
				이해 부족	암기 부족	착오 실수	
2	직류전동기의 토크	전부하, 분권전동기, 토크					전기자 저항이 주어졌을 시와 자속이 주어졌을 시 구분해서 암기할 것
8	직류전동기의 토크 특성	직권전동기, 회전수, 토크					토크와 회전수의 관계를 꼭 알아둘 것
10	분권전동기의 속도 특성	분권전동기, 무부하운전, 단선					분권전동기의 속도가 무부하시 어떤지 꼭 암기할 것
11	직권전동기의 속도 특성	직권전동기, 위험속도					직권전동기는 어떨 때 위험속도에 도달하는지 알아둘 것
19	직류전동기의 제동법	제동법, 극성					직류전동기의 각각의 제동법의 특징을 볼 것
20	실측 효율	효율, 고정손실, 가변손실					효율에서 입력과 출력을 구분해서 볼 것

★★★☆☆

01 100[V], 10[A], 전기자 저항 1[Ω], 회전수 1800 [rpm]인 전동기의 역기전력[V]은?

① 90[V]　　　　② 100[V]
③ 110[V]　　　　④ 120[V]

🔍 해설

직류전동기의 역기전력
$E = V - I_a R_a$
단자전압 $V = 100[V]$, 전기자전류 $I_a = I = 10[A]$,
전기자저항 $R_a = 1[Ω]$
∴ $E = 100 - 10 \times 1 = 90[V]$

★★★★☆

02 단자전압 100[V], 전기자전류 10[A], 전기자 회로의 저항 1[Ω], 정격속도 1800[rpm]으로 전부하에서 운전하고 있는 직류 분권전동기의 토크[N·m]는 약 얼마인가?

① 2.8[N·m]　　　　② 3.0[N·m]
③ 4.0[N·m]　　　　④ 4.8[N·m]

🔍 해설

직류전동기의 토크
$T = \dfrac{60 I_a (V - I_a R_a)}{2\pi N}[N·m]$
단자전압 $V = 100[V]$, 전기자 전류 $I_a = 10[A]$,
전기자저항 $R_a = 1[Ω]$, 회전속도 $N = 1800[rpm]$
∴ $T = \dfrac{60 \times 10 \times (100 - 10 \times 1)}{2\pi \times 1800} ≒ 4.8[N·m]$

★★★☆☆

03 직류 분권 전동기의 전체 도체수는 100, 단중 중권이며 자극수는 4, 자속수는 극당 0.628[Wb]이다. 부하를 걸어 전기자에 5[A]가 흐르고 있을 때의 토크[N·m]는?

① 약 12.5[N·m]　　　　② 약 25[N·m]
③ 약 50[N·m]　　　　④ 약 100[N·m]

🔍 해설

직류전동기의 토크
$T = \dfrac{pZ\phi I_a}{2\pi a}[N·m]$

[정답] 01 ①　02 ④　03 ③

도체수 $Z=100[\text{W}]$, 극수 $p=4$, 중권 $a=p=4$,
자속 $\phi=0.628[\text{Wb}]$, 전기자 전류 $I_a=5[\text{A}]$

$$\therefore T=\frac{4\times100\times0.628\times5}{2\pi\times4}\fallingdotseq50[\text{N·m}]$$

★★★☆☆

04 전기자 도체수 360, 1극당 자속수 0.06[Wb]인 6극 중권 직류전동기가 있다. 전기자 전류 50[A]일 때, 발생 토크[kg·m]는?

① 17.5[kg·m] ② 18.2[kg·m]
③ 18.6[kg·m] ④ 19.2[kg·m]

🔍 **해설**

직류전동기의 토크

$$T=\frac{pZ\phi I_a}{2\pi a}[\text{N·m}]$$

도체수 $Z=360$, 자속 $\phi=0.06[\text{Wb}]$, 극수 $p=6$,
중권 $a=p=6$, 전기자 전류 $I_a=50[\text{A}]$

$$\therefore T=\frac{6\times360\times0.06\times50}{2\pi\times6}\fallingdotseq171.9[\text{N·m}]$$

단, 단위가 [kg·m]이므로 $171.9\div9.8=17.5[\text{kg·m}]$

★★★★☆

05 $P[\text{kW}]$, $N[\text{rpm}]$인 전동기의 토크[kg·m]는?

① $0.975\dfrac{P}{N}$ ② $1.026\dfrac{P}{N}$
③ $975\dfrac{P}{N}$ ④ $1.026\dfrac{P}{N}$

🔍 **해설**

직류전동기의 토크

$$T=0.975\times\frac{P[\text{W}]}{N[\text{rpm}]}$$

단, 이 문제에서 $P[\text{kW}]$로 주어졌으므로

$$\therefore T=975\times\frac{P[\text{kW}]}{N[\text{rpm}]}\text{가 된다.}$$

★★★☆☆

06 어떤 직류 전동기의 역기전력이 210[V], 매분 회전수가 1200[rpm]으로 토크 16.2[kg·m]를 발생하고 있을 때의 전류 $I[\text{A}]$는?

① 약 65[A]

② 약 75[A]

③ 약 85[A]

④ 약 95[A]

🔍 **해설**

직류전동기의 토크

$T=0.975\times\dfrac{P}{N}=0.975\times\dfrac{E\cdot I_a}{N}$에서, $I_a=\dfrac{T\times N}{E\times0.975}$로 이항된다.

토크 $T=16.2[\text{kg·m}]$, 회전수 $N=1200[\text{rpm}]$,
역기전력 $E=210[\text{V}]$

$$\therefore I_a=\frac{T\times N}{E\times0.975}=\frac{16.2\times1200}{210\times0.975}\fallingdotseq95[\text{A}]$$

★★★★★

07 직류 직권전동기에서 토크 T와 회전수 N의 관계는?

① $T\propto N$ ② $T\propto N^2$
③ $T\propto\dfrac{1}{N}$ ④ $T\propto\dfrac{1}{N^2}$

🔍 **해설**

직류전동기의 토크 특성

직류 직권전동기의 토크는 회전수의 제곱에 반비례한다

★★★★★

08 직류 직권 전동기의 회전수를 반으로 줄이면 토크는 약 몇 배인가?

① 1/4배

② 1/2배

③ 4배

④ 2배

🔍 **해설**

직류전동기의 토크 특성

직류 직권전동기의 토크와 회전수 관계

$$T\propto\frac{1}{N^2}$$

따라서 회전수가 1/2배가 되면 토크는 제곱으로 증가하므로 4배가 된다.

[정답] 04 ① 05 ③ 06 ④ 07 ④ 08 ③

★★★☆☆

09 다음 설명이 잘못된 것은?

① 전동차용 전동기는 저속에서 토크가 큰 직권 전동기를 쓴다.

② 승용 엘리베이터는 워드-레오나드 방식이 사용된다.

③ 기중기용으로 사용되는 전동기는 직류 분권 전동기이다.

④ 압연기는 정속도 가감 속도 가역 운전이 필요하다.

🔍 **해설**

직류 직권 전동기의 특성

기중기, 전동차, 크레인 등 기동 토크가 큰 곳에 사용하는 전동기는 직류 직권 전동기이다.

★★★★☆

10 직류 분권전동기를 무부하로 운전 중 계자회로에 단선이 생겼다. 다음 중 옳은 것은?

① 즉시 정지한다.

② 과속도로 되어 위험하다.

③ 역전한다.

④ 무부하이므로 서서히 정지한다.

🔍 **해설**

분권전동기의 속도특성

분권전동기의 회전수 $n = K' \dfrac{V - I_a R_a}{\phi}$ [rps] 관계이므로

계자회로가 단선이 되면 자속 $\phi \fallingdotseq 0$이 되기에 회전수는 과속도로 되어 위험하다.

★★★★☆

11 직권 전동기에서 위험속도가 되는 경우는?

① 저전압, 과여자

② 정격전압, 무부하

③ 정격전압, 과부하

④ 전기자에 저저항 접속

🔍 **해설**

직권전동기의 속도특성

직권 전동기에서 $I_a = I = I_f \fallingdotseq \phi$이다.

회전수 $n = K' \dfrac{V - I_a(R_a + R_s)}{\phi}$ [rps]이며

정격전압상태에서 무부하시 $\phi = 0$이 되므로
회전수 $n = \infty$(위험속도)가 된다.

★★★★☆

12 직류 직권 전동기를 정격전압에서 전부하 전류 100 [A]로 운전할 때, 부하토크가 1/2로 감소하면 그 부하전류는 약 몇 [A]로 되겠는가? (단, 자기 포화는 무시한다.)

① 60[A]

② 71[A]

③ 80[A]

④ 91[A]

🔍 **해설**

직권전동기의 특성

직권 전동기의 토크와 전류의 관계
$$T \propto I_a^2$$
비례식 관계는 다음과 같다.

$$T : I_a^2 = T' : I_a'^2 \rightarrow 1 : 100^2 = \frac{1}{2} : I_a'^2$$

$$\therefore I_a'^2 = \frac{1}{2} \times 100^2 \rightarrow I_a' = \sqrt{\frac{1}{2} \times 100^2} \fallingdotseq 71[A]$$

★★★★☆

13 그림과 같은 여러 직류 전동기의 속도 특성 곡선을 나타낸 것이다. ① ~ ④까지 차례로 맞는 것은?

① 차동복권, 분권, 가동복권, 직권

② 분권, 직권, 가동복권, 차동복권

③ 가동복권, 차동복권, 직권, 분권

④ 직권, 가동복권, 분권, 차동복권

🔍 **해설**

직류전동기의 속도특성

직류 전동기중 부하가 증가 할 때 회전수가 급격히 감소하며 기동토크가 증가하는 전동기의 순서는 다음과 같다.

직권전동기 → 가동복권전동기 → 분권전동기 → 차동복권전동기

★★★☆☆

14 부하의 변화에 대하여 속도 변동이 가장 큰 직류전동기는?

① 분권전동기 　　　　② 차동복권전동기

③ 가동복권전동기 　　④ 직권전동기

🔍 **해설**

직류전동기의 속도특성

부하변화에 대해 속도 변동이 가장 큰 전동기는 직권전동기이며 이를 가변속도전동기라고도 한다.

★★★☆☆

15 직류 분권전동기에서 운전 중 계자권선의 저항을 증가하면 회전속도의 값은?

① 감소한다 　　　　② 증가한다

③ 일정하다 　　　　④ 관계없다

🔍 **해설**

직류 분권전동기의 회전수

$n = K' \dfrac{V - I_a R_a}{\phi} [\text{rps}]$

∴ 계자권선의 저항이 증가하면 계자자속(ϕ)이 감소한다. 따라서 회전수(n)는 반비례 관계이므로 증가하게 된다.

★★★☆☆

16 워드 레오나드 방식의 목적은?

① 정류개선 　　　　② 계자자속 조정

③ 속도제어 　　　　④ 병렬운전

🔍 **해설**

직류전동기의 속도제어법

워드 레오너드 방식은 속도 제어법 중 전압 제어법의 일종이다.

★★★☆☆

17 직류 분권전동기에서 부하의 변동이 심할 때, 광범위하게 또한 안정되게 속도를 제어하는 가장 적당한 방식은?

① 계자제어 방식 　　② 직렬 저항제어 방식

③ 워드레오너드 방식 　④ 일그너 방식

🔍 **해설**

직류전동기의 속도제어법

부하변동이 심할 때 플라이휠의 관성모멘트를 이용하여 안정하게 속도제어를 하는 방법은 일그너 방식이다.

★★★☆☆

18 워드레오너드 방식과 일그너 방식의 차이점은?

① 플라이휠을 이용하는 점이다.

② 전동발전기를 이용하는 점이다.

③ 직류전원을 이용하는 점이다.

④ 권선형 유도발전기를 이용하는 점이다.

🔍 **해설**

직류전동기의 전압제어법

• 워드레오너드 방식 : 부하변동이 심하지 않은 경우 제어하는 방식
• 일그너 방식 : 부하변동이 심할 경우 플라이휠을 이용하여 제어하는 방식

★★★★☆

19 직류전동기의 제동법 중 제동법이 아닌 것은?

① 회전자의 운동에너지를 전기에너지로 변환한다.

② 전기에너지를 저항에서 열에너지로 소비시켜 제동시킨다.

③ 복권전동기는 직권 계자권선의 접속을 반대로 한다

④ 전원의 극성을 바꾼다.

🔍 **해설**

직류전동기의 제동법

직류 자여자 전동기는 전원의 극성이 바뀌어도 회전방향은 변하지 않는다.

★★☆☆☆

20 효율 80[%], 출력 10[kW]인 직류발전기의 고정손실이 1300[W]라 한다. 이때 발전기의 가변손실이 몇 [W]인가?

① 1000[W] 　　　　② 1200[W]

③ 1500[W] 　　　　④ 2500[W]

[**정답**] 14 ④　15 ②　16 ③　17 ④　18 ①　19 ④　20 ②

🔍 **해설**

기기의 실측효율

효율$=\dfrac{출력}{입력}\times100[\%]$

효율 $\eta=80[\%]$, 출력 $P_{out}=10[\mathrm{kW}]$

입력$=\dfrac{출력}{효율}\times100[\%]=\dfrac{10}{80}\times100[\%]=12.5[\mathrm{kW}]$

입력$-$출력$=$전체손실

$12.5-10=2.5[\mathrm{kW}]$

전체손실$-$고정손$=$가변손

$\therefore\ 2.5-1.3=1.2=1200[\mathrm{W}]$

★★★☆☆

21 직류기의 반환부하법에 의한 온도 시험이 아닌 것은?

① 키크법   ② 브론델법

③ 홉킨슨법   ④ 카프법

🔍 **해설**

반환부하법의 종류

카프법, 브론델법, 홉킨스법

electrical engineer

동기 발전기

영상 학습 QR   출제경향분석

본 장은 동기기의 기본이 되는 동기 발전기에 대하여 문제가 출제된다. 주로 동기 발전기의 원리 및 특성, 운전할 시 특징 등이 나오며 계산문제와 기기의 특성을 묻는 문제가 주로 출제된다.

❶ 동기발전기의 원리   ❷ 동기발전기의 분류   ❸ 여자기
❹ 전기자 권선법   ❺ 유기기전력   ❻ 전기자 반작용
❼ 동기발전기의 출력   ❽ 동기발전기의 특성   ❾ 동기발전기의 병렬운전

  콕콕 포인트

FAQ

동기발전기는 무엇인가요?

답

▶ 동기기는 정상운전 상태에서 일정한 주파수와 자극 수로 결정되는 동기속도로 회전하는 교류기로서 동기 발전기와 동기 전동기로 구분된다.

참고

동기기는 3상 Y결선이다.

 핵심 포인트

극수	60[Hz]
p=2극	3600[rpm]
p=4극	1800[rpm]
p=6극	1200[rpm]
p=8극	900[rpm]
p=10극	720[rpm]

1 동기발전기의 원리

[동기기의 구조]   [3상 기전력 파형]

동기기란, 정상상태에서 동기속도(N_s)에 의하여 회전하는 기계를 말한다. 동기발전기의 경우 직류기와 같은 플레밍 오른손 법칙에 따라 기전력을 유기한다. 이때 동기기의 속도는 주파수와 비례하며 동기기의 극수에 따라 다음과 같은 관계식을 갖게 된다.

$$N_s = \frac{120f}{p}[\text{rpm}]$$

2 동기발전기의 분류

1. 회전자 종류에 따른 기기의 분류

분류	고정자	회전자	용도
회전전기자형	계자	전기자	직류발전기
회전계자형	전기자	계자	동기발전기
유도자형	계자, 전기자	유도자	고주파발전기

2. 동기기를 회전계자형으로 하는 이유

① 기계적인 측면

   ⓐ 계자부분의 철의 분포가 많기 때문에 회전할 시 기계적으로 더 튼튼하다.

   ⓑ 전기자는 권선을 많이 감아야 하므로 회전자 구조가 커지기 때문에 원동기측에서 볼 때 출력이 더 증대하게 된다.

② 전기적인 측면

   ⓐ 전기자는 3상 교류 고전압 대전류이고 계자는 직류 저전압, 소전류이므로 브러시를 통하여 인출하기가 유리하며 회전시에 위험성이 비교적 적다.

   ⓑ 고압이 걸리는 전기자를 절연하는 데는 고정자로 두는 것이 용이하다.

3. 원동기에 의한 기기의 분류

[돌극형 발전기]

[비돌극형 발전기]

회전 계자형인 동기발전기는 원동기에 따라 돌극형 또는 비돌극형 발전기로 구분할 수 있다. 돌극형 발전기는 주로 수차발전기나 엔진발전기와 같은 중, 저속기에 사용되고 비돌극형 발전기는 터빈발전기와 같은 고속기에 사용된다.

종류	용도	속도	축	극수	냉각방식	단락비
돌극기(철기계)	수차발전기	저속기	짧고 굵다	많다. (6~)	공기	크다. (0.9~1.2)
비돌극기(동기계)	터빈발전기	고속기	길고 얇다	적다. (2~4)	수소	작다. (0.6~0.9)

CHECK POINT

난이도 ★★☆☆☆   1차 2차 3차

돌극형 발전기의 특징으로 해당되지 않는 것은?

① 저속기이다.   ② 공극이 불균일하다.

③ 극수가 많다.   ④ 동기계이다.

상세해설

돌극형 발전기는 철기계이다.

답 ④

콕콕 포인트

electrical engineer · electrical engineer · electrical engineer · electrical engineer · electrical engineer · electrical engineer · electrical engineer · electrical

4. 냉각 방식에 의한 분류

동기기의 냉각방식은 공랭식, 수냉식, 수소냉각방식이 있다. 터빈발전기는 고속도로 회전하기 때문에 냉각용 매체로 공기 대신에 수소를 사용한 것으로 다음과 같은 특징이 있다.

1) 수소 냉각 방식의 장점

① 열전도율이 약 7배, 비열이 14배로 냉각효과가 크기 때문에 공랭식에 비해서 출력이 약 25[%] 증가한다.
② 절연물의 산화가 없으므로 절연물의 수명이 길어진다.
③ 수소 밀도가 공기의 약 7[%] 이므로 풍손이 1/10로 감소한다.
④ 전폐형이기 때문에 불순물 침입이 없고 소음이 현저하게 감소한다.

2) 수소 냉각 방식의 단점

① 공기와 혼합시 폭발할 우려가 있으며, 냉각수 소요가 많다.
② 방폭 구조로 해야하므로 설비비가 비싸다.

3 여자기

동기 발전기의 계자 권선에 여자전류를 공급하는 직류 전원 공급 장치를 여자기라고 한다.

1. 직류 여자기

소용량기용	직류 분권 발전기
중용량기 이상	복식 여자 방식을 사용
복식 여자방식	주 여자기 : 복권, 타여자 발전기, 부 여자기 : 분권 발전기 사용

2. 정류기 여자법

주 발전기가 발생한 전력의 일부를 반도체 정류기를 사용하여 정류한 후 이것을 계자권선에 공급하는 방식으로 정지형 여자 장치라고 하고 이 방식을 사용한 기계를 자여자 교류 발전기라고 한다.

3. 브러시레스 여자기

브러시레스 여자기는 동기발전기의 축단에 필요한 용량의 회전전기자형의 교류 발전기를 사용하고 이 발생된 교류를 회전자상에 설치된 반도체 정류기로 정류하여 계자권선에 공급하는 방식이다.

electrical engineer · electrical engineer · electrical engineer · electrical engineer · electrical engineer · electrical engineer · electrical engineer · electrical engineer · electrical engineer

콕콕 포인트

4 전기자 권선법

1. 분포권 : 1극, 1상의 코일이 차지하는 슬롯수가 2개 이상인 것으로 단점에 비해 장점이 많아서 동기기에서 많이 채택한다.

1) 장점
- 고조파를 제거하여 기전력의 파형 개선
- 전기자 권선의 누설리액턴스 감소
- 전기자에서 발생되는 열을 분포시켜 과열방지

2) 단점 : 집중권에 비해 유기기전력 감소

3) 분포권 계수

$$K_d = \frac{\sin\dfrac{\pi}{2m}}{q\sin\dfrac{\pi}{2mq}} (\text{기본파})$$

$$K_{nd} = \frac{\sin\dfrac{n\pi}{2m}}{q\sin\dfrac{n\pi}{2mq}} (n\text{차 고조파})$$

2. 단절권 : 코일 간격이 극 간격 보다 작은 것

1) 장점
- 고조파를 제거하여 기전력의 파형 개선
- 코일 단부가 짧아 기계의 전체 길이가 짧아져서 동의 양이 적게되는 장점이 있어서 동기기에서는 단절권을 많이 채택

2) 단점 : 전절권에 비해 합성 유기기전력 감소

3) 단절권계수

$$K_p = \sin\frac{\beta\pi}{2} (\text{기본파})$$

$$K_{nd} = \sin\frac{n\beta\pi}{2} (n\text{차 고조파})$$

> **참고**
>
> 권선 계수
> $K_w = K_d \cdot K_p$

> **참고**
>
> 매극 매상 당 슬롯 수$(q) = \dfrac{\text{총 슬롯수}}{\text{상수} \times \text{극수}}$

> **참고**
>
> 총 코일 수$= \dfrac{\text{총 슬롯수} \times \text{층수}}{2}$

> **참고**
>
> $\beta = \dfrac{\text{코일간격}}{\text{극간격}}$

| CHECK POINT | 난이도 ★★☆☆☆ 　　　　1차 2차 3차

동기 발전기에서 기전력의 파형을 좋게 하고 누설리액턴스를 감소시키기 위하여 채택한 권선법은?

　① 분포권　　　　　　　② 집중권

　③ 단절권　　　　　　　④ 전절권

상세해설

동기발전기의 전기자 권선법을 분포권으로 하면 고조파를 감소시켜 기전력의 파형을 좋게 하며 누설리액턴스를 감소시킬 수 있다.

답 ①

콕콕 포인트

electrical engineer · electrical engineer · electrical engineer · electrical engineer · electrical engineer · electrical engineer · electrical engineer · electrical e

5 유기 기전력

1. 동기발전기의 유기 기전력

$$E = 4 \times (\text{파형률 } 1.11)\, f\phi W K_w = 4.44\, f\phi W K_w\,[\text{V}]$$

2. 동기발전기의 파형 개선 방법

- Y결선을 채택한다.
- 전기자 반작용을 작게 한다.
- 매극 매상의 슬롯수를 크게한다.
- 공극의 길이를 크게 한다.
- 단절권 및 분포권으로 권선한다.
- 전기자 철심을 스큐슬롯으로 한다.

FAQ

전기자 권선을 Y결선으로 하는 이유는 무엇인가요?

답

▶ · 중성점 접지가 가능하여 권선 보호 장치 시설 용이
  · 이상전압 방지대책이 용이
  · 권선의 불평형 및 제3고조파에 의한 순환전류 억제
  · 코로나 발생을 억제

6 전기자 반작용

동기기가 3상 부하에 전력을 공급할 때 전기자 전류에 의한 자속이 주자속에 영향을 주는 작용을 말한다. 부하에 흐르는 전류의 성분에 따라 전기자 반작용은 다음과 같이 발생한다.

[교차자화작용]　　　　[감자작용]　　　　[증자작용]

1) 교차 자화작용(횡축반작용)
- 전압과 전류의 위상이 같을 때 발생한다.
- 영향 : 유도기전력이 일정하지 않게 된다.

2) 감자작용(직축반작용)
- 전압보다 90° 뒤진전류가 흐를 때 발생한다.
- 영향 : 수전단 전압이 강하된다.

3) 증자작용(직축반작용)
- 전압보다 90° 앞선전류가 흐를 때 발생한다.
- 영향 : 수전단 전압이 상승한다.

참고 역률	부하	위상	작용
$\cos\theta = 1$	저항	동위상	교차자화작용
$\cos\theta = 0$[지상]	유도성	90° 뒤진다	감자작용
$\cos\theta = 0$[진상]	용량성	90° 앞선다	증자작용

electrical engineer · electrical engineer · electrical engineer · electrical engineer · electrical engineer · electrical engineer · electrical engineer · electrical engineer

콕콕 포인트

7 동기발전기의 동기 임피던스와 특성

1. 동기 임피던스와 퍼센트 동기 임피던스

1) 동기 임피던스

동기 임피던스는 동기 리액턴스와 전기자저항으로 이루어 진 것을 말한다. 이때 전기자 저항의 크기는 동기리액턴스에 비하여 무시할 수 있을 정도로 작으며, 이를 무시할 경우 동기 임피던스의 값은 실용상 동기리액턴스의 값과 같게 된다. 또한 동기임피던스는 단락전류에 의하여 나타낼 수 있다.

$$Z_s = r_a + jx_s[\Omega], \; Z_s = \frac{E_n}{I_s} = \frac{V_n}{\sqrt{3}I_s}$$

2) 퍼센트 동기 임피던스

정격전류 I_n에 대한 임피던스 강하와 정격 상전압의 비에 대한 [%] 값을 말한다.

$$\%Z_s = \frac{Z_s I_n}{E} \times 100 = \frac{PZ_s}{V^2} \times 100 = \frac{I_n}{I_s} \times 100 = \frac{PZ_s}{10V^2}[\%]$$

| CHECK POINT   난이도 ★★☆☆☆   1차 2차 3차

8000[kVA], 6[kV]인 3상 교류 발전기의 %동기임피던스가 80[%]이다. 이 발전기의 동기 임피던스는 몇 [Ω]인가?

① 2.4[Ω]   ② 3.0[Ω]

③ 3.2[Ω]   ④ 3.6[Ω]

상세해설

- 발전기의 퍼센트 동기임피던스
  $\%Z_s = \frac{PZ_s}{10V^2}[\%]$에서 ([kVA], [kV]) → 동기임피던스 $Z_s = \frac{10V^2 \times \%Z_s}{P}$
- $P = 8000[\text{kVA}], \; V = 6[\text{kV}], \; \%Z_s = 80[\%]$
- $Z_s = \frac{10 \times 6^2 \times 80}{8000} = 3.6[\Omega]$

답 ④

콕콕 포인트

electrical engineer · electrical engineer · electrical engineer · electrical engineer · electrical engineer · electrical engineer · electrical engineer · electrical e

2. 단락전류와 단락상태

돌발단락전류 ←→ 지속단락전류 →
(누설리액턴스 x_l가 제한) (동기리액턴스 x_s가 제한)

운전중인 3상 발전기의 단자가 단락되면 돌발단락전류가 발생하게 된다. 이때 동기기의 누설리액턴스도 같이 증가하므로 단락전류의 크기가 점차 감소하며 단락전류가 흐른 뒤 발생하는 전기자 반작용에 의하여 리액턴스가 더해져 크기가 일정해지는 영구지속 단락 전류가 된다.

1) 돌발 단락전류

$$I_s = \frac{E}{x_\ell}[\mathrm{A}]$$

2) 영구 단락전류

$$I_s = \frac{E}{x_a + x_\ell} = \frac{E}{x_s}[\mathrm{A}]$$

3. 동기발전기의 출력

1) 비돌극기(원통형) 출력

① 단상출력

$$P_{1\phi} = V \times \frac{E}{x_s}\sin\delta = \frac{EV}{x_s}\sin\delta[\mathrm{W}]$$

② 3상출력

$$P_{3\phi} = 3 \cdot \frac{EV}{x_s}\sin\delta[\mathrm{W}]$$

③ 최대출력 : 부하각 90°에서 발생

2) 돌극기의 출력

① 출력

$$P = \frac{EV}{x_s}\sin\delta + \frac{V^2(x_d - x_q)}{2x_d x_q}\sin2\delta[\mathrm{W}]$$

② 최대출력 : 부하각 60°에서 발생

4. 자기여자

동기발전기에 콘덴서와 같은 용량성 부하를 접속하면 진상 전류가 전기자 권선에 흐르게 되고, 이때 전기자 전류에 의하여 전기자 반작용은 자화작용을 하게 되므로 발전기에 직류 여자를 가하지 않아도 전기자 권선에 기전력이 유기된다. 이와 같이 진상 전류에 의해 전압이 점차 상승되어 정상전압까지 확립되어 가는 현상을 동기발전기의 자기여자작용 이라 한다. 이를 방지하기 위한 방법은 다음과 같다.

- 발전기의 단락비를 크게한다.
- 수전단에 리액턴스를 병렬로 접속한다.
- 송전 선로의 수전단에 변압기를 접속한다.
- 발전기 2대 또는 3대를 병렬로 모선에 접속한다.
- 수전단에 동기 조상기를 접속하고 이것을 부족 여자로 하여 송전선에서 지상 전류를 취하게 하면 충전 전류를 그만큼 감소시키는 것이 된다.

| CHECK POINT | 난이도 ★★☆☆☆   1차   2차   3차

동기 발전기의 돌발 단락전류를 주로 제한하는 것은?

① 동기 리액턴스   ② 누설 리액턴스

③ 권선저항   ④ 역상 리액턴스

상세해설

발전기 단자부근에서 단락시 발생하는 단락전류를 제한하는 성분은 누설 리액턴스이다.

답 ②

5. 동기발전기의 특성곡선

참고

무부하 회로시험

참고

단락회로시험

[무부하 포화곡선과 3상 단락곡선]

1) 무부하 포화곡선

① 무부하 포화곡선

무부하 상태에서 정격속도로 운전한 경우 계자전류와 기전력과의 관계를 나타내는 곡선을 말한다. 전압이 낮은 동안 단자전압은 계자전류에 비례하지만 계자철심의 포화로 인해 증가비율이 급격히 감소한다.

② 공극선

무부하포화곡선의 직선부를 연장한 직선으로 포화하지 않는 이상적인 상태의 곡선이다.

③ 포화율 δ

무부하 포화곡선과 공극선이 정격전압을 유기하는 점에서 포화율을 산출하며 포화의 정도를 나타낸다.$(\delta = yz/xy)$

2) 3상 단락곡선

① 3상 단락곡선

단락곡선이란 동기발전기의 단자를 단락하고 정격 속도로 운전하여 계자전류를 천천히 증가시킨 경우 단락전류와 계자전류의 관계를 나타내는 곡선을 말한다.

② 3상 단락곡선이 직선이 되는 이유

철심이 포화되면 전기자 반작용에 의해 감자작용이 발생하여 철심의 자기포화가 되지 않아 단락전류는 직선으로 상승한다.

3) 단락비

① 단락비

동기발전기의 용량을 나타내는데 중요한 정수이며 무부하 포화특성곡선과 단락곡선의 특성을 이용하여 산정하게 된다.

$$\text{단락비} = \frac{\text{무부하시 정격전압을 유기하는데 필요한 계자전류}}{\text{3상 단락하고 정격전류와 같은 전류를 흘리는데 필요한 계자전류}}$$

② 단락비와 %동기임피던스의 관계

단락비는 정격전류에 대한 단락 시 흐르는 전류의 비율이며 동기임피던스와 역수관계이다.

$$K_s = \frac{1}{\%Z_s[\text{p·u}]} = \frac{100}{\%Z_s[\%]} = \frac{V^2}{PZ_s} = \frac{I_s}{I_n}$$

③ 단락비가 큰 기계(철기계)의 특성

- 안정도가 높다.
- 선로의 충전용량이 크다.
- 공극이 크고 극수가 많다.
- 돌극형 철기계이다(수차발전기).
- 철손이 커져서 효율이 떨어진다.
- 기계중량이 무겁고 가격이 비싸다.
- 계자 기자력이 크고 전기자 반작용이 작다.
- 단락비가 커서 동기 임피던스가 작고 전압 변동률이 작다.

참고

단락비

$$K_s = \frac{I_f''}{I_f'} = \frac{I_s}{I_n}$$

참고

단락비의 범위
- 터빈발전기 0.6 ~ 1.0
- 수차발전기 0.9 ~ 1.2

Q 포인트 O·X 퀴즈

1. 단락비를 작게하는 것은 자기여자를 방지하기 위한 방법 중 하나이다. ·····················( )
2. 동기발전기에 콘덴서가 접속되면 지상전류가 흐른다. ···( )

A 해설

1. (×) 단락비를 크게해야한다.
2. (×) 콘덴서는 용량성 부하이므로 진상전류가 흐른다.

Q 포인트 O·X 퀴즈

1. 단락비는 동기임피던스의 역수이다. ·····················( )
2. 단락비는 동기전동기의 용량을 나타내는데 중요한 정수이다. ·····················( )

A 해설

1. (o) 단락비는 퍼센트 동기임피던스의 역수관계이다.
2. (×) 동기전동기의 용량이 아닌 동기발전기의 용량을 나타낼 때 사용한다.

| CHECK POINT | 난이도 ★★☆☆☆   [1차] [2차] [3차]

동기 발전기의 단락비는 기계의 특성을 단적으로 잘 나타내는 수치로서, 동일 정격에 대하여 단락비가 큰 기계는 다음과 같은 특성을 가진다. 옳지 않은 것은?

① 과부하 내량이 크고, 안정도가 좋다.
② 동기임피던스가 작아져 전압변동률이 좋으며, 송전선 충전 용량이 크다.
③ 기계의 형태, 중량이 커지며, 철손, 기계손이 증가하고 가격도 비싸다.
④ 극수가 적은 고속기가 된다.

상세해설

단락비가 큰 기계는 극수가 많은 수차 발전기(저속기)이다.

답 ④

콕콕 포인트

electrical engineer · electrical engineer · electrical engineer · electrical engineer · electrical engineer · electrical engineer · electrical engineer · electrical en

8 동기발전기의 병렬운전

1대의 동기발전기에 부하가 증가하면 발전기 1대를 더 추가하여 같은 모선에 접속시켜 병렬운전을 하며 다음의 운전조건이 필요하다.

1) 기전력의 크기가 같을 것

① 원인 : 병렬운전중인 동기발전기에서 각 발전기의 여자전류가 다르게 되면 기전력의 크기가 서로 다르게 된다.

② 결과 : 발전기 내부에는 무효순환전류가 발생하여 단자전압을 같게 만들지만 발전기의 온도상승을 초래한다. 또한 A발전기의 여자를 증대하면 무효순환전류의 증가로 인해 역률이 저하하며 B발전기는 반대 위상의 무효순환전류로 인해 역률이 향상된다.

③ 방지책 : 여자전류를 조정하여 발생전압의 크기를 같게 한다.

2) 기전력의 위상이 같을 것

① 원인 : 동기발전기를 회전시키는 원동기의 출력이 변화하면 발생하는 전압의 위상이 변화한다.

② 결과 : 동기화전류(유효순환전류)가 흐르며 위상이 앞선 발전기는 위상이 뒤진 발전기로 동기화력을 발생시켜 위상을 동일하게 한다.

③ 방지책: 원동기의 출력을 조절한다.

3) 기전력의 주파수가 같을 것

① 원인 : 발전기의 조속기가 예민하거나, 부하의 급변등

② 결과 : 기전력의 위상이 일치하지 않는 구간이 생기고 동기화 전류가 두 발전기 사이에 주기적으로 흐르게 되어 난조가 발생하게 된다.

③ 방지책 : 제동권선 설치

4) 기전력의 파형이 같을 것

기전력의 파형이 다르면 순시값의 크기가 같지 않기 때문에 고조파 순환전류가 발생하여 과열의 원인이 된다.

5) 상회전 방향이 같을 것

3상의 경우 동기검정 등을 이용하여 위상의 일치를 확인한 후 발전기를 모선에 접속한다. 일반적으로 발전소나 변전소에서는 지침형의 동기점정기를 설치하여 사용하고 있다.

▶ 전기 용어해설

수수전력

병렬운전하는 동기발전기의 기전력의 차이 발생시 동기화전류가 흐르면서 발전기 상호간에 전력을 주고받는다. 이를 수수전력이라 한다.

$$P_s = \frac{E^2}{2X_s}\sin\delta\,[\mathrm{W}]$$

▶ 전기 용어해설

동기화력

동기기가 병렬 운전 중 어느 한대가 어떤 원인으로 위상을 벗어나려 할 때 이것을 원래의 동기상태로 되돌리려는 힘을 말한다.

$$P_s = \frac{E^2}{2X_s}\cos\delta\,[\mathrm{W}]$$

electrical engineer · electrical engineer · electrical engineer · electrical engineer · electrical engineer · electrical engineer · electrical engineer · electrical engineer

콕콕 포인트

| CHECK POINT | 난이도 ★★☆☆☆   1차 2차 3차

3상 동기발전기를 병렬운전시키는 경우 고려하지 않아도 되는 조건은?

① 발생전압이 같을 것   ② 전압파형이 같을 것
③ 회전수가 같을 것   ④ 상회전이 같을 것

상세해설

발전기 단자부근에서 단락시 발생하는 단락전류를 제한하는 성분은 누설 리액턴스이다.
동기발전기의 병렬운전조건은 다음과 같다.

- 기전력의 크기가 같을 것 → 다를 경우 무효순환전류가 흐른다.
- 기전력의 위상이 같을 것 → 다를 경우 동기화전류가 흐른다.
- 기전력의 주파수가 같을 것 → 다를 경우 동기화 전류가 흐른다.
- 기전력의 파형이 같을 것 → 다를 경우 고주파 무효순환전류가 흐른다.
- 상회전 방향이 같을 것(3상의 경우)

답 ③

| CHECK POINT | 난이도 ★★☆☆☆   1차 2차 3차

2대의 동기발전기가 병렬운전하고 있을 때 동기화전류가 흐르는 경우는?

① 기전력의 크기에 차가 있을 때   ② 기전력의 위상에 차가 있을 때
③ 부하 분담에 차가 있을 때   ④ 기전력의 파형에 차가 있을 때

상세해설

- 동기발전기 병렬운전 조건
  원동기 출력의 변화에 의해 기전력의 위상이 다른 경우 유효순환전류가 발생한다.

답 ②

| CHECK POINT | 난이도 ★★☆☆☆   1차 2차 3차

동기 발전기의 병렬 운전에서 기전력의 위상이 다른 경우, 동기화력[P_a]을 나타낸 식은? (단, P : 수수전력, δ : 상차각이다.)

① $P_a = \dfrac{dP}{d\delta}$ ② $P_a = \displaystyle\int P d\delta$

③ $P_s = P \times \cos\delta$ ④ $P_a = \dfrac{P}{\cos\delta}$

상세해설

동기발전기의 병렬운전에서 위상이 다른 경우 유효순환전류가 흘러 발전기 상호간 전력을 주고받는 수수전력이 나타난다. 이 경우에 발전기에서는 원상태로 회복시키려는 힘이 생기는데 이를 동기화력이라 한다.

수수전력 $P = \dfrac{E^2}{2x_s} \sin\delta_s$

∴ 동기화력 $P_s = \dfrac{dP}{d\delta} = \dfrac{E^2}{2x_s} \cos\delta_s$

답 ①

- QR 코드를 찍으시면, 가장 중요한 우선순위 문제풀이 영상을 보실 수 있습니다.
- 우선순위 논점은 전기(산업)기사 시험에서 가장 출제 빈도가 높은 문제로써, 수험생분들께서는 각 파트별 우선순위 문제의 논점과 키워드를 학습하시기를 바랍니다.
- 체크 리스트를 작성하시면서 문제의 유형과 학습의 완성도를 스스로 체크 해 보시기를 바랍니다.
- "선생님의 콕콕 포인트"는 틀리기 쉬운 문제의 함정과 문제의 포인트를 집어드립니다. 우선순위 문제풀이의 포인트를 꼭 참고하고 응용문제의 해결능력을 길러 줍니다.

번호	우선순위 논점	KEY WORD	나의 정답 확인				선생님의 콕콕 포인트
			맞음	틀림(오답확인!)			
				이해 부족	암기 부족	착오 실수	
3	동기발전기의 원리	동기속도, 주파수, 극수					동기속도를 구하는 공식을 꼭 암기할 것
6	동기발전기의 분류	비돌극형, 고속기, 동기계					비돌극형, 돌극형의 구분을 정확히 할 것
15	전기자권선법	매극 매상 슬롯수, 분포권계수					슬롯수의 공식과 분포권계수 식을 꼭 숙지할 것
18	유기기전력	유기기전력					유기기전력 구하는 식에서 4.44라는 것 꼭 기억할 것
22	전기자반작용	감자, 증자, 교차자화					진상, 지상, 동위상의 의미를 꼭 기억해서 감자, 증자, 교차자화를 암기할 것
23	동기발전기의 출력	동기리액턴스, 부하각					단상인지 3상인지 꼭 구분하여 공식의 차이점을 봐둘 것
36	동기발전기의 특성	단락비, 안정도					동기발전기의 특징을 기억할 것
44	동기발전기의 병렬운전	병렬운전, 위상, 주파수, 크기					크. 위. 주. 파. 상

★★★☆☆

01 동기발전기에서 동기속도와 극수와의 관계를 표시한 것은 어느 것인가? (단, N_s : 동기 속도, p : 극수)

①

②

③

④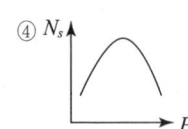

🔍 해설

동기발전기의 원리

- 동기속도공식

$$N_s = \frac{120f}{p}$$

- 동기발전기의 상용주파수 f는 일정하므로 동기속도와 극수는 반비례 관계이다.

★★★☆☆

02 3상 20000[kVA]인 동기발전기가 있다. 이 발전기는 60[Hz]일 때 200[rpm], 50[Hz]일 때 167[rpm]으로 회전한다. 이 동기발전기의 극수는?

① 18극   ② 36극

③ 54극   ④ 72극

🔍 해설

동기발전기의 원리

- 동기속도 $N_s = \frac{120f}{p}$ 에서, 극수 $p = \frac{120f}{N_s}$

- 발전기의 주파수와 회전수는 비례한다.

- $p = \frac{120f}{N_s} = \frac{120 \times 60}{200} = 36$극

- $p = \frac{120f}{N_s} = \frac{120 \times 50}{167} ≒ 36$극

★★★☆☆

03 60[Hz], 12극인 동기전동기 회전자의 주변속도[m/s]는? (단, 회전 계자의 극간격은 1[m]이다.)

[정답] 01 ②   02 ②   03 ①

① 120[m/s] ② 102[m/s]

③ 98[m/s] ④ 72[m/s]

🔍 해설

동기발전기의 원리

• 동기 발전기의 회전자 주변속도

$$v = \pi D \times \frac{N_s}{60}[\text{m/s}]$$

• 회전계자의 극간격이 1[m]이므로,
원의 둘레 $\pi D = 12[\text{m}]$

동기속도 $N_s = \frac{120f}{p} = \frac{120 \times 60}{12} = 600[\text{rpm}]$

• $v = 12 \times \frac{600}{60} = 120[\text{m/s}]$

★★★★☆

04 대형 수차발전기를 회전계자형 동기발전기로 하는 이유는?

① 효율이 좋다 ② 절연이 용이하다

③ 냉각효과가 크다 ④ 기전력의 파형개선

🔍 해설

동기발전기의 분류

회전계자형 기기의 특징

• 절연이 용이하고 기계적으로 튼튼하다.
• 계자권선의 전원이 직류전원으로 소요전력이 작다.
• 전기자 권선은 고압으로 결선이 복잡하다.

★★★★☆

05 동기 발전기에서 전기자와 계자의 권선이 모두 고정되고 유도자가 회전하는 것은?

① 수차발전기 ② 고주파발전기

③ 터빈발전기 ④ 엔진발전기

🔍 해설

동기발전기의 분류

분류	고정자	회전자	용도
회전전기자형	계자	전기자	직류발전기
회전계자형	전기자	계자	동기발전기
유도자형	계자, 전기자	유도자	고주파발전기

★★★★★

06 비돌극형 발전기의 특징에 해당되지 않는 것은?

① 극수가 적다. ② 공극이 균일하다.

③ 고속기이다. ④ 철기계이다.

🔍 해설

동기발전기의 분류

돌극형	비돌극형
극수가 많다	극수가 적다
공극이 불균일하다	공극이 균일하다
저속기(수차발전기)	고속기(터빈발전기)
철기계	동기계

★★★★☆

07 동기기(돌극형)에서 직축리액턴스 x_d와 횡축리액턴스 x_q는 그 크기 사이에 어떤 관계가 성립하는가? (단, x_s는 동기리액턴스이다.)

① $x_q = x_d = x_s$ ② $x_q > x_d$

③ $x_d > x_q$ ④ $x_q = 2x_d$

🔍 해설

동기발전기의 분류

돌극형(철극기)발전기는 직축리액턴스가 횡축리액턴스보다 큰 구조이다.

★★★☆☆

08 교류기에서 집중권이란 매극, 매상의 홈(slot)수가 몇 개인 것을 말하는가?

① $\frac{1}{2}$개 ② 1개

③ 2개 ④ 5개

🔍 해설

동기발전기의 전기자 권선법

• 집중권 : 매극 매상당 홈(slot)수 1개
• 분포권 : 매극 매상당 홈(slot)수 2개 이상

★★★☆☆
09 동기 발전기의 권선을 분포권으로 하면?

① 파형이 좋아진다.
② 권선의 리액턴스가 커진다.
③ 집중권에 비하여 합성 유도기전력이 높아진다.
④ 난조를 방지한다.

🔍 **해설**

동기발전기의 전기자 권선법
분포권은 집중권에 비해 합성 유도기전력은 낮아지지만 고조파를
감소시켜 파형을 좋게 한다.

★★★☆☆
10 교류발전기에서 권선을 절약할 뿐 아니라 특정 고조파분이 없는 권선은?

① 전절권   ② 집중권
③ 단절권   ④ 분포권

🔍 **해설**

동기발전기의 전기자 권선법
단절권의 특징
• 고조파를 제거하여 기전력의 파형을 개선시킨다.
• 철량, 동량이 절약된다.
• 기계길이가 축소된다.
• 전절권에 비해 기전력이 감소한다.

★★★★☆
11 동기기의 전기자 권선법 중 단절권, 분포권으로 하는 이유 중 가장 중요한 목적은?

① 높은 전압을 얻기 위해서
② 일정한 주파수를 얻기 위해서
③ 좋은 파형을 얻기 위해서
④ 효율을 좋게 하기 위해서

🔍 **해설**

동기발전기의 전기자 권선법
단절권과 분포권은 고조파를 감소 및 제거하여 좋은 파형을 얻기 위
함이다.

★★☆☆☆
12 교류발전기의 고조파 발생을 방지하는 데 적합하지 않은 것은?

① 전기자슬롯을 스큐슬롯으로 한다.
② 전기자권선의 결선을 성형으로 한다.
③ 전기자반작용을 작게 한다.
④ 전기자권선을 전절권으로 감는다.

🔍 **해설**

동기발전기의 전기자 권선법
전기자권선법 중 전절권이 아닌 단절권으로 사용하여야 고조파 발생
을 방지할 수 있다.

★★★☆☆
13 코일피치와 극간격의 비를 β라 하면 동기기의 기본파 기전력에 대한 단절권계수는 다음의 어느 것인가?

① $\sin\beta\pi$ ② $\sin\dfrac{\beta\pi}{2}$

③ $\cos\beta\pi$ ④ $\cos\dfrac{\beta\pi}{2}$

🔍 **해설**

동기발전기의 전기자 권선법
단절권은 전절권에 비해 합성기전력이 감소하는 비율을 나타내는 계
수이다.

★★★☆☆
14 3상 동기 발전기의 매극, 매상의 슬롯수를 3이라 할 때 분포권 계수를 구하면?

① $6\sin\dfrac{\pi}{18}$ ② $3\sin\dfrac{\pi}{9}$

③ $\dfrac{1}{6\sin\dfrac{\pi}{18}}$ ④ $\dfrac{1}{3\sin\dfrac{\pi}{18}}$

🔍 **해설**

동기발전기의 전기자 권선법
분포권계수

$$K_d = \frac{\sin\dfrac{\pi}{2m}}{q\sin\dfrac{\pi}{2mq}}$$

[**정답**] 09 ①   10 ③   11 ③   12 ④   13 ②   14 ③

상수 $m=3$, 매극 매상의 슬롯수 $q=3$

$$\therefore K_d = \frac{\sin\frac{\pi}{2\times3}}{3\times\sin\frac{\pi}{2\times3\times3}} = \frac{\sin\frac{\pi}{6}}{3\sin\frac{\pi}{18}} = \frac{\frac{1}{2}}{3\sin\frac{\pi}{18}} = \frac{1}{6\sin\frac{\pi}{18}}$$

★★★☆☆

15 3상 4극의 24개의 슬롯을 갖는 권선의 분포권 계수는?

① 0.966

② 0.801

③ 0.866

④ 0.912

🔍 해설 ------------------------------

동기발전기의 전기자 권선법

• 분포권계수

$$K_d = \frac{\sin\frac{\pi}{2m}}{q\sin\frac{\pi}{2mq}}$$

• 상수 $m=3$,

매극 매상의 슬롯수 $q = \dfrac{슬롯수}{극수\times상수} = \dfrac{24}{4\times3} = 2$

• $K_d = \dfrac{\sin\frac{\pi}{2\times3}}{2\sin\frac{\pi}{2\times3\times2}} = \dfrac{\sin\frac{\pi}{6}}{2\sin\frac{\pi}{12}} = \dfrac{\sin30°}{2\sin15°} = 0.9659$

★★☆☆☆

16 3상 동기 발전기의 각 상의 유기 기전력 중에서 제 5고조파를 제거하려면 코일 간격/극 간격을 어떻게 하면 되는가?

① 0.8

② 0.5

③ 0.7

④ 0.6

🔍 해설 ------------------------------

동기발전기의 전기자 권선법

• 동기발전기를 단절권으로 감았을 때 제 5고조파가 제거 되었다면, 단절권 계수 $K_p = \sin\frac{5\beta\pi}{2} = 0$이어야 한다.

• $\beta = 0$, 0.4, 0.8, 1.2일 때 위 값을 만족하며 1보다 작고 가장 가까운 $\beta = 0.8$이 적당하다.

★★☆☆☆

17 3상, 6극, 슬롯수 54의 동기 발전기가 있다. 어떤 전기자 코일의 두 변이 제 1슬롯과 제 8슬롯에 들어 있다면 단절권 계수는 얼마인가?

① 0.9397

② 0.9567

③ 0.9337

④ 0.9117

🔍 해설 ------------------------------

동기발전기의 전기자 권선법

• 단절권 계수

$$K_p = \sin\frac{\beta\pi}{2}$$

• $\beta = \dfrac{코일간격}{극간격}$이며

코일간격 = 8슬롯 − 1슬롯 = 7, 극간격 = $\dfrac{총슬롯수}{극수} = \dfrac{54}{6} = 9$

• $K_p = \sin\dfrac{\frac{7}{9}\pi}{2} = 0.9397$

※ 삼각함수 뒤의 $\pi = 180°$

★★☆☆☆

18 3상 교류발전기에서 권선 계수 k_ω, 주파수 f, 1극당 자속수 $\phi[\text{Wb}]$, 직렬로 접속된 1상의 코일 권수 W를 △결선으로 하였을 때의 선간전압 $[\text{V}]$은?

① $\sqrt{3}\,K_\omega f\omega\phi$

② $4.44K_\omega f\omega\phi$

③ $\sqrt{3}\times4.44K_\omega f\omega\phi$

④ $\dfrac{4.44K_\omega f\omega\phi}{\sqrt{3}}$

🔍 해설 ------------------------------

동기발전기의 유기기전력

• 동기 발전기의 유기기전력 $E = 4.44 f\phi\omega K_\omega$이다.

• △결선 시 상전압과 선간전압은 같으므로 $V = 4.44 f\phi\omega K_\omega$이다.

★★★★☆

19 3상 동기발전기에 무부하전압보다 90° 뒤진 전기자 전류가 흐를 때, 전기자 반작용은?

① 교차자화작용을 한다.

② 증자작용을 한다.

③ 감자작용을 한다.

④ 자기여자작용을 한다.

[정답] 15 ① 16 ① 17 ① 18 ② 19 ③

해설

전기자 반작용

동기 발전기에서 지상전류가 흐를 때 감자작용을 한다.

★★★★☆

20 3상 동기발전기의 전기자반작용은 부하의 성질에 따라 다르다. 다음 성질 중 잘못 설명한 것은?

① $\cos\theta ≒ 1$일 때, 즉 전압, 전류가 동상일 때는 실제적으로 감자작용을 한다.

② $\cos\theta ≒ 0$일 때, 즉 전류가 전압보다 90° 뒤질 때는 감자작용을 한다.

③ $\cos\theta ≒ 0$일 때, 즉 전류가 전압보다 90° 앞설때는 증자작용을 한다.

④ $\cos\theta ≒ \phi$일 때, 즉 전류가 전압보다 ϕ만큼 뒤질 때 증자작용을 한다.

해설

전기자 반작용

동기발전기는 전류가 진상일 때 증자작용을 한다.

★★★☆☆

21 동기발전기의 부하에 콘덴서를 달아서 앞서는 전류가 흐르고 있다. 다음 중 옳은 것은?

① 단자전압강하   ② 단자전압상승
③ 편자작용   ④ 속도상승

해설

전기자 반작용

동기발전기의 부하에 콘덴서(C)를 설치하면 진상전류가 흘러 증자작용으로 인해 단자전압이 상승한다.

★★★☆☆

22 동기발전기에서 유기기전력과 전기자전류가 동상인 경우의 전기자반작용은?

① 교차자화작용   ② 증자작용
③ 감자작용   ④ 직축반작용

해설

전기자 반작용

R부하(동상)시 교차자화작용(횡축반작용)이 발생한다.

★★★★☆

23 동기리액턴스 $x_s = 10[\Omega]$, 전기자저항 $r_a = 0.1[\Omega]$인 Y결선 3상 동기발전기가 있다. 1상의 단자전압은 $V = 4000[V]$이고 유기 기전력 $E = 6400[V]$이다. 부하각 $\delta = 30°$라고 하면 발전기의 3상 출력[kW]은 약 얼마인가?

① 1250[kW]   ② 2830[kW]
③ 3840[kW]   ④ 4650[kW]

해설

동기발전기의 출력

• 동기 발전기의 3상 출력

$$P = 3 \times \frac{EV}{x_s} \sin\delta [W]$$

• 유기기전력 $E = 6400[V]$, 단자전압 $V = 4000[V]$
  부하각 $\delta = 30°$, 동기리액턴스 $x_s = 10[\Omega]$

• $P = 3 \times \dfrac{6400 \times 4000}{10} \times \sin 30° \times 10^{-3} = 3840[kW]$

★★★☆☆

24 여자전류 및 단자전압이 일정한 비철극형 동기발전기의 출력과 부하각 δ와의 관계를 나타낸 것은? (단, 전기자저항은 무시한다)

① δ에 비례   ② δ에 반비례
③ $\cos\delta$에 비례   ④ $\sin\delta$에 비례

해설

동기발전기의 출력

동기 발전기의 출력(1상)

$P_1 = \dfrac{EV}{x_s} \sin\delta [W]$에서 출력은 $\sin\delta$에 비례한다.

★★★★☆

25 3상 66000[kVA], 22900[V] 터빈발전기의 정격전류[A]는?

[정답] 20 ④ 21 ② 22 ① 23 ③ 24 ④ 25 ③

① 2882[A] ② 962[A]
③ 1664[A] ④ 431[A]

해설

동기발전기의 출력

- 3상 출력 $P_{3\phi}=\sqrt{3}\,VI$에서 → $I=\dfrac{P}{\sqrt{3}\,V}$
- $P=66000[\mathrm{kVA}]$, $V=22900[\mathrm{V}]$이므로
- $I=\dfrac{P}{\sqrt{3}\,V}=\dfrac{66000\times10^{3}}{\sqrt{3}\times22900}≒1664[\mathrm{A}]$

★★★★☆
26 동기발전기가 운전 중 갑자기 3상 단락을 일으켰을 때, 그 순간단락전류를 제한하는 것은?

① 누설리액턴스 ② 전기자 반작용
③ 동기리액턴스 ④ 단락비

해설

동기발전기의 특성
동기발전기에서 순간 단락전류를 제한하는 성분은 누설리액턴스이다.

★★★★☆
27 발전기 권선의 층간 단락보호에 가장 적합한 계전기는?

① 과부하계전기
② 온도계전기
③ 접지계전기
④ 차동계전기

해설

동기발전기의 특성
- 과부하계전기 : 선로의 과부하 및 단락시 동작하는 계전기
- 온도계전기 : 절연유 및 권선의 온도상승을 검출하는 계전기
- 접지계전기 : 접지고장시 동작하는 계전기
- 차동계전기 : 보호구간에 유입하는 전류와 유출하는 전류의 차에 의해 사고를 검지하여 동작하는 계전기, 발전기 및 변압기의 층간단락 등 내부고장 검출용에 사용한다.

★★★☆☆
28 3상 동기발전기의 여자전류 10[A]에 대한 단자전압이 $1000\sqrt{3}\,[\mathrm{V}]$, 3상 단락전류는 50[A]이다. 이때의 동기임피던스[Ω]는?

① 20[Ω] ② 15[Ω]
③ 10[Ω] ④ 5[Ω]

해설

동기발전기의 특성
- 동기임피던스
  $Z_{s}=\dfrac{E}{I_{s}}[\Omega]$
- 단락전류 $I_{s}=50[\mathrm{A}]$, 동기기는 Y결선,
  기전력(상전압) $E=\dfrac{V}{\sqrt{3}}=\dfrac{1000\sqrt{3}}{\sqrt{3}}=1000[\mathrm{V}]$
- $Z_{s}=\dfrac{1000}{50}=20[\Omega]$

★★★★☆
29 정격전압을 $E[\mathrm{V}]$, 정격전류를 $I[\mathrm{A}]$, 동기임피던스를 Z_{s}이라 할 때, 퍼센트 동기임피던스 %Z_{s}는? (단, 이때 E는 선간전압이다.)

① $\dfrac{I\cdot Z_{s}}{\sqrt{3}\,E}\times100$ ② $\dfrac{I\cdot Z_{s}}{3E}\times100$

③ $\dfrac{\sqrt{3}\,I\cdot Z_{s}}{E}\times100$ ④ $\dfrac{I\cdot Z_{s}}{E}\times100$

해설

동기발전기의 특성
- 선간전압(정격전압)을 $E[\mathrm{V}]$라 했으므로
  → $\dfrac{E}{\sqrt{3}}=$상전압(유기기전력)이다.
- %$Z_{s}=\dfrac{I\cdot Z_{s}}{\dfrac{E}{\sqrt{3}}}\times100=\dfrac{\sqrt{3}\,I\cdot Z_{s}}{E}\times100$

★★★★☆
30 동기기에 있어서 동기임피던스와 단락비와의 관계는?

① 동기임피던스[Ω]$=\dfrac{1}{(\text{단락비})^{2}}$

② 단락비$=\dfrac{\text{동기임피던스}[\Omega]}{\text{동기각속도}}$

[**정답**] 26 ① 27 ④ 28 ① 29 ③ 30 ③

③ 단락비 $= \dfrac{1}{\text{동기임피던스[p·u]}}$

④ 동기임피던스[p·u] = 단락비

해설
동기발전기의 특성
단락비는 단락시 흐르는 전류의 비율이므로 동기임피던스에 반비례한다.

★★★☆☆
31 어떤 수차용 교류발전기의 단락비가 1.2이다. 이 발전기의 퍼센트 동기임피던스는?

① 0.12   ② 0.25
③ 0.52   ④ 0.83

해설
동기발전기의 특성
- (%동기임피던스) $\%Z_s = \dfrac{1}{K_s(\text{단락비})}$
- $\%Z_s = \dfrac{1}{1.2} = 0.83$

★★★☆☆
32 동기발전기의 퍼센트 동기임피던스가 83[%]일 때 단락비는 얼마인가?

① 1.0   ② 1.1
③ 1.2   ④ 1.3

해설
동기발전기의 특성
단락비와 %동기임피던스는 역수관계이다.
$$K_s = \dfrac{1}{\%Z[\text{p·u}]} = \dfrac{1}{0.83} = 1.2$$

★★★★☆
33 동기 발전기의 단락비를 계산하는 데 필요한 시험의 종류는?

① 동기화시험, 3상 단락시험
② 부하 포화시험, 동기화시험

③ 무부하 포화시험, 3상 단락시험
④ 전기자 반작용시험, 3상 단락시험

해설
동기발전기의 특성
단락비 산출시 무부하포화시험, 3상단락시험이 필요하다.

★★★★★
34 동기 발전기의 단락시험, 무부하시험으로부터 구할 수 없는 것은?

① 철손   ② 단락비
③ 전기자 반작용   ④ 동기 임피던스

해설
동기발전기의 특성
단락시험, 무부하시험으로 구할 수 있는 특성
- 단락시험 : 동손(임피던스 와트), 동기 임피던스(리액턴스)
- 무부하시험 : 철손, 여자전류(무부하전류), 여자 어드미턴스
- 단락시험, 무부하시험 : 단락비

★★★☆☆
35 동기기의 3상 단락곡선이 직선이 되는 이유는?

① 무부하 상태이므로
② 자기포화가 있으므로
③ 전기자 반작용으로
④ 누설리액턴스가 크므로

해설
동기발전기의 특성
동기발전기는 코일의 전자유도로 기전력을 발생하는 장치로서 이때 흐르는 전류는 L성분의 지상전류가 흐르게 된다. 따라서 동기 발전기는 지상성분의 전류로 인해 전기자반작용(감자작용)이 발생하여 단락곡선이 포화가 되지않고 직선이 되게 된다.

★★★☆☆
36 단락비가 큰 동기기는?

① 안정도가 높다.   ② 전압변동률이 크다.
③ 기계가 소형이다.   ④ 전기자 반작용이 크다.

[**정답**] 31 ④ 32 ③ 33 ③ 34 ③ 35 ③ 36 ①

🔍 해설

동기발전기의 특성

단락비가 큰 기기의 특징

- 돌극형 철기계이다(수차발전기)
- 철손이 커져서 효율이 떨어진다.
- 선로의 충전용량이 크다.
- 공극이 크고 극수가 많다.
- 단락비가 커서 동기 임피던스가 작고 전압 변동률이 작다.
- 안정도가 높다.
- 기계중량이 무겁고 가격이 비싸다.
- 계자 기자력이 크고 전기자 반작용이 작다.

★★★☆☆

37 두 동기 발전기의 유도 기전력이 $2000[\mathrm{V}]$, 위상차 $60°$, 동기 리액턴스 $100[\Omega]$이다. 이때 두 발전기 사이에 흐르는 유효순환전류는?

① 5   ② 10

③ 20   ④ 30

🔍 해설

동기발전기의 출력

두 발전기의 위상이 같지 않을 경우 발생하는 동기화전류

$$I_c = \frac{E}{X}\sin\frac{\delta}{2}[\mathrm{A}] = \frac{2000}{100}\times\sin\frac{60°}{2} = 10[\mathrm{A}]$$

★★★★☆

38 기전력(1상)이 E_0이고 동기임피던스(1상)가 Z_s인 2대의 3상 동기발전기를 무부하로 병렬운전시킬 때 대응하는 기전력 사이에 δ_s의 위상차가 있으면 한쪽 발전기에서 다른 쪽 발전기에 공급되는 전력[W]은?

① $\dfrac{E}{Z_s}\sin\delta_s$ ② $\dfrac{E_0}{Z_s}\cos\delta_s$

③ $\dfrac{E_0^2}{2Z_s}\sin\delta_s$ ④ $\dfrac{E_0^2}{2Z_s}\cos\delta_s$

🔍 해설

동기발전기의 출력

수수전력

병렬운전하는 동기발전기의 기전력의 차이가 생기면 동기화전류가 흐르면서 발전기 상호간에 전력을 주고받게 되는데 이를 수수전력이라 한다.

$$P_s = \frac{E^2}{2X_s}\sin\delta[\mathrm{W}]$$

★★★☆☆

39 동기 발전기의 병렬 운전시 동기화력은 부하각 δ와 어떠한 관계가 있는가?

① $\sin\delta$에 비례   ② $\cos\delta$에 비례

③ $\sin\delta$에 반비례   ④ $\cos\delta$에 반비례

🔍 해설

동기발전기의 출력

동기화력

동기기가 병렬 운전 중 어느 한 대가 어떤 원인으로 위상을 벗어나려 할 때 이것을 원래의 동기상태로 되돌리려는 힘을 말한다.

$$P_s = \frac{E^2}{2X_s}\cos\delta[\mathrm{W}]$$

★★★★☆

40 동기발전기의 자기여자작용은 부하전류의 위상이 어떤 경우에 일어나는가?

① 역률이 1인 때   ② 느린 역률인 때

③ 빠른 역률인 때   ④ 역률과 무관하다.

🔍 해설

동기발전기의 특성

자기여자작용 : 빠른 역률(C 부하)일 때 발생

★★★★★

41 발전기의 자기여자현상을 방지하는 방법이 아닌 것은?

① 단락비가 작은 발전기로 충전한다.

② 충전 전압을 낮게 하여 충전한다.

③ 발전기를 2대 이상 병렬운전 한다.

④ 발전기와 병렬로 리액턴스를 넣는다.

🔍 해설

동기발전기의 특성

- 동기조상기를 병렬로 설치한다.(지상전류 공급)
- 분로리액터를 설치한다.(무효전력 흡수)
- 발전기 및 변압기를 병렬운전 한다.(단락비 증가)
- 충전전압을 낮은 전압으로 한다.

[**정답**] 37 ② 38 ③ 39 ② 40 ③ 41 ①

★★★☆☆
42 동기기의 과도 안정도를 증가시키는 방법이 아닌 것은?

① 회전자의 플라이휠 효과를 작게 할 것
② 동기화 리액턴스를 작게 할 것
③ 속응 여자 방식을 채용할 것
④ 발전기의 조속기 동작을 신속하게 할 것

🔍 해설
동기발전기의 특성
• 단락비를 크게 한다.(동기 임피던스를 작게 한다.)
• 정상임피던스는 작고, 영상, 역상임피던스를 크게 한다.
• 회전자에 플라이휠을 설치하여 회전자 관성을 크게 한다.
• 속응여자 방식을 채용한다.
• 조속기 동작을 신속히 한다.

★★★☆☆
43 동기발전기의 안정도를 증진시키기 위하여 설계상 고려할 점으로 틀린 것은?

① 자동전압조정기의 속응도를 크게 한다.
② 정상 과도 리액턴스 및 단락비를 작게 한다.
③ 회전자의 관성력을 크게 한다.
④ 영상 및 역상 임피던스를 크게 한다.

🔍 해설
동기발전기의 특성
• 단락비를 크게 한다.(동기 임피던스를 작게 한다.)
• 정상임피던스는 작고, 영상, 역상임피던스를 크게 한다.
• 회전자에 플라이휠을 설치하여 회전자 관성을 크게 한다.
• 속응여자 방식을 채용한다.
• 조속기 동작을 신속히 한다.

★★★★★
44 동기발전기의 병렬운전에서 같지 않아도 되는 것은?

① 위상   ② 기전력의 크기
③ 주파수   ④ 용량

🔍 해설
동기발전기의 병렬운전
동기발전기의 병렬운전 조건은 다음과 같다.
• 기전력의 크기가 같을 것

• 기전력의 위상이 같을 것
• 기전력의 주파수가 같을 것
• 기전력의 파형이 같을 것
• 상회전 방향이 같을 것(3상의 경우)

★★★★☆
45 동기발전기의 병렬운전 중 계자를 변환시키면 어떻게 되는가?

① 무효순환전류가 흐른다.
② 주파수 위상이 변한다.
③ 유효순환전류가 흐른다.
④ 속도 조정률이 변한다.

🔍 해설
동기발전기의 병렬운전
동기발전기는 리액턴스(X_L)성분이 크기 때문에 무효(지상)순환전류를 흘린다.

★★★☆☆
46 동기발전기의 병렬 운전 중 위상차가 생기면?

① 무효횡류가 흐른다.
② 무효전력이 생긴다.
③ 유효횡류가 흐른다.
④ 출력이 요동하고 권선이 가열된다.

🔍 해설
동기발전기의 병렬운전
동기 발전기의 병렬운전 시 위상차가 생기면 동기화전류(유효순환전류)가 흘러 위상이 앞선 발전기는 위상이 뒤진 발전기로 동기화력을 발생시켜 위상을 동일하게 한다.

★★★★☆
47 정전압 계통에 접속된 동기발전기는 그 여자를 약하게 하면?

① 출력이 감소한다.
② 전압이 강하한다.
③ 앞선 무효 전류가 증가한다.
④ 뒤진 무효 전류가 증가한다.

[정답] 42 ①   43 ②   44 ④   45 ①   46 ③   47 ③

🔍 **해설**

- 동기 발전기의 여자전류를 약하게 할 경우
  → 앞선(진상)무효전류가 흘러 역률이 높아진다.
- 동기 발전기의 여자전류를 강하게 할 경우
  → 뒤진(지상)전류가 흘러 역률이 낮아진다.

★★★☆☆

48 병렬운전을 하고 있는 3상 동기발전기에 동기화전류가 흐르는 경우는 어느 때인가?

① 부하가 증가할 때

② 여자전류를 변화시킬 때

③ 부하가 감소할 때

④ 원동기의 출력이 변화할 때

🔍 **해설**

병렬운전조건
- 기전력의 위상이 같지 않게 되는 원인 : 원동기 출력의 변화
- 방지책 : 각 발전기의 원동기 출력을 조정

★★★★☆

49 병렬운전하는 두 동기 발전기 사이에 그림과 같이 동기검정기가 접속되었을 때 상회전 방향이 일치되어 있다면?

① L_1, L_2, L_3 모두 어둡다.

② L_1, L_2, L_3 모두 밝다.

③ L_1, L_2, L_3 순서대로 명멸한다.

④ L_1, L_2, L_3 모두 점등되지 않는다.

🔍 **해설**

병렬운전조건
- 상회전방향이 일치 된 경우 : 점등되지 않는다.
- 상회전방향이 일치하지 않는 경우 : 순서대로 점멸한다.

[정답] 48 ④ 49 ④

영상 학습 QR 출제경향분석

본 장은 동기기의 기본이 되는 동기 전동기 대하여 문제가 출제된다. 주로 동기 전동기의 특성과 특성곡선에 관련된 문제가 출제된다.

❶ 동기전동기의 특성   ❷ 동기전동기의 토크
❸ 동기전동기의 위상특성곡선   ❹ 동기 조상기
❺ 동기기의 안정도

콕콕 포인트

🔻 **이해력 높이기**

동기전동기의 용도
· 저속도 대용량 : 시멘트 공장의 분쇄기, 각종 압축기, 송풍기, 동기 조상기
· 소용량 : 전기시계, 오실로그래프, 전송사진

🔻 **핵심 포인트**

동기전동기는 항상 역률 1로 운전 할수 있다.

참고

[동기 전동기의 3상 전원 전류 파형]

---

1 동기전동기의 특성

1. 동기 전동기의 구조

동기 전동기는 동기 발전기와 거의 같은 구조로 되어있으나 기동 및 제동용으로 자극면에 농형 권선을 설치하고 있다. 특히 고속도의 동기전동기는 원통형 회전자로 되어 있다.

2. 동기 전동기의 특징

동기 전동기는 3상 전원을 인가하게 되면 회전자기장이 발생 되는데 계자의 자극이 스스로 결합하여 동기속도로 회전하게 되어 주로 저속도 대용량 부하로 사용된다.

장점	단점
① 속도가 일정하다.	① 기동장치가 필요하다.
② 기계적으로 튼튼하다	② 속도조정이 곤란하다.
③ 역률을 조정할 수 있다.	③ 난조발생이 빈번하다.
④ 유도전동기에 비해 효율이 좋다.	④ 직류 여자장치가 필요하다.

3. 동기 전동기의 기동

동기 전동기는 기동토크가 0이므로 기동할 때에는 제동권선을 기동권선으로 이용하여 기동토크를 얻는다.

1) 자기동법

제동 권선에 의한 기동토크를 이용하는 방법이다. 전기자 권선에 3상 전압을 가하면, 회전 자계를 발생하고 제동 권선은 유도 전동기의 2차 권선으로 작용하여 기동토크를 발생한다. 기동시에는 회전자속으로 계자권선에 고압을 유도하여, 절연을 파괴 할 우려가 있으므로 계자권선을 여러개로 분할하여 열어 놓거나, 또는 저항을 통하여 단락시켜야 한다.

2) 기동 전동기법

유도 전동기를 사용하여 기동하는 방법이다. 가속 후에 동기전동기를 여자시키면, 동기발전기가 되므로 여자 전류와 속도를 조정하여 동기발전기의 병렬운전을 하는 것과 같은 방법으로 동기화 하여 전원에 접속한다. 이 방법은 주로 대용량의 동기 조상기의 기동에 사용된다. 기동전동기로 유도 전동기를 사용하는 경우에는 주 전동기의 극수보다 2극 적은 것을 사용한다.

2 동기전동기의 토크

1. 기동토크

기동토크란 기동하는 순간에 회전자축에서 이용 할 수 있는 토크로 발생토크에서 마찰토크를 뺀 것을 말한다.

2. 인입토크

인입토크란 전동기가 기동하여 동기속도 가까이 도달하여 동기로 들어가려고 할 때 정격 주파수, 정격전압에서 직류 여자를 가한 경우, 전동기에 연결된 부하의 관성에 맞서 동기로 들어갈 수 있는 최대 부하토크를 말한다.

| CHECK POINT | 난이도 ★★☆☆☆   1차 2차 3차

동기 전동기에 관한 말 중 옳지 않은 것은?

① 기동 토크가 작다.　　　　② 난조가 일어나기 쉽다.
③ 여자기가 필요하다.　　　　④ 역률을 조정할 수 없다.

상세해설
동기전동기를 무부하운전시 동기조상기가 되어 위상과 역률을 마음대로 조절할 수 있다.

답 ④

| CHECK POINT | 난이도 ★★☆☆☆   1차 2차 3차

역률이 가장 좋은 전동기는?

① 농형 유도전동기　　　　② 반발기동전동기
③ 동기전동기　　　　　　④ 교류 정류자전동기

상세해설
동기전동기는 동기조상기로 사용할 수 있으므로 위상과 역률을 마음대로 조절할 수 있다. 따라서 역률이 가장 좋은 전동기는 동기전동기이다.

답 ③

콕콕 포인트

electrical engineer · electrical engineer · electrical engineer · electrical engineer · electrical engineer · electrical engineer · electrical engineer · electrical e

3 동기전동기의 위상특성곡선

정출력에서 유기기전력을 변화 시킬 때 유기기전력과 전기자전류의 관계를 나타내는 곡선을 말한다.

1. 특징

1) V곡선에서 역률이 1인 경우 전기자 전류가 최소가 된다.
2) V곡선에서 여자전류의 변화는 전기자 전류와 역률의 변화가 생긴다.
3) 계자전류가 증가하면 동기전동기는 과여자 상태로 운전되며 역률이 앞선역률이 되어 콘덴서작용을 하게 되어 진상전류가 흐른다.
4) 계자전류가 감소하면 동기전동기는 부족여자 상태로 운전되며 역률이 뒤진역률이 되어 리액터작용을 하게 되어 지상전류가 흐른다.

2. 계자전류가 변화 할 시 변하는 성분

- 역률
- 전기자전류
- 부하각

4 동기 조상기

1. 동기 조상기의 특성
: 동기 전동기는 무부하로 계자 전류를 조정하여 거의 영역률의 전기자 전류를 통할 수 있고 또 그 크기를 변화시킬 수 있다. 이러한 특성을 이용하여 전력계통의 전압 조정과 역률 개선을 하기 위하여 송전계통에 무부하의 동기 전동기를 접속해서 사용하는데 이 목적으로 사용하는 동기 전동기를 동기 조상기라고 한다.

2. 동기 조상기의 구조
: 구조는 거의 수차 발전기와 같으나, 고속 기계이므로 비교적 가늘고 긴 것이 많다.

1) 고정자는 수차발전기와 동일
2) 회전자는 안정한 운전을 위해 제동권선 설치
3) 진상용량을 크게 하기 위해선 강한 여자가 필요하므로 계자코일이 매우 큼
4) 대형 기계는 실외용으로 쓰는 것이 많음

FAQ

동기 조상기를 사용하면 어떠한 이점이 있나요?

답

▶동기조상기의 계자를 과여자로 하여 운전하면 선로에 앞선 전류가 흘러서 콘덴서로 작용해서 보통 부하의 뒤진 전류를 보상하여 송전선로의 역률을 양호하게 하고 전압강하를 감소시킨다. 또 부족여자로 운전하면 뒤진전류가 흘러서 일종의 리액터로 작용하여 무부하 장거리 송전선로에 흐르는 충전전류에 의하여 발전기의 자기여자작용으로 일어나는 단자전압의 이상상승을 방지할 수 있다.

5 동기기의 안정도

1. 정태 안정도 : 여자를 일정하게 유지하고 부하를 서서히 증가하는 경우 탈조 하지 않고 어느 범위까지 안정하게 운전할 수 있는 정도를 말한다. 극한에 있어서의 전력을 정태 안정 극한 전력이라고 한다.

2. 동태 안정도 : 발전기를 송전선에 접속하고, 자동전압조정기로 여자 전류를 제어하여 발전기 단자 전압이 정전압으로 안정하게 운전할 수 있는 정도를 말한다. 정태안정도가 주로 최대 송전전력에 중점을 두는데 비하여 동태안정도는 앞선 역률의 운전 영역에서 안정도에 중점을 두고 있다. 뒤진 역률의 영역은 안정도가 좋은 경향이 있으므로 문제가 되지 않으나 자동전압조정기(AVR)로 안정도를 증가시킨다.

3. 과도 안정도 : 부하의 급변, 선로의 개폐, 접지, 단락등의 고장 또는 기타 원인에 의하여 운정상태가 급변하여도 계통이 안정을 유지하는 정도를 말한다. 안정의 유지 여부는 상태의 급변 의 종류, 정도 및 과도 현상에 의해 결정된다. 어느 부하의 급격한 증가, 또는 기타의 고장등이 생겼을 경우에 안정하게 운전을 계속할 수 있는 극한의 전력을 과도 안정 극한 전력이라고 한다.

4. 안정도 증진 방법

1) 정상 리액턴스를 작게하고, 단락비를 크게한다.
2) 영상 및 역상 임피던스를 크게한다.
3) 회전자의 관성을 크게한다.
4) 속응 여자 방식을 채택한다.

Q 포인트 O·X 퀴즈

1. 위상특성곡선은 유기기전력과 계자전류의 관계를 나타낸 것이다. ·····················( )
2. 동기조상기의 회전자에는 제동 권선을 설치한다. ·········( )
3. 동기기의 안정도에는 정태안정도, 과도 안정도, 동태 안정도가 있다. ·····················( )

A 해설

1. (×) 위상특성곡선은 유기기 전력과 전기자전류의 관계를 나타낸 것이다.
2. (o) 동기조상기의 회전자는 안정한 운전을 위해 제동권선을 설치한다.
3. (o) 동기기의 안정도에는 정태안정도, 과도 안정도, 동태 안정도가 있다.

| CHECK POINT | 난이도 ★★☆☆☆   [1차] [2차] [3차]

동기전동기의 공급전압, 주파수 및 부하가 일정할 때, 여자전류를 변화시키면 어떤 현상이 생기는가?

① 속도가 변한다.   ② 회전력이 변한다.
③ 역률만 변한다.   ④ 전기자 전류와 역률이 변한다.

상세해설

여자전류 변화시 전기자 전류는 증가하며 과여자의 경우 콘덴서(C), 부족여자의 경우 리액터(L)의 역할을 한다.

답 ④

꼭꼭 포인트

electrical engineer · electrical engineer · electrical engineer · electrical engineer · electrical engineer · electrical engineer · electrical engineer · electrical e

| CHECK POINT | 난이도 ★★☆☆☆

1차 | 2차 | 3차

전압이 일정한 도선에 접속되어 역률 1로 운전하고 있는 동기전동기의 여자전류를 증가시키면 이 전동기의 역률과 전기자 전류의 변화로 맞는 것은?

① 역률은 앞서고 전기자 전류는 증가한다.
② 역률은 앞서고 전기자 전류는 감소한다.
③ 역률은 뒤지고 전기자 전류는 증가한다.
④ 역률은 뒤지고 전기자 전류는 감소한다.

상세해설

동기전동기의 여자 전류를 증가시키면 콘덴서(C)로 작용하여 진상전류를 흘린다. 따라서 역률은 앞서고 전기자전류는 증가한다.

답 ①

영상 학습 QR

- QR 코드를 찍으시면, 가장 중요한 우선순위 문제풀이 영상을 보실 수 있습니다.
- 우선순위 논점은 전기(산업)기사 시험에서 가장 출제 빈도가 높은 문제로써, 수험생분들께서는 각 파트별 우선순위 문제의 논점과 키워드를 학습하시기를 바랍니다.
- 체크 리스트를 작성하시면서 문제의 유형과 학습의 완성도를 스스로 체크 해 보시기를 바랍니다.
- "선생님의 콕콕 포인트"는 틀리기 쉬운 문제의 함정과 문제의 포인트를 집어드립니다. 우선순위 문제풀이의 포인트를 꼭 참고하고 응용문제의 해결능력을 길러 줍니다.

번호	우선순위 논점	KEY WORD	나의 정답 확인				선생님의 콕콕 포인트
			맞음	틀림(오답확인)			
				이해 부족	암기 부족	착오 실수	
1	동기전동기의 특성	계자권선, 자기기동, 단락					자기기동법의 특징을 암기할 것
5	동기전동기의 위상특성곡선	출력,계자전류, 전기자전류,역률					위상특성곡선의 가로축과 세로축이 무엇인지 꼼꼼히 볼 것
7	동기조상기	동기조상기, 자기여자, 계자전류					동기조상기의 역할을 암기할 것
9	동기기의 안정도	안정도, 리액턴스, 속응여자					안정도 향상대책을 꼭 암기할 것

★★★★☆

01 동기전동기의 자기기동에서 계자권선을 단락하는 이유는?

① 고전압이 유도된다.
② 전기자 반작용을 방지한다.
③ 기동권선으로 이용한다.
④ 기동이 쉽다.

🔍 **해설**

동기전동기의 특성
동기전동기를 자극 표면에 제동권선을 설치하여 기동할 때 계자권선은 고압이 발생될 우려가 있으므로 단락시킨다.

★★★★★

02 동기전동기는 유도전동기에 비하여 어떤 장점이 있는가?

① 기동특성이 양호하다.
② 전부하 효율이 양호하다.
③ 속도를 자유롭게 제어할 수 있다.
④ 구조가 간단하다.

🔍 **해설**

동기전동기의 특성
동기전동기는 회전자계에 의해 동기속도로 회전하는 기기로서 슬립이 발생하는 유도 전동기에 비해 효율이 양호하지만 기동이 까다롭다.

★★★☆☆

03 인가전압과 여자가 일정한 동기전동기에서 전기자저항과 동기리액턴스가 같으면 최대출력을 내는 부하각은 몇 도인가?

① 30°
② 45°
③ 60°
④ 90°

🔍 **해설**

동기전동기의 특성
최대출력은 전기자저항(유효분)과 동기리액턴스(무효분)이 같을 때 발생

$$\tan\delta = \frac{\sin\theta}{\cos\theta} = \frac{x_s}{r_a} = 1 \rightarrow \delta = \tan^{-1}1 = 45°$$

[**정답**] 01 ① 02 ② 03 ②

★★☆☆☆
04 동기전동기의 V곡선을 옳게 표시한 것은?

① 전기자전류 / 지역률 ↔ 진역률 / 0 / 여자전류 →

② 전기자전류 / 진역률 ↔ 지역률 / 0 / 여자전류 →

③ 여자전류 / 지역률 ↔ 진역률 / 0 / 전기자전류 →

④ 여자전류 / 진역률 ↔ 지역률 / 0 / 전기자전류 →

🔍 해설 ----------------------------

동기전동기의 위상특성곡선

그래프의 횡축(가로축)은 여자전류(I_f)와 역률을 나타내며, 종축(세로축)은 전기자전류(I_a)로 표현한다.

★★★★★
05 동기전동기의 위상특성이란? (여기서, P를 출력, I_f를 계자전류, I를 전기자전류, $\cos\theta$를 역률이라 한다.)

① $I_f - I$곡선, $\cos\theta$는 일정

② $I_f - I$곡선, P는 일정

③ $P - I$곡선, I_f는 일정

③ $P - I_f$곡선, I는 일정

🔍 해설 ----------------------------

동기전동기의 위상특성곡선

공급전압(V)와 부하(P)가 일정할 때 계자전류(I_f)에 대한 전기자전류(I_a)와 역률의 변화를 나타낸 곡선을 의미한다.

★★★★★
06 동기전동기의 V곡선(위상특성곡선)에서 부하가 가장 큰 경우는?

① a ② b

③ c ④ d

🔍 해설 ----------------------------

동기전동기의 위상특성곡선

그래프가 위에 있을수록 전기자 전류가 많이 흐르므로 부하가 큰 경우에 해당한다.

★★★★☆
07 무부하의 장거리 송전선로에 동기발전기를 접속하는 경우 송전선로의 자기여자현상을 방지하기 위해서 동기조상기를 사용하였다. 이때 동기조상기의 계자전류를 어떻게 하여야 하는가?

① 계자전류 0으로 한다.

② 부족여자로 한다.

③ 과여자로 한다.

④ 역률이 1인 상태에서 일정하게 한다.

🔍 해설 ----------------------------

동기조상기

자기여자현상은 충전전류(I_c)에 의해 단자 전압이 이상상승하는 현상으로서 동기조상기의 계자전류를 부족여자로 하여 리액터로 작용시키면 방지책이 된다.

[정답] 04 ①   05 ②   06 ④   07 ②

★★★☆☆

08 동기조상기의 회전수는 무엇에 의하여 결정되는가?

① 효율

② 역률

③ 토크속도

④ $N_s = \dfrac{120f}{p}$ 의 속도

🔍 **해설** -

동기조상기

동기전동기(≒동기조상기)는 동기발전기에 의해 회전하므로 동기속도 N_s에 의해 결정된다.

★★★☆☆

09 동기기의 과도 안정도를 증가시키는 방법이 아닌 것은?

① 회전자의 플라이휠 효과를 작게 할 것

② 동기화 리액턴스를 작게 할 것

③ 속응 여자 방식을 채용할 것

④ 발전기의 조속기 동작을 신속하게 할 것

🔍 **해설** -

동기기의 안정도

안정도 증진 방법
① 동기화 리액턴스를 작게 할 것
② 회전자의 플라이휠 효과를 크게 할 것
③ 속응 여자 방식을 채용할 것
④ 발전기의 조속기 동작을 신속히 할 것
⑤ 동기 탈조 계전기를 사용할 것

[**정답**] 08 ④ 09 ①

변압기

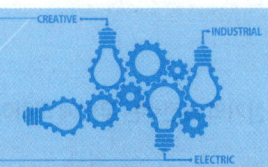

영상 학습 QR   출제경향분석

본 장은 필기시험뿐만 아니라 2차 실기시험에서도 중요시 다뤄지는 변압기에 대한 내용을 다루는 단원으로 변압기의 구조 및 변압기의 특성, 변압기 결선에 따른 차이를 다루게 된다.

❶ 변압기의 구조와 원리   ❷ 변압기의 특성   ❸ 변압기의 등가회로
❹ 변압기의 냉각방식   ❺ 변압기의 극성   ❻ 변압기의 효율
❼ 변압기의 결선   ❽ 변압기의 병렬운전   ❾ 상수의 변환
❿ 특수 변압기   ⓫ 변압기 보호계전기 및 측정시험

콕콕 포인트

1 변압기의 구조

1. 변압기의 구조

변압기는 전기회로를 구성하는 권선, 자기회로를 구성하는 철심으로 구성되어 있다. 변압기의 용량이 커지면, 권선과 철심을 수납하는 외함, 인출선과 외함을 절연시키는 부싱, 절연유와 냉각장치를 필요하게 된다.

1) 철심

철심 중에는 교번 자기력선속에 의한 철손이 발생하는데 이를 감소시키기 위하여 규소강판을 성층하여 사용한다.

2) 권선

변압기는 자기회로인 철심과 전기회로인 권선이 쇄교하여 이루어지는 것으로 조합방식에 따라 다음과 같이 분류된다.

① 내철형 : 철심이 내측에 있으며 권선이 철심 내측에 감겨진 방식으로서 소용량의 배전용 변압기에 사용한다.

② 외철형 : 철심이 외측에 있으며 권선이 철심 외측에 감겨진 방식으로서 대용량 변압기에 사용한다.

③ 권철심형 : 규소강대를 나선형으로 감아서 만든 변압기 형태로서 주상변압기에 사용한다.

(a) 내철형

(b) 외철형

(c) 권철심형

이해력 높이기

변압기란 발전소에서 생산된 전기에너지를 전자유도현상에 의해 전압을 높이거나 낮춰 수용가에 배전하는 기기이다. 대전력을 송전할 경우 전압을 높여서 전류를 작게 하면 전압강하를 감소시킬 수 있다. 높은 전압으로 송전된 전력은 1차, 2차 변전소를 거쳐 공장이나 수용가에 배전되며, 이때 주상변압기로 전압을 낮춰 가정에 공급된다.

핵심 포인트

변압기의 철심 구조는 외철형, 내철형, 권철심형이 있다.

3) 변압기유

변압기의 기름은 절연 및 냉각매체의 역할을 하는 것으로 광유(절연유)를 사용한다.

- 절연내력이 클 것
- 인화점이 높고, 응고점이 낮을 것
- 비열이 커서 냉각효과가 크고, 점도가 작을 것
- 고온에서 산화하지 않고, 석출물이 생기지 않을 것

4) 외함 및 부싱

변압기의 본체와 절연유를 넣은 외함은 주철이나 강판을 용접하여 만들며 용량이 커지면 냉각 면적을 넓히기 위하여 주름모양의 철판을 사용하거나 방열판 또는 방열기를 설치한다. 외함에는 변압기의 용량과 결선도를 표시한 명판과 취급자의 안전을 위한 접지용 단자도 부착한다.

변압기의 권선의 인출선을 끌어내는 절연단자를 부싱이라고 하는데 변압기의 외함과 철심은 대지와 접지되어 영전위이므로, 부싱은 변압기의 사용 전압에 견딜 수 있게 충분히 절연되어야 한다.

| CHECK POINT | 난이도 ★★☆☆☆   1차 2차 3차

변압기 철심의 구조가 아닌 것은?

① 동심 원통형   ② 외철형
③ 권철심형   ④ 내철형

상세해설

변압기 철심의 구조
· 내철형   · 외철형   · 권철심형

답 ①

2 변압기 냉각방식과 절연유의 열화방지

1. 냉각방식의 종류

건식자냉식(AN)	공기에 의해 자연적으로 냉각하며 소용량의 변압기에 사용
건식풍냉식(AF)	송풍기로 바람을 불어넣어 방열효과를 향상
유입자냉식(ONAN)	열로 인한 기름의 대류현상을 이용한 것으로 보수가 간단
송유풍냉식(OFAF)	순환하는 오일이 통과하는 방열기를 송풍기로 풍냉

2. 절연유의 열화

절연유가 변압기의 내부를 냉각할 때 변압기 외부의 온도와 내부에서 발생하는 열로 인해 부피가 수축과 팽창을 하여 외부공기가 변압기 내부로 출입하게 되는데 이를 호흡작용이라 한다. 이로 인해 절연유에 기포가 침투하여 절연유의 절연능력이 상실되고 침전물이 생기게 되는 현상이다.

열화의 원인	• 수분이 포함된 공기가 침투 • 불순물 침투 • 권선의 온도상승
변압기유의 열화 영향	• 절연내력 감소 • 점도증가로 냉각작용 감소 • 부식 및 침식작용 발생
변압기유의 열화 방지책	• 콘서베이터 설치 • 브리더(흡착제) 방식 • 질소봉입(밀봉)

Q 포인트 O·X 퀴즈

1. 절연유의 열화 방지책으로 콘서베이터 설치가 있다. …( )
2. 절연유는 절연내력이 작아야 한다. ……………( )

A 해설

1. (o) 콘서베이터는 절연유의 열화방지책이다.
2. (x) 절연유는 절연내력이 커야한다.

[개방형 콘서베이터]

electrical engineer · electrical engineer · electrical engineer · electrical engineer · electrical engineer · electrical engineer · electrical engineer · electrical engineer · electrical engineer

콕콕 포인트

3 변압기의 원리 및 등가회로

1. 변압기의 원리

변압기는 자기 유도와 상호 유도 현상을 응용하여 전원쪽에 인가되는 전압, 전류의 관계를 권수에 비례하여 임의로 변환하는 전기기기이다. 전원쪽 권선에 의하여 발생된 자기력선은 철심을 통하여 부하 쪽 권선을 지나면서 전자유도작용에 의해 부하 쪽 권선의 감은 횟수에 비례하여 유도기전력을 발생시킨다. 전원측에 접속되어 있는 권선을 1차 권선이라고 하며 부하측에 접속되어있는 권선을 2차권선이라 한다.

1) 유기기전력

$$E_1 = 4.44f\phi_m N_1 \qquad\qquad E_2 = 4.44f\phi_m N_2$$

여기서 최대자속밀도 $B_m = \dfrac{\phi}{A}$ [Wb/m²]은 $\phi = B_m \cdot A$로 표시할 수 있으므로

$$E = 4.44fB_m AN [V]$$

2) 권수비

변압기의 1차권선과 2차권선에 유도되는 기전력의 크기는 권수에 따리 비례된다. 이때 비례함을 권수비라고 한다.

$$a = \frac{N_1}{N_2} = \frac{E_1}{E_2} \fallingdotseq \frac{V_1}{V_2} = \frac{I_2}{I_1} = \sqrt{\frac{Z_1}{Z_2}} = \sqrt{\frac{R_1}{R_2}} = \sqrt{\frac{X_1}{X_2}}$$

| CHECK POINT | 난이도 ★★☆☆☆   1차 2차 3차

1차전압 3300[V], 권수비 30인 단상변압기가 전등부하에 20[A]를 공급할 때의 입력 [kW]은?

① 6.6[kW]   ② 5.6[kW]

③ 3.4[kW]   ④ 2.2[kW]

상세해설

· 변압기 입력 $P_1 = V_1 I_1 \times 10^{-3}$[kW]

· 전등부하전류 $I_2 = 20$[A]에서, 권수비 $a = 30$이므로 $I_1 = \dfrac{I_2}{a} = \dfrac{20}{30} = \dfrac{2}{3}$[A]

· ∴ $P_1 = 3300 \times \dfrac{2}{3} \times 10^{-3} = 2.2$[kW]

답 ④

2. 변압기 등가회로

변압기 회로는 1차측과 2차측이 분리되어 있지만 실제로는 전자유도 작용에 의해서 전력이 전달되고 있다. 이러한 변압기의 전기적 특성을 알아보기 위해 복잡한 전기회로를 등가임피던스를 사용하여 간단히 변화시키면 편리하다.

1) 등가환산 임피던스

① 1차에서 2차로 환산한 등가임피던스

$$Z_{12}=\frac{Z_1}{a^2}+Z_2$$

② 2차에서 1차로 환산한 등가임피던스

$$Z_{21}=Z_1+a^2Z_2$$

2) 등가회로 작성시 필요한 시험

① 권선저항측정시험
② 무부하시험 : 철손, 여자전류, 여자어드미턴스
③ 단락시험 : 동손, 임피던스와트, 단락전류

3) 변압기의 누설리액턴스

$$L\frac{di}{dt}=N\frac{d\phi}{dt}\text{에서 } L=\frac{N\phi}{I},\ \phi=\frac{F}{R}=\frac{NI}{\frac{\ell}{\mu A}}=\frac{\mu ANI}{\ell}\text{이므로}$$

$$L=\frac{N\cdot(\mu ANI/\ell)}{\ell}=\frac{\mu AN^2}{\ell}\propto N^2$$

3. 변압기의 여자전류

변압기의 무부하 상태에서 공급전류 I_1과 역기전력 E_1에 의한 전류차에 의해 1차측에 흐르는 미소한 전류를 여자전류(I_o)라 하며 여자전류의 성분은 다음과 같다.

참고

여자전류

부하가 연결되지 않은 변압기의 1차측에 정현파를 인가하면 철심의 자기포화현상과 히스테리시스현상으로 인해 자속을 만드는 여자전류에 고조파를 포함한 왜형파가 발생한다. 이 때 발생되는 전류를 무부하전류라 한다.

① 무부하시 전류(여자전류)

$$\dot{I}_0 = \dot{I}_i + \dot{I}_\phi = \sqrt{I_i^2 + I_\phi^2}$$

② 철손전류 : 철손을 발생시키는 성분의 전류

$$I_i = \frac{P_i}{V_1}$$

③ 자화전류 : 자속만을 발생시키는 성분의 전류

$$I_\phi = \sqrt{I_0^2 - I_i^2} = \sqrt{I_0^2 - \left(\frac{P_i}{V_1}\right)^2}$$

| CHECK POINT | 난이도 ★★☆☆☆ 1차 2차 3차

부하에 관계없이 변압기에서 흐르는 전류로서 자속만을 만드는 것은?

① 1차 전류　　　② 철손전류
③ 여자전류　　　④ 자화전류

상세해설

• 여자전류(무부하전류)＝철손전류(I_i)＋자화전류(I_ϕ)
• 자화전류(I_ϕ) : 자속만을 만드는 전류성분

답　④

콕콕 포인트

electrical engineer · electrical engineer · electrical engineer · electrical engineer · electrical engineer · electrical engineer · electrical engineer · electrical e

4 변압기의 특성

1. 백분율 전압강하

변압기 2차를 단락하고 1차에 저전압을 가하여 1차의 정격전류와 1차 단락전류가 같게 되도록 1차 전압을 조정했을 때 이 전압을 임피던스 전압이라 하고 이때의 입력을 임피던스 와트라 한다. 단락시험에서 정격 1차 전류에 의해 변압기의 저항과 리액턴스에서 일으키는 전압강하를 정격 1차 전압에 대한 백분율로 나타낸다.

1) %저항 강하

$$\%R = \frac{I_{1n}R_{21}}{V_{1n}} \times 100 = \frac{I_{1n}^2 R_{21}}{V_{1n}I_{1n}} \times 100\,[\%] = \frac{\text{임피던스와트}[\text{W}]}{\text{정격출력}[\text{VA}]} \times 100\,[\%]$$

2) %리액턴스 강하

$$\%X = \frac{I_{1n}X_{21}}{V_{1n}} \times 100\,[\%]$$

3) %임피던스 강하

$$\%Z = \frac{I_{1n}Z_{21}}{V_{1n}} \times 100 = \frac{PZ}{V^2} \times 100 = \frac{V_s}{V_{1n}} \times 100 = \sqrt{\%R^2 + \%X^2}$$

2. 단락전류

$$I_s = \frac{100}{\%Z} \times I_n$$

$$I_{1s} = \frac{V_{1s}}{Z_{21}} = \frac{V_{1s}}{Z_1 + a^2 Z_2} = \frac{V_{1s}}{\sqrt{(r_1 + a^2 r_2)^2 + (x_1 + a^2 x_2)^2}}$$

engineer · electrical engineer · electrical engineer · electrical engineer · electrical engineer · electrical engineer · electrical engineer · electrical engineer · electrical engineer

콕콕 포인트

3. 전압변동률

변압기

1차 권선
전압 강하

2차 권선
전압 강하

무부하 전압(V_{20})
전부하 전압(V_{2n})
(정격 부하)

송·배전시 변압기 자체에도 임피던스가 있으므로 부하를 걸면 전압이 강하가 발생하게 된다. 이때 변압기에서 정격 부하 V_{2n}일 때와, 이것을 무부하 V_{20}로 한 때의 단자 전압의 변화 비율을 퍼센트[%]로 나타낸 값이며 2차측(부하측) 전압의 변화를 기준으로 산출한다.

1) 전압변동률

$$\therefore \ \varepsilon = \frac{V_{20}-V_{2n}}{V_{2n}} \times 100 = p\cos\theta \pm q\sin\theta \begin{cases} + : 지상(뒤진) \\ - : 진상(앞선) \end{cases}$$

2) 1차 전압

$$V_1 = aV_{20} = a(1+\varepsilon)V_{2n}$$

3) 최대 전압변동률

$$\varepsilon_{\max} = \%Z = \sqrt{p^2+q^2}$$

4) 역률이 100[%]일 때 전압변동률

$$\varepsilon \fallingdotseq p = \frac{I_{2n}r}{V_{2n}} \times 100 = \frac{I_{2n}^2 r}{V_{2n}I_{2n}} \times 100 = \frac{전부하동손}{정격용량} \times 100\,[\%]$$

참고

전압변동률이 최대시 역률
$$\cos\theta_{\max} = \frac{\%R}{\%Z} = \frac{p}{\sqrt{p^2+q^2}}$$

| CHECK POINT | 난이도 ★★☆☆☆   [1차] [2차] [3차]

어떤 단상 변압기의 2차 무부하 전압이 240[V]이고 정격 부하시의 2차 단자 전압이 230[V]이다. 전압 변동률[%]은?

① 2.35[%]   ② 3.35[%]
③ 4.35[%]   ④ 5.35[%]

상세해설

전압변동률 $\varepsilon = \dfrac{V_{20}-V_{2n}}{V_{2n}} \times 100[\%] = \dfrac{240-230}{230} \times 100[\%] \fallingdotseq 4.35[\%]$

답 ③

5 변압기의 효율 및 손실

1. 효율

1) 변압기의 규약효율

$$\eta = \frac{출력}{출력+손실} \times 100\,[\%] = \frac{출력}{출력+철손+동손} \times 100\,[\%]$$

$$\eta = \frac{P_a\cos\theta}{P_a\cos\theta + P_i + P_c} \times 100\,[\%]$$

2) $\frac{1}{m}$ 부하시 효율

$$\eta_{\frac{1}{m}} = \frac{\frac{1}{m}P_a\cos\theta}{\frac{1}{m}P_a\cos\theta + P_i + \left(\frac{1}{m}\right)^2 P_c} \times 100\,[\%]$$

3) 최대 효율

변압기의 최대효율조건은 철손과 동손이 같을 때이다. 따라서 $P_i = (1/m)^2 P_c$ 관계에서 최대효율이 되는 부하지점은 다음과 같다.

$$\frac{1}{m} = \sqrt{\frac{P_i}{P_c}}$$

2. 변압기의 손실

1) 히스테리시스손 : $P_h = K_h f \cdot B^{1.6 \sim 2}$

2) 와류손 : $P_e = K_e (f \cdot B \cdot t)^2$

3) 부하손 : $P_c = I^2 R$

electrical engineer · electrical engineer · electrical engineer · electrical engineer · electrical engineer · electrical engineer · electrical engineer · electrical engineer

콕콕 포인트

6 변압기의 극성

변압기의 극성이란 어느 순간에 1차와 2차 양단자에 나타나는 유기기전력의 방향을 나타내는 것으로서 감극성과 가극성이 있으며 우리나라는 감극성이 표준이다.

1) 감극성 : 동일단자가 같은 방향에 위치

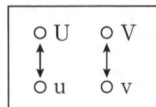

$$V_3 = V_1 - V_2$$

2) 가극성 : 동일단자가 대각선에 위치

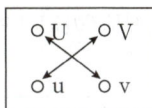

$$V_3 = V_1 + V_2$$

> ♥ 핵심 포인트
>
> 우리나라의 표준 극성은 감극성이다.

| CHECK POINT | 난이도 ★★☆☆☆   1차 2차 3차

변압기의 효율이 가장 좋을 때의 조건은?

① 철손＝동손   ② 철손＝1/2 동손
③ 1/2 철손＝동손   ④ 철손＝2/3 동손

상세해설

변압기의 최대효율조건은 철손＝동손 일 때이다.

답 ①

| CHECK POINT | 난이도 ★★★☆☆   1차 2차 3차

200[kVA]의 단상 변압기가 있다. 철손이 1.6[kW]이고 전부하 동손이 2.4[kW]이다. 이 변압기의 역률이 0.8일 때 전부하시의 효율[%]은?

① 96.6[%]   ② 97.6[%]
③ 98.6[%]   ④ 99.6[%]

상세해설

· 변압기의 전부하시 효율 $\eta_{\frac{1}{m}} = \dfrac{P_a\cos\theta}{P_a\cos\theta + P_i + P_c} \times 100$

· 변압기의 출력 $P_a = 200[kVA]$, 역률 $\cos\theta = 0.8$, 철손 $P_i = 1.6[kW]$, 동손 $P_c = 2.4[kW]$

· ∴ $\eta_{\frac{1}{m}} = \dfrac{200[kVA] \times 0.8}{200[kVA] \times 0.8 + 1.6[kW] + 2.4[kW]} \times 100[\%] \fallingdotseq 97.6[\%]$

답 ②

7 변압기의 결선

1. △−△결선

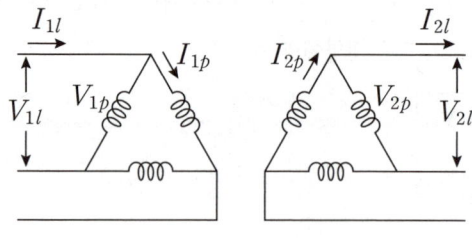

[회로도]

대전류 저전압의 부하에 많이 쓰이고 일반적으로 절연상의 문제로 $60[kV]$ 이하의 배전용 변압기에 사용된다.

장점	① 1대 고장시 나머지 2대로 V결선으로 송전가능 ② 상전류가 선전류의 $1/\sqrt{3}$ 배가 되므로 대전류 부하에 적합 ③ 제 3고조파가 △결선 내를 순환하여 기전력의 왜곡을 일으키지 않음
단점	① 중성점 접지가 불가능하여 이상전압 방지가 어려움 ② 각 상의 임피던스가 다를 경우 3상 부하가 평형되어도 변압기의 부하전류는 불평형이 됨

2. Y−Y결선

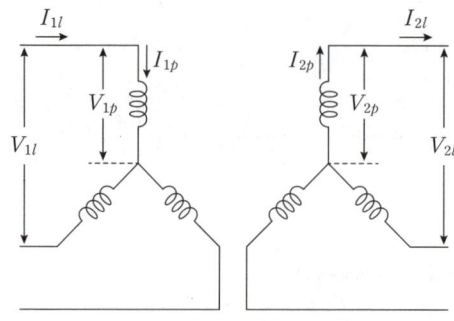

[회로도]

부하 불평형에 의해 중성점 전위가 변동하여 3상 전압이 불평형을 일으키므로 송·배전계통에 거의 사용하지 않는다.

장점	① 변압비, 임피던스가 달라도 순환전류가 발생안함 ② 상전압이 선간전압의 $1/\sqrt{3}$ 배가 되므로 고전압에 유리하고 절연이 용이 ③ 1차, 2차 모두 중성점을 접지시킬 수 있으므로 이상전압 방지대책이 용이
단점	① 변압기 1대 고장시 전원공급이 불가능 ② 중성점 접지시 제 3고조파 전류가 흘러 통신선에 유도 장해 발생 ③ 기전력의 파형이 제 3고조파를 포함하여 왜형파가 됨

3. △–Y결선과 Y–△결선

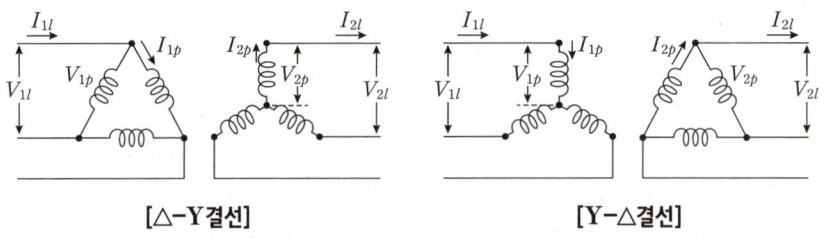

[△–Y결선]   [Y–△결선]

△–Y결선은 승압형, Y–△결선은 강압형으로 송전계통에 융통성 있게 사용된다.

장점	① Y측 결선을 이용하여 중성점을 접지하므로 이상전압을 억제 ② Y측 결선의 상전압은 선간전압의 $1/\sqrt{3}$ 배 이므로 절연이 용이 ③ △측 결선을 이용하여 제 3고조파전류를 순환시켜 기전력의 파형이 왜곡되지 않음
단점	① 중성점 접지로 인한 유도장해가 발생한다. ② 1차와 2차 선간전압 사이에 30°의 위상차가 있다. ③ 변압기 한 대가 고장시 3상 전원의 공급이 불가능하다.

4. V–V결선

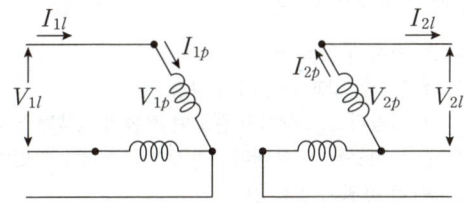

V결선에서 $V_l = V_p$, $I_l = I_p$이며 이때 V결선시 3상 출력은 단상 1대 용량의 $\sqrt{3}$ 배의 출력을 낸다.

- 이용률 $\dfrac{\sqrt{3} \times 1\text{대의 용량}}{2\text{대의 용량}} = \dfrac{\sqrt{3}\,P_1}{2P_1} = \dfrac{\sqrt{3}}{2} = 0.866 = 86.6\,[\%]$

- 출력비 $\dfrac{P_V}{P_\Delta} = \dfrac{\sqrt{3} \times \text{단상 용량}}{3 \times \text{단상 용량}} = \dfrac{\sqrt{3}\,P_1}{3P_1} = 0.577 = 57.7\,[\%]$

| CHECK POINT | 난이도 ★★☆☆☆   1차 2차 3차

단상 변압기의 3상 Y–Y결선에서 잘못된 것은?

① 3고조파 전류가 흐르며 유도장해를 일으킨다.
② V결선이 가능하다.
③ 권선전압이 선간전압의 $\dfrac{1}{\sqrt{3}}$ 배이므로 절연이 용이하다.
④ 중성점 접지가 된다.

상세해설

고장시 V결선으로 운전이 가능한 결선은 △–△결선이다.

답 ②

♥ 핵심 포인트

△–Y결선도

♥ 핵심 포인트

△–Y결선도

♥ 핵심 포인트

결선도

8 변압기의 병렬운전

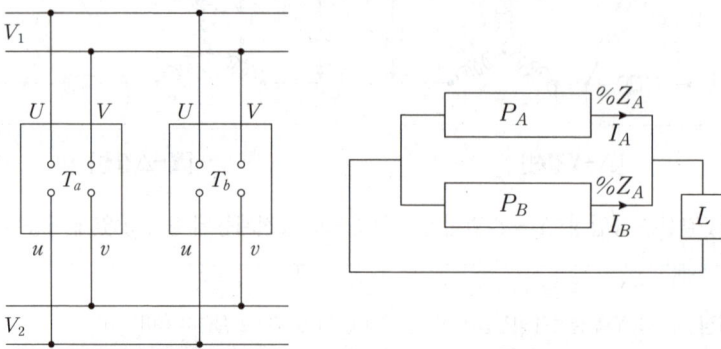

[단상변압기의 병렬운전]

1. 병렬운전조건

부하에 대해서 용량이 부족하면 병렬로 연결하여 용량을 증가시킬 수 있다. 이때 변압기 두 대로 병렬운전을 하기 위해서는 다음 조건을 만족시켜야 한다.

```
3상 ┬ 단상 ┬ ① 극성이 같을 것
    │       ├ ② 정격전압과 권수비가 같을 것
    │       ├ ③ %임피던스 강하가 같으며 저항과 리액턴스 비가 같을 것
    │       └ ④ 부하분담 시 용량에는 비례하고 %Z에는 반비례할 것
    ├ ⑤ 각 변위가 같을 것
    └ ⑥ 상회전이 일치할 것
```

2. 3상 변압기의 병렬 운전 결선

병렬 운전시 각 변위란 1차 유기전압에 대한 2차 유기전압이 뒤진 각을 말한다. 결선이 다른 변압기는 각 변위가 30°의 차가 있으며 각 변위가 같은 변압기끼리 병렬운전을 할 수 있다.

병렬 운전 가능한 결선법		병렬 운전 불가능한 결선법	
A뱅크	B뱅크	A뱅크	B뱅크
$\triangle - \triangle$	$\triangle - \triangle$	$\triangle - \triangle$	$\triangle - Y$
$Y - Y$	$Y - Y$	$\triangle - Y$	$Y - Y$
$Y - \triangle$	$Y - \triangle$		
$\triangle - Y$	$\triangle - Y$		
$\triangle - \triangle$	$Y - Y$		
$\triangle - Y$	$Y - \triangle$		
$V - V$	$V - V$		

핵심 포인트

각 기기별 병렬운전조건을 꼭 구분해서 외워둘 것

핵심 포인트

병렬운전이 불가능한 결선법은 △나 Y의 개수가 홀수개일때이다.

콕콕 포인트

3. 부하분담

1) 부하분담 시 분담전류

변압기의 병렬운전시 부하분담은 누설임피던스에 역비례하며, 변압기용량에 비례
한다.

$$\frac{I_A}{I_B} = \frac{P_A}{P_B} \times \frac{\%Z_B}{\%Z_A}$$

2) 합성 부하용량

퍼센트임피던스가 동일하지 않을 시 변압기의 부하분담

$$P_m = P_{大} + \frac{\%Z_{小}}{\%Z_{大}} \times P_{小}$$

| **CHECK POINT** | 난이도 ★★☆☆☆   1차 2차 3차

변압기의 병렬 운전에서 필요하지 않은 것은?

① 극성이 같을 것   ② 전압이 같을 것
③ 출력이 같을 것   ④ 임피던스 전압이 같을 것

상세해설

변압기의 병렬운전 조건
- 극성이 같아야 한다.
- 1차, 2차 정격전압이 같고 권수비가 같아야 한다.
- %임피던스강하가 같아야 한다.
- 저항과 리액턴스비가 같아야 한다.
- 3상일 경우, 상회전 방향과 위상변위가 같아야 한다.

답 ③

| **CHECK POINT** | 난이도 ★★★☆☆   1차 2차 3차

3150/210[V]인 변압기의 용량이 각각 250[kVA], 200[kVA]이고, %임피던스
강하가 각각 2.5[%]와 3[%]일 때 그 병렬합성용량[kVA]은?

① 389[kVA]   ② 417[kVA]
③ 435[kVA]   ④ 450[kVA]

상세해설

- %Z가 동일할 시 변압기의 총 부하분담
  $P_m = P_A + P_B[\text{kVA}]$
- %Z가 동일하지 않을 때 변압기의 총 부하분담(용량이 큰 것을 기준)
  $P_m = P_{大} + \frac{\%Z_{小}}{\%Z_{大}} \times P_{小} = 250[\text{kVA}] + \frac{2.5}{3} \times 200[\text{kVA}] \fallingdotseq 417[\text{kVA}]$

답 ②

🐝 콕콕 포인트

electrical engineer · electrical engineer · electrical engineer · electrical engineer · electrical engineer · electrical engineer · electrical engineer · electrical

9 ▸ 상수의 변환

1. 상수 변환 결선법

3상을 2상으로 변환	3상을 6상으로 변환
· 메이어 결선 · 우드브리지 결선 · 스코트 결선(T결선)	· 포크결선 · 환상결선 · 대각결선 · 2중 Δ결선 · 2중 성형결선

2. 스코트결선의 특징

[스코트(T결선)]

T좌 변압기 권수비	T좌 변압기 이용률
$a_T = a \times \dfrac{\sqrt{3}}{2} = a \times 0.866$	$\dfrac{\sqrt{3}\,P_1}{2P_1} = 0.866 = 86.6[\%]$

al engineer · electrical engineer · electrical engineer · electrical engineer · electrical engineer · electrical engineer · electrical engineer · electrical engineer

콕콕 포인트

10 특수변압기

1. 단권변압기

[단권 변압기]

1) 단권변압기의 특징

승압용 또는 강압용으로 사용되는 단권변압기는 1차와 2차 양회로에 공통된 권선 부분을 가지는 변압기로 유도전동기 기동시 계통의 연계에 사용된다.
- 기계기구를 소형화할 수 있다.
- 결선을 통해 단상과 3상 모두 사용 가능하다.
- 분로권선에서 누설자속이 없기 때문에 전압변동률이 작다.
- 동일출력에 대해서 사용재료 및 손실이 적고 효율이 높다.

2) 단권변압기의 부하용량과 자기용량의 비

- 부하용량(2차출력)$=V_2 I_2$
- 자기용량(단권변압기 용량)$=(V_2-V_1)I_2$

$$\frac{자기용량}{부하용량}=\frac{(V_2-V_1)I_2}{V_2 I_2}=\frac{V_2-V_1}{V_2}=\frac{V_H-V_L}{V_H}$$

	1대	2대(V결선)	3대(Y결선)	3대(Δ 결선)
자기용량 부하용량	$\dfrac{V_H-V_L}{V_H}$	$\dfrac{2}{\sqrt{3}}\cdot\dfrac{V_H-V_L}{V_H}$	$\dfrac{V_H-V_L}{V_H}$	$\dfrac{V_H^2-V_L^2}{\sqrt{3}\,V_H\cdot V_L}$

| CHECK POINT | 난이도 ★★☆☆☆   ⏢1차 ⏢2차 ⏢3차

3000 [V]의 단상 배전선 전압을 3300 [V]로 승압하는 단권변압기의 자기용량[kVA]은? (단, 여기서 부하용량은 100 [kVA]이다.)

① 약 2.1 [kVA]   ② 약 5.3 [kVA]
③ 약 7.4 [kVA]   ④ 약 9.1 [kVA]

상세해설

$\dfrac{자기용량}{부하용량}=\dfrac{V_H-V_L}{V_H}$ 에서 자기용량$=\dfrac{V_H-V_L}{V_H}\times$부하용량

$\therefore \dfrac{3300-3000}{3300}\times100[kVA]\fallingdotseq9.1[kVA]$

답 ④

2. 3권선 변압기

[3권선 변압기]

변압기 철심에 3개의 권선이 있는 변압기 이며 대용량의 전력용으로 사용한다. 각 권선은 다른 종류의 전압 및 소내 부하용에 쓰이며 제 3고조파 제거 및 조상설비로 사용이 된다.

3. 3상 변압기

한 대로 3상을 변성할 수 있는 변압기이다. 3개의 다리를 가진 철심의 각 상에 권선을 감은 변압기로, 철심의 형상에 따라 외철형과 내철형이 있다.

[외철형]   [내철형]

1) 외철형

각 상마다 독립된 자기 회로를 가지고 있으므로 단상 변압기로 사용 가능하다.

2) 내철형

각 상마다 독립된 자기 회로가 없기 때문에 단상 변압기로 사용할 수 없다.

electrical engineer · electrical engineer · electrical engineer · electrical engineer · electrical engineer · electrical engineer · electrical engineer · electrical engineer · electrical engineer

콕콕 포인트

4. 누설변압기

1) 누설변압기 구조

[누설변압기]

방전등이나 아크 용접기를 안정하게 운전하기 위해서 1차에 일정한 전압을 인가했을 때 2차 전류가 일정하게 유지되어야 한다. 이러한 목적에 사용하는 변압기를 정전류 변압기 또는 누설변압기라 한다.

2) 누설변압기 특성(수하특성 : 정전류)

· 누설리액턴스가 크기 때문에 전압변동률이 크다.
· 부하전류가 증가하면 누설자속이 증가하여 2차 전압강하가 증가한다.
· 누설자속이 증가하면 주자속이 감소하여 2차 유도기전력이 감소한다.

| CHECK POINT | 난이도 ★★★☆☆ 1차 2차 3차

누설 변압기에 필요한 특성은 무엇인가?

① 수하특성   ② 정전압특성
③ 고저항특성   ④ 고임피던스특성

상세해설

누설변압기는 부하가 증가하면 누설리액턴스에 의한 전압강하가 증가하는 수하특성을 가지고 있다. 이로 인해 2차전류 일정하게 유지되는 정전류 변압기이다.

답 ①

5. 계기용변성기

고압회로의 전압과 전류는 바로 측정하기에 위험하기 때문에 계기용변성기 및 계기용 변류기를 이용하여 변성 후 측정한다.

1) 계기용변압기(Potential Transformer)

전압을 측정하기 위해 고전압을 저전압(110[V])으로 변성하여 전압계나 전력계로 측정하기 위한 장치이다.

2) 변류기(Current Transformer)

전류를 측정하기 위해 대전류를 소전류(5[A])로 변성하여 전류계 또는 전력계로 측정하기 위한 장치이다.

① 변류기를 단락하는 이유 : 계전기나 전류계가 고장이 나서 회로를 개방해야 될 경우 우선 2차 회로를 단락해 놓은 다음 전류계를 교체해야 한다. 그렇지 않고 2차를 개방할 경우 1차 전류가 전부 여자전류로 되어서 생긴 자속에 의해 철손이 급격히 증가함은 물론 2차 권선에 고전압이 유기되어 절연이 파괴되고 소손의 우려가 있다.

② 가동결선과 차동결선

• 가동결선 $I_1 = CT$비$\times I_2$

[가동결선 회로도]

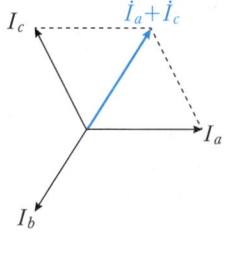

[벡터도]

• 차동결선 $I_1 = CT$비$\times I_2 \times \dfrac{1}{\sqrt{3}}$

[차동결선(교차결선) 회로도]

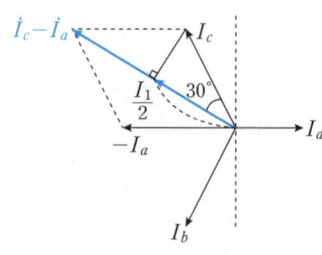

[벡터도]

electrical engineer · electrical engineer · electrical engineer · electrical engineer · electrical engineer · electrical engineer · electrical engineer · electrical engineer · electrical engineer

 콕콕 포인트

11 변압기 보호계전기 및 측정시험

1. 변압기 내부고장보호 장치

전기적인 고장보호	기계적인 고장보호
• (비율)차동 계전기 • 과전류 계전기	• 부흐홀쯔 계전기 • 출격압력 계전기 • 가스검출 계전기

2. 변압기 건조법

① 진공법 : 변압기를 탱크 속에 넣에 밀폐하고 탱크 속에 있는 파이프를 통하여 고온의 증기를 보내어 가열하는 건조방법

② 열풍법

③ 단락법

3. 각종 시험법

1) 변압기 온도 상승 시험

① 반환부하법 : 철손과 동손에 해당 전력만을 공급하여 전력소비가 적고 가장 많이 사용되는 방법

② 실부하법

③ 단락시험법

2) 변압기 절연 내력시험법

① 유도시험 : 변압기 권선의 층간 절연시험

② 가압시험

③ 충격전압시험

④ 오일의 절연파괴전압 시험

| CHECK POINT | 난이도 ★★☆☆☆   1차 2차 3차

부흐홀쯔계전기의 설치 위치로 옳은 것은?

① 본체탱크 내부 ② 방열기 출구

③ 방열기 입구 ④ 본체탱크와 콘서베이터의 사이

상세해설

부흐홀쯔 계전기는 주탱크와 콘서베이터와의 연결관 도중에 설치한다.

답 ④

영상 학습 QR

- QR 코드를 찍으시면, 가장 중요한 우선순위 문제풀이 영상을 보실 수 있습니다.
- 우선순위 논점은 전기(산업)기사 시험에서 가장 출제 빈도가 높은 문제로써, 수험생분들께서는 각 파트별 우선순위 문제의 논점과 키워드를 학습하시기 바랍니다.
- 체크 리스트를 작성하시면서 문제의 유형과 학습의 완성도를 스스로 체크 해 보시기를 바랍니다.
- "선생님의 콕콕 포인트"는 틀리기 쉬운 문제의 함정과 문제의 포인트를 집어드립니다. 우선순위 문제풀이의 포인트를 꼭 참고하고 응용문제의 해결능력을 길러 줍니다.

번호	우선순위 논점	KEY WORD	나의 정답 확인				선생님의 콕콕 포인트
			맞음	틀림(오답확인)			
				이해 부족	암기 부족	착오 실수	
3	변압기의 구조와 원리	권수비, 철심, 최대자속					유기기전력의 공식을 암기할 것
18	변압기의 특성	단상변압기, 전압변동률, 권수비					전압과 전압변동률 관계를 이해할 것
23	변압기의 등가회로	무부하시험, 임피던스와트, 여자어드미턴스, 내부임피던스					각 시험별 작성에 필요한 것을 암기
26	변압기의 냉각방식	절연유, 응고점, 절연내력, 인화점, 냉각효과					절연유의 구비조건을 꼭 암기할 것
27	변압기의 극성	권수비, 감극성, 가극성					감극성과 가극성의 차이를 알아둘 것
29	변압기의 효율	철손, 동손, 효율					최대효율의 식을 암기할 것
39	변압기의 병렬운전	극성, 용량, 권수비, 리액턴스 병렬운전					변압기의 병렬운전 조건을 암기할 것
45	상수의 변환	스코트결선, 3상, 2상					3상을 2상으로 변환할 때 결선 이름 암기할 것
51	특수변압기	단권변압기, 선간전압, 부하용량					변압기 개수에 따른 공식 암기할 것
58	변압기 보호계전기 및 측정시험	권선, 단락사고, 차동, 비율차동					비율차동계전기의 특성을 이해할 것

★★☆☆☆

01 변압기의 철심으로 갖추어야 할 성질로 맞지 않는 것은?

① 투자율이 클 것
② 전기저항이 작을 것
③ 히스테리시스 계수가 작을 것
④ 성층철심으로 할 것

🔍 해설 ----------------------------

변압기의 구조와 원리
변압기 철심은 자기회로를 구성하는 부분으로서 자기저항이 작아야 한다.

★★★☆☆

02 1차 공급전압이 일정할 때 변압기의 1차 코일의 권수를 두 배로 하면 여자전류와 최대자속은 어떻게 변하는가? (단, 자로는 포화 상태가 되지 않는다.)

① 여자전류 1/4 감소, 최대자속 1/2 감소
② 여자전류 1/4 감소, 최대자속 1/2 증가
③ 여자전류 1/4 증가, 최대자속 1/2 감소
④ 여자전류 1/4 증가, 최대자속 1/2 증가

🔍 해설 ----------------------------

변압기의 구조와 원리
- 여자전류는 코일의 리액턴스에 반비례하며 누설리액턴스는
  $X_L \propto N^2$ 관계이므로 $\frac{1}{4}$ 배 감소
- 변압기의 유기기전력
  $E = 4.44 f \phi_m N [\text{V}]$ 에서 전압이 일정할 때 권수가 두 배 증가시
  자속은 반비례하므로 $\frac{1}{2}$ 배 감소한다.

[정답] 01 ② 02 ①

★★★☆☆

03 1차 전압 6900[V], 1차 권선 3000회, 권수비 20의 변압기가 60[Hz]에 사용할 때 철심의 최대자속[Wb]은?

① 0.86×10^{-4} [Wb] ② 8.63×10^{-3} [Wb]

③ 86.3×10^{-3} [Wb] ④ 863×10^{-3} [Wb]

🔍 **해설**

변압기의 구조와 원리

- 변압기의 유기기전력

$$E = 4.44 f \phi_m N \,[\text{V}] \text{에서} \ \rightarrow \ \phi_m = \frac{E_1}{4.44 f N_1}\,[\text{V}]$$

- 1차전압 $E = 6900$[V], 1차권수 $N_1 = 3000$, 주파수 $f = 60$[Hz]

- $\phi_m = \dfrac{E_1}{4.44 f N_1} = \dfrac{6900}{4.44 \times 60 \times 3000} = 8.63 \times 10^{-3}$ [Wb]

★★★☆☆

04 단면적 $10\,[\text{cm}^2]$인 철심에 $200\,[\text{회}]$의 권선을 하여 이 권선에 $60\,[\text{Hz}]$, $60\,[\text{V}]$인 교류 전압을 인가하였을 때 철심의 자속밀도[Wb/m²]는?

① 1.126×10^{-3} [Wb/m²]

② 1.126 [Wb/m²]

③ 2.252×10^{-3} [Wb/m²]

④ 2.252 [Wb/m²]

🔍 **해설**

변압기의 구조와 원리

- 변압기의 유기기전력(자속밀도가 주어진 경우)

$$E = 4.44 f B_m A N \,[\text{V}] \text{에서} \ \rightarrow \ B_m = \frac{E_1}{4.44 f A N_1}\,[\text{Wb/m}^2]$$

- 1차전압 $E_1 = 60$[V], 단면적 $A = 10[\text{cm}^2] = 10 \times 10^{-4}[\text{m}^2]$
  1차권수 $N_1 = 200$, 주파수 $f = 60$[Hz]

- $\therefore B_m = \dfrac{60}{4.44 \times 60 \times 10 \times 10^{-4} \times 200} = 1.126\,[\text{Wb/m}^2]$

★★★★☆

05 1차 전압 3300[V], 2차 전압 100[V]의 변압기에서 1차측에 3500[V]의 전압을 가했을 때의 2차측 전압[V]은? (단, 권선의 임피던스는 무시한다.)

① 106.1 [V]   ② 2970 [V]

③ 2640 [V]   ④ 3500 [V]

🔍 **해설**

변압기의 구조와 원리

- 변압기의 권수비 $a = \dfrac{V_1}{V_2} = \dfrac{3300}{100} = 33$

- 따라서 1차측에 전압을 가했을 때

$$\therefore V_2' = \frac{V_1'}{a} = \frac{3500[\text{V}]}{33} \fallingdotseq 106.1[\text{V}]$$

★★★★☆

06 변압기의 2차측 부하 임피던스 Z가 $20\,[\Omega]$일 때 1차측에서 보아 $18\,[\text{k}\Omega]$이 되었다면, 이 변압기의 권수비는 얼마인가? (단, 변압기의 임피던스는 무시한다.)

① 3   ② 30

③ $\dfrac{1}{3}$ ④ $\dfrac{1}{30}$

🔍 **해설**

변압기의 구조와 원리

변압기의 권수비 $a = \sqrt{\dfrac{Z_1}{Z_2}} = \sqrt{\dfrac{18000}{20}} = 30$

★★★☆☆

07 단상 주상 변압기의 2차측(105[V] 단자)에 1[Ω]의 저항을 접속하고 1차측에 1[A]의 전류가 흘렀을 때 1차 단자 전압이 900[V]였다. 1차측 탭 전압[V]와 2차 전류[A]는 얼마인가? (단, 변압기는 이상 변압기, V_T는 1차 탭 전압, I_2는 2차 전류이다.)

① $V_T = 3150$ [V], $I_2 = 30$ [A]

② $V_T = 900$ [V], $I_2 = 30$ [A]

③ $V_T = 900$ [V], $I_2 = 1$ [A]

④ $V_T = 3150$ [V], $I_2 = 1$ [A]

🔍 **해설**

변압기의 구조와 원리

- $V_{2T} = 105$[V], $R_2 = 1$[Ω], $I_1 = 1$[A], $V_1 = 900$[V]에서,
  권수비를 구하기 위해 $R_1 = \dfrac{V_1}{I_1} = \dfrac{900}{1} = 900$[Ω]

  이를 대입하면, 권수비 $a = \sqrt{\dfrac{R_1}{R_2}} = \sqrt{\dfrac{900}{1}} = 30$

[정답] 03 ② 04 ② 05 ① 06 ② 07 ①

- 1차 탭전압

$$a=\frac{V_{1T}}{V_{2T}} \rightarrow V_{1T}=aV_{2T}=30 \times 105=3150[\text{V}]$$

- 2차 전류

$$a=\frac{I_2}{I_1} \rightarrow I_2=aI_1=30 \times 1=30[\text{A}]$$

★★★☆☆

08 변압기 여자전류의 파형은?

① 파형이 나타나지 않는다.

② 사인파

③ 구형파

④ 왜형파(첨두파)

🔍 **해설**

변압기의 구조와 원리

변압기 철심의 자기포화와 히스테리시스현상 때문에 정현파 기전력을 유기하기 위하여 변압기 여자 전류는 왜형파 이어야 한다.

★★☆☆☆

09 변압기의 2차측을 개방하였을 경우, 1차측에 흐르는 전류는 무엇에 의하여 결정되는가?

① 여자어드미턴스

② 누설리액턴스

③ 저항

④ 임피던스

🔍 **해설**

변압기의 구조와 원리

1차측에 흐르는 여자전류는 여자어드미턴스에 의해 결정된다.

★★☆☆☆

10 변압기의 임피던스 전압이란?

① 정격전류시 2차측 단자전압

② 변압기의 1차를 단락, 1차에 1차 정격전류와 같은 전류를 흐르게 하는데 필요한 1차전압

③ 변압기 누설임피던스와 정격전류와의 곱인 내부전압 강하이다.

④ 변압기의 2차를 단락, 2차에 2차 정격전류와 같은 전류를 흐르게 하는데 필요한 2차전압

🔍 **해설**

변압기의 구조와 원리

변압기 2차측을 단락하고 1차측에 흐르는 단락전류가 정격전류가 됐을 때의 변압기내의 전압강하를 임피던스 전압이라 한다. 이때, 변압기 특성상 누설자속에 의한 임피던스를 고려한다.

★★★☆☆

11 변압기 철심의 와전류손은 다음 중 어느 것에 비례하는가? (단, f는 주파수, B_m은 최대자속밀도, t를 철판의 두께로 한다.)

① $fB_m t$

② $fB_m^2 t$

③ $f^2 B_m^2 t^2$

④ $fB_m^{1.6} t$

🔍 **해설**

변압기의 특성

변압기 철손

- 히스테리시스손 $P_h=k_h fB_m^2$
- 와류손 $P_e=k_e(fBt)^2$

★★★☆☆

12 인가 전압이 일정할 때, 변압기의 와전류손은?

① 주파수에 무관

② 주파수에 비례

③ 주파수에 역비례

④ 주파수의 제곱에 비례

🔍 **해설**

변압기의 특성

변압기의 와전류손은 주파수와 관계없다.

★★☆☆☆

13 다음은 정격 전압에서 변압기의 주파수만 높이면 다음에서 증가하는 하는 것은?

① 여자전류

② 온도상승

③ 철손

④ %임피던스

🔍 **해설**

변압기의 특성

변압기의 누설리액턴스 $X_L=2\pi fL$에서 주파수 증가시 리액턴스에 의한 전압강하도 증가하여 %임피던스전압강하가 증가하게 된다.

[정답] 08 ④   09 ①   10 ③   11 ③   12 ①   13 ④

★★★★☆

14 2000/100 [V], 10 [kVA] 변압기에서 1차 환산한 등가 임피던스가 $6.2+j7$ [Ω]이다. %임피던스 강하는 약 몇 [%]인가?

① 2.35 [%]
② 2.5 [%]
③ 7.25 [%]
④ 7.5 [%]

🔍 **해설**

변압기의 특성

• 퍼센트 임피던스강하

$$\%Z = \frac{PZ}{10V_1^2}([kVA],[kV] \text{ 단위 공식})$$

• 출력$P=10[kVA]$, 1차 전압 $V_1=2000[V]$

임피던스 $Z=\sqrt{6.2^2+7^2}=9.35[\Omega]$

• $\%Z = \frac{10 \times 9.35}{10 \times 2^2} \fallingdotseq 2.35[\%]$

★★★★☆

15 3300/210 [V], 5 [kVA] 단상변압기가 퍼센트 저항 강하 2.4 [%], 리액턴스 강하 1.8 [%]이다. 임피던스전압 [V]는?

① 99 [V]
② 66 [V]
③ 33 [V]
④ 21 [V]

🔍 **해설**

변압기의 특성

• 임피던스 전압 V_s를 구하기 위해

$$\%Z = \frac{V_s}{V_{1n}} \times 100[\%] \text{에서 } V_s = \frac{\%Z \times V_{1n}}{100}$$

• $\%Z = \sqrt{\%R^2 + \%X^2} = \sqrt{2.4^2 + 1.8^2} = 3[\%]$

$V_{1n} = 3300[V]$

• $\therefore V_s = \frac{3 \times 3300}{100} = 99[V]$

★★★★☆

16 75 [kVA], 6000/200 [V]인 단상변압기의 %임피던스강하가 4 [%]이다. 1차 단락전류 [A]는?

① 512.5 [A]
② 412.5 [A]
③ 312.5 [A]
④ 212.5 [A]

🔍 **해설**

변압기의 특성

• 단락전류 $I_s = \frac{100}{\%Z} \times I_n$

• $\%Z = 4[\%]$, $I_{1n} = \frac{P}{V_1} = \frac{75 \times 10^3}{6000} = 12.5[A]$

• $\therefore I_s = \frac{100}{4} \times 12.5 = 312.5[A]$

★★★★☆

17 100 [kVA], 6000/200 [V], 60 [Hz]의 3상 변압기가 있다. 저압측에서 단락(3상 단락)이 생긴 경우 단락전류 [A]는? (단, %임피던스 강하는 3 [%]이다.)

① 5123 [A]
② 9623 [A]
③ 11203 [A]
④ 14111 [A]

🔍 **해설**

변압기의 특성

• 단락전류 $I_s = \frac{100}{\%Z} \times I_n$

• $\%Z = 3[\%]$일 때 저압측은 변압기 2차측이며 2차정격전류(3상)

→ $I_{2n} = \frac{P_n}{\sqrt{3} V_2} = \frac{100 \times 10^3}{\sqrt{3} \times 200} = 288.7[A]$

• $I_s = \frac{100}{3} \times 288.7[A] \fallingdotseq 9623[A]$

★★★☆☆

18 단상변압기가 있다. 전부하에서 2차전압은 115 [V]이고, 전압변동률은 2 [%]이다. 1차단자 전압을 구하여라. (단, 1차, 2차 권수비는 20 : 1이다.)

① 2356 [V]
② 2346 [V]
③ 2336 [V]
④ 2326 [V]

🔍 **해설**

변압기의 특성

• 변압기의 1차 단자전압 $V_1 = a(1+\varepsilon)V_{2n}$

• 전부하시 2차 전압 $V_{2n} = 115[V]$

전압변동률 $\varepsilon = 2[\%] = 0.02[p.u]$

권수비 $a = 20$

• $\varepsilon = 20 \times (1+0.02) \times 115 = 2346[V]$

★★★☆☆

19 변압기 내부의 저항과 누설리액턴스의 %강하는 $3[\%]$, $4[\%]$이다. 부하의 역률이 지상 $60[\%]$일 때, 이 변압기의 전압변동률$[\%]$은?

① $4.8[\%]$
② $4[\%]$
③ $5[\%]$
④ $1.4[\%]$

🔍 **해설**

변압기의 특성
- 변압기의 전압변동률(지상) $\%R\cos\theta + \%X\sin\theta[\%]$
- $\%R = 3[\%]$, $\%X = 4[\%]$, $\cos\theta = 60[\%] = 0.6$
  $\sin\theta = \sqrt{1-\cos^2\theta} = \sqrt{1-0.6^2} = 0.8$
- $\therefore \varepsilon = 3 \times 0.6 + 4 \times 0.8 = 5[\%]$

★★★☆☆

20 어떤 변압기의 단락 시험에서 %저항강하 $1.5[\%]$와 %리액턴스강하 $3[\%]$을 얻었다. 부하 역률이 $80[\%]$ 앞선 경우의 전압변동률$[\%]$은?

① $-0.6[\%]$
② $0.6[\%]$
③ $-3.0[\%]$
④ $3.0[\%]$

🔍 **해설**

변압기의 특성
- 변압기의 전압변동률(진상) $\%R\cos\theta - \%X\sin\theta[\%]$
- $\%R = 1.5[\%]$, $\%X = 3[\%]$, $\cos\theta = 0.8$, $\sin\theta = 0.6$
  $\sin\theta = \sqrt{1-\cos^2\theta} = \sqrt{1-0.8^2} = 0.6$
- $\therefore \varepsilon = 1.5 \times 0.8 - 3 \times 0.6 = -0.6[\%]$

★★★☆☆

21 %저항 강하 1.8, %리액턴스 강하가 2.0인 변압기의 전압변동률의 최댓값과 이때의 역률은 각각 몇 $[\%]$인가?

① $7.24[\%]$, $27[\%]$
② $2.7[\%]$, $1.8[\%]$
③ $2.7[\%]$, $67[\%]$
④ $1.8[\%]$, $3.8[\%]$

🔍 **해설**

변압기의 특성
- 최대 전압변동률 $\varepsilon_m = \sqrt{\%R^2+\%X^2} = \sqrt{1.8^2+2^2} \fallingdotseq 2.7$
- 전압변동률이 최대일 때의 역률
  $\cos\theta = \dfrac{\%R}{\sqrt{\%R^2+\%X^2}} = \dfrac{1.8}{\sqrt{1.8^2+2^2}} \times 100 \fallingdotseq 67[\%]$

★★★☆☆

22 어떤 변압기에 있어서 그 전압변동률은 부하 역률 $100[\%]$에 있어서 $2[\%]$, 부하역률 $80[\%]$에서 $3[\%]$라고 한다. 이 변압기의 최대 전압변동률$[\%]$ 및 그 때의 부하 역률$[\%]$은?

① $2.33[\%]$, $85[\%]$
② $3.07[\%]$, $65[\%]$
③ $3.61[\%]$, $5[\%]$
④ $3.61[\%]$, $85[\%]$

🔍 **해설**

변압기의 특성
- 최대 전압변동률 $\varepsilon_m = \sqrt{\%R^2+\%X^2}$
- 전압변동률이 최대일 때의 역률 $\cos\theta = \dfrac{\%R}{\sqrt{\%R^2+\%X^2}}$

  ㉠ 역률 100[%] 시 전압변동률
  $\varepsilon = \%R = 2[\%]$
  ㉡ 부하역률 80[%]시 전압변동률
  $\varepsilon = \%R\cos\theta + \%X\sin\theta[\%] = 3[\%]$
  여기에 $\%R = 2[\%]$를 대입하면
  → $2[\%] \times 0.8 + \%X \times 0.6[\%] = 3[\%]$
  따라서 $\%X = 2.33[\%]$

- $\therefore \varepsilon_m = \sqrt{2^2+2.33^2} \fallingdotseq 3.07[\%]$
  $\cos\theta = \dfrac{2}{\sqrt{2^2+2.33^2}} \times 100 \fallingdotseq 65[\%]$

★★★★★

23 변압기의 무부하 시험과 관계 있는 것은?

① 여자어드미턴스
② 임피던스와트
③ 전압변동률
④ 내부임피던스

🔍 **해설**

변압기의 등가회로
등가회로 작성시 필요한 시험
- 권선저항측정시험
- 무부하시험(개방시험) : 철손, 여자(무부하)전류, 여자어드미턴스
- 단락시험 : 동손, 임피던스와트(전압), 단락전류

★★★★☆

24 단상변압기의 1차 전압 E_1, 1차 저항 r_1, 2차 저항 r_2, 1차 누설리액턴스 x_1, 2차 누설리액턴스 x_2, 권수비 a라고 하면 2차 권선을 단락했을 때 1차 단락전류는 몇 $[A]$인가?

[정답] 19 ③ 20 ① 21 ③ 22 ② 23 ① 24 ①

① $I_{1s} = \dfrac{E_1}{\sqrt{(r_1 + a^2 r_2)^2 + (x_1 + a^2 x_2)^2}}$

② $I_{1s} = \dfrac{E_1}{a \cdot \sqrt{(r_1 + a^2 r_2)^2 + (x_1 + a^2 x_2)^2}}$

③ $I_{1s} = \dfrac{E_1}{\sqrt{\left(\dfrac{r_1}{a^2 + r_2}\right)^2 + \left(\dfrac{x_1}{a^2 + x_2}\right)^2}}$

④ $I_{1s} = \dfrac{aE_1}{\sqrt{\left(\dfrac{r_1}{a^2 + r_2}\right) + \left(\dfrac{x_1}{a^2 + x_2}\right)}}$

🔎 해설 -

변압기의 등가회로

1차로 환산한 단락전류

$I_{s1} = \dfrac{E_1}{Z_{21}} = \dfrac{E_1}{Z_1 + a^2 Z_2} = \dfrac{E_1}{\sqrt{(r_1 + a^2 r_2)^2 + (x_1 + a^2 x_2)^2}}$

★★★★☆

25 유입 변압기에 기름을 사용하는 목적이 아닌 것은?

① 효율을 좋게 하기 위하여

② 절연을 좋게 하기 위하여

③ 냉각을 좋게 하기 위하여

④ 열방산을 좋게 하기 위하여

🔎 해설 -

변압기의 냉각방식

절연유의 사용목적은 절연과 냉각이다.

★★★★☆

26 변압기에 사용하는 절연유가 갖추어야할 성질이 아닌 것은?

① 절연내력이 클 것

② 인화점이 높을 것

③ 유동성이 풍부하고 비열이 커서 냉각효과가 클 것

④ 응고점이 높을 것

🔎 해설 -

변압기의 냉각방식

변압기유의 구비조건

• 절연내력이 클 것

• 비열이 커서 냉각효과가 크고, 점도가 작을 것

• 인화점은 높고, 응고점은 낮을 것

• 고온에서 산화하지 않고, 석출물이 생기지 않을 것

★★★☆☆

27 3000/100 [V] 주상변압기를 극성시험을 하기 위하여 그림과 같이 접속하고 1차측에 120 [V]의 전압을 가하였다. 이 변압기가 감극성이라면 전압계 지시 [V]는?

1차측 2차측

① 116 [V]   ② 152 [V]

③ 212 [V]   ④ 242 [V]

🔎 해설 -

변압기의 극성

• 권수비 $a = \dfrac{V_1}{V_2} = \dfrac{3000}{100} = 30$

    따라서 $V_2 = \dfrac{V_1}{a} = \dfrac{120}{30} = 4 [V]$

• 감극성일 때의 전압계 지시값 $V = V_1 - V_2$

• $\therefore V = 120 - 4 = 116 [V]$

★★★☆☆

28 3150/210 [V]의 단상변압기 고압측에 100 [V]의 전압을 가하면 가극성 및 감극성일 때에 전압계 지시는 각각 몇 [V]인가?

① 가극성 : 106.7 [V], 감극성 : 93.3 [V]

② 가극성 : 93.3 [V], 감극성 : 106.7 [V]

③ 가극성 : 126.7 [V], 감극성 : 96.3 [V]

④ 가극성 : 96.3 [V], 감극성 : 126.7 [V]

🔎 해설 -

변압기의 극성

[**정답**] 25 ①   26 ④   27 ①   28 ①

- 가극성일 때의 전압계의 지시값 $V = V_1 + V_2$
  감극성일 때의 전압계의 지시값 $V = V_1 - V_2$
- 권수비 $a = \dfrac{3150}{210}[\mathrm{V}] = 15$이므로,

  $$V_1 = 100, \ V_2 = \frac{V_1}{a} = \frac{100}{15} \fallingdotseq 6.7[\mathrm{V}]$$

- 가극성 지시값 $V_{가} = 100 + 6.66 \fallingdotseq 106.7$
  감극성 지시값 $V_{감} = 100 - 6.66 \fallingdotseq 93.3[\mathrm{V}]$

★★★★☆

29 전부하에 있어 철손과 동손의 비율이 $1 : 2$인 변압기의 효율이 최대인 부하는 전부하의 대략 몇 $[\%]$인가?

① $50[\%]$ ② $60[\%]$
③ $70[\%]$ ④ $80[\%]$

해설

변압기의 효율
변압기의 최대 효율 부하지점

$$\frac{1}{m} = \sqrt{\frac{P_i}{P_c}} \times 100[\%] = \sqrt{\frac{1}{2}} \times 100[\%] \fallingdotseq 70[\%]$$

★★★★★

30 어떤 주상 변압기가 $4/5$ 부하일 때, 최대 효율이 된다고 한다. 전부하에 있어서의 철손과 동손의 비 P_c/P_i의 비는?

① 약 1.25 ② 약 1.56
③ 약 1.64 ④ 약 0.64

해설

변압기의 효율
- 변압기의 $4/5$ 부하일 때 최대 효율 부하지점

  $$\frac{1}{m} = \sqrt{\frac{P_i}{P_c}} \ \rightarrow \ \frac{4}{5} = \sqrt{\frac{P_i}{P_c}}$$

- 양변에 제곱 시

  $$\left(\frac{P_i}{P_c}\right) = \left(\frac{4}{5}\right)^2 = \frac{16}{25} = 0.64$$

- 단, 문항에서 $\dfrac{P_c}{P_i} = \dfrac{1}{0.64} \fallingdotseq 1.56$

★★★★☆

31 정격 $150[\mathrm{kVA}]$, 철손 $1[\mathrm{kW}]$, 전부하 동손이 $4[\mathrm{kW}]$인 단상 변압기의 최대 효율$[\%]$과 최대 효율시의 부하$[\mathrm{kVA}]$를 구하면?

① $96.8[\%], \ 125[\mathrm{kVA}]$
② $97.4[\%], \ 75[\mathrm{kVA}]$
③ $97[\%], \ 50[\mathrm{kVA}]$
④ $97.2[\%], \ 100[\mathrm{kVA}]$

해설

변압기의 효율
- 변압기의 최대 효율 부하지점

  $$\frac{1}{m} = \sqrt{\frac{P_i}{P_c}} = \sqrt{\frac{1[\mathrm{kW}]}{4[\mathrm{kW}]}} = \frac{1}{2} \ \text{부하지점}$$

  $\therefore$ 최대 효율시 부하 $= 150[\mathrm{kVA}] \times \dfrac{1}{2} = 75[\mathrm{kVA}]$

- 변압기의 최대 효율 계산

  $$\eta_{\frac{1}{m}} = \frac{\frac{1}{m}P\cos\theta}{\frac{1}{m}P\cos\theta + P_i + \left(\frac{1}{m}\right)^2 P_c} \times 100$$

  $$= \frac{\frac{1}{2} \times 150}{\frac{1}{2} \times 150 + 1 + \left(\frac{1}{2}\right)^2 \times 4} \times 100$$

  $$= 97.4[\%]$$

★★★★☆

32 용량 $10[\mathrm{kVA}]$, 철손 $120[\mathrm{W}]$, 전부하 동손 $200[\mathrm{W}]$인 단상 변압기 2대를 V결선하여 부하를 걸었을 때, 전부하 효율은 몇 $[\%]$인가? (단, 부하의 역률은 $\sqrt{3}/2$라 한다.)

① $98.3[\%]$ ② $97.9[\%]$
③ $97.2[\%]$ ④ $96.0[\%]$

해설

변압기의 효율
- 단상 변압기 2대이므로 철손과 동손은 2배가 된다.(변압기 V결선)

  $$\eta_m = \frac{\sqrt{3}\,P\cos\theta}{\sqrt{3}\,P\cos\theta + 2P_i + 2P_c} \times 100[\%]$$

- 1대의 출력 $P = 10[\mathrm{kVA}]$, 철손 $P_i = 120[\mathrm{W}]$
  동손 $P_c = 200[\mathrm{W}]$, 역률 $\cos\theta = \dfrac{\sqrt{3}}{2}$이다.

$$\eta_m = \frac{\sqrt{3} \times 10 \times \frac{\sqrt{3}}{2}}{\sqrt{3} \times 10 \times \frac{\sqrt{3}}{2} + 2 \times 0.12 + 2 \times 0.2} \times 100 = 96[\%]$$

★★★★★

33 변압기의 전일 효율을 최대로 하기 위한 조건은?

① 전부하 시간이 짧을수록 무부하손을 적게 한다.

② 전부하 시간이 짧을수록 철손을 크게 한다.

③ 부하 시간에 관계없이 전부하 동손과 철손을 같게 한다.

④ 전부하 시간이 길수록 철손을 적게 한다.

🔍 해설

변압기의 효율

변압기의 최대효율 조건은 철손=동손이다.

이때 동손은 부하손으로서 24시간 발생하는 성분이 아니므로 전부하 시간이 짧을수록 철손(무부하손)을 적게 하여 조건을 성립하게 한다.

★★★★★

34 주상변압기에서 보통 동손과 철손의 비는 (a)이고, 최대효율이 되기 위하여 동손과 철손의 비는 (b)이다. ( )에 알맞은 것은?

① $a = 1:1, \ b = 1:1$

② $a = 2:1, \ b = 1:1$

③ $a = 1:1, \ b = 2:1$

④ $a = 5:1, \ b = 3:1$

🔍 해설

변압기의 효율

주상변압기는 부하가 24시간 걸리지 않으므로 일반적으로 동손과 철손의 비는 2:1 이며 이론상 최대효율 조건은 동손과 철손이 비는 1:1이다.

★★★☆☆

35 "절연이 용이하지만 제3고조파의 영향으로 통신 장해를 일으키므로 3권선 변압기를 설치할 수 있다."라는 설명은 변압기 3상결선법의 어느 것을 말하는가?

① △−△

② Y−△ 또는 △−Y

③ Y−Y

④ V결선

🔍 해설

변압기의 결선

- Y−Y결선은 제3고조파 순환통로가 없으므로 선로에 제3고조파가 유입되어 인접 통신선에 유도장해를 일으킨다.
- 따라서 Y−Y−△인 3권선 변압기를 이용하면 2차측 선로의 제3고조파를 제거할 수 있다.

★★★☆☆

36 6600/2100[V]의 단상 변압기 3대를 △−Y로 결선하여 1상 18[kW] 전열기의 전원으로 사용하다가 이것을 △−△로 결선했을 때 이 전열기의 소비 전력[kW]는 얼마인가?

① 31.2[kW]

② 10.4[kW]

③ 2.0[kW]

④ 6.0[kW]

🔍 해설

변압기의 결선

- △−Y결선을 △−△결선시 2차측 상전압이 $\frac{1}{\sqrt{3}}$ 배가 된다.
- 한 상당 소비전력은 $P_{1\phi} = \frac{V^2}{R}[kW]$ 이므로 소비전력은 $\left(\frac{1}{\sqrt{3}}\right)^2$ 배가 되어 $\frac{1}{3}$ 배인 6[kW]가 된다.

★★★☆☆

37 변압비 30:1의 단상 변압기 3대를 1차 △, 2차 Y로 결선하고 1차에 선간 전압 3300[V]를 가했을 때의 무부하 2차 선간 전압[V]은?

① 250[V]

② 220[V]

③ 210[V]

④ 190[V]

🔍 해설

변압기의 결선

변압기 △−Y결선의 1, 2차 전압, 전류 관계

변압기의 전력전달은 1차 상권선에서 2차 상권선으로 전달된다.

- 1차측 △결선에서 입력되는 1차 선간전압 $V_{1\ell}$=1차 상전압 V_{1p}
- 변압기의 권수비에 의해 2차측 Y결선 상전압 $V_{2p} = \frac{V_1}{a}$ ➡ 선간전압 $V_{2\ell} = \sqrt{3} \times \frac{V_1}{a}$
- $\therefore V_{2\ell} = \sqrt{3} \times \frac{3300}{30} ≒ 190$

[정답] 33 ① 34 ② 35 ③ 36 ④ 37 ④

★★★☆☆

38
2[kVA]의 단상 변압기 3대를 써서 △결선하여 급전하고 있는 경우 1대가 소손되어 나머지 2대로 급전하게 되었다. 이 2대의 변압기는 과부하를 20[%]까지 견딜 수 있다고 하면 2대가 부담할 수 있는 최대부하[kVA]는?

① 약 3.46[kVA]   ② 약 4.15[kVA]
③ 약 5.16[kVA]   ④ 약 6.92[kVA]

🔍 **해설**

변압기의 결선
- V결선의 출력(△결선에서 1대 고장시)
$$P_v = \sqrt{3} P_1 (\sqrt{3} \times 1대의 출력)$$
$$= \sqrt{3} \times 2[kVA] = 2\sqrt{3}[kVA]$$
- 과부하율 20[%] 까지 견딜 수 있을 때
최대 부하 $P_v = 2\sqrt{3} \times 1.2[배] \fallingdotseq 4.15$

★★★★☆

39
다음 중에서 변압기의 병렬운전 조건에 필요하지 않은 것은?

① 극성이 같을 것
② 용량이 같을 것
③ 권수비가 같을 것
④ 저항과 리액턴스의 비가 같을 것

🔍 **해설**

변압기의 병렬운전
- 극성이 같아야 한다.
- 1차, 2차 정격전압이 같고 권수비가 같아야 한다.
- %임피던스강하가 같아야 한다.
- 저항과 리액턴스비가 같아야 한다.
- 상회전 방향과 위상변위가 같아야 한다.(3상일 경우)
※ 변압기 용량(출력)은 병렬운전조건과 관계없다.

★★★★☆

40
변압기의 병렬운전 조건이 아닌 것은?

① 상회전 방향과 각변위가 같을 것
② %저항 강하 및 리액턴스 강하가 같을 것
③ 각 군의 임피던스가 용량에 비례할 것
④ 정격 전압, 권수비가 같을 것

🔍 **해설**

변압기의 병렬운전
변압기 용량(출력)은 병렬운전조건과 관계없다.

★★★★☆

41
두 대 이상의 변압기를 이상적으로 병렬운전하려고 할 때 필요 없는 것은?

① 각 변압기의 손실비가 같을 것
② 무부하에서 순환전류가 흐르지 않을 것
③ 각 변압기의 부하전류가 같은 위상이 될 것
④ 부하 전류가 용량에 비례해서 각 변압기에 흐를 것

🔍 **해설**

변압기의 병렬운전
변압기의 이상적인 병렬운전시
- 용량에 비례해서 각 변압기가 전류를 분담한다.
- 변압기 상호간에 순환전류가 발생하지 말아야 한다.
- 각 변압기의 부하전류가 같은 위상으로 흘러야 한다.

★★★☆☆

42
2차로 환산한 임피던스가 각각 $0.03+j0.02[\Omega]$, $0.02+j0.03[\Omega]$인 단상 변압기 2대를 병렬로 운전시킬 때, 분담 전류는?

① 크기는 같으나 위상이 다르다.
② 크기와 위상이 같다.
③ 크기는 다르나 위상이 같다.
④ 크기와 위상이 다르다.

🔍 **해설**

변압기의 병렬운전
- $Z_1 = 0.03 + j0.02 = \sqrt{0.03^2 + 0.02^2} = 0.036[\Omega]$
위상 $\tan^{-1}\dfrac{X}{R} = \tan^{-1}\dfrac{0.02}{0.03} = 33.6°$
- $Z_1 = 0.02 + j0.03 = \sqrt{0.02^2 + 0.03^2} = 0.036[\Omega]$
위상 $\tan^{-1}\dfrac{X}{R} = \tan^{-1}\dfrac{0.03}{0.02} = 56.3°$

∴ 각각의 변압기는 크기는 같지만 위상이 같지 않은 전류가 흐른다.

[**정답**] 38 ② 39 ② 40 ③ 41 ① 42 ①

★★★☆☆

43
1차 및 2차 정격전압이 같은 2대의 변압기가 있다. 그 용량 및 임피던스강하가 A는 5[kVA], 3[%], B는 20[kVA], 2[%]일 때 이것을 병렬운전하는 경우 부하를 분담하는 비는?

① 1 : 4   ② 2 : 3

③ 3 : 2   ④ 1 : 6

해설

변압기의 병렬운전
- $\%Z$가 동일하지 않을 때 총 부하분담(용량이 큰 것을 기준)

$$P_m = P_大 + \frac{\%Z_小}{\%Z_大}P_小$$

- $P_A = \frac{2}{3} \times 5[\text{kVA}] = \frac{10}{3}[\text{kVA}]$, $P_B = 20[\text{kVA}]$

- $\therefore P_A : P_B = \frac{10}{3} : 20 = 1 : 6$

★★★☆☆

44
정격이 같은 2대의 단상 변압기 1000[kVA]가 임피던스 전압은 각각 8[%]와 7[%]이다. 이것을 병렬로 하면 몇 [kVA]의 부하를 걸 수가 있는가?

① 1865[kVA]   ② 1870[kVA]

③ 1875[kVA]   ④ 1880[kVA]

해설

변압기의 병렬운전
- $\%Z$가 동일할 시 변압기의 총 부하분담
$P_m = P_a + P_b[\text{kVA}]$
- $\%Z$가 동일하지 않을 때 변압기의 총 부하분담
(용량이 큰 것을 기준)

$$P_m = P_大 + \frac{\%Z_小}{\%Z_大}P_小 = 1000[\text{kVA}] + \frac{7}{8} \times 1000[\text{kVA}]$$
$$= 1875[\text{kVA}]$$

★★★☆☆

45
같은 권수의 2대의 단상 변압기의 3상 전압을 2상으로 변압하기 위하여 스코트 결선을 할 때 T좌 변압기의 권수는 전 권수의 어느 점에서 택해야 하는가?

① $\frac{1}{\sqrt{2}}$ ② $\frac{1}{\sqrt{3}}$

③ $\frac{2}{\sqrt{3}}$ ④ $\frac{\sqrt{3}}{2}$

해설

상수의 변환

3상을 2상으로 하는 상수변환법
- 우드브리지 결선
- 스코트(T)결선

    T좌 변압기 탭 위치 : $\frac{\sqrt{3}}{2}$지점

- 메이어 결선

★★★★☆

46
T결선에 의하여 3300[V]의 3상으로부터 200[V], 40[kVA]의 전력을 얻는 경우 T좌 변압기의 권수비는?

① 약 16.5   ② 약 14.3

③ 약 11.7   ④ 약 10.2

해설

상수의 변환

- T좌 변압기 권수비 $a_T = \frac{\sqrt{3}}{2} \times a$(권수비)

- $\therefore a_T = \frac{\sqrt{3}}{2} \times \frac{3300}{200} ≒ 14.3$

★★★☆☆

47
3상 전원에서 2상 전원을 얻기 위한 변압기의 결선 방법은?

① △   ② T

③ Y   ④ V

해설

상수의 변환

V결선은 △결선 고장시 사용하는 방법이며 3상전원에서 2상 전원을 얻는 결선방법은 T결선이다.

★★☆☆☆

48
변압기의 결선 중에서 6상측의 부하가 수은 정류기일 때, 주로 사용되는 결선은?

[정답] 43 ④   44 ③   45 ④   46 ②   47 ②   48 ①

① 포크결선(Fork connection)

② 환상결선(ring connerction)

③ 2중 삼각결선(double delta connection)

④ 대각결선(diagonal connection)

🔍 해설

상수의 변환

3상 전원을 6상 전원으로 변환하는 결선
- 포크결선 : 6상측 부하에 수은정류기 사용
- 환상결선
- 2중 삼각결선
- 대각결선

★★★☆☆
49 다음은 단권 변압기를 설명한 것이다. 틀린 것은?

① 소형에 적합하다.

② 누설 자속이 적다.

③ 손실이 적고 효율이 좋다.

④ 재료가 절약되어 경제적이다.

🔍 해설

특수변압기

소형 및 대형 모두 널리 사용하는 변압기로서 소형화할 수 있는 장점이 있지만 소형에만 적합하지는 않다.

★★★★☆
50 단권변압기에서 고압측을 V_h, 저압측을 V_l, 2차 출력을 P, 1대 단권변압기의 용량을 P_{1n}이라 하면 P_{1n}/P는?

① $\dfrac{V_l + V_h}{V_h}$

② $\dfrac{V_l - V_h}{V_h}$

③ $\dfrac{V_l + V_h}{V_l}$

④ $\dfrac{V_h - V_l}{V_h}$

🔍 해설

특수변압기

	1대	2대(V결선)	3대 (Y결선)	3대 (△결선)
자기용량 부하용량	$\dfrac{V_h - V_l}{V_h}$	$\dfrac{2}{\sqrt{3}} \cdot \dfrac{V_h - V_l}{V_h}$	$\dfrac{V_h - V_l}{V_h}$	$\dfrac{V_h^2 - V_l^2}{\sqrt{3}\,V_h V_l}$

★★★★☆
51 단권변압기의 3상 결선에서 △결선인 경우, 1차측 선간 전압 V_1, 2차측 선간 전압 V_2일 때 단권 변압기 용량/부하용량은? (단, $V_1 > V_2$인 경 우이다.)

① $\dfrac{V_1 + V_2}{V_1}$

② $\dfrac{V_1^2 - V_2^2}{\sqrt{3}\,V_1 V_2}$

③ $\dfrac{\sqrt{3}\,(V_1^2 - V_2^2)}{V_1 V_2}$

④ $\dfrac{V_1 + V_2}{\sqrt{3}\,V_1}$

🔍 해설

특수변압기

	1대	2대(V결선)	3대 (Y결선)	3대 (△결선)
자기용량 부하용량	$\dfrac{V_h - V_l}{V_h}$	$\dfrac{2}{\sqrt{3}} \cdot \dfrac{V_h - V_l}{V_h}$	$\dfrac{V_h - V_l}{V_h}$	$\dfrac{V_h^2 - V_l^2}{\sqrt{3}\,V_h V_l}$

★★★☆☆
52 1차 전압 100 [V], 2차 전압 200 [V], 선로 출력 50 [kVA]인 단권변압기의 자기용량은 몇 [kVA]인가?

① 25 [kVA]

② 50 [kVA]

③ 250 [kVA]

④ 500 [kVA]

🔍 해설

특수변압기

- 단권변압기 용량(자기용량)

  $\dfrac{\text{자기용량}}{\text{부하용량}} = \dfrac{V_h - V_l}{V_h}$ 에서, → 자기용량$= \dfrac{V_h - V_l}{V_h} \times$부하용량

- $V_h = 200\,[\text{V}]$, $V_l = 100\,[\text{V}]$
  부하용량=선로출력=50 [kVA]

- $\therefore$ 자기용량$= \dfrac{200 - 100}{200} \times 50\,[\text{kVA}] = 25\,[\text{kVA}]$

★★★☆☆
53 용량 1 [kVA], 3000/200 [V]의 단상변압기를 단권변압기로 결선해서 3000/3200 [V]의 승압기로 사용할 때, 그 부하용량 [kVA]은?

① 16 [kVA]

② 15 [kVA]

③ 1 [kVA]

④ $\dfrac{1}{16}$

[**정답**] 49 ① 50 ④ 51 ② 52 ① 53 ①

🔍 **해설** -

특수변압기

- 단권변압기 용량(자기용량)

$$\frac{\text{자기용량}}{\text{부하용량}} = \frac{V_h - V_l}{V_h}\text{에서,} \rightarrow \text{자기용량} = \frac{V_h - V_l}{V_h} \times \text{부하용량}$$

- $V_h = 3200[\text{V}]$, $V_l = 3000[\text{V}]$, 자기용량 $= 1[\text{kVA}]$

- ∴ 부하용량 $= \dfrac{3200}{3200-3000} \times 1[\text{kVA}] = 16[\text{kVA}]$

★★★☆☆

54 전류 변성기 사용 중에 2차를 개방해서는 안 되는 이유는 다음과 같다. 틀린 것은?

① 철손의 급격한 증가로 소손의 우려가 있다.

② 포화 자속으로 인한 첨두 기전압이 발생하여 절연 파괴의 우려가 있다.

③ 계기와 계전기의 정상적 작용을 일시 정지시키기 때문이다.

④ 일단 크게 작용한 히스테리시스 루프의 영향으로 계기의 오차 발생

🔍 **해설** -

특수변압기

변류기 2차측은 개방시 1차측 전원의 여자전류가 다량의 자속을 발생시켜 2차측에 고전압이 유기된다. 이로 인해 계기의 오차가 발생하거나 절연파괴가 발생하기 때문에 2차측 단자를 단락 후 점검한다.

★★★☆☆

55 내철형 3상 변압기를 단상변압기로 사용할 수 없는 이유로 가장 옳은 것은?

① 1, 2차간의 각변위가 있기 때문에

② 각 권선마다3의 독립된 자기회로가 있기 때문에

③ 각 권선마다의 독립된 자기회로가 없기 때문에

④ 각 권선이 만든 자속이 $\dfrac{3\pi}{2}$ 위상차가 있기 때문에

🔍 **해설** -

특수변압기

내철형 3상 변압기

각 권선마다 독립된 자기회로가 없기 때문에 각 권선을 단상으로 사용할 수 없다.

★★★★★

56 변압기의 개방회로시험으로 구할 수 없는 것은?

① 무부하 전류   ② 동손

③ 철손   ④ 여자 임피던스

🔍 **해설** -

변압기 보호계전기 및 측정시험

동손은 단락시험으로 구할 수 있는 대표적인 성분이다.

★★★★★

57 변압기의 무부하시험, 단락시험에서 구할 수 없는 것은?

① 철손   ② 전압변동률

③ 동손   ④ 절연내력

🔍 **해설** -

변압기 보호계전기 및 측정시험

무부하시와 단락시의 단자전압의 전압변동률을 구할 수 있으며 절연내력은 구할 수 없다.

★★★★★

58 발전기 또는 주변압기의 내부고장 보호용으로 가장 널리 쓰이는 계전기는?

① 거리계전기   ② 비율차동계전기

③ 과전류계전기   ④ 방향단락계전기

🔍 **해설** -

변압기 보호계전기 및 측정시험

변압기(발전기)의 내부고장에 대한 보호계전기
비율차동계전기(차동계전기) : 변압기 상간 단락에 의해 1, 2차간 전류 위상각 변위가 발생하면 동작하는 계전기

★★★★☆

59 변압기의 내부고장을 검출하기 위하여 사용되는 보호 계전기가 아닌 것을 고르면?

① 저전압계전기   ② 차동계전기

③ 가스검출계전기   ④ 압력계전기

[**정답**] 54 ③   55 ③   56 ②   57 ④   58 ②   59 ①

🔍 **해설**

변압기 보호계전기 및 측정시험
변압기 내부고장 보호 계전기
- 비율차동계전기(차동계전기)
  변압기 상간 단락에 의해 1, 2차간 전류 위상각 변위가 발생하면 동작하는 계전기
- 부흐홀쯔 계전기
  수은 접점을 이용하여 아크 방전 사고를 검출하는 계전기
- 가스검출 계전기
- 압력 계전기

★★☆☆☆
60 보호계전기 구성요소의 기본원리에 속하지 않는 것은?

① 전자흡인
② 전자유도
③ 정지형 스위칭회로
④ 광전관

🔍 **해설**

변압기 보호계전기 및 측정시험
광전 효과를 이용하여 빛의 변화를 전류의 변화로 바꾸는 것을 광전관이라 하며 보호 계전기의 기본 원리에 속하지 않는다.

★★★☆☆
61 수은접점 2개를 사용하여 아크방전 등의 사고를 검출하는 계전기는?

① 과전류 계전기
② 가스검출계전기
③ 부흐홀쯔 계전기
④ 차동계전기

🔍 **해설**

변압기 보호계전기 및 측정시험
부흐홀쯔 계전기 : 수은 접점을 사용하여 아크 방전 사고를 검출한다.

★★☆☆☆
62 권선의 층간 단락 사고를 검출하는 계전기는?

① 접지계전기
② 과전류계전기
③역상계전기
④ 차동계전기

🔍 **해설**

변압기 보호계전기 및 측정시험
비율차동계전기(차동계전기) : 변압기 상간 단락에 의해 1, 2차간 전류 위상각 변위가 발생하면 동작하는 계전기

★★★★☆
63 변압기의 보호 방식 중 비율차동계전기를 사용하는 경우는?

① 변압기의 포화억제
② 고조파 발생 억제
③ 여자돌입전류 보호
④ 변압기의 상간 단락보호

🔍 **해설**

변압기 보호계전기 및 측정시험
비율차동계전기(차동계전기) : 변압기 상간 단락에 의해 1, 2차간 전류 위상각 변위가 발생하면 동작하는 계전기

★★★★☆
64 전압이 정상치 이상으로 되었을 때 회로를 보호하려는 동작으로 기기 설비의 보호에 사용되는 계전기는?

① 지락계전기
② 방향계전기
③ 과전압계전기
④ 거리계전기

🔍 **해설**

변압기 보호계전기 및 측정시험
과전압계전기(OVR)는 일정값 이상의 전압이 공급되면 동작하는 것으로 과전압 보호용이다.

[정답] 60 ④ 61 ③ 62 ④ 63 ④ 64 ③

electrical engineer

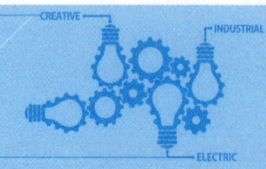

영상 학습 QR

출제경향분석

본 장은 우리가 많이 사용하는 유도기에 관련된 내용이다. 주로 유도전동기의 원리, 슬립과 관련된 이론, 유도기의 특성이 주로 시험에 나온다.

❶ 유도전동기의 원리와 특성　　❷ 유도전동기의 전력의 변환　　❸ 유도전동기의 특성
❹ 비례추이　　　　　　　　　　❺ 원선도　　　　　　　　　　　❻ 유도전동기의 기동 및 제동
❼ 유도전동기의 속도제어　　　　❽ 유도 전압조정기　　　　　　　❾ 3상 유도전동기 시험
❿ 단상 유도전동기　　　　　　　⓫ 특수유도기

1　유도전동기의 원리와 특성

1. 유도전동기의 원리

아래 그림과 같이 구리로 만든 원판에 자석을 회전(회전자계)시키면, 원판은 자석의 회전 방향으로 회전한다. 회전하는 자속이 원판을 끊게 되므로, 플레밍의 오른손법칙에 의해 원판에는 유도전압에 의한 맴돌이 전류가 흐른다. 이 전류와 자속은 플레밍의 왼손법칙에 의해 회전력(토크)을 발생시켜 원판을 회전시킨다.

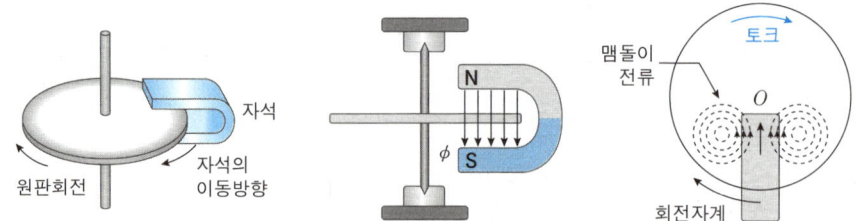

- 영구자석을 회전시키면 구리판이 영구자석의 자속을 끊으며 플레밍의 오른손 법칙에 의해 기전력이 발생
- 기전력에 의해 구리판 표면에 맴돌이전류가 흐른다. 이때 전류에 의해 자속이 새롭게 발생하며 플레밍의 왼손법칙에 따라 전자력이 발생하여 자석과 동일한 방향으로 회전
- 3상 유도전동기는 자석을 돌리는 대신 고정된 3상 권선에 3상 교류를 흘렸을 때 생기는 회전자계를 이용한 것이며 권선을 감은 원통형의 회전자가 동판 역할을 하게 됨

이해력 높이기

· 유도전동기란?
고정자에 교류 전압을 가했을 때 발생하는 전자유도현상을 이용하여 회전자에 전류를 흘려 회전력을 발생시키는 교류 전동기이다. 3상 유도전동기와 단상 유도전동기로 구분된다. 3상 유도전동기는 양수펌프, 송풍기, 권상기 등에 사용되며 단상 유도전동기는 선풍기 냉장고 등 비교적 작은 동력을 필요로 하는 곳에 주로 사용된다.

핵심 포인트

유도전동기는 플레밍의 오른손법칙과 전자유도법칙을 응용한 전동기이다.

2. 유도전동기의 종류

유도 전동기는 3상과 단상 유도 전동기로 구분할 수 있으며 3상 유도 전동기는 회전자의 형태에 따라 농형과 권선형으로 분류한다. 유도 전동기는 구조가 간단하고, 전원을 쉽게 얻을 수 있고, 값이 저렴하고, 튼튼하며 취급이 쉽기 때문에 널리 사용되고 있다.

핵심 포인트

- 3상 농형 유도전동기
 → 중, 소형 유도전동기
- 3상 권선형 유도전동기
 → 대형 유도전동기

Q 포인트 O·X 퀴즈

1. 3상 농형 유도전동기는 회전자의 구조가 복잡하다. ……( )
2. 3상 권선형 유도전동기는 비례 추이가 가능하다. ………( )

A 해설

1. (x) 3상 농형 유도전동기는 회전자의 구조가 간단하다.
2. (o) 3상 권선형 유도전동기는 비례추이가 가능하여 기동이나, 속도제어가 용이하다.

3상 농형 유도전동기	3상 권선형 유도전동기
• 회전자의 구조가 간단하고 튼튼하며 효율이 좋다. • 별도의 제어 장치가 없기 때문에 속도 조정이 어렵다. • 기동토크가 작아 중·소형 유도전동기에 많이 사용된다.	• 회전자에 2차권선과 슬립링을 가진 감은 구조로서 농형에 비해 구조가 복잡하고 효율이 나쁘다. • 2차 회로에 저항을 삽입하여 비례추이가 가능하여 기동이나, 속도제어가 용이하다. • 기동토크가 크기 때문에 대형 유도전동기에 적합하다.

| CHECK POINT | 난이도 ★★☆☆☆   1차 2차 3차

권선형 유도전동기와 직류 분권전동기와의 유사한 점 두 가지는?

① 정류자가 있다. 저항으로 속도 조정이 된다.
② 속도 변동률이 작다. 저항으로 속도 조정이 된다.
③ 속도 변동률이 작다. 토크가 전류에 비례한다.
④ 속도가 가변, 기동 토크가 기동 전류에 비례한다.

상세해설

- 직류 분권전동기 : 저항으로 속도제어가 가능하며 정속도 특성을 지닌다.
- 권선형 유도전동기 : 2차저항을 조절하여 속도제어가 가능하며 정속도 특성을 지닌다.

답 ②

3. 유도전동기 슬립

1) 슬립

유도전동기의 실제 회전자속도는 회전자계속도(동기속도)보다 작다. 회전자가 회전자계속도보다 느리게 돌아야만 자속을 끊어서 유기기전력을 유기하고 회전자도체에 전류가 흘러서 회전력이 생기기 때문이다. 이때 회전자가 회전자계보다 뒤져서 회전하는 비율을 슬립이라 하며 부하가 많이 걸릴수록 증가하게 된다.

$$s = \frac{N_s - N}{N_s}$$

2) 회전자속도와 슬립과의 관계

① 회전자속도

$$N = (1-s)N_s = (1-s)\frac{120f}{p}\,[\text{rpm}]$$

② 유도기의 슬립 범위
- 유도 제동기의 슬립의 범위 : $1 < s < 2$
- 유도 전동기의 슬립의 범위 : $0 < s < 1$
- 유도 발전기의 슬립의 범위 : $s < 0$

4. 유도전동기 2차 회로

변압기   유도 전동기

1) 회전시 2차 주파수

1차 주파수를 f_1이라 할 때 주파수와 속도는 비례관계이며 회전자의 속도는 회전자계보다 슬립만큼 속도차가 발생하므로 회전시 2차에 유기되는 주파수 f_2도 슬립만큼 감소하게 된다.

- 정지시 2차 주파수

$$f_2 = f_1\,[\text{Hz}]$$

- 회전시 2차 주파수

$$f_{2s} = sf_1\,[\text{Hz}]$$

● 이해력 높이기

$N_s = \frac{120f}{p}$

$N = (1-s)N_s$

● 이해력 높이기

회전자계와 회전자의 상대속도

$N_s - N = sN_s\,[\text{rpm}]$

참고

유도발전기는 회전자를 동기속도 이상의 속도($s < 0$)로 회전시켜 발전하는 기기이며 최근 풍력발전설비에서 많이 사용된다.

▶ 전기 용어해설

- s : 슬립
- N_s : 동기속도
- N : 회전자속도
- E_2 : 정지시 2차 유기기전력

콕콕 포인트

2) 회전시 2차 유기기전력

유도전동기에 인가되는 기전력은 정지시에는 변압기와 같다. 회전시에 슬립만큼 주파수가 감소하므로 회전시 2차 유기기전력은 다음과 같다.

- 정지시 2차 유기기전력

$$E_2 = 4.44 f_1 \phi W_2 K_{\omega 2} \, [\text{V}]$$

- 회전시 2차 유기기전력

$$E_{2s} = s E_2 \, [\text{V}]$$

참고

회전시 권수비

$$\frac{E_1}{E_{2S}} = \frac{E_1}{sE_2} = \frac{K_{\omega 1} N_1}{s K_{\omega 2} N_2} = \frac{\alpha}{s}$$

Q 포인트 O·X 퀴즈

1. 회전시 2차에 유기되는 주파수는 슬립만큼 증가한다. …( )
2. 유도 제동기의 슬립의 범위는 $1 < s < 2$이다. …………( )

A 해설

1. (x) 회전시 2차에 유기되는 주파수는 슬립만큼 감소한다.
2. (o) 유도 제동기의 슬립의 범위는 $1 < s < 2$이다.

3) 회전시 2차 전류

- 정지시 2차 전류

$$I_2 = \frac{E_2}{Z_2} = \frac{E_2}{\sqrt{r_2^2 + x_2^2}} \, [\text{A}]$$

- 회전시 2차 전류

$$I_{2s} = \frac{sE_2}{\sqrt{r_2^2 + (sx_2)^2}} = \frac{E_2}{\sqrt{\left(\frac{r_2}{s}\right)^2 + x_2^2}} \, [\text{A}]$$

4) 등가부하 저항

여기서 $\dfrac{r_2}{s} = r_2 + R$이 되며 이는 유도전동기 2차에 외부저항을 삽입하여 출력을 변화시킬 수 있음을 나타낸다. 이때 R을 2차 출력의 정수 또는 기계적인 출력의 정수라고 한다.

$$R = \frac{r_2}{s} - r_2 = \left(\frac{1}{s} - 1\right) r_2 = \left(\frac{1-s}{s}\right) r_2 \, [\Omega]$$

| CHECK POINT |

난이도 ★★☆☆☆   1차 2차 3차

슬립 4[%]인 유도전동기의 등가부하저항은 2차 저항의 몇 배인가?

① $32r_2$ ② $24r_2$
③ $12r_2$ ④ $4r_2$

상세해설

- 슬립 $s = 4[\%]$, 2차 저항 $R = \left(\dfrac{1}{s} - 1\right) r_2$
- $\therefore R = \left(\dfrac{1}{0.04} - 1\right) r_2 = 24 r_2$

답 ②

콕콕 포인트

electrical engineer · electrical engineer · electrical engineer · electrical engineer · electrical engineer · electrical engineer · electrical engineer · electrical e

2 유도전동기의 전력의 변환

1. 2차 동손

회전자(2차)에 흐르는 전류로 인한 손실을 2차 동손 또는 2차 저항손이라고 한다.

$$P_{c2}=I_2^2 r_2=sE_2 \cdot I_2 \cdot \frac{r_2}{Z_{2s}}=sP_2$$

2. 2차 입력

회전자(2차)로 들어오는 전기에너지이며 1차출력과 같다.

$$P_2=\frac{P_o}{(1-s)}[\text{W}]$$

3. 2차 출력

2차 입력에서 2차 손실(2차 동손)을 뺀 값이다.

$$P_0=P_2-sP_2=(1-s)P_2[\text{W}]$$

4. 2차 효율

$$\eta_2=\frac{2\text{차출력}}{2\text{차입력}}=\frac{P_0}{P_2}=\frac{(1-s)P_2}{P_2}=1-s$$

5. 유도전동기의 비례식

$$P_2 : P_{c2} : P_0 = 1 : s : 1-s$$

▶ 전기 용어해설

· P_2 : 2차 입력, 동기와트
· P_{c2} : 2차 저항손, 2차 동손
· P_0 : 2차 출력

참고

· 2차 입력 : $P_2=\dfrac{P_0}{(1-s)}[\text{W}]$
· 2차 동손 : $P_{c2}=s \cdot P_2[\text{W}]$
· 2차 출력 : $P_0=(1-s)P_2[\text{W}]$
· 2차 효율 : $\eta_2=\dfrac{P_0}{P_2}=\dfrac{N}{N_s}=1-s$

Q 포인트 O·X 퀴즈

1. 2차측에 흐르는 전류로 인한 손실을 2차 동손이라고 한다.
   ······························( )
2. 2차 입력과 2차 출력의 비례식은 $P_2 : P_0 = 1 : 1-s$이다.
   ······························( )

A 해설

1. (o) 2차측에 흐르는 전류로 인한 손실을 2차 동손이라고 한다.
2. (o) 2차 입력과 2차 출력의 비례식은 $P_2 : P_0 = 1 : 1-s$이다.

3 유도전동기의 특성

1. 유도전동기 기계적 출력

$$P_0 = \omega \cdot T = 2\pi n T = 2\pi \cdot \frac{2f}{p}(1-s) \cdot T = \frac{4\pi f}{p} \cdot (1-s) \cdot T \, [\text{W}]$$

2. 유도전동기 토크

유도전동기의 토크는 다음과 같이 나타낼 수 있다.

1) 토크와 출력과의 관계

$$T = 0.975 \frac{P_0}{N} \, [\text{kg} \cdot \text{m}]$$

여기서 손실을 무시하게 되면 다음과 같이 나타낼 수 있다.

$$T = 0.975 \frac{(1-s)P_2}{(1-s)N_s} = 0.975 \frac{P_2}{N_s} \, [\text{kg} \cdot \text{m}]$$

2) 전부하시 슬립과 토크의 관계

$$T = P_2 = E_2 I_{2S} \cos\theta = E_2 \cdot \frac{E_2}{\sqrt{\left(\frac{r_2}{s}\right)^2 + x_2^2}} \cdot \frac{\frac{r_2}{s}}{\sqrt{\left(\frac{r_2}{s}\right)^2 + x_2^2}} = K_0 \frac{sE_2^2 r_2}{r_2^2 + (sx_2)^2} \, [\text{W}]$$

3) 토크와 전압의 관계

2차 입력을 토크로 볼 때 토크는 전압의 자승에 비례한다.

$$T \propto V^2$$

참고

동기와트
동기와트란 동기속도로 회전할 때 2차
입력을 토크로 표시한 것을 말한다.

🔽 **핵심 포인트**

토크공식을 암기할 때 출력과 회전속
도 꼭 구분해서 암기할 것

🔽 **핵심 포인트**

$T \propto V^2$
토크는 전압의 제곱에 비례한다.

| CHECK POINT | 난이도 ★★☆☆☆   1차 2차 3차

유도전동기의 토크(회전력)는?

① 단자전압과 무관   ② 단자전압에 비례
③ 단자전압의 제곱에 비례   ④ 단자전압의 3승에 비례

상세해설

유도전동기의 토크는 단자전압의 제곱에 비례한다. ($T \propto V^2$)

답 ③

3. 최대토크가 발생하는 슬립

[속도특성곡선]

토크 $T=K\dfrac{sE_2^2\cdot r_2}{r_2^2+(sx_2)^2}=K\dfrac{E_2^2\cdot r^2}{\dfrac{r_2^2}{s}+sx_2^2}$ 에서, 토크가 최대가 되기 위해서는

분모 $\dfrac{r_2^2}{s}+sx_2^2$ 이 최소(0)가 되어야 하며 $\dfrac{r_2^2}{s}+sx_2^2=y$라 놓고 $\dfrac{dy}{ds}=0$으로 계산하면

최대 토크가 발생하는 슬립은 다음과 같다.

$$s_t=\frac{r_2}{x_2}$$

4. 유도전동기의 주파수 변화에 따른 특성의 변화

주파수가 60 [Hz]에서 50 [Hz]로 감소한 경우 다음과 같다.

핵심 포인트

주파수 변화에 따른 특성
$f\downarrow:N_s\downarrow,\phi\uparrow,\cos\theta\downarrow,T_m\uparrow$

1) 속도감소

$N_s=\dfrac{120f}{p}$ [rpm]에서 $f\propto N_s$ 이므로 속도가 감소

2) 온도 상승

히스테리시스손 $P_h\propto\dfrac{1}{f}$ 이므로 손실이 증가하고 냉각팬 속도의 감소로 온도가 상승

3) 기동전류 약간 증가

주파수가 감소하면 리액턴스가 감소하므로 기동전류는 약간 증가

electrical engineer · electrical engineer · electrical engineer · electrical engineer · electrical engineer · electrical engineer · electrical engineer · electrical engineer · electrical engineer

콕콕 포인트

4 비례추이

1. 비례추이

권선형 유도 전동기 2차측(회전자)에 저항을 삽입하는 경우 2차 저항과 슬립은 비례하며 아래의 그림과 같은 특성을 비례추이라 한다. 권선형 유도 전동기의 회전자에 저항을 삽입하면 기동전류 감소, 기동토크 증가, 역률을 개선시킬 수 있다.

2. 비례추이를 할 수 없는 특성

· 출력 P_o · 효율 η, η_2 · 2차 동손 P_{c2}

3. 기동시 토크를 얻기위한 외부저항값

1) 기동시 전부하 토크와 같은 토크로 기동하기 위한 외부저항값

$\dfrac{r_2}{s}=\dfrac{r_2+R}{s'}$ 에서 기동시 슬립 $s'=1$을 대입하면 외부저항의 크기는 다음과 같다.

$$R=\frac{r_2}{s}-r_2=\left(\frac{1}{s}-1\right)r_2$$

2) 기동시 최대 토크와 같은 토크로 기동하기 위한 외부저항값

위 식에 $s_t=\dfrac{r_2{}'}{\sqrt{r_1{}^2+(x_1+x_2{}')^2}}$ 를 대입하면 다음과 같다.

$$R=\sqrt{r_1{}^2+(x_1+x_2{}')^2}-r_2{}'$$

| CHECK POINT | 난이도 ★★☆☆☆   1차 2차 3차

비례추이와 관계가 있는 전동기는?

① 동기전동기 ② 3상 유도전동기
③ 단상유도 전동기 ④ 정류자 전동기

상세해설

비례추이 : 권선형 유도전동기는 2차저항을 증감시키기 위해 외부회로에 가변저항기(기동저항기)를 접속하여 토크 및 속도제어를 하며 이를 비례추이라 한다.

답 ②

콕콕 포인트

electrical engineer · electrical engineer · electrical engineer · electrical engineer · electrical engineer · electrical engineer · electrical engineer · electrical

5 원선도

유도전동기에 대한 간단한 시험의 결과로부터 전동기의 특성을 쉽게 구할 수 있도록 한 것으로, 유도 전동기의 1차 부하전류의 벡터의 자취가 항상 반 원주 위에 있는 것을 이용하여, 간이 등가회로의 해석에 이용한 것을 헤일랜드 원선도라고 한다. 유도전동기의 일정값의 리액턴스와 부하에 의하여 변하는 저항의 직렬 회로라고 생각되므로 부하에 의하여 변화하는 전류벡터의 궤적, 즉 원선도의 지름은 전압에 비례하고 리액턴스에 반비례한다.

FAQ

원선도를 이용하는 이유는 무엇인가요?

답

▶원선도를 이용하면 주어진 유도 전동기에 대해서 간단한 시험을 하여 그 결과에 따라 반원을 그려 놓으면, 그 전동기의 특성은 부하시험을 하지 않아도, 이 선도에 의하여 구할 수 있어서 매우 편리하기 때문이다.

$\overline{ST}$: 철손
$\overline{RS}$: 1차저항손
$\overline{QR}$: 2차저항손
$\overline{PQ}$: 출력

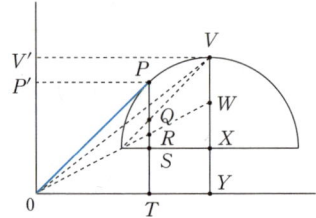

[헤일랜드 원선도]

1. 원선도 작성에 필요한 시험

- 구속 시험
- 무부하 시험
- 저항측정 시험

2. 원선도에서의 슬립

동기와트는 출력과 2차 저항손의 합이므로 $\overline{PR}$ 이된다. 그러므로 슬립은 다음과 같다.

$$s=\frac{P_{c2}}{P_2}=\frac{\overline{QR}}{\overline{PR}}$$

3. 2차 효율

$$\eta_2=\frac{P_0}{P_2}=\frac{\overline{PQ}}{\overline{PR}}$$

4. 역률

$$\cos\theta=\frac{OP'}{OP}$$

engineer · electrical engineer · electrical engineer · electrical engineer · electrical engineer · electrical engineer · electrical engineer · electrical engineer

콕콕 포인트

6 유도전동기의 기동 및 제동

1. 농형 유도 전동기의 기동법

농형 유도전동기의 기동시 단자전압을 감소시켜 기동하면 기동전류를 감소시켜 안전하게 기동할 수 있다.

1) 전전압 기동(직입 기동)

5[kW] 미만 이면서 단시간 기동인 소용량 농형 유도전동기에서는 기동전류가 정격전류의 약 4~6배 정도이지만 기기에 큰 영향을 미치지 않으므로 별도의 기동장치 없이 직접 전전압을 공급하여 기동한다.

2) 감전압기동법

① Y−△기동

5~15[kW] 미만의 용량에서 사용하며 기동시 Y결선으로 기동하는 방법이다. 한상의 전압이 전전압의 $1/\sqrt{3}$ 배가 되도록 하여 △기동시에 비해 기동전류를 1/3배, 기동토크도 1/3배로 감소시키는 방법이며 기동이 끝난 후 운전시에는 △로 운전한다.

② 기동보상기 기동

15[kW] 이상 용량에서 사용하며 강압용 단권변압기로 공급전압을 낮추어 기동하는 방법으로 탭전압(50, 60, 80%탭)을 전동기에 가하여 기동 전류를 제한하는 방법이다.

③ 리액터 기동법(1차)

전동기의 단자 사이에 리액터를 삽입해서 기동하고, 기동 완료 후에 리액터를 단락하는 방법이다. 기동 때 스위치를 닫으면 직렬로 접속된 리액터의 전압강하에 의해 전동기에 가해지는 전압이 내려가고 기동전류가 제한된다. 기동완료 후에는 스위치를 닫아서 리액터를 단락시켜 전전압으로 기동한다.

④ 콘돌퍼기동법

기동 보상기법과 리액터 기동 방식을 혼합한 방식이다. 기동시 단권변압기를 이용하여 기동한 후 전원으로 접속을 바꿀 때 큰 과도전류가 생기는 경우가 있는데 이를 억제하기 위해 리액터를 이용하는 방식으로 원활한 기동이 가능하지만 가격이 비싸다는 단점이 있다.

| CHECK POINT | 난이도 ★★☆☆☆   1차 2차 3차

농형 유도 전동기의 기동에 있어 다음 중 옳지 않은 방법은?

① Y−△ 기동   ② 2차 저항에 의한 기동
③ 전 전압 기동   ④ 단권 변압기에 의한 기동

상세해설

2차 저항으로 특성을 조절하는 기동법은 권선형 유도 전동기에서 사용한다.

답 ②

electrical engineer · electrical engineer · electrical engineer · electrical engineer · electrical engineer · electrical engineer · electrical engineer · electrical

2. 권선형 유도전동기 기동법

1) 2차 저항 기동법

2차 외부저항을 증가시켰을 때 기동토크는 커지고 기동전류는 작아지는 비례추이 특성을 이용한 기동법이다.

2) 2차 임피던스 기동법

2차 저항에 리액터를 추가로 설치하여 기동전류를 제한하는 방식이다.

3) 게르게스법

3상 권선형 유도전동기의 2차회로 중 한 선이 단선된 경우 슬립 $s=50[\%]$ 부근에서 더 이상 가속되지 않는 게르게스 현상을 이용한 기동법이다.

3. 이상 기동 현상

1) 크로우링 현상

농형유도전동기에서 발생하는 현상으로 고조파에 의해 정격속도보다 낮은 속도에서 안정이 되어 더 이상 속도가 상승하지 않는 현상이다.

① 발생원인
  - 공극이 불균일할 때
  - 고조파가 유입될 때
② 방지책
  - 공극을 균일하게 한다.
  - 스큐 슬롯(사구)를 채용한다.

2) 게르게스현상

권선형 유도전동기에서 일어나는 현상으로 무부하 또는 경부하 운전 중 2차측 3상 권선 중 한상이 결상이 되어도 전동기가 소손되지 않고 슬립이 $50[\%]$ 부근($s=0.5$)에서 (정격속도의 1/2배)운전되며 그 이상 가속되지 않는 현상을 말한다.

3) 고조파의 회전자계 방향 및 속도

① 회전자계 방향

$h=2nm+1$	$h=3n$	$h=2nm-1$
기본파와 같은 방향의 회전자계 발생	회전자계를 발생하지 않는다.	기본파와 반대 방향의 회전자계 발생

② 회전속도 $= \dfrac{1}{\text{고주파 차수}}$

engineer · electrical engineer · electrical engineer · electrical engineer · electrical engineer · electrical engineer · electrical engineer · electrical engineer

콕콕 포인트

4. 유도전동기의 제동법

1) 전기적 제동

① 회생제동

유도 전동기를 유도 발전기로 동작시켜 전력을 전원에 반환하면서 제동하는 방법

② 발전제동

전동기를 전원으로부터 분리한 후 1차측에 직류전원을 공급하여 발전기로 동작시킨 후 발생된 전력을 저항에서 열로 소비시키는 방법

③ 역상제동

회전중인 전동기의 1차권선 3단자중 임의의 2단자를 접속을 바꾸어 역방향 토크를 발생시켜 제동하는 방법으로 이 방법은 급속으로 정지시키고자 할 때 사용됨

④ 단상제동

권선형 유도전동기의 1차측을 단상 교류로 여자하고 2차측에 적당한 크기의 저항을 넣으면 전동기의 회전과는 역방향의 토크가 발생되므로 제동하게 됨

2) 기계적 제동

회전부분과 정지부분 사이의 마찰을 이용하여 제동하는 방법

| CHECK POINT | 난이도 ★★☆☆☆   1차 2차 3차

소형 유도 전동기의 슬롯을 사구(skew slot)로 하는 이유는?

① 토크 증가   ② 게르게스 현상의 방지
③ 크로우링 현상의 방지   ④ 제동 토크의 증가

상세해설

농형 유도전동기에서는 크로우링 현상을 경감하기 위해 회전자의 축방향에 대해 슬롯을 경사시켜(사구) 제작한다.

답 ③

| CHECK POINT | 난이도 ★★☆☆☆   1차 2차 3차

유도전동기 기동 방식 중 권선형에만 사용할 수 있는 방식은?

① 리액터 기동   ② Y-△기동
③ 2차 회로의 저항 삽입   ④ 기동 보상기

상세해설

권선형 유도전동기의 기동법
• 2차 저항 기동법(기동저항기법)
• 2차 임피던스법
• 게르게스법

답 ③

7 유도전동기의 속도제어

유도 전동기는 운전과 취급이 쉽고 전부하에서도 정속도로 운전되는 우수한 전동기이며 회전수 $N=(1-s)\dfrac{120f}{p}$ [rpm]에 의해 슬립, 주파수, 극수에 의해 제어된다.

1. 농형유도전동기 속도제어법 (1차측에 의한 속도제어)

1) 주파수 변환법

극수 \ 주파수	2	4	6	8	10	12
50[Hz]	3000	1500	1000	750	600	500
60[Hz]	3600	1800	1200	900	720	600

가변 주파수의 용량이 크므로 설비비가 많이 들어 인견(방직)공장의 포트모터나 선박의 전기추진기용으로 사용하는 특수한 경우 사용한다.

2) 극수변환법

$N_s=\dfrac{120f}{p}$ 에서 극수 p를 변환시켜 속도를 제어하는 방법이다. 연속적인 속도제어가 아닌 승강기와 같이 단계적인 속도제어에 사용한다.

3) 전압제어법

유도전동기의 토크가 전압의 제곱에 비례하는 성질을 이용하여 부하시 운전하는 슬립을 변화시키는 방법이며 소형 선풍기의 속도제어에 사용한다.

2. 권선형 유도 전동기(2차저항에 의한 속도제어)

1) 2차 저항법

2차 외부저항을 이용한 비례추이를 응용한 방법으로 슬립을 변화시키는 방법으로 구조가 간단하고 조작이 용이하나 2차 동손이 증가하기 때문에 효율이 나쁘고 가격이 고가이다.

2) 2차 여자법

반대방향 같은방향
E_c(속도감소) ←——— ———→ E_c(속도증가)
sE_2
ϕ

참고
주파수 변환법이 사용되는 곳
선박추진기, 포트모터

핵심 포인트
2차 여자법에서 주파수 전압 E_c를 2차 기전력과 반대방향으로 인가하면 속도가 감소하고 같은 방향으로 인가하면 속도는 증가한다.

유도 전동기의 2차 전류의 크기는 2차 회로의 임피던스와 2차 유기기전력으로 정해지므로 회전자 권선에 2차 기전력과 같은 주파수의 전압을 가하면 합성 2차 전압은 E_c+sE_2가 되어 회전자 슬립을 제어할 수 있다. 따라서 권선형 회전자 슬립링에 외부에서 슬립주파수 전압을 인가시켜서 속도제어하는 방식을 2차 여자법이라 하며 셀비어스(정토크 제어) 방식, 크래머(정출력 제어) 방식이 있다.

3) 종속법

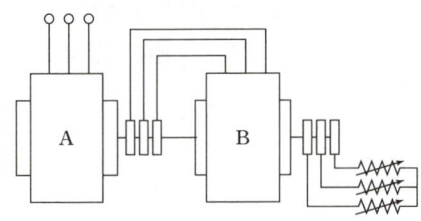

[직렬종속법]

극수가 다른 2대의 권선형 유도전동기를 서로 종속시켜서 전체 극수를 변화시켜 속도를 제어하는 방식으로 이때 변환되는 속도는 동기속도로 제어된다.

- 직렬종속법 : $N_s=\dfrac{120f}{p_1+p_2}$[rpm] : 극수의 합만큼의 속도가 된다.
- 차동종속법 : $N_s=\dfrac{120f}{p_1-p_2}$[rpm] : 극수의 차만큼의 속도가 된다.
- 병렬종속법 : $N_s=\dfrac{120f}{p_1+p_2}\times2$[rpm] : 극수의 평균치로 속도가 된다.

| CHECK POINT | 난이도 ★★☆☆☆ [1차][2차][3차]

유도전동기의 속도 제어법이 아닌 것은?

① 2차 저항법　　② 2차 여자법
③ 1차 저항법　　④ 주파수 제어법

상세해설

- 농형 유도전동기 속도제어법 : (1차)주파수 제어법
- 권선형 유도전동기 속도제어법 : 2차 저항법, 2차 여자법

답 ③

| CHECK POINT | 난이도 ★★☆☆☆ [1차][2차][3차]

극수 p_1, p_2의 두 3상 유도 전동기를 종속 접속하였을 때 이 전동기의 동기 속도는 어떻게 되는가? (단, 전원 주파수는 f_1[Hz]이고 직렬 종속이다.)

① $\dfrac{120f_1}{p_1}$　　② $\dfrac{120f_1}{p_2}$
③ $\dfrac{120f_1}{p_1+p_2}$　　④ $\dfrac{120f_1}{p_1\times p_2}$

상세해설

직렬 종속의 경우 극수의 합으로 속도제어가 된다.

답 ③

▶ 전기 용어해설

- N_s : 동기속도
- p_1 : A전동기의 극수,
  p_1 : B전동기의 극수
- f : 주파수

Q 포인트 O·X 퀴즈

1. 주파수 변환법은 포트모터같은 특수 유도기에 사용된다. (　)
2. 권선형 유도 전동기의 속도제어에는 2차 저항법, 2차 여자법, 종속법이 있다. ……… (　)

A 해설

1. (o) 주파수 변환법은 포트모터, 선박추진기 등의 특수한 경우에 사용된다.
2. (o) 권선형유도 전동기의속도제어에는 2차저항법, 2차여자법, 종속법이 있다.

전기기기 – **제6장 유도기** | **441**

콕콕 포인트

electrical engineer · electrical engineer · electrical engineer · electrical engineer · electrical engineer · electrical engineer · electrical engineer · electrical e

8 ▸ 단상유도전동기

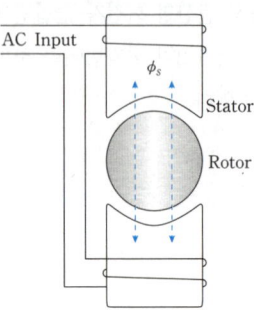

단상 유도전동기는 고정자 권선에는 단상교류가 흐르므로 교번자계가 생긴다. 발생한 교번자계는 회전자에 서로 반대방향에 동기속도로 회전하는 2개의 같은 회전자계가 발생해 기동토크가 0이 된다.

1. 반발 기동형

브러시를 통해 반발 자속이 발생시켜 큰 기동토크 발생시켜 기동하는 전동기로 운전 중 정류자 단락 시 농형 유도전동기처럼 동작한다.

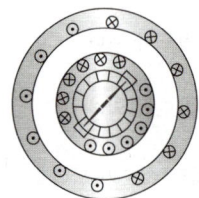

- 기동시 가장 큰 기동토크 발생(300[%] 이상)
- 브러시 위치 조정으로 회전 방향 전환 가능
- 기동 시 불꽃(아크) 발생 ➡ 잡음, 전자파 문제

2. 콘덴서 전동기

분상기동형 전동기의 일종으로 보조(기동)권선에 콘덴서를 연결하여 주권선과 90° 위상차를 얻어 회전자계로 기동하는 전동기이다. 종류는 콘덴서 기동형, 영구 콘덴서형 등이 있다.

[콘덴서 기동형]   [영구 콘덴서 전동기]

- 기동 토크가 큼(250[%] 이상)
- 효율과 역률이 좋아서 운전성능 우수(용도 : 냉장기, 세탁기, 펌프, 송풍기 등)
- 콘덴서를 이용해 역률이 가장 좋음
- 가격 다소 높음(콘덴서 비용)

3. 분상기동형

보조권선(저항이 크고 낮은 리액턴스)과 주권선(낮은 저항과 높은 리액턴스)에서 발생한 위상차를 이용한 회전자계로 기동하는 전동기이다.

- 기동 토크 작음(125[%] 이상)
- 기동 후 보조권선은 원심력 스위치로 차단

4. 세이딩 코일형

자극에 홈을 파고, 고저항의 단락된 세이딩 코일을 끼워 넣은 간단한 구조로 기동토크가 매우 작고 회전방향을 바꿀 수 없는 결점이 있는 전동기이다.

- 기동 토크 매우 작음(40~80[%])
- 역회전 불가(한 방향만 회전)
- 효율·역률이 낮아 소형(수 [kW] 이하)에만 사용 (용도 : 헤어드라이기, 전축, 선풍기 등)

| CHECK POINT | 난이도 ★☆☆☆☆   1차 2차 3차

단상 유도전동기의 기동 방법 중 기동 토크가 가장 큰 것은?
① 반발 기동형   ② 분상 기동형
③ 세이딩 코일형   ④ 콘덴서 기동형

상세해설
단상 유도전동기의 기동토크 크기의 순서는 반발 기동형, 콘덴서 기동형, 분상 기동형, 세이딩 코일형 순이다.

답 ①

9 유도 전압조정기

1. 단상 유도 전압조정기

분로권선과 직렬권선의 축이 이루는 각이 $0°$일 때 분로권선이 만드는 교번자속은 누설자속을 무시하면 모두가 직렬권선과 쇄교하기 때문에 직렬권선의 유도전압은 가장 크며 그 값을 조정전압 E_2라 하면 출력측 전압은 $V_2=V_1 \pm E_2\cos\alpha$에서 조정된다. 따라서 분로권선의 위치를 연속적으로 조정하여 α를 변화 시키면 출력측 전압을 연속적으로 조정할 수 있다.

P : 분로 권선
S : 직렬 권선
T : 단락 권선

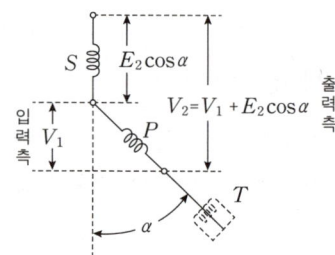

1) 원리 : 교번자계의 전자 유도 이용

2) 특징

- 단락권선이 필요하다.
- 전압 조정범위 $V_2=V_1+E_2\cos\alpha=V_1\pm E_2$
- 1차권선 : 회전자 , 2차권선 : 고정자
- 입력전압과 출력전압의 위상차가 없다.
- 정격(조정)용량 : $P=E_2 I_2 \times 10^{-3}[\text{kVA}]$

2. 3상 유도 전압조정기

3상 유도전동기의 원리를 이용한 것으로서 일정한 크기의 회전자계를 발생시키고 회전자와 고정자의 관계 위치의 변화에 따라 위상을 변화시키는 전압조정기이다.

1) **원리** : 회전자계 이용

2) **특징**

- 단락권선이 필요없다.
- 1차권선 : 회전자 , 2차권선 : 고정자
- 입력전압과 출력전압의 위상차가 있다.
- 전압 조정 범위 : $V_2 = \sqrt{3}(E_1 \pm E_2)[\text{V}]$
- 정격(조정)용량 : $P = \sqrt{3}E_2I_2 \times 10^{-3}[\text{kVA}]$

10 3상 유도 전동기 시험

1. 부하시험

3상 유도전동기의 특성은 원선도에 의해 구하는 것이 보통이지만 실부하법이 편리한 경우에는 실부하법을 사용한다.

- 전기동력계법
- 프로니브레이크법
- 손실을 알고 있는 직류발전기를 사용하는 방법

2. 슬립의 측정

- 회전계법 : 회전계로 직접 회전수를 측정하여 슬립을 구하는 방법
- 직류 밀리볼트계법 : 권선형 유도전동기에 사용
- 수화기법
- 스트로보스코프

CHECK POINT | 난이도 ★★☆☆☆

1차 2차 3차

단상 유도전압기의 1차 전압 $100[\text{V}]$, 2차 전압 $100\pm30[\text{V}]$, 2차 전류는 $50[\text{A}]$이다. 이 유도 전압조정기의 정격용량$[\text{kVA}]$은?

① $1.5[\text{kVA}]$ ② $3.5[\text{kVA}]$
③ $15[\text{kVA}]$ ④ $50[\text{kVA}]$

상세해설

- 단상 유도전압조정기의 조정용량 $P = E_2I_2 \times 10^{-3}[\text{kVA}]$
- 조정범위 $V_1 \pm E_2 = 100 \pm 30$에서 조정전압 $E_2 = 30[\text{V}]$
- $\therefore P = E_2I_2 \times 10^{-3}[\text{kVA}] = 30 \times 50 \times 10^{-3} = 1.5[\text{kVA}]$

답 ①

콕콕 포인트

electrical engineer · electrical engineer · electrical engineer · electrical engineer · electrical engineer · electrical engineer · electrical engineer · electrical

11 특수 유도기

1. 2중 농형 유도 전동기

슬롯을 깊게 하고 농형권선을 이중으로 넣은 유도전동기로서 슬롯 상부는 저항이 크고 리액턴스가 작은 기동용 농형 권선으로 하고 아래쪽은 저항이 작고 리액턴스가 큰 운전용 농형 권선을 가진 것으로 기동 시 표피작용으로 인해 상부 도체부분에 대부분의 전류가 흘러 보통 농형 유도전동기에 비해 기동토크는 크고 기동전류는 작은 전동기이다.

1) **외측도체** : 저항이 크고 리액턴스가 작은 황동 또는 동니켈 합금도체 사용

2) **내측도체** : 저항이 작고 리액턴스가 큰 전기동 사용

2. 스테핑모터

스테핑모터는 디지털 신호에 비례하여 일정 각도만큼 회전하는 모터로 피드백 신호 없이 오픈루프로 손쉽게 속도 및 위치제어를 할 수 있다. 그 총 회전각은 입력펄스의 수로, 회전속도는 스테핑 주파수와 비례한다.

- 기동·정지 특성이 좋다.
- 속도제어 범위가 넓으며 초저속에서 토크가 크다.
- 정지하고 있을 때 그 위치를 유지해 주는 토크가 작다.
- 브러시 등 부품수가 많아 유지보수 필요설이 크다.
- 위치제어를 할 때 각도 오차가 적고 누적된다.

| CHECK POINT | 난이도 ★★☆☆☆   1차 2차 3차

2중 농형 전동기가 보통 농형 전동기에 비해서 다른 점은?

① 기동 전류가 크고, 기동 토크도 크다.
② 기동 전류가 적고, 기동 토크도 적다.
③ 기동 전류는 적고, 기동 토크는 크다.
④ 기동 전류는 크고, 기동 토크는 적다.

상세해설

2중 농형의 권선은 기동시에는 저항이 높은 외측도체로 흐르는 전류에 의해 큰 기동 토크를 얻고 기동완료 후에는 저항이 적은 내측 도체로 전류가 흘러 우수한 운전 특성을 얻는 특수 전동기 이다.

답 ③

영상 학습 QR

- QR 코드를 찍으시면, 가장 중요한 우선순위 문제풀이 영상을 보실 수 있습니다.
- 우선순위 논점은 전기(산업)기사 시험에서 가장 출제 빈도가 높은 문제로써, 수험생분들께서는 각 파트별 우선순위 문제의 논점과 키워드를 학습하시기를 바랍니다.
- 체크 리스트를 작성하시면서 문제의 유형과 학습의 완성도를 스스로 체크 해 보시기를 바랍니다.
- "선생님의 콕콕 포인트"는 틀리기 쉬운 문제의 함정과 문제의 포인트를 집어드립니다. 우선순위 문제풀이의 포인트를 꼭 참고하고 응용문제의 해결능력을 길러 줍니다.

번호	우선순위 논점	KEY WORD	나의 정답 확인				선생님의 콕콕 포인트
			맞음	틀림(오답확인)			
				이해 부족	암기 부족	착오 실수	
4	유도전동기의 원리와 종류	슬립, 유도전동기, 범위					슬립의 범위는 무조건 알아야 할 것
16	유도전동기의 전력의 변환	슬립, 2차동손, 2차출력, 2차입력					용어의 뜻을 정확히 파악해서 암기할 것
25	유도전동기의 특성	전압, 기동토크					토크와 전압과의 관계를 이해할 것
35	비례추이	전부하 토크, 2차 저항					비례추이의 정의를 암기할 것
42	원선도	원선도, 역률					원선도 그림 이해할 것
45	유도전동기의 기동 및 제동	기동법, 기동보상					권선형과 농형을 구분해서 외울 것
53	유도전동기의 속도제어	권선형, 유도전동기, 속도제어					2차는 권선형이다
65	유도 전압조정기	단락권선, 유도전압조정기					단락권선의 특징을 암기할 것
71	단상 유도전동기	분상기동형, 반발기동형, 콘덴서분상기동형, 셰이딩코일기동형					단상유도전동기의 특징을 암기할 것
72	특수유도기	2중농형유도전동기, 농형유도전동기					농형유도전동기의 특징을 알고 2중농형유도전동기의 특징을 비교할 것

★★★☆☆

01 유도전동기의 특징 중 해당되지 않는 것은?

① 기동토크의 크기에 제한이 없다.

② 기동전류가 작다.

③ 원통형 회전자이므로 고속기의 제작이 쉽지 않다.

④ 기동시의 온도상승이 작다.

🔍 **해설**

유도전동기의 원리와 종류

유도전동기는 원통형 회전자를 사용하기 때문에 고속기로 제작이 되며 소형화 제작이 용이하다.

★★★☆☆

02 60[Hz], 슬립 3[%], 회전수 1164[rpm]인 유도전동기의 극수는?

① 4   ② 6

③ 8   ④ 10

🔍 **해설**

유도전동기의 원리와 종류

유도전동기의 극수를 구하려면 동기속도 N_s공식을 이용한다.

- 회전자속도

$$N=(1-s)N_s 에서, \rightarrow 동기속도 \ N_s=\frac{N}{(1-s)}$$

- 회전수 $N=1164[\text{rpm}]$, 슬립 $s=3[\%]$, 주파수 $f=60[\text{Hz}]$

$$\rightarrow 동기속도 \ N_s=\frac{1164}{(1-0.03)}=1200[\text{rpm}]$$

- $\therefore$ 동기속도 $N_s=\frac{120f}{p}$ 에서

$$\rightarrow p=\frac{120f}{N_s}=\frac{120\times60}{1200}=6극 \ 이다.$$

[정답] 01 ③   02 ②

03 유도전동기로 동기전동기를 기동하는 경우, 유도전동기의 극수는 동기기의 극수보다 2극 적은 것을 사용한다. 그 이유는? (단, N_s는 동기속도, s는 슬립이다.)

① 같은 극수로는 유도기가 동기속도보다 sN_s 만큼 늦으므로

② 같은 극수로는 유도기가 동기속도보다 $(1-s)N_s$ 만큼 늦으므로

③ 같은 극수로는 유도기가 동기속도보다 sN_s 만큼 빠르므로

④ 같은 극수로는 유도기가 동기속도보다 $(1-s)N_s$ 만큼 빠르므로

해설

유도전동기의 원리와 종류
- 유도전동기의 회전자 속도 $N=(1-s)N_s=N_s-sN_s$
- ∴ 동기속도보다 sN_s 만큼 느리기 때문에 2극만큼 작다.

04 유도전동기의 슬립(slip) s의 범위는?

① $1>s>0$　　② $0>s>-1$
③ $0>s>1$　　④ $-1>s>1$

해설

유도전동기의 원리와 종류
- 유도제동기의 슬립의 범위 : $s>1$
- 유도전동기의 슬립의 범위 : $0<s<1$
- 유도발전기의 슬립의 범위 : $s<0$

05 유도전동기의 제동방법 중 슬립의 범위를 $1\sim2$ 사이로 하여 3선 중 2선의 접속을 바꾸어 제동하는 방법은?

① 역상 제동　　② 직류 제동
③ 단상 제동　　④ 회생 제동

해설

유도전동기의 제동법
유도전동기의 제동법 중 3선 중 2선의 접속을 바꾸면 역회전 토크가 발생하여 역상제동이 된다.

06 4극 60[Hz]인 3상 유도전동기가 1750[rpm]으로 회전하고 있을 때, 전원의 b상, c상을 바꾸면 이때의 슬립은?

① 2.03　　② 1.97
③ 0.029　　④ 0.028

해설

유도전동기의 원리와 종류
- 역상제동 슬립 $s=\dfrac{N_s-(-N)}{N_s}=\dfrac{N_s+N}{N_s}$
  ① 동기속도 $N_s=\dfrac{120f}{p}=\dfrac{120\times60}{4}=1800[\text{rpm}]$
  ② 회전자 속도 $N=1750[\text{rpm}]$
  - ∴ $s=\dfrac{1800+1750}{1800}=1.97$
  - 제동기의 슬립은 $1<s<2$ 값을 찾는다.

07 유도전동기의 회전자 슬립이 s로 회전할 때 2차 주파수를 $f_2[\text{Hz}]$, 2차측 유기전압을 $E_2[\text{V}]$라 하면 이들과 슬립 s와의 관계는? (단, 1차 주파수를 f_1라고 한다.)

① $E_2'\propto s, f_2\propto(1+s)$　　② $E_2'\propto s, f_2\propto\dfrac{1}{s}$
③ $E_2'\propto s, f_2\propto\dfrac{f}{s}$　　④ $E_2'\propto s, f_2\propto s$

해설

유도전동기의 원리와 종류
- 정지시 $E_2=4.44f_1\phi\omega_2K_{\omega2}[\text{V}]$
- 회전시 $E_2'=4.44sf_1\phi\omega_2K_{\omega2}=sE_2[\text{V}]$
- 정지시 $f_2=f_1$
- 회전시 $f_2'=sf_1$

08 슬립 4[%]인 유도전동기의 정지시 2차 1상 전압이 150[V]이면 운전시 2차 1상 전압[V]은?

① 9[V]　　② 8[V]
③ 7[V]　　④ 6[V]

해설

유도전동기의 원리와 종류
- 유도전동기의 운전시 회전자 유기기전력 $E_{2s}=sE_2$
- 2차 1상의 전압 $E_2=150[\text{V}]$, 슬립 $s=4[\%]$
- ∴ $E_{2s}=0.04\times150[\text{V}]=6[\text{V}]$

[정답] 03 ①　04 ①　05 ①　06 ②　07 ④　08 ④

★★★☆☆

09 6극, 3상 유도 전동기가 있다. 회전자도 3상이며 회전자 정지시의 1상의 전압은 200 [V]이다. 전부하시의 속도가 1152 [rpm]이면 2차 1상의 전압은 몇 [V]인가? (단, 1차 주파수는 60 [Hz]이다.)

① 8.0 [V] 　　　　② 8.3 [V]

③ 11.5 [V] 　　　　④ 23.0 [V]

🔍 해설

유도전동기의 원리와 종류

- 유도전동기의 운전시 회전자 유기기전력 $E_{2s}=sE_2$
- 정지시 1상의 전압 $E_2=200[\text{V}]$
- 슬립 $s=\dfrac{N_s-N}{N_s}=\dfrac{1200-1152}{1200}=0.04$
- 회전자 속도 $N=1152[\text{rpm}]$
- 동기 속도 $N_s=\dfrac{120f}{p}=\dfrac{120\times60}{6}=1200[\text{rpm}]$
- $\therefore E_{2s}=0.04\times200=8[\text{V}]$

★★★☆☆

10 4극, 50 [Hz]의 3상 유도전동기가 1410 [rpm]으로 회전하고 있을 때, 회전자 전류의 주파수 [Hz]는?

① 50 [Hz] 　　　　② 25 [Hz]

③ 10 [Hz] 　　　　④ 3 [Hz]

🔍 해설

유도전동기의 원리와 종류

- 유도전동기의 운전시 회전자 전류의 주파수 $f_{2s}=sf_1$
- 슬립 $s=\dfrac{N_s-N}{N_s}=\dfrac{1500-1410}{1500}=0.06$
- 회전자 속도 $N=1410[\text{rpm}]$
- 동기 속도 $N_s=\dfrac{120f}{p}=\dfrac{120\times50}{4}=15200[\text{rpm}]$
- $\therefore f_{2s}=0.06\times50=3[\text{Hz}]$

★★★★☆

11 3상 60 [Hz], 4극 유도전동기가 어떤 회전 속도로 회전하고 있다. 회전자 주파수가 3 [Hz]일 때, 이 전동기의 회전자 속도 [rpm]는?

① 1800 [rpm] 　　　　② 1710 [rpm]

③ 1720 [rpm] 　　　　④ 1750 [rpm]

🔍 해설

유도전동기의 원리와 종류

- 유도전동기의 운전시 회전자 전류의 주파수 $f_{2s}=sf_1$
- 회전자의 슬립 $s=\dfrac{f_{2s}}{f_1}=\dfrac{3}{60}=0.05$
- 동기속도 $N_s=\dfrac{120f}{p}=\dfrac{120\times60}{4}=1800[\text{rpm}]$
- $\therefore$ 회전자속도 $N=(1-s)N_s=(1-0.05)\times1800=1710[\text{rpm}]$

★★★☆☆

12 220 [V], 6극, 60 [Hz], 10 [kW]인 3상 유도전동기의 회전자 1상의 저항은 0.1 [Ω], 리액턴스는 0.5 [Ω]이다. 정격전압을 가했을 때 슬립이 4 [%]이었다. 회전자전류 [A]는 얼마인가? (단, 고정자와 회전자는 3각 결선으로서 각각 권수는 300회와 150회이며 각 권수계수는 같다.)

① 27 [A]

② 36 [A]

③ 43 [A]

④ 52 [A]

🔍 해설

유도전동기의 원리와 종류

- 회전시 회전자(2차)전류 $I_{2s}=\dfrac{E_2}{\sqrt{\left(\dfrac{r_2}{s}\right)^2+x_2{}^2}}[\text{A}]$
- 권수비 $a=\dfrac{300}{150}=2,\ E_2=\dfrac{E_1}{a}=\dfrac{220}{2}=110[\text{V}]$
- 2차 저항 $r_2=0.1[\Omega],\ x_2=0.5[\Omega]$
- 슬립 $s=4[\%]=0.04$
- $\therefore I_{1s}=\dfrac{110}{\sqrt{\left(\dfrac{0.1}{0.04}\right)^2+0.5^2}}=43[\text{A}]$

★★★★★

13 유도전동기에 있어서 2차 입력 P_2, 출력 P_0, 슬립 s 및 2차 동손 P_{c2}와의 관계를 선정하면?

① $P_2:P_0:P_{c2}=1:s:1-s$

② $P_2:P_0:P_{c2}=1-s:1:s$

③ $P_2:P_0:P_{c2}=1:1/s:1-s$

④ $P_2:P_0:P_{c2}=1:1-s:s$

[정답] 09 ①　10 ④　11 ②　12 ③　13 ④

🔍 **해설**

유도전동기의 전력의 변환

2차 입력	2차 출력(P_0)	2차 동손(P_{c2})
P_2	$(1-s)P_2$	sP_2

$\therefore P_2 : P_0 : P_{c2} = 1 : 1-s : s$

★★★★☆

14 200[V], 50[Hz], 8극, 15[kW]인 3상 유도전동기의 전부하 회전수가 720[rpm]이면 이 전동기의 2차 동손[W]은?

① 590[W] ② 600[W]
③ 625[W] ④ 720[W]

🔍 **해설**

유도전동기의 전력의 변환

· 2차동손 : $P_{c2} = sP_2$
· 슬립 $s = \dfrac{N_s - N}{N_s} = \dfrac{750 - 720}{750} = 0.04$
· 회전자속도 $N = 720[\text{rpm}]$
· 동기속도 $N_s = \dfrac{120f}{p} = \dfrac{120 \times 50}{8} = 750[\text{rpm}]$
· 회전자 입력 $P_2 = \dfrac{P_0}{1-s} = \dfrac{15 \times 10^3}{1-0.04} = 15625[\text{W}]$
· $\therefore P_{c2} = 0.04 \times 15625 = 625[\text{W}]$

★★★☆☆

15 정격출력이 7.5[kW]인 3상 유도전동기가 전부하 운전시 2차 저항손이 300[W]이다. 슬립은 몇 [%]인가?

① 18.9[%] ② 4.85[%]
③ 23.6[%] ④ 3.85[%]

🔍 **해설**

유도전동기의 전력의 변환

· 정격출력 $P_0 = 7.5[\text{kW}]$, 2차 동손 $P_{c2} = 300[\text{W}]$
· 슬립 $s = \dfrac{P_{c2}}{P_2} \times 100[\%] = \dfrac{P_{c2}}{P_0 + P_{c2}} \times 100[\%]$

  $= \dfrac{300}{7800} \times 100[\%] \fallingdotseq 3.85[\%]$

★★★★☆

16 15[kW]인 3상 유도전동기의 기계손이 350[W], 전부하시의 슬립이 3[%]이다. 전부하시의 2차 동손[W]은?

① 395[W] ② 411[W]
③ 475[W] ④ 524[W]

🔍 **해설**

유도전동기의 전력의 변환

· 2차동손 : $P_{c2} = sP_2$
· 슬립 $s = 3[\%]$
· 2차 입력 $P_2 = \dfrac{P_0}{1-s} = \dfrac{15350[\text{W}]}{1-0.03} \fallingdotseq 15824[\text{W}]$
· 기계적출력 $P_0 = 15[\text{kW}] + 350[\text{W}] = 15350[\text{W}]$
  (기계손이 있으면 출력에 포함시킨다)
· $\therefore P_{c2} = sP_2 = 0.03 \times 15824[\text{W}] \fallingdotseq 475[\text{W}]$

★★★☆☆

17 20극의 권선형 유도전동기를 60[Hz]의 전원에 접속하고 전부로 운전할 때 2차 회로의 주파수가 3[Hz]이었다. 또, 이때의 2차 동손이 500[W]이었다면 기계적 출력[kW]은?

① 8.5[kW]

② 9.0[kW]

③ 9.5[kW]

④ 10[kW]

🔍 **해설**

유도전동기의 전력의 변환

· 기계적출력 : $P_0 = (1-s)P_2$
· 2차 주파수 $f_{2s} = sf_1$에서 ➔ 슬립 $s = \dfrac{f_{2s}}{f_1} = \dfrac{3}{60} = 0.05$
· 2차 동손 $P_{c2} = sP_2$에서 ➔ 슬립 $P_2 = \dfrac{P_{c2}}{s} = \dfrac{500}{0.05} = 10[\text{kW}]$
· $\therefore P_0 = (1-0.05) \times 10[\text{kW}] = 9.5[\text{kW}]$

★★★★★

18 3상 유도전동기가 있다. 슬립 s일 때, 2차 효율은 얼마인가?

① $1-s$ ② $2-s$
③ $3-s$ ④ $4-s$

[정답] 14 ③ 15 ④ 16 ③ 17 ③ 18 ①

해설

유도전동기의 전력의 변환

2차효율 $\eta_2 = \dfrac{2\text{차 출력}}{2\text{차 입력}} = \dfrac{P_0}{P_2} = \dfrac{(1-s)P_2}{P_2} = 1-s$

★★★★☆

19 슬립 $6\,[\%]$인 유도전동기의 2차측 효율$[\%]$은?

① $94\,[\%]$ ② $84\,[\%]$

③ $90\,[\%]$ ④ $88\,[\%]$

해설

유도전동기의 전력의 변환

2차효율 $\eta_2 = 1-s = 1-0.06 = 94\,[\%]$

★★★★☆

20 $15\,[\text{kW}]$, $380\,[\text{V}]$, $60\,[\text{Hz}]$인 3상 유도전동기가 있다. 이 전동기가 전부하 일 때의 2차 입력은 $15.5\,[\text{kW}]$라 한다. 이 경우의 2차 효율$[\%]$은?

① 약 $95.5\,[\%]$ ② 약 $96.2\,[\%]$

③ 약 $96.8\,[\%]$ ④ 약 $97.3\,[\%]$

해설

유도전동기의 전력의 변환

2차효율 $\eta_2 = \dfrac{P_0}{P_2} \times 100 = \dfrac{15}{15.5} \times 100 \fallingdotseq 96.8\,[\%]$

★★★☆☆

21 $60\,[\text{Hz}]$, 4극, 3상 유도전동기의 2차 효율이 0.95일 때, 회전속도$[\text{rpm}]$는? (단, 기계손은 무시한다.)

① $1780\,[\text{rpm}]$ ② $1710\,[\text{rpm}]$

③ $1620\,[\text{rpm}]$ ④ $1500\,[\text{rpm}]$

해설

유도전동기의 전력의 변환

2차효율 $\eta_2 = \dfrac{N}{N_s} \rightarrow N = N_s \times \eta_2 = 1800 \times 0.95 = 1710\,[\text{rpm}]$

★★★★☆

22 3상 유도전동기의 전압이 $10\,[\%]$ 낮아졌을 때 기동 토크는 약 몇 $[\%]$ 감소하는가?

① $5\,[\%]$ ② $10\,[\%]$

③ $20\,[\%]$ ④ $30\,[\%]$

해설

유도전동기의 특성

유도전동기의 토크는 단자전압의 제곱에 비례하므로

- $T \propto V^2$ 에서 $T \propto (0.9V)^2 = 0.81V^2$
- 토크는 약 $20\,[\%]$ 감소한다.

★★☆☆☆

23 $220\,[\text{V}]$, 3상 유도전동기의 전부하 슬립이 $4\,[\%]$이다. 공급 전압이 $10\,[\%]$ 저하된 경우의 전부하 슬립$[\%]$은?

① $4\,[\%]$ ② $5\,[\%]$

③ $6\,[\%]$ ④ $7\,[\%]$

해설

유도전동기의 특성

- 유도전동기의 슬립과 전압의 관계 $s \propto \left(\dfrac{1}{V}\right)^2$

- 비례식관계를 이용하면 :

$s : \dfrac{1}{V^2} = s' : \dfrac{1}{V'^2} \rightarrow 4 : \dfrac{1}{220^2} = s' : \dfrac{1}{(220 \times 0.9)^2}$

- $s' = \dfrac{4}{(220 \times 0.9)^2} \times 220^2 \fallingdotseq 5\,[\%]$

★★☆☆☆

24 $20\,[\text{HP}]$, 4극 $60\,[\text{Hz}]$인 3상 유도전동기가 있다. 전부하 슬립이 $4\,[\%]$이다. 전부하시의 토크$[\text{kg}\cdot\text{m}]$는? (단, $1\,[\text{HP}]$은 $746\,[\text{W}]$이다.)

① $8.41\,[\text{kg}\cdot\text{m}]$ ② $9.41\,[\text{kg}\cdot\text{m}]$

③ $10.41\,[\text{kg}\cdot\text{m}]$ ④ $11.41\,[\text{kg}\cdot\text{m}]$

해설

유도전동기의 특성

- 기계적 출력(P_0)과 회전자 속도(N)에 의한 토크

$T = 0.975 \dfrac{P_0}{N}\,[\text{kg}\cdot\text{m}]$

[**정답**] 19 ① 20 ③ 21 ② 22 ③ 23 ② 24 ①

- 2차 출력 $P_0 = 20 \times 746[\text{W}] = 14920[\text{W}]$
- 동기속도 $N_s = \dfrac{120f}{p} = \dfrac{120 \times 60}{4} = 1800[\text{rpm}]$
- 회전자 속도 $N = (1 - 0.04) \times 1800 = 1728[\text{rpm}]$
- $T = 0.975 \times \dfrac{P_0}{N}[\text{kg·m}]$

$\qquad = 0.975 \times \dfrac{14920[\text{W}]}{1728} \fallingdotseq 8.41[\text{kg·m}]$

★★★☆☆

25 4극 60[Hz]의 유도 전동기가 슬립 5[%]로 전부하 운전하고 있을 때 2차 권선의 손실이 94.25[W]라고 하면 토크[N·m]는?

① 1[N·m]　　　　　② 2[N·m]

③ 10[N·m]　　　　④ 20[N·m]

🔍 **해설**
- -

유도전동기의 특성

- 유도전동기의 토크 $T = 0.975 \dfrac{P_2}{N_s}[\text{kg·m}]$

- 동기속도 $N_s = \dfrac{120f}{p} = \dfrac{120 \times 60}{4} = 1800[\text{rpm}]$

- 2차 입력 $P_2 = \dfrac{P_{2s}}{s} = \dfrac{94.25[\text{W}]}{0.05} = 1885[\text{W}]$

- $T = 0.975 \times \dfrac{1885}{1800}[\text{kg·m}] = 1.02[\text{kg·m}]$

  단, 문제에서 단위가 [N·m]로 주어졌으므로

  $\rightarrow 1.02 \times 9.8 \fallingdotseq 10[\text{N·m}]$

★★★☆☆

26 8극 60[Hz]의 유도 전동기가 부하를 걸고 864 [rpm]으로 회전할 때 54.134[kg·m]의 토크를 내고 있다. 이때의 동기 와트[kW]는?

① 약 48[kW]　　　② 약 50[kW]

③ 약 52[kW]　　　④ 약 54[kW]

🔍 **해설**
- -

유도전동기의 특성

- 유도전동기의 토크 $T = 0.975 \dfrac{P_2}{N_s}[\text{kg·m}]$ 에서,

  $\rightarrow$ 동기와트 $P_2 = \dfrac{T \times N_s}{0.975}[\text{W}]$

- 동기속도 $N_s = \dfrac{120f}{p} = \dfrac{120 \times 60}{8} = 900[\text{rpm}]$

- 토크 $T = 54.134[\text{kg·m}]$

- $\therefore P_2 = \dfrac{54.134 \times 900}{0.975} \fallingdotseq 50[\text{kW}]$

★★★☆☆

27 전동기 축의 벨트 축 지름이 28[cm], 1140[rpm]에서 20[kW]를 전달하고 있다. 벨트에 작용하는 힘[kg]은?

① 약 234[kg]　　　② 약 212[kg]

③ 약 168[kg]　　　④ 약 122[kg]

🔍 **해설**
- -

유도전동기의 특성

- 유도 전동기의 토크

  $T = 0.975 \times \dfrac{P_0}{N} = 0.975 \times \dfrac{20 \times 10^3}{1140} = 17.11[\text{kg·m}]$

- 유도전동기의 토크(반지름이 주어졌을시)

  $T = F(\text{힘}) \times r(\text{반지름}) \rightarrow F = \dfrac{T}{r} = \dfrac{17.11}{0.14} = 122.2[\text{kg}]$

★★★★☆

28 횡축에 속도 n을, 종축에 토크 T를 취하여 전동기 및 부하의 속도 토크 특성 곡선을 그릴 때 그 교점이 안정 운전점인 경우에 성립하는 관계식은? (단, 전동기의 발생 토크를 T_M, 부하의 반항 토크를 T_L이라 한다.)

① $\dfrac{dT_M}{dT_L} > \dfrac{dT_L}{dn}$　　② $\dfrac{dT_M}{dn} = \dfrac{dT_L}{dn} = 0$

③ $\dfrac{dT_M}{dn} = \dfrac{dT_L}{dn}$　　④ $\dfrac{dT_M}{dn} < \dfrac{dT_L}{dn}$

🔍 **해설**
- -

유도전동기의 특성

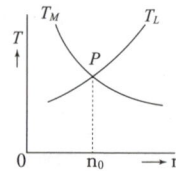

전동기의 발생토크(T_M) 부하의 반항토크(T_L) 일 때, 두 곡선이 만나는 교점이 안정점인경우 전동기의 운전이 안전하게 되려면 기동시 전동기의 발생토크 T_M이 부하의 반항토크 T_L 보다 커야하며 그 이후에는 발생토크가 반항토크보다 작아야한다.

[**정답**] 25 ③　26 ②　27 ④　28 ④

$$\therefore \frac{dT_M}{dn} < \frac{dT_L}{dn} \text{ (안정운전)}$$

$$\frac{dT_M}{dT_L} > \frac{dT_L}{dn} \text{ (불안정운전)}$$

★★★☆☆

29 3상 유도 전동기를 불평형 전압으로 운전하면 토크와 입력과의 관계는?

① 토크는 증가하고 입력은 감소

② 토크는 증가하고 입력도 증가

③ 토크는 감소하고 입력은 증가

④ 토크는 감소하고 입력도 감소

🔍 해설

유도전동기의 특성

전압 불평형이 되면 불평형 전류가 흘러서 전류(역상전류)는 증가하지만 토크는 감소한다.

★★★★☆

30 3상 권선형 유도 전동기의 2차 회로에 저항을 삽입하는 목적이 아닌 것은?

① 속도는 줄어들지만 최대 토크를 크게 하기 위하여

② 속도 제어를 하기 위하여

③ 기동 토크를 크게 하기 위하여

④ 기동 전류를 줄이기 위하여

🔍 해설

유도전동기의 특성

권선형 유도전동기의 비례추이를 통해 기동토크를 크게하고 기동전류를 줄일 수 있지만 최대토크는 변하지 않는다.

★★★★☆

31 3상 유도전동기의 최대토크 T_m, 최대토크를 발생시키는 슬립 s_t, 2차 저항 r_2'의 관계는?

① $T_m \propto r_2'$, $s_t =$ 일정

② $T_m \propto r_2'$, $s_t = r_2'$

③ $T_m =$ 일정, $s_t = r_2'$

④ $T_m \propto \dfrac{1}{r_2'}$, $s_t = r_2'$

🔍 해설

유도전동기의 특성

권선형 유도전동기의 2차저항을 조절시 최대토크를 발생하는 슬립은 비례하고 최대토크의 크기는 변하지 않는다.

★★★★☆

32 3상 유도 전동기의 2차 저항을 2배로 하면 2배로 되는 것은?

① 토크

② 전류

③ 역률

④ 슬립

🔍 해설

유도전동기의 특성

권선형 유도전동기의 2차저항을 2배로하면 슬립은 2배가 되어 기동토크를 크게할 수 있지만 최대토크는 변하지 않는다.

★★★☆☆

33 출력 $22\,[kW]$, 8극 $60\,[Hz]$인 권선형 3상 유도 전동기의 전부하 회전자가 $855\,[rpm]$이라고 한다. 같은 부하 토크로 2차 저항 r_2를 4배로 하면 회전속도 $[rpm]$는?

① $720\,[rpm]$

② $730\,[rpm]$

③ $740\,[rpm]$

④ $750\,[rpm]$

🔍 해설

유도전동기의 특성

• 저항이 증가하기 전 슬립 $s = \dfrac{N_s - N}{N_s} = \dfrac{900 - 855}{900} = 0.05$

• 회전자속도 $N = 855\,[rpm]$

• 동기속도 $N_s = \dfrac{120f}{p} = \dfrac{120 \times 60}{8} = 900\,[rpm]$

• $s_t \propto r_2$이므로 2차 저항을 4배로 하면 → 슬립도 4배로 증가한다.

• 변화된 회전속도
$N = (1 - 4s)N_s = (1 - 4 \times 0.05) \times 900 = 720\,[rpm]$

★★★☆☆

34 4극, $50\,[Hz]$인 권선형 3상 유도전동기가 있다. 전부하에서 슬립이 $4\,[\%]$이다. 전부하 토크를 내고 $1200\,[rpm]$으로 회전시키려면 2차 회로에 몇 $[\Omega]$의 저항을 넣어야 하는가? (단, 2차 회로는 성형으로 접속하고 매상의 저항은 $0.35\,[\Omega]$이다.)

[정답] 29 ③ 30 ① 31 ③ 32 ④ 33 ① 34 ②

① $1.2\,[\Omega]$ ② $1.4\,[\Omega]$

③ $0.2\,[\Omega]$ ④ $0.4\,[\Omega]$

🔍 **해설**

비례추이

- 기동시 최대 토크와 같은 토크로 기동하기 위한 외부저항값 R

$$\frac{r_2}{s} = \frac{r_2 + R}{s'}$$

- 슬립 $s = 0.04,\ r_2 = 0.35\,[\Omega]$

- 전부하 토크를 낼 때 슬립 $s' = \dfrac{N_s - N}{N_s} = \dfrac{1500 - 1200}{1500} = 0.2$

- 동기속도 $N_s = \dfrac{120f}{p} = \dfrac{120 \times 50}{4} = 1500\,[\text{rpm}]$

- $\dfrac{0.35}{0.04} = \dfrac{0.35 + R}{0.2} \;\rightarrow\; R = 1.4\,[\Omega]$

★★☆☆☆

35 3상 권선형 유도전동기의 전부하 슬립이 $5\,[\%]$, 2차 1상의 저항 $0.5\,[\Omega]$이다. 이 전동기의 기동 토크를 전부하 토크와 같도록 하려면 외부에서 2차에 삽입할 저항은 몇 $[\Omega]$인가?

① $10\,[\Omega]$ ② $9.5\,[\Omega]$

③ $9\,[\Omega]$ ④ $8.5\,[\Omega]$

🔍 **해설**

비례추이

- 기동토크를 전부하토크와 같게 하기위한 외부저항

$$R = \left(\frac{1}{s_t} - 1\right) r_2$$

- 슬립 $s_t = 5\,[\%],\ r_2 = 0.5\,[\Omega]$

- $R = \left(\dfrac{1}{0.05} - 1\right) \times 0.5 = 9.5\,[\Omega]$

★★☆☆☆

36 다상 유도전동기의 등가회로에서 기계적 출력을 나타내는 정수는?

① $\dfrac{r_2'}{s}$ ② $(1-s)r_2'$

③ $\dfrac{s-1}{s}r_2'$ ④ $\left(\dfrac{1}{s} - 1\right)r_2'$

🔍 **해설**

비례추이

- 2차 외부저항 $R = \left(\dfrac{1}{s} - 1\right) r_2'$

- 기계적 출력을 나타내는 정수
- 등가 부하저항
- 기동저항기

★★★☆☆

37 슬립 $5\,[\%]$인 유도 전동기의 등가 부하저항은 2차 저항의 몇 배인가?

① $19\,[\text{배}]$ ② $20\,[\text{배}]$

③ $29\,[\text{배}]$ ④ $40\,[\text{배}]$

🔍 **해설**

비례추이

- 등가 부하저항 $R = \left(\dfrac{1}{s} - 1\right) r_2$

- 슬립 $s = 5\,[\%]$이므로

- $\therefore R = \left(\dfrac{1}{s} - 1\right) r_2 = \left(\dfrac{1}{0.05} - 1\right) r_2 = 19 r_2$

★★☆☆☆

38 1차(고정자측) 1상단 저항이 $r_1\,[\Omega]$, 리액턴스 $x_1\,[\Omega]$이고 1차에 환산한 2차측(회전자측) 1상당 저항은 $r_2'\,[\Omega]$, 리액턴스 $x_2'\,[\Omega]$이 되는 권선형 유도전동기가 있다. 2차 회로는 Y로 접속되어 있으며, 비례추이를 이용하여 최대토크로 기동시키려고 하면 2차에 1상당 얼마의 외부저항(1차로 환산한 값) $[\Omega]$을 연결하면 되는가?

① $\dfrac{r_2'}{\sqrt{r_1^{\,2} + (x_1 + x_2')^2}}\,[\Omega]$

② $\sqrt{r_1^{\,2} + (x_1 + x_2')^2} - r_2'\,[\Omega]$

③ $\sqrt{(r_1 + r_1')^2 + (x_1 + x_2')^2}\,[\Omega]$

④ $\sqrt{r_1^{\,2} + (x_1 + x_2')^2} + r_2'\,[\Omega]$

🔍 **해설**

비례추이

기동시 최대토크를 얻기 위한 외부저항값(슬립없을 때)

$R = \sqrt{r_1^{\,2} + (x_1 + x_2)^2} - r_2'$: 공식

$(r_1 \fallingdotseq 0) \;\rightarrow\; (x_1 + x_2') - r_2'$: 계산

[정답] 35 ②   36 ④   37 ①   38 ②

engineer · electrical engineer · electrical engineer · electrical engineer · electrical engineer · electrical engineer · electrical engineer · electrical engineer

★★☆☆☆

39 권선형 3상 유도 전동기가 있다. 1차 및 2차 합성 리액턴스는 1.5[Ω]이고, 2차 회전자는 Y 결선이며, 매상의 저항은 0.3[Ω]이다. 기동시에 있어서의 최대 토크 발생을 위하여 삽입해야하는 매 상당 외부 저항[Ω]은 얼마인가? (단, 1차 저항은 무시한다.)

① 1.5[Ω] ② 1.2[Ω]
③ 1[Ω] ④ 0.8[Ω]

🔍 **해설**

비례추이
• 기동시 최대토크를 얻기 위한 외부저항값(슬립 없을 때)
$(x_1 + x_2') - r_2'$
∴ 1.5[Ω] − 0.3[Ω] = 1.2[Ω]

★★★★☆

40 3상 유도전동기의 원선도를 그리는데 필요하지 않은 실험은?

① 정격부하시의 전동기 회전속도 측정
② 구속 시험
③ 무부하 시험
④ 권선저항 측정

🔍 **해설**

원선도
원선도 작도시 필요한 시험
• 권선저항 측정 시험
• 무부하시험
• 구속시험

★★★★☆

41 유도전동기의 원선도에서 구할 수 없는 것은?

① 1차입력 ② 1차동손
③ 동기와트 ④ 기계적출력

🔍 **해설**

원선도
원선도는 전기적성분을 구하고 기계적성분은 구할 수 없다.

★★★★☆

42 다음은 3상 유도전동기 원선도이다. 역률[%]은 얼마인가?

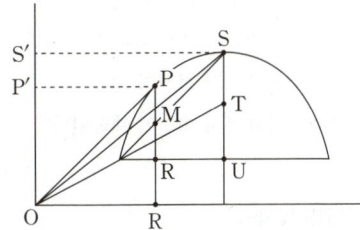

① $\frac{OS'}{OS} \times 100$ ② $\frac{SS'}{OS} \times 100$
③ $\frac{OP'}{OP} \times 100$ ④ $\frac{OS'}{OP} \times 100$

🔍 **해설**

원선도
원선도의 역률 $\cos\theta = \frac{OP'}{OP} \times 100$

★★★★☆

43 그림과 같은 3상 유도전동기의 원선도에서 P점과 같은 부하 상태로 운전할 때 2차 효율은?

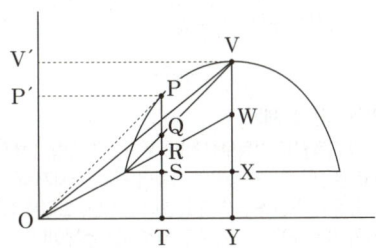

① $\frac{PQ}{PR}$ ② $\frac{PQ}{PT}$
③ $\frac{PR}{PT}$ ④ $\frac{PR}{PS}$

🔍 **해설**

원선도
2차 효율 $\eta_2 = \frac{P_0}{P_2} \times 100 = \frac{P_0}{P + P_{c2}} \times 100 = \frac{PQ}{PR} \times 100$

[정답] 39 ② 40 ① 41 ④ 42 ③ 43 ①

★★★★☆

44 3상 유도전동기가 경부하로 운전 중 1선의 퓨즈가 끊어지면 어떻게 되는가?

① 속도가 증가하여 다른 퓨즈도 녹아 떨어진다.
② 속도가 낮아지고 다른 퓨즈도 녹아 떨어진다.
③ 전류가 감소한 상태에서 회전이 계속된다.
④ 전류가 증가한 상태에서 회전이 계속된다.

🔍 해설 -----------

유도전동기의 기동 및 제동
게르게스 현상
3상중 1선의 퓨즈가 용단되면 단상 전동기가 되며

· 단상 $P_{1\phi}=VI$ → $I=\dfrac{P}{V}$

· 3상 $P_{3\phi}=\sqrt{3}\,VI$ → $I=\dfrac{P}{\sqrt{3}\,V}$ 이므로 3상일 때보다

전류가 $\sqrt{3}$ 배 크게 흐르며 회전하며 이 상태로 계속 운전하게 되면 과열로 소손이 된다.

★★★★★

45 유도전동기의 기동법으로 사용되지 않는 것은?

① 단권 변압기형 기동보상기법
② 2차 저항조정에 의한 기동법
③ Y−△기동법
④ 1차 저항조정에 의한 기동법

🔍 해설 -----------

유도전동기의 기동 및 제동
유도전동기의 기동법은 기동보상기법, Y−△기동법, 1차저항기동법 등이 있고 권선형 유도전동기의 기동법으로는 2차저항 기동법이 있다. 따라서, 문제 조건에 농형의 표현이 없지만, 보기를 통해 농형 유도전동기의 기동법이 아닌 것으로 해석하는 문제이다.

★★★★☆

46 3상 유도전동기의 기동법으로 사용되지 않는 것은?

① Y−△기동법   ② 기동보상기법
③ 2차저항에 의한 기동법   ④ 극수변환 기동법

🔍 해설 -----------

유도전동기의 기동 및 제동
극수변환은 농형 유도전동기 속도제어법이다.

★★★☆☆

47 농형 유도전동기의 기동법이 아닌 것은?

① 전전압 기동법
② 기동보상기법
③ 콘도르파법
④ 기동저항기법

🔍 해설 -----------

유도전동기의 기동 및 제동
기동저항기법은 비례추이 원리를 이용한 2차 저항 기동법으로 권선형 유도전동기의 기동법이다.

★★☆☆☆

48 유도전동기의 기동에서 Y−△기동은 몇 [kW] 범위의 전동기에서 이용되는가?

① 5[kW] 이하
② 5~15[kW]
③ 15[kW] 이상
④ 용량에 관계없이 이용이 가능하다.

🔍 해설 -----------

유도전동기의 기동 및 제동
기동법은 5~15[kW] 범위에 적용한다.

★★★☆☆

49 30[kW]인 농형 유도전동기의 기동에 가장 적당한 방법은?

① 기동보상기에 의한 기동
② △−Y기동
③ 저항 기동
④ 직접 기동

🔍 해설 -----------

유도전동기의 기동 및 제동
기동보상기법 : 단권변압기를 이용하는 방법으로 15[kW]가 넘는 경우 적용한다.

[정답] 44 ④ 45 ② 46 ④ 47 ④ 48 ② 49 ①

★★★★☆

50 어느 3상 유도 전동기의 전 전압 기동 토크는 전부하시의 1.8[배]이다. 전 전압의 2/3로 기동할 때 기동 토크는 전부하시의 몇 [배]인가?

① 0.8[배]　　　　② 0.7[배]

③ 0.6[배]　　　　④ 0.4[배]

🔍 해설

유도전동기의 기동 및 제동

- 유도전동기의 토크는 전압의 제곱에 비례한다.
  $T \propto V^2$
- 토크는 전부하전압의 1.8배이고 전압은 2/3로 기동하므로

  기동토크 $T' = 1.8T \times \left(\dfrac{2}{3}\right)^2 = 0.8T$

★★★☆☆

51 전압 220[V]에서의 기동 토크가 전부하 토크의 210[%]인 3상 유도 전동기가 있다. 기동 토크가 100[%]되는 부하에 대해서는 기동 보상기로 전압[V]을 얼마 공급하면 되는가?

① 약 105[V]

② 약 152[V]

③ 약 319[V]

④ 약 462[V]

🔍 해설

유도전동기의 기동 및 제동

- 기동토크와 인가전압과의 관계
  $T \propto V^2$
- 비례식으로 계산

  $T : V^2 = T' : V'^2 \rightarrow 210 : 220^2 = 100 : V'^2$

  $= \dfrac{100}{210} \times 220^2 \rightarrow V' = \sqrt{\dfrac{100}{210}} \times 220 = 152[V]$

★★★★☆

52 유도전동기의 1차 접속을 △에서 Y로 바꾸면 기동시의 1차 전류는?

① $\dfrac{1}{3}$로 감소　　　② $\dfrac{1}{\sqrt{3}}$로 감소

③ $\sqrt{3}$배로 증가　　　④ 3배로 증가

🔍 해설

유도전동기의 기동 및 제동

Y−△기동시

기동전류와 기동토크 $\dfrac{1}{3}$배 감소

★★★☆☆

53 유도전동기의 속도제어법이 아닌 것은?

① 2차 저항법　　　　② 2차 여자법

③ 1차 저항법　　　　④ 주파수 제어법

🔍 해설

유도전동기의 속도제어

- 농형 유도전동기 : 주파수제어법, 극수제어법, 전압제어법
- 권선형 유도전동기 : 2차 저항법, 2차 여자법, 종속법

★★★☆☆

54 유도전동기의 속도제어법 중 저항 제어와 무관한 것은?

① 농형 유도 전동기

② 비례 추이

③ 속도 제어가 간단하고 원활함

④ 속도 조정 범위가 적다.

🔍 해설

유도전동기의 속도제어

농형유도전동기는 외부 전원공급장치를 이용하여 속도제어를 하기 때문에 저항제어와 무관하다.

★★☆☆☆

55 선박 전기추진용 전동기의 속도제어에 가장 알맞은 것은?

① 주파수 변화에 의한 제어

② 극수 변환에 의한 제어

③ 1차 저항에 의한 제어

④ 2차 저항에 의한 제어

[**정답**] 50 ①　51 ②　52 ①　53 ③　54 ①　55 ①

🔍 해설

유도전동기의 속도제어
농형 유도전동기의 주파수 변환법은 선박의 추진용 모터나 인견공장의 포트 모터에 이용하고 있다.

★★★★☆
56 3상 권선형 유도전동기의 속도제어를 위해서 2차여자법을 사용하고자 할 때 그 방법은?

① 1차 권선에 가해주는 전압과 동일한 전압을 회전자에 가한다.
② 직류 전압을 3상 일괄해서 회전자에 가한다.
③ 회전자 기전력과 같은 주파수의 전압을 회전자에게 가한다.
④ 회전자에 저항을 넣어 그 값을 변화시킨다.

🔍 해설

유도전동기의 속도제어
2차 여자법 : 유도전동기의 회전자 권선에 회전자 기전력과 같은 주파수의 전압(슬립 주파수 전압)의 크기를 조절하여 속도를 제어하는 방법이다.

★★★☆☆
57 다음 그림의 sE_2는 권선형 3상 유도전동기의 2차 유기 전압이고 E_c는 2차 여자법에 의한 속도 제어를 하기 위하여 외부에서 회전자 슬립에 가한 슬립 주파수의 전압이다. 여기서 E_c의 작용 중 옳은 것은?

① 역률을 향상시킨다.
② 속도를 강하게 한다.
③ 속도를 상승하게 한다.
④ 역률과 속도를 떨어뜨린다.

🔍 해설

유도전동기의 속도제어
• E_c가 sE_2와 같은 방향일 경우 : 속도증가
• E_c가 sE_2와 반대 방향일 경우 : 속도감소

★★★☆☆
58 일정 토크 부하에 알맞은 유도 전동기의 주파수 제어에 의한 속도 제어 방법을 사용할 때 공급 전압과 주파수는 어떤 관계를 유지하여야 하는가?

① 공급 전압이 항상 일정하여야 한다.
② 공급 전압과 주파수는 반비례되어야 한다.
③ 공급 전압과 주파수는 비례되어야 한다.
④ 공급 전압의 제곱에 반비례하는 주파수를 공급하여야 한다.

🔍 해설

유도전동기의 속도제어
유도전동기의 유기기전력
$E = 4.44 f \phi \omega k_\omega$에서 $E \propto f$ 관계이므로 비례되어야 한다.

★★★☆☆
59 극수 p_1, p_2의 두 3상 유도 전동기를 종속 접속하였을 때 이 전동기의 동기 속도는 어떻게 되는가? (단, 전원 주파수는 f_1[Hz]이고 직렬 종속이다.)

① $\dfrac{120f_1}{p_1}$
② $\dfrac{120f_1}{p_2}$
③ $\dfrac{120f_1}{p_1+p_2}$
④ $\dfrac{120f}{p_1-p_2}$

🔍 해설

유도전동기의 속도제어
직렬 종속의 경우 극수의 합으로 속도제어가 된다.

★★★★★
60 권선형 유도전동기의 저항 제어법의 장점은?

① 부하에 대한 속도 변동이 크다.
② 구조가 간단하며 제어 조작이 용이하다.

[정답] 56 ③ 57 ③ 58 ③ 59 ③ 60 ②

③ 역률이 좋고 운전 효율이 양호하다.

④ 전부하로 장시간 운전하여도 온도 상승이 적다.

🔍 **해설** ----------

유도전동기의 속도제어

권선형 유도전동기의 저항 제어법은 구조가 간단하며 제어 조작이 용이하다. 단, 저항으로 제어하기 때문에 효율이 나쁘고 제어용 저항의 가격이 비싸다.

★★★★☆

61 8극과 4극 2개의 유도전동기를 종속법에 의한 직렬종속법으로 속도제어를 할 때 전원주파수가 $60\,[\mathrm{Hz}]$인 경우 무부하속도$[\mathrm{rpm}]$은?

① $600\,[\mathrm{rpm}]$　　　② $900\,[\mathrm{rpm}]$

③ $1200\,[\mathrm{rpm}]$　　④ $1800\,[\mathrm{rpm}]$

🔍 **해설** ----------

유도전동기의 속도제어

직렬종속법

• 2대 전동기 극수의 합으로 속도제어

• $N_0 = \dfrac{120f}{p_1+p_2} = \dfrac{120 \times 60}{8+4} = 600\,[\mathrm{rpm}]$

★★★★☆

62 $60\,[\mathrm{Hz}]$인 3상 8극 및 2극의 유도 전동기를 차동종속으로 접속하여 운전할 때의 무부하 속도$[\mathrm{rpm}]$은?

① $3600\,[\mathrm{rpm}]$　　② $1200\,[\mathrm{rpm}]$

③ $900\,[\mathrm{rpm}]$　　　④ $720\,[\mathrm{rpm}]$

🔍 **해설** ----------

유도전동기의 속도제어

차동종속법

• 2대 전동기 극수의 합으로 속도제어

• $N_0 = \dfrac{120f}{p_1-p_2} = \dfrac{120 \times 60}{8-2} = 1200\,[\mathrm{rpm}]$

★★☆☆☆

63 16극과 8극의 유도전동기를 병렬종속법으로 속도제어하면 전원주파수가 $60\,[\mathrm{Hz}]$인 경우 무부하속도$[\mathrm{rpm}]$는?

① $600\,[\mathrm{rpm}]$　　　② $900\,[\mathrm{rpm}]$

③ $300\,[\mathrm{rpm}]$　　　④ $450\,[\mathrm{rpm}]$

🔍 **해설** ----------

유도전동기의 속도제어

병렬종속법

• 1대 발전기, 1대 전동기 극수 합으로 속도제어

• $N_0 = \dfrac{120f}{p_1+p_2} \times 2 = \dfrac{120 \times 60}{16+8} \times 2 = 600\,[\mathrm{rpm}]$

★★☆☆☆

64 유도전동기 속도제어법에서 역률이 높은 순서를 쓰면 다음과 같다. 옳은 것은?

A : 1차 전압제어	B : 2차 저항제어
C : 극수변화	D : 주파수제어법

① CDAB　　　② DCAB

③ CDBA　　　④ ABCD

🔍 **해설** ----------

유도전동기의 속도제어

역률이 큰 순서

주파수제어 ➔ 극수변환 ➔ 전압제어 ➔ 저항제어

★★★☆☆

65 단상 유도전압조정기에서 단락권선의 역할은?

① 철손경감　　　② 전압강하 경감

③ 절연보호　　　④ 전압조정 용이

🔍 **해설** ----------

유도 전압조정기

단락권선

1차권선(분로권선)에 수직으로 설치되어 직렬권선의 누설리액턴스를 방지하여 전압강하를 방지하는 역할이다.

★★★☆☆

66 단상 유도전압조정기의 권선이 아닌 것은?

① 분로권선　　　② 직렬권선

③ 단락권선　　　④ 유도권선

[**정답**] 61 ①　62 ②　63 ①　64 ②　65 ②　66 ④

해설 --------

유도 전압조정기
단상 유도전압조정기의 권선
분로권선, 직렬권선, 단락권선 등이 있다.

★★★☆☆

67 단상 유도전압조정기에서 단락권선의 성질이 아닌 것은?

① 회전자에 2차 권선과 직각으로 감는다.
② 2차 권선의 기자력 중 1차 권선으로 소거되지 않는 기자력분을 소거한다.
③ 2차 권선의 리액턴스 전압강하를 감소한다.
④ 2차 철심의 철손증가를 억제한다.

해설 --------

유도 전압조정기
단상유도전압조정기의 단락권선은 1차권선(분로권선)과 직각으로 감아 2차권선(직렬권선)의 누설 리액턴스에 의한 전압강하를 경감시킨다.

★★★☆☆

68 유도전압조정기에서 2차 회로의 전압을 V_2, 조정전압을 E_2, 직렬권선 전류를 I_2라 하면 3상 유도 전압 조정기의 정격출력[kVA]은?

① $\sqrt{3}\,V_2 I_2 \times 10^{-3}\,[\text{kVA}]$
② $3\,V_2 I_2 \times 10^{-3}\,[\text{kVA}]$
③ $\sqrt{3}\,E_2 I_2 \times 10^{-3}\,[\text{kVA}]$
④ $\sqrt{3}\,(E_1 + E_2)\,[\text{kVA}]$

해설 --------

유도 전압조정기
유도전압조정기의 조정용량
• 단상 유도전압 조정기
$E_2 I_2 \times 10^{-3}\,[\text{kVA}]$
• 3상 유도전압 조정기
$\sqrt{3}\,E_2 I_2 \times 10^{-3}\,[\text{kVA}]$

★★★☆☆

69 $220 \pm 100\,[\text{V}]$, $5\,[\text{kVA}]$의 3상 유도전압조정기의 정격 2차 전류는 몇 [A]인가?

① 13.1 [A]
② 22.7 [A]
③ 28.8 [A]
④ 50 [A]

해설 --------

유도전압조정기
• 유도전압조정기의 조정전압
$V_1 \pm E_2 = 220 \pm 100$
• 조정용량 $P = \sqrt{3}\,E_2 I_2\,[\text{VA}]$에서
→ $I_2 = \dfrac{P}{\sqrt{3}\,E_2} = \dfrac{5 \times 10^3}{\sqrt{3} \times 100} = 28.8\,[\text{A}]$

★★★☆☆

70 선로 용량 $6600\,[\text{kVA}]$의 회로에 사용하는 $6600 \pm 660\,[\text{V}]$의 3상 유도 전압 조정기의 정격 용량[kVA]은 얼마인가?

① 300 [kVA]
② 600 [kVA]
③ 900 [kVA]
④ 1200 [kVA]

해설 --------

유도전압조정기
• 유도전압조정기 조정용량(정격용량)계산
$\dfrac{\text{조정용량}}{\text{부하용량}} = \dfrac{V_H - V_L}{V_H}$에서 → 조정용량 $= \dfrac{V_H - V_L}{V_H} \times$ 부하용량
• $V_H = 6600 + 660 = 7260\,[\text{V}]$, $V_L = 6600\,[\text{V}]$
• 조정용량 $= \dfrac{V_H - V_L}{V_H} \times$ 부하용량
$= \dfrac{7260 - 6600}{7260} \times 6600 = 600\,[\text{kVA}]$

★★★★☆

71 단상 유도전동기의 기동에 브러시를 필요로 하는 것은?

① 분상기동형
② 반발기동형
③ 콘덴서분상기동형
④ 셰이딩코일기동형

해설 --------

단상 유도전동기
반발기동형 특징 : 브러시 및 정류자편 부착하여 제어

[정답] 67.① 68.③ 69.③ 70.② 71.②

★★★★☆

72 2중 농형 전동기가 보통 농형 전동기에 비해서 다른 점은?

① 기동 전류가 크고, 기동 토크도 크다

② 기동 전류가 적고, 기동 토크도 적다

③ 기동 전류는 적고, 기동 토크는 크다

④ 기동 전류는 크고, 기동 토크는 적다.

🔍 해설

2중 농형의 권선은 기동시에는 저항이 높은 외측도체로 흐르는 전류에 의해 큰 기동 토크를 얻고 기동완료 후에는 저항이 적은 내측 도체로 전류가 흘러 우수한 운전 특성을 얻는 특수 전동기이다.

CREATIVE INDUSTRIAL ELECTRIC

영상 학습 QR

출제경향분석

본 장은 정류작용을 할 때 필요한 기기들을 배우며 주로 시험에서는 정류장치의 종류, 원리, 특성과 제어용 기기의 원리 및 특성이 출제된다.

❶ 전력변환기기   ❷ 회전변류기   ❸ 전력용 반도체 소자
❹ 정류회로   ❺ 수은정류기   ❻ 교류정류자기
❼ 제어용 기기

---

1 전력변환기기

발생한 전원을 다른 형태의 전원으로 변환시켜주는 장치를 전력 변환장치라 하며 다이오드나 사이리스터 등 전력용 반도체 소자를 적절히 조합해서 사용한다.

1. 인버터 : 직류를 교류로 변환하는 장치이다.

2. 정류기(컨버터) : 교류를 직류로 변환하는 장치

3. 쵸퍼형 인버터 : 직류전압을 직접 제어하는 장치이다.

4. 사이클로 컨버터(주파수변환) : AC 전력을 증폭하는 장치이다. 사이클로 컨버터란 정지 사이리스터 회로에 의해 전원 주파수와 다른 주파수의 전력으로 변환시키는 직접 회로장치이다.

2 전력용 반도체 소자

1. 반도체의 종류

1) 순수(진성)반도체

4족 원소를 말한다. 반도체로 사용하는 원소 Si, Ge로 불순물을 혼합하지 않는 원소이며, 최외각 전자의 수가 4개인 원소이다.

2) 불순물 반도체

① N(Negative)형 반도체 : 4족 원소(Si,Ge)＋5족 원소(P, As, Sb) 최외각전자 4개인 Si원소에 최외각전자 5개인 As를 첨가한 외인성 반도체를 말한다.
② P(Positive)형 반도체 : 4족 원소(Si, Ge)＋3족 원소(B, Ga, In) 최외각전자 4개인 Si원소에 최외각전자 3개인 In를 첨가한 외인성 반도체를 말한다.

FAQ

정류기란 무엇인가요?

답

▶ 전원을 공급하고 제어하기 위해서는 보통 60[Hz], 220[V]로 변환을 해 주어야 한다. 전자기기는 직류에서 동작하는데 원동기로 직류발전기를 통해 직류를 얻는 것은 적고 대체로 정류기를 사용하여 교류로부터 직류를 변환시키고 있다. 그래서 전자제품 안에는 정류기가 포함되어 있으며 전원장치에는 실리콘 다이오드가 있고 제어 정류기부분에는 사이리스터가 사용된다.

● 핵심 포인트

컨버터와 인버터의 역할을 정확히 암기할 것
• 인버터 : 직류를 교류로 변환
• 컨버터 : 교류를 직류로 변환

---

2. 다이오드

1) PN 접합 다이오드

[PN 접합 다이오드]

PN 접합 다이오드는 애노드와 캐소드의 두 단자로 이루어져 있으며 애노드에 (+), 캐소드에 (−)를 가할 때 순방향 바이어스로 도통상태가 된다.

2) 기능

① 순방향 도통 상태 : 양극의 전압이 음극에 비하여 높을 때는 전압을 약간만 증가시켜도 전류가 크게 증가한다. 즉, 다이오드의 저항이 매우 낮은 상태가 되며 이 상태를 순방향 도통상태라고 한다.

② 역방향 저지 상태 : 양극의 전압이 음극에 비하여 낮을 때에는 상당한 큰 전압이 걸려도 전류가 흐르지 않는다. 즉, 다이오드의 저항이 매우 큰 상태가 되며 이 상태를 역방향 저지상태라고 한다.

③ 누설전류 : 역방향 저지상태에서 역방향으로(음극에서 양극으로) 보통 수십[mA] 정도의 전류가 흐르는 경우가 있으며 이 전류를 누설전류라고 한다.

④ 다이오드의 정격전류 : 다이오드가 파괴되지 않고 순방향으로 통과 시킬 수 있는 전류의 최댓값을 말한다.

⑤ 다이오드의 정격전압 : 다이오드가 견딜 수 있는 최대 역전압을 말한다.

| CHECK POINT | 난이도 ★★☆☆☆   1차 2차 3차

전력용 반도체를 사용하여 직류 전압을 직접 제어하는 것은?
① 단상 인버터   ② 3상 인버터
③ 초퍼형 인버터   ④ 브리지형 인버터

상세해설

직류전압의 파형을 제어하는 기기는 쵸퍼형 인버터이다.

답 ③

| CHECK POINT | 난이도 ★★☆☆☆   1차 2차 3차

전력변환기기가 아닌 것은?
① 변압기   ② 정류기
③ 유도전동기   ④ 인버터

상세해설

전동기는 전기적 입력을 기계적 출력으로 나오는 기계로 전력 변환기기에 해당하지 않는다.

답 ③

참고

순방향 바이어스 및 역방향 바이어스 등가회로

[순방향 바이어스 등가회로]

[역방향 바이어스 등가회로]

[다이오드의 전압전류 특성]

electrical engineer · electrical engineer · electrical engineer · electrical engineer · electrical engineer · electrical engineer · electrical engineer · electrical e

3 사이리스터(Thyristor)

1. 사이리스터

사이리스터는 4층 이상의 PN접합을 갖고 전기자 회로의 ON, OFF를 할 수 있는 반도체 스위치의 총칭이다. 이 사이리스터(SCR, GTO, TRIAC 등) 중에서 4층으로 되어 게이트 단자를 갖는 실리콘반도체 제어정류소자를 SCR이라 부르며 전력용으로 가장 널리 사용되고 있다.

2. SCR

SCR(Silicon Controlled Rectifier)은 단방향 3단소자로 다이오드와 비슷한 특성이 있어 역방향 전압에서는 전류를 차단하고 순 방향에서는 게이트 전류의 인가에 의하여 턴온(Turn-On)된다. 게이트 전류의 인가된 시점이 턴온 시점이 된다.

[단방향(역저지) 3단자 사이리스터]

1) Turn On 조건

SCR에서는 게이트 전류가 흐르면 순방향의 저지상태에서 온(On) 상태로 된다. 게이트 전류를 가하여 도통완료까지의 시간을 턴온(Turn On)시간이라 하고 이 시간이 길면 스위칭시의 전력손실이 많고 소자가 파괴될 수 있다.

① 래칭전류 : SCR이 턴온되는 즉시 게이트 전류를 제거하여도 턴온 상태를 유지하는데 필요한 최소 전류

② 유지전류 : 게이트 개방 상태에서 SCR이 턴온하고 있을 때 그 상태를 유지하는데 필요한 최소의 순방향 전류이며 보통 래칭전류보다 작다.

2) Turn Off 조건

① 역전압 인가 : 애노드와 캐소드에 역방향 전압을 인가

② 유지전류 이하 : Turn On을 유지하기 위한 유지전류 이하로 전류를 낮춘다.

콕콕 포인트

3. 사이리스터의 종류

1) GTO(Gate Turn Off) [단방향 3단자]

단방향 3단자 사이리스터로 게이트 조작에 의해 부하전류 이상으로 유지전류를 높일 수 있어 게이트 턴온, 턴오프가 가능한 높은 전압용 사이리스터이다. 제어 특성은 전압 전류의 특성은 SCR과 거의 같으며, (+)게이트 전류로 턴온, (−)게이트 전류로 턴오프가 된다.

2) SCS [단방향 4단자]

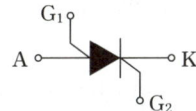

단방향 4단자 소자로 SCR과 같은 4층 구조이며 제어전극을 양극과 음극측으로 만든 구조이다. 한 쪽의 전극에 적당한 바이어스를 거는 것에 따라 다른 쪽의 제어감도를 바꿀 수 있다. 1방향성 사이리스터에서는 유지전류는 일정값이지만 SCS에서 이것을 대폭 바꿀 수 있다.

3) SSS(DIAC) [양방향 2단자]

SSS(Silicon Symmetrical Switch)는 PNPNP의 5층으로 하여 게이트를 없앤 2단자 구조의 다이오드이다. 게이트 전류 대신에 양단자 간에 순시 과전압을 가하든가 상승률이 높은 전압을 가해서 Break over 시켜 제어를 한다. 양방향으로 도통하는 성질을 갖고 있으며 교류스위치나 조광장치 등에 사용한다.

참고

LASCR(감광사이리스터)
감광역저지 3단자 소자로 광스위치, 릴레이, 카운터 회로 등에 사용된다.

| CHECK POINT | 난이도 ★★★☆☆   1차 2차 3차

다음은 SCR에 관한 설명이다. 적당하지 않은 것은?
  ① 3단자 소자이다.
  ② 적은 게이트 신호로 대전력을 제어한다.
  ③ 직류 전압만을 제어한다.
  ④ 도통 상태에서 전류가 유지 전류 이하가 되면 비도통 상태가 된다.

상세해설

SCR은 교류, 직류 전압을 모두 제어한다.

답 ③

콕콕 포인트

electrical engineer · electrical engineer · electrical engineer · electrical engineer · electrical engineer · electrical engineer · electrical engineer · electrical

4) TRIAC [양방향 3단자]

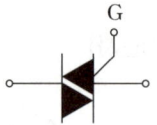

교류위상제어소자이며 SCR과 다이오드를 역병렬로 접속한 구조이다. 직류회로의 전압제어 인버터 등에 사용되고 있고 앞으로 널리 용도가 기대되는 특수성이 있는 사이리스터이다.

- SCR은 한 방향으로만 도통할 수 있는 데 반하여 이 소자는 양방향으로 도통할 수 있다.
- TRIAC은 기능상으로 2개의 SCR을 역병렬 접속한 것과 같다.
- TRIAC의 게이트에 전류를 흘리면 그 상황에서 어느 방향이건 전압이 높은 쪽에서 낮은 쪽으로 도통한다.
- 일단 도통하면 SCR과 같이 그 방향으로 전류가 더 이상 흐르지 않을 때 까지 도통한다. 따라서, 전류 방향이 바뀌려고 하면 소호되고 일단 소호되면 다시 점호시킬 때까지 차단 상태를 유지한다.

5) 사이리스터 비교

명칭		단자	신호	응용 예
사이리스터	단방향 사이리스터	SCR	3단자	게이트 신호	정류기 인버터
		LASCR		빛 또는 게이트 신호	정지스위치 및 응용 스위치
		GTO		게이트 신호 on, off	초퍼 직류 스위치
		SCS	4단자		
	쌍방향 사이리스터	SSS	2단자	과전압 또는 전압상승률	조광장치, 교류 스위치
		TRIAC	3단자	게이트 신호	조광장치, 교류 스위치
다이오드			2단자		정류기
트랜지스터			3단자		증폭기

콕콕 포인트

4. 트랜지스터

1) BJT(전력용 트랜지스터)

BJT는 전력용 트랜지스터로 그 구성에 따라 NPN, PNP형 두 가지가 있으며, 전류 제어 소자로 대용량의 특징을 가지고 있다.

- BJT는 Bipolar Junction Transistor의 약자이다.
- 베이스 전류로 컬렉터 전류를 제어하는 전류제어 스위치이다.
- MOSFET, IGBT 등의 전압제어 스위치보다 훨씬 큰 구동전력이 필요하다.
- 회로기호 B, E, C는 각각 베이스(Base), 에미터(Emitter), 컬렉터(Collerctor) 이다.

2) MOSFET

트랜지스터에 비해 전압제어소자로 스위칭 속도가 매우 빠른 이점이 있는 반면에 용 량이 적어서 비교적 저전력용에 주로 사용되는 전력용 반도체 소자이다.

- 전력용 스위칭 시간이 짧아 높은 스위칭 주파수로 사용 가능하다.
- BJT와 비교하여 게이트와 소스 간의 입력 임피던스가 매우 크다.
- 게이트−소스 간의 전압으로 드레인 전류를 제어하는 전압제어 스위치로 동작한다.

3) IGBT

IGBT는 BJT와 MOSFET의 장점을 취한 전력용 반도체 소자로 다음과 같은 특징 이 있다.

- IGBT는 Insulated Gate Bipolar Transistor의 약자이다.
- 스위칭 속도가 빠르고 대용량의 특징을 가지고 있다.
- MOSFET과 같이 전압제어 소자이다.
- 게이트와 에미터 사이의 입력임피던스가 매우 커서 BJT보다 구동하기 쉽다.
- BJT처럼 On−drop이 전류에 관계없이 낮고 거의 일정하며, MOSEFET보다 훨씬 큰 전류를 흘릴 수 있다.

참고

[BJT]

[MOSFET]

[IGBT]

| CHECK POINT | 난이도 ★★☆☆☆   1차 2차 3차

2방향성 3단자 사이리스터는 어느 것인가?

① SCR   ② SSS
③ SCS   ④ TRIAC

상세해설

- SCR : 단방향 3단자 사이리스터
- SSS : 양방향 2단자 사이리스터
- SCS : 단방향 4단자 사이리스터
- TRIAC : 양방향 3단자 사이리스터

답 ④

콕콕 포인트

electrical engineer · electrical engineer · electrical engineer · electrical engineer · electrical engineer · electrical engineer · electrical engineer · electrical

4 정류회로

교류전원으로부터 정류기를 통해서 직류를 얻는 회로에는 상수에 따라 단상, 3상, 6상과 반파, 전파, 브리지회로 등 많은 종류가 있고 부하의 종류와 사용 장소에 따라 구분되어 쓰이고 있다.

1. 단상 반파 정류회로

교류전원의 한단자에 다이오드 1개를 접속하고 정류된 직류전류를 부하에 흐르도록 한 것이 단상 반파 정류회로이다.

- 직류 평균전압

$$E_d = \frac{\sqrt{2}\,E}{\pi} = 0.45E\,[\text{V}]$$

- PIV(Peak Inverse Voltage) : 첨두역전압, 역전압 최대값

$$PIV = \sqrt{2}\,E\,[\text{V}]$$

2. 단상 전파정류회로

전원변압기의 2차 양단자에 정류소자 D_1, D_2를 접속하고 변압기 2차측 중성점 사이에 부하를 잇는 회로이다.

단상 전파의 파형은 부하의 단자전압(E_d) 및 부하전류(I_d)가 각각 단상 반파의 2배가 된다.

- 직류 평균전압

$$E_d = \frac{2\sqrt{2}\,E}{\pi} = 0.9E\,[\text{V}]$$

- PIV(Peak Inverse Voltage) : 첨두역전압, 역전압 최대값

$$PIV = 2\sqrt{2}\,E\,[\text{V}]$$

참고

[단상브리지 전파정류]

참고

다상 정류

$$V_d = \frac{\sqrt{2}\sin\frac{\pi}{m}}{\frac{\pi}{m}} \cdot V_i$$

3. 맥동률

직류전압의 맥동의 비율을 나타내는 것으로, 리플 전압과 직류 평균전압과의 비를 백분율로 나타낸 것을 말한다.

$$맥동률 = \frac{교류분의\ 크기}{직류분의\ 크기} \times 100[\%]$$

4. 정류의 비교

정류종류	직류와 교류	최대 역전압	맥동 주파수	정류 효율	맥동률
단상반파	$E_d = 0.45E = \frac{\sqrt{2}}{\pi}E$	$PIV = \sqrt{2}\,E$ ↓ $PIV = \pi E_d$ ↑ $PIV = 2\sqrt{2}\,E$	60[Hz]	40.5	121[%]
단상전파	$E_d = 0.9E = \frac{2\sqrt{2}}{\pi}E$		120[Hz]	81.1	48[%]
3상반파	$E_d = 1.17E = \frac{3\sqrt{6}}{2\pi}E$	$PIV = \sqrt{2}\,E$	180[Hz]	96.7	17[%]
3상전파 (6상반파)	$E_d = 1.35E = \frac{3\sqrt{2}}{\pi}E$		360[Hz]	99.8	4[%]

CHECK POINT   난이도 ★★☆☆☆   [1차] [2차] [3차]

사이리스터를 이용한 정류 회로에서 직류 전압의 맥동률이 가장 작은 정류 회로는?

① 단상 반파 정류 회로   ② 단상 전파 정류 회로
③ 3상 반파 정류 회로   ④ 3상 전파 정류 회로

상세해설

∴ 맥동률이 가장 작은 파형은 3상 전파 정류회로이다.

답 ④

CHECK POINT   난이도 ★★☆☆☆   [1차] [2차] [3차]

어떤 정류 회로의 부하 전압이 200[V]이고 맥동률 4[%]이면 교류분은 몇 [V] 포함되어 있는가?

① 18[V]   ② 12[V]
③ 8[V]   ④ 4[V]

상세해설

· $맥동률 = \dfrac{교류분의\ 크기}{직류분의\ 크기} \times 100[\%]$

· 교류분의 크기 = 맥동률 × 직류분의 크기 = $0.04 \times 200[V] = 8[V]$

답 ③

참고

맥동률의 특징

상수가 크고 전파일수록 맥동률은 작아지고 맥동주파수는 증가한다.
맥동률 방지책 : 콘덴서를 병렬연결한다.

Q 포인트 O·X 퀴즈

1. 단상 전파의 파형은 부하의 단자전압 및 부하전류가 각각 단상반파의 1/2배가 된다. ( )
2. 단상 전파의 맥동률은 48[%]이다. ·····················( )

A 해설

1. (x) 단상 전파의 파형은 부하의 단자전압 및 부하전류가 각각 단상 반파의 2배가 된다.
2. (o) 단상 전파의 맥동률은 48[%]이다.

5 수은정류기와 회전변류기

1. 수은정류기

진공관 안에 수은 기체를 넣고 순방향에서는 점호(수은 기체가 방전)하고 역방향에서는 방전하지 않는 특성을 이용한 정류기이다.

1) 수은정류기 이상 현상

참고

수은정류기의 전류비

$\dfrac{\text{교류전류}}{\text{직류전류}} = \dfrac{1}{\sqrt{m}}$

① 역호 : 수은 정류기가 역방향으로 방전되어 밸브기능이 상실되는 현상
② 통호 : 필요 이상으로 수은정류기가 순방향으로 지나치게 방전되는 현상
③ 실호 : 수은 정류기 양극의 점호가 실패하는 현상
④ 이상전압 : 수은정류기가 정류되지만 직류 측 전압이 너무 높아 과열되는 현상

2) 역호의 원인과 대책

① 역호의 원인
- 증기밀도 과대
- 과전압, 과전류
- 내부 잔존 가스 압력 상승
- 양극 재료의 불량 및 불순물 부착

참고

대용량 수은 정류기 2차 결선법
· 6상 2중 성형 결선

② 역호 방지대책
- 과열, 과냉을 피할 것
- 과부하를 피할 것
- 진공도를 높일 것

2. 회전 변류기

동기 전동기와 직류 발전기를 겸하고 있으며 전류를 바꾸는 역할을 하는 기기를 회전변류기라고 한다. 직류 발전기는 여자를 가감하여 전압을 조정할 수 있으나 동기 전동기는 여자전류 변화 시 역률만 변화하므로 직류측의 전압을 변경하려면 슬립링에 가해지는 교류측 전압을 변화시켜야 한다.

1) 직류측 전압 조정법

- 직렬 리액턴스에 의한 방법
- 유도전압 조정기에 의한 방법
- 부하시 전압 조정 변압기에 의한 방법
- 동기 승압기에 의한 방법

engineer · electrical engineer · electrical engineer · electrical engineer · electrical engineer · electrical engineer · electrical engineer · electrical engineer

콕콕 포인트

2) 회전 변류기의 난조원인

- 역률이 몹시 나쁜 경우
- 직류측 부하가 급변하는 경우
- 교류측 주파수가 주기적으로 변동하는 경우
- 전기자 회로의 저항이 리액턴스에 비하여 큰 경우
- 브러시의 위치가 중성점보다 늦은 위치에 있을 경우

회전변류기의 기동법
- 교류측 기동법
- 기동 전동기에 의한 기동법
- 직류측 기동법

3) 난조방지 대책

- 제동 권선을 설치한다.
- 전기자 저항에 비하여 리액턴스를 크게 할 것
- 자극 수를 작게 하고 기하각과 전기각의 차이를 작게 한다.
- 역률을 개선한다.

4) 교류전압과 직류전압의 관계

- 전압비

$$\frac{교류전압}{직류전압} = \frac{1}{\sqrt{2}} \sin\frac{\pi}{m} \ (m : 상수)$$

- 전류비

$$\frac{교류전류}{직류전류} = \frac{2\sqrt{2}}{m \cdot \cos\theta}$$

| CHECK POINT | 난이도 ★★☆☆☆   1차 2차 3차

수은 정류기 이상 현상 또는 전기적 고장이 아닌 것은?

① 역호   ② 이상 전압
③ 점호   ④ 통호

상세해설

수은정류기에 음극점을 만들어 양극의 아크 방전을 유발하는 것을 점호라 한다.

답 ③

콕콕 포인트

electrical engineer · electrical engineer · electrical engineer · electrical engineer · electrical engineer · electrical engineer · electrical engineer · electrical

6 ▷ 교류 정류자기

교류 정류자 전동기는 교류전원에 의해 동작하며 직류전동기와 같이 정류자를 부착한 회전자를 가진 교류전동기이다. 정류자의 주파수 변환 작용에 의해 동기속도를 광범위하게 조정할 수 있다.

1. 교류 정류자 전동기의 속도기전력

교류정류자전동기에서는 직류전동기와 같은 원리로써 전기자 권선이 회전하면서 자속을 쇄교하기 때문에 기전력이 발생하는데 이를 속도기전력이라 한다.

• 속도기전력의 실효값

$$E = \frac{E_m}{\sqrt{2}} = \frac{1}{\sqrt{2}} \cdot \frac{PZ\phi N}{60a}$$

2. 단상 직권 정류자 전동기

1) 단상 직권 정류자 전동기의 원리

단상 직권정류자 전동기는 계자권선과 전기자권선이 직렬 연결되어 있으며 교류전압이 가해질 때 계자의 극성과 전기자 전류의 방향이 모두 반대가 되어 회전방향이 변하지 않는 특성이 있으므로 직류와 교류 모두 사용가능한 만능 전동기이다.

2) 단상 직권 정류자 전동기의 구조

직류용 직권전동기를 교류용으로 사용하게 될 경우 철심이 가열되고 역률과 효율이 낮아지며 정류가 좋지 않게 되므로 다음과 같은 구조를 갖는다.
① 계자극에서 교번자속으로 인한 철손을 줄이기 위해 성층철심으로 한다.
② 계자권선의 리액턴스 영향으로 역률이 낮아지므로 권수를 적게 하여 주 자속을 줄이고 이에 따른 토크감소를 보상하기 위해 전기자 권수를 많이 감는다.
③ 전기자 권수가 증가함으로써 전기자 반작용이 커지므로 이로 인한 역률개선을 위해 보상권선을 설치한다.
④ 전기자 코일과 정류자편 사이의 접속에 고저항의 도선을 사용하여 단락 전류를 제한한다.
⑤ 단상 직권 정류자 전동기는 회전 속도에 비례하는 기전력이 전류와 동상으로 유기되어 속도가 증가할수록 역률이 개선되므로 회전속도를 증가시킨다.

3) 단상 직권 정류자 전동기의 용도

기동토크와 회전수가 크기 때문에 가정용 미싱, 소형 공구 및 치과 의료용기기 등에 많이 사용된다. 다만 정류자로 인해 크게 제작이 어렵다.
• 종류 : 직권형, 보상직권형, 유도보상직권형

3. 3상 직권 정류자 전동기

1) 3상 직권 정류자 전동기의 특징

변속도 특성을 지니며 기동토크가 매우 크고 브러시의 이동으로 속도 제어를 할 수 있으며 직렬(중간)변압기를 접속시켜 전동기의 특성을 조정

2) 중간변압기를 사용하는 이유

· 고정자 권선에 직렬 변압기를 접속시켜 실효 권수비를 조정하여 전동기의 특성을 조정하고, 정류 전압 조정을 한다.
· 직권특성이기 때문에 경부하시 속도상승이 우려되나 중간변압기를 사용하여 철심을 포화하면 속도 상승 제한이 가능하다.

4. 3상 분권 정류자 전동기

[교류 분권 정류자 전동기]

교류 분권 정류자 전동기는 토크의 변화에 대한 속도의 변화가 매우 작아 분권 특성의 정속도 전동기인 동시에 교류 가변 속도 전동기로서 널리 사용되며 시라게(Schrage) 전동기를 가장 많이 사용한다. 이 전동기는 동기속도의 0.5~1.5 범위에서 미세한 속도 조정이 가능하며, 효율·역률 모두 우수하나 브러시수가 많고 가격이 비싸다.
· 역률, 효율이 좋다.
· 브러시의 이동으로 간단하게 속도를 제어한다.
· 직류 분권전동기 특성과 비슷한 정속도 및 가변속도 전동기다.

7 제어용 기기

1. 서보모터

1) 서보모터의 개요

DC모터는 회전자에 전원을 공급하기 위해 정류자와 브러시를 사용하는데 운전 시 서로 간에 마찰이 일어나서 마모가 되면 모터의 수명이 다하게 될 뿐만 아니라, 모터의 과정에서 소음과 진동, 그리고 전자파가 발생하는 단점이 있다. DC모터의 브러시와 정류자를 트랜지스터와 SCR등으로 변환한 모터이며 회전자에 영구자석을 사용하고 브러시를 사용하지 않는다. 세밀한 속도 및 위치제어에 많이 쓰이며 기동, 정지, 제동과 정·역 회전이 연속적으로 이루어지는 제어에 적합하도록 설계된 전동기이며 직류 전동기를 대신하여 로봇 제어용 전동기로 많이 사용한다.

2) 서보모터의 특징

- 기동 토크가 크다.
- 회전자 관성 모멘트가 작다.
- 제어권선 전압이 0에서 신속히 정지한다.
- 직류 서보 모터의 기동토크가 교류 서보 모터보다 크다.
- 속응성이 좋고 시정수가 짧으며 기계적 응답이 좋다.
- 회전자 팬에 의한 냉각 효과를 기대할 수 없다.

| CHECK POINT | 난이도 ★★☆☆☆   1차 2차 3차

다음 중 서보 모터가 갖추어야 할 조건이 아닌 것은?

① 기동 토크가 클 것
② 토크 속도 곡선이 수하 특성을 가질 것
③ 회전자를 굵고 짧게 할 것
④ 전압이 0이 되었을 때 신속하게 정지할 것

상세해설

서보 모터는 속응성이 좋고, 회전자의 관성 모멘트가 적어야 하므로 회전자의 직경을 작게 한다.

답 ③

- QR 코드를 찍으시면, 가장 중요한 우선순위 문제풀이 영상을 보실 수 있습니다.
- 우선순위 논점은 전기(산업)기사 시험에서 가장 출제 빈도가 높은 문제로써, 수험생분들께서는 각 파트별 우선순위 문제의 논점과 키워드를 학습하시기를 바랍니다.
- 체크 리스트를 작성하시면서 문제의 유형과 학습의 완성도를 스스로 체크 해 보시기를 바랍니다.
- "선생님의 콕콕 포인트"는 틀리기 쉬운 문제의 함정과 문제의 포인트를 집어드립니다. 우선순위 문제풀이의 포인트를 꼭 참고하고 응용문제의 해결능력을 길러 줍니다.

번호	우선순위 논점	KEY WORD	나의 정답 확인				선생님의 콕콕 포인트
			맞음	틀림(오답확인)			
				이해 부족	암기 부족	착오 실수	
1	전력변환기기	사이클로컨버터, 실리콘, 직류					컨버터와 인버터의 차이를 구분할 것
6	회전변류기	난조, 제동권선, 리액턴스					난조 방지대책을 반드시 숙지할 것
9	전력용 반도체 소자	브레이크오버, 양극, 음극					SCR의 특성을 암기할 것
19	정류회로	브릿지, 전파정류, 전압					반파일때와 전파일때를 구분해서 암기할 것
28	수은정류기	수은정류기, 역호, 과대					수은정류기의 특성을 파악할 것
36	교류정류자기	단상직권정류자전동기, 전기자권선, 계자권선					각각의 정류자 전동기의 특성을 구분해서 암기할 것
47	제어용 기기	AC, DC, 서보모터					서보모터의 특징을 읽어볼 것

★★☆☆☆
01 사이클로 컨버터(cycloconverter)란?

① 실리콘 양방향성 소자이다.
② 제어 정류기를 사용한 주파수 변환기이다.
③ 직류 제어 소자이다.
④ 전류 제어 소자이다.

🔍 **해설** ----------

전력변환기기
사이클로 컨버터란 정지 사이리스터 회로에 의해 전원 주파수와 다른 주파수의 전력으로 변환시키는 즉, 교류(AC) → 교류(AC) 변환을 하는 장치이다.

★★☆☆☆
02 교류를 직류로 변환하는 기기로서 옳지 않은 것은?

① 인버터
② 전동 직류발전기
③ 셀렌정류기
④ 회전 변류기

🔍 **해설** ----------

전력변환기기
인버터는 직류를 교류로 변환하는 장치이다.

★★☆☆☆
03 다음 중 교류를 직류로 변환하는 전기기기가 아닌 것은?

① 전동 발전기
② 회전 변류기
③ 단극 발전기
④ 수은 정류기

🔍 **해설** ----------

전력변환기기
교류를 직류로 변환하는 정류기기는 반도체 정류기, 회전 변류기, 수은 정류기, 전동발전기 등이 있으며 단극 발전기는 직류발전기의 일종으로 교류를 직류로 변환하는 장치가 아니다.

[**정답**] 01 ② 02 ① 03 ③

★★★☆☆

04 단중 중권 6상 회전 변류기의 직류측 전압 E_d와 교류측 슬립링간의 기전력 E_a에 대해 옳은 식은?

① $E_a = \dfrac{1}{2\sqrt{2}} E_d$ ② $E_a = 2\sqrt{2} E_d$

③ $E_a = \dfrac{3}{2\sqrt{2}} E_d$ ④ $E_a = \dfrac{1}{\sqrt{2}} E_d$

🔍 **해설**

회전변류기

- 회전변류기의 전압비 $\dfrac{E_a}{E_d} = \dfrac{1}{\sqrt{2}} \sin\dfrac{\pi}{m}$

- 상수 $m=6$이므로 $\sin\dfrac{\pi}{6} = \dfrac{1}{2}$

- $\therefore E_a = \dfrac{1}{2\sqrt{2}} E_d$

★★★☆☆

05 6상 회전 변류기에서 직류 600 [V]를 얻으려면 슬립링 사이의 교류 전압을 몇 [V]로 해야 하는가?

① 약 212 [V]

② 약 300 [V]

③ 약 424 [V]

④ 약 8484 [V]

🔍 **해설**

회전변류기

- 회전변류기의 전압비 $\dfrac{E_a}{E_d} = \dfrac{1}{\sqrt{2}} \sin\dfrac{\pi}{m}$

- 상수 $m=6$이므로 $\sin\dfrac{\pi}{6} = \dfrac{1}{2}$

- $\therefore E_a = \dfrac{1}{2\sqrt{2}} E_d = \dfrac{1}{2\sqrt{2}} \times 600 = 212 [V]$

★★★☆☆

06 회전변류기의 난조방지대책으로 적당하지 않은 것은?

① 제동권선을 설치한다.

② 전기자회로의 리액턴스를 저항보다 작게 한다.

③ 자극수를 작게 한다.

④ 역률을 개선한다.

🔍 **해설**

회전변류기

회전변류기의 난조 방지대책
- 제동 권선을 설치한다.
- 전기자 저항에 비하여 리액턴스를 크게 할 것
- 자극 수를 작게 하고 기하각과 전기각의 차이를 작게 한다.
- 역률을 개선한다.

★★☆☆☆

07 회전 변류기의 교류측 선로 전류와 직류측 선로 전류의 실효값과의 비는 다음 중 어느 것인가? (단, m은 상수이다.)

① $\dfrac{2\sqrt{2}}{m\sin\theta}$ ② $\dfrac{m\cos\theta}{2\sqrt{2}}$

③ $\dfrac{2\sqrt{2}\sin\theta}{m\sin\theta}$ ④ $\dfrac{2\sqrt{2}}{m\cos\theta}$

🔍 **해설**

회전변류기

회전 변류기의 교류와 직류의 전류비

$\dfrac{I_a}{I_d} = \dfrac{2\sqrt{2}}{m\cos\theta}$

★★★☆☆

08 회전 변류기의 전압 조정법이 아닌 것은?

① 기동 전동기에 의한 기동법

② 직렬 리액턴스에 의한 방법

③ 부하시 전압 조정 변압기를 사용하는 방법

④ 동기 승압기에 의한 방법

🔍 **해설**

회전변류기

회전변류기의 직류측 전압 조정법
- 직렬 리액턴스에 의한 방법
- 유도전압 조정기에 의한 방법
- 부하시 전압 조정 변압기에 의한 방법
- 동기 승압기의 의한 방법

★★★★★

09 SCR의 특성에 대한 설명으로 잘못된 것은?

[정답] 04 ① 05 ① 06 ② 07 ④ 08 ① 09 ①

① 브레이크 오버(break over) 전압은 게이트 바이어스 전압이 역으로 증가함에 따라서 감소된다.

② 부성 저항의 영역을 갖는다.

③ 양극과 음극간에 바이어스 전압을 가하면 pn 다이오드의 역방향 특성과 비슷하다.

④ 브레이크 오버 전압 이하의 전압에서도 역포화 전류와 비슷한 낮은 전류가 흐른다.

해설

전력용 반도체 소자

SCR은 순방향 게이트 전류의 크기가 증가함에 따라 순방향의 브레이크오버 전압이 감소되어 도통이 된다. SCR에서 전압을 높이면 갑자기 전류가 증가하여 끝없이 흐르게 할 때 이 전압을 브레이크 오버 전압이라고 한다. 이때, 게이트 바이어스 전압이 순방향으로 증가함에 따라 감소한다.

★★★★☆

10 다음은 사이리스터의 래칭(latching)전류에 관한 설명이다. 옳은 것은?

① 게이트를 개방한 상태에서 사이리스터 도통 상태를 유지하기 위한 최소 전류

② 게이트 전압을 인가한 후에 급히 제거한 상태에서 도통 상태가 유지되는 최소의 순전류

③ 사이리스터의 게이트를 개방한 상태에서 전압이 상승하면 급히 증가하게 되는 순전류

④ 사이리스터가 턴온하기 시작하는 전류

해설

전력용 반도체 소자

게이트 개방 상태에서 SCR이 도통되고 있을 때 그 상태를 유지하기 위한 최소의 순전류를 유지전류(holding current)라 하고, 턴온(Turn On)되려고 할 때는 이 이상의 순전류가 필요하며, 확실히 턴온시키기 위해서 필요한 최소의 순전류를 래칭전류라 한다.

★★★★☆

11 반도체 사이리스터에 의한 속도 제어에서 제어되지 않는 것은?

① 토크   ② 위상
③ 전압   ④ 주파수

해설

전력용 반도체 소자

최근 이용되고 있는 반도체 사이리스터에 의한 속도제어는 전압, 위상, 주파수에 따라 제어하며 주로 위상각 제어를 이용한다.

★★★★★

12 반도체 사이리스터로 속도 제어를 할 수 없는 제어는?

① 정지형 레너드 제어

② 일그너 제어

③ 초퍼 제어

④ 인버터 제어

해설

전력용 반도체 소자

일그너 방식은 축에 큰 플라이휠을 붙여 전동기 부하가 급변하여도 전원에서 공급되는 전력의 변동을 적게 한 것으로 반도체 사이리스터 제어를 할 수 없다.

★★★☆☆

13 도통(on)상태에 있는 SCR을 차단(off)상태로 만들기 위해서는?

① 전원 전압이 부(−)가 되도록 한다.

② 게이트 전압이 부(−)가 되도록 한다.

③ 게이트 전류를 증가시킨다.

④ 게이트 펄스 전압을 가한다.

해설

전력용 반도체 소자

SCR을 턴오프(비 도통)시키는 방법
- 유지 전류 이하의 전류를 인가한다.
- 역바이어스 전압을 인가한다.
  (애노드에 (0) 또는 (−) 전압을 인가한다.)

★★★☆☆

14 사이리스터가 기계적인 스위치보다 유효한 특성이 될 수 없는 것은?

① 내충격성   ② 소형 경량
③ 무소음   ④ 고온에 강하다.

[정답] 10 ④   11 ①   12 ②   13 ①   14 ④

해설

전력용 반도체 소자

열용량이 작기 때문에 온도상승에 약하다.

★★★★☆

15 단상 전파정류에서 공급 전압이 E일 때, 무부하 직류전압의 평균값[V]은?

① $0.90E$

② $0.45E$

③ $0.75E$

④ $1.17E$

해설

정류회로

단상 전파정류회로

- 직류전압(E_d)

$$E_d = \frac{2\sqrt{2}}{\pi}E = 0.9E\,[\text{V}]$$

★★★★☆

16 단상 전파 정류로 직류 $450\,[\text{V}]$를 얻는 데 필요한 변압기 2차 권선의 전압은 몇 $[\text{V}]$인가?

① $525\,[\text{V}]$

② $500\,[\text{V}]$

③ $475\,[\text{V}]$

④ $465\,[\text{V}]$

해설

정류회로

- 단상전파정류회로

  $E_d = 0.9E$에서 변압기 2차 권선의 전압 $E = \dfrac{E_d}{0.9}$

- 얻어진 직류전압 $E_d = 450\,[\text{V}]$

  ∴ 변압기 2차 권선의 전압(상전압)

  $$E = \frac{450}{0.9} = 500\,[\text{V}]$$

★★★★☆

17 반파정류회로에서 입력이 최댓값 E_m의 교류정현파라면 저항부하 양단의 전압 실효값은? (단, 정류기의 전압강하는 무시한다.)

① E_m

② $\dfrac{1}{\sqrt{2}}E_m$

③ $\dfrac{1}{\pi}E_m$

④ $\dfrac{1}{2}E_m$

해설

정류회로

단상반파 정류회로(최댓값 E_m일 때)

$$E_d = \frac{\sqrt{2}}{\pi}E = \frac{\sqrt{2}}{\pi}E_m \times \frac{1}{\sqrt{2}} = \frac{1}{\pi}E_m$$

★★★★☆

18 전원 $200\,[\text{V}]$, 부하 $20\,[\Omega]$인 단상 반파정류회로의 부하전류$[\text{A}]$는?

① $125\,[\text{A}]$

② $4.5\,[\text{A}]$

③ $17\,[\text{A}]$

④ $8.2\,[\text{A}]$

해설

정류회로

단상 반파정류회로의 부하전류(직류전류)

$$I_d = \frac{E_d}{R} = \frac{0.45E}{R} = \frac{0.45 \times 200}{20} = 4.5\,[\text{A}]$$

19 단상 브리지 전파정류회로에 있어서 저항 부하의 전압이 $100\,[\text{V}]$일 때, 전원 전압$[\text{V}]$은?

① 약 $141\,[\text{V}]$

② 약 $111\,[\text{V}]$

③ 약 $100\,[\text{V}]$

④ 약 $90\,[\text{V}]$

해설

정류회로

단상 브리지(전파)정류회로

$E = 1.11E_d = 1.11 \times 100\,[\text{V}] = 111\,[\text{V}]$

정류종류	직류(E_d)와 교류(E)관계
단상반파	$E_d = 0.45E = \dfrac{\sqrt{2}}{\pi}E$
단상전파	$E_d = 0.9E = \dfrac{2\sqrt{2}}{\pi}E$ $E = 1.11E_d$

[**정답**] 15 ①   16 ②   17 ③   18 ②   19 ②

★★★☆☆

20 1000[V]의 단상 교류를 전파정류해서 150[A]의 직류를 얻는 정류기의 교류측 전류는 몇 [A]인가?

① 125[A] ② 116[A]

③ 166[A] ④ 86.6[A]

🔍 **해설**

정류회로

단상전파 정류회로

교류측 전류 $I = 1.11 I_d = 1.11 \times 150 ≒ 166[A]$

정류종류	직류(I_d)와 교류(I)관계
단상반파	$I_d = 0.45I = \dfrac{\sqrt{2}}{\pi}I$
단상전파	$I_d = 0.9I = \dfrac{2\sqrt{2}}{\pi}I$ $I = 1.11 I_d$

★★★★★

21 단상 반파 정류로 직류 전압 150[V]를 얻으려고 한다. 최대 역전압 몇 [V] 이상의 다이오드를 사용해야 하는가? (단, 정류 회로 및 변압기의 전압 강하는 무시한다.)

① 약 150[V]

② 약 166[V]

③ 약 333[V]

④ 약 470[V]

🔍 **해설**

정류회로

최대 역전압 PIV(Peak Inverse Voltage)
다이오드에 걸리는 최대 역전압값이다.

> 단상반파 $PIV = \sqrt{2}E$
> ↓
> $PIV = \pi E_d$
> ↑
> 단상전파 $PIV = \sqrt{2}E$

∴ 직류전압 $E_d = 150[V]$이므로
$PIV = \pi \cdot E_d = \pi \cdot 150 ≒ 470[V]$

★★★★☆

22 반파정류회로의 직류전압이 220[V]일 때, 정류기의 역방향 첨두 전압[V]은?

① 691[V] ② 628[V]

③ 536[V] ④ 314[V]

🔍 **해설**

정류회로

단상 반파정류회로

· 역방향 첨두전압 $PIV = \sqrt{2}E = \pi \cdot E_d[V]$

· $PIV = \pi \cdot 220[V] = 691[V]$

★★★★☆

23 반파 정류회로에서 직류전압 100[V]를 얻는 데 필요한 변압기의 역전압 첨두값[V]은? (단, 부하는 순저항으로 하고 변압기 내의 전압강하는 무시하며 정류기 내의 전압강하를 15[V]로 한다.)

① 약 181[V]

② 약 361[V]

③ 약 512[V]

④ 약 722[V]

🔍 **해설**

정류회로

단상 반파정류회로(전압강하 e[V] 존재시)

· 역방향 첨두전압 $PIV = \pi \cdot (E_d + e)[V]$

· $PIV = \pi \cdot (100 + 15)[V] ≒ 361[V]$

★★★☆☆

24 그림과 같은 단상 전파 정류 회로에서 첨두 역전압[V]는 얼마인가? (단, 변압기 2차측 a, b간 전압은 200[V]이고 정류기의 전압 강하는 20[V]이다.)

① 20[V] ② 200[V]

③ 262[V] ④ 282[V]

[**정답**] 20 ③ 21 ④ 22 ① 23 ② 24 ③

해설

정류회로
- 첨두 역전압 $PIV = 2\sqrt{2}\,E - e$
- $PIV = 2\sqrt{2} \times 100 - 20 = 262\,[\mathrm{V}]$

※ E : 다이오드와 부하 간에 인가되는 전압

★★☆☆☆

25 권수비가 $1:2$인 변압기(이상적인 변압기)를 사용하여 교류 $100\,[\mathrm{V}]$의 입력을 가했을 때, 전파정류하면 출력 전압의 평균값 $[\mathrm{V}]$은?

① $\dfrac{400\sqrt{2}}{\pi}$ ② $\dfrac{300\sqrt{2}}{\pi}$

③ $\dfrac{600\sqrt{2}}{\pi}$ ④ $\dfrac{200\sqrt{2}}{\pi}$

해설

정류회로
단상전파정류회로
- 권수비가 $1:2$인 변압기를 사용하여 1차측에 입력 $100\,[\mathrm{V}]$를 인가하면 변압기 2차측 교류분은 $200\,[\mathrm{V}]$가 된다.
- 이를 전파정류하면, 출력 되는 직류값은
$$E_d = \frac{2\sqrt{2}}{\pi}E = \frac{2\sqrt{2}}{\pi} \times 200\,[\mathrm{V}] = \frac{400\sqrt{2}}{\pi}\,[\mathrm{V}]$$

★★★☆☆

26 다이오드를 사용한 정류 회로에서 과대한 부하전류에 의해 다이오드가 파손될 우려가 있을 때의 조치로서 적당한 것은?

① 다이오드 양단에 적당한 값의 콘덴서를 추가한다.
② 다이오드 양단에 적당한 값의 저항을 추가한다.
③ 다이오드를 직렬로 추가한다.
④ 다이오드를 병렬로 추가한다.

해설

정류회로
정류기의 보호방법
다이오드를 직렬연결 ➡ 과전압보호
다이오드를 병렬연결 ➡ 과전류보호

★★☆☆☆

27 단상 반파의 정류 효율은?

① $\dfrac{4}{\pi^2} \times 100\,[\%]$ ② $\dfrac{\pi^2}{4} \times 100\,[\%]$

③ $\dfrac{8}{\pi^2} \times 100\,[\%]$ ④ $\dfrac{\pi^2}{8} \times 100\,[\%]$

해설

정류회로
단상 반파 효율
$$\eta = \frac{(I_m/\pi)^2 R}{(I_m/2)^2 R} \times 100 = \frac{4}{\pi^2} \times 100 = 40.6\,[\%]$$

★★☆☆☆

28 다음에서 수은 정류기의 역호 발생 원인이 아닌 것은?

① 양극의 수은 부착
② 내부 잔존 가스 압력의 상승
③ 전압의 과대
④ 주파수 상승

해설

수은정류기
수은정류기 역호의 원인
- 내부 잔존 가스 압력의 상승
- 양극에 불순물이 부착된 경우
- 양극 재료의 불량이나 과열
- 전압, 전류의 과대
- 증기 밀도의 과대

★★☆☆☆

29 수은 정류기의 역호를 방지하기 위해 운전상 주의할 사항으로 맞지 않은 것은?

① 과도한 부하 전류를 피할 것
② 진공도를 항상 양호하게 유지할 것
③ 철제 수은 정류기에서는 양극 바로 앞에 그리드를 설치할 것
④ 냉각 장치에 유의하고 과열되면 급히 냉각 시킬것

해설

수은정류기

[**정답**] 25 ① 26 ④ 27 ① 28 ④ 29 ④

수은정류기의 역호 방지대책
• 정류기가 과부하 되지 않도록 할 것
• 냉각장치에 주의하여 과열, 과냉을 피할 것
• 진공도를 충분히 높일 것
• 양극에 수은 증기가 부착하지 않도록 할 것
• 양극 앞에 그리드를 설치할 것

★★★☆☆

30 6상 수은 정류기의 점호극의 수는?

① 1
② 3
③ 6
④ 12

🔍 **해설** ----------------------

수은정류기

수은정류기에 음극점을 만들어 양극의 아크 방전을 유발하는 것을 점호라 하며 이때 양극은 상수만큼 두고 음극(점호극)은 1개만 설치한다.

★★★☆☆

31 6상 수은 정류기의 직류측 전압이 100[V]였다. 이때 교류측 전압은 얼마를 공급하고 있는가?

① 64.5
② 74.1
③ 80
④ 83.6

🔍 **해설** ----------------------

수은정류기

• 수은정류기의 직류측 출력 전압비

$$E_d = 1.35E \text{에서} \rightarrow \frac{E_d}{1.35} = E$$

$(E_d :$ 직류전압, $E :$ 교류전압$)$

• $\therefore \frac{100}{1.35} = 74.1[V]$

★★☆☆☆

32 3상 수은정류기의 직류부하전류(평균)에 100[A] 되는 1상 양극 전류 실효값 [A]은?

① $\frac{100\sqrt{3}}{\pi}$
② $\frac{100}{\sqrt{3}}$
③ $100\sqrt{3}$
④ $\frac{100}{3}$

🔍 **해설** ----------------------

수은정류기

수은정류기전류비

$$\frac{I_a}{I_d} = \frac{1}{\sqrt{m}} \text{에서,} \rightarrow I_a = \frac{I_d}{\sqrt{m}} = \frac{100}{\sqrt{3}}$$

$(m :$ 상수, $I_d :$ 직류부하전류$)$

★★★★☆

33 다음 중 가정용 재봉틀, 소형공구, 영사기, 치과의료용, 엔진 등에 사용하고 있으며, 교류, 직류양쪽 모두에 사용되는 만능전동기는?

① 3상 유도 전동기
② 차동 복권 전동기
③ 단상 직권 정류자 전동기
④ 전기 동력계

🔍 **해설** ----------------------

교류정류자기

직류 직권 전동기는 전원의 극성이 바뀌어도 회전방향이 변하지 않기 때문에 교류 전압을 가해 주어도 전동기는 항상 같은 방향으로 회전한다. 직·교류 양용 전동기는 이와 같은 원리를 이용한 전동기로서 단상 직권 정류자 전동기라고 한다.

★★★★☆

34 다음은 직류 직권전동기를 단상 정류자전동기로 사용하기 위하여 교류를 가했을 때 발생하는 문제점을 열거한 것이다. 옳지 않은 것은?

① 철손이 크다.
② 역률이 나쁘다.
③ 계자 권선이 필요없다.
④ 정류가 불량하다.

🔍 **해설** ----------------------

교류정류자기

직류 직권 전동기를 단상 정류자전동기로 사용하기 위해 교류를 가하면 주파수의 영향으로 철손이 증가하게 되고 계자 및 전기자 권선의 리액턴스 증가로 효율과 역률이 모두 나빠진다. 또한 브러시에 의해 단락된 전기자 권선에 단락전류가 흐르게 되어 정류불량의 원인이 된다.

[**정답**] 30 ① 31 ② 32 ② 33 ③ 34 ③

★★★☆☆

35 단상 정류자전동기에서 전기자 권선수를 계자 권선수에 비하여 특히 크게 하는 이유는?

① 전기자 반작용을 작게 하기 위해서

② 리액턴스 전압을 작게 하기 위하여

③ 토크를 크게 하기 위하여

④ 역률을 좋게 하기 위하여

🔍 **해설**

교류정류자기
교류 단상 직권정류자전동기의 특징
역률 및 정류개선을 위해 약계자 강전기자형으로 한다. 전기자 권선수를 계자권선수보다 많이 감음으로서 주자속을 감소하면 직권 계자권선의 인덕턴스가 감소하여 역률이 좋아진다.

★★★☆☆

36 다음 각 항은 단상 직권 정류자전동기의 전기자권선과 계자 권선에 대한 설명이다. 틀린 것은?

① 계자 권선의 권수를 적게 한다.

② 전기자 권선의 권수를 크게 한다.

③ 변압기 기전력을 적게 하여 역률 저하를 방지한다.

④ 브러시로 단락되는 코일 중의 단락 전류를 많게 한다.

🔍 **해설**

교류정류자기
교류 단상 직권정류자전동기의 특징
정류개선을 위하여 고저항 리드선(저항도선)을 설치하면 단락전류를 줄일 수 있다.

★★★☆☆

37 그림은 단상 직권전동기의 개념도이다. C를 무엇이라고 하는가

① 제어권선   ② 보상권선

③ 보극권선   ④ 단층권선

🔍 **해설**

교류정류자기
A : 전기자, C : 보상권선, F : 계자권선

★★★★☆

38 단상 직권 전동기의 종류가 아닌 것은?

① 직권형

② 아트킨손형

③ 보상직권형

④ 유도보상직권형

🔍 **해설**

교류정류자기
단상 정류자전동기
• 직권특성
  – 단상 직권 정류자 전동기 : 직권형, 보상직권형, 유도보상 직권형
  – 단상 반발 전동기 : 아트킨손형, 톰슨형, 데리형
• 분권특성 – 현재 실용화 되지 않고 있음

★★★★☆

39 다음은 단상정류자전동기에서 보상권선과 저항도선의 작용을 설명한 것이다. 옳지 않은 것은?

① 저항도선은 변압기기전력에 의한 단락전류를 작게 한다.

② 변압기기전력을 크게 한다.

③ 역률을 좋게 한다.

④ 전기자반작용을 제거해 준다.

🔍 **해설**

교류정류자기
보상권선과 저항도선의 작용
• 보상권선을 설치하여 전기자 기자력을 상쇄시켜 전기자 반작용을 억제하고 누설리액턴스를 감소시켜 변압기 기전력을 적게 하여 역률을 좋게 한다.
• 저항도선을 설치하여 단락전류를 줄인다.

★★★☆☆

40 단상 직권 정류자 전동기의 회전 속도를 높이는 이유는?

[**정답**] 35 ④ 36 ④ 37 ② 38 ② 39 ② 40 ③

① 리액턴스 강하를 크게 한다.

② 전기자에 유도되는 역기전력을 적게한다.

③ 역률을 개선한다.

④ 토크를 증가시킨다.

🔍 **해설**

교류정류자기

회전속도 증가 ➡ 속도기전력이 증가되어 전류와 동위상이 되면 역률이 좋아진다.

★★☆☆☆

41 다음은 직권 정류자 전동기의 브러시에 의하여 단락되는 코일 내의 변압기 전압[e_t]과 리액턴스 전압[e_r]의 크기가 부하 전류의 변화에 따라 어떻게 변화하는가를 설명한 것이다. 옳은 것은?

① e_t는 I가 증가하면 감소한다.

② e_t는 I가 증가하면 증가한다.

③ e_r는 I가 증가하면 감소한다.

④ e_r는 I가 증가하면 증가한다.

🔍 **해설**

교류정류자기

변압기 기전력(e_t)은 $4.44f\phi N[\text{V}]$이므로 직권 특성에서 $\phi \propto I$가 성립하여 $e_t \propto I$ 임을 알 수 있다. 따라서 e_t는 I가 증가하면 함께 증가한다.

★★★☆☆

42 도체수 Z, 내부 회로 대수 a인 교류 정류자 전동기의 1내부 회로의 유효 권수 ω_a는? (단, 분포권 계수는 $2/\pi$라고 한다.)

① $\omega_a = \dfrac{Z}{2a\pi}$

② $\omega_a = \dfrac{Z}{4a\pi}$

③ $\omega_a = \dfrac{Z}{2a}$

④ $\omega_a = \dfrac{aZ}{2}$

🔍 **해설**

교류정류자기

교류 정류자전동기의 유효권수(ω_e)

내부회로의 권수는 $\dfrac{Z}{2a} \times \dfrac{1}{2} = \dfrac{Z}{4a}$이므로 $\therefore \omega_e = \dfrac{2}{\pi} \cdot \dfrac{Z}{4a} = \dfrac{Z}{2\pi a}$

★★★★☆

43 단상 정류자전동기의 일종인 단상 반발전동기에 해당되는 것은?

① 시라게 전동기

② 아트킨손형 전동기

③ 단상 직권 정류자 전동기

④ 반발 유도 전동기

🔍 **해설**

교류정류자기

단상 반발전동기의 종류
- 아트킨손형
- 톰슨형
- 데리형

★★★☆☆

44 3상 직권정류자 전동기에 중간(직렬) 변압기가 쓰이고 있는 이유가 아닌 것은?

① 정류자 전압의 조정

② 회전자 상수의 감소

③ 전부하 때 속도의 이상 상승 방지

④ 실효 권수비 산정 조정

🔍 **해설**

교류정류자기

고정자 권선에 직렬 변압기(중간변압기)를 접속시켜 실효 권수비를 조정하여 전동기의 특성을 조정하고, 속도의 이상상승을 방지한다.

★★☆☆☆

45 3상 직권 정류자 전동기에서 중간변압기를 사용하는 이유가 아닌 것은?

① 고정자 권선과 병렬로 접속해서 사용하며 동기속도 이상에서 역률을 100[%]로 할 수 있다.

② 전원전압의 크기에 관계없이 회전자 전압을 정류에 알맞은 값으로 선정할 수 있다.

③ 중간변압기의 권수비를 바꾸어 전동기 특성을 조정할 수 있다.

④ 중간변압기의 철심을 포화하면 경부하시 속도상승을 억제할 수 있다.

[정답] 41 ② 42 ① 43 ② 44 ② 45 ①

🔍 **해설**

교류정류자기

3상 직권 정류자 전동기의 중간 변압기는 고정자 권선과 회전자 권선사이에 직렬로 접속된다.

★★★★☆

46 속도 변화에 편리한 교류 전동기는?

① 농형 전동기　　　　② 2중 농형 전동기

③ 동기 전동기　　　　④ 시라게 전동기

🔍 **해설**

교류정류자기

3상 분권정류자전동기

- 3상 분권 정류자 전동기로 시라게 전동기를 가장 많이 사용한다.
- 시라게 전동기는 직류 분권 전동기와 특성이 비슷하여 정속도 및 가변속도 전동기로 브러시 이동에 의하여 속도제어와 역률을 개선 할 수 있다.

★★★★☆

47 브러시레스 DC서보 모터의 특징으로 틀린 것은?

① 단위 전류당 발생 토크가 크고 효율이 좋다.

② 토크 맥동이 작고, 안정된 제어가 용이하다.

③ 기계적 시간 상수가 크고 응답이 느리다.

④ 기계적 접점이 없고 신뢰성이 높다.

🔍 **해설**

제어용 기기

서보모터의 특징

- 기동 토크가 크다.
- 회전자 관성 모멘트가 작다.
- 제어권선 전압이 0에서 신속히 정지한다.
- 직류 서보 모터의 기동토크가 교류 서보 모터보다 크다.
- 속응성이 좋고 시정수가 짧으며 기계적 응답이 좋다.
- 회전자 팬에 의한 냉각 효과를 기대할 수 없다.

[정답] 46 ④ 47 ③

electrical engineer

ELECTRICITY

CREATIVE
INDUSTRIAL
ELECTRIC

Chapter

04

회로이론

전기이론

영상 학습 QR ▶   출제경향분석 ▶

본 장은 전기를 표시하는 대표적인 물리량의 기본 용어에 대한 내용을 다루었으며 시험에 자주 출제가 되는 내용은 다음과 같다.

❶ 오옴의 법칙   ❷ 도선의 전기저항
❸ 저항의 직·병렬연결   ❹ 분류기 및 배율기
❺ 휘스톤 브릿지

1 전기이론 핵심용어

1. 직류와 교류의 구분

핵심 포인트

직류와 교류의 구분

- 직류(DC) : 크기및 방향이 일정하다.
- 교류(AC) : 크기와 방향이 변한다.

FAQ

전자의 이동 방향과 전류의 이동 방향은 어떻게 되나요?

답

▶ 전자의 이동 방향과 전류의 방향이 반대인 이유는 과학자들은 전자의 존재를 알기 전에 전류의 방향을 (+)극 → (−)극으로 정하였다. 그 후 전류는 전자의 흐름이고, 전자는 (−)극 → (+)극 방향으로 이동한다는 사실이 밝혀졌지만 전류의 방향을 그대로 사용하기로 하였다. 이에 따라 전류의 방향과 전자의 이동 방향이 반대가 된 것이다.

핵심 포인트

전자의 극성과 전자하나당 전하량의 크기를 암기하고 있어야 한다.

1) 직류(Direct Current)

- 문자 표기시 대문자로 표기
- 시간에 대해서 크기와 방향이 변화하지 않는 값

2) 교류(Alternating Current)

- 문자 표기시 소문자로 표기
- 시간에 대해서 크기와 방향이 변화하는 값

3) 직류와 교류의 파형

[직류파형]

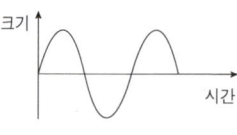

[교류파형]

2. 전하량(Quantity of electric charge) Q

물체에 대전된 전기의 양으로 단위는 쿠울롬(Coulomb)이며 [C]를 사용한다.

1) 전하의 종류

① (+)전하 : 양전하 , 양자
② (−)전하 : 부전하 , 전자

> **참고**
> - 전자 하나당 전하량 : $e = -1.602 \times 10^{-19}$ [C]
> - 전자 하나당 질량 : $m = 9.1 \times 10^{-31}$ [kg]

electrical engineer · electrical engineer · electrical engineer · electrical engineer · electrical engineer · electrical engineer · electrical engineer · electrical engineer

콕콕 포인트

2) 전자 이동시 전체 전하량

$$Q = ne[\text{C}]\,(\text{단},\ n : \text{이동한 전자의 개수})$$

3. 전류(Electric current)

1) 직류 I

전자가 이동하는 현상으로 단위시간 동안 이동하는 전하량

$$I = \frac{Q}{t} = \frac{ne}{t}[\text{C/sec} = \text{A}]$$

$$Q = I \cdot t[\text{A} \cdot \text{sec} = \text{C}]$$

2) 교류 i

미소시간 dt에 대한 미소전하 dq의 변화량

$$i = \frac{dq}{dt}[\text{C/sec} = \text{A}]$$

$$q = \int_0^t i\,dt[\text{A} \cdot \text{sec} = \text{C}]$$

4. 전압(Voltage)

1) 직류 V

단위 정전하가 도선 두 점 사이를 이동시 전기적인 위치 에너지[J/C=V]

$$V = \frac{W}{Q}[\text{J/C} = \text{V}]$$

$$W = Q \cdot V[\text{J}]$$

2) 교류 v

미소전하 dq 이동시 수반되는 에너지의 변환 dw와의 비

$$v = \frac{dw}{dq}[\text{J/C} = \text{V}]$$

$$w = \int v\,dq[\text{J}]$$

필수확인 O·X 문제

1차 2차 3차

1. 교류는 시간에 대해서 크기와 방향이 일정하다. ············ (　)
2. 전류의 단위는 $C \cdot \text{sec}$ 이다. ····································· (　)
3. 전하이동시 하는 일에너지는 $W = QV$[J]이다. ············ (　)

상세해설

  1. (X) 교류는 시간에 대해서 크기와 방향이 변화하는 값이다.

  2. (X) 전류는 단위시간에 대한 전하량의 크기이므로 $I = \dfrac{Q}{t}[\text{C/sec} = A]$이다.

  3. (O)

◆ 핵심 포인트

전류를 시간의 함수인 교류를 주고 전체전기량을 구하는 식

$$q = \int_0^t i\,dt[\text{A} \cdot \text{sec} = \text{C}]$$

Q 포인트문제 1

$i = 3t^2 + 2t$[A]의 전류가 도선을 30초간 흘렀을 때 통과한 전체 전기량[Ah]은?

① 4.25   ② 6.75
③ 7.75   ④ 8.25

A 해설

전류

$q = \int_0^t i\,dt$

  $= \int_0^{30} (3t^2 + 2t)\,dt$

  $= [t^3 + t^2]_0^{30}$

  $= 27900[\text{C} = \text{A} \cdot \text{sec}]$

$\therefore Q = \dfrac{27900}{3600} = 7.75[\text{Ah}]$

정답 ③

참고

적분공식 및 시간환산

$\displaystyle\int t^n dt = \frac{t^{n+1}}{n+1}$

$1[\text{hour}] = 3600[\text{sec}]$

$1[\text{sec}] = \dfrac{1}{3600}[\text{hour}]$

Q 포인트문제 2

두 점 사이에는 20[C]의 전하를 옮기는 데 80[J]의 에너지가 필요하다면 두 점 사이의 전압은?

① 2[V]   ② 3[V]
③ 4[V]   ④ 5[V]

A 해설

전압(전위차)

$$V = \frac{W}{Q} = \frac{80}{20} = 4[\text{V}]$$

정답 ③

🔻 **핵심 포인트**

전기저항은 도선의 길이에 비례하고 단면적에 반비례한다.

$$R = \rho \frac{l}{S} [\Omega]$$

참고

원의 단면적 및 둘레길이

- 원의 단면적
$$S = \pi r^2 = \frac{\pi d^2}{4} [m^2]$$
- 원의 둘레
$$l = 2\pi r = \pi d [m]$$

참고

보조단위

명 칭	기호	배수
테라(tera)	T	10^{12}
기가(giga)	G	10^9
메가(mega)	M	10^6
킬로(kilo)	K	10^3
피코(pico)	p	10^{-12}
나노(nano)	n	10^{-9}
마이크로(micro)	μ	10^{-6}
밀리(milli)	m	10^{-3}
센티(ceti)	c	10^{-2}

❓ **포인트문제 3**

오옴의 법칙은 저항에 흐르는 전류와 전압의 관계를 나타낸 것이다. 회로의 저항이 일정할 때 전류는?

① 전압에 비례한다.
② 전압에 반비례한다.
③ 전압의 제곱에 비례한다.
④ 전압의 제곱에 반비례한다.

🅰 **해설**

오옴의 법칙

$I = \dfrac{V}{R}$[A]이므로 저항이 일정할 때 전류는 전압에 비례한다.

정답 ①

5. 전기저항(Resistance) R

전류의 흐름을 방해하는 작용을 전기저항 또는 저항이라하고 단위는 오옴(ohm, [Ω])

1) 도선의 전기저항 : 도선의 길이에 비례하고 단면적에 반비례한다.

$$R = \rho \frac{l}{S} = \rho \frac{l}{\pi r^2} = \frac{4\rho l}{\pi d^2} = \frac{l}{kS} [\Omega]$$

단, $r[m]$: 도선의 반지름, $d[m]$: 도선의 지름, $k[℧/m]$: 도전율

2) 컨덕턴스 G : 전기저항의 역수값이며, 단위는 모호(mho, [℧])를 사용한다.

$$G = \frac{1}{R} [℧] \qquad R = \frac{1}{G} [\Omega]$$

3) 고유저항 ρ : 도선의 단위길이($l = 1[m]$)당 단위면적($S = 1[m^2]$)의 전기저항($R[\Omega]$) 값

$$\rho = \frac{RS}{l} [\Omega \cdot m]$$

4) 도전율 k : 고유저항의 역수값

$$k = \sigma = \frac{1}{\rho} [℧/m]$$

2 오옴의 법칙(Ohm's law)

전류는 도체의 양 끝 사이에 가한 전압(전위차)에 비례하고 도체의 저항에 반비례 한다.

 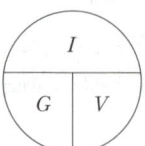

$$\cdot I = \frac{V}{R} = G \cdot V [A] \quad \cdot V = I \cdot R = \frac{I}{G} [V] \quad \cdot R = \frac{V}{I} [\Omega] \quad \cdot G = \frac{I}{V} [℧]$$

electrical engineer · electrical engineer · electrical engineer · electrical engineer · electrical engineer · electrical engineer · electrical engineer · electrical engineer

콕콕 포인트

3 전기의 열작용

1. **전력(Electric power) P** : 전기가 단위시간동안 행할 수 있는 일의 양. 즉, 1[sec]에 1[J]의 일을 하는 전기에너지를 1[W]의 전력이라 한다.

$$P = \frac{W}{t} = \frac{QV}{t} = V \cdot I = I^2 R = \frac{V^2}{R} [\text{J/sec} = \text{W}]$$

2. **전력량 (Electric energy) W** : 어느 전력을 어느 시간동안 소비한 전기에너지의 총량

$$W = P \cdot t = VIt = I^2 Rt = \frac{V^2}{R} t [\text{W} \cdot \text{sec} = \text{J}]$$

3. **주울의 법칙에 의한 단위환산**

   · 1[J] = 0.24[cal]   · 1[cal] = 4.2[J]   · 1[kWh] = 860[kcal]

4. **전열기 발생열량** : 전기에너지를 열에너지로 변환시킨 공식으로 발생열량 H[kcal]

$$H = 860\eta Pt = Cm(T_2 - T_1) [\text{kcal}]$$

단, 피열물의 질량 m[kg], 비열 C, 소비전력 P[kW], 시간 t[hour],
상승 온도$(T_2 - T_1)$, 효율 η[%]

5. **효율 η**

1) 실측효율

$$\eta = \frac{\text{출력}}{\text{입력}} \times 100[\%]$$

2) 규약 효율

발전기 $\eta = \dfrac{\text{출력}}{\text{출력} + \text{손실}} \times 100[\%]$ 전동기 $\eta = \dfrac{\text{입력} - \text{손실}}{\text{입력}} \times 100[\%]$

필수확인 O·X 문제

1차 2차 3차

1. 전기저항은 도선의 길이에 반비례하고 단면적에 비례한다. ··········( )
2. 전력량은 전력을 시간으로 나눈 값이다. ·············( )

상세해설

1. (X) 전기저항은 $R = \rho \dfrac{l}{S}$[Ω]이므로 도선의 길이에 비례하고 단면적에 반비례한다.
2. (X) 전력량은 $W = Pt$[Wsec = J]이므로 전력에 시간을 곱한 값이다.

핵심 포인트

오옴의 법칙과 전력의 비례관계의 이해

참고

기계적인 동력의 단위로는 마력을 사용하는 일이 많고 와트와는 다음과 같은 관계가 성립된다.

1[마력] = 1[Hp] = 746[W]

Q 포인트문제 4

정격전압에서 1[kW]의 전력을 소비하는 저항에 정격의 80[%] 전압을 가할 때의 전력[W]은?

① 320   ② 540
③ 640   ④ 860

A 해설

전력

정격의 80[%] 전압을 가하므로 $V = 0.8$배가 된다.

∴ 전력 $P = \dfrac{V^2}{R}$의 식에서

$P \propto V^2$이므로
$P = 0.8^2$배 = 0.64배가 되어
$P = 0.64 \times 1000$
$= 640[\text{W}]$

정답 ③

4 저항의 직·병렬연결

1. 저항 및 컨덕턴스의 직렬연결

전류가 흘러가는 길이 하나만 존재하는 경우

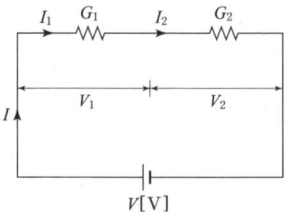

① 전류 일정

$$I = I_1 = I_2[A]$$

② 전체전압

$$V = V_1 + V_2[V]$$

③ 합성저항

$$R = R_1 + R_2[\Omega]$$

④ 합성컨덕턴스

$$G = \frac{G_1 \cdot G_2}{G_1 + G_2}[\mho]$$

⑤ 전압 분배법칙

$$V_1 = \frac{R_1}{R_1 + R_2}V = \frac{G_2}{G_1 + G_2}V \qquad V_2 = \frac{R_2}{R_1 + R_2}V = \frac{G_1}{G_1 + G_2}V$$

⑥ 같은 저항 $R[\Omega]$을 n개 직렬연결시 합성저항

$$R_o = nR[\Omega]$$

⑦ 같은 컨덕턴스 $G[\mho]$을 n개 직렬연결시 합성컨덕턴스

$$G_o = \frac{G}{n}[\mho]$$

🌟 콕콕 포인트

Q 포인트문제 5

회로에서 V_{30}과 V_{15}는 각각 몇 [V]인가?

① $V_{30} = 60$, $V_{15} = 30$
② $V_{30} = 80$, $V_{15} = 40$
③ $V_{30} = 90$, $V_{15} = 45$
④ $V_{30} = 120$, $V_{15} = 60$

A 해설

저항의 직렬연결
먼저 전류를 계산하면

$$I = \frac{120 - 30}{30 + 15} = 2A$$

$$V_{30} = 2 \times 30 = 60$$

$$V_{15} = 2 \times 15 = 30$$

정답 ①

2. 저항의 병렬연결

전류가 흘러가는 길이 2개 이상 존재하는 경우

 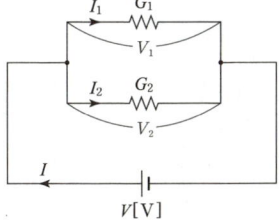

① 전압 일정

$$V=V_1=V_2[\text{V}]$$

② 전체 전류

$$I=I_1+I_2[\text{A}]$$

③ 합성저항

$$R=\frac{R_1\cdot R_2}{R_1+R_2}[\Omega]$$

④ 합성컨덕턴스

$$G=G_1+G_2[\text{℧}]$$

⑤ 전류분배법칙

$$I_1=\frac{R_2}{R_1+R_2}\cdot I=\frac{G_1}{G_1+G_2}\cdot I$$

$$I_2=\frac{R_1}{R_1+R_2}\cdot I=\frac{G_2}{G_1+G_2}\cdot I$$

⑥ 같은 저항 $R[\Omega]$을 n개 병렬연결시 합성저항

$$R_o=\frac{R}{n}[\Omega]$$

⑦ 같은 컨덕턴스 $G[\text{℧}]$을 n개 병렬연결시 합성컨덕턴스

$$G_o=nG[\text{℧}]$$

▌필수확인 O·X 문제 ▌

1차 2차 3차

1. 저항의 직렬 연결시 전압이 일정하다. ·······················( )
2. 저항의 병렬 연결시 전류가 일정하다. ·······················( )

상세해설

1. (×) 저항의 직렬 연결시 전류가 일정하다.
2. (×) 저항의 병렬 연결시 전압이 일정하다.

◆ 핵심 포인트

저항의 병렬연결시 전류분배법칙과 합성저항 구하는 방법의 이해

1. 전류분배법칙
- $I_1=\dfrac{R_2}{R_1+R_2}I$
  $=\dfrac{G_1}{G_1+G_2}I[\text{A}]$
- $I_2=\dfrac{R_1}{R_1+R_2}I$
  $=\dfrac{G_2}{G_1+G_2}I[\text{A}]$

2. 합성저항
$R=\dfrac{R_1\cdot R_2}{R_1+R_2}[\Omega]$

3. 합성컨덕턴스
$G=G_1+G_2[\text{℧}]$

Q 포인트문제 6

그림에서 a, b단자에 $200[\text{V}]$를 가할 때 저항 $2[\Omega]$에 흐르는 전류 $I_1[\text{A}]$는?

① 40 ② 30
③ 20 ④ 10

A 해설

저항의 직·병렬연결

$R_o=2.8+\dfrac{2\times3}{2+3}=4[\Omega]$

이므로 전체전류 $I=\dfrac{V}{R_0}=\dfrac{200}{4}$
$=50[\text{A}]$이 된다.

따라서 $2[\Omega]$에 흐르는 전류는 전류 분배 법칙에 의하여

$I_1=\dfrac{3}{2+3}\times50=30[\text{A}]$

정답 ②

콕콕 포인트

electrical engineer · electrical engineer · electrical engineer · electrical engineer · electrical engineer · electrical engineer · electrical engineer · electrical

Q 포인트문제 7

기전력 2[V], 내부 저항 0.5
[Ω]의 전지 9개가 있다. 이것을
3개씩 직렬로 하여 3조 병렬 접속
한 것에 부하 저항 1.5[Ω]을 접
속하면 부하 전류 [A]는?

① 1.5   ② 3
③ 4.5   ④ 5

A 해설

전지의 연결

전지 직렬연결시 합성 내부저항은

nr이고 병렬연결시 $\dfrac{r}{n}$이므로

합성내부저항은

$r_0 = \dfrac{3 \times 0.5}{3} = 0.5[\Omega]$

따라서 부하저항까지 합친 합성저
항은

$R_0 = 0.5 + 1.5 = 2[\Omega]$

$\therefore \ I = \dfrac{V}{R_0} = \dfrac{3 \times 2}{2} = 3[A]$

정답 ②

FAQ

전지의 내부저항이 무엇입니까?

답

▶ 전지를 외부 저항에 연결하였
을 때 전지 양 끝에 걸린 전압을
단자 전압이라고 하는데, 단자
전압 V는 전지의 기전력 E보다
작은데, 이것은 전지 자체가 가
지는 저항 때문이다. 이것을 전
지의 내부 저항이라고 한다. 내
부 저항은 건전지를 오래 사용
할수록 커져 다 소모된 건전지
의 경우 내부 저항이 매우 크다.

---

5 ◀ 전지의 연결

1. 전지 n개 직렬연결

[직렬회로]   [등가회로]

내부 저항 r, 기전력 E인 전지 n개 직렬연결하고 여기에 외부 저항 R을 연결하면 직렬
회로와 같이 되며 등가회로로 변환시 합성 내부저항은 nr이 되고 합성기전력은 nE이므
로 등가회로와 같고 외부 저항 R에 흐르는 전류는 $I = \dfrac{nE}{nr + R}[A]$

2. 전지 n개 병렬 연결

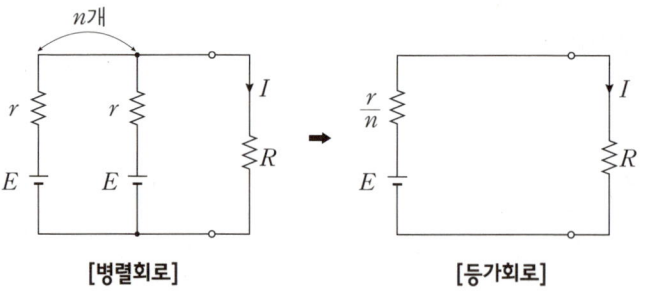

[병렬회로]   [등가회로]

내부 저항 r, 기전력 E인 전지 n개 병렬연결하고 여기에 외부 저항 R을 연결하면 병렬회
로와 같이 되며 등가회로로 변환시 합성 내부저항은 $\dfrac{r}{n}$이 되고 합성기전력은 E이므
로 등가회로와 같고 외부 저항 R에 흐르는 전류는 $I = \dfrac{E}{\dfrac{r}{n} + R}[A]$

al engineer · electrical engineer · electrical engineer · electrical engineer · electrical engineer · electrical engineer · electrical engineer · electrical engineer

콕콕 포인트

6 분류기 및 배율기

1. 분류기(Electrical shunt)

전류계의 측정 범위를 넓히기 위하여 전류계에 저항을 병렬로 연결한 것을 분류기라 한다.

$$m=\frac{I}{I_a}=1+\frac{r_a}{R_s}$$

단, R_s : 분류기 저항 r_a : 전류계의 내부 저항

     I : 측정하고자 하는 전류 I_a : 최고 측정 한도 전류

     m : 분류기의 배율

2. 배율기(Voltage range multiplier)

전압계의 측정 범위를 확대할 목적으로 외부에 저항을 전압계와 직렬로 연결한 저항을 배율기라 한다.

$$m=\frac{V}{V_a}=1+\frac{R_s}{r_a}$$

단, R_s : 배율기 저항 r_a : 전압계의 내부 저항

     V : 측정하고자 하는 전압 V_a : 최고 측정 한도 전압

     m : 배율기의 배율

필수확인 O·X 문제

1차 | 2차 | 3차

1. 분류기는 전류계측정범위를 넓히기 위해서 저항을 직렬연결한다. ········(   )
2. 배율기는 전압계측정범위를 넓히기 위해서 저항을 직렬연결한다.   (   )

상세해설

1. (×) 분류기는 저항을 병렬 연결한다.
2. (○)

7 휘스톤 브리지(wheatstone bridge)

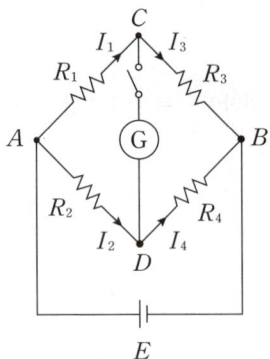

R_1, R_2, R_3, R_4의 4개의 저항과 미소 전류를 검출하는 검류계 G를 그림과 같이 접속한 것을 휘스톤 브리지라 하고, 그림에서 R_1, R_2, R_3, R_4 중 어느 것을 적절히 가감하면 G에 흐르는 전류 I_g를 0으로 할 수 있다.

이러한 상태를 브리지가 평형되었다고 하며 평형이 되는 경우에는 대각선 저항의 곱과 같다. 즉 $R_1 \cdot R_4 = R_2 \cdot R_3$일 때를 브릿지 평형 조건이라 하며 검류계에 전류가 흐르지 못하므로 개방 상태로 볼 수 있고 또는 검류계 양단자의 전압이 같으므로 단락상태가 된다.

핵심 포인트

휘스톤 브릿지의 평형조건과 평형상태 의미 이해

1. 평형조건 : 대각선 저항의 곱이 서로 같아야 된다.
   $R_1 \cdot R_4 = R_2 \cdot R_3$
2. 평형상태 의미 : 중앙에 전류가 흐르지 않는다. 즉, 개방상태

Q 포인트문제 9

다음과 같은 회로에서 단자 a, b 사이의 합성 저항 [Ω]은?

① r ② $\dfrac{3}{2}r$

③ $\dfrac{1}{2}r$ ④ $3r$

A 해설

휘스톤 브릿지 평형이므로 중앙은 개방상태가 되므로

이때의 합성저항 R_{ab}는

∴ $R_{ab} = \dfrac{3}{2}r[\Omega]$

정답 ②

필수확인 O·X 문제

1차 2차 3차

1. 휘스톤 브릿지 평형조건은 대각선의 저항 곱이 서로 같아야 된다. ·······( )
2. 휘스톤 브릿지 평형시 중앙의 저항은 단락 상태가 된다. ··············( )

상세해설

1. (○)
2. (○) 휘스톤 브릿지 평형시 양단자의 전압이 같으므로 단락상태가 된다.

전기이론
출제예상문제

- QR 코드를 찍으시면, 가장 중요한 우선순위 문제풀이 영상을 보실 수 있습니다.
- 우선순위 논점은 전기(산업)기사 시험에서 가장 출제 빈도가 높은 문제로써, 수험생분들께서는 각 파트별 우선순위 문제의 논점과 키워드를 학습하시기를 바랍니다.
- 체크 리스트를 작성하시면서 문제의 유형과 학습의 완성도를 스스로 체크 해 보시기를 바랍니다.
- "선생님의 콕콕 포인트"는 틀리기 쉬운 문제의 함정과 문제의 포인트를 집어드립니다. 우선순위 문제풀이의 포인트를 꼭 참고하고 응용문제의 해결능력을 길러 줍니다.

번호	우선순위 논점	KEY WORD	나의 정답 확인				선생님의 콕콕 포인트
			맞음	틀림(오답확인)			
				이해 부족	암기 부족	착오 실수	
3	저항값	오옴의 법칙					전압, 전류, 저항의 비례관계를 이용한다.
4	전압분배법칙	저항의 직렬, 컨덕턴스의 직렬					저항과 컨덕턴스는 역수관계이므로 분자의 값이 반대로 들어간다.
8	저항의 직병렬	저항의 직렬, 저항의 병렬					전류비와 저항비는 반대가 된다.
16	최소전류	전류, 합성저항					회로도의 맨 마지막 저항의 1/2배 값이된다.
17	저항 무한 연결시 합성저항	저항의 직렬,저항의 병렬, 합성저항					세로축 저항이 회로 앞쪽 존재시 $\sqrt{3}-1$ 세로축 저항이 회로 다음칸 존재시 $1+\sqrt{3}$
18	평형조건	휘스톤브리지, 평형조건					대각선의 저항의 곱이 같으면 브리지평형이 되며 중앙은 개방상태이다.

★★☆☆☆

01 $i=3,000(2t+3t^2)$[A]의 전류가 어떤 도선을 2[s] 동안 흘렀다. 통과한 전 전기량은 몇[Ah]인가?

① 1.33[Ah] ② 10[Ah]

③ 13.3[Ah] ④ 36[Ah]

🔍 **해설**

전하량

$q=\int_0^t i\,dt=\int_0^2 3,000(2t+3t^2)dt$

$\quad=3,000[t^2+t^3]_0^2=3,000[2^2+2^3]$

$\quad=36,000[\text{As}]=\dfrac{36,000}{3,600}=10[\text{Ah}]$

💙 **참고**

$\int_0^t t^n dt=\dfrac{t^{n+1}}{n+1}$

$1[\text{hour}]=3600[\text{sec}], \ 1[\text{sec}]=\dfrac{1}{3600}[\text{hour}]$

★☆☆☆☆

02 1[kg·m/s]는 몇 [W]인가? (단, 여기서 [kg]은 질량이다.)

① 1[W] ② 0.98[W]

③ 9.8[W] ④ 98[W]

🔍 **해설**

전력

$1[\text{kg·m/sec}]=9.8[\text{N·m/sec}]=9.8[\text{J/sec}]=9.8[\text{W}]$

💙 **참고**

$1[\text{kg}]=9.8[\text{N}], \ 1[\text{N}]=\dfrac{1}{9.8}[\text{kg}]$

★★★★☆

03 일정 전압의 직류 전원에 저항을 접속하고 전류를 흘릴 때, 이 전류값을 20[%] 증가시키기 위하여 저항값은 몇 배로 하여야 하는가?

[**정답**] 01 ② 02 ③ 03 ③

① 1.25   ② 1.20

③ 0.83   ④ 0.80

🔍 **해설**

오옴의 법칙

V = 일정

I = 20% 증가 → 120% → 1.2배이므로

$R = \dfrac{V}{I} \propto \dfrac{1}{I} = \dfrac{1}{1.2} = 0.83$배가 된다.

★★★☆☆

04 그림과 같은 회로에서 R_2 양단의 전압 $E_2[\mathrm{V}]$는?

① $\dfrac{R_1}{R_1 + R_2} \cdot E$ ② $\dfrac{R_2}{R_1 + R_2} \cdot E$

③ $\dfrac{R_1 \cdot R_2}{R_1 + R_2} \cdot E$ ④ $\dfrac{R_1 + R_2}{R_1 + R_2} \cdot E$

🔍 **해설**

저항의 직렬연결

저항 R_1과 R_2가 직렬연결시 전압 분배법칙

$$E_1 = \frac{R_1}{R_1 + R_2} E[\mathrm{V}], \quad E_2 = \frac{R_2}{R_1 + R_2} E[\mathrm{V}]$$

★★☆☆☆

05 24[Ω] 저항에 미지의 저항 R_x를 직렬로 접속한 후 전압을 가했을 때 24[Ω] 양단의 전압이 72[V]이고 저항 R_x 양단의 전압이 45[V]이면 저항 R_x는?

① 20[Ω]   ② 15[Ω]

③ 10[Ω]   ④ 8[Ω]

🔍 **해설**

저항의 직렬연결

회로도를 그리면 다음과 같다.

24[Ω]에 흐르는 전류 $I = \dfrac{72}{24} = 3[\mathrm{A}]$

R_x와 24[Ω]이 직렬연결이므로 전류는 일정하므로

$R_x = \dfrac{45}{3} = 15[\Omega]$가 된다.

★★☆☆☆

06 그림과 같은 회로에서 a, b단자에서 본 합성 저항은 몇 [Ω]인가?

① 6[Ω]   ② 6.3[Ω]

③ 8.3[Ω]   ④ 8[Ω]

🔍 **해설**

저항의 직·병렬연결

$e \sim f$ 사이의 합성저항 : $R_{ef} = \dfrac{3 \times (1+1+1)}{3 + (1+1+1)} = 1.5[\Omega]$

$c \sim d$ 사이의 합성저항 : $R_{cd} = \dfrac{4 \times (1 + R_{ef} + 1.5)}{4 + (1 + R_{ef} + 1.5)}$

$\qquad\qquad = \dfrac{4 \times (1 + 1.5 + 1.5)}{4 + (1 + 1.5 + 1.5)} = 2[\Omega]$

$a \sim b$ 사이의 합성저항 : $R_{ab} = 3 + R_{cd} + 3 = 3 + 2 + 3 = 8[\Omega]$

★★☆☆☆

07 그림과 같이 연결한 10[A]의 최대 눈금을 가진 두 개의 전류계 A_1, A_2에 13[A]의 전류를 흘릴 때, 전류계 A_2의 지시는 몇 [A]인가? (단, 최대 눈금에 있어서 전압 강하는 A_1 전류계에서는 70[mV], A_2 전류계에서는 60[mV]라 한다.)

[정답] 04 ②   05 ②   06 ④   07 ②

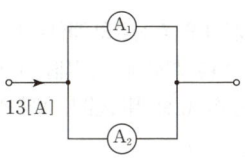

13[A]

① 6[A]　　　　　　② 7[A]

③ 8[A]　　　　　　④ 9[A]

해설

저항의 직·병렬연결

전류계 두 대가 병렬연결이므로 전류계의 각 저항을 구하면

$R_1 = \dfrac{V_1}{I_1} = \dfrac{70 \times 10^{-3}}{10} = 7 \times 10^{-3}[\Omega]$

$R_2 = \dfrac{V_2}{I_2} = \dfrac{60 \times 10^{-3}}{10} = 6 \times 10^{-3}[\Omega]$

전류분배법칙에 의하여 A_2 전류계에 흐르는 전류

$I_2 = \dfrac{R_1}{R_1 + R_2} \cdot I = \dfrac{7}{7+6} \times 13 = 7[A]$

★★★★☆

08 그림과 같은 회로에서 r_1, r_2에 흐르는 전류의 크기가 1 : 2 의 비율이라면 r_1, r_2의 저항은 각각 몇 [Ω]인가?

4[A]

48[V]

4[Ω]

① $r_1 = 16$, $r_2 = 8[\Omega]$　　② $r_1 = 24$, $r_2 = 12[\Omega]$

③ $r_1 = 6$, $r_2 = 3[\Omega]$　　　④ $r_1 = 8$, $r_2 = 4[\Omega]$

해설

저항의 직·병렬연결

식 ① → 전류비 $I_1 : I_2 = 1 : 2$ 이므로

　　　 저항비 $r_1 : r_2 = 2 : 1$에서 $r_1 = 2r_2$

식 ② → 합성저항 $R = \dfrac{V}{I} = \dfrac{48}{4} = 12[\Omega]$가 되고

　　　 회로도에서 합성저항을 구하면 $R = \dfrac{r_1 \cdot r_2}{r_1 + r_2} + 4 = 12$

　　　 $\therefore \dfrac{r_1 \cdot r_2}{r_1 + r_2} = 8$

식 ①을 식 ②에 대입하면 $r_2 = 12[\Omega]$, $r_1 = 24[\Omega]$

★★☆☆☆

09 저항이 R인 검류계 G에 그림과 같이 r_1인 저항을 병렬로, 또한 r_2인 저항을 직렬로 접속하고, A, B단자 사이의 저항을 R과 같게 하고 또한 G에 흐르는 전류를 전전류의 $\dfrac{1}{n}$로 하기 위한 r_1의 값은 얼마인가?

$R[\Omega]$　　$r_2[\Omega]$

A　　　　　　　　　　　B

$r_1[\Omega]$

① $R\left(1 - \dfrac{1}{n}\right)$　　　　② $\dfrac{R}{n-1}$

③ $\dfrac{R}{1-n}$　　　　　　④ $R\left(1 + \dfrac{1}{n}\right)$

해설

전류분배법칙

검류계에 흐르는 전류 $I_G = \dfrac{1}{n} I$일 때

R과 r_1이 병렬연결이므로 검류계 G에 흐르는

전류 $I_G = \dfrac{r_1}{R + r_1} I = \dfrac{1}{n} I$에서 $r_1 = \dfrac{R}{n-1}[\Omega]$이 된다.

★★☆☆☆

10 그림과 같은 회로에서 I는 몇 [A]인가? (단, 저항의 단위는 [Ω]이다.)

1　　1　　1　　1　　1　　1

8[V]　2　2　2　2　2　　I　1

① 1[A]　　　　　　② $\dfrac{1}{2}[A]$

③ $\dfrac{1}{4}[A]$　　　　　④ $\dfrac{1}{8}[A]$

해설

저항의 직·병렬연결

회로도에서 전원 반대편에서부터 저항을 줄여오면 합성저항은 $R = 2[\Omega]$

전체전류 $I' = \dfrac{V}{R} = \dfrac{8}{2} = 4[A]$

전원 반대편 1[Ω] 저항에 흐르는 전류는 $I = \dfrac{1}{8}[A]$

[**정답**] 08 ② 09 ② 10 ④

★★★☆☆

11 3개의 같은 저항 $R[\Omega]$를 그림과 같이 △ 결선하고, 기전력 $V[V]$, 내부저항 $r[\Omega]$인 전지를 n개 직렬 접속했다. 이 때 전지 내에 흐르는 전류가 $I[A]$라면 R은 몇 $[\Omega]$인가?

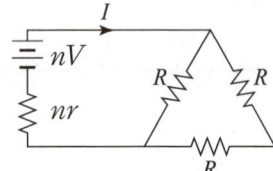

① $\dfrac{3}{2}n\left(\dfrac{V}{I}+r\right)[\Omega]$ ② $\dfrac{2}{3}n\left(\dfrac{V}{I}+r\right)[\Omega]$

③ $\dfrac{3}{2}n\left(\dfrac{V}{I}-r\right)[\Omega]$ ④ $\dfrac{2}{3}n\left(\dfrac{V}{I}-r\right)[\Omega]$

🔍 해설

저항의 직·병렬연결

합성저항은 $R_o=\dfrac{nV}{I}=\dfrac{R\times 2R}{R+2R}+nr=\dfrac{2R}{3}+nr$이므로

$\dfrac{2R}{3}=\dfrac{nV}{I}-nr=n\left(\dfrac{V}{I}-r\right)$에서 $R=\dfrac{3}{2}n\left(\dfrac{V}{I}-r\right)$이 된다.

★★★☆☆

12 a, b 양단에 $220[V]$ 전압을 인가시 전류 I가 $1[A]$ 흘렸다면 R의 저항은 몇 $[\Omega]$인가?

① $100[\Omega]$ ② $150[\Omega]$

③ $220[\Omega]$ ④ $330[\Omega]$

🔍 해설

저항의 직·병렬연결

저항이 직병렬이므로 전체저항은 $R_o=\dfrac{R\times 2R}{R+2R}=\dfrac{2R}{3}[\Omega]$이므로

$R_o=\dfrac{V}{I}=\dfrac{220}{1}=220=\dfrac{2R}{3}[\Omega]$

$R=330[\Omega]$

★★★☆☆

13 어떤 전지의 외부 회로의 저항은 $5[\Omega]$이고, 전류는 $8[A]$가 흐른다. 외부 회로에 $5[\Omega]$대신에 $15[\Omega]$의 저항을 접속하면 전류는 $4[A]$로 떨어진다. 이때 전지의 기전력은 몇$[V]$인가?

① $80[V]$ ② $50[V]$

③ $15[V]$ ④ $20[V]$

🔍 해설

전지의 연결

식 ① → $I=\dfrac{E}{r+5}=8,\ E=8r+40$

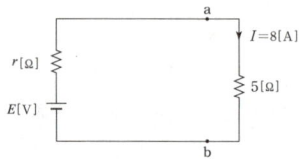

식 ② → $I'=\dfrac{E}{r+15}=4,\ E=4r+60$

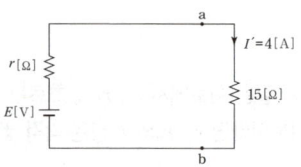

∴ $E=8r+40=4r+60,\ r=5[\Omega],\ E=80[V]$가 된다.

★★★★☆

14 다음의 사다리꼴 회로에서 출력전압 V_L은 몇 $[V]$인가?

① $2[V]$ ② $3[V]$

③ $4[V]$ ④ $6[V]$

🔍 해설

저항의 직·병렬연결

$V_A=\dfrac{V}{2}=\dfrac{24}{2}=12[V]$

$$V_B = \frac{V_A}{2} = \frac{12}{2} = 6[\text{V}]$$

$$V_C = \frac{V_B}{2} = \frac{6}{2} = 3[\text{V}]$$

$$\therefore V_L = V_C = 3[\text{V}]$$

★★★☆☆

15 최대 눈금이 $50[\text{V}]$인 직류 전압계가 있다. 이 전압계를 사용하여 $150[\text{V}]$의 전압을 측정하려면 배율기의 저항은 몇 $[\Omega]$을 사용하여야 하는가? (단, 전압계의 내부 저항은 $5,000[\Omega]$이다.)

① $1,000[\Omega]$
② $2,500[\Omega]$
③ $5,000[\Omega]$
④ $10,000[\Omega]$

🔍 **해설**

배율기

최대측정한도전압 $V_a = 50[\text{V}]$, 측정코자하는 전압 $V = 150[\text{V}]$, 전압계 내부저항 $r_a = 5,000[\Omega]$이므로 배율기의 배율 $m = \frac{V}{V_a}$ $= 1 + \frac{R_s}{r_a}$에 주어진 수치를 대입하면 $\frac{150}{50} = 1 + \frac{R_s}{5,000}$이므로 배율기 저항 $R_s = 10,000[\Omega]$이 된다.

★★★★☆

16 그림과 같은 회로에 일정한 전압이 걸릴 때 전원에 R_1 및 $100[\Omega]$을 접속하였다. R_1에 흐르는 전류를 최소로 하기 위한 R_2의 값$[\Omega]$은?

① $25[\Omega]$
② $50[\Omega]$
③ $75[\Omega]$
④ $100[\Omega]$

🔍 **해설**

저항의 직·병렬연결

회로도에서 합성저항

$R = R_1 + \frac{(100-R_2) \cdot R_2}{100-R_2+R_2} = R_1 + \frac{100R_2 - R_2^2}{100}$이므로

R_1에 흐르는 전류가 최소가 되려면 합성저항이 최대일 때이므로 R_2에 대한 R의 기울기가 0 되어야 한다.

$$\frac{dR}{dR_2} = 100 - 2R_2 = 0, \quad R_2 = 50[\Omega]$$

★★★☆☆

17 $R = 1[\Omega]$의 저항을 그림과 같이 무한히 연결할 때, a,b 간의 합성저항은?

① 0
② 1
③ ∞
④ $1 + \sqrt{3}$

🔍 **해설**

저항의 직·병렬연결

그림의 등가 회로에서 $R_{ab} = 2R + \frac{R \cdot R_{cd}}{R + R_{cd}}$이며 $R_{ab} = R_{cd}$이므로

$RR_{ab} + R_{ab}^2 - 2R^2 - 2RR_{ab} = RR_{ab}$

여기서 $R = 1[\Omega]$를 대입하면 $R_{ab} + R_{ab}^2 - 2 - 2R_{ab} = R_{ab}$

$R_{ab}^2 - 2R_{ab} - 2 = 0$에서 근의 공식에 대입하면

$$R_{ab} = \frac{-(-2) \pm \sqrt{(-2)^2 - 4 \times 1 \times (-2)}}{2 \times 1} = 1 \pm \sqrt{3}$$ 이고

저항값은 (-)값을 가질수 없으므로 $R_{ab} = 1 + \sqrt{3}$ 이 된다.

💬 **참고**

$$ax^2 + bx + c = 0$$에서 $x = \frac{-b \pm \sqrt{b^2 - 4ac}}{2a}$

[정답] 15 ④ 16 ② 17 ④

★★★☆☆

18 다음 회로에서 전류 I는 몇 [A]인가?

① 50[A] ② 25[A]

③ 12.5[A] ④ 10[A]

🔍 **해설** -

휘스톤 브릿지

브릿지 평형이므로 중앙에는 전류가 흐르지 않으므로 1[Ω]은 개방
상태이므로 등가회로로 그리면 다음과 같다.

합성저항 $R = \dfrac{8 \times 8}{8 + 8} = 4[\Omega]$

전체전류 $I = \dfrac{V}{R} = \dfrac{100}{4} = 25[A]$

★★★☆☆

19 내부저항이 15[kΩ]이고, 최대눈금이 150[V]인 전압계와 내부저항이 10[kΩ]이고 최대눈금이 150[V]인 전압계가 있다. 두 전압계를 직렬 접속하여 측정하면 최대 몇 [V]까지 측정할 수 있는가?

① 200[V] ② 250[V]

③ 300[V] ④ 375[V]

🔍 **해설** -

저항의 직·병렬연결

전체 측정 전압을 E라 하고, 저항의 직렬 접속시에 저항값이 큰 쪽
에 더 높은 전압이 분배되므로 전압 분배법칙을 이용하여

$\dfrac{15}{10+15}E \leq 150$가 성립되어야 함을 알 수 있다.

$\therefore E \leq 250$

electrical engineer

정현파 교류

영상 학습 QR   출제경향분석

본 장은 정현파교류의 기본 용어에 대한 내용과 교류의 크기를 나타내는 실효값과 평균값을 다루었으며 시험에 자주 출제가 되는 내용은 다음과 같다.

❶ 여러파형의 평균값과 실효값   ❷ 파고율 및 파형률
❸ 복소수의 크기 및 위상   ❹ 함수의 표현법
❺ 복소수의 사칙연산

콕콕 포인트

1 정현파 교류(Sine Wave AC)

1. 정현파 교류의 순시치 표시

자기장에 코일을 넣어 회전시키면 전압이 유기되고, 그 값은 $e=Blv\sin\theta$[V]이다.
이때, Blv를 최댓값 V_m으로 유기전압 e를 v로 표시하면 $v=V_m\sin\theta$[V]로 표시 할 수 있다.

[발전기]

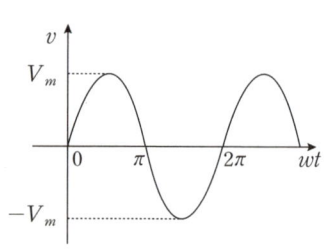

[정현파 교류전압]

1) **주기(period)** T[sec] : 한 사이클에 대한 시간을 주기라한다.

2) **주파수(frequency)** f[Hz]

　1[sec]동안에 반복되는 사이클의 수를 나타내며, 단위로는 [Hz](헤르츠)를 사용한다.
　예 우리나라 공칭주파수 $f=60$[Hz], 직류 $f=0$[Hz]

FAQ

정현파 교류가 무엇입니까?

답

▶고조파 성분이 없는 같은 모양의 파형이 계속 반복되는 주기파를 말합니다.

FAQ

사이클(cycle)이 무엇입니까?

답

▶정현파의 임의 값에서 출발하여 다시 그 값으로 되는 과정을 사이클이라 합니다.

3) 주기와 주파수와의 관계

주기와 주파수는 반비례관계 $f = \dfrac{1}{T}$[Hz]

4) 각 주파수(angular frequency) ω[rad/sec]

$$\omega = \frac{\theta}{t} = \frac{2\pi}{T} = 2\pi f \,[\text{rad/sec}]$$

예 $f = 60$[Hz] → $\omega = 2\pi \times 60 = 377$[rad/s]

$f = 50$[Hz] → $\omega = 2\pi \times 50 = 314$[rad/s]

직류 $f = 0$[Hz] → $\omega = 2\pi \times 0 = 0$[rad/s]

5) 위상차(phase difference)

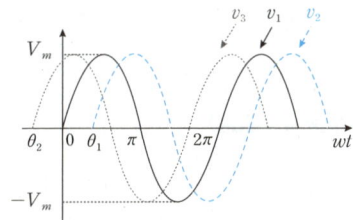

[정현파 교류전압]

- $v_1 = V_m \sin \omega t$[V]
- $v_2 = V_m \sin(\omega t - \theta_1)$[V]
- $v_3 = V_m \sin(\omega t + \theta_2)$[V]

위의 식에서 v_2는 v_1보다 위상이 θ_1만큼 뒤지고 v_3는 v_1보다 위상이 θ_2 만큼 앞선다고 한다.

필수확인 O·X 문제

1차 2차 3차

1. 한 사이클에 대한 시간을 주파수라 한다. · · · · · · · · · · · · · · ( )
2. 우리나라 공칭주파수는 50[Hz]이다. · · · · · · · · · · · · · · · ( )
3. 주파수가 60[Hz]에서의 각주파수는 377[rad/sec]가 된다. · · · · · · · · · ( )

상세해설

1. (×) 한 사이클에 대한 시간을 주기라 한다.
2. (×) 우리나라 공칭주파수는 60[Hz]이다.
3. (○)

콕콕 포인트

electrical engineer · electrical engineer · electrical engineer · electrical engineer · electrical engineer · electrical engineer · electrical engineer · electrical e

2 정현파 교류의 크기 표시

1. 순시값(instantaneous value)

순시값은 시간에 대해서 순간순간 변화하는 값으로 교류값을 말한다.

$$v = V_m \sin\omega t \, [\mathrm{V}]$$

$$i = I_m \sin\omega t \, [\mathrm{A}]$$

2. 평균값(average value)

평균값은 가동 코일형 계기로 측정하며 교류 순시값의 한주기 동안의 평균을 취하여 교류의 크기를 나타낸값이다.

$$V_a = \frac{1}{T} \int_0^T v \, dt \, [\mathrm{V}]$$

$$I_a = \frac{1}{T} \int_0^T i \, dt \, [\mathrm{A}]$$

3. 실효값(root-mean-square value)

실효값은 열선형 계기로 측정하며 동일부하에 교류와 직류를 흘려 소비전력이 같아졌을 때의 직류분에 대한 교류분의 값으로 계산식의 대표값으로 사용한다.

$$I = \sqrt{\frac{1}{T} \int_0^T i^2 \, dt} = \sqrt{i^2 \text{의 한주기 평균값}}$$

3 여러 파형의 평균값과 실효값

명칭	파형	평균값(V_a)	실효값(V)
정현파		$\frac{2V_m}{\pi} = 0.637V_m$	$\frac{V_m}{\sqrt{2}} = 0.707V_m$
정현전파		$\frac{2V_m}{\pi} = 0.637V_m$	$\frac{V_m}{\sqrt{2}} = 0.707V_m$
정현반파		$\frac{V_m}{\pi} = 0.319V_m$	$\frac{V_m}{2} = 0.5V_m$
구형파		V_m	V_m
구형반파		$\frac{V_m}{2} = 0.5V_m$	$\frac{V_m}{\sqrt{2}} = 0.707V_m$
톱니파		$\frac{V_m}{2} = 0.5V_m$	$\frac{V_m}{\sqrt{3}} = 0.577V_m$
삼각파		$\frac{V_m}{2} = 0.5V_m$	$\frac{V_m}{\sqrt{3}} = 0.577V_m$

Q 포인트문제 3

어떤 정현파 전압의 평균값이 191[V]이면 최댓값[V]은?

① 약 150 ② 약 250
③ 약 300 ④ 약 400

A 해설

평균값과 실효값

정현파에서 평균값 $V_a = \frac{2V_m}{\pi}$ 이므로

최댓값은 $V_m = \frac{\pi}{2} V_a = \frac{\pi}{2} \times 191$

$\qquad\qquad = 300[\mathrm{V}]$

정답 ③

Q 포인트문제 4

그림과 같이 시간축에 대하여 대칭인 3각파 교류 전압의 평균값[V]은?

① 5.77 ② 5
③ 10 ④ 6

A 해설

평균값과 실효값

삼각파의 평균값

$$V_a = \frac{V_m}{2} = \frac{10}{2} = 5[\mathrm{V}]$$

정답 ②

electrical engineer · electrical engineer · electrical engineer · electrical engineer · electrical engineer · electrical engineer · electrical engineer · electrical engineer

콕콕 포인트

4 파고율 및 파형율

1. 파고율(peak factor)

$$파고율 = \frac{최댓값}{실효값}$$

2. 파형율(form factor)

$$파형율 = \frac{실효값}{평균값}$$

3. 각종파형의 파고율 및 파형율

파 형	파고율	파형율
정현파 및 정현전파	$\sqrt{2}=1.414$	$\frac{\pi}{2\sqrt{2}}=1.11$
정현반파(반파정류파)	2	$\frac{\pi}{2}=1.57$
구형파	1	1
구형반파	$\sqrt{2}=1.414$	$\sqrt{2}=1.414$
삼각파 및 톱니파	$\sqrt{3}=1.732$	$\frac{2}{\sqrt{3}}=1.155$

핵심 포인트

각종파형의 파고율 및 파형율을 구할 수식
- 파고율 $= \dfrac{최댓값}{실효값}$
- 파형율 $= \dfrac{실효값}{평균값}$

Q 포인트문제 5

파형이 톱니파일 경우 파형률은?

① 0.577 ② 1.732
③ 1.414 ④ 1.155

A 해설

파고율 및 파형율

톱니파의 파형율 $= \dfrac{실효값}{평균값}$

$= \dfrac{\frac{V_m}{\sqrt{3}}}{\frac{V_m}{2}} = \dfrac{2}{\sqrt{3}} = 1.155$

정답 ④

Q 포인트문제 6

다음 중 옳지 않은 것은?

① 역률 $= \dfrac{유효전력}{피상전력}$
② 파형률 $= \dfrac{실효값}{평균값}$
③ 파고율 $= \dfrac{실효값}{최댓값}$
④ 왜형률 $= \dfrac{전고조파의\ 실효값}{가본파의\ 실효값}$

A 해설

파고율 및 파형율

파고율 $= \dfrac{최댓값}{실효값}$

정답 ③

필수확인 O·X 문제

1차 2차 3차

1. 정현파의 실효값은 최댓값의 0.707배 이다. ·················· (   )
2. 파고율은 평균값에 대한 실효값과의 비이다. ·················· (   )
3. 구형파의 파고율과 파형률은 모두 1이다. ·················· (   )

상세해설

1. (○) 정현파의 실효값은 $I = \dfrac{I_m}{\sqrt{2}} = 0.707 I_m$이므로 최댓값($I_m$)의 0.707배가 된다.
2. (×) 파고율 $= \dfrac{최댓값}{실효값}$ 이므로 실효값에대한 최댓값과의 비이다.
3. (○) 구형파는 최댓값=실효값=평균값이므로 파형율과 파고율이 모두 1이 된다.

5 복소수

복소수란, 실수부와 허수부의 합으로 이루어진 수를 말하고, 이때 허수는 제곱하여 −1이 되는 수로서 실수와는 위상이 90° 차이가 나는 수이다.

1. 허수

① $j=\sqrt{-1}=1\angle 90°$ 실수보다 90° 앞선다.

② $-j=1\angle -90°$ 실수보다 90° 뒤진다.

③ $j^2=-1$, $j^3=-j$, $j^4=1$

2. 복소수

$$복소수=실수부+허수부=a+jb$$

3. 복소평면(극좌표)

1) 복소수의 크기

$$|Z|=\sqrt{실수부^2+허수부^2}=\sqrt{a^2+b^2}$$

2) 복소수의 위상

$$\theta=\tan^{-1}\frac{허수부}{실수부}=\tan^{-1}\frac{b}{a}$$

4. 함수의 표현법

1) 복소수표현(직각 좌표형)

$$Z=실수부+허수부=a+jb\left(단, 크기=|Z|=\sqrt{a^2+b^2} : 실효값, \theta=\tan^{-1}\frac{b}{a}\right)$$

2) 극 좌표형 : $Z=|Z|\angle \theta$

3) 지수 함수형 : $Z=|Z|e^{j\theta}$

engineer · electrical engineer · electrical engineer · electrical engineer · electrical engineer · electrical engineer · electrical engineer · electrical engineer · electrical engineer

콕콕 포인트

4) 삼각 함수형

$$Z = |Z|(\cos\theta + j\sin\theta)$$

5) 순시값 표현

$$Z = \sqrt{2}\,|Z|\sin(\omega t + \theta)$$

5. 복소수 사칙연산

1) 복소수의 덧셈과 뺄셈

$Z_1 = a + jb,\ Z_2 = c + jd$ 일 때

$$Z_1 \pm Z_2 = (a \pm c) + j(b \pm d)$$

2) 복소수의 곱과 나눗셈

$Z_1 = a + jb,\ Z_2 = c + jd$ 일 때

- $|Z_1| = \sqrt{a^2 + b^2},\ \theta_1 = \tan^{-1}\dfrac{b}{a}$ - $|Z_2| = \sqrt{c^2 + d^2},\ \theta_2 = \tan^{-1}\dfrac{d}{c}$

$$Z_1 \times Z_2 = |Z_1| \angle\theta_1 \times |Z_2| \angle\theta_2 = |Z_1||Z_2| \angle\theta_1 + \theta_2$$

$$\frac{Z_1}{Z_2} = \frac{|Z_1| \angle\theta_1}{|Z_2| \angle\theta_2} = \frac{|Z_1|}{|Z_2|} \angle\theta_1 - \theta_2$$

3) 컬레복소수

$$Z = a + jb,\ \overline{Z} = Z^* = a - jb$$

| 필수확인 O·X 문제 | 1차 | 2차 | 3차 |

1. 복소수의 크기는 $|Z| = \sqrt{실수부^2 + 허수부^2}$ 가 된다. · · · · · · · · · · · · (   )

2. 복소수의 위상은 $\theta = \tan^{-1}\dfrac{최댓값}{실효값}$ 가 된다. · · · · · · · · · · · · (   )

3. 전류 $I = 10 + j10\,[\mathrm{A}]$의 크기와 위상은 $20\,[\mathrm{A}]$, $\theta = 45°$이다. · · · · · · · · (   )

상세해설

  1. (O)

  2. (×)

  3. (×) 전류의 크기 $I = \sqrt{10^2 + 10^2} = 10\sqrt{2}\,[\mathrm{A}]$

         전류의 위상 $\theta = \tan^{-1}\dfrac{10}{10} = 45°$

- QR 코드를 찍으시면, 가장 중요한 우선순위 문제풀이 영상을 보실 수 있습니다.
- 우선순위 논점은 전기(산업)기사 시험에서 가장 출제 빈도가 높은 문제로써, 수험생분들께서는 각 파트별 우선순위 문제의 논점과 키워드를 학습하시기 바랍니다.
- 체크 리스트를 작성하시면서 문제의 유형과 학습의 완성도를 스스로 체크 해 보시기를 바랍니다.
- "선생님의 콕콕 포인트"는 틀리기 쉬운 문제의 함정과 문제의 포인트를 집어드립니다. 우선순위 문제풀이의 포인트를 꼭 참고하고 응용문제의 해결능력을 길러 줍니다.

번호	우선순위 논점	KEY WORD	나의 정답 확인				선생님의 콕콕 포인트
			맞음	틀림(오답확인)			
				이해 부족	암기 부족	착오 실수	
3	평균값	정현파, 정현전파, 평균값					정현파와 정현전파의 평균값공식은 같다.
5	실효값	정현반파, 반파정류, 실효값					정현반파(반파정류)의 정현파의 실효값의 $1/\sqrt{2}$배 이다.
10	파형율	정현파, 정현판파, 구형파, 삼각파, 파형률					파고율$=\dfrac{최댓값}{실효값}$, 파형율$=\dfrac{실효값}{평균값}$
14	파고율	구형파, 파고율					파고율과 파형률이 모두 1인 파는 구형파
19	복소수 사칙연산	복수수의 합, 복소수의 차					복소수의 합과 차는 같은 성분끼리 더하고 뺀다.

★★☆☆

01 정현파 교류의 실효값을 계산하는 식은?

① $I=\dfrac{1}{T}\displaystyle\int_0^T i^2dt$

② $I^2=\dfrac{2}{T}\displaystyle\int_0^T idt$

③ $I^2=\dfrac{1}{T}\displaystyle\int_0^T i^2dt$

④ $I=\sqrt{\dfrac{2}{T}\displaystyle\int_0^T i^2dt}$

🔍 해설

실효값

정현파 교류의 실효값은

$$I=\sqrt{\dfrac{1}{T}\int_0^T i^2dt}=\sqrt{i^2 의\ 한주기\ 평균값}$$

★★★☆☆

02 정현파 전압의 평균값과 최댓값과의 관계식 중 옳은 것은?

① $V_{av}=0.707V_m$

② $V_{av}=0.840V_m$

③ $V_{av}=0.637V_m$

④ $V_{av}=0.956V_m$

🔍 해설

정현파교류의 크기

- 정현파교류 평균값 $V_a=\dfrac{2}{\pi}V_m=0.637V_m[V]$
- 정현파교류 실효값 $V=\dfrac{V_m}{\sqrt{2}}=0.707V_m[V]$

★★★☆☆

03 어떤 교류 전압의 실효값이 314[V]일 때 평균값 [V]은?

① 약 142[V]

② 약 283[V]

③ 약 365[V]

④ 약 382[V]

🔍 해설

정현파교류 평균값과 실효값

정현파에서 평균값은

$$V_a=\dfrac{2V_m}{\pi}=\dfrac{2\sqrt{2}\,V}{\pi}=\dfrac{2\sqrt{2}\times314}{\pi}=283[V]$$

[정답] 01 ③ 02 ③ 03 ②

04 정현파 교류의 평균값에 어떠한 수를 곱하면 실효값을 얻을 수 있는가?

① $\dfrac{2\sqrt{2}}{\pi}$

② $\dfrac{\sqrt{3}}{2}$

③ $\dfrac{2}{\sqrt{3}}$

④ $\dfrac{\pi}{2\sqrt{2}}$

> **해설**
>
> **정현파교류 평균값과 실효값**
>
> 정현파의 평균값 $V_a = \dfrac{2V_m}{\pi} = \dfrac{2\sqrt{2}\,V}{\pi}$이므로
>
> 실효값은 $V = \dfrac{\pi}{2\sqrt{2}}V_a$이 된다.

05 그림과 같은 $i = I_m \sin\omega t$인 정현파 교류의 반파 정류 파형의 실효값은?

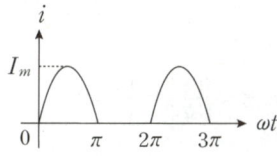

① $\dfrac{I_m}{\sqrt{2}}$

② $\dfrac{I_m}{\sqrt{3}}$

③ $\dfrac{I_m}{2\sqrt{2}}$

④ $\dfrac{I_m}{2}$

> **해설**
>
> **정현반파 평균값과 실효값**
>
> · 정현반파의 평균값 $I_a = \dfrac{I_m}{\pi}$
>
> · 정현반파의 실효값 $I = \dfrac{I_m}{2}$

06 그림과 같은 파형의 실효값은?

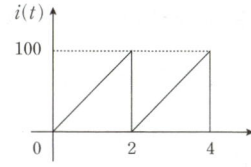

① 47.7

② 57.7

③ 67.7

④ 77.5

> **해설**
>
> **톱니파의 평균값과 실효값**
>
> · 톱니파의 평균값 $I_a = \dfrac{I_m}{2}$
>
> · 톱니파의 실효값 $I = \dfrac{I_m}{\sqrt{3}} = \dfrac{100}{\sqrt{3}} = 57.7$

07 그림과 같이 처음 10초간은 50[A]의 전류를 흘리고, 다음 20초간은 40[A]의 전류를 흘리면 전류의 실효값 [A]은? (단, 주기는 30초라 한다.)

① 38.7[A]

② 43.6[A]

③ 46.8[A]

④ 51.5[A]

> **해설**
>
> **실효값**
>
> 파형의 실효값은 $I = \sqrt{\dfrac{1}{T}\displaystyle\int_0^T i^2 dt}$
>
> $\qquad = \sqrt{\dfrac{1}{30}\left\{\displaystyle\int_0^{10} 50^2 dt + \int_{10}^{30} 40^2 dt\right\}} = 43.6[A]$

08 교류의 파형률이란?

① $\dfrac{실효값}{평균값}$

② $\dfrac{평균값}{실효값}$

③ $\dfrac{실효값}{최댓값}$

④ $\dfrac{최댓값}{실효값}$

> **해설**
>
> **파형률과 파고율**
>
> 파형률 $= \dfrac{실효값}{평균값}$, 파고율 $= \dfrac{최댓값}{실효값}$

[정답] 04 ④ 05 ④ 06 ② 07 ② 08 ①

09 정현파 교류의 실효값을 구하는 식이 잘못된 것은?

★★☆☆☆

① $\sqrt{\dfrac{1}{T}\displaystyle\int_0^T i^2 dt}$

② 파고율 × 평균값

③ $\dfrac{\text{최댓값}}{\sqrt{2}}$

④ $\dfrac{\pi}{2\sqrt{2}} \times$ 평균값

🔍 해설

정현파 교류

① 실효값의 정의식 $I = \sqrt{\dfrac{1}{T}\displaystyle\int_0^T i^2 dt}$

③ 정현파의 실효값 $V = \dfrac{V_m}{\sqrt{2}} = \dfrac{\text{최댓값}}{\sqrt{2}}$

④ $\dfrac{\pi}{2\sqrt{2}} \times$ 평균값 $= \dfrac{\pi}{2\sqrt{2}} \times \dfrac{2V_m}{\pi} = \dfrac{V_m}{\sqrt{2}} =$ 실효값

10 다음 중 파형률이 1.11이 되는 파형은?

★★★☆☆

① ②

③ ④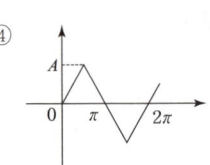

🔍 해설

파형률

정현파의 파형률 $= \dfrac{\text{실효값}}{\text{평균값}} = \dfrac{\dfrac{V_m}{\sqrt{2}}}{\dfrac{2V_m}{\pi}} = \dfrac{\pi}{2\sqrt{2}} = 1.111$

11 정현파 교류전압의 파고율은?

★★★★☆

① 0.91 ② 1.11

③ 1.41 ④ 1.73

🔍 해설

정현파의 파고율

정현파의 실효값과 평균값 전류가 I, I_a라 하면

$I = \dfrac{I_m}{\sqrt{2}}$, $I_a = \dfrac{2I_m}{\pi}$ 이므로

• 파고율 $= \dfrac{\text{최댓값}}{\text{실효값}} = \dfrac{I_m}{\dfrac{I_m}{\sqrt{2}}} = \sqrt{2} = 1.41$

• 파형율 $= \dfrac{\text{실효값}}{\text{평균값}} = \dfrac{\dfrac{I_m}{\sqrt{2}}}{\dfrac{2I_m}{\pi}} = \dfrac{\pi}{2\sqrt{2}} = 1.11$

12 파고율이 2가 되는 파는?

★★★☆☆

① 정현파 ② 톱니파

③ 반파 정류파 ④ 전파 정류파

🔍 해설

파고율

• 반파정류의 파고율 $= \dfrac{\text{최댓값}}{\text{실효값}} = \dfrac{V_m}{\dfrac{V_m}{2}} = 2$

13 그림과 같은 파형의 파고율은 얼마인가?

★★★☆☆

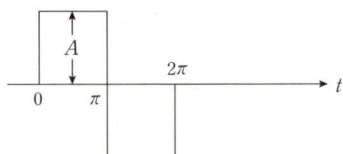

① 2.828 ② 1.732

③ 1.414 ④ 1

🔍 해설

파고율

구형파는 최댓값, 실효값, 평균값이 모두 같으므로 파형률과 파고율이 모두 1.0이다.

★★★☆☆

14 다음 파형의 파형률과 파고율을 더한 값은?

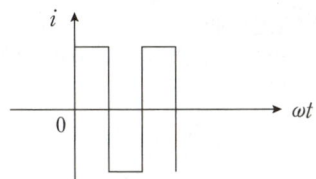

① 1

② 2

③ 2.51

④ 3.57

🔍 해설

파형률과 파고율

구형파는 파고율과 파형율이 모두 1이므로 파고율+파형율=2

★★★☆☆

15 그림과 같은 파형의 파고율은?

① $\sqrt{2}$

② $\sqrt{3}$

③ 2

④ 3

🔍 해설

파고율

구형반파에서 실효값 $V = \dfrac{V_m}{\sqrt{2}}$, 평균값 $V_a = \dfrac{V_m}{2}$ 이므로

파고율 $= \dfrac{\text{최댓값}}{\text{실효값}} = \dfrac{V_m}{\dfrac{V_m}{\sqrt{2}}} = \sqrt{2}$

★★☆☆☆

16 그림과 같은 파형의 맥동 전류를 열선형 계기로 측정한 결과 10[A]이었다. 이를 가동 코일형 계기로 측정할 때 전류의 값은 몇 [A]인가?

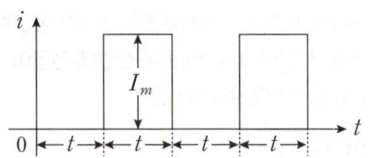

① 7.07[A]

② 10[A]

③ 14.14[A]

④ 17.32[A]

🔍 해설

평균값과 실효값

열선형 계기는 실효값을 가동 코일형 계기는 평균값을 지시하므로

구형반파에서 실효값 $I = \dfrac{I_m}{\sqrt{2}}$, 평균값 $I_a = \dfrac{I_m}{2}$ 이므로

$I_a = \dfrac{I_m}{2} = \dfrac{\sqrt{2}\,I}{2} = \dfrac{10}{\sqrt{2}} = 7.07[\text{A}]$

★☆☆☆☆

17 그림과 같은 전류 파형에서 0~π까지는 $i = I_m \sin \omega t$, π~2π까지는 $i = -\dfrac{I_m}{2}$으로 주어진다. $I_m = 5[\text{A}]$라 할 때 전류의 평균값 [A]은?

① 0.234[A]

② 0.342[A]

③ 0.432[A]

④ 0.5[A]

🔍 해설

평균값

정현반파 부분의 평균값 $= \dfrac{I_m}{\pi} = \dfrac{5}{\pi} = 1.59[\text{A}]$

구형반파 부분의 평균값 $= \dfrac{-\dfrac{I_m}{2}}{2} = \dfrac{-\dfrac{5}{2}}{2} = -1.25[\text{A}]$이므로

전체 평균값은 $I_a = 1.59 - 1.25 = 0.34[\text{A}]$

[정답] 14 ② 15 ① 16 ① 17 ②

★☆☆☆☆

18
최대치 $100[V]$, 주파수 $60[Hz]$인 정현파 전압이 $t=0$에서 순시치가 $50[V]$이고 이 순간에 전압이 감소하고 있을 경우의 정현파의 순시치식은?

① $100\sin(120\pi t+45°)$

② $100\sin(120\pi t+135°)$

③ $100\sin(120\pi t+150°)$

④ $100\sin(120\pi t+30°)$

🔍 **해설**

정현파의 순시값

최댓값 $V_m=100[V]$, 주파수 $f=60[Hz]$, $t=0$에서 순시전압 $v(t)=50[V]$이므로

$$v(t)=V_m\sin(\omega t+\theta)$$
$$=100\sin(2\pi\times60t+\theta)$$
$$=100\sin(120\pi t+\theta)$$

$v(0)=100\sin\theta=50,\ \sin\theta=0.5$

$\theta=\sin^{-1}0.5=30°,\ 150°$이며 $t=0$에서 순시치 전압이 감소하는 경우의 전압은 $v(t)=100\sin(120\pi t+150°)[V]$

★★★★☆

19
교류 전류 $i_1=20\sqrt{2}\sin\left(\omega t+\dfrac{\pi}{3}\right)[A]$, $i_2=10\sqrt{2}\sin\left(\omega t-\dfrac{\pi}{6}\right)[A]$의 합성 전류$[A]$를 복소수로 표시하면?

① $18.66-j12.32$

② $18.66+j12.32$

③ $12.32-j18.66$

④ $12.32+j18.66$

🔍 **해설**

복소수의 사칙연산

$$I_1+I_2=20\left(\cos\dfrac{\pi}{3}+j\sin\dfrac{\pi}{3}\right)+10\left(\cos\dfrac{\pi}{6}-j\sin\dfrac{\pi}{6}\right)$$
$$=18.66+j12.32$$

★★☆☆☆

20
복소수 $I_1=10\angle\tan^{-1}\dfrac{4}{3}$, $I_2=10\angle\tan^{-1}\dfrac{3}{4}$일 때 $I=I_1+I_2$는 얼마인가?

① $-2+j2$

② $14+j14$

③ $14+j4$

④ $14+j3$

🔍 **해설**

$\theta_1=\tan^{-1}\dfrac{4}{3}=53°,\ \theta_2=\tan^{-1}\dfrac{3}{4}=37°$

I_1과 I_2를 복소수로 변형하면

$I_1=10(\cos\theta_1+j\sin\theta_1)=6+j8,\ I_2=10(\cos\theta_2+j\sin\theta_2)=8+j6$

$\therefore I=I_1+I_2=6+j8+8+j6$
$=14+j14$

★★★★☆

21
임피던스 $Z=15+j4[\Omega]$의 회로에 $I=10(2+j)$ $[A]$를 흘리는 데 필요한 전압 $V[V]$를 구하면?

① $10(26+j23)$

② $10(34+j23)$

③ $10(30+j4)$

④ $10(15+j8)$

🔍 **해설**

복소수의 사칙연산

$$V=I\cdot Z=10(2+j)(15+j4)$$
$$=10(26+j23)[V]$$

★★★☆☆

22
어떤 회로에 $E=100+j20[V]$인 전압을 가했을 때 $I=4+j3[A]$인 전류가 흘렀다면 이 회로의 임피던스는?

① $19.5+j3.9[\Omega]$

② $18.4-j8.8[\Omega]$

③ $17.3-j8.5[\Omega]$

④ $15.3+j3.7[\Omega]$

🔍 **해설**

복소수의 사칙연산

임피던스는

$$Z=\dfrac{E}{I}=\dfrac{100+j20}{4+j3}=\dfrac{(100+j20)(4-j3)}{(4+j3)(4-j3)}=\dfrac{460-j220}{25}$$
$$=18.4-j8.8[\Omega]$$

★★★☆☆

23
$A_1=20\left(\cos\dfrac{\pi}{3}+j\sin\dfrac{\pi}{3}\right)$, $A_2=5\left(\cos\dfrac{\pi}{6}+j\sin\dfrac{\pi}{6}\right)$로 표시되는 두 벡터가 있다. $\dot{A}_3=\dot{A}_1/\dot{A}_2$의 값은 얼마인가?

[**정답**] 18 ③ 19 ② 20 ② 21 ① 22 ② 23 ④

① $\dot{A}_3 = 10\left(\cos\dfrac{\pi}{3} + j\sin\dfrac{\pi}{3}\right)[\mathrm{A}]$

② $\dot{A}_3 = 10\left(\cos\dfrac{\pi}{6} + j\sin\dfrac{\pi}{6}\right)[\mathrm{A}]$

③ $\dot{A}_3 = 4\left(\cos\dfrac{\pi}{3} + j\sin\dfrac{\pi}{3}\right)[\mathrm{A}]$

④ $\dot{A}_3 = 4\left(\cos\dfrac{\pi}{6} + j\sin\dfrac{\pi}{6}\right)[\mathrm{A}]$

🔍 해설

복소수의 사칙연산

$$\dfrac{A_1}{A_2} = \dfrac{20\angle 60°}{5\angle 30°} = 4\angle 30°$$
$$= 4\left(\cos\dfrac{\pi}{6} + j\sin\dfrac{\pi}{6}\right)$$

★★☆☆☆

24 그림과 같은 회로에서 Z_1의 단자 전압 $V_1 = \sqrt{3} + jy$, Z_2의 단자 전압 $V_2 = |V|\angle 30°$일 때, y 및 $|V|$의 값은?

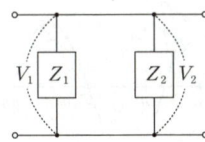

① $y=1$, $|V|=2$ ② $y=\sqrt{3}$, $|V|=2$

③ $y=2\sqrt{3}$, $|V|=1$ ④ $y=1$, $|V|=\sqrt{3}$

🔍 해설

함수표현법

Z_1과 Z_2가 병렬연결이므로
단자전압 $V_1 = V_2$이므로
$\sqrt{3} + jy = |V|\angle 30°$
$\qquad = |V|(\cos 30° + j\sin 30°)$
$\qquad = \dfrac{|V|\sqrt{3}}{2} + j\dfrac{|V|}{2}$이므로
$\sqrt{3} = \dfrac{|V|\sqrt{3}}{2}$, $y = \dfrac{|V|}{2}$
$|V| = 2$, $y = 1$

[정답] 24 ①

기본 교류회로

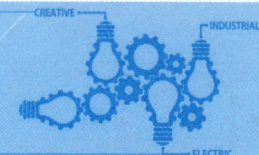

영상 학습 QR   출제경향분석

본장은 R, L, C 기본교류회로의 각 소자의 기본원리 및 소자 연결시 특성에 대한 내용을 다루었으며 시험에 자주 출제가 되는 내용은 다음과 같다.

❶ R, L, C의 위상관계   ❷ R, L, C의 임피던스
❸ R, L, C 연결에 의한 역률계산   ❹ R, L, C 연결에의한 전류계산
❺ 공진회로

곡곡 포인트

핵심 포인트

저항 R만의 회로의 위상관계와 임피던스의 이해

1. 전압과 전류의 위상차가 없다.
   → 동상
2. 임피던스
   $Z = R[\Omega]$ → 실수값

Q 포인트문제 1

어떤 회로 소자에 $e = 125\sin 377t$ [V]를 가했을 때 전류 $i = 25\sin 377t$ [A]가 흐른다. 이 소자는 어떤 것인가?

① 다이오드
② 순저항
③ 유도 리액턴스
④ 용량 리액턴스

A 해설

$R[\Omega]$만의 회로
전압과 전류의 위상차가 없으므로 순저항 회로가 된다.

정답 ②

---

1 $R \cdot L \cdot C$ 단독회로

1. 저항 R만의 회로와 파형

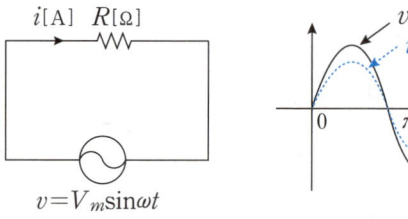

[등가회로]   [전압·전류 파형]

1) 순시전류

$$i = \frac{v}{R} = \frac{V_m}{R}\sin\omega t = I_m \sin\omega t [A]$$

2) 전압과 전류의 위상차가 없다. → 동상

3) R에 대한 임피던스 $Z[\Omega]$: 전류에 대한 전압과의 비를 임피던스라 한다.

$$Z = \frac{V}{I} = \frac{\frac{V_m}{\sqrt{2}}\angle 0°}{\frac{V_m}{\sqrt{2}R}\angle 0°} = R\angle 0° = R(\cos 0° + j\sin 0°) = R[\Omega] \rightarrow 실수값$$

2. 인덕턴스 L만의 회로와 파형

[등가회로]

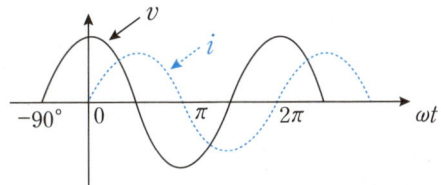

[전압·전류 파형]

전압은 전류보다 위상이 $90°$ 앞선다. 또는 전류는 전압보다 위상이 $90°$뒤진다.

1) $L[\mathrm{H}]$에 대한 역기전력 $e=-L\dfrac{di}{dt}[\mathrm{V}]$

2) $L[\mathrm{H}]$에 대한 단자전압 $v=L\dfrac{di}{dt}=L\dfrac{d}{dt}(I_m\sin\omega t)=\omega LI_m\cos\omega t$

$$=\omega LI_m\sin(\omega t+90°)[\mathrm{V}]$$

3) $L[\mathrm{H}]$에 대한 임피던스 $Z[\Omega]$

$$jX_L=j\omega L=j2\pi fL[\Omega]\ :\ 허수값$$

4) 직류는 주파수가 0이므로 유도성 리액턴스가 0이 되어 단락이 된다.

5) 코일에 축적되는 에너지

$$W=\frac{1}{2}LI^2[\mathrm{J}]$$

필수확인 O·X 문제

1차 2차 3차

1. 코일만의 회로는 전류가 전압보다 위상이 $90°$ 앞선다. · · · · · · · · · · · · · ( )

2. 코일에서 직류인가시 단락상태가 된다. · ( )

3. 코일에서 에너지를 소모할 수 있다. · ( )

상세해설

1. (×) 코일만의 회로에서는 전류가 전압보다 위상이 $90°$ 늦으며 유도성(지상)이 된다.

2. (○) 코일에서는 직류인가시 주파수가 $0[\Omega]$이므로 유도성 리액턴스가 0이 되어 단락 상태가 된다.

3. (×) 코일에서는 에너지를 소모할 수 없고 에너지를 축적하게 된다.

FAQ

인덕턴스(코일)이 무엇입니까?

답

▶ 인덕턴스(코일)는 도체에 전류가 흘러 만든 회전자계(자속)과의 비를 말하며 단위로는 [H](헨리)를 사용하며 1[A]의 전류에 대해서 1[Wb]의 자속을 발생하는 경우를 1[H]로 정의합니다.

참고

미분공식

$y=C(상수),\ \dfrac{dy}{dt}=0$

$y=t^n,\ \dfrac{dy}{dt}=n\cdot t^{n-1}$

$y=e^{at},\ \dfrac{dy}{dt}=e^{at}\cdot a$

$y=\sin\omega t,\ \dfrac{dy}{dt}=\cos\omega t\cdot\omega$

$y=\cos\omega t,\ \dfrac{dy}{dt}=-\sin\omega t\cdot\omega$

◉ 핵심 포인트

코일 L만의 회로의 위상관계와 임피던스의 이해

1. 전류가 전압보다 위상이 $90°$ 뒤진다. ➡ 유도성(지상)

2. 임피던스
$Z=j\omega L=jX_L[\Omega]$ ➡ 허수값
여기서, $X_L=\omega L=2\pi fL[\Omega]$
: 유도성 리액턴스

Q 포인트문제 2

자기 인덕턴스 $0.1[\mathrm{H}]$인 코일에 실효값 $100[\mathrm{V}]$, $60[\mathrm{Hz}]$, 위상각 0인 전압을 인가했을 때 흐르는 전류의 실효값 $[\mathrm{A}]$은?

① 1.25　　② 2.24
③ 2.65　　④ 3.41

A 해설

$L[H]$만의 회로

$L=0.1[\mathrm{H}]$, $V=100[\mathrm{V}]$,
$f=60[\mathrm{Hz}]$이므로
코일에 흐르는 전류는
$I=\dfrac{V}{X_L}=\dfrac{V}{\omega L}=\dfrac{100}{2\pi\times60\times0.1}$
$=2.65[\mathrm{A}]$

정답 ③

electrical engineer · electrical engineer · electrical engineer · electrical engineer · electrical engineer · electrical engineer · electrical engineer · electrical

3. 정전용량 C만의 회로와 파형

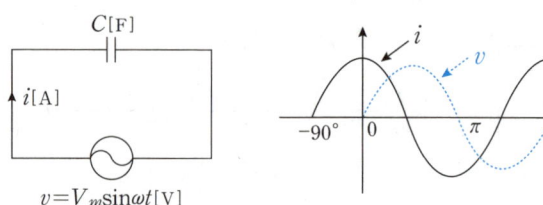

[등가회로]   [전압·전류 파형]

전류는 전압보다 위상이 90° 앞선다. 또는 전압은 전류보다 위상이 90° 뒤진다.

1) $C[\text{F}]$에 흐르는 전류

$$i = C\frac{dv}{dt} = \omega C V_m \cos\omega t = \omega C V_m \sin(\omega t + 90°)[\text{A}]$$

2) C에 대한 임피던스 Z

$$-jX_C = -j\frac{1}{\omega C} = -j\frac{1}{2\pi fC}[\Omega] : \text{허수값}$$

3) 직류는 주파수가 0이므로 $X_C = \infty$가 되어 개방회로가 된다.

4) 콘덴서에 축적되는 에너지

$$W = \frac{1}{2}CV^2[\text{J}]$$

 핵심 포인트

콘덴서 $C[\text{F}]$만의 회로의 위상관계와 임피던스의 이해

1. 전류가 전압보다 위상이 90° 앞선다. → 용량성(진상)
2. 임피던스

$$Z = -j\frac{1}{\omega C} = -jX_C$$

$$= \frac{1}{j\omega C}[\Omega] \to \text{허수값}$$

여기서, $X_C = \frac{1}{\omega C} = \frac{1}{2\pi fC}[\Omega]$

: 용량성 리액턴스

Q 포인트문제 3

어떤 콘덴서를 300[V]로 충전하는데 9[J]의 에너지가 필요하였다. 이 콘덴서의 정전용량은 몇 [μF]인가?

① 100   ② 200
③ 300   ④ 400

A 해설

C만의 회로

$V = 300[\text{V}]$, $W = 9[\text{J}]$일 때
콘덴서에 축적되는 에너지는

$W = \frac{1}{2}CV^2[\text{J}]$이므로

정전용량은

$C = \frac{2W}{V^2} = \frac{2 \times 9}{300^2} \times 10^6$

$= 200[\mu\text{F}]$

정답 ②

2 $R-L-C$ 직렬 회로

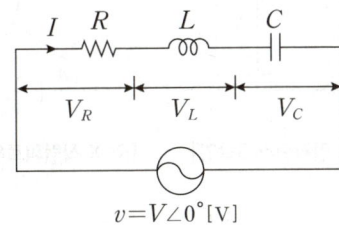

$v=V\angle 0°[\text{V}]$

[등가회로]

1. 합성 임피던스 $Z=R+j(X_L-X_C)[\Omega],\ |Z|=\sqrt{R^2+(X_L-X_C)^2}\,[\Omega]$

2. 위상 $\theta=\tan^{-1}\dfrac{X_L-X_C}{R}=\tan^{-1}\dfrac{\omega L-\dfrac{1}{\omega C}}{R}$

3. 전압과 전류의 위상차

1) $X_L>X_C,\ \omega L>\dfrac{1}{\omega C}$인 경우 : 지상[유도성 회로]

2) $X_L<X_C,\ \omega L<\dfrac{1}{\omega C}$인 경우 : 진상[용량성 회로]

3) $X_L=X_C,\ \omega L=\dfrac{1}{\omega C}$인 경우 : 동상[무유도성 회로]

4. 전류(실효값)

$$I=\frac{V}{Z}=\frac{V}{\sqrt{R^2+(X_L-X_C)^2}}=\frac{V}{\sqrt{R^2+\left(\omega L-\dfrac{1}{\omega C}\right)^2}}[\text{A}]$$

5. 각소자의 전압

$V_R=IR[\text{V}],\ V_L=jIX_L[\text{V}],\ V_C=-jIX_C[\text{V}]$

6. 전체 전압

$$V=V_R+jV_L-jV_C=V_R+j(V_L-V_C)=\sqrt{V_R^2+(V_L-V_C)^2}[\text{V}]$$

🔵 **핵심 포인트**

$R-L-C$ 직렬회로의 합성임피던스와 위상관계를 이해하고 전류값과 역률을 구한다.

1. $Z=R+j(X_L-X_C)[\Omega]$
$=R+jX[\Omega]$

2. $\theta=\tan^{-1}\dfrac{\omega L-\dfrac{1}{\omega C}}{R}$

① $X_L>X_C$: 유도성
② $X_L<X_C$: 용량성
③ $X_L=X_C$: 동상

3. $I=\dfrac{V}{Z}=\dfrac{V}{\sqrt{R^2+X^2}}[\text{A}]$

4. $\cos\theta=\dfrac{R}{Z}=\dfrac{R}{\sqrt{R^2+X^2}}$

Q 포인트문제 4

저항 $R=60[\Omega]$과 유도리액턴스 $\omega L=80[\Omega]$인 코일이 직렬로 연결된 회로에 $200[\text{V}]$의 전압을 인가할 때 전압과 전류의 위상차는?

① $48.17°$ ② $50.23°$
③ $53.13°$ ④ $55.27°$

A 해설

$R-L$ 직렬회로
$R-L$ 직렬회로의 위상차는
$\theta=\tan^{-1}\dfrac{\omega L}{R}=\tan^{-1}\dfrac{80}{60}$
$=53.13°$

정답 ③

electrical engineer · electrical engineer · electrical engineer · electrical engineer · electrical engineer · electrical engineer · electrical engineer · electrical

♥ 핵심 포인트

각소자의 어드미턴스의 이해

1. 저항 $R[\Omega]$

$Y = \dfrac{1}{R} = G[\mho]$

($\therefore G[\mho]$: 컨덕턴스)

2. 인덕턴스(코일) $L[H]$

$Y = \dfrac{1}{jX_L} = -jB_L[\mho]$

($\therefore B_L[\mho]$: 유도성 서셉턴스)

3. 정전용량(콘덴서) $C[F]$

$Y = \dfrac{1}{-jX_C} = jB_C[\mho]$

($\therefore B_C[\mho]$: 용량성 서셉턴스)

♥ 핵심 포인트

$R-L-C$ 병렬회로의 합성어드미턴스와 위상관계를 이해하고 전류값과 역률을 구한다.

1. $Y = \dfrac{1}{R} + j\left(\dfrac{1}{X_C} - \dfrac{1}{X_L}\right)[\mho]$

2. $\theta = \tan^{-1}R\left(\dfrac{1}{X_C} - \dfrac{1}{X_L}\right)[\mho]$

① $X_L > X_C$: 용량성
② $X_L < X_C$: 유도성
③ $X_L = X_C$: 동상

3. $I = I_R + j(I_C - I_L)$
$\quad = \sqrt{I_R^2 + (I_C-I_L)^2}[A]$

4. $\cos\theta = \dfrac{I_R}{I}$

7. 역률 및 무효율

[R-X 직렬회로의 임피던스 3각형]   [R-X 직렬회로의 전압 3각형]

1) 역률

$$\cos\theta = \frac{R}{Z} = \frac{R}{\sqrt{R^2+X^2}}$$

2) 무효율

$$\sin\theta = \frac{X}{Z} = \frac{X}{\sqrt{R^2+X^2}}$$

3 $R-L-C$ 병렬 회로

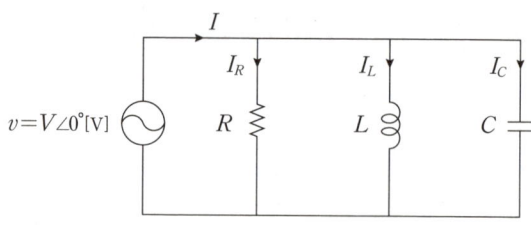

[등가회로]

1. 어드미턴스 Y : 임피던스의 역수값 $= \dfrac{1}{Z}[\mho]$

2. 합성 어드미턴스

- $Y = \dfrac{1}{R} + j\left(\dfrac{1}{X_C} - \dfrac{1}{X_L}\right) = G + j(B_C - B_L)[\mho]$

- $|Y| = \sqrt{\left(\dfrac{1}{R}\right)^2 + \left(\dfrac{1}{X_C} - \dfrac{1}{X_L}\right)^2} = \sqrt{G^2 + (B_C-B_L)^2}[\mho]$

3. 위상

$$\theta = \tan^{-1} \frac{\frac{1}{X_C} - \frac{1}{X_L}}{\frac{1}{R}} = \tan^{-1} \frac{B_C - B_L}{G} = \tan^{-1} R\left(\omega C - \frac{1}{\omega L}\right)$$

4. 전압과 전류의 위상차

1) $X_L < X_C$인 경우 : 지상[유도성회로]

2) $X_L > X_C$인 경우 : 진상[용량성회로]

3) $X_L = X_C$인 경우 : 동상[무유도성회로]

5. 각 소자의 전류

$$I_R = \frac{V}{R}[\text{A}], \ I_L = -j\frac{V}{X_L}[\text{A}], \ I_C = j\frac{V}{X_C}[\text{A}]$$

6. 전체전류

$$I = I_R + j(I_C - I_L) = \sqrt{I_R^2 + (I_C - I_L)^2}\,[\text{A}]$$

7. 역률 및 무효율

[R-X 병렬회로의 어드미턴스 3각형]   [R-X 병렬회로의 전류 3각형]

1) 역률 $\cos\theta = \frac{G}{Y} = \frac{I_R}{I}$

2) 무효율 $\sin\theta = \frac{B}{Y} = \frac{I_X}{I}$

Q 포인트문제 6

실효치가 12[V]인 정현파에 대하여 도면과 같은 회로에서 전 전류 I는?

① $3 - j4[\text{A}]$
② $4 + j3[\text{A}]$
③ $4 - j3[\text{A}]$
④ $6 + j10[\text{A}]$

A 해설

$R - L$ 병렬

$R - L$ 병렬회로에서는 단자전압이 일정하므로 각 소자에 흐르는 전류를 구하면

$$I_R = \frac{V}{R} = \frac{12}{4} = 3[\text{A}]$$

$$I_L = \frac{V}{jX_L} = -j\frac{12}{3} = -j4[\text{A}]$$

이므로 전체전류

$$I = I_R + I_L = 3 - j4[\text{A}]$$

정답 ①

4 공진 회로

① 0.2 ② 0.5
③ 0.7 ④ 0.9

A 해설

공진회로

X_L과 X_C가 같으므로 병렬공진 회로이므로 전류 I는 R에 흐르는 전류 I_R과 같으므로

$$I = I_R = \frac{V}{R} = \frac{1}{2} = 0.5[\text{A}]$$

정답 ②

Q 포인트문제 8

$R-L-C$ 직렬회로에서 전원 전압을 V라 하고 L, C에 걸리는 전압을 각각 V_L 및 V_C라면 선택도 Q는?

① $\dfrac{CR}{L}$ ② $\dfrac{CL}{R}$

③ $\dfrac{V}{V_L}$ ④ $\dfrac{V_C}{V}$

A 해설

공진회로

$R-L-C$ 직렬회로의 선택도 (공진도, 첨예도, 전압 확대율)

$$Q = \frac{V_L}{V} = \frac{V_C}{V} = \frac{X_L}{R} = \frac{X_C}{R}$$

$$= \frac{1}{R}\sqrt{\frac{L}{C}}$$

정답 ④

직렬공진	병렬공진
1. 공진조건 $X_L = X_C$, $\omega L = \dfrac{1}{\omega C}$, $\omega^2 LC = 1$	1. 공진조건 $X_L = X_C$, $\omega C = \dfrac{1}{\omega L}$, $\omega^2 LC = 1$
2. 합성임피던스 $Z = R + j(X_L - X_C) = R[\Omega]$	2. 합성어드미턴스 $Y = \dfrac{1}{R} - j\left(\dfrac{1}{X_L} - \dfrac{1}{X_C}\right) = \dfrac{1}{R}[\text{℧}]$
3. 공진주파수 $f = \dfrac{1}{2\pi\sqrt{LC}}$	3. 공진주파수 $f = \dfrac{1}{2\pi\sqrt{LC}}$
4. 공진상태 의미 ① 허수부가 0인 상태 ② 전압·전류 동상인 상태 ③ 역률이 1인 상태 ④ Z가 최소인 상태 ⑤ 전류가 최대인 상태	4. 공진상태 의미 ① 허수부가 0인 상태 ② 전압·전류 동상인 상태 ③ 역률이 1인 상태 ④ Y가 최소인 상태 ⑤ 전류가 최소인 상태
5. 공진도, 첨예도, 선택도, 전압확대율 $Q = \dfrac{V_L}{V} = \dfrac{V_C}{V} = \dfrac{X_L}{R} = \dfrac{X_C}{R} = \dfrac{1}{R}\sqrt{\dfrac{L}{C}}$	5. 공진도, 첨예도, 선택도, 전류확대율 $Q = \dfrac{I_L}{I} = \dfrac{I_C}{I} = \dfrac{R}{X_L} = \dfrac{R}{X_C} = R\sqrt{\dfrac{C}{L}}$

│ 필수확인 O·X 문제 │   1차 2차 3차

1. $R-L-C$ 직렬회로에서 $X_L > X_C$이면 용량성이 된다. ············· ( )

2. $R-L$ 직렬회로 역률은 $\cos\theta = \dfrac{R}{\sqrt{R^2 + X_L^2}}$이다. ············· ( )

3. 직렬공진시 역률이 0이 된다. ············· ( )

상세해설

1. (×) $R-L-C$ 직렬회로에서 $X_L > X_C$이면 유도성이 된다.

2. (○) $R-L$ 직렬회로에서 역률은 $\cos\theta = \dfrac{R}{Z} = \dfrac{R}{\sqrt{R^2 + X_L^2}}$이 된다.

3. (×) 직렬공진시 허수부가 0이 되므로 저항만의 회로가 되어 위상차가 0이 되어 역률이 1이 된다.

- QR 코드를 찍으시면, 가장 중요한 우선순위 문제풀이 영상을 보실 수 있습니다.
- 우선순위 논점은 전기(산업)기사 시험에서 가장 출제 빈도가 높은 문제로써, 수험생분들께서는 각 파트별 우선순위 문제의 논점과 키워드를 학습하시기를 바랍니다.
- 체크 리스트를 작성하시면서 문제의 유형과 학습의 완성도를 스스로 체크 해 보시기를 바랍니다.
- "선생님의 콕콕 포인트"는 틀리기 쉬운 문제의 함정과 문제의 포인트를 집어드립니다. 우선순위 문제풀이의 포인트를 꼭 참고하고 응용문제의 해결능력을 길러 줍니다.

번호	우선순위 논점	KEY WORD	나의 정답 확인					선생님의 콕콕 포인트
			맞음	틀림(오답확인)				
				이해 부족	암기 부족	착오 실수		
1	소자의 위상관계	지상, 유도성, 진상, 용량성						저항 $R[\Omega]$: 동상, 인덕턴스 $L[H]$: 유도성(지상), 콘덴서 $C[F]$: 용량성(진상)
10	저장에너지	축적에너지, 콘덴서						코일과 콘덴서는 에너지를 축적하지만 소모되지는 않는다.
23	직렬연결시 전류	전류, 전압, 임피던스						전류 $I=V/Z[A]$, 합성임피던스 $Z=\sqrt{R^2+X^2}[\Omega]$
25	직렬연결시 역률	역률, 무효율						직렬연결시 역률 $\cos\theta=R/\sqrt{R^2+X^2}$
39	직렬공진 의미	공진, 허수부, 실수부						공진회로는 허수부가 0이 되는 회로이다.

★★★☆☆

01 어떤 회로에 전압 $v(t)=V_m\cos\omega t$를 가했더니 회로에 흐르는 전류는 $i(t)=I_m\sin\omega t$였다. 이 회로가 한 개의 회로 소자로 구성되어 있다면 이 소자의 종류는? (단, $V_m>0$, $I_m>0$이다.)

① 저항
② 인덕턴스
③ 정전용량
④ 컨덕턴스

해설

$L[H]$만의 회로
전압 $v(t)=V_m\cos\omega t=V_m\sin(\omega t+90°)$
전류 $i(t)=I_m\sin\omega t$이므로 전압이 전류보다 위상이 90° 앞서므로 $L[H]$만의 회로이다.

★★★☆☆

02 어떤 회로에 전압을 가하니 90°위상이 뒤진 전류가 흘렀다. 이 회로는?

① 저항성분
② 용량성
③ 무유도성
④ 유도성

해설

$L[H]$만의 회로
코일 즉, 유도성 부하에서는 전류가 전압보다 90° 뒤진다.

★★☆☆☆

03 0.1[H]인 코일의 리액턴스가 377[Ω]일 때 주파수[Hz]는?

① 60[Hz]
② 120[Hz]
③ 360[Hz]
④ 600[Hz]

해설

$L[H]$만의 회로
$L=0.1[H]$일때 유도성리액턴스 $X_L=377[\Omega]$이므로
주파수는 $X_L=\omega L=2\pi fL[\Omega]$에서
$f=\dfrac{X_L}{2\pi L}=\dfrac{377}{2\pi\times0.1}=600[Hz]$

[정답] 01 ② 02 ④ 03 ④

★☆☆☆☆

04 그림과 같은 회로에서 전류 i를 나타낸 식은?

① $L \int e\, dt$

② $\dfrac{1}{L} \int e\, dt$

③ $L \dfrac{de}{dt}$

④ $\dfrac{1}{L} \dfrac{de}{dt}$

해설

$L[\mathrm{H}]$만의 회로

코일의 단자전압 $e = L\dfrac{di}{dt}[\mathrm{V}]$이므로 전류 $i = \dfrac{1}{L}\int e\, dt[\mathrm{A}]$

★★☆☆☆

05 인덕터의 특성을 요약한 것 중 옳지 않은 것은?

① 인덕터는 직류에 대해서 단락 회로로 작용한다.

② 일정한 전류가 흐를 때 전압은 무한대이지만 일정량의 에너지가 축적된다.

③ 인덕터의 전류가 불연속적으로 급격히 변화하면 전압이 무한대가 되어야 하므로 인덕터 전류는 불연속적으로 변할 수 없다.

④ 인덕터는 에너지를 축적하지만 소모하지는 않는다.

해설

$L[\mathrm{H}]$만의 회로

코일의 단자전압 $e = L\dfrac{di}{dt}[\mathrm{V}]$이므로 전류가 일정하면 전류의 변화 $di = 0$이므로 전압은 $0[\mathrm{V}]$가 된다.

★☆☆☆☆

06 $L=2[\mathrm{H}]$인 인덕턴스에 $i(t)=20e^{-2t}[\mathrm{A}]$의 전류가 흐를때 L의 단자전압$[\mathrm{V}]$은?

① $40e^{-2t}[\mathrm{V}]$

② $-40e^{-2t}[\mathrm{V}]$

③ $80e^{-2t}[\mathrm{V}]$

④ $-80e^{-2t}[\mathrm{V}]$

해설

$L[\mathrm{H}]$만의 회로

$L=2[\mathrm{H}]$, $i(t)=20e^{-2t}[\mathrm{A}]$이므로 코일의 단자전압은

$v = L\dfrac{di(t)}{dt} = 2\dfrac{d}{dt}(20e^{-2t}) = 2 \times 20 \times e^{-2t} \times (-2)$

$= -80e^{-2t}[\mathrm{V}]$

참고

$\dfrac{d}{dt}e^{at} = e^{at} \times a$

★★★☆☆

07 어떤 코일에 흐르는 전류가 0.01[s] 사이에 일정하게 50[A]에서 10[A]로 변할 때 20[V]의 기전력이 발생한다고 하면 자기 인덕턴스[mH]는?

① 200[mH]

② 33[mH]

③ 40[mH]

④ 5[mH]

해설

$L[\mathrm{H}]$만의 회로

$dt=0.01[\sec]$, $di=10-50=-40[\mathrm{A}]$, $e=20[\mathrm{V}]$일 때

자기인덕턴스는 역기전력 $e=-L\dfrac{di}{dt}[\mathrm{V}]$이므로

$L = \dfrac{-e\, dt}{di} = \dfrac{-20 \times 0.01}{-40} = 5 \times 10^{-3}[\mathrm{H}] = 5[\mathrm{mH}]$

★★★☆☆

08 자기 인덕턴스 0.1[H]인 코일에 실효값 100[V], 60[Hz], 위상각 0인 전압을 가했을 때 흐르는 전류의 순시값$[\mathrm{A}]$은?

① 약 $3.75\sin\left(377t - \dfrac{\pi}{2}\right)$

② 약 $3.75\cos\left(377t - \dfrac{\pi}{2}\right)$

③ 약 $3.75\sin\left(377t + \dfrac{\pi}{2}\right)$

④ 약 $3.75\cos\left(377t + \dfrac{\pi}{2}\right)$

해설

$L[\mathrm{H}]$만의 회로

$L=0.1[\mathrm{H}]$, $V=100[\mathrm{V}]$, $f=60[\mathrm{Hz}]$이므로

코일에 흐르는 전류는 전압보다 위상이 $90° = \dfrac{\pi}{2}$만큼 뒤지므로

순시전류는 $i = I_m \sin\left(\omega t - \dfrac{\pi}{2}\right) = \dfrac{\sqrt{2}\,V}{\omega L}\sin\left(\omega t - \dfrac{\pi}{2}\right)$

[정답] 04 ② 05 ② 06 ④ 07 ④ 08 ①

$$= \frac{\sqrt{2} \times 100}{2\pi \times 60 \times 0.1} \sin\left(2\pi \times 60 t - \frac{\pi}{2}\right)$$

$$= 3.75 \sin\left(377t - \frac{\pi}{2}\right) [\text{A}]$$

★★☆☆☆

09 4[H] 인덕터에 $V = 8\angle -50°$의 전압을 가하였을 때 흐르는 전류의 순시값[A]은? (단, ω는 100[rad/s]이다.)

① $\sin(100t - 140°)$

② $0.02\sin(100t - 140°)$

③ $\cos(100t - 140°)$

④ $0.02\cos(100t - 140°)$

🔍 해설 ------------------------------

$L[\text{H}]$만의 회로

$L = 4[\text{H}]$, $V = 8\angle -50°[\text{V}]$, $\omega = 100[\text{rad/s}]$이므로 코일에 흐르는 전류는 전압보다 위상이 90°만큼 뒤지므로

순시전류는 $i = I_m \sin(\omega t - 50° - 90°)$

$$= \frac{\sqrt{2}\,V}{\omega L} \sin(100t - 140°)$$

$$= \frac{\sqrt{2} \times 8}{100 \times 4} \sin(100t - 140°)$$

$$= 0.028 \sin(100t - 140°) [\text{A}]$$

★★★★☆

10 인덕턴스 $L = 20[\text{mH}]$인 코일에 실효값 $V = 50$ [V], 주파수 $f = 60[\text{Hz}]$인 정현파 전압을 인가했을 때 코일에 축적되는 평균 자기 에너지 $W_L[\text{J}]$은?

① 6.3[J]

② 0.63[J]

③ 4.4[J]

④ 0.44[J]

🔍 해설 ------------------------------

$L[\text{H}]$만의 회로

$L = 20[\text{mH}]$, $V = 50[\text{V}]$, $f = 60[\text{Hz}]$일 때

코일에 축적되는 평균 자기 에너지는 $W_L = \frac{1}{2} L I^2 [\text{J}]$이므로

전류를 먼저 구하면

$$I = \frac{V}{X_L} = \frac{V}{\omega L} = \frac{50}{2\pi \times 60 \times 20 \times 10^{-3}} = 6.63[\text{A}]$$

$$W_L = \frac{1}{2} \times 20 \times 10^{-3} \times 6.63^2 = 0.44[\text{J}]$$

★★☆☆☆

11 두 개의 커패시터 C_1, C_2를 직렬로 연결하면 합성정전용량이 3.75[F]이고, 병렬로 연결하면 합성정전용량이 16[F]이 된다. 두 커패시터는 각각 몇 [F]인가?

① 4[F]과 12[F]

② 5[F]과 11[F]

③ 6[F]과 10[F]

④ 7[F]과 9[F]

🔍 해설 ------------------------------

합성정전용량

• 직렬연결시 합성정전용량

$$C_{직렬} = \frac{C_1 \cdot C_2}{C_1 + C_2} = 3.75[\text{F}] \rightarrow ① 식$$

• 병렬연결시 합성정전용량

$$C_{병렬} = C_1 + C_2 = 16[\text{F}] \rightarrow ② 식$$

①식과 ②식을 동시에 만족하는 값은 ③번이 된다.

★★★☆☆

12 1[μF]인 콘덴서가 60[Hz]인 전원에 대해 갖는 용량 리액턴스의 값[Ω]은?

① 2753[Ω]

② 2653[Ω]

③ 2600[Ω]

④ 2500[Ω]

🔍 해설 ------------------------------

$C[\text{F}]$만의 회로

$C = 1[\mu\text{F}]$, $f = 60[\text{Hz}]$일 때

용량성 리액턴스는 $X_C = \dfrac{1}{\omega C} = \dfrac{1}{2\pi \times 60 \times 1 \times 10^{-6}} = 2653[\Omega]$

★★☆☆☆

13 $i(t) = Ie^{st}$로 주어지는 전류가 C에 흐르는 경우의 임피던스는?

① C

② sC

③ $\dfrac{1}{sC}$

④ $\dfrac{1}{j\omega C}$

🔍 해설 ------------------------------

$C[\text{F}]$만의 회로

콘덴서 C에서의 전압 $v(t) = \dfrac{1}{C} \int i(t)\, dt$이므로

$$v(t) = \frac{1}{C} \int Ie^{st}\, dt = \frac{I}{sC} e^{st}$$가 되므로

임피던스는 $Z = \dfrac{v(t)}{i(t)} = \dfrac{\frac{Ie^{st}}{sC}}{Ie^{st}} = \dfrac{1}{sC}[\Omega]$

[**정답**] 09 ② 10 ④ 11 ③ 12 ② 13 ③

★★★☆☆

14 $3[\mu F]$인 커패시턴스는 $50[\Omega]$의 용량리액턴스로 사용하면 주파수는 몇 $[Hz]$인가?

① $2.06 \times 10^3 [Hz]$　　② $1.06 \times 10^3 [Hz]$

③ $3.06 \times 10^3 [Hz]$　　④ $4.06 \times 10^3 [Hz]$

🔍 **해설**

$C[F]$만의 회로

$C=3[\mu F]$, $X_C=50[\Omega]$일 때

용량성 리액턴스 $X_C=\dfrac{1}{\omega C}=\dfrac{1}{2\pi f C}[\Omega]$이므로

주파수는 $f=\dfrac{1}{2\pi C X_C}=\dfrac{1}{2\pi \times 3 \times 10^{-6} \times 50}=1.06 \times 10^3 [Hz]$

★★★☆☆

15 정전용량 C만의 회로에 $100[V]$, $60[Hz]$의 교류를 가하니 $60[mA]$의 전류가 흐른다. C는 얼마인가?

① $5.26[\mu F]$　　② $4.32[\mu F]$

③ $3.59[\mu F]$　　④ $1.59[\mu F]$

🔍 **해설**

$C[F]$만의 회로

C만의 회로, $V=100[V]$, $f=60[Hz]$, $I=60[mA]$일 때

용량 리액턴스 $X_C=\dfrac{V}{I}=\dfrac{1}{\omega C}$이므로

정전용량 $C=\dfrac{I}{\omega V}=\dfrac{60 \times 10^{-3}}{2\pi \times 60 \times 100}=1.59 \times 10^{-6}[F]=1.59[\mu F]$

★★☆☆☆

16 $60[Hz]$에서 $3[\Omega]$의 리액턴스를 갖는 자기 인덕턴스 L값 및 정전용량 C값은 약 얼마인가?

① $6[mH]$, $660[\mu F]$　　② $7[mH]$, $770[\mu F]$

③ $8[mH]$, $884[\mu F]$　　④ $9[mH]$, $990[\mu F]$

🔍 **해설**

$L[H]$ 및 $C[F]$만의 회로

유도성 리액턴스 $X_L=\omega L=2\pi f L=3[\Omega]$에서

자기인덕턴스는 $L=\dfrac{X_L}{2\pi f}=\dfrac{3}{2\pi \times 60} \times 10^3=8[mH]$

용량성 리액턴스 $X_C=\dfrac{1}{\omega C}=\dfrac{1}{2\pi f C}=3[\Omega]$에서

정전용량은 $C=\dfrac{1}{2\pi f X_c}=\dfrac{1}{2\pi \times 60 \times 3} \times 10^6=884[\mu F]$

★★☆☆☆

17 정전용량 $C[F]$의 회로에 기전력 $e=E_m \sin\omega t[V]$를 가할 때 흐르는 전류 $i[A]$는?

① $i=\dfrac{E_m}{\omega C}\sin(\omega t+90°)[A]$

② $i=\dfrac{E_m}{\omega C}\sin(\omega t-90°)[A]$

③ $i=\omega C E_m \sin(\omega t+90°)[A]$

④ $i=\omega C E_m \cos(\omega t+90°)[A]$

🔍 **해설**

$C[F]$만의 회로

C만의 회로에서는 전류가 전압보다 위상이 $90°$ 앞서므로

순시전류는 $i=I_m \sin(\omega t+90°)=\dfrac{E_m}{X_C}\sin(\omega t+90°)$

$=\dfrac{E_m}{\dfrac{1}{\omega C}}\sin(\omega t+90°)=\omega C E_m \sin(\omega t+90°)$

★★★☆☆

18 $0.1[\mu F]$의 정전 용량을 가지는 콘덴서에 실효값 $1414[V]$, 주파수 $1[kHz]$, 위상각 0인 전압을 가했을 때 순시값 전류$[A]$는?

① $0.89 \sin(\omega t+90°)[A]$

② $0.89 \sin(\omega t-90°)[A]$

③ $1.26 \sin(\omega t+90°)[A]$

④ $1.26 \sin(\omega t-90°)[A]$

🔍 **해설**

$C[F]$만의 회로

C만의 회로에서는 전류가 전압보다 위상이 $90°$ 앞서므로

순시전류는 $i=I_m \sin(\omega t+90°)=\omega C V_m \sin(\omega t+90°)$

$=2\pi \times 1000 \times 0.1 \times 10^{-6} \times 2000 \sin(\omega t+90°)$

$=1.256 \sin(\omega t+90°)[A]$

★★☆☆☆

19 $100[\mu F]$인 콘덴서의 양단에 전압을 $30[V/ms]$의 비율로 변화시킬 때 콘덴서에 흐르는 전류의 크기$[A]$는?

① $0.03[A]$　　② $0.3[A]$

③ $3[A]$　　④ $30[A]$

[정답] 14 ② 15 ④ 16 ③ 17 ③ 18 ③ 19 ③

🔍 **해설**

$C[\mathrm{F}]$만의 회로

$C=100[\mu\mathrm{F}]$, $\dfrac{dv}{dt}=30[\mathrm{V/ms}]$일 때

C에 흐르는 전류 $i=C\dfrac{dv}{dt}[\mathrm{A}]$이므로

$i=100\times10^{-6}\times30\times10^{3}=3[\mathrm{A}]$

★★★☆☆

20 $C[\mathrm{F}]$의 콘덴서에 $V[\mathrm{V}]$의 직류전압을 인가할 때 축적되는 에너지는 몇 $[\mathrm{J}]$인가?

① $\dfrac{CV^{2}}{2}[\mathrm{J}]$ ② $\dfrac{C^{2}V^{2}}{2}[\mathrm{J}]$

③ $2CV^{2}[\mathrm{J}]$ ④ $0[\mathrm{J}]$

🔍 **해설**

$C[\mathrm{F}]$만의 회로

콘덴서에 축적(저장)되는 에너지 $\dfrac{1}{2}CV^{2}[\mathrm{J}]$

★★☆☆☆

21 콘덴서와 코일에서 실제적으로 급격히 변화할 수 없는 것이 있다. 그것은 다음 중 어느 것인가?

① 코일에서 전압, 콘덴서에서 전류

② 코일에서 전류, 콘덴서에서 전압

③ 코일, 콘덴서 모두 전압

④ 코일, 콘덴서 모두 전류

🔍 **해설**

$L[\mathrm{H}]$ 및 $C[\mathrm{F}]$만의 회로

코일의 단자전압 $v_L=L\dfrac{di}{dt}[\mathrm{V}]$이므로 전류 i가 급격히($t=0$인 순간) 변화하면 v_L이 ∞가 되어 과전압이 걸린다.

콘덴서에 흐르는 전류 $i_c=C\dfrac{dv}{dt}[\mathrm{A}]$이므로 전압 v가 급격히($t=0$인 순간) 변화하면 i_c가 ∞가 되어 과전류가 흐른다.

★★☆☆☆

22 $Z_1=2+j11[\Omega]$, $Z_2=4-j3[\Omega]$의 직렬 회로에 교류 전압 $100[\mathrm{V}]$를 가할 때 회로에 흐르는 전류$[\mathrm{A}]$는?

① $10[\mathrm{A}]$ ② $8[\mathrm{A}]$

③ $6[\mathrm{A}]$ ④ $4[\mathrm{A}]$

🔍 **해설**

임피던스 직렬연결

직렬연결시 합성 임피던스

$Z_0=Z_1+Z_2=(2+j11)+(4-j3)=6+j8[\Omega]$

$I=\dfrac{V}{Z_0}=\dfrac{100}{6+j8}=\dfrac{100}{\sqrt{6^2+8^2}}=10[\mathrm{A}]$

★★★★☆

23 $R=100[\Omega]$, $C=30[\mu\mathrm{F}]$의 직렬 회로에 $f=60[\mathrm{Hz}]$, $V=100[\mathrm{V}]$의 교류 전압을 인가할 때 전류$[\mathrm{A}]$는?

① $0.45[\mathrm{A}]$ ② $0.56[\mathrm{A}]$

③ $0.75[\mathrm{A}]$ ④ $0.96[\mathrm{A}]$

🔍 **해설**

$R-C$ 직렬 회로

$R=100[\Omega]$, $C=30[\mu\mathrm{F}]$, 직렬 회로, $f=60[\mathrm{Hz}]$, $V=100[\mathrm{V}]$일 때

전류는 $I=\dfrac{V}{Z}=\dfrac{V}{\sqrt{R^2+X_C{}^2}}=\dfrac{V}{\sqrt{R^2+\left(\dfrac{1}{\omega C}\right)^2}}$

$=\dfrac{100}{\sqrt{100^2+\left(\dfrac{1}{2\times3.14\times60\times30\times10^{-6}}\right)^2}}$

$=0.75[\mathrm{A}]$

★★★☆☆

24 저항 $8[\Omega]$과 용량리액턴스 $X_c[\Omega]$가 직렬로 접속된 회로에 $100[\mathrm{V}]$, $60[\mathrm{Hz}]$의 교류를 가하니 $10[\mathrm{A}]$의 전류가 흐른다면 이 때 X_c의 값은?

① $10[\Omega]$ ② $8[\Omega]$

③ $6[\Omega]$ ④ $4[\Omega]$

🔍 **해설**

$R-C$ 직렬 회로

$R-C$ 직렬회로의 합성 임피던스

$Z=\sqrt{R^2+X_c{}^2}=\dfrac{V}{I}[\Omega]$이므로

용량리액턴스 $X_c=\sqrt{\left(\dfrac{V}{I}\right)^2-R^2}=\sqrt{\left(\dfrac{100}{10}\right)^2-8^2}=6[\Omega]$

[**정답**] 20 ①   21 ②   22 ①   23 ③   24 ③

★★★★☆

25 $R=50[\Omega]$, $L=200[\text{mH}]$의 직렬 회로에 주파수 $f=50[\text{Hz}]$의 교류에 대한 역률[%]은?

① 약 52.3[%] ② 약 82.3[%]

③ 약 62.3[%] ④ 약 72.3[%]

🔍 해설

$R-L$ 직렬 회로

$R=50[\Omega]$, $L=200[\text{mH}]$, 직렬 회로, $f=50[\text{Hz}]$일 때 $R-L$ 직렬 회로의 역률은

$\cos\theta=\dfrac{R}{Z}=\dfrac{R}{\sqrt{R^2+X_L^2}}=\dfrac{50}{\sqrt{50^2+(2\times3.14\times50\times200\times10^{-3})^2}}$
$=0.623=62.3[\%]$

★★★☆☆

26 $100[\text{V}]$, $50[\text{Hz}]$의 교류 전압을 저항 $100[\Omega]$, 커패시턴스 $10[\mu\text{F}]$의 직렬 회로에 가할 때 역률은?

① 0.25 ② 0.27

③ 0.3 ④ 0.35

🔍 해설

$R-C$ 직렬 회로

$V=100[\text{V}]$, $f=50[\text{Hz}]$, $R=100[\Omega]$, $C=10[\mu\text{F}]$일 때 $R-C$ 직렬 회로에서의 역률은

$X_c=\dfrac{1}{2\pi fC}=\dfrac{1}{2\times3.14\times50\times10\times10^{-6}}=318[\Omega]$

$\cos\theta=\dfrac{R}{Z}=\dfrac{R}{\sqrt{R^2+X_c^2}}=\dfrac{100}{\sqrt{100^2+318^2}}\fallingdotseq0.3$

★★★☆☆

27 그림과 같은 회로의 역률은 얼마인가?

① 약 0.76 ② 약 0.86

③ 약 0.97 ④ 약 1.00

🔍 해설

$R-C$ 직렬 회로

$R-C$ 직렬회로이므로 역률은

$\cos\theta=\dfrac{R}{Z}=\dfrac{R}{\sqrt{R^2+X_C^2}}=\dfrac{9}{\sqrt{9^2+2^2}}=0.976$

★☆☆☆☆

28 $R-L$ 직렬회로에 $v=100\sin(120\pi t)[\text{V}]$의 전원을 연결하여 $i=2\sin(120\pi t-45°)[\text{A}]$의 전류가 흐르도록 하려면 저항은?

① $50[\Omega]$ ② $\dfrac{50}{\sqrt{2}}[\Omega]$

③ $50\sqrt{2}[\Omega]$ ④ $100[\Omega]$

🔍 해설

$R-L$ 직렬 회로

$R-L$ 직렬회로에서 역률 $\cos\theta=\dfrac{R}{Z}$이므로 저항

저항 $R=Z\cos\theta=\dfrac{V}{I}\cos\theta=\dfrac{100}{2}\times\cos45°=\dfrac{50}{\sqrt{2}}[\Omega]$

★★☆☆☆

29 그림에서 $e=100\sin(\omega t+30°)[\text{V}]$일 때 전류 I의 최대값[A]은?

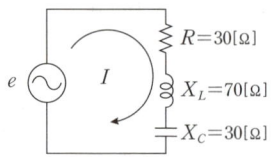

① $1[\text{A}]$ ② $2[\text{A}]$

③ $3[\text{A}]$ ④ $5[\text{A}]$

🔍 해설

$R-L-C$ 직렬 회로

$R-L-C$ 직렬회로이므로 합성 임피던스는
$Z=R+j(X_L+X_C)=30+j(70-30)$
$=30+j40=\sqrt{30^2+40^2}=50[\Omega]$

최대전류 $I_m=\dfrac{V_m}{Z}=\dfrac{100}{50}=2[\text{A}]$

[정답] 25 ③ 26 ③ 27 ③ 28 ② 29 ②

★★☆☆☆

30 $R=10[\mathrm{k}\Omega]$, $L=10[\mathrm{mH}]$, $C=1[\mu\mathrm{F}]$인 직렬 회로에 크기가 100[V]인 교류 전압을 인가할 때 흐르는 최대 전류는? (단, 교류전압의 주파수는 0에서 무한대까지 변화한다.)

① 0.1[mA] ② 1[mA]

③ 5[mA] ④ 10[mA]

🔍 **해설**

R−L−C 직렬 회로

$R−L−C$ 직렬회로의 합성임피던스

$Z=R+j(X_L+X_C)[\Omega]$이므로 최대전류가 흐르려면 합성임피던스가 최소가 되어야 하므로 허수부가 0이 되는 공진상태에서 흐르는 전류를 말한다.

$I_m=\dfrac{V}{R}=\dfrac{100}{10\times10^3}\times10^3=10[\mathrm{mA}]$

★★☆☆☆

31 $R=200[\Omega]$, $L=1.59[\mathrm{H}]$, $C=3.315[\mu\mathrm{F}]$를 직렬로 한 회로에 $v=141.4\sin377t[\mathrm{V}]$를 인가할 때 C의 단자 전압[V]은?

① 71[V] ② 212[V]

③ 283[V] ④ 401[V]

🔍 **해설**

R−L−C 직렬 회로

$R=200[\Omega]$, $L=1.59[\mathrm{H}]$, $C=3.315[\mu\mathrm{F}]$, 직렬회로, $v=141.4\sin377t[\mathrm{V}]$일 때

• 유도성 리액턴스
  $X_L=\omega L=2\pi\times60\times1.59=600[\Omega]$

• 용량성 리액턴스
  $X_C=\dfrac{1}{\omega C}=\dfrac{1}{2\pi\times60\times3.315\times10^{-6}}=800[\Omega]$

• 합성 임피던스
  $Z=R+j(X_L-X_C)=200+j(600-800)$
  $\quad=200-j200=\sqrt{200^2+200^2}$
  $\quad=200\sqrt{2}\,[\Omega]$이므로

  $I=\dfrac{V}{Z}=\dfrac{100}{200\sqrt{2}}=\dfrac{1}{2\sqrt{2}}[\mathrm{A}]$

  $V_C=I\cdot X_C=\dfrac{1}{2\sqrt{2}}\times800=283[\mathrm{V}]$

★★★☆☆

32 저항 30[Ω]과 유도 리액턴스 40[Ω]을 병렬로 접속하고 120[V]의 교류 전압을 가했을 때 회로의 역률값은?

① 0.6 ② 0.7

③ 0.8 ④ 0.9

🔍 **해설**

R−L 병렬회로

$R−L$ 병렬회로에서는 단자전압이 일정하므로 각 소자에 흐르는 전류를 구하면

$I=\dfrac{V}{R}=\dfrac{120}{30}=4[\mathrm{A}]$, $I_L=\dfrac{V}{X_L}=\dfrac{120}{40}=3[\mathrm{A}]$

전체전류 $I=I_R-jI_L=4+j3=\sqrt{4^2+3^2}=5[\mathrm{A}]$가 된다.

역률 $\cos\theta=\dfrac{I_R}{I}=\dfrac{4}{5}=0.8$

★★★☆☆

33 $e_s(t)=3e^{-5t}$인 경우 그림과 같은 회로의 임피던스는?

① $\dfrac{j\omega RC}{1+j\omega RC}$ ② $\dfrac{1}{1+RCs}$

③ $\dfrac{R}{1-5RC}$ ④ $\dfrac{1+j\omega RC}{R}$

🔍 **해설**

R−C 병렬회로

$e_s(t)=3e^{-5t}=3e^{j\theta}=3e^{j\omega t}$일 때

$R−C$ 병렬회로에서의 합성 임피던스는

$Z=\dfrac{Z_1\cdot Z_2}{Z_1+Z_2}=\dfrac{R\cdot\dfrac{1}{j\omega C}}{R+\dfrac{1}{j\omega C}}=\dfrac{R}{1+j\omega CR}\bigg|_{j\omega=-5}=\dfrac{R}{1-5RC}[\Omega]$

[정답] 30 ④ 31 ③ 32 ③ 33 ③

★★☆☆☆
34 이 회로의 합성 어드미턴스의 값은 몇 [℧]인가?

① $\frac{1}{R}(1+j\omega CR)$

② $j\frac{R}{\omega CR-1}$

③ $R-j\frac{1}{\omega C}$

④ $\frac{1}{R}-j\frac{1}{\omega C}$

🔍 해설

$R-C$ 병렬회로

$R-C$ 병렬회로에서의 합성 어드미턴스는

$Y=Y_1+Y_2=\dfrac{1}{Z_1}+\dfrac{1}{Z_2}=\dfrac{1}{R}+\dfrac{1}{\frac{1}{j\omega C}}$

$\qquad=\dfrac{1}{R}+j\omega C=\dfrac{1}{R}(1+j\omega CR)[℧]$

★★☆☆☆
35 그림과 같은 회로의 역률은 얼마인가?

① $1+(\omega RC)^2$

② $\sqrt{1+(\omega RC)^2}$

③ $\dfrac{1}{\sqrt{1+(\omega RC)^2}}$

④ $\dfrac{1}{1+(\omega RC)^2}$

🔍 해설

$R-C$ 병렬회로

$R-C$ 병렬회로에서의 역률은

$\cos\theta=\dfrac{G}{Y}=\dfrac{\frac{1}{R}}{\sqrt{\left(\frac{1}{R}\right)^2+\left(\frac{1}{X_C}\right)^2}}=\dfrac{X_C}{\sqrt{R^2+X_C^2}}$

$\qquad=\dfrac{1}{\sqrt{\left(\frac{R}{X_C}\right)^2+1}}=\dfrac{1}{\sqrt{(\omega CR)^2+1}}$

★★★☆☆
36 저항 30[Ω]과 유도 리액턴스 40[Ω]을 병렬로 접속한 회로에 120[V]의 교류 전압을 가할 때의 전전류[A]는?

① 5[A]

② 6[A]

③ 8[A]

④ 10[A]

🔍 해설

$R-L$ 병렬회로

$R-L$ 병렬회로에서는 단자전압이 일정하므로 각 소자에 흐르는 전류를 구하면

$I_R=\dfrac{V}{R}=\dfrac{120}{30}=4[A]$, $I_L=\dfrac{V}{X_L}=\dfrac{120}{40}=3[A]$

전체전류 $I=I_R-jI_L=4-j3=\sqrt{4^2+3^2}=5[A]$가 된다.

★★★☆☆
37 $R=15[Ω]$, $X_L=12[Ω]$, $X_C=30[Ω]$이 병렬로 된 회로에 120[V]의 교류 전압을 가하면 전원에 흐르는 전류[A]와 역률[%]은?

① 22[A], 85[%]

② 22[A], 80[%]

③ 22[A], 60[%]

④ 10[A], 80[%]

🔍 해설

$R-L-C$ 병렬 회로

$R-L-C$ 병렬회로에서는 단자전압이 일정하므로 각 소자에 흐르는 전류를 구하면

$I_R=\dfrac{V}{R}=\dfrac{120}{15}=8[A]$, $I_L=\dfrac{V}{X_L}=\dfrac{120}{12}=10[A]$,

$I_C=\dfrac{V}{X_C}=\dfrac{120}{30}=4[A]$이므로

전체전류는 $I=I_R+j(I_C-I_L)=8+j(4-10)$

$\qquad\qquad=8-j6=\sqrt{8^2+6^2}=10[A]$

역률은 $\cos\theta=\dfrac{I_R}{I}=\dfrac{8}{10}=0.8=80[\%]$

★★☆☆☆
38 $R-L-C$ 직렬 회로에서 전압과 전류가 동상이 되기 위해서는? (단, $\omega=2\pi f$이고 f는 주파수이다.)

① $\omega L^2 C^2=1$

② $\omega^2 LC=1$

③ $\omega LC=1$

④ $\omega=LC$

[정답] 34 ① 35 ③ 36 ① 37 ④ 38 ②

해설

공진회로

$R-L-C$ 직렬 회로에서 전압과 전류가 동상인 경우는

공진시 이므로 $X_L=X_C$, $\omega L=\dfrac{1}{\omega C}$, $\omega^2 LC=1$

★★★☆☆
39 직렬 공진회로에서 최대가 되는 것은?

① 전류 　　　　　② 저항
③ 리액턴스 　　　④ 임피던스

해설

공진회로

직렬공진시 임피던스의 허수부가 0이 되므로 임피던스가 최소가 되어 전류가 최대로 된다.

★★☆☆☆
40 $R=5[\Omega]$, $L=20[\mathrm{mH}]$ 및 가변 콘덴서 C로 구성된 $R-L-C$ 직렬 회로에 주파수 1000[Hz]인 교류를 가한 다음 C를 가변시켜 직렬 공진시킬 때 C의 값은 약 몇 $[\mu F]$인가?

① $1.27[\mu F]$ 　　　② $2.54[\mu F]$
③ $3.52[\mu F]$ 　　　④ $4.99[\mu F]$

해설

공진회로

직렬공진시 $X_L=X_c$, $\omega L=\dfrac{1}{\omega C}$이므로

$C=\dfrac{1}{\omega^2 L}=\dfrac{1}{(2\pi f)^2 L}=\dfrac{1}{(2\pi\times1000)^2\times20\times10^{-3}}\times10^6$
$=1.27[\mu F]$가 된다.

★★★☆☆
41 그림과 같이 주파수 $f[\mathrm{Hz}]$인 교류회로에 있어서 전류 I와 I_R이 같은 값으로 되는 조건은? (단, R은 저항$[\Omega]$, C는 정전용량$[\mathrm{F}]$, L은 인덕턴스$[\mathrm{H}]$로 된다.)

① $f=\dfrac{1}{\sqrt{LC}}$ 　　　② $f=\dfrac{2\pi}{\sqrt{LC}}$
③ $f=\dfrac{1}{2\pi\sqrt{LC}}$ 　　　④ $f=2\pi(LC)^2$

해설

공진회로

$I=I_R$이 되는 경우는 병렬공진시 공진주파수 $f=\dfrac{1}{2\pi\sqrt{LC}}$이다.

★★★☆☆
42 어떤 $R-L-C$ 병렬 회로가 병렬 공진되었을 때 합성 전류는?

① 최소가 된다. 　　　② 최대가 된다.
③ 전류는 흐르지 않는다. 　　④ 전류는 무한대가 된다.

해설

공진회로

병렬 공진시 회로의 어드미턴스의 허수부가 0이므로 최소가 되어 전류도 최소가 된다.

★★★☆☆
43 $R-L-C$ 직렬 회로의 선택도 Q는?

① $\sqrt{\dfrac{L}{C}}$ 　　　② $\dfrac{1}{R}\sqrt{\dfrac{L}{C}}$
③ $\sqrt{\dfrac{C}{L}}$ 　　　④ $R\sqrt{\dfrac{C}{L}}$

해설

공진회로

직렬 공진 회로의 선택도는 공진 곡선의 첨예도를 의미할 뿐만 아니라 공진시 전압 확대비이고 또한 공진시 저항에 대한 리액턴스의 비이다.

$Q=\dfrac{V_L}{V}=\dfrac{V_C}{V}=\dfrac{X_L}{R}=\dfrac{X_c}{R}=\dfrac{1}{R}\sqrt{\dfrac{L}{C}}$

[정답] 39 ① 40 ① 41 ③ 42 ① 43 ②

★★★★☆

44 $R=10[\Omega]$, $L=10[\text{mH}]$, $C=1[\mu\text{F}]$인 직렬 회로에 100[V]의 전압을 인가할 때 공진의 첨예도 Q는?

① 1   ② 10

③ 100   ④ 1000

🔍 **해설**

공진회로

$R=10[\Omega]$, $L=10[\text{mH}]$, $C=1[\mu\text{F}]$일 때 직렬공진시 첨예도는

$Q=\dfrac{1}{R}\sqrt{\dfrac{L}{C}}=\dfrac{1}{10}\sqrt{\dfrac{10\times10^{-3}}{1\times10^{-6}}}=10$

★★☆☆☆

45 $R-L-C$ 병렬회로에서 L 및 C의 값을 고정시켜 놓고 저항 R의 값만 큰 값으로 변화시킬 때 옳게 설명한 것은?

① 이 회로의 Q(선택도)는 커진다.

② 공진주파수는 커진다.

③ 공진주파수는 변화한다.

④ 공진주파수는 커지고, 선택도는 작아진다.

🔍 **해설**

공진회로

병렬 공진 회로의 선택도는 공진 곡선의 첨예도를 의미할 뿐만 아니라 공진시 전류 확대비이고 또한 공진시 리액턴스에 대한 저항의 비이다.

$Q=\dfrac{I_L}{I}=\dfrac{I_C}{I}=\dfrac{R}{X_L}=\dfrac{R}{X_C}=R\sqrt{\dfrac{C}{L}}$ 이므로 저항 R이 증가하면

선택도 Q가 커진다. 또한 병렬공진시 주파수는 $f=\dfrac{1}{2\pi\sqrt{LC}}[\text{Hz}]$ 이므로 저항 R과는 무관하므로 일정하다.

★★☆☆☆

46 다음과 같은 회로의 공진시 어드미턴스는?

① $\dfrac{RL}{C}$ ② $\dfrac{RC}{L}$

③ $\dfrac{L}{RC}$ ④ $\dfrac{R}{LC}$

🔍 **해설**

공진회로

합성 어드미턴스를 구하면

$Y=\dfrac{1}{R+j\omega L}+j\omega C=\dfrac{R}{R^2+\omega^2 L^2}+j\left(\omega C-\dfrac{\omega L}{R^2+\omega^2 L^2}\right)[\mho]$이고

공진시 허수부가 0 이 되어야 하므로 $\omega C=\dfrac{\omega L}{R^2+\omega^2 L^2}$

$\therefore R^2+\omega^2 L^2=\dfrac{L}{C}$

공진 어드미턴스는 $Y=\dfrac{R}{R^2+\omega^2 L^2}=\dfrac{CR}{L}[\mho]$

[정답] 44 ②   45 ①   46 ②

electrical engineer

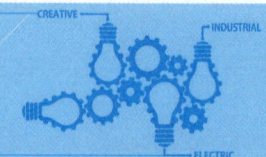

영상 학습 QR   출제경향분석

본장은 단상교류전력의 기본원리 및 단상전력측정방법에 대한 내용을 다루었으며 시험에 자주 출제가 되는 내용은 다음과 같다.
❶ 단상교류전력의 계산   ❷ 단상전력측정
❸ 최대전송전력

콕콕 포인트

1 단상교류 전력

1. 단상 교류전력

 핵심 포인트

단상 교류전력를 구하는 식

· 유효전력
$P=VI\cos\theta[\mathrm{W}]$
· 무효전력
$P_r=VI\sin\theta[\mathrm{Var}]$
· 피상전력(Apparent power)
$P_a=P\pm jP_r=\sqrt{P^2+P_r^2}$
$=V\cdot I[\mathrm{VA}]$
+ : 용량성(진상)
− : 유도성(지상)

[전류의 성분]

[전력 삼각형]

 포인트문제 1

어떤 회로에 전압 $e(t)=E_m\cos(\omega t+\theta)[\mathrm{V}]$를 가했더니 전류 $i(t)=I_m\cos(\omega t+\theta+\phi)[\mathrm{A}]$가 흘렀다. 이 때에 회로에 유입하는 평균전력 [W]는?

① $\frac{1}{4}E_mI_m\cos\phi$

② $\frac{1}{2}E_mI_m\cos\phi$

③ $\frac{E_mI_m}{\sqrt{2}}\sin\phi$

④ $E_mI_m\sin\phi$

A 해설

평균전력
$P=VI\cos\theta$
$=\frac{E_m}{\sqrt{2}}\times\frac{I_m}{\sqrt{2}}\mathrm{con}\phi$
$=\frac{1}{2}E_mI_m\cos\phi[\mathrm{W}]$

정답 ②

1) 유효전력(Active power)

$$P=VI\cos\theta[\mathrm{W}]$$

2) 무효전력(Reactive power)

$$P_r=VI\sin\theta[\mathrm{Var}]$$

3) 피상전력(Apparent power)

$$P_a=P\pm jP_r=\sqrt{P^2+P_r^2}=V\cdot I[\mathrm{VA}]\quad(\mathrm{단},+:용량성(진상),-:유도성(지상))$$

electrical engineer · electrical engineer · electrical engineer · electrical engineer · electrical engineer · electrical engineer · electrical engineer · electrical engineer

콕콕 포인트

4) 역률 및 무효율

$$\text{역률 } \cos\theta = \frac{P}{P_a} = \frac{\text{유효전력}}{\text{피상전력}} \qquad \text{무효율 } \sin\theta = \frac{P_r}{P_a} = \frac{\text{무효전력}}{\text{피상전력}}$$

2. R-X 직렬회로의 단상 교류전력

1) 유효전력

$$P = VI\cos\theta = I^2 R = \frac{R}{R^2+X^2} \times V^2 [\text{W}]$$

2) 무효전력

$$P_r = VI\sin\theta = I^2 X = \frac{X}{R^2+X^2} \times V^2 [\text{Var}]$$

3) 피상 전력

$$P_a = P \pm jP_r = \sqrt{P^2 + P_r^2} = V \cdot I = I^2 Z [\text{VA}]$$

3. 복소 전력 [Complex Power]

전압 $V = a + jb[\text{V}]$, 전류 $I = c + jd[\text{A}]$라 할 때, 피상전력은 전압의 공액 복소수 $\overline{V}$와 전류 I의 곱으로서 계산

$$P_a = \overline{V} \cdot I = (a - jb)(c + jd) = P \pm jP_r [\text{VA}]$$

이때 허수부가 음(−)일 때 뒤진 전류에 의한 지상무효전력이 되고 양(+)일 때 앞선전류에 의한 진상무효전력이 된다.

필수확인 O·X 문제

1차 2차 3차

1. 단상교류전력의 유효전력은 $P = VI\sin\theta[\text{W}]$이다. · · · · · · · · · · · · · · · · ( )
2. 유도성 부하의 무효전력은 $+jP_r[\text{Var}]$이다. · · · · · · · · · · · · · · · · ( )
3. 복소전력을 전압 V와 전류 I의 곱과 같다. · · · · · · · · · · · · · · · · ( )

상세해설

1. (×) 단상교류전력의 유효전력은 $P = VI\cos\theta[\text{W}]$이다. 여기선 전압 V와 전류 I값은 실효값을 대입하며 θ는 전압과 전류의 위상차를 구하여 대입한다.
2. (×) 유도성 부하 : 무효전력 $-jP_r[\text{Var}]$, 용량성 부하 : 무효전력 $+jP_r[\text{Var}]$
3. (×) 복소전력은 전압의 공액 복소수 $\overline{V}$와 전류 I의 곱으로서 구한다.

Q 포인트문제 2

$R = 30[\Omega]$, $L = 106[\text{mH}]$의 코일이 있다. 이 코일에 $100[\text{V}]$, $60[\text{Hz}]$의 전압을 인가할 때 소비되는 전력$[\text{W}]$은?

① 100   ② 120
③ 160   ④ 200

A 해설

$R = 30[\Omega]$, $L = 106[\text{mH}]$,
$V = 100[\text{V}]$, $f = 60[\text{Hz}]$일때
$X_L = \omega L = 2\pi f L$
$\quad = 2\pi \times 60 \times 106 \times 10^{-3}$
$\quad ≒ 40[\Omega]$
$R - X_L$ 직렬회로에서의 소비전력은

$P = \dfrac{RV^2}{R^2 + X_L^2} = \dfrac{100^2 \times 30}{30^2 + 40^2}$
$\quad = 120[\text{W}]$

정답 ②

Q 포인트문제 3

어떤 회로에 $E = 100 + j50[\text{V}]$인 전압을 가했더니 $I = 3 + j4[\text{A}]$인 전류가 흘렀다면 이 회로의 소비전력$[\text{W}]$은?

① 300   ② 500
③ 700   ④ 900

A 해설

복소전력

$P_a = \overline{V}I = P + jP_r$,이므로
$P_a = (100 - j50)(3 + j4)$
$\quad = 500 + j250$
따라서 소비전력은 $500[\text{W}]$

정답 ②

2 단상전력 측정

3전류계법	3전압계법
전류계 3대와 저항1개를 이용하여 단상부하 전력과 역률을 측정한다.	전압계 3대와 저항1개를 이용하여 단상부하 전력과 역률을 측정한다.
(회로도)	(회로도)
역률 $\cos\theta = \dfrac{A_1{}^2 - A_2{}^2 - A_3{}^2}{2A_2 A_3}$	역률 $\cos\theta = \dfrac{V_3{}^2 - V_1{}^2 - V_2{}^2}{2V_1 V_2}$
단상전력 $P = \dfrac{R}{2}(A_1{}^2 - A_2{}^2 - A_3{}^2)\,[\text{W}]$	단상전력 $P = \dfrac{1}{2R}(V_3{}^2 - V_1{}^2 - V_2{}^2)\,[\text{W}]$

Q 포인트문제 4

그림과 같은 회로에서 전압계 3개로 단상전력을 측정하고자 할 때의 유효 전력은?

(회로도)

① $\dfrac{1}{2R}(V_3{}^2 - V_1{}^2 - V_2{}^2)$

② $\dfrac{1}{2R}(V_3{}^2 - V_1{}^2)$

③ $\dfrac{R}{2}(V_3{}^2 - V_1{}^2 - V_2{}^2)$

④ $\dfrac{R}{2}(V_2{}^2 - V_1{}^2 - V_3{}^2)$

정답 ①

3 최대전송전력

R_L 부하	Z_L 부하
(회로도)	(회로도)
내부저항 $R_g\,[\Omega]$ 부하저항 $R_L\,[\Omega]$	내부임피던스 $Z_g = R_g + jX_g$ 부하임피던스 $Z_L = R_L + jX_L$
최대전력조건 $R_L = R_g$	최대전력조건 $Z_L = \overline{Z_g} = R_g - jX_g$
최대전력 $P_{\max} = \dfrac{E^2}{4R_g}\,[\text{W}]$	최대전력 $P_{\max} = \dfrac{E^2}{4R_g}\,[\text{W}]$

♥ 핵심 포인트

R_L 부하의 최대전력조건과 최대전력 구하는 식

· 최대전력조건 $R_L = R_g$

· 최대전력 $P_{\max} = \dfrac{E^2}{4R_g}\,[\text{W}]$

Q 포인트문제 5

내부 임피던스가 $0.3 + j2\,[\Omega]$인 발전기에 임피던스가 $1.7 + j3\,[\Omega]$인 선로를 연결하여 전력을 공급한다. 부하 임피던스가 몇 $[\Omega]$일 때 최대전력이 전달 되겠는가?

① $2\,[\Omega]$ ② $\sqrt{29}\,[\Omega]$

③ $2 - j5\,[\Omega]$ ④ $2 + j5\,[\Omega]$

A 해설

내부 총 임피던스는
$Z_g = 0.3 + j2 + 1.7 + j3$
$= 2 + j5\,[\Omega]$이므로
최대전력전달시 부하임피던스
$Z_L = \overline{Z_g} = 2 - j5\,[\Omega]$이다.

정답 ③

참고 $R - C$ 직렬시 최대전력조건

· 최대전력조건 : $R = \dfrac{1}{\omega C}$

· 최대전력 : $P_{\max} = \dfrac{\omega C V^2}{2}\,[\text{W}]$

번호	우선순위 논점	KEY WORD	나의 정답 확인				선생님의 콕콕 포인트
			맞음	틀림(오답확인)			
				이해 부족	암기 부족	착오 실수	
1	단상교류전력	유효전력, 저항, 실수, 동상					단상교류전력의 전압, 전류는 실효값의 크기이며 θ는 전압, 전류 위상차이다.
8	단상교류전력	피상전력, 복소전력, 위상					유효, 무효전력으로 피상전력 산출시 복소수의 크기로 구한다.
15	$R-L$ 직렬 전력	유효전력, $\frac{1}{2}$, $\frac{1}{5}$					1/2배 : $L=R/2\pi f$, 1/5배 : $L=R/\pi f$
19	복소전력	복소전력, 공액, *					복소전력은 전압공액복소수와 전류의 곱이 된다.
22	최대전송전력	최대전력조건, 내부저항					저항부하시 최대전력조건은 부하저항과 내부저항이 같을 때이다.

★★★☆☆
01 어떤 부하에 $e=100\sin(100\pi t+\frac{\pi}{6})$[V]의 기전력을 인가하니 $i=10\cos(100\pi t-\frac{\pi}{3})$[A]인 전류가 흘렀다. 이 부하의 소비 전력은 몇 [W]인가?

① 250[W]   ② 433[W]
③ 500[W]   ④ 866[W]

🔍 **해설**
단상교류전력
$e=100\sin(100\pi t+\frac{\pi}{6})$[V]
$i=10\cos(100\pi t-\frac{\pi}{3})=10\sin(100\pi t-\frac{\pi}{3}+\frac{\pi}{2})$[A]일 때
유효전력은 $P=VI\cos\theta=\frac{100}{\sqrt{2}}\times\frac{10}{\sqrt{2}}\cos0°=500$[W]

★★★☆☆
02 $V=100\angle60°$[V], $I=20\angle30°$[A]일 때 유효전력[W]은 얼마인가?

① $1000\sqrt{2}$ ② $1000\sqrt{3}$

③ $\frac{2000}{\sqrt{2}}$ ④ 20000

🔍 **해설**
단상교류전력
$V=100\angle60°$[V], $I=20\angle30°$[A]일 때
유효전력은 $P=VI\cos\theta=100\times20\times\cos30°=1000\sqrt{3}$[W]

★★★☆☆
03 어떤 회로의 전압과 전류가 각각 $v=50\sin(\omega t+\theta)$[V], $i=4\sin(\omega t+\theta-30°)$[A]일 때, 무효 전력[Var]은 얼마인가?

① 100[Var]   ② 86.6[Var]
③ 70.7[Var]   ④ 50[Var]

🔍 **해설**
단상교류전력
$v=50\sin(\omega t+\theta)$[V], $i=4\sin(\omega t+\theta-30°)$[A]일 때
무효전력은 $P_r=VI\sin\theta=\frac{50}{\sqrt{2}}\times\frac{4}{\sqrt{2}}\sin30°=50$[Var]

[**정답**] 01 ③   02 ②   03 ④

★★☆☆☆

04 어떤 회로에 $V=100\angle\dfrac{\pi}{3}$ [V]의 전압을 가하니 $I=10\sqrt{3}+j10$[A]의 전류가 흘렀다. 이 회로의 무효전력[Var]은?

① 0[Var] ② 1000[Var]
③ 1732[Var] ④ 2000[Var]

🔍 **해설**

단상교류전력

$V=100\angle\dfrac{\pi}{3}=100\angle60°$

$I=10\sqrt{3}+j10=\sqrt{(10\sqrt{3})^2+10^2}\angle\tan^{-1}\dfrac{10}{10\sqrt{3}}=20\angle30°$일 때

무효전력은 $P_r=VI\sin\theta=100\times20\times\sin30°=1000[Var]$

★★☆☆☆

05 어느 회로의 유효전력은 300[W], 무효전력은 400[Var]이다. 이 회로의 피상전력[VA]은?

① 500[VA] ② 600[VA]
③ 700[VA] ④ 350[VA]

🔍 **해설**

단상교류전력

$P=300[W]$, $P_r=400[Var]$일 때
피상전력은 $P_a=\sqrt{P^2+P_r^2}=\sqrt{300^2+400^2}=500[VA]$

★★☆☆☆

06 역률이 70[%]인 부하에 전압 100[V]를 가해서 전류 5[A]가 흘렀다. 이 부하의 피상전력[VA]은?

① 100[VA] ② 200[VA]
③ 400[VA] ④ 500[VA]

🔍 **해설**

단상교류전력

$\cos\theta=0.7$, $V=100[V]$, $I=5[A]$일 때
피상전력은 $P_a=V\cdot I=100\times5=500[VA]$

★★★☆☆

07 22[kVA]의 부하가 역률 0.8이라면 무효전력[kVar]은?

① 16.6[kVar] ② 17.6[kVar]
③ 15.2[kVar] ④ 13.2[kVar]

🔍 **해설**

단상교류전력

$P_a=22[kVA]$, $\cos\theta=0.8$일 때 무효전력은
$\sin\theta=\sqrt{1-\cos^2\theta}=\sqrt{1-0.8^2}=0.6$이므로
$P_r=VI\sin\theta=P_a\sin\theta=22\times0.6=13.2[kVar]$

💙 **참고**

$\cos^2\theta+\sin^2\theta=1$

★★★★☆

08 어떤 회로에서 인가 전압이 100[V]일 때 유효전력이 300[W], 무효전력이 400[Var]이다. 전류 I는?

① 5[A] ② 50[A]
③ 3[A] ④ 4[A]

🔍 **해설**

단상교류전력

$V=100[V]$, $P=300[W]$, $P_r=400[Var]$일 때 전류는
피상전력 $P_a=\sqrt{P^2+P_r^2}=VI[VA]$에서
$I=\dfrac{\sqrt{P^2+P_r^2}}{V}=\dfrac{\sqrt{300^2+400^2}}{100}=5[A]$

★★☆☆☆

09 어떤 회로의 유효전력이 80[W], 무효전력이 60[Var]이면 역률은 몇 [%]인가?

① 50[%] ② 70[%]
③ 80[%] ④ 90[%]

🔍 **해설**

단상교류전력

$P=80[W]$, $P_r=60[Var]$일 때
역률은 $\cos\theta=\dfrac{P}{P_a}=\dfrac{P}{\sqrt{P^2+P_r^2}}$

$\qquad\qquad=\dfrac{80}{\sqrt{80^2+60^2}}=0.8=80[\%]$

[정답] 04 ② 05 ① 06 ④ 07 ④ 08 ① 09 ③

★★★★☆

10 역률 0.8, 부하 800[kW]를 2시간 사용할 때의 소비 전력량[kWh]은?

① 1000[kWh] ② 1200[kWh]

③ 1400[kWh] ④ 1600[kWh]

🔍 **해설** ------------------

소비전력량

$\cos\theta=0.8$, $P=800[\text{kW}]$, $t=2[\text{hour}]$일 때
소비전력량은 $W=P\cdot t=800\times2=1600[\text{kWh}]$

★★☆☆☆

11 저항 R, 리액턴스 X와의 직렬회로에 전압 V가 가해졌을 때 소비전력은?

① $\dfrac{R}{\sqrt{R^2+X^2}}V^2$ ② $\dfrac{X}{\sqrt{R^2+X^2}}V^2$

③ $\dfrac{R}{R^2+X^2}V^2$ ④ $\dfrac{X}{R^2+X^2}V^2$

🔍 **해설** ------------------

$R-X$ 직렬회로의 단상교류전력

$R-X$ 직렬회로에서의 소비전력은

$P=VI\cos\theta=I^2R=\dfrac{RV^2}{R^2+X^2}[\text{W}]$

★★★☆☆

12 $R=3[\Omega]$과 유도 리액턴스 $X_L=4[\Omega]$이 직렬로 연결된 회로에 $v=100\sqrt{2}\sin\omega t[\text{V}]$인 전압을 가하였다. 이 회로에서 소비되는 전력[kW]은?

① 1.2[kW] ② 2.2[kW]

③ 3.5[kW] ④ 4.2[kW]

🔍 **해설** ------------------

직렬회로의 단상교류전력

$R=3[\Omega]$, $X_L=4[\Omega]$, $V=100[\text{V}]$일 때
$R-X_L$직렬회로에서의 소비전력은

$P=\dfrac{RV^2}{R^2+X^2}=\dfrac{100^2\times3}{3^2+4^2}=1200[\text{W}]=1.2[\text{kW}]$

★★★☆☆

13 저항 $R=12[\Omega]$, 인덕턴스 $L=13.3[\text{mH}]$인 $R-L$ 직렬 회로에 실효값 130[V], 주파수 60[Hz]인 전압을 인가했을 때 이 회로의 무효 전력[kVar]은?

① 500[kVar] ② 0.5[kVar]

③ 5[kVar] ④ 50[kVar]

🔍 **해설** ------------------

직렬회로의 단상교류전력

$R=12[\Omega]$, $L=13.3[\text{mH}]$, $V=130[\text{V}]$, $f=60[\text{Hz}]$일 때
$X_L=\omega L=2\pi fL=2\pi\times60\times13.3\times10^{-3}≒5[\Omega]$
$R-X_L$ 직렬회로에서의 소비전력은

$P_r=\dfrac{X_LV^2}{R^2+X_L^2}=\dfrac{5\times130^2}{12^2+5^2}=500[\text{Var}]=0.5[\text{kVar}]$

★★★★☆

14 교류 전압 100[V], 전류 20[A]로서 1.2[kW]의 전력을 소비하는 회로의 리액턴스는 몇 [Ω]인가?

① 3[Ω] ② 4[Ω]

③ 6[Ω] ④ 8[Ω]

🔍 **해설** ------------------

$R-X$ 직렬회로의 단상교류전력

$V=100[\text{V}]$, $I=20[\text{A}]$, $P=1.2[\text{kW}]$일 때
리액턴스는 무효 전력 $P_r=\sqrt{P_a{}^2-P^2}=I^2X$이므로

$X=\dfrac{\sqrt{P_a{}^2-P^2}}{I^2}=\dfrac{\sqrt{(100\times20)^2-(1.2\times10^3)^2}}{20^2}=4[\Omega]$

★★★☆☆

15 그림과 같은 회로에서 주파수 60[Hz], 교류 전압 200[V]의 전원이 인가되었을 때 R의 전력 손실을 $L=0$인 때의 $\dfrac{1}{2}$로 하려면 L의 크기[H]는? (단, $R=600[\Omega]$)

① 0.59[H] ② 1.59[H]

③ 4.62[H] ④ 3.62[H]

[**정답**] 10 ④ 11 ③ 12 ① 13 ② 14 ② 15 ②

🔍 **해설**

R−X 직렬회로의 단상교류전력

회로도에서 소비전력

$P = \dfrac{RV^2}{R^2+X_L^2} = \dfrac{1}{2}\dfrac{V^2}{R}$의 관계이므로 이를 정리하면

$\dfrac{R}{R^2+X_L^2} = \dfrac{1}{2R}$, $R^2+X_L^2 = 2R^2$

$X_L^2 = R^2$, $X_L = R$

$\omega L = 2\pi f L = R$이므로

인덕턴스는 $L = \dfrac{R}{2\pi f} = \dfrac{600}{2\pi \times 60} = 1.59[\mathrm{H}]$

★★☆☆☆

16 그림과 같은 회로에서 각 계기들의 지시값은 다음과 같다. ⓥ는 240[V], ⓐ는 5[A], ⓦ는 720[W]이다. 이때 인덕턴스 $L[\mathrm{H}]$는? (단, 전원 주파수는 60[Hz]라 한다.)

① $\dfrac{1}{\pi}$ ② $\dfrac{1}{2\pi}$

③ $\dfrac{1}{3\pi}$ ④ $\dfrac{1}{4\pi}$

🔍 **해설**

R−X 병렬회로의 단상교류전력

무효 전력 $P_r = \sqrt{P_a^2 - P^2} = \dfrac{V^2}{X_L} = \dfrac{V^2}{\omega L}$이므로

$L = \dfrac{V^2}{\omega\sqrt{P_a^2 - P^2}} = \dfrac{V^2}{2\pi f\sqrt{P_a^2 - P^2}}$

$= \dfrac{240^2}{2\pi \times 60\sqrt{(240\times5)^2 - 720^2}} = \dfrac{1}{2\pi}[\mathrm{H}]$

★★★★☆

17 R−C 병렬 회로에 60[Hz], 100[V]의 전압을 가했더니 유효 전력이 800[W], 무효 전력이 600[Var]이었다. 저항 $R[\Omega]$과 정전 용량 $C[\mu\mathrm{F}]$의 값은 각각 얼마인가?

① $R=12.5$, $C=159$ ② $R=15.5$, $=180$

③ $R=18.5$, $C=189$ ④ $R=20.5$, $C=219$

🔍 **해설**

R−X 병렬회로의 단상교류전력

$f=60[\mathrm{Hz}]$, $V=100[\mathrm{V}]$, $P=800[\mathrm{W}]$, $P_r=600[\mathrm{Var}]$일 때 R−C 병렬 회로에서는 전압이 일정하므로 저항에서는 유효전력이 콘덴서에서는 무효전력이 발생하므로

$P = \dfrac{V^2}{R}$ → $R = \dfrac{V^2}{P} = \dfrac{100^2}{800} = 12.5[\Omega]$

$P_r = \dfrac{V^2}{X_C} = \omega C V^2[\mathrm{Var}]$

$C = \dfrac{P_r}{\omega V^2} = \dfrac{600}{2\pi \times 60 \times 100^2} = 159 \times 10^{-6}[\mathrm{F}] = 159[\mu\mathrm{F}]$

★★☆☆☆

18 어떤 회로의 전압 V, 전류 I일 때, $P_a = \overline{V}I = P + jP_r$에서 $P_r > 0$이다. 이 회로는 어떤 부하인가?

① 유도성 ② 무유도성

③ 용량성 ④ 정저항

🔍 **해설**

복소전력

복소전력 $P_a = \overline{V}I = P + jP_r[\mathrm{VA}]$에서

(+) : 용량성부하, (−) : 유도성부하

★★★☆☆

19 $V=100+j30[\mathrm{V}]$의 전압을 가하니 $I=16+j3$[A]의 전류가 흘렀다. 이 회로에서 소비되는 유효 전력[W] 및 무효 전력[Var]은 각각 얼마인가?

① 1690[W], 180[Var]

② 1510[W], 780[Var]

③ 1510[W], 180[Var]

④ 1690[W], 780[Var]

🔍 **해설**

복소전력

$V=100+j30[\mathrm{V}]$, $I=16+j3[\mathrm{A}]$일 때 복소전력을 구하면

$P_a = \overline{V}I = (100-j30)(16+j3)$

$= 1690 - j180 = P - jP_r[\mathrm{VA}]$이므로

· 유효전력 $P = 1690[\mathrm{W}]$

· 무효전력 $P_r = 180[\mathrm{Var}]$

[정답] 16 ② 17 ① 18 ③ 19 ①

★☆☆☆☆

20 그림과 같이 전류계 A_1, A_2, A_3, 25[Ω]의 저항 R를 접속하였더니, 전류계의 지시는 $A_1=10$[A], $A_2=4$[A], $A_3=7$[A]이다. 부하의 전력[W]과 역률을 구하면?

① $P=437.5$, $\cos\theta=0.625$

② $P=437.5$, $\cos\theta=0.547$

③ $P=437.5$, $\cos\theta=0.647$

④ $P=507.5$, $\cos\theta=0.747$

해설

3전류계법

• 3전류계법의 역률

$$\cos\theta=\frac{A_1{}^2-A_2{}^2-A_3{}^2}{2A_2A_3}=\frac{10^2-4^2-7^2}{2\times4\times7}=0.625$$

• 3전류계법의 전력

$$P=\frac{R}{2}(A_1{}^2-A_2{}^2-A_3{}^2)=\frac{25}{2}(10^2-4^2-7^2)=437.5[\text{W}]$$

★★★☆☆

21 그림과 같이 전압 E와 저항 R인 회로의 단자 a, b 간에 적당한 저항 R_L을 접속하여 R_L에서 소비되는 전력을 최대로 하게 했다. 이때 R_L에서 소비되는 전력 P는 얼마인가?

① $\dfrac{E^2}{4R}$

② $\dfrac{E^2}{2R}$

③ $\dfrac{E^2}{3R_L}$

④ $\dfrac{E}{R_L}$

해설

최대전력전송

$$P=I^2R_L=\left(\frac{E}{R+R_L}\right)^2R_L[\text{W}]\text{에서}$$

최대 전력 전달조건은 $R_L=R$일 때이므로 이를 대입하면

$$P=\left(\frac{E}{R+R_L}\right)^2R_L=\left(\frac{E}{R+R}\right)^2R=\frac{E^2}{4R}[\text{W}]$$

★★★☆☆

22 내부저항 r[Ω]인 전원이 있다. 부하 R에 최대 전력을 공급하기 위한 조건은?

① $r=2R$

② $R=r$

③ $R=2\sqrt{r}$

④ $R=r^2$

해설

최대전력전송

전원과 부하에 순저항만 존재할 때 최대 전력 전달 조건은 전원 내부 저항과 부하 저항이 같은 경우 이다.

★☆☆☆☆

23 최대값 V_0, 내부임피던스 $Z_0=R_0+jX_0(R_0>0)$인 전원에서 공급할 수 있는 최대 전력은?

① $\dfrac{V_0{}^2}{8R_0}$

② $\dfrac{V_0{}^2}{4R_0}$

③ $\dfrac{V_0}{2R_0{}^2}$

④ $\dfrac{V_0{}^2}{2\sqrt{2}R_0}$

해설

최대전력전송

교류의 최대값이 V_0이므로 실효값은 $V=\dfrac{V_0}{\sqrt{2}}$이며 최대전력은 부하임피던스 Z_L이 내부임피던스의 공액복소수 $\overline{Z_0}$와 같을 경우이며

이때 최대전력값은 $P_{\max}=\dfrac{V^2}{4R_0}=\dfrac{\left(\dfrac{V_0}{\sqrt{2}}\right)^2}{4R_0}=\dfrac{V_0{}^2}{8R_0}[\text{W}]$

★★☆☆☆

24 부하 저항 R_L이 전원의 내부 저항 R_0의 3배가 되면 부하저항 R_L에서 소비되는 전력 P_L은 최대 전송 전력 P_m의 몇 배인가?

① 0.89[배]

② 0.75[배]

③ 0.5[배]

④ 0.3[배]

[정답] 20 ① 21 ① 22 ② 23 ① 24 ②

🔍 **해설** --------------------------------

최대전력전송

부하저항이 $R_L=3R_0$일 때의 소비전력은

$$P_L=I^2R_L\left(\frac{V_g}{R_0+R_L}\right)^2\cdot R_L=\left(\frac{E}{R_0+3R_0}\right)^2\times 3R_0=\frac{3}{16}\cdot\frac{E^2}{R_0}[\mathrm{W}]$$

최대전력 $P_{\max}=\dfrac{E^2}{4R_0}[\mathrm{W}]$이므로

$$\therefore\frac{P_L}{P_{\max}}=\frac{\dfrac{3}{16}\cdot\dfrac{E^2}{R_0}}{\dfrac{1}{4}\cdot\dfrac{E^2}{R_0}}=\frac{3}{4}=0.75[배]$$

★☆☆☆☆
25 그림과 같이 저항 R과 정전용량 C의 병렬 회로가 있다. 전 전류를 일정하게 유지할 때 R에서 소비되는 전력을 최대로 하는 R의 값은? (단, 주파수는 f이다.)

① $\dfrac{1}{\omega C}$ ② $R-j\omega C$

③ ωCR ④ $R+j\omega C$

🔍 **해설** --------------------------------

최대전력전송

최대전력조건 $R=X_c=\dfrac{1}{\omega C}$

★★☆☆☆
26 그림과 같은 교류 회로에서 저항 R을 변환시킬 때 저항에서 소비되는 최대 전력$[\mathrm{W}]$은?

① $95[\mathrm{W}]$ ② $113[\mathrm{W}]$

③ $134[\mathrm{W}]$ ④ $154[\mathrm{W}]$

🔍 **해설** --------------------------------

최대전력전송

$R-C$ 직렬회로에서의 소비전력은

$$P=I^2R_L=\left(\frac{V}{\sqrt{R^2+X_C^{\,2}}}\right)^2 R=\frac{V^2}{R^2+X_C^{\,2}}\cdot R$$이므로 이때 최대 전력

조건은 $R=X_C$이므로 $P_{\max}=\dfrac{V^2}{2X_C}=\dfrac{1}{2}\omega CV^2[\mathrm{W}]$가 된다.

주어진 수치를 대입하면

$$P_{\max}=\frac{1}{2}\omega CV^2=\frac{1}{2}\times 2\pi\times 60\times 15\times 10^{-6}\times 200^2=113[\mathrm{W}]$$

★☆☆☆☆
27 전원의 내부임피던스가 순저항 R과 리액턴스 X로 구성되고 외부에 부하저항 R_L을 연결하여 최대전력을 전달하려면 R_L의 값은?

① $R_L=\sqrt{R^2+X^2}$ ② $R_L=\sqrt{R^2-X^2}$

③ $R_L=R$ ④ $R_L=R+X$

🔍 **해설** --------------------------------

부하에 최대전력을 전달하기 위해서는 저항 부하일 경우 전원의 내부 임피던스와 크기가 같고, 임피던스 부하일 경우는 전원의 내부 임피던스와 켤레복소수 관계가 되어야 한다.

$$\therefore R_L=\sqrt{R^2+X^2}$$

[**정답**] 25 ① 26 ② 27 ①

electrical engineer

유도결합회로

영상 학습 QR   출제경향분석

본장은 유도결합회로의 기본원리 및 특성에 대한 내용을 다루었으며 시험에 자주 출제가 되는 내용은 다음과 같다.
❶ 자기인덕턴스   ❷ 전자유도에 의한 유기전압
❸ 상호유도에 의한 유기전압   ❹ 합성인덕턴스
❺ 교류브릿지 회로의 평형조건

🔵 **핵심 포인트**

코일에 자속이나 전류가 시간적으로 변화하는 경우의 코일에 유기되는 전압

$$e=-n\frac{d\phi}{dt}=-L\frac{di}{dt}[V]$$

Q 포인트문제 1

0.1[s] 동안에 몇 [Wb]의 자속이 변할 때 1[V]의 전압이 인덕턴스에 유기되는가?

① 0.01   ② 0.1
③ 1   ④ 10

A 해설

전자유도
코일에 유기되는 전압
$e=\frac{d\phi}{dt}[V]$이므로
$d\phi=edt=1\times0.1=0.1[Wb]$

정답 ②

▶ **전기 용어해설**

전자유도현상이란, 코일에 자속이나 전류가 시간적으로 변화하는 경우 코일에 양단에 전압이 발생하는 현상으로 변압기의 원리가 된다.

---

1 **유도결합회로**

1. 자기 인덕턴스 L

전류 $i[A]$에 대한 자속 $\phi[Wb]$와의 비를 자기인덕턴스 $L[H]$라 한다. 단위로는 헨리[H]를 사용하고 1[A]에 대한 1[Wb]의 자속을 1[H]라 정의한다.

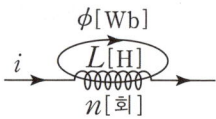

$$\phi[Wb]$$
$$i \quad L[H]$$
$$n[회]$$

1) 자기인덕턴스 $L=\frac{\phi}{i}[H=Wb/A]$

2) 권수가 n회인 경우 자기 인덕턴스 $L=\frac{n\phi}{i}[H]$

2. 전자유도현상

1) 패러데이 법칙 : 유기전압의 크기를 결정

2) 렌쯔의 법칙 : 유기전압의 방향을 결정

3) 코일에 유기되는 전압 $e[V]$

$$e=-n\frac{d\phi}{dt}=-L\frac{di}{dt}[V]$$

여기서, $L[H]$: 자기인덕턴스, $di[A]$: 전류의 변화율,
$d\phi[Wb]$: 자속의 변화율, $dt[sec]$: 시간의 변화율

3. 상호 유도 전압의 크기 및 극성[가동결합 +, ∘ 차동결합 −]

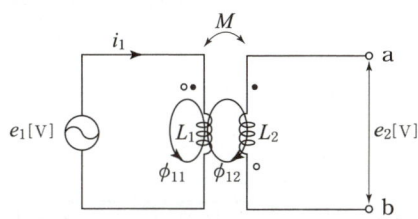

1) 1차측 전류변화에 의한 2차 유기전압

$$e_2 = \pm M \frac{di_1}{dt}[\text{V}]$$

(단, M : 상호 인덕턴스, $\phi_1 = \phi_{11} + \phi_{12}$: 1차측 총자속, ϕ_{11} : 누설자속, ϕ_{12} : 1차측 자속중 2차로 넘어간 자속)

2 결합계수(coefficient) K

1. 결합계수 : $K = \dfrac{M}{\sqrt{L_1 L_2}} = \sqrt{\dfrac{\phi_{12}}{\phi_1} \cdot \dfrac{\phi_{21}}{\phi_2}}$

ϕ_1 : 1차측 총자속, ϕ_2 : 2차측 총자속
ϕ_{12} : 1차측 총자속 중 2차코일에 쇄교하는 자속
ϕ_{21} : 2차측 총자속 중 1차코일에 쇄교하는 자속

2. 상호인덕턴스 : $M = K\sqrt{L_1 L_2}$

3.

누설자속이 없을 때	$K = 1$
상호자속이 없을 때	$K = 0$
결합계수의 범위	$0 \leq K \leq 1$

┃ 필수확인 O·X 문제 ┃   1차 2차 3차

1. 코일에 전류가 일정한 경우 전압이 발생한다. · · · · · · · · · · · · · · · · · · · ( )
2. 누설자속이 없는 경우 결합계수는 1이 된다. · · · · · · · · · · · · · · · · ( )

상세해설

1. (×) 코일에 전류나 자속이 시간적으로 변화하여야 전압이 발생한다.
2. (○) 누설자속이 없는 경우 $K = 1$, 상호자속이 없는 경우 $K = 0$

🔻 핵심 포인트

1차측 전류변화에 의한 2차 유기전압
$$e_2 = \pm M \frac{di_1}{dt}[\text{V}]$$
(단, 가동결합 + , 차동결합 −)

Q 포인트문제 2

코일이 2개 있다. 한 코일의 전류가 전류가 매초 150[A]일 때 다른 코일에는 75[V]의 기전력이 유기된다. 이때 두 코일의 상호 인덕턴스[H]는?

① 1[H]   ② $\frac{1}{2}$[H]

③ $\frac{1}{4}$[H]   ④ 0.75[H]

A 해설

상호유도전압

$\dfrac{di_1}{dt} = 150[\text{A/sec}]$, $e_2 = 75[\text{V}]$

일 때 상호인덕턴스는

$e_2 = M \dfrac{di_1}{dt}[\text{V}]$이므로

$M = \dfrac{e_2}{\dfrac{di_1}{dt}} = \dfrac{75}{150} = \dfrac{1}{2}[\text{H}]$

━━━━ 정답 ②

🔻 핵심 포인트

결합계수 $K = \dfrac{M}{\sqrt{L_1 L_2}}$ 는 두 코일 간의 자기적 결합정도를 나타낸다.

Q 포인트문제 3

코일 1, 2가 있다. 각각의 L은 20, 50[μH]이고 그 사이의 M은 5.6[μH]이다. 두 코일간의 결합계수는?

① 4.156   ② 0.177

③ 3.527   ④ 0.427

A 해설

결합계수

$L_1 = 20[\mu\text{H}]$, $L_2 = 50[\mu\text{H}]$,
$M = 5.6[\mu\text{H}]$일 때 결합계수는

$k = \dfrac{M}{\sqrt{L_1 L_2}} = \dfrac{5.6}{\sqrt{20 \times 50}}$

$= 0.17708$

━━━━ 정답 ②

3 합성인덕턴스

참고

상호인덕턴스 없는 경우

합성인덕턴스

· 직렬연결 $L_o = L_1 + L_2$ [H]

· 병렬연결 $L_o = \dfrac{L_1 \cdot L_2}{L_1 + L_2}$ [H]

Q 포인트문제 4

5[mH]인 두 개의 자기 인덕턴스가 있다. 결합 계수를 0.2로부터 0.8까지 변화시킬 수 있다면 이것을 직렬접속하여 얻을 수 있는 합성 인덕턴스의 최대값과 최소값은 각각 몇 [mH]인가?

① 20, 8　　② 20, 2
③ 18, 8　　④ 18, 2

A 해설

합성인덕턴스

직렬연결시 합성인덕턴스 최대값은 가동결합, 합성인덕턴스의 최소값은 차동결합으로 얻는다.

$Lo_{최대} = L_1 + L_2 + 2M$
$\quad = L_1 + L_2 + 2K\sqrt{L_1 L_2}$
$\quad = 5 + 5 + 2 \times 0.8 \times \sqrt{5 \times 5}$
$\quad = 18[\text{mH}]$

$Lo_{최소} = L_1 + L_2 - 2M$
$\quad = L_1 + L_2 - 2K\sqrt{L_1 L_2}$
$\quad = 5 + 5 - 2 \times 0.8 \times \sqrt{5 \times 5}$
$\quad = 2[\text{mH}]$

정답 ④

1. 직렬연결

전류가 흘러가는 길이 하나인 경우

가동결합	차동결합
전류의 방향이 동일하여 자속이 합(보강)이 되는 경우	전류의 방향이 반대이므로 자속이 차(상쇄)가 되는 경우

합성인덕턴스 L_0[H]	
$L_0 = L_1 + L_2 + 2M$ $\quad = L_1 + L_2 + 2K\sqrt{L_1 L_2}$ [H]	$L_0 = L_1 + L_2 - 2M$ $\quad = L_1 + L_2 - 2K\sqrt{L_1 L_2}$ [H]

2. 병렬연결

전류가 흘러가는 길이 두 개 이상인 경우

가동결합	차동결합
전류의 방향이 동일하여 자속이 합(보강)이 되는 경우	전류의 방향이 반대이므로 자속이 차(상쇄)가 되는 경우

합성인덕턴스 L_0[H]	
$L_0 = \dfrac{L_1 L_2 - M^2}{L_1 + L_2 - 2M}$ [H]	$L_0 = \dfrac{L_1 L_2 - M^2}{L_1 + L_2 + 2M}$ [H]

콕콕 포인트

4 이상 변압기의 권수비

$$a=n=\frac{n_1}{n_2}=\frac{v_1}{v_2}=\frac{i_2}{i_1}=\sqrt{\frac{Z_1}{Z_2}}=\sqrt{\frac{L_1}{L_2}}$$

5 교류 브릿지 회로 평형조건

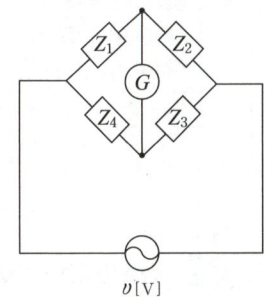

$v\,[\mathrm{V}]$

$$Z_1 Z_3 = Z_2 Z_4 \;\rightarrow\; G = 0\,[\mathrm{A}]$$

│ 필수확인 O·X 문제 │ 난이도 ★★☆☆☆ 　　　　　　1차 2차 3차

1. 두 자속이 합이되는 경우를 차동결합이라 한다. · · · · · · · · · · · · · · · · · · (　)
2. 교류 브릿지 회로의 평형은 대각선 임피던스의 곱이 서로 같을 때이다. · · · (　)

상세해설

1. (×) 두 자속이 합인 경우 : 가동결합
   　　　두 자속이 차인 경우 : 차동결합
2. (○) 교류 브릿지 회로의 평형은 대각선 임피던스의 곱이 서로 같을 때이며 이 경우 중앙은
   　　　개방상태가 된다.

음성 학습 QR

- QR 코드를 찍으시면, 가장 중요한 우선순위 문제풀이 영상을 보실 수 있습니다.
- 우선순위 논점은 전기(산업)기사 시험에서 가장 출제 빈도가 높은 문제로써, 수험생분들께서는 각 파트별 우선순위 문제의 논점과 키워드를 학습하시기를 바랍니다.
- 체크 리스트를 작성하시면서 문제의 유형과 학습의 완성도를 스스로 체크 해 보시기를 바랍니다.
- "선생님의 콕콕 포인트"는 틀리기 쉬운 문제의 함정과 문제의 포인트를 집어드립니다. 우선순위 문제풀이의 포인트를 꼭 참고하고 응용문제의 해결능력을 길러 줍니다.

번호	우선순위 논점	KEY WORD	나의 정답 확인				선생님의 콕콕 포인트
			맞음	틀림(오답확인)			
				이해 부족	암기 부족	착오 실수	
1	유기전압	유기전압, 코일, 자기인덕턴스					코일에 유기되는 전압 $e = L\dfrac{di}{dt}[\mathrm{V}]$
6	합성인덕턴스	합성인덕턴스, 가동결합, 차동결합					직렬연결시 합성인덕턴스 가동결합 $L_0 = L_1 + L_2 + 2M[\mathrm{H}]$ 차동결합 $L_0 = L_1 + L_2 - 2M[\mathrm{H}]$
9	합성인덕턴스	합성인덕턴스, 가동결합, 차동결합					병렬연결시 합성인덕턴스 가동결합 $L_0 = \dfrac{L_1 L_2 - M^2}{L_1 + L_2 - 2M}[\mathrm{H}]$ 차동결합 $L_0 = \dfrac{L_1 L_2 - M^2}{L_1 + L_2 + 2M}[\mathrm{H}]$
11	합성인덕턴스	합성인덕턴스, 가동결합, 차동결합					직렬연결시 합성인덕턴스의 최대, 최소값은 결합계수가 가장 클 때이다.
14	이상변압기 권수비	권수비, 변압비, 전압비					이상변압기 권수비 $n = \dfrac{n_1}{n_2} = \dfrac{v_1}{v_2} = \dfrac{i_2}{i_1} = \sqrt{\dfrac{Z_1}{Z_2}} = \sqrt{\dfrac{L_1}{L_2}}$

★★★★☆

01 어떤 코일에 흐르는 전류를 0.5[ms] 동안에 5[A]로 변화시킬 때 20[V]의 전압이 발생한다. 자기 인덕턴스 [mH]는?

① 2[mH]

② 4[mH]

③ 6[mH]

④ 8[mH]

🔍 **해설**

전자유도

$dt = 0.5[\mathrm{msec}]$, $di = 5[\mathrm{A}]$, $e = 20[\mathrm{V}]$일 때

자기인덕턴스는 $e = L\dfrac{di}{dt}$이므로

$$L = \frac{e \times dt}{di} = \frac{20 \times 0.5 \times 10^{-3}}{5} \times 10^3 = 2[\mathrm{mH}]$$

★★★☆☆

02 상호 인덕턴스 100[mH]인 회로의 1차 코일에 3[A]의 전류가 0.3초 동안에 18[A]로 변화할 때 2차 유도 기전력[V]은?

① 5[V] ② 6[V]

③ 7[V] ④ 8[V]

🔍 **해설**

상호유도

$M = 100[\mathrm{mH}]$, $dt = 0.3[\mathrm{sec}]$, $di_1 = 18 - 3 = 15[\mathrm{A}]$일 때

2차 유기전압은 $e_2 = M\dfrac{di_1}{dt} = 100 \times 10^{-3} \times \dfrac{15}{0.3} = 5[\mathrm{V}]$

★★☆☆☆

03 한 코일의 전류가 매초 120[A]의 비율로 변화할 때 다른 코일에 15[V]의 기전력이 발생하였다면 두 코일의 상호 인덕턴스[H]는?

[정답] 01 ① 02 ① 03 ①

① 0.125[H] ② 2.85[H]

③ 0[H] ④ 1.25[H]

해설

상호유도

$\dfrac{di_1}{dt}=120[\text{A/sec}]$, $e_2=15[\text{V}]$일 때

상호인덕턴스는 $e_2=M\dfrac{di_1}{dt}[\text{V}]$이므로

$M=\dfrac{e_2}{\dfrac{di_1}{dt}}=\dfrac{15}{120}=0.125[\text{H}]$

★★★★☆

04 그림과 같은 회로에서 $i_1=I_m\sin\omega t$일 때 개방된 2차 단자에 나타나는 유기기전력 e_2는 몇 [V]인가?

① $\omega M\sin\omega t$ ② $\omega M\cos\omega t$

③ $\omega MI_m\sin(\omega t-90°)$ ④ $\omega MI_m\sin(\omega t+90°)$

해설

상호유도

그림은 차동결합이므로

$e_2=-M\dfrac{di_1}{dt}=-\omega MI_m\cos\omega t=\omega MI_m\sin(\omega t-90°)[\text{V}]$

참고

$\dfrac{d}{dt}\sin\omega t=\cos\omega t\times\omega$

★★★☆☆

05 두 코일의 자기 인덕턴스가 L_1, L_2이고 상호 인덕턴스가 M일 때 결합계수 k는?

① $\dfrac{\sqrt{L_1L_2}}{M}$ ② $\dfrac{M}{\sqrt{L_1L_2}}$

③ $\dfrac{M^2}{L_1L_2}$ ④ $\dfrac{L_1L_2}{M^2}$

해설

결합계수

결합계수 $k=\dfrac{M}{\sqrt{L_1\cdot L_2}}$

★★★☆☆

06 그림과 같은 회로에서 a, b 간의 합성 인덕턴스 L_0의 값은?

① L_1+L_2+L

② L_1+L_2-2M+L

③ L_1+L_2+2M+L

④ L_1+L_2-M+L

해설

합성인덕턴스

L_1과 L_2의 결합이 직렬연결시 차동결합 형태이므로

합성인덕턴스는 $L_0=L_1+L_2-2M+L[\text{H}]$

★★★☆☆

07 그림과 같은 결합 회로의 합성 인덕턴스는 몇 [H]인가?

① 4[H] ② 6[H]

③ 10[H] ④ 13[H]

해설

합성인덕턴스

그림은 직렬연결시 차동결합이므로

$L=L_1+L_2-2M=4+6-2\times3=4[\text{H}]$

[정답] 04 ③ 05 ② 06 ② 07 ①

★★★★☆

08 그림의 회로에 있어 $L_1=6[\text{mH}]$, $R_1=4[\Omega]$, $R_2=9[\Omega]$, $L_2=7[\text{mH}]$, $M=5[\text{mH}]$이며 L_1과 L_2가 서로 유도 결합되어 있을 때 등가 직렬 임피던스는 얼마인가? (단, $\omega=100[\text{rad/s}]$이다.)

① $13+j7.2$ ② $13+j1.3$
③ $13+j2.3$ ④ $13+j9.4$

🔍 **해설**

합성인덕턴스
그림은 $R-L$ 직렬연결이고 가동결합이므로
합성임피던스는 $Z=R_o+j\omega L_o=R_1+R_2+j\omega(L_1+L_2+2M)$
$\qquad\qquad=4+9+j100(6+7+2\times5)\times10^{-3}$
$\qquad\qquad=13+j2.3[\Omega]$

★★★★☆

09 그림과 같은 회로에서 합성 인덕턴스는?

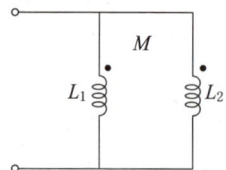

① $\dfrac{L_1L_2+M^2}{L_1+L_2-2M}$ ② $\dfrac{L_1L_2-M^2}{L_1+L_2-2M}$
③ $\dfrac{L_1L_2+M^2}{L_1+L_2+2M}$ ④ $\dfrac{L_1L_2-M^2}{L_1+L_2+2M}$

🔍 **해설**

합성인덕턴스
그림은 병렬연결시 가동결합이므로
합성인덕턴스는 $L_o=\dfrac{L_1L_2-M^2}{L_1+L_2-2M}[\text{H}]$

★★★☆☆

10 20[mH]와 60[mH]의 두 인덕턴스가 병렬로 연결되어 있다. 합성인덕턴스의 값[mH]은? (단, 상호인덕턴스는 없는 것으로 한다.)

① 15[mH] ② 20[mH]
③ 50[mH] ④ 75[mH]

🔍 **해설**

합성인덕턴스
병렬 연결시 합성인덕턴스 계산식
$L_o=\dfrac{L_1L_2-M^2}{L_1+L_2\mp2M}$의 식에서 상호인덕턴스 $M=0$이므로
$L_o=\dfrac{L_1L_2}{L_1+L_2}=\dfrac{20\times60}{20+60}=15[\text{mH}]$

★★★★☆

11 10[mH]의 두 자기인덕턴스가 있다. 결합계수를 0.1로부터 0.9까지 변화시킬 수 있다면 이것을 직렬접속시켜 얻을 수 있는 합성 인덕턴스의 최대값과 최소값의 비는 얼마인가?

① 9:1 ② 13:1
③ 16:1 ④ 19:1

🔍 **해설**

합성인덕턴스
직렬연결시 합성 인덕턴스
$L_o=L_1+L_2\pm2M=L_1+L_2\pm k\sqrt{L_1L_2}[\text{H}]$이고 결합계수만 변화할 수 있으므로 $k=0.9$를 대입하였을 때 최대, 최소값이 된다.
$L_o=L_1+L_2\pm k\sqrt{L_1L_2}$
$\quad=10+10\pm2\times0.9\times10=20\pm18[\text{mH}]$
$\dfrac{L_{최대}=38}{L_{최소}=2}=\dfrac{19}{1}$

★★☆☆☆

12 다음과 같이 1개의 콘덴서와 2개의 코일이 접속된 회로에 300[Hz]의 주파수가 공진한다고 한다. $C=30[\mu\text{F}]$, $L_1=L_2=4[\text{mH}]$이면 상호인덕턴스 M의 값은 약 몇 [mH]인가? (단, 코일은 동일 축상에 같은 방향으로 감겨져 있다.)

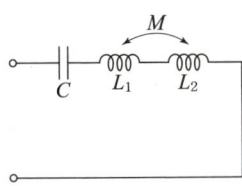

① $2.8[\text{mH}]$ ② $1.4[\text{mH}]$

③ $0.7[\text{mH}]$ ④ $0.4[\text{mH}]$

해설

합성인덕턴스

$L-C$ 직렬공진시 $X_L = X_C$, $\omega L = \dfrac{1}{\omega C}$ ➡ ①식

L_1과 L_2가 직렬연결에 코일을 같은 방향으로 감으면 가동결합이므로

합성인덕턴스 $L = L_1 + L_2 + 2M[\text{H}]$ ➡ ②식

②식을 ①식에 대입하면

$\omega(L_1 + L_2 + 2M) = \dfrac{1}{\omega C}$

$M = \dfrac{1}{2}\left(\dfrac{1}{\omega^2 C} - L_1 - L_2\right)$

$\quad = \dfrac{1}{2}\left(\dfrac{1}{(2\pi \times 300)^2 \times 30 \times 10^{-6}} - 4 \times 10^{-3} - 4 \times 10^{-3}\right) \times 10^3$

$\quad = 0.7[\text{mH}]$

★★☆☆☆

13 그림과 같은 이상 변압기의 권선비가 $n_1 : n_2 = 1 : 3$ 일 때 a, b 단자에서 본 임피던스[Ω]는?

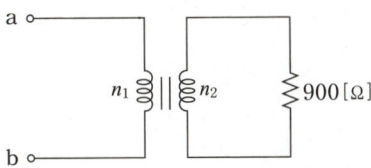

① $50[\Omega]$ ② $100[\Omega]$

③ $200[\Omega]$ ④ $400[\Omega]$

해설

이상변압기 권수비

이상 변압기의 권수 n은 $n = \dfrac{n_1}{n_2} = \dfrac{v_1}{v_2} = \dfrac{i_2}{i_1} = \sqrt{\dfrac{Z_1}{Z_2}} = \sqrt{\dfrac{L_1}{L_2}}$ 이므로

$Z_1 = Z_2 n^2 = Z_2 \left(\dfrac{n_1}{n_2}\right)^2 = 900 \times \left(\dfrac{1}{3}\right)^2 = 100[\Omega]$가 된다.

★★☆☆☆

14 그림과 같은 이상 변압기에 대하여 성립되지 않는 관계식은? (단, n_1, n_2는 1차 및 2차 코일의 권수이다.)

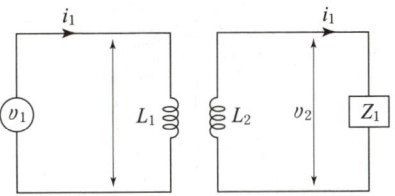

① $v_1 i_1 = v_2 i_2$ ② $\dfrac{v_2}{v_1} = \dfrac{n_2}{n_1} = \dfrac{1}{n}$

③ $\dfrac{i_2}{i_1} = \dfrac{n_1}{n_2} = n$ ④ $n = \sqrt{\dfrac{L_2}{L_1}}$

해설

이상변압기 권수비

$n = \dfrac{n_1}{n_2} = \dfrac{v_1}{v_2} = \dfrac{i_2}{i_1} = \sqrt{\dfrac{Z_1}{Z_2}} = \sqrt{\dfrac{L_1}{L_2}}$

★★☆☆☆

15 그림과 같은 회로(브릿지회로)에서 상호인덕턴스 M을 조정하여 수화기 T에 흐르는 전류를 0으로 할 때 주파수는?

① $\dfrac{1}{2\pi MC}$ ② $\sqrt{\dfrac{1}{2\pi MC}}$

③ $2\pi MC$ ④ $\dfrac{1}{2\pi}\sqrt{\dfrac{1}{MC}}$

해설

켐벨 브릿지회로

켐벨 브릿지회로의 평형은 $\omega M = \dfrac{1}{\omega C}$ 이므로 주파수는

$\omega^2 = \dfrac{1}{MC}$, $\omega = \sqrt{\dfrac{1}{MC}}$, $2\pi f = \sqrt{\dfrac{1}{MC}}$

$\therefore f = \dfrac{1}{2\pi}\sqrt{\dfrac{1}{MC}}$

[**정답**] 13 ② 14 ④ 15 ④

★★☆☆☆

16 그림과 같은 브리지가 평형되어 있다. 미지 코일의 저항 R_4 및 인덕턴스 L_4의 값은 얼마인가?

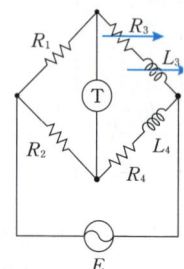

① $R_4 = \dfrac{R_1}{R_2} R_3, \quad L_4 = \dfrac{R_1}{R_2} L_3$

② $R_4 = \dfrac{R_1}{R_3} R_2, \quad L_4 = \dfrac{R_1 R_2}{L_3}$

③ $R_4 = R_1 R_2 R_3, \quad L_4 = R_1 R_2 L_3$

④ $R_4 = \dfrac{R_2}{R_1} R_3, \quad L_4 = \dfrac{R_2}{R_1} L_3$

🔍 **해설** -

교류 브릿지 회로

$R_1(R_4 + j\omega L_4) = R_2(R_3 + j\omega L_3)$

$R_1 R_4 + j R_1 \omega L_4 = R_2 R_3 + j R_2 \omega L_3$

$R_1 R_4 = R_2 R_3, \quad R_1 \omega L_4 = R_2 \omega L_3$

$R_4 = \dfrac{R_2}{R_1} R_3, \quad L_4 = \dfrac{R_2}{R_1} L_3$

electrical engineer

일반 선형 회로망

영상 학습 QR   출제경향분석

본장은 회로망 해석을 위한 기본원리에 대한 내용을 다루었으며 시험에 자주 출제가 되는 내용은 다음과 같다.

❶ 전원의 등가변환   ❷ 키르히호프의 법칙
❸ 중첩의 원리   ❹ 테브난의 정리
❺ 밀만의 정리

  콕콕 포인트

1 이상 전원 및 등가 변환

1. 이상 전압원과 이상 전류원

FAQ

전원의 등가변환이 무엇입니까?

답

▶ 전원의 등가변환은 결과값이 바뀌지 않게 회로망의 모양을 변화한 것을 두회로는 등가변환 되었다고 합니다.

1) 이상적 전압원의 내부저항

$$R = 0[\Omega]$$

2) 이상적 전류원의 내부저항

$$R = \infty[\Omega]$$

2. 전원의 등가변환

그림 (a)와 (b)는 서로 등가이다.

(a) 전압원   (b) 전류원

Q 포인트문제 1

그림 (a)를 그림 (b)와 같은 등가전류원으로 변환할 때 I와 R은?

① $I = 6$, $R = 2$
② $I = 3$, $R = 5$
③ $I = 4$, $R = 0.5$
④ $I = 3$, $R = 2$

A 해설

전원의 등가변환

등가전류 $I = \dfrac{V}{R} = \dfrac{6}{2} = 3[A]$

등가저항 $R = 2[\Omega]$

정답 ④

1) 전압원을 전류원으로 변환

부하를 단락시킨 후 전류 $I = \dfrac{E}{R}[A]$를 구하고 저항 $R[\Omega]$은 병렬로 연결한다.

2) 전류원을 전압원으로 변환

부하를 개방시킨 후 전압 $E = IR[V]$를 구하고 저항 $R[\Omega]$은 직렬로 연결한다.

2 키르히호프의 법칙(Kirchhoff's law)

1. 키르히호프의 제 1법칙(KCL=전류 평형법칙)

임의의 한점을 중심으로 들어가는 전류의 합은 나오는 전류의 합과 같다. 또는 전류의 대수합은 0이다. 즉, $\sum I = 0$

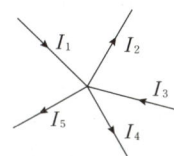

$$I_1 + I_3 - I_2 - I_4 - I_5 = 0$$

단, 들어가는 전류 : (+), 나가는 전류 : (−)

2. 키르히호프의 제 2법칙(KVL=전압 평형법칙)

회로망에서 임의의 폐회로를 구성 했을 때 폐회로내의 기전력의 합은 내부 전압강하의 합과 같다. 즉, $\sum E = \sum RI$

위 그림에서 임의의 폐회로 1에서 $E_1 - E_3 = I_1 R_1 + I_3 R_3$ → ①
임의의 폐회로 2에서 $E_2 - E_3 = R_2 I_2 + R_3 I_3$ → ②
또한, 키르히호프의 제1법칙에 의해서 임의의 한 점 A에서 $I_1 + I_2 = I_3$ → ③
위 세 개의 방정식을 이용 연립 방정식으로 I_1, I_2, I_3를 구할 수 있다.
여기서, 전류와 기전력의 방향이 반대이면 (−)부호를 붙인다.

▎필수확인 O·X 문제

1차 2차 3차

1. 전류원을 전압원으로 변환시 부하를 단락한다. ·············( )
2. 폐회로내의 기전력의 합은 내부 전압강하의 합과 같다는 키르히호프의 전류법칙
   이다. ···( )

상세해설

1. (×) 전류원을 전압원으로 변환시 부하를 개방한다.
2. (×) 폐회로내의 기전력의 합은 내부 전압강하의 합과 같다는 키르히호프의 전압법칙이다.

💙 **핵심 포인트**

• 선형, 비선형, 시변, 시불변 회로소자 모두 적용된다.
• 제 1법칙(KCL 전류법칙)
  $\sum$유입전류$= \sum$유출전류
  전류의 대수합은 0
  $\sum I = 0$
• 제2법칙(KVL 전압법칙)
  $\sum$기전력$= \sum$전압강하
  $\sum E = \sum RI$

Q 포인트문제 2

그림에서 i_5 전류의 크기[A]는?

① 3   ② 5
③ 8   ④ 12

A 해설

키르히호프의 법칙
키르히호프의 전류법칙에 따라
$\sum$유입전류$= \sum$유출전류 이므로
$i_1 + i_2 + i_4 = i_3 + i_5$
$5 + 3 + 2 = 2 + i_5$
$i_5 = 8[A]$

정답 ③

3 중첩의 정리(Principie of superposition)

회로망 내에 다수의 전압원과 전류원이 동시 존재시 한 지로에 흐르는 전류는 전압원 단락, 전류원 개방시 흐르는 전류의 합과 같다.(선형 회로망에만 적용)

다음 회로에서 4[Ω]의 저항에 흐르는 전류를 구하면

전압원 단락 시 4[Ω]에 흐르는 전류	전류원 개방 시 4[Ω]에 흐르는 전류
$I_1 = \dfrac{2}{2+4} \times 3 = 1[\text{A}]$	$I_2 = \dfrac{6}{2+4} = 1[\text{A}]$

4[Ω]에 흐르는 전체 전류 $I = I_1 + I_2 = 2[\text{A}]$

4 테브난의 정리(Thevenin's theorem)

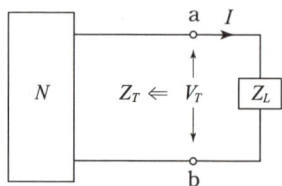

1. 테브난의 등가임피던스 $Z_T[\Omega]$: 회로망 내 전압원 단락, 전류원 개방 시 개방단자 a, b에서 회로망 쪽을 바라본 등가 임피던스

2. 테브난의 등가전압 $V_T[\text{V}]$: 개방단자 a, b에 걸리는 단자전압

3. 테브난의 등가회로 작성

$$I = \frac{V_T}{Z_T + Z_L}[\text{A}]$$

핵심 포인트

중첩의 정리는 다수의 전압원과 전류원이 동시에 존재하는 회로망에 있어서 회로 전류는 각 전압원이나 전류원이 각각 단독으로 가해졌을 때 흐르는 전류를 합한 것과 같다.

I = 전압원 단락 + 전류원 개방

핵심 포인트

회로망에서 등가전압과 등가임피던스를 구하여 간단한 전압만의 회로로 등가 변환하여 계산하며 테브난의 정리는 노튼의 정리와 쌍대관계이다.

Q 포인트문제 3

테브난의 정리를 이용하여 그림 (a)의 회로를 (b)와 같은 등가회로로 만들려고 할 때 V와 R의 값은?

① $V = 12[\text{V}]$, $R = 3[\Omega]$
② $V = 20[\text{V}]$, $R = 3[\Omega]$
③ $V = 12[\text{V}]$, $R = 10[\Omega]$
④ $V = 20[\text{V}]$, $R = 10[\Omega]$

A 해설

테브난의 정리

테브난의 등가전압은 개방단자 사이에 걸리는 전압으로 결국 6[Ω]에 걸리는 전압이므로

$V_{ab} = \dfrac{6}{4+6} \times 20 = 12[\text{V}]$가 되고

테브난의 등가저항은 전압원 단락, 전류원 개방시 개방단에서 바라본 등가저항이므로

$R = 0.6 + \dfrac{4 \times 6}{4+6} = 3[\Omega]$이 된다.

정답 ①

5 밀만의 정리(Millman's theorem)

밀만의 정리는 주파수가 동일한 다수의 전압원이 병렬연결시 공통전압 V_{ab}를 계산한다.

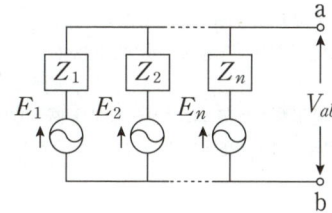

$$V_{ab}=\frac{합성전류}{합성어드미턴스}=\frac{I_1+I_2+\cdots+I_n}{Y_1+Y_2+\cdots+Y_n}=\frac{\dfrac{E_1}{Z_1}+\dfrac{E_2}{Z_2}+\cdots+\dfrac{E_n}{Z_n}}{\dfrac{1}{Z_1}+\dfrac{1}{Z_2}+\cdots+\dfrac{1}{Z_n}}[V]$$

6 가역 정리(Reciprocity theorem)

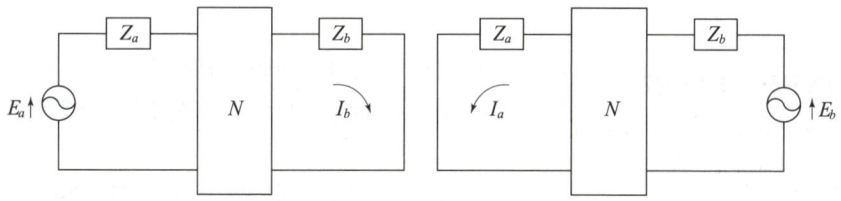

가역 정리는 회로망을 사이에 둔 양단자 사이의 전압, 전류관계를 알아보기 위한 원리이다. 선형회로망의 Z_a 지로에 기전력 E_a를 인가 했을 때 Z_b 지로에 흐르는 전류를 I_b, 반대로 Z_b 지로에 기전력 E_b를 인가 했을 때 Z_a 지로에 흐르는 전류를 I_a라 하면 $E_aI_a=E_bI_b$가 성립한다.

▎필수확인 O·X 문제 ▎   1차 2차 3차

1. 테브난의 등가임피던스는 전압원개방, 전류원 단락시 회로망내 등가임피던스이다. ·········· (   )
2. 테브난의 등가전압은 개방단자 사이에 걸리는 전압을 말한다. ·········· (   )

상세해설
  1. (×) 테브난의 등가임피던스는 전압원단락, 전류원 개방시 회로망내 등가임피던스이다.
  2. (○) 테브난의 등가전압은 개방단자 사이에 걸리는 등가전압을 말한다.

콕콕 포인트

◐ 핵심 포인트

밀만의 정리에 의한 공통전압

$$V_{ab}=\frac{합성전류}{합성어드미턴스}$$
$$=\frac{I_1+I_2+\cdots+I_n}{Y_1+Y_2+\cdots+Y_n}$$
$$=\frac{\dfrac{E_1}{Z_1}+\dfrac{E_2}{Z_2}+\cdots+\dfrac{E_n}{Z_n}}{\dfrac{1}{Z_1}+\dfrac{1}{Z_2}+\cdots+\dfrac{1}{Z_n}}[V]$$

Q 포인트문제 4

다음 회로의 단자 a, b에 나타나는 전압[V]은 얼마인가?

3[Ω] 6[Ω]
9[V] 12[V]

① 9   ② 10
③ 12   ④ 3

A 해설

$$V_{ab}=\frac{\dfrac{V_1}{R_1}+\dfrac{V_2}{R_2}}{\dfrac{1}{R_1}+\dfrac{1}{R_2}}=\frac{\dfrac{9}{3}+\dfrac{12}{6}}{\dfrac{1}{3}+\dfrac{1}{6}}$$
$$=10[V]$$

정답 ②

음성 학습 QR

- QR 코드를 찍으시면, 가장 중요한 우선순위 문제풀이 영상을 보실 수 있습니다.
- 우선순위 논점은 전기(산업)기사 시험에서 가장 출제 빈도가 높은 문제로써, 수험생분들께서는 각 파트별 우선순위 문제의 논점과 키워드를 학습하시기를 바랍니다.
- 체크 리스트를 작성하시면서 문제의 유형과 학습의 완성도를 스스로 체크 해 보시기를 바랍니다.
- "선생님의 콕콕 포인트"는 틀리기 쉬운 문제의 함정과 문제의 포인트를 집어드립니다. 우선순위 문제풀이의 포인트를 꼭 참고하고 응용문제의 해결능력을 길러 줍니다.

| 번호 | 우선순위 논점 | KEY WORD | 나의 정답 확인 | | | | 선생님의 콕콕 포인트 |
| | | | 맞음 | 틀림(오답확인) | | | |
				이해 부족	암기 부족	착오 실수	
6	중첩의 정리	전압원, 전류원, 동시존재					전압원단락, 전류원개방시 전류의 합과 같다.
12	테브난의 정리	등가저항, 등가전압, 테브난					등가저항은 전압원단락, 전류원개방 후 합성저항을 구하고 등가전압은 개방단자 전압을 구한다.
15	테브난의 정리	등가저항, 등가전압, 테브난					등가저항은 전압원단락, 전류원개방 후 합성저항을 구하고 등가전압은 개방단자 전압을 구한다.
19	테브난의 정리	등가임피던스, 테브난					테브난의 등가임피던스는 전압원단락, 전류원 개방 후 합성 임피던스를 구한다.
21	밀만의 정리	밀만, 공통전압, 병렬					전압원이 병렬연결 시 : 공통전압＝합성전류/합성어드미턴스[V]

★★☆☆☆

01 이상적인 전압 전류원에 관하여 옳은 것은?

① 전압원 내부 저항은 ∞이고 전류원의 내부저항은 0이다.

② 전압원의 내부 저항은 0이고 전류원의 내부 저항은 ∞이다.

③ 전압원, 전류원의 내부 저항은 흐르는 전류에 따라 변한다.

④ 전압원의 내부 저항은 일정하고 전류원의 내부 저항은 일정하지 않다.

해설

전원의 등가변환
- 이상적전압원 : 내부저항＝0[Ω]
- 이상적전류원 : 내부저항 ＝∞[Ω]

★★☆☆☆

02 키르히호프의 전압 법칙의 적용에 대한 서술 중 옳지 않은 것은?

① 이 법칙은 집중 정수 회로에 적용된다.

② 이 법칙은 회로 소자의 선형, 비선형에는 관계를 받지 않고 적용된다.

③ 이 법칙은 회로 소자의 시변, 시불변성에 구애를 받지 않는다.

④ 이 법칙은 선형 소자로만 이루어진 회로에 적용된다.

해설

키르히호프의 법칙
키르히호프의 법칙은 집중 정수 회로에서 선형, 비선형, 시변, 시불변에 무관하게 항상 성립된다.

★★★☆☆

03 몇 개의 전압원과 전류원이 동시에 존재하는 회로망에 있어서 회로 전류는 각 전압원이나 전류원이 각각 단독으로 가해졌을 때 흐르는 전류를 합한 것과 같다는 것은?

① 노튼의 정리　　　② 중첩의 원리

③ 키르히호프 법칙　　④ 테브낭의 정리

[정답] 01 ②　02 ④　03 ②

🔍 해설

중첩의 정리

★★☆☆☆
04 선형 회로에 가장 관계가 있는 것은?

① 키르히호프의 법칙

② 중첩의 원리

③ $V = RI^2$

④ 패러데이의 전자 유도 법칙

🔍 해설

중첩의 정리
중첩의 원리는 선형 회로인 경우에만 적용한다.

★★★☆☆
05 회로에서 저항 0.5[Ω]에 걸리는 전압[V]은?

① 0.62[V]

② 0.93[V]

③ 1.47[V]

④ 1.68[V]

🔍 해설

중첩의 정리
전류원 2[A] 개방시 0.5[Ω]에 흐르는 전류
$$I_1 = \frac{0.6}{0.6+0.5+0.4} \times 6 = \frac{3.6}{1.5}[A]$$
전류원 6[A] 개방시 0.5[Ω]에 흐르는 전류
$$I_2 = \frac{0.4}{0.6+0.5+0.4} \times 2 = \frac{0.8}{1.5}[A]$$이므로
0.5[Ω]에 흐르는 전체전류는
$$I = I_1 + I_2 = \frac{3.6}{1.5} + \frac{0.8}{1.5} = \frac{4.4}{1.5}[A]$$
0.5[Ω]에 걸리는 전압
$$V = IR = \frac{4.4}{1.5} \times 0.5 = 1.47[V]$$

★★★★☆
06 그림에서 10[Ω]의 저항에 흐르는 전류는 몇 [A]인가?

① 16[A] ② 15[A]

③ 14[A] ④ 13[A]

🔍 해설

중첩의 정리
중첩의 원리를 이용하여 전압원을 단락시 전류
$I_1 = 10+2+3 = 15[A]$
전류원 개방시 전류 $I_2 = 0[A]$이므로
전체전류는 $\therefore I = I_1 + I_2 = 15+0 = 15[A]$

★★★★☆
07 그림에서 저항 20[Ω]에 흐르는 전류는 몇 [A]인가?

① 0.4[A] ② 1[A]

③ 3[A] ④ 3.4[A]

🔍 해설

중첩의 정리
중첩의 원리에 의하여 전류원 개방시 10[A]에 의한 전류
$$I_1 = \frac{10}{5+20} = 0.4[A]$$
전압원 단락시 2[A]에 의한 전류 $I_2 = \frac{5}{5+20} \times 3 = 0.6[A]$이므로
전체전류는 $I = I_1 + I_2 = 0.4 + 0.6 = 1.0[A]$

★★★☆☆
08 그림의 회로에서 단자 a, b에 걸리는 전압 V_{ab}는 몇 [V]인가?

[**정답**] 04 ② 05 ③ 06 ② 07 ② 08 ①

① 12[V]   ② 18[V]

③ 24[V]   ④ 36[V]

🔍 **해설** --------------------------------

중첩의 정리

중첩의 원리에 의하여 전류원 개방시 6[V]의 전압원에 의한 전류

$$I_1 = \frac{6}{3+3} = 1[A]$$

전압원 단락시 6[A]의 전류원에 의한 전류 $I_2 = \frac{3}{3+3} \times 6 = 3[A]$

전체전류 $I = I_1 + I_2 = 1+3 = 4[A]$이므로

$V_{ab} = I \cdot R = 4 \times 3 = 12[V]$

★★★☆☆

09 다음 회로에서 저항 R에 흐르는 전류 I는 몇 [A]인가?

① 2[A]   ② 1[A]

③ −2[A]   ④ −1[A]

🔍 **해설** --------------------------------

중첩의 정리

중첩의 원리에 의하여 전류원 개방시 6[V]의 전압원에 의한

합성저항 $R = 2 + \frac{2 \times 2}{2+2} = 3[\Omega]$

전체전류 $I = \frac{V}{R} = \frac{6}{3} = 2[A]$

1[Ω]에 흐르는 전류 $I_1 = \frac{2}{2+2} \times 2 = 1[A]$

전압원 단락시 9[A]의 전류원에 의한 1[Ω]에 흐르는전류

$I_2 = \frac{1}{\frac{2 \times 2}{2+2}+1+1} \times 9 = 3[A]$

I_1과 I_2의 전류의 방향이 반대이므로

∴ $I = I_1 + I_2 = 1 - 3 = -2[A]$

★★☆☆☆

10 그림과 같은 회로에서 7[Ω] 저항 양단의 전압[V]은?

① 4[V]   ② −4[V]

③ 7[V]   ④ −7[V]

🔍 **해설** --------------------------------

중첩의 정리

중첩의 원리에 의하여 전류원 개방시 4[V]의 전압원에 의한 전류

$I_1 = 0[A]$

전압원 단락시 1[A]의 전류원에 의한 전류 $I_2 = 1[A]$

∴ $I = I_1 + I_2 = 0 + 1 = 1[A]$

그러므로 $V = I \cdot R = 1 \times 7 = 7[V]$이고 전류가 흐르는 방향의 반대로 전압강하가 생기므로 $V = -7[A]$가 된다.

★★☆☆☆

11 테브낭의 정리와 쌍대의 관계가 있는 것은 다음 중 어느 것인가?

① 밀만의 정리   ② 중첩의 원리

③ 노튼의 정리   ④ 보상의 정리

🔍 **해설** --------------------------------

테브난의 정리

테브난의 정리와 쌍대의 관계는 노튼의 정리이다.

★★★★☆

12 그림과 같은 (a)의 회로를 그림 (b)와 같은 등가 회로로 구성하고자 한다. 이때 V 및 R의 값은?

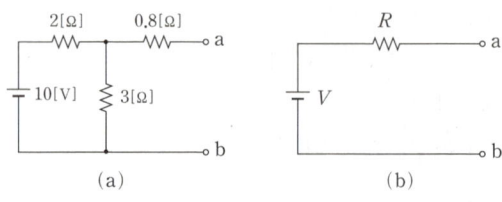

(a)   (b)

① 2[V], 3[Ω]   ② 3[V], 2[Ω]

③ 6[V], 2[Ω]   ④ 2[V], 6[Ω]

[정답] 09 ③ 10 ④ 11 ③ 12 ③

🔍 **해설**

테브난의 정리

테브난의 정리에 의해서 테브난의 등가저항은 전압원단락, 전류원 개방시 개방단에서 본 등가저항이므로 $R = 0.8 + \dfrac{2 \times 3}{2+3} = 2[\Omega]$이고 테브난의 등가전압은 개방단자 사이에 걸리는 전압이므로 $V = \dfrac{3}{2+3} \times 10 = \dfrac{30}{5} = 6[V]$가 된다.

★★★☆☆

13 a, b 단자의 전압 v는?

① $2[V]$

② $-2[V]$

③ $-8[V]$

④ $8[V]$

🔍 **해설**

테브난의 정리

회로망에서 전류는 폐회로 쪽으로만 흐르므로
개방단자 사이에 걸리는 전압은 $V = IR = 1 \times 2 = 2[V]$가 된다.

★★☆☆☆

14 그림 (a)와 같은 회로를 (b)와 같은 등가 전압원과 직렬 저항으로 변환시켰을 때 $E_r[V]$ 및 $R_r[\Omega]$는?

① $12[V]$, $7\,\Omega$

② $8[V]$, $9\,\Omega$

③ $36[V]$, $7\,\Omega$

④ $12[V]$, $13\,\Omega$

🔍 **해설**

테브난의 정리

전류원을 전압원으로 변경하면 아래와 같다.

테브난의 정리에 의하여 등가전압 개방단자 사이에 걸리는 전압이므로 $V_T = \dfrac{6}{3+6} \times 12 = 8[V]$

테브난의 등가임피던스는 전압원단락, 전류원 개방시 개방단자에서 본 등가저항이므로 $Z_0 = 7 + \dfrac{3 \times 6}{3+6} = 9[\Omega]$

★★★★☆

15 다음 회로를 테브낭(Thevenin)의 등가회로로 변환할 때 테브낭의 등가저항 $R_T[\Omega]$와 등가전압 $V_T[V]$는?

① $R_T = \dfrac{8}{3}[\Omega]$, $V_T = 8[V]$

② $R_T = 8[\Omega]$, $V_T = 12[V]$

③ $R_T = 8[\Omega]$, $V_T = 16[V]$

④ $R_T = \dfrac{8}{3}[\Omega]$, $V_T = 8[V]$

🔍 **해설**

테브난의 정리

테브난의 정리에 의해서 테브난의 등가저항은 전압원단락, 전류원 개방시 개방단자에서 본 등가저항이므로 $R_T = 8[\Omega]$이고 테브난의 등가전압은 개방단자 사이에 걸리는 전압이므로 $8[\Omega]$에 걸리는 전압이므로 $V_T = IR = 2 \times 8 = 16[V]$가 된다.

★★★★☆

16 그림과 같은 회로에서 a, b 단자의 전압이 $100[V]$, a, b에서 본 능동 회로망 N의 임피던스가 $15[\Omega]$일 때 단자 a, b에 $10[\Omega]$의 저항을 접속하면 a, b 사이에 흐르는 전류는 몇 $[A]$인가?

[**정답**] 13 ① 14 ② 15 ③ 16 ②

① $2[\mathrm{A}]$ ② $4[\mathrm{A}]$

③ $6[\mathrm{A}]$ ④ $8[\mathrm{A}]$

해설

테브난의 정리

테브난의 등가임피던스 $Z_T=15[\Omega]$이고
테브난의 등가전압 $V_T=100[\mathrm{V}]$이므로 등가회로를 작성하면

$$I=\frac{V_T}{Z_T+Z_L}=\frac{100}{15+10}=4[\mathrm{A}]$$

★★☆☆☆
17 내부에 기전력이 있는 회로가 있다. 이 회로의 한 쌍의 단자 전압을 측정 하였을 때 $70[\mathrm{V}]$이고, 또 이 단자에서 본 이 회로의 임피던스가 $60[\Omega]$이라 한다. 지금 이 단자에 $40[\Omega]$의 저항을 접속하면, 이 저항에 흐르는 전류는?

① $0.5[\mathrm{A}]$ ② $0.6[\mathrm{A}]$

③ $0.7[\mathrm{A}]$ ④ $0.8[\mathrm{A}]$

해설

테브난의 정리

테브난의 등가임피던스 $Z_T=60[\Omega]$이고
테브난의 등가전압 $V_T=70[\mathrm{V}]$이므로 등가회로를 작성하면

$$I=\frac{V}{R}=\frac{70}{60+40}=0.7[\mathrm{A}]$$

★★★☆☆
18 그림과 같은 회로에서 $0.2[\Omega]$의 저항에 흐르는 전류는 몇 $[\mathrm{A}]$인가?

① $0.1[\mathrm{A}]$ ② $0.2[\mathrm{A}]$

③ $0.3[\mathrm{A}]$ ④ $0.4[\mathrm{A}]$

해설

테브난의 정리

테브난의 정리에 의해서 테브난의 등가저항은 전압원단락, 전류원 개방시 개방단에서 본 등가저항이므로

$$R_T=\frac{4\times6}{4+6}+\frac{6\times4}{6+4}=4.8[\Omega]$$이고

테브난의 등가전압은 개방단자 사이에 걸리는 전압이므로

$$V_T=V_b-V_a=\frac{6}{4+6}\times10-\frac{4}{6+4}\times10=2[\mathrm{V}]$$가 되어

$0.2[\Omega]$에 흐르는 전류는 $I=\dfrac{V_T}{R_{ab}+R_T}=\dfrac{2}{0.2+4.8}=0.4[\mathrm{A}]$

★★★☆☆
19 회로망 출력단자 $a-b$에서 바라본 등가 임피던스는?
(단, $V_1=6$, $V_2=3$, $I_1=10$, $R_1=15$, $R_2=10$, $L=2[\mathrm{H}]$, $j\omega=s$이다.)

① $\dfrac{1}{s+3}$ ② $s+15$

③ $\dfrac{3}{s+2}$ ④ $2s+6$

해설

테브난의 정리

테브난의 정리를 이용, 전압원 단락, 전류원 개방하여 등가 임피던스를 구하면 $Z_{ab}=2s+\dfrac{15\times10}{15+10}=2s+6$

★★★☆☆

20 그림과 같은 회로에서 $E_1=110[\text{V}]$, $E_2=120[\text{V}]$, $R_1=1[\Omega]$, $R_2=2[\Omega]$일 때 a, b 단자에 $5[\Omega]$의 R_3를 접속하였을 때 a, b간의 전압 $V_{ab}[\text{V}]$은?

① $85[\text{V}]$　　　　　② $90[\text{V}]$

③ $100[\text{V}]$　　　　　④ $105[\text{V}]$

🔍 **해설** -------

밀만의 정리
밀만의 정리를 적용하면

$$V_{ab}=\frac{\dfrac{E_1}{R_1}+\dfrac{E_2}{R_2}+\dfrac{E_3}{R_3}}{\dfrac{1}{R_1}+\dfrac{1}{R_2}+\dfrac{1}{R_3}}=\frac{\dfrac{110}{1}+\dfrac{120}{2}+\dfrac{0}{5}}{\dfrac{1}{1}+\dfrac{1}{2}+\dfrac{1}{5}}=\frac{1700}{17}=100[\text{V}]$$

★★★☆☆

21 그림의 회로에서 단자 a, b 사이의 전압을 구하면?

① $\dfrac{360}{37}[\text{V}]$　　　　　② $\dfrac{120}{37}[\text{V}]$

③ $28[\text{V}]$　　　　　④ $40[\text{V}]$

🔍 **해설** -------

밀만의 정리
밀만의 정리에 의하여

$$V_{ab}=\frac{\dfrac{24}{12}-\dfrac{6}{3}+\dfrac{10}{5}}{\dfrac{1}{12}+\dfrac{1}{3}+\dfrac{1}{5}}=\frac{120}{37}[\text{V}]$$

★☆☆☆☆

22 그림과 같은 회로망에서 Z_a 지로에 $300[\text{V}]$의 전압을 가할 때 Z_b 지로에 $30[\text{A}]$의 전류가 흘렀다. Z_b 지로에 $200[\text{V}]$의 전압을 가할 때 Z_a 지로에 흐르는 전류$[\text{A}]$를 구하면?

① $10[\text{A}]$　　　　　② $20[\text{A}]$

③ $30[\text{A}]$　　　　　④ $40[\text{A}]$

🔍 **해설** -------

가역의 정리
가역의 정리에 의하여 $V_1I_1=V_2I_2$에서
$I_1=\dfrac{I_2}{V_1}\cdot V_2=\dfrac{30}{300}\times200=20[\text{A}]$가 된다.

영상 학습 QR   출제경향분석

본장은 다상교류회로의 기본원리 및 결선과 결선 방식에 따른 특성에 대한 내용을 다루었으며 시험에 자주 출제가 되는 내용은 다음과 같다.

❶ 3상결선방식에 따른 전압, 전류관계   ❷ 3상 교류전력
❸ 대칭 상 교류회로   ❹ Y-△결선 등가변환
❺ 2전력계법

1 | 대칭 3상 교류 기전력

콕콕 포인트

핵심 포인트

- 대칭 3상의 상순
  $a \to b \to c$ 상
- 대칭 3상의 위상차
  $120° = \dfrac{2\pi}{3}$ [rad]
- 대칭 3상 기전력의 총합
  $e_a + e_b + e_c = 0$

포인트문제 1

그림과 같은 회로에서 E_1, E_2, E_3는 대칭 3상 전압이다. 평형 부하라 할 때 전압 E_o는?

① 0   ② $\sqrt{3} E_1$

③ $\dfrac{E_1}{3}$ ④ $\dfrac{E_1}{\sqrt{3}}$

A 해설

대칭3상 교류기전력
대칭(평형) 3상일 때 중성점 전압
$E_o = E_1 + E_2 + E_3 = 0$이 된다.

정답 ①

1. 대칭 3상의 순시전압 : 크기는 같고 위상이 $\dfrac{2\pi}{3}$ [rad] 차이가 발생한다.

$e_a = \sqrt{2}\, E \sin\omega t$

$e_b = \sqrt{2}\, E \sin(\omega t - \dfrac{2\pi}{3})$

$e_c = \sqrt{2}\, E \sin(\omega t - \dfrac{4\pi}{3})$

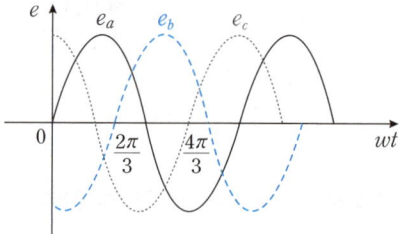

[3상 대칭 파형]

2. 대칭 3상의 복소수 표현

$e_a = E \angle 0° = E$

$e_b = E \angle -\dfrac{2}{3}\pi = E(\cos\dfrac{2\pi}{3} - j\sin\dfrac{2\pi}{3}) = E(-\dfrac{1}{2} - j\dfrac{\sqrt{3}}{2})$

$e_c = E \angle -\dfrac{4}{3}\pi = E(\cos\dfrac{4\pi}{3} - j\sin\dfrac{4\pi}{3}) = E(-\dfrac{1}{2} + j\dfrac{\sqrt{3}}{2})$

3. 대칭 3상 기전력의 총합 : $e_a + e_b + e_c = 0$

2 대칭 3상 결선의 전압, 전류관계

1. 성형결선(Y 결선)

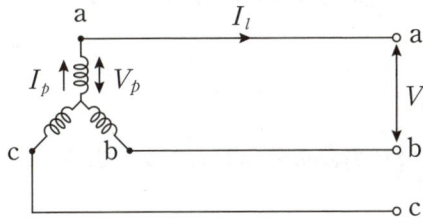

$$V_l = \sqrt{3}\,V_p \angle \frac{\pi}{6}\,[\mathrm{V}],\ I_l = I_p\,[\mathrm{A}]$$

단, 선간 전압 : V_l, 선전류 : I_l, 상전압 : V_P, 상전류 : I_p

2. 환상결선($\triangle$ 결선)

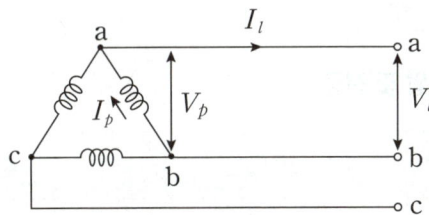

$$I_l = \sqrt{3}\,I_p \angle -\frac{\pi}{6}\,[\mathrm{A}],\ V_l = V_p\,[\mathrm{V}]$$

단, 선간 전압 : V_l, 선전류 : I_l, 상전압 : V_P, 상전류 : I_p

▌ 필수확인 O·X 문제 ▌

1차 2차 3차

1. 대칭 3상 전압, 전류의 합은 0이 된다. · ( )
2. Y결선시 선간전압과 상전압은 서로 같다. · ( )
3. △결선시 선전류는 상전류의 $\sqrt{3}$ 배가 된다. · · · · · · · · · · · · · · · · · ( )

상세해설

1. (○) 대칭 3상인 경우 크기는 같고 위상차가 120°되어 전압, 전류의 합은 0이 된다.
2. (×) Y결선시 선간전압은 상전압의 $\sqrt{3}$배이고 선전류와 상전류는 서로 같다.
3. (○) △결선시 선전류는 상전류의 $\sqrt{3}$배이고 선간전압은 상전압과 서로 같다.

▼ 핵심 포인트

Y결선시 전압,전류관계
$$V_l = \sqrt{3}\,V_p \angle 30°\,[\mathrm{V}]$$
$$I_l = I_P\,[\mathrm{A}]$$

Q 포인트문제 2

Y결선의 전원에서 각 상전압이 $100[\mathrm{V}]$일 때 선간전압$[\mathrm{V}]$은?

① 143 ② 151
③ 173 ④ 193

A 해설

성형결선(Y결선)

Y결선, $V_p = 100[\mathrm{V}]$일 때 선간전압은
$$V_l = \sqrt{3}\,V_p = \sqrt{3} \times 100$$
$$= 173[\mathrm{V}]$$

정답 ③

▼ 핵심 포인트

△결선시 전압,전류관계
$$V_l = V_P\,[\mathrm{V}]$$
$$I_l = \sqrt{3}\,I_p \angle -30°\,[\mathrm{A}]$$

Q 포인트문제 3

전원과 부하가 다같이 △결선된 3상 평형회로가 있다.
전원 전압이 $200[\mathrm{V}]$, 부하 임피던스가 $6+j8[\Omega]$인 경우 선전류 $[\mathrm{A}]$는?

① 20 ② $\dfrac{20}{\sqrt{3}}$
③ $20\sqrt{3}$ ④ $10\sqrt{3}$

A 해설

환상결선(△결선)

△결선, $V_l = 200[\mathrm{V}]$, $Z = 6+j8[\Omega]$일 때 상전류는
$$I_p = \frac{V_p}{Z} = \frac{V_l}{Z} = \frac{200}{\sqrt{6^2+8^2}}$$
$$= 20[\mathrm{A}]$$이므로 선전류는
$$I_l = \sqrt{3}\,I_p = 20\sqrt{3}\,[\mathrm{A}]$$

정답 ③

3 · 대칭 3상 교류전력

1. 유효 전력

$$P=3V_P I_P\cos\theta=\sqrt{3}\,V_l I_l\cos\theta=3I_p^2 R[\mathrm{W}]$$

2. 무효 전력

$$P_r=3V_P I_P\sin\theta=\sqrt{3}\,V_l I_l\sin\theta=3I_p^2 X[\mathrm{Var}]$$

3. 피상 전력

$$P_a=\sqrt{P^2+P_r^2}=3V_P I_P=\sqrt{3}\,V_l I_l=3I_p^2 Z[\mathrm{VA}]$$

4 · 대칭 n상 교류 회로

1. 대칭 n상 교류의 전압 및 전류

특징 \ 종류	성형결선	환상결선
선간전압과 상전압관계	$V_l=2\sin\dfrac{\pi}{n}V_p[\mathrm{V}]$	$V_l=V_p[\mathrm{V}]$
선전류와 상전류관계	$I_l=I_p[\mathrm{A}]$	$I_l=2\sin\dfrac{\pi}{n}I_p[\mathrm{A}]$
위상관계	$\dfrac{\pi}{2}\left(1-\dfrac{2}{n}\right)$	$\dfrac{\pi}{2}\left(1-\dfrac{2}{n}\right)$
소비전력	$P_n=\dfrac{n}{2\sin\dfrac{\pi}{n}}V_l I_l\cos\theta[\mathrm{W}]$	$P_n=\dfrac{n}{2\sin\dfrac{\pi}{n}}V_l I_l\cos\theta[\mathrm{W}]$

2. 회전자계의 모양

1) **대칭 n상 회전자계** : 각 상의 모든 크기가 같으며 각 상간 위상차가 $\dfrac{2\pi}{n}$로 되어 회전자계의 모양은 원형을 그린다.

2) **비대칭 n상 회전자계** : 각 상의 크기가 균등하지 못하여 각 상간 위상차는 $\dfrac{2\pi}{n}$로 될 수 없기 때문에 회전자계의 모양은 타원형을 그린다.

콕콕 포인트

5 임피던스의 △결선과 Y결선의 등가변환

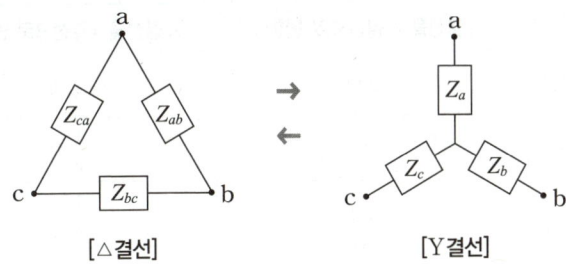

[△결선]　　　　[Y결선]

1. △결선을 Y결선으로 변환

$$Z_a=\frac{Z_{ca}\cdot Z_{ab}}{Z_\triangle},\ Z_b=\frac{Z_{ab}\cdot Z_{bc}}{Z_\triangle},\ Z_c=\frac{Z_{bc}\cdot Z_{ca}}{Z_\triangle}$$

단, $Z_\triangle=Z_{ab}+Z_{bc}+Z_{ca}$

$$Z_{ab}=Z_{bc}=Z_{ca}인 경우\ Z_Y=\frac{1}{3}Z_\triangle$$

2. Y결선을 △결선으로 변환

$$Z_{ab}=\frac{Z_Y}{Z_c},\ Z_{bc}=\frac{Z_Y}{Z_a},\ Z_{ca}=\frac{Z_Y}{Z_b}$$

단, $Z_Y=Z_aZ_b+Z_bZ_c+Z_cZ_a$

$$Z_a=Z_b=Z_c인 경우\ Z_\triangle=3Z_Y$$

♥ 핵심 포인트

임피던스 Y-△ 등가변환 공식

$Z_Y=\frac{1}{3}Z_\triangle$

$Z_\triangle=3Z_Y$

Q 포인트문제 6

그림과 같은 △회로를 등가인 Y회로로 환산하면 a상의 임피던스 [Ω]는?

① $3+j6$　② $-3+j6$
③ $6+j3$　④ $-6+j3$

A 해설

△-Y결선의 등가변환
$Z_{ab}=j6[\Omega]$, $Z_{bc}=-j8[\Omega]$,
$Z_{ca}=4+j2[\Omega]$이므로
△결선을 Y결선으로 변환시 임피던스는
$Z_a=\frac{Z_{ab}\cdot Z_{ca}}{Z_{ab}+Z_{bc}+Z_{ca}}$
$=\frac{j6\times(4+j2)}{j6-j8+4+j2}$
$=\frac{j24-12}{4}=-3+j6[\Omega]$

정답 ②

필수확인 O·X 문제 난이도 ★★☆☆☆   [1차] [2차] [3차]

1. 대칭 n상 Y결선의 선간전압과 상전압과의 위상차는 $\frac{\pi}{2}\left(\frac{2}{n}-1\right)$이 된다. ···( )

2. Y결선을 △결선으로 변환시 소비전력은 3배가 된다. ···········( )

상세해설

1. (×) 대칭 n상 Y결선의 선간전압과 상전압과의 위상차는 $\frac{\pi}{2}\left(1-\frac{2}{n}\right)$이 된다.

2. (○) Y결선을 △결선으로 변환시 소비전력은 3배가 된다.

콕콕 포인트

electrical engineer · electrical engineer · electrical engineer · electrical engineer · electrical engineer · electrical engineer · electrical engineer · electrical

6　Y결선과 △결선 비교

	Y결선을 △결선으로 변환시	△결선을 Y결선으로 변환시
임피던스(Z)	3배	$\frac{1}{3}$배
선전류(I_l)	3배	$\frac{1}{3}$배
소비전력(P)	3배	$\frac{1}{3}$배

7　2전력계 측정법

전력계 2대로 3상 전력을 측정하는 방법

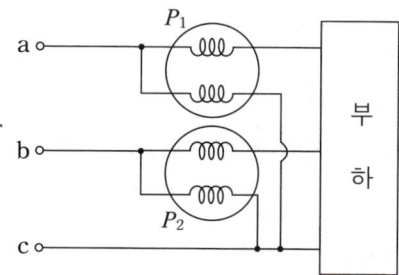

위의 그림에서 전력계의 지시값을 P_1, $P_2[\text{W}]$라 하면

1. 3상 유효 전력

$$P = P_1 + P_2 = \sqrt{3}\,V_l I_l \cos\theta [\text{W}]$$

2. 3상 무효 전력

$$P_r = \sqrt{3}\,(P_1 - P_2) = \sqrt{3}\,V_l I_l \sin\theta [\text{Var}]$$

3. 3상 피상 전력

$$P_a = 2\sqrt{P_1^2 + P_2^2 - P_1 P_2}[\text{VA}]$$

4. 역률

$$\cos\theta = \frac{P}{P_a} = \frac{P_1 + P_2}{2\sqrt{P_1^2 + P_2^2 - P_1 P_2}}$$

8 V 결선의 특성

단상 변압기 3대로 △결선으로 운전 중 변압기 1대가 소손되어 2대로 3상 운전 하는 것을 V 결선이라 한다. V결선은 변압기, 계기용 변압기 결선 등에 사용된다.

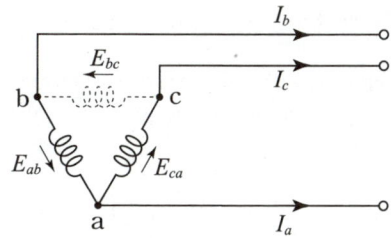

1. V 결선의 출력

$$P_v = \sqrt{3}\,P\,[kVA]$$

단, $P[kVA]$: 변압기 한 대의 용량

2. V 결선시 이용률

$$U = \frac{V\,\text{결선시 출력}}{\text{변압기 2대의 출력}} = 0.866 = 86.6[\%]$$

3. V 결선시 출력비 : 고장전·후의 출력비

$$\text{출력비} = \frac{\text{고장 후의 출력}}{\text{고장 전의 출력}} = 0.577 = 57.7[\%]$$

필수확인 O·X 문제   1차 2차 3차

1. 한 전력계는 다른 전력계의 3배의 지시를 나타낸 경우 2전력계법에 의한 역률은 0.8660이다. ······( )
2. V결선시 이용률은 57.7[%]이다. ······( )

상세해설
1. (×) 한 전력계는 다른 전력계의 3배의 지시를 나타낸 경우 2전력계법에 의한 역률은 0.7560이다.
2. (×) V결선시 이용률 : 86.6[%]
　　 V결선시 출력비 : 57.7[%]

음성 학습 QR

- QR 코드를 찍으시면, 가장 중요한 우선순위 문제풀이 영상을 보실 수 있습니다.
- 우선순위 논점은 전기(산업)기사 시험에서 가장 출제 빈도가 높은 문제로써, 수험생분들께서는 각 파트별 우선순위 문제의 논점과 키워드를 학습하시기를 바랍니다.
- 체크 리스트를 작성하시면서 문제의 유형과 학습의 완성도를 스스로 체크 해 보시기를 바랍니다.
- "선생님의 콕콕 포인트"는 틀리기 쉬운 문제의 함정과 문제의 포인트를 집어드립니다. 우선순위 문제풀이의 포인트를 꼭 참고하고 응용문제의 해결능력을 길러 줍니다.

번호	우선순위 논점	KEY WORD	나의 정답 확인				선생님의 콕콕 포인트
			맞음	틀림(오답확인)			
				이해 부족	암기 부족	착오 실수	
2	대칭3상 전압, 전류	선간전압, 선전류, 대칭3상					△결선 전압, 전류관계 : $V_i = V_P$, $I_i = \sqrt{3}\,I_P$
7	임피던스 등가변환	Y결선, △결선, 등가변환					Y를 △로 변환시 임피던스 3배, △를 Y로 변환시 임피던스 1/3배
17	3상 전력	유효전력, 소비전력, 평균전력					3상 유효전력 : $P = \sqrt{3}\,V_i I_i \cos\theta = 3 I_P^2 R\,[\mathrm{W}]$
33	2전력계법	유효전력, 피상전력, 역률					한쪽전력계 0 → 역률 0.5, 한쪽전력계가 2배 → 역률 0.866, 한쪽전력계가 3배 → 역률 0.76
37	V결선	V결선출력, 이용률, 출력비					V결선 출력=변압기 한 대 용량의 $\sqrt{3}$ 배, V결선 이용률=0.866=86.6%, V결선 출력비=0.577=57.7%

★★★★☆
01 각 상의 임피던스가 $Z = 6 + j8[\Omega]$인 평형 Y부하에 선간 전압 220[V]인 대칭 3상 전압이 가해졌을 때 선전류는 약 몇 [A]인가?

① 11.7[A]　　　　② 12.7[A]
③ 13.7[A]　　　　④ 14.7[A]

🔍 **해설**

성형결선(Y결선)
$Z = 6 + j8[\Omega]$, Y결선, $V_l = 220[V]$일 때 선전류는

$$I_l = I_p = \frac{V_P}{Z} = \frac{\frac{V_l}{\sqrt{3}}}{Z} = \frac{\frac{220}{\sqrt{3}}}{\sqrt{6^2+8^2}} \fallingdotseq 12.7[A]$$

★★★★☆
02 각 상의 임피던스가 각각 $Z = 6 + j8[\Omega]$인 평형 △부하에 선간 전압이 220[V]인 대칭 3상 전압을 인가할 때의 선전류는 약 몇 [A]인가?

① 27.2[A]　　　　② 38.1[A]
③ 22[A]　　　　④ 12.7[A]

🔍 **해설**

환상결선(△결선)
$Z = 6 + j8[\Omega]$, $V_l = 220[V]$에서 △결선시 상전압과 선간전압은 같고 선전류는 상전류의 $\sqrt{3}$ 배이므로

$$I_l = \sqrt{3}\,I_p = \sqrt{3}\,\frac{V_P}{Z} = \sqrt{3}\,\frac{V_l}{Z} = \sqrt{3}\,\frac{220}{\sqrt{6^2+8^2}} = 38.1[A]가 된다.$$

★★★☆☆
03 △결선의 상전류가 각각 $I_{ab} = 4\angle-36°$, $I_{bc} = 4\angle-156°$, $I_{ca} = 4\angle-276°$이다. 선전류 I_c는?

① $4\angle-306°$　　　　② $6.93\angle-306°$
③ $6.93\angle-276°$　　　　④ $4\angle-276°$

🔍 **해설**

환상결선(△결선)
△결선의 선전류는 $I_l = \sqrt{3}\,I_p\angle-30°$이므로
$$I_c = \sqrt{3}\,I_{ca}\angle-30° = \sqrt{3}\cdot4\angle-276°-30° = 6.93\angle-306°$$

[정답] 01 ②　02 ②　03 ②

★★★☆☆

04 대칭 3상 Y결선 부하에서 각 상의 임피던스가 $16+j12[\Omega]$이고 부하전류가 $10[\mathrm{A}]$일 때 이 부하의 선간 전압은?

① $235.4[\mathrm{V}]$ ② $346.4[\mathrm{V}]$

③ $456.7[\mathrm{V}]$ ④ $524.4[\mathrm{V}]$

🔍 해설

성형결선(Y결선)

$Z=16+j12[\Omega]=\sqrt{16^2+12^2}=20[\Omega]$, Y결선, $I_P=10[\mathrm{A}]$ 에서 Y결선시 선간전압은

$V_l=\sqrt{3}\,V_P=\sqrt{3}\,I_P Z=\sqrt{3}\times10\times20=346.4[\mathrm{V}]$

★★☆☆☆

05 성형(Y)결선의 부하가 있다. 선간 전압 $300[\mathrm{V}]$의 3상 교류를 인가했을 때 선전류가 $40[\mathrm{A}]$이고 역률이 0.8이라면 리액턴스는 약 몇 $[\Omega]$인가?

① $2.6[\Omega]$ ② $4.3[\Omega]$

③ $16.1[\Omega]$ ④ $35.6[\Omega]$

🔍 해설

성형결선(Y결선)

성형결선(Y결선), 선간 전압 $V_l=300[\mathrm{V}]$, 선전류 $I_l=40[\mathrm{A}]$, 역률 $\cos\theta=0.8$일 때 한상의 임피던스

$Z=\dfrac{V_P}{I_P}=\dfrac{\frac{V_l}{\sqrt{3}}}{I_l}=\dfrac{\frac{300}{\sqrt{3}}}{40}=4.33[\Omega]$

역률이 0.8일 때 무효율 $\sin\theta=0.6$이므로

$\sin\theta=\dfrac{X}{Z}$에서 $X=Z\sin\theta=4.33\times0.6=2.59[\Omega]$

★★☆☆☆

06 그림과 같은 순저항으로 된 회로에 대칭 3상 전압을 가했을 때 각 선에 흐르는 전류가 같으려면 R의 값$[\Omega]$은?

---

① $20[\Omega]$ ② $25[\Omega]$

③ $30[\Omega]$ ④ $35[\Omega]$

🔍 해설

임피던스 등가변환

대칭 3상 회로의 각 선전류가 모두 같아지려면 각 상의 저항이 모두 같아야 하므로 등가회로를 그려서 이를 알 수 있다.

등가회로에서 각 상의 저항을 R_a, R_b, R_c라 하면

$R_a=R+25[\Omega]$, $R_b=50[\Omega]$, $R_c=50[\Omega]$

$R_a=R_b=R_c$인 경우

$\therefore R=25[\Omega]$

★★★☆☆

07 $9[\Omega]$과 $3[\Omega]$의 저항 3개를 그림과 같이 연결하였을 때 A, B 사이의 합성저항은 얼마인가?

① $6[\Omega]$ ② $4[\Omega]$

③ $3[\Omega]$ ④ $2[\Omega]$

🔍 해설

임피던스 등가변환

Y결선된 $3[\Omega]$ 저항을 △결선으로 변환하면 합성저항은 3배 증가 되어 $9[\Omega]$으로 바뀐다.

$R_{AB}=\dfrac{4.5\times(4.5+4.5)}{4.5+(4.5+4.5)}=3[\Omega]$

[정답] 04 ② 05 ① 06 ② 07 ③

★★★☆☆

08 그림과 같이 접속된 회로에 평형 3상 전압 E를 가할 때의 전류 $I_1[\text{A}]$ 및 $I_2[\text{A}]$는?

① $I_1 = \dfrac{\sqrt{3}}{4E}$, $I_2 = \dfrac{rE}{4}$

② $I_1 = \dfrac{4E}{\sqrt{3}}$, $I_2 = \dfrac{4r}{E}$

③ $I_1 = \dfrac{\sqrt{3}\,E}{4}$, $I_2 = \dfrac{E}{4r}$

④ $I_1 = \dfrac{\sqrt{3}\,E}{4r}$, $I_2 = \dfrac{E}{4r}$

🔍 해설

임피던스 등가변환

△결선을 Y결선으로 변환시 각상의 저항은 1/3배로 감소하므로

각 상의 저항 값은 $R_a = R_b = R_c = R_p = r + \dfrac{r}{3} = \dfrac{4r}{3}[\Omega]$이 되므로

Y결선시 선전류 $I_1 = \dfrac{\dfrac{E}{\sqrt{3}}}{\dfrac{4r}{3}} = \dfrac{\sqrt{3}}{4r}E$

△결선시 상전류 $I_2 = \dfrac{I_1}{\sqrt{3}} = \dfrac{E}{4r}$

★★★☆☆

09 그림과 같이 선간전압 200[V]의 3상 전원에 대칭 부하를 접속할 때 부하 역률은?

(단, $R = 9[\Omega]$, $\dfrac{1}{\omega C} = 4[\Omega]$이다.)

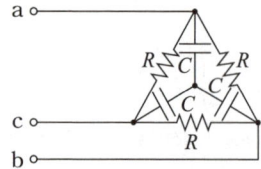

① 0.6

② 0.7

③ 0.8

④ 0.9

🔍 해설

임피던스 등가변환

△결선을 Y결선으로 변환하면 저항은 1/3로 감소하므로 등가회로는 다음과같다.

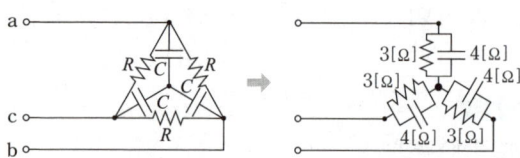

위의 그림에서 $R-C$병렬이므로 역률은

$\cos\theta = \dfrac{X_c}{\sqrt{R^2 + X_c^2}} = \dfrac{4}{\sqrt{3^2 + 4^2}} = 0.8$

★★★☆☆

10 대칭 n상 성상 결선에서 선간 전압의 크기는 성상 전압의 몇 배인가?

① $\sin\dfrac{\pi}{n}$

② $\cos\dfrac{\pi}{n}$

③ $2\sin\dfrac{\pi}{n}$

④ $2\cos\dfrac{\pi}{n}$

🔍 해설

대칭 n상 교류회로

Y결선시 n상에 대한 선간전압

$V_l = 2V_p \sin\dfrac{\pi}{n} \angle \dfrac{\pi}{2}\left(1 - \dfrac{2}{n}\right)[\text{V}]$이므로

$\therefore \dfrac{V_l}{V_p} = 2\sin\dfrac{\pi}{n}$

★★★☆☆

11 대칭 n상에서 선전류와 상전류 사이의 위상차[rad]는 어떻게 되는가?

① $\dfrac{\pi}{2}\left(1 - \dfrac{2}{n}\right)$

② $2\left(1 - \dfrac{2}{n}\right)$

③ $\dfrac{n}{2}\left(1 - \dfrac{2}{\pi}\right)$

④ $\dfrac{\pi}{2}\left(1 - \dfrac{n}{2}\right)$

🔍 해설

대칭 n상 교류회로

Y결선시 대칭 n상에서 선간 전압은 상전압보다 위상이 $\dfrac{\pi}{2}\left(1 - \dfrac{2}{n}\right)$ [rad]만큼 앞선다.

[정답] 08 ④ 09 ③ 10 ③ 11 ①

12
12상 Y결선 상전압이 100[V]일 때 단자 전압[V]은?

① 75.88[V]   ② 25.88[V]

③ 100[V]   ④ 51.76[V]

해설

대칭 n상 교류회로

상수 $n=12$, Y 결선, $V_P=100$[V]일 때

선간전압은 $V_l=2\sin\dfrac{\pi}{n}V_p=2\sin\dfrac{\pi}{12}\times100=51.76$[V]

13
대칭 5상 기전력의 선간 전압과 상전압의 위상차는 얼마인가?

① 27°   ② 36°

③ 54°   ④ 72°

해설

대칭 n상 교류회로

Y결선시 대칭 n상에서 선간 전압은 상전압보다 위상이 $\dfrac{\pi}{2}\left(1-\dfrac{2}{n}\right)$ [rad]만큼 앞서므로

$\therefore \theta=\dfrac{\pi}{2}\left(1-\dfrac{2}{n}\right)=\dfrac{\pi}{2}\left(1-\dfrac{2}{5}\right)=54$

14
3상 평형 부하가 있다. 전압이 200[V], 역률이 0.8이고 소비전력은 10[kW]이다. 부하 전류는 몇 [A]인가?

① 약 30[A]   ② 약 32[A]

③ 약 34[A]   ④ 약 36[A]

해설

대칭 3상 교류전력

3상, $V_l=200$[V], $\cos\theta=0.8$, $P=10$[kW]이므로 소비전력은

$P=\sqrt{3}\,V_lI_l\cos\theta$, $I_l=\dfrac{P}{\sqrt{3}V_l\cos\theta}=\dfrac{10\times10^3}{\sqrt{3}\times200\times0.8}=36.08$[A]

15
선간 전압이 200[V]인 10[kW]의 3상 대칭 부하에 3상 전력을 공급하는 선로 임피던스가 $4+j3[\Omega]$일 때 부하가 뒤진 역률 80[%]이면 선전류는 몇 [A]인가?

① 18.8+j21.6[A]   ② 28.8−j21.6[A]

③ 35.7−j4.3[A]   ④ 14.1−j33.1[A]

해설

대칭 3상 교류전력

3상, $V_l=200$[V], $\cos\theta=0.8$, $P=10$[kW]이므로 소비전력은

$P=\sqrt{3}\,V_lI_l\cos\theta$[W]

$I_l=\dfrac{P}{\sqrt{3}V_l\cos\theta}=\dfrac{10\times10^3}{\sqrt{3}\times200\times0.8}=36.08$[A]가 된다.

그러므로 부하가 뒤진역률(유도성)을 가지므로

$I=I(\cos\theta-j\sin\theta)=36.08(0.8-j0.6)$
$=28.8-j21.6$

16
3상 유도전동기의 출력이 5[HP], 전압 220[V], 효율 80[%], 역률 85[%]일 때, 전동기의 유입 선전류는 몇 [A]인가?

① 14.4[A]   ② 13.1[A]

③ 12.24[A]   ④ 11.52[A]

해설

대칭 3상 교류전력

3상 유도전동기, 출력 $P=5$[HP]$=5\times746$[W], $V_l=220$[V], $\eta=80$[%], $\cos\theta=85$[%], 일 때

입력 $P_i=\dfrac{P}{\eta}=\sqrt{3}\,V_lI_l\cos\theta$[W]에서 유입선전류는

$I_l=P/\eta\sqrt{3}\,V_l\cos\theta=(5\times746)/(0.8\times\sqrt{3}\times220\times0.85)$
$=14.39$[A]

17
1상의 임피던스가 $14+j48[\Omega]$인 △부하에 대칭 선간 전압 200[V]를 가한 경우의 3상 전력은 몇 [W]인가?

① 672[W]   ② 692[W]

③ 172[W]   ④ 732[W]

해설

대칭 3상 교류전력

$Z=14+j48=\sqrt{14^2+48^2}=50[\Omega]$, △결선, $V_l=200$[V]일 때

상전류는 $I_P=\dfrac{V_P}{Z}=\dfrac{V_l}{Z}=\dfrac{200}{50}=4$[A]

유효전력 $P=3I_P^2R=3\times4^2\times14=672$[W]

[정답] 12 ④   13 ③   14 ④   15 ②   16 ①   17 ①

★★★☆☆

18 다음 그림의 3상 Y결선 회로에서 소비하는 전력 [W]은?

$100[\mathrm{V}]$ $Z=24+j7$

$100[\mathrm{V}]$ $Z=24+j7$

$Z=24+j7$

$100[\mathrm{V}]$

① 약 3072[W]   ② 약 1536[W]

③ 약 768[W]   ④ 약 381[W]

🔍 **해설**

대칭 3상 교류전력

$Z=24+j7=\sqrt{24^2+7^2}=25[\Omega]$, Y결선, $V_l=100[\mathrm{V}]$일 때

상전류는 $I_P=\dfrac{V_P}{Z}=\dfrac{\frac{V_l}{\sqrt{3}}}{Z}=\dfrac{\frac{100}{\sqrt{3}}}{25}=2.3[\mathrm{A}]$

유효전력 $P=3I_P^2\cdot R=3\times2.3^2\times24=381[\mathrm{W}]$

★★☆☆☆

19 3상 평형 부하가 있다. 이것의 선간전압은 200[V], 선전류는 10[A]이고, 부하의 소비전력은 4[kW]이다. 이 부하의 등가 Y회로의 각 상의 저항[Ω]은 얼마인가?

① 8[Ω]   ② 13.3[Ω]

③ 15.6[Ω]   ④ 18.3[Ω]

🔍 **해설**

대칭 3상 교류전력

3상, $V_l=200[\mathrm{V}]$, $I_l=10[\mathrm{A}]$, $P=4[\mathrm{kW}]$일 때

Y결선시 선전류와 상전류는 같으므로 $P=3I_P^2R=3I_l^2R[\mathrm{W}]$에서

저항 $R=\dfrac{P}{3I_l^2}=\dfrac{4\times10^3}{3\times10^2}=13.3[\Omega]$

★★★☆☆

20 대칭 3상 Y 부하에서 각 상의 임피던스가 $Z=3+j4[\Omega]$이고, 부하 전류가 20[A]일 때 이 부하의 무효 전력[Var]은?

① 1600[Var]   ② 2400[Var]

③ 3600[Var]   ④ 4800[Var]

🔍 **해설**

대칭 3상 교류전력

$Z=3+j4=\sqrt{3^2+4^2}=5[\Omega]$, Y결선, $I_P=20[\mathrm{A}]$일 때

무효전력은 $P=3I_P^2\cdot X=3\times20^2\times4=4800[\mathrm{Var}]$

★★★☆☆

21 3상 평형 부하에 선간 전압 200[V]의 평형 3상 정현파 전압을 인가했을 때 선전류는 8.6[A]가 흐르고 무효 전력이 1788[Var]이었다. 역률은 얼마인가?

① 0.6   ② 0.7

③ 0.8   ④ 0.9

🔍 **해설**

대칭 3상 교류전력

3상, $V_l=200[\mathrm{V}]$, $I_l=8.6[\mathrm{A}]$, $P_r=1788[\mathrm{Var}]$일 때

무효전력은 $P_r=\sqrt{3}\,V_lI_l\sin\theta[\mathrm{Var}]$이므로

무효율 $\sin\theta=\dfrac{P_r}{\sqrt{3}V_lI_l}=\dfrac{1788}{\sqrt{3}\times200\times8.6}=0.6$이므로

역률 $\cos\theta=\sqrt{1-\sin^2\theta}=\sqrt{1-0.6^2}=0.8$

★★★☆☆

22 대칭 3상 Y 부하에서 각 상의 임피던스가 $Z=3+j4[\Omega]$이고, 부하 전류가 20[A]일 때 피상 전력[VA]은?

① 1800[VA]   ② 2000[VA]

③ 2400[VA]   ④ 6000[VA]

🔍 **해설**

대칭 3상 교류전력

$Z=3+j4=\sqrt{3^2+4^2}=5[\Omega]$, Y결선, $I_P=20[\mathrm{A}]$일 때

피상전력은 $P_a=3I_P^2\cdot Z=3\times20^2\times5=6000[\mathrm{VA}]$

★★★☆☆

23 $R[\Omega]$인 3개의 저항을 같은 전원에 △결선으로 접속시킬 때와 Y결선으로 접속시킬 때 선전류의 크기비 $\left(\dfrac{I_\triangle}{I_Y}\right)$는?

[정답] 18 ④   19 ②   20 ④   21 ③   22 ④   23 ④

① $\dfrac{1}{3}$

② $\sqrt{6}$

③ $\sqrt{3}$

④ 3

🔍 해설

Y결선과 △결선 비고

대칭3상 선간전압을 $V[V]$, 3상 부하 저항 $R[Ω]$일 때

△결선시 선전류는 $I_{△}=\sqrt{3}\,I_P=\sqrt{3}\dfrac{V}{R}[A]$

Y결선시 선전류는 $I_Y=I_P=\dfrac{V_P}{R}=\dfrac{\frac{V}{\sqrt{3}}}{R}=\dfrac{V}{\sqrt{3}\,R}[A]$

$$\dfrac{I_{△}}{I_Y}=\dfrac{\frac{\sqrt{3}\,V}{R}}{\frac{V}{\sqrt{3}\,R}}=3배$$

★★★☆☆

24 △결선된 부하를 Y결선으로 바꾸면 소비 전력은 어떻게 되겠는가? (단, 선간전압은 일정하다.)

① 3[배]

② 9[배]

③ $\dfrac{1}{9}$[배]

④ $\dfrac{1}{3}$[배]

🔍 해설

Y결선과 △결선 비고

△결선시 소비전력은

$$P_{△}=3I_P{}^2R=3\left(\dfrac{V_P}{R}\right)^2R=3\left(\dfrac{V_L}{R}\right)^2R=3\dfrac{V_L{}^2}{R}[W]$$

Y결선시 소비전력은

$$P_Y=3I_P{}^2R=3\left(\dfrac{V_P}{R}\right)^2R=3\left(\dfrac{V_L}{\sqrt{3}R}\right)^2R=\dfrac{V_L{}^2}{R}[W]$$이므로

$$P_Y=\dfrac{1}{3}P_{△}$$

★★☆☆☆

25 다상 교류 회로의 설명 중 잘못된 것은? (단, n=상수이다.)

① 평형 3상 교류에서 △결선의 상전류는 선전류의 $\dfrac{1}{\sqrt{3}}$과 같다.

② n상 전력 $P=\dfrac{1}{2\sin\frac{\pi}{n}}V_lI_l\cos\theta$이다.

③ 성형 결선에서 선간 전압과 상전압과의 위상차는 $\dfrac{\pi}{2}\left(1-\dfrac{2}{n}\right)[\text{rad}]$이다.

④ 비대칭 다상 교류가 만드는 회전 자계는 타원 회전 자계이다.

🔍 해설

Y결선과 △결선 비고

n상의 유효전력 $P=\dfrac{n}{2\sin\frac{\pi}{n}}V_lI_l\cos\theta[W]$

★☆☆☆☆

26 그림에서 저항 R이 접속되고 여기에 3상 평형 전압 V가 가해져 있다. 지금 X표의 곳에서 1선이 단선 되었다고 하면 소비 전력은 처음의 몇 배로 되는가?

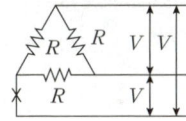

① 1.0[배]

② 0.7[배]

③ 0.5[배]

④ 0.25[배]

🔍 해설

대칭 3상 교류전력

△결선 한상의 전류 $I_{P1}=\dfrac{V}{R}[A]$이므로

3상전력 $P_1=3I_{P1}{}^2R=\dfrac{3V^2}{R}[W]$

1선이 단선시 단상이 되므로 합성저항

$R_o=\dfrac{R\times 2R}{R+2R}=\dfrac{2}{3}R[Ω]$이므로

단선시 단상전력 $P_2=\dfrac{V^2}{R_o}=\dfrac{V^2}{\frac{2}{3}R}=\dfrac{3V^2}{2R}[W]$

$$\therefore\ \dfrac{P_2}{P_1}=\dfrac{\frac{3V^2}{2R}}{\frac{3V^2}{R}}=\dfrac{1}{2}=0.5배$$

[정답] 24 ④ 25 ② 26 ③

27

★★★☆☆

그림과 같은 회로에서 대칭 3상 전압 220[V]를 인가할 때 a, a′ 선이 X점에서 단선되었다고 하면 선전류[A]는?

① 5[A]
② 10[A]
③ 15[A]
④ 20[A]

해설

성형결선(Y결선)

a, $a′$ 선이 X 점에서 단선되면 단상이 되므로 선전류는

$$I_l = \frac{V}{Z} = \frac{220}{6+j3+5-j3-j3+5+j3+6} = 10[A]$$

28

★★☆☆☆

그림과 같은 성형 평형부하가 선간전압 220[V]의 대칭 3상 전원에 접속되어 있다. 이 접속선 중에 한 선이 X에서 단선되었다고 하면, 이 단선점 X의 양단 사이에 나타나는 전압은? (단, 전원전압은 변하지 않는 것으로 한다.)

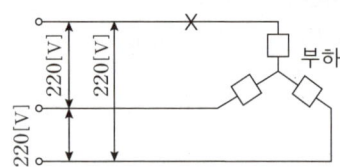

① 220[V]
② 440/3[V]
③ $100\sqrt{3}$ [V]
④ $110\sqrt{3}$ [V]

해설

성형결선(Y결선)

단선된 지점의 전위차는

$$V_X = V_l \sin 60° = 220 \times \frac{\sqrt{3}}{2} = 110\sqrt{3}\ [V]$$

29

★★☆☆☆

평형 3상 회로에서 그림과 같이 변류기를 접속하고 전류계를 연결하였을 때, A_2에 흐르는 전류[A]는?

① $5\sqrt{3}$ [A]
② $5\sqrt{2}$ [A]
③ 5[A]
④ 0[A]

해설

변류기

A_2에 흐르는 전류는 A_1과 A_3 전류의 차로 계산되며 A_1, A_3 전류의 위상차가 120°이므로 $A_2 = \sqrt{5^2 + 5^2 + 2 \times 5 \times 5 \times \cos 60°} = 5\sqrt{3}$

30

★★☆☆☆

2전력계법을 써서 3상 전력을 측정하였더니 각 전력계가 +500[W], +300[W]를 지시하였다. 전전력[W]은?

① 800[W]
② 200[W]
③ 500[W]
④ 300[W]

해설

2전력계법

2전력계법에 의한 유효 전력

$$P = P_1 + P_2 = 500 + 300 = 800[W]$$

31

★★☆☆☆

2전력계법으로 평형 3상 전력을 측정하였더니 한 쪽의 지시가 800[W], 다른 쪽의 지시가 1600[W]이었다. 피상 전력은 몇 [VA]인가?

① 2971[VA]
② 2871[VA]
③ 2771[VA]
④ 2671[VA]

해설

2전력계법

2전력계법에 의한 피상전력은

$$P_a = 2\sqrt{P_1^2 + P_2^2 - P_1 P_2}$$
$$= 2\sqrt{800^2 + 1600^2 - 800 \times 1600} = 2771[VA]$$

[**정답**] 27 ② 28 ④ 29 ① 30 ① 31 ③

★★☆☆☆

32 두 대의 전력계를 사용하여 평형 부하의 역률을 측정하려고 한다. 전력계의 지시가 각각 P_1, P_2라 할 때 이 회로의 역률은?

① $\dfrac{\sqrt{P_1+P_2}}{P_1+P_2}$
② $\dfrac{P_1+P_2}{P_1^2+P_2^2-2P_1P_2}$
③ $\dfrac{P_1+P_2}{2\sqrt{P_1^2+P_2^2-P_1P_2}}$
④ $\dfrac{2P_1P_2}{\sqrt{P_1^2+P_2^2-P_1P_2}}$

해설

2전력계법
유효전력 $P=P_1+P_2[\mathrm{W}]$
무효전력 $P_r=\sqrt{3}\,(P_1-P_2)[\mathrm{Var}]$이므로
2전력계법에 의한 역률

$$\cos\theta=\frac{P}{P_a}=\frac{P}{\sqrt{P^2+P_r^2}}=\frac{P_1+P_2}{2\sqrt{P_1^2+P_2^2-P_1P_2}}$$

★★★☆☆

33 2개의 단상 전력계로 3상 유도 전동기의 전력을 측정하였더니 한 전력계는 다른 전력계의 2배의 지시를 나타냈다고 한다. 전동기의 역률[%]은? (단, 전압과 전류는 순정현파라고 한다.)

① 70[%]
② 76.4[%]
③ 86.6[%]
④ 90[%]

해설

2전력계법
2전력계법에 의한 역률

$$\cos\theta=\frac{P_1+P_2}{2\sqrt{P_1^2+P_2^2-P_1P_2}}$$에서 P_1, $P_2=2P_1$이면

$$\cos\theta=\frac{\sqrt{3}}{2}=0.866=86.6[\%]$$

★★☆☆☆

34 3상 전력을 측정하는 데 두 전력계 중에서 하나가 0이었다. 이 때의 역률은 어떻게 되는가?

① 0.5
② 0.8
③ 0.6
④ 0.4

해설

2전력계법

2전력계법에 의한 역률

$$\cos\theta=\frac{P_1+P_2}{2\sqrt{P_1^2+P_2^2-P_1P_2}}$$에서 $P_1=P$, $P_2=0$이면

$$\cos\theta=\frac{1}{2}=0.5$$

★★★☆☆

35 단상 전력계 2개로써 평형 3상 부하의 전력을 측정하였더니 각각 200[W]와 400[W]를 나타내었다. 부하 역률은? (단, 전압과 전류는 정현파이다.)

① 0.5
② 0.577
③ 0.637
④ 0.866

해설

2전력계법
2전력계법에서

$$\cos\theta=\frac{P}{P_a}=\frac{P_1+P_2}{2\sqrt{P_1^2+P_2^2-P_1P_2}}=\frac{200+400}{2\sqrt{200^2+400^2-200\times400}}$$
$$=0.866$$

★★☆☆☆

36 선간 전압 $V[\mathrm{V}]$의 3상 평형 전원에 대칭 3상 저항 부하 $R[\Omega]$이 그림과 같이 접속되었을 때 a, b 두 상간에 접속된 전력계의 지시값이 $W[\mathrm{W}]$라 하면 c상의 전류[A]는?

① $\dfrac{\sqrt{3}\,W}{V}$
② $\dfrac{3W}{V}$
③ $\dfrac{W}{\sqrt{3}\,V}$
④ $\dfrac{2W}{\sqrt{3}\,V}$

해설

1전력계법
1전력계법에 의한 유효전력은

$$P=2W=\sqrt{3}\,VI$$이므로 $I=\frac{2W}{\sqrt{3}\,V}[\mathrm{A}]$

[**정답**] 32 ③ 33 ③ 34 ① 35 ④ 36 ④

★★★★☆

37 V결선의 변압기 이용률[%]은?

① 57.7[%]

② 86.6[%]

③ 80[%]

④ 100[%]

🔍 **해설** -

3상 V결선

V결선시 이용률 : $0.866 = 86.6[\%]$

V결선시 출력비 : $0.577 = 57.7[\%]$

★★☆☆☆

38 용량 30[kVA]의 단상 변압기 2대를 V결선하여 역률 0.8, 전력 20[kW]의 평형 3상 부하에 전력을 공급할 때 변압기 1대가 분담하는 피상 전력[kVA]은 얼마인가?

① 14.4[kVA]

② 15[kVA]

③ 20[kVA]

④ 30[kVA]

🔍 **해설** -

3상 V결선

3상 부하에 V결선으로 전력을 공급하므로

V결선시 출력 $P_v = \sqrt{3}\,VI\cos\theta = \sqrt{3}\,P\cos\theta[\mathrm{kW}]$ 에서

변압기 한 대의 용량은 $P = \dfrac{P_v}{\sqrt{3}\cos\theta} = \dfrac{20}{\sqrt{3}\times 0.8} = 14.4[\mathrm{kVA}]$

★★★☆☆

39 비대칭 다상 교류가 만드는 회전 자계는?

① 교번 자계

② 타원 회전 자계

③ 원형 회전 자계

④ 포물선 회전 자계

🔍 **해설** -

회전자계

대칭 : 원형회전자계

비대칭 : 타원회전자계

[정답] 37 ② 38 ① 39 ②

electrical engineer

Chapter 08 대칭좌표법

영상 학습 QR

출제경향분석

본장은 사고발생시 고장값을 해석하는 대칭좌표법의 기본원리 및 특성에 대한 내용을 다루었으며 시험에 자주 출제가 되는 내용은 다음과 같다.

❶ 대칭분 전압, 전류
❷ 불평형률
❸ a상을 기준한 대칭3상 대칭분 전압
❹ 1선지락사고

핵심 포인트

대칭분 영상, 정상, 역상분 전압

- $V_o = \frac{1}{3}(V_a + V_b + V_c)$
- $V_1 = \frac{1}{3}(V_a + aV_b + a^2V_c)$
- $V_2 = \frac{1}{3}(V_a + a^2V_b + aV_c)$

Q 포인트문제 1

불평형 3상 전류
$I_a = 15 + j2[\text{A}]$,
$I_b = -20 - j14[\text{A}]$,
$I_c = -3 + j10[\text{A}]$일 때의 영상 전류 I_0는?

① $2.67 + j0.36$
② $-2.67 - j0.67$
③ $15.7 - j3.25$
④ $1.91 - j6.24$

A 해설

대칭분 전압, 전류
영상분 전류

$I_o = \frac{1}{3}(I_a + I_b + I_c)$

$= \frac{1}{3}(15 + j2 - 20 - j14 - 3 + j10)$

$= \frac{1}{3}(-8 - j2)$

$= -2.67 - j0.67$

정답 ②

1 대칭 좌표법

1선, 2선 지락, 선간단락 등의 사고발생시에는 일반적으로 3상 회로는 비대칭으로 계산이 복잡하다. 이를 대칭성분인 영상분, 정상분, 역상분의 3개의 대칭 회로로 분해하여 그 결과를 합하여 해를 구하는 방법을 대칭 좌표법이라 한다.

1. 벡터 연산자

1) $a = 1\angle 120° = 1\angle -240° = -\frac{1}{2} + j\frac{\sqrt{3}}{2}$

2) $a^2 = 1\angle 240° = 1\angle -120° = -\frac{1}{2} - j\frac{\sqrt{3}}{2}$

3) $a^2 + a + 1 = 0$, $a^3 = 1$, $a^4 = 0$

2. 각상의 비대칭분(불평형)전압, 전류

비대칭(불평형) 전압	비대칭(불평형) 전류
$V_a = V_o + V_1 + V_2$ $V_b = V_o + a^2V_1 + aV_2$ $V_c = V_o + aV_1 + a^2V_2$	$I_a = I_o + I_1 + I_2$ $I_b = I_o + a^2I_1 + aI_2$ $I_c = I_o + aI_1 + a^2I_2$

3. 대칭분 영상, 정상, 역상분 전압, 전류

	전압	전류
영상분	$V_o = \frac{1}{3}(V_a + V_b + V_c)$	$I_o = \frac{1}{3}(I_a + I_b + I_c)$
정상분	$V_1 = \frac{1}{3}(V_a + aV_b + a^2V_c)$	$I_1 = \frac{1}{3}(I_a + aI_b + a^2I_c)$
역상분	$V_2 = \frac{1}{3}(V_a + a^2V_b + aV_c)$	$I_2 = \frac{1}{3}(I_a + a^2I_b + aI_c)$

2 불평형률

$$불평형률 = \frac{역상분}{정상분} = \frac{V_2}{V_1} = \frac{I_2}{I_1}$$

3 a상을 기준한 대칭 3상 대칭분 전압

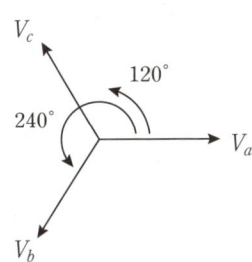

대칭 3상 전압은 V_a, $V_b = a^2 V_a$, $V_c = a V_a$ 이므로

• a상을 기준한 대칭 3상 대칭분 전압

영상분 전압 $V_o = \frac{1}{3}(V_a + V_b + V_c) = 0$

정상분 전압 $V_1 = \frac{1}{3}(V_a + a V_b + a^2 V_c) = V_a$

역상분 전압 $V_2 = \frac{1}{3}(V_a + a^2 V_b + a V_c) = 0$

즉, 대칭 3상 전압의 영상분과 역상분은 0이고 정상분만 a상의 전압 V_a로 존재한다.

4 대칭3상 교류 발전기의 기본식

• $V_o = -I_o Z_o$
• $V_1 = E_a - I_1 Z_1$
• $V_2 = -I_2 Z_2$

단, E_a : a상의 유기 기전력, Z_a : 영상 임피던스, Z_1 : 정상 임피던스,
Z_2 : 역상 임피던스

▌필수확인 O·X 문제 ▌   1차 2차 3차

1. 정상분 전류는 $I_1 = \frac{1}{3}(I_a + a^2 I_b + a I_c)$이다. · (   )
2. 불평형률은 역상분에 대한 정상분과의 비이다. · · · · · · · · · · · · · · · · · · · (   )
3. 대칭 3상의 a상기준시 정상분 전압은 $V_1 = V_a$이다. · · · · · · · · · · · · · · (   )

상세해설

1. (×) 정상분 전류는 $I_1 = \frac{1}{3}(I_a + a I_b + a^2 I_c)$
2. (×) 불평형률은 정상분에 대한 역상분과의 비이다.
3. (○) a상 기준한 대칭3상 대칭분 전압
       영상분 $V_o = 0$, 정상분 $V_1 = V_a$, 역상분 $V_2 = 0$

참고

특수한 경우 불평형률(암기)
① 선간전압
   $120[V]$, $100[V]$, $100[V]$
   → $13[\%]$
② 선간전압
   $80[V]$, $50[V]$, $50[V]$
   → $39.6[\%]$

Q 포인트문제 2

3상 불평형 전압에서 역상전압이 $50[V]$이고 정상 전압이 $250[V]$, 영상전압이 $20[V]$라고 할 때 전압의 불평형률은 몇 $[\%]$인가?

① 10   ② 15
③ 20   ④ 25

A 해설

불평형률

$불평형률 = \frac{역상분}{정상분}$

$= \frac{50}{250} \times 100 = 20[\%]$

정답 ③

◆ 핵심 포인트

a상 기준한 대칭3상 대칭분 전압
• 영상분 $V_o = 0$
• 정상분 $V_1 = V_a$
• 역상분 $V_2 = 0$

5 1선 지락사고 및 2선 지락사고

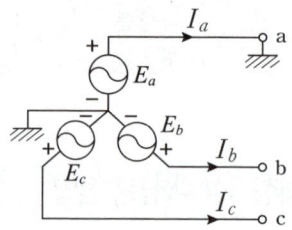

a상이 지락된 경우 $V_a = 0$, $I_b = I_c = 0$이므로, 아래와 같이 정리된다.

1. 1선 지락사고 조건

- 영상 : $I_o = \frac{1}{3}(I_a + I_b + I_c) = \frac{1}{3}I_a$

- 정상 : $I_1 = \frac{1}{3}(I_a + aI_b + a^2 I_c) = \frac{1}{3}I_a$

- 역상 : $I_2 = \frac{1}{3}(I_a + a^2 I_b + aI_c) = \frac{1}{3}I_a$

2. 1선 지락(접지)전류 계산

지락상의 전압 $V_a = 0[V]$이므로

$$V_a = V_o + V_1 + V_2 = -Z_o I_o + E_a - Z_1 I_1 - Z_2 I_2 = -\frac{1}{3}I_a(Z_o + Z_1 + Z_2) + E_a = 0$$이므로

$$지락전류\ I_g = I_a = \frac{3E_a}{Z_o + Z_1 + Z_2}[A]$$

3. 2선 지락사고 조건

단자 전압의 각 대칭분 V_0, V_1, V_2가 0이 아니고 같게 되는 고장

$$V_0 = V_1 = V_2 \neq 0$$

- QR 코드를 찍으시면, 가장 중요한 우선순위 문제풀이 영상을 보실 수 있습니다.
- 우선순위 논점은 전기(산업)기사 시험에서 가장 출제 빈도가 높은 문제로써, 수험생분들께서는 각 파트별 우선순위 문제의 논점과 키워드를 학습하시기를 바랍니다.
- 체크 리스트를 작성하시면서 문제의 유형과 학습의 완성도를 스스로 체크 해 보시기를 바랍니다.
- "선생님의 콕콕 포인트"는 틀리기 쉬운 문제의 함정과 문제의 포인트를 집어드립니다. 우선순위 문제풀이의 포인트를 꼭 참고하고 응용문제의 해결능력을 길러 줍니다.

번호	우선순위 논점	KEY WORD	나의 정답 확인				선생님의 콕콕 포인트
			맞음	틀림(오답확인)			
				이해 부족	암기 부족	착오 실수	
1	대칭 좌표법	영상분. 정상분. 역상분					크기가 같고 위상이 동일한 공통인 성분은 영상분이다.
3	대칭분 전류	3상3선식, 3상4선식, 접지, 비접지					3상3선식(비접지) : 영상분 없다. 3상4선식(접지) : 영상분 존재한다.
16	대칭분 전압	영상분. 정상분. 역상분					영상분은 불평형전압을 모두 더한 후 3으로 나눈다.
22	a상기준 대칭분전압	a상기준. 대칭분전압. 대칭3상					$V_o=0$, $V_1=V_a$, $V_2=0$
25	불평형률	불평형. 정상분. 역상분					불평형률=역상분/정상분

★★★★☆
01 대칭 좌표법에서 사용되는 용어 중 3상에 공통인 성분을 표시하는 것은?

① 정상분 　　　　② 영상분
③ 역상분 　　　　④ 공통분

🔍 **해설** - - - - - - - - -

대칭분 전압, 전류
불평형(비대칭) 3상의 전류
a상의 전류 $I_a=I_o+I_1+I_2$
b상의 전류 $I_b=I_o+a^2I_1+aI_2$
c상의 전류 $I_c=I_o+aI_1+a^2I_2$이므로
공통인 성분은 영상분(I_o)이다.

★★★★☆
02 3상 3선식에서는 회로의 평형, 불평형 또는 부하의 △, Y에 불구하고, 세 전류의 합은 0이므로 선전류의 ( )은 0이다. 다음에서 ( )안에 들어갈 말은?

① 영상분 　　　　② 정상분
③ 역상분 　　　　④ 상전압

🔍 **해설** - - - - - - - - -

대칭분 전압, 전류
3상 3선식에서 세 전류의 합은 $I_a+I_b+I_c=0$이므로
평형, 불평형 또는 부하의 △, Y에 불구하고
영상분 전류 $I_o=\frac{1}{3}(I_a+I_b+I_c)=0$이 된다.

★★★☆☆
03 비접지 3상 Y부하에서 각 선전류를 I_a, I_b, I_c라 할 때, 전류의 영상분 I_0는?

① 1 　　　　② 0
③ −1 　　　　④ $\sqrt{3}$

🔍 **해설** - - - - - - - - -

대칭분 전압, 전류
3상 3선식 $Y-Y$결선(비접지식)은 영상분이 없다.

[정답] 01 ② 02 ① 03 ②

★★★☆☆

04 불평형 회로에서 영상분이 존재하는 3상 회로 구성은?

① △-△ 결선의 3상 3선식

② △-Y결선의 3상 3선식

③ Y-Y결선의 3상 3선식

④ Y-Y결선의 3상 4선식

🔍 **해설** ------------------------

대칭분 전압, 전류

3상 4선식 $Y-Y$ 결선(접지식)은 영상분이 존재 한다.

★★★☆☆

05 3상 4선식에서 중성선이 필요하지 않아서 중성선을 제거하여 3상 3선식을 만들기 위한 중성선에서의 조건식은 어떻게 되는가? (단, I_a, I_b, I_c는 각상의 전류이다.)

① 불평형 3상 $I_a + I_b + I_c = 1$

② 평형 3상　$I_a + I_b + I_c = \sqrt{3}$

③ 불평형 3상 $I_a + I_b + I_c = 3$

④ 평형 3상　$I_a + I_b + I_c = 0$

🔍 **해설** ------------------------

대칭분 전압, 전류

3상 3선식의 세 전류의 합은 $I_a + I_b + I_c = 0$

★★☆☆☆

06 대칭 좌표법에 관한 설명 중 잘못 된 것은?

① 불평형 3상 회로 비접지식 회로에서는 영상분이 존재한다.

② 대칭 3상 전압에서 영상분은 0이 된다.

③ 대칭 3상 전압은 정상분만 존재한다.

④ 불평형 3상 회로의 접지식 회로에서는 영상분이 존재한다.

🔍 **해설** ------------------------

대칭분 전압, 전류

불평형 3상 회로 비접지식 회로에서는 영상분이 존재하지 않는다.

★★☆☆☆

07 대칭 좌표법에 관한 설명 중 잘못된 것은?

① 대칭 좌표법은 일반적인 비대칭 n상 교류회로의 계산에도 이용된다.

② 대칭 3상 전압의 영상분과 역상분은 0이고, 정상분만 남는다.

③ 비대칭 n상의 교류 회로는 영상분, 역상분 및 정상분의 3성분으로 해석된다.

④ 비대칭 3상 회로의 접지식 회로에는 영상분이 존재하지 않는다.

🔍 **해설** ------------------------

대칭분 전압, 전류

비대칭 3상 회로의 접지식 회로에는 영상분이 존재한다.

★★☆☆☆

08 비접지 3상 Y회로에서 전류 $I_a = 15 + j2 \, [\text{A}]$, $I_b = -20 - j14 \, [\text{A}]$일 경우 $I_c \, [\text{A}]$는?

① $5 + j12 \, [\text{A}]$　　　② $-5 + j12 \, [\text{A}]$

③ $5 - j12 \, [\text{A}]$　　　④ $-5 - j12 \, [\text{A}]$

🔍 **해설** ------------------------

대칭분 전압, 전류

비접지 3상 회로의 전류의 합은 0이므로 $I_a + I_b + I_c = 0$에서
$I_c = -(I_a + I_b) = -(15 + j2 - 20 - j14)$
　　$= 5 + j12 \, [\text{A}]$

★★★☆☆

09 대칭분을 I_0, I_1, I_2라 하고 선전류를 I_a, I_b, I_c라 할 때 I_b는?

① $I_0 + I_1 + I_2$　　　② $\dfrac{1}{3}(I_0 + I_1 + I_2)$

③ $I_0 + a^2 I_1 + a I_2$　　　④ $I_0 + a I_1 + a^2 I_2$

🔍 **해설** ------------------------

불평형(비대칭) 3상의 전류

• a상의 전류 $I_a = I_o + I_1 + I_2$

• b상의 전류 $I_b = I_o + a^2 I_1 + a I_2$

• c상의 전류 $I_c = I_o + a I_1 + a^2 I_2$

[정답] 04 ④　05 ④　06 ①　07 ④　08 ①　09 ③

★★☆☆☆

10 3상 회로에 있어서 대칭분 전압이 $V_o = -8 + j3[\text{V}]$, $V_1 = 6 - j8[\text{V}]$, $V_2 = 8 + j12[\text{V}]$일 때 a상의 전압[V]은?

① $6 + j7[\text{V}]$

② $-32.3 + j2.73[\text{V}]$

③ $2.3 + j0.73[\text{V}]$

④ $2.3 - j0.73[\text{V}]$

🔍 해설

불평형(비대칭) 3상의 전압

a상의 전압 $V_a = V_o + V_1 + V_2$

b상의 전압 $V_b = V_o + a^2 V_1 + a V_2$

c상의 전압 $V_c = V_o + a V_1 + a^2 V_2$이므로

a상의 전압 $V_a = V_o + V_1 + V_2$
$$= -8 + j3 + 6 - j8 + 8 + j12 = 6 + j7$$

★★★★☆

11 3상 불평형 전압을 V_a, V_b, V_c라고 할 때, 영상전압 V_o는 얼마인가?

① $\frac{1}{3}(V_a + a V_b + a^2 V_c)$ ② $\frac{1}{3}(V_a + a^2 V_b + a V_c)$

③ $\frac{1}{3}(V_a + V_b + V_c)$ ④ $\frac{1}{3}(V_a + a^2 V_b + V_c)$

🔍 해설

대칭분 전압, 전류

• 영상 전압 $V_o = \frac{1}{3}(V_a + V_b + V_c)$

• 정상 전압 $V_1 = \frac{1}{3}(V_a + a V_b + a^2 V_c)$

• 역상 전압 $V_2 = \frac{1}{3}(V_a + a^2 V_b + a V_c)$

★★★★☆

12 상순이 $a - b - c$인 경우 V_a, V_b, V_c를 3상 불평형 전압이라 하면 정상 전압은?

① $\frac{1}{3}(V_a + V_b + V_c)$ ② $\frac{1}{3}(V_a + a^2 V_b + a V_c)$

③ $\frac{1}{3}(V_a + a V_b + a^2 V_c)$ ④ $\frac{1}{3}(V_a + a V_b + a V_c)$

🔍 해설

대칭분 전압, 전류

• 영상 전압 $V_o = \frac{1}{3}(V_a + V_b + V_c)$

• 정상 전압 $V_1 = \frac{1}{3}(V_a + a V_b + a^2 V_c)$

• 역상 전압 $V_2 = \frac{1}{3}(V_a + a^2 V_b + a V_c)$

★★★★☆

13 V_a, V_b, V_c라 3상 전압일 때 역상 전압은? (단, $a = e^{j\frac{2}{3}\pi}$이다.)

① $\frac{1}{3}(V_a + a V_b + a^2 V_c)$ ② $\frac{1}{3}(V_a + a^2 V_b + a V_c)$

③ $\frac{1}{3}(V_a + V_b + V_c)$ ④ $\frac{1}{3}(V_a + a^2 V_b + V_c)$

🔍 해설

대칭분 전압, 전류

• 영상 전압 $V_o = \frac{1}{3}(V_a + V_b + V_c)$

• 정상 전압 $V_1 = \frac{1}{3}(V_a + a V_b + a^2 V_c)$

• 역상 전압 $V_2 = \frac{1}{3}(V_a + a^2 V_b + a V_c)$

★★★☆☆

14 대칭좌표법을 이용하여 3상 회로의 각 상전압을 다음과 같이 쓴다.

$V_a = V_{ao} + V_{a1} + V_{a2}$
$V_b = V_{ao} + V_{a1} \angle -120° + V_{a2} \angle +120°$
$V_c = V_{ao} + V_{a1} \angle +120° + V_{a2} \angle -120°$

이와 같이 표시될 때 정상분 전압 V_{a1} 표시를 올바르게 계산한 것은? (단, 상순은 a, b, c이다.)

① $\frac{1}{3}(V_a + V_b + V_c)$

② $\frac{1}{3}(V_a + V_b \angle +120° + V_c \angle -120°)$

③ $\frac{1}{3}(V_a + V_b \angle -120° + I_c \angle +120°)$

④ $\frac{1}{3}(V_a \angle +120° + V_b + V_c \angle -120°)$

[**정답**] 10 ① 11 ③ 12 ③ 13 ② 14 ②

🔍 **해설**

대칭분 전압, 전류

정상 전압은

$V_1 = \dfrac{1}{3}(V_a + aV_b + a^2V_c) = \dfrac{1}{3}(V_a + V_b\angle +120° + V_c\angle -120°)$

🔽 **참고**

벡터 연산자 a

$a = 1\angle 120° = 1\angle -240° = -\dfrac{1}{2} + j\dfrac{\sqrt{3}}{2}$

$a^2 = 1\angle 240° = 1\angle -120° = -\dfrac{1}{2} - j\dfrac{\sqrt{3}}{2}$

★★★☆☆

15 상순이 a, b, c인 불평형 3상 전류 I_a, I_b, I_c의 대칭분을 I_0, I_1, I_2라 하면 이 때 대칭분과의 관계식 중 옳지 못한 것은?

① $\dfrac{1}{3}(I_a + I_b + I_c)$

② $\dfrac{1}{3}(I_a + I_b\angle 120° + I_c\angle -120°)$

③ $\dfrac{1}{3}(I_a + I_b\angle -120° + I_c\angle 120°)$

④ $\dfrac{1}{3}(-I_a - I_b - I_c)$

🔍 **해설**

대칭분 전압, 전류

• 영상분 전류 $I_o = \dfrac{1}{3}(I_a + I_b + I_c)$

• 정상분 전류 $I_1 = \dfrac{1}{3}(I_a + aI_b + a^2I_c)$

$\qquad\qquad = \dfrac{1}{3}(I_a + I_b\angle 120° + I_c\angle -120°)$

• 역상분 전류 $I_2 = \dfrac{1}{3}(I_a + a^2I_b + aI_c)$

$\qquad\qquad = \dfrac{1}{3}(I_a + I_b\angle -120° + I_c\angle 120°)$

★★★☆☆

16 $V_a = 3[\text{V}]$, $V_b = 2 - j3[\text{V}]$, $V_c = 4 + j3[\text{V}]$를 3상 불평형 전압이라고 할 때 영상 전압[V]은?

① $3[\text{V}]$　　　　　　② $9[\text{V}]$

③ $27[\text{V}]$　　　　　　④ $0[\text{V}]$

🔍 **해설**

대칭분 전압, 전류

영상분 전압은 $V_o = \dfrac{1}{3}(V_a + V_b + V_c)$

$\qquad\qquad = \dfrac{1}{3}(3 + 2 - j3 + 4 + j3) = 3[\text{V}]$

★★☆☆☆

17 3상 부하가 △결선으로 되어있다. 컨덕턴스가 a상에 $0.3[\mho]$, b상에 $0.3[\mho]$이고, 유도 서셉턴스가 c상에 $0.3[\mho]$가 연결되어 있을 때 이 부하의 영상 어드미턴스는 몇 $[\mho]$인가?

① $0.2 + j0.1[\mho]$　　② $0.2 - j0.1[\mho]$

③ $0.6 - j0.3[\mho]$　　④ $0.6 + j0.3[\mho]$

🔍 **해설**

대칭분 전압, 전류

영상분 어드미턴스는 $Y_o = \dfrac{1}{3}(Y_a + Y_b + Y_c)$

$\qquad\qquad = \dfrac{1}{3}(0.3 + 0.3 - j0.3) = 0.2 - j0.1[\mho]$

🔽 **참고**

유도성 서셉턴스는 $-j$로 표현됨에 유의할 것

★★★☆☆

18 각상의 전류가 $i_a = 30\sin\omega t$, $i_b = 30\sin(\omega t - 90°)$, $i_c = 30\sin(\omega t + 90°)$일 때 영상 대칭분의 전류[A]는?

① $10\sin\omega t[\text{A}]$

② $\dfrac{10}{3}\sin\dfrac{\omega t}{3}$

③ $\dfrac{30}{\sqrt{3}}\sin(\omega t + 45°)[\text{A}]$

④ $30\sin\omega t[\text{A}]$

🔍 **해설**

대칭분 전압, 전류

영상분 전류는

$i_0 = \dfrac{1}{3}(i_a + i_b + i_c)$

$\quad = \dfrac{1}{3}\{30\sin\omega t + 30\sin(\omega t - 90°) + 30\sin(\omega t + 90°)\}$

[**정답**] 15 ④　16 ①　17 ②　18 ①

$$= \frac{30}{3}\{\sin\omega t + \sin\omega t \cos(-90°) + \cos\omega t \sin(-90°)$$
$$+ \sin\omega t \cos 90° + \cos\omega t \sin 90°\}$$
$$= 10\sin\omega t$$

> **참고**

삼각함수 가법정리
$$\sin(\alpha \pm \beta) = \sin\alpha\cos\beta \pm \cos\alpha\sin\beta$$
$$\cos(\alpha \pm \beta) = \cos\alpha\cos\beta \mp \sin\alpha\sin\beta$$

★★☆☆☆

19

불평형 3상 교류 회로에서 각상의 전류가 각각 $I_a = 7 + j2$[A], $I_b = -8 - j10$[A], $I_c = -4 + j6$[A]일 때 전류의 대칭분 중 정상분은 약 몇 [A]인가?

① 8.93[A]
② 7.46[A]
③ 3.76[A]
④ 2.53[A]

> **해설**

대칭분 전압, 전류
정상분전류는
$$I_1 = \frac{1}{3}(I_a + aI_b + a^2 I_c)$$
$$= \frac{1}{3}\left\{7 + j2 + \left(-\frac{1}{2} + j\frac{\sqrt{3}}{2}\right)(-8 - j10) + \left(-\frac{1}{2} - j\frac{\sqrt{3}}{2}\right)(-4 + j6)\right\}$$
$$= 8.95 + j0.18 = \sqrt{8.95^2 + 0.18^2} = 8.95[A]$$

★★☆☆☆

20

불평형 3상 전류가 $I_a = 15 + j2$[A], $I_b = -20 - j14$[A], $I_c = -3 + j10$[A]일 때, 역상분 전류 I_2[A]를 구하면?

① $1.91 + j6.24$[A]
② $15.74 - j3.57$[A]
③ $-2.67 - j0.67$[A]
④ $2.67 - j0.67$[A]

> **해설**

대칭분 전압, 전류
역상분전류는
$$I_2 = \frac{1}{3}(I_a + a^2 I_b + aI_c)$$
$$= \frac{1}{3}\left\{15 + j2 + \left(-\frac{1}{2} - j\frac{\sqrt{3}}{2}\right)(-20 - j14) + \left(-\frac{1}{2} + j\frac{\sqrt{3}}{2}\right)(-3 + j10)\right\}$$
$$= 1.91 + j6.24[A]$$

★★☆☆☆

21

어느 3상 회로의 선간 전압을 측정하였더니 120[V], 100[V] 및 100[V]이었다. 이때의 역상전 전압 V_2의 값은 약 몇 [V]인가?

① 9.8[V]
② 13.8[V]
③ 96.2[V]
④ 106.2[V]

> **해설**

대칭분 전압, 전류
역상분 전압
$$V_2 = \frac{1}{3}(V_a + a^2 V_b + aV_c)$$
$$= \frac{1}{3}\left\{120 + \left(-\frac{1}{2} - j\frac{\sqrt{3}}{2}\right)(-60 - j80) + \left(-\frac{1}{2} + j\frac{\sqrt{3}}{2}\right)(-60 + j80)\right\}$$
$$= \frac{1}{3}(120 + 60 - 80\sqrt{3}) = 13.8[V]$$

★★★★☆

22

대칭 3상 전압 V_a, V_b, V_c를 a상을 기준으로 한 대칭분은?

① $V_0 = 0$, $V_1 = V_a$, $V_2 = aV_a$
② $V_0 = V_a$, $V_1 = V_a$, $V_2 = V_a$
③ $V_0 = 0$, $V_1 = 0$, $V_2 = a^2 V_a$
④ $V_0 = 0$, $V_1 = V_a$, $V_2 = 0$

> **해설**

a상 기준 대칭분 전압
- 영상분 $V_0 = 0$
- 정상분 $V_1 = V_a$
- 역상분 $V_2 = 0$

★★★☆☆

23

대칭 3상 전압이 a상 V_a[V], b상 $V_b = a^2 V_a$[V], c상 $V_c = aV_a$[V]일 때 a상을 기준으로 한 대칭분 전압 중 정상분 V_1은 어떻게 표시되는가?

① $\frac{1}{3}V_a$
② V_a
③ aV_a
④ $a^2 V_a$

[정답] 19 ① 20 ① 21 ② 22 ④ 23 ②

해설

a상 기준 대칭분 전압

- 영상분 $V_0 = 0$
- 정상분 $V_1 = V_a$
- 역상분 $V_2 = 0$

★★★☆☆

24 3상 불평형 전압에서 불평형률이란?

① $\dfrac{역상전압}{영상전압} \times 100$ 　② $\dfrac{정상전압}{역상전압} \times 100$

③ $\dfrac{역상전압}{정상전압} \times 100$ 　④ $\dfrac{영상전압}{정상전압} \times 100$

해설

불평형률

$$불평형률 = \dfrac{역상전압}{정상전압} \times 100[\%]$$

★★★★☆

25 3상 불평형 전압에서 역상전압이 50[V]이고 정상전압이 200[V], 영상전압이 10[V]라고 할 때 전압의 불평형률은?

① 0.01[V] 　② 0.05[V]

③ 0.25[V] 　④ 0.5[V]

해설

불평형률

$$불평형률 = \dfrac{역상전압}{정상전압} = \dfrac{50}{200} = 0.25$$

★★☆☆☆

26 어느 3상 회로의 선간 전압을 측정하니 $V_a = 120[V]$, $V_b = -60 - j80[V]$, $V_c = -60 + j80$ [V] 이었다. 불평형률[%]은?

① 12[%] 　② 13[%]

③ 14[%] 　④ 15[%]

해설

불평형률

① 선간전압이 120, 100, 100[V]이면 불평형률은 약 13[%]
② 선간전압이 80, 50, 50[V]이면 불평형률은 약 39.6[%]

★★☆☆☆

27 3상 회로의 선간 전압이 각각 80, 50, 50[V]일 때 전압의 불평형률[%]은?

① 39.6[%] 　② 57.3[%]

③ 73.6[%] 　④ 86.7[%]

해설

불평형률

① 선간전압이 120, 100, 100[V]이면 불평형률은 약 13[%]
② 선간전압이 80, 50, 50[V]이면 불평형률은 약 39.6[%]

★☆☆☆☆

28 대칭 3상 교류 발전기의 기본식 중 알맞게 표현된 것은? (단, V_0는 영상분 전압, V_1은 정상분 전압, V_2는 역상분 전압이다.)

① $V_0 = E_0 - Z_0 I_0$

② $V_1 = -Z_1 I_1$

③ $V_2 = Z_2 I_2$

④ $V_1 = E_a - Z_1 I_1$

해설

대칭 3상 교류발전기 기본식

- 영상분 $V_0 = -Z_0 I_0$
- 정상분 $V_1 = E_a - Z_1 I_1$
- 역상분 $V_2 = -Z_2 I_2$

★★★☆☆

29 그림과 같은 평형 3상 교류 발전기의 1선이 접지되었을 때 접지 전류 I_a의 값은? (단, Z_0는 영상 임피던스, Z_1은 정상 임피던스, Z_2는 역상 임피던스이다.)

[정답] 24 ③　25 ③　26 ②　27 ①　28 ④　29 ④

① $\dfrac{E_a}{Z_0+Z_1+Z_2}$ ② $\dfrac{\sqrt{3}E_a}{Z_0+Z_1+Z_2}$

③ $\dfrac{E_a}{3(Z_0+Z_1+Z_2)}$ ④ $\dfrac{3E_a}{Z_0+Z_1+Z_2}$

해설

1선 지락사고

지락전류 및 조건

① 1선지락전류 및 조건

$$\begin{cases} I_0 = I_1 = I_2 = \dfrac{1}{3}I_a \\ I_a = \dfrac{3E_a}{Z_o+Z_1+Z_2} \end{cases}$$

② 2선지락 조건

$V_0 = V_1 = V_2 \neq 0$

★★☆☆☆

30 단자 전압의 각 대칭분 V_0, V_1, V_2가 0이 아니고 같게 되는 고장의 종류는?

① 1선지락   ② 선간 단락

③ 2선 지락   ④ 3선 단락

해설

1선 지락사고

지락전류 및 조건

① 1선지락전류 및 조건

$$\begin{cases} I_0 = I_1 = I_2 = \dfrac{1}{3}I_a \\ I_a = \dfrac{3E_a}{Z_o+Z_1+Z_2} \end{cases}$$

② 2선지락 조건

$V_0 = V_1 = V_2 \neq 0$

★★☆☆☆

31 전압 대칭분을 V_0, V_1, V_2, 전류의 대칭분을 각각 I_0, I_1, I_2라 할 때 대칭분으로 표시되는 전전력은 얼마인가?

① $V_0 I_1 + V_1 I_2 + V_2 I_0$

② $V_0 I_0 + V_1 I_1 + V_2 I_2$

③ $3V_0 I_1 + 3V_1 I_2 + 3V_2 I_0$

④ $3\overline{V_0}I_0 + 3\overline{V_1}I_1 + 3\overline{V_2}I_2$

해설

대칭분 전력

$$P_a = P + jP_r = \overline{V_a}I_a + \overline{V_b}I_b + \overline{V_c}I_c$$
$$= 3\overline{V_0}I_0 + 3\overline{V_1}I_1 + 3\overline{V_2}I_2$$

비정현파 교류

1 비정현파(non-sinusoidal wave)교류

정현파 교류 이외의 교류를 모두 비정현파 또는 왜형파라 하고, 기본파에 고조파가 포함되어 파형이 일그러진 파

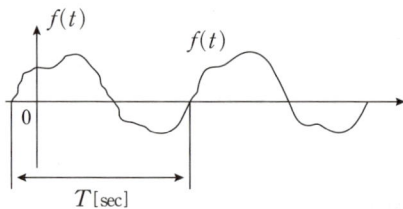

[비정형파 교류]

1. 푸리에급수(Fourier series)에 의한 비정현파의 전개

비정현파(＝왜형파)를 여러개의 정현파의 합으로 표시하는 방법

2. 비정현파 교류 함수

$$f(t)=a_o+a_1\cos\omega t+a_2\cos2\omega t+a_3\cos3\omega t+\cdots$$
$$+b_1\sin\omega t+b_2\sin2\omega t+b_3\sin3\omega t+\cdots$$
$$=a_o+\sum_{n=1}^{\infty}a_n\cos n\omega t+\sum_{n=1}^{\infty}b_n\sin n\omega t$$

3. 비정현파 교류의 구성 : 직류분+기본파+고조파

4. 비정현파 교류의 계수

1) **직류분 계수 a_o** : $a_0=\dfrac{1}{T}\displaystyle\int_0^T f(t)dt=$ 평균값

2) **cos항의 계수 a_n** : $a_n=\dfrac{2}{T}\displaystyle\int_0^T f(t)\cos n\omega t d\omega t=\dfrac{1}{\pi}\displaystyle\int_0^{2\pi} f(t)\cos n\omega t d\omega t$

3) $\sin$항의 계수 : $b_n = \dfrac{2}{T} \displaystyle\int_0^T f(t)\sin n\omega t\, d\omega t = \dfrac{1}{\pi} \displaystyle\int_0^{2\pi} f(t)\sin n\omega t\, d\omega t$

2 비정현파 교류의 대칭성

	파형	대칭조건	계수
정현대칭파 (기함수파, sin파)		$f(t) = -f(-t)$	$a_0 = 0$ $a_n = 0$ $b_n =$ 존재
여현대칭파 (우함수파, cos파)		$f(t) = f(-t)$	$a_0 =$ 존재 $a_n =$ 존재 $b_n = 0$
반파대칭파		$f(t) = -f\left(\dfrac{T}{2}+t\right)$	$a_0 = 0$ $a_n =$ 존재 $b_n =$ 존재 홀수항만 존재
정현·반파대칭파		$f(t) = -f(-t)$ $f(t) = -f\left(\dfrac{T}{2}+t\right)$	$a_0 = 0$ $a_n = 0$ $b_n =$ 존재 홀수항만 존재
여현·반파대칭파		$f(t) = f(-t)$ $f(t) = -f\left(\dfrac{T}{2}+t\right)$	$a_0 = 0$ $a_n =$ 존재 $b_n = 0$ 홀수항만 존재

Q 포인트문제 2

비정현파에 있어서 정현 대칭의 조건은?

① $f(t) = f(-t)$
② $f(t) = -f(-t)$
③ $f(t) = -f(t)$
④ $f(t) = -f\left(t + \dfrac{T}{2}\right)$

A 해설

비정현파 교류의 대칭성
정현 대칭 조건은
$f(t) = -f(-t)$

정답 ②

Q 포인트문제 3

다음의 왜형파 주기 함수를 보고 아래의 서술중 잘못된 것은 ?

① 기수차의 정현항 계수는 0이다.
② 기함수파이다.
③ 반파 대칭파이다.
④ 직류 성분은 존재하지 않는다.

A 해설

비정현파 교류의 대칭성
그림은 정현·반파 대칭파이므로 정현항(sin)의 기수(홀수)는 존재한다.

정답 ①

▮ 필수확인 O·X 문제 ▮

1차 2차 3차

1. 비정현파 교류의 직류분은 실효값을 말한다. · · · · · · · · · · · · · · · · · · · ( )
2. 비정현파 교류는 직류분, 기본파, 고조파의 합으로 이루어져 있다. · · · · · · ( )
3. 정현 대칭조건은 $f(t) = f(-t)$이다. · ( )

상세해설
1. (×) 비정현파 교류의 직류분은 평균값을 말한다.
2. (○) 비정현파 교류의 구성 : 직류분＋기본파＋고조파
3. (×) 정현 대칭조건은 $f(t) = -f(-t)$이다.

electrical engineer · electrical engineer · electrical engineer · electrical engineer · electrical engineer · electrical engineer · electrical engineer · electrical e

3 비정현파 교류의 실효값

1. 실효값 : 각 파의 실효값 제곱의 합의 제곱근

전압 $v(t) = V_o + V_{m1}\sin\omega t + V_{m2}\sin 2\omega t + V_{m3}\sin 3\omega t + \cdots$ 로 주어진다면 전압의 실효값은 아래와 같다.

$$V = \sqrt{V_o^2 + V_1^2 + V_2^2 + V_3^2 + \cdots} = \sqrt{V_o^2 + \left(\frac{V_{m1}}{\sqrt{2}}\right)^2 + \left(\frac{V_{m2}}{\sqrt{2}}\right)^2 + \left(\frac{V_{m3}}{\sqrt{2}}\right)^2 \cdots}$$

2. 왜형률 : 기본파 실효치에 대한 고조파 실효치

비정현파가 정현파에 대하여 일그러지는 정도를 나타내는 값

$$왜형률 = \frac{전\ 고조파의\ 실효치}{기본파의\ 실효치} = \frac{\sqrt{V_2^2 + V_3^2 + V_4^2 \cdots}}{V_1}$$

4 비정현파 교류의 n고조파 직렬임피던스

1. $R-L$ 직렬 : $Z_n = R + jn\omega L = \sqrt{R^2 + (n\omega L)^2} [\Omega]$

2. $R-C$ 직렬 : $Z_n = R - j\frac{1}{n\omega C} = \sqrt{R^2 + \left(\frac{1}{n\omega C}\right)^2} [\Omega]$

3. n고조파 직렬 공진주파수 : $f_n = \frac{1}{2\pi n\sqrt{LC}} [Hz]$

5 비정현파 교류전력

1. 유효 전력

$$P = V_o I_o + V_1 I_1 \cos\theta_1 + V_2 I_2 \cos\theta_2 + V_3 I_3 \cos\theta_3 + \cdots$$

$$= V_o I_o + \sum_{n=1}^{\infty} V_n I_n \cos\theta_n = I^2 R [W]$$

electrical engineer · electrical engineer · electrical engineer · electrical engineer · electrical engineer · electrical engineer · electrical engineer · electrical engineer

 콕콕 포인트

2. 무효 전력

$$P_r = V_1 I_1 \sin\theta_1 + V_2 I_2 \sin\theta_2 + V_3 I_3 \sin\theta_3 + \cdots = \sum_{n=1}^{\infty} V_n I_n \sin\theta_n [\text{Var}]$$

3. 피상 전력

$$P_a = VI[\text{VA}] \begin{cases} V = \sqrt{V_o^2 + V_1^2 + V_2^2 + \cdots} \ [\text{V}] \\ I = \sqrt{I_o^2 + I_1^2 + I_2^2 + \cdots} \ [\text{A}] \end{cases}$$

4. 역률

$$\cos\theta = \frac{P}{P_a} = \frac{P}{VI}$$

6 | 상회전에 따른 고조파 차수

1. 각상이 동위상 : $h = 3n = 3, 6, 9 \cdots$

2. 기본파와 동일방향 : $h = 3n + 1 = 1, 4, 7, 10 \cdots$

3. 기본파와 반대방향 : $h = 3n - 1 = 2, 5, 8, 11 \cdots$

단, $n = 0, 1, 2, 3, 4 \cdots$

◆ 핵심 포인트

비정현파 교류 전력

· 유효전력

$$P = V_o I_o + \sum_{n=1}^{\infty} V_n I_n \cos\theta_n$$
$$= I^2 R [\text{W}]$$

· 피상전력
$$P_a = VI[\text{VA}]$$

· 역률
$$\cos\theta = \frac{P}{P_a}$$

Q 포인트문제 6

다음과 같은 비정현파 기전력 및 전류에 의한 전력[W]은?
(단, 전압 및 전류의 순시식은 다음과 같다.)
$$e = 100\sqrt{2}\sin(\omega t + 30°)$$
$$+ 50\sqrt{2}\sin(5\omega t + 60°)[\text{V}]$$
$$i = 15\sqrt{2}\sin(3\omega t + 30°)$$
$$+ 10\sqrt{2}\sin(5\omega t + 30°)[\text{A}]$$

① $250\sqrt{3}$ ② 1000
③ $1000\sqrt{3}$ ④ 2000

A 해설

비정현파 교류전력

비정현파 교류전력은 같은 성분끼리 계산하여 모두 합산하므로 전압, 전류의 같은성분은 5고조파 성분뿐이므로 유효전력은
$$P = V_5 I_5 \cos\theta_5$$
$$= 50 \times 10\cos 30°$$
$$= 250\sqrt{3}[\text{W}]$$가 된다.

정답 ①

▌필수확인 O·X 문제 ▌

1차 2차 3차

1. 비정현파 교류의 실효값은 각 파의 실효값 제곱의 합과 같다. ·········· (   )
2. 비정현파 교류의 왜형률은 기본파의 실효값에 대한 전고조파의 실효값과의 비이다.
·· (   )
3. 제5고조파는 기본파와 상순이 동일방향이다. ···················· (   )

상세해설

1. (×) 비정현파 교류의 실효값은 각 파의 실효값 제곱의 합의 제곱근과 같다
2. (○)
3. (×) 제5고조파는 기본파와 상순이 반대방향이다.

- QR 코드를 찍으시면, 가장 중요한 우선순위 문제풀이 영상을 보실 수 있습니다.
- 우선순위 논점은 전기(산업)기사 시험에서 가장 출제 빈도가 높은 문제로써, 수험생분들께서는 각 파트별 우선순위 문제의 논점과 키워드를 학습하시기를 바랍니다.
- 체크 리스트를 작성하시면서 문제의 유형과 학습의 완성도를 스스로 체크 해 보시기를 바랍니다.
- "선생님의 콕콕 포인트"는 틀리기 쉬운 문제의 함정과 문제의 포인트를 집어드립니다. 우선순위 문제풀이의 포인트를 꼭 참고하고 응용문제의 해결능력을 길러 줍니다.

번호	우선순위 논점	KEY WORD	나의 정답 확인				선생님의 콕콕 포인트
			맞음	틀림(오답확인)			
				이해 부족	암기 부족	착오 실수	
2	비정현파 구성	직류분, 기본파, 고조파					비정현파는 직류분, 기본파, 고조파의 합
13	대칭성	정현항, 여현항, 기수, 우수					정현·반파대칭은 정현항(sin)과 기수항(홀수)만 존재한다.
16	비정현파 실효값	실효값, 각파, 제곱, 제곱근					비정현파의 실효값은 각파의 실효값 제곱의 합의 제곱근으로 구한다.
26	비정현파 왜형률	왜형률, 기본파, 고조파					왜형률은 기본파 실효값에 대한 전고조파의 실효값과의 비
31	비정현파 교류전력	유효전력, 피상전력, 역률					비정현파 교류전력은 같은 성분의 전압, 전류끼리 계산한다.

★★☆☆☆
01 비정현파를 여러개의 정현파의 합으로 표시하는 방법은?

① 키르히호프의 법칙
② 노튼의 정리
③ 푸리에 분석
④ 테일러의 분석

🔎 해설

푸리에 급수전개
푸리에 분석은 비정현파를 여러 개의 정현파의 합으로 표시한다.

★★★☆☆
02 비정현파 교류를 나타내는 식은?

① 기본파＋고조파＋직류분
② 기본파＋직류분－고조파
③ 직류분＋고조파－기본파
④ 교류분＋기본파＋고조파

🔎 해설

비정현파 교류 구성
비정현파 교류는 직류분, 기본파, 고조파성분의 합으로 구성되어 있다.

★★★☆☆
03 비정현파의 푸리에 급수에 의한 전개에서 옳게 전개한 $f(t)$는?

① $\sum_{n=1}^{\infty} a_n \sin n\omega t + \sum_{n=1}^{\infty} b_n \cos n\omega t$

② $\sum_{n=1}^{\infty} a_n \sin n\omega t + \sum_{n=1}^{\infty} b_n \sin n\omega t$

③ $a_0 + \sum_{n=1}^{\infty} a_n \cos n\omega t + \sum_{n=1}^{\infty} b_n \sin n\omega t$

④ $\sum_{n=1}^{\infty} a_n \cos n\omega t + \sum_{n=1}^{\infty} b_n \cos n\omega t$

🔎 해설

비정현파 교류 함수

[**정답**] 01 ③ 02 ① 03 ③

★★☆☆☆

04 주기적인 구형파의 신호는 그 주파수 성분이 어떻게 되는가?

① 무수히 많은 주파수의 성분을 가진다.

② 주파수 성분을 갖지 않는다.

③ 직류분만으로 구성된다.

④ 교류 합성을 갖지 않는다.

🔍 **해설** ----------------------

비정현파 교류
주기적인 비정현파는 일반적으로 푸리에 급수에 의해 표시되므로 무수히 많은 주파수의 합성이다.

★★☆☆☆

05 ωt가 0에서 π까지 $i=10[\mathrm{A}]$, π에서 2π까지는 $i=0[\mathrm{A}]$인 파형을 푸리에 급수로 전개하면 a_0는?

① 14.14   ② 10

③ 7.05   ④ 5

🔍 **해설** ----------------------

직류분 계수
직류분은 평균값을 말하므로 구형반파에 대한 직류분은

$$a_o=I_a=\frac{I_m}{2}=\frac{10}{2}=5[\mathrm{A}]$$

★★★☆☆

06 반파 대칭의 왜형파 퓨우리에 급수에서 옳게 표현된 것은? (단, $\sum_{n=1}^{\infty}a_n\sin n\omega t+a_0+\sum_{n=1}^{\infty}b_n\cos n\omega t$라 한다.)

① $a_0=0$, $b_n=0$이고, 홀수항 a_n만 남는다.

② $a_0=0$이고, a_0 및 홀수항 b_n만 남는다.

③ $a_0=0$이고, 홀수항의 a_n, b_n만 남는다.

④ $a_0=0$이고, 모든 고조파분의 a_n, b_n만 남는다.

🔍 **해설** ----------------------

비정현파 교류의 대칭성
반파 대칭에서는 반주기마다 크기는 같고 직류분 $a_o=0$이고 홀수항의 a_n 및 b_n만 존재한다.

★★★☆☆

07 반파 대칭의 왜형파에서 성립되는 식은?

① $y(x)=y(\pi-x)$ ② $y(x)=y(\pi+x)$

③ $y(x)=-y(\pi+x)$ ④ $y(x)=-y(2\pi-x)$

🔍 **해설** ----------------------

비정현파 교류의 대칭성
반파대칭 조건은 $y(x)=-y(\frac{T}{2}+x)$, $y(x)=-y(\pi+x)$

★★☆☆☆

08 반파 대칭의 왜형파에 포함되는 고조파는 어느 파에 속하는가?

① 제2고조파   ② 제4고조파

③ 제5고조파   ④ 제6고조파

🔍 **해설** ----------------------

비정현파 교류의 대칭성
반파 대칭에서는 반주기마다 크기는 같고 직류분 $a_o=0$이고 홀수항의 a_n 및 b_n만 존재한다.

★★☆☆☆

09 반파대칭 및 정현파 대칭의 왜형파에 있어서는?

① $f(-x)=f(x)$, $f(\pi-x)=-f(-x)$

② $f(-x)=-f(x)$, $f(\pi+x)=f(x)$

③ $f(-x)=f(x)$, $f(2\pi-x)=f(x)$

④ $f(-x)=-f(x)$, $f(\pi+x)=-f(x)$

🔍 **해설** ----------------------

비정현파 교류의 대칭성
정현·반파 대칭조건은 정현대칭과 반파대칭을 동시에 만족하여야 하므로 $f(-x)=-f(x)$, $f(\pi+x)=-f(x)$

[**정답**] 04 ①   05 ④   06 ③   07 ③   08 ③   09 ④

★★☆☆☆

10 그림과 같은 파형을 실수 퓨우리에 급수로 전개할 때에는?

① sin항은 없다.

② cos항은 없다.

③ sin항, cos항 모두 있다.

④ sin항, cos항을 쓰면 유한수의 항으로 전개된다.

🔍 **해설**

비정현파 교류의 대칭성

그림의 파형은 여현대칭파 이므로 sin항은 없다.

★★★☆☆

11 왜형파를 푸리에 급수로 나타내면

$$y=b_0+\sum_{n=1}^{\infty}b_n\cos nx+a_0+\sum_{n=1}^{\infty}a_n\sin nx$$ 라 할 때

반파 및 여현 대칭일 때의 식은?

① $\displaystyle\sum_{n=1}^{\infty}a_n\sin nx\,(n=$짝수$)$

② $\displaystyle\sum_{n=1}^{\infty}b_n\cos nx\,(n=$짝수$)$

③ $\displaystyle\sum_{n=1}^{\infty}a_n\sin nx\,(n=$홀수$)$

④ $\displaystyle\sum_{n=1}^{\infty}b_n\cos nx\,(n=$홀수$)$

🔍 **해설**

비정현파 교류의 대칭성

여현·반파대칭에서는 직류분과 sin항의 계수 $b_0=0$, $a_n=0$이고 cos항의 계수 b_n만 존재하므로 $y=\sum_{n=1}^{\infty}b_n\cos nx\,(n=$홀수$)$이 된다.

★★☆☆☆

12 그림과 같은 파형을 푸리에 급수로 전개하면?

① $\dfrac{A}{\pi}+\dfrac{\sin 2x}{2}+\dfrac{\sin 4x}{4}+\cdots\cdots$

② $\dfrac{4A}{\pi}\left(\sin\alpha\sin x+\dfrac{1}{9}\sin 3\alpha\sin 3x+\cdots\cdots\right)$

③ $\dfrac{4A}{\pi}\left(\sin x+\dfrac{1}{3}\sin 3x+\dfrac{1}{5}\sin 5x\cdots\cdots\right)$

④ $\dfrac{4}{\pi}\left(\dfrac{\cos 2x}{1\times 3}+\dfrac{\cos 4x}{3\times 5}+\dfrac{\cos 6x}{5\times 7}\cdots\cdots\right)$

🔍 **해설**

비정현파 교류의 대칭성

그림은 정현·반파 대칭파이므로 정현항(sin)의 기수(홀수)는 존재한다.

★★★★☆

13 $i(t)=\dfrac{4I_m}{\pi}\left(\sin\omega t+\dfrac{1}{3}\sin 3\omega t+\dfrac{1}{5}\sin 5\omega t+\cdots\right)$ 를 표시하는 파형은 어떻게 되는가?

①   ②

③   ④

🔍 **해설**

비정현파 교류의 대칭성

주어진 함수가 정현항(sin)의 기수(홀수)항만 존재하므로 정현·반파 대칭파이다.

[**정답**] 10 ①　11 ④　12 ③　13 ②

14 $i(t)=\dfrac{4I_m}{\pi}\left(\cos\omega t+\dfrac{1}{3}\cos3\omega t+\dfrac{1}{5}\cos5\omega t+\cdots\right)$
를 표시하는 파형은 어떻게 되는가?

① ②

③ ④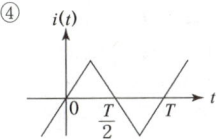

🔍 **해설**

비정현파 교류의 대칭성
주어진 함수는 여현항(cos)의 기수(홀수)항만 존재하므로 여현·반
파 대칭파이다.

★★★☆☆
15 비정현파의 실효값은?

① 최대파의 실효값

② 각 고조파의 실효값의 합

③ 각 고조파 실효값의 합의 제곱근

④ 각 파의 실효값의 제곱의 합의 제곱근

🔍 **해설**

비정현파 교류의 실효값
비정현파(왜형파)의 실효값은 각 고조파 실효값 제곱의 합의 제곱근
이다.

★★★★☆
16 비정현파 전압 $v=\sqrt{2}\cdot100\sin\omega t+\sqrt{2}\cdot50\sin2\omega t$
$+\sqrt{2}\cdot30\sin3\omega t[\mathrm{V}]$일 때 실효 전압$[\mathrm{V}]$은?

① $100+50+30=180[\mathrm{V}]$

② $\sqrt{100+50+30}=13.4[\mathrm{V}]$

③ $\sqrt{100^2+50^2+30^2}=115.8[\mathrm{V}]$

④ $\dfrac{\sqrt{100^2+50^2+30^2}}{3}=38.6[\mathrm{V}]$

🔍 **해설**

비정현파 교류의 실효값
실효전압은 $V=\sqrt{V_1^2+V_2^2+V_3^2}=\sqrt{100^2+50^2+30^2}=115.8[\mathrm{V}]$

★★★☆☆
17 순시값 $i=30\sin\omega t+50\sin(3\omega t+60˚)[\mathrm{A}]$의
실효값은 몇 $[\mathrm{A}]$인가?

① $29.1[\mathrm{A}]$　　　　② $41.2[\mathrm{A}]$

③ $50.4[\mathrm{A}]$　　　　④ $58.2[\mathrm{A}]$

🔍 **해설**

비정현파 교류의 실효값
실효전류는 $I=\sqrt{I_1^2+I_3^2}=\sqrt{\left(\dfrac{30}{\sqrt{2}}\right)^2+\left(\dfrac{50}{\sqrt{2}}\right)^2}=41.2[\mathrm{A}]$

★★★☆☆
18 전압 $v=10+10\sqrt{2}\sin\omega t+10\sqrt{2}\sin3\omega t+10$
$\sqrt{2}\sin5\omega t[\mathrm{V}]$일 때 실효값$[\mathrm{V}]$은?

① $10[\mathrm{V}]$　　　　② $14.14[\mathrm{V}]$

③ $17.32[\mathrm{V}]$　　　　④ $20[\mathrm{V}]$

🔍 **해설**

비정현파 교류의 실효값
실효전압은 $V=\sqrt{V_0+V_1^2+V_3^2+V_5^2}=\sqrt{10^2+10^2+10^2+10^2}$
$=20[\mathrm{V}]$

★★★☆☆
19 전류가 1$[\mathrm{H}]$의 인덕터를 흐르고 있을 때 인덕터에
축적되는 에너지$[\mathrm{J}]$는 얼마인가?
(단, $i=5+10\sqrt{2}\sin100t+5\sqrt{2}\sin200t$이다.)

① $150[\mathrm{J}]$　　　　② $100[\mathrm{J}]$

③ $75[\mathrm{J}]$　　　　④ $50[\mathrm{J}]$

🔍 **해설**

비정현파 교류의 실효값
$L=1[\mathrm{H}]$, $i=5+10\sqrt{2}\sin100t+5\sqrt{2}\sin200t[\mathrm{A}]$일 때
전류의 실효값은
$I=\sqrt{I_0^2+I_1^2+I_2^2}=\sqrt{5^2+10^2+5^2}=\sqrt{150}[\mathrm{A}]$가 된다.

[**정답**] 14 ① 15 ④ 16 ③ 17 ② 18 ④ 19 ③

이때 코일에 축적되는 에너지는

$W = \dfrac{1}{2}LI^2 = \dfrac{1}{2} \times 1 \times (\sqrt{150})^2 = 75[\text{J}]$가 된다.

★★★★☆

20
왜형파 전압 $v = 100\sqrt{2}\sin\omega t + 75\sqrt{2}\sin 3\omega t + 20\sqrt{2}\sin 5\omega t[\text{V}]$를 $R-L$직렬 회로에 인가할 때에 제3고조파 전류의 실효값[A]은?
(단, $R = 4[\Omega]$, $\omega L = 1[\Omega]$이다.)

① 75[A]　　　　　　② 20[A]

③ 4[A]　　　　　　④ 15[A]

해설

n고조파 직렬 임피던스

$R-L$직렬, $R = 4[\Omega]$, $\omega L = 1[\Omega]$에서

3고조파 임피던스는 $Z_3 = R + j3\omega L = 4 + j1 \times 3 = 4 + j3 = 5[\Omega]$

3고조파 전류는 $I_3 = \dfrac{V_3}{Z_3} = \dfrac{75}{5} = 15[\text{A}]$

★★★☆☆

21
그림과 같은 비정현파의 실효값[V]은?

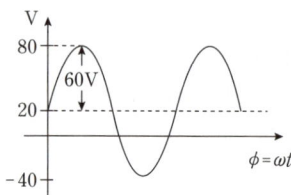

① 46.9[V]　　　　　② 51.6[V]

③ 56.6[V]　　　　　④ 63.3[V]

해설

비정현파 교류의 실효값

문제의 비정현파에 대한 순시값은 $v = 20 + 60\sin\omega t$이므로

실효값을 계산하면 $V = \sqrt{V_0^2 + V_1^2} = \sqrt{20^2 + \left(\dfrac{60}{\sqrt{2}}\right)^2} = 46.9[\text{V}]$

★★☆☆☆

22
저항 3[Ω], 유도 리액턴스 4[Ω]인 직렬회로에 $e = 141.4\sin\omega t + 42.4\sin 3\omega t[\text{V}]$ 전압인 가시 전류의 실효값은 몇 [A]인가?

① 20.15[A]　　　　② 18.25[A]

③ 16.15[A]　　　　④ 14.25[A]

해설

n고조파 직렬 임피던스

$R = 3[\Omega]$, $\omega L = 4[\Omega]$, $R-L$직렬,

$v = 141.4\sin\omega t + 42.4\sin 3\omega t[\text{V}]$에서

기본파 임피던스 $Z_1 = R + j\omega L = 3 + j4 = 5[\Omega]$

3고조파 임피던스 $Z_3 = R + j3\omega L = 3 + j3 \times 4 = 3 + j12$
　　　　　　　　　$= \sqrt{3^2 + 12^2} = 12.37[\Omega]$

기본파 전류 $I_1 = \dfrac{V_1}{Z_1} = \dfrac{100}{5} = 20[\text{A}]$

3고조파 전류 $I_3 = \dfrac{V_3}{Z_3} = \dfrac{30}{12.37} = 2.43[\text{A}]$

전류의 실효값 $I = \sqrt{I_1^2 + I_3^2} = \sqrt{20^2 + 2.43^2} = 20.15[\text{A}]$

★★☆☆☆

23
$R = 3[\Omega]$, $\omega L = 4[\Omega]$의 직렬 회로에 $v = 60 + \sqrt{2} \cdot 100\sin\left(\omega t - \dfrac{\pi}{6}\right)[\text{V}]$를 가할 때 전류의 실효값은 대략 몇 [A]인가?

① 24.2[A]　　　　　② 26.3[A]

③ 28.3[A]　　　　　④ 30.2[A]

해설

n고조파 직렬 임피던스

$R = 3[\Omega]$, $\omega L = 4[\Omega]$, $R-L$직렬,

$v = 60 + \sqrt{2} \cdot 100\sin\left(\omega t - \dfrac{\pi}{6}\right)[\text{V}]$에서

직류분 임피던스 $Z_o = R = 3[\Omega]$

기본파 임피던스 $Z_1 = R + j\omega L = 3 + j4 = \sqrt{3^2 + 4^2} = 5[\Omega]$

직류분 전류 $I_o = \dfrac{V_o}{Z_o} = \dfrac{60}{3} = 20[\text{A}]$

기본파 전류 $I_1 = \dfrac{V_1}{Z_1} = \dfrac{100}{5} = 20[\text{A}]$

전류의 실효값 $I = \sqrt{I_o^2 + I_1^2} = \sqrt{20^2 + 20^2} = 28.3[\text{A}]$

[정답] 20 ④　21 ①　22 ①　23 ③

★★★☆☆

24 $R-L-C$ 직렬 공진 회로에서 제 n 고조파의 공진 주파수 f_n[Hz]은?

① $\dfrac{1}{2\pi\sqrt{LC}}$ 　　② $\dfrac{1}{2\pi\sqrt{nLC}}$

③ $\dfrac{1}{2\pi n\sqrt{LC}}$ 　　④ $\dfrac{1}{2\pi n^2\sqrt{LC}}$

🔍 **해설** ------------------

n고조파 직렬 공진 주파수
직렬공진시 허수부가 0이어야 하므로
$n\omega L=\dfrac{1}{n\omega C}$, $\omega=\dfrac{1}{n\sqrt{LC}}$이므로

제n차 고조파의 공진 주파수 $f_n=\dfrac{1}{2\pi n\sqrt{LC}}$[Hz]가 된다.

★★★☆☆

25 왜형률이란 무엇인가?

① $\dfrac{\text{전 고조파의 실효값}}{\text{기본파의 실효값}}$ ② $\dfrac{\text{전 고조파의 평균값}}{\text{기본파의 평균값}}$

③ $\dfrac{\text{제3고조파의 실효값}}{\text{기본파의 실효값}}$ ④ $\dfrac{\text{우수 고조파의 실효값}}{\text{기수 고조파의 실효값}}$

🔍 **해설** ------------------

비정현파 교류의 왜형률

왜형률 $=\dfrac{\text{전 고조파의 실효값}}{\text{기본파의 실효값}}$

★★★☆☆

26 다음 왜형파 전류의 왜형률을 구하면 얼마인가?
$i=30\sin\omega t+10\cos3\omega t+5\sin5\omega t$[A]

① 약 0.46[A] 　　② 약 0.26[A]
③ 약 0.53[A] 　　④ 약 0.37[A]

🔍 **해설** ------------------

비정현파 교류의 왜형률
$i=30\sin\omega t+10\cos3\omega t+5\sin5\omega t$에서
왜형률 $=\dfrac{\sqrt{I_3^2+I_5^2}}{I_1}=\dfrac{\sqrt{10^2+5^2}}{30}=0.37$

★★★☆☆

27 왜형파 전압 $v=100\sqrt{2}\sin\omega t+50\sqrt{2}\sin2\omega t+30\sqrt{2}\sin3\omega t$[V]의 왜형률을 구하면?

① 1.0 　　② 0.8
③ 0.5 　　④ 0.3

🔍 **해설** ------------------

비정현파 교류의 왜형률

왜형률 $=\dfrac{\text{전 고조파의 실효값}}{\text{기본파의 실효값}}=\dfrac{\sqrt{V_2^2+V_3^2}}{V_1}=\dfrac{\sqrt{50^2+30^2}}{100}=0.58$

★★★☆☆

28 기본파의 30[%]인 제3고조파와 20[%]인 제5고조파를 포함하는 전압파의 왜형률은?

① 0.23 　　② 0.46
③ 0.33 　　④ 0.36

🔍 **해설** ------------------

비정현파 교류의 왜형률
$V_3=0.3V_1$, $V_5=0.2V_1$일 때
전압의 왜형률 $=\dfrac{\sqrt{V_3^2+V_5^2}}{V_1}=\dfrac{\sqrt{(0.3V_1)^2+(0.2V_1)^2}}{V_1}=0.36$

★★☆☆☆

29 비정현파의 전력식에서 옳지 않은 것은?

① $P=V_0 I_0+\displaystyle\sum_{n=1}^{\infty}V_n I_n\cos\theta_n$[W]

② $P_a=VI$[VA]

③ $\cos\theta=\dfrac{P}{VI}$

④ $P_r=\displaystyle\sum_{n=1}^{\infty}V_n I_n\cos\theta_n$[Var]

🔍 **해설** ------------------

비정현파 교류전력

비정현파 무효전력 $P_r=\displaystyle\sum_{n=1}^{\infty}V_n I_n\sin\theta_n$[Var]

[**정답**]　24 ③　25 ①　26 ④　27 ③　28 ④　29 ④

30 어떤 전기 회로에 $v=100\sin\left(\omega t-\dfrac{\pi}{2}\right)[\mathrm{V}]$ 를 가했더니 전류가 $i=10\sin\left(3\omega t+\dfrac{\pi}{6}\right)[\mathrm{A}]$가 흘렀다. 이 회로의 소비전력은 몇 $[\mathrm{W}]$인가?

① $250\sqrt{2}\,[\mathrm{W}]$
② $500[\mathrm{W}]$
③ $250[\mathrm{W}]$
④ $0[\mathrm{W}]$

🔍 **해설**

비정현파 교류전력
전압과 전류의 같은 성분이 없으므로 소비전력은 0이 된다.

31 어떤 회로에 전압 $v=100+50\sin 377t[\mathrm{V}]$를 가했을 때 전류 $i=10+3.54\sin(377t-45°)[\mathrm{A}]$가 흘렀다고 한다. 이 회로에서 소비되는 전력$[\mathrm{W}]$은?

① $562.5[\mathrm{W}]$
② $1062.5[\mathrm{W}]$
③ $1250.5[\mathrm{W}]$
④ $1385.5[\mathrm{W}]$

🔍 **해설**

비정현파 교류전력
$v=100+50\sin 377t[\mathrm{V}]$, $i=10+3.54\sin(377t-45°)[\mathrm{A}]$
에서의 소비전력은

$P=V_0 I_0+V_1 I_1\cos\theta_1=100\times10+\dfrac{50}{\sqrt{2}}\times\dfrac{3.54}{\sqrt{2}}\cos45°$

$\qquad=1062.5[\mathrm{W}]$

32 어떤 회로의 단자 전압이 $v=100\sin\omega t+40\sin 2\omega t+30\sin(3\omega t+60°)[\mathrm{V}]$이고 전압 강하의 방향으로 흐르는 전류가 $i=10\sin(\omega t-60°)+2\sin(3\omega t+105°)[\mathrm{A}]$일 때 회로에 공급되는 평균 전력$[\mathrm{W}]$은?

① $530[\mathrm{W}]$
② $630[\mathrm{W}]$
③ $371.2[\mathrm{W}]$
④ $271.2[\mathrm{W}]$

🔍 **해설**

비정현파 교류전력
$v=100\sin\omega t+40\sin 2\omega t+30\sin(3\omega t+60°)[\mathrm{V}]$,
$i=10\sin(\omega t-60°)+2\sin(3\omega t+105°)[\mathrm{A}]$일 때 평균전력은
$P=V_1 I_1\cos\theta_1+V_3 I_3\cos\theta_3$

$\qquad=\dfrac{100}{\sqrt{2}}\times\dfrac{10}{\sqrt{2}}\cos60°+\dfrac{30}{\sqrt{2}}\times\dfrac{2}{\sqrt{2}}\cos45°=271.2[\mathrm{W}]$가 된다.

33 비정현파 기전력 및 전류의 값이 $v=100\sin\omega t-50\sin(3\omega t+30°)+20\sin(5\omega t+45°)[\mathrm{V}]$이고 $i=20\sin(\omega t+30°)+10\sin(3\omega t-30°)+5\cos5\omega t[\mathrm{A}]$라면, 전력$[\mathrm{W}]$은?

① $736.2[\mathrm{W}]$
② $776.4[\mathrm{W}]$
③ $705.8[\mathrm{W}]$
④ $725.6[\mathrm{W}]$

🔍 **해설**

비정현파 교류전력
$v=100\sin\omega t-50\sin(3\omega t+30°)+20\sin(5\omega t+45°)[\mathrm{V}]$,
$i=20\sin(\omega t+30°)+10\sin(3\omega t-30°)+5\cos5\omega t[\mathrm{A}]$
$\quad=20\sin(\omega t+30°)+10\sin(3\omega t-30°)+5\sin(5\omega t+90°)[\mathrm{A}]$
라면 유효전력$[\mathrm{W}]$은
$P=V_1 I_1\cos\theta_1+V_3 I_3\cos\theta_3+V_5 I_5\cos\theta_1$

$\quad=\dfrac{1}{2}(100\times20\cos30°-50\times10\cos60°+20\times5\cos45°)$

$\quad=776.4[\mathrm{W}]$가 된다.

34 $5[\Omega]$의 저항에 흐르는 전류가 $i=5+14.14\sin100t+7.07\sin200t[\mathrm{A}]$일 때 저항에서 소비되는 평균 전력$[\mathrm{W}]$은?

① $150[\mathrm{W}]$
② $250[\mathrm{W}]$
③ $625[\mathrm{W}]$
④ $750[\mathrm{W}]$

🔍 **해설**

비정현파 교류전력
$R=5[\Omega]$, $i=5+14.14\sin100t+7.07\sin200t$일 때
평균전력은 $P=I^2 R[\mathrm{W}]$이므로 전류의 실효값
$I=\sqrt{I_0{}^2+I_1{}^2+I_2{}^2}=\sqrt{5^2+10^2+5^2}=\sqrt{150}\,[\mathrm{A}]$
평균전력 $P=(\sqrt{150})^2\times5=750[\mathrm{W}]$

[정답] 30 ④ 31 ② 32 ④ 33 ② 34 ④

★★☆☆☆

35 $v=100\sin(\omega t+30°)-50\sin(3\omega t+60°)$ $+25\sin5\omega t[\mathrm{V}]$이고 $i=20\sin(\omega t-30°)+15\sin(3\omega t$ $+30°)+10\cos(5\omega t-60°)[\mathrm{A}]$

위와 같은 식의 비정현파 전압 전류로부터 전력$[\mathrm{W}]$과 피상 전력$[\mathrm{VA}]$은 얼마인가?

① $P=283.5[\mathrm{W}]$, $P_a=1542[\mathrm{VA}]$

② $P=385.2[\mathrm{W}]$, $P_a=2021[\mathrm{VA}]$

③ $P=404.9[\mathrm{W}]$, $P_a=3284[\mathrm{VA}]$

④ $P=491.3[\mathrm{W}]$, $P_a=4141[\mathrm{VA}]$

🔍 해설 ----------------------------------

비정현파 교류전력

$v=100\sin(\omega t+30°)-50\sin(3\omega t+60°)+25\sin5\omega t[\mathrm{V}]$,

$i=20\sin(\omega t-30°)+15\sin(3\omega t+30°)+10\cos(5\omega t-60°)[\mathrm{A}]$

$\quad=20\sin(\omega t-30°)+15\sin(3\omega t+30°)$

$\qquad+10\sin(5\omega t-60°+90°)[\mathrm{A}]$라면

유효전력

$P=V_1I_1\cos\theta_1+V_3I_3\cos\theta_3+V_5I_5\cos\theta_1$

$\quad=\dfrac{1}{2}(100\times20\cos60°-50\times15\cos30°+25\times10\cos30°)$

$\quad=283.5[\mathrm{W}]$

피상전력

$P_a=VI=\sqrt{V_1^2+V_3^2+V_5^2}+\sqrt{I_1^2+I_3^2+I_5^2}$

$\quad=\sqrt{\left(\dfrac{100}{\sqrt2}\right)^2+\left(\dfrac{50}{\sqrt2}\right)^2+\left(\dfrac{25}{\sqrt2}\right)^2}\times\sqrt{\left(\dfrac{20}{\sqrt2}\right)^2+\left(\dfrac{15}{\sqrt2}\right)^2+\left(\dfrac{10}{\sqrt2}\right)^2}$

$\quad=1542[\mathrm{VA}]$

★★☆☆☆

36 $R=4[\Omega]$, $\omega L=3[\Omega]$ 의 직렬 회로에 $v=100\sqrt2$ $\sin\omega t+50\sqrt2\,\sin3\omega t[\mathrm{V}]$를 가할 때 이 회로의 소비 전력 $[\mathrm{W}]$은?

① $1000[\mathrm{W}]$

② $1414[\mathrm{W}]$

③ $1560[\mathrm{W}]$

④ $1703[\mathrm{W}]$

🔍 해설 ----------------------------------

비정현파 교류전력

$R=4[\Omega]$, $\omega L=3[\Omega]$, 직렬 회로,

$v=100\sqrt2\,\sin\omega t+50\sqrt2\,\sin3\omega t[\mathrm{V}]$일 때 소비 전력은

$I_1=\dfrac{V_1}{Z_1}=\dfrac{V_1}{\sqrt{R^2+(\omega L)^2}}=\dfrac{100}{\sqrt{4^2+3^2}}=20[\mathrm{A}]$

$I_3=\dfrac{V_3}{Z_3}=\dfrac{V_3}{\sqrt{R^2+(3\omega L)^2}}=\dfrac{50}{\sqrt{4^2+9^2}}=5.07[\mathrm{A}]$

$I=\sqrt{I_1^2+I_3^2}=\sqrt{20^2+5.07^2}=20.63[\mathrm{A}]$

$\therefore P=I^2R=20.63^2\times4=1702[\mathrm{W}]$

★★☆☆☆

37 그림과 같은 파형의 교류전압 v와 전류 i 간의 등가 역률은 얼마인가 ? (단, $v=V_m\sin\omega t[\mathrm{V}]$, $i=I_m(\sin\omega t$ $-\dfrac{1}{\sqrt3}\sin3\omega t[\mathrm{V}]$이다.)

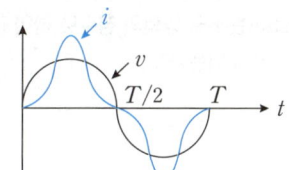

① $\dfrac{\sqrt3}{2}$

② $\dfrac{\sqrt4}{2}$

③ 0.8

④ 0.9

🔍 해설 ----------------------------------

비정현파 교류전력

유효전력 $P=V_1I_1\cos\theta_1=\dfrac{V_m}{\sqrt2}=\dfrac{I_m}{\sqrt2}\cos0°=\dfrac{V_mI_m}{2}[\mathrm{W}]$

피상전력 $P_a=VI=\dfrac{V_m}{\sqrt2}\cdot\sqrt{\left(\dfrac{I_m}{\sqrt2}\right)^2+\left(\dfrac{I_m}{\sqrt3\,\sqrt2}\right)^2}=\dfrac{V_mI_m}{\sqrt3}[\mathrm{VA}]$

역률 $\cos\theta=\dfrac{P}{P_a}=\dfrac{\dfrac{V_mI_m}{2}}{\dfrac{V_mI_m}{\sqrt3}}=\dfrac{\sqrt3}{2}$

★★☆☆☆

38 전압 $v=20\sin\omega t+30\sin3\omega t[\mathrm{V}]$이고 전류가 $i=30\sin\omega t+20\sin3\omega t[\mathrm{A}]$인 왜형파 교류 전압과 전류 간의 역률은 얼마인가?

① 0.92

② 0.86

③ 0.46

④ 0.43

🔍 해설 ----------------------------------

비정현파 교류전력

유효전력 $P=V_1I_1\cos\theta_1+V_3I_3\cos\theta_3$

$\qquad=\dfrac{1}{2}(20\times30\cos0°+30\times20\cos0°)=600[\mathrm{W}]$

피상전력 $P_a = VI = \sqrt{V_1^2 + V_3^2} \cdot \sqrt{I_1^2 + I_3^2}$

$\qquad = \sqrt{\left(\dfrac{20}{\sqrt{2}}\right)^2 + \left(\dfrac{30}{\sqrt{2}}\right)^2} \cdot \sqrt{\left(\dfrac{30}{\sqrt{2}}\right)^2 + \left(\dfrac{20}{\sqrt{2}}\right)^2}$

$\qquad = 650 [\text{V A}]$

역률 $\cos\theta = \dfrac{P}{P_a} = \dfrac{600}{650} = 0.92$

★★☆☆☆

39 일반적으로 대칭 3상 회로의 전압, 전류에 포함되는 전압, 전류의 고조파는 n을 임의의 정수로 하여 $(3n+1)$일 때의 상회전은 어떻게 되는가?

① 정지 상태

② 각 상 동위상

③ 상회전은 기본파의 반대

④ 상회전은 기본파와 동일

🔍 해설

상회전(상순)에 따른 고조파 차수

① $3n+1$: 상회전이 기본파와 동일
　→ 1, 4, 7, 10, ⋯ 고조파

② $3n-1$: 상회전이 기본파와 반대
　→ 2, 5, 8, 11, ⋯ 고조파

③ $3n$: 각 상이 동위상
　→ 3, 6, 9, ⋯ 고조파

★★☆☆☆

40 다음 3상 교류 대칭 전압 중 포함되는 고조파에서 상순이 기본파와 같은 것은?

① 제3고조파　　　　② 제5고조파

③ 제7고조파　　　　④ 제9고조파

🔍 해설

상회전(상순)에 따른 고조파 차수

① $3n+1$: 상회전이 기본파와 동일
　→ 1, 4, 7, 10, ⋯ 고조파

② $3n-1$: 상회전이 기본파와 반대
　→ 2, 5, 8, 11, ⋯ 고조파

③ $3n$: 각 상이 동위상
　→ 3, 6, 9, ⋯ 고조파

★★☆☆☆

41 3상 교류 대칭 전압에 포함되는 고조파 중에서 상회전이 기본파에 대하여 반대인 것은?

① 제3고조파　　　　② 제5고조파

③ 제7고조파　　　　④ 제9고조파

🔍 해설

상회전(상순)에 따른 고조파 차수

① $3n+1$: 상회전이 기본파와 동일
　→ 1, 4, 7, 10, ⋯ 고조파

② $3n-1$: 상회전이 기본파와 반대
　→ 2, 5, 8, 11, ⋯ 고조파

③ $3n$: 각 상이 동위상
　→ 3, 6, 9, ⋯ 고조파

★★☆☆☆

42 $i = 2 + 5\sin(100t+30°) + 10\sin(200t-10°) - 5\cos(400t+10°)$와 파형이 동일하나 기본파의 위상이 20° 늦은 비정현 전류파의 순시값 i'의 표시식은?

① $i' = 2 + 5\sin(100t+10°) + 10\sin(200t-50°)$
　　$- 5\sin(400t-70°)$

② $i' = 2 + 5\sin(100t+10°) + 10\sin(200t+20°)$
　　$+ 5\cos(400t-10°)$

③ $i' = 2 + 5\sin(100t+10°) + 10\sin(200t-50°)$
　　$- 5\cos(400t-70°)$

④ $i' = 2 + 5\sin(100t+10°) + 10\sin(200t+20°)$
　　$+ 5\sin(400t-10°)$

🔍 해설

비정현파 교류 순시값

기본파의 위상이 20° 늦은 경우

2고조파는 40°, 4고조파는 80°가 늦게 되므로

$i' = 2 + 5\sin(100t+30°-20°) + 10\sin(200t-10°-40°)$
　　$- 5\cos(400t+10°-80°)$

$\quad = 2 + 5\sin(100t+10°) + 10\sin(200t-50°)$
　　$- 5\cos(400t-70°)$

electrical engineer

2단자망

영상 학습 QR　　출제경향분석

본장은 2단자망의 구동점 임피던스와 정저항회로에 대한 기본원리 및 특성에 대한 내용을 다루었으며 시험에 자주 출제가 되는 내용은 다음과 같다.

❶ 2단자망의 구동점 임피던스　　　　　　❷ 정저항 회로

콕콕 포인트

1 2단자망의 구동점 임피던스 $Z(s)$[Ω]

2개의 단자를 가진 임의의 수동 선형 회로망을 2단자망이라 하며 2단자망에 전원을 인가시켜 회로망을 구동시킨 후 전원 측에서 회로망 쪽을 바라본 등가임피던스를 구동점 임피던스라 한다.

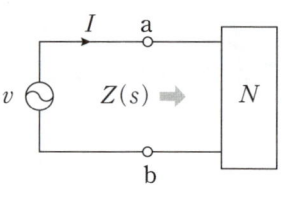

[2단자망]

1. R, L, C에 대한 구동점 임피던스

$R[\Omega] \;\rightarrow\; Z(s)=R[\Omega]$

$L[\mathrm{H}] \;\rightarrow\; Z(s)=j\omega L=sL[\Omega]$

$C[\mathrm{F}] \;\rightarrow\; Z(s)=\dfrac{1}{j\omega C}=\dfrac{1}{sC}[\Omega]$

2. 직류전원인 경우 s

$s=j\omega=j2\pi f\big|_{\text{직류}\,f=0}=0$

3. 영점과 극점

구동점 임피던스 $Z(s)=\dfrac{(s+a_1)(s+a_2)+\cdots}{(s+b_1)(s+b_2)+\cdots}[\Omega]$

1) 영점 : $Z(s)$가 0이 되는 s의 값으로 분자가 0이 되는 s의 값이며 회로는 단락상태를 의미한다.

2) 극점 : $Z(s)$가 ∞되는 s의 값으로 분모가 0이 되는 s의 값이며 회로는 개방상태를 의미한다.

2 역 회로(쌍대의 회로)

1. 쌍대(역)의 관계

저항 $R[\Omega]$	↔	컨덕턴스 $G[\mho]$
인덕턴스 $L[H]$	↔	정전용량 $C[F]$
직 렬	↔	병 렬
테브난의 정리	↔	노튼의 정리

2. 쌍대(역)회로

$Z_1 \cdot Z_2 = K^2$이 되는 관계에 있을 때 $Z_1 \cdot Z_2$는 K에 대하여 역 회로라고 한다.

예를 들면 $Z_1 = j\omega L_1$, $Z_2 = \dfrac{1}{j\omega C_1}$이라고 하면 $Z_1 \cdot Z_2 = j\omega L_1 \cdot \dfrac{1}{j\omega C_1} = \dfrac{L_1}{C_1} = K^2$이 되고

인덕턴스 L_1과 정전용량 C_1과는 역 회로가 되고 있다.

[쌍대회로]

필수확인 O·X 문제

1차 2차 3차

1. 구동점 임피던스의 극점은 단락회로와 같다. · · · · · · · · · · · · · · · · · · ·( )
2. 구동점 임피던스의 영점은 분모가 0이 되는 s값이다. · · · · · · · · · · ·( )

상세해설

1. (×) 구동점 임피던스의 극점은 $Z(s) = \infty[\Omega]$가 되므로 전류가 흐르지 못하는 개방회로
   와 같다.
2. (×) 구동점 임피던스의 영점은 $Z(s) = 0[\Omega]$이 되어야 하므로 분자가 0이 되는 값이며
   단락회로와 같다.

임피던스 $Z(s) = \dfrac{s+30}{s^2 + 2RLs + 1}$

$[\Omega]$으로 주어지는 2단자 회로에 직류 전류 30[A]를 가할 때, 이 회로의 단자 전압[V]은? (단, $s = j\omega$이다.)

① 30   ② 90
③ 300   ④ 900

A 해설

구동점 임피던스

직류 전원이므로 $f = 0$

$\therefore s = j\omega = j2\pi f = 0$

$Z = \dfrac{s+30}{s^2 + 2RLs + 1}\bigg|_{s=0}$

$\quad = 30[\Omega]$

$V = Z \cdot I = 30 \times 30 = 900[V]$

정답 ④

그림과 같은 (a), (b)회로가 역회로의 관계가 있으려면 L의 값 [mH]은?

① 0.4   ② 0.8
③ 1.2   ④ 1.6

A 해설

역(쌍대)회로

$L_1 = 3[mH]$, $C_2 = 0.8[\mu F]$이고
역회로에서 $C_1 = 1.5[\mu F]$일 때
$L_2 = L$은 역회로 관계식에서

$Z_1 \cdot Z_2 = \dfrac{L_1}{C_1} = \dfrac{L_2}{C_2} = K^2$이므로

$L_2 = \dfrac{C_2}{C_1} L_1$

$\quad = \dfrac{0.8 \times 10^{-6}}{1.5 \times 10^{-6}} \times 3$

$\quad = 1.6[mH]$

정답 ④

3 정저항 회로

구동점 임피던스의 허수부가 어떠한 주파수에서도 0이고 실수부도 주파수에 관계없이 항상 일정한 순저항으로 되는 회로를 정저항 회로라 한다.

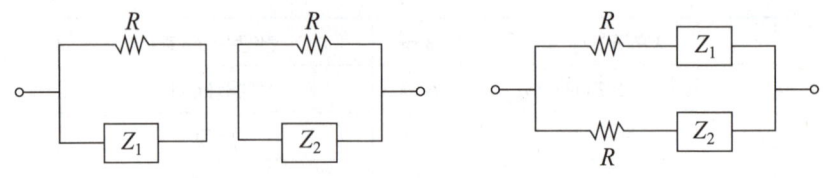

[정저항 회로]

정저항 회로가 되기 위한 조건은 $Z_1 Z_2 = R^2$이며 Z_1과 Z_2가 L, C 단독회로인 경우 $Z_1=j\omega L$, $Z_2=\dfrac{1}{j\omega C}$이므로 $Z_1 Z_2=j\omega L\cdot\dfrac{1}{j\omega C}=\dfrac{L}{C}=R^2$ 이 된다.

4 함수와 2단자 회로망의 관계

$Z(s)$의 함수의 분자를 1로 만든 후 아래표를 적용한다.

구 분	분 수 밖	분 수 내
+	직 렬	병 렬
실 수	$R[\Omega]$	$G[\mho]$
s의 계수	$L[H]$	$C[F]$
$\dfrac{1}{s}$의 계수	$C[F]$	$L[H]$

음성 학습 QR

- QR 코드를 찍으시면, 가장 중요한 우선순위 문제풀이 영상을 보실 수 있습니다.
- 우선순위 논점은 전기(산업)기사 시험에서 가장 출제 빈도가 높은 문제로써, 수험생분들께서는 각 파트별 우선순위 문제의 논점과 키워드를 학습하시기를 바랍니다.
- 체크 리스트를 작성하시면서 문제의 유형과 학습의 완성도를 스스로 체크 해 보시기를 바랍니다.
- "선생님의 콕콕 포인트"는 틀리기 쉬운 문제의 함정과 문제의 포인트를 집어드립니다. 우선순위 문제풀이의 포인트를 꼭 참고하고 응용문제의 해결능력을 길러 줍니다.

| 번호 | 우선순위 논점 | KEY WORD | 나의 정답 확인 | | | | 선생님의 콕콕 포인트 |
| | | | 맞음 | 틀림(오답확인) | | | |
				이해 부족	암기 부족	착오 실수	
1	구동점 임피던스	구동점, 극점, 영점					극점 : 분모=0인 s → 개방상태 영점 : 분자=0인 s → 단락상태
4	구동점 임피던스	구동점, 극점, 영점					소자별 구동점 임피던스 : $R \to R[\Omega]$, $L \to Ls[\Omega]$, $C \to \frac{1}{Cs}[\Omega]$
6	정저항 회로	정저항, 주파수, 무관					정저항 조건 : $Z_1 Z_2 = R^2 = \frac{L}{C}$

★★★☆☆
01 구동점 임피던스에 있어서 영점(zero)은?

① 전류가 흐르지 않는 경우이다.
② 회로를 개방한 것과 같다.
③ 회로를 단락한 것과 같다.
④ 전압이 가장 큰 상태이다.

🔍 **해설**

구동점 임피던스
구동점 임피던스 영점은 $Z(s) = 0[\Omega]$인 경우이므로 분자가 0인 s이며 임피던스가 $0[\Omega]$이므로 회로를 단락한 상태이다.

★★★☆☆
02 구동점 임피던스에 있어서 극점(pole)은?

① 전류가 많이 흐르는 상태를 의미한다.
② 단락 회로 상태를 의미한다.
③ 개방 회로 상태를 의미한다.
④ 아무 상태도 아니다.

🔍 **해설**

구동점 임피던스
구동점 임피던스 극점은 $Z(s) = \infty[\Omega]$가 되는 경우이므로 분모가 0인 s이며 임피던스가 $\infty[\Omega]$이므로 회로를 개방한 상태가 되어 전류는 흐르지 못한다.

★★☆☆☆
03 2단자 임피던스 함수 $Z(s)$가 $Z(s) = \dfrac{(s+1)(s+2)}{(s+3)(s+4)}$ 일 때 영점과 극점을 옳게 표시한 것은?

① 영점 : -1, -2　　　　극점 : -3, -4
② 영점 : 1, 2　　　　　극점 : 3 , 4
③ 영점 : 없다.　　　　　극점 : -1, -2, -3, -4
④ 영점 : -1, -2, -3, -4　극점 : 없다.

🔍 **해설**

구동점 임피던스
구동점 임피던스 영점은 분자가 0인 s이므로 $s = -1$, -2
구동점 임피던스 극점은 분모가 0인 s이므로 $s = -3$, -4

[정답]　01 ③　02 ③　03 ①

★★★★☆

04 그림과 같은 회로의 구동점 임피던스[Ω]는?

1[Ω]

$\frac{1}{2}$[F] 2[H]

① $\dfrac{2(2s+1)}{2s^2+s+2}$

② $\dfrac{2s+1}{2s^2+s+2}$

③ $\dfrac{2(2s-1)}{2s^2+s+2}$

④ $\dfrac{2s^2+s+2}{2(2s+1)}$

🔍 **해설**

구동점 임피던스

$$Z(s)=\frac{\frac{2}{s}\cdot(1+2s)}{\frac{2}{s}+2s+1}=\frac{2(2s+1)}{2s^2+s+2}$$

★★★☆☆

05 L및 C를 직렬로 접속한 임피던스가 있다. 지금 그림과 같이 L및 C의 각각에 동일한 무유도 저항 R을 병렬로 접속하여 이 합성 회로가 주파수에 무관계하게 되는 R의 값을 구하여라.

L C

R R

① $R^2=\dfrac{L}{C}$

② $R^2=\dfrac{C}{L}$

③ $R^2=L\cdot C$

④ $R^2=\dfrac{1}{LC}$

🔍 **해설**

정저항 회로

Z가 주파수에 무관계하게 되려면 정저항 회로이므로

$$\therefore R^2=Z_1Z_2=j\omega L\times\frac{1}{j\omega C}=\frac{L}{C}$$

★★★☆☆

06 그림과 같은 회로가 정저항 회로로 되기 위해서는 C를 몇 [μF]으로 하면 좋은가? (단, $R=10[\Omega]$, $L=100$[mH]이다.)

R R

L C

① 1[μF]

② 10[μF]

③ 100[μF]

④ 1000[μF]

🔍 **해설**

정저항 회로

$R^2=\dfrac{L}{C}$, $R=\sqrt{\dfrac{L}{C}}$ 이므로

$$C=\frac{L}{R^2}=\frac{100\times10^{-3}}{10^2}\times10^6=10^3[\mu F]$$

★★★☆☆

07 그림과 같은 회로가 정저항 회로가 되기 위한 L[H]의 값은? (단, $R=10[\Omega]$, $C=100[\mu F]$이다.)

R R

L C

① 10[H]

② 2[H]

③ 0.1[H]

④ 0.01[H]

🔍 **해설**

정저항 회로

$R^2=\dfrac{L}{C}$, $R=\sqrt{\dfrac{L}{C}}$ 이므로

$$L=CR^2=100\times10^{-6}\times10^2=0.01[H]$$

★★☆☆☆

08 다음 회로의 임피던스가 R이 되기 위한 조건은?

① $Z_1 Z_2 = R$

② $\dfrac{Z_2}{Z_2} = R$

③ $Z_1 Z_2 = R^2$

④ $\dfrac{Z_1}{Z_2} = R^2$

해설

정저항 회로

회로의 합성 임피던스를 Z라 하여 $Z = R$이 되기 위한 식을 유도하면

$$Z = \frac{(R+Z_1)(R+Z_2)}{(R+Z_1)+(R+Z_2)} = R$$

$$R^2 + Z_1 R + Z_2 R + Z_1 Z_2 = 2R^2 + Z_1 R + Z_2 R$$

$$\therefore Z_1 Z_2 = R^2$$

★★☆☆☆

09 2단자 임피던스의 허수부가 어떤 주파수에 관해서도 언제나 0이 되고 실수부도 주파수에 무관하게 항상 일정하게 되는 회로는?

① 정 인덕턴스 회로

② 정 임피던스 회로

③ 정 리액턴스 회로

④ 정 저항 회로

해설

정저항 회로

★★☆☆☆

10 그림과 같은 회로와 쌍대(dual)가 될 수 있는 회로는?

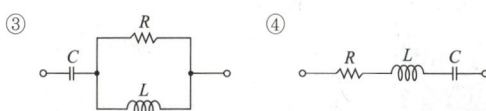

해설

역(쌍대)회로

쌍대회로(역회로)는 반대로 취해주면 되므로 L_o와 C_o의 직렬연결은 병렬로, R_o의 병렬연결은 직렬로 바꾸어 준다.

★★☆☆☆

11 리액턴스 함수가 $Z(s) = \dfrac{3s}{s^2+15}$로 표시되는 리액턴스 2단자망은?

해설

함수와 회로망의 관계

$Z(s) = \dfrac{3s}{s^2+15}$에서 모든 분자를 1로 하면

$Z(s) = \dfrac{1}{\dfrac{s^2}{3s}+\dfrac{15}{3s}} = \dfrac{1}{\dfrac{s}{3}+\dfrac{5}{s}} = \dfrac{1}{\dfrac{1}{3}s+\dfrac{1}{\dfrac{1}{5}s}}$ 가 된다.

여기서 분수안의 s계수는 C값, $\dfrac{1}{s}$계수는 L값을 나타내며 분수안의 +는 병렬을 의미한다.

4단자망

영상 학습 QR   출제경향분석

본장은 4단자망의 파라미터의 종류에 대한 기본원리 및 특성에 대한 내용을 다루었으며 시험에 자주 출제가 되는 내용은 다음과 같다.

❶ 임피던스 및 어드미턴스 파라미터   ❷ 4단자정수(A, B,C,D)
❸ 영상 임피던스   ❹ 영상전달정수

콕콕 포인트

---

1 ▸ 4단자망

1. 4단자 파라미터

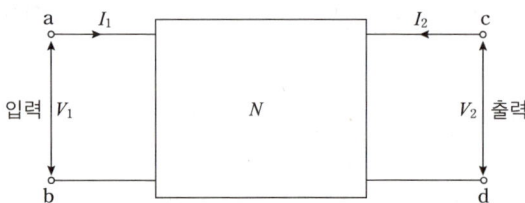

4단자 회로의 입력과 출력 사이의 관계를 나타내는 정수를 4단자 파라미터라 하고 V_1, V_2, I_1, I_2 중에서 임의의 2개를 독립 변수, 나머지 2개를 종속 변수로 하여 방정식을 만들어 해석하는 방법을 말한다.

2. 임피던스 파라미터와 어드미턴스 파라미터

	임피던스(Z) 파라미터	어드미턴스(Y) 파라미터
회로	[T형 회로 해석]	[π형 회로 해석]
변수	독립변수 : 전류 종속변수 : 전압	독립변수 : 전압 종속변수 : 전류
파라미터 정수	$Z_{11}=Z_1+Z_3$ $Z_{22}=Z_2+Z_3$ $Z_{12}=Z_{21}=Z_3$	$Y_{11}=Y_1+Y_2$ $Y_{22}=Y_2+Y_3$ $Y_{12}=Y_{21}=Y_2$

3. ABCD 파라미터(4단자 정수, F파라미터)

T형, π형 회로를 해석(독립변수 : 2차, 종속변수 : 1차)

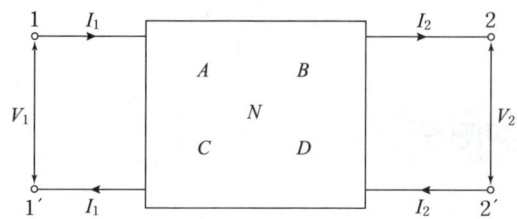

$\begin{bmatrix} V_1 \\ I_1 \end{bmatrix} = \begin{bmatrix} A & B \\ C & D \end{bmatrix} \begin{bmatrix} V_2 \\ I_2 \end{bmatrix}$ 에서 $V_1 = AV_2 + BI_2$, $I_1 = CV_2 + DI_2$ 가 된다.

1) 4단자정수 정의식

① 출력측 개방($I_2 = 0$)

$A = \dfrac{V_1}{V_2}\bigg|_{I_2=0}$: 전압이득(전압비)　→ 권수비 n

$C = \dfrac{I_1}{V_2}\bigg|_{I_2=0}$: 어드미턴스　→ 0

② 출력측 단락($V_2 = 0$)

$B = \dfrac{V_1}{I_2}\bigg|_{V_2=0}$: 임피던스　→ 0

$D = \dfrac{I_1}{I_2}\bigg|_{V_2=0}$: 전류이득(전류비)　→ 권수비 역수 $\dfrac{1}{n}$

2) 각종회로의 4단자정수

회로	4단자정수
Z_1 직렬	$\begin{bmatrix} A & B \\ C & D \end{bmatrix} = \begin{bmatrix} 1 & Z_1 \\ 0 & 1 \end{bmatrix}$
Z_2 병렬	$\begin{bmatrix} A & B \\ C & D \end{bmatrix} = \begin{bmatrix} 1 & 0 \\ \dfrac{1}{Z_2} & 1 \end{bmatrix}$
T형 (Z_1, Z_3 직렬, Z_2 병렬)	$\begin{bmatrix} A & B \\ C & D \end{bmatrix} = \begin{bmatrix} 1+\dfrac{Z_1}{Z_2} & Z_1+Z_3+\dfrac{Z_1 Z_3}{Z_2} \\ \dfrac{1}{Z_2} & 1+\dfrac{Z_3}{Z_2} \end{bmatrix}$
π형 (Z_2 직렬, Z_1, Z_3 병렬)	$\begin{bmatrix} A & B \\ C & D \end{bmatrix} = \begin{bmatrix} 1+\dfrac{Z_2}{Z_3} & Z_2 \\ \dfrac{Z_1+Z_2+Z_3}{Z_1 Z_3} & 1+\dfrac{Z_2}{Z_1} \end{bmatrix}$

Q 포인트문제 3

4단자 정수 A, B, C, D 중에서 임피던스의 차원을 가지는 것은?

① A　　② B
③ C　　④ D

A 해설

4단자 정수

A : 전압비, B : 임피던스
C : 어드미턴스, D : 전류비

정답 ②

Q 포인트문제 4

그림과 같은 4단자 회로의 4단자 정수 중 D의 값은?

① $1 - \omega^2 LC$
② $j\omega L(2 - \omega^2 LC)$
③ $j\omega C$
④ $j\omega L$

A 해설

4단자 정수

$D = 1 + \dfrac{j\omega L}{\dfrac{1}{j\omega C}} = 1 - \omega^2 LC$

정답 ①

3) 4단자 정수의 성질

① $AD - BC = 1$

② 좌우 대칭 : $A = D$

2. 영상 임피던스

입력단자 $1-1'$에 Z_{01}을 접속하고 출력단자 $2-2'$에 Z_{02}를 연결한 경우, 입력단자 $1-1'$에서 좌측이나 우측으로 본 임피던스가 다같이 Z_{01}이 되고 또한 출력단자 $2-2'$에서 좌측이나 우측으로 본 임피던스가 다같이 Z_{02}가 된다면 각 단자는 거울의 영상과 같은 임피던스를 갖게 되므로 이 두 임피던스를 4단자망의 영상 임피던스라 한다.

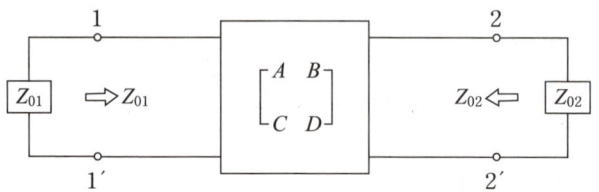

1. 1차 영상 임피던스 $Z_{01}[\Omega]$

$$Z_{01} = \frac{V_1}{I_1} = \sqrt{\frac{AB}{CD}} = \sqrt{Z_{1s} \cdot Z_{1o}}$$

Z_{1s} : 2차 단락시 1차측에서 본 임피던스, Z_{1o} : 2차 개방시 1차측에서 본 임피던스

2. 2차 영상 임피던스 $Z_{02}[\Omega]$

$$Z_{02} = \frac{V_2}{I_2} = \sqrt{\frac{BD}{AC}} = \sqrt{Z_{2s} \cdot Z_{2o}}$$

Z_{2s} : 1차 단락시 2차측에서 본 임피던스, Z_{2o} : 1차 개방시 2차측에서 본 임피던스

3. 1차, 2차 영상 임피던스의 관계

$$Z_{01} \cdot Z_{02} = \frac{B}{C}$$

$$\frac{Z_{01}}{Z_{02}} = \frac{A}{D}$$

4. 좌우 대칭회로($A = D$)

$$Z_{01} = Z_{02} = \sqrt{\frac{B}{C}}$$

electrical engineer · electrical engineer · electrical engineer · electrical engineer · electrical engineer · electrical engineer · electrical engineer · electrical engineer

콕콕 포인트

3 ◀ 영상 전달정수 θ

1. 영상 전달정수

$$\theta = \log_e(\sqrt{AD} + \sqrt{BC})$$
$$= \cosh^{-1}\sqrt{AD}$$
$$= \sinh^{-1}\sqrt{BC}$$

2. 영상파라미터와 4단자 정수와의 관계

1) $A = \sqrt{\dfrac{Z_{01}}{Z_{02}}}\cosh\theta$

2) $B = \sqrt{Z_{01}Z_{02}}\sinh\theta$

3) $C = \dfrac{1}{\sqrt{Z_{01}Z_{02}}}\sinh\theta$

4) $D = \sqrt{\dfrac{Z_{02}}{Z_{01}}}\cosh\theta$

참고

- $\cosh\theta = \sqrt{AD}$
- $\sinh\theta = \sqrt{BC}$

Q 포인트문제 6

다음과 같은 회로망에서 영상피라미터(영상전달정수)[θ]는?

① 10   ② 2
③ 1   ④ 0

A 해설

영상 전달정수

$A = D = 1 + \dfrac{j600}{-j300} = -1$

$B = j600 + j600$
$\quad + \dfrac{j600 \times j600}{-j300} = 0$

$C = \dfrac{1}{-j300} = j\dfrac{1}{300}$

$\therefore \theta = \log_e(\sqrt{AD} + \sqrt{BC})$
$\quad = \log_e 1 = 0$

정답 ④

┃ 필수확인 O·X 문제 ┃

1. 4단자 정수에서 A는 전압비(이득)의 차원이다. ···················· (   )
2. 4단자 정수의 성질에서 $AD + CD = 1$이 된다. ···················· (   )
3. 1차 영상 임피던스는 $Z_{01} = \sqrt{\dfrac{BD}{AC}}$ [Ω]이다. ···················· (   )
4. 영상 전달정수는 $\theta = \log_e(\sqrt{AD} + \sqrt{BC})$이다. ···················· (   )

상세해설

1. (○) A : 전압비, B : 임피던스, C : 어드미턴스, D : 전류비
2. (×) 4단자 정수의 성질에서 $AD - BC = 1$이 된다.
3. (×) $Z_{01} = \sqrt{\dfrac{AB}{CD}}$[Ω], $Z_{02} = \sqrt{\dfrac{BD}{AC}}$[Ω]
4. (○) 영상 전달정수 $\theta = \log_e(\sqrt{AD} + \sqrt{BC})$

음성 학습 QR

· QR 코드를 찍으시면, 가장 중요한 우선순위 문제풀이 영상을 보실 수 있습니다.
· 우선순위 논점은 전기(산업)기사 시험에서 가장 출제 빈도가 높은 문제로써, 수험생분들께서는 각 파트별 우선순위 문제의 논점과 키워드를 학습하시기를 바랍니다.
· 체크 리스트를 작성하시면서 문제의 유형과 학습의 완성도를 스스로 체크 해 보시기를 바랍니다.
· "선생님의 콕콕 포인트"는 틀리기 쉬운 문제의 함정과 문제의 포인트를 집어드립니다. 우선순위 문제풀이의 포인트를 꼭 참고하고 응용문제의 해결능력을 길러 줍니다.

번호	우선순위 논점	KEY WORD	나의 정답 확인				선생님의 콕콕 포인트
			맞음	틀림(오답확인)			
				이해 부족	암기 부족	착오 실수	
1	임피던스 파라미터	파라미터, T형, 독립변수, 종속변수					임피던스 파라미터는 T형 회로일 때 구한다.
9	4단자 정수	4단자, 정수, T형, π형					A : 전압비, B : 임피던스, C : 어드미턴스, D : 전류비
16	4단자 정수	4단자, 정수, T형, π형					회로망에 소자가 주어지는 경우 임피던스로 변환 후 구한다.
29	영상 임피던스	영상, 4단자, 정수					$Z_{01}=\sqrt{\dfrac{AB}{CD}}$, $Z_{02}=\sqrt{\dfrac{BD}{AC}}$
32	영상 전달정수	영상, 전달정수, 파라미터					$\theta=\log_e(\sqrt{AD}+\sqrt{BC})$

★★★☆☆
01 그림의 $1-1'$에서 본 구동점 임피던스 Z_{11}의 값[Ω]은?

① 5[Ω] ② 8[Ω]
③ 10[Ω] ④ 4.4[Ω]

🔍 해설

임피던스 파라미터
T형 회로에서 임피던스 파라미터 찾는 방법

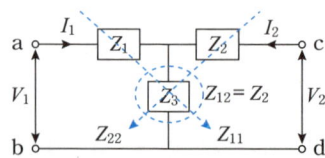

① Z_{11} : 앞쪽 임피던스와 중앙 임피던스를 더한다.
　➔ $Z_{11}=Z_1+Z_3$

② Z_{22} : 뒤쪽 임피던스와 중앙 임피던스를 더한다.
　➔ $Z_{22}=Z_2+Z_3$
③ $Z_{12}=Z_{21}$: 중앙 임피던스를 취한다.
　➔ $Z_{12}=Z_{21}=Z_3$
∴ $Z_{11}=3+5=8[Ω]$

★★★☆☆
02 다음과 같은 4단자 회로에서 임피던스 파라미터 Z_{11}의 값은?

① 8[Ω] ② 5[Ω]
③ 3[Ω] ④ 2[Ω]

🔍 해설

임피던스 파라미터
$Z_{11}=3+5=8[Ω]$

[정답] 01 ②　02 ①

★★★☆☆

03 그림과 같은 회로의 임피던스 파라미터 Z_{22}를 구하면 몇 [Ω]인가?

① 4[Ω]

② 5[Ω]

③ 6[Ω]

④ 7[Ω]

🔍 해설

임피던스 파라미터

$Z_{22} = 4 + 3 = 7[\Omega]$

★★★☆☆

04 그림과 같은 T회로의 임피던스 정수를 구하면?

① $Z_{11}=5[\Omega]$, $Z_{21}=3[\Omega]$, $Z_{22}=7[\Omega]$, $Z_{12}=3[\Omega]$

② $Z_{11}=7[\Omega]$, $Z_{21}=5[\Omega]$, $Z_{22}=3[\Omega]$, $Z_{12}=5[\Omega]$

③ $Z_{11}=3[\Omega]$, $Z_{21}=7[\Omega]$, $Z_{22}=3[\Omega]$, $Z_{12}=5[\Omega]$

④ $Z_{11}=5[\Omega]$, $Z_{21}=7[\Omega]$, $Z_{22}=3[\Omega]$, $Z_{12}=7[\Omega]$

🔍 해설

임피던스 파라미터

$Z_{11}=2+3=5[\Omega]$, $Z_{22}=4+3=7[\Omega]$, $Z_{12}=Z_{21}=3[\Omega]$

★★☆☆☆

05 그림과 같은 π형 4단자 회로의 어드미턴스 상수 중 Y_{22}는?

---

① 5[℧]

② 6[℧]

③ 9[℧]

④ 11[℧]

🔍 해설

어드미턴스 파라미터

π형 회로에서 어드미턴스 파라미터 찾는 방법

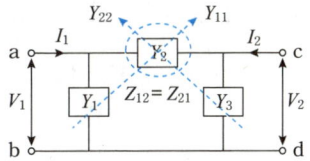

① Y_{11} : 앞쪽 어드미턴스와 중앙 어드미턴스를 더한다.

   → $Y_{11}=Y_1+Y_2$

② Y_{22} : 뒤쪽 어드미턴스와 중앙 어드미턴스를 더한다.

   → $Y_{22}=Y_3+Y_2$

③ $Y_{12}=Y_{21}$: 중앙 어드미턴스를 취한다.

   → $Y_{12}=Y_{21}=Y_2$

∴ $Y_{22}=6+3=9[\text{℧}]$

★★☆☆☆

06 그림과 같은 4단자망을 어드미턴스 파라미터로 나타내면 어떻게 되는가?

10[Ω]

1 o—▬▬—o 2

1′ o———————o 2′

① $Y_{11}=10$, $Y_{21}=10$, $Y_{22}=10$

② $Y_{11}=\dfrac{1}{10}$, $Y_{21}=\dfrac{1}{10}$, $Y_{22}=\dfrac{1}{10}$

③ $Y_{11}=10$, $Y_{21}=\dfrac{1}{10}$, $Y_{22}=\dfrac{1}{10}$

④ $Y_{11}=\dfrac{1}{10}$, $Y_{21}=10$, $Y_{22}=\dfrac{1}{10}$

🔍 해설

어드미턴스 파라미터

어드미턴스 파라미터로 고치면 그림과 같으므로

$Y_{11}=0+\dfrac{1}{10}=\dfrac{1}{10}[\text{℧}]$, $Y_{12}=Y_{21}=\dfrac{1}{10}[\text{℧}]$, $Y_{22}=0+\dfrac{1}{10}=\dfrac{1}{10}[\text{℧}]$

[정답] 03 ④ 04 ① 05 ③ 06 ②

★★☆☆☆

07 그림과 같은 π형 회로에 있어서 어드미턴스 파라미터 중 Y_{21}은 어느 것인가?

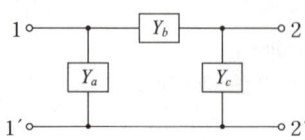

① $Y_a + Y_b$

② $Y_a + Y_c$

③ Y_b

④ $-Y_a$

🔍 **해설** ----------

어드미턴스 파라미터

$Y_{11} = Y_b + Y_a$, $Y_{12} = Y_{21} = Y_b$, $Y_{22} = Y_b + Y_c$

★★☆☆☆

08 그림에서 4단자망의 개방 순방향 전달 임피던스 $Z_{21}[\Omega]$과 단락 순방향 전달 어드미턴스 $Y_{21}[\mho]$은?

① $Z_{21} = 5$, $Y_{21} = -\dfrac{1}{2}$

② $Z_{21} = 3$, $Y_{21} = -\dfrac{1}{3}$

③ $Z_{21} = 3$, $Y_{21} = -\dfrac{1}{2}$

④ $Z_{21} = 3$, $Y_{21} = -\dfrac{5}{6}$

🔍 **해설** ----------

어드미턴스 파라미터

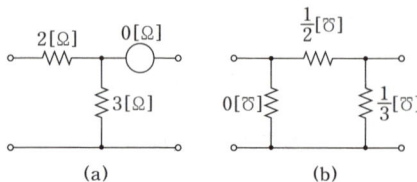

(a)   (b)

그림 (a)에서 $Z_{21} = 3[\Omega]$

그림 (b)에서 $Y_{21} = -\dfrac{1}{2}[\mho]$

★★★★☆

09 4단자 정수 A, B, C, D 중에서 어드미턴스의 차원을 가진 정수는 어느 것인가?

① A

② B

③ C

④ D

🔍 **해설** ----------

4단자 정수

$\begin{pmatrix} V_1 = AV_2 + BI_2 \\ I_1 = CV_2 + DI_2 \end{pmatrix}$ 에서 4단자 정수를 구하면

$A = \dfrac{V_1}{V_2}\Big|_{I_2=0}$: 전압비 → 권수비 n

$C = \dfrac{I_1}{V_2}\Big|_{I_2=0}$: 어드미턴스 → 0

$B = \dfrac{V_1}{I_2}\Big|_{V_2=0}$: 임피던스 → 0

$D = \dfrac{I_1}{I_2}\Big|_{V_2=0}$: 전류비 → 권수비 역수 $\dfrac{1}{n}$

★★★☆☆

10 다음 결합 회로의 4단자 정수 A, B, C, D 파라미터 행렬은?

① $\begin{bmatrix} n & 0 \\ 0 & \dfrac{1}{n} \end{bmatrix}$

② $\begin{bmatrix} 1 & n \\ \dfrac{1}{n} & 0 \end{bmatrix}$

③ $\begin{bmatrix} 0 & n \\ \dfrac{1}{n} & 1 \end{bmatrix}$

④ $\begin{bmatrix} \dfrac{1}{n} & 0 \\ 0 & n \end{bmatrix}$

🔍 **해설** ----------

4단자 정수

권수비 $a = \dfrac{n_1}{n_2} = \dfrac{n}{1} = n$이므로 $\begin{bmatrix} A & B \\ C & D \end{bmatrix} = \begin{bmatrix} n & 0 \\ 0 & \dfrac{1}{n} \end{bmatrix}$

[정답] 07 ③ 08 ③ 09 ③ 10 ①

★★★☆☆

11 그림과 같은 단일 임피던스 회로의 4단자 정수는?

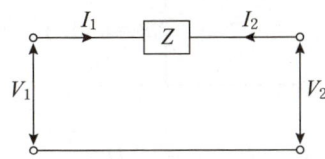

① $A=Z$, $B=0$, $C=1$, $D=0$

② $A=0$, $B=0$, $C=Z$, $D=1$

③ $A=1$, $B=Z$, $C=0$, $D=1$

④ $A=1$, $B=0$, $C=1$, $D=Z$

🔍 **해설**

4단자 정수

$$\begin{bmatrix} A & B \\ C & D \end{bmatrix} = \begin{bmatrix} 1 & Z \\ 0 & 1 \end{bmatrix}$$

★★☆☆☆

12 그림과 같은 4단자망에서 4단자 정수 행렬은?

① $\begin{bmatrix} 1 & 0 \\ Y & 1 \end{bmatrix}$

② $\begin{bmatrix} 1 & Y \\ 0 & 1 \end{bmatrix}$

③ $\begin{bmatrix} Y & 1 \\ 1 & 0 \end{bmatrix}$

④ $\begin{bmatrix} 1 & 0 \\ \frac{1}{Y} & 1 \end{bmatrix}$

🔍 **해설**

4단자 정수

$$\begin{bmatrix} A & B \\ C & D \end{bmatrix} = \begin{bmatrix} 1 & 0 \\ Y & 1 \end{bmatrix}$$

★★★★☆

13 그림과 같은 T형 회로에서 4단자 정수가 아닌 것은?

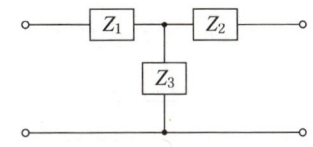

① $1+\dfrac{Z_1}{Z_3}$

② $\dfrac{Z_1 Z_2}{Z_3}+Z_2+Z_1$

③ $1+\dfrac{Z_2}{Z_3}$

④ $1+\dfrac{Z_3}{Z_2}$

🔍 **해설**

4단자 정수

T형 회로의 4단자 정수

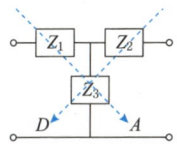

$$\begin{bmatrix} A & B \\ C & D \end{bmatrix} = \begin{bmatrix} 1+\dfrac{Z_1}{Z_3} & Z_1+Z_2+\dfrac{Z_1 Z_2}{Z_3} \\ \dfrac{1}{Z_3} & 1+\dfrac{Z_2}{Z_3} \end{bmatrix}$$

★★★☆☆

14 그림과 같은 T형 회로의 A, B, C, D 파라미터 중 C의 값을 구하면?

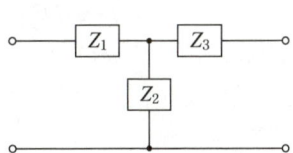

① $\dfrac{Z_3}{Z_2}+1$

② $\dfrac{1}{Z_2}$

③ $1+\dfrac{Z_1}{Z_2}$

④ Z_2

🔍 **해설**

4단자 정수

$A=1+\dfrac{Z_3}{Z_2}$, $B=Z_1+Z_3+\dfrac{Z_1 Z_3}{Z_2}$,

$C=\dfrac{1}{Z_2}$, $D=1+\dfrac{Z_3}{Z_2}$

[**정답**] 11 ③   12 ①   13 ④   14 ②

★★☆☆☆

15 그림과 같은 T형 회로에서 4단자 정수 중 D의 값은?

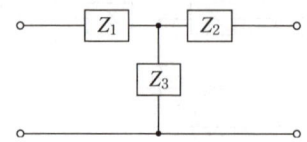

① $1+\dfrac{Z_1}{Z_3}$

② $\dfrac{Z_1 Z_2}{Z_3}+Z_2+Z_1$

③ $\dfrac{1}{Z_3}$

④ $1+\dfrac{Z_2}{Z_3}$

해설

4단자 정수

$A=1+\dfrac{Z_1}{Z_3}$, $B=Z_1+Z_2+\dfrac{Z_1 Z_2}{Z_3}$,

$C=\dfrac{1}{Z_3}$, $D=1+\dfrac{Z_2}{Z_3}$

16 다음과 같은 4단자 회로의 4단자 정수 A, B, C, D에서 C의 값은?

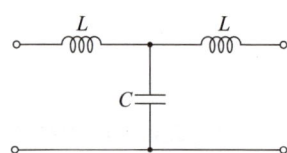

① $1-j\omega C$

② $1-\omega^2 LC$

③ $j\omega L(2-\omega^2 LC)$

④ $j\omega C$

해설

4단자 정수

T형 회로의 4단자정수

$C=\dfrac{1}{\dfrac{1}{j\omega C}}=j\omega C$

★★★☆☆

17 그림과 같은 회로에서 4단자 정수 A, B, C, D를 구하면?

① $A=\dfrac{5}{3}$, $B=800$, $C=\dfrac{1}{450}$, $D=\dfrac{5}{3}$

② $A=\dfrac{3}{5}$, $B=800$, $C=\dfrac{1}{350}$, $D=\dfrac{3}{5}$

③ $A=800$, $B=\dfrac{5}{3}$, $C=\dfrac{5}{3}$, $D=\dfrac{1}{450}$

④ $A=600$, $B=\dfrac{3}{5}$, $C=\dfrac{3}{5}$, $D=\dfrac{1}{350}$

해설

$A=D=1+\dfrac{300}{450}=\dfrac{5}{3}$, $C=\dfrac{1}{450}$,

$B=300+300+\dfrac{300\times300}{450}=800$

★★★☆☆

18 그림과 같은 L형 회로의 4단자 정수는 어떻게 되는가?

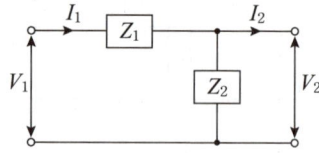

① $A=Z_1$, $B=1+\dfrac{Z_1}{Z_2}$, $C=\dfrac{1}{Z_2}$, $D=1$

② $A=1$, $B=\dfrac{1}{Z_2}$, $C=1+\dfrac{1}{Z_2}$, $D=Z_1$

③ $A=1+\dfrac{Z_1}{Z_2}$, $B=Z_1$, $C=\dfrac{1}{Z_2}$, $D=1$

④ $A=\dfrac{1}{Z_2}$, $B=1$, $C=Z_1$, $D=1+\dfrac{Z_1}{Z_2}$

해설

4단자 정수

$A=1+\dfrac{Z_1}{Z_2}$, $C=\dfrac{1}{Z_2}$,

$B=Z_1+0+\dfrac{Z_1\times0}{Z_2}=Z_1$, $D=1+\dfrac{0}{Z_2}=1$

[정답] 15 ④ 16 ④ 17 ① 18 ③

★★☆☆☆

19 그림과 같은 H형 회로의 4단자 정수 중 A의 값은 얼마인가?

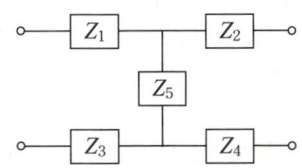

① Z_5

② $\dfrac{Z_5}{Z_2+Z_4+Z_5}$

③ $\dfrac{1}{Z_5}$

④ $\dfrac{Z_1+Z_3+Z_5}{Z_5}$

🔍 **해설** - - - - - - - - - - - - - -

4단자 정수

T형으로 등가변환하면 아래와 같으므로

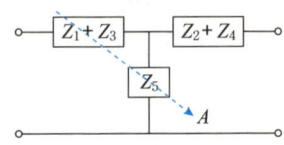

$A=1+\dfrac{Z_1+Z_3}{Z_5}=\dfrac{Z_1+Z_3+Z_5}{Z_5}$

★★★☆☆

20 그림에서 4단자 회로 정수 A, B, C, D 중 출력 단자 3, 4가 개방되었을 때의 $\dfrac{V_1}{V_2}$인 A의 값은?

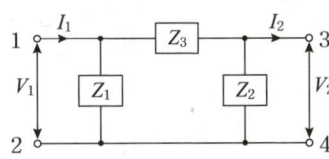

① $1+\dfrac{Z_2}{Z_1}$

② $\dfrac{Z_1+Z_2+Z_3}{Z_1Z_3}$

③ $1+\dfrac{Z_2}{Z_3}$

④ $1+\dfrac{Z_3}{Z_2}$

🔍 **해설** - - - - - - - - - - - - - -

4단자 정수

π형회로의 4단자정수

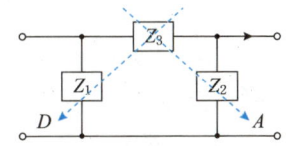

$\begin{bmatrix} A & B \\ C & D \end{bmatrix}=\begin{bmatrix} 1+\dfrac{Z_3}{Z_2} & Z_3 \\ \dfrac{Z_1+Z_2+Z_3}{Z_1Z_2} & 1+\dfrac{Z_3}{Z_1} \end{bmatrix}$

★★★☆☆

21 그림과 같은 π형 회로의 합성 4단자 정수를 A, B, C, D라 할 때 B는?

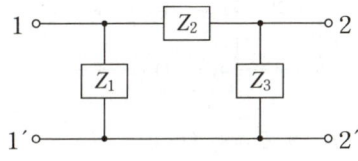

① Z_1

② Z_2

③ Z_3

④ 0

🔍 **해설** - - - - - - - - - - - - - -

4단자 정수

$\begin{bmatrix} A & B \\ C & D \end{bmatrix}=\begin{bmatrix} 1+\dfrac{Z_2}{Z_3} & Z_2 \\ \dfrac{Z_1+Z_2+Z_3}{Z_1Z_3} & 1+\dfrac{Z_2}{Z_1} \end{bmatrix}$

★★★☆☆

22 그림과 같은 π형 회로의 4단자 정수 중 D의 값은?

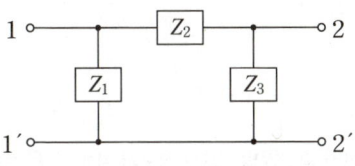

① Z_2

② $1+\dfrac{Z_2}{Z_1}$

③ $\dfrac{1}{Z_1}+\dfrac{1}{Z_3}$

④ $1+\dfrac{Z_2}{Z_3}$

[**정답**] 19 ④ 20 ④ 21 ② 22 ②

🔍 **해설**

4단자 정수

$$\begin{bmatrix} A & B \\ C & D \end{bmatrix} = \begin{bmatrix} 1+\dfrac{Z_2}{Z_3} & Z_2 \\ \dfrac{Z_1+Z_2+Z_3}{Z_1Z_3} & 1+\dfrac{Z_2}{Z_1} \end{bmatrix}$$

★★☆☆☆

23 그림과 같은 4단자 회로망에서 출력측을 개방하니 $V_1=12[\text{V}]$, $I_1=2[\text{A}]$, $V_2=4[\text{V}]$이고 출력측을 단락하니 $V_1=16[\text{V}]$, $I_1=4[\text{A}]$, $I_2=2[\text{V}]$이었다. 4단자 정수 A, B, C, D는 얼마인가?

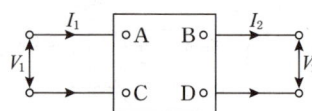

① $A=2$, $B=3$, $C=8$, $D=0.5$
② $A=0.5$, $B=2$, $C=3$, $D=8$
③ $A=8$, $B=0.5$, $C=2$, $D=3$
④ $A=3$, $B=8$, $C=0.5$, $D=2$

🔍 **해설**

4단자 정수

출력측을 개방하면 $I_2=0$이며, 출력측을 단락하면 $V_2=0$이 되므로

$A=\dfrac{V_1}{V_2}\Big|_{I_2=0} : \dfrac{12}{4}=3$

$B=\dfrac{V_1}{I_2}\Big|_{V_2=0} : \dfrac{16}{2}=8$

$C=\dfrac{I_1}{V_2}\Big|_{I_2=0} : \dfrac{2}{4}=0.5$

$D=\dfrac{I_1}{I_2}\Big|_{V_2=0} : \dfrac{4}{2}=2$

★★★★☆

24 어떤 회로망의 4단자 정수가 $A=8$, $B=j2$, $D=3+j2$이면 이 회로망의 C는 얼마인가?

① $2+j3$
② $3+j3$
③ $24+j14$
④ $8-j11.5$

🔍 **해설**

4단자 정수의 성질

$AD-BC=1$이므로 $C=\dfrac{AD-1}{B}=\dfrac{8(3+j2)-1}{j2}=8-j11.5$

★★★★☆

25 4단자 회로에서 4단자 정수를 A, B, C, D라 하면 영상 임피던스 Z_{01}, Z_{02}는?

① $Z_{01}=\sqrt{\dfrac{AB}{CD}}$, $Z_{02}=\sqrt{\dfrac{BD}{AC}}$

② $Z_{01}=\sqrt{AB}$, $Z_{02}=\sqrt{CD}$

③ $Z_{01}=\sqrt{\dfrac{BC}{AD}}$, $Z_{02}=\sqrt{ABCD}$

④ $Z_{01}=\sqrt{\dfrac{BD}{AC}}$, $Z_{02}=\sqrt{ABCD}$

🔍 **해설**

영상 임피던스

1차 영상 임피던스 $Z_{01}=\sqrt{\dfrac{AB}{CD}}$

2차 영상 임피던스 $Z_{02}=\sqrt{\dfrac{BD}{AC}}$

★★★☆☆

26 4단자 회로에서 4단자 정수를 A, B, C, D라 하면 영상 임피던스 $\dfrac{Z_{01}}{Z_{02}}$는?

① $\dfrac{D}{A}$
② $\dfrac{B}{C}$
③ $\dfrac{C}{B}$
④ $\dfrac{A}{D}$

🔍 **해설**

영상 임피던스

1차 영상 임피던스 $Z_{01}=\sqrt{\dfrac{AB}{CD}}$ [Ω]

2차 영상 임피던스 $Z_{02}=\sqrt{\dfrac{DB}{CA}}$ [Ω]이므로

$\dfrac{Z_{01}}{Z_{02}}=\dfrac{\sqrt{\dfrac{AB}{CD}}}{\sqrt{\dfrac{BD}{CA}}}=\dfrac{A}{D}$가 된다.

[정답] 23 ④ 24 ④ 25 ① 26 ④

★★★☆☆

27 L형 4단자 회로망에서 4단자 정수가 $B=\dfrac{5}{3}$, $C=1$ 이고 영상 임피던스 $Z_{01}=\dfrac{20}{3}[\Omega]$일 때 영상 임피던스 Z_{02} [Ω]의 값은?

① $\dfrac{1}{4}$ ② $\dfrac{100}{9}$

③ 9   ④ $\dfrac{9}{100}$

🔍 **해설**

영상 임피던스

$Z_{01} \cdot Z_{02} = \dfrac{B}{C}$에서 $Z_{02} = \dfrac{\frac{5}{3}}{\frac{20}{3} \times 1} = \dfrac{1}{4}[\Omega]$

★★★☆☆

28 어떤 4단자망의 입력 단자 1, 1′ 사이의 영상 임피던스 Z_{01}과 출력 단자 2, 2′ 사이의 영상 임피던스 Z_{02}가 같게 되려면 4단자 정수 사이에 어떠한 관계가 있어야 하는가?

① $AD=BC$ ② $AB=CD$

③ $A=D$ ④ $B=C$

🔍 **해설**

영상 임피던스

$Z_{01} = \sqrt{\dfrac{AB}{CD}}$, $Z_{02} = \sqrt{\dfrac{BC}{AC}}$ 일 때 $Z_{01}=Z_{02}$이므로

$\sqrt{\dfrac{AB}{CD}} = \sqrt{\dfrac{BC}{AC}}$ 에서 $A=D$

★★★☆☆

29 그림과 같은 회로의 영상 임피던스 Z_{01}, Z_{02}는?

① $Z_{01}=9[\Omega]$, $Z_{02}=5[\Omega]$
② $Z_{01}=4[\Omega]$, $Z_{02}=5[\Omega]$

③ $Z_{01}=4[\Omega]$, $Z_{02}=\dfrac{20}{9}[\Omega]$

④ $Z_{01}=6[\Omega]$, $Z_{02}=\dfrac{10}{3}[\Omega]$

🔍 **해설**

영상 임피던스

4단자 정수 $A=1+\dfrac{4}{5}=\dfrac{9}{5}$, $B=4$, $C=\dfrac{1}{5}$, $D=1$이므로

1차 영상 임피던스 $Z_{01}=\sqrt{\dfrac{AB}{CD}} = \sqrt{\dfrac{\frac{9}{5} \times 4}{\frac{1}{5} \times 1}} = 6$

2차 영상 임피던스 $Z_{02}=\sqrt{\dfrac{BD}{AC}} = \sqrt{\dfrac{4 \times 1}{\frac{9}{5} \times \frac{1}{5}}} = \dfrac{10}{3}$

★★★☆☆

30 대칭 4단자 회로에서 특성 임피던스는 ?

① $\sqrt{\dfrac{AB}{CD}}$ ② $\sqrt{\dfrac{DB}{CA}}$

③ $\sqrt{\dfrac{B}{C}}$ ④ $\sqrt{\dfrac{A}{D}}$

🔍 **해설**

영상 임피던스

대칭 회로에서 $A=D$이므로 $Z_{01}=\sqrt{\dfrac{AB}{CD}} = \sqrt{\dfrac{B}{C}}$

★★★☆☆

31 4단자 회로에서 4단자 정수를 $\dot{A}, \dot{B}, \dot{C}, \dot{D}$라 할 때 전달 정수 θ는 어떻게 되는가?

① $\log_e (\sqrt{\dot{A}\dot{B}} + \sqrt{\dot{C}\dot{D}})$ ② $\log_e (\sqrt{\dot{A}\dot{B}} - \sqrt{\dot{C}\dot{D}})$
③ $\log_e (\sqrt{\dot{A}\dot{D}} + \sqrt{\dot{B}\dot{C}})$ ④ $\log_e (\sqrt{\dot{A}\dot{D}} - \sqrt{\dot{B}\dot{C}})$

🔍 **해설**

영상 전달 정수

4단자 회로에서 전달 정수

$\theta = \log_e (\sqrt{AD} + \sqrt{BC})$
$= \cosh^{-1}\sqrt{AD} = \sinh^{-1}\sqrt{AD}$

[**정답**] 27 ① 28 ③ 29 ④ 30 ③ 31 ③

32 ★★★☆☆ 그림과 같은 T형 4단자망의 전달 정수는?

① $\log_e 2$ ② $\log_e \dfrac{1}{2}$

③ $\log_e \dfrac{1}{3}$ ④ $\log_e 3$

🔍 **해설**

영상 전달 정수

4단자 정수를 구하면 회로가 대칭이므로

$A = D = 1 + \dfrac{R_1}{R_3} = 1 + \dfrac{300}{450} = \dfrac{5}{3}$

$B = R_1 + R_2 + \dfrac{R_1 R_2}{R_3} = 300 + 300 + \dfrac{300 \times 300}{450} = 800$

$C = \dfrac{1}{R_3} = \dfrac{1}{450}$

$\therefore\ \theta = \log_e(\sqrt{AD} + \sqrt{BC})$

$\qquad = \log_e\left(\sqrt{\dfrac{5}{3} \times \dfrac{5}{3}} + \sqrt{\dfrac{800}{450}}\right) = \log_e 3$

33 ★★★☆☆ 다음과 같은 회로망에서 영상피라미터(영상전달정수) θ는?

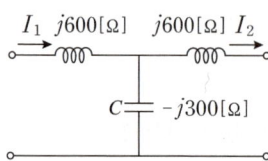

① 10   ② 2

③ 1   ④ 0

🔍 **해설**

$A = D = 1 + \dfrac{j600}{-j300} = -1$

$B = j600 + j600 + \dfrac{j600 \times j600}{-j300} = 0$

$C = \dfrac{1}{-j300} = j\dfrac{1}{300}$

$\therefore\ \theta = \log_e(\sqrt{AD} + \sqrt{BC}) = \log_e 1 = 0$

34 ★★☆☆☆ 영상 임피던스 및 전달 정수 Z_{01}, Z_{02}, θ와 4단자 회로망의 정수 A, B, C, D로 표시할 때 올바르지 못한 것은?

① $A = \sqrt{\dfrac{Z_{01}}{Z_{02}}} \cosh\theta$ ② $B = \sqrt{Z_{01} Z_{02}}\, \sinh\theta$

③ $C = \dfrac{1}{\sqrt{Z_{01} Z_{02}}} \cosh\theta$ ④ $D = \sqrt{\dfrac{Z_{02}}{Z_{01}}} \cosh\theta$

🔍 **해설**

영상 전달 정수

영상파라미터와 4단자 정수와의 관계에서

$C = \dfrac{1}{\sqrt{Z_{01} Z_{02}}} \sinh\theta$

35 ★★☆☆☆ T형 4단자 회로망에서 영상임피던스가 $Z_{01} = 50[\Omega]$, $Z_{02} = 2[\Omega]$이고, 전달정수가 0일 때 이 회로의 4단자 정수 D의 값은?

① 10   ② 5

③ 0.2   ④ 0.1

🔍 **해설**

영상 전달정수

$D = \sqrt{\dfrac{Z_{02}}{Z_{01}}} \cosh\theta = \sqrt{\dfrac{2}{50}} \cosh 0° = \dfrac{1}{5} = 0.2$

36 ★★☆☆☆ 정 K형 필터(여파기)에 있어서 임피던스 Z_1, Z_2는 공칭 임피던스 K와는 어떤 관계가 있는가?

① $Z_1 Z_2 = K$ ② $\dfrac{Z_1}{Z_2} = K$

③ $\sqrt{\dfrac{Z_1}{Z_2}} = K^2$ ④ $Z_1 Z_2 = K^2$

🔍 **해설**

정 K형 여파기

[**정답**] 32 ④ 33 ④ 34 ③ 35 ③ 36 ④

electrical engineer

분포정수

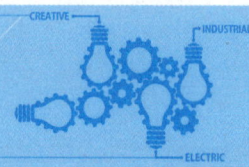

영상 학습 QR   출제경향분석

본장은 분포정수회로에 대한 기본원리 및 특성에 대한 내용을 다루었으며 시험에 자주 출제가 되는 내용은 다음과 같다.

❶ 특성임피던스   ❷ 전파정수
❸ 무손실 선로   ❹ 무왜형 선로

1   분포정수

미소 저항 R과 인덕턴스 L이 직렬로 선간에 미소한 정전용량 C와 누설 컨덕턴스 G가 병렬로 형성되고 이들이 반복하여 분포되어 있는 회로를 분포 정수회로라 한다.

1. 단위 길이에 대한 선로의 직렬 임피던스 : $Z = R + j\omega L [\Omega/m]$

2. 단위 길이에 대한 선로의 병렬 어드미턴스 : $Y = G + j\omega C [\mho/m]$

3. 특성 임피던스(파동 임피던스)

$$Z_0 = \sqrt{\frac{Z}{Y}} = \sqrt{\frac{R + j\omega L}{G + j\omega C}} \, [\Omega]$$

4. 전파정수

$$\gamma = \sqrt{ZY} = \sqrt{(R + j\omega L) \cdot (G + j\omega C)} = \alpha + j\beta$$

여기서, α는 감쇠정수 , β는 위상정수

5. 특성임피던스와 전파정수의 관계

$$Z_0 \gamma = Z, \ \frac{\gamma}{Z_0} = Y$$

Q 포인트문제 1

저항 0.2[Ω/km], 인덕턴스 1.4 [mH/km], 정전용량 0.0085 [μF/km], 길이 250[km]의 송전 선로가 있다. 주파수 60[Hz] 일 때의 특성 임피던스[Ω]는 대략 얼마인가?

① $\sqrt{16.5 - j6.2 \times 10^2}$
② $\sqrt{6.2 - j16.5 \times 10^2}$
③ $\sqrt{16.5 + j6.2 \times 10^2}$
④ $\sqrt{26.5 - j16.2 \times 10^2}$

A 해설

$$Z_0 = \sqrt{\frac{Z}{Y}} = \sqrt{\frac{R + j\omega L}{G + j\omega C}}$$
$$= \sqrt{\frac{0.2 + j377 \times 1.4 \times 10^{-3}}{j377 \times 0.0085 \times 10^{-6}}}$$
$$= \sqrt{16.5 - j6.2 \times 10^2} \, [\Omega]$$

정답 ①

---

al engineer · electrical engineer · electrical engineer · electrical engineer · electrical engineer · electrical engineer · electrical engineer · electrical engineer · electrical engineer

콕콕 포인트

2 무손실 선로 및 무왜형 선로

	무손실 선로	무왜형 선로
의미	손실이 없는 선로	파형의 일그러짐이 없는 선로
조건	$R=0,\ G=0$	$LG=RC,\ \dfrac{R}{L}=\dfrac{G}{C}$
특성임피던스	$Z_0=\sqrt{\dfrac{Z}{Y}}=\sqrt{\dfrac{L}{C}}\,[\Omega]$	$Z_0=\sqrt{\dfrac{Z}{Y}}=\sqrt{\dfrac{L}{C}}\,[\Omega]$
전파정수	$\gamma=\sqrt{ZY}=j\omega\sqrt{LC}$ 감쇠정수 $\alpha=0$ 위상 정수 $\beta=\omega\sqrt{LC}$	$\gamma=\sqrt{ZY}=\sqrt{RG}+j\omega\sqrt{LC}$ 감쇠정수 $\alpha=\sqrt{RG}$ 위상 정수 $\beta=\omega\sqrt{LC}$
전파속도	$v=\dfrac{\omega}{\beta}=\dfrac{1}{\sqrt{LC}}=\lambda f\,[\mathrm{m/sec}]$ 단, $\lambda[\mathrm{m}]$: 파장	$v=\dfrac{\omega}{\beta}=\dfrac{1}{\sqrt{LC}}=\lambda f\,[\mathrm{m/sec}]$ 단, $\lambda[\mathrm{m}]$: 파장

3 반사계수 및 정재파비

1. 반사 계수

$$\rho=\frac{Z_R-Z_0}{Z_R+Z_0}$$

단, Z_R : 부하 임피던스, Z_0 : 특성 임피던스

2. 정재파 비

$$\delta=\frac{1+|\rho|}{1-|\rho|}$$

| 필수확인 O·X 문제 |

1차 | 2차 | 3차

1. 분포정수회로에서 특성임피던스는 $Z_0=\sqrt{ZY}\,[\Omega]$이다. · · · · · · · · · · · · · · (   )
2. 무손실 선로와 무왜형 선로의 특성임피던스는 서로 같다. · · · · · · · · · · · (   )

상세해설

1. (×) 특성임피던스는 $Z_0=\sqrt{\dfrac{Z}{Y}}\,[\Omega]$

2. (○) 무손실 선로와 무왜형 선로의 특성임피던스는 $Z_0=\sqrt{\dfrac{L}{C}}\,[\Omega]$으로 서로 같다.

Q 포인트문제 2

선로의 1차 상수를 1[m]로 환산했을 때, $L=2[\mu\mathrm{H/m}]$, $C=6$ [pF/m]으로 되는 무손실 선로가 있다. 주파수 80[MHz]의 전류가 가해진다고 하면 특성 임피던스[Ω]는 약 얼마인가?

① 257   ② 367
③ 476   ④ 577

A 해설

무손실 선로

$$Z_0=\sqrt{\frac{L}{C}}=\sqrt{\frac{2\times10^{-6}}{6\times10^{-12}}}$$

$$=577[\Omega]$$

정답 ④

Q 포인트문제 3

전송선로의 특성 임피던스가 100 [Ω]이고, 부하저항이 400[Ω]일 때 전압 정재파비 s는 얼마인가?

① 0.25   ② 0.6
③ 1.67   ④ 4

A 해설

반사계수 및 정재파비
전압 반사계수

$$\rho=\frac{Z_L-Z_0}{Z_L+Z_0}=\frac{400-100}{400+100}$$

$$=0.6[\Omega]$$

정재파비

$$\delta=\frac{1+|\rho|}{1-|\rho|}=\frac{1+0.6}{1-0.6}=4$$

정답 ④

음성 학습 QR

- QR 코드를 찍으시면, 가장 중요한 우선순위 문제풀이 영상을 보실 수 있습니다.
- 우선순위 논점은 전기(산업)기사 시험에서 가장 출제 빈도가 높은 문제로써, 수험생분들께서는 각 파트별 우선순위 문제의 논점과 키워드를 학습하시기를 바랍니다.
- 체크 리스트를 작성하시면서 문제의 유형과 학습의 완성도를 스스로 체크 해 보시기를 바랍니다.
- "선생님의 콕콕 포인트"는 틀리기 쉬운 문제의 함정과 문제의 포인트를 집어드립니다. 우선순위 문제풀이의 포인트를 꼭 참고하고 응용문제의 해결능력을 길러 줍니다.

번호	우선순위 논점	KEY WORD	나의 정답 확인				선생님의 콕콕 포인트
			맞음	틀림(오답확인)			
				이해 부족	암기 부족	착오 실수	
2	분포정수 회로	분포정수, 특성임피던스, 전파정수					특성임피던스 : $Z_0=\sqrt{\dfrac{Z}{Y}}=\sqrt{\dfrac{R+j\omega L}{G+j\omega C}}\,[\Omega]$
4	분포정수 회로	분포정수, 특성임피던스, 전파정수					전파정수 : $\gamma=\sqrt{ZY}=\sqrt{(R+j\omega L)(G+j\omega C)}=\alpha+j\beta$ 단, α는 감쇠정수, β는 위상정수
7	무손실 선로	무손실, 감쇠정수, 위상정수, 속도					손실이 없는 선로를 무손실선로라 한다.
19	무왜형 선로	무왜형, 감쇠정수, 위상정수, 속도					파형의 일그러짐이 없는 선로를 무왜형선로라 한다.

★★★☆☆

01 단위 길이당 임피던스 및 어드미턴스가 각각 Z 및 Y인 전송 선로의 특성 임피던스는?

① $\sqrt{ZY}$ 　　　② $\sqrt{\dfrac{Z}{Y}}$

③ $\sqrt{\dfrac{Y}{Z}}$ 　　　④ $\dfrac{Y}{Z}$

🔍 해설

특성임피던스
직렬임피던스 $Z=R+j\omega L\,[\Omega/m]$
병렬어드미턴스 $Y=G+j\omega C\,[\mho/m]$일 때
특성 임피던스는 $Z_0=\sqrt{\dfrac{Z}{Y}}=\sqrt{\dfrac{R+j\omega L}{G+j\omega C}}\,[\Omega]$로 표시된다.

★★★☆☆

02 선로의 단위 길이의 분포 인덕턴스, 저항, 정전용량, 누설 컨덕턴스를 각각 L, r, C 및 g로 할 때 특성 임피던스는?

① $(r+j\omega L)(g+j\omega C)$ 　　② $\sqrt{(r+j\omega L)(g+j\omega C)}$

③ $\sqrt{\dfrac{r+j\omega L}{g+j\omega C}}$ 　　④ $\sqrt{\dfrac{g+j\omega C}{r+j\omega L}}$

🔍 해설

$Z_0=\sqrt{\dfrac{Z}{Y}}=\sqrt{\dfrac{R+j\omega L}{G+j\omega C}}\,[\Omega]$

★★☆☆☆

03 단위 길이당 인덕턴스 $L[H]$ 커패시턴스가 $C[\mu F]$의 가공전선의 특성 임피던스$[\Omega]$는?

① $\sqrt{\dfrac{C}{L}}\times 10^2\,[\Omega]$ 　　② $\sqrt{\dfrac{C}{L}}\times 10^3\,[\Omega]$

③ $\sqrt{\dfrac{L}{C}}\times 10^3\,[\Omega]$ 　　④ $\sqrt{\dfrac{1}{LC}}\times 10^2\,[\Omega]$

🔍 해설

$Z_0=\sqrt{\dfrac{Z}{Y}}=\sqrt{\dfrac{j\omega L}{j\omega C\times 10^{-6}}}=\sqrt{\dfrac{L}{C}}\times 10^3\,[\Omega]$

[정답] 01 ②　02 ③　03 ③

★★★☆☆

04 단위 길이당 임피던스 및 어드미턴스가 각각 Z 및 Y인 전송 선로의 전파정수 γ는?

① $\sqrt{\dfrac{Z}{Y}}$ ② $\sqrt{\dfrac{Y}{Z}}$

③ $\sqrt{YZ}$ ④ YZ

🔍 해설

전파정수
단위길이당 직렬임피던스와 병렬어드미턴스
$Z=R+j\omega L[\Omega/\mathrm{m}]$, $Y=G+j\omega C[\mho/\mathrm{m}]$일 때
선로의 전파 정수 γ는
$$\gamma=\sqrt{ZY}=\sqrt{(R+j\omega L)(G+j\omega C)}=\alpha+j\beta$$
단, α : 감쇠정수, β : 위상정수

★★★☆☆

05 분포 정수 회로에서 선로의 특성 임피던스를 Z_0, 전파 정수를 γ라 할 때 선로의 직렬 임피던스는?

① $\dfrac{Z_0}{\gamma}$ ② $\dfrac{\gamma}{Z_0}$

③ $\sqrt{\gamma Z_0}$ ④ γZ_0

🔍 해설

특성 임피던스와 전파정수의 관계
$$\gamma Z_0=\sqrt{ZY}\sqrt{\dfrac{Z}{Y}}=Z$$

★★★★☆

06 전송 선로에서 무손실일 때, $L=96[\mathrm{mH}], C=0.6$ $[\mu\mathrm{F}]$이면 특성 임피던스$[\Omega]$는?

① $500[\Omega]$ ② $400[\Omega]$

③ $300[\Omega]$ ④ $200[\Omega]$

🔍 해설

무손실 선로
$$Z_0=\sqrt{\dfrac{L}{C}}=\sqrt{\dfrac{96\times10^{-3}}{0.6\times10^{-6}}}=400[\Omega]$$

★★★☆☆

07 무손실 분포 정수 선로에 대한 설명 중 옳지 않은 것은?

① 전파 정수 γ는 $j\omega\sqrt{LC}$이다.

② 진행파의 전파 속도는 $\sqrt{LC}$이다.

③ 특성 임피던스는 $\sqrt{\dfrac{L}{C}}$이다.

④ 파장은 $\dfrac{1}{f\sqrt{LC}}$이다.

🔍 해설

무손실 선로
① 조건 $R=G=0$
② 특성임피던스 $Z_0=\sqrt{\dfrac{Z}{Y}}=\sqrt{\dfrac{L}{C}}[\Omega]$
③ 전파정수 $\gamma=\sqrt{Z\cdot Y}=j\omega\sqrt{LC}$
    ($\because$ 감쇠정수 $\alpha=0$, 위상정수 $\beta=\omega\sqrt{LC}$)
④ 전파속도 $v=\dfrac{\omega}{\beta}=\dfrac{2\pi f}{\beta}=\dfrac{1}{\sqrt{LC}}=\lambda f[\mathrm{m/sec}]$

★★★☆☆

08 무손실 선로의 분포 정수 회로에서 감쇠 정수 α와 위상 정수 β의 값은?

① $\alpha=\sqrt{RG}$, $\beta=\omega\sqrt{LC}$

② $\alpha=0$, $\beta=\omega\sqrt{LC}$

③ $\alpha=\sqrt{RG}$, $\beta=0$

④ $\alpha=0$, $\beta=\dfrac{1}{\sqrt{LC}}$

🔍 해설

무손실 선로
무손실 선로의 전파정수는 $\gamma=\sqrt{Z\cdot Y}=j\omega\sqrt{LC}$ 이므로
감쇠정수 $\alpha=0$, 위상정수 $\beta=\omega\sqrt{LC}$ 가 된다.

★★★☆☆

09 무손실 선로가 되기 위한 조건 중 옳지 않은 것은?

① $Z_0=\sqrt{\dfrac{L}{C}}$ ② $\gamma=\sqrt{ZY}$

③ $\alpha=\omega\sqrt{LC}$ ④ $v=\dfrac{1}{\sqrt{LC}}$

[**정답**] 04 ③   05 ④   06 ②   07 ②   08 ②   09 ③

🔍 해설

무손실 선로

무손실 선로에서 감쇠정수 $\alpha = 0$

★★★☆☆

10 선로의 저항 R과 컨덕턴스 G가 동시에 0이 되었을 때 전파 정수 γ와 관계 있는 것은?

① $\gamma = j\omega\sqrt{LC}$ ② $\gamma = j\omega\sqrt{\dfrac{C}{L}}$

③ $C = \dfrac{\gamma}{(j\omega)^2 L}$ ④ $\beta = j\omega\gamma\sqrt{LC}$

🔍 해설

무손실 선로

저항 R과 컨덕턴스 G가 동시에 0인 경우 무손실 선로이므로 전파정수는 $\gamma = j\omega\sqrt{LC}$ 이 된다.

★★★☆☆

11 무손실 선로에 있어서 단위 길이의 인덕턴스 $L[\mathrm{H}]$, 정전 용량 $C[\mathrm{F}]$일 때의 선로상의 진행파의 위상 속도는?

① $\dfrac{1}{\sqrt{LC}}$ ② $\sqrt{LC}$

③ $\omega\sqrt{LC}$ ④ $\dfrac{\omega}{\sqrt{LC}}$

🔍 해설

무손실 선로

무손실 선로에서의 위상속도 전파속도

$v = \dfrac{\omega}{\beta} = \dfrac{2\pi f}{\beta} = \dfrac{1}{\sqrt{LC}} = \lambda f[\mathrm{m/sec}]$

★★★☆☆

12 분포 정수 회로에서 위상 정수가 β라 할 때 파장 λ는?

① $2\pi\beta$ ② $\dfrac{2\pi}{\beta}$

③ $2\pi\beta$ ④ $\dfrac{4\pi}{\beta}$

🔍 해설

무손실 선로

전파속도 $v = \dfrac{\omega}{\beta} = \dfrac{2\pi f}{\beta} = \dfrac{1}{\sqrt{LC}} = \lambda f[\mathrm{m/sec}]$에서

파장은 $\lambda = \dfrac{2\pi}{\beta}[\mathrm{m}]$

★★★☆☆

13 위상 정수가 $\dfrac{\pi}{4}[\mathrm{rad/m}]$인 전송 선로에서 $10[\mathrm{MHz}]$에 대한 파장[m]은?

① $10[\mathrm{m}]$ ② $8[\mathrm{m}]$

③ $6[\mathrm{m}]$ ④ $4[\mathrm{m}]$

🔍 해설

무손실 선로

$\lambda = \dfrac{2\pi}{\beta} = \dfrac{2\pi}{\dfrac{\pi}{4}} = 8[\mathrm{m}]$

★★★☆☆

14 위상 정수가 $\dfrac{\pi}{8}[\mathrm{rad/m}]$인 선로의 $1[\mathrm{MHz}]$에 대한 전파 속도[m/s]는?

① $1.6 \times 10^7[\mathrm{m/s}]$ ② $9 \times 10^7[\mathrm{m/s}]$

③ $10 \times 10^7[\mathrm{m/s}]$ ④ $11 \times 10^7[\mathrm{m/s}]$

🔍 해설

무손실 선로

전파속도

$v = \dfrac{\omega}{\beta} = \dfrac{2\pi f}{\beta} = \dfrac{2\pi \times 1 \times 10^6}{\dfrac{\pi}{8}} = 1.6 \times 10^7[\mathrm{m/sec}]$

★★★☆☆

15 무한장 평행 2선 선로에 주파수 $4[\mathrm{MHz}]$의 전압을 가하였을 때 전압의 위상정수는 약 몇 $[\mathrm{rad/m}]$인가? (단, 여기서 전파속도는 $3 \times 10^8[\mathrm{m/sec}]$로 한다.)

① $0.0734[\mathrm{rad/m}]$ ② $0.0838[\mathrm{rad/m}]$

③ $0.0934[\mathrm{rad/m}]$ ④ $0.0634[\mathrm{rad/m}]$

[정답] 10 ①   11 ①   12 ②   13 ②   14 ①   15 ②

🔍 **해설**

무손실 선로

전파속도 $v=\dfrac{\omega}{\beta}$의 식에서

위상정수 $\beta=\dfrac{\omega}{v}=\dfrac{2\pi f}{v}=\dfrac{2\pi\times4\times10^6}{3\times10^8}=0.0838$

★★★☆☆

16 분포 정수 회로가 무왜 선로로 되는 조건은?
(단, 선로의 단위 길이당 저항을 R, 인덕턴스를 L, 정전 용량을 C, 누설 컨덕턴스를 G라 한다.)

① $RC=LG$ ② $RL=CG$

③ $R=\sqrt{\dfrac{L}{C}}$ ④ $R=\sqrt{LC}$

🔍 **해설**

무왜형 선로

① 조건 $LG=RC$

② 특성임피던스 $Z_0=\sqrt{\dfrac{Z}{Y}}=\sqrt{\dfrac{L}{C}}\,[\Omega]$

③ 전파정수 $\gamma=\sqrt{Z\cdot Y}=\sqrt{RG}+j\omega\sqrt{LC}$
감쇠정수 $\alpha=0$, 위상정수 $\beta=\omega\sqrt{LC}$

④ 전파속도 $v=\dfrac{\omega}{\beta}=\dfrac{2\pi f}{\beta}=\dfrac{1}{\sqrt{LC}}=\lambda f\,[\mathrm{m/sec}]$

★★★★☆

17 분포 정수 회로에서 선로 정수가 R, L, C, G이고 무왜 조건이 $RC=GL$과 같은 관계가 성립될 때 선로의 특성 임피던스 Z_0는?

① $\sqrt{CL}$ ② $\dfrac{1}{\sqrt{CL}}$

③ $\sqrt{RG}$ ④ $\sqrt{\dfrac{L}{C}}$

🔍 **해설**

무왜형 선로

무왜형 선로에서 특성임피던스

$Z_0=\sqrt{\dfrac{L}{C}}\,[\Omega]$

★★★☆☆

18 선로의 분포정수 R, L, C, G 사이에 $\dfrac{R}{L}=\dfrac{G}{C}$의 관계가 있으면 전파 정수 γ는?

① $RG+j\omega LC$ ② $RL+j\omega CG$

③ $\sqrt{RG}+j\omega\sqrt{LC}$ ④ $RL+j\omega\sqrt{GC}$

🔍 **해설**

무왜형 선로

$\dfrac{R}{L}=\dfrac{G}{C}$인 조건은 무왜형 선로이므로

전파정수 $\gamma=\sqrt{RG}+j\omega\sqrt{LC}$

★★★☆☆

19 분포정수회로에서 저항 $0.5[\Omega/\mathrm{km}]$, 인덕턴스가 $1[\mu\mathrm{H/km}]$, 정전용량 $6[\mu\mathrm{F/km}]$, 길이 $10[\mathrm{km}]$인 송전 선로에서 무왜형 선로가 되기 위한 컨덕턴스는?

① $1[\mho/\mathrm{km}]$ ② $2[\mho/\mathrm{km}]$

③ $3[\mho/\mathrm{km}]$ ④ $4[\mho/\mathrm{km}]$

🔍 **해설**

무왜형 선로

무왜형선로가 되기 위한 조건은 $LG=RC$

이므로 컨덕턴스 $G=\dfrac{RC}{L}$이므로

주어진 수치를 대입하면 $G=\dfrac{0.5\times6\times10^{-6}}{1\times10^{-6}}=3[\mho/\mathrm{km}]$

★★★★☆

20 다음 분포 전송 회로에 대한 서술에서 옳지 않은 것은?

① $\dfrac{R}{L}=\dfrac{G}{C}$인 회로를 무왜 회로라 한다.

② $R=G=0$인 회로를 무손실 회로라 한다.

③ 무손실 회로, 무왜 회로의 감쇠 정수는 $\sqrt{RG}$ 이다.

④ 무손실 회로, 무왜 회로에서의 위상 속도는 $\dfrac{1}{\sqrt{CL}}$ 이다.

🔍 **해설**

무왜형 선로

무손실 선로에서 감쇠정수 $\alpha=0$

[**정답**] 16 ①   17 ④   18 ③   19 ③   20 ③

★★★☆☆

21 분포 정수 회로에서 무왜형 조건이 성립하면 어떻게 되는가?

① 감쇠량이 최소로 된다.

② 감쇠량은 주파수에 비례한다.

③ 전파 속도가 최대로 된다.

④ 위상 정수는 주파수에 무관하여 일정하다.

🔍 해설

무왜형 선로

무왜형 선로는 파형의 일그러짐이 없으므로 감쇠량이 최소로 된다.

★★☆☆☆

22 그림과 같은 회로에서 특성임피던스 $Z_0[\Omega]$는?

① 1[Ω]　　　② 2[Ω]

③ 3[Ω]　　　④ 4[Ω]

🔍 해설

특성임피던스

T형회로의 4단자 정수

$B = 2 + 2 + \dfrac{2 \times 2}{3} = \dfrac{16}{3}, C = \dfrac{1}{3}$이므로

특성임피던스 $Z_0 = \sqrt{\dfrac{B}{C}} = \sqrt{\dfrac{\frac{16}{3}}{\frac{1}{3}}} = 4$

★★☆☆☆

23 분포 전송 선로의 특성 임피던스가 $100[\Omega]$이고 부하 저항이 $300[\Omega]$이면 전압반사 계수는?

① 2　　　　② 1.5

③ 1.0　　　④ 0.5

🔍 해설

반사계수

반사계수 $\rho = \dfrac{Z_R - Z_0}{Z_R + Z_0} = \dfrac{300 - 100}{300 + 100} = 0.5$

[정답] 21 ① 22 ④ 23 ④

electrical engineer

라플라스 변환

영상 학습 QR   출제경향분석

본장은 라플라스 변환과 역 라플라스 변환에대한 내용을 다루었으며 시험에 자주 출제가 되는 내용은 다음과 같다.

❶ 라플라스 변환의 기본식   ❷ 라플라스 변화의 여러 가지 정리
❸ 역라플라스 변환

 콕콕 포인트

---

1 **라플라스(Laplace) 변환**

1. 정의 : 시간함수 $f(t)$를 복소함수 $F(s)$로 변환시킨다.

$$£[f(t)]=F(s)=\int_0^\infty f(t)e^{-st}dt$$

2. 라플라스 변환의 기본식

1) 단위 임펄스 함수 = 델타함수 = 중량함수

① 파형	② 시간함수	③ 라플라스 변환식
	$f(t)=\delta(t)$	$F(s)=1$

2) 단위 계단 함수(unit step function)

① 파형	② 시간함수	③ 라플라스 변환식
	$f(t)=u(t)=1$	$F(s)=\dfrac{1}{s}$

3) 지수감쇠, 지수증가 함수

① 파형	② 시간함수	③ 라플라스 변환식
	$f(t)=e^{\mp at}$	$F(s)=\dfrac{1}{s\pm a}$

Q 포인트문제 1

그림과 같은 직류 전압의 라플라스 변환을 구하면?

① $\dfrac{E}{s-1}$ ② $\dfrac{E}{s+1}$

③ $\dfrac{E}{s}$ ④ $\dfrac{E}{s^2}$

A 해설

라플라스 변환
시간함수 $f(t)=Eu(t)$이므로
$F(s)=E\times\dfrac{1}{s}=\dfrac{E}{s}$

정답 ③

Q 포인트문제 2

$e^{j\omega t}$의 라플라스 변환은?

① $\dfrac{1}{s-j\omega}$ ② $\dfrac{1}{s+j\omega}$

③ $\dfrac{1}{s^2-\omega^2}$ ④ $\dfrac{\omega}{s^2-\omega^2}$

A 해설

라플라스 변환
$F(s)=£f(t)=£[e^{j\omega t}]$이므로
$=\dfrac{1}{s-j\omega}$

정답 ①

4) 단위 램프(ramp)함수

① 파형	② 시간함수	③ 라플라스 변환식
$f(t)$ 그래프	$f(t)=tu(t)$	$F(s)=\dfrac{1}{s^2}$

5) n차 램프(ramp)함수

① 시간함수 $f(t)=t^n$

② 라플라스 변환식 $F(s)=\dfrac{n!}{s^{n+1}}$

> **참고**
> - $2!=2\times1=2$
> - $3!=3\times2\times1=6$
> - $4!=4\times3\times2\times1=24$

6) 삼각함수의 라플라스 변환

	시간함수	라플라스 변환식
①	$f(t)=\sin\omega t$	$F(s)=\dfrac{\omega}{s^2+\omega^2}$
②	$f(t)=\cos\omega t$	$F(s)=\dfrac{s}{s^2+\omega^2}$
③	$f(t)=\sinh\omega t$	$F(s)=\dfrac{\omega}{s^2-\omega^2}$
④	$f(t)=\cosh\omega t$	$F(s)=\dfrac{s}{s^2-\omega^2}$

필수확인 O·X 문제

1차 2차 3차

1. 라플라스 변환의 정의식은 $F(s)=\displaystyle\int_0^\infty f(t)e^{st}dt$이다. · · · · · · · · · · · · ( )

2. 시간함수 $f(t)=e^{\mp at}$의 라플라스 변환은 $F(s)=\dfrac{1}{s\mp a}$이 된다. · · · · · · ( )

> **상세해설**
> 1. (×) 라플라스 변환의 정의식은 $F(s)=\displaystyle\int_0^\infty f(t)e^{-st}dt$이다.
> 2. (×) 시간함수 $f(t)=e^{\mp at}$의 라플라스 변환은 $F(s)=\dfrac{1}{s\pm a}$이 된다.

⚡ 콕콕 포인트

electrical engineer · electrical engineer · electrical engineer · electrical engineer · electrical engineer · electrical engineer · electrical engineer · electrical e

2 라플라스 변환에 관한 여러가지 정리

1. 선형의 정리 : 두 개 이상의 시간함수의 합이나 차

$$£[af_1(t)\pm bf_2(t)]=aF_1(s)\pm bF_2(s)$$

2. 복소 추이 정리 : 시간함수 $f(t)$와 자연지수함수 $e^{\pm at}$의 곱

$$£[e^{\pm at}f(t)]=F(s)|_{s=s\mp a\,대입}=F(s\mp a)$$

3. 복소 미분 정리 : 시간함수 $f(t)$와 n차 램프함수 t^n의 곱

$$£[t^n f(t)]=(-1)^n\frac{d^n}{ds^n}F(s)$$

> **참고**
> - $f(t)=t\sin\omega t \rightarrow F(s)=\dfrac{2\omega s}{(s^2+\omega^2)^2}$
> - $f(t)=t\cos\omega t \rightarrow F(s)=\dfrac{s^2-\omega^2}{(s^2+\omega^2)^2}$

4. 시간 추이 정리 : 시간이 지연(늦어짐)된 경우

$$£[f(t-a)]=F(s)e^{-as}$$

5. 실미분 정리 : 시간함수 $f(t)$가 미분되어 있는 경우

$$£\left[\frac{d^n}{dt^n}f(t)\right]=s^nF(s)-s^{n-1}f(0)-s^{n-2}f'(0)-\cdots$$

단, 초기값 $f(0)=0$인 경우 $£\left[\dfrac{d^n}{dt^n}f(t)\right]=s^nF(s)$

6. 실적분 정리 (초기값 : $f(0)=0$) : 시간함수 $f(t)$가 적분되어 있는 경우

$$£\left[\int f(t)dt\right]=\frac{1}{s}F(s)$$

electrical engineer · electrical engineer · electrical engineer · electrical engineer · electrical engineer · electrical engineer · electrical engineer · electrical engineer

콕콕 포인트

7. 초기값 정리($t=0$)

$$f(0)=\lim_{t=0}f(t)=\lim_{s=\infty}sF(s)$$

> 참고 $sF(s)$
> ① 분모의 차수가 높다 : 0
> ② 분자의 차수가 높다 : ∞
> ③ 분자의 차수가 높다 : 최고차항의 계수를 나눈다.

8. 최종값 정리($t=\infty$)

$$f(\infty)=\lim_{t=\infty}f(t)=\lim_{s=0}sF(s)$$

3 역 라플라스 변환

라플라스 변환식 $F(s)$로 부터 그 본래의 함수 $f(t)$를 구하는 것을 $F(s)$의 라플라스 역변환 이라고 한다.

$$£^{-1}[F(s)]=f(t)$$

1. 역 라플라스 변환 기본식

라플라스변환	시간함수
1	$\delta(t)$
$\dfrac{1}{s}$	$u(t)=1$
$\dfrac{1}{s^2}$	t
$\dfrac{n!}{s^{n+1}}$	t^n
$\dfrac{1}{s\pm a}$	$e^{\mp at}$
$\dfrac{\omega}{s^2+\omega^2}$	$\sin\omega t$
$\dfrac{s}{s^2+\omega^2}$	$\cos\omega t$

Q 포인트문제 7

다음과 같은 $I(s)$의 초기값 $i(0^+)$가 바르게 구해진 것은?

$$I(s)=\frac{2(s+1)}{s^2+2s+5}$$

① $\dfrac{2}{5}$ ② $\dfrac{1}{5}$

③ 2 ④ -2

A 해설

초기값정리

$$\lim_{t\to0}i(t)=\lim_{s\to\infty}s\cdot I(s)$$

$$=\lim_{s\to\infty}s\cdot\frac{2(s+1)}{s^2+2s+5}=2$$

정답 ③

Q 포인트문제 8

주어진 회로에서 어느 가지 전류 $i(t)$를 라플라스 변환하였더니

$$I(s)=\frac{2s+5}{s(s+1)(s+2)}$$ 로

주어졌다. $t=\infty$에서 전류 $i(\infty)$를 구하면?

① 2.5 ② 0

③ 5 ④ ∞

A 해설

최종값 정리

$$\lim_{t\to\infty}i(t)=\lim_{s\to0}sI(s)$$

$$=\lim_{s\to0}s\cdot\frac{2s+5}{s(s+1)(s+2)}$$

$$=2.5$$

정답 ①

Q 포인트문제 9

$\dfrac{1}{s+3}$을 역라플라스 변환하면?

① e^{3t} ② e^{-3t}

③ $e^{\frac{1}{2}}$ ④ $e^{-\frac{1}{3}}$

A 해설

역 라플라스 변환

$$f(t)=£^{-1}\left[\frac{1}{s+3}\right]=e^{-3t}$$

정답 ②

2. 기본모양이 아닌 경우

1) 인수분해가 되는 경우 부분 분수 전개를 이용

> 참고
>
> $F(s)=\dfrac{2}{s^2+4s+3}$의 역 라플라스 변환은?
>
> → 더해서 4가 나오고 곱해서 3이 나오는 수는 1과 3이므로
>
> s^2+4s+3을 인수분해하면 $(s+1)(s+3)$이 된다.
>
> 그러므로 $F(s)=\dfrac{2}{s^2+4s+3}=\dfrac{2}{(s+1)(s+3)}=\dfrac{A}{s+1}+\dfrac{B}{s+3}$가
>
> 되므로 계수 A, B를 구하면 다음과 같다.
>
> $A=F(s)(s+1)|_{s=-1}=1,\ B=F(s)(s+3)|_{s=-3}=-1$
>
> 그러므로 $F(s)=\dfrac{1}{s+1}-\dfrac{1}{s+3}$이므로
>
> 역라플라스하면 $f(t)=e^{-t}-e^{-3t}$가 된다.

2) 인수분해가 안되는 경우 완전제곱꼴을 이용(즉, 복소추이를 이용한 문제)

> 참고
>
> $f(t)=£^{-1}\left[\dfrac{1}{s^2+6s+10}\right]$의 값은 얼마인가?
>
> → $F(s)=\dfrac{1}{s^2+6s+10}$에서 분모의 값이 인수분해가 안되는 경우 이므로
>
> 완전 제곱꼴로 고치면 $s^2+6s+10=s^2+6s+9+1=(s+3)^2+1$
>
> 이 되므로 $F(s)=\dfrac{1}{s^2+6s+10}=\dfrac{1}{(s+3)^2+1^2}$이 되어 역 라플라스
>
> 변환하면 $f(t)=\sin t \cdot e^{-3t}$가 된다.

Chapter 13

라플라스 변환
출제예상문제

음성 학습 QR

- QR 코드를 찍으시면, 가장 중요한 우선순위 문제풀이 영상을 보실 수 있습니다.
- 우선순위 논점은 전기(산업)기사 시험에서 가장 출제 빈도가 높은 문제로써, 수험생분들께서는 각 파트별 우선순위 문제의 논점과 키워드를 학습하시기를 바랍니다.
- 체크 리스트를 작성하시면서 문제의 유형과 학습의 완성도를 스스로 체크 해 보시기를 바랍니다.
- "선생님의 콕콕 포인트"는 틀리기 쉬운 문제의 함정과 문제의 포인트를 집어드립니다. 우선순위 문제풀이의 포인트를 꼭 참고하고 응용문제의 해결능력을 길러 줍니다.

번호	우선순위 논점	KEY WORD	나의 정답 확인				선생님의 콕콕 포인트
			맞음	틀림(오답확인)			
				이해 부족	암기 부족	착오 실수	
9	라플라스 변환	라플라스, 선형, 복소함수					시간함수 2개 이상이 합이나 차인 경우 각각 변환하여 모두 더한다.
13	라플라스 변환	라플라스, 복소추이, 자연지수					자연지수가 곱인 경우 복소추이정리를 이용하여 변환한다.
18	라플라스 변환	라플라스, 시간추이, 지연					시간함수가 지연(늦어짐)이 있는 경우 시간추이정리를 이용하여 변환한다.
27	라플라스 변환	라플라스, 최종값, 정상값					최종값과 정상값은 최종값 정리를 이용하여 구한다.
32	역라플라스 변환	역라플라스, 부분분수, 인수분해					분모가 곱인 경우 부분분수 전개를 이용하여 변환한다.

★★☆☆☆

01 함수 $f(t)$의 라플라스 변환은 어떤 식으로 정의되는가?

① $\int_{-\infty}^{\infty} f(t)e^{st}dt$
② $\int_{-\infty}^{\infty} f(t)e^{-st}dt$

③ $\int_{0}^{\infty} f(t)e^{-st}dt$
④ $\int_{0}^{\infty} f(t)e^{st}dt$

🔎 해설 - - - - - - - - - - - - - -

라플라스변환

$\pounds[f(t)]=F(s)=\int_{0}^{\infty} f(t)e^{-st}dt$

★★☆☆☆

02 그림과 같은 단위 임펄스 $\delta(t)$의 라플라스 변환은?

① 1
② $\dfrac{1}{s}$

③ $\dfrac{1}{s^2}$
④ $e^{-\delta}$

🔎 해설 - - - - - - - - - - - - - -

라플라스변환

$f(t)=\delta(t) \ \rightarrow \ F(s)=\pounds[\delta(t)]=1$

★★☆☆☆

03 단위 계단 함수 $u(t)$의 라플라스 변환은 ?

① e^{-ts}
② $\dfrac{1}{s}e^{-ts}$

③ $\dfrac{1}{e^{-st}}$
④ $\dfrac{1}{s}$

🔎 해설 - - - - - - - - - - - - - -

라플라스변환

$f(t)=u(t)=1 \ \rightarrow \ F(s)=\pounds[u(t)]=\dfrac{1}{s}$

[정답] 01 ③ 02 ① 03 ④

★★☆☆☆

04 $f(t)=3t^2$의 라플라스 변환은 ?

① $\dfrac{3}{s^2}$ ② $\dfrac{3}{s^3}$

③ $\dfrac{6}{s^2}$ ④ $\dfrac{6}{s^3}$

🔍 **해설**

라플라스변환

$£[at^n]=a\dfrac{n!}{s^{n+1}}$에서

$F(s)=£[3t^2]=3\dfrac{2!}{s^{2+1}}=\dfrac{6}{s^3}$

★★☆☆☆

05 다음 파형의 라플라스 변환은?

기울기 E/T

① $\dfrac{E}{s^2}$ ② $\dfrac{E}{Ts^2}$

③ $\dfrac{E}{s}$ ④ $\dfrac{E}{Ts}$

🔍 **해설**

라플라스변환

$f(t)=\dfrac{E}{T}tu(t)$이므로 $F(s)=\dfrac{E}{T}\cdot\dfrac{1}{s^2}=\dfrac{E}{Ts^2}$

★★☆☆☆

06 $cos\omega t$의 라플라스 변환은?

① $\dfrac{s}{s^2-\omega^2}$ ② $\dfrac{s}{s^2+\omega^2}$

③ $\dfrac{\omega}{s^2-\omega^2}$ ④ $\dfrac{\omega}{s^2+\omega^2}$

🔍 **해설**

라플라스변환

$£[sin\omega t]=\dfrac{\omega}{s^2+\omega^2},\ £[cos\omega t]=\dfrac{s}{s^2+\omega^2}$

★★☆☆☆

07 $cosh\omega t$를 라플라스 변환하면?

① $\dfrac{\omega^2}{s^2-\omega^2}$ ② $\dfrac{s}{s^2-\omega^2}$

③ $\dfrac{s}{s^2+\omega^2}$ ④ $\dfrac{\omega}{s^2+\omega^2}$

🔍 **해설**

라플라스변환

$£[sinh\omega t]=\dfrac{\omega}{s^2-\omega^2},\ £[cosh\omega t]=\dfrac{s}{s^2-\omega^2}$

★★★☆☆

08 $£[sint]=\dfrac{1}{s^2+1}$ 을 이용하여 ⓐ $£[cos\omega t]$, ⓑ $£[sinat]$를 구하면?

① ⓐ $\dfrac{1}{s^2-a^2}$ ⓑ $\dfrac{1}{s^2-\omega^2}$

② ⓐ $\dfrac{1}{s+a}$ ⓑ $\dfrac{s}{s+\omega}$

③ ⓐ $\dfrac{s}{s^2+\omega^2}$ ⓑ $\dfrac{a}{s^2+a^2}$

④ ⓐ $\dfrac{1}{s+a}$ ⓑ $\dfrac{1}{s-\omega}$

🔍 **해설**

라플라스변환

$£[cos\omega t]=\dfrac{s}{s^2+\omega^2},\ £[sinat]=\dfrac{a}{s^2+a^2}$

★★★☆☆

09 함수 $f(t)=1-e^{-at}$를 라플라스 변환하면?

① $\dfrac{1}{s+a}$ ② $\dfrac{1}{s(s+a)}$

③ $\dfrac{a}{s}$ ④ $\dfrac{a}{s(s+a)}$

🔍 **해설**

선형의 정리

$£[af_1(t)\pm bf_2(t)]=aF_1(s)\pm bF_2(s)$에 의해서

$F(s)=£[f(t)]=£[1-e^{-at}]$

$\quad=\dfrac{1}{s}-\dfrac{1}{s+a}=\dfrac{s+a-s}{s(s+a)}=\dfrac{a}{s(s+a)}$

[정답] 04 ④   05 ②   06 ②   07 ②   08 ③   09 ④

★★☆☆☆

10 $f(t)=\sin t+2\cos t$를 라플라스 변환하면?

① $\dfrac{2s}{s^2+1}$ 　　② $\dfrac{2s+1}{(s+1)^2}$

③ $\dfrac{2s+1}{s^2+1}$ 　　④ $\dfrac{2s}{(s+1)^2}$

🔍 **해설**

선형의 정리

$£[af_1(t)\pm bf_2(t)]=aF_1(s)\pm bF_2(s)$에 의해서

$£[\sin\omega t]=\dfrac{\omega}{s^2+\omega^2}$, $£[\cos\omega t]=\dfrac{s}{s^2+\omega^2}$이므로

$F(s)=£[f(t)]=£[\sin t]+£[2\cos t]$

$\quad=\dfrac{1}{s^2+1^2}+2\cdot\dfrac{s}{s^2+1^2}=\dfrac{2s+1}{s^2+1}$

★★★★☆

11 $f(t)=\sin t\cos t$를 라플라스 변환하면?

① $\dfrac{1}{s^2+4}$ 　　② $\dfrac{1}{s^2+2}$

③ $\dfrac{1}{(s+2)^2}$ 　　④ $\dfrac{1}{(s+4)^2}$

🔍 **해설**

선형의 정리

삼각 함수의 곱의 공식에 의해서

$\sin t\cos t=\dfrac{1}{2}[\sin(t+t)+\sin(t-t)]$

$\quad=\dfrac{1}{2}[\sin 2t+\sin 0°]=\dfrac{1}{2}\sin 2t$가 된다.

$F(s)=£[\sin t\cos t]=£[\dfrac{1}{2}\sin 2t]=\dfrac{1}{2}\cdot\dfrac{2}{s^2+2^2}=\dfrac{1}{s^2+4}$

★★☆☆☆

12 $\sin(\omega t+\theta)$의 라플라스 변환은?

① $\dfrac{\omega\sin\theta}{s^2+\omega^2}$ 　　② $\dfrac{\omega\cos\theta}{s^2+\omega^2}$

③ $\dfrac{\cos\theta+\sin\theta}{s^2+\omega^2}$ 　　④ $\dfrac{\omega\cos\theta+s\sin\theta}{s^2+\omega^2}$

🔍 **해설**

선형의 정리

삼각함수 가법정리에 의해서

$f(t)=\sin(\omega t+\theta)=\sin\omega t\cos\theta+\cos\omega t\sin\theta$이므로

$£[f(t)]=£[\sin\omega t\cos\theta]+£[\cos\omega t\sin\theta]$

$\quad=\cos\theta\dfrac{\omega}{s^2+\omega^2}+\sin\theta\dfrac{s}{s^2+\omega^2}$

$\quad=\dfrac{\omega\cos\theta+s\sin\theta}{s^2+\omega^2}$

💙 **참고**

삼각함수 가법정리

$\sin(\alpha\pm\beta)=\sin\alpha\cos\beta\pm\cos\alpha\sin\beta$

$\cos(\alpha\pm\beta)=\cos\alpha\cos\beta\mp\sin\alpha\sin\beta$

★★★★☆

13 $f(t)=te^{-at}$일 때 라플라스 변환하면 $F(s)$의 값은?

① $\dfrac{2}{(s+a)^2}$ 　　② $\dfrac{1}{s(s+a)}$

③ $\dfrac{1}{(s+a)^2}$ 　　④ $\dfrac{1}{s+a}$

🔍 **해설**

복소추이정리

$£[f(t)e^{\mp at}]=F(s)|_{s=s\pm a\ \text{대입}}=F(s\pm a)$이므로

$£[te^{-at}]=\dfrac{1}{s^2}\Big|_{s=s+a\ \text{대입}}=\dfrac{1}{(s+a)^2}$

★★★☆☆

14 $£[t^2e^{at}]$는 얼마인가?

① $\dfrac{1}{(s-a)^2}$ 　　② $\dfrac{2}{(s-a)^2}$

③ $\dfrac{3}{(s-a)^2}$ 　　④ $\dfrac{2}{(s-a)^3}$

🔍 **해설**

복소추이정리

$£[f(t)e^{\mp at}]=F(s)|_{s=s\pm a\ \text{대입}}=F(s\pm a)$이므로

$£[t^2e^{at}]=\dfrac{2!}{s^{2+1}}\Big|_{s=s-a\ \text{대입}}=\dfrac{2}{(s-a)^3}$

[**정답**] 10 ③　11 ①　12 ④　13 ③　14 ④

★★★☆☆

15 $e^{-at}\cos\omega t$의 라플라스 변환은?

① $\dfrac{s+a}{(s+a)^2+\omega^2}$ ② $\dfrac{\omega}{(s+a)^2+\omega^2}$

③ $\dfrac{\omega}{(s^2+a^2)^2}$ ④ $\dfrac{s+a}{(s^2+a^2)^2}$

🔍 **해설**

복소추이정리

$£[f(t)e^{\mp at}]=F(s)|_{s=s\pm a\ 대입}=F(s\pm a)$이므로

$£[e^{-at}\cos\omega t]=\dfrac{s}{s^2+\omega^2}\Big|_{s=s+a\ 대입}=\dfrac{s+a}{(s+a)^2+\omega^2}$

★★★☆☆

16 $f(t)=\sin\omega t$로 주어졌을 때 $£[e^{-at}\sin\omega t]$를 구하면?

① $\dfrac{\omega}{(s+a)^2+\omega^2}$ ② $\dfrac{s+a}{(s+a)^2+\omega^2}$

③ $\dfrac{s^2-\omega^2}{(s^2+\omega^2)^2}$ ④ $\dfrac{s^2+\omega^2}{(s^2-\omega^2)^2}$

🔍 **해설**

복소추이정리

$£[f(t)e^{\mp at}]=F(s)|_{s=s\pm a\ 대입}=F(s\pm a)$이므로

$£[e^{-at}\sin\omega t]=\dfrac{\omega}{s^2+\omega^2}\Big|_{s=s+a\ 대입}=\dfrac{\omega}{(s+a)^2+\omega^2}$

★★★☆☆

17 그림과 같은 단위 계단함수는?

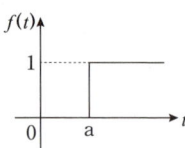

① $u(t)$ ② $u(t-a)$
③ $u(a-t)$ ④ $-u(t-a)$

🔍 **해설**

시간추이정리

단위계단함수에서 시간이 a만큼 지연된 파형이므로
$f(t)=u(t-a)$

★★★★☆

18 그림과 같이 높이가 1인 펄스의 라플라스 변환은?

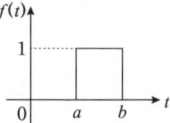

① $\dfrac{1}{s}(e^{-as}+e^{-bs})$ ② $\dfrac{1}{s}(e^{-as}-e^{-bs})$

③ $\dfrac{1}{a-b}\Big(\dfrac{e^{-as}+e^{-bs}}{s}\Big)$ ④ $\dfrac{1}{a-b}\Big(\dfrac{e^{-as}-e^{-bs}}{s}\Big)$

🔍 **해설**

시간추이정리

아래 그림에 의해서 시간함수 $f(t)=u(t-a)-u(t-b)$가 되므로

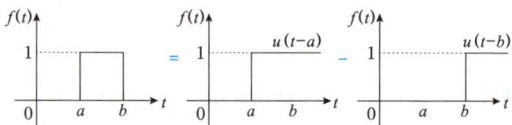

시간추이정리 $£[f(t-a)]=F(s)e^{-as}$에 의해서

라플라스 변환하면 $F(s)=\dfrac{1}{s}e^{-as}-\dfrac{1}{s}e^{-bs}=\dfrac{1}{s}(e^{-as}-e^{-bs})$

★★★★☆

19 그림과 같은 파형의 라플라스 변환은?

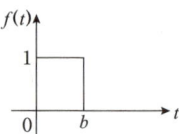

① $\dfrac{1}{b}\Big(\dfrac{1-e^{-bs}}{s}\Big)$ ② $\dfrac{1}{b}\Big(\dfrac{1+e^{-bs}}{s}\Big)$

③ $\dfrac{1}{s}(1-e^{-bs})$ ④ $\dfrac{1}{s}(1+e^{-bs})$

🔍 **해설**

시간추이정리

아래 그림에 의해서 시간함수 $f(t)=u(t)-u(t-b)$가 되므로

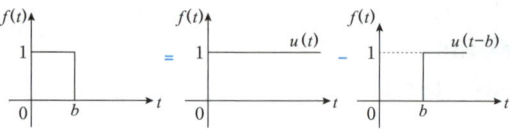

[정답] 15 ① 16 ① 17 ② 18 ② 19 ③

시간추이정리 $£[f(t-a)]=F(s)e^{-as}$에 의해서

라플라스 변환하면 $F(s)=\dfrac{1}{s}-\dfrac{1}{s}e^{-bs}=\dfrac{1}{s}(1-e^{-bs})$

★★☆☆☆

20 그림과 같은 ramp 함수의 라플라스 변환은?

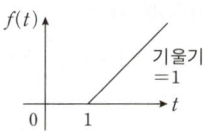

① $e^2\dfrac{1}{s^2}$

② $e^{-s}\dfrac{1}{s^2}$

③ $e^{2s}\dfrac{1}{s^2}$

④ $e^{-2s}\dfrac{1}{s^2}$

🔍 **해설** - - - - - - - - - - - - - - - - - - -

시간추이정리

시간추이정리 $£[f(t-a)]=F(s)e^{-as}$에 의해서

라플라스 변환하면 $f(t)=1(t-1)$이므로

$F(s)=1\times\dfrac{1}{s^2}\times e^{-1s}=\dfrac{e^{-s}}{s^2}$

★★☆☆☆

21 다음 파형의 라플라스 변환은?

① $\dfrac{E}{Ts}e^{-Ts}$

② $-\dfrac{E}{Ts}e^{-Ts}$

③ $-\dfrac{E}{Ts^2}e^{-Ts}$

④ $\dfrac{E}{Ts^2}e^{-Ts}$

🔍 **해설** - - - - - - - - - - - - - - - - - - -

시간추이정리

$f(t)=-\dfrac{E}{T}(t-T)$이므로 시간추이 정리를 이용하여

라플라스 변환하면 $F(s)=-\dfrac{E}{Ts^2}e^{-Ts}$가 된다.

★★★☆☆

22 그림과 같은 게이트 함수의 라플라스 변환을 구하면?

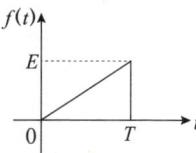

① $\dfrac{E}{Ts^2}[1-(Ts+1)e^{-Ts}]$

② $\dfrac{E}{Ts^2}[1+(Ts+1)e^{-Ts}]$

③ $\dfrac{E}{Ts^2}(Ts+1)e^{-Ts}$

④ $\dfrac{E}{Ts^2}(Ts-1)e^{-Ts}$

🔍 **해설** - - - - - - - - - - - - - - - - - - -

시간추이정리

$£[f(t-a)]=F(s)e^{-as}$에 의해서 라플라스 변환하면

$f(t)=\dfrac{E}{T}tu(t)-\dfrac{E}{T}(t-T)u(t-T)-Eu(t-T)$

$F(s)=£[f(t)]$

$=\dfrac{E}{T}\cdot\dfrac{1}{s^2}-\dfrac{E}{T}\dfrac{1}{s^2}e^{-Ts}-E\dfrac{1}{s}e^{-Ts}$

$=\dfrac{E}{Ts^2}(1-e^{-Ts}-Tse^{-Ts})$

$=\dfrac{E}{Ts^2}[1-(Ts+1)e^{-Ts}]$

★★☆☆☆

23 $t\sin\omega t$의 라플라스 변환은?

① $\dfrac{\omega}{(s^2+\omega^2)^2}$

② $\dfrac{\omega s}{(s^2+\omega^2)^2}$

③ $\dfrac{\omega^2}{(s^2+\omega^2)^2}$

④ $\dfrac{2\omega s}{(s^2+\omega^2)^2}$

🔍 **해설** - - - - - - - - - - - - - - - - - - -

복소미분정리

$£[t^n f(t)]=(-1)^n\dfrac{d^nF(s)}{ds^n}$ 이므로

$F(s)=(-1)\dfrac{d}{ds}\{£(\sin\omega t)\}$

$=(-1)\dfrac{d}{ds}\dfrac{\omega}{s^2+\omega^2}=\dfrac{2\omega s}{(s^2+\omega^2)^2}$

[**정답**] 20 ② 21 ③ 22 ① 23 ④

★★☆☆☆

24 $f(t) = \dfrac{d}{dt}\cos\omega t$ 를 라플라스 변환하면?

① $\dfrac{\omega^2}{s^2+\omega^2}$ ② $\dfrac{-s^2}{s^2+\omega^2}$

③ $\dfrac{s}{s^2+\omega^2}$ ④ $\dfrac{-\omega^2}{s^2+\omega^2}$

🔍 해설 - - - - - - - - - -

$\pounds\left[\dfrac{d}{dt}f(t)\right] = sF(s) - f(0)$ 이므로

$\pounds\left[\dfrac{d}{dt}\cos\omega t\right] = s \cdot \dfrac{s}{s^2+\omega^2} - \cos 0° = \dfrac{s^2}{s^2+\omega^2} - 1 = \dfrac{-\omega^2}{s^2+\omega^2}$

★★☆☆☆

25 $\pounds[f(t)] = F(s)$ 일 때의 $\lim\limits_{t=\infty} f(t)$ 는?

① $\lim\limits_{s\to 0} F(s)$ ② $\lim\limits_{s\to 0} sF(s)$

③ $\lim\limits_{s\to \infty} F(s)$ ④ $\lim\limits_{s\to \infty} sF(s)$

🔍 해설 - - - - - - - - - -

최종값 정리

$\lim\limits_{t\to\infty} f(t) = \lim\limits_{S\to 0} sF(s)$

★★★☆☆

26 다음과 같은 2개의 전류의 초기값 $i_1(0_+)$, $i_2(0_+)$ 가 옳게 구해진 것은?

$$I_1(s) = \dfrac{12(s+8)}{4s(s+6)}, \quad I_2(s) = \dfrac{12}{s(s+6)}$$

① 3, 0 ② 4, 0

③ 4, 2 ④ 3, 4

🔍 해설 - - - - - - - - - -

초기값 정리

$\lim\limits_{t\to 0} f(t) = \lim\limits_{s\to\infty} s \cdot F(s)$ 에 의해서

$\lim\limits_{t\to 0} i_1(t) = \lim\limits_{s\to\infty} s \cdot I_1(s) = \lim\limits_{s\to\infty} s \cdot \dfrac{12(s+8)}{4s(s+6)} = 3$

$\lim\limits_{t\to 0} i_2(t) = \lim\limits_{s\to\infty} s \cdot I_2(s) = \lim\limits_{s\to\infty} s \cdot \dfrac{12}{4s(s+6)} = 0$

★★★☆☆

27 $F(s) = \dfrac{30s+40}{2s^3+2s^2+5s}$ 일 때, $t=\infty$ 일 때의 값은?

① 0 ② 6

③ 8 ④ 15

🔍 해설 - - - - - - - - - -

최종값 정리

$\lim\limits_{t\to\infty} i(t) = \lim\limits_{s\to 0} sI(s)$ 에 의해서

$\lim\limits_{t\to\infty} f(t) = \lim\limits_{s\to 0} sF(s) = \lim\limits_{s\to 0} s \cdot \dfrac{30s+40}{2s^3+2s^2+5s} = 8$

★★★☆☆

28 어떤 제어계의 출력이 $C(s) = \dfrac{5}{s(s^2+s+2)}$ 로 주어질 때 출력의 시간 함수 $c(t)$ 의 정상값은?

① 5 ② 2

③ $\dfrac{2}{5}$ ④ $\dfrac{5}{2}$

🔍 해설 - - - - - - - - - -

최종값 정리

$\lim\limits_{t\to\infty} i(t) = \lim\limits_{s\to 0} sI(s)$ 에 의해서

$\lim\limits_{t\to\infty} c(t) = \lim\limits_{s\to 0} sC(s) = \lim\limits_{s\to 0} \dfrac{5}{s^2+s+2} = \dfrac{5}{2}$

★★★☆☆

29 $f(t) = \pounds^{-1}\dfrac{1}{s(s+1)}$ 은?

① $1+e^{-t}$ ② $1-e^{-t}$

③ $\dfrac{1}{1-e^{-t}}$ ④ $\dfrac{1}{1+e^{-t}}$

🔍 해설 - - - - - - - - - -

역라플라스변환

$F(s) = \dfrac{1}{s(s+1)} = \dfrac{A}{s} + \dfrac{B}{s+1}$

$A = F(s)s|_{s=0} = \left[\dfrac{1}{s+1}\right]_{s=0} = 1$

$B = F(s)(s+1)|_{s=-1} = \left[\dfrac{1}{s}\right]_{s=-1} = -1$

$F(s) = \dfrac{1}{s} - \dfrac{1}{s+1} \quad \therefore f(t) = 1-e^{-t}$

[정답] 24 ④ 25 ② 26 ① 27 ③ 28 ④ 29 ②

★★★☆☆

30 $F(s)=\dfrac{s+1}{s^2+2s}$ 로 주어졌을 때 $F(s)$의 역변환을 한 것은?

① $\dfrac{1}{2}(1+e^t)$ ② $\dfrac{1}{2}(1-e^{-t})$

③ $\dfrac{1}{2}(1+e^{-2t})$ ④ $\dfrac{1}{2}(1-e^{-2t})$

해설

역라플라스변환

$F(s)=\dfrac{s+1}{s^2+2s}=\dfrac{s+1}{s(s+2)}=\dfrac{A}{s}+\dfrac{B}{s+2}$

$A=F(s)s|_{s=0}=\left[\dfrac{s+1}{s+2}\right]_{s=0}=\dfrac{1}{2}$

$B=F(s)(s+2)|_{s=-2}=\left[\dfrac{s+1}{s}\right]_{s=-2}=\dfrac{1}{2}$

$F(s)=\dfrac{\frac{1}{2}}{s}+\dfrac{\frac{1}{2}}{s+2}=\dfrac{1}{2}\left(\dfrac{1}{s}+\dfrac{1}{s+2}\right)$

$\therefore f(t)=\dfrac{1}{2}(1+e^{-2t})$

★★★☆☆

31 $F(s)=\dfrac{5s+3}{s(s+1)}$ 의 라플라스 역변환은?

① $2+3e^{-t}$ ② $3+2e^{-t}$

③ $3-2e^{-t}$ ④ $2-3e^{-t}$

해설

역라플라스변환

$F(s)=\dfrac{5s+3}{s(s+1)}=\dfrac{A}{s}+\dfrac{B}{s+1}$

$A=F(s)s|_{s=0}=\left[\dfrac{5s+3}{s+1}\right]_{s=0}=3$

$B=F(s)(s+1)|_{s=-1}=\left[\dfrac{5s+3}{s}\right]_{s=-1}=2$

$F(s)=\dfrac{3}{s}+\dfrac{2}{s+1}=3\dfrac{1}{s}+2\dfrac{1}{s+1}$

$\therefore f(t)=3+2e^{-t}$

★★★☆☆

32 $F(s)=\dfrac{s}{(s+1)(s+2)}$ 일 때 $f(s)$를 구하면?

① $1-2e^{-2t}+e^{-t}$ ② $-e^{-2t}-2e^{-t}$

③ $2e^{-2t}+e^{-t}$ ④ $2e^{-2t}-e^{-t}$

해설

역라플라스변환

$F(s)=\dfrac{s}{(s+1)(s+2)}=\dfrac{A}{(s+1)}+\dfrac{B}{(s+2)}$

$A=F(s)(s+1)|_{s=-1}=\left[\dfrac{s}{s+2}\right]_{s=-1}=-1$

$B=F(s)(s+2)|_{s=-2}=\left[\dfrac{s}{s-1}\right]_{s=-2}=2$

$F(s)=\dfrac{-1}{s+1}+\dfrac{2}{s+2}=-\dfrac{1}{s+1}+2\dfrac{1}{s+2}$

$\therefore f(t)=-e^{-t}+2e^{-2t}$

★★★☆☆

33 $F(s)=\dfrac{2s+3}{s^2+3s+2}$ 의 시간 함수는?

① $e^{-t}-e^{-2t}$ ② $e^{-t}+e^{-2t}$

③ $e^{-t}+2e^{-2t}$ ④ $e^{-t}-2e^{-2t}$

해설

역라플라스변환

$F(s)=\dfrac{2s+3}{s^2+3s+2}=\dfrac{2s+3}{(s+1)(s+2)}=\dfrac{A}{s+1}+\dfrac{B}{s+2}$

$A=F(s)(s+1)|_{s=-1}=\dfrac{2s+3}{s+2}\Big|_{s=-1}=1$

$B=F(s)(s+2)|_{s=-2}=\dfrac{2s+3}{s+1}\Big|_{s=-2}=1$

$\therefore f(t)=e^{-t}+e^{-2t}$

★★★☆☆

34 $F(s)=\dfrac{s+2}{(s+1)^2}$ 의 시간 함수 $f(t)$는?

① $e^{-t}+te^{-t}$ ② $e^{-t}-te^{-t}$

③ $e^{-t}+(e^{-t})^2$ ④ $e^{-t}-(e^{-t})^2$

해설

역라플라스변환

$F(s)=\dfrac{s+2}{(s+1)^2}=\dfrac{s+1+1}{(s+1)^2}=\dfrac{1}{s+1}+\dfrac{1}{(s+1)^2}$

$\therefore f(t)=e^{-t}+te^{-t}$

[정답] 30 ③ 31 ② 32 ④ 33 ② 34 ①

회로이론 – **제13장** 라플라스 변환 | **643**

★★★☆☆
35 어떤 회로의 전류에 대한 라플라스 변환이 다음과 같을 때 전류의 시간 함수는?

$$I(s) = \frac{1}{s^2 + 2s + 2}$$

① $5e^{-t}$

② $2\sin tu(t)$

③ $e^{-t}\sin tu(t)$

④ $e^{-t}\cos tu(t)$

🔍 해설 - - - - - - - - -

역라플라스변환

$$F(s) = \frac{1}{s^2 + 2s + 2} = \frac{1}{(s+1)^2 + 1^2}$$

$$\therefore f(t) = e^{-t}\sin tu(t)$$

★★★☆☆
36 $F(s) = \frac{2(s+1)}{s^2 + 2s + 5}$의 시간 함수 $f(t)$는?

① $2e^{-t}\cos 2t$

② $2e^t\cos 2t$

③ $2e^{-t}\sin 2t$

④ $2e^t\sin 2t$

🔍 해설 - - - - - - - - -

역라플라스변환

$$F(s) = \frac{2(s+1)}{s^2 + s + 5} = 2\frac{s+1}{(s+1)^2 + 2^2} \text{이므로}$$

$$\therefore f(t) = 2e^{-t}\cos 2t$$

★★★★☆
37 $\pounds^{-1} = \left[\frac{1}{s^2 + 2s + 5} \right]$의 값은?

① $e^{-t}\sin 2t$

② $\frac{1}{2}e^{-t}\sin t$

③ $\frac{1}{2}e^{-t}\sin 2t$

④ $e^{-t}\sin t$

🔍 해설 - - - - - - - - -

$$\pounds^{-1}\left[\frac{1}{s^2 + 2s + 5} \right] = \pounds^{-1}\left[\frac{1}{(s+1)^2 + 2^2} \right] = \frac{1}{2}e^{-t}\sin 2t$$

★★★☆☆
38 $f(t) = \pounds^{-1}\left[\frac{1}{s^2 + 6s + 10} \right]$의 값은 얼마인가?

① $e^{-3t}\sin t$

② $e^{-3t}\cos t$

③ $e^{-t}\sin 5t$

④ $e^{-t}\sin 5\omega t$

🔍 해설 - - - - - - - - -

역라플라스변환

$$F(s) = \frac{1}{s^2 + 6s + 10} = \frac{1}{(s+3)^2 + 1^2}$$

$$\therefore f(t) = e^{-3t}\sin t$$

★★★☆☆
39 $\frac{dx}{dt} + 3x = 5$의 라플라스 변환은? (단, $x(0_+) = 0$ 이다.)

① $\frac{5}{s+3}$

② $\frac{3}{s(s+5)}$

③ $\frac{3s}{s+5}$

④ $\frac{5}{s(s+3)}$

🔍 해설 - - - - - - - - -

역라플라스변환

$\frac{dx(t)}{dt} + 3x(t) = 5$를 라플라스 변환하면

$sX(s) + 3X(s) = \frac{5}{s}$ 이므로

$$X(s) = \frac{5}{(s+3) \cdot s}$$

★★☆☆☆
40 $\frac{di(t)}{dt} + 4i(t) + 4\int i(t)dt = 50u(t)$ 를 라플라스 변환하여 풀면 전류는?

(단, $t=0$에서 $i(0)=0$, $\int_{\infty}^{0} i(t)dt = 0$이다.)

① $50e^{2t}(1+t)$

② $e^t(1+5t)$

③ $\frac{3}{4}(3-e^t)$

④ $50te^{-2t}$

[정답] 35 ③ 36 ① 37 ③ 38 ① 39 ④ 40 ④

🔍 해설 -

역라플라스변환

$\dfrac{di(t)}{dt}+4i(t)+4\displaystyle\int i(t)dt=50u(t)$를 라플라스 변환하면

$sI(s)+4I(s)+\dfrac{4}{s}I(s)=\dfrac{50}{s}$

$I(s)\left(s+4+\dfrac{4}{s}\right)=\dfrac{50}{s}$

$I(s)=\dfrac{\dfrac{50}{s}}{s+4+\dfrac{4}{s}}=\dfrac{50}{s^2+4s+4}=\dfrac{50}{(s+2)^2}=50\dfrac{1}{(s+2)^2}$ 이므로

이를 역라플라스 변환하면
$\therefore i(t)=£^{-1}[I(s)]=50te^{-2t}$

전달함수

영상 학습 QR   출제경향분석

본장은 자동제어계의 전달함수를 구하는 기본원리 및 특성에 대한 내용을 다루었으며 시험에 자주 출제가 되는 내용은 다음과 같다.

❶ 전달함수의 정의   ❷ 소자에 따른 전달함수
❸ 제어요소의 전달함수   ❹ 미분방정식에 따른 전달함수

 콕콕 포인트

 참고

· R, L, C에 대한 임피던스
$R[\Omega] \rightarrow Z(s)=R[\Omega]$
$L[\mathrm{H}] \rightarrow Z(s)=j\omega L=sL[\Omega]$
$C[\mathrm{F}] \rightarrow Z(s)=\dfrac{1}{j\omega L}=\dfrac{1}{sC}[\Omega]$

· R, L, C대한 어드미턴스
$R[\Omega] \rightarrow Y(s)=\dfrac{1}{R}[\mho]$
$L[\mathrm{H}] \rightarrow Y(s)=\dfrac{1}{sL}[\mho]$
$C[\mathrm{F}] \rightarrow Y(s)=sC[\mho]$

1 전달함수

1. 전달 함수의 정의

전달 함수는 "모든 초기값을 0으로 했을 때 입력신호의 라플라스 변환에 대한 출력신호 라플라스 변환과의 비"로 정의한다.

$$\xrightarrow[\;R(s)\;]{\text{입력 } r(t)} \boxed{\text{전달함수 } G(s)} \xrightarrow[\;C(s)\;]{\text{출력 } C(t)}$$

$$\text{전달함수 } G(s)=\frac{£\,[c(t)]}{£\,[r(t)]}=\frac{C(s)}{R(s)}$$

2. 소자에 따른 전달함수

1) 직렬연결시 전달함수(직렬연결시 전류가 일정)

입력전압 라플라스에 대한 출력전압 라플라스와의 비. 즉, 전압비를 구한다.

$$G(s)=\frac{V_o(s)}{V_i(s)}=\frac{\text{출력 임피던스}}{\text{입력 임피던스}}$$

2) 병렬연결시 전달함수

전류 라플라스에 대한 출력전압 라플라스와의 비. 즉, 임피던스를 구한다.

$$G(s)=\frac{V_o(s)}{I(s)}=Z(s)=\frac{1}{Y(s)}=\frac{1}{\text{합성 어드미턴스}}$$

2 제어요소의 전달함수

비례요소	$G(s)=K$ (K를 이득 정수)	1차 지연요소	$G(s)=\dfrac{K}{Ts+1}$
미분요소	$G(s)=Ks$	2차 지연요소	$G(s)=\dfrac{K\omega_n^2}{s^2+2\delta\omega_n s+\omega_n^2}$ δ : 감쇠 계수(제동비) ω_n : 고유 진동 각주파수
적분요소	$G(s)=\dfrac{K}{s}$	부동작 시간요소	$G(s)=Ke^{-LS}$ (L : 부동작 시간)

3 미분방정식에 따른 전달함수[실미분 정리를 이용]

예 $2\dfrac{d^2y(t)}{dt^2}+3\dfrac{dy(t)}{dt}+5y(t)=3\dfrac{dx(t)}{dt}+x(t)$

→ 실미분정리를 이용하여 라플라스 변환시키면

→ $2s^2Y(s)+3sY(s)+5Y(s)=3sX(s)+X(s)$

→ $Y(s)(2s^2+3s+5)=X(s)(3s+1)$이므로

→ 전달함수는 $G(s)=\dfrac{Y(s)}{X(s)}=\dfrac{3s+1}{2s^2+3s+5}$

필수확인 O·X 문제   1차 2차 3차

1. 전달함수는 모든 초기값을 0으로 한다. · (　)
2. 직렬연결시 전달함수는 출력임피던스에 대한 입력임피던스와의 비를 구한다.
   · (　)
3. 병렬연결시 전달함수는 합성어드미턴스의 역수값과 같다. · · · · · · · · · (　)

상세해설

1. (○) 전달함수는 모든 초기값을 0으로 유지후 입력 라플라스 변환에 대한 출력라플라스와의 비를 말한다.
2. (×) 직렬연결시 전달함수는 입력임피던스에 대한 출력임피던스와의 비를 구한다.
3. (○) 병렬연결시 전달함수는 전류라플라스에 대한 전압라플라스와의 비인 합성어드미턴스의 역수와 같다.

음성 학습 QR

- QR 코드를 찍으시면, 가장 중요한 우선순위 문제풀이 영상을 보실 수 있습니다.
- 우선순위 논점은 전기(산업)기사 시험에서 가장 출제 빈도가 높은 문제로써, 수험생분들께서는 각 파트별 우선순위 문제의 논점과 키워드를 학습하시기를 바랍니다.
- 체크 리스트를 작성하시면서 문제의 유형과 학습의 완성도를 스스로 체크 해 보시기를 바랍니다.
- "선생님의 콕콕 포인트"는 틀리기 쉬운 문제의 함정과 문제의 포인트를 집어드립니다. 우선순위 문제풀이의 포인트를 꼭 참고하고 응용문제의 해결능력을 길러 줍니다.

번호	우선순위 논점	KEY WORD	나의 정답 확인				선생님의 콕콕 포인트
			맞음	틀림(오답확인)			
				이해 부족	암기 부족	착오 실수	
1	제어요소의 전달함수	비례, 미분, 적분, 1차지연, 부동작					제어요소의 전달함수 모양을 암기한다.
8	소자에 따른 전달함수	소자, 직렬, 전달함수					소자 직렬연결시 전달함수는 입력임피던스로 출력임피던스 나눈다.
15	소자에 따른 전달함수	소자, 직렬, 전달함수					소자 병렬연결시 전달함수는 합성어드미턴스의 역수가 된다.
21	미분방정식 전달함수	미분방정식, 실미분, 전달함수					미분방정식에 의한 전달함수는 실미분정리를 이용하여 구한다.
30	제동조건	제동비, 진동					제동비 ζ값을 암기하여 적용한다.

★★☆☆☆
01 다음 사항 중 옳게 표현된 것은?

① 비례 요소의 전달 함수는 $\dfrac{1}{Ts}$이다.

② 미분 요소의 전달 함수는 K이다.

③ 적분 요소의 전달 함수는 Ts이다.

④ 1차 지연 요소의 전달 함수는 $\dfrac{K}{Ts+1}$이다.

해설

제어요소의 전달함수

비례 요소 : K, 미분 요소 : Ts

적분 요소 : $\dfrac{1}{Ts}$, 1차 지연 요소 : $\dfrac{K}{Ts+1}$

★★★★☆
02 부동작 시간(dead time) 요소의 전달 함수는?

① K

② $\dfrac{K}{s}$

③ Ke^{-Ls}

④ Ks

해설

제어요소의 전달함수

부동작시간요소의 전달함수

$$G(s)=Ke^{-Ls}=\dfrac{K}{e^{Ls}}$$

★★★☆☆
03 그림과 같은 회로의 전달 함수는?
(단, $\dfrac{L}{R}=T$: 시정수이다.)

① $\dfrac{1}{Ts^2+1}$

② $\dfrac{1}{Ts+1}$

③ Ts^2+1

④ $Ts+1$

[정답] 01 ④ 02 ③ 03 ②

해설

직렬연결시 전달함수

$$G(s)=\frac{E_2(s)}{E_1(s)}=\frac{출력\ 임피던스}{입력\ 임피던스}=\frac{R}{sL+R}=\frac{1}{s\cdot\frac{L}{R}+1}=\frac{1}{Ts+1}$$

★★★☆☆

04 그림과 같은 회로의 전달 함수는? (단, $T=RC$이다.)

① $\dfrac{1}{Ts^2+1}$ ② $\dfrac{1}{Ts+1}$

③ Ts^2+1 ④ $Ts+1$

해설

직렬연결시 전달함수

$$G(s)=\frac{V_0(s)}{V_i(s)}=\frac{출력\ 임피던스}{입력\ 임피던스}=\frac{\frac{1}{Cs}}{R+\frac{1}{Cs}}=\frac{1}{RCs+1}=\frac{1}{Ts+1}$$

★★☆☆☆

05 그림과 같은 전기회로의 입력을 V_1, 출력을 V_2라고 할 때 전달함수는? (단, $s=j\omega$이다.)

① $\dfrac{1}{R+\frac{1}{sC}}$ ② $\dfrac{1}{j\omega+\frac{1}{RC}}$

③ $\dfrac{j\omega}{j\omega+\frac{1}{RC}}$ ④ $\dfrac{s}{R}+\frac{1}{sC}$

해설

직렬연결시 전달함수

$$G(s)=\frac{V_2(s)}{V_1(s)}=\frac{출력\ 임피던스}{입력\ 임피던스}=\frac{R}{R+\frac{1}{Cs}}=\frac{RCs}{RCs+1}$$

$$=\frac{s}{s+\frac{1}{RC}}=\frac{j\omega}{j\omega+\frac{1}{RC}}$$

★★☆☆☆

06 그림과 같은 회로망의 전달 함수 $H(s)=\dfrac{V_2(s)}{V_1(s)}$를 구하면?

① $\dfrac{LC}{1+LCs}$ ② $\dfrac{LC}{1+LCs^2}$

③ $\dfrac{1}{1+LCs}$ ④ $\dfrac{1}{1+LCs^2}$

해설

직렬연결시 전달함수

$$H(s)=\frac{V_2(s)}{V_1(s)}=\frac{출력\ 임피던스}{입력\ 임피던스}=\frac{\frac{1}{Cs}}{Ls+\frac{1}{Cs}}=\frac{1}{1+LCs^2}$$

★★★★☆

07 그림과 같은 회로의 전달 함수 $\dfrac{V_0(s)}{V_i(s)}$는?

① $\dfrac{1}{LCs^2+RCs+1}$ ② $\dfrac{Cs}{LCs^2+RCs+1}$

③ $\dfrac{Ls}{LCs^2+RCs+1}$ ④ $\dfrac{LCs^2}{LCs^2RCs+1}$

[**정답**] 04 ② 05 ③ 06 ④ 07 ①

🔍 **해설** ----------------------

직렬연결시 전달함수

$$G(s)=\frac{V_o(s)}{V_i(s)}=\frac{\text{출력 임피던스}}{\text{입력 임피던스}}$$

$$=\frac{\dfrac{1}{Cs}}{R+Ls+\dfrac{1}{Cs}}=\frac{1}{LCs^2+RCs+1}$$

★★★☆☆

08 그림에서 전기 회로의 전달 함수는?

① $\dfrac{LRs}{LCs^2+RCs+1}$　② $\dfrac{Cs}{LCs^2+RCs+1}$

③ $\dfrac{RCs}{LCs^2+RCs+1}$　④ $\dfrac{LRCs}{LCs^2+RCs+1}$

🔍 **해설** ----------------------

직렬연결시 전달함수

$$G(s)=\frac{V_2(s)}{V_1(s)}=\frac{\text{출력 임피던스}}{\text{입력 임피던스}}$$

$$=\frac{R}{Ls+\dfrac{1}{Cs}+R}=\frac{RCs}{LCs^2+RCs+1}$$

★★★☆☆

09 다음 지상 네트워크의 전달함수는?

① $\dfrac{s(R_1+R_2)C+1}{sCR_1+1}$　② $\dfrac{sCR_2+1}{s(R_1+R_2)C+1}$

③ $\dfrac{R_1+sC}{R_1+R_2+sC}$　④ $\dfrac{1}{1/R_1+1/R_2+sC}$

🔍 **해설** ----------------------

직렬연결시 전달함수

$$G(s)=\frac{\text{출력 임피던스}}{\text{입력 임피던스}}=\frac{R_2+\dfrac{1}{Cs}}{R_1+R_2+\dfrac{1}{Cs}}=\frac{R_2Cs+1}{(R_1+R_2)Cs+1}$$

★★★☆☆

10 그림과 같은 회로의 전달 함수는?
(단, $T_1=R_2C$, $T_2=(R_1+R_2)C$이다.)

① $\dfrac{T_1}{T_2s+1}$　② $\dfrac{T_2s}{T_1s+1}$

③ $\dfrac{T_1s+1}{T_2s+1}$　④ $\dfrac{T_1(T_1s+1)}{T_2(T_2s+1)}$

🔍 **해설** ----------------------

직렬연결시 전달함수

$$G(s)=\frac{V_o(s)}{V_i(s)}=\frac{\text{출력 임피던스}}{\text{입력 임피던스}}$$

$$=\frac{R_2+\dfrac{1}{Cs}}{R_1+R_2+\dfrac{1}{Cs}}=\frac{R_2Cs+1}{(R_1+R_2)Cs+1}$$

$T_1=R_2C$, $T_2=(R_1+R_2)C$이므로

$$G(s)=\frac{R_2Cs+1}{(R_1+R_2)Cs+1}=\frac{T_1s+1}{T_2s+1}$$

★★★☆☆

11 그림과 같은 회로의 전압비 전달 함수 $H(j\omega)=\dfrac{V_c(j\omega)}{V(j\omega)}$는?

---

① $\dfrac{2}{(j\omega)^2+j\omega+2}$ ② $\dfrac{2}{(j\omega)^2+j\omega+4}$

③ $\dfrac{4}{(j\omega)^2+j\omega+4}$ ④ $\dfrac{1}{(j\omega)^2+j\omega+1}$

🔍 해설

직렬연결시 전달함수

$$G(j\omega)=\frac{V_c(j\omega)}{V(j\omega)}=\frac{\text{출력 임피던스}}{\text{입력 임피던스}}=\frac{\dfrac{1}{Cs}}{R+Ls+\dfrac{1}{Cs}}$$

$$=\frac{1}{LCs^2+RCs+1}$$

$$=\frac{1}{LC(j\omega)^2+RC(j\omega)+1}$$

$R=1[\Omega]$, $L=1[\mathrm{H}]$, $C=0.25[\mathrm{F}]$를 대입하면

$$G(j\omega)=\frac{1}{0.25(j\omega)^2+0.25(j\omega)+1}=\frac{4}{(j\omega)^2+j\omega+4}$$

★★★★☆

12 $R-C$저역 필터 회로의 전달 함수 $G(j\omega)$는 $\omega=0$ 에서 얼마인가?

① 0   ② 0.5

③ 1   ④ 0.707

🔍 해설

직렬연결시 전달함수

$$G(s)=\frac{V_2(s)}{V_1(s)}=\frac{\text{출력 임피던스}}{\text{입력 임피던스}}=\frac{\dfrac{1}{sC}}{R+\dfrac{1}{sC}}=\frac{1}{sRC+1}$$

$$G(j\omega)=\frac{1}{j\omega RC+1}\text{에서 }\omega=0\text{이므로 }|G(j\omega)|=1$$

★★★☆☆

13 그림과 같은 회로의 전달 함수는 어느 것인가?

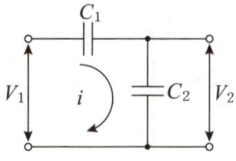

① C_1+C_2 ② $\dfrac{C_2}{C_1}$

③ $\dfrac{C_1}{C_1+C_2}$ ④ $\dfrac{C_2}{C_1+C_2}$

🔍 해설

직렬연결시 전달함수

$$G(s)=\frac{V_2(s)}{V_1(s)}=\frac{\text{출력 임피던스}}{\text{입력 임피던스}}=\frac{\dfrac{1}{C_2s}}{\dfrac{1}{C_1s}+\dfrac{1}{C_2s}}=\frac{C_1}{C_1+C_2}$$

★★★☆☆

14 그림과 같은 회로에서 전달 함수 $\dfrac{V_0(s)}{I(s)}$를 구하여라. (단, 초기조건은 모두 0으로 한다.)

① $\dfrac{1}{RCs+1}$ ② $\dfrac{R}{RCs+1}$

③ $\dfrac{C}{RCs+1}$ ④ $\dfrac{RCs}{RCs+1}$

🔍 해설

병렬연결시 전달함수

$$G(s)=\frac{V_0(s)}{I(s)}=\frac{1}{\text{합성 어드미턴스}}=\frac{1}{\dfrac{1}{R}+Cs}=\frac{R}{1+RCs}$$

[정답] 12 ③   13 ③   14 ②

★★★☆☆

15 그림과 같은 회로의 전달 함수 $\dfrac{V_0(s)}{I(s)}$ 는?

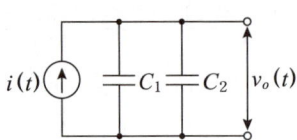

① $\dfrac{1}{s(C_1+C_2)}$

② $\dfrac{C_1C_2}{C_1+C_2}$

③ $\dfrac{C_1}{s(C_1+C_2)}$

④ $\dfrac{C_2}{s(C_1+C_2)}$

🔍 해설

병렬연결시 전달함수

$$G(s)=\frac{E_0(s)}{I(s)}=\frac{1}{\text{합성 어드미턴스}}$$
$$=\frac{1}{C_1s+C_2s}=\frac{1}{s(C_1+C_2)}$$

★★★☆☆

16 그림과 같은 회로에서 전압비 전달 함수는?

① $\dfrac{R_1}{R_1Cs+1}$

② $\dfrac{s+1}{s+(R_1+R_2)+R_1R_2C}$

③ $\dfrac{R_1R_2s^2+RCs}{R_1Cs+R_1R_2s^2+C}$

④ $\dfrac{R_2+R_1R_2Cs}{R_2+R_1R_2Cs+R_1}$

🔍 해설

소자에 따른 전달함수

문제의 R_1과 C의 합성 임피던스 등가 회로는 그림과 같다.

$$Z=\frac{R_1\times\dfrac{1}{Cs}}{R_1+\dfrac{1}{Cs}}=\frac{R_1}{1+R_1Cs}\text{ 이므로}$$

$$G(s)=\frac{V_2(s)}{V_1(s)}=\frac{\text{출력 임피던스}}{\text{입력 임피던스}}=\frac{R_2}{\dfrac{R_1}{1+CsR_1}+R_2}$$

$$=\frac{R_2+R_1R_2Cs}{R_1+R_2+R_1R_2Cs}$$

★★☆☆☆

17 그림에서 e_i를 입력 전압, e_o를 출력 전압이라 할 때 전달 함수는?

① $\dfrac{RCs-1}{RCs+1}$

② $\dfrac{1}{RCs+1}$

③ $\dfrac{RCs+1}{RCs-1}$

④ $\dfrac{1}{RCs-1}$

🔍 해설

소자에 따른 전달함수

$$e_i(t)=Ri(t)+\frac{1}{C}\int i(t)dt$$

$$e_o(t)=Ri(t)-\frac{1}{C}\int i(t)dt$$

초기값을 0으로 하고 라플라스 변환하면

$$E_i(s)=\frac{1}{Cs}I(s)+RI(s)=\left(R+\frac{1}{Cs}\right)I(s)$$

$$E_o(s)=RI(s)-\frac{1}{Cs}I(s)=\left(R-\frac{1}{Cs}\right)I(s)$$

$$G(s)=\frac{E_o(s)}{E_i(s)}=\frac{R-\dfrac{1}{Cs}}{R+\dfrac{1}{Cs}}=\frac{CRs-1}{CRs+1}$$

★★☆☆☆

18 다음 회로에서 입력을 $v(t)$, 출력을 $i(t)$로 했을 때의 입출력 전달 함수는? (단, 스위치 S는 $t=0$ 순간에 회로에 전압이 공급된다고 한다.)

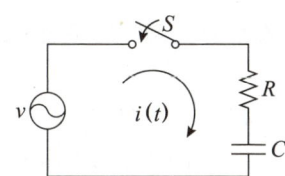

① $\dfrac{I(s)}{V(s)}=\dfrac{s}{R\left(s+\dfrac{1}{RC}\right)}$ ② $\dfrac{I(s)}{V(s)}=\dfrac{s}{RC\left(s+\dfrac{1}{RC}\right)}$

③ $\dfrac{C}{RCs+1}$ ④ $\dfrac{RCs}{RCs+1}$

🔎 **해설**

소자에 따른 전달함수

전압에대한 전류의 전달함수는

$$G(s)=\dfrac{I(s)}{V(s)}=Y(s)=\dfrac{1}{Z(s)}=\dfrac{1}{R+\dfrac{1}{Cs}}=\dfrac{Cs}{RCs+1}$$

$$=\dfrac{s}{Rs+\dfrac{1}{C}}=\dfrac{s}{R\left(s+\dfrac{1}{RC}\right)}$$

★★★★☆
19 $R-L-C$ 회로망에서 입력전압을 $e_i(t)\,[\mathrm{V}]$, 출력량을 전류 $i(t)\,[\mathrm{A}]$로 할 때, 이 요소의 전달함수는?

① $\dfrac{RS}{LCs^2+RCs+1}$ ② $\dfrac{RLs}{LCs^2+RCs+1}$

③ $\dfrac{LS}{LCs^2+RCs+1}$ ④ $\dfrac{Cs}{LCs^2+RCs+1}$

🔎 **해설**

소자에 따른 전달함수

전압에 대한 전류의 전달함수는

$$G(s)=\dfrac{I(s)}{E_i(s)}=Y(s)=\dfrac{1}{Z(s)}=\dfrac{1}{R+Ls+\dfrac{1}{Cs}}$$

$$=\dfrac{Cs}{LCs^2+RCs+1}$$

★★★☆☆
20 그림과 같은 회로에서 인가 전압에 의한 전류 i를 입력, V_0를 출력이라 할 때 전달 함수는? (단, 초기조건은 모두 0이다.)

① $\dfrac{1}{Cs}$ ② Cs

③ $\dfrac{1}{1+Cs}$ ④ $1+Cs$

🔎 **해설**

소자에 따른 전달함수

출력전압방정식 $v_0(t)=\dfrac{1}{C}\displaystyle\int i(t)dt$이므로

라플라스 변환하여 풀면 $V_0(s)=\dfrac{1}{Cs}I(s)$이므로

전달함수 $\therefore G(s)=\dfrac{V_0(s)}{I(s)}=\dfrac{1}{Cs}$

★★★★☆
21 어떤 계를 표시하는 미분 방정식이
$$\dfrac{d^2y(t)}{dt^2}+3\dfrac{dy(t)}{dt}+2y(t)=\dfrac{dx(t)}{dt}+x(t)$$라고 한다.
$x(t)$는 입력, $y(t)$는 출력이라고 한다면 이 계의 전달 함수는 어떻게 표시되는가?

① $\dfrac{s^2+3s+2}{s+1}$ ② $\dfrac{2s+1}{s^2+s+1}$

③ $\dfrac{s+1}{s^2+3s+2}$ ④ $\dfrac{s^2+s+1}{2s+1}$

🔎 **해설**

미분방정식에 따른 전달함수

양변을 라플라스 변환하면
$$s^2Y(s)+3sY(s)+2Y(s)=sX(s)+X(s)$$
$$(s^2+3s+2)Y(s)=(s+1)X(s)$$
$$\therefore G(s)=\dfrac{Y(s)}{X(s)}=\dfrac{s+1}{s^2+3s+2}$$

[**정답**] 19 ④ 20 ① 21 ③

22 ★★★☆☆ $\dfrac{V_0(s)}{V_i(s)}=\dfrac{1}{s^2+3s+1}$ 의 전달 함수를 미분 방정식으로 표시하면 ?

① $\dfrac{d^2}{dt^2}v_o(t)+3\dfrac{d}{dt}v_o(t)+v_o(t)=v_i(t)$

② $\dfrac{d^2}{dt^2}v_i(t)+3\dfrac{d}{dt}v_i(t)+v_i(t)=v_o(t)$

③ $\dfrac{d^2}{dt^2}v_i(t)+3\dfrac{d}{dt}v_i(t)+\displaystyle\int v_i(t)dt=v_o(t)$

④ $\dfrac{d^2}{dt^2}v_o(t)+3\dfrac{d}{dt}v_o(t)+\displaystyle\int v_o(t)=v_i(t)$

🔍 **해설**

미분방정식에 따른 전달함수

$\dfrac{V_0(s)}{V_i(s)}=\dfrac{1}{s^2+3s+1}$ 에서

$V_i(s)=s^2V_o(s)+3sV_o(s)+V_o(s)$

$v_i(t)=\dfrac{d^2}{dt^2}v_o(t)+3\dfrac{d}{dt}v_o(t)+v_o(t)$

---

23 ★★★☆☆ 시간 지정이 있는 특수한 시스템이 미분 방정식 $\dfrac{d}{dt}y(t)+y(t)=x(t-T)$로 표시될 때 이 시스템의 전달함수는?

① $e^{-t}+e$

② $e^{-sT}+\dfrac{1}{s}$

③ $\dfrac{e^{-sT}}{s(s+1)}$

④ $\dfrac{e^{-sT}}{s+1}$

🔍 **해설**

미분방정식에 따른 전달함수

미분방정식을 라플라스변환하면

$sY(s)+Y(s)=X(s)e^{-sT}$(시간추이 정리 이용)

$Y(s)=\dfrac{e^{-sT}}{(s+1)}X(s)$이므로

$G(s)=\dfrac{Y(s)}{X(s)}=\dfrac{e^{-sT}}{s+1}$

---

24 ★★☆☆☆ 그림과 같은 요소는 제어계의 어떤 요소인가?

① 적분요소　　　② 미분요소

③ 1차 지연요소　④ 1차 지연 미분요소

🔍 **해설**

제어요소의 전달함수

$V_1(s)=\left(R+\dfrac{1}{Cs}\right)I(s),\; V_2(s)=RI(s)$에서

전달함수 $G(s)=\dfrac{V_2(s)}{V_1(s)}=\dfrac{R}{R+\dfrac{1}{Cs}}=\dfrac{RCs}{RCs+1}=\dfrac{Ts}{Ts+1}$

$=Ts\times\dfrac{1}{Ts+1}$이므로 1차지연 $\left(\dfrac{1}{Ts+1}\right)$ 및 미분요소 (Ts)가 된다.

---

25 ★★☆☆☆ 그림과 같은 회로는?

① 미분 회로　　② 적분 회로

③ 가산 회로　　④ 미분, 적분 회로

🔍 **해설**

C(콘덴서)의 위치에 따른 회로해석

입 력 측	출 력 측
미분회로	적분회로
진상보상회로	지상보상회로
입력전압이 출력전압의 위상보다 뒤진다.	입력전압이 출력전압의 위상보다 앞선다.

★★☆☆☆

26 다음과 같은 회로에서 출력전압 V_2의 위상은 입력 전압 V_1보다 어떠한가?

① 같다.

② 앞선다.

③ 뒤진다.

④ 전압과 관계없다.

🔍 해설 -

C(콘덴서)의 위치에 따른 회로해석

입 력 측	출 력 측
미분회로	적분회로
진상보상회로	지상보상회로
입력전압이 출력전압의 위상보다 뒤진다.	입력전압이 출력전압의 위상보다 앞선다.

★★☆☆☆

27 그림의 회로에서 입력전압의 위상은 출력전압보다 어떠한가?

① 앞선다.

② 뒤진다.

③ 같다.

④ 정수에 따라 앞서기도 하고 뒤지기도 한다.

🔍 해설 -

C(콘덴서)의 위치에 따른 회로해석

입 력 측	출 력 측
미분회로	적분회로
진상보상회로	지상보상회로
입력전압이 출력전압의 위상보다 뒤진다.	입력전압이 출력전압의 위상보다 앞선다.

★★☆☆☆

28 다음의 전달함수를 갖는 회로가 진상보상회로의 특성을 가지려면 그 조건은 어떠한가?

$$G(s) = \frac{s+b}{s+a}$$

① $a > b$

② $a < b$

③ $a > 1$

④ $b > 1$

🔍 해설 -

제어요소의 전달함수

지상 보상 회로(적분회로) : $b > a$

진상 보상 회로(미분회로) : $a > b$

★★☆☆☆

29 다음 전기회로망은 무슨 회로망인가?

① 진상회로망

② 지진상회로망

③ 지상회로망

④ 동상회로망

🔍 해설 -

C(콘덴서)의 위치에 따른 회로해석

입력 측	출력 측
미분회로	적분회로
진상보상회로	지상보상회로
입력전압이 출력전압의 위상보다 뒤진다.	입력전압이 출력전압의 위상보다 앞선다.

★★★☆☆

30 제동 계수 $\zeta = 1$인 경우 어떤가?

① 임계 진동이다.　　　② 강제 진동이다.

③ 감쇠 진동이다.　　　④ 완전 진동이다.

🔍 해설 -

제동비에 따른 제동(진동)조건

① $\zeta > 1$인 경우 : 과제동(비진동)
② $\zeta = 1$인 경우 : 임계 제동(임계 진동)
③ $\zeta < 1$인 경우 : 부족 제동(감쇠 진동)
④ $\zeta = 0$인 경우 : 무제동

electrical engineer

과도현상

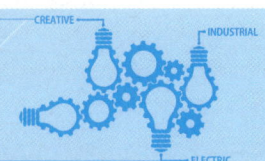

영상 학습 QR   출제경향분석

본장은 스위치가 동작시 회로소자의 특성이 순간적으로 변화하는 과도현상의 기본원리 및 특성에 대한 내용을 다루었으며 시험에 자주 출제가 되는 내용은 다음과 같다.

❶ 과도현상의 성질   ❷ $R-L$ 직렬회로의 스위치 on시 특징
❸ $R-C$ 직렬회로의 스위치 on시 특징   ❹ $R-L-C$ 직렬회로의 진동여부

Q 포인트문제 1

$R-L$ 직렬 회로에서 시정수의 값이 클수록 과도 현상의 소멸되는 시간은 어떻게 되는가?

① 짧아진다.
② 길어진다.
③ 과도기가 없어진다.
④ 관계없다.

A 해설

과도현상의 성질
시정수가 클수록 과도현상이 오래도록 지속되고 작을수록 과도현상은 짧아진다.

─── 정답 ② ───

1 과도현상

1. 과도현상의 성질

- 저항(R)만의 회로에서는 과도현상이 일어나지 않음

- L 및 C의 성질
  ① L : 초개말단
  ② C : 초단말개

- 시정수가 클수록 과도현상은 오래 지속된다.

- 일반해 $i(t) =$ 정상해 $i_s(t=\infty[\sec]) +$ 과도해 $i_t(E=0[\text{V}])$

2. $R-L$ 직렬의 직류회로(스위치 s을 닫은 경우)

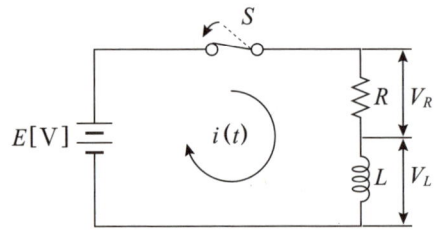

스위치 on시 흐르는 전류	$i(t)=\dfrac{E}{R}\left(1-e^{-\frac{R}{L}t}\right)[\text{A}]$
특성근	$p=-\dfrac{R}{L}$
시정수 $\tau[\sec]$: 특성근 절대값의 역수	$\tau=\dfrac{1}{|p|}=\dfrac{L}{R}[\sec]$
초기전류($t=0$)	$i(0)=0[\text{A}]$
최종전류=정상전류($t=\infty$)	$i(\infty)=i_s=\dfrac{E}{R}[\text{A}]$

electrical engineer · electrical engineer · electrical engineer · electrical engineer · electrical engineer · electrical engineer · electrical engineer · electrical engineer

콕콕 포인트

시정수에서의 전류값($t=\tau$)	$i(\tau)=0.632\dfrac{E}{R}=0.632i_s[\text{A}]$
R에 걸리는 전압	$V_R=Ri(t)=E(1-e^{-\frac{R}{L}t})[\text{V}]$
L에 걸리는 전압	$V_L=L\dfrac{d}{dt}i(t)=Ee^{-\frac{R}{L}t}[\text{V}]$
스위치 S을 개방시 전류	$i(t)=\dfrac{E}{R}e^{-\frac{R}{L}t}[\text{A}]$

3. $R-C$ 직렬의 직류회로(스위치 s을 닫은 경우)

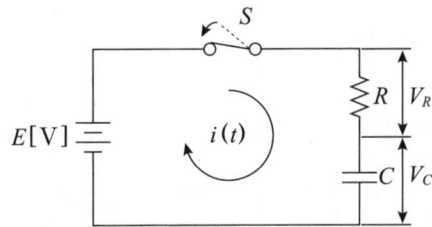

스위치 on시 흐르는 전류	$i(t)=\dfrac{E}{R}e^{-\frac{1}{RC}t}[\text{A}]$
특성근	$p=-\dfrac{1}{RC}$
시정수 $\tau[\text{sec}]$: 특성근 절대값의 역수	$\tau=\dfrac{1}{|p|}=RC[\text{sec}]$
초기전류($t=0$)	$i(0)=\dfrac{E}{R}[\text{A}]$
최종전류=정상전류($t=\infty$)	$i(\infty)=i_s=0[\text{A}]$
시정수에서의 전류값($t=\tau$)	$i(\tau)=0.368\dfrac{E}{R}[\text{A}]$
R에 걸리는 전압	$V_R=Ri(t)=Ee^{-\frac{1}{RC}t}[\text{V}]$
C에 걸리는 전압	$V_C=\dfrac{1}{C}\displaystyle\int_0^t i(t)dt=E(1-e^{-\frac{1}{RC}t})[\text{V}]$
스위치에서 충전 전하량	$q(t)=CV_C=CE(1-e^{-\frac{1}{RC}t})[\text{C}]$

필수확인 O·X 문제

1차 2차 3차

1. $R-L$ 직렬회로의 시정수는 $\dfrac{R}{L}[\text{sec}]$이다. · · · · · · · · · · · · · · · · · · (   )

2. $R-C$ 직렬회로의 시정수는 $RC[\text{sec}]$이다. · · · · · · · · · · · · · · · · · · (   )

상세해설

1. (×) $R-L$ 직렬회로의 시정수는 $\dfrac{L}{R}[\text{sec}]$

2. (○) $R-C$ 직렬회로의 시정수는 $RC[\text{sec}]$

Q 포인트문제 2

그림에서 $t=0$일 때 S를 닫았다. 전류 $i(t)[\text{A}]$를 구하면?

① $2(1+e^{-5t})$ ② $2(1-e^{5t})$
③ $2(1-e^{-5t})$ ④ $2(1+e^{5t})$

A 해설

$R-L$ 직렬

스위치 인가시 전류는

$$i(t)=\dfrac{E}{R}(1-e^{-\frac{R}{L}t})$$
$$=\dfrac{100}{50}\left(1-e^{-\frac{50}{10}t}\right)$$
$$=2(1-e^{-5t})[\text{A}]$$

정답 ③

Q 포인트문제 3

RC 직렬회로의 과도현상에 대하여 옳게 설명한 것은?

① $\dfrac{1}{R}$의 값이 클수록 과도 전류값은 천천히 사라진다.
② RC 값이 클수록 과도 전류값은 빨리 사라진다.
③ 과도 전류는 RC 값에 관계가 없다.
④ RC 값이 클수록 과도 전류값은 천천히 사라진다.

A 해설

$R-C$ 직렬

과도현상은 시정수에 비례하므로 RC 값이 클수록 과도현상이 길어져 과도 전류값이 천천히 사라진다.

정답 ④

콕콕 포인트

electrical engineer · electrical engineer · electrical engineer · electrical engineer · electrical engineer · electrical engineer · electrical engineer · electrical e

4. $L-C$ 직렬의 직류회로(스위치 s을 닫은 경우)

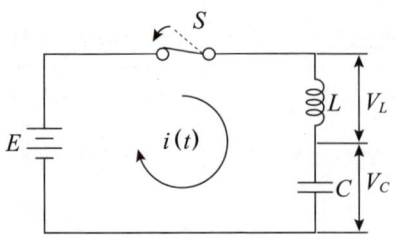

스위치 on시 흐르는 전류	$i(t) = \dfrac{E}{\sqrt{\dfrac{L}{C}}} \sin \dfrac{1}{\sqrt{LC}} t \,[\mathrm{A}]$ 불변의 진동전류
고유 각주파수	$\omega = \dfrac{1}{\sqrt{LC}} \,[\mathrm{rad/sec}]$
L, C의 단자전압	$V_L = L\dfrac{di(t)}{dt} = E\cos\dfrac{1}{\sqrt{LC}}t \,[\mathrm{V}]$ $V_C = \dfrac{1}{C}\displaystyle\int_0^t i(t)dt = E\left(1-\cos\dfrac{1}{\sqrt{LC}}t\right)\,[\mathrm{V}]$
L, C의 최대 단자전압	V_L 최대 $= E\,[\mathrm{V}]$ V_C 최대 $= 2E\,[\mathrm{V}]$

5. $R-L-C$ 직렬 회로에 직류전압을 인가하는 경우

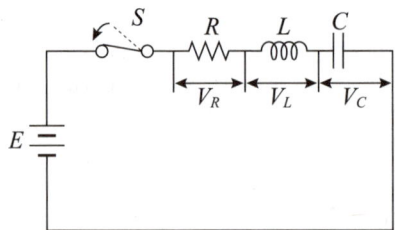

$$R > 2\sqrt{\dfrac{L}{C}} : \text{비진동상태} \qquad R < 2\sqrt{\dfrac{L}{C}} : \text{진동상태} \qquad R = 2\sqrt{\dfrac{L}{C}} : \text{임계진동}$$

Q 포인트문제 6

$R-L-C$ 직렬 회로에서
$R=100[\Omega]$, $L=0.1\times10^{-3}[H]$,
$C=0.1\times10^{-6}[F]$ 일 때 이 회로
는?

① 진동적이다.
② 비진동이다.
③ 정현파 진동이다.
④ 진동일 수도 있고 비진동일
　수도 있다.

A 해설

$R-L-C$ 직렬
진동 여부의 판별식에서

$$2\sqrt{\frac{L}{C}}=2\sqrt{\frac{0.1\times10^{-3}}{0.1\times10^{-6}}}$$
$$=20\sqrt{10}\ 이므로$$

$R>2\sqrt{\dfrac{L}{C}}$ 의 관계를 가지므로

비진동적이다.

──────── 정답 ②

음성 학습 QR

- QR 코드를 찍으시면, 가장 중요한 우선순위 문제풀이 영상을 보실 수 있습니다.
- 우선순위 논점은 전기(산업)기사 시험에서 가장 출제 빈도가 높은 문제로써, 수험생분들께서는 각 파트별 우선순위 문제의 논점과 키워드를 학습하시기를 바랍니다.
- 체크 리스트를 작성하시면서 문제의 유형과 학습의 완성도를 스스로 체크 해 보시기를 바랍니다.
- "선생님의 콕콕 포인트"는 틀리기 쉬운 문제의 함정과 문제의 포인트를 집어드립니다. 우선순위 문제풀이의 포인트를 꼭 참고하고 응용문제의 해결능력을 길러 줍니다.

번호	우선순위 논점	KEY WORD	나의 정답 확인				선생님의 콕콕 포인트
			맞음	틀림(오답확인)			
				이해 부족	암기 부족	착오 실수	
5	과도현상	과도, 스위치, 정상전류					$R-L$ 직렬 정상전류 $i_s = \dfrac{E}{R}$[A]
9	과도현상	과도, 특성근, 시정수					시정수는 특성근 절대값의 역수이므로 $r = \dfrac{1}{|p|} = \dfrac{L}{R}$[sec]
16	과도현상	과도, 특성근, 시정수					시정수 클수록 과도현상 오래 지속된다.
28	과도현상	과도전류, 불변, 진동					$L-C$ 직렬회로에 흐르는 과도전류는 불변의 진동전류가 흐른다.
31	과도현상	진동, 비진동, 임계진동					R과 $2\sqrt{\dfrac{L}{C}}$ 의 크기에 따라 결정한다.

★★★☆☆

01 그림에서 스위치 S를 닫을 때의 전류 $i(t)$[A]는 얼마인가?

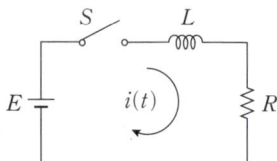

① $\dfrac{E}{R} e^{-\frac{R}{L}t}$ [A]

② $\dfrac{E}{R}(1-e^{-\frac{R}{L}t})$[A]

③ $\dfrac{E}{R} e^{-\frac{L}{R}t}$ [A]

④ $\dfrac{E}{R}(1-e^{-\frac{L}{R}t})$[A]

🔍 **해설**

$R-L$ 직렬연결
$R-L$ 직렬연결에서 스위치 인가시 전류
$i(t) = \dfrac{E}{R}(1-e^{-\frac{R}{L}t})$[A]

★★★☆☆

02 다음의 회로에서 S를 닫은 후 $t=1$[s]일 때 회로에 흐르는 전류는 약 몇 [A]인가?

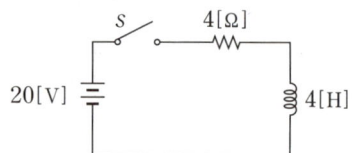

① 2.16[A]

② 3.16[A]

③ 4.16[A]

④ 5.16[A]

🔍 **해설**

$R-L$ 직렬연결
$R-L$ 직렬회로에서 스위치 on시 흐르는 전류
$i(t) = \dfrac{E}{R}(1-e^{-\frac{R}{L}t})$[A]이므로
$i(t) = \dfrac{20}{4}\left(1-e^{-\frac{4}{4} \times 1}\right) = 3.16$[A]

[정답] 01 ②   02 ②

★★★☆☆

03 $R-L$ 직렬 회로에 V인 직류 전압원을 갑자기 연결하였을 때 $t=0$인 순간 이 회로에 흐르는 회로 전류에 대하여 바르게 표현된 것은?

① 이 회로에는 전류가 흐르지 않는다.

② 이 회로에는 V/R 크기의 전류가 흐른다.

③ 이 회로에는 무한대의 전류가 흐른다.

④ 이 회로에는 $V/(R+j\omega L)$의 전류가 흐른다.

🔎 **해설**

$R-L$ 직렬연결

$R-L$ 직렬 회로의 전류

$i(t)=\dfrac{E}{R}(1-e^{-\frac{R}{L}t})$에서 $t=0$인 경우 $i(t)=0$이다.

★★☆☆☆

04 $Ri(t)+L\dfrac{di(t)}{dt}=E$의 계통 방정식에서 정상 전류는?

① 0

② $\dfrac{E}{RL}$

③ $\dfrac{E}{R}$

④ E

🔎 **해설**

$R-L$ 직렬연결

$R-L$ 직렬연결에서 정상전류 $i_s=\dfrac{E}{R}[\text{A}]$

★★★☆☆

05 그림과 같은 회로에서 정상 전류값 $i_s[\text{A}]$는? (단, $t=0$에서 스위치 S를 닫았다.)

① 0[A]

② 7[A]

③ 35[A]

④ −35[A]

🔎 **해설**

$R-L$ 직렬연결

$R-L$ 직렬연결에서 정상전류

$i_s=\dfrac{E}{R}=\dfrac{70}{10}=7[\text{A}]$

★★☆☆☆

06 어떤 회로의 전류가 $i(t)=20-20e^{-200t}[\text{A}]$로 주어졌다. 정상값은 몇 [A]인가?

① 5[A]

② 12.6[A]

③ 15.6[A]

④ 20[A]

🔎 **해설**

$R-L$ 직렬연결

정상값은 $t=\infty$에서의 값이므로

$i(t)=20-20e^{-200t}=20-\dfrac{20}{e^{200t}}\Big|_{t=\infty}=20[\text{A}]$

★★★★☆

07 저항 R와 인덕턴스 L의 직렬 회로에서 시정수는?

① RL

② $\dfrac{L}{R}$

③ $\dfrac{R}{L}$

④ $\dfrac{L}{Z}$

🔎 **해설**

$R-L$ 직렬연결

$R-L$ 직렬연결에서 시정수

$\tau=\dfrac{L}{R}[\text{sec}]$

★★★☆☆

08 회로 방정식의 특성근과 회로의 시정수에 대하여 옳게 서술된 것은?

① 특성근과 시정수는 같다.

② 특성근의 역과 회로의 시정수는 같다.

③ 특성근의 절대값의 역과 회로의 시정수는 같다.

④ 특성근과 회로의 시정수는 서로 상관되지 않는다.

[**정답**] 03 ① 04 ③ 05 ② 06 ④ 07 ② 08 ③

해설

$R-L$ 직렬연결

시정수는 특성근의 절대값의 역과 같다.

★★★★☆

09 그림과 같은 회로에서 스위치 S를 닫았을 때 시정수의 값 [s]은? (단, $L=10[\mathrm{mH}]$, $R=10[\Omega]$이다.)

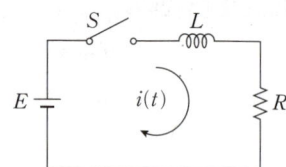

① $10^3[\mathrm{s}]$

② $10^{-3}[\mathrm{s}]$

③ $10^2[\mathrm{s}]$

④ $10^{-2}[\mathrm{s}]$

해설

$R-L$ 직렬연결

시정수 $\tau=\dfrac{L}{R}=\dfrac{10\times 10^{-3}}{10}=10^{-3}[\sec]$

★★★☆☆

10 그림과 같은 회로에 대한 서술에서 잘못된 것은 ?

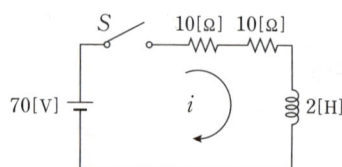

① 이 회로의 시정수는 0.1초이다.

② 이 회로의 특성근은 −10이다.

③ 이 회로의 특성근은 +10이다.

④ 정상 전류값은 3.5[A]이다.

해설

$R-L$ 직렬연결

$R-L$ 직렬연결에서 특성근 $p=-\dfrac{R}{L}=\dfrac{10+10}{2}=-10$

★★★☆☆

11 그림과 같은 $R-L$ 회로에서 스위치 S를 열 때 흐르는 전류 $i[\mathrm{A}]$는 어느 것인가?

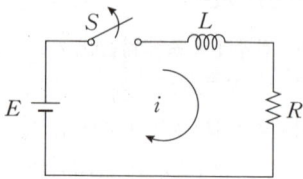

① $\dfrac{E}{R}\varepsilon^{\frac{R}{L}t}[\mathrm{A}]$

② $\dfrac{E}{R}\left(1-\varepsilon^{\frac{R}{L}t}\right)[\mathrm{A}]$

③ $\dfrac{E}{R}\varepsilon^{-\frac{R}{L}t}[\mathrm{A}]$

④ $\dfrac{E}{R}\left(1-\varepsilon^{-\frac{R}{L}t}\right)[\mathrm{A}]$

해설

$R-L$ 직렬연결

$R-L$ 직렬연결에서 스위치 열 때 전류

$i(t)=\dfrac{E}{R}e^{-\frac{R}{L}t}[\mathrm{A}]$

★★★☆☆

12 $R-L$ 직렬 회로에서 스위치 S를 닫아 직류 전압 $E[\mathrm{V}]$를 회로 양단에 급히 가한 후 $\dfrac{L}{R}[\mathrm{s}]$ 후의 전류 $I[\mathrm{A}]$ 값은?

① $0.632\dfrac{E}{R}[\mathrm{A}]$

② $0.5\dfrac{E}{R}[\mathrm{A}]$

③ $0.368\dfrac{E}{R}[\mathrm{A}]$

④ $\dfrac{E}{R}[\mathrm{A}]$

해설

$R-L$ 직렬연결

스위치 on시 $t=\dfrac{L}{R}[\mathrm{s}]$일 때 전류

$i(t)=\dfrac{E}{R}\left(1-e^{-\frac{R}{L}t}\right)\Big|_{t=\frac{L}{R}}=\dfrac{E}{R}(1-e^{-1})=0.632\dfrac{E}{R}[\mathrm{A}]$

★★★☆☆

13 $R=100[\Omega]$, $L=1[\mathrm{H}]$의 직렬회로에 직류전압 $E=100[\mathrm{V}]$를 가했을 때, $t=0.01[\mathrm{s}]$ 후의 전류 $i(t)[\mathrm{A}]$는 약 얼마인가?

① $0.362[\mathrm{A}]$ ② $0.632[\mathrm{A}]$

③ $3.62[\mathrm{A}]$ ④ $6.32[\mathrm{A}]$

🔍 **해설**

$R-L$ 직렬연결

$R-L$ 직렬회로에서 스위치 on시 흐르는 전류는

$i(t)=\dfrac{E}{R}(1-e^{-\frac{R}{L}t})[\mathrm{A}]$이므로

$i(t)=\dfrac{E}{R}\left(1-e^{-\frac{R}{L}t}\right)=\dfrac{100}{100}\left(1-e^{-\frac{100}{1}\times 0.01}\right)=0.632[\mathrm{A}]$

★★★☆☆

14 $R-L$ 직렬 회로에서 그의 양단에 직류 전압 E를 연결 후 스위치 S를 개방하면 $\dfrac{L}{R}[\mathrm{s}]$ 후의 전류값$[\mathrm{A}]$은?

① $\dfrac{E}{R}[\mathrm{A}]$ ② $0.5\dfrac{E}{R}[\mathrm{A}]$

③ $0.368\dfrac{E}{R}[\mathrm{A}]$ ④ $0.632\dfrac{E}{R}[\mathrm{A}]$

🔍 **해설**

$R-L$ 직렬연결

스위치 개방시 $t=\dfrac{L}{R}[\mathrm{s}]$일 때 전류는

$i(t)=\dfrac{E}{R}e^{-\frac{R}{L}t}\bigg|_{t=\frac{L}{R}}=\dfrac{E}{R}e^{-1}=0.368\dfrac{E}{R}[\mathrm{A}]$

★★★☆☆

15 그림과 같은 회로에서 $t=0$에서 스위치를 갑자기 닫은 후 전류 $i(t)$가 0에서 정상 전류의 $63.2[\%]$에 달하는 시간$[\mathrm{s}]$을 구하면 ?

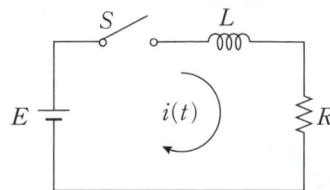

① $LR[\mathrm{s}]$ ② $\dfrac{1}{LR}[\mathrm{s}]$

③ $\dfrac{L}{R}[\mathrm{s}]$ ④ $\dfrac{R}{L}[\mathrm{s}]$

🔍 **해설**

$R-L$ 직렬연결

정상전류의 $63.2[\%]$에 도달하는 전류는 시정수에서의 전류이므로 $R-L$ 직렬연결시 시정수 $\tau=\dfrac{L}{R}[\sec]$이다.

★★★★☆

16 전기 회로에서 일어나는 과도 현상은 그 회로의 시정수와 관계가 있다. 이 사이의 관계를 옳게 표현한 것은?

① 회로의 시정수가 클수록 과도 현상은 오랫 동안 지속된다.

② 시정수는 과도 현상의 지속 시간에는 상관되지 않는다.

③ 시정수의 역이 클수록 과도 현상은 천천히 사라진다.

④ 시정수가 클수록 과도 현상은 빨리 사라진다.

🔍 **해설**

시정수

시정수가 크면 과도현상이 오래도록 지속된다.

시정수가 작을수록 과도현상은 짧아진다.

★★☆☆☆

17 그림과 같은 회로에서 스위치 S를 닫았을 때 L에 가해지는 전압을 구하면?

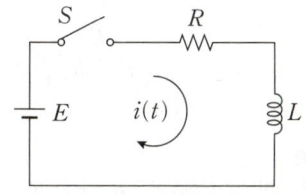

① $\dfrac{E}{R}e^{-\frac{R}{L}t}$ ② $\dfrac{E}{R}e^{\frac{L}{R}t}$

③ $Ee^{-\frac{R}{L}t}$ ④ $Ee^{\frac{L}{R}t}$

🔍 **해설**

$R-L$ 직렬연결

• R에 걸리는 전압

$v_R=Ri(t)=R\times\dfrac{E}{R}\left(1-e^{-\frac{R}{L}t}\right)=E\left(1-e^{-\frac{R}{L}t}\right)[\mathrm{V}]$

• L에 걸리는 전압

$v_L=L\dfrac{di}{dt}=L\dfrac{d}{dt}\dfrac{E}{R}\left(1-e^{-\frac{R}{L}t}\right)=Ee^{-\frac{R}{L}t}[\mathrm{V}]$

[정답] 14 ③ 15 ③ 16 ① 17 ③

★★★☆☆

18 그림과 같은 회로에서 스위치 S를 $t=0$에서 닫았을 때 $(V_L)_{t=0}=60[\text{V}]$, $\left(\dfrac{di}{dt}\right)_{t=0}=30[\text{A/s}]$이다. L의 값은 몇 [H]인가?

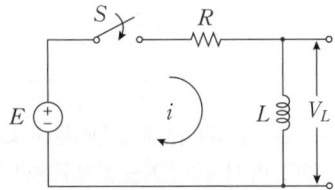

① 0.5[H]　　　　② 1.0[H]

③ 1.25[H]　　　　④ 2.0[H]

🔍 **해설**

$R-L$ 직렬연결

$V_L = L \cdot \dfrac{di}{dt}[\text{V}]$에서 $60 = L \cdot 30$

$\therefore L = 2[\text{H}]$

★★★☆☆

19 R_1, R_2 저항 및 인덕턴스 L의 직렬 회로가 있다. 이 회로의 시정수는?

① $-\dfrac{R_1+R_2}{L}$　　　　② $\dfrac{R_1+R_2}{L}$

③ $\dfrac{-L}{R_1+R_2}$　　　　④ $\dfrac{L}{R_1+R_2}$

🔍 **해설**

$R-L$ 직렬연결

R_1, R_2가 직렬연결이므로 합성저항은 $R=R_1+R_2$이므로

$R-L$ 직렬 회로의 시정수는 $\tau = \dfrac{L}{R} = \dfrac{L}{R_1+R_2}[\text{sec}]$

★★★★☆

20 코일의 권수 $N=1000$, 저항 $R=20[\Omega]$이다. 전류 $I=10[\text{A}]$를 흘릴 때 자속 $\phi = 3 \times 10^{-2}[\text{Wb}]$이다. 이 회로의 시정수[s]는?

① 0.15[s]　　　　② 3[s]

③ 0.4[s]　　　　④ 4[s]

🔍 **해설**

$R-L$ 직렬연결

코일의 인덕턴스 L은 $L = \dfrac{N\phi}{I} = \dfrac{1000 \times 3 \times 10^{-2}}{10} = 3[\text{H}]$

$\therefore \tau = \dfrac{L}{R} = \dfrac{3}{20} = 0.15[\text{s}]$

★★★☆☆

21 그림의 회로에서 스위치 S를 닫을 때 콘덴서의 초기 전하를 무시하고 회로에 흐르는 전류를 구하면?

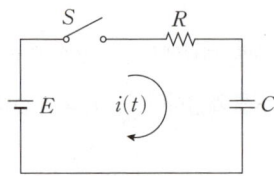

① $\dfrac{E}{R}e^{\frac{C}{R}t}$　　　　② $\dfrac{E}{R}e^{\frac{R}{C}t}$

③ $\dfrac{E}{R}e^{-\frac{1}{CR}t}$　　　　④ $\dfrac{E}{R}e^{\frac{1}{CR}t}$

🔍 **해설**

$R-C$ 직렬연결

$R-C$ 직렬연결에서 스위치 열 때 전류 $i(t) = \dfrac{E}{R}e^{-\frac{1}{RC}t}[\text{A}]$

★★☆☆☆

22 $R-C$ 직렬 회로에 $t=0$일 때 직류 전압 10[V]를 인가하면, $t=0.1$초 때 전류 [mA]의 크기는?
(단, $R=1000[\Omega]$, $C=50[\mu\text{F}]$이고, 처음부터 정전 용량의 전하는 없었다고 한다.)

① 약 2.25[mA]　　　　② 약 1.8[mA]

③ 약 1.35[mA]　　　　④ 약 2.4[mA]

🔍 **해설**

$R-C$ 직렬연결

$i(t) = \dfrac{E}{R}e^{-\frac{1}{RC}t}$ 에서 $t=0.1$이므로

$i(t) = \dfrac{10}{1000}e^{-\frac{0.1}{1000 \times 50 \times 10^{-6}}} \times 10^3 = 10e^{-2} = 1.35 \times 10^{-3}[\text{A}]$

$\fallingdotseq 1.35[\text{mA}]$

[정답] 18 ④　19 ④　20 ①　21 ③　22 ③

★★★☆☆

23 회로에서 정전용량 C는 초기전하가 없었다. 지금 $t=0$에서 스위치 K를 닫았을 때 $t=0^+$에서의 $i(t)$ 값은?

① $0.1[\mathrm{A}]$　　　　　② $0.2[\mathrm{A}]$

③ $0.4[\mathrm{A}]$　　　　　④ $1[\mathrm{A}]$

🔍 **해설**

$R-C$ 직렬연결

$R-C$ 직렬회로에서 스위치 on시 흐르는 전류는

$i(t)=\dfrac{E}{R}e^{-\frac{1}{RC}t}$ 에서 $t=0$이므로 $i(0)=\dfrac{E}{R}=\dfrac{100}{1\times 10^3}=0.1[\mathrm{A}]$

★★★☆☆

24 $R-C$ 직렬 회로의 시정수 $\tau[\mathrm{s}]$는?

① $RC[\mathrm{s}]$　　　　　② $\dfrac{1}{RC}[\mathrm{s}]$

③ $\dfrac{C}{R}[\mathrm{s}]$　　　　　④ $\dfrac{R}{C}[\mathrm{s}]$

🔍 **해설**

$R-C$ 직렬연결

$R-C$ 직렬회로에서의 시정수

∴ $\tau=RC[\mathrm{s}]$

★★☆☆☆

25 그림의 회로에서 스위치 S를 갑자기 닫은 후 회로에 흐르는 전류 $i(t)$의 시정수는? (단, C에 초기 전하는 없었다.)

① $\dfrac{RR_1C}{R+R_1}$　　　　　② $\dfrac{R+R_1}{RR_1C}$

③ $(RR_1+R_1)C$　　　　　④ $\dfrac{C}{RR_1+R_1}$

🔍 **해설**

$R-C$ 직렬연결

★★★☆☆

26 그림과 같은 회로에 $t=0$에서 S를 닫을 때의 방전 과도전류 $i(t)[\mathrm{A}]$는?

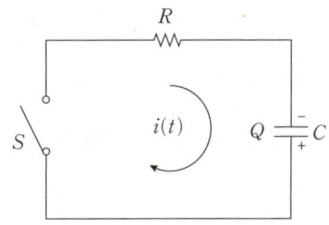

① $\dfrac{Q}{RC}e^{-\frac{t}{RC}}$　　　　　② $-\dfrac{Q}{RC}e^{\frac{t}{RC}}$

③ $\dfrac{Q}{RC}(1+e^{\frac{t}{RC}})$　　　　　④ $-\dfrac{Q}{RC}(1-e^{-\frac{t}{RC}})$

🔍 **해설**

$R-C$ 직렬연결

$R-C$ 직렬연결에서 스위치 닫았을 때 전류

$i(t)=\dfrac{E}{R}e^{-\frac{1}{RC}t}=\dfrac{\frac{Q}{C}}{R}e^{-\frac{1}{RC}t}=\dfrac{Q}{RC}e^{-\frac{1}{RC}t}[\mathrm{A}]$

★★★☆☆

27 그림과 같은 직류 LC 직렬회로에 대한 설명 중 옳은 것은?

① e_L은 진동함수이나 e_c는 진동하지 않는다.

② e_L의 최대치가 $2E$ 까지 될 수 있다.

③ e_c는 최대치가 $2E$ 까지 될 수 있다.

④ C의 충전전하 q는 시간 t에 무관하다.

🔍 **해설**

$L-C$ 직렬연결

$L-C$ 직렬회로의 스위치 on시 흐르는 전류는

$i(t)=\dfrac{E}{\sqrt{\dfrac{L}{C}}}\sin\dfrac{1}{\sqrt{LC}}t[\mathrm{A}]$이므로

• L에 걸리는 전압 $V_L=L\dfrac{di(t)}{dt}=E\cos\dfrac{1}{\sqrt{LC}}t[\mathrm{V}]$

• C에 걸리는 전압 $V_c=\dfrac{1}{C}\displaystyle\int_0^t i(t)dt=E(1-\cos\dfrac{1}{\sqrt{LC}}t)[\mathrm{V}]$

• L에 걸리는 최대전압은 $\cos\dfrac{1}{\sqrt{LC}}t=1$일 때 $V_{L\max}=E[\mathrm{V}]$

• C에 걸리는 최대전압은 $\cos\dfrac{1}{\sqrt{LC}}t=-1$일 때 $V_{C\max}=2E[\mathrm{V}]$

★★★★☆
28 그림의 정전 용량 $C[\mathrm{F}]$를 충전한 후 스위치 S를 닫아 이것을 방전하는 경우의 과도 전류는? (단, 회로에는 저항이 없다.)

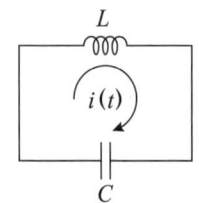

① 불변의 진동 전류

② 감쇠하는 전류

③ 감쇠하는 진동 전류

④ 일정값까지는 증가하여 그 후 감쇠하는 전류

🔍 **해설**

$L-C$ 직렬연결

LC 직렬회로의 과도전류는 $i(t)=\dfrac{E}{\sqrt{\dfrac{L}{C}}}\sin\dfrac{1}{\sqrt{LC}}t[\mathrm{A}]$이며

불변진동전류가 흐른다.

★★☆☆☆
29 인덕턴스 $L=50[\mathrm{mH}]$의 코일에 $I_0=200[\mathrm{A}]$의 직류를 흘려 급히 그림과 같이 용량 $C=20[\mu\mathrm{F}]$의 콘덴서에 연결할 때 회로에 생기는 최대전압[kV]는?

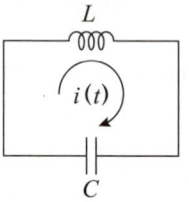

① $10[\mathrm{kV}]$　　　　② $10\sqrt{2}\,[\mathrm{kV}]$

③ $20[\mathrm{kV}]$　　　　④ $20\sqrt{2}\,[\mathrm{kV}]$

🔍 **해설**

$L-C$ 직렬연결

코일에 축적에너지와 콘덴서에 축적되는 에너지는 같으므로

$W_L=W_C$, $\dfrac{1}{2}LI_0^2=\dfrac{1}{2}CV^2$

$V=\sqrt{\dfrac{LI_0^2}{C}}=\sqrt{\dfrac{50\times10^{-3}\times200^2}{20\times10^{-6}}}\times10^{-3}=10[\mathrm{kV}]$

★★★☆☆
30 $R-L-C$ 직렬회로에 직류전압을 갑자기 인가할 때, 회로에 흐르는 전류가 비진동적이 될 조건은?

① $R^2>\dfrac{1}{LC}$　　　　② $R^2=\dfrac{4L}{C}$

③ $R^2>\dfrac{4L}{C}$　　　　④ $R^2<\dfrac{4L}{C}$

🔍 **해설**

$R-L-C$ 직렬회로의 진동조건

비진동 조건시 $R>2\sqrt{\dfrac{L}{C}}$ 이므로 $R^2>\dfrac{4L}{C}$ 가 된다.

★★★☆☆
31 $R-L-C$ 직렬 회로에서 진동 조건은 어느 것인가?

① $R<2\sqrt{\dfrac{C}{L}}$　　　　② $R<2\sqrt{\dfrac{L}{C}}$

③ $R<2\sqrt{LC}$　　　　④ $R<\dfrac{1}{2\sqrt{LC}}$

[정답] 28 ① 29 ① 30 ③ 31 ②

🔍 **해설** ----------

$R-L-C$ 직렬회로의 진동조건

① 비진동 조건 : $R > 2\sqrt{\dfrac{L}{C}}$

② 진동 조건 : $R < 2\sqrt{\dfrac{L}{C}}$

③ 임계 진동 조건 : $R = 2\sqrt{\dfrac{L}{C}}$

★★★☆☆

32 $R-L-C$ 직렬 회로에 $t=0$에서 교류 전압 $v(t)=V_m\sin(\omega t+\theta)$를 가할 때 $R^2-4\dfrac{L}{C}>0$이면 이 회로는?

① 진동적이다. ② 비진동적이다.

③ 임계적이다. ④ 비감쇠 진동이다.

🔍 **해설** ----------

$R-L-C$ 직렬회로의 진동조건

$R^2-4\dfrac{L}{C}>0,\ R^2>4\dfrac{L}{C}$

$R>2\sqrt{\dfrac{L}{C}}$ 이므로 비진동적이 된다.

★★★☆☆

33 $R-L-C$ 직렬 회로에 $t=0$에서 교류 전압 $v(t)=V_m\sin(\omega t+\theta)$를 가할 때 $R^2-4\dfrac{L}{C}<0$이면 이 회로는?

① 비진동적이다. ② 임계적이다.

③ 진동적이다. ④ 비감쇠 진동이다.

🔍 **해설** ----------

$R-L-C$ 직렬회로의 진동조건

$R^2-4\dfrac{L}{C}<0,\ R^2<4\dfrac{L}{C}$

$R<2\sqrt{\dfrac{L}{C}}$ 이므로 진동적이 된다.

★★★☆☆

34 $R-L-C$ 직렬 회로에서 회로 저항값이 다음의 어느 값이어야 이 회로가 임계적으로 제동되는가?

① $\sqrt{\dfrac{L}{C}}$ ② $2\sqrt{\dfrac{L}{C}}$

③ $\dfrac{1}{\sqrt{CL}}$ ④ $\sqrt{\dfrac{C}{L}}$

🔍 **해설** ----------

$R-L-C$ 직렬회로의 진동조건

임계적 제동 $R=2\sqrt{\dfrac{L}{C}}$

★★★☆☆

35 $R=30[\Omega]$, $L=79.6[mH]$의 RL 직렬회로에 $60[Hz]$의 교류를 가할 때 과도현상이 발생하지 않으려면 전압은 어떤 위상에서 가해야 하는가?

① $23°$ ② $30°$

③ $45°$ ④ $60°$

🔍 **해설** ----------

$R-L$ 직렬연결

과도현상이 발생하지 않으려면 임피던스의 위상과 같으면 된다.

따라서 $\theta=\tan^{-1}\dfrac{\omega L}{R}=\tan^{-1}\dfrac{377\times79.6\times10^{-3}}{30}=45°$

★★★☆☆

36 그림의 회로에서 $t=0$일 때 스위치 S를 닫았다. $i_1(0_+)$, $i_2(0_+)$의 값은? (단, $t<0$에서 C전압, L전압은 0 이다.)

① $\dfrac{E}{R_1}$, 0 ② 0, $\dfrac{E}{R_2}$

③ 0, 0 ④ $-\dfrac{E}{R_1}$, 0

[정답] 32 ② 33 ③ 34 ② 35 ③ 36 ①

🔍 **해설**

과도현상의 성질

$i_1(0)$, $i_2(0)$는 초기값이므로 L 및 C의 성질에서 L은 초개말단, C은 초단말개 이므로 등가회로를 그리면 다음과 같다.

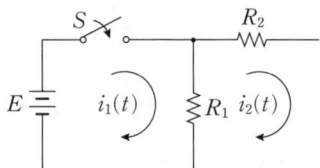

$$i_1(0)=\frac{E}{R}, \; i_2(0)=0$$

★★☆☆☆

37 그림과 같은 회로에 있어서 스위치 S를 닫을 때 $1.1'$ 단자에 발생하는 전압은?

① $\dfrac{EM}{L_2}e^{-\frac{R}{L_1}t}$　　② $\dfrac{EM}{L_1}e^{-\frac{R}{L_1}t}$

③ $\dfrac{EM}{L_2}(1-e^{-\frac{R}{L_1}t})$　　④ $\dfrac{EM}{L_1}(1-e^{-\frac{R}{L_1}t})$

🔍 **해설**

$R-L$ 직렬연결

스위치 닫았을 때 흐르는 전류 $i(t)=\dfrac{E}{R}(1-e^{-\frac{R}{L_1}t})$

$1.1'$에 걸리는 전압

$$e=M\frac{d}{dt}i(t)=M\frac{d}{dt}\left(\frac{E}{R}(1-e^{-\frac{R}{L_1}t})\right)=\frac{EM}{L_1}e^{-\frac{R}{L_1}t}[\mathrm{V}]$$

★★☆☆☆

38 그림의 회로에서 $\dfrac{1}{8}[\mathrm{F}]$의 콘덴서에 흐르는 전류는 일반적으로 $i(t)=A+Be^{-at}[\mathrm{A}]$로 표시된다. B의 값은? (단, $E=16[\mathrm{V}]$이다.)

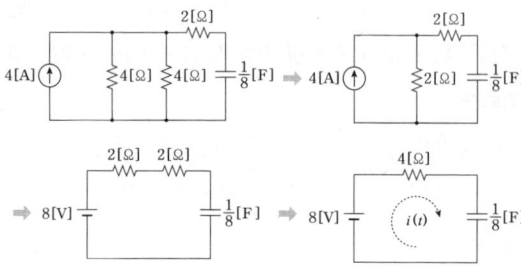

① 1　　　　　　② 2

③ 3　　　　　　④ 4

🔍 **해설**

$R-C$ 직렬연결

$R-C$ 직렬회로에서의 전류 $i(t)=\dfrac{E}{R}e^{-\frac{1}{RC}t}$이므로

주어진 수치를 대입하면 $i(t)=\dfrac{8}{4}e^{-\frac{1}{4\times\frac{1}{8}}t}=2e^{-2t}[\mathrm{A}]$가 되므로

$A=0$, $B=2$, $\alpha=-2$가 된다.

★★☆☆☆

39 그림과 같은 회로에서 처음에 스위치 S가 닫힌 상태에서 회로에 정상전류가 흐르고 있었다. $t=0$에서 스위치 S를 연다면 회로의 전류는?

① $2+3e^{-5t}$　　　② $2+3e^{-2t}$

③ $4+2e^{-2t}$　　　④ $4+2e^{-5t}$

🔍 **해설**

과도현상의 성질

스위치 off시 전압방정식 $2\dfrac{di}{dt}+(4+6)i=20$에서

① 정상전류 $i_s = \dfrac{E}{R} = \dfrac{20}{4+6} = 2[\text{A}]$

② 과도전류 $i_t = Ae^{pt} = Ae^{-\frac{R}{L}t} = Ae^{-\frac{4+6}{2}t} = Ae^{-5t}[\text{A}]$

   그러므로 일반해 $i(t) = i_s + i_t = 2 + Ae^{-5t}[\text{A}]$가 된다.

③ 상수 A는 $t = 0$에서 $i(0) = 2 + A = \dfrac{20}{4}$ 이므로

   $A = 5 - 2 = 3$가 된다.

   $\therefore i(t) = 2 + 3e^{-5t}[\text{A}]$

ELECTRICITY

Chapter

05

제어공학

자동제어계의 종류와 구성

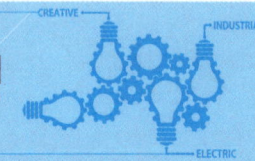

영상 학습 QR   출제경향분석

본장은 자동제어계의 종류와 구성에 대한 기본원리와 내용을 다루었으며 시험에 자주 출제가 되는 내용은 다음과 같다.

❶ 피드백 제어계의 구성   ❷ 제어량에 따른 분류
❸ 목표값(제어목적)에 따른 분류   ❹ 동작에 따른 분류

1 자동제어계의 종류와 구성

1. 자동제어계의 종류

1) 개루프 제어계(open loop control system)

가장 간단한 장치로서 제어동작이 출력과 관계없이 신호의 통로가 열려 있는 제어계로서 미리 정해진 순서에 따라서 각 단계가 순차적으로 진행되므로 시퀀스 제어(sequential control)라고도 한다.

- 개루프 제어계의 특징
  ① 제어시스템이 가장 간단하며, 설치비가 싸다.
  ② 제어동작이 출력과 관계없어 오차가 많이 생길 수 있으며 오차를 교정할 수가 없다.

2) 폐루프 제어계(closed loop control system)

출력값을 입력방향으로 피드백 시켜 일정한 목표값과 비교·검토하여 오차를 자동적으로 정정하게 하는 제어계로서 피드백 제어(feedback control)라고도 하며 입력과 출력을 비교하는 장치가 필수적이다.

- 피드백 제어계의 특징
  ① 정확성이 증가된다.
  ② 계의 특성 변화에 대한 입력 대 출력비의 감도 감소된다.
  ③ 대역폭이 증가한다.
  ④ 외부 조건의 변화에 대한 영향을 줄일 수 있다.
  ⑤ 제어계가 복잡해지며 제어기의 값이 비싸진다.

핵심 포인트

개루프 제어계
미리 정해진 순서에 따라서 각 단계가 순차적으로 진행되므로 시퀀스 제어(sequential control)라고도 한다.

핵심 포인트

- **폐루프 제어계**
  입력과 출력을 비교하는 장치가 필수적

- **피드백 제어계의 특징**
  1. 정확성의 증가
  2. 계의 특성 변화에 대한 입력 대 출력비의 감도 감소
  3. 대역폭이 증가한다.
  4. 외부 조건의 변화에 대한 영향을 줄일 수 있다.
  5. 제어계가 복잡해지고 제어기의 값이 비싸진다.

electrical engineer · electrical engineer · electrical engineer · electrical engineer · electrical engineer · electrical engineer · electrical engineer · electrical engineer

콕콕 포인트

2. 피드백 제어계의 구성

1) **목표값(입력)** : 제어계의 설정되는 값으로서 제어계에 가해지는 입력을 의미한다.

2) **기준입력요소** : 목표값을 제어할 수 있는 신호로 바꾸어주는 장치로서 제어계의 설정부를 의미한다.

3) **동작신호** : 목표값과 제어량 사이에서 나타나는 편차값으로서 제어요소의 입력신호이다.

4) **제어요소** : 조절부와 조작부로 구성되어 있으며 동작신호를 조작량으로 변환하는 장치이다.

5) **조작량** : 제어장치 또는 제어요소의 출력이면서 제어대상의 입력인 신호이다.

6) **제어대상** : 제어기구로서 제어장치를 제외한 나머지 부분을 의미한다.

7) **제어량(출력)** : 제어계의 출력으로서 제어대상에서 만들어지는 값이다.

8) **검출부** : 제어량을 검출하는 부분으로서 입력과 출력을 비교할 수 있는 비교부에 출력신호를 공급하는 장치이다.

9) **외란** : 제어대상에 가해지는 정상적인 입력이외의 좋지 않은 외부입력으로서 편차를 유도하여 제어량의 값을 목표값에서부터 멀어지게 하는 입력

10) **제어장치** : 기준입력요소, 제어요소, 검출부, 비교부 등과 같은 제어동작이 이루어지는 제어계 구성부분을 의미하며 제어대상은 제외된다.

필수확인 O·X 문제

| 1차 | 2차 | 3차 |

1. 피드백 제어계에는 입력과 출력을 비교하는 장치가 필요 없다. ·········( )
2. 동작신호를 조작량으로 변환하는 장치를 조절부라 한다. ···········( )

상세해설

1. (×) 피드백 제어계에는 입력과 출력을 비교하는 장치가 필요 하다.
2. (×) 동작신호를 조작량으로 변환하는 장치를 제어요소라 하며 조절부와 조작부로 구성되어 있다.

---

electrical engineer · electrical engineer · electrical engineer · electrical engineer · electrical engineer · electrical engineer · electrical engineer · electrical e

2 자동제어계의 분류

1. 제어량에 의한 분류

1) 서보기구 제어

제어량이 기계적 변위인 추치제어이다.
예 위치, 방향, 자세, 각도, 거리

2) 프로세스 제어

물리적, 화학적 처리를 하여 목적하는 제품을 만드는 공정제어라고도 하며 제어량이 피드백 제어계로서 주로 정치제어인 경우이다.
예 온도, 압력, 유량, 액면, 습도, 농도

3) 자동조정 제어

제어량이 전기적, 기계적인 양인 정치제어이다.
예 전압, 주파수, 장력, 속도, 회전수

2. 목표값(제어목적)에 의한 분류

1) 정치제어

목표값이 시간에 관계없이 항상 일정한 값을 제어
예 연속식 압연기

2) 추치제어

목표값의 크기나 위치가 시간에 따라 변하는 값을 제어
① 추치제어의 3종류
   ⓐ 추종제어 : 제어량에 의한 분류 중 서보 기구에 해당하는 값을 제어 한다.
      예 비행기 추적용 레이더, 유도 미사일
   ⓑ 프로그램제어 : 미리 정해진 시간적 변화에 따라 정해진 순서대로 제어 한다.
      예 무인 엘리베이터, 무인 자판기, 무인 열차
   ⓒ 비율제어 : 목표값이 다른 것과 일정 비율 관계를 가지고 변화하는 경우를 제어 한다.

3. 동작에 의한 분류

1) 연속동작에 의한 분류

① 비례동작(P제어)

off-set(오프셋, 잔류편차, 정상편차, 정상오차)가 발생, 속응성(응답속도)이 나쁘다.

② 비례 미분동작(PD제어)

진동을 억제하여 속응성(응답속도)를 개선하고 오차가 변화하는 속도에 비례하여 조작량을 조절하는 동작으로 오차가 커지는 것을 미연에 방지한다.

[진상보상요소]

③ 비례 적분동작(PI제어)

정상특성을 개선하여 off-set(오프셋, 잔류편차, 정상편차, 정상오차)를 제거하고 제어결과가 진동적으로 될 수 있다.

[지상보상요소]

④ 비례미분적분동작(PID제어)

최상의 최적제어로서 off-set를 제거하며 속응성 또한 개선하여 안정한 제어가 되도록 한다.

[진.지상보상요소]

2) 불연속 동작에 의한 분류(사이클링 발생)

① ON-OFF 제어

② 샘플링제어

| 필수확인 O·X 문제 | 1차 2차 3차

1. 온도, 압력, 유량, 액면등은 서어보기구 제어량이다. · · · · · · · · · · · · · · · · · ( )
2. 미리 정해진 시간적 변화에 따라 정해진 순서대로 제어하는 것을 프로그램 제어라 한다. · ( )

상세해설

1. (×) 온도, 압력, 유량, 액면등은 프로세서 제어량이다.
2. (○) 미리 정해진 시간적 변화에 따라 정해진 순서대로 제어하는 것을 프로그램 제어라 하며 무인 엘리베이터, 무인 자판기, 무인 열차 등이 이에 속한다.

영상 학습 QR

- QR 코드를 찍으시면, 가장 중요한 우선순위 문제풀이 영상을 보실 수 있습니다.
- 우선순위 논점은 전기(산업)기사 시험에서 가장 출제 빈도가 높은 문제로써, 수험생분들께서는 각 파트별 우선순위 문제의 논점과 키워드를 학습하시기를 바랍니다.
- 체크 리스트를 작성하시면서 문제의 유형과 학습의 완성도를 스스로 체크 해 보시기를 바랍니다.
- "선생님의 콕콕 포인트"는 틀리기 쉬운 문제의 함정과 문제의 포인트를 집어드립니다. 우선순위 문제풀이의 포인트를 꼭 참고하고 응용문제의 해결능력을 길러 줍니다.

번호	우선순위 논점	KEY WORD	나의 정답 확인					선생님의 콕콕 포인트
			맞음	틀림(오답확인)				
				이해 부족	암기 부족	착오 실수		
6	피드백제어계의 구성	제어요소, 조작량, 동작신호						제어요소는 조절부와 조작부로 구성되어 동작신호를 조작량으로 변환
15	제어량에 따른 분류	제어량, 서어보기구						서어보기구 제어량 : 위치, 방향, 자세, 각도
21	제어량에 따른 분류	제어량, 프로세서						프로세서 제어량 : 온도, , 입력, 유량, 액면, 습도, 농도
29	제어목적에 따른 분류	프로그램제어. 무인						미리 정해진 순서대로 제어 되는 것을 프로그램 제어라 한다.
38	동작에 따른 분류	비례, 미분, 적분						오차를 미연에 방지는 미분동작, 오차를 개선 시키는것은 적분동작

★★☆☆☆
01 피이드백 제어계에서 반드시 필요한 장치는 어느 것인가?

① 구동 장치
② 응답 속도를 빠르게 하는 장치
③ 안정도를 좋게 하는 장치
④ 입력과 출력을 비교하는 장치

🔍 해설

피드백 제어계의 구성
피이드백 제어계에서는 오차를 정정하기 위하여 입력과 출력을 비교하는 장치가 반드시 필요하다.

★★★☆☆
02 다음 용어 설명 중 옳지 않은 것은?

① 목표값을 제어할 수 있는 신호로 변환하는 장치를 기준 입력장치
② 목표값을 제어할 수 있는 신호로 변환하는 장치를 조작부

③ 제어량을 설정값과 비교하여 오차를 계산하는 장치를 오차검출기
④ 제어량을 측정하는 장치를 검출단

🔍 해설

피드백 제어계의 구성
기준입력장치는 목표값을 제어할 수 있는 신호로 바꾸어주는 장치로서 제어계의 설정부를 의미한다.

★★☆☆☆
03 제어계를 동작시키는 기준으로서 직접 제어계에 가해지는 신호는?

① 기준입력신호
② 동작신호
③ 조절신호
④ 주 피이드백신호

🔍 해설

피드백 제어계의 구성
기준 입력 신호는 제어계를 동작시키는 기준으로 직접 제어계에 가해지는 입력 신호이다.

[정답] 01 ④ 02 ② 03 ①

★★★☆☆

04 동작신호를 만드는 부분은?

① 검출부   ② 비교부
③ 조작부   ④ 제어부

🔍 **해설**

피드백제어계의 구성

★★☆☆☆

05 다음 그림 중 ①에 알맞은 신호는?

① 기준입력   ② 동작신호
③ 조작량   ④ 제어량

🔍 **해설**

피드백 제어계의 구성
조작량이란 제어요소에서 제어대상에 인가되는 양을 의미한다.

★★☆☆☆

06 조절부와 조작부로 이루어진 요소는?

① 기준입력요소   ② 피이드백요소
③ 제어요소   ④ 제어대상

🔍 **해설**

피드백 제어계의 구성
제어요소는 조절부와 조작부로 구성되어 있으며 동작신호를 조작량으로 변환하는 장치이다.

★★★☆☆

07 피이드백 제어계에서 제어요소에 대한 설명 중 옳은 것은?

① 목표치에 비례하는 신호를 발생하는 요소이다.
② 조작부와 검출부로 구성되어 있다.
③ 조절부와 검출부로 구성되어 있다.
④ 동작신호를 조작량으로 변환시키는 요소이다.

🔍 **해설**

피드백 제어계의 구성
제어요소는 조절부와 조작부로 구성되어 있으며 동작신호를 조작량으로 변환하는 장치이다.

★★☆☆☆

08 제어요소가 제어대상에 주는 양은?

① 기준입력신호   ② 동작신호
③ 제어량   ④ 조작량

🔍 **해설**

피드백 제어계의 구성
제어요소의 출력인 동시에 제어대상의 입력을 조작량이라 한다.

★★☆☆☆

09 제어장치가 제어대상에 가하는 제어신호로 제어장치의 출력인 동시에 제어대상의 입력인 신호는?

① 목표값   ② 조작량
③ 제어량   ④ 동작 신호

🔍 **해설**

피드백 제어계의 구성
제어요소의 출력인 동시에 제어대상의 입력을 조작량이라 한다.

★★★☆☆

10 전기로의 온도를 900 [℃]로 일정하게 유지시키기 위하여, 열전 온도계의 지시값을 보면서 전압 조정기로 전기로에 대한 인가전압을 조절하는 장치가 있다. 이 경우 열전 온도계는 어느 용어에 해당되는가?

[**정답**] 04 ②   05 ③   06 ③   07 ④   08 ④   09 ②   10 ①

① 검출부   ② 조작량

③ 조작부   ④ 제어량

🔍 **해설**

피드백 제어계의 구성

검출부는 제어량을 검출하는 부분으로서 입력과 출력을 비교할 수 있는 비교부에 출력신호를 공급하는 장치이다.

- 제어대상 : 전기로   • 제어량 : 온도
- 목표값 : 900[℃]   • 검출부 : 열전온도계
- 제어요소 : 전압조정기   • 조작량 : 인가전압

★★☆☆☆

11 목표값 200[℃]의 전기로에서 열전온도계의 지시에 따라 전압 조정기로 전압을 조절하여 온도를 일정하게 유지시킨다면 온도는 다음 어느 것에 해당되는가?

① 제어량   ② 조작부

③ 조작량   ④ 검출부

🔍 **해설**

피드백 제어계의 구성

제어량은 숫자에 대한 이름으로 되어있다.

★★★☆☆

12 보일러의 온도를 70[℃]로 일정하게 유지시키기 위하여 기름의 공급을 변화시킬 때 목표값은?

① 70[℃]   ② 온도

③ 기름 공급량   ④ 보일러

🔍 **해설**

피드백 제어계의 구성

목표값은 숫자로 되어 있다.

★★☆☆☆

13 인가직류 전압을 변화시켜서 전동기의 회전수를 800[rpm]으로 하고자 한다. 이 경우 회전수는 어느 용어에 해당되는가?

① 목표값   ② 조작량

③ 제어량   ④ 제어 대상

🔍 **해설**

피드백 제어계의 구성

제어량은 숫자에 대한 이름으로 되어있다.

★★☆☆☆

14 제어기기의 대표적인 것을 들면 검출기, 변환기, 증폭기, 조작기기를 들수 있는데 서어보 모터(servo moter)는 어디에 속하는가?

① 검출기   ② 변환기

③ 조작기기   ④ 증폭기

🔍 **해설**

피드백 제어계의 구성

서어보 전동기는 조작기기에 해당된다.

★★★☆☆

15 자동제어의 분류에서 제어량의 종류에 의한 분류가 아닌 것은?

① 서보기구   ② 추치제어

③ 프로세서 제어   ④ 자동조정

🔍 **해설**

제어량에 의한 분류

① 서보기구 제어 : 제어량이 기계적인 추치제어이다.
     예 위치, 방향, 자세, 각도, 거리
② 프로세스 제어 : 공정제어라고도 하며 제어량이 피드백 제어계로서 주로 정치제어인 경우이다.
     예 온도, 압력, 유량, 액면, 습도, 농도
③ 자동조정 제어 : 제어량이 정치제어이다.
     예 전압, 주파수, 장력, 속도

★★☆☆☆

16 자동 조정계가 속하는 제어계는?

① 추종제어   ② 정치제어

③ 프로그램제어   ④ 비율제어

🔍 **해설**

제어량에 의한 분류

정치제어는 목표값이 시간에 따라 변화하지 않는 것을 제어하는 것으로서 프로세스와 자동조정이 이에 속한다.

[**정답**] 11 ①   12 ①   13 ③   14 ③   15 ②   16 ②

★★★★☆

17 서보기구에서 직접 제어되는 제어량은 주로 어느 것인가?

① 압력, 유량, 액위, 온도

② 수분, 화학 성분

③ 위치, 각도

④ 전압, 전류, 회전 속도, 회전력

🔍 해설

제어량에 의한 분류

서보기구 제어량은 기계적인 추치제어로서 위치, 방향, 자세, 각도, 거리등을 말한다.

★★★☆☆

18 제어계 중에서 물체의 위치(속도, 가속도), 각도(자세, 방향)등의 기계적인 출력을 목적으로 하는 제어는?

① 프로세서제어

② 프로그램제어

③ 자동조정제어

④ 서보제어

🔍 해설

제어량에 의한 분류

서보기구 제어는 제어량이 기계적인 추치제어로서 위치, 방향, 자세, 각도, 거리등을 제어한다.

★★☆☆☆

19 프로세스제어에 속하는 것은?

① 전압

② 압력

③ 자동조정

④ 정치제어

🔍 해설

제어량에 의한 분류

프로세스 제어량은 공정제어라고도 하며 온도, 압력, 유량, 액면, 습도, 농도 등이 있다.

★★☆☆☆

20 다음의 제어량에서 추종제어에 속하지 않는 것은?

① 유량

② 위치

③ 방위

④ 자세

🔍 해설

제어량에 의한 분류

추종제어는 제어량에 의한 분류 중 서보 기구에 해당하는 값을 제어하므로 위치, 방향, 자세, 각도, 거리등이 속한다.

★★★☆☆

21 프로세스제어의 제어량이 아닌 것은?

① 물체의 자세

② 액위면

③ 유량

④ 온도

🔍 해설

제어량에 의한 분류

- 서보기구 제어 : 위치, 방향, 자세, 각도등
- 프로세스 제어 : 온도, 압력, 유량, 액면등
- 자동조정 제어 : 전압, 주파수, 장력, 속도등

★★★☆☆

22 원유를 증류 장치에 의하여 휘발유, 등유, 경유 등으로 분리시키는 장치는 어떤 제어인가?

① 시퀀스제어

② 프로세스제어

③ 개회로제어

④ 추종제어

🔍 해설

제어량에 의한 분류

휘발유, 등유, 경유 등은 유량이므로 프로세서 제어량이다.

★★☆☆☆

23 제어목적에 의한 분류에 해당되는 것은?

① 프로세스 제어

② 서보기구

③ 자동조정

④ 비율제어

🔍 해설

목표값(제어목적)에 의한 분류

① 정치제어 : 목표값이 시간에 관계없이 항상 일정한 것을 제어
  예 연속식 압연기
② 추치제어 : 목표값의 크기나 위치가 시간에 따라 변하는 것을 제어추치제어의 3종류
  예 추종제어, 프로그램제어, 비율제어

[**정답**] 17 ③ 18 ④ 19 ② 20 ① 21 ① 22 ② 23 ④

ⓐ 추종제어 : 제어량에 의한 분류 중 서보기구에 해당하는 값을 제어
　　예 비행기 추적용 레이더, 유도미사일
ⓑ 프로그램제어 : 미리 정해진 시간적 변화에 따라 정해진 순서대로 제어
　　예 무인 엘리베이터, 무인 자판기, 무인 열차
ⓒ 비율제어 : 목표값이 다른 것과 일정비율관계를 가지고 변화하는 경우의 제어

★★☆☆☆
24 다음 중 제어량을 어떤 일정한 목표값으로 유지하는 것을 목적으로 하는 제어법은?

① 추종제어　　　　　② 비율제어
③ 프로그램제어　　　④ 정치제어

🔍 해설

목표값(제어목적)에 의한 분류
정치제어는 목표값이 시간에 관계없이 항상 일정한 값을 제어하는 것을 말하며 연속식 압연기등에 사용된다.

★★★☆☆
25 연속식 압연기의 자동제어는 다음 중 어느 것인가?

① 정치제어　　　　　② 추종제어
③ 프로그래밍제어　　④ 비례제어

🔍 해설

목표값(제어목적)에 의한 분류
연속식 압연기는 압력을 일정하게 유지해야 하므로 목표값이 시간에 따라 변화하지 않는 것을 제어하는 정치제어이다.

★★☆☆☆
26 자동제어의 추치제어 3종이 아닌 것은?

① 프로세스제어　　　② 추종제어
③ 비율제어　　　　　④ 프로그램제어

🔍 해설

목표값(제어목적)에 의한 분류
추치제어는 목표값의 크기나 위치가 시간에 따라 변하는 것을 제어하는 것으로서 추종제어, 프로그램제어, 비율제어인 3종류로 분류된다.

★★☆☆☆
27 연료의 유량과 공기의 유량과의 사이의 비율을 연소에 적합한 것으로 유지하고자 하는 제어는?

① 비율제어　　　　　② 추종제어
③ 프로그램제어　　　④ 시이퀀스제어

🔍 해설

목표값(제어목적)에 의한 분류
목표값이 다른 것과 일정비율관계를 가지고 변화하는 경우의 제어를 비율제어라 한다.

★★☆☆☆
28 인공위성을 추적하는 레이더(rader)의 제어방식은?

① 정치제어　　　　　② 비율제어
③ 추종제어　　　　　④ 프로그램제어

🔍 해설

목표값(제어목적)에 의한 분류
항공기를 레이더로 추적하는 제어와 같이 임의로 변화하는 목표값을 추적하는 제어를 추종제어라 한다.

★★☆☆☆
29 목표값이 미리 정해진 시간적 변화를 하는 경우 제어량을 그것에 추종시키기 위한 제어는?

① 프로그래밍제어　　② 정치제어
③ 추종제어　　　　　④ 비율제어

🔍 해설

목표값(제어목적)에 의한 분류
목표값이 미리 정해진 시간적 변화를 하는 경우 제어량을 그것에 추종시키기 위한 제어를 프로그래밍 제어라 하며 그 예로는 무인열차, 무인자판기, 무인엘리베이터등이 있다.

★★☆☆☆
30 열차의 무인 운전을 위한 제어는 어느 것에 속하는가?

① 정치제어　　　　　② 추종제어
③ 비율제어　　　　　④ 프로그램제어

[정답] 24 ④　25 ①　26 ①　27 ①　28 ③　29 ①　30 ④

해설

목표값(제어목적)에 의한 분류

목표값이 미리 정해진 시간적 변화를 하는 경우 제어량을 그것에 추종시키기 위한 제어를 프로그래밍 제어라 하며 그 예로는 무인열차, 무인자판기, 무인엘리베이터등이 있다.

★★☆☆☆

31 엘리베이터의 자동제어는 다음 중 어느 것에 속하는가?

① 추종제어

② 프로그램제어

③ 정치제어

④ 비율제어

해설

목표값(제어목적)에 의한 분류

목표값이 미리 정해진 시간적 변화를 하는 경우 제어량을 그것에 추종시키기 위한 제어를 프로그래밍 제어라 하며 그 예로는 무인열차, 무인자판기, 무인엘리베이터등이 있다.

★★★☆☆

32 제어요소의 동작 중 연속 동작이 아닌 것은?

① D 동작

② ON−OFF 동작

③ P+D 동작

④ P+I 동작

해설

동작에 의한 분류

① 연속동작에 의한 분류
  ⓐ 비례동작(P제어)
  ⓑ 비례 미분동작(P+D제어)
  ⓒ 비례 적분동작(P+I제어)
  ⓓ 비례미분적분제어(P+I+D제어)

② 불연속 동작에 의한 분류
  ⓐ ON−OFF 동작
  ⓑ 샘플링동작

★★★☆☆

33 잔류편차가 있는 제어계는?

① 비례 제어계(P 제어계)

② 적분 제어계(I 제어계)

③ 비례 적분 제어계(PI 제어계)

④ 비례 적분 미분 제어계(PID 제어계)

해설

동작에 의한 분류

비례제어(P제어)은 off-set(오프셋, 잔류편차, 정상편차, 정상오차)가 발생, 속응성(응답속도)이 나쁘다.

★★☆☆☆

34 오프셋이 있는 제어는?

① I 제어

② P 제어

③ PI 제어

④ PID 제어

해설

동작에 의한 분류

비례제어(P제어)은 off-set(오프셋, 잔류편차, 정상편차, 정상오차)가 발생, 속응성(응답속도)이 나쁘다.

★★★☆☆

35 PD 제어동작은 공정제어계의 무엇을 개선하기 위하여 쓰이고 있는가?

① 정밀성

② 속응성

③ 안정성

④ 이득

해설

동작에 의한 분류

비례 미분동작(PD제어)은 진동을 억제하여 속응성(응답속도)를 개선한다. → 진상보상요소

[정답] 31 ② 32 ② 33 ① 34 ② 35 ②

★★☆☆☆

36 진동이 일어나는 장치의 진동을 억제시키는데 가장 효과적인 제어동작은?

① ON-OFF동작   ② 비례동작

③ 미분동작   ④ 적분동작

🔍 **해설** ------------------------

동작에 의한 분류

비례 미분동작(PD제어)은 진동을 억제하여 속응성(응답속도)를 개선 한다. ➡ 진상보상요소

★★☆☆☆

37 PI 제어동작은 제어계의 무엇을 개선하기 위해 쓰는가?

① 정상특성   ② 속응성

③ 안정성   ④ 이득

🔍 **해설** ------------------------

동작에 의한 분류

비례 적분동작(PI제어)은 정상특성을 개선하여 off-set(오프셋, 잔류편차, 정상편차, 정상오차)를 제거 한다. ➡ 지상보상요소

★★★★☆

38 조절부의 동작에 의한 분류 중 제어계의 오차가 검출될 때 오차가 변화하는 속도에 비례하여 조작량을 조절하는 동작으로 오차가 커지는 것을 미연에 방지하는 제어동작은 무엇인가 ?

① 비례동작제어

② 미분동작제어

③ 적분동작제어

④ 온-오프(ON-OFF)제어

🔍 **해설** ------------------------

동작에 의한 분류

제어계의 오차가 검출될 때 오차가 변화하는 속도에 비례하여 조작량을 조절하는 동작으로 오차가 커지는 것을 미연에 방지하는 제어동작을 미분동작 제어라 한다.

★★★☆☆

39 PI 제어동작은 프로세스제어계의 정상특성 개선에 흔히 쓰인다. 이것에 대응하는 보상 요소는?

① 지상보상 요소

② 진상보상 요소

③ 진지상보상 요소

④ 동상보상 요소

🔍 **해설** ------------------------

동작에 의한 분류

비례 적분동작(PI제어)은 정상특성을 개선하여 off-set(오프셋, 잔류편차, 정상편차, 정상오차)를 제거 한다. ➡ 지상보상요소

★★☆☆☆

40 비례적분제어(PI 동작)의 단점은?

① 사이클링을 일으킨다.

② 오프세트를 크게 일으킨다.

③ 응답의 진동 시간이 길다.

④ 간헐 현상이 있다.

🔍 **해설** ------------------------

동작에 의한 분류

비례적분제어는 잔류편차 없지만 간헐현상이 있다.

★★☆☆☆

41 정상특성과 응답 속응성을 동시에 개선시키려면 다음 어느 제어를 사용해야 하는가?

① P 제어   ② PI 제어

③ PD 제어   ④ PID 제어

🔍 **해설** ------------------------

동작에 의한 분류

비례미분적분동작(PID제어)은 최상의 최적제어로서 off-set를 제거하며 속응성 또한 개선하여 안정한 제어가 되도록 한다.
➡ 진.지상보상요소

[**정답**] 36 ③   37 ①   38 ②   39 ①   40 ④   41 ④

★★☆☆☆

42 다음 동작중 속응도의 정상편차에서 최적제어가 되는 것은?

① P 동작
② PI 동작
③ PD 동작
④ PID 동작

🔍 **해설** ---------------------------

동작에 의한 분류

비례미분적분동작(PID제어)은 최상의 최적제어로서 off-set를 제거하며 속응성 또한 개선하여 안정한 제어가 되도록 한다.
→ 진.지상보상요소

★★★☆☆

43 비례적분미분제어(PID 동작)의 설명 중에서 맞지 않는 것은?

① 잔류편차를 없애는 작용을 한다.
② 단속적 제어동작이다.
③ 응답의 오우버슈우트를 감소시킨다.
④ 정정시간을 적게 한다.

🔍 **해설** ---------------------------

동작에 의한 분류

단속적 제어동작은 불연속 동작에서 일어난다.

★★★★☆

44 PID 동작은 어느 것인가 ?

① 사이클링은 제거할 수 있으나 오프셋은 생긴다.
② 오프셋은 제거되나 제어동작에 큰 부동작시간이 있으면 응답이 늦어진다.
③ 응답속도는 빨리 할 수 있으나 오프셋은 제거되지 않는다.
④ 사이클링과 오프셋이 제거되고 응답속도가 빠르며 안정성도 있다.

🔍 **해설** ---------------------------

동작에 의한 분류

비례미분적분동작(PID제어)은 최상의 최적제어로서 off-set를 제거하며 속응성 또한 개선하여 안정한 제어가 되도록 한다.
→ 진.지상보상요소

★★☆☆☆

45 사이클링이 있는 제어는?

① on-off제어
② 비례제어
③ 비례적분제어
④비례적분미분제어

🔍 **해설** ---------------------------

동작에 의한 분류

사이클링이 발생은 불연속 동작인 on-off 제어, 샘플링제어에서 일어난다.

[정답] 42 ④ 43 ② 44 ④ 45 ①

블록선도와 신호흐름선도

영상 학습 QR   출제경향분석

본장은 자동제어계의 블록선도와 신호흐름선도에 의한 전달함수의 기본원리와 내용을 다루었으며 시험에 자주 출제가 되는 내용은 다음과 같다.

❶ 블록선도에 의한 전달함수   ❷ 신호흐름선도에 의한 전달함수

콕콕 포인트

1 블록선도

1. 블록선도의 기본기호

 핵심 포인트

화살표
신호의 진행방향을 표시

명 칭	심 벌	내 용
전달요소	$\boxed{G}$	입력신호를 받아서 적당히 변환된 출력신호를 만드는 부분
화살표	A→$\boxed{G}$→B	신호의 진행방향(경로)을 표시
가합점(합산점)	A→○→B ±↑C	두 가지 이상의 신호가 있을 때 이들 신호의 합과 차를 만드는 부분 B=A±C
인출점(분기점)	A→●→B →C	한 개의 신호를 두 계통으로 분기하기 위한 점 A=B=C

 포인트문제 1

자동제어계의 각 요소를 Block 선도로 표시할 때에 각 요소를 전달함수로 표시하고 신호의 전달경로는 무엇으로 표시 하는가?

① 전달함수 ② 단자
③ 화살표   ④ 출력

A 해설

블록선도의 기본기호
신호의 진행방향(경로)을 표시하는 것을 화살표이다.

정답 ③

2. 블록선도의 전달함수

1) 직렬접속

2개 이상의 요소가 직렬로 결합되어 있는 방식으로 전달요소의 곱이 된다.

$$R(s) \rightarrow \boxed{G_1} \rightarrow \boxed{G_2} \rightarrow C(s)$$

 핵심 포인트

직렬접속 블록선도의 전달함수
전달요소의 곱
$$G(s)=\frac{C(s)}{R(s)}=G_1 \cdot G_2$$

합성전달함수 $G(s)=\dfrac{C(s)}{R(s)}=G_1 \cdot G_2$

2) 병렬접속

2개 이상의 요소가 병렬로 결합되어 있는 방식으로 가합점의 부호에 따라 합하거나 뺀다.

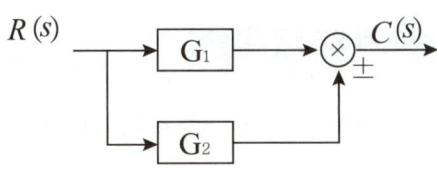

합성전달함수 $G(s)=\dfrac{C(s)}{R(s)}=G_1\pm G_2$

3) feed back 접속(궤환 접속)

출력신호 $C(s)$의 일부가 요소 $H(s)$을 거쳐 입력측에 feed back되는 결합방식

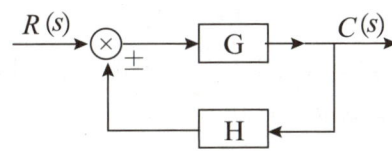

$C(s)=\{R(s)\pm C(s)H\}G$

$C(s)\{1\mp GH\}=R(s)G$

$G(s)=\dfrac{C(s)}{R(s)}=\dfrac{G}{1\mp GH}$

4) 블록선도의 용어 정리

① $G(s)$: 종합전달함수

② G : 전향전달함수

③ H : 피이드백 전달요소

④ $H=1$: 단위 피이드백제어계

⑤ GH : 개루프 전달함수

⑥ $+$: 정궤환 , $-$: 부궤환

⑦ 특성방정식 : 종합전달함수 $G(s)$의 분모가 0이 되는 방정식

  특성방정식$=1\mp GH=0$

⑧ 극점(×) : 종합전달함수 $G(s)$의 분모가 0이 되는 s 특성방정식의 근

⑨ 영점(○) : 종합전달함수 $G(s)$의 분자가 0이 되는 s

| 필수확인 O·X 문제 |

1차 2차 3차

1. 블록선도에서 신호의 진행방향(경로)을 표시하는 것은 화살표이다. ⋯⋯⋯ (   )
2. 종합전달함수 $G(s)$의 분자가 0 이 되는 방정식을 특성방정식이라 한다. ⋯ (   )

상세해설

  1. (○) 블록선도에서 신호의 진행방향(경로)을 표시하는 것은 화살표이다.
  2. (×) 종합전달함수 $G(s)$의 분모가 0 이 되는 방정식을 특성방정식이라 한다.

◆ 핵심 포인트

병렬접속 블록선도의 전달함수

가합점 부호에 따라 합하거나 뺀다.

$G(s)=\dfrac{C(s)}{R(s)}=G_1\pm G_2$

참고

피드백 제어계 전달함수

$G(s)=\dfrac{C(s)}{R(s)}=\dfrac{\sum 전향 경로 이득}{1-\sum 루프 이득}$

$=\dfrac{G}{1\mp GH}$

• 전향경로이득 : 입력에서 출력으로 동일진행방향 갖고 있는 전달요소들의 곱
• 루프이득 : 피드백되는 폐루프내의 전달요소들의 곱
• 피드백되는 가합점의 부호가 반대로 된다.
• $\sum$: 시그마로서 합(덧셈)을 말한다.

Q 포인트문제 2

그림의 블록선도에서 등가전달함수는?

① $\dfrac{G_1 G_2}{1+G_2+G_1 G_2 G_3}$

② $\dfrac{G_1 G_2}{1-G_2+G_1 G_2 G_3}$

③ $\dfrac{G_1 G_3}{1-G_2+G_1 G_2 G_3}$

④ $\dfrac{G_1 G_3}{1+G_2+G_1 G_2 G_3}$

A 해설

블록선도의 전달함수

전향경로이득 : $G_1\times G_2$
첫 번째 루프이득 : $-G_1\times G_2\times G_3$
두 번째 루프이득 : G_2
전달함수

$G(s)=\dfrac{C(s)}{R(s)}$

$=\dfrac{\sum 전향 경로 이득}{1-\sum 루프 이득}$

$=\dfrac{G_1 G_2}{1+G_1 G_2 G_3-G_2}$

정답 ②

콕콕 포인트

electrical engineer · electrical engineer · electrical engineer · electrical engineer · electrical engineer · electrical engineer · electrical

2 ▶ 신호 흐름선도에 의한 전달함수

출력과 입력과의 비, 즉 계통의 이득 또는 전달 함수는 다음 메이슨 (Mason)의 정리에 의하여 구할 수 있다.

$$G(s) = \frac{C(s)}{R(s)} = \frac{\displaystyle\sum_{k=1}^{N} G_k \triangle_k}{\triangle}$$

단, $G_k = k$번째의 전향경로(forword path)의 이득

$$\triangle = 1 - \sum_n L_{n1} + \sum_n L_{n2} - \sum_n L_{n3} + \cdots$$

$\triangle_k = k$번째의 전향경로와 접촉하지 않은 부분에 대한 $\triangle$의 값

여기서, L_{n1} : 개개의 폐루우프내의 개루프 이득

$\qquad L_{n2}$: 2개의 접촉되지 않는 폐루우프내의 가지의 곱

$\qquad L_{n3}$: 3개의 접촉되지 않는 폐루우프내의 가지의 곱

예제

$$L_{11} = -G(s)H(s)$$
$$\triangle = 1 - L_{11} = 1 + G(s)H(s)$$
$$G_1 = 1 \times G(s) \times 1 = G(s)$$
$$\triangle_1 = 1$$
$$G(s) = \frac{C(s)}{R(s)} = \frac{G_1 \triangle_1}{\triangle} = \frac{G(s)}{1 + G(s)H(s)}$$

별해 전향경로이득 : $1 \times G(s) \times 1 = G(s)$

루프이득 : $-G(s)H(s)$

전달함수 : $G(s) = \dfrac{C(s)}{R(s)} = \dfrac{\sum \text{전향 경로 이득}}{1 - \sum \text{루프 이득}} = \dfrac{G(s)}{1 + G(s)H(s)}$

참고

신호흐름선도에 의한 전달함수

$$G(s) = \frac{C(s)}{R(s)} = \frac{\sum \text{전향 경로 이득}}{1 - \sum \text{루프 이득}}$$
$$= \frac{G}{1 \mp GH}$$

• 전향경로이득 : 입력에서 출력으로 동일진행방향 갖는 가지들의 곱
• 루프이득 : 피이드백되는 폐루프의 가지들의 곱

Q 포인트문제 3

그림의 신호흐름선도에서 $\dfrac{C}{R}$는?

① $\dfrac{G_1 + G_2}{1 - G_1 H_1}$ ② $\dfrac{G_1 G_2}{1 - G_1 H_1}$

③ $\dfrac{G_1 + G_2}{1 + G_1 H_1}$ ④ $\dfrac{G_1 G_2}{1 + G_1 H_1}$

A 해설

신호흐름선도의 전달함수

• 첫 번째 전향경로이득
  $1 \times G_1 \times 1 \times 1 = G_1$
• 두 번째 전향경로이득
  $1 \times G_2 \times 1 = G_2$
• 루프이득 : $G_1 H_1$
• 전달함수
$$G(s) = \frac{C(s)}{R(s)}$$
$$= \frac{\sum \text{전향 경로 이득}}{1 - \sum \text{루프 이득}}$$
$$= \frac{G_1 + G_2}{1 - G_1 H_1}$$

정답 ①

ical engineer · electrical engineer · electrical engineer · electrical engineer · electrical engineer · electrical engineer · electrical engineer · electrical engineer

콕콕 포인트

3 운동계와 전기계의 상대적 관계

1. 전기계와 운동계의 대응관계

전기계	운동계	
	병진운동(직선운동)	회전운동
전압 $v(t)$	힘 $f(t)$	토오크 $\tau(t)$
전류 $i(t)$	속도 $v(t)$	각속도 $\omega(t)$
전하량 $q(t)$	변위 $x(t)$	각변위 $\theta(t)$
저항 R	점성마찰계수 $B=\mu$	회전마찰계수 $B=\mu$
인덕턴스 L	질량 M	관성모우멘트 J
정전용량 C	스프링상수 K	비틀림상수 K

2. 병진운동(직선운동)과 회전운동의 전달함수

병진운동(직선운동)	회전운동
$f(t)=M\dfrac{d^2x(t)}{dt^2}+B\dfrac{dx(t)}{dt}+Kx(t)[\text{N}]$ 라플라스 변환하여 전개하면 $F(s)=Ms^2X(s)+BsX(s)+KX(s)$ $G(s)=\dfrac{X(s)}{F(s)}=\dfrac{1}{Ms^2+Bs+K}$	$\tau(t)=J\dfrac{d^2\theta(t)}{dt^2}+B\dfrac{d\theta(t)}{dt}+K\theta(t)[\text{N}\cdot\text{m}]$ 라플라스 변환하여 전개하면 $T(s)=Js^2\theta(s)+Bs\theta(s)+K\theta(s)$ $G(s)=\dfrac{\theta(s)}{T(s)}=\dfrac{1}{Js^2+Bs+K}$

│ 필수확인 O·X 문제 │   [1차] [2차] [3차]

1. 피드백 되는 폐루우프 내 전달요소의 곱을 전향경로이득이라 한다. ‥‥‥‥( )
2. 전기계의 인덕턴스에 대응하는 값은 직선운동계의 관성모우멘트이다. ‥‥‥( )

상세해설
1. (×) 피드백 되는 폐루우프 내 전달요소의 곱을 루프이득이라 한다.
2. (×) 전기계의 인덕턴스에 대응하는 값은 직선운동계의 질량이다.

번호	우선순위 논점	KEY WORD	나의 정답 확인				선생님의 콕콕 포인트
			맞음	틀림(오답확인)			
				이해 부족	암기 부족	착오 실수	
9	블록선도 전달함수	블록선도, 전달함수, 피드백					전향경로이득과 루프이득을 이용하여 구한다.
14	블록선도 전달함수	블록선도, 전달함수, 피드백, 외란					외란이 있는 경우 2개의 입력이 되므로 각각 구하여 합산한다.
18	신호흐름선도 전달함수	신호흐름선도, 전달함수, 피드백					신호흐름선도의 전달함수도 블록선도와 같은 방법으로 구한다.
22	신호흐름선도 전달함수	신호흐름선도, 전달함수, 피드백					전향경로와 접촉되지 않는 피드백이 있는 경우 전향경로에 분모 △값을 곱하여 준다.
28	연산증폭기의 출력	연산증폭기					연산증폭기의 출력은 키르히호프의 법칙을 이용하고 출력값은 항상 (−)값이다.

★★★☆☆
01 종속으로 접속된 두 전달함수의 종합 전달함수를 구하시오.

① $G_1 + G_2$

② $G_1 \times G_2$

③ $\dfrac{1}{G_1} + \dfrac{1}{G_2}$

④ $\dfrac{1}{G_1} \times \dfrac{1}{G_2}$

🔍 **해설**

블록선도의 전달함수

전향경로이득 : $G_1 \times G_2$

루프이득 : 0

전달함수

$$G(s) = \frac{C(s)}{R(s)} = \frac{\sum \text{전향 경로 이득}}{1 - \sum \text{루프 이득}} = \frac{G_1 \times G_2}{1 - 0} = G_1 \times G_2$$

★★★☆☆
02 그림과 같은 계통의 전달함수는 ?

① $1 + G_1 G_2$

② $1 + G_2 + G_1 G_2$

③ $\dfrac{G_1 G_2}{1 - G_1 G_2}$

④ $\dfrac{G_2 G_3}{1 - G_1 - G_2}$

🔍 **해설**

블록선도의 전달함수

첫 번째 전향경로이득 : $G_1 \times G_2$

두 번째 전향경로이득 : G_2

세 번째 전향경로이득 : 1

루프이득 : 0

전달함수

$$G(s) = \frac{C(s)}{R(s)} = \frac{\sum \text{전향 경로 이득}}{1 - \sum \text{루프 이득}} = \frac{G_1 G_2 + G_2 + 1}{1 - 0}$$

$$= G_1 G_2 + G_2 + 1$$

[정답] 01 ② 02 ②

03 ★★★☆☆ 개루프 전달함수가 다음과 같을 때 단위 부궤환 폐루프 전달함수는?

$$G(s) = \frac{s+2}{s(s+1)}$$

① $\dfrac{s+2}{s^2+s}$ ② $\dfrac{s+2}{s^2+2s+2}$

③ $\dfrac{s+2}{s^2+s+2}$ ④ $\dfrac{s+2}{s^2+2s+4}$

🔍 해설

블록선도의 전달함수

단위 부궤환 폐루프 전달함수를 $G'(s)$라 하면

$$G'(s) = \frac{G(s)}{1+G(s)} = \frac{\dfrac{s+2}{s(s+1)}}{1+\dfrac{s+2}{s(s+1)}} = \frac{s+2}{s^2+2s+2}$$

04 ★★★☆☆ 그림과 같은 피드백 회로의 종합 전달함수는?

① $\dfrac{1}{G_1} + \dfrac{1}{G_2}$ ② $\dfrac{G_1}{1-G_1 G_2}$

③ $\dfrac{G_1}{1+G_1 G_2}$ ④ $\dfrac{G_1 G_2}{1+G_1 G_2}$

🔍 해설

블록선도의 전달함수

전향경로이득 : G_1
루프이득 : $G_1 \cdot G_2$
전달함수

$$G(s) = \frac{C(s)}{R(s)} = \frac{\sum \text{전향 경로 이득}}{1-\sum \text{루프 이득}} = \frac{G_1}{1+G_1 G_2}$$

05 ★★★☆☆ 그림의 블록선도에서 C/R를 구하면?

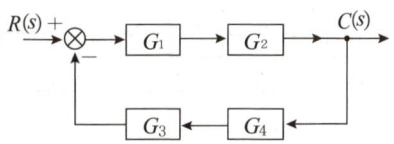

① $\dfrac{G_1+G_2}{1+G_1 G_2+G_3 G_4}$ ② $\dfrac{G_1 G_2}{1+G_1 G_2 G_3 G_4}$

③ $\dfrac{G_3 G_4}{1+G_1 G_2 G_3 G_4}$ ④ $\dfrac{G_1 G_2}{1+G_1 G_2+G_3 G_4}$

🔍 해설

블록선도의 전달함수

전향경로이득 : $G_1 \cdot G_2$
루프이득 : $G_1 \cdot G_2 \cdot G_3 \cdot G_4$
전달함수

$$G(s) = \frac{C(s)}{R(s)} = \frac{\sum \text{전향 경로 이득}}{1-\sum \text{루프 이득}} = \frac{G_1 \cdot G_2}{1+G_1 \cdot G_2 \cdot G_3 \cdot G_4}$$

06 ★★★☆☆ 다음 블록선도의 입·출력비는?

① $\dfrac{1}{1+G_1 G_2}$ ② $\dfrac{G_1 G_2}{G_1-G_2}$

③ $\dfrac{G_1}{1-G_2}$ ④ $\dfrac{G_1}{1+G_2}$

🔍 해설

블록선도의 전달함수

전향경로이득 : G_1
루프이득 : G_2
전달함수

$$G(s) = \frac{C(s)}{R(s)} = \frac{\sum \text{전향 경로 이득}}{1-\sum \text{루프 이득}} = \frac{G_1}{1-G_2}$$

07 ★★★☆☆ 그림과 같은 블록선도에서 $C(s)/R(s)$의 값은?

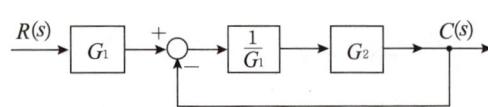

① $\dfrac{G_1}{G_1-G_2}$ 　　② $\dfrac{G_2}{G_1-G_2}$

③ $\dfrac{G_2}{G_1+G_2}$ 　　④ $\dfrac{G_1G_2}{G_1+G_2}$

🔍 **해설**

블록선도의 전달함수

전향경로이득 : $G_1 \times \dfrac{1_1}{G_1} \times G_2 = G_2$

루프이득 : $\dfrac{1_1}{G_1} \times G_2 = \dfrac{G_2}{G_1}$

전달함수

$G(s) = \dfrac{C(s)}{R(s)} = \dfrac{\sum \text{전향 경로 이득}}{1 - \sum \text{루프 이득}} = \dfrac{G_2}{1+\dfrac{G_2}{G_1}} = \dfrac{G_1G_2}{G_1+G_2}$

★★★☆☆
08 그림과 같은 블록선도에서 전달함수는?

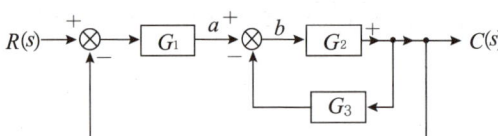

① $G(s) = \dfrac{G_1G_2}{1-G_1G_2-G_2G_3}$

② $G(s) = \dfrac{G_1G_3}{1-G_1G_2-G_2G_3}$

③ $G(s) = \dfrac{G_1G_3}{1+G_1G_2+G_2G_3}$

④ $G(s) = \dfrac{G_1G_2}{1+G_1G_2+G_2G_3}$

🔍 **해설**

블록선도의 전달함수

전향경로이득 : $G_1 \times G_2$
첫 번째 루프이득 : $G_1 \times G_2$
두 번째 루프이득 : $G_2 \times G_3$
전달함수

$G(s) = \dfrac{C(s)}{R(s)} = \dfrac{\sum \text{전향 경로 이득}}{1 - \sum \text{루프 이득}} = \dfrac{G_1G_2}{1+G_1G_2+G_2G_3}$

★★★☆☆
09 그림과 같은 블록선도에 대한 등가전달함수를 구하면?

① $\dfrac{G_1G_2G_3}{1+G_2G_3+G_1G_2G_4}$ 　② $\dfrac{G_1G_2G_3}{1+G_1G_2+G_1G_2G_3}$

③ $\dfrac{G_1G_2G_4}{1+G_1G_2+G_1G_2G_4}$ 　④ $\dfrac{G_1G_2G_3}{1+G_2G_3+G_1G_2G_3}$

🔍 **해설**

블록선도의 전달함수

전향경로이득 : $G_1 \times G_2 \times G_3$
첫 번째 루프이득 : $G_1 \times G_2 \times G_4$
두 번째 루프이득 : $G_2 \times G_3$
전달함수

$G(s) = \dfrac{C(s)}{R(s)} = \dfrac{\sum \text{전향 경로 이득}}{1 - \sum \text{루프 이득}} = \dfrac{G_1G_2G_3}{1+G_1G_2G_4+G_2G_3}$

★★★☆☆
10 그림과 같은 피이드백 회로의 종합전달함수는?

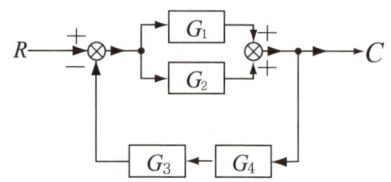

① $\dfrac{G_1G_2}{1+G_1G_2+G_3G_4}$

② $\dfrac{G_1+G_2}{1+G_1G_3G_4+G_2G_3G_4}$

③ $\dfrac{G_1+G_2}{1+G_1G_2G_3G_4+G_2G_3G_4}$

④ $\dfrac{G_1G_2}{1+G_4G_2+G_3G_1}$

🔍 **해설**

블록선도의 전달함수

첫 번째 전향경로이득 : G_1
두 번째 전향경로이득 : G_2

첫 번째 루프이득 : $G_1 \times G_3 \times G_4$
두 번째 루프이득 : $G_2 \times G_3 \times G_4$
전달함수
$$G(s) = \frac{C(s)}{R(s)} = \frac{\sum 전향 경로 이득}{1 - \sum 루프 이득} = \frac{G_1 + G_2}{1 + G_1 G_3 G_4 + G_2 G_3 G_4}$$

★★★☆☆

11 그림과 같은 블록선도에서 등가합성 전달함수 $\frac{C}{R}$는?

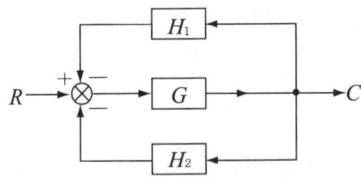

① $\dfrac{H_1 + H_2}{1 + G}$ ② $\dfrac{H_1}{1 + H_1 H_2 H_3}$

③ $\dfrac{G}{1 + H_1 + H_2}$ ④ $\dfrac{G}{1 + H_1 G + H_2 G}$

🔍 **해설**

블록선도의 전달함수
전향경로이득 : G
첫 번째 루프이득 : $-G \times H_1$
두 번째 루프이득 : $-G \times H_2$
전달함수
$$G(s) = \frac{C(s)}{R(s)} = \frac{\sum 전향 경로 이득}{1 - \sum 루프 이득} = \frac{G}{1 + GH_1 + GH_2}$$

★★★☆☆

12 그림과 같은 블록선도에서 외란이 있는 경우의 출력은?

① $H_1 H_2 e_i + H_2 e_f$ ② $H_1 H_2 (e_i + e_f)$

③ $H_1 e_i + H_2 e_f$ ④ $H_1 H_2 e_i e_f$

🔍 **해설**

블록선도의 전달함수
출력 $e_0 = (e_i H_1 + e_f) H_2 = e_i H_1 H_2 + e_f H_2$

★★★☆☆

13 다음 그림과 같은 블록선도에서 입력 R와 외란 D가 가해질 때 출력 C는?

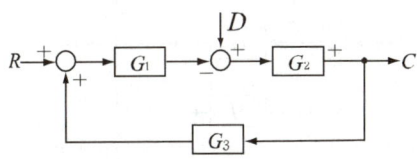

① $\dfrac{G_1 G_2 R + G_2 D}{1 + G_1 G_2 G_3}$ ② $\dfrac{G_1 G_2 R - G_2 D}{1 + G_1 G_2 G_3}$

③ $\dfrac{G_1 G_2 R + G_2 D}{1 - G_1 G_2 G_3}$ ④ $\dfrac{G_1 G_2 R - G_2 D}{1 - G_1 G_2 G_3}$

🔍 **해설**

블록선도의 전달함수
출력 $C = \{(R + CG_3)G_1 + D\}G_2$
$\quad C = RG_1 G_2 + CG_1 G_2 G_3 + DG_2$
$\quad C - CG_1 G_2 G_3 = RG_1 G_2 + DG_2$
$\quad C(1 - G_1 G_2 G_3) = RG_1 G_2 + DG_2$
$\quad \therefore C = \dfrac{RG_1 G_2 + DG_2}{1 - G_1 G_2 G_3}$

★★☆☆☆

14 그림과 같은 블록선도에서 전달함수는?

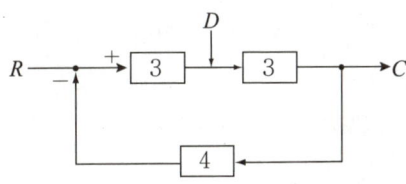

① 0.224 ② 0.324

③ 0.424 ④ 0.524

🔍 **해설**

블록선도의 전달함수
$$\frac{C}{R} = \frac{3 \times 3}{1 + 3 \times 3 \times 4} = \frac{9}{37}$$
$$\frac{C}{D} = \frac{3}{1 + 3 \times 3 \times 4} = \frac{3}{37}$$
$$G(s) = \frac{C}{R} + \frac{C}{D} = \frac{9}{37} + \frac{3}{37} = \frac{12}{37} = 0.324$$

[정답] 11 ④ 12 ① 13 ③ 14 ②

★★★☆☆

15 그림에서 $R=1$, $H=0.1$, $C=10$이면 오차 E는?

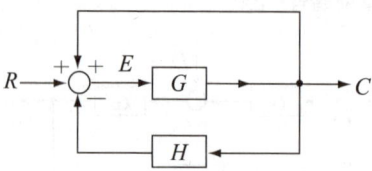

① 2

② 5

③ 9

④ 10

🔵 해설 ----------

블록선도의 전달함수

오차 $E=R-CH+C=1-10\times0.1+10=10$

★★★☆☆

16 $r(t)=2$, $G_1=100$, $H_1=0.01$일 때 $c(t)$를 구하면?

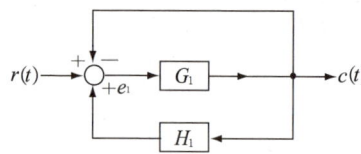

① 2

② 50

③ 45

④ 20

🔵 해설 ----------

블록선도의 전달함수

전향경로이득 : G_1

첫 번째 루프이득 : $-G_1$

두 번째 루프이득 : G_1H_1

전달함수

$$G(s)=\frac{C(s)}{R(s)}=\frac{\sum \text{전향 경로 이득}}{1-\sum\text{루프 이득}}=\frac{G_1}{1+G_1-G_1H_1}$$

$$=\frac{100}{1+100-100\times0.01}=1$$

$C(s)=R(s)$, $c(t)=r(t)=2$

★★★☆☆

17 그림과 같은 신호흐름선도에서 $\dfrac{C}{R}$의 값은?

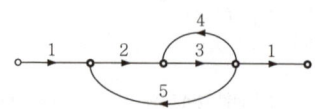

① $-\dfrac{1}{41}$

② $-\dfrac{3}{41}$

③ $-\dfrac{5}{41}$

④ $-\dfrac{6}{41}$

🔵 해설 ----------

신호흐름선도의 전달함수

전향경로이득 : $1\times2\times3\times1=6$

첫 번째 루프이득 : $3\times4=12$

두 번째 루프이득 : $2\times3\times5=30$

전달함수

$$G(s)=\frac{C(s)}{R(s)}=\frac{\sum \text{전향 경로 이득}}{1-\sum\text{루프 이득}}=\frac{6}{1-(12+30)}=-\frac{6}{41}$$

★★★★☆

18 그림과 같은 신호흐름선도에서 전달함수 $C(s)/R(s)$의 값은?

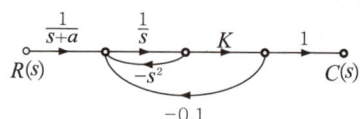

① $\dfrac{C(S)}{R(S)}=\dfrac{K}{(s+a)(s^2+s+0.1K)}$

② $\dfrac{C(S)}{R(S)}=\dfrac{K(s+a)}{(s+a)(s^2+s+0.1K)}$

③ $\dfrac{C(S)}{R(S)}=\dfrac{K}{(s+a)(-s^2-s+0.1K)}$

④ $\dfrac{C(S)}{R(S)}=\dfrac{K(s+a)}{(s+a)(-s^2-s+0.1K)}$

🔵 해설 ----------

신호흐름선도의 전달함수

전향경로이득 $\dfrac{1}{s+a}\times\dfrac{1}{s}\times K\times1=\dfrac{K}{s(s+a)}$

첫 번째 루프이득 $\dfrac{1}{s}\times-s^2=-s$

두 번째 루프이득 $\dfrac{1}{s}\times K\times-0.1=-\dfrac{0.1K}{s}$

전달함수

$$G(s) = \frac{C(s)}{R(s)} = \frac{\sum \text{전항 경로 이득}}{1 - \sum \text{루프 이득}}$$

$$= \frac{\frac{K}{s(s+a)}}{1 - \left(-s - \frac{0.1K}{s}\right)} = \frac{\frac{K}{s(s+a)}}{1 + s + \frac{0.1K}{s}}$$

$$= \frac{\frac{K}{s+a}}{s^2 + s + 0.1K} = \frac{K}{(s+a)(s^2 + s + 0.1K)}$$

★★★★☆

19 신호흐름선도의 전달함수는?

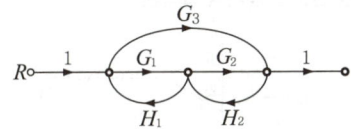

① $\dfrac{G_1 G_2 + G_3}{1 - (G_1 H_1 + G_2 H_2) - G_3 H_1 H_2}$

② $\dfrac{G_1 G_2 + G_3}{1 - (G_1 H_1 + G_2 H_2)}$

③ $\dfrac{G_1 G_2 - G_3}{1 - (G_1 H_1 - G_2 H_2)}$

④ $\dfrac{G_1 G_2 - G_3}{1 - (G_1 H_1 + G_2 H_2)}$

해설

신호흐름선도의 전달함수

첫 번째 전향경로이득 $1 \times G_1 \times G_2 \times 1 = G_1 G_2$
두 번째 전향경로이득 $1 \times G_3 \times 1 = G_3$
첫 번째 루프이득 $G_1 \times H_1 = G_1 H_1$
두 번째 루프이득 $G_2 \times H_2 = G_2 H_2$
세 번째 루프이득 $G_3 \times H_1 \times H_2 = G_3 H_1 H_2$
전달함수

$$G(s) = \frac{C(s)}{R(s)} = \frac{\sum \text{전향 경로 이득}}{1 - \sum \text{루프 이득}}$$

$$= \frac{G_1 G_2 + G_3}{1 - (G_1 H_1 + G_2 H_2 + G_3 H_1 H_2)}$$

$$= \frac{G_1 G_2 + G_3}{1 - (G_1 H_1 + G_2 H_2) - G_3 H_1 H_2}$$

★★★☆☆

20 다음의 신호흐름선도에서 $\dfrac{C}{R}$의 값은?

① $a + 2$ ② $a + 3$

③ $a + 5$ ④ $a + 6$

해설

신호흐름선도의 전달함수

첫 번째 전향경로이득 : $1 \times a \times 1 \times 1 = a$
두 번째 전향경로이득 : $1 \times 2 \times 1 \times 1 = 2$
세 번째 전향경로이득 : $1 \times 3 \times 1 = 3$
루프이득 : 0
전달함수

$$G(s) = \frac{C(s)}{R(s)} = \frac{\sum \text{전향 경로 이득}}{1 - \sum \text{루프 이득}} = \frac{a + 2 + 3}{1 - 0} = a + 5$$

★★★☆☆

21 다음 신호흐름선도에서 전달함수 C/R를 구하면 얼마인가?

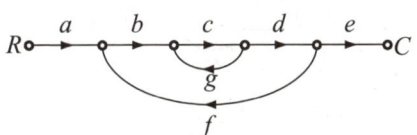

① $\dfrac{abcdg}{1 - abcde}$ ② $\dfrac{abcde}{1 - cg - bcdf}$

③ $\dfrac{abcde}{1 - cg - cgf}$ ④ $\dfrac{abcde}{1 + cg + cgf}$

해설

신호흐름선도의 전달함수

전향경로이득 : $a \times b \times c \times d \times e = abcde$
첫 번째 루프이득 : $c \times g = cg$
두 번째 루프이득 : $b \times c \times d \times f = bcdf$
전달함수

$$G(s) = \frac{C(s)}{R(s)} = \frac{\sum \text{전향 경로 이득}}{1 - \sum \text{루프 이득}}$$

$$= \frac{abcde}{1 - (cg + bcdf)} = \frac{abcde}{1 - cg - bcdf}$$

★★☆☆☆

22 그림의 신호흐름선도에서 $\dfrac{C(s)}{R(s)}$ 의 값은?

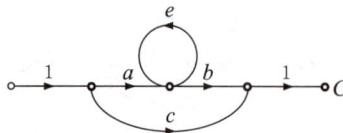

① $\dfrac{ab+c(1-e)}{1-e}$ 　　② $\dfrac{ab+c}{1-e}$

③ $ab+c$ 　　④ $\dfrac{ab+c(\ )}{1+e}$

해설

신호흐름선도의 전달함수

$G_1=ab,\ \Delta_1=1,\ G_2=c,\ \Delta_2=1-e$
$L_{11}=e,\ \Delta=1-L_{11}=1-e$
$G=\dfrac{C}{R}=\dfrac{G_1\Delta_1+G_2\Delta_2}{\Delta}=\dfrac{ab+c(1-e)}{1-e}$

★★★☆☆

23 아래 신호흐름선도의 전달함수 $\left(\dfrac{C}{R}\right)$를 구하면?

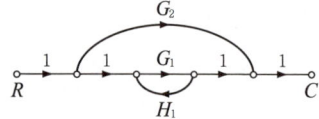

① $\dfrac{C}{R}=\dfrac{G_1+G_2}{1-G_1H_1}$

② $\dfrac{C}{R}=\dfrac{G_1+G_2}{1-G_1H_1-G_2H_2}$

③ $\dfrac{C}{R}=\dfrac{G_1+G_2(1-G_1H_1)}{1-G_1H_1}$

④ $\dfrac{C}{R}=\dfrac{G_1G_2}{1-G_1H_1}$

해설

신호흐름선도의 전달함수

$G_1=G_1,\ \Delta_1=1,\ G_2=G_2,\ \Delta_2=1-G_1H_1$
$L_{11}=G_1H_1,\ \Delta=1-L_{11}=1-G_1H_1$
$G=\dfrac{C}{R}=\dfrac{G_1\Delta_1+G_2\Delta_2}{\Delta}=\dfrac{G_1+G_2(1-G_1H_1)}{1-G_1H_1}$

★★☆☆☆

24 PD 조절기와 전달함수 $G(s)=1.02+0.002s$의 영점은?

① -510 　　② -1020

③ 510 　　④ 1020

해설

블록선도의 용어정리

영점은 전달함수의 분자가 0인 s이므로
$G(s)=1.02+0.002s=0,\ s=-510$

★★☆☆☆

25 다음 연산 증폭기의 출력은?

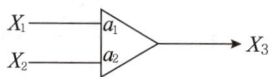

① $X_3=-a_1X_1-a_2X_2$

② $X_3=a_1X_1+a_2X_2$

③ $X_3=(a_1+a_2)(X_1+X_2)$

④ $X_3=-(a_1-a_2)(X_1+X_2)$

해설

연산증폭기

$X_3=-a_1X_1-a_2X_2$

★★☆☆☆

26 연산증폭기의 성질에 관한 설명 중 옳지 않은 것은?

① 전압이득이 매우 크다.

② 입력임피던스가 매우 작다.

③ 전력이득이 매우 크다.

④ 입력임피던스가 매우 크다.

해설

연산 증폭기의 특징

① 입력 임피던스가 크다.
② 출력 임피던스는 적다.
③ 증폭도가 매우 크다.
④ 정부(+, −) 2개의 전원을 필요로 한다.

[정답] 22 ①　23 ③　24 ①　25 ①　26 ②

★★★☆☆

27 그림과 같이 연산증폭기를 사용한 연산회로의 출력항은 어느 것인가?

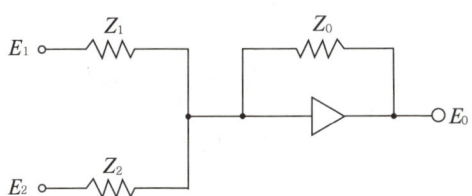

① $E_0 = Z_0\left(\dfrac{E_1}{Z_1} + \dfrac{E_2}{Z_2}\right)$ ② $E_0 = -Z_0\left(\dfrac{E_1}{Z_1} + \dfrac{E_2}{Z_2}\right)$

③ $E_0 = Z_0\left(\dfrac{E_1}{Z_2} + \dfrac{E_2}{Z_1}\right)$ ④ $E_0 = -Z_0\left(\dfrac{E_1}{Z_2} + \dfrac{E_2}{Z_1}\right)$

🔍 **해설**

연산증폭기

키르히호프의 전류법칙에 의하여

$i_1 + i_2 = -i_0$

$\dfrac{E_1}{Z_1} + \dfrac{E_2}{Z_2} = -\dfrac{E_0}{Z_0}$

$E_0 = -Z_0\left(\dfrac{E_1}{Z_1} + \dfrac{E_2}{Z_2}\right)$

★★★☆☆

28 그림과 같은 연산증폭기에서 출력전압 V_0을 나타낸 것은? (단, V_1, V_2, V_3는 입력신호이고, A는 연산증폭기의 이득이다.)

$R_1 = R_2 = R_3 = R$

① $V_0 = \dfrac{R_0}{3R}(V_1 + V_2 + V_3)$

② $V_0 = \dfrac{R}{R_0}(V_1 + V_2 + V_3)$

③ $V_0 = \dfrac{R_0}{R}(V_1 + V_2 + V_3)$

④ $V_0 = -\dfrac{R_0}{R}(V_1 + V_2 + V_3)$

🔍 **해설**

연산증폭기

키르히호프의 전류법칙에 의하여

$i_1 + i_2 + i_3 = -i_0$

$\dfrac{V_1}{R_1} + \dfrac{V_2}{R_2} + \dfrac{V_3}{R_3} = -\dfrac{V_0}{R_0}$

$V_0 = -R_0\left(\dfrac{V_1}{R_1} + \dfrac{V_2}{R_2} + \dfrac{V_3}{R_3}\right) = -\dfrac{R_0}{R}(V_1 + V_2 + V_3)$

★★☆☆☆

29 그림의 연산증폭기를 사용한 회로의 기능은?

① $e_o = -\dfrac{1}{RC}\displaystyle\int e_i dt$ ② $e_o = -\dfrac{1}{RC}\dfrac{de_i}{dt}$

③ $e_o = -RC\displaystyle\int e_i dt$ ④ $e_o = -\dfrac{C}{R}\displaystyle\int e_i dt$

🔍 **해설**

연산증폭기

키르히호프의 전류법칙에 의하여

$i_1 = -i_2$

$\dfrac{e_i}{R} = -C\dfrac{de_o}{dt}$, $de_o = -\dfrac{1}{RC}e_i dt$, $e_o = -\dfrac{1}{RC}\displaystyle\int e_i dt$

★★☆☆☆

30 이득이 10^7인 연산증폭기 회로에서 출력전압 V_0를 나타내는 식은? (단, V_i는 입력 신호이다.)

① $V_o = -12\dfrac{dV_i}{dt}$ ② $V_o = -8\dfrac{dV_i}{dt}$

③ $V_o = -0.5\dfrac{dV_i}{dt}$ ④ $V_o = -\dfrac{1}{8}\dfrac{dV_i}{dt}$

[정답] 27 ② 28 ④ 29 ① 30 ①

🔍 **해설**

연산증폭기

키르히호프의 전류법칙에 의하여

$i_1 = -i_2$

$C\dfrac{dv_i}{dt} = -\dfrac{v_o}{R}$, $2\dfrac{dv_i}{dt} = -\dfrac{v_o}{6}$, $v_o = -12\dfrac{dv_i}{dt}$

★★☆☆☆

31 그림의 연산증폭기를 사용한 회로의 기능은?

① 가산기 ② 미분기

③ 적분기 ④ 제한기

🔍 **해설**

연산증폭기

키르히호프의 전류법칙에 의하여

$i_1 = -i_2$

$\dfrac{v_1}{R} = -C\dfrac{dv_2}{dt}$, $dv_2 = -\dfrac{1}{RC}v_1 dt$

$v_2 = -\dfrac{1}{RC}\displaystyle\int v_1 dt$가 되므로 적분기의 기능을 갖는다.

★★★☆☆

32 그림의 회로명은?

① 가산기

② 미분기

③ 이상기

④ 적분기

🔍 **해설**

연산증폭기

키르히호프의 전류법칙에 의하여

$i_1 = -i_2$

$C\dfrac{dv_i}{dt} = -\dfrac{v_o}{R}$, $v_o = -RC\dfrac{dv_i}{dt}$가 되므로 미분회로가 된다.

★★★☆☆

33 그림과 같은 질량-스프링-마찰계의 전달함수 $G(s) = X(s)/F(s)$는 어느 것인가?

① $\dfrac{1}{Ms^2 + Bs + K}$ ② $\dfrac{1}{Ms^2 - Bs - K}$

③ $\dfrac{1}{Ms^2 - Bs + K}$ ④ $\dfrac{1}{Ms^2 + Bs - K}$

🔍 **해설**

병진운동(직선운동)의 전달함수

병진운동계에 의한 힘

$f(t) = M\dfrac{d^2 x(t)}{dt^2} + B\dfrac{dx(t)}{dt} + Kx(t)\,[\mathrm{N}]$

라플라스 변환식

$F(s) = Ms^2 X(s) + Bs X(s) + K X(s)$
$\quad\quad = (Ms^2 + Bs + K)X(s)$

전달함수 $G(s) = \dfrac{X(s)}{F(s)} = \dfrac{1}{Ms^2 + Bs + K}$

여기서, M : 질량, B : 마찰제동계수, K : 스프링 상수, $x(t)$: 변위

★★☆☆☆

34 힘 f에 의하여 움직이고 있는 질량 M인 물체의 좌표와 y축에 가한 힘에 의한 전달함수는?

① Ms^2 ② Ms

③ $\dfrac{1}{Ms}$ ④ $\dfrac{1}{Ms^2}$

해설

병진운동(직선운동)의 전달함수

질량에 의한 힘 $f(t) = M\dfrac{d^2y(t)}{dt}$ [N]

라플라스 변환식 $F(s) = Ms^2Y(s)$

전달함수 $G(s) = \dfrac{Y(s)}{F(s)} = \dfrac{1}{Ms^2}$

★★★★☆

35 그림과 같은 기계적인 회전운동계에서 토오크 $\tau(t)$ 를 입력으로, 변위 $\theta(t)$를 출력으로 하였을 때의 전달함수는?

① $\dfrac{1}{Js^2 + Bs + K}$ ② $Js^2 + Bs + K$

③ $\dfrac{s}{Js^2 + Bs + K}$ ④ $\dfrac{Js^2 + Bs + K}{s}$

해설

회전운동의 전달함수

회전운동계에 의한 토오크

$\tau(t) = J\dfrac{d^2\theta(t)}{dt^2} + B\dfrac{d\theta(t)}{dt} + K\theta(t)$ [N·m]

라플라스 변환식

$T(s) = Js^2\theta(s) + Bs\theta(s) + K\theta(s)$
$\qquad = (Js^2 + Bs + K)\theta(s)$

전달함수 $G(s) = \dfrac{\theta(s)}{T(s)} = \dfrac{1}{Js^2 + Bs + K}$

여기서, J : 관성모우멘트, B : 마찰제동계수,
　　　K : 비틀림 상수, $\theta(t)$: 각변위

★★☆☆☆

36 그림과 같은 액면계에서 $q(t)$를 입력, $h(t)$를 출력으로 본 전달 함수는?

① $\dfrac{K}{s}$ ② Ks

③ $1 + Ks$ ④ $\dfrac{K}{1+s}$

해설

액면계의 전달함수

액면계에서 $h(t) = K\displaystyle\int q(t)\,dt$이므로

라플라스 변환하면 $H(s) = K\dfrac{1}{s}Q(s)$

전달함수 $G(s) = \dfrac{H(s)}{Q(s)} = \dfrac{K}{s}$인 적분요소가 된다.

자동제어계의 과도응답

영상 학습 QR　　출제경향분석

본장은 자동제어계의 입력에 대한 출력의 변화인 응답에 대한 기본원리와 단위부궤환제어계의 입력과 출력의 편차인 정상편차에 대한 내용을 다루었으며 시험에 자주 출제가 되는 내용은 다음과 같다.

❶ 응답의 종류　　　　　　　　　　❷ 제동비에 따른 제동(진동)조건
❸ 상편차 및 편차상수　　　　　　　❹ 자동제어계의 형의 분류

핵심 포인트

응답의 종류
1. 임펄스 응답
   기준입력 : $r(t) = \delta(t)$
2. 단위인디셜응답
   기준입력 : $r(t) = u(t) = 1$
3. 단위램프(경사)응답
   기준입력 : $r(t) = t$

Q 포인트문제 1

어떤 제어계의 임펄스응답이 $\sin \omega t$일 때 계의 전달함수는?

① $\dfrac{\omega}{s+\omega}$　② $\dfrac{s}{s^2+\omega^2}$

③ $\dfrac{\omega}{s^2+\omega^2}$　④ $\dfrac{\omega^2}{s+\omega}$

A 해설

응답
임펄스 응답시 기준입력
$r(t) = \delta(t)$, $R(s) = 1$이고
응답(출력)

$c(t) = \sin \omega t$, $C(s) = \dfrac{\omega}{s^2+\omega^2}$

이므로 전달함수

$G(s) = \dfrac{C(s)}{R(s)} = \dfrac{\dfrac{\omega}{s^2+\omega^2}}{1}$

$= \dfrac{\omega}{s^2+\omega^2}$

정답 ③

1 응답(출력)

어떤 요소 또는 제어계에 가해진 입력에 대한 출력의 변화를 응답이라 하며 제어계의 정확도의 지표가 된다.

1. 응답의 종류

1) 임펄스 응답 : 기준입력이 단위임펄스함수 $r(t) = \delta(t)$인 경우의 출력

2) 단위인디셜응답 : 기준입력이 단위계단함수 $r(t) = u(t) = 1$인 경우의 출력

3) 단위램프(경사)응답 : 기준입력이 단위램프(경사)함수 $r(t) = t$인 경우의 출력

2. 응답(출력)의 계산

$c(t) = \pounds^{-1} G(s)R(s)$　(단, $G(s)$: 전달함수, $R(s)$: 입력라플라스변환)

2 시간 응답(출력) 특성곡선

그림은 선형제어계통의 대표적인 단위계단응답을 설명한다.

1. 오버슈트(over shoot)

응답이 목표값(최종값)을 넘어가는 양

1) 자동제어계의 안정성의 척도

2) 백분율 최대오버슈트$=\dfrac{\text{최대오버슈트}}{\text{최대목표값}}\times 100\,[\%]$

2. 감쇠비

과도응답이 소멸되는 정도

감쇠비$=\dfrac{\text{제2의오버슈트}}{\text{최대오버슈트}}$

3. 지연시간(delay time) t_d

계단응답이 최종값(목표값)의 $50\,[\%]$에 도달하는데 필요한 시간

4. 상승시간(rise time) t_r

계단응답이 최종값(목표값)의 $10\,[\%]$서 $90\,[\%]$에 도달하는데 필요한 시간으로서 자동제어계의 속응성과 관계있다.

5. 정정시간(settling time) t_s

계단응답이 감소하여 그 응답 최종값의 허용오차범위 내 들어가는데 필요한 시간

♥ 핵심 포인트

1. 지연시간(delay time) t_d
   계단응답이 최종값(목표값)의 $50\,[\%]$에 도달하는데 필요한 시간
2. 상승시간(rise time) t_r
   계단응답이 최종값의 $10\,[\%]$에서 $90\,[\%]$에 도달하는데 필요한 시간으로서 자동제어계의 속응성과 관계있다.

Q 포인트문제 2

다음 과도응답에 관한 설명 중 틀린 것은?

① over shoot 는 응답 중에 생기는 입력과 출력사이의 최대 편차량을 말한다.
② 시간늦음(time delay)이란 응답이 최초로 희망값의 $10\,[\%]$에서 $90\,[\%]$까지 도달하는데 요하는 시간을 말한다.
③ 감쇠비$=\dfrac{\text{제2의오버슈트}}{\text{최대오버슈트}}$
④ 입상시간(Rise time)이란 응답이 희망값의 $10\,[\%]$에서 $90\,[\%]$까지 도달하는데 요하는 시간을 말한다.

A 해설

시간응답특성곡선
지연시간(Delay Time) t_d는 계단응답이 최종값(목표값)의 $50\,[\%]$에 도달하는데 필요한 시간을 말한다.

──── 정답 ②

| 필수확인 O·X 문제 |

1차 2차 3차

1. 인디셜응답은 기준입력이 단위임펄스함수이다. · · · · · · · · · · · · · · · · · · ( )
2. 지연시간은(t_d)은 응답이 목표값의 $50\,[\%]$에 도달하는데 걸리는 시간이다. ( )
3. 백분율(상대)오버슈트는 최대오버슈트에 대한 제2의 오버슈트와의 비이다. ( )

상세해설

1. (×) 인디셜응답은 기준입력이 단위계단함수이다.
2. (○) 지연시간(t_d) : 응답이 목표값의 $50\,[\%]$에 도달하는데 걸리는 시간
   상승시간(t_r) : 응답이 목표값의 $10\,[\%]$에서 $50\,[\%]$에 도달하는데 걸리는 시간
3. (×) 백분율 오버슈트$=\dfrac{\text{최대오버슈트}}{\text{최종목표값}}\times 100\,[\%]$, 감쇠비$=\dfrac{\text{제2의오버슈트}}{\text{최대오버슈트}}$

콕콕 포인트

electrical engineer · electrical engineer · electrical engineer · electrical engineer · electrical engineer · electrical engineer · electrical engineer · electrical e

3   2차계의 전달함수

$$G(s)=\frac{C(s)}{R(s)}=\frac{\omega_n^2}{s^2+2\delta\omega_n s+\omega_n^2}$$

1. 특성방정식

종합전달함수의 분모가 0이 되는 방정식

$$s^2+2\delta\omega_n s+\omega_n^2=0$$

2. 특성방정식의 근

$$s_1,\ s_2=-\delta\omega_n\pm j\omega_n\sqrt{1-\delta^2}=-\sigma\pm j\omega$$

3. 고유진동 각주파수

$$\omega_n[\text{rad/sec}]$$

4. 제동비(감쇠비)

$$\delta=\zeta=\xi$$

5. 제동비(δ)에 따른 제동조건

1) $\delta>1$인 경우 : 과제동(over damped)

$$s_1,\ s_2=-\delta\omega_n\pm\omega_n\sqrt{\delta^2-1}$$
서로 다른 2개의 실근을 가지므로 비진동이다.

2) $\delta=1$인 경우 : 임계 제동(critical damped)

$$s_1,\ s_2=-\omega_n$$
중근(실근)을 가지므로 진동에서 비진동으로 옮겨가는 임계 상태이다.

3) $\delta<1$인 경우 : 부족 제동(under damped)

$$s_1,\ s_2=-\delta\omega_n\pm j\omega_n\sqrt{1-\delta^2}$$
공액 복소수근을 가지므로 감쇠 진동을 한다.

4) $\delta=0$인 경우 : 무제동(undamped)

$$s_1,\ s_2=\pm j\omega_n$$
순공액 허근을 가지므로 일정한 진폭으로 무한히 진동한다.

핵심 포인트

- 제동비(δ)에 따른 제동조건
  ① $\delta>1$: 과제동(비진동)
  ② $\delta=1$: 임계제동(임계상태)
  ③ $\delta<1$: 부족제동(감쇠진동)
  ④ $\delta=0$: 무제동(무한진동)
- 제동비 δ가 작을수록
  오버슈트(OVERSHOOT)가 커진다.

Q 포인트문제 3

전달함수 $\dfrac{C(s)}{R(s)}=\dfrac{1}{4s^2+3s+1}$인 제어계는 어느 경우인가?

① 과제동   ② 부족제동
③ 임계제동   ④ 무제동

A 해설

제동비에 따른 제동조건

전달함수
$$\frac{C(s)}{R(s)}=\frac{1}{4s^2+3s+1}$$
$$=\frac{\frac{1}{4}}{s^2+\frac{3}{4}s+\frac{1}{4}}$$
$$=\frac{\omega_n^2}{s^2+2\delta\omega_n s+\omega_n^2}$$

$\omega_n^2=\dfrac{1}{4},\ \omega_n=\dfrac{1}{2}$

$2\delta\omega_n=\dfrac{3}{4},\ \delta=\dfrac{3}{4}=0.75<1$

이므로 부족 제동

정답 ②

electrical engineer · electrical engineer · electrical engineer · electrical engineer · electrical engineer · electrical engineer · electrical engineer · electrical engineer · electrical engineer

콕콕 포인트

6. 제동비(δ)에 따른 시간응답특성곡선

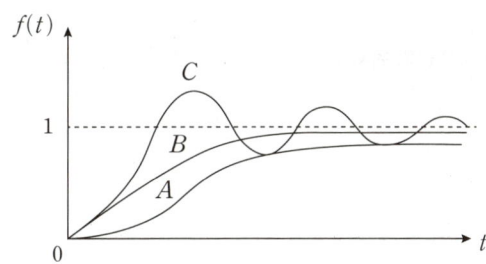

1) $A : \delta > 1$ ➡ 과제동(비진동)

2) $B : \delta = 1$ ➡ 임계제동(임계진동)

3) $C : \delta < 1$ ➡ 부족제동(감쇠진동)

4) 제동비 δ가 작을수록 오우버슈트(OVERSHOOT)가 커진다.

Q 포인트문제 4

그림은 2차계의 단위계단응답을 나타낸 것이다. 감쇠계수 δ가 가장 큰 것은?

① A   ② B
③ C   ④ D

A 해설

제동비(감쇠계수) δ가 작을수록 오우버슈트(OVERSHOOT)가 커지므로 감쇠계수 δ가 가장 큰 것은 A가 된다.

정답 ①

필수확인 O·X 문제

1차   2차   3차

1. 제동비 $\delta > 1$인 경우를 부족제동이라 한다. ·················· (　　)

2. 제동비 $\delta < 1$인 경우를 비진동이라 한다. ·················· (　　)

3. 제동비 δ가 작을수록 오버슈트가 작아진다. ·················· (　　)

상세해설

1. (×) 제동비 $\delta > 1$인 경우를 과제동이라 한다.

2. (×) 제동비 $\delta < 1$인 경우를 감쇠진동이라 한다.

3. (×) 제동비 δ가 작을수록 오버슈트가 커진다.

콕콕 포인트

electrical engineer · electrical engineer · electrical engineer · electrical engineer · electrical engineer · electrical engineer · electrical engineer · electrical e

4 특성방정식 근의 위치에 따른 응답곡선

Q **포인트문제 5**

s평면상에서 전달함수의 극점이 그림과 같은 위치에 있으면 이 회로망의 상태는?

① 발진하지 않는다.
② 점점 더 크게 발진한다.
③ 지속발진한다.
④ 감폭진동한다.

A **해설**

특성방정식의 근의 위치에 따른 응답곡선

특성근
$s_1 = -\delta + j\omega$, $s_1 = -\delta - j\omega$이므로

$$F(s) = \frac{\omega^2}{(s+\delta-j\omega)(s+\delta+j\omega)}$$
$$= \frac{\omega^2}{(s+\delta)^2 - (j\omega)^2}$$
$$= \frac{\omega^2}{(s+\delta)^2 + \omega^2}$$

에서 $f(t) = e^{-\delta t}\sin\omega t$가 되므로 특성방정식의 근인 극점이 좌반부에 복소근으로 존재시 감폭 진동하므로 제어계가 안정하다.

정답 ④

특성방정식 근의 위치	응답곡선
1. 실수축상에 존재	
2. 허수축상에 존재	
3. 좌반부에 복소근이 존재	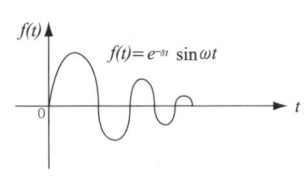 감폭 진동하므로 안정하다
4. 우반부에 복소근이 존재	 진동이 점점 커지므로 불안정하다

5. 특성방정식의 근이 좌반부에 존재시 안정하며 우반부에 존재시 불안정하다.

5 정상편차 e_{ss}

정상상태에서 단위 부궤환 제어계의 입력과 출력의 편차(오차) $e(t)$의 최종값을 정상편차라 한다.

1. 편차(오차) $E(s)$

$$E(s)=R(s)-C(s)=R(s)-\frac{G(s)}{1+G(s)}R(s)=\frac{1}{1+G(s)}R(s)$$

2. 정상편차 e_{ss}

$$e_{ss}=\lim_{t\to\infty}e(t)=\lim_{s\to 0}sE(s)=\lim_{s\to 0}\frac{sR(s)}{1+G(s)}$$

(단, $G(s)$는 개루프 전달함수, $R(s)$는 입력라플라스변환)

3. 정상편차의 종류

	정상위치편차 e_{ssp}	정상속도편차 e_{ssv}	정상가속도편차 e_{ssa}
기준 입력	단위계단 입력 $r(t)=u(t)=1$ $R(s)=\dfrac{1}{s}$	단위램프(속도) 입력 $r(t)=t$ $R(s)=\dfrac{1}{s^2}$	포물선(가속도) 입력 $r(t)=\dfrac{1}{2}t^2$ $R(s)=\dfrac{1}{s^3}$
정상 편차	$e_{ssp}=\dfrac{1}{1+\lim\limits_{s\to 0}G(s)}=\dfrac{1}{1+k_p}$	$e_{ssv}=\dfrac{1}{\lim\limits_{s\to 0}sG(s)}=\dfrac{1}{k_v}$	$e_{ssa}=\dfrac{1}{\lim\limits_{s\to 0}s^2G(s)}=\dfrac{1}{k_a}$
편차 상수	$k_p=\lim\limits_{s\to 0}G(s)$ (위치편차상수)	$k_v=\lim\limits_{s\to 0}sG(s)$ (속도편차상수)	$k_a=\lim\limits_{s\to 0}s^2G(s)$ (가속도편차상수)

콕콕 포인트

Q 포인트문제 6

단위피이드백 제어계에서 개루프 전달함수 $G(s)$가 다음과 같이 주어지는 계의 단위계단입력에 대한 정상편차는?

$$G(s)=\frac{10}{(s+1)(s+2)}$$

① 1/3   ② 1/4
③ 1/5   ④ 1/6

A 해설

정상위치편차
기준입력이 단위계단입력
$r(t)=u(t)=1$인 경우의 정상편차는 정상위치편차 e_{ssp}를 말하므로
· 위치편차상수
$$k_p=\lim_{s\to 0}G(s)$$
$$=\lim_{s\to 0}\frac{10}{(s+1)(s+2)}=5$$
· 정상위치편차
$$e_{ssp}=\frac{1}{1+\lim\limits_{s\to 0}G(s)}$$
$$=\frac{1}{1+k_p}=\frac{1}{1+5}=\frac{1}{6}$$

정답 ④

6 자동제어계의 형의 분류

제어계의 형의 분류는 개루프전달함수 GH의 원점($s=0$)에 있는 극점의 수로 분류

$$GH=\frac{(s+b_1)(s+b_2)(s+b_3)\cdots}{s^N(s+a_1)(s+a_2)(s+a_3)\cdots}$$

· $N=0$ ➡ 0형 제어계
· $N=1$ ➡ 1형 제어계
· $N=2$ ➡ 2형 제어계
  ⋮

7 형의 분류에 의한 정상편차 및 편차상수

계통의 형	편차(오차)상수			정상편차(오차)		
	k_p	k_v	k_a	e_{ssp}	e_{ssv}	e_{ssa}
0형	k	0	0	$\frac{1}{1+k}$	∞	∞
1형	∞	k	0	0	$\frac{1}{k}$	∞
2형	∞	∞	k	0	0	$\frac{1}{k}$

8 감도

폐루프 전달함수 $T=\frac{C(s)}{R(s)}$일 때 주어진 요소 K에 의한 계통의 폐루프 전달함수 T의 미분감도는 $S_K^T=\frac{K}{T}\cdot\frac{dT}{dK}$에 의해서 구한다.

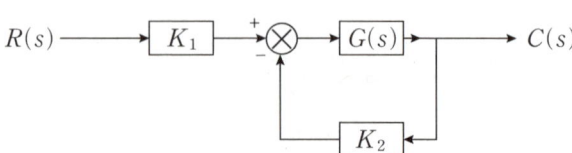

위의 블록 선도의 제어계에서 K_1에 대한 전달함수 $T=\frac{C}{R}$의 감도 $S_{K_1}^T$는 먼저 전달함수 T를 구하면

$$T = \frac{C}{R} = \frac{K_1 G(s)}{1 + G(s)K_2} \text{ 이므로 감도 공식에 대입하면}$$

$$S_{K_1}^{T} = \frac{K_1}{T} \cdot \frac{dT}{dK_1} = \frac{K_1}{\dfrac{K_1 G(s)}{1 + G(s)K_2}} \cdot \frac{d}{dK_1}\left(\frac{K_1 G(s)}{1 + G(s)K_2}\right)$$

$$= \frac{1 + G(s)K_2}{G(s)} \cdot \frac{G(s)}{1 + G(s)K_2} = 1 \text{이 된다.}$$

영상 학습 QR

- QR 코드를 찍으시면, 가장 중요한 우선순위 문제풀이 영상을 보실 수 있습니다.
- 우선순위 논점은 전기(산업)기사 시험에서 가장 출제 빈도가 높은 문제로써, 수험생분들께서는 각 파트별 우선순위 문제의 논점과 키워드를 학습하시기를 바랍니다.
- 체크 리스트를 작성하시면서 문제의 유형과 학습의 완성도를 스스로 체크 해 보시기를 바랍니다.
- "선생님의 콕콕 포인트"는 틀리기 쉬운 문제의 함정과 문제의 포인트를 집어드립니다. 우선순위 문제풀이의 포인트를 꼭 참고하고 응용문제의 해결능력을 길러 줍니다.

번호	우선순위 논점	KEY WORD	나의 정답 확인				선생님의 콕콕 포인트
			맞음	틀림(오답확인)			
				이해 부족	암기 부족	착오 실수	
6	임펄스 응답	임펄스, 응답					임펄스 응답은 기준입력이 $\delta(t)$일때의 출력값을 구한다.
13	시간응답특성곡선	지연시간, 상승시간, 정정시간					지연시간 50[%], 상승시간 10[%]~90[%]
21	2차계의 전달함수	2차계, 제동비, 고유각주파수					2차계의 전달함수의 계수를 비교하여 구한다.
40	제어계의 형의분류	형의 분류, 극점의 수					제어계의 형은 개루프 전달함수의 원점에 있는 극점의 수로 분류한다.
47	정상편차	정상위치, 정상 속도, 정상 가속도					단위계단입력 : 정상위치편차, 단위속도입력 : 정상속도편차. 포물선입력 : 정상가속도편차

★☆☆☆☆
01 다음 임펄스응답에 관한 말 중 옳지 않은 것은?

① 입력과 출력만 알면 임펄스응답은 알 수 있다.
② 회로소자의 값을 알면 임펄스응답은 알 수 있다.
③ 회로의 모든 초기값이 0일 때 입력과 출력을 알면 임펄스 응답을 알 수 있다.
④ 회로의 모든 초기값이 0 일 때 단위임펄스 입력에 대한 출력이 임펄스응답이다.

🔍 **해설**

임펄스 응답
임펄스응답이란 기준입력이 단위임펄스 함수 $r(t)=\delta(t)$인 경우의 응답(출력)으로

전달함수 $G(s)=\dfrac{C(s)}{R(s)}$
입력라플라스 $R(s)=£[\delta(t)]=1$
응답(출력) $C(s)=G(s)R(s)=G(s)$

★☆☆☆☆
02 전달함수 $C(s)=G(s)R(s)$에서 입력함수를 단위임펄스, 즉 $\delta(t)$로 가할 때 계의 응답은?

① $C(s)=G(s)\delta(s)$
② $C(s)=\dfrac{G(s)}{\delta(s)}$
③ $C(s)=\dfrac{G(s)}{s}$
④ $C(s)=G(s)$

🔍 **해설**

임펄스 응답
임펄스응답이란 기준입력이 단위임펄스 함수 $r(t)=\delta(t)$인 경우의 응답(출력)으로

전달함수 $G(s)=\dfrac{C(s)}{R(s)}$
입력라플라스 $R(s)=£[\delta(t)]=1$
응답(출력) $C(s)=G(s)R(s)=G(s)$

★☆☆☆☆
03 어떤 제어계의 임펄스응답이 $\sin t$이면 이 제어계의 전달함수는?

① $\dfrac{1}{s+1}$
② $\dfrac{1}{s^2+1}$
③ $\dfrac{s}{s+1}$
④ $\dfrac{s}{s^2+1}$

[정답] 01 ②　02 ④　03 ②

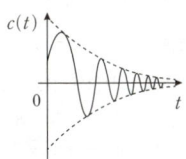

🔍 해설

임펄스 응답

임펄스 응답시 기준입력 $r(t)=\delta(t)$, $R(s)=1$

응답(출력) $c(t)=\sin t$, $C(s)=\dfrac{1}{s^2+1^2}=\dfrac{1}{s^2+1}$

전달함수 $G(s)=\dfrac{C(s)}{R(s)}=\dfrac{\frac{1}{s^2+1}}{1}=\dfrac{1}{s^2+1}$

★☆☆☆☆

04 어떤 제어계의 입력으로 단위임펄스가 가해졌을 때 출력이 te^{-3t}이 있다. 이 제어계의 전달함수는?

① $\dfrac{1}{(s+3)^2}$ ② $\dfrac{t}{(s+1)(s+2)}$

③ $te(s+2)$ ④ $(s+1)(s+4)$

🔍 해설

임펄스 응답

기준입력이 단위임펄스 $r(t)=\delta(t)$, $R(s)=1$일 때

응답(출력) $c(t)=te^{-3t}$, $C(s)=\dfrac{1}{s^2}\Big|_{s=s+3}=\dfrac{1}{(s+3)^2}$이므로

전달함수 $G(s)=\dfrac{C(s)}{R(s)}=\dfrac{\frac{1}{(s+3)^2}}{1}=\dfrac{1}{(s+3)^2}$

★★★☆☆

05 $G(s)=\dfrac{1}{s^2+1}$인 계의 임펄스응답은?

① e^{-t} ② $\cos t$

③ $1+\sin t$ ④ $\sin t$

🔍 해설

임펄스 응답

임펄스 응답시 기준입력 $r(t)=\delta(t)$, $R(s)=1$

전달함수 $G(s)=\dfrac{C(s)}{R(s)}=\dfrac{1}{s^2+1}$ 일 때

응답(출력) $C(s)=G(s)R(s)=G(s)\times1=G(s)=\dfrac{1}{s^2+1}$

역라플라스 변환 $c(t)=£^{-1}[C(s)]=\sin t$

★★★☆☆

06 전달함수 $G(s)=\dfrac{1}{s+a}$일 때, 이 계의 임펄스응답 $c(t)$를 나타내는 것은? (단, a는 상수이다.)

🔍 해설

임펄스 응답

임펄스 응답시 기준입력 $r(t)=\delta(t)$, $R(s)=1$

전달함수 $G(s)=\dfrac{C(s)}{R(s)}=\dfrac{1}{s+a}$

응답(출력)은 $C(s)=G(s)R(s)=\dfrac{1}{s+a}\times1=\dfrac{1}{s+a}$

역라플라스 변환 $c(t)=£^{-1}[C(s)]=e^{-at}$이므로

$t=0$인 초기값 $c(0)=e^0=1$이며

$t=\infty$인 최종값 $c(\infty)=e^{-\infty}=\dfrac{1}{e^\infty}=0$이 되며

지수적으로 감쇠하는 파형은 ②번이 된다.

★☆☆☆☆

07 어떤 제어계에 입력신호를 가하고 난 후 출력신호가 정상 상태에 도달할 때까지의 응답을 무엇이라 하는가?

① 시간 응답

② 선형 응답

③ 정상 응답

④ 과도응답

🔍 해설

자동제어계의 시간응답특성곡선

입력신호를 가하고 난 후 출력신호가 정상 상태에 도달할 때까지의 응답을 과도응답이라 한다.

[정답] 04 ① 05 ④ 06 ② 07 ④

★★☆☆☆

08 오우버슈우트에 대한 설명 중 옳지 않은 것은?

① 자동제어계의 정상오차이다.

② 자동제어계의 안정도의 척도가 된다.

③ 상대오버슈트 $= \dfrac{\text{최대오버슈트}}{\text{최종의 목표값}} \times 100$

④ 계단응답중에 생기는 입력과 출력사이의 최대편차량이 최대오버슈트이다.

🔍 **해설** ------------------------------

자동제어계의 시간응답특성곡선

오버슈트란 응답(출력)이 목표값(최종값)을 넘어가는 양으로서 과도응답 중에 생기는 과도오차이며 안정도의 척도가 된다.

★★☆☆☆

09 자동제어계에서 안정성의 척도가 되는 양은?

① 정상편차   ② 오버슈트

③ 지연시간   ④ 감쇠

🔍 **해설** ------------------------------

자동제어계의 시간응답특성곡선

오버슈트(overshoot)는 응답(출력)이 목표값(최종값)을 넘어가는 양으로서 자동제어계의 안정성의 척도가 된다.

★★☆☆☆

10 백분율 오우버슈우트는?

① $\dfrac{\text{최종목표값}}{\text{최대오버슈트}} \times 100$

② $\dfrac{\text{제2오버슈트}}{\text{최대목표값}} \times 100$

③ $\dfrac{\text{제2오버슈트}}{\text{최대오버슈트}} \times 100$

④ $\dfrac{\text{최대오버슈트}}{\text{최종목표값}} \times 100$

🔍 **해설** ------------------------------

자동제어계의 시간응답특성곡선

백분율 오우버슈트 $= \dfrac{\text{최대오버슈트}}{\text{최종목표값}} \times 100 [\%]$

★★☆☆☆

11 제어량이 목표값을 초과하여 최대로 나타나는 최대편차량은?

① 정정시간   ② 제동비

③ 지연시간   ④ 최대 오버슈트

🔍 **해설** ------------------------------

자동제어계의 시간응답특성곡선

제어량이 목표값을 초과하여 최대로 나타나는 최대편차량을 최대 오버슈트라 한다.

★★☆☆☆

12 시간 영역에서 자동 제어계를 해석할 때 기본 시험 입력에 보통 사용되지 않는 입력은?

① 정속도 입력   ② 정현파 입력

③ 단위계단 입력   ④ 정가속도 입력

🔍 **해설** ------------------------------

자동제어계의 시간응답특성곡선

시간 영역에서 기본 시험 입력의 종류는 단위계단 입력, 정속도 입력, 정가속도 입력이 있으며 정현파 입력은 주파수 영역에서 사용되는 입력이다.

★★☆☆☆

13 응답이 최초로 희망값의 50[%]까지 도달하는데 요하는 시간은 ?

① 정정 시간   ② 상승 시간

③ 응답 시간   ④ 지연 시간

🔍 **해설** ------------------------------

자동제어계의 시간응답특성곡선

① 지연시간(delay time)
계단응답이 최종값(목표값)의 50[%]에 도달하는데 필요한 시간

② 상승시간(rise time)
계단응답이 최종값의 10[%]에서 90[%]에 도달하는데 필요한 시간으로서 자동제어계의 속응성과 관계있다.

③ 정정시간(settling time)
계단응답이 최종값의 허용오차범위내 들어가는데 필요한 시간

[**정답**] 08 ①   09 ②   10 ④   11 ④   12 ②   13 ④

★★☆☆☆

14 입상시간이란 단위계단입력에 대하여 그 응답이 최종값의 몇 [%]에서 몇 [%]까지 도달하는 시간을 말하는가?

① $10[\%] \sim 30[\%]$ ② $10[\%] \sim 50[\%]$

③ $10[\%] \sim 70[\%]$ ④ $10[\%] \sim 90[\%]$

🔍 **해설**

자동제어계의 시간응답특성곡선

상승(입상)시간 t_r는 계단응답이 최종값의 10[%]에서 90[%]에 도달하는데 필요한 시간으로서 자동제어계의 속응성과 관계있다.

★★☆☆☆

15 응답이 최종값의 10[%]에서 90[%]까지 되는데 요하는 시간은?

① 상승시간   ② 지연시간

③ 응답시간   ④ 정정시간

🔍 **해설**

자동제어계의 시간응답특성곡선

상승(입상)시간 t_r는 계단응답이 최종값의 10[%]에서 90[%]에 도달하는데 필요한 시간으로서 자동제어계의 속응성과 관계있다.

★★☆☆☆

16 속응도와 관계가 깊은 것은?

① 상승시간   ② 최대오버슈트

③ 정상편차   ④ 초과의 횟수

🔍 **해설**

자동제어계의 시간응답특성곡선

상승(입상)시간 t_r는 계단응답이 최종값의 10[%]에서 90[%]에 도달하는데 필요한 시간으로서 자동제어계의 속응성과 관계있다.

★★☆☆☆

17 과도응답이 소멸되는 정도를 나타내는 감쇠비는?

① $\dfrac{제2오버슈트}{최대오버슈트}$ ② $\dfrac{최대오버슈트}{제2오버슈트}$

③ $\dfrac{제2오버슈트}{최대목표값}$ ④ $\dfrac{최대오버슈트}{최대목표값}$

🔍 **해설**

자동제어계의 시간응답특성곡선

감쇠비는 과도응답이 소멸되는 정도를 나타내는 값으로 최대오버슈트에 대한 제2의 오버슈트와의 비를 말한다.

감쇠비 $= \dfrac{제2오버슈트}{최대오버슈트}$

★★★☆☆

18 감쇠비 $\zeta = 0.4$, 고유각주파수 $\omega_n = 1[\text{rad/s}]$인 2차계의 전달함수는?

① $\dfrac{1}{s^2 + 0.4s + 1}$ ② $\dfrac{1}{s^2 + 0.8s + 1}$

③ $\dfrac{1}{s^2 + 0.4s + 0.16}$ ④ $\dfrac{0.16}{s^2 + 0.8s + 0.4}$

🔍 **해설**

2차계의 전달함수

$G(s) = \dfrac{\omega_n^2}{s^2 + 2\zeta\omega_n s + \omega_n^2}$ 이므로 주어진 수치를 대입하면

$G(s) = \dfrac{1^2}{s^2 + 2 \times 0.4 \times 1s + 1^2} = \dfrac{1}{s^2 + 0.8s + 1}$

★★☆☆☆

19 $M(s) = \dfrac{100}{s^2 + s + 100}$으로 표시되는 2차계에서 고유진동수 ω_n은?

① 2   ② 5

③ 10   ④ 20

🔍 **해설**

2차계의 전달함수

$G(s) = \dfrac{100}{s^2 + s + 100} = \dfrac{\omega_n^2}{s^2 + 2\zeta\omega_n s + \omega_n^2}$ 이므로

$\omega_n^2 = 100, \ \omega_n = 10[\text{rad/sec}]$

★★★☆☆

20 전달함수 $G = \dfrac{1}{1 + 6j\omega + 9(j\omega)^2}$의 고유각주파수는?

① 9   ② 3

③ 1   ④ 0.33

[**정답**] 14 ④   15 ①   16 ①   17 ①   18 ②   19 ③   20 ④

🔍 **해설**

2차계의 전달함수

$s=j\omega$이므로 2차계의 전달함수

$$G=\frac{1}{1+6j\omega+9(j\omega)^2}=\frac{1}{1+6s+9s^2}=\frac{\frac{1}{9}}{s^2+\frac{6}{9}s+\frac{1}{9}}$$

$$=\frac{\omega_n^2}{s^2+2\zeta\omega_n s+\omega_n^2}$$에서

$$\omega_n^2=\frac{1}{9},\quad \omega_n=\frac{1}{3}=0.33$$

★★★☆☆
21 다음 미분방정식으로 표시되는 2차계가 있다. 감쇠율 ζ는 얼마인가?

$$\frac{d^2y(t)}{dt^2}+5\frac{dy(t)}{dt}+9y(t)=9x(t)$$

① 5   ② 6
③ 6/5   ④ 5/6

🔍 **해설**

2차계의 전달함수

미분방정식 의 양변을 라플라스 변환하면
$$s^2Y(s)+5sY(s)+9Y(s)=9X(s)$$
$$(s^2+5s+9)Y(s)=9X(s)$$

2차계의 전달함수
$$G(s)=\frac{Y(s)}{X(s)}=\frac{9}{s^2+5s+9}=\frac{\omega_n^2}{s^2+2\zeta\omega_n s+\omega_n^2}$$에서

$$\omega_n^2=9,\quad 2\zeta\omega_n=5$$이므로 $\omega_n=3,\quad \zeta=\frac{5}{6}$

★★★☆☆
22 그림과 같은 궤환제어계의 감쇠계수(제동비)는?

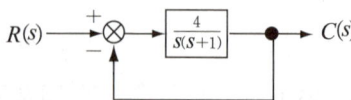

① 1   ② 1/2
③ 1/3   ④ 1/4

🔍 **해설**

2차계의 전달함수

전향경로이득 : $\dfrac{4}{s(s+1)}$

루프이득 : $\dfrac{4}{s(s+1)}$

전달함수

$$G(s)=\frac{C(s)}{R(s)}=\frac{\sum 전향\ 경로\ 이득}{1-\sum 루프\ 이득}$$

$$=\frac{\frac{4}{s(s+1)}}{1+\frac{4}{s(s+1)}}=\frac{4}{s^2+s+4}=\frac{\omega_n^2}{s^2+2\zeta\omega_n s+\omega_n^2}$$이므로

$$\omega_n^2=4,\quad 2\zeta\omega_n=1$$에서 $\omega_n=2,\quad \zeta=\frac{1}{4}$

★★☆☆☆
23 2차 제어계에 대한 설명 중 잘못된 것은?

① 제동계수의 값이 적을수록 제동이 적게 걸려 있다.
② 제동계수의 값이 1일 때 제어계는 가장 알맞게 제동되어 있다.
③ 제동계수의 값이 클수록 제동은 많이 걸려있다.
④ 제동계수의 값이 1일 때를 임계제동 되었다고 한다.

🔍 **해설**

2차계의 전달함수

제동비(감쇠율) δ에 따른 제동 및 진동조건
$\delta<1$인 경우 : 부족 제동(감쇠 진동)
$\delta>1$인 경우 : 과제동(비진동)
$\delta=1$인 경우 : 임계 진동(임계 상태)
$\delta=0$인 경우 : 무제동(무한 진동 또는 완전 진동)

★★☆☆☆
24 2차 시스템의 감쇠율(damping ratio) δ가 $\delta<1$이면 어떤 경우인가?

① 감쇠비   ② 과감쇠
③ 부족감쇠   ④ 발산

🔍 **해설**

2차계의 전달함수

제동비(감쇠율) δ에 따른 제동 및 진동조건

[정답] 21 ④   22 ④   23 ②   24 ③

$\delta < 1$인 경우 : 부족 제동(감쇠 진동)
$\delta > 1$인 경우 : 과제동(비진동)
$\delta = 1$인 경우 : 임계 진동(임계 상태)
$\delta = 0$인 경우 : 무제동(무한 진동 또는 완전 진동)

★★★★☆
25 특성방정식 $s^2 + 2\delta\omega_n s + \omega_n = 0$에서 δ를 제동비(Damping ratio)라고 할 때 $\delta < 1$인 경우는?

① 임계진동　　　　　② 강제진동
③ 감쇠진동　　　　　④ 완전진동

🔍 해설

2차계의 전달함수
제동비(감쇠율) δ에 따른 제동 및 진동조건
$\delta < 1$인 경우 : 부족 제동(감쇠 진동)
$\delta > 1$인 경우 : 과제동(비진동)
$\delta = 1$인 경우 : 임계 진동(임계 상태)
$\delta = 0$인 경우 : 무제동(무한 진동 또는 완전 진동)

★★★☆☆
26 제동계수 $\delta = 1$인 경우 어떠한가?

① 임계진동이다.　　　② 강제진동이다.
③ 감쇠진동이다.　　　④ 완전진동이다.

🔍 해설

2차계의 전달함수
제동비(감쇠율) δ에 따른 제동 및 진동조건
$\delta < 1$인 경우 : 부족 제동(감쇠 진동)
$\delta > 1$인 경우 : 과제동(비진동)
$\delta = 1$인 경우 : 임계 진동(임계 상태)
$\delta = 0$인 경우 : 무제동(무한 진동 또는 완전 진동)

★★☆☆☆
27 제동비 ζ가 1 보다 점점 더 작아질수록 어떻게 되는가?

① 진동을 하지 않는다.
② 일정한 진폭으로 계속 진동한다.
③ 최대오버슈트가 점점 작아진다.
④ 최대오버슈트가 점점 커진다.

🔍 해설

2차계의 전달함수
제동비가 작아질수록 최대오버슈트가 점점 커진다.

★★☆☆☆
28 최대초과량(OVER SHOOT)이 가장 큰 경우의 제동비 ζ의 값은?

① $\zeta = 0$　　　　　② $\zeta = 0.6$
③ $\zeta = 1.2$　　　　　④ $\zeta = 1.5$

🔍 해설

2차계의 전달함수
제동비가 0이 아니면서 가장 작을 때 최대초과량(OVER SHOOT)이 가장 크다.

★★★★☆
29 특성방정식 $s^2 + 2\delta\omega_n s + \omega_n^2 = 0$인 계가 무제동 진동을 할 경우 δ의 값은?

① 0　　　　　② $\delta < 1$
③ $\delta = 1$　　　　　④ $\delta > 1$

🔍 해설

2차계의 전달함수
제동비(감쇠율) δ에 따른 제동 및 진동조건
$\delta < 1$인 경우 : 부족 제동(감쇠 진동)
$\delta > 1$인 경우 : 과제동(비진동)
$\delta = 1$인 경우 : 임계 진동(임계 상태)
$\delta = 0$인 경우 : 무제동(무한 진동 또는 완전 진동)

★★★☆☆
30 다음 미분방정식으로 표시되는 2차 계통에서 감쇠율(Damping Tatio) ζ와 제동의 종류는?

$$\frac{d^2 y(t)}{dt^2} + 6\frac{dy(t)}{dt} + 9y(t) = 9x(t)$$

① $\zeta = 0$: 무제동
② $\zeta = 1$: 임계제동
③ $\zeta = 2$: 과제동
④ $\zeta = 0.5$: 감쇠진동 또는 부족제동

[정답] 25 ③　26 ①　27 ④　28 ②　29 ①　30 ②

🔍 **해설**

2차계의 전달함수

미분방정식

$\dfrac{d^2y(t)}{dt^2}+6\dfrac{dy(t)}{dt}+9y(t)=9x(t)$의 양변을 라플라스 변환하면

$s^2Y(s)+6sY(s)+9Y(s)=9X(s)$

$(s^2+6s+9)Y(s)=9X(s)$

2차계의 전달함수

$G(s)=\dfrac{Y(s)}{X(s)}=\dfrac{9}{s^2+6s+9}=\dfrac{\omega_n^2}{s^2+2\zeta\omega_ns+\omega_n^2}$에서

$\omega_n^2=9$, $\omega_n=3$, $2\zeta\omega_n=6$, $\zeta=1$이므로 임계제동

★★☆☆☆

31 그림의 그래프에서 제동비 ζ가 $\zeta<1$을 만족하는 곡선은?

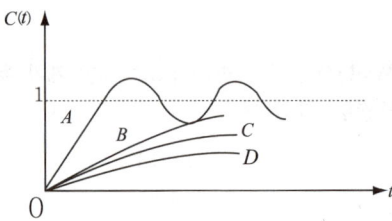

① A　　　　② B

③ C　　　　④ D

🔍 **해설**

2차계의 전달함수

제동비(감쇠계수) $\zeta<1$이면 부족제동이므로 감쇠진동한다.

★★★☆☆

32 2차 제어계에서 공진주파수 ω_m와 고유주파수 ω_n, 감쇠비 α 사이의 관계가 바른 것은?

① $\omega_m=\omega_n\sqrt{1-\alpha^2}$　　② $\omega_m=\omega_n\sqrt{1+\alpha^2}$

③ $\omega_m=\omega_n\sqrt{1-2\alpha^2}$　　④ $\omega_m=\omega_n\sqrt{1+2\alpha^2}$

🔍 **해설**

2차계의 전달함수

2차 제어계에서 공진주파수는 $\omega_m=\omega_n\sqrt{1-2\alpha^2}$

★★★☆☆

33 2차 제어계에서 최대오버슈트가 발생하는 시간 t_p와 고유주파수 ω_n, 감쇠계수 δ 사이의 관계식은?

① $t_p=\dfrac{2\pi}{\omega_n\sqrt{1-\delta^2}}$　　② $t_p=\dfrac{2\pi}{\omega_n\sqrt{1+\delta^2}}$

③ $t_p=\dfrac{\pi}{\omega_n\sqrt{1-\delta^2}}$　　④ $t_p=\dfrac{\pi}{\omega_n\sqrt{1+\delta^2}}$

🔍 **해설**

2차계의 전달함수

최대오버슈트가 발생하는 시간은 $t_p=\dfrac{\pi}{\omega_n\sqrt{1-\delta^2}}$

★★★☆☆

34 어떤 회로의 영입력 응답(또는 자연응답)이 보기와 같다. 다음의 서술에서 잘못된 것은?

$$v(t)=84(e^{-t}-e^{-6t})$$

① 회로의 시정수 1(秒), 1/6(秒) 두 개다.

② 이 회로의 2차 회로이다.

③ 이 회로는 과제동(過制動) 되었다.

④ 이 회로는 임계제동되었다.

🔍 **해설**

2차계의 전달함수

$\pounds\left[84(e^{-t}-e^{-6t})\right]=84\left(\dfrac{1}{s+1}-\dfrac{1}{s+6}\right)$

$=84\left[\dfrac{(s+6)-(s+1)}{(s+1)(s+6)}\right]=84\left[\dfrac{5}{s^2+7s+6}\right]=70\left[\dfrac{5}{s^2+7s+6}\right]$

여기서, $2\delta\omega_ns=7s$, $\omega_n^2=6$이므로

$\therefore 2\sqrt{6}\,\delta=7$

$\therefore \delta=\dfrac{7}{2\sqrt{6}}=1.42$

따라서, $\delta>1$이면 과제동, 비진동이 된다.

★★☆☆☆

35 2차 회로의 회로 방정식은 보기와 같다. 이 때의 설명 중 틀린 것은?

$$2\frac{d^2v}{dt^2}+8\frac{dv}{dt}+8v=0$$

① 특성근은 두 개다.

② 이 회로의 임계적으로 제동되었다.

③ 이 회로는 −2인 점에 중복된 극점 두 개를 갖는다.

④ $v(t)$는 $v(t)=K_1e^{-2t}+K_2e^{2t}$의 꼴을 갖는다.

🔍 해설

2차계의 전달함수

특성 방정식은

$(2s^2+8s+e)V_s=0$

$2(s^2+4s+4)V_s=0$

$(s+2)^2=0$이므로 $v(t)=K_1e^{-2t}+K_2e^{-2t}$의 꼴을 갖는다.

★★★☆☆

36 S평면 (복소평면)에서의 극점배치가 다음과 같을 경우 이 시스템의 시간영역에서의 동작은?

① 감쇠진동을 한다.

② 점점 진동이 커진다.

③ 같은 진폭으로 계속 진동한다.

④ 진동하지 않는다.

🔍 해설

특성방정식 근의위치에 따른 시간응답 특성곡선

특성방정식의 근인 극점이 우반부에 복소근으로 존재 시 진동이 점점 커지므로 제어계가 불안정 하다.

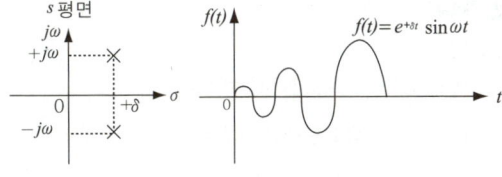

★★☆☆☆

37 그림과 같이 S평면상에 A, B, C, D 4개의 근이 있을 때 이 중에서 가장 빨리 정상상태에 도달하는 것은?

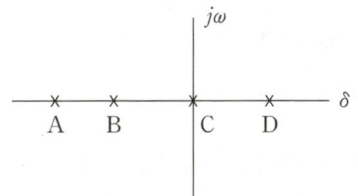

① A
② B
③ C
④ D

🔍 해설

특성방정식 근의 위치에 따른 시간응답 특성곡선

특성방정식의 근이 허수축(j)에서 많이 떨어져 있을수록 정상값에 빨리 도달한다.

★★☆☆☆

38 안정된 제어계의 특성근이 2개의 공액복소근을 가질 때 이 근들이 허수축 가까이에 있는 경우 허수축에서 멀리 떨어져 있는 안정된 근에 비해 과도응답 영향은 어떻게 되는가?

① 천천히 사라진다.

② 영향이 같다.

③ 빨리 사라진다.

④ 영향이 없다.

🔍 해설

특성방정식 근의 위치에 따른 시간응답 특성곡선

특성방정식의 근이 허수축(j)에서 많이 떨어져 있을수록 정상값에 빨리 도달하므로 허수축에서 가까이에 있는 경우 과도응답은 천천히 사라진다.

★★☆☆☆

39 $G(s)H(s)=\dfrac{K}{Ts+1}$일 때 이 계통은 어떤 형인가?

① 0 형
② 1 형
③ 2 형
④ 3 형

[**정답**] 36 ② 37 ① 38 ① 39 ①

🔍 **해설**

자동제어계의 형의 분류

제어계의 형의 분류는 개루프 전달함수 $G(s)H(s)$의 원점($s=0$)에 있는 극점수로 분류한다.

$N=0$ → 0형 제어계
$N=1$ → 1형 제어계
$N=2$ → 2형 제어계
⋮

따라서, 개루프전달함수 $G(s)H(s)$는

$G(s)H(s)=\dfrac{K}{Ts+1}=\dfrac{K}{s^0(Ts+1)}$ 이므로 0형 제어계이다.

★★★☆☆
40 시스템의 전달함수가 보기와 같이 표시되는 제어계는 무슨 형인가?

$$G(s)H(s)=\dfrac{s^2(s+1)(s^2+s+1)}{s^4(s^4+2s^2+2)}$$

① 1형 제어계 ② 2형 제어계
③ 3형 제어계 ④ 4형 제어계

🔍 **해설**

자동제어계의 형의 분류

제어계의 형의 분류는 개루프 전달함수 $G(s)H(s)$의 원점($s=0$)에 있는 극점수로 분류한다.

$G(s)H(s)=\dfrac{(s+b_1)(s+b_2)(s+b_3)\cdots}{s^N(s+a_1)(s+a_2)(s+a_3)\cdots}$

$=\dfrac{s^2(s+1)(s^2+s+1)}{s^4(s^4+2s^2+2)}=\dfrac{(s+1)(s^2+s+1)}{s^2(s^4+2s^2+2)}$

이므로 2형 제어계이다.

★★★★☆
41 그림과 같은 블록선도로 표시되는 계는 무슨 형인가?

① 0 형 ② 1 형
③ 2 형 ④ 3 형

🔍 **해설**

자동제어계의 형의 분류

개루프 전달함수

$G(s)H(s)=\dfrac{3}{s^2+2s+2}\times\dfrac{1}{s}=\dfrac{3}{s(s^2+2s+2)}$

$G(s)H(s)=\dfrac{3}{s(s^2+2s+2)}=\dfrac{(s+b_1)(s+b_2)(s+b_3)\cdots}{s^N(s+a_1)(s+a_2)(s+a_3)\cdots}$

이므로 1형 제어계이다.

★★☆☆☆
42 다음 중 위치편차상수로 정의된 것은? (단, 개루프 전달함수는 $G(s)$이다.)

① $\lim\limits_{s\to0}s^3G(s)$ ② $\lim\limits_{s\to0}s^2G(s)$
③ $\lim\limits_{s\to0}sG(s)$ ④ $\lim\limits_{s\to0}G(s)$

🔍 **해설**

편차 상수

$k_a=\lim\limits_{s\to0}s^2G(s)$: 가속도 편차(오차)상수
$k_v=\lim\limits_{s\to0}sG(s)$: 속도 편차(오차)상수
$k_p=\lim\limits_{s\to0}G(s)$: 위치 편차(오차)상수

★★☆☆☆
43 제어시스템의 정상상태오차에서 포물선함수입력에 의한 정상상태오차를 $K_s=\lim\limits_{s\to0}s^2G(s)H(s)$로 표현된다. 이 때 K_s를 무엇이라고 부르는가?

① 위치오차상수
② 속도오차상수
③ 가속도오차상수
④ 평균오차상수

🔍 **해설**

편차상수

$k_a=\lim\limits_{s\to0}s^2G(s)$: 가속도 편차(오차)상수
$k_v=\lim\limits_{s\to0}sG(s)$: 속도 편차(오차)상수
$k_p=\lim\limits_{s\to0}G(s)$: 위치 편차(오차)상수

[정답] 40 ② 41 ② 42 ④ 43 ③

★★★☆☆

44 그림과 같은 제어계에서 단위계단외란 D가 인가되었을 때의 정상편차는?

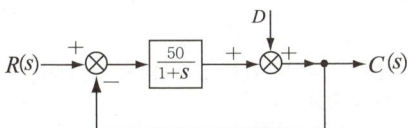

① 50

② 51

③ 1/50

④ 1/51

🔍 **해설**

정상편차

기준입력이 단위계단입력 $D=u(t)=1$인 경우의 정상편차는 정상위치편차 e_{ssp}를 말하므로 블록선도에서

개우프 전달함수는 $G(s)=\dfrac{50}{1+s}$이므로

위치편차상수 $k_p=\lim_{s\to0} G(s)=\lim_{s\to0}\dfrac{50}{1+s}=50$

정상위치편차 $e_{ssp}=\dfrac{1}{1+\lim_{s=0} G(s)}=\dfrac{1}{1+k_p}=\dfrac{1}{1+50}=\dfrac{1}{51}$

★★☆☆☆

45 개루프 전달함수 $G(s)=\dfrac{1}{s(s^2+5s+6)}$인 단위궤환계에서 단위계단입력을 가하였을 때의 잔류편차(offset)는?

① 0

② 1/6

③ 6

④ ∞

🔍 **해설**

정상편차

기준입력이 단위계단입력 $r(t)=u(t)=1$인 경우의 잔류편차는 정상위치편차 e_{ssp}를 말하므로

위치편차상수 $k_p=\lim_{s\to0} G(s)=\lim_{s\to0}\dfrac{1}{s(s^2+5s+6)}=\infty$

정상위치편차 $e_{ssp}=\dfrac{1}{1+\lim_{s=0} G(s)}=\dfrac{1}{1+k_p}=\dfrac{1}{1+\infty}=0$

★★★☆☆

46 개회로 전달함수가 보기와 같은 계에서 단위속도입력에 대한 정상 편차는?

$$G(s)=\dfrac{5}{s(s+1)(s+2)}$$

① 2/5

② 5/2

③ 0

④ ∞

🔍 **해설**

정상편차

기준입력이 단위속도입력 $r(t)=t$인 경우의 정상편차는 정상속도편차 e_{ssv}를 말하므로

속도편차상수 $k_v=\lim_{s\to0} sG(s)=\lim_{s\to0}\dfrac{5}{(s+1)(s+2)}=\dfrac{5}{2}$

정상속도편차 $e_{ssv}=\dfrac{1}{\lim_{s=0} sG(s)}=\dfrac{1}{k_v}=\dfrac{1}{\dfrac{5}{2}}=\dfrac{2}{5}$

★★★★☆

47 개루프 전달함수 $G(s)$가 보기와 같이 주어지는 단위피드백 계에서 단위속도입력에 대한 정상편차는?

$$G(s)=\dfrac{10}{s(s+1)(s+2)}$$

① $\dfrac{1}{2}$

② $\dfrac{1}{3}$

③ $\dfrac{1}{4}$

④ $\dfrac{1}{5}$

🔍 **해설**

정상편차

기준입력이 단위속도입력 $r(t)=t$인 경우의 정상편차는 정상속도편차 e_{ssv}를 말하므로

속도편차상수 $k_v=\lim_{s\to0} sG(s)=\lim_{s\to0}\dfrac{10}{(s+1)(s+2)}=5$

정상속도편차 $e_{ssv}=\dfrac{1}{\lim_{s=0} sG(s)}=\dfrac{1}{k_v}=\dfrac{1}{5}$

★★☆☆☆

48 그림과 같이 블록선도로 표시되는 제어계의 속도편차상수 K_v의 값은?

[정답] 44 ④ 45 ① 46 ① 47 ④ 48 ③

① 0

② 1/2

③ 5/3

④ 7/4

🔍 **해설** ----

정상편차

블록선도에서 개루프 전달함수 $G(s) = \dfrac{5}{s(s+3)}$

속도편차상수 $k_v = \lim_{s \to 0} sG(s) = \lim_{s \to 0} s\dfrac{5}{s(s+3)} = \dfrac{5}{3}$

★★☆☆☆

49 다음 그림과 같은 블록선도의 제어계통에서 속도편차상수 K_v는 얼마인가?

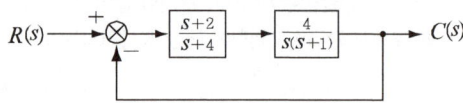

① 2

② 0

③ 0.5

④ ∞

🔍 **해설** ----

정상편차

블록선도에서 개루프 전달함수

$G(s) = \dfrac{s+2}{s+4} \times \dfrac{4}{s(s+1)} = \dfrac{4(s+2)}{s(s+1)(s+4)}$

속도편차상수

$k_v = \lim_{s \to 0} sG(s) = \lim_{s \to 0} s\dfrac{4(s+2)}{s(s+1)(s+4)} = 2$

★★★★☆

50 $G_{c1}(s) = K$, $G_{c2}(s) = \dfrac{1+0.1s}{1+0.2s}$,

$G_p(s) = \dfrac{200}{s(s+1)(s+2)}$인 그림과 같은 제어계에 단위 램프입력을 가할 때 정상편차가 0.01이라면 K의 값은?

$$R(s) \xrightarrow{+} \otimes \xrightarrow{-} G_{c1}(s) \to G_{c2}(s) \to G_p(s) \to C(s)$$

① 0.1

② 1

③ 10

④ 100

🔍 **해설** ----

정상편차

기준입력이 단위속도입력 $r(t) = t$인 경우의 정상편차는 정상속도 편차 e_{ssv}를 말하므로

블록선도에서 개루프 전달함수

$G(s) = G_{c1}(s)G_{c2}(s)G_p(s) = K \times \dfrac{1+0.1s}{1+0.2s} \times \dfrac{200}{s(s+1)(s+2)}$

$= \dfrac{200K(1+0.1)}{s(s+1)(s+2)(1+0.2s)}$

속도편차상수

$k_v = \lim_{s \to 0} sG(s) = \lim_{s \to 0} s\dfrac{200K(1+0.1)}{s(s+1)(s+2)(1+0.2s)} = 100K$

정상속도편차

$e_{ssv} = \dfrac{1}{\lim_{s \to 0} sG(s)} = \dfrac{1}{k_v} = \dfrac{1}{100K} = 0.01$

$\therefore K = 1$

★★★★☆

51 개루프 전달함수 $G(s)$가 다음과 같이 주어지는 단위 궤환계가 있다. 단위속도입력에 대한 정상속도편차가 0.025가 되기 위하여서는 K를 얼마로 하면 되는가?

$$G(s) = \dfrac{4K(1+2s)}{s(1+s)(1+3s)}$$

① 6

② 8

③ 10

④ 12

🔍 **해설** ----

정상편차

기준입력이 단위속도입력 $r(t) = t$인 경우의 정상편차는 정상속도 편차 e_{ssv}를 말하므로

속도편차상수

$k_v = \lim_{s \to 0} sG(s) = \lim_{s \to 0} s\dfrac{4K(1+2s)}{s(1+s)(1+3s)} = 4K$

정상속도편차

$e_{ssv} = \dfrac{1}{\lim_{s = 0} sG(s)} = \dfrac{1}{k_v} = \dfrac{1}{4K} = 0.025$

$K = \dfrac{1}{4 \times 0.025} = 10$

[**정답**] 49 ① 50 ② 51 ③

★★★☆☆

52 단위램프입력에 대하여 속도편차상수가 유한값을 갖는 제어계는 다음 중 어느 것인가?

① 0 형 ② 1 형
③ 2 형 ④ 3 형

🔍 **해설**

형의 분류에 의한 편차상수

기준입력이 단위램프입력 $r(t)=t$인 경우의 속도편차상수 K_v는 1형 일 때 $K_v=k$인 유한값을 갖는다.

계통의 형	편차(오차)상수		
	k_p	k_v	k_a
0형	k	0	0
1형	∞	k	0
2형	∞	∞	k

★★★☆☆

53 계단오차상수를 K_p라 할 때 1형 시스템의 계단입력 $u(t)$에 대한 정상상태오차 e_{ss}는?

① 1 ② $\dfrac{1}{K_p}$

③ 0 ④ ∞

🔍 **해설**

형의 분류에 의한 정상편차

기준입력이 단위계단입력 $r(t)=u(t)=1$인 경우의 정상상태오차는 정상위치편차 e_{ssp}를 말하므로 1형 일 때 $e_{ssp}=0$이 된다.

계통의 형	정상편차		
	e_{ssp}	e_{ssv}	e_{ssa}
0형	$\dfrac{1}{1+k}$	∞	∞
1형	0	$\dfrac{1}{k}$	∞
2형	0	0	$\dfrac{1}{k}$

주파수 응답

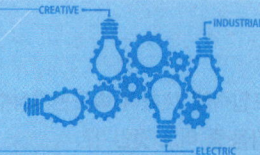

영상 학습 QR   **출제경향분석**

본장은 자동제어계의 주파수 응답에 대한 기본원리와 내용을 다루었으며 시험에 자주 출제가 되는 내용은 다음과 같다.
❶ 주파수전달함수 크기 및 위상   ❷ 주파수전달함수의 벡터궤적
❸ 주파수 전달함수의 이득   ❹ 주파수전달함수의 이득변화 및 위상변화

콕콕 포인트

♥ 핵심 포인트

· 주파수 응답
  기준입력 정현파입력
· 전달함수의 크기(진폭비)
  $|G(j\omega)| = \sqrt{(실수)^2 + (허수)^2}$
· 전달함수의 위상차
  $\theta = \angle G(j\omega) = \tan^{-1} \dfrac{허수}{실수}$

Q 포인트문제 1

주파수응답에 필요한 입력은?
① 계단입력   ② 임펄스입력
③ 램프입력   ④ 정현파입력

A 해설

주파수 응답
정현파 입력 $x(t)$을 가했을 때 제어계의 정상상태 응답을 주파수 응답이라 한다.

정답 ④

---

1 주파수 응답(출력)

전달 함수 $G(s)$인 요소에 주파수 $j\omega$의 정현파 입력 $x(t)$을 가했을 때 제어계의 정상상태 응답을 주파수 응답이라 한다.

1. 주파수 전달함수

전달 함수 $G(s)$에서 s대신 $j\omega$로 바꾸어 놓은 함수 $G(j\omega)$를 주파수 전달 함수라고 한다.

1) 주파수 전달함수

$$G(j\omega) = a + jb = 실수부 + 허수부$$

2) 주파수 전달함수의 크기(진폭비)

$$|G(j\omega)| = \sqrt{(실수부)^2 + (허수부)^2} = \sqrt{a^2 + b^2}$$

3) 주파수 전달함수의 위상차

$$\theta = \angle G(j\omega) = \tan^{-1}\frac{허수}{실수} = \tan^{-1}\frac{b}{a}$$

4) $j = 90°$, $\dfrac{1}{j} = -j = -90°$

---

2 벡터궤적(나이퀴스트 선도)

주파수 ω를 0에서 ∞까지 변화시킬 때 주파수 전달함수 $G(j\omega)$의 크기 $|G(j\omega)|$의 변화와 위상각 θ의 변화를 극좌표에 그린것을 벡터궤적(나이퀴스트 선도)라 한다.

1. 비례요소 전달함수 벡터궤적 그리는 방법

$G(s)=K$에서 $s=j\omega$를 대입하면 $G(j\omega)=K$

1) $\omega=0$

  $|G(j0)|=K,\ \theta=0°$

2) $\omega=\infty$

  $|G(j\infty)|=K,\ \theta=0°$

2. 미분요소전달함수 벡터궤적 그리는 방법

$G(s)=Ts$에서 $s=j\omega$를 대입하면 $G(j\omega)=j\omega T$

1) $\omega=0$

  $|G(j0)|=0,\ \theta=0°$

2) $\omega=\infty$

  $|G(j\infty)|=\infty,\ \theta=90°$

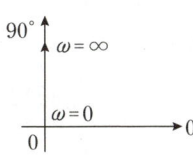

3. 적분요소전달함수 벡터궤적 그리는 방법

$G(s)=\dfrac{1}{Ts}$에서 $s=j\omega$를 대입하면 $G(j\omega)=\dfrac{1}{j\omega T}$

1) $\omega=0$

  $|G(j0)|=\infty,\ \theta=-90°$

2) $\omega=\infty$

  $|G(j\infty)|=0,\ \theta=0°$

4. 1차 지연요소의 전달함수 벡터궤적 그리는 방법

$G(s)=\dfrac{1}{1+Ts}$에서 $s=j\omega$를 대입하면 $G(j\omega)=\dfrac{1}{1+j\omega T}$

1) $\omega=0$

  $|G(j0)|=1,\ \theta=0°$

2) $\omega=\infty$

  $|G(j\infty)|=0,\ \theta=-90°$

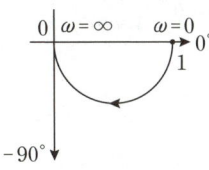

▌ 필수확인 O·X 문제 ▐

1차 2차 3차

1. 주파수 응답에 사용되는 입력은 단위계단입력이다. ·················· (   )

2. 전달 함수 $G(s)$에서 s대신 $j\omega$을 바꾸어 놓은 $G(j\omega)$를 주파수 전달 함수라고
   한다. ··· (   )

상세해설

  1. (×) 주파수 응답에 사용되는 입력은 정현파입력이다.

  2. (○) 전달 함수 $G(s)$에서 s대신 $j\omega$을 바꾸어 놓은 $G(j\omega)$를 주파수 전달 함수라 하고
   크기 $|G(j\omega)|$를 진폭비 또는 이득이라 한다.

Q 포인트문제 2

$G(j\omega)=\dfrac{1}{1+j2T}$이고
$T=2[\text{sec}]$일 때 크기 $|G(j\omega)|$와
위상 $\angle G(j\omega)$는 각각 얼마인가?

① $0.44,\ \angle-36°$
② $0.44,\ \angle 36°$
③ $0.24,\ \angle-76°$
④ $0.24,\ \angle 76°$

A 해설

주파수 전달함수

$G(j\omega)=\dfrac{1}{1+j2T}\Big|_{T=2}$

$\qquad=\dfrac{1}{1+j4}$

전달함수의 크기

$|G(j\omega)|=\dfrac{1}{\sqrt{1^2+4^2}}=0.24$

전달함수의 위상각

$\theta=-\tan^{-1}\dfrac{4}{1}=-76°$가 되므로

$G(j\omega)=0.24\angle-76°$

정답 ③

Q 포인트문제 3

$G(j\omega)=\dfrac{K}{j\omega(j\omega+1)}$에 있어서
진폭 A 및 위상각 θ는?

$$\lim_{\omega\to\infty}G(j\omega)=A\angle\theta$$

① $A=0,\ \theta=-90°$
② $A=0,\ \theta=-180°$
③ $A=\infty,\ \theta=-90°$
④ $A=\infty,\ \theta=-180°$

A 해설

주파수 전달함수

전달함수 $G(j\omega)=\dfrac{K}{j\omega(j\omega+1)}$

진폭(크기) $|G(j\omega)|=\dfrac{K}{\omega\sqrt{\omega^2+1}}$

위상 $\theta=\angle G(j\omega)$

$\qquad=-90°-\tan^{-1}\omega$

$\omega\to\infty$일 때

$|G(j\omega)|=0$, 위상 $\theta=-180°$

정답 ②

콕콕 포인트

electrical engineer · electrical engineer · electrical engineer · electrical engineer · electrical engineer · electrical engineer · electrical engineer · electrical e

5. 형에 따른 벡터궤적

1) 0형 제어계

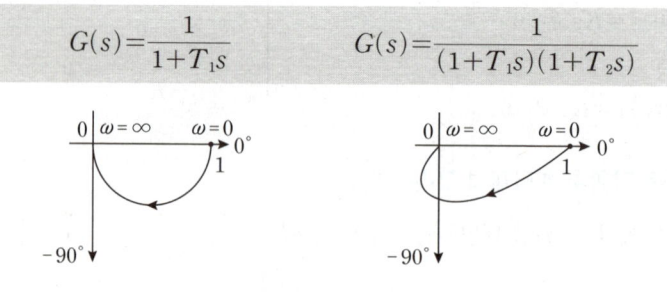

$$G(s) = \frac{1}{1+T_1 s} \qquad G(s) = \frac{1}{(1+T_1 s)(1+T_2 s)}$$

$$G(s) = \frac{1}{(1+T_1 s)(1+T_2 s)(1+T_3 s)}$$

2) 1형 제어계

$$G(s) = \frac{1}{s(1+T_1 s)} \qquad G(s) = \frac{1}{s(1+T_1 s)(1+T_2 s)}$$

3) 2형 제어계

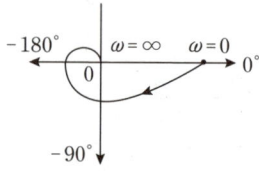

$$G(s) = \frac{1}{s^2(1+T_1 s)} \qquad G(s) = \frac{1}{s^2(1+T_1 s)(1+T_2 s)}$$

3 보오드 선도

보오드 선도는 이득 $|G(j\omega)|$와 위상각 $\angle G(j\omega)$로 나누어 각각 주파수 ω의 함수로 표시한 것이다. 즉, 보드 선도는 횡축에 주파수 ω를 대수 눈금으로 취하고 종축에 이득 $|G(j\omega)|$의 데시벨[dB] 값, 혹은 위상각을 취하여 표시한 이득 곡선과 위상 곡선으로 구성된다.

1. 이득 및 위상

1) 전달함수 $G(s)=G(j\omega)$

2) 이득 $g=20\log_{10}|G(j\omega)|$[dB]

3) 위상 $\theta=\angle G(j\omega)$

2. 이득 변화 및 위상변화

이득공식 $g=20\log_{10}|G(j\omega)|$[dB]을 이용하여 이득을 구한 후 ω값을 0.1, 1, 10 …의 10배수 값을 대입하여 나온 식을 통해 기울기(변화)를 구하면 된다.

1) $G(s)=s^n=(j\omega)^n$

　① 이득변화 $g=20n$[dB/dec]

　② 위상변화 $\theta=90°n$

2) $G(s)=\dfrac{1}{s^n}=s^{-n}=(j\omega)^{-n}$

　① 이득변화 $g=-20n$[dB/dec]

　② 위상변화 $\theta=-90°n$

3. 절점주파수

전달함수의 실수부와 허수부가 같아지는 ω[rad/sec]를 구한다.

| 필수확인 O·X 문제 |

1차 2차 3차

1. ω를 대수 눈금으로 취하고 종축에 이득 $|G(j\omega)|$의 데시벨[dB] 값을 취하여 표시한 것을 위상곡선이라 한다. · · · · · · · · · · · · · · · · · · (　)
2. 절점주파수는 실수부와 허수부가 같아지는 ω값을 말한다. · · · · · · · · · · · (　)

상세해설

　1. (×) ω를 대수 눈금으로 취하고 종축에 이득 $|G(j\omega)|$의 데시벨[dB] 값을 취하여 표시한 것을 이득곡선이라 한다.
　2. (○) 실수부와 허수부가 같아지는 ω값을 절점주파수라 한다.

Q 포인트문제 5

$G(s)=\dfrac{1}{1+10s}$인 1차지연요소의 G[dB]는? (단, ω[rad/sec]이다.)

① 약 3　　　② 약 -3
③ 약 10　　④ 약 20

A 해설

이득 g[dB]

$G(j\omega)=\dfrac{1}{1+10j\omega}\bigg|_{\omega=0.1}$

$\quad=\dfrac{1}{1+j1}$

전달함수의 크기

$|G(j\omega)|=\dfrac{1}{\sqrt{1^2+1^2}}=\dfrac{1}{\sqrt{2}}$

이득 $g=20\log_{10}|G(j\omega)|$

$\quad=20\log_{10}\dfrac{1}{\sqrt{2}}=-3$[dB]

정답 ②

Chapter 04

주파수 응답
출제예상문제

영상 학습 QR

- QR 코드를 찍으시면, 가장 중요한 우선순위 문제풀이 영상을 보실 수 있습니다.
- 우선순위 논점은 전기(산업)기사 시험에서 가장 출제 빈도가 높은 문제로써, 수험생분들께서는 각 파트별 우선순위 문제의 논점과 키워드를 학습하시기를 바랍니다.
- 체크 리스트를 작성하시면서 문제의 유형과 학습의 완성도를 스스로 체크 해 보시기를 바랍니다.
- "선생님의 콕콕 포인트"는 틀리기 쉬운 문제의 함정과 문제의 포인트를 집어드립니다. 우선순위 문제풀이의 포인트를 꼭 참고하고 응용문제의 해결능력을 길러 줍니다.

번호	우선순위 논점	KEY WORD	맞음	이해 부족	암기 부족	착오 실수	선생님의 콕콕 포인트
2	주파수 전달함수	주파수 전달함수, 크기, 위상					크기=$\sqrt{실수^2+허수^2}$, 위상각=$\tan^{-1}\frac{허수}{실수}$
4	벡터궤적	벡터궤적, 나이퀴스트 선도					ω를 0에서 ∞로 변화시 크기와 각도의 변화궤적을 구한다.
10	이득	이득, 데시벨					전달함수의 크기 $|G(j\omega)|$의 $20\log_{10}|G(j\omega)|$[dB] 값을 이득이라 한다.
18	이득변화 및 위상변화	이득변화, 위상변화					$G(s)=s^n=(j\omega)^n$ 이득변화 $g=20n$[dB/dec], 위상변화 $\theta=90°n$
20	이득변화 및 위상변화	이득변화, 위상변화					$G(s)=\frac{1}{s^n}=s^{-n}=(j\omega)^{-n}$ 이득변화 $g=-20n$[dB/dec], 위상변화 $\theta=-90°n$

★★★☆☆

01 전달 함수 $G(j\omega)=\dfrac{1}{1+j\omega T}$의 크기와 위상각을 구한 값은? (단, $T>0$이다.)

① $G(j\omega)=\dfrac{1}{\sqrt{1+\omega^2T^2}}\angle-\tan^{-1}\omega T$

② $G(j\omega)=\dfrac{1}{\sqrt{1-\omega^2T^2}}\angle-\tan^{-1}\omega$

③ $G(j\omega)=\dfrac{1}{\sqrt{1+\omega^2T^2}}\angle\tan^{-1}\omega$

④ $G(j\omega)=\dfrac{1}{\sqrt{1-\omega^2T^2}}\angle\tan^{-1}\omega$

해설

주파수 전달함수

전달함수의 크기 $|G(j\omega)|=\dfrac{1}{\sqrt{1^2+(\omega T)^2}}=\dfrac{1}{\sqrt{1^2+\omega T^2}}$

전달함수의 위상각 $\theta=-\tan^{-1}\dfrac{\omega T}{1}=-\tan^{-1}\omega T$가 되므로

$G(j\omega)=\dfrac{1}{\sqrt{1^2+\omega T^2}}\angle-\tan^{-1}\omega T$

★★☆☆☆

02 전달함수 $G(s)=\dfrac{20}{3+2s}$을 갖는 요소가 있다. 이 요소에 $\omega=2$인 정현파를 주었을 때 $|G(j\omega)|$를 구하면?

① $|G(j\omega)|=8$ ② $|G(j\omega)|=6$

③ $|G(j\omega)|=2$ ④ $|G(j\omega)|=4$

해설

주파수 전달함수

$G(j\omega)=\dfrac{20}{3+2j\omega}\Big|_{\omega=2}=\dfrac{20}{3+j4}$

전달함수의 크기 $|G(j\omega)|=\dfrac{20}{\sqrt{3^2+4^2}}=4$

★★☆☆☆

03 1차지연요소의 벡터궤적은?

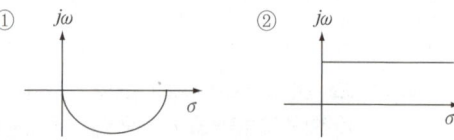

[정답] 01 ① 02 ④ 03 ①

724 | 전기기사·산업기사 필기

③

④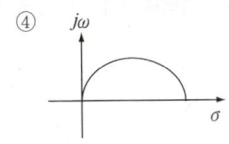

$\omega \to 0$일 때 이득 $|G(j\omega)|=\infty$, 위상 $\theta=-90°$

$\omega \to \infty$일 때 이득 $|G(j\omega)|=0$, 위상 $\theta=-180°$

위의 조건으로 나이퀴스트 선도를 그리면 된다.

🔍 해설

벡터궤적

1차 지연요소의 전달함수 $G(j\omega)=\dfrac{1}{1+Ts}\Big|_{s=j\omega}=\dfrac{1}{1+j\omega T}$

전달함수의 크기 $|G(j\omega)|=\dfrac{1}{\sqrt{1+(\omega T)^2}}$

전달함수의 위상 $\theta=-\tan^{-1}\omega T$

$\omega=0 \rightarrow |G(j\omega)|=1,\ \theta=0°$

$\omega=\infty \rightarrow |G(j\omega)|=0,\ \theta=-90°$

위의 조건으로 나이퀴스트 선도를 그리면

★★★☆☆

05 $G(s)=\dfrac{K}{s(1+T_1s)(1+T_2s)}$의 벡터궤적은?

①

②

③

④

🔍 해설

벡터궤적

$G(j\omega)=\dfrac{K}{j\omega(1+j\omega T_1)(1+j\omega T_2)}$

$\omega=0$일 때 크기 및 위상은 $|G(j\omega)|=\infty,\ \theta=-90°$

$\omega=\infty$일 때 크기 및 위상은 $|G(j\omega)|=0,\ \theta=-270°$

★★★☆☆

04 $G(s)=\dfrac{K}{s(1+Ts)}$의 벡터궤적은?

①

②

③

④

🔍 해설

벡터궤적

전달함수 $G(j\omega)=\dfrac{K}{j\omega(j\omega+1)}$에서

크기 및 위상은 $|G(j\omega)|=\dfrac{K}{\omega\sqrt{\omega^2+1}}$,

$\theta=\angle G(j\omega)=-90°-\tan^{-1}\omega$

★★☆☆☆

06 그림과 같은 궤적을 갖는 계의 주파수 전달함수는?

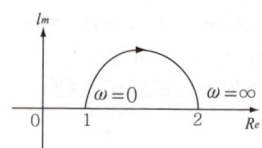

① $\dfrac{1}{j\omega+1}$ ② $\dfrac{1}{j2\omega+1}$

③ $\dfrac{j\omega+1}{j2\omega+1}$ ④ $\dfrac{j2\omega+1}{j\omega+1}$

🔍 해설

벡터궤적

전달함수 $G(j\omega)=\dfrac{1+j\omega T_2}{1+j\omega T_1}$에서

$\omega=0$에서 $|G(j\omega)|=1$

$\omega=\infty$에서 $|G(j\omega)|=\dfrac{T_2}{T_1}=2$, $T_2=2T_1$를 가지므로

$G(j\omega)=\dfrac{1+j2\omega}{1+j\omega}$

★★★☆☆

07 $G(s)=\dfrac{1+T_2 s}{1+T_1 s}$의 벡터궤적은? (단, $T_2>T_1>0$ 이다.)

①   ②

③   ④

🔍 해설

벡터궤적

전달함수 $G(j\omega)=\dfrac{1+j\omega T_2}{1+j\omega T_1}$에서

$\omega=0$에서 $|G(j\omega)|=1$

$\omega=\infty$에서 $|G(j\omega)|=\dfrac{T_2}{T_1}$이며

$T_2>T_1>0$이므로
위상각은 + 값이 ②번이 된다.

★★☆☆☆

08 벡터궤적이 그림과 같이 표시되는 요소는?

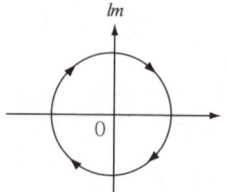

① 비례요소

② 1차지연요소

③ 부동작요소

④ 2차지연요소

🔍 해설

벡터궤적

부동작 시간요소의 전달함수 $G(s)=e^{-Ls}$는
$G(j\omega)=e^{-j\omega L}=\cos\omega L-j\sin\omega L$이므로

전달함수의 크기 $|G(j\omega)|=\sqrt{\cos^2\omega L+\sin^2\omega L}=0$

위상각 $\theta=\angle G(j\omega)=-\tan^{-1}\dfrac{\sin\omega L}{\cos\omega L}=-\omega L$

크기는 1이며, ω의 증가에 따라 벡터궤적 $G(j\omega)$는 원주상을 시계 방향으로 회전한다.

★★☆☆☆

09 $G(j\omega)=5j\omega$이고, $\omega=0.02$일 때 이득 [dB]은?

① 20 [dB] ② 10 [dB]

③ −20 [dB] ④ −10 [dB]

🔍 해설

이득 g [dB]

$G(j\omega)=5j\omega|_{\omega=0.02}=j0.1$

전달함수의 크기 $|G(j\omega)|=0.1$

이득은 $g=20\log_{10}|G(j\omega)|=20\log_{10}0.1=-20$ [dB]

★★☆☆☆

10 $G(j\omega)=j0.1\omega$에서 $\omega=0.1$ [rad/s]일 때 계의 이득 [dB]은?

① −100 [dB] ② −80 [dB]

③ −60 [dB] ④ −40 [dB]

[정답] 07 ② 08 ③ 09 ③ 10 ④

🔍 **해설**

이득 g [dB]

$G(j\omega) = j0.1\omega|_{\omega=0.1} = j0.01$

전달함수의 크기 $|G(j\omega)| = 0.01$

이득은 $g = 20\log_{10}|G(j\omega)| = 20\log_{10}0.01 = -40$[dB]

★★☆☆☆

11 $G(s) = 20s$에서 $\omega = 5$[rad/sec]일 때 이득[dB]은?

① 60 [dB] ② 40 [dB]
③ 30 [dB] ④ 20 [dB]

🔍 **해설**

이득 g [dB]

$G(j\omega) = 20j\omega|_{\omega=5} = j100$

전달함수의 크기 $|G(j\omega)| = 100$

이득은 $g = 20\log_{10}|G(j\omega)| = 20\log_{10}100 = 40$[dB]

★★★☆☆

12 $G(s) = \dfrac{1}{1+10s}$인 1차지연요소의 G[dB]는?

(단, $\omega = 0.1$[rad/sec]이다.)

① 약 3 [dB] ② 약 −3 [dB]
③ 약 10 [dB] ④ 약 20 [dB]

🔍 **해설**

이득 g [dB]

$G(j\omega) = \dfrac{1}{1+10j\omega}\bigg|_{\omega=0.1} = \dfrac{1}{1+j1}$

전달함수의 크기 $|G(j\omega)| = \dfrac{1}{\sqrt{1^2+1^2}} = \dfrac{1}{\sqrt{2}}$

이득은 $g = 20\log_{10}|G(j\omega)| = 20\log_{10}\dfrac{1}{\sqrt{2}} = -3$[dB]

★★★★☆

13 $G(s) = \dfrac{1}{s(s+10)}$인 선형제어계에서 $\omega = 0.1$일 때 주파수 전달함수의 이득은?

① −20 [dB] ② 0 [dB]
③ 20 [dB] ④ 40 [dB]

🔍 **해설**

이득 g [dB]

$G(j\omega) = \dfrac{1}{j\omega(10+j\omega)}\bigg|_{\omega=0.1} = \dfrac{1}{j0.1(10+j0.1)}$

전달함수의 크기 $|G(j\omega)| = \dfrac{1}{0.1\sqrt{10^2+0.1^2}} = 1$

이득은 $g = 20\log_{10}|G(j\omega)| = 20\log_{10}1 = 0$[dB]

★★★☆☆

14 $G(s) = e^{-Ls}$에서 $\omega = 100$[rad/sec]일 때 이득[dB]은?

① 0 [dB] ② 20 [dB]
③ − 20 [dB] ④ 40 [dB]

🔍 **해설**

이득 g [dB]

$G(j\omega) = e^{-j\omega L} = \cos\omega L - j\sin\omega L$

전달함수의 크기 $|G(j\omega)| = \sqrt{\cos^2\omega L + \sin^2\omega L} = 1$

이득은 $g = 20\log_{10}|G(j\omega)| = 20\log_{10}1 = 0$[dB]

★★☆☆☆

15 전달함수 $G(s) = \dfrac{10}{s^2+3s+2}$으로 표시되는 제어계통에서 직류 이득은 얼마인가?

① 1 ② 2
③ 3 ④ 5

🔍 **해설**

이득 g [dB]

직류이득은 주파수 $f=0$인 경우의 이득이며 주파수가 0이면

$s = j\omega = j2\pi f = 0$인 경우이므로

$\therefore G(j\omega) = \dfrac{10}{2} = 5$

★★★★☆

16 주파수 전달함수 $G(j\omega) = \dfrac{1}{j100\omega}$인 계에서 $\omega = 0.1$[rad/s]일 때의 이득[dB]과 위상각은?

① −20 [dB], −90° ② −40 [dB], −90°
③ 20 [dB], −90° ④ 40 [dB], −90°

[**정답**] 11 ② 12 ② 13 ② 14 ① 15 ④ 16 ①

🔍 **해설** - - - - - - - - - - - - - - - -

이득 g[dB]

$$G(j\omega)=\frac{1}{1+100\omega}\bigg|_{\omega=0.1}=\frac{1}{j10}$$

전달함수의 크기 $|G(j\omega)|=\frac{1}{10}$

이득은 $g=20\log_{10}|G(j\omega)|=20\log_{10}\frac{1}{10}=-20$[dB]

위상각 $\theta=\angle G(j\omega)=-90°$

★★☆☆☆

17 $G(s)=s$의 보드선도는?

① 20[dB/dec]의 경사를 가지며 위상각 90°

② -20[dB/dec]의 경사를 가지며 위상각 $-90°$

③ 40[dB/dec]의 경사를 가지며 위상각 180°

④ -40[dB/dec]의 경사를 가지며 위상각 $-180°$

🔍 **해설** - - - - - - - - - - - - - - - -

이득변화 및 위상변화

$G(j\omega)=j\omega$

전달함수의 크기 $|G(j\omega)|=\omega$

이득은 $g=20\log_{10}|G(j\omega)|=20\log_{10}\omega$[dB]

$\omega=0.1$일 때 $g=20\log_{10}0.1=-20$[dB]

$\omega=1$일 때 $g=20\log_{10}1=0$[dB]

$\omega=10$일 때 $g=20\log_{10}10=20$[dB]

이므로 20[dB/dec]의 경사도를 가지며

위상각 $\theta=\angle G(j\omega)=90°$

★★☆☆☆

18 $G(j\omega)=K(j\omega)^2$의 보드선도는?

① -40[dB/dec]의 경사를 가지며 위상각 $-180°$

② 40[dB/dec]의 경사를 가지며 위상각 180°

③ -20[dB/dec]의 경사를 가지며 위상각 $-90°$

④ 20[dB/dec]의 경사를 가지며 위상각 90°

🔍 **해설** - - - - - - - - - - - - - - - -

이득변화 및 위상변화

$G(j\omega)=K(j\omega)^2$

전달함수의 크기 $|G(j\omega)|=K\omega^2$

이득은 $g=20\log_{10}|G(j\omega)|=20\log_{10}K\omega^2$

$\quad\quad\quad=20\log_{10}K+20\log_{10}\omega^2$[dB]

$\omega=0.1$일 때 $g=20\log_{10}K+20\log_{10}0.1^2=20\log_{10}K-40$[dB]

$\omega=1$일 때 $g=20\log_{10}K+20\log_{10}1^2=20\log_{10}K$[dB]

$\omega=10$일 때 $g=20\log_{10}K+20\log_{10}10^2=20\log_{10}K+40$[dB]

이므로 40[dB/dec]의 경사도를 가지며

위상각 $\theta=\angle G(j\omega)=180°$

★★★☆☆

19 $G(j\omega)=K(j\omega)^3$의 보우드선도는?

① 20[dB/dec]의 경사를 가지며 위상각 90°

② 40[dB/dec]의 경사를 가지며 위상각 $-90°$

③ 60[dB/dec]의 경사를 가지며 위상각 $-90°$

④ 60[dB/dec]의 경사를 가지며 위상각 270°

🔍 **해설** - - - - - - - - - - - - - - - -

이득변화 및 위상변화

$G(j\omega)=K(j\omega)^3$

전달함수의 크기 $|G(j\omega)|=K\omega^3$

이득은 $g=20\log_{10}|G(j\omega)|=20\log_{10}K\omega^3$

$\quad\quad\quad=20\log_{10}K+20\log_{10}\omega^3$[dB]

$\omega=0.1$일 때 $g=20\log_{10}K+20\log_{10}0.1^3=20\log_{10}K-60$[dB]

$\omega=1$일 때 $g=20\log_{10}K+20\log_{10}1^3=20\log_{10}K$[dB]

$\omega=10$일 때 $g=20\log_{10}K+20\log_{10}10^3=20\log_{10}K+60$[dB]

이므로 60[dB/dec]의 경사도를 가지며

위상각 $\theta=\angle G(j\omega)=270°$

★★★☆☆

20 $G(j\omega)=\dfrac{K}{(j\omega)^2}$의 보우드선도에서 ω가 클 때의 이득변화[dB/dec]와 최대 위상각는?

① 20[dB/dec], $\theta_m=90°$

② -20[dB/dec], $\theta_m=-90°$

③ 40[dB/dec], $\theta_m=180°$

④ -40[dB/dec], $\theta_m=-180°$

🔍 **해설** - - - - - - - - - - - - - - - -

이득변화 및 위상변화

$G(j\omega)=\dfrac{K}{(j\omega)^2}$

[정답] 17 ① 18 ② 19 ④ 20 ④

전달함수의 크기 $|G(j\omega)| = \dfrac{K}{\omega^2}$

이득은 $g = 20\log_{10}|G(j\omega)| = 20\log_{10}\dfrac{K}{\omega^2}$

$\qquad\qquad = 20\log_{10}K - 20\log_{10}\omega^2[\text{dB}]$

$\omega = 0.1$일 때 $g = 20\log_{10}K - 20\log_{10}0.1^2 = 20\log_{10}K + 40[\text{dB}]$

$\omega = 1$일 때 $g = 20\log_{10}K - 20\log_{10}1^2 = 20\log_{10}K[\text{dB}]$

$\omega = 10$일 때 $g = 20\log_{10}K - 20\log_{10}10^2 = 20\log_{10}K - 40[\text{dB}]$

이므로 $-40[\text{dB/dec}]$의 경사도를 가지며

위상각 $\theta = \angle G(j\omega) = -180^\circ$

21 $G(s) = \dfrac{1}{1+5s}$ 일 때 절점에서 절점주파수 ω_0를 구하면?

① $0.1\,[\text{rad/s}]$ ② $0.5\,[\text{rad/s}]$

③ $0.2\,[\text{rad/s}]$ ④ $5\,[\text{rad/s}]$

🔍 해설 -

절점주파수

주파수 전달함수 $G(j\omega) = \dfrac{1}{1+5j\omega}$에서

절점주파수 ω 값은 실수부와 허수부가 같아지는 ω이므로

$1 = 5\omega$식에서 $\omega = \dfrac{1}{5} = 0.2[\text{rad/sec}]$가 된다.

22 $G(j\omega) = 5/j2\omega$에서 이득 $[\text{dB}]$이 0이 되는 각주파수는?

① 0 ② 1

③ 2.5 ④ ∞

🔍 해설 -

이득 $g[\text{dB}]$

전달함수의 크기 $|G(j\omega)| = \dfrac{5}{2\omega}$

이득은 $g = 20\log_{10}|G(j\omega)| = 20\log_{10}\dfrac{5}{2\omega} = 0[\text{dB}]$

$\qquad \dfrac{5}{2\omega} = 10^0 = 1$

$\qquad \omega = \dfrac{5}{2} = 2.5[\text{rad/sec}]$

23 $G(j\omega) = 5/j2\omega$에서 위상각은?

① 45° ② -180°

③ 0° ④ -90°

🔍 해설 -

위상각

위상각 $\theta = \angle G(j\omega) = -90^\circ$

[정답] 21 ③ 22 ③ 23 ④

안정도 판별법

영상 학습 QR 출제경향분석

본장은 자동제어계의 안정도에 대한 안정판별법의 기본원리와 내용을 다루었으며 안정판별법에서 시험에 자주 출제가
되는 내용은 다음과 같다.

❶ 안정필요조건
❸ 루드 수열에 의한 안정판별
❺ 보드 도면에 의한 안정판별

❷ 복소평면에 의한 안정판별
❹ 이득여유 $GM[\text{dB}]$

콕콕 포인트

Q 포인트문제 1

다음 특성방정식 중 안정될 필요
조건을 갖춘 것은?
① $s^4+3s^2+10s+10=0$
② $s^3-s^2+5s+10=0$
③ $s^3+2s^2+4s-1=0$
④ $s^3+9s^2+20s+12=0$

A 해설

안정필요조건
①번은 s^3 없고 ②, ③는 부호변화
가 있으므로 불안정하다.

정답 ④

Q 포인트문제 2

선형계의 안정조건은 특성방정식
의 근이 s평면의 어느 면에만 존재
하여야 하는가?
① 상반 평면   ② 하반 평면
③ 좌반 평면   ④ 우반 평면

A 해설

복소평면(s-평면) 안정판별
1. 좌반부(음의 반평면)에 극점
   존재시 → 안정
2. 우반부(양의 반평면)에 극점
   존재시 → 불안정

정답 ③

1 안정 필요조건

특성방정식이 다음 조건을 만족할 경우 안정할 수도 있으며 이 조건을 만족하는 경우에
안정도 판별법을 적용하여 안정·불안정 여부를 결정하여 준다.

1. 특성방정식의 모든 차수가 존재하여야 한다.

2. 특성방정식의 부호변화가 없어야 한다.

2 복소평면(s-평면)에 의한 안정판별

복소평면 좌반평면(음의 반평면)에 특성방정식의 근(극점)이 존재시 제어계는 안정하고
우반평면(양의 반평면)에 특성방정식의 근(극점)이 존재하면 불안정하게 되며 허수축에
존재시 임계상태가 된다.

복소 평면(s-평면)

3 루드(Routh) 수열에 의한 안정판별

특성방정식 $= a_0 s^5 + a_1 s^4 + a_2 s^3 + a_3 s^2 + a_4 s^1 + a_5 = 0$

1. 루드(Routh) 수열 작성법

1) 1단계 : 특성방정식의 계수를 다음과 같이 두 줄로 나열한다.

a_0 a_2 a_4 0 0 ……

a_1 a_3 a_5 0 0 ……

2) 2단계 : 다음 표와 같은 루드 수열을 계산하여 만든다.

s^5	a_0	a_2	a_4	0
s^4	a_1	a_3	a_5	0
s^3	$\dfrac{a_1 a_2 - a_0 a_3}{a_1} = A$	$\dfrac{a_1 a_4 - a_0 a_5}{a_1} = B$	$\dfrac{a_1 \times 0 - a_0 \times 0}{a_1} = 0$	0
s^2	$\dfrac{Aa_3 - a_1 B}{A} = C$	$\dfrac{Aa_5 - a_1 \times 0}{A} = a_5$	$\dfrac{A \times 0 - a_1 \times 0}{A} = 0$	0
s^1	$\dfrac{BC - Aa_5}{C} = D$	$\dfrac{C \times 0 - A \times 0}{C} = 0$	$\dfrac{C \times 0 - A \times 0}{C} = 0$	0
s^0	$\dfrac{Da_5 - C \times 0}{D} = a_5$	0	0	0

2. 안정판별

1) 제1열의 부호변화가 없다 : 안정

2) 제1열의 부호변화가 있다 : 불안정

3) 제1열의 부호변화의 수 : 불안정한 근의 수 또는 복소평면(s-평면) 우반평면(양의 반
평면)에 존재하는 근의 수

│필수확인 O·X 문제│ 1차 2차 3차

1. 특성방정식의 근이 s평면의 좌반평면에 존재시 제어계는 안정하다. ·······(   )
2. 루드 수열의 제1열의 부호 변환의 수만큼 불안정한 근의 수를 가진다. ·····(   )

상세해설

1. (○) 1) 좌반평면에 극점 존재시 : 안정
            2) 우반평면에 극점 존재시 : 불안정
2. (○) 루드 수열의 제1열의 부호 변환의 수만큼 불안정한 근의 수 또는 복소평면 우반부에
            존재는 근의 수가 된다.

---

4 홀비쯔(Hurwitz) 안정 판별법

이 방법은 특성 방정식의 계수로 만들어지는 행렬식에 의하여 판별한다. 모든 근이 좌반 평면에 존재하려면 홀비쯔 행렬식 $D_k(k=1, 2, \cdots, n)$가 모든 k 대하여 정(+)의 값을 가져야 하며 제어계는 안정하다.

1. 계수를 다음과 같이 두줄로 나열한다.

2. 하부에서 상부로 계수가 $a_0 \to a_1 \to a_2 \to a_3 \cdots$ 의 순서가 되도록 나열한다.

3. 행렬식에서 n보다 크거나 0보다 작은 인덱스는 0으로 대치한다.

특성방정식 $= a_0s^4 + a_1s^3 + a_2s^2 + a_3s^1 + a_4 = 0$

$$D_1 = a_1 \qquad\qquad D_2 = \begin{vmatrix} a_1 & a_3 \\ a_0 & a_2 \end{vmatrix}$$

$$D_3 = \begin{vmatrix} a_1 & a_3 & 0 \\ a_0 & a_2 & a_4 \\ 0 & a_1 & a_3 \end{vmatrix} \qquad D_4 = \begin{vmatrix} a_1 & a_3 & 0 & 0 \\ a_0 & a_2 & a_4 & 0 \\ 0 & a_1 & a_3 & 0 \\ 0 & a_0 & a_2 & a_4 \end{vmatrix}$$

D_1, D_2, D_3, D_4값이 모두 정(+)일 때 제어계는 안정하다.

5 나이퀴스트(Nyquist)선도 안정 판별

1. 안정 판별법

자동제어계의 개루프 전달함수 $G(s)H(s)$의 나이퀴스트 선도가 시계방향으로 ω가 증가하는 방향으로 따라갈 때 $(-1, j0)$점이 나이퀴스트 선도의 왼쪽에 있으면 안정하고 오른쪽에 있으면 불안정하다.

[안정]　　　　[불안정]　　　　[임계상태]

2. 이득여유 G.M[dB] 및 위상여유 P.M

아래그림에 표시된 나이퀴스트 선도가 부의 실수축을 자르는 $GH(j\omega)$의 크기를 $|GH(j\omega)|$일 때 부의 실수축($-180°$)과의 교차점을 위상교차점이라 하며 나이퀴스트 선도가 ($-1,\ j0$) 점을 지나는 단위원과의 교차점을 이득교차점이라 한다.

[극좌표계에서 이득여유 및 위상여유]

1) 이득여유

$$G.M = 20\log_{10}\frac{1}{|GH(j\omega)|}\bigg|_{\omega=\omega_p} \text{[dB]}$$

여기서 ω_p는 허수부가 0이 되는 ω값

2) 위상여유 $\angle$

$$P.M = \angle GH(j\omega) - 180°$$

│ 필수확인 O·X 문제 │　　　　　　　　　　　　　1차 2차 3차

1. 개루프 전달함수 $G(s)H(s)$의 나이퀴스트 선도가 시계방향으로 회전시 ($-1,\ j0$)점이 나이퀴스트 선도의 왼쪽에 있으면 안정하다. ‥‥‥‥(　)
2. 나이퀴스트 선도가 ($-1,\ j0$)점을 지나는 단위원과의 교차점을 위상교차점이라 한다. ‥‥‥‥‥‥‥‥‥‥‥‥‥‥‥‥‥‥‥‥(　)

상세해설
1. (○) 1) 시계방향 회전시 ($-1,\ j0$)점 왼쪽에 있으면 안정
2) 시계방향 회전시 ($-1,\ j0$)점 오른쪽에 있으면 불안정
2. (○) 1) 나이퀴스트 선도가 ($-1,\ j0$)점을 지나는 단위원과의 교차점을 이득교차점이라 한다.
2) 부의 실수축($-180°$)과의 교차점을 위상교차점이라 한다.

---

3. 보드 도면에서의 안정 판별

[안정] [불안정]

1) 위상교차점($-180°$)에서의 $GH(j\omega)$의 이득 값을 이득여유라 하며 크기가 이득 g[dB]이 음수 이면 이득여유 $G.M$[dB]는 양수이고 계는 안정하다. 즉 이득여유는 0[dB]축 아래쪽에서 측정된다.

이득여유를 0[dB]축 위쪽에서 얻게되면 이득 g[dB]이 양수이며 이득여유 $G.M$[dB]는 음수가 되고 계는 불안정하다.

2) 이득교차점(0[dB])에서 $GH(j\omega)$의 위상을 위상여유라 하며 $-180°$보다 위쪽에서 측정되면 위상여유가 양수이고 계는 안정하다. $-180°$ 아래에서 위상여유가 구해지면 위상여유는 음수이고 계는 불안정이다.

포인트문제 7

$G(s)H(s)=\dfrac{2}{(s+1)(s+2)}$

의 이득여유[dB]를 구하면?

① 20 ② -20
③ 0 ④ ∞

해설

이득여유

$(s+1)(s+2)=(j\omega+1)(j\omega+2)$
$=2-\omega^2+j3\omega$이므로 허수부가 0이되는 $\omega=\omega_P=0$이므로

$|G(j\omega)H(j\omega)|$
$=\dfrac{2}{(j\omega+1)(j\omega+2)}\Big|_{\omega=0}=1$

이므로 이득여유는
GM
$=20\log_{10}\dfrac{1}{|G(j\omega)H(j\omega)|_{\omega=0}}$
$=20\log_{10}1=0$[dB]

정답 ③

포인트문제 8

$G(s)H(s)=\dfrac{K}{s^2+3s+2}$인 계의

이득여유가 40[dB]이면 이 때 K의 값은?

① -5 ② $\dfrac{1}{50}$
③ -20 ④ $\dfrac{1}{40}$

해설

이득여유

$s^2+3s+2=(j\omega)^2+j3\omega+2$
$=2-\omega^2+j3\omega$이므로 허수부가 0이되는 $\omega=\omega_P=0$이므로

$|G(j\omega)H(j\omega)|$
$=\dfrac{K}{(j\omega)^2+3j\omega+2}\Big|_{\omega=0}=\dfrac{K}{2}$

이므로 이득여유는
GM
$=20\log_{10}\dfrac{1}{|G(j\omega)H(j\omega)|_{\omega=0}}$
$=20\log_{10}\dfrac{2}{K}=40$[dB]

$\dfrac{2}{K}=10^2=100,\ K=\dfrac{1}{50}$

정답 ②

electrical engineer · electrical engineer · electrical engineer · electrical engineer · electrical engineer · electrical engineer · electrical engineer · electrical engineer

콕콕 포인트

▼ 핵심 포인트

보드도면에서의 안정조건

1. 이득 $g[dB] < 0$ → 음수(−)
2. 이득여유 $G.M[dB] > 0$ → 양수(+)
3. 위상여유 $P.M[dB] > 0$ → 양수(+)

Q 포인트문제 9

다음 ( ) 안에 알맞은 것은?

"계의 이득 여유는 보드 선도에서 위상곡선이 ( )의 점에서의 이득값이 된다."

① 90°　　② 120°
③ −90°　　④ −180°

A 해설

보드 도면 안정판별

이득여유 : 위상 곡선이 −180°의 점에서의 이득값

위상여유　이득곡선이 0[dB]의 점에서의 위상값

정답 ④

Q 포인트문제 10

보드 선도의 이득 교차점에서 위상각 선도가 −180° 축의 상부에 있을 때 이 계의 안정 여부는?

① 불안정하다.
② 판정 불능이다.
③ 임계 안정이다.
④ 안정하다.

A 해설

보드 도면 안정판별

보드 선도에서 위상 선도가 −180° 축 위쪽에 있으면 위상 여유가 0보다 크게 되어 안정해지며 아래쪽에 있으면 위상여유가 0보다 작게 되어 불안정해진다.

정답 ④

- QR 코드를 찍으시면, 가장 중요한 우선순위 문제풀이 영상을 보실 수 있습니다.
- 우선순위 논점은 전기(산업)기사 시험에서 가장 출제 빈도가 높은 문제로써, 수험생분들께서는 각 파트별 우선순위 문제의 논점과 키워드를 학습하시기를 바랍니다.
- 체크 리스트를 작성하시면서 문제의 유형과 학습의 완성도를 스스로 체크 해 보시기를 바랍니다.
- "선생님의 콕콕 포인트"는 틀리기 쉬운 문제의 함정과 문제의 포인트를 집어드립니다. 우선순위 문제풀이의 포인트를 꼭 참고하고 응용문제의 해결능력을 길러 줍니다.

번호	우선순위 논점	KEY WORD	나의 정답 확인				선생님의 콕콕 포인트
			맞음	틀림(오답확인)			
				이해 부족	암기 부족	착오 실수	
2	안정필요조건	안정, 불안정, 필요조건					안정필요조건은 특성방정식의 모든차수가 존재하고 부호변화가 없어야 된다.
5	루드 수열에의한 안정판별	안정, 불안정, 루드 수열, 부호변화					제1열 부호 변화의 수는 불안정 근의 수 또는 s평면 우반부 존재 근의 수
12	루드 수열에의한 안정판별	안정, 불안정, 루드 수열, 부호변화					양의 실수는 s평면 우반부의 근이므로 불안정 근의 수를 말한다.
35	이득여유	이득여유, 위상여유					이득여유$=20\log_{10}\dfrac{1}{\vert GH\vert_{\omega=0}}[\mathrm{dB}]$
39	보드도면 안정판별	보드도면, 안정판별					이득 $g<0$,이득여유 $G.M>0$, 위상여유 $P.M>0$일 때 안정한다.

★★☆☆☆
01 특성방정식이 $s^5+4s^4-3s^3+2s^2+6s+K=0$으로 주어진 제어계의 안정성은?

① $K=-2$ ② 절대 불안정

③ $K=-3$ ④ $K>0$

🔍 해설

안정 필요조건
특성방정식의 부호 변화가 있으므로 불안정하고 안정한 값은 없다.

★★☆☆☆
02 특성방정식이 $Ks^3+2s^2-s+5=0$인 제어계가 안정하기 위한 K의 값을 구하면?

① $K<0$ ② $K<-\dfrac{2}{5}$

③ $K>-\dfrac{2}{5}$ ④ 안정한 값이 없다.

🔍 해설

안정 필요조건
특성방정식의 부호의 변화가 있으므로 불안정하고 안정한 값은 없다.

★★☆☆☆
03 특성방정식의 근이 모두 복소 s평면의 좌반부에 있으면 이 계의 안정 여부는?

① 조건부 안정

② 불안정

③ 임계 안정

④ 안정

🔍 해설

복소평면(s-평면)에 의한 안정판별
① 좌반부(음의 반평면)에 극점 존재 : 안정
② 우반부(양의 반평면)에 극점 존재 : 불안정

[정답] 01 ② 02 ④ 03 ④

★★☆☆☆

04 루우스(Routh) 판정법에서 제1열의 전 원소가 어떠한 경우일 때 불안정한가?

① 전 원소의 부호의 변화가 있어야 한다

② 전 원소의 부호가 정이어야 한다

③ 전 원소의 부호의 변화가 없어야 한다

④ 전 원소의 부호가 부이어야 한다

🔍 해설

루드 수열 안정판별

① 제1열의 부호변화가 없다 : 안정

② 제1열의 부호변화가 있다 : 불안정

③ 제1열의 부호변화의 수 : 불안정한 근의 수 또는 s-평면 우반부에 존재하는 근의 수

★★☆☆☆

05 루우드– 후르비쯔 표를 작성할 때 제1열 요소의 부호변환은 무엇을 의미하는가?

① s – 평면의 좌반면에 존재하는 근의 수

② s – 평면의 우반면에 존재하는 근의 수

③ s – 평면의 허수축에 존재하는 근의 수

④ s – 평면의 원점에 존재하는 근의 수

🔍 해설

루드 수열 안정판별

① 제1열의 부호변화가 없다 : 안정

② 제1열의 부호변화가 있다 : 불안정

③ 제1열의 부호변화의 수 : 불안정한 근의 수 또는 s-평면 우반부에 존재하는 근의 수

★★☆☆☆

06 특성방정식 $s^3+s^2+s=0$일 때 이 계통은?

① 안정하다.

② 불안정하다.

③ 조건부 안정이다.

④ 임계상태이다.

🔍 해설

루드 수열 안정판별

s^3	1	1	0
s^2	1	0	0
s^1	$\dfrac{1\times1-1\times0}{1}=1$	$\dfrac{0\times1-1\times0}{1}=0$	0
s^0	$\dfrac{0\times1-1\times0}{1}=0$	0	0

제1열의 부호가 변하지 않았으나 0이 있는경우 임계 상태이다.

★★★☆☆

07 특성방정식이 $s^3+2s^2+3s+4=0$일 때 이 계통은?

① 안정하다.　　　② 불안정하다.

③ 조건부 안정　　④ 알 수 없다.

🔍 해설

루드 수열 안정판별

s^3	1	3	0
s^2	2	4	0
s^1	$\dfrac{3\times2-1\times4}{2}=1$	$\dfrac{0\times2-1\times0}{2}=0$	0
s^0	$\dfrac{4\times1-2\times0}{1}=4$	0	0

제1열의 부호 변화가 없으므로 안정하다.

★★★★☆

08 s^3+s^2-s+1에서 안정근은 몇 개인가?

① 0 개　　　　　② 1 개

③ 2 개　　　　　④ 3 개

🔍 해설

루드 수열 안정판별

s^3	1	-1	0
s^2	1	1	0
s^1	$\dfrac{-1\times1-1\times1}{1}=-2$	$\dfrac{0\times1-1\times0}{1}=0$	0
s^0	$\dfrac{1\times-2-1\times0}{-2}=1$	0	0

제1열에 부호가 2번 변화하였으므로 불안정 근이 2개 존재하고 안정근은 1 개가 존재한다.

[정답] 04 ①　05 ②　06 ④　07 ①　08 ②

★★☆☆☆

09 특성방정식이 $s^3+s^2+s+1=0$일 때 이 계통은?

① 안정하다.   ② 불안정하다.

③ 임계상태이다.   ④ 조건부 안정이다.

해설

루드 수열 안정판별

s^3	1	1	0
s^2	1	1	0
s^1	$\dfrac{1\times1-1\times1}{1}=0$	$\dfrac{0\times1-1\times0}{1}=0$	0
s^0			

제1열의 0이 있으므로 임계 상태이다.

★★★☆☆

10 불안정한 제어계의 특성방정식은?

① $s^3+7s^2+14s+8=0$

② $s^3+2s^2+3s+6=0$

③ $s^3+5s^2+11s+15=0$

④ $s^3+2s^2+2s+2=0$

해설

루드 수열 안정판별

②번의 경우 루드 수열을 작성하면

s^3	1	3	0
s^2	2	6	0
s^1	$\dfrac{3\times2-1\times6}{2}=0$	$\dfrac{0\times2-1\times0}{2}=0$	0
s^0			

제1열의 0이 있으므로 불안정한 제어계가 된다.

★★☆☆☆

11 특성방정식 $s^3-4s^2-5s+6=0$으로 주어지는 계는 안정한가 ? 또 불안정한가 ? 또 우반 평면에 근을 몇 개 가지는가?

① 안정하다. 0개   ② 불안정하다. 1개

③ 불안정하다. 2개   ④ 임계 상태이다. 0개

해설

루드 수열 안정판별

s^3	1	-5	0
s^2	-4	6	0
s^1	$\dfrac{(-5)\times(-4)-1\times6}{-4}=-3.5$	$\dfrac{0\times(-4)-1\times0}{-4}=0$	0
s^0	$\dfrac{6\times(-3.5)-(-4)\times0}{-3.5}=6$	0	0

제1열의 부호의 변화가 2번 있으므로 불안정하고 우반평면에 2개의 근을 갖는다.

★★★★☆

12 $s^3+11s^2+2s+40=0$에는 양의 실수부를 갖는 근은 몇 개 있는가 ?

① 0   ② 1

③ 2   ④ 3

해설

루드 수열 안정판별

s^3	1	2	0
s^2	11	40	0
s^1	$\dfrac{2\times11-1\times40}{11}=-\dfrac{18}{11}$	$\dfrac{0\times11-1\times0}{11}=0$	0
s^0	$\dfrac{40\times(-\frac{18}{11})-11\times0}{-\frac{18}{11}}=40$	0	0

제1열의 부호의 변화가 2번 있으므로 불안정하고 양의 실수를 갖는 근은 2개 이다.

★★☆☆☆

13 특성방정식 $2s^4+s^3+3s^2+5s+10=0$일 때 s평면의 오른쪽 평면에 몇 개의 근을 갖게 되는가?

① 1   ② 2

③ 3   ④ 0

해설

루드 수열 안정판별

[정답] 09 ③   10 ②   11 ③   12 ③   13 ②

s^4	2	3	10
s^3	1	5	0
s^2	$\dfrac{3 \times 1 - 2 \times 5}{1} = -7$	$\dfrac{10 \times 1 - 2 \times 0}{1} = 10$	0
s^1	$\dfrac{5 \times (-7) - 1 \times 10}{-7} = \dfrac{45}{7}$	$\dfrac{0 \times (-7) - 1 \times 0}{-7} = 0$	0
s^0	$\dfrac{10 \times \frac{45}{7} - (-7) \times 0}{\frac{45}{7}} = 10$	0	0

제1열의 부호의 변화가 2번 있으므로 불안정하고 우반부에 근을 2개가 존재한다.

★★★★☆

14 특성방정식 $s^4 + 7s^3 + 17s^2 + 17s + 6 = 0$의 특성근 중에는 양의 실수부를 갖는 근이 몇 개 있는가 ?

① 1　　　　　　　② 2

③ 3　　　　　　　④ 무근

🔍 **해설**

루드 수열 안정판별

s^4	1	17	6
s^3	7	17	0
s^2	$\dfrac{17 \times 7 - 1 \times 17}{7} = \dfrac{102}{7}$	$\dfrac{6 \times 7 - 1 \times 0}{7} = 6$	0
s^1	$\dfrac{17 \times \frac{102}{7} - 7 \times 6}{\frac{102}{7}} = \dfrac{240}{17}$	$\dfrac{0 \times \frac{102}{7} - 7 \times 0}{\frac{102}{7}} = 0$	0
s^0	$\dfrac{6 \times \frac{240}{7} - \frac{102}{7} \times 0}{\frac{240}{17}} = 6$	0	0

제1열의 부호의 변화가 없으므로 안정하고 양의 실수부를 갖는 근이 존재하지 않는다.

★★★★☆

15 특성방정식 $s^5 + s^4 + 4s^3 + 24s^2 + 3s + 63 = 0$을 갖는 제어계는 정의 실수부를 갖는 특성근이 몇 개 있는가?

① 1　　　　　　　② 2

③ 3　　　　　　　④ 4

🔍 **해설**

루드 수열 안정판별

s^5	1	4	3	0
s^4	1	24	63	0
s^3	$\dfrac{4 \times 1 - 1 \times 24}{1} = -20$	$\dfrac{3 \times 1 - 1 \times 63}{1} = -60$	0	0
s^2	$\dfrac{24 \times (-20) - 1 \times (-60)}{-20} = 21$	$\dfrac{63 \times (-20) - 1 \times 0}{-20} = 63$	0	0
s^1	$\dfrac{(-60) \times 21 - (-20) \times 63}{21} = 0$　→ 42	$\dfrac{0 \times 21 - (-20) \times 0}{21} = 0$　→ 0	0	0
s^0	$\dfrac{63 \times 42 - 21 \times 0}{42} = 63$	0	0	0

s^1의 열이 모두가 0이 되므로 $21s^2 + 63$을 미분하면 $42s$ 되고 s^1의 계수로 사용하면 제1열의 부호변화가 2번 있으므로 불안정하며 정의 실수부를 갖는 근이 2개 존재한다.

★★★★☆

16 $2s^4 + 4s^2 + 3s + 6 = 0$은 양의 실수부를 갖는 근이 몇 개 인가?

① 없다.　　　　　② 1개

③ 2개　　　　　　④ 3개

🔍 **해설**

루드 수열 안정판별

s^4	2	4	6
s^3	$0 = A$	3	0
s^2	$\dfrac{4 \times A - 2 \times 3}{A}$ $= \dfrac{4A - 6}{A} = B$	$\dfrac{6 \times A - 2 \times 0}{A} = 6$	0
s^1	$\dfrac{3 \times B - A \times 6}{B}$ $= \dfrac{3B - 6A}{B} = C$	$\dfrac{0 \times B - A \times 0}{B} = 0$	0
s^0	$\dfrac{6 \times C - B \times 0}{C} = 6$	0	0

제1열의 0있으므로 $0 = A$라고 놓으면

$$B = \lim_{A = 0} \frac{4A - 6}{A} = -\infty$$

$$C = \lim_{B = -\infty} \frac{3B - 6A}{B} = 3$$

제1열의 부호의 변화가 2번 있으므로 양의 실수부를 갖는 근이 2개 존재한다.

[정답] 14 ④　15 ②　16 ③

★★★☆☆

17 특성방정식이 다음과 같이 주어질 때 불안정근의 수는?

$$s^4 + s^3 - 2s^2 - s + 2 = 0$$

① 0 　　　　　　　② 1
③ 2 　　　　　　　④ 3

🔍 **해설**

루드 수열 안정판별

s^4	1	-2	2
s^3	1	-1	0
s^2	$\dfrac{(-2)\times1-1\times(-1)}{1}=-1$	$\dfrac{2\times1-1\times0}{1}=2$	0
s^1	$\dfrac{(-1)\times(-1)-1\times2}{-1}=1$	$\dfrac{0\times(-1)-1\times0}{-1}=0$	0
s^0	$\dfrac{2\times1-(-1)\times0}{1}=2$	0	0

제1열의 부호의 변화가 2번 있으므로 불안정한 근이 2개 이다.

★★☆☆☆

18 제어계의 종합전달함수 $G(s)=\dfrac{s}{(s-2)(s^2+4)}$ 에서 안정성을 판정하면 어느 것인가?

① 안정하다. 　　　　② 불안정하다.
③ 알 수 없다. 　　　　④ 임계상태이다.

🔍 **해설**

안정 필요조건
특성방정식을 구하면
$(s-2)(s^2+4)=s^3-2s^2+4s-8=0$에서 특성방정식의 부호의 변화가 있으므로 불안정하다.

★★★★☆

19 개루프 전달함수가 $G(s)H(s)=\dfrac{2}{s(s+1)(s+3)}$일 때 제어계는 어떠한가?

① 안정 　　　　　　② 불안정
③ 임계 안정 　　　　④ 조건부 안정

🔍 **해설**

루드 수열 안정판별
$1+G(s)H(s)=0$인 특성방정식을 구하면
$$1+G(s)H(s)=1+\frac{2}{s(s+1)(s+3)}=\frac{s(s+1)(s+3)+2}{s(s+1)(s+3)}=0$$
특성방정식은 $s(s+1)(s+3)+2=s^3+4s^2+3s+2=0$가 되므로 루드 수열을 이용하여 풀면 다음과 같다.

s^3	1	3	0
s^2	4	2	0
s^1	$\dfrac{3\times4-1\times2}{4}=2.5$	$\dfrac{0\times4-1\times0}{4}=0$	0
s^0	$\dfrac{2\times2.5-4\times0}{2.5}=2$	0	0

제1열의 부호변화가 없으므로 안정하다.

★★★☆☆

20 특성방정식이 $s^3+2s^2+Ks+5=0$으로 주어지는 제어계가 안정하기 위한 K의 값은?

① $K>0$ 　　　　　② $K>5/2$
③ $K<0$ 　　　　　④ $K<5/2$

🔍 **해설**

루드 수열 안정판별

s^3	1	K	0
s^2	2	5	0
s^1	$\dfrac{2\times K-1\times5}{2}$ $=\dfrac{2K-5}{2}=A$	$\dfrac{0\times2-1\times0}{2}=0$	0
s^0	$\dfrac{5\times A-2\times0}{A}=5$	0	0

제1열의 부호의 변화가 없어야 안정하므로
$$A=\frac{2K-5}{2}>0 \quad \therefore \ K>\frac{5}{2}$$

★★☆☆☆

21 특성방정식 $s^2+Ks+2K-1=0$인 계가 안정될 K의 범위는?

① $K>0$ 　　　　　② $K>\dfrac{1}{2}$

③ $K<\dfrac{1}{2}$ 　　　　④ $0<K<\dfrac{1}{2}$

🔍 **해설**

루드 수열 안정판별

s^2	1	$2K-1$	0
s^1	K	0	0
s^0	$\dfrac{(2K-1)\times K-1\times 0}{K}=2K-1$	0	0

제1열의 부호의 변화가 없어야 안정하므로
$2K-1>0$

$K>\dfrac{1}{2}$

★★☆☆☆

22 특성방정식이 $s^4+6s^3+11s^2+6s+K=0$인 제어계가 안정하기 위한 K의 범위는?

① $0>K$

② $0<K<10$

③ $10>K$

④ $K=10$

🔍 **해설**

루드 수열 안정판별

s^4	1	11	K
s^3	6	6	0
s^2	$\dfrac{6\times 11-1\times 6}{6}=10$	$\dfrac{K\times 6-1\times 0}{6}=K$	0
s^1	$\dfrac{6\times 10-6\times K}{10}$ $=\dfrac{60-6K}{10}=A$	$\dfrac{0\times 10-6\times 0}{10}=0$	0
s^0	$\dfrac{K\times A-10\times 0}{A}=K$	0	0

제1열의 부호의 변화가 없어야 안정하므로
$A=\dfrac{60-6K}{10}>0$, $K>0$에서
$K>0$, $K<10$이므로 동시에 존재하는 구간은

$\therefore \ 0<K<10$

★★★☆☆

23 특성방정식 $s^3+34.5s^2+7500s+7500K=0$로 표시되는 계통이 안정되려면 K의 범위는?

① $0<K<34.5$

② $K<0$

③ $K>34.5$

④ $0<K<69$

🔍 **해설**

루드 수열 안정판별

s^3	1	7500	0
s^2	34.5	$7500K$	0
s^1	$\dfrac{7500\times 34.5-1\times 7500K}{34.5}=A$	$\dfrac{0\times 34.5-1\times 0}{34.5}=0$	0
s^0	$\dfrac{7500K\times A-34.5\times 0}{A}=7500K$	0	0

제1열의 부호의 변화가 없어야 안정하므로
$A=\dfrac{7500\times 34.5-7500K}{34.5}>0$, $7500K>0$에서
$K>0$, $K<34.5$이므로 동시에 존재하는 구간은

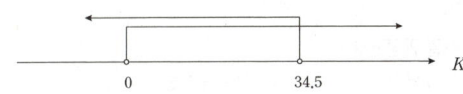

$\therefore \ 0<K<34.5$

★★★☆☆

24 특성방정식이 $s^3+2s^2+3s+1+K=0$일 때 제어계가 안정하기 위한 K의 범위는?

① $-1<K<5$

② $1<K<5$

③ $K>0$

④ $K<0$

🔍 **해설**

루드 수열 안정판별

s^3	1	3	0
s^2	2	$1+K$	0
s^1	$\dfrac{3\times 2-1\times(1+K)}{2}$ $=\dfrac{5-K}{2}=A$	$\dfrac{0\times 2-1\times 0}{2}=0$	0
s^0	$\dfrac{(1+K)\times A-2\times 0}{A}=1+K$	0	0

제1열의 부호의 변화가 없어야 안정하므로
$A=\dfrac{5-K}{2}>0$, $1+K>0$에서
$K>-1$, $K<5$이므로 동시에 존재하는 구간은

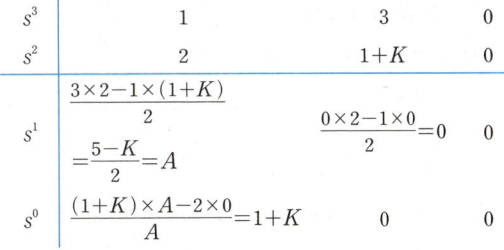

[**정답**] 22 ② 23 ① 24 ①

$$\therefore -1 < K < 5$$

★★★★☆

25 그림과 같은 제어계가 안정하기 위한 K의 범위는?

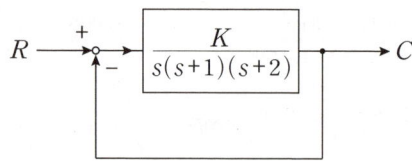

① $K > 0$ ② $K > 6$

③ $0 < K < 6$ ④ $K > 6,\ K > 0$

🔍 해설

루드 수열 안정판별

$1 + G(s)H(s) = 0$인 특성방정식을 구하면

$$1 + \frac{K}{s(s+1)(s+2)} = \frac{s(s+1)(s+2) + K}{s(s+1)(s+2)} = 0$$

특성방정식 $= s(s+1)(s+2) + K = s^3 + 3s^2 + 2s + K = 0$

루드 수열을 이용하여 풀면 다음과 같다.

s^3	1	2	0
s^2	3	K	0
s^1	$\dfrac{2 \times 3 - 1 \times K}{3}$ $= \dfrac{6-K}{3} = A$	$\dfrac{0 \times 3 - 1 \times 0}{3} = 0$	0
s^0	$\dfrac{K \times A - 3 \times 0}{A} = K$	0	0

제1열의 부호변화가 없어야 안정하므로

$\dfrac{6-K}{3} > 0,\ K > 0$를 정리하면

$6 > K,\ K > 0$이므로 동시 존재하는 구간은

$\therefore 0 < K < 6$

★★★★★

26 다음과 같은 단위 궤환 제어계가 안정하기 위한 K의 범위를 구하면?

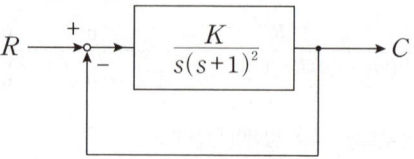

① $K > 0$ ② $K > 1$

③ $0 < K < 1$ ④ $0 < K < 2$

🔍 해설

루드 수열 안정판별

$1 + G(s)H(s) = 0$인 특성방정식을 구하면

$$1 + \frac{K}{s(s+1)^2} = \frac{s(s+1)^2 + K}{s(s+1)^2} = 0$$

특성방정식 $s(s+1)^2 + K = s^3 + 2s^2 + s + K = 0$

루드 수열을 이용하여 풀면 다음과 같다.

s^3	1	1	0
s^2	2	K	0
s^1	$\dfrac{1 \times 2 - 1 \times K}{2}$ $= \dfrac{2-K}{2} = A$	$\dfrac{0 \times 2 - 1 \times 0}{2} = 0$	0
s^0	$\dfrac{K \times A - 2 \times 0}{A} = K$	0	0

제1열의 부호변화가 없어야 안정하므로

$\dfrac{2-K}{2} > 0,\ K > 0$를 정리하면

$2 > K,\ K > 0$이므로 동시 존재하는 구간은

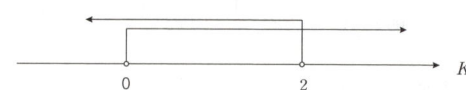

$\therefore 0 < K < 2$

★★★☆☆

27 $G(s)H(s) = \dfrac{K(1+ST_2)}{S^2(1+ST_1)}$를 갖는 제어계의 안정조건은? (단, $K,\ T_1,\ T_2 > 0$)

① $T_2 = 0$ ② $T_1 > T_2$

③ $T_1 = T_2$ ④ $T_1 < T_2$

[정답] 25 ③ 26 ④ 27 ④

🔍 해설

루드 수열 안정판별

특성방정식 $= 1 + G(s)H(s) = 1 + \dfrac{K + ST_2 K}{S^2 + T_1 S^3}$

$= 1 + \dfrac{T_1 S^3 + S^2 + ST_2 K + K}{T_1 S^3 + S^2} = 0$

$\therefore T_1 S^3 + S^2 + ST_2 K + K = 0$

루드 수열을 이용하여 풀면 다음과 같다.

s^3	T_1	KT_2	0
s^2	1	K	0
s^1	$\dfrac{KT_2 - KT_1}{1}$		
s^0	K		

제 1열이 0보다 커야 안정 하므로

$K(T_2 - T_1) > 0$

$\therefore T_2 > T_1$

★★★★☆

28 나이퀴스트 판별법의 설명으로 틀린 것은?

① 안정성을 판별하는 동시에 안정성을 지시해 준다.

② 루우스 판별법과 같이 계의 안정여부를 직접 판정해 준다.

③ 계의 안정을 개선하는 방법에 대한 정보를 제시해 준다.

④ 나이퀴스트 선도는 제어계의 오차응답에 관한 정보를 준다.

🔍 해설

나이퀴스트 선도의 특징

① Routh-Hurwitz 판별법과 같이 계의 안정도의 관한 정보를 제공한다.

② 시스템의 안정도를 개선할수 있는 방법을 제시한다.

③ 시스템의 주파수응답에 대한 정보를 제시한다.

∴ 나이퀴스트 선도에서는 오차응답에 관한 정보를 얻을 수는 없다.

★★☆☆☆

29 나이퀴스트 선도에서 얻을 수 있는 자료 중 틀린 것은?

① 절대안정도를 알 수 있다.

② 상대안정도를 알 수 있다.

③ 계의안정도 개선법을 알 수 있다.

④ 정상오차를 알 수 있다.

🔍 해설

나이퀴스트 선도의 특징

① Routh-Hurwitz 판별법과 같이 계의 안정도의 관한 정보를 제공한다.

② 시스템의 안정도를 개선할수 있는 방법을 제시한다.

③ 시스템의 주파수응답에 대한 정보를 제시한다.

∴ 나이퀴스트 선도에서는 오차응답에 관한 정보를 얻을 수는 없다.

★★☆☆☆

30 Nyquist 경로로 둘러싸인 영역에 특정방정식의 근에 존재하지 않는 제어계는 어떤 특성을 나타내는가?

① 불안정   ② 안정

③ 임계안정   ④ 진동

🔍 해설

나이퀴스트선도 에서의 안정도 판별법

① 안정 : 나이퀴스트 경로에 포위되는 영역에 특성방정식의 근이 존재하지 않는다.

② 불안정 : 나이퀴스트 경로에 포위되는 영역에 특성방정식의 근이 존재한다.

③ 안정한계 : 나이퀴스트 경로에 특성방정식의 근이 존재한다.

★★☆☆☆

31 피이드백 제어계의 전 주파수응답 $G(j\omega)H(j\omega)$ 의 나이퀴스트 벡터도에서 시스템이 안정한 궤적은?

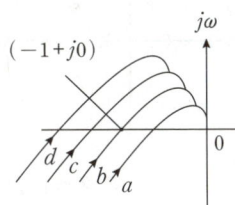

① a ② b

③ c ④ d

🔍 해설

나이퀴스트선도 에서의 안정도 판별법

자동제어계가 안정하려면 개루프 전달함수 $G(s)H(s)$의 나이퀴스트 선도가 시계방향으로 ω가 증가하는 방향으로 따라갈 때 $(-1, j0)$점이 나이퀴스트 선도의 왼쪽에 있어야 한다.

[정답] 28 ④ 29 ④ 30 ② 31 ①

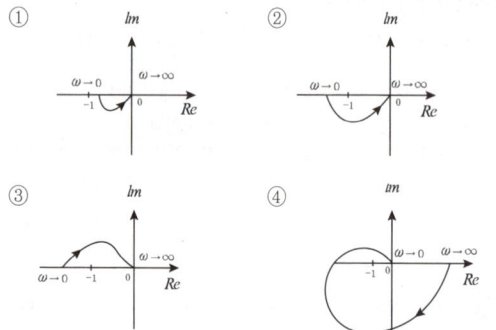

★★★★☆

32 단위 피이드백 제어계의 개루프 전달함수의 벡터궤적이다. 이 중 안정한 궤적은?

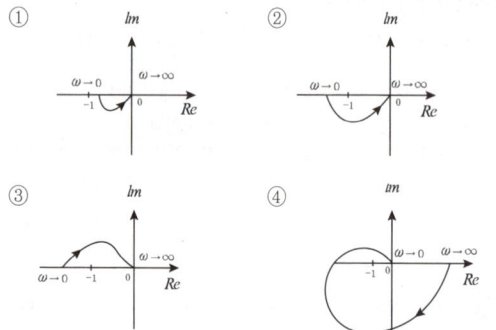

🔍 해설 ----

나이퀴스트선도 에서의 안정도 판별법

자동제어계가 안정하려면 개루프 전달함수 $G(s)H(s)$의 나이퀴스트 선도가 시계방향으로 ω가 증가하는 방향으로 따라갈 때 $(-1, j0)$점이 나이퀴스트 선도의 왼쪽에 있어야 하고 반시계방향으로 ω가 증가하는 방향으로 따라갈 때 $(-1, j0)$점이 나이퀴스트 선도의 오른쪽에 있어야 한다.

★★☆☆☆

33 다음 $s-$평면에 극점(×)과 영점(o)을 도시한 것이다. 나이퀴스트 안정도 판별법으로 안정도를 알아내기 위하여 Z, P의 값을 알아야 한다. 이를 바르게 나타낸 것은?

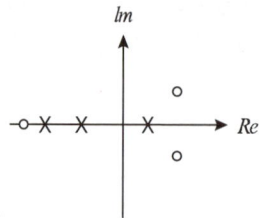

① $Z=3$, $P=3$ 　② $Z=1$, $P=2$
③ $Z=2$, $P=1$ 　④ $Z=1$, $P=3$

🔍 해설 ----

나이퀴스트선도 에서의 안정도 판별법

s평면의 우반 평면상에 존재하는 영점의 수 $Z=2$개
s평면의 우반 평면상에 존재하는 극점의 수 $P-1$ 개
나이퀴스트 궤적이 원점을 일주하는 횟수
$N=Z-P=2-1=1$이 되므로
$N>0$이면 시계 방향으로 1회 일주하여야 안정하게 된다.

★★☆☆☆

34 s평면의 우반면에 3개의 극점이 있고, 2개의 영점이 있다. 이때 다음과 같은 설명 중 어느 나이퀴스트 선도일 때 시스템이 안정한가?

① $(-1, j0)$ 점을 반 시계방향으로 1번 감쌌다.
② $(-1, j0)$점을 시계방향으로 1번 감쌌다.
③ $(-1, j0)$점을 반 시계방향으로 5번 감쌌다.
④ $(-1, j0)$점을 시계방향으로 5번 감쌌다.

🔍 해설 ----

나이퀴스트선도 에서의 안정도 판별법

s평면의 우반 평면상에 존재하는 영점의 수 $Z=2$
s평면의 우반 평면상에 존재하는 극점의 수 $P=3$이므로
나이퀴스트 궤적이 원점을 일주하는 횟수
$N=Z-P=2-3=-1$이 되므로
$N<0$이면 반시계 방향으로 1회 일주하여야 안정하게 된다.

★★★★☆

35 $G(s)H(s)=\dfrac{K}{(s+1)(s-2)}$ 인 계의 이득여유가 40 [dB]이면 이 때 K의 값은?

① -50 　② $1/50$
③ -20 　④ $1/40$

🔍 해설 ----

이득여유 $G.M[dB]$

$$|G(j\omega)H(j\omega)|=\frac{K}{(j\omega+1)(j\omega-2)}\Big|_{\omega=0}=\frac{K}{2}$$

이므로 이득여유는

$$GM=20\log_{10}\frac{1}{|G(j\omega)H(j\omega)|_{\omega=0}}=20\log_{10}\frac{2}{K}=40[dB]$$

$$\frac{2}{K}=10^2=100,\ K=\frac{1}{50}$$

★★★★☆

36 $GH(j\omega)=\dfrac{K}{(1+2j\omega)(1+j\omega)}$의 이득여유가 20 [dB]일 때 K의 값은?

① $K=0$ 　② $K=1$
③ $K=10$ 　④ $K=\dfrac{1}{10}$

해설

이득여유 $G.M[\text{dB}]$

$$|G(j\omega)H(j\omega)| = \frac{K}{(1+2j\omega)(1+j\omega)}\Big|_{\omega=0} = K$$

이므로 이득여유는

$$GM = 20\log_{10}\frac{1}{|G(j\omega)H(j\omega)|_{\omega=0}} = 20\log_{10}\frac{1}{K} = 20[\text{dB}]$$

$$\frac{1}{K} = 10, \quad K = \frac{1}{10}$$

★★★☆☆

37 $GH(j\omega) = \dfrac{10}{(j\omega+1)(j\omega+T)}$ 에서 이득이유를 20 [dB] 보다 크게 하기 위한 T의 범위는?

① $T > 0$ ② $T > 10$

③ $T < 0$ ④ $T > 100$

해설

이득여유 $G.M[\text{dB}]$

$$|G(j\omega)H(j\omega)| = \frac{10}{(j\omega+1)(j\omega+T)}\Big|_{\omega=0} = \frac{10}{T}$$

이므로 이득여유는

$$GM = 20\log_{10}\frac{1}{|G(j\omega)H(j\omega)|_{\omega=0}} = 20\log_{10}\frac{T}{10} > 20[\text{dB}]$$

$$\frac{T}{10} > 10, \quad T > 100$$

★★☆☆☆

38 보우드선도에서 이득여유는?

① 위상선도가 $0°$ 축과 교차하는 점에 대응하는 크기이다.

② 위상선도가 $180°$ 축과 교차하는 점에 대응하는 크기이다.

③ 위상선도가 $-180°$ 축과 교차하는 점에 대응하는 크기이다.

④ 위상선도가 $-90°$ 축과 교차하는 점에 대응하는 크기이다.

해설

이득여유 $G.M[\text{dB}]$ 및 위상여유 $P.M$

이득여유는 위상선도가 $-180°$ 축과 교차하는 점에 대응하는 크기이다.

★★★☆☆

39 보드선도의 안정판정의 설명 중 옳은 것은?

① 위상곡선이 $-180°$점에서 이득값이 양이다.

② 이득($0[\text{dB}]$)축과 위상(-180)축을 일치시킬 때 위상곡선이 위에 있다.

③ 이득곡선의 $0[\text{dB}]$ 점에서 위상차가 $180°$ 보다 크다.

④ 이득여유는 음의 값, 위상여유는 양의 값이다.

해설

보드도면에서의 안정판별

① 위상곡선이 $-180°$점에서 이득 값이 음이다.
② 이득($0[\text{dB}]$)축과 위상(-180)축을 일치시킬 때 위상곡선이 위에 있다.
③ 이득곡선의 $0[\text{dB}]$점에서 위상차가 $-180°$보다 크다.
④ 이득여유는 양의 값, 위상여유는 양의 값이다.

★★☆☆☆

40 보드 선도에서 이득 곡선이 $0[\text{dB}]$ 인 점을 지날 때의 주파수에서 양의 위상 여유가 생기고 위상 곡선이 $-180°$를 지날 때 양의 이득 여유가 생긴다면 이 폐루프 시스템의 안정도는 어떻게 되겠는가?

① 항상 안정

② 항상 불안정

③ 안정성 여부를 판가름 할 수 없다.

④ 조건부 안정

해설

보드도면에서의 안정판별

보드 선도에서 이득 곡선이 $0[\text{dB}]$인 점을 지날 때의 주파수에서 양의 위상 여유가 생기고 위상 곡선이 $-180°$를 지날 때 양의 이득 여유가 생긴다면 시스템은 안정하다.

[정답] 37 ④ 38 ③ 39 ② 40 ①

★★☆☆☆

41 계통의 위상여유와 이득여유가 매우 클 때 안정도는 어떻게 되는가?

① 저하한다

② 좋아진다

③ 변화가 없다

④ 안정도가 저하하다 개선된다.

해설

보드도면에서의 안정판별
계통의 위상여유와 이득여유가 클수록 안정도는 좋아진다.

★★☆☆☆

42 이득 M의 최대값으로 정의되는 공진정점 M_p는 제어계의 어떤 정보를 주는가?

① 속도   ② 오차

③ 안정도   ④ 시간늦음

해설

공진정점 M_p
공진정점 M_p가 너무 크면 오버슈트가 커져서 제어계는 불안정해진다.

★★☆☆☆

43 2차 제어계에 있어서 공진정점 M_p가 너무 크면 제어계의 안정도는 어떻게 되는가?

① 불안정하다.   ② 안정하게 된다.

③ 불변이다.   ④ 조건부안정이 된다.

해설

공진정점 M_p
공진정점 M_p가 너무 크면 오버슈트가 커져서 제어계는 불안정해진다.

★★☆☆☆

44 계의 특성상 감쇠계수가 크면 위상여유가 크고 감쇠성이 강하여 (A)는 좋으나 (B)는 나쁘다. A, B를 올바르게 묶은 것은?

① 이득여유, 안정도   ② 오프셋, 안정도

③ 응답성, 이득여유   ④ 안정도, 응답성

해설

감쇠계수 δ
계의 특성상 감쇠계수가 크면 위상여유가 크고 감쇠성이 강하여 안정도는 좋으나 응답성은 나쁘다.

★★★☆☆

45 다음 임펄스 응답 중 안정한 계는?

① $c(t) = 1$ ② $c(t) = \cos\omega t$

③ $c(t) = e^{-t}\sin\omega t$ ④ $c(t) = 2t$

해설

임펄스 응답
임펄스 응답은 최종값($t = \infty$)이 0에 수렴시 안정하게 된다.

① $\lim\limits_{t = \infty} 1 = 1$

② $\lim\limits_{t = \infty} \cos\omega t = \cos\omega t$

③ $\lim\limits_{t = \infty} e^{-t}\sin\omega t = 0$

④ $\lim\limits_{t = \infty} 2t = \infty$

electrical engineer

근궤적법

영상 학습 QR   출제경향분석

본장은 자동제어계의 안정성을 판별함에 있어서 절대 안정도뿐만 아니라 상대 안정도가 필요한 경우가 있다. 상대안정도를 판별하는 방법인 근궤적의 기본원리와 내용을 다루었으며 시험에 자주 출제가 되는 내용은 다음과 같다.

❶ 근궤적의 출발점 및 도착점   ❷ 근궤적의
❸ 점근선의 교차점   ❹ 실수축상의 근궤적

콕콕 포인트

---

1 근궤적

근궤적이란 개루프 전달함수의 이득 정수 K를 0에서 ∞까지 변화시킬 때, 특성 방정식의 근의 위치가 변화하는 근의 이동 궤적을 구하는 도해적인 방법을 말한다.

1. 근궤적의 작도와 성질

1) 근궤적의 출발점과 도착점

① 근궤적상 $K = 0$인 점은 $G(s)H(s)$의 극점이다.
② 근궤적상 $K = \pm\infty$인 점은 $G(s)H(s)$의 영점이다.
③ 근궤적은 극점에서 출발하여 영점에서 도착한다.

2) 근궤적의 수 N

① 개루프 전달함수 $G(s)H(s)$의 극점의 수(p)와 영점의 수(z) 중에서 큰 것을 선택
② 개루프 전달함수 $G(s)H(s)$의 다항식의 최고차 항의 차수와 같다.

3) 근궤적의 대칭성

근궤적은 특성방정식의 근이 실근 또는 공액 복소근을 가지므로 s평면의 실수축에 대하여 대칭이다.

4) 근궤적의 점근선의 각도

① 완전 근궤적 : $K > 0$, $\alpha_k = \dfrac{2k+1}{p-z} \times 180°$

② 대응 근궤적 : $K < 0$, $\alpha_k = \dfrac{2k}{p-z} \times 180°$

여기서, p : 극점의 갯수, z : 영점의 갯수, k : 0, 1, 2, ⋯

5) 점근선의 교차점

① 점근선은 실수축 상에서만 교차하고 그 수는 $n=p-z$이다.

② 실수축 상에서의 점근선의 교차점

$$\sigma=\frac{\sum G(s)H(s)\text{의 극점}-\sum G(s)H(s)\text{의 영점}}{p-z}$$

6) 실수축상의 근궤적

$G(s)H(s)$의 실극과 실영점으로 실축이 분할될 때 만일 총합이 홀수이면 $-\infty$에서 우측으로 진행시 홀수구간에서 근궤적이 존재하고, 짝수이면 존재하지 않는다.

7) 근궤적과 허수축과의 교차점

근궤적은 K의 변화에 따라 허수축과 교차할 때 s평면의 우반 평면으로 들어가는 순간은 시스템의 안정성이 파괴되는 임계점에 해당한다. 이 점에 대응하는 K의 값과 ω는 루드–후르비츠의 판별법으로부터 구할 수 있다.

8) 근궤적의 분지점(이탈점)

특성 방정식$=1+G(s)H(s)=0$에서 이득 K의 값을 구하여 K를 s에 대해서 미분하고 이것을 0으로 놓아 얻는 방정식의 근을 말한다.

즉 분지점(이탈점)은 $\dfrac{dK}{ds}=0$인 조건을 만족하는 s의 근을 의미한다.

| 필수확인 O·X 문제 | 　　　　1차　2차　3차

1. 근궤적의 출발점은 극점이고 도착점은 영점이다. ···················· (　)
2. 근궤적은 허수축에 대하여 대칭이다. ··························· (　)

상세해설

1. (O) 1) 근궤적의 출발점 : 극점
　　　　 2) 근궤적의 도착점 : 영점
2. (×) 근궤적은 특성방정식의 근이 실근 또는 공액 복소근을 가지므로 s평면의 실수축에 대하여 대칭이다.

Q 포인트문제 2

어떤 제어시스템이 $G(s)H(s)=\dfrac{K(s+3)}{s^2(s+2)(s+4)(s+5)}$ 일 때, 근궤적의 수는?

① 1　　　　② 3
③ 5　　　　④ 7

A 해설

근궤적의 수

극점의 수 $p=5$, 영점 수 $z=1$ 이므로 극점의 수가 크므로 근궤적의 수는 $N=5$가 된다.

정답 ③

핵심 포인트

점근선의 교차점
$\dfrac{\sum G(s)H(s)\text{의극점}-\sum G(s)H(s)\text{의영점}}{p-z}$

Q 포인트문제 3

$G(s)H(s)=\dfrac{K(s-2)(s-3)}{s^3(s+1)(s+2)(s+4)}$ 에서 점근선의 교차점은 얼마인가?

① -6　　　　② -4
③ 6　　　　④ 4

A 해설

점근선의 교차점

① $G(s)H(s)$의 극점 : 분모가 0인 s
　 $s=0$: 2개, $s=-1$: 1개
　 $s=-2$: 1개, $s=-4$: 1개
　 이므로 극점의 수 $P=5$개

② $G(s)H(s)$의 영점 : 분자가 0인 s
　 $s=2$, $s=3$이므로
　 영점의 수 $Z=2$개

실수축과의 교차점

$\dfrac{\sum G(s)H(s)\text{의극점}-\sum G(s)H(s)\text{의영점}}{p-z}$
$=\dfrac{0+0+(-1)+(-2)+(-4)-(2+3)}{5-2}$
$=-4$

정답 ②

핵심 포인트

근궤적의 분지점(이탈점)
$\dfrac{dK}{ds}$ 인 조건을 만족하는 s의 근

영상 학습 QR

- QR 코드를 찍으시면, 가장 중요한 우선순위 문제풀이 영상을 보실 수 있습니다.
- 우선순위 논점은 전기(산업)기사 시험에서 가장 출제 빈도가 높은 문제로써, 수험생분들께서는 각 파트별 우선순위 문제의 논점과 키워드를 학습하시기를 바랍니다.
- 체크 리스트를 작성하시면서 문제의 유형과 학습의 완성도를 스스로 체크 해 보시기를 바랍니다.
- "선생님의 콕콕 포인트"는 틀리기 쉬운 문제의 함정과 문제의 포인트를 집어드립니다. 우선순위 문제풀이의 포인트를 꼭 참고하고 응용문제의 해결능력을 길러 줍니다.

번호	우선순위 논점	KEY WORD	나의 정답 확인				선생님의 콕콕 포인트
			맞음	틀림(오답확인)			
				이해 부족	암기 부족	착오 실수	
4	근궤적의 작도법	근궤적, 출발점, 도착점					근궤적은 극점에서 출발하여 영점에서 종착한다.
7	근궤적의 성질	근궤적, 출발점, 대칭성, 근궤적의 수					점근선은 실수축상에서 교차한다.
9	근궤적의 범위	근궤적, 범위, 실수축					극점의 수와 영점의 수의 합이 홀수인 경우 홀수구간만 존재
12	점근선이 교차점	점근선, 실수축, 교차점					점근선의 교차점 : $\sigma = \dfrac{\sum G(s)H(s)의 극점 - \sum G(s)H(s)의 영점}{p-z}$
15	근궤적의 수	근궤적의 수, 다항식, 극점, 영점					근궤적의 수는 극점의 수와 영점의 수중에서 큰 것 또는 다항식의 최고차항의 차수와 같다.

★★☆☆☆

01 다음 중 어떤 계통의 파라미터가 변할 때 생기는 특성방정식의 근의 움직임으로 시스템의 안정도를 판별하는 방법은?

① 보드 선도법

② 나이퀴스트 판별법

③ 근 궤적법

④ 루드-후르비쯔 판별법

🔍 **해설**

근궤적

시스템의 파라미터가 변할 때 근궤적 방법을 이용하면 폐루프 극의 위치를 s-평면에 그릴 수 있다.

★★☆☆☆

02 근궤적이란 s평면에서 개루프 전달함수의 절대값이 어느 점의 집합인가?

① 0

② 1

③ ∞

④ 임의의 일정한 값

🔍 **해설**

근궤적

특성 방정식=$1+GH=0$에서 $GH=-1$이므로 개루프 전달함수의 절대값 $|GH|=1$

★★★☆☆

03 근궤적이 s평면의 허수축과 교차하는 이득 K에 대하여 이 개루프 제어계는?

① 안정하다.

② 불안정하다.

③ 임계안정이다.

④ 조건부안정이다.

🔍 **해설**

근궤적

근궤적이 허수축($s=j\omega$)과 교차할 때는 특성근의 실수부가 0이므로 임계안정이 된다.

[**정답**] 01 ③ 02 ② 03 ③

★★☆☆☆

04 근궤적 $G(s)H(s)$의 (㉠)에서 출발하여 (㉡)에서 종착한다. 다음 중 괄호 안에 알맞는 말은?

① ㉠ 영점, ㉡ 극점　　② ㉠ 극점, ㉡ 영점
③ ㉠ 분지점, ㉡ 극점　　④ ㉠ 극점, ㉡ 분지점

🔍 해설

근궤적의 출발점과 도착점
근궤적은 개루프 전달함수 $G(s)H(s)$의 극점에서 출발하여 영점에서 종착한다.

★★★☆☆

05 특성방정식 $(S+1)(S+2)(S+3)+K(S+4)$ $=0$의 완전 근궤적상 $K=0$인 점은?

① $S=-4$인 점
② $S=-1$, $S=-2$, $S=-3$인 점
③ $S=1$, $S=2$, $S=3$인 점
④ $S=4$인 점

🔍 해설

근궤적의 극점
$K=0$일때 특성방정식은 $(S+1)(S+2)(S+3)=0$이므로 이때의 S값은 $S=-1$, $S=-2$, $S=-3$이다.

★★☆☆☆

06 근궤적은 무엇에 대하여 대칭인가?

① 원점　　　　　② 허수축
③ 실수축　　　　④ 대칭성이 없다.

🔍 해설

근궤적의 대칭성
개루프 제어계의 복소근은 반드시 공액 복소쌍을 이루므로 실수축에 관해서 상하대칭을 이룬다.

★★☆☆☆

07 근궤적의 성질 중 옳지 않는 것은?

① 근궤적은 실수축에 관해 대칭이다.
② 근궤적은 개루프 전달함수의 극으로부터 출발한다.

③ 근궤적의 가지수는 특정방정식의 차수와 같다.
④ 점근선은 실수축과 허수축상에서 교차한다.

🔍 해설

근궤적의 작도법
근궤적의 점근선은 실수축 상에서 교차한다.

★★★★☆

08 개루프 전달함수 $G(s)H(s)$가 다음과 같을 때 실수축상의 근궤적 범위는 어떻게 되는가?

$$G(s)H(s)=\frac{K(s+1)}{s(s+2)}$$

① 원점과 (-2)사이
② 원점에서 점 (-1)사이와 (-2)에서 $(-\infty)$사이
③ (-2)와 $(+\infty)$사이
④ 원점에서 $(+2)$사이

🔍 해설

근궤적의 범위
① $G(s)H(s)$의 극점 : 분모가 0인 s
　$s=0$, $s=-2$이므로 극점의 수 $P=2$개
② $G(s)H(s)$의 영점 : 분자가 0인 s
　$s=-1$이므로 영점의 수 $Z=1$개
③ $P+Z=2+1=3$(홀수)이므로 $-\infty$에서 우측으로 진행시 홀수구간에서 근궤적이 존재한다.

∴ $-\infty$에서 -2사이 와 -1에서 0(원점)사이

★★★☆☆

09 개루프 전달함수가 $G(s)H(s)=\frac{K}{s(s+4)(s+5)}$ 와 같은 계의 실수축상의 근궤적은 어느 범위인가?

① 0과 -4사이의 실수축상
② -4와 -5사이의 실수축상
③ -5와 $-\infty$사이의 실수축상
④ 0과 -4, -5와 $-\infty$사이의 실수축상

[정답]　04 ②　05 ②　06 ③　07 ④　08 ②　09 ④

🔍 **해설**

근궤적의 범위

① $G(s)H(s)$의 극점 : 분모가 0인 s
  $s=0$, $s=-4$, $s=-5$이므로 극점의 수 $P=3$개
② $G(s)H(s)$의 영점 : 분자가 0인 s
  영점의 수 $Z=0$개
③ $P+Z=3+0=3$(홀수)이므로 $-\infty$에서 우측으로 진행시 홀수구간에서 근궤적이 존재한다.

∴ $-\infty$에서 -5사이 와 -4에서 0(원점)사이

★★☆☆☆
10 $G(s)H(s)=\dfrac{K}{s(s+4)(s+5)}$에서 근궤적의 점근선이 실수축과 이루는 각?

① $60°$, $90°$, $120°$　　② $60°$, $120°$, $300°$

③ $60°$, $120°$, $270°$　　④ $60°$, $180°$, $300°$

🔍 **해설**

점근선의 각도

① $G(s)H(s)$의 극점 : 분모가 0인 s
  $s=0$, $s=-4$, $s=-5$이므로 극점의 수 $P=3$개
② $G(s)H(s)$의 영점 : 분자가 0인 s
  영점의 수 $Z=0$개 이므로 점근선의 각도
③ $P+Z=3+0=3$(홀수)이므로 $-\infty$에서 우측으로 진행시 홀수구간에서 근궤적이 존재한다.
$$\alpha_k=\frac{2k+1}{p-z}\times180°=\frac{2k+1}{3}\times180°\text{에서}$$
$$\alpha_{k=0}=\frac{2\times0+1}{3}\times180°=60°$$
$$\alpha_{k=1}=\frac{2\times1+1}{3}\times180°=180°$$
$$\alpha_{k=2}=\frac{2\times2+1}{3}\times180°=300°$$

★★★★☆
11 특성방정식 $s(s+4)(s^2+3s+3)+K(s+2)=0$의 $-\infty<K<0$의 근궤적의 점근선이 실수축과 이루는 각은 몇 도인가?

① $0°$, $120°$, $240°$　　② $45°$, $135°$, $225°$

③ $60°$, $180°$, $300°$　　④ $90°$, $180°$, $270°$

🔍 **해설**

점근선의 각도

① 개루프 전달함수
$$GH=\frac{K(s+2)}{s(s+4)(s^2+3s+3)}$$
② $G(s)H(s)$의 극점 : 분모가 0인 s
  극점의 수 $P=4$개
② $G(s)H(s)$의 영점 : 분자가 0인 s
  영점의 수 $Z=1$개
  $K<0$이므로 점근선의 각도
$$\alpha_k=\frac{2k}{p-z}\times180°=\frac{2k}{3}\times180°\text{에서}$$
$$\alpha_{k=0}=\frac{2\times0}{3}\times180°=0°$$
$$\alpha_{k=1}=\frac{2\times1}{3}\times180°=120°$$
$$\alpha_{k=2}=\frac{2\times2}{3}\times180°=240°$$

★★★★☆
12 개루프 전달함수 $G(s)H(s)$가 다음과 같이 주어지는 부궤환계에서 근궤적 점근선의 실수축과 교차점은?

$$G(s)H(s)=\frac{K}{s(s+4)(s+5)}$$

① -3　　　　　② -2

③ -1　　　　　④ 0

🔍 **해설**

점근선의 교차점

① $G(s)H(s)$의 극점 : 분모가 0인 s
  $s=0$, $s=-4$, $s=-5$이므로 극점의 수 $P=3$개
② $G(s)H(s)$의 영점 : 분자가 0인 s
  영점의 수 $Z=0$개 이므로 실수축과의 교차점
$$\sigma=\frac{\sum G(s)H(s)\text{의 극점}-\sum G(s)H(s)\text{의 영점}}{p-z}$$
$$=\frac{0+(-4)+(-5)}{3-0}=-3$$

★★☆☆☆
13 $G(s)H(s)=\dfrac{K(s-1)}{s(s+1)(s-4)}$에서 점근선의 교차점을 구하면?

① 4   ② 3

③ 2   ④ 1

해설

점근선의 교차점

① $G(s)H(s)$의 극점 : 분모가 0인 s
　$s=0$, $s=-1$, $s=4$이므로 극점의 수 $P=3$개
② $G(s)H(s)$의 영점 : 분자가 0인 s
　$s=1$이므로 영점의 수 $Z=1$개 이므로 실수축과의 교차점

$$\sigma = \frac{\sum G(s)H(s)의 극점 - \sum G(s)H(s)의 영점}{p-z}$$

$$= \frac{0+(-1)+4-(1)}{3-1}=1$$

★★★★☆

14 개루프 전달함수 $G(s)H(s)=\dfrac{K(s-5)}{s(s-1)^2(s+2)^2}$

일 때 주어지는 계에서 점근선의 교차점은?

① $-\dfrac{3}{2}$ ② $-\dfrac{7}{4}$

③ $\dfrac{5}{3}$ ④ $-\dfrac{1}{5}$

해설

점근선의 교차점

① $G(s)H(s)$의 극점 : 분모가 0인 s
　$s=0$: 1개, $s=1$: 2개, $s=-2$: 2개 이므로
　극점의 수 $P=5$개
② $G(s)H(s)$의 영점 : 분자가 0인 s
　$s=5$이므로 영점의 수 $Z=1$개 이므로 실수축과의 교차점

$$\sigma = \frac{\sum G(s)H(s)의 극점 - \sum G(s)H(s)의 영점}{p-z}$$

$$= \frac{0+1++1+(-2)+(-2)-(5)}{5-1}=-\frac{7}{4}$$

★★☆☆☆

15 $G(s)H(s)=\dfrac{K(s+1)}{s(s+2)(s+3)}$에서 근궤적의 수는?

① 1   ② 2

③ 3   ④ 4

해설

점근선의 교차점

근궤적의 수(N)는 극점의 수(p)와 영점의 수(z) 중에서 큰 것을 선택하면 되므로 $z=1$, $p=3$이므로 $z<p$이고 $N=p$이다.
따라서, $N=3$

★★☆☆☆

16 $G(s)H(s)=\dfrac{K(s+3)}{s^2(s+1)(s+2)}$에서 근궤적의 수는?

① 1개   ② 2개

③ 3개   ④ 4개

해설

점근선의 교차점

근궤적의 수(N)는 극점의 수(p)와 영점의 수(z) 중에서 큰 것을 선택하면 되므로 $z=1$, $p=4$이므로 $z<p$이고 $N=p$이다.
따라서, $N=4$

★★☆☆☆

17 $G(s)H(s)=\dfrac{K}{s^2(s+1)^2}$에서 근궤적의 수는?

① 4   ② 2

③ 1   ④ 0

해설

근궤적의 수

근궤적의 수(N)는 극점의 수(p)와 영점의 수(z) 중에서 큰 것을 선택하면 되므로 $z=0$, $p=4$이므로 $z<p$이고 $N=p$이다.
따라서, $N=4$

★★★★☆

18 $G(s)H(s)=\dfrac{K}{s(s+4)(s+5)}$에서 근궤적이 $j\omega$축

과 교차하는 점은?

① $\omega=4.48$

② $\omega=-4.48$

③ $\omega=4.48,\ -4.48$

④ $\omega=2.28$

해설

근궤적이 허수축과의 교차점

[**정답**] 14 ②   15 ③   16 ④   17 ①   18 ③

특성방정식 $1+G(s)H(s)=0$을 구하여 전개하면 다음과 같다.

$$1+G(s)H(s)=1+\frac{K}{s(s+4)(s+5)}$$

$$=\frac{s(s+4)(s+5)+K}{s(s+4)(s+5)}=0$$

특성방정식 $s(s+4)(s+5)+K=s^3+9s^2+20s+K=0$

루드 수열을 이용하여 임계안정조건으로 유도하여 풀면

s^3	1	20	0
s^2	9	K	0
s^1	$\frac{180-K}{9}$	0	0
s^0	K	0	0

K의 임계값은 s^1의 제1열 요소를 0으로 놓으면

$\frac{180-K}{9}=0$일 때 $K=180$이므로 루드 수열의 2행의 보조방정식

$9s^2+K=9s^2+180=0$ 값을 만족하는 근을 구하면 그 값을 알 수 있다.

$$s=j\omega=\pm\sqrt{-\frac{180}{9}}=\pm\sqrt{-20}=\pm j4.48$$

$$\therefore \omega=\pm4.48[\text{rad/sec}]$$

★★★☆☆

19 개루프 전달함수 $G(s)H(s)=\dfrac{K}{s(s+2)(s+4)}$ 의 근궤적이 $j\omega$축과 교차하는 점은?

① $\omega=\pm2.828[\text{rad/sec}]$

② $\omega=\pm1.414[\text{rad/sec}]$

③ $\omega=\pm5.657[\text{rad/sec}]$

④ $\omega=\pm14.14[\text{rad/sec}]$

🔍 **해설**

근궤적이 허수축과의 교차점

특성방정식 $1+G(s)H(s)=0$을 구하여 전개하면 다음과 같다.

$$1+G(s)H(s)=1+\frac{K}{s(s+2)(s+4)}$$

$$=\frac{s(s+2)(s+4)+K}{s(s+2)(s+4)}=0$$

특성방정식 $s(s+2)(s+4)+K=s^3+6s^2+8s+K=0$

루드 수열을 이용하여 임계안정조건으로 유도하여 풀면

s^3	1	8	0
s^2	6	K	0
s^1	$\frac{48-K}{6}$	0	0
s^0	K	0	0

K의 임계값은 s^1의 제1열 요소를 0으로 놓으면

$\frac{48-K}{6}=0$일 때 $K=48$이므로 루드 수열의 2행의 보조방정식

$6s^2+K=6s^2+48=0$ 값을 만족하는 근을 구하면 그 값을 알 수 있다.

$$s=j\omega=\pm\sqrt{-\frac{48}{6}}=\pm\sqrt{-8}=\pm j2.828$$

$$\therefore \omega=\pm2.828[\text{rad/sec}]$$

★★★★☆

20 개루프 전달함수가 다음과 같을 때 이 계의 이탈점 (break away)은?

$$G(s)H(s)=\frac{K(s+4)}{s(s+2)}$$

① $s=-1.172$

② $s=-6.828$

③ $s=-1.172,\ -6.828$

④ $s=0,\ -2$

🔍 **해설**

근궤적의 분지점(이탈점)

특성방정식은

$$1+G(s)H(s)=1+\frac{K(s+4)}{s(s+2)}=\frac{s(s+2)+K(s+4)}{s(s+2)}=0$$에서

$$s(s+2)+K(s+4)=0,\ K=-\frac{s(s+2)}{(s+4)}$$

$\frac{dK}{ds}=0$을 만족하는 방정식의 근의 값을 구하면

$$\frac{dK}{ds}=\frac{d}{ds}\left[-\frac{s(s+2)}{(s+4)}\right]=\frac{-(2s+2)(s+4)+s(s+2)}{(s+4)^2}=0$$

$$s^2+8s+8=0$$

$$s=\frac{-8\pm\sqrt{8^2-4\times1\times8}}{2}=\frac{-8\pm\sqrt{32}}{2}=-1.172,\ -6.828$$

근궤적 영역은 $-2\sim0$ 사이와 $-\infty\sim-4$ 사이에 존재하므로

이 범위에 속한 s값은 $-1.172,\ -6.828$

★★★☆☆

21 전달함수가 $G(s)H(s)=\dfrac{K}{s(s+2)(s+8)}$인 $K\geq0$ 의 근궤적에서 분지점은?

① -0.93 ② -5.74

③ -1.25 ④ -9.5

[정답] 19 ①   20 ③   21 ①

🔍 해설

근궤적의 분지점(이탈점)

특성방정식은

$1+G(s)H(s)=1+\dfrac{K}{s(s+2)(s+8)}=\dfrac{s(s+2)(s+8)+K}{s(s+2)(s+8)}=0$

에서 $s(s+2)(s+8)+K=0$,

$K=-s(s+2)(s+8)=-s^3-10s^2-16s$

$\dfrac{dK}{ds}=0$을 만족하는 방정식의 근의 값을 구하면

$\dfrac{dK}{ds}=\dfrac{d}{ds}=[-s^3-10s^2-16s]=-(3s^2+20s+16)=0$

$3s^2+20s+16=0$

$s=\dfrac{-20\pm\sqrt{20^2-4\times3\times16}}{2\times3}=\dfrac{-20\pm\sqrt{208}}{6}=-0.93,\ -5.74$

근궤적 영역은 $0\sim-2$ 사이와 $-8\sim-\infty$ 사이에 존재하므로 이 범위에 속한 s값은 -0.93이다.

★★★☆☆

22 단위 궤환제어계의 개루프 전달함수가 $G(s)=\dfrac{K}{s(s+2)}$ 일 때 특성방정식의 근 K가 $-\infty$로부터 $+\infty$까지 변할 때 알맞지 않은 것은?

① $-\infty<K<0$에 대하여 근은 모두 실근이다.

② $K=0$에 대하여 $S_1=0$, $S_2=-2$ 근은 $G(s)$의 극과 일치 한다.

③ $0<K<1$에 대하여 2개의 근은 모두 음의 실근이다.

④ $1<K<\infty$에 대하여 2개의 근은 음의 실부를 갖는 중근이다.

🔍 해설

근궤적

폐루우프의 특성방정식은 $s(s+2)+K=s^2+2s+K=0$이므로 특성방정식의 근은

$s=\dfrac{-1\pm\sqrt{1^2-1\times K}}{1}=-1\pm\sqrt{1-K}$ 가 되므로

① $-\infty<K<0$이면 특성근 2개가 모두 실근이며 하나는 양의 실근이고 다른 하나는 음의 실근이다.

② $K=0$이면 특성근 $s_1=0$, $s_2=-2$이므로 특성근은 $G(s)$의 극점과 일치한다.

③ $0<K<1$이면 2개의 특성근은 모두 음의 실근이다.

④ $K=1$이면 2개의 특성근은 $s_1=s_2-1$인 중근인 된다.

⑤ $1<K<\infty$이면 2개의 특성근은 음의 실수부를 가지는 공액복소근이다.

[정답] 22 ④

상태방정식 및 Z-변환

영상 학습 QR   출제경향분석

본장은 자동제어계의 상태방정식과 z변환에 대한 기본원리와 내용을 다루었으며 시험에 자주 출제가 되는 내용은 다음과 같다.

❶ 계수행렬   ❷ 특성방정식의 근
❸ z-변환   ❹ z-평면에서의 안정판별

콕콕 포인트

 포인트문제 1

다음 운동방정식으로 표시되는 계의 계수행렬 A는 어떻게 표시되는가?

$$\frac{d^2c(t)}{dt^2}+3\frac{dc(t)}{dt}+2c(t)=r(t)$$

① $\begin{bmatrix} -2 & -3 \\ 0 & 1 \end{bmatrix}$ ② $\begin{bmatrix} 1 & 0 \\ -3 & -2 \end{bmatrix}$

③ $\begin{bmatrix} 0 & 1 \\ -2 & -3 \end{bmatrix}$ ④ $\begin{bmatrix} -3 & -2 \\ 1 & 0 \end{bmatrix}$

 해설

계수행렬

$c(t)=x_1, \dfrac{dc(t)}{dt}=\dot{x}_1=x_2$

$\dfrac{d^2c(t)}{dt^2}=\dot{x}_2$

$\dot{x}_2+3x_2+2x_1=r(t)$

상태 방정식 $\dot{x}=Ax+Br(t)$라 하면 $\dot{x}_1=x_2$

$\dot{x}_2=-2x_1-3x_2+r(t)$

$\begin{bmatrix} \dot{x}_1 \\ \dot{x}_2 \end{bmatrix}=\begin{bmatrix} 0 & 1 \\ -2 & -3 \end{bmatrix}\begin{bmatrix} x_1 \\ x_2 \end{bmatrix}+\begin{bmatrix} 0 \\ 1 \end{bmatrix}r(t)$

$\therefore A=\begin{bmatrix} 0 & 1 \\ -2 & -3 \end{bmatrix}$, $B=\begin{bmatrix} 0 \\ 1 \end{bmatrix}$

정답 ③

---

1 상태방정식

1. 상태방정식

계통방정식이 n차 미분방정식일 때 이것을 n개의 1차 미분방정식으로 바꾸어서 행렬을 이용하여 표현한 것을 상태 방정식이라 한다.

$$\frac{dx(t)}{dt}=\dot{x}(t)=Ax(t)+Bu(t)$$

$(n\times n)$행렬	$(n\times 1)$행렬
$A=\begin{bmatrix} 0 & 1 & 0 & \cdots & 0 \\ 0 & 0 & 1 & \cdots & 0 \\ \vdots & \vdots & \vdots & & \vdots \\ 0 & 0 & 0 & \cdots & 1 \\ -a_0 & -a_1 & -a_2 & \cdots & -a_{n-1} \end{bmatrix}$	$B=\begin{bmatrix} 0 \\ 0 \\ \vdots \\ 0 \\ 1 \end{bmatrix}$

여기서, $x(t)$: 상태벡터, $u(t)$: 입력벡터, A : 시스템(계수)행렬, B : 제어행렬

2. 특성방정식

1) 특성방정식 $=|sI-A|=0$ 단, A : 계수행렬, $I=\begin{bmatrix} 1 & 0 \\ 0 & 1 \end{bmatrix}$: 단위행렬

2) 특성 방정식의 근 : 고유값

> **참고** 행렬 $A=\begin{bmatrix} a & b \\ c & d \end{bmatrix}$일 때
>
> 행렬값 $|A|=ad-bc$, 역행렬 $A^{-1}=\dfrac{1}{ad-bc}\begin{bmatrix} d & -b \\ -c & a \end{bmatrix}$
>
> 행렬의 합과차 $A\pm B=\begin{bmatrix} a & b \\ c & d \end{bmatrix}\pm\begin{bmatrix} e & f \\ g & h \end{bmatrix}=\begin{bmatrix} a\pm e & b\pm f \\ c\pm g & d\pm h \end{bmatrix}$

at engineer · electrical engineer · electrical engineer · electrical engineer · electrical engineer · electrical engineer · electrical engineer · electrical engineer

콕콕 포인트

3. 상태천이행렬

$$\phi(t)=\pounds^{-1}[(sI-A)^{-1}]=e^{At}$$

4. 상태천이행렬의 성질

1) $\phi(t)=e^{At}$
2) $\phi(0)=I$(단, I는 단위행렬)
3) $\phi^{-1}(t)=\phi(-t)=e^{-At}$
4) $\phi(t_2-t_1)\phi(t_1-t_0)=\phi(t_2-t_0)$
5) $[\phi(t)]^k=\phi(kt)$

2 Z - 변환

라플라스 변환은 연속시스템을 해석하고 불연속 시스템을 나타내는 차분 방정식이나 이산 시스템인 경우에 z 변환을 이용하여 해석한다.

1. z변환의 정의식

$$F(z)=z[f(t)]=\sum_{t=0}^{\infty} f(t)Z^{-t}$$

단, $t=0,\ 1,\ 2,\ \cdots$

2. $f(t),\ F(s),\ F(z)$의 비교

시간함수 $f(t)$	라플라스변환 $F(s)$	z변환 $F(z)$
$\delta(t)$	1	1
$u(t)=1$	$\dfrac{1}{s}$	$\dfrac{z}{z-1}$
e^{-at}	$\dfrac{1}{s+a}$	$\dfrac{z}{z-e^{-aT}}$
t	$\dfrac{1}{s^2}$	$\dfrac{Tz}{(z-1)^2}$

3. z변환의 초기값 정리

$$\lim_{t\to 0} f(t)=\lim_{z\to\infty} F(z)$$

4. z변환의 최종값 정리

$$\lim_{t\to\infty} f(t)=\lim_{z\to 1}(1-z^{-1})F(z)$$

◆ 핵심 포인트

· 특성방정식=$|sI-A|=0$
· 특성방정식의 근=고유값
· 상태천이행렬
 $\phi(t)=\pounds^{-1}[(sI-A)^{-1}]=e^{At}$

Q 포인트문제 2

상태방정식 $\dot{x}=Ax(t)+Bu(t)$
에서 $A=\begin{bmatrix} 0 & 1 \\ -2 & -3 \end{bmatrix}$일 때 특성방정식의 근은?

① $-2,\ -3$　② $-1,\ -2$
③ $-1,\ -3$　④ $1,\ -3$

A 해설

특성방정식
상태방정식에서 계수행렬 A에 의한 특성방정식은 $|sI=A|=0$이므로
$$sI-A=s\begin{bmatrix} 1 & 0 \\ 0 & 1 \end{bmatrix}-\begin{bmatrix} 0 & 1 \\ -2 & -3 \end{bmatrix}$$
$$=\begin{bmatrix} s & 0 \\ 0 & s \end{bmatrix}-\begin{bmatrix} 0 & 1 \\ -2 & -3 \end{bmatrix}$$
$$=\begin{bmatrix} s & -1 \\ 2 & s+3 \end{bmatrix}$$

특성방정식은
$$|sI-A|=\begin{bmatrix} s & -1 \\ 2 & s+3 \end{bmatrix}$$
$$=s(s+3)-(-1)\times 2$$
$$=s^2+3s+2=(s+1)(s+2)=0$$

에서 특성방정식의 근은
$\therefore s=-1,\ -2$

정답 ②

◆ 핵심 포인트

· $f(t),\ F(s),\ F(z)$의 비

시간함수 $f(t)$	라플라스 변환 $F(s)$	z변환 $F(z)$
$\delta(t)$	1	1
$u(t)=1$	$\dfrac{1}{s}$	$\dfrac{z}{z-1}$
e^{-at}	$\dfrac{1}{s+a}$	$\dfrac{z}{z-e^{-aT}}$
t	$\dfrac{1}{s^2}$	$\dfrac{Tz}{(z-1)^2}$

콕콕 포인트

electrical engineer · electrical engineer · electrical engineer · electrical engineer · electrical engineer · electrical engineer · electrical engineer · electrical e

5. 복소평면(s-평면)과 z-평면의 안정판별비고

[s - 평면]

[z - 평면]

구분 / 구간	s- 평면	z- 평면
안정	좌반평면(음의반평면)	단위원 내부
임계안정	허수축	단위 원주상
불안정	우반평면(양의반평면)	단위원 외부

| 필수확인 O·X 문제 |

1차 2차 3차

1. 특성방정식은 $|sI-A|^{-1}=0$이다. ( )
2. 상태천이행렬은 $\phi(t)=£^{-1}(sI-A)$이다. ( )
3. 시간함수 $f(t)=\delta(t)$의 $F(z)=1$이 된다. ( )
4. z-평면에서 특성방정식의 근이 단위원 내부에 있으면 안정하다. ( )

상세해설

1. (×) 특성방정식은 $|sI-A|=0$이다.
2. (×) 상태천이행렬은 $\phi(t)=£^{-1}[(sI-A)^{-1}]=e^{At}$이다.
3. (○) 시간함수 $f(t)=\delta(t)$의 라플라스 변환과 z변환 모두 $F(s)=1$, $F(z)=1$이 된다.
4. (○) z-평면에서 특성방정식의 근이 단위원 내부에 있으면 안정하고 단위원 외부에 있으면 불안정 하다.

번호	우선순위 논점	KEY WORD	나의 정답 확인				선생님의 콕콕 포인트
			맞음	틀림(오답확인)			
				이해 부족	암기 부족	착오 실수	
1	상태방정식	상태방정식, 계수행렬					n차 미분을 1차 미분으로 변환하여 계수행렬을 구한다.
8	특성방정식	특성방정식의 근, 고유값					특성방정식의 근을 고유값이라 한다.
14	상태천이행렬	천이행렬					상태천이행렬 $\phi(t)=\pounds^{-1}[(sI-A)^{-1}]$
27	z변환	단위계단, z변환, 라플라스변환					$f(t)=u(t)$, $F(s)=\dfrac{1}{s}$, $F(z)=\dfrac{z}{z-1}$
37	s-평면과 z-평면의 안정판별	s-평면, z-평면, 안정판별					단위원 내부: 안정(s-평면 좌반평면) 단위원 외부: 불안정(s-평면 우반평면)

★★☆☆

01 $\dfrac{d^2x}{dt^2}+\dfrac{dx}{dt}+2x=2u$ 의 상태변수를 $x_1=x$,

$x_2=\dfrac{dx}{dt}$ 라 할 때 시스템 매트릭스(system matrix)는?

① $\begin{bmatrix} 0 & 1 \\ 1 & 1 \end{bmatrix}$　　　② $\begin{bmatrix} 0 & 1 \\ 2 & 1 \end{bmatrix}$

③ $\begin{bmatrix} 0 & 1 \\ -2 & -1 \end{bmatrix}$　　　④ $\begin{bmatrix} 0 \\ 2 \end{bmatrix}$

🔍 **해설**

계수행렬

상태변수 $x_1=x$, $x_2=\dot{x}_1=\dfrac{dx}{dt}$, $\dot{x}_2=\dfrac{d^2x}{dt^2}$

$\dot{x}_2+\dot{x}_2+2x_1=2u$에서

상태 방정식 $\dot{x}=Ax+Bu$라 하면

$\dot{x}_1=x_2$

$\dot{x}_2=-2x_1-x_2+u$

$\begin{bmatrix} \dot{x}_1 \\ \dot{x}_2 \end{bmatrix}=\begin{bmatrix} 0 & 1 \\ -2 & -1 \end{bmatrix}\begin{bmatrix} x_1 \\ x_2 \end{bmatrix}+\begin{bmatrix} 0 \\ 2 \end{bmatrix}u$이므로

계수행렬 $A=\begin{bmatrix} 0 & 1 \\ -2 & -1 \end{bmatrix}$

★★★☆

02 다음 방정식으로 표시되는 제어계가 있다. 이 계를 상태방정식 $\dot{x}=Ax+Bu$로 나타내면 계수행렬 A는 어떻게 되는가?

$$\dfrac{d^3c(t)}{dt^3}+5\dfrac{d^2c(t)}{dt^2}+\dfrac{dc(t)}{dt}+2c(t)=r(t)$$

① $\begin{bmatrix} 0 & 1 & 0 \\ 0 & 0 & 1 \\ -2 & -1 & -5 \end{bmatrix}$　② $\begin{bmatrix} 0 & 0 & 1 \\ 1 & 0 & 0 \\ 5 & 1 & 2 \end{bmatrix}$

③ $\begin{bmatrix} 0 & 0 & 1 \\ 1 & 0 & 0 \\ 0 & 5 & 2 \end{bmatrix}$　④ $\begin{bmatrix} 0 & 1 & 0 \\ 1 & 0 & 0 \\ -2 & -1 & 0 \end{bmatrix}$

🔍 **해설**

계수행렬

상태변수 $x_1=c(t)$, $x_2=\dot{x}_1=\dfrac{dc(t)}{dt}$

$x_3=\dot{x}_2=\dfrac{d^2c(t)}{dt^2}$, $\dot{x}_3=\dfrac{d^3c(t)}{dt^3}$

$\dot{x}_3+5x_3+x_2+2x_1=r(t)$에서

[정답] 01 ③　02 ①

상태 방정식 $\dot{x}=Ax+Bu$라 하면

$\dot{x}_1=x_2$

$\dot{x}_2=x_3$

$\dot{x}_3=-2x_1-x_2-5x_3+u$

$$\begin{bmatrix} \dot{x}_1 \\ \dot{x}_2 \\ \dot{x}_3 \end{bmatrix}=\begin{bmatrix} 0 & 1 & 0 \\ 0 & 0 & 1 \\ -2 & -1 & -5 \end{bmatrix}\begin{bmatrix} x_1 \\ x_2 \\ x_3 \end{bmatrix}+\begin{bmatrix} 0 \\ 0 \\ 1 \end{bmatrix}r(t)$$

$$\therefore A=\begin{bmatrix} 0 & 1 & 0 \\ 0 & 0 & 1 \\ -2 & -1 & -5 \end{bmatrix}$$

★★★★☆

03 $\dfrac{d^3c(t)}{dt^3}+6\dfrac{dc(t)}{dt}+5c(t)=r(t)$ 의 미분방정식으로 표시되는 계를 상태방정식 $\dot{x}(t)=Ax(t)+Bu(t)$ 로 나타내면 계수행렬 A는?

① $\begin{bmatrix} 0 & 1 & 0 \\ 0 & 0 & 1 \\ -5 & -6 & 0 \end{bmatrix}$ ② $\begin{bmatrix} 1 & 0 & 0 \\ 0 & 0 & 1 \\ -6 & -5 & 0 \end{bmatrix}$

③ $\begin{bmatrix} -5 & -6 & 0 \\ 0 & 0 & 1 \\ 1 & 11 & 0 \end{bmatrix}$ ④ $\begin{bmatrix} 0 & 1 & 0 \\ -5 & -6 & 0 \\ 0 & 0 & 11 \end{bmatrix}$

🔎 **해설**

계수행렬

상태변수 $x_1=c(t)$, $x_2=\dot{x}_1=\dfrac{dc(t)}{dt}$

$x_3=\dot{x}_2=\dfrac{d^2c(t)}{dt^2}$, $\dot{x}_3=\dfrac{d^3c(t)}{dt^3}$

$\dot{x}_3+6x_2+5x_1=r(t)$에서

상태 방정식 $\dot{x}=Ax+Bu$라 하면

$\dot{x}_1=x_2$

$\dot{x}_2=x_3$

$\dot{x}_3=-5x_1-6x_2+r(t)$

$$\begin{bmatrix} \dot{x}_1 \\ \dot{x}_2 \\ \dot{x}_3 \end{bmatrix}=\begin{bmatrix} 0 & 1 & 0 \\ 0 & 0 & 1 \\ -5 & -6 & 0 \end{bmatrix}\begin{bmatrix} x_1 \\ x_2 \\ x_3 \end{bmatrix}+\begin{bmatrix} 0 \\ 0 \\ 1 \end{bmatrix}r(t)$$

$$\therefore A=\begin{bmatrix} 0 & 1 & 0 \\ 0 & 0 & 1 \\ -5 & -6 & 0 \end{bmatrix}$$

★★★★☆

04 $\ddot{x}+2\dot{x}+5x=u(t)$의 미분방정식으로 표시되는 계의 상태방정식은?

① $\begin{bmatrix} \dot{x}_1 \\ \dot{x}_2 \end{bmatrix}=\begin{bmatrix} 0 & 1 \\ -5 & -2 \end{bmatrix}\begin{bmatrix} x_1 \\ x_2 \end{bmatrix}+\begin{bmatrix} 1 \\ 0 \end{bmatrix}u$

② $\begin{bmatrix} \dot{x}_1 \\ \dot{x}_2 \end{bmatrix}=\begin{bmatrix} 1 & 2 \\ -2 & -5 \end{bmatrix}\begin{bmatrix} x_1 \\ x_2 \end{bmatrix}+\begin{bmatrix} 1 \\ 0 \end{bmatrix}u$

③ $\begin{bmatrix} \dot{x}_1 \\ \dot{x}_2 \end{bmatrix}=\begin{bmatrix} 0 & 1 \\ -5 & -2 \end{bmatrix}\begin{bmatrix} x_1 \\ x_2 \end{bmatrix}+\begin{bmatrix} 0 \\ 1 \end{bmatrix}u$

④ $\begin{bmatrix} \dot{x}_1 \\ \dot{x}_2 \end{bmatrix}=\begin{bmatrix} 0 & 1 \\ -2 & -5 \end{bmatrix}\begin{bmatrix} x_1 \\ x_2 \end{bmatrix}+\begin{bmatrix} 0 \\ 1 \end{bmatrix}u$

🔎 **해설**

계수행렬

상태변수 $x_1=x$

$x_2=\dot{x}_1=\dfrac{dx}{dt}$

$\dot{x}_2=\dfrac{d^2x}{dt^2}$

$\dot{x}_2+2x_2+5x_1=u$에서

상태 방정식 $\dot{x}=Ax+Bu$라 하면

$\dot{x}_1=x_2$

$\dot{x}_2=-5x_1-2x_2+u$

$$\begin{bmatrix} \dot{x}_1 \\ \dot{x}_2 \end{bmatrix}=\begin{bmatrix} 0 & 1 \\ -5 & -2 \end{bmatrix}\begin{bmatrix} x_1 \\ x_2 \end{bmatrix}+\begin{bmatrix} 0 \\ 1 \end{bmatrix}u$$

★★☆☆☆

05 선형 시불변계가 다음의 동태방정식(dynamic equation)으로 쓰여질 때 전달함수 $G(s)$는? (단, $(sI-A)$는 정적(nonsingular)하다.)

$$\dfrac{dx(t)}{dt}=Ax(t)+Br(t)$$

$$c(t)=Dx(t)+Er(t)$$
$x(t)=n\times 1$ state vector
$r(t)=p\times 1$ input vector
$c(t)=q\times 1$ output vector

① $G(s)=(sI-A)^{-1}B+E$

② $G(s)=D(sI-A)^{-1}B+E$

③ $C(s)=D(sI-A)^{-1}B$

④ $C(s)=D(sI-A)B$

[**정답**] 03 ① 04 ③ 05 ②

🔍 해설

전달함수

$sX(s) = A \cdot X(s) + BR(s)$

$[sI - A]X(s) = BR(s)$

$X(s) = [sI - A]^{-1}BR(s)$

$C(s) = D[sI - A]^{-1}BR(s) + ER(s)$

$\qquad = R(s)\{D[sI - A]^{-1}B + E\}$

전달함수는 $G(s) = \dfrac{C(s)}{R(s)} = D[sI - A]^{-1}B + E$

★★☆☆☆
06 상태방정식 $x(t) = Ax(t) + Br(t)$인 제어계의 **특성방정식은?**

① $[sI - B] = I$ ② $[sI - A] = I$

③ $[sI - B] = 0$ ④ $[sI - A] = 0$

🔍 해설

특성방정식

특성 방정식은 $[sI - A] = 0$이며 특성방정식의 근을 고유값이라 한다.

★★☆☆☆
07 $A = \begin{bmatrix} 0 & 1 \\ -3 & -2 \end{bmatrix}$, $B = \begin{bmatrix} 4 \\ 5 \end{bmatrix}$인 상태방정식

$\dfrac{dx}{dt} = Ax + Br$에서 제어계의 특성방정식은?

① $s^2 + 4s + 3 = 0$ ② $s^2 + 3s + 2 = 0$

③ $s^2 + 3s + 4 = 0$ ④ $s^2 + 2s + 3 = 0$

🔍 해설

특성방정식

상태방정식에서 계수행렬 A에 의한 특성방정식은
$|sI - A| = 0$이므로

$sI - A = s\begin{bmatrix} 1 & 0 \\ 0 & 1 \end{bmatrix} - \begin{bmatrix} 0 & 1 \\ -3 & -2 \end{bmatrix}$

$\qquad = \begin{bmatrix} s & 0 \\ 0 & s \end{bmatrix} - \begin{bmatrix} 0 & 1 \\ -3 & -2 \end{bmatrix} = \begin{bmatrix} s & -1 \\ 3 & s+2 \end{bmatrix}$

특성방정식은

$|sI - A| = \begin{bmatrix} s & -1 \\ 3 & s+2 \end{bmatrix}$

$\qquad = s(s+2) - (-1) \times 3$

$\qquad = s^2 + 2s + 3 = 0$

★★☆☆☆
08 $\begin{bmatrix} 2 & 2 \\ 0.5 & 2 \end{bmatrix}$의 고유값(eigen value)는?

① 2, 2   ② 3, 2

③ 1, 3   ④ 2, 1

🔍 해설

특성방정식

상태방정식에서 계수행렬 A에 의한 특성방정식은
$|sI - A| = 0$이므로

$sI - A = s\begin{bmatrix} 1 & 0 \\ 0 & 1 \end{bmatrix} - \begin{bmatrix} 2 & 2 \\ 0.5 & 2 \end{bmatrix}$

$\qquad = \begin{bmatrix} s & 0 \\ 0 & s \end{bmatrix} - \begin{bmatrix} 2 & 2 \\ 0.5 & 2 \end{bmatrix} = \begin{bmatrix} s-2 & -2 \\ -0.5 & s-2 \end{bmatrix}$

특성방정식은

$|sI - A| = \begin{bmatrix} s-2 & -2 \\ -0.5 & s-2 \end{bmatrix}$

$\qquad = (s-2)^2 - (-2) \times (-0.5)$

$\qquad = s^2 - 4s + 3 = (s-1)(s-3) = 0$에서

고유값은 특성방정식의 근을 말하므로

$\therefore s = 1, 3$

★★★★☆
09 $A = \begin{bmatrix} 0 & 1 & 0 \\ 0 & -1 & 6 \\ -1 & -1 & -5 \end{bmatrix}$의 고유값은?

① $-1, -2, -3$ ② $-2, -3, -4$

③ $-1, -2, -4$ ④ $-1, -3, -4$

🔍 해설

특성방정식

상태방정식에서 계수행렬 A에 의한 특성방정식은
$|sI - A| = 0$이며 특성방정식의 근을 고유값이라 한다.

$sI - A = s\begin{bmatrix} 1 & 0 & 0 \\ 0 & 1 & 0 \\ 0 & 0 & 1 \end{bmatrix} - \begin{bmatrix} 0 & 1 & 0 \\ 0 & -1 & 6 \\ -1 & -1 & -5 \end{bmatrix}$

$\qquad = \begin{bmatrix} s & 0 & 0 \\ 0 & s & 0 \\ 0 & 0 & s \end{bmatrix} - \begin{bmatrix} 0 & 1 & 0 \\ 0 & -1 & 6 \\ -1 & -1 & -5 \end{bmatrix}$

$\qquad = \begin{bmatrix} s & -1 & 0 \\ 0 & s+1 & -6 \\ 1 & 1 & s+5 \end{bmatrix}$

특성방정식은

$|sI - A| = \begin{bmatrix} s & -1 & 0 \\ 0 & s+1 & -6 \\ 1 & 1 & s+5 \end{bmatrix}$

[정답] 06 ④ 07 ④ 08 ③ 09 ①

$=s(s+1)(s+5)+1\times(-1)\times(-6)-[s\times(-6)\times1]$
$=s^3+6s^2+11s+6=(s+1)(s+2)(s+3)=0$
이므로 고유값은
$\therefore s=-1, s=-2, s=-3$

★★☆☆☆

10 상태방정식이 다음과 같은 계의 천이행렬 $\phi(t)$는 어떻게 표시되는가?

$$\dot{x}(t)=Ax(t)+Br(t)$$

① $\pounds^{-1}\{(sI-A)\}$　　② $\pounds^{-1}\{(sI-A)^{-1}\}$
③ $\pounds^{-1}\{(sI-B)\}$　　④ $\pounds^{-1}\{(sI-B)^{-1}\}$

🔍 **해설** - - - - - - - - - - - - - - - -

상태천이행렬
$\phi(t)=\pounds^{-1}[(sI-A)^{-1}]$

★★☆☆☆

11 다음의 상태방정식으로 표시되는 제어계가 있다. 이 방정식의 값은 어떻게 되는가? (단, $x(0)$는 초기상태 벡터이다.)

$$\dot{x}(t)=Ax(t)$$

① $e^{-At}x(0)$　　② $e^{At}x(0)$
③ $Ae^{-At}x(0)$　　④ $Ae^{At}x(0)$

🔍 **해설** - - - - - - - - - - - - - - - -

상태천이행렬
상태 방정식 $\dot{x}(t)=Ax(t)+Bu(t)$를 라플라스 변환하면
$sX(s)-x(0)=AX(s)+BU(s)$
$(s-A)X(s)=x(0)$(과도상태 무시)
$X(s)=\dfrac{1}{s-A}x(0)$
$x(t)=e^{At}x(0)$

★★☆☆☆

12 state transition matrix(상태천이행렬) $\phi(t)=e^{At}$에서 $t=0$의 값은?

① e　　　　　② I
③ e^{-1}　　　　④ 0

🔍 **해설** - - - - - - - - - - - - - - - -

상태천이행렬의 성질
① $x(t)=\phi(t)x(0)=e^{At}x(0)$
　　$\phi(t)=e^{At}$
② $\phi(0)=I$ (단, I는 단위행렬)
③ $\phi^{-1}(t)=\phi(-t)=e^{-At}$
④ $\phi(t_2-t_1)\phi(t_1-t_0)=\phi(t_2-t_0)$
⑤ $[\phi(t)]^k=\phi(kt)$

★★★☆☆

13 다음은 천이행렬 $\phi(t)$의 특징을 서술한 관계식이다. 이 중 잘못된 것은?

① $\phi(0)=I$
② $\phi^{-1}(t)=\phi(-t)$
③ $\phi(t+\tau)=\phi(t)+\phi(\tau)$
④ $\phi(t_2-t_0)=\phi(t_2-t_1)\phi(t_1-t_0)$

🔍 **해설** - - - - - - - - - - - - - - - -

상태천이행렬의 성질
① $x(t)=\phi(t)x(0)=e^{At}x(0)$
　　$\phi(t)=e^{At}$
② $\phi(0)=I$ (단, I는 단위행렬)
③ $\phi^{-1}(t)=\phi(-t)=e^{-At}$
④ $\phi(t_2-t_1)\phi(t_1-t_0)=\phi(t_2-t_0)$
⑤ $[\phi(t)]^k=\phi(kt)$

★★☆☆☆

14 천이행렬에 관한 서술 중 옳지 않은 것은? (단, $\dot{x}=Ax+Bu$이다.)

① $\phi(t)=e^{At}$
② $\phi(t)=\pounds^{-1}[sI-A]$
③ 천이행렬은 기본행렬이라고도 한다.
④ $\phi(s)=[sI-A]^{-1}$

[정답] 10 ② 　11 ② 　12 ② 　13 ③ 　14 ②

🔍 해설

상태천이행렬

$\phi(t) = \pounds^{-1}[(sI-A)^{-1}]$

★★☆☆☆

15 n차 선형 시불변 시스템의 상태방정식을

$\dfrac{d}{dt}x(t) = Ax(t) + Br(t)$로 표시할 때 상태 천이행렬

$\phi(t)(n \times n$ 행렬)에 관하여 잘못 기술된 것은?

① $\dfrac{d\phi(t)}{dt} = A\phi(t)$

② $\phi(t) = \pounds^{-1}[(SI-A)^{-1}]$

③ $\phi(t) = e^{At}$

④ $\phi(t)$는 시스템의 정상상태응답을 나타낸다.

🔍 해설

상태천이행렬

$\phi(t)$는 선형 시스템의 과도응답(천이행렬)을 나타낸다.

★★★☆☆

16 상태 방정식이 $\dfrac{d}{dt}x(t) = Ax(t) + Bu(t)$,

$A = \begin{bmatrix} -1 & 0 \\ 3 & -2 \end{bmatrix}$, $B = \begin{bmatrix} 0 \\ 1 \end{bmatrix}$으로 주어져 있다. 이 상태

방정식에 대한 상태천이행렬(state transition matrix)의 2행 1열의 요소는?

① $3e^{-t} - 3e^{-2t}$ ② $3e^{-t} + 3e^{-2t}$

③ $6e^{-t} - 6e^{-2t}$ ④ $6e^{-t} - 6e^{-2t}$

🔍 해설

상태천이행렬

계수행렬 $A = \begin{bmatrix} -1 & 0 \\ 3 & -2 \end{bmatrix}$이므로

$sI - A = s\begin{bmatrix} 1 & 0 \\ 0 & 1 \end{bmatrix} - \begin{bmatrix} -1 & 0 \\ 3 & -2 \end{bmatrix} = \begin{bmatrix} s+1 & 0 \\ -3 & s+2 \end{bmatrix}$

$[sI-A]^{-1} = \begin{bmatrix} s+1 & 0 \\ -3 & s+2 \end{bmatrix}^{-1}$

$= \dfrac{1}{(s+1)(s+2)}\begin{bmatrix} s+2 & 0 \\ 3 & s+1 \end{bmatrix}$

$= \begin{bmatrix} \dfrac{1}{s+1} & 0 \\ \dfrac{3}{(s+1)(s+2)} & \dfrac{1}{s+2} \end{bmatrix}$

천이행렬 $\phi(t)$는

$\therefore \phi(t) = \pounds^{-1}\{[sI-A]^{-1}\} = \begin{bmatrix} e^{-t} & 0 \\ 3e^{-t}-3e^{-2t} & e^{-2t} \end{bmatrix}$

★★★★★

17 다음 계통의 상태천이행렬 $\phi(t)$를 구하면?

$$\begin{bmatrix} x_1 \\ x_2 \end{bmatrix} = \begin{bmatrix} 0 & 1 \\ -2 & -3 \end{bmatrix}\begin{bmatrix} x_1 \\ x_2 \end{bmatrix}$$

① $\begin{bmatrix} 2e^{-t}-e^{2t} & e^{-t}-e^{2t} \\ -2e^{-t}+2e^{2t} & -e^{-t}+2e^{2t} \end{bmatrix}$

② $\begin{bmatrix} 2e^{t}+e^{2t} & -e^{-t}+2e^{2t} \\ 2e^{t}-2e^{2t} & e^{-t}-2e^{2t} \end{bmatrix}$

③ $\begin{bmatrix} -2e^{-t}+e^{-2t} & -e^{-t}-e^{-2t} \\ -2e^{-t}-2e^{-2t} & -e^{-t}-2e^{-2t} \end{bmatrix}$

④ $\begin{bmatrix} 2e^{-t}-e^{-2t} & e^{-t}-e^{-2t} \\ -2e^{-t}+2e^{-2t} & -e^{-t}+2e^{-2t} \end{bmatrix}$

🔍 해설

상태천이행렬

$[sI-A] = \begin{bmatrix} s & 0 \\ 0 & s \end{bmatrix} - \begin{bmatrix} 0 & 1 \\ -2 & -3 \end{bmatrix} = \begin{bmatrix} s & -1 \\ 2 & s+3 \end{bmatrix}$

$[sI-A]^{-1} = \dfrac{1}{(s+1)(s+2)}\begin{bmatrix} s+3 & 1 \\ -2 & s \end{bmatrix}$

$= \begin{bmatrix} \dfrac{s+3}{(s+1)(s+2)} & \dfrac{1}{(s+1)(s+2)} \\ \dfrac{-2}{(s+1)(s+2)} & \dfrac{s}{(s+1)(s+2)} \end{bmatrix}$

$F_1(s) = \dfrac{s+3}{(s+1)(s+2)} = \dfrac{2}{s+1} - \dfrac{1}{s+2}$

    → $f_1(t) = 2e^{-t} - e^{-2t}$

$F_2(s) = \dfrac{1}{(s+1)(s+2)} = \dfrac{1}{s+1} + \dfrac{-1}{s+2}$

    → $f_2(t) = e^{-t} - e^{-2t}$

$F_3(s) = \dfrac{-2}{(s+1)(s+2)} = \dfrac{-2}{s+1} + \dfrac{2}{s+2}$

    → $f_3(t) = -2e^{-t} + 2e^{-2t}$

$F_4(s) = \dfrac{s}{(s+1)(s+2)} = \dfrac{-1}{s+1} + \dfrac{2}{s+2}$

    → $f_4(t) = -e^{-t} + 2e^{-2t}$이므로

[정답] 15 ④   16 ①   17 ④

상태천이행렬은

$$\phi(t) = \pounds^{-1}[(sI-A)^{-1}]$$

$$= \begin{bmatrix} 2e^{-t}-e^{-2t} & e^{-t}-e^{-2t} \\ -2e^{-t}+2e^{-2t} & -e^{-t}+2e^{-2t} \end{bmatrix}$$

★★★★☆

18 계수행렬(또는 동반행렬) A가 다음과 같이 주어지는 제어계가 있다. 천이행렬(transition matrix)을 구하면?

$$A = \begin{bmatrix} 0 & 1 \\ -1 & -2 \end{bmatrix}$$

① $\begin{bmatrix} (t+1)e^{-t} & te^{-t} \\ -te^{-t} & (-t+1)e^{-t} \end{bmatrix}$

② $\begin{bmatrix} (t+1)e^{t} & te^{-t} \\ -te^{t} & (t+1)e^{t} \end{bmatrix}$

③ $\begin{bmatrix} (t+1)e^{-t} & -te^{-t} \\ te^{-t} & (t+1)e^{-t} \end{bmatrix}$

④ $\begin{bmatrix} (t+1)e^{-t} & 0 \\ 0 & (-t+1)e^{-t} \end{bmatrix}$

🔍 **해설** -----

$$[sI-A] = \begin{bmatrix} s & -1 \\ 1 & s+2 \end{bmatrix}$$

$$[sI-A]^{-1} = \frac{1}{(s+1)^2}\begin{bmatrix} s+2 & 1 \\ -1 & s \end{bmatrix}$$

$$= \begin{bmatrix} \dfrac{s+2}{(s+1)^2} & \dfrac{1}{(s+1)^2} \\ -\dfrac{1}{(s+1)^2} & \dfrac{S}{(s+1)^2} \end{bmatrix}$$

이므로 상태천이행렬은

$$\phi(t) = \pounds^{-1}([sI-A]^{-1}) = \begin{bmatrix} (t+1)e^{-t} & te^{-t} \\ -te^{-t} & (-t+1)e^{-t} \end{bmatrix}$$

★★★★☆

19 시스템의 특성이 $G(s) = \dfrac{C(s)}{U(s)} = \dfrac{1}{s^2}$과 같을 때 천이행렬은?

① $\begin{bmatrix} 1 & 0 \\ 0 & 1 \end{bmatrix}$

② $\begin{bmatrix} 1 & t \\ 0 & 1 \end{bmatrix}$

③ $\begin{bmatrix} 1 & -t \\ 0 & 1 \end{bmatrix}$

④ $\begin{bmatrix} -1 & 0 \\ 0 & 1 \end{bmatrix}$

상태천이행렬

$$G(s) = \frac{C(s)}{U(s)} = \frac{1}{s^2}, \ s^2C(s) = U(s)$$

역라플라스 변환하면 $\dfrac{d^2c(t)}{dt^2} = u(t)$

상태변수 $x_1 = c(t)$, $x_2 = \dot{x}_1 = \dfrac{dc(t)}{dt}$, $\dot{x}_2 = \dfrac{d^2c(t)}{dt^2}$이므로

상태 방정식 $\dot{x} = Ax + Bu$라 하면

$$\dot{x}_1 = x_2, \ \dot{x}_2 = u(t)$$

$$\begin{bmatrix} \dot{x}_1 \\ \dot{x}_2 \end{bmatrix} = \begin{bmatrix} 0 & 1 \\ 0 & 0 \end{bmatrix}\begin{bmatrix} x_1 \\ x_2 \end{bmatrix} + \begin{bmatrix} 0 \\ 1 \end{bmatrix}u$$

계수행렬 $A = \begin{bmatrix} 0 & 1 \\ 0 & 0 \end{bmatrix}$이므로 천이행렬 $\phi(t)$는

$$sI - A = s\begin{bmatrix} 1 & 0 \\ 0 & 1 \end{bmatrix} - \begin{bmatrix} 0 & 1 \\ 0 & 0 \end{bmatrix} = \begin{bmatrix} s & -1 \\ 0 & s \end{bmatrix}$$

$$[sI-A]^{-1} = \begin{bmatrix} s & -1 \\ 0 & s \end{bmatrix}^{-1} = \frac{1}{s^2}\begin{bmatrix} s & 1 \\ 0 & s \end{bmatrix}$$

$$= \begin{bmatrix} \dfrac{1}{s} & \dfrac{1}{s^2} \\ 0 & \dfrac{1}{s} \end{bmatrix}$$

$$\therefore \phi(t) = \pounds^{-1}\{[sI-A]^{-1}\} = \begin{bmatrix} 1 & t \\ 0 & 1 \end{bmatrix}$$

★★★☆☆

20 상태 방정식 $\dfrac{d}{dt}x(t) = Ax(t) + Bu(t)$

출력방정식 $y(t) = Cx(t)$에서, $A = \begin{bmatrix} -1 & 1 \\ 0 & -3 \end{bmatrix}$,

$B = \begin{bmatrix} 0 \\ 1 \end{bmatrix}$, $C = [0 \ 1]$일 때 다음 설명 중 옳은 것은?

① 이 시스템은 제어 및 관측이 가능하다.

② 이 시스템은 제어는 가능하나 관측은 불가능하다.

③ 이 시스템은 제어는 불가능하나 관측은 가능하다.

④ 이 시스템은 제어 및 관측이 불가능하다.

🔍 **해설** -----

상태방정식

가제어성 행렬 S가 역행렬을 가지면 가제어하고,
가관측 행렬 V가 역행렬을 가지면 가관측이 된다.
상태방정식이 다음과 같을 때

$$\dot{x} = Ax + Bu, \ y = Cx$$

$$S = [B \ AB], \ V = \begin{bmatrix} C \\ CA \end{bmatrix}$$

$$AB = \begin{bmatrix} -1 & 1 \\ 0 & -3 \end{bmatrix}\begin{bmatrix} 0 \\ 1 \end{bmatrix} = \begin{bmatrix} 1 \\ -3 \end{bmatrix}$$

$$CA=[0 \ 1]\begin{bmatrix} -1 & 1 \\ 0 & -3 \end{bmatrix}=[0 \ -3]$$

$$S=\begin{bmatrix} 0 & 1 \\ 1 & -3 \end{bmatrix}$$

$$V=\begin{bmatrix} 0 & 1 \\ 0 & -3 \end{bmatrix}$$

$$\therefore |S|=0\times(-3)-1\times1=-1$$
: 가제어하다.

$$\therefore |V|=0\times(-3)-0\times1=0$$
: 가관측하지 않는다.

★★☆☆☆

21 T를 샘플주기라고 할 때 z변환은 라플라스 변환의 함수의 s대신 다음의 어느 것을 대입하여야 하는가?

① $\dfrac{1}{T}\ln\dfrac{1}{z}$ ② $\dfrac{1}{T}\ln z$

③ $T\ln z$ ④ $T\ln\dfrac{1}{z}$

🔍 해설

Z변환

$z=e^{Ts}$, $\ln z=\ln e^{Ts}=Ts$

$\therefore s=\dfrac{1}{T}\ln z$

★★★☆☆

22 $e(t)$의 초기값 $e(t)$의 z변환을 $E(z)$라 했을 때 다음 어느 방법으로 얻어 지는가?

① $\displaystyle\lim_{z\to0} zE(z)$ ② $\displaystyle\lim_{z\to0} E(z)$

③ $\displaystyle\lim_{z\to\infty} zE(z)$ ④ $\displaystyle\lim_{z\to\infty} E(z)$

🔍 해설

z변환

z변환의 초기값정리

$$\lim_{t\to0} e(t)=\lim_{z\to\infty} E(z)$$

z변환의 최종값정리

$$\lim_{t\to\infty} e(t)=\lim_{z\to1} (1-z^{-1})E(z)$$

★★☆☆☆

23 다음 중 z변환에서 최종치 정리를 나타낸 것은?

① $x(0)=\displaystyle\lim_{z\to\infty}(z)$

② $x(0)=\displaystyle\lim_{z\to\infty} X(z)$

③ $x(\infty)=\displaystyle\lim_{z\to1}(1-z)X(z)$

④ $x(\infty)=\displaystyle\lim_{z\to1}(1-z^{-1})X(z)$

🔍 해설

z변환

z변환의 초기값정리 $\displaystyle\lim_{t\to0} x(t)=\lim_{z\to\infty} X(z)$

z변환의 최종값정리 $\displaystyle\lim_{t\to\infty} x(t)=\lim_{z\to1}(1-z^{-1})X(z)$

★★☆☆☆

24 $C(s)=R(s)G(s)$의 z-변환 $C(z)$은 어느 것인가?

① $R(z)G(z)$ ② $R(z)+G(z)$

③ $R(z)/G(z)$ ④ $R(z)-G(z)$

🔍 해설

z변환

★★★☆☆

25 단위계단함수 $u(t)$를 z변환하면?

① $\dfrac{1}{z}$ ② $\dfrac{1}{z-1}$

③ $\dfrac{z}{z-1}$ ④ $\dfrac{1}{z+1}$

🔍 해설

$f(t)$, $F(s)$, $F(z)$의 비교

시간함수 $f(t)$	라플라스변환 $F(s)$	z변환 $F(z)$
$\delta(t)$	1	1
$u(t)=1$	$\dfrac{1}{s}$	$\dfrac{z}{z-1}$
e^{-at}	$\dfrac{1}{s+a}$	$\dfrac{z}{z-e^{-aT}}$
t	$\dfrac{1}{s^2}$	$\dfrac{Tz}{(z-1)^2}$

[**정답**] 21 ② 22 ④ 23 ④ 24 ① 25 ③

★★☆☆☆

26
신호 $x(t)$가 다음과 같을 때의 z변환 함수는 어느 것인가? (단, 신호 $x(t)$는 보기와 같으며 이상 샘플러의 샘플주기는 T [s]이다.)

$$x(t)=0 \qquad T<0$$
$$x(t)=e^{-aT} \qquad T \geqq 0$$

① $(1-e^{-aT})z/(z-1)(z-e^{-aT})$

② $z/z-1$

③ $z/z-e^{-aT}$

④ $Tz/z(z-1)^2$

🔍 **해설** --------

$f(t)$, $F(s)$, $F(z)$의 비교

시간함수 $f(t)$	라플라스변환 $F(s)$	z변환 $F(z)$
$\delta(t)$	1	1
$u(t)=1$	$\dfrac{1}{s}$	$\dfrac{z}{z-1}$
e^{-at}	$\dfrac{1}{s+a}$	$\dfrac{z}{z-e^{-aT}}$
t	$\dfrac{1}{s^2}$	$\dfrac{Tz}{(z-1)^2}$

★★☆☆☆

27
다음은 단위계단함수 $u(t)$의 라플라스 또는 z변환 쌍을 나타낸다. 이 중에서 옳은 것은?

① $\pounds[u(t)]=1$ ② $z[u(t)]=1/z$

③ $\pounds[u(t)]=1/s^2$ ④ $z[u(t)]=z/(z-1)$

🔍 **해설** --------

$f(t)$, $F(s)$, $F(z)$의 비교

시간함수 $f(t)$	라플라스변환 $F(s)$	z변환 $F(z)$
$\delta(t)$	1	1
$u(t)=1$	$\dfrac{1}{s}$	$\dfrac{z}{z-1}$
e^{-at}	$\dfrac{1}{s+a}$	$\dfrac{z}{z-e^{-aT}}$
t	$\dfrac{1}{s^2}$	$\dfrac{Tz}{(z-1)^2}$

★★★★☆

28
z변환 함수 $z/(z-e^{-aT})$에 대응되는 시간함수는? (단, T는 이상 샘플러의 샘플 주기이다.)

① te^{-aT} ② $\displaystyle\sum_{n=0}^{\infty} \delta(t-nT)$

③ $1-e^{-aT}$ ④ e^{-aT}

🔍 **해설** --------

$f(t)$, $F(s)$, $F(z)$의 비교

시간함수 $f(t)$	라플라스변환 $F(s)$	z변환 $F(z)$
$\delta(t)$	1	1
$u(t)=1$	$\dfrac{1}{s}$	$\dfrac{z}{z-1}$
e^{-at}	$\dfrac{1}{s+a}$	$\dfrac{z}{z-e^{-aT}}$
t	$\dfrac{1}{s^2}$	$\dfrac{Tz}{(z-1)^2}$

★★☆☆☆

29
$z/(z-1)$에 대응되는 라플라스 변환함수는?

① $1/(s-1)$ ② $1/s$

③ $1/(s+1)^2$ ④ $1/s^2$

🔍 **해설** --------

$f(t)$, $F(s)$, $F(z)$의 비교

시간함수 $f(t)$	라플라스변환 $F(s)$	z변환 $F(z)$
$\delta(t)$	1	1
$u(t)=1$	$\dfrac{1}{s}$	$\dfrac{z}{z-1}$
e^{-at}	$\dfrac{1}{s+a}$	$\dfrac{z}{z-e^{-aT}}$
t	$\dfrac{1}{s^2}$	$\dfrac{Tz}{(z-1)^2}$

★★☆☆☆

30
z변환 함수 $z/(z-e^{-aT})$에 대응되는 라플라스 변환함수는?

[**정답**] 26 ③ 27 ④ 28 ④ 29 ② 30 ④

① $1/(s+a)^2$ ② $1/(1-e^{TS})$

③ $a/s(s+a)$ ④ $1/(s+a)$

🔍 해설

$f(t)$, $F(s)$, $F(z)$의 비교

시간함수 $f(t)$	라플라스변환 $F(s)$	z변환 $F(z)$
$\delta(t)$	1	1
$u(t)=1$	$\dfrac{1}{s}$	$\dfrac{z}{z-1}$
e^{-at}	$\dfrac{1}{s+a}$	$\dfrac{z}{z-e^{-aT}}$
t	$\dfrac{1}{s^2}$	$\dfrac{Tz}{(z-1)^2}$

★★☆☆☆

31 변환함수 $\dfrac{Tz}{(z-1)^2}$에 대응되는 라플라스 변환함수는? (단, T는 이상적인 샘플 주기이다.)

① $\dfrac{1}{s^2}$ ② $\dfrac{2}{s^2}$

③ $\dfrac{1}{(s-3)^2}$ ④ $\dfrac{2}{(s-3)^2}$

🔍 해설

$f(t)$, $F(s)$, $F(z)$의 비교

시간함수 $f(t)$	라플라스변환 $F(s)$	z변환 $F(z)$
$\delta(t)$	1	1
$u(t)=1$	$\dfrac{1}{s}$	$\dfrac{z}{z-1}$
e^{-at}	$\dfrac{1}{s+a}$	$\dfrac{z}{z-e^{-aT}}$
t	$\dfrac{1}{s^2}$	$\dfrac{Tz}{(z-1)^2}$

★★☆☆☆

32 Laplace 변환된 함수 $X(s)=\dfrac{1}{s(s+1)}$에 대한 z-변환은?

① $\dfrac{z(1-e^{-t})}{(z-1)(z-e^{-t})}$ ② $\dfrac{z(1-e^{-t})}{(z+1)(z+e^{-t})}$

③ $\dfrac{z(1-e^{-t})}{(z+1)(z-e^{-t})}$ ④ $\dfrac{z(1+e^{-t})}{(z+1)(z-e^{-t})}$

🔍 해설

z변환

$$X(s)=\frac{1}{s(s+1)}=\frac{A}{s}-\frac{B}{s+1}$$

$$A=\lim_{s\to 0}s\cdot F(s)=\left[\frac{1}{s+1}\right]_{s=0}=1$$

$$B=\lim_{s\to -1}(s+1)F(s)=\left[\frac{1}{s}\right]_{s=-1}=-1$$

$$X(s)=\frac{1}{s}-\frac{1}{s+1}$$

역라플라스 변환 $x(t)=1-e^{-t}$이므로 z변환하면

$$X(z)=\frac{z}{z-1}-\frac{z}{z-e^{-t}}=\frac{z(1-e^{-t})}{(z-1)(z-e^{-t})}$$

★★★★☆

33 $R(z)=\dfrac{(1-e^{-aT})z}{(z-1)(z-e^{-aT})}$의 역변환은?

① $1-e^{-aT}$ ② $1+e^{-aT}$

③ te^{-aT} ④ te^{aT}

🔍 해설

z변환

$$G(z)=\frac{R(z)}{z}=\frac{(1-e^{-aT})}{(z-1)(z-e^{-aT})}$$

$$=\frac{A}{(z-1)}+\frac{B}{(z-e^{-aT})}$$

$$A=G(z)(z-1)|_{z=1}=1$$

$$B=G(z)(z-e^{-aT})|_{z=e^{-at}}=-1 \text{이므로}$$

$$G(z)=\frac{R(z)}{z}=\frac{1}{(z-1)}-\frac{1}{(z-e^{-aT})}$$

$$R(z)=\frac{z}{(z-1)}-\frac{z}{(z-e^{-aT})}\text{이므로}$$

역 z변환하면 $r(t)=1-e^{-aT}$

★★☆☆☆

34 z평면상의 원점에 중심을 둔 단위원주상에 사상되는 것은 s평면의 어느 성분인가?

① 양의 반평면   ② 음의 반평면

③ 실수축   ④ 허수축

[정답] 31 ①   32 ①   33 ①   34 ④

🔍 **해설**

s-평면과 z-평면의 안정판별

구 간 \ 구 분	s- 평면	z- 평면
안정	좌반평면(음의반평면)	단위원 내부
임계안정	허수축	단위 원주상
불안정	우반평면(양의반평면)	단위원 외부

★★★☆☆

35 s평면의 우반면은 z평면의 어느 부분으로 사상되는가?

① z평면의 좌반면

② z평면의 원점에 중심을 둔 단위원 내부

③ z평면이 우반면

④ z평면의 원점에 중심을 둔 단위원 외부

🔍 **해설**

s-평면과 z-평면의 안정판별

구 간 \ 구 분	s- 평면	z- 평면
안정	좌반평면(음의반평면)	단위원 내부
임계안정	허수축	단위 원주상
불안정	우반평면(양의반평면)	단위원 외부

★★☆☆☆

36 s평면의 음의 좌평면상의 점은 z평면의 단위원의 어느 부분에 사상되는가?

① 내점

② 외점

③ 원주상의 점

④ 내외점

🔍 **해설**

s-평면과 z-평면의 안정판별

★★☆☆☆

37 샘플러의 주기를 T라 할 때 s평면상의 모든 점은 식 $z=e^{sT}$에 의하여 z평면상에 사상된다. s평면의 좌반평면상의 모든 점은 z평면상 단위원의 어느 부분으로 사상되는가?

① 내점

② 외점

③ 원주상의 점

④ z평면 전체

🔍 **해설**

s-평면과 z-평면의 안정판별

구 간 \ 구 분	s- 평면	z- 평면
안정	좌반평면(음의반평면)	단위원 내부
임계안정	허수축	단위 원주상
불안정	우반평면(양의반평면)	단위원 외부

★★☆☆☆

38 이산 시스템(discrete data system)에서의 안정도 해석에 대한 아래의 설명 중 맞는 것은?

① 특성방정식의 모든 근이 z평면의 음의 반평면에 있으면 안정하다.

② 특성방정식의 모든 근이 z평면의 양의 반평면에 있으면 안정하다.

③ 특성방정식의 모든 근이 z평면의 단위원 내부에 있으면 안정하다.

④ 특성방정식의 모든 근이 z평면의 단위원 외부에 있으면 안정하다.

[**정답**] 35 ④ 36 ① 37 ① 38 ③

🔍 해설

s-평면과 z-평면의 안정판별

구 분 / 구 간	s- 평면	z- 평면
안정	좌반평면(음의반평면)	단위원 내부
임계안정	허수축	단위 원주상
불안정	우반평면(양의반평면)	단위원 외부

★★☆☆☆

39 3차인 이산치 시스템의 특성방정식의 근이 -0.3, 0.2, $+0.5$로 주어져 있다. 이 시스템의 안정도는?

① 이 시스템은 안정한 시스템이다.

② 이 시스템은 임계 안정한 시스템이다.

③ 이 시스템은 불안정한 시스템이다.

④ 위 정보로서는 이 시스템의 안정도를 알 수 없다.

🔍 해설

z-평면의 안정판별

반경이 $|z|=1$인 단위원 내부는 제어계의 특성이 안정하며 문제의 근의 위치는 안정 영역에 존재함을 알 수 있다.

★★★★☆

40 그림과 같은 이산치계의 z변환 전달함수 $\dfrac{C(z)}{R(z)}$를 구하면? (단, $z\left[\dfrac{1}{s+a}\right]=\dfrac{z}{z-e^{-aT}}$임)

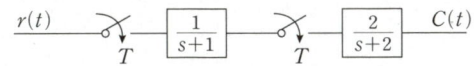

① $\dfrac{2z}{z-e^{-T}}-\dfrac{2z}{z-e^{-2T}}$

② $\dfrac{2z}{z-e^{-2T}}-\dfrac{2z}{z-e^{-T}}$

③ $\dfrac{2z^2}{(z-e^{-T})(z-e^{-2T})}$

④ $\dfrac{2z}{(z-e^{-T})(z-e^{-2T})}$

🔍 해설

z변환의 전달함수

$$G_1(z)=z\left[\frac{1}{s+1}\right]=\frac{z}{z-e^{-T}}$$

$$G_2(z)=z\left[\frac{2}{s+2}\right]=\frac{2z}{z-e^{-2T}}$$

이므로 z변환 종합 전달함수

$$G(z)=G_1(z)\cdot G_2(z)=\frac{z}{z-e^{-T}}\cdot\frac{2z}{z-e^{-2T}}$$

$$=\frac{2z^2}{(z-e^{-T})(z-e^{-2T})}$$

★★★☆☆

41 다음 그림의 전달함수 $\dfrac{Y(z)}{R(z)}$는 다음 중 어느 것인가?

ideal sampler

① $G(z)Tz^{-1}$ ② $G(z)Tz$

③ $G(z)z^{-1}$ ④ $G(z)z$

🔍 해설

z변환의 전달함수

시간지연시 z변환 전달요소

$G_1(z)=z[e^{-Ts}]=z^{-1}$

$G_2(z)=G(z)$이므로 z변환 종합 전달함수

$$\frac{Y(z)}{R(z)}=G_1(z)\cdot G_2(z)=z^{-1}G(z)$$

★★★★☆

42 다음 차분방정식으로 표시되는 불연속계(discrete data system)가 있다. 이 계의 전달함수는?

$$c(k+2)+5c(k+1)+3c(k)=r(k+1)+2r(k)$$

① $\dfrac{C(z)}{R(z)}=(z+2)(z^2+5z+3)$

② $\dfrac{C(z)}{R(z)}=\dfrac{z^2+5z+3}{z+2}$

③ $\dfrac{C(z)}{R(z)} = \dfrac{z+2}{z^2+5z+3}$

④ $\dfrac{C(z)}{R(z)} = \dfrac{z^2+5z+3}{z}$

🔍 **해설**

z변환의 전달함수

차분방정식에서 $c(k+n)$의 z변환은 $C(z)z^n$을 의미하므로

$c(k+2)+5c(k+1)+3c(k)=r(k+1)+2r(k)$를

z변환하면 $C(z)z^2+5C(z)z^1+3C(z)=R(z)z^1+2R(z)$

$C(z)(z^2+5z+3)=R(z)(z+2)$

전달함수 $\dfrac{C(z)}{R(z)} = \dfrac{z+2}{z^2+5z+3}$

electrical engineer

시퀀스 제어

영상 학습 QR   출제경향분석

본장은 시퀀스 제어의 논리회로에 대한 기본원리와 내용을 다루었으며 시험에 자주 출제가 되는 내용은 다음과 같다.

❶ 시퀀스 논리회로의 논리식   ❷ 부울대수를 이용한 논리식의 간소화
❸ 논리대수를 이용한 논리식의 간소화

 콕콕 포인트

1 시퀀스 제어

미리 정해 놓은 순서에 따라 각 단계가 순차적으로 진행되는 제어로서 연결 스위치가 일시에 동작하면 안된다.

2 시퀀스 논리회로

1. AND회로 = 직렬 = 곱

1) 의미 : 입력이 모두 "1"일 때 출력이 "1"인 회로

2) 무접점 로직회로와 논리식

$$X = A \cdot B$$

3) 유접점회로와 진리표

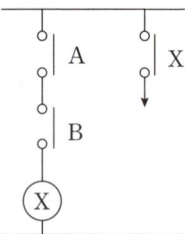

A	B	X
0	0	0
0	1	0
1	0	0
1	1	1

2. OR회로 = 병렬 = 합

1) 의미 : 입력 중 어느 하나 이상이 "1"일 때 출력이 "1"인 회로

2) 무접점 로직회로와 논리식

$$X = A + B$$

3) 유접점 회로와 진리표

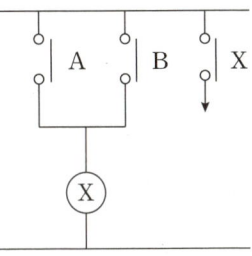

A	B	X
0	0	0
0	1	1
1	0	1
1	1	1

3. NOT회로 = 부정

1) 의미 : 입력과 출력이 반대로 동작하는 회로로서 입력이 "0"이면 출력은 "1", 입력이 "1"이면 출력은 "0"인 회로

2) 무접접 로직회로와 논리식

$$X = \overline{A}$$

3) 유접점 회로와 진리표

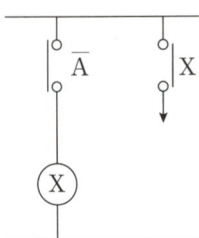

A	X
0	1
1	0

4. NAND회로

1) 의미 : AND 회로의 부정회로

2) 무접접 로직회로와 논리식

$$X = \overline{A \cdot B}$$

3) 유접점 회로와 진리표

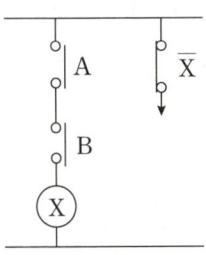

A	B	X
0	0	1
0	1	1
1	0	1
1	1	0

Q 포인트문제 2

그림과 같은 계전기 접점회로의 논리식은?

① $(\overline{x}+y)\cdot(x+y)$
② $(\overline{x}+\overline{y})\cdot(x+y)$
③ $\overline{x}\cdot y+x\cdot\overline{y}$
④ $x\cdot y$

A 해설

시퀀스 논리회로
$\overline{x}$와 $\overline{y}$가 병렬연결 $\overline{x}+\overline{y}$
x와 y가 병렬연결 $x+y$ 이고
이 둘이 직렬연결이므로
$(\overline{x}+\overline{y})\cdot(x+y)$가 된다.

정답 ②

Q 포인트문제 3

논리회로의 종류에서 설명이 잘못된 것은?

① AND 회로 : 입력신호 A, B, C의 값이 모두 1일 때에만 출력 신호 Z의 값이 1이 되는 회로로 논리식은 $A\cdot B\cdot C=Z$로 표시한다.
② OR 회로 : 입력신호 A, B, C의 값이 모두 1이면 출력 신호 Z의 값이 1이 되는 회로로 논리식은 $A+B+C=Z$로 표시한다.
③ NOT 회로 : 입력신호 A와 출력 신호 Z가 서로 반대로 되는 회로로 논리식은 $A=\overline{Z}$로 표시한다.
④ NOR 회로 : AND 회로의 부정회로로 논리식은 $A+B=C$로 표시한다.

A 해설

시퀀스 논리회로
NOR 회로는 OR 회로의 부정회로로 논리식은 $\overline{A+B}$로 표시한다.

정답 ④

5. NOR 회로

1) 의미 : OR회로의 부정회로

2) 무접점 로직회로와 논리식

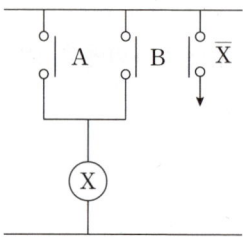

$$X = \overline{A + B}$$

3) 유접점 회로와 진리표

A	B	X
0	0	1
0	1	0
1	0	0
1	1	0

6. 배타적 논리합(Exclusive OR)회로

1) 의미 : 입력 중 어느 하나만 "1"일 때 출력이 "1"되는 회로

2) 무접점 로직회로

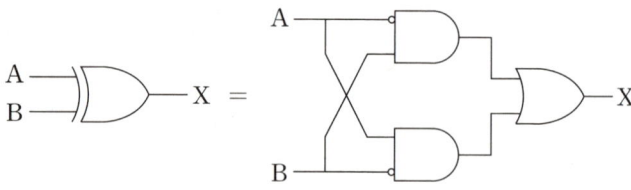

3) 논리식

$$X = A \cdot \overline{B} + \overline{A} \cdot B$$

4) 유접점회로와 진리표

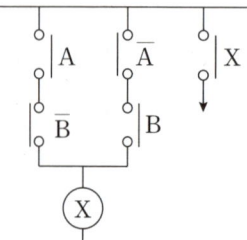

A	B	X
0	0	0
0	1	1
1	0	1
1	1	0

Q 포인트문제 4

그림과 같은 논리회로에서 $A=1$, $B=1$ 인 입력에 대한 출력 X, Y는 각각 얼마인가?

① $X=0$, $Y=0$
② $X=0$, $Y=1$
③ $X=1$, $Y=0$
④ $X=1$, $Y=1$

A 해설

시퀀스 논리회로
X는 AND 이므로
$A=1$, $B=1$일 때 $X=1$
Y는 Exclusive OR 이므로
$A=1$, $B=1$일 때 $Y=0$

정답 ③

Q 포인트문제 5

다음 논리식 중 옳지 않은 것은?

① $A+A=A$
② $A \cdot A=A$
③ $A+\overline{A}=1$
④ $A \cdot \overline{A}=1$

A 해설

부울대수 정리
$A \cdot \overline{A}=0$

정답 ④

Q 포인트문제 6

다음식 중 De Morgan의 정답을 나타낸 식은?

① $A+B=B+A$
② $A \cdot (B \cdot C)=(A \cdot B) \cdot C$
③ $\overline{A \cdot B}=\overline{A} \cdot \overline{B}$
④ $\overline{A \cdot B}=\overline{A}+\overline{B}$

A 해설

드모르강의 정리
$\overline{A \cdot B}=\overline{A}+\overline{B}$
$\overline{A+B}=\overline{A} \cdot \overline{B}$

정답 ④

al engineer · electrical engineer · electrical engineer · electrical engineer · electrical engineer · electrical engineer · electrical engineer · electrical engineer

콕콕 포인트

3 부울 대수와 드모르강의 정리

1. 부울 대수 정리

1) $A + A = A$

2) $A \cdot A = A$

3) $A + \overline{A} = 1$

4) $A \cdot \overline{A} = 0$

5) $A + 1 = 1$

6) $A \cdot 1 = A$

7) $A + 0 = A$

8) $A \cdot 0 = 0$

2. 드모르강의 정리

1) $\overline{A \cdot B} = \overline{A} + \overline{B}$

A ─┐
   ├D○─ X = A ─┐
B ─┘   ├D○─ X
            B ─┘

2) $\overline{A + B} = \overline{A} \cdot \overline{B}$

A ─┐
   ├D○─ X = A ─┐
B ─┘   ├D○─ X
            B ─┘

4 논리대수 정리

1. 교환 법칙

1) $A + B = B + A$

2) $A \cdot B = B \cdot A$

2. 결합의 법칙

1) $(A + B) + C = A + (B + C)$

2) $(A \cdot B) \cdot C = A \cdot (B \cdot C)$

3. 배분의 법칙

1) $A \cdot (B + C) = A \cdot B + A \cdot C$

2) $A + (B \cdot C) = (A + B) \cdot (A + C)$

필수확인 O·X 문제   1차 2차 3차

1. AND 회로는 논리식으로 표현시 입력의 합이 된다. ·························· (   )

2. NAND회로는 OR 회로의 부정이다. ································· (   )

3. Exclusive OR 회로는 입력이 하나만 "1"인 경우 출력이 "1"이 된다. ······· (   )

4. $\overline{A \cdot B} = \overline{A} + \overline{B}$이고 $\overline{A + B} = \overline{A} \cdot \overline{B}$가 된다. ·················· (   )

상세해설

1. (×) AND 회로는 논리식으로 표현시 입력의 곱합이 된다.

2. (×) NAND회로는 AND 회로의 부정이다.

3. (○) Exclusive OR 회로는 입력이 하나만 "1"인 경우 출력이 "1"이 되는 회로이다.

4. (○) 드모르강의 정리 : $\overline{A \cdot B} = \overline{A} + \overline{B}$, $\overline{A + B} = \overline{A} \cdot \overline{B}$

Q 포인트문제 7

논리식 중 다른 값을 나타내는 논리식은?

① $XY + X\overline{Y}$

② $(X + Y)(X + \overline{Y})$

③ $X(X + Y)$

④ $X(\overline{X} + Y)$

A 해설

부울대수 정리

① $XY + X\overline{Y} = X(Y + \overline{Y})$
   $= X \cdot 1 = X$

② $(X + Y)(X + \overline{Y})$
   $= XX + X\overline{Y} + XY + Y\overline{Y}$
   $= X + X(Y + \overline{Y}) + 0$
   $= X + X \cdot 1 = X + X = X$

③ $X(X + Y) = XX + XY$
   $= X + XY = X(1 + Y) = X$

④ $X(\overline{X} + Y) = X\overline{X} + XY$
   $= 0 + XY = XY$

참고

부울대수

$X + \overline{X} = 1$, $X + 1 = 1$

$X \cdot \overline{X} = 0$, $1 \cdot X = X$

정답 ④

Q 포인트문제 8

다음은 2-차 논리계를 나타낸 것이다. 출력 y는?

① $y = A + B \cdot C$

② $y = B + A \cdot C$

③ $y = \overline{A} + B \cdot C$

④ $y = \overline{B} + A \cdot C$

A 해설

시퀀스 논리회로

논리식은

$y = \overline{(\overline{B \cdot C}) \cdot \overline{A}} = (\overline{\overline{B \cdot C}}) + \overline{\overline{A}}$
$= A + B \cdot C$

정답 ①

영상 학습 QR

- QR 코드를 찍으시면, 가장 중요한 우선순위 문제풀이 영상을 보실 수 있습니다.
- 우선순위 논점은 전기(산업)기사 시험에서 가장 출제 빈도가 높은 문제로써, 수험생분들께서는 각 파트별 우선순위 문제의 논점과 키워드를 학습하시기를 바랍니다.
- 체크 리스트를 작성하시면서 문제의 유형과 학습의 완성도를 스스로 체크 해 보시기를 바랍니다.
- "선생님의 콕콕 포인트"는 틀리기 쉬운 문제의 함정과 문제의 포인트를 집어드립니다. 우선순위 문제풀이의 포인트를 꼭 참고하고 응용문제의 해결능력을 길러 줍니다.

번호	우선순위 논점	KEY WORD	나의 정답 확인				선생님의 콕콕 포인트
			맞음	틀림(오답확인)			
				이해 부족	암기 부족	착오 실수	
2	시퀀스 논리회로	AND, 직렬, 곱셈, 로직회로					유접점이 직렬이면 AND, 유접점이 병렬이면 OR 회로 이다.
5	시퀀스 논리회로	AND, OR, 직렬, 병렬, 곱셈, 덧셈					유접점이 직렬이면 곱셈, 유접점이 병렬이면 덧셈한다.
8	부울대수 정리	부울대수					부울대수 정리를 이용하여 논리식을 간소화 한다.
15	시퀀스 논리회로	AND, OR, 직렬, 병렬, 곱셈, 덧셈					로직회로에서 AND이면 곱셈, 병렬이면 덧셈, NOT이면 부정하여 논리식을 간소화 한다.

★★☆☆☆
01 시퀀스(sequence)제어에서 다음 중 옳지 않은 것은?

① 조합논리회로(組合論理回路)도 사용된다.

② 기계적 계전기도 사용된다.

③ 전체 계통에 연결된 스위치가 일시에 동작할 수도 있다.

④ 시간 지연 요소도 사용된다.

🔍 **해설**

시퀀스 제어
시퀀스 제어란 미리 정해놓은 순서에 따라 각 단계가 순차적으로 진행되는 제어로서 연결스위치가 일시에 동작 할 수는 없다.

★★☆☆☆
02 다음 그림과 같은 논리(logic)회로는?

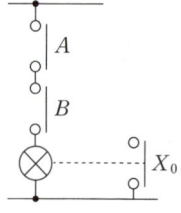

① OR 회로

② AND 회로

③ NOT 회로

④ NOR 회로

🔍 **해설**

시퀀스 논리회로
A와 B가 직렬연결이므로 AND 회로이다.

★★★☆☆
03 다음 그림과 같은 논리회로는?

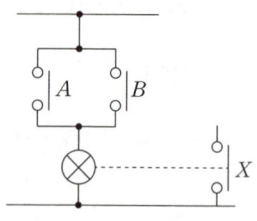

① OR 회로

② AND 회로

③ NOT 회로

④ NOR 회로

🔍 **해설**

시퀀스 논리회로
A와 B가 병렬연결이므로 OR 회로이다.

[정답] 01 ③ 02 ② 03 ①

★★☆☆☆

04 그림과 같은 계전기 접점회로의 논리식은?

① $x \cdot (x - y)$

② $x + x \cdot y$

③ $x + (x + y)$

④ $x \cdot (x + y)$

🔍 **해설**

시퀀스 논리회로

x와 y가 병렬연결이므로 $x + y$이고 여기에 x가 직렬연결이므로 $x \cdot (x + y)$가 된다.

★★★☆☆

05 다음 계전기 접점회로의 논리식은?

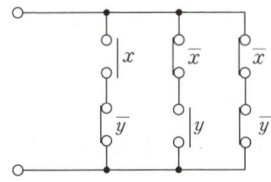

① $(x \cdot \overline{y}) + (\overline{x} \cdot y) + (\overline{x} \cdot \overline{y})$

② $(x \cdot \overline{y}) + (\overline{x} \cdot y) + (\overline{x \cdot y})$

③ $(x + y) \cdot (\overline{x} + y) \cdot (\overline{x} + \overline{y})$

④ $(x + \overline{y}) \cdot (\overline{x} + y) \cdot (\overline{x} + \overline{y})$

🔍 **해설**

시퀀스 논리회로

x와 $\overline{y}$가 직렬연결이므로 $x \cdot \overline{y}$, $\overline{x}$와 y가 직렬연결이므로 $\overline{x} \cdot y$, $\overline{x}$와 $\overline{y}$가 직렬연결이므로 $\overline{x} \cdot \overline{y}$이며 전체가 병렬연결이므로 $(x \cdot \overline{y}) + (\overline{x} \cdot y) + (\overline{x} \cdot \overline{y})$가 된다.

★★★☆☆

06 다음 회로는 무엇을 나타낸 것인가?

① AND

② OR

③ Exclusive OR

④ NAND

🔍 **해설**

시퀀스 논리회로

A와 $\overline{B}$가 직렬연결이므로 $A \cdot \overline{B}$, $\overline{A}$와 B가 직렬연결이므로 $\overline{A} \cdot B$이고 이 둘이 전체적으로 병렬연결이므로 $A \cdot \overline{B} + \overline{A} \cdot B$가 된다. 이를 배타적 논리합 회로(Exclusive OR 회로)라 하며 입력 A, B 중 어느 하나의 입력만 동작하는 경우 출력이 동작되는 회로이다.

★★☆☆☆

07 논리식 $L = X + \overline{X}Y$를 간단히 한 식은?

① X

② Y

③ $X + Y$

④ $\overline{X} + Y$

🔍 **해설**

부울대수 정리

배분의 법칙에 의해서

$L = X + \overline{X}Y = (X + \overline{X}) \cdot (X + Y) = 1 \cdot (X + Y) = X + Y$

★★☆☆☆

08 논리식 $L = \overline{x}\,\overline{y} + \overline{x}\,y + x\,y$를 간단히 한 것은?

① $x + y$

② $\overline{x} + y$

③ $x + \overline{y}$

④ $\overline{x} + \overline{y}$

🔍 **해설**

부울대수 정리

$L = \overline{x}\,\overline{y} + \overline{x}\,y + x\,y = \overline{x}(\overline{y} + y) + y(\overline{x} + x) = \overline{x} + y$

★★☆☆☆

09 다음 부울대수 계산에 옳지 않은 것은?

① $\overline{A \cdot B} = \overline{A} + \overline{B}$

② $\overline{A + B} = \overline{A} \cdot \overline{B}$

③ $A + A = A$

④ $A + A\overline{B} = 1$

🔍 **해설**

부울대수 정리

$A + A\overline{B} = A(1 + \overline{B}) = A$

★★☆☆☆

10 논리식 $\overline{A} + \overline{B} \cdot \overline{C}$를 간단히 계산한 결과는?

① $\overline{A} + \overline{BC}$

② $\overline{A(B+C)}$

③ $\overline{A \cdot B + C}$

④ $\overline{A \cdot B} + C$

🔍 **해설**

부울대수 정리

드모르강 정리를 이용하여 풀면 다음과 같다.

$\overline{A} + \overline{B} \cdot \overline{C} = \overline{A} + \overline{B + C} = \overline{A \cdot (B + C)}$

★★☆☆☆

11 다음 논리회로의 출력 X_0는?

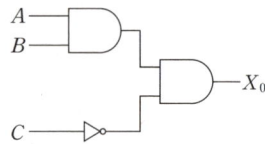

① $AB + \overline{C}$

② $(A+B)\overline{C}$

③ $A + B + \overline{C}$

④ $AB\overline{C}$

🔍 **해설**

시퀀스 논리회로

$X_0 = A \cdot B \cdot \overline{C}$

★★★☆☆

12 다음 논리회로의 출력은?

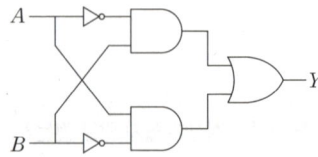

① $Y = A\overline{B} + \overline{A}B$

② $Y = \overline{A}\,\overline{B} + \overline{A}B$

③ $Y = A\overline{B} + \overline{A}\,\overline{B}$

④ $Y = \overline{A} + \overline{B}$

🔍 **해설**

시퀀스 논리회로

배타적 논리합회로(Exclusive OR 회로)이므로

$Y = A\overline{B} + \overline{A}B$

★★★☆☆

13 그림의 논리회로의 출력 y를 옳게 나타내지 못한 것은?

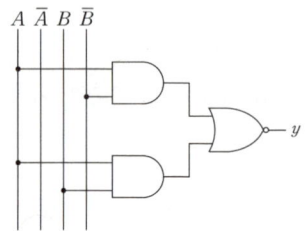

① $y = A\overline{B} + AB$

② $y = A(\overline{B} + B)$

③ $y = A$

④ $y = B$

🔍 **해설**

시퀀스 논리회로

논리식은 $y = A \cdot \overline{B} + A \cdot B = A(\overline{B} + B) = A$

★★☆☆☆

14 A, B, C, D를 논리변수라 할 때 그림과 같은 게이트 회로의 출력은?

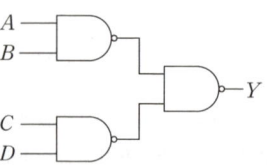

① $ABCD$

② $A + B + C + D$

③ $(A+B) \cdot (C+D)$

④ $A \cdot B + C \cdot D$

🔍 **해설**

시퀀스 논리회로

$Y = \overline{\overline{A \cdot B} \cdot \overline{C \cdot D}} = \overline{\overline{A \cdot B}} + \overline{\overline{C \cdot D}}$

$\quad = A \cdot B + C \cdot D$

[정답] 10 ② 11 ④ 12 ① 13 ④ 14 ④

★★☆☆☆

15 다음의 논리 회로를 간단히 하면?

① AB ② $\overline{A}B$

③ $A\overline{B}$ ④ $\overline{A}\,\overline{B}$

🔍 **해설**

시퀀스 논리회로

드모르강 정리를 이용하여 풀면

$$X=\overline{\overline{A+B}+B}=\overline{(\overline{A+B})}\cdot\overline{B}=(A+B)\cdot\overline{B}$$
$$=A\cdot\overline{B}+B\cdot\overline{B}=A\cdot\overline{B}$$

★★★☆☆

16 그림과 같은 회로의 출력 Z는 어떻게 표현되는가?

① $\overline{A}+\overline{B}+\overline{C}+\overline{D}+\overline{E}+F$

② $A+B+C+D+E+\overline{F}$

③ $\overline{A}\,\overline{B}\,\overline{C}\,\overline{D}\,\overline{E}+F$

④ $ABCDE+\overline{F}$

🔍 **해설**

시퀀스 논리회로

$$Z=\overline{(A\cdot B\cdot C+D\cdot E)\cdot F}$$
$$=\overline{A\cdot B\cdot C}+\overline{D\cdot E}+\overline{F}$$
$$=\overline{A\cdot B\cdot C}\cdot\overline{D\cdot E}+\overline{F}$$
$$=ABCDE+\overline{F}$$

★★★★☆

17 다음 카르노(karnaugh)를 간략히 하면?

	$\overline{C}\,\overline{D}$	$\overline{C}\,D$	$C\,D$	$C\,\overline{D}$
$\overline{A}\,\overline{B}$	0	0	0	0
$\overline{A}\,B$	1	0	0	1
$A\,B$	1	0	0	1
$A\,\overline{B}$	0	0	0	0

① $y=\overline{C}D+BC$ ② $y=B\overline{D}$

③ $y=A+\overline{A}B$ ④ $y=A+B\overline{C}D$

🔍 **해설**

카르노 맵

1인 부분을 2^n ($n=0, 1, 2, 3\cdots$)꼴로 최대로 묶는다.

	$\overline{C}\,\overline{D}$	$\overline{C}\,D$	$C\,D$	$C\,\overline{D}$
$\overline{A}\,\overline{B}$	0	0	0	0
$\overline{A}\,B$	1	0	0	1
$A\,B$	1	0	0	1
$A\,\overline{B}$	0	0	0	0

$$y=(\overline{A}B+AB)\cdot(\overline{C}\,\overline{D}+C\overline{D})$$
$$=B(\overline{A}+A)\cdot\overline{D}(\overline{C}+C)$$
$$=B\overline{D}$$

제어기기

영상 학습 QR   출제경향분석

본장은 제어기기의 변환요소 및 변환장치에 대한 기본원리와 내용을 다루었으며 시험에 자주 출제가 되는 내용은 다음과 같다.

❶ 변환요소 및 변환장치   ❷ 제어소자
❸ 비례적분미분동작의 전달함수

콕콕 포인트

🔻 **핵심 포인트**

변환요소 및 변화장치
압력 → 변위 : 다이어프램
변위 → 압력 : 유압분사관
온도 → 전압 : 열전대

1 변환요소 및 변환장치

변 환 요 소	변 환 장 치
압 력 → 변 위	벨로스, 다이어프램
변 위 → 압 력	노즐플래퍼, 유압분사관
변 위 → 전 압	차동변압기, 전위차계
변 위 → 임피던스	가변저항기, 용량형 변환기
광 → 임피던스	광전관, 광전트랜지스터
광 → 전 압	광전지, 광전다이오드
방사선 → 임피던스	GM관
온 도 → 임피던스	측온저항
온 도 → 전 압	열전대

🔻 **핵심 포인트**

제어소자
1. 제너다이오드 : 전원전압을 안정하게 유지
2. 터널 다이오드 : 증폭 작용, 발진작용, 개폐(스위칭)작용
3. 더어미스터 : 온도보상용
4. 바리스터 : 서지 전압에 대한 회로 보호용

2 제어소자

1. 제너다이오드 : 전원전압을 안정하게 유지
2. 터널 다이오드 : 증폭 작용, 발진작용, 개폐(스위칭)작용
3. 바렉터 다이오드(가변용량 다이오드)

   PN 접합에서 역바이어스시 전압에 따라 광범위하게 변환하는 다이오드의 공간 전하량을 이용
4. 발광 다이오드(LED)

   PN 접합에서 빛이 투과하도록 P형 층을 얇게 만들어 순방향 전압을 가하면 발광하는 다이오드
5. 더어미스터 : 온도보상용으로 사용
6. 바리스터 : 서지 전압에 대한 회로 보호용

3. 비례적분미분동작(PID동작)의 전달함수

$$G(s) = K_p\left(1 + \frac{1}{T_i s} + T_d s\right)$$

여기서, K_p : 비례이득, T_i : 적분시간, T_d : 미분시간

▼ 핵심 포인트

비례적분미분동작(PID동작) 전달함수

$$G(s) = K_p\left(1 + \frac{1}{T_i s} + T_d s\right)$$

단, K_p : 비례이득
T_i : 적분시간
T_d : 미분시간

- QR 코드를 찍으시면, 가장 중요한 우선순위 문제풀이 영상을 보실 수 있습니다.
- 우선순위 논점은 전기(산업)기사 시험에서 가장 출제 빈도가 높은 문제로써, 수험생분들께서는 각 파트별 우선순위 문제의 논점과 키워드를 학습하시기를 바랍니다.
- 체크 리스트를 작성하시면서 문제의 유형과 학습의 완성도를 스스로 체크 해 보시기를 바랍니다.
- "선생님의 콕콕 포인트"는 틀리기 쉬운 문제의 함정과 문제의 포인트를 집어드립니다. 우선순위 문제풀이의 포인트를 꼭 참고하고 응용문제의 해결능력을 길러 줍니다.

번호	우선순위 논점	KEY WORD	나의 정답 확인					선생님의 콕콕 포인트
			맞음	틀림(오답확인)				
				이해 부족	암기 부족	착오 실수		
2	변환요소 및 변환장치	변환요소, 변환장치						열전대는 제어벡 효과를 이용한 온도를 전압으로 변환시키는 변환요소이다.
5	제어소자	더어미스터, 온도보상용						더어미스터 : 온도보상용으로 사용 바리스터 : 서어지 전압에 대한 회로 보호용으로 사용
9	비례적분미분동작(PID동작)전달함수	비례,적분, 미분, 전달함수						$G(s) = K_p\left(1 + \dfrac{1}{T_i s} + T_d s\right)$ 비례감도 K_p, 적분시간 T_i, 미분시간 T_d

★★☆☆☆

01 제어계에 가장 많이 이용되는 전자 요소는?

① 증폭기
② 변조기
③ 주파수 변환기
④ 가산기

🔍 **해설**

전자요소
제어계에 가장 많이 이용되는 전자요소는 증폭기이며 트랜지스터 (TR)가 가장 대표적이다.

★★☆☆☆

02 다음 중 온도를 전압으로 변환시키는 요소는?

① 차동변압기
② 열전대
③ 측온저항
④ 광전지

🔍 **해설**

변환요소 및 변환장치

변 환 요 소			변 환 장 치
압 력	→	변 위	벨로스, 다이어프램
변 위	→	압 력	노즐플래퍼, 유압분사관
변 위	→	전 압	차동변압기, 전위차계
변 위	→	임피던스	가변저항기, 용량형 변환기
광	→	임피던스	광전관, 광전트랜지스터
광	→	전 압	광전지, 광전다이오드
방사선	→	임피던스	GM관
온 도	→	임피던스	측온저항
온 도	→	전 압	열전대

★★☆☆☆

03 압력 → 변위로 변환 장치는?

① 노즐 플래퍼
② 차동 변압기
③ 다이어프램
④ 전자석

[정답] 01 ① 02 ② 03 ③

해설

변환요소 및 변환장치

★★☆☆☆

04 변위 → 압력의 변환 장치는?

① 벨로우즈
② 가변저항기
③ 다이어프램
④ 유압 분사관

해설

변환요소 및 변환장치
① 벨로우즈 : 압력 → 변위
② 가변저항기 : 변위 → 임피던스
③ 다이어프램 : 압력 → 변위
④ 유압 분사관 : 변위 → 압력

★★☆☆☆

05 다음 소자 중 온도보상용으로 쓰일 수 있는 것은?

① 서미스터
② 배리스터
③ 버랙터 다이오드
④ 제너 다이오드

해설

제어소자
• 더어미스터 : 온도보상용으로 사용
• 바리스터 : 서어지 전압에 대한 회로 보호용
• 제너다이오드 : 전원전압을 안정하게 유지
• 바렉터 다이오드(가변용량 다이오드) : PN 접합에서 역바이어스시 전압에 따라 광범위하게 변환
• 터널 다이오드 : 증폭 작용, 발진작용, 개폐(스위칭)작용

★★☆☆☆

06 비례 적분 동작을 하는 PI 조절계의 전달함수는?

① $K_p\left(1+\dfrac{1}{T_i s}\right)$
② $K_p+\dfrac{1}{T_i s}$
③ $1+\dfrac{1}{T_i s}$
④ $\dfrac{K_p}{T_i s}$

해설

비례적분동작(PI동작)전달함수

★★★☆☆

07 적분 시간이 3분, 비례 감도가 5인 PI 조절계의 전달함수는?

① $5+3s$
② $5+\dfrac{1}{3s}$
③ $\dfrac{3s}{15s+5}$
④ $\dfrac{15s+5}{3s}$

해설

비례적분동작(PI동작)전달함수
PI 조절계의 전달함수
$G(s)=K_p\left(1+\dfrac{1}{T_i s}\right)=5\left(1+\dfrac{1}{3s}\right)=\dfrac{15s+5}{3s}$

★★☆☆☆

08 어떤 자동 조절기의 전달 함수에 대한 설명 중 옳지 않은 것은?

$$G(s)=K_p\left(1+\dfrac{1}{T_i s}+T_d s\right)$$

① 이 조절기는 비례적분미분 동작 조절기이다.
② K_p를 비례 감도라고도 한다.
③ T_d는 미분 시간 또는 레이트 시간(rate time)이라 한다.
④ T_i는 리셋 (reset rate)이다.

해설

비례적분미분동작(PID동작)전달함수
K_p를 비례 감도, T_d는 미분 시간, T_i는 적분시간이다.

★★★☆☆

09 조작량 $y=4x+\dfrac{d}{dt}x+2\int x dt$로 표시되는 PID 동작에 있어서 미분시간과 적분시간은?

① 4 , 2
② $\dfrac{1}{4}$, 2
③ $\dfrac{1}{2}$, 4
④ $\dfrac{1}{4}$, 4

해설

비례적분미분동작(PID동작)전달함수
조작량을 라플라스 변환하면

$$Y(s) = 4X(s) + sX(s) + 2\frac{1}{s}X(s)$$

$$= X(s)\left(4 + s + \frac{2}{s}\right)$$ 가 되므로 전달함수

$$G(s) = \frac{Y(s)}{X(s)} = 4 + s + \frac{2}{s} = 4\left(1 + \frac{1}{4}s + \frac{1}{2s}\right)$$

$$= K_p\left(1 + \frac{1}{T_i s} + T_d s\right)$$ 가 되므로

비례 감도 $K_p = 4$, 적분 시간 $T_i = 2$, 미분 시간 $T_d = \frac{1}{4}$

★★★☆☆

10 제어기 전달 함수 $\frac{2s+5}{7s}$ 인 제어기가 있다. 이 제어기는 어떤 제어기인가?

① 비례미분 제어계   ② 적분 제어계
③ 비례 적분제어계   ④ 비례 적분 미분 제어계

🔍 **해설** ------------------------------

비례적분동작(PI동작)전달함수
전달함수

$$G(s) = \frac{2s+5}{7s} = \frac{2}{7} + \frac{5}{7s} = \frac{2}{7}\left(1 + \frac{1}{\frac{2}{5}s}\right) = K_p\left(1 + \frac{1}{T_i s}\right)$$ 이므로

비례 적분제어계

★★★★☆

11 조작량 $y(t)$가 다음과 같이 표시되는 PID 동작에서 비례 감도, 적분 시간, 미분 시간은?

$$y(t) = 4z(t) + 1.6\frac{d}{dt}z(t) + \int z(t)dt$$

① 2 , 0.4 , 4   ② 2 , 4 , 0.4
③ 4 , 4 , 0.4   ④ 4 , 0.4 , 4

🔍 **해설** ------------------------------

비례적분미분동작(PID동작)전달함수
조작량을 라플라스 변환하면

$$Y(s) = 4Z(s) + 1.6sZ(s) + \frac{1}{s}Z(s)$$

$$= Z(s)\left(4 + 1.6s + \frac{1}{s}\right)$$ 이므로 전달함수

$$G(s) = \frac{Y(s)}{Z(s)} = 4 + 1.6s + \frac{1}{s} = 4\left(1 + 0.4s + \frac{1}{4s}\right)$$

$$= K_p\left(1 + \frac{1}{T_i s} + T_d s\right)$$ 이므로

비례 감도 $K_p = 4$, 적분 시간 $T_i = 4$, 미분 시간 $T_d = 0.4$

★★☆☆☆

12 사이리스터에서 래칭전류에 관한 설명으로 옳은 것은?

① 게이트를 개방한 상태에서 사이리스터가 도통상태를 유지하기 위한 최소의 순전류
② 게이트 전압을 인가한 후에 급히 제거한 상태에서 도통상태가 유지되는 최소의 순전류
③ 사이리스터의 게이트를 개방한 상태에서 전압을 상승하면 급히 증가하게 되는 순전류
④ 사이리스터가 턴오하기 시작하는 순전류

🔍 **해설** ------------------------------

래칭전류
사이리스터가 턴온하기 시작하는 순전류를 래칭전류라 한다.

electrical engineer

ELECTRICITY

Chapter

06

전기설비기술기준

공통사항

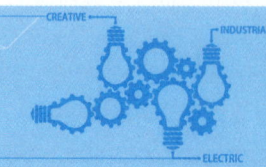

영상 학습 QR   출제경향분석

본장은 저압 전기설비에 대한 용어 해석, 전압의 종별, 접지 등에 관한 전기법규의 전반적인 기본 사항에 대해 다룬다. 그 기준은 한국전기설비규정에 의한다.

❶ 전압의 구분   ❷ 전기 용어 정리
❸ 접지 시스템   ❹ 전선
❺ 피뢰시스템

콕콕 포인트

1 일반사항

1. 적용범위

전압의 구분은 다음과 같다.

- 저압 : 교류는 $1[kV]$ 이하, 직류는 $1.5[kV]$ 이하인 것.
- 고압 : 교류는 $1[kV]$ 를, 직류는 $1.5[kV]$ 를 초과하고, $7[kV]$ 이하인 것.
- 특고압 : $7[kV]$ 를 초과하는 것.

2. 용어정의

(1) 가공인입선

가공전선로의 지지물로부터 다른 지지물을 거치지 아니하고 수용장소의 붙임점에 이르는 가공전선을 말한다.

(2) 관등회로

방전등용 안정기 또는 방전등용 변압기로부터 방전관까지의 전로를 말한다.

(3) 기본보호와 고장보호

정상운전시 기기의 충전부에 직접 접촉함으로써 발생할 수 있는 위험의 보호를 기본보호라 하며, 고장 기기의 경우 고장보호라 한다.

(4) 내부피뢰시스템

등전위본딩 및 외부 피뢰시스템의 전기적 절연으로 구성된 피뢰시스템의 일부를 말한다.

(5) 노출도전부

충전부는 아니지만 고장 시에 충전될 위험이 있고, 사람이 쉽게 접촉할 수 있는 기기의 도전성 부분을 말한다.

(6) 서지보호장치(SPD)

과도 과전압을 제한하고 서지전류를 분류시키기 위한 장치를 말한다.

(7) 스트레스전압

지락고장 중에 접지부분 또는 기기나 장치의 외함과 기기나 장치의 다른 부분 사이에 나타나는 전압을 말한다.

(8) 임펄스내전압

지정된 조건하에서 절연파괴를 일으키지 않는 규정된 파형 및 극성의 임펄스전압의 최대 피크 값 또는 충격내전압을 말한다.

(9) 접근상태

① 제1차 접근상태 : 가공 전선이 다른 시설물에 접촉할 우려가 있는 상태를 말한다. (수평 거리로 3[m] 이상)
② 제2차 접근상태 : 가공 전선이 다른 시설물의 위쪽 또는 옆쪽에서 3[m] 미만인 곳에 시설되는 상태를 말한다.

(10) 지중관로

지중 전선로 · 지중 약전류 전선로 · 지중 광섬유 케이블 선로 · 지중에 시설하는 수관 및 가스관과 이와 유사한 것 및 이들에 부속하는 지중함 등을 말한다.

(11) 특별저압

인체에 위험을 초래하지 않을 정도의 저압을 말한다. SELV(Safety Extra Low Voltage)는 비접지회로에 해당되며, PELV(Protective Extra Low Voltage) 는 접지회로에 해당된다.

(12) 리플프리직류전압

교류를 직류로 변환할 때 리플성분의 실효값이 10 % 이하로 포함된 직류를 말한다.

◎ 이해력 높이기

접근상태

▶ 전기 용어해설

PEN
· PEN 도체
교류회로에서 중성선 겸용 보호도체를 말한다.
· PEM 도체
직류회로에서 중간도체 겸용 보호도체를 말한다.
· PEL 도체
직류회로에서 선도체 겸용 보호도체를 말한다.

| CHECK POINT | 난이도 ★★☆☆☆   1차 2차 3차

다음은 무엇에 관한 설명인가?

"가공전선이 다른 시설물과 접근하는 경우에 그 가공전선이 다른 시설물의 위쪽 또는 옆쪽에서 수평 거리로 3 [m] 미만"

① 제1차 접근상태　　　　② 제2차 접근상태
③ 제3차 접근상태　　　　④ 제4차 접근상태인 곳에 시설되는 상태

상세해설
제2차 접근상태"라 함은 가공전선이 다른 시설물과 상방 또는 측방에서 수평거리로 3[m] 미만인 곳에 시설되는 상태를 말한다.

답 ②

3. 안전을 위한 보호

(1) 감전에 대한 보호

기본보호는 일반적으로 직접접촉을 방지하는 것으로, 전기설비의 충전부에 인축이 접촉하여 일어날 수 있는 위험으로부터 보호되어야 한다. 기본보호는 다음 중 어느 하나에 적합하여야 한다.

① 인축의 몸을 통해 전류가 흐르는 것을 방지
② 인축의 몸에 흐르는 전류를 위험하지 않는 값 이하로 제한

(2) 고장 보호

고장 보호는 일반적으로 기본절연의 고장에 의한 간접접촉을 방지하는 것이다.

① 노출도전부에 인축이 접촉하여 일어날 수 있는 위험으로부터 보호되어야 한다.
② 고장 보호는 다음 중 어느 하나에 적합하여야 한다.
   • 인축의 몸을 통해 고장전류가 흐르는 것을 방지
   • 인축의 몸에 흐르는 고장전류를 위험하지 않는 값 이하로 제한
   • 인축의 몸에 흐르는 고장전류의 지속시간을 위험하지 않은 시간까지로 제한

(3) 과전류에 대한 보호

① 도체에서 발생할 수 있는 과전류에 의한 과열 또는 전기·기계적 응력에 의한 위험으로부터 인축의 상해를 방지하고 재산을 보호하여야 한다.
② 과전류에 대한 보호는 과전류가 흐르는 것을 방지하거나 과전류의 지속시간을 위험하지 않는 시간까지로 제한함으로써 보호할 수 있다.

(4) 고장전류에 대한 보호

① 고장전류가 흐르는 도체 및 다른 부분은 고장전류로 인해 허용온도 상승 한계에 도달하지 않도록 하여야 한다. 도체를 포함한 전기설비는 인축의 상해 또는 재산의 손실을 방지하기 위하여 보호장치가 구비되어야 한다.
② 도체는 고장으로 인해 발생하는 과전류에 대하여 보호되어야 한다.

(5) 과전압 및 전자기 장애에 대한 대책

① 회로의 충전부 사이의 결함으로 발생한 전압에 의한 고장으로 인한 인축의 상해가 없도록 보호하여야 하며, 유해한 영향으로부터 재산을 보호하여야 한다.
② 저전압과 뒤이은 전압 회복의 영향으로 발생하는 상해로부터 인축을 보호하여야하며, 손상에 대해 재산을 보호하여야 한다.
③ 설비는 규정된 환경에서 그 기능을 제대로 수행하기 위해 전자기 장애로부터 적절한 수준의 내성을 가져야 한다. 설비를 설계할 때는 설비 또는 설치 기기에서 발생되는 전자기 방사량이 설비 내의 전기사용기기와 상호 연결 기기들이 함께 사용되는 데 적합한지를 고려하여야 한다.

콕콕 포인트

이해력 높이기

열 영향에 대한 보호
고온 또는 전기 아크로 인해 가연물이 발화 또는 손상되지 않도록 전기설비를 설치하여야 한다. 또한 정상적으로 전기기기가 작동할 때 인축이 화상을 입지 않도록 하여야 한다.

이해력 높이기

추가보호
다음에 따른 교류계통에서 차단기의 요구시간에 이루어지지 않는 경우 누전차단기에 의한 추가적 보호를 하여 야한다.
• 일반적으로 사용되며 일반인이 사용하는 정격전류 20[A] 이하 콘센트
• 옥외에서 사용되는 정격전류 32[A] 이하 이동용 전기기기

FAQ

고장전류는 어떤 전류를 의미하나요?

답

▶ 고장전류는 대표적으로 두극이 연결되어 높은전류가 흐르게 되는 단락전류와 대지와 연결되어 감전사고로 이어질 수 있는 지락전류가 있다.

electrical engineer · electrical engineer · electrical engineer · electrical engineer · electrical engineer · electrical engineer · electrical engineer · electrical engineer

콕콕 포인트

2 전선

1. 전선의 식별

상(문자)	색상
L1	갈색
L2	검은색
L3	회색
N	파란색
보호도체	녹색 – 노란색

2. 전선의 종류

나전선, 절연전선, 코드, 캡타이어케이블, 저압케이블, 고압 및 특고압용 케이블

(1) 저압케이블

사용전압이 저압인 전로(전기기계기구 안의 전로를 제외)의 전선으로 사용하는 케이블은 「전기용품 및 생활용품 안전관리법」의 적용을 받는 것 이외에는 KS 표준에 적합하거나 동등 이상의 성능을 만족하는 것을 사용하여야 한다.

(2) 고압케이블

사용전압이 저압인 전로(전기기계기구 안의 전로를 제외)의 전선으로 사용하는 케이블은 「전기용품 및 생활용품 안전관리법」의 적용을 받는 것 이외에는 KS 표준에 적합하거나 동등 이상의 성능을 만족하는 것을 사용하여야 한다.

(3) 특고압케이블

사용전압이 특고압인 전로(전기기계기구 안의 전로를 제외한다)에 전선으로 사용하는 케이블은 절연체가 에틸렌 프로필렌고무혼합물 또는 가교폴리에틸렌 혼합물인 케이블로서 선심 위에 금속제의 전기적 차폐층을 설치한 것이거나 연피케이블 · 알루미늄피케이블 · 파이프형 압력케이블 그 밖의 금속피복을 한 케이블을 사용하여야 한다.

| CHECK POINT | 난이도 ★★★☆☆   1차 2차 3차

다음은 보기에서 상과 전선의 색상과 일치하지 않는 것은?

① L1 – 갈색   ② L2 – 검은색
③ L3 – 녹색   ④ N – 파란색

상세해설

L3의 경우 회색 선을 적용한다.

답 ③

FAQ

과거 전선색상을 다른 색을 사용하였는데 기존설비를 다 바꾸어야 하나요?

답

▶아닙니다. 법개정후에도 기존 시설된 전선은 유지하며, 혹여나 기존의 색상전선 사용시에 각 상에 추가적으로 테이핑을 하여 정확한 상별 표시를 적용해주시면 됩니다.

3. 전선의 접속

전선을 접속하는 경우 다음 사항에 따라야 한다.

(1) 전선의 전기저항을 증가시키지 않을 것.

(2) 전선의 세기를 20[%] 이상 감소시키지 않을 것.

(3) 접속부분에 전기적 부식이 생기지 아니하도록 할 것.

(4) 접속 부분을 절연전선의 절연물과 동등 이상의 효력이 있는 것으로 충분히 피복할 것.

3 전로의 절연

1. 전로의 절연원칙

전로는 다음 내용 이외에는 대지로부터 절연하여야 한다.

(1) 저압전로에 접지공사를 하는 경우의 접지점

(2) 전로의 중성점에 접지공사를 하는 경우의 접지점

(3) 계기용변성기의 2차측 전로에 접지공사를 하는 경우의 접지점

(4) 저압 가공 전선의 특고압 가공 전선과 동일 지지물에 시설되는 부분에 접지공사를 하는 경우의 접지점

(5) 전기욕기, 전기로, 전기보일러, 전해조 등 대지로부터 절연하는 것이 기술상 곤란한 것.

2. 전로의 절연저항 및 절연내력

저압전선로 중 절연 부분의 전선과 대지 사이 및 전선의 심선 상호 간의 절연저항은 사용전압에 대한 누설전류가 최대 공급전류의 1/2000을 넘지 않도록 하여야한다.

$$\text{누설전류 } I_g \leq \text{최대공급전류} \times \frac{1}{2000}[\text{A}]$$

사용전압이 저압인 전로에서 정전이 어려운 경우 등 절연저항 측정이 곤란한 경우에는 누설전류를 1[mA] 이하로 유지하여야 한다.

(1) 절연저항

전기사용 장소의 사용전압이 저압인 전로의 전선 상호간 및 전로와 대지 사이의 절연저항은 개폐기 또는 과전류차단기로 구분할 수 있는 전로마다 다음 표에서 정한 값 이상이어야 한다. 다만, 전선 상호간의 절연저항은 기계기구를 쉽게 분리가 곤란한 분기회로의 경우 기기 접속 전에 측정할 수 있다.

★★★
콕콕 포인트

cal engineer · electrical engineer · electrical engineer · electrical engineer · electrical engineer · electrical engineer · electrical engineer · electrical engineer · electrical engineer

또한, 측정 시 영향을 주거나 손상을 받을 수 있는 SPD 또는 기타 기기 등은 측정 전에 분리시켜야 하고, 부득이하게 분리가 어려운 경우에는 시험전압을 250[V] DC로 낮추어 측정할 수 있지만 절연저항 값은 1 [MΩ] 이상이어야 한다.

전로의 사용전압[V]	DC시험전압[V]	절연저항[MΩ]
SELV 및 PELV	250	0.5
FELV, 500 이하	500	1.0
500 초과	1,000	1.0

[주] 특별저압(Extra low voltage : 2차 전압이 AC 50[V], DC 120[V] 이하)으로 SELV (비접지회로 구성) 및 PELV(접지회로 구성)은 1차와 2차가 전기적으로 절연된 회로, FELV는 1차와 2차가 전기적으로 절연되지 않은 회로

(2) 절연내력시험

① 전로 및 기구 등의 절연내력시험

고압 및 특고압의 전로, 변압기, 차단기, 기타의 기구는 충전부분과 대지사이에 연속 10분간 절연내력시험전압을 가하였을 때 다음과 같이 견디어야 한다. [직류2배]

최대사용전압	접지방식	배수	최저시험전압
7[kV] 이하		1.5배	500[V]
7[kV] 초과 ~ 25[kV] 이하	다중접지방식	0.92배	
7[kV] 초과 ~ 60[kV] 이하		1.25배	10500[V]
60[kV] 초과	비접지방식	1.25배	
	접지방식	1.1배	75000[V]
60[kV] 초과 ~ 170[kV] 이하	중성점직접접지식	0.72배	
170[kV] 초과	중성점직접접지식	0.64배	

② 회전기 및 정류기 절연내력

10분간 연속하여 절연내력시험전압을 가하였을 때 다음과 같이 견디어야 한다.

	종류	최대사용전압	배수	최저시험전압	시험방법
회전기	조상기 발전기 전동기	7[kV] 이하	1.5배	500[V]	권선과 대지간
		7[kV] 초과	1.25배	10500[V]	
	회전 변류기		1배	500[V]	
정류기		60[kV] 이하	1배		충전부분과 외함간
		60[kV] 초과	교류측 1.1배		단자와 대지간

암기법

절연내력시험전압
· 다구리
  (다중접지 0.92배)
· 고스톱의 비=12
  (비접지 1.25)
· 남남쩝쩝 젓가락모양
  (접지 1.1)

FAQ

절연내력시험전압에서 최저사용 전압 사용법이 궁금합니다.

답

▶6600[V]일 경우 7천 이하이기 때문에 6600×1.5를 적용한다. 반면, 220[V]일 경우 1.5배를 해도 최저시험전압인 500[V] 보다 낮기 때문에 500[V]를 적용하여 시험한다.

Q 포인트 O·X 퀴즈

최대사용전압이 7[kV]를 넘는 회전기의 절연내력시험은 최대사용전압 1.25배의 전압에서 10분간 견디어야 한다.

정답 (O)

이해력 높이기

직류1.6배
회전기 및 정류기의 절연내력시험 시 직류 실험의 경우 계산값의 1.6배를 인가한다.

③ 연료전지 및 태양전지 모듈의 절연내력

최대사용전압의 1.5배의 직류전압 또는 1배의 교류전압(500[V] 미만시 500[V])을 충전부분과 대지사이에 연속하여 10분간 가하여 절연내력을 시험하였을 때에 이에 견디어야 한다.

| CHECK POINT | 난이도 ★★★☆☆   1차 2차 3차

3상 4선식 22.9[kV] 중성선 다중접지식 가공전선로의 전로와 대지간의 절연내력 시험전압은 몇 [V]인가?

① 11450[V]   ② 21068[V]
③ 25190[V]   ④ 28625[V]

상세해설

7000[V]를 넘고 25000[V] 이하인 다중접지식 전로이므로 0.92배를 적용한다.
$E = 22900 \times 0.92 = 21068[V]$

답 ②

콕콕 포인트

4 접지시스템

1. 접지시스템의 구분 및 종류

- 구분 : 계통접지, 보호접지, 피뢰시스템접지
- 종류 : 단독접지, 공통접지, 통합접지

2. 접지시스템의 시설

(1) 접지사항

① 접지극의 매설
  - 토양을 오염시키지 않아야 하며, 가능한 다습한 부분에 설치한다.
  - 접지극은 지표면으로부터 지하 0.75[m] 이상으로 하되 동결 깊이를 감안하여 매설 깊이를 정해야 한다.
  - 접지도체를 철주 기타의 금속체를 따라서 시설하는 경우에는 접지극을 철주의 밑면으로부터 0.3[m] 이상의 깊이에 매설하는 경우 이외에는 접지극을 지중에서 그 금속체로부터 1[m] 이상 떼어 매설하여야 한다.

② 수도관 등을 접지극으로 사용하는 경우
  - 지중에 매설되어 있고 대지와의 전기저항 값이 3[Ω] 이하의 값을 유지하고 있는 금속제 수도관로가 다음에 따르는 경우 접지극으로 사용이 가능하다.
  - 접지도체와 금속제 수도관로의 접속은 안지름 75[mm] 이상인 부분 또는 여기에서 분기한 안지름 75[mm] 미만인 분기점으로부터 5[m] 이내의 부분에서 하여야 한다. 다만, 금속제 수도관로와 대지 사이의 전기저항 값이 2[Ω] 이하인 경우에는 분기점으로부터의 거리는 5[m]을 넘을 수 있다.
  - 접지도체와 금속제 수도관로의 접속부를 수도계량기로부터 수도 수용가 측에 설치하는 경우에는 수도계량기를 사이에 두고 양측 수도관로를 등전위본딩 하여야 한다.
  - 접지도체와 금속제 수도관로의 접속부를 사람이 접촉할 우려가 있는 곳에 설치하는 경우에는 손상을 방지하도록 방호장치를 설치하여야 한다.
  - 접지도체와 금속제 수도관로의 접속에 사용하는 금속제는 접속부에 전기적부식이 생기지 않아야 한다.

🔽 이해력 높이기

접지사항

🔽 이해력 높이기

건축물·구조물의 철골 기타의 금속제는 이를 비접지식 고압전로에 시설하는 기계기구의 철대 또는 금속제 외함의 접지공사 또는 비접지식 고압전로와 저압전로를 결합하는 변압기의 저압전로의 접지공사의 접지극으로 사용할 수 있다. 다만, 대지와의 사이에 전기저항 값이 2[Ω] 이하인 값을 유지하는 경우에 한한다.

콕콕 포인트

electrical engineer · electrical engineer · electrical engineer · electrical engineer · electrical engineer · electrical engineer · electrical engineer · electrical e

(2) 접지도체

① 접지도체 선정

큰 고장전류가 접지도체를 통하여 흐르지 않을 경우 접지도체의 최소 단면적은 구리는 $6[\text{mm}^2]$ 이상, 철제는 $50[\text{mm}^2]$ 이상 (접지도체에 피뢰시스템이 접속되는 경우, 접지도체의 단면적은 구리 $16[\text{mm}^2]$ 또는 철 $50[\text{mm}^2]$ 이상으로 하여야 한다.)

② 접지도체 보호

접지도체는 지하 $0.75[\text{m}]$ 부터 지표 상 $2[\text{m}]$ 까지 부분은 합성수지관(두께 $2[\text{mm}]$ 미만의 합성수지제 전선관 및 가연성 콤바인덕트관은 제외한다) 또는 이와 동등 이상의 절연효과와 강도를 가지는 몰드로 덮어야 한다.

③ 접지도체 굵기

종류	굵기
특고압·고압 전기설비용	$6[\text{mm}^2]$ 이상
중성점 접지용 접지도체	$16[\text{mm}^2]$ 이상 (단, 사용전압이 $25[\text{kV}]$ 이하인 특고압 가공전선로 중성선 다중접지식 전로에 지락이 생겼을 때 2초 이내에 자동적으로 이를 전로로부터 차단하는 장치가 되어 있는 것은 $6[\text{mm}^2]$)
$7[\text{kV}]$ 이하의 전로	$6[\text{mm}^2]$
〈이동용〉 특고압·고압 전기설비용 접지도체 및 중성점 접지용 접지도체는 클로로프렌캡타이어케이블(3종 및 4종) 또는 클로로설포네이트폴리에틸렌캡타이어케이블(3종 및 4종)의 1개 도체 또는 다심 캡타이어케이블의 차폐 또는 기타의 금속체	기타의 경우 $10[\text{mm}^2]$
저압 전기설비용 접지도체는 다심 코드 또는 다심 캡타이어케이블의 1개 도체의 단면적	$0.75[\text{mm}^2]$ (단, 연동연선은 1개 도체의 단면적이 $1.5[\text{mm}^2]$ 이상)

(3) 보호도체

선도체의 단면적 S ($[\text{mm}^2]$, 구리)	보호도체의 최소 단면적	
	보호도체의 재질	
	선도체와 같은 경우	상도체와 다른 경우
$S \leq 16$	S	$(k_1/k_2) \times S$
$16 < S \leq 35$	$16(a)$	$(k_1/k_2) \times 16$
$S > 35$	$S(a)/2$	$(k_1/k_2) \times S/2$

k_1 : 상도체에 대한 k값

k_2 : 보호도체에 대한 k값

a : PEN 도체의 최소단면적은 중성선과 동일하게 적용

electrical engineer · electrical engineer · electrical engineer · electrical engineer · electrical engineer · electrical engineer · electrical engineer · electrical engineer · electrical engineer

콕콕 포인트

(4) 저압수용가 접지

① 인입구

수용장소 인입구 부근에서 다음의 것을 접지극으로 사용하여 변압기 중성점 접지를 한 저압전선로의 중성선 또는 접지측 전선에 추가로 접지공사를 할 수 있다.

종류	저항값	굵기
수도관로, 건물철골	3[Ω] 이하	6[mm²] 이상

② 주택 등 저압수용장소

중성선 겸용 보호도체(PEN)는 고정 전기설비에만 사용할 수 있고, 그 도체의 단면적이 구리는 10[mm²] 이상, 알루미늄은 16[mm²] 이상이어야 하며, 그 계통의 최고전압에 대하여 절연되어야 한다.

(5) 변압기 중성점 접지

종류	저항값
일반사항	$\dfrac{150[\mathrm{V}]}{1선\ 지락전류(I_g)}[\Omega]$ 이하
고압·특고압측 전로 또는 사용전압이 35[kV] 이하의 특고압전로가 저압측 전로와 혼촉하고 저압전로의 대지전압이 150[V]를 초과하는 경우	1초 ~ 2초 이내에 자동차단장치 설치시 $\dfrac{300[\mathrm{V}]}{1선\ 지락전류(I_g)}[\Omega]$ 이하 1초 이내에 자동차단장치 설치시 $\dfrac{600[\mathrm{V}]}{1선\ 지락전류(I_g)}[\Omega]$ 이하

(6) 기계기구의 철대 및 외함 접지

전로에 시설하는 기계기구의 철대 및 금속제 외함에는 접지공사를 하여야 하나, 다음 하나에 해당되는 경우에는 생략할 수 있다.

① 사용전압이 직류300[V] 또는 교류 대지전압이 150[V] 이하인 기계기구를 건조한 곳에 시설하는 경우

② 저압용의 기계기구를 건조한 목재의 마루 기타 이와 유사한 절연성 물건 위에서 취급하도록 시설하는 경우

③ 철대 또는 외함의 주위에 적당한 절연대를 설치하는 경우

④ 전기용품 및 생활용품 안전관리법의 적용을 받는 2중 절연구조로 되어 있는 기계기구를 시설하는 경우

⑤ 저압용 기계기구에 전기를 공급하는 전로의 전원측에 절연변압기(2차 300[V] 이하, 정격용량 3[kVA] 이하인 것)를 시설하고 또한 그 절연변압기의 부하측 전로를 접지하지 않은 경우

⑥ 물기가 있는 장소외에 누전차단기(정격감도전류 30[mA] 이하, 동작시간 0.03초 이하, 전류동작형)를 시설하는 경우

콕콕 포인트

electrical engineer · electrical engineer · electrical engineer · electrical engineer · electrical engineer · electrical engineer · electrical engineer · electrical e

5 피뢰시스템

1. 피뢰시스템의 적용범위 및 구성

(1) 적용범위

① 전기전자설비가 설치된 건축물·구조물로서 낙뢰로부터 보호가 필요한 것 또는 지상으로부터 높이가 20[m] 이상인 것

② 전기설비 및 전자설비 중 낙뢰로부터 보호가 필요한 설비

(2) 구성

① 직격뢰로 부터 대상물을 보호하기 위한 외부피뢰시스템

② 간접뢰 및 유도뢰로부터 대상물을 보호하기 위한 내부피뢰시스템

2. 외부피뢰시스템

(1) 수뢰부시스템

① 요소 : 돌침, 수평도체, 그물망도체

② 배치 : 보호각법, 회전구체법, 그물망법

③ 높이 60[m] 초과하는 건축물·구조물의 측격뢰 보호용 수뢰부시스템

- 상층부와 이 부분에 설치한 설비를 보호할 수 있도록 시설한다. (단, 상층부의 높이가 60[m]를 넘는 경우는 최상부로부터 전체높이의 20[%] 부분에 한한다.)

- 코너, 모서리, 중요한 돌출부 등에 우선 배치하고, 피뢰시스템 등급 Ⅳ이상으로 하여야 한다.

- 수뢰부는 구조물의 철골 프레임 또는 전기적으로 연결된 철골 콘크리트의 금속과 같은 자연부재 인하도선에 접속 또는 인하도선을 설치한다.

3. 내부피뢰시스템

피뢰시스템의 등전위를 위한 설비의 접속

- 금속제 설비
- 구조물에 접속된 외부 도전성 부분
- 내부시스템

음성 학습 QR

• QR 코드를 찍으시면, 가장 중요한 우선순위 문제풀이 영상을 보실 수 있습니다.
• 우선순위 논점은 전기(산업)기사 시험에서 가장 출제 빈도가 높은 문제로써, 수험생분들께서는 각 파트별 우선순위 문제의 논점과 키워드를 학습하시기를 바랍니다.
• 체크 리스트를 작성하시면서 문제의 유형과 학습의 완성도를 스스로 체크 해 보시기를 바랍니다.
• "선생님의 콕콕 포인트"는 틀리기 쉬운 문제의 함정과 문제의 포인트를 집어드립니다. 우선순위 문제풀이의 포인트를 꼭 참고하고 응용문제의 해결능력을 길러 줍니다.

| 번호 | 우선순위 논점 | KEY WORD | 나의 정답 확인 | | | | 선생님의 콕콕 포인트 |
| | | | 맞음 | 틀림(오답확인) | | | |
				이해 부족	암기 부족	착오 실수	
4	접근상태	1차, 2차 접근상태					1차 : 3[m] 이상, 2차 : 3[m] 미만에 시설할 것
12	전로의절연	전기욕기 · 전기로 · 전기보일러 · 전해조					접지점들과 시험용변압기는 절연하지 않을 것
16	절연내력시험	접지방식을통한 구분					다중접지0.92배,비접지1.25배
19	접지저항	중성점 접지					특고압의 경우 16(단, 중성선 다중접지방식은 6)

★★★☆☆

01 한 수용장소의 인입선에서 분기하여 지지물을 거치지 않고 다른 수용장소의 인입구에 이르는 부분의 전선을 무엇이라고 하는가?

① 가공인입선 　　② 지중인입선
③ 연접인입선 　　④ 옥측배선

🔍 해설

연접인입선
한 수용장소의 인입선에서 분기하여 다른 지지물을 거치지 아니하고 다른 수용장소의 인입구에 이르는 부분의 전선을 말한다.

★★☆☆☆

02 "관등회로"라고 하는 것은?

① 분기점으로부터 안정기까지의 전로를 말한다.
② 스위치로부터 방전등까지의 전로를 말한다.
③ 스위치로부터 안정기까지의 전로를 말한다.
④ 방전등용 안정기로부터 방전관까지의 전로를 말한다.

🔍 해설

관등회로
방전등용 안정기로부터 방전관까지의 전로를 말한다.

★★☆☆☆

03 "지중관로"에 대한 정의로 옳은 것은?

① 지중전선로, 지중 약전류전선로와 지중 매설지선 등을 말한다.
② 지중전선로, 지중 약전류전선로와 복합케이블 선로, 기타 이와 유사한 것 및 이들에 부속하는 지중함을 말한다.
③ 지중전선로, 지중 약전류전선로 지중에 시설하는 수관 및 가스관과 지중매설지선을 말한다.
④ 지중전선로, 지중 약전류전선로, 지중 광섬유케이블선로, 지중에 시설하는 수관 및 가스관과 기타 이와 유사한 것 및 이들에 부속하는 지중함 등을 말한다.

🔍 해설

지중관로
지중전선로·지중 약전류전선로·지중 광섬유케이블 선로·지중에 시설하는 수관 및 가스관과 이와 유사한 것 및 이들에 부속하는 지중함 등을 말한다.

[정답] 01 ③ 　02 ④ 　03 ④

★★★★☆
04 다음은 무엇에 관한 설명인가?

"가공전선이 다른 시설물과 접근하는 경우에 그 가공전선이 다른 시설물의 위쪽 또는 옆쪽에서 수평 거리로 3[m] 미만"

① 제1차 접근상태
② 제2차 접근상태
③ 제3차 접근상태
④ 제4차 접근상태인 곳에 시설되는 상태

해설

접근상태
가공전선으로부터 3[m] 미만을 2차 접근상태라 한다.

★★★☆☆
05 전력계통의 운용에 관한 지시를 하는 곳은?

① 변전소   ② 개폐소
③ 발전소   ④ 급전소

해설

급전소
전력계통의 운용에 관한 지시를 하는 곳을 말한다.

★☆☆☆☆
06 구내에 시설한 개폐기 기타의 장치에 의하여 전로를 개폐하는 곳으로서 발전소, 변전소 및 수용장소 이외의 곳을 무엇이라 하는가?

① 급전소   ② 송전소
③ 개폐소   ④ 배전소

해설

개폐소
개폐소 안에 시설한 개폐기 및 기타 장치에 의하여 전로를 개폐하는 곳으로 발전소, 변전소 및 수용장소 이외의 곳을 말한다.

★★★☆☆
07 전압의 종별을 구분할 때 직류에서의 범위는?

① 1000[V]를 넘고 6600[V] 이하인 것
② 1000[V]를 넘고 7000[V] 이하인 것
③ 1500[V]를 넘고 7000[V] 이하인 것
④ 1500[V]를 넘고 6600[V] 이하인 것

해설

전압의 종별
- 저압 : 교류는 1[kV] 이하, 직류는 1.5[kV] 이하인 것.
- 고압 : 교류는 1[kV]를, 직류는 1.5[kV]를 초과하고, 7[kV] 이하인 것.
- 특고압 : 7[kV]를 초과하는 것.

★★★☆☆
08 전선의 접속법을 열거한 것 중 잘못 설명한 것은?

① 전선의 세기를 50[%] 이상 감소시키지 않는다.
② 접속부분은 절연전선의 절연물과 동등 이상의 절연 효력이 있도록 충분히 피복한다.
③ 접속부분은 접속관, 기타의 기구를 사용한다.
④ 알루미늄 도체의 전선과 동도체의 전선을 접속할 때에는 전기적인 부식이 생기지 않도록 한다.

해설

전선의 접속
전선의 세기를 20[%] 이상 감소시키지 말 것

★★★★★
09 전로 절연 원칙에 따라 대지로부터 반드시 절연하여야 하는 것은?

① 전로의 중성점에 접지공사를 하는 경우의 접지점
② 계기용 변성기의 2차측 전로의 접지공사를 하는 경우의 접지점
③ 저압 가공전선로에 접속되는 변압기
④ 시험용 변압기

해설

전로의 절연

[정답] 04 ② 05 ④ 06 ③ 07 ③ 08 ① 09 ③

전로는 다음의 부분 이외에는 대지로부터 절연하여야 한다.
① 저압전로에 접지공사를 하는 경우의 접지점
② 전로의 중성점에 접지공사를 하는 경우의 접지점
③ 계기용 변성기의 2차측 전로에 접지공사를 하는 경우의 접지점
④ 규정상 절연할 수 없는 부분

★★★★☆

10 전로를 대지로부터 절연을 하여야 하는 것은 다음 중 어느 것인가?

① 전기보일러　　　② 전기다리미
③ 전기욕기　　　　④ 전기로

🔍 **해설**

전로의 절연

전기욕기·전기로·전기보일러·전해조 등 대지로부터 절연하는 것이 기술상 곤란한 것은 절연하지 않는다.

★★★☆☆

11 사용전압이 저압인 전로에서 절연저항 값 측정시 DC시험전압이 500[V]인 경우, 전로의 절연저항은 몇 [MΩ] 이상이어야 하는가?

① 0.1[MΩ]　　　　② 0.5[MΩ]
③ 1.0[MΩ]　　　　④ 1.5[MΩ]

🔍 **해설**

절연저항

전로의 사용전압[V]	DC시험전압[V]	절연저항[MΩ]
SELV 및 PELV	250	0.5
FELV, 500 이하	500	1.0
500 초과	1,000	1.0

★☆☆☆☆

12 저압전선로의 전선과 대지간의 절연저항은 사용전압에 대한 누설전류가 얼마를 넘지 않도록 하여야 하는가?

① $\dfrac{1}{4000}$　　　　② $\dfrac{1}{3000}$

③ $\dfrac{1}{2000}$　　　　④ $\dfrac{1}{1000}$

🔍 **해설**

누설 전류한도

저압의 전선로 중 절연부분의 전선과 대지간의 절연저항은 사용전압에 대한 누설전류가 최대공급전류의 $\dfrac{1}{2000}$ 을 넘지 아니하도록 유지하여야 한다.

★★☆☆☆

13 사용전압이 저압인 전로에서 정전이 어려운 경우 등 절연저항 측정이 곤란한 경우에는 누설전류를 몇 [mA] 이하로 유지하여야 하는가?

① 0.1[mA]　　　　② 1.0[mA]
③ 10[mA]　　　　④ 100[mA]

🔍 **해설**

누설 전류한도

사용전압이 저압인 전로에서 정전이 어려운 경우 또는 절연저항 측정이 곤란한 경우에는 누설전류를 1[mA] 이하로 유지할 것

★★★★★

14 3상 4선식 22.9[kV] 중성선 다중접지식 가공전선로의 전로와 대지간의 절연내력 시험전압은 몇 [V]인가?

① 11450[V]　　　　② 21068[V]
③ 25190[V]　　　　④ 28625[V]

🔍 **해설**

절연내력시험전압

전로의 종류	시험전압
최대사용전압이 7000[V]를 넘고 25000[V] 이하인 중성점 다중접지식 전로	0.92배의 전압

시험전압 $= 22900 \times 0.92 = 21068[V]$

★★★☆☆

15 3상 220[V] 유도전동기의 권선과 대지간의 절연내력 시험전압과 견디어야 할 최소 시간이 맞는 것은?

① 220[V], 5분　　　　② 275[V], 10분
③ 330[V], 20분　　　　④ 500[V], 10분

[정답] 10 ②　11 ③　12 ③　13 ②　14 ②　15 ④

🔍 해설

회전기 및 정류기의 절연내력

절연내력시험은 최대사용압력에 10분간 가하여 견디어야 한다. 7000[V] 이하에서는 최대사용전압의 1.5배의 전압 적용, 최저전압은 500[V]이다.

$E = 220 \times 1.5 = 330[V]$

★★★★☆

16 최대사용전압이 154000[V]인 중성점 직접 접지식 전로의 절연내력 시험전압은 몇 [V]인가?

① 110880[V] ② 141680[V]

③ 169400[V] ④ 192500[V]

🔍 해설

절연내력시험전압

최대사용전압에 의한 전로의 종류	시험전압 (최대사용전압의 배수)	최저 시험전압
60[kV] 초과하는 권선으로서 중성접 직접 접지식 전로	0.72배	×
170[kV] 초과하는 중성점 직접 접지식 전로서 그 중성점이 직접 접지되어 있는 발전소 또는 변전소 혹은 이에 준하는 장소에 시설하는 것	0.64배	×

시험전압 = $154000 \times 0.72 = 110880[V]$

★★★☆☆

17 연료전지 및 태양전지 모듈의 절연내력시험을 하는 경우 충전부분과 대지 사이에 어느 정도의 시험전압을 인가하여야 하는가? (단, 연속하여 10분간 가하여 견디는 것이어야 한다.)

① 최대사용전압의 1.5배의 직류전압 또는 1.25배의 교류전압

② 최대사용전압의 1.25배의 직류전압 또는 1.25배의 교류전압

③ 최대사용전압의 1.5배의 직류전압 또는 1배의 교류전압

④ 최대사용전압의 1.25배의 직류전압 또는 1배의 교류전압

🔍 해설

연료전지 및 태양전지 모듈의 절연내력

연료전지 및 태양전지 모듈은 최대사용전압의 1.5배의 직류전압 또는 1배의 교류전압

★★★☆☆

18 변압기의 고압측 전로의 1선 지락전류가 7[A]일 때 접지공사의 접지저항값은 약 몇 [Ω] 이하로 유지하여야 하는가? (단, 자동차단장치는 없다.)

① 21[Ω] ② 23[Ω]

③ 25[Ω] ④ 31[Ω]

🔍 해설

접지공사의 저항값

변압기 중성점 접지공사의 저항값은 $\dfrac{150[V]}{1선 \ 지락전류(I_g)}[Ω]$이므로,

$150/7 = 21.4 ≒ 21$

★★★☆☆

19 특고압전로의 중성점을 접지할 때 접지선으로 연동선을 사용하는 경우의 접지도체의 최소공칭단면적은 몇 [mm²]인가?

① 6.0[mm²] ② 10[mm²]

③ 16[mm²] ④ 25[mm²]

🔍 해설

전로의 접지

종류	굵기
특고압·고압 전기설비용	6[mm²] 이상
중성점 접지용 접지도체	16[mm²] 이상 (단, 사용전압이 25[kV] 이하인 특고압 가공전선로 중성선 다중접지식 전로에 지락이 생겼을 때 2초 이내에 자동적으로 이를 전로로부터 차단하는 장치가 되어 있는 것은 6[mm²])

[정답] 16 ① 17 ③ 18 ① 19 ③

★★☆☆☆

20 지중에 매설되어 있고 대지와의 전기저항값이 몇 [Ω] 이하의 값을 유지하고 있는 금속제 수도관로는 이를 각종 접지공사의 접지극으로 사용할 수 있는가?

① 2[Ω] ② 3[Ω]
③ 5[Ω] ④ 10[Ω]

🔍 **해설**

수도관 및 철골을 이용한 접지
① 안지름 75[mm] 이상인 금속제 수도관의 부분 또는 이로부터 분기한 안지름 75[mm] 미만인 금속제 수도관의 분기점으로부터 5[m] 이내의 부분에서 대지와의 전기저항치가 3[Ω] 이하의 값을 유지하고 있는 금속제 수도관로는 이를 접지공사의 접지극으로 사용할 수 있다.
② 금속제 수도관로와 대지간의 전기저항치가 2[Ω] 이하인 경우에는 분기점으로부터의 거리가 5[m]를 넘을 수 있다.

★★☆☆☆

21 고압전로와 접속되는 변압기의 외함에 실시하는 접지공사의 접지극으로 사용할 수 있는 건물 철골의 대지전기저항의 최댓값[Ω]은 얼마인가? (단, 비접지식 전로임)

① 2[Ω] ② 3[Ω]
③ 5[Ω] ④ 10[Ω]

🔍 **해설**

수도관 및 철골을 이용한 접지
비접지식 전로의 건물 철골의 대지전기저항은 2[Ω] 이하이다.

★★★☆☆

22 돌침, 수평도체, 그물망도체의 요소 중에 한가지 또는 이를 조합한 형식으로 시설하는 것은?

① 접지극시스템 ② 수뢰부시스템
③ 내부피뢰시스템 ④ 인하도선시스템

🔍 **해설**

수뢰부시스템
수뢰부시스템 이란 낙뢰를 포착할 목적으로 돌침, 수평도체, 그물망도체 등과 같은 금속 물체를 이용한 외부피뢰시스템의 일부를 말한다.

★★★☆☆

23 건축물·구조물과 분리되지 않은 피뢰시스템인 경우 병렬 인하도선의 최대 간격은 피뢰시스템 등급에 따라 I·II 등급은 몇 [m]인가?

① 10 ② 15
③ 20 ④ 30

🔍 **해설**

인하도선 시스템
건축물·구조물과 분리되지 않은 피뢰시스템인 경우
병렬 인하도선의 최대 간격은 피뢰시스템 등급에 따라 I·II 등급은 10[m], III 등급은 15[m], IV 등급은 20[m]로 한다.

[**정답**] 20 ② 21 ① 22 ② 23 ①

저압 전기설비

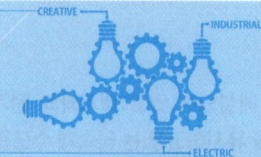

영상 학습 QR   출제경향분석

본장은 저압 전기설비에 대한 계통접지, 차단기, 전선로 등에 관한 전기법규의 전반적인 기본 사항에 대해 다룬다. 그 기준은 한국전기설비규정에 의한다.

❶ 계통접지   ❷ 차단기
❸ 전선로   ❹ 저압배선
❺ 특수설비

1 통칭

1. 계통접지의 구성

(1) 저압전로의 보호도체 및 중성선의 접속 방식에 따라 접지계통은 다음과 같다.
  • 종류 : TN 계통, TT 계통, IT 계통

(2) 계통접지에서 사용되는 문자
  ① 제1문자 - 전원계통과 대지의 관계
    • T : 한 점을 대지에 직접 접속
    • I : 모든 충전부를 대지와 절연시키거나 높은 임피던스를 통하여 한 점을 대지에 직접 접속
  ② 제2문자 - 전기설비의 노출도전부와 대지의 관계
    • T : 노출도전부를 대지로 직접 접속. 전원계통의 접지와는 무관
    • N : 노출도전부를 전원계통의 접지점(교류 계통에서는 통상적으로 중성점, 중성점이 없을 경우는 선도체)에 직접 접속
  ③ 그 다음 문자(문자가 있을 경우) - 중성선과 보호도체의 배치
    • S : 중성선 또는 접지된 선도체 외에 별도의 도체에 의해 제공되는 보호 기능
    • C : 중성선과 보호 기능을 한 개의 도체로 겸용(PEN 도체)

(3) 각 계통에서 나타내는 그림기호

기호 설명	
──────/•	중성선(N), 중간도체(M)
──────╱	보호도체(PE)
──────╱	중선선과 보호도체겸용(PEN)

electrical engineer   electrical engineer   electrical engineer   electrical engineer   electrical engineer   electrical engineer   electrical engineer   electrical engineer   electrical engineer

콕콕 포인트

2. TN계통

전원측의 한 점을 직접접지하고 설비의 노출도전부를 보호도체로 접속시키는 방식으로 중성선 및 보호도체(PE 도체)의 배치 및 접속방식에 따라 다음과 같이 분류한다.

(1) TN-S 계통은 계통 전체에 대해 별도의 중성선 또는 PE 도체를 사용한다. 배전계통에서 PE 도체를 추가로 접지할 수 있다.

(2) TN-C 계통은 그 계통 전체에 대해 중성선과 보호도체의 기능을 동일도체로 겸용한 PEN 도체를 사용한다. 배전계통에서 PEN 도체를 추가로 접지할 수 있다.

(3) TN-C-S계통은 계통의 일부분에서 PEN 도체를 사용하거나, 중성선과 별도의 PE 도체를 사용하는 방식이 있다. 배전계통에서 PEN 도체와 PE 도체를 추가로 접지할 수 있다.

2. TT계통

전원의 한 점을 직접 접지하고 설비의 노출도전부는 전원의 접지전극과 전기적으로 독립적인 접지극에 접속시킨다. 배전계통에서 PE 도체를 추가로 접지할 수 있다.

electrical engineer · electrical engineer · electrical engineer · electrical engineer · electrical engineer · electrical engineer · electrical engineer · electrical engineer

콕콕 포인트

3. IT계통

충전부 전체를 대지로부터 절연시키거나, 한 점을 임피던스를 통해 대지에 접속시킨다. 전기설비의 노출도전부를 단독 또는 일괄적으로 계통의 PE 도체에 접속시킨다. 배전계통에서 추가접지가 가능하다.

계통은 충분히 높은 임피던스를 통하여 접지할 수 있다. 이 접속은 중성점, 인위적중성점, 선도체 등에서 할 수 있다. 중성선은 배선할 수도 있고, 배선하지 않을 수도 있다.

2 안전을 위한 보호

1. 누전차단기의 시설

금속제 외함을 가지는 사용전압이 50[V]를 초과하는 저압의 기계 기구로서 사람이 쉽게 접촉할 우려가 있는 곳에 시설하는 것에 전기를 공급하는 전로에 시설한다.(다만, 다음의 어느 하나에 해당하는 경우에는 적용하지 않는다.)

(1) 기계기구를 발전소 · 변전소 · 개폐소 또는 이에 준하는 곳에 시설하는 경우

(2) 기계기구를 건조한 곳에 시설하는 경우

(3) 대지전압이 150[V] 이하인 기계기구를 물기가 있는 곳 이외의 곳에 시설하는 경우

(4) 「전기용품 및 생활용품 안전관리법」의 적용을 받는 이중 절연구조의 기계기구를 시설하는 경우

(5) 그 전로의 전원측에 절연변압기(2차 전압이 300[V] 이하인 경우에 한한다)를 시설하고 또한 그 절연 변압기의 부하측의 전로에 접지하지 아니하는 경우

(6) 기계기구가 고무 · 합성수지 기타 절연물로 피복된 경우

(7) 기계기구가 유도전동기의 2차측 전로에 접속되는 것일 경우

콕콕 포인트

electrical engineer · electrical engineer · electrical engineer · electrical engineer · electrical engineer · electrical engineer · electrical engineer · electrical e

| CHECK POINT | 난이도 ★★★☆☆   1차 2차 3차

누전차단기는 금속제 외함을 가지는 사용전압이 몇 [V]를 초과하는 저압의 기계 기구로서 사람이 쉽게 접촉할 우려가 있는 곳에 시설하는 것에 전기를 공급하는 전로에 시설하는가?

① 40 [V]   ② 50 [V]
③ 60 [V]   ④ 90 [V]

상세해설

누전차단기는 금속제 외함을 가지는 사용전압이 50[V]를 초과하는 저압의 기계 기구로서 사람이 쉽게 접촉할 우려가 있는 곳에 시설하는 것에 전기를 공급하는 전로에 시설한다.

답 ②

2. TN계통

- RB/RE ≤ 50/(U0−50)
- RB : 병렬 접지극 전체의 접지저항 값[Ω]
- RE : 1선 지락이 발생할 수 있으며 보호도체와 접속되어 있지 않는 계통외도전부의 대지와의 접촉저항의 최소값[Ω]
- U0 : 공칭대지전압(실효 값)

3. TT계통

누전차단기를 사용하여 TT 계통의 고장보호를 하는 경우에는 다음에 적합하여야 한다.

$$R_A \times I_{\triangle n} \leq 50[\mathrm{V}]$$

- R_A : 노출도전부에 접속된 보호도체와 접지극 저항의 합(Ω)
- $I_{\triangle n}$: 누전차단기의 정격동작 전류(A)△

♥ 이해력 높이기

$I_B \leq I_n \leq I_Z$
$I_2 \leq 1.45 \times I_Z$

4. 과전류에 대한 보호

콕콕 포인트

(1) 과부하 보호장치의 설치 위치

과부하 보호장치는 분기점에 설치해야 하나, 분기점과 분기회로의 과부하 보호장치의 설치점 사이의 배선 부분에 다른 분기회로나 콘센트 회로가 접속되어 있지 않고, 다음 중 하나를 충족하는 경우에는 변경이 있는 배선에 설치할 수 있다.

① 단락보호가 이루어지고 있는 경우 부하측으로 거리에 구애 받지 않고 이동하여 설치할 수 있다.

② 단락의 위험과 화재 및 인체에 대한 위험성이 최소화 되도록 시설된 경우, 분기점으로부터 3[m] 까지 이동하여 설치할 수 있다.

● 이해력 높이기

과부하 보호장치
안전을 위해 과부하 보호장치를 생략할 수 있는 경우
① 회전기의 여자회로
② 전자석 크레인의 전원회로
③ 전류변성기의 2차회로
④ 소방설비의 전원회로
⑤ 안전설비(주거침입경보, 가스누출경보 등)의 전원회로

(2) 저압전로 중의 개폐기 및 과전류차단장치의 시설

① 저압전로중의 개폐기의 시설

저압전로 중에 개폐기를 시설하는 경우에는 그 곳의 각 극에 설치하여야한다.

② 저압 옥내전로 인입구에서의 개폐기의 시설

저압전로에는 인입구에 가까운 곳으로서 쉽게 개폐할 수 있는 곳에 개폐기를 시설하는 경우에는 그 곳의 각 극에 설치하여야한다. 단, 사용전압이 400[V] 이하인 옥내전로(정격전류 16[A] 이하인 과전류 차단기 또는 16[A] 초과 20[A] 이하인 배선용차단기로 보호되는 곳)로서 다른 옥내전로에 접속하는 길이 15[m] 이하의 전로에서 전기의 공급을 받는 것은 제외된다.

(3) 저압전로 중의 과전류차단기의 시설

① 저압전로에 사용하는 퓨즈

[용단특성]

정격전류의 구분	시간(분)	정격전류의 배수	
		불용단전류	용단전류
4[A] 이하	60	1.5배	2.1배
4[A] 초과 16[A] 미만	60	1.5배	1.9배
16[A] 이상 63[A] 이하	60	1.25배	1.6배
63[A] 초과 160[A] 이하	120	1.25배	1.6배
160[A] 초과 400[A] 이하	180	1.25배	1.6배
400[A] 초과	240	1.25배	1.6배

② 저압전로에 사용하는 배선용 차단기

[과전류트립 동작시간 및 특성(산업용)]

정격전류의 구분	시간(분)	정격전류의 배수	
		부동작전류	동작전류
63[A] 이하	60	1.05배	1.3배
63[A] 초과	120	1.05배	1.3배

FAQ

용단특성과 불용단특성이 무엇을 뜻하죠?

답

▶ 용단특성이란 퓨즈 내부의 도선이 일정전류 이상이 흐를 경우 반드시 끊어져 회로를 차단하는 특성을 말하며, 불용단특성이란 일정전류 값 이하까지는 끊어지지 않아야 하는 특성을 뜻한다.

[과전류트립 동작시간 및 특성(주택용)]

정격전류의 구분	시간(분)	정격전류의 배수	
		부동작전류	동작전류
63[A] 이하	60	1.13배	1.45배
63[A] 초과	120	1.13배	1.45배

[순시트립에 따른 구분(주택용)]

형	순시트립범위
B	$3I_n$ 초과 ~ $5I_n$ 이하
C	$5I_n$ 초과 ~ $10I_n$ 이하
D	$10I_n$ 초과 ~ $20I_n$ 이하

(4) 저압전로 중의 전동기 보호용 과전류보호장치의 시설

옥내에 시설하는 전동기(정격 출력이 0.2[kW] 이하 제외)에는 전동기가 손상될 우려가 있는 과전류가 생겼을 때에 자동적으로 이를 저지하거나 이를 경보하는 장치를 하여야 한다. 단, 다음의 경우는 그러하지 아니하다.

① 전동기를 운전 중 상시 취급자가 감시할 수 있는 위치에 시설하는 경우

② 전동기의 구조나 부하의 성질로 보아 전동기가 손상될 수 있는 과전류가 생길 우려가 없는 경우

③ 단상전동기로써 그 전원측 전로에 시설하는 과전류 차단기의 정격전류가 16[A] (배선용 차단기 20[A]) 이하인 경우

| CHECK POINT | 난이도 ★★★★☆   〔1차〕〔2차〕〔3차〕

과전류차단기로 저압전로에 사용하는 30[A] 퓨즈는 수평으로 붙일 경우 정격전류의 1.6배 전류를 통한 경우에 몇 분 안에 용단되어야 하는가?

① 30분   ② 60분
③ 120분   ④ 180분

상세해설

정격전류의 구분	시간(분)	전격전류의 배수	
		부동작전류	동작전류
4[A] 이하	60	1.5배	2.1배
4[A] 넘고 16[A] 미만	60	1.5배	1.9배
16[A] 넘고 63[A] 이하	60	1.25배	1.6배

답 ②

cal engineer · electrical engineer · electrical engineer · electrical engineer · electrical engineer · electrical engineer · electrical engineer · electrical engineer

콕콕 포인트

3 전선로

1. 구내인입선

(1) 저압인입선의 시설

① 전선은 절연전선 또는 케이블일 것.

② 절연전선의 사용시 구분
- 경간 15[m] 이하 : 인장강도1.25[kN] 또는 지름2[mm] 이상 인입용 비닐절연전선
- 경간 15[m] 초과 : 인장강도 2.30[kN] 또는 지름 2.6[mm] 이상 인입용 비닐절연전선

③ 전선의 높이
- 도로(차도와 보도의 구별이 있는 도로인 경우에는 차도)를 횡단하는 경우에는 노면상 5[m](기술상 부득이한 경우에 교통에 지장이 없을 때에는 3[m])이상
- 철도 또는 궤도를 횡단하는 경우에는 레일면상 6.5[m] 이상
- 횡단보도교의 위에 시설하는 경우에는 노면상 3[m] 이상
- 위 이외의 경우에는 지표상 4[m] (기술상 부득이한 경우에 교통에 지장이 없을 때에는 2.5[m])이상

(2) 저압 연접 인입선의 시설

① 인입선에서 분기하는 점으로부터 100[m]을 초과하는 지역에 미치지 아니할 것.

② 폭 5[m]을 초과하는 도로를 횡단하지 아니할 것.

③ 옥내를 통과하지 아니할 것.

2. 저압 옥측전선로의 시설

(1) 저압 옥측전선로는 다음 중 하나에 의해야 한다.

① 애자사용공사(전개된 장소)

② 합성수지관공사

③ 금속관공사(목조 이외의 조영물에 한함)

④ 버스덕트공사[목조 이외의 조영물(점검할 수 없는 은폐된 장소를 제외)에 한함]

⑤ 케이블공사

(2) 애자사용공사에 의한 저압 옥측전선로는 다음에 의하고 또한 사람이 쉽게 접촉할 우려가 없도록 시설할 것.

① 전선은 공칭단면적 4[mm²] 이상의 연동 절연전선(옥외용 비닐절연전선 및 인입용 절연전선을 제외한다)일 것.

② 전선 상호 간의 간격 및 전선과 그 저압 옥측전선로를 시설하는 조영재 사이의 이격거리는 다음에서 정한 값 이상일 것.

◉ 이해력 높이기

◉ 이해력 높이기

고압 인입선은 연접인입선을 시설하여서는 아니 된다.

Q 포인트 O·X 퀴즈

저압가공인입선이 도로를 횡단한다면 지표상 5[m] 이상의 높이에 시설하여야 한다.

정답 (O)

electrical engineer · electrical engineer · electrical engineer · electrical engineer · electrical engineer · electrical engineer · electrical engineer · electrical er

시설장소	전선 상호 간의 간격[cm]		전선과 조영재 사이의이격거리[cm]	
	400[V] 이하	400[V] 초과	400[V] 이하	400[V] 초과
비나 이슬에 젖지 아니 하는 장소	6	6	2.5	2.5
비나 이슬에 젖는 장소	6	12	2.5	4.5

③ 전선의 지지점 간의 거리는 2[m] 이하일 것.

3. 저압 옥상전선로의 시설

(1) 전선은 인장강도 2.30[kN] 이상의 것 또는 지름 2.6[mm] 이상의 경동선의 것

(2) 전선은 절연전선일 것.

(3) 전선은 조영재에 견고하게 붙인 지지주 또는 지지대에 절연성·난연성 및 내수성이 있는 애자를 사용하여 지지하고 또한 그 지지점 간의 거리는 15[m] 이하일 것.

(4) 전선과 그 저압 옥상 전선로를 시설하는 조영재와의 이격거리는 2[m] (전선이 고압 절연전선, 특고압 절연전선 또는 케이블인 경우에는 1[m])이상일 것.

| CHECK POINT | 난이도 ★★★★☆   1차 2차 3차

전개된 장소에서 저압 옥상전선로의 시설기준으로 적합하지 않은 것은?

① 전선은 절연전선을 사용하였다.
② 전선의 지지점 간의 거리를 20[m]로 하였다.
③ 전선은 지름 2.6[mm]의 경동선을 사용하였다.
④ 저압 절연전선과 그 저압 옥상 전선로를 시설하는 조영재와의 이격거리를 2[m]로 하였다.

상세해설

저압 옥상전선로의 시설

• 전선은 조영재에 견고하게 붙인 지지주 또는 지지대에 절연성·난연성 및 내수성이 있는 애자를 사용하여 지지하고 또한 그 지지점간의 거리는 15[m] 이하일 것.

답 ②

| CHECK POINT | 난이도 ★★★☆☆   1차 2차 3차

저압 옥측전선로를 시설하는 경우 옳지 않은 공사는? (단, 전개된 장소로서 목조 이외의 조영물에 시설하는 경우이다.)

① 애자사용공사   ② 합성수지관공사
③ 케이블공사   ④ 금속몰드공사

상세해설

저압 옥측전선로 시설
• 애자사용공사(전개된 장소에 한한다)   • 합성수지관공사
• 금속관공사   • 버스덕트공사
• 케이블공사

답 ④

electrical engineer · electrical engineer · electrical engineer · electrical engineer · electrical engineer · electrical engineer · electrical engineer · electrical engineer

콕콕 포인트

4. 저압 가공전선로

(1) 전선의 굵기(경동선 기준)

전 압	전선의 굵기		인장강도
400[V] 이하	절연전선	지름 2.6[mm] 이상 경동선	2.30[kN] 이상
	절연전선 외	지름 3.2[mm] 이상 경동선	3.43[kN] 이상
400[V] 초과 저압	시가지외	지름 4.0[mm] 이상 경동선	5.26[kN] 이상
	시가지	지름 5.0[mm] 이상 경동선	8.01[kN] 이상

(2) 전선의 높이

설치장소	저압 가공전선의 높이	
도로횡단	지표상 6[m] 이상	
철도 또는 궤도횡단	레일면상 6.5[m] 이상	
	저압	노면상 3.5[m] 이상 (단, 저압가공전선이 절연전선 또는 케이블인 경우 3[m] 이상)
일반장소 (도로를 따라 시설)	지표상 5[m] 이상 (단, 절연전선이나 케이블을 사용한 저압 가공전선으로서 옥외 조명용에 공급하는 것으로 교통에 지장이 없도록 시설하는 경우에는 지표상 4[m]까지로 감할 수 있다.)	

5. 저압 보안공사

(1) 전선은 케이블인 경우 이외에는 인장강도 8.01[kN] 이상 또는 지름 5[mm] 이상의 경동선(400[V] 이하 : 인장강도 5.26[kN] 이상의 것 또는 지름 4[mm] 이상의 경동선)

(2) 목주의 풍압하중에 대한 안전율은 1.5이상 일 것.

(3) 경간

지지물의 종류	경간[m]
목주 또는 A종	100
B종	150
철탑	400

6. 저압 가공전선과 다른 시설물의 접근 또는 교차

[조영물의 구분에 따른 이격거리]

다른시설물의 구분		접근형태 이격거리 [m]
조영물의 상부 조영재	위 쪽	2 (고압절연전선 이상 또는 케이블인 경우 1)
	옆 쪽 또는 아래 쪽	0.6 (고압절연전선 이상 또는 케이블인 경우 0.3)
조영물의 상부 조영재 이외의 부분 또는 조영물 이외의 시설물		0.6 (고압절연전선 이상 또는 케이블인 경우 0.3)

7. 농사용 전선로

(1) 사용전압은 저압일 것.

(2) 저압 가공전선은 인장강도 1.38[kN] 이상의 것 또는 지름 2[mm] 이상의 경동선일 것.

(3) 저압 가공전선의 지표상의 높이는 3.5[m] 이상일 것. 다만, 저압 가공전선을 사람이 쉽게 출입하지 아니하는 곳에 시설하는 경우에는 3[m] 까지로 감할 수 있다.

(4) 목주의 굵기는 말구 지름이 9[cm] 이상일 것.

(5) 전선로의 경간은 30[m] 이하일 것.

(6) 다른 전선로에 접속하는 곳 가까이에 그 저압 가공전선로 전용의 개폐기 및 과전류 차단기를 각 극에 시설할 것.

8. 구내용 전선로

(1) 전선은 지름 2[mm] 이상의 경동선의 절연전선 또는 이와 동등 이상의 세기 및 굵기의 절연전선 일 것. 다만, 경간이 10[m] 이하인 경우에 한하여 공칭단면적 4[mm²] 이상의 연동 절연전선을 사용할 수 있다.

(2) 전선로의 경간은 30[m] 이하일 것.

(3) 전선과 다른 시설물과의 이격거리는 다음과 같다.

다른시설물의 구분		접근형태 이격거리 [m]
조영물의 상부 조영재	위 쪽	1
	옆 쪽 또는 아래 쪽	0.6 (고압절연전선 이상 또는 케이블인 경우 0.3)
조영물의 상부 조영재 이외의 부분 또는 조영물 이외의 시설물		0.6 (고압절연전선 이상 또는 케이블인 경우 0.3)

Q 포인트 O·X 퀴즈

농사용 전선로의 경간은 20[m] 이하일 것.

정답 (X)

농사용 전선로의 경간은 30[m] 이하일 것.

engineer · electrical engineer · electrical engineer · electrical engineer · electrical engineer · electrical engineer · electrical engineer · electrical engineer

| CHECK POINT | 난이도 ★★☆☆☆   1차 2차 3차

저압 가공전선을 절연전선으로 시설할 때 사용되는 경동선의 굵기는 지름 몇 [mm] 이상인가?

① 2.6   ② 3.2
③ 4.0   ④ 5.0

상세해설

가공전선의 굵기 및 종류

저압 가공전선의 굵기					
400[V] 이하			**400[V] 초과 저압**		
나전선	3.2[mm]	3.43[kN]	시가지	5.0[mm]	8.01[kN]
절연전선	2.6[mm]	2.30[kN]	시가지외	4.0[mm]	5.26[kN]

답 ①

4 배선 및 조명설비 등

1. 저압 옥내배선의 사용전선

저압 옥내배선의 전선은 단면적 2.5[mm²] 이상의 연동선 또는 이와 동등 이상의 강도 및 굵기의 것. 단, 사용 전압이 400[V] 이하인 경우엔 다음에 따라 시설한다.

(1) 전광표시 장치·출퇴 표시등 기타 이와 유사한 장치 또는 제어 회로 등에 사용하는 배선에 단면적 1.5[mm²] 이상의 연동선을 사용하고 이를 합성수지관 공사·금속관 공사·금속 몰드 공사·금속 덕트 공사·플로어 덕트 공사 또는 셀룰러 덕트 공사에 의하여 시설하는 경우

(2) 전광표시 장치·출퇴 표시등 기타 이와 유사한 장치 또는 제어회로 등의 배선에 단면적 0.75[mm²] 이상인 다심케이블 또는 다심 캡타이어 케이블을 사용하고 또한 과전류가 생겼을 때에 자동적으로 전로에서 차단하는 장치를 시설하는 경우

(3) 진열장 및 그안에 단면적 0.75[mm²] 이상인 코드 또는 캡타이어케이블을 사용하는 경우

> **Q 포인트 O·X 퀴즈**
>
> 저압 옥내배선은 2.5[mm²] 이상의 연동선이거나 1[mm²] 이상의 MI 케이블 이어야 한다.
>
> 정답 (O)

2. 나전선의 사용 제한

옥내에 시설하는 저압전선에는 나전선을 사용하여서는 아니 된다. 다만, 다음의 경우에는 그러하지 아니하다.

(1) 애자사용공사에 의하여 전개된 곳에 다음의 전선을 시설하는 경우
   ① 전기로용 전선
   ② 전선의 피복 절연물이 부식하는 장소에 시설하는 전선
   ③ 취급자 이외의 자가 출입할 수 없도록 설비한 장소에 시설하는 전선
(2) 버스덕트공사에 의하여 시설하는 경우
(3) 라이팅덕트공사에 의하여 시설하는 경우
(4) 접촉 전선을 시설하는 경우

3. 고주파 전류에 의한 장해의 방지

전기기계기구가 무선설비의 기능에 계속적이고 또한 중대한 장해를 주는 고주파 전류를 발생시킬 우려가 있는 경우에는 이를 방지하기 위하여 다음에 따라 시설하여야 한다.

(1) 형광 방전등에는 적당한 곳에 정전용량이 $0.006[\mu F]$ 이상 $0.5[\mu F]$ 이하(예열시동식의 것으로 글로우램프에 병렬로 접속할 경우에는 $0.006[\mu F]$ 이상 $0.01[\mu F]$ 이하)인 커패시터를 시설할 것.
(2) 사용전압이 저압이고 정격 출력이 $1[kW]$ 이하인 전기드릴용의 소형교류직권전동기에는 단자 상호 간에 정전용량이 $0.1[\mu F]$ 무유도형 커패시터를, 각 단자와 대지와의 사이에 정전용량이 $0.003[\mu F]$인 충분한 측로효과가 있는 관통형 커패시터를 시설할 것.

4. 배선설비

(1) 애자사용공사

① 전선의 종류
   절연전선 일 것.(단, 옥외용 비닐 절연전선 및 인입용 비닐 절연전선을 제외)
② 이격거리

전압		전선과 조영재와의 이격거리		전선 상호 간격	전선 지지점간의 거리	
					조영재의 상면 또는 측면을 따른 경우	조영재에 따라 시설하지 않는 경우
저압	400[V] 이하	2.5[cm] 이상		6[cm] 이상	2[m] 이하	−
	400[V] 초과	건조한 장소	2.5[cm] 이상			6[m] 이하
		기타의 장소	4.5[cm] 이상			

③ 전선이 조영재를 관통하는 경우에는 그 관통하는 부분의 전선을 전선마다 각각 별 개의 난연성 및 내수성이 있는 절연관에 넣을 것. 다만, 사용전압이 150[V] 이하 인 전선을 건조한 장소에 시설하는 경우로서 관통하는 부분의 전선에 내구성이 있 는 절연 테이프를 감을 때에는 그러하지 아니하다.

④ 애자 사용 공사에 사용하는 애자는 절연성, 난연성 및 내수성의 것이어야 한다.

(2) 합성수지몰드 공사

① 전선의 종류

절연전선 일 것.(단, 옥외용 비닐 절연전선 제외)

② 합성수지 몰드는 홈의 폭 및 깊이가 3.5[cm] 이하의 것일 것. 다만, 사람이 쉽게 접 촉할 우려가 없도록 시설하는 경우에는 폭이 5[cm] 이하의 것을 사용할 수 있다.

(3) 합성수지관공사

① 전선의 종류

절연전선 일 것.(옥외용 비닐 절연전선을 제외)

② 전선은 연선일 것. 단, 다음의 것은 적용하지 않는다.

• 짧고 가는 합성수지관에 넣은 것.

• 단면적 10[mm²] (알루미늄선은 단면적 16[mm²]) 이하의 것.

③ 전선은 합성수지관 안에서 접속점이 없도록 할 것.

④ 관 상호 간 및 박스와는 관을 삽입하는 깊이를 관의 바깥 지름의 1.2배(접착제를 사 용하는 경우에는 0.8배) 이상으로 하고, 관의 지지점 간의 거리는 1.5[m] 이하로 할 것.

암기법

애자사용공사

• [cm] 나오면
  전+조=2.5와 전+전=6

• [m]가 나오면
  상+측=2 와 6

• 기타장소4.5=습기(물기)있는 곳

| CHECK POINT | 난이도 ★★★☆☆   1차 2차 3차

애자사용공사에 의한 440[V]의 옥내배선을 점검할 수 없는 은폐장소에 시설하는 경우 전선과 조영재간의 이격거리는 몇 [cm] 이상이어야 하는가?

① 3.5   ② 4.0

③ 4.5   ④ 5.0

상세해설

전 압		전선과 조영재와의 이격거리	
저압	400[V] 이하	2.5[cm] 이상	
	400[V] 초과	건조한 장소	2.5[cm] 이상
		기타의 장소	4.5[cm] 이상

답 ③

(4) 금속관공사

① 전선의 종류

절연전선 일 것.(옥외용 비닐 절연전선을 제외)

② 전선은 연선일 것. 단, 다음의 것은 적용하지 않는다.

- 짧고 가는 합성수지관에 넣은 것.
- 단면적 10[mm²](알루미늄선은 단면적 16[mm²]) 이하의 것.

③ 관 상호 간 및 관과 박스 기타의 부속품과는 전기적으로 완전하게 접속할 것.

④ 관의 끝 부분에는 전선의 피복을 손상하지 아니하도록 적당한 구조의 부싱을 사용할 것.

⑤ 관의 두께

- 콘크리트에 매설하는 것은 1.2[mm] 이상
- 위 이외의 것은 1[mm] 이상 (단, 이음매가 없는 길이 4[m] 이하인 것을 건조하고 전개된 곳에 시설하는 경우에는 0.5[mm])

(5) 금속몰드공사

① 전선의 종류

절연전선 일 것.(옥외용 비닐 절연전선을 제외)

② 금속 몰드 안에는 전선에 접속점이 없도록 할 것.

(6) 금속제 가요전선관공사

① 전선의 종류

절연전선 일 것.(옥외용 비닐 절연전선을 제외)

② 전선은 연선일 것. 단, 다음의 것은 적용하지 않는다.

단면적 10[mm²](알루미늄선은 단면적 16[mm²]) 이하의 것.

③ 가요전선관 안 전선에 접속점이 없도록 할 것.

④ 가요전선관은 2종 금속제 가요 전선관일 것.

(7) 금속덕트공사

① 전선의 종류

절연전선 일 것.(옥외용 비닐 절연전선을 제외)

② 금속 덕트에 넣은 전선의 단면적(절연피복의 단면적을 포함한다)의 합계는 덕트의 내부 단면적의 20[%](전광표시 장치·출퇴표시등 기타 이와 유사한 장치 또는 제어회로 등의 배선만을 넣는 경우에는 50[%]) 이하일 것.

③ 금속 덕트 안에는 전선에 접속점이 없도록 할 것.

④ 폭이 4[cm] 이상이고 또한 두께가 1.2[mm] 이상 일 것.

⑤ 덕트를 조영재에 붙이는 경우에는 덕트의 지지점 간의 거리를 3[m](취급자 이외의 자가 출입할 수 없도록 설비한 곳에서 수직으로 붙이는 경우에는 6[m]) 이하로 할 것.

이해력 높이기

1종 금속제 가요전선관에는 단면적 2.5[mm²] 이상의 나연동선을 전체 길이에 걸쳐 삽입 또는 첨가하여 그 나연동선과 1종 금속제가요전선관을 양쪽 끝에서 전기적으로 완전하게 접속할 것. 다만, 관의 길이가 4[m] 이하인 것을 시설하는 경우에는 그러하지 아니하다.

이해력 높이기

1종 가요전선관의 사용

전개된 장소 또는 점검할 수 있는 은폐된 장소(옥내배선의 사용전압이 400[V] 초과인 경우에는 전동기에 접속하는 부분으로서 가요성을 필요로 하는 부분에 사용하는 것에 한한다)에는 1종 가요전선관(습기가 많은 장소 또는 물기가 있는 장소에는 비닐 피복 1종 가요전선관에 한한다)을 사용할 수 있다.

이해력 높이기

[금속덕트 공사]

electrical engineer · electrical engineer · electrical engineer · electrical engineer · electrical engineer · electrical engineer · electrical engineer · electrical engineer

콕콕 포인트

(8) 버스덕트배선

① 덕트 상호 간 및 전선 상호 간은 견고하고 또한 전기적으로 완전하게 접속할 것.

② 조영재에 붙이는 경우 덕트의 지지점 간의 거리를 3 [m] (취급자 이외의 자가 출입할 수 없도록 설비한 곳에서 수직으로 붙이는 경우에는 6 [m]) 이하로 할 것.

③ 덕트(환기형의 것을 제외한다)의 끝부분은 막을 것.

④ 내부에 물이 침입하여 고이지 않도록 할 것.

[버스덕트공사]

(9) 라이팅덕트공사

① 덕트의 지지점 간의 거리는 2 [m] 이하로 할 것.

② 덕트의 끝부분은 막을 것

③ 덕트의 개구부는 아래로 향하여 시설할 것.

④ 덕트는 조영재를 관통하여 시설하지 아니할 것.

[라이팅 덕트공사]

(10) 플로어덕트공사

① 전선의 종류

절연전선 일 것.(옥외용 비닐 절연전선을 제외)

② 전선은 연선일 것. 단, 다음의 것은 적용하지 않는다.

단면적 10 [mm²] (알루미늄선은 단면적 16 [mm²]) 이하의 것.

③ 플로어 덕트 안에는 전선에 접속점이 없도록 할 것.(단, 쉽게 점검할 수 있을 때는 가능)

[플로어 덕트공사]

(11) 셀룰러덕트공사

① 전선의 종류

절연전선 일 것.(옥외용 비닐 절연전선을 제외)

② 전선은 연선일 것. 단, 다음의 것은 적용하지 않는다.

단면적 10 [mm²] (알루미늄선은 단면적 16 [mm²]) 이하의 것.

③ 셀룰러 덕트 안에는 전선에 접속점을 만들지 아니할 것.

(단, 쉽게 점검할 수 있을 때는 가능)

(12) 케이블공사

① 전선은 케이블 및 캡타이어케이블일 것.

② 중량물의 압력 또는 현저한 기계적 충격을 받을 우려가 있는 곳에 시설하는 케이블에는 적당한 방호 장치를 할 것.

③ 전선을 조영재의 아랫면 또는 옆면에 따라 붙이는 경우에는 전선의 지지점 간의 거리를 케이블은 2 [m] (사람이 접촉할 우려가 없는 곳에서 수직으로 붙이는 경우에는 6 [m]) 이하 캡타이어 케이블은 1 [m] 이하로 하고 또한 그 피복을 손상하지 아니하도록 붙일 것.

[케이블 공사]

(13) 케이블트레이공사

① 전선은 연피케이블, 알루미늄피케이블 등 난연성 케이블 또는 금속관 혹은 합성수지관 등에 넣은 절연전선을 사용하여야 한다.

② 케이블트레이 안에서 전선을 접속하는 경우에는 전선 접속부분에 사람이 접근할 수 있고 또한 그 부분이 측면 레일 위로 나오지 않도록 하고 그 부분을 절연처리 하여야 한다.

③ 종류

사다리형, 바닥밀폐형, 펀칭형, 그물망형 등

④ 케이블트레이의 선정

- 안전율은 1.5 이상으로 한다.
- 전선의 피복 등을 손상시킬 돌기 등이 없이 매끈하여야 한다.
- 비금속제 케이블 트레이는 난연성 재료의 것이어야 한다.
- 금속재의 것은 적절한 방식처리를 한 것이거나 내식성 재료의 것이어야 한다.
- 금속제 케이블트레이시스템은 기계적 및 전기적으로 완전하게 접속하여야 하며 금속제 트레이는 접지공사를 하여야 한다.

| CHECK POINT | 난이도 ★★★☆☆   1차 2차 3차

제어회로용 절연전선을 금속덕트공사에 의하여 시설하고자 한다. 금속덕트에 넣는 전선의 단면적은 덕트 내부 단면적의 몇 [%] 까지 넣을 수 있는가?

① 20   ② 30
③ 40   ④ 50

상세해설

금속덕트에 넣는 전선의 단면적(절연피복의 단면적을 포함한다)의 합계는 덕트 내부 단면적의 20[%](단, 전광표시장치, 출퇴근표시등, 제어회로 등의 배선만을 넣는 경우는 50[%]) 이하일 것.

답 ④

5. 옥내에 시설하는 저압 접촉전선 배선

이동기중기 · 자동청소기 그 밖에 이동하며 사용하는 저압의 전기기계기구에 전기를 공급하기 위하여 사용하는 접촉전선을 옥내에 시설하는 경우에는 기계기구에 시설하는 경우 이외에는 전개된 장소 또는 점검할 수 있는 은폐된 장소에 애자사용 공사 또는 버스덕트 공사 또는 절연 트롤리 공사에 의하여야 한다.

(1) 애자사용 공사에 의하여 옥내의 전개된 장소에 시설하는 경우

① 전선의 바닥에서의 높이는 3.5[m] 이상일 것.

② 전선과 건조물 또는 주행 크레인에 설치한 보도, 계단, 사다리, 점검대이거나 이와 유사한 것 사이의 이격거리는 위쪽 2.3[m] 이상, 옆쪽 1.2[m] 이상으로 할 것.

③ 인장강도 11.2[kN] 이상의 것 또는 지름 6[mm]의 경동선으로 단면적이 28[mm²] 이상인 것일 것.(단, 사용전압이 400[V] 미만인 경우에는 인장강도 3.44[kN] 이상의 것 또는 지름 3.2[mm] 이상의 경동선으로 단면적이 8[mm²] 이상인 것.)

④ 전선 지지점간의 거리는 6[m] 이하일 것.

⑤ 전선 상호간의 간격은 전선을 수평으로 배열하는 경우에는 14[cm] 이상, 기타의 경우에는 20[cm] 이상일 것.

6. 조명설비

(1) 코드 및 이동전선

옥내에서 조명용 전원코드 또는 이동전선을 습기가 많은 장소 또는 수분이 있는 장소에 시설할 경우에는 고무코드(사용전압이 400[V] 이하인 경우에 한함) 또는 0.6/1 kV EP 고무 절연 클로로프렌캡타이어케이블로서 단면적이 0.75[mm²] 이상인 것이어야 한다.

(2) 콘센트의 시설

① 욕실 또는 화장실 등 인체가 물에 젖어있는 상태에서 전기를 사용하는 장소에 콘센트를 시설하는 경우에 「전기용품안전 관리법」의 적용을 받는 인체감전보호용 누전차단기(정격감도전류 15[mA] 이하, 동작시간 0.03초 이하의 전류동작형의 것에 한한다) 또는 절연변압기(정격용량 3[kVA] 이하인 것에 한한다)로 보호된 전로에 접속하거나, 인체감전보호용 누전차단기가 부착된 콘센트를 시설하여야 한다.

② 습기가 많은 장소 또는 수분이 있는 장소에 시설하는 콘센트 및 기계기구용 콘센트는 접지용 단자가 있는 것을 사용하여 접지하고 방습 장치를 하여야 한다.

③ 주택의 옥내전로에는 접지극이 있는 콘센트를 사용하여 접지하여야 한다.

(3) 점멸기의 시설

① 가정용 전등은 등기구마다 점멸이 가능하도록 할 것.

② 공장 · 사무실 · 학교 · 병원 · 상점 · 기타 많은 사람이 함께 사용하는 장소에 시설하는 전체 조명용 전등은 부분 조명이 가능하도록 전등군을 구분하여 점멸이 가능하도록 하되, 창과 가장 가까운 전등은 따로 점멸이 가능하도록 할 것.(단, 등기구 배열이 1열로 되어 있고 그 열이 창의 면과 평행이 되는 경우에 창과 가장 가까운 전등은 따로 점멸이 가능하도록 하지 아니할 수 있다)

③ 가로등, 경기장, 공장, 아파트 단지 등의 일반조명을 위하여 시설하는 고압방전등은 그 효율이 70[ℓm/W] 이상의 것이어야 한다.

electrical engineer · electrical engineer · electrical engineer · electrical engineer · electrical engineer · electrical engineer · electrical engineer · electrical e

④ 타임스위치의 시설

관광숙박업 또는 숙박업	일반주택 및 아파트 각 호실의 현관등
1분 이내 소등	3분 이내 소등

(4) 진열장 또는 이와유사한 것의 내부 배선

① 건조한 곳에 시설하고 또한 내부를 건조한 상태로 사용하는 진열장 안의 사용전압이 400[V] 이하인 저압 옥내배선은 외부에서 보기 쉬운 곳에 한하여 코드 또는 캡타이어 케이블을 조영재에 접촉하여 시설할 수 있다.

② 배선시설

전선은 단면적이 0.75[mm²] 이상인 코드 또는 캡타이어 케이블일 것.

(5) 옥외등

① 대지전압 : 300[V] 이하로 할 것.

② 옥외등의 인하선

- 애자사용공사(지표상 2[m] 이상의 높이에서 노출된 장소)
- 금속관공사, 합성수지관공사
- 케이블공사(알루미늄피 등 금속제 외피가 있는 것은 목조 이외)

| **CHECK POINT** | 난이도 ★★★☆☆ | 1차 | 2차 | 3차 |

일반주택 및 아파트 각 호실의 현관등은 몇 분 이내에 소등 되도록 타임스위치를 시설해야 하는가?

① 3   ② 4
③ 5   ④ 6

상세해설

관광숙박업 또는 숙박업	일반주택 및 아파트 각 호실의 현관등
1분 이내 소등	3분 이내 소등

답 ①

(6) 네온방전등

① 전선은 네온 전선일 것

② 전선은 조영재의 옆면 또는 아랫면에 붙일 것. 다만, 전선을 전개된 장소에 시설하는 경우에 기술상 부득이한 때에는 그러하지 아니하다.

③ 전선의 지지점 간의 거리는 1[m] 이하일 것

④ 전선 상호 간의 간격은 6[cm] 이상일 것

⑤ 애자는 절연성 · 난연성 및 내수성이 있는 것일 것

(7) 출퇴표시등

① 1차 대지전압 300[V] 이하, 2차 사용전압 60[V] 이하의 절연변압기일 것.

② 출퇴표시등 회로의 전선을 조영재에 붙여 시설하는 경우 전선은 단면적 1.0[mm²] 이상의 연동선 이상의 코드, 케이블, 캡타이어케이블이나 0.65[mm] 이상의 통신용 케이블일 것.

③ 전선은 케이블, 캡타이어케이블을 제외하고 합성수지몰드, 합성수지관, 금속관, 금속몰드, 가요전선관, 금속덕트, 플로어덕트에 넣어 시설할 것.

(8) 수중조명등

① 1차 사용전압 400[V] 이하, 2차측 150[V] 이하의 절연변압기를 사용할 것.(절연변압기 2차측 전로는 비접지)

② 절연변압기는 그 2차측 전로의 사용전압이 30[V] 이하인 경우에는 1차 권선과 2차 권선 사이에 금속제의 혼촉방지판을 설치하고, 30[V]를 초과하는 경우 지락이 발생하면 자동적으로 전로를 차단하는 정격감도전류 30[mA] 이하의 누전차단기를 시설할 것.

③ 절연변압기 2차측 전로에는 개폐기 및 과전류차단기를 각 극에 시설할 것.

(9) 교통신호등

교통신호등 회로로부터 전구까지의 전로 사용전압은 300[V] 이하로 다음과 같이 시설한다.

① 전선은 케이블인 경우 이외는 공칭단면적 2.5[mm²] 연동선과 동등 이상의 세기 및 450/750[V] 일반용 단심 비닐절연전선 또는 450/750[V] 내열성 에틸렌아세테이트 고무절연전선일 것.

② 조가용선 사용시 인장강도 3.70[kN]의 금속선 또는 지름 4[mm] 이상의 아연도 철선을 2가닥 이상을 꼰 금속선에 매달 것.

③ 전선의 지표상의 높이는 2.5[m] 이상일 것.

④ 제어장치의 전원측에는 전용 개폐기 및 과전류차단기를 시설하고 150[V]를 넘는 경우는 지락차단장치를 시설한다.

| CHECK POINT | 난이도 ★★★★☆ | 1차 | 2차 | 3차 |

풀용 수중조명등의 시설공사에서 절연변압기는 그 2차측 전로의 사용전압이 몇 이하인 경우에는 1차권선과 2차권선 사이에 금속제의 혼촉방지판을 설치하여야 하는가?

① 30[V]   ② 40[V]
③ 50[V]   ④ 60[V]

상세해설

절연변압기는 그 2차측 전로의 사용전압이 30[V] 이하인 경우에는 1차 권선과 2차 권선 사이에 금속제의 혼촉방지판을 설치한다.

답   ①

Q 포인트 O·X 퀴즈

교통신호등 회로의 사용전압은 300[V] 이하이어야 한다.
정답(O)

◆ 이해력 높이기

비상용예비전원설비
자동 전원공급은 절환 시간에 따라 다음과 같이 분류된다.
· 무순단 : 과도시간 내에 전압 또는 주파수 변동 등 정해진 조건에서 연속적인 전원공급이 가능한 것
· 순단 : 0.15초 이내 자동 전원공급이 가능한 것
· 단시간 차단 : 0.5초 이내 자동 전원공급이 가능한 것
· 보통 차단 : 5초 이내 자동 전원공급이 가능한 것
· 중간 차단 : 15초 이내 자동 전원공급이 가능한 것
· 장시간 차단 : 자동 전원공급이 15초 이후에 가능한 것

콕콕 포인트

electrical engineer · electrical engineer · electrical engineer · electrical engineer · electrical engineer · electrical engineer · electrical engineer · electrical e

5 특수설비

1. 특수시설

(1) 전기울타리

전기울타리는 목장, 논밭 등 옥외에서 가축의 탈출 또는 야생짐승의 침입을 방지하기 위하여 시설하는 경우를 제외하고는 시설해서는 안된다.

① 사용전압은 250[V] 이하이어야 한다.

② 사람이 쉽게 출입하지 아니하는 곳에 시설할 것.

③ 전선은 인장강도 1.38[kN] 이상의 것 또는 지름 2[mm] 이상의 경동선일 것.

④ 전선과 이를 지지하는 기둥 사이의 이격거리는 2.5[cm] 이상일 것.

⑤ 전선과 다른 시설물(가공전선 제외) 또는 수목 사이의 이격거리는 30[cm] 이상일 것.

⑥ 사람이 보기 쉽도록 적당한 간격으로 위험표시를 할 것.

　　ⓐ 크기 : 100[mm] × 200[mm] 이상

　　ⓑ 배경색 : 노란색

　　ⓒ 글자색 : 검은색 ("감전주의 : 전기울타리")

　　ⓓ 글자크기 25[mm] 이상

위험 표시

전선은 인장 강도 1.38[kN] 이상
또는 2[mm] 이상 경동선을 사용한다.

말뚝은 쉽게 쓰러지지 않도록
충분히 깊게 묻는다.

다른 시설물 또는 수목과
30[cm] 이상 이격한다.

(2) 전기욕기

① 사용전압은 10[V] 이하 일 것.

② 전극간의 거리는 1[m] 이상일 것.

③ 배선은 공칭단면적 2.5[mm²] 이상의 연동선과 동등 이상의 세기 및 굵기의 절연전선(옥외용 비닐절연전선을 제외) 또는 케이블 또는 공칭단면적이 1.5[mm²] 이상의 캡타이어 케이블을 사용하고 합성수지관 공사, 금속관 공사 또는 케이블 공사에 의하여 시설하거나 또는 공칭단면적이 1.5[mm²] 이상의 캡타이어 코드를 합성수지관 또는 금속관에 넣고 관을 조영재에 견고하게 붙일 것.

④ 전기욕기용 전원장치로부터 욕조안의 전극까지의 전선 상호 간 및 전선과 대지 사이의 절연저항 값은 기술기준 52조에 따른다.

콕콕 포인트

(3) 전기온상 등

전기온상 등(식물의 재배 또는 양잠, 부화, 등의 용도로 사용하는 전열장치를 말한다.)
은 다음에 따라 시설하여야 한다.

① 전기를 공급하는 전로의 대지전압은 300[V] 이하일 것.

② 발열선 및 발열선에 직접 접속하는 전선은 전기온상선 일 것.

③ 발열선은 그 온도가 80[℃]를 넘지 아니하도록 시설할 것.

④ 발열선은 다른 전기설비, 약전류전선 등 또는 수관, 가스관이나 이와 유사한 것에
전기적, 자기적 또는 열적인 장해를 주지 않도록 할 것.

♥ 이해력 높이기

발열선의 지지점 간의 거리는 1[m]
이하일 것. 다만, 발열선 상호 간의 간
격이 0.06[m] 이상인 경우에는
2[m] 이하로 할 수 있다.

(4) 전격살충기

① 전격살충기는 지표 또는 바닥에서 3.5[m] 이상에 시설할 것. 다만, 2차측 개방 전
압이 7[kV] 이하의 절연변압기를 사용하고 또한 보호격자의 내부에 사람의 손이
들어갔을 경우 또는 보호격자에 사람이 접촉될 경우 절연변압기의 1차측 전로를 자
동적으로 차단하는 보호장치를 시설한 것은 지표 또는 바닥에서 1.8[m] 까지 감
할 수 있다.

② 전격살충기의 전격격자와 다른 시설물(가공전선은 제외한다) 또는 식물과의 이격
거리는 0.3[m] 이상일 것.

(5) 유희용 전차

유희용 전차안의 전로 및 여기에 전기를 공급하기 위하여 사용하는 전기설비는 다음
에 따라 시설하여야 한다.

① 유희용 전차에 전기를 공급하는 전로의 사용전압은 직류의 경우는 60[V] 이하, 교
류의 경우는 40[V] 이하일 것.

② 전기를 공급하기 위하여 사용하는 접촉전선은 제3레일 방식에 의하여 시설할 것.

③ 유희용 전차에 전기를 공급하는 전로의 사용전압으로 전기를 변성하기 위하여 사
용하는 변압기의 1차 전압은 400[V] 이하일 것.

④ 전차 안에 승압용 변압기를 사용하는 경우는 절연변압기로 그 변압기의 2차 전압
은 150[V] 이하일 것.

⑤ 접촉전선과 대지와의 절연저항은 사용전압에 대한 누설전류가 궤조의 연장 1[km]
에 대해 100[mA]를 넘지 않도록 할 것.

⑥ 유희용 전차 안의 전로와 대지와의 절연저항은 사용전압에 대한 누설전류가 규정
전류의 1/5000을 넘지 않도록 할 것.

암기법

직육교사
유치원생들과 놀이공원을 갔는데 인솔
하는 교사 이름이 직육이다.

(6) 아크 용접기

가반형의 용접 전극을 사용하는 아크 용접장치는 다음에 의하여 시설하여야 한다.

① 용접변압기는 절연변압기일 것.

② 용접변압기의 1차측 전로의 대지전압은 300[V] 이하일 것.

③ 용접변압기의 1차측 전로에는 용접변압기에 가까운 곳에 쉽게 개폐할 수 있는 개폐기를 시설할 것.

④ 용접변압기의 2차측 전로 중 용접변압기로부터 용접전극에 이르는 부분 및 용접변압기로부터 피용접재에 이르는 부분은 용접용케이블 일 것.

⑤ 피용접재 또는 이와 전기적으로 접속되는 받침대, 정반 등의 금속체에는 접지공사를 할 것.

(7) 도로 등의 전열장치

발열선을 도로, 주차장 또는 조영물의 조영재에 고정시켜 시설하는 경우에는 다음에 따라야 한다.

① 발열선에 전기를 공급하는 전로의 대지전압은 300[V] 이하일 것.

② 발열선에 직접 접속하는 전선은 MI케이블, 클로로프렌 외장케이블 등 발열선 접속용 케이블일 것.

③ 발열선은 그 온도가 80[℃]를 넘지 아니하도록 시설할 것.(단, 도로 또는 옥외주차장에 금속피복을 한 발열선을 시설할 경우에는 발열선의 온도를 120[℃] 이하)

(8) 소세력회로의 시설

① 대지전압 300[V] 이하, 2차 사용전압 60[V] 이하 절연변압기일 것.

② 절연변압기의 2차 단락전류 및 과전류차단기의 정격전류

소세력 회로의 최대 사용전압의 구분	2차 단락전류	과전류 차단기의 정격전류
15[V] 이하	8[A]	5[A]
15[V] 초과 30[V] 이하	5[A]	3[A]
30[V] 초과 60[V] 이하	3[A]	1.5[A]

(9) 전기부식방지 시설

① 사용전압은 직류 60[V] 이하일 것.

② 지중에 매설하는 양극은 75[cm] 이상의 깊이일 것.

③ 수중에 시설하는 양극과 그 주위 1[m] 안의 임의의 점과의 전위차는 10[V] 이내, 지표 또는 수중에서 1[m] 간격을 갖는 임의의 2점간 전위차는 5[V] 이내이어야 한다.

---

al engineer · electrical engineer · electrical engineer · electrical engineer · electrical engineer · electrical engineer · electrical engineer · electrical engineer

콕콕 포인트

④ 가공 시설시 케이블인 경우를 제외하고 2[mm] 경동선 일 것.

⑤ 지중에 시설시 전선은 공칭단면적 4.0[mm²]의 연동선 일 것.

(10) 분진 위험장소

① 폭연성 분진 또는 화약류의 분말이 전기설비가 발화원이 되어 폭발할 우려가 있는 곳 – 금속관배선 또는 케이블배선에 의할 것.

② 가연성 분진에 전기설비가 발화원이 되어 폭발할 우려가 있는 곳(폭연성 분진 제외) – 합성수지관배선, 금속관배선 또는 케이블배선

| CHECK POINT | 난이도 ★★★☆☆   1차 2차 3차

어느 유원지의 어린이 놀이기구인 유희용 전차에 전기를 공급하는 전로의 사용전압은 교류인 경우 몇 [V] 이하이어야 하는가?

① 20   ② 40
③ 60   ④ 100

상세해설

유희용 전차
- 전로의 사용전압은 직류의 경우 60[V] 이하, 교류의 경우 40[V] 이하일 것.
- 전기를 공급하기 위하여 사용하는 접촉전선은 제3레일 방식일 것.
- 전기를 변성하기 위하여 사용하는 변압기의 1차 전압은 400[V] 이하일 것.
- 전차 안의 승압용 변압기의 2차 전압은 150[V] 이하일 것.

답 ②

---

(11) 화약류 저장소 등의 위험장소

① 전로의 대지전압은 300[V] 이하일 것.

② 전기기계기구는 전폐형의 것일 것.

③ 케이블을 전기기계기구에 인입할 때에는 인입구에서 케이블이 손상될 우려가 없도록 시설할 것.

④ 전용의 개폐기 및 과전류차단기를 화약류 저장소 이외의 곳에 취급자 이외의 자가 쉽게 조작할 수 없도록 시설하고 또한 전로에 지락이 생겼을 때에 자동적으로 전로를 차단하거나 경보하는 장치를 시설하여야 한다.

(12) 전시회, 쇼 및 공연장의 전기설비

무대 · 무대마루 밑 · 오케스트라박스 · 영사실 기타 사람이나 무대 도구가 접촉할 우려가 있는 곳에 시설하는 저압 옥내배선, 전구선 또는 이동전선은 사용전압이 400[V] 이하일 것.

⊙ 이해력 높이기

위험물 등이 있는 곳에서의 전기설비의 시설(판단기준201조)
합성수지관공사(경질비닐전선관공사), 금속관공사, 케이블공사

콕콕 포인트

electrical engineer · electrical engineer · electrical engineer · electrical engineer · electrical engineer · electrical engineer · electrical engineer · electrical

(13) 의료장소

① 의료장소의 구분

- 그룹 0 : 장착부를 사용하지 않는 의료장소
  (일반병실, 진찰실, 검사실, 재활치료실 등)
- 그룹 1 : 장착부를 환자의 신체 외부 또는 심장 부위를 제외한 환자의 신체 내부에 삽입시켜 사용하는 의료장소
  (분만실, MRI실, X선 검사실, 인공투석실, 내시경실등)
- 그룹 2 : 장착부를 환자의 심장 부위에 삽입 또는 접촉시켜 사용하는 의료장소
  (중환자실, 수술실, 마취실, 심혈관조영실등)

② 의료장소별 접지계통의 분류

- 그룹 0 : TT 또는 TN 계통
- 그룹 1 : TT 또는 TN 계통
- 그룹 2 : 의료 IT 계통

③ 의료장소내의 비상전원

- 절환시간 0.5초 이내 : 그룹1,2의 수술등, 내시경, 수술실 테이블, 필수 조명
- 절환시간 15초 이내 : 그룹2의 최소 50[%]의 조명, 그룹1의 최소 1개의 조명
- 절환시간 15초 초과 : 병원의 기능을 유지하기 위한 조명 및 기기 설비

| CHECK POINT | 난이도 ★☆☆☆☆   1차 2차 3차

폭연성 분진 또는 화약류의 분말이 존재하는 곳의 저압 옥내배선은 어느 공사에 의하는가?

① 애자사용공사   ② 캡타이어 케이블 공사
③ 합성수지관공사   ④ 금속관 공사

상세해설

폭연성 분진, 화약류 분말이 존재하는 곳은 금속관공사, 또는 케이블공사(캡타이어케이블을 제외)에 의하여야 한다.

답 ④

저압 전기설비
출제예상문제

- QR 코드를 찍으시면, 가장 중요한 우선순위 문제풀이 영상을 보실 수 있습니다.
- 우선순위 논점은 전기(산업)기사 시험에서 가장 출제 빈도가 높은 문제로써, 수험생분들께서는 각 파트별 우선순위 문제의 논점과 키워드를 학습하시기를 바랍니다.
- 체크 리스트를 작성하시면서 문제의 유형과 학습의 완성도를 스스로 체크 해 보시기를 바랍니다.
- "선생님의 콕콕 포인트"는 틀리기 쉬운 문제의 함정과 문제의 포인트를 집어드립니다. 우선순위 문제풀이의 포인트를 꼭 참고하고 응용문제의 해결능력을 길러 줍니다.

번호	우선순위 논점	KEY WORD	나의 정답 확인					선생님의 콕콕 포인트
			맞음	틀림(오답확인)				
				이해 부족	암기 부족	착오 실수		
1	누전차단기	시설전압						50V를 초과
3	저압퓨즈	불용단, 용단						16V기준 1.5배 또는 1.25배에 견딜것
12	가공전선 굵기	저압가공전선의 굵기						절연전선2.6 , 나전선 3.2
21	애자사용배선	애자사용시 이격거리						전선간 6 조영자와 전선2.5
28	금속덕트배선	배선 사용면적						일반 : 20%, 제전출 사용시 50%
36	타임스위치	주거용 및 숙박용						주거용 : 3분이내, 숙박용 1분이내
45	유희용전차	사용전압 및 변압기 전압						사용전압 : 직육교사 변압기 승압용 2차 150V이하

★★★☆☆
01 누전차단기는 금속제 외함을 가지는 사용전압이 몇 [V]를 초과하는 저압의 기계 기구로서 사람이 쉽게 접촉할 우려가 있는 곳에 시설하는 것에 전기를 공급하는 전로에 시설하는가?

① 40[V] ② 50[V]
③ 60[V] ④ 90[V]

🔍 해설

누전자단기는 금속제 외함을 가지는 사용전압이 50[V]를 초과하는 저압의 기계 기구로서 사람이 쉽게 접촉할 우려가 있는 곳에 시설하는 것에 전기를 공급하는 전로에 시설한다.

★★★☆☆
02 전원 측에서 분기점 사이에 다른 분기회로 또는 콘센트의 접속이 없고, 단락의 위험과 화재 및 인체에 대한 위험성이 최소화 되도록 시설된 경우, 보호장치는 분기회로의 분기점으로부터 몇 [m]까지 이동하여 설치할 수 있는가?

① 0.5 ② 1.0
③ 2.0 ④ 3.0

🔍 해설

단락의 위험과 화재 및 인체에 대한 위험성이 최소화 되도록 시설된 경우, 보호장치는 분기회로의 분기점으로부터 3[m]까지 이동하여 설치할 수 있다.

★★★☆☆
03 과전류차단기로 저압전로에 사용하는 50[A] 퓨즈는 수평으로 붙일 경우 정격전류의 1.6배 전류를 통한 경우에 몇 분 안에 용단되어야 하는가?

① 60분 ② 120분
③ 180분 ④ 240분

🔍 해설

저압전로의 퓨즈의 시설

[정답] 01 ② 02 ④ 03 ①

정격전류의 구분	시간(분)	정격전류의 배수	
		부동작전류	동작전류
4[A] 이하	60	1.5배	2.1배
4[A] 초과 16[A] 미만	60	1.5배	1.9배
16[A] 이상 63[A] 이하	60	1.25배	1.6배
63[A] 초과 160[A] 이하	120	1.25배	1.6배
160[A] 초과 400[A] 이하	180	1.25배	1.6배
400[A] 초과	240	1.25배	1.6배

★★★☆☆

04 저압전로에 사용하는 배선용 차단기의 경우 주택용일 경우 63[A] 이하 일 때 부동작 전류는 몇 배 인가?

① 1.05배
② 1.13배
③ 1.3배
④ 1.45배

🔍 **해설**

저압전로에 사용하는 배선용 차단기의 시설

[과전류트립 동작시간 및 특성(주택용)]

정격전류의 구분	시간(분)	정격전류의 배수	
		부동작전류	동작전류
63[A] 이하	60	1.13배	1.45배
63[A] 초과	120	1.13배	1.45배

★★★☆☆

05 옥내에 시설하는 전동기에는 전동기가 소손될 우려가 있는 과전류가 생겼을 때 자동적으로 이를 저지하거나 이를 경보하는 장치를 하여야 하는데, 단상 전동기인 경우 전원측 전로에 시설하는 과전류차단기의 정격전류가 몇 [A] 이하이면, 이 과부하 보호 장치를 시설하지 않아도 되는가?

① 10[A]
② 16[A]
③ 30[A]
④ 50[A]

🔍 **해설**

전동기의 과부하 보호 장치의 시설

옥내에 시설하는 전동기(정격출력이 0.2[kW] 이하인 것을 제외한다.)에는 전동기가 소손될 우려가 있는 과전류가 생겼을 때에 자동적으로 이를 저지하거나 이를 경보하는 장치를 하여야 한다. 다만, 다음에 해당하는 경우에는 그러하지 아니하다.

• 전동기를 운전중 상시 취급자가 감시할 수 있는 위치에 시설하는 경우
• 전동기의 구조상 또는 전동기의 부하의 성질상 전동기의 권선에 전동기가 소손할 우려가 있는 과전류가 생길 우려가 없는 경우
• 전동기가 단상의 것으로 그 전원측 전로에 시설하는 과전류차단기의 정격전류가 16[A](배선용차단기는 20[A]) 이하인 경우
• 0.2[kW] 이하의 전동기인 경우

★★★☆☆

06 옥내에 시설하는 전동기가 과전류로 소손될 우려가 있을 경우 자동적으로 이를 지지하거나 경보하는 장치를 하여야 한다. 정격출력이 몇 [kW] 이하인 전동기에는 이와같은 과부하 보호장치를 시설하지 않아도 되는가?

① 0.2
② 0.75
③ 3
④ 5

🔍 **해설**

전동기의 과부하 보호 장치의 시설

옥내에 시설하는 전동기(정격출력이 0.2[kW] 이하인 것을 제외한다.)에는 전동기가 소손될 우려가 있는 과전류가 생겼을 때에 자동적으로 이를 저지하거나 이를 경보하는 장치를 하여야 한다.

★★★☆☆

07 저압 연접인입선의 시설에 맞지 않는 것은?

① 인입선에서 분기점까지 100[m]를 넘는 지역에 미치지 아니할 것
② 폭 5[m]를 넘는 도로를 횡단하지 아니할 것
③ 옥내를 통과하지 아니할 것
④ 전선은 1.6[mm]의 경동선 또는 동등 이상의 세기 및 굵기의 것

🔍 **해설**

연접인입선

전선은 지름 2.6[mm] 이상의 것 또는 인장강도 2.30[kN] 이상

★★★☆☆

08 저압 가공인입선 시설시 사용 할 수 없는 전선은?

① 절연전선, 케이블
② 경간 20[m] 이하 인 경우 지름 2[mm] 이상의 인입용 비닐절연전선
③ 2.6[mm] 이상의 인입용 비닐절연전선
④ 사람이 접촉 우려가 없도록 시설하는 경우 옥외용 비닐절연전선

🔍 해설

저압 인입선의 시설
· 절연전선의 사용시 구분
· 경간 15[m] 이하 : 인장강도 1.25[kN] 또는 지름 2[mm] 이상 인입용 비닐절연전선
· 경간 15[m] 초과 : 인장강도 2.30[kN] 또는 지름 2.6[mm] 이상 인입용 비닐절연전선

★★★☆☆

09 저압가공인입선은 도로횡단시 지표상 높이는 몇 [m] 이상이어야 하는가?

① 3[m] ② 4[m]
③ 5[m] ④ 6[m]

🔍 해설

가공 인입선의 높이

설치장소	저압[m]	고압[m]
도로횡단	5 이상	6 이상
철도 또는 궤도 횡단	6.5 이상	6.5 이상
횡단보도교위 위험표시	3 이상	3.5 이상

★★☆☆☆

10 저압 옥측전선로에 사용하는 연동선의 굵기는 몇 [mm²] 이상 이어야 하는가?

① 2.0[mm²] ② 3.2[mm²]
③ 4.0[mm²] ④ 5.0[mm²]

🔍 해설

저압 옥측전선로의 시설
전선은 공칭단면적 4[mm²] 이상의 연동선 일 것

★★★☆☆

11 저압 옥상전선로에 시설하는 전선은 인장강도 2.30[kN] 이상의 것 또는 지름이 몇 [mm] 이상의 경동선 이어야 하는가?

① 1.6[mm] ② 2.0[mm]
③ 2.6[mm] ④ 3.2[mm]

🔍 해설

저압 옥상전선로의 시설
· 전선은 절연전선일 것
· 전선은 지름 2.6[mm] 이상의 경동선 또는 인장강도 2.30[kN] 이상일 것
· 전선은 조영재에 견고하게 붙인 지지주 또는 지지대에 절연성·난연성 및 내수성이 있는 애자를 사용하여 지지하고 또한 그 지지점간의 거리는 15[m] 이하일 것
· 저압 옥상전선로의 전선은 상시 부는 바람 등에 의하여 식물에 접촉하지 아니하도록 시설하여야 한다.

★★★☆☆

12 사용전압이 400[V] 이하인 저압 가공전선은 케이블이나 절연전선인 경우를 제외하고 인장강도가 3.43[kN] 이상인 것 또는 지름이 몇 [mm] 이상의 경동선이어야 하는가?

① 1.2[mm] ② 2.6[mm]
③ 3.2[mm] ④ 4.0[mm]

🔍 해설

가공전선의 굵기 및 종류

저·고압 가공전선의 굵기					
	400[V] 이하		400[V] 초과 저압, 고압		
나전선	3.2[mm]	3.43[kN]	시가지	5.0[mm]	8.01[kN]
절연전선	2.6[mm]	2.30[kN]	시가지외	4.0[mm]	5.26[kN]

★★★★★

13 시가지에서 저압 가공전선로를 도로를 따라 시설할 경우 지표상의 최저 높이는 몇 [m] 이상이어야 하는가?

① 4.5[m] ② 5[m]
③ 5.5[m] ④ 6[m]

[**정답**] 09 ③ 10 ③ 11 ③ 12 ③ 13 ②

🔍 해설

가공전선의 높이

저·고압 가공전선의 높이	
설치장소	가공전선 높이[m]
도로횡단	6 이상
철도 또는 궤도횡단	레일면상 6.5 이상
횡단보도교 위	3.5 이상 (단, 절연전선 : 3 이상)
기타 (예 도로를 따라 시설), 위조건 사항 인 아닌 경우	5 이상

★★★☆☆

14 사용전압 380[V]인 저압 보안공사에 사용되는 경동선은 그 지름이 최소 몇 [mm] 이상의 것을 사용하여야 하는가?

① 2.0   ② 2.6

③ 4.0   ④ 5.0

🔍 해설

저압 보안공사

전선은 케이블인 경우 이외에는 인장강도 8.01[kN] 이상 또는 지름 5[mm] 이상의 경동선(400[V] 이하 : 인장강도 5.26[kN] 이상의 것 또는 지름 4[mm] 이상의 경동선)

★★★☆☆

15 농사용 저압 가공전선로의 시설 기준으로 틀린 것은?

① 사용전압이 저압일 것

② 전선로의 경간은 40[m] 이하일 것

③ 저압 가공전선의 인장강도는 1.38[kN] 이상일 것

④ 저압 가공전선의 지표상 높이는 3.5[m] 이상일 것

🔍 해설

저압 농사용 전선로의 시설

농사용 전선로의 경간은 30[m] 이하일 것

★★★☆☆

16 저압 옥내배선의 사용전선으로 적합하지 않은 것은?

① 단면적 2.5[mm²] 이상의 연동선

② 단면적 1[mm²] 이상의 미네럴인슈레이션 케이블

③ 사용전압 400[V] 이하인 경우 전광표시 장치에 사용한 단면적 0.75[mm²] 이상의 연동선

④ 사용전압 400[V] 이하인 경우 출퇴 표시등에 사용한 단면적 0.75[mm²] 이상의 다심케이블

🔍 해설

저압 옥내배선의 사용전선

전광표시 장치·출퇴 표시등 기타 이와 유사한 장치 또는 제어회로 등의 배선에 단면적 0.75[mm²] 이상인 다심케이블 또는 다심 캡타이어 케이블을 사용하고 또한 과전류가 생겼을 때에 자동적으로 전로에서 차단하는 장치를 시설하는 경우

★★★☆☆

17 저압 옥내배선 공사에 사용하는 MI 케이블의 최소 굵기는 몇 [mm²] 이상의 것 인가?

① 1[mm²]   ② 1.2[mm²]

③ 2[mm²]   ④ 2.6[mm²]

🔍 해설

저압옥내배선의 사용전선

저압 옥내배선은 2.5[mm²] 이상의 연동선 또는 MI(미네럴인슈레이션)케이블 1[mm²] 이상을 사용한다.

★★★☆☆

18 옥내에 시설하는 저압전선으로 나전선을 절대로 사용할 수 없는 것은?

① 유희용 전차에 전기를 공급하기 위하여 접촉전선을 사용하는 경우

② 애자사용공사에 의하여 전개된 곳에 전기로용 전선을 시설하는 경우

③ 버스덕트공사에 의하여 시설하는 경우

④ 금속덕트공사에 의하여 시설하는 경우

🔍 해설

나전선의 사용제한

다음의 경우를 제외하고 나전선을 사용하여서는 아니 된다.
전기로용 전선, 버스덕트공사, 라이팅덕트공사 및 접촉전선을 시설하는 경우 나전선을 사용할 수 있다.

[정답] 14 ③ 15 ② 16 ③ 17 ① 18 ④

★★☆☆☆

19 전기기계기구가 무선설비의 기능에 계속적이고 또한 중대한 장해를 주는 고주파 전류를 발생시킬 우려가 있는 경우에는 이를 방지하기 위한 조치를 하여야 하는데 다음 중 형광방전등에 시설하여야 하는 커패시터의 정전용량은 몇 [μF]이어야 하는가? (단, 형광방전등은 예열시동식이 아닌 경우이다)

① 0.1[μF] 이상 1[μF] 이하

② 0.6[μF] 이상 1[μF] 이하

③ 0.006[μF] 이상 0.5[μF] 이하

④ 0.006[μF] 이상 0.1[μF] 이하

🔍 **해설**

고주파 전류에 의한 장해의 방지
형광방전등에는 적당한 곳에 정전용량이 0.006[μF] 이상 0.5[μF] 이하(예열시동식의 것으로 글로우램프에 병렬로 접속할 경우에는 0.006[μF] 이상 0.01[μF] 이하)인 커패시터를 시설할 것

★★★☆☆

20 저압 옥내배선을 할 때 인입용 비닐절연전선을 사용할 수 없는 공사는?

① 합성수지관배선

② 금속몰드배선

③ 애자사용배선

④ 가요전선관배선

🔍 **해설**

애자사용배선
애자사용배선에 의한 저압 옥내배선은 절연전선(옥외용 비닐절연전선 및 인입용 비닐절연전선을 제외)일 것

★★★★★

21 380[V] 동력용 옥내배선을 전개된 장소에서 애자사용공사로 시공할 때 전선간의 간격은 몇 [cm] 이상이어야 하는가? (단, 전선은 절연전선을 사용한다.)

① 2[cm]   ② 4[cm]

③ 6[cm]   ④ 8[cm]

🔍 **해설**

애자사용배선

전압		전선과 조영재와의 이격거리		전선 상호 간격	전선 지지점간의 거리	
					조영재의 상면 또는 측면을 따른 경우	조영재에 따라 시설하지 않는 경우
저압	400[V] 이하	2.5[cm] 이상		6[cm] 이상	2[m] 이하	–
	400[V] 초과	건조한 장소	2.5[cm] 이상			6[m] 이하
		기타의 장소	4.5[cm] 이상			

★★★☆☆

22 합성수지몰드배선에 의한 저압 옥내배선의 시설방법으로 옳은 것은?

① 전선으로는 단선만을 사용하고 연선을 사용하여서는 아니 된다.

② 전선으로 옥외용 비닐절연전선을 사용하였다.

③ 합성수지몰드 안에 전선의 접속점을 두기 위하여 합성수지제의 조인트 박스를 사용하였다.

④ 합성수지몰드 안에는 전선의 접속점을 최소 2개소 두어야 한다.

🔍 **해설**

합성수지몰드배선
- 전선은 절연전선(옥외용 비닐절연전선을 제외한다)일 것
- 합성수지몰드 안에는 전선에 접속점이 없도록 할 것. 다만 합성수지몰드 안의 전선을 합성수지제의 조인트 박스를 사용하여 접속할 경우에는 그러하지 아니하다.
- 합성수지몰드는 홈의 폭 및 깊이가 3.5[cm] 이하의 것일 것. 다만, 사람이 쉽게 접촉할 우려가 없도록 시설하는 경우에는 폭이 5[cm] 이하의 것을 사용할 수 있다.

★★★☆☆

23 합성수지관배선에 의한 저압 옥내배선에 대한 설명으로 옳은 것은?

[**정답**] 19 ③ 20 ③ 21 ③ 22 ③ 23 ③

① 합성수지관 안에 전선의 접속점이 있어도 된다.

② 전선은 반드시 옥외용 비닐절연전선을 사용한다.

③ 단면적 10 [mm²] 이하의 연동선은 단선을 사용할 수 있다.

④ 관의 지지점간의 거리는 3 [m] 이하로 한다.

해설

합성수지관공사
* 전선의 종류
  절연전선 일 것(옥외용 비닐 절연전선을 제외)
* 전선은 연선일 것. 단, 다음의 것은 적용하지 않는다.
  – 짧고 가는 합성수지관에 넣은 것.
  – 단면적 10[mm²](알루미늄선은 단면적 16[mm²]) 이하의 것
* 전선은 합성수지관 안에서 접속점이 없도록 할 것
* 관 상호 간 및 박스와는 관을 삽입하는 깊이를 관의 바깥 지름의 1.2배(접착제를 사용하는 경우에는 0.8배) 이상으로 하고, 관의 지지점 간의 거리는 1.5[m] 이하로 할 것

★★★☆☆

24 합성수지관공사시 관 상호간과 박스와의 접속은 관의 삽입하는 깊이를 관 바깥지름의 몇 배 이상으로 하여야 하는가?

① 0.5배　　② 0.9배
③ 1.0배　　④ 1.2배

해설

합성수지관공사
관 상호간 및 박스와는 관을 삽입하는 깊이를 관의 바깥지름의 1.2배(접착제를 사용할 때는 0.8배) 이상으로 접속할 것

★★★★☆

25 옥내배선의 사용전압이 200 [V]인 경우에 이를 금속관공사에 의하여 시설하려고 한다. 다음 중 옥내배선의 시설로서 옳은 것은?

① 전선은 연선을 사용하나 단면적 10 [mm²] 이하의 것은 단선을 사용할 수 있다.

② 전선은 옥외용 비닐절연전선을 사용하였다.

③ 콘크리트에 매설하는 전선관의 두께는 1.0 [mm]를 사용하였다.

④ 금속관에는 접지공사를 하였다.

해설

금속관공사
* 전선의 종류
  절연전선 일 것(옥외용 비닐 절연전선을 제외)
* 전선은 연선일 것. 단, 다음의 것은 적용하지 않는다.
  – 짧고 가는 합성수지관에 넣은 것.
  – 단면적 10[mm²](알루미늄선은 단면적 16[mm²]) 이하의 것

★★★★☆

26 저압옥내배선을 위한 금속관을 콘크리트에 매설 할 때 적합한 관의 두께[mm]] 와 전선의 종류는?

① 1.0 [mm] 이상, 옥외용 비닐절연전선
② 1.2 [mm] 이상, 600 [V] 비닐절연전선
③ 1.0 [mm] 이상, 600 [V] 비닐절연전선
④ 1.2 [mm] 이상, 옥외용 비닐절연전선

해설

금속관배선
* 콘크리트에 매설하는 것은 1.2[mm] 이상
* 콘크리트에 매설하는 것 외의 것은 1[mm] 이상 (단, 이음매가 없는 길이 4[m] 이하인 것을 건조하고 전개된 곳에 시설하는 경우에는 0.5[mm])

★★★★☆

27 가요전선관공사에 있어서 저압 옥내배선 시설에 맞지 않는 것은?

① 전선은 절연전선일 것

② 가요전선관 안에는 전선에 접속점이 없을 것

③ 1종 금속제 가요전선관의 두께는 0.8 [mm] 이상일 것

④ 일반적으로 가요전선관은 3종 금속제 가요전선관일 것

해설

가요전선관공사
* 전선의 종류
  절연전선 일 것(옥외용 비닐절연전선을 제외)
* 전선은 연선일 것. 단, 다음의 것은 적용하지 않는다.
  – 단면적 10[mm²](알루미늄선은 단면적 16[mm²]) 이하의 것
* 가요전선관 안 전선에 접속점이 없도록 할 것
* 가요전선관은 2종 금속제 가요 전선관일 것

[정답] 24 ④　25 ①,④　26 ②　27 ④

★★★★★

28 금속덕트배선에 의한 저압 옥내배선의 시설방법으로 적합하지 않은 것은?

① 금속덕트에 넣은 전선의 단면적의 합계가 덕트 내부 단면적의 20[%] 이하가 되게 하였다.

② 전선은 옥외용 비닐절연전선을 제외한 절연전선을 사용하였다.

③ 덕트를 조영재에 붙이는 경우, 덕트의 지지점간의 거리를 7[m]로 견고하게 붙였다.

④ 저압 옥내배선의 사용전압이 380[V]이어서 덕트에 제3종 접지공사를 하였다

🔍 **해설**

금속덕트배선

· 금속 덕트에 넣은 전선의 단면적(절연피복의 단면적을 포함한다)의 합계는 덕트의 내부 단면적의 20[%](전광표시 장치·출퇴표시등 기타 이와 유사한 장치 또는 제어회로 등의 배선만을 넣는 경우에는 50[%]) 이하일 것

· 금속 덕트 안에는 전선에 접속점이 없도록 할 것

· 폭이 4[cm]를 초과하고 또한 두께가 1.2[mm] 이상 일 것

· 덕트를 조영재에 붙이는 경우에는 덕트의 지지점 간의 거리를 3[m](취급자 이외의 자가 출입할 수 없도록 설비한 곳에서 수직으로 붙이는 경우에는 6[m]) 이하로 할 것

· 접지공사는 가용전선관과 동일

★★★☆☆

29 버스덕트 공사에 의한 저압의 옥측배선 또는 옥외배선의 사용전압이 400[V] 초과인 경우의 시설기준에 대한 설명으로 틀린 것은?

① 목조 외의 조영물(점검할 수 없는 은폐장소)에 시설할 것

② 버스덕트는 사람이 쉽게 접촉할 우려가 없도록 시설할 것

③ 버스덕트는 KS C IEC 60529(2006)에 의한 보호등급 IPX4에 적합할 것

④ 버스덕트는 옥외용 버스덕트를 사용하여 덕트 안에 물이 스며들어 고이지 아니하도록 한 것일 것

🔍 **해설**

저압 옥내배선의 시설장소별 공사의 종류

시설장소 \ 사용전압		400[V] 이하	400[V] 초과
전개된 장소	건조한 장소	합성수지몰드공사, 애자사용공사, 금속몰드공사 금속덕트공사, 버스덕트공사 또는 라이팅덕트공사	금속덕트공사 또는 버스덕트공사 및 애자사용공사
	기타 장소	애자사용공사, 버스덕트공사	애자사용공사
점검할 수 없는 은폐된 장소	건조한 장소	플로어덕트공사 또는 셀룰라덕트공사	

★★★☆☆

30 라이팅덕트배선에 의한 저압 옥내배선에서 덕트의 지지점간의 거리는 몇 [m] 이하로 하여야 하는가?

① 2   ② 3

③ 4   ④ 5

🔍 **해설**

라이팅덕트배선

· 덕트의 지지점 간의 거리는 2[m] 이하로 할 것

· 덕트의 끝부분은 막을 것

· 덕트는 조영재를 관통하여 시설하지 아니할 것

★★★★☆

31 다음 중 사용전압이 400[V] 이하이고 옥내배선을 시공한 후 점검할 수 없는 은폐소이며, 건조된 장소일 때 공사방법으로 가장 옳은 것은?

① 플로어덕트공사   ② 버스덕트공사

③ 합성수지몰드공사   ④ 금속덕트공사

🔍 **해설**

저압 옥내배선의 시설장소별 공사의 종류

시설장소 \ 사용전압		400[V] 이하	400[V] 초과
전개된 장소	건조한 장소	합성수지몰드공사, 애자사용공사, 금속몰드공사 금속덕트공사, 버스덕트공사 또는 라이팅덕트공사	금속덕트공사 또는 버스덕트공사 및 애자사용공사
	기타 장소	애자사용공사, 버스덕트공사	애자사용공사
점검할 수 없는 은폐된 장소	건조한 장소	플로어덕트공사 또는 셀룰라덕트공사	

[**정답**] 28 ③ 29 ① 30 ① 31 ①

★★★★☆

32 저압 옥내간선을 시설할 때 고려해야 할 사항으로 그 범위가 알맞은 것은?

① 설계전류≤보호장치정격전류≤도체의 허용전류
② 도체의 허용전류≤보호장치정격전류≤설계전류
③ 설계전류≤도체의 허용전류≤보호장치정격전류
④ 보호장치정격전류≤설계전류≤도체의 허용전류

🔍 **해설** ----------------------

저압옥내간선의 시설
설계전류≤보호장치정격전류≤도체의 허용전류

★★☆☆☆

33 옥내 저압용의 전구선을 시설하려고 한다. 사용전압이 몇 [V] 초과인 전구선은 옥내 시설할 수 없는가?

① 250[V]
② 300[V]
③ 350[V]
④ 400[V]

🔍 **해설** ----------------------

옥내 저압용의 전구선의 시설
옥내에 시설하는 사용전압이 400[V] 초과인 전구선은 시설하여서는 아니 된다.

★★★☆☆

34 욕실 등 인체가 물에 젖어 있는 상태에서 물을 사용하는 장소에 콘센트를 시설하는 경우에 적합한 누전차단기는?

① 정격감도전류 15[mA] 이하, 동작시간 0.03초 이하의 전압동작형 누전차단기
② 정격감도전류 15[mA] 이하, 동작시간 0.03초 이하의 전류동작형 누전차단기
③ 정격감도전류 15[mA] 이하, 동작시간 0.3초 이하의 전압동작형 누전차단기
④ 정격감도전류 15[mA] 이하, 동작시간 0.3초 이하의 전류동작형 누전차단기

🔍 **해설** ----------------------

저압용 배선기구의 시설

욕실 등 인체가 물에 젖어 있는 상태에서 물을 사용하는 장소에 콘센트를 시설하는 경우에는 「전기용품안전관리법」의 적용을 받는 인체감전보호용 누전차단기(정격감도전류 15[mA] 이하, 동작시간 0.03초 이하의 전류동작형의 것에 한한다)나 인체감전보호용 누전차단기가 부착된 콘센트를 시설하여야 한다.

★★★☆☆

35 공장, 사무실 및 학교, 병원, 상점 기타 이와 유사한 장소에 시설하는 전반조명용 전등은 부분조명이 가능하도록 여러개의 전등군으로 하고 매 전등군의 등기구의 수는 최대 몇 개 이내로 하여야 하는가?

① 3
② 6
③ 8
④ 10

🔍 **해설** ----------------------

점멸장치와 타임스위치 등의 시설
등기구 수는 6개 이내의 전등군으로 하여야 한다.

★★★☆☆

36 일반주택 및 아파트 각 호실의 현관등과 같은 조명용 백열전등을 설치할 때에는 타임스위치를 시설하여야 한다. 몇 분 이내에 소등되는 것이어야 하는가?

① 1분
② 3분
③ 5분
④ 10분

🔍 **해설** ----------------------

점멸장치와 타임스위치 등의 시설
• 호텔 또는 여관 각 객실 입구등은 1분 이내 소등되는 것
• 일반주택 및 아파트의 현관등은 3분 이내 소등되는 것

★★★☆☆

37 가로등, 경기장, 공장, 아파트단지 등의 일반조명을 위하여 시설하는 고압방전등은 그 효율이 몇 [lm/W] 이상의 것이어야 하는가?

① 60
② 70
③ 80
④ 90

🔍 **해설** ----------------------

[정답] 32 ① 33 ④ 34 ② 35 ② 36 ② 37 ②

점멸장치와 타임스위치 등의 시설
가로등, 경기장, 공장, 아파트단지 등의 일반조명을 위하여 시설하는 고압방전등은 그 효율이 70[lm/W] 이상의 것이어야 한다.

★★★☆☆

38 다음 중 옥내의 네온방전을 공사하는 방법으로 옳은 것은?

① 방전등용 변압기는 누설변압기일 것
② 관등회로의 배선은 점검할 수 없는 은폐된 장소에서 시설할 것
③ 관등회로의 배선은 애자사용공사에 의할 것
④ 전선의 지지점간의 거리는 2[m] 이하로 할 것

🔍 **해설**

옥내 네온방전등공사
• 전선의 지지점 간의 거리는 1[m] 이하일 것
• 전선 상호 간의 간격은 6[cm] 이상일 것

★★★☆☆

39 출퇴표시등 회로에 전기를 공급하기 위한 변압기는 2차측 전로의 사용전압이 몇 [V] 이하인 절연변압기이어야 하는가?

① 40
② 60
③ 80
④ 100

🔍 **해설**

출퇴표시등 회로의 시설
1차 대지전압 300[V] 이하, 2차 사용전압 60[V] 이하의 절연변압기일 것

★★★☆☆

40 풀용 수중조명등에 전기를 공급하기 위하여 사용하는 절연변압기의 2차측 전로의 접지에 대한 설명으로 옳은 것은?

① 직접 접지한다.
② 저항 접지한다.
③ 다중 접지한다.
④ 비접지한다.

🔍 **해설**

풀용 수중조명등 등의 시설
1차 사용전압 400[V] 이하, 2차측 150[V] 이하의 절연변압기를 사용할 것(절연변압기 2차측 전로는 비접지)

★★★☆☆

41 교통신호등 시설을 다음과 같이 하였다. 옳지 않은 것은?

① 회로의 사용전압을 600[V]로 하였다.
② 교통신호등 회로의 인하선을 지표상 2.5[m]로 하였다.
③ 교통신호등의 제어장치의 전원측에는 전용개폐기 및 과전류차단기를 각 극에 설치하였다.
④ 교통신호등의 제어장치의 금속제 외함에는 접지공사를 하였다.

🔍 **해설**

교통신호등의 시설
교통신호등 회로로부터 전구까지의 전로 사용전압은 300[V] 이하로 하여야 한다.

★★★☆☆

42 목장에서 가축의 탈출을 방지하기 위하여 전기울타리를 시설하는 경우의 전선은 인장 강도가 몇 [kN] 이상의 것이어야 하는가?

① 0.39[kN]
② 1.38[kN]
③ 2.78[kN]
④ 5.93[kN]

🔍 **해설**

전기울타리의 시설

전기울타리	
사용전압	250[V] 이하
사용전선	지름 2[mm] 이상의 경동선 또는 인장강도 1.38[kN] 이상
전선과 기둥과의 이격거리	2.5[cm] 이상
전선과 수목의 이격거리	30[cm] 이상

[정답] 38 ③ 39 ② 40 ④ 41 ① 42 ②

★★★☆☆

43 전기울타리의 시설에 관한 설명중 옳지 않은 것은?

① 사용전압은 250 [V] 이하 이어야 한다.

② 사람이 쉽게 출입하지 아니하는 곳에 시설할 것.

③ 전선은 인장강도 1.38 [kN] 이상의 것 또는 지름 2 [mm] 이상의 경동선일 것.

④ 전선과 이를 지지하는 기둥 사이의 이격거리는 30 [cm] 이상일 것.

🔎 해설

전기울타리의 시설

전선과 이를 지지하는 기둥 사이의 이격거리는 2.5 [cm] 이상일 것.

★★★☆☆

44 전기욕기에 전기를 공급하기 위한 전원장치에 내장되어 있는 전원변압기의 2차측 전로의 사용전압은 몇 [V] 이하인 것을 사용하여야 하는가?

① 5 [V]
② 10 [V]
③ 25 [V]
④ 35 [V]

🔎 해설

전기욕기의 시설

전기욕기에 전기를 공급하기 위하여는 전기욕기용 전원장치(내장되어 있는 전원변압기의 2차측 전로의 사용전압이 10 [V] 이하인 것에 한한다)를 사용할 것

★★★☆☆

45 유희용 전차의 시설에 대한 설명 중 틀린 것은?

① 전로의 사용전압은 직류의 경우 60 [V] 이하, 교류의 경우 40 [V]이하일 것

② 전기를 공급하기 위하여 사용하는 접촉전선은 제3레일 방식일 것

③ 전기를 변성하기 위하여 사용하는 변압기의 1차 전압은 400 [V] 이하일 것

④ 전차 안의 승압용 변압기의 2차 전압은 200 [V] 이하일 것

🔎 해설

유희용 전차의 시설

전차 안에 승압용 변압기를 사용하는 경우는 절연변압기로 그 변압기의 2차 전압은 150 [V] 이하일 것

★★☆☆☆

46 전자개폐기의 조작회로 또는 초인벨·경보벨 등에 접속하는 전로로서 최대사용전압이 몇 [V] 이하인 것으로 대지전압이 300 [V] 이하인 강전류 전기의 전송에 사용하는 전로와 변압기로 결합되는 것을 소세력회로라 하는가?

① 60 [V]
② 80 [V]
③ 100 [V]
④ 150 [V]

🔎 해설

소세력회로의 시설

전자개폐기 조작회로 또는 차임벨, 경보벨 등에 접속하는 60 [V] 이하의 회로를 소세력회로라 한다.

★★★☆☆

47 다음 중 가연성 분진에 전기설비가 발화원이 되어 폭발할 우려가 있는 곳에 시공할 수 있는 저압 옥내배선공사는?

① 버스덕트공사

② 라이팅덕트공사

③ 가요전선관공사

④ 금속관공사

🔎 해설

먼지가 많은 장소에서의 저압의 시설

폭연성 분진, 화약류 분말이 존재하는 곳, 가연성의 가스 또는 인화성 물질의 증기가 새거나 체류하는 곳의 전기 공작물은 금속관공사, 또는 케이블공사(캡타이어케이블을 제외)에 의하여야 한다.

★★☆☆☆

48 의료장소에서 전기설비 시설로 적합하지 않는 것은?

① 그룹 0 장소는 TN 또는 TT 접지 계통 적용

② 의료 IT 계통의 분전반은 의료장소의 내부 혹은 가까운 외부에 설치

[정답] 43 ④ 44 ② 45 ④ 46 ① 47 ④ 48 ④

③ 그룹 1 또는 그룹 2 의료장소의 수술 등, 내시경 조명등
은 정전 시 0.5초 이내 비상전원 공급

④ 절연감시장치를 설치하여 절연저항이 30[kΩ]까지 감
소하면 표시설비 및 음향설비 경보를 발하도록 할 것

🔍 해설

의료IT계통 규정

절연감시장치를 설치하여 절연저항이 50[kΩ]까지 감소하면 표시
설비 및 음향설비 경보를 발하도록 할 것

[정답]

고압/특고압 전기설비

영상 학습 QR   출제경향분석

본장은 고압 및 특고압 전기설비에 대한 전로의 접지, 전선로 이격거리, 통신선 등에 관한 전기법규의 전반적인 기본 사항에 대해 다룬다. 그 기준은 한국전기설비규정에 의한다.

❶ 접지설비   ❷ 전선로
❸ 기계기구시설 및 옥내배선   ❹ 발전소, 변전소, 개폐소 등의 전기설비
❺ 전력보안 통신설비

콕콕 포인트

⚫ 이해력 높이기

중성점 접지방법
중성점 접지방식의 선정시 다음을 고려하여야 한다
• 전원공급의 연속성 요구사항
• 지락고장에 의한 기기의 손상제한
• 고장부위의 선택적 차단
• 고장위치의 감지
• 접촉 및 보폭전압
• 유도성 간섭
• 운전 및 유지보수 측면

⚫ 이해력 높이기

유의사항
• 변압기로부터 최대 200[m]
• 변압기중심 지름 400[m]

1 접지설비

1. 고압·특고압 접지계통

(1) 고압 또는 특고압 기기는 접촉전압 및 보폭전압의 허용 값 이내의 요건을 만족하도록 시설되어야 한다.

(2) 고압 또는 특고압 기기가 출입제한 된 전기설비 운전구역 이외의 장소에 설치되었다면 KS C IEC 60364-4-41(저압전기설비-제4-41부 : 안전을 위한 보호 – 감전에 대한보호)에서 주어진 저압한계 50[V]를 초과하는 고압측 고장으로부터의 접촉전압을 방지할 수 있도록 통합접지를 하여야 한다.

(3) 모든 케이블의 금속시스(sheath) 부분은 접지를 시행하여야 한다.

2. 혼촉에 의한 위험방지시설

(1) 고압 또는 특고압과 저압의 혼촉에 의한 위험방지 시설

① 고압전로 또는 특고압전로와 저압전로를 결합하는 변압기의 저압측 중성점에는 접지공사(사용전압이 35[kV] 이하의 특고압전로로서 전로에 지락이 생겼을 때에 1초 이내에 자동적으로 이를 차단하는 장치가 되어 있는 것 및 333.32의1 및 4[25[kV] 이하 중성선 다중접지방식]에 규정하는 특고압 가공전선로의 전로 이외의 특고압전로와 저압전로를 결합하는 경우에 계산된 접지저항 값이 10[Ω]을 넘을 때에는 접지저항 값이 10[Ω] 이하인 것에 한한다)를 하여야 한다. 다만, 저압전로의 사용전압이 300[V] 이하인 경우에 그 접지공사를 변압기의 중성점에 하기 어려울 때에는 저압측의 1단자에시행할 수 있다.

② ①사항의 접지공사는 변압기의 시설장소마다 시행하여야 하며, 변압기의 시설장소로부터 200[m]까지 떼어놓을 수 있다.

③ 가공공동지선
- 가공공동지선은 인장강도 5.26 [kN] 이상 또는 지름 4 [mm] 이상의 경동선을 사용할 것.
- 접지공사는 각 변압기를 중심으로 하는 지름 400 [m] 이내의 지역으로서 그 변압기에 접속되는 전선로 바로 아래의 부분에서 각 변압기의 양쪽에 있도록 할 것.
- 가공공동지선과 대지 사이의 합성 전기저항 값은 1 [km] 를 지름으로 하는 지역 안마다 145.2의 규정에 의해 접지저항 값을 가지는 것으로 하고 또한 각 접지선을 가공공동지선으로부터 분리하였을 경우의 각 접지선과 대지 사이의 전기저항 값은 300 [Ω] 이하로 할 것.

(2) 혼촉방지판이 있는 변압기에 접속하는 저압 옥외전선의 시설 등

고압전로 또는 특고압전로와 비접지식의 저압전로를 결합하는 변압기로서 그 고압권선 또는 특고압권선과 저압권선 간에 금속제의 혼촉방지판이 있고 또한 그 혼촉방지판에 접지공사를 한 것에 접속하는 저압전선을 옥외에 시설할 때에는 다음 각 호에 따라 시설하여야 한다.

① 저압전선은 1구내에만 시설할 것.
② 저압 가공전선로 또는 저압 옥상전선로의 전선은 케이블일 것.
③ 저압 가공전선과 고압 또는 특고압의 가공전선을 동일 지지물에 시설하지 아니할 것. 다만, 고압 가공전선로 또는 특고압 가공전선로의 전선이 케이블인 경우에는 제외한다.

(3) 특고압과 고압의 혼촉 등에 의한 위험방지 시설

변압기에 의하여 특고압전로에 결합되는 고압전로에는 사용전압의 3배 이하인 전압이 가하여진 경우에 방전하는 장치를 그 변압기의 단자에 가까운 1극에 설치하여야 한다. 다만, 사용전압의 3배 이하인 전압이 가하여진 경우에 방전하는 피뢰기를 고압전로의 모선의 각상에 시설하거나 특고압권선과 고압권선 간에 혼촉방지판을 시설하여 10 [Ω] 또는 규정에 따른 접지공사를 한 경우에는 그러하지 아니하다.

(4) 계기용변성기의 2차측 전로의 접지

고압/특고압 계기용변성기의 2차측 전로에는 규정에 의하여 접지공사를 하여야 한다.

(5) 전로의 중성점 접지

전로의 보호 장치의 확실한 동작의 확보, 이상 전압의 억제 및 대지전압의 저하를 위하여 특히 필요한 경우에 전로의 중성점에 접지공사를 할 경우에는 다음에 따라야 한다.

암기법

중성점 접지목적(이대호)
이상전압의 억제
대지전압의 저하
보호계전기의 확실한 동작

콕콕 포인트

electrical engineer · electrical engineer · electrical engineer · electrical engineer · electrical engineer · electrical engineer · electrical engineer · electrical e

① 접지극은 고장시 그 근처의 대지 사이에 생기는 전위차에 의하여 사람이나 가축 또는 다른 시설물에 위험을 줄 우려가 없도록 시설할 것.

② 접지선은 공칭단면적 16[mm²] 이상의 연동선 또는 이와 동등 이상의 세기 및 굵기의 쉽게 부식하지 아니하는 금속선(저압 전로의 중성점에 시설하는 것은 공칭단면적 6[mm²] 이상의 연동선 또는 이와 동등 이상의 세기 및 굵기의 쉽게 부식하지 않는 금속선)으로서 고장시 흐르는 전류가 안전하게 통할 수 있는 것을 사용하고 또한 손상을 받을 우려가 없도록 시설할 것.

| CHECK POINT | 난이도 ★★☆☆☆   1차 2차 3차

고·저압 혼촉에 의한 위험을 방지하려고 시행하는 접지공사에 대한 기준으로 틀린 것은?

① 접지공사는 변압기의 시설장소마다 시행하여야 한다.
② 토지의 상황에 의하여 접지저항치를 얻기 어려운 경우, 가공접지선을 사용하여 접지극을 100[m]까지 떼어 놓을 수 있다.
③ 가공공동지선을 설치하여 접지공사를 하는 경우 변압기를 중심으로 지름 400[m] 이내의 지역에 접지를 하여야 한다.
④ 저압전로의 사용전압이 300[V] 이하인 경우에 그 접지공사를 중성점에 하기 어려우면 저압측의 단자에 시행할 수 있다.

상세해설

변압기의 시설장소에서 규정하는 접지저항 값을 얻기 어려운 경우에 지름 4[mm] 이상의 가공 접지선을 저압가공전선에 관한 규정에 준하여 시설할 때에는 변압기의 시설장소로부터 200[m]까지 떼어놓을 수 있다.

답 ②

2 전선로

1. 전선로 일반 및 구내·옥측·옥상전선로

(1) 가공전선로 지지물의 철탑오름 및 전주오름 방지

가공전선로의 지지물에 취급자가 오르고 내리는데 사용하는 발판 볼트 등을 지표상 1.8[m] 미만에 시설하여서는 안된다.

(2) 풍압하중

가공 전선로에 사용하는 지지물의 강도 계산에 적용하는 풍압하중은 다음과 같다.

l engineer · electrical engineer · electrical engineer · electrical engineer · electrical engineer · electrical engineer · electrical engineer · electrical engineer

콕콕 포인트

① 갑종 풍압하중

풍압을 받는 구분			구성재의 수직 투영면적 1[m²]에 대한 풍압[Pa]
목주 및 원형의 것			588
지지물	철 주	삼각형 또는 마름모형의 것	1412
		강관에 의하여 구성되는 4각형	1117
		기타의 것	전·후면에 겹치는 경우 1627, 기타 1784
	철근콘크리트주	기타의 것	882
	철 탑	단주(완철류 제외) 기타의 것	1117
		강관으로 구성되는 것 (단주제외)	1255
		기타의 것	2157
전선 기타 가섭선	다도체를 구성하는 전선		666
	기타의 것		745
애자장치(특고압 전선용의 것에 한한다.)			1039
목주·철주(원형의 것에 한한다.) 및 철근 콘크리트주의 완금류(특고압 전선로용의 것에 한한다.)			단일재로서 사용하는 경우 1196, 기타의 경우 1627

② 을종 풍압하중

전선 기타의 가섭선 주위에 두께 6[mm], 비중 0.9의 빙설이 부착된 상태에서 수직 투영면적 372[Pa](다도체를 구성하는 전선은 333[Pa]), 그 이외의 것은 제1호 풍압의 2분의 1을 기초로 하여 계산한 것.

③ 병종 풍압하중

갑종 풍압하중의 2분의 1을 기초로 하여 계산한 것.

④ 풍압하중의 적용

지 역		고온계절	저온계절
빙설이 많은 지방 이외의 지방		갑종	병종
빙설이 많은 지방	일반지역	갑종	을종
	해안지방, 기타 저온 계절에 최대 풍압이 생기는 지역	갑종	갑종, 을종 중 큰 값 선정
인가가 많이 연접되어 있는 장소		병종	

(3) 가공전선로의 지지물의 기초의 안전율

가공전선로의 지지물에 하중이 가하여지는 경우에 그 하중을 받는 지지물의 기초의 안전율은 2 이상이어야 한다.(철탑의 기초에 대하여는 1.33) 다만, 다음 표에 따라 시설하는 경우에는 그러하지 아니하다.

설계하중 / 전장	6.8[kN] 이하	6.8[kN] 초과 ~ 9.8[kN] 이하	9.8[kN] 초과 ~ 14.72[kN] 이하
15[m] 이하	전장 $\times \frac{1}{6}$[m] 이상	$\left(전장 \times \frac{1}{6}\right)+0.3$[m] 이상	–
15[m] 초과	2.5[m] 이상	2.8[m] 이상	–
16[m] 초과 ~ 20[m] 이하	2.8[m] 이상	–	–
15[m] 초과 ~ 18[m] 이하	–	–	3.0[m] 이상
18[m] 초과	–	–	3.2[m] 이상

CHECK POINT

난이도 ★★★★☆   1차 2차 3차

가공전선로에 사용하는 지지물의 강도 계산 시 구성재의 수직 투영면적 1[m²]에 대한 풍압을 기초로 적용하는 갑종풍압하중 값의 기준으로 틀린 것은?

① 목주 : 588 [Pa]
② 원형 철주 : 588 [Pa]
③ 철근콘크리트주 : 1117 [Pa]
④ 강관으로 구성된 철탑(단주는 제외) : 1255 [Pa]

상세해설

단순 철근콘크리트주의 경우강관으로 구성되어 있는 표현이 없을 경우 기타의 것으로 구분되면 882값을 같게 되며, 그 외에는 반드시 원형과 같은 조건이 있을 경우에만 해당 수치들이 적용된다.

풍압을 받는 구분			구성재의 수직 투영면적 1[m²]에 대한 풍압[Pa]
목주 및 원형의 것			588
지지물	철주	삼각형 또는 마름모형의 것	1412
		강관에 의하여 구성되는 4각형	1117
	철근콘크리트주	기타의 것	882

답 ③

암기법

안전율
- 철탑의 기초 : 1.33
- 안테나/케이블트레이 : 1.5
- 지지물의 기초 : 2.0
- 경동선 및 내열동 합금선 : 2.2
- 기타전선, ACSR, 지선 : 2.5

목주의 안전율

전압의 종별	안전율
저 압	1.2
고 압	1.3
특고압	1.5

(4) 지선의 시설

① 가공전선로의 지지물로 사용하는 철탑은 지선을 사용하여 그 강도를 분담시켜서는 아니 된다.

② 가공전선로의 지지물에 시설하는 지선은 다음에 따라야 한다.

- 지선의 안전율은 2.5이상일 것. (허용 인장하중의 최저는 4.31 [kN])
- 연선을 사용할 경우에는 다음에 의할 것.
  - 소선수 3가닥 이상 일 것.
  - 소선의 지름이 2.6 [mm] 이상의 금속선을 사용한 것일 것. (소선의 지름이 2 [mm] 이상인 아연도강연선으로서 소선의 인장강도가 0.68 [kN/mm²] 이상인 것을 사용하는 경우에는 그러하지 아니하다.)

③ 지중부분 및 지표상 30 [cm] 까지의 부분에는 내식성이 있는 것 또는 아연도금을 한 철봉을 사용하고 쉽게 부식되지 아니하는 근가에 견고하게 붙일 것. 다만, 목주에 시설하는 지선에 대해서는 그러하지 아니하다.

④ 도로를 횡단 지선의 높이는 지표상 5 [m] 이상으로 한다.

다만, 기술상 부득이한 경우로서 교통에 지장을 초래할 우려가 없는 경우에는 지표상 4.5 [m] 이상, 보도의 경우에는 2.5 [m] 이상으로 할 수 있다.

(5) 구내인입선

① 고압 가공인입선의 시설

- 전선은 인장강도 8.01 [kN] 이상의 고압절연전선, 특고압 절연전선 또는 지름 5 [mm] 이상의 경동선의 고압 절연전선, 특고압 절연전선일 또는 케이블 일 것.
- 높이

도로횡단	철도횡단	횡단보도교위	기타
6[m]	6.5[m]	3.5[m]	5[m] (단, 위험표시를 하면 3.5[m])

- 고압 연접인입선은 시설하여서는 안된다.

② 특고압 가공인입선의 시설

- 변전소 또는 개폐소에 준하는 곳 이외의 곳에 인입하는 특고압 가공 인입선은 사용전압이 100 [kV] 이하일 것.
- 특고압 가공인입선의 높이

(거리단위 : [m])

전압[kV]	일반	도로횡단	철도 및 궤도횡단	횡단보도교위
35 이하	5	6	6.5	4
35초과 ~ 160 이하	6	6	6.5	5
	산지 등 사람이 쉽게 들어갈 수 없는 장소 : 5			
160 초과	일반장소	6+단수×0.12		
	철도 및 궤도횡단	6.5+단수×0.12		
	산지	5+단수×0.12		

이해력 높이기

이해력 높이기

저압 및 고압 옥상전선로의 전선은 상시 부는 바람 등에 의하여 식물에 접촉하지 아니하도록 시설하여야 한다.

③ 고압 옥측전선로의 시설
- 전선은 케이블일 것.
- 케이블은 견고한 관 또는 트라프에 넣거나 사람이 접촉할 우려가 없도록 시설할 것.
- 케이블을 조영재의 옆면 또는 아랫면에 따라 붙일 경우에는 케이블의 지지점 간의 거리를 2[m] (수직으로 붙일 경우 6[m])이하로 하고 또한 피복을 손상하지 아니하도록 붙일 것.
- 케이블을 조가용선에 조가하여 시설하는 경우에 전선이 고압 옥측 전선로를 시설하는 조영재에 접촉하지 아니하도록 시설할 것.
- 관 기타의 케이블을 넣는 방호장치의 금속제 부분·금속제의 전선 접속함 및 케이블의 피복에 사용하는 금속제에는 이들의 방식조치를 한 부분 및 대지와의 사이의 전기저항 값이 10[Ω] 이하인 부분을 제외하고 접지공사를 할 것.

④ 특고압 옥측전선로의 시설
사용전압이 100[kV]를 초과하는 특고압 옥측전선로(특고압 인입선의 옥측부분을 제외)는 시설하여서는 아니된다.

⑤ 고압 옥상전선로의 시설
- 조영재 사이의 이격거리는 1.2[m] 이상일 것.
- 고압 옥상 전선로의 전선이 다른 시설물(가공전선을 제외)과 접근하거나 교차하는 경우에는 고압 옥상 전선로의 전선과 이들 사이의 이격거리는 60[cm] 이상이어야 한다.
- 고압 옥상전선로의 전선은 상시 부는 바람 등에 의하여 식물에 접촉하지 아니하도록 시설하여야 한다.

⑥ 특고압 옥상전선로의 시설
특고압 옥상 전선로(특고압의 인입선의 옥상 제외)는 시설하여서는 아니 된다.

2. 가공전선로

(1) 가공약전류전선로의 유도장해 방지

저·고압 가공전선로와 기설 가공약전류전선로가 병행하는 경우에는 유도작용에 의하여 통신상의 장해가 생기지 아니하도록 전선과 기설 약전류 전선간의 이격거리는 2[m] 이상이어야 한다. 단, 기설 가공약전류전선로에 장해를 줄 우려가 있는 경우에는 다음 기준으로 하여 시설하여야 한다.

① 가공전선과 가공약전류 전선간의 이격거리를 증가시킬 것.
② 교류식 가공전선로의 경우에는 가공전선을 적당한 거리에서 연가 할 것.
③ 가공전선과 가공약전류전선 사이에 인장강도 5.26[kN] 이상의 것 또는 지름 4[mm] 이상인 경동선의 금속선 2가닥 이상을 시설하고 이에 접지공사를 할 것.

cal engineer · electrical engineer · electrical engineer · electrical engineer · electrical engineer · electrical engineer · electrical engineer · electrical engineer · electrical engineer

콕콕포인트

| CHECK POINT | 난이도 ★★☆☆☆   1차 2차 3차

저압 가공전선로 또는 고압 가공전선로와 기설 가공 약전류 전선로가 병행하는 경우에는 유도작용에 의한 통신상의 장해가 생기지 아니하도록 전선과 기설 약전류 전선간의 이격거리는 몇 [m] 이상이어야 하는가? (단, 전기철도용 급전선로는 제외한다.)

① 2   ② 4
③ 6   ④ 8

상세해설

가공 약전류전선로의 유도장해 방지

저 · 고압 가공전선로와 기설 가공약전류전선로가 병행하는 경우에는 유도작용에 의하여 통신상의 장해가 생기지 아니하도록 전선과 기설 약전류 전선간의 이격거리는 2[m] 이상이어야 한다.

답 ①

(2) 가공케이블의 시설

저 · 고압 가공전선에 케이블을 사용하는 경우는 다음에 따라 시설하여야한다.

① 케이블은 조가용선에 행거로 시설할 것.

  (고압인 때에는 그 행거의 간격을 50 [cm] 이하로 시설)

② 조가용선은 인장강도 5.93 [kN] 이상의 연선 또는 단면적 22 [mm²] 이상인 아연도철연선일 것.

③ 조가용선 및 케이블의 피복에 사용하는 금속체에는 접지공사를 할 것.

④ 조가용선의 케이블에 접촉시켜 그 위에 쉽게 부식하지 아니하는 금속 테이프 등을 20 [cm] 이하의 간격을 유지하며 나선상으로 감는다.

(3) 고압 가공전선의 높이

설치장소	저·고압 가공전선의 높이
도로횡단	지표상 6[m] 이상
철도 또는 궤도횡단	레일면상 6.5[m] 이상
횡단보도교위	노면상 3.5[m] 이상
일반장소 (도로를 따라 시설)	지표상 5[m] 이상

(4) 고압 가공전선로의 가공지선

전 압	전선의 굵기[mm]	인장강도[kN]
고압	지름 4 이상의 나경동선	5.26 이상

Q 포인트 O·X 퀴즈

케이블은 조가용선에 행거로 시설할 것. 이 경우에는 사용전압이 고압인 때에는 그 행거의 간격을 1[m] 이하로 시설하여야 한다.

A 해설

50[cm] 이하로 시설한다.

정답 (X)

◆ 이해력 높이기

조가용선

고압 또는 특고압인 경우

[행거에 의하여 조가하는 경우]

◆ 이해력 높이기

고압가공전선로의 목주 강도

목주 : 1.3 이상 (보안공사시 1.5 이상)

(5) 고압 가공전선 등의 병행설치

① 저압 가공전선과 고압 가공전선을 동일 지지물에 시설하는 경우 저압 가공전선을 고압 가공전선의 아래로 하고 별개의 완금류에 시설할 것.

② 저압 가공전선과 고압 가공전선 사이의 이격거리는 50[cm] 이상일 것. (고압에 케이블 사용시 30[cm] 이상)

(6) 고압 가공전선로 경간의 제한

지지물	경 간 [m]			
	100[m] 초과시 지름 5[mm] 이상	단면적 22[mm²] 이상	보안공사시	보안공사 38[mm²] 이상시
목주·A종	150	300	100	100
B종	250	500	150	250
철탑	600	600	400	600

(7) 저/고압 가공전선과 건조물의 접근

① 저압과 건조물의 조영재 사이의 이격거리

건조물 조영재의 구분	접근형태		이격거리[m]
상부 조영재	위쪽		2 (전선이 고압/특고압 절연전선 또는 케이블 경우 1)
	옆쪽 또는 아래쪽	일반적인 경우	1.2
		사람이 쉽게 접촉할 우려가 없도록 시설한 경우	0.8
		고압/특고압 절연전선 또는 케이블 경우	0.4
기타 조영재	일반적인 경우		1.2
	사람이 쉽게 접촉할 우려가 없도록 시설한 경우		0.8
	고압/특고압 절연전선 또는 케이블 경우		0.4

cal engineer · electrical engineer · electrical engineer · electrical engineer · electrical engineer · electrical engineer · electrical engineer · electrical engineer

콕콕 포인트

② 고압과 건조물의 조영재 사이의 이격거리

건조물 조영재의 구분	접근형태		이격거리[m]
상부 조영재	위쪽		2 (전선이 케이블 경우 1)
	옆쪽 또는 아래쪽	일반적인 경우	1.2
		사람이 쉽게 접촉할 우려가 없도록 시설한 경우	0.8
		케이블 경우	0.4
기타 조영재	일반적인 경우		1.2
	사람이 쉽게 접촉할 우려가 없도록 시설한 경우		0.8
	케이블 경우		0.4

(8) 고압 가공전선과 도로 등의 접근 또는 교차

① 저 · 고압과 도로 등 이격거리

도로 등의 구분	이격거리[m]	
	저압	고압
도로, 횡단보도교, 철도 또는 궤도	3	3
삭도나 그 지주 또는 저압 전차선	0.6 (고압/특고압 절연전선 또는 케이블 경우 0.3)	0.8 (케 0.4)
저압 전차선로의 지지물	0.3	0.6 (케 0.3)

▶ 이해력 높이기

(9) 가공전선과 타시설물과의 이격거리

저압가공전선 / 고압가공전선 35[kV] 60[kV]

(22.9[kV]) ----------▶)

접촉하지 않도록 시설 / 식
물

단, 고압절연전선 사용시 : 0.5[m]

1.5[m]

단, 절, 케 : 접촉
하지 않도록
시설

일반2 절1.5 케0.5

시설물	저압 일반	저압 케	고압 일반	고압 케	35[kV] 일반	35[kV] 절	60[kV] 케
안테나	0.6[m]	0.3[m]	0.8[m]	0.4[m]			
약전류전선	0.6[m]	0.3[m]	0.8[m]	0.4[m]	2	1.5	0.5
저압가공전선	0.6[m]	0.3[m]	0.8[m]	0.4[m]	2	1.5	0.5
지지물	0.3[m]	0.3[m]	0.6[m]	0.3[m]			
고압가공전선			0.8[m]	0.4[m]			
지지물			0.6[m]	0.3[m]			
특고압가공전선			절 - 절 : 1[m]				
지지물			케 - 케 : 0.5[m]		2	1	0.5
저압전차선	0.6[m]	0.3[m]	0.8[m]	0.4[m]			
지지물	0.3[m]	0.3[m]	0.6[m]	0.3[m]	2	1.5	0.5
고압전차선			1.2[m]		2	1.5	0.5
삭도	0.6[m]	0.3[m]	0.8[m]	0.4[m]	2	1	0.5

al engineer · electrical engineer · electrical engineer · electrical engineer · electrical engineer · electrical engineer · electrical engineer · electrical engineer

콕콕 포인트

3. 특고압 가공전선로

(1) 시가지 등에서 특고압 가공전선로의 시설

① 50[%] 충격섬락전압 값이 그 전선의 근접한 다른 부분을 지지하는 애자장치 값의 110[%] (사용전압이 130[kV]를 초과하는 경우는 105[%]) 이상인 것.

② 2련 이상 또는 아크 혼을 붙인 현수애자 및 장간애자를 사용하는 것.

③ 경간

지지물의 종류	경 간[m]
A종 철주 또는 A종 철근 콘크리트주	75
B종 철주 또는 B종 철근 콘크리트주	150
철 탑	400 (단주인 경우에는 300) 다만, 전선이 수평으로 2이상 있는 경우에 전선 상호 간의 간격이 4미만인 때에는 250

④ 전선의 단면적

사용전압의 구분[kV]	전선의 단면적
100 미만	인장강도 21.67[kN] 이상의 연선 또는 단면적 55[mm²] 이상의 경동연선
100 이상	인장강도 58.84[kN] 이상의 연선 또는 단면적 150[mm²] 이상의 경동연선

⑤ 170[kV] 이하 특고압 가공전선로 높이

사용전압의 구분[kV]	지표상의 높이
35 이하	10[m] (특고압 절연전선인 경우 8[m])
35 초과	10[m]에 35[kV]를 초과하는 10[kV] 또는 그 단수마다 0.12[m]를 더한 값

⑥ 사용전압이 100[kV]를 초과하는 특고압 가공전선에 지락 또는 단락이 생겼을 때에는 1초 이내에 자동적으로 이를 전로로부터 차단하는 장치를 시설할 것.

electrical engineer · electrical engineer · electrical engineer · electrical engineer · electrical engineer · electrical engineer · electrical engineer · electrical e

| CHECK POINT | 난이도 ★★☆☆☆   　　　　　　　　1차 | 2차 | 3차

고압 가공전선 상호간이 접근 또는 교차하여 시설되는 경우, 고압 가공전선 상호간의 이격거리는 몇 [cm] 이상이어야 하는가? (단, 고압 가공전선은 모두 케이블이 아니라고 한다.)

① 50[cm]　　　　　　　　　　　　　② 60[cm]
③ 70[cm]　　　　　　　　　　　　　④ 80[cm]

상세해설

고압가공전선 상호간의 접근 또는 교차시 이격거리
- 위쪽 또는 옆쪽에 시설되는 고압 가공전선로는 고압 보안공사에 의할 것.
- 상호간의 이격거리는 80[cm](어느 한쪽의 전선이 케이블인 경우에는 40[cm]) 이상.

답　④

(2) 유도장해의 방지

특고압 가공 전선로는 기설 가공 전화선로에 대하여 상시정전유도작용에 의한 통신상의 장해가 없도록 시설하여야 한다.

① 사용전압이 60[kV] 이하인 경우 전화선로의 길이 12[km] 마다 유도전류가 2[μA] 이하

② 사용전압이 60[kV]를 초과인 경우, 전화선로의 길이 40[km]마다 유도전류가 3[μA] 이하

(3) 특고압 가공케이블의 시설

특고압 가공전선에 케이블을 사용하는 경우는 다음에 따라 시설하여야한다.

① 케이블은 조가용선에 행거로 시설할 것. (행거의 간격을 50[cm] 이하로 시설)

② 조가용선은 인장강도 13.93[kN] 이상의 연선 또는 단면적 22[mm²] 이상인 아연도강연선일 것.

③ 조가용선 및 케이블의 피복에 사용하는 금속체에는 접지공사를 할 것.

④ 조가용선의 케이블에 접촉시켜 그 위에 쉽게 부식하지 아니하는 금속 테이프 등을 20[cm] 이하의 간격을 유지하며 나선상으로 감는다.

(4) 특고압 가공전선의 굵기 및 종류

◎ 이해력 높이기

특고압가공전선로의 목주 강도
목주 : 1.5 이상 (보안공사시 이상)

전 압	전선의 굵기	인장강도[kN]
특고압	연선 또는 단면적이 22[mm²] 이상의 경동연선	8.71 이상

electrical engineer · electrical engineer · electrical engineer · electrical engineer · electrical engineer · electrical engineer · electrical engineer · electrical engineer

콕콕 포인트

(5) 특고압 가공전선과 지지물 등의 이격거리

사 용 전 압[kV]	이격거리[cm]
15 미만	15
15 이상 ~ 25 미만	20
25 이상 ~ 35 미만	25
35 이상 ~ 50 미만	30
50 이상 ~ 60 미만	35
60 이상 ~ 70 미만	40
70 이상 ~ 80 미만	45

(6) 특고압 가공전선의 높이

사용전압구분[kV]	지표상의 높이[m]	
35 이하	일반	5
	철도 또는 궤도 횡단	6.5
	도로 횡단	6
	횡단보도교의 위(전선이 특고압절연전선 또는 케이블)	4
35 초과 ~ 160 이하	일반	6
	철도 또는 궤도를 횡단	6.5
	산지	5
	횡단보도교의 위 케이블	5
160 초과	160[kV] 초과시 10[kV] 또는 단수마다 12[cm]를 더한 값	

(7) 특고압 가공전선로의 가공지선

전 압	전선의 굵기	인장강도[kN]
특고압	연선 또는 단면적이 5[mm] 이상의 나경동선	8.01 이상

(8) 특고압 가공전선로의 철주 · 철근 콘크리트주 또는 철탑의 종류

특고압 가공전선로의 지지물로 사용하는 B종 철근 · B종 콘크리트주 또는 철탑의 종류는 다음과 같다.

① 직선형 : 전선로의 직선부분(3° 이하인 수평각도를 이루는 곳을 포함)에 사용하는 것

② 각도형 : 전선로중 3도를 초과하는 수평각도를 이루는 곳에 사용하는 것

③ 인류형 : 전가섭선을 인류하는 곳에 사용하는 것

④ 내장형 : 전선로의 지지물 양쪽의 경간의 차가 큰 곳에 사용하는 것

⑤ 보강형 : 전선로의 직선부분에 그 보강을 위하여 사용하는 것

💟 이해력 높이기

인류형·내장형 또는 보강형·직선형·각도형의 철주·철근 콘크리트주 또는 철탑의 경우 다음에 따라 가섭선 불평균 장력에 의한 수평 종하중을 가산한다.
(1) 인류형의 경우에는 전가섭선에 관하여 각 가섭선의 상정 최대장력과 같은 불평균 장력의 수평 종분력에 의한 하중
(2) 내장형·보강형의 경우에는 전가섭선에 관하여 각 가섭선의 상정 최대장력의 33[%] 와 같은 불평균 장력의 수평 종분력에 의한 하중
(3) 직선형의 경우에는 전가섭선에 관하여 각 가섭선의 상정 최대장력의 3[%] 와 같은 불평균 장력의 수평 종분력에 의한 하중.(단 내장형은 제외한다)
(4) 각도형의 경우에는 전가섭선에 관하여 각 가섭선의 상정 최대장력의 10[%]와 같은 불평균 장력의 수평 종분력에 의한 하중.

(a) 직선형   (b) 각도형   (C) 인류형   (d) 내장형

[철탑의 종류]

| CHECK POINT | 난이도 ★★★☆☆   1차 2차 3차

특고압 가공전선로의 지지물로 사용하는 B종 철주, B종 철근콘크리트주 또는 철탑의 종류가 아닌 것은?

① 직선형   ② 각도형
③ 지지형   ④ 보강형

상세해설

- 직선형 : 전선로의 직선부분(3° 이하의 수평각도 이루는 곳 포함)에 사용되는 것
- 각도형 : 전선로 중 수평각도 3°를 넘는 곳에 사용되는 것
- 인류형 : 전가섭선을 인류하는 곳에 사용하는 것
- 내장형 : 전선로 지지물 양측의 경간차가 큰 곳에 사용하는 것
- 보강형 : 전선로 직선부분을 보강하기 위하여 사용하는 것

답 ③

(9) 특고압 가공전선로의 내장형 등의 지지물 시설

① 목주, A종 철주, A종 철근콘크리트주를 사용한 특고압 가공전선로 직선부분은 5기 이하마다 지선을 전선로와 직각방향으로 시설하고 15기 이하마다 전선로 방향으로 양측에 지선을 설치한다.

② B종 철주, B종 철근콘크리트 주를 사용하는 직선부분은 10기 이하마다 장력에 견디는 형태의 철주 1기 또는 5기마다 보강형 1기를 시설한다.

③ 철탑을 사용하는 직선부분은 10기 이하마다 장력에 견디는 애자장치를 갖는 철탑 1기를 시설한다.

(10) 특고압 가공전선과 저고압 가공전선 등의 병행설치

① 35[kV] 이하인 특고압 가공전선과 저·고압의 병가
- 가공전선로의 경간이 50[m] 이하인 경우에는 인장강도 5.26[kN] 이상의 것 또는 지름 4[mm] 이상의 경동선을 사용하며, 50[m]을 초과하는 경우에는 인장강도 8.01[kN] 이상의 것 또는 지름 5[mm] 이상의 경동선을 사용할 것.
- 특고압 가공전선과 저압 또는 고압 가공전선사이의 이격거리는 1.2[m] 이상일 것.(특고압에 케이블 사용 및 저·고압에 절연전선 또는 케이블 사용시 50[cm])

② 35[kV]를 초과하고 100[kV] 미만인 특고압과 저·고압의 병가
- 특고압 가공전선로는 제2종 특고압 보안공사에 의할 것.
- 특고압 가공전선과 저압 또는 고압 가공전선 사이의 이격거리는 2[m] 이상일 것.(단, 특고압 가공전선이 케이블인 경우에 저압 가공전선이 절연전선 혹은 케이블인 때 또는 고압 가공전선이 절연전선 혹은 케이블인 때에는 1[m] 까지 감할 수 있다.)
- 인장강도 21.67[kN] 이상의 연선 또는 단면적이 50[mm²] 이상인 경동연선일 것.
- 특고압 가공전선로의 지지물은 철주·철근 콘크리트주 또는 철탑일 것.

(11) 특고압 가공전선과 가공약전류전선 등의 공용설치

① 사용전압이 35[kV] 이하 일 것.
② 특고압 가공전선은 가공약전류 전선 등의 위로하고 별개의 완금류에 시설할 것.
③ 특고압 가공전선은 케이블인 경우 이외에는 인장강도 21.67[kN] 이상의 연선 또는 단면적이 50[mm²] 이상인 경동연선일 것.
④ 이격거리는 2[m] 이상으로 할 것. (단, 가공전선이 케이블일 경우 50[cm] 이상)

(12) 특고압 보안공사

① 제1종 특고압보안공사
- 케이블인 경우 이외의 단면적

사용전압[kV]	전 선
100 미만	인장강도 21.67[kN] 이상의 연선 또는 단면적 55[mm²] 이상의 경동연선
100 이상 ~ 300 미만	인장강도 58.84[kN] 이상의 연선 또는 단면적 150[mm²] 이상의 경동연선
300 이상	인장강도 77.47[kN] 이상의 연선 또는 단면적 200[mm²] 이상의 경동연선

이해력 높이기

병행 이격거리 정리

[전력선 - 전력선]

[전력선 - 약전류전선]

Q 포인트 O·X 퀴즈

사용전압이 380[V]인 저압 보안공사에 사용되는 경동선은 그 지름이 최소 몇 5[mm] 이상의 것을 사용하여야 한다.

A 해설

최소 4[mm] 이상의 것을 사용할 수 있다.

정답(X)

콕콕 포인트

electrical engineer · electrical engineer · electrical engineer · electrical engineer · electrical engineer · electrical engineer · electrical engineer · electrical en

- 보안공사시 경간

지지물의 종류	경 간[m]
B종 철주 또는 B종 철근 콘크리트주	150
철탑	400

※ 단, 전선의 인장강도 58.84[kN] 이상의 연선 또는 단면적 150[mm^2] 이상인 경동연선시 표준경간 적용

- 전선로의 지지물에는 B종 철주·B종 철근 콘크리트주 또는 철탑을 사용할 것.
- 현수애자 또는 장간애자를 사용하는 경우, 50[%] 충격섬락전압 값이 그 전선의 근접하는 다른 부분을 지지하는 애자장치의 값의 110[%](사용·전압이 130[kV]를 초과하는 경우는 105[%]) 이상인 것
- 특고압 가공전선에 지락 또는 단락이 생겼을 경우에 3초(사용·전압이 100[kV] 이상인 경우에는 2초) 이내에 자동적으로 이것을 전로로부터 차단하는 장치를 시설할 것.

② 제2종 특고압 보안공사

- 특고압 가공전선은 연선일 것.
- 지지물로 사용하는 목주의 풍압하중에 대한 안전율은 2 이상일 것.
- 보안공사 시 경간

지지물의 종류	경 간[m]
목주· A종 철주 또는 A종 철근 콘크리트주	100
B종 철주 또는 B종 철근 콘크리트주	200
철탑	400

※ 단, 전선의 인장강도 38.05[kN] 이상의 연선 또는 단면적 95[mm^2] 이상인 경동연선시 B종또는 철탑의 경우 표준경간 적용

③ 제3종 특고압 보안공사

- 특고압 가공전선은 연선일 것.
- 경간

지지물의 종류	경 간[m]	
목주· A종 철주 또는 A종 철근 콘크리트주	100	38[mm^2] 이상 150
B종 철주 또는 B종 철근 콘크리트주	200	55[mm^2] 이상 250
철탑	400	55[mm^2] 이상 600

engineer · electrical engineer · electrical engineer · electrical engineer · electrical engineer · electrical engineer · electrical engineer · electrical engineer

콕콕 포인트

| CHECK POINT | 난이도 ★★★☆☆

154[kV] 가공전선로를 제1종 특고압 보안공사에 의하여 시설하는 경우 사용 전선은 인장강도 58.84[kN] 이상의 연선 또는 단면적 몇 [mm²]의 경동연선이어야 하는가?

① 38
② 55
③ 100
④ 150

상세해설

사용전압[kV]	전 선
100 미만	단면적 55[mm²] 이상의 경동연선
100 이상 ~ 300 미만	단면적 150[mm²] 이상의 경동연선
300 이상	단면적 200[mm²] 이상의 경동연선

답 ④

(13) 특고압 가공전선과 건조물의 접근

특고압 가공전선과 건조물의 이격거리

① 35[kV] 이하인 경우

조영재의 구분	전선종류	접근형태	이격거리[m]
상부 조영재	특고압 절연전선	위쪽	2.5
		옆쪽 또는 아래쪽	1.5 (전선에 사람이 쉽게 접촉할 우려가 없도록 시설한 경우는 1[m])
	케이블	위쪽	1.2
		옆쪽 또는 아래쪽	0.5
	기타전선		3
기타 조영재	특고압 절연전선		1.5 (전선에 사람이 쉽게 접촉할 우려가 없도록 시설한 경우는 1[m])
	케이블		0.5
	기타 전선		3

② 35[kV] 초과인 경우

35[kV]를 초과하는 10[kV] 또는 그 단수마다 15[cm]을 더한 값 이상일 것.

사용전압[kV]	이격거리[m]
35 초과	$3 + \dfrac{\dfrac{\text{사용전압} - 35}{10} [\text{kV}]}{\text{소수점 절상}} \times 0.15$ 이상

콕콕 포인트

electrical engineer · electrical engineer · electrical engineer · electrical engineer · electrical engineer · electrical engineer · electrical engineer · electrical

(14) 특고압 가공전선과 도로 등의 접근 또는 교차

사용전압의 구분[kV]	지표상의 높이[m]
35 이하	3
35 초과	3[m]에 35[kV]를 초과하는 10[kV] 또는 그 단수마다 0.15[m]를 더한 값

(15) 특고압 가공전선 상호 간의 접근 또는 교차

① 일반사항

사용전압의 구분[kV]	지표상의 높이[m]
60 이하	2
60 초과	2[m]에 60[kV]를 초과하는 10[kV] 또는 그 단수마다 0.12[m]를 더한 값

② 15[kV] 초과 25[kV] 이하 특고압 가공전선로 이격거리

사용전선의 종류	이격거리[m]
나전선인 경우	1.5
특고압 절연전선인 경우	1.0
한쪽이 케이블이고, 다른쪽이 특고압절연전선 이상	0.5

(16) 25[kV] 이하인 특고압 가공전선로의 시설

사용전압이 25[kV] 이하인 특고압 가공전선로(중성선 다중접지식의 것으로서 전로에 지락이 생겼을 때 2초 이내에 자동적으로 이를 전로로부터 차단하는 장치가 되어 있는것에 한함) 다음에 따른다.

① 접지선은 공칭단면적 6[mm²] 이상의 연동선

② 접지공사시 접지한 곳 상호간의 거리는 전선로에 따라 300[m] 이하일 것.(15[kV] 초과~25[kV] 이하 일 때 150[m] 이하)

③ 각 접지선을 중성선으로부터 분리하였을 경우의 각 접지점의 대지 전기저항치가 1[km] 마다의 중성선과 대지 사이의 합성 전기저항치

사용전압[kV]	각 접지점의 대지 전기저항[Ω]	1[km]마다의 합성 전기저항[Ω]
15 이하	300	30
15 초과~25 이하	300	15

콕콕 포인트

| CHECK POINT |

난이도 ★★★★☆

1차 2차 3차

사용전압이 35,000 [V] 이하인 특별고압 가공전선이 상부 조영재의 위쪽에서 제1차 접근상태로 시설되는 경우, 특별고압 가공전선과 건조물의 조영재 이격거리는 몇 [m] 이상이어야 하는가? (단, 전선의 종류는 케이블이라고 한다.)

① 0.5[m]
② 1.2[m]
③ 2.5[m]
④ 3.0[m]

상세해설

조영재의 구분	전선종류	접근형태	이격거리[m]
상부 조영재	특고압 절연전선	위쪽	2.5
		옆쪽 또는 아래쪽	1.5 (전선에 사람이 쉽게 접촉할 우려가 없도록 시설한 경우는 1[m])
	케이블	위쪽	1.2
		옆쪽 또는 아래쪽	0.5
	기타전선		3

답 ②

4. 지중전선로

(1) 지중전선로의 시설

지중 전선로는 전선에 케이블을 사용하고 또한 관로식 · 암거식 또는 직접 매설식에 의하여 시설하여야 한다.

① 직접 매설식

매설 깊이를 차량 기타 중량물의 압력을 받을 우려가 있는 장소에는 1[m] 이상, 기타 장소에는 60[cm] 이상으로 하고 또한 지중 전선을 견고한 트라프 기타 방호물에 넣어 시설하여야 한다.

② 관로식

매설 깊이를 1.0[m] 이상으로 하되, 매설 깊이가 충분하지 못한 장소에는 견고하고 차량 기타 중량물의 압력에 견디는 것을 사용할 것. 다만 중량물의 압력을 받을 우려가 없는 곳은 60[cm] 이상으로 한다.

③ 암거식(전력구식)

지하 구조물 내 케이블 지지대를 설치하고 그 위에 케이블을 부설하는 방식

(2) 지중함의 시설

지중전선로에 사용하는 지중함은 다음에 따라 시설한다.

① 지중함은 견고하고 차량 기타 중량물의 압력에 견디는 구조일 것.

⊙ 이해력 높이기

매설방식

[직매식]

[관로식]

[공도구식]

콕콕 포인트

electrical engineer · electrical engineer · electrical engineer · electrical engineer · electrical engineer · electrical engineer · electrical engineer · electrical e

② 지중함은 그 안의 고인 물을 제거할 수 있는 구조로 되어 있을 것.

③ 폭발성 또는 연소성의 가스가 침입할 우려가 있는 것에 시설하는 지중함으로서 그 크기가 1[m³] 이상인 것에는 통풍장치 기타 가스를 방산시키기 위한 적당한 장치를 시설할 것.

④ 지중함의 뚜껑은 시설자 이외의 자가 쉽게 열 수 없도록 시설할 것.

(3) 케이블 가압장치의 시설

압축가스를 사용하여 케이블에 압력을 가하는 장치(가압장치)는 다음에 따라 시설하여야 한다.

① 압축기는 각각의 최고 사용압력의 1.5배의 유압 또는 수압(유압 또는 수압으로 시험하기 곤란한 경우에는 최고 사용압력의 1.25배의 기압)을 연속하여 10분간 가하여 시험을 하였을 때 이에 견디고 또한 누설하지 아니하는 것일 것.

② 가압장치에는 압축가스 또는 유압의 압력을 계측하는 장치를 설치할 것.

③ 압축가스는 가연성 및 부식성의 것이 아닐 것

(4) 지중약전류전선의 유도장해 방지

지중전선로는 기설 지중약전선로에 대하여 누설전류 또는 유도작용에 의하여 통신상의 장해를 주지 않도록 기설 약전류전선로로부터 충분히 이격시키거나 기타 적당한 방법으로 시설하여야 한다.

(5) 지중전선과 지중약전류전선 등 또는 관과의 접근 또는 교차

지중전선이 다음 조건의 이격거리 이하로 설치되는 경우에는 상호간에 내화성 격벽을 설치하여야 한다.

조 건	전 압	이격거리[m]
지중약전류전선과 접근 또는 교차하는 경우	저압 또는 고압	0.3
	특고압	0.6
유독성의 유체를 내포하는 관과 접근 또는 교차	특고압	1
	25[kV] 이하, 다중접지방식	0.5

(6) 지중전선 상호 간의 접근 또는 교차

조 건	이격거리[m]
저압과 고압의 접근 또는 교차	0.15
특고압과 저/고압의 접근 또는 교차	0.3

| CHECK POINT | 난이도 ★★★★☆ 1차 2차 3차

지중전선로 시설 규정 중 옳은 내용은?

① 지중전선로는 전선으로 케이블을 사용할 수 없다.
② 지중전선로는 암거식에 의해 시설할 수 없다.
③ 지중전선로를 직접 매설하는 경우에는 차량에 의해 압력을 받을 우려가 있는 장소에서는 60[cm] 이상 매설한다.
④ 방호장치의 금속제부분, 지중전선의 피복으로 사용하는 금속체는 접지공사를 하여야 한다.

상세해설

지중전선로의 시설
- 전선은 케이블을 사용하고 또한 매설방법은 직접 매설식, 관로인입식, 암거식에 의하여 시공한다.
- 직접 매설식으로 시공시 매설깊이는 중량물의 압력이 있는 곳은 1[m] 이상, 없는 곳은 0.6[m] 이상

답 ④

5. 특수장소의 전선로

(1) 터널 안 전선로의 시설

철도·궤도 또는 자동차도 전용터널 안의 전선로는 다음에 따라 시설하여야 한다.

① 시설기준

전 압	전선의 종류	시공방법	애자사용 공사시 높이[m]
저 압	2.6[mm] 이상 경동선의 절연전선 또는 인장강도 2.30[kN] 이상의 절연전선	합성수지관공사 금속관공사 가요전선관공사 케이블공사 애자사용공사	노면상, 레일면상 2.5 이상
고 압	4[mm] 이상의 경동선의 고압 절연전선 또는 인장강도 5.26[kN] 이상의 것	케이블공사 애자사용공사	노면상, 레일면상 3 이상

② 사람이 상시 통행하는 터널 안 전선로
- 저압전선은 차량 전용 터널 내 공사방법과 같다.
- 고압전선은 케이블공사에 의하여 시설할 수 있다.
- 특고압전선은 시설하지 않는 것을 원칙으로 한다.

(2) 수상전선로의 시설

수상전선로를 시설하는 경우에는 그 사용전압은 저압 또는 고압인 것에 한하며 다음에 따른다.

① 전선

저압 사용 시 클로로프렌 캡타이어 케이블이어야 하며, 고압인 경우에는 캡타이어 케이블일 것.

콕콕 포인트

electrical engineer · electrical engineer · electrical engineer · electrical engineer · electrical engineer · electrical engineer · electrical engineer · electrical

② 수상과 가공전선로의 접속점 높이

접속점이 육상에 있는 경우	접속점이 수면상에 있는 경우
지표상 5[m] 이상 (수상전선로의 사용전압이 저압인 경우에 도로상 이외의 경우 지표상 4[m])	수면상 4[m] 이상 고압인 경우에는 수면상 5[m] 이상

(3) 물밑 전선로의 시설

① 저압 또는 고압의 물밑전선로의 전선

표준에 적합한 물밑케이블 이어야 한다. 다만, 다음 에 의하여 시설하는 경우에는 그러하지 아니하다.

- 전선에 케이블을 사용하고 또한 이를 견고한 관에 넣어서 시설하는 경우
- 전선에 지름 4.5[mm] 아연도철선이상의 기계적 강도가 있는 금속선으로 개장한 케이블을 사용하고 또한 이를 물밑에 매설하는 경우
- 전선에 지름 4.5[mm] 아연도철선 이상의 기계적 강도가 있는 금속선으로 개장하고 또한 개장 부위에 방식피복을 한 케이블을 사용하는 경우

② 특고압 물밑전선로의 전선

- 전선은 케이블일 것.
- 케이블은 견고한 관에 넣어 시설할 것. 다만, 전선에 지름 6[mm]의 아연도철선 이상의 기계적강도가 있는 금속선으로 개장한 케이블을 사용하는 경우에는 그러하지 아니하다.

(4) 교량에 시설하는 전선로

① 교량의 윗면에 시설하는 것은 다음에 의하는 이외에 전선의 높이를 교량의 노면상 5[m] 이상으로 하여 시설할 것.

- 전선은 케이블인 경우 이외에는 인장강도 2.30[kN] 이상의 것 또는 지름 2.6[mm] 이상의 경동선의 절연전선일 것.
- 전선과 조영재 사이의 이격거리는 전선이 케이블인 경우 이외에는 30[cm] 이상일 것.
- 전선은 케이블인 경우 이외에는 조영재에 견고하게 붙인 완금류에 절연성·난연성 및 내수성의 애자로 지지할 것.
- 전선이 케이블인 경우에 전선과 조영재 사이의 이격거리를 15[cm] 이상으로 하여 시설할 것.

② 교량의 아랫면에 시설하는 것은 합성수지관 공사, 금속관 공사, 가요전선관 공사, 케이블 공사에 의하여 시설할 것.

I engineer · electrical engineer · electrical engineer · electrical engineer · electrical engineer · electrical engineer · electrical engineer · electrical engineer

콕콕 포인트

3 기계기구 시설 및 옥내배선

1. 기계 및 기구

(1) 특고압 배전용 변압기의 시설 장소

특고압 전선로에 접속하는 배전용 변압기를 시설하는 경우에는 특고압 전선에 특고압 절연전선 또는 케이블을 사용하며 다음에 따라야 한다.

① 변압기의 1차 전압은 35[kV] 이하, 2차 전압은 저압 또는 고압일 것.

② 변압기의 특고압측에 개폐기 및 과전류차단기를 시설할 것.

③ 변압기의 2차 전압이 고압인 경우에는 고압측에 개폐기를 시설하고 쉽게 개폐할 수 있도록 할 것.

(2) 특고압을 직접 저압으로 변성하는 변압기의 시설

특고압을 직접 저압으로 변성하는 변압기는 다음 각 호의 것 이외에는 시설하여서는 아니 된다.

① 전기로 등 전류가 큰 전기를 소비하기 위한 변압기

② 발전소, 변전소, 개폐소 또는 이에 준하는 곳의 소내용 변압기

③ 25[kV] 이하 중성점 다중 접지식 전로에 접속하는 변압기

④ 사용전압이 35[kV] 이하인 변압기로서 그 특고압측 권선과 저압측 권선이 혼촉한 경우에 자동적으로 변압기를 전로로부터 차단하기 위한 장치를 설치한 것.

⑤ 교류식 전기철도용 신호회로에 전기를 공급하기 위한 변압기

(3) 특고압용 기계기구의 시설

사용전압의 구분[kV]	기계기구의 높이[m]
35 이하	5
35 초과 160 이하	6
160 초과	6[m]에 160[kV]를 초과하는 10[kV] 또는 그 단수마다 12[cm]를 더한 값

(4) 고주파 이용 전기설비의 장해방지

고주파 이용 설비에서 다른 고주파 이용 설비에 누설되는 고주파 전류의 허용한도는 측정 장치 또는 이에 준하는 측정 장치로 2회 이상 연속하여 10분간 측정하였을 때에 각각 측정값의 최대값에 대한 평균값이 −30[dB]일 것.

| CHECK POINT | 난이도 ★★★★☆   1차 2차 3차

저압 수상전선로에 사용되는 전선은?

① 옥외 비닐케이블   ② 600[V] 비닐절연전선
③ 600[V] 고무절연전선   ④ 클로로프렌 캡타이어 케이블

상세해설

수상 전선로의 시설

수상전선로			
사용전압	전선의종류	높이	
저압	클로로프렌 캡타이어케이블	접속점	
		육상	수면상
고압	캡타이어케이블	5[m] 단, 저압의 도로 이외 인 것 4[m]	저 4[m] 고 5[m]

답 ④

(5) 아크를 발생하는 기구의 시설

고압용 또는 특고압용의 개폐기 · 차단기 · 피뢰기 기타 이와 유사한 기구로서 동작시에 아크가 생기는 것은 목재의 벽 또는 천장 기타의 가연성 물체로부터 아래 정한 값 이상 이격하여 시설하여야 한다.

기구 등의 구분	이격거리
고압용의 것	1[m] 이상
특고압용의 것	2[m] 이상 (사용전압이 35[kV] 이하의 특고압용의 기구 등으로서 동작할 때에 생기는 아크의 방향과 길이를 화재가 발생할 우려가 없도록 제한하는 경우에는 1[m] 이상)

(6) 고압용 기계기구의 시설

① 시가지외 : 지표상 4[m] 이상의 높이에 시설
② 시가지 : 지표상 4.5[m] 이상의 높이에 시설

(7) 고압 및 특고압 전로 중의 과전류 차단기의 시설

① 과전류차단기로 시설하는 퓨즈 중 고압전로에 사용하는 포장 퓨즈는 정격전류의 1.3배의 전류에 견디고 또한 2배의 전류로 120분 안에 용단되는 것
② 과전류차단기로 시설하는 퓨즈 중 고압전로에 사용하는 비포장 퓨즈는 정격전류의 1.25배의 전류에 견디고 또한 2배의 전류로 2분 안에 용단되는 것

(8) 과전류차단기의 시설 제한

접지공사의 접지도체, 다선식 전로의 중성선 및 전로의 일부에 접지공사를 한 저압 가공전선로의 접지측 전선에는 과전류차단기를 시설하여서는 안 된다. 다만, 다선식 전로의 중성선에 시설한 과전류차단기가 동작한 경우에 각 극이 동시에 차단될 때 또는 저항기 · 리액터 등을 사용하여 접지공사를 한 때에 과전류차단기의 동작에 의하여 그 접지선이 비접지 상태로 되지 아니할 때는 적용하지 않는다.

(9) 지락차단장치 등의 시설

① 특고압전로 또는 고압전로에 변압기에 의하여 결합되는 사용전압 $400[V]$ 초과의 저압전로 또는 발전기에서 공급하는 사용전압 $400[V]$ 초과의 저압전로에는 전로에 지락이 생겼을 때에 자동적으로 전로를 차단하는 장치를 시설하여야 한다.

② 고압 및 특고압 전로 중 다음에 사항들과 이에 근접한 곳에는 전로에 지락이 생겼을 때 자동적으로 전로를 차단하는 장치를 시설하여야한다.

- 발전소, 변전소 또는 이에 준하는 곳의 인출구
- 다른 전기사업자로부터 공급받는 수전점
- 배전용변압기(단권변압기를 제외)의 시설 장소

| CHECK POINT | 난이도 ★★★★☆   1차 2차 3차

과전류차단기로 시설하는 퓨즈 중 고압전로에 사용하는 포장 퓨즈는 정격전류의 몇 배에 견디어야 하는가? (단, 퓨즈 이외의 과전류 차단기와 조합하여 하나의 과전류 차단기로 상용하는 것을 제외한다.)

① 1.1   ② 1.3
③ 1.5   ④ 1.7

상세해설

고압 및 특고압전로 중의 과전류차단기의 시설

과전류차단기로 시설하는 퓨즈 중 고압전로에 사용하는 포장 퓨즈는 정격전류의 1.3배 전류에 견디고 또한 2배의 전류로 120분 안에 용단 되는 것이어야 한다.

답 ②

---

(10) 피뢰기의 시설

고압 및 특고압의 전로 중 다음 장소 또는 이에 근접한 곳에는 피뢰기를 시설해야 한다.

① 발전소 · 변전소 또는 이에 준하는 장소의 가공전선 인입구 및 인출구
② 가공전선로에 접속하는 배전용 변압기의 고압측 및 특고압측
③ 고압 및 특고압 가공전선로로부터 공급을 받는 수용장소의 인입구
④ 가공전선로와 지중전선로가 접속되는 곳

● 이해력 높이기

[발 · 변전소 인입구 및 인출구]

[배전용 변압기의 고압 및 특고압측]

[고압 및 특고압 수용장소 인입구]

electrical engineer · electrical engineer · electrical engineer · electrical engineer · electrical engineer · electrical engineer · electrical engineer · electrical

(11) 피뢰기의 접지

고압 및 특별고압의 전로에 시설하는 피뢰기의 접지저항 값은 10[Ω] 이하로 하여야 한다. 단, 고압 가공전선로에 시설하는 피뢰기의 접지공사의 접지선이 전용의 것인 경우에는 접지 저항치가 30[Ω] 까지 허용된다.

(12) 압축공기계통

발전소 · 변전소 · 개폐소 또는 이에 준하는 곳에 개폐기 또는 차단기에 사용하는 압축공기장치는 다음에 따라 시설하여야 한다.

① 최고 사용압력의 1.5배의 수압(수압을 연속하여 10분간 가하여 시험을 하기 어려울 때에는 최고 사용압력의 1.25배의 기압)을 연속하여 10분간 가하여 시험을 하였을 때에 이에 견디고 또한 새지 아니할 것.

② 사용 압력에서 공기의 보급이 없는 상태로 개폐기 또는 차단기의 투입 및 차단을 연속하여 1회 이상 할 수 있는 용량을 가지는 것일 것.

③ 주 공기탱크 또는 이에 근접한 곳에는 사용압력의 1.5배 이상 3배 이하의 최고 눈금이 있는 압력계를 시설할 것.

2. 고압 · 특고압 옥내 설비의 시설

(1) 고압 옥내배선 등의 시설

① 애자사용공사(건조한 장소로서 전개된 장소에 한한다.)

- 이격거리

전 압	전선과 조영재와의 이격거리	전선 상호 간격	조영재의 상면 또는 측면	
			조영재의 상면 또는 측면	조영재에 따라 시설하지 않는 경우
고압	5[cm] 이상	8[cm] 이상	2[m] 이하	6[m] 이하

- 고압 옥내배선은 저압 옥내배선과 쉽게 식별되도록 시설할 것.
- 애자는 절연성 · 난연성 및 내수성의 것일 것.

② 케이블배선

③ 케이블 트레이배선

(2) 고압 옥내배선과 타 시설물과의 이격거리

① 다른 고압 옥내배선, 저압 옥내전선, 관등회로의 배선, 약전류전선 : 15[cm]

② 수관, 가스관이나 이와 유사한 것과 접근하거나 교차하는 경우 : 15[cm]

③ 애자사용 공사에 의하여 시설하는 저압 옥내전선으로 나전선인 경우 : 30[cm]

④ 가스계량기 및 가스관의 이음부와 전력량계 및 개폐기 : 60[cm]

(3) 옥내 고압용 이동전선의 시설

① 전선은 고압용의 캡타이어케이블일 것.

② 전로에 지락이 생겼을 때에 자동적으로 전로를 차단하는 장치를 시설할 것.

(4) 옥내에 시설하는 고압접촉전선 공사

이동 기중기 기타 이동하여 사용하는 고압의 기계기구에 전기를 공급하기 위하여 사용하는 접촉전선을 옥내에 시설하는 경우에 전개된 장소 또는 점검할 수 있는 은폐된 장소에 애자사용배선에 의하고 다음에 따라 시설할 것.

① 전선은 사람이 접촉할 우려가 없도록 시설할 것.

② 전선은 인장강도 2.78[kN] 이상의 것 또는 지름 10[mm]의 경동선으로 단면적이 70[mm²] 이상인 구부리기 어려운 것일 것.

③ 전선 지지점 간의 거리는 6[m] 이하일 것.

④ 전선 상호 간의 간격 및 집전장치의 충전 부분 상호 간 및 집전장치의 충전 부분과 극성이 다른 전선 사이의 이격거리는 30[cm] 이상일 것.

(5) 특고압 옥내 전기설비의 시설

① 전선의 종류 : 케이블

② 사용전압 : 100[kV] 이하 (단, 케이블 트레이 공사에 의하여 시설하는 경우에는 35[kV] 이하)

③ 이격거리 : 특고압 배선과 저 고압선 60[cm] 이격 (약전류 전선 또는 수관, 가스관과 접촉하지 않도록 시설)

| CHECK POINT | 난이도 ★★★★☆   1차 2차 3차

애자사용 공사에 의한 고압 옥내배선을 시설하고자 한다. 다음 중 잘못된 내용은?

① 저압 옥내배선과 쉽게 식별되도록 시설한다.
② 전선은 공칭단면적 6[mm²] 이상의 연동선을 사용한다.
③ 전선 상호간의 간격은 8[cm] 이상이어야 한다.
④ 전선과 조영재 사이의 이격거리는 4[cm] 이상이어야 한다.

상세해설

애자사용공사(건조한 장소로서 전개된 장소에 한한다.)

• 이격거리

전 압	전선과 조영재와의 이격거리	전선 상호 간	조영재의 상면 또는 측면	
			조영재의 상면 또는 측면	조영재에 따라 시설하지 않는 경우
고압	5[cm] 이상	8[cm] 이상	2[cm] 이하	6[cm] 이하

답 ④

4 발전소, 변전소, 개폐소 등의 전기설비

1. 발전소 등의 울타리·담 등의 시설

(1) 옥외에 시설하는 발전소·변전소·개폐소 또는 이에 준하는 곳에는 다음에 따라 구내에 취급자 이외의 사람이 들어가지 아니하도록 시설하여야 한다.

① 울타리·담 등을 시설할 것.

② 출입구에는 출입금지의 표시를 할 것.

③ 출입구에는 자물쇠장치 기타 적당한 장치를 할 것.

(2) 울타리·담 등은 다음에 따라 시설하여야 한다.

① 울타리·담 등의 높이는 2[m] 이상으로 할 것.

② 지표면과 울타리·담 등의 하단사이의 간격은 15[cm] 이하로 할 것.

[울타리·담 등의 높이와 울타리·담 등으로부터 충전부분까지의 거리의 합계]

(3) 울타리·담 등과 고압 및 특고압의 충전 부분이 접근하는 경우

사용전압의 구분	울타리·담 등의 높이와 울타리·담 등으로부터 충전부분까지의 거리의 합계
35[kV] 이하	5[m]
35[kV] 초과 160[kV] 이하	6[m]
160[kV] 초과	6[m]에 160[kV]를 초과하는 10[kV] 또는 그 단수마다 12[cm]를 더한 값

2. 특고압전로의 상 및 접속 상태의 표시

(1) 발전소, 변전소 또는 이에 준하는 곳의 특고압전로에는 보기 쉬운 곳에 상별표시를 하여야 한다.

(2) 접속 상태를 모의모선의 사용 기타의 방법에 의하여 표시하여야 한다.

다만, 이러한 전로에 접속하는 특고압전선로의 회선수가 2 이하이고 또한 특고압의 모선이 단일모선인 경우에는 그러하지 아니하다.

---

3. 발전기 등의 보호장치

발전기에는 다음의 경우에 자동적으로 이를 전로로부터 차단하는 장치를 시설하여야 한다.

(1) 발전기에 과전류나 과전압이 생긴 경우

(2) 용량이 500 [kVA] 이상의 발전기를 구동하는 수차의 압유 장치의 유압 또는 전동식 가이드밴 제어장치, 전동식 니들 제어장치 또는 전동식 디플렉터 제어장치의 전원전압이 현저히 저하한 경우

(3) 용량 100 [kVA] 이상의 발전기를 구동하는 풍차의 압유장치의 유압, 압축 공기장치의 공기압 또는 전동식 브레이드 제어장치의 전원전압이 현저히 저하한 경우

(4) 용량이 2000 [kVA] 이상인 수차 발전기의 스러스트 베어링의 온도가 현저히 상승한 경우

(5) 용량이 10000 [kVA] 이상인 발전기의 내부에 고장이 생긴 경우

(6) 정격출력이 10000 [kW]를 초과하는 증기터빈은 그 스러스트 베어링이 현저하게 마모되거나 그의 온도가 현저히 상승한 경우

4. 특고압용 변압기의 보호장치

특고압용의 변압기에는 그 내부에 고장이 생겼을 경우에 보호하는 장치를 다음표와 같이 시설하여야 한다.

뱅크용량의 구분	동작조건	장치의 종류
5000[kVA] 이상 10000[kVA] 미만	변압기내부고장	자동차단장치 또는 경보장치
10000[kVA] 이상	변압기내부고장	자동차단장치
타냉식변압기 (강제 순환식)	냉각장치에 고장이 생긴 경우 또는 변압기의 온도가 현저히 상승한 경우	경보장치

| CHECK POINT | 난이도 ★★★☆☆   [1차] [2차] [3차]

다음 중 발전기를 전로로부터 자동적으로 차단하는 장치를 시설하여야 하는 경우에 해당되지 않는 것은?

① 발전기에 과전류가 생긴 경우
② 용량이 500[kVA] 이상의 발전기를 구동하는 수차의 압유장치의 유압이 현저히 저하한 경우
③ 용량이 100[kVA] 이상의 발전기를 구동하는 풍차의 압유장치의 유압, 압축공기장치의 공기압이 현저히 저하한 경우
④ 용량이 5000[kVA] 이상인 발전기의 내부에 고장이 생긴 경우

상세해설

발전기의 내부고장이 생긴 경우 자동적으로 차단장치 시설 용량은 10000[kVA] 이상이다.

답 ④

이해력 높이기

발전기 등의 기계적강도

발전기, 변압기, 조상기, 계기용변성기, 모선 및 이를 지지하는 애자는 단락전류에 의하여 생기는 기계적 충격에 견디는 것이어야 한다.

암기법

· 증기탕 입장료 : 10000원
· 내부사람 : 만원
· 슬러쉬 : 2000원
· 우유 : 500원
· 녹차 : 100원

▶ 전기 용어해설

타냉식 변압기

변압기의 권선 및 철심을 직접 냉각시키기 위하여 봉입한 냉매를 강제 순환시키는 냉각방식

콕콕 포인트

electrical engineer · electrical engineer · electrical engineer · electrical engineer · electrical engineer · electrical engineer · electrical engineer · electrical en

5. 무효전력 보상장치의 보호장치

무효전력 보상장치에는 그 내부에 고장이 생긴 경우에 보호하는 장치를 다음표와 같이 시설하여야 한다.

설비종별	뱅크용량의 구분	자동적으로 전로로부터 차단하는 장치
전력용 커패시터 및 분로리액터	500[kVA] 초과 15000[kVA] 미만	내부에 고장, 과전류
	15000[kVA] 이상	내부에고장, 과전류,과전압
조상기	15000[kVA] 이상	내부에 고장

6. 계측장치

(1) 발전소에는 다음 각 호의 사항을 계측하는 장치를 시설하여야 한다. 다만, 태양전지 발전소는 연계하는 전력계통에 그 발전소 이외의 전원이 없는 것에 대하여는 그러하지 아니하다.

① 발전기 · 연료전지 또는 태양전지 모듈의 전압 및 전류 또는 전력

② 발전기의 베어링(수중 메탈을 제외한다) 및 고정자의 온도

③ 정격출력이 10000[kW]를 초과하는 증기터빈에 접속하는 발전기의 진동의 진폭

④ 주요 변압기의 전압 및 전류 또는 전력

⑤ 특고압용 변압기의 온도

(2) 정격출력이 10[kW] 미만의 내연력 발전소는 연계하는 전력계통에 그 발전소 이외의 전원이 없는 것에 대해서는 전류 및 전력을 측정하는 장치를 시설하지 아니할 수 있다.

(3) 동기발전기를 시설하는 경우에는 동기검정장치를 시설하여야 한다.

7. 상주 감시를 하지 아니하는 발전소의 시설

발전소의 운전에 필요한 지식 및 기능을 가진 자(이하 '기술원'이라 한다.)가 그 발전소에서 상주 감시를 하지 아니하는 발전소로서 비상용 예비전원을 얻을 목적으로 시설하는 것 이외의 경우로서 다음과 같은 경우에는 발전기를 전로에서 자동적으로 차단하고 또한 수차 또는 풍차를 자동적으로 정지하는 장치 또는 내연기관에 연료 유입을 자동적으로 차단하는 장치를 시설할 것.

(1) 원동기 제어용의 압유장치의 유압, 압축공기장치의 공기압 또는 전동제어장치의 전원전압이 현저히 저하한 경우

(2) 원동기의 회전속도가 현저히 상승한 경우

(3) 발전기에 과전류가 생긴 경우

(4) 정격출력이 500[kW] 이상의 원동기(풍차를 시가지 그 밖에 인가가 밀집된 지역에 시설시 100[kW]) 또는 그 발전기의 베어링의 온도가 현저히 상승한 경우

(5) 용량이 2000[kVA] 이상의 발전기의 내부에 고장이 생긴 경우

(6) 내연기관의 냉각수 온도가 현저히 상승한 경우 또는 냉각수의 공급이 정지된 경우

(7) 내연기관의 윤활유 압력이 현저히 저하한 경우

(8) 내연력 발전소의 제어회로 전압이 현저히 저하한 경우

8. 상주 감시를 하지 아니하는 변전소의 시설

변전소(이에 준하는 곳으로 50[kV]를 초과하는 특고압의 전기를 변성하기 위한 것을 포함)의 운전에 필요한 지식 및 기능을 가진 자(이하 '기술원'이라 한다.)가 그 변전소에 상주하여 감시를 하지 아니하는 변전소는 다음에 따라 시설하는 경우에 한 한다.

(1) 다음의 경우에는 변전제어소 또는 기술원이 상주하는 장소에 경보장치를 시설할 것.

① 운전조작에 필요한 차단기가 자동적으로 차단한경우(차단기가 재폐로한 경우를 제외한다.)

② 주요 변압기의 전원측 전로가 무전압으로 된 경우

③ 제어회로의 전압이 현저히 저하한 경우

④ 옥내변전소에 화재가 발생한 경우

⑤ 출력 3000[kVA]를 초과하는 특고압용 변압기는 그 온도가 현저히 상승한 경우

⑥ 특고압용 타냉식 변압기는 그 냉각장치가 고장난 경우

⑦ 조상기는 내부에 고장이 생긴 경우

⑧ 수소냉각식 조상기는 그 조상기안의 수소의 순도가 90[%] 이하로 저하한경우, 수소의 압력이 현저히 변동한 경우 또는 수소의 온도가 현저히 상승한 경우

| CHECK POINT | 난이도 ★★☆☆☆   1차 2차 3차

내부에 고장이 생긴 경우에 자동적으로 이를 전로로부터 차단하는 장치를 설치하여야 하는 조상기(調相機) 뱅크용량은 몇 [kVA]인가?

① 3000[kVA]   ② 5000[kVA]
③ 10000[kVA]   ④ 15000[kVA]

상세해설

조상설비의 보호장치

설비종별	뱅크용량의 구분	자동적으로 전로로부터 차단하는 장치
조상기	15000[kVA] 이상	내부에 고장

답 ④

electrical engineer · electrical engineer · electrical engineer · electrical engineer · electrical engineer · electrical engineer · electrical engineer · electrical

| CHECK POINT | 난이도 ★★★☆☆   1차 2차 3차

발전소에서 계측장치를 시설하지 않아도 되는 것은?

① 발전기 베어링 및 고정자의 온도   ② 특고압용 변압기의 온도

③ 증기터빈에 접속하는 발전기의 역률   ④ 주요 변압기의 전압 및 전류 또는 전력

상세해설

역률 및 주파수 측정은 법정인 계측장치가 아니다.

답 ③

---

5 전력보안 통신설비

1. 전력보안통신설비의 일반사항

발전소, 변전소 및 변환소의 전력보안통신설비의 시설장소는 다음에 따른다.

(1) 원격감시 제어가 되지 아니하는 발전소, 변전소, 발전제어소 · 변전제어소 · 개폐소 및 전선로의 기술원 주재소와 이를 운용하는 급전소 및 급전분소 간

(2) 2 이상의 급전소 상호 간과 이들을 총합 운용하는 급전소 간

(3) 수력설비 중 필요한 곳, 수력 설비의 보안상 필요한 양수소 및 강수량 관측소와 수력발전소 간

(4) 동일 수계에 속하고 보안상 긴급 연락의 필요가 있는 수력발전소 상호 간

(5) 동일 전력계통에 속하고 또한 보안상 긴급연락의 필요가 있는 발전소 · 변전소, 발전제어소 · 변전제어소 및 개폐소 상호 간

2. 통신선과 첨가통신선의 이격거리 및 높이

(1) 이격거리

가공전선로의 지지물에 시설하는 통신선은 전력선 가공전선 밑에 시설하고 가공전선과의 이격거리를 유지하여야 한다.

전압	전력선의 종류	통신선의 종류	이격 거리
저압 및 중성선	나선	나선, 절연전선, 케이블	60[cm] 이상
	절연전선 또는 케이블	절연전선 이상	30[cm] 이상
고압	나선 또는 절연전선	나선, 절연전선, 케이블	60[cm] 이상
	케이블	절연전선 이상	30[cm] 이상
특고압	나선 또는 절연전선	나선, 절연전선, 케이블	120[cm] 이상
	케이블	절연전선 이상	30[cm] 이상

(2) 통신선의 높이규정

시설 장소		가공통신선	첨가통신선	
			저·고압	특고압
도로(차도)위	일반적인 경우	5[m] 이상	6[m] 이상	6[m] 이상
	교통에 지장을 안 주는 경우	4.5[m] 이상	5[m] 이상	–
철도횡단(레일면상)		6.5[m] 이상	6.5[m] 이상	6.5[m] 이상
횡단보도교 위(노면상)		3[m] 이상	3.5[m] 이상	5[m] 이상
횡단보도교 위 (통신선에 절연전선과 동등 이상의 절연효력이 있는 것 또는 케이블을 사용시)		–	3[m] 이상	4[m] 이상
기타 장소(도로, 철도, 횡단보도교 이외의 장소)		3.5[m] 이상	4[m] 이상	5[m] 이상

(3) 배전설비와의 이격거리

배전전주에 시설하는 공가 통신설비와 배전설비의 이격거리는 아래 표와 같다. 단, 저
고압, 특고압 가공전선이 절연전선이고 통신선을 절연전선과 동등 이상의 성능을 사
용하는 경우에는 0.3[m] 이상으로 이격하여야 한다.

구분	이격거리[m]	비고
7[kV] 초과	1.2	
1[kV] 초과~7[kV] 이하	0.6	
저압 또는 특고압 다중접지 중성도체	0.6	

(4) 특고압 가공전선로의 지지물에 시설하는 통신선 또는 이에 직접 접속하는 통신선이
도로·횡단보도교·철도의 레일·삭도·가공전선·다른 가공약전류 전선 등 또는
교류 전차선 등과 교차하는 경우에는 다음에 따라 시설하여야 한다.

① 통신선이 도로·횡단보도교·철도의 레일 또는 삭도와 교차하는 경우에는 통신선
은 단면적 16[mm²](지름 4[mm])의 절연전선과 동등 이상의 절연 효력이 있는
것, 인장강도 8.01[kN] 이상의 것 또는 단면적 25[mm²](지름 5[mm])의 경동
선일 것.

② 통신선과 삭도 또는 다른 가공약전류 전선 등 사이의 이격거리는 80[cm](통신선
이 케이블 또는 광섬유 케이블일 때는 40[cm]) 이상으로 할 것.

3. 특고압 가공전선로 첨가설치 통신선의 시가지 인입 제한

(1) 특고압 가공 전선로의 지지물에 첨가하는 통신선 또는 이에 직접 접속하는 통신선은
시가지에 시설하는 통신선(특고압 가공전선로의 지지물에 첨가하는 통신선은 제외한
다. 이하 이 항에서 "시가지의 통신선"이라 한다)에 접속하여서는 아니 된다. 다만, 다
음에 해당하는 경우에는 그러하지 아니하다.

① 특고압 가공전선로의 지지물에 첨가하는 통신선 또는 이에 직접 접속하는 통신선
과 시가지의 통신선과의 접속점에 표준에 적합한 특고압용 제1종 보안장치, 특고

압용 제2종 보안장치 또는 이에 준하는 보안장치를 시설하고 또한 그 중계선륜 또는 배류 중계선륜의 2차측에 시가지의 통신선을 접속하는 경우

② 시가지의 통신선이 절연전선과 동등 이상의 절연효력이 있는 것.

(2) 시가지에 시설하는 통신선은 특고압 가공전선로의 지지물에 시설하여서는 아니 된다. 다만, 통신선이 절연전선과 동등 이상의 절연효력이 있고 인장강도 5.26[kN] 이상의 것 또는 단면적 16[mm²](지름 4[mm]) 이상의 절연전선 또는 광섬유 케이블인 경우에는 그러하지 아니하다.

(3) 보안장치 표준

• 급전전용통신선용 보안장치

[옥내통신설비]

• RP_1 : 교류 300[V] 이하에서 동작하고, 최소 감도 전류가 3[A] 이하로서 최소 감도전류 때의 응동시간이 1사이클 이하이고 또한 전류 용량이 50[A], 20초 이상인 자복성이 있는 릴레이 보안기
• L_1 : 교류 1[kV] 이하에서 동작하는 피뢰기
• E : 접지

• 저압용 보안장치

[옥내통신설비]

• H : 250[mA] 이하에서 동작하는 열 코일
• RP_1, L_1, E : 급전전용통신선용과 통일

| CHECK POINT | 난이도 ★★☆☆☆   1차 2차 3차

특고압 가공전선로의 지지물에 첨가하는 통신선 보안장치에 사용되는 피뢰기의 동작전압은 교류 몇 [V] 이하인가?

① 300
② 600
③ 1000
④ 1500

상세해설

급전전용통신선용 보안장치

[옥내통신설비]

• R_1P : 교류 300[V] 이하에서 동작하고, 최소 감도 전류가 3[A] 이하로서 최소 감도전류 때의 응동시간이 1사이클 이하이고 또한 전류 용량이 50[A], 20초 이상인 자복성이 있는 릴레이 보안기
• L_1 : 교류 1[kV] 이하에서 동작하는 피뢰기
• E_1 및 E_2 : 접지

답 ③

electrical engineer · electrical engineer · electrical engineer · electrical engineer · electrical engineer · electrical engineer · electrical engineer · electrical engineer

콕콕 포인트

4. 전력선 반송 통신용 결합장치의 보안장치

전력선 반송통신용 결합 커패시터에 접속하는 회로에는 보안장치를 시설하여야한다.

- FD : 동축케이블
- F : 정격전류 10[A] 이하의 포장 퓨즈
- DR : 전류 용량 2[A] 이상의 배류선륜
- L_1 : 교류 300[V] 이하에서 동작하는 피뢰기
- L_2 : 동작전압이 교류 1300[V]를 초과하고 1600[V]이하로 조정된 방전갭
- L_3 : 동작전압이 교류 2[kV]를 초과하고 3[kV] 이하로 조정된 구상 방전갭
- S : 접지용 개폐기
- CF : 결합 필터
- CC : 결합 커패시터(결합 안테나를 포함한다.)
- E : 접지

5. 무선용 안테나

(1) 목주의 안전율은 1.5 이상이어야 한다.

(2) 철주 · 철근 콘크리트주 또는 철탑의 기초 안전율은 1.5이상 이어야 한다.

6. 무선용 안테나 등의 시설 제한

무선용 안테나 및 화상감시용 설비 등은 전선로의 주위 상태를 감시하거나 배전자동화, 원격검침 등 지능형전력망을 목적으로 시설하는 것 이외에는 가공전선로의 지지물에 시설하여서는 아니 된다.

콕콕 포인트

electrical engineer · electrical engineer · electrical engineer · electrical engineer · electrical engineer · electrical engineer · electrical engineer · electrical

| CHECK POINT | 난이도 ★★★★☆   1차 2차 3차

그림은 전력선 반송통신용 결합장치의 보안장치를 나타낸 것이다. S의 명칭으로 옳은 것은?

① 동축 케이블 ② 결합 콘덴서
③ 접지용 개폐기 ④ 구상용 방전갭

상세해설

- FD : 동축케이블
- F : 정격전류 10[A] 이하의 포장 퓨즈
- DR : 전류 용량 2[A] 이상의 배류선륜
- L_1 : 교류 300[V] 이하에서 동작하는 피뢰기
- L_2 : 동작전압이 교류 1300[V]를 초과하고 1600[V]이하로 조정된 방전갭
- L_3 : 동작전압이 교류 2[kV]를 초과하고 3[kV] 이하로 조정된 구상 방전갭
- S : 접지용 개폐기
- CF : 결합 필터
- CC : 결합 커페시터(결합 안테나를 포함한다.)
- E : 접지

답 ③

번호	우선순위 논점	KEY WORD	나의 정답 확인				선생님의 콕콕 포인트
			맞음	틀림(오답확인)			
				이해 부족	암기 부족	착오 실수	
4	중성점 접지	특고압, 고압, 저압					특고압/고압 16, 저압 6
15	조가용선	종류 및 굵기, 이격거리					금속으로된 연선 22, 행거법 50, 금속테이프 20
21	가공전선 이격거리	저압가공전선의 이격거리					저 – 저 60/30 저 – 고 80/40, 지지물 30
34	병행시설	저고압 병행					기본 50, 케이블 30
43	경간	표준경간					A종 150, B종 250, 철탑 600
52	지중함의시설	4가지 조건					압력, 물, 뚜껑, 1[mm³] 통풍장치
63	접지생략	외함 접지생략요건					직 300, 교 150 건조한, 절연시리즈, 누전차단기30[mA], 0.03초
70	애자사용공사	고압이격거리					전–조 5, 전–전 8, 조영자따라시설 2[m]
77	보호장치	발전기 보호장치					증기터빈 10000, 내부고장 10000, 스러스트베어링 2000, 수차압유 500, 풍차압유 100
90	보안장치	급전전용통신선					피뢰기 1[kV], 릴레이보안기 300[V], 3[A], 자복성

★★★☆☆

01 고압 또는 특고압과 저압의 혼촉에 의한 위험방지시설로 가공공동지선을 설치하여 2 이상의 시설 장소에 접지공사를 할 때, 가공공동지선은 지름 몇 [mm] 이상의 경동선을 사용하여야 하는가?

① 1.5   ② 2

③ 3.5   ④ 4

🔎 **해설**

가공공동지선
- 가공공동지선은 인장강도 5.26[kN] 이상 또는 지름 4[mm] 이상의 경동선을 사용할 것.
- 접지공사는 각 변압기를 중심으로 하는 지름 400[m] 이내의 지역으로서 그 변압기에 접속되는 전선로 바로 아래의 부분에서 각 변압기의 양쪽에 있도록 할 것.

★★★☆☆

02 고압전로와 비접지식의 저압전로를 결합하는 변압기로 그 고압권선과 저압권선 간에 금속제의 혼촉방지판이 있고 그 혼촉방지판에 접지공사를 한 것에 접속하는 저압전선을 옥외에 시설하는 경우로 옳지 않은 것은?

① 저압 옥상전선로의 전선은 케이블이어야 한다.

② 저압 가공전선과 고압의 가공전선은 동일 지지물에 시설하지 않아야 한다.

③ 저압전선은 2구내에만 시설한다.

④ 저압 가공전선로의 전선은 케이블이어야 한다.

🔎 **해설**

혼촉방지판이 있는 변압기에 접속하는 저압 옥외전선의 시설 등
① 저압전선은 1구내에만 시설할 것
② 저압 가공전선로 또는 저압 옥상전선로의 전선은 케이블일 것

[정답] 01 ④   02 ③

③ 저압 가공전선과 고압 또는 특고압의 가공전선을 동일 지지물에 시설하지 아니할 것. 다만, 고압 가공전선로 또는 특고압 가공전선로의 전선이 케이블인 경우에는 제외한다.

★★★☆☆

03 변압기에 의하여 특고압전로에 결합되는 고압전로에는 사용전압의 3배 이하의 전압이 가하여진 경우에 방전하는 피뢰기를 어느 곳에 시설할 때, 방전장치를 생략할 수 있는가?

① 변압기의 단자
② 변압기의 단자의 1극
③ 고압전로의 모선의 각상
④ 특고압 전로의 1극

🔍 **해설**

고압 또는 특고압과 저압의 혼촉에 의한 위험방지 시설

특고압전로에 결합되는 고압전로에는 사용전압의 3배 이하인 전압이 가하여진 경우에 방전하는 장치를 그 변압기의 단자에 가까운 1극에 설치하여야 한다.
단, 사용전압의 3배 이하인 전압이 가하여진 경우에 방전하는 피뢰기를 고압전로의 모선의 각상에 시설하는 때에는 방전장치를 생략할 수 있다.

★★★☆☆

04 고압전로의 중성점을 접지할 때 접지선으로 연동선을 사용하는 경우의 최소공칭단면적은 몇 $[mm^2]$인가?

① $6.0[mm^2]$
② $10[mm^2]$
③ $16[mm^2]$
④ $25[mm^2]$

🔍 **해설**

전로의 중성점의 접지

보호 장치의 확실한 동작의 확보, 이상전압의 억제 및 대지전압의 저하를 위하여 전로의 중성점에 접지공사를 한다.
• 고압전로의 중성점 접지 : $16[mm^2]$ 이상의 연동선
• 저압전로의 중성점 접지 : $6[mm^2]$ 이상의 연동선

★★★☆☆

05 가공 전선로의 지지물에 취급자가 오르고 내리는데 사용하는 발판 볼트 등은 지표상 몇 $[m]$ 미만에 시설하여서는 아니 되는가?

① 1.2
② 1.8
③ 2.2
④ 2.5

🔍 **해설**

가공전선로 지지물의 철탑오름 및 전주오름 방지

가공전선로의 지지물에 취급자가 오르고 내리는데 사용하는 발판 볼트 등을 지표상 1.8$[m]$ 미만에 시설하여서는 안된다.

★★★☆☆

06 빙설이 많은 지방이고 인가가 많이 연접된 장소에 시설하는 가공전선로의 구성재 중 병종 풍압하중의 적용을 할 수 없는 것은?

① 저압 또는 고압 가공전선로의 가섭선
② 저압 또는 고압 가공전선로의 지지물
③ 35$[kV]$ 이하의 전선에 특고압 절연전선을 사용하는 특고압 가공전선로의 지지물
④ 35$[kV]$ 이상인 특고압 가공전선로의 지지물에 시설하는 가공전선

🔍 **해설**

병종 풍압하중의 적용

• 저압 또는 고압 가공전선로의 지지물 또는 가섭선
• 사용전압 35$[kV]$ 이하인 특고압 가공전선로의 지지물에 시설하는 저압 또는 고압 가공전선
• 사용전압 35$[kV]$이하인 특고압 가공전선로에 사용하는 특고압 절연전선이나 케이블 및 이를 조가하는 금속선

★★★☆☆

07 특고압 전선로에 사용되는 애자장치에 대한 갑종 풍압하중은 그 구성재의 수직투영면적 1$[m^2]$에 대한 풍압하중을 몇 $[Pa]$를 기초로 하여 계산한 것인가?

① 592
② 668
③ 946
④ 1039

🔍 **해설**

풍압하중

풍압을 받는 구분 (갑종의 경우)		풍압$[Pa]$
전선 기타의 가섭선	다도체를 구성하는 전선	666
	기타의 것 (단도체)	745
특고압 전선용의 애자장치		1039

[정답] 03 ③ 04 ③ 05 ② 06 ④ 07 ④

★★★★☆

08 전체의 길이가 16[m]이고, 설계하중이 9.8[kN]인 철근콘크리트주를 지반이 튼튼한 곳에 시설하려고 한다. 기초 안전율을 고려하지 않기 위해서는 묻히는 깊이를 몇 [m] 이상으로 시설하여야 하는가?

① 2.5[m] ② 2.8[m]
③ 3.0[m] ④ 3.2[m]

🔍 **해설**

전장 및 설계하중에 따른 지지물 땅속에 묻히는 깊이

설계하중 전장[m]	6.8[kN] 이하	6.8[kN] 초과 ~ 9.8[kN] 이하	9.8[kN] 초과 ~ 14.72[kN] 이하
15 이하	전장×1/6[m] 이상	전장×1/6[m] +0.3[m] 이상	–
15 초과	2.5[m] 이상	2.8[m] 이상	–
16 초과 ~ 20 이하	2.8[m] 이상	–	–
15 초과 ~ 18 이하	–	–	3[m] 이상
18 초과	–	–	3.2[m] 이상

★★★★☆

09 다음 (①), (②)에 들어갈 내용으로 알맞은 것은?

"지선의 안전율은 (①) 이상일 것. 이 경우에 허용 인장하중의 최저는 (②)[kN]으로 한다."

① ① 2.0, ② 2.1 ② ① 2.0, ② 4.31
③ ① 2.5, ② 2.1 ④ ① 2.5, ② 4.31

🔍 **해설**

지선의 시설

지선의 안전율은 2.5 이상일 것이며, 이 경우에 허용 인장하중의 최저는 4.31[kN]으로 한다.

★★★★★

10 가공전선로의 지지물에 시설하는 지선의 시설기준에 대한 설명 중 옳은 것은?

① 지선의 안전율은 2.5 이상일 것
② 소선 4조 이상의 연선일 것

③ 지중 부분 및 지표상 100[cm]까지의 부분은 철봉을 사용할 것
④ 도로를 횡단하여 시설하는 지선의 높이는 지표상 4.5[m] 이상으로 할 것

🔍 **해설**

지선의 시설기준
• 지선에 연선을 사용할 경우에는 소선 3가닥 이상의 연선일 것
• 지선의 안전율은 2.5 이상일 것
• 소선의 지름 2.6[mm] 이상의 금속선을 사용할 것
• 인장하중의 최저는 4.3[kN] 이상일 것
• 도로횡단시 높이는 5[m](단, 교통에 지장이 없을 경우 4.5[m])

★★★★☆

11 고압가공인입선은 그 아래에 위험 표시를 하였을 경우에는 지표상 높이는 몇 [m] 이상이어야 하는가?

① 3.5[m] ② 4.5[m]
③ 5.5[m] ④ 6.5[m]

🔍 **해설**

고압 가공인입선의 높이

도로횡단	철도횡단	횡단보도교위	기타
6[m]	6.5[m]	3.5[m]	5[m] (단, 위험표시를 하면 3.5[m])

★★★☆☆

12 고압 옥상전선로의 전선이 다른 시설물과 접근하거나 교차하는 경우에는 고압 옥상전선로의 전선과 이들 사이의 이격거리는 몇 [cm] 이상이어야 하는가?

① 30 ② 40
③ 50 ④ 60

🔍 **해설**

고압 옥상전선로의 시설
• 조영재 사이의 이격거리는 1.2[m] 이상일 것.
• 고압 옥상 전선로의 전선이 다른 시설물(가공전선을 제외)과 접근하거나 교차하는 경우에는 고압 옥상 전선로의 전선과 이들 사이의 이격거리는 60[cm] 이상이어야 한다.
• 고압 옥상전선로의 전선은 상시 부는 바람 등에 의하여 식물에 접촉하지 아니하도록 시설하여야 한다.

[정답] 08 ② 09 ④ 10 ① 11 ① 12 ④

★★★☆☆

13 저압 가공전선로 또는 고압 가공전선로와 기설 가공 약전류 전선로가 병행하는 경우에는 유도작용에 의한 통신 상의 장해가 생기지 아니하도록 전선과 기설 약전류 전선간 의 이격거리는 몇 [m] 이상이어야 하는가? (단, 전기철도 용 급전선로는 제외한다.)

① 2

② 4

③ 6

④ 8

🔍 해설 -

가공 약전류전선로의 유도장해 방지

저·고압 가공전선로와 기설 가공약전류전선로가 병행하는 경우에 는 유도작용에 의하여 통신상의 장해가 생기지 아니하도록 전선과 기설 약전류 전선간의 이격거리는 2[m] 이상이어야 한다.

★★★☆☆

14 가공 케이블 시설시 고압 가공전선에 케이블을 사용 하는 경우 조가용선은 단면적이 몇 [mm²] 이상인 아연도 강연선이어야 하는가?

① 8

② 14

③ 22

④ 30

🔍 해설 -

가공케이블의 시설

- 케이블은 조가용선에 행거로 시설할 것. (고압인 때에는 그 행거 의 간격을 50[cm] 이하로 시설)
- 조가용선은 인장강도 5.93[kN] 이상의 연선 또는 단면적 22[mm²] 이상인 아연도철연선일 것.

★★★☆☆

15 특고압 가공전선로를 가공케이블로 시설하는 경우 잘못된 것은?

① 조가용선에 행거의 간격은 1[m]로 시설하였다.

② 조가용선 및 케이블의 피복에 사용하는 금속체에는 접지공사를 하였다.

③ 조가용선은 단면적 22[mm²]의 아연도강연선을 사용 하였다.

④ 조가용선에 접촉시켜 금속테이프를 간격 20[cm] 이하 의 간격을 유지시켜 나선형으로 감아 붙였다.

🔍 해설 -

특고압 케이블(조가용선)의 시설

- 인장강도 13.93[kN] 이상 또는 단면적 22[mm²] 이상 아연도 강연선일 것
- 조가용선에 접촉시켜 금속테이프를 간격 20[cm] 이하의 간격 을 유지시켜 나선형으로 감아 붙인다.
- 케이블은 조가용선에 행거로 시설할 것. 이 경우에는 사용전압이 특고압인 때에는 그 행거의 간격을 50[cm] 이하로 시설하여야 한다.

★★★☆☆

16 고압 가공전선로에 사용하는 가공지선은 지름 몇 [mm] 이상의 나경동선을 사용하여야 하는가?

① 2.6

② 3.0

③ 4.0

④ 5.0

🔍 해설 -

고압 가공전선로의 가공지선

전 압	전선의 굵기[mm]	인장강도[kN]
고압	지름 4 이상의 나경동선	5.26 이상

★★★☆☆

17 저압 가공전선과 고압 가공전선을 동일 지지물에 시 설하는 경우 저압 가공전선과 고압 가공전선과의 이격거리 는 몇 [cm] 이상이어야 하는가?

① 50[cm]

② 60[cm]

③ 70[cm]

④ 80[cm]

🔍 해설 -

고압 가공전선 등의 병행설치

전압 범위	고압 - 저압
35[kV] 이하	50[cm] (단, 고압측에 케이블사용시 30[cm])

[정답] 13 ① 14 ③ 15 ① 16 ③ 17 ①

★★★★☆

18 600[V] 비닐절연전선을 사용한 저압 가공전선이 위쪽에서 상부 조영재와 접근하는 경우의 전선과 상부 조영재간의 이격거리는 몇 [m] 이상이어야 하는가?

① 1[m] ② 1.5[m]
③ 2[m] ④ 2.5[m]

🔍 **해설**

저압과 건조물의 접근

조영재의 구분		전선종류	저압 [m]	고압 [m]
건조물	상부 조영재 상방	일반적인 경우	2	2
		절연전선 또는 케이블인 경우	1	1
	기타 조영재 또는 상부 조영재의 옆쪽 또는 아래쪽	일반적인 경우	1.2	1.2
		사람이 쉽게 접촉할 우려가 없도록 시설한 경우	0.8	0.8
		절연전선 또는 케이블 경우	0.4	0.4

★★★★☆

19 고압 가공전선이 건조물에 접근할 때 조영물의 상부 조영재와의 상방에 있어서의 이격거리는 몇 [m] 이상인가? (단, 전선은 케이블을 사용했다)

① 0.4[m] ② 0.8[m]
③ 1.0[m] ④ 2.0[m]

🔍 **해설**

고압과 건조물의 접근

건조물 조영재의 구분	접근형태		이격거리[m]
상부 조영재	위쪽		2 (전선이 케이블 경우1)
	옆쪽 또는 아래쪽	일반적인 경우	1.2
		사람이 쉽게 접촉할 우려가 없도록 시설한 경우	0.8
		절연전선 또는 케이블 경우	0.4

★★★☆☆

20 다음 중 고압 가공전선과 식물과의 이격거리에 대한 기준으로 가장 적절한 것은?

① 고압 가공전선의 주위에 보호망으로 이격시킨다.
② 식물과의 접촉에 대비하여 차폐선을 시설하도록 한다.
③ 고압 가공전선을 절연전선으로 사용하고 주변의 식물을 제거시키도록 한다.
④ 식물에 접촉하지 아니하도록 시설하여야 한다.

🔍 **해설**

고압가공전선과 식물과의 접근 또는 교차

저압 또는 고압 가공전선은 상시 부는 바람 등에 의하여 식물에 접촉하지 않도록 시설하여야 한다. 단, 저압 또는 고압 가공절연전선을 방호구에 넣어 시설하거나 절연내력 및 내마모성이 있는 케이블을 시설하는 경우는 그러하지 아니하다.

★★★☆☆

21 저압 가공전선 상호간을 접근 또는 교차하여 시설하는 경우 전선 상호간 이격거리 및 하나의 저압 가공전선과 다른 저압 가공전선로의 지지물사이의 이격거리는 각각 몇 [cm] 이상이어야 하는가? (단, 어느 한 쪽의 전선이 고압 절연전선, 특고압절연전선 또는 케이블이 아닌 경우이다.)

① 전선 상호간 : 30[cm], 전선과 지지물간 : 30[cm]
② 전선 상호간 : 30[cm], 전선과 지지물간 : 60[cm]
③ 전선 상호간 : 60[cm], 전선과 지지물간 : 30[cm]
④ 전선 상호간 : 60[cm], 전선과 지지물간 : 60[cm]

🔍 **해설**

저압 가공전선 상호 간의 접근 또는 교차

저압 가공전선이 다른 저압 가공전선과 접근상태로 시설되거나 교차하여 시설되는 경우에는 저압 가공전선 상호 간의 이격거리는 60[cm](어느 한 쪽의 전선이 고압 절연전선, 특고압 절연전선 또는 케이블인 경우에 30[cm]) 이상, 하나의 저압 가공전선과 다른 저압 가공전선로의 지지물 사이의 이격거리는 30[cm] 이상이어야 한다.

저압 가공전선 등의 지지물	60[cm] (고압 가공전선이 케이블인 경우에는 30[cm])

[**정답**] 18 ③ 19 ③ 20 ④ 21 ③

★★★☆☆

22 고압 가공전선 상호간이 접근 또는 교차하여 시설되는 경우, 고압 가공전선 상호간의 이격거리는 몇 [cm] 이상이어야 하는가? (단, 고압 가공전선은 모두 케이블이 아니라고 한다.)

① 50[cm]　　　　　② 60[cm]
③ 70[cm]　　　　　④ 80[cm]

🔍 **해설**

고압가공전선 상호간의 접근 또는 교차시 이격거리

- 위쪽 또는 옆쪽에 시설되는 고압 가공전선로는 고압 보안공사에 의할 것
- 상호간의 이격거리는 80[cm](어느 한쪽의 전선이 케이블인 경우에는 40[cm]) 이상, 하나의 고압 가공전선과 다른 고압 가공전선로의 지지물 사이의 이격거리는 60[cm](전선이 케이블인 경우에는 30[cm]) 이상일 것

★★☆☆☆

23 사용전압이 22.9[kV]인 가공전선이 삭도와 제1차 접근상태로 시설되는 경우, 가공전선과 삭도 또는 삭도용 지주 사이의 이격거리는 몇 [m] 이상이어야 하는가? (단, 가공전선으로는 나전선을 사용한다고 한다.)

① 0.5[m]　　　　　② 1.0[m]
③ 1.5[m]　　　　　④ 2.0[m]

🔍 **해설**

특고압 가공전선과 삭도의 접근 또는 교차

사용전압의 구분	이격거리
35[kV] 이하	2[m] (전선이 특고압 절연전선인 경우는 1[m], 케이블인 경우는 50[cm])

★★★☆☆

24 사용전압이 154[kV]인 가공송전선의 시설에서 전선과 식물과의 이격거리는 일반적인 경우에 몇 [m] 이상으로 하여야 하는가?

① 2.8[m]　　　　　② 3.2[m]
③ 3.6[m]　　　　　④ 4.2[m]

🔍 **해설**

특고압 가공전선과 식물의 이격거리

사용전압의 구분	이격거리
60[kV] 이하의 것	2[m]
60[kV]를 넘는 것	2[m]에 사용전압이 60[kV]를 넘는 경우 10000[V]마다 12[cm]를 더한 값

조건에서 154[kV] 가공송전선로와 식물과의 이격거리이다.
- 이격거리＝2[m]＋단수×0.12[m]이므로
- 2+(15.4-6)×0.12
- 2+(9.4 → 절상하면 10)×0.12
- 2+10×0.12=3.2[m] 이상

★★☆☆☆

25 66000[V] 특고압가공전선로를 시가지에 설치 할 때, 전선의 단면적은 몇 [mm²] 이상의 경동연선 또는 이와 동등이상의 세기 및 굵기의 연선을 사용해야 하는가?

① 22[mm²]　　　　② 38[mm²]
③ 55[mm²]　　　　④ 100[mm²]

🔍 **해설**

가공전선의 굵기

사용전압의 구분[kV]	전선의 단면적
100 미만	인장강도 21.67[kN] 이상의 연선 또는 단면적 55[mm²] 이상의 경동연선
100 이상	인장강도 58.84[kN] 이상의 연선 또는 단면적 150[mm²] 이상의 경동연선

★★★★☆

26 22900[V]의 특고압 가공전선으로 경동연선을 시가지에 시설할 경우 전선의 지표상의 높이는 최소 몇 [m] 이상이어야 하는가?

① 4[m]　　　　　② 6[m]
③ 8[m]　　　　　④ 10[m]

🔍 **해설**

특고압 가공전선의 시가지 높이

사용전압의 구분	지표상의 높이
35[kV] 이하	10[m] (특고압 절연전선인 경우 8[m])

[정답] 22 ④　23 ④　24 ②　25 ③　26 ④

★★★★☆

27 사용전압 154000[V]의 가공전선을 시가지에 시설하는 경우 전선의 지표상의 높이는 최소 몇 [m] 이상이어야 하는가?

① 7.44[m]　　　　　② 9.44[m]

③ 11.44[m]　　　　　④ 13.44[m]

해설

특고압 가공전선의 시가지 높이

사용전압의 구분	지표상의 높이
35[kV] 이하	10[m] (특고압 절연전선인 경우 8[m])
35[kV] 초과	10[m]에 35[kV]를 초과하는 10[kV] 또는 그 단수마다 0.12[m]를 더한 값

- $10 + (15.4 - 3.5) \times 0.12$
- $10 + (11.9 \rightarrow 12) \times 0.12$
- $\therefore 10 + 12 \times 0.12 = 11.44$

★★★☆☆

28 유도장해를 방지하기 위하여 사용전압 66[kV]인 가공전선로의 유도전류는 전화선로의 길이 40[km] 마다 몇 [μA]를 넘지 않도록 하여야 하는가?

① 1[μA]　　　　　② 2[μA]

③ 3[μA]　　　　　④ 4[μA]

해설

가공 약전류전선로의 유도장해 방지

	유도전류 제한	
사용전압[kV]	전화선로의 길이[km]	유도전류[μA]
60 이하	12	2
60 초과	40	3

★★★☆☆

29 특고압 가공전선과 지지물, 완금류, 지주 또는 지선 사이의 이격거리는 사용전압 22900[V]인 경우 일반적으로 몇 [cm] 이상이어야 하는가?

① 15　　　　　② 20

③ 30　　　　　④ 40

해설

특고압 가공전선과 지지물 등의 이격거리

사용전압[kV]	이격거리[cm]
15 미만	15
15 이상 ~ 25 미만	20
25 이상 ~ 35 미만	25
35 이상 ~ 50 미만	30
50 이상 ~ 60 미만	35
60 이상 ~ 70 미만	40
70 이상 ~ 80 미만	45

★★★★★

30 345[kV] 가공송전로를 평지에 건설하는 경우 전선의 지표상 높이는 최소 몇 [m] 이상이어야 하는가?

① 7.58[m]　　　　　② 7.95[m]

③ 8.28[m]　　　　　④ 8.85[m]

해설

특고압 가공전선의 시가지외 높이

사용전압구분[kV]	지표상의 높이[m]	
35 초과 ~ 160 이하	일반	6
	철도 또는 궤도를 횡단	6.5
	산지	5
	횡단보도교의 위 케이블	5
160 초과	160[kV] 초과시 10[kV] 또는 단수마다 12[cm]를 더한 값	

- $6 + (X - 16) \times 0.12$
- $6 + (34.5 - 16) \times 0.12$
- $6 + (18.5 \rightarrow 19) \times 0.12$
- $\therefore 6 + 19 \times 0.12 = 8.28[m]$

★★★☆☆

31 특고압 가공전선로의 지지물로 사용하는 철탑의 종류 중 인류형은?

① 전선로의 이완이 없도록 사용하는 것

② 지지물 양쪽 상호간을 이도를 주기 위하여 사용하는 것

③ 풍압에 의한 하중을 인류하기 위하여 사용하는 것

④ 전가섭선을 인류하는 곳에 사용하는 것

[정답] 27 ③　28 ③　29 ②　30 ③　31 ④

특고압 가공전선로의 지지물로 사용하는 철탑의 종류

- 직선형 : 전선로 직선부분(3° 이하의 수평각도를 이루는 부분 포함)에 사용되는 것
- 각도형 : 전선로 중 3°를 초과하는 수평각도을 이루는 곳에 사용하는 것
- 인류형 : 전가섭선을 인류하는 곳에 사용하는 것

★★★☆☆

32 특고압 가공전선로의 지지물 중 전선로의 지지물 양쪽의 경간의 차가 큰 곳에 사용하는 철탑은?

① 내장형 철탑 ② 인류형 철탑
③ 보강형 철탑 ④ 각도형 철탑

🔍 **해설** -----------------------------

특고압 가공전선로의 지지물로 사용하는 철탑의 종류
내장형 : 전선로 지지물의 경간의 차가 큰 곳에 사용하는 것

★★★☆☆

33 전가섭선에 관하여 각 가섭선의 상정 최대장력의 33[%]와 같은 불평균 장력의 수평 종분력에 의한 하중을 더 고려하여야 할 철탑의 유형은?

① 직선형 ② 각도형
③ 내장형 ④ 인류형

🔍 **해설** -----------------------------

철탑의 시설
철탑의 경우 다음에 따라 가섭선 불평균 장력에 의한 수평 종하중을 가산한다.
- 인류형의 경우에는 전가섭선에 관하여 각 가섭선의 상정 최대장력과 같은 불평균 장력의 수평 종분력에 의한 하중
- 내장형·보강형의 경우에는 전가섭선에 관하여 각 가섭선의 상정 최대장력의 33[%]와 같은 불평균 장력의 수평 종분력에 의한 하중

★★★☆☆

34 35[kV] 가공전선과 저압 가공전선을 동일 지지물에 병행할 때 상호간의 이격거리는 일반적인 경우 몇 [m] 이상인가?

① 1.0 ② 1.2
③ 1.5 ④ 2.0

🔍 **해설** -----------------------------

병가

전압 범위	22.9[kV] 중성선다중접지 – 저·고압	특고압 – 저·고압
35[kV] 이하	1.0[m]	1.2[m]

★★★☆☆

35 보안공사 중에서 목주, A종 철주 및 A종 철근 콘크리트주를 사용할 수 없는 것은?

① 고압보안공사 ② 제1종 특고압 보안공사
③ 제2종 특고압 보안공사 ④ 제3종 특고압 보안공사

🔍 **해설** -----------------------------

제1종 특고압보안공사
35[kV]를 넘는 전선과 건조물과 제2차 접근상태인 경우 목주나 A종은 사용불가하며 B종 철주, B종 철근콘크리트주, 철탑을 사용하여야 한다.

★★★★☆

36 345[kV] 가공전선로를 제1종 특고압 보안공사에 의하여 시설하는 경우에 사용한 전선은 인장강도 77.47[kN] 이상의 연선 또는 단면적 몇 [mm²] 이상의 경동연선이어야 하는가?

① 100[mm²] ② 125[mm²]
③ 150[mm²] ④ 200[mm²]

🔍 **해설** -----------------------------

제1종 특고압 보안공사
35[kV]를 넘는 전선과 건조물과 제2차 접근상태인 경우

사용 전압	전선의 굵기		인장강도
특고압	100[kV] 미만	55[mm²] 이상	21.67[kN] 이상
	100[kV] 이상	150[mm²] 이상	58.84[kN] 이상
	300[kV] 이상	200[mm²] 이상	77.47[kN] 이상

[정답] 32 ① 33 ③ 34 ② 35 ② 36 ④

★★☆☆☆

37 사용전압 66000[V]인 특고압 가공전선에 고압 가공전선을 동일 지지물에 시설하는 경우 특고압 가공전선로의 보안공사로 알맞은 것은?

① 고압보안공사

② 제1종 특고압 보안공사

③ 제2종 특고압 보안공사

④ 제3종 특고압 보안공사

🔍 **해설**

병가의 보안공사

35[kV]를 초과하고 100[kV] 미만인 특고압가공전선과 저압 또는 고압가공전선이 병가 일 때 특고압 가공전선로는 제2종 특고압 보안공사에 의할 것

★★★☆☆

38 중성전 다중접지식의 것으로 전로에 지락이 생겼을 때에 2초 이내에 자동적으로 이를 전로로부터 차단하는 장치가 되어 있는 22.9[kV] 가공전선로를 상부 조영재의 위쪽에서 접근상태로 시설하는 경우, 가공전선과 건조물과의 이격거리는 몇 [m] 이상이어야 하는가? (단, 전선으로는 나전선을 사용한다고 한다.)

① 1.2 　　　　② 1.5

③ 2.5 　　　　④ 3.0

🔍 **해설**

35[kV] 이하 특고압 가공전선과 건조물의 이격거리

조영재의 구분	전선종류	접근형태	이격거리[m]
상부 조영재	특고압 절연전선	위쪽	2.5
		옆쪽 또는 아래쪽	1.5 (전선에 사람이 쉽게 접촉할 우려가 없도록 시설한 경우는 1[m])
	케이블	위쪽	1.2
		옆쪽 또는 아래쪽	0.5
	기타전선		3

★★★☆☆

39 중성선 다중접지식의 것으로서 전로에 지락이 생겼을 때 2초 이내에 자동적으로 이를 전로로부터 차단하는 장치가 되어 있는 22.9[kV] 특고압 가공전선이 다른 특고압 가공전선과 접근하는 경우 이격거리는 몇 [m] 이상으로 하여야 하는가? (단, 양쪽이 나전선이 경우이다.)

① 0.5 　　　　② 1.0

③ 1.5 　　　　④ 2.0

🔍 **해설**

15[kV] 초과 25[kV] 이하 특고압 가공전선로 이격거리

사용전선의 종류	이격거리
나전선인 경우	1.5[m]
특고압 절연전선인 경우	1.0[m]
한쪽이 케이블이고, 다른쪽이 특고압절연전선 이상	0.5[m]

★★★☆☆

40 22.9[kV] 중성선 다중접지 계통에서 각 접지선을 중성선으로부터 분리하였을 경우의 1[km]마다의 중성선과 대지 사이의 합성 전기저항값은 몇 [Ω] 이하이어야 하는가? (단, 전로에 지락이 생겼을 때에 2초 이내에 자동적으로 전로로부터 차단하는 장치가 되어 있다고 한다.)

① 15[Ω] 　　　　② 50[Ω]

③ 100[Ω] 　　　　④ 150[Ω]

🔍 **해설**

특고압 가공전선로의 시설

각 접지선을 중성선으로부터 분리하였을 경우의 각 접지점의 대지 전기저항치와 1[km]마다 중성선과 대지 사이의 합성 전기저항치는 다음에서 정한 값 이하일 것

사용전압[kV]	각 접지점의 대지 전기저항치[Ω]	1[km] 마다의 합성 전기저항치[Ω]
15 이하	300	30
15 초과 ~ 25 이하	300	15

[**정답**] 37 ③ 　38 ④ 　39 ③ 　40 ①

★★★☆☆

41 특별고압 가공전선로의 중성선의 다중접지 및 중성선을 시설할 때, 각 접지선을 중성선으로부터 분리하였을 경우 각 접지점의 대지 전기저항값은 몇 [Ω] 이하이어야 하는가?

① 100[Ω]   ② 150[Ω]

③ 300[Ω]   ④ 500[Ω]

🔍 해설

특고압 가공전선로의 시설

각 접지선을 중성선으로부터 분리하였을 경우의 각 접지점의 대지 전기저항치와 1[km] 마다 중성선과 대지 사이의 합성 전기저항치는 다음에서 정한 값 이하일 것

사용전압[kV]	각 접지점의 대지 전기저항치[Ω]	1[km] 마다의 합성 전기저항치[Ω]
15 이하	300	30
15 초과 ~ 25 이하	300	15

★★☆☆☆

42 22.9[kV] 특고압 가공전선로의 시설에 있어서 중성선을 다중접지하는 경우에 각각 접지한 곳 상호 간의 거리는 전선로에 따라 몇 [m] 이하 이어야 하는가?

① 150[m]   ② 300[m]

③ 400[m]   ④ 500[m]

🔍 해설

특고압 가공전선로의 시설

15[kV] 초과 25[kV] 이하 중성선을 다중접지하는 경우 각 접지점 상호의 거리는 전선로에 따라 150[m] 이하일 것

★★★☆☆

43 특고압 가공전선로의 철탑의 경간은 얼마 이하로 해야 하는가?

① 400   ② 500

③ 600   ④ 800

🔍 해설

특고압 가공전선로에서의 경간

지지물	특고압 가공전선로 표준경간
철 탑	600[m] 이하

★★★☆☆

44 시가지에 시설하는 특고압 가공전선로의 지지물이 철탑이고 전선이 수평으로 2 이상 있는 경우에 전선 상호간의 간격이 4[m] 미만인 때에는 특고압 가공전선로의 경간은 몇 [m] 이하이어야 하는가?

① 100[m]   ② 150[m]

③ 200[m]   ④ 250[m]

🔍 해설

특고압 가공전선로 시가지에서의 경간

지지물	특고압 가공전선로 시가지 경간
철 탑	400[m] 이하

단, 전선이 수평으로 2이상 있는 경우에 전선 상호 간의 간격이 4[m] 미만 일 경우 에는 250[m] 이하로 시공하여야 한다.

★★★★☆

45 고압 보안공사에서 지지물로 A종 철근콘크리트주를 사용할 때 경간은 몇 [m] 이하이어야 하는가?

① 75[m]   ② 100[m]

③ 150[m]   ④ 200[m]

🔍 해설

고압보안공사에서의 경간 적용

지지물	경 간[m]		
	저·고압 보안	1종 특고압 보안	2·3종 특고압 보안
목주·A종	100		100
B종	150	150	200
철탑	400	400	400

★★☆☆☆

46 전자개폐기의 조작회로 또는 초인벨·경보벨 등에 접속하는 전로로서 최대사용전압이 몇 [V] 이하인 것으로 대지전압이 300[V] 이하인 강전류 전기의 전송에 사용하는 전로와 변압기로 결합되는 것을 소세력회로라 하는가?

① 60[V]   ② 80[V]

③ 100[V]   ④ 150[V]

[정답] 41 ③ 42 ① 43 ③ 44 ④ 45 ② 46 ①

🔍 **해설**

소세력회로의 시설

전자개폐기 조작회로 또는 차임벨, 경보벨 등에 접속하는 60[V] 이하의 회로를 소세력회로라 한다.

★★★★☆

47 제2종 특고압 보안공사에 있어서 B종 철근콘크리트주에 사용하는 경우에 최대 경간은 몇 [m] 인가?

① 100[m] ② 150[m]

③ 200[m] ④ 400[m]

🔍 **해설**

제2종 특고압보안공사에서의 경간 적용

지지물	경 간[m]		
	저·고압 보안	1종 특고압 보안	2·3종 특고압 보안
목주·A종	100		100
B종	150	150	200
철탑	400	400	400

★★★★★

48 100[kV] 미만의 특고압 가공전선로의 지지물로 B종 철주를 사용하여 경간을 300[m]로 하고자 하는 경우, 전선으로 사용되는 경동연선의 최소 단면적은 몇 [mm²]이어야 하는가?

① 38[mm²] ② 55[mm²]

③ 100[mm²] ④ 150[mm²]

🔍 **해설**

특고압 가공전선로에서의 경간 적용

지지물	경 간[m]		
	고압	지름 5[mm] 이상	단면적 22[mm²] 이상
	특고압	단면적 22[mm²] 이상	단면적 50[mm²] 이상
목주·A종		150	300
B종		250	500
철탑		600	600

★★★☆☆

49 지중전선로를 직접 매설식에 의하여 시설할 때, 중량물의 압력을 받을 우려가 있는 장소에 지중전선을 견고한 트라프 기타 방호물에 넣지 않고도 부설할 수 있는 케이블은?

① 염화비닐절연케이블 ② 폴리에틸렌 외장케이블

③ 콤바인덕트케이블 ④ 알루미늄피케이블

🔍 **해설**

지중전선로의 시설

지중전선로의 시설		
직접매설식, 관로식, 암거식으로 시공		
직접 매설식	중량물의 압력이 있는 경우	1[m]
	중량물의 압력이 없는 경우	0.6[m]
콤바인덕트케이블 : 콘크리트 트라프에 넣지 않고 직접 묻을 수 있는 케이블		

★★★☆☆

50 지중 전선로를 직접 매설식에 의하여 시설하는 경우에 차량 및 기타 중량물의 압력을 받을 우려가 있는 장소의 매설 깊이는 몇 [m] 이상인가?

① 1.0 ② 1.2

③ 1.5 ④ 1.8

🔍 **해설**

지중전선로의 시설

직접 매설식

매설 깊이를 차량 기타 중량물의 압력을 받을 우려가 있는 장소에는 1[m] 이상, 기타 장소에는 60[cm] 이상으로 하고 또한 지중 전선을 견고한 트라프 기타 방호물에 넣어 시설하여야 한다.

★★★★☆

51 폭발성 또는 연소성의 가스가 침입할 우려가 있는 곳에 시설하는 지중전선로의 지중함은 그 크기가 최소 몇 [m³] 이상인 경우에는 통풍장치 기타 가스를 방사시키기 위한 적당한 장치를 시설하여야 하는가?

① 1[m³] ② 3[m³]

③ 5[m³] ④ 10[m³]

🔍 **해설**

지중함의 시설기준

[**정답**] 47 ③ 48 ② 49 ③ 50 ① 51 ①

- 지중함은 견고하고 차량 기타 중량물의 압력에 견디는 구조일 것
- 지중함은 그 안의 고인 물을 제거할 수 있는 구조로 되어 있을 것
- 폭발성 또는 연소성의 가스가 침입할 우려가 있는 것에 시설하는 지중함으로서 그 크기가 1[m³] 이상인 것에는 통풍장치 기타 가스를 방산시키기 위한 적당한 장치를 시설할 것
- 지중함의 뚜껑은 시설자 이외의 자가 쉽게 열 수 없도록 시설할 것

★★★☆☆

52 지중 전선로에 사용하는 지중함의 시설기준으로 틀린 것은?

① 조명 및 세척이 가능한 적당한 장치를 시설할 것
② 견고하고 차량 기타 중량물의 압력에 견디는 구조일 것
③ 그 안의 고인 물을 제거할 수 있는 구조로 되어 있는 것
④ 뚜껑은 시설자 이외의 자가 쉽게 열 수 없도록 시설할 것

🔍 **해설**

지중함의 시설기준
조명 및 세척의 경우 법적으로 지정되어 있지 않다.

★★★☆☆

53 지중전선로는 기설 지중약전류전선로에 대하여 다음의 어느 것에 의하여 통신상의 장해를 주지 아니하도록 기설약전류전선로로부터 충분히 이격시키는 등의 조치를 취하여야 하는가?

① 충전전류 또는 표피작용
② 충전전류 또는 유도작용
③ 누설전류 또는 표피작용
④ 누설전류 또는 유도작용

🔍 **해설**

지중전선로의 시설
지중전선로는 기설 지중약전류전선로에 대하여 누설전류 또는 유도작용에 의하여 통신상의 장해를 주지 아니하도록 기설 약전류전선로로부터 충분히 이격시키거나 기타 적당한 방법으로 시설하여야 한다.

★★☆☆☆

54 고압 지중전선이 지중약전류전선 등과 접근하여 이

격거리가 몇 [cm] 이하인 때에 양 전선 사이에 견고한 내화성의 격벽을 설치하는 경우 이외에는 지중전선을 견고한 불연성 또는 난연성의 관에 넣어 그 관이 지중약전류전선 등과 직접 접촉되지 않도록 하여야 하는가?

① 15[cm]   ② 20[cm]
③ 25[cm]   ④ 30[cm]

🔍 **해설**

지중전선과 지중약전류전선과의 이격거리

조 건	이격거리[m]
약전류전선 ↔ 저압,고압 지중전선	30 이상
약전류전선 ↔ 특고압 지중전선	60 이상

★★★★★

55 사람이 상시 통행하는 터널안의 교류 220[V]의 배선을 애자사용공사에 의하여 시설할 경우 전선은 노면상 몇 [m] 이상의 높이로 시설하여야 하는가?

① 2.0[m]   ② 2.5[m]
③ 3.0[m]   ④ 3.5[m]

🔍 **해설**

터널 안 전선로의 시설

전 압	전선의 종류	시공방법	애자사용 공사시 높이
저 압	2.6[mm] 이상 인장강도 2.30[kN] 이상	• 합성수지관공사 • 금속관공사 • 가요전선관공사 • 케이블공사 • 애자사용공사	노면상, 레일면상 2.5[m] 이상
고 압	4[mm] 이상 인장강도 5.26[kN] 이상	• 케이블공사 • 애자사용공사	노면상, 레일면상 3[m] 이상

★★☆☆☆

56 수상전선로를 시설하는 경우 알맞은 것은?

① 사용전압이 고압인 경우에는 클로로프렌 캡타이어케이블을 사용한다.
② 가공전선로의 전선과 접속하는 경우, 접속점이 육상에

[정답] 52 ①   53 ④   54 ④   55 ②   56 ③

있는 경우에는 지표상 4[m] 이상의 높이로 지지물에 견고하고 붙인다.

③ 가공전선로의 전선과 접속하는 경우, 접속점이 수면상에 있는 경우, 사용전압이 고압인 경우에는 수면상 5[m] 이상의 높이로 지지물에 견고하게 붙인다.

④ 고압 수상전선로에 지락이 생길 때를 대비하여 전로를 수동으로 차단하는 장치를 시설한다.

🔍 해설 -

수상 전선로의 시설

수상전선로			
사용전압	전선의종류	높이	
		접속점	
		육상	수면상
저압	클로로프렌 캡타이어케이블	5[m] 단, 저압의 도로 이외 인 것 4[m]	저 4[m]
고압	캡타이어케이블		고 5[m]

★★★☆☆

57 수상전로의 시설기준으로 옳은 것은?

① 사용전압이 고압인 경우에는 클로로프렌 캡타이어 케이블을 사용한다.

② 수상전로에 사용하는 부대(浮臺)는 쇠사슬 등으로 견고하게 연결한다.

③ 고압 수상전로에 지락이 생길 때를 대비하여 전로를 수동으로 차단하는 장치를 시설한다.

④ 수상선로의 전선은 부대의 아래에 지지하여 시설하고 또한 그 절연피복을 손상하지 아니하도록 시설한다.

🔍 해설 -

수상전선로

수상전선로에는 이와 접속하는 가공전선로에 전용개폐기 및 과전류차단기를 각 극(과전류 차단기는 다선식 전로의 중성극을 제외한다)에 시설하고 또한 수상전선로의 사용전압이 고압인 경우에는 전로에 지락이 생겼을 때에 자동적으로 전로를 차단하기 위한 장치를 시설하여야 한다. 전선은 부대의 위에 지지하여 시설하고 또한 그 절연피복을 손상하지 아니하도록 시설한다.

★★★☆☆

58 교량에 시설하는 전선로의 기준으로 틀린 것은?

① 교량의 윗면에 시설하는 저압전선로는 교량 노면상 5[m] 이상으로 할 것

② 교량에 시설하는 고압전선로에서 전선과 조영재 사이의 이격거리는 20[cm] 이상일 것

③ 저압전선로와 고압전선로를 같은 벼량에 시설하는 경우 고압전선과 저압전선 사이의 이격거리는 50[cm] 이상일 것

④ 벼랑과 같은 수직부분에 시설하는 전선로는 부득이한 경우에 시설하며, 이때 전선의 지지점간의 거리는 15[m] 이하로 할 것

🔍 해설 -

교량에 시설하는 전선로

전선과 조영재 사이의 이격거리는 전선이 케이블인 경우 이외에는 30[cm] 이상일 것

★★★☆☆

59 특고압 옥외 배전용 변압기를 시설하는 경우, 특별 고압측에는 일반적인 경우에 개폐기와 또한 어떤 것을 시설하여야 하는가?

① 과전류차단기   ② 방전기

③ 계기용 변류기   ④ 계기용 변압기

🔍 해설 -

특고압 배전용 변압기의 시설

변압기의 특고압측에 개폐기 및 과전류차단기를 시설할 것

★★★☆☆

60 특고압 전선로에 접속하는 배전용 변압기의 1, 2차의 전압은?

① 1차 : 25[kV] 이하, 2차 : 저압 또는 고압

② 1차 : 25[kV] 이하, 2차 : 특고압 또는 고압

③ 1차 : 30[kV] 이하, 2차 : 특고압 또는 고압

④ 1차 : 35[kV] 이하, 2차 : 저압 또는 고압

[**정답**] 57 ② 58 ② 59 ① 60 ④

🔍 **해설**

특고압 배전용 변압기의 시설

변압기의 1차 전압은 35[kV] 이하, 2차 전압은 저압 또는 고압일 것.

★★★☆☆

61 특고압을 직접 저압으로 변성하는 변압기를 시설하여서는 아니 되는 변압기는?

① 광산에서 물을 양수하기 위한 양수기용 변압기

② 전기로 등 전류가 큰 전기를 소비하기 위한 변압기

③ 교류식 전기철도용 신호회로에 전기를 공급하기 위한 변압기

④ 발전소.변전소.개폐소 또는 이에 준하는 곳의 소내용 변압기

🔍 **해설**

특고압 배전용 변압기의 시설

- 전기로 등 전류가 큰 전기를 소비하기 위한 변압기
- 발전소, 변전소, 개폐소 또는 이에 준하는 곳의 소내용 변압기
- 25[kV] 이하 중성점 다중 접지식 전로에 접속하는 변압기
- 교류식 전기철도용 신호회로에 전기를 공급하기 위한 변압기

★★★☆☆

62 고주파 이용설비에서 다른 고주파 이용설비에 누설되는 고주파전류의 허용한도는 기준에 따라 측정하였을 때 각각 측정치의 최대치의 평균치가 몇 [dB]이어야 하는가? (단, 1[mW]를 0[dB]로 한다.)

① 20[dB]   ② −20[dB]

③ −30[dB]   ④ 30[dB]

🔍 **해설**

고주파이용설비의 장해방지

고주파 이용설비에서 다른 고주파 이용설비에 누설되는 고주파전류의 허용한도는 고주파 측정 장치로 2회 이상 연속하여 10분간 측정하였을 때에 각각 측정치의 최대치의 평균치가 −30[dB](1[mW]를 0[dB]로 한다)일 것

★★★☆☆

63 저압용의 개별 기계기구에 전기를 공급하는 전로 또는 개별 기계기구에 전기용품안전관리법의 적용를 받는 인체 감전보호용 누전차단기를 시설하면 외함의 접지를 생략할 수 있다. 이 경우의 누전차단기의 정격이 기술기준에 적합한 것은?

① 정격감도전류 15[mA] 이하, 동작시간 0.1초 이하의 전류동작형

② 정격감도전류 15[mA] 이하, 동작시간 0.2초 이하의 전류동작형

③ 정격감도전류 30[mA] 이하, 동작시간 0.1초 이하의 전류동작형

④ 정격감도전류 30[mA] 이하, 동작시간 0.03초 이하의 전류동작형

🔍 **해설**

자동차단장치 시설시 접지공사의 접지저항값

감전보호용 누전차단기는 정격감도전류 30[mA] 이하, 동작시간 0.03초 이하의 전류동작형에 한한다.

★★★☆☆

64 고압용의 개폐기 · 차단기 · 피뢰기 기타 이와 유사한 기구로서 동작시에 아크가 생기는 것은 목재의 벽 또는 천장 기타의 가연성 물체로부터 몇 [m] 이상 떼어 놓아야 하는가?

① 1.0[m]   ② 1.2[m]

③ 1.5[m]   ④ 2.0[m]

🔍 **해설**

아크를 발생하는 기구의 시설

- 고압용 : 1[m] 이상
- 특고압용 : 2[m] 이상

★★★☆☆

65 고압용 또는 특고압용 개폐기로서 부하전류를 차단하기 위한 것이 아닌 개폐기의 차단을 방지하기 위한 조치가 아닌 것은?

[정답] 61 ① 62 ③ 63 ④ 64 ① 65 ②

① 개폐기의 조작위치에 부하전류 유무표시

② 개폐기 설치위치의 1차측에 방전장치시설

③ 개폐기의 조작위치에 전화기, 기타의 지령장치시설

④ 태블릿 등을 사용함으로써 부하전류가 통하고 있을 때에 개로조작을 방지하기 위한 조치

🔍 **해설**

개폐기의 시설

고압용 또는 특고압용 개폐기로서 부하전류의 차단 능력이 없는 것은 부하전류가 통하고 있을 때에는 열리지 않도록 시설해야 한다. 다만, 다음의 경우에는 예외로 한다.
① 개폐기의 조작위치에 부하전류의 유무표시장치가 있는 경우
② 개폐기의 조작위치에 전화기 등의 지시장치가 있는 경우
③ 태블릿(tablet) 등을 사용하는 경우

★★★☆☆

66 고압 및 특고압 가공전선로로부터 공급을 받는 수용장소의 인입구에 반드시 시설하여야 하는 것은?

① 댐퍼   ② 아킹혼

③ 조상기   ④ 피뢰기

🔍 **해설**

피뢰기의 시설

고압 및 특고압의 전로 중 다음 각 호에 열거하는 곳 또는 이에 근접한 곳에는 피뢰기를 시설하여야 한다.
① 발전소, 변전소 또는 이에 준하는 장소의 가공전선인입구 및 인출구
② 가공전선로에 접속하는 배전용 변압기의 고압측 및 특고압측
③ 고압 및 특고압 가공전선로로부터 공급을 받는 수용장소의 인입구
④ 가공전선로와 지중전선로가 접속되는 곳

★★★☆☆

67 다음 중 피뢰기를 설치하지 않아도 되는 곳은?

① 발전소, 변전소의 가공전선인입구 및 인출구

② 가공전선로의 말구 부분

③ 가공전선로에 접속한 1차측 전압이 35 [kV] 이하인 배전용 변압기의 고압측 및 특고압측

④ 고압 및 특고압 가공전선로로부터 공급을 받는 수용장소의 인입구

🔍 **해설**

피뢰기의 시설

피뢰기를 설치하여야 할 곳
① 발전소·변전소 또는 이에 준하는 장소의 가공전선인입구 및 인출구
② 가공전선로에 접속하는 배전용 변압기의 고압측 및 특고압측
③ 고압 및 특고압 가공전선로로부터 공급을 받는 수용장소의 인입구
④ 가공전선로와 지중전선로가 접속되는 곳
   (단, 피보호기기가 보호범위 내에 위치하는 경우 생략할 수 있다)

★★★☆☆

68 차단기에 사용하는 압축공기장치에 대한 설명 중 틀린 것은?

① 공기압축기를 통하는 관은 용접에 의한 잔류 응력이 생기지 않도록 할 것

② 주 공기탱크에는 사용압력 1.5배 이상 3배 이하의 최고 눈금이 있는 압력계를 시설할 것

③ 공기압축기는 최고사용압력의 1.5배 수압을 연속하여 10분간 가하여 시험하였을 때 이에 견디고 새지 아니할 것

④ 공기탱크는 사용압력에서 공기의 보급이 없는 상태로 차단기의 투입 및 차단을 연속하여 3회 이상 할 수 있는 용량을 가질 것

🔍 **해설**

압축공기계통

① 최고 사용압력의 1.5배의 수압(수압을 연속하여 10분간 가하여 시험을 하기 어려울 때에는 최고 사용압력의 1.25배의 기압)을 연속하여 10분간 가하여 시험을 하였을 때에 이에 견디고 또한 새지 아니할 것

② 사용 압력에서 공기의 보급이 없는 상태로 개폐기 또는 차단기의 투입 및 차단을 연속하여 1회 이상 할 수 있는 용량을 가지는 것일 것.

③ 주 공기탱크 또는 이에 근접한 곳에는 사용압력의 1.5배 이상 3배 이하의 최고 눈금이 있는 압력계를 시설할 것

★★★☆☆

69 발전소의 개폐기 또는 차단기에 사용하는 압축공기장치의 주 공기탱크에 시설하는 압력계의 최고 눈금의 범위로 옳은 것은?

① 사용압력의 1배 이상 2배 이하

② 사용압력의 1.15배 이상 2배 이하

③ 사용압력의 1.5배 이상 3배 이하

④ 사용압력의 2배 이상 3배 이하

🔍 **해설**

압축공기계통

주 공기탱크 또는 이에 근접한 곳에는 사용압력의 1.5배 이상 3배 이하의 최고 눈금이 있는 압력계를 시설할 것

★★★★★

70 애자사용공사에 의한 고압 옥내배선을 할 때 전선을 조영재의 면을 따라 붙이는 경우, 전선의 지지점간의 거리는 몇 [m] 이하이어야 하는가?

① 2[m]   ② 3[m]

③ 4[m]   ④ 5[m]

🔍 **해설**

고압애자사용공사

전압	전선과 조영재와의 이격거리	전선 상호간격	전선 지지점간의 거리	
			조영재의 상면 또는 측면	조영재에 따라 시설하지 않는 경우
고압	5[cm] 이상	8[cm] 이상	2[m] 이하	6[m] 이하

★★★☆☆

71 애자사용공사에 의한 고압 옥내배선 등의 시설에서 사용되는 연동선의 공칭단면적은 몇 [mm²] 이상인가?

① 6.0[mm²]   ② 10[mm²]

③ 16[mm²]   ④ 25[mm²]

🔍 **해설**

고압 옥내배선 등의 시설

전선은 공칭단면적 6[mm²] 이상의 연동선, 고압 절연전선 또는 인하용 고압 절연전선일 것

★★☆☆☆

72 옥내에 시설하는 고압의 이동전선은?

① 600[V] 고무 절연전선

② 비닐 캡타이어케이블

③ 2.6[mm] 연동선

④ 고압용 제3종 클로로프렌 캡타이어 케이블

🔍 **해설**

옥내고압용 이동전선의 시설

• 전선은 고압용의 캡타이어케이블일 것

• 전로에 지락이 생겼을 때에 자동적으로 전로를 차단하는 장치를 시설할 것

★★★★★

73 154[kV]의 옥외 변전소에 있어서 울타리의 높이와 울타리에서 충전부분까지 거리의 합계는 몇 [m] 이상이어야 하는가?

① 5[m]   ② 6[m]

③ 7[m]   ④ 8[m]

🔍 **해설**

발전소 등의 울타리·담 등의 시설

사용전압의 구분	울타리·담 등의 높이와 울타리·담 등으로부터 충전부분까지의 거리의 합계
35000[V] 이하	5[m]
35000[V] 초과 160000[V] 이하	6[m]
160000[V] 초과	$6+(X-16)\times0.12$[m] 단, $X=\dfrac{\text{사용전압}[V]}{10000[V]}$, $(X-16)$은 절상(0사 1입)

★★★★☆

74 345000[V]의 전압을 변전하는 변전소가 있다. 이 변전소에 울타리를 시설하고자 하는 경우 울타리의 높이와 울타리로부터 충전부분까지의 거리의 합계는 몇 [m] 이상으로 하여야 하는가?

[정답] 70 ① 71 ① 72 ④ 73 ② 74 ②

① 7.42[m]　　　　　② 8.28[m]

③ 10.15[m]　　　　　④ 12.31[m]

해설

발전소 등의 울타리·담 등의 시설

- 단수계산 $X = \dfrac{345000[V]}{10000[V]} = 34.5$

- $6 + (34.5 - 16) \times 0.12$

- $6 + (18.5 \ 절상 = 19) \times 0.12$

- $\therefore 6 + 19 \times 0.12 = 8.28[m]$

★★★☆☆

75 스러스트 베어링의 온도가 현저히 상승하는 경우, 자동적으로 이를 전로로부터 차단하는 장치를 시설하여야 하는 수차발전기의 용량은 최소 몇 [kVA] 이상인가?

① 500　　　　　② 1000

③ 1500　　　　　④ 2000

해설

발전기 등의 보호장치

발전기의 용량이 2000[kVA] 이상인 수차발전기의 스러스트 베어링의 온도가 현저히 상승한 경우에는 자동적으로 이를 전로로부터 차단하는 장치를 시설하여야 한다.

★★★☆☆

76 발전기, 변압기, 조상기, 모선 또는 이를 지지하는 애자는 단락전류에 의하여 생기는 어느 충격에 견디어야 하는가?

① 기계적 충격　　　② 철손에 의한 충격

③ 동손에 의한 충격　④ 열적 충격

해설

발전기 등의 기계적강도

발전기·변압기·조상기·계기용 변성기·모선 또는 이를 지지하는 애자는 단락전류에 의하여 생기는 기계적 충격에 견디는 것이어야 한다.

★★★☆☆

77 다음 중 발전기를 전로로부터 자동적으로 차단하는 장치를 시설하여야 하는 경우에 해당되지 않는 것은?

① 발전기에 과전류가 생긴 경우

② 용량이 500[kVA] 이상의 발전기를 구동하는 수차의 압유장치의 유압이 현저히 저하한 경우

③ 용량이 100[kVA] 이상의 발전기를 구동하는 풍차의 압유장치의 유압, 압축공기장치의 공기압이 현저히 저하한 경우

④ 용량이 5000[kVA] 이상인 발전기의 내부에 고장이 생긴 경우

해설

발전기 등의 보호장치

발전기의 내부고장이 생긴 경우 자동적으로 차단장치 시설 용량은 10000[kVA] 이상이다.

★★★☆☆

78 수력발전소의 발전기 내부에 고장이 발생하였을 때 자동적으로 전로로부터 차단하는 장치를 시설하여야 하는 발전기 용량은 몇 [kVA] 이상인가?

① 3000[kVA]　　　② 5000[kVA]

③ 8000[kVA]　　　④ 10000[kVA]

해설

발전기 등의 보호장치

발전기의 내부고장이 생긴 경우 자동적으로 차단장치 시설 용량은 10000[kVA] 이상이다.

★★★☆☆

79 발전기 등의 보호장치의 기준과 관련하여 발전기를 자동적으로 전로로부터 차단하는 장치를 시설하여야 하는 경우로 알맞은 것은?

① 발전기에 과전류가 생긴 경우

② 발전기에 역상전류가 생긴 경우

③ 발전기의 전류에 고조파가 포함된 경우

④ 발전기의 자기여자현상으로 이상전압이 생긴 경우

[**정답**] 75 ④　76 ①　77 ④　78 ④　79 ①

🔍 해설

발전기 등의 보호장치

발전기에 과전류나 과전압이 생긴 경우 용량에 관계없이 자동 차단 장치를 시설하여야 한다.

★★★☆☆

80 내부고장이 발생하는 경우를 대비하여 자동차단장치 또는 경보장치를 시설하여야 하는 특고압용 변압기의 뱅크 용량의 구분으로 알맞은 것은?

① 5000[kVA] 미만
② 5000[kVA] 이상 10000[kVA] 미만
③ 10000[kVA] 이상
④ 타냉식 변압기

🔍 해설

특고압용 변압기의 보호장치

특고압용 변압기의 보호		
뱅크 용량의 구분	동작조건	보호장치
5000[kVA] 이상 10000[kVA] 미만	내부고장	자동차단장치 또는 경보장치

★★★☆☆

81 송유풍냉식 특별고압용 변압기의 송풍기에 고장이 생긴 경우에 대비하여 시설하여야 하는 보호장치는?

① 경보장치   ② 과전류측정장치
③ 온도측정장치   ④ 속도조정장치

🔍 해설

특고압변압기의 보호장치

타냉식(변압기의 권선 및 철심을 직접 냉각시키기 위하여 봉입한 냉매를 강제 순환시키는 냉각방식을 말한다.)의 특별고압용 변압기에는 냉각장치에 고장이 생긴 경우 또는 변압기의 온도가 현저히 상승한 경우에 이를 경보하는 장치를 시설하여야 한다.

★★★☆☆

82 다음 중 발전소의 계측요소가 아닌 것은?

① 발전기의 전압 및 전류
② 발전기의 고정자 온도
③ 저압용 변압기의 온도
④ 변압기의 전류 및 전력

🔍 해설

계측장치

• 발전기의 전압 및 전류 또는 변압기의 전압 및 전류 또는 전력
• 발전기의 베어링 및 고정자의 온도
• 특고압용 변압기의 온도

★★★☆☆

83 발전소에서 계측장치를 설치하여 계측하는 사항에 포함되지 않는 것은?

① 발전기의 고정자 온도
② 발전기의 전압 및 전류 또는 전력
③ 특고압 모선의 전류 및 전압 또는 전력
④ 주요 변압기의 전압 및 전류 또는 전력

🔍 해설

계측장치

• 발전기의 전압 및 전류 또는 변압기의 전압 및 전류 또는 전력
• 발전기의 베어링 및 고정자의 온도
• 특고압용 변압기의 온도

★★★☆☆

84 전력 계통의 용량과 비슷한 동기조상기를 시설하는 경우에 반드시 시설하지 않아도 되는 장치는?

① 동기조상기의 역률 계측장치
② 동기조상기의 전류 계측장치
③ 동기조상기의 전압 계측장치
④ 동기조상기의 베어링 및 고정자의 온도

🔍 해설

동기조상기의 시설

동기조상기를 시설하는 경우에는 다음 사항을 계측하는 장치 및 동기검정장치를 시설하여야 한다. 다만, 동기조상기의 용량이 전력 계통의 용량과 비교하여 현저히 적은 경우에는 동기검정장치를 시설하지 아니할 수 있다.
• 동기조상기의 전압 및 전류 또는 전력
• 동기조상기의 베어링 및 고정자의 온도

[정답] 80 ②   81 ①   82 ③   83 ③   84 ①

★★☆☆☆

85 변전소를 관리하는 기술원 주재소에 경보장치를 시설하지 아니하여도 되는 것은?

① 주요 변압기의 전원측 전로가 무전압으로 된 경우
② 특고압용 타냉식 변압기의 냉각장치가 고장난 경우
③ 출력 2000[kVA] 특고압용 변압기의 온도가 현저히 상승한 경우
④ 조상기 내부에 고장이 생긴 경우

🔍 해설

상주감시를 하지 아니하는 변전소의 시설

출력 3000[kVA]를 넘는 특고압용 변압기는 그 온도가 현저히 상승한 경우변전소를 관리하는 기술원 주재소에 경보장치를 시설해야 하므로, 2000[kVA]의 경우 시설할 필요가 없다.

★★★☆☆

86 다음 중 전력보안 통신용 전화설비를 하여야 하는 곳의 기준으로 옳은 것은?

① 2 이상의 급전소 상호간과 이들을 총합 운용하는 급전소간
② 3 이상의 급전소 상호간과 이들을 총합 운용하는 급전소간
③ 원격감시제어가 되는 발전소
④ 원격감시제어가 되는 변전소

🔍 해설

전력보안 통신용 전화설비의 시설

• 원격감시제어가 되지 아니하는 발전소·변전소·발전제어소·변전제어소·개폐소 및 전선로의 기술원 주재소와 이를 운용하는 급전소간
• 2 이상의 급전소 상호간과 이들을 총합 운용하는 급전소간

★★★☆☆

87 도로위에 시설하는 전력 보안 가공통신선의 높이는 몇 [m] 이상인가?

① 5   ② 5.5
③ 6   ④ 6.5

🔍 해설

전력보안통신케이블의 높이

시설 장소		가공통신선
도로(차도)위	일반적인 경우	5[m] 이상
	교통에 지장을 안 주는 경우	4.5[m] 이상

★★☆☆☆

88 시가지에 시설하는 통신선을 특고압 가공전선로의 지지물에 시설하여서는 아니 되는 것은?

① 지름 3.6[mm]의 절연전선
② 인장강도 5.26[kV]
③ 동등 이상의 절연효력이 있는 경우
④ 광섬유케이블

🔍 해설

통신선의 시설 제한

시가지에 시설하는 통신선은 특고압 가공전선로의 지지물에 시설하여서는 아니된다. 단, 통신선이 지름 4[mm] 이상의 절연전선 또는 동등 이상의 세기 및 절연효력이 있고 인장강도 5.26[kV] 이상의 것 또는 광섬유케이블인 경우에는 그렇지 않다.

★★★☆☆

89 특고압 가공전선로의 지지물에 시설하는 통신선 또는 이것에 직접 접속하는 통신선일 경우에 설치하여야 할 보안장치로서 모두 옳은 것은?

① 특고압용 제2종 보안장치, 고압용 제2종 보안장치
② 특고압용 제1종 보안장치, 특고압용 제3종 보안장치
③ 특고압용 제2종 보안장치, 특고압용 제3종 보안장치
④ 특고압용 제1종 보안장치, 특고압용 제2종 보안장치

🔍 해설

통신선의 시설 제한

특고압 가공전선로의 지지물에 시설하는 통신선 또는 이것에 직접 접속하는 통신선일 경우 특고압용 제1종 보안장치, 특고압용 제2종 보안장치를 시설한다.

[정답] 85 ③ 86 ① 87 ① 88 ① 89 ④

★★★☆☆

90 다음 그림에서 L_1은 어떤 크기로 동작하는 기기의 명칭인가?

[옥내통신설비]

① 교류 1000[V] 이하에서 동작하는 단로기

② 교류 1000[V] 이하에서 동작하는 피뢰기

③ 교류 1500[V] 이하에서 동작하는 단로기

④ 교류 1500[V] 이하에서 동작하는 피뢰기

🔍 해설

급전전용통신선용 보안장치

- R_1P : 교류 300[V] 이하에서 동작하고, 최소 감도 전류가 3[A] 이하로서 최소 감도전류 때의 응동시간이 1사이클 이하이고 또한 전류 용량이 50[A], 20초 이상인 자복성이 있는 릴레이 보안기
- L_1 : 교류 1[kV] 이하에서 동작하는 피뢰기
- E_1 및 E_2 : 접지

★★★☆☆

91 그림은 전력선 반송통신용 결합장치의 보안장치를 나타낸 것이다. CC의 명칭으로 옳은 것은?

단국장치

① 동축 케이블

② 결합 콘덴서

③ 접지용 개폐기

④ 구상용 방전갭

🔍 해설

- FD : 동축케이블
- F : 정격전류 10[A] 이하의 포장 퓨즈
- DR : 전류 용량 2[A] 이상의 배류선륜
- L_1 : 교류 300[V] 이하에서 동작하는 피뢰기
- L_2 : 동작전압이 교류 1300[V]를 초과하고 1600[V] 이하로 조정된 방전갭
- L_3 : 동작전압이 교류 2[kV]를 초과하고 3[kV] 이하로 조정된 구상 방전갭
- S : 접지용 개폐기
- CF : 결합 필터
- CC : 결합 커페시터(결합 안테나를 포함한다.)
- E : 접지

★★★☆☆

92 전력보안 통신설비의 무선용 안테나 등을 지지하는 철주, 철근콘크리트주 또는 철탑의 기초 안전율은 얼마 이상이어야 하는가?

① 1.2

② 1.5

③ 1.8

④ 2

🔍 해설

무선용 안테나 등을 지지하는 철탑 등의 시설

전력보안 통신설비인 무선통신용 안테나 또는 반사판을 지지하는 철주·철근콘크리트주 또는 철탑의 기초의 안전율은 1.5 이상이어야 한다.

★★★☆☆

93 전력보안 통신설비로 무선용 안테나 등의 시설에 관한 설명으로 옳은 것은?

① 항상 가공전선로의 지지물에 시설한다.

② 접지와 공용으로 사용할 수 있도록 시설한다.

③ 전선로의 주위 상태를 감시할 목적으로 시설한다.

④ 피뢰침설비가 불가능한 개소에 시설한다.

🔍 해설

무선용 안테나의 시설

- 목주의 풍압하중에 대한 안전율은 1.5 이상 이어야 한다.
- 철주, 철근콘크리트주 또는 철탑의 기초의 안전율은 1.5 이상이어야 한다.
- 무선용 안테나 및 화상 감시용 설비 등은 전선로의 주위 상태를 감시할 목적으로 시설하는 것 이외에는 가공전선로의 지지물에 시설 하여서는 아니 된다.

[정답] 90 ② 91 ② 92 ② 93 ③

★★★☆☆

94 가공전선로의 지지물로 사용하는 철주 또는 철근 콘크리트주는 지선을 사용하지 않는 상태에서 몇 이상의 풍압하중에 견디는 강도를 가지는 경우 이외에는 지선을 사용하여 그 강도를 분담시켜서는 안되는가?

① 1/3　　　　　② 1/5

③ 1/10　　　　　④ 1/2

🔍 해설

지선의 시설

가공전선로의 지지물로 사용하는 철주 또는 철근 콘크리트주는 지선을 사용하지 않는 상태에서 2분의 1 이상의 풍압하중에 견디는 강도를 가지는 경우 이외에는 지선을 사용하여 그 강도를 분담시켜서는 안 된다.

★★★☆☆

95 통신설비의 식별표시에 대한 사항으로 알맞지 않은 것은?

① 모든 통신기기에는 식별이 용이하도록 인식용 표찰을 부착하여야 한다.

② 통신사업자의 설비표시명판은 플라스틱 및 금속판 등 견고하고 가벼운 재질로 하고 글씨는 각인하거나 지워지지 않도록 제작된 것을 사용하여야 한다.

③ 배전주에 시설하는 통신설비의 설비표시명판의 경우 직선주는 전주 10경간마다 시설할 것

④ 배전주에 시설하는 통신설비의 설비표시명판의 경우 분기주, 인류주는 매 전주에 시설할 것

🔍 해설

통신설비의 식별

1. 모든 통신기기에는 식별이 용이하도록 인식용 표찰을 부착하여야 한다.
2. 통신사업자의 설비표시명판은 플라스틱 및 금속판 등 견고하고 가벼운 재질로 하고 글씨는 각인하거나 지워지지 않도록 제작된 것을 사용하여야 한다.
3. 설비표시명판 시설기준
   ① 배전주에 시설하는 통신설비의 설비표시명판은 다음에 따른다.
      ⓐ 직선주는 전주 5경간마다 시설할 것
      ⓑ 분기주, 인류주는 매 전주에 시설할 것
   ② 지중설비에 시설하는 통신설비의 설비표시명판은 다음에 따른다.
      ⓐ 관로는 맨홀마다 시설할 것
      ⓑ 전력구내 행거는 50[m] 간격으로 시설할 것

[**정답**] 94 ④　95 ③

전기철도설비

영상 학습 QR   출제경향분석

본장은 전기철도설비에 대한 용어, 전기방식, 안전을 위한 보호 등에 관한 전기법규의 전반적인 기본 사항에 대해 다룬다. 그 기준은 한국전기설비규정에 의한다.

❶ 일반사항　　　　　　　　　❷ 전기방식 및 전차선로
❸ 설비를 위한 보호　　　　　　❹ 안전을 위한 보호

1 **전기철도의 일반사항**

1. 전기철도의 용어 정의

(1) 전기철도 : 전기를 공급받아 열차를 운행하여 여객(승객)이나 화물을 운송하는 철도를 말한다.

(2) 전기철도설비 : 전기철도설비는 전철 변전설비, 급전설비, 부하설비(전기철도차량 설비 등)로 구성된다.

(3) 전기철도차량 : 전기적 에너지를 기계적 에너지로 바꾸어 열차를 견인하는 차량으로 전기방식에 따라 직류, 교류, 직·교류 겸용, 성능에 따라 전동차, 전기기관차로 분류한다.

(4) 궤도 : 레일·침목 및 도상과 이들의 부속품으로 구성된 시설을 말한다.

(5) 차량 : 전동기가 있거나 또는 없는 모든 철도의 차량(객차, 화차 등)을 말한다.

(6) 열차 : 동력차에 객차, 화차 등을 연결하고 본선을 운전할 목적으로 조성된 차량을말한다.

(7) 레일 : 철도에 있어서 차륜을 직접지지하고 안내해서 차량을 안전하게 주행시키는 설비를 말한다.

(8) 전차선 : 전기철도차량의 집전장치와 접촉하여 전력을 공급하기 위한 전선을 말한다.

(9) 전차선로 : 전기철도차량에 전력를 공급하기 위하여 선로를 따라 설치한 시설물로서 전차선, 급전선, 귀선과 그 지지물 및 설비를 총괄한 것을 말한다.

(10) 급전선 : 전기철도차량에 사용할 전기를 변전소로부터 전차선에 공급하는 전선을 말한다.

(11) 급전선로 : 급전선 및 이를 지지하거나 수용하는 설비를 총괄한 것을 말한다.

(12) 급전방식 : 변전소에서 전기철도차량에 전력을 공급하는 방식을 말하며, 급전방식에 따라 직류식, 교류식으로 분류한다.

(13) 합성전차선 : 전기철도차량에 전력을 공급하기위하여 설치하는 전차선, 조가선(강체포함), 행어이어, 드로퍼 등으로 구성된 가공전선을 말한다.

(14) 조가선 : 전차선이 레일면상 일정한 높이를 유지하도록 행어이어, 드로퍼 등을 이용하여 전차선 상부에서 조가하여 주는 전선을 말한다.

(15) 가선방식 : 전기철도차량에 전력을 공급하는 전차선의 가선방식으로 가공식, 강체식, 제3궤조식으로 분류한다.

(16) 전차선 기울기 : 연접하는 2개의 지지점에서, 레일면에서 측정한 전차선 높이의 차와 경간 길이와의 비율을 말한다.

(17) 전차선 높이 : 지지점에서 레일면과 전차선 간의 수직거리를 말한다.

(18) 전차선 편위 : 팬터그래프 집전판의 편마모를 방지하기 위하여 전차선을 레일면 중심수직선으로부터 한쪽으로 치우친 정도의 치수를 말한다.

(19) 귀선회로 : 전기철도차량에 공급된 전력을 변전소로 되돌리기 위한 귀로를 말한다.

(20) 누설전류 : 전기철도에 있어서 레일 등에서 대지로 흐르는 전류를 말한다.

(21) 수전선로 : 전기사업자에서 전철변전소 또는 수전설비 간의 전선로와 이에 부속되는 설비를 말한다.

(22) 전철변전소 : 외부로부터 공급된 전력을 구내에 시설한 변압기, 정류기 등 기타의기계 기구를 통해 변성하여 전기철도차량 및 전기철도설비에 공급하는 장소를 말한다.

(23) 지속성 최저전압 : 무한정 지속될 것으로 예상되는 전압의 최저값을 말한다.

(24) 지속성 최고전압 : 무한정 지속될 것으로 예상되는 전압의 최고값을 말한다.

(25) 장기 과전압 : 지속시간이 20 [ms] 이상인 과전압을 말한다.

2. 전력수급조건

(1) 수전선로의 전력수급조건은 부하의 크기 및 특성, 지리적 조건, 환경적 조건, 전력조류, 전압강하, 수전 안정도, 회로의 공진 및 운용의 합리성, 장래의 수송수요, 전기사업자 협의 등을 고려하여 표 의 공칭전압(수전전압)으로 선정하여야 한다.

공칭전압(수전전압)	
공칭전압(수전전압)[kV]	교류 3상 22.9, 154, 345

(2) 수전선로의 계통구성에는 3상 단락전류, 3상 단락용량, 전압강하, 전압불평형 및 전압왜형율, 플리커 등을 고려하여 시설하여야 한다.

(3) 수전선로는 지형적 여건 등 시설조건에 따라 가공 또는 지중 방식으로 시설하며, 비상시를 대비하여 예비선로를 확보하여야 한다.

◆ 이해력 높이기

급전선로

① 급전선은 나전선을 적용하여 가공식으로 가설을 원칙으로 한다. 다만, 전기적 영향에 대한 최소 간격이 보장되지 않거나 지락, 불꽃 방전 등의 우려가 있을 경우에는 급전선을 케이블로 하여 안전하게 시공하여야 한다.

② 가공식은 전차선의 높이 이상으로 전차선로 지지물에 병행 설치하며, 나전선의 접속은 직선접속을 원칙으로 한다.

③ 신설 터널 내 급전선을 가공으로 설계할 경우 지지물의 취부는 C찬넬 또는 매입전을 이용하여 고정하여야 한다.

④ 선상승강장, 인도교, 과선교 또는 다리 하부 등에 설치할 때에는 최소 절연간격 이상을 확보하여야 한다.

콕콕 포인트

electrical engineer · electrical engineer · electrical engineer · electrical engineer · electrical engineer · electrical engineer · electrical engineer · electrical e

2 전기철도의 전기방식 및 전차선로

1. 전차선로의 전압

(1) 직류방식

구분	지속성 최저전압	공칭전압	지속성 최고전압	비지속성 최고전압	장기 과전압
DC[V] (평균값)	500 900	750 1500	900 1800	950 1950	1269 2538

※ 비지속성 최고전압은 지속시간이 5분 이하로 예상되는 전압의 최고값으로 한다.

(2) 교류방식

주파수 (실효값)	비지속성 최저전압	지속성 최저전압	공칭전압	지속성 최고전압	비지속성 최고전압	장기 과전압
60[Hz]	17500 35000	19000 38000	25000 50000	27500 55000	29000 58000	38746 77492

※ 비지속성 최고전압은 지속시간이 2분 이하로 예상되는 전압의 최고값으로 한다.

2. 전차선로

(1) 가선방식

가공방식, 강체가선방식, 제3궤도 방식을 표준으로 한다.

(2) 귀선로

① 귀선로는 비절연보호도체, 매설접지도채, 레일 등으로 구성하여 단권변압기 중성점과 공통으로 접속한다.
② 비절연보호도체의 위치는 통신유도장해 및 레일전위의 상승의 경감을 고려하여 결정하여야 한다.
③ 귀선로는 사고 및 지락 시에도 충분한 허용전류용량을 갖도록 하여야 한다.

3. 전차선 및 급전선의 높이

시스템 종류	공칭전압[V]	동적[mm]	정적[mm]
직류	750	4800	4400
	1500	4800	4400
단상교류	25000	4800	4570

4. 전차선로의 절연이격 거리

(1) 전차선과 건조물 간의 최소 절연이격거리

종류	전압[V]	동적[mm]		정적[mm]	
		비오염	오염	비오염	오염
직류	750	25	25	25	25
	1500	100	110	150	160
단상교류	25000	170	220	270	320

(2) 전차선과 차량간의 최소 절연이격거리

종류	전압[V]	동적[mm]	정적[mm]
직류	750	25	25
	1500	100	150
단상교류	25000	170	270

3 · 전기철도의 설비를 위한 보호

1. 보호협조

(1) 사고 또는 고장의 파급을 방지하기 위하여 계통 내에서 발생한 사고전류를 검출하고 차단장치에 의해서 신속하고 순차적으로 차단할 수 있는 보호시스템을 구성하며 설비계통 전반의 보호협조가 되도록 하여야 한다.

(2) 보호계전방식은 신뢰성, 선택성, 협조성, 적절한 동작, 양호한 감도, 취급 및 보수점검이 용이하도록 구성하여야 한다.

(3) 급전선로는 안정도 향상, 자동복구, 정전시간 감소를 위하여 보호계전방식에 자동재폐로 기능을 구비하여야 한다.

(4) 전차선로용 애자를 섬락사고로부터 보호하고 접지전위 상승을 억제하기 위하여 적정한 보호설비를 구비하여야 한다.

(5) 가공 선로측에서 발생한 지락 및 사고전류의 파급을 방지하기 위하여 피뢰기를 설치하여야 한다.

2. 절연협조

변전소 등의 입, 출력 측에서 유입되는 뇌해, 이상전압과 변전소 등의 계통 내에서 발생하는 개폐서지의 크기 및 지속성, 이상전압 등을 고려한다.

꼭꼭 포인트

이해력 높이기

전차선의 기울기

설계속도 V (km/시간)	기울기 (천분율)
$300 < V \leq 350$	0
$250 < V \leq 300$	0
$200 < V \leq 250$	1
$150 < V \leq 200$	2
$120 < V \leq 150$	3
$70 < V \leq 120$	4
$V \leq 70$	10

이해력 높이기

공칭전압(수전전압)

교류3상[kV]		
22.9	154	345

이해력 높이기

교류전기철도 급전시스템의 최대 허용 접촉전압

시간 조건	최대 허용 접촉전압(실효값)
순시조건 ($t \leq 0.5$초)	670[V]
일시적 조건 (0.5초 $< t \leq 300$초)	65[V]
영구적 조건 ($t > 300$초)	60[V]

이해력 높이기

전기철도의 변전방식
급전용변압기는 직류 전기철도의 경우 3상 정류기용 변압기, 교류 전기철도의 경우 3상 스코트결선 변압기의 적용을 원칙으로 하고, 급전계통에 적합하게 선정하여야 한다.

콕콕 포인트

electrical engineer · electrical engineer · electrical engineer · electrical engineer · electrical engineer · electrical engineer · electrical engineer · electrical e

3. 피뢰기 설치장소

(1) 피뢰기 설치장소

① 변전소 인입측 및 급전선 인출측

② 가공전선과 직접 접속하는 지중케이블에서 낙뢰에 의해 절연파괴의 우려가 있는 케이블 단말

(2) 피뢰기는 가능한 한 보호하는 기기와 가깝게 시설하되 누설전류 측정이 용이하도록 지지대와 절연하여 설치한다.

---

4 전기철도의 안전을 위한 보호

1. 레일 전위의 접촉전압 감소 방법

(1) 교류 전기철도 급전시스템은 규정에 제시된 값을 초과하는 경우 다음 방법을 고려하여 접촉전압을 감소시켜야 한다.

① 접지극 추가 사용

② 등전위 본딩

③ 전자기적 커플링을 고려한 귀선로의 강화

④ 전압제한소자 적용

⑤ 보행 표면의 절연

⑥ 단락전류를 중단시키는데 필요한 트래핑 시간의 감소

(2) 직류 전기철도 급전시스템은 규정에 제시된 값을 초과하는 경우 다음 방법을 고려하여 접촉전압을 감소시켜야 한다.

① 고장조건에서 레일 전위를 감소시키기 위해 전도성 구조물 접지의 보강

② 전압제한소자 적용

③ 귀선 도체의 보강

④ 보행 표면의 절연

⑤ 단락전류를 중단시키는데 필요한 트래핑 시간의 감소

2. 전식방지대책

(1) 주행레일을 귀선으로 이용하는 경우에는 누설전류에 의하여 케이블, 금속제 지중관로 및 선로 구조물 등에 영향을 미치는 것을 방지하기 위한 적절한 시설을 하여야 한다.

(2) 전기철도측의 전식방식 또는 전식예방을 위해서는 다음 방법을 고려하여야 한다.

① 변전소 간 간격 축소

② 레일본드의 양호한 시공

③ 장대레일채택

④ 절연도상 및 레일과 침목사이에 절연층의 설치

(3) 매설금속체측의 누설전류에 의한 전식의 피해가 예상되는 곳은 다음 방법을 고려하여야 한다.

① 배류장치 설치

② 절연코팅

③ 매설금속체 접속부 절연

④ 저준위 금속체를 접속

⑤ 궤도와의 이격 거리 증대

⑥ 금속판 등의 도체로 차폐

3. 누설전류 간섭에 대한 방지

(1) 직류 전기철도 시스템의 누설전류를 최소화하기 위해 귀선전류를 금속귀선로 내부로만 흐르도록 하여야 한다.

(2) 심각한 누설전류의 영향이 예상되는 지역에서는 정상 운전 시 단위길이당 컨덕턴스 값은 규정 값 이하로 유지될 수 있도록 하여야 한다.

(3) 귀선시스템의 종 방향 전기저항을 낮추기 위해서는 레일 사이에 저저항 레일본드를 접합 또는 접속하여 전체 종 방향 저항이 5[%] 이상 증가하지 않도록 하여야 한다.

(4) 귀선시스템의 어떠한 부분도 대지와 절연되지 않은 설비, 부속물 또는 구조물과 접속되어서는 안 된다.

(5) 직류 전기철도 시스템이 매설 배관 또는 케이블과 인접할 경우 누설전류를 피하기 위해 최대한 이격시켜야 하며, 주행레일과 최소 1[m] 이상의 거리를 유지하여야 한다.

♥ 이해력 높이기

전기철도 변전소
제어용 교류전원은 상용과 예비의 2계통으로 구성하여야 한다.
제어반의 경우 디지털계전기방식을 원칙으로 하여야 한다.

번호	우선순위 논점	KEY WORD	나의 정답 확인				선생님의 콕콕 포인트
			맞음	틀림(오답확인)			
				이해 부족	암기 부족	착오 실수	
1	가공 직류전차선	레일면상 높이					정적 4.4[m], 동적 4.8[m]
3	매설배관과 이격	누설전류에 대한 보호					최소 1[m] 이상이격

★★★☆☆

01 가공 직류 전차선의 레일면상의 높이는 정적인 경우 몇 [m] 이상이어야 하는가?

① 4.4
② 4.8
③ 5.2
④ 5.8

🔍 **해설**

전차선 및 급전선의 높이

시스템 종류	공칭전압[V]	동적[mm]	정적[mm]
직류	750	4800	4400
	1500	4800	4400
단상교류	25000	4800	4570

★★★☆☆

02 전차선로 설비의 안전율 중 경동선의 경우 몇 이상을 적용하는가?

① 1.0
② 2.0
③ 2.2
④ 2.5

🔍 **해설**

전차선로 설비의 안전율

하중을 지탱하는 전차선로 설비의 강도는 작용이 예상되는 하중의 최악 조건 조합에 대하여 다음의 최소 안전율이 곱해진 값을 견디어야 한다.
① 합금전차선의 경우 2.0 이상
② 경동선의 경우 2.2 이상
③ 조가선 및 조가선 장력을 지탱하는 부품에 대하여 2.5 이상

★★★☆☆

03 직류 전기철도 시스템이 매설 배관 또는 케이블과 인접할 경우 누설전류를 피하기 위해 주행레일과 최소 몇 [m] 이상의 거리를 유지하여야 하는가?

① 1
② 2
③ 3
④ 4

🔍 **해설**

누설전류 간섭에 대한 방지

직류 전기철도 시스템이 매설 배관 또는 케이블과 인접할 경우 누설전류를 피하기 위해 최대한 이격시켜야 하며, 주행레일과 최소 1[m] 이상의 거리를 유지하여야 한다.

[정답] 01 ① 02 ③ 03 ①

★★★☆☆

04 급전선 및 이를 지지하거나 수용하는 설비를 총괄한 것을 무엇이라 하는가?

① 전차선로　　　　　　② 급전선로
③ 급전방식　　　　　　④ 전차선

🔍 **해설**

급전선로
급전선 및 이를 지지하거나 수용하는 설비를 총괄한 것을 말한다.

★★★☆☆

05 장기 과전압이란 지속시간이 몇 [ms] 이상인 과전압을 말하는가?

① 10　　　　　　　　　② 20
③ 30　　　　　　　　　④ 40

🔍 **해설**

장기 과전압
지속시간이 20[ms] 이상인 과전압을 말한다.

★★★☆☆

06 교류 전기철도 급전시스템은 규정에 제시된 값을 초과하는 경우 접촉전압을 감소시켜야 하는 방법중 틀린 것은?

① 접지극 추가 사용
② 등전위 본딩
③ 전자기적 커플링을 고려한 귀선로의 강화
④ 고장조건에서 레일 전위를 감소시키기 위해 전도성 구조물 접지의 보강

🔍 **해설**

교류전기철도 레일 전위의 접촉전압 감소 방법
① 접지극 추가 사용
② 등전위 본딩
③ 전자기적 커플링을 고려한 귀선로의 강화
④ 전압제한소자 적용
⑤ 보행 표면의 절연
⑥ 단락전류를 중단시키는데 필요한 트래핑 시간의 감소

★★★☆☆

07 주행레일을 귀선으로 이용하는 경우에는 누설전류에 의하여 케이블, 금속제 지중관로 및 선로 구조물 등에 영향을 미치는 것을 방지하기 위한 적절한 시설을 하여야 하는데 이 때, 전기철도측의 전식방식 또는 전식예방을 위한 방법중 틀린 것은?

① 변전소 간 간격 축소　　② 레일본드의 양호한 시공
③ 장대레일채택　　　　　④ 매설금속체 접속부 절연

🔍 **해설**

전식방지대책
매설금속체 접속부 절연은 매설금속체측의 누설전류에 의한 전식의 피해가 예상되는 곳에 시행하는 방식이다.

★★★☆☆

08 누설전류 간섭에 대한 방지에 대한 방법 중 틀린 것은?

① 직류 전기철도 시스템의 누설전류를 최소화하기 위해 귀선전류를 금속귀로 내부로만 흐르도록 하여야 한다.
② 심각한 누설전류의 영향이 예상되는 지역에서는 정상 운전 시 단위길이당 컨덕턴스 값은 규정 값 이하로 유지될 수 있도록 하여야 한다.
③ 귀선시스템의 종 방향 전기저항을 낮추기 위해서는 레일 사이에 저저항 레일본드를 접합 또는 접속하여 전체 종 방향 저항이 10[%] 이상 증가하지 않도록 하여야 한다.
④ 귀선시스템의 어떠한 부분도 대지와 절연되지 않은 설비, 부속물 또는 구조물과 접속되어서는 안 된다.
⑤ 직류 전기철도 시스템이 매설 배관 또는 케이블과 인접할 경우 누설전류를 피하기 위해 최대한 이격시켜야 하며, 주행레일과 최소 1[m] 이상의 거리를 유지하여야 한다.

🔍 **해설**

누설전류 간섭에 대한 방지
귀선시스템의 종 방향 전기저항을 낮추기 위해서는 레일 사이에 저저항 레일본드를 접합 또는 접속하여 전체 종 방향 저항이 5[%] 이상 증가하지 않도록 하여야 한다.

[**정답**] 04 ②　05 ②　06 ④　07 ④　08 ③

★★★☆☆

09 전식방지대책에서 매설금속체측의 누설전류에 의한 전식의 피해가 예상되는 곳에 고려하여야 하는 방법으로 틀린 것은?

① 절연코팅　　　　② 배류장치 설치

③ 변전소 간 간격 축소　　④ 저준위 금속체를 접속

🔍 **해설**

전식방지대책

매설금속체측의 누설전류에 의한 전식의 피해가 예상되는 곳은 다음 방법을 고려하여야 한다.

- 배류장치 설치
- 절연코팅
- 매설금속체 접속부 절연
- 저준위 금속체를 접속
- 궤도와의 이격거리 증대
- 금속판 등의 도체로 차폐

★★★☆☆

10 전기철도차량이 전차선로와 접촉한 상태에서 견인력을 끄고 보조전력을 가동한 상태로 정지해 있는 경우, 가공 전차선로의 유효전력이 200[kW] 이상일 경우 총 역률은 몇 보다는 작아서는 안되는가?

① 0.9　　　　② 0.7

③ 0.6　　　　④ 0.8

🔍 **해설**

전기철도 차량의 역률

전기철도차량이 전차선로와 접촉한 상태에서 견인력을 끄고 보조전력을 가동한 상태로 정지해 있는 경우, 가공 전차선로의 유효전력이 200[kW] 이상일 경우 총 역률은 0.8보다는 작아서는 안된다.

★★★☆☆

11 전기철도의 설비를 보호하기 위해 시설하는 피뢰기의 시설기준으로 틀린 것은?

① 피뢰기는 변전소 인입측 및 급전선 인출 측에 설치하여야 한다.

② 피뢰기는 가능한 한 보호하는 기기와 가깝게 시설하되 누설전류 측정이 용이하도록 지지대와 절연하여 설치한다.

③ 피뢰기는 개방형을 사용하고 유효 보호거리를 증가시키기 위하여 방전개시전압 및 제한전압이 낮은 것을 사용한다.

④ 피뢰기는 가공전선과 직접 접촉하는 지중케이블에서 낙뢰에 의해 절연파괴의 우려가 있는 케이블 단말에 설치하여야 한다.

🔍 **해설**

전지철도의 피뢰기 설치장소

① 다음의 장소에 피뢰기를 설치하여야 한다.
- 변전소 인입측 및 급전선 인출측
- 가공전선과 직접 접촉하는 지중케이블에서 낙뢰에 의해 절연파괴의 우려가 있는 케이블 단말
② 피뢰기는 가능한 한 보호하는 기기와 가깝게 시설하되 누설전류 측정이 용이하도록 지지대와 절연하여 설치한다.

★★★☆☆

12 직류 750[V]의 전차선과 차량 간의 최소 절연이격거리는 동적일 경우 몇 [mm]인가?

① 25　　　　② 100

③ 150　　　　④ 170

🔍 **해설**

전차선과 차량 간의 최소 절연이격거리

시스템 종류	공칭전압[V]	동적[mm]	정적[mm]
직류	750	25	25
	1,500	100	150
단상교류	25,000	170	270

★★★☆☆

13 귀선로에 대한 설명으로 틀린 것은?

① 나전선을 적용하여 가공식으로 가설을 원칙으로 한다.

② 사고 및 지락 시에도 충분한 허용전류용량을 갖도록 하여야 한다.

③ 비절연보호도체, 매설접지도체, 레일 등으로 구성하여 단권변압기 중성점과 공통접지에 접속한다.

④ 비절연보호도체의 위치는 통신유도장해 및 레일전위의 상승의 경감을 고려하여 결정하여야 한다.

[정답] 9 ③　10 ④　11 ③　12 ①　13 ①

🔍 해설 -

귀선로

• 귀선로는 비절연보호도체, 매설접지도체, 레일 등으로 구성하여 단권변압기 중성점과 공통접지에 접속한다.
• 비절연보호도체의 위치는 통신유도장해 및 레일전위의 상승의 경감을 고려하여 결정하여야 한다.
• 귀선로는 사고 및 지락 시에도 충분한 허용전류용량을 갖도록 하여야 한다.

★★★☆☆

14 전기철도의 전기방식에 관한 사항으로 잘못된 것은?

① 공칭전압(수전전압)은 교류 3상 22.9[kV], 154[kV], 345[kV]을 선정한다.

② 직류방식에서 비지속성 최고전압은 지속시간이 3분 이하로 예상되는 전압의 최고값으로 한다.

③ 수전선로의 계통구성에는 3상 단락전류, 3상 단락용량, 전압강하, 전압불평형 및 전압왜형율, 플리커 등을 고려하여 시설하여야 한다.

④ 교류방식에서 비지속성 최저전압은 지속시간이 2분 이하로 예상되는 전압의 최저값으로 한다.

🔍 해설 -

전기철도의 전기방식(전압)

• 직류방식 : 비지속성 최고전압은 지속시간이 5분 이하로 예상되는 전압의 최고값으로 하되, 기존 운행중인 전기철도차량과의 인터페이스를 고려한다.
• 교류방식 : 비지속성 최저전압은 지속시간이 2분 이하로 예상되는 전압의 최저값으로 하되, 기존 운행중인 전기철도차량과의 인터페이스를 고려한다.

[**정답**] 14 ②

분산형 전원설비

영상 학습 QR   출제경향분석

본장은 분산형 전원설비에 대한 용어, 태양광발전, 풍력발전 등에 관한 전기법규의 전반적인 기본 사항에 대해 다룬다. 그 기준은 한국전기설비규정에 의한다.

❶ 일반사항   ❷ 태양광발전
❸ 풍력발전설비   ❹ 연료전지설비

1 일반사항

1. 용어정리

(1) 풍력터빈이란 바람의 운동에너지를 기계적 에너지로 변환하는 장치(가동부 베어링, 나셀, 블레이드 등의 부속물을 포함)를 말한다.

(2) MPPT란 태양광발전이나 풍력발전 등이 현재 조건에서 가능한 최대의 전력을 생산할 수 있도록 인버터 제어를 이용하여 해당 발전원의 전압이나 회전속도를 조정하는 최대출력추종(MPPT, Maximum Power Point Tracking) 기능을 말한다.

2. 전기저장장치

(1) 옥내전로의 대지전압 제한

주택의 전기저장장치의 축전지에 접속하는 부하 측 옥내배선을 다음에 따라 시설하는 경우에 주택의 옥내전로의 대지전압은 직류 600 [V] 까지 적용할 수 있다.

• 전로에 지락이 생겼을 때 자동적으로 전로를 차단하는 장치를 시설할 것.

• 사람이 접촉할 우려가 없는 은폐된 장소에 합성수지관배선, 금속관배선 및 케이블배선에 의하여 시설하거나, 사람이 접촉할 우려가 없도록 케이블배선에 의하여 시설하고 전선에 적당한 방호장치를 시설할 것.

(2) 전기배선

전선은 공칭단면적 2.5 [mm²] 이상의 연동선 또는 이와 동등 이상의 세기 및 굵기의 것일 것.

(3) 제어 및 보호장치

전기저장장치의 이차전지는 다음의 경우 자동차단장치를 시설할 것.

콕콕 포인트

◑ 이해력 높이기

계통 연계용 보호장치의 시설

계통 연계하는 분산형전원설비를 설치하는 경우 다음에 해당하는 이상 또는 고장 발생 시 자동적으로 분산형전원설비를 전력계통으로부터 분리하기 위한 장치 시설 및 해당 계통과의 보호협조를 실시하여야 한다.

• 분산형전원설비의 이상 또는 고장
• 연계한 전력계통의 이상 또는 고장
• 단독운전 상태

◑ 이해력 높이기

전기저장장치를 시설하는 곳에는 다음의 사항을 계측하는 장치를 시설하여야 한다.

• 축전지 출력 단자의 전압, 전류, 전력 및 충방전 상태
• 주요변압기의 전압, 전류 및 전력

◑ 이해력 높이기

전기배선

옥측 또는 옥외에 시설할 경우 관 또는 케이블 공사만 가능

- 과전압 또는 과전류가 발생한 경우
- 제어장치에 이상이 발생한 경우
- 이차전지 모듈의 내부 온도가 급격히 상승할 경우

2 태양광발전설비

1. 설치장소의 요구사항

(1) 인버터, 제어반, 배전반 등의 시설은 기기 등을 조작 또는 보수점검할 수 있는 충분한 공간을 확보하고 필요한 조명설비를 시설하여야 한다.

(2) 인버터 등을 수납하는 공간에는 실내온도의 과열 상승을 방지하기 위한 환기시설을 갖추어야하며 적정한 온도와 습도를 유지하도록 시설하여야 한다.

(3) 배전반, 인버터, 접속장치 등을 옥외에 시설하는 경우 침수의 우려가 없도록 시설하여야 한다.

2. 설비의 안전 요구사항

(1) 태양전지 모듈, 전선, 개폐기 및 기타 기구는 충전부분이 노출되지 않도록 시설하여야 한다.

(2) 모든 접속함에는 내부의 충전부가 인버터로부터 분리된 후에도 여전히 충전상태일수 있음을 나타내는 경고가 붙어 있어야 한다.

(3) 태양광설비의 고장이나 외부 환경요인으로 인하여 계통연계에 문제가 있을 경우 회로분리를 위한 안전시스템이 있어야 한다.

3. 전기배선

전선은 다음에 의하여 시설하여야 한다.

(1) 모듈 및 기타 기구에 전선을 접속하는 경우는 나사로 조이고, 기타 이와 동등이상의 효력이 있는 방법으로 기계적 · 전기적으로 안전하게 접속하고, 접속점에 장력이 가해지지 않도록 할 것.

(2) 배선시스템은 바람, 결빙, 온도, 태양방사와 같이 예상되는 외부 영향을 견디도록 시설할 것.

(3) 모듈의 출력배선은 극성별로 확인할 수 있도록 표시할 것.

4. 태양광 설비의 계측장치

전압과 전류 또는 전압과 전력을 계측하는 장치를 시설하여야 한다.

> **이해력 높이기**
>
> 태양전지 모듈의 직렬군 최대개방전압이 직류 750[V] 초과 1500[V] 이하인 시설장소는 다음에 따라 울타리 등의 안전조치를 하여야 한다.
> (1) 태양전지 모듈을 지상에 설치하는 경우는 울타리·담 등을 시설하여야 한다.
> (2) 태양전지 모듈을 일반인이 쉽게 출입할 수 있는 옥상 등에 시설하는 경우 식별이 가능하도록 위험 표시를 하여야 한다.
> (3) 태양전지 모듈을 일반인이 쉽게 출입할 수 없는 옥상·지붕에 설치하는 경우는 모듈 프레임 등 쉽게 식별할 수 있는 위치에 위험 표시를 하여야 한다.
> (4) 태양전지 모듈을 주차장 상부에 시설하는 경우는 식별이 가능하도록 위험 표시를 하여야 하며, 차량의 출입 등에 의한 구조물, 모듈 등의 손상이 없도록 하여야 한다.
> (5) 태양전지 모듈을 수상에 설치하는 경우는 식별이 가능하도록 위험 표시를 하여야 한다.

> **이해력 높이기**
>
> **태양광설비에 시설하는 태양전지 모듈의시설**
> • 모듈은 자중, 적설, 풍압, 지진 및 기타의 진동과 충격에 대하여 탈락하지 아니하도록 지지물에 의하여 견고하게 설치할 것.
> • 모듈의 각 직렬군은 동일한 단락전류를 가진 모듈로 구성하여야 하며 1대의 인버터(멀티스트링 인버터의 경우 1대의 MPPT 제어기)에 연결된 모듈 직렬군이 2병렬 이상일 경우에는 각 직렬군의 출력전압 및 출력전류가 동일하게 형성되도록 배열할 것.

electrical engineer · electrical engineer · electrical engineer · electrical engineer · electrical engineer · electrical engineer · electrical engineer · electrical

5. 전력변환장치의 시설

인버터, 절연변압기 및 계통 연계 보호장치 등 전력변환장치의 시설은 다음에 따라 시설하여야 한다.

(1) 인버터는 실내.실외용을 구분할 것.

(2) 각 직렬군의 태양전지 개방전압은 인버터 입력전압 범위 이내일 것.

(3) 옥외에 시설하는 경우 방수등급은 IPX4 이상일 것.

6. 모듈을 지지하는 구조물

모듈의 지지물은 다음에 의하여 시설하여야 한다.

(1) 자중, 적재하중, 적설 또는 풍압, 지진 및 기타의 진동과 충격에 대하여 안전한 구조일 것.

(2) 부식환경에 의하여 부식되지 아니하도록 다음의 재질로 제작할 것.

　① 용융아연 또는 용융아연-알루미늄-마그네슘합금 도금된 형강

　② 스테인레스 스틸(STS)

　③ 알루미늄합금

　④ 상기와 동등이상의 성능(인장강도, 항복강도, 압축강도, 내구성 등)을 가지는 재질로서 KS제품 또는 동등이상의 성능의 제품일 것.

(3) 모듈 지지대와 그 연결부재의 경우 용융아연도금처리 또는 녹방지 처리를 하여야 하며, 절단가공 및 용접부위는 방식처리를 할 것.

7. 제어 및 보호 장치 등

역전류 방지기능은 다음과 같이 시설하여야 한다.

(1) 1대의 인버터에 연결된 태양전지 직렬군이 2병렬 이상일 경우에는 각 직렬군에 역전류 방지기능이 있도록 설치할 것.

(2) 용량은 모듈단락전류의 2배 이상이어야 하며 현장에서 확인할 수 있도록 표시할 것.

---

3 **풍력발전설비**

1. 화재방호설비 시설

500[kW] 이상의 풍력터빈은 나셀 내부의 화재 발생 시, 이를 자동으로 소화할 수 있는 화재방호설비를 시설하여야 한다.

2. 간선의 시설기준

풍력발전기에서 출력배선에 쓰이는 전선은 CV선 또는 TFR-CV선을 사용하거나 동등 이상의 성능을 가진 제품을 사용하여야 하며, 전선이 지면을 통과하는 경우에는 피복이 손상되지 않도록 별도의 조치를 취할 것.

3. 풍력터빈

풍력터빈의 강도계산은 다음 사항을 따라야 한다.

(1) 최대풍압하중 및 운전 중의 회전력 등에 의한 풍력터빈의 강도계산에는 다음의 조건을 고려하여야 한다.
   ① 사용조건
     • 최대풍속
     • 최대회전수
   ② 강도조건
     • 하중조건
     • 강도계산의 기준
     • 피로하중

(2) (1)의 강도계산은 다음 순서에 따라 계산하여야 한다.
   ① 풍력터빈의 제원(블레이드 직경, 회전수, 정격출력 등)을 결정
   ② 자중, 공기력, 원심력 및 이들에서 발생하는 모멘트를 산출
   ③ 풍력터빈의 사용조건(최대풍속, 풍력터빈의 제어)에 의해 각부에 작용하는 하중을 계산
   ④ 각부에 사용하는 재료에 의해 풍력터빈의 강도조건
   ⑤ 하중, 강도조건에 의해 각부의 강도계산을 실시하여 안전함을 확인

(3) (2)의 강도 계산개소에 가해진 하중의 합계는 다음 순서에 의하여 계산하여야 한다.
   ① 바람 에너지를 흡수하는 블레이드의 강도계산
   ② 블레이드를 지지하는 날개 축, 날개 축을 유지하는 회전축의 강도계산
   ③ 블레이드, 회전축을 지지하는 나셀과 타워를 연결하는 요 베어링의 강도계산

4. 제어 및 보호장치

(1) 제어장치

제어장치는 다음과 같은 기능 등을 보유하여야 한다.
① 풍속에 따른 출력 조절
② 출력제한
③ 회전속도제어

◐ 이해력 높이기

풍력터빈의 피뢰설비
수뢰부를 풍력터빈 선단부분 및 가장자리 부분에 배치하되 뇌격전류에 의한 발열에 의해 녹아서 손상되지 않도록 재질, 크기, 두께 및 형상 등을 고려할 것

④ 계통과의 연계

⑤ 기동 및 정지

⑥ 계통 정전 또는 부하의 손실에 의한 정지

⑦ 요잉에 의한 케이블 꼬임 제한

(2) 보호장치

보호장치는 다음의 조건에서 풍력발전기를 보호하여야 한다.

① 과풍속

② 발전기의 과출력 또는 고장

③ 이상진동

④ 계통 정전 또는 사고

⑤ 케이블의 꼬임 한계

5. 계측장치의 시설

풍력터빈에는 설비의 손상을 방지하기 위하여 운전 상태를 계측하는 다음의 계측장치를 시설하여야 한다.

(1) 회전속도계

(2) 나셀(nacelle) 내의 진동을 감시하기 위한 진동계

(3) 풍속계

(4) 압력계

(5) 온도계

4 연료전지설비

1. 연료전지 발전실의 가스 누설 대책

(1) 연료가스를 통하는 부분은 최고사용 압력에 대하여 기밀성을 가지는 것이어야 한다.

(2) 연료전지 설비를 설치하는 장소는 연료가스가 누설 되었을 때 체류하지 않는 구조의 것이어야 한다.

(3) 연료전지 설비로부터 누설되는 가스가 체류 할 우려가 있는 장소에 해당 가스의 누설을 감지하고 경보하기 위한 설비를 설치하여야 한다.

● 이해력 높이기

기술기준 제113조에서 규정하는 "운전 중에 일어나는 이상"
· 연료 계통 설비내의 연료가스의 압력 또는 온도가 현저하게 상승하는 경우.
· 증기계통 설비내의 증기의 압력 또는 온도가 현저하게 상승하는 경우
· 실내에 설치되는 것에서는 연료가스가 누설 하는 경우

electrical engineer · electrical engineer · electrical engineer · electrical engineer · electrical engineer · electrical engineer · electrical engineer · electrical engineer

콕콕 포인트

2. 연료전지설비의 구조

(1) 내압시험은 연료전지 설비의 내압 부분 중 최고 사용압력이 $0.1[\text{MPa}]$ 이상의 부분은 최고 사용압력의 1.5배의 수압(수압으로 시험을 실시하는 것이 곤란한 경우는 최고 사용압력의 1.25배의 기압)까지 가압하여 압력이 안정된 후 최소 10분간 유지하는 시험을 실시하였을 때 이것에 견디고 누설이 없어야 한다.

(2) 기밀시험은 연료전지 설비의 내압 부분중 최고 사용압력이 $0.1[\text{MPa}]$ 이상의 부분(액체 연료 또는 연료가스 혹은 이것을 포함한 가스를 통하는 부분에 한정한다.)의 기밀시험은 최고 사용압력의 1.1배의 기압으로 시험을 실시하였을 때 누설이 없어야 한다.

3. 안전밸브

안전밸브의 분출압력은 아래와 같이 설정하여야 한다.

(1) 안전밸브가 1개인 경우는 그 배관의 최고사용압력 이하의 압력으로 한다. 다만, 배관의 최고사용압력 이하의 압력에서 자동적으로 가스의 유입을 정지하는 장치가 있는 경우에는 최고사용압력의 1.03배 이하의 압력으로 할 수 있다.

(2) 안전밸브가 2개 이상인 경우에는 1개는 (1)에 준하는 압력으로 하고 그 이외의 것은 그 배관의 최고사용압력의 1.03배 이하의 압력이어야 한다.

4. 접지설비

연료전지에 대하여 전로의 보호장치의 확실한 동작의 확보 또는 대지전압의 저하를 위하여 특히 필요할 경우에 연료전지의 전로 또는 이것에 접속하는 직류전로에 접지공사를 할 때에는 다음에 따라 시설하여야 한다.

(1) 접지극은 고장 시 그 근처의 대지 사이에 생기는 전위차에 의하여 사람이나 가축 또는 다른 시설물에 위험을 줄 우려가 없도록 시설할 것.

(2) 접지도체는 공칭단면적 $16[\text{mm}^2]$ 이상의 연동선 또는 이와 동등 이상의 세기 및굵기의 쉽게 부식하지 아니하는 금속선(저압 전로의 중성점에 시설하는 것은 공칭단면적 $6[\text{mm}^2]$ 이상의 연동선 또는 이와 동등 이상의 세기 및 굵기의 쉽게부식하지 않는 금속선)으로서 고장 시 흐르는 전류가 안전하게 통할 수 있는 것을 사용하고 또한 손상을 받을 우려가 없도록 시설할 것.

(3) 접지도체에 접속하는 저항기.리액터 등은 고장 시 흐르는 전류를 안전하게 통할 수 있는 것을 사용할 것.

(4) 접지도체.저항기.리액터 등은 취급자 이외의 자가 출입하지 아니하도록 설비한 곳에 시설하는 경우 이외에는 사람이 접촉할 우려가 없도록 시설할 것.

○ 이해력 높이기

이차전지
이차전지랙과 랙 사이는 $1[\text{m}]$ 이상 이격하고, 랙과 벽면 사이는 전면부의 경우 $1[\text{m}]$ 이상, 측면과 후면부의 경우 $0.8[\text{m}]$ 이상 이격하여야 한다.

- QR 코드를 찍으시면, 가장 중요한 우선순위 문제풀이 영상을 보실 수 있습니다.
- 우선순위 논점은 전기(산업)기사 시험에서 가장 출제 빈도가 높은 문제로써, 수험생분들께서는 각 파트별 우선순위 문제의 논점과 키워드를 학습하시기를 바랍니다.
- 체크 리스트를 작성하시면서 문제의 유형과 학습의 완성도를 스스로 체크 해 보시기를 바랍니다.
- "선생님의 콕콕 포인트"는 틀리기 쉬운 문제의 함정과 문제의 포인트를 집어드립니다. 우선순위 문제풀이의 포인트를 꼭 참고하고 응용문제의 해결능력을 길러 줍니다.

번호	우선순위 논점	KEY WORD	나의 정답 확인				선생님의 콕콕 포인트
			맞음	틀림(오답확인)			
				이해 부족	암기 부족	착오 실수	
1	전기저장장치	주택옥내전로의 대지전압					직류일 경우 600[V]
3	태양전지모듈	전선의 공칭단면적					저장장치 전기배선은 모두 2.5
5	풍력터빈	계측장치					필수 계측장치에서 역률은 제외

★★★☆☆
01 주택의 전기저장장치의 축전지에 접속하는 부하 측 옥내배선을 다음에 따라 시설하는경우에 주택의 옥내전로의 대지전압은 직류 몇 [V] 까지 적용할 수 있는가?

① 300 ② 400
③ 500 ④ 600

🔍 해설 -

전기저장장치 옥내전로의 대지전압 제한

주택의 전기저장장치의 축전지에 접속하는 부하 측 옥내배선을 다음에 따라 시설하는경우에 주택의 옥내전로의 대지전압은 직류 600[V] 까지 적용할 수 있다.

★★★☆☆
02 전기저장장치의 시설중 전기배선의 전선은 공칭단면적 몇 [mm²] 이상의 연동선 또는 이와 동등 이상의 세기 및 굵기의 것을 사용하는가?

① 2.5 ② 2.6
③ 3.2 ④ 4.0

🔍 해설 -

전기저장장치의 전기배선

전선은 공칭단면적 2.5[mm²] 이상의 연동선 또는 이와 동등 이상의 세기 및 굵기의 것일 것.

★★★☆☆
03 태양전지모듈에 사용하는 연동선의 최소 단면적 [mm²]은?

① 1.5 ② 2.5
③ 4.0 ④ 6.0

🔍 해설 -

태양광발전설비

전기저장장치의 전기배선

전선은 공칭단면적 2.5[mm²] 이상의 연동선 또는 이와 동등 이상의 세기 및 굵기의 것일 것.

★★★☆☆
04 풍력발전에 사용하는 풍력터빈의 강도계산시 강도 조건에 해당되지 않는 것은?

① 하중조건 ② 강도계산의 기준
③ 피로하중 ④ 최대풍속

[정답] 01 ④ 02 ① 03 ② 04 ④

해설

풍력터빈
최대풍속은 사용조건에 해당된다.

★★★☆☆

05 풍력터빈에는 설비의 손상을 방지하기 위하여 운전 상태를 계측하는 장치에 속하지 않는 것은?

① 회전속도계   ② 풍속계
③ 압력계   ④ 역률계

해설

계측장치의 시설
풍력터빈에는 설비의 손상을 방지하기 위하여 운전 상태를 계측하는 다음의 계측장치를 시설하여야 한다.
① 회전속도계
② 나셀(nacelle) 내의 진동을 감시하기 위한 진동계
③ 풍속계
④ 압력계
⑤ 온도계

★★★☆☆

06 연료전지에서 내압시험은 연료전지 설비의 내압 부분 중 최고 사용압력이 0.1[MPa] 이상의 부분은 최고 사용압력의 몇 배의 수압(수압으로 시험을 실시하는 것이 곤란한 경우는 최고 사용압력의 1.25배의 기압)까지 가압하여 압력이 안정된 후 최소 몇 분간 유지하는 시험을 실시하였을 때 이것에 견디고 누설이 없어야 하는가?

① 1.0배, 5분간   ② 1.0배, 10분간
③ 1.5배, 5분간   ④ 1.5배, 10분간

해설

연료전지설비의 구조
내압시험은 연료전지 설비의 내압 부분 중 최고 사용압력이 0.1[MPa] 이상의 부분은 최고 사용압력의 1.5배의 수압(수압으로 시험 [MPa] 실시하는 것이 곤란한 경우는 최고 사용압력의 1.25배의 기압)까지 가압하여 압력이 안정된 후 최소 10분간 유지하는 시험을 실시하였을 때 이것에 견디고 누설이 없어야 한다.

★★★☆☆

07 연료전지에 대하여 전로의 보호장치의 확실한 동작의 확보 또는 대지전압의 저하를 위하여 특히 필요한 경우에 연료전지의 전로 또는 이것에 접속하는 직류전로에 접지공사를 할 때 접지도체의 굵기는 공칭단면적 몇 [mm²] 이상의 연동선 또는 이와 동등 이상의 세기 및 굵기의 쉽게 부식하지 아니하는 금속선을 사용하는가?

① 2.5[mm²]   ② 5[mm²]
③ 6[mm²]   ④ 16[mm²]

해설

연료전지의 접지설비
연료전지에 대하여 전로의 보호장치의 확실한 동작의 확보 또는 대지전압의 저하를 위하여 특히 필요할 경우에 연료전지의 전로 또는 이것에 접속하는 직류전로에 접지공사를 할 때에는 다음에 따라 시설하여야 한다.
① 접지극은 고장 시 그 근처의 대지 사이에 생기는 전위차에 의하여 사람이나 가축 또는 다른 시설물에 위험을 줄 우려가 없도록 시설할 것.
② 접지도체는 공칭단면적 16[mm²] 이상의 연동선 또는 이와 동등 이상의 세기 및굵기의 쉽게 부식하지 아니하는 금속선(저압전로의 중성점에 시설하는 것은 공칭단면적 6[mm²] 이상의 연동선 또는 이와 동등 이상의 세기 및 굵기의 쉽게부식하지 않는 금속선)으로서 고장 시 흐르는 전류가 안전하게 통할 수 있는 것을 사용하고 또한 손상을 받을 우려가 없도록 시설할 것.
③ 접지도체에 접속하는 저항기.리액터 등은 고장 시 흐르는 전류를 안전하게 통할 수 있는 것을 사용할 것.
④ 접지도체.저항기.리액터 등은 취급자 이외의 자가 출입하지 아니하도록 설비한 곳에 시설하는 경우 이외에는 사람이 접촉할 우려가 없도록 시설할 것.

★★★☆☆

08 계통 연계하는 분산형전원설비를 설치하는 경우 자동적으로 분산형전원설비를 전력계통으로부터 분리하기 위한 장치 시설 및 해당 계통과의 보호협조를 실시하여야 하는 경우로 알맞지 않은 것은?

① 단독운전 상태
② 연계한 전력계통의 이상 또는 고장
③ 조상설비의 이상 발생 시
④ 분산형전원설비의 이상 또는 고장

해설

계통 연계용 보호장치의 시설

[정답] 05 ④ 06 ④ 07 ④ 08 ③

계통 연계하는 분산형전원설비를 설치하는 경우 다음에 해당하는 이상 또는 고장 발생 시 자동적으로 분산형전원설비를 전력계통으로부터 분리하기 위한 장치 시설 및 해당 계통과의 보호협조를 실시하여야 한다.
- 분산형전원설비의 이상 또는 고장
- 연계한 전력계통의 이상 또는 고장
- 단독운전 상태

★★★☆☆

09 태양전지 모듈의 직렬군 최대개방전압이 직류 750[V] 초과 1500[V] 이하인 시설장소에서 시행해야 하는 안전조치로 알맞지 않은 것은?

① 태양전지 모듈을 지상에 설치하는 경우 울타리·담 등을 시설하여야 한다.
② 태양전지 모듈을 일반인이 쉽게 출입할 수 있는 옥상 등에 시설하는 경우는 식별이 가능하도록 위험 표시를 하여야 한다.
③ 태양전지 모듈을 일반인이 쉽게 출입할 수 없는 옥상·지붕에 설치하는 경우는 모듈 프레임 등 쉽게 식별할 수 있는 위치에 위험 표시를 하여야 한다.
④ 태양전지 모듈을 주차장 상부에 시설하는 경우는 위험 표시를 하지 않아도 된다.

해설

태양광발전설비 설치장소의 요구사항
태양전지 모듈의 직렬군 최대개방전압이 직류 750[V] 초과 1500[V] 이하인 시설장소는 다음에 따라 울타리 등의 안전조치를 하여야 한다.
① 태양전지 모듈을 지상에 설치하는 경우는 울타리·담 등을 시설하여야 한다.
② 태양전지 모듈을 일반인이 쉽게 출입할 수 있는 옥상 등에 시설하는 경우는 ①의하여 시설하여야 하고 식별이 가능하도록 위험 표시를 하여야 한다.
③ 태양전지 모듈을 일반인이 쉽게 출입할 수 없는 옥상·지붕에 설치하는 경우는 모듈 프레임 등 쉽게 식별할 수 있는 위치에 위험 표시를 하여야 한다.
④ 태양전지 모듈을 주차장 상부에 시설하는 경우는 ②와 같이 시설하고 차량의 출입 등에 의한 구조물, 모듈 등의 손상이 없도록 하여야 한다.
⑤ 태양전지 모듈을 수상에 설치하는 경우는 ③과 같이 시설하여야 한다.

★★★☆☆

10 전기저장장치의 이차전지에 자동으로 전로로부터 차단하는 장치를 시설하여야 하는 경우로 틀린 것은?

① 과저항이 발생한 경우
② 과전압이 발생한 경우
③ 제어장치에 이상이 발생한 경우
④ 이차전지 모듈의 내부 온도가 급격히 상승할 경우

해설

전기저장장치의 이차전지의 차단장치
- 과전압 또는 과전류가 발생한 경우
- 제어장치에 이상이 발생한 경우
- 이차전지 모듈의 내부 온도가 급격히 상승할 경우

★★★☆☆

11 전기저장장치를 전용건물에 시설하는 경우에 대한 설명이다. 다음 (   )에 들어갈 내용으로 옳은 것은?

> 전기저장장치 시설장소는 주변 시설 (도로, 건물, 가연물질 등)로부터 (㉠)[m] 이상 이격하고 다른 건물의 출입구나 피난계단 등 이와 유사한 장소로부터는 (㉡)[m] 이상 이격하여야 한다.

① ㉠ 3, ㉡ 1
② ㉠ 2, ㉡ 1.5
③ ㉠ 1, ㉡ 2
④ ㉠ 1.5, ㉡ 3

해설

전기저장장치의 시설 (전용건물)
전기저장장치 시설장소는 주변 시설(도로, 건물, 가연물질 등)로부터 1.5[m] 이상 이격하고 다른 건물의 출입구나 피난계단 등 이와 유사한 장소로부터는 3[m] 이상 이격하여야 한다.

electrical engineer

ELECTRICITY

Chapter 7

전기기사
과년도 기출문제

2023년 1·2·3회

2024년 1·2·3회

2025년 1·2·3회

시행일 **2023년 1회**

01 정전계에서 도체에 정전하를 주었을 때의 설명으로 틀린 것은?

① 도체 표면에서 수직으로 전기력선이 출입한다.
② 도체 외측의 표면에만 전하가 분포한다.
③ 도체 내에 있는 공동면에도 전하가 골고루 분포한다.
④ 도체 표면의 곡률 반지름이 작은 곳에 전하가 많이 분포한다.

🔍**해설**
전기력선의 성질
전하는 도체 표면과 외부 공간에 존재하고 도체 내부에는 존재하지 않는다.

02 비오-사바르의 법칙으로 무엇을 구할 수 있는가?

① 자계의 방향　　　② 자계의 세기
③ 전계의 방향　　　④ 전계의 세기

🔍**해설**
비오-사바르의 법칙
비오-사바르의 법칙은 전류에 의한 자계의 크기를 결정하는 법칙이다.

03 반지름이 $1[\mathrm{m}]$인 구의 중심으로부터 $5[\mathrm{m}]$ 떨어진 지점의 전위가 $2[\mathrm{V}]$ 일 때 구도체의 공간전하밀도$[\mathrm{C/m^3}]$는?

① $\dfrac{\varepsilon_0}{15}$　　　② $\dfrac{\varepsilon_0}{30}$
③ $15\varepsilon_0$　　　④ $30\varepsilon_0$

🔍**해설**
전위
구도체 부피 $v=\dfrac{4}{3}\pi a^3$이므로

구도체 외부의 전위 $V=\dfrac{Q}{4\pi\varepsilon_0 r}=\dfrac{\rho_v v}{4\pi\varepsilon_0 r}=\dfrac{\rho_v \dfrac{4}{3}\pi a^3}{4\pi\varepsilon_0 r}=\dfrac{\rho_v a^3}{3\varepsilon_0 r}[\mathrm{V}]$

$\rho_v=V\dfrac{3\varepsilon_0 r}{a^3}=2\times\dfrac{3\times\varepsilon_0\times 5}{1^3}=30\varepsilon_0\,[\mathrm{C/m^3}]$

04 두 종류의 금속선으로 된 회로에 전류를 통하면 각 접속점에서 열의 흡수 또는 발생이 일어나는 현상은?

① 톰슨 효과　　　② 펠티에 효과
③ 볼타 효과　　　④ 제벡 효과

🔍**해설**
여러 가지 전기현상
서로 다른 금속으로 이루어진 폐회로에 전류를 흘리면 양 접속점에서 열의 발생 또는 흡수가 일어나는 현상을 펠티에 효과라 하며 전자냉동기의 원리로 이용한다.

05 단면적이 $S[\mathrm{m^2}]$, 단위 길이에 대한 권수가 $n[\mathrm{T/m}]$인 무한히 긴 솔레노이드의 단위 길이당 자기 인덕턴스$[\mathrm{H/m}]$를 구하면?

① μSn　　　② μSn^2
③ $\mu S^2 n^2$　　　④ $\mu S^2 n$

🔍**해설**
솔레노이드 자기 인덕턴스
무한장 솔레노이드 자기 인덕턴스 $L=\mu Sn^2[\mathrm{H/m}]$

[정답] 2023년 1회　01 ③　02 ②　03 ④　04 ②　05 ②

06 정전계와 정자계의 대응관계로 올바른 것은?

① $E = 9 \times 10^9 \times \dfrac{Q}{r^2} \leftrightarrow H = 6.33 \times 10^{-4} \times \dfrac{m}{r^2}$

② $W = \dfrac{1}{2}CV^2 \leftrightarrow W = \dfrac{1}{2}LI^2$

③ $\nabla \cdot D = \rho \leftrightarrow \nabla \cdot B = \rho_m$

④ $F = QE \leftrightarrow F = \mu_0 H$

해설

정전계 정자계 대응관계

① 전계의 세기 $E = \dfrac{Q}{4\pi\varepsilon_0 r^2} = 9 \times 10^9 \times \dfrac{Q}{r^2} \leftrightarrow$

자계의 세기 $H = \dfrac{m}{4\pi\mu_0 r^2} = 6.33 \times 10^4 \times \dfrac{m}{r^2}$

② 콘덴서에 저장되는 에너지 $W = \dfrac{1}{2}CV^2 \leftrightarrow$

코일에 저장되는 에너지 $W = \dfrac{1}{2}LI^2$

③ 정전계의 가우스 미분형 $\nabla \cdot D = \rho \leftrightarrow$ 정자계의 가우스 미분형 $\nabla \cdot B = 0$

④ 전계 내 전하가 받는 힘 $F = QE \leftrightarrow$ 자계 내 자하가 받는 힘 $F = mH$

07 공기 중에 $0.3[\mathrm{Wb/m^2}]$인 평등자계 내에 $5[\mathrm{A}]$의 전류가 흐르고 있는 길이 $2[\mathrm{m}]$인 직선도체를 자계의 방향에 대하여 $60°$의 각도로 놓았을 때 이 도체가 받는 힘은 약 몇 $[\mathrm{N}]$인가?

① 5.5 ② 4.7

③ 3.3 ④ 2.6

해설

플레밍의 왼손 법칙

$F = BIl\sin\theta = 0.3 \times 5 \times 2 \times \sin 60° = 2.6[\mathrm{N}]$

08 무한히 넓은 두 장의 도체판을 $d[\mathrm{m}]$의 간격으로 평행하게 놓은 후 두 판 사이에 $V[\mathrm{V}]$의 전압을 가한 경우 단위 면적당 작용하는 힘은 몇 $[\mathrm{N/m^2}]$인가?

① $\varepsilon_0 \dfrac{V^2}{d}$ ② $\dfrac{1}{2}\varepsilon_0 \dfrac{V^2}{d}$

③ $\dfrac{1}{2}\varepsilon_0 \left(\dfrac{V}{d}\right)^2$ ④ $\dfrac{1}{2}\dfrac{1}{\varepsilon_0}\left(\dfrac{V}{d}\right)^2$

해설

정전흡인력

단위 면적당 정전 흡인력 $f = \dfrac{\sigma^2}{2\varepsilon_0} = \dfrac{D^2}{2\varepsilon_0} = \dfrac{1}{2}\varepsilon_0 E^2 = \dfrac{1}{2}ED[\mathrm{N/m^2}]$

전위차 $V = Ed[\mathrm{V}]$, 전계 $E = \dfrac{V}{d}[\mathrm{V/m}]$이므로

$f = \dfrac{1}{2}\varepsilon_0 E^2 = \dfrac{1}{2}\varepsilon_0 \left(\dfrac{V}{d}\right)^2 [\mathrm{N/m^2}]$

09 벡터포텐셜 $A = -3xyza_x + 2x^2 a_y$일 때 자속밀도는?

① $-3xya_y + (4x+3xz)a_z$

② $3xa_y + (3xz+4y)a_z$

③ $(4x+3xz)a_x - 3xya_y$

④ $3yza_x$

해설

벡터포텐셜

$rot A = B$이므로

$rot A = \nabla \times A = \begin{bmatrix} a_x & a_y & a_z \\ \dfrac{\partial}{\partial x} & \dfrac{\partial}{\partial y} & \dfrac{\partial}{\partial z} \\ -3xyz & 2x^2 & 0 \end{bmatrix}$

$= \left\{\dfrac{\partial}{\partial y}0 - \dfrac{\partial}{\partial z}2x^2\right\}a_x - \left\{\dfrac{\partial}{\partial x}0 - \dfrac{\partial}{\partial z}(-3xyz)\right\}a_y$

$+ \left\{\dfrac{\partial}{\partial x}2x^2 - \dfrac{\partial}{\partial z}(-3xyz)\right\}a_z$

$= -3xya_y + (4x+3xz)a_z$

10 전속밀도에 대한 설명으로 가장 옳은 것은?

① 전속은 스칼라량이기 때문에 전속밀도도 스칼라량이다.

② 전속밀도는 전계의 세기의 방향과 반대 방향이다.

③ 전속밀도는 유전체와 관계없이 크기는 일정하다.

④ 전속밀도는 유전체 내에 분극의 세기와 같다.

[정답] 06 ② 07 ④ 08 ③ 09 ① 10 ③

전기자기학

전력공학

전기기기

회로이론

제어공학

전기설비기술기준

🔍 해설

전속밀도

전속밀도 $D = \dfrac{\psi}{S} = \dfrac{Q}{S}[\mathrm{C/m^2}]$로 유전체와 관계 없다.

11 **0.2[μF]인 평행판 공기 콘덴서가 있다. 전극 간에 그 간격의 절반 두께의 유리판을 넣었다면 콘덴서의 용량은 약 몇 [μF]인가? 단, 유리의 비유전율은 10 이다.**

① 0.26　　　　　　　　② 0.36

③ 0.46　　　　　　　　④ 0.56

🔍 해설

복합유전체 합성정전용량

공기 콘덴서 정전용량 $C_0 = 0.2[\mu F]$일 때
공기 콘덴서에 유전체를 판 간격 절반만 평행하게 채운 경우

정전용량 $C = C_0 \times \dfrac{2\varepsilon_s}{1+\varepsilon_s} = 0.2 + \dfrac{2 \times 10}{1 + 10} = 0.36[\mu F]$

12 **전위함수 $V = 3xy + z + 4[\mathrm{V}]$일 때 전계의 세기 [V/m]는?**

① $3xi + yj + k$　　　　② $-3yi + 3xj + k$

③ $3xi - 3yj - k$　　　④ $-3yi - 3xj - k$

🔍 해설

전위의 기울기

$$-grad\,V = -\nabla V = -\left(\frac{\partial V}{\partial x}i + \frac{\partial V}{\partial y}j + \frac{\partial V}{\partial z}k\right) = E$$
$$= -3yi - 3xi - k$$

13 **전하 $q[\mathrm{C}]$가 진공중의 자계 $H[\mathrm{AT/m}]$에 수직 방향으로 $v[\mathrm{m/s}]$의 속도로 움직일 때 받는 힘은 몇 [N]인가?**

① $\dfrac{qH}{\mu_0 v}$　　　　　　② qvH

③ $\dfrac{1}{\mu_0}qvH$　　　　　④ $\mu_0 qvH$

🔍 해설

로렌츠힘

자계 내 전하, 전자가 $v[\mathrm{m/s}]$의 속도로 이동시 전하가 받는 힘
$F = Bqv\sin\theta = \mu_0 Hqv\sin\theta = q(v \times B)[\mathrm{N}]$
자계와 수직방향으로 이동하므로
$F = \mu_0 Hqv\sin 90° = \mu_o Hqv$

14 **렌쯔의 법칙에 대한 설명으로 가장 적합한 것은?**

① 전자유도에 의해 생기는 전류의 방향은 항상 일정하다.

② 전자유도에 의하여 생기는 전류의 방향은 자속변화를 방해하는 방향이다.

③ 전자유도에 의하여 생기는 전류의 방향은 자속변화를 도와주는 방향이다.

④ 전자유도에 의하여 생기는 전류의 방향은 자속변화와는 관계가 없다.

🔍 해설

전자유도법칙

렌츠의 법칙은 유도기전력의 방향을 결정하는 법칙으로 전자유도에 의하여 발생하는 전류의 방향은 자속의 변화를 방해하는 방향이다.

15 **공극(air gap)이 $\delta[\mathrm{m}]$인 강자성체로 된 환상 영구 자석에서 성립하는 식은? (단 $l[\mathrm{m}]$는 영구자석의 길이이며 $l \gg \delta$이고, 자속밀도와 자계의 세기를 각각 $B[\mathrm{Wb/m^2}]$, $H[\mathrm{AT/m}]$라 한다.**

① $\dfrac{B}{H} = -\dfrac{l\mu_0}{\delta}$　　　　② $\dfrac{B}{H} = -\dfrac{\delta\mu_0}{l}$

③ $\dfrac{B}{H} = \dfrac{\delta\mu_0}{l}$　　　　④ $\dfrac{B}{H} = \dfrac{l\mu_0}{\delta}$

🔍 해설

공극시 자기저항

영구자석은 코일권선이 없으므로 $I = 0$
기자력 $F = NI = R_m\phi = 0[\mathrm{AT}]$
영구자석에서 자속이 발생하므로 $\phi \neq 0$이고 따라서 $R_m = 0$
$R_m = \dfrac{1 + \mu_s\delta}{\mu S} = \dfrac{l}{\mu S} + \dfrac{\delta}{\mu_0 S} = 0,\ \dfrac{l}{\mu} + \dfrac{\delta}{\mu_0} = 0$
$B = \mu H$이므로
$\therefore \dfrac{B}{H} = \mu = -\dfrac{l\mu_0}{\delta}$

[**정답**] 11 ②　12 ④　13 ④　14 ②　15 ①

16 한 변의 길이가 $l[\text{m}]$인 정삼각형 회로에 전류 $I[\text{A}]$가 흐르고 있을 때 정삼각형 중심에서의 자계의 세기 $[\text{AT/m}]$는?

① $\dfrac{9I}{2\pi l}$ ② $\dfrac{9I}{\pi l}$

③ $\dfrac{\sqrt{2}\,I}{2\pi l}$ ④ $\dfrac{2\sqrt{2}\,I}{\pi l}$

🔍 **해설**

도형 중심점 자계

① 정삼각형 중심의 자계의 세기 : $H=\dfrac{9I}{2\pi l}[\text{AT/m}]$

② 정사각형 중심의 자계의 세기 : $H=\dfrac{2\sqrt{2}\,I}{\pi l}[\text{AT/m}]$

③ 정육각형 중심의 자계의 세기 : $H=\dfrac{\sqrt{3}\,I}{\pi l}[\text{AT/m}]$

17 전위함수 $V=\dfrac{1}{x^2+y^2}[\text{V}]$일 때 전계의 세기$[\text{V/m}]$는?

① $-\dfrac{yi+xj}{(x^2+y^2)^2}$ ② $\dfrac{xi+yj}{(x^2+y^2)^2}$

③ $-\dfrac{2yi+2xj}{(x^2+y^2)^2}$ ④ $\dfrac{2xi+2yj}{(x^2+y^2)^2}$

🔍 **해설**

전위의 기울기

$$-grad\,V=-\nabla V=-\left(\frac{\partial V}{\partial x}i+\frac{\partial V}{\partial y}j+\frac{\partial V}{\partial z}k\right)$$
$$=-\left\{-\frac{2x}{(x^2+y^2)^2}i-\frac{2y}{(x^2+y^2)^2}j\right\}=\frac{2xi+2yj}{(x^2+y^2)^2}$$

18 유전율이 다른 두 유전체의 경계면에 작용하는 힘은? (단, 유전체의 경계면과 전계방향은 수직이다.)

① 유전율의 차이에 비례
② 유전율의 차이에 반비례
③ 경계면의 전계의 세기의 제곱에 비례
④ 경계면의 전하밀도의 제곱에 비례

🔍 **해설**

경계면에 작용하는 힘

전계가 경계면에 수직 입사시 경계면에 작용하는 힘

$f=\dfrac{1}{2}\left(\dfrac{1}{\varepsilon_2}-\dfrac{1}{\varepsilon_1}\right)D^2[\text{N/m}^2]$이므로 $f\propto D^2=\sigma^2$

19 자기 인덕턴스 $L[\text{H}]$인 코일에 전류 $I[\text{A}]$를 흘렸을 때, 자계의 세기가 $H[\text{AT/m}]$이었다. 이 코일을 진공 중에서 자화시키는데 필요한 에너지 밀도$[\text{J/m}^3]$는?

① LI^2 ② $\dfrac{1}{2}LI^2$

③ $\mu_0 H^2$ ④ $\dfrac{1}{2}\mu_0 H^2$

🔍 **해설**

자계 내 축적 에너지

자계 내 단위 체적당 축적 에너지

$w=\dfrac{B^2}{2\mu_0}=\dfrac{1}{2}\mu_0 H^2=\dfrac{1}{2}BH[\text{J/m}^3]$

20 $1[\mu\text{A}]$의 전류가 흐르고 있을 때, 1초 동안 통과하는 전자 수는 약 몇 개인가? (단, 전자 1개의 전하는 $1.602\times10^{-19}[\text{C}]$이다.)

① 6.24×10^{-10}

② 6.24×10^{-11}

③ 6.24×10^{-12}

④ 6.24×10^{-13}

🔍 **해설**

전류

$I=\dfrac{Q}{t}=\dfrac{ne}{t}$이므로

$n=\dfrac{It}{e}=\dfrac{1\times10^{-6}\times1}{1.602\times10^{-19}}=6.24\times10^{-12}$

[**정답**] 16 ① 17 ④ 18 ④ 19 ④ 20 ③

시행일 **2023년 2회**

01
전계 $E[\text{V/m}]$, 전속밀도 $D[\text{C/m}^2]$, 유전율 $\varepsilon=\varepsilon_0\varepsilon_s$ $[\text{F/m}]$, 분극의 세기 $P[\text{C/m}^2]$ 사이의 관계는?

① $P=D+\varepsilon_0 E$

② $P=D-\varepsilon_0 E$

③ $P=\dfrac{D+E}{\varepsilon_0}$

④ $P=\dfrac{D-E}{\varepsilon_0}$

해설

분극의 세기

$$P=D-\varepsilon_0 E=\varepsilon_0(\varepsilon_s-1)E=D(1-\frac{1}{\varepsilon_s})=\chi E=\frac{M}{v}[\text{C/m}^2]$$

02
반지름 2[mm]의 두 개의 무한히 긴 원통 도체가 중심 간격 2[m] 간격으로 진공 중에 평행하게 놓여 있을 때 1[km]당 정전용량은 약 몇 [μF]인가?

① 3×10^{-3}

② 6×10^{-3}

③ 5×10^{-3}

④ 4×10^{-3}

해설

도체 모양에 따른 정전용량
평행도선 사이 정전용량

$$C=\frac{\pi\varepsilon_0 l}{\ln\dfrac{d}{a}}=\frac{\pi\times 8.855\times 10^{-12}\times 1\times 10^3}{\ln\dfrac{2}{2\times 10^{-3}}}\times 10^6$$

$$=4.03\times 10^{-3}[\mu\text{F}]$$

03
$4\pi[\text{A}]$의 전류가 흐르고 있는 무한직선도체로부터 일정 거리 떨어진 자유 공간 내 P점의 자계의 세기가 $4[\text{AT/m}]$이다. 떨어진 거리[m]는?

① 2

② 4

③ 0.5

④ 1

해설

무한장 직선도체에 의한 자계

$$H=\frac{I}{2\pi r}[\text{AT/m}]$$

$$r=\frac{I}{2\pi H}=\frac{4\pi}{2\pi\times 4}=0.5[\text{m}]$$

04
평등 자계 내 수직으로 돌입한 전자의 궤적은?

① 원운동을 하는데 반지름은 자계의 세기에 비례한다.

② 구면위에서 회전하고 반지름은 자계의 세기에 비례한다.

③ 원운동을 하고 반지름은 전자의 처음 속도에 반비례한다.

④ 원운동을 하고 반지름은 자계의 세기에 반비례한다.

해설

자계 내 전자 수직 입사
자계 내 전자가 수직으로 입사 시 원심력과 전자력에 의해 전자가 항상 원운동을 한다.

이 때, 전자의 회전반경 $r=\dfrac{mv}{eB}=\dfrac{mv}{\mu_0 He}[\text{m}]$로 자계의 세기와 반비례한다.

05
공기 중에서 무한 평면 도체 표면 아래의 1[m] 떨어진 곳에 4[C]의 전하가 있다. 전하가 받는 힘의 크기[N]는?

① 3.6×10^{10}

② 4.6×10^{10}

③ 5.6×10^{10}

④ 6.6×10^{10}

해설

접지무한평면과 점전하
영상전하와 점전하 사이 작용하는 힘

$$F=\frac{-Q^2}{16\pi\varepsilon_0 a^2}=-\frac{9}{4}\times 10^9\times\frac{4^2}{1^2}=-3.6\times 10^{10}[\text{N}]$$

$-$는 흡인력을 의미하므로 힘의 크기 $F=3.6\times 10^{10}[\text{N}]$

06
반지름 a인 접지된 구형도체와 점전하가 유전율 ε인 공간에서 각각 원점과 $(d,\ 0,\ 0)$인 점에 있다. 구형도체를 제외한 공간의 전계를 구할 수 있도록 구형도체를 영상전하로 대치할 때의 영상점전하의 위치는?

① $\left(-\dfrac{a^2}{d},\ 0,\ 0\right)$

② $\left(\dfrac{a^2}{d},\ 0,\ 0\right)$

③ $\left(0,\ +\dfrac{a^2}{d},\ 0\right)$

④ $\left(\dfrac{d^2}{4a},\ 0,\ 0\right)$

해설

접지도체구와 점전하

영상전하 위치 $x=\dfrac{a^2}{d}[\text{m}]$이며 이 때 접지구도체 중심과 점전하를 지나는 일직선상인 $\left(\dfrac{a^2}{d},\ 0,\ 0\right)$에 존재한다.

[**정답**] 2023년 2회 01 ② 02 ④ 03 ③ 04 ④ 05 ① 06 ②

07 자유공간 중에서 전위 $V = 3x + y\,[\mathrm{V}]$로 주어질 때 $0 \le x \le 1,\ 0 \le y \le 1,\ 0 \le z \le 1$인 입방체에 존재하는 정전 에너지는 몇 $[\mathrm{J}]$인가?

① 2.15×10^{-11} ② 5.62×10^{-11}

③ 4.43×10^{-11} ④ 6.98×10^{-11}

🔍 해설 ------

정전에너지

$$E = -grad V = -\left(\frac{\partial V}{\partial x}\,i + \frac{\partial V}{\partial y}\,j + \frac{\partial V}{\partial z}\,k\right)$$

$$\quad = -3i - j\,[\mathrm{V/m}]$$

$$|E| = \sqrt{(-3)^2 + (-1)^2} = \sqrt{10}\ [\mathrm{V/m}]$$

$0 \le x \le 1,\ 0 \le y \le 1,\ 0 \le z \le 1$인 입방체의 체적은 $1\,[\mathrm{m}^3]$

즉 단위체적이므로 정전에너지

$$W = \frac{1}{2}\varepsilon_0 E^2 = \frac{1}{2} \times 8.855 \times 10^{-12} \times (\sqrt{10})^2 = 4.43 \times 10^{-11}\,[\mathrm{J}]$$

08 내부도체 반지름이 a, 외부도체 내반지름이 b인 동축 케이블에서 내부도체 표면에 전류가 흐르고 얇은 외부도체에는 크기는 같고 반대방향인 전류가 흐를 때 단위 길이당 외부 인덕턴스는 약 몇 $[\mathrm{H/m}]$인가?

① $2 \times 10^{-7}\ln\frac{b}{a}$ ② $4 \times 10^{-7}\ln\frac{b}{a}$

③ $\dfrac{1}{2 \times 10^{-7}}\ln\frac{b}{a}$ ④ $\dfrac{1}{4 \times 10^{-7}}\ln\frac{b}{a}$

🔍 해설 ------

도체 모양에 따른 인덕턴스

동심 원통 사이 자기 인덕턴스

$$L = \frac{\mu_0}{2\pi}\ln\frac{b}{a} = \frac{4\pi \times 10^{-7}}{2\pi} \times \ln\frac{b}{a} = 2 \times 10^{-7}\ln\frac{b}{a}\,[\mathrm{H/m}]$$

09 무손실 매질에서 고유 임피던스 $\eta = 60\pi$, 비투자율 $\mu_s = 1$, 자계 $H = -0.1\cos(\omega t - z)\hat{x} + 0.5\sin(\omega t - z)$ $\hat{y}\,[\mathrm{AT/m}]$일 때 각주파수$[\mathrm{rad/s}]$는?

① 6×10^8 ② 3×10^8

③ 0.5×10^8 ④ 1.5×10^8

🔍 해설 ------

전자파

$H = H_m \cos(\omega t - \beta z)$이므로 $\beta = 1$

고유 임피던스 $\eta = 377 \times \sqrt{\dfrac{\mu_s}{\varepsilon_s}}$ 에서

$$\varepsilon_s = \left(\frac{377}{\eta}\right)^2 \mu_s = \left(\frac{377}{60\pi}\right)^2 \times 1 = 4$$

전파속도 $v = \dfrac{3 \times 10^8}{\sqrt{\mu_s \varepsilon_s}} = \dfrac{\omega}{\beta}$ 에서

$$\omega = \frac{3 \times 10^8}{\sqrt{\mu_s \varepsilon_s}} \times \beta = \frac{3 \times 10^8}{\sqrt{1 \times 4}} \times 1 = 1.5 \times 10^8\,[\mathrm{rad/sec}]$$

10 그림과 같은 유전속의 분포에서 ε_1과 ε_2의 관계는?

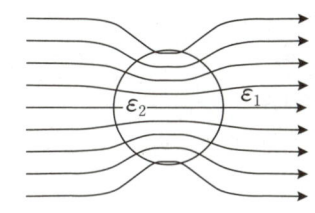

① $\varepsilon_1 > \varepsilon_2$ ② $\varepsilon_2 > \varepsilon_1$

③ $\varepsilon_1 = \varepsilon_2$ ④ $\varepsilon_1 > 0,\ \varepsilon_2 > 0$

🔍 해설 ------

유전체 경계면 조건

전속선은 유전율이 큰 쪽으로 모이므로 $\varepsilon_2 > \varepsilon_1$

11 자계의 벡터 포텐셜(Vector potential)을 $A\,[\mathrm{Wb/m}^2]$라 할 때 도체 주위에서 자계 $B\,[\mathrm{Wb/m}^2]$가 시간적으로 변화하면 도체에 발생하는 전계의 세기 $E\,[\mathrm{V/m}]$는?

① $E = -\dfrac{\partial A}{\partial t}$ ② $rot\,E = -\dfrac{\partial A}{\partial t}$

③ $rot\,E = \dfrac{\partial B}{\partial t}$ ④ $E = rot\,B$

🔍 해설 ------

맥스웰의 전자방정식

$rot\,A = B$이므로 $rot\,E = -\dfrac{\partial B}{\partial t} = -\dfrac{\partial}{\partial t}\,rot\,A$

양변의 rot를 소거하면 $E = -\dfrac{\partial A}{\partial t}\,[\mathrm{V/m}]$

[**정답**] 07 ③ 08 ① 09 ④ 10 ② 11 ①

전기자기학

전력공학

전기기기

회로이론

제어공학

전기설비기술기준

12 점전하 $Q[C]$에 의한 무한 평면 도체의 영상 전하는?

① $-Q[C]$보다 작다.　② $-Q[C]$과 같다.

③ $Q[C]$보다 크다.　④ $Q[C]$과 같다.

🔍 **해설**

접지무한평면과 점전하

무한평면에 의한 영상전하 $Q'=-Q[C]$

13 인덕턴스의 단위$[H]$와 같지 않은 것은?

① $[\Omega \cdot s]$ 　　② $[Wb/A]$

③ $[J/A \cdot s]$ 　　④ $[J/A^2]$

🔍 **해설**

자기 인덕턴스

자기 인덕턴스의 단위

$$L=\frac{\phi}{I}=\frac{et}{I}=\frac{2W}{I^2}\,[Wb/A=Vsec/A=\Omega\cdot sec=J/A^2=H]$$

14 자화율(Magnetic susceptibility) χ는 상자성체에서 일반적으로 어떤 값을 갖는가?

① $\chi=0$ 　　② $\chi=1$

③ $\chi<0$ 　　④ $\chi>0$

🔍 **해설**

자화의 세기

상자성체는 비투자율 $\mu_s>1$이므로 자화율 $\chi=\mu_0(\mu_s-1)>0$

15 $x>0$인 영역에 비유전율 $\varepsilon_{r1}=3$인 유전체, $x<0$인 영역에 비유전율 $\varepsilon_{r2}=5$인 유전체가 있다. $x<0$인 영역에서 전계 $E_2=20a_x+30a_y-40a_z[V/m]$일 때 $x>0$인 영역에서의 전속밀도는 몇 $[C/m^2]$인가?

① $10(10a_x+9a_y-12a_z)\varepsilon_0$

② $20(5a_x-10a_y+6a_z)\varepsilon_0$

③ $50(5a_x-10a_y+6a_z)\varepsilon_0$

④ $50(2a_x-3a_y+4a_z)\varepsilon_0$

🔍 **해설**

유전체 경계면 조건

$x>0$인 영역에서의 전계 $E_1=E_{1x}a_x+E_{1y}a_y+E_{1z}a_z$에서 $a_y,\ a_z$ 성분은 경계면과 수평한 방향이므로 전계의 세기가 같다.

$E_{1y}=30,\ E_{1z}=-40$

a_x 성분은 경계면과 수직한 방향이므로 전속밀도가 같다.

$D_{1x}=D_{2x},\ \varepsilon_1 E_{1x}=\varepsilon_2 E_{2x},\ 3\varepsilon_0 E_{1x}=5\varepsilon_0 \times 20=100\varepsilon_0,\ E_{1x}=\frac{100}{3}$

$$D_1=\varepsilon_1 E_1=3\varepsilon_0 E_1=3\varepsilon_0\left(\frac{100}{3}a_x+30a_y-40a_z\right)$$
$$=10(10a_x+9a_y-12a_z)\varepsilon_0[C/m^2]$$

16 저항 $10[\Omega]$의 코일을 지나는 자속이 $5\sin10t\,[Wb]$일 때 코일에 흐르는 전류의 최대치는?

① 5 　　② 15

③ 10 　　④ 12

🔍 **해설**

정현파 자속에 의한 유기기전력

최대 유기기전력 $e_m=\omega N\phi_m=10\times 1\times 5=50[V]$

$$I_m=\frac{e_m}{R}=\frac{50}{10}=5[A]$$

17 그림과 같이 비투자율이 μ_{s1}, μ_{s2}인 각각 다른 자성체를 접하여 놓고 θ_1을 입사각이라 하고, θ_2를 굴절각이라 한다. 경계면에 자하가 없을 경우 미소 폐곡면을 취하여 이곳에 출입하는 자속수를 구하면?

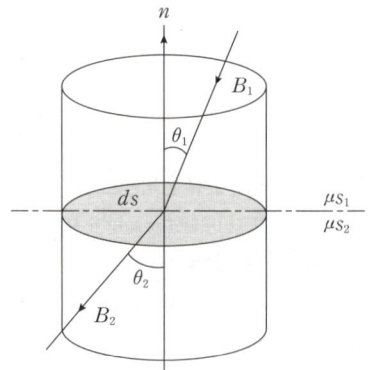

[**정답**] 12 ② 13 ③ 14 ④ 15 ① 16 ① 17 ①

① $\int B \cdot n ds = 0$

② $\int B \cdot n dl = 0$

③ $\int B \cdot n \sin\theta ds = 0$

④ $\int B ds = 0$

🔍 **해설** - - - - - - - - - - - - - - - - - -

자성체 경계면 조건

경계면과 수직인 자속밀도는 같으므로

$B_1 \cos\theta_1 = B_2 \cos\theta_2$, $\int B_1 \cos\theta_1 ds = \int B_2 \cos\theta_2 ds$

n은 경계면과 수직한 단위벡터이므로

$\int B_1 n \cos\theta_1 ds = \int B_2 n \cos\theta_2 ds$,

$\int B_1 \cdot n ds = \int B_2 \cdot n ds$,

$\int B_1 \cdot n ds - \int B_2 \cdot n ds = \int B \cdot n ds = 0$

18 진공 중에서 한 변이 $a[\mathrm{m}]$인 정사각형 단일 코일이 있다. 코일에 $I[\mathrm{A}]$의 전류를 흘릴 때 정사각형 중심에서 자계의 세기는 몇 $[\mathrm{AT/m}]$인가?

① $\dfrac{2\sqrt{2}\,I}{\pi a}$ ② $\dfrac{I}{\sqrt{2}\,a}$

③ $\dfrac{I}{2a}$ ④ $\dfrac{4I}{a}$

🔍 **해설** - - - - - - - - - - - - - - - - - -

도형 중심점 자계

① 정삼각형 중심의 자계의 세기 : $H = \dfrac{9I}{2\pi l}[\mathrm{AT/m}]$

② 정사각형 중심의 자계의 세기 : $H = \dfrac{2\sqrt{2}\,I}{\pi l}[\mathrm{AT/m}]$

③ 정육각형 중심의 자계의 세기 : $H = \dfrac{\sqrt{3}\,I}{\pi l}[\mathrm{AT/m}]$

19 자극의 세기 $8 \times 10^{-6}[\mathrm{Wb}]$, 길이 3$[\mathrm{cm}]$인 막대자석을 $120[\mathrm{AT/m}]$의 평등 자계 내에 자계와 $30°$의 각도로 놓았다면 자석이 받는 회전력은 몇 $[\mathrm{N \cdot m}]$인가?

① 1.44×10^{-5} ② 2.49×10^{-5}

③ 1.44×10^{-4} ④ 2.49×10^{-4}

🔍 **해설** - - - - - - - - - - - - - - - - - -

막대자석의 회전력

$T = ml H \sin\theta = 8 \times 10^{-6} \times 3 \times 10^{-2} \times 120 \times \sin 30°$
$= 1.44 \times 10^{-5}[\mathrm{N \cdot m}]$

20 진공 중 4$[\mathrm{m}]$ 간격으로 두 개의 평행한 무한 평판 도체에 각각 $+4[\mathrm{C/m^2}]$, $-4[\mathrm{C/m^2}]$의 전하를 주었을 때, 두 도체 간의 전위차는 몇 $[\mathrm{V}]$인가?

① 1.5×10^{12} ② 1.8×10^{12}

③ 1.5×10^{11} ④ 1.8×10^{11}

🔍 **해설** - - - - - - - - - - - - - - - - - -

도체 모양에 따른 전위

평행판 사이 전위차

$V = Ed = \dfrac{\sigma}{\varepsilon_0} d = \dfrac{4}{8.855 \times 10^{-12}} \times 4 = 1.8 \times 10^{12}[\mathrm{V}]$

시행일 **2023년 3회**

01 평면도체 표면에서 $r[\mathrm{m}]$의 거리에 점전하 $Q[\mathrm{C}]$이 있을 때 이 전하를 무한원까지 운반하는 데 필요한 일은 몇 $[\mathrm{J}]$인가?

① $\dfrac{Q^2}{16\pi\varepsilon_0 r}$ ② $\dfrac{Q^2}{8\pi\varepsilon_0 r}$

③ $\dfrac{Q^2}{4\pi\varepsilon_0 r}$ ④ $\dfrac{Q^2}{32\pi\varepsilon_0 r}$

🔍 **해설** - - - - - - - - - - - - - - - - - -

무한평면도체와 점전하

$W = -\int_r^\infty F dr = -\int_r^\infty \left(-\dfrac{Q^2}{16\pi\varepsilon_0 r^2}\right) dr = \dfrac{Q^2}{16\pi\varepsilon_0 r}[\mathrm{J}]$

[**정답**] 18 ① 19 ① 20 ② 2023년 3회 01 ①

02 인접 영구 자기 쌍극자가 크기는 같으나 방향이 서로 반대방향으로 배열된 자성체를 어떤 자성체라 하는가?

① 강자성체   ② 상자성체

③ 반자성체   ④ 반강자성체

🔍 **해설**

자성체의 스핀배열
① 상자성체 : 배열이 불규칙하다.
② 강자성체 : 크기와 방향이 동일하다.
③ 반강자성체 : 크기는 같으나 방향이 서로 반대이다.
④ 페리자성체 : 크기와 방향 모두 다르다.

03 두 개의 자극판이 놓여 있다. 이 때 자극판 사이의 자속밀도 $B[\mathrm{Wb/m^2}]$, 자계의 세기 $H[\mathrm{AT/m}]$, 투자율이 μ인 곳의 자계의 에너지 밀도[$\mathrm{J/m^3}$]는?

① $\dfrac{1}{2}BH$ ② BH

③ $\dfrac{1}{2}H^2$ ④ $\dfrac{1}{2}HB^2$

🔍 **해설**

자계 내 축적 에너지
자계 내 축적되는 단위 체적당 에너지 밀도

$$w=\frac{B^2}{2\mu}=\frac{1}{2}\mu H^2=\frac{1}{2}BH\,[\mathrm{J/m^3}]$$

04 비유전율이 6인 등방 유전체의 한 점에서 전계의 세기가 $10^4[\mathrm{V/m}]$일 때 이 점의 분극의 세기는 몇 [$\mathrm{C/m^2}$]인가?

① $\dfrac{5}{9\pi}\times10^{-5}$ ② $\dfrac{5}{36\pi}\times10^{-4}$

③ $\dfrac{5}{9\pi}\times10^{-4}$ ④ $\dfrac{5}{36\pi}\times10^{-5}$

🔍 **해설**

분극의 세기

$$P=\varepsilon_0(\varepsilon_s-1)E=\frac{10^{-9}}{36\pi}(6-1)\times10^4=\frac{5}{36\pi}\times10^{-5}[\mathrm{C/m^2}]$$

05 유전율이 각각 ε_1, ε_2인 두 유전체가 접한 경계면에서 전하가 존재하지 않는다고 할 때 유전율이 ε_1인 유전체에서 유전율이 ε_2인 유전체로 전계 E_1이 입사각 $\theta=0°$로 입사할 때 성립하는 식은?

① $\dfrac{E_2}{E_1}=\dfrac{\varepsilon_1}{\varepsilon_2}$ ② $E_1=E_2$

③ $\dfrac{E_1}{E_2}=\dfrac{\varepsilon_1}{\varepsilon_2}$ ④ $E_1=\varepsilon_1\varepsilon_2E_2$

🔍 **해설**

유전체 경계면 조건
$D_1\cos\theta_1=D_2\cos\theta_2$, $\varepsilon_1E_1\cos\theta_1=\varepsilon_2E_2\cos\theta_2$에서
$\cos0°=1$이므로 $\varepsilon_1E_1=\varepsilon_2E_2$

이를 정리하면 $\dfrac{E_2}{E_1}=\dfrac{\varepsilon_1}{\varepsilon_2}$

06 정현파 자속의 주파수를 2배, 최대값을 3배로 늘렸을 때 코일에 유기되는 기전력의 최대값을 몇 배가 되는가?

① 2배   ② 3배

③ 6배   ④ 9배

🔍 **해설**

정현파 자속에 의한 유기기전력
$e_{\max}=\omega N\phi_m=2\pi f N\phi_m[\mathrm{V}]$
$e_{\max}\propto f\cdot\phi_m$이므로 $2\times3=6$배

07 전계 $6[\mathrm{V/m}]$, 주파수 $10[\mathrm{MHz}]$인 전자파에서 포인팅벡터는 몇 [$\mathrm{W/m^2}$]인가?

① 4.8×10^{-2} ② 9.5×10^{-2}

③ 4.8×10^{-3} ④ 9.5×10^{-3}

🔍 **해설**

포인팅벡터
진공 공기시 포인팅벡터

$$R=\frac{P}{S}=EH=377H^2=\frac{1}{377}E^2$$
$$=\frac{1}{377}\times6^2=9.5\times10^{-2}[\mathrm{W/m^2}]$$

[정답] 02 ④   03 ①   04 ④   05 ①   06 ③   07 ②

08 플레밍의 왼손법칙을 이용한 것은?

① 직류발전기　　　　② 직류전동기

③ 교류전동기　　　　④ 교류발전기

🔍 **해설**

플레밍의 왼손법칙
플레밍의 왼손법칙은 직류전동기의 원리이다.

09 $\varepsilon_r = 81$, $\mu_r = 1$인 매질의 고유 임피던스는 약 몇 [Ω]인가? (단, ε_r은 비유전율이고, μ_r은 비투자율이다.)

① 13.9　　　　② 21.9

③ 33.9　　　　④ 41.9

🔍 **해설**

파동 고유 임피던스

$$\eta = \frac{E}{H} = \sqrt{\frac{\mu}{\varepsilon}} = 377\sqrt{\frac{\mu_r}{\varepsilon_r}} = 377\sqrt{\frac{1}{81}} = 41.89[\Omega]$$

10 대지면에 높이 $h[\mathrm{m}]$로 평행 가설된 매우 긴 선전하 (선전하밀도[C/m])가 지면으로부터 받는 힘[N/m]은?

① h에 비례한다.　　　　② h에 반비례한다.

③ h^2에 비례한다.　　　　④ h^2에 반비례한다.

🔍 **해설**

무한평면도체와 선전하

대지면과 선전하 사이 발생하는 힘 $F = \dfrac{-\lambda^2}{4\pi\varepsilon_0 h} \propto \dfrac{1}{h}$

11 전계 $E[\mathrm{V/m}]$ 및 자계 $H[\mathrm{AT/m}]$의 전자계가 평면파를 이루고 공기 중을 $C_0[\mathrm{m/s}]$의 속도로 전파될 때 단위시간당 단위면적을 지나는 에너지는 몇 $[\mathrm{W/m^2}]$인가? (단 C_0는 빛의 속도를 나타낸다.)

① EH^2　　　　② EH

③ E^2H　　　　④ $\dfrac{1}{2}E^2H^2$

🔍 **해설**

포인팅벡터

$$R = \frac{P}{S} = E \times H = EH\sin\theta = EH\sin 90° = EH[\mathrm{W/m^2}]$$

12 공기 중 두 점전하 사이에 작용하는 힘이 5[N]이었다. 두 전하 사이에 유전체를 넣었더니 힘이 2[N]이 되었다면 유전체의 비유전율은 얼마인가?

① 15　　　　② 10

③ 5　　　　④ 2.5

🔍 **해설**

유전체

공기 중 $F_0 = \dfrac{Q_1 Q_2}{4\pi\varepsilon_0 r^2} = 5[\mathrm{N}]$

유전체 내 $F = \dfrac{Q_1 Q_2}{4\pi\varepsilon_0 \varepsilon_s r^2} = \dfrac{F_0}{\varepsilon_s} = \dfrac{5}{\varepsilon_s} = 2[\mathrm{N}]$

$\varepsilon_s = 2.5$

13 $\nabla \cdot J = -\dfrac{\partial \rho}{\partial t}$에 대한 설명으로 옳지 않은 것은?

① "−" 부호는 전류가 폐곡면에서 유출되고 있음을 뜻한다.

② 단위 체적당 전하 밀도의 시간당 증가 비율이다.

③ 전류가 정상 전류가 흐르면 폐곡면에 통과하는 전류는 0(Zero)이다.

④ 폐곡면에서 수직으로 유출되는 전류밀도는 미소체적인 한 점에서 유출되는 단위체적당 전류가 된다.

🔍 **해설**

전류의 불연속성

$\nabla \cdot i = div\, i = -\dfrac{\partial \rho}{\partial t}$ 은 단위체적당 전하 밀도의 시간당 감소 비율을 나타낸다.

[정답] 08 ② 　09 ④ 　10 ② 　11 ② 　12 ④ 　13 ②

전기자기학

전력공학

전기기기

회로이론

제어공학

전기설비기술기준

14 자계 내 전자가 반경 0.35×10^{-10}[m], 각속도 2×10^{16}[rad/sec]의 원운동을 지속하기 위한 구심력은 약 몇 [N]인가? (단, 전자의 질량은 9.109×10^{-31}[kg]이다.)

① 1.28×10^{-7} ② 2.56×10^{-7}

③ 1.28×10^{-8} ④ 2.56×10^{-8}

해설

자계 내 전자 수직 입사시

구심력 $F = \dfrac{mv^2}{r} = \dfrac{mv^2 r}{r^2} = m\omega^2 r$

$\qquad = 9.109 \times 10^{-31} \times (2 \times 10^{16})^2 \times 0.35 \times 10^{-10}$

$\qquad = 1.28 \times 10^{-8}$[N]

15 그림과 같은 동축 원통의 왕복 전류회로가 있다. 도체 단면에 고르게 퍼진 일정 크기의 전류가 내부 도체로 흘러 들어가고 외부 도체로 흘러나올 때, 전류에 의해 생기는 자계에 대하여 틀린 것은?

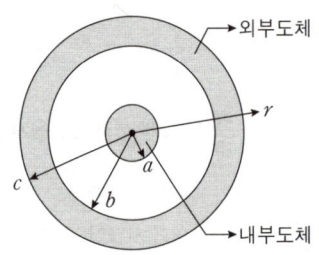

① 외부공간($r > c$)의 자계는 영(0)이다.

② 내부 도체 내($r < a$)에 생기는 자계의 크기는 중심으로부터 거리에 비례한다.

③ 외부 도체 내($b < r < c$)에 생기는 자계의 크기는 중심으로부터 거리에 관계없이 일정하다.

④ 두 도체 사이(내부공간)($a < r < b$)에 생기는 자계의 크기는 중심으로부터 거리에 반비례한다.

해설

동축 원통 내외 자계의 세기

① $r > c : H_1 = \dfrac{I}{2\pi r} - \dfrac{I}{2\pi r} = 0$[AT/m]로 외부 공간의 자계는 0이다.

② $r < a : H_2 = \dfrac{Ir}{2\pi a^2}$[AT/m]로 중심으로부터 거리에 비례한다.

③ $b < r < c : H_3 = \dfrac{I}{2\pi r}\left(1 - \dfrac{r^2 - b^2}{c^2 - b^2}\right)$[AT/m]로 중심으로부터 거리와 관계있다.

④ $a < r < b : H_4 = \dfrac{I}{2\pi r}$[AT/m]로 중심으로부터 거리에 반비례한다.

16 균등하게 자화된 구 자성체의 반지름을 a[m], 자화의 세기를 J[Wb/m²]라 할 때, 자기 모멘트[Wb·m]는?

① $\dfrac{4}{3}\pi a^3 J$ ② $\pi a^2 J$

③ $2\pi a J$ ④ $\dfrac{\pi a^2 J}{4}$

해설

자화의 세기

$J = \dfrac{M}{v}$[Wb/m²]에서 $M = vJ = \dfrac{4}{3}\pi a^3 J$[Wb·m]

17 다음 설명으로 옳지 않은 것은?

① 초전도체는 온도가 높아질수록 저항이 낮아진다.

② 자화의 세기는 단위 체적당의 자기 모멘트이다.

③ 상자성체에서 자극 N극을 접근시키면 S극이 유도된다.

④ 니켈, 코발트 등은 강자성체에 속한다.

해설

초전도체

특정온도 이하에서 저항이 0이 되는 물질을 초전도체라 하며 온도가 낮아질수록 저항이 낮아지는 성질이 있다.

18 반지름이 a[m]이고 단위길이에 대한 권수가 n인 무한장 솔레노이드의 단위길이당 자기 인덕턴스는 몇 [H/m]인가?

① $\mu\pi an$　　　　　　② $\dfrac{an}{2\mu\pi}$

③ $\mu\pi a^2 n^2$　　　　④ $4\mu\pi a^2 n^2$

🔍 **해설**

솔레노이드 자기 인덕턴스

무한장 솔레노이드 자기 인덕턴스 $L = \mu S n^2 = \mu\pi a^2 n^2 [\mathrm{H/m}]$

19 투자율이 μ, 길이가 $l[\mathrm{m}]$인 원주도체 내부에 균일한 전류 $I[\mathrm{A}]$가 흐를 때 원주도체 내부에 저장되는 에너지 $[\mathrm{J}]$는?

① $\dfrac{\mu l}{8\pi}$　　　　　② $\dfrac{\mu I l}{4\pi}$

③ $\dfrac{\mu}{8\pi}$　　　　　④ $\dfrac{\mu I^2 l}{16\pi}$

🔍 **해설**

코일에 축적되는 에너지

원주도체 내부 저장 에너지 $W = \dfrac{1}{2}LI^2 = \dfrac{1}{2}\left(\dfrac{\mu l}{8\pi}\right)I^2 = \dfrac{\mu l I^2}{16\pi}[\mathrm{J}]$

20 평행판 콘덴서에 어떤 유전체를 넣었을 때 전속밀도가 $2.4\times10^{-7}[\mathrm{C/m^2}]$이고, 단위 체적중의 에너지가 $5.3\times10^{-3}[\mathrm{J/m^3}]$이었다. 이 유전체의 유전율은 약 몇 $[\mathrm{F/m}]$인가?

① 2.17×10^{-11}　　　② 5.43×10^{-11}

③ 5.17×10^{-12}　　　④ 5.43×10^{-12}

🔍 **해설**

정전에너지

단위체적당 정전에너지 $w = \dfrac{\sigma^2}{2\varepsilon} = \dfrac{D^2}{2\varepsilon} = \dfrac{1}{2}\varepsilon E^2 = \dfrac{1}{2}ED[\mathrm{J/m^3}]$에서

$\varepsilon = \dfrac{D^2}{2w} = \dfrac{(2.4\times10^{-7})^2}{2\times5.3\times10^{-3}} = 5.43\times10^{-12}[\mathrm{F/m}]$

전기자기학
전력공학
전기기기
회로이론
제어공학
전기설비기술기준

시행일 ◀ **2024년 1회**

01 극판간격 $d[\mathrm{m}]$, 면적 $S[\mathrm{m^2}]$, 유전율 $\varepsilon[\mathrm{F/m}]$이고, 정전용량이 $C[\mathrm{F}]$인 평행판 콘덴서에 $v = V_m\sin\omega t[\mathrm{V}]$의 전압을 가할 때의 변위전류$[\mathrm{A}]$는?

① $\omega C V_m\sin\omega t$　　　② $\omega C V_m\cos\omega t$

③ $-\omega C V_m\sin\omega t$　　④ $-\omega C V_m\cos\omega t$

🔍 **해설**

변위전류

$I_D = i_D \cdot S = \dfrac{\omega\varepsilon V_m}{d}\cos\omega t \times S$

$= \omega C V_m\cos\omega t = \omega C V_m\sin\left(\omega t + \dfrac{\pi}{2}\right)[\mathrm{A}]$

02 공간 전하밀도 $\rho[\mathrm{C/m^3}]$를 가진 점의 전위가 $V[\mathrm{V}]$, 전계의 세기가 $E[\mathrm{V/m}]$일 때 공간 전체의 전하가 갖는 에너지는 몇 $[\mathrm{J}]$인가?

① $\dfrac{1}{2}\displaystyle\int EV dv$　　　② $\dfrac{1}{2}\displaystyle\int \rho dv$

③ $\dfrac{1}{2}\displaystyle\int E^2 dv$　　　④ $\dfrac{1}{2}\displaystyle\int V divD dv$

🔍 **해설**

정전에너지

정전에너지 $W = \dfrac{1}{2}QV = \dfrac{1}{2}CV^2 = \dfrac{1}{2}\dfrac{Q^2}{C}[\mathrm{J}]$에서

$W = \dfrac{1}{2}VQ = \dfrac{1}{2}V\rho v = \dfrac{1}{2}\displaystyle\int V\rho dv = \dfrac{1}{2}\displaystyle\int V divD dv[\mathrm{J}]$

03 정전용량이 $1[\mu\mathrm{F}]$, $2[\mu\mathrm{F}]$인 콘덴서에 각각 $2\times10^{-4}[\mathrm{C}]$, $3\times10^{-4}[\mathrm{C}]$의 전하를 주고 극성을 같게 하여 병렬로 접속할 때 콘덴서에 축적된 에너지는 약 몇 $[\mathrm{J}]$인가?

① 0.042　　　　　② 0.063

③ 0.083　　　　　④ 0.126

[정답] 19 ④　20 ④　2024년 1회　01 ②　02 ④　03 ①

🔍 **해설**

정전에너지

병렬 접속에서 전체 전하량 $Q_0=Q_1+Q_2[\mathrm{C}]$이며
합성 정전용량 $C_0=C_1+C_2[\mathrm{F}]$이므로 콘덴서에 축적되는 에너지

$$W=\frac{1}{2}\frac{Q_0^{\,2}}{C_0}=\frac{1}{2}\frac{(Q_1+Q_2)^2}{C_1+C_2}$$

$$=\frac{1}{2}\times\frac{(2\times10^{-4}+3\times10^{-4})^2}{1\times10^{-6}+2\times10^{-6}}=0.042[\mathrm{J}]$$

04 반사계수가 $\tau=0.8$일 때 정재파비 S를 데시벨 $[\mathrm{dB}]$로 표시하면?

① $10\log_{10}\dfrac{1}{9}$ ② $10\log_{10}9$

③ $20\log_{10}9$ ④ $20\log_{10}\dfrac{1}{9}$

🔍 **해설**

정재파비

정재파비 데시벨

$$g=20\log_{10}|S|=20\log_{10}\left|\frac{1+\tau}{1-\tau}\right|=20\log_{10}\left|\frac{1+0.8}{1-0.8}\right|$$

$$=20\log_{10}9[\mathrm{dB}]$$

05 진공 중에 반지름이 $\dfrac{1}{50}[\mathrm{m}]$인 도체구 A와 내반지름이 $\dfrac{1}{25}[\mathrm{m}]$, 외반지름이 $\dfrac{1}{20}[\mathrm{m}]$인 도체구 B를 동심으로 놓고 도체구 A에 $2\times10^{-10}[\mathrm{C}]$의 전하를 대전시키고 도체구 B의 전하를 0으로 하였을 때 도체구의 전위$[\mathrm{V}]$는?

① 9 ② 45
③ 81 ④ 171

🔍 **해설**

도체 모양에 따른 전위

동심 구도체 전위

$$V=\frac{Q}{4\pi\varepsilon_0}\left(\frac{1}{a}-\frac{1}{b}+\frac{1}{c}\right)$$

$$=9\times10^9\times2\times10^{-10}\times\left(\frac{1}{\frac{1}{50}}-\frac{1}{\frac{1}{25}}+\frac{1}{\frac{1}{20}}\right)=81[\mathrm{V}]$$

06 무한히 넓은 도체 평면판에 면밀도 $\sigma[\mathrm{C/m^2}]$의 전하가 분포되어 있는 경우 전력선은 면에 수직으로 나와 평행하게 발산한다. 이 평면의 전계의 세기는 몇 $[\mathrm{V/m}]$인가?

① $\dfrac{\sigma}{\varepsilon_0}$ ② $\dfrac{\sigma}{2\varepsilon_0}$

③ $\dfrac{\sigma}{2\pi\varepsilon_0}$ ④ $\dfrac{\sigma}{4\pi\varepsilon_0}$

🔍 **해설**

도체 모양에 따른 전계

무한 평면에 의한 전계 $E=\dfrac{\sigma}{2\varepsilon_0}[\mathrm{V/m}]$

07 $q[\mathrm{C}]$의 전하가 진공 중에서 $v[\mathrm{m/s}]$의 속도로 운동하고 있을 때, 이 운동방향과 θ의 각으로 $r[\mathrm{m}]$ 떨어진 점의 자계의 세기$[\mathrm{AT/m}]$는?

① $\dfrac{q\sin\theta}{4\pi r^2 v}$ ② $\dfrac{v\sin\theta}{4\pi r^2 q}$

③ $\dfrac{qv\sin\theta}{4\pi r^2}$ ④ $\dfrac{v\sin\theta}{4\pi r^2 q^2}$

🔍 **해설**

비오-사바르의 법칙

비오-사바르의 법칙 $dH=\dfrac{I\sin\theta}{4\pi r^2}dl$ 이므로

$$\text{자계의 세기 } H=\int dH=\int\frac{I\sin\theta}{4\pi r^2}dl=\frac{I\sin\theta}{4\pi r^2}l$$

$$=\frac{ql}{t}\times\frac{\sin\theta}{4\pi r^2}=\frac{qv\sin\theta}{4\pi r^2}[\mathrm{AT/m}]$$

08 단면적 $4[\mathrm{cm^2}]$의 철심에 $6\times10^{-4}[\mathrm{Wb}]$의 자속을 통하게 하려면 $2800[\mathrm{AT/m}]$의 자계가 필요하다. 이 철심의 비투자율은?

① 346 ② 375
③ 407 ④ 426

🔍 **해설**

자속밀도

자속밀도 $B=\dfrac{\phi}{S}=\mu_o\mu_s H$이므로

비투자율 $\mu_s=\dfrac{\phi}{\mu_o HS}=\dfrac{6\times10^{-4}}{4\pi\times10^{-7}\times2800\times4\times10^{-4}}=426.31$

[**정답**] 04 ③ 05 ③ 06 ② 07 ③ 08 ④

09 아래 그림과 같이 유전율이 각각 ε_1, ε_2인 두 유전체가 접해 있고 각 유전체의 전계가 E_1, E_2, 경계면에 대한 입사각 및 굴절각이 θ_1, θ_2일 때 E_2의 크기는?

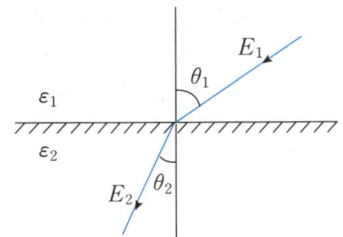

① $E_1 \dfrac{\sin\theta_1}{\sin\theta_2}$

② $E_1 \dfrac{\sin\theta_2}{\sin\theta_1}$

③ $E_1 \dfrac{\cos\theta_1}{\cos\theta_2}$

④ $E_1 \dfrac{\sin\theta_1}{\cos\theta_2}$

🔍 **해설**

유전체 경계면 조건

유전체 경계면 조건 $E_1\sin\theta_1 = E_2\sin\theta_2$에서 $E_2 = E_1 \dfrac{\sin\theta_1}{\sin\theta_2}$

10 내구의 반지름이 $\dfrac{1}{4\pi\varepsilon}$[cm], 외구의 반지름이 $\dfrac{1}{\pi\varepsilon}$ [cm]인 동심구 콘덴서 사이에 유전율 ε[F/m]인 유전체를 채웠을 때 정전용량은 몇 [F]인가?

① $\dfrac{4}{3} \times 10^{-2}$

② $\dfrac{3}{4} \times 10^{2}$

③ 10^{-2}

④ $\dfrac{3}{4}$

🔍 **해설**

도체 모양에 따른 정전용량

동심 구도체 정전용량

$$C = \frac{4\pi\varepsilon}{\dfrac{1}{a} - \dfrac{1}{b}} = \frac{4\pi\varepsilon}{\dfrac{1}{\dfrac{1}{4\pi\varepsilon} \times 10^{-2}} - \dfrac{1}{\dfrac{1}{\pi\varepsilon} \times 10^{-2}}}$$

$$= \frac{4\pi\varepsilon}{4\pi\varepsilon - \pi\varepsilon} \times 10^{-2} = \frac{4}{3} \times 10^{-2} [\text{F}]$$

11 면적이 S[m²]이고 극간의 거리가 d[m]인 평행판 콘덴서에 비유전율 ε_s의 유전체를 채울 때 정전용량은 몇 [F]인가?

① $\dfrac{2\varepsilon_o \varepsilon_s S}{d}$

② $\dfrac{\varepsilon_o \varepsilon_s S}{\pi d}$

③ $\dfrac{\varepsilon_o \varepsilon_s S}{d}$

④ $\dfrac{2\pi\varepsilon_o \varepsilon_s S}{d}$

🔍 **해설**

도체 모양에 따른 정전용량

평행판 콘덴서 정전용량 $C = \dfrac{\varepsilon S}{d} = \dfrac{\varepsilon_o \varepsilon_s S}{d}$[F]

12 반지름 1[mm]의 두 평행 도선이 중심 간격 40[cm] 간격으로 진공 중에 평행하게 놓여 있을 때 1[m]당 정전용량은 약 몇 [pF]인가?

① 1.6

② 2.6

③ 3.6

④ 4.6

🔍 **해설**

도체 모양에 따른 정전용량

평행 도선 사이 정전용량

$$C = \frac{\pi\varepsilon_0}{\ln\dfrac{d}{a}} = \frac{\pi \times 8.855 \times 10^{-12}}{\ln\dfrac{40 \times 10^{-2}}{1 \times 10^{-3}}} \times 10^{12} = 4.64 [\text{pF/m}]$$

13 한 변의 길이가 l[m]인 정사각형 도체에 전류 I[A]가 흐르고 있을 때 중심점 P에서의 자계의 세기는 몇 [A/m]인가?

① $16\pi l I$

② $4\pi l I$

③ $\dfrac{\sqrt{3}\,\pi}{2l} I$

④ $\dfrac{2\sqrt{2}}{\pi l} I$

🔍 **해설**

도형 중심점 자계

① 정삼각형 중심의 자계의 세기 : $H = \dfrac{9I}{2\pi l}$[AT/m]

② 정사각형 중심의 자계의 세기 : $H = \dfrac{2\sqrt{2}\,I}{\pi l}$[AT/m]

③ 정육각형 중심의 자계의 세기 : $H = \dfrac{\sqrt{3}\,I}{\pi l}$[AT/m]

[**정답**] 09 ①　10 ①　11 ③　12 ④　13 ④

14 자계의 변화로 기전력이 발생하여 전류가 유도되는 현상을 발견한 사람은 누구인가?

① 앙페르   ② 패러데이

③ 노이만   ④ 키르히호프

🔍 해설

전자유도법칙

도체에 전류 및 자속의 시간적 변화가 일어나면 유기기전력이 발생하는 현상을 전자유도현상이라 한다. 전자유도현상을 발견한 사람은 패러데이이다.

15 그림과 같이 비투자율이 μ_{s1}, μ_{s2}인 각각 다른 자성체를 접하여 놓고 θ_1을 입사각이라 하고, θ_2를 굴절각이라 한다. 경계면에 자하가 없을 경우 미소 폐곡면을 취하여 이곳에 출입하는 자속수를 구하면?

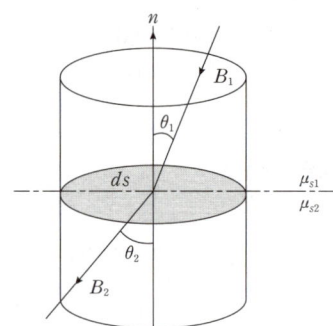

① $\int B \cdot n ds = 0$ ② $\int B \cdot n dl = 0$

③ $\int B \cdot n \sin\theta ds = 0$ ④ $\int B ds = 0$

🔍 해설

자성체 경계면 조건

경계면과 수직인 자속밀도는 같으므로

$B_1\cos\theta_1 = B_2\cos\theta_2$, $\int B_1\cos\theta_1 ds = \int B_2\cos\theta_2 ds$

n은 경계면과 수직한 단위벡터이므로

$\int B_1 n\cos\theta_1 ds = \int B_2 n\cos\theta_2 ds$

$\int B_1 \cdot n ds = \int B_2 \cdot n ds$

$\int B_1 \cdot n ds - \int B_2 \cdot n ds = \int B \cdot n ds = 0$

16 자기이력곡선(Hysteresis loop)에 대한 설명 중 틀린 것은?

① Y축은 자속밀도이다.

② 자화력이 0일 때 남아있는 자기가 잔류자기이다.

③ 잔류자기를 상쇄시키려면 역방향의 자화력을 가해야 한다.

④ 자화의 경력이 있을 때나 없을 때나 곡선은 항상 같다.

🔍 해설

히스테리시스 곡선

히스테리시스 곡선은 자화의 경력 유무에 따라 곡선 모양이 다르다.

17 1[kV]로 충전된 어떤 콘덴서의 정전에너지가 1[J]일 때, 이 콘덴서의 크기는 몇 [μF]인가?

① 2   ② 4

③ 6   ④ 8

🔍 해설

정전에너지

콘덴서에 저장되는 에너지 $W = \frac{1}{2}CV^2[\text{J}]$에서

정전용량 $C = \frac{2W}{V^2} = \frac{2 \times 1}{(1 \times 10^3)^2} \times 10^6 = 2[\mu\text{F}]$

18 유전체에서의 변위 전류에 대한 설명으로 옳은 것은?

① 변위 전류의 크기는 투자율의 값에 비례한다.

② 변위 전류는 자계를 발생시킨다.

③ 유전체의 굴절률이 2배가 되면 변위 전류의 크기도 2배가 된다.

④ 전속 밀도의 공간적 변화가 변위 전류를 발생시킨다.

🔍 해설

변위 전류

유전체를 통해 흐르는 가상의 전류를 변위전류라 한다. 변위 전류 주변에는 회전 자계가 발생한다.

[정답] 14 ②   15 ①   16 ④   17 ①   18 ②

19 플레밍(Flaming)의 왼손법칙을 나타내는 F-B-I 에서 F는 무엇인가?

① 발전기 전기자의 도체 운동방향을 나타낸다.

② 발전기 정류자의 도체의 운동방향을 나타낸다.

③ 전동기 자극의 운동방향을 나타낸다.

④ 전동기 회전자의 도체의 운동방향을 나타낸다.

🔍 **해설**

전자력

플레밍의 왼손법칙은 전동기의 원리이며 전자력의 방향을 결정할 수 있다.

① 엄지 : $F[\text{N}]$ (전자력의 방향=도체의 운동 방향)

② 검지 : $B[\text{Wb/m}^2]$ (자계의 방향=자속밀도의 방향)

③ 중지 : $I[\text{A}]$ (전류의 방향)

20 원형단면적 $10[\text{cm}^2]$, 평균자로의 길이 $50[\text{cm}]$인 환상철심 1차측에 100회의 코일을 감아 $10t[\text{A}]$의 전류를 흘렸을 때 2차측 코일에 $2[\text{V}]$의 기전력이 발생했다. 2차측 코일의 권수는? (단, 비투자율 μ_r은 800이다.)

① 813   ② 847

③ 926   ④ 995

🔍 **해설**

상호 인덕턴스

2차측 유기기전력 $e_2 = M\dfrac{di_1}{dt}$ 에서

$M = \dfrac{e_2}{\dfrac{di_1}{dt}} = \dfrac{2}{\dfrac{d}{dt}(10t)} = \dfrac{2}{10} = 0.2[\text{H}]$

상호 인덕턴스 $M = \dfrac{\mu S N_1 N_2}{l} = \dfrac{\mu_0 \mu_r S N_1 N_2}{l}$ 에서

2차측 권수 $N_2 = M\dfrac{l}{\mu_0 \mu_r S N_1}$

$\qquad = 0.2 \times \dfrac{50 \times 10^{-2}}{4\pi \times 10^{-7} \times 800 \times 10 \times 10^{-4} \times 100}$

$\qquad = 994.72$

시행일 ▶ **2024년 2회**

01 비유전율이 10인 유전체를 $5[\text{V/m}]$인 전계 내에 놓을 때 유전체의 표면전하밀도는 몇 $[\text{C/m}^2]$인가? (단, 유전체의 표면과 전계는 직각이다.)

① $45\varepsilon_0$ ② $55\varepsilon_0$

③ $65\varepsilon_0$ ④ $75\varepsilon_0$

🔍 **해설**

분극의 세기

전계 내 유전체의 표면전하밀도＝분극전하밀도＝분극의 세기 이므로 분극의 세기 $P = \varepsilon_0(\varepsilon_s - 1)E$

$\qquad\qquad\qquad = \varepsilon_0(10-1) \times 5 = 45\varepsilon_0[\text{C/m}^2]$

02 진공 중에 무한 평면도체와 $d[\text{m}]$만큼 떨어진 곳에 선전하밀도 $\lambda[\text{C/m}]$의 무한 직선도체가 평행하게 놓여 있는 경우 직선 도체의 단위 길이당 받는 힘은 몇 $[\text{N/m}]$인가?

① $\dfrac{\lambda^2}{\pi\varepsilon_0 d}$ ② $\dfrac{\lambda^2}{4\pi\varepsilon_0 d}$

③ $\dfrac{\lambda^2}{2\pi\varepsilon_0 d}$ ④ $\dfrac{\lambda^2}{16\pi\varepsilon_0 d}$

🔍 **해설**

접지무한평면과 선전하

접지무한평면과 선전하 사이 작용하는 단위 길이당 힘

$F = -\dfrac{\lambda^2}{4\pi\varepsilon_0 d}[\text{N/m}] \propto \dfrac{1}{d}$

03 매질이 공기인 경우 방전이 $10[\text{kV/mm}]$의 전계에서 발생한다고 할 때 도체 표면에 작용하는 힘은 몇 $[\text{N/m}^2]$인가?

① 4.43×10^2 ② 5.5×10^{-3}

③ 4.83×10^{-3} ④ 7.5×10^3

🔍 **해설**

정전흡인력

단위 면적당 정전 흡인력

$f = \dfrac{1}{2}\varepsilon_0 E^2 = \dfrac{1}{2} \times 8.855 \times 10^{-12} \times (10 \times 10^3 \times 10^3)^2$

$\quad = 4.43 \times 10^2[\text{N/m}^2]$

[정답] 19 ④   20 ④   2024년 2회   01 ①   02 ②   03 ①

04 비유전율 ε_r인 유전체의 판을 E_0인 평등전계 내에 전계와 수직으로 놓았을 때 유전체 내의 전계 E는?

① $E = \dfrac{E_0}{\varepsilon_r}$ ② $E = \varepsilon_r E_0$

③ $E = E_0$ ④ $E = \varepsilon_r^2 E_0$

해설

유전체 경계면 조건

경계면에 수직 입사시 전속밀도가 같으므로

$D_0 = D \;\to\; \varepsilon_0 E_0 = \varepsilon_0 \varepsilon_r E \;\to\; E = \dfrac{E_0}{\varepsilon_r}$

05 폐곡면을 통하는 전속과 폐곡면 내부의 전하와의 상관관계를 나타내는 법칙은?

① 포아송의 법칙 ② 쿨롱의 법칙

③ 라플라스의 법칙 ④ 가우스의 법칙

해설

가우스의 정리

폐곡면을 통하는 전속과 폐곡면 내부의 전하와의 상관관계를 나타내는 법칙을 가우스의 법칙이라 한다.

06 유전율 ε, 투자율 μ인 매질을 주파수 $f[\mathrm{Hz}]$의 전자파가 전파되어 나갈 때의 파장은 몇 $[\mathrm{m}]$인가?

① $f\sqrt{\varepsilon\mu}$ ② $\dfrac{1}{f\sqrt{\varepsilon\mu}}$

③ $\dfrac{f}{\sqrt{\varepsilon\mu}}$ ④ $\dfrac{\sqrt{\varepsilon\mu}}{f}$

해설

전자파의 속도

• 전자파의 속도 $v = \lambda f = \dfrac{1}{\sqrt{\mu\varepsilon}}\,[\mathrm{m/s}]$

• 전자파의 파장 $\lambda = \dfrac{1}{f\sqrt{\varepsilon\mu}}\,[\mathrm{m}]$

07 반지름 $50[\mathrm{cm}]$의 서로 나란한 두 원형 코일을 $5[\mathrm{mm}]$ 간격으로 동축상에 평행 배치한 후 각 코일에 $100[\mathrm{A}]$의 전류가 같은 방향으로 흐를 때 코일 상호간에 작용하는 인력은 몇 $[\mathrm{N}]$ 정도 되는가?

① 1.26 ② 3.14

③ 6.28 ④ 31.4

해설

평행도선 사이에 작용하는 힘

• 평행도선 사이 작용하는 단위길이당 힘 $[\mathrm{N/m}]$

$f = \dfrac{\mu_o I_1 I_2}{2\pi d} = \dfrac{2 I_1 I_2}{d} \times 10^{-7}[\mathrm{N/m}]$

• 평행도선 사이 작용하는 총 힘 $[\mathrm{N}]$

$F = \dfrac{\mu_o I_1 I_2}{2\pi d}\, l = \dfrac{2 I_1 I_2}{d}\, l \times 10^{-7}$

$= \dfrac{2 \times 100 \times 100}{5 \times 10^{-3}} \times 2\pi \times 0.5 \times 10^{-7} = 1.26[\mathrm{N}]$

08 강자성체의 자속밀도 B의 크기와 자화의 세기 J의 크기 사이에는 어떤 관계가 있는가?

① J는 B와 같다. ② J는 B보다 작다.

③ J는 B보다 크다. ④ J는 B와 관계없다

해설

자화의 세기

• 강자성체의 비투자율 $\mu_s \gg 1 \;\to\; \dfrac{1}{\mu_s} \ll 1$

• 자화의 세기 $J = B\left(1 - \dfrac{1}{\mu_s}\right)$에서 $\left(1 - \dfrac{1}{\mu_s}\right)$은 1보다 약간 작으므로 J는 B보다 약간 작다.

09 비유전율 $\varepsilon_s = 1.6$인 유전체의 전계가 $5000[\mathrm{V/m}]$일 때 분극의 세기는 몇 $[\mathrm{C/m^2}]$인가?

① 1.33×10^{-7} ② 2.66×10^{-7}

③ 1.33×10^{-8} ④ 2.66×10^{-8}

해설

분극의 세기

$P = \varepsilon_0(\varepsilon_s - 1)E = 8.855 \times 10^{-12} \times (1.6 - 1) \times 5000$
$= 2.66 \times 10^{-8}[\mathrm{C/m^2}]$

[정답] 04 ① 05 ④ 06 ② 07 ① 08 ② 09 ④

10 공기 중 전계 $E=3\hat{x}+4\hat{y}[\mathrm{V/m}]$ 내 수직으로 놓인 도체 표면의 전하밀도는 몇 $[\mathrm{C/m^2}]$인가?

① 0.78×10^{-9} ② 0.61×10^{-9}
③ 0.44×10^{-10} ④ 0.23×10^{-10}

🔍 **해설** ----

전속밀도
면전하밀도 $\sigma=D=\varepsilon_0E=8.855\times10^{-12}\times\sqrt{3^2+4^2}$
$=0.44\times10^{-10}[\mathrm{C/m^2}]$

11 반자성체의 투자율과 진공의 투자율의 관계는?

① 투자율 ≪ 진공 투자율
② 투자율 < 진공 투자율
③ 투자율 > 진공 투자율
④ 투자율 ≫ 진공 투자율

🔍 **해설** ----

자성체의 종류
반자성체의 비투자율 $\mu_s<1$이므로 양변에 진공의 투자율 μ_0를 곱하면 반자성체의 투자율 $\mu=\mu_s\mu_0<\mu_0$

12 $E=2\hat{x}+4\hat{y}+\hat{z}$ $[\mathrm{V/m}]$로 표시되는 전계가 있다. $2[\mathrm{C}]$의 전하를 점 $\mathrm{A}(4,1,2)[\mathrm{m}]$부터 $\mathrm{A}(2,3,2)[\mathrm{m}]$까지 움직이는데 필요한 일은 몇 $[\mathrm{J}]$인가?

① 8   ② 6
③ 4   ④ 2

🔍 **해설** ----

전하 이동시 한 일
• 점A에서 B에 대한 거리 벡터
$\vec{r}=(2-4)\hat{x}+(3-1)\hat{y}+(2-2)\hat{z}=-2\hat{x}+2\hat{y}[\mathrm{m}]$
• 전하 이동시 한 일
$W=QV=QEr=Q(\vec{E}\cdot\vec{r})$
$=2\times(2\hat{x}+4\hat{y}+\hat{z})\cdot(-2\hat{x}+2\hat{y})=8[\mathrm{J}]$

13 라디오 방송의 평면파 주파수를 $710[\mathrm{kHz}]$라 할 때 이 평면파가 콘크리트 벽($\varepsilon_r=5,\mu_r=1$)속을 지날 때, 전파속도는 몇 $[\mathrm{m/s}]$인가?

① 1.34×10^8 ② 2.54×10^8
③ 4.38×10^8 ④ 4.86×10^8

🔍 **해설** ----

전파속도
전파속도 $v=\dfrac{1}{\sqrt{\varepsilon\mu}}=\dfrac{3\times10^8}{\sqrt{\varepsilon_r\mu_r}}=\dfrac{3\times10^8}{\sqrt{5\times1}}=1.34\times10^8[\mathrm{m/s}]$

14 자기회로에서 철심의 투자율을 μ라 하고 회로의 길이를 l이라 할 때 그 회로의 일부에 미소공극 l_g를 만들면 회로의 자기저항은 처음의 몇 배인가? (단, $l_g\ll l$)

① $1+\dfrac{\mu_0l_g}{\mu l}$ ② $1+\dfrac{\mu l}{\mu_0l_g}$
③ $1+\dfrac{\mu_0l}{\mu l_g}$ ④ $1+\dfrac{\mu l_g}{\mu_0l}$

🔍 **해설** ----

자기회로
공극 발생시 자기저항 증가율
$\dfrac{R}{R_0}=\dfrac{R_m+R_g}{R_m}=\dfrac{\dfrac{1+\mu_sl_g}{\mu S}}{\dfrac{l}{\mu S}}=1+\dfrac{\mu l_g}{\mu_0}=1+\dfrac{\mu_sl_g}{l}$ 배

15 자계가 비보존적인 경우를 나타내는 것은? (단, j는 공간상에 0이 아닌 전류 밀도를 의미한다.)

① $\nabla\cdot B=j$ ② $\nabla\cdot B=0$
③ $\nabla\times H=0$ ④ $\nabla\times H=j$

🔍 **해설** ----

자계의 회전성
• 자계가 보존적[비회전성] : $rotH=\nabla\times H=0$
• 자계가 비보존적[회전성] : $rotH=\nabla\times H\neq0$

[**정답**] 10 ③   11 ②   12 ①   13 ①   14 ④   15 ④

16 100회 감은 코일과 쇄교하는 자속이 2초 동안 2[Wb]에서 1[Wb]로 변화했다. 이 때 유기되는 기전력은 몇 [V]인가?

① 5
② 10
③ 20
④ 50

🔍 **해설**

전자유도현상

유기기전력 $e = -N\dfrac{d\phi}{dt} = -100 \times \dfrac{1-2}{2} = 50[\mathrm{V}]$

17 그림과 같이 직각 코일이 $B = 0.05\dfrac{\hat{x}+\hat{y}}{\sqrt{2}}[\mathrm{T}]$인 자계에 위치하고 있다. 코일에 5[A]의 전류가 흐를 때 z축에서의 토크는 약 몇 [N·m]인가?

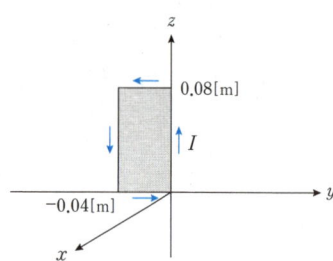

① $2.66 \times 10^{-4}\hat{x}$
② $5.66 \times 10^{-4}\hat{x}$
③ $2.66 \times 10^{-4}\hat{z}$
④ $5.66 \times 10^{-4}\hat{z}$

🔍 **해설**

사각 코일의 회전력

· z축 코일에 흐르는 전류 $I = 5\hat{z}[\mathrm{A}]$

· z축 코일에 작용하는 힘

$$F = BIl\sin\theta = (I \times B)l = \begin{vmatrix} \hat{x} & \hat{y} & \hat{z} \\ 0 & 0 & 5 \\ \dfrac{0.05}{\sqrt{2}} & \dfrac{0.05}{\sqrt{2}} & 0 \end{vmatrix} \times 0.08$$

$$= \left(0 - 5 \times \dfrac{0.05}{\sqrt{2}}\right) \times 0.08\hat{x} - \left(0 - 5 \times \dfrac{0.05}{\sqrt{2}}\right) \times 0.08\hat{y}$$

$$= 1.414 \times 10^{-2}(-\hat{x} + \hat{y})[\mathrm{N}]$$

· z축에서의 토크[회전력]

$$T = r \times F = \begin{vmatrix} \hat{x} & \hat{y} & \hat{z} \\ 0 & 0.04 & 0 \\ -1.414 \times 10^{-2} & 1.414 \times 10^{-2} & 0 \end{vmatrix}$$

$$= 5.66 \times 10^{-4}\hat{z}[\mathrm{N \cdot m}]$$

18 자계의 세기 $H[\mathrm{AT/m}]$, 자속밀도 $B[\mathrm{Wb/m^2}]$, 투자율 $\mu[\mathrm{H/m}]$인 곳의 자계의 에너지 밀도는 몇 $[\mathrm{J/m^3}]$인가?

① $\dfrac{1}{2}BH^2$
② $\dfrac{H^2}{2\mu}$
③ $\dfrac{1}{2}\mu H^2$
④ BH

🔍 **해설**

자계 에너지

단위체적당 자계 에너지 $\omega = \dfrac{B^2}{2\mu} = \dfrac{1}{2}\mu H^2 = \dfrac{1}{2}BH[\mathrm{J/m^3}]$

19 무한 평면도체로부터 거리 $d[\mathrm{m}]$인 곳에 점전하 $Q[\mathrm{C}]$이 있을 때 도체 표면에 유도되는 최대 전하밀도는 몇 $[\mathrm{C/m^2}]$인가?

① $\dfrac{Q}{\pi d^2}$
② $\dfrac{Q}{2\pi d^2}$
③ $\dfrac{Q}{4\pi d^2}$
④ $\dfrac{Q}{8\pi d^2}$

🔍 **해설**

접지무한평면과 점전하

접지무한평면과 점전하 사이 유도되는 최대 전하밀도

$\sigma_{\max} = \dfrac{Q}{2\pi d^2}[\mathrm{C/m^2}]$

20 반지름 $a[\mathrm{m}]$의 구도체에 전하 $Q[\mathrm{C}]$가 주어질 때 구도체 표면에 작용하는 정전응력은 몇 $[\mathrm{N/m^2}]$인가?

① $\dfrac{Q^2}{32\pi^2\varepsilon_0 a^4}$
② $\dfrac{Q^2}{16\pi^2\varepsilon_0 a^4}$
③ $\dfrac{9Q^2}{32\pi^2\varepsilon_0 a^6}$
④ $\dfrac{9Q^2}{16\pi^2\varepsilon_0 a^6}$

[정답] 16 ④ 17 ④ 18 ③ 19 ② 20 ①

🔍 해설

정전 흡인력

단위면적당 정전흡인력

$$f=\frac{\sigma^2}{2\varepsilon_0}=\frac{1}{2\varepsilon_0}\left(\frac{Q}{S}\right)^2=\frac{1}{2\varepsilon_0}\left(\frac{Q}{4\pi a^2}\right)^2$$

$$=\frac{1}{2\varepsilon_0}\left(\frac{Q^2}{16\pi^2 a^4}\right)=\frac{Q^2}{32\pi^2\varepsilon_0 a^4}[\text{N/m}^2]$$

시행일 ▶ **2024년 3회**

01
진공 중 한 변의 길이가 0.1[m]인 정삼각형의 3정점 A, B, C에 각각 2.0×10^{-6}[C]의 점전하가 있을 때, 점 A의 전하에 작용하는 힘은 몇 [N]인가?

① $1.8\sqrt{2}$
② $1.8\sqrt{3}$
③ $3.6\sqrt{2}$
④ $3.6\sqrt{3}$

🔍 해설

쿨롱의 법칙

정삼각형 각 정점에 동종의 같은 크기 전하 존재시 각 점전하에 의한 힘을 F_1, F_2라 한다면 $F_1=F_2$

$$F_1=F_2=\frac{Q_1 Q_2}{4\pi\varepsilon_0 r^2}=\frac{Q^2}{4\pi\varepsilon_0 r^2}=9\times10^9\times\frac{Q^2}{r^2}[\text{N}]$$

점 A의 전하에 작용하는 전체 힘

$$F=\sqrt{F_1^2+F_2^2+2F_1 F_2\cos\theta}=\sqrt{3}\,F_1$$

$$=\sqrt{3}\times9\times10^9\times\frac{(2.0\times10^{-6})^2}{0.1^2}=3.6\sqrt{3}\,[\text{N}]$$

02
특성 임피던스가 각각 η_1, η_2인 두 매질의 경계면에 전자파가 수직으로 입사할 때 전계가 무반사로 되기 위한 가장 알맞은 조건은?

① $\eta_2=0$
② $\eta_1=0$
③ $\eta_1=\eta_2$
④ $\eta\cdot\eta_2=0$

🔍 해설

반사율

무반사시 반사율 $=\dfrac{\eta_1-\eta_2}{\eta_1+\eta_2}=0$ 이므로 $\eta_1-\eta_2=0$ ➜ $\eta_1=\eta_2$

03
유전체 경계면 조건에 대한 설명으로 옳은 것은?

① 경계면에서 전속밀도는 연속이다.
② 유전체와 도체 사이 경계면에서 접선 방향인 전계는 0 이다.
③ 경계면 양측에서 전계의 법선성분은 불변이다.
④ 전속과 전기력선은 굴절하지 않는다.

🔍 해설

유전체 경계면 조건

전기력선[전계]는 도체 표면과 수직으로 만나므로 접선 성분은 0 이다.

04
자기회로에서 자기저항의 크기에 대한 설명으로 옳은 것은?

① 자기회로의 단면적에 비례
② 자성체의 비투자율에 비례
③ 자기회로의 길이에 비례
④ 자성체의 비투자율의 제곱에 비례

🔍 해설

자기회로

자기저항 $R_m=\dfrac{l}{\mu S}[\text{AT/Wb}]$로 길이에 비례하고 투자율과 단면적에 반비례하다.

05
자화율(Magnetic susceptibility) χ는 상자성체에서 일반적으로 어떤 값을 갖는가?

① $\chi=0$
② $\chi=1$
③ $\chi>0$
④ $\chi<0$

🔍 해설

자화의 세기

상자성체는 비투자율 $\mu_s>1$ 이므로 자화율 $\chi=\mu_0(\mu_s-1)>0$

[**정답**] 2024년 3회 01 ④ 02 ③ 03 ② 04 ③ 05 ③

06 진공 중에서 유전율 $\varepsilon[\mathrm{F/m}]$인 유전체가 평등자계 $B[\mathrm{Wb/m^2}]$에서 속도 $v[\mathrm{m/s}]$로 운동할 때 유전체에 발생하는 분극의 세기$[\mathrm{C/m^2}]$는 어떻게 표현되는가?

① $(\varepsilon-\varepsilon_0)v \times B$ ② $(\varepsilon-\varepsilon_0)v \cdot B$

③ $\varepsilon v \times B$ ④ $\varepsilon v \cdot B$

🔍 해설

분극의 세기

평등자계 내 속도 v로 이동시 유도기전력 $V=(v \times B)l[\mathrm{V}]$이므로

분극의 세기 $P=\varepsilon_0(\varepsilon_s-1)E=(\varepsilon_0\varepsilon_s-\varepsilon_0)\dfrac{V}{l}$

$\qquad = (\varepsilon_0\varepsilon_s-\varepsilon_0)\dfrac{v \times B}{l}l=(\varepsilon-\varepsilon_0)v \times B[\mathrm{C/m^2}]$

07 진공 중에 4$[\mathrm{m}]$의 간격으로 놓여진 평행 도선에 같은크기의왕복 전류가 흐를때 단위 길이당 $2.0 \times 10^{-7}[\mathrm{N/m}]$의 힘이 작용하였다. 이 때 평행 도선에 흐르는 전류는 몇 $[\mathrm{A}]$인가?

① 1 ② 2

③ 4 ④ 8

🔍 해설

평행도선 사이에 작용하는 힘

왕복 전류가 흐르므로 평행도선 사이 힘

$F=\dfrac{\mu_o I_1 I_2}{2\pi d}=\dfrac{2I_1 I_2}{d} \times 10^{-7}=\dfrac{2I^2}{d} \times 10^{-7}[\mathrm{N/m}]$에서

전류 $I=\sqrt{\dfrac{Fd}{2 \times 10^{-7}}}=\sqrt{\dfrac{2.0 \times 10^{-7} \times 4}{2 \times 10^{-7}}}=2[\mathrm{A}]$

08 공기 중에서 1$[\mathrm{V/m}]$의 전계의 세기에 의한 변위전류밀도의 크기를 2$[\mathrm{A/m^2}]$으로 흐르게 하려면 전계의 주파수는 몇 $[\mathrm{MHz}]$가 되어야 하는가?

① 9000 ② 18000

③ 36000 ④ 72000

🔍 해설

변위전류

공기 중 변위전류밀도 $i_d=\omega\varepsilon_0 E=2\pi f\varepsilon_0 E[\mathrm{A/m^2}]$에서

주파수 $f=\dfrac{i_d}{2\pi\varepsilon_0 E}=\dfrac{2}{2\pi \times 8.855 \times 10^{-12} \times 1} \times 10^{-6} \fallingdotseq 36000[\mathrm{MHz}]$

09 액체 유전체를 포함한 콘덴서 용량이 $C[\mathrm{F}]$인 것에 $V[\mathrm{V}]$의 전압을 가했을 경우에 흐르는 누설전류$[\mathrm{A}]$는? (단, 유전체의 유전율은 $\varepsilon[\mathrm{F/m}]$, 고유저항은 $\rho[\Omega \cdot \mathrm{m}]$이다.)

① $\varepsilon\rho\dfrac{1}{CV}$ ② $\varepsilon\rho\dfrac{V}{C}$

③ $\dfrac{1}{\varepsilon\rho}CV$ ④ $\dfrac{1}{\varepsilon\rho}\dfrac{C}{V}$

🔍 해설

저항과 정전용량 관계

누설전류 $I=\dfrac{V}{R}=\dfrac{V}{\dfrac{\rho\varepsilon}{C}}=\dfrac{CV}{\rho\varepsilon}[\mathrm{A}]$

10 자기회로에서 전기회로의 도전율 $\sigma[\mho/\mathrm{m}]$에 대응되는 것은?

① 자속 ② 기자력

③ 투자율 ④ 자기저항

🔍 해설

자기회로

전기회로와 자기회로의 비교

전기회로		자기회로	
도전율	$k=\sigma[\mho/\mathrm{m}]$	투자율	$\mu[\mathrm{H/m}]$
전기저항	$R=\dfrac{l}{kS}[\Omega]$	자기저항	$R_m=\dfrac{l}{\mu S}[\Omega]$
기전력	$V=IR[\mathrm{V}]$	기자력	$F=NI=\phi R_m[\mathrm{AT}]$
전류	$I=\dfrac{V}{R}[\mathrm{A}]$	자속	$\phi=\dfrac{F}{R_m}=\dfrac{\mu SNI}{l}[\mathrm{Wb}]$
전류밀도	$i_c=\dfrac{I}{S}[\mathrm{A/m^2}]$	자속밀도	$B=\dfrac{\phi}{S}[\mathrm{Wb/m^2}]$

11 그림과 같이 평행판 콘덴서의 극판 사이에 유전율이 각각 ε_1, ε_2인 두 유전체를 반반씩 채우고 극판 사이에 일정한 전압을 걸어준다. 이 때 매질 (1), (2) 내의 전계의 세기 E_1, E_2 사이에는 다음 어느 관계가 성립하는가?

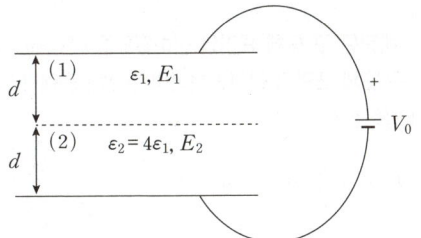

① $E_2 = \dfrac{1}{2}E_1$ 　　② $E_2 = \dfrac{1}{4}E_1$

③ $E_2 = \dfrac{1}{6}E_1$ 　　④ $E_2 = \dfrac{1}{8}E_1$

🔍 **해설** ---------------

유전체 경계면 조건
극판 사이 발생하는 전계는 유전체 경계면에 수직입사이므로 경계면 양측에서 전속밀도는 같다.

$$D_1 = D_2,\ \varepsilon_1 E_1 = \varepsilon_2 E_2 = 4\varepsilon_1 E_2,\ E_1 = 4E_2,\ \frac{1}{4}E_1 = E_2$$

12 두 개의 콘덴서를 직렬접속하고 직류전압을 인가 시 설명으로 옳지 않은 것은?

① 정전용량이 작은 콘덴서에 전압이 많이 걸린다.
② 각 콘덴서의 두 전극에 정전유도에 의하여 정·부의 동일한 전하가 나타나고 전하량은 일정하다.
③ 합성정전용량은 각 콘덴서의 정전용량보다 작아진다.
④ 합성정전용량은 각 콘덴서의 정전용량의 합과 같다.

🔍 **해설** ---------------

합성정전용량
• 직렬접속시 합성 정전용량
$$C = \frac{1}{\dfrac{1}{C_1} + \dfrac{1}{C_2}} = \frac{C_1 C_2}{C_1 + C_2}[F]$$
• 병렬접속시 합성 정전용량 $C = C_1 + C_2[F]$이므로 합성정전용량이 각 콘덴서의 정전용량의 합과 같은 접속방식은 병렬접속이다.

13 진공 중에서 점$(0, 1)[m]$의 위치에 $-2 \times 10^{-9}[C]$의 점전하가 있을 때, 점$(2, 0)[m]$에 있는 $1[C]$의 점전하에 작용하는 힘은 몇 $[N]$인가? (단, $\hat{x}$, $\hat{y}$는 단위벡터이다.)

① $\dfrac{36}{5\sqrt{5}}\hat{x} + \dfrac{18}{5\sqrt{5}}\hat{y}$ 　　② $-\dfrac{36}{5\sqrt{5}}\hat{x} + \dfrac{18}{5\sqrt{5}}\hat{y}$

③ $\dfrac{18}{3\sqrt{5}}\hat{x} + \dfrac{36}{5\sqrt{5}}\hat{y}$ 　　④ $-\dfrac{18}{3\sqrt{5}}\hat{x} + \dfrac{36}{3\sqrt{5}}\hat{y}$

🔍 **해설** ---------------

쿨롱의 법칙
점$(0, 1)[m]$에 음전하가 있으므로 점$(2, 0)[m]$에 있는 점전하에 작용하는 힘은 $(0, 1)[m]$ 방향으로 작용한다.

① 힘의 방향
$$\vec{r} = (0-2)\hat{x} + (1-0)\hat{y} = -2\hat{x} + \hat{y}$$
$$|\vec{r}| = \sqrt{(-2)^2 + 1^2} = \sqrt{5}\,[m]이므로$$
단위벡터 $\hat{n} = \dfrac{-2\hat{x} + \hat{y}}{\sqrt{5}}$

② 힘의 크기
$$|F| = 9 \times 10^9 \times \frac{Q_1 Q_2}{r^2} = 9 \times 10^9 \times \frac{2 \times 10^{-9} \times 1}{\sqrt{5}^2} = \frac{18}{5}[N]$$
$$\therefore\ F = |F|\hat{n} = \frac{18}{5} \times \frac{-2\hat{x} + \hat{y}}{\sqrt{5}} = -\frac{36}{5\sqrt{5}}\hat{x} + \frac{18}{5\sqrt{5}}\hat{y}[N]$$

14 와전류와 관련된 설명으로 틀린 것은?

① 와전류는 교번자속의 주파수와 최대자속밀도에 비례한다.
② 단위 체적당 와류손의 단위는 $[W/m^3]$이다.
③ 와전류손은 히스테리시스손과 함께 철손이다.
④ 와전류손을 감소시키기 위하여 성층철심을 사용한다.

🔍 **해설** ---------------

와전류
와전류손 $P_h = kf^2 B_m^2 t^2[W/m^3]$으로 교번자속의 주파수의 제곱과 최대자속밀도의 제곱에 비례한다.

[**정답**] 11 ② 12 ④ 13 ② 14 ①

15 무한장 솔레노이드에 전류가 흐를 때 발생되는 자계에 관한 설명으로 옳은 것은?

① 내부 자계의 세기는 위치와 관계없이 동일하다.

② 외부 자계의 세기는 솔레노이드와 가까울수록 크다.

③ 내부 자계의 세기는 0이다.

④ 외부와 내부의 자계의 세기는 같다.

🔍 **해설**

솔레노이드에 의한 자계

무한장 솔레노이드에 의한 내부 자계의 세기는 평등 자계이며 위치와 관계없이 동일하다.

16 z축 상에 놓인 길이가 긴 직선 도체에 $10[\mathrm{A}]$의 전류가 $+z$ 방향으로 흐르고 있다. 이 도체 주위의 자속밀도가 $3\hat{x}-4\hat{y}[\mathrm{Wb/m^2}]$일 때 도체가 받는 단위 길이당 힘 $[\mathrm{N/m}]$은? (단, $\hat{x}$, $\hat{y}$는 단위벡터이다.)

① $30\hat{x}+40\hat{y}$ ② $40\hat{x}+30\hat{y}$

③ $-40\hat{x}+30\hat{y}$ ④ $-30\hat{x}+40\hat{y}$

🔍 **해설**

전자력

자계 내 전류도선이 받는 단위길이당 힘

$$f=\frac{F}{l}=(I\times B)=\begin{vmatrix} \hat{x} & \hat{y} & \hat{z} \\ 0 & 0 & 10 \\ 3 & -4 & 0 \end{vmatrix}$$

$$=\{0-(-4\times10)\}\hat{x}-\{0-(3\times10)\}\hat{y}$$

$$\equiv 40\hat{x}+30\hat{y}[\mathrm{N/m}]$$

17 단면적이 균일한 환상철심에 권수 N_A인 A코일과 권수 N_B인 B코일이 있을 때, A코일의 자기 인덕턴스가 $N_A[\mathrm{H}]$라면 두 코일의 상호 인덕턴스$[\mathrm{H}]$는? (단, 누설자속은 0이다.)

① $\dfrac{L_A N_A}{N_B}$ ② $\dfrac{L_A N_B}{N_A}$

③ $\dfrac{N_A}{L_A N_B}$ ④ $\dfrac{N_B}{L_A N_A}$

🔍 **해설**

상호 인덕턴스

결합계수 $k=1$일 경우 상호 인덕턴스

$$M=\frac{\mu S N_1 N_2}{l}=\frac{L_1 N_2}{N_1}=\frac{L_2 N_1}{N_2}=\frac{L_A N_B}{N_A}[\mathrm{H}]$$

18 대전된 구 도체 표면의 전하밀도를 $\sigma[\mathrm{C/m^2}]$이라고 할 때, 구 도체 표면의 단위면적이 받는 정전응력$[\mathrm{N/m^2}]$의 크기와 방향은?

① $\dfrac{\sigma^2}{2\varepsilon_0}$ 이며 도체 외부 방향

② $\dfrac{\sigma^2}{2\varepsilon_0}$ 이며 도체 내부 방향

③ $\dfrac{\sigma^2}{\varepsilon_0}$ 이며 도체 외부 방향

④ $\dfrac{\sigma^2}{\varepsilon_0}$ 이며 도체 내부 방향

🔍 **해설**

정전흡인력

단위 면적당 정전 응력 $f=\dfrac{\sigma^2}{2\varepsilon_o}=\dfrac{D^2}{2\varepsilon_o}=\dfrac{1}{2}\varepsilon_o E^2[\mathrm{N/m^2}]$

전하밀도 $\sigma[\mathrm{C/m^2}]$는 양전하의 밀도이므로 도체의 외부 방향으로 힘이 작용한다.

19 내압 및 정전용량이 각각 $1000[\mathrm{V}]\text{-}2[\mu\mathrm{F}]$, $700[\mathrm{V}]$ $\text{-}3[\mu\mathrm{F}]$, $600[\mathrm{V}]\text{-}4[\mu\mathrm{F}]$, $300[\mathrm{V}]\text{-}8[\mu\mathrm{F}]$인 4개의 커패시터가 있다. 이 커패시터들을 직렬로 연결하여 양단에 전압을 인가한 후 전압을 상승시키면 가장 먼저 절연이 파괴되는 커패시터는? (단, 커패시터의 재질이나 형태는 동일하다.)

① $1000[\mathrm{V}]\text{-}2[\mu\mathrm{F}]$ ② $700[\mathrm{V}]\text{-}3[\mu\mathrm{F}]$

③ $600[\mathrm{V}]\text{-}4[\mu\mathrm{F}]$ ④ $300[\mathrm{V}]\text{-}8[\mu\mathrm{F}]$

🔍 **해설**

합성정전용량

각 콘덴서에 저장되는 최대 전하량

$Q_1=C_1 V_1=2\times1000=2000[\mu\mathrm{C}]$

$Q_2=C_2 V_2=3\times700=2100[\mu\mathrm{C}]$

$Q_3=C_3 V_3=4\times600=2400[\mu\mathrm{C}]$

$Q_4=C_4 V_4=8\times300=2400[\mu\mathrm{C}]$이므로

최대 전하량이 가장 작은 $1000[\mathrm{V}]-2[\mu\mathrm{F}]$ 커패시터가 가장 먼저 절연이 파괴된다.

[**정답**] 15 ①   16 ②   17 ②   18 ①   19 ①

20 구리의 고유저항은 20[℃]에서 1.69×10^{-8}[Ω·m]이고 온도계수는 0.00393이다. 단면적이 2[mm²]이고 길이가 100[m]인 구리선의 저항값은 40[℃]에서 약 몇 [Ω]인가?

① 0.91×10^{-3}

② 1.89×10^{-3}

③ 0.91

④ 1.89

🔎 해설

저항의 온도계수

온도 변화에 다른 저항값

$$R_T = R_t\{1+\alpha_t(T-t)\} = \rho \frac{l}{S}\{1+\alpha_t(T-t)\}$$

$$= 1.69 \times 10^{-8} \times \frac{100}{2 \times 10^{-6}}\{1+0.00393 \times (40-20)\} = 0.91[\Omega]$$

시행일 **2025년 1회**

01 어떤 철심에 단면적 4.26×10^{-2}[m²]인 공극이 있다. 이 공극의 길이가 5.66[mm]일 때 공극의 자기저항 [AT/Wb]을 구하시오.

① 1.05×10^{5}

② 5.1×10^{5}

③ 5.1×10^{-5}

④ 1.05×10^{-5}

🔎 해설

자기회로

공극의 자기저항

$$R_m = \frac{\ell}{\mu S} + \frac{\ell}{\mu_0 S} = \frac{5.66 \times 10^{-3}}{4\pi \times 10^{-7} \times 4.26 \times 10^{-2}} = 1.05 \times 10^{5}[\text{AT/Wb}]$$

02 주파수가 100[MHz]일 때 구리의 표피두께(Skin depth)는 약 몇 [mm]인가? (단, 구리의 도전율은 5.9×10^{7} [℧/m] 이고, 비투자율은 0.99이다.)

① 3.3×10^{-2}

② 6.6×10^{-2}

③ 3.3×10^{-3}

④ 6.6×10^{-3}

🔎 해설

표피효과

표피두께 $\delta = \dfrac{1}{\sqrt{\pi f \sigma \mu}} = \dfrac{1}{\sqrt{\pi f \sigma \mu_0 \mu_s}}$

$$= \frac{1}{\sqrt{\pi \times 100 \times 10^{6} \times 5.9 \times 10^{7} \times 4\pi \times 10^{-7} \times 0.99}} \times 10^{3}$$

$$= 6.59 \times 10^{-3}[\text{mm}]$$

03 권수 25[회]인 코일에 전류 1[A]를 흘려보냈을 때 0.01[Wb]의 자속이 발생했다. 이 코일의 인덕턴스를 1[H]로 만들기 위해서는 코일의 권수는 몇 회 감아야 하는가?

① 100

② 50

③ 5

④ 1

🔎 해설

자기 인덕턴스

자기 인덕턴스 $L = \dfrac{N\phi}{I} = \dfrac{25 \times 0.01}{1} = 0.25[\text{H}]$

코일의 인덕턴스 $L \propto N^2$이므로

인덕턴스 L이 0.25[H]에서 1[H]로 4배 증가하려면

코일의 권수 N은 $\sqrt{4}$=2배 증가해야 한다.

따라서 $N = 25 \times 2 = 50$

04 면적 S[m²], 간격 d[m]인 평행판 콘덴서에 전하 Q[C]를 충전하였을 때 정전 에너지 W[J]는?

① $W = \dfrac{dQ^2}{\varepsilon S}$

② $W = \dfrac{dQ^2}{2\varepsilon S}$

③ $W = \dfrac{dQ^2}{4\varepsilon S}$

④ $W = \dfrac{dQ^2}{8\varepsilon S}$

🔎 해설

정전에너지

평행판 콘덴서의 정전용량 $C = \dfrac{\varepsilon S}{d}$[F]이므로

정전에너지 $W = \dfrac{Q^2}{2C} = \dfrac{Q^2}{2\dfrac{\varepsilon S}{d}} = \dfrac{dQ^2}{2\varepsilon S}$[J]

전기자기학

전력공학

전기기기

회로이론

제어공학

전기설비기술기준

05 같은 크기를 가진 두 전하가 20[cm]의 거리를 두고 놓여 있다. 두 전하 사이에 8.6×10^{-4}[N]의 반발력이 작용할 때, 이 전하의 전하량[C]을 구하시오.

① 6.2×10^{-6} ② 3.1×10^{-6}

③ 6.2×10^{-8} ④ 3.1×10^{-8}

🔎 해설

쿨롱의 법칙

두 전하 사이 작용하는 힘 $F = \dfrac{Q_1 Q_2}{4\pi\varepsilon_0 r^2} = 9 \times 10^9 \dfrac{Q_1 Q_2}{r^2}$[N]에서 같은 크기를 가진 두 전하이므로

$Q_1 = Q_2 = Q \;\rightarrow\; F = 9 \times 10^9 \times \dfrac{Q^2}{r^2}$[N]

$\therefore$ 전하량 $Q = \sqrt{\dfrac{Fr^2}{9 \times 10^9}} = \sqrt{\dfrac{8.6 \times 10^{-4} \times 0.2^2}{9 \times 10^9}} = 6.18 \times 10^{-8}$[N]

06 강자성체의 히스테리시스 루프의 면적은?

① 강자성체의 단위 체적당의 필요한 에너지다.
② 강자성체의 단위 면적당의 필요한 에너지다.
③ 강자성체의 단위 길이당의 필요한 에너지다
④ 강자성체의 전체 체적의 필요한 에너지이다.

🔎 해설

히스테리시스 곡선

히스테리시스 루프의 면적은 강자성체 자화시 필요한 단위 체적당 에너지이다.

$S = W_h = \displaystyle\int H dB \,[\text{J/m}^3]$

07 자유공간에서 정육각형의 꼭짓점에 동량, 동질의 점전하 Q가 각각 놓여 있을 때 정육각형 한 변의 길이가 a라 하면 정육각형 중심의 전계의 세기[V/m]는?

① $\dfrac{Q}{4\pi\varepsilon_0 a^2}$ ② $\dfrac{3Q}{4\pi\varepsilon_0 a^2}$

③ $6Q$ ④ 0

🔎 해설

전계의 세기

점전하에 의한 전계의 세기 $E = \dfrac{Q}{4\pi\varepsilon_0 r^2} = 9 \times 10^9 \dfrac{Q}{r^2}$[V/m]은

전하량 Q와 거리 r에 따라 결정된다.

정육각형의 각 꼭지점의 전하량과 각 꼭지점과 중심 사이 거리는 동일하므로 각 꼭지점에서 중심을 향하는 전계의 세기는 같다. 중심 기준으로 마주보는 꼭지점에서 발생하는 전계가 서로 상쇄되면서 중심의 전계의 세기는 0이다.

08 임의의 단면을 가진 2개의 원주상의 무한히 긴 평행 도체가 있다. 지금 도체의 도전율을 무한대라고 하면 C, L, ε 및 μ 사이의 관계는? (단, C는 두 도체간의 단위 길이당 정전용량, L은 두 도체를 한 개의 왕복회로로 한 경우의 단위 길이당 자기 인덕턴스, ε은 두 도체 사이에 있는 매질의 유전율, μ는 두 도체 사이에 있는 매질의 투자율이다.)

① $C\varepsilon = L\mu$ ② $\dfrac{C}{\varepsilon} = \dfrac{L}{\mu}$

③ $\dfrac{1}{LC} = \mu\varepsilon$ ④ $LC = \mu\varepsilon$

🔎 해설

자기 인덕턴스

인덕턴스와 정전용량의 관계 $LC = \mu\varepsilon$

09 내반경 a[m], 외반경 b[m]인 동축케이블에서 극간 매질의 도전율이 σ[℧/m]일 때 단위 길이당 이 동축 케이블의 컨덕턴스[℧/m]는?

① $\dfrac{2\pi\sigma}{\ln\dfrac{b}{a}}$ ② $\dfrac{2\pi\sigma}{\ln\dfrac{a}{b}}$

③ $\dfrac{4\pi\sigma}{\ln\dfrac{b}{a}}$ ④ $\dfrac{4\pi\sigma}{\ln\dfrac{a}{b}}$

🔎 해설

저항의 종류

동축 케이블[원통] 내외 정전용량 $C = \dfrac{2\pi\varepsilon}{\ln\dfrac{b}{a}}$[F/m]

컨덕턴스 $G = \dfrac{1}{R} = \dfrac{C}{\rho\varepsilon} = \dfrac{\dfrac{2\pi\varepsilon}{\ln\dfrac{b}{a}}}{\rho\varepsilon} = \dfrac{2\pi}{\rho\ln\dfrac{b}{a}} = \dfrac{2\pi\sigma}{\ln\dfrac{b}{a}}$[℧/m]

[정답] 05 ③ 06 ① 07 ④ 08 ④ 09 ①

10 간격이 d[m]이고 면적이 S[m²]인 평행판 커패시터의 전극 사이에 유전율이 ε인 유전체를 넣고 전극 간에 V[V]의 전압을 가했을 때, 이 커패시터의 전극판을 떼어내는데 필요한 힘의 크기[N]는?

① $\dfrac{1}{2\varepsilon}\dfrac{V^2}{d^2S}$ ② $\dfrac{1}{2\varepsilon}\dfrac{dV^2}{S}$

③ $\dfrac{1}{2}\varepsilon\dfrac{V}{d}S$ ④ $\dfrac{1}{2}\varepsilon\dfrac{V^2}{d^2}S$

🔍 **해설**

정전 흡인력

커패시터의 전극판을 떼어내는데 필요한 힘＝커패시터 전극 사이 정전 흡인력

단위 면적당 정전흡인력 $f=\dfrac{\sigma^2}{2\varepsilon}=\dfrac{D^2}{2\varepsilon}=\dfrac{1}{2}\varepsilon E^2$[N/m²]에서

전압 $V=Ed$[V], 전계 $E=\dfrac{V}{d}$[V/m]이므로

전체 힘 $F=fS=\dfrac{1}{2}\varepsilon E^2S=\dfrac{1}{2}\varepsilon\left(\dfrac{V}{d}\right)^2S=\dfrac{1}{2}\varepsilon\dfrac{V^2}{d^2}S$[N]

---

11 판 간격이 d[m]인 평행판 콘덴서 중에 두께 t[m]이고, 비유전율이 ε_r인 유전체를 삽입하였을 경우, 삽입 전-후 정전용량의 비율은?

① $\dfrac{t}{\varepsilon_r(d-t)}$ ② $\dfrac{\varepsilon_r d}{\varepsilon_r(d-t)+t}$

③ $\dfrac{d}{\varepsilon_r t+d}$ ④ $\dfrac{1}{\varepsilon_r(d-t)+d}$

🔍 **해설**

복합 유전체 합성정전용량

판 간격과 유전체의 두께가 다르므로 극판과 평행하게 채운 경우이며

합성정전용량 $C=\dfrac{\varepsilon_1\varepsilon_2 S}{\varepsilon_1 d_2+\varepsilon_2 d_1}$[F]이므로

삽입 전후 정전용량 비율 $\dfrac{C}{C_0}=\dfrac{\dfrac{\varepsilon_1\varepsilon_2 S}{\varepsilon_1 d_2+\varepsilon_2 d_1}}{\dfrac{\varepsilon_0 S}{d}}$

$\varepsilon_1=\varepsilon_0,\ \varepsilon_2=\varepsilon_0\varepsilon_r,\ d_1=d-t,\ d_2=t$ 를 적용하면

$\dfrac{C}{C_0}=\dfrac{\dfrac{\varepsilon_0\varepsilon_0\varepsilon_r S}{\varepsilon_0 t+\varepsilon_0\varepsilon_r(d-t)}}{\dfrac{\varepsilon_0 S}{d}}=\dfrac{\varepsilon_r d}{t+\varepsilon_r(d-t)}$

---

12 어떤 환상 철심의 평균 반지름이 100[mm], 비투자율 3000, 철심 단면의 지름은 20[mm]이며, 5[mm]의 공극이 있다고 한다. 이 철심에 코일을 감아 9.5[mA]의 전류를 흘릴 때, 5×10^{-6}[Wb]의 자속이 발생했다. 이 코일의 권수는 약 몇 회인가?

① 8000   ② 7000

③ 6000   ④ 5000

🔍 **해설**

자기회로

공극시 합성자기저항 $R_m=\dfrac{l+\mu_s l_g}{\mu S}$[AT/Wb]이므로

자속 $\phi=\dfrac{F}{R_m}=\dfrac{NI}{\dfrac{l+\mu_s l_g}{\mu S}}$[Wb]

$\rightarrow N=\dfrac{\phi(l+\mu_s l_g)}{\mu SI}$ $\dfrac{5\times10^{-6}\times(2\pi\times0.1+3000\times5\times10^{-3})}{4\pi\times10^{-7}\times3000\times\dfrac{\pi\times0.02^2}{4}\times9.5\times10^{-3}}$

$=6945.08$[회]

---

13 두 평행판 축전기에 채워진 폴리에틸렌의 비유전율이 ε_r, 판간 거리 $d=1.5$[mm]일 때 만일 평행판 내의 전계의 세기가 10[kV/m]라면 평행판간 폴리에틸렌 표면에 나타난 분극전하 밀도[C/m²]는?

① $\dfrac{\varepsilon_r-1}{18\pi}\times10^{-5}$ ② $\dfrac{\varepsilon_r-1}{36\pi}\times10^{-6}$

③ $\dfrac{\varepsilon_r-1}{18\pi}\times10^{-6}$ ④ $\dfrac{\varepsilon_r-1}{36\pi}\times10^{-5}$

🔍 **해설**

분극의 세기

분극전하밀도＝분극의 세기

$P=\varepsilon_0(\varepsilon_r-1)E=\dfrac{10^{-9}}{36\pi}(\varepsilon_r-1)\times10\times10^3$

$=\dfrac{\varepsilon_r-1}{36\pi}\times10^{-5}$[C/m²]

[**정답**] 10 ④   11 ②   12 ②   13 ④

전기자기학 / 전력공학 / 전기기기 / 회로이론 / 제어공학 / 전기설비기술기준

14 정전용량이 0.3[μF]인 평행판 공기 콘덴서의 두 극판 사이에 절반 두께의 비유전율 5인 유리판을 극판과 평행하게 넣었다면 이 콘덴서의 정전용량은 약 몇 [μF]이 되는가?

① 5

② 3

③ 0.5

④ 0.1

🔍 **해설** -

복합유전체 합성정전용량

공기 콘덴서 정전용량 $C_0=0.3[\mu F]$이므로 공기 콘덴서에 유전체를 판 간격 절반만 평행하게 채운 경우 정전용량

$$C=C_0 \times \frac{2\varepsilon_s}{1+\varepsilon_s}=0.3 \times \frac{2\times5}{1+5}=0.5[\mu F]$$

15 전위함수 $V=x^2+y[\text{V}]$인 자유공간 내의 전하밀도는 몇 [C/m³]인가?

① $\dfrac{5}{\varepsilon_0}$

② $-2\varepsilon_0$

③ $-\dfrac{2}{\varepsilon_0}$

④ $-5\varepsilon_0$

🔍 **해설** -

포아송의 방정식

포아송 방정식 $\nabla^2 V=-\dfrac{\rho}{\varepsilon_0}$ 에서

$$\begin{aligned}\nabla^2 V&=\frac{\partial^2 V}{\partial x^2}+\frac{\partial^2 V}{\partial y^2}+\frac{\partial^2 V}{\partial z^2}\\&=\frac{\partial^2}{\partial x^2}(x^2+y)+\frac{\partial^2}{\partial y^2}(x^2+y)+\frac{\partial^2}{\partial z^2}(x^2+y)\\&=2+0+0=2=-\frac{\rho}{\varepsilon_0}\end{aligned}$$

$$\therefore \rho=-2\varepsilon_0$$

16 자극의 세기 $m[\text{Wb}]$의 점자극으로부터 $r[\text{m}]$ 떨어진 점의 자계의 세기[AT/m]는?

① $\dfrac{m}{2\pi\mu_0 r^2}$

② $\dfrac{m}{2\pi\mu_0 r}$

③ $\dfrac{m}{4\pi\mu_0 r}$

④ $\dfrac{m}{4\pi\mu_0 r^2}$

🔍 **해설** -

자계의 세기

점자극에 의한 자계의 세기 $H=\dfrac{m}{4\pi\mu_0 r^2}[\text{AT/m}]$

17 도전성이 없고 유전율과 투자율이 일정하며, 전하분포가 없는 균질 완전절연체 내에서 전계 및 자계가 만족하는 미분방정식의 형태는? (단, $a=\sqrt{\varepsilon\mu}$, $v=\dfrac{1}{\sqrt{\varepsilon\mu}}$)

① $\nabla^2\overline{F}=\overline{O}$

② $\nabla^2\overline{F}=\dfrac{1}{a^2}\dfrac{\partial\overline{F}}{\partial t}$

③ $\nabla^2\overline{F}=\dfrac{1}{v^2}\dfrac{\partial^2\overline{F}}{\partial t^2}$

④ $\nabla^2\overline{F}=\dfrac{1}{a^2}\dfrac{\partial\overline{F}}{\partial t}+\dfrac{1}{v^2}\dfrac{\partial^2\overline{F}}{\partial t^2}$

🔍 **해설** -

파동방정식

파동방정식은 파동현상을 표현하는 2차 편미분 방정식이다.

$$\nabla^2\overline{F}=\frac{1}{v^2}\frac{\partial^2\overline{F}}{\partial t^2}$$

18 진공 내의 점 (3, 1)[m]에 $-2\times10^{-9}[\text{C}]$의 전하가 있다. 이 때 점 (1, 2)[m]에 있는 1[C]의 점전하에 작용하는 힘은 몇 [N]인가? (단, $\hat{x}$, $\hat{y}$ 는 단위벡터이다.)

① $-\dfrac{18}{5\sqrt{5}}\hat{x}+\dfrac{36}{5\sqrt{5}}\hat{y}$

② $-\dfrac{36}{5\sqrt{5}}\hat{x}+\dfrac{18}{5\sqrt{5}}\hat{y}$

③ $\dfrac{36}{5\sqrt{5}}\hat{x}-\dfrac{18}{5\sqrt{5}}\hat{y}$

④ $\dfrac{18}{5\sqrt{5}}\hat{x}-\dfrac{36}{5\sqrt{5}}\hat{y}$

[정답] 14 ③ 15 ② 16 ④ 17 ③ 18 ③

해설

쿨롱의 법칙

-2×10^{-9}[C]과 1[C]의 점전하 사이에는 흡인력이 작용하므로 1[C]의 점전하에 작용하는 힘은 (1, 2)에서 (3, 1)로 작용한다.

따라서 힘의 방향 $\vec{r} = (3-1)\hat{x} + (1-2)\hat{y} = 2\hat{x} - \hat{y}$

$|\vec{r}| = \sqrt{2^2 + (-1)^2} = \sqrt{5}$ 이므로

- 힘의 방향의 단위벡터 $\hat{n} = \dfrac{\vec{r}}{|\vec{r}|} = \dfrac{2\hat{x} - \hat{y}}{\sqrt{5}}$

- 힘의 크기 $|F| = 9 \times 10^9 \times \dfrac{Q_1 Q_2}{r^2} = 9 \times 10^9 \times \dfrac{2 \times 10^{-9} \times 1}{\sqrt{5}^2} = \dfrac{18}{5}$[N]

- $\vec{F} = |F| \hat{n} = \dfrac{18}{5} \times \dfrac{2\hat{x} - \hat{y}}{\sqrt{5}} = \dfrac{36\hat{x}}{5\sqrt{5}} - \dfrac{18\hat{y}}{5\sqrt{5}}$[N]

---

19 교류전압 $V = V_m \cos\omega t$[V]인가 시, 변위전류밀도는 무엇에 비례하는가?

① $\omega\varepsilon$
② ωE^2
③ $\omega \dfrac{\varepsilon^2}{d}$
④ $\omega^2 E$

해설

변위전류

변위전류밀도 $i_d = \dfrac{\partial D}{\partial t} = \omega\varepsilon E$[A/m^2]이므로 $i_d \propto \omega\varepsilon$

---

20 무한장 직선 전류에 의한 자계의 세기[AT/m]는?

① 거리 r에 비례한다.
② 거리 r^2에 비례한다.
③ 거리 r에 반비례한다.
④ 거리 r^2에 반비례한다.

해설

전류에 의한 자계

무한장 직선 전류에 의한 자계의 세기 $H = \dfrac{I}{2\pi r}$[AT/m]이므로 거리 r에 반비례한다.

---

01 그림과 같은 회로에서 스위치를 최초 A에 연결하여 일정한 전류 I_0[A]를 흘린 다음, 스위치를 급히 B로 전환할 때 저항 R[Ω]에는 1[s]간에 얼마만한 열량[cal]이 발생하는가?

① $\dfrac{1}{8.4} LI_0^2$
② $\dfrac{1}{4.2} LI_0^2$
③ $\dfrac{1}{2} LI_0^2$
④ LI_0^2

해설

전자 에너지

1[cal]$= 4.2$[J] → 1[J]$= \dfrac{1}{4.2}$[cal]이므로

코일에 저장되는 에너지

$W = \dfrac{1}{2} LI^2$[J]$= \dfrac{1}{4.2} \times \dfrac{1}{2} LI^2$[cal]$= \dfrac{1}{8.4} LI^2$[cal]

---

02 유전체에 대한 경계조건에 설명이 옳지 않은 것은?

① 표면전하 밀도란 구속전하의 표면밀도를 말하는 것이다.
② 완전 유전체 내에서는 자유전하는 존재하지 않는다.
③ 경계면에 외부전하가 있으면, 유전체의 내부와 외부의 전하는 평형 되지 않는다.
④ 특수한 경우를 제외하고 경계면에서 표면전하 밀도는 영(Zero)이다.

해설

유전체 경계면 조건

유전체의 표면전하밀도는 분극전하의 표면밀도를 말한다.

[**정답**] 19 ① 20 ③ 2025년 2회 01 ① 02 ①

전기자기학
전력공학
전기기기
회로이론
제어공학
전기설비기술기준

03 그림과 같은 평행한 무한장 직선의 두 도선에 $I[A]$, $4I[A]$인 전류가 각각 흐른다. 두 도선 사이 점 P에서 자계의 세기가 0이라면 $\dfrac{a}{b}$는?

① 2

② 4

③ $\dfrac{1}{2}$

④ $\dfrac{1}{4}$

해설

전류에 의한 자계

무한장 직선 전류에 의한 자계 $H=\dfrac{I}{2\pi r}[\text{AT/m}]$이므로

$I[A]$에 의한 자계 $H_1=\dfrac{I}{2\pi a}[\text{AT/m}]$

$4I[A]$에 의한 자계 $H_2=\dfrac{4I}{2\pi b}[\text{AT/m}]$

H_1과 H_2는 반대 방향이며 P점의 자계의 세기가 0이므로

$H_1=H_2 \rightarrow \dfrac{I}{2\pi a}=\dfrac{4I}{2\pi b} \rightarrow \dfrac{a}{b}=\dfrac{1}{4}$

04 두 평행판 축전기에 채워진 폴리에틸렌의 비유전율이 ε_r, 판간 거리 $d=1.5[\text{mm}]$일 때 만일 평행판 내의 전계의 세기가 $10[\text{kV/m}]$라면 평행판간 폴리에틸렌 표면에 나타난 분극전하 밀도 $[\text{C/m}^2]$는?

① $\dfrac{\varepsilon_r-1}{18\pi}\times10^{-5}$

② $\dfrac{\varepsilon_r-1}{36\pi}\times10^{-6}$

③ $\dfrac{\varepsilon_r-1}{18\pi}\times10^{-6}$

④ $\dfrac{\varepsilon_r-1}{36\pi}\times10^{-5}$

해설

분극의 세기

분극의 세기 $P=\varepsilon_0(\varepsilon_r-1)E=\dfrac{10^{-9}}{36\pi}(\varepsilon_r-1)\times10\times10^3$

$\qquad\qquad =\dfrac{\varepsilon_r-1}{36\pi}\times10^{-5}[\text{C/m}^2]$

05 공기 중에서 전계의 진행파 진폭이 $10[\text{mV/m}]$일 때 자계의 진행파 진폭은 몇 $[\text{mAT/m}]$인가?

① 26.5×10^{-2}

② 26.5×10^{-3}

③ 26.5×10^{-5}

④ 26.5×10^{-6}

해설

전자파

파동 임피던스 $\eta=\dfrac{E}{H}=\sqrt{\dfrac{\mu}{\varepsilon}}=377\sqrt{\dfrac{\mu_s}{\varepsilon_s}}[\Omega]$

공기 중이므로 $\varepsilon_s=1$, $\mu_s=1 \rightarrow \eta=\dfrac{E}{H}=377[\Omega]$

자계의 진행파 진폭 $H=\dfrac{1}{377}E=2.65\times10^{-3}\times10$

$\qquad\qquad =26.5\times10^{-3}[\text{mAT/m}]$

06 한 공간 내의 전계의 세기가 $E=E_o\cos\omega t$일 때 이 공간 내의 변위전류밀도의 크기는?

① ωE_o에 비례한다.

② ωE_o^2에 비례한다.

③ $\omega^2 E_o$에 비례한다.

④ $\omega^2 E_o^2$에 비례한다.

해설

변위전류

변위전류밀도 $i_d=\dfrac{\partial D}{\partial t}=\omega\varepsilon E[\text{A/m}^2]$이므로 $i_d\propto\omega\varepsilon$

07 전하 $q[\text{C}]$가 진공중의 자계 $H[\text{AT/m}]$에 수직 방향으로 $v[\text{m/s}]$의 속도로 움직일 때 받는 힘은 몇 $[\text{N}]$인가?

① $\dfrac{qH}{\mu_0 v}$

② qvH

③ $\dfrac{1}{\mu_0}qvH$

④ $\mu_0 qvH$

해설

로렌츠힘

자계 내 전하 $v[\text{m/s}]$의 속도로 이동시 전하가 받는 힘
$F=Bqv\sin\theta=\mu_0 Hqv\sin\theta=q(v\times B)[\text{N}]$
자계와 수직방향으로 이동하므로
$F=\mu_0 Hqv\sin90°=\mu_o Hqv=\mu_o qvH[\text{N}]$

08 내부 원통의 반지름이 a, 외부 원통의 반지름이 b인 동축 원통 콘덴서의 내외 원통 사이에 공기를 넣었을 때 정전용량이 C_1이었다. 내외 반지름을 모두 3배로 증가시키고 공기 대신 비유전율이 3인 유전체를 넣었을 경우 정전용량 C_2는?

① $C_2 = \dfrac{C_1}{9}$ 　　② $C_2 = \dfrac{C_1}{3}$

③ $C_2 = 3C_1$ 　　④ $C_2 = 9C_1$

🔍 해설

도체 모양에 따른 정전용량

동축 원통 사이 공기를 넣었을 때 정전용량 $C = \dfrac{2\pi\varepsilon_0}{\ln\frac{b}{a}}$ [F/m]

내외 반지름을 모두 3배로 증가시키고
동축 원통 사이 유전체를 넣었을 때 정전용량

$C_2 = \dfrac{2\pi\varepsilon_0\varepsilon_s}{\ln\frac{3b}{3a}} = \dfrac{2\pi\varepsilon_0 \times 3}{\ln\frac{b}{a}} = 3C_1$ [F/m]

09 반지름이 $a > b$[m]인 동심 도체구의 정전용량은?

① $4\pi\varepsilon_0 a$ 　　② $\dfrac{4\pi\varepsilon_0 ab}{a-b}$

③ $\dfrac{1}{4\pi\varepsilon_0} \times \dfrac{ab}{a-b}$ 　　④ $\dfrac{1}{4\pi\varepsilon_0} \times \dfrac{a-b}{ab}$

🔍 해설

도체 모양에 따른 정전용량

$b > a$[m]인 동심구 정전용량 $C = \dfrac{4\pi\varepsilon_0}{\frac{1}{a} - \frac{1}{b}} = \dfrac{4\pi\varepsilon_0 ab}{b-a}$ [F]

→ $a > b$[m]인 동심구 정전용량 $C = \dfrac{4\pi\varepsilon_0}{\frac{1}{b} - \frac{1}{a}} = \dfrac{4\pi\varepsilon_0 ab}{a-b}$ [F]

10 공기 중 전계 $E = 3\hat{x} + 4\hat{y}$[V/m] 내 수직으로 놓인 도체 표면의 전하밀도는 몇 [C/m²]인가?

① 0.78×10^{-9} 　　② 0.61×10^{-9}

③ 0.44×10^{-10} 　　④ 0.23×10^{-10}

🔍 해설

전속밀도

면전하밀도 $\sigma = D = \varepsilon_0 E = 8.855 \times 10^{-12} \times \sqrt{3^2 + 4^2}$
$= 0.44 \times 10^{-10}$ [C/m²]

11 접지구도체와 점전하간의 작용력은?

① 항상 반발력이다. 　　② 항상 흡인력이다.

③ 조건적 반발력이다. 　　④ 조건적 흡인력이다.

🔍 해설

접지구도체와 점전하

접지구도체에 의한 영상전하 $Q' = -\dfrac{a}{d}Q$ [C]

점전하와 부호가 반대이므로 항상 흡인력이 작용한다.

12 인덕턴스의 단위를 나타낸 것으로 옳은 것은?

① [Wb/A] 　　② [Ω/s]

③ [J/A] 　　④ [AT/m]

🔍 해설

자기 인덕턴스

자기 인덕턴스 L [Wb/A = V·sec/A = Ω·sec = J/A² = H]

13 진공 중 반지름이 a[m]인 무한길이의 원통 도체 2개가 간격 d[m]로 평행하게 배치되어 있다. 두 도체 사이의 정전용량을 나타낸 것으로 옳은 것은?

① $\pi\varepsilon_0 \ln\dfrac{d-a}{a}$ 　　② $\dfrac{\pi\varepsilon_0}{\ln\frac{d-a}{a}}$

③ $\pi\varepsilon_0 \ln\dfrac{a}{d-a}$ 　　④ $\dfrac{\pi\varepsilon_0}{\ln\frac{a}{d-a}}$

🔍 해설

도체 모양에 따른 정전용량

평행도선 사이 정전용량 $C = \dfrac{\pi\varepsilon_0}{\ln\frac{d-a}{a}} \fallingdotseq \dfrac{\pi\varepsilon_0}{\ln\frac{d}{a}}$ [F/m]

[정답] 08 ③　09 ②　10 ③　11 ②　12 ①　13 ②

14 평균 반지름(r)이 20[cm], 단면적(S)이 6[cm²]인 환상 철심에서 권선수(N)가 500회인 코일에 흐르는 전류(I)가 4[A]일 때 철심 내부에서의 자계의 세기(H)는 약 몇 [AT/m]인가?

① 1590   ② 1700
③ 1870   ④ 2120

🔍 **해설**

솔레노이드에 의한 자계
환상 솔레노이드 내부 자계의 세기

$$H = \frac{NI}{l} = \frac{NI}{2\pi r} = \frac{500 \times 4}{2\pi \times 0.2} = 1591.55 [\text{AT/m}]$$

15 다음 중 기자력(Magnetomotive force)에 대한 설명으로 틀린 것은?

① SI 단위는 암페어[A]이다.
② 전기회로의 기전력에 대응한다.
③ 자기회로의 자기저항과 자속의 곱과 동일하다.
④ 코일에 전류를 흘렸을 때 전류밀도와 코일의 권수의 곱의 크기와 같다.

🔍 **해설**

자기회로
기자력 $F = NI = R_m\phi[\text{AT}]$로 전류와 코일의 권수의 곱의 크기와 같다.

16 어떤 철심에 단면적 4.26×10^{-2}[m²]인 공극이 있다. 이 공극의 길이가 5.66[mm]일 때 공극의 자기저항[AT/Wb]을 구하시오.

① 1.05×10^5 ② 5.1×10^5
③ 5.1×10^{-5} ④ 1.05×10^{-5}

🔍 **해설**

자기회로
공극의 자기저항

$$R_m = \frac{l}{\mu S} + \frac{l}{\mu_0 S} = \frac{5.66 \times 10^{-3}}{4\pi \times 10^{-7} \times 4.26 \times 10^{-2}} = 1.05 \times 10^5 [\text{AT/Wb}]$$

17 환상 솔레노이드 철심 내부에서 자계의 세기[AT/m]는? (단, N은 코일 권선수, d는 환상 철심의 평균 지름, I는 코일에 흐르는 전류이다.)

① NI ② $\dfrac{NI}{\pi d}$
③ $\dfrac{NI}{2\pi d}$ ④ $\dfrac{NI}{4\pi d}$

🔍 **해설**

솔레노이드에 의한 자계
환상 솔레노이드 내부 자계의 세기

$$H = \frac{NI}{l} = \frac{NI}{2\pi r} = \frac{NI}{\pi d}[\text{AT/m}]$$

18 유전율이 ε_1과 ε_2인 두 유전체가 경계를 이루어 평행하게 접하고 있는 경우 유전율이 ε_1인 영역에 전하 Q가 존재할 때 이 전하와 ε_2인 유전체 사이에 작용하는 힘에 대한 설명으로 옳은 것은?

① $\varepsilon_1 > \varepsilon_2$인 경우 반발력이 작용한다.
② $\varepsilon_1 > \varepsilon_2$인 경우 흡인력이 작용한다.
③ ε_1과 ε_2에 상관없이 반발력이 작용한다.
④ ε_1과 ε_2에 상관없이 흡인력이 작용한다.

🔍 **해설**

전기영상법
유전율이 ε_1인 영역에 양전하 Q가 존재할 때
ε_2인 유전체의 영상전하 $Q' = \dfrac{\varepsilon_1 - \varepsilon_2}{\varepsilon_1 + \varepsilon_2}Q[\text{C}]$

$\varepsilon_1 > \varepsilon_2$인 경우 영상전하 $Q' = \dfrac{\varepsilon_1 - \varepsilon_2}{\varepsilon_1 + \varepsilon_2}Q > 0$, 즉 양전하이다.
따라서 동종의 전하끼리 반발력이 작용한다.

19 유전율이 ε인 유전체 내에 있는 점전하 Q에서 발산되는 전기력선의 수는 총 몇 개인가?

① Q ② $\dfrac{Q}{\varepsilon_0 \varepsilon_s}$
③ $\dfrac{Q}{\varepsilon_s}$ ④ $\dfrac{Q}{\varepsilon_0}$

[정답] 14 ①   15 ④   16 ①   17 ②   18 ①   19 ②

🔍 **해설**

전기력선의 성질

유전체 내 전기력선의 수 $N=\dfrac{Q}{\varepsilon}=\dfrac{Q}{\varepsilon_0\varepsilon_s}$[개]

20 점 $P(1,\ 2,\ 3)$[m]와 $Q(2,\ 0,\ 5)$[m]에 각각 3×10^{-4}[C]과 -10^{-4}[C]의 점전하가 있을 때 점 Q에 작용하는 힘은 몇 [N]인가?

① $-10(\hat{x}-2\hat{y}+2\hat{z})$　　　② $10(\hat{x}-2\hat{y}+2\hat{z})$

③ $5(\hat{x}+2\hat{y}-2\hat{z})$　　　　④ $-5(\hat{x}-2\hat{y}+2\hat{z})$

🔍 **해설**

쿨롱의 법칙

3×10^{-4}[C]과 -10^{-4}[C]의 점전하 사이에는 흡인력이 작용하므로 힘의 방향은 점 $Q(2,0,5)$에서 점 $P(1,2,3)$로 작용한다.
따라서 힘의 방향 $\vec{r}=(1-2)\hat{x}+(2-0)\hat{y}+(3-5)\hat{z}$
$$=-\hat{x}+2\hat{y}-2\hat{z}$$
$|\vec{r}|=\sqrt{(-1)^2+2^2+(-2)^2}=3$[m]이므로

- 힘의 방향의 단위벡터 $\vec{n}=\dfrac{\vec{r}}{|\vec{r}|}=\dfrac{-\hat{x}+2\hat{y}-2\hat{z}}{3}$

- 힘의 크기 $|F|=9\times10^9\times\dfrac{Q_1Q_2}{r^2}$
$$=9\times10^9\times\dfrac{3\times10^{-4}\times10^{-4}}{3^2}=30[\mathrm{N}]$$

- $\vec{F}=|F|\vec{n}=\dfrac{-\hat{x}+2\hat{y}-2\hat{z}}{3}\times30$
$$=10(-\hat{x}+2\hat{y}-2\hat{z})=-10(\hat{x}-2\hat{y}+2\hat{z})[\mathrm{N}]$$

시행일 ▸ **2025년 3회**

01 다음 중 정전계에 대한 설명으로 옳지 않은 것은?

① 전계가 0이 아닌 곳에서는 전력선과 등전위면은 직교한다.

② 도체 내부의 전계는 0이다.

③ 정전계 중에서 전계의 선적분은 적분 경로에 따라 다르다.

④ 정전계는 정전에너지가 최소인 분포이다.

🔍 **해설**

정전계

$V=-\displaystyle\int_b^a E\cdot dl$, 즉 전계의 선적분은 전위차이며 a,b점의 위치에 따라 달라지며 $a-b$ 사이 적분 경로와는 무관하다. 특히 적분 경로가 폐곡선일 경우 전계의 선적분 $\displaystyle\oint_c E\cdot dl=0$이다.

02 그림과 같은 원형 코일이 두 개가 있다. A의 권선수는 1회, 반지름 1[m], B의 권선수는 2회, 반지름은 2[m]이다. A와 B의 코일 중심을 겹쳐 두면 중심에서의 자속이 A만 있을 때의 2배가 된다. A와 B의 전류비 I_B/I_A는?

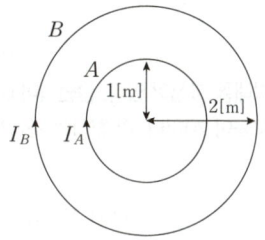

① 1　　　　　　　　　② 1/2

③ 4　　　　　　　　　④ 2

🔍 **해설**

원형코일 중심점 자계

A 코일 중심 자계 $H_A=\dfrac{1\times I_A}{2\times1}=\dfrac{I_A}{2}$[AT/m]

B 코일 중심 자계 $H_B=\dfrac{1\times I_B}{2\times2}=\dfrac{I_B}{2}$[AT/m]

I_A와 I_B가 같은 방향이므로 H_A와 H_B도 같은 방향
자속과 자계는 비례하므로

$$H_A+H_B=2H_A \;\rightarrow\; H_B=H_A \;\rightarrow\; \dfrac{I_B}{2}=\dfrac{I_A}{2}$$

$$\therefore\ \dfrac{I_B}{I_A}=1$$

03 무한평면 도체에서 h[m]의 높이에 반지름 a[m] $(a<h)$의 도선을 평행하게 가설하였을 때 도체에 대한 도선의 정전용량은 몇 [F/m]인가?

전기자기학

전력공학

전기기기

회로이론

제어공학

전기설비기술기준

① $\dfrac{\pi \varepsilon_0}{\ln \dfrac{h}{a}}$ 　② $\dfrac{2\pi \varepsilon_0}{\ln \dfrac{h}{a}}$

③ $\dfrac{\pi \varepsilon_0}{\ln \dfrac{2h}{a}}$ 　④ $\dfrac{2\pi \varepsilon_0}{\ln \dfrac{2h}{a}}$

🔍 **해설**

접지무한평면과 선전하

선전하(도선)와 영상선전하 사이 정전용량 $C = \dfrac{\pi \varepsilon_0}{\ln \dfrac{2h}{a}}[\text{F/m}]$은

선전하(도선)와 대지 사이 정전용량 C' 2개를 직렬 연결한 상태이므로

$\dfrac{C'}{2} = C \;\rightarrow\; C' = 2C = \dfrac{2\pi \varepsilon_0}{\ln \dfrac{2h}{a}}[\text{F/m}]$

04 어떤 막대꼴 철심이 있다. 단면적이 $0.5[\text{m}^2]$, 길이가 $0.8[\text{m}]$, 비투자율이 20이다. 이 철심의 자기저항 $[\text{AT/Wb}]$은?

① 6.37×10^4　　② 4.45×10^4

③ 3.67×10^4　　④ 1.76×10^4

🔍 **해설**

자기회로

자기저항 $R_m = \dfrac{\ell}{\mu S} = \dfrac{\ell}{\mu_0 \mu_s S} = \dfrac{0.8}{4\pi \times 10^{-7} \times 20 \times 0.5}$

$= 6.37 \times 10^4 [\text{AT/Wb}]$

05 진공 중에 있는 구도체 일정 전하를 대전시켰을 때 정전에너지가 존재하는 것으로 다음 중 옳은 것은?

① 도체 내에만 존재한다.

② 도체 표면에만 존재한다.

③ 도체 내외에 모두 존재한다.

④ 도체 표면과 외부 공간에 존재한다.

🔍 **해설**

전기력선의 성질

도체 내부에는 전하가 존재하지 않으므로 전계와 정전에너지도 존재하지 않으며, 도체 표면과 외부 공간에 존재한다.

06 자극의 세기 $16[\text{Wb}]$의 점자극으로부터 떨어진 점의 자계의 세기$[\text{AT/m}]$를 구하면?

① 6.33×10^4　　② 3.17×10^4

③ 1.58×10^4　　④ 4.75×10^4

🔍 **해설**

자계의 세기

점자극에 의한 자계의 세기

$H = \dfrac{m}{4\pi \mu_0 r^2} = 6.33 \times 10^4 \times \dfrac{m}{r^2} = 6.33 \times 10^4 \times \dfrac{16}{4^2}$

$= 6.33 \times 10^4 [\text{AT/m}]$

07 자장 $B = 3a_x - 5a_y - 6a_z[\text{Wb/m}^2]$ 내에서 점전하 $0.5[\text{C}]$이 속도 $v = 4a_x - 2a_y + 3a_z[\text{m/s}]$로 움직일 때 이 점전하에 작용하는 힘의 크기는 몇 $[\text{N}]$이 되는가?

① $\dfrac{1}{2}(-6a_x - 18a_y + 9a_z)$

② $\dfrac{1}{2}(27a_x + 33a_y - 14a_z)$

③ $-\dfrac{1}{2}(22a_x + 31a_y + 15a_z)$

④ $-\dfrac{1}{2}(14a_x - 8a_y - 2a_z)$

🔍 **해설**

로렌츠 힘

자계 내 전하 이동시 작용하는 힘[로렌츠 힘]

$F = Bqv\sin\theta = \mu_0 H qv \sin\theta = (v \times B)q[\text{N}]$에서

$F = (v \times B)q = \{(4a_x - 2a_y + 3a_z) \times (3a_x - 5a_y - 6a_z)\} \times 0.5$

$= \begin{vmatrix} a_x & a_y & a_z \\ 4 & -2 & 3 \\ 3 & -5 & -6 \end{vmatrix} \times 0.5 = \dfrac{1}{2}(27a_x + 33a_y - 14a_z)[\text{N}]$

08 각각 $\pm Q[\text{C}]$로 대전된 두 개의 도체간의 전위차를 전위계수로 표시하면? (단, $P_{12} = P_{21}$이다.)

① $(P_{11} + P_{12} + P_{22})Q$

② $(P_{11} + P_{12} - P_{22})Q$

③ $(P_{11} - P_{12} + P_{22})Q$

④ $(P_{11} - 2P_{12} + P_{22})Q$

[정답] 04 ①　05 ④　06 ①　07 ②　08 ④

해설

전위계수

$Q_1=Q[C]$, $Q_2=-Q[C]$라 하면

$V_1=P_{11}Q_1+P_{12}Q_2=P_{11}Q-P_{12}Q[V]$

$V_2=P_{21}Q_1+P_{22}Q_2=P_{21}Q-P_{22}Q[V]$

전위차 $V=V_1-V_2=P_{11}Q-P_{12}Q-(P_{21}Q-P_{22}Q)$

$=P_{11}Q-2P_{12}Q+P_{22}Q=(P_{11}-2P_{12}+P_{22})Q[V]$

09 N회 감긴 환상코일의 단면적이 $S[\text{m}^2]$이고 평균 길이가 $\ell[\text{m}]$이다. 이 코일의 권수를 2배로 늘이고 인덕턴스를 일정하게 하려고 할 때, 다음 중 옳은 것은?

① 길이를 2배로 한다.

② 단면적을 1/4로 한다.

③ 비투자율을 1/2로 한다.

④ 전류의 세기를 4배로 한다.

해설

솔레노이드의 인덕턴스

환상 솔레노이드의 자기 인덕턴스 $L=\dfrac{\mu SN^2}{\ell}$ 에서

권수가 2배로 늘어날 때 인덕턴스 $L'=\dfrac{\mu S(2N)^2}{\ell}=\dfrac{\mu S4N^2}{\ell}$

인덕턴스가 일정해지려면 $\dfrac{\mu S4N^2}{\ell}\times\dfrac{1}{4}=\dfrac{\mu SN^2}{\ell}[\text{H}]$

즉 분모에 4가 추가되어야 하며, 길이가 4배 또는 단면적이 1/4가 되어야 한다.

10 그림과 같이 정전용량이 $C_0[\text{F}]$이 되는 평행판 공기 콘덴서에 판 면적의 1/3되는 공간에 비유전율이 4인 유전체를 채웠을 때 정전용량은 몇 $[\text{F}]$인가?

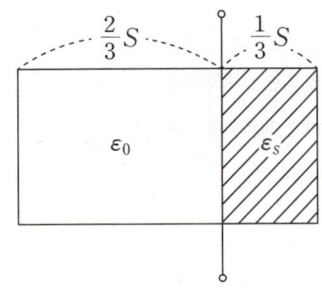

① $4C_0$

② $2C_0$

③ C_0

④ $\dfrac{1}{2}C_0$

해설

복합유전체의 합성정전용량

공기콘덴서 정전용량 $C_0=\dfrac{\varepsilon_0 S}{d}[\text{F}]$이므로

평행판과 수직으로 유전체를 채웠을 때 합성정전용량

$C_0=\dfrac{\varepsilon_1 S_1+\varepsilon_2 S_1}{d}=\dfrac{\varepsilon_0\frac{2}{3}S+4\varepsilon_0\frac{2}{3}S}{d}=\dfrac{2\varepsilon_0 S}{d}=2C_0[\text{F}]$

11 $0.2[\text{Wb/m}^2]$의 평등 자계 속에 자계와 직각 방향으로 놓인 길이 90[cm]의 도선을 자계와 30° 각의 방향으로의 속도로 이동시킬 때 도체 양단에 유기되는 기전력은 몇 $[\text{V}]$인가?

① 9

② 3

③ 4.5

④ 6

해설

플레밍의 오른손 법칙

자계 내에 도체가 이동시 발생하는 유기기전력

$e=Blv\sin\theta=0.2\times0.9\times50\times\sin30°=4.5[\text{N}]$

12 $x>0$인 영역에 유전율 $\varepsilon_1=3$인 유전체, $x<0$인 영역에 유전율 $\varepsilon_2=5$인 유전체가 있다. $x<0$인 영역에서 전계 $E_2=20a_x+30a_y-40a_z[\text{V/m}]$일 때 $x>0$인 영역에서의 전속밀도는 몇 $[\text{C/m}^2]$인가?

① $100a_x+30a_y-40a_z$

② $100a_x+90a_y-120a_z$

③ $\dfrac{100}{3}a_x+90a_y-120a_z$

④ $100a_x-30a_y+40a_z$

해설

유전체 경계면 조건

$x>0$인 영역에서의 전계의 세기

$E_1=E_xa_x+E_ya_y+E_za_z[\text{V/m}]$라 하면

① 경계면과 접선성분인 E_1과 E_2의 a_y, a_z 성분은 크기가 같다.

∴ $E_y = 30$, $E_z = -40$

② 경계면과 법선성분인 D_1과 D_2의 a_x성분은 크기가 같다.

$$D_{1x} = D_{2x} \rightarrow \varepsilon_1 E_x = \varepsilon_2 E_{2x} \rightarrow E_x = \frac{\varepsilon_2 E_{2x}}{\varepsilon_1} = \frac{5 \times 20}{3} = \frac{100}{3}$$

$$\therefore \ E_1 = \frac{100}{3} a_x + 40 a_y - 30 a_z [\mathrm{V/m}]$$

$$D_1 = \varepsilon_1 E_1 = 3 \times \left(\frac{100}{3} a_x + 40 a_y - 30 a_z \right)$$

$$= 100 a_x + 120 a_y - 90 a_z [\mathrm{C/m^2}]$$

13 히스테리시스 곡선의 기울기는 다음의 어떤 값에 해당하는가?

① 투자율　　　　② 유전율

③ 자화율　　　　④ 감자율

🔍 해설

히스테리시스 곡선

히스테리시스 곡선의 기울기는 투자율이다. $\left(\frac{B}{H} = \frac{\mu H}{H} = \mu \right)$

14 $\phi = \phi_m \sin \omega t [\mathrm{Wb}]$인 정현파로 변화하는 자속이 권수 N인 코일과 쇄교할 때의 유기기전력의 위상은 자속에 비해 어떠한가?

① $\frac{\pi}{2}$ 만큼 빠르다.　　② π 만큼 빠르다.

③ $\frac{\pi}{2}$ 만큼 늦다.　　④ 동위상이다.

🔍 해설

정현파 자속에 의한 유기기전력

$\phi = \phi_m \sin \omega t [\mathrm{Wb}]$의 정현파 자속에 의한 유기기전력

$$e = -\omega N \phi_m \cos \omega t = \omega N \phi_m \sin \left(\omega t - \frac{\pi}{2} \right) [\mathrm{V}]$$

따라서 유기기전력은 자속에 비해 $\frac{\pi}{2}$만큼 늦다.

15 자계의 벡터포텐셜을 A라 할 때 자계의 시간적 변화에 의하여 생기는 전계의 세기 E는?

① $E = rot\,A$　　　　② $rot\,E = A$

③ $E = -\dfrac{\partial A}{\partial t}$　　　　④ $rot\,E = -\dfrac{\partial A}{\partial t}$

🔍 해설

맥스웰의 전자방정식

벡터 포텐셜의 정의식 $rot\,A = B$ 이므로

$$rot\,E = -\frac{\partial B}{\partial t} = -\frac{\partial}{\partial t} rot\,A \ \rightarrow \ E = -\frac{\partial A}{\partial t}$$

16 비유전율이 10인 유전체를 5[V/m]인 전계 내에 놓으면 유전체의 표면전하밀도는 몇 [C/m²]인가? (단, 유전체의 표면과 전계는 직각이다.)

① $35\varepsilon_0$　　　　② $45\varepsilon_0$

③ $55\varepsilon_0$　　　　④ $65\varepsilon_0$

🔍 해설

분극의 세기

전계 내 유전체의 표면전하밀도＝분극전하밀도＝분극의 세기

$P = \varepsilon_0 (\varepsilon_s - 1) E = \varepsilon_0 (10 - 1) \times 5 = 45 \varepsilon_0 [\mathrm{C/m^2}]$

17 다음 중 거리 r에 반비례하는 것은?

① 무한장 직선전하에 의한 전계

② 구도체 전하에 의한 전계

③ 전기쌍극자에 의한 전계

④ 전기쌍극자에 의한 전위

🔍 해설

가우스의 정리에 의한 전계의 세기

무한장 직선전하에 의한 전계의 세기 $E = \dfrac{\lambda}{2\pi\varepsilon_0 r} [\mathrm{V/m}]$로 거리 r에 반비례한다.

18 콘덴서의 전위차와 축적되는 에너지와의 관계를 그림으로 나타내면 다음의 어느 것인가?

① 쌍곡선 ② 타원

③ 포물선 ④ 직선

🔎 **해설**

정전 에너지

콘덴서에 축적되는 에너지 $W = \dfrac{1}{2}CV^2[\text{J}]$

즉 V의 제곱에 비례하며 제곱에 비례한 그래프는 포물선이다.

19 매질이 완전유전체인 경우의 전자 파동방정식을 표시하는 것은?

① $\nabla^2 E = \varepsilon\mu\dfrac{\partial^2 E}{\partial t^2}, \ \nabla^2 H = k\mu\dfrac{\partial^2 H}{\partial t^2}$

② $\nabla^2 E = \varepsilon\mu\dfrac{\partial^2 E}{\partial t^2}, \ \nabla^2 H = \varepsilon\mu\dfrac{\partial^2 H}{\partial t^2}$

③ $\nabla^2 E = \varepsilon\mu\dfrac{\partial E}{\partial t}, \ \nabla^2 H = \varepsilon\mu\dfrac{\partial H}{\partial t}$

④ $\nabla^2 E = \varepsilon\mu\dfrac{\partial E}{\partial t}, \ \nabla^2 H = k\mu\dfrac{\partial H}{\partial t}$

🔎 **해설**

파동방정식

$\nabla^2 E = \varepsilon\mu\dfrac{\partial^2 E}{\partial t^2}, \ \nabla^2 H = \varepsilon\mu\dfrac{\partial^2 H}{\partial t^2}$

20 자유공간에서 전파 $E(z,t) = 10^3\sin(\omega t - \beta z)$ $a_y[\text{V/m}]$일 때 자파 $H(z,t)[\text{A/m}]$는?

① $\dfrac{10^3}{120\pi}\sin(\omega t - \beta z)a_z$

② $-\dfrac{10^3}{120\pi}\sin(\omega t - \beta z)a_x$

③ $-\dfrac{10^3}{120\pi}\sin(\omega t - \beta z)a_z$

④ $\dfrac{10^3}{120\pi}\sin(\omega t - \beta z)a_x$

🔎 **해설**

파동 임피던스

자유공간(진공·공기)의 파동 임피던스

$\eta = \dfrac{E}{H} = \dfrac{E_m}{H_m} = 120\pi = 377$이므로

$H_m = \dfrac{E_m}{120\pi} = \dfrac{10^3}{120\pi}[\text{A/m}]$

전파의 진행방향이 a_y방향일 때 전자파의 진행방향 a_z방향이 $E \times H$의 방향과 같게 하는 자파의 진행방향은 $-a_x$방향이다.

$\therefore H(z,t) = -\dfrac{10^3}{120\pi}\sin(\omega t - \beta z)a_x[\text{A/m}]$

[**정답**] 18 ③ 19 ② 20 ②

전
기
자
기
학

전
력
공
학

전
기
기
기

회
로
이
론

제
어
공
학

전
기
설
비
기
술
기
준

시행일 2023년 1회

01 가공 왕복선 배치에서 지름이 d[m]이고 선간거리가 D[m]인 선로 한 가닥의 작용 인덕턴스는 몇 [mH/km]인가? (단, 선로의 투자율은 1이라 한다.)

① $0.05 + 0.04605 \log_{10} \dfrac{D}{d}$

② $0.05 + 0.4605 \log_{10} \dfrac{D}{d}$

③ $0.5 + 0.4605 \log_{10} \dfrac{2D}{d}$

④ $0.05 + 0.4605 \log_{10} \dfrac{2D}{d}$

해설

분모의 반지름이 지름으로 표현되어 있으므로, 분자에도 2를 곱한다.

$$\therefore L = 0.05 + 0.4605 \log_{10} \frac{2D}{d} \, [\text{mH/km}]$$

02 선로정수에 영향을 가장 많이 주는 것은?

① 전선의 배치　　　② 송전전압
③ 송전전류　　　　④ 역률

해설

송·배전 선로는 저항 R, 인덕턴스 L, 정전용량(커패시턴스) C, 누설 컨덕턴스 G 라는 4개의 정수로 이루어진 연속된 전기회로이다. 이들 정수를 선로정수(Line Constant)라고 부르는데 이것은 전선의 배치, 전선의 종류, 전선의 굵기 등에 따라 정해지며 전선의 배치에 가장 많은 영향을 받는다.

03 전력계통에서 내부 이상전압의 크기가 가장 큰 경우는?

① 유도성 소전류 차단 시
② 수차발전기의 부하 차단 시
③ 무부하 선로 충전전류 차단 시
④ 송전선로의 부하 차단기 투입 시

해설

전력계통에서 내부 이상전압의 크기가 가장 큰 경우는 무부하 선로 충전전류 차단 시 발생한다.

04 역률 80[%]의 3상 평형부하에 공급하고 있는 선로 길이 2[km]의 3상 3선식 배전선로가 있다. 부하의 단자전압을 6000[V]로 유지하였을 경우, 선로의 전압강하율 10[%]를 넘지 않게 하기 위해서는 부하전력을 약 몇 [kW]까지 허용할 수 있는가? (단, 전선 1선당의 저항은 0.82[Ω/km] 리액턴스는 0.38[Ω/km]라 하고, 그 밖의 정수는 무시한다.)

① 1303　　　　　② 1629
③ 2257　　　　　④ 2821

해설

$$P = \frac{\delta \times V^2}{(R + X\tan\theta)} = \frac{0.1 \times 6000^2}{0.82 \times 2 + 0.38 \times 2 \times \dfrac{0.6}{0.8}} \times 10^{-3}$$

$$= 1629[\text{kW}]$$

05 송전단전압 161[kV], 수전단전압 154[kV], 상차각 40°, 리액턴스 45[Ω]일 때 선로손실을 무시하면 전송전력은 약 몇 [MW]인가?

[**정답**] 2023년 1회　01 ④　02 ①　03 ③　04 ②　05 ③

① 323   ② 443

③ 354   ④ 623

🔍 해설

$$P = \frac{V_s V_r}{X} \times \sin\delta \,[\text{MW}]$$

$$= \frac{161 \times 154}{45} \times \sin 40 = 354 \,[\text{MW}]$$

06 증기의 엔탈피란?

① 증기 1[kg]의 잠열

② 증기 1[kg]의 보유열량

③ 증기 1[kg]의 현열

④ 증기 1[kg]의 증발열을 그 온도로 나눈 것

🔍 해설

엔탈피란 각 온도에 있어서 1[kg] 증기의 보유열량을 말한다.

07 모선 보호에 사용되는 계전방식이 아닌 것은?

① 위상 비교방식 ② 선택접지 계전방식

③ 방향거리 계전방식 ④ 전류차동 보호방식

🔍 해설

모선 보호 계전방식의 종류

- 전류차동 계전방식
- 전압차동 계전방식
- 방향비교 계전방식
- 위상비교 계전방식

08 다음 중 특유속도가 가장 작은 수차는?

① 프로펠러수차 ② 프란시스수차

③ 펠턴수차   ④ 카플란수차

🔍 해설

특유속도와 낙차는 반비례하므로, 고 낙차 영역에서 사용하는 펠턴수차가 특유속도가 가장 작다.

저 낙차	중 낙차		고 낙차
15[m] 이하	15~45[m] 이하	50~500[m] 이하	350[m] 이상
원통형수차 튜블러수차	프로펠러수차 카플란수차	프란시스수차 사류수차	펠턴수차
반동수차			충동수차

09 전력계통의 주파수 변동은 주로 무엇의 변화에 기인하는가?

① 유효전력   ② 무효전력

③ 계통 전압   ④ 계통 임피던스

🔍 해설

전력계통의 주파수 변동은 주로 유효전력의 변동 때문에 발생한다. 예를 들어 전력계통의 주파수가 기준치보다 증가하는 경우 발전출력[kW]을 감소시켜 주파수를 다시 낮춤으로 정주파수를 유지한다.

10 케이블 단선사고에 의한 고장점까지의 거리를 정전용량 측정법으로 구하는 경우, 건전상의 정전용량이 C, 고장점까지의 정전용량이 C_x, 케이블의 길이가 l일 때 고장점까지의 거리를 나타내는 식으로 알맞은 것은?

① $\dfrac{C}{C_x} l$ ② $\dfrac{2C_x}{C} l$

③ $\dfrac{C_x}{C} l$ ④ $\dfrac{C_x}{2C} l$

🔍 해설

정전용량 측정법

정전용량 측정법은 케이블의 단선사고에만 사용하는 고장점 탐지법이다.

고장점까지의 거리 $L = \dfrac{C_x}{C} \times l$

11 통신선과 평행된 주파수 60[Hz]의 3상 1회선 송전선에서 1선 지락으로 영상전류가 110[A] 흐르고 있을 때 통신선에 유기되는 전자유도전압은 약 몇 [V]인가? (단, 영상전류는 송전선 전체에 걸쳐 같으며, 통신선과 송전선의 상호 인덕턴스는 0.05[mH/km]이고, 양 선로의 병행 길이는 55[km]이다.)

[정답] 06 ②   07 ②   08 ③   09 ①   10 ③   11 ④

al engineer · electrical engineer · electrical engineer · electrical engineer · electrical engineer · electrical engineer · electrical engineer · electrical engineer

전기자기학

전력공학

전기기기

회로이론

제어공학

전기설비기술기준

① 94[V] ② 163[V]
③ 242[V] ④ 342[V]

해설 ----------

전자유도전압

$$E_m = \omega M l \times 3I_0$$
$$= 2\pi \times 60 \times 0.05 \times 10^{-3} \times 55 \times 3 \times 110$$
$$= 342[V]$$

12
수용가를 2군으로 나누어서 각 군에 변압기 1대씩을 설치하고 각 군 수용가의 총 설비부하용량을 각각 30[kW] 및 20[kW]라 하자. 각 수용가의 수용률을 0.5 수용가 상호간의 부등률을 1.2 변압기 상호간의 부등률을 1.3이라 하면 고압 간선에 대한 최대부하는 몇 [kVA]인가? (단, 부하역률은 모두 0.8이라고 한다.)

① 13 ② 16
③ 20 ④ 25

해설 ----------

합성최대전력

$$최대부하 = \dfrac{\dfrac{30 \times 0.5 + 20 \times 0.5}{1.2}}{1.3 \times 0.8} = 20[kVA]$$

13
그림과 같은 주상변압기 2차측 접지공사의 목적은?

① 1차측 과전류 억제 ② 2차측 과전류 억제
③ 1차측 전압 상승 억제 ④ 2차측 전압 상승 억제

해설 ----------

주상변압기 2차측 접지는 고저압 혼촉사고 시 2차측 전압 상승을 억제한다.

14
1[m]의 하중이 0.37[kg]인 전선을 지지점이 수평인 경간 80[m]에 가설하여 이도를 0.8[m]로 하면 전선의 수평장력은 몇 [kg]인가?

① 350 ② 360
③ 370 ④ 380

해설 ----------

$$장력 \ T = \frac{WS^2}{8D} = \frac{0.37 \times 80^2}{8 \times 0.8} = 370[kg]$$

15
선로 고장 발생시 타 보호기기와의 협조에 의해 고장 구간을 신속히 개방하는 자동구간 개폐기로서 고장전류를 차단할 수 없어 차단 기능이 있는 후비 보호장치와 직렬로 설치되어야 하는 배전용 개폐기는?

① 배전용 차단기 ② 부하 개폐기
③ 컷아웃스위치 ④ 섹셔널라이저

해설 ----------

섹셔널라이저는 부하측에 설치하며, 선로 고장 발생시 타 보호기기와의 협조에 의해 고장 구간을 신속히 개방하는 자동구간 개폐기로서 고장전류를 차단할 수 없어 차단 기능이 있는 후비 보호장치와 직렬로 설치되어야 하는 배전용 개폐기이다.

16
정격전압 7.2[kV]인 3상용 차단기의 차단용량이 100[MVA]라면 정격차단전류는 약 몇 [kA]인가?

① 2 ② 4
③ 8 ④ 12

해설 ----------

정격차단전류

$$I_{kA} = \frac{P_s}{\sqrt{3} \times V_n} = \frac{100 \times 10^3}{\sqrt{3} \times 7.2} \times 10^{-3} \fallingdotseq 8[kA]$$

[정답] 12 ③ 13 ④ 14 ③ 15 ④ 16 ③

17 수차의 유효낙차와 안내날개, 그리고 노즐의 열린 정도를 일정하게 하여 놓은 상태에서 조속기가 동작하지 않게 하고, 전부하 정격속도로 운전 중에 무부하로 하였을 경우에 도달하는 최고 속도를 무엇이라 하는가?

① 특유 속도(specific speed)
② 동기 속도(synchronous speed)
③ 무구속 속도(runaway speed)
④ 임펄스 속도(impulse speed)

🔍 **해설**

발전기의 부하를 차단하였을 때의 수차 회전수의 상승한도를 무구속 속도라 한다. 안내날개의 개도를 일정하게 둔 채로 부하를 차단하더라도 회전수는 무한대로 상승하지 않고 일정한 최고속도에 도달하면 그 이상으로는 상승하지 않는다. 무구속 속도의 범위는 수차마다 다르며, 대략 정격속도의 200% 정도이다.

18 송전계통의 안정도 향상대책으로 적당하지 않은 것은?

① 계통의 리액턴스를 직렬콘덴서로 감소시킨다.
② 기기의 리액턴스를 감소한다.
③ 발전기의 단락비를 작게 한다.
④ 계통을 연계한다.

🔍 **해설**

발전기의 단락비가 크다는 것은 동기임피던스가 작다는 것을 의미하고, 이는 발전기의 리액턴스가 작다는 의미이다. 즉, 안정도 향상을 위해서는 단락비가 커야한다.

19 전력계통의 전압조정과 무관한 것은?

① 전력용콘덴서
② 자동전압조정기
③ 발전기의 조속기
④ 부하 시 탭 조정장치

🔍 **해설**

출력의 증감에 관계없이 수차의 회전수를 일정하게 유지하기 위해 조속기를 사용한다.

20 전력계통에서 무효전력을 조정하는 조상설비 중 전력용 콘덴서를 동기조상기와 비교할 때 옳은 것은?

① 전력손실이 크다.
② 지상 무효전력분을 공급할 수 있다.
③ 전압조정을 계단적으로 밖에 못한다.
④ 송전선로를 시송전할 때 선로를 충전할 수 있다.

🔍 **해설**

구 분	동기조상기	콘덴서
무효전력	진상 및 지상	진상
조정의 형태	연속	불연속
보수	곤란	용이
손실	대	소
시송전	가능	불가능

시행일 **2023년 2회**

01 전력퓨즈(Power fuse)는 고압, 특고압기기의 주로 어떤 전류의 차단을 목적으로 설치하는가?

① 충전전류
② 부하전류
③ 단락전류
④ 영상전류

🔍 **해설**

전력퓨즈의 역할
· 단락 사고 시 단락전류를 차단한다.
· 부하전류를 안전하게 통전한다.

02 한류리액터를 사용하는 가장 큰 목적은?

① 충전전류의 제한
② 접지전류의 제한
③ 누설전류의 제한
④ 단락전류의 제한

🔍 **해설**

한류리액터
단락전류를 제한하여 차단기 용량을 감소시키기 위해 한류리액터를 설치한다.

[정답] 17 ③ 18 ③ 19 ③ 20 ③ 2023년 2회 01 ③ 02 ④

03 출력 185000[kW]의 화력발전소에서 매시간 140[t]의 석탄을 사용한다고 한다. 이 발전소의 열효율은 약 몇 [%]인가? (단, 사용하는 석탄의 발열량은 4000[kcal/kg]이다.)

① 28.4   ② 30.7
③ 32.6   ④ 34.5

🔍 **해설**

$$\eta = \frac{860W}{mH} \times 100 = \frac{860 \times 185000}{140 \times 10^3 \times 4000} \times 100 = 28.41[\%]$$

04 부하전력 및 역률이 같을 때 전압을 n배 승압하면 전압 강하율과 전력손실은 어떻게 되는가?

① 전압강하율 : $\dfrac{1}{n}$, 전력손실 : $\dfrac{1}{n^2}$

② 전압강하율 : $\dfrac{1}{n^2}$, 전력손실 : $\dfrac{1}{n}$

③ 전압강하율 : $\dfrac{1}{n}$, 전력손실 : $\dfrac{1}{n}$

④ 전압강하율 : $\dfrac{1}{n^2}$, 전력손실 : $\dfrac{1}{n^2}$

🔍 **해설**

- 전압강하율 $\delta = \dfrac{P}{V^2}(R\cos\theta + \sin\theta) \rightarrow \delta \propto \dfrac{1}{V^2}$
- 전력손실 $P_l = \dfrac{P^2 R}{V^2 \cos^2\theta} \rightarrow P_l \propto \dfrac{1}{V^2}$

전압강하율과 전력손실 모두 전압의 제곱에 반비례한다.

05 전력선 a의 충전 전압을 E, 통신선 b의 대지 정전용량을 C_b, ab 사이의 상호정전용량을 C_{ab}라고 하면 통신선 b의 정전유도전압 E_s는?

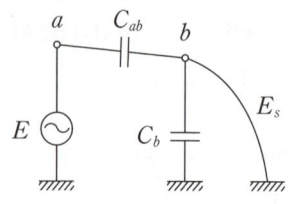

① $\dfrac{C_{ab}+C_b}{C_{ab}} E$ ② $\dfrac{C_{ab}+C_b}{C_b} E$

③ $\dfrac{C_b}{C_{ab}+C_b} E$ ④ $\dfrac{C_{ab}}{C_{ab}+C_b} E$

🔍 **해설**

단상인 경우 통신선의 정전 유도전압

$$E_s = \frac{C_{ab}}{C_{ab}+C_b} E[\text{V}]$$

전력선과 통신선 사이의 선간정전용량은 C_{ab}이고, 통신선과 대지사이의 대지정전용량 C_b

06 154[kV] 3상 3선식 전선로에서 각 선의 정전용량이 각각 $C_a = 0.031[\mu\text{F}]$, $C_b = 0.030[\mu\text{F}]$, $C_c = 0.032[\mu\text{F}]$일 때 변압기의 중성점 잔류전압은 계통 상전압의 약 몇 [%]정도 되는가?

① 1.9[%]   ② 2.8[%]
③ 3.7[%]   ④ 5.5[%]

🔍 **해설**

3상인 경우 정전 유도전압

$$E_s = \frac{\sqrt{C_a(C_a-C_b)+C_b(C_b-C_c)+C_c(C_c-C_a)}}{C_a+C_b+C_c} \times \frac{V}{\sqrt{3}}$$

$$= \frac{\sqrt{0.031(0.031-0.030)+0.030(0.030-0.032)+0.032(0.032-0.031)}}{0.031+0.030+0.032}$$

$$\times \frac{154000}{\sqrt{3}} = 1655.91$$

$$\therefore \frac{1655.91}{\frac{154000}{\sqrt{3}}} \times 100 = 1.86[\%]$$

07 전력선측의 유도장해 방지대책이 아닌 것은?

① 전력선과 통신선의 이격거리를 증대한다.
② 전력선의 연가를 충분히 한다.
③ 배류코일을 사용한다.
④ 차폐선을 설치한다.

🔍 **해설**

유도장해 경감대책

전력선측의 대책

• 차폐선을 설치한다.
• 전력선을 케이블화 한다.
• 전력선과 통신선을 수직 교차시킨다.
• 소호리액터 접지를 채용하여 지락전류를 줄인다.
• 연가를 충분히 하여 중성점의 잔류 전압을 줄인다.
• 고속도차단기를 설치하여 고장전류를 신속히 제거한다.
• 전력선과 통신선의 이격거리를 증대시켜 상호인덕턴스를 줄인다.

08 피뢰기에서 속류를 끊을 수 있는 최고의 교류 전압은?

① 정격전압 ② 제한전압
③ 차단전압 ④ 방전개시전압

🔍 **해설**

피뢰기의 정격전압

속류를 차단할 수 있는 최고의 교류전압

09 송전단 전압 161[kV], 수전단 전압 155[kV], 전력 상차각 30°, 리액턴스 50[Ω]일 때 송전전력은 약 몇 [MW]인가?

① 210 ② 250
③ 370 ④ 430

🔍 **해설**

정태안정극한전력에 의한 송전용량

$$P = \frac{V_s V_r}{X} \times \sin\delta$$
$$= \frac{161 \times 155}{50} \times \sin 30° = 249.55[\text{MW}] = 250[\text{MW}]$$

10 화력 발전소에서 재열기의 목적은?

① 급수예열 ② 석탄건조
③ 공기예열 ④ 증기가열

🔍 **해설**

재열기

재열기는 고압터빈의 증기를 모두 추기하여 증기를 가열한다.

11 어떤 수력발전소의 안내날개의 열림 등 기타조건은 불변으로하여 유효낙차가 30[%] 저하되면 수차의 효율이 10[%] 저하된다면, 이런 경우에는 원래 출력의 약 몇 [%]가 되는가?

① 53 ② 58
③ 63 ④ 68

🔍 **해설**

출력과 낙차의 관계식

$$P \propto H^{\frac{3}{2}}$$
$$\therefore P = (0.7)^{\frac{3}{2}} \times 0.9 \times 100 = 53[\%]$$

12 그림과 같은 전력계통의 154[kV] 송전선로에서 고장 지락 임피던스를 통해서 1선 지락고장이 발생되었을 때 고장점에서 본 영상 %임피던스는? (단, 그림에 표시한 임피던스는 모두 동일용량, 100[MVA] 기준으로 환산한 %임피던스임)

① $Z_0 = Z_l + Z_t + Z$
② $Z_0 = Z_l + Z_t + Z_{gf}$
③ $Z_0 = Z_l + Z_t + 3Z_{gf}$
④ $Z_0 = Z_l + Z_t + Z_{gf} + Z_G + Z_{GN}$

🔍 **해설**

1선 지락전류 $I_g = 3I_0$
따라서 지락의 3배인 $3Z_{gf}$의 관계식인 $Z_0 = Z_l + Z_t + 3Z_{gf}$ 적용

전기자기학

전력공학

전기기기

회로이론

제어공학

전기설비기술기준

13 과부하 또는 외부의 단락 사고 시에 동작하는 계전기는?

① 차동 계전기　　② 과전압 계전기

③ 과전류 계전기　　④ 부족 전압 계전기

🔍 **해설**

과부하, 단락 사고 시 과전류가 흐르며, 이를 제거하는 계전기는 과전류 계전기이다.

14 직접접지방식의 특성이 아닌 것은?

① 변압기 절연이 낮아진다.

② 지락전류가 커진다.

③ 단선고장시의 이상전압이 대단히 높다.

④ 통신선의 유도장해가 크다.

🔍 **해설**

직접접지방식의 특성

① 장점
- 1선지락 고장시 건전상 전압상승이 작다.
- 계통에 대한 절연 레벨을 낮출 수 있다.
- 고장 전류가 크므로 보호계전기의 동작이 확실하다.

② 단점
- 과도 안정도가 나쁘다.
- 계통의 기계적 강도를 크게 하여야 한다.
- 대전류를 차단하므로 차단기 등의 수명이 짧다.
- 1선 지락 고장시 인접 통신선에 대한 유도 장해가 크다.

15 송전선로의 고장전류의 계산에 영상 임피던스가 필요한 경우는?

① 3상 단락　　② 3선 단선

③ 1선 지락　　④ 선간 단락

🔍 **해설**

사고종류 ＼ 특성	정상분	역상분	영상분
1선 지락	○	○	○
선간 단락	○	○	×
3상 단락	○	×	×

16 과도 안정도 향상 대책이 아닌 것은?

① 속응 여자시스템 사용

② 빠른 고장 제거

③ 큰 임피던스의 변압기 사용

④ 송전선로에 직렬 커패시터 사용

🔍 **해설**

안정도 향상 대책
- 계통의 전달 리액턴스를 감소시킨다.
- 전압변동을 억제한다.
- 계통에 주는 충격을 완화시킨다.
- 고장 시 발전기의 입출력 불평형을 적게 한다.

17 단권 변압기를 초고압 계통의 연계용으로 이용할 때 장점이 아닌 것은?

① 2차측의 절연 강도를 낮출 수 있다.

② 동량이 경감된다.

③ 부하 용량은 변압기 고유 용량보다 크다.

④ 분로 권선에는 누설 자속이 없어 전압 변동률이 작다.

🔍 **해설**

단권변압기는 1차, 2차 코일을 공유하기 때문에 일반 변압기에 비해 임피던스 전압강하, 전압변동률이 작고, 동량도 작아서 동손도 감소한다. 단점은 단락전류가 커서 기계적 강도를 높여야 한다.

18 개폐서지의 이상전압을 감쇄할 목적으로 설치하는 것은?

① 단로기　　② 차단기

③ 리액터　　④ 개폐저항기

🔍 **해설**

개폐 저항기

차단기 개폐시에 재점호로 인하여 이상전압이 발생할 경우 이것을 낮추고 절연내력을 높여주는 역할을 한다.

[**정답**] 13 ③　14 ③　15 ③　16 ③　17 ①　18 ④

19 수용가의 수용률을 나타낸 식은?

① $\dfrac{\text{합성최대수용전력[kW]}}{\text{평균전력[kW]}} \times 100\,[\%]$

② $\dfrac{\text{평균전력[kW]}}{\text{합성최대수용전력[kW]}} \times 100\,[\%]$

③ $\dfrac{\text{부하설비합계[kW]}}{\text{최대수용전력[kW]}} \times 100\,[\%]$

④ $\dfrac{\text{최대수용전력[kW]}}{\text{부하설비합계[kW]}} \times 100\,[\%]$

해설

수용률

수용률 $= \dfrac{\text{최대수용전력의 합[kW]}}{\text{부하설비용량[kW]}} \times 100\,[\%]$

20 송전선에 복도체를 사용할 경우, 같은 단면적의 단도체를 사용하였을 경우와 비교할 때 옳지 않은 것은?

① 전선의 인덕턴스는 감소되고 정전용량은 증가된다.
② 고유 송전용량이 증대되고 정태안정도가 증대된다.
③ 전선표면의 전위경도가 증가한다.
④ 전선의 코로나 개시전압이 높아진다.

해설

복도체의 장점

- 송전용량 증가
- 인덕턴스 감소, 정전용량 증가
- 코로나 임계전압이 상승하여 코로나손 감소
- 전선의 표면 전위경도 감소

시행일 **2023년 3회**

01 유효접지계통에서 피뢰기의 정격전압을 결정하는 데 가장 중요한 요소는?

① 선로 애자련의 충격섬락전압
② 내부이상전압 중 과도이상전압의 크기
③ 유도뢰의 전압의 크기
④ 1선 지락고장시 건전상의 대지전위 즉, 지속성 이상전압

해설

피뢰기의 정격전압

피뢰기의 정격전압이란 속류가 차단되는 최고의 교류전압으로서 유효접지계통은 공칭전압의 0.8~1.0배, 소호리액터접지계통은 1.4~1.6배로 선정한다. 이는 1선지락 사고시 건전상의 대지전위 상승을 고려한 값으로서 지속성 이상전압에 해당하는 값이다.

02 고압 배전선로의 중간에 승압기를 설치하는 주목적은?

① 부하의 불평형 방지
② 말단의 전압강하 방지
③ 전력손실의 감소
④ 역률 개선

해설

승압기 설치목적

고압 배전선로의 중간에 승압기를 설치하면 배전선로 말단의 전압강하를 방지할 수 있다.

03 배전계통에서 전력용 콘덴서를 설치하는 목적으로 가장 타당한 것은?

① 배전선의 전력손실 감소
② 전압강하 증대
③ 고장 시 영상전류 감소
④ 변압기 여유율 감소

해설

전력용 콘덴서 설치 목적

- 전력손실 감소
- 전압강하 감소
- 설비용량의 여유 증가
- 전기요금 감소

04 전등만으로 구성된 수용가를 두 군으로 나누어 각 군에 변압기 1개씩을 설치하며 각 군의 수용가의 총 설비용량을 각각 30[kW], 50[kW]라 한다. 각 수용가의 수용률을 0.6, 수용가간 부등률을 1.2, 변압기군의 부등률을 1.3이라고 하면 고압간선에 대한 최대 부하는 약 몇 [kW]인가? (단, 간선의 역률은 100[%]이다.)

① 15   ② 22

③ 31   ④ 35

🔍 **해설**

합성최대수용전력

$$최대수용전력 = \frac{설비부하용량 \times 수용률}{부등률}[\text{kW}]$$

$$P_A = \frac{30 \times 0.6}{1.2} = 15[\text{kW}], \; P_B = \frac{50 \times 0.6}{1.2} = 25[\text{kW}]$$

$$\therefore P_m = \frac{P_A + P_B}{변압기군\ 부등률} = \frac{15 + 25}{1.3} = 31[\text{kW}]$$

05 가공지선의 설치 목적이 아닌 것은?

① 전압 강하의 방지

② 직격뢰에 대한 차폐

③ 유도뢰에 대한 정전차폐

④ 통신선에 대한 전자유도 장해 경감

🔍 **해설**

가공지선의 역할

- 직격뢰 차폐
- 유도뢰 차폐
- 통신선의 유도장해 차폐

06 직접 접지방식에서 변압기에 단절연이 가능한 이유는?

① 고장 전류가 크므로

② 지락 전류가 저역률이므로

③ 중성점 전위가 낮으므로

④ 보호 계전기 동작이 확실하므로

🔍 **해설**

변압기의 중성점이 0전위 부근에 유지되므로 단절연 변압기의 사용이 가능하다.

07 3상 3선식 송전선로에서 선간전압을 3000[V]에서 5200[V]로 높일 때 전선이 같고 송전 손실률과 역률이 같다고 하면 송전전력[kW]은 약 몇 배로 증가하는가?

① $\sqrt{3}$ ② 3

③ 5.4   ④ 6

🔍 **해설**

손실률과 역률이 같을 경우 송전전력은 $P \propto V^2$이므로

$$P = \left(\frac{5200}{3000}\right)^2 = 3배$$

08 최근에 우리나라에서 많이 채용되고 있는 가스절연 개폐설비(GIS)의 특징으로 틀린 것은?

① 대기 절연을 이용한 것에 비해 현저하게 소형화 할 수 있으나 비교적 고가이다.

② 소음이 적고 충전부가 완전한 밀폐형으로 되어 있기 때문에 안정성이 높다.

③ 가스압력에 대한 엄중 감시가 필요하며 내부 점검 및 부품 교환이 번거롭다.

④ 한랭지, 산악 지방에서도 액화 방지 및 산화 방지 대책이 필요 없다.

🔍 **해설**

GIS의 단점

- 비교적 고가이다.
- 내부를 직접 눈으로 볼 수 없다.
- 가스압력, 수분 등을 엄중하게 감시할 필요가 있다.
- 한랭지, 산악지방에서는 액화방지대책이 필요하다.

09 다음 중 재점호가 가장 일어나기 쉬운 차단전류는?

① 동상전류   ② 지상전류

③ 진상전류   ④ 단락전류

🔍 **해설**

재점호

재점호 현상은 진상전류(=앞선전류=빠른전류)가 흐를때 잘 일어난다.

10 피뢰기의 충격방전 개시전압은 무엇으로 표시하는가?

① 직류전압의 크기   ② 충격파의 평균치

③ 충격파의 최대치   ④ 충격파의 실효치

> 🔍 **해설**

충격방전 개시전압

피뢰기의 충격방전 개시전압은 충격파의 최대치로 표시한다.

11 지중 케이블에 있어서 고장점을 찾는 방법이 아닌 것은?

① 머리 루프 시험기에 의한 방법

② 메거에 의한 측정방법

③ 수색 코일에 의한 방법

④ 펄스에 의한 측정법

> 🔍 **해설**

케이블의 고장점 측정법의 종류

- 머레이 루프법
- 정전용량 법
- 수색 코일법
- 임피던스 브리지법
- 펄스 레이더법

12 ACSR은 동일한 길이에서 동일한 전기저항을 갖는 경동연선에 비하여 어떠한가?

① 바깥지름은 크고 중량은 작다.

② 바깥지름은 작고 중량은 크다.

③ 바깥지름과 중량이 모두 크다.

④ 바깥지름과 중량이 모두 작다.

> 🔍 **해설**

ACSR

ACSR은 경알루미늄선을 인장강도가 큰 강선의 주위에 여러 가닥을 꼬아서 만든 선으로서 경동연선에 비해 중량이 가벼워 전선의 바깥지름을 크게 할 수 있다는 이점이 있다.

13 송전단전압 161[kV], 수전단전압 154[kV], 상차각 40°, 리액턴스 45[Ω]일 때 선로손실을 무시하면 전송전력은 약 몇 [MW]인가?

① 323   ② 443

③ 354   ④ 623

> 🔍 **해설**

정태안정극한전력에 의한 송전용량

$$P = \frac{V_s V_r}{X} \times \sin\delta = \frac{161 \times 154}{45} \times \sin 40° ≒ 354[\mathrm{MW}]$$

14 화력발전소에서 재열기로 가열하는 것은?

① 석탄   ② 급수

③ 공기   ④ 증기

> 🔍 **해설**

재열기

재열기란 고압터빈 내에서 팽창한 증기를 일부 추출, 보일러에서 재가열함으로써 건조도를 높여 적당한 과열도를 갖도록 하는 과열기이다. 즉, 재열기는 증기를 가열한다.

15 수력발전소에서 사용되는 다음의 수차 중 특유속도가 가장 높은 수차는?

① 팰턴 수차   ② 프로펠러 수차

③ 프란시스 수차   ④ 사류 수차

> 🔍 **해설**

수차의 특유속도

튜블러수차 > 프로펠러 > 프란시스 > 팰턴수차

16 고장전류와 같은 대전류를 차단할 수 있는 것은?

① 단로기   ② 선로개폐기

③ 유입개폐기   ④ 차단기

[**정답**] 10 ③   11 ②   12 ①   13 ③   14 ④   15 ②   16 ④

전기자기학

전력공학

전기기기

회로이론

제어공학

전기설비기술기준

🔍 해설

차단기와 단로기

명 칭	약호	기능 및 용도
단로기	DS	무부하시 보수·점검 등을 위해 선로 개폐
차단기	CB	고장전류 차단 및 부하전류의 개폐 모두 가능

17 그림에서와 같이 부하가 균일한 밀도로 도중에서 분기되어 선로 전류가, 송전단에 이를수록 직선적으로 증가할 경우 선로 말단의 전압 강하는 이 송전단 전류와 같은 전류의 부하가 선로의 말단에만 집중되어 있을 경우의 전압강하보다 대략 어떻게 되는가? (단, 부하역률은 모두 같다고 한다)

① $\frac{1}{3}$ 로 된다.   ② $\frac{1}{2}$ 로 된다.

③ 동일하다.   ④ $\frac{1}{4}$ 로 된다.

🔍 해설

부하가 균일하게 분포되어 있을 때에는

전압강하는 $\frac{1}{2}$ 배, 전력손실은 $\frac{1}{3}$ 배 감소한다.

18 그림과 같은 단상 2선식 배선에서 인입구 A점의 전압이 220[V]라면 C점의 전압[V]은? (단, 저항값은 1선의 값이며 AB간은 0.05[Ω], BC간은 0.1[Ω]이다.)

① 214   ② 210

③ 196   ④ 192

🔍 해설

$V_B = V_A - 2IR = 220 - 2 \times 60 \times 0.05 = 214 [\text{V}]$
$V_C = V_B - 2IR = 214 - 2 \times 20 \times 0.1 = 210 [\text{V}]$

19 단상 2선식 배전선로의 말단에 지상역률 $\cos\theta$인 부하 $P[\text{kW}]$가 접속되어 있고 선로 말단의 전압은 $V[\text{V}]$이다. 선로 한 가닥의 저항을 $R[\Omega]$이라 할 때 송전단의 공급 전력[kW]은?

① $P + \dfrac{P^2 R}{V\cos\theta} \times 10^3$ ② $P + \dfrac{2P^2 R}{V\cos\theta} \times 10^3$

③ $P + \dfrac{P^2 R}{V^2\cos^2\theta} \times 10^3$ ④ $P + \dfrac{2P^2 R}{V^2\cos^2\theta} \times 10^3$

🔍 해설

단상 2선식 전력손실
$$P_s = P + P_l = P + 2I^2 R$$
$$= P + 2 \times \left(\frac{P}{V\cos\theta}\right)^2 \times R = P + \frac{2P^2 R}{V^2\cos^2\theta} \times 10^3 [\text{kW}]$$

20 수전단의 전력원 방정식이 $P_r^2 + (Q_r + 400)^2 = 250000$으로 표현되는 전력계통에서 가능한 최대로 공급할 수 있는 부하전력 P_r과 이때 전압을 일정하게 유지하는데 필요한 무효전력 Q_r은 각각 얼마인가?

① $P_r = 500$, $Q_r = -400$

② $P_r = 400$, $Q_r = 500$

③ $P_r = 300$, $Q_r = 100$

④ $P_r = 200$, $Q_r = -300$

🔍 해설

전력원선도
$P_r^2 + (Q_r + 400)^2 = 250000$에서
$Q_r + 400 = 0$일 때 부하전력(P_r)이 최대
$\therefore P_r^2 = 250000$, $P_r = 500$, $Q_r + 400 = 0$, $Q_r = -400$

시행일 ◀ 2024년 1회

01 1년 365일 중 185일은 이 양 이하로 내려가지 않는 유량은?

① 평수량
② 풍수량
③ 고수량
④ 저수량

🔍 **해설**

유량의 종별
· 갈수량 : 1년 365일 중 355일은 이것보다 내려가지 않는 유량 또는 수위
· 평수량 : 1년 365일 중 185일은 이것보다 내려가지 않는 유량 또는 수위

02 수력발전소에서 사용되고, 횡축에 1년 365일을 종축에 유량을 표시하는 유황곡선이란?

① 유량이 적은 것부터 순차적으로 배열하여 이들 점을 연결한 것이다.
② 유량이 큰 것부터 순차적으로 배열하여 이들 점을 연결한 것이다.
③ 유량의 월별 평균값을 구하여 선으로 연결한 것이다.
④ 각 월에 가장 큰 유량만을 선으로 연결한 것이다.

🔍 **해설**

유황곡선
유량도를 토대로 가로축(횡축)에 1년의 일수를, 세로축(종축)에 매일의 유량을 큰 것부터 순차적으로 배열하여 이들 점을 연결한 것이다.

03 화력발전소에서 다음 중 가장 큰 손실을 내는 곳은?

① 연률 배출가스
② 복수기
③ 소내용 동력
④ 터빈

🔍 **해설**

복수기
화력발전소에 가장 많이 사용되는 표면복수기는 터빈에서 나온 증기를 물로 변환시키며, 복수기의 냉각수를 순환시키기 위한 순환펌프가 필요하다. 한편, 화력발전소에서 가장 큰 손실을 내는 설비는 복수기이며, 그 손실량은 전 공급열량의 약 50[%]이다.

04 송전선의 특성임피던스는 저항과 누설콘덕턴스를 무시하면 어떻게 표시되는가? (단, L은 선로의 인덕턴스, C는 선로의 정전용량이다.)

① $\sqrt{\dfrac{L}{C}}$
② $\sqrt{\dfrac{C}{L}}$
③ $\dfrac{L}{C}$
④ $\dfrac{C}{L}$

🔍 **해설**

특성임피던스
$$Z_0 = \sqrt{\frac{Z}{Y}} = \sqrt{\frac{r+j\omega L}{g+j\omega C}} \fallingdotseq \sqrt{\frac{L}{C}} = 138\log_{10}\frac{D}{r}[\Omega]$$

05 송전선로의 보호방식으로 지락에 대한 보호는 영상전류를 이용하여 어떤 계전기를 동작시키는가?

① 선택지락 계전기
② 전류차동 계전기
③ 과전압 계전기
④ 거리 계전기

🔍 **해설**

영상변류기와 선택지락 계전기
지락사고시 영상변류기(ZCT)로 영상전류(지락전류)를 검출하고 검출된 영상전류를 이용하여 선택지락계전기(SGR)를 동작시킨다.

06 변전소에서 비접지 선로의 접지보호용으로 사용되는 계전기에 영상전류를 공급하는 것은?

① CT
② GPT
③ ZCT
④ PT

🔍 **해설**

영상변류기
· 영상전류 검출 : 영상변류기[ZCT]
· 영상전압 검출 : 접지형 계기용변압기[GPT]

[정답] 2024년 1회 01 ① 02 ② 03 ② 04 ① 05 ① 06 ③

07 송전선로와 통신선이 병행되어 있는 경우에 통신 유도장해로서 통신선에 유도되는 정전유도전압은?

① 통신선의 길이에 비례한다.
② 통신선의 길이의 자승에 비례한다.
③ 통신선의 길이에 반비례한다.
④ 통신선의 길이와는 관계가 없다.

🔍 **해설**

정전유도장해

송전선로의 영상 전압과 통신선과의 상호 정전용량의 불평형에 의해 통신선에 유도되는 전압을 정전 유도전압이라 하며, 정상시에 통신장해를 일으켜 문제가 된다. 정전유도전압은 통신선의 길이와는 관계가 없다.

$$E_s = \frac{C_{ab}}{C_{ab} + C_b} E [\mathrm{V}]$$

08 차단기에서 고속도 재폐로의 목적은?

① 안정도 향상   ② 발전기 보호
③ 변압기 보호   ④ 고장전류 억제

🔍 **해설**

안정도 향상 대책

송전선의 고장 구간을 고속 차단하고 재송전을 자동으로 실행하는 재폐로의 목적은 안정도를 향상시키기 위해서이다.

09 케이블의 전력 손실과 관계가 없는 것은?

① 철손   ② 유전체손
③ 시스손   ④ 도체의 저항손

🔍 **해설**

케이블의 전력 손실

철손은 변압기 또는 전동기에서 발생하는 손실이며, 고정손에 속한다.

10 1상의 대지정전용량 $C[\mathrm{F}]$, 주파수 $f[\mathrm{Hz}]$인 3상 송전선의 소호리액터 공진탭의 리액턴스는 몇 $[\Omega]$인가? (단, 소호리액터를 접속시키는 변압기의 리액턴스는 $X_t[\Omega]$이다.)

① $\dfrac{1}{3\omega C} + \dfrac{X_t}{3}$ ② $\dfrac{1}{3\omega C} - \dfrac{X_t}{3}$

③ $\dfrac{1}{3\omega C} + 3X_t$ ④ $\dfrac{1}{3\omega C} - 3X_t$

🔍 **해설**

소호리액터의 공진 리액턴스

$$X_L = \frac{1}{3\omega C_s} - \frac{X_t}{3} [\Omega]$$

단, X_t : 변압기의 리액턴스

11 동작전류의 크기에 관계 없이 일정한 시간에 동작하는 특성을 가진 계전기는?

① 순한시계전기   ② 정한시계전기
③ 반한시계전기   ④ 반한시정한시계전기

🔍 **해설**

계전기의 특성

· 순한시 계전기 : 정정된 전류 이상의 전류가 흐르면 즉시 동작
· 정한시 계전기 : 동작전류의 크기와는 관계없이 항상 정해진 일정한 시간에서 동작
· 반한시 계전기 : 전류 값이 클수록 빨리 동작하고 반대로 전류 값이 작아질수록 느리게 동작
· 정한시-반한시 계전기 : 정한시와 반한시 계전기의 특성을 조합

12 전력원선도에서 구할 수 없는 것은?

① 송·수전할 수 있는 최대 전력
② 필요한 전력을 보내기 위한 송·수전 전압간의 상차각
③ 선로 손실과 송전 효율
④ 과도 안정 극한 전력

🔍 **해설**

전력원선도

전력원선도의 가로축은 유효전력 및 세로축은 무효전력이다. 한편, 전력 방정식에 의해서 송·수전단 전압(E_s, E_r)과 일반회로정수 (A, B, C, D)가 필요하다.

전력 원선도에서 알 수 없는 사항	전력원선도에서 알 수 있는 사항
· 과도 안정 극한전력 · 코로나 손실	· 송·수전단 전압간의 상차각 · 송·수전할 수 있는 최대전력 · 선로손실, 송전효율 · 수전단의 역률, 조상용량

[**정답**] 07④ 08① 09① 10② 11② 12④

13 수전용 변전설비의 1차측 차단기의 차단용량은 주로 어느 것에 의하여 정해지는가?

① 수전 계약용량
② 부하설비의 단락용량
③ 공급측 전원의 단락용량
④ 수전전력의 역률과 부하율

🔍 **해설** --------------------------------

차단기의 차단용량
수전용 변전설비의 1차측 차단기의 차단용량은 주로 공급측 전원의 단락용량으로 정한다.

14 정격전압 $7.2[\text{kV}]$, 정격차단용량 $100[\text{MVA}]$인 3상 차단기의 정격 차단전류는 약 몇 $[\text{kA}]$인가?

① 4   ② 6
③ 7   ④ 8

🔍 **해설** --------------------------------

정격차단전류
$$I_s = \frac{P_s}{\sqrt{3} \times V_n} = \frac{100 \times 10^3}{\sqrt{3} \times 7.2} \times 10^{-3} \fallingdotseq 8[\text{kA}]$$

15 공통 중성선 다중접지 3상 4선식 배전선로에서 고압측(1차측)중성선과 저압측(2차측)중성선을 전기적으로 연결하는 목적은?

① 저압측의 단락사고를 검출하기 위함
② 저압측의 접지사고를 검출하기 위함
③ 주상변압기의 중성선측 붓싱을 생략하기 위함
④ 고저압 혼촉시 수용가에 침입하는 상승전압을 억제하기 위함

🔍 **해설** --------------------------------

3상 4선식 다중접지 방식
공통 중성선 다중접지 3상 4선식 배전선로에서 고압측(1차측)중성선과 저압측(2차측)중성선을 전기적으로 연결하는 목적은 고저압 혼촉시 수용가에 침입하는 상승전압을 억제하기 위함이다.

16 저압 망상식(Network) 배선방식의 장점이 아닌 것은?

① 감전사고가 줄어든다.
② 부하 증가 시 적응성이 양호하다.
③ 무정전 공급이 가능하므로 공급 신뢰도가 높다.
④ 전압변동이 적다.

🔍 **해설** --------------------------------

네트워크 배전방식
① 장점
  • 배전의 신뢰도가 가장 높다.(무정전 공급)
  • 전압변동이 적다.
  • 전력손실이 감소된다.
  • 기기의 이용률이 향상된다.
  • 부하 증가에 대한 적응성이 좋다.
  • 변전소 수를 줄일 수 있다.
② 단점
  • 인축에 대한 감전사고가 많다.
  • 건설비가 비싸다.
  • 특별한 보호장치가 필요하다.(네크워크 프로텍터 : 차단기, 퓨즈, 방향 계전기)

17 파동 임피던스가 $500[\Omega]$인 가공 송전선의 인덕턴스 $[\text{mH/km}]$와 정전용량 $C[\mu\text{F/km}]$는 얼마인가?

① $L=1.67$, $C=0.067$
② $L=2.12$, $C=0.0067$
③ $L=1.67$, $C=0.0067$
④ $L=2.12$, $C=0.167$

🔍 **해설** --------------------------------

파동 임피던스
$$Z = \sqrt{\frac{Z}{Y}} = \sqrt{\frac{L}{C}} = 138\log_{10}\frac{D}{r}[\Omega] \text{에서}$$

$$\log_{10}\frac{D}{r} = \frac{500}{138}$$

$$\therefore L = 0.05 + 0.4605\log_{10}\frac{D}{r} \fallingdotseq 0.4605 \times \frac{500}{138} = 1.67[\text{mH/km}]$$

$$\therefore C = \frac{0.02413}{\log_{10}\frac{D}{r}} = \frac{0.02413}{\frac{500}{138}} = 0.0067[\mu\text{F/km}]$$

전기자기학
전력공학
전기기기
회로이론
제어공학
전기설비기술기준

[정답] 13 ③ 14 ④ 15 ④ 16 ① 17 ③

18 계통의 안정도 증진대책이 아닌 것은?

① 발전기나 변압기의 리액턴스를 작게 한다.

② 선로의 회선수를 감소시킨다.

③ 중간조상방식을 채용한다.

④ 고속도 재폐로방식을 채용한다.

🔍 **해설**

안정도 향상대책

① 직렬 리액턴스의 감소
  - 선로의 병행 회선을 증가, 복도체 사용
  - 직렬 콘덴서를 설치하여 유도성 리액턴스 보상
  - 발전기나 변압기의 리액턴스 감소, 발전기의 단락비 증가
② 전압변동의 억제
  - 계통의 연계
  - 속응 여자방식 채용
  - 중간 조상방식 채용
③ 계통에 주는 충격을 경감
  - 고속도 재폐로방식 채용
  - 고속 차단방식 채용
  - 적당한 중성점 접지방식을 채용

19 피뢰기가 구비하여야 할 조건으로 거리가 먼 것은?

① 충격방전 개시전압이 낮을 것

② 상용주파방전 개시전압이 낮을 것

③ 제한전압이 낮을 것

④ 속류의 차단능력이 클 것

🔍 **해설**

피뢰기의 구비조건

- 속류 차단 능력이 클 것
- 제한전압은 낮고 방전내량은 클 것
- 충격 방전개시전압이 낮을 것
- 상용주파 방전개시 전압이 높을 것

20 3상 배전선로의 말단에 지상 역률 80[%], 160[kW]인 평형 3상 부하가 있다. 부하점에 전력용 콘덴서를 접속하여 선로 손실을 최소가 되게 하려면 전력용 콘덴서의 필요한 용량[kVA]은? (단, 부하단 전압은 변하지 않는 것으로 한다.)

① 100
② 120
③ 160
④ 200

🔍 **해설**

콘덴서 용량

선로 손실이 최소가 되기 위해서는 역률이 1이어야 한다.

$$Q = P \times \left(\frac{\sqrt{1-\cos^2\theta_1}}{\cos\theta_1} - \frac{\sqrt{1-\cos^2\theta_2}}{\cos\theta_2} \right)$$

$$= 160 \times \left(\frac{0.6}{0.8} - \frac{0}{1} \right) = 120[kVA]$$

시행일 ▶ 2024년 2회

01 전선 4개의 도체가 정사각형으로 그림과 같이 배치되어 있을 때 소도체간 기하 평균거리는 약 몇 [m]인가?

① 0.40[m]
② 0.45[m]
③ 0.50[m]
④ 0.57[m]

🔍 **해설**

정사각형 등가선간거리

$$D = \sqrt[6]{2} \, D = \sqrt[6]{2} \times 0.4 = 0.45[m]$$

02 다음 중 송전선로의 코로나 임계전압이 높아지는 경우가 아닌 것은?

① 날씨가 맑다.

② 기압이 높다.

③ 상대공기밀도가 낮다.

④ 전선의 반지름과 선간거리가 크다.

🔍 **해설**

[정답] 18 ② 19 ② 20 ② 2024년 2회 01 ② 02 ③

코로나 임계전압

코로나 임계전압은 날씨가 맑은 날, 상대공기밀도가 높은 경우, 전선의 직경이 큰 경우 높아진다.

03 송전단, 수전단 전압을 각각 E_s, E_r이라 하고 4단자 정수를 A, B, C, D 라 할 때 전력원선도의 반지름은?

① $\dfrac{E_s E_r}{A}$ ② $\dfrac{E_s E_r}{B}$

③ $\dfrac{E_s E_r}{C}$ ④ $\dfrac{E_s E_r}{D}$

🔍 해설

전력원선도의 반지름

$$\rho = \frac{E_s E_r}{B}$$

04 송전선로에서 송수전단 전압 사이의 상차각이 몇 [°]일 때 최대 전력으로 송전할 수 있는가?

① $30°$ ② $45°$

③ $60°$ ④ $90°$

🔍 해설

송전용량

$$P_s = \frac{V_s V_r}{X} \times \sin\delta$$

$\sin\theta$는 90°일 때 1이다.

05 직접접지방식에 대한 설명으로 틀린 것은?

① 1선 지락 사고 시 건전상의 대지 전압이 거의 상승하지 않는다.

② 계통의 절연수준이 낮아지므로 경제적이다.

③ 변압기의 단절연이 가능하다.

④ 보호계전기가 신속히 동작하므로 과도안정도가 좋다.

🔍 해설

직접접지 방식의 단점

지락전류가 저역률 대전류이므로 과도안정도가 나쁘다.

06 송전계통의 전력용콘덴서와 직렬로 연결하는 직렬리액터로 제거되는 고조파는?

① 제2고조파 ② 제3고조파

③ 제5고조파 ④ 제7고조파

🔍 해설

직렬리액터

제 5고조파 제거를 위해서 콘덴서와 직렬로 연결하는 직렬리액터를 설치한다.

직렬리액터는 콘덴서 용량의 4[%](이론), 5~6[%](실무)를 적용한다.

07 단상 변압기 3대를 △결선으로 운전하던 중 1대의 고장으로 V결선한 경우 V결선과 △결선의 출력비는 약 몇 [%]인가?

① 52.2 ② 57.7

③ 66.7 ④ 86.6

🔍 해설

V결선

$$출력비 = \frac{V결선\ 출력}{△결선\ 출력} \times 100 = \frac{\sqrt{3}\,P_1}{3P_1} \times 100 = 57.7[\%]$$

08 파동 임피던스 $Z_1 = 500[\Omega]$인 선로의 종단에 파동 임피던스 $Z_2 = 1000[\Omega]$의 변압기가 접속되어 있다. 지금 선로에서 파고 $e_i = 600[kV]$의 전압이 진입할 경우, 접속점에서의 전압의 반사파 파고는 몇 [kV]인가?

① 200 ② 300

③ 400 ④ 500

🔍 해설

반사파 전압

$$e_2 = \frac{Z_2 - Z_1}{Z_1 + Z_2} \times e_i = \frac{1000 - 500}{500 + 1000} \times 600 = 200[kV]$$

[정답] 03 ② 04 ④ 05 ④ 06 ③ 07 ② 08 ①

전기자기학

전력공학

전기기기

회로이론

제어공학

전기설비기술기준

09 한 대의 주상변압기에 역률(뒤짐) $\cos\theta_1$, 유효전력 $P_1\,[\text{kW}]$ 의 부하와 역률(뒤짐) $\cos\theta_2$, 유효전력 $P_2\,[\text{kW}]$ 의 부하가 병렬로 접속되어 있을 때 주상변압기 2차 측에서 본 부하의 종합역률은 어떻게 되는가?

① $\dfrac{P_1+P_2}{\dfrac{P_1}{\cos\theta_1}+\dfrac{P_2}{\cos\theta_2}}$

② $\dfrac{P_1+P_2}{\dfrac{P_1}{\sin\theta_1}+\dfrac{P_2}{\sin\theta_2}}$

③ $\dfrac{P_1+P_2}{\sqrt{(P_1+P_2)^2+(P_1\tan\theta_1+P_2\tan\theta_2)^2}}$

④ $\dfrac{P_1+P_2}{\sqrt{(P_1+P_2)^2+(P_1\sin\theta_1+P_2\sin\theta_2)^2}}$

해설 -

종합역률

$$종합역률=\dfrac{유효전력의\ 합}{\sqrt{(유효전력의\ 합)^2+(무효전력의\ 합)^2}}$$

$$=\dfrac{P_1+P_2}{\sqrt{(P_1+P_2)^2+(P_1\tan\theta_1+P_2\tan\theta_2)^2}}$$

10 계전기의 반한시 특성이란?

① 동작전류가 클수록 동작시간이 길어진다.

② 동작전류가 흐르는 순간에 동작한다.

③ 동작전류에 관계없이 동작시간은 일정하다.

④ 동작전류가 크면 동작시간은 짧아진다.

해설 -

계전기의 특성

· 순한시 계전기 : 정정된 전류 이상의 전류가 흐르면 즉시 동작
· 정한시 계전기 : 동작전류의 크기와는 관계없이 항상 정해진 일정한 시간에서 동작
· 반한시 계전기 : 전류 값이 클수록 빨리 동작하고 반대로 전류 값이 작아질수록 느리게 동작
· 정한시-반한시 계전기 : 정한시와 반한시 계전기의 특성을 조합

11 변성기의 정격부담을 표시하는 단위는?

① [W] 　　　　　　　 ② [S]

③ [dyne] 　　　　　　 ④ [VA]

해설 -

변성기가 정상적으로 동작할 수 있도록 설계된 최대부하로 단위는 [VA]이다.

12 단상 3선식 110/220[V]에 대한 설명으로 옳은 것은?

① 전압 불평형이 우려되므로 콘덴서를 설치한다.

② 중성선과 외선사이에만 부하를 사용하여야 한다.

③ 중성선에는 반드시 퓨즈를 끼워야 한다.

④ 2종의 전압을 얻을 수 있고 전선량이 절약되는 이점이 있다.

해설 -

단상 3선식의 특징

· 2종의 전압을 얻을 수 있다.
· 단상 2선식보다 전압강하, 전력손실이 작다
· 단상 2선식보다 전선량이 절약되는 이점이 있다.
· 중성선 단선시 전압의 불평형이 발생한다.(밸런서 실치 필요)

13 전력계통의 주회로에 사용되는 것으로 고장 전류와 같은 대전류를 차단할 수 있는 것은?

① 선로 개폐기(LS) 　　 ② 단로기(DS)

③ 차단기(CB) 　　　　 ④ 유입개폐기(OS)

해설 -

차단기는 단락, 지락등의 사고가 발생시 자동적으로 사고전류를 차단한다. 또한, 부하전류를 개폐할 수 있다.

[정답] 09 ③ 10 ④ 11 ④ 12 ④ 13 ③

14 동일한 부하전력에 대하여 전압을 2배로 승압하면 전압강하, 전압강하율, 전력손실률은 각각 얼마나 감소하는지를 순서대로 나열한 것은?

① $\dfrac{1}{2},\ \dfrac{1}{3},\ \dfrac{1}{2}$ ② $\dfrac{1}{2},\ \dfrac{1}{2},\ \dfrac{1}{4}$

③ $\dfrac{1}{2},\ \dfrac{1}{4},\ \dfrac{1}{4}$ ④ $\dfrac{1}{4},\ \dfrac{1}{4},\ \dfrac{1}{4}$

🔍 **해설**

- 전압강하 : $e \propto \dfrac{1}{V}$

- 전압강하율 : $\delta \propto \dfrac{1}{V^2}$

- 전력손실률 : $K \propto \dfrac{1}{V^2}$

15 정격용량 20000[kVA], 임피던스 8[%]인 3상 변압기가 2차측에서 3상 단락되었을 때 단락용량은 몇 [MVA]인가?

① 160 ② 200

③ 250 ④ 320

🔍 **해설**

단락용량

$$P_s = \frac{100}{\%Z} \times P_n = \frac{100}{8} \times 20000 \times 10^{-3} = 250[\text{MVA}]$$

16 원자로의 제어재가 구비하여야 할 조건으로 틀린 것은?

① 중성자 흡수 단면적이 적을 것

② 높은 중성자속에 장시간 그 효과를 간직할 것

③ 열과 방사선에 대하여 안정할 것

④ 내식성이 크고 기계적 가공이 용이할 것

🔍 **해설**

제어재 구비조건

- 장시간 그 효과를 유지할 것
- 중성자 흡수 단면적이 클 것
- 열과 방사선에 대하여 안정할 것
- 내식성이 크고 기계적 가공이 용이할 것

17 3상 3선식 송전선로에 있어서 각선의 대지 정전용량이 0.5096[μF]이고, 선간 정전용량이 0.1295[μF]일 때 1선의 작용 정전용량은 몇 [μF]인가?

① 0.6391 ② 0.7686

③ 0.8981 ④ 1.5288

🔍 **해설**

3상 작용 정전용량

$C = C_s + 3C_m = 0.5096 + 3 \times 0.1295 = 0.8981[\mu\text{F}]$
여기서, C_s : 대지 정전용량, C_m : 선간 정전용량

18 수전단 전압 60000[V], 전류 200[A], 선로의 저항 $R = 7.61[\Omega]$, 리액턴스 $X = 11.85[\Omega]$일 때, 전압강하율은 몇 [%]인가? (단, 수전단 역률은 0.8이라 한다.)

① 약 7.00 ② 약 7.41

③ 약 7.61 ④ 약 8.00

🔍 **해설**

전압강하율

$$\delta = \frac{e}{V_r} \times 100 = \frac{\sqrt{3}\,I(R\cos\theta + X\sin\theta)}{V_r} \times 100$$

$$= \frac{\sqrt{3} \times 200 \times (7.61 \times 0.8 + 11.85 \times 0.6)}{60000} \times 100$$

$$= 7.61[\%]$$

19 피뢰기의 충격방전 개시전압은 무엇으로 표시하는가?

① 직류 전압의 크기 ② 충격파의 평균값

③ 충격파의 최대값 ④ 충격파의 실효값

🔍 **해설**

충격방전 개시전압은 피뢰기가 충격파를 받을 때 방전을 시작하는 전압을 의미하며, 이는 충격파의 최대값으로 표시한다.

[**정답**] 14 ③ 15 ③ 16 ① 17 ③ 18 ③ 19 ③

20 경간 200[m]인 가공 전선로가 있다. 사용 전선의 길이는 경간보다 몇 [m] 더 길게 하면 되는가? (단, 사용 전선의 1[m]당 무게는 2.0[kg], 인장 하중은 4000[kg]이고 전선의 안전율을 2로 하고 풍압 하중은 무시한다.)

① $\dfrac{1}{2}$ ② $\sqrt{2}$

③ $\dfrac{1}{3}$ ④ $\sqrt{3}$

해설

이도 $D=\dfrac{WS^2}{8T}=\dfrac{2\times 200^2}{8\times \frac{4000}{2}}=5[m]$

전선의 길이는 경간보다 $\dfrac{8D^2}{3S}$ 만큼 늘어난다.

$\therefore \dfrac{8\times 5^2}{3\times 200}=\dfrac{1}{3}$

시행일 > 2024년 3회

01 배전선의 손실계수 H와 부하율 F와의 관계는?

① $0\leq F^2\leq H\leq F\leq 1$ ② $0\leq H^2\leq F\leq H\leq 1$

③ $0\leq H\leq F^2\leq F\leq 1$ ④ $0\leq F\leq H^2\leq H\leq 1$

해설

부하율 F 시스템의 효율성을 나타내는 지표로, 0과 1 사이의 값을 가진다.
손실계수 $H=\alpha F+(1-\alpha)F^2$

02 가공 송전선에 사용하는 애자련 중 전압부담이 최대인 것은?

① 전선에 가장 가까운 것   ② 중앙에 있는 것
③ 철탑에 가장 가까운 것   ④ 철탑에서 1/3 지점의 것

해설

가공 송전선에 사용하는 애자련 중 전압부담이 최대로 걸리는 애자는 전선에서 가장 가까운 애자이다.

03 한류 리액터를 사용하는 주된 목적은?

① 코로나 방지   ② 역률 개선
③ 피뢰기 대용   ④ 단락전류 제한

해설

한류 리액터의 역할 : 단락전류 제한

04 단로기에 대한 설명으로 적합하지 않은 것은?

① 소호장치가 있어 아크를 소멸시킨다.
② 무부하 및 여자전류의 개폐에 사용된다.
③ 배전용 단로기는 보통 디스컨넥팅 바로 개폐한다.
④ 회로의 분리 또는 계통의 접속 변경시 사용한다.

해설

단로기는 소호장치가 없어 사고전류를 차단할 수 없다.

05 송전탑에서 역섬락을 방지하기 위한 대책은?

① 가공지선의 설치   ② 탑각 접지저항의 감소
③ 전력선의 연가   ④ 아크혼의 설치

해설

매설지선
철탑 다리에 방사형 매설지선을 포설하여 탑각의 접지저항을 낮추면 역섬락을 방지할 수 있다.

06 3상 3선식 송전선에서 L을 작용인덕턴스라 하고 L_e 및 L_m은 대지를 귀로로 하는 1선의 자기인덕턴스 및 상호인덕턴스라고 할 때 이들 사이의 관계식은?

① $L=L_m-L_e$ ② $L=L_e-L_m$

③ $L=L_m+L_e$ ④ $L=\dfrac{L_m}{L_e}$

해설

작용인덕턴스는 약 1.3[mH/km]이며 $L=L_e-L_m$의 관계에 있다. 자기인덕턴스는 대략 2.4[mH/km], 상호인덕턴스는 1.1[mH/km]이다.

[정답] 20 ③ 2024년 3회 01 ① 02 ① 03 ④ 04 ① 05 ② 06 ②

07 저압 네트워크 배전방식에 대한 설명으로 틀린 것은?

① 전압강하가 적다.

② 부하밀도가 적은 곳에 유용하다.

③ 무정전 공급의 신뢰도가 높다.

④ 부하의 증가에 대한 적응성이 크다.

해설

저압 네트워크 배전방식은 부하밀도가 높은 도심 지역에서 유용하다.

08 사고, 정전 등의 중대한 영향을 받는 지역에서 정전과 동시에 자동적으로 예비전원용 배전선로로 전환하는 장치는?

① 차단기

② 리클로저(Recloser)

③ 섹셔널라이저(Sectionalizer)

④ 자동부하 전환개폐기(Auto Load Transfer Switch)

해설

자동부하 전환개폐기

22.9[kV] 배전선로에서 주 공급 선로의 정전 사고 시 예비전원용 배전선로로 자동 전환되는 개폐장치이다.

09 변전소에서 비접지 선로의 접지보호용으로 사용되는 계전기에 영상전류를 공급하는 것은?

① CT

② GPT

③ ZCT

④ PT

해설

비접지 선로의 지락사고시 영상변류기(ZCT)로 영상전류(지락전류)를 검출하고 검출된 영상전류를 이용하여 선택지락계전기(SGR)를 동작시킨다.

10 최근에 우리나라에서 많이 채용되고 있는 가스절연개폐설비(GIS)의 특징으로 틀린 것은?

① 대기 절연을 이용한 것에 비해 현저하게 소형화할 수 있으나 비교적 고가이다.

② 소음이 적고 충전부가 완전한 밀폐형으로 되어 있기 때문에 안정성이 높다.

③ 가스 압력에 대한 엄중 감시가 필요하며 내부 점검 및 부품 교환이 번거롭다.

④ 한랭지, 산악 지방에서도 액화 방지 및 산화 방지대책이 필요 없다.

해설

가스절연개폐설비에 사용되는 SF_6가스는 한랭지, 산악 지방에서 액화될 수 있기 때문에 액화 방지대책이 필요하다.

11 3상 배전선로의 말단에 역률 60[%](늦음), 60[kW]의 평형 3상 부하가 있다. 부하점에 부하와 병렬로 전력용콘덴서를 접속하여 선로손실을 최소로 하고자 할 때 콘덴서 용량[kVA]은? (단, 부하단의 전압은 일정하다.)

① 40

② 60

③ 80

④ 100

해설

콘덴서 용량

선로손실이 최소가 되기 위해서는 역률이 1이어야 한다.

$$Q = P \times \left(\frac{\sqrt{1-\cos^2\theta_1}}{\cos\theta_1} - \frac{\sqrt{1-\cos^2\theta_2}}{\cos\theta_2} \right)$$
$$= 60 \times \left(\frac{0.8}{0.6} - \frac{0}{1} \right) = 80[\text{kVA}]$$

12 파동 임피던스 $Z_1 = 500[\Omega]$인 선로의 종단에 파동 임피던스 $Z_2 = 1000[\Omega]$의 변압기가 접속되어 있다. 지금 선로에서 파고 $e_i = 600[\text{kV}]$의 전압이 진입할 경우, 접속점에서의 전압의 반사파 파고는 몇 [kV]인가?

[정답] 07 ② 08 ④ 09 ③ 10 ④ 11 ③ 12 ①

전기자기학

전력공학

전기기기

회로이론

제어공학

전기설비기술기준

① 200   ② 300

③ 400   ④ 500

🔍 해설 -

반사파 전압

$$e_2 = \frac{Z_2 - Z_1}{Z_1 + Z_2} \times e_i = \frac{1000 - 500}{500 + 1000} \times 600 = 200 [\text{kV}]$$

13 다음 중 코로나 방지대책으로 적당하지 않은 것은?

① 전선의 외경을 크게 한다.

② 선간거리를 감소시킨다.

③ 복도체를 사용한다.

④ 가선 금구를 개량한다.

🔍 해설 -

코로나를 방지하기 위해서는 코로나 임계전압을 높여야 한다. 이때 선간거리는 증가시켜야 한다.

$$E_0 = 24.3 m_0 m_1 \delta d \log_{10} \frac{D}{r} [\text{kV}]$$

여기서, m_0는 표면계수, m_1은 날씨계수, δ는 공기 상대밀도, d는 전선직경, D는 선간거리

14 송전선로의 중성점 접지방식 중 지락사고 시 건전상의 전압상승이 $\sqrt{3}$ 배까지 올라가며, 지락전류가 최소인 접지방식은?

① 비접지   ② 고저항 접지

③ 소호 리액터 접지   ④ 직접 접지

🔍 해설 -

중성점 접지방식의 비교

구 분	건전상 전위상승	지락전류
직접 접지	1.3배 이하(최저)	$I_g = 3I_o$(최대)
소호 리액터 접지	$\sqrt{3}$ 배 이상(최대)	$I_g = 0$(최소)

15 수력발전소의 댐을 설계하거나 저수지의 용량 등을 결정하는데 가장 적당한 것은?

① 유량도   ② 적산유량곡선

③ 유황곡선   ④ 수위유량곡선

🔍 해설 -

적산유량 곡선

유량도를 토대로 가로축에 1년 365일을 역일순으로, 세로축으로는 유량의 누계를 잡아서 만든 곡선으로서 댐설계시, 저수지 용량을 결정할 때 사용한다.

16 화력발전소에서 매일 최대출력 100000[kW], 부하율 90[%]로 60일간 연속 운전할 때 필요한 석탄량은 약 몇 [t]인가? (단, 사이클 효율은 40[%], 보일러 효율은 85[%], 발전기 효율은 98[%]로 하고 석탄의 발열량은 5500[kcal/kg]이라 한다.)

① 60820   ② 61820

③ 62820   ④ 63820

🔍 해설 -

$$m = \frac{860W}{\eta_c \eta_h \eta_g H} = \frac{860 \times 100000 \times 60 \times 24 \times 0.9}{0.4 \times 0.85 \times 0.98 \times 5500} \times 10^{-3} = 60820[\text{t}]$$

$$W = P \cdot t \cdot L = 100000 \times 60 \times 24 \times 0.9$$

17 송배전 계통에 발생하는 내부 이상전압의 원인이 아닌 것은?

① 유도뢰   ② 선로의 개폐

③ 아크 접지   ④ 선로의 이상상태

🔍 해설 -

유도뢰와 직격뢰는 외부 이상전압이다.

18 선간전압이 154[kV]이고, 1상당의 임피던스가 $j8[\Omega]$인 기기가 있을 때, 기준용량을 100[MVA]로 하면 %임피던스는 약 몇 [%]인가?

① 2.75　　　　　　② 3.15

③ 3.37　　　　　　④ 4.25

🔍 **해설**

퍼센트 임피던스의 계산

$$\%Z = \frac{PZ}{10V^2} = \frac{100 \times 10^3 \times 8}{10 \times 154^2} = 3.37[\%]$$

19 33[kV] 이하의 단거리 송·배전선로에 적용되는 비접지 방식에서 지락전류는 다음 중 어느 것을 말하는가?

① 누설전류　　　　② 충전전류

③ 뒤진전류　　　　④ 단락전류

🔍 **해설**

비접지 방식에서는 지락전류는 선로와 대지 사이에 흐르는 전류(대지정전용량)로 충전전류이다.

20 3상 선로에서 회로의 상규 선간전압을 $V[kV]$, 계통의 전전원의 용량에 상당하는 전류를 $I[A]$, V과 I을 기준으로 하여 [%]로 나타낸 %임피던스를 %Z라 할 때 3상 단락전류를 계산하는 식은?

① $\dfrac{VI}{\%Z}$　　　　　② $\dfrac{100I}{\%Z}$

③ $\dfrac{V^2}{\%Z}$　　　　　④ $\dfrac{\%ZI}{V}$

🔍 **해설**

3상 단락전류

$$I_s = \frac{100}{\%Z} \times I_n$$

---

01 케이블의 전력손실과 관계가 없는 것은?

① 도체의 저항손　　② 유전체손

③ 연피손　　　　　④ 철손

🔍 **해설**

케이블의 전력손실

철손은 변압기 또는 전동기에서 발생하는 손실이며, 고정손에 속한다.

02 특성임피던스가 300[Ω]이며, 저항과 누설콘덕턴스는 무시한다. 가공송전선 1[km] 당의 인덕턴스는 몇 [mH/km]인가?

① 0.5　　　　　　② 1

③ 1.5　　　　　　④ 2

🔍 **해설**

특성임피던스

$$Z_0 = \sqrt{\frac{L}{C}} = 138\log_{10}\frac{D}{r} = 300[\Omega]$$

$$\log_{10}\frac{D}{r} = \frac{300}{138}$$

$$L = 0.4605\log_{10}\frac{D}{r} = 0.4605 \times \frac{300}{138} = 1[mH/km]$$

03 전력원선도에서 알 수 없는 것은?

① 조상용량　　　　② 선로손실

③ 과도안정 극한전력　④ 정태안정 극한전력

🔍 **해설**

전력원선도

전력원선도의 가로축은 유효전력 및 세로축은 무효전력이다. 한편, 전력 방정식에 의해서 송·수전단 전압(E_s, E_r)과 일반회로정수(A, B, C, D)가 필요하다.

전력 원선도에서 알 수 없는 사항	전력원선도에서 알 수 있는 사항
· 과도 안정 극한전력 · 코로나 손실	· 송·수전단 전압간의 상차각 · 송·수전할 수 있는 최대전력 · 선로손실, 송전효율 · 수전단의 역률, 조상용량

[정답] 18 ③　19 ②　20 ②　2025년 1회　01 ④　02 ②　03 ③

04 분포정수회로에서 직렬 임피던스를 Z, 병렬 어드미턴스를 Y라 할 때, 선로의 특성임피던스 Z_0는?

① ZY

② $\sqrt{ZY}$

③ $\sqrt{\dfrac{Y}{Z}}$

④ $\sqrt{\dfrac{Z}{Y}}$

🔍 해설

특성임피던스

$$Z_0 = \sqrt{\frac{Z}{Y}} = \sqrt{\frac{r+j\omega L}{g+j\omega C}} \fallingdotseq \sqrt{\frac{L}{C}} = 138\log_{10}\frac{D}{r}\,[\Omega]$$

05 정격전압 25.8[kV]인 3상용 차단기의 차단용량이 500[MVA]라면 정격차단전류는 약 몇 [kA]인가?

① 5.2

② 8.2

③ 11.2

④ 12.29

🔍 해설

차단기 용량

$$I_{kA} = \frac{P_s}{\sqrt{3}\times V_n} = \frac{500\times10^3}{\sqrt{3}\times25.8}\times10^{-3} \fallingdotseq 11.2\,[\text{kA}]$$

06 수력발전소에서 사용되고, 횡축에 1년 365일을 종축에 유량을 표시하는 유황곡선이란?

① 유량이 적은 것부터 순차적으로 배열하여 이들 점을 연결한 것이다.

② 유량이 큰 것부터 순차적으로 배열하여 이들 점을 연결한 것이다.

③ 유량의 월별 평균값을 구하여 선으로 연결한 것이다.

④ 각 월에 가장 큰 유량만을 선으로 연결한 것이다.

🔍 해설

유황곡선은 가로축에 1년의 일수를, 세로축에 매일의 유량을 큰 순서대로 나타낸 곡선이다.

07 1년 365일 중 185일은 이 양 이하로 내려가지 않는 유량은?

① 평수량

② 풍수량

③ 고수량

④ 저수량

🔍 해설

- 갈수량 : 1년 365일 중 355일은 이것보다 내려가지 않는 유량 또는 수위
- 평수량 : 1년 365일 중 185일은 이것보다 내려가지 않는 유량 또는 수위

08 화력발전소에서 발전효율을 저하시키는 원인으로 가장 큰 손실은 어느 것인가?

① 소내용 동력

② 터빈 및 발전기의 손실

③ 연돌 배출가스

④ 복수기 냉각수 손실

🔍 해설

복수식 발전소에서는 복수기의 냉각수에 의한 손실이 가장 크며 약 50[%]이다.

09 변전소에서 비접지 선로의 접지보호용으로 사용되는 계전기에 영상전류를 공급하는 것은?

① CT

② GPT

③ ZCT

④ PT

🔍 해설

영상변류기

- 영상전류 검출 : 영상변류기[ZCT]
- 영상전압 검출 : 접지형 계기용변압기[GPT]

10 영상전류와 영상전압을 공급받아 동작하는 계전기는?

① 과전류계전기

② 과전압계전기

③ 부족전압계전기

④ 선택지락계전기

[정답] 04 ④ 05 ③ 06 ② 07 ① 08 ④ 09 ③ 10 ④

해설

선택지락 계전기

지락사고시 영상변류기(ZCT)로 검출한 영상전류와 접지형계기용 변압기(GPT)에서 검출한 영상전압을 공급받아 선택지락계전기(SGR)를 동작시킨다.

11 최소 동작전류값 이상이면 일정한 시간에 동작하는 한시 특성을 갖는 계전기는?

① 정한시 계전기 ② 반한시 계전기
③ 순한시 계전기 ④ 반한시성 정한시 계전기

해설

계전기의 특성

- 순한시 계전기 : 정정된 전류 이상의 전류가 흐르면 즉시 동작
- 정한시 계전기 : 동작전류의 크기와는 관계없이 항상 정해진 일정한 시간에서 동작
- 반한시 계전기 : 전류 값이 클수록 빨리 동작하고 반대로 전류 값이 작아질수록 느리게 동작
- 정한시-반한시 계전기 : 정한시와 반한시 계전기의 특성을 조합

12 다중접지 3상 4선식 배전선로에서 고압측(1차측) 중성선과 저압측(2차측) 중성선을 전기적으로 연결하는 목적은?

① 저압측의 단락사고를 검출하기 위하여
② 저압측의 지락사고를 검출하기 위하여
③ 주상변압기의 중성선측 부싱을 생략하기 위하여
④ 고저압 혼촉 시 수용가에 침입하는 상승 전압을 억제하기 위하여

해설

3상 4선식 다중접지 방식

공통 중성선 다중접지 3상 4선식 배전선로에서 고압측(1차측)중성선과 저압측(2차측)중성선을 전기적으로 연결하는 목적은 고저압 혼촉시 수용가에 침입하는 상승전압을 억제하기 위함이다.

13 1상의 대지정전용량 $C[\text{F}]$, 주파수 $f[\text{Hz}]$인 3상 송전선의 소호리액터 공진탭의 리액턴스는 몇 $[\Omega]$인가? (단, 소호리액터를 접속시키는 변압기의 리액턴스는 $X_t[\Omega]$이다.)

① $\frac{1}{3\omega C}+\frac{X_t}{3}$ ② $\frac{1}{3\omega C}-\frac{X_t}{3}$

③ $\frac{1}{3\omega C}+3X_t$ ④ $\frac{1}{3\omega C}-3X_t$

해설

소호리액터의 공진 리액턴스

$X_L=\frac{1}{3\omega C_s}-\frac{X_t}{3}[\Omega]$

14 차단기에서 고속도 재폐로의 목적은?

① 안정도 향상   ② 발전기 보호
③ 변압기 보호   ④ 고장전류 억제

해설

안정도 향상 대책

송전선의 고장 구간을 고속 차단하고 재송전을 자동으로 실행하는 재폐로의 목적은 안정도를 향상시키기 위함이다.

15 중성점이 직접 접지된 6600[V] 3상 발전기의 1단자가 접지되었을 경우 예상되는 지락전류의 크기는 약 몇 [A]인가? (단, 발전기의 임피던스는 $Z_0=0.2+j0.6[\Omega]$, $Z_1=0.1+j4.5[\Omega]$, $Z_2=0.5+j1.4[\Omega]$이다.)

① 1578[A]   ② 1678[A]
③ 1745[A]   ④ 3023[A]

해설

중성점 직접접지

지락전류는 영상전류의 3배의 크기이다.

$I_g=3I_0=3\times\frac{E}{Z_0+Z_1+Z_2}$

$=3\times\frac{6600/\sqrt{3}}{0.2+j0.6+0.1+j4.5+0.5+j1.4}≒1745[\text{A}]$

[정답] 11 ① 12 ④ 13 ② 14 ① 15 ③

전기자기학 / 전력공학 / 전기기기 / 회로이론 / 제어공학 / 전기설비기술기준

16 송전선의 통신선에 대한 정전유도장해에 의한 정전유도전압에 관한 설명 중 옳은 것은?

① 선로의 길이에 비례하고, 상호인덕턴스에 비례한다.

② 선로의 길이에 비례하고, 상호인덕턴스에 반비례한다.

③ 선로의 길이에 무관하고, 전선로와 대지사이의 전압에 반비례한다.

④ 선로의 길이에 무관하고, 전선로와 대지사이의 전압에 비례한다.

🔍 **해설**

정전유도장해

송전선로의 영상 전압과 통신선과의 상호 정전용량의 불평형에 의해 통신선에 유도되는 전압을 정전 유도전압이라 하며, 정상시에 통신장해를 일으켜 문제가 된다. 정전유도전압은 통신선의 길이와는 관계가 없다.

$$E_s = \frac{C_{ab}}{C_{ab} + C_b} E\,[\mathrm{V}]$$

17 망상(Network) 배전방식에 대한 설명으로 옳은 것은?

① 부하 증가에 대한 융통성이 적다.

② 전압변동이 대체로 크다.

③ 인축에 대한 감전사고가 적어서 농촌에 적합하다.

④ 환상식보다 무정전 공급의 신뢰도가 더 높다.

🔍 **해설**

네트워크 배전방식

① 장점
  - 배전의 신뢰도가 가장 높다.
  - 전압변동이 적다.
  - 전력손실이 작다.
  - 기기의 이용률이 향상된다.
  - 부하 증가에 대한 융통성이 좋다.
② 단점
  - 인축에 대한 감전사고가 많다.
  - 건설비가 비싸다.
  - 특별한 보호장치가 필요하다.

18 순저항 부하의 부하전력 $P\,[\mathrm{kW}]$, 전압 $E\,[\mathrm{V}]$, 선로의 길이 $l\,[\mathrm{m}]$, 고유저항 $\rho\,[\Omega \cdot \mathrm{mm^2/m}]$인 단상 2선식 선로에서 선로 손실을 $q(\mathrm{W})$라 하면, 전선의 단면적 $[\mathrm{mm^2}]$은 어떻게 표현되는가?

① $\dfrac{\rho l P^2}{q E^2} \times 10^6$　　② $\dfrac{2\rho l P^2}{q E^2} \times 10^6$

③ $\dfrac{\rho l P^2}{2q E^2} \times 10^6$　　④ $\dfrac{2\rho l P^2}{q^2 E} \times 10^6$

🔍 **해설**

단상 2선식 선로손실

- $q = 2I^2 R$

- $P = EI\cos\theta = EI \;\rightarrow\; I = \dfrac{P}{E} \times 10^3$

- $q = 2I^2 R = 2\left(\dfrac{P}{E} \times 10^3\right)^2 R = \dfrac{2P^2 R}{E^2} \times 10^6$

- 저항 $R = \rho \dfrac{l}{A}$ 를 대입

- $q = \dfrac{2P^2 R}{E^2} \times 10^6 = \dfrac{2P^2 \rho l}{AE^2} \times 10^6$

- ∴ 단면적 $A = \dfrac{2\rho l P^2}{q E^2} \times 10^6$

19 선간거리가 $D\,[\mathrm{m}]$이고 반지름이 $r\,[\mathrm{m}]$인 선로의 정전용량 $C\,[\mu\mathrm{F/km}]$는?

① $\dfrac{0.2413}{\log_{10}\dfrac{r}{D}}$　　② $\dfrac{0.02413}{\log_{10}\dfrac{r}{D}}$

③ $\dfrac{0.2413}{\log_{10}\dfrac{D}{r}}$　　④ $\dfrac{0.02413}{\log_{10}\dfrac{D}{r}}$

🔍 **해설**

선로의 작용 정전용량

$$C_n = \dfrac{0.02413}{\log_{10}\dfrac{D}{r}}\,[\mu\mathrm{F/km}]$$

20 가공전선을 단도체식으로 하는 것보다 같은 단면적의 복도체식으로 하였을 경우에 대한 내용으로 틀린 것은?

[정답] 16 ④　17 ④　18 ②　19 ④　20 ②

① 전선의 인덕턴스가 감소된다.

② 전선의 정전용량이 감소된다.

③ 코로나 발생률이 적어진다.

④ 송전용량이 증가한다.

🔍 **해설**

복도체의 특징

- 인덕턴스 감소, 정전용량 증가
- 송전용량 증가, 안정도 증가
- 코로나 임계전압이 상승하여 코로나손 감소
- 전선표면 전위경도가 감소

시행일 ▶ **2025년 2회**

01 가공 송전선에 사용하는 애자련 중 전압부담이 최대인 것은?

① 전선에 가장 가까운 것

② 중앙에 있는 것

③ 철탑에 가장 가까운 것

④ 철탑에서 1/3 지점인 것

🔍 **해설**

애자련의 전압분담

가공 송전선에 사용하는 애자련 중 전압부담이 최대로 걸리는 애자는 전선에서 가장 가까운 애자이다.

02 3상 3선식 송전선에서 L을 작용인덕턴스라 하고 L_e 및 L_m은 대지를 귀로로 하는 1선의 자기인덕턴스 및 상호인덕턴스라고 할 때 이들 사이의 관계식은?

① $L = L_m - L_e$

② $L = L_e - L_m$

③ $L = L_m + L_e$

④ $L = \dfrac{L_m}{L_e}$

🔍 **해설**

선로정수

작용인덕턴스는 약 $1.3[\mathrm{mH/km}]$이며 $L = L_e - L_m$의 관계에 있다. 자기인덕턴스는 대략 $2.4[\mathrm{mH/km}]$, 상호인덕턴스는 $1.1[\mathrm{mH/km}]$이다.

03 코로나의 방지대책으로 적당하지 않은 것?

① 복도체를 사용한다.

② 가선금구를 개량한다.

③ 전선의 바깥지름을 크게 한다.

④ 연가를 시행한다.

🔍 **해설**

코로나 현상

코로나를 방지하기 위해서는 코로나 임계전압을 높여야 한다.

$$E_0 = 24.3 m_0 m_1 \delta d \log_{10} \frac{D}{r} [\mathrm{kV}]$$

여기서, m_0는 표면계수, m_1은 날씨계수, δ는 공기 상대밀도, d는 전선직경, D는 선간거리

04 3상 선로에서 회로의 선간전압을 $V_n[\mathrm{kV}]$, 계통의 전원의 용량에 상당하는 전류를 $I_n[\mathrm{A}]$, V_n과 I_n을 기준으로 하여 [%]로 나타낸 %임피던스를 %Z라 할 때 3상 단락전류를 계산하는 식은?

① $\dfrac{V_n I_n}{\%Z}$

② $\dfrac{100 I_n}{\%Z}$

③ $\dfrac{V_n^2}{\%Z}$

④ $\dfrac{\%Z I_n}{V_n}$

🔍 **해설**

3상 단락전류

$$I_s = \frac{100}{\%Z} \times I_n$$

05 선간전압이 $154[\mathrm{kV}]$이고, 1상당의 임피던스가 $j8[\Omega]$인 기기가 있을 때, 기준용량을 $100[\mathrm{MVA}]$로 하면 %임피던스는 약 몇 [%]인가?

① 2.75

② 3.15

③ 3.37

④ 4.25

🔍 **해설**

퍼센트 임피던스의 계산

$$\%Z = \frac{PZ}{10V^2} = \frac{100 \times 10^3 \times 8}{10 \times 154^2} = 3.37[\%]$$

전기자기학

전력공학

전기기기

회로이론

제어공학

전기설비기술기준

06 한류리액터를 사용하는 가장 큰 목적은?

① 충전전류의 제한　② 접지전류의 제한
③ 누설전류의 제한　④ 단락전류의 제한

🔍 **해설**

한류 리액터의 역할 : 단락전류 제한

07 송전선로의 중성점 접지방식 중 지락사고 시 건전상의 전압상승이 $\sqrt{3}$ 배까지 올라가며, 지락전류가 최소인 접지방식은?

① 비접지　② 고저항 접지
③ 소호 리액터 접지　④ 직접 접지

🔍 **해설**

중성점 접지방식의 비교

구 분	건전상 전위상승	지락전류
직접 접지	1.3배 이하(최저)	$I_g=3I_o$(최대)
소호 리액터 접지	$\sqrt{3}$ 배 이상(최대)	$I_g=0$(최소)

08 33[kV] 이하의 단거리 송배전 선로에 적용되는 비접지 방식에서 지락전류는 다음 중 어느 것을 말하는가?

① 누설전류　② 충전전류
③ 뒤진전류　④ 단락전류

🔍 **해설**

비접지 방식에서는 지락전류는 선로와 대지 사이에 흐르는 전류(대지정전용량)로 충전전류이다.

09 다음 중 송배전 선로에서 내부 이상 전압에 속하지 않는 것은?

① 유도뢰에 의한 이상 전압
② 개폐 이상 전압
③ 사고시의 과도 이상 전압
④ 계통 조작과 고장시의 지속 이상 전압

🔍 **해설**

내부 이상전압

유도뢰와 직격뢰는 외부 이상전압이다.

10 송전선로에서 역섬락을 방지하는 유효한 방법은?

① 피뢰기 설치　② 소호각 설치
③ 가공지선 설치　④ 탑각 접지저항 감소

🔍 **해설**

매설지선

철탑 다리에 방사형 매설지선을 포설하여 탑각의 접지저항을 낮추면 역섬락을 방지할 수 있다.

11 파동 임피던스 $Z_1=500[\Omega]$인 선로의 종단에 파동 임피던스 $Z_2=1000[\Omega]$의 변압기가 접속되어 있다. 지금 선로에서 파고 $e_i=600[kV]$의 전압이 진입할 경우, 접속점에서의 전압의 반사파 파고는 몇 [kV]인가?

① 200　② 300
③ 400　④ 500

🔍 **해설**

반사파 전압

$$e_2=\frac{Z_2-Z_1}{Z_1+Z_2}\times e_i=\frac{1000-500}{500+1000}\times 600=200[kV]$$

12 단로기에 대한 설명으로 적합하지 않은 것은?

① 소호장치가 있어 아크를 소멸시킨다.
② 무부하 및 여자전류의 개폐에 사용된다.
③ 배전용 단로기는 보통 디스컨넥팅 바로 개폐한다.
④ 회로의 분리 또는 계통의 접속 변경 시 사용한다.

🔍 **해설**

단로기는 소호장치가 없어 사고전류를 차단할 수 없다.

[**정답**] 06 ④　07 ③　08 ②　09 ①　10 ④　11 ①　12 ①

13 사고, 정전 등의 중대한 영향을 받는 지역에서 정전과 동시에 자동적으로 예비전원용 배전선로로 전환하는 장치는?

① 차단기

② 리클로저(Recloser)

③ 섹셔널라이저(Sectionalizer)

④ 자동부하 전환개폐기(Auto Load Transfer Switch)

🔍 **해설**

22.9[kV] 배전선로에서 주 공급 선로의 정전 사고 시 예비전원용 배전선로로 자동 전환되는 개폐장치이다.

14 변전소에서 비접지 선로의 접지보호용으로 사용되는 계전기에 영상전류를 공급하는 것은?

① CT
② GPT
③ ZCT
④ PT

🔍 **해설**

비접지 선로의 지락사고시 영상변류기(ZCT)로 영상전류(지락전류)를 검출하고 검출된 영상전류를 이용하여 선택지락계전기(SGR)를 동작시킨다.

15 최근에 우리나라에서 많이 채용되고 있는 가스절연개폐설비(GIS)의 특징으로 틀린 것은?

① 대기 절연을 이용한 것에 비해 현저하게 소형화할 수 있으나 비교적 고가이다.

② 소음이 적고 충전부가 완전한 밀폐형으로 되어 있기 때문에 안정성이 높다.

③ 가스압력에 대한 엄중 감시가 필요하며 내부 점검 및 부품 교환이 번거롭다.

④ 한랭지, 산악 지방에서도 액화 방지 및 산화 방지대책이 필요 없다.

🔍 **해설**

가스절연개폐설비에 사용되는 SF_6가스는 한랭지, 산악 지방에서 액화될 수 있기 때문에 액화 방지대책이 필요하다.

16 저압 네트워크 배전방식의 장점이 아닌 것은?

① 인축의 접지사고가 적어진다.

② 부하 증가 시 적응성이 양호하다.

③ 무정전 공급이 가능하다.

④ 전압 변동이 적다.

🔍 **해설**

네트워크 배전방식

① 장점
  · 배전의 신뢰도가 가장 높다.
  · 전압변동이 적다.
  · 전력손실이 작다.
  · 기기의 이용률이 향상된다.
  · 부하 증가에 대한 융통성이 좋다.

② 단점
  · 인축에 대한 감전사고가 많다.
  · 건설비가 비싸다.
  · 특별한 보호장치가 필요하다.

17 배전선의 손실계수 H와 부하율 F와의 관계는?

① $0 \leq F^2 \leq H \leq F \leq 1$

② $0 \leq H^2 \leq F \leq H \leq 1$

③ $0 \leq H \leq F^2 \leq F \leq 1$

④ $0 \leq F \leq H^2 \leq H \leq 1$

🔍 **해설**

부하율 F 시스템의 효율성을 나타내는 지표로, 0과 1 사이의 값을 가진다.

손실계수 $H = \alpha F + (1-\alpha)F^2$ $(\alpha = 0.1 \sim 0.4)$

전기자기학
전력공학
전기기기
회로이론
제어공학
전기설비기술기준

[정답] 13 ④ 14 ③ 15 ④ 16 ① 17 ①

18 3상 배전선로의 말단에 지상역률 80[%], 160[kW]인 평형 3상 부하가 있다. 부하점에 전력용 콘덴서를 접속하여 선로손실을 최소가 되게 하려면 전력용 콘덴서의 필요한 용량[kVA]은? (단, 부하단 전압은 변하지 않는 것으로 한다.)

① 100
② 120
③ 160
④ 200

🔍 **해설**

콘덴서 용량

선로손실이 최소가 되기 위해서는 역률이 1이어야 한다.

$$Q = P \times \left(\frac{\sqrt{1-\cos^2\theta_1}}{\cos\theta_1} - \frac{\sqrt{1-\cos^2\theta_2}}{\cos\theta_2} \right)$$
$$= 160 \times \left(\frac{0.6}{0.8} - \frac{0}{1} \right) = 120[\text{kVA}]$$

19 화력발전소에서 매일 최대출력 100000[kW], 부하율 90[%]로 60일간 연속 운전할 때 필요한 석탄량은 약 몇 [t]인가? (단, 사이클 효율은 40[%], 보일러 효율은 85[%], 발전기 효율은 98[%]로 하고 석탄의 발열량은 5500[kcal/kg]이라 한다.)

① 60820
② 61820
③ 62820
④ 63820

🔍 **해설**

화력발전소 석탄량

$$m = \frac{860W}{\eta_c \eta_k \eta_g H} = \frac{860 \times 100000 \times 60 \times 24 \times 0.9}{0.4 \times 0.85 \times 0.98 \times 5500} \times 10^{-3} = 60820[\text{t}]$$
$$W = P \cdot t \cdot L = 100000 \times 60 \times 24 \times 0.9[\text{kWh}]$$

20 수력발전소의 댐을 설계하거나 저수지의 용량 등을 결정하는데 가장 적당한 것은?

① 유량도
② 적산유량곡선
③ 유황곡선
④ 수위유량곡선

🔍 **해설**

적산유량 곡선

유량도를 토대로 가로축에 1년 365일을 역일순으로, 세로축으로는 유량의 누계를 잡아서 만든 곡선으로서 댐설계시, 저수지 용량을 결정할 때 사용한다.

01 1[m]의 하중이 0.37[kg]인 전선을 지지점이 수평인 경간 80[m]에 가설하여 이도를 0.8[m]로 하면 전선의 수평장력은 몇 [kg]인가?

① 350
② 360
③ 370
④ 380

🔍 **해설**

전선의 이도

수평장력 $T = \dfrac{WS^2}{8D} = \dfrac{0.37 \times 80^2}{8 \times 0.8} = 370[\text{kg}]$

02 직접접지방식에 대한 설명 중 옳지 않은 것은?

① 이상전압 발생의 우려가 거의 없다.
② 계통의 절연수준이 낮아지므로 경제적이다.
③ 변압기의 단절연이 가능하다.
④ 보호계전기가 신속히 작동하므로 과도안정도가 좋다.

🔍 **해설**

직접접지방식의 단점

지락전류는 저역률 대전류이므로 과도안정도가 나쁘다.

03 송전선로의 코로나 임계전압이 높아지는 경우가 아닌 것은?

① 날씨가 맑다.
② 기압이 높다.
③ 상대공기밀도가 낮다.
④ 전선의 반지름과 선간거리가 크다.

🔍 **해설**

코로나 임계전압

코로나 임계전압은 날씨가 맑고, 상대공기밀도가 높은 경우, 전선의 직경이 큰 경우 높아진다.

[정답] 18 ② 19 ① 20 ② 2025년 3회 01 ③ 02 ④ 03 ③

04

송전단전압 161[kV], 수전단전압 154[kV], 상차각 40°, 리액턴스 45[Ω]일 때 선로손실을 무시하면 전송전력은 약 몇 [MW]인가?

① 323

② 443

③ 354

④ 623

해설

송전용량

$$P_s = \frac{V_s V_r}{X} \times \sin\delta = \frac{161 \times 154}{45} \times \sin 40 = 354[\mathrm{MW}]$$

05

역률 0.8, 출력 360[kW]인 3상 평형 유도 부하가 3상 배전선로에 접속되어 있다. 부하단의 수전 전압이 6000[V], 배전선의 1조의 저항 및 리액턴스가 각각 5[Ω], 4[Ω]이라고 하면 송전단 전압은 몇 [V]인가?

① 6120

② 6277

③ 6300

④ 6480

해설

송전단 전압

$$V_s = V_r + \frac{P}{V_r}(R + X\tan\theta)$$

$$= 6000 + \frac{360 \times 10^3}{6000} \times \left(5 + 4 \times \frac{0.6}{0.8}\right) = 6480[\mathrm{V}]$$

06

정격전압 7.2[kV], 정격차단용량 100[MVA]인 3상 차단기의 정격 차단전류는 약 몇 [kA]인가?

① 4

② 6

③ 7

④ 8

해설

정격차단전류

$$I_s = \frac{P_s}{\sqrt{3} \times V_n} = \frac{100 \times 10^3}{\sqrt{3} \times 7.2} \times 10^{-3} = 8[\mathrm{kA}]$$

07

통신선과 평행인 주파수 60[Hz]의 3상 1회선 송전선이 있다. 1선 지락 때문에 영상전류가 100[A] 흐르고 있다면 통신선에 유도되는 전자유도전압은 약 몇 [V]인가? (단, 영상전류는 전 전선에 걸쳐서 같으며, 송전선과 통신선과의 상호 인덕턴스는 0.06[mH/km], 그 평행 길이는 40[km]이다.)

① 156.6

② 162.8

③ 230.2

④ 271.4

해설

전자유도전압

$$E_m = j\omega Ml(3I_0)$$

$$= 2\pi \times 60 \times 0.06 \times 10^{-3} \times 40 \times 3 \times 100$$

$$= 271.43[\mathrm{V}]$$

08

전력계통에서 내부 이상전압의 크기가 가장 큰 경우는?

① 유도성 소전류 차단 시

② 수차발전기의 부하 차단 시

③ 무부하 선로 충전전류 차단 시

④ 송전선로의 부하 차단기 투입 시

해설

이상전압의 분류

이상전압이 가장 큰 경우는 무부하 송전선로의 충전전류를 차단하는 경우이며, 송전선 대지전압의 최고 4배 정도다.

09

전력계통의 주파수 변동은 주로 무엇의 변화에 기인하는가?

① 유효전력

② 무효전력

③ 계통전압

④ 계통 임피던스

해설

정주파수[Constant frequency]

계통의 안정적인 운전을 위해서는 정전압·정주파수를 유지하여야 한다. 전력계통의 주파수 변동은 주로 유효전력의 변동 때문에 발생한다. 예를들어 전력계통의 주파수가 기준치보다 증가하는 경우 발전출력[kW]을 감소시켜 주파수를 다시 낮춤으로 정주파수를 유지한다.

[정답] 04 ③ 05 ④ 06 ④ 07 ④ 08 ③ 09 ①

전기자기학

전력공학

전기기기

회로이론

제어공학

전기설비기술기준

10 전력계통의 전압을 조정하는 가장 보편적인 방법은?

① 발전기의 유효전력 조정

② 부하의 유효전력 조정

③ 계통의 주파수 조정

④ 계통의 무효전력 조정

🔍 해설

정전압[Constant voltage]

전력계통의 진상 및 지상 무효전력을 조정하여 전압을 조정한다. 무효전력 조정에 사용되는 기기는 전력용 콘덴서와 전력용 분로리액터 등이 있다.

11 송전계통의 안정도를 향상시키는 방법이 아닌 것은?

① 직렬 리액턴스를 증가시킨다.

② 전압변동을 적게 한다.

③ 중간 조상방식을 채용한다.

④ 고장전류를 줄이고, 고장 구간을 신속히 차단한다.

🔍 해설

안정도 향상대책

① 직렬 리액턴스의 감소
  • 선로의 병행 회선을 증가, 복도체 사용
  • 직렬 콘덴서를 설치하여 유도성 리액턴스 보상
  • 발전기나 변압기의 리액턴스 감소, 발전기의 단락비 증가
② 전압변동의 억제
  • 계통의 연계
  • 속응 여자방식 채용
  • 중간 조상방식 채용
③ 계통에 주는 충격을 경감
  • 고속도 재폐로방식 채용
  • 고속 차단방식 채용
  • 적당한 중성점 접지방식을 채용

12 정사각형으로 배치된 4도체 송전선이 있다. 소도체의 반지름이 1[cm]이고, 한 변의 길이가 40[cm]일 때, 소도체간의 기하학적 평균거리는 몇 [cm]인가?

① $40 \times 2^{\frac{1}{3}}$

② $40 \times 2^{\frac{1}{4}}$

③ $40 \times 2^{\frac{1}{5}}$

④ $40 \times 2^{\frac{1}{6}}$

🔍 해설

정사각형 등가선간거리

$$D = \sqrt[6]{2} D = 2^{\frac{1}{6}} \times D = 2^{\frac{1}{6}} \times 40$$

13 한 대의 주상변압기에 역률(뒤짐) $\cos\theta_1$, 유효전력 $P_1[\mathrm{kW}]$ 의 부하와 역률(뒤짐) $\cos\theta_2$, 유효전력 $P_2[\mathrm{kW}]$ 의 부하가 병렬로 접속되어 있을 때 주상변압기 2차 측에서 본 부하의 종합역률은 어떻게 되는가?

① $\dfrac{P_1 + P_2}{\dfrac{P_1}{\cos\theta_1} + \dfrac{P_2}{\cos\theta_2}}$

② $\dfrac{P_1 + P_2}{\dfrac{P_1}{\sin\theta_1} + \dfrac{P_2}{\sin\theta_2}}$

③ $\dfrac{P_1 + P_2}{\sqrt{(P_1 + P_2)^2 + (P_1\tan\theta_1 + P_2\tan\theta_2)^2}}$

④ $\dfrac{P_1 + P_2}{\sqrt{(P_1 + P_2)^2 + (P_1\sin\theta_1 + P_2\sin\theta_2)^2}}$

🔍 해설

$$\text{종합역률} = \frac{\text{유효전력의 합}}{\sqrt{(\text{유효전력의 합})^2 + (\text{무효전력의 합})^2}}$$

$$= \frac{P_1 + P_2}{\sqrt{(P_1 + P_2)^2 + (P_1\tan\theta_1 + P_2\tan\theta_2)^2}}$$

14 다중접지 3상 4선식 배전선로에서 고압측(1차측) 중성선과 저압측(2차측) 중성선을 전기적으로 연결하는 목적은?

[**정답**] 10 ④ 11 ① 12 ④ 13 ③ 14 ④

① 저압측의 단락 사고를 검출하기 위함

② 저압측의 접지 사고를 검출하기 위함

③ 주상 변압기의 중성선측 부싱을 생략하기 위함

④ 고저압 혼촉 시 수용가에 침입하는 상승전압을 억제하기 위함

🔍 **해설**

3상 4선식 다중접지 방식

공통 중성선 다중접지 3상 4선식 배전선로에서 고압측(1차측) 중성선과 저압측(2차측) 중성선을 전기적으로 연결하는 목적은 고저압 혼촉시 수용가에 침입하는 상승전압을 억제하기 위함이다.

15 설비용량이 360[kW], 수용률 0.8, 부등률 1.2일 때 최대수용전력은 몇 [kW]인가?

① 120 ② 240

③ 360 ④ 480

🔍 **해설**

최대수용전력 $= \dfrac{\text{설비용량} \times \text{수용률}}{\text{부등률}} = \dfrac{360 \times 0.8}{1.2} = 240[\text{kW}]$

16 다음 중 특유속도가 가장 작은 수차는?

① 프로펠러수차 ② 프란시스수차

③ 펠턴수차 ④ 카플란수차

🔍 **해설**

펠턴수차는 고낙차 영역에서 사용되는 수차로 특유속도가 가장 작다.

17 증기의 엔탈피란?

① 증기 1[kg]의 잠열

② 증기 1[kg]의 현열

③ 증기 1[kg]의 보유열량

④ 증기 1[kg]의 증발열을 그 온도로 나눈 것

🔍 **해설**

증기의 엔탈피

엔탈피란 각 온도에 있어서 1[kg] 증기의 보유열량이다.

18 케이블 단선사고에 의한 고장점까지의 거리를 정전용량 측정법으로 구하는 경우, 건전상의 정전용량이 C, 고장점까지의 정전용량이 C_x, 케이블의 길이가 l일 때 고장점까지의 거리를 나타내는 식으로 알맞은 것은?

① $\dfrac{C}{C_x} l$ ② $\dfrac{2C_x}{C} l$

③ $\dfrac{C_x}{C} l$ ④ $\dfrac{C_x}{2C} l$

🔍 **해설**

케이블 고장점 탐지법

정전용량은 길이에 비례하므로 선로 전체의 정전용량을 알고 있으면 고장점까지의 정전용량을 측정하여 그 값으로부터 고장점을 산출할 수 있다. 정전용량 측정법은 케이블의 단선사고에 사용되는 고장점 탐지법이다.

고장점까지의 거리 $L = \dfrac{C_x}{C} \times l$

19 계전기의 반한시 특성이란?

① 동작전류가 클수록 동작시간이 길어진다.

② 동작전류가 흐르는 순간에 동작한다.

③ 동작전류에 관계없이 동작시간은 일정하다.

④ 동작전류가 크면 동작시간은 짧아진다.

🔍 **해설**

계전기의 특성

• 순한시 계전기 : 정정된 전류 이상의 전류가 흐르면 즉시 동작

• 정한시 계전기 : 동작전류의 크기와는 관계없이 항상 정해진 일정한 시간에서 동작

• 반한시 계전기 : 전류 값이 클수록 빨리 동작하고 반대로 전류 값이 작아질수록 느리게 동작

• 정한시-반한시 계전기: 정한시와 반한시 계전기의 특성을 조합

[**정답**] 15 ② 16 ③ 17 ③ 18 ③ 19 ④

전기자기학
전력공학
전기기기
회로이론
제어공학
전기설비기술기준

20 파동임피던스 $Z_1 = 400[\Omega]$인 선로종단에 파동임피던스 $Z_2 = 1200[\Omega]$인 변압기가 접속되어 있다. 지금 선로에서 파고 $e_i = 800[\mathrm{kV}]$인 전압이 입사했다. 접속점에서 전압 반사파의 파고값 $[\mathrm{kV}]$은?

① 400[kV]　　　　② 800[kV]

③ 1200[kV]　　　④ 1600[kV]

🔍 **해설** ─

반사파 전압

$$e_2 = \frac{Z_2 - Z_1}{Z_1 + Z_2} \times e_i = \frac{1200 - 400}{400 + 1200} \times 800 = 400[\mathrm{kV}]$$

electrical engineer

시행일 **2023년 1회**

01 직류기의 전기자 반작용에 의한 영향이 아닌 것은?

① 자속이 감소하므로 유기기전력이 감소한다.

② 발전기의 경우 회전방향으로 기하학적 중성축이 형성된다.

③ 전동기의 경우 회전방향과 반대방향으로 기하학적 중성축이 형성된다.

④ 브러시에 의해 단락된 코일에는 기전력이 발생하므로 브러시 사이의 유기기전력이 증가한다.

해설

직류기의 전기자반작용

· 자속이 감소하므로 유기기전력이 감소한다.
· 발전기의 회전방향으로 기하학적 중성축이 이동한다.
· 발전기의 회전방향의 반대방향으로 기하학적 중성축이 이동한다.

02 정격속도로 회전하고 있는 무부하의 분권발전기가 있다. 계자저항 $40[\Omega]$, 계자전류 $3[A]$, 전기자 저항이 $2[\Omega]$일 때 유기기전력$[V]$은?

① 126 ② 132

③ 156 ④ 185

해설

직류기 유기기전력

$V = I_f R_f [V]$이므로

$E = V + I_a R_a = I_f R_f + I_a R_a = 3 \times 40 + 3 \times 2 = 126[V]$

03 직류발전기를 병렬 운전할 때 균압선이 필요한 직류기는?

① 분권발전기, 직권발전기

② 분권발전기, 복권발전기

③ 직권발전기, 복권발전기

④ 분권발전기, 단극발전기

해설

발전기 병렬 운전

직류발전기의 병렬 운전시 직권, 복권 발전기는 안정 운전을 위해 균압선이 필요하다.

04 직류 전동기의 속도 제어법이 아닌 것은?

① 계자제어법 ② 전압 제어법

③ 저항제어법 ④ 2차 여자법

해설

직류 전동기의 속도 제어법

· 전압 제어법
· 저항 제어법
· 계자 제어법

05 동기기의 전기자 저항을 r, 반작용 리액턴스를 x_a, 누설 리액턴스를 x_l이라 하면 동기 임피던스는?

① $\sqrt{r^2 + \left(\dfrac{x_a}{x_l}\right)^2}$ ② $\sqrt{r^2 + x_l^2}$

③ $\sqrt{r^2 + x_s^2}$ ④ $\sqrt{r^2 + (x_a + x_l)^2}$

[**정답**] 2023년 1회 01 ④ 02 ① 03 ③ 04 ④ 05 ④

🔍 해설 ----------------

동기 임피던스

Z_s(동기 임피던스) $= r_a$(전기자 저항) $+ jx_s$(동기 리액턴스)

x_s(동기 리액턴스) $= x_a$(반작용 리액턴스) $+ x_l$(누설 리액턴스)

$Z_s = \sqrt{r^2 + x_s^2} = \sqrt{r^2 + (x_a + x_l)^2}$

---

06 동기발전기의 단자부근에서 단락시 단락전류는?

① 서서히 증가하여 큰전류가 흐른다.

② 처음은 크나, 점차로 감소한다.

③ 처음부터 일정한 큰전류가 흐른다.

④ 무시할 정도의 작은 전류가 흐른다.

🔍 해설 ----------------

동기발전기 단락전류

$$2\sim3\text{cycle}$$

돌발단락전류 → 지속단락전류 →
(누설리액턴스 x_l가 제한) (동기리액턴스 x_s가 제한)

동기발전기의 단자 부근에서 단락시 처음은 큰전류가 흐르나 점차로 감소된다.

---

07 2대의 동기발전기가 병렬운전하고 있을 때 동기화 전류가 흐르는 경우는?

① 기전력의 크기에 차가 있을 때

② 기전력의 위상에 차가 있을 때

③ 기전력의 파형에 차가 있을 때

④ 분담에 차가 있을 때

🔍 해설 ----------------

동기발전기 병렬운전

동기발전기 병렬운전시 기전력의 위상에 차가 있을 때 동기화 전류 (유효순환전류)가 흐른다.

---

08 동기 전동기의 공급전압, 주파수 및 부하가 일정할 때 여자전류를 변화시키면 어떤 현상이 생기는가?

① 속도가 변한다.

② 회전력이 변한다.

③ 역률만 변한다.

④ 전기자 전류와 역률이 변한다.

🔍 해설 ----------------

동기기 위상특성곡선

동기기 여자전류의 변화시 전기자 전류와 역률이 변한다.

---

09 변압기의 임피던스 전압이란?

① 정격 전류 시 2차측 단자전압이다.

② 변압기의 1차를 단락, 1차에 1차 정격전류와 같은 전류를 흐르게 하는데 필요한 1차 전압이다.

③ 정격 전류가 흐를 때의 변압기 내의 전압 강하이다.

④ 변압기의 2차를 단락, 2차에 2차 정격전류와 같은 전류를 흐르게 하는데 필요한 2차 전압이다.

🔍 해설 ----------------

변압기의 임피던스 전압

1차 전류가 정격전류가 흐를 때 변압기 내에서 발생하는 전압 강하이다.

---

10 와류손이 $200[\text{W}]$인 $3300/210[\text{V}]$, $60[\text{Hz}]$용 단상 변압기를 $50[\text{Hz}]$, $3000[\text{V}]$의 전원에 사용하면 이 변압기의 와류손은 약 몇 $[\text{W}]$로 되는가?

[**정답**] 06 ② 07 ② 08 ④ 09 ③ 10 ③

전기자기학

전력공학

전기기기

회로이론

제어공학

전기설비기술기준

① 85.4 　　　　　　② 124.2

③ 165.3 　　　　　　④ 248.5

🔍 해설 -

변압기의 와류손

변압기의 와류손 $P_e \propto V^2$의 전압의 제곱에 비례한다.
$3300^2 : 200 = 3000^2 : P_e'$이므로

$$P_e' = \left(\frac{3000}{3300}\right)^2 \times 200 = 165.3[\text{W}]$$

11 전력용 변압기에서 1차에 정현파 전압을 인가하였을 때, 2차에 정현파 전압이 유기되기 위해서는 1차에 흘러 들어가는 여자전류는 기본파 전류 외에 주로 몇 고조파 전류가 포함되는가?

① 제2고조파 　　　　　　② 제3고조파

③ 제4고조파 　　　　　　④ 제5고조파

🔍 해설 -

변압기 여자전류

변압기 여자전류에는 제 3고조파가 가장 많이 포함되어 있으며 이는 철심의 자기포화와 히스테리시스 현상 때문이다.

12 권선비 a : 1인 3개의 단상변압기를 △-Y라 하고, 1차 단자전압 V_1, 1차 전류 I_1이라 하면 2차의 단자 전압 V_2 및 2차전류 I_2값은? (단, 저항 리액턴스 및 여자전류는 무시한다.)

① $V_2 = \sqrt{3}\,\dfrac{V_1}{a}$ 　　　$I_2 = I_1$

② $V_2 = V_1$ 　　　　　$I_2 = I_1\dfrac{a}{\sqrt{3}}$

③ $V_2 = \sqrt{3}\,\dfrac{V_1}{a}$ 　　　$I_2 = I_1\dfrac{a}{\sqrt{3}}$

④ $V_2 = \sqrt{3}\,\dfrac{V_1}{a}$ 　　　$I_2 = \sqrt{3}\,aI_1$

🔍 해설 -

변압기 △ - Y결선

$$V_2 = V_{2l} = V_{2p} \times \sqrt{3} = \sqrt{3}\,\frac{V_{1p}}{a} = \sqrt{3}\,\frac{V_{1l}}{a} = \sqrt{3}\,\frac{V_1}{a}$$

$$I_2 = I_{2l} = I_{2p} = aI_{1p} = a\frac{I_{1l}}{\sqrt{3}} = a\frac{I_1}{\sqrt{3}}$$

13 어떤 변압기의 전압비는 무부하에서 14.5 : 1, 어떤 역률의 정격부하에서 15 : 1이다. 이 역률에서의 전압 변동률[%]은 약 얼마인가?

① 2.45 　　　　　　② 3.45

③ 4.45 　　　　　　④ 5.45

🔍 해설 -

변압기 전압변동률

무부하전압비 $a = \dfrac{V_1}{V_{20}}$이므로 $V_{20} = \dfrac{V_1}{a} = \dfrac{V_1}{14.5}$

정격전압비 $a = \dfrac{V_1}{V_{2n}}$이므로 $V_{2n} = \dfrac{V_1}{a} = \dfrac{V_1}{15}$

$$\varepsilon = \frac{V_{20} - V_{2n}}{V_{2n}} = \frac{\dfrac{V_1}{14.5} - \dfrac{V_1}{15}}{\dfrac{V_1}{15}} = 0.03488 = 3.45[\%]$$

14 4극, 7.5[kW], 200[V], 60[Hz]인 3상 유도 전동기가 있다. 전부하에서 2차 입력이 7950[W]이다. 이 경우에 2차 효율 [%]은 얼마인가? (단, 기계손은 130[W]이다.)

① 93 　　　　　　② 94

③ 95 　　　　　　④ 96

🔍 해설 -

유도전동기 전력변환

$$\eta_2 = \frac{P_0}{P_2} \times 100 = \frac{P + P_0}{P_2} \times 100 = \frac{7500 + 130}{7950} \times 100 = 96[\%]$$

15 권선형 유도 전동기 기동 시 2차측에 저항을 넣는 이유는?

① 회전수 감소

② 기동전류 증대

③ 기동 토크 감소

④ 기동전류 감소와 기동 토크 증대

🔍 해설 -

비례추이

3상 권선형 유도전동기는 비례추이를 통해 기동 전류의 감소와 기동토크를 증가 시킬 수 있다.

[**정답**] 11 ② 　12 ③ 　13 ② 　14 ④ 　15 ④

16 유도전동기의 안정 운전의 조건은? (단, T_m : 전동기 토크, T_L : 부하 토크, n : 회전수)

① $\dfrac{dT_m}{dn} < \dfrac{dT_L}{dn}$

② $\dfrac{dT_m}{dn} = \dfrac{dT_L^{\,2}}{dn}$

③ $\dfrac{dT_m}{dn} > \dfrac{dT_L}{dn}$

④ $\dfrac{dT_m}{dn} \neq \dfrac{dT_L^{\,2}}{dn}$

🔍 **해설** ------

전동기 안정 운전

전동기 토크의 기울기는 −, 부하 토크의 기울기가 +가 되었을 때 해당 교차 지점에서 전동기는 안정운전이 된다. 따라서 안정 운전의 조건은 부하 토크의 기울기가 전동기 토크의 기울기 보다 커야 한다.

17 3상 전압조정기의 원리는 어느 것을 응용한 것인가?

① 3상 동기 발전기

② 3상 변압기

③ 3상 유도 전동기

④ 3상 교류자 전동기

🔍 **해설** ------

유도 전압조정기

유도 전압조정기란 회전자의 위치를 바꾸면 출력측의 전압을 자유로이 바꾸는 기기로 회전자계의 원리를 이용한 것으로 3상 유도전동기를 응용한 것이다.

18 농형 유도 전동기의 기동법이 아닌 것은?

① 전전압 기동

② Y − △ 기동

③ 기동 보상기에 의한 기동

④ 2차 저항에 의한 기동

🔍 **해설** ------

농형 유도전동기 기동법

전전압 기동, Y−△ 기동, 기동 보상기에 의한 기동, 리액터 기동, 콘돌퍼 기동

19 교류 전동기에서 브러시 이동으로 속도 변화가 용이한 전동기는?

① 동기 전동기

② 시라게 전동기

③ 3상 농형 유도 전동기

④ 2중 농형 유도 전동기

🔍 **해설** ------

3상 분권 정류자 전동기

교류전동기에서 브러시 이동으로 속도변화가 용이한 전동기는 시라게 전동기이다.

20 단상 정류자 전동기의 일종인 단상반발 전동기에 해당되는 것은?

① 시라게 전동기

② 아트킨손형 전동기

③ 단상 직권 정류가 전동기

④ 반발 유도전동기

🔍 **해설** ------

단상반발 전동기의 종류

- 아트킨손형
- 톰슨형
- 데리형

시행일 **2023년 2회**

01 발생된 전원주파수를 다른 주파수로 변환기는?

① 인버터

② 사이클로 컨버터

③ 컨버터

④ 회전변류기

🔍 **해설** ------

전력변환기기

- 인버터 : 교류를 직류로 변환
- 컨버터 : 직류를 교류로 변환
- 초퍼 : 직류를 직접 변환
- 사이클로 컨버터 : 교류의 주파수 변환

[**정답**] 16 ① 17 ③ 18 ④ 19 ② 20 ② 2023년 2회 01 ②

02 직류발전기의 유기기전력이 206[V]일 때 부하저항 1.5[Ω] 연결시 단자전압이 195[V]이다. 직류발전기의 전기자 저항[Ω]은 얼마인가?

① 0.85   ② 7.33

③ 0.085   ④ 2.6

🔍 **해설** -

직류 발전기 유기기전력

부하전류 $I_a = I = \dfrac{V}{R} = \dfrac{195}{1.5} = 130[A]$

직류 발전기 $E = V + I_a R_a$

$R_a = \dfrac{E-V}{I_a} = \dfrac{206-195}{130} = 0.085[\Omega]$

03 동기조상기의 여자전류를 감소시키면?

① 콘덴서 역할   ② 리액터 역할

③ 전기자 전류 감소   ④ 역률은 앞선다.

🔍 **해설** -

동기조상기

동기조상기의 부족여자 시 지상전류가 발생하여 리액터 역할을 한다.

04 동기조상기를 과여자로 사용시 설명으로 틀린 것은?

① 콘덴서 역할

② 역률이 앞선다.

③ 전기자 전류 증가한다.

④ 위상이 뒤진 전류가 흐른다.

🔍 **해설** -

동기조상기

동기조상기의 과여자 시 역류이 앞선 진상전류가 발생하여 전기자 전류가 증가하고 콘덴서 역할을 한다.

05 변압기 철심 사용 시 자장의 세기가 감소 되고 철심의 철손을 감소시키기 위한 설명으로 옳은 것은?

① 철심의 전도도전도를 감소 시킨다.

② 철심의 두께를 크게한다.

③ 철심을 알루미늄을 사용한다.

④ 투자율을 작게한다.

🔍 **해설** -

변압기 철심

전도도전도를 감소시키면 전기저항이 커져 전류가 감소하게 되어 자기장의 세기가 감소하고 철손이 감소한다.

06 50[Hz]용 변압기에 60[Hz]의 동일 전압을 인가하여 자속밀도(A) 및 손실(B)의 변화는?

① (A) 감소, (B) 증가   ② (A) 감소, (B) 감소

③ (A) 증가, (B) 증가   ④ (A) 감소, (B) 일정

🔍 **해설** -

변압기 주파수 특성

$E = 4.44 f BAN$이므로 전압이 일정할 때 $B \propto \dfrac{1}{f}$의 관계를 가진다.

또한 철손도 $P_i \propto \dfrac{1}{f}$ 반비례하므로 자속밀도는 감소하게 되고, 철손도 감소하게 하게 된다.

07 유도전동기에 게르게스 현상이 생기는 슬립은 대략 얼마인가?

① 0.25   ② 0.5

③ 0.7   ④ 0.8

🔍 **해설** -

유도전동기 게르게스현상

권선형 유도 전동기에서 무부하 또는 경부하로 운전 중 한상이 단선되어 결상되더라도 전동기가 슬립이 0.5(정격속도의 약 50[%])에서 더 이상 가속되지 않는 현상

[정답] 02 ③   03 ②   04 ④   05 ①   06 ②   07 ②

08 직류발전기의 전기자 권선법은?

① 환상권 ② 개로권

③ 2층권 ④ 단층권

직류발전기의 전기자 권선법
고상권, 폐로권, 2층권

09 어떤 직류 전동기의 역기전력이 200[V], 매분 회전수 1500[rpm]일때 전기자 전류 100[A]일 때, 발생토크 [kg·m]는?

① 10 ② 11

③ 12 ④ 13

직류 전동기 토크

$$T = \frac{60EI_a}{2\pi N} = \frac{60 \times 200 \times 100}{2\pi \times 1500} = 127.324[\text{N·m}]$$

$$T = 127.324 \times \frac{1}{9.8} = 13[\text{kg·m}]$$

10 3상 권선형 유도전동기의 2차측 저항을 2배로 증가시 그 최대 토크는 몇 배가 되는가?

① 2배 ② 변화하지 않는다.

③ $\sqrt{2}$ 배 ④ 1/2배

비계추이시 최대토크
3상 권선형 유도전동기의 2차측 저항을 2배로 변화시키더라도 최대토크는 변화하지 않는다.

11 단상직권 전동기의 종류가 아닌 것은?

① 직권형 ② 계자형

③ 유도보상직권형 ④ 보상직권형

단상직권 전동기의 종류
직권형, 유도보상직권형, 보상직권형

12 동기발전기를 회전계자형으로 하는 이유가 아닌 것은?

① 계자회로는 직류의 저압회로이며, 소요전력이 적다.

② 기계적으로 튼튼하게 만드는데 용이하다.

③ 고전압에 견딜수 있게 전기자 권선을 절연하기가 쉽다.

④ 파형을 개선할 수 있다.

회전계자의 특징
회전계자형 계자는 철의 분포가 많아 튼튼하고 직류저전압소전류를 인가하므로 절연이 용이하다.
전기자 권선에는 고전압이 발생하므로 고정자로 사용하는게 절연이 용이하다.

13 변압기의 임피던스 전압이란?

① 정격전류가 흐를 때의 2차측 단자전압

② 정격전류가 흐를 때의 변압기 내의 전압강하

③ 여자전류가 흐를때의 2차측 단자 전압

④ 2차단락전류가 흐를 때의 변압기 내의 전압강하

임피던스 전압
변압기의 2차측을 단락시 1차측에서 정격전류가 흐를 때 변압기 내의 임피던스에서 발생하는 전압강하를 말한다.

14 자속밀도가 0.6[Wb/m²], 도체의 길이 0.3[m]일 때, 10[m/s]의 속도로 이동시 유기전압[V]은?

① 30 ② 18

③ 1.3 ④ 1.8

[정답] 08 ③ 09 ④ 10 ② 11 ② 12 ④ 13 ② 14 ④

전기자기학

전력공학

전기기기

회로이론

제어공학

전기설비기술기준

해설 -

발전기 유기전압

$e=Blv=0.6\times0.3\times10=1.8[\text{V}]$

15 3상 동기발전기의 전기자권선을 2중 성형결선으로 했을 때 발전기의 용량[VA]은?

① $\sqrt{3}\,EI$ ② $2\sqrt{3}\,EI$

③ $3EI$ ④ $6EI$

해설 -

2중성형결선

성형결선이므로 선간전압=$\sqrt{3}\,E$
2중(병렬)이므로 선전류=$2I$
3상이므로 피상전력=$\sqrt{3}\times\sqrt{3}\,E\times2I=6EI$

16 권수비 30의 10[kVA]변압기가 있다. 2차 임피던스가 10[Ω]일 때 1차로 환산한 임피던스[kΩ]는?

① 3000   ② 3

③ 9000   ④ 9

해설 -

변압기 환산임피던스

$a=\sqrt{\dfrac{R_1}{R_2}}$ 이므로 $R_1=a^2R_2=30^2\times10=9000=9[\text{k}\Omega]$

17 다음과 같은 반도체 정류기 중에서 역방향 내전압이 가장 큰 것은?

① 실리콘 정류기   ② 게르마늄 정류기

③ 셀렌 정류기   ④ 아산화동 정류기

해설 -

실리콘 정류기

실리콘판과 다른 금속판을 겹쳐서 열처리하여 만든 소자로서 대전류용의 제작이 가능하며 역방향 내전압이 크다.

18 변압기의 1차측을 Y결선, 2차측을 △결선으로 한 경우 1차와 2차간의 전압의 위상 변위는?

① 0°   ② 30°

③ 45°   ④ 60°

해설 -

Y−△결선

Y−△결선의 1,2차 선간전압 사이에는 30°의 위상차가 발생한다.

19 스테핑 모터의 일반적인 특징으로 틀린 것은?

① 위치제어를 하는 분야에 주로 사용된다.

② 입력된 펄스 신호에 따라 특정 각도 만큼 회전하도록 설계된 전동기이다.

③ 스텝각이 클수록 1회전당 스텝수가 많아지고 축위치의 정밀도는 높아진다.

④ 양방향 회전이 가능하고 설정된 여러 위치에 정지하거나 해당 위치로부터 기동할 수 있다.

해설 -

스테핑 모터의 특징

위치 및 각도 제어를 위한 모터로 입력 펄스신호에 따라 회전하는 전동기이다. 스텝각이 작을수록 1회전당 스텝수가 많아지고 축위치의 정밀도는 높아진다.

20 일반적인 3상 유도전동기에 대한 설명으로 틀린 것은?

① 불평형 전압으로 운전하는 경우 전류는 증가하나 토크는 감소한다.

② 원선도 작성을 위해서는 무부하시험, 구속시험, 1차 권선저항 측정을 하여야 한다.

③ 농형은 권선형에 비해 구조가 견고하며 권선형에 비해 대형 전동기에 널리 사용된다.

④ 권선형 회전자의 3선 중 1선이 단선되면 동기속도의 50[%]에서 더 이상 가속되지 못하는 현상을 게르게스 현상이라 한다.

[정답] 15 ④   16 ④   17 ①   18 ②   19 ③   20 ③

🔍 **해설**

농형 유도전동기의 특징
• 농형유도전동기 : 주로 중소형으로 사용된다.
• 권선형유도전동기 : 주로 대형에서 사용된다.

시행일 ◀ 2023년 3회

01 전기철도에 주로 사용되는 직류전동기는?

① 직권 전동기　　　② 타여자 전동기
③ 자여자 분권전동기　　④ 가동 복권전동기

🔍 **해설**

직권전동기
전동차, 기중기, 크레인 등에서 사용된다.

02 다음 중 비례추이를 하는 전동기는?

① 직권 전동기　　　② 3상 권선형 유도전동기
③ 3상 동기 전동기　　④ 복권 전동기

🔍 **해설**

3상권선형 유도전동기
2차 저항을 제어하여 비례추이를 하고 속도와 토크 등을 제어할 수 있다.

03 유도 전동기의 속도 제어법이 아닌 것은?

① 2차 저항법　　　② 2차 여자법
③ 1차 저항법　　　④ 주파수 제어법

🔍 **해설**

유도전동기의 속도제어법
• 농형 유도전동기 : 주파수 제어법, 극수 제어법, 전압 제어법
• 권선형 유도전동기 : 2차 저항법, 2차 여자법, 종속법

04 동기 전동기에서 감자작용을 할 때는 어떤 경우인가?

① 공급 전압보다 앞선 전류가 흐를 때
② 공급 전압보다 뒤진 전류가 흐를 때
③ 공급 전압과 동상 전류가 흐를 때
④ 공급 전압에 상관없이 전류가 흐를 때

🔍 **해설**

동기전동기 전기자반작용

	동상	지상	진상
동기 발전기	교차 자화작용	감자작용	증자작용
동기 전동기	교차 자화작용	증자작용	감자작용

05 동기발전기의 무부하 포화곡선은 그림 중 어느 것인가? (단, V는 단자전압, I_f는 여자전류이다.)

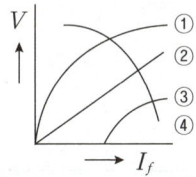

① 곡선 ①　　　② 곡선 ②
③ 곡선 ③　　　④ 곡선 ④

🔍 **해설**

동기발전기 무부하 포화 곡선

전
기
자
기
학

전
력
공
학

전
기
기
기

회
로
이
론

제
어
공
학

전
기
설
비
기
술
기
준

06 유도전동기의 극수가 6극 일 때 토오크가 τ인 경우 극수가 12인 경우의 토오크는?

① τ ② 2τ

③ 3τ ④ 4τ

해설

유도전동기 토크

$T=0.975\dfrac{P}{N}=0.975\dfrac{P}{120f/p}\propto p(극수)$

유도전동기 토크는 극수와 비례하므로 6극에서 12극이 되면 2배가 되어 토크도 2배가 된다.

07 전기자 도체의 굵기, 권수가 모두 같을 때 단중 중권에 비해 단중 파권 권선의 이점은?

① 전류는 커지며 저전압이 이루어진다.
② 전류는 적으나 저전압이 이루어진다.
③ 전류는 적으나 고전압이 이루어진다.
④ 전류가 커지며 고전압이 이루어진다.

해설

전기자 권선법

	중권(병렬권)	파권(직렬권)
전기자 병렬회로수	극수	2
특징	저전압 대전류	고전압 소전류

08 "직류기의 회전속도가 위험한 상태가 되지 않으려면 직권 전동기는 (㉠) 상태로, 분권 전동기는 (㉡) 상태가 되지 않도록 하여야 한다." ( )안에 알맞은 내용은?

① ㉠ 무부하, ㉡ 무여자   ② ㉠ 무여자, ㉡ 무부하
③ ㉠ 무여자, ㉡ 경부하   ④ ㉠ 무부하, ㉡ 경부하

해설

직류전동기의 종류

"직류기의 회전속도가 위험한 상태가 되지 않으려면 직권 전동기는 (무부하) 상태로, 분권 전동기는 (무여자) 상태가 되지 않도록 하여야 한다."

09 다음 사이리스터 중 3단자 사이리스터가 아닌 것은?

① SCS   ② SCR

③ GTO   ④ TRIAC

해설

사이리스터
· SCS : 단방향성 4단자 소자
· SCR : 단방향성 3단자 소자
· GTO : 단방향성 3단자 소자
· TRIAC : 양방향성 3단자 소자

10 단상 유도전압 조정기의 1차 전압 100[V], 2차 100±30[V], 2차 전류는 6[A]이다. 이 조정기의 정격은 몇 [VA]인가?

① 600   ② 180

③ 780   ④ 420

해설

단상 유도전압 조정기의 정격용량
$P=E_2\times I_2=30\times 6=180[VA]$

11 전력용 변압기에서 1차에 정현파 전압을 인가하였을 때, 2차에 정현파 전압이 유기되기 위해서는 1차에 흘러 들어가는 여자전류는 기본파 전류 외에 주로 몇 고조파 전류가 포함되는가?

① 제2고조파   ② 제3고조파
③ 제4고조파   ④ 제5고조파

해설

변압기의 여자전류
변압기에 2차 측에 정현파 전압 유기되기 위해서 1차에 들어가는 여자전류는 기본파 전류 외에 3고조파 전류가 포함되었을 때 2차측에 유기되는 전압이 정현파가 된다.

12 5[kVA], 2000/200[V]의 단상변압기가 있다. 2차에 환산한 등가저항과 등가리액턴스는 각각 0.14[Ω], 0.16[Ω]이다. 이 변압기에 역률 0.8(뒤짐)의 정격부하를 걸었을 때의 전압변동률[%]은 약 얼마인가?

① 0.026 ② 0.26

③ 2.6 ④ 26

🔍 해설 - - - - - - - - - -

변압기의 전압변동률

$P=5[\mathrm{kVA}]$, $V_1=2000[\mathrm{V}]$, $V_2=200[\mathrm{V}]$,

$R_{12}=0.14[\Omega]$, $X_{12}=0.16[\Omega]$, $\cos\theta=0.8$(지상)

$I_2=\dfrac{P}{V_2}=\dfrac{5000}{200}=25[\mathrm{A}]$

$\%R=p=\dfrac{I_2 R_{12}}{V_2}\times100=1.75[\%]$

$\%X=q=\dfrac{I_2 X_{12}}{V_2}\times100=2[\%]$

$\varepsilon=p\cos\theta+q\sin\theta=1.75\times0.8+2\times0.6=2.6[\%]$

13 사이리스터(Thyristor)에서는 게이트 전류가 흐르면 순방향의 저지상태에서 (   )상태로 된다. 게이트 전류를 가하여 도통완료까지의 시간을 (   )시간이라고 하나 이 시간이 길면 (   )시의 (   )이 많고 사이리스터 소자가 파괴되는 수가 있다. (   ) 안에 알맞은 내용을 순서대로 나열한 것은?

① 온(On), 턴온(Turn on), 스위칭, 전력손실

② 온(On), 턴온(Turn on), 전력손실, 스위칭

③ 스위칭, 온(On), 턴온(Turn on), 전력손실

④ 턴온(Turn on), 스위칭, 온(On), 전력손실

🔍 해설 - - - - - - - - - -

사이리스터

사이리스터(Thyristor)에서는 게이트 전류가 흐르면 순방향의 저지상태에서 (온(on))상태로 된다. 게이트 전류를 가하여 도통완료까지의 시간을 (턴온(Turn on))시간이라고 하나 이 시간이 길면 (스위칭)시의 (전력손실)이 많고 사이리스터 소자가 파괴되는 수가 있다.

14 자기누설변압기의 특징은?

① 단락전류가 크다. ② 전압변동률이 크다.

③ 역률이 좋다. ④ 표유부하손이 작다.

🔍 해설 - - - - - - - - - -

자기누설 변압기

누설리액턴스와 전압강하가 커서 전압변동률이 크다. 주로 용접기로 사용된다.

15 직류발전기의 유기기전력과 반비례하는 것은?

① 자속 ② 회전수

③ 병렬회로수 ④ 도체수

🔍 해설 - - - - - - - - - -

직류발전기 유기기전력

유기기전력 $E=\dfrac{pZ\phi N}{60a}\propto\dfrac{1}{a(\text{병렬회로수})}$ 이므로

병렬회로수에 반비례한다.

16 비돌극형 동기 발전기의 최대 출력시 부하각 δ는 몇 도[°]인가?

① 0° ② 30°

③ 60° ④ 90°

🔍 해설 - - - - - - - - - -

비돌극기 출력

비돌극기의 출력 $P=\dfrac{EV}{X_s}\sin\delta$ 이므로

$\sin\delta(90°)=1$일 때 최대가 된다.

17 다음 중 VVVF(Variable Voltage Variable Frequency)제어방식에 가장 적당한 속도 제어는?

① 동기 전동기의 속도제어

② 유도 전동기의 속도제어

③ 직류 직권전동기의 속도제어

④ 직류 분권전동기의 속도제어

🔍 해설 - - - - - - - - - -

유도전동기의 속도제어

농형 유도전동기의 속도제어시 사용되는 방법 중 인버터(VVVF)제어방법 등이 있다.

[**정답**] 13 ① 14 ② 15 ③ 16 ④ 17 ②

전기자기학

전력공학

전기기기

회로이론

제어공학

전기설비기술기준

18 단상 변압기 3대를 △ – Y로 결선했을 때의 1차, 2차의 전압 위상차는?

① 0° ② 30°
③ 60° ④ 90°

🔍 **해설**

변압기 결선

△ – Y, Y – △결선은 1차와 2차 전압 사이에 30°위상차가 발생한다.

19 용량 1[kVA], 3000/200[V]의 단상 변압기를 단권변압기로 결선하여 3000/3200[V]의 승압기로 사용할 때 그 부하용량[kVA]은?

① 16 ② 15
③ 1.5 ④ 0.6

🔍 **해설**

단권변압기

$V_H = 3200$, $V_L = 3000$, $\dfrac{\text{자기용량}}{\text{부하용량}} = \dfrac{V_H - V_L}{V_H}$ 이므로

$$부하용량 = \dfrac{V_H}{V_H - V_L} \times 자기용량$$
$$= \dfrac{3200}{3200 - 3000} \times 1 = 16[\text{kVA}] \text{이다.}$$

20 병렬 운전 중의 A, B 두 동기 발전기 중 A발전기의 여자를 B보다 강하게 하면 A 발전기는?

① 부하 전류가 흐른다.
② 90도 지상 전류가 흐른다.
③ 동기화 전류가 흐른다.
④ 90도 진상 전류가 흐른다.

🔍 **해설**

동기발전기 병렬운전

동기발전기에서 병렬운전시 A발전기의 여자를 크게 하면 기전력이 증가하게 되어 A발전기에서 B발전기로 무효순환전류가 흐르게 된다. 이때 흐르는 전류는 90도 지상전류가 A발전기에서 흐르게 된다.

시행일 **2024년 1회**

01 변압기 결선에서 제3고조파 전압이 발생하는 결선은?

① Y–Y ② △–△
③ △–Y ④ Y–△

🔍 **해설**

△결선은 변압기에서 3고조파 제거가 가능한 결선이므로 △결선이 없는 Y–Y결선은 3고조파 제거되지 않는다.

02 사이리스터에서의 turn-on 시간은?(단, t_d : 지연시간, t_r : 상승시간)

① $t_d + t_r$ ② $t_d - t_r$
③ $t_d \cdot t_r$ ④ t_d / t_r

🔍 **해설**

사이리스터의 Turn-on 시간은 사이리스터가 오프 상태(차단 상태)에서 온 상태(도통 상태)로 변환되는 데 걸리는 시간이다. 이때 Turn-on 시간은 지연시간과 상승 시간을 합한 시간이 된다.

03 직류발전기의 부하특성곡선은 어느 관계를 표시한 것인가?

① 단자전압과 부하전류 ② 출력과 부하전력
③ 단자전압과 계자전류 ④ 부하전류와 계자전류

🔍 **해설**

부하특성곡선은 아래의 그림과 같이 계자전류가 변했을 때 단자전압의 변화를 나타낸 곡선을 말한다.

04 동기전동기의 위상특성곡선으로 옳은 것은? (단, P를 출력, I_f를 계자전류, I_a를 전기자전류, $\cos\theta$를 역률로 한다.)

① $P-I_a$ 곡선, I_f는 일정

② I_f-I_a 곡선, P는 일정

③ $P-I_a$ 곡선, I_a는 일정

④ I_f-I_a 곡선, $\cos\theta$는 일정

🔍 **해설**

동기전동기의 위상특성곡선이란 출력이 일정할 때 계자전류 I_f가 변할 때 전기자전류 I_a의 변화를 나타낸 곡선을 말한다.

05 스텝모터에 대한 설명으로 틀린 것은?

① 반드시 피드백 루프가 필요하다.

② 정·역 및 변속이 용이하다.

③ 위치제어 시 각도 오차가 작다.

④ 위치제어 시 오차가 누적되지 않는다

🔍 **해설**

스텝모터의 특징
- 피드백 루프가 필요없어 오픈루프로 손쉽게 속도 및 위상제어가 가능
- 가속과 감속이 용이하며 정역 및 변속이 용이함
- 위치 제어를 할 때 각도오차가 적고 누적되지 않음

06 직류 분권 전동기가 있다. 단자 전압 215[V], 전기자 전류 150[A], 1500[rpm]으로 운전되고 있을 때 발생 토크[N·m]는 약 얼마인가? (단, 전기자 저항은 0.1[Ω]이다.)

① 19.5　　　　② 22.4

③ 191　　　　④ 220

🔍 **해설**

$$E = V - I_a R_a = 215 - 150 \times 0.1 = 200[\text{V}]$$

$$T = \frac{60 E I_a}{2\pi N} = \frac{60 \times 200 \times 150}{2\pi \times 1500} = 191[\text{N·m}]$$

07 효율 80[%], 출력 10[kW] 직류발전기의 전손실 [kW]은?

① 1.25　　　　② 1.5

③ 2.0　　　　④ 2.5

🔍 **해설**

효율 $\eta = \dfrac{\text{출력}}{\text{입력}}$ → 입력 $= \dfrac{\text{출력}}{\text{효율}} = \dfrac{10}{0.8} = 12.5[\text{kW}]$

손실 = 입력 − 출력 = 12.5 − 10 = 2.5[kW]

08 2방향성 3단자 다이리스터는 어느 것인가?

① SCR　　　　② SSS

③ SCS　　　　④ TRIAC

🔍 **해설**

TRIAC은 양방향성 3단자 소자이다.

TRIAC

09 무부하 전압이 119[V]인 분권발전기가 6[%]의 전압 변동률을 가지고 있다고 한다. 전부하 정격 전압은 몇 [V]인가?

[**정답**]　04 ②　05 ①　06 ③　07 ④　08 ④　09 ②

① 105.1　　　　② 112.3

③ 125.6　　　　④ 145.2

전압변동률 : 부하에 따른 전압 차이의 비율

$$\varepsilon = \frac{V_0 - V_n}{V_n}$$

$$V_n = \frac{V_0}{1+\varepsilon} = \frac{119}{1.06} = 112.3[\text{V}]$$

10 병렬 운전을 하고 있는 동기 발전기에서 난조를 일으키는 원인이 아닌 것은?

① 부하가 갑자기 크게 변하는 경우

② 원동기의 토크에 고조파 토크를 포함하는 경우

③ 원동기의 조속기 감도가 지나치게 민감한 경우

④ 전기자 회로의 저항이 상당히 작은 값인 경우

난조의 원인

• 부하가 갑자기 크게 변하는 경우
• 원동기의 토크에 고조파 토크를 포함하는 경우
• 원동기의 조속기 감도가 지나치게 민감한 경우
• 전기자 회로의 저항이 상당히 큰 경우

난조 : 조속기가 예민할 때 속도가 일정하게 유지하지 못하고 진동하는 현상

11 게르게스 현상을 올바르게 설명한 것은?

① 권선형 회전자의 3선중 2선이 단선되면 동기속도의 50[%]에서 더 이상 가속되지 못하는 현상

② 권선형 회전자의 3선중 1선이 단선되면 동기속도의 30[%]에서 더 이상 가속되지 못하는 현상

③ 농형 회전자의 3선중 1선이 단선되면 동기속도의 50[%]에서 더 이상 가속되지 못하는 현상

④ 권선형 회전자의 3선중 1선이 단선되면 동기속도의 50[%]에서 더 이상 가속되지 못하는 현상

권선형 회전자의 3선중 1선이 단선되면 동기속도의 50[%]에서 더 이상 가속되지 못하는 현상을 게르게스 현상이라고 한다. 3선 중 1선의 단선 되면 전류의 불균형하게 되어 충분한 회전력을 얻지 못해 속도가 50[%]이상으로 증가되지 못하는 현상이다.

12 회전계자형 동기발전기에 대한 설명으로 틀린 것은?

① 대용량의 경우에도 전류는 작다.

② 전기자권선은 전압이 높고 결선이 복잡하다.

③ 계자극은 기계적으로 튼튼하게 만들기 쉽다.

④ 계자회로는 직류의 저압회로이며 소요전력도 적다.

회전계자의 특징

• 전기자 권선은 전압이 높아 결선이 복잡하다.
• 계자극은 철의 분포가 높아 기계적으로 튼튼하게 만들기 쉽다.
• 계자회로는 직류의 저압 회로이며 소요전력도 적다.
• 대용량의 경우에 전류는 크다.

13 3상 권선형 유도전동기의 속도 제어를 위해서 2차 여자법을 사용하고자 할 때, 그 방법은?

① 1차 권선에 가해주는 전압과 동일한 전압을 회전자에 가한다.

② 직류 전압을 3상 일괄해서 회전자에 가한다.

③ 회전자 기전력과 같은 주파수의 전압을 회전자에 가한다.

④ 회전자에 저항을 넣어 그 값을 변화시킨다.

🔍 해설

2차 여자법

회전자 기전력과 같은 주파수의 전압(슬립주파수 전압)을 회전자에 가한다.

14 4극, 60[Hz]의 3상 유도전동기의 회전자 정지시 전압은 200[V]이고 운전시 6[V]일 때 회전자속도[rpm]는?

① 1750   ② 1746

③ 1700   ④ 1800

🔍 해설

$$E_{2s}=sE_2 \;\rightarrow\; s=\frac{E_{2s}}{E_2}=\frac{6}{200}=0.03$$

$$N=(1-s)\times\frac{120f}{p}=(1-0.03)\times\frac{120\times60}{4}=1746[\text{rpm}]$$

15 고주파 발전기의 특징이 아닌 것은?

① 상용전원보다 낮은 주파수의 회전 발전기이다.

② 극수가 많은 동기 발전기를 고속으로 회전시켜서 고주파 전압을 얻는 구조이다.

③ 유도자형은 회전자 구조가 견고하여 고속에서도 견딘다.

④ 상용 주파수보다 높은 주파수의 전력을 발생하는 동기 발전기이다.

🔍 해설

고주파의 정의

기본주파수에 n배가 되는 주파수를 고주파라 하며, 이때 기본주파수를 상용 주파수를 말한다.

16 16극과 8극의 유도 전동기를 병렬 종속접속법으로 속도 제어할 때, 전원주파수가 60[Hz]인 경우 무부하속도[rpm]는?

① 600   ② 900

③ 300   ④ 450

🔍 해설

종속법

종류	극수
직렬 종속법	전동기 극수의 합
차동 종속법	전동기 극수의 차
병렬 종속법	전동기 극수의 평균

$$N_s=\frac{120f}{(p_1+p_2)/2}=\frac{120\times60}{(16+8)/2}=600[\text{rpm}]$$

17 다음 변압기의 설명으로 잘못된 것은?

① $a=\dfrac{N_1}{N_2}$ ② $E_1=\dfrac{N_1}{N_2}E_2$

③ $I_1=\dfrac{N_1}{N_2}I_2$ ④ $\dfrac{E_1}{E_2}=\dfrac{N_1}{N_2}$

🔍 해설

$$a=\frac{N_1}{N_2}=\frac{E_1}{E_2}=\frac{I_2}{I_1} \;\rightarrow\; \frac{N_1}{N_2}=\frac{I_2}{I_1}$$

$$I_1=\frac{N_2}{N_1}I_2$$

18 단상 단권변압기 3대를 Y결선으로 해서 3상 전압 3000[V]를 300[V] 승압하여 3300[V]로 하고, 150[kV·A]를 송전하려고 한다. 이 경우에 단상 단권변압기의 저전압측 전압, 승압전압 및 Y결선의 자가용량은 얼마인가?

① 3000[V], 300[V], 13.62[kV·A]

② 3000[V], 300[V], 4.54[kV·A]

③ 1732[V], 173.2[V], 13.62[kV·A]

④ 1732[V], 173.2[V], 4.54[kV·A]

🔍 해설

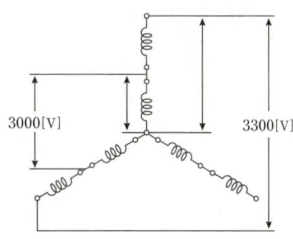

자기용량저전압측 전압 $V_L = \dfrac{3000}{\sqrt{3}} = 1732 [\text{V}]$

승압 전압 $\dfrac{3300}{\sqrt{3}} - \dfrac{3000}{\sqrt{3}} = 173.2 [\text{V}]$

$\dfrac{\text{자기용량}}{\text{부하용량}} = \dfrac{V_H - V_L}{V_H}$

$\text{자기용량} = \dfrac{V_H - V_L}{V_H} \times \text{부하용량}$

$= \dfrac{3300 - 3000}{3300} \times 150 = 13.62 [\text{kVA}]$

19 3상 교류발전기의 기전력에 대하여 $\dfrac{\pi}{2}[\text{rad}]$ 뒤진 전기자 전류가 흐르면 전기자 반작용은?

① 증자작용을 한다.　　② 감자작용을 한다.

③ 횡축 반작용을 한다.　④ 교차 자화작용을 한다.

🔍 **해설**

	동상	지상	진상
발전기	교차 자화작용	감자작용	증자작용
전동기	교차 자화작용	증자작용	감자작용

20 3상 유도전동기에서 회전력과 단자 전압의 관계는?

① 단자 전압과 무관하다

② 단자 전압에 비례한다.

③ 단자 전압의 2승에 비례한다.

④ 단자 전압의 2승에 반비례한다.

🔍 **해설**

3상 유도전동기에서 회전력과 단자전압의 관계는 다음과 같다.
유도전동기 토크 관계식 $T \propto V^2$

---

01 극수 P의 3상 유도전동기가 주파수 $f[\text{Hz}]$, 슬립 S, 토크 $T[\text{N·m}]$로 운전하고 있을때 기계적 출력[W]은?

① $\dfrac{4\pi f}{P} T(1-s)$　　② $\dfrac{4Pf}{\pi} T(1-s)$

③ $\dfrac{4\pi f}{P} Ts$　　④ $\dfrac{\pi f}{2P} T(1-s)$

🔍 **해설**

$T = \dfrac{60P}{2\pi N} = \dfrac{60P_2(1-s)}{2\pi N_s(1-s)} = \dfrac{60P_2}{2\pi N_s}$

$= \dfrac{60P_{c2}/s}{2\pi N_s} = \dfrac{60P_{c2}}{2\pi s N_s} [\text{N·m}]$

$P = \dfrac{2\pi NT}{60} = \dfrac{2\pi \dfrac{120f}{p}(1-s)T}{60} = \dfrac{4\pi f T(1-s)}{p} [\text{N·m}]$

02 전부하시 슬립 2[%], 회전자 1상의 저항 0.1[Ω]인 3상 권선형 유도전동기의 슬립링을 거쳐서 2차의 외부에 저항을 삽입하여 그 기동 토크를 전부하 토크와 같게 하고자 한다. 이 저항값[Ω]은?

① 5.0　　② 4.9

③ 4.8　　④ 4.7

🔍 **해설**

권선형 유도전동기 기동시 토크가 전부하 토크와 같게 하기 위한 저항값

$R = r_2\left(\dfrac{1}{s} - 1\right) = r_2 \dfrac{1-s}{s} [\Omega] = 0.1 \times \dfrac{1-0.02}{0.02} = 4.9[\Omega]$

03 우리나라 발전소에서 3상 교류전압을 발생하는 발전기는?

① 동기 발전기　　② 직권 발전기

③ 분권 발전기　　④ 복권 발전기

[정답] 19 ② 　20 ③ 　2024년 2회 　01 ① 　02 ② 　03 ①

전기자기학

전력공학

전기기기

회로이론

제어공학

전기설비기술기준

해설

• 교류 발전기 : 동기발전기
• 직류 발전기 : 직권발전기, 분권발전기, 복권발전기

04 무정전 전원장치(UPS)에 사용되고 있는 컨버터의 주된 사용 목적은?

① 교류 전압의 변화를 안정화시키기 위함이다.
② 교류 전압의 주파수를 변화시키기 위함이다.
③ 교류 전압을 직류 전압으로 변화시키기 위함이다.
④ 교류 전압을 다른 교류 전압으로 변화시키기 위함이다.

해설

• 컨버터 : 교류 ➡ 직류
• 인버터 : 직류 ➡ 교류

05 동기전동기의 여자전류를 증가하는 경우 일어나는 현상은?

① 전기자 전류의 위상이 앞선다.
② 난조가 생긴다.
③ 토크가 증가한다.
④ 앞선 무효 전류가 흐르고 유도 기전력은 높아진다.

해설

위상특성곡선(V곡선) : I_f와 I_a와의 관계

06 다음 중 역률이 가장 좋은 전동기는?

① 단상 유도 전동기   ② 3상 유도 전동기
③ 동기 전동기   ④ 반발 전동기

해설

동기전동기는 역률 1로 운전이 가능한 전동기

참고

동기전동기 장단점

장점	단점
• 속도가 일정	• 속도제어가 곤란하다.
• 역률 1로 운전 가능	• 기동토크 얻기 어렵다.
• 역률 변환 가능	• 직류전원 설비 필요
• 기계적 튼튼하다.	• 구조가 복잡하고 가격이 비싸다.
• 유도전동기 보다 효율이 좋다.	• 난조 발생 우려

07 3상 동기발전기에 무부하 전압보다 90°뒤진 전기자 전류가 흐를 때 전기자 반작용은?

① 교차 자화작용 한다.
② 증자작용을 한다.
③ 자기여자 작용을 한다.
④ 감자작용을 한다.

해설

• 동기발전기
• 90도 뒤진전류
• 전기자반작용

08 교류 발전기의 고조파 발생을 방지하는데 적합하지 않은 것은?

① 전기자 권선의 결선을 성형으로 한다.
② 전기자 권선을 단절권으로 감는다.
③ 전기자 반작용을 크게한다.
④ 전기자 슬롯을 스큐 슬롯으로 한다.

[**정답**] 04 ③ 05 ① 06 ③ 07 ④ 08 ③

🔍 해설

고조파 발생 방지(파형 개선 방법)
- 전기자 권선의 결선을 성형으로 한다.
- 전기자 권선을 단절권 및 분포권으로 감는다.
- 전기자 반작용을 작게 한다.
- 전기자 슬롯을 스큐 슬롯으로 한다.
- 매극매상의 슬롯수를 크게한다.

09 다음 중 2방향성 3단자 사이리스터는 어느 것인가?

① SCR ② SSS
③ SCS ④ TRIAC

🔍 해설

TRIAC은 양방향성 3단자 소자이다.

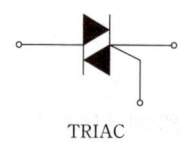

TRIAC

10 변압기 등가회로 작성에 필요하지 않은 시험은?

① 무부하 시험 ② 단락시험
③ 반환부하 시험 ④ 저항 측정시험

🔍 해설

등가회로 작성시 필요한 시험
- 무부하 시험
- 단락시험
- 저항 측정시험

🔽 참고

반환부하법 : 온도상승시험

11 변압기에서 사용되는 변압기유의 구비 조건으로 틀린 것은?

① 점도가 높을 것 ② 응고점이 낮을 것
③ 인화점이 높을 것 ④ 절연 내력이 클 것

🔍 해설

절연유의 목적 : 절연작용, 냉각작용
- 비열이 커서 냉각효과가 클 것
- 절연저항 및 절연내력이 클 것
- 인화점이 높고 응고점이 낮을 것
- 고온에서도 석출물이 생기거나 산화하지 않을 것

12 3상 권선형 유도전동기의 기동법은?

① 분상기동법 ② 반발기동법
③ 커패시터기동법 ④ 2차 저항기동법

🔍 해설

3상 유도전동기 기동
- 농형 : 전전압기동법, 감전압기동법(Y-△기동법, 기동보상기법, 리액터 기동법)
- 권선형 : 2차저항기동법, 2차 임피던스법, 게르게스법
- 단상 유도전동기 기동 : 반발기동법, 커패시터(콘덴서)기동법, 분상기동법, 셰이딩 코일형 등

13 정격 5[kW], 100[V], 50[A], 1500[rpm]의 타여자 직류 발전기가 있다. 계자전압 50[V], 계자전류 5[A], 전기자 저항 0.2[Ω]이고 브러시에서 전압 강하는 2[V]이다. 무부하시와 정격부하시의 전압차는 몇 [V]인가?

① 12 ② 10
③ 8 ④ 6

🔍 해설

$E = V + I_a R_a + e_b [V]$
$V_0 - V = E - V = I_a R_a + e_b = 50 \times 0.2 + 2 = 12 [V]$

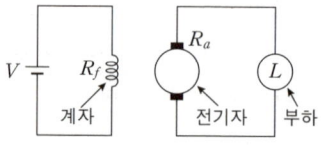

14 4극, 중권, 총도체수 500, 1극의 자속수가 0.01[Wb] 인 직류 발전기가 100[V]의 기전력을 발생시키는데 필요한 회전수는 몇 [rpm]인가?

① 1000   ② 1200

③ 1600   ④ 2000

🔍 **해설** -----

$$E = \frac{pZ\phi N}{60a} \rightarrow N = \frac{60aE}{pZ\phi} = \frac{60 \times 100}{500 \times 0.01} = 1200[\text{rpm}]$$

15 극수가 24일 때, 전기각 180°에 해당되는 기계각은?

① 7.5°   ② 15°

③ 22.5°   ④ 30°

🔍 **해설** -----

극수 $p = 24$극
전기각 $= 180°$

기계각 $=$ 전기각 $\times \frac{2}{p} = 180° \times \frac{2}{24} = 15°$

16 동기 전동기를 부족여자로 운전하면 어떠한 작용을 하는가?

① 충전 전류가 흐른다.   ② 콘덴서 작용을 한다.

③ 뒤진 전류가 흐른다.   ④ 뒤진 전류를 보상한다.

🔍 **해설** -----

부족여자로 운전하면 계자 전류가 감소하여 뒤진역률이 되어 뒤진 전류가 흐른다.

17 정격부하에서 역률 0.8(뒤짐)로 운전될 때, 전압 변동률이 12[%]인 변압기가 있다. 이 변압기에 역률 100[%]의 정격 부하를 걸고 운전할 때의 전압 변동률은 약 몇 [%]인가? (단, %저항강하는 %리액턴스강하의 1/12이라고 한다.)

① 0.909   ② 1.5

③ 6.85   ④ 16.18

🔍 **해설** -----

%저항강하가 %리액턴스의 1/12이므로 $p = \frac{1}{12}q$이다. $q = 12p$

$\cos\theta = 0.8$, $\sin\theta = 0.6$일 때
$\varepsilon = p\cos\theta + q\sin\theta = p \times 0.8 + 12p \times 0.6$
   $= p(0.8 + 12 \times 0.6) = 12[\%]$

$p = \frac{12}{0.8 + 12 \times 0.6} = 1.5[\%]$

$\cos\theta = 1$, $\sin\theta = 0$일 때 $\varepsilon = p\cos\theta + q\sin\theta = p = 1.5[\%]$

18 210/105[V]의 변압기를 그림과 같이 결선하고 고압측에 200[V]의 전압을 가하면 전압계의 지시는 몇 [V]인가? (단, 변압기는 가극성이다.)

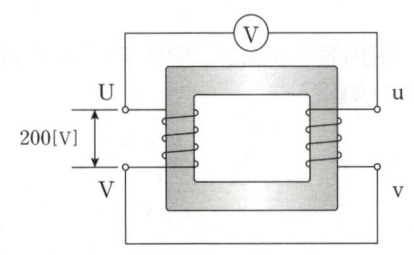

① 100   ② 200

③ 300   ④ 400

🔍 **해설** -----

$a = \frac{V_1}{V_2} = \frac{210}{105} = 2$

$a = \frac{V_1}{V_2} \rightarrow V_2 = \frac{V_1}{a} = \frac{200}{2} = 100$

$V = V_1 + V_2 = 200 + 100 = 300[\text{V}]$

전기자기학 | 전력공학 | 전기기기 | 회로이론 | 제어공학 | 전기설비기술기준

19 다음 그림의 직류기의 권선법으로 옳은 것은?

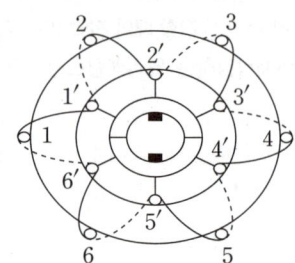

① 고상권
② 환상권
③ 이층권
④ 폐로권

🔍 **해설**

환상권 구조

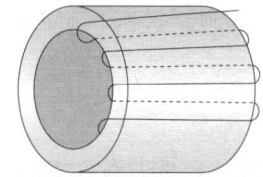

20 회전자 동기각속도 w_0, 회전자 각속도 w인 유도 전동기의 2차 효율은?

① $\dfrac{w_0 - w}{w}$

② $\dfrac{w_0 - w}{w_0}$

③ $\dfrac{w_0}{w}$

④ $\dfrac{w}{w_0}$

🔍 **해설**

회전자 동기 각속도 w_0

회전자 각속도 $w = 2\pi \dfrac{N}{60}$ [rad]

$n_2 = \dfrac{P}{P_2} = \dfrac{P_2(1-s)}{P_2} = 1 - s = \dfrac{N}{N_2} = \dfrac{w}{w_0}$

시행일 ◀ **2024년 3회**

01 동기전동기에 관한 설명으로 옳은 것은?

① 기동토오크가 크다.
② 기동조작이 간단하다.
③ 공극이 좁고 구조가 간단하다.
④ 역률을 조정할 수 있다.

🔍 **해설**

동기전동기 특성

장점	단점
역률을 조정할 수 있다.	기동토크가 작다.
속도가 일정하다.	공극이 넓다.
효율이 좋다.	속도제어가 어렵다.
출력이 크다.	난조가 쉽게 발생한다.

02 직류발전기의 정류 초기에 전류변화가 크며 이때 발생되는 불꽃정류로 옳은 것은?

① 과정류
② 직선정류
③ 부족정류
④ 정현파정류

🔍 **해설**

직류기의 정류작용

• 직선정류 : 이상적인 정류
• 정현정류 : 양호한 정류
• 과정류 : 정류 초기에 불꽃 발생
• 부족정류 : 정류 말기에 불꽃 발생

03 2대의 3상 동기발전기가 같은 부하를 분담하고 병렬운전을 하고 있다. 각 발전기의 1상의 기전력은 2000[V]이고 동기리액턴스는 5[Ω]이라 한다. 어떤 원인에 의하여 두 발전기의 기전력 사이에 30°의 위상차가 생겼다. 이 때 두 발전기 사이에 주고받는 전력[kW]은 얼마인가?

① 200[kW]
② 300[kW]
③ 400[kW]
④ 500[kW]

[**정답**] 19 ② 20 ④ 2024년 3회 01 ④ 02 ① 03 ①

🔍 **해설**

수수전력 : 2대의 동기발전기 사이에 위상차가 발생했을 때 발전기 사이에 주고받는 전력

$$P = \frac{E^2}{2x_s} \sin\delta = \frac{2000^2}{2 \times 5} \sin 30° = 200[\text{kW}]$$

04 임피던스 강하가 4[%]인 변압기가 운전 중 단락되었을 때 그 단락전류는 정격전류의 몇 배인가?

① 15 ② 20

③ 25 ④ 30

🔍 **해설**

변압기의 단락전류

$$I_s = \frac{100}{\%Z} \times I_n = \frac{100}{4} \times I_n = 25 I_n$$

05 60[Hz] 6극 10[kW]인 유도전동기가 슬립 5[%]로 운전할 때 2차의 동손이 500[W]이다. 이 전동기의 전부하시의 토크[N·m]는?

① 83.8 ② 8.55

③ 88.6 ④ 9.55

🔍 **해설**

$$N = (1-s)\frac{120f}{p} = (1-0.05)\frac{120 \times 60}{6} = 1140[\text{rpm}]$$

$$T = 0.975 \times \frac{P}{N} = 0.975 \times \frac{10 \times 10^3}{1140} = 8.55[\text{kg·m}]$$

$$T = 8.55[\text{kg·m}] = 83.8[\text{N·m}]$$

06 5[kVA], 3300/210[V], 단상 변압기의 단락시험에서 임피던스 전압 120[V], 동손 150[W]라 하면 퍼센트 저항강하는 몇 [%]인가?

① 2[%] ② 3[%]

③ 4[%] ④ 5[%]

🔍 **해설**

$$\%R = \frac{\text{동손}}{\text{용량}} \times 100 = \frac{150}{5000} \times 100 = 3[\%]$$

07 변압기의 내부 고장 시 동작하는 것으로서 단락 고장의 검출 등에 사용되는 계전기는?

① 부족전압계전기 ② 비율차동계전기

③ 재폐로계전기 ④ 선택계전기

🔍 **해설**

변압기 내부 고장 검출 계전기
- 전기적인 고장 : 비율차동 계전기
- 기계적인 고장 : 부흐홀쯔 계전기, 가스검출 계전기, 충격압력 계전기

08 유도 전동기에서 인가전압이 일정하고 주파수가 정격값에서 수[%] 감소할 때 나타나는 현상으로 옳지 않은 것은?

① 철손이 증가한다.

② 효율이 나빠진다.

③ 동기 속도가 감소한다.

④ 누설 리액턴스가 증가한다.

🔍 **해설**

유도전동기 주파수 감소시 특성
- 철손 증가하고 효율이 떨어진다.
- 동기속도는 주파수와 비례하므로 동기속도가 감소한다.
- 누설리액턴스는 주파수와 비례하므로 누설리액턴스는 감소한다.

09 단상전파 정류회로의 정류효율은?

① $\frac{4}{\pi^2} \times 100[\%]$ ② $\frac{\pi^2}{4} \times 100[\%]$

③ $\frac{8}{\pi^2} \times 100[\%]$ ④ $\frac{\pi^2}{8} \times 100[\%]$

🔍 **해설**

정류효율
- 단상반파 $\frac{4}{\pi^2} \times 100[\%]$
- 단상전파 $\frac{8}{\pi^2} \times 100[\%]$

[**정답**] 04 ③ 05 ① 06 ② 07 ② 08 ④ 09 ③

10 단상직권 정류자전동기에서 주자속의 최댓값을 ϕ_m, 극수를 p, 회전자의 병렬 회로수를 $2a$, 회전자의 전도체수를 Z, 회전자의 속도를 $n[\text{rpm}]$이라 하면 속도기전력의 실효값 $E_r[\text{V}]$는? (단, 주자속은 정현파 변화를 한다.)

① $E_r = \dfrac{1}{\sqrt{2}}\dfrac{p}{a}Z\dfrac{n}{60}\phi_m$ ② $E_r = \sqrt{2}\dfrac{p}{a}Z\dfrac{n}{60}\phi_m$

③ $E_r = \dfrac{1}{\sqrt{2}}\dfrac{p}{a}Zn\phi_m$ ④ $E_r = \dfrac{p}{a}Zn\phi_m$

해설

단상직권 정류자 전동기

실효값이므로 $E = \dfrac{1}{\sqrt{2}}\dfrac{pZ\phi N}{60a}$이다.

11 포화하고 있지 않은 직류 발전기의 회전수가 4로 증가 되었을 때 기전력을 전과 같은 값으로 하자면 여자를 속도 변화 전에 비해 얼마로 해야 하는가?

① $\dfrac{1}{4}$배   ② 4배

③ $\dfrac{1}{2}$배   ④ 2배

해설

$E = K\phi N$이므로 기전력이 일정할 때 $\phi \propto \dfrac{1}{N} = \dfrac{1}{4}$배가 된다.

12 직류 직권 전동기에서 단자 전압이 일정할 때 부하 토크가 $\dfrac{1}{4}$이 되면 부하전류는? (단, 계자 회로는 포화되지 않았다고 한다.)

① 4배로 증가   ② $\dfrac{1}{4}$배로 감소

③ $\dfrac{1}{2}$배로 감소   ④ 2배로 증가

해설

직권전동기 특성

$T \propto I_a^{\,2} \propto \dfrac{1}{N^2}$

$I_a \propto \sqrt{T} = \sqrt{\dfrac{1}{4}} = \dfrac{1}{2}$배가 된다.

13 정격 출력 10000[kVA], 정격 전압이 6600[V], 동기 임피던스가 매상 3.6[Ω]인 3상 동기 발전기의 단락비는?

① 1.3   ② 1.25

③ 1.21   ④ 1.15

해설

동기 발전기 단락비

$K_s = \dfrac{100}{\%Z_s} = \dfrac{V^2}{PZ_s} = \dfrac{6600^2}{10000 \times 10^3 \times 3.6} = 1.21$

14 스텝각이 2°, 스테핑주파수(Pulse rate)가 1800[pps]인 스테핑모터의 축속도[rps]는?

① 8   ② 10

③ 12   ④ 14

해설

스테핑모터 축속도

축속도＝스텝각×스테핑주파수/360＝2×1800/360＝10[rps]

15 60[Hz], 600[rpm]인 동기전동기에 직결하여 기동하는 경우, 유도전동기의 자극수로서 적당한 것은?

① 6   ② 8

③ 10   ④ 12

해설

동기전동기 기동법

동기전동기 $N_s = \dfrac{120f}{p}$ ➡ $p = \dfrac{120f}{N_s} = \dfrac{120 \times 60}{600} = 12[극]$

기동전동기법 : 12극 동기전동기를 기동하기 위해 동기전동기보다 2극 작은 유도전동기로 기동하므로 유도전동기의 극수는 10극이다.

[**정답**] 10 ①   11 ①   12 ③   13 ③   14 ②   15 ③

16 어떤 정류기의 부하 전압이 2000[V]이고 맥동률이 3[%]이면 교류분은 몇 [V] 포함되어 있는가?

① 20　　　　　　② 30

③ 50　　　　　　④ 60

🔍 **해설**

맥동률 $= \dfrac{\text{교류분 전압}}{\text{직류분 전압}}$

교류분전압 = 직류분(부하)전압 × 맥동률
　　　　　 $= 2000 \times 0.03 = 60[V]$

17 장거리 고압 송전선이나 케이블 송전선을 무부하에서 충전하는 동기 발전기의 자기여자 현상 방지법으로 틀린 것은?

① 수전단에 변압기를 병렬로 접속한다.

② 발전기에 콘덴서를 병렬로 접속한다.

③ 수전단에 리액턴스를 병렬로 접속한다.

④ 발전기 여러 대를 모선에 병렬로 접속한다.

🔍 **해설**

자기여자현상 방지법

- 수전단에 변압기 병렬로 접속한다.
- 발전기 여러대를 모선에 병렬로 접속한다.
- 수전단에 리액턴스를 병렬로 접속한다.
- 동기조상기를 부족여자로 운전한다.

18 변압기의 무부하시험, 단락시험에서 구할 수 없는 것은?

① 철손　　　　　② 전압변동률

③ 동손　　　　　④ 절연내력

🔍 **해설**

- 무부하시험 : 철손, 여자전류, 여자 어드미턴스, 전압변동률
- 단락시험 : 동손, 임피던스, 임피던스와트, 전압변동률

19 직류발전기의 전기자 반작용을 방지하기 위한 보극 A, B와 보상권선 X, Y의 설명으로 옳은 것은?

① 보극 A:N극, B:S극　　보상권선X ⊙, Y ⊗

② 보극 A:N극, B:S극　　보상권선X ⊗, Y ⊙

③ 보극 A:S극, B:N극　　보상권선X ⊙, Y ⊗

④ 보극 A:S극, B:N극　　보상권선X ⊗, Y ⊙

🔍 **해설**

20 6극, 60[Hz]인 3상 유도 전동기의 회전시 회전자 전압이 6[V]이고 정지시 전압이 200[V]일 때의 회전자 속도[rpm]는?

① 1200　　　　　② 1164

③ 2000　　　　　④ 1730

🔍 **해설**

유도전동기 회전시 특성

$E_{2s} = sE_2$ 이므로 $S = \dfrac{E_{2s}}{E_2} = \dfrac{6}{200} = 0.03$ 이다.

회전자 속도 $N = (1-s)\dfrac{120f}{p} = (1-0.03)\dfrac{120 \times 60}{6} = 1164[\text{rpm}]$

[**정답**] 16 ④　17 ②　18 ④　19 ④　20 ②

시행일 **2025년 1회**

01 발생된 전원주파수를 다른 주파수로 변환기는?

① 인버터   ② 사이클로 컨버터

③ 컨버터   ④ 회전변류기

🔍 해설 ------------------------------------

전력변환기기

· 인버터 : 교류를 직류로 변환
· 컨버터 : 직류를 교류로 변환
· 초퍼 : 직류를 직접 변환
· 사이클로 컨버터 : 교류의 주파수 변환

02 직류발전기의 유기기전력이 206[V]일 때 부하저항 1.5[Ω] 연결시 단자전압이 195[V]이다. 직류발전기의 전기자 저항[Ω]은 얼마인가?

① 0.85   ② 7.33

③ 0.085   ④ 2.6

🔍 해설 ------------------------------------

직류 발전기 유기기전력

부하전류 $I_a = I = \dfrac{V}{R} = \dfrac{195}{1.5} = 130[\text{A}]$

직류 발전기 $E = V + I_a R_a$

전기자 저항 $R_a = \dfrac{E-V}{I_a} = \dfrac{206-195}{130} = 0.085[\Omega]$

03 동기조상기의 여자전류를 감소시키면?

① 콘덴서 역할   ② 리액터 역할

③ 전기자 전류 감소   ④ 역률은 앞선다.

🔍 해설 ------------------------------------

동기조상기

동기조상기의 부족여자 시 지상전류가 발생하여 리액터 역할을 한다.

04 동기조상기를 과여자로 사용시 설명으로 틀린 것은?

① 콘덴서 역할

② 역률이 앞선다.

③ 전기자 전류 증가한다.

④ 위상이 뒤진 전류가 흐른다.

🔍 해설 ------------------------------------

동기조상기

동기조상기의 과여자 시 역률이 앞선 진상전류가 발생하여 전기자 전류가 증가하고 콘덴서 역할을 한다.

05 변압기 철심 사용 시 자장의 세기가 감소 되고 철심의 철손을 감소시키기 위한 설명으로 옳은 것은?

① 철심의 전도도전도를 감소 시킨다.

② 철심의 두께를 크게한다.

③ 철심을 알루미늄을 사용한다.

④ 투자율을 작게한다.

🔍 해설 ------------------------------------

변압기 철심

전도도전도를 감소시키면 전기저항이 커져 전류가 감소하게 되어 자기장의 세기가 감소하고 철손이 감소한다.

06 50[Hz]용 변압기에 60[Hz]의 동일 전압을 인가하여 자속밀도(A) 및 손실(B)의 변화는?

① (A) 감소, (B) 증가   ② (A) 감소, (B) 감소

③ (A) 증가, (B) 증가   ④ (A) 감소, (B) 일정

🔍 해설 ------------------------------------

변압기 주파수 특성

$E = 4.44 f BAN$ 이므로 전압이 일정할 때 $B \propto \dfrac{1}{f}$ 의 관계를 가진다.

또한 철손도 $P_i \propto \dfrac{1}{f}$ 와 같이 반비례하므로 자속밀도는 감소하게 되고, 철손도 감소하게 하게 된다.

[정답] 2025년 1회   01 ②   02 ③   03 ②   04 ④   05 ①   06 ②

07 유도전동기에 게르게스 현상이 생기는 슬립은 대략 얼마인가?

① 0.25   ② 0.5

③ 0.7   ④ 0.8

🔍 해설

유도전동기 게르게스현상

권선형 유도 전동기에서 무부하 또는 경부하로 운전 중 한상이 단선되어 결상되더라도 전동기가 슬립이 0.5(정격속도의 약 50[%])에서 더 이상 가속되지 않는 현상

08 직류발전기의 전기자 권선법은?

① 환상권   ② 개로권

③ 2층권   ④ 단층권

🔍 해설

직류발전기의 전기자 권선법

고상권, 폐로권, 2층권

09 어떤 직류 전동기의 역기전력이 200[V], 매분 회전수 1500[rpm]일때 전기자 전류 100[A]일 때, 발생토크 [kg·m]는?

① 10   ② 11

③ 12   ④ 13

🔍 해설

직류 전동기 토크

$$T = \frac{60EI_a}{2\pi N} = \frac{60 \times 200 \times 100}{2\pi \times 1500} = 127.324[\text{N·m}]$$

$$T = 127.324 \times \frac{1}{9.8} = 13[\text{kg·m}]$$

10 3상 권선형 유도전동기의 2차측 저항을 2배로 증가시 그 최대 토크는 몇 배가 되는가?

① 2배   ② 변화하지 않는다.

③ $\sqrt{2}$ 배   ④ 1/2배

🔍 해설

비계추이시 최대토크

3상 권선형 유도전동기의 2차측 저항을 2배로 변화시키더라도 최대 토크는 변화하지 않는다.

11 단상직권 전동기의 종류가 아닌 것은?

① 직권형   ② 계자형

③ 유도보상직권형   ④ 보상직권형

🔍 해설

단상직권 전동기의 종류

직권형, 유도보상직권형, 보상직권형

12 동기발전기를 회전계자형으로 하는 이유가 아닌 것은?

① 계자회로는 직류의 저압회로이며, 소요전력이 적다.

② 기계적으로 튼튼하게 만드는데 용이하다.

③ 고전압에 견딜수 있게 전기자 권선을 절연하기가 쉽다.

④ 파형을 개선할 수 있다.

🔍 해설

회전계자의 특징

회전계자형 계자는 철의 분포가 많아 튼튼하고 직류저압소전류를 인가하므로 절연이 용이하다.

전기자 권선에는 고전압이 발생하므로 고정자로 사용하는게 절연이 용이하다.

13 변압기의 임피던스 전압이란?

① 정격전류가 흐를 때의 2차측 단자전압

② 정격전류가 흐를 때의 변압기 내의 전압강하

③ 여자전류가 흐를때의 2차측 단자 전압

④ 2차단락전류가 흐를 때의 변압기 내의 전압강하

🔍 해설

임피던스 전압

변압기의 2차측을 단락시 1차측에서 정격전류가 흐를 때 변압기 내의 임피던스에서 발생하는 전압강하를 말한다.

[정답] 07 ②   08 ③   09 ④   10 ②   11 ②   12 ④   13 ②

14 자속밀도가 $0.6[\mathrm{Wb/m^2}]$, 도체의 길이 $0.3[\mathrm{m}]$일 때, $10[\mathrm{m/s}]$의 속도로 이동시 유기전압$[\mathrm{V}]$은?

① 30   ② 18

③ 1.3   ④ 1.8

🔍 해설

발전기 유기전압
$e = B\ell v = 0.6 \times 0.3 \times 10 = 1.8[\mathrm{V}]$

15 3상 동기발전기의 전기자권선을 2중 성형결선으로 했을 때 발전기의 용량$[\mathrm{VA}]$은?

① $\sqrt{3}\,EI$ ② $2\sqrt{3}\,EI$

③ $3EI$ ④ $6EI$

🔍 해설

2중성형결선
성형결선이므로 선간전압 $V_l = \sqrt{3}\,E$
2중(병렬)이므로 선전류 $I_l = 2I$
3상이므로 피상전력 $P_a = \sqrt{3}\,V_l I_l = \sqrt{3} \times \sqrt{3}\,E \times 2I = 6EI$

16 3상 유도전동기의 슬립이 s일 때 2차 효율$[\%]$은?

① $(1-s) \times 100$ ② $(2-s) \times 100$

③ $(s-1) \times 100$ ④ $(3-s) \times 100$

🔍 해설

2차 효율 $\eta_2 = \dfrac{P_o}{P_2} = \dfrac{(1-s) \times P_2}{P_2} \times 100 = (1-s) \times 100$

17 단상 반파 정류로 직류전압 $100[\mathrm{V}]$를 얻으려고 한다. 최대 역전압(Peak Inverse Voltage) 몇 $[\mathrm{V}]$ 이상의 다이오드를 사용해야 하는가?

① 100   ② 156

③ 223   ④ 314

🔍 해설

최대 역전압(PIV)
$PIV = \pi E_d = \pi \times 100 = 314[\mathrm{V}]$

18 단상 변압기에 있어서 부하역률 $80[\%]$의 지상역률에서 전압 변동률 $4[\%]$ 이고, 부하역률 $100[\%]$에서 전압 변동률 $3[\%]$라고 한다. 이 변압기의 퍼센트 리액턴스는 약 몇 $[\%]$인가?

① 2.7   ② 3.0

③ 3.3   ④ 3.6

🔍 해설

변압기 전압 변동률
전압변동률 $\varepsilon = p\cos\theta + q\sin\theta$
역률 $100[\%] \rightarrow \varepsilon = p(\cos\theta = 1,\ \sin\theta = 0) = 3[\%]$
역률 $80\%[\%] \rightarrow p = \dfrac{\varepsilon - p\cos\theta}{\sin\theta} = \dfrac{4 - 3 \times 0.8}{0.6} = 2.67$

19 직류 직권 전동기를 교류 단상 정류자 전동기로 사용하기 위하여 교류를 가했을 때 발생하는 문제점 중 옳지 않은 것은?

① 효율이 나빠진다.   ② 역률이 떨어진다.

③ 정류가 불량하다.   ④ 계자 권선이 필요 없다.

🔍 해설

단상직권 정류자 전동기
직류 직권 전동기에 교류(단상)를 가하면 철손 증가로 효율이 나빠지고, 리액턴스 성분 때문에 역률이 떨어지며, 정류가 불량해지는 문제가 생긴다. 그러나 계자 권선은 필수요소이기 때문에 "계자 권선이 필요 없다"가 답이다.

20 정격 출력 $10[\mathrm{MVA}]$, 정격전압이 $6600[\mathrm{V}]$, 동기 임피던스가 매상 $3.6[\Omega]$인 3상 동기 발전기의 단락비는 약 얼마인가?

[**정답**] 14 ④   15 ④   16 ①   17 ④   18 ①   19 ④   20 ①

① 1.2

② 1.3

③ 1.5

④ 1.9

🔍 해설

동기 발전기 단락비

퍼센트 동기임피던스 $\%Z_s = \dfrac{PZ_s}{10V^2} = \dfrac{10 \times 10^3 [\text{kVA}] \times 3.6}{10 \times (6.6[\text{kV}])^2}$

$$= 82.6[\%]$$

단락비 $K_s = \dfrac{100}{\%Z_s} = \dfrac{100}{82.6} = 1.21$

시행일 ◀ 2025년 2회

01 단상 반파 정류로 직류전압 100[V]를 얻으려고 한다. 최대 역전압(Peak Inverse Voltage) 몇 [V] 이상의 다이오드를 사용해야 하는가?

① 100

② 156

③ 223

④ 314

🔍 해설

최대 역전압(PIV)

$PIV = \pi E_d = \pi \times 100 = 314[\text{V}]$

02 직류 복권 발전기를 병렬운전할 때, 반드시 필요한 것은?

① 과부하 계전기

② 균압선

③ 용량이 같을 것

④ 외부특성 곡선이 일치할 것

🔍 해설

- 직류 발전기 병렬운전 조건
  - 전압이 일치할 것
  - 극성이 일치할 것
  - 수하특성일 것
- 수하특성이 아닌 발전기(직권, 복권)
  - 균압선을 설치하여 안정한 운전이 가능하다.

03 동기 전동기의 전기자 전류가 최소일 때 역률은?

① 0

② 0.707

③ 0.866

④ 1

🔍 해설

동기전동기 위상특성곡선

동기전동기는 전기자 전류가 최소일 때 역률은 1이다.

04 1차 전압 V_1, 2차 전압 V_2인 단권 변압기를 Y결선 했을 때, 등가용량과 부하용량의 비는? (단, $V_1 > V_2$이다.)

① $\dfrac{V_1 - V_2}{\sqrt{3}\,V_1}$

② $\dfrac{V_1 - V_2}{V_1}$

③ $\dfrac{V_1^2 - V_2^2}{\sqrt{3}\,V_1 V_2}$

④ $\dfrac{\sqrt{3}\,(V_1 - V_2)}{2V_1}$

🔍 해설

단권 변압기

1대	2대(V결선)	3대(Y결선)	3대(△결선)
$\dfrac{V_1 - V_2}{V_1}$	$\dfrac{2}{\sqrt{3}} \times \dfrac{V_1 - V_2}{V_1}$	$\dfrac{V_1 - V_2}{V_1}$	$\dfrac{V_1^2 - V_2^2}{\sqrt{3}\,V_1 V_2}$

05 3상 유도전동기의 슬립이 s일 때 2차 효율[%]은?

① $(1-s) \times 100$

② $(2-s) \times 100$

③ $(s-1) \times 100$

④ $(3-s) \times 100$

🔍 해설

유도전동기 2차 효율

2차 효율 $\eta_2 = \dfrac{P_o}{P_2} = \dfrac{(1-s) \times P_2}{P_2} \times 100 = (1-s) \times 100$

[**정답**] 2025년 2회 01 ④ 02 ③ 03 ④ 04 ② 05 ①

전기자기학

전력공학

전기기기

회로이론

제어공학

전기설비기술기준

06 직류 직권 전동기를 교류 단상 정류자 전동기로 사용하기 위하여 교류를 가했을 때 발생하는 문제점 중 옳지 않은 것은?

① 효율이 나빠진다.
② 역률이 떨어진다.
③ 정류가 불량하다.
④ 계자 권선이 필요 없다.

🔍 해설

단상 직권 정류자 전동기
직류 직권 전동기에 교류(단상)를 가하면 철손 증가로 효율이 나빠지고, 리액턴스 성분 때문에 역률이 떨어지며, 정류가 불량해지는 문제가 생긴다. 그러나 전동기에서 계자 권선은 필수요소이기 때문에 "계자 권선이 필요 없다"가 답이다.

07 동기 발전기의 제동권선의 주요 작용은?

① 제동 작용   ② 난조방지작용
③ 시동권선작용   ④ 자려작용(自勵作用)

🔍 해설

제동권선
제동권선은 동기기에서 기계적 진동·전기적 진동(난조, Hunting)을 감쇠시키는 역할이다.

08 전기자 도체수 360, 극당 자속 0.06[Wb]인 6극 중권 직류전동기가 있다. 전기자 전류가 50[A]일 때의 발생 토크[kg·m]는?

① 약 17.5   ② 약 18.2
③ 약 18.6   ④ 역 19.2

🔍 해설

직류전동기 토크
$$T=\frac{pZ\phi I_a}{2\pi a}=\frac{6\times360\times0.06\times50}{2\pi\times6}=171.89[\text{N}\cdot\text{m}]$$
$$T=171.89/9.8=17.54[\text{kg}\cdot\text{m}]$$

09 전기자저항 0.1[Ω], 직권 계자 권선저항 0.2[Ω]의 직권 직류전동기에 200[V]를 가하였더니 부하전류가 20[A]이었다. 이때 전동기의 속도는 약 몇 [rpm]인가? (단, 기계정수는 2.61이다.)

① 1288   ② 1388
③ 1488   ④ 1520

🔍 해설

직류전동기 속도
$$N=k\frac{V-I_a(R_a+R_s)}{\phi},\ I_a=I_s=I=\phi$$
$$N=k\frac{V-I_a(R_a+R_s)}{\phi}$$
$$=2.61\times\frac{200-20\times(0.2+0.1)}{20}=25.317[\text{rps}]$$
$$N=25.317\times60=1519[\text{rpm}]$$

10 단상 변압기를 병렬운전할 경우 부하 전류의 분담은?

① 용량에 비례하고 누설 임피던스에 비례
② 용량에 비례하고 누설 임피던스에 반비례
③ 용량에 반비례하고 누설 리액턴스에 비례
④ 용량에 반비례하고 누설 리액턴스의 제곱에 비례

🔍 해설

부하분담 조건
$$\frac{I_a}{I_b}=\frac{P_a}{P_b}\times\frac{\%Z_b}{\%Z_a}=\frac{P_a/\%Z_a}{P_b/\%Z_b}$$
변압기의 부하분담 조건은 용량에 비례하고 누설 임피던스에 반비례한다.

11 직류전동기의 워드레오나드 속도제어 방식으로 옳은 것은?

① 전압제어   ② 저항제어
③ 계자제어   ④ 직병렬제어

🔍 해설

직류전동기 속도제어
속도 공식 $N=k\dfrac{V-I_aR_a}{\phi}$

직류 전동기 속도 제어법 : 전압 제어법, 저항 제어법, 계자 제어법

[정답] 06 ④ 07 ② 08 ① 09 ④ 10 ② 11 ①

12 비돌극형 동기발전기 1상의 단자전압을 V, 유기기전력을 E, 동기리액턴스를 X_s, 부하각을 δ라고 하고 전기자 저항을 무시할 때 1상의 최대출력은?

① $\dfrac{E^2 V}{X_s}\sin\delta$

② $\dfrac{EV^2}{X_s}\sin\delta$

③ $\dfrac{EV}{X_s}\sin\delta$

④ $\dfrac{EV}{X_s}$

🔍 해설

동기발전기 출력 공식

발전기 1상의 출력 공식 $P_{1\phi}=\dfrac{EV}{X_s}\sin\theta$ ➔ 최대 출력 조건 시 $\delta=90°$

발전기 1상의 최대 출력 $P_{1\phi}=\dfrac{EV}{X_s}$

13 정격 출력 10[MVA], 정격전압이 6600[V], 동기임피던스가 매상 3.6[Ω]인 3상 동기 발전기의 단락비는 약 얼마인가?

① 1.2

② 1.3

③ 1.5

④ 1.9

🔍 해설

동기발전기 단락비

$$\%Z_s=\frac{PZ_s}{10V^2}=\frac{10\times10^3\times3.6}{10\times6.6^2}=82.64[\%]$$

$$K_s=\frac{I_s}{I_n}=\frac{100}{\%Z_s}=\frac{100}{82.64}=1.21$$

14 유도전동기의 토크 속도 곡선이 비례추이 한다는 것은 그 곡선이 무엇에 비례해서 이동하는 것을 말하는가?

① 슬립

② 회전수

③ 공급전압

④ 2차 합성저항

🔍 해설

유도전동기 비례추이

유도전동기의 토크–속도곡선은 비례추이 한다는 것은 2차 합성저항 r_2 값이 m배 커졌을 때 슬립이 m배 만큼 비례해서 커지는 것을 비례추이라 한다.

15 유도전동기 슬립에 대한 설명으로 옳은 것은?

① 정지상태에서 $s=0$ 이다.

② 동기속도는 회전자계의 속도이다.

③ 같은 정격에서 농형이 권선형보다 약간 크다.

④ 2차 기전력 주파수는 구속 상태의 $(1/s)$배가 된다.

🔍 해설

유도전동기 슬립 특성

• 정지상태의 슬립 ➔ $s=1$
• 동기속도는 회전자계의 속도이다.
• 같은 정격에서 농형이 권선형보다 약간 작다.
• 회전시 2차 주파수 ➔ $f_{2s}=sf_1$
• 정지시 2차 주파수 ➔ $f_2=f_1$

16 중부하에서도 기동되도록 하고 회전계자형의 동기전동기에 고정자인 전기자 부분이 회전자의 주위를 회전할 수 있도록 2중 베어링의 구조를 가지고 있는 전동기는?

① 유도자형 전동기

② 유도 동기 전동기

③ 초동기 전동기

④ 반작용 전동기

🔍 해설

초동기 전동기

중부하에서도 기동되도록 하고 회전계자형의 동기 전동기에 고정자인 전기자 부분이 회전자의 주위를 회전할 수 있도록 2중 베어링의 구조를 가지고 있는 전동기

[**정답**] 12 ④ 13 ① 14 ④ 15 ② 16 ③

전기자기학
전력공학
전기기기
회로이론
제어공학
전기설비기술기준

17
단상 변압기에 있어서 부하역률 80[%]의 지상역률에서 전압 변동률 4[%]이고, 부하역률 100[%]에서 전압 변동률 3[%]라고 한다. 이 변압기의 퍼센트 리액턴스는 약 몇 [%]인가?

① 2.7   ② 3.0
③ 3.3   ④ 3.6

🔍 **해설**

변압기 전압변동률
$\cos\theta = 0.8$, $\sin\theta = 0.6$, $p = 3[\%]$
전압변동률 $\varepsilon = p\cos\theta + q\sin\theta \rightarrow \varepsilon = 3 \times 0.8 + q \times 0.6 = 4$
퍼센트 리액턴스 $q = \dfrac{4-2.4}{0.6} = 2.67[\%]$

18
농형 유도전동기의 결점인 것은?

① 기동 kVA가 크고 기동토크가 크다.
② 기동 kVA가 작고 기동토크가 적다.
③ 기동 kVA가 작고 기동토크가 크다.
④ 기동 kVA가 크고 기동토크가 적다.

🔍 **해설**

농형유도전동기 기동 시 특성
아래의 그림과 같이 농형유도전동기는 기동전류가 커서 기동시 용량[kVA]가 크고 기동 토크는 적다.

19
사이리스터를 이용한 교류전압 크기 제어방식은?

① 정지 레오나드 방식   ② 초퍼 방식
③ 위상제어 방식   ④ TRC 방식

🔍 **해설**

사이리스터 전압제어
아래의 그림과 같이 게이트 전류를 제어시 인가된 교류전압의 크기를 위상제어를 통해 제어할 수 있다.

20
철심의 단면적이 100[cm²], 최대 자속밀도가 1.4[Wb/m²]인 변압기가 있다. 60[Hz]의 정현파로 1차에 6300[V], 2차에 210[V]를 유도시키기 위한 각 권선의 권수는 약 얼마인가? (철심의 점적률은 90[%]이다.)

① 1차 : 1877회 2차 : 63회
② 1차 : 1780회 2차 : 58회
③ 1차 : 1954회 2차 : 67회
④ 1차 : 1523회 2차 : 54회

🔍 **해설**

변압기 기전력
변압기의 기전력 $E = 4.44fBAN$
$N_1 = \dfrac{E_1}{4.44fBA} = \dfrac{6300}{4.44 \times 60 \times 1.4 \times 0.9 \times 100 \times 10^{-4}} = 1876[회]$
$N_1 = \dfrac{E_2}{4.44fBA} = \dfrac{210}{4.44 \times 60 \times 1.4 \times 0.9 \times 100 \times 10^{-4}} = 62.56[회]$
변압기의 점적률이란 철심을 적층했을 때 실제 철(유효 철심) 면적이 겉보기 단면적에서 차지하는 비율이다.

[**정답**] 17 ①   18 ④   19 ③   20 ①

시행일 2025년 3회

01 3상 유도 전동기의 2차 저항을 2배로 하면, 2배로 되는 것은?

① 토크   ② 전류
③ 역률   ④ 슬립

🔍 **해설**

유도전동기 비례추이

유도전동기의 토크-속도곡선은 비례추이 한다는 것은 2차 합성저항 r_2 값이 m배 커졌을 때 슬립이 m배 만큼 비례해서 커지는 것을 비례추이라 한다.

02 변압기 내부고장 보호에 쓰이는 계전기는?

① 부흐홀쯔 계전기   ② 역상 계전기
③ 과전압 계전기   ④ 접지 계전기

🔍 **해설**

변압기 내부고장 보호 장치

기계적인 고장	전기적인 고장
부흐홀쯔 계전기	차동 계전기
가스검출 계전기	비율 차동 계전기
충격압력 계전기	

03 슬립 5[%]인 유도 전동기의 등가 부하저항은 2차 저항의 몇 배인가?

① 19[배]   ② 20[배]
③ 29[배]   ④ 40[배]

🔍 **해설**

등가 부하저항

$$R = \left(\frac{1-s}{s}\right)r_2 = \left(\frac{1-0.05}{0.05}\right)r_2 = 19r_s$$

04 유도전동기의 동작특성에서 제동기로 쓰이는 슬립의 영역은?

① 1~2   ② 0~1
③ 0~-1   ④ -1~-2

🔍 **해설**

유도기 슬립의 범위

- 제동기 : $1 < s < 2$
- 전동기 : $0 < s < 1$
- 발전기 : $s < 0$

05 동기 발전기에서 유기 기전력과 전기자 전류가 동상인 경우의 전기자반작용은?

① 교차자화 작용   ② 증자 작용
③ 감자 작용   ④ 직축 반작용

🔍 **해설**

동기발전기 전기자반작용

	동상	지상	진상
동기발전기	교차자화작용	감자작용	증자작용
동기전동기		증자작용	감자작용

[**정답**] 2025년 3회 01 ① 02 ① 03 ① 04 ① 05 ①

전기자기학

전력공학

전기기기

회로이론

제어공학

전기설비기술기준

06 단상 유도전동기의 기동에 브러시를 필요로 하는 것은?

① 분상기동형　　　　② 반발기동형
③ 콘덴서분상기동형　　④ 세이딩코일기동형

단상 유도전동기 특징

반발기동형 단상 유도전동기는 직류전동기의 구조와 원리를 이용한 전동기로 기동시 브러시를 필요로 하는 전동기이다.

07 3상 전원을 이용하여 2상 전압을 얻고자 할 때 사용하는 결선 방법은?

① Scott 결선　　　② Fork 결선
③ 환상 결선　　　　④ 2중 3각 결선

3상을 2상으로 바꿔주는 결선법

3상 전원을 2상 전원을 얻고자 할 때 사용하는 결선방법은 우드브리지 결선, 스코트 결선, 메이어 결선 등이 있다.

08 직류기에 보극을 설치하는 목적이 아닌 것은?

① 정류자의 불꽃방지　　② 브러시의 이동방지
③ 정류기전력의 발생　　④ 난조의 방지

보극의 목적

- 정류자의 불꽃방지
- 브러시의 이동방지
- 정류기전력의 발생

09 출력이 5[kW] 단자전압 200[V]이며 유기기전력이 210[V]인 직류 분권발전기가 있다. 계자권선저항이 500[Ω]이면 전기자 권선저항은 약 몇 [Ω]인가?

① 0.58　　　　② 0.48
③ 0.38　　　　④ 0.28

직류 분권발전기

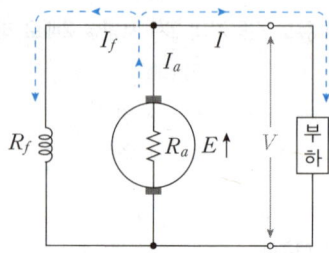

$$I_a = I + I_f = \frac{P}{V} + \frac{V}{R_f} = \frac{5000}{200} + \frac{200}{500} = 25.4[A]$$
$$E = V + I_a R_a$$
$$R_a = \frac{E-V}{I_a} = \frac{210-200}{25.4} = 0.394[\Omega]$$

10 동기발전기의 퍼센트 동기임피던스가 83[%]일 때 단락비는 얼마인가?

① 1.0　　　　② 1.1
③ 1.2　　　　④ 1.3

동기발전기 단락비

단락비 $K_s = \dfrac{100}{\%Z_s} = \dfrac{100}{83} = 1.204$

11 유도 전동기에서 크로우링(Crawling) 현상으로 맞는 것은?

① 기동 시 회전자 슬롯수 및 권선법이 적당하지 않은 경우 정격 속도보다 낮은 속도에서 안정운전이 되는 현상
② 기동 시 회전자의 슬롯수 및 권선법이 적당하지 않은 경우 정격 속도보다 높은 속도에서 안정운전이 되는 현상
③ 회전자 3상 중 1상이 단선된 경우 정격속도의 50[%] 속도에서 안정 운전이되는 현상
④ 회전자 3상 중 1상이 단락된 경우 정격속도보다 높은 속도에서 안정 운전이되는 현상

[**정답**] 06 ②　07 ①　08 ④　09 ③　10 ③　11 ①

🔍 해설

유도 전동기 크로우링 현상

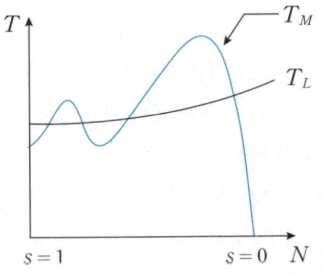

농형유도전동기를 기동 시 회전자 슬롯수 및 권선법이 적당하지 않은 경우에 전동기의 정격 속도보다 낮은 속도에서 안정 운전이 되는 현상을 크로우링 현상이라한다.

12 변압기 단락시험에서 변압기의 임피던스 전압은?

① 여자 전류가 흐를 때의 2차 측 단자전압

② 정격 전류가 흐를 때의 2차 측 단자전압

③ 2차 단락 전류가 흐를 때의 변압기 내의 전압 강하

④ 정격 전류가 흐를 때의 변압기 내의 전압 강하

🔍 해설

변압기 임피던스 전압

임피던스 전압이란 변압기 내에 정격전류가 흐를 때 발생하는 전압 강하를 말한다.

13 동기 전동기에 설치된 제동권선의 효과는?

① 정지시간의 단축   ② 출력 전압의 증가

③ 기동 토크의 발생   ④ 과부하 내량의 증가

🔍 해설

동기 전동기 제동권선

동기 전동기는 기동토크가 0이므로, 제동권선으로 기동토크를 얻기 위한 방법으로 사용되며, 난조를 방지 하기 위한 용도로도 사용된다.

14 그림과 같은 회로에서 V(전원전압의 실효치)=100 [V], 점호각 $a=30°$인 때의 부하 시의 직류전압 E_{da}[V]는 약 얼마인가? (단, 전류가 연속하는 경우이다.)

① 90   ② 86

③ 77.9   ④ 100

🔍 해설

단상전파전류

직류 평균전압 $E_{da}=0.9E\cos\theta=0.9\times100\times30°=77.94$

단, 전류가 연속이면서, $L=\infty$인 경우 ➡ $E_d=0.9E\cos\theta$

그렇지 않은 경우에는 $E_d=0.9E\left(\dfrac{1+\cos\theta}{2}\right)$

15 동기발전기를 병렬운전하는데 필요하지 않은 조건은?

① 기전력의 용량이 같을 것

② 기전력의 파형이 같을 것

③ 기전력의 크기가 같을 것

④ 기전력의 주파수가 같을 것

🔍 해설

동기발전기 병렬운전 조건

• 기전력의 크기가 같을 것
• 기전력의 위상이 같을 것
• 기전력의 주파수가 같을 것
• 기전력의 파형이 같을 것
• 상회전이 같을 것

[정답] 12 ④   13 ③   14 ③   15 ①

16 분권 전동기의 정격 회전수가 1500[rpm]이다. 속도 변동률이 5[%]라면, 공급 전압과 계자 저항의 값을 변화시키지 않고 이것을 무부하로 하였을 때의 회전수 [rpm]는?

① 1265
② 1365
③ 1435
④ 1575

🔍 **해설**

직류 분권 전동기 속도

$N_0 = (1+\varepsilon)N_n = (1+0.05) \times 1500 = 1575[\text{rpm}]$

17 어느 변압기의 백분율 저항강하가 2[%], 백분율 리액턴스 강하가 3[%]일 때 역률(지상) 80[%]인 경우의 전압 변동률은 얼마인가?

① $-0.2[\%]$
② $3.4[\%]$
③ $0.2[\%]$
④ $-3.4[\%]$

🔍 **해설**

변압기 전압변동률

전압변동률 $\varepsilon = p\cos\theta \pm q\sin\theta \begin{cases} + : \text{지상(뒤진)} \\ - : \text{진상(앞선)} \end{cases}$

전압변동률 $\varepsilon = p\cos\theta \pm q\sin\theta = 2 \times 0.8 + 3 \times 0.6 = 3.4[\%]$

18 전기자전류 I_a, 부하전류 I, 계자전류 I_f인 직류 직권전동기의 특성으로 맞는 것은?

① $I_a = I > I_f$
② $I_a = I_f > 1$
③ $I = I_f > I_a$
④ $I_a = I = I_f$

🔍 **해설**

직권전동기 특징

직권전동기의 특성은 $I_a = I = I_f$가 모두 같다.

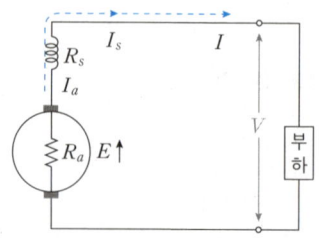

19 자동제어장치에 쓰이는 서보모터의 특성을 나타내는 것 중 틀린 것은?

① 빈번한 시동, 정지, 역전 등의 가혹한 상태에 견디도록 견고하고 큰 돌입전류에 견딜 것
② 시동 토크는 크나, 회전부의 관성 모멘트가 작고 전기적 시정수가 짧을 것
③ 발생 토크는 입력신호에 비례하고 그 비가 클 것
④ 직류 서보모터에 비하여 교류 서보모터의 시동 토크가 매우 클 것

🔍 **해설**

서보모터의 특징 : 정밀제어

- 기동토크가 크다.
- 회전자의 관성이 작다.
- 직류 서보모터의 기동 토크가 교류 서보모터보다 크다.
- 속응성이 좋고 시정수가 짧으며 기계적 응답이 좋다.

20 단상 직권 정류자 전동기에서 주자속의 최대치를 ϕ_m, 자극수를 p, 전기자 병렬 회로수를 a, 전기자 전 도체수를 Z, 전기자의 속도를 $N[\text{rpm}]$이라 하면 속도 기전력의 실효값 $E_r[\text{V}]$은? (단, 주자속은 정현파이다.)

① $E_r = \sqrt{2}\dfrac{p}{a}Z\dfrac{N}{60}\phi_m$
② $E_r = \dfrac{1}{\sqrt{2}}\dfrac{p}{a}ZN\phi_m$
③ $E_r = \dfrac{p}{a}Z\dfrac{N}{60}\phi_m$
④ $E_r = \dfrac{1}{\sqrt{2}}\dfrac{p}{a}Z\dfrac{N}{60}\phi_m$

🔍 **해설**

단상직권 정류자 전동기

$E_m = \dfrac{pZ\phi_m N}{60a} \rightarrow E_r = \dfrac{E_m}{\sqrt{2}} = \dfrac{1}{\sqrt{2}} \cdot \dfrac{pZ\phi_m N}{60a}$

electrical engineer

자격종목 및 등급	과목명	시험시간	성명
전기기사	회로이론	2시간 30분	대산전기학원

01

$$v(t)=3+5\sqrt{2}\sin\omega t+10\sqrt{2}\sin\left(3\omega t-\frac{\pi}{3}\right)$$

[V]의 실효값 크기는?

① 9.6[V]
② 10.6[V]
③ 11.6[V]
④ 12.6[V]

🔍 **해설**

비정현파 교류의 실효값

실효전압은 $V=\sqrt{V_0^2+V_1^2+V_3^2}=\sqrt{3^2+5^2+10^2}=11.6[\text{V}]$

02

그림에서 $a-b$단자의 전압이 10[V], $a-b$에서 본 능동 회로망 N의 임피던스가 4[Ω]일 때 단자 $a-b$ 간에 1[Ω]의 저항을 접속하면 $a-b$간에 흐르는 전류[A]는?

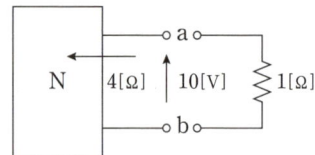

① 0.5[A]
② 1[A]
③ 1.5[A]
④ 2[A]

🔍 **해설**

테브난의 정리에 의해서 테브난의 등가임피던스 $Z_T=4[\Omega]$
테브난의 등가전압 $V_T=10[\text{V}]$이므로 등가회로를 작성하면

이므로 전류 $I=\dfrac{10}{4+1}=2[\text{A}]$

03

그림과 같은 회로에서 $t=0$일 때 스위치 K를 닫을 때 과도 전류 $i(t)$는 어떻게 표시되는가?

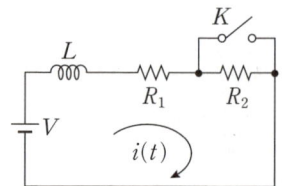

① $i(t)=\dfrac{V}{R_1}\left(1-\dfrac{R_2}{R_1+R_2}e^{-\frac{R_1}{L}t}\right)$

② $i(t)=\dfrac{V}{R_1+R_2}\left(1-\dfrac{R_2}{R_1}e^{-\frac{(R_1+R_2)}{L}t}\right)$

③ $i(t)=\dfrac{V}{R_1}\left(1-\dfrac{R_2}{R_1}e^{-\frac{R_1}{L}t}\right)$

④ $i(t)=\dfrac{R_1V}{R_2+R_1}\left(1-\dfrac{R_1}{R_2+R_1}e^{-\frac{(R_1+R_2)}{L}t}\right)$

🔍 **해설**

과도현상의 성질

스위치 off시 전압방정식

$L\dfrac{di(t)}{dt}+(R_1+R_2)i(t)=V$ 에서

1) 스위치 K를 on시 정상전류 $i_s=i(\infty)=\dfrac{V}{R_1}[\text{A}]$

2) 스위치 K를 on시 과도전류 $i_t=Ae^{pt}=Ae^{-\frac{R_1}{L}t}[\text{A}]$

그러므로 일반해 $i(t)=i_s+i_t=\dfrac{V}{R_1}+Ae^{-\frac{R_1}{L}t}[\text{A}]$가 된다.

3) 상수 A는 $t=0$에서 $i(0)=\dfrac{V}{R_1}+A=\dfrac{V}{R_1+R_2}[\text{A}]$이므로

$A=\dfrac{V}{R_1+R_2}-\dfrac{V}{R_1}=\dfrac{-R_2V}{R_1(R_1+R_2)}$ 가 된다.

$\therefore i(t)=\dfrac{V}{R_1}+\dfrac{-R_2V}{R_1(R_1+R_2)}e^{-\frac{R_1}{L}t}$

$=\dfrac{V}{R_1}\left(1-\dfrac{R_2}{R_1+R_2}e^{-\frac{R_1}{L}t}\right)[\text{A}]$

[정답] 2023년 1회 01 ③ 02 ④ 03 ①

04 그림에서 저항 $20[\Omega]$에 흐르는 전류는 몇 $[A]$인가?

① 0.4
② 1
③ 3
④ 3.4

🔍 **해설**

중첩의 정리

전류원 $3[A]$ 개방시 전압원 $10[V]$에 의한 $20[\Omega]$에

흐르는 전류 $I_1 = \dfrac{10}{5+20} = 0.4[A]$

전압원 $10[V]$ 단락시 전류원 $3[A]$에 의한 $20[\Omega]$에

흐르는 전류 $I_2 = \dfrac{5}{5+20} \times 3 = 0.6[A]$이므로

전체전류는 $I = I_1 + I_2 = 0.4 + 0.6 = 1[A]$

05 그림과 같은 3상 Y결선 불평형 회로가 있다. 전원은 3상 평형전압 E_1, E_2, E_3이고 부하는 Y_1, Y_2, Y_3일 때 전원의 중성점과 부하의 중성점간의 전위차를 나타내는 식은?

① $\dfrac{E_1 Y_1 + E_2 Y_2 + E_3 Y_3}{Y_1 + Y_2 + Y_3}$

② $\dfrac{E_1 Y_1 + E_2 Y_2 + E_3 Y_3}{Y_1 Y_2 Y_3}$

③ $\dfrac{E_1 Y_1 - E_2 Y_2 - E_3 Y_3}{Y_1 + Y_2 + Y_3}$

④ $\dfrac{E_1 Y_1 - E_2 Y_2 - E_3 Y_3}{Y_1 Y_2 Y_3}$

🔍 **해설**

중성점간 전위차

$$V_{NN'} = \dfrac{\dfrac{E_1}{Z_1} + \dfrac{E_2}{Z_2} + \dfrac{E_3}{Z_3}}{\dfrac{1}{Z_1} + \dfrac{1}{Z_2} + \dfrac{1}{Z_3}} = \dfrac{E_1 Y_1 + E_2 Y_2 + E_3 Y_3}{Y_1 + Y_2 + Y_3}[V]$$

06 대칭 6상 성형결선 전원의 상전압의 크기가 $100[V]$일 때 이 전원의 선간접압의 크기(V)는?

① 200
② $100\sqrt{3}$
③ $100\sqrt{2}$
④ 100

🔍 **해설**

대칭 n상 교류회로

상수 $n=6$, 성형(Y)결선, $V_P = 100[V]$일 때

선간전압은 $V_l = 2\sin\dfrac{\pi}{n} V_P = 2\sin\dfrac{\pi}{6} \times 100 = 100[V]$

07 최대값이 $10[V]$인 정현파 전압이 있다. $t=0$에서의 순시값이 $5[V]$이고 이 순간에 전압이 증가하고 있다. 주파수가 $60[Hz]$일 때, $t=2[ms]$에서의 전압의 순시값 $[V]$은?

① $10\sin 30°$
② $10\sin 43.2°$
③ $10\sin 73.2°$
④ $10\sin 103.2°$

🔍 **해설**

정현파의 순시값

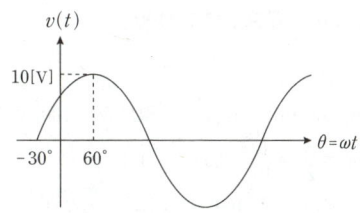

최대값 $V_m = 10[V]$, 주파수 $f=60[Hz]$, $t=0$에서

순시전압 $v(t) = 5[V]$이므로

$v(t) = V_m \sin(\omega t + \theta)$
$\quad = 10\sin(2\pi \times 60 t + \theta)$
$\quad = 10\sin(120\pi t + \theta)$

$v(0)=10\sin\theta=5$, $\sin\theta=0.5$
$\theta=\sin^{-1}0.5=30°$, 150이며 $t=0$에서
순시치 전압이 증가하는 경우의 전압은
$v(t)=10\sin(120\pi t+30°)[\mathrm{V}]$이므로
$t=2[\mathrm{ms}]$에서
$120\pi t+30°=120\times180°\times2\times10^{-3}+30°=73.2°$ 이므로
$v(t)=10\sin73.2°[\mathrm{V}]$가 된다.

08 대칭 5상 기전력의 선간전압과 상전압의 위상차는 얼마인가?

① 27°   ② 36°

③ 54°   ④ 72°

🔍 해설

대칭 n상 교류회로

Y결선시 대칭 n상에서 선간 전압은 상전압보다

위상이 $\dfrac{\pi}{2}\left(1-\dfrac{2}{n}\right)[\mathrm{rad}]$만큼 앞서므로

$\therefore \theta=\dfrac{\pi}{2}\left(1-\dfrac{2}{n}\right)=\dfrac{\pi}{2}\left(1-\dfrac{2}{5}\right)=54°$

09 평형 3상 △결선 부하의 각 상의 임피던스가 $Z=8+j6[\Omega]$인 회로에 대칭 3상 전원 전압 100[V]를 가할 때 무효율과 무효전력[Var]은?

① 무효율 : 0.6, 무효전력 : 1800

② 무효율 : 0.6, 무효전력 : 2400

③ 무효율 : 0.8, 무효전력 : 1800

④ 무효율 : 0.8, 무효전력 : 2400

🔍 해설

$Z=8+j6=\sqrt{8^2+6^2}=10[\Omega]$, △결선, $V_l=100[\mathrm{V}]$일 때

무효율 $\sin\theta=\dfrac{X}{Z}=\dfrac{6}{10}=0.6$

상전류 $I_P=\dfrac{V_P}{Z}=\dfrac{V_l}{Z}=\dfrac{100}{10}=10[\mathrm{A}]$

무효전력 $P=3I_P^2X=3\times10^2\times6=1800[\mathrm{Var}]$

10 그림과 같은 정현파의 평균값[V]은?

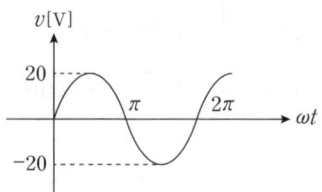

① 10[V]   ② 12.73[V]

③ 14.14[V]   ④ 20[V]

🔍 해설

정현파의 평균값

정현파에서 평균값 $V_a=\dfrac{2V_m}{\pi}=\dfrac{2\times20}{\pi}=12.73[\mathrm{V}]$

시행일 ▶ **2023년 2회**

01 RL 직렬회로에 순시치 전압 $v(t)=20+100\sin\omega t+40\sin(3\omega t+60°)+40\sin5\omega t[\mathrm{V}]$를 가할 때 제5고조파 전류의 실효값 크기는 약 몇 [A]인가? (단, $R=4[\Omega]$, $\omega L=1[\Omega]$이다.)

① 6.25   ② 4.4

③ 6.86   ④ 9.7

🔍 해설

n고조파 직렬 임피던스

$R-L$ 직렬, $R=4[\Omega]$, $\omega L=1[\Omega]$에서

5고조파 임피던스는

$Z_5=R+j5\omega L=4+j5\times1=4+j5=\sqrt{4^2+5^2}=\sqrt{41}\,[\Omega]$

5고조파 전류는 $I_5=\dfrac{V_5}{Z_5}=\dfrac{\frac{40}{\sqrt2}}{\sqrt{41}}=4.4[\mathrm{A}]$

02 그림과 같은 3상 Y결선 불평형 회로가 있다. 전원은 3상 평형전압 E_1, E_2, E_3이고 부하는 Y_1, Y_2, Y_3일 때 전원의 중성점과 부하의 중성점간의 전위차를 나타내는 식은?

① $\dfrac{E_1Y_1-E_2Y_2-E_3Y_3}{Y_1+Y_2+Y_3}$

② $\dfrac{E_1Y_1-E_2Y_2-E_3Y_3}{Y_1-Y_2-Y_3}$

③ $\dfrac{E_1Y_1+E_2Y_2+E_3Y_3}{Y_1+Y_2+Y_3}$

④ $\dfrac{E_1Y_1+E_2Y_2+E_3Y_3}{Y_1-Y_2-Y_3}$

해설

중성점간 전위차

$$V_{NN'}=\dfrac{\dfrac{E_1}{Z_1}+\dfrac{E_2}{Z_2}+\dfrac{E_3}{Z_3}}{\dfrac{1}{Z_1}+\dfrac{1}{Z_2}+\dfrac{1}{Z_3}}=\dfrac{E_1Y_1+E_2Y_2+E_3Y_3}{Y_1+Y_2+Y_3}[\mathrm V]$$

03 회로에서 노드 a와 b사이에 나타나는 전압[V]의 크기는?

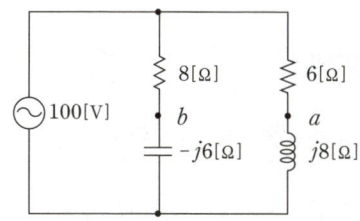

① 60   ② 20
③ 80   ④ 100

해설

a와 b사이의 전위차

$$V_{ab}=V_b-V_a=\dfrac{-j6}{8-j6}\times100-\dfrac{j8}{6+j8}\times100$$
$$=-28-j96=\sqrt{(-28)^2+(96)^2}=100[\mathrm V]$$

04 어떤 회로의 전압 $v(t)$와 전류 $i(t)$가 다음과 같을 때 이 회로의 무효전력은 몇 [Var]인가?

$$v(t)=50\sin(\omega t+\theta)[\mathrm V]$$
$$i(t)=4\sin(\omega t+\theta-30°)[\mathrm A]$$

① $100\sqrt3$ ② 50
③ $50\sqrt3$ ④ 100

해설

단상 무효전력

$$P_r=VI\sin\theta=\dfrac{50}{\sqrt2}\times\dfrac{4}{\sqrt2}\sin30°=50[\mathrm{Var}]$$

05 $F(s)=\dfrac{3s+8}{s^2+9}$ 의 라플라스 역변환은?

① $3\sin3t-\dfrac83\cos3t$ ② $3\cos3t-\dfrac83\sin3t$

③ $3\sin3t+\dfrac83\cos3t$ ④ $3\cos3t+\dfrac83\sin3t$

해설

역라플라스변환

$$F(s)=\dfrac{3s+8}{s^2+9}=\dfrac{3s}{s^2+3^2}+\dfrac{8}{s^2+3^2}$$
$$=3\dfrac{s}{s^2+3^2}+\dfrac83\dfrac{3}{s^2+3^2}\ \text{에서}$$

역라플라스 변환하면 $f(t)=3\cos3t+\dfrac83\sin3t$

06 △결선된 대칭 3상 부하가 0.5[Ω]인 저항만의 선로를 통해 평형 3상 전압원에 연결되어 있다. 이 부하의 소비전력이 1800[W]이고 역률이 0.8(지상)일 때, 선로에서 발생하는 손실이 50[W]이면 부하의 단자전압[V]의 크기는?

① 525   ② 225
③ 326   ④ 627

해설

[정답] 03 ④ 04 ② 05 ④ 06 ②

회로이론 - 과년도 기출문제 | **1027**

선로저항이 0.5[Ω]이고 전선로의 손실이 50[W]라면
$P_l = 3I^2R = 50[W]$이므로
$I = \sqrt{\dfrac{P_l}{3R}} = \sqrt{\dfrac{50}{3 \times 0.5}} = 5.77[A]$가 된다.
전 소비전력이 1800[W]이므로 $P = \sqrt{3}\,VI\cos\theta$에서
부하 단자전압은 $V = \dfrac{P}{\sqrt{3}\,I\cos\theta} = \dfrac{1800}{\sqrt{3} \times 5.77 \times 0.8} = 225[V]$

07
1[km]당 인덕턴스 0.25[mH], 정전용량 0.005 [μF]의 선로가 있다. 무손실 선로라고 가정한 경우 진행파의 위상(전파) 속도는 약 몇 [m/sec]인가?

① 89.5×10^4
② 8.95×10^3
③ 89.5×10^5
④ 8.95×10^4

🔍 **해설**

무손실 선로

전파속도 $v = \dfrac{\omega}{\beta} = \dfrac{2\pi f}{\beta} = \dfrac{1}{\sqrt{LC}} = \lambda f[m/sec]$에서

전파속도는 $v = \dfrac{1}{\sqrt{LC}} = \dfrac{1}{\sqrt{0.25 \times 10^{-3} \times 0.005 \times 10^{-6}}}$
$= 89.5 \times 10^4[km/sec]$

08
다음 회로의 구동점 임피던스[Ω]는?

① $\dfrac{2(2s+1)}{2s^2+s+2}$
② $\dfrac{2s+1}{2s^2+s+2}$
③ $\dfrac{2(2s-1)}{2s^2+s+2}$
④ $\dfrac{2s^2+s+2}{2(2s+1)}$

🔍 **해설**

구동점 임피던스

$Z(s) = \dfrac{\dfrac{2}{s} \cdot (1+2s)}{\dfrac{2}{s} + 2s + 1} = \dfrac{2 \cdot (2s+1)}{2s^2+s+2}[\Omega]$

09
그림과 같이 3상 평형의 순저항 부하에 단상 전력계를 연결하였을 때 전력계가 $W[W]$를 지시하였다. 이 3상 부하에서 소모하는 전체 전력[W]는?

① $2W$
② $3W$
③ $\sqrt{2}\,W$
④ $\sqrt{3}\,W$

🔍 **해설**

1전력계법

1전력계법에 의한 유효전력은 $P = 2W = \sqrt{3}\,VI[W]$

10
어떤 회로에 $e(t) = E_m\sin\omega t[V]$를 가했을 때,
$i(t) = I_m(\sin\omega t - \dfrac{1}{\sqrt{3}}\sin 3\omega t)[A]$가 흘렀다고 한다.
이 회로의 역률은?

① 0.5
② 0.75
③ 0.87
④ 0.92

🔍 **해설**

비정현파 교류전력

• 유효전력
$$P = V_1 I_1\cos\theta_1 = \dfrac{E_m}{\sqrt{2}}\dfrac{I_m}{\sqrt{2}}\cos 0° = \dfrac{E_m I_m}{2}[W]$$

• 피상전력
$$P_a = VI = \dfrac{E_m}{\sqrt{2}} \cdot \sqrt{\left(\dfrac{I_m}{\sqrt{2}}\right)^2 + \left(\dfrac{I_m}{\sqrt{3}\sqrt{2}}\right)^2} = \dfrac{E_m I_m}{\sqrt{3}}[VA]$$

• 역률
$$\cos\theta = \dfrac{P}{P_a} = \dfrac{\dfrac{E_m I_m}{2}}{\dfrac{E_m I_m}{\sqrt{3}}} = \dfrac{\sqrt{3}}{2} = 0.87$$

시행일 ◀ **2023년 3회**

01 임피던스 $Z=15+j4[\Omega]$의 회로에 $i=10(2+j)$를 흘리는데 필요한 전압[V]를 구하시오.

① $10(26+j23)$ ② $10(34+j23)$
③ $10(30+j4)$ ④ $10(15+j8)$

🔍 **해설**

전압 $V=IZ=10(2+j)\times(15+4j)=10(26+j23)[V]$

02 4단자망의 파라미터 정수에 관한 서술중 잘못된 것은?

① A, B, C, D 파라미터 중 A 및 D는 차원(Dimension)이 없다.

② h파라미터 중 $h_{12}2$ 및 h_{21}은 차원이 없다.

③ A, B, C, D 파라미터 중 B는 어드미턴스 C는 임피던스차원을 갖는다.

④ h파라미터 중 h_{11}은 임피던스 h_{22}는 어드미턴스의 차원을 갖는다.

🔍 **해설**

• 4단자 정수

$V_1=AV_2+BI_2$
$I_1=CV_2+DI_2$

$A=\dfrac{V_1}{V_2}\Big|_{I_2=0}$: 전압비 → 권수비 n

$C=\dfrac{I_1}{V_2}\Big|_{I_2=0}$: 어드미턴스 → 0

$B=\dfrac{V_1}{I_2}\Big|_{V_2=0}$: 임피이던스 → 0

$D=\dfrac{I_1}{I_2}\Big|_{V_2=0}$: 전류비 → 권수비 역수 $\dfrac{1}{n}$

• h파라미터

$V_1=H_{11}I_1+H_{12}V_2$
$I_2=H_{21}I_1+H_{22}V_2$

$H_{11}=\dfrac{V_1}{I_1}\Big|_{V_2=0}$: 임피던스

$H_{21}=\dfrac{I_2}{I_1}\Big|_{V_2=0}$: 전류비

$H_{12}=\dfrac{V_1}{V_2}\Big|_{I_1=0}$: 전압비

$H_{22}=\dfrac{I_2}{V_2}\Big|_{I_1=0}$: 어드미턴스

03 다음과 같은 회로에서 a, b 양단의 전압은 몇 [V]인가?

① 1 ② 2
③ 2.5 ④ 3.5

🔍 **해설**

a, b 양단의 전압

$V_{ab}=V_a-V_b=\dfrac{2}{1+2}\times6-\dfrac{2}{4+2}\times6=2[V]$

04 권수가 2000회이고, 저항이 12[Ω]인 솔레노이드에 전류 10[A]를 흘릴 때 자속이 $6\times10^{-2}[Wb]$가 발생하였다. 이 회로의 시정수는 몇 [sec]인가?

① 0.001 ② 0.01
③ 0.1 ④ 1

🔍 **해설**

코일의 인덕턴스 L은

$L=\dfrac{N\phi}{I}=\dfrac{2000\times6\times10^{-2}}{10}=12[H]$

$\therefore \tau=\dfrac{L}{R}=\dfrac{12}{12}=1[sec]$

05 그림과 같은 3상 Y결선 불평형 회로가 있다. 전원은 3상 평형전압 E_1, E_2, E_3이고 부하는 Y_1, Y_2, Y_3일 때 전원의 중성점과 부하의 중성점간의 전위차를 나타내는 식은?

[**정답**] 2023년 3회 01 ① 02 ③ 03 ② 04 ④ 05 ①

전기자기학
전력공학
전기기기
회로이론
제어공학
전기설비기술기준

① $\dfrac{E_1Y_1+E_2Y_2+E_3Y_3}{Y_1+Y_2+Y_3}$

② $\dfrac{E_1Y_1+E_2Y_2+E_3Y_3}{Y_1Y_2Y_3}$

③ $\dfrac{E_1Y_1-E_2Y_2-E_3Y_3}{Y_1+Y_2+Y_3}$

④ $\dfrac{E_1Y_1-E_2Y_2-E_3Y_3}{Y_1Y_2Y_3}$

🔎 해설

중성점간 전위차

$$V_{NN'}=\dfrac{\dfrac{E_1}{Z_1}+\dfrac{E_2}{Z_2}+\dfrac{E_3}{Z_3}}{\dfrac{1}{Z_1}+\dfrac{1}{Z_2}+\dfrac{1}{Z_3}}=\dfrac{E_1Y_1+E_2Y_2+E_3Y_3}{Y_1+Y_2+Y_3}[V]$$

06 3상 평형회로에서 전압계 V, 전류계 A, 전력계 W를 그림과 같이 접속했을 때, 전압계의 지시가 100[V], 전류계의 지시가 30[A], 전력계의 지시 1.5[kW]이었다. 이 회로에서 선간전압(V_{ab})과 선전류(I_a) 간의 위상차는 몇 도 [°]인가? (단, 3상 전압의 상순은 $a-b-c$이다.)

① 15°　　　　② 30°
③ 45°　　　　④ 60°

🔎 해설

전력계가 한상의 부하에 걸려 있으므로
한상의 유효전력 $P=V_aI_a\cos\theta[W]$에서
부하가 3상 Y결선이므로

한상의 전압 $V_a=\dfrac{V_{ab}}{\sqrt{3}}=\dfrac{100}{\sqrt{3}}[V]$

한상의 전류 $I_a=I_l=30[A]$

한상의 전력 $P=1.5[kW]=1500[W]$를 대입하면

$1500=\dfrac{100}{\sqrt{3}}\times30\cos\theta[W]$에서 역률 $\cos\theta=\dfrac{\sqrt{3}}{2}$ 이므로

상전압과 상전류 위상차 $\theta=\cos^{-1}\dfrac{\sqrt{3}}{2}=30°$

3상 Y결선시 전류 위상은 같고
선간전압은 상전압보다 위상이 30° 앞서므로
선간전압과 선전류의 위상차는
$\theta'=\theta+30°=30°+30°=60°$가 된다.

07 다음과 같은 왜형파의 실효값은?

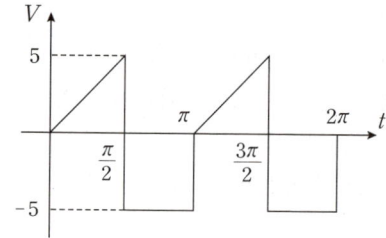

① $5\sqrt{2}$　　　　② $\dfrac{10}{\sqrt{6}}$
③ 15　　　　④ 35

🔎 해설

반파 삼각파와 반파 구형파의 합성 파형

삼각파의 실효값 $I=\dfrac{I_m}{\sqrt{3}}[A]$

→ 반파 삼각파의 실효값 $I_1=\dfrac{I_m}{\sqrt{3}\times\sqrt{2}}=\dfrac{I_m}{\sqrt{6}}[A]$

반파구형파의 실효값 $I_2=\dfrac{I_m}{\sqrt{2}}[A]$

전체 전류 $I=\sqrt{I_1{}^2+I_2{}^2}=\sqrt{\left(\dfrac{I_m}{\sqrt{6}}\right)^2+\left(\dfrac{I_m}{\sqrt{2}}\right)^2}$
$=I_m\sqrt{\dfrac{1}{6}+\dfrac{1}{2}}=I_m\sqrt{\dfrac{4}{6}}=\dfrac{2I_m}{\sqrt{6}}=\dfrac{2\times5}{\sqrt{6}}=\dfrac{10}{\sqrt{6}}[A]$

08 그림과 같이 $r=1[\Omega]$인 저항을 무한히 연결할 때 $a-b$에서의 합성저항은?

① $1+\sqrt{3}$ ② $\sqrt{3}$

③ $1+\sqrt{2}$ ④ ∞

🔍 해설

저항의 직·병렬연결

그림의 등가 회로에서 $R_{ab}=2R+\dfrac{R \cdot R_{cd}}{R+R_{cd}}$ 이며 $R_{ab}=R_{cd}$ 이므로

$RR_{ab}+R_{ab}{}^2-2R^2-2RR_{ab}=RR_{ab}$
여기서 $R=1[\Omega]$를 대입하면
$R_{ab}+R_{ab}{}^2-2-2R_{ab}=R_{ab}$
$R_{ab}{}^2-2R_{ab}-2=0$ 에서 근의 공식에 대입하면

$R_{ab}=\dfrac{-(-2)\pm\sqrt{(-2)^2-4\times1\times(-2)}}{2\times1}=1\pm\sqrt{3}$ 이고

저항값은 (-)값을 가지수 없으므로 $R_{ab}=1+\sqrt{3}$ 이 된다.

09 단위 길이당 인덕턴스 및 커패시턴스가 각각 L 및 C 일 때 전송선로의 특성임피던스는? (단, 무손실 선로임)

① $\sqrt{\dfrac{L}{C}}$ ② $\sqrt{\dfrac{C}{L}}$

③ $\dfrac{L}{C}$ ④ $\dfrac{C}{L}$

🔍 해설

무손실 선로
① 조건 $R=G=0$

② 특성임피던스 $Z_0=\sqrt{\dfrac{Z}{Y}}=\sqrt{\dfrac{L}{C}}[\Omega]$

③ 전파정수 $\gamma=\sqrt{Z \cdot Y}=j\omega\sqrt{LC}$
  (∴ 감쇠정수 $\alpha=0$, 위상정수 $\beta=\omega\sqrt{LC}$)

④ 전파속도 $v=\dfrac{\omega}{\beta}=\dfrac{2\pi f}{\beta}=\dfrac{1}{\sqrt{LC}}=\lambda f[\text{m/sec}]$

10 $F(s)=\dfrac{s+1}{s^2+2s}$ 의 역라플라스 변환은?

① $\dfrac{1}{2}(1-e^{-t})$ ② $\dfrac{1}{2}(1-e^{-2t})$

③ $\dfrac{1}{2}(1+e^{-t})$ ④ $\dfrac{1}{2}(1+e^{-2t})$

🔍 해설

역라플라스변환

$F(s)=\dfrac{s+1}{s^2+2s}=\dfrac{s+1}{s(s+2)}=\dfrac{A}{s}+\dfrac{B}{s+2}$

$A=\lim_{s\to0} s \cdot F(s)=\left[\dfrac{s+1}{s+2}\right]_{s=0}=\dfrac{1}{2}$

$B=\lim_{s\to0} (s+2)F(s)=\left[\dfrac{s+1}{s}\right]_{s=-2}=\dfrac{1}{2}$

$F(s)=\dfrac{\frac{1}{2}}{s}+\dfrac{\frac{1}{2}}{s+2}=\dfrac{1}{2}\left(\dfrac{1}{s}+\dfrac{1}{s+2}\right)$

∴ $f(t)=\dfrac{1}{2}(1+e^{-2t})$

시행일 ▸ **2024년 1회**

01 회로에서 i_x의 값은 몇 [A]인가?

① 1   ② 2

③ -1   ④ 3

[정답] 08 ① 09 ① 10 ④ 2024년 1회 01 ①

🔍 **해설**

중첩의 원리에 의하여

전류원 개방시 3[V]에 의한 전류 $I_1 = \dfrac{3}{6+9} = 0.2[A]$

전압원 단락시 2[A]에 의한 전류 $I_2 = \dfrac{6}{6+9} \times 2 = 0.8[A]$이므로

전체전류는 $I = I_1 + I_2 = 0.2 + 0.8 = 1.0[A]$

---

02 특성 임피던스가 400[Ω]인 회로 말단에 1200[Ω]의 부하가 연결되어 있다. 전원 측에 20[kV]의 전압을 인가할 때 반사파의 크기[kV]는? (단, 선로에서의 전압감쇠는 없는 것으로 간주한다.)

① 3.3   ② 5

③ 10   ④ 33

🔍 **해설**

반사계수

반사계수 $\rho = \dfrac{Z_R - Z_0}{Z_R + Z_0} = \dfrac{1200 - 400}{1200 + 400} = \dfrac{800}{1600} = 0.5$

반사파의 크기 = 반사계수 × 입사파 이므로

$V_2 = \rho \times V_1 = 0.5 \times 20 = 10[kV]$

---

03 각상의 임피던스가 각각 $Z = 6 + j8[\Omega]$인 평형 △부하에 선간전압이 220[V]인 대칭 3상전압을 인가할 때의 선전류는 약 몇 [A]인가?

① 27.2   ② 38.1

③ 22   ④ 12.7

🔍 **해설**

환상결선(△결선)

$Z = 6 + j8[\Omega]$, $V_l = 100[V]$에서 △결선시
상전압과 선간전압은 같고 선전류는 상전류의 $\sqrt{3}$ 배이므로

$I_l = \sqrt{3} I_p = \sqrt{3}\dfrac{V_p}{Z} = \sqrt{3}\dfrac{V_l}{Z}$

$\qquad = \sqrt{3}\dfrac{220}{\sqrt{6^2 + 8^2}} = 38.1[A]$가 된다.

---

04 그림과 같은 평형 3상회로에서 전원 전압이 $V_{ab} = 200[V]$이고 부하 한상의 임피던스가 $Z = 4 + j3[\Omega]$인 경우 전원과 부하사이 선전류 I_a는 약 몇 [A]인가?

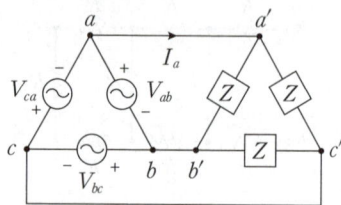

① $40\sqrt{3} \angle 36.87°$ ② $40\sqrt{3} \angle -36.87°$

③ $40\sqrt{3} \angle 66.87°$ ④ $40\sqrt{3} \angle -66.87°$

🔍 **해설**

환상결선(△결선)

$Z = 4 + j3 = \sqrt{4^2 + 3^2} \angle \tan^{-1}\dfrac{3}{4} = 5 \angle 36.8°[\Omega]$,

$V_l = 220 \angle 0°[V]$에서

△결선시 상전압과 선간전압은 같고
선전류는 상전류의 $\sqrt{3}$ 배이고 위상은 30° 뒤지므로

$I_l = \sqrt{3}I_p \angle -30° = \sqrt{3}\dfrac{V_p}{Z} \angle -30° = \sqrt{3}\dfrac{V_l}{Z} \angle -30°$

$\qquad = \sqrt{3}\dfrac{200 \angle 0°}{5 \angle 36.8°} \angle -30° = 40\sqrt{3} \angle -66.8°[A]$가 된다.

---

05 그림과 같은 $R-C$ 병렬회로에서 전원전압이 $e_s = 3e^{-5t}$인 경우 이 회로의 임피던스는?

① $\dfrac{j\omega RC}{1 + j\omega RC}$ ② $\dfrac{1}{1 + RCs}$

③ $\dfrac{R}{1 - 5RC}$ ④ $\dfrac{1 + j\omega RC}{R}$

🔍 **해설**

$R-C$ 병렬회로

$e_s(t) = 3e^{-5t} = 3e^{j\theta} = 3e^{j\omega t}$ 일 때
$R-C$ 병렬회로에서의 합성 임피던스는

$Z = \dfrac{Z_1 \cdot Z_2}{Z_1 + Z_2} = \dfrac{R \cdot \dfrac{1}{j\omega C}}{R + \dfrac{1}{j\omega C}} = \dfrac{R}{1 + j\omega CR}\bigg|_{j\omega = -5} = \dfrac{R}{1 - 5RC}[\Omega]$

---

06 R-L-C직렬 회로에 $t=0$에서 교류 전압 $v(t)=V_m\sin(\omega t+\theta)$를 가할 때 $R^2-4\dfrac{L}{C}<0$ 이면 이 회로는?

① 비진동적이다.　　　② 임계적이다.

③ 진동적이다.　　　④ 비감쇠 진동이다.

🔍 **해설**

R-L-C 직렬회로의 진동조건

$R^2-4\dfrac{L}{C}<0,\ R^2<4\dfrac{L}{C}$

$R<2\sqrt{\dfrac{L}{C}}$ 이므로 진동적이 된다.

07 왜형률이란 무엇인가?

① $\dfrac{고조파의\ 실효값}{기본파의\ 실효값}$　　② $\dfrac{고조파의\ 최대값}{기본파의\ 실효값}$

③ $\dfrac{고조파의\ 최대값}{기본파의\ 평균값}$　　④ $\dfrac{우수\ 고조파의\ 실효값}{기수\ 고조파의\ 실효값}$

🔍 **해설**

비정현파 교류의 왜형률

왜형률 $=\dfrac{전고조파의\ 실효값}{기본파의\ 실효값}$

08 대칭 3상 전압이 a상 V_a[V], b상 $V_b=a^2V_a$[V], c상 $V_c=aV_a$[V]일 때 a상을 기준으로 한 대칭분 전압 중 정상분 V_1[V]은 어떻게 표시되는가?

① $\dfrac{1}{3}V_a$　　　　② V_a

③ aV_a　　　　④ a^2V_a

🔍 **해설**

a상 기준한 대칭3상 대칭분 전압

영상분 전압 $V_0=0$
정상분 전압 $V_1=V_a$
역상분 전압 $V_2=0$

09 그림과 같은 T형 회로의 $ABCD$ 파라미터 중 C의 값을 구하면?

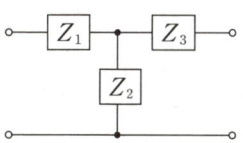

① $\dfrac{Z_3}{Z_2}+1$　　　　② $\dfrac{1}{Z_2}$

③ $1+\dfrac{Z_1}{Z_2}$　　　　④ Z_2

🔍 **해설**

4단자 정수

$A=1+\dfrac{Z_1}{Z_2},\ B=Z_1+Z_3+\dfrac{Z_1Z_3}{Z_2}$

$C=\dfrac{1}{Z_2},\ D=1+\dfrac{Z_3}{Z_2}$

10 $\cos\omega t$의 라플라스 변환은?

① $\dfrac{s}{s^2-\omega^2}$　　　　② $\dfrac{s}{s^2+\omega^2}$

③ $\dfrac{\omega}{s^2-\omega^2}$　　　　④ $\dfrac{\omega}{s^2+\omega^2}$

🔍 **해설**

라플라스변환

$\mathcal{L}[\sin\omega t]=\dfrac{\omega}{s^2+\omega^2},\ \mathcal{L}[\cos\omega t]=\dfrac{s}{s^2+\omega^2}$

시행일 ◀ **2024년 2회**

01 다음 함수의 역라플라스 변환 $f(t)$는 어떻게 되는가?

$$F(s)=\dfrac{2s+3}{(s+1)(s+2)}$$

① $e^{-t}+e^{-2t}$　　　　② $e^{-t}-e^{-2t}$

③ e^t-2e^{-2t}　　　　④ $e^{-t}-2e^{-2t}$

[**정답**] 06 ③　07 ①　08 ②　09 ②　10 ②　2024년 2회　01 ①

전기자기학

전력공학

전기기기

회로이론

제어공학

전기설비기술기준

🔍 해설

역라플라스 변환

$$F(s)=\frac{2s+3}{(s+1)(s+2)}=\frac{A}{s+1}+\frac{B}{s+2}$$

$$A=F(s)(s+1)|_{s=-1}=\frac{2s+3}{s+2}\bigg|_{s=-1}=1$$

$$B=F(s)(s+2)|_{s=-2}=\frac{2s+3}{s+1}\bigg|_{s=-2}=1$$

$$F(s)=\frac{1}{s+1}+\frac{1}{s+2}$$

$$\therefore f(t)=e^{-t}+e^{-2t}$$

02 회로에서 단자 a, b 사이에 교류전압 $200[\text{V}]$를 가하였을 때, c, d 사이의 전위차는 몇 $[\text{V}]$인가?

① 46   ② 96

③ 56   ④ 76

🔍 해설

c, d 사이의 전위차 V_{cd}는

$$V_{cd}=\dot{V_c}-V_d=\frac{j4}{3+j4}\times200-\frac{j3}{4+j3}\times200=56[\text{V}]$$

03 다음과 같은 비정현파 기전력 및 전류에 의한 평균 전력을 구하면 몇 $[\text{W}]$인가?

$$e=100\sin\omega t-50\sin(3\omega t+30°)+20\sin(5\omega t+45°)[\text{V}]$$
$$I=20\sin\omega t+10\sin(3\omega t-30°)+5\sin(5\omega t-45°)[\text{A}]$$

① 825   ② 875

③ 925   ④ 1175

🔍 해설

비정현파 교류전력

$$v=100\sin\omega t-50\sin(3\omega t+30°)+20\sin(5\omega t+45°)[\text{V}]$$
$$i=20\sin\omega t+10\sin(3\omega t-30°)+5\sin(5\omega t-45°)[\text{A}]$$라면

유효전력$[\text{W}]$은

$$P=V_1I_1\cos\theta_1+V_3I_3\cos\theta_3+V_5I_5\cos\theta_5$$

$$=\frac{1}{2}(100\times20\cos0°-50\times10\cos60°+20\times20\cos90°)$$

$$=875[\text{W}]가 된다.$$

04 분포 정수 회로가 무왜 선로로 되는 조건은? (단, 선로의 단위 길이당 저항을 R, 인덕턴스를 L, 정전 용량을 C, 누설 컨덕턴스를 G라 한다.)

① $RC=LG$ ② $RL=CG$

③ $R=\sqrt{\dfrac{L}{C}}$ ④ $R=\sqrt{LC}$

🔍 해설

무왜형 선로

① 조건 $LG=RC$

② 특성임피던스 $Z_0=\sqrt{\dfrac{Z}{Y}}=\sqrt{\dfrac{L}{C}}\,[\Omega]$

③ 전파정수 $\gamma=\sqrt{Z\cdot Y}=\sqrt{RG}+j\omega\sqrt{LC}$

    감쇠정수 $\alpha=\sqrt{RG}$, 위상정수 $\beta=\omega\sqrt{LC}$

④ 전파속도 $v=\dfrac{\omega}{\beta}=\dfrac{1}{\sqrt{LC}}=\lambda f[\text{m/sec}]$

05 그림과 같은 H형 회로의 4단자 정수 중 A의 값은 얼마인가?

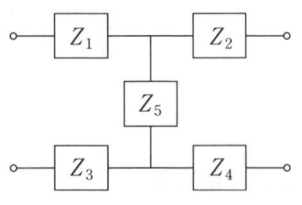

① Z_5 ② $\dfrac{Z_5}{Z_2+Z_4+Z_5}$

③ $\dfrac{1}{Z_5}$ ④ $\dfrac{Z_1+Z_3+Z_5}{Z_5}$

[정답] 02 ③   03 ②   04 ①   05 ④

🔍 **해설** -

T형으로 등가변환하면 아래와 같으므로

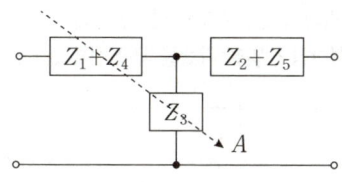

$$A = 1 + \frac{Z_1 + Z_3}{Z_5} = \frac{Z_1 + Z_3 + Z_5}{Z_5}$$

06 전류의 대칭분을 I_0, I_1, I_2, 유기 기전력 및 단자전압의 대칭분을 E_a, E_b, E_c 및 V_0, V_1, V_2라 할 때 3상 교류 발전기의 기본식 중 정상분 V_1 값은? (단, Z_0, Z_1, Z_2는 영상, 정상, 역상 임피던스이다.)

① $-Z_0 I_0$　　　　　② $-Z_2 I_2$

③ $E_a - Z_1 I_1$　　　④ $E_b - Z_2 I_2$

🔍 **해설** -

대칭 3상 교류발전기 기본식
- 영상분 $V_0 = -Z_0 I_0$
- 정상분 $V_1 = E_a - Z_1 I_1$
- 역상분 $V_2 = -Z_2 I_2$

07 회로에서 정전용량 C는 초기전하가 없었다. 지금 $t=0$에서 스위치 K를 닫았을 때 $t=0^+$에서의 $i(t)$ 값은?

① $0.1[\text{A}]$　　　　　② $0.2[\text{A}]$

③ $0.4[\text{A}]$　　　　　④ $1[\text{A}]$

🔍 **해설** -

$R-C$직렬연결

$R-C$직렬회로에서 스위치 on 시 흐르는 전류는

$i(t) = \frac{E}{R} e^{-\frac{1}{RC}t}$ 에서 $t=0$이므로

$i(0) = \frac{E}{R} = \frac{100}{1 \times 10^3} = 0.1[\text{A}]$

08 $R-L-C$ 회로망에서 입력전압을 $e_1(t)[\text{V}]$, 출력량을 전류 $i(t)[\text{A}]$로 할 때, 이 요소의 전달함수는?

① $\dfrac{RS}{LCs^2 + RCs + 1}$　　② $\dfrac{RLs}{LCs^2 + RCs + 1}$

③ $\dfrac{LS}{LCs^2 + RCs + 1}$　　④ $\dfrac{Cs}{LCs^2 + RCs + 1}$

🔍 **해설** -

소자에 따른 전달함수
전압에대한 전류의 전달함수는

$$G(s) = \frac{I(s)}{E_i(s)} = Y(s) = \frac{1}{Z(s)}$$

$$= \frac{1}{R + Ls + \frac{1}{Cs}} = \frac{Cs}{LCs^2 + RCs + 1}$$

09 그림과 같이 선간 전압 $E[\text{V}]$의 3상 전원에 불평형 부하를 접속할 때 a선의 선전류 $I_A[\text{A}]$는?

① $\dfrac{E}{\sqrt{3}\,R}$　　　　　② $\dfrac{E}{R}$

③ $\dfrac{E}{2R}$　　　　　④ $\dfrac{E}{5R}$

[정답]　06 ③　07 ①　08 ④　09 ③

전기자기학

전력공학

전기기기

회로이론

제어공학

전기설비기술기준

🔍 **해설**

그림에서 3상 Y결선이므로 각상의 전압

$E_a = \dfrac{E}{\sqrt{3}} \angle 0° = \dfrac{E}{\sqrt{3}}[\text{V}]$

$E_b = \dfrac{E}{\sqrt{3}} \angle 240°[\text{V}]$

$E_c = \dfrac{E}{\sqrt{3}} \angle 120°[\text{V}]$이므로

밀만의 정리에 의해서 중성점의 전위는

$V_n = \dfrac{\dfrac{E_a}{R} + \dfrac{E_b}{R} + \dfrac{E_c}{2R}}{\dfrac{1}{R} + \dfrac{1}{R} + \dfrac{1}{2R}} = \dfrac{2E_a + 2E_b + E_c}{2+2+1}$

$= \dfrac{2E}{5\sqrt{3}}(1 + 1\angle240° + 0.5\angle120°)$

$= \dfrac{2E}{5\sqrt{3}} \times 0.25 = \dfrac{E}{10\sqrt{3}}[\text{V}]$이다.

이때 a상에 흐르는 선전류는

$I_A = \dfrac{E_a - V_n}{R} = \dfrac{\dfrac{E}{\sqrt{3}} - \dfrac{E}{10\sqrt{3}}}{R} = \dfrac{E\left(\dfrac{1}{\sqrt{3}} - \dfrac{1}{10\sqrt{3}}\right)}{R} = \dfrac{0.52E}{R} \fallingdotseq \dfrac{E}{2R}[\text{A}]$

10 그림과 같은 교류 브리지가 평형상태에 있다. $C[\text{F}]$의 값은 얼마인가?

① $\dfrac{R_1 R_2}{L}$ 　　② $\dfrac{L}{R_1 R_2}$

③ $R_1 R_2 L$ 　　④ $\dfrac{R_2}{R_1 L}$

🔍 **해설**

$R_1 R_2 = j\omega L \times \dfrac{1}{j\omega C}$

$R_1 R_2 = \dfrac{L}{C}, \ C = \dfrac{L}{R_1 R_2}$

---

01 그림과 같은 부하에 선간전압이 $V_{ab} = 100\angle30°$[V]인 평형 3상 전압을 가했을 때 선전류 $I_a[\text{A}]$는?

① $\dfrac{100}{\sqrt{3}}\left(\dfrac{1}{R} + j3\omega C\right)$ 　　② $100\left(\dfrac{1}{R} + j\sqrt{3}\,\omega C\right)$

③ $\dfrac{100}{\sqrt{3}}\left(\dfrac{1}{R} + j\omega C\right)$ 　　④ $100\left(\dfrac{1}{R} + j\omega C\right)$

🔍 **해설**

3상결선

△결선을 Y결선으로 변환하면 C의 임피던스는

$\dfrac{1}{j3\omega C}[\Omega]$이 되고 R과 C가 병렬연결이므로

합성 어드미턴스는 $Y = \dfrac{1}{R} + j3\omega C\,[\mho]$가 되므로

Y결선의 상전류는

$I_p = YV_p = \left(\dfrac{1}{R} + j3\omega C\right) \times \dfrac{V_l}{\sqrt{3}} = \left(\dfrac{1}{R} + j3\omega C\right) \times \dfrac{100}{\sqrt{3}}[\text{A}]$

선전류 $I_l = I_p = \left(\dfrac{1}{R} + j3\omega C\right) \times \dfrac{100}{\sqrt{3}}[\text{A}]$

02 시간함수 t^n의 라플라스 변환은?

① $\dfrac{n!}{s^{n+1}}$ 　　② $\dfrac{n!}{s^n}$

③ $\dfrac{n+1}{s^{n+1}}$ 　　④ $\dfrac{n}{s^{n+1}}$

🔍 **해설**

라플라스변환

$\pounds[t^n] = \dfrac{n!}{s^{n+1}}$

---

03 다음의 비정현파 전압, 전류로부터 평균전력 $P[\text{W}]$ 와 피상전력 $P_a[\text{VA}]$는?

$$e=100\sin\left(\omega t+\frac{\pi}{6}\right)-50\sin\left(3\omega t+\frac{\pi}{3}\right)+25\sin5\omega t[\text{V}]$$

$$i=20\sin\left(\omega t-\frac{\pi}{6}\right)+15\sin\left(3\omega t+\frac{\pi}{6}\right)$$

$$+10\cos\left(5\omega t-\frac{\pi}{3}\right)[\text{A}]$$

① $P=283.5,\ P_a=1541$

② $P=385.2,\ P_a=2021$

③ $P=404.9,\ P_a=3284$

④ $P=491.3,\ P_a=4141$

🔍 **해설**

비정현파 교류전력

$v=100\sin(\omega t+30°)-50\sin(3\omega t+60°)+25\sin5\omega t[\text{V}]$
$i=20\sin(\omega t-30°)+15\sin(3\omega t+30°)+10\cos(5\omega t-60°)[\text{A}]$
$\ =20\sin(\omega t-30°)+15\sin(3\omega t+30°)$
$\quad +10\sin(5\omega t-60°+90°)[\text{A}]$라면

• 유효전력
$P=V_1I_1\cos\theta_1+V_3I_3\cos\theta_3+V_5I_5\cos\theta_5$
$\quad =\dfrac{1}{2}(100\times20\cos60°-50\times15\cos30°+25\times10\cos30°)$
$\quad =283.5[\text{W}]$

• 피상전력
$P_a=VI=\sqrt{V_1^2+V_3^2+V_5^2}\cdot\sqrt{I_1^2+I_3^2+I_5^2}$
$\quad =\sqrt{\left(\dfrac{100}{\sqrt2}\right)^2+\left(\dfrac{50}{\sqrt2}\right)^2+\left(\dfrac{25}{\sqrt2}\right)^2}\times\sqrt{\left(\dfrac{20}{\sqrt2}\right)^2+\left(\dfrac{15}{\sqrt2}\right)^2+\left(\dfrac{10}{\sqrt2}\right)^2}$
$\quad =1541[\text{VA}]$

04 선로의 임피던스 $Z=R+j\omega L[\Omega]$, 병렬 어드미턴스가 $Y=G+j\omega C[\mho]$일 때, 선로의 저항 R과 콘덕턴스 G가 동시에 0이 되었을 때 전파정수는?

① $j\omega\sqrt{LC}$

② $j\omega\sqrt{\dfrac{C}{L}}$

③ $j\omega\sqrt{L^2C}$

④ $j\omega\sqrt{\dfrac{L}{C^2}}$

🔍 **해설**

무손실 선로

저항 R과 컨덕턴스 G가 동시에 0 인 경우 무손실 선로이므로 전파정수는 $\gamma=\sqrt{ZY}=j\omega\sqrt{LC}$이 된다.

05 회로에서 정전용량 C는 초기전하가 없었다. 지금 $t=0$ 에서 스위치 K를 닫았을 때 $t=0^{+}$에서의 $i(t)$ 값은?

① $0.1[\text{A}]$

② $0.2[\text{A}]$

③ $0.4[\text{A}]$

④ $1[\text{A}]$

🔍 **해설**

$R-C$**직렬연결**

$R-C$직렬회로에서 스위치 on 시 흐르는 전류는

$i(t)=\dfrac{E}{R}\,e^{-\frac{1}{RC}t}$ 에서 $t=0$이므로

$i(0)=\dfrac{E}{R}=\dfrac{100}{1\times10^3}=0.1[\text{A}]$

06 동일한 저항 $R[\Omega]$ 6개를 그림과 같이 결선하고 대칭 3상 전압 $V[\text{V}]$를 가하였을 때 전류 $I[\text{A}]$의 크기는?

① $\dfrac{V}{R}$

② $\dfrac{V}{2R}$

③ $\dfrac{V}{4R}$

④ $\dfrac{V}{5R}$

전기자기학

전력공학

전기기기

회로이론

제어공학

전기설비기술기준

🔍 **해설** -

임피던스 등가변환

△결선을 Y 결선으로 변환시 각상의 저항은 1/3배로 감소하므로 각 상의 저항 값은

$$R_a = R_b = R_c = R_p = R + \frac{R}{3} = \frac{4R}{3}[\Omega]$$ 이 되므로

Y 결선시 선전류 $I_l = \dfrac{\dfrac{V}{\sqrt{3}}}{\dfrac{4R}{3}} = \dfrac{\sqrt{3}}{4R}V$

△ 결선시 상전류 $I = \dfrac{I_l}{\sqrt{3}} = \dfrac{V}{4R}$

07 $R=2[\Omega]$, $L=10[\text{mH}]$, $C=4[\mu\text{F}]$의 직렬 공진회로의 선택도 Q값은 얼마인가?

① 25 ② 45
③ 65 ④ 85

🔍 **해설** -

공진회로

$R=2[\Omega]$, $L=10[\text{mH}]$, $C=4[\mu\text{F}]$일 때 직렬공진시 첨예도는

$$Q = \frac{1}{R}\sqrt{\frac{R}{C}} = \frac{1}{2}\sqrt{\frac{10 \times 10^{-3}}{4 \times 10^{-6}}} = 25$$

08 그림 (a)를 그림 (b)와 같은 등가 전류원으로 변환할 때 $I[\text{A}]$와 $R[\Omega]$은?

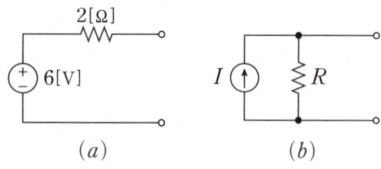

(a) (b)

① $I=6$, $R=2$ ② $I=3$, $R=5$
③ $I=4$, $R=0.5$ ④ $I=3$, $R=2$

🔍 **해설** -

전원의 등가변환

· 등가전류 $I = \dfrac{V}{R} = \dfrac{6}{2} = 3[\text{A}]$

· 등가저항 $R = 2[\Omega]$

09 그림과 같은 T형 4단자망에서 4단자 정수 C는?

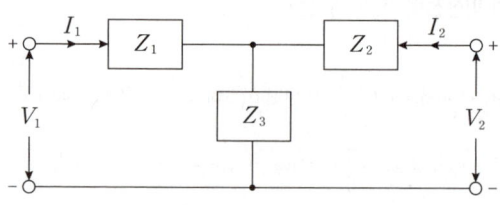

① Z_1 ② $\dfrac{1}{Z_3}$

③ $1 + \dfrac{Z_1}{Z_3}$ ④ $1 + \dfrac{Z_2}{Z_3}$

🔍 **해설** -

4단자 정수

$$A = 1 + \frac{Z_1}{Z_3}, \quad B = Z_1 + Z_2 + \frac{Z_1 Z_2}{Z_3}$$
$$C = \frac{1}{Z_3}, \quad D = 1 + \frac{Z_2}{Z_3}$$

10 3상 회로에 있어서 대칭분 전압이 $V_0 = 100\angle 30°$ $[\text{V}]$, $V_1 = 100 \angle -60°[\text{V}]$, $V_2 = 200 \angle 80°[\text{V}]$일 때 b상의 전압$[\text{V}]$은?

① $234 \angle 43°$

② $289 \angle 16°$

③ $202 \angle -174°$

④ $85 \angle 126°$

🔍 **해설** -

불평형 3상 전압

b상의 불평형 전압

$$V_b = V_0 + a^2 V_1 + a V_2$$
$$= 100\angle 30° + 1\angle 240° \times 100 \angle -60° + 1\angle 120° \times 200\angle 80°$$
$$= 202\angle -174°$$

시행일 **2025년 1회**

01 회로에서 $V=10\,[\mathrm{V}]$, $R=10\,[\Omega]$, $L=1\,[\mathrm{H}]$, $C=1\,[\mu\mathrm{F}]$ 그리고 $V_C(0)=0\,[\mathrm{V}]$일 때 스위치 K를 닫은 직후 전류의 변화율 $\dfrac{di(0^+)}{dt}$의 값 $[\mathrm{A/sec}]$은?

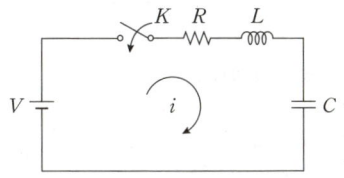

① 0 ② 1
③ 5 ④ 10

해설

코일(L)은 초개 말단 이므로
$t=0$인 초기상태에서는 코일은 개방상태가 되므로
코일에 걸리는 전압은 인가전압과 같으므로

$$V_L(0)=L\frac{di(0^+)}{dt}\,[\mathrm{V}]$$

$$\frac{di(0^+)}{dt}=\frac{V}{L}=\frac{10}{1}=10\,[\mathrm{A/s}]$$

02 $F(s)=\dfrac{2s+15}{s^3+s^2+3s}$일 때 $f(s)$의 최종값은?

① 2 ② 3
③ 5 ④ 15

해설

최종값 정리

$\displaystyle\lim_{t\to\infty}f(t)=\lim_{s\to 0}sF(s)$에 의해서

$$\lim_{t\to\infty}f(t)=\lim_{s\to 0}sF(s)=\lim_{s\to 0}s\times\frac{2s+15}{s^3+s^2+3s}$$
$$=\lim_{s\to 0}\frac{2s+15}{s^2+s+3}=5$$

03 다음 중 여파기의 종류가 아닌 것은?

① 정K형 저역여파기 ② 정K형 대역여파기
③ 정K형 전역여파기 ④ 정K형 고역여파기

해설

① 정K형 저역여파기 : 차단주파수보다 낮은 신호를 통과
② 정K형 대역여파기 : 두 차단주파수 사이에 있는 신호 통과
③ 정K형 고역여파기 : 차단주파수보다 높은 신호를 통과

04 전류 $\sqrt{2}\,I\sin(\omega t+\theta)\,[\mathrm{A}]$와 기전력 $\sqrt{2}\,V\cos(\omega t-\phi)\,[\mathrm{V}]$ 사이의 위상차는?

① $\dfrac{\pi}{2}+(\phi+\theta)$ ② $\dfrac{\pi}{2}-(\phi-\theta)$
③ $\dfrac{\pi}{2}+(\phi-\theta)$ ④ $\dfrac{\pi}{2}-(\phi+\theta)$

해설

전류는 $\sqrt{2}\,I\sin(\omega t+\theta)\,[\mathrm{A}]$이고

기전력은 $\sqrt{2}\,V\cos(\omega t-\phi)\,[\mathrm{V}]=\sqrt{2}\,V\sin(\omega t-\phi+\frac{\pi}{2})$이므로

$\therefore$ 위상차는 $-\phi+\dfrac{\pi}{2}-\theta=\dfrac{\pi}{2}-(\phi+\theta)$

05 3상 유도전동기의 출력이 3$[\mathrm{HP}]$, 전압이 200$[\mathrm{V}]$, 효율 80$[\%]$, 역률 90$[\%]$일 때 전동기에 유입하는 선전류 $[\mathrm{A}]$는?

① 약 7.18 ② 약 9.18
③ 약 6.85 ④ 약 8.97

해설

3상 유도전동기, 출력 $P=3\,[\mathrm{HP}]=3\times 746\,[\mathrm{W}]$
$V_l=200\,[\mathrm{V}]$, $\eta=80\,[\%]$, $\cos\theta=90\,[\%]$일 때
입력 $P_i=\dfrac{P}{\eta}=\sqrt{3}\,V_l I_l\cos\theta\,[\mathrm{W}]$에서
유입선전류는 $I_l=P/\eta\,\sqrt{3}\,V_l\cos\theta$
$\qquad\qquad =(3\times 746)/(0.8\times\sqrt{3}\times 200\times 0.9)$
$\qquad\qquad =8.97$

[**정답**] 2025년 1회 01 ④ 02 ③ 03 ③ 04 ④ 05 ④

06 선로의 단위 길이당 저항, 인덕턴스, 정전용량, 누설 컨덕턴스를 각각 R, L, C, G라 하면 전파정수는?

① $\sqrt{\dfrac{R+j\omega L}{G+j\omega C}}$

② $\sqrt{(R+j\omega L)(G+j\omega C)}$

③ $\sqrt{\dfrac{(R+j\omega L)}{(G+j\omega C)}}$

④ $\sqrt{\dfrac{(G+j\omega C)}{(R+j\omega L)}}$

🔍 **해설**

단위길이당 직렬임피던스와 병렬어드미턴스가
$Z=R+j\omega L[\Omega/m]$, $Y=G+j\omega C[\mho/m]$일 때
선로의 전파 정수 γ는

$\gamma=\sqrt{ZY}=\sqrt{(R+j\omega L)(G+j\omega C)}=\alpha+j\beta$

단, α : 감쇠정수, β : 위상정수

07 전원과 부하가 △결선된 3상 평형회로가 있다. 전원 전압이 $200[V]$, 부하 1상의 임피던스가 $6+j8[\Omega]$일 때 선전류$[A]$는?

① 20

② $20\sqrt{3}$

③ $\dfrac{20}{\sqrt{3}}$

④ $\dfrac{\sqrt{3}}{20}$

🔍 **해설**

$Z=6+j8[\Omega]$, $V_l=200[V]$에서
△결선시 상전압과 선간전압은 같고
선전류는 상전류의 $\sqrt{3}$ 배이므로
$Z=6+j8[\Omega]$, $V_l=200[V]$에서 △결선시
상전압과 선간전압은 같고 선전류는 상전류의 $\sqrt{3}$ 배이므로

$I_l=\sqrt{3}\,I_p=\sqrt{3}\,\dfrac{V_p}{Z}=\sqrt{3}\,\dfrac{V_l}{Z}$

$\quad=\sqrt{3}\,\dfrac{200}{\sqrt{6^2+8^2}}=20\sqrt{3}\,[A]$가 된다.

08 비정현파의 전압이 $V=100\sqrt{2}\sin\omega t+50\sqrt{2}\sin2\omega t+30\sqrt{2}\sin3\omega t[V]$일 때 실효전압$[V]$는?

① 약 $180[V]$

② 약 $134[V]$

③ 약 $116[V]$

④ 약 $138[V]$

🔍 **해설**

비정현파 교류의 실효값은
$V=\sqrt{V_1^2+V_2^2+V_3^2}=\sqrt{100^2+50^2+30^2}=115.8[V]$

09 전류의 대칭분을 I_0, I_1, I_2, 유기기전력을 E_a, E_b, E, 단자전압의 대칭분을 V_0, V_1, V_2라 할 때 3상 교류 발전기의 기본식 중 정상분 V_1 값은? (단, Z_0, Z_1, Z_2는 영상, 정상, 역상 임피던스이다.)

① $-Z_0 I_0$

② $-Z_2 I_2$

③ $E_a-Z_1 I_1$

④ $E_b-Z_2 I_2$

🔍 **해설**

대칭 3상 교류발전기 기본식

· 영상분 $V_0=-Z_0 I_0$
· 정상분 $V_1=E_a-Z_1 I_1$
· 역상분 $V_2=-Z_2 I_2$

10 전압 $v=170\cos\left(\omega t+\dfrac{\pi}{6}\right)[V]$, 전류 $i=8.5\cos\left(\omega t-\dfrac{\pi}{6}\right)[A]$의 교류의 평균전력$[W]$은?

① 361

② 188

③ 549

④ 725

🔍 **해설**

단상교류의 평균전력은
$P=VI\cos\theta=\dfrac{170}{\sqrt{2}}\times\dfrac{8.5}{\sqrt{2}}\cos60°=361[W]$

시행일 ▶ 2025년 2회

01 $R-L$ 직렬회로에서 시간 $t=0[s]$에서 스위치를 닫아 직류전압을 인가했을 때 전류 i가 0에서 정상 전류의 $63.2[\%]$에 달하는 시간$[sec]$은? (단, L의 초기전류는 0이다.)

[**정답**] 06 ② 07 ② 08 ③ 09 ③ 10 ① 2025년 2회 01 ③

① LR ② $\dfrac{1}{LR}$

③ $\dfrac{L}{R}$ ④ $\dfrac{R}{L}$

🔍 해설

$R-L$직렬연결시 정상전류의 63.2[%]에 도달하는 전류는 시정수에서의 전류이므로 $R-L$직렬연결시 시정수 $\tau=\dfrac{L}{R}$[sec]이다.

02 송전선로에서 전압이 3×10^8[m/s]인 광속으로 전파할 때 200[MHz]인 주파수에 대한 위상정수는 몇 [rad/m]인가?

① π ② $\dfrac{4}{3}\pi$

③ $\dfrac{1}{3}\pi$ ④ $\dfrac{2}{3}\pi$

🔍 해설

전파속도 $v=\dfrac{\omega}{\beta}$ 의 식에서

위상정수 $\beta=\dfrac{\omega}{v}=\dfrac{2\pi f}{v}=\dfrac{2\pi\times200\times10^6}{3\times10^8}=\dfrac{4}{3}\pi$

03 20[mH]의 두 자기 인덕턴스가 있다. 결합계수를 0.1 부터 0.9까지 변화시킬 수 있다면 이것을 접속시켜 얻을 수 있는 합성 인덕턴스의 최대값과 최소값의 비는 얼마인가?

① 19 : 1   ② 16 : 1

③ 13 : 1   ④ 9 : 1

🔍 해설

직렬연결시 합성 인덕턴스

$L_0=L_1+L_2\pm2M=L_1+L_2\pm k\sqrt{L_1L_2}$[H]이고 결합계수만 변화할 수 있으므로 $k=0.9$를 대입하였을 때 최대, 최소값이 된다.

$L_0=L_1+L_2\pm2k\sqrt{L_1L_2}$

$\quad=20+20\pm2\times0.9\times20=40\pm36$[mH]

$\dfrac{L_{최대}=76}{L_{최소}=4}=\dfrac{19}{1}$

04 2개의 전력계를 사용하여 3상 평형부하의 역률을 측정하고자 한다. 전력계의 지시값이 각각 P_1, P_2일 때 이 회로의 역률은?

① P_1+P_2 ② $\dfrac{P_1+P_2}{2\sqrt{P_1{}^2+P_2{}^2-P_1P_2}}$

③ $\sqrt{3}\,(P_1-P_2)$ ④ $\dfrac{2\sqrt{P_1{}^2+P_2{}^2-P_1P_2}}{P_1+P_2}$

🔍 해설

2전력계법에서

유효전력 $P=P_1+P_2$[W]

무효전력 $P_r=\sqrt{3}\,(P_1-P_2)$[Var]

피상전력 $P_a=\sqrt{P^2+P_r{}^2}=2\sqrt{P_1{}^2+P_2{}^2-P_1P_2}$[VA]

역률 $\cos\theta=\dfrac{P}{P_a}=\dfrac{P_1+P_2}{2\sqrt{P_1{}^2+P_2{}^2-P_1P_2}}$

05 다음 비정현파 전압, 전류에 의한 평균전력 P[W]는 약 얼마인가?

$$e=100\sin(\omega t+30°)-50\sin(3\omega t+60°)$$
$$\quad+25\sin5\omega t\,[V]$$
$$i=20\sin(\omega t-30°)+15\sin(3\omega t+30°)$$
$$\quad+10\cos(5\omega t-60°)\,[A]$$

① 404.9   ② 385.2

③ 283.5   ④ 491.3

🔍 해설

비정현파 교류전력

$e=100\sin\omega t-50\sin(3\omega t+60°)+25\sin5\omega t\,[V]$

$i=20\sin(\omega t-30°)+15\sin(3\omega t+30°)+10\cos(5\omega t-60°)$

$\quad=20\sin(\omega t-30°)+15\sin(3\omega t+30°)$

$\quad\quad+10\sin(5\omega t-60°+90°)\,[A]$라면

유효전력[W]은

$P=V_1I_1\cos\theta_1+V_3I_3\cos\theta_3+V_5I_5\cos\theta_1$

$\quad=\dfrac{1}{2}(100\times20\cos60°-50\times15\cos30°+25\times10\cos30°)$

$\quad=283.5$[W]가 된다.

전기자기학

전력공학

전기기기

회로이론

제어공학

전기설비기술기준

06 불평형 3상 전류 $I_a = 25 + j4$[A], $I_b = -18 - j16$ [A], $I_c = 7 + j15$[A] 일 때 영상전류 I_0[A]는?

① $2.67 + j$ ② $2.67 + 2j$

③ $4.67 + 2j$ ④ $4.67 + j$

🔍 해설 -

영상분 전류

$$I_o = \frac{1}{3}(I_a + I_b + I_c)$$

$$= \frac{1}{3}(25 + j4 - 18 - j16 + 7 + j15) = 4.67 + j$$

07 어떤 회로에 전압을 가하니 $90°$ 위상이 뒤진 전류가 흘렀다. 이 회로는?

① 무유도성 ② 유도성

③ 용량성 ④ 저항성분

🔍 해설 -

코일 즉, 유도성 부하에서는 전류가 전압보다 $90°$ 뒤진다.

08 4단자 회로망에서 4단자 정수가 A, B, C, D일 때, 영상 임피던스 $\frac{Z_{01}}{Z_{02}}$은?

① $\dfrac{A}{D}$ ② $\dfrac{B}{C}$

③ $\dfrac{C}{B}$ ④ $\dfrac{D}{A}$

🔍 해설 -

1차 영상임피던스 $Z_{01} = \sqrt{\dfrac{AB}{CD}}$ [Ω]

2차 영상임피던스 $Z_{02} = \sqrt{\dfrac{DB}{CA}}$ [Ω]이므로

$$\frac{Z_{01}}{Z_{02}} = \frac{\sqrt{\dfrac{AB}{CD}}}{\sqrt{\dfrac{DB}{CA}}} = \frac{A}{D}$$ 가 된다.

09 △결선된 대칭 3상 부하가 0.5[Ω]인 저항만의 선로를 통해 평형 3상 전압원에 연결되어 있다. 이 부하의 소비전력이 1800[W]이고 역률이 0.8(지상)일 때, 선로에서 발생하는 손실이 50[W]이면 부하의 단자전압[V]의 크기는?

① 627 ② 525

③ 326 ④ 225

🔍 해설 -

선로저항이 0.5[Ω]이고 전선로의 손실이 50[W]라면
$P_l = 3I^2R = 50$[W]이므로

$$I = \sqrt{\frac{P_l}{3R}} = \sqrt{\frac{50}{3 \times 0.5}} = 5.77 \text{[A]}가 된다.$$

부하의 소비전력이 1800[W]이므로 $P = \sqrt{3}\,VI\cos\theta$에서

부하 단자전압은 $V = \dfrac{P}{\sqrt{3}\,I\cos\theta} = \dfrac{1800}{\sqrt{3} \times 5.77 \times 0.8} = 225$[V]

10 $F(s) = \dfrac{(s+5)(s+12)}{s(s+4)(s+6)}$ 의 라플라스 역변환은?

① $2.5 + e^{4t} + 0.5e^{6t}$

② $2.5 - e^{-4t} - 0.5e^{-6t}$

③ $2.5 + e^{-4t} + 0.5e^{-6t}$

④ $2.5 - e^{4t} - 0.5e^{6t}$

🔍 해설 -

역라플라스변환

$$F(s) = \frac{(s+5)(s+12)}{s(s+4)(s+6)} = \frac{A}{s} + \frac{B}{s+4} + \frac{C}{s+6}$$

$$A = F(s) \times s|_{s=0} = \left[\frac{(s+5)(s+12)}{(s+4)(s+6)}\right]_{s=0} = 2.5$$

$$B = F(s) \times (s+4)|_{s=-4} = \left[\frac{(s+5)(s+12)}{s(s+6)}\right]_{s=-4} = -1$$

$$C = F(s) \times (s+6)|_{s=-6} = \left[\frac{(s+5)(s+12)}{s(s+4)}\right]_{s=-6} = -0.5$$

$$F(s) = 2.5 - \frac{1}{s+4} - \frac{0.5}{s+6} = 2.5u(t) - \frac{1}{s+1} - 0.5\frac{1}{s+2}$$

$$\therefore f(t) = 2.5 - e^{-4t} - 0.5e^{-6t}$$

[정답] 06 ④ 07 ② 08 ① 09 ④ 10 ②

시행일 ▷ **2025년 3회**

01 $e(t)=3e^{-5t}$인 경우 그림과 같은 $R-C$ 병렬회로의 임피던스는?

$$e_s(t)$$

① $\dfrac{j\omega RC}{1+j\omega RC}$

② $\dfrac{R}{1+RCs}$

③ $\dfrac{R}{1-5RC}$

④ $\dfrac{1+j\omega RC}{R}$

🔍 **해설** --------

$R-C$ 병렬회로

$e_s(t)=3e^{-5t}=3e^{j\theta}=3e^{j\omega t}$일 때

$R-C$ 병렬회로에서의 합성 임피던스는

$$Z=\frac{Z_1 \cdot Z_2}{Z_1+Z_2}=\frac{R\cdot\dfrac{1}{j\omega C}}{R+\dfrac{1}{j\omega C}}=\frac{R}{1+j\omega CR}\bigg|_{j\omega=-5}=\frac{R}{1-5RC}[\Omega]$$

02 한 상의 임피던스가 $6+j8[\Omega]$인 △부하에 대칭 선간전압 $200[V]$를 인가할 때 3상 전력은 몇 $[W]$인가?

① 2400

② 3600

③ 7200

④ 10800

🔍 **해설** --------

$Z=6+j8=\sqrt{6^2+8^2}=10[\Omega]$, △결선,

$V_l=200[V]$일 때 상전류는

$$I_P=\frac{V_P}{Z}=\frac{V_l}{Z}=\frac{200}{10}=20[A]$$

유효전력 $P=3I_P^2R=3\times20^2\times6=7200[W]$

03 단자 정수 A, B, C, D로 출력 측을 개방시켰을 때 입력 측에서 본 구동점 임피던스 $Z_{11}=\dfrac{V_1}{I_1}\bigg|_{I_2=0}$를 표시한 것 중 옳은 것은?

① $Z_{11}=\dfrac{A}{C}$

② $Z_{11}=\dfrac{B}{D}$

③ $Z_{11}=\dfrac{A}{B}$

④ $Z_{11}=\dfrac{B}{C}$

🔍 **해설** --------

4단자 정수

$A=\dfrac{V_1}{V_2}\bigg|_{I_2=0}$ $C=\dfrac{I_1}{V_2}\bigg|_{I_2=0}$

$B=\dfrac{V_1}{I_2}\bigg|_{V_2=0}$ $D=\dfrac{I_1}{I_2}\bigg|_{V_2=0}$ 이므로

구동점 임피던스 $Z_{11}=\dfrac{A}{C}=\dfrac{\dfrac{V_1}{V_2}\bigg|_{I_2=0}}{\dfrac{I_1}{V_2}\bigg|_{I_2=0}}=\dfrac{V_1}{I_1}\bigg|_{I_2=0}$ 가 된다.

04 A, B 2개의 코일이 있다. A, B 코일의 저항과 유도성 리액턴스는 각각 $3[\Omega]$과 $5[\Omega]$, $5[\Omega]$과 $1[\Omega]$이다. 두 코일을 직렬접속하고 $100[V]$의 전압을 가할 때 흐르는 전류$[A]$는?

① $10\angle53°$

② $10\angle-53°$

③ $10\angle37°$

④ $10\angle-37°$

🔍 **해설** --------

A, B코일의 임피던스는 유도성이므로

$Z_A=3+j5[\Omega]$, $Z_B=5+j1[\Omega]$이고

직렬연결시 합성임피던스는

$Z=Z_A+Z_B=3+j5+5+j1=8+j6$

$\quad=\sqrt{8^2+6^2}\angle\tan^{-1}\dfrac{6}{8}=10\angle37°[\Omega]$

전류 $I=\dfrac{V}{Z}=\dfrac{100}{10\angle37°}=10\angle-37°[A]$

[정답] 2025년 3회   01 ③   02 ③   03 ①   04 ④

전기자기학

전력공학

전기기기

회로이론

제어공학

전기설비기술기준

05 위상 정수가 $\frac{\pi}{8}$[rad/m]인 선로의 1[MHz]에 대한 전파속도는 몇 [m/s]인가?

① 1.6×10^7　　　　② 3.2×10^7

③ 5.0×10^7　　　　④ 8.0×10^7

🔍 **해설**

전파속도

$$v = \frac{\omega}{\beta} = \frac{2\pi f}{\beta} = \frac{2\pi \times 1 \times 10^6}{\frac{\pi}{8}} = 1.6 \times 10^7 [\text{m/sec}]$$

06 $£^{-1}\left[\dfrac{1}{s^2 + a^2}\right]$은?

① $\sin at$　　　　② $\cos at$

③ $a \cos at$　　　　④ $\dfrac{1}{a}\sin at$

🔍 **해설**

$$£^{-1}\left[\frac{1}{s^2 + a^2}\right] = £^{-1}\left[\frac{1}{a} \times \frac{a}{s^2 + a^2}\right] = \frac{1}{a}\sin at$$

07 상의 순서가 $a - b - c$인 불평형 3상 전류가 $I_a = 15 + j2$[A], $I_b = -20 - j14$[A], $I_c = -3 + j10$[A]일 때 영상분 전류 I_0는 약 몇 [A]인가?

① $15.5 - j3.56$　　　　② $2.02 + j6.98$

③ $2.67 + j0.38$　　　　④ $-2.67 - j0.67$

🔍 **해설**

영상분 전류

$$I_o = \frac{1}{3}(I_a + I_b + I_c)$$

$$= \frac{1}{3}(15 + j2 - 20 - j14 - 3 + j10)$$

$$= \frac{1}{3}(-8 - j2) = -2.67 - j0.67$$

08 그림과 같은 회로의 $a - b$ 단자 사이의 전압[V]은?

① 2　　　　② 4

③ 6　　　　④ 8

🔍 **해설**

개방단자 $a - b$ 사이의 전압은 2[Ω]에 걸리는 전압과 같으므로 중첩의 원리에 의하여

전류원 개방시 2[V]의 전압원에 의한 전류 $I_1 = 0$[A]

전압원 단락시 3[A]의 전류원에 의한 전류 $I_2 = 3$[A]

$\therefore I = I_1 + I_2 = 0 + 3 = 3$[A]

그러므로 $V_{ab} = I \cdot R = 3 \times 2 = 6$[V]

09 RL 직렬회로에서 $R = 20$[Ω], $L = 40$[mH]일 때, 이 회로의 시정수[s]는?

① 2×10^3　　　　② 2×10^{-3}

③ $\dfrac{1}{2} \times 10^3$　　　　④ $\dfrac{1}{2} \times 10^{-3}$

🔍 **해설**

$R - L$ 직렬회로에서

$$\text{시정수 } \tau = \frac{L}{R} = \frac{40 \times 10^{-3}}{20} = 2 \times 10^{-3}[\text{sec}]$$

10 선간 전압이 V_{ab}[V]인 3상 평형 전원에 대칭 부하 R[Ω]이 그림과 같이 접속되어 있을 때, a, b 두 상 간에 접속된 전력계의 지시 값이 W[W]라면 C상 전류의 크기 [A]는?

① $\dfrac{W}{3V_{ab}}$

② $\dfrac{2W}{3V_{ab}}$

③ $\dfrac{2W}{\sqrt{3}\,V_{ab}}$

④ $\dfrac{\sqrt{3}\,W}{V_{ab}}$

해설

1전력계법에 의한 유효전력은
$P = \sqrt{3}\,V_l I_l \cos\theta = 2W\,[\mathrm{W}]$이며
저항 R 부하시 역률 $\cos\theta = 1$이고
Y결선시 상전류는 선전류와 같으므로

$I_l = \dfrac{2W}{\sqrt{3}\,V_l \cos\theta} = \dfrac{2W}{\sqrt{3}\,V_{ab}}\,[\mathrm{A}]$

전기자기학

전력공학

전기기기

회로이론

제어공학

전기설비기술기준

자격종목 및 등급	과목명	시험시간	성명
전기기사	제어공학	2시간 30분	대산전기학원

01 $f(t)=\sin t+2\cos t$를 라플라스 변환하면?

① $\dfrac{2s}{s^2+1}$
② $\dfrac{2s+1}{(s+1)^2}$
③ $\dfrac{2s+1}{s^2+1}$
④ $\dfrac{2s}{(s+1)^2}$

🔍 해설

선형의 정리

$$F(s)=£\,[f(t)]$$
$$=£\,[\sin t]+£\,[2\cos t]$$
$$=\frac{1}{s^2+1^2}+2\cdot\frac{s}{s^2+1^2}=\frac{2s+1}{s^2+1}$$

02 다음 논리회로의 출력 Y는?

① A
② B
③ A+B
④ A·D

🔍 해설

시퀀스 논리회로

드모르강 정리를 이용하여 풀면
$$X=(A+B)\cdot B$$
$$=A\cdot B+B\cdot B$$
$$=A\cdot B+B$$
$$=B(A+1)$$
$$=B\cdot 1$$
$$=B$$

03 샘플러의 주기를 T라 할 때 s평면상의 모든 점은 식 $z=e^{sT}$에 의하여 z평면상에 사상된다. s평면의 우반 평면상의 모든 점은 z평면상 단위원의 어느 부분으로 사상되는가?

① 내점
② 외점
③ z평면 전체
④ 원주상의 점

🔍 해설

s-평면과 z-평면의 안정판별

구분 구간	s평면	z평면
안정	좌반평면(음의반평면)	단위원 내부
임계안정	허수축	단위 원주상
불안정	우반평면(양의반평면)	단위원 외부

04 그림과 같은 보드선도의 이득선도를 갖는 제어시스템의 전달함수는?

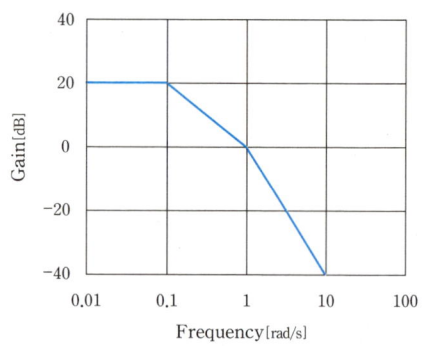

① $G(s)=\dfrac{10}{(s+1)(s+10)}$

② $G(s)=\dfrac{10}{(s+1)(10s+1)}$

[정답] 2023년 1회 01 ③ 02 ② 03 ② 04 ②

③ $G(s) = \dfrac{20}{(s+1)(s+10)}$

④ $G(s) = \dfrac{20}{(s+1)(10s+1)}$

🔍 해설 --------

2차계의 전달함수

$G(s) = \dfrac{K}{(T_1 s+1)(T_2 s+1)} = \dfrac{K}{(j\omega T_1 +1)(j\omega T_2 +1)}$

에서 절점주파수

$\omega_1 = \dfrac{1}{T_1} = 0.1,\ T_1 = 10$

$\omega_2 = \dfrac{1}{T_2} = 1,\ T_2 = 1$

비례이득 $g = 20\log_{10} K = 20[\mathrm{dB}]$에서

$K = 10$이 되므로 $G(s) = \dfrac{10}{(10s+1)(s+1)}$이 된다.

05 그림의 신호흐름 선도의 전달함수는?

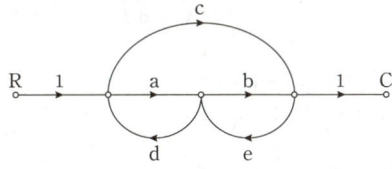

① $\dfrac{ab+c}{1-(ad+be)-cde}$

② $\dfrac{ab+c}{1+(ad+be)-cde}$

③ $\dfrac{ab+c}{1-(ad+be)}$

④ $\dfrac{ab+c}{1+(ad+be)}$

🔍 해설 --------

신호흐름선도의 전달함수

첫 번째 전향경로이득 $1 \times a \times b \times 1 = ab$
두 번째 전향경로이득 $1 \times c \times 1 = c$
첫 번째 루프이득 $a \times d = ad$
두 번째 루프이득 $b \times e = be$
세 번째 루프이득 $c \times d \times e = cde$
전달함수 $G(s) = \dfrac{C(s)}{R(s)} = \dfrac{\sum \text{전향 경로 이득}}{1 - \sum \text{루프 이득}}$

$= \dfrac{ab+c}{1-(ad+be+cde)} = \dfrac{ab+c}{1-(ad+be)-cde}$

06 $G(j\omega) = \dfrac{K}{j\omega(j\omega+1)}$의 나이퀴스트 선도를 도시한 것은? (단, $K > 0$이다.)

①

②

③

④

🔍 해설 --------

벡터궤적

전달함수 $G(j\omega) = \dfrac{K}{j\omega(j\omega+1)}$ 에서 크기 및 위상은

$|G(j\omega)| = \dfrac{K}{\omega\sqrt{\omega^2+1}},\ \theta = \angle G(j\omega) = -90° - \tan^{-1}\omega$

$\omega \to 0$일 때 이득 $|G(j\omega)| = \infty$, 위상 $\theta = -90°$
$\omega \to \infty$일 때 이득 $|G(j\omega)| = 0$, 위상 $\theta = -180°$
위의 조건으로 나이퀴스트 선도를 그리면 된다.

07 목표값이 미리 정해진 시간적 변화를 하는 경우 제어량을 그것에 추종하기 위한 제어는?

① 프로그래밍제어 ② 정치제어

③ 추종제어 ④ 비율제어

🔍 해설 --------

목표값(제어목적)에 의한 분류

목표값이 미리 정해진 시간적 변화를 하는 경우 제어량을 그것에 추종시키기 위한 제어를 프로그래밍 제어라 하며 그 예로는 무인열차, 무인자판기, 무인엘리베이터등이 있다.

[**정답**] 05 ① 06 ③ 07 ①

08 $F(s) = \dfrac{1}{s(s+1)(s+2)}$ 일 때 $f(t)$?

① $-\dfrac{1}{2} - \dfrac{1}{2}e^{-2t} + e^{-t}$ ② $-\dfrac{1}{2} - \dfrac{1}{2}e^{-2t} - e^{-t}$

③ $\dfrac{1}{2} + \dfrac{1}{2}e^{-2t} - e^{-t}$ ④ $\dfrac{1}{2} - \dfrac{1}{2}e^{-2t} - e^{-t}$

🔍 **해설**

역 라플라스변환

$F(s) = \dfrac{1}{s(s+1)(s+2)} = \dfrac{A}{s} + \dfrac{B}{(s+1)} + \dfrac{C}{(s+2)}$

$A = F(s)s\big|_{s=0} = \left[\dfrac{1}{(s+1)(s+2)}\right]_{s=0} = \dfrac{1}{2}$

$B = F(s)(s+1)\big|_{s=-1} = \left[\dfrac{1}{s(s+2)}\right]_{s=-1} = -1$

$C = F(s)(s+2)\big|_{s=-2} = \left[\dfrac{1}{s(s+1)}\right]_{s=-2} = \dfrac{1}{2}$

$F(s) = \dfrac{\frac{1}{2}}{s} + \dfrac{-1}{s+1} + \dfrac{\frac{1}{2}}{s+2} = \dfrac{1}{2} \cdot \dfrac{1}{s} - \dfrac{1}{s+1} + \dfrac{1}{2} \cdot \dfrac{1}{s+2}$

$\therefore f(t) = \dfrac{1}{2} - e^{-t} + \dfrac{1}{2} \cdot e^{-2t}$

09 입력신호 $x(t)$와 출력신호 $y(t)$의 관계가 다음과 같을 때 전달함수는?

$$\dfrac{d^2}{dt^2}y(t) + 5\dfrac{d}{dt}y(t) + 6y(t) = x(t)$$

① $\dfrac{1}{(s+2)(s+3)}$ ② $\dfrac{s+1}{(s+2)(s+3)}$

③ $\dfrac{s+4}{(s+2)(s+3)}$ ④ $\dfrac{s}{(s+2)(s+3)}$

🔍 **해설**

전달함수

미분방정식의 양변을 라플라스 변환하면
$s^2 Y(s) + 5sY(s) + 6Y(s) = X(s)$
$(s^2 + 5s + 6)Y(s) = X(s)$
$\therefore G(s) = \dfrac{Y(s)}{X(s)} = \dfrac{1}{s^2+5s+6} = \dfrac{1}{(s+2)(s+3)}$

10 $\displaystyle\int_0^t f(t)dt$을 라플라스 변환하면?

① $s^2 F(s)$ ② $sF(s)$

③ $\dfrac{1}{s}F(s)$ ④ $\dfrac{1}{s^2}F(s)$

🔍 **해설**

실적분 정리(초기값 : $f(0) = 0$)

$\pounds\left[\displaystyle\int_0^t f(t)dt\right] = \dfrac{1}{s}F(s)$

시행일 ▶ **2023년 2회**

01 시스템 행렬 A가 다음과 같을 때 상태천이행렬을 구하면?

$$A = \begin{bmatrix} 0 & 1 \\ -2 & -3 \end{bmatrix}$$

① $\begin{bmatrix} 2e^t - e^{-2t} & -e^t + e^{2t} \\ 2e^t - 2e^{2t} & -e^t - 2e^{2t} \end{bmatrix}$

② $\begin{bmatrix} 2e^{-t} - e^{-2t} & e^{-t} - e^{-2t} \\ -2e^{-t} + 2e^{-2t} & -e^{-t} + 2e^{2t} \end{bmatrix}$

③ $\begin{bmatrix} 2e^{-t} - e^{-2t} & e^{-t} + e^{2t} \\ -2e^{-t} - 2e^{-2t} & -e^{-t} - 2e^{2t} \end{bmatrix}$

④ $\begin{bmatrix} 2e^{-t} - e^{-2t} & e^{-t} - e^{-2t} \\ -2e^{-t} + 2e^{-2t} & -e^{-t} + 2e^{-2t} \end{bmatrix}$

🔍 **해설**

상태천이행렬

$[sI - A] = \begin{bmatrix} s & 0 \\ 0 & s \end{bmatrix} - \begin{bmatrix} 0 & 1 \\ -2 & -3 \end{bmatrix} = \begin{bmatrix} s & -1 \\ 2 & s+3 \end{bmatrix}$

$[sI - A]^{-1} = \dfrac{1}{(s+1)(s+2)}\begin{bmatrix} s & 1 \\ -2 & s+3 \end{bmatrix}$

$= \begin{bmatrix} \dfrac{s+3}{(s+1)(s+2)} & \dfrac{1}{(s+1)(s+2)} \\ \dfrac{-2}{(s+1)(s+2)} & \dfrac{s}{(s+1)(s+2)} \end{bmatrix}$

$F_1(s) = \dfrac{s+3}{(s+1)(s+2)} = \dfrac{2}{s+1} - \dfrac{1}{s+2}$

$\rightarrow f_1(t) = 2e^{-t} - e^{-2t}$

$$F_2(s) = \frac{1}{(s+1)(s+2)} = \frac{1}{s+1} + \frac{-1}{s+2}$$

$$\rightarrow f_2(t) = e^{-t} - e^{-2t}$$

$$F_3(s) = \frac{-2}{(s+1)(s+2)} = \frac{-2}{s+1} + \frac{2}{s+2}$$

$$\rightarrow f_3(t) = -2e^{-t} + 2e^{-2t}$$

$$F_4(s) = \frac{s}{(s+1)(s+2)} = \frac{-1}{s+1} + \frac{2}{s+2}$$

$$\rightarrow f_4(t) = -e^{-t} + 2e^{-2t} \text{이므로}$$

상태천이행렬은

$$\phi(t) = \pounds^{-1}[(sI - A)^{-1}]$$

$$= \begin{bmatrix} 2e^{-t} & e^{-2t} & e^{-t} - e^{-2t} \\ -2e^{-t} + 2e^{-2t} & -e^{-t} + 2e^{-2t} \end{bmatrix}$$

02
다음 방정식으로 표기되는 식이 있다 이시스템을 상태방정식 $X(k+1) = AX(k) + Bu(k)$로 표현할 때 계수행렬 A는 어떻게 되는가?

$$c(k+2) + 3c(k+1) + 5c(k) = u(k)$$

① $\begin{bmatrix} 0 & 1 \\ -3 & -5 \end{bmatrix}$ ② $\begin{bmatrix} 1 & 0 \\ -3 & -5 \end{bmatrix}$

③ $\begin{bmatrix} 1 & 0 \\ -5 & -3 \end{bmatrix}$ ④ $\begin{bmatrix} 0 & 1 \\ -5 & -3 \end{bmatrix}$

🔍 해설 ------------------

차분방정식

$c(k+2) + 3c(k+1) + 5c(k) = u(k)$에서
상태 방정식 $X(k+1) = AX(k) + Bu(k)$라 하면

상태변수 $X_1 = c(k)$, $X_2 = X_1(k+1) = c(k+1)$,
$\qquad X_3 = X_2(k+1) = c(k+2)$

$X_1(k+1) = X_2$
$X_2(k+1) = -5X_1 - 3X_2 + u(k)$

$\begin{bmatrix} X_1(k+1) \\ X_2(k+1) \end{bmatrix} = \begin{bmatrix} 0 & 1 \\ -5 & -3 \end{bmatrix} \begin{bmatrix} X_1 \\ X_2 \end{bmatrix} + \begin{bmatrix} 0 \\ 1 \end{bmatrix} u(k)$ 이므로

계수행렬 $A = \begin{bmatrix} 0 & 1 \\ -5 & -3 \end{bmatrix}$

03
그림과 같은 블록선도에 대한 등가 종합 전달함수 $\left(\dfrac{C}{A} \right)$는?

① $\dfrac{G_2(G_1 + G_3)}{1 + G_3}$ ② $\dfrac{G_2(G_1 + G_3)}{1 + G_2}$

③ $\dfrac{G_2(G_1 + G_3)}{1 - G_2}$ ④ $\dfrac{G_2(G_1 - G_3)}{1 + G_2}$

🔍 해설 ------------------

블록선도의 전달함수

- 첫번째 전향경로이득 : $G_1 \times G_2$
- 두번째 전향경로이득 : $G_3 \times G_2$
- 첫 번째 루프이득 : G_2
- 전달함수 $G(s) = \dfrac{C(s)}{R(s)} = \dfrac{\sum \text{전향 경로 이득}}{1 - \sum \text{루프 이득}}$
  $$= \dfrac{G_1 G_2 + G_2 G_3}{1 + G_2} = \dfrac{G_2(G_1 + G_3)}{1 + G_2}$$

04
그림과 같은 블록선도에서 $\left(\dfrac{C(s)}{R(s)} \right)$는?

① $\dfrac{G_1}{1 + G_1 - G_1 G_2}$ ② $\dfrac{G_1}{1 + G_1 + G_1 G_2}$

③ $\dfrac{G_1}{1 + G_2 - G_1 G_2}$ ④ $\dfrac{G_1}{1 + G_2 + G_1 G_2}$

🔍 해설 ------------------

블록선도의 전달함수

- 첫 번째 전향경로이득 : $G_1 \times G_2 \times \dfrac{1}{G_2} = G_1$
- 첫 번째 루프이득 : $G_1 \times G_2$
- 두 번째 루프이득 : $G_1 \times G_2 \times \dfrac{1}{G_1} = G_2$
- 전달함수 $G(s) = \dfrac{C(s)}{R(s)} = \dfrac{\sum \text{전향 경로 이득}}{1 - \sum \text{루프 이득}} = \dfrac{G_1}{1 - G_1 G_2 + G_2}$

전기자기학 / 전력공학 / 전기기기 / 회로이론 / 제어공학 / 전기설비기술기준

05 다음 논리 회로의 기능은?

① NOT
② NOR
③ NAND
④ OR

해설

시퀀스 논리회로

$Y = \overline{\overline{A \cdot B} + \overline{\overline{A}} + \overline{\overline{B}}} = A + B$ 이므로 OR회로가 된다.

06 안정된 제어계의 특성근이 2개의 공액복소근을 가질 때 이 근들이 허수축 가까이에 있는 경우 허수축에서 멀리 떨어져 있는 안정된 근에 비해 과도응답 영향은 어떻게 되는가?

① 천천히 사라진다.
② 영향이 같다.
③ 빨리 사라진다.
④ 영향이 없다.

해설

특성방정식 근의위치에 따른 시간응답 특성곡선

특성방정식의 근이 허수축(j)에서 많이 떨어져 있을수록 정상값에 빨리 도달하므로 허수축에서 가까이에 있는 경우 과도응답은 천천히 사라진다.

07 전달함수가 $\dfrac{C(s)}{R(s)} = \dfrac{25}{s^2 + 6s + 25}$ 인 2차 제어시스템의 감쇠 진동 주파수(ω_d)는 몇 [rad/sec]인가?

① 3
② 4
③ 5
④ 6

해설

2차계의 전달함수

$G(s) = \dfrac{25}{s^2 + 6s + 25} = \dfrac{\omega_n^2}{s^2 + 2\delta\omega_n s + \omega_n^2}$ 이므로

$\omega_n^2 = 25$에서 고유진동 각파수는 $\omega_n = 5$[rad/sec]이고 $2\delta\omega_n = 6$, $10\delta = 6$이므로 제동비 $\delta = 0.6$이므로 감쇠진동이 되어 이때 감쇠진동주파수 $\omega_d = \omega_n\sqrt{1 - \delta^2} = 5\sqrt{1 - 0.6^2} = 4$[rad/sec]

08 2차 지연요소의 특성방정식이 $s^2 + 3s + 4 = 0$와 같을 때 2차 지연요소의 감쇠율은?

① 0.35
② 0.95
③ 0.75
④ 0.55

해설

2차계의 전달함수에서

특성방정식 $s^2 + 3s + 4 = s^2 + 2\delta\omega_n s + \omega_n^2$이므로 $\omega_n^2 = 4$에서 고유진동 각파수는 $\omega_n = 2$[rad/sec]이고 $2\delta\omega_n = 3$, $4\delta = 3$이므로 감쇠율(제동비) $\delta = \dfrac{3}{4} = 0.75$

09 계단입력 신호를 인가한 직후, 제어량이 목표값에 가까운 일정한 값으로 안정될때까지의 특성은?

① 정상특성
② 지연요소
③ 과도특성
④ 낭비시간요소

해설

목표값에 가까운 일정한 값으로 안정될때까지의 특성을 과도특성이라 한다.

10 다음의 개루프 전달함수에 대한 근궤적이 실수축에서 이탈하게 되는 분리점은 약 얼마인가?

$$G(s)H(s) = \dfrac{K}{s(s+3)(s+8)}, \ K \geq 0$$

① −5.74
② −1.33
③ −0.93
④ −6.0

해설

근궤적의 분지점(이탈점)

특성방정식은

$1 + G(s)H(s) = 1 + \dfrac{K}{s(s+3)(s+8)}$

$= \dfrac{s(s+3)(s+8) + K}{s(s+3)(s+8)} = 0$ 에서

$s(s+3)(s+8) + K = 0$

$K = -s(s+3)(s+8) = -s^3 - 11s^2 - 24s$

[**정답**] 05 ④ 06 ① 07 ② 08 ③ 09 ③ 10 ②

$\dfrac{dK}{ds}=0$을 만족하는 방정식의 근의 값을 구하면

$$\dfrac{dK}{ds}=\dfrac{d}{ds}[-s^3-11s^2-24s]$$

$$=-(3s^2+22s+24)=0$$

$$3s^2+22s+24=0$$

$$s=\dfrac{-22\pm\sqrt{22^2-4\times3\times24}}{2\times3}$$

$$=\dfrac{-22\pm\sqrt{196}}{6}=-1.33,\ -6$$

근궤적의 영역은 $0\sim-3$ 사이와 $-8\sim-\infty$사이에 존재하므로 이 범위에 속한 s값은 -1.33이다.

시행일 **2023년 3회**

01 2차 선형 시불변 시스템의 전달함수
$G(s)=\dfrac{\omega_n^2}{s^2+2\delta\omega_n s+\omega_n^2}$에서 ω_n이 의미하는 것은?

① 감쇠계수   ② 비례계수

③ 고유 진동 주파수   ④ 공진 주파수

🔍 **해설**

$\omega_n[\mathrm{rad/sec}]$: 고유 진동 주파수
δ :제동비(감쇠비)

02 다음과 같은 신호흐름선도에서 $\dfrac{C(s)}{R(s)}$의 값은?

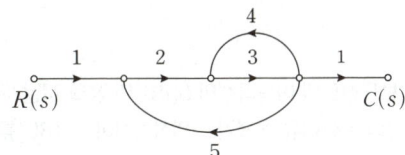

① $-\dfrac{1}{41}$ ② $-\dfrac{3}{41}$

③ $-\dfrac{6}{41}$ ④ $-\dfrac{8}{41}$

🔍 **해설**

신호흐름선도의 전달함수

전향경로이득 : $1\times2\times3\times1=6$
첫 번째 루프이득 : $3\times4=12$
두 번째 루프이득 : $2\times3\times5=30$

전달함수 $G(s)=\dfrac{C(s)}{R(s)}=\dfrac{\sum \text{전향 경로 이득}}{1-\sum\text{루프 이득}}$

$$=\dfrac{6}{1-(12+30)}=-\dfrac{6}{41}$$

03 그림과 같은 블록선도에서 등가 전달함수는?

① $\dfrac{G_1G_2}{1+G_2+G_1G_2G_3}$ ② $\dfrac{G_1G_2}{1-G_2+G_1G_2G_3}$

③ $\dfrac{G_1G_3}{1+G_2+G_1G_2G_3}$ ④ $\dfrac{G_1G_3}{1-G_2+G_1G_2G_3}$

🔍 **해설**

블록선도의 전달함수

- 전향경로이득 : $G_1\times G_2$
- 첫 번째 루프이득 : $G_2\times1=G_2$
- 두 번째 루프이득 : $G_1\times G_2\times G_3$
- 전달함수 $G(s)=\dfrac{C(s)}{R(s)}=\dfrac{\sum \text{전향 경로 이득}}{1-\sum\text{루프 이득}}$

$$=\dfrac{G_1G_2}{1-G_2+G_1G_2G_3}$$

04 일정 입력에 대해 잔류편차가 있는 제어계는?

① 비례 제어계   ② 적분 제어계

③ 비례 적분 제어계   ④ 비례 적분 미분 제어계

🔍 **해설**

비례동작(P제어)

Off-set(오프셋, 잔류편차, 정상편차, 정상오차)가 발생, 속응성(응답속도)이 나쁘다.

[정답] 2023년 3회   01 ③   02 ③   03 ②   04 ①

전기자기학
전력공학
전기기기
회로이론
제어공학
전기설비기술기준

05 다음의 과도응답에 관한 설명 중 옳지 않은 것은?

① 지연 시간은 응답이 최초로 목표값의 50[%]가 되는 데 소요되는 시간이다.

② 백분율 오버슈트는 최종 목표값과 최대 오버슈트와의 비를 %로 나타낸 것이다.

③ 감쇠비는 최종 목표값과 최대 오버슈트와의 비를 나타낸 것이다.

④ 응답시간은 응답이 요구하는 오차 이내로 정착되는데 걸리는 시간이다.

🔍 해설

- 상대(백분율)오버슈트 : 최종 목표값과 최대 오버슈트와의 비
- 감쇠비 : 제2의 오버슈트와 최대 오버슈트와의 비

06 ω가 0에서 ∞까지 변화하였을때 $G(jw)$의 크기와 위상각을 극좌표에 그린 것으로 이 궤적을 표시하는 선도는?

① 근궤적도   ② 나이퀴스트선도

③ 니콜스선도   ④ 보오드선도

🔍 해설

ω가 0에서 ∞까지 변화하였을때 $G(jw)$의 크기와 위상각을 극좌표에 그린 것으로 이 궤적을 표시하는 선도를 나이퀴스트선도라 한다.

07 상태방정식으로 표시되는 제어계의 천이행렬 $\phi(t)$는?

$$X=\begin{bmatrix} 0 & 1 \\ 0 & 0 \end{bmatrix}X+\begin{bmatrix} 0 \\ 1 \end{bmatrix}U$$

① $\begin{bmatrix} 0 & t \\ 1 & 1 \end{bmatrix}$ ② $\begin{bmatrix} 1 & 1 \\ 0 & t \end{bmatrix}$

③ $\begin{bmatrix} 1 & t \\ 0 & 1 \end{bmatrix}$ ④ $\begin{bmatrix} 0 & t \\ 1 & 0 \end{bmatrix}$

🔍 해설

계수행렬 $A=\begin{bmatrix} 0 & 1 \\ 0 & 0 \end{bmatrix}$ 이므로 천이행렬 $\phi(t)$는

$$sI-A=s\begin{bmatrix} 1 & 0 \\ 0 & 1 \end{bmatrix}-\begin{bmatrix} 0 & 1 \\ 0 & 0 \end{bmatrix}=\begin{bmatrix} s & -1 \\ 0 & s \end{bmatrix}$$

$$[sI-A]^{-1}=\begin{bmatrix} s & -1 \\ 0 & s \end{bmatrix}^{-1}=\frac{1}{s^2}\begin{bmatrix} s & 1 \\ 0 & s \end{bmatrix}=\begin{bmatrix} \dfrac{1}{s} & \dfrac{1}{s^2} \\ 0 & \dfrac{1}{s} \end{bmatrix}$$

$$\therefore \phi(t)=£^{-1}\{[sI-A]^{-1}\}=\begin{bmatrix} 1 & t \\ 0 & 1 \end{bmatrix}$$

08 그림과 같은 제어계에서 단위 계단 입력 D가 인가될 때 외란 D에 의한 정상편차는 얼마인가?

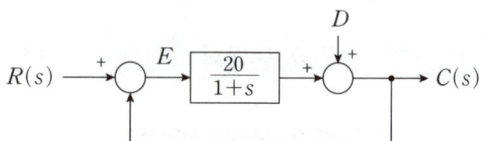

① 20   ② 21

③ 1/10   ④ 1/21

🔍 해설

정상편차

기준입력이 단위계단입력 $D=u(t)=1$인 경우의 정상편차는 정상위치편차 e_{ssp}를 말하므로

블록선도에서 개우프 전달함수는 $G(s)=\dfrac{20}{1+s}$ 이므로

위치편차상수 $k_p=\displaystyle\lim_{s\to 0}G(s)=\lim_{s\to 0}\dfrac{20}{1+s}=20$

정상위치편차 $e_{ssp}=\dfrac{1}{1+\lim\limits_{s=0}G(s)}=\dfrac{1}{1+k_p}=\dfrac{1}{1+20}=\dfrac{1}{21}$

09 보드선도의 이득곡선이 0[dB]인 점을 지날 때 주파수에서 양의 위상여유가 생기고 위상곡선이 $-180°$를 지날 때 양의 이득여유가 생긴다면 이 폐루프 시스템의 안정도는 어떻게 되겠는가?

① 항상 안정

② 항상 불안정

③ 조건부 안정

④ 안정성 여부를 판가름 할 수 없다.

📍 해설

보드도면에서의 안정판별

보드 선도에서 이득 곡선이 0[dB]인 점을 지날 때의 주파수에서 양의 위상 여유가 생기고 위상 곡선이 $-180°$를 지날 때 양의 이득 여유가 생긴다면 시스템은 안정하다.

10 논리식 $((AB+A\overline{B})+AB)+\overline{A}B$를 간단히 하면?

① $A+B$ ② $\overline{A}+B$

③ $A+\overline{B}$ ④ $A+A\cdot B$

📍 해설

$((AB+A\overline{B})+AB)+\overline{A}B$
$=(A(B+\overline{B})+AB)+\overline{A}B$
$=(A\cdot1+AB)+\overline{A}B$
$=A(1+B)+\overline{A}B$
$=A\cdot1+\overline{A}B$
$=A+\overline{A}B$
$=(A+\overline{A})\cdot(A+B)$
$=1\cdot(A+B)=A+B$

시행일 ▶ **2024년 1회**

01 시퀀스(Sequence)제어에서 다음 중 옳지 않은 것은?

① 조합논리회로(組合論理回路)도 사용된다.

② 기계적 계전기도 사용된다.

③ 전체 계통에 연결된 스위치가 일시에 동작할 수도 있다.

④ 시간 지연 요소도 사용된다.

📍 해설

시퀀스 제어

시퀀스 제어란 미리 정해놓은 순서에 따라 각 단계가 순차적으로 진행되는 제어로서 연결스위치가 일시에 동작 할 수는 없다.

02 다음 $z-$변환이 잘못된 것은?

① $e^{-at} \rightarrow \dfrac{z}{z-e^{aT}}$ ② $\delta(t) \rightarrow 1$

③ $u(t) \rightarrow \dfrac{z}{z-1}$ ④ $t \rightarrow \dfrac{Tz}{(z-1)^2}$

📍 해설

$f(t),\ F(s),\ F(z)$의 비교

시간함수 $f(t)$	라플라스변환 $F(s)$	z변환 $F(z)$
$\delta(t)$	1	1
$u(t)=1$	$\dfrac{1}{s}$	$\dfrac{z}{z-1}$
e^{-at}	$\dfrac{1}{s+a}$	$\dfrac{z}{z-e^{-aT}}$
t	$\dfrac{1}{s^2}$	$\dfrac{Tz}{(z-1)^2}$

03 다음은 천이행렬 $\phi(t)$의 특징을 서술한 관계식이다. 이 중 잘못된 것은?

① $\phi(0)=I$

② $\phi^{-1}(t)=-\phi(-t)$

③ $[\phi(t)]^k=\phi(kt)$

④ $\phi(t_2-t_0)=\phi(t_2-t_1)\phi(t_1-t_0)$

📍 해설

상태천이행렬의 성질

① $x(t)=\phi(t)x(0)=e^{At}x(0)$
   $\phi(t)=e^{At}$
② $\phi(0)=I$(단, I는 단위행렬)
③ $\phi^{-1}(t)=\phi(-t)=e^{-At}$
④ $\phi(t_2-t_1)\phi(t_1-t_0)=\phi(t_2-t_0)$
⑤ $[\phi(t)]^k=\phi(kt)$

전기자기학

전력공학

전기기기

회로이론

제어공학

전기설비기술기준

[정답] 10 ①   2024년 1회   01 ③   02 ①   03 ②

04 $G(s) = \dfrac{1}{1+sT}$ 인 제어계에서 절점주파수일 때의 이득[dB]은?

① 약 -1 ② 약 -2

③ 약 -3 ④ 약 -4

해설

이득 g[dB]

주파수 전달함수 $G(j\omega) = \dfrac{1}{1+j\omega T}$ 에서

절점주파수는 $1 = \omega T$ 식에서 $\omega = \dfrac{1}{T}$[rad/sec]가 된다.

절점주파수에서의 전달함수 $G(j\omega) = \dfrac{1}{1+j\omega T}\bigg|_{\omega = \frac{1}{T}} = \dfrac{1}{1+j1}$

전달함수의 크기 $|G(j\omega)| = \dfrac{1}{\sqrt{1^2+1^2}} = \dfrac{1}{\sqrt{2}}$

이득 $g = 20\log_{10}|G(j\omega)| = 20\log_{10}\dfrac{1}{\sqrt{2}} = -3$[dB]

05 주파수 전달함수 $G(j\omega) = \dfrac{1}{j100\omega}$ 인 계에서 $\omega = 1.0$[rad/s]일 때의 이득[dB]과 위상각은?

① $-20,\ -90°$ ② $-40,\ -90°$

③ $20,\ -90°$ ④ $40,\ -90°$

해설

주파수 전달함수

$G(j\omega) = \dfrac{1}{j100\omega}\bigg|_{\omega=1} = \dfrac{1}{j100}$

전달함수의 크기 $|G(j\omega)| = \dfrac{1}{100}$

이득은 $g = 20\log_{10}|G(j\omega)| = 20\log_{10}\dfrac{1}{100} = -40$[dB]

위상각 $\theta = \angle G(j\omega) = -90°$

06 $G(j\omega) = K(j\omega)^2$의 보우드선도에서 ω가 클 때의 이득변화[dB/dec]는?

① 20 ② -20

③ 40 ④ -40

해설

이득변화 및 위상변화

$G(j\omega) = K(j\omega)^2$

전달함수의 크기 $|G(j\omega)| = K\omega^2$

이득 $g = 20\log_{10}|G(j\omega)| = 20\log_{10}K\omega^2$
$\qquad\qquad 20\log_{10}K + 20\log_{10}\omega^2$[dB]

$\omega = 0.1$ 일 때
$g = 20\log_{10}K + 20\log_{10}0.1^2 = 20\log_{10}K - 40$[dB]

$\omega = 1$ 일 때
$g = 20\log_{10}K + 20\log_{10}1^2 = 20\log_{10}K$[dB]

$\omega = 10$ 일 때
$g = 20\log_{10}K + 20\log_{10}10^2 = 20\log_{10}K + 40$[dB]이므로

40[dB/dec]의 경사도를 가지며 위상각 $\theta = \angle G(j\omega) = 180°$

07 $G(s)H(s) = \dfrac{2}{(s+1)(s+2)}$의 이득여유[dB]를 구하면?

① 20 ② -20

③ 0 ④ ∞

해설

이득여유

$(s+1)(s+2) = (j\omega+1)(j\omega+2) = 2-\omega^2 + j3\omega$ 이므로

허수부가 0이되는 $\omega = \omega_p = 0$ 이므로

$|G(j\omega)H(j\omega)| = \dfrac{2}{(j\omega+1)(j\omega+2)}\bigg|_{\omega=0} = 1$ 이므로

이득여유는 $GM = 20\log_{10}\dfrac{1}{|G(j\omega)H(j\omega)|_{\omega=0}}$
$\qquad\qquad = 20\log_{10}1 = 0$[dB]

08 $G(s)H(s) = \dfrac{K(s+1)}{s^2(s+2)(s+3)}$ 에서 근궤적의 수는?

① 1 ② 2

③ 3 ④ 4

해설

근궤적 수

근궤적의 수(N)는 극점의 수(p)와 영점의 수(z) 중에서 큰 것을 선택하면 되므로 $z=1$, $p=4$이므로 $z<p$이고 $N=p$이다. 따라서, $N=4$

[**정답**] 04 ③ 05 ② 06 ③ 07 ③ 08 ④

09 $A=\begin{bmatrix} 0 & 1 \\ -2 & -3 \end{bmatrix}$, $B=\begin{bmatrix} 4 \\ 5 \end{bmatrix}$인 상태방정식 $\dfrac{dx}{dt}=$ $Ax+Br$에서 제어계의 특성방정식은?

① $s^2+4s+3=0$ ② $s^2+3s+2=0$

③ $s^2+3s+4=0$ ④ $s^2+2s+3=0$

특성방정식

상태방정식에서 계수행렬 A에 의한 특성방정식은 $|sI-A|=0$이므로

$$sI-A=s\begin{bmatrix} 1 & 0 \\ 0 & 1 \end{bmatrix}-\begin{bmatrix} 0 & 1 \\ -2 & -3 \end{bmatrix}$$

$$=\begin{bmatrix} s & 0 \\ 0 & s \end{bmatrix}-\begin{bmatrix} 0 & 1 \\ -2 & -3 \end{bmatrix}=\begin{bmatrix} s & -1 \\ 2 & s+3 \end{bmatrix}$$

특성방정식은

$$|sI-A|=\begin{bmatrix} s & -1 \\ 2 & s+3 \end{bmatrix}$$

$$=s(s+3)-(-1)\times 2$$

$$=s^2+3s+2=0$$

10 어느 시퀀스 제어시스템의 내부 상태가 9가지로 바뀐다면 이를 설계할 때 필요한 플립플롭의 최소 개수는?

① 3 ② 4

③ 5 ④ 6

플립플롭 최소 개수 n

플립플롭의 가지수는 2^n이므로 $2^3=8$, $2^4=16$ 이 되므로 가지수가 9이므로 플립플롭 최소 개수 $n=4$가 되어야 한다.

---

01 다음 회로와 동일한 논리 심벌은?

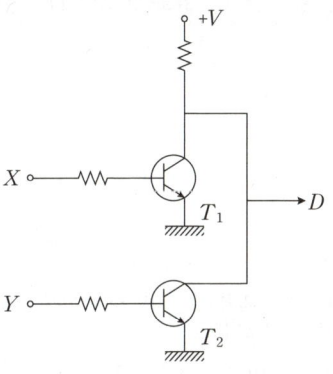

① $\begin{matrix} X \\ Y \end{matrix}$ ⟩○— D (NOR)

② $\begin{matrix} X \\ Y \end{matrix}$ ⟩○— D (NAND)

③ $\begin{matrix} X \\ Y \end{matrix}$ ⟩— D (OR)

④ $\begin{matrix} X \\ Y \end{matrix}$ ⟩— D (AND)

트랜지스터의 진리표는

X	Y	D
0	0	1
0	1	0
1	0	0
1	1	0

이므로 논리 심벌은 NOR가 된다.

02 제어계 중에서 물체의 위치(속도, 가속도), 각도(자세, 방향)등의 기계적인 출력을 목적으로 하는 제어는?

① 프로세스 제어 ② 프로그램 제어

③ 자동 조정제어 ④ 서보제어

제어량에 의한 분류

서보기구 제어는 제어량이 기계적인 추치제어로서 위치, 방향, 자세, 각도, 거리등을 제어한다.

[정답] 09 ② 10 ② 2024년 2회 01 ① 02 ④

03 개루프 전달함수 $G(s)$가 다음과 같이 주어지는 단위피드백 계에서 단위속도 입력에 대한 정상편차는?

$$G(s) = \frac{s+5}{s(s+2)(s+4)}$$

① $\dfrac{5}{8}$ ② $\dfrac{1}{3}$

③ $\dfrac{1}{4}$ ④ $\dfrac{8}{5}$

🔍 **해설**

정상편차

기준입력이 단위속도입력 $r(t)=t$인 경우의 정상편차는 정상속도편차 e_{ssv}를 말하므로

$$k_v = \lim_{s \to 0} G(s) = \lim_{s \to 0} s \frac{s+5}{s(s+2)(s+4)} = \frac{5}{8}$$

정상속도편차 $e_{ssv} = \dfrac{1}{\lim_{s=0} sG(s)} = \dfrac{1}{k_v} = \dfrac{8}{5}$

---

04 $G(s)H(s) = \dfrac{K}{Ts+1}$ 일 때 이 계통은 어떤 형인가?

① 0형   ② 1형
③ 2형   ④ 3형

🔍 **해설**

자동제어계의 형의 분류

제어계의 형의 분류는 개루우프 전달함수 $G(s)H(s)$의 원점($s=0$)에 있는 극점수로 분류한다.

$$G(s)H(s) = \frac{(s+b_1)(s+b_2)(s+b_3)\cdots}{s^N(s+a_1)(s+a_2)(s+a_3)\cdots}$$

$N=0 \rightarrow$ 0형 제어계
$N=1 \rightarrow$ 1형 제어계
$N=2 \rightarrow$ 2형 제어계
　　⋮
따라서, 개루프전달함수 $G(s)H(s)$는
$$G(s)H(s) = \frac{K}{Ts+1} = \frac{K}{s^0(Ts+1)}$$ 이므로 0형 제어계이다.

---

05 특성방정식 $s^3+3s^2+2s+K=0$으로 주어질 때 제어계가 안정하기 위한 K의 범위는?

① $K<0$ ② $K>6$
③ $0<K<6$ ④ $K<0, \ 6<K$

🔍 **해설**

루드 수열 안정판별

특성방정식 $= s^3+3s^2+2s+K=0$
루드 수열을 이용하여 풀면 다음과 같다.

s^3	1	2	0
s^2	3	K	0
s^1	$\dfrac{2\times3-1\times K}{3}=\dfrac{6-K}{3}=A$	$\dfrac{0\times3-1\times0}{3}=0$	0
s^0	$\dfrac{K\times A-3\times0}{A}=K$	0	0

제1열의 부호변화가 없어야 안정하므로

$A = \dfrac{6-K}{3} > 0, \ K>0$ 를 정리하면

$6>K, K>0$ 이므로 동시에 존재하는 구간은

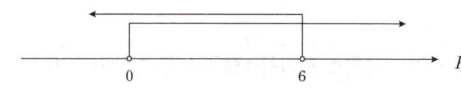

$\therefore 0<K<6$

---

06 특성 방정식 $s^5+2s^4+2s^3+3s^2+4s+1=0$의 s 평면 우반부에 존재하는 근의 수는 몇 개인가?

① 0   ② 1
③ 2   ④ 4

🔍 **해설**

루드 수열 안정판별

특성방정식 $= s^5+2s^4+2s^3+3s^2+4s+1=0$
루드 수열을 이용하여 풀면 다음과 같다.

s^5	1	2	4 0
s^4	2	3	1 0
s^3	$\dfrac{2\times2-1\times3}{2}=0.5$	$\dfrac{4\times2-1\times1}{2}=3.5$	0 0
s^2	$\dfrac{3\times0.5-2\times3.5}{0.5}=-11$	$\dfrac{1\times0.5-2\times0}{0.5}=1$	0 0

$$s^1 \quad \left| \quad \frac{3.5 \times (-11) - 0.5 \times 1}{-11} = 3.55 \qquad 0 \qquad\qquad 0 \quad 0 \right.$$

$$s^0 \quad \left| \quad \frac{3.55 \times 1 - (-11) \times 0}{3.55} = 1 \right.$$

제1열의 부호 변화가 2번 발생하였으므로 불안정이며 우반부 근의 수는 2개이다.

07 특성방정식 $(s+1)(s+2)+K(s+3)=0$의 완전 근궤적의 이탈점은 각각 얼마인가?

① $s=-1.5$, $s=-3.5$인 점

② $s=-1.6$, $s=-2.6$인 점

③ $s=-3+\sqrt{2}$, $s=-3-2\sqrt{2}$ 인 점

④ $s=-3+\sqrt{2}$, $s=-3-\sqrt{2}$ 인 점

🔍 해설

근궤적의 분지점(이탈점)

특성방정식 $(s+1)(s+2)+K(s+3)=0$

$K=-\dfrac{(s+1)(s+2)}{(s+3)}=-\dfrac{(s^2+3s+2)}{(s+3)}$

$\dfrac{dK}{ds}=0$ 을 만족하는 방정식의 근의 값을 구하면

$\dfrac{dK}{ds}=\dfrac{d}{ds}\left[-\dfrac{(s^2+3s+2)}{(s+3)}\right]$

$\quad =-\dfrac{-(2s+3)(s+3)+(s^2+3s+2)\times 1}{(s+3)^2}$

$\quad =-\dfrac{-2s^2-9s-9+s^2+3s+3}{(s+3)^2}=0$

$s^2+6s+7=0$

$s=\dfrac{-6\pm\sqrt{6^2-4\times1\times7}}{2\times1}$

$\quad =\dfrac{-6\pm2\sqrt{2}}{2}=-3+\sqrt{2}, \ -3-\sqrt{2}$

근궤적 영역은 $-\infty \sim -3$ 사이와 $-2 \sim -1$ 사이에 존재하므로 이 범위에 속한 s값은 $-3+\sqrt{2}$, $-3-\sqrt{2}$

08 그림과 같은 피드백 회로의 종합 전달함수는?

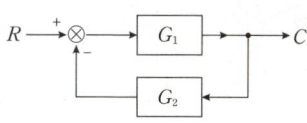

① $\dfrac{1}{G_1}+\dfrac{1}{G_2}$

② $\dfrac{G_1}{1-G_1G_2}$

③ $\dfrac{G_1}{1+G_1G_2}$

④ $\dfrac{G_1G_2}{1+G_1G_2}$

🔍 해설

블록선도의 전달함수

- 전향경로이득 : G_1
- 루프이득 : $G_1 \cdot G_2$
- 전달함수 $G(s)=\dfrac{C(s)}{R(s)}=\dfrac{\sum \text{전향 경로 이득}}{1-\sum\text{루프 이득}}=\dfrac{G_1}{1+G_1 \cdot G_2}$

09 다음 사항 중 옳게 표현된 것은?

① 비례 요소의 전달 함수는 $\dfrac{1}{Ts}$ 이다.

② 미분 요소의 전달 함수는 K이다.

③ 적분 요소의 전달 함수는 Ts이다.

④ 1차 지연 요소의 전달 함수는 $\dfrac{K}{Ts+1}$ 이다.

🔍 해설

제어요소의 전달함수

- 비례 요소 : K
- 적분 요소 : $\dfrac{1}{Ts}$
- 미분 요소 : Ts
- 1차 지연 요소 : $\dfrac{K}{Ts+1}$

10 $G(s)=\dfrac{1}{1+Ts}$인 제어계에서 절점주파수의 이득은?

① $-5[\text{dB}]$

② $4[\text{dB}]$

③ $-3[\text{dB}]$

④ $2[\text{dB}]$

🔍 해설

이득 $g[\text{dB}]$

주파수 전달함수 $G(j\omega)=\dfrac{1}{1+j\omega T}$ 에서

절점주파수는 $1=\omega T$식에서 $\omega=\dfrac{1}{T}[\text{rad/sec}]$가 된다.

절점주파수에서의 전달함수 $G(j\omega)=\dfrac{1}{1+j\omega T}\bigg|_{\omega=\frac{1}{T}}=\dfrac{1}{1+j1}$

전달함수의 크기 $|G(j\omega)|=\dfrac{1}{\sqrt{1^2+1^2}}=\dfrac{1}{\sqrt{2}}$

이득 $g=20\log_{10}|G(j\omega)|=20\log_{10}\dfrac{1}{\sqrt{2}}=-3[\text{dB}]$

[정답] 07 ④ 08 ③ 09 ④ 10 ③

시행일 **2024년 3회**

01 전달함수 $G(j\omega)=j20\omega$이고, $\omega=5$일 때 이득[dB]은?

① 20
② 40
③ −20
④ −40

🔍 해설

이득 g[dB]

$G(j\omega)=j20\omega|_{\omega=1}=j100$

전달함수의 크기 $|G(j\omega)|=100$

이득은 $g=20\log_{10}|G(j\omega)|=20\log_{10}100=40$[dB]

02 어떤 자동제어 계통의 극이 S 평면에 그림과 같이 주어지는 경우 이 시스템의 시간영역에서 동작 상태는?

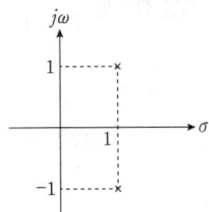

① 진동하지 않는다.
② 감폭 진동한다.
③ 점점 더 크게 진동한다.
④ 지속 진동한다.

🔍 해설

특성방정식의 근인 극점이 우반부에 복소근으로 존재 시 진동이 점점 커지므로 제어계가 불안정 하다.

 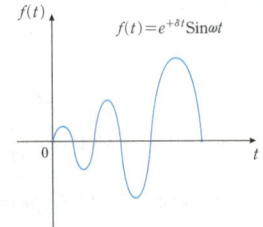

03 주어진 계통의 특성방정식이 $S^4+6S^3+11S^2+6S+K=0$ 이다. 안정하기 위한 K의 범위는?

① $K<0,\ K>20$
② $0<K<20$
③ $0<K<10$
④ $K<20$

🔍 해설

루드 수열 안정판별

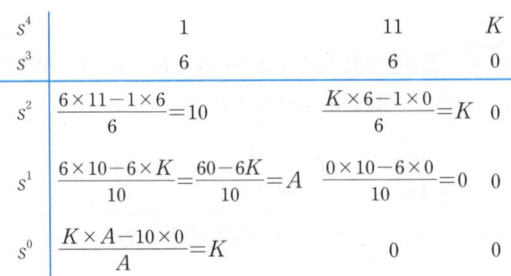

제1열의 부호의 변화가 없어야 안정하므로

$A=\dfrac{60-6K}{10}>0,\ K>0$에서

$K>0, K<10$ 이므로 동시 존재하는 구간은

$\therefore\ 0<K<10$

04 전달함수 $G(s)=\dfrac{1}{s+1}$ 인 제어계 인디션 응답은?

① $1-e^{-t}$
② e^{-t}
③ $-1+e^{-t}$
④ $e^{-t}+1$

🔍 해설

인디셜 응답

인디셜 응답시 기준입력 $r(t)=u(t)=1$, $R(s)=\dfrac{1}{s}$

전달함수 $G(s)=\dfrac{C(s)}{R(s)}=\dfrac{1}{s+1}$ 일 때

응답(출력) $C(s)=G(s)R(s)=\dfrac{1}{s+1}\times\dfrac{1}{s}=\dfrac{1}{s(s+1)}$

역라플라스변환

$C(s)=\dfrac{1}{s(s+1)}=\dfrac{A}{s}+\dfrac{B}{s+1}$

$$A = \lim_{s \to 0} s \cdot C(s) = \left[\frac{1}{s+1}\right]_{s=0} = 1$$

$$B = \lim_{s \to 0} (s+1)C(s) = \left[\frac{1}{s}\right]_{s=-1} = -1$$

$$C(s) = \frac{1}{s} - \frac{1}{s+1}$$

$$\therefore c(t) = 1 - e^{-t}$$

05 그림의 블록선도와 같이 표현되는 제어시스템에서 $A=1$, $B=1$일 때, 블록선도의 출력 C는 약 얼마인가?

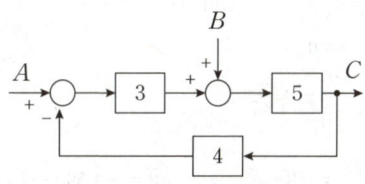

① 0.22　　　　　② 0.33
③ 1.22　　　　　④ 3.1

🔍 **해설**

블록선도의 전달함수

$$\frac{C}{A} = \frac{3 \times 5}{1 + 3 \times 5 \times 4} = \frac{15}{61}$$

$$\frac{C}{B} = \frac{5}{1 + 3 \times 5 \times 4} = \frac{5}{61}$$

$$G(s) = \frac{C}{A} + \frac{C}{B} = \frac{15}{61} + \frac{5}{61} = \frac{20}{61} = 0.33$$

06 어떤 선형 시불변계의 상태방정식이 다음과 같다. (단, $A = \begin{pmatrix} 0 & 0 \\ 1 & -2 \end{pmatrix}$, $B = \begin{bmatrix} 1 \\ 1 \end{bmatrix}$, $\dot{x}(t) = Ax(t) + Bu(t)$) 상태천이 행렬 $\phi(t)$는?

① $\begin{bmatrix} 1 & 0 \\ (e^{-2t} - 1) & 1 \end{bmatrix}$　　② $\begin{bmatrix} 1 & 0 \\ (e^{-2t} - 1) & e^{-2t} \end{bmatrix}$

③ $\begin{bmatrix} 1 & 0 \\ 2(e^{-2t} - 1) & e^{-2t} \end{bmatrix}$　　④ $\begin{bmatrix} 1 & 0 \\ (1 - e^{-2t})/2 & e^{-2t} \end{bmatrix}$

🔍 **해설**

상태천이행렬

계수행렬 $A = \begin{bmatrix} -1 & 0 \\ 3 & -2 \end{bmatrix}$이므로

$$sI - A = s\begin{bmatrix} 1 & 0 \\ 0 & 1 \end{bmatrix} - \begin{bmatrix} 0 & 0 \\ 1 & -2 \end{bmatrix} = \begin{bmatrix} s & 0 \\ -1 & s+2 \end{bmatrix}$$

$$[sI - A]^{-1} = \frac{1}{s(s+2)}\begin{bmatrix} s+2 & 0 \\ 1 & s \end{bmatrix}$$

$$= \begin{bmatrix} \dfrac{1}{s} & 0 \\ \dfrac{1}{s(s+2)} & \dfrac{1}{s+2} \end{bmatrix}$$ 이므로 상태천이행렬은

$$\phi(t) = \pounds^{-1}([sI-A]^{-1}) = \begin{bmatrix} 1 & 0 \\ (1-e^{-2t})/2 & e^{-2t} \end{bmatrix}$$

07 조절부의 동작에 의한 분류 중 제어계의 오차가 검출될 때 오차가 변화하는 속도에 비례하여 조작량을 조절하는 동작으로 오차가 커지는 것을 미연에 방지하는 제어 동작은 무엇인가?

① 비례 동작 제어　　② 미분 동작 제어
③ 적분 동작 제어　　④ 온-오프 제어

🔍 **해설**

동작에 의한 분류
제어계의 오차가 검출될 때 오차가 변화하는 속도에 비례하여 조작량을 조절하는 동작으로 오차가 커지는 것을 미연에 방지하는 제어 동작을 미분동작 제어라 한다.

08 PD 제어동작은 프로세스 제어계의 과도 특성 개선에 쓰인다. 이것에 대응하는 보상 요소는?

① 지상 보상 요소　　② 진상 보상 요소
③ 동상 보상 요소　　④ 진지상 보상 요소

🔍 **해설**

동작에 의한 분류
비례 미분동작(PD제어)은 진동을 억제하여 속응성(응답속도)를 개선한다. → 진상보상요소

[**정답**] 05 ②　06 ④　07 ②　08 ②

09 $G(s)H(s) = \dfrac{K}{s^2(s+1)^2}$ 에서 근궤적의 수는 몇 개인가?

① 4 ② 2

③ 1 ④ 없다.

🔍 **해설**

근궤적의 수

근궤적의 수(N)는 극점의 수(p)와 영점의 수(z) 중에서 큰 것을 선택하면 되므로
$z=0$, $p=4$이므로 $z<p$이고 $N=p$이다. 따라서, $N=4$

10 $G(s)H(s) = \dfrac{K(s+1)}{s(s+5)(s+8)}$ 일 때 근궤적에서 점근선의 실수축과의 교차점은?

① -6 ② -5

③ -4 ④ -1

🔍 **해설**

점근선의 교차점

① $G(s)H(s)$의 극점 : 분모가 0인 s
   $s=0$, $s=-5$, $s=-8$ 이므로
   극점의 수 $P=3$개

② $G(s)H(s)$의 영점 : 분자가 0인 s
   $s=-1$ 이므로 영점의 수 $Z=1$개

   실수축과의 교차점
   $$\sigma = \frac{\sum G(s)H(s)\text{의 극점} - \sum G(s)H(s)\text{의 영점}}{p-z}$$
   $$= \frac{0+(-5)+(-8)-(-1)}{3-1} = -6$$

시행일 ▶ **2025년 1회**

01 특성방정식 $(s+1)(s+2)+K(s+3)=0$의 완전 근궤적의 이탈점은 각각 얼마인가?

① $s=-1.5$, $s=-3.5$인 점

② $s=-1.6$, $s=-2.6$인 점

③ $s=-2+\sqrt{3}$, $s=-2-\sqrt{3}$ 인 점

④ $s=-3+\sqrt{2}$, $s=-3-\sqrt{2}$ 인 점

🔍 **해설**

특성방정식은 $(s+1)(s+2)+K(s+3)=0$

$K = -\dfrac{(s+1)(s+2)}{(s+3)} = -\dfrac{(s^2+3s+2)}{(s+3)}$

$\dfrac{dK}{ds}=0$ 을 만족하는 방정식의 근의 값을 구하면

$\dfrac{dK}{ds} = \dfrac{d}{ds}\left[-\dfrac{s^2+3s+2}{(s+3)}\right]$

$= \dfrac{-(2s+3)(s+3)+(s^2+3s+2)\times 1}{(s+3)^2}$

$= -\dfrac{-s^2-6s-7}{(s+3)^2} = 0$ 이므로

$-s^2-6s-7=0$

$s^2+6s+7=0$

$s = \dfrac{-6\pm\sqrt{6^2-4\times1\times7}}{2\times1}$

$= \dfrac{-6\pm\sqrt{8}}{2} = -3+\sqrt{2}$, $-3-\sqrt{2} = -1.59$, -4.41

근궤적 영역은 $-2 \sim -1$ 사이와 $-\infty \sim -3$ 사이에 존재하므로 이 범위에 속한 s값은 $-3+\sqrt{2}$, $-3-\sqrt{2}$

02 다음 중 $G(s)H(s) = \dfrac{K}{Ts+1}$ 일 때, 이 계통은 어떤 형인가?

① 0형 ② 1형

③ 2형 ④ 3형

🔍 **해설**

제어계의 형의 분류는 개루우프 전달함수
$G(s)H(s)$의 원점($s=0$)에 있는 극점수로 분류한다.

$G(s)H(s) = \dfrac{(s+b_1)(s+b_2)(s+b_3)\cdots}{s^N(s+a_1)(s+a_2)(s+a_3)\cdots}$

$N=0 \rightarrow$ 0형 제어계
$N=1 \rightarrow$ 1형 제어계
$N=2 \rightarrow$ 2형 제어계
$\vdots$

따라서, 개루프전달함수 $G(s)H(s)$는

$G(s)H(s) = \dfrac{K}{Ts+1} = \dfrac{K}{s^0(Ts+1)}$ 이므로 0형 제어계이다.

[**정답**] 09 ① 10 ① 2025년 1회 01 ④ 02 ①

03
특성 방정식이 $s^5+s^4+4s^3+6s^2+10s+2=0$인 경우 우반평면의 근의 수는?

① 0   ② 1

③ 2   ④ 3

🔍 해설

루드 수열 안정판별

s^5	1	4	10	0
s^4	1	6	2	0
s^3	$\dfrac{4\times1-1\times6}{1}=-2$	$\dfrac{10\times1-1\times2}{1}=8$	0	0
s^2	$\dfrac{6\times(-2)-1\times8}{-2}=10$	$\dfrac{2\times(-2)-1\times0}{-2}=2$	0	0
s^1	$\dfrac{8\times10-(-2)\times2}{10}=8.4$	$\dfrac{0\times10-(-2)\times0}{10}=0$	0	0
s^0	$\dfrac{2\times8.4-10\times0}{8.4}=2$	0	0	0

제1열의 부호변화가 2번 있으므로 불안정하며 우반평면의 근이 2개 존재한다.

04
특성 방정식이 $s^3+2s^2+3s+K=0$인 제어계가 안정하기 위한 K의 범위는?

① $K<6$ ② $K>6$

③ $0<K<6$ ④ $6>K>0$

🔍 해설

특성방정식 $=s^3+2s^2+3s+K=0$
루드 수열을 이용하여 풀면 다음과 같다.

s^3	1	3	0
s^2	2	K	0
s^1	$\dfrac{3\times2-1\times K}{2}=\dfrac{6-K}{2}=A$	$\dfrac{0\times2-1\times0}{2}=0$	0
s^0	$\dfrac{A\times K-2\times0}{A}=K$	0	0

제1열의 부호변화가 없어야 안정하므로
$\dfrac{6-K}{2}>0,\ K>0$ 를 정리하면
$6>K,\ K>0$ 이므로 동시에 존재하는 구간은

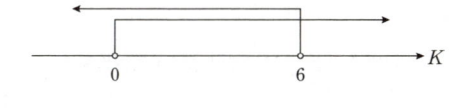

∴ $0<K<6$

05
그림의 회로와 동일한 논리소자는?

①   ② (논리소자 X, Y → D)

③   ④ (논리소자 X, Y → D)

🔍 해설

트렌지스터회로의 진리표

X	Y	D
0	0	1
0	1	0
1	0	0
1	1	0

OR의 부정인 NOR회로이다.

06
개루프 전달함수 $G(s)=\dfrac{s+5}{s(s+2)(s+4)}$가 단위 부궤환을 가질 때 단위램프입력의 정상편차는?

① $\dfrac{8}{5}$ ② 0

③ 무한   ④ $\dfrac{5}{8}$

[정답] 03 ③   04 ③   05 ①   06 ①

전기자기학 / 전력공학 / 전기기기 / 회로이론 / 제어공학 / 전기설비기술기준

electrical engineer · electrical engineer · electrical engineer · electrical engineer · electrical engineer · electrical engineer · electrical engineer · electrical en

해설

기준입력이 단위램프입력 $r(t)=t$인 경우의 정상편차는 정상속도편차 e_{ssv}를 말하므로

속도편차상수 $k_v = \lim_{s \to 0} sG(s) = \lim_{s \to 0} s\dfrac{s+5}{s(s+2)(s+4)} = \dfrac{5}{8}$

정상속도편차 $e_{ssv} = \dfrac{1}{\lim_{s=0} sG(s)} = \dfrac{1}{k_v} = \dfrac{8}{5}$

07 다음 블록선도의 전달함수는?

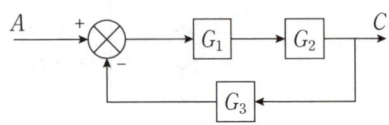

① $\dfrac{G_1 G_2}{1-G_1 G_2 G_3}$

② $\dfrac{G_1 G_2}{1+G_1 G_2 G_3}$

③ $\dfrac{G_1}{1-G_1 G_2 G_3}$

④ $\dfrac{G_2}{1+G_1 G_2 G_3}$

해설

블록선도의 전달함수

- 전향경로이득 : $G_1 \times G_2 = G_1 G_2$
- 첫 번째 루프이득 : $G_1 \times G_2 \times G_3 = G_1 G_2 G_3$
- 전달함수 $G(s) = \dfrac{C(s)}{R(s)} = \dfrac{\sum 전향\ 경로\ 이득}{1-\sum 루프\ 이득}$

  $= \dfrac{G_1 G_2}{1+G_1 G_2 G_3}$

08 유도 미사일이나 비행기 추적용 레이더의 제어방식은?

① 정치제어

② 비율제어

③ 추종제어

④ 프로그램제어

해설

추종제어는 제어량에 의한 분류 중 서보기구에 해당하는 값을 제어
예 비행기 추적용 레이더, 유도미사일

09 계단응답이 입력 신호와 같은 파형이고 시간만이 뒤졌을 때 이 계의 요소는?

① 미분요소

② 부동작 시간요소

③ 1차 뒤진요소

④ 2차 뒤진요소

해설

계단응답이 입력 신호와 같은 파형이고 시간만이 뒤졌을 때 이 계의 요소를 부동작 시간요소라 한다.

10 그림과 같은 RLC 회로에서 입력전압 $e_i(t)$, 출력전류가 $i(t)$[A]인 경우 이 회로의 전달함수 $I(s)/E_i(s)$는? (단, 모든 초기조건은 0이다.)

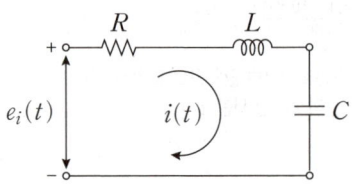

① $\dfrac{Cs}{RCs^2 + LCs + 1}$

② $\dfrac{1}{RCs^2 + LCs + 1}$

③ $\dfrac{Cs}{LCs^2 + RCs + 1}$

④ $\dfrac{1}{LCs^2 + RCs + 1}$

해설

전압에 대한 전류의 전달함수는

$G(s) = \dfrac{I(s)}{E_i(s)} = Y(s) = \dfrac{1}{Z(s)}$

$= \dfrac{1}{R+Ls+\dfrac{1}{Cs}} = \dfrac{Cs}{LCs^2 + RCs + 1}$

[정답] 07 ② 08 ③ 09 ② 10 ③

시행일 ▶ 2025년 2회

01 이산 시스템(Discrete data system)에서의 안정도 해석에 대한 아래의설명 중 맞는 것은?

① 특성방정식의 모든 근이 z 평면의 음의 반평면에 있으면 안정하다.

② 특성방정식의 모든 근이 z 평면의 양의 반평면에 있으면 안정하다.

③ 특성방정식의 모든 근이 z 평면의 단위원 내부에 있으면 안정하다.

④ 특성방정식의 모든 근이 z 평면의 단위원 외부에 있으면 안정하다.

🔍 **해설**

이산 시스템은 불연속 제어계이므로 z−평면으로 안정도를 해석한다.

s−평면과 z−평면의 안정판별

구분 구간	s평면	z평면
안정	좌반평면(음의반평면)	단위원 내부
임계안정	허수축	단위 원주상
불안정	우반평면(양의반평면)	단위원 외부

02 그림과 같은 블록선도에서 $C(s)/R(s)$의 값은?

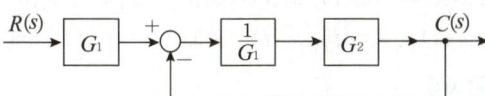

① $\dfrac{G_1}{G_1-G_2}$　　② $\dfrac{G_2}{G_1-G_2}$

③ $\dfrac{G_2}{G_1+G_2}$　　④ $\dfrac{G_1G_2}{G_1+G_2}$

🔍 **해설**

블록선도의 전달함수

전향경로이득 : $G_1 \times \dfrac{1_1}{G_1} \times G_2 = G_2$

첫 번째 루프이득 : $\dfrac{1_1}{G_1} \times G_2 = \dfrac{G_2}{G_1}$

전달함수 $G(s) = \dfrac{C(s)}{R(s)} = \dfrac{\sum \text{전향 경로 이득}}{1-\sum\text{루프 이득}} = \dfrac{G_2}{1+\dfrac{G_2}{G_1}} = \dfrac{G_1G_2}{G_1+G_2}$

03 입력신호 $x(t)$와 출력신호 $y(t)$의 관계가 다음과 같을 때 전달함수는?

$$\frac{d^2}{dt^2}y(t)+5\frac{d}{dt}y(t)+6y(t)=x(t)$$

① $\dfrac{1}{(s+2)(s+3)}$　　② $\dfrac{s+1}{(s+2)(s+3)}$

③ $\dfrac{s+4}{(s+2)(s+3)}$　　④ $\dfrac{s}{(s+2)(s+3)}$

🔍 **해설**

미분방정식 $\dfrac{d^2}{dt^2}y(t)+5\dfrac{d}{dt}y(t)+6y(t)=x(t)$의

양변을 라플라스 변환하면
$s^2Y(s)+5sY(s)+62Y(s)=X(s)$
$(s^2+5s+6)Y(s)=X(s)$

$\therefore \ G(s) = \dfrac{Y(s)}{X(s)} = \dfrac{1}{s^2+5s+6} = \dfrac{1}{(s+2)(s+3)}$

04 $G(s)H(s) = \dfrac{K}{s(s+1)(s+4)}$의 $K \geq 0$에서의 **이탈점(Breakaway point)**은?

① -2.867　　② 2.867

③ -0.467　　④ 0.467

🔍 **해설**

특성방정식은

$1+G(s)H(s)=1+\dfrac{K}{s(s+1)(s+4)}=\dfrac{s(s+1)(s+4)+K}{s(s+1)(s+4)}=0$

에서 $s(s+1)(s+4)+K=0$
$K=-s(s+1)(s+4)=-s^3-5s^2-4s$

$\dfrac{dK}{ds}=0$을 만족하는 방정식의 근의 값을 구하면

$\dfrac{dK}{ds}=\dfrac{d}{ds}[-s^3-10s^2-16s]=-(3s^2+10s+4)=0$

$3s^2+10s+4=0$

$s=\dfrac{-10\pm\sqrt{10^2-4\times3\times4}}{2\times3}=\dfrac{-10\pm\sqrt{52}}{6}=-0.467, \ -2.867$

근궤적의 영역은 $0 \sim -1$ 사이와 $-4 \sim -\infty$ 사이에 존재하므로 이 범위에 속한 s값은 -0.467이다.

전기자기학

전력공학

전기기기

회로이론

제어공학

전기설비기술기준

05 드모르간의 정리를 나타낸 식은?

① $\overline{A+B}=A\cdot B$ ② $\overline{A+B}=\overline{A}+\overline{B}$

③ $\overline{A\cdot B}=\overline{A}\cdot\overline{B}$ ④ $\overline{A+B}=\overline{A}\cdot\overline{B}$

🔍 해설

드모르간의 정리

$$\overline{A\cdot B}=\overline{A}+\overline{B}$$

$$\overline{A+B}=\overline{A}\cdot\overline{B}$$

06 단위계단함수 $u(t)$를 z변환하면?

① $\dfrac{z}{z-1}$ ② $\dfrac{1}{z-1}$

③ $\dfrac{1}{Tz-1}$ ④ $\dfrac{Tz}{Tz-1}$

🔍 해설

$f(t)$, $F(s)$, $F(z)$의 비교

시간함수 $f(t)$	라플라스변환 $F(s)$	z변환 $F(z)$
$\delta(t)$	1	1
$u(t)=1$	$\dfrac{1}{s}$	$\dfrac{z}{z-1}$
e^{-at}	$\dfrac{1}{s+a}$	$\dfrac{z}{z-e^{-aT}}$
t	$\dfrac{1}{s^2}$	$\dfrac{Tz}{(z-1)^2}$

07 물체의 위치, 각도, 자세, 방향 등을 제어량으로 하고 목표값의 임의의 변화에 추종하는 것과 같이 구성된 제어장치를 무엇이라고 하는가?

① 프로세서 제어 ② 서보기구

③ 자동조정 ④ 추종 제어

🔍 해설

물체의 위치, 각도, 자세, 방향 등을 제어량으로하는 서어보기구 제어이며 목표값의 임의의 변화에 추종하는 것과 같이 구성된 제어장치를 추종제어라 하며 예로는 추적용 레이더, 유도 미사일등이 대표적이다.

08 2차 제어계에서 최대 오버 슈트(Over shoot)가 일어나는 시간 t_P, 고유진동수 ω_n, 감쇠율 δ 사이에는 어떤 관계가 있는가?

① $t_P=\dfrac{\pi}{\omega_n\sqrt{1+2\delta^2}}$ ② $t_P=\dfrac{\pi}{\omega_n\sqrt{1-2\delta^2}}$

③ $t_P=\dfrac{\pi}{\omega_n\sqrt{1+\delta^2}}$ ④ $t_P=\dfrac{\pi}{\omega_n\sqrt{1-\delta^2}}$

🔍 해설

최대 오버 슈트(Over shoot)가 일어나는 시간

$$t_P=\dfrac{\pi}{\sqrt{1-\delta^2}}$$

09 다음 블록선도와 같은 단위 피드백 제어시스템의 상태방정식은? (단, 상태변수는 $x_1(t)=c(t)$, $x_2=\dfrac{d}{dt}c(t)$로 한다.)

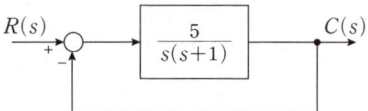

① $\dot{x_1}(t)=x_2(t)$, $\dot{x_2}(t)=-5x_1(t)-x_2(t)+5r(t)$
② $\dot{x_1}(t)=x_2(t)$, $\dot{x_2}(t)=-5x_1(t)-x_2(t)-5r(t)$
③ $\dot{x_1}(t)=-x_2(t)$, $\dot{x_2}(t)=5x_1(t)+x_2(t)-5r(t)$
④ $\dot{x_1}(t)=-x_2(t)$, $\dot{x_2}(t)=-5x_1(t)-x_2(t)+5r(t)$

🔍 해설

블록선도의 전달함수

전향경로이득 : $\dfrac{5}{s(s+1)}$

첫 번째 루프이득 : $\dfrac{5}{s(s+1)}$

전달함수

$$G(s)=\dfrac{C(s)}{R(s)}=\dfrac{\sum \text{전향 경로 이득}}{1-\sum\text{루프 이득}}$$

$$=\dfrac{\dfrac{5}{s(s+1)}}{1+\dfrac{5}{s(s+1)}}=\dfrac{5}{s^2+s+5}$$ 이므로

$$s^2 C(s)+sC(s)+5C(s)=5R(s)$$ 이 되고

이를 역라플라스 변환하면

$\dfrac{d^2 c(t)}{dt^2} + \dfrac{dc(t)}{dt} + 5c(t) = 5r(t)$가 되므로

$\dfrac{d^2 c(t)}{dt^2} = -\dfrac{dc(t)}{dt} - 5c(t) + 5r(t)$ 된다. 그러므로

$x_1(t) = c(t)$

$x_2(t) = \dfrac{d}{dt} c(t) = \dot{x}_1(t)$

$\dfrac{d^2}{dt^2} c(t) = \dfrac{d}{dt} \dfrac{d}{dt} c(t) = \dot{x}_2(t)$

$\dot{x}_1(t) = x_2(t)$

$\dot{x}_2(t) = -5x_1(t) - x_2(t) + 5r(t)$

10 $G(s)H(s) = \dfrac{K(s-1)}{s(s+1)(s+2)(s-3)}$ 에서 점근

선의 교차점을 구하면?

① $\dfrac{1}{3}$ ② $-\dfrac{1}{3}$

③ $\dfrac{2}{3}$ ④ $-\dfrac{2}{3}$

해설

점근선의 교차점

① $G(s)H(s)$의 극점 : 분모가 0인 s
  $s = 0,\ s = -1,\ s = -2,\ s = 3$
  극점의 수 $P = 4$개
② $G(s)H(s)$의 영점 : 분자가 0인 s
  $s = 1$이므로 영점의 수 $Z = 1$개
  실수축과의 교차점

$\sigma = \dfrac{\sum G(s)H(s)\text{의 극점} - \sum G(s)H(s)\text{의 영점}}{p - z}$

$= \dfrac{(0 - 1 - 2 + 3) - (1)}{4 - 1} = -\dfrac{1}{4}$

시행일 ▶ **2025년 3회**

01 그림과 같은 제어시스템의 폐루프 전달함수 $T(s)$
$= \dfrac{C(s)}{R(s)}$ 에 대한 감도 S_K^T는?

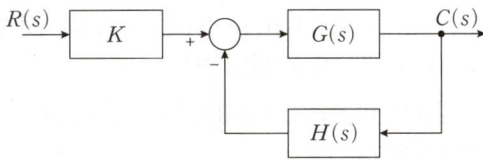

① 0.5 ② 1

③ $\dfrac{G}{1+GH}$ ④ $\dfrac{-GH}{1+GH}$

해설

블록 선도의 제어계에서 K에 대한 전달함수

$T = \dfrac{C(s)}{R(s)}$ 의 감도 S_K^T는 먼저 전달함수 T를 구하면

$T = \dfrac{C(s)}{R(s)} = \dfrac{KG(s)}{1+G(s)H(s)}$ 이므로 감도 공식에 대입하면

$S_K^T = \dfrac{K}{T} \cdot \dfrac{dT}{dK} = \dfrac{K}{\dfrac{KG(s)}{1+G(s)H(s)}} \cdot \dfrac{d}{dK}\left(\dfrac{KG(s)}{1+G(s)H(s)}\right)$

$= \dfrac{1+G(s)H(s)}{G(s)} \cdot \dfrac{G(s)}{1+G(s)H(s)} = 1$이 된다.

02 다음 회로는 무엇을 나타낸 것인가?

① AND
② OR
③ Exclusive OR
④ NAND

해설

A와 $\overline{B}$가 직렬연결이므로 $A \cdot \overline{B}$, $\overline{A}$와 B가 직렬연결이므로 $\overline{A} \cdot B$ 이고 이 둘이 전체적으로 병렬연결이므로 $A \cdot \overline{B} + \overline{A} \cdot B$가 된다. 이를 배타적 논리합 회로(Exclusive OR 회로)라 하며 입력 A, B 중 어느 하나의 입력만 동작하는 경우 출력이 동작되는 회로이다.

전기자기학

전력공학

전기기기

회로이론

제어공학

전기설비기술기준

03 이산 시스템(Discrete data system)에서의 인정도 해석에 대한 설명 중 옳은 것은?

① 특성방정식의 모든 근이 z 평면의 음의 반평면에 있으면 안정하다.
② 특성방정식의 모든 근이 z 평면의 양의 반평면에 있으면 안정하다.
③ 특성방정식의 모든 근이 z 평면의 단위원 내부에 있으면 안정하다.
④ 특성방정식의 모든 근이 z 평면의 단위원 외부에 있으면 안정하다.

🔍 **해설**

이산 시스템은 불연속 제어계이므로 $z-$평면으로 안정도를 해석한다.
s-평면과 z-평면의 안정판별

구 간 \ 구분	s평면	z평면
안정	좌반평면(음의반평면)	단위원 내부
임계안정	허수축	단위 원주상
불안정	우반평면(양의반평면)	단위원 외부

04 다음과 같은 상태방정식으로 표현되는 제어시스템에 대한 특성방정식의 근(s_1, s_2)은?

$$\begin{bmatrix} x_1 \\ x_2 \end{bmatrix} = \begin{bmatrix} 0 & -3 \\ 2 & -5 \end{bmatrix} \begin{bmatrix} x_1 \\ x_2 \end{bmatrix} + \begin{bmatrix} 1 \\ 0 \end{bmatrix} u$$

① 1, -3 ② $-1, -2$
③ $-2, -3$ ④ $-1, -3$

🔍 **해설**

상태방정식에서 계수행렬 A에 의한 특성방정식은
$|sI-A|=0$ 이므로
$$|sI-A|=s\begin{bmatrix} 1 & 0 \\ 0 & 1 \end{bmatrix} - \begin{bmatrix} 0 & -3 \\ 2 & -5 \end{bmatrix}$$
$$=\begin{bmatrix} s & 0 \\ 0 & s \end{bmatrix} - \begin{bmatrix} 0 & -3 \\ 2 & -5 \end{bmatrix} = \begin{bmatrix} s & 3 \\ -2 & s+5 \end{bmatrix}$$
특성방정식을 구하면
$$|sI-A|=\begin{bmatrix} s & 3 \\ -2 & s+5 \end{bmatrix}$$

$$=s(s+5)-3\times(-2)$$
$$=s^2+5s+6=(s+2)(s+3)=0 \text{ 에서}$$
특성방정식의 근 $s=-2, -3$

05 블록선도 변환이 틀린 것은?

🔍 **해설**

06 $G(j\omega)H(j\omega)=\dfrac{K}{(1+2j\omega)(1+j\omega)}$의 이득 여유가 20[dB]일 때 K의 값은? (단, $\omega=0$ 이다.)

① 0 ② 1/10
③ 1 ④ 10

🔍 **해설**

개루프 전달함수의 크기는
$$|G(j\omega)H(j\omega)| = \dfrac{K}{(1+2j\omega)(1+j\omega)}\Big|_{\omega=0} = K \text{이므로}$$
이득여유는 $GM=20\log_{10}\dfrac{1}{|G(j\omega)H(j\omega)|_{\omega=0}}$
$$=20\log_{10}\dfrac{1}{K}=20[\text{dB}]$$
$\dfrac{1}{K}=10, K=\dfrac{1}{10}$

[**정답**] 03 ③ 04 ③ 05 ③ 06 ②

07 단위 부궤환 제어시스템의 루프전달함수 $G(s)$ $H(s)$가 다음과 같이 주어져 있다. 이득여유가 $20[\mathrm{dB}]$이면 이 때의 K의 값은?

$$G(s)H(s) = \frac{K}{(s+1)(s+3)}$$

① $\dfrac{3}{10}$ ② $\dfrac{3}{20}$

③ $\dfrac{1}{20}$ ④ $\dfrac{1}{40}$

🔍 해설

$s = j\omega$이므로 개루프 전달함수의 크기는

$|G(j\omega)H(j\omega)| = \dfrac{K}{(j\omega+1)(j\omega+3)}\Big|_{\omega=0} = \dfrac{K}{3}$ 이므로

이득여유는 $GM = 20\log_{10}\dfrac{1}{|G(j\omega)H(j\omega)|_{\omega=0}}$

$= 20\log_{10}\dfrac{3}{K} = 20[\mathrm{dB}]$

$\dfrac{3}{K} = 10$, $K = \dfrac{3}{10}$

08 그림의 신호흐름선도를 미분방정식으로 표현한 것으로 옳은 것은? (단, 모든 초기값은 0이다.)

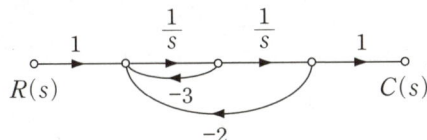

① $\dfrac{d^2c(t)}{dt^2} + 3\dfrac{dc(t)}{dt} + 2c(t) = r(t)$

② $\dfrac{d^2c(t)}{dt^2} + 2\dfrac{dc(t)}{dt} + 3c(t) = r(t)$

③ $\dfrac{d^2c(t)}{dt^2} - 3\dfrac{dc(t)}{dt} - 2c(t) = r(t)$

④ $\dfrac{d^2c(t)}{dt^2} - 2\dfrac{dc(t)}{dt} - 3c(t) = r(t)$

🔍 해설

신호흐름선도의 전달함수

전향경로이득 $1 \times \dfrac{1}{s} \times \dfrac{1}{s} \times 1 = \dfrac{1}{s^2}$

첫 번째 루프이득 $\dfrac{1}{s} \times -3 = -\dfrac{3}{s}$

두 번째 루프이득 $\dfrac{1}{s} \times \dfrac{1}{s} \times -2 = -\dfrac{2}{s^2}$

전달함수

$G(s) = \dfrac{C(s)}{R(s)} = \dfrac{\sum 전향 \ 경로 \ 이득}{1 - \sum 루프 \ 이득}$

$= \dfrac{\dfrac{1}{s^2}}{1 - \left(-\dfrac{3}{s} - \dfrac{2}{s^2}\right)} = \dfrac{\dfrac{1}{s^2}}{1 + \dfrac{3}{s} + \dfrac{2}{s^2}}$

$= \dfrac{\dfrac{1}{s^2}}{\dfrac{s^2+3s+2}{s^2}} = \dfrac{1}{s^2+3s+2}$ 이므로

$s^2C(s) + 3sG(s) + 2C(s) = R(s)$

역라플라스 변환하면 $\dfrac{d^2c(t)}{dt^2} + 3\dfrac{dc(t)}{dt} + 2c(t) = r(t)$

09 적분 시간 $3[\sec]$, 비례 감도가 3인 비례적분동작을 하는 제어 요소가 있다. 이 제어 요소에 동작신호 $x(t) = 2t$를 주었을 때 조작량은 얼마인가? (단, 초기 조작량 $y(t) = 0$으로 한다.)

① $t^2 + 2t$ ② $t^2 + 4t$

③ $t^2 + 6t$ ④ $t^2 + 8t$

🔍 해설

적분 시간 $T_i = 3[\sec]$, 비례 감도가 $K_P = 3$인 비례적분동작의 전달함수

$G(s) = K_p\left(1 + \dfrac{1}{T_i s}\right) = 3\left(1 + \dfrac{1}{3s}\right) = 3 + \dfrac{1}{s}$ 이고

동작신호 $x(t) = 2t$의 라플라스변환은

$X(s) = 2 \times \dfrac{1}{s^2} = \dfrac{2}{s^2}$ 이므로

$G(s) = \dfrac{Y(s)}{X(s)}$ 에서 조작량

$Y(s) = G(s)X(s) = \left(3 + \dfrac{1}{s}\right) \times \dfrac{2}{s^2} = \dfrac{6}{s^2} + \dfrac{2}{s^3}$

역라플라스 변환하면 $y(t) = t^2 + 6t + t^2$ 이 된다.

전기자기학

전력공학

전기기기

회로이론

제어공학

전기설비기술기준

10 개루프 전달함수 $G(s)H(s)=\dfrac{K(s+2)}{(s+1)(s^2+6s+10)}$,

$K>0$ 일 때 점근선의 실수축과의 교차점은?

① -1 ② -1.5

③ -2 ④ -2.5

🔍 **해설** - - - - - - - - - - - - - - - - - - -

점근선의 실수축과의 교차점

① $G(s)H(s)$의 극점 : 분모가 0인 s

　$s=-1$

　$s^2+6s+10=0$인 근은

　$s=\dfrac{-6\pm\sqrt{6^2-4\times1\times10}}{2\times1}=-3+j,\ -3-j$ 이므로

　극점의 수 $P=3$개

② $G(s)H(s)$의 영점 : 분자가 0인 s

　$s=-2$ 이므로 영점의 수 $Z=1$개

　실수축과의 교차점

　$\sigma=\dfrac{\sum G(s)H(s)\text{의 극점}-\sum G(s)H(s)\text{의 영점}}{p-z}$

　　$=\dfrac{(-1-3+j-3-j)-(-2)}{3-1}=-2.5$

electrical engineer

시행일 ▶ 2023년 1회

01 사무실 건물의 조명설비에 사용되는 백열전등 또는 방전등에 전기를 공급하는 옥내전로의 대지전압은 몇 [V] 이하인가?

① 250   ② 300

③ 350   ④ 400

🔎 해설

옥내전로의 대지전압
백열전등(전기스탠드 및 「전기용품 및 생활용품 안전관리법」의 적용을 받는 장식용의 전등기구를 제외) 또는 방전등(방전관·방전등용 안정기 및 방전관의 점등에 필요한 부속품과 관등회로의 배선을 말하며 전기스탠드 기타 이와 유사한 방전등 기구를 제외)에 전기를 공급하는 옥내(주택의 옥내 전로를 제외한다)의 대지전압은 300[V] 이하여야 한다.

02 주택의 전기저장장치의 축전지에 접속하는 부하 측 옥내배선을 사람이 접촉할 우려가 없도록 케이블배선에 의하여 시설하고 전선에 적당한 방호장치를 시설한 경우 주택의 옥내전로의 대지전압은 직류 몇 [V]까지 적용할 수 있는가? (단, 전로에 지락이 생겼을 때 자동적으로 전로를 차단하는 장치를 시설한 경우이다.)

① 150   ② 300

③ 400   ④ 600

🔎 해설

옥내전로의 대지전압
주택의 전기저장장치의 축전지에 접속하는 부하 측 옥내배선을 다음에 따라 시설하는 경우에 주택의 옥내전로의 대지전압은 직류 600[V]까지 적용할 수 있다.

(1) 전로에 지락이 생겼을 때 자동적으로 전로를 차단하는 장치를 시설할 것
(3) 사람이 접촉할 우려가 없는 은폐된 장소에 합성수지관배선, 금속관배선 및 케이블배선에 의하여 시설하거나, 사람이 접촉할 우려가 없도록 케이블배선에 의하여 시설하고 전선에 적당한 방호장치를 시설할 것

03 특고압 전로의 다중접지 지중 배전계통에 사용하는 동심중성선 전력케이블은 다음에 적합하지 않은 것은?

① 최대사용전압은 25.8[kV] 이하일 것
② 도체는 연동선 또는 알루미늄선을 소선으로 구성한 원형 압축연선으로 할 것
③ 절연체는 동심원상으로 동시압출(3중 동시압출)한 내부 반도전층, 절연층 및 외부 반도전층으로 구성하여야 하며, 습식 방식으로 가교할 것
④ 중성선은 반도전성 부풀음 테이프 위에 형성하여야 하며, 꼬임방향은 Z 또는 $S-Z$꼬임으로 할 것

🔎 해설

고압 및 특고압케이블
특고압 전로의 다중접지 지중 배전계통에 사용하는 동심중성선 전력케이블은 다음에 적합한 것을 사용하여야 한다.
① 최대사용전압은 25.8[kV] 이하일 것
② 도체는 연동선 또는 알루미늄선을 소선으로 구성한 원형 압축연선으로 할 것
③ 절연체는 동심원상으로 동시압출(3중 동시압출)한 내부 반도전층, 절연층 및 외부 반도전층으로 구성하여야 하며, 건식 방식으로 가교할 것
④ 중성선은 반도전성 부풀음 테이프 위에 형성하여야 하며, 꼬임방향은 Z 또는 $S-Z$꼬임으로 할 것

[**정답**] 2023년 1회 01 ② 02 ④ 03 ③

04 시가지에 설치시 사용전압 170[kV] 초과일 경우 전선의 굵기는 얼마 이상이어야 하는가?

① 100   ② 150

③ 180   ④ 240

🔍 **해설**

시가지 사용전압이 170[kV] 초과하는 전선로

전선은 단면적 240[mm²] 이상의 강심알루미늄선 또는 이와 동등 이상의 인장강도 및 내아크 성능을 가지는 연선을 사용할 것

05 사용전압이 400[V] 이하 저압 보안공사에 사용되는 경동선은 그 지름이 최소 몇 [mm] 이상의 것을 사용하여야 하는가?

① 2.0   ② 2.6

③ 4.0   ④ 5.0

🔍 **해설**

저압 보안공사

전선은 케이블인 경우 이외에는 인장강도 8.01[kN] 이상의 것 또는 지름 5(사용전압이 400[V] 이하인 경우에는 인장강도 5.26[kN] 이상의 것 또는 지름 4[mm] 이상의 경동선) 이상의 경동선이어야 한다.

06 전차선과 차량 간의 최소 절연이격거리는 단상교류 25[kV]일 때 정적은 몇 [mm]인가?

① 100   ② 150

③ 170   ④ 270

🔍 **해설**

전자차선과 차량 간의 최소 절연이격거리

시스템 종류	공칭전압[V]	동적[mm]	정적[mm]
직류	750	25	25
	1500	100	150
단상교류	25000	170	270

07 태양전지 발전소에 시설하는 태양전지 모듈, 전선 및 개폐기 기타 기구의 시설기준에 대한 내용으로 틀린 것은?

① 충전부분은 노출되지 아니하도록 시설한다.

② 옥내에 시설하는 경우에는 금속관, 합성수지관, 애자사용공사 및 케이블공사로 시설할 수 있다.

③ 태양전지 모듈의 프레임은 지지물과 전기적으로 완전하게 접속한다.

④ 태양전지 모듈을 병렬로 접속하는 전로에는 과전류차단기를 시설한다.

🔍 **해설**

태양전지

전기저장장치의 옥내 시설 공사는 합성수지관, 금속관, 금속제 가요전선관, 케이블공사로 시설한다.

08 아파트 세대 욕실에 "비데용 콘센트"를 시설하고자 한다. 다음의 시설방법 중 적합하지 않은 것은?

① 콘센트는 접지극이 없는 것을 사용한다.

② 습기가 많은 장소에 시설하는 콘센트는 방습장치를 하여야 한다.

③ 콘센트를 시설하는 경우에는 절연변압기(정격용량 3[kVA] 이하인 것에 한한다.)로 보호된 전로에 접속하여야 한다.

④ 콘센트를 시설하는 경우에는 인체감전보호용 누전차단기(정격감도전류 15[mA] 이하, 동작시간 0.03초 이하의 전류 동작형의 것에 한한다.)로 보호된 전로에 접속하여야 한다.

🔍 **해설**

콘센트의 시설

욕조나 샤워시설이 있는 욕실 또는 화장실 등 인체가 물에 젖어있는 상태에서 전기를 사용하는 장소에 콘센트를 시설하는 경우 접지극이 있는 방적형 콘센트를 사용하여야 한다.

[정답] 04 ④ 05 ③ 06 ④ 07 ② 08 ①

전기자기학

전력공학

전기기기

회로이론

제어공학

전기설비기술기준

09 지중 전선로를 직접 매설식에 의하여 시설하는 경우에 차량 및 기타 중량물의 압력을 받을 우려가 있는 장소의 매설 깊이는 몇 [m] 이상인가?

① 1.0   ② 1.2

③ 1.5   ④ 1.8

🔍해설

지중전선로의 매설깊이

지중 전선로를 직접 매설식에 의하여 시설하는 경우에는 매설 깊이를 차량 기타 중량물의 압력을 받을 우려가 있는 장소에는 1.0[m] 이상, 기타 장소에는 0.6[m] 이상으로 하고 또한 지중 전선을 견고한 트라프 기타 방호물에 넣어 시설하여야 한다.

10 통신설비의 식별표시에 대한 사항으로 알맞지 않은 것은?

① 모든 통신기기에는 식별이 용이하도록 인식용 표찰을 부착하여야 한다.

② 통신사업자의 설비표시명판은 플라스틱 및 금속판 등 견고하고 가벼운 재질로 하고 글씨는 각인하거나 지워지지 않도록 제작된 것을 사용하여야 한다.

③ 배전주에 시설하는 통신설비의 설비표시명판의 경우 직선주는 전주 10경간마다 시설할 것

④ 배전주에 시설하는 통신설비의 설비표시명판의 경우 분기주, 인류주는 매 전주에 시설할 것

🔍해설

통신설비의 식별표시

통신설비의 식별은 다음에 따라 표시하여야 한다.

(1) 모든 통신기기에는 식별이 용이하도록 인식용 표찰을 부착하여야 한다.

(2) 통신사업자의 설비표시명판은 플라스틱 및 금속판 등 견고하고 가벼운 재질로 하고 글씨는 각인하거나 지워지지 않도록 제작된 것을 사용하여야 한다.

(3) 설비표시명판 시설기준

  ① 배전주에 시설하는 통신설비의 설비표시명판은 다음에 따른다.

    • 직선주는 전주 5경간마다 시설할 것

    • 분기주, 인류주는 매 전주에 시설할 것

② 지중설비에 시설하는 통신설비의 설비표시명판은 다음에 따른다.

  • 관로는 맨홀마다 시설할 것

  • 전력구내 행거는 50[m] 간격으로 시설할 것

11 345[kV]의 전압을 변전하는 변전소가 있다. 이 변전소에 울타리를 시설하고자 하는 경우 울타리의 높이가 2.5[m]인 경우 울타리로부터 충전부분까지의 거리는 몇 [m] 이상으로 하여야 하는가?

① 5   ② 5.78

③ 6   ④ 6.78

🔍해설

울타리·담 등의 높이와 충전부분까지의 거리의 합계

거리만을 묻기 때문에 합계－높이를 산정한다.

$6+(34.5-16)\times0.12$에서 $6+(18.5 \rightarrow 19)\times0.12$를 적용하면

합계$=6+19\times0.12=8.28$[m]이므로 여기서 높이를 차감한다.

$8.28-2.5=5.78$[m]

12 철도·궤도 또는 자동차도의 전용터널 안의 저압 전선로의 시설시 전선의 굵기로 알맞은 것은?

① 4   ② 2.0

③ 2.6   ④ 6

🔍해설

터널 안 전선로의 시설

철도·궤도 또는 자동차도 전용터널 안의 전선로는 저압의 경우 인장강도 2.30[kN] 이상의 절연전선 또는 지름 2.6[mm] 이상의 경동선의 절연전선을 사용하고애자사용공사에 의하여 시설할 경우 이를 레일면상 또는 노면상 2.5[m] 이상의 높이로 유지할 것

13 22.9[kv] 특고압 가공전선로가 도로를 횡단시에 높이로 알맞은 것은?

① 4   ② 5

③ 5.5   ④ 6

🔍해설

특고압 가공 전선의 높이

사용전압의 구분	지표상의 높이
35[kV] 이하	5[m] (철도 또는 궤도를 횡단하는 경우에는 6.5[m], 도로를 횡단하는 경우에는 6[m], 횡단보도교의 위에 시설하는 경우로서 전선이 특고압절연전선 또는 케이블인 경우에는 4[m])

14 관등회로의 사용전압이 1[kV] 이하인 방전등을 옥내에 시설할 경우에 대한 사항으로 잘못된 것은?

① 관등회로의 사용전압이 400[V] 초과인 경우는 방전등용 변압기를 사용할 것

② 관등회로의 사용전압이 400[V]이하인 배선은 공칭단면적 2.5[mm²]이상의 연동선을 사용한다.

③ 애자사용 공사의 시설시 전선 상호간의 거리는 50[mm] 이상으로 한다.

④ 관등회로의 사용전압이 400[V] 초과이고, 1[kV] 이하인 배선은 그 시설장소에 따라 합성수지관공사·금속관공사·가요전선관공사나 케이블공사를 사용한다.

🔍 **해설** - - - - - - - - - - - - - - - -

1[kV] 이하의 관등회로 시설

애자사용 공사의 시설시 전선 상호간의 거리는 60[mm] 이상으로 한다.

15 저압 옥측전선로에서 목조의 조영물에 시설할 수 있는 공사 방법은?

① 금속관공사

② 버스덕트공사

③ 합성수지관공사

④ 연피 또는 알루미늄 케이블공사

🔍 **해설** - - - - - - - - - - - - - - - -

저압 옥측전선로의 공사방법

① 애자공사(전개된 장소)

② 합성수지관공사

③ 금속관공사(목조 이외의 조영물에 시설하는 경우)

④ 버스덕트공사[목조 이외의 조영물(점검할 수 없는 은폐된 장소는 제외한다)에 시설하는 경우]

⑤ 케이블공사(연피 케이블, 알루미늄피 케이블 또는 무기물절연(MI) 케이블을 사용하는 경우에는 목조 이외의 조영물에 시설하는 경우)

16 전기부식방지 시설을 시설할 때 전기부식방지용 전원 장치로부터 양극 및 피방식체까지의 전로의 사용전압은 직류 몇 [V] 이하이어야 하는가?

① 20

② 40

③ 60

④ 80

🔍 **해설** - - - - - - - - - - - - - - - -

전기부식 방지장치

전기부식방지 회로(전기부식방지용 전원장치로부터 양극 및 피방식체까지의 전로를 말한다. 이하 같다)의 사용전압은 직류 60[V] 이하일 것

17 수소냉각식 발전기의 시설 중 발전기, 조상기안의 수소 순도가 몇 [%] 이하로 저하한 경우 경보장치를 시설하는가?

① 75

② 80

③ 85

④ 90

🔍 **해설** - - - - - - - - - - - - - - - -

수소냉각식 발전기

수소냉각식의 발전기·조상기 또는 이에 부속하는 수소 냉각 장치는 다음 에 따라 시설하여야 한다.

① 발전기 또는 조상기는 기밀구조(氣密構造)의 것이고 또한 수소가 대기압에서 폭발하는 경우에 생기는 압력에 견디는 강도를 가지는 것일 것

② 발전기축의 밀봉부에는 질소 가스를 봉입할 수 있는 장치 또는 발전기 축의 밀봉부로부터 누설된 수소 가스를 안전하게 외부에 방출할 수 있는 장치를 시설할 것

③ 발전기 내부 또는 조상기 내부의 수소의 순도가 85[%] 이하로 저하한 경우에 이를 경보하는 장치를 시설할 것

④ 발전기 내부 또는 조상기 내부의 수소의 압력을 계측하는 장치 및 그 압력이 현저히 변동한 경우에 이를 경보하는 장치를 시설할 것

⑤ 발전기 내부 또는 조상기 내부의 수소의 온도를 계측하는 장치를 시설할 것

[**정답**] 14 ③ 15 ③ 16 ③ 17 ③

전
기
자
기
학

전
력
공
학

전
기
기
기

회
로
이
론

제
어
공
학

전
기
설
비
기
술
기
준

18 두 개 이상의 전선을 병렬로 사용하는 경우 각 전선의 굵기는 동선 몇 [mm²] 이상으로 하고, 전선은 같은 도체, 같은 재료, 같은 길이 및 같은 굵기의 것을 사용하여야 하는가?

① 35
② 50
③ 60
④ 70

🔍 **해설**

전선의 접속

두 개 이상의 전선을 병렬로 사용하는 경우에는 다음에 의하여 시설할 것
① 병렬로 사용하는 각 전선의 굵기는 동선 50[mm²] 이상 또는 알루미늄 70[mm²] 이상으로 하고, 전선은 같은 도체, 같은 재료, 같은 길이 및 같은 굵기의 것을 사용할 것
② 같은 극의 각 전선은 동일한 터미널러그에 완전히 접속할 것
③ 같은 극인 각 전선의 터미널러그는 동일한 도체에 2개 이상의 리벳 또는 2개 이상의 나사로 접속할 것
④ 병렬로 사용하는 전선에는 각각에 퓨즈를 설치하지 말 것
⑤ 교류회로에서 병렬로 사용하는 전선은 금속관 안에 전자적 불평형이 생기지 않도록 시설할 것

19 저압 절연전선으로 알맞지 않은 것은?

① 450/750[V] 비닐절연전선
② 450/750[V] 저독성 난연 폴리올레핀절연전선
③ 450/750[V] 저독성 난연 가교폴리올레핀절연전선
④ 450/750[V] 캡타이어절연전선

🔍 **해설**

절연전선

저압 절연전선은 「전기용품 및 생활용품 안전관리법」의 적용을 받는 것 이외에는 KS에 적합한 것으로서 450/750[V] 비닐절연선·450/750[V] 저독성 난연 폴리올레핀절연전선·450/750[V] 저독성 난연 가교폴리올레핀절연전선·450/750[V] 고무절연전선을 사용하여야 한다.

20 고압 가공전선이 가공약전류 전선과 접근하여 시설될 때 고압 가공전선과 가공약전류 전선 사이의 이격거리는 몇 [m] 이상이어야 하는가?

① 0.4
② 0.5
③ 0.6
④ 0.8

🔍 **해설**

고압 가공전선이 가공약전류전선 등과 접근하는 경우는 고압 가공전선과 가공약전류전선 등 사이의 이격거리는 0.8[m](전선이 케이블인 경우에는 0.4[m]) 이상일 것

시행일 **2023년 2회**

01 "제 2차 접근상태"라 함은 가공 전선이 다른 시설물과 접근하는 경우에 그 가공전선이 다른 시설물의 위쪽 또는 옆쪽에서 수평거리로 몇 [m] 미만인 곳에 시설되는 상태를 말하는가?

① 1.2
② 2
③ 2.5
④ 3

🔍 **해설**

접근상태

"제2차 접근상태"라 함은 가공전선이 다른 시설물과 상방 또는 측방에서 수평거리로 3[m] 미만인 곳에 시설되는 상태를 말한다.

02 발전소, 변전소, 개폐소 이에 준하는 곳, 전기 사용 장소 상호간의 전선 및 이를 지지하거나 수용하는 시설물을 무엇이라 하는가?

① 급전소
② 송전선로
③ 전선로
④ 개폐소

🔍 **해설**

전선로

발전소, 변전소, 개폐소 이에 준하는 곳, 전기 사용 장소 상호간의 전선 및 이를 지지하거나 수용하는 시설물을 전선로라 한다.

[**정답**] 18 ② 19 ④ 20 ④ 2023년 2회 01 ④ 02 ③

03 금속덕트 공사에 의한 저압 옥내배선에서, 금속덕트에 넣은 전선의 단면적의 합계는 일반적으로 덕트 내부 단면적의 몇 [%] 이하이어야 하는가? (단, 전광표시 장치·출퇴표시등 기타 이와 유사한 장치 또는 제어회로 등의 배선만을 넣는 경우에는 제외)

① 20 ② 30
③ 40 ④ 50

🔍 **해설**

금속덕트공사

금속 덕트에 넣은 전선의 단면적(절연피복의 단면적을 포함한다)의 합계는 덕트의 내부 단면적의 20[%](전광표시 장치·출퇴표시등 기타 이와 유사한 장치 또는 제어회로 등의 배선만을 넣는 경우에는 50[%]) 이하일 것

04 전개된 장소에서 저압 옥상전선로의 시설기준으로 적합하지 않은 것은?

① 전선은 지름 2.0[mm]의 경동선을 사용하였다.
② 전선 지지점 간의 거리를 15[m]로 하였다.
③ 전선은 절연전선을 사용하였다.
④ 저압 절연전선과 그 저압 옥상 전선로를 시설하는 조영재와의 이격거리를 2[m]로 하였다.

🔍 **해설**

저압 옥상전선로의 시설

· 전선은 절연전선일 것
· 전선은 지름 2.6[mm] 이상의 경동선 또는 인장강도 2.30[kN] 이상일 것
· 전선은 조영재에 견고하게 붙인 지지주 또는 지지대에 절연성·난연성 및 내수성이 있는 애자를 사용하여 지지하고 또한 그 지지점간의 거리는 15[m] 이하일 것
· 저압 옥상전선로의 전선은 상시 부는 바람 등에 의하여 식물에 접촉하지 아니하도록 시설하여야 한다.

05 가공전선로의 지지물에 하중이 가하여지는 경우에 그 하중을 받는 지지물의 기초 안전율은 얼마 이상이어야 하는가? (단, 이상 시 상정 하중은 무관)

① 1.5 ② 2.0
③ 2.5 ④ 3.0

🔍 **해설**

안전율

가공전선로의 지지물에 하중이 가하여지는 경우에 그 하중을 받는 지지물의 기초의 안전율은 2(이상 시 상정하중이 가하여지는 철탑의 기초에 대하여는 1.33) 이상이어야 한다.

06 사용전압이 60[kV] 이하인 경우 전화선로의 길이 12[km]마다 유도전류는 몇 [μA]를 넘지 않도록 하여야 하는가?

① 1 ② 2
③ 3 ④ 5

🔍 **해설**

전화선로

유도전류 제한		
사용전압[kV]	전화선로의 길이[km]	유도전류[μA]
60 이하	12	2
60 초과	40	3

07 발전소에서 계측장치를 시설하지 않아도 되는 것은?

① 발전기의 회전수 및 주파수
② 발전기의 고정자 및 베어링 온도
③ 주요 변압기의 전압 및 전류 또는 전력
④ 특고압용 변압기의 온도

🔍 **해설**

계측장치

· 발전기의 전압 및 전류 또는 변압기의 전압 및 전류 또는 전력
· 발전기의 베어링 및 고정자의 온도
· 특고압용 변압기의 온도

전기자기학

전력공학

전기기기

회로이론

제어공학

전기설비기술기준

[정답] 03 ① 04 ① 05 ② 06 ② 07 ①

08 제2종 특고압 보안공사의 기준으로 틀린 것은?

① 특고압 가공전선은 연선일 것

② 지지물로 사용하는 목주의 풍압하중에 대한 안전율은 2 이상일 것

③ 지지물이 A종 철주일 경우 그 경간은 150[m] 이하일 것

④ 지지물이 목주일 경우 그 경간은 100[m] 이하일 것

🔍 **해설**

제2종 특고압 보안공사

• 특고압 가공전선은 연선일 것
• 지지물로 사용하는 목주의 풍압하중에 대한 안전율은 2 이상일 것
• 경간

지지물의 종류	경간[m]
목주·A종 철주 또는 A종 철근 콘크리트주	100
B종 철주 또는 B종 철근 콘크리트주	200
철탑	400

09 조상설비 내부고장, 과전류 또는 과전압이 생긴 경우 자동적으로 차단되는 장치를 해야 하는 분로리액터의 최소 뱅크용량은 몇 [kVA]인가?

① 10000

② 12000

③ 500

④ 15000

🔍 **해설**

조상설비의 보호장치

설비종별	뱅크용량의 구분[kVA]	자동적으로 전로로부터 차단하는 장치
전력용 커패시터 및 분로리액터	500 초과 15000 미만	내부에 고장 또는 과전류
	15000 이상	내부에고장 및 과전류 또는 과전압
조상기	15000 이상	내부에 고장

10 특고압 변전소에 울타리, 담 등을 시설하고자 할 때 울타리, 담 등의 높이는 몇 [m] 이상 이어야 하는가?

① 1

② 2

③ 5

④ 6

🔍 **해설**

발전소 등의 울타리, 담등의 시설

울타리·담 등의 높이는 2[m] 이상으로 하고 지표면과 울타리·담 등의 하단사이의 간격은 0.15[m] 이하로 할 것

11 사용전압이 15[kV] 미만 특고압 가공전선과 그 지지물·완금류·지주 또는 지선 사이의 이격거리는 몇 [cm] 이상이어야 하는가?

① 15

② 20

③ 25

④ 30

🔍 **해설**

특고압 가공전선과 지지물 등의 이격거리

사용전압[kV]	이격거리[cm]
15 미만	15
15 이상 25 미만	20
25 이상 35 미만	25

12 가공전선로와 지중전선로가 접속되는 곳에 반드시 설치되어야 하는 기구는?

① 분로리액터

② 전력용콘덴서

③ 피뢰기

④ 동기조상기

🔍 **해설**

피뢰기의 시설 위치

• 발전소, 변전소 또는 이에 준하는 장소의 가공전선인입구 및 인출구
• 가공전선로에 접속하는 배전용 변압기의 고압측 및 특고압측
• 고압 및 특고압 가공전선로로부터 공급을 받는 수용장소의 인입구
• 가공전선로와 지중전선로가 접속되는 곳

[정답] 08 ③ 09 ④ 10 ② 11 ① 12 ③

13 전차선로의 직류방식에서 급전전압으로 알맞지 않은 것은?

① 지속성 최대전압 900[V], 1800[V]

② 공칭전압 750[V], 1500[V]

③ 지속성 최소전압 500[V], 900[V]

④ 장기과전압 950[V], 1950[V]

🔍 **해설**

직류방식의 급전전압

구분	지속성 최저전압 [V]	공칭 전압 [V]	지속성 최고전압 [V]	비지속성 최고전압 [V]	장기 과전압 [V]
DC (평균값)	500	750	900	950	1269
	900	1500	1800	1950	2538

14 전기철도차량이 전차선로와 접촉한 상태에서 견인력을 끄고 보조전력을 가동한 상태로 정지해 있는 경우, 가공 전차선로의 유효전력이 200[kW] 이상일 경우 총 역률은 몇 보다는 작아서는 안되는가?

① 0.9

② 0.7

③ 0.6

④ 0.8

🔍 **해설**

전기철도차량의 역률

비지속성 최저전압에서 비지속성 최고전압까지의 전압범위에서 유도성 역률 및 전력소비에 대해서만 적용되며, 회생제동 중에는 전압을 제한 범위내로 유지시키기 위하여 유도성 역률을 낮출 수 있다. 다만, 전기철도차량이 전차선로와 접촉한 상태에서 견인력을 끄고 보조전력을 가동한 상태로 정지해 있는 경우, 가공 전차선로의 유효전력이 200[kW] 이상일 경우 총 역률은 0.8보다는 작아서는 안된다.

15 태양광 설비의 전기배선을 옥외에 시설하는 경우 사용 불가능한 공사 방법은?

① 합성수지관 공사

② 금속관 공사

③ 애자사용 공사

④ 금속제 가요전선관 공사

🔍 **해설**

태양광설비 전기배선

태양광 설비의 전기배선을 옥외에 시설하는 경우 관공사 또는 케이블 공사로 시설한다.

16 과부하 보호장치는 분기점으로부터 몇 [m]까지 이동하여 설치할 수 있는가? (단, 단락의 위험과 화재 및 인체에 대한 위험성이 최소화되도록 시설된 경우)

① 1

② 2

③ 3

④ 5

🔍 **해설**

분기회로의 과부하 보호장치

과부하 보호장치는 분기점에 설치해야 하나, 분기점과 분기회로의 과부하 보호장치의 설치점 사이의 배선 부분에 다른 분기회로나 콘센트 회로가 접속되어 있지 않고, 다음중 하나를 충족하는 경우에는 변경이 있는 배선에 설치할 수 있다.

- 단락보호가 이루어지고 있는 경우 부하측으로 거리에 구애 받지 않고 이동하여 설치할 수 있다.
- 단락의 위험과 화재 및 인체에 대한 위험성이 최소화 되도록 시설된 경우, 분기점으로부터 3[m]까지 이동하여 설치할 수 있다.

17 화약류 저장소의 전기설비의 시설기준으로 틀린 것은?

① 전로의 대지전압은 300[V] 이하일 것

② 전기기계기구는 전폐형의 것일 것

③ 전용 개폐기 및 과전류 차단기는 화약류 저장소 안에 설치할 것

④ 케이블을 전기기계기구에 인입할 때에는 인입구에서 케이블이 손상될 우려가 없도록 시설할 것

🔍 **해설**

화약류 저장소에서 전기설비의 시설

화약류 저장소 안에는 전기설비를 시설해서는 안 된다.
다만, 다음에 따라 시설하는 경우에는 그러하지 아니하다.

- 전로에 대지전압은 300[V] 이하일 것
- 전기기계기구는 전폐형의 것일 것
- 케이블을 전기기계기구에 인입할 때에는 인입구에서 케이블이 손상될 우려가 없도록 시설할 것

[정답] 13 ④ 14 ④ 15 ③ 16 ③ 17 ③

18 22.9[kV] 특고압 가공전선로를 시가지에 경동연선으로 시설할 경우 단면적은 몇 [mm²] 이상을 사용하여야 하는가?

① 100 ② 55

③ 200 ④ 150

🔍 **해설**

특고압 가공전선의 시가지 진입시 굵기

사용전압의 구분	전선의 단면적
100[kV] 미만	단면적 55[mm²] 이상의 경동연선
100[kV] 이상	단면적 150[mm²] 이상의 경동연선

19 진열장 내의 배선으로 사용전압 400[V] 이하에 사용하는 코드 또는 캡타이어 케이블의 최소 단면적은 몇 [mm²]인가?

① 1.25 ② 1.0

③ 0.75 ④ 0.5

🔍 **해설**

진열장 또는 이와 유사한 것의 내부 배선

• 건조한 장소에 시설하고 또한 내부를 건조한 상태로 사용하는 진열장 또는 이와 유사한 것의 내부에 사용전압이 400[V] 이하의 배선을 외부에서 잘 보이는 장소에 한하여 코드 또는 캡타이어케이블로 직접 조영재에 밀착하여 배선할 수 있다.
• 배선은 단면적 0.75[mm²] 이상의 코드 또는 캡타이어케이블일 것

20 다음 고압 가공전선에 대한 사항으로 잘못된 것은?

① 철도 또는 궤도를 횡단하는 경우에는 레일면상 6.5[m] 이상으로 시설한다.

② 고압 가공전선을 수면 상에 시설하는 경우에는 전선의 수면 상의 높이를 선박의 항해 등에 위험을 주지 않도록 유지하여야 한다.

③ 횡단보도교의 위에 시설하는 경우에는 그 노면상 5[m] 이상으로 시설한다.

④ 고압 가공전선로를 빙설이 많은 지방에 시설하는 경우에는 전선의 적설상의 높이를 사람 또는 차량의 통행 등에 위험을 주지 않도록 유지하여야 한다.

🔍 **해설**

고압 가공전선의 높이

도로횡단	철도횡단	횡단보도교위	기타
6[m]	6.5[m]	3.5[m]	5[m]

시행일 **2023년 3회**

01 전로를 대지로 부터 절연하여야 하는 것은 다음중 어느 것인가?

①전기보일러 ② 전기다리미

③전기욕기 ④ 전기로

🔍 **해설**

전로의 절연
전기욕기·전기로·전기보일러·전해조 등 대지로부터 절연하는 것이 기술상 곤란한 것은 절연하지 않는다.

02 여러개의 병렬도체를 사용하는 회로의 전원 측에 1개의 단락보호 장치가 효과적이지 못할 경우 병렬도체가 3가닥 이상인 경우 단락보호장치 설치에 관한 사항으로 알맞은 것은?

① 각 병렬도체의 전원 측에 설치

② 각 병렬도체의 부하측에 설치

③ 각 병렬도체의 전원 측과 부하측에 설치

④ 발전기 측에 설치

🔍 **해설**

병렬도체의 단락보호

[**정답**] 18 ② 19 ③ 20 ③ 2023년 3회 01 ② 02 ③

여러 개의 병렬도체를 사용하는 회로의 전원 측에 1개의 단락보호 장치가 설치되어 있는 조건에서, 어느 하나의 도체에서 발생한 단락 고장이라도 효과적인 동작이 보증되는 경우, 해당 보호장치 1개를 이용하여 그 병렬도체 전체의 단락보호장치로 사용할 수 있다. 1개 의 보호장치에 의한 단락보호가 효과적이지 못하면 다음 중 1가지 이상의 조치를 취해야 한다.

• 배선은 기계적인 손상 보호와 같은 방법으로 병렬도체에서의 단 락위험을 최소화 할 수 있는 방법으로 설치하고, 화재 또는 인체 에 대한 위험을 최소화 할 수 있는 방법으로 설치하여야 한다.
• 병렬도체가 2가닥인 경우 단락보호장치를 각 병렬도체의 전원측 에 설치해야 한다.
• 병렬도체가 3가닥 이상인 경우 단락보호장치는 각 병렬도체의 전원 측과 부하 측에 설치해야 한다.

03 저압 옥내배선에서 400[V] 이하인 경우 애자사용공 사 시설시 전선과 조영재 사이의 이격거리는 몇 [mm]인가?

① 25 ② 30
③ 40 ④ 60

🔎 해설

애자사용공사

전 압		전선과 조영재와의 이격거리		전선상호간격
저압	400[V] 이하	2.5[cm] 이상		6[cm] 이상
	400[V] 초과	건조한 장소	2.5[cm] 이상	
		기타의 장소	4.5[cm] 이상	

04 저압 옥내배선을 금속제 가요전선광 공사에 의해 시 공할 경우 잘못된것은?

① 2종 금속제 가요전선관을 사용한다.
② 전선의 접속점은 없도록 한다.
③ 조영재를 관통하지 않는다.
④ 옥외용 비닐절연전선을 사용한다.

🔎 해설

금속제 가요전선관

• 전선의 종류
  절연전선 일 것(옥외용 비닐 절연전선을 제외)
• 전선은 연선일 것. 단, 다음의 것은 적용하지 않는다.
  단면적 10[mm²](알루미늄선은 단면적 16[mm²]) 이하의 것

05 저압 옥내 배선이 가스관과 접근할 경우 애자공사에 의하여 시설할 때 이격거리는 몇 [m]인가? (나전선인 경우 는 제외한다.)

① 0.1 ② 0.2
③ 0.4 ④ 0.5

🔎 해설

저압 옥내배선공사

저압 옥내배선이 약전류전선 등 또는 수관·가스관이나 이와 유사한 깃과 접근하거나 교차하는 경우에 지압 옥내배선을 애자공사에 의 하여 시설하는 때에는 저압 옥내배선과 약전류전선 등 또는 수관·가 스관이나 이와 유사한 것과의 이격거리는 0.1[m](전선이 나전선 인 경우에 0.3[m]) 이상이어야 한다.

06 저압용 절연전선으로 알맞지 않은것은?

① 450/750[V] 비닐전연전선
② 450/750[V] 저독성 난연 폴리올레핀 절연전선
③ 450/750[V] 고무 절연전선
④ 450/750[V] 저독성 캡타이어 절연전선

🔎 해설

저압 절연전선

저압 절연전선은 「전기용품 및 생활용품 안전관리법」의 적용을 받 는 것 이외에는 KS에 적합한 것으로서 450/750[V] 비닐절연전 선·450/750[V] 저독성 난연 폴리올레핀절연전선·450/750[V] 저독성 난연 가교폴리올레핀절연전선·450/750[V] 고무절연전선 을 사용하여야 한다.

07 저압전로에 사용하는 주택용 배선차단기의 경우 63A 초과시 120분 내에 동작 전류의 배수로 알맞은것은?

① 1.05 ② 1.3
③ 1.13 ④ 1.45

🔎 해설

저압 배선용차단기
과전류트립 동작시간 및 특성(주택용)

[정답] 03 ① 04 ④ 05 ① 06 ④ 07 ④

정격전류의 구분	시간(분)	정격전류의 배수	
		불용단전류	용단전류
63[A] 이하	60	1.13배	1.45배
63[A] 초과	120	1.13배	1.45배

08 주택용 배선차단기의 순시트립에 따른 구분중 순시트립범위 10배초과~20배 이하의 종류로 알맞은것은?

① A형
② B형
③ C형
④ D형

해설

저압 배선용차단기

순시트립에 따른 구분(주택용 배선차단기)

형	순시트립범위[In]
B	3 초과 ~ 5 이하
C	5 초과 ~ 10 이하
D	10 초과 ~ 20 이하

비고 1. B, C, D : 순시트립전류에 따른 차단기 분류
2. In : 차단기 정격전류

09 도로 또는 옥외 주차장에 표피전류 가열장치를 시설하는 경우 발열선에 전기를 공급하는 전로의 대지전압은 교류 몇 [V] 이하이어야 하는가?

① 150
② 300
③ 400
④ 500

해설

표피전류 가열장치의 시설

도로 또는 옥외 주차장에 표피전류 가열장치를 시설하는 경우에는 다음에 따라 시설하여야 한다.
• 발열선에 전기를 공급하는 전로의 대지전압은 교류(주파수가 60[Hz]의 것에 한한다) 300[V] 이하일 것
• 발열선과 소구경관은 전기적으로 접속하지 아니할 것

10 고압 가공전선이 철도를 횡단할 때 궤조면상의 높이는 몇 [m] 이상이어야 하는가?

① 6
② 6.5
③ 5
④ 3.5

해설

고압 가공전선의 높이

도로횡단	철도횡단	횡단보도교위	기타
6[m]	6.5[m]	3.5[m]	5[m]

11 고압 가공전선이 도로를 횡단 할 때 지표상의 높이는 몇 [m] 이상으로 하여야 하는가? (교통이 번잡하지 않은 도로는 제외)

① 5
② 4
③ 6
④ 3.5

해설

고압 가공전선의 높이

도로횡단	철도횡단	횡단보도교위	기타
6[m]	6.5[m]	3.5[m]	5[m]

12 154[kV] 가공 전선로를 1종 특고압 보안공사에 의하여 시설하는 경우 사용 전선은 단면적 몇 [mm²] 이상의 경동연선이어야 하는가?

① 55
② 150
③ 38
④ 200

해설

1종 특고압 보안공사

사용전압	전선의 굵기		인장강도
특고압	100[kV] 미만	55[mm²] 이상	21.67[kN] 이상
	100[kV] 이상	150[mm²] 이상	58.84[kN] 이상
	300[kV] 이상	200[mm²] 이상	77.47[kN] 이상

13 사용전압 25[kV] 이하인 특고압가공전선로 중성선 다중접지식 전로에 지락이 생겼을 때 2초 이내에 자동적으로 이를 전로로부터 차단하는 장치가 되어 있는 경우 접지도체의 굵기는 몇 [mm²] 이상을 사용하는가?

① 2.5 ② 16
③ 4 ④ 6

🔍 **해설**

접지도체

중성점 접지용 접지도체는 공칭단면적 16[mm²] 이상의 연동선 또는 동등 이상의 단면적 및 세기를 가져야 한다. 다만, 다음의 경우에는 공칭단면적 6[mm²] 이상의 연동선 또는 동등 이상의 단면적 및 강도를 가져야 한다.
① 7[kV] 이하의 전로
② 사용전압이 25[kV] 이하인 특고압 가공전선로. 다만, 중성선 다중접지 방식의 것으로서 전로에 지락이 생겼을 때 2초 이내에 자동적으로 이를 전로로부터 차단하는 장치가 되어 있는 것

---

14 특고압 가공전선로의 지지물 중 전선로의 지지물 양쪽의 경간의 차가 큰 곳에 사용하는 철탑은?

① 직선형 ② 보강형
③ 내장형 ④ 인류형

🔍 **해설**

특고압 가공전선로의 철주·철근 콘크리트주 또는 철탑의 종류

특고압 가공전선로의 지지물로 사용하는 B종 철근·B종 콘크리트주 또는 철탑의 종류는 다음과 같다.
① 직선형
   전선로의 직선부분(3° 이하인 수평각도를 이루는 곳을 포함한다. 이하 같다)에 사용하는 것. 다만, 내장형 및 보강형에 속하는 것을 제외한다.
② 각도형
   전선로중 3°를 초과하는 수평각도를 이루는 곳에 사용하는 것
③ 인류형
   전가섭선을 인류하는 곳에 사용하는 것
④ 내장형
   전선로의 지지물 양쪽의 경간의 차가 큰 곳에 사용하는 것
⑤ 보강형
   전선로의 직선부분에 그 보강을 위하여 사용하는 것

---

15 고압 및 특고압 가공전선로로부터 공급을 받는 수용장소의 인입구에 설치해야하는 기구는?

① 한류리액터 ② 콘덴서
③ 정류장치 ④ 피뢰기

🔍 **해설**

피뢰기의 시설

고압 및 특고압의 전로 중 다음에 열거하는 곳 또는 이에 근접한 곳에는 피뢰기를 시설하여야 한다.
• 발전소·변전소 또는 이에 준하는 장소의 가공전선 인입구 및 인출구
• 특고압 가공전선로에 접속하는 341.2의 배전용 변압기의 고압측 및 특고압측
• 고압 및 특고압 가공전선로로부터 공급을 받는 수용장소의 인입구
• 가공전선로와 지중전선로가 접속되는 곳

---

16 통신선(광섬유 케이블 제외)에 직접 접속하는 옥내통신 설비를 시설하는곳에는 통신선의 구별에 따라 어떠한 설비를 하는가?

① 전류조정장치 ② 전압조정장치
③ 저항조정장치 ④ 보안장치

🔍 **해설**

전력보안통신설비의 보안장치

통신선(광섬유 케이블을 제외한다)에 직접 접속하는 옥내통신 설비를 시설하는 곳에는 통신선의 구별에 따라 표준에 적합한 보안장치 또는 이에 준하는 보안장치를 시설하여야 한다.

---

17 전력보안통신설비의 조가선에 대한 사항으로 잘못된 것은?

① 설비의 안전을 위해 전주와 전주 경간중에 접속 할 것
② 부식되지 않는 별도의 금구를 사용할것
③ 끝단은 날카롭지 않게 할것
④ 2조까지만 시설할 것

🔍 **해설**

전력보안통신설비의 조가선의 시설

① 조가선은 설비 안전을 위하여 전주와 전주 경간중에 접속하지 말 것
② 조가선은 부식되지 않는 별도의 금구를 사용하고 조가선 끝단은 날카롭지 않게 할 것
③ 말단 배전주와 말단 1경간 전에 있는 배전주에 시설하는 조가선은 장력에 견디는 형태로 시설할 것
④ 조가선은 2조까지만 시설할 것
⑤ 과도한 장력에 의한 전주손상을 방지하기 위하여 전주경간 50[m] 기준 0.4[m] 정도의 이도를 반드시 유지하고, 지표상 시설 높이 기준을 준수하여 시공할 것

18 교류 전차선 등 충전부와 식물사이의 이격거리는 몇 [m] 이상이어야 하는가?

① 5
② 3
③ 1
④ 2

🔍 **해설**

전차선 등과 식물사이의 이격거리

교류 전차선 등 충전부와 식물사이의 이격거리는 5[m] 이상이어야 한다. 다만, 5[m] 이상 확보하기 곤란한 경우에는 현장여건을 고려하여 방호벽 등 안전조치를 하여야한다.

19 급전용 변압기는 교류 전기철도의 경우 어떤 것의 적용을 원칙으로 하는가?

① 단상 정류기용 변압기
② 3상 정류기용 변압기
③ 3상 스코트결선 변압기
④ 단상 스코트결선 변압기

🔍 **해설**

변전소의 설비

급전용변압기는 직류 전기철도의 경우 3상 정류기용 변압기, 교류 전기철도의 경우 3상 스코트결선 변압기의 적용을 원칙으로 하고, 급전계통에 적합하게 선정하여야 한다.

20 주택의 전기저장장치의 축전지에 접속하는 부하 측 옥내 배선의 대지전압은 전로에 지락이 생겼을 때 자동적으로 전로를 차단하는 장치 시설시 직류 몇 [V]까지 적용할 수 있는가?

① 150
② 600
③ 300
④ 400

🔍 **해설**

주택의 전기저장장치의 축전지에 접속하는 부하 측 옥내배선을 다음에 따라 시설하는경우에 주택의 옥내전로의 대지전압은 직류 600[V] 까지 적용할 수 있다.

· 전로에 지락이 생겼을 때 자동적으로 전로를 차단하는 장치를 시설할 것
· 사람이 접촉할 우려가 없는 은폐된 장소에 합성수지관배선, 금속관배선 및 케이블배선에 의하여 시설하거나, 사람이 접촉할 우려가 없도록 케이블배선에 의하여 시설하고 전선에 적당한 방호장치를 시설할 것

📘 시행일 ◀ **2024년 1회**

01 22.9[kV] 3상4선식 다중 접지방식의 지중 전선로의 절연내력시험을 할 경우 시험전압은 몇 [V]인가?

① 16448
② 21068
③ 32796
④ 42136

🔍 **해설**

절연내력시험전압

전로의 종류	시험전압	
최대사용전압 7[kV]를 초과 25[kV] 이하 중성점 접지식 전로(중성선을 가지는 것으로서 그 중성선을 다중 접지하는 것에 한한다.)	0.92배	-

$22900 \times 0.92 = 21068$[V]

02 주택 등 저압 수용 장소에서 고정 전기설비에 TN-C-S 접지방식으로 접지공사시 중성선 겸용 보호도체 [PEN]를 알루미늄으로 사용할 경우 단면적은 몇 [mm²] 이상이어야 하는가?

① 2.5
② 6
③ 10
④ 16

[**정답**] 18 ① 19 ③ 20 ② 2024년 1회 01 ② 02 ④

🔍 해설

보호도체

주택 등 저압수용장소에서 TN-C-S 접지방식으로 접지공사를 하는 경우에 보호도체는 다음과 같이 시설하여야 한다.
중성선 겸용 보호도체(PEN)는 고정 전기설비에만 사용할 수 있고, 그 도체의 단면적이 구리는 $10[mm^2]$ 이상, 알루미늄은 $16[mm^2]$ 이상이어야 하며, 그 계통의 최고전압에 대하여 절연시켜야 한다.

03 철도 또는 궤도를 횡단하는 저압 가공전선의 높이는 레일면상 몇 [m] 이상인가?

① 5.5

② 6.5

③ 7.5

④ 8.5

🔍 해설

저압가공전선의 높이

저압 가공전선의 높이	
설치장소	가공전선 높이
철도 또는 궤도횡단	레일면상 6.5[m] 이상

04 사용전압 400[V] 이하인 저압 보안공사에 사용되는 경동선은 그 지름이 최소 몇 [mm] 이상의 것을 사용하여야 하는가?

① 2.0

② 2.6

③ 4.0

④ 5.0

🔍 해설

전선은 케이블인 경우 이외에는 인장강도 8.01[kN] 이상 또는 지름 5[mm] 이상 의 경동선
(400[V] 이하 : 인장강도 5.26[kN] 이상의 것 또는 지름 4[mm] 이상의 경동선)

05 교통신호등 제어장치의 2차측 배선의 최대사용전압은 몇 [V] 이하이어야 하는가?

① 150

② 200

③ 300

④ 400

🔍 해설

교통신호등

교통신호등 제어장치의 2차측 배선의 최대사용전압은 300[V] 이하이어야 한다.

06 옥내 배선공사 중 반드시 절연전선을 사용하지 않아도 되는 공사방법은? (단, 옥외용 비닐절연전선은 제외한다.)

① 금속관공사

② 버스덕트공사

③ 합성수지관공사

④ 플로어덕트공사

🔍 해설

나전선의 사용제한

전기로용 전선, 애자사용공사, 버스덕트공사 또는 라이팅덕트공사 및 접촉전선을 시설하는 경우, 전선의 피복 절연물이 부식하는 장소에 시설하는 전선에는 나전선을 사용할 수 있다.

07 교류계통에서 일반적으로 사용되며 일반인이 사용하는 정격전류 몇 [A] 이하의 콘센트에는 누전차단기를 설치해야 하는가?

① 20

② 31

③ 63

④ 51

🔍 해설

교류계통 누전차단기 추가적보호

- 일반적으로 사용되며 일반인이 사용하는 정격전류 20[A] 이하 콘센트
- 옥외에서 사용되는 정격전류 32[A] 이하 이동용 전기기기

08 저압절연전선을 사용한 저압 가공전선이 위쪽에서 상부 조영재와 접근하는 경우의 전선과 상부 조영재간의 이격거리는 몇 [m] 이상이어야 하는가?

① 1

② 1.5

③ 2

④ 2.5

[정답] 03 ② 04 ③ 05 ③ 06 ② 07 ① 08 ③

전
기
자
기
학

전
력
공
학

전
기
기
기

회
로
이
론

제
어
공
학

전
기
설
비
기
술
기
준

🔍 해설

저압 가공전선과 조영물의 간격

다른 시설물의 구분		간 격
조영물의 상부 조영재	위 쪽	2[m] (전선이 고압 절연전선, 특고압 절연전선 또는 케이블인 경우는 1.0[m])
	옆 쪽 또는 아래 쪽	0.6[m] (전선이 고압 절연전선, 특고압 절연전선 또는 케이블인 경우는 0.3[m])

09 저압 가공전선과 도로 등의 접근 또는 교차에서 저압 전차선로의 지지물과의 간격은 몇 [m]인가?

① 0.3
② 0.6
③ 1
④ 3

🔍 해설

저압 가공전선과 도로 등의 간격

도로 등의 구분	간 격
도로·횡단보도교·철도 또는 궤도	3[m]
삭도나 그 지지기둥 또는 저압 전차선	0.6[m] (전선이 고압 절연전선, 특고압 절연전선 또는 케이블인 경우에는 0.3[m])
저압 전차선로의 지지물	0.3[m]

10 옥외설비의 절연유 유출방지설비에 대한 사항으로 잘못된 것은?

① 절연유 유출 방지설비의 선정은 기기에 들어 있는 절연유의 양, 빗물 및 화재보호시스템의 용수량, 근접 수로 및 토양조건을 고려하여야 한다.

② 집유조 및 집수탱크는 바닥으로부터 절연유 및 냉각액의 유출을 방지하여야 한다.

③ 벽, 집유조 및 집수탱크에 관련된 배관은 액체가 침투하는 것이어야 한다.

④ 절연유 및 냉각액에 대한 집유조 및 집수탱크의 용량은 물의 유입으로 지나치게 감소되지 않아야 하며, 자연배수 및 강제배수가 가능하여야 한다.

🔍 해설

옥외설비의 절연유 유출방지설비

① 절연유 유출 방지설비의 선정은 기기에 들어 있는 절연유의 양, 빗물 및 화재보호시스템의 용수량, 근접 수로 및 토양조건을 고려하여야 한다.

② 집유조 및 집수탱크가 시설되는 경우 집수탱크는 최대 용량 변압기의 유량에 대한 집유능력이 있어야 한다.

③ 벽, 집유조 및 집수탱크에 관련된 배관은 액체가 침투하지 않는 것이어야 한다.

④ 절연유 및 냉각액에 대한 집유조 및 집수탱크의 용량은 물의 유입으로 지나치게 감소되지 않아야 하며, 자연배수 및 강제배수가 가능하여야 한다.

11 지중전선로의 매설방식으로 잘못된 것은?

① 직접매설식
② 관로식
③ 암거식
④ 압축식

🔍 해설

지중전선로의 매설방식

지중 전선로는 전선에 케이블을 사용하고 또한 관로식·암거식(暗渠式) 또는 직접 매설식에 의하여 시설하여야 한다.

12 저압 지중전선이 지중약전류전선 등과 접근하여 이격거리가 몇 [cm] 이하인 때에 양 전선 사이에 견고한 내화성의 격벽을 설치하는 경우 이외에는 지중전선을 견고한 불연성 또는 난연성의 관에 넣어 그 관이 지중약전류전선 등과 직접 접촉되지 않도록 하여야 하는가?

① 15
② 20
③ 25
④ 30

🔍 해설

조 건	이격거리
약전류전선 ↔ 저압·고압 지중전선	30[cm] 이상
약전류전선 ↔ 특고압 지중전선	60[cm] 이상

[정답] 09 ① 10 ③ 11 ④ 12 ④

13 사용전압이 22.9[kV] 특고압 가공전선과 그 지지물·완금류·지주 또는 지선 사이의 이격거리는 몇 [cm] 이상이어야 하는가?

① 15   ② 20
③ 25   ④ 30

🔍 **해설** ----------

특고압 가공전선과 지지물 등의 이격거리

사용전압[kV]	이격거리[cm]
15 미만	15
15 이상 25 미만	20
25 이상 35 미만	25

14 발전소 등의 울타리·담 등의 시설시 지표면과 울타리·담 등의 하단사이의 간격은 몇 [m] 이하로 해야하는가?

① 0.1   ② 0.15
③ 0.3   ④ 0.2

🔍 **해설** ----------

발전소 등의 울타리, 담등의 시설
울타리·담 등의 높이는 2[m] 이상으로 하고 지표면과 울타리·담 등의 하단사이의 간격은 0.15m 이하로 할 것

15 특고압용의 개폐기·차단기·피뢰기 기타 이와 유사한 기구로서 동작시에 아크가 생기는 것은 목재의 벽 또는 천장 기타의 가연성 물체로부터 몇 [m] 이상 떼어 놓아야 하는가?

① 1.0[m]   ② 1.2[m]
③ 1.5[m]   ④ 2.0[m]

🔍 **해설** ----------

아크가 발생하는 기구의 시설
가연성 물체로 부터의 이격거리
• 고압용 : 1[m] 이상   • 특고압용 : 2[m] 이상

16 66[kV] 가공전선과 6[kV] 가공전선을 동일 지지물에 병가할 때 상호간의 이격거리는 일반적인 경우 몇 [m] 이상인가? (단, 특고압 가공전선이 케이블이 아닌 경우이다.)

① 1   ② 1.5
③ 1.2   ④ 2.0

🔍 **해설** ----------

병가
사용전압이 35[kV]을 초과하고 100[kV] 미만인 특고압 가공전선과 저압 또는 고압 가공전선을 동일 지지물에 시설하는 경우 특고압 가공전선과 저압 또는 고압 가공전선 사이의 간격은 2[m] 이상일 것

17 전차선로의 사항중 급전선로에 대한 사항으로 잘못된 것은?

① 신설 터널 내 급전선을 가공으로 설계할 경우 지지물의 취부는 C찬넬 또는 매입전을 이용하여 고정하여야 한다.
② 선상승강장, 인도교, 과선교 또는 다리 하부 등에 설치할 때에는 최소 절연간격 이하로 하여야 한다.
③ 급전선은 나전선을 적용하여 가공식으로 가설을 원칙으로 한다.
④ 가공식은 전차선의 높이 이상으로 전차선로 지지물에 병행 설치하며, 나전선의 접속은 직선접속을 원칙으로 한다.

🔍 **해설** ----------

급전선로
① 급전선은 나전선을 적용하여 가공식으로 가설을 원칙으로 한다. 다만, 전기적 영향에 대한 최소 간격이 보장되지 않거나 지락, 불꽃 방전 등의 우려가 있을 경우에는 급전선을 케이블로 하여 안전하게 시공하여야 한다.
② 가공식은 전차선의 높이 이상으로 전차선로 지지물에 병행 설치하며, 나전선의 접속은 직선접속을 원칙으로 한다.
③ 신설 터널 내 급전선을 가공으로 설계할 경우 지지물의 취부는 C찬넬 또는 매입전을 이용하여 고정하여야 한다.
④ 선상승강장, 인도교, 과선교 또는 다리 하부 등에 설치할 때에는 최소 절연간격 이상을 확보하여야 한다.

전기자기학

전력공학

전기기기

회로이론

제어공학

전기설비기술기준

[정답] 13 ②   14 ②   15 ④   16 ④   17 ②

18 다음 중 귀선로에 대한 사항으로 잘못 된 것은?

① 귀선로는 비절연보호도체, 매설접지도체, 레일 등으로 구성한다.

② 단권변압기 중성점과 단독접지로 접속한다.

③ 비절연보호도체의 위치는 통신유도장해 및 레일전위의 상승의 경감을 고려하여 결정하여야 한다.

④ 사고 및 지락 시에도 충분한 허용전류용량을 갖도록 하여야 한다.

🔍 **해설**

귀선로

① 귀선로는 비절연보호도체, 매설접지도체, 레일 등으로 구성하여 단권변압기 중성점과 공통접지에 접속한다.

② 비절연보호도체의 위치는 통신유도장해 및 레일전위의 상승의 경감을 고려하여 결정하여야 한다.

③ 귀선로는 사고 및 지락 시에도 충분한 허용전류용량을 갖도록 하여야 한다.

19 직류 750[V]인 전차선과 건조물 간의 최소 절연간격은 동적인 경우 몇 [mm]인가?

① 25   ② 100

③ 150   ④ 170

🔍 **해설**

전차선로의 충전부와 건조물 간의 절연이격

시스템 종류	공칭전압 [V]	동적[mm]		정적[mm]	
		비오염	오염	비오염	오염
직류	750	25	25	25	25
	1500	100	110	150	160
단상교류	25000	170	220	270	320

20 특고압 가공전선과 고압 가공전선이 1차접근 상태로 시설시 이격거리는 몇 [m]인가?

① 2   ② 1.5

③ 1.0   ④ 0.5

🔍 **해설**

특고압 가공전선과 저고압 가공전선 등의 접근 또는 교차

사용전압의 구분	간 격
60[kV] 이하	2[m]
60[kV] 초과	2[m]에 사용전압이 60[kV]를 초과하는 10[kV] 또는 그 단수마다 0.12[m]를 더한 값

시행일 ▸ **2024년 2회**

01 다음에 해당되는 장소의 명칭은?

발전기·원동기·연료전지·태양전지·해양에너지발전설비·전기저장장치 그 밖의 기계기구[비상용 예비전원을 얻을 목적으로 시설하는 것 및 휴대용 발전기를 제외한다]를 시설하여 전기를 생산[원자력, 화력, 신재생에너지 등을 이용하여 전기를 발생시키는 것과 양수발전, 전기저장장치와 같이 전기를 다른 에너지로 변환하여 저장 후 전기를 공급하는 것]하는 곳을 말한다.

① 발전소   ② 변전소

③ 개폐소   ④ 급전소

🔍 **해설**

발전소

발전기·원동기·연료전지·태양전지·해양에너지발전설비·전기저장장치 그 밖의 기계기구[비상용 예비전원을 얻을 목적으로 시설하는 것 및 휴대용 발전기를 제외]를 시설하여 전기를 생산하는 곳을 말한다.

02 건축물 외부의 전기사용장소에서 그 전기사용장소에서의 전기사용을 목적으로 조영물에 고정시켜 시설하는 전선을 무엇이라 하는가?

① 옥외배선   ② 옥내배선

③ 가공인입선   ④ 옥측배선

[**정답**] 18 ② 19 ① 20 ① 2024년 2회 01 ① 02 ④

🔍 해설

옥측배선

옥측배선이란 건축물 외부의 전기사용장소에서 그 전기사용장소에서의 전기사용을 목적으로 조영물에 고정시켜 시설하는 전선을 말한다.

03 전기욕기에 전기를 공급하기 위한 전원 변압기의 2차측 전로의 사용전압은 몇 [V] 이하 이어야 하는가?

① 15　　　　　　　② 10

③ 30　　　　　　　④ 20

🔍 해설

전기욕기

전기욕기에 전기를 공급하기 위하여는 전기욕기용 전원장치(내장되어 있는 전원변압기의 2차측 전로의 사용전압이 10[V] 이하인 것에 한한다)를 사용할 것

04 저압 옥내전로의 인입구에 가까운 곳으로서 쉽게 개폐할 수 있는 곳에 개폐기를 시설하여야 한다. 그러나 사용전압이 400[V] 이하인 옥내전로로서 다른 옥내전로에 접속하는 길이가 몇 [m] 이하인 경우는 개폐기를 생략할 수 있는가? (단, 정격전류가 16[A] 이하인 과전류 차단기 또는 정격전류가 16[A]를 초과하고 20[A] 이하인 배선용 차단기로 보호되고 있는 것에 한한다.)

① 15　　　　　　　② 20

③ 25　　　　　　　④ 30

🔍 해설

저압전로에는 인입구에 가까운 곳으로서 쉽게 개폐할 수 있는 곳에 개폐기를 시설하는 경우에는 그 곳의 각 극에 설치하여야한다. 단, 사용전압이 400[V] 미만인 옥내전로(정격전류 16[A] 이하인 과전류 차단기 또는 16[A] 초과 20[A] 이하인 배선용차단기로 보호되는 곳)로서 다른 옥내전로에 접속하는 길이 15[m] 이하의 전로에서 전기의 공급을 받는 것은 제외된다.

05 주택용 배선차단기의 순시트립에 따른 구분 중 B형의 경우 순시트립범위로 알맞은 것은?

① 3[In] 초과 ~ 5[In] 이하

② 1.5[In] 초과 ~ 3[In] 이하

③ 5[In] 초과 ~ 10[In] 이하

④ 10[In] 초과 ~ 20[In] 이하

🔍 해설

저압 배선용차단기

순시트립에 따른 구분(주택용 배선차단기)

형	순시트립범위[In]
B	3 초과 ~ 5 이하
C	5 초과 ~ 10 이하
D	10 초과 ~ 20 이하

비고 1. B, C, D : 순시트립전류에 따른 차단기 분류

　　　2. In : 차단기 정격전류

06 라이팅 덕트 공사에 의한 저압 옥내배선에서 덕트의 지지점간의 거리는 몇 [m] 이하인가?

① 2　　　　　　　② 3

③ 4　　　　　　　④ 5

🔍 해설

· 덕트의 지지점 간의 거리는 2[m] 이하로 할 것
· 덕트의 끝부분은 막을 것
· 덕트는 조영재를 관통하여 시설하지 아니할 것

07 주택의 옥내전로(전기기계기구내의 전로를 제외)의 대지전압은 300[V] 이하 일 때 잘못된 것은?

① 주택의 전로 인입구에는 「전기용품 및 생활용품 안전관리법」에 적용을 받는 감전보호용 누전차단기를 시설하여야 한다.

② 누전차단기를 자연재해대책법에 의한 자연재해위험개선지구의 지정 등에서 지정되어진 지구 안의 지하주택에 시설하는 경우에는 침수시 위험의 우려가 없도록 지하에 시설하여야 한다.

[**정답**] 03 ②　04 ①　05 ①　06 ①　07 ②

전
기
자
기
학

전
력
공
학

전
기
기
기

회
로
이
론

제
어
공
학

전
기
설
비
기
술
기
준

③ 백열전등의 전구소켓은 스위치나 그 밖의 점멸기구가 없는 것이어야 한다.

④ 전기기계기구로서 사람이 쉽게 접촉할 우려가 있는 부분이 절연성이 있는 재료로 견고하게 제작되어 있는 것을 사용해야한다.

> 🔍 **해설**

누전차단기를 자연재해대책법에 의한 자연재해위험개선지구의 지정 등에서 지정되어진 지구 안의 지하주택에 시설하는 경우에는 침수시 위험의 우려가 없도록 지상에 시설하여야 한다.

08 발전소, 변전소, 개폐소의 시설부지 조성을 위해 산지를 전용할 경우에 전용하고자 하는 산지의 평균 경사도는 몇 [°] 이하이어야 하는가?

① 10°   ② 15°
③ 25°   ④ 20°

> 🔍 **해설**

전기설비의 부지의 안정성 확보 및 설비 보호를 위하여 발전소·변전소·개폐소를 산지에 시설할 경우 부지조성을 위해 산지를 전용할 경우에는 전용하고자 하는 산지의 평균 경사도가 25° 이하여야 한다.

09 가공전선로의 지지물에 시설하는 지선의 시설기준으로 잘못된 것은?

① 지선의 안전율은 2.5 이상일 것
② 소선은 최소 5가닥 이상의 연선일 것
③ 소선은 지름 2.6[mm] 이상인 금속선일 것
④ 지중부분 및 지표상 0.3[m]까지의 부분은 아연도금을 한 철봉 등 부식하기 어려운 재료를 사용할 것

> 🔍 **해설**

지선에 연선을 사용할 경우에는 소선 3가닥 이상의 연선일 것

10 도로를 횡단하여 시설하는 지선의 높이는 지표상 몇 [m] 이상으로 하여야 하는가? (다른 사항은 고려하지 않는다.)

① 4.5   ② 6
③ 5   ④ 5.5

> 🔍 **해설**

도로횡단시 높이는 5[m] 단, 교통에 지장이 없을 경우 4.5[m]

11 고압전로 중의 과전류차단기의 시설로 알맞지 않은 것은?

① 비포장 퓨즈는 정격전류의 1.25배의 전류에 견디고 또한 2배의 전류로 2분 안에 용단되는 것이어야 한다.
② 단락이 생긴 경우에 동작하는 과전류차단기는 이것을 시설하는 곳을 통과하는 단락전류를 차단하는 능력을 가지는 것이어야 한다.
③ 포장 퓨즈는 정격전류의 1.3배의 전류에 견디고 또한 2배의 전류로 60분 안에 용단되는 것이어야 한다.
④ 과전류차단기는 그 동작에 따라 그 개폐상태를 표시하는 장치가 되어있는 것이어야 한다.

> 🔍 **해설**

고압퓨즈
• 포장 퓨즈 : 1.3배의 전류에 견디고, 2배의 전류에서는 120분 안에 용단되어야 한다.
• 비포장 퓨즈 : 1.25배의 전류에 견디고, 2배의 전류에서는 2분 안에 용단되어야 한다.

12 변전소에서 154[kV]급으로 변압기를 옥외에 시설할 때 취급자 이외의 사람이 들어가지 않도록 시설하는 울타리는 울타리의 높이와 울타리에서 충전부분까지의 거리의 합계를 몇 [m] 이상으로 하여야 하는가?

① 5   ② 5.5
③ 6   ④ 6.5

🔍 **해설**

사용전압의 구분	높이와 거리의 합계
35000[V]를 넘고 160000[V] 이하	6[m]

13 지중 전선로를 직접 매설식에 의하여 시설할 때, 중량물의 압력을 받을 우려가 있는 장소에 저압 또는 고압의 지중전선을 견고한 트라프 기타 방호물에 넣지 않고도 부설할 수 있는 케이블은?

① PVC 외장 케이블

② 콤바인덕트 케이블

③ 염화비닐 절연 케이블

④ 폴리에틸렌 외장 케이블

🔍 **해설**

지중전선로의 시설
직접매설식, 관로식, 암거식으로 시공
콤바인덕트케이블 : 콘크리트 트라프에 넣지 않고 직접 묻을 수 있는 케이블

14 고압 가공전선로의 지지물로 철탑을 사용한 경우 보안공사시 경간은 몇 [m] 이하이어야 하는가?

① 300
② 400
③ 500
④ 600

🔍 **해설**

보안공사시 경간

지지물	경 간[m]		
	저·고압 보안	1종 특고압 보안	2·3종 특고압 보안
목주·A종	100		100
B종	150	150	200
철탑	400	400	400

15 고압 옥내배선 등의 시설에 관해 알맞은 것은?

① 애자사용 공사시 전선은 공칭단면적 4[mm²] 이상의 연동선일 것

② 옥내 배선공사는 케이블공사 또는 케이블트레이공사일 것

③ 애자사용공사 시 전선의 지지점간의 거리는 5[m] 이하일 것

④ 전선과 조영재 사이의 간격은 0.06[m] 이상일 것

🔍 **해설**

애자사용공사에 의한 고압 옥내배선의 전선은 공칭단면적 6[mm²] 이상의 연동선을 사용한다.

16 시가지내에 시설하는 154[kV] 가공전선로는 지락 또는 단락이 생겼을 때 몇 초 안에 자동적으로 이를 전로로부터 차단하는 장치를 시설하여야 하는가?

① 1
② 3
③ 5
④ 10

🔍 **해설**

사용전압이 100[kV]를 초과하는 특고압 가공전선에 지락 또는 단락이 생겼을 때에는 1초 이내에 자동적으로 이를 전로로부터 차단하는 장치를 시설한다.

17 100[kV] 미만의 인가가 밀집한 지역에서 특고압 가공전선로 전선의 단면적은 몇 [mm²] 이상 이어야 하는가?

① 55
② 38
③ 150
④ 100

🔍 **해설**

특고압 가공전선의 시가지 진입시 굵기

사용전압의 구분	전선의 단면적
100[kV] 미만	단면적 55[mm²] 이상의 경동연선
100[kV] 이상	단면적 150[mm²] 이상의 경동연선

전기자기학

전력공학

전기기기

회로이론

제어공학

전기설비기술기준

[정답] 13 ② 14 ② 15 ② 16 ① 17 ①

18 전기철도의 전기방식에 관한 사항으로 잘못된 것은?

① 공칭전압(수전전압)은 교류 3상 22.9[kV], 154[kV], 345[kV]을 선정한다.

② 직류방식에서 최고 비영구 전압은 지속시간이 3분 이하로 예상되는 전압의 최고값으로 한다.

③ 교류방식의 급전전압 주파수는 60[Hz]이다.

④ 교류방식에서 최고 비영구 전압은 지속시간이 2분 이하로 예상되는 전압의 최저값으로 한다.

🔍 해설

전기철도의 전기방식(전압)

· 직류방식 : 비지속성 최고전압은 지속시간이 5분 이하로 예상되는 전압의 최고값으로 하되, 기존 운행중인 전기철도차량과의 인터페이스를 고려한다.

· 교류방식 : 비지속성 최저전압은 지속시간이 2분 이하로 예상되는 전압의 최저값으로 하되, 기존 운행중인 전기철도차량과의 인터페이스를 고려한다.

19 전기철도차량의 집전장치와 접촉하여 전력을 공급하기 위한 전선은 무엇인가?

① 전차선   ② 급전선
③ 귀선   ④ 조가선

🔍 해설

전차선

전기철도차량의 집전장치와 접촉하여 전력을 공급하기 위한 전선을 말한다.

20 풍력발전설비에서 피뢰 및 접지설비로 잘못 된 것은?

① 접지설비는 풍력발전설비 타워기초를 이용한 공통접지공사를 하여야 한다.

② 전력기기는 금속시스케이블, 내뢰변압기 및 서지보호장치(SPD)를 적용할 것

③ 제어기기는 광케이블 및 포토커플러를 적용할 것

④ 설비사이의 전위차가 없도록 등전위본딩을 하여야 한다.

🔍 해설

풍력발전선비에서 접지설비는 풍력발전설비 타워기초를 이용한 통합접지공사를 하여야 하며, 설비 사이의 전위차가 없도록 등전위본딩을 하여야 한다.

시행일 ◀ 2024년 3회

01 한국전기설비규정에 따른 전선의 색상으로 N의 경우 어떠한 색상을 사용하는가?

① 검정색   ② 녹색-노란색
③ 회색   ④ 파란색

🔍 해설

전선의 식별

상(문자)	색상
L1	갈색
L2	흑색
L3	회색
N	청색
보호도체	녹색 – 노랑

02 최대사용전압이 66[kV]인 중성점 직접접지식 전로의 절연내력시험 전압은 최대사용전압의 몇 배의 전압으로 10분간 견디어야 하는가?

① 1.17   ② 0.72
③ 1.5   ④ 1.3

🔍 해설

전로의 종류	접지방식	시험전압	최저 시험전압
최대사용전압 60[kV]를 초과 170[kV] 이하	중성점 직접접지식	0.72배	–

03 풍력터빈의 피뢰설비 시설기준에 대한 설명으로 틀린 것은?

① 풍력터빈에 설치한 피뢰설비(리셉터, 인하도선 등)의 기능저하로 인해 다른 기능에 영향을 미치지 않을 것
② 수뢰부를 풍력터빈 중앙부분에 배치하되 뇌격전류에 의한 발열에 용손(溶損)되지 않도록 재질, 크기, 두께 및 형상 등을 고려할 것
③ 풍력터빈에 설치하는 인하도선은 쉽게 부식되지 않는 금속선으로서 뇌격전류를 안전하게 흘릴 수 있는 충분한 굵기여야 하며, 가능한 직선으로 시설할 것
④ 풍력터빈 내부의 계측 센서용 케이블은 금속관 또는 차폐케이블 등을 사용하여 뇌유도 과전압으로부터 보호할 것

🔍 **해설** - - - - - - - - - - - - - - - - - -

풍력터빈의 피뢰설비
수뢰부를 풍력터빈 선단부분 및 가장자리 부분에 배치하되 뇌격전류에 의한 발열에 용손되지 않도록 재질, 크기, 두께 및 형상 등을 고려할 것

04 급전용 변압기는 교류 전기철도의 경우 어떤 것의 적용을 원칙으로 하는가?

① 단상 정류기용 변압기
② 3상 정류기용 변압기
③ 3상 스코트결선 변압기
④ 단상 스코트결선 변압기

🔍 **해설** - - - - - - - - - - - - - - - - - -

전기철도 변전소
급전용변압기는 직류 전기철도의 경우 3상 정류기용 변압기, 교류 전기철도의 경우 3상 스코트결선 변압기의 적용을 원칙으로 하고, 급전계통에 적합하게 선정하여야 한다.

05 직류 전기철도 시스템이 매설 배관 또는 케이블과 인접할 경우 누설전류를 피하기 위해 최대한 이격시켜야 하며, 주행레일과 최소 몇 [m] 이상의 거리를 유지하여야 하는가?

① 0.5 ② 2
③ 1 ④ 1.5

🔍 **해설** - - - - - - - - - - - - - - - - - -

직류 전기철도 시스템이 매설 배관 또는 케이블과 인접할 경우 누설전류를 피하기 위해 최대한 이격시켜야 하며, 주행레일과 최소 1[m] 이상의 거리를 유지하여야 한다.

06 저압 옥측전선로에서 목조의 조영물에 시설할 수 있는 공사 방법은?

① 금속관공사 ② 버스덕트공사
③ 합성수지관공사 ④ 연피 케이블공사

🔍 **해설** - - - - - - - - - - - - - - - - - -

저압 옥측전선로의 공사방법
① 애자공사(전개된 장소)
② 합성수지관공사
③ 금속관공사(목조 이외의 조영물에 시설하는 경우)
④ 버스덕트공사[목조 이외의 조영물(점검할 수 없는 은폐된 장소는 제외한다)에 시설하는 경우]
⑤ 케이블공사(연피 케이블, 알루미늄피 케이블 또는 무기물절연(MI) 케이블을 사용하는 경우에는 목조 이외의 조영물에 시설하는 경우)

07 저압 옥내 배선이 가스관과 접근할 경우 애자공사에 의하여 시설할 때 이격거리는 몇 [m]인가? (나전선인 경우는 제외한다.)

① 0.1 ② 0.2
③ 0.4 ④ 0.5

🔍 **해설** - - - - - - - - - - - - - - - - - -

저압 옥내배선이 약전류전선 등 또는 수관·가스관이나 이와 유사한 것과 접근하거나 교차하는 경우에 저압 옥내배선을 애자공사에 의하여 시설하는 때에는 저압 옥내배선과 약전류전선 등 또는 수관·가스관이나 이와 유사한 것과의 간격은 0.1[m](전선이 나전선인 경우에 0.3[m]) 이상이어야 한다.

[**정답**] 03 ② 04 ③ 05 ③ 06 ③ 07 ①

전기자기학 전력공학 전기기기 회로이론 제어공학 전기설비기술기준

08 저압전로에는 인입구에 가까운 곳으로서 쉽게 개폐할 수 있는 곳에 개폐기를 시설하는 경우에는 그 곳의 각 극에 설치하여야한다. 단, 사용전압이 400[V] 미만인 옥내전로(정격전류 16[A] 이하인 과전류 차단기 또는 16[A] 초과 20[A] 이하인 배선용차단기로 보호되는 곳)로서 다른 옥내전로에 접속하는 길이 몇 [m] 이하의 전로에서 전기의 공급을 받는 것은 제외되는가?

① 10   ② 15
③ 20   ④ 25

🔍 해설

저압전로에는 인입구에 가까운 곳으로서 쉽게 개폐할 수 있는 곳에 개폐기를 시설하는 경우에는 그 곳의 각 극에 설치하여야한다. 단, 사용전압이 400[V] 미만인 옥내전로(정격전류 16[A] 이하인 과전류 차단기 또는 16[A] 초과 20[A] 이하인 배선용차단기로 보호되는 곳)로서 다른 옥내전로에 접속하는 길이 15[m] 이하의 전로에서 전기의 공급을 받는 것은 제외된다.

09 일반주택 및 아파트 각 호실의 현관등과 같은 조명용 전등을 설치할 때에는 타임스위치를 시설하여야 한다. 몇 분 이내에 소등되는 것이어야 하는가?

① 1분   ② 3분
③ 5분   ④ 10분

🔍 해설

· 숙박시설 입구등은 1분 이내 소등되는 것
· 일반주택 및 아파트의 현관등은 3분 이내 소등되는 것

10 전기울타리의 시설에 관한 설명중 옳지 않은 것은?

① 사용전압은 250[V] 이하 이어야 한다.
② 사람이 쉽게 출입하지 아니하는 곳에 시설할 것
③ 전선은 인장강도 1.38[kN] 이상의 것 또는 지름 2[mm] 이상의 경동선일 것
④ 전선과 다른 시설물(가공 전선을 제외) 또는 수목과의 간격은 50[cm] 이상이어야 한다.

🔍 해설

전기울타리의 시설
· 전기울타리는 사람이 쉽게 출입하지 아니하는 곳에 시설할 것
· 전선은 인장강도 1.38[kN] 이상의 것 또는 지름 2[mm] 이상의 경동선일 것
· 전선과 이를 지지하는 기둥 사이의 간격은 25[mm] 이상일 것
· 전선과 다른 시설물(가공 전선을 제외한다) 또는 수목과의 간격은 0.3[m] 이상일 것

11 다음 중 저압 옥내배선에서 금속덕트공사에 대한 사항으로 잘못된 것은?

① 금속덕트에 넣은 전선의 단면적(절연피복의 단면적을 포함한다)의 합계는 덕트의 내부 단면적의 5[%](전광표시장치 기타 이와 유사한 장치 또는 제어회로 등의 배선만을 넣는 경우에는 15[%]) 이하일 것
② 금속덕트 안에는 전선에 접속점이 없도록 할 것
③ 금속덕트 안의 전선을 외부로 인출하는 부분은 금속 덕트의 관통부분에서 전선이 손상될 우려가 없도록 시설할 것
④ 금속덕트 안에는 전선의 피복을 손상할 우려가 있는 것을 넣지 아니할 것

🔍 해설

금속덕트공사
금속 덕트에 넣은 전선의 단면적(절연피복의 단면적을 포함한다)의 합계는 덕트의 내부 단면적의 20[%](전광표시 장치·출퇴표시등 기타 이와 유사한 장치 또는 제어회로 등의 배선만을 넣는 경우에는 50[%]) 이하일 것

12 이동하여 사용하는 전기기계기구의 금속제 외함 등의 접지시스템의 경우 저압 전기설비용 접지도체는 다심 코드 또는 다심 캡타이어케이블의 1개 도체의 단면적이 몇 [mm²] 이상인 것을 사용하여야 하는가?

① 6   ② 0.75
③ 16   ④ 1.5

[**정답**] 08 ② 09 ② 10 ④ 11 ① 12 ②

해설

이동하여 사용하는 전기기계기구의 금속제 외함 등의 접지시스템의 경우 저압 전기설비용 접지도체는 다심 코드 또는 다심 캡타이어케이블의 1개 도체의 단면적이 0.75$[\text{mm}^2]$ 이상인 것을 사용한다. 다만, 기타 유연성이 있는 연동연선은 1개 도체의 단면적이 1.5$[\text{mm}^2]$ 이상인 것을 사용한다.

13 고압 가공전선의 높이는 철도 또는 궤도를 횡단하는 경우 궤조면상 몇 $[\text{m}]$ 이상이어야 하는가?

① 5   ② 5.5
③ 6   ④ 6.5

해설

고압가공전선의 높이

고압 가공전선의 높이	
설치장소	가공전선 높이
철도 또는 궤도횡단	레일면상 6.5$[\text{m}]$ 이상

14 22.9$[\text{kV}]$ 특고압 가공전선로가 도로를 횡단시에 높이로 알맞은 것은?

① 4   ② 5
③ 5.5   ④ 6

해설

특고압 가공 전선의 높이

사용전압의 구분	지표상의 높이
35$[\text{kV}]$ 이하	5$[\text{m}]$ (철도 또는 궤도를 횡단하는 경우에는 6.5$[\text{m}]$, 도로를 횡단하는 경우에는 6$[\text{m}]$, 횡단보도교의 위에 시설하는 경우로서 전선이 특고압 절연전선 또는 케이블인 경우에는 4$[\text{m}]$)

15 가공전선로의 지지물에 하중이 가하여지는 경우에 그 하중을 받는 지지물의 기초 안전율은 얼마 이상이어야 하는가? (단, 이상 시 상정 하중은 무관)

① 1.5   ② 2.0
③ 2.5   ④ 3.0

해설

안전율

가공전선로의 지지물에 하중이 가하여지는 경우에 그 하중을 받는 지지물의 기초의 안전율은 2(이상 시 상정하중이 가하여지는 철탑의 기초에 대하여는 1.33) 이상이어야 한다.

16 저압 가공전선과 건조물의 상부 조영재와의 위쪽 이격거리는 몇 $[\text{m}]$ 이상이어야 하는가? (단, 전선은 케이블인 경우)

① 1.5   ② 1
③ 2   ④ 2.5

해설

건조물 조영재의 구분	접근형태	간격
상부 조영재 [지붕·챙(차양 : 遮陽)·옷 말리는 곳 기타 사람이 올라갈 우려가 있는 조영재를 말한다. 이하 같다]	위 쪽	2$[\text{m}]$ (전선이 고압 절연전선, 특고압 절연전선 또는 케이블인 경우는 1$[\text{m}]$)
	옆쪽 또는 아래 쪽	1.2$[\text{m}]$ (전선에 사람이 쉽게 접촉할 우려가 없도록 시설한 경우에는 0.8$[\text{m}]$. 고압 절연전선, 특고압 절연전선 또는 케이블인 경우에는 0.4$[\text{m}]$)

17 수력발전소, 풍력발전소, 내연력발전소, 연료전지발전소 및 태양전지발전소로서 그 발전소를 원격감시 제어하는 제어소에 기술원이 상주하여 감시하는 경우 시설하는 장치로 알맞지 않은 것은?

[**정답**] 13 ④ 14 ④ 15 ② 16 ② 17 ④

① 원동기 및 발전기, 연료전지의 부하를 조정하는 장치

② 운전 및 정지를 조작하는 장치 및 감시하는 장치

③ 운전 조작에 상시 필요한 차단기를 조작하는 장치 및 개폐상태를 감시하는 장치

④ 자동재연결 장치를 갖춘 고압 배전선로에서 차단기를 조작하는 장치 및 개폐를 감시하는 장치

해설

상주 감시를 하지 아니하는 발전소의 시설

발전소에 대하여는 발전 제어소에 다음의 장치를 시설할 것. 다만, ④의 차단기 중 자동재연결 장치를 갖춘 고압 또는 25[kV] 이하인 특고압의 배전선로용의 것은 이를 조작하는 장치의 시설을 하지 아니하여도 된다.

① 원동기 및 발전기, 연료전지의 부하를 조정하는 장치

② 운전 및 정지를 조작하는 장치 및 감시하는 장치

③ 운전 조작에 상시 필요한 차단기를 조작하는 장치 및 개폐상태를 감시하는 장치

④ 고압 또는 특고압의 배전선로용 차단기를 조작하는 장치 및 개폐를 감시하는 장치

18 조상기에 내부 고장이 생긴 경우, 조상기의 용량이 몇 [kVA] 이상일 때 전로로부터 자동 차단하는 장치를 시설하여야 하는가?

① 5000 ② 10000

③ 15000 ④ 20000

해설

조상설비의 보호장치

설비종별	뱅크용량의 구분	자동적으로 전로로부터 차단하는 장치
전력용 커패시터 및 분로리액터	500[kVA] 초과 15000[kVA] 미만	내부에 고장 또는 과전류
	15000[kVA] 이상	내부에 고장 및 과전류 또는 과전압
조상기	15000[kVA] 이상	내부에 고장

19 전력보안통신설비의 시설 장소 중 배전선로에 대해 잘못된 것은?

① 154[kV] 계통 배전선로 구간(가공, 지중, 해저)

② 22.9[kV] 계통에 연결되는 분산전원형 발전소

③ 폐회로 배전 등 신 배전방식 도입 개소

④ 배전자동화, 원격검침, 부하감시 등 지능형전력망 구현을 위해 필요한 구간

해설

전력보안통신설비의 시설 요구사항

배전선로

• 22.9[kV] 계통 배전선로 구간(가공, 지중, 해저)
• 22.9[kV] 계통에 연결되는 분산전원형 발전소
• 폐회로 배전 등 신 배전방식 도입 개소
• 배전자동화, 원격검침, 부하감시 등 지능형전력망 구현을 위해 필요한 구간

20 사용전압이 22.9[kV]인 특고압 가공전선이 건조물 등과 접근상태로 시설되는 경우 지지물로 A종 철근 콘크리트주를 사용하면 그 경간은 몇 [m] 이하이어야 하는가? (단, 중성선 다중접지 방식의 것으로서 전로에 지락이 생겼을 때에 2초 이내에 자동적으로 이를 전로로부터 차단하는 장치가 되어 있는 것에 한한다.)

① 150 ② 100

③ 400 ④ 200

해설

15[kV] 초과 25[kV] 이하인 특고압 가공전선로 지지물 간 거리 제한

(건조물·도로·횡단보도교·철도·궤도·삭도·가공약전류전선 등·안테나·저압이나 고압의 가공전선 또는 저압이나 고압의 전차선과 접근 또는 교차상태로 시설되는 경우)

지지물의 종류	경간[m]
목주·A종 철주 또는 A종 철근 콘크리트주	100
B종 철주 또는 B종 철근 콘크리트주	150
철탑	400

[정답] 18 ③ 19 ① 20 ②

시행일 ◀ 2025년 1회

01 변압기 1차측 3300[V], 2차측 220[V]의 변압기 전로의 절연내력시험 전압은 각각 몇 [V]에서 10분간 견디어야 하는가?

① 1차측 4950[V], 2차측 500[V]

② 1차측 4500[V], 2차측 400[V]

③ 1차측 4125[V], 2차측 500[V]

④ 1차측 3300[V], 2차측 400[V]

🔍 해설

종 류	절연내력시험전압	최저 시험전압
7[kV] 이하	1.5배	500[V]

- 1차측절연내력시험전압=330[V] × 1.5배=4950[V]
- 2차측절연내력시험전압=220[V] × 1.5배=330[V] (최저시험전압500[V] 적용)

02 케이블의 일부가 아닌 경우 또는 선로도체와 함께 수납되지 않은 본딩도체 중 보조 보호등전위본딩 도체에서 기계적 보호가 된 것이 구리인 경우 굵기는 몇 이상인가?

① 2.5

② 6

③ 4

④ 16

🔍 해설

보조 보호등전위본딩 도체

케이블의 일부가 아닌 경우 또는 선로도체와 함께 수납되지 않은 본딩도체는 다음 값 이상 이어야 한다.

- 기계적 보호가 된 것은 구리도체 2.5[mm²], 알루미늄 도체 16[mm²]
- 기계적 보호가 없는 것은 구리도체 4[mm²], 알루미늄 도체 16[mm²]

03 전선의 접속시 두 개 이상의 전선을 병렬로 사용하는 경우에 대한 사항으로 잘못된 것은?

① 병렬로 사용하는 각 전선의 굵기는 구리선 70[mm²] 이상

② 같은 극의 각 전선은 동일한 터미널러그에 완전히 접속할 것

③ 병렬로 사용하는 전선에는 각각에 퓨즈를 설치하지 말 것

④ 교류회로에서 병렬로 사용하는 전선은 금속관 안에 전자적 불평형이 생기지 않도록 시설할 것

🔍 해설

두 개 이상의 전선을 병렬로 사용하는 경우에는 다음에 의하여 시설할 것

병렬로 사용하는 각 전선의 굵기는 동선 50[mm²] 이상 또는 알루미늄 70[mm²] 이상으로 하고, 전선은 같은 도체, 같은 재료, 같은 길이 및 같은 굵기의 것을 사용할 것

04 전기울타리의 접지전극과 다른 접지 계통의 접지전극의 거리는 몇 [m]이이어야 하는가?

① 1

② 2

③ 3

④ 5

🔍 해설

전기울타리 접지

① 전기울타리 전원장치의 외함 및 변압기의 철심은 접지공사를 하여야 한다.

② 전기울타리의 접지전극과 다른 접지 계통의 접지전극의 거리는 2[m] 이상이어야 한다. 다만, 접지계통 간 접지망을 가진 경우에는 그러하지 아니 한다.

③ 가공전선로의 아래를 통과하는 전기울타리의 금속부분은 교차지점의 양쪽으로부터 5[m] 이상의 간격을 두고 접지하여야 한다.

05 저압 옥상전선로에 시설하는 전선은 인장강도 2.30 [kN] 이상의 것 또는 지름이 몇 [mm] 이상의 경동선 이어야 하는가?

① 1.6

② 2.0

③ 2.6

④ 3.2

[**정답**] 2025년 1회 01 ① 02 ① 03 ① 04 ② 05 ③

전기자기학

전력공학

전기기기

회로이론

제어공학

전기설비기술기준

🔍 **해설**

저압 옥상전선로의 시설
- 전선은 절연전선일 것
- 전선은 지름 2.6[mm] 이상의 경동선 또는 인장강도 2.30[kN] 이상일 것
- 전선은 조영재에 견고하게 붙인 지지주 또는 지지대에 절연성·난연성 및 내수성이 있는 애자를 사용하여 지지하고 또한 그 지지점간의 거리는 15[m] 이하일 것
- 저압 옥상전선로의 전선은 상시 부는 바람 등에 의하여 식물에 접촉하지 아니하도록 시설하여야 한다.

06 주택용 배선차단기의 순시트립에 따른 구분중 순시트립범위 10배초과~20배 이하의 종류로 알맞은것은?

① A형 ② B형
③ C형 ④ D형

🔍 **해설**

저압 배선용차단기
순시트립에 따른 구분(주택용 배선차단기)

형	순시트립범위[In]
B	3 초과 ~ 5 이하
C	5 초과 ~ 10 이하
D	10 초과 ~ 20 이하

비고 1. B, C, D : 순시트립전류에 따른 차단기 분류
2. In : 차단기 정격전류

07 폭연성 분진 또는 화약류의 분말이 전기설비가 발화원이 되어 폭발할 우려가 있는 곳의 저압 옥내 전기설비는 어느 공사에 의하는가?

① 캡타이어 케이블 공사 ② 합성 수지관 공사
③ 애자사용 공사 ④ 금속관 공사

🔍 **해설**

폭연성 먼지 또는 화약류의 분말이 전기설비가 발화원이 되어 폭발할 우려가 있는 곳에 시설하는 저압 옥내 전기설비(사용전압이 400[V] 초과인 방전등을 제외)는 금속관공사 또는 케이블공사(캡타이어케이블을 사용하는 것을 제외)에 의할 것

08 전기욕기에 전기를 공급하기 위한 전원장치에 내장되어 있는 전원변압기의 2차측 전로의 사용전압은 몇 [V] 이하인 것을 사용하여야 하는가?

① 5 ② 10
③ 25 ④ 35

🔍 **해설**

전기욕기에 전기를 공급하기 위하여는 전기욕기용 전원장치(내장되어 있는 전원변압기의 2차측 전로의 사용전압이 10[V] 이하인 것에 한한다)를 사용할 것

09 저압 옥내배선의 사용전선 중 전광표시장치 기타 이와 유사한 장치 또는 제어회로 등의 배선에 다심케이블 사용 시 굵기는 몇 [mm²] 이상인가?

① 1.5 ② 2.5
③ 0.75 ④ 4

🔍 **해설**

저압 옥내배선의 사용전선
① 저압 옥내배선의 전선은 단면적 2.5[mm²] 이상의 연동선 또는 이와 동등 이상의 강도 및 굵기의 것
② 전광표시장치 기타 이와 유사한 장치 또는 제어 회로 등에 사용하는 배선에 단면적 1.5[mm²] 이상의 연동선을 사용하고 이를 합성수지관공사·금속관공사·금속몰드공사·금속덕트공사·플로어덕트공사 또는 셀룰러덕트공사에 의하여 시설하는 경우
③ 전광표시장치 기타 이와 유사한 장치 또는 제어회로 등의 배선에 단면적 0.75[mm²] 이상인 다심케이블 또는 다심 캡타이어케이블을 사용하고 또한 과전류가 생겼을 때에 자동적으로 전로에서 차단하는 장치를 시설하는 경우

10 22.9[kV] 가공전선로(다중접지를 한 중성선을 제외)를 상부 조영재의 위쪽에서 접근상태로 시설하는 경우, 가공전선과 건조물과의 최소 이격거리는 몇 [m]인가? (단, 중성선 다중접지 방식의 것으로서 전로에 지락이 생겼을 때에 2초 이내에 자동적으로 이를 전로로부터 차단하는 장치가 되어 있는 것으로 전선으로는 나전선을 사용)

① 1.2 ② 2
③ 2.5 ④ 3

[정답] 06 ④ 07 ④ 08 ② 09 ③ 10 ④

🔍 해설

조영재의 구분	전선종류	접근형태	이격거리[m]
상부 조영재	특고압 절연전선	위쪽	2.5
	케이블		1.2
	기타전선		3

11 사용 중 예상치 못한 회로의 개방이 위험 또는 큰 손상을 초래할 수 있는 다음과 같은 부하에 전원을 공급하는 회로에 대해서는 과부하 보호장치를 생략할 수 있는 사항으로 잘못된 것은?

① 소방설비의 전원회로

② 전자석 크레인의 전원회로

③ 전류변성기의 2차회로

④ 전압변성기의 2차회로

🔍 해설

안전을 위해 과부하 보호장치를 생략할 수 있는 경우

사용 중 예상치 못한 회로의 개방이 위험 또는 큰 손상을 초래할 수 있는 다음과 같은 부하에 전원을 공급하는 회로에 대해서는 과부하 보호장치를 생략할 수 있다.
① 회전기의 여자회로
② 전자석 크레인의 전원회로
③ 전류변성기의 2차회로
④ 소방설비의 전원회로
⑤ 안전설비(주거침입경보, 가스누출경보 등)의 전원회로

12 특고압 가공전선로 중 지지물로서 직선형의 철탑을 연속하여 10기 이상 사용하는 부분에는 몇 기 이하마다 장력에 견디는 애자장치가 되어 있는 철탑 또는 이와 동등 이상의 강도를 가지는 철탑 1기를 시설하여야 하는가?

① 1   ② 20

③ 5   ④ 10

🔍 해설

특고압 가공전선로 중 지지물로서 직선형의 철탑을 연속하여 10기 이상 사용하는 부분에는 10기 이하마다 장력에 견디는 애자장치가 되어 있는 철탑 또는 이와 동등 이상의 강도를 가지는 철탑 1기를 시설하여야 한다.

13 가공 전선로의 지지물에 지선을 시설하려고 한다. 이 지선의 기준으로 옳은 것은?

① 소선지름 : 2.0[mm], 안전율 : 2.5, 허용 인장하중 2.11[kN]

② 소선지름 : 2.6[mm], 안전율 : 2.5, 허용 인장하중 4.31[kN]

③ 소선지름 : 1.6[mm], 안전율 : 2.0, 허용 인장하중 4.31[kN]

④ 소선지름 : 2.6[mm], 안전율 : 1.5, 허용 인장하중 3.21[kN]

🔍 해설

• 지선에 연선을 사용할 경우에는 소선 3가닥 이상의 연선일 것
• 지선의 안전율은 2.5 이상일 것
• 소선의 지름 2.6[mm] 이상의 금속선을 사용할 것
• 인장하중의 최저는 4.31[kN] 이상일 것
• 도로횡단 시 높이는 5[m] 단, 교통에 지장이 없을 경우 4.5[m]

14 특고압 가공전선로의 지지물 중 전선로의 지지물 양쪽의 경간의 차가 큰 곳에 사용하는 철탑은?

① 내장형 철탑   ② 인류형 철탑

③ 보강형 철탑   ④ 각도형 철탑

🔍 해설

특고압 가공전선로의 철주·철근 콘크리트주 또는 철탑의 종류

특고압 가공전선로의 지지물로 사용하는 B종 철근·B종 콘크리트주 또는 철탑의 종류는 다음과 같다.
① 직선형
　전선로의 직선부분(3° 이하인 수평각도를 이루는 곳을 포함한다. 이하 같다)에 사용하는 것. 다만, 내장형 및 보강형에 속하는 것을 제외한다.
② 각도형
　전선로중 3°를 초과하는 수평각도를 이루는 곳에 사용하는 것
③ 인류형
　전가섭선을 인류하는 곳에 사용하는 것
④ 내장형
　전선로의 지지물 양쪽의 경간의 차가 큰 곳에 사용하는 것
⑤ 보강형
　전선로의 직선부분에 그 보강을 위하여 사용하는 것

[**정답**] 11 ④　12 ④　13 ②　14 ①

15 고압 및 특고압 가공전선로로부터 공급을 받는 수용장소의 인입구에 반드시 시설하여야 하는 것은?

① 댐퍼 ② 아킹혼
③ 피뢰기 ④ 조상기

🔍 **해설**

피뢰기의 시설 위치
- 발전소, 변전소 또는 이에 준하는 장소의 가공전선인입구 및 인출구
- 가공전선로에 접속하는 배전용 변압기의 고압측 및 특고압측
- 고압 및 특고압 가공전선로로부터 공급을 받는 수용장소의 인입구
- 가공전선로와 지중전선로가 접속되는 곳

16 전력보안통신설비의 조가선에 대한 사항으로 잘못된 것은?

① 설비의 안전을 위해 전주와 전주 경간중에 접속 할 것
② 부식되지 않는 별도의 금구를 사용할것
③ 끝단은 날카롭지 않게 할것
④ 2조까지만 시설할 것

🔍 **해설**

전력보안통신설비의 조가선의 시설
① 조가선은 설비 안전을 위하여 전주와 전주 경간중에 접속하지 말 것
② 조가선은 부식되지 않는 별도의 금구를 사용하고 조가선 끝단은 날카롭지 않게 할 것
③ 말단 배전주와 말단 1경간 전에 있는 배전주에 시설하는 조가선은 장력에 견디는 형태로 시설할 것
④ 조가선은 2조까지만 시설할 것
⑤ 과도한 장력에 의한 전주손상을 방지하기 위하여 전주경간 50[m] 기준 0.4[m] 정도의 이도를 반드시 유지하고, 지표상 시설 높이 기준을 준수하여 시공할 것

17 전력보안통신설비의 시설 장소 중 배전선로에 대한 사항으로 잘못된 것은?

① 154[kV]계통 배전선로 구간(가공, 지중, 해저)
② 22.9[kV]계통에 연결되는 분산전원형 발전소

③ 폐회로 배전 등 신 배전방식 도입 개소
④ 배전자동화, 원격검침, 부하감시 등 지능형전력망 구현을 위해 필요한 구간

🔍 **해설**

전력보안통신설비의 시설 요구사항
배전선로
- 22.9[kV]계통 배전선로 구간(가공, 지중, 해저)
- 22.9[kV]계통에 연결되는 분산전원형 발전소
- 폐회로 배전 등 신 배전방식 도입 개소
- 배전자동화, 원격검침, 부하감시 등 지능형전력망 구현을 위해 필요한 구간

18 전기철도의 회생제동에 대한 사항으로 잘못된 것은?

① 전차선로 지락이 발생한 경우 회생제동을 중단한다.
② 전차선로에서 전력을 받을 수 없는 경우 회생제동을 중단한다.
③ 전기철도 전력공급시스템은 회생제동이 상용제동으로 사용이 가능하도록 해야한다.
④ 회생전력을 다른 전기장치에서 흡수할 수 있는 경우에는 전기철도차량은 다른 제동시스템으로 전환되어야 한다.

🔍 **해설**

회생전력을 다른 전기장치에서 흡수할 수 없는 경우에는 전기철도차량은 다른 제동시스템으로 전환되어야 한다.

19 전기철도 변전소의 설비에 대한 사항으로 잘못된 것은?

① 차단기는 계통의 장래계획을 고려하여 용량을 결정하고, 회로의 특성에 따라 기종과 동작책무 및 차단시간을 선정하여야 한다.
② 개폐기는 선로 중 중요한 분기점, 고장발견이 필요한 장소, 빈번한 개폐를 필요로 하는 곳에 설치하며, 개폐상태의 표시, 잠금장치 등을 설치하여야 한다.

[**정답**] 15 ③ 16 ① 17 ① 18 ④ 19 ③

③ 제어반의 경우 아닐로그방식을 원칙으로 하여야 한다.

④ 제어용 교류전원은 상용과 예비의 2계통으로 구성하여야 한다.

🔵 **해설**

변전소의 설비

① 변전소 등의 계통을 구성하는 각종 기기는 운용 및 유지보수성, 시공성, 내구성, 효율성, 친환경성, 안전성 및 경제성 등을 종합적으로 고려하여 선정하여야 한다.

② 급전용변압기는 직류 전기철도의 경우 3상 정류기용 변압기, 교류 전기철도의 경우 3상 스코트결선 변압기의 적용을 원칙으로 하고, 급전계통에 적합하게 선정하여야 한다.

③ 차단기는 계통의 장래계획을 고려하여 용량을 결정하고, 회로의 특성에 따라 기종과 동작책무 및 차단시간을 선정하여야 한다.

④ 개폐기는 선로 중 중요한 분기점, 고장발견이 필요한 장소, 빈번한 개폐를 필요로 하는 곳에 설치하며, 개폐상태의 표시, 잠금장치 등을 설치하여야 한다.

⑤ 제어용 교류전원은 상용과 예비의 2계통으로 구성하여야 한다.

⑥ 제어반의 경우 디지털계전기방식을 원칙으로 하여야 한다.

20 전기저장장치를 일반인이 출입하는 건물의 부속공간에 시설하는 경우 이차전지랙과 랙 사이 및 랙과 벽면 사이는 전면부의 경우 몇 [m] 이상 이격해야 하는가?

① 0.5   ② 1

③ 0.8   ④ 2

🔵 **해설**

전용건물 이외의 장소에 시설하는 경우

전기저장장치를 일반인이 출입하는 건물의 부속공간에 시설(옥상에는 설치할 수 없다)하는 경우에는 다음에 따라 시설하여야 한다.

① 전기저장장치 시설장소는 「건축물의 피난·방화구조 등의 기준에 관한 규칙」에 따른 내화구조이어야 한다.

② 이차전지모듈의 직렬 연결체의 용량은 50[kWh] 이하로 하고 건물 내 시설 가능한 이차전지의 총 용량은 600[kWh] 이하이어야 한다.

③ 이차전지랙과 랙 사이는 1[m] 이상 이격하고, 랙과 벽면 사이는 전면부의 경우 1[m] 이상, 측면과 후면부의 경우 0.8[m] 이상 이격하여야 한다.

01 큰 고장전류가 구리 소재의 접지도체를 통하여 흐르지 않을 경우 접지도체의 최소 단면적은 몇 [mm²] 이상이어야 하는가? (단, 접지도체에 피뢰시스템이 접속되지 않는 경우이다.)

① 0.75   ② 2.5

③ 6   ④ 16

🔵 **해설**

접지도체의 선정

접지도체의 단면적은 큰 고장전류가 접지도체를 통하여 흐르지 않을 경우 접지도체의 최소 단면적은 다음과 같다.

• 구리는 6[mm²] 이상

• 철제는 50[mm²] 이상

02 옥내 배선공사 중 반드시 절연전선을 사용하지 않아도 되는 공사방법은? (단, 옥외용 비닐절연전선은 제외한다.)

① 금속관공사   ② 버스덕트공사

③ 합성수지관공사   ④ 플로어덕트공사

🔵 **해설**

나전선의 사용제한

전기로용 전선, 애자사용공사, 버스덕트공사 또는 라이팅덕트공사 및 접촉전선을 시설하는 경우, 전선의 피복 절연물이 부식하는 장소에 시설하는 전선에는 나전선을 사용할 수 있다.

03 저압 지중전선이 지중약전류전선 등과 접근하여 이격거리가 몇 [cm] 이하인 때에 양 전선 사이에 견고한 내화성의 격벽을 설치하는 경우 이외에는 지중전선을 견고한 불연성 또는 난연성의 관에 넣어 그 관이 지중약전류전선 등과 직접 접촉되지 않도록 하여야 하는가?

① 15   ② 20

③ 25   ④ 30

[정답] 20 ②   2025년 2회   01 ③   02 ②   03 ④

해설

조 건	이격거리
약전류전선 ↔ 저압·고압 지중전선	30[cm] 이상
약전류전선 ↔ 특고압 지중전선	60[cm] 이상

04 관등회로의 사용전압이 400[V] 이하 또는 변압기의 정격 2차 단락전류 혹은 회로의 동작전류가 몇 [mA] 이하의 것으로 안정기를 외함에 넣고, 이것을 등기구와 전기적으로 접속되지 않도록 시설할 경우 접지공사를 생략할 수 있는가?

① 25　　　　　　② 50
③ 75　　　　　　④ 100

해설

접지생략
관등회로의 사용전압이 400[V] 이하 또는 변압기의 정격 2차 단락전류 혹은 회로의 동작전류가 50[mA] 이하의 것으로 안정기를 외함에 넣고, 이것을 등기구와 전기적으로 접속되지 않도록 시설할 경우 접지를 생략할 수 있다.

05 금속덕트 공사에 의한 저압 옥내배선에서, 금속덕트에 넣은 전선의 단면적의 합계는 일반적으로 덕트 내부 단면적의 몇 [%] 이하이어야 하는가? (단, 전광표시 장치·출퇴표시등 기타 이와 유사한 장치 또는 제어회로 등의 배선만을 넣는 경우에는 50[%])

① 20　　　　　　② 30
③ 40　　　　　　④ 50

해설

금속덕트공사
금속 덕트에 넣은 전선의 단면적(절연피복의 단면적을 포함한다)의 합계는 덕트의 내부 단면적의 20[%](전광표시 장치·출퇴표시등 기타 이와 유사한 장치 또는 제어회로 등의 배선만을 넣는 경우에는 50[%]) 이하일 것

06 저압 옥내배선을 가요전선관 공사에 의해 시공하고자 한다. 이 가요전선관에 설치하는 전선으로 단선을 사용할 경우 그 단면적은 최대 몇 [mm²] 이하이어야 하는가? (단, 알루미늄선은 제외한다.)

① 2.5　　　　　　② 4
③ 6　　　　　　　④ 10

해설

가요전선관 공사
· 전선의 종류
　절연전선일 것(옥외용 비닐 절연전선을 제외)
· 전선은 연선일 것. 단, 다음의 것은 적용하지 않는다.
　단면적 10[mm²](알루미늄선은 단면적 16[mm²]) 이하의 것

07 특고압 가공전선로의 철탑의 경간은 얼마 이하로 해야 하는가? (단주가 아닌경우)

① 400　　　　　　② 500
③ 600　　　　　　④ 800

해설

지지물	특고압 가공전선로 표준경간
철 탑	600[m] 이하

08 사용전압이 35[kV] 이하인 특고압 가공전선과 가공약전류 전선 등을 동일 지지물에 시설하는 경우, 특고압 가공전선로는 어떤 종류의 보안공사로 하여야 하는가?

① 제1종 특고압 보안공사
② 제2종 특고압 보안공사
③ 제3종 특고압 보안공사
④ 제4종 특고압 보안공사

해설

병행가설
35[kV]를 초과하고 100[kV] 미만인 특고압가공전선과 저압 또는 고압가공전선이 병가일 때 특고압 가공전선로는 제2종 특고압 보안공사에 의할 것

[정답] 04 ②　05 ①　06 ④　07 ③　08 ②

09
도로 또는 옥외 주차장에 표피전류 가열장치를 시설하는 경우 발열선에 전기를 공급하는 전로의 대지전압은 교류 몇 V 이하이어야 하는가?

① 150
② 300
③ 400
④ 500

🔍 해설

표피전류 가열장치의 시설
도로 또는 옥외 주차장에 표피전류 가열장치를 시설하는 경우에는 다음에 따라 시설하여야 한다.
- 발열선에 전기를 공급하는 전로의 대지전압은 교류(주파수가 60[Hz]의 것에 한한다) 300[V] 이하일 것
- 발열선과 소구경관은 전기적으로 접속하지 아니할 것

10
일반주택 및 아파트 각 호실의 현관등과 같은 조명용 백열전등을 설치할 때에는 타임스위치를 시설하여야 한다. 몇 분 이내에 소등되는 것이어야 하는가?

① 1분
② 3분
③ 5분
④ 10분

🔍 해설

타임스위치
- 숙박시설 입구등은 1분 이내 소등되는 것
- 일반주택 및 아파트의 현관등은 3분 이내 소등되는 것

11
가공전선로에 사용하는 지지물의 강도 계산에 적용하는 풍압하중의 종별로 알맞은 것은?

① 수평, 수직, 각도
② 갑종, 을종, 병종
③ 1종, 2종, 3종
④ A종, B종, C종

🔍 해설

풍압하중
풍압하중으로는 갑종, 을종, 병종이 있다.

12
전기욕기에 전기를 공급하기 위한 전원장치에 내장되어 있는 전원변압기의 2차측 전로의 사용전압은 몇 [V] 이하인 것을 사용하여야 하는가?

① 5
② 10
③ 25
④ 35

🔍 해설

전기욕기
전기욕기에 전기를 공급하기 위하여는 전기욕기용 전원장치(내장되어 있는 전원변압기의 2차측 전로의 사용전압이 10[V] 이하인 것에 한한다)를 사용할 것

13
석유류를 저장하는 장소의 전등배선에 사용하지 않는 공사방법은?

① 케이블 공사
② 금속관 공사
③ 애자사용 공사
④ 합성수지관 공사

🔍 해설

위험물 등이 존재하는 장소
셀룰로이드·성냥·석유류 기타 타기 쉬운 위험한 물질(이하 "위험물"이라 한다)을 제조하거나 저장하는 곳에 시설하는 저압 옥내 전기설비는 합성수지관 공사, 금속관 공사, 케이블 공사를 적용한다.

14
옥내에 시설하는 전동기가 과전류로 소손될 우려가 있을 경우 자동적으로 이를 지지하거나 경보하는 장치를 하여야 한다. 정격출력이 몇 [kW] 이하인 전동기에는 이와같은 과부하 보호장치를 시설하지 않아도 되는가?

① 0.2
② 0.75
③ 3
④ 5

🔍 해설

과부하보호장치의 제외사항
정격출력이 0.2[kW] 이하인 전동기

[**정답**] 09 ② 10 ② 11 ② 12 ② 13 ③ 14 ①

전기자기학
전력공학
전기기기
회로이론
제어공학
전기설비기술기준

15 발전소에서 계측장치를 시설하지 않아도 되는 것은?

① 발전기의 회전수 및 주파수

② 발전기의 고정자 및 베어링 온도

③ 주요 변압기의 전압 및 전류 또는 전력

④ 특고압용 변압기의 온도

🔍 해설 -

계측장치

· 발전기의 전압 및 전류 또는 변압기의 전압 및 전류 또는 전력
· 발전기의 베어링 및 고정자의 온도
· 특고압용 변압기의 온도

16 통신설비의 식별표시에 대한 사항으로 알맞지 않은 것은?

① 모든 통신기기에는 식별이 용이하도록 인식용 표찰을 부착하여야 한다.

② 통신사업자의 설비표시명판은 플라스틱 및 금속판 등 견고하고 가벼운 재질로 하고 글씨는 각인하거나 지워지지 않도록 제작된 것을 사용하여야 한다.

③ 배전주에 시설하는 통신설비의 설비표시명판의 경우 직선주는 전주 10경간마다 시설할 것

④ 배전주에 시설하는 통신설비의 설비표시명판의 경우 분기주, 인류주는 매 전주에 시설할 것

🔍 해설 -

통신설비의 식별

1. 모든 통신기기에는 식별이 용이하도록 인식용 표찰을 부착하여야 한다.
2. 통신사업자의 설비표시명판은 플라스틱 및 금속판 등 견고하고 가벼운 재질로 하고 글씨는 각인하거나 지워지지 않도록 제작된 것을 사용하여야 한다.
3. 설비표시명판 시설기준
   ① 배전주에 시설하는 통신설비의 설비표시명판은 다음에 따른다.
      ⓐ 직선주는 전주 5경간마다 시설할 것
      ⓑ 분기주, 인류주는 매 전주에 시설할 것
   ② 지중설비에 시설하는 통신설비의 설비표시명판은 다음에 따른다.
      ⓐ 관로는 맨홀마다 시설할 것
      ⓑ 전력구내 행거는 50[m] 간격으로 시설할 것

17 특고압을 직접 저압으로 변성하는 변압기를 시설하여서는 아니 되는 변압기는?

① 광산에서 물을 양수하기 위한 양수기용 변압기

② 전기로 등 전류가 큰 전기를 소비하기 위한 변압기

③ 교류식 전기철도용 신호회로에 전기를 공급하기 위한 변압기

④ 발전소·변전소·개폐소 또는 이에 준하는 곳의 소내용 변압기

🔍 해설 -

· 전기로 등 전류가 큰 전기를 소비하기 위한 변압기
· 발전소, 변전소, 개폐소 또는 이에 준하는 곳의 소내용 변압기
· 25[kV] 이하 중성점 다중 접지식 전로에 접속하는 변압기
· 교류식 전기철도용 신호회로에 전기를 공급하기 위한 변압기

18 급전용 변압기는 교류 전기철도의 경우 어떤 것의 적용을 원칙으로 하는가?

① 단상 정류기용 변압기

② 3상 정류기용 변압기

③ 3상 스코트결선 변압기

④ 단상 스코트결선 변압기

🔍 해설 -

변전소의 설비

급전용변압기는 직류 전기철도의 경우 3상 정류기용 변압기, 교류 전기철도의 경우 3상 스코트결선 변압기의 적용을 원칙으로 하고, 급전계통에 적합하게 선정하여야 한다.

19 3상 4선식 22.9[kV] 중성선 다중접지식 가공전선로의 전로와 대지간의 절연내력 시험전압은 몇 배를 적용하는가?

① 1.1   ② 1.25

③ 0.92   ④ 0.72

🔍 해설 -

절연내력시험전압

[**정답**] 15 ① 16 ③ 17 ① 18 ③ 19 ③

전로의 종류	시험전압	최저 시험전압
최대사용전압 7[kV]를 초과 25[kV] 이하 중성점 접지식 전로(중성선을 가지는 것으로서 그 중성선을 다중 접지하는 것에 한한다.)	0.92배	–

직류로 시험 할 수 있으며, 표에서 정한 시험전압의 2배의 직류전압으로 절연내력을 시험한다.

20 연료전지의 내압 시험은 내압 부분 중 최고 사용압력이 0.1[MPa] 이상의 부분은 최고 사용압력의 몇 배의 수압을 가입하여 10분간 실험을 실시하는가?

① 1.1
② 1.25
③ 1.5
④ 2

🔍 **해설** -

연료전지설비의 구조
내압시험은 연료전지 설비의 내압 부분 중 최고 사용압력이 0.1[MPa] 이상의 부분은 최고 사용압력의 1.5배의 수압(수압으로 시험을 실시하는 것이 곤란한 경우는 최고 사용압력의 1.25배의 기압)까지 가입하여 압력이 안정된 후 최소 10분간 유지하는 시험을 실시하였을 때 이것에 견디고 누설이 없어야 한다.

🔵 **시행일** **2025년 3회**

01 주택 등 저압 수용 장소에서 고정 전기설비에 TN-C-S 접지방식으로 접지공사시 중성선 겸용 보호도체[PEN]를 알루미늄으로 사용할 경우 단면적은 몇 [mm²] 이상이어야 하는가?

① 2.5
② 6
③ 10
④ 16

🔍 **해설** -

보호도체
주택 등 저압수용장소에서 TN-C-S 접지방식으로 접지공사를 하는 경우에 보호도체는 다음과 같이 시설하여야 한다.
중성선 겸용 보호도체(PEN)는 고정 전기설비에만 사용할 수 있고, 그 도체의 단면적이 구리는 10[mm²] 이상, 알루미늄은 16[mm²] 이상이어야 하며, 그 계통의 최고전압에 대하여 절연시켜야 한다.

02 22.9[kV] 3상4선식 다중 접지방식의 지중 전선로의 절연내력시험을 할 경우 시험전압은 몇 [V]인가?

① 16448
② 21068
③ 32796
④ 42136

🔍 **해설** -

전로의 종류	시험전압	최저 시험전압
최대사용전압 7[kV]를 초과 25[kV] 이하 중성점 접지식 전로(중성선을 가지는 것으로서 그 중성선을 다중 접지하는 것에 한한다.)	0.92배	–

직류로 시험 할 수 있으며, 표에서 정한 시험전압의 2배의 직류전압으로 절연내력을 시험한다.

절연내력시험전압 = 22900 × 0.92배 = 21068[V]가 된다.

03 사용전압 400[V] 이하인 저압 보안공사에 사용되는 경동선은 그 지름이 최소 몇 [mm] 이상의 것을 사용하여야 하는가?

① 2.0
② 2.6
③ 4.0
④ 5.0

🔍 **해설** -

전선은 케이블인 경우 이외에는 인장강도 8.01[kN] 이상 또는 지름 5[mm] 이상 의 경동선
(400[V] 이하 : 인장강도 5.26[kN] 이상의 것 또는 지름 4[mm] 이상의 경동선)

04 고압 가공전선이 철도를 횡단할 때 궤조면상의 높이는 몇 [m] 이상이어야 하는가?

① 6
② 6.5
③ 5
④ 3.5

🔍 **해설** -

고압 가공전선의 높이

도로횡단	철도횡단	횡단보도교위	기타
6[m]	6.5[m]	3.5[m]	5[m]

[정답] 20 ③ 2025년 3회 01 ④ 02 ② 03 ③ 04 ②

전기자기학
전력공학
전기기기
회로이론
제어공학
전기설비기술기준

05 교통신호등 제어장치의 2차측 배선의 최대사용전압은 몇 [V] 이하이어야 하는가?

① 150
② 200
③ 300
④ 400

🔍 해설

교통신호등

교통신호등 제어장치의 2차측 배선의 최대사용전압은 300[V] 이하이어야 한다.

06 옥내 배선공사 중 반드시 절연전선을 사용하지 않아도 되는 공사방법은? (단, 옥외용 비닐절연전선은 제외한다.)

① 금속관공사
② 버스덕트공사
③ 합성수지관공사
④ 플로어덕트공사

🔍 해설

나전선의 사용제한

전기로용 전선, 애자사용공사, 버스덕트공사 또는 라이팅덕트공사 및 접촉전선을 시설하는 경우, 전선의 피복 절연물이 부식하는 장소에 시설하는 전선에는 나전선을 사용할 수 있다.

07 교류계통에서 일반적으로 사용되며 일반인이 사용하는 정격전류 몇[A] 이하의 콘센트에는 누전차단기를 설치해야 하는가?

① 20
② 32
③ 63
④ 51

🔍 해설

교류계통 누전차단기 추가적보호

- 일반적으로 사용되며 일반인이 사용하는 정격전류 20[A] 이하 콘센트
- 옥외에서 사용되는 정격전류 32[A] 이하 이동용 전기기기

08 다음 급전선로에 대한 설명으로 옳지 않은 것은?

① 급전선은 나전선을 적용하여 가공식으로 가설한다.
② 가공식은 전차선의 높이 이상으로 전차선로 지지물에 병가하며, 나전선의 접속은 직선접속을 사용할 수 없다.
③ 신설 터널 내 급전선을 가공으로 설계할 경우 지지물의 취부는 C찬넬 또는 매입전을 이용하여 고정하여야 한다.
④ 교량 하부 등에 설치할 때에는 최소 절연이격거리 이상을 확보하여야 한다.

🔍 해설

급전선로

① 급전선은 나전선을 적용하여 가공식으로 가설을 원칙으로 한다. 다만, 전기적 영향에 대한 최소 간격이 보장되지 않거나 지락, 불꽃 방전 등의 우려가 있을 경우에는 급전선을 케이블로 하여 안전하게 시공하여야 한다.
② 가공식은 전차선의 높이 이상으로 전차선로 지지물에 병행 설치하며, 나전선의 접속은 직선접속을 원칙으로 한다.
③ 신설 터널 내 급전선을 가공으로 설계할 경우 지지물의 취부는 C찬넬 또는 매입전을 이용하여 고정하여야 한다.
④ 선상승강장, 인도교, 과선교 또는 다리 하부 등에 설치할 때에는 최소 절연간격 이상을 확보하여야 한다.

09 다음 중 귀선로에 대한 사항으로 잘못 된 것은?

① 귀선로는 비절연보호도체, 매설접지도체, 레일 등으로 구성한다.
② 단권변압기 중성점과 단독접지로 접속한다.
③ 비절연보호도체의 위치는 통신유도장해 및 레일전위의 상승의 경감을 고려하여 결정하여야 한다.
④ 사고 및 지락 시에도 충분한 허용전류용량을 갖도록 하여야 한다.

🔍 해설

귀선로

① 귀선로는 비절연보호도체, 매설접지도체, 레일 등으로 구성하여 단권변압기 중성점과 공통접지에 접속한다.
② 비절연보호도체의 위치는 통신유도장해 및 레일전위의 상승의 경감을 고려하여 결정하여야 한다.
③ 귀선로는 사고 및 지락 시에도 충분한 허용전류용량을 갖도록 하여야 한다.

[정답] 05 ③ 06 ② 07 ① 08 ② 09 ②

10 직류 750[V]인 전차선과 건조물 간의 최소 절연간격은 동적인 경우 몇 [mm]인가?

① 25　　　　　　　　② 100
③ 150　　　　　　　④ 170

🔍 **해설**

전차선로의 충전부와 건조물 간의 절연이격

시스템 종류	공칭전압 [V]	동적[mm]		정적[mm]	
		비오염	오염	비오염	오염
직류	750	25	25	25	25
	1500	100	110	150	160
단상교류	25000	170	220	270	320

11 임시전선로의 시설에서 저압 방호구에 넣은 절연전선 등을 사용하는 저압 가공전선과 건조물의 상부조영재의 위쪽의 간격은 몇 [m]인가?

① 0.3　　　　　　　② 0.4
③ 1　　　　　　　　④ 2

🔍 **해설**

임시 전선로 시설(저압 방호구)의 이격거리

조영물 조영재의 구분		접근형태	이격거리[m]
건조물	상부 조영재	위쪽	1
		옆쪽 또는 아래쪽	0.4
	상부이외의 조영재		0.4

12 사용전압이 22.9[kV]인 특고압 가공전선과 그 지지물·완금류·지주 또는 지선 사이의 이격거리는 몇 [cm] 이상이어야 하는가?

① 15　　　　　　　　② 20
③ 25　　　　　　　　④ 30

🔍 **해설**

특고압 가공전선과 지지물 등의 이격거리

사용전압[kV]	이격거리[cm]
15 미만	15
15 이상 25 미만	20
25 이상 35 미만	25

13 지중전선로의 매설방식으로 잘못된 것은?

① 직접매설식　　　　② 관로식
③ 암거식　　　　　　④ 압축식

🔍 **해설**

지중전선로의 매설방식

지중 전선로는 전선에 케이블을 사용하고 또한 관로식·암거식 또는 직접 매설식에 의하여 시설하여야 한다.

14 300[V] 지중전선이 지중약전류전선 등과 접근하여 이격거리가 몇 [cm] 이하인 때에 양 전선 사이에 견고한 내화성의 격벽을 설치하는 경우 이외에는 지중전선을 견고한 불연성 또는 난연성의 관에 넣어 그 관이 지중약전류전선 등과 직접 접촉되지 않도록 하여야 하는가?

① 15　　　　　　　　② 60
③ 25　　　　　　　　④ 30

🔍 **해설**

조 건	이격거리
약전류전선 ↔ 저압·고압 지중전선	30[cm] 이상
약전류전선 ↔ 특고압 지중전선	60[cm] 이상

15 특고압 가공전선이 저고압 가공전선 등과 제2차 접근상태로 시설되는 경우 수평 간격은 몇 [m] 이상이어야 하는가?

① 0.5　　　　　　　② 1
③ 1.5　　　　　　　④ 2

[정답] 10 ① 11 ③ 12 ② 13 ④ 14 ④ 15 ④

전
기
자
기
학

전
력
공
학

전
기
기
기

회
로
이
론

제
어
공
학

전
기
설
비
기
술
기
준

해설

특고압가공전선의 이격거리

특고압 가공전선이 저고압 가공전선 등과 제2차 접근상태로 시설되는 경우에 특고압 가공전선과 저고압 가공전선등과의 수평 간격은 2[m] 이상일 것

16 발전소 등의 울타리·담 등의 시설시 지표면과 울타리·담 등의 하단사이의 간격은 몇 [m] 이하로 해야하는가?

① 0.1
② 0.15
③ 0.3
④ 0.2

해설

발전소 등의 울타리, 담등의 시설

울타리·담 등의 높이는 2[m] 이상으로 하고 지표면과 울타리·담 등의 하단사이의 간격은 0.15[m] 이하로 할 것

17 특고압용의 개폐기·차단기·피뢰기 기타 이와 유사한 기구로서 동작시에 아크가 생기는 것은 목재의 벽 또는 천장 기타의 가연성 물체로부터 몇 [m] 이상 떼어 놓아야 하는가?

① 1.0[m]
② 1.2[m]
③ 1.5[m]
④ 2.0[m]

해설

아크가 발생하는 기구의 시설

가연성 물체로 부터의 이격거리
• 고압용 : 1[m] 이상, 특고압용 : 2[m] 이상

18 옥외설비의 절연유 유출방지설비에 대한 사항으로 잘못된 것은?

① 절연유 유출 방지설비의 선정은 기기에 들어 있는 절연유의 양, 빗물 및 화재보호시스템의 용수량, 근접 수로 및 토양조건을 고려하여야 한다.
② 집유조 및 집수탱크는 바닥으로부터 절연유 및 냉각액의 유출을 방지하여야 한다.

③ 벽, 집유조 및 집수탱크에 관련된 배관은 액체가 침투하는 것이어야 한다.
④ 절연유 및 냉각액에 대한 집유조 및 집수탱크의 용량은 물의 유입으로 지나치게 감소되지 않아야 하며, 자연배수 및 강제배수가 가능하여야 한다.

해설

옥외설비의 절연유 유출방지설비

① 절연유 유출 방지설비의 선정은 기기에 들어 있는 절연유의 양, 빗물 및 화재보호시스템의 용수량, 근접 수로 및 토양조건을 고려하여야 한다.
② 집유조 및 집수탱크가 시설되는 경우 집수탱크는 최대 용량 변압기의 유량에 대한 집유능력이 있어야 한다.
③ 벽, 집유조 및 집수탱크에 관련된 배관은 액체가 침투하지 않는 것이어야 한다.
④ 절연유 및 냉각액에 대한 집유조 및 집수탱크의 용량은 물의 유입으로 지나치게 감소되지 않아야 하며, 자연배수 및 강제배수가 가능하여야 한다.

19 저압 가공전선과 도로 등의 접근 또는 교차에서 저압 전차선로의 지지물과의 간격은 몇 [m]인가?

① 0.3
② 0.6
③ 1
④ 3

해설

저압 가공전선과 도로 등의 간격

도로 등의 구분	간격
도로·횡단보도교·철도 또는 궤도	3[m]
삭도나 그 지지기둥 또는 저압 전차선	0.6[m] (전선이 고압 절연전선, 특고압 절연전선 또는 케이블인 경우에는 0.3[m])
저압 전차선로의 지지물	0.3[m]

20 66000[V] 가공전선과 6000[V] 가공전선을 동일 지지물에 시설하는 경우, 특고압 가공전선으로 사용 하는 경동연선의 굵기는 몇 [mm²] 이상이어야 하는가? (단, 특고압 가공전선이 케이블이 아닌 경우)

[정답] 16 ② 17 ④ 18 ③ 19 ① 20 ②

① 22 ② 50

③ 55 ④ 100

 해설

병가(병행가설)

사용전압이 $35[\mathrm{kV}]$을 초과하고 $100[\mathrm{kV}]$ 미만인 특고압 가공전선과 저압 또는 고압 가공전선을 동일 지지물에 시설하는 경우 특고압 가공전선은 케이블인 경우를 제외하고는 인장강도 $21.67[\mathrm{kN}]$ 이상의 연선 또는 단면적이 $50[\mathrm{mm}^2]$ 이상인 경동연선일 것

전기자기학

전력공학

전기기기

회로이론

제어공학

전기설비기술기준

ELECTRICITY

Chapter 8

전기산업기사
과년도 기출문제

2023년 1·2·3회

2024년 1·2·3회

2025년 1·2·3회

시행일 ▶ 2023년 1회

01
도체계에서 각 도체의 전위를 V_1, V_2, ……으로 하기 위한 각 도체의 유도계수와 용량 계수에 대한 설명으로 옳은 것은?

① q_{11}, q_{22}, q_{33} 등을 유도계수라 한다.

② q_{21}, q_{31}, q_{41} 등을 용량계수라 한다.

③ 일반적으로 유도계수는 0보다 작거나 같다.

④ 용량계수와 유도계수의 단위는 모두 [V/C]이다.

🔍 해설

용량계수 및 유도계수

용량계수 및 유도계수의 성질
- 용량계수 $q_{rr} > 0$
- 유도계수 $q_{rs} \leq 0$
- $q_{rr} \geq -q_{rs}$
- $q_{rr} = -q_{rs}$인 경우 s도체는 r도체를 포함한다.

02
단면적이 $0.6[\text{m}^2]$, 길이가 $0.8[\text{m}]$인 철심이 있다. 이 철심의 자기 저항[AT/Wb]은? (단, 철심의 비투자율은 20이다.)

① 8.27×10^4 ② 7.89×10^4

③ 6.48×10^4 ④ 5.31×10^4

🔍 해설

자기저항

$$R_m = \frac{l}{\mu S} = \frac{l}{\mu_0 \mu_s S} = \frac{0.8}{4\pi \times 10^{-7} \times 20 \times 0.6} = 5.31 \times 10^4 \, [\text{AT/Wb}]$$

03
도체 2를 Q로 대전된 도체 1에 접속하면 도체 2가 얻는 전하를 전위계수로 표시하면 얼마나 되는가? (단, P_{11}, P_{12}, P_{21}, P_{22}는 전위계수이다.)

① $\dfrac{P_{11}-P_{12}}{P_{11}-2P_{12}+P_{22}}Q$ ② $\dfrac{P_{11}-P_{12}}{P_{11}+2P_{12}+P_{22}}Q$

③ $-\dfrac{P_{11}-P_{12}}{P_{11}-2P_{12}+P_{22}}Q$ ④ $-\dfrac{P_{11}-P_{12}}{P_{11}+2P_{12}+P_{22}}Q$

🔍 해설

전위계수

$V_1 = P_{11}Q_1 + P_{12}Q_2$, $V_2 = P_{21}Q_1 + P_{22}Q_2$식에서
접촉 후에는 공통전위 $V_1 = V_2$를 이룬다.
접속 후 도체 1에 남아있는 전하 $Q_1 = Q - Q_2$ 로 감소하므로
이를 정리하면
$V_1 = P_{11}(Q-Q_2) + P_{12}Q_2 = P_{21}(Q-Q_2) + P_{22}Q_2 = V_2$
$P_{11}Q - P_{11}Q_2 + P_{12}Q_2 = P_{21}Q - P_{21}Q_2 + P_{22}Q_2$, $P_{12} = P_{21}$이므로
$P_{11}Q - P_{12}Q = P_{11}Q_2 - 2P_{12}Q_2 + P_{22}Q_2$
$(P_{11}-P_{12})Q = (P_{11}-2P_{12}+P_{22})Q_2$
$\therefore Q_2 = \dfrac{(P_{11}-P_{21})Q}{P_{11}-2P_{12}+P_{22}}$

04
자기인덕턴스와 상호인덕턴스와의 관계에서 결합계수 k에 영향을 주지 않는 것은?

① 코일의 크기 ② 코일의 상대위치

③ 코일의 재질 ④ 코일의 형상

🔍 해설

결합계수

결합계수 k는 두 코일이 자기적으로 결합된 정도, 즉 코일에서 발생하는 자속이 상대 코일에 쇄교하는 비율을 말한다. 코일의 크기나 형상 및 상대 위치에 따라 자속이 상대 코일에 쇄교하는 비율이 달라질 수 있으나, 코일의 재질은 영향을 주지 않는다.

[정답] 2023년 1회 01 ③ 02 ④ 03 ① 04 ③

05 여러 가지 도체의 전하 분포에 있어 각 도체의 전하를 n배 하면 중첩의 원리가 성립되기 위해서는 그 전위는 어떻게 되는가?

① n배가 된다.   ② $\dfrac{n}{2}$배가 된다.

③ $2n$배가 된다.   ④ n^2배가 된다.

🔍 **해설**

전위

$V=\dfrac{Q}{4\pi\varepsilon_0 r}[\text{V}],\ nV=\dfrac{nQ}{4\pi\varepsilon_0 r}[\text{V}]$이므로
전하가 n배면 전위도 n배가 된다.

06 지구의 표면에 있어서 대지로 향하여 $E=300[\text{V/m}]$의 전계가 있다고 가정하면 지표면의 전하밀도$[\text{C/m}^2]$는?

① 1.65×10^{-9} ② 1.65×10^{-11}

③ 2.65×10^{-9} ④ 2.65×10^{-11}

🔍 **해설**

전속밀도

$\rho_s=\sigma=D=\varepsilon_0 E=8.855\times10^{-12}\times300=2.65\times10^{-9}[\text{C/m}^2]$

07 점전하 $+Q[\text{C}]$의 무한 평면도체에 대한 영상전하는?

① $Q[\text{C}]$과 같다.   ② $Q[\text{C}]$보다 작다.

③ $Q[\text{C}]$보다 크다.   ④ $-Q[\text{C}]$과 같다.

🔍 **해설**

접지무한평면과 점전하

접지무한평면에 의한 영상전하는 크기는 같고 부호는 반대이므로
$Q'=-Q[\text{C}]$

08 동일 용량 $C[\text{F}]$의 콘덴서 n개를 병렬로 연결하였다면 합성정전용량$[\text{F}]$은 얼마인가?

① $\dfrac{C}{n}$ ② nC

③ C ④ n^2C

🔍 **해설**

합성정전용량

동일 용량 $C[\text{F}]$의 콘덴서 n개 병렬 연결시
합성정전용량 $C_0=C+C+\cdots\cdots+C=nC[\text{F}]$

09 반지름 $a[\text{m}]$인 원형 전류가 흐르고 있을 때 원형 전류의 중심 0에서 중심축상 $x[\text{m}]$인 점의 자계$[\text{AT/m}]$를 나타낸 식은?

① $\dfrac{I}{2a}\cos^2\theta$ ② $\dfrac{I}{2a}\cos^3\theta$

③ $\dfrac{I}{2a}\sin^2\theta$ ④ $\dfrac{I}{2a}\sin^3\theta$

🔍 **해설**

원형코일 중심축상 자계의 세기

원형코일 중심에서 떨어진 지점의 자계

$H=\dfrac{Ia^2}{2(a^2+x^2)^{\frac{3}{2}}}=\dfrac{I}{2a}\sin^3\theta[\text{AT/m}]$

10 두 유전체의 경계면에서 정전계가 만족하는 것은?

① 전계의 법선 성분이 같다.

② 전속밀도의 접선 성분이 같다.

③ 전계의 접선 성분이 같다.

④ 분극의 세기의 접선 성분이 같다.

🔍 **해설**

유전체 경계면 조건

1) 완전경계조건 : 경계면(접선)에는 진전하밀도가 존재하지 않고, 전위차는 없다.
2) 법선(수직)성분은 전속밀도 $D_1=D_2$
    ① $D_1=D_2$: 연속적
    ② $E_1\neq E_2$: 불연속적
    ③ $D_1\cos\theta_1=D_2\cos\theta_2,\ \varepsilon_1 E_1\cos\theta_1=\varepsilon_2 E_2\cos\theta_2$
3) 접선(수평)성분은 전계 $E_1=E_2$
    ① $E_1=E_2$: 연속적
    ② $D_1\neq D_2$: 불연속적
    ③ $E_1\sin\theta_1=E_2\sin\theta_2$
4) 굴절각 $\dfrac{\tan\theta_1}{\tan\theta_2}=\dfrac{\varepsilon_1}{\varepsilon_2}$
5) 비례 관계 : $\varepsilon_1>\varepsilon_2$일 때 $\theta_1>\theta_2,\ D_1>D_2,\ E_1<E_2$

[**정답**] 05 ①   06 ③   07 ④   08 ②   09 ④   10 ③

전기자기학
전력공학
전기기기
회로이론
전기설비기술기준

11 $div\, i = 0$ 에 대한 설명이 아닌 것은?

① 도체 내에 흐르는 전류는 연속적이다.
② 도체 내에 흐르는 전류는 일정하다.
③ 단위 시간당 전하의 변화는 없다.
④ 도체 내에 전류가 흐르지 않는다.

해설

전류의 연속성
$div\, i = 0$은 키르히호프 전류 법칙의 미분형으로 임의의 도체 단면에 유입하는 전류의 총합은 유출하는 전류의 총합과 같다는 법칙이다. 즉 전류가 흐르는 상태에서의 법칙이다.

12 전류와 자계 사이의 힘의 효과를 이용한 것으로 자유로이 구부릴 수 있는 도선에 대전류를 통하면 도선 상호간에 반발력에 의하여 도선이 원을 형성하는데 이와 같은 현상은?

① 핀치 효과
② 홀 효과
③ 스트레치 효과
④ 스킨 효과

해설

스트레치 효과
자유로이 구부릴 수 있는 도선으로 사각형을 만들어 전류를 흐르게 하면 마주보는 평행한 두 도선에 흐르는 전류의 방향이 반대이므로 전자력에 의해 반발력이 발생하여 원형이 된다. 이와 같은 현상을 스트레치 효과라 한다.

13 솔레노이드의 자기인덕턴스와 권회수 N의 관계는?

① N에 비례
② N^2에 비례
③ $\dfrac{1}{N^2}$에 비례
④ $\sqrt{N}$에 비례

해설

솔레노이드 자기 인덕턴스
$$L = \frac{\mu S N^2}{l} = \frac{N^2}{R_m}, \; L \propto N^2$$

14 맥스웰 방정식에 대한 설명으로 틀린 것은?

① 전도전류는 자계를 발생시키지만, 변위전류는 자계를 발생시키지 않는다.
② N극과 S극이 공존한다.
③ 자속밀도의 시간적 변화에 따라 전계의 회전이 발생한다.
④ 폐곡면을 통해 나오는 전속은 폐곡면 내 전하량과 같다.

해설

맥스웰 방정식
1. 맥스웰의 제1의 기본 방정식
$$rot\, H = curl\, H = \nabla \times H = i_c + \frac{\partial D}{\partial t} = i_c + \varepsilon \frac{\partial E}{\partial t} [\mathrm{A/m^2}]$$
   ① 암페어(앙페르)의 주회적분법칙에서 유도한 식이다.
   ② 전도전류, 변위전류는 자계를 형성한다.
   ③ 전류와 자계와의 관계를 나타내며 전류의 연속성을 표현한다.
2. 맥스웰의 제2의 기본 방정식
$$rot\, E = curl\, E = \nabla \times E = -\frac{\partial B}{\partial t} = -\mu \frac{\partial H}{\partial t} [\mathrm{V}]$$
   ① 패러데이의 법칙에서 유도한 식이다.
   ② 자속밀도의 시간적 변화는 전계를 회전시키고 유기기전력을 형성한다.
3. 정전계의 가우스의 미분형
$$div\, D = \nabla \cdot D = \rho [\mathrm{C/m^3}]$$
   ① 임의의 폐곡면 내의 전하에서 전속선이 발산한다.
   ② 가우스 발산 정리에 의하여 유도된 식
   ③ 고립(독립)된 전하는 존재한다.
4. 정자계의 가우스의 미분형
$$div\, B = \nabla \cdot B = 0$$
   ① 자속의 연속성을 나타낸 식이다.
   ② 고립(독립)된 자극(자하)는 없으며 N극과 S극이 항상 공존한다.
5. 벡터 포텐셜
$$rot\, \vec{A} = \nabla \times \vec{A} = B [\mathrm{Wb/m^2}]$$
   벡터포텐셜($\vec{A}$)의 회전은 자속밀도를 형성한다.

15 공기 중에 있는 무한 직선 도체에 전류 $I[\mathrm{A}]$가 흐르고 있을 때 도체에서 $a[\mathrm{m}]$ 떨어진 점에서의 자계[AT/m]는?

① $\dfrac{\mu_0 I}{a}$
② $\dfrac{\mu_0 I}{2\pi a}$
③ $\dfrac{I}{2\pi a^2}$
④ $\dfrac{I}{2\pi a}$

🔍 해설

무한장 직선전류에 의한 자계

무한장 직선전류에 의한 자계 $H = \dfrac{I}{2\pi r} = \dfrac{I}{2\pi a}[\mathrm{AT/m}]$

16 단위 구면을 통해 나오는 전기력선의 수는? (단, 구 내부의 전하량은 $Q[\mathrm{C}]$이다.)

① 1
② Q
③ $\dfrac{Q}{\varepsilon_0}$
④ ε_0

🔍 해설

전기력선의 성질

$Q[\mathrm{C}]$에서 발생하는 전기력선의 총 수는 $\dfrac{Q}{\varepsilon_0}$[개]다.

17 공기 중에 두 자성체가 있다. 자성체에서 발생하는 자속밀도가 $0.2[\mathrm{Wb/m^2}]$일 때 두 자극면 사이에 발생하는 $1[\mathrm{cm^2}]$당 힘$[\mathrm{N}]$은? (단 자성체의 비투자율은 1000이다.)

① 5.3
② 3.2
③ 2.1
④ 1.6

🔍 해설

자석의 흡인력

두 자성체가 공기 중에 있으므로

$f = \dfrac{B^2}{2\mu_0} = \dfrac{1}{2}\mu_0 H^2 = \dfrac{1}{2}BH[\mathrm{N/m^2}]$에서

$f = \dfrac{B^2}{2\mu_0} = \dfrac{0.2^2}{2 \times 4\pi \times 10^{-7}}[\mathrm{N/m^2}]$

$= \dfrac{0.2^2}{2 \times 4\pi \times 10^{-7}} \times 10^{-4}[\mathrm{N/cm^2}] = 1.59[\mathrm{N/cm^2}]$

18 반지름이 $r[\mathrm{m}]$, 선간거리 $D[\mathrm{m}]$인 평행 도선 사이의 단위길이당 자기 인덕턴스$[\mathrm{H/m}]$는?

① $\dfrac{\pi}{\mu_0}\ln\dfrac{r}{D}$
② $\dfrac{\mu_0}{\pi}\ln\dfrac{D}{r}$
③ $\dfrac{\pi}{\mu_0}\ln\dfrac{D}{r}$
④ $\dfrac{\mu_0}{\pi}\ln\dfrac{r}{D}$

🔍 해설

도체 모양에 따른 인덕턴스

평행도선 사이 인덕턴스 $L = \dfrac{\mu_0}{\pi}\ln\dfrac{D}{r}[\mathrm{H/m}]$

19 비유전율이 2.4인 유전체 내의 전계의 세기가 $100[\mathrm{mV/m}]$이다. 유전체에 축적되는 단위체적당 에너지는 몇 $[\mathrm{J/m^3}]$인가?

① 1.06×10^{-13}
② 1.77×10^{-13}
③ 2.32×10^{-13}
④ 2.32×10^{-11}

🔍 해설

정전에너지

단위 체적당 정전 에너지

$\omega = \dfrac{\sigma^2}{2\varepsilon} = \dfrac{D^2}{2\varepsilon} = \dfrac{1}{2}\varepsilon E^2 = \dfrac{1}{2}ED[\mathrm{J/m^3}]$에서

$\omega = \dfrac{1}{2}\varepsilon E^2 = \dfrac{1}{2}\varepsilon_0\varepsilon_s E^2 = \dfrac{1}{2} \times 8.855 \times 10^{-12} \times 2.4 \times (100 \times 10^{-3})^2$

$= 1.06 \times 10^{-13}[\mathrm{J/m^3}]$

20 유전체에서 임의의 주파수 f에서의 손실각을 $\tan\delta$라 할 때, 전도전류 i_c와 변위 전류 i_d의 크기가 같아지는 주파수를 f_c라 하면 $\tan\delta$는?

① $\dfrac{f_c}{f}$
② $\dfrac{f_c}{\sqrt{f}}$
③ $\dfrac{\sqrt{f_c}}{f}$
④ $\dfrac{f}{f_c}$

🔍 해설

유전체 손실각

임계주파수 f_c는 도체와 유전체를 구분하는

임계점$(i_c = i_d)$에서의 주파수로 $f_c = \dfrac{k}{2\pi\varepsilon} = \dfrac{\sigma}{2\pi\varepsilon}[\mathrm{Hz}]$,

유전체 손실각 $\tan\delta = \dfrac{i_c}{i_d} = \dfrac{kE}{\omega\varepsilon E} = \dfrac{k}{\omega\varepsilon} = \dfrac{k}{2\pi\varepsilon f} = \dfrac{f_c}{f}$

[정답] 16 ③ 17 ④ 18 ② 19 ① 20 ①

전기자기학 / 전력공학 / 전기기기 / 회로이론 / 전기설비기술기준

시행일 ▶ **2023년 2회**

01 그림과 같은 동심구에서 도체 A에 $Q[\text{C}]$을 줄 때 도체 A의 전위는 몇 $[\text{V}]$인가? (단, 도체 B의 전하는 0이다.)

① $\dfrac{Q}{4\pi\varepsilon_0 C}$ 　② $\dfrac{Q}{4\pi\varepsilon_0}\left(\dfrac{1}{a}-\dfrac{1}{b}\right)$

③ $\dfrac{Q}{4\pi\varepsilon_0}\left(\dfrac{1}{a}-\dfrac{1}{b}+\dfrac{1}{c}\right)$ 　④ $\dfrac{Q}{4\pi\varepsilon_0}\left(\dfrac{1}{a}+\dfrac{1}{b}\right)$

🔍 **해설**

도체 모양에 따른 전위
동심구도체에서 내구의 전하 $Q[\text{C}]$, 외구의 전하 $0[\text{C}]$인 경우
내구의 전위 $V=\dfrac{Q}{4\pi\varepsilon_0}\left(\dfrac{1}{a}-\dfrac{1}{b}+\dfrac{1}{c}\right)[\text{V}]$

02 진공 중의 임의의 구도체에 $\sigma[\text{C/m}^2]$의 표면전하밀도가 분포되어 있다. 구도체 내부의 전속밀도는?

① σ 　② $\dfrac{\sigma}{\varepsilon_0}$

③ $\dfrac{\sigma}{2\varepsilon_0}$ 　④ 0

🔍 **해설**

전속 및 전속밀도
도체 내부에는 전하가 존재하지 않으므로 전속 및 전속밀도도 존재하지 않는다.

03 정육각형의 꼭짓점에 동량, 동질의 점전하 Q가 놓여 있을 때 정육각형 한 변의 길이가 a라 하면 정육각형 중심의 전계의 세기는? (단, 자유공간이다.)

① $\dfrac{Q}{4\pi\varepsilon_0 a^2}$ 　② $\dfrac{3Q}{2\pi\varepsilon_0 a^2}$

③ $6Q$ 　④ 0

🔍 **해설**

도체 모양에 따른 전계
꼭지점에 같은 조건의 전하가 놓인 정다각형의 중심의 전계의 세기는 항상 0이다.

04 단면적 $3[\text{cm}^2]$, 길이 $30[\text{cm}]$, 비투자율 1000인 철심에 3000회의 코일을 감았다. 코일의 자기 인덕턴스 $[\text{H}]$는?

① 9.31 　② 11.31

③ 10.31 　④ 12.31

🔍 **해설**

솔레노이드 자기 인덕턴스
$$L=\frac{\mu SN^2}{l}=\frac{\mu_0\mu_s SN^2}{l}=$$
$$=\frac{4\pi\times10^{-7}\times1000\times3\times10^{-4}\times3000^2}{30\times10^{-2}}=11.31[\text{H}]$$

05 맥스웰의 전자방정식에 대한 설명으로 틀린 것은?

① 폐곡면을 통해 나오는 자속은 폐곡면 내의 자극의 세기와 같다.

② 폐곡선에 따른 전계의 선적분은 폐곡선 내를 통하는 자속의 시간 변화율과 같다.

③ 폐곡선에 따른 자계의 선적분은 폐곡선 내를 통하는 전류와 전속의 시간적 변화율과 같다.

④ 폐곡면을 통해 나오는 전속은 폐곡선 내의 전하량과 같다.

🔍 **해설**

맥스웰 방정식
1. 맥스웰의 제 1의 기본 방정식
$$rot\,H=curl\,H=\nabla\times H=i_c+\frac{\partial D}{\partial t}=i_c+\varepsilon\frac{\partial E}{\partial t}[\text{A/m}^2]$$
① 암페어(앙페르)의 주회적분법칙에서 유도한 식이다.

[정답] 2023년 2회 01 ③ 02 ④ 03 ④ 04 ② 05 ①

② 전도전류, 변위전류는 자계를 형성한다.
③ 전류와 자계와의 관계를 나타내며 전류의 연속성을 표현한다.

2. 맥스웰의 제 2의 기본 방정식

$$rot E = curl E = \nabla \times E = -\frac{\partial B}{\partial t} = -\mu \frac{\partial H}{\partial t}[\text{V}]$$

① 패러데이의 법칙에서 유도한 식이다.
② 자속밀도의 시간적 변화는 전계를 회전시키고 유기기전력을 형성한다.

3. 정전계의 가우스의 미분형

$$div D = \nabla \cdot D = \rho[\text{C/m}^3]$$

① 임의의 폐곡면 내의 전하에서 전속선이 발산한다.
② 가우스 발산 정리에 의하여 유도된 식
③ 고립(독립)된 전하는 존재한다.

4. 정자계의 가우스의 미분형

$$div B = \nabla \cdot B = 0$$

① 자속의 연속성을 나타낸 식이다.
② 고립(독립)된 자극(자하)는 없으며 N극과 S극이 항상 공존한다.

5. 벡터 포텐셜

$$rot \vec{A} = \nabla \times \vec{A} = B[\text{Wb/m}^2]$$

벡터포텐셜($\vec{A}$)의 회전은 자속밀도를 형성한다.

06 다음 중 감자율이 0인 것은?

① 가늘고 짧은 막대 자성체
② 굵고 짧은 막대 자성체
③ 환상 솔레노이드
④ 가늘고 긴 막대 자성체

🔍 **해설**

감자력
감자율 N
① 가늘고 긴 막대 $N \fallingdotseq 0$
② 환상 솔레노이드 철심 $N = 0$
③ 굵고 짧은 막대 $N = 1$
④ 구자성체 $N \fallingdotseq \frac{1}{3}$

07 점전하 $Q[\text{C}]$에 의한 무한 평면 도체의 영상전하는?

① $-Q[\text{C}]$보다 작다.
② $-Q[\text{C}]$과 같다.
③ $-Q[\text{C}]$보다 크다.
④ $Q[\text{C}]$과 같다.

🔍 **해설**

접지무한평면과 점전하
무한 평면 도체에 의한 영상전하 $Q' = -Q[\text{C}]$

08 전류의 연속방정식을 나타내는 식은?

① $\nabla \cdot J = -\frac{\partial \rho}{\partial t}$
② $\nabla \cdot J = \frac{\partial \rho}{\partial t}$
③ $\nabla \cdot J = 0$
④ $J = 0$

🔍 **해설**

전류의 연속성
키르히호프 전류 법칙 $div \, i = \nabla \cdot i = \nabla \cdot J = 0$으로 전류의 연속성을 나타낸다.

09 접지된 구도체와 점전하간에 작용하는 힘은?

① 항상 흡인력이다.
② 항상 반발력이다.
③ 조건적 흡인력이다.
④ 조건적 반발력이다.

🔍 **해설**

접지구도체와 점전하
접지구도체에 의한 영상전하 $Q' = -\frac{a}{d}Q[\text{C}]$

점전하와 부호가 반대이므로 항상 흡인력이 작용한다.

10 평행판 콘덴서 극판 사이에 비유전율 ε_s의 유전체를 삽입하였을 때의 정전용량은 진공일 때의 용량의 몇 배인가?

① ε_s
② $\varepsilon_s - 1$
③ $\frac{1}{\varepsilon_s}$
④ $\varepsilon_s + 1$

🔍 **해설**

유전체
진공시 $C_0 = \frac{\varepsilon_0 S}{d}[\text{F}]$, 유전체 삽입 시 $C_0 = \frac{\varepsilon_0 \varepsilon_s S}{d}[\text{F}]$이므로

$$\frac{C}{C_0} = \frac{\frac{\varepsilon_0 \varepsilon_s S}{d}}{\frac{\varepsilon_0 S}{d}} = \varepsilon_s$$

[**정답**] 06 ③ 07 ② 08 ③ 09 ① 10 ①

전
기
자
기
학

전
력
공
학

전
기
기
기

회
로
이
론

전
기
설
비
기
술
기
준

11 전자석에 사용하는 연철(Soft iron)은 다음 어느 성질을 갖는가?

① 잔류자기, 보자력이 모두 크다.
② 보자력과 히스테리시스 곡선의 면적이 모두 작다.
③ 보자력이 크고 히스테리시스 곡선의 면적이 작다.
④ 보자력이 크고 잔류자기가 작다.

🔍 **해설**

자석의 재료 조건
① 영구 자석의 재료 조건
   잔류자기와 보자력 및 히스테리시스 곡선 면적이 모두 크다.
② 전자석의 재료 조건
   잔류자기는 크며 보자력과 히스테리시스 곡선 면적은 작다.

12 평면 전자파의 전계 E와 자계 H 사이의 관계식은?

① $H = \sqrt{\dfrac{\mu}{\varepsilon}}\, E$ ② $H = \sqrt{\mu\varepsilon}\, E$

③ $H = \sqrt{\dfrac{\varepsilon}{\mu}}\, E$ ④ $H = \sqrt{\dfrac{1}{\mu\varepsilon}}\, E$

🔍 **해설**

파동 임피던스
$$\eta = \frac{E}{H} = \sqrt{\frac{\mu}{\varepsilon}}, \ H = \sqrt{\frac{\varepsilon}{\mu}}\, E$$

13 자속밀도 $0.4 a_z [\mathrm{Wb/m^2}]$ 내에서 $5[\mathrm{m}]$ 길이의 도선에 $30[\mathrm{A}]$의 전류가 $-z$ 방향으로 흐를 때 전자력$[\mathrm{N}]$은?

① $60 a_z$ ② $-60 a_x$

③ $-60 a_z$ ④ 0

🔍 **해설**

전자력
플레밍의 왼손법칙
$F = BIl\sin\theta = \mu_0 HIl\sin\theta = (I \times B)l[\mathrm{N}]$에서
자속밀도 B와 전류 I는 반대방향이므로 $\theta = 180°$
$F = BIl\sin 180° = 0[\mathrm{N}]$

14 대전된 구도체를 반지름이 2배가 되는 구도체에 가는 선으로 연결할 때 원래 에너지에 대해 손실되는 에너지의 비율은? 단, 두 도체는 충분히 떨어져 있는 것으로 본다.

① $\dfrac{1}{3}$ ② $\dfrac{9}{5}$

③ $\dfrac{2}{3}$ ④ $\dfrac{5}{9}$

🔍 **해설**

정전에너지

대전 구도체 내 정전 에너지 $W = \dfrac{Q^2}{2C}[\mathrm{J}]$

반지름 2배인 구도체는 정전용량이 2배이며
두 구도체를 가는 선으로 연결시 병렬접속이므로

연결 후 정전에너지 $W' = \dfrac{Q^2}{2(C+2C)} = \dfrac{Q^2}{6C} = \dfrac{W}{3}[\mathrm{J}]$

손실에너지 $W - W' = W - \dfrac{W}{3} = \dfrac{2}{3}W[\mathrm{J}]$

15 유전체의 초전효과(Pyroelectric Effect)에 대한 설명이 아닌 것은?

① 열에너지를 전기에너지로 변화시키는 데 이용된다.
② 온도변화에 관계없이 일어난다.
③ 초전효과가 있는 유전체를 공기 중에 놓으면 중화된다.
④ 자발 분극을 가진 유전체에서 생긴다.

🔍 **해설**

전기의 여러 가지 현상
초전효과 즉 파이로 전기는 롯셈염 및 수정 등의 결정을 가열하면 한 면에 정, 반대 면에 부의 전기가 분극을 일으키고 반대로 냉각시키면 역의 분극이 나타나는 현상을 말한다. 따라서 파이로 전기는 온도 변화에 의해 발생한다.

16 철심이 들어 있는 환상 코일이 있다. 1차 코일의 권수 $N_1 = 100$회일 때, 자기 인덕턴스는 $0.01[\mathrm{H}]$였다. 이 철심에 2차 코일 $N_2 = 200$회를 감았을 때 1, 2차 코일의 상호 인덕턴스는 몇 $[\mathrm{H}]$인가? (단, 결합계수 $k = 1$로 한다.)

① 0.01 ② 0.02

③ 0.03 ④ 0.04

🔍 **해설** -

상호 인덕턴스

결합계수 $k=1$일 경우 상호인덕턴스

$M=\dfrac{\mu SN_1N_2}{l}=L_1\dfrac{N_2}{N_1}=L_2\dfrac{N_1}{N_2}[\text{H}]$에서

$M=L_1\dfrac{N_2}{N_1}=0.01\times\dfrac{200}{100}=0.02[\text{H}]$

17 아래 회로도의 2[μF] 콘덴서에 100[μC]의 전하가 축적되었을 때 3[μF] 콘덴서 양단에 걸리는 전위차[V]는?

① 50　　　　　　　　② 100

③ 70　　　　　　　　④ 150

🔍 **해설** -

합성 정전용량

1[μF], 2[μF], 3[μF] 콘덴서에 걸리는 전압을

각각 V_1, V_2, V_3라 하면 $V_2=\dfrac{Q_2}{C_2}=\dfrac{100}{2}=50[\text{V}]$

병렬 접속에서 전압은 일정하므로 $V_1=V_2=V_3=50[\text{V}]$

18 무한히 넓은 평행판 콘덴서에서 두 평행판 사이의 간격이 $d[\text{m}]$일 때 단위 면적당 두 평행판상의 정전용량 [F/m^2]은?

① $\dfrac{1}{4\pi\varepsilon_0 d}$　　　　② $\dfrac{4\pi\varepsilon_0}{d}$

③ $\dfrac{\varepsilon_0}{d}$　　　　　　④ $\dfrac{\varepsilon_0}{d^2}$

🔍 **해설** -

도체 모양에 따른 정전용량

평행판 사이 정전용량 $C=\dfrac{\varepsilon_0 S}{d}[\text{F}]$이므로

단위 면적당 정전용량 $C'=\dfrac{C}{S}=\dfrac{\varepsilon_0 S}{d}\times\dfrac{1}{S}=\dfrac{\varepsilon_0}{d}[\text{F/m}^2]$

19 자극의 세기 $8\times10^{-6}[\text{Wb}]$, 길이 3[cm]인 막대자석을 120[AT/m]의 평등 자계 내에 자계와 30°의 각도로 놓았다면 자석이 받는 회전력은 몇 [N·m]인가?

① 1.44×10^{-5}　　　② 2.49×10^{-5}

③ 1.44×10^{-4}　　　④ 2.49×10^{-4}

🔍 **해설** -

막대자석의 회전력

$T=mlH\sin\theta=8\times10^{-6}\times3\times10^{-2}\times120\times\sin30°$
$\quad=1.44\times10^{-5}[\text{N·m}]$

20 권수 500회인 자기인덕턴스 0.05[H]인 코일에 5[A]의 전류를 흘릴 때 쇄교자속[Wb·T]은?

① 5　　　　　　　　② 0.25

③ 25　　　　　　　　④ 50

🔍 **해설** -

자기 인덕턴스

$L=\dfrac{N\phi}{I}$

$N\phi=LI=0.05\times5=0.25[\text{Wb·T}]$

시행일 ▶　**2023년 3회**

01 다음 중 비유전율이 가장 큰 물질은?

① 유리　　　　　　　② 운모

③ 고무　　　　　　　④ 증류수

🔍 **해설** -

유전체

각종 유전체의 비유전율

· 유리 : 3.5~10　　　　　· 운모 : 5.5~6.7

· 고무 : 2.0~3.5　　　　　· 물(증류수) : 80

[**정답**] 17 ①　18 ③　19 ①　20 ②　2023년 3회　01 ④

전
기
자
기
학

전
력
공
학

전
기
기
기

회
로
이
론

전
기
설
비
기
술
기
준

02 다음 비유전율에 대한 설명 중 옳은 것은?

① 진공시 비유전율 $\varepsilon_r=0$, 공기시 비유전율 $\varepsilon_r=1$이다.

② 비유전율 $\varepsilon_r=\dfrac{\varepsilon}{\varepsilon_0}$이다.

③ 모든 절연체의 비유전율 $\varepsilon_r=\varepsilon$이다.

④ 비유전율 $\varepsilon_r=\varepsilon_0$이다.

🔍 **해설**

유전체
- 진공이나 공기시 비유전율 $\varepsilon_r=1$,
  유전체의 비유전율 $\varepsilon_r=\dfrac{\varepsilon}{\varepsilon_0}>1$
- 비유전율은 재질에 따라 다르다.
- 비유전율의 단위는 없다.
- 비유전율이 1보다 큰 절연체 내에서는 분극 현상이 발생한다.

03 자유공간 내 $1[\mathrm{V/m}]$의 정현파 전계에 대한 변위전류 $1[\mathrm{A/m^2}]$가 흐르기 위한 주파수는 약 몇 $[\mathrm{MHz}]$인가?

① 18000
② 15000
③ 1800
④ 1500

🔍 **해설**

변위전류
변위전류밀도 $i_d=\omega\varepsilon E=2\pi f\varepsilon E[\mathrm{A/m^2}]$에서

$f=\dfrac{i_d}{2\pi\varepsilon E}=\dfrac{1}{2\pi\times 8.855\times 10^{-12}\times 1}\times 10^{-6}=17973.45[\mathrm{MHz}]$

04 다음 중 맥스웰 방정식으로 틀린 것은?

① $rot E=J+\dfrac{\partial D}{\partial t}$
② $div D=\rho$

③ $rot E=-\dfrac{\partial B}{\partial t}$
④ $div B=\phi$

🔍 **해설**

맥스웰 방정식
1. 맥스웰의 제 1의 기본 방정식

$rot H=curl H=\nabla\times H=i_c+\dfrac{\partial D}{\partial t}=i_c+\varepsilon\dfrac{\partial E}{\partial t}[\mathrm{A/m^2}]$

① 암페어(앙페르)의 주회적분법칙에서 유도한 식이다.
② 전도전류, 변위전류는 자계를 형성한다.
③ 전류와 자계와의 관계를 나타내며 전류의 연속성을 표현한다.

2. 맥스웰의 제 2의 기본 방정식

$rot E=curl E=\nabla\times E=-\dfrac{\partial B}{\partial t}=-\mu\dfrac{\partial H}{\partial t}[\mathrm{V}]$

① 패러데이의 법칙에서 유도한 식이다.
② 자속밀도의 시간적 변화는 전계를 회전시키고 유기기전력을 형성한다.

3. 정전계의 가우스의 미분형

$div D=\nabla\cdot D=\rho[\mathrm{C/m^3}]$

① 임의의 폐곡면 내의 전하에서 전속선이 발산한다.
② 가우스 발산 정리에 의하여 유도된 식
③ 고립(독립)된 전하는 존재한다.

4. 정자계의 가우스의 미분형

$div B=\nabla\cdot B=0$

① 자속의 연속성을 나타낸 식이다.
② 고립(독립)된 자극(자하)는 없으며 N극과 S극이 항상 공존한다.

5. 벡터 포텐셜

$rot\vec{A}=\nabla\times\vec{A}=B[\mathrm{Wb/m^2}]$

벡터포텐셜($\vec{A}$)의 회전은 자속밀도를 형성한다.

05 $2[\mu\mathrm{F}]$, $3[\mu\mathrm{F}]$, $4[\mu\mathrm{F}]$의 커패시터를 직렬로 연결하고 양단에 가한 전압을 서서히 상승시킬 때의 현상으로 옳은 것은? (단, 유전체의 재질 및 두께는 같다고 한다.)

① $2[\mu\mathrm{F}]$의 커패시터가 제일 먼저 파괴된다.

② $3[\mu\mathrm{F}]$의 커패시터가 제일 먼저 파괴된다.

③ 3개의 커패시터가 동시에 파괴된다.

④ $4[\mu\mathrm{F}]$의 커패시터가 제일 먼저 파괴된다.

🔍 **해설**

가장 먼저 파괴되는 콘덴서
콘덴서 직렬 연결시 가장 먼저 파괴되는 콘덴서는 최대 충전 전하량이 가장 작은 콘덴서이다.
최대 충전 전하량 $Q=CV[\mathrm{C}]$, $Q\propto C$ 이므로 정전용량이 가장 작은 $2[\mu\mathrm{F}]$의 커패시터가 제일 먼저 파괴된다.

06 대지 중의 두 전극 사이에 있는 어떤 점의 전계의 세기가 $4[\mathrm{V/cm}]$, 지면의 도전율이 $10^{-4}[\mho/\mathrm{m}]$일 때 이 점의 전류밀도는 몇 $[\mathrm{A/m^2}]$인가?

① 4×10^{-1}

② 4×10^{-2}

③ 4×10^{-3}

④ 4×10^{-4}

해설

전류밀도

$i = kE = 10^{-4} \times 4 \times 10^{2} = 4 \times 10^{-2} [\text{A/m}^2]$

07 진공 중에 $2 \times 10^{-5}[\text{C}]$과 $1 \times 10^{-6}[\text{C}]$인 두 개의 점전하가 $50[\text{cm}]$ 떨어져 있을 때 두 전하 사이에 작용하는 힘은 몇 $[\text{N}]$인가?

① 2.02

② 1.82

③ 0.92

④ 0.72

해설

쿨롱의 법칙

$F = \dfrac{Q_1 Q_2}{4\pi\varepsilon_0 r^2} = 9 \times 10^9 \times \dfrac{2 \times 10^{-5} \times 1 \times 10^{-6}}{(50 \times 10^{-2})^2} = 0.72[\text{N}]$

08 대전도체 표면전하밀도는 도체표면의 모양에 따라 어떻게 분포하는가?

① 표면전하밀도는 표면의 모양과 무관하다.

② 표면전하밀도는 평면일 때 가장 크다.

③ 표면전하밀도는 뾰족할수록 커진다.

④ 표면전하밀도는 곡률이 크면 작아진다.

해설

표면전하밀도

표면전하밀도는 곡률이 큰 곳 또는 곡률반경이 작은 곳에 큰 밀도를 이룬다. 즉 뾰족한 곳에 큰 밀도를 이룬다.

09 유전율이 각각 다른 두 종류의 유전체 경계면에 전속이 입사될 때 이 전속은 어떻게 되는가? (단, 경계면에 수직으로 입사하지 않는 경우이다.)

① 굴절

② 반사

③ 회전

④ 직진

해설

유전체 경계면 조건

유전체 경계면에 전속이 수직이 아닌 각도로 입사시 이 전속은 굴절한다.

10 물질의 자화현상과 관계가 가장 깊은 것은?

① 전자의 이동

② 전자의 자전

③ 분자의 공전

④ 전자의 공전

해설

자성체

자화의 근본적 원인은 자성체 내 전자의 자전현상 때문이다.

11 점전하 $Q[\text{C}]$에 의한 무한 평면 도체의 영상전하는?

① $-Q[\text{C}]$보다 작다.

② $-Q[\text{C}]$과 같다.

③ $-Q[\text{C}]$보다 크다.

④ $Q[\text{C}]$과 같다.

해설

접지무한평면과 점전하

무한 평면 도체에 의한 영상전하 $Q' = -Q[\text{C}]$

12 자기회로의 자기저항에 대한 설명으로 옳은 것은?

① 자기회로의 길이에 반비례한다.

② 자기회로의 단면적에 비례한다.

③ 길이의 제곱에 비례하고 단면적에 반비례한다.

④ 투자율에 반비례한다.

해설

자기회로

자기저항 $R_m = \dfrac{F}{\phi_m} = \dfrac{l}{\mu s}[\text{AT/Wb}]$이므로

길이에 비례하고 투자율과 단면적에 반비례한다.

전
기
자
기
학

전
력
공
학

전
기
기
기

회
로
이
론

전
기
설
비
기
술
기
준

[정답] 07 ④ 08 ③ 09 ① 10 ② 11 ② 12 ④

13 극판의 면적 0.12[m²], 간격 80[μm]의 평행판 콘덴서에 전압 12[V]를 인가하여 1[μJ]의 에너지가 축적되었을 때 콘덴서 내 유전체의 비유전율은?

① 2.39　　　　　　② 0.51

③ 1.05　　　　　　④ 1.68

🔍 **해설**

콘덴서에 저장되는 에너지

$$W = \frac{1}{2}CV^2 = \frac{1}{2}\frac{\varepsilon_0\varepsilon_s S}{d}V^2 \text{ 에서}$$

$$\varepsilon_s = 2\frac{Wd}{V^2\varepsilon_0 S} = 2 \times \frac{1 \times 10^{-6} \times 80 \times 10^{-6}}{12^2 \times 8.855 \times 10^{-12} \times 0.12} = 1.05$$

14 강자성체의 자화의 세기 J와 자화력 H 사이의 관계는?

① 　　　②

③ 　　　④

🔍 **해설**

자화의 세기

강자성체를 자계 내 놓고 자계의 세기(=자화력)를 증가시키면 자화의 세기도 비례하여 증가한다. 하지만 특정 크기의 자계 이상에서는 자계의 세기가 증가해도 자화의 세기가 증가하지 않는 상태가 되는데 이를 자기포화특성이라 한다.

15 전류가 흐르고 있는 무한 직선도체로부터 2[m]만큼 떨어진 자유공간 내 P점의 자계의 세기가 $\frac{4}{\pi}$[AT/m]일 때, 이 도체에 흐르는 전류는 몇 [A]인가?

① 2　　　　　　② 4

③ 8　　　　　　④ 16

🔍 **해설**

무한장 직선 전류에 의한 자계

$$H = \frac{I}{2\pi r}[\text{AT/m}], \quad I = 2\pi r H = 2\pi \times 2 \times \frac{4}{\pi} = 16[\text{A}]$$

16 자유 공간을 통과하는 전자파의 전파속도는 몇 [m/s]인가?

① 1×10^8　　　　② 2×10^8

③ 3×10^8　　　　④ 4×10^8

🔍 **해설**

전파속도

$$v = \lambda f = \frac{\omega}{\beta} = \frac{1}{\sqrt{LC}} = \frac{1}{\sqrt{\mu\varepsilon}}[\text{m/s}] \text{ 에서}$$

진공, 공기시 전파속도 $v = \frac{1}{\sqrt{\mu_0\varepsilon_0}} = 3 \times 10^8[\text{m/s}]$

17 진공 중에서 있는 임의의 구도체 표면 전하밀도가 σ일 때의 구도체 표면의 전계의 세기[V/m]는?

① $\frac{\varepsilon_0\sigma^2}{2}$　　　　② $\frac{\sigma^2}{2\varepsilon_0}$

③ $\frac{\sigma^2}{\varepsilon_0}$　　　　④ $\frac{\sigma}{\varepsilon_0}$

🔍 **해설**

도체 모양에 따른 전계의 세기

구도체 표면 전계의 세기 $E = \frac{Q}{4\pi\varepsilon_0 a^2} = \frac{Q}{S\varepsilon_0} = \frac{\sigma}{\varepsilon_0}[\text{V/m}]$

18 구도체의 전위가 60[kV]이며 구도체 표면 전계가 4[kV/cm]일 때 구도체에 대전된 전하량[μC]은?

① 10^5　　　　　② 1

③ 10^{-5}　　　　④ 10^{-6}

[**정답**] 13 ③　14 ③　15 ④　16 ③　17 ④　18 ②

🔍 해설 - - - - - - - - - - - - - - - -

도체 모양에 따른 전계 및 전위

구도체 표면 전계 $E = \dfrac{Q}{4\pi\varepsilon_0 a^2}[\mathrm{V/m}]$

구도체 전위 $V = \dfrac{Q}{4\pi\varepsilon_0 a} = Ea = 4\times10^3\times10^2\times a = 60\times10^3[\mathrm{V}]$

구도체 반지름 $a = \dfrac{60\times10^3}{4\times10^3\times10^2} = 0.15[\mathrm{m}]$

$Q = 4\pi\varepsilon_0 aV = \dfrac{1}{9\times10^9}\times0.15\times60\times10^3\times10^6 = 1[\mu\mathrm{C}]$

19 자계의 세기가 $800[\mathrm{AT/m}]$, 자속밀도 $0.05[\mathrm{Wb/m^2}]$인 재질의 투자율은 몇 $[\mathrm{H/m}]$인가?

① 3.25×10^{-5} ② 4.25×10^{-5}
③ 5.25×10^{-5} ④ 6.25×10^{-5}

🔍 해설 - - - - - - - - - - - - - - - -

자속밀도

$B = \mu H[\mathrm{Wb/m^2}]$, $\mu = \dfrac{B}{H} = \dfrac{0.05}{800} = 6.25\times10^{-5}[\mathrm{H/m}]$

20 내경의 반지름이 $a[\mathrm{m}]$, 외경의 반지름이 $b[\mathrm{m}]$인 동축 원통 내 전체 인덕턴스$[\mathrm{H/m}]$는? (단 내원통의 비투자율은 μ_s이다.)

① $\dfrac{\mu_0}{2\pi}\left(\dfrac{\mu_s}{2}+\ln\dfrac{b}{a}\right)$ ② $\dfrac{\mu_0}{\pi}\left(\dfrac{\mu_s}{2}+\ln\dfrac{b}{a}\right)$

③ $\dfrac{\mu_0}{\pi}\left(\dfrac{\mu_s}{4}+\ln\dfrac{b}{a}\right)$ ④ $\dfrac{\mu_0}{2\pi}\left(\dfrac{\mu_s}{4}+\ln\dfrac{b}{a}\right)$

🔍 해설 - - - - - - - - - - - - - - - -

도체 모양에 따른 인덕턴스

동축 원통 내 전체 인덕턴스는
내원통 내부 인덕턴스와 동축 원통 사이 인덕턴스의 합이므로

$L_0 = L_i + L = \dfrac{\mu_0\mu_s}{8\pi}+\dfrac{\mu_0}{2\pi}\ln\dfrac{b}{a} = \dfrac{\mu_0}{2\pi}\left(\dfrac{\mu_s}{4}+\ln\dfrac{b}{a}\right)[\mathrm{H/m}]$

시행일 ◀ **2024년 1회**

01 정전계에 대한 설명 중 틀린 것은?

① 도체에 주어진 전하는 도체 표면에만 분포한다.
② 중공도체에 준 전하는 외부 표면에만 분포하고 내면에는 존재하지 않는다.
③ 단위전하에서 나오는 전기력선의 수는 $\dfrac{1}{\varepsilon_0}$개이다.
④ 전기력선은 전하가 있는 곳에서는 서로 교차한다.

🔍 해설 - - - - - - - - - - - - - - - -

전기력선의 성질
전기력선은 서로 교차할 수 없다.

02 정전계에서 도체에 주어진 전하의 대전상태에 관한 설명으로 옳지 않은 것은?

① 전하는 도체의 표면에만 분포하고 내부에는 존재하지 않는다.
② 도체 표면은 등전위면을 형성한다.
③ 전계는 도체 표면에 수직이다.
④ 표면 전하밀도는 곡률 반지름이 작으면 작다.

🔍 해설 - - - - - - - - - - - - - - - -

전기력선의 성질
전하는 곡률이 큰 곳 곡률 반지름이 작은 곳에 큰 밀도를 이룬다.

03 권수가 N인 철심이 들어 있는 환상 솔레노이드가 있다. 철심의 투자율이 일정하다고 하면, 이 솔레노이드의 자기 인덕턴스 L은 얼마이겠는가? (단, R_m은 철심의 자기저항이다.)

① $L = \dfrac{R_m}{N^2}$ ② $L = \dfrac{N^2}{R_m}$

③ $L = R_m N^2$ ④ $L = \dfrac{N}{R_m}$

[**정답**] 19 ④ 20 ④ 2024년 1회 01 ④ 02 ④ 03 ②

전기자기학 / 전력공학 / 전기기기 / 회로이론 / 전기설비기술기준

🔍 **해설**

솔레노이드의 자기 인덕턴스

환상 솔레노이드 자기 인덕턴스 $L=\dfrac{\mu SN^2}{l}=\dfrac{N^2}{R_m}$ [H]

04 그림과 같은 동축케이블에 유전체가 채워졌을 때의 정전용량[F]은? (단, 유전체의 비유전율은 ε_s이고 내반지름과 외반지름은 각각 a[m], b[m]이며 케이블의 길이는 ℓ[m]이다.)

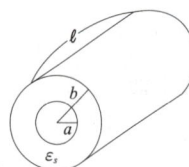

① $\dfrac{2\pi\varepsilon_s\ell}{\ln\dfrac{b}{a}}$

② $\dfrac{2\pi\varepsilon_o\varepsilon_s\ell}{\ln\dfrac{b}{a}}$

③ $\dfrac{\pi\varepsilon_s\ell}{\ln\dfrac{b}{a}}$

④ $\dfrac{\pi\varepsilon_o\varepsilon_s\ell}{\ln\dfrac{b}{a}}$

🔍 **해설**

도체 모양에 따른 정전용량

동심 원통[동축 케이블] 정전용량 $C=\dfrac{2\pi\varepsilon\ell}{\ln\dfrac{b}{a}}=\dfrac{2\pi\varepsilon_o\varepsilon_s\ell}{\ln\dfrac{b}{a}}$ [F]

05 질량이 m[kg]인 작은 물체가 전하 Q[C]를 가지고 중력 방향과 직각인 무한도체평면 아래쪽 d[m]의 거리에 놓여있다. 정전력이 중력과 같게 되는데 Q[C]의 크기는?

① $d\sqrt{\pi\varepsilon_o mg}$

② $\dfrac{d}{2}\sqrt{\pi\varepsilon_o mg}$

③ $2d\sqrt{\pi\varepsilon_o mg}$

④ $4d\sqrt{\pi\varepsilon_o mg}$

🔍 **해설**

접지무한평면과 선전하

• 중력 $F_1=mg$[N]

• 무한평면과 점전하 사이에 작용하는 정전력 $F_2=\dfrac{Q^2}{16\pi\varepsilon_o d^2}$ [N]

• $F_1=F_2 \ \rightarrow \ mg=\dfrac{Q^2}{16\pi\varepsilon_o d^2}$

$Q=\sqrt{16\pi\varepsilon_o d^2 mg}=4d\sqrt{\pi\varepsilon_o mg}$ [C]

06 자기 감자율 $N=2.5\times10^{-3}$, 비투자율 $\mu_s=100$의 막대형 자성체를 자계의 세기 $H=500$[AT/m]의 평등 자계 내에 놓았을 때 자화의 세기는 약 몇 [Wb/m²]인가?

① 4.98×10^{-2}

② 6.25×10^{-2}

③ 7.82×10^{-2}

④ 8.72×10^{-2}

🔍 **해설**

자화의 세기

• 자화의 세기 $J=\mu_0(\mu_s-1)H$에서 $H=\dfrac{J}{\mu_0(\mu_s-1)}$

• 감자력 $H'=H_0-H=H_0-\dfrac{J}{\mu_0(\mu_s-1)}=\dfrac{N}{\mu_0}J$

• 감자율을 적용한 자화의 세기

$J=\dfrac{\mu_0(\mu_s-1)}{1+N(\mu_s-1)}H_0=\dfrac{4\pi\times10^{-7}\times(100-1)}{1+2.5\times10^{-3}(100-1)}\times500$

$=4.98\times10^{-2}$ [Wb/m²]

07 투자율이 다른 두 자성체의 경계면에서 굴절각과 입사각의 관계가 옳은 것은? (단, μ : 투자율, θ_1 : 입사각, θ_2 : 굴절각)

① $\dfrac{\sin\theta_1}{\sin\theta_2}=\dfrac{\mu_1}{\mu_2}$

② $\dfrac{\tan\theta_2}{\tan\theta_1}=\dfrac{\mu_1}{\mu_2}$

③ $\dfrac{\cos\theta_1}{\cos\theta_2}=\dfrac{\mu_1}{\mu_2}$

④ $\dfrac{\tan\theta_1}{\tan\theta_2}=\dfrac{\mu_1}{\mu_2}$

🔍 **해설**

자성체 경계면 조건

① 경계면의 양측에서 자계의 세기의 접선(수평)성분은 같다.
  $H_1\sin\theta_1=H_2\sin\theta_2$
② 경계면의 양측에서 자속밀도의 법선(수직)성분은 같다.
  $B_1\cos\theta_1=B_2\cos\theta_2$
③ 굴절각 $\dfrac{\tan\theta_1}{\tan\theta_2}=\dfrac{\mu_1}{\mu_2}$
④ 비례관계
  ⓐ $\mu_1>\mu_2$, $\theta_1>\theta_2$, $B_1>B_2$: 비례 관계
  ⓑ $H_1<H_2$: 반비례 관계

[정답] 04 ② 05 ④ 06 ① 07 ④

08 내구의 반지름이 $6\,[\mathrm{cm}]$, 외구의 반지름이 $8\,[\mathrm{cm}]$ 인 동심구 콘덴서의 외구를 접지하고 내구에 전위 1800 $[\mathrm{V}]$를 가했을 경우 내구에 충전된 전기량은 몇 $[\mathrm{C}]$인가?

① 2.8×10^{-8} ② 3.8×10^{-8}
③ 4.8×10^{-8} ④ 5.8×10^{-8}

🔍 **해설**

도체 모양에 따른 정전용량

· 동심 구도체 정전용량 $C = \dfrac{4\pi\varepsilon_0}{\dfrac{1}{a} - \dfrac{1}{b}} = \dfrac{4\pi\varepsilon_0 ab}{b - a}\,[\mathrm{F}]$

· 콘덴서에 축적되는 전하량

$$Q = CV = \frac{4\pi\varepsilon_0 ab}{b - a}V$$
$$= \frac{4\pi \times 8.855 \times 10^{-12} \times 0.06 \times 0.08}{0.08 - 0.06} \times 1800$$
$$= 4.8 \times 10^{-8}\,[\mathrm{C}]$$

09 자장 중에서 도선에 발생되는 유기기전력의 방향은 어떤 법칙에 의하여 설명되는가?

① 패러데이(Faraday)의 법칙
② 앙페르(Ampere)의 오른나사 법칙
③ 렌츠(Lenz)의 법칙
④ 가우스(Gauss)의 법칙

🔍 **해설**

전자유도법칙
① 패러데이의 법칙 : 유기기전력의 크기를 결정하는 법칙
② 앙페르의 오른나사 법칙 : 전류에 따른 자계의 방향을 결정하는 법칙
③ 렌츠의 법칙 : 유기기전력의 방향을 결정하는 법칙
④ 가우스의 법칙 : 전계의 세기를 구하는 법칙

10 전기력선 밀도를 이용하여 주로 대칭 정전계의 세기를 구하기 위하여 이용되는 법칙은?

① 패러데이의 법칙 ② 가우스의 법칙
③ 쿨롱의 법칙 ④ 톰슨의 법칙

🔍 **해설**

가우스의 정리

$N = \displaystyle\int E\,dS = \dfrac{Q}{\varepsilon_0}$: 전기력선의 총 수 및 대칭 정전계의 세기를 계산하는 식

$\phi = \displaystyle\int D\,dS = Q$: 폐곡면을 통과하는 전속과 폐곡면 내 전하와의 관계를 나타낸 식

11 자기 회로의 자기저항에 대한 설명으로 틀린 것은?

① 단위는 $[\mathrm{AT/Wb}]$이다.
② 자기회로의 길이에 반비례한다.
③ 자기회로의 단면적에 반비례한다.
④ 자성체의 비투자율에 반비례한다.

🔍 **해설**

자기저항

자기저항 $R_m = \dfrac{l}{\mu S} = \dfrac{l}{\mu_0 \mu_s S}$

→ 자기회로의 길이에 비례하고 비투자율과 단면적에 반비례한다.

12 비유전율이 2.8인 유전체에서의 전속밀도가 $D = 3.0 \times 10^{-7}\,[\mathrm{C/m^2}]$일 때 분극의 세기 P는 약 몇 $[\mathrm{C/m^2}]$인가?

① 1.93×10^{-7} ② 2.93×10^{-7}
③ 3.50×10^{-7} ④ 4.07×10^{-7}

🔍 **해설**

분극의 세기

$$P = D\left(1 - \frac{1}{\varepsilon_s}\right) = 3.0 \times 10^{-7} \times \left(1 - \frac{1}{2.8}\right) = 1.93 \times 10^{-7}\,[\mathrm{C/m^2}]$$

[정답] 08 ③ 09 ③ 10 ② 11 ② 12 ①

13 유전율이 각각 ε_1, ε_2인 두 유전체가 접해있는 경우 전기력선의 방향을 그림과 같이 표시할 때 $\varepsilon_1 > \varepsilon_2$이면, E_1과 E_2의 관계는?

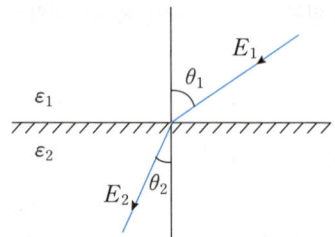

① $E_1 > E_2$ 　　② $E_1\cos\theta_1 = E_2\cos\theta_2$
③ $E_1 = E_2$ 　　④ $E_1 < E_2$

🔍 해설

유전체 경계면 조건
① 경계면의 양측에서 전계의 세기의 접선(수평)성분은 같다.
$E_1\sin\theta_1 = E_2\sin\theta_2$
② 경계면의 양측에서 전속밀도의 법선(수직)성분은 같다.
$D_1\cos\theta_1 = D_2\cos\theta_2$
③ 굴절각 $\dfrac{\tan\theta_1}{\tan\theta_2} = \dfrac{\varepsilon_1}{\varepsilon_2}$
④ 비례관계
ⓐ $\varepsilon_1 > \varepsilon_2$, $\theta_1 > \theta_2$, $D_1 > D_2$: 비례 관계
ⓑ $E_1 < E_2$: 반비례 관계

14 서로 결합된 2개의 코일을 직렬로 연결하면 합성 자기 인덕턴스가 20[mH]이고, 한쪽 코일의 연결을 반대로 하면 8[mH]가 되었다. 두 코일의 상호 인덕턴스는 몇 [mH] 인가?

① 3 　　② 6
③ 9 　　④ 12

🔍 해설

합성 인덕턴스
가동 결합시 합성 인덕턴스가 차동 결합시보다 크므로
가동 결합시 $L_0 = L_1 + L_2 + 2M = 20$[mH]
차동 결합시 $L_0' = L_1 + L_2 - 2M = 8$[mH]
$L_0 - L_0' = 4M = 12$[mH] → $M = 3$[mH]

15 히스테리시스 손은 최대 자속밀도의 몇 승에 비례하는가?

① 1.6 　　② 2
③ 2.6 　　④ 3.2

🔍 해설

히스테리시스 곡선
히스테리시스 손 $P_h = \eta f B_m^{1.6}$이므로 최대 자속밀도의 1.6승에 비례한다.

16 코일의 권수를 2배로 하면 인덕턴스의 값은 몇 배가 되는가?

① 1/2배 　　② 1/4배
③ 2배 　　④ 4배

🔍 해설

자기 인덕턴스
자기 인덕턴스 $L \propto N^2$이므로
권수를 2배로 하면 인덕턴스는 $2^2 = 4$배가 된다.

17 평행판 콘덴서의 극판 사이가 진공일 때의 용량을 C_0, 비유전율 ε_s의 유전체를 채웠을 때의 용량을 C라 할 때, 이들의 관계식은?

① $\dfrac{C}{C_0} = \dfrac{1}{\varepsilon_0\varepsilon_s}$ 　　② $\dfrac{C}{C_0} = \dfrac{1}{\varepsilon_s}$
③ $\dfrac{C}{C_0} = \varepsilon_0\varepsilon_s$ 　　④ $\dfrac{C}{C_0} = \varepsilon_s$

🔍 해설

유전체
• 극판 사이가 진공일 때 평행판 콘덴서 정전용량 $C_0 = \dfrac{\varepsilon_0 S}{d}$
• 유전체를 채웠을 때 평행판 콘덴서 정전용량 $C = \dfrac{\varepsilon_0\varepsilon_s S}{d} = C_0\varepsilon_s$
∴ $\dfrac{C}{C_0} = \dfrac{C_0\varepsilon_s}{C_0} = \varepsilon_s$

[정답] 13 ④　14 ①　15 ①　16 ④　17 ④

18 전위함수가 $V = x^2 + y^2$ [V]인 자유공간 내의 전하밀도는 몇 [C/m³]인가?

① -12.5×10^{-12} ② -22.4×10^{-12}

③ -35.4×10^{-12} ④ -70.8×10^{-12}

해설

여러 가지 방정식

포아송 방정식 $-\nabla^2 V = \dfrac{\rho}{\varepsilon_0}$ 을 이용해서

$$-\nabla^2 V = -\frac{\partial^2 V}{\partial x^2} - \frac{\partial^2 V}{\partial y^2} = -\frac{\partial^2}{\partial x^2}(x^2 + y^2) - \frac{\partial^2}{\partial y^2}(x^2 + y^2)$$

$$= -2 - 2 = -4 = \frac{\rho}{\varepsilon_0} \text{ 이므로}$$

$$\rho = -4\varepsilon_0 = -4 \times 8.855 \times 10^{-12} = -35.4 \times 10^{-12} \text{[C/m}^3\text{]}$$

19 다음 중 맥스웰의 방정식으로 틀린 것은?

① $rot H = J + \dfrac{\partial D}{\partial t}$ ② $rot E = -\dfrac{\partial B}{\partial t}$

③ $div D = \rho$ ④ $div B = \phi$

해설

맥스웰 방정식

1. 맥스웰의 제 1의 기본 방정식

$$rot H = curl H = \nabla \times H = i_c + \frac{\partial D}{\partial t} = i_c + \varepsilon \frac{\partial E}{\partial t} \text{[A/m}^2\text{]}$$

① 암페어(앙페르)의 주회적분법칙에서 유도한 식이다.
② 전도전류와 변위전류는 자계를 형성한다.
③ 전류와 자계와의 관계를 나타내며 전류의 연속성을 표현한다.

2. 맥스웰의 제 2의 기본 방정식

$$rot E = curl E = \nabla \times E = -\frac{\partial B}{\partial t} = -\mu \frac{\partial H}{\partial t} \text{[V]}$$

① 패러데이의 법칙에서 유도한 식이다.
② 자속밀도의 시간적 변화는 전계를 회전시키고 유기기전력을 형성한다.

3. 정전계의 가우스의 미분형
$$div D = \nabla \cdot D = \rho \text{[C/m}^3\text{]}$$
① 임의의 폐곡면 내의 전하에서 전속선이 발산한다.
② 가우스 발산 정리에 의하여 유도된 식
③ 고립(독립)된 전하는 존재한다.

4. 정자계의 가우스의 미분형
$$div B = \nabla \cdot B = 0$$
① 자속의 연속성을 나타낸 식이다.
② 고립(독립)된 자극(자하)는 없으며 N극과 S극이 항상 공존한다.

5. 벡터 포텐셜
$$rot \vec{A} = \nabla \times \vec{A} = B \text{[Wb/m}^2\text{]}$$
벡터포텐셜 $\vec{A}$ 의 회전은 자속밀도를 형성한다.

20 유전율 ε, 투자율 μ의 공간을 전파하는 전자파의 전파속도 v[m/s]는?

① $v = \sqrt{\varepsilon\mu}$ ② $v = \sqrt{\dfrac{\varepsilon}{\mu}}$

③ $v = \sqrt{\dfrac{\mu}{\varepsilon}}$ ④ $v = \sqrt{\dfrac{1}{\varepsilon\mu}}$

해설

전자파

전자파의 전파속도

$$v = \lambda f = \frac{\omega}{\beta} = \frac{1}{\sqrt{LC}} = \frac{1}{\sqrt{\mu\varepsilon}} = \frac{1}{\sqrt{\mu_0\varepsilon_0}} = \frac{1}{\sqrt{\mu_s\varepsilon_s}} = \frac{3 \times 10^8}{\sqrt{\mu_s\varepsilon_s}} \text{[m/s]}$$

01 액체 유전체를 넣은 콘덴서의 용량이 $30[\mu\text{F}]$이다. 여기에 500[V]의 전압을 가했을 때 누설전류는 약 [mA]인가? (단, 고유저항 ρ는 $10^{11}[\Omega \cdot \text{m}]$, 비유전율 ε_s는 2.2이다.)

① 5.1 ② 7.7

③ 10.2 ④ 15.4

해설

전기저항과 정전용량의 관계

$$I = \frac{CV}{\rho\varepsilon} = \frac{30 \times 10^{-6} \times 500}{10^{11} \times 8.855 \times 10^{-12} \times 2.2} \times 10^3 = 7.699 \text{[mA]}$$

02 맥스웰 전자계의 기초 방정식으로 틀린 것은?

① $rot H = i_c + \dfrac{\partial D}{\partial t}$ ② $rot E = -\dfrac{\partial B}{\partial t}$

③ $div D = \rho$ ④ $div B = -\dfrac{\partial D}{\partial t}$

[**정답**] 18 ③ 19 ④ 20 ④ 2024년 2회 01 ② 02 ④

🔍 해설

맥스웰 방정식

1. 맥스웰의 제 1의 기본 방정식

$$rot H = curl H = \triangledown \times H = i_c + \frac{\partial D}{\partial t} = i_c + \varepsilon \frac{\partial E}{\partial t} [A/m^2]$$

① 암페어(앙페르)의 주회적분법칙에서 유도한 식이다.
② 전도전류와 변위전류는 자계를 형성한다.
③ 전류와 자계와의 관계를 나타내며 전류의 연속성을 표현한다.

2. 맥스웰의 제 2의 기본 방정식

$$rot E = curl E = \triangledown \times E = -\frac{\partial B}{\partial t} = -\mu \frac{\partial H}{\partial t} [V]$$

① 패러데이의 법칙에서 유도한 식이다.
② 자속밀도의 시간적 변화는 전계를 회전시키고 유기기전력을 형성한다.

3. 정전계의 가우스의 미분형
$$div D = \triangledown \cdot D = \rho [C/m^3]$$
① 임의의 폐곡면 내의 전하에서 전속선이 발산한다.
② 가우스 발산 정리에 의하여 유도된 식
③ 고립(독립)된 전하는 존재한다.

4. 정자계의 가우스의 미분형
$$div B = \triangledown \cdot B = 0$$
① 자속의 연속성을 나타낸 식이다.
② 고립(독립)된 자극(자하)는 없으며 N극과 S극이 항상 공존한다.

5. 벡터 포텐셜
$$rot \vec{A} = \triangledown \times \vec{A} = B [Wb/m^2]$$
벡터포텐셜 $\vec{A}$ 의 회전은 자속밀도를 형성한다.

03 각각 $\pm Q[C]$로 대전된 두 개의 도체간의 전위차를 전위계수로 표시하면? (단, $P_{12} = P_{21}$이다.)

① $(P_{11} + P_{12} + P_{22})Q$ ② $(P_{11} + P_{12} - P_{22})Q$
③ $(P_{11} - P_{12} + P_{22})Q$ ④ $(P_{11} - 2P_{12} + P_{22})Q$

🔍 해설

① $\pm Q[C]$로 대전되었으므로
   $Q_1 = Q[C]$, $Q_2 = -Q[C]$
② 두 도체의 전위
   $V_1 = P_{11}Q_1 + P_{12}Q_2 = P_{11}Q - P_{12}Q[V]$
   $V_2 = P_{21}Q_1 + P_{22}Q_2 = P_{21}Q - P_{22}Q[V]$
③ 두 도체간 전위차
   $V = V_1 - V_2 = P_{11}Q - P_{12}Q - (P_{21}Q - P_{22}Q)$
   $(P_{11} - P_{12} - P_{21} + P_{22})Q = (P_{11} - 2P_{12} + P_{22})Q[V]$

04 그림과 같이 권수가 1이고 반지름이 $a[m]$인 원형 코일에 전류 $I[A]$가 흐르고 있다. 원형 코일 중심에서의 자계의 세기$[AT/m]$는?

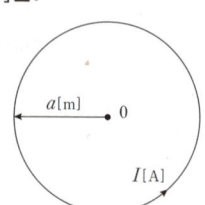

① $\frac{I}{a}$ ② $\frac{I}{2a}$
③ $\frac{I}{3a}$ ④ $\frac{I}{4a}$

🔍 해설

원형 코일 중심의 자계
권수 $N = 1$이므로 원형 코일 중심의 자계
$$H = \frac{NI}{2a} = \frac{I}{2a} [AT/m]$$

05 전기력선의 기본성질에 관한 설명으로 틀린 것은?

① 전기력선의 방향은 그 점의 전계의 방향과 일치한다.
② 전기력선은 전위가 높은 점에서 낮은 점으로 향한다.
③ 전기력선은 그 자신만으로도 폐곡선이 된다.
④ 전계가 0이 아닌 곳에서는 전력선은 도체 표면에 수직으로 만난다.

🔍 해설

전기력선의 성질
전기력선은 그 자신만으로 폐곡선을 이룰 수 없다.

06 정전유도에 의해서 고립도체에 유기되는 전하는?

① 정전하만 유기되며, 도체는 등전위이다.
② 정, 부 동량의 전하가 유기되며, 도체는 등전위이다.
③ 부전하만 유기되며, 도체는 등전위가 아니다.
④ 정, 부 동량의 전하가 유기되며, 도체는 등전위가 아니다.

[정답] 03 ④   04 ②   05 ③   06 ②

🔍 해설

도체 모양에 따른 전위

도체는 등전위이며, 중성 상태인 도체 가까이 대전된 도체를 놓으면 대전체와 같은 정(+) 부(−) 동량의 전하가 유도된다.

---

07 정전용량 $10[\mu F]$, $20[\mu F]$인 두 개의 콘덴서를 직렬로 연결하여 충전하는데 $300[J]$이 필요하다면 $20[\mu F]$의 콘덴서에 저축되는 에너지는 몇 $[J]$인가?

① 50
② 100
③ 150
④ 200

🔍 해설

정전에너지

· 콘덴서 직렬 접속시 합성 정전용량

$$C_0 = \frac{C_1 C_2}{C_1 + C_2} = \frac{10 \times 20}{10 + 20} = 6.67[\mu F]$$

· 콘덴서에 저장되는 에너지 $W = \dfrac{Q^2}{2C}[J]$

→ 전체 전하량 $Q = \sqrt{2 C_0 W}$
$$= \sqrt{2 \times 6.67 \times 10^{-6} \times 300} = 0.0632[C]$$

· 콘덴서 직렬 접속시 $Q = Q_1 = Q_2 = 0.0632[C]$이므로 $20[\mu F]$의 콘덴서에 저축되는 에너지

$$W_2 = \frac{Q_2^2}{2C_2} = \frac{0.0632^2}{2 \times 20 \times 10^{-6}} = 99.86[J]$$

---

08 무한평면도체로부터 $a[m]$의 거리에 점전하 $Q[C]$가 있을 때 이 점전하와 평면도체간의 작용력은 몇 $[N]$인가?

① $\dfrac{Q^2}{2\pi\varepsilon a^2}$
② $-\dfrac{Q^2}{4\pi\varepsilon a^2}$
③ $\dfrac{Q^2}{8\pi\varepsilon a^2}$
④ $-\dfrac{Q^2}{16\pi\varepsilon a^2}$

🔍 해설

접지무한평면과 점전하

접지무한평면과 점전하 사이 작용하는 힘

$$F = -\frac{Q^2}{16\pi\varepsilon a^2}[N]$$

---

09 다음 설명 중 옳은 것은?

① 상자성체는 자화율이 0보다 크고, 반자성체에서는 자화율이 0보다 작다.
② 상자성체는 투자율이 1보다 작고, 반자성체에서는 투자율이 1보다 크다.
③ 반자성체에서는 자화율이 0보다 크고, 투자율이 1보다 크다.
④ 상자성체에서는 자화율이 0보다 작고, 투자율이 1보다 크다.

🔍 해설

자화의 세기

· 상자성체의 비투자율 $\mu_s > 1$ ➡ $\mu_s - 1 > 0$, $\mu_0 > 0$ 이므로 상자성체의 자화율 $\chi = \mu_0(\mu_s - 1) > 0$
· 반자성체의 비투자율 $\mu_s < 1$ ➡ $\mu_s - 1 < 0$, $\mu_0 > 0$ 이므로 반자성체의 자화율 $\chi = \mu_0(\mu_s - 1) < 0$

---

10 일반적으로 도체를 관통하는 자속이 변화하든가 또는 자속과 도체가 상대적으로 운동하여 도체 내의 자속이 시간적으로 변화를 일으키면, 이 변화를 막기 위하여 도체 내에 국부적으로 형성되는 임의의 폐회로를 따라 전류가 유기되는데 이 전류를 무엇이라 하는가?

① 변위전류
② 도전전류
③ 대칭전류
④ 와전류

🔍 해설

와전류

일반적으로 도체를 관통하는 자속이 변화하든가 또는 자속과 도체가 상대적으로 운동하여 도체 내의 자속이 시간적으로 변화를 일으키면 이 변화를 막기 위하여 도체 내에 국부적으로 형성되는 폐회로를 따라 전류가 유기되는데 이 전류를 와전류라 한다.

---

11 자기회로의 자기저항이 일정할 때 코일의 권수를 1/2로 줄이면 자기인덕턴스는 원래의 몇 배가 되는가?

① $\dfrac{1}{\sqrt{2}}$
② $\dfrac{1}{2}$
③ $\dfrac{1}{4}$
④ $\dfrac{1}{8}$

[정답] 07 ② 08 ④ 09 ① 10 ④

🔍 해설

자기 인덕턴스

코일[솔레노이드]의 인덕턴스 $L = \dfrac{\mu S N^2}{l} = \dfrac{N^2}{R_m}$ 이므로

자기저항이 일정할 때 $N \to \dfrac{1}{2}N \to L = \dfrac{N^2}{R_m} \to \dfrac{\left(\dfrac{1}{2}N\right)^2}{R_m} = \dfrac{1}{4}\dfrac{N^2}{R_m}$

12 두 개의 똑같은 작은 도체구를 접촉하여 대전시킨 후 1[m] 거리에 떼어 놓았더니 작은 도체구는 서로 9×10^{-3} [N]의 힘으로 반발했다. 각 전하는 몇 [C]인가?

① 10^{-8} ② 10^{-6}

③ 10^{-4} ④ 10^{-2}

🔍 해설

쿨롱의 법칙

① 두 도체를 접촉시 전위 일정 $V_1 = V_2$
   두 도체가 똑같으므로 정전용량 일정 $C_1 = C_2$
   두 도체에 대전된 전하량 일정 $C_1 V_1 = C_2 V_2 \to Q_1 = Q_2 = Q$

② 두 전하 사이 작용하는 힘

$$F = 9 \times 10^9 \times \frac{Q_1 Q_2}{r^2} = 9 \times 10^9 \times \frac{Q^2}{r^2}$$

$$\to \text{전하량 } Q = \sqrt{\frac{F r^2}{9 \times 10^9}} = \sqrt{\frac{4 \times 10^{-3} \times 1^2}{9 \times 10^9}} = 10^{-6}[\text{C}]$$

13 전류가 흐르는 도선을 자계 내에 놓으면 이 도선에 힘이 작용한다. 평등자계의 진공 중에 놓여 있는 직선전류 도선이 받는 힘에 대한 설명으로 옳은 것은?

① 도선의 길이에 비례한다.

② 전류의 세기에 반비례한다.

③ 자계의 세기에 반비례한다.

④ 전류와 자계 사이의 각에 대한 정현(Sine)에 반비례한다.

🔍 해설

전자력

자계내 전류가 흐르는 도선에 작용하는 힘[전자력]

$$F = BIl\sin\theta = \mu_0 HIl\sin\theta = \oint (Idl) \times B[\text{N}] \text{으로}$$

도선의 길이, 전류의 세기, 자계의 세기, 전류와 자계 사이 각에 대한 정현(Sine)에 모두 비례한다.

14 전자석에 사용하는 연철(Soft iron)은 다음 어느 성질을 갖는가?

① 잔류자기, 보자력이 모두 크다.

② 보자력이 크고 잔류자기가 작다.

③ 보자력이 크고 히스테리시스 곡선의 면적이 작다.

④ 보자력과 히스테리시스 곡선의 면적이 모두 작다.

🔍 해설

자석의 재료조건

	영구자석	전자석
잔류자기	크다	크다
보자력	크다	작다
곡선면적	크다	작다

15 반지름 5[cm], 권회수 100의 원형코일에 10[A]의 전류를 통할 때 코일 중심의 자계의 크기는 몇 [AT/m]인가?

① 50   ② 500

③ 1000   ④ 10000

🔍 해설

원형코일 중심의 자계

$$H = \frac{NI}{2a} = \frac{100 \times 10}{2 \times 5 \times 10^{-2}} = 10000[\text{AT/m}]$$

16 도전률이 $5.8 \times 10^7 [\mho/\text{m}]$이고, 길이가 1[km]이 며, 단면적이 $1.309 \times 10^{-6} [\text{m}^2]$인 물체가 갖는 저항값은 약 몇 [Ω]인가?

① 7.64   ② 13.2

③ 21.2   ④ 32.4

🔍 해설

전기저항

도선의 전기저항

$$R = \rho\frac{l}{S} = \frac{l}{kS} = \frac{1 \times 10^3}{5.8 \times 10^7 \times 1.309 \times 10^{-6}} = 13.17[\Omega]$$

[정답] 11 ③ 12 ② 13 ① 14 ④ 15 ④ 16 ②

17 단면적 $S[\mathrm{m^2}]$, 자로의 길이 $\ell[\mathrm{m}]$, 투자율 $\mu[\mathrm{H/m}]$의 환상 철심에 $1[\mathrm{m}]$당 N회의 코일을 균등하게 감았을 때 자기인덕턴스는 몇 $[\mathrm{H}]$인가?

① $\mu N^2 \ell S$

② $\mu N \ell S$

③ $\dfrac{\mu N^2 S}{\ell}$

④ $\dfrac{\mu N^2 \ell}{S}$

🔍 **해설**

자기 인덕턴스

환상 솔레노이드의 자기 인덕턴스 $L = \dfrac{\mu S N^2}{\ell}[\mathrm{H}]$

18 전계 및 자계가 z방향의 성분을 갖지 않고 동일한 전계와 자계를 합한 면이 z축에 수직이 되는 파를 무엇이라 하는가?

① 직선파

② 전자파

③ 굴절파

④ 평면파

🔍 **해설**

평면파

평면파는 진행방향인 z방향의 성분을 갖지 않고 동일한 전계와 자계를 합한 면이 z축에 수직이 되는 파이다.

19 자극의 세기 $15[\mathrm{Wb}]$, 길이 $40[\mathrm{cm}]$의 막대자석의 자기 모멘트$[\mathrm{Wb \cdot m}]$는 얼마인가?

① 0.6

② 6

③ 12

④ 60

🔍 **해설**

자기 모멘트

$M = ml = 15 \times 40 \times 10^{-2} = 6[\mathrm{Wb \cdot m}]$

20 두 유전체의 경계면에서 정전계가 만족하는 것은?

① 전계의 법선성분이 같다.

② 전계의 접선성분이 같다.

③ 전속밀도의 접선성분이 같다.

④ 분극 세기의 접선성분이 같다.

🔍 **해설**

유전체 경계면 조건

1. 완전경계조건 : 경계면(접선)에는 진전하밀도가 존재하지 않고, 전위차는 없다.
2. 법선(수직)성분은 전속밀도 $D_1 = D_2$
   ① $D_1 = D_2$: 연속적
   ② $E_1 \neq E_2$: 불연속적
   ③ $D_1 \cos\theta_1 = D_2 \cos\theta_2$, $\varepsilon_1 E_1 \cos\theta_1 = \varepsilon_2 E_2 \cos\theta_2$
3. 접선(수평)성분은 전계 $E_1 = E_2$
   ① $E_1 = E_2$: 연속적
   ② $D_1 \neq D_2$: 불연속적
   ③ $E_1 \sin\theta_1 = E_2 \sin\theta_2$
4. 굴절각 $\dfrac{\tan\theta_1}{\tan\theta_2} = \dfrac{\varepsilon_1}{\varepsilon_2}$
5. 비례 관계 : $\varepsilon_1 > \varepsilon_2$일 때 $\theta_1 > \theta_2$, $D_1 > D_2$, $E_1 < E_2$

시행일 **2024년 3회**

01 전기력선의 기본 성질에 관한 설명으로 틀린 것은?

① 전기력선의 방향은 그 점의 전계의 방향과 일치한다.

② 전기력선은 전위가 높은 점에서 낮은 점으로 향한다.

③ 전기력선은 그 자신만으로도 폐곡선을 만든다.

④ 전계가 0이 아닌 곳에서는 전기력선은 도체표면에 수직으로 만난다.

🔍 **해설**

전기력선

전기력선은 스스로 폐곡선을 이룰 수 없다.

[정답] 17 ③ 18 ④ 19 ② 20 ② 2024년 3회 01 ③

02 공기 중에서 무한평면도체 표면 아래의 1[m] 떨어진 곳에 1[C]의 점전하가 있다. 전하가 받는 힘의 크기는 몇 [N]인가?

① 9×10^9

② $\dfrac{9}{2} \times 10^9$

③ $\dfrac{9}{4} \times 10^9$

④ $\dfrac{9}{16} \times 10^9$

🔍 **해설**

접지무한평면과 점전하
접지무한평면과 점전하 사이 작용하는 힘

$$F = \frac{Q^2}{16\pi\varepsilon_0 a^2} = \frac{1^2}{16\pi\varepsilon_0 \times 1^2} = \frac{1}{4\pi\varepsilon_0} \times \frac{1}{4} = \frac{9}{4} \times 10^9 [\text{N}]$$

03 평행판 공기 콘덴서에 극판 간격의 1/2 두께인 종이를 전극에 평행하게 넣으면 처음에 비하여 정전용량은 몇 배가 되는가? (단, 종이의 비유전율 $\varepsilon_s = 3$이다.)

① 1

② 1.5

③ 2

④ 2.5

🔍 **해설**

복합 유전체의 합성정전용량
공기 콘덴서의 판간격 반만 평행하게 유전체 삽입시

합성 정전용량 $C = C_0 \dfrac{2\varepsilon_s}{1+\varepsilon_s}$[F]이므로

$$\frac{C}{C_0} = \frac{2\varepsilon_s}{1+\varepsilon_s} = \frac{2 \times 3}{1+3} = 1.5\text{배}$$

04 두 자성체 경계면에서 정자계가 만족하는 것은?

① 양측 경계면상의 두 점간의 자위차가 같다.
② 자속은 투자율이 작은 자성체에 모인다.
③ 자계의 법선성분이 같다.
④ 자속밀도의 접선성분이 같다.

🔍 **해설**

자성체 경계면 조건
1) 완전경계조건 : 경계면(접선)에는 전류밀도가 존재하지 않고, 자위차는 없다

2) 법선(수직)성분은 자속밀도 $B_1 = B_2$
　① $B_1 = B_2$: 연속적　② $H_1 \neq H_2$: 불연속적
　③ $B_1\cos\theta_1 = B_2\cos\theta_2$, $\mu_1 H_1\cos\theta_1 = \mu_2 H_2\cos\theta_2$
3) 접선(수평)성분은 자계 $H_1 = H_2$
　① $H_1 = H_2$: 연속적　② $B_1 \neq B_2$: 불연속적
　③ $H_1\sin\theta_1 = H_2\sin\theta_2$
4) 굴절각 $\dfrac{\tan\theta_1}{\tan\theta_2} = \dfrac{\mu_1}{\mu_2}$
5) 비례 관계 : $\mu_1 > \mu_2$일 때 $\theta_1 > \theta_2$, $B_1 > B_2$, $H_1 < H_2$
6) 자속선은 투자율이 큰 쪽으로 모이려는 성질이 있다.

05 강자성체가 아닌 것은?

① 철[Fe]
② 니켈[Ni]
③ 백금[Pt]
④ 코발트[Co]

🔍 **해설**

자성체의 종류
강자성체의 종류로 철[Fe], 니켈[Ni], 코발트[Co]가 있다.

06 자기회로 단면적 4[cm²]의 철심에 6×10^{-4}[Wb]의 자속을 통하게 하려면 2800[AT/m]의 자계가 필요하다. 이 철심의 비투자율은?

① 346
② 375
③ 407
④ 426

🔍 **해설**

자속밀도

자속밀도 $B = \dfrac{\phi}{S} = \mu_0\mu_s H$이므로

비투자율 $\mu_s = \dfrac{\phi}{\mu_0 H S} = \dfrac{6\times10^{-4}}{4\pi\times10^{-7}\times2800\times4\times10^{-4}} = 426.31$

07 자기 인덕턴스가 10[H]인 코일에 3[A]의 전류가 흐를 때 코일에 축적된 자계 에너지는 몇 [J]인가?

① 30
② 45
③ 60
④ 90

🔍 **해설**

코일에 축적되는 에너지

$$W = \frac{1}{2}LI^2 = \frac{1}{2} \times 10 \times 3^2 = 45[\text{J}]$$

08 무손실 유전체에서 평면 전자파의 전계 E와 자계 H 사이 관계식으로 옳은 것은?

① $H = \sqrt{\dfrac{\varepsilon}{\mu}}\, E$ ② $H = \sqrt{\dfrac{\mu}{\varepsilon}}\, E$

③ $H = \dfrac{\varepsilon}{\mu}\, E$ ④ $H = \dfrac{\mu}{\varepsilon}\, E$

🔍 **해설**

전자파

전자파의 파동 임피던스 $\eta = \dfrac{E}{H} = \sqrt{\dfrac{\varepsilon}{\mu}} \rightarrow H = \sqrt{\dfrac{\varepsilon}{\mu}}\, E$

09 접지구 도체와 점전하간의 작용력은?

① 항상 반발력이다. ② 항상 흡인력이다.

③ 조건적 반발력이다. ④ 조건적 흡인력이다.

🔍 **해설**

접지구도체와 점전하

접지구도체에 의한 영상전하 $Q' = -\dfrac{a}{d}Q[\text{C}]$

점전하와 부호가 반대이므로 항상 흡인력이 작용한다.

10 공기 중 임의의 점에서 자계의 세기 H가 $20[\text{AT/m}]$라면 자속밀도 B는 약 몇 $[\text{Wb/m}^2]$인가?

① 2.5×10^{-5} ② 3.5×10^{-5}

③ 4.5×10^{-5} ④ 5.5×10^{-5}

🔍 **해설**

자속밀도
공기 중 자속밀도
$B = \mu_0 H = 4\pi \times 10^{-7} \times 20 = 2.5 \times 10^{-5}[\text{Wb/m}^2]$

11 도체가 관통하는 자속이 변하든가 또는 자속과 도체가 상대적으로 운동하여 도체내의 자속이 시간적 변화를 일으키면 이 변화를 막기 위하여 도체 내에 국부적으로 형성되는 임의의 폐회로를 따라 전류가 유기되는데 이 전류를 무엇이라 하는가?

① 히스테리시스 전류 ② 와전류
③ 변위전류 ④ 과도전류

🔍 **해설**

와전류

일반적으로 도체 내 자속이 변화를 일으키면 이 변화를 막기 위하여 도체 내에 국부적으로 형성되는 임의의 폐회로를 따라 전류가 유기되는데 이 전류를 와전류라 한다.

12 유전율 ε, 투자율 μ인 매질 내에서 전자파의 전파속도는 몇 $[\text{m/sec}]$인가?

① $\sqrt{\dfrac{\mu}{\varepsilon}}$ ② $\sqrt{\dfrac{\varepsilon}{\mu}}$

③ $\sqrt{\varepsilon\mu}$ ④ $\sqrt{\dfrac{1}{\varepsilon\mu}}$

🔍 **해설**

전자파

전자파의 전파속도 $v = \lambda f = \dfrac{\omega}{\beta} = \dfrac{1}{\sqrt{LC}} = \dfrac{1}{\sqrt{\varepsilon\mu}} = \dfrac{3 \times 10^8}{\sqrt{\varepsilon_s \mu_s}}[\text{m/s}]$

13 진공 중에 판간 거리가 $d[\text{m}]$인 무한 평판도체 간의 전위차$[\text{V}]$는? (단, 각 평판 도체에는 면전하밀도 $+\sigma[\text{C/m}^2]$, $-\sigma[\text{C/m}^2]$가 각각 분포되어 있다.)

① σd ② $\dfrac{\sigma}{\varepsilon_o}$

③ $\dfrac{\varepsilon_o \sigma}{d}$ ④ $\dfrac{\sigma d}{\varepsilon_o}$

🔍 **해설**

도체 모양에 따른 전위

평행판 사이 전위차 $V = Ed = \dfrac{\sigma}{\varepsilon_o} \cdot d[\text{V}]$

[정답] 08 ① 09 ② 10 ① 11 ② 12 ④ 13 ④

14 1000[AT/m]의 자계 중에 어떤 자극을 놓았을 때 3×10^2[N]의 힘을 받는다고 한다. 자극의 세기는 몇 [Wb]인가?

① 0.1 　　　　　② 0.2

③ 0.3 　　　　　④ 0.4

🔍 **해설**

자계의 세기

자계 내 자극이 받는 힘 $F=mH$[N]에서

자극의 세기 $m=\dfrac{F}{H}=\dfrac{3\times10^2}{1000}=0.3$[Wb]

15 변압기 철심으로 규소강판이 사용되는 주된 이유는?

① 와류손을 적게 하기 위하여

② 큐리온도를 높이기 위하여

③ 히스테리시스손을 적게 하기 위하여

④ 부하손(동손)을 적게 하기 위하여

🔍 **해설**

히스테리시스 곡선

히스테리시스손을 적게 하기 위해 규소강판을 사용한다.

16 철심에 도선을 250회 감고 1.2[A]의 전류를 흘렸더니 1.5×10^{-3}[Wb]의 자속이 생겼다. 자기저항[AT/Wb]은?

① 2×10^5 　　　　　② 3×10^5

③ 4×10^5 　　　　　④ 5×10^5

🔍 **해설**

자기회로

자기저항 $R_m=\dfrac{F}{\phi}=\dfrac{NI}{\phi}=\dfrac{250\times1.2}{1.5\times10^{-3}}=2\times10^5$ [AT/Wb]

17 전계의 세기를 주는 대전체 중 거리 r에 반비례하는 것은?

① 구전하에 의한 전계　　② 점전하에 의한 전계

③ 선전하에 의한 전계　　② 전기 쌍극자에 의한 전계

🔍 **해설**

전계의 세기

무한장 직선 전하에 의한 전계 $E=\dfrac{\lambda}{2\pi\varepsilon_0 r}$[V/m]로 거리 r에 반비례한다.

18 권수가 N인 철심이 들어있는 환상 솔레노이드가 있다. 철심의 투자율이 일정하다고 하면, 이 솔레노이드의 자기인덕턴스 L은 얼마이겠는가? (단, R_m은 철심의 자기저항이다.)

① $L=\dfrac{R_m}{N^2}$ 　　　　　② $L=\dfrac{N^2}{R_m}$

③ $L=R_m N^2$ 　　　　　④ $L=\dfrac{N}{R_m}$

🔍 **해설**

솔레노이드의 인덕턴스

환상 솔레노이드의 자기 인덕턴스 $L=\dfrac{\mu S N^2}{l}=\dfrac{N^2}{R_m}$[H]

19 반지름 a[m]인 도체구에 전하 Q[C]을 주었을 때, 구 중심에서 r[m] 떨어진 구 외부($r>a$)의 한 점에서 전속밀도 D[C/m^2]는?

① $\dfrac{Q}{4\pi a^2}$ 　　　　　② $\dfrac{Q}{4\pi r^2}$

③ $\dfrac{Q}{4\pi\varepsilon a^2}$ 　　　　　④ $\dfrac{Q}{4\pi\varepsilon r^2}$

🔍 **해설**

전속밀도

전속밀도 $D=\dfrac{\psi}{S}=\dfrac{Q}{S}=\dfrac{Q}{4\pi r^2}=\varepsilon_o E=\rho_s=\sigma$[C/m^2]

[**정답**] 14 ③　15 ③　16 ①　17 ③　18 ②　19 ②

20 동심구에서 내부도체의 반지름이 a, 절연체의 반지름이 b, 외부도체의 반지름이 c이다. 내부도체에만 전하 Q를 주었을 때 내부도체의 전위는? (단, 절연체의 유전율은 ε_0이다.)

① $\dfrac{Q}{4\pi\varepsilon_0 a}\left(\dfrac{1}{a}+\dfrac{1}{b}\right)$
② $\dfrac{Q}{4\pi\varepsilon_0}\left(\dfrac{1}{a}-\dfrac{1}{b}\right)$

③ $\dfrac{Q}{4\pi\varepsilon_0}\left(\dfrac{1}{a}-\dfrac{1}{b}-\dfrac{1}{c}\right)$
④ $\dfrac{Q}{4\pi\varepsilon_0}\left(\dfrac{1}{a}-\dfrac{1}{b}+\dfrac{1}{c}\right)$

🔍 해설

도체 모양에 따른 전위

동심구에서 내구의 전하 Q[C], 외구의 전하 0[C]인 경우 내구의 전위

$$V_A = \frac{Q}{4\pi\varepsilon_0}\left(\frac{1}{a}-\frac{1}{b}+\frac{1}{c}\right)[\text{V}]$$

시행일 ▶ 2025년 1회

01 압전기 현상에서 분극이 응력과 같은 방향으로 발생하는 현상을 무슨 효과라 하는가?

① 직접효과
② 역효과
③ 종효과
④ 횡효과

🔍 해설

전기의 여러 가지 현상

압전기 현상에서 응력과 분극방향이 동일 방향인 경우를 종효과라 하며 응력과 분극방향이 수직 방향인 경우를 횡효과라 한다.

02 그림과 같이 반지름 a[m]인 원의 임의의 2점 A, B 각 θ 사이에 전류 I[A]가 흐른다. 원의 중심 0의 자계의 세기는 몇 [A/m]인가?

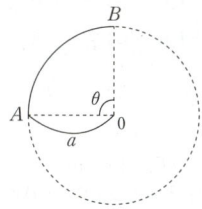

① $\dfrac{I\theta}{4\pi a^2}$
② $\dfrac{I\theta}{4\pi a}$

③ $\dfrac{I\theta}{2\pi a^2}$
④ $\dfrac{I\theta}{2\pi a}$

🔍 해설

전류에 의한 자계

권수가 1인 원형 코일 중심점 자계의 세기 $H=\dfrac{I}{2a}$[AT/m]에서 $A-B$ 사이에만 전류가 흐르므로

$$H'=\frac{I}{2a}\times\frac{\theta}{2\pi}=\frac{I\theta}{4\pi a}[\text{AT/m}]$$

03 내구의 반지름이 6 [cm], 외구의 반지름이 8 [cm]인 동심구 콘덴서의 외구를 접지하고 내구에 전위 1800 [V]를 가했을 경우 내구에 충전된 전기량은 몇 [C]인가?

① 5.8×10^{-8}
② 4.8×10^{-8}
③ 3.8×10^{-8}
④ 2.8×10^{-8}

🔍 해설

도체 모양에 따른 정전용량

동심구형 콘덴서에 축적되는 전하량

$$Q=CV=\frac{4\pi\varepsilon_0}{\dfrac{1}{a}-\dfrac{1}{b}}\times V=\frac{4\pi\times8.855\times10^{-12}}{\dfrac{1}{0.06}-\dfrac{1}{0.08}}\times1800$$

$$=4.8\times10^{-8}[\text{C}]$$

04 전기력선의 성질에 관한 설명으로 옳지 않은 것은?

① 전기력선의 접선방향은 그 점의 전계의 방향과 일치한다.
② 전기력선은 전위가 높은 점에서 낮은 점으로 향한다.
③ 전기력선 밀도는 전계의 세기와 무관하다.
④ 두 개의 전기력선은 교차하지 않으며, 그 자신만으로 폐곡선이 되지 않는다.

🔍 해설

전기력선의 성질

전기력선 밀도는 전계의 세기와 같다.

[정답] 20 ④ 2205년 1회 01 ③ 02 ② 03 ② 04 ③

전기자기학 / 전력공학 / 전기기기 / 회로이론 / 전기설비기술기준

05 유전율이 각각 ε_1, ε_2인 두 유전체가 접해 있다. 각 유전체 중의 전계 및 전속밀도가 각각 E_1, D_1 및 E_2, D_2이고, 경계면에 대한 입사각 및 굴절각이 θ_1, θ_2일 때 경계조건으로 옳은 것은?

① $\dfrac{E_1}{E_2}=\dfrac{\sin\theta_1}{\sin\theta_2}$ ② $\dfrac{\sin\theta_1}{\sin\theta_2}=\dfrac{D_1}{D_2}$

③ $\dfrac{\tan\theta_1}{\tan\theta_2}=\dfrac{\varepsilon_1}{\varepsilon_2}$ ④ $\tan\theta_2-\tan\theta_1=\varepsilon_2\varepsilon_1$

🔎 **해설** -

유전체 경계면 조건
1. 완전경계조건 : 경계면(접선)에는 진전하밀도가 존재하지 않고, 전위차는 없다.
2. 법선(수직)성분은 전속밀도 $D_1=D_2$
   ① $D_1=D_2$: 연속적
   ② $E_1\neq E_2$: 불연속적
   ③ $D_1\cos\theta_1=D_2\cos\theta_2$, $\varepsilon_1 E_1\cos\theta_1=\varepsilon_2 E_2\cos\theta_2$
3. 접선(수평)성분은 전계 $E_1=E_2$
   ① $E_1=E_2$: 연속적
   ② $D_1\neq D_2$: 불연속적
   ③ $E_1\sin\theta_1=E_2\sin\theta_2$
4. 굴절각 $\dfrac{\tan\theta_1}{\tan\theta_2}=\dfrac{\varepsilon_1}{\varepsilon_2}$
5. 비례 관계 : $\varepsilon_1>\varepsilon_2$일 때 $\theta_1>\theta_2$, $D_1>D_2$, $E_1<E_2$

06 진공중의 정전계에서 도체의 성질에 대한 설명으로 옳지 않은 것은?

① 전하는 도체 표면에만 존재한다.
② 도체 표면의 전하밀도는 표면의 곡률이 클수록 크다.
③ 도체 표면은 등전위이다.
④ 도체 내부의 전계의 세기는 0이 아니다.

🔎 **해설** -

전기력선의 성질
전기력선은 도체 내부에는 존재하지 않으며 도체 내부의 전계의 세기는 0이다.

07 무한장 직선형 도선에 $I[\mathrm{A}]$의 전류가 흐를 경우 도선으로부터 $R[\mathrm{m}]$ 떨어진 점의 자속밀도 $B[\mathrm{Wb/m^2}]$의 크기는?

① $B=\dfrac{I}{4\pi\mu R}$ ② $B=\dfrac{I}{2\pi\mu R}$

③ $B=\dfrac{\mu I}{2\pi R}$ ④ $B=\dfrac{\mu I}{4\pi R}$

🔎 **해설** -

전류에 따른 자계
무한장 직선도체에 의한 자계의 세기 $H=\dfrac{I}{2\pi R}[\mathrm{AT/m}]$이므로

자속밀도 $B=\mu H=\mu\dfrac{I}{2\pi R}[\mathrm{Wb/m^2}]$

08 변압기 철심으로 주철을 사용하지 않고 규소강판이 사용되는 주된 이유는?

① 절연성을 높이기 위해
② 히스테리시스손을 작게 하기 위해
③ 자속을 보다 잘 통하게 하기 위해
④ 와전류에 의한 손실을 작게 하기 위해

🔎 **해설** -

히스테리시스 곡선
히스테리시스손을 작게 하기 위해 규소강판을 사용한다.

09 히스테리시스손은 최대 자속밀도 및 주파수의 각각 몇 승에 비례하는가?

① 최대자속밀도 : 1.6, 주파수 : 1.0
② 최대자속밀도 : 1.0, 주파수 : 1.6
③ 최대자속밀도 : 1.0, 주파수 : 1.0
④ 최대자속밀도 : 1.6, 주파수 : 1.6

🔎 **해설** -

히스테리시스손
히스테리시스손 $P_h=\eta f B_m^{1.6}[\mathrm{W/m^3}]$으로
최대자속밀도의 1.6승, 주파수의 1.0승에 비례한다.

[정답] 05 ③ 06 ④ 07 ③ 08 ② 09 ①

10 비유전율 $\varepsilon_r=2.8$인 유전체에 전속밀도 $D=3.0 \times 10^{-7}$[C/m²]를 인가할 때 분극의 세기 P는 약 몇 [C/m²]인가? (단, 유전체는 등질 및 등방향성이라 한다.)

① 1.92×10^{-7}　　　② 2.93×10^{-7}

③ 3.50×10^{-7}　　　④ 4.07×10^{-7}

🔍 **해설**

분극의 세기

$$P=D\left(1-\frac{1}{\varepsilon_s}\right)=3.0 \times 10^{-7} \times \left(1-\frac{1}{2.8}\right)=1.93 \times 10^{-7}[\text{C/m}^2]$$

11 내구의 반지름이 a[m], 외구의 내 반지름이 b[m]인 동심구형 콘덴서의 내구의 반지름과 외구의 내 반지름을 각각 $2a$[m], $2b$[m]로 증가시키면 이 동심구형 콘덴서의 정전용량은 몇 배로 되는가?

① 1　　　② 2

③ 3　　　④ 4

🔍 **해설**

도체 모양에 따른 정전용량

동심구형 콘덴서의 정전용량 $C=\dfrac{4\pi\varepsilon_o}{b-a}ab$

→ $C=\dfrac{4\pi\varepsilon_o}{2b-2a}2a \times 2b=\dfrac{4\pi\varepsilon_o}{2(b-a)}2^2ab=2\dfrac{4\pi\varepsilon_o}{b-a}ab[\text{F}]$

이므로 2배가 된다.

12 자화의 세기 J_m[Wb/m²]을 자속밀도 B[Wb/m²]와 비투자율 μ_r로 나타내면?

① $(1-\mu_r)B$　　　② $(\mu_r-1)B$

③ $\left(\dfrac{1}{\mu_r}-1\right)B$　　　④ $(\mu_r-1)\dfrac{B}{\mu_r}$

🔍 **해설**

자화의 세기

자화의 세기 $J_m=\left(1-\dfrac{1}{\mu_r}\right)B=\left(\dfrac{\mu_r}{\mu_r}-\dfrac{1}{\mu_r}\right)B$

$$=(\mu_r-1)\dfrac{B}{\mu_r}[\text{Wb/m}^2]$$

13 그림과 같이 유전체 경계면에서 $\varepsilon_1<\varepsilon_2$이었을 때 E_1과 E_2의 관계식 중 맞는 것은?

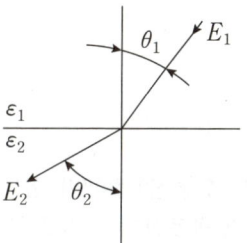

① $E_1>E_2$　　　② $E_1\cos\theta_1=E_2\cos\theta_2$

③ $E_1=E_2$　　　④ $E_1<E_2$

🔍 **해설**

유전체 경계면 조건

유전체 경계면 조건에서 $\varepsilon_1<\varepsilon_2$일 때 $D_1<D_2$, $\theta_1<\theta_2$, $E_1>E_2$

14 자기 인덕턴스가 각각 L_1, L_2인 두 코일을 서로 간섭이 없도록 병렬로 연결했을 때 그 합성 인덕턴스는?

① L_1+L_2　　　② L_1L_2

③ $\dfrac{L_1+L_2}{L_1L_2}$　　　④ $\dfrac{L_1L_2}{L_1+L_2}$

🔍 **해설**

합성 인덕턴스

두 코일이 서로 간섭이 없으므로 상호 인덕턴스 $M=0$[H]

∴ 병렬 연결시 합성 인덕턴스 $L_0=\dfrac{L_1L_2-M^2}{L_1+L_2\mp2M}=\dfrac{L_1L_2}{L_1+L_2}$[H]

15 다음 식들 중 옳지 못한 것은?

① 라플라스 방정식 $\nabla^2V=0$

② 발산의 정리 $\oint_s AdS=\int_v divAdv$

③ 포아송의 방정식 $\nabla^2V=\dfrac{\rho}{\varepsilon_0}$

④ 가우스의 정리 $divD=\rho$

[**정답**] 10 ①　11 ②　12 ④　13 ①　14 ④　15 ③

🔍 해설 ----

여러 가지 방정식
포아송의 방정식

$\nabla^2 V = -\dfrac{\rho}{\varepsilon_0}$ 또는 $-\nabla^2 V = \dfrac{\rho}{\varepsilon_0}$

16 권수가 N인 철심이 들어있는 환상 솔레노이드가 있다. 철심의 투자율이 일정하다고 하면, 이 솔레노이드의 자기인덕턴스 L은 얼마이겠는가? (단, R_m은 철심의 자기저항이다.)

① $L = \dfrac{R_m}{N^2}$

② $L = \dfrac{N^2}{R_m}$

③ $L = R_m N^2$

④ $L = \dfrac{N}{R_m}$

🔍 해설 ----

솔레노이드의 인덕턴스

환상 솔레노이드의 자기 인덕턴스 $L = \dfrac{\mu S N^2}{l} = \dfrac{N^2}{R_m}[\mathrm{H}]$

17 공기 중 두 점전하 사이에 작용하는 힘이 15[N]이었다. 두 전하 사이에 유전체를 넣었더니 힘이 3[N]이 되었다면 유전체의 비유전율은 얼마인가?

① 10

② 8

③ 5

④ 3

🔍 해설 ----

진공시와 유전체의 비교
• 공기 중 두 점전하 사이 작용하는 힘

$F_0 = \dfrac{Q_1 Q_2}{4\pi\varepsilon_0 r^2} = 15[\mathrm{N}]$

• 유전체 내 두 점전하 사이 작용하는 힘

$F = \dfrac{Q_1 Q_2}{4\pi\varepsilon_0 \varepsilon_s r^2} = \dfrac{F_0}{\varepsilon_s} = \dfrac{15}{\varepsilon_s} = 3[\mathrm{N}]$

• 비유전율 $\varepsilon_s = \dfrac{15}{3} = 5$

18 도체 표면의 전계의 세기를 $E[\mathrm{V/m}]$라고 하면, 도체 표면의 전하량은?

① $-2\varepsilon_0 \displaystyle\int E ds$

② $2\varepsilon_0 \displaystyle\int rot E ds$

③ $\varepsilon_0 \displaystyle\int E ds$

④ $\dfrac{\varepsilon_0}{2} \displaystyle\int E ds$

🔍 해설 ----

전속밀도

전하량 $Q = \sigma S = DS = \varepsilon_0 ES = \varepsilon_0 \displaystyle\int E dS[\mathrm{C}]$

19 비유전율 80, 비투자율 1인 물속에서 평면파의 전파속도[m/s] 및 파장[m]은? (단, 평면파의 주파수는 180[MHz]이다.)

① $53.5 \times 10^8 [\mathrm{m/s}]$, $29.7 \times 10^{-3} [\mathrm{m}]$

② $33.5 \times 10^8 [\mathrm{m/s}]$, $34.4 \times 10^{-3} [\mathrm{m}]$

③ $33.5 \times 10^6 [\mathrm{m/s}]$, $18.6 \times 10^{-2} [\mathrm{m}]$

④ $53.5 \times 10^6 [\mathrm{m/s}]$, $12.7 \times 10^{-2} [\mathrm{m}]$

🔍 해설 ----

전자파

• 전파속도 $v = \dfrac{1}{\sqrt{\mu\varepsilon}} = \dfrac{3\times10^8}{\sqrt{\mu_s \varepsilon_s}} = \dfrac{3\times10^8}{\sqrt{1\times80}} = 33.5\times10^6 [\mathrm{m/s}]$

• 파장 $\lambda = \dfrac{v}{f} = \dfrac{33.5\times10^6}{180\times10^6} = 18.6\times10^{-2}[\mathrm{m}]$

20 비유전율이 2.4인 유전체 내의 전계의 세기가 100[mV/m]이다. 유전체에 저축되는 단위체적당 정전에너지는 몇 [J/m³]인가?

① 1.06×10^{-13}

② 1.77×10^{-13}

③ 2.32×10^{13}

④ 2.32×10^{-11}

🔍 해설 ----

정전에너지
유전체 내 단위체적당 정전에너지

$w = \dfrac{1}{2}\varepsilon E^2 = \dfrac{1}{2}\varepsilon_0 \varepsilon_s E^2$

$= \dfrac{1}{2} \times 8.855\times10^{-12} \times 2.4 \times (100\times10^{-3})^2$

$= 1.06\times10^{-13}[\mathrm{J/m^3}]$

[정답] 16 ② 17 ③ 18 ③ 19 ③ 20 ①

시행일 ◀ 2025년 2회

01 다음 중 맥스웰의 전자 방정식으로 옳지 않은 것은?

① $rot H = J + \dfrac{\partial D}{\partial t}$ ② $rot E = -\dfrac{\partial B}{\partial t}$

③ $div D = \rho$ ④ $div B = \phi$

🔍 해설

맥스웰 방정식

1. 맥스웰의 제1의 기본 방정식

$rot H = curl H = \nabla \times H = i_c + \dfrac{\partial D}{\partial t} = i_c + \varepsilon\dfrac{\partial E}{\partial t}[\text{A/m}^2]$

① 암페어(앙페르)의 주회적분법칙에서 유도한 식이다.
② 전도전류와 변위전류는 자계를 형성한다.
③ 전류와 자계와의 관계를 나타내며 전류의 연속성을 표현한다.

2. 맥스웰의 제2의 기본 방정식

$rot E = curl E = \nabla \times E = -\dfrac{\partial B}{\partial t} = -\mu\dfrac{\partial H}{\partial t}[\text{V}]$

① 패러데이의 법칙에서 유도한 식이다.
② 자속밀도의 시간적 변화는 전계를 회전시키고 유기기전력을 형성한다.

3. 정전계의 가우스의 미분형
$div D = \nabla \cdot D = \rho[\text{C/m}^3]$
① 임의의 폐곡면 내의 전하에서 전속선이 발산한다.
② 가우스 발산 정리에 의하여 유도된 식
③ 고립(독립)된 전하는 존재한다.

4. 정자계의 가우스의 미분형
$div B = \nabla \cdot B = 0$
① 자속의 연속성을 나타낸 식이다.
② 고립(독립)된 자극(자하)는 없으며 N극과 S극이 항상 공존한다.

5. 벡터 포텐셜
$rot \vec{A} = \nabla \times \vec{A} = B[\text{Wb/m}^2]$
벡터포텐셜 $\vec{A}$ 의 회전은 자속밀도를 형성한다.

02 자장 중에서 도선에 발생되는 유기기전력의 방향은 어떤 법칙에 의하여 설명되는가?

① 패러데이(Faraday)의 법칙
② 앙페르(Ampere)의 오른나사 법칙
③ 렌츠(Lenz)의 법칙
④ 가우스(Gauss)의 법칙

🔍 해설

렌츠의 법칙
유기기전력의 방향을 결정하는 법칙을 렌츠의 법칙이라 한다. 전자유도에 의하여 생기는 유기기전력의 방향은 쇄교 자속의 변화를 방해하는 방향이다.

03 일반적으로 도체를 관통하는 자속이 변화하든가 또는 자속과 도체가 상대적으로 운동하여 도체 내의 자속이 시간적 변화를 일으키면, 이 변화를 막기 위하여 도체 내에 국부적으로 형성되는 임의의 폐회로를 따라 전류가 유기되는데 이 전류를 무엇이라 하는가?

① 변위전류 ② 대칭전류
③ 와전류 ④ 도전전류

🔍 해설

와전류
도체 내의 자속이 시간적 변화를 일으키면 이 변화를 막기 위해 도체 내에 국부적으로 형성되는 임의의 폐회로를 따라 유기되는 전류를 와전류라 한다.

04 두께 10[cm]의 공기 중에 전압 10[V]를 가했을 때의 전위경도는 몇 [V/m]인가? (단, 전계는 평등전계라 한다.)

① 1 ② 10
③ 100 ④ 1000

🔍 해설

전위의 기울기
전위경도＝전위의 기울기＝전계의 세기
평등전계 내 전위차 $V = Ed[\text{V}]$

→ 전계의 세기 $E = \dfrac{V}{d} = \dfrac{10}{0.1} = 100[\text{V/m}]$

05 다음 비유전율에 대한 설명 중 옳은 것은?

① 진공시 비유전율 $\varepsilon_r = 0$, 공기 시 비유전율 $\varepsilon_r = 1$이다.

② 비유전율 $\varepsilon_r = \dfrac{\varepsilon}{\varepsilon_0}$이다.

③ 모든 절연체의 비유전율 $\varepsilon_r = \varepsilon$이다.

④ 비유전율 $\varepsilon_r = \varepsilon_0$이다.

[정답] 2025년 2회 01 ④ 02 ③ 03 ③ 04 ③ 05 ②

🔍 해설

유전체

- 진공이나 공기시 비유전율 $\varepsilon_r = 1$,
  유전체의 비유전율 $\varepsilon_r = \dfrac{\varepsilon}{\varepsilon_0} > 1$
- 비유전율은 재질에 따라 다르다.
- 비유전율의 단위는 없다.
- 비유전율이 1보다 큰 절연체 내에서는 분극 현상이 발생한다.

06 $E = xi - yj \,[\text{V/m}]$일 때 점 $(3, 4)[\text{m}]$를 통과하는 전기력선의 방정식은?

① $y = 12x$
② $y = \dfrac{x}{12}$
③ $y = \dfrac{12}{x}$
④ $y = \dfrac{3}{4}x$

🔍 해설

전기력선 방정식

전기력선 방정식 성립조건 $\dfrac{dx}{E_x} = \dfrac{dy}{E_y}$ → $\dfrac{1}{x}dx = -\dfrac{1}{y}dy$

→ $\displaystyle\int \dfrac{1}{x}dx = -\int \dfrac{1}{y}dy$ → $\ln x = -\ln y + c$

→ $\ln x + \ln y = c$ → $xy = c'$ $x = 3,\ y = 4$이므로 $c' = 12$

∴ $xy = 12$ → $y = \dfrac{12}{x}$

07 그림과 같은 유전속 분포에서 ε_1과 ε_2의 관계는?

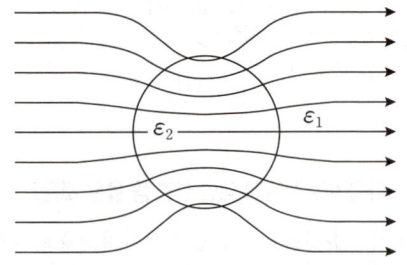

① $\varepsilon_1 > \varepsilon_2$
② $\varepsilon_2 > \varepsilon_1$
③ $\varepsilon_1 = \varepsilon_2$
④ $\varepsilon_1 > \varepsilon_2,\ \varepsilon_2 > 0$

🔍 해설

유전체 경계면 조건

전속선은 유전율이 큰 쪽으로 모이므로 $\varepsilon_2 > \varepsilon_1$

08 두 유전체의 경계면에서 정전계가 만족하는 것은?

① 전계의 법선 성분이 같다.
② 전속밀도의 접선 성분이 같다.
③ 전계의 접선 성분이 같다.
④ 분극의 세기의 접선 성분이 같다.

🔍 해설

유전체 경계면 조건

1. 완전경계조건 : 경계면(접선)에는 진전하밀도가 존재하지 않고, 전위차는 없다.
2. 법선(수직)성분은 전속밀도 $D_1 = D_2$
   ① $D_1 = D_2$: 연속적
   ② $E_1 \neq E_2$: 불연속적
   ③ $D_1 \cos\theta_1 = D_2 \cos\theta_2$, $\varepsilon_1 E_1 \cos\theta_1 = \varepsilon_2 E_2 \cos\theta_2$
3. 접선(수평)성분은 전계 $E_1 = E_2$
   ① $E_1 = E_2$: 연속적
   ② $D_1 \neq D_2$: 불연속적
   ③ $E_1 \sin\theta_1 = E_2 \sin\theta_2$
4. 굴절각 $\dfrac{\tan\theta_1}{\tan\theta_2} = \dfrac{\varepsilon_1}{\varepsilon_2}$
5. 비례 관계 : $\varepsilon_1 > \varepsilon_2$일 때 $\theta_1 > \theta_2$, $D_1 > D_2$, $E_1 < E_2$

09 자극의 세기 $4 \times 10^{-6}[\text{Wb}]$, 길이 $20[\text{cm}]$인 막대자석을 $150[\text{AT/m}]$의 평등 자계 내에 자계와 60도의 각으로 놓았을 때 자석이 받는 회전력은 몇 $[\text{N·m}]$인가?

① $3\sqrt{3} \times 10^{-4}$
② $6\sqrt{3} \times 10^{-5}$
③ $3\sqrt{3} \times 10^{-5}$
④ $6\sqrt{3} \times 10^{-4}$

🔍 해설

막대자석의 회전력

막대자석이 받는 회전력
$T = ml H \sin\theta = 4 \times 10^{-6} \times 0.2 \times 150 \times \sin 60°$
$\quad = 6\sqrt{3} \times 10^{-5}[\text{N·m}]$

[정답] 06 ③ 07 ② 08 ③ 09 ②

10 다음 설명 중 옳은 것은?

① 상자성체는 자화율이 0보다 크고, 반자성체는 자화율이 0보다 작다.

② 상자성체는 투자율이 1보다 작고, 반자성체는 투자율이 1보다 크다.

③ 반자성체에서는 자화율이 0보다 크고, 투자율이 1보다 크다.

④ 상자성체에서는 자화율이 0보다 작고, 투자율이 1보다 크다.

🔍 **해설** ----

자화율

- $\mu_0 = 4\pi \times 10^{-7} > 0$
- 상자성체는 $\mu_s > 1$이므로 $\mu_s - 1 > 0$
  → 상자성체의 자화율 $\mu_0(\mu_s - 1) > 0$
- 반자성체는 $\mu_s < 1$이므로 $\mu_s - 1 < 0$
  → 반자성체의 자화율 $\mu_0(\mu_s - 1) < 0$

11 무한장 직선 도체에 선전하밀도 $\lambda[\mathrm{C/m}]$의 전하가 분포되어 있는 경우, 이 직선 도체를 축으로 하는 반지름 $r[\mathrm{m}]$의 원통면상의 전계$[\mathrm{V/m}]$는?

① $\dfrac{\lambda}{2\pi\varepsilon_0 r^2}$ 　　② $\dfrac{\lambda}{2\pi\varepsilon_0 r}$

③ $\dfrac{\lambda}{4\pi\varepsilon_0 r^2}$ 　　④ $\dfrac{\lambda}{4\pi\varepsilon_0 r}$

🔍 **해설** ----

가우스의 정리에 의한 전계의 세기

무한장 직선도체에 의한 전계 $E = \dfrac{\lambda}{2\pi\varepsilon_0 r}[\mathrm{V/m}]$

12 두 종류의 유전체 경계면에서 전속과 전기력선이 경계면에 수직으로 도달할 때에 대한 설명으로 틀린 것은?

① 전속밀도는 변하지 않는다.

② 전속과 전기력선은 굴절하지 않는다.

③ 전계의 세기는 불연속적으로 변한다.

④ 전속선은 유전율이 작은 유전체 쪽으로 모이려는 성질이 있다.

🔍 **해설** ----

유전체 경계면 조건

전속선은 유전율이 큰 유전체 쪽으로 모이려는 성질이 있다.

13 대전도체 표면의 전하밀도를 $\sigma[\mathrm{C/m^2}]$이라 할 때, 대전도체 표면의 단위면적이 받는 정전 응력은 전하밀도 σ와 어떤 관계에 있는가?

① $\sigma^{\frac{1}{2}}$에 비례 　　② $\sigma^{\frac{3}{2}}$에 비례

③ σ에 비례 　　④ σ^2에 비례

🔍 **해설** ----

정전 흡인력

단위면적당 정전 흡인력

$f = \dfrac{\sigma^2}{2\varepsilon} = \dfrac{D^2}{2\varepsilon} = \dfrac{1}{2}\varepsilon E^2[\mathrm{N/m^2}]$ → $f \propto \sigma^2$

14 변압기의 철심에서 규소강판이 쓰이는 주요 원인은?

① 와전류손을 적게 하기 위하여

② 큐리 온도를 높이기 위하여

③ 부하손(동손)을 적게 하기 위하여

④ 히스테리시스 손을 적게 하기 위하여

🔍 **해설** ----

히스테리시스 곡선

히스테리시스손을 적게 하기 위해 규소강판을 사용한다.

15 그림과 같은 동축케이블에 유전체가 채워졌을 때의 정전용량$[\mathrm{F}]$은? (단, 유전체의 비유전율은 ε_s이고 내반지름과 외반지름은 각각 $a[\mathrm{m}]$, $b[\mathrm{m}]$이며 케이블의 길이는 $\ell[\mathrm{m}]$이다.)

[**정답**] 10 ① 11 ② 12 ④ 13 ④ 14 ④ 15 ②

전기자기학 / 전력공학 / 전기기기 / 회로이론 / 전기설비기술기준

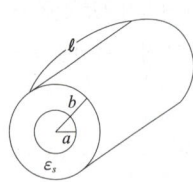

① $\dfrac{2\pi\varepsilon_s\ell}{\ln\dfrac{b}{a}}$ ② $\dfrac{2\pi\varepsilon_0\varepsilon_s\ell}{\ln\dfrac{b}{a}}$

③ $\dfrac{\pi\varepsilon_s\ell}{\ln\dfrac{b}{a}}$ ④ $\dfrac{\pi\varepsilon_0\varepsilon_s\ell}{\ln\dfrac{b}{a}}$

🔍 해설

도체 모양에 따른 정전용량

단위 길이당 동축 케이블의 정전용량 $C=\dfrac{2\pi\varepsilon}{\ln\dfrac{b}{a}}[\text{F/m}]$

길이 ℓ인 동축 케이블의 전체 정전용량

$C'=C\times\ell=\dfrac{2\pi\varepsilon\ell}{\ln\dfrac{b}{a}}=\dfrac{2\pi\varepsilon_0\varepsilon_s\ell}{\ln\dfrac{b}{a}}[\text{F}]$

16 대전 도체 표면의 전하밀도는 도체 표면의 모양에 따라 어떻게 되는가?

① 곡률이 작으면 작아진다.

② 곡률 반지름이 크면 커진다.

③ 평면일 때 가장 크다.

④ 곡률 반지름이 작으면 작다.

🔍 해설

표면 전하밀도

대전도체의 표면 전하밀도는 뾰족할수록, 곡률이 클수록, 곡률 반지름이 작을수록 크다.

17 그림과 같이 권수가 1이고 반지름 $a\,[\text{m}]$인 원형 코일에 전류 $I\,[\text{A}]$가 흐르고 있다. 원형 코일 중심에서의 자계의 세기 $[\text{AT/m}]$는?

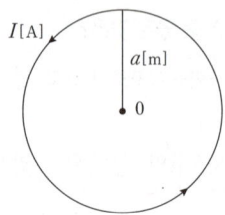

① $\dfrac{I}{a}$ ② $\dfrac{I}{2a}$

③ $\dfrac{I}{3a}$ ④ $\dfrac{I}{4a}$

🔍 해설

원형코일 중심점 자계

원형코일 중심의 자계 $H=\dfrac{NI}{2a}[\text{AT/m}]$

권수 $N=1$이므로 $H=\dfrac{I}{2a}[\text{AT/m}]$

18 무한 평면 도체로부터 $d\,[\text{m}]$인 곳에 점전하 $Q\,[\text{C}]$가 있을 때 도체 표면상에 최대로 유도되는 전하밀도는 몇 $[\text{C/m}^2]$인가?

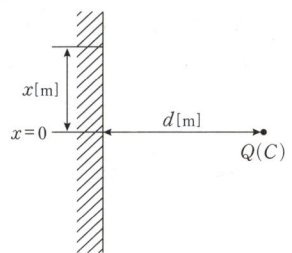

① $-\dfrac{Q}{2\pi d^2}$ ② $-\dfrac{Q}{2\pi\varepsilon_0 d^2}$

③ $-\dfrac{Q}{4\pi d^2}$ ④ $-\dfrac{Q}{4\pi\varepsilon_0 d^2}$

🔍 해설

접지무한평면과 점전하

점전하에 의해 무한평면에 유도되는 최대 전하밀도

$\rho_{\max}=-\dfrac{Q}{2\pi d^2}[\text{C/m}^2]$

19 코일의 권수를 2배로 하면 인덕턴스 값은 몇 배가 되는가?

① $\dfrac{1}{2}$ ② $\dfrac{1}{4}$

③ 2   ④ 4

🔍 **해설**

솔레노이드의 인덕턴스
코일[솔레노이드]의 인덕턴스 $L \propto N^2$이므로
$N:2$배 → $L:2^2=4$배가 된다.

20 전류가 흐르고 있는 무한 직선도체로부터 2[m]만큼 떨어진 자유공간 내 P점의 자계의 세기가 $\dfrac{4}{\pi}$[AT/m]일 때, 이 도체에 흐르는 전류는 몇 [A]인가?

① 2   ② 4

③ 8   ④ 16

🔍 **해설**

무한장 직선 전류에 의한 자계
무한 직선전류에 의한 자계 $H=\dfrac{I}{2\pi r}$[AT/m]

→ 전류 $I=2\pi r H=2\pi \times 2 \times \dfrac{4}{\pi}=16$[A]

시행일   **2025년 3회**

01 비투자율 4000인 철심을 자화하여 자속밀도가 0.1 [Wb/m²]으로 되었을 때 철심의 단위체적에 저축된 에너지는 몇 [J/m³]인가?

① 1   ② 2.5

③ 3   ④ 4

🔍 **해설**

자계에너지
단위체적당 자계에너지 $w=\dfrac{B^2}{2\mu}=\dfrac{1}{2}\mu H^2$[J/m³]에서

$w=\dfrac{B^2}{2\mu}=\dfrac{B^2}{2\mu_0 \mu_s}=\dfrac{0.1^2}{2\times 4\pi \times 10^{-7} \times 4000}=0.995$[J/m³]

02 전계 내에서 폐회로를 따라 전하를 일주시킬 때 전계가 행하는 일은 몇 [J]인가?

① ∞ ② π

③ 1   ④ 0

🔍 **해설**

전계의 비회전성
전계 내에서 폐회로를 따라 단위전하를 일주시 한 일은 항상 0이다.

$$\oint_C E \cdot dl = \int_S rot E \cdot ds = 0$$

03 점전하 $+Q$[C]의 무한평면 도체에 대한 영상전하는?

① Q[C]와 같다.

② $-Q$[C]와 같다.

③ Q[C] 보다 작다.

④ Q[C] 보다 크다.

🔍 **해설**

접지무한평면과 점전하
무한평면도체와 점전하 사이 발생하는 영상전하는
크기는 같고 부호는 반대인 $Q'=-Q$[C]과 같다.

04 서로 다른 두 개의 금속이나 반도체를 접속하여 전류를 인가하면 접합부에서 열이 발생하거나 흡수되는 현상은?

① 제백 효과   ② 펠티에 효과

③ 톰슨 효과   ④ 핀치 효과

🔍 **해설**

전기의 여러 가지 현상
서로 다른 금속에서 다른 쪽 금속으로 전류를 흘리면 열의 발생 또는 흡수가 일어나는 현상을 펠티에 효과라 하며 전자 냉동기의 원리로 이용한다.

전기자기학

전력공학

전기기기

회로이론

전기설비기술기준

[**정답**] 19 ④   20 ④   2025년 3회   01 ①   02 ④   03 ②   04 ②

05 그림과 같이 내외 도체의 반지름이 a, b인 동축선 (케이블)의 도체 사이에 유전율이 ε인 유전체가 채워져 있는 경우 동축선의 단위 길이당 정전용량은?

① $\varepsilon \log_e \dfrac{b}{a}$ 에 비례한다.　　② $\dfrac{1}{\varepsilon} \log_{10} \dfrac{b}{a}$ 에 비례한다.

③ $\dfrac{\varepsilon}{\log_e \dfrac{b}{a}}$ 에 비례한다.　　④ $\dfrac{\varepsilon b}{a}$ 에 비례한다.

🔍 해설

도체 모양에 따른 정전용량

동축 원통[케이블] 사이 정전용량

$C = \dfrac{2\pi\varepsilon}{\ln\dfrac{b}{a}} = \dfrac{2\pi\varepsilon}{\log_e\dfrac{b}{a}}[\text{F/m}]$로 $C \propto \dfrac{\varepsilon}{\log_e\dfrac{b}{a}}$

06 직선 전류에 의해서 그 주위에 생기는 환상의 자계 방향은?

① 전류의 방향
② 전류와 반대 방향
③ 오른나사의 진행 방향
④ 오른나사의 회전 방향

🔍 해설

앙페르의 오른나사 법칙

도체에 전류를 흘려주었을 때 그 주변에 생기는 자계의 회전성과 자계의 방향을 결정하는 법칙을 앙페르의 오른나사 법칙이라 한다. 오른나사의 진행방향이 전류의 방향이라면 오른나사의 회전방향이 자계의 방향이 된다.

07 맥스웰의 전자방정식에 대한 설명으로 틀린 것은?

① 폐곡면을 통해 나오는 자속은 폐곡면 내의 자극의 세기와 같다.
② 폐곡선에 따른 전계의 선적분은 폐곡선 내를 통하는 자속의 시간 변화율과 같다.
③ 폐곡선에 따른 자계의 선적분은 폐곡선 내를 통하는 전류와 전속의 시간적 변화율과 같다.
④ 폐곡면을 통해 나오는 전속은 폐곡선 내의 전하량과 같다.

🔍 해설

맥스웰 방정식

1. 맥스웰의 제 1의 기본 방정식

$$rot\,H = curl\,H = \nabla \times H = i_c + \dfrac{\partial D}{\partial t} = i_c + \varepsilon\dfrac{\partial E}{\partial t}[\text{A/m}^2]$$

① 암페어(앙페르)의 주회적분법칙에서 유도한 식이다.
② 전도전류와 변위전류는 자계를 형성한다.
③ 전류와 자계와의 관계를 나타내며 전류의 연속성을 표현한다.

2. 맥스웰의 제 2의 기본 방정식

$$rot\,E = curl\,E = \nabla \times E = -\dfrac{\partial B}{\partial t} = -\mu\dfrac{\partial H}{\partial t}[\text{V}]$$

① 패러데이의 법칙에서 유도한 식이다.
② 자속밀도의 시간적 변화는 전계를 회전시키고 유기기전력을 형성한다.

3. 정전계의 가우스의 미분형

$$div\,D = \nabla \cdot D = \rho[\text{C/m}^3]$$

① 임의의 폐곡면 내의 전하에서 전속선이 발산한다.
② 가우스 발산 정리에 의하여 유도된 식
③ 고립(독립)된 전하는 존재한다.

4. 정자계의 가우스의 미분형

$$div\,B = \nabla \cdot B = 0$$

① 자속의 연속성을 나타낸 식이다.
② 고립(독립)된 자극(자하)는 없으며 N극과 S극이 항상 공존한다.

5. 벡터 포텐셜

$$rot\,\vec{A} = \nabla \times \vec{A} = B[\text{Wb/m}^2]$$

벡터포텐셜 $\vec{A}$ 의 회전은 자속밀도를 형성한다.

08 비유전율 4, 비투자율 1인 공간에서 전자파의 전파 속도는 몇 $[\text{m/s}]$인가?

① 0.5×10^8　　　　② 1.0×10^8
③ 1.5×10^8　　　　④ 2.0×10^8

[정답]　05 ③　06 ④　07 ①　08 ③

해설

전파속도

전파속도 $v=\lambda f=\dfrac{1}{\sqrt{\mu\varepsilon}}=\dfrac{3\times10^8}{\sqrt{\mu_s\varepsilon_s}}=\dfrac{3\times10^8}{\sqrt{1\times4}}=1.5\times10^8[\mathrm{m/s}]$

09 반지름 $a[\mathrm{m}]$인 접지 도체구의 중심에서 $r[\mathrm{m}]$되는 거리에 점전하 $Q[\mathrm{C}]$을 놓았을 때 도체구에 유도된 총 전하는 몇 $[\mathrm{C}]$인가?

① 0

② $-Q$

③ $-\dfrac{a}{r}Q$

④ $-\dfrac{r}{a}Q$

해설

접지 도체구와 점전하

접지 도체구와 점전하 사이 발생하는 영상전하 $Q'=-\dfrac{a}{r}Q[\mathrm{C}]$

10 그림과 같이 권수가 1이고 반지름 $a[\mathrm{m}]$인 원형 코일에 전류 $I[\mathrm{A}]$가 흐르고 있다. 원형 코일 중심에서의 자계의 세기 $[\mathrm{AT/m}]$는?

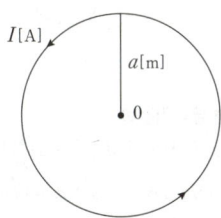

① $\dfrac{I}{a}$

② $\dfrac{I}{2a}$

③ $\dfrac{I}{3a}$

④ $\dfrac{I}{4a}$

해설

원형코일 중심점 자계

원형코일 중심의 자계 $H=\dfrac{NI}{2a}[\mathrm{AT/m}]$

권수 $N=1$이므로 $H=\dfrac{I}{2a}[\mathrm{AT/m}]$

11 자기 인덕턴스 $0.05[\mathrm{H}]$의 회로에 흐르는 전류가 매초 $500[\mathrm{A}]$의 비율로 증가할 때 자기 유도기전력의 크기는 몇 $[\mathrm{V}]$인가?

① 2.5

② 25

③ 100

④ 1000

해설

전자유도법칙

페러데이의 전자유도법칙 $e=-L\dfrac{di}{dt}=-0.05\times\dfrac{500}{1}=-25[\mathrm{V}]$

12 권선수가 N회인 코일에 전류 $I[\mathrm{A}]$를 흘릴 경우, 코일에 $\phi[\mathrm{Wb}]$의 자속이 지나간다면 이 코일에 저장된 자계 에너지$[\mathrm{J}]$는?

① $\dfrac{1}{2}N\phi^2I$

② $\dfrac{1}{2}N\phi I$

③ $\dfrac{1}{2}N^2\phi I$

④ $\dfrac{1}{2}N\phi I^2$

해설

전자에너지

$LI=N\phi$이므로

코일에 저장되는 에너지 $W=\dfrac{1}{2}LI^2=\dfrac{1}{2}(LI)I=\dfrac{1}{2}N\phi I[\mathrm{J}]$

13 자계의 세기를 표시하는 단위가 아닌 것은?

① $[\mathrm{A/m}]$

② $[\mathrm{Wb/m}]$

③ $[\mathrm{N/Wb}]$

④ $[\mathrm{AT/m}]$

해설

자계의 세기

자계의 세기 $H=\dfrac{F}{m}=\dfrac{m}{4\pi\mu_o r^2}[\mathrm{N/Wb}=\mathrm{A/m}=\mathrm{AT/m}]$

[정답] 09 ③ 10 ② 11 ② 12 ② 13 ②

전
기
자
기
학

전
력
공
학

전
기
기
기

회
로
이
론

전
기
설
비
기
술
기
준

14 공기 중에서 무한평면도체 표면 아래의 1[m] 떨어진 곳에 1[C]의 점전하가 있다. 전하가 받는 힘의 크기는 몇 [N]인가?

① 9×10^9

② $\dfrac{9}{2} \times 10^9$

③ $\dfrac{9}{4} \times 10^9$

④ $\dfrac{9}{16} \times 10^9$

해설

접지무한평면과 점전하

무한평면과 점전하 사이 작용하는 힘＝영상전하와 점전하 사이 작용하는 힘

$$F = \frac{-Q^2}{16\pi\varepsilon_0 a^2} = \frac{9}{4} \times 10^9 \times \frac{-Q^2}{a^2} = \frac{9}{4} \times 10^9 \times \frac{-1^2}{1^2} = -\frac{9}{4} \times 10^9 [\text{N}]$$

15 자기회로에 대한 설명으로 틀린 것은? (단, S는 자기회로의 단면적이다.)

① 자기저항의 단위는 H(Henry)의 역수이다.

② 자기저항의 역수를 퍼미언스(Permeance)라고 한다.

③ "자기저항＝(자기회로의 단면을 통과하는 자속)/(자기회로의 총 기자력)"이다.

④ 자속밀도 B가 모든 단면에 걸쳐 균일하다면 자기회로의 자속은 BS이다.

해설

자기회로

자기저항 $R_m = \dfrac{F}{\phi} = \dfrac{\ell}{\mu S} [\text{AT/Wb}]$

(자기회로의 총 기자력)／(자기회로의 단면을 통과하는 자속)이다.

16 전계 E [V/m] 및 자계 H [AT/m]의 에너지가 자유공간 사이를 C[m/sec]의 속도로 전파될 때 단위시간에 단위면적을 지나는 에너지는 몇 [W/m²]인가?

① $\dfrac{1}{2}EH$

② EH

③ EH^2

④ E^2H

해설

전자파

포인팅 벡터 $R = \dfrac{P}{S} = |E \times H| = EH\sin 90° = EH [\text{W/m}^2]$

17 전계의 세기가 1500[V/m]인 전장에 5[μC]의 전하를 놓았을 때 이 전하에 작용하는 힘은 몇 [N]인가?

① 4.5×10^{-3}

② 5.5×10^{-3}

③ 6.5×10^{-3}

④ 7.5×10^{-3}

해설

전계와 힘의 관계

전계 내 전하가 받는 힘

$F = QE = 5 \times 10^{-6} \times 1500 = 7.5 \times 10^{-3} [\text{N}]$

18 $\phi = \phi_m \sin\omega t [\text{Wb}]$의 정현파로 변화하는 자속이 권선수 N인 코일과 쇄교할 때의 유도기전력의 위상을 자속에 비교하면?

① $\dfrac{\pi}{2}$ 만큼 빠르다.

② π 만큼 빠르다.

③ $\dfrac{\pi}{2}$ 만큼 늦다.

④ 동위상이다.

해설

정현파 자속에 의한 유기기전력

$\phi = \phi_m \sin\omega t [\text{Wb}]$의 자속이 코일을 쇄교할 때

유기기전력 $e = -\omega N\phi_m \cos\omega t = \omega N\phi_m \sin\left(\omega t - \dfrac{\pi}{2}\right)[\text{V}]$이므로

유기기전력은 자속보다 $\dfrac{\pi}{2}$ 만큼 늦다.

19 자유공간에서 특성 임피던스 $\sqrt{\dfrac{\mu_0}{\varepsilon_0}}$ 의 값은?

① $\dfrac{1}{100\pi}[\Omega]$

② $\dfrac{1}{120\pi}[\Omega]$

③ $110\pi[\Omega]$

④ $120\pi[\Omega]$

[**정답**] 14 ③ 15 ③ 16 ② 17 ④ 18 ③ 19 ④

🔍 **해설** ----------------------------------

파동 임피던스

파동 임피던스＝고유 임피던스＝특성 임피던스[Ω]

$\eta = \dfrac{E}{H} = \sqrt{\dfrac{\mu}{\varepsilon}} = 120\pi\sqrt{\dfrac{\mu_s}{\varepsilon_s}} = 377\sqrt{\dfrac{\mu_s}{\varepsilon_s}}$ [Ω]이며

진공·공기·자유공간에서 $\varepsilon_s = 1$, $\mu_s = 1$이므로

$\eta = 120\pi = 377$ [Ω]

20 그림과 같이 단면적이 균일한 환상철심에 권수 N_1 인 A코일과 권수 N_2인 B코일이 있을 때 A코일의 자기 인덕턴스가 L_1[H]라면 두 코일의 상호 인덕턴스 M은 몇 [H]인가? (단, 누설자속은 0이라고 한다.)

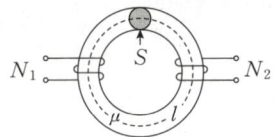

① $\dfrac{L_1 N_1}{N_2}$ ② $\dfrac{N_2}{L_1 N_1}$

③ $\dfrac{N_1}{L_1 N_2}$ ④ $\dfrac{L_1 N_2}{N_1}$

🔍 **해설** ----------------------------------

상호 인덕턴스

결합계수 $k = 1$일 때 상호 인덕턴스

$M = \dfrac{\mu S N_1 N_2}{\ell} = L_1\dfrac{N_2}{N_1} = L_2\dfrac{N_1}{N_2}$ [H]

시행일 ▶ **2023년 1회**

01 공칭단면적 $200[\text{mm}^2]$, 전선무게 $1.838[\text{kg/m}]$, 전선의 외경 $18.5[\text{mm}]$인 경동연선을 경간 $200[\text{m}]$로 가설하는 경우의 이도는 약 몇 $[\text{m}]$인가? (단, 경동연선의 전단인장하중은 $7910[\text{kg}]$, 빙설하중은 $0.416[\text{kg/m}]$, 풍압하중은 $1.525[\text{kg/m}]$, 안전율은 2.0이다.)

① 3.44 ② 3.78
③ 4.28 ④ 4.78

해설

$W = \sqrt{(W_i + W_c)^2 + W_p^2}$
$\quad = \sqrt{(1.838 + 0.416)^2 + 1.525^2} = 2.72[\text{kg/m}]$
$D = \dfrac{WS^2}{8T} = \dfrac{2.72 \times 200^2}{8 \times \dfrac{7910}{2}} = 3.44[\text{m}]$

02 3상 1회선 전선로에서 대지정전용량은 C_s이고 선간정전용량을 C_m이라 할 때, 작용정전용량 C_n은?

① $C_s + C_m$ ② $C_s + 2C_m$
③ $C_s + 3C_m$ ④ $2C_s + C_m$

해설

3상 1회선에서 작용 정전용량 $C_n = C_s + 3C_m$

03 늦은 역률의 부하를 갖는 단거리 송전선로의 전압강하의 근사식은? (단, P는 3상 부하전력$[\text{kW}]$, E는 상전압$[\text{kV}]$, R은 선로저항$[\Omega]$, θ는 부하의 늦은 역률각이다.)

① $\dfrac{\sqrt{3}\,P}{E}(R + X\tan\theta)$
② $\dfrac{P}{\sqrt{3}\,E}(R + X\tan\theta)$
③ $\dfrac{P}{E}(R + X\tan\theta)$
④ $\dfrac{P}{\sqrt{3}\,E}(R\cos\theta + X\sin\theta)$

해설

전압강하 근사식

$e = \dfrac{P}{V}(R + X\tan\theta) = \dfrac{P}{\sqrt{3}\,E}(R + X\tan\theta)$
여기서, 선간전압 $V = \sqrt{3}\,E$이다.

04 송전계통에서 안정도 증진과 관계없는 것은?

① 고속 재폐로 방식 채용
② 계통의 전달 리액턴스 감소
③ 계통의 전압변동의 제어
④ 차폐선의 채용

해설

차폐선은 유도장해의 저감과 관련이 있으며, 안정도 증진과 직접적인 관계가 적다.

05 3상 3선식 1선 1$[\text{km}]$의 임피던스가 Z이고, 어드미턴스가 Y일 때, 특성 임피던스는?

① $\sqrt{\dfrac{Z}{Y}}$ ② $\sqrt{\dfrac{Y}{Z}}$
③ $\sqrt{ZY}$ ④ $\sqrt{Z+Y}$

[정답] 2023년 1회 01 ① 02 ③ 03 ② 04 ④ 05 ①

해설

특성임피던스는 어드미턴스에 대한 임피던스의 비를 말한다.

$$Z_o = \sqrt{\frac{Z}{Y}} = \sqrt{\frac{r+j\omega L}{g+j\omega C}} = \sqrt{\frac{L}{C}} = 138\log\frac{D}{r}\,[\Omega]$$

06 소호 원리에 따른 차단기의 종류 중에서 소호실에서 아크에 의한 절연유 분해가스의 흡부력(吸付力)을 이용하여 차단하는 것은?

① 유입차단기   ② 기중차단기

③ 자기차단기   ④ 가스차단기

해설

유입차단기는 소호실에서 아크에 의한 절연유 분해가스의 흡부력(吸付力)을 이용하여 차단한다.

07 차단기의 정격차단시간은?

① 가동 접촉자의 동작시간부터 소호까지의 시간

② 고장 발생부터 소호까지의 시간

③ 가동 접촉자의 개극부터 소호까지의 시간

④ 트립코일 여자부터 소호까지의 시간

해설

차단기의 정격차단시간이란 트립코일이 여자되는 순간부터 아크가 소호되는데 까지 걸리는 시간을 말하며 3~8[Hz]이다.

08 역률 80[%]의 3상 평형부하에 공급하고 있는 선로길이 2[km]의 3상 3선식 배전선로가 있다. 부하의 단자 전압을 6000[V]로 유지하였을 경우, 선로의 전압강하율 10[%]를 넘지 않게 하기 위해서는 부하전력을 약 몇 [kW]까지 허용할 수 있는가? (단, 전선 1선당의 저항은 0.82[Ω/km] 리액턴스는 0.38[Ω/km]라 하고, 그 밖의 정수는 무시한다.)

① 1303   ② 1629

③ 2257   ④ 2821

해설

$$P = \frac{\delta \times V^2}{(R + X\tan\theta)} = \frac{0.1 \times 6000^2}{0.82 \times 2 + 0.38 \times 2 \times \frac{0.6}{0.8}} \times 10^{-3}$$

$$\fallingdotseq 1629\,[\text{kW}]$$

09 부하전력 및 역률이 같을 때 전압을 n배 승압하면 전압강하율과 전력손실은 어떻게 되는가?

① 전압강하율 : $\dfrac{1}{n}$, 전력손실 : $\dfrac{1}{n^2}$

② 전압강하율 : $\dfrac{1}{n^2}$, 전력손실 : $\dfrac{1}{n}$

③ 전압강하율 : $\dfrac{1}{n}$, 전력손실 : $\dfrac{1}{n}$

④ 전압강하율 : $\dfrac{1}{n^2}$, 전력손실 : $\dfrac{1}{n^2}$

해설

전압강하율과 전력손실 모두 전압의 제곱에 반비례한다.

10 그림과 같이 강제전선관과 (a)측의 전선 심선이 X 점에서 접촉했을 때 누설전류는 몇 [A]인가? (단, 전원전압은 100[V]이며, 접지저항외에 다른 저항은 고려하지 않는다.)

① 2   ② 3.3

③ 5   ④ 8.3

해설

누설전류

$$I = \frac{E}{R} = \frac{100}{20+30} = 2\,[\text{A}]$$

[**정답**]   06 ①   07 ④   08 ②   09 ④   10 ①

전기자기학

전력공학

전기기기

회로이론

제어공학

전기설비기술기준

11 지중 케이블에 있어서 고장점을 찾는 방법이 아닌 것은?

① 머레이 루프 시험기에 의한 방법

② 수색 코일에 의한 방법

③ 메거에 의한 측정방법

④ 펄스에 의한 측정법

🔍 해설

메거는 절연저항을 측정하는 방법이다.

12 송전선에 복도체(또는 다도체)를 사용할 경우, 같은 단면적의 단도체를 사용하였을 경우와 비교할 때 다음 표현 중 적합하지 않은 것은?

① 전선의 인덕턴스는 감소되고 정전용량은 증가된다.

② 고유 송전용량이 증대되고 정태안정도가 증대된다.

③ 전선표면의 전위경도가 증가한다.

④ 전선의 코로나 개시전압이 높아진다.

🔍 해설

복도체의 특징

· 인덕턴스 감소, 리액턴스 감소

· 송전용량 증가, 안정도 증가

· 코로나 임계전압이 상승하여 코로나손 감소

· 전선표면 전위경도가 감소

13 비접지 3상 3선식 배전 선로에 방향 지락계전기를 사용하여 선택 지락 보호를 하려고 한다. 필요한 것은?

① CT+OCR

② CT+PT

③ GPT+ZCT

④ GPT+PF

🔍 해설

선택접지계전기는 특히 병행 2회선 선로에서 1회선에서 지락사고가 발생했을 때 고장 회선만을 선택하여 차단하며, 영상전압은 접지형 계기용변압기[GPT]에서, 영상전류는 영상변류기[ZCT]에서 공급받아 동작한다.

14 복도체에 있어서 소도체의 반지름을 r[m], 소도체 사이의 간격을 s[m]라고 할 때 2개의 소도체를 사용한 복도체의 등가 반지름[m]은?

① $\sqrt{r \cdot s}$

② $\sqrt{r^2 \cdot s}$

③ $\sqrt{r \cdot s^2}$

④ $r \cdot s$

🔍 해설

복도체의 등가 반지름 $r_e = \sqrt[n]{rs^{n-1}}$

2도체 등가 반지름 $r_e = \sqrt[2]{rs^{2-1}} = \sqrt{rs}$

15 송전선에 낙뢰가 가해져서 애자에 섬락이 생기면 아크가 생겨 애자가 손상되는 경우가 있다. 이것을 방지하기 위하여 사용되는 것은?

① 댐퍼

② 아머로드(armour rod)

③ 가공지선

④ 아킹혼(arcing horn)

🔍 해설

소호환·소호각

· 낙뢰로 부터 애자련 보호

· 애자련에 걸리는 전압분담 균일

16 장거리 대전력 송전에서 교류 송전방식에 비교한 직류 송전방식의 장점이 아닌 것은?

① 송전 효율이 높다.

② 안정도의 문제가 없다.

③ 선로 절연이 더 수월하다.

④ 변압이 쉬워 고압송전에 유리하다.

🔍 해설

직류송전방식 장점	직류송전방식 단점
· 계통의 절연계급을 낮출 수 있다.	· 승압 및 강압이 어려워 고압송전에 불리하다.
· 무효전력 및 표피 효과가 없다.	· 회전자계를 쉽게 얻을 수 없다.
· 송전효율과 안정도가 좋다.	· 전력변환기가 필요하다.
· 비동기 연계가 가능하다.	

17 페란티 현상이 발생하는 주된 원인은?

① 선로의 저항
② 선로의 인덕턴스
③ 선로의 정전용량
④ 선로의 누설콘덕턴스

🔍 **해설** ┄┄┄┄┄┄┄┄┄┄┄┄┄┄┄┄┄┄┄

페란티 효과
송전선로에 충전전류가 흐르면 수전단 전압이 송전단 전압보다 높아지는 현상을 말한다. 이는 장거리 송전선로에서 정전용량으로 인하여 발생하며 특히 무부하 또는 경부하시 나타나는 현상이다. 정전용량을 감소시키기 위하여 지상 무효전력을 공급한다. 지상무효전력을 공급하기 위해 동기발전기를 부족여자 운전하거나 수전단에 분로 리액터 설치한다.

18 발전기 내부고장 시 변류기에 유입하는 전류와 유출하는 전류의 차로 동작하는 보호계전기는?

① 비율차동계전기
② 지락계전기
③ 과전류계전기
④ 역상전류계전기

🔍 **해설** ┄┄┄┄┄┄┄┄┄┄┄┄┄┄┄┄┄┄┄

변류기에 유입하는 전류와 유출하는 전류의 차로 동작하는 비율차동계전기는 변압기, 발전기, 모선의 내부고장 보호에 주로 사용된다.

19 수조(head tank)에 대한 다음 설명 중 옳지 않은 것은?

① 수로 내의 수위의 이상 상승을 방지한다.
② 수로식 발전소의 수로 처음 부분과 수압관 아래 부분에 설치한다.
③ 수로에서 유입하는 물속의 토사를 침전시켜서 배사문으로 배사하고 부유물을 제거한다.
④ 상수조는 최대사용수량의 1~2분 정도의 조정용량을 가질 필요가 있다.

🔍 **해설** ┄┄┄┄┄┄┄┄┄┄┄┄┄┄┄┄┄┄┄

상수조(head tank)
수조는 도수로와 수압관의 접속부에 설치되는 것으로서 상수조(head tank)와 조압수조(surge tank)로 나뉘어진다. 상수조는 도수로가 무압수로일 경우, 조압수조는 압력수로(터널)일 경우에 사용한다. 상수조는 무압수로와 연결하는 접속부에 설치하며, 유하토사의 최종적인 침전(유수의 정화), 부하가 갑자기 변화하였을 때 유량의 과부족 조정(최대사용수량의 1~2분 정도), 수로내 수위 상승을 억제하는 역할을 한다. 한편, 조압수조(Surge tank)는 수격작용을 흡수하고 수압관을 보호하는 역할을 한다.

20 전력용 퓨즈는 주로 어떤 전류의 차단을 목적으로 사용하는가?

① 충전전류
② 단락전류
③ 부하전류
④ 지락전류

🔍 **해설** ┄┄┄┄┄┄┄┄┄┄┄┄┄┄┄┄┄┄┄

전력퓨즈
전력퓨즈의 주된 목적은 단락전류로부터 설비를 보호하는 것이다.

시행일 ▶ **2023년 2회**

01 조상설비가 있는 1차 변전소에서 주변압기로 주로 사용되는 변압기는?

① 승압용 변압기
② 누설변압기
③ 3권선 변압기
④ 단권변압기

🔍 **해설** ┄┄┄┄┄┄┄┄┄┄┄┄┄┄┄┄┄┄┄

조상설비를 설치하기 위해 3권선 변압기를 사용하며, 이때 3권선 변압기의 3차측 권선인 △권선을 안정권선이라하며 여기에 조상설비를 설치한다.

02 송전계통의 중성점을 접지하는 목적으로 틀린 것은?

① 지락 고장 시 전선로의 대지 전위 상승을 억제하고 전선로와 기기의 절연을 경감시킨다.
② 소호리액터 접지방식에서는 1선 지락 시 지락점 아크를 빨리 소멸시킨다.
③ 차단기의 차단용량을 증대시킨다.
④ 지락고장에 대한 계전기의 동작을 확실하게 한다.

전기자기학

전력공학

전기기기

회로이론

제어공학

전기설비기술기준

🔍 **해설**

중성점 접지방식의 목적
- 1선 지락시 건전상의 전위상승을 억제하여 전선로, 기기의 절연 레벨 경감
- 뇌, 아크 지락, 기타에 의한 이상전압의 경감 및 발생억제
- 1선 지락시 지락계전기를 확실하게 동작
- 1선 지락시의 아크 지락을 재빨리 소멸시켜 안정도 향상

---

03 평형 3상 송전선에서 보통의 운전상태인 경우 중성점 전위는 항상 얼마인가?

① 0
② 1
③ 송전전압과 같다.
④ ∞(무한대)

🔍 **해설**

평형 3상 송전선에서 보통의 운전상태인 경우 중성점 전위는 0[V]이다.

---

04 단권 변압기 66[kV], 60[Hz] 3상 3선식 선로에서 중성점을 소호리액터 접지하여 완전 공진상태로 되었을 때 중성점에 흐르는 전류는 몇 [A]인가? (단, 소호리액터를 포함한 영상회로의 등가 저항은 200[Ω], 중성점 잔류전압을 4400[V]라고 한다.)

① 11
② 22
③ 33
④ 44

🔍 **해설**

$I = \dfrac{4400}{200} = 22[\text{A}]$

---

05 전압 22[kV], 주파수 60[Hz], 길이 20[km]의 3상 3선식 1회선 지중 송전선로가 있다. 케이블의 심선 1선당의 정전용량이 0.5[μF/km]라고 할 때 이 선로의 3상 무부하 충전용량은 약 몇 [kVA]인가?

① 1750
② 1825
③ 1900
④ 1925

🔍 **해설**

3상 무부하 선로의 충전용량

$$Q_c = 3 \times 2\pi f C E^2 \times 10^{-3}\,[\text{kVA}]$$

$$Q_c = 3 \times 2\pi \times 60 \times 0.5 \times 10^{-6} \times 20 \times \left(\frac{22000}{\sqrt{3}}\right)^2 \times 10^{-3}$$

$$= 1825[\text{kVA}]$$

---

06 차단기와 비교하여 전력 퓨즈에 대한 설명으로 적합하지 않은 것은?

① 가격이 저렴하다.
② 보수가 간단하다.
③ 고속차단을 할 수 있다.
④ 재투입을 할 수 있다.

🔍 **해설**

전력 퓨즈의 장점
- 소형 경량이며, 가격이 저렴하다.
- 고속 차단한다.
- 차단용량이 크다.
- 보수가 간단하며, 한류형 퓨즈의 경우 무음, 무방출이다.

---

07 그림과 같은 배전선이 있다. 부하에 급전 및 정전할 때 조작방법으로 옳은 것은?

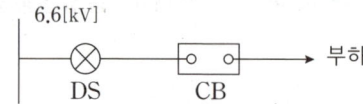

① 급전 및 정전할 때는 항상 DS, CB 순으로 한다.
② 급전 및 정전할 때는 항상 CB, DS 순으로 한다.
③ 급전시는 DS, CB 순이고, 정전시는 CB, DS 순이다.
④ 급전시는 CB, DS 순이고, 정전시는 DS, CB 순이다.

🔍 **해설**

단로기와 차단기 조작순서
급전시는 DS, CB 순이고, 정전시는 CB, DS 순이다.

[정답] 03 ① 04 ② 05 ② 06 ④ 07 ③

08 송전선에 코로나가 발생하면 전선이 부식된다. 무엇에 의하여 부식되는가?

① 산소   ② 질소

③ 수소   ④ 오존

🔍 **해설**

코로나의 영향
- 코로나 손실로 인하여 송전효율이 저하되고 송전용량이 감소된다.
- 코로나 방전시 오존(O_3)이 발생하여 전선부식을 초래한다.
- 유도장해가 발생한다.

09 송전선로에서 복도체를 사용하는 주된 이유는?

① 많은 전력을 보내기 위하여

② 코로나 발생을 억제하기 위하여

③ 전력손실을 적게하기 위하여

④ 선로정수를 평형시키기 위하여

🔍 **해설**

복도체
① 주된 목적은 코로나 방지이다.
② 장점
- 송전용량이 증가하고 안정도가 향상된다.
- 코로나 임계전압이 증가하여 코로나 손실이 감소한다.
- 송전효율이 증가한다.
- 통신선의 유도장해가 억제된다.

10 출력 5000[kW], 유효낙차 50[m]인 수차에서 안내 날개의 개방상태나 효율의 변화 없이 일정할 때 유효낙차가 5[m] 줄었을 경우 출력은 약 몇 [kW]인가?

① 4000   ② 4270

③ 4500   ④ 4740

🔍 **해설**

$P \propto H^{\frac{3}{2}}$ 이므로, $P = 5000 \times \left(\dfrac{45}{50}\right)^{\frac{3}{2}} = 4269[\mathrm{kW}]$

11 석탄연소 화력발전소에서 사용되는 집진장치의 효율이 가장 큰 것은?

① 전기식집진기   ② 수세식집진기

③ 원심력식 집진장치   ④ 직렬 결합식 집진장치

🔍 **해설**

집진장치
회분을 없애 오염을 방지시키는 장치로서 전기식 집진장치가 효율이 가장 좋다.

12 가공지선을 설치하는 주된 목적은?

① 뇌해 방지   ② 전선의 진동 방지

③ 철탑의 강도 보강   ④ 코로나의 발생 방지

🔍 **해설**

가공지선
- 효과 : 직격뢰 차폐, 유도뢰 차폐, 통신선의 유도장해 차폐 효과가 있다.
- 설치 주 목적 : 직격뢰로부터 송전선로를 보호하기 위하여 지지물의 최상단에 설치한다.

13 송전선로에 충전전류가 흐르면 수전단 전압이 송전단 전압보다 높아지는 현상과 이 현상의 발생 원인으로 가장 옳은 것은?

① 페란티효과, 선로의 인덕턴스 때문

② 페란티효과, 선로의 정전용량 때문

③ 근접 효과, 선로의 인덕턴스 때문

④ 근접 효과, 선로의 정전용량 때문

🔍 **해설**

페란티현상
페란티현상이란 무부하시 또는 경부하시 송전선로의 정전용량에 의해 나타나며, 수전단의 전압이 송전단의 전압보다 높아지는 현상이다. 방지법으로는 분로(병렬)리액터를 설치한다.

전기자기학
전력공학
전기기기
회로이론
제어공학
전기설비기술기준

14 송전선로의 건설비와 전압과의 관계를 나타낸 것은?

🔍 **해설**

송전선로의 건설비와 전압

송전선로의 전압이 높으면 철탑에 사용하는 현수애자의 개수가 증가하며, 철탑의 높이를 높여야 한다. 하지만, 전선의 단면적 측면에서는 3상 전력손실식에 의해 $A \propto \dfrac{1}{V^2}$ 이므로 전선의 비용은 적어진다.

15 피뢰기의 제한전압이란?

① 상용주파전압에 대한 피뢰기의 충격방전 개시전압
② 충격파 침입 시 피뢰기의 충격방전 개시전압
③ 피뢰기가 충격파 방전 종료 후 언제나 속류를 확실히 차단할 수 있는 상용주파 최대전압
④ 충격파 전류가 흐르고 있을 때의 피뢰기 단자전압

🔍 **해설**

피뢰기의 제한전압

피뢰기의 제한전압이란 충격파 전류가 흐를 때 피뢰기 단자전압의 파고치를 말한다.

16 저압 배전계통의 구성에 있어서 공급 신뢰도가 가장 우수한 계통 구성방식은?

① 방사상방식
② 저압 네트워크방식
③ 수지상방식
④ 뱅킹방식

🔍 **해설**

저압 네트워크방식 특징

· 공급 신뢰도 향상(가장 우수)
· 전압변동 및 전력손실 감소
· 부하의 증가에 따른 탄력성 향상

17 일반적인 경우 그 값이 1 이상인 것은?

① 수용률
② 전압강하율
③ 부하율
④ 부등률

🔍 **해설**

부등률

부등률은 일반적으로 그 값이 1이다.

18 전력 계통의 주파수가 기준치보다 증가하는 경우 어떻게 하는 것이 타당한가?

① 발전출력[kW]을 증가시켜야 한다.
② 발전출력[kW]을 감소시켜야 한다.
③ 무효전력[kVar]을 증가시켜야 한다.
④ 무효전력[kVar]을 감소시켜야 한다.

🔍 **해설**

$P - F$컨트롤

운전 중 주파수의 상승은 발전출력이 부하의 유효전력보다 커서 발생하는 것이므로 발전출력을 감소시켜서 정격주파수를 유지할 수 있다.

19 진상전류만이 아니라 지상전류도 잡아서 광범위하게 연속적인 전압조정을 할 수 있는 것은?

① 전력용콘덴서
② 동기조상기
③ 분로리액터
④ 직렬리액터

🔍 **해설**

조상설비

구 분	동기조상기	전력용 콘덴서	분로 리액터
무효전력 흡수능력	진상 및 지상	진상	지상
조정의 형태	연속적	불연속	불연속

[정답] 14 ① 15 ④ 16 ② 17 ④ 18 ② 19 ②

20 그림과 같은 3상 3선식 전선로의 단락점에 있어서의 3상 단락전류는 약 몇 [A]인가? (단, 66[kV]에 대한 %리액턴스는 10[%]이고, 저항분은 무시한다.)

20000[kVA]

단락

① 1750 ② 2000
③ 2500 ④ 3030

🔍 **해설**

$$I_s = \frac{100}{\%Z} \times \frac{P_n}{\sqrt{3}\,V} = \frac{100}{10} \times \frac{20000}{\sqrt{3} \times 66} = 1750[\mathrm{A}]$$

시행일 **2023년 3회**

01 1[BTU]는 약 몇 [kcal]인가?

① 0.252 ② 0.2389
③ 47.86 ④ 71.67

🔍 **해설**

$1[\mathrm{kcal}] = 3.968[\mathrm{BTU}]$, $1\mathrm{BTU} \fallingdotseq 0.252[\mathrm{kcal}]$

---

02 송전선의 전압변동률 식, 전압변동률 $= \dfrac{V_{R1} - V_{R2}}{V_{R2}}$ [%]에서 V_{R1}은 무엇에 해당되는가?

① 무부하시 송전단 전압 ② 전부하시 송전단 전압
③ 무부하시 수전단 전압 ④ 전부하시 수전단 전압

🔍 **해설**

전압변동률

$$전압변동률 = \frac{V_{R1} - V_{R2}}{V_{R2}} \times 100[\%]$$

V_{R1} : 무부하시 수전단 전압, V_{R2} : 전부하시 수전단 전압

---

03 송전전력, 송전거리, 전선의 비중 및 전력 손실률이 일정하다고 할 때, 전선의 단면적 $A[\mathrm{mm^2}]$와 송전전압 $V[\mathrm{kV}]$의 관계로 옳은 것은?

① $A \propto V$ ② $A \propto \sqrt{V}$
③ $A \propto \dfrac{1}{V^2}$ ④ $A \propto V^2$

🔍 **해설**

• 전압강하 : $e \propto \dfrac{1}{V}$ • 전력손실 : $P_l \propto \dfrac{1}{V^2}$

• 전압강하율 : $\delta \propto \dfrac{1}{V^2}$ • 전선단면적 : $A \propto \dfrac{1}{V^2}$

---

04 송전선에 코로나가 발생하면 전선이 부식된다. 무엇에 의하여 부식되는가?

① 산소 ② 질소
③ 수소 ④ 오존

🔍 **해설**

코로나 영향

• 코로나 방전에의한 손실로 송전용량이 감소된다.
• 오존의 발생으로 전선의 부식이 촉진된다.
• 소음, 통신선의 유도장해 등이 발생한다.
• 소호 리액터의 소호 능력이 저하된다.

---

05 3상 3선식에서 수직 배치인 선로에서 오프셋을 주는 주된 이유는?

① 단락 방지 ② 전선 진동 억제
③ 전선 풍압 감소 ④ 철탑 중량 감소

🔍 **해설**

오프셋

전선을 수직으로 배치할 경우에 상중하선 상호간의 수평거리 차(오프셋)를 두어 상·하전선의 단락을 방지한다. 한편, 전선의 진동을 억제하기 위하여 사용되는 금구는 댐퍼이다.

전기자기학
전력공학
전기기기
회로이론
제어공학
전기설비기술기준

[**정답**] 20 ① 2023년 3회 01 ① 02 ③ 03 ③ 04 ④ 05 ①

06 어느 발전소의 발전기는 그 정격이 13.2[kV], 93000[kVA], 95[%] Z라고 명판에 씌어 있다. 이것은 몇 [Ω]인가?

① 1.2 　　　　　　　② 1.8

③ 1200 　　　　　　④ 1780

🔍 **해설**

$\%Z = \dfrac{P_a Z}{10V^2}$ 이므로

$Z = \dfrac{10V^2 \times \%Z}{P_a} = \dfrac{10 \times 13.2^2 \times 95}{93000} = 1.8[\Omega]$

07 A, B 및 C 상의 전류를 각각 I_a, I_b, I_c라 할 때, $I_x = \dfrac{1}{3}(I_a + aI_b + a^2 I_c)$이고, $a = -\dfrac{1}{2} + j\dfrac{\sqrt{3}}{2}$이다.

I_x는 어떤 전류인가?

① 정상전류 　　　　② 역상전류

③ 영상전류 　　　　④ 무효전류

🔍 **해설**

대칭분 전류

① 영상전류 $I_0 = \dfrac{1}{3}(I_a + I_b + I_c)$

② 정상전류 $I_1 = \dfrac{1}{3}(I_a + aI_b + a^2 I_c)$

③ 역상전류 $I_2 = \dfrac{1}{3}(I_a + a^2 I_b + aI_c)$

08 피뢰기가 구비하여야 할 조건으로 옳지 않은 것은?

① 속류의 차단 능력이 충분할 것

② 충격 방전 개시 전압이 낮을 것

③ 상용 주파 방전 개시 전압이 높을 것

④ 방전 내량이 크면서 제한 전압이 클 것

🔍 **해설**

피뢰기 구비조건

- 방전내량이 클 것
- 제한전압이 낮을 것
- 충격방전 개시전압이 낮을 것
- 상용주파수 방전개시 전압은 높을 것
- 속류차단 능력이 클 것

09 개폐서지를 흡수할 목적으로 설치하는 것의 약어는?

① CT 　　　　　　　② SA

③ GIS 　　　　　　④ ATS

🔍 **해설**

서지흡수기(SA)

차단기의 투입, 차단시에는 서지가 발생되며 경우에 따라서는 선로에 중대한 영향을 미치므로 전동기, 변압기 등을 서지로부터 보호할 수 있는 서지흡수기의 설치가 권장되고 있으며, 몰드변압기 및 전동기에 VCB를 설치하는 경우 서지흡수기를 설치한다.

10 전력계통에 과도안정도 향상 대책과 관련 없는 것은?

① 빠른 고장 제거

② 속응 여자시스템 사용

③ 큰 임피던스의 변압기 사용

④ 병렬 송전선로의 추가 건설

🔍 **해설**

안정도 향상 대책

- 계통의 전달 리액턴스를 감소시킨다.
    - 발전기나 변압기의 리액턴스를 감소시킨다.
    - 선로의 병행 회선수를 증가하거나 복도체를 사용한다.
    - 직렬 콘덴서를 삽입하여 선로의 리액턴스를 보상해준다.
- 전압변동을 억제한다.
    - 속응 여자방식을 채용한다.
    - 계통을 연계한다.
    - 중간 조상방식을 채용한다.
- 계통에 주는 충격을 완화시킨다.
    - 중성점 접지방식을 채용한다.
    - 고속도 차단방식을 채용한다.
    - 재폐로방식을 채용한다.
- 고장 시 발전기의 입출력 불평형을 적게 한다.

[**정답**] 06 ② 07 ① 08 ④ 09 ② 10 ③

11 전력선 1선의 대지전압을 E, 통신선의 대지정전용량을 C_b, 전력선과 통신선 사이의 상호 정전용량을 C_{ab}라고 하면, 통신선의 정전유도전압은?

① $\dfrac{C_{ab}+C_b}{C_b} \times E$ ② $\dfrac{C_{ab}+C_b}{C_{ab}} \times E$

③ $\dfrac{C_{ab}}{C_{ab}+C_b} \times E$ ④ $\dfrac{C_b}{C_{ab}+C_b} \times E$

🔍 **해설**

단상인 경우 통신선의 정전 유도전압

$\dfrac{C_{ab}}{C_{ab}+C_b} \times E\,[\mathrm{V}]$

E : 대지전압, C_b : 통신선의 대지정전용량,
C_{ab} : 전력선과 통신선 사이의 상호 정전용량

12 순저항 부하의 부하전력 $P\,[\mathrm{kW}]$, 전압 $E\,[\mathrm{V}]$, 선로의 길이 $l\,[\mathrm{m}]$, 고유저항 $\rho\,[\Omega \cdot \mathrm{mm^2/m}]$인 단상 2선식 선로에서 선로손실을 $q\,[\mathrm{W}]$라 하면, 전선의 단면적$[\mathrm{mm^2}]$은 어떻게 표현되는가?

① $\dfrac{\rho l P^2}{q E^2} \times 10^6$ ② $\dfrac{2\rho l P^2}{q E^2} \times 10^6$

③ $\dfrac{\rho l P^2}{2q E^2} \times 10^6$ ④ $\dfrac{2\rho l P^2}{q^2 E} \times 10^6$

🔍 **해설**

단상 2선식의 전력손실 $q = 2I^2 R = 2 \times \left(\dfrac{P}{E}\right)^2 \times \rho \cdot \dfrac{l}{A}$이므로,

전선의 단면적 $A = \dfrac{2\rho l P^2}{q E^2}$

13 계기용 변성기 중에서 전압, 전류를 동시에 변성하여 전력량을 계량할 목적으로 사용하는 것은?

① CT   ② MOF

③ PT   ④ ZCT

🔍 **해설**

명칭	약호	기능 및 용도
전력 수급용 계기용변성기	MOF	PT와 CT를 함께 내장한 것으로 전력량계에 전원공급

14 전력용 퓨즈의 장점은 옳지 않은 것은?

① 소형으로 큰 차단용량을 갖는다.

② 밀폐형 퓨즈는 차단 시에 소음이 없다.

③ 가격이 싸고 유지 보수가 간단하다.

④ 과도 전류에 의해 쉽게 용단되지 않는다.

🔍 **해설**

전력 퓨즈의 장점

- 고속 차단한다.
- 차단용량이 크다.
- 소형 경량이며, 가격이 저렴하다.
- 보수가 간단하며, 한류형 퓨즈의 경우 무음, 무방출이다.

15 전압이 일정 값 이하로 되었을 때 동작하는 것으로서 단락 시 고장 검출용으로도 사용되는 계전기는?

① OVR   ② OVGR

③ NSR   ④ UVR

🔍 **해설**

UVR(부족전압계전기)
전압이 일정값 이하로 떨어졌을 때 동작하는 계전기이다.

16 고압 가공 배전선로에서 고장, 또는 보수 점검 시, 정전 구간을 축소하기 위하여 사용되는 것은?

① 구분 개폐기   ② 컷아웃 스위치

③ 캐치홀더   ④ 공기 차단기

🔍 **해설**

구분개폐기
선로의 고장 또는 보수 점검시 사용되는 개폐기로 고장 발생시 고장 구간을 개방하여 사고를 국부적으로 분리시키는 장치이다.

17 송전선로의 단락보호 계전방식이 아닌 것은?

① 과전류 계전방식   ② 방향단락 계전방식

③ 거리 계전방식   ④ 과전압 계전방식

[정답] 11 ③   12 ②   13 ②   14 ④   15 ④   16 ①   17 ④

🔍 **해설**

송전선로 단락보호 계전방식

① 과전류방식   ② 방향비교방식
③ 거리측정방식   ④ 전류균형방식
⑤ 전류차동비교방식

18 유량을 구분할 때 매년 1~2회 발생하는 출수의 유량을 나타내는 것은?

① 홍수량   ② 풍수량
③ 고수량   ④ 갈수량

🔍 **해설**

고수량과 홍수량

- 고수량 : 매년 1~2회 생기는 출수의 유량
- 홍수량 : 3~4년에 한 번 생기는 출수의 유량

19 주상변압기의 고압측 및 저압측에 설치되는 보호장치가 아닌 것은?

① 피뢰기   ② 1차 컷아웃 스위치
③ 캐치홀더   ④ 케이블 헤드

🔍 **해설**

주상변압기의 고압측 및 저압측에 설치되는 보호장치로는 피뢰기, 컷아웃스위치(cos), 캐치홀더 등이 있으며, 케이블헤드의 경우 케이블과 나선이 접속되는 끝부분을 절연 피복, 접속단자 가공 등 단말처리시 사용하는 부분을 말한다.

20 154[kV] 2회선 송전 선로의 길이가 154[km]이다. 송전용량 계수법에 의하면 송전용량은 약 몇 [MW]인가? (단, 154[kV]의 송전용량 계수는 1300이다.)

① 250   ② 300
③ 350   ④ 400

🔍 **해설**

송전용량 계수법

송전용량은 전압의 크기에 의하여 정해지며, 선로 길이를 고려한 것이 송전용량 계수법이다.

송전용량 $P_s = k \dfrac{V_r^2}{l}[\text{kW}]$

K : 송전용량 계수, V_r : 수전단 선가전압, l : 송전거리

$P_s = 2 \times 1300 \times \dfrac{154^2}{154} \times 10^{-3} ≒ 400[\text{MW}]$

🔵 **시행일**   **2024년 1회**

01 송전선의 전압변동률 식 $\dfrac{V_{R1} - V_{R2}}{V_{R2}}[\%]$에서 V_{R1}은 무엇에 해당되는가?

① 전부하시 수전단 전압
② 부하시 송전단 전압
③ 무부하시 송전단 전압
④ 무부하시 수전단 전압

🔍 **해설**

전압변동률

$\varepsilon = \dfrac{V_{R1} - V_{R2}}{V_{R2}} \times 100[\%]$

단, $\begin{cases} V_{R1} : \text{무부하시 수전단 전압} \\ V_{R2} : \text{전부하시 수전단 전압} \end{cases}$

02 전력 계통의 과도안정도 향상대책과 관련 없는 것은?

① 빠른 고장 제거
② 속응 여자시스템 사용
③ 큰 임피던스의 변압기 사용
④ 병렬 송전선로의 추가 건설

🔍 **해설**

큰 임피던스의 변압기 사용은 전력 계통의 과도안정도 향상과 관련이 없다.

[**정답**] 18 ③   19 ④   20 ④   2024년 1회   01 ④   02 ③

03 주상변압기의 고장보호를 위하여 1차측에 설치하는 기기는?

① ASS ② COS
③ LS ④ Catch Holder

🔍 **해설** ------------------------------

주상변압기의 고장보호를 위하여 1차측에 COS(컷아웃스위치)를 설치한다.

04 1[BTU]는 몇 [cal]인가?

① 232 ② 242
③ 252 ④ 262

🔍 **해설** ------------------------------

열량의 단위
- $1[\text{kcal}] = 1/860[\text{kWh}]$
- $1[\text{BTU}] = 0.252[\text{kcal}] = 252[\text{cal}]$

05 송전선로의 단락보호계전방식이 아닌 것은?

① 과전류계전방식 ② 방향단락계전방식
③ 과전압계전방식 ④ 거리계전방식

🔍 **해설** ------------------------------

단락사고가 발생했을 때 전압은 낮아지고 전류가 크게 흐른다.

06 전력선 1선의 대지전압을 E, 통신선의 대지정전용량을 C_b, 전력선과 통신선 사이의 상호 정전용량을 C_{ab}라고 하면, 통신선의 정전유도전압은?

① $\dfrac{C_{ab}+C_b}{C_b} \times E$ ② $\dfrac{C_{ab}+C_b}{C_{ab}} \times E$

③ $\dfrac{C_{ab}}{C_{ab}+C_b} \times E$ ④ $\dfrac{C_b}{C_{ab}+C_b} \times E$

🔍 **해설** ------------------------------

통신선의 정전유도전압

송전선로의 영상 전압과 통신선과의 상호 정전용량의 불평형에 의해 통신선에 유도되는 전압을 정전 유도전압이라 하며, 정상시에 통신장해를 일으켜 문제가 된다. 정전유도전압은 통신선의 길이와는 관계가 없다.

$$E_s = \frac{C_{ab}}{C_{ab}+C_b} \times E[\text{V}]$$

07 A, B, C상의 전류를 각각 I_a, I_b, I_c라 할 때, $I_x = \dfrac{1}{3}(I_a + aI_b + a^2I_c)$이다. I_x는 어떤 전류인가?
(단, $a = -\dfrac{1}{2} + j\dfrac{\sqrt{3}}{2}$이다.)

① 영상전류 ② 역상전류
③ 정상전류 ④ 무효전류

🔍 **해설** ------------------------------

대칭좌표법

- 영상분 : $I_0 = \dfrac{1}{3}(I_a + I_b + I_c)$
- 정상분 : $I_1 = \dfrac{1}{3}(I_a + aI_b + a^2I_c)$
- 역상분 : $I_2 = \dfrac{1}{3}(I_a + a^2I_b + aI_c)$

08 송전전력, 송전거리, 전선의 비중 및 전력손실률이 일정하다고 할 때, 전선의 단면적 $A[\text{mm}^2]$와 송전전압 $V[\text{kV}]$의 관계로 옳은 것은?

① $A \propto V$ ② $A \propto \sqrt{V}$
③ $A \propto \dfrac{1}{V^2}$ ④ $A \propto V^2$

🔍 **해설** ------------------------------

전력손실
전선의 단면적은 전압의 제곱에 반비례한다.

💡 **참고**

- 전압강하 : $e \propto \dfrac{1}{V}$ · 전력손실 : $P_\ell \propto \dfrac{1}{V^2}$
- 전압강하율 : $\delta \propto \dfrac{1}{V^2}$ · 전선단면적 : $A \propto \dfrac{1}{V^2}$

[**정답**] 03 ② 04 ③ 05 ③ 06 ③ 07 ③ 08 ③

09 유량을 구분할 때 매년 1~2회 발생하는 출수의 유량을 나타내는 것은?

① 홍수량   ② 풍수량

③ 고수량   ④ 갈수량

해설

매년 1~2회 정도 발생하는 고수량(High flow)은 강이나 하천에서 물의 흐름이 급격하게 증가하는 시기를 의미한다.

참고

- 갈수량 : 1년 365일 중 355일은 이것보다 내려가지 않는 유량
- 평수량 : 1년 365일 중 185일은 이것보다 내려가지 않는 유량

10 고압 가공 배전선로에서 고장, 또는 보수점검 시, 정전 구간을 축소하기 위하여 사용되는 것은?

① 구분 개폐기   ② 컷아웃 스위치

③ 캐치홀더   ④ 공기 차단기

해설

배전선로의 고장 또는 보수점검 시 정전 구간을 축소하기 위하여 사용되고 부하전류는 개폐할 수 있으나, 고장전류를 차단할 수 없다. 구분 개폐로는 유입개폐기(OS), 기중개폐기(AS), 진공개폐기(VS) 등이 있다.

11 전력용 퓨즈의 장점으로 틀린 것은?

① 소형으로 큰 차단용량을 갖는다.

② 밀폐형 퓨즈는 차단시에 소음이 없다.

③ 가격이 싸고 유지보수가 간단하다.

④ 과도전류에 의해 쉽게 용단되지 않는다.

해설

전력퓨즈[단락전류 차단]

① 장점
- 소형·경량이며, 릴레이나 변성기 등이 필요 없다.
- 보수가 간단하고, 차단용량이 크며, 고속도로 차단한다.

② 단점
- 재투입이 불가능하고, 과도전류에 용단되기 쉽다.
- 결상의 우려가 있으며, 시간-전류 특성을 자유롭게 조정이 불가능하다.

12 어떤 발전소의 발전기가 13.2[kV], 용량 93000 [kVA], 퍼센트 임피던스가 95[%]일 때, 임피던스는 몇 [Ω]인가?

① 18000   ② 12800

③ 1.8   ④ 2.4

해설

퍼센트 임피던스의 계산

$\%Z = \dfrac{P_a Z}{10 V^2}$ 에서

$\%Z = \dfrac{\%Z \times 10 V^2}{P_a} = \dfrac{95 \times 10 \times 13.2^2}{93000} = 1.8[\Omega]$

13 피뢰기의 구비조건으로 옳지 않은 것은?

① 충격방전 개시전압이 낮을 것

② 상용 주파 방전 개시 전압이 높을 것

③ 방전내량이 작으면서 제한전압이 높을 것

④ 속류차단능력이 충분할 것

해설

피뢰기의 구비조건

- 속류차단능력이 클 것
- 제한전압은 낮고 방전내량은 클 것
- 충격 방전개시전압이 낮을 것
- 상용주파 방전개시 전압이 높을 것

14 계기용 변성기 종류가 아닌 것은?

① PT   ② FDS

③ ZCT   ④ GPT

해설

계기용 변성기

- 계기용변압기[PT]
- 변류기[CT]
- 영상변류기[ZCT]
- 접지형 계기용변압기[GPT]
- 전력수급용 계기용변성기[MOF]

[정답] 09 ③   10 ①   11 ④   12 ③   13 ③   14 ②

15 송전선에 코로나가 발생하면 전선이 부식된다. 무엇에 의하여 부식되는가?

① 산소 ② 오존
③ 수소 ④ 질소

🔍 **해설**

코로나 영향
- 전력 손실 발생
- 오존의 발생으로 전선의 부식
- 소음, 통신선의 유도장해 발생

16 철탑에서 전선의 오프셋을 주는 이유로 옳은 것은?

① 불평형 전압의 유도 방지
② 상하 전선의 접촉 방지
③ 전선의 진동 방지
④ 지락 사고 방지

🔍 **해설**

댐퍼와 오프셋
- 전선의 진동방지 : 댐퍼(Damper) 설치
- 상하 전선의 접촉 방지 : 오프셋(Off-set)

17 옥내배선을 단상 2선식에서 단상 3선식으로 변경하였을 때, 전선 1선당 공급 전력은 약 몇 배 증가하는가? (단, 선간전압(단상 3선식의 경우는 중성선과 타선 간의 전압), 선로전류(중성선의 전류 제외) 및 역률은 같다.)

① 0.71 ② 1.33
③ 1.41 ④ 1.73

🔍 **해설**

전기방식 비교

전기방식	전력	1선당 전력	비교
단상 2선식	VI	$0.5VI$	1
단상 3선식	$2VI$	$0.67VI$	1.33
3상 3선식	$\sqrt{3}VI$	$0.57VI$	1.15
3상 4선식	$3VI$	$0.75VI$	1.5

18 단상 2선식 선로의 길이가 37[km]이며 여기에 200[V], 60[Hz]의 전압을 가할 때 선로의 유도성 리액턴스[Ω]를 구하시오. (단, 선로의 인덕턴스는 1.5[mH/km]이다.)

① 27 ② 42
③ 54 ④ 78

🔍 **해설**

유도성 리액턴스
$$X_L = \omega L = 2\pi \times 60 \times 1.5 \times 10^{-3} \times 2 \times 37 = 42[\Omega]$$

19 전압이 일정 값 이하로 되었을 때 동작하는 것으로서 단락 시 고장 검출용으로도 사용되는 계전기는?

① OVR ② OVGR
③ NSR ④ UVR

🔍 **해설**

UVR(부족전압계전기)은 일정값 이하로 전압이 떨어졌을 때 동작하는 계전기이다.

20 개폐서지를 흡수할 목적으로 설치하는 것의 약어는?

① CT ② SA
③ GIS ④ ATS

🔍 **해설**

서지흡수기[SA]
진공차단기의 개폐서지를 흡수할 목적으로 주로 사용된다.

시행일 | **2024년 2회**

01 차단기의 정격차단 시간은?

① 고장발생부터 소호까지의 시간
② 가동접촉자 시동부터 소호까지의 시간
③ 트립 코일 여자부터 가동접촉자 시동까지의 시간
④ 트립 코일 여자부터 소호까지의 시간

[정답] 15 ② 16 ② 17 ② 18 ② 19 ④ 20 ② 2024년 2회 01 ④

🔍 해설

차단기의 정격차단 시간
트립 코일 여자부터 소호까지의 시간

02 다음 (　)에 알맞은 내용으로 옳은 것은? (단, 공급 전력과 선로 손실률은 동일하다.)

> 선로의 전압을 2배로 승압할 경우, 공급 전력은 승압 전의(㉮)로 되고, 선로손실은 승압 전의(㉯)로 된다.

① ㉮ $\frac{1}{4}$, ㉯ 2배　　② ㉮ $\frac{1}{4}$, ㉯ 4배

③ ㉮ 2배, ㉯ $\frac{1}{4}$　　④ ㉮ 4배, ㉯ $\frac{1}{4}$

🔍 해설

전력손실률이 일정할 경우 공급 전력은 전압의 제곱에 비례하고, 전력손실은 전압의 제곱에 반비례하므로, 공급 전력은 4배가 되고 전력손실은 $\frac{1}{4}$ 배가 된다.

03 아래 그림에서 전선 심선이 X 지점에 접촉했을 때 누설전류[A]는? (단, 접지저항 외에 다른 저항은 고려하지 않는다.)

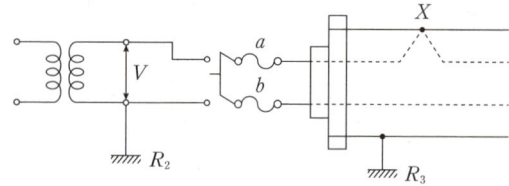

① $\frac{V}{R_2+R_3}$　　② $\frac{V}{\frac{1}{R_2}+\frac{1}{R_3}}$

③ $V(R_2+R_3)$　　④ $V\left(\frac{1}{R_2}+\frac{1}{R_3}\right)$

🔍 해설

누설전류 $I_g=\frac{V}{R_2+R_3}$

04 가공전선을 단도체식으로 하는 것보다 같은 단면적의 복도체식으로 하였을 경우에 대한 내용으로 틀린 것은?

① 전선의 인덕턴스가 감소된다.
② 전선의 정전용량이 감소된다.
③ 코로나 발생률이 적어진다.
④ 송전용량이 증가한다.

🔍 해설

복도체의 특징
· 인덕턴스 감소, 리액턴스 감소
· 송전용량 증가, 안정도 증가
· 코로나 임계전압이 상승하여 코로나손 감소
· 전선표면 전위경도가 감소

05 소호 원리에 따른 차단기의 종류 중에서 소호실에서 아크에 의한 절연유 분해가스의 흡부력(吸付力)을 이용하여 차단하는 것은?

① 유입차단기　　② 기중차단기
③ 자기차단기　　④ 가스차단기

🔍 해설

유입차단기[OCB]는 소호실에서 아크에 의한 절연유 분해가스의 흡부력(吸付力)을 이용하여 차단한다.

06 송전선로의 안정도 향상 대책으로 틀린 것은?

① 고속도 재폐로방식을 채용한다.
② 계통의 직렬 리액턴스를 감소시킨다.
③ 중간조상방식을 채용한다.
④ 차폐선을 채용한다.

🔍 해설

안정도 향상대책
① 직렬 리액턴스의 감소
· 선로의 병행 회선을 증가, 복도체 사용
· 직렬 콘덴서를 설치하여 유도성 리액턴스 보상
· 발전기나 변압기의 리액턴스 감소, 발전기의 단락비 증가

[정답] 02 ④　03 ①　04 ②　05 ①　06 ④

② 전압변동의 억제
- 계통의 연계
- 속응 여자방식 채용
- 중간 조상방식 채용
③ 계통에 주는 충격을 경감
- 고속도 재폐로방식 채용
- 고속 차단방식 채용
- 적당한 중성점 접지방식을 채용

07 변압기의 내부고장에 대한 보호용으로 사용되는 계전기는 어느 것이 적당한가?

① 방향계전기   ② 온도계전기
③ 접지계전기   ④ 비율차동계전기

🔍 해설

변압기의 내부고장에 대한 보호용으로 사용되는 계전기는 비율차동계전기이다.

08 전력계통 운영계획에는 계통운용과 개발확충계획이 있다. 이 중 계통운용과 관련된 내용이 아닌 것은?

① 발전설비 확충
② 전력계통의 신뢰도 제어
③ 전력계통의 주파수, 유효전력 제어
④ 전력계통의 전압, 무효전력 제어

🔍 해설

발전설비 확충은 전력계통의 개발확충계획과 관련된 내용이다.

09 3상 3선식 1선 1[km]의 임피던스가 $Z[\Omega]$이고, 어드미턴스가 $Y[\mho]$일 때 특성 임피던스는?

① $\sqrt{Z+Y}$ ② $\sqrt{\dfrac{Y}{Z}}$

③ $\sqrt{ZY}$ ④ $\sqrt{\dfrac{Z}{Y}}$

🔍 해설

특성임피던스

$$Z_o = \sqrt{\frac{Z}{Y}} = \sqrt{\frac{r+j\omega L}{g+j\omega C}} \fallingdotseq \sqrt{\frac{L}{C}}$$

10 3상 1회선 전선로의 작용 정전용량을 C, 선간 정전용량을 C_1, 대지 정전용량을 C_2라 할 때 C, C_1, C_2의 관계는?

① $C = C_1 + 3C_2$ ② $C = 3C_1 + C_2$
③ $C = C_1 + C_2$ ④ $C = 3(C_1 + C_2)$

🔍 해설

3상 작용 정전용량
$C_n = C_s + 3C_m$
여기서, C_s : 대지 정전용량, C_m : 선간 정전용량

11 비접지 3상 3선식 배전선로에 선택지락계전기를 사용하여 지락보호하려고 한다. 필요한 것은?

① ZCT와 GPT   ② GPT와 PF
③ CT와 OCR   ④ PT와 CT

🔍 해설

선택지락계전기[SGR]
전압은 접지형계기용변압기[GPT]에서 받으나 전류는 영상변류기[ZCT]에서 공급받아 동작하며, 선택접지계전기는 특히 병행 2회선 선로에서 1회선에서 지락사고가 발생했을 때 고장 회선만을 선택하여 차단한다.

12 페란티 현상이 발생하는 원인은?

① 선로의 과도한 저항   ② 선로의 정전용량
③ 선로의 인덕턴스   ④ 선로의 급격한 전압강하

🔍 해설

페란티 현상은 무부하시 또는 경부하시에 선로의 정전용량 증가로 인해수전단 전압이 송전단 전압보다 높아지는 현상이다. 페란티현상을 방지하기 위해 분로리액터를 설치한다.

[**정답**] 07 ④   08 ①   09 ④   10 ②   11 ①   12 ②

13 공칭단면적 $200[\text{mm}^2]$, 전선무게 $1.838[\text{kg/m}]$, 전선의 바깥지름 $18.5[\text{mm}]$인 경동연선을 경간 $200[\text{m}]$로 가선하는 경우 이도는? (단, 경동연선의 인장하중은 7910 $[\text{kg}]$, 빙설하중은 $0.416[\text{kg/m}]$, 풍압하중은 $1.525[\text{kg/m}]$이고 안전율은 2.00이다.)

① 3.44 ② 3.78
③ 4.28 ④ 4.78

🔍 해설

이도의 계산
① 합성하중
$$W = \sqrt{(W_i + W_c)^2 + W_p^2}$$
$$= \sqrt{(1.838 + 0.416)^2 + 1.525^2} = 2.72[\text{kg/m}]$$
② 이도
$$D = \frac{WS^2}{8T} = \frac{2.72 \times 200^2}{8 \times \frac{7910}{2}} = 3.44[\text{m}]$$

14 소호각(Arcing horn)의 사용 목적은?

① 클램프의 보호 ② 전선의 진동방지
③ 애자의 보호 ④ 이상전압의 발생 방지

🔍 해설

송전선에 낙뢰가 가해져서 애자에 섬락이 생기면 아크가 발생하여 애자가 손상되는 경우가 있다. 이것을 방지하기 위해 소호환 또는 소호각(아킹링,아킹혼)을 설치한다.

15 늦은 역률의 부하를 갖는 단거리 송전선로의 전압강하의 근사식은? (단, P는 3상 부하전력$[\text{kW}]$, E는 상전압 $[\text{kV}]$, R은 선로저항$[\Omega]$, θ는 부하의 늦은 역률각이다.)

① $\dfrac{\sqrt{3}\,P}{E}(R + X\tan\theta)$

② $\dfrac{P}{\sqrt{3}\,E}(R + X\tan\theta)$

③ $\dfrac{P}{E}(R + X\tan\theta)$

④ $\dfrac{P}{\sqrt{3}\,E}(R\cos\theta + X\sin\theta)$

🔍 해설

전압강하 근사식
$$e = \frac{P}{V}(R + X\tan\theta)$$
단, 여기서 V는 선간전압이다. 상전압으로 표현할 경우의 전압강하 근사식은 $\dfrac{P}{\sqrt{3}\,E}(R + X\tan\theta)$이다.

16 수조에 대한 설명 중 옳지 않은 것은?

① 수로 내의 수위의 이상 상승을 방지한다.
② 수로식 발전소의 수로 처음 부분과 수압관 아래 부분에 설치한다.
③ 수로에서 유입하는 물속의 토사를 침전시켜서 배사문으로 배사하고 부유물을 제거한다.
④ 상수조는 최대사용수량의 1~2분 정도의 조정용량을 가질 필요가 있다.

🔍 해설

수조는 무압수로와 압력수로(수압관) 사이에 위치하여, 이 두 수로 시스템을 연결한다. 접속부에서 수조는 무압수로에서 흐르는 물이 압력수로로 넘어가기 전에 일시적으로 물을 저장한다.

17 복도체에 있어서 소도체의 반지름을 $r[\text{m}]$, 소도체 사이의 간격을 $s[\text{m}]$라고 할 때 2개의 소도체를 사용한 복도체의 등가 반지름$[\text{m}]$은?

① $\sqrt{r \cdot s}$ ② $\sqrt{r^2 \cdot s}$
③ $s\sqrt{r}$ ④ $r\sqrt{s}$

🔍 해설

복도체의 등가 반지름
$$r_e = \sqrt[n]{rs^{n-1}} = \sqrt[2]{rs^{2-1}} = \sqrt{rs}$$

[정답] 13 ① 14 ③ 15 ② 16 ② 17 ①

18 지중 케이블에서 고장점을 찾는 방법이 아닌 것은?

① 머리 루프 시험기에 의한 방법

② 메거에 의한 측정 방법

③ 임피던스 브리지법

④ 펄스에 의한 측정법

🔍 **해설**

메거는 절연저항을 측정하는 방법이다.

---

19 3상 3선식 가공송전선로에서 한 선의 저항은 15[Ω], 리액턴스는 20[Ω]이고, 수전단 선간전압은 30[kV], 부하역률은 0.8(뒤짐)이다. 전압강하율을 5[%]라 하면, 이 송전선로는 몇 [kW]까지 수전할 수 있는가?

① 500 ② 2500

③ 2000 ④ 1500

🔍 **해설**

전압강하율

$$P = \frac{\delta \times V^2}{(R + X\tan\theta)} = \frac{0.05 \times 3000^2}{15 + 20 \times \frac{0.6}{0.8}} \times 10^{-3} \fallingdotseq 1500[\text{kW}]$$

---

20 장거리 대전력 송전에서 교류 송전방식에 비교한 직류 송전방식의 장점이 아닌 것은?

① 송전 효율이 높다.

② 안정도의 문제가 없다.

③ 선로 절연이 더 수월하다.

④ 변압이 쉬워 고압송전에 유리하다.

🔍 **해설**

직류 송전방식은 전압의 승압 및 강압이 어렵기 때문에 고압송전에 불리하다.

---

01 저압 네트워크 배전방식의 장점이 아닌 것은?

① 전압강하가 적다.

② 인축의 접지사고가 거의 없다.

③ 무정전 공급의 신뢰도가 높다.

④ 부하의 증가에 대한 적응성이 크다.

🔍 **해설**

네트워크 배전방식

① 장 점
  • 배전의 신뢰도가 가장 높다.(무정전 공급)
  • 전압변동이 적다.
  • 전력손실이 감소된다.
  • 기기의 이용률이 향상된다.
  • 부하 증가에 대한 적응성이 좋다.
  • 변전소 수를 줄일 수 있다.

② 단 점
  • 인축에 대한 감전사고가 많다.
  • 건설비가 비싸다.
  • 특별한 보호장치가 필요하다.(네크워크 프로텍터 : 차단기, 퓨즈, 방향 계전기)

---

02 조상설비가 있는 발전소 측 변전소에서 주변압기로 주로 사용되는 변압기는?

① 강압용 변압기 ② 단권 변압기

③ 3권선 변압기 ④ 단상 변압기

🔍 **해설**

3권선 변압기

변압기 철심에 3개의 권선이 있는 변압기이며 대용량의 전력용으로 사용되며 3차측 권선인 △ 권선에 조상설비를 설치한다.

---

03 송전선에 코로나가 발생하면 전선이 부식된다. 무엇에 의하여 부식되는가?

① 산소 ② 오존

③ 수소 ④ 질소

[정답] 18 ② 19 ④ 20 ④ 2024년 3회 01 ② 02 ③ 03 ②

해설

코로나 현상으로 오존(O_3)이 발생되어 전선이 부식된다.

04 송전선로에 충전전류가 흐르면 수전단 전압이 송전단 전압보다 높아지는 현상과 이 현상의 발생 원인으로 가장 옳은 것은?

① 페란티효과, 선로의 인덕턴스 때문
② 페란티효과, 선로의 정전용량 때문
③ 근접 효과, 선로의 인덕턴스 때문
④ 근접 효과, 선로의 정전용량 때문

해설

페란티 현상
계통의 정전용량이 커져 발생하는 것으로서 송전단의 전압보다 수전단의 전압이 상승하는 것을 의미한다. 페란티 현상을 방지하기 위하여 분로리액터를 설치한다.

05 석탄연소 화력발전소에서 사용되는 집진장치의 효율이 가장 큰 것은?

① 전기식 집진장치   ② 원심력식 집진장치
③ 직렬결합식 집진장치   ④ 수세식 집진장치

해설

석탄연소 화력발전소에서 사용되는 집진장치 중 전기식 집진장치의 효율이 가장 좋다.

06 전력용 퓨즈에 대한 설명 중 틀린 것은?

① 정전 용량이 크다.   ② 차단 용량이 크다.
③ 보수가 간단하다.   ④ 가격이 저렴하다.

해설

전력퓨즈[단락전류 차단]
① 장점
 • 소형·경량이며, 릴레이나 변성기 등이 필요 없다.
 • 보수가 간단하고, 차단용량이 크며, 고속도로 차단한다.

② 단점
 • 재투입이 불가능하고, 과도전류에 용단 되기 쉽다.
 • 결상의 우려가 있으며, 시간-전류 특성을 자유롭게 조정이 불가능하다.

07 피뢰기의 제한전압이란?

① 상용주파전압에 대한 피뢰기의 충격방전 개시전압
② 피뢰기가 침입 시 피뢰기의 충격방전 개시 전압
③ 충격파 전류가 흐르고 있을 때의 피뢰기 단자전압
④ 피뢰기가 충격파 방전 종료 후 언제나 속류를 확실히 차단할 수 있는 상용주파 최대전압

해설

• 피뢰기의 제한전압 : 충격파 전류가 흐르고 있을 때의 피뢰기 단자전압
• 피뢰기의 정격전압 : 속류를 차단하는 상용주파수 최고의 교류전압

08 그림과 같은 배전선이 있다. 부하에 급전 및 정전할 때 조작 방법으로 옳은 것은?

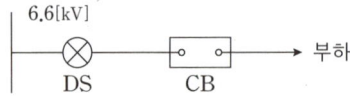

① 급전 및 정전할 때는 항상 DS, CB 순으로 한다.
② 급전 및 정전할 때는 항상 CB, DS 순으로 한다.
③ 급전 시는 DS, CB 순이고, 정전 시는 CB, DS 순이다.
④ 급전 시는 CB, DS 순이고, 정전 시는 DS, CB순이다.

해설

단로기의 조작순서
• 투입순서 : 단로기[DS ➡ 차단기[CB 순으로
• 차단순서 : 차단기[CB ➡ 단로기[DS 순으로

09 다음 중 그 값이 1 이상인 것은?

① 부등률   ② 부하율
③ 수용률   ④ 전압강하율

[**정답**] 04 ②   05 ①   06 ①   07 ③   08 ③   09 ①

🔍 해설

최대전력의 발생시각 또는 발생시기의 분산을 나타내는 지표를 부등률이라 하며 그 값은 1 이상이다.

10 송전계통의 중성점을 접지하는 목적으로 틀린 것은?

① 지락 고장 시 전선로의 대지 전위 상승을 억제하고 전선로와 기기의 절연을 경감시킨다.

② 소호리액터 접지방식에서는 1선 지락시 지락점 아크를 빨리 소멸시킨다.

③ 차단기의 차단용량을 증대시킨다.

④ 지락고장에 대한 계전기의 동작을 확실하게 한다.

🔍 해설

중성점 접지의 목적

· 1선 지락시 건전상의 전위상승을 억제하여 전선로, 기기의 절연 레벨 경감
· 뇌, 아크 지락, 기타에 의한 이상전압의 경감 및 발생억제
· 1선 지락시 지락계전기를 확실하게 동작
· 1선 지락시의 아크 지락을 재빨리 소멸시켜 안정도 향상

11 전력계통의 주파수가 기준치보다 증가하는 경우 어떻게 하는 것이 타당한가?

① 발전출력[kW]를 증가시켜야 한다.

② 발전출력[kW]를 감소시켜야 한다.

③ 무효전력[kVar]을 증가시켜야 한다.

④ 무효전력[kVar]을 감소시켜야 한다.

🔍 해설

정주파수[Constant frequency]

계통의 안정적인 운전을 위해서는 정전압·정주파수를 유지하여야 한다. 전력계통의 주파수 변동은 주로 유효전력의 변동 때문에 발생한다. 예를들어 전력계통의 주파수가 기준치보다 증가하는 경우 발전출력[kW]을 감소시켜 주파수를 다시 낮춤으로 정주파수를 유지한다.

12 66[kV], 60[Hz] 3상 3선식 선로에서 중성점을 소호리액터 접지하여 완전 공진상태로 되었을 때 중성점에 흐르는 전류는 몇 [A]인가? (단, 소호리액터를 포함한 영상회로의 등가 저항은 200[Ω], 중성점 잔류전압을 4400[V]라고 한다.)

① 11   ② 22

③ 33   ④ 44

🔍 해설

$$I_g = \frac{E}{R} = \frac{4400}{200} = 22[A]$$

13 송전선로에 낙뢰를 방지하기 위하여 설치하는 것은?

① 댐퍼   ② 초호환

③ 가공지선   ④ 애자

🔍 해설

가공지선

직격뢰 차폐, 유도뢰 차폐, 통신선의 유도장해를 경감을 목적으로 하며, 차폐각은 작을수록 보호율이 높고 건설비가 비싸다. 또한, 가공지선을 2회선으로 하면 차폐각이 작아져서 보호율이 상승한다.

14 평형 3상 송전선에서 보통의 운전상태인 경우 중성점 전위는 항상 얼마인가?

① 0   ② 1

③ 송전전압과 같다.   ④ ∞(무한대)

🔍 해설

평형 3상 송전선에서 보통의 운전상태인 경우 중성점 전위는 0[V]이다.

15 출력 5000[kW], 유효낙차 50[m]인 수차에서 안내날개의 개방상태나 효율의 변화 없이 일정할 때 유효낙차가 5[m] 줄었을 경우 출력은 약 몇 [kW]인가?

① 4500   ② 4740

③ 4000   ④ 4270

[**정답**] 10 ③ 11 ② 12 ② 13 ③ 14 ① 15 ④

해설

출력과 낙차

$$P_2 = P_1 \times \left(\frac{H_2}{H_1}\right)^{\frac{3}{2}} = 5000 \times \left(\frac{45}{50}\right)^{\frac{3}{2}} = 4269[\,\text{kW}\,]$$

16 진상전류만이 아니라 지상전류도 잡아서 광범위하게 연속적인 전압 조정을 할 수 있는 것은?

① 전력용콘덴서 ② 동기조상기

③ 분로리액터 ④ 직렬리액터

해설

조상설비의 특성

구 분	동기조상기	콘덴서
무효전력	진상 및 지상	진상
조정의 형태	연속	불연속
보수	곤란	용이
손실	대	소
시충전	가능	불가능

17 송전선로의 건설비와 전압과의 관계를 나타낸 것은?

해설

전압이 커지면 전선비는 감소하고, 애자지지물비는 증가한다.

18 그림과 같은 3상 3선식 전선로의 단락점에 있어서의 3상 단락전류는 몇 [A]인가? (단, 66[kV]에 대한 %리액턴스는 10[%]이고, 저항분은 무시한다.)

① 820 ② 875

③ 795 ④ 940

해설

3상 단락전류의 계산

$$I_s = \frac{100}{\%Z} \times I_n = \frac{100}{\%Z} \times \frac{P}{\sqrt{3}\,V} = \frac{100}{10} \times \frac{10000}{\sqrt{3} \times 66} \fallingdotseq 875[\,\text{A}\,]$$

19 송전선에 복도체를 사용하는 주된 목적은?

① 역률개선 ② 정전용량의 감소

③ 인덕턴스의 증가 ④ 코로나 발생의 방지

해설

복도체의 특징

· 코로나 방지에 가장 효과적인 방법이다.
· 인덕턴스는 감소하고, 정전용량은 증가한다.
· 허용전류가 증가하고, 송전용량이 증가한다.
· 전선표면의 전위경도는 감소하고, 코로나 임계전압은 증가한다.
· 154[kV]는 2도체, 345[kV]는 4도체, 765[kV]는 6도체 방식을 채용한다.

20 66[kV], 60[Hz], 1회선의 3상 지중송전선에 대한 무부하 충전용량은 몇 [kVA] 정도 되겠는가? (단, 송전선의 길이는 7[km], 1선당의 정전용량은 0.4[μF/km]이다.)

① 3600 ② 4600

③ 5600 ④ 2600

해설

충전용량

$$Q = 3\omega C E^2 \times 10^{-3}[\,\text{kVA}\,]$$
$$= 3 \times 2\pi \times 60 \times 0.4 \times 10^{-6} \times 7 \times \left(\frac{66000}{\sqrt{3}}\right)^2 \times 10^{-3}$$
$$\fallingdotseq 4600[\,\text{kVA}\,]$$

[**정답**] 16 ② 17 ① 18 ② 19 ④ 20 ②

시행일 2025년 1회

01 송전선로에 낙뢰를 방지하기 위하여 설치하는 것은?

① 댐퍼 ② 초호환

③ 가공지선 ④ 애자

🔍 해설

가공지선

직격뢰 차폐, 유도뢰 차폐, 통신선의 유도장해를 경감을 목적으로 하며, 차폐각은 작을수록 보호율이 높고 건설비가 비싸다. 또한, 가공지선을 2회선으로 하면 차폐각이 작아져서 보호율이 상승한다.

02 동일한 전압에서 동일한 전력을 송전할 때 역률을 0.6에서 0.93으로 개선하면 전력손실은 약 몇 [%] 감소하는가?

① 42 ② 39

③ 58 ④ 63

🔍 해설

$P_\ell \propto \dfrac{1}{\cos^2\theta}$ 이므로

전력손실 감소율 $= \dfrac{P_{\ell 1} - P_{\ell 2}}{P_{\ell 1}} \times 100$

$= \dfrac{\left(\dfrac{1}{0.6^2} - \dfrac{1}{0.93^2}\right)}{\dfrac{1}{0.6^2}} \times 100 = 58.38\,[\%]$

03 저압 네트워크 배전방식의 장점이 아닌 것은?

① 전압강하가 적다.

② 인축의 접지사고가 거의 없다.

③ 무정전 공급의 신뢰도가 높다.

④ 부하의 증가에 대한 적응성이 크다.

🔍 해설

네트워크 배전방식

① 장점
  • 배전의 신뢰도가 가장 높다.
  • 전압변동이 적다.
  • 전력손실이 감소된다.
  • 기기의 이용률이 향상된다.
  • 부하 증가에 대한 적응성이 좋다.
  • 변전소 수를 줄일 수 있다.
② 단점
  • 인축에 대한 감전사고가 많다.
  • 건설비가 비싸다.
  • 특별한 보호장치가 필요하다.

04 전압이 정정값 이하로 되었을 때 동작하는 것으로서 단락고장검출 등에 사용되는 계전기는?

① 접지 계전기 ② 부족전압 계전기

③ 역전력 계전기 ④ 과전압 계전기

🔍 해설

UVR(부족전압 계전기)은 일정값 이하로 전압이 떨어졌을 때 동작하는 계전기이다.

05 3상 변압기의 임피던스가 $Z[\Omega]$이고 선간전압이 $V[\mathrm{kV}]$, 정격용량이 $P[\mathrm{kVA}]$일 때 이 변압기의 $\%$임피던스는?

① $\dfrac{10PZ}{V}$ ② $\dfrac{PZ}{10V^2}$

③ $\dfrac{PZ}{100V^2}$ ④ $\dfrac{PZ}{V}$

🔍 해설

퍼센트 임피던스

$\%Z = \dfrac{PZ}{10V^2}$

06 전력계통에서 안정도란 주어진 운전 조건하에서 계통이 안정하게 운전을 계속할 수 있는가의 능력을 말한다. 다음 중 안정도의 구분에 포함되지 않는 것은?

[정답] 2025년 1회 01 ③ 02 ③ 03 ② 04 ② 05 ② 06 ④

① 동태 안정도 ② 과도 안정도

③ 정태 안정도 ④ 동기 안정도

해설

안정도의 종류
- 정태 안정도
- 동태 안정도
- 과도 안정도

07 가공전선로에 대한 지중전선로의 장점으로 옳은 것은?

① 건설비가 싸다.

② 송전용량이 많다.

③ 인축에 대한 안전성이 높으며 환경 조화를 이룰 수 있다.

④ 사고 복구에 효율적이다.

해설

지중전선로의 특징
- 다회선 설치가 가공전선로에 비해 용이하다.
- 외부 기상 여건 등의 영향을 적게 받는다.
- 지중전선로는 가공전선로에 비해 송전용량이 작다.
- 건설비가 비싸며, 사고 복구에 어려움이 있다.

08 선로의 특성 임피던스에 대한 설명으로 알맞은 것은?

① 선로의 길이에 비례한다.

② 선로의 길이에 반비례한다.

③ 선로의 길이에 관계없이 일정하다.

④ 선로의 길이보다 부하에 따라 변화한다.

해설

가공 송전선에서 특성 임피던스는 $300 \sim 500[\Omega]$이며, 특성 임피던스는 선로의 길이에 관계없이 일정하다.

09 송전선에 복도체를 사용할 때의 설명으로 틀린 것은?

① 코로나 손실이 경감된다.

② 안정도가 상승하고 송전용량이 증가한다.

③ 정전 반발력에 의한 전선의 진동이 감소된다.

④ 전선의 인덕턴스는 감소하고, 정전용량이 증가한다.

해설

복도체 방식의 단점
소도체에 같은 방향의 대전류가 흐르면 소도체 간에 흡인력이 발생하여 서로 충돌할 수가 있어 이를 방지하기 위해 스페이서를 설치한다.

- 특징
  - 인덕턴스 감소, 리액턴스 감소
  - 송전용량 증가, 안정도 증가
  - 코로나 임계전압이 상승하여 코로나손 감소
  - 전선표면 전위경도가 감소

10 주상변압기에 시설하는 캐치홀더는 어느 부분에 직렬로 삽입하는가?

① 1차측 양선 ② 1차측 1선

③ 2차측 비접지측선 ④ 2차측 접지된 선

해설

주상변압기 보호
변압기의 2차측인 저압측 보호에는 캐치홀더를 사용한다. 캐치홀더는 2차측의 비접지측선에 직렬로 설치한다.

11 변전소에 설치되는 가스차단기의 설명으로 틀린 것은?

① 공기차단기에 비하여 개폐 시에 소음이 크다.

② 불연성이므로 화재의 위험성이 적다.

③ 자력소호가 가능하다.

④ 특고압계통의 차단기로 많이 사용된다.

해설

가스차단기(GCB)의 특징
- 밀폐구조이므로 소음이 없다.
- 무색, 무취, 무해, 불연성이다.
- 근거리 고장 등 가혹한 재기전압에 대해서 우수하다.
- SF_6가스는 절연내력이 공기의 $2 \sim 3$배이고 소호능력이 공기의 $100 \sim 200$배이다.

[**정답**] 07 ③ 08 ③ 09 ③ 10 ③ 11 ①

12 어떤 건물에서 총 설비 부하용량이 700[kW], 수용률이 70[%]라면, 변압기 용량은 최소 몇 [kVA]로 하여야 하는가? (단, 여기서 설비 부하의 종합 역률은 0.8이다.)

① 425.9   ② 513.8

③ 612.5   ④ 739.2

🔍 **해설**

$$변압기 용량 = \frac{설비용량 \times 수용률}{부등률 \times 역률}$$
$$= \frac{700 \times 0.7}{0.8} = 612.5[kVA]$$

13 단거리 송전선의 4단자 정수 A, B, C, D 중 그 값이 0인 정수는?

① A ② B

③ C ④ D

🔍 **해설**

4단자 정수

단거리 송전선로에서는 정전용량 C을 무시하므로 선로의 어드미턴스는 0이다.

14 애자가 갖추어야 할 구비조건으로 옳은 것은?

① 온도의 급변에 잘 견디고 습기도 잘 흡수해야 한다.

② 지지물에 전선을 지지할 수 있는 충분한 기계적 강도를 갖추어야 한다.

③ 비, 눈, 안개 등에 대해서도 충분한 절연내력을 가지며, 누설 전류가 많아야 한다.

④ 선로 전압에는 충분한 절연내력을 가지며, 이상 전압에는 절연내력이 매우 작아야 한다.

🔍 **해설**

애자의 구비조건

비, 눈, 안개 등에 대해서도 충분한 절연내력을 가지며, 누설 전류가 적어야 한다.

15 송전선로의 중성점을 접지하는 목적이 아닌 것은?

① 송전용량의 증가   ② 과도 안정도의 증진

③ 이상전압 발생의 억제   ④ 보호계전기의 확실한 동작

🔍 **해설**

중성점 접지의 목적

- 1선 지락시 건전상의 전위상승을 억제하여 전선로, 기기의 절연레벨 경감
- 뇌, 아크 지락, 기타에 의한 이상전압의 경감 및 발생억제
- 1선 지락시 지락계전기를 확실하게 동작
- 1선 지락시의 아크 지락을 재빨리 소멸시켜 안정도 향상

16 22.9[kV]로 수전하는 자가용 전기 설비가 있다. 수전점에 설치한 차단기의 차단용량이 120[MVA]일 때 차단기의 정격 차단전류는 약 몇 [kA]인가?

① 3.0   ② 5.2

③ 8.5   ④ 12.2

🔍 **해설**

🔍 **해설**

차단기 용량

$$I_{kA} = \frac{P_s}{\sqrt{3} \times V_n} = \frac{120 \times 10^3}{\sqrt{3} \times 22.9} \times 10^{-3} = 3[kA]$$

17 진상전류만이 아니라 지상전류도 잡아서 광범위하게 연속적인 전압 조정을 할 수 있는 것은?

① 전력용콘덴서   ② 동기조상기

③ 분로리액터   ④ 직렬리액터

🔍 **해설**

조상설비의 특성

구 분	동기조상기	콘덴서
무효전력	진상 및 지상	진상
조정의 형태	연속	불연속
보수	곤란	용이
손실	대	소
시충전	가능	불가능

[정답] 12 ③   13 ③   14 ②   15 ①   16 ①   17 ②

전기자기학 / 전력공학 / 전기기기 / 회로이론 / 제어공학 / 전기설비기술기준

18 수압관로의 평균 유속을 $v[\text{m/s}]$, 관의 지름을 $D[\text{m}]$, 사용 유량을 $Q[\text{m}^3/\text{s}]$로 하면 Q를 구하는 식은?

① $\dfrac{4}{\pi} \times D^2 \times v$ ② $\dfrac{\pi}{4} \times D^2 \times v$

③ $4\pi \times D \times v$ ④ $4\pi \times D^2 \times v$

🔍 **해설** ----

유량

$$Q = Av = \pi r^2 v = \pi\left(\dfrac{D}{2}\right)^2 \times v = \dfrac{\pi D^2}{4} \times v$$

19 이상전압 발생의 우려가 가장 적은 중성점 접지방식은?

① 직접 접지방식   ② 저항 접지방식

③ 소호 리액터 접지방식   ④ 비접지 방식

🔍 **해설** ----

직접접지 방식의 특징
- 1선 지락 사고 시 건전상의 대지 전압이 거의 상승하지 않는다.
- 계통의 절연수준이 낮아지므로 경제적이다.
- 변압기의 단절연이 가능하다.
- 지락전류가 저역률 대전류이므로 과도안정도가 나쁘다.

20 수조와 방수로 간의 총낙차를 35[m], 수차가 전부하의 경우 수차에 취부한 수압계의 지시 2.8[kg/cm²], 흡출관의 진공계의 지시는 4[m]라고 한다. 손실 낙차는 몇 [m]인가?

① 1.8   ② 3.0

③ 4.0   ④ 6.8

🔍 **해설** ----

손실낙차
- $1[\text{kg/cm}^2] = 10[\text{m}]$
- $2.8[\text{kg/cm}^2] = 2.8 \times 10 = 28[\text{m}]$
- 손실낙차 = 총낙차 − (수압계수두 + 진공계수두)
  $= 35 - (2.8 \times 10 + 4) = 3[\text{m}]$

시행일 ◀ **2025년 2회**

01 단상 교류회로에 3300/220[V]의 승압기를 그림과 같이 접속하여 60[kW], 역률 0.85 인 부하에 공급하는 전압을 상승시키는 경우 몇 [kVA]의 승압기를 사용하여야 적당한가? (단, ab 점 사이의 전압은 3000[V]이다.)

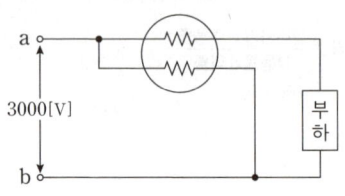

① 3   ② 4

③ 5   ④ 6

🔍 **해설** ----

변압기 용량(자기 용량/승압기 용량)
- $w = e_2 I_2$
- $I_2 = \dfrac{P}{E_2 \cos\theta}$
- $E_2 = E_1\left(1 + \dfrac{1}{n}\right) = 3000 \times \left(1 + \dfrac{220}{3300}\right) = 3200$
- $\therefore w = e_2 I_2 = 220 \times \dfrac{60 \times 10^3}{3200 \times 0.85} \times 10^{-3} = 4.85[\text{kVA}]$

02 그림과 같은 4단자 정수를 가진 2개의 회로가 직렬로 연결되어 있을 때 합성 4단자 정수는?

$$\boxed{\begin{array}{cc} A_1 & B_1 \\ C_1 & D_1 \end{array}} \boxed{\begin{array}{cc} A_2 & B_2 \\ C_2 & D_2 \end{array}}$$

① $A = A_1 A_2 + B_1 C_2$, $B = A_1 B_2 + B_1 D_2$,
$\quad C = A_2 C_1 + D_1 C_2$, $D = B_2 C_1 + D_1 D_2$

② $A = A_1 A_2 + B_1 C_1$, $B = A_1 B_2 + B_1 D_2$,
$\quad C = A_2 C_1 + D_1 C_2$, $D = B_1 C_2 + D_1 D_2$

③ $A = A_1 A_2 + B_2 C_1$, $B = A_1 B_2 + B_1 D_2$,
$\quad C = A_1 C_2 + D_1 D_2$, $D = B_2 C_1 + D_1 D_2$

④ $A = A_1 A_2 + B_1 C_2$, $B = A_2 B_1 + B_1 D_1$,
$\quad C = A_1 C_1 + D_1 D_2$, $D = B_1 C_1 + D_1 D_2$

[**정답**] 18 ②   19 ①   20 ②   2025년 2회   01 ③   02 ①

🔍 **해설** - - - - - - - - - - -

4단자 정수 행렬 곱

$$\begin{bmatrix} A & B \\ C & D \end{bmatrix} = \begin{bmatrix} A_1 & B_1 \\ C_1 & D_1 \end{bmatrix} \begin{bmatrix} A_2 & B_2 \\ C_2 & D_2 \end{bmatrix}$$

- $A = A_1 A_2 + B_1 C_2$
- $B = A_1 B_2 + B_1 D_2$
- $C = A_2 C_1 + D_1 C_2$
- $D = B_2 C_1 + D_1 D_2$

03 보호 계전 방식의 구비조건이 아닌 것은?

① 여자돌입전류에 동작할 것

② 고장 구간의 선택 차단을 신속 정확하게 할 수 있을 것

③ 과도 안정도를 유지하는 데 필요한 한도 내의 동작 시한을 가질 것

④ 적절한 후비보호 능력이 있을 것

🔍 **해설** - - - - - - - - - - -

보호계전기는 변압기 투입 시 흐르는 정상적인 여자돌입전류에 동작하지 않아야 한다.

04 저압 뱅킹 배전방식으로 운전 중 변압기 또는 선로 사고에 의하여 뱅킹 내의 건전한 변압기의 일부 또는 전부가 연쇄적으로 회로로부터 차단되는 현상은?

① 아킹(Arcing)

② 댐핑(Damping)

③ 플리커(Flicker)

④ 캐스케이딩(Cascading)

🔍 **해설** - - - - - - - - - - -

캐스케이딩(Cascading)
저압 뱅킹 배전방식으로 운전 중 변압기 또는 선로사고에 의하여 뱅킹 내의 건전한 변압기의 일부 또는 전부가 연쇄적으로 회로로부터 차단되는 현상이다.

05 %임피던스에 대한 설명 중 옳은 것은?

① 터빈발전기의 %임피던스는 수차의 %임피던스보다 적다.

② 전기기계의 %임피던스가 크면 단락용량이 작아진다.

③ %임피던스는 %리액턴스보다 작다.

④ 직렬리액터는 %임피던스를 적게 하는 작용이 있다.

🔍 **해설** - - - - - - - - - - -

%임피던스
- %임피던스는 %리액턴스보다 크다.
- 직렬리액터는 %임피던스를 크게 하는 작용이 있다.
- 터빈발전기의 %Z가 수차의 %Z보다 크다.

06 전선의 중량(W)은 전압(V), 역률과 어떠한 관계에 있는가?

① $W \propto V\cos\theta$

② $W \propto \dfrac{1}{V\cos\theta}$

③ $W \propto (V\cos\theta)^2$

④ $W \propto \left(\dfrac{1}{V\cos\theta}\right)^2$

🔍 **해설** - - - - - - - - - - -

전력손실

$$P_l = 3I^2 R = 3\left(\frac{P}{\sqrt{3}\,V\cos\theta}\right)^2 R$$
$$= \frac{P^2 R}{V^2 \cos^2\theta} = \frac{P^2 \rho l}{V^2 \cos^2\theta A} [\mathrm{W}]$$

그러므로, 단면적은 $A \propto \left(\dfrac{1}{V\cos\theta}\right)^2$이 되고,

단면적과 전선의 중량은 비례하므로

$W \propto \left(\dfrac{1}{V\cos\theta}\right)^2$의 관계가 성립된다.

07 화력발전소의 위치를 선정할 때 고려하지 않아도 되는 것은?

① 전력 수요지에 가까울 것

② 값싸고 풍부한 용수와 냉각수가 얻어질 것

③ 연료의 운반과 저장이 편리하며 지반이 견고할 것

④ 바람이 불지 않도록 산으로 둘러저 있을 것

[**정답**] 03 ① 04 ④ 05 ② 06 ④ 07 ④

전
기
자
기
학

전
력
공
학

전
기
기
기

회
로
이
론

제
어
공
학

전
기
설
비
기
술
기
준

해설

화력발전소 위치 선정
- 전력 수요지와의 거리가 가까울 것(송전 손실·설비비 절감)
- 냉각수 확보의 용이(발전기·터빈 냉각용 대량의 용수 필요)
- 연료의 운반 및 저장이 편리할 것(석탄, LNG, 석유 등의 수급·수송 편리)
- 지반의 안정성(대형 기계·구조물의 안전성)

08 배전전압을 $\sqrt{3}$ 배로 하면 동일한 전력손실률로 보낼 수 있는 전력은 몇 배가 되는가?

① $\sqrt{3}$　　　　　② $\dfrac{3}{2}$

③ 3　　　　　④ $2\sqrt{3}$

해설

전력손실률이 일정할 경우 전력은 전압에 제곱에 비례한다.
$P \propto V^2 = (\sqrt{3})^2 = 3$

09 다음 중 송전선로의 코로나 임계전압이 높아지는 경우가 아닌 것은?

① 날씨가 맑다.
② 기압이 높다.
③ 상대공기밀도가 낮다.
④ 전선의 반지름과 선간거리가 크다.

해설

코로나 임계전압
코로나 임계전압은 날씨가 맑고, 상대공기밀도가 높은 경우, 전선의 직경이 큰 경우 높아진다.

10 3상 1회선 전선로에서 대지정전용량은 C_s이고 선간정전용량을 C_m이라 할 때, 작용정전용량 C_n은?

① $C_s + C_m$　　　　　② $C_s + 2C_m$
③ $C_s + 3C_m$　　　　　④ $2C_s + C_m$

해설

3상 작용 정전용량
$C_n = C_s + 3C_m$

11 피뢰기의 직렬 갭(Gap)의 작용은?

① 이상전압의 파고치를 저감시킨다.
② 상용주파수의 전류를 방전시킨다.
③ 이상전압이 내습하면 뇌전류를 방전하고, 속류를 차단하는 역할을 한다.
④ 이상전압의 진행파를 증가시킨다.

해설

피뢰기의 구조
피뢰기의 직렬 갭은 이상전압이 내습시 뇌전류를 방전하고, 속류를 차단하는 역할을 한다.

12 송전계통의 전력용콘덴서와 직렬로 연결하는 직렬 리액터로 제거되는 고조파는?

① 제2고조파　　　　　② 제3고조파
③ 제5고조파　　　　　④ 제7고조파

해설

리액터의 종류와 역할
- 직렬리액터 : 제5고조파 제거
- 분로리액터 : 페란티현상 방지
- 한류리액터 : 단락전류 제한
- 소호리액터 : 아크소호

13 수전단 전압 60000[V], 전류 200[A], 선로의 저항 $R = 7.61[\Omega]$, 리액턴스 $X = 11.85[\Omega]$일 때, 전압강하율은? (단, 수전단 역률은 0.8이다.)

① 약 7.00[%]　　　　　② 약 7.41[%]
③ 약 7.61[%]　　　　　④ 약 8.00[%]

[**정답**] 08 ③　09 ③　10 ③　11 ③　12 ③　13 ③

◎ 해설

전압강하율

$$\delta = \frac{e}{V_r} \times 100 = \frac{\sqrt{3}\,I(R\cos\theta + X\sin\theta)}{V_r} \times 100$$

$$= \frac{\sqrt{3} \times 200 \times (7.61 \times 0.8 + 11.85 \times 0.6)}{60000} \times 100$$

$$= 7.61[\%]$$

---

14 파동임피던스 $Z_1 = 500[\Omega]$인 선로에 파동임피던스 $Z_2 = 1500[\Omega]$인 변압기가 접속되어 있다. 선로로부터 $600[kV]$의 전압파가 들어왔을 때, 접속점에서의 투과파 전압$[kV]$은?

① 300 ② 600

③ 900 ④ 1200

◎ 해설

투과파 전압

$$e_2 = \frac{2Z_2}{Z_1 + Z_2} \times e_i = \frac{2 \times 1500}{500 + 1500} \times 600 = 900[kV]$$

---

15 서울과 같이 부하밀도가 큰 지역에서는 일반적으로 변전소의 수와 배전거리를 어떻게 결정하는 것이 좋은가?

① 변전소의 수를 감소하고 배전거리를 증가한다.

② 변전소의 수를 증가하고 배전거리를 감소한다.

③ 변전소의 수를 감소하고 배전거리도 감소한다.

④ 변전소의 수를 증가하고 배전거리도 증가한다.

◎ 해설

부하밀도가 큰 지역에서는 변전소를 한 곳에 크게 설치하기보다는 여러 곳에 분산 배치하는 것이 일반적이다. 이는 변전소의 수를 증가시켜 각 변전소의 배전거리를 짧게 함으로써 전압강하와 송전손실을 줄이고, 사고 시 영향을 최소화하며, 공급 신뢰도를 높일 수 있기 때문이다.

---

16 어떤 공장의 저압간선의 부하설비용량이 100$[kW]$, 150$[kW]$, 200$[kW]$, 수용률이 다같이 50$[\%]$이고, 각 저압간선 사이의 부등률이 1.2일 경우 이 공장의 수전설비 용량은 최소 몇 $[kVA]$인가? (단, 평균부하역률은 80$[\%]$이다.)

① 160 ② 235

③ 355 ④ 470

◎ 해설

$$변압기\ 용량 = \frac{설비용량 \times 수용률}{부등률 \times 역률}$$

$$= \frac{(100 + 150 + 200) \times 0.5}{1.2 \times 0.8} = 234.34[kVA]$$

---

17 SF_6 가스차단기에 대한 설명으로 틀린 것은?

① SF_6 가스 자체는 불활성 기체이다.

② SF_6 가스는 공기에 비하여 소호능력이 약 100배 정도이다.

③ 절연거리를 적게 할 수 있어 차단기 전체를 소형, 경량화할 수 있다.

④ SF_6 가스를 이용한 것으로서 독성이 있으므로 취급에 유의하여야 한다.

◎ 해설

SF_6 가스는 무색, 무취, 독성이 없다.

---

18 유효낙차 50$[m]$, 최대 사용수량 40$[m^3/sec]$, 수차 및 발전기의 합성효율이 80$[\%]$인 발전소의 최대출력 $[kW]$은?

① 14700 ② 15700

③ 24700 ④ 25700

◎ 해설

수력발전 출력

$$P = 9.8QH\eta$$

$$= 9.8 \times 40 \times 50 \times 0.8 = 15680[kW]$$

[정답] 14 ③ 15 ② 16 ② 17 ④ 18 ②

전기자기학

전력공학

전기기기

회로이론

제어공학

전기설비기술기준

19 플리커 경감을 위한 전력 공급측의 방안이 아닌 것은?

① 공급전압을 낮춘다.
② 전용 변압기로 공급한다.
③ 단독 공급계통을 구성한다.
④ 단락용량이 큰 계통에서 공급한다.

해설 --------

플리커 감소대책
플리커는 전압변동으로 인해 조명 밝기가 흔들려 보이는 현상으로, 전력 공급 측에서는 이를 줄이기 위한 여러 대책이 필요하다. 전용 변압기를 사용하거나, 단독 공급계통을 구성하며, 단락용량이 큰 계통에서 전원을 공급하는 방법은 플리커 억제에 효과적이다.

20 역률개선을 통해 얻을 수 있는 효과로 옳지 않은 것은?

① 전력손실의 경감
② 설비용량의 여유분 증가
③ 전압강하의 경감
④ 고조파 제거

해설 --------

역률개선시 효과
• 전력손실 감소
• 전압강하 감소
• 전기요금 절감
• 설비용량의 여유분 증가

[시행일] **2025년 3회**

01 송전계통의 안정도 증진 방법에 대한 설명이 아닌 것은?

① 전압변동을 작게 한다.
② 직렬리액턴스를 크게 한다.
③ 고장 시 발전기 입·출력의 불평형을 작게 한다.
④ 고장전류를 줄이고 고장구간을 신속하게 차단한다.

해설 --------

안정도 향상대책
① 직렬 리액턴스의 감소
  • 선로의 병행 회선을 증가, 복도체 사용
  • 직렬 콘덴서를 설치하여 유도성 리액턴스 보상
  • 발전기나 변압기의 리액턴스 감소, 발전기의 단락비 증가
② 전압변동의 억제
  • 계통의 연계
  • 속응 여자방식 채용
  • 중간 조상방식 채용
③ 계통에 주는 충격을 경감
  • 고속도 재폐로방식 채용
  • 고속 차단방식 채용
  • 적당한 중성점 접지방식을 채용

02 연간 최대수용전력이 70[kW], 75[kW], 85[kW], 100[kW]인 4개의 수용가를 합성한 연간 최대수용전력이 250[kW]이다. 이 수용가의 부등률은 얼마인가?

① 1.11
② 1.32
③ 1.38
④ 1.43

해설 --------

$$부등률 = \frac{각 \ 부하의 \ 최대수용전력의 \ 합}{합성최대전력}$$
$$= \frac{70+75+85+100}{250} = 1.32$$

03 그림과 같이 임피던스 Z_1, Z_2, Z_3을 그림과 같이 접속한 선로의 A 쪽에서 전압파 E가 진행해 왔을 때 접속점 B에서 무반사로 되기 위한 조건은?

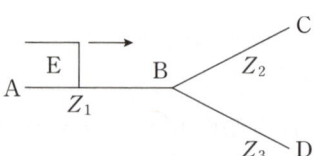

① $Z_1 = Z_2 + Z_3$
② $\frac{1}{Z_1} = \frac{1}{Z_3} - \frac{1}{Z_2}$
③ $\frac{1}{Z_1} = \frac{1}{Z_2} + \frac{1}{Z_3}$
④ $\frac{1}{Z_1} = -\frac{1}{Z_2} - \frac{1}{Z_3}$

[정답] 19 ① 20 ④ 2025년 3회 01 ② 02 ② 03 ③

📌 해설

무반사 조건

무반사가 되기 위해서는 접속점을 기준으로 임피던스의 크기가 같아야 한다.

$$Z_1 = \frac{1}{\frac{1}{Z_2}+\frac{1}{Z_3}} \text{ 또는 } \frac{1}{Z_1}=\frac{1}{Z_2}+\frac{1}{Z_3}$$

04 배전 선로의 접지 목적과 거리가 먼 것은?

① 고장전류의 크기 억제
② 혼촉, 누전, 접촉에 의한 위험 방지
③ 이상전압의 억제, 대지 전압을 저하시켜 보호 장치의 작동 확실
④ 피뢰기 등의 뇌해 방지 설비의 보호 효과 향상

📌 해설

고장전류의 크기 억제는 접지의 주된 목적이 아니며, 오히려 접지를 하면 지락 시 고장전류는 흘러 보호기가 신속하게 작동하게 된다.

05 3상 3선식 3각형 배치의 송전선로가 있다. 선로가 연가되어 각 선간의 정전용량이 0.007[μF/km], 각 선의 대지정전용량은 0.002[μF/km]라고 하면 1선의 작용정전용량은 몇 [μF/km]인가?

① 0.03   ② 0.023
③ 0.012   ④ 0.006

📌 해설

3상 작용 정전용량
$$C=C_s+3C_m=0.002+3\times0.007=0.023[\mu F]$$

06 동기조상기와 전력용 콘덴서를 비교할 때 전력용 콘덴서의 이점으로 옳은 것은?

① 진상과 지상이 양용이다.
② 단락고장이 일어나도 고장전류가 흐르지 않는다.

③ 송전선의 시송전에 이용이 가능하다.
④ 전압 조정이 연속적이다.

📌 해설

조상설비의 특성

구 분	동기조상기	콘덴서
무효전력	진상 및 지상	진상
조정의 형태	연속	불연속
보수	곤란	용이
손실	대	소
시충전	가능	불가능

07 3상 Y결선된 발전기가 무부하 상태로 운전 중 3상 단락고장이 발생하였을 때 나타나는 현상으로 적합하지 않은 것은?

① 영상분 전류는 흐르지 않는다.
② 역상분 전류는 흐르지 않는다.
③ 정상분 전류는 영상분 및 역상분 임피던스에 무관하고 정상분 임피던스에 반비례한다.
④ 3상 단락전류는 정상분 전류의 3배가 흐른다.

📌 해설

1선지락시 흐르는 지락 전류는 정상분 전류의 3배가 흐른다.

08 전력퓨즈(Power fuse)는 고압, 특고압 기기의 주로 어떤 전류의 차단을 목적으로 설치하는가?

① 전전류   ② 부하전류
③ 단락전류   ④ 영상전류

📌 해설

전력퓨즈(Power fuse)는 고압 또는 특고압 기기에 설치되어 단락 사고 시 단락전류가 흐르는 것을 억제하고 기기를 보호하는 역할을 담당한다.

[정답] 04 ①   05 ②   06 ②   07 ④   08 ③

09 중성점 접지방식 중 비접지 방식을 직접접지 방식과 비교한 것으로 옳지 않은 것은?

① 지락전류가 적다.
② 보호계전기 동작이 확실하다.
③ 1선 지락 시 통신선 유도장해가 적다.
④ 과도안정도가 크다.

🔍 **해설** -----------------------

중성점 접지방식의 비교

구분 \ 종류	직접접지	비접지
전위 상승	저	고
절연레벨	저	고
지락전류	대	소
보호계전기 동작	확실	불확실
통신선 유도장해	대	소
과도 정도	소	대

10 연가하는 주된 목적은?

① 미관상 필요
② 선로정수의 평형
③ 유도뢰의 방지
④ 직격뢰의 방지

🔍 **해설** -----------------------

연가의 효과
- 선로정수 평형
- 유도장해 억제
- 직렬공진에 의한 이상전압 억제

11 그림과 같은 3상 발전기가 있다. a상이 지락한 경우 지락전류는 어떻게 표현되는가? (단, Z_0 : 영상임피던스, Z_1 : 정상임피던스, Z_2 : 역상임피던스)

① $\dfrac{E_0}{Z_0+Z_1+Z_2}$ ② $\dfrac{3E_a}{Z_0+Z_1+Z_2}$

③ $-\dfrac{Z_0}{Z_0+Z_1+Z_2}$ ④ $\dfrac{2Z_2E_a}{Z_1+Z_2}$

🔍 **해설** -----------------------

1선 지락전류

$$I_g=3I_0=\frac{3E_a}{Z_0+Z_1+Z_2}$$

12 3상 차단기의 정격전압은 170[kV]이고 정격차단전류가 50[kA]일 때 차단기의 정격차단용량은 약 몇 [MVA]인가?

① 5000   ② 10000
③ 15000   ④ 20000

🔍 **해설** -----------------------

차단기의 정격차단용량

$$P_s=\sqrt{3}\,V_nI_{kA}=\sqrt{3}\times170\times50=14722[\text{MVA}]$$

13 급수의 엔탈피 130[kcal/kg], 보일러 출구 과열증기 엔탈피 830[kcal/kg], 터빈 배기 엔탈피 550[kcal/kg]인 랭킨사이클의 열사이클 효율은?

① 0.2   ② 0.4
③ 0.6   ④ 0.8

🔍 **해설** -----------------------

랭킨사이클 효율

$$\eta = \frac{i_1 - i_2}{i_1 - i_4} = \frac{830 - 550}{830 - 130} = 0.4$$

14 150[kVA] 단상변기기 3대를 △−△ 결선으로 사용하다가 한 대의 고장으로 V−V 결선하여 사용하면 약 몇 [kVA] 부하까지 걸 수 있겠는가?

① 200 　　　　　　② 220
③ 240 　　　　　　④ 260

🔍 **해설** -

V결선시 출력
$$P_V = \sqrt{3}\,P_1 = \sqrt{3} \times 150 = 259.8[\text{kVA}]$$

15 정격전압 7.2[kV], 정격차단용량 100[MVA]인 3상 차단기의 정격 차단전류는 약 몇 [kA]인가?

① 4 　　　　　　② 6
③ 7 　　　　　　④ 8

🔍 **해설** -

정격차단전류
$$I_s = \frac{P_s}{\sqrt{3} \times V_n} = \frac{100 \times 10^3}{\sqrt{3} \times 7.2} \times 10^{-3} \fallingdotseq 8[\text{kA}]$$

16 역률(늦음) 80[%], 10[kVA]의 부하를 가지는 주상변압기의 2차 측에 2[kVA]의 전력용 콘덴서를 접속하면 주상변압기에 걸리는 부하는 약 몇 [kVA]가 되겠는가?

① 8 　　　　　　② 8.5
③ 9 　　　　　　④ 9.5

🔍 **해설** -

전력용 콘덴서
$$P = P_a \cos\theta = 10 \times 0.8 = 8[\text{kW}]$$
$$P_r = P_a \sin\theta = 10 \times 0.6 = 6[\text{kVar}]$$
$$P_a{}' = \sqrt{8^2 + (6-2)^2} = 8.94[\text{kVa}]$$

17 변전소에서 사용되는 조상설비 중 지상용으로만 사용되는 조상설비는?

① 분로리액터
② 동기조상기
③ 전력용 콘덴서
④ 정지형 무효전력 보상장치

🔍 **해설** -

조상설비
- 동기조상기 : 진상과 지상
- 전력용콘덴서 : 진상
- 분로리액터 : 지상
- 정지형 무효전력 보상장치 : 진상과 지상

18 그림과 같은 수전단 전력원선도가 있다. 부하직선을 참고하여 다음 중 전압조정을 위한 조상설비가 없어도 정전압 운전이 가능한 부하전력은 대략 어느 정도일 때인가?

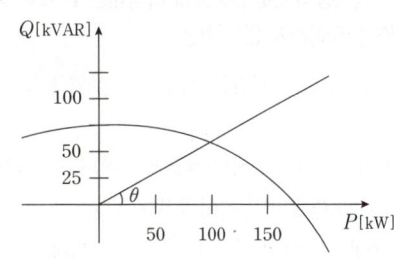

① 무부하일 때 　　　　② 50[kW]일 때
③ 100[kW]일 때 　　　④ 150[kW]일 때

[**정답**] 14 ④　15 ④　16 ③　17 ①　18 ③

🔍 해설 ----

전력원선도

전압조정을 위한 조상설비가 없어도 정전압 운전이 가능한 부하전력은 대략 100[kW](전압상승과 전압강하가 평형을 이루는 부분-정전압점) 정도일 때이다.

🔍 해설 ----

전압안정도

$P-V$ 곡선은 전압(V)과 송전유효전력(P)의 관계를 나타내며, 전압안정도를 평가할 때 사용된다.

세로축은 유효전력(P), 가로축은 수전단 전압(V)이며, 송전 가능한 최대전력점을 넘으면 계통은 전압 불안정 상태가 된다.

19 가공송전선로에서 총 단면적이 같은 경우 단도체와 비교하여 복도체의 장점이 아닌 것은?

① 안정도를 증대시킬 수 있다.

② 공사비가 저렴하고 시공이 간편하다.

③ 전선표면의 전위경도를 감소시켜 코로나 임계전압이 높아진다.

④ 선로의 인덕턴스가 감소되고, 정전용량이 증가해서 송전용량이 증대된다.

🔍 해설 ----

① 복도체의 장점
  • 인덕턴스 감소, 리액턴스 감소
  • 송전용량 증가, 안정도 증가
  • 코로나 임계전압이 상승하여 코로나손 감소
  • 전선표면 전위경도가 감소

② 복도체의 단점
  • 공사비가 비싸고 시공이 복잡하다.
  • 소도체에 같은 방향의 대전류가 흐르면 소도체 간에 흡인력이 발생하여 서로 충돌할 수가 있어 이를 방지하기 위해 스페이서를 설치한다.

20 전력계통의 전압안정도를 나타내는 $P-V$ 곡선에 대한 설명 중 적합하지 않은 것은?

① 가로축은 수전단 전압을 세로축은 무효전력을 나타낸다.

② 진상무효전력이 부족하면 전압은 안정되고 진상무효전력이 과잉되면 전압은 불안정하게 된다.

③ 전압 불안정 현상이 일어나지 않도록 전압을 일정하게 유지하려면 무효전력을 적절하게 공급하여야 한다.

④ $P-V$ 곡선에서 주어진 역률에서 전압을 증가시키더라도 송전할 수 있는 최대 전력이 존재하는 임계점이 있다.

[정답] 19 ② 20 ①

electrical engineer

01 전기자저항과 계자저항이 각각 $0.8[\Omega]$인 직류 직권 전동기가 회전수 $200[\mathrm{rpm}]$, 전기자전류 $30[\mathrm{A}]$일 때 역기 전력은 $300[\mathrm{V}]$이다. 이 전동기의 단자전압을 $500[\mathrm{V}]$로 사용한다면 전기자전류가 위와 같은 $30[\mathrm{A}]$로 될 때의 속도 $[\mathrm{rpm}]$는? (단, 전기자 반작용, 마찰손, 풍손 및 철손은 무시 한다.)

① 200

② 301

③ 452

④ 500

🔍해설

전동기의 역기전력

$E_1 = 300[\mathrm{V}]$일 때 $N_1 = 200[\mathrm{rpm}]$이다.

$E \times N$이므로 단자전압이 $500[\mathrm{V}]$이 되면

$E_2 = V - I_a(R_a + R_f) = 500 - 30 \times (0.8 + 0.8) = 452[\mathrm{V}]$

$E_1 : N_1 = E_2 : N_2$

$N_2 = \dfrac{E_2}{E_1} \times N_1 = \dfrac{452}{300} \times 200 = 301[\mathrm{rpm}]$

02 직류 분권전동기의 정격전압 $220[\mathrm{V}]$, 정격전류 $105[\mathrm{A}]$, 전기자저항 및 계자회로의 저항이 각각 $0.1[\Omega]$ 및 $40[\Omega]$이다. 기동전류를 정격전류의 $150[\%]$로 할 때의 기동저항은 약 몇 $[\Omega]$인가?

① 0.46

② 0.92

③ 1.21

④ 1.35

🔍해설

전동기의 기동전류

$I_f = \dfrac{V}{R_f} = \dfrac{220}{40} = 5.5[\mathrm{A}]$

기동시 전기자 전류 $I_a = 1.5I - I_f = 1.5 \times 105 - 5.5 = 152[\mathrm{A}]$

$SR = \dfrac{V}{I_a} - R_a = \dfrac{220}{152} - 0.1 = 1.347[\Omega]$이다.

03 직류발전기에서 브러시간에 유기되는 기전력의 파 형의 맥동을 방지하는 대책이 될 수 없는 것은?

① 사구를 채용할 것

② 갭의 길이를 균일하게 할 것

③ 슬롯폭에 대하여 갭을 크게 할 것

④ 정류자 편수를 적게 할 것

🔍해설

직류 발전기에서 브러시 간에 기전력의 파형의 맥동을 방지하는 대책

- 사구를 채용 할 것
- 공극(갭)의 길이를 균일하게 할 것
- 슬롯폭에 대하여 갭을 크게할 것
- 정류자편수를 많게 할것

04 전기자 지름 $0.2[\mathrm{m}]$의 직류발전기가 $1.5[\mathrm{kW}]$의 출력에서 $1800[\mathrm{rpm}]$으로 회전하고 있을 때 전기자 주변속 도$[\mathrm{m/s}]$는?

① 18.84

② 21.96

③ 32.74

④ 42.85

🔍해설

직류발전기의 주변속도

주변속도 $v = \pi D \dfrac{N}{60}$ (D : 지름, N : 회전수)

$v = \pi \times 0.2 \times \dfrac{1800}{60} = 18.84[\mathrm{m/s}]$

[**정답**] 2023년 1회 01 ② 02 ④ 03 ④ 04 ①

05 다음 중 3상 동기기의 제동권선의 주된 설치 목적은?

① 출력을 증가시키기 위하여

② 효율을 증가시키기 위하여

③ 역률을 개선하기 위하여

④ 난조를 방지하기 위하여

🔍 **해설**

동기기의 난조

제동권선을 사용하는 주 이유는 난조를 방지하는데 있다.

06 3상 교류발전기의 기전력에 대하여 $\frac{\pi}{2}[\text{rad}]$ 뒤진 전기자 전류가 흐르면 전기자 반작용은?

① 증자작용을 한다.

② 감자작용을 한다.

③ 횡축 반작용을 한다.

④ 교차 자화작용을 한다.

🔍 **해설**

3상 교류발전기 전기자 반작용

• 동상전류가 흐를 때 교차자화작용이 발생

• 지상전류가 흐를 때 감자작용이 발생

• 진상전류가 흐를 때 증자작용이 발생

07 3상 동기발전기의 단락비를 산출하는데 필요한 시험은?

① 외부특성시험과 3상 단락시험

② 돌발단락시험과 부하시험

③ 무부하 포화시험과 3상 단락시험

④ 대칭분의 리액턴스 측정시험

🔍 **해설**

동기발전기의 단락비를 산출하는데 필요한 시험

• 무부하 포화시험

• 3상 단락시험

08 동기 전동기에서 동기 와트로 표시되는 것은?

① 토크   ② 동기속도

③ 출력   ④ 1차입력

🔍 **해설**

동기와트

동기와트란 동기속도 하에서의 동기전동기의 출력을 말하며, 이때의 출력은 곧 토크와 같은 개념이다.

09 정격 150[kVA], 철손 1[kW], 전부하 동손이 4[kW]인 단상 변압기의 최대효율[%]과 최대효율 시의 부하[kVA]는? (단, 부하 역률은 1이다.)

① 96.8[%], 125[kVA]

② 97.4[%], 75[kVA]

③ 97[%], 50[kVA]

④ 97.2[%], 100[kVA]

🔍 **해설**

변압기의 최대효율

변압기 부하지점 $\frac{1}{m} = \sqrt{\frac{P_i}{P_c}} = \sqrt{\frac{1}{4}} = \frac{1}{2}$ 이다.

효율은 $\dfrac{\frac{1}{m}\text{출력}}{\frac{1}{m}\text{출력} + \text{철손} + \left(\frac{1}{m}\right)^2\text{동손}} \times 100$

$= \dfrac{\frac{1}{2} \times 150}{\frac{1}{2} \times 150 + 1 + \left(\frac{1}{2}\right)^2 \times 4} \times 100 = 97.4[\%]$ 이고

최대효율 시의 부하는 정격용량의 $\frac{1}{2}$ 이므로 75[kVA]이다.

10 단상 단권변압기 2대를 V결선으로 해서 3상전압 3000[V]를 3300[V]로 승압하고, 150[kVA]를 송전하려고 한다. 이 경우 단상 변압기 1대분의 자기용량[kVA]은 약 얼마인가?

[**정답**]   05 ④   06 ②   07 ③   08 ①   09 ②   10 ③

전
기
자
기
학

전
력
공
학

전
기
기
기

회
로
이
론

전
기
설
비
기
술
기
준

① 15.74
② 13.62
③ 7.87
④ 4.54

🔍 해설 ----------------

단권변압기 자기용량

자기용량 $= \dfrac{2}{\sqrt{3}} \times \dfrac{V_h - V_l}{V_h} \times$ 부하용량

$= \dfrac{2}{\sqrt{3}} \times \dfrac{3300 - 3000}{3300} \times 150 = 15.74\,[\text{kVA}]$

해당 용량의 크기는 변압기 2대분의 용량이므로 1대분의 변압기의 용량은 $7.87\,[\text{kVA}]$이다.

11 변압기의 온도시험을 하는데 가장 좋은 방법은?

① 실부하법
② 반환부하법
③ 단락시험법
④ 내전압법

🔍 해설 ----------------

변압기의 온도상승시험

변압기의 온도상승시험은 실부하법과 반환부하법, 단락시험법 등이 있으며 가장 좋은 방법으로는 반환부하법을 사용한다.

12 변압비 10 : 1 의 단상 변압기 3대를 Y−△를 접속하여 2차측에 200[V], 75[kVA]의 3상 평형부하를 걸었을 때 1차측에 흐르는 전류는 몇 [A]인가?

① 10.5
② 11.0
③ 12.5
④ 13.5

🔍 해설 ----------------

변압기 Y−△결선

변압기의 변압비는 10:1이므로 권수비 $a = 10$이다.

$I_{2l} = \dfrac{P}{\sqrt{3}\,V_2} = \dfrac{75 \times 10^3}{\sqrt{3} \times 200} = 216.5\,[\text{A}]$이고 2차측은 △결선이므로

$I_{2p} = \dfrac{I_{2l}}{\sqrt{3}} = \dfrac{216.5}{\sqrt{3}} = 215\,[\text{A}]$이 된다.

$a = \dfrac{I_{2(p)}}{I_{1(p)}}$이므로 $I_{2p} = \dfrac{I_{1p}}{a} = \dfrac{125}{10} = 12.5\,[\text{A}]$이다.

13 권선형 3상 유도전동기가 있다. 2차 회로는 Y로 접속되고 2차 각 상의 저항은 0.3[Ω]이며, 1차, 2차 리액턴스의 합은 2차측에서 보아 1.5[Ω]이라 한다. 기동시에 최대 토크를 발생하기 위해서 삽입하여 할 저항[Ω]은 얼마인가? (단, 1차 각상의 저항은 무시함)

① 1.2
② 1.5
③ 2
④ 2.2

🔍 해설 ----------------

유도전동기 최대토크 기동

$R = \sqrt{r_1^2 + (x_1 + x_2)^2} - r_2$이므로 1차 각상의 저항무시하므로

$r_1 = 0$이 되어 $R = \sqrt{1.5^2} - 0.3 = 1.2\,[\Omega]$이다.

14 3상 유도전동기의 전원주파수와 전압의 비가 일정하고 정격속도 이하로 속도를 제어하는 경우 전동기의 출력 P와 주파수 f와의 관계는?

① $P \propto f$
② $P \propto \dfrac{1}{f}$
③ $P \propto f_2$
④ P는 f에 무관

🔍 해설 ----------------

유도전동기 출력과 주파수 관계

출력 $P = \omega \cdot T = 2\pi n T = \dfrac{4\pi f}{p}(1-s)T$ 에서

출력 P와 주파수 f는 비례하는 것을 확 할 수 있다.

15 4극 7.5[kW], 200[V], 50[Hz]의 3상 유도전동기가 있다. 전부하에서 2차 입력이 7950[W]이다. 이 경우의 2차 효율은 약 몇[%]인가? (단, 여기서 기계손은 130[W]이다.)

① 94
② 95
③ 96
④ 97

🔍 해설 ----------------

유도전동기 전력변환

$\eta_2 = \dfrac{P_0}{P_2} \times 100 = \dfrac{P + P_0}{P_2} \times 100 = \dfrac{7500 + 130}{7950} \times 100 = 96\,[\%]$

[정답] 11 ② 12 ③ 13 ① 14 ① 15 ③

16 유도 전동기의 속도제어법이 아닌 것은?

① 2차 저항법
② 2차 여자법
③ 1차 저항법
④ 주파수 제어법

🔍 해설

유도전동기 속도제어법
- 농형 유도전동기의 속도제어법은 주파수 제어법, 극수 제어법, 전압 제어법
- 권선형 유도전동기의 속도제어법은 2차 저항법, 2차 여자법, 게르게스법

17 단상 반파정류로 직류전압 150[V]를 얻으려고 한다. 최대 역전압(Peak Inverse Voltage)이 약 몇 [V] 이상의 다이오드를 사용하여야 하는가? (단, 정류회로 및 변압기의 전압강하는 무시한다.)

① 150
② 166
③ 333
④ 471

🔍 해설

최대 역전압
$PIV = \pi E_d = 3.14 \times 150 = 471[V]$이다.

18 정류방식 중에서 맥동율이 가장 작은 회로는?

① 단상 반파 정류회로
② 단상 전파 정류회로
③ 삼상 반파 정류회로
④ 삼상 전파 정류회로

🔍 해설

맥동률
- 단상반파 정류회로 121[%]
- 단상전파 정류회로 48[%]
- 삼상반파 정류회로 17[%]
- 삼상전파 정류회로 4[%]

19 브러시의 위치를 바꾸어서 회전방향을 바꿀 수 있는 전기기계가 아닌 것은?

① 톰슨형 반발 전동기
② 3상 직권 정류자 전동기
③ 시라게 전동기
④ 정류자형 주파수 변환기

🔍 해설

브러시로 회전방향을 바꿀 수 있는 전동기
단상 반발 전동기, 3상 직권 정류자 전동기, 시라게 전동기 등은 브러시 위치를 바꾸어서 회전방향을 바꿀 수 있는 전동기이다.

20 3상 직권 정류자 전동기의 중간 변압기의 사용 목적이 아닌 것은?

① 실효 권수비의 조정
② 정류 전압의 조정
③ 경부하 때 속도의 이상 상승 방지
④ 직권 특성을 얻기 위하여

🔍 해설

3상 직권 정류자 전동기의 중간변압기
3상 직권 정류자 전동기의 중간(직렬)변압기는 실효권수비를 조정하여 정류에 알맞은 전압으로 조정하고, 경부하 때 속도의 이상 상승 방지를 위해 사용된다.

시행일 | **2023년 2회**

01 변압기의 부하가 증가할 때의 현상으로 틀린 것은?

① 온도가 상승한다.
② 동손이 증가한다.
③ 철손이 증가한다.
④ 여자전류는 변함없다.

🔍 해설

변압기의 손실
부하 증가시 부하전류가 증가하여 동손이 증가하고 손실이 증가하면 온도가 증가한다. 따라서 무부하손인 철손과 무부하전류인 여자전류는 일정하다.

[정답] 16 ③ 17 ④ 18 ④ 19 ④ 20 ④ 2023년 2회 01 ③

02 유도기의 슬립이 $s > 1$인 것은?

① 발전기   ② 전동기

③ 제동기   ④ 변압기

🔍 해설

유도기의 슬립 범위

$1 < s < 2$ 제동기

$0 < s < 1$ 전동기

$s < 0$ 발전기

03 동기전동기의 난조의 원인이 아닌 것은?

① 부하가 급변할 때

② 전기자 저항이 작을 때

③ 관성모우멘트가 작을 때

④ 원동기 토크에 고조파가 포함된 경우

🔍 해설

동기기 난조의 발생 원인

• 부하가 급변할 때

• 전기자 저항이 클 때

• 관성 모멘트가 작을 때

• 원동기 토크에 고조파가 포함된 경우

04 직류 분권발전기의 브러시를 중성축 회전방향으로 이동하면 유기기전력은?

① 급격히 상승한다.   ② 상승한다.

③ 변화하지 않는다.   ④ 감소한다.

🔍 해설

전기자 반작용

직류 분권 발전기의 중성축 이동으로 감자작용이 발생하여 발전기의 유기기전력이 감소하게 된다.

05 유도전동기에 전력용 캐패시턴스를 사용하는 이유는?

① 전동기의 진동을 방지한다.

② 회전속도의 변동을 방지한다.

③ 전원주파수의 변동을 방지한다.

④ 역률 개선

🔍 해설

역률 개선

유도전동기의 지상부하이므로 전력용 캐패시턴스를 사용하면 역률이 개선된다.

06 동기발전기 병렬운전시 유효전력 분담을 증가시키기 위한 방법은?

① 동기발전기의 계자전류를 증가시킨다.

② 동기발전기의 계자전류를 감소시킨다.

③ 동기발전기의 원동기 속도를 증가시킨다.

④ 동기발전기의 원동기 속도를 감소시킨다.

🔍 해설

발전기 병렬운전

• 계자전류가 변화시 무효순환전류 발생

• 원동기의 속도 증가시 유효전력 분담 증가

07 포화하고 있지 않은 직류발전기의 회전수를 $\frac{1}{2}$로 감소되었을 때 기전력을 전과 같은 값으로 하자면 여자를 속도변화 전에 비해 얼마로 해야 하는가?

① $\frac{1}{2}$ 배   ② 2배

③ 1배   ④ 4배

🔍 해설

동기속도 $N_s = \frac{120f}{p}$ [rpm]은 $N_s \propto f$ 이고

발전기의 유기기전력 $E = 4.44 f \phi w K_w$ [V]이므로

전압을 일정하게 유지할 때 주파수와 자속은 반비례 관계를 가진다.

따라서, 자속과 비례하는 여자전류는 2배로 한다.

[정답] 02 ③   03 ②   04 ④   05 ④   06 ③   07 ②

08 단락사고 시 전동기의 과전류 보호기기가 아닌 것은?

① MCCB
② OCR
③ MC
④ PF

🔍 **해설**

과전류 보호기기
- MCCB : 배선용 차단기
- OCR : 과전류 계전기
- PF : 전력 퓨즈
- MC : 전자 접촉기는 전기를 흐르게 하여 전자석을 이용하여 개폐하는 장치로 주로 모터를 ON, OFF하는 개폐기를 말한다.

09 부하의 변화에 대하여 속도 변동이 가장 큰 직류전동기는?

① 분권전동기
② 차동복권전동기
③ 가동복권전동기
④ 직권전동기

🔍 **해설**

직류전동기의 기동토크(속도 변동)가 큰 순서
직권전동기 → 가동복권전동기 → 분권전동기 → 차동복권전동기

10 3상 직권 정류자 전동기에서 고정자 권선과 회전자 권선 사이에 중간 변압기를 사용하는 주된 이유가 아닌 것은?

① 경부하시 속도의 이상 상승 방지
② 철심을 포화시켜 회전자 상수를 감소
③ 중간 변압기의 권수비를 바꾸어서 전동기 특성을 조정
④ 전원전압의 크기에 관계없이 정류에 알맞은 회전자 전압 선택

🔍 **해설**

중간변압기의 사용목적
- 정류에 알맞은 전압 선정
- 변압기의 권수비를 바꾸어서 전동기 특성을 조정
- 철심을 포화시켜 경부하시 속도의 이상 상승 방지

11 단상변압기 2대를 사용하여 3150[V]의 평형 3상에서 210[V]의 평형 2상으로 변환하는 경우에 각 변압기의 1차 전압과 2차 전압은 얼마인가?

① 주좌 변압기 : 1차 3150[V], 2차 210[V],
　 T좌 변압기 : 1차 3150[V], 2차 210[V]

② 주좌 변압기 : 1차 3150[V], 2차 210[V],
　 T좌 변압기 : 1차 $3150 \times \frac{\sqrt{3}}{2}$[V], 2차 210[V]

③ 주좌 변압기 : 1차 $3150 \times \frac{\sqrt{3}}{2}$[V], 2차 210[V],
　 T좌 변압기 : 1차 $3150 \times \frac{\sqrt{3}}{2}$[V], 2차 210[V]

④ 주좌 변압기 : 1차 $3150 \times \frac{\sqrt{3}}{2}$[V], 2차 210[V],
　 T좌 변압기 : 1차 3150[V], 2차 210[V]

🔍 **해설**

T결선
T좌 변압기의 권수비 $a_T = a \times \frac{\sqrt{3}}{2}$ 이므로

T좌 변압기의 1차 전압은 $3150 \times \frac{\sqrt{3}}{2}$[V]이 된다.

12 어떤 IGBT의 열용량은 0.02[J/℃], 열저항은 0.625[℃/W]이다. 이 소자에 직류 25[A]가 흐를 때 전압강하는 3[V]이다. 몇 [℃]의 온도상승이 발생하는가?

① 1.5
② 1.7
③ 47
④ 52

🔍 **해설**

IGBT
$0.625[℃/W] \times (3[V] \times 25[A]) = 47[℃]$

13 정격 20[kVA], 역률이 1일 때 전부하시 효율이 97[%]이다. 최대효율 발생시 부하가 $\frac{3}{4}$이면 철손 P_i[W], 동손 P_c[W]은 얼마인가?

[정답] 08 ③　09 ④　10 ②　11 ②　12 ③　13 ②

① $P_i = 396[\text{W}]$, $P_c = 222[\text{W}]$

② $P_i = 222[\text{W}]$, $P_c = 396[\text{W}]$

③ $P_i = 618[\text{W}]$, $P_c = 222[\text{W}]$

④ $P_i = 396[\text{W}]$, $P_c = 618[\text{W}]$

🔍 해설

변압기 최대효율

$$\eta = \frac{P_a \cos\theta}{P_a \cos\theta + P_l} \rightarrow P_l = \frac{P_a}{\eta} - P_a = \frac{20000}{0.97} - 20000 = 618[\text{W}]$$

$$\frac{1}{m} = \sqrt{\frac{P_i}{P_c}} = \frac{3}{4} \rightarrow \frac{P_i}{P_c} = \left(\frac{3}{4}\right)^2 = \frac{9}{16} \rightarrow P_i = \frac{9}{16}P_c$$

$$P_l = P_i + P_c \rightarrow P_l = \frac{25}{16}P_c \rightarrow P_c = \frac{16}{25} \times 618 = 396[\text{W}]$$

$$P_i = P_l - P_c = 618 - 396 = 222[\text{W}]$$

14 3상 동기발전기에서 그림과 같이 1상의 권선을 서로 똑같은 2조로 나누어 그 1조의 권선전압을 $E[\text{V}]$, 각 권선의 전류를 $I[\text{A}]$라 하고 이중 성형결선으로 하는 경우 선간 전압[V], 선전류[A] 및 피상전력[VA]은?

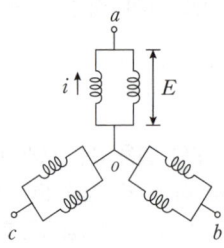

① $\sqrt{3}\,E$, $\sqrt{3}\,I$, $5.19EI$

② $3E$, I, $5.19EI$

③ E, $2\sqrt{3}\,I$, $6EI$

④ $\sqrt{3}\,E$, $2I$, $6EI$

🔍 해설

발전기 이중 성형결선

Y결선이므로 선간전압 $= \sqrt{3}\,E$

병렬이므로 선전류 $= 2I$

3상이므로 피상전력 $= \sqrt{3} \times \sqrt{3}\,E \times 2I = 6EI$

15 농형 전동기에서 고정자와 회전자의 슬롯수가 적당하지 않을 경우에 발생하는 현상으로서 유도전동기의 공극이 일정하지 않거나 계자에 고조파가 유기될 때 전동기가 정격속도에 이르지 못하고 정격속도 이전의 낮은 속도에서 안정되어 버리는 현상으로 옳은 것은?

① 게르게스 현상   ② 크로우링 현상

③ 자기여자현상   ④ 난조현상

🔍 해설

크로우링 현상

농형 유도전동기가 정격속도에 이르지 못하고 정격속도 보다 낮은 속도에서 안정되어 버리는 현상

16 동기발전기의 권선을 분포권으로 하면?

① 난조를 방지한다.

② 권선의 리액턴스가 커진다.

③ 집중권에 비하여 합성 유도기전력이 높아진다.

④ 파형이 좋아진다.

🔍 해설

동기발전기의 분포권 특징

• 고조파를 제거하여 파형을 개선한다.

• 기전력의 크기가 감소한다.

• 누설리액턴스를 감소시킨다.

17 변압기의 임피던스 전압이란?

① 정격전류가 흐를 때의 변압기 내의 전압강하

② 여자전류가 흐를 때의 2차측 단자전압

③ 정격전류가 흐를 때의 2차측 단자전압

④ 2차 단락전류가 흐를 때의 변압기 내의 전압강하

🔍 해설

임피던스 전압

변압기내의 2차측을 단락시키고 1차측에 정격전류가 흐를 때 임피던스에서 발생하는 전압강하이다.

18 유도 전동기 원선도에서 원의 지름은? (단, E를 1차 전압, r는 1차로 환산한 저항, x를 1차로 환산한 누설 리액턴스라 한다.)

① rE에 비례
② rxE에 비례
③ $\dfrac{E}{r}$에 비례
④ $\dfrac{E}{x}$에 비례

🔍 **해설**

유도전동기의 원선도

유도전동기의 원선도에서 원의 지름은 $\dfrac{E}{x}$에 비례한다.

---

19 사이리스터를 이용한 정류 회로에서 직류 전압의 맥동률이 가장 작은 정류 회로는?

① 단상 반파 정류 회로
② 단상 전파 정류 회로
③ 3상 반파 정류 회로
④ 3상 전파 정류 회로

🔍 **해설**

맥동률

- 맥동률 $= \dfrac{\text{교류분의 크기}}{\text{직류분의 크기}}$
- 단상반파 $121[\%]$
- 단상전파 $48[\%]$
- 3상반파 $17[\%]$
- 3상전파 $4[\%]$

---

20 변압기 유(油)의 열화에 따른 영향으로 옳지 않은 것은?

① 침식 작용
② 절연 내력의 저하
③ 냉각 효과의 감소
④ 공기 중 수분의 흡수

🔍 **해설**

변압기유 열화의 영향

- 침식작용
- 냉각효과 감소
- 절연내력의 저하

시행일 **2023년 3회**

01 동기전동기에 관한 설명으로 옳은 것은?

① 기동 토크가 크다.
② 기동조작이 간단하다.
③ 역율을 조정할 수 없다.
④ 속도가 일정하다.

🔍 **해설**

동기전동기 특징

장점	단점
· 속도가 일정하다. · 역률을 조정할 수 있다.	· 속도제어가 어렵다. · 기동장치가 필요하다. · 직류 여자장치가 필요하다. · 난조가 쉽게 발생한다.

---

02 60[Hz] 4극 3상 유도 전동기가 1620[rpm]으로 운전하고 있다. 이 전동기의 슬립은?

① 0.025
② 0.05
③ 0.075
④ 0.1

🔍 **해설**

유도전동기 슬립

- 동기속도 $N_s = \dfrac{120f}{p} = \dfrac{120 \times 60}{4} = 1800[\text{rpm}]$
- 유도전동기 슬립 $s = \dfrac{N_s - N}{N_s} = \dfrac{1800 - 1620}{1800} = 0.1$

---

03 단락비가 큰 동기기의 특징 중 옳은 것은?

① 전압 변동률이 크다.
② 과부하 내량이 크다.
③ 전기자 반작용이 크다.
④ 송전선로의 충전 용량이 작다.

🔍 **해설**

단락비가 큰 동기기의 특징

- 동기임피던스가 작다.
- 전압강하가 작다.
- 전압변동률이 작다.
- 전기자반작용이 작다.

[정답] 18 ④ 19 ④ 20 ④ 2023년 3회 01 ④ 02 ④ 03 ②

04 단락비가 1.2인 발전기의 퍼센트 동기 임피던스 [%]는 약 얼마인가?

① 100   ② 83

③ 60   ④ 45

🔍 해설

동기 발전기 퍼센트 동기 임피던스

$$\%Z_s = \frac{100}{K_s} = \frac{100}{1.2} = 83[\%]$$

05 단상 및 3상 유도전압조정기에 대한 설명으로 옳은 것은?

① 3상 유도전압조정기에는 단락권선이 필요 없다.

② 3상 유도전압조정기의 1차와 2차 전압은 동상이다.

③ 단락권선은 단상 및 3상 유도전압조정기 모두 필요하다.

④ 단상 유도전압조정기의 기전력은 회전자계에 의해서 유도된다.

🔍 해설

유도전압조정기

• 단상 유도전압조정기는 교번자계의 원리를 이용하고 단락권선이 필요하며 위상차가 없다.
• 3상 유도전압조정기는 회전자계의 원리를 이용하고 단락권선이 필요없고 위상차가 있다.

06 정격 전압 525[V], 전기자 전류 50[A]에서 1500 [rpm]으로 회전하는 직류 직권 전동기의 공급 전압을 400[V]로 감소하고, 전기자 전류는 동일하게 유지하면 회전수는 몇 [rpm]이 되는가? (단, 전기자 권선 및 계자 권선의 저항은 0.5[Ω]이라 한다)

① 1125   ② 1175

③ 1200   ④ 1250

🔍 해설

$V_1 = 525[V]$, $V_2 = 400[A]$, $E = k\phi N \propto N$
$E_1 = V_1 - I_a(R_a + R_s) = 525 - 50 \times 0.5 = 500[V]$

$E_2 = V_2 - I_a(R_a + R_s) = 400 - 50 \times 0.5 = 375[V]$
$N_1 : N_2 = E_1 : E_2 \rightarrow 1500 : N_2 = 500 : 375$ 이므로
$N_2 = 1500 \times \frac{375}{500} = 1125[rpm]$

07 극수 6, 분당 회전수가 1200인 교류발전기와 병렬 운전하는 극수가 8인 교류발전기의 회전수[rpm]는? (단, 주파수는 60[Hz]이다.)

① 1200   ② 900

③ 750   ④ 520

🔍 해설

발전기 병렬운전

$$N_s = \frac{120f}{p} = \frac{120 \times 60}{8} = 900[rpm]$$

08 10[kVA], 2000/100[V] 변압기에서 1차로 환산한 등가 임피던스는 $6.2 + j7[\Omega]$이다. 변압기의 %리액턴스 강하는?

① 0.75   ② 1.75

③ 3   ④ 6

🔍 해설

변압기의 %리액턴스

$$\%X = \frac{I_{1n}X_{21}}{V_{1n}} = \frac{PX}{10V^2} = \frac{10 \times 7}{10 \times 2^2} = 1.75[\%]$$

09 다음 정류방식중 맥동률이 가장 작은 방식은?

① 단상 반파 정류   ② 단상 전파 정류

③ 3상 반파 정류   ④ 3상 전파 정류

🔍 해설

맥동률

	단상반파	단상전파	3상반파	3상전파
맥동률	121[%]	48[%]	17[%]	4[%]

[정답] 04 ②   05 ①   06 ①   07 ②   08 ②   09 ④

10 단상 유도전동기의 기동방법중 가장 기동토오크가 작은 것은?

① 반발 기동형　　　　② 셰이딩 코일형
③ 콘덴서 분상형　　　　④ 분상 기동형

🔍 **해설** ------------------------------

단상 유도전동기
단상 유도전동기 기동 토크의 순서는 반발 기동형, 반발 유도형, 콘덴서 기동형, 콘덴서 전동기형, 분상기동형, 셰이딩 코일형의 순서로 기동토크가 크다.

11 단상 직권정류자 전동기는 그 전기자 권선의 권선수를 계자권수에 비하여 특히 많게 하고 있다. 그 이유를 설명한 것이다. 틀린 것은?

① 주자속을 작게 하기 위하여
② 속도기전력을 크게 하기 위하여
③ 변압기 기전력을 크게 하기 위하여
④ 역률저하를 방지하기 위하여

🔍 **해설** ------------------------------

단상 직권 정류자 전동기
- 단상 직권 정류자 전동기는 약계자 강전기자로 계자의 권수를 적게 한다.
- 철손을 작게 하기 위해 주자속을 작게 한다.
- 역률을 높이기 속도기전력을 크게 한다.

12 단상변압기를 병렬운전하는 경우 부하전류의 분담은 무엇에 관계되는가?

① 누설리액턴스에 비례한다.
② 누설리액턴스 2승에 반비례한다.
③ 누설임피던스에 비례한다.
④ 누설임피던스에 반비례한다.

🔍 **해설** ------------------------------

변압기 병렬운전 조건
변압기 병렬운전시 부하전류의 분담은 용량에는 비례하고, 누설임피던스에 반비례한다.

13 PN 접합 구조로 되어 있고 제어는 불가능하나 교류를 직류로 변환하는 반도체 정류 소자는?

① IGBT　　　　② 다이오드
③ MOSFET　　　　④ 사이리스터

🔍 **해설** ------------------------------

다이오드
PN접합 구조의 반도체 정류 소자로 게이트 단자가 없어 제어는 불가능하나 교류를 직류로 변환이 가능한 소자이다.

14 무부하 포화곡선를 얻을 수 없는 발전기는?

① 가동복권발전기　　　　② 차동복권발전기
③ 직권발전기　　　　④ 분권발전기

🔍 **해설** ------------------------------

직권발전기
직권발전기는 무부하시 전압을 확립할수 없기 때문에 무부하 포화곡선을 얻을 수 없다.

15 변류기를 개방할 때 2차측을 단락하는 이유는?

① 1차측 과전류 보호　　　　② 1차측 과전압 방지
③ 2차측 과전류 보호　　　　④ 2차측 절연보호

🔍 **해설** ------------------------------

변류기 2차측 단락이유
변류기 2차측 개방시에 2차 권선에 고전압을 유기하게 되어 절연이 파괴될수 있기 때문에 2차측을 단락시킨다.

16 온도 측정장치 중 변압기의 권선온도 측정에 가장 적당한 것은?

① 탐지코일　　　　② dial온도계
③ 권선온도계　　　　④ 봉상온도계

🔍 **해설** ------------------------------

변압기의 권선온도 측정
권선온도계는 권선온도 측정에 사용된다.

[**정답**]　10 ②　11 ③　12 ④　13 ②　14 ③　15 ④　16 ③

17 직류발전기의 정류시간에 비례하는 요소를 바르게 나타낸 것은? (단, b : 브러시의 두께[mm], δ : 정류자편사이의 두께[mm], v_c : 정류자의 주변속도이다.)

① $v_c - \delta$ ② $b - \delta$

③ $\delta - b$ ④ $b + \delta$

🔍 **해설** ----------------

직류발전기 정류

정류시간 $T_c = \dfrac{b - \delta}{v_c}$ 이기 때문에 $T_c \propto b - \delta$에 비례하다.

18 10[HP], 4극 60[Hz] 농형 3상 유도 전동기의 전전압 기동토크가 전부하 토크의 1/3일 때 탭 전압이 $1/\sqrt{3}$인 기동 보상기로 기동하면 그 기동 토크는 전부하 토크의 몇 배가 되겠는가?

① $\sqrt{3}$ 배   ② 1/3배

③ 1/9배   ④ $1/\sqrt{3}$ 배

🔍 **해설** ----------------

유도 전동기 기동토크

전전압 기동 토크 $T_s = T \times \dfrac{1}{3}$

$\dfrac{1}{\sqrt{3}}$ 전압 토크 $T \propto V^2 = \left(\dfrac{1}{\sqrt{3}}\right)^2 = \dfrac{1}{3}$

$\dfrac{1}{\sqrt{3}}$ 전압 기동 토크 $T_s = T \times \dfrac{1}{3} \times \dfrac{1}{3} = \dfrac{1}{9} T$

19 직류 분권 발전기의 전기자 저항이 0.05[Ω]이다. 단자전압이 200[V], 회전수 1500[rpm]일 때 전기자 전류가 100[A]이다. 이것을 전동기로 사용하여 전기자 전류와 단자전압이 같을 때 회전속도 [rpm]는? (단, 전기자 반작용은 무시한다.)

① 1427   ② 1577

③ 1620   ④ 1800

🔍 **해설** ----------------

직류기의 속도

$E \propto N$이므로 기전력과 비례하므로
$E_G = V + I_a R_a = 200 + 100 \times 0.05 = 205[\text{V}]$일 때
$N_G = 1500[\text{rpm}]$이다. 이 때, 전동기로 동작시키면
$E_M = V - I_a R_a = 200 - 100 \times 0.05 = 195[\text{V}]$가 된다.
따라서 $N_G : E_G = N_M : E_M$이 되어

$N_M = \dfrac{E_M}{E_G} N_G = \dfrac{195}{205} \times 1500 = 1427[\text{rpm}]$

20 직류 분권전동기의 운전 중 계자저항기의 저항을 증가하면 속도는 어떻게 되는가?

① 변하지 않는다.   ② 증가한다.

③ 감소한다.   ④ 정지한다.

🔍 **해설** ----------------

직류전동기 속도제어

직류 분권 전동기의 운전 중 계자저항기의 저항을 증가하면 계자 전류가 감소하게 되어 계자의 자속이 감소하게 된다. 따라서 계자의 자속과 속도가 반비례하기 때문에 속도는 증가하게 된다.

시행일 ◀ **2024년 1회**

01 3상 동기전동기에 있어서 제동권선의 역할은?

① 효율을 좋게   ② 역률을 개선

③ 난조를 방지   ④ 출력을 증가

🔍 **해설** ----------------

제동권선의 역할은 동기기의 조속기가 예민할 때 속도가 일정하지 않아 진동하는 현상인 난조가 발생하는 데 이러한 난조를 방지하는데 중요한 역할을 한다. 제동권선은 회전자의 진동이나 불균형을 억제하고 전동기의 안정적인 운전을 도와준다.

02 전기기기에 있어 와전류손(Eddy current loss)을 감소시키기 위한 방법은?

[**정답**] 17 ②   18 ③   19 ①   20 ②   2024년 1회   01 ③   02 ④

① 냉각압연

② 보상권선 설치

③ 교류전원을 사용

④ 규소 강판을 성층하여 사용

🔍 **해설** ----------------------

- 와전류손 : 자속이 철심을 통과할 때 소용돌이 모양의 전류로 인해 발생하는 손실
- 성층철심 : 와전류손을 감소시키기 위해 얇은 철심을 여러겹 겹쳐서 사용한다.

---

03 전기자저항이 $0.04[\Omega]$인 직류분권발전기가 있다. 단자전압 $100[V]$, 회전속도 $1000[rpm]$일 때 전기자 전류는 $50[A]$라 한다. 이 발전기를 전동기로 사용할 때 전동기의 회전속도는 약 몇 $[rpm]$인가? (단, 전기자반작용은 무시한다.)

① 759   ② 883

③ 894   ④ 961

🔍 **해설** ----------------------

- 발전기 운전 시 특성
  $E_G = V + I_a R_a = 100 + 50 \times 0.04 = 102[V]$
  $E_G = 102[V] \rightarrow N = 1000[rpm]$
- 전동기 운전 시 특성
  $E_M = V - I_a R_a = 100 - 50 \times 0.04 = 98[V]$
  $E_M = 98[V]$
  $E = K\phi N \rightarrow E \propto N$

  $N' = 1000 \times \dfrac{98}{102} = 961[rpm]$

---

04 단상 $50[Hz]$, 전파정류 회로에서 변압기의 2차 상전압 $100[V]$, 수은 정류기의 전압강하 $20[V]$에서 회로 중의 인덕턴스는 무시한다. 외부부하로서 기전력 $50[V]$, 내부저항 $0.3[\Omega]$의 축전지를 연결할 때 평균 출력은 약 몇 $[W]$인가?

① 4556   ② 4667

③ 4778   ④ 4889

🔍 **해설** ----------------------

- 단상전파 $E_d = 0.9E - e(전압강하) = 0.9 \times 100 - 20 = 70[V]$
- 부하전류 $I_d = \dfrac{E_d - E_{부하기전력}}{내부저항} = \dfrac{70 - 50}{0.3} = 66.67[A]$
- 출력 $P = E_d \times I_d = 70 \times 66.67 = 4666.67[W]$

---

05 8극, $50[kW]$, $3300[V]$, $60[Hz]$인 3상 권선형 유도전동기의 전부하 슬립이 $4[\%]$라고 한다. 이 전동기의 슬립링 사이에 $0.16[\Omega]$의 저항 3개를 Y로 삽입하면 전부하 토크를 발생할 때의 회전수$[rpm]$는? (단, 2차 각상의 저항은 $0.04[\Omega]$이고, Y접속이다.)

① 660   ② 720

③ 750   ④ 880

🔍 **해설** ----------------------

비례추이시 슬립 $\dfrac{r_2}{s} = \dfrac{r_2 + R}{s'}$

$(s = 0.04,\ r_2 = 0.04)\ s' = r_2 + R = 0.04 + 0.16 = 0.2$

$N = (1 - s)\dfrac{120f}{p} = (1 - 0.02) \times \dfrac{120 \times 60}{8} = 720[rpm]$

---

06 △결선변압기의 1대가 고장으로 제거되어 V결선으로 할 때 공급할 수 있는 전력과 고장전 전력에 대한비는 몇 $[\%]$가 되는가?

① 81.6   ② 75

③ 66.7   ④ 57.7

🔍 **해설** ----------------------

출력비 : 고장 전 전력과 고장 후 전력의 비교

출력비$= \dfrac{고장\ 후\ 전력}{고장\ 전\ 전력} \times 100 = \dfrac{\sqrt{3}\,P}{3P} \times 100 = 57.7[\%]$

[정답] 03 ④ 04 ② 05 ② 06 ④

07 전부하에 있어 철손과 동손의 비율이 1 : 2인 변압기에서 효율이 최고인 부하는 전부하의 약 몇 [%]인가?

① 50
② 60
③ 70
④ 80

해설

최대효율 $\dfrac{1}{m} = \sqrt{\dfrac{P_i}{P_c}} = \sqrt{\dfrac{1}{2}} = 0.707 = 70.7[\%]$

08 다음 전자석의 그림 중에서 전류의 방향이 화살표와 같을 때 위쪽부분이 N극인 것은?

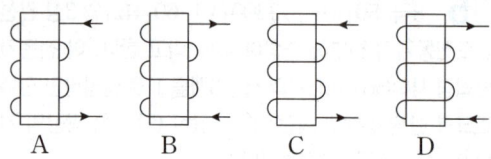

A   B   C   D

① A, B
② B, C
③ A, D
④ B, D

해설

앙페르의 오른나사 법칙에 의해 A, D는 아래의 그림과 같이 위쪽부분이 N극이다.

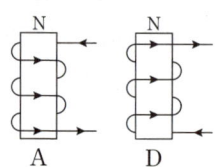

A   D

09 직류 분권전동기의 전체 도체수는 100, 단중 중권이며 자극수는 4, 자속수는 극당 0.628[Wb]이다. 부하를 걸어 전기자에 5[A]가 흐르고 있을 때의 토크는 약 몇 [N·m]인가?

① 12.5
② 25
③ 50
④ 100

해설

$T = \dfrac{pZ\phi I_a}{2\pi a} = \dfrac{4 \times 100 \times 0.628 \times 5}{2\pi \times 4} = 50[\text{N·m}]$

10 단상 유도전동기의 기동 토크가 큰 순서로 되어 있는 것은?

① 반발기동, 분상기동, 콘덴서 기동
② 분상기동, 반발기동, 콘덴서 기동
③ 반발기동, 콘덴서 기동, 분상기동
④ 콘덴서 기동, 분상기동, 반발기동

해설

단상 유도전동기의 기동토크 큰 순서
반발기동형 > 반발유도형 > 콘덴서기동형 > 분상기동형 > 셰이딩 코일형

11 직류에서 교류로 변환하는 기기는?

① 인버터
② 사이크로 컨버터
③ 쵸퍼
④ 회전 변류기

해설

· 인버터 : 직류를 교류로 변환
· 사이크로 컨버터 : 교류의 주파수 변환
· 쵸퍼 : 직류를 직접 제어
· 회전 변류기 : 교류를 직류로 변환

12 전기기계에 있어서 히스테리시스손(Hysteresis loss)을 감소시키기 위하여 어떻게 하는 것이 좋은가?

① 성층철심
② 규소강판 사용
③ 보극 설치
④ 보상권선 설치

해설

규소강판 : 히스테리시스손을 감소시키기 위해 규소를 섞은 강판

[정답] 07 ③   08 ③   09 ③   10 ③   11 ①   12 ②

13 동기발전기의 병렬운전에 필요한 조건이 아닌 것은?

① 기전력의 크기가 같을 것

② 위상이 같을 것

③ 주파수가 같을 것

④ 용량이 같을 것

🔍 **해설**

병렬운전 조건
- 기전력의 크기가 같을 것
- 기전력의 위상이 같을 것
- 기전력의 주파수가 같을 것
- 기전력의 파형이 같을 것
- 상회전이 같을 것

14 다음 중 직류 전동기의 속도 제어 방법에서 광범위한 속도 제어가 가능하며, 운전 효율이 가장 좋은 방법은?

① 계자 제어

② 직렬 저항 제어

③ 병렬 저항 제어

④ 전압 제어

🔍 **해설**

$$N=k\frac{V-I_aR_a}{\phi}[\text{rpm}]$$

전압 제어 : 직류전동기의 속도제어 방법 중 광범위한 속도제어가 가능하며, 운전효율이 가장 좋은 방법이다.

15 3상 권선형 유도전동기의 2차 회로에 저항을 삽입하는 목적이 아닌 것은?

① 속도는 줄지만 최대 토크를 크게하기 위하여

② 속도제어를 하기 위하여

③ 기동 토크를 크게하기 위하여

④ 기동 전류를 줄이기 위하여

🔍 **해설**

비례추이 : 권선형 유도전동기의 2차 저항을 삽입하면 속도와 슬립 토크를 제어하는 방식이다. 단, 최대토크는 변하지 않는다.

16 정격속도로 회전하고 있는 무부하 분권 발전기가 있다. 계자권선의 저항은 50[Ω], 계자전류 2[A], 전기자저항 1.5[Ω]이다. 이 때 유기 기전력[V]은?

① 97

② 100

③ 103

④ 106

🔍 **해설**

$$E=V+I_aR_a=I_fR_f+I_aR_a=50\times2+1.5\times2=103[\text{V}]$$

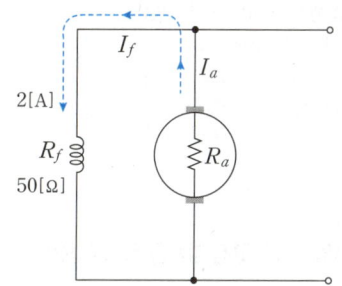

17 전기자 반작용이 직류 발전기에 주는 영향 중 맞지 않는 것은 어느 것인가?

① 전기적 중성축을 이동시킨다.

② 자속을 감소시켜 부하시 전압강하의 원인이 된다.

③ 정류자 편간 전압이 불균일하게 되어 섬락이 원인이 된다.

④ 전류의 파형은 찌그러지나 출력에는 변화가 없다.

🔍 **해설**

전기자 반작용이 직류 발전기에 주는 영향
- 전기적 중성축을 이동시킨다.
- 자속을 감소시켜 부하시 전압강하의 원인이 된다.
- 정류자 편간 전압이 불균일하게 되어 섬락이 원인이 된다.
- 전류의 파형은 찌그러져 출력이 감소한다.

[**정답**] 13 ④ 14 ④ 15 ① 16 ③ 17 ④

전
기
자
기
학

전
력
공
학

전
기
기
기

회
로
이
론

전
기
설
비
기
술
기
준

18 교류발전기의 고조파 발생을 방지하는 방법으로 틀린 것은?

① 전기자 반작용을 크게 한다.

② 전기자 권선을 단절권으로 감는다.

③ 전기자 슬롯을 스큐 슬롯으로 한다.

④ 전기자 권선의 결선을 성형으로 한다.

🔍 **해설**

고조파 발생 방지 방법(파형 개선 방법)
- 전기자 반작용을 작게 한다.
- 전기자 권선을 단절권으로 감는다.
- 전기자 슬롯을 스큐 슬롯으로 한다.
- 전기자 권선의 결선을 성형으로 한다.

19 변압기 내부고장 검출을 위해 사용하는 계전기가 아닌 것은?

① 과전압 계전기　　② 비율차동 계전기

③ 부흐홀츠 계전기　　④ 충격 압력 계전기

🔍 **해설**

- 전기적인 고장 검출 계전기
  - (비율)차동 계전기
- 기계적인 고장 검출 계전기
  - 부흐홀츠 계전기
  - 충격압력 계전기
  - 가스검출 계전기

20 변압기의 절연유로서 갖추어야 할 조건이 아닌 것은?

① 비열이 커서 냉각효과가 클 것

② 절연저항 및 절연내력이 적을 것

③ 인화점이 높고 응고점이 낮을 것

④ 고온에서도 석출물이 생기거나 산화하지 않을 것

🔍 **해설**

절연유의 목적 : 절연작용, 냉각작용
- 비열이 커서 냉각효과가 클 것
- 절연저항 및 절연내력이 클 것
- 인화점이 높고 응고점이 낮을 것
- 고온에서도 석출물이 생기거나 산화하지 않을 것

---

01 직류 전동기의 회전수를 1/2로 줄이려면, 계자 자속을 몇 배로 하여야 하는가? (단, 전압과 전류 등은 일정하다.)

① 1　　　　　　② 2

③ 3　　　　　　④ 4

🔍 **해설**

직류전동기 $N=\frac{1}{2}$, $\phi=?$

역기전력 $E=k\phi N\phi=\frac{E}{kN}\propto\frac{1}{N}$ 이므로 회전수가 반이 되려면 자속 ϕ가 2배가 되어야 한다.

02 코일피치와 자극피치의 비를 β라 하면 기본파 기전력에 대한 단절계수는?

① $\sin\beta\pi$　　　　② $\cos\beta\pi$

③ $\sin\dfrac{\beta\pi}{2}$　　　④ $\cos\dfrac{\beta\pi}{2}$

🔍 **해설**

$K_p=\sin\dfrac{n\beta\pi}{2}$, n은 고조파 차수이므로 기본파는 $n=1$입니다.

기본파에 대한 단절계수 $K_p=\sin\dfrac{\beta\pi}{2}$입니다.

🔵 **참고**

단절권 특징
- 코일 간격이 극간격보다 작다.
- 고조파를 제거하여 파형을 개선한다.
- 코일권선을 절약할수 있다.
- 전절권보다 유기기전력이 감소한다.

03 동기기의 과도 안정도를 증가시키는 방법이 아닌 것은?

① 속응 여자 방식을 채용한다.

② 동기화 리액턴스를 크게 한다.

③ 동기 탈조 계전기를 사용 한다.

④ 발전기의 조속기 동작을 신속히 한다.

[**정답**] 18 ① 19 ① 20 ② 2024년 2회 01 ② 02 ③ 03 ②

🔍 해설

안정도 증진방법

- 속응 여자 방식을 채용한다.(AVR 사용)
- 동기화 리액턴스를 작게 한다.(단락비를 크게 한다.)
- 동기 탈조 계전기를 사용 한다.
- 발전기의 조속기 동작을 신속히 한다.
- 관성을 크게 한다.(플라이휠 효과를 크게한다.)

04 SCR에 관한 설명으로 틀린 것은?

① 3단자 소자이다.

② 전류는 애노드에서 캐소드로 흐른다.

③ 소형의 전력을 다루고 고주파 스위칭을 요구하는 응용 분야에 주로 사용된다.

④ 도통 상태에서 순방향 애노드전류가 유지전류 이하로 되면 SCR은 차단상태로 된다.

🔍 해설

SCR 특징

- 3단자 소자이다.
- 전류는 애노드에서 캐소드로 흐른다.
- 대전력을 다루고 고주파 스위칭을 요구하는 응용분야에 주로 사용된다.
- 도통 상태에서 순방향 애노드전류가 유지전류 이하로 되면 SCR은 차단상태로 된다.

05 극수 6, 분당 회전수가 1200인 교류발전기와 병렬 운전하는 극수가 8인 교류발전기의 회전수[rpm]는? (단, 주파수는 60[Hz]이다.)

① 1200

② 900

③ 750

④ 520

🔍 해설

교류(동기)발전기 병렬운전 조건 주파수가 같을 것

$P_1 = 6$극, $N_{s1} = 1200[rpm]$

$$f = \frac{N_{s1} \times p_1}{120} = \frac{1200 \times 6}{120} = 60[Hz]$$

$$N_{s2} = \frac{120f}{p_2} = \frac{120 \times 60}{8} = 900[rpm]$$

06 변압기의 내부고장 보호에 쓰이는 계전기는?

① O.C.R

② 역상 계전기

③ 접지 계전기

④ 브흐홀쯔 계전기

🔍 해설

변압기 내부고장 보호 계전기

- 브흐홀쯔 계전기
- 비율차동 계전기
- 차동계전기
- 가스검출 계전기
- 압력 계전기

07 단상 정류자 전동기에 보상권선을 사용하는 가장 큰 이유는?

① 정류개선

② 기동토크조절

③ 속도제어

④ 역률개선

🔍 해설

단상 직권 정류자 전동기에서 보상권선의 역할

전기자 반작용 개선 ➡ 역률개선

08 정격 150[kVA], 철손1[kW], 전부하 동손이 4[kW]인 단상 변압기의 최대 효율[%]과 최대 효율시의 부하[kVA]를 구하면?

① 96.8[%], 125[kVA]

② 97.4[%], 75[kVA]

③ 97[%], 50[kVA]

④ 97.2[%], 100[kVA]

🔍 해설

최대효율시 부하

$$\frac{1}{m} = \sqrt{\frac{P_i}{P_c}} = \sqrt{\frac{1}{4}} = \frac{1}{2} \text{ 부하}$$

$$P_{\frac{1}{m}} = \frac{1}{2}P = \frac{1}{2} \times 150 = 75[kVA]$$

최대효율

$$\eta_{\frac{1}{m}} = \frac{\frac{1}{m}P}{\frac{1}{m}P + 2P_i} \times 100 = \frac{\frac{1}{2} \times 150}{\frac{1}{2} \times 150 + 2 \times 1} \times 100 = 97.4[\%]$$

[정답] 04 ③   05 ②   06 ④   07 ④   08 ②

09 8극, 유도기전력 100[V], 전기자전류 200[A]인 직류발전기의 전기자권선을 중권에서 파권으로 변경했을 경우의 유도 기전력과 전기자전류는?

① 100[V], 200[A]　　② 200[V], 100[A]

③ 400[V], 50[A]　　④ 800[V], 25[A]

🔍 **해설**

중권 $a=p=8$, 파권 $a=2$개이므로

중권에서 파권으로 변경시 $a=\dfrac{2}{8}=\dfrac{1}{4}$개 감소

$E\propto\dfrac{1}{a}$ 이므로 $E'=4E=4\times100=400[V]$

$I\propto a$ 이므로 $I_a'=\dfrac{1}{4}I_a=\dfrac{1}{4}\times200=50[A]$

10 2중 농형 유도전동기에서 외측(회전자 표면에 가까운 쪽) 슬롯에 사용되는 전선에 대한 설명으로 적합한 것은?

① 누설 리액턴스가 작고 저항이 커야 한다.

② 누설 리액턴스가 크고 저항이 커야 한다.

③ 누설 리액턴스가 작고 저항이 작아야 한다.

④ 누설 리액턴스가 크고 저항이 작아야 한다.

🔍 **해설**

· 2중 농형 유도전동기 특징 : 기동토크 크고 기동전류 작을 것
· 외측 도체의 특징 : 누설리액턴스는 작고 저항을 클것

11 단락비가 1.2인 발전기의 퍼센트 동기 임피던스[%]는 약 얼마인가?

① 100　　　　② 83

③ 60　　　　④ 45

🔍 **해설**

단락비 $K_s=\dfrac{I_f'}{I_f''}=\dfrac{I_s}{I_n}=\dfrac{V^2}{PZ_s}=\dfrac{100}{\%Z_s}$

$\%Z_s=\dfrac{100}{K_s}=\dfrac{100}{1.2}=83[\%]$

12 3상 직권 정류자 전동기의 중간 변압기는 고정자 권선과 회전자 권선 사이에 직렬로 접속되는데, 이 중간 변압기를 사용하는 중요한 이유는?

① 경부하시 속도의 급상승 방지를 위하여

② 주파수 변동으로 속도를 조정하기 위하여

③ 회전자 상수를 감소하기 위하여

④ 역회전을 방지하기 위하여

🔍 **해설**

중간(직렬)변압기 사용이유

· 실효권수비 조정　　　　· 전동기 특성조정
· 정류전압 조정　　　　· 경부하시 속도상승 방지

13 3상 유도전압조정기의 동작원리는?

① 회전자계에 의한 유도 작용을 이용하여 2차 전압의 위상전압의 조정에 따라 변화한다.

② 교번자계의 전자유도작용을 이용한다.

③ 충전된 두 물체 사이에 작용하는 힘이다.

④ 두 전류 사이에 작용하는 힘이다.

🔍 **해설**

3상 유도전압조정기 특징

· 회전자계 이용
· 위상차 있다.
· 단락권선 필요없다.

14 3상 송전선의 수전단에서 전압 3300[V], 전류 800[A], 역률 0.8의 지상전력을 수전하는 경우 동기조상기를 사용해서 역률을 100[%]로 개선하고자 한다. 필요한 동기조상기의 용량[kVA]은?

① 1452　　　　② 1584

③ 2743　　　　④ 3200

🔍 **해설**

부하 역률이 0.8이므로 현재 부하의 무효전력이 $P_r=\sqrt{3}\,VI\sin\theta$ [kVA]에 해당하는 크기이다. 따라서, 역률을 100[%]로 개선하기 위해 필요한 동기조상기의 용량은

$Q_c=P_r=\sqrt{3}\,VI\sin\theta$
$=\sqrt{3}\times3300\times800\times0.6\times10^{-3}=2743[kVA]$이다.

[정답] 09 ③　10 ①　11 ②　12 ①　13 ①　14 ③

15 3상 동기전동기에 있어서 제동권선의 역할은?

① 효율 향상   ② 역률 개선

③ 난조 방지   ④ 출력 증가

🔍 해설

제동권선의 역할은 동기기의 조속기가 예민할 때 속도가 일정하지 않아 진동하는 현상인 난조가 발생하는 데 이러한 난조를 방지하는 데 중요한 역할을 한다. 제동권선은 회전자의 진동이나 불균형을 억제하고 전동기의 안정적인 운전을 도와준다.

16 농형 유도 전동기의 속도 제어법이 아닌 것은?

① 극수 변환   ② 전원 주파수 변환

③ 1차 전압 변환   ④ 1차 저항 변환

🔍 해설

유도전동기	농형	권선형
속도제어법	주파수제어법	2차저항법
	극수변환법	2차여자법
	전압제어법	종속법

17 8극, 100[kW], 3000[V], 60[Hz]의 3상 유도전동기의 2차 동손 3[kW] 기계손이 2[kW]라면 회전수는 몇 [rpm]인가?

① 876   ② 873

③ 874   ④ 872

🔍 해설

$$P_{c2} = sP_2$$

$$s = \frac{P_{c2}}{P_2} = \frac{P_{c2}}{P + P_{c2} + P_m} = \frac{3}{3 + 100 + 2} = 0.028$$

$$N = (1-s)\frac{120f}{p} = (1 - 0.028) \times \frac{120 \times 60}{8} = 874 \text{[rpm]}$$

18 단상 3권선 변압기가 있다. 1차 전압은 100[kV], 2차 전압은 20[kV], 3차 전압은 10[kV]이다. 2차에 10000[kVA] 유도 역률 80[%]의 부하에, 3차에 6000[kVA]의 진상 무효 전력이 걸렸을 때 의 1차 전류[A]를 구하면? (단, 변압기 손실 및 여자 전류는 무시한다.)

① 60   ② 80

③ 100   ④ 120

🔍 해설

단상

$V_2 = 20[\text{kV}]$
$P_2 = 10000[\text{kVA}]$
지상 $\cos\theta = 0.8$
$\sin\theta = 0.6$

2차

1차

3차 $P_3 = 6000[\text{kVA}]$
진상

$V_1 = 100[\text{kV}]$ $V_3 = 10[\text{kV}]$

2차측 전력 $P_2 = V_2 I_2 [\text{VA}]$

2차측 전류 $I_2 = \dfrac{P_2}{V_2} = \dfrac{10000}{20} = 500[\text{A}]$

$\qquad = I_2\cos\theta - jI_2\sin\theta = 400 - j300[\text{A}]$

3차측 무효전력 $P_3 = V_3 I_3 [\text{VA}]$

3차측 전류 $I_3 = \dfrac{P_3}{V_3} = \dfrac{6000}{10} = 600 = j600[\text{A}]$

$a = \dfrac{V_1}{V_2} = \dfrac{I_2}{I_1} \rightarrow I_1 = \dfrac{V_2}{V_1}I_2 = \dfrac{20}{100}(400 - j300)$

$\qquad = 80 - j60[\text{A}] = I_{12}$

$a = \dfrac{V_1}{V_3} = \dfrac{I_3}{I_1} \rightarrow I_1 = \dfrac{V_3}{V_1}I_3 = \dfrac{10}{100}(j600) = j60[\text{A}] = I_{13}$

$I_1 = I_{12} + I_{13} = 80 - j60 + j60 = 80[\text{A}]$

19 단상변압기를 병렬운전하는 경우 부하전류의 분담은 무엇에 관계되는가?

① 누설리액턴스에 비례한다.

② 누설리액턴스 2승에 반비례한다.

③ 누설임피던스에 비례한다.

④ 누설임피던스에 반비례한다.

【정답】 15 ③   16 ④   17 ③   18 ②   19 ④

전기자기학

전력공학

전기기기

회로이론

전기설비기술기준

🔍 **해설** --

분담전류는 $\dfrac{I_b}{I_a}=\dfrac{\%Z_a}{\%Z_b}\times\dfrac{P_B}{P_A}$ 의 관계로 부하전류의 분담은 누설리액턴스에 반비례한다.

20 75[kVA] 6000/200[V]의 단상변압기의 %임피던스 강하가 4[%]이다. 1차 단락전류는?

① 512.5   ② 412.5

③ 312.5   ④ 212.5

🔍 **해설** --

$P=V_1 I_1$ 이므로 $I_1=\dfrac{P}{V_1}$ 이다.

$I_{s1}=\dfrac{100}{\%Z}I_1=\dfrac{100}{4}\times\dfrac{75\times10^3}{6000}=312.5[\mathrm{A}]$

시행일 ▸ **2024년 3회**

01 정격전압 1차 6600[V], 2차 220[V]의 단상변압기 2대를 승압기로 V결선하여 6300[V]의 3상 전원에 접속하면 승압된 전압은 약 몇 [V]인가?

① 6410   ② 6460

③ 6510   ④ 6560

🔍 **해설** --

단권변압기의 승압기이므로 6600/6820

$a=\dfrac{V_1}{V_2}=\dfrac{V_1{}'}{V_2{}'}\;\rightarrow\;V_2{}'=\dfrac{V_2}{V_1}\times6300=6510[\mathrm{V}]$

02 50[kVA], 3300/110[V]의 변압기가 있다. 무부하일 때 1차전류 0.5[A], 입력 600[W]이다. 자화전류[A]는?

① 약 0.18   ② 약 0.36

③ 약 0.47   ④ 약 0.54

🔍 **해설** --

$I_\phi=\sqrt{I_0{}^2-I_i{}^2}=\sqrt{0.5^2-\left(\dfrac{600}{3300}\right)^2}=0.466$

03 6극 직류 발전기의 정류자 편수가 132, 단자전압이 220[V], 직렬 도체수가 132개이고 중권이다. 정류자 편간 전압은 몇 [V]인가?

① 5   ② 10

③ 20   ④ 30

🔍 **해설** --

$E_L=\dfrac{E\times a}{K}=\dfrac{220\times6}{132}=10[\mathrm{V}]$

04 비돌극형 동기 발전기의 단자 전압(1상)을 V, 유도 기전력(1상)을 E, 동기 리액턴스(1상)를 X_s, 부하각을 δ라 하면 1상의 출력[W]은 약 얼마인가?

① $\dfrac{EV}{X_s}\cos\delta$ ② $\dfrac{EV}{X_s}\sin\delta$

③ $\dfrac{E^2V}{X_s}\cos\delta$ ④ $\dfrac{EV^2}{X_s}\cos\delta$

🔍 **해설** --

동기발전기 1상의 출력 공식

$P_{1\phi}=\dfrac{EV}{x_s}\sin\delta$

05 200[kW], 200[V]의 직류 분권 발전기가 있다. 전기자 권선의 저항이 0.025[Ω]일 때 전압 변동률은 몇 [%]인가?

① 6.0   ② 12.5

③ 20.5   ④ 25.0

🔍 **해설** --

전기자 전류 $I_a=I+I_f(=0)=\dfrac{P}{V}=\dfrac{200\times10^3}{200}=1000[\mathrm{A}]$

무부하전압 $V_0=E=V+I_a R_a=200+1000\times0.025=225[\mathrm{V}]$

전압변동률 $\varepsilon=\dfrac{V_0(E)-V_n}{V_n}\times100=\dfrac{225-200}{200}\times100=12.5[\%]$

[정답] 20 ③   2024년 3회   01 ③   02 ③   03 ②   04 ②   05 ②

06 3상 농형 유도 전동기 기동법 중 옳은 것은?

① Y-△ 기동을 한다.

② 콘덴서를 이용하여 기동한다.

③ 2차 회로에 저항을 넣어 기동한다.

④ 기동저항기법을 사용한다.

🔍 해설

3상 농형 유도전동기 기동법

농형	권선형
전전압기동	2차저항법
Y-△ 기동	2차여자법
기동보상기기동	종속법
리액터기동	

07 동기 조상기를 부족여자로 사용하면?

① 리액터로 작용

② 저항손의 보상

③ 일반 부하의 뒤진전류를 보상

④ 콘덴서로 작용

🔍 해설

위상특성곡선(V곡선) : I_f와 I_a와의 관계

부족여자로 운전 시 리액터로 작용한다.

08 직류-직류 변환기이고 전기 철도의 직권 전동기 등 속도 제어에서 전기자 전압을 조정하면 속도 제어가 되는 것은?

① 듀얼 컨버터   ② 사이클로 컨버터

③ 초퍼   ④ 인버터

🔍 해설

09 직류발전기를 병렬운전할 때 균압선이 필요한 직류 발전기는?

① 분권발전기, 직권발전기

② 분권발전기, 복권발전기

③ 직권발전기, 복권발전기

④ 분권발전기, 단극발전기

🔍 해설

병렬운전 시 균압선이 필요한 직류발전기는 직권 발전기, 복권 발전기이다.

10 직류전동기의 속도제어 방법 중 광범위한 속도제어가 가능하며, 운전효율이 가장 좋은 방법은?

① 계자제어   ② 직렬저항제어

③ 병렬저항제어   ④ 전압제어

🔍 해설

직류전동기 속도제어법 중 전압제어는 광범위한 속도제어가 가능하며, 운전효율이 가장 좋은 제어법이다.

[정답] 06 ①   07 ①   08 ③   09 ③   10 ④

11 직류 분권 전동기가 있다. 단자 전압이 215[V], 전기자 전류가 50[A], 전기자 저항이 0.1[Ω], 회전수가 1500[rpm]일 때 발생 회전력은 몇 [N·m]인가?

① 66.8   ② 72.7
③ 81.6   ④ 91.2

🔍 **해설**
$$T = \frac{60EI_a}{2\pi N} = \frac{60I_a(V - I_aR_a)}{2\pi N} = \frac{60 \times 50(215 - 50 \times 0.1)}{2\pi \times 1500}$$
$$= 66.8[\text{N·m}]$$

12 교류에서 직류로 변환하는 기기가 아닌 것은?

① 회전 변류기   ② 인버터
③ 전동 직류발전기   ④ 셀렌 정류기

🔍 **해설**
교류에서 직류로 변환하는 기기
회전 변류기, 전동직류발전기, 셀렌 정류기

💙 **참고**
인버터 직류에서 교류로 변환하는 기기

13 2대의 동기발전기가 병렬운전하고 있을 때 동기화 전류가 흐르는 경우는?

① 부하분담에 차가 있을 때
② 기전력의 크기에 차가 있을 때
③ 기전력의 위상에 차가 있을 때
④ 기전력의 파형에 차가 있을 때

🔍 **해설**
동기발전기 병렬운전
• 기전력의 크기에 차가 있을 때 : 무효순환전류 발생
• 기전력의 위상에 차가 있을 때 : 동기화전류(유효순환전류) 발생

14 6600/210[V], 10[kVA] 단상 변압기의 퍼센트 저항강하는 1.2[%], 리액턴스 강하는 0.9[%]이다. 임피던스 전압[V]은?

① 99   ② 81
③ 65   ④ 37

🔍 **해설**
$$\%Z = \frac{V_s(\text{임피던스 전압})}{V_1} \times 100 = \sqrt{\%R^2 + \%X^2}$$
$$V_s = \frac{\sqrt{\%R^2 + \%X^2}}{100} \times V_1 = \frac{\sqrt{1.2^2 + 0.9^2}}{100} \times 6600 = 99[\text{V}]$$

15 다음 중 3상 동기기의 제동권선의 역할은?

① 출력증가   ② 효율증가
③ 난조방지   ④ 역률개선

🔍 **해설**
제동권선의 주요 역할은 난조방지이다.

16 단상 유도전동기 중 기동토크가 가장 작은 것은?

① 반발 기동형   ② 분상 기동형
③ 쉐이딩 코일형   ④ 커패시터 기동형

🔍 **해설**
단상 유도전동기의 기동토크 큰 순서
반발기동형 > 반발유도형 > 콘덴서기동형 > 분상기동형 > 셰이딩 코일형

17 %임피던스 강하가 4[%]인 변압기가 운전 중 단락되었을 때 단락전류는 정격전류의 몇 배가 흐르는가?

① 15   ② 20
③ 25   ④ 30

🔍 **해설**
변압기 단락전류 $I_s = \frac{100}{\%Z} \times I_n = \frac{100}{4} \times I_n = 25I_n$이므로 단락전류는 정격전류의 25배 큰 전류가 흐른다.

[정답] 11 ①   12 ②   13 ③   14 ①   15 ③   16 ③   17 ③

18 다이오드를 사용한 정류회로에서 여러 개를 병렬로 연결하여 사용할 경우 얻는 효과는?

① 인가전압 증가

② 다이오드의 효율 증가

③ 부하 출력의 맥동률 감소

④ 다이오드의 허용전류 증가

🔍 **해설**

다이오드 보호방법
· 과전압 보호방법 : 여러개의 다이오드 직렬연결
· 과전류 보호방법 : 여러개의 다이오드 병렬연결(다이오드의 허용전류 증가)

19 2중 농형 유도전동기에서 외측(회전자 표면에 가까운 쪽) 슬롯에 사용되는 전선에 대한 설명으로 적합한 것은?

① 누설 리액턴스가 작고 저항이 커야 한다.

② 누설 리액턴스가 크고 저항이 커야 한다.

③ 누설 리액턴스가 작고 저항이 작아야 한다.

④ 누설 리액턴스가 크고 저항이 작아야 한다.

🔍 **해설**

2중 농형 유도 전동기
· 외측 도체 : 누설리액턴스 작고 저항이 커야 한다.
· 내측 도체 : 누설리액턴스 크고 저항이 작아야 한다.

20 전기자저항과 계자저항이 각각 $0.8[\Omega]$인 직류 직권권동기가 회전수 $200[\text{rpm}]$, 전기자전류 $30[\text{A}]$일 때 역기전력은 $300[\text{V}]$이다. 이 전동기의 단자전압을 $500[\text{V}]$로 사용한다면 전기자전류가 위와 같은 $30[\text{A}]$로 될 때의 속도 $[\text{rpm}]$는? (단, 전기자 반작용, 마찰손, 풍손 및 철손은 무시한다.)

① 200

② 301

③ 452

④ 500

🔍 **해설**

전동기의 속도는 기전력에 비례하므로

$E=300[\text{V}]$일 때 속도 $N=200[\text{rpm}]$

$E'=V'-I_a(R_a+R_s)=500-30(0.8+0.8)=452[\text{rpm}]$

$E'=452[\text{rpm}]$일 때

속도 $N'=\dfrac{E'}{E}N=\dfrac{452}{300}\times200=301.33[\text{rpm}]$

시행일 | **2025년 1회**

01 전기기계에 있어서 히스테리시스손을 감소시키기 위하여는?

① 성층철심 사용

② 규소강판 사용

③ 보극 설치

④ 보상권선 설치

🔍 **해설**

기기의 철손

규소강판 : 히스테리시스손을 감소시키기 위해 규소를 섞은 강판

02 1차측 권수가 1500인 변압기의 2차측에 접속한 저항 $16[\Omega]$을 1차측으로 환산했을 때 $8[\text{k}\Omega]$으로 되어 있다면 2차측 권수는 약 얼마인가?

① 75

② 70

③ 67

④ 64

🔍 **해설**

변압기의 권수비

$a=\dfrac{N_1}{N_2}=\sqrt{\dfrac{R_1}{R_2}}$

$N_2=\sqrt{\dfrac{R_2}{R_1}}\times N_1=\sqrt{\dfrac{16}{8000}}\times1500=67$

전기자기학

전력공학

전기기기

회로이론

전기설비기술기준

03 직류에서 교류로 변환하는 기기는?

① 쵸퍼   ② 인버터

③ 회전 변류기   ④ 사이클로 컨버터

🔍 **해설**

전력변환 장치
- 인버터 : 직류를 교류로 변환
- 사이크로 컨버터 : 교류의 주파수 변환
- 쵸퍼 : 직류를 직접 제어
- 회전 변류기 : 교류를 직류로 변환

04 동기발전기의 병렬운전에 필요한 조건이 아닌 것은?

① 기전력의 크기가 같을 것

② 위상이 같을 것

③ 주파수가 같을 것

④ 용량이 같을 것

🔍 **해설**

병렬운전 조건
- 기전력의 크기가 같을 것
- 기전력의 위상이 같을 것
- 기전력의 주파수가 같을 것
- 기전력의 파형이 같을 것
- 상회전이 같을 것

05 동기기의 전기자 권선법이 아닌 것은?

① 중권   ② 2층권

③ 분포권   ④ 전절권

🔍 **해설**

동기기의 전기자 권선법
동기기에 주로 사용되는 전기자 권선법은 2층권, 중권, 분포권, 단절권이 사용된다.

06 변압기유로 쓰이는 절연유에 요구되는 특성이 아닌 것은 ?

① 점도가 클 것   ② 인화점이 높을 것

③ 응고점이 낮을 것   ④ 절연 내력이 클 것

🔍 **해설**

절연유의 목적 : 절연작용, 냉각작용
- 비열이 커서 냉각효과가 클 것
- 절연저항 및 절연내력이 클 것
- 인화점이 높고 응고점이 낮을 것
- 고온에서도 석출물이 생기거나 산화하지 않을 것

07 직류 분권전동기의 공급전압의 극성을 반대로 하면 회전 방향은 어떻게 되는가?

① 변하지 않는다.   ② 반대로 된다.

③ 발전기로 된다.   ④ 회전하지 않는다.

🔍 **해설**

직류전동기 회전방향
직류 전동기의 회전방향 자여자 전동기는 극성을 반대로 하더라도 회전방향이 바뀌지 않는다. 타여자 전동기는 극성이 반대가 되면 회전방향이 반대가 된다.

08 동기발전기 종류 중 회전계자형의 특징으로 옳은 것은?

① 고주파 발전기에 사용

② 극소용량, 특수용으로 사용

③ 소요전력이 크고 기구적으로 복잡

④ 기계적으로 튼튼하여 가장 많이 사용

🔍 **해설**

회전계자의 특징
회전계자형 계자는 철의 분포가 많아 튼튼하고 직류저전압소전류를 인가하므로 절연이 용이하다.
전기자 권선에는 고전압이 발생하므로 고정자로 사용하는게 절연이 용이하다.

[**정답**] 03 ②   04 ④   05 ④   06 ①   07 ①   08 ④

09 직류기의 손실 중 기계손에 속하는 것은?

① 브러시의 전기손 ② 와전류손

③ 풍손 ④ 전기자 권선 동손

🔍 **해설**

기계손

전기기기에서 기계적 원인으로 발생하는 손실을 말하며, 풍손과 마찰손 등이 있다.

10 단상 직권 정류자 전동기에서 주자속의 최대치를 ϕ_m, 자극수를 p, 전기자 병렬 회로수를 a, 전기자 전 도체수를 Z, 전기자의 속도를 $N[\text{rpm}]$이라 하면 속도 기전력의 실효값 $E_r[\text{V}]$은? (단, 주자속은 정현파이다.)

① $E_r=\sqrt{2}\,\dfrac{p}{a}Z\dfrac{N}{60}\phi_m$ ② $E_r=\dfrac{1}{\sqrt{2}}\dfrac{p}{a}ZN\phi_m$

③ $E_r=\dfrac{p}{a}Z\dfrac{N}{60}\phi_m$ ④ $E_r=\dfrac{1}{\sqrt{2}}\dfrac{p}{a}Z\dfrac{N}{60}\phi_m$

🔍 **해설**

단상직권 정류자 전동기

실효값 $E=\dfrac{E_m}{\sqrt{2}}=\dfrac{1}{\sqrt{2}}\times\dfrac{pZ\phi_mN}{60a}$

11 직류분권 전동기의 전체 도체수는 100이고, 단중중권이며 자극수는 4, 자속수는 극당 0.628[Wb]이다. 부하를 걸어 전기자에 5[A]가 흐르고 있을 때의 토크는 약 몇 [N·m]인가?

① 15 ② 25

③ 50 ④ 100

🔍 **해설**

직류 전동기 토크

$T=\dfrac{pZ\phi I_a}{2\pi a}=\dfrac{4\times100\times0.628\times5}{2\pi\times4}=49.97[\text{N·m}]$

12 일반적인 농형 유도 전동기에 관한 설명 중 틀린 것은?

① 2차측을 개방할 수 없다.

② 2차측의 전압을 측정할 수 있다.

③ 2차 저항 제어법으로 속도를 제어할 수 없다.

④ 1차 3선 중 2선을 바꾸면 회전방향을 바꿀 수 있다.

🔍 **해설**

농형 유도전동기의 특징

농형 유도전동기는 1차측의 3선 중 2선을 바꾸면 회전방향을 바꿀 수 있다. 2차 저항 제어법으로 속도를 제어할수 없으며 2차측 또한 개방할 수 없다. 또한 2차측은 회전자이므로 회전자의 전압을 측정할 수 있는 구조가 아니다.

13 정류방식 중에서 맥동률이 가장 작은 회로는? (단, 저항부하를 사용하였을 경우이다.)

① 단상 반파 정류회로

② 단상 전파 정류회로

③ 삼상 반파 정류회로

④ 삼상 전파 정류회로

🔍 **해설**

맥동률

- 단상반파 정류회로 121[%]
- 단상전파 정류회로 48[%]
- 삼상반파 정류회로 17[%]
- 삼상전파 정류회로 4[%]

14 전기기기에 있어 와전류손(Eddy current loss)을 감소시키기 위한 방법은?

① 냉각압연

② 보상권선 설치

③ 교류전원을 사용

④ 규소강판을 성층하여 사용

[**정답**] 09 ③ 10 ④ 11 ③ 12 ② 13 ④ 14 ④

해설

철손감소 방법
- 와전류손 : 자속이 철심을 통과할 때 소용돌이 모양의 전류로 인해 발생하는 손실
- 성층철심 : 와전류손을 감소시키기 위해 얇은 철심을 여러겹 겹쳐서 사용한다.

15 3상 동기 전동기에 있어서 제동권선의 역할은?

① 효율 향상   ② 역률 개선
③ 난조 방지   ④ 출력 증가

해설

동기전동기 제동권선
동기기의 제동권선의 주요 역할은 난조방지이다.

16 변류기의 수리 및 점검 시 변류기 2차측 절연보호를 위해 조치하여야 하는 방법은 ?

① 변류기 1차측 단자를 개방
② 변류기 2차측 단자를 개방
③ 변류기 1차측 단자를 단락
④ 변류기 2차측 단자를 단락

해설

변류기 2차측 단락이유
변류기 2차측 개방시에 2차 권선에 고전압을 유기하게 되어 절연이 파괴될수 있기 때문에 2차측을 단락시킨다.

17 동기 전동기의 V곡선 (위상특성곡선)의 설명 중 맞는 것은? (단, I는 전기자전류, I_f는 계자전류이다.)

① 과여자시 I_f를 증가하면 뒤진 역률이 되며 I는 증가
② 과여자시 I_f를 증가하면 앞선 역률이 되며 I는 증가
③ 부족여자시 I_f를 감소하면 앞선 역률이 되며 I는 감소
④ 부족여자시 I_f를 감소하면 앞선 역률이 되며 I는 증가

해설

동기전동기 위상특성곡선
동기전동기의 위상특성곡선이란 출력이 일정할 때 계자전류 I_f가 변할 때 전기자전류 I_a의 변화를 나타낸 곡선을 말한다.

18 3상 권선형 유도전동기의 2차 회로에 저항을 삽입하는 목적이 아닌 것은?

① 속도는 줄지만 최대 토크를 크게 하기 위하여
② 속도제어를 하기 위하여
③ 기동 토크를 크게 하기 위하여
④ 기동 전류를 줄이기 위하여

해설

유도전동기 비례추이
3상 권선형 유도전동기는 비례추이를 통해 속도제어가 가능하며, 기동시 기동 전류의 감소와 기동 토크를 증가 시킬 수 있다.

19 3상 유도 전동기의 원선도를 그리는데 필요하지 않는 것은?

① 구속 시험   ② 무부하 시험
③ 슬립 측정   ④ 저항 측정

해설

원선도 작성을 위해 필요한 시험
- 무부하시험
- 구속시험
- 권선저항측정시험

20 다음은 직류 발전기의 정류곡선이다. 이 중에서 정류 말기에 정류의 상태가 좋지 않은 것은?

[정답] 15 ③ 16 ④ 17 ② 18 ① 19 ③

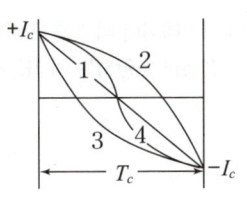

① 1   ② 2

③ 3   ④ 4

🔍 해설

직류발전기 정류곡선

정류곡선 중 정류 말기에 전류 변화가 가장 큰 곡선이 정류 상태가 불량하다.

시행일 ◀ **2025년 2회**

01 다음 중 동기 전동기의 난조 방지에 가장 유효한 것은?

① 자극수를 적게 한다.

② 회전자의 관성을 크게 한다.

③ 자극면에 제동 권선을 설치한다.

④ 동기 리액턴스 x_s를 작게 하고 동기 화력을 크게 한다.

🔍 해설

제동권선의 역할

• 난조방지

• 기동토크 발생

• 부하 불평형시 이상전압 방지

02 3상 직권 정류자 전동기의 중간 변압기는 고정자 권선과 회전자 권선 사이에 직렬로 접속되는데, 이 중간 변압기를 사용하는 중요한 이유는?

① 경부하시 속도의 급상승 방지를 위하여

② 주파수 변동으로 속도를 조정하기 위하여

③ 회전자 상수를 감소하기 위하여

④ 역회전을 방지하기 위하여

🔍 해설

3상 직권 정류자 전동기의 중간변압기 사용 목적

• 변압기의 권수비를 조정

• 정류시 알맞은 전압 조정

• 전동기의 특성을 조정

※ 직권전동기이므로 무,경부하시 속도상승 방지

03 3상 동기발전기에서 그림과 같이 1상의 권선을 서로 똑같은 2조로 나누어서 그 1조의 권선전압을 $E[\text{V}]$, 각 권선의 전류를 $I[\text{A}]$라 하고 2중 Y형(Double star)으로 결선한 경우 선간전압[V], 선전류[A], 피상전력[W]은?

① $3E$, I, $5.19EI$ ② $\sqrt{3}\,E$, $2I$, $6EI$

③ E, $2\sqrt{3}\,I$, $6EI$ ④ $\sqrt{3}\,E$, $\sqrt{3}\,I$, $5.19EI$

🔍 해설

선간전압 $V_l = \sqrt{3}\,E$

선전류 $I_l = 2I$

피상전력 $P_a = \sqrt{3}\,V_l I_l = \sqrt{3} \times \sqrt{3}\,E \times 2I = 6EI$

04 직류 분권 발전기의 브러시를 중성축에서 회전방향 쪽으로 이동하면 전압은?

① 상승한다.   ② 급격히 상승한다.

③ 변화하지 않는다.   ④ 감소한다.

🔍 해설

직류 분권 발전기 전기자 반작용

브러시를 회전방향으로 이동시 감자작용이 발생하여 주자속이 줄어 기전력이 낮아져 단자전압이 저하된다.

05
20[kVA]의 단상변압기가 역률 1일 때 전부하 효율이 97[%]이다. 3/4 부하일 때 이 변압기는 최고 효율을 나타낸다. 전부하에서 철손(P_i)와 동손(P_c)은 각각 몇 [W]인가?

① $P_i=222$, $P_c=396$ ② $P_i=232$, $P_c=386$
③ $P_i=242$, $P_c=376$ ④ $P_i=252$, $P_c=356$

🔍 **해설**

변압기 효율

$P_a=20[\mathrm{kVA}]$, $\cos\theta=1$, $\eta=0.97$, $\dfrac{1}{m}=\dfrac{3}{4}$

$\eta=\dfrac{출력}{출력+손실}=\dfrac{P_a\cos\theta}{P_a\cos\theta+P_l}=\dfrac{P_a}{P_a+P_l}$

$P_l=\dfrac{P_a}{\eta}-P_a=\dfrac{20\times10^3}{0.97}-20\times10^3=618[\mathrm{W}]$

$\dfrac{1}{m}=\sqrt{\dfrac{P_i}{P_c}}=\dfrac{3}{4}\ \rightarrow\ \dfrac{P_i}{P_c}=\left(\dfrac{3}{4}\right)^2=\dfrac{9}{16}$

$P_l=P_i+P_c=\dfrac{9}{16}P_c+P_c=\dfrac{25}{16}P_c=618[\mathrm{W}]$

$P_c=396[\mathrm{W}]$

$P_i=P_l-P_c=618-396=222[\mathrm{W}]$

06
유도 전동기 원선도에서 원의 지름은? (단, E는 1차 전압, r은 1차로환산한 저항, x는 1차로 환산한 누설리액턴스라 한다.)

① rE에 비례 ② rxE에 비례
③ $\dfrac{E}{r}$에 비례 ④ $\dfrac{E}{x}$에 비례

🔍 **해설**

유도전동기 원선도
원선도의 원의 지름은 1차 전압에 비례하고, 1차로 환산한 리액턴스에 비례한다.

07
변압기의 콘서베이터 내에 충전하여 절연유의 산화를 방지하고, 공기접촉을 차단하는 데 사용하는 기체는?

① 산소 ② 이산화탄소
③ 질소(N_2) ④ 아르곤

🔍 **해설**

변압기 열화 방지책

08
단상변압기 2대를 사용하여 3150[V]의 평형 3상에서 210[V]의 평형 2상으로 변환하는 경우에 각 변압기의 1차 전압과 2차 전압은 얼마인가?

① 주좌 변압기 : 1차 3150[V], 2차 210[V],
   T좌 변압기 : 1차 3150[V], 2차 210[V]
② 주좌 변압기 : 1차 3150[V], 2차 210[V],
   T좌 변압기 : 1차 $3150\times\dfrac{\sqrt{3}}{2}$[V], 2차 210[V]
③ 주좌 변압기 : 1차 $3150\times\dfrac{\sqrt{3}}{2}$[V], 2차 210[V],
   T좌 변압기 : 1차 $3150\times\dfrac{\sqrt{3}}{2}$[V], 2차 210[V]
④ 주좌 변압기 : 1차 $3150\times\dfrac{\sqrt{3}}{2}$[V], 2차 210[V],
   T좌 변압기 : 1차 3150[V], 2차 210[V]

🔍 **해설**

변압기 스코트결선(T결선)

09 직류기에 탄소 브러시를 사용하는 주된 이유는?

① 고유 저항이 작기 때문에

② 접촉 저항이 작기 때문에

③ 접촉 저항이 크기 때문에

④ 고유 저항이 크기 때문에

🔍 **해설**

브러시 종류

- 탄소브러시 : 불순물이 적은 탄소 분말을 원료로 하여 성형소결 한 것으로 접촉저항이 커서 전류 용량이 작은 소형기에서 주로 사용된다.
- 금속흑연브러시 : 구리 분말 가루와 흑연분말을 혼합소결한 것으로 접촉저항이 작아 전류 용량이 큰 저전압, 대전류의 기계에 사용된다.

10 어떤 IGBT의 열용량은 $0.02[\text{J}/{}^\circ\text{C}]$, 열저항은 $0.625[{}^\circ\text{C/W}]$이다. 이 소자에 직류 25[A]가 흐를 때 전압 강하는 3[V]이다. 몇 $[{}^\circ\text{C}]$의 온도상승이 발생하는가?

① 1.5

② 1.7

③ 47

④ 52

🔍 **해설**

IGBT 온도상승

전력손실 $P = VI = 3 \times 25 = 75[\text{W}]$

온도상승 $\triangle T = P \times R_\theta = 75 \times 0.625 = 46.9[{}^\circ\text{C}]$

11 3상 유도전동기에서 $(S>1)$ 슬립이 1보다 클 때 전동기의 동작 상태는?

① 정상운전 영역

② 회생제동 영역

③ 발전기 영역

④ 역상제동 영역

🔍 **해설**

전동기 슬립 범위

- $(1<S<2)$: 제동기(역상제동)
- $(0<S<1)$: 전동기
- $(S<0)$: 발전기

12 직류전동기 중 부하가 변하면 속도가 심하게 변하는 전동기는?

① 분권 전동기

② 직권 전동기

③ 자동 복권 전동기

④ 가동 복권 전동기

🔍 **해설**

직류전동기 종류

직류전동기 중에서 부하게 변하면 속도가 심하게 변하는 전동기는 직권 전동기이다.

13 포화하고 있지 않은 직류 발전기의 회전수가 1/2로 감소되었을 때 기전력을 속도 변화 전과 같은 값으로 하려면 여자를 어떻게 해야 하는가?

① $\frac{1}{2}$로 감소시킨다.

② 1배로 증가시킨다.

③ 2배로 증가시킨다.

④ 4배로 증가시킨다.

🔍 **해설**

직류발전기 유기기전력

유기기전력 $E = k\phi N$

$\phi \propto \dfrac{E}{kN} \propto \dfrac{1}{N} = \dfrac{1}{1/2} = 2$배

14 단락사고에 대한 전동기의 과전류 보호기기가 아닌 것은?

① PF

② MC

③ OCR

④ MCCB

[정답] 09 ③ 10 ③ 11 ④ 12 ② 13 ③

해설

과전류 보호기기
① PF(전력퓨즈) : 과전류시 회로를 용단하는 1회성 장치
② MC(전자개폐기) : 전자기력을 이용해 회로를 개폐하는 장치
③ OCR (과전류계전기) : 과전류가 흐를 때 동작하는 계전기
④ MCCB(배선용차단기) : 과전류를 흐를 때 동작하는 차단기

15 변압기 부하가 증가하면 발생하는 현상으로 옳은 것은?

① 2차 전압 상승
② 무부하전류 증가
③ 1차 전류 감소
④ 2차 전압 강하

해설

변압기
변압기의 부하가 증가하면 2차 전류가 늘어 변압기 내부 임피던스에서 전압강하가 발생하여 2차측 단자전압이 낮아지게 된다.

16 콘덴서 기동형 유도전동기의 보조권선 회로에 사용하는 커패시터의 용도는?

① 역률 개선
② 기동 토크 향상
③ 슬립 감소
④ 전류 감소

해설

단상 유도전동기 종류
콘덴서 기동형 유도전동기의 보조권선 회로에 사용하는 콘덴서(커패시터)의 용도는 회전자계를 발생시켜 기동토크를 얻기 위해서 사용된다.

17 동기 발전기에서 고조파분을 제거하여 기전력의 파형을 개선하는 권선법은?

① 전절권
② 집중권
③ 장절권
④ 단절권

해설

전기자 권선법
분포권, 단절권 : 고조파를 제거하고 기전력의 파형을 개선

18 무부하로 병렬 운전하는 동일 정격의 2대의 3상 동기발전기에 대응하는 두 기전력 사이에 30°의 위상차가 있을 때 한 발전기에서 다른 발전기에 공급되는 전력은 1상의 유효전력은 몇 [kW]인가? (단, 각 발전기의(상의) 기전력은 1000[V], 동기 리액턴스는 4[Ω]이고, 전기자 저항은 무시한다.)

① 62.5
② 125.5
③ 152.5
④ 20.8

해설

동기발전기 병렬운전

$$수수전력\ P = \frac{E^2}{2x_s}\sin\delta \times 10^{-3}$$
$$= \frac{1000^2}{2 \times 4}\sin 30° \times 10^{-3} = 62.5[\text{kW}]$$

19 동기발전기를 병렬운전하기 위해 동기점검등을 설치하였다. 동기점검등이 완전히 꺼지는 순간은 어떤 상태를 의미하는가?

① 전압차가 최대일 때
② 주파수차가 최대일 때
③ 위상차가 180°일 때
④ 전압, 주파수, 위상 모두 일치할 때

해설

동기점검등
동기점검등은 동기발전기를 병렬로 운전할 때 발전기의 위상과 전압, 주파수를 일치 여부를 확인하기 위해 사용되는 표시 장치

[**정답**] 14 ② 15 ④ 16 ② 17 ④ 18 ② 19 ④

20 4극 3상 유도전동기를 60[Hz]의 전원에 접속하여 운전하고 있다. 회전자의 주파수가 3[Hz]일 때 회전자 속도 [rpm]는?

① 1700 ② 1710

③ 1720 ④ 1730

🔍 **해설**

유도전동기 회전시 특성

회전자 주파수 $f_{2s}=sf_1$

슬립 $s=\dfrac{f_{2s}}{f_1}=\dfrac{3}{60}=0.05$

회전자 속도 $N=(1-s)\dfrac{120f}{p}$

$$=(1-0.05)\times\dfrac{120\times60}{4}=1710[\text{rpm}]$$

시행일 **2025년 3회**

01 자극수 4, 전기자 도체수 500, 극당 유효자속 0.01 [Wb] 회전수 600[rpm]인 직렬권 직류발전기의 유도기전력[V]은? (단, 단중파권일 때이다.)

① 50 ② 70

③ 80 ④ 100

🔍 **해설**

직류발전기 유기기전력

유기기전력 $E=\dfrac{pZ\phi N}{60a}=\dfrac{4\times500\times0.01\times600}{60\times2}=100[\text{V}]$

02 직권 전동기에서 위험 속도가 되는 경우는?

① 정격전압, 과부하 ② 저전압, 과여자

③ 정격전압, 무부하 ④ 전기자에 저저항 접속

🔍 **해설**

직권전동기 특징

직권전동기는 정격전압시 무부하가 되면 위험속도가 된다.

- 전기자 전류 $I_a=I_s=I=\phi$
- 전동기 속도 $N=k\dfrac{V-I_aR_a}{\phi}$

03 3000[V], 1500[kVA], 동기 임피던스 3[Ω]인 동일정격의 두 동기 발전기를 병렬운전 하던 중 한쪽 계자전류가 증가해서 각상 유도 기전력 사이에 300[V]의 전압차가 발생했다면 두 발전기 사이에 흐르는 무효횡류는 몇 [A]인가?

① 20 ② 30

③ 40 ④ 50

🔍 **해설**

동기발전기 병렬운전

- 동기발전기 병렬운전 : 기전력의 크기가 같을 것
- 무효횡류 $I_c=\dfrac{E}{2Z_s}=\dfrac{300}{2\times3}=50[\text{A}]$

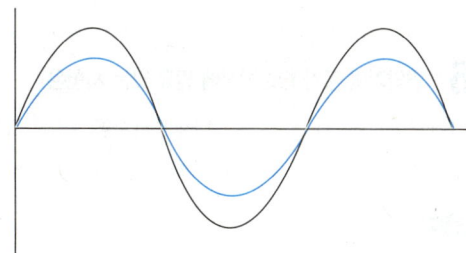

전기자기학

전력공학

전기기기

회로이론

전기설비기술기준

04 동기기의 안정도 향상에 유효하지 못한 것은?

① 관성모멘트를 크게 할 것
② 단락비를 크게 할 것
③ 속응여자 방식으로 할 것
④ 동기임피던스를 크게 할 것

🔍 **해설**

안정도 향상 방법

- 단락비를 크게 할 것
- 관성모멘트를 크게 할 것
- 속응여자 방식으로 할 것
- 동기(정상)임피던스를 작게 할 것
- 영상 및 역상 임피던스를 크게 할 것

05 3상 변압기의 병렬운전이 불가능한 결선조합은?

① $\triangle - Y$와 $\triangle - Y$
② $Y - \triangle$와 $Y - \triangle$
③ $\triangle - \triangle$와 $\triangle - \triangle$
④ $\triangle - Y$와 $\triangle - \triangle$

🔍 **해설**

병렬운전이 불가능한 결선

3상 변압기의 병렬운전이 불가능한 결선조합은 $\triangle - Y$와 $\triangle - \triangle$, $\triangle - Y$와 $Y - Y$등이 있다.

06 변압기의 등가회로 작성에 필요 없는 시험은?

① 단락시험
② 반환부하시험
③ 무부하시험
④ 지항측정시험

🔍 **해설**

등가회로 작성시 필요 시험

- 무부하시험
- 단락시험
- 저항측정시험

07 전부하로 운전하고 있는 60[Hz], 4극 권선형 유도 전동기의 전부하 속도 1728[rpm] 2차 1상 저항 0.02[Ω]이다. 2차 회로의 저항을 3배로 할 때 회전수[rpm]는?

① 1264
② 1356
③ 1584
④ 1765

🔍 **해설**

권선형 유도전동기 비례추이

$$\frac{r_2}{s} = \frac{r_2 + R}{s'} = \frac{3r_2}{s'}$$

2차 저항 3배시의 슬립 $s' = \dfrac{3r_2}{r_2}s = 3 \times 0.04 = 0.12$

$$N_s = (1-s)\frac{120f}{p} = (1-0.12)\frac{120 \times 60}{4} = 1584[\text{rpm}]$$

08 권선형 유도전동기의 전부하 슬립이 4[%], 2차 1상의 저항 0.3[Ω]이다. 이 전동기의 기동토크를 전부하 토크와 같도록 하려면 외부에서 2차에 삽입해야 할 저항[Ω]은?

① 5.8[Ω]
② 6.7[Ω]
③ 7.2[Ω]
④ 8.3[Ω]

🔍 **해설**

유도전동기 비례추이

기동시 토크이므로 슬립 $s' = 0$이다.

$$\frac{r_2}{s} = \frac{r_2 + R}{s'} = \frac{r_2 + R}{1}$$

$$R = \frac{r_2}{s} - r_2 = \frac{0.3}{0.04} - 0.3 = 7.2[\Omega]$$

[정답] 04 ④ 05 ④ 06 ② 07 ③ 08 ③

09 순저항 부하 단상반파 정류회로에서 V_1은 교류 100[V]이면 부하 R에서 얻는 평균 직류전압은 몇 [V]이며, 다이오드 D_1의 PIV(첨두역전압)는 몇 [V]인가? (단, D_1의 전압강하는 무시함.)

① 45[V], 141[V]   ② 50[V], 100[V]

③ 45[V], 100[V]   ④ 50[V], 282[V]

해설

단상반파정류회로
직류 평균전압 $E_d = 0.45E = 0.45 \times 100 = 45[V]$
첨두역전압 $PIV = \pi E_d = \pi \times 45 = 141[V]$

10 인버터(Inverter)의 전력 변환은?

① 교류 ➡ 직류로 변환   ② 직류 ➡ 직류로 변환

③ 교류 ➡ 교류로 변환   ④ 직류 ➡ 교류로 변환

해설

전력변환장치
- 인버터 : 직류 ➡ 교류
- 컨버터 : 교류 ➡ 직류
- 쵸퍼 : 직류 ➡ 직류
- 사이클로 컨버터 : 교류 ➡ 교류

11 200[kW], 200[V]의 직류 분권발전기가 있다. 전기자 권선의 저항이 0.025[Ω]일 때 전압변동률은 몇 [%]인가?

① 6.0   ② 12.5

③ 20.5   ④ 25.0

해설

전압변동률
무부하전압=유기기전력이므로
유기기전력 $E = V + I_a R_a = 200 + 1000 \times 0.025 = 225[V]$

전기자 전류 $I_a = I + I_f \fallingdotseq I = \dfrac{P}{V} = \dfrac{200 \times 10^3}{200} = 1000[A]$

전압변동률 $\varepsilon = \dfrac{무부하 - 정격}{정격} \times 100 = \dfrac{225 - 200}{200} \times 100 = 12.5[\%]$

12 직류 분권 전동기의 단자전압 215[V], 전기자 전류 50[A], 1500[rpm]으로 운전되고 있을 때 발생 토크는 약 몇 [N·m]인가? (단, 전기자 저항은 0.1[Ω]이다.)

① 6.8   ② 33.2

③ 46.8   ④ 66.9

해설

직류 분권 전동기 토크
유기기전력 $E = V - I_a R_a = 215 - 50 \times 0.1 = 210[V]$

직류전동기 토크 $T = \dfrac{60 E I_a}{2\pi N} = \dfrac{60 \times 210 \times 50}{2\pi \times 1500} = 66.85[N·m]$

13 동기조상기를 부족여자로 사용하면?

① 리액터로 작용

② 저항손의 보상

③ 일반 부하의 뒤진 전류의 보상

④ 콘덴서로 작용

해설

동기전동기 위상특성
동기조상기를 부족여자로 사용하면 지상전류가 흐르게 되어 리액터로 작용한다.

14 8극, 900[rpm] 동기발전기와 병렬 운전하는 6극 동기발전기의 회전수는 몇 [rpm]인가?

① 900   ② 1000

③ 1200   ④ 1400

[**정답**] 09 ①   10 ④   11 ②   12 ④   13 ①   14 ③

🔍 해설

동기발전기 병렬운전 조건

동기발전기 병렬운전 : 기전력의 주파수가 같을 것

$$N_s=\frac{120f}{p} \rightarrow f=\frac{N_s \times p}{120}=\frac{900 \times 8}{120}=60[\text{Hz}]$$

$$N_s=\frac{120f}{p}=\frac{120 \times 60}{6}=1200[\text{rpn}]$$

	2극	4극	6극	8극
60[Hz]	3600[rpm]	1800[rpm]	1200[rpm]	900[rpm]

15 자기용량 20[kVA]의 단권변압기를 사용하여 배전선 전압 6000[V]를 6600[V]로 승압할 때 역률 80[%]의 부하를 몇 [kW]까지 걸 수 있는가?

① 220　　　　② 196
③ 176　　　　④ 156

🔍 해설

단권변압기 특징

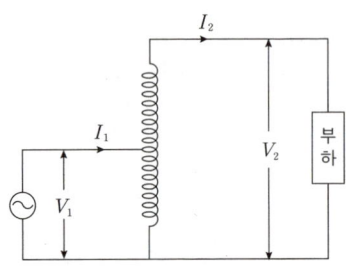

$$\frac{\text{자기용량}}{\text{부하용량}}=\frac{V_h-V_l}{V_h}$$

$$\text{부하용량}=\frac{V_h}{V_h-V_l} \times \text{자기용량}=\frac{6600}{6600-6000} \times 20=220[\text{kVA}]$$

$$\text{부하용량}[\text{kW}]=P_a\cos\theta=220 \times 0.8=176[\text{kW}]$$

16 용량 10[kVA]인 동일 정격의 단상 변압기 2대를 V결선하여 3상 전력을 공급하려고 한다. 이때 공급할 수 있는 3상 전력[kVA]과 이용률[%]은?

① 3상 전력 : 10, 이용률 : 50
② 3상 전력 : 10, 이용률 : 86.6
③ 3상 전력 : 17.3, 이용률 : 86.6
④ 3상 전력 : 17.3, 이용률 : 57.7

🔍 해설

V결선시 특징

- 출력 $P_V=\sqrt{3}\,P_1=\sqrt{3} \times 10=17.3[\text{kVA}]$
- 이용률 : 86.6[%]
- 출력비 : 57.7[%]

17 60[Hz], 슬립 3[%], 회전수 1164[rpm]인 유도전동기의 극수는?

① 4　　　　② 6
③ 8　　　　④ 10

🔍 해설

유도전동기

유도전동기 속도 $N=(1-s)\dfrac{120f}{p}$

극수 $p=(1-s)\dfrac{120f}{N}=(1-0.03) \times \dfrac{120 \times 60}{1164}=6[\text{극}]$

18 3상 유도전동기의 출력이 10[kW], 슬립이 4.8[%]일 때의 2차 동손은 약 몇 [W]인가?

① 480　　　　② 504
③ 525　　　　④ 580

🔍 해설

2차동손

$$P_{c2}=sP_2=s\frac{P_o}{(1-s)}=0.048 \times \frac{10000}{1-0.048}=504.2[\text{W}]$$

19 IGBT(Insulated Gate Bipolar Transistor)에 대한 설명으로 틀린 것은?

① MOSFET와 같이 전압제어 소자이다.

② GTO 사이리스터와 같이 역방향 전압저지 특성을 갖는다.

③ 게이트와 에미터 사이의 입력 임피던스가 매우 낮아 BJT보다 구동하기 쉽다.

④ BJT처럼 on-drop이 전류에 관계없이 낮고 거의 일정하며, MOSFET보다 훨씬 큰 전류를 흘릴 수 있다.

해설

IGBT의 특징

• MOSFET와 같이 전압제어 소자이다.
• GTO 사이리스터와 같이 역방향 전압저지 특성을 갖는다.
• 게이트와 에미터 사이의 입력 임피던스가 매우 커서 BJT보다 구동하기 쉽다.
• BJT처럼 on-drop이 전류에 관계없이 낮고 거의 일정하며, MOSFET보다 훨씬 큰 전류를 흘릴 수 있다.

20 스텝모터에 대한 설명으로 틀린 것은?

① 가속과 감속이 용이하다.

② 정, 역 및 변속이 용이하다.

③ 위치제어 시 각도 오차가 작다.

④ 브러시 등 부품수가 많아 유지보수 필요성이 크다.

해설

스텝모터의 특징

• 피드백 루트가 필요없어 손쉽게 속도 제어 가능
• 위치제어를 할 때 각도오차가 적고 누적되지 않음
• 브러시가 없어 구조가 단순하고, 유지보수 용이
• 디지털 신호로 직접제어가 가능하여 별도의 장치가 불필요
• 가속과 감속이 용이하고, 정역전 변속이 용이

el engineer · electrical engineer · electrical engineer · electrical engineer · electrical engineer · electrical engineer · electrical engineer · electrical engineer

전기자기학
전력공학
전기기기
회로이론
전기설비기술기준

[정답] 19 ③ 20 ④

시행일 **2023년 1회**

01 선간 전압이 $200[V]$인 $10[kW]$인 3상 대칭부하에 3상 전력을 공급하는 선로임피던스가 $4+j3[\Omega]$일 때 부하가 뒤진 역률 $80[\%]$이면 선전류$[A]$는?

① $18.8+j21.6$ ② $28.8-j21.6$

③ $35.7+j4.3$ ④ $14.1-j33.1$

해설

대칭 3상 교류전력

3상, $V_l=200[V]$, $\cos\theta=0.8$, $P=10[kW]$이므로
소비전력은 $P=\sqrt{3}\,V_lI_l\cos\theta[W]$

$I_l=\dfrac{P}{\sqrt{3}\,V_l\cos\theta}=\dfrac{10\times10^3}{\sqrt{3}\times200\times0.8}=36.08[A]$가 된다.

그러므로 부하가 뒤진 역률(유도성)을 가지므로
$I=I(\cos\theta-j\sin\theta)=36.08(0.8-j0.6)=28.8-j21.6$

02 대칭 좌표법에서 불평형율을 나타내는 것은?

① $\dfrac{\text{영상분}}{\text{정상분}}\times100$ ② $\dfrac{\text{정상분}}{\text{역상분}}\times100$

③ $\dfrac{\text{정상분}}{\text{영상분}}\times100$ ④ $\dfrac{\text{역상분}}{\text{정상분}}\times100$

해설

불평형률$=\dfrac{\text{역상분}}{\text{정상분}}\times100[\%]$

03 평형 3상 회로에서 그림과 같이 변류기를 접속하고 전류계를 연결하였을 때, A2에 흐르는 전류는 약 몇 $[A]$인가?

① 0   ② 5

③ 8.66   ④ 10

해설

A_2에 흐르는 전류는 A_3과 A_1전류의 차로 계산되며

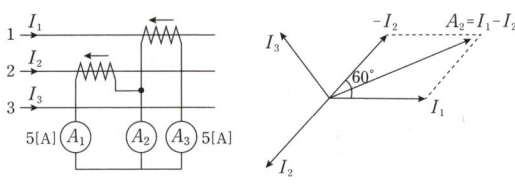

$A_2=A_3-A_1=I_1-I_2=I_1+(-I_2)$이므로
벡터도에서 I_1, $-I_2$ 전류의 위상차가 $60°$이고
A_2의 크기는 평행사변형의 대각선의 길이를 구하면
$A_2=\sqrt{5^2+5^2+2\times5\times5\times\cos60°}=5\sqrt{3}=8.66[A]$

04 어떤 회로에 $E=100+j50[V]$인 전압을 가했더니 $I=3+j4[A]$인 전류가 흘렀다면 이 회로의 소비전력은?

① $300[W]$ ② $500[W]$

③ $700[W]$ ④ $900[W]$

해설

복소전력 $P_a=\overline{E}I=P\pm jP_r[VA]$이므로
$P_a=(100-j50)(3+j4)=500+j250[VA]$
따라서 소비전력은 $500[W]$

[정답] 2023년 1회 01 ② 02 ④ 03 ③ 04 ②

05 그림과 같은 회로에서 저항 0.2[Ω]에 흐르는 전류는 몇 [A]인가?

① 0.4[A]
② −0.4[A]
③ 0.2[A]
④ −0.2[A]

🔍 해설

테브난의 정리

테브난의 정리에 의해서 테브난의 등가저항은
전압원단락, 전류원 개방시 개방단에서 본 등가저항이므로

$R_T = \dfrac{4\times6}{4+6} + \dfrac{6\times4}{6+4} = 4.8[\Omega]$ 이고

테브난의 등가전압은 개방단자 사이에 걸리는 전압이므로

$V_T = V_b - V_a = \dfrac{6}{4+6}\times10 - \dfrac{4}{6+4}\times10 = 2[V]$ 가 되어

0.2[Ω]에 흐르는 전류는

$I = \dfrac{V_T}{R_{ab}+R_T} = \dfrac{2}{0.2+4.8} = 0.4[A]$

06 2개의 전력계를 사용하여 3상 평형부하의 역률을 측정하고자 한다. 전력계의 지시값이 각각 P_1, P_2일 때 이 회로의 역률은?

① P_1+P_2
② $\sqrt{3}\,(P_1-P_2)$
③ $\dfrac{2\sqrt{P_1^{\,2}+P_2^{\,2}-P_1P_2}}{P_1+P_2}$
④ $\dfrac{P_1+P_2}{2\sqrt{P_1^{\,2}+P_2^{\,2}-P_1P_2}}$

🔍 해설

2전력계법

유효전력 $P = P_1+P_2[W]$

무효전력 $P_r = \sqrt{3}\,(P_1-P_2)[\mathrm{Var}]$

피상전력 $P_a = \sqrt{P^2+P_r^{\,2}} = 2\sqrt{P_1^{\,2}+P_2^{\,2}-P_1P_2}\,[\mathrm{VA}]$이므로
2전력계법에 의한 역률

$\cos\theta = \dfrac{P}{P_a} = \dfrac{P}{\sqrt{P^2+P_r^{\,2}}} = \dfrac{P_1+P_2}{2\sqrt{P_1^{\,2}+P_2^{\,2}-P_1P_2}}$

07 회로에서 20[Ω]의 저항이 소비하는 전력은 몇 [W]인가?

① 14
② 27
③ 40
④ 80

🔍 해설

테브난의 정리를 이용하여 등가회로로 나타내면

$I = \dfrac{0.8\times27+30}{0.8+20+5} = 2[A]$

$\therefore P = I^2R = 2^2\times20 = 80[W]$

08 그림과 같은 순저항 회로에서 대칭 3상 전압을 가할 때 각 선에 흐르는 전류가 같으려면 R의 값은 몇 [Ω]인가?

① 4
② 8
③ 12
④ 16

🔍 해설

대칭 3상 회로의 각 선전류가 모두 같아지려면 각 상의 저항이
모두 같아야 하므로 △결선을 Y결선으로 저항을 바꾸면

$R_a = \dfrac{20\times20}{20+20+60} = 4[\Omega]$

$R_b = \dfrac{20\times60}{20+20+60} = 12[\Omega]$

[정답] 05 ① 06 ④ 07 ④ 08 ②

전기자기학 / 전력공학 / 전기기기 / 회로이론 / 전기설비기술기준

$R_c = \dfrac{20 \times 60}{20 + 20 + 60} = 12[\Omega]$이므로

등가회로에서 각 상의 저항을 R_a', R_b, R_c라 하면
$R_a' = R + 4[\Omega]$, $R_b = 12[\Omega]$, $R_c = 12[\Omega]$
$R_a' = R_b = R_c$인 경우
$\therefore R = 8[\Omega]$

09 불평형 3상 전류가 $I_a = 15 + j2[A]$, $I_b = -20 - j14[A]$, $I_c = -3 + j10[A]$일 때, 역상분 전류 $I_2[A]$는?

① $1.91 + j6.25$
② $15.74 - j3.57$
③ $-2.67 - j0.67$
④ $-8 - j2$

🔍 해설

대칭분 전압, 전류
역상분전류는
$$I_2 = \frac{1}{3}(I_a + a^2 I_b + a I_c)$$
$$= \frac{1}{3}\left\{15 + j2 + \left(-\frac{1}{2} - j\frac{\sqrt{3}}{2}\right)(-20 - j14)\right.$$
$$\left. + \left(-\frac{1}{2} + j\frac{\sqrt{3}}{2}\right)(-3 - j10)\right\}$$
$$= 1.91 + j6.24[A]$$

10 $t = 0$에서 스위치(S)를 닫았을 때 $t = 0+$에서의 $i(t)$는 몇 [A]인가? (단, 커패시터에 초기 전하는 없다.)

① 0.1
② 0.2
③ 0.4
④ 1.0

🔍 해설

$R - C$직렬연결
$R - C$직렬회로에서 스위치 on 시 흐르는 전류는
$i(t) = \dfrac{E}{R} e^{-\frac{1}{RC}t}$ 에서 $t = 0$이므로
$$i(0) = \frac{E}{R} = \frac{100}{1 \times 10^3} = 0.1[A]$$

11 그림과 같은 π형 4단자 회로의 어드미턴스 파라미터 중 Y_{11}은?

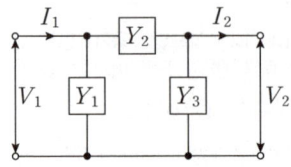

① Y_1
② Y_2
③ $Y_1 + Y_2$
④ $Y_2 + Y_3$

🔍 해설

어드미턴스 파라미터
① Y_{11} : 앞쪽 어드미턴스와 중앙 어드미턴스를 더한다.
   → $Y_{11} = Y_1 + Y_2$
② Y_{22} : 뒤쪽 어드미턴스와 중앙 어드미턴스를 더한다.
   → $Y_{22} = Y_3 + Y_2$
③ $Y_{12} = Y_{21}$: 중앙 어드미턴스를 취한다.
   → $Y_{12} = Y_{21} = Y_2$

12 다음 파형의 라플라스 변환은?

① $\dfrac{E}{s}$
② $\dfrac{E}{s^2}$
③ $\dfrac{E}{Ts}$
④ $\dfrac{E}{Ts^2}$

해설

라플라스 변환

$f(t) = \dfrac{E}{T}t$ 이므로 $F(s) = \dfrac{E}{T} \cdot \dfrac{1}{s^2} = \dfrac{E}{Ts^2}$

---

13 분포 정수회로에서 직렬 임피던스 $Z[\Omega]$, 병렬 어드미턴스 $Y[\mho]$일 때 선로의 전파정수 γ는?

① $\sqrt{\dfrac{Z}{Y}}$ ② $\sqrt{\dfrac{Y}{Z}}$

③ $\sqrt{ZY}$ ④ ZY

해설

전파정수

$\gamma = \sqrt{ZY} = \sqrt{(R+j\omega L) \cdot (G+j\omega C)} = \alpha + j\beta$

α는 감쇠정수, β는 위상 정수

---

14 그림과 같은 회로망에서 전류를 산출하는데 옳게 표시한 식은?

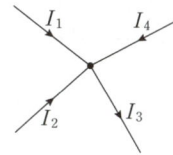

① $I_1 + I_2 - I_4 - I_3 = 0$ ② $I_1 + I_4 - I_2 - I_3 = 0$

③ $I_1 + I_2 + I_3 + I_4 = 0$ ④ $I_1 + I_2 - I_3 + I_4 = 0$

해설

키르히 호프의 법칙

키르히호프의 전류법칙에 따라

$\sum$유입전류$=\sum$유출전류 이므로

$I_1 + I_2 + I_4 = I_3$, $I_1 + I_2 - I_3 + I_4 = 0$이 된다.

---

15 전기회로의 입력을 V_1, 출력을 V_2라고 할 때 전달함수는? (단, $s=j\omega$이다.)

① $\dfrac{1}{R+\dfrac{1}{j\omega C}}$ ② $\dfrac{1}{j\omega+\dfrac{1}{RC}}$

③ $\dfrac{j\omega}{j\omega+\dfrac{1}{RC}}$ ④ $\dfrac{j\omega}{R+\dfrac{1}{j\omega C}}$

해설

전압비 전달함수를 구하면

$G(s) = \dfrac{\text{출력 임피던스}}{\text{입력 임피던스}} = \dfrac{R}{\dfrac{1}{Cs}+R} = \dfrac{1}{1+\dfrac{1}{RCs}}$

$= \dfrac{s}{s+\dfrac{1}{RC}} = \dfrac{j\omega}{j\omega+\dfrac{1}{RC}}$

---

16 기본파의 $60[\%]$인 제3고조파와 $80[\%]$인 제5고조파를 포함하는 전압의 왜형률은?

① 0.3 ② 1

③ 5 ④ 10

해설

비정현파 교류의 왜형률

$V_3 = 0.6V_1$, $V_5 = 0.8V_1$일 때 전압의

왜형률 $= \dfrac{\sqrt{V_3^2+V_5^2}}{V_1} = \dfrac{\sqrt{(0.6V_1)^2+(0.8V_1)^2}}{V_1} = 1$

---

17 그림과 같은 회로에서 $5[\Omega]$에 흐르는 전류 I는 몇 $[A]$인가?

[**정답**] 13 ③ 14 ④ 15 ③ 16 ② 17 ③

전
기
자
기
학

전
력
공
학

전
기
기
기

회
로
이
론

전
기
설
비
기
술
기
준

① $\dfrac{1}{2}$ ② $\dfrac{2}{3}$

③ 1   ④ $\dfrac{5}{3}$

🔎 해설 -----

중첩의 정리

전압원 5[V] 단락시 5[Ω]에 흐르는 전류 $I_1=0[A]$

전압원 10[V] 단락시 5[Ω]에 흐른 전류 $I_2=\dfrac{5}{5}=1[A]$이므로

5[Ω]에 흐르는 전체 전류 $I=I_1+I_2=0+1=1[A]$

18 10[Ω]의 저항 5개를 접속하여 얻을 수 있는 합성저항 중 가장 적은 값은 몇 [Ω]인가?

① 10   ② 5

③ 2   ④ 0.5

🔎 해설 -----

저항은 병렬 연결시 합성저항은 작아지므로
같은저항 $R[Ω]$, n개 병렬시 합성저항은

$$R_0=\dfrac{R}{n}=\dfrac{10}{5}=2[Ω]$$

19 단위 길이당 인덕턴스 및 커패시턴스가 각각 L 및 C일 때 전송선로의 특성 임피던스는? (단, 전송선로는 무손실 선로이다.)

① $\sqrt{\dfrac{L}{C}}$ ② $\sqrt{\dfrac{C}{L}}$

③ $\dfrac{L}{C}$ ④ $\dfrac{C}{L}$

🔎 해설 -----

특성 임피던스

$Z_o=\sqrt{\dfrac{L}{C}}=\sqrt{\dfrac{R+j\omega L}{G+j\omega C}}$ 의 식에서 무손실 선로에서는

$R=G=0$ 이므로

$\therefore Z_o=\sqrt{\dfrac{L}{C}}[Ω]$

20 비정현파를 여러개의 정현파의 합으로 표시하는 방법은?

① 키르히호프의 법칙

② 노오튼의 정리

③ 푸리에 분석

④ 테일러의 공식

🔎 해설 -----

푸리에 급수(분석)

푸리에 분석은 비정현파를 여러 개의 정현파의 합으로 표시한다.

시행일 ▶ 2023년 2회

01 회로의 전압 전달함수 $G(s)=\dfrac{V_2(s)}{V_1(s)}$ 는?

① $\dfrac{-RC}{s+\dfrac{1}{RC}}$ ② $\dfrac{\dfrac{1}{RC}}{s+\dfrac{1}{RC}}$

③ $\dfrac{1}{RC}$ ④ $\dfrac{1}{s+RC}$

🔎 해설 -----

직렬연결시 전달함수

$$G(s)=\dfrac{V_2(s)}{V_1(s)}=\dfrac{\text{출력 임피던스}}{\text{입력 임피던스}}$$

$$=\dfrac{\dfrac{1}{Cs}}{R+\dfrac{1}{Cs}}=\dfrac{1}{RCs+1}=\dfrac{\dfrac{1}{RC}}{s+\dfrac{1}{RC}}$$

02 대칭 6상 성형결선의 전원이 있다 이 전원의 선간전압과 상전압의 위상차는?

① 90° ② 30°

③ 120° ④ 60°

🔍 해설

대칭 n상 교류회로

Y결선시 대칭 n상에서 선간 전압은 상전압보다

위상이 $\dfrac{\pi}{2}\left(1-\dfrac{2}{n}\right)[\text{rad}]$만큼 앞서므로

$\therefore\ \theta=\dfrac{\pi}{2}\left(1-\dfrac{2}{n}\right)=\dfrac{\pi}{2}\left(1-\dfrac{2}{6}\right)=60°$

03 다음과 같은 회로에서 스위치 K가 닫힌 상태에서 회로에 정상전류가 흐르고 있다. $t=0$에서 스위치 K를 열 때 회로에 흐르는 전류[A]는?

① $2+3e^{-5t}[\text{A}]$ ② $2+3e^{-2t}[\text{A}]$

③ $2+2e^{-2t}[\text{A}]$ ④ $2+2e^{-5t}[\text{A}]$

🔍 해설

과도현상

스위치 off시 전압방정식

$2\dfrac{di}{dt}+(4+6)i=20$ 에서

1) 정상전류 $i_s=\dfrac{E}{R}=\dfrac{20}{4+6}=2[\text{A}]$

2) 과도전류 $i_t=Ae^{pt}=Ae^{-\frac{R}{L}t}=Ae^{-\frac{4+6}{2}t}=Ae^{-5t}[\text{A}]$

   그러므로 일반해 $i(t)=i_s+i_t=2+Ae^{-5t}[\text{A}]$가 된다.

3) 상수 A는 $t=0$에서 $i(0)=2+A=\dfrac{20}{4}$이므로

   $A=5-2=3$가 된다.

$\therefore\ i(t)=2+3e^{-5t}[\text{A}]$

04 1000[Hz]인 정현파 교류에서 5[mH]인 유도리액턴스와 같은 용량리액턴스를 갖는 $C[\mu\text{F}]$의 값은?

① 4.07 ② 5.07

③ 6.07 ④ 7.07

🔍 해설

유도리액턴스와 용량리액턴스가 같으므로

$X_L=X_c,\ \omega L=\dfrac{1}{\omega C}$ 에서

$C=\dfrac{1}{\omega^2 L}=\dfrac{1}{(2\pi f)^2 L}=\dfrac{1}{(2\pi\times 1000)^2\times 5\times 10^{-3}}\times 10^6$

$\quad=5.07[\mu\text{F}]$가 된다.

05 그림과 같은 회로에서 L_2에 흐르는 전류 $I_2[\text{A}]$가 단자전압 $V[\text{V}]$보다 위상 90° 뒤지기 위한 조건은? (단, ω는 회로의 각주파수[rad/s]이다.)

① $\dfrac{R_2}{R_1}=\dfrac{L_2}{L_1}$ ② $R_1R_2=L_1L_2$

③ $R_1R_2=\omega L_1L_2$ ④ $R_1R_2=\omega^2 L_1L_2$

🔍 해설

$Z=j\omega L_1+\dfrac{R_1(R_2+j\omega L_2)}{R_1+R_2+j\omega L_2}$

$\quad=\dfrac{(-\omega^2 L_1L_2+R_1R_2)+j\{\omega L_1(R_1+R_2)+\omega L_2R_1\}}{R_1+R_2+j\omega L_2}[\Omega]$

$I=I_1=\dfrac{V}{Z}$

$\quad=\dfrac{(R_1+R_2+j\omega L_2)E}{(-\omega^2 L_1L_2+R_1R_2)+j\{\omega L_1(R_1+R_2)+\omega L_2R_1\}}[\text{A}]$

따라서

$I_2=\dfrac{R_1}{R_1+R_2+j\omega L_2}\times I$

$\quad=\dfrac{R_1V}{(-\omega^2 L_1L_2+R_1R_2)+j\{\omega L_1(R_1+R_2)+\omega L_2R_1\}}[\text{A}]$

I_2가 V 보다 90° 뒤지기 위해서는 분모의 실수부가 0이 되어야 한다.

즉, $-\omega^2 L_1L_2+R_1R_2=0$

$\therefore\ R_1R_2=\omega^2 L_1L_2$

[정답] 02 ④ 03 ① 04 ② 05 ④

06

전압 $v(t) = 14.1\sin\omega t + 7.1\sin\left(3\omega t - \dfrac{\pi}{4}\right)[V]$ 의 실효값은 약 몇 [V]인가?

① 5.6   ② 11.2

③ 20.22   ④ 14.46

해설

비정현파 교류의 실효값

실효전압은 $V = \sqrt{V_1^2 + V_3^2} = \sqrt{\left(\dfrac{14.1}{\sqrt{2}}\right)^2 + \left(\dfrac{7.1}{\sqrt{2}}\right)^2} = 11.2[V]$

07

3상 회로의 대칭분 전압이 $V_0 = -8 + j3[V]$, $V_1 = 6 - j8[V]$, $V_2 = 8 + j12[V]$일 때, a상의 전압 [V]은? (단, V_0는 영상분, V_1은 정상분, V_2는 역상분 전압이다.)

① $5 - j6$ ② $5 + j6$

③ $6 - j7$ ④ $6 + j7$

해설

불평형(비대칭) 3상의 전압

a상의 전압 $V_a = V_0 + V_1 + V_2$
b상의 전압 $V_b = V_0 + a^2 V_1 + a V_2$
c상의 전압 $V_c = V_0 + a V_1 + a^2 V_2$이므로
a상의 전압은 $V_a = V_0 + V_1 + V_2$
$\qquad\qquad = -8 + j3 + 6 - j8 + 8 + j12 = 6 + j7$

08

그림과 같은 회로에서 임피던스 파라미터 Z_{11}은?

① sL_1 ② sM

③ $sL_1 L_2$ ④ sL_2

해설

문제의 주어진 회로를 T형 등가회로로 변형하면

가 된다.

$Z_{11} = j\omega(L_1 - M) + j\omega M = j\omega L_1 = sL_1$
$Z_{12} = Z_{21} = j\omega M$
$Z_{22} = j\omega(L_2 - M) + j\omega M = j\omega L_2 = sL_2$

09

그림에서 $e(t) = E_m \cos\omega t$의 전압을 인가했을 때 인덕턴스 L에 축적되는 에너지[J]는?

① $\dfrac{1}{2}\dfrac{E_m^2}{\omega^2 L^2}(1 - \cos\omega t)$ ② $\dfrac{1}{4}\dfrac{E_m^2}{\omega^2 L}(1 - \cos\omega t)$

③ $\dfrac{1}{2}\dfrac{E_m^2}{\omega^2 L^2}(1 + \cos 2\omega t)$ ④ $\dfrac{1}{4}\dfrac{E_m^2}{\omega^2 L}(1 - \cos 2\omega t)$

해설

전원전압 $e(t) = L\dfrac{di_L(t)}{dt} = E_m \cos\omega t [V]$ 이므로

전류 $i_L(t)$는 다음과 같다.

$i_L(t) = \dfrac{1}{L}\displaystyle\int e(t)dt = \dfrac{1}{L}\int E_m \cos\omega t\, dt = \dfrac{E_m}{\omega L}\sin\omega t$

$W = \dfrac{1}{2}Li_L^2(t) = \dfrac{1}{2}L\left(\dfrac{E_m}{\omega L}\right)^2 \times \sin^2\omega t$

삼각함수 $\sin^2\omega t = 1 - \cos^2\omega t = \dfrac{1}{2}(1 - \cos 2\omega t)$이므로

$W = \dfrac{E_m^2}{2\omega^2 L} \times \dfrac{1}{2}(1 - \cos 2\omega t) = \dfrac{1}{4}\dfrac{E_m^2}{\omega^2 L}(1 - \cos 2\omega t)[J]$

10

$V_a = 3[V]$, $V_b = 2 - j3[V]$, $V_c = 4 + j3[V]$를 3상 불평형 전압이라고 할 때 영상전압[V]은?

① 0   ② 3

③ 9   ④ 27

해설

대칭분 전압, 전류

영상분 전압은

$$V_0 = \frac{1}{3}(V_a + V_b + V_c)$$

$$= \frac{1}{3}(3 + 2 - j3 + 4 + j3) = 3[\text{V}]$$

---

11 자동차 축전지의 무부하 전압을 측정하니 13.5[V]를 지시하였다. 이때 정격이 12[V], 55[W]인 자동차 전구를 연결하여 축전지의 단자전압을 측정하니 12[V]를 지시하였다. 축전지의 내부저항은 약 몇 [Ω]인가?

① 0.33   ② 0.45

③ 2.62   ④ 3.31

해설

자동차 전구의 부하저항은 $P = \dfrac{V^2}{R}[\text{W}]$식을 이용

$$R = \frac{V^2}{P} = \frac{12^2}{55} = 2.62[\Omega]$$

전류 $I = \dfrac{V}{R} = \dfrac{12}{2.62} = 4.58[\text{A}]$

전지의 내부저항 $r = \dfrac{E-V}{I} = \dfrac{13.5-12}{4.58} = 0.33[\Omega]$

---

12 RL 직렬회로에 $v(t)$전압을 인가하였을때 제3고조파 성분의 실효치 전류는 약 몇 [A]은? (단, $R = 5[\Omega]$, $\omega L = 4[\Omega]$)

$$v(t) = 150\sqrt{2}\cos\omega t + 100\sqrt{2}\sin 3\omega t$$
$$+ 25\sqrt{2}\sin 5\omega t[\text{V}]$$

① 15.62   ② 22.08

③ 10.88   ④ 7.69

해설

n고조파 직렬 임피던스

$R - L$직렬, $R = 5[\Omega]$, $\omega L = 4[\Omega]$에서

3고조파 임피던스는

$$Z_3 = R + j3\omega L = 5 + j3 \times 4 = 5 + j12 = \sqrt{5^2 + 12^2} = 13[\Omega]$$

3고조파 전류는 $I_3 = \dfrac{V_3}{Z_3} = \dfrac{100}{13} = 7.69[\text{A}]$

---

13 대칭 3상 Y결선에서 선간전압이 $200\sqrt{3}$ 이고 각 상의 임피던스 $Z = 30 + j40[\Omega]$의 평형 부하일 때 선전류는 몇 [A]인가?

① 2   ② $2\sqrt{3}$

③ 4   ④ $4\sqrt{3}$

해설

성형결선(Y결선)

$Z = 30 + j40[\Omega]$, Y결선, $V_l = 200\sqrt{3}$ [V]일 때 선전류는

$$I_l = I_p = \frac{V_P}{Z} = \frac{\frac{V_l}{\sqrt{3}}}{Z} = \frac{\frac{200\sqrt{3}}{\sqrt{3}}}{\sqrt{30^2 + 40^2}} = 4[\text{A}]$$

---

14 서로 결합된 2개의 코일을 직렬로 연결하면 합성 자기 인덕턴스가 20[mH]이고, 한쪽 코일의 연결을 반대로 하면 8[mH]가 되었다. 두 코일의 상호 인덕턴스는?

① 3[mH]   ② 6[mH]

③ 14[mH]   ④ 28[mH]

해설

직렬연결시 합성인덕턴스

가동결함 $L_{가} = L_1 + L_2 + 2M = 20[\text{mH}]$

차동결합 $L_{차} = L_1 + L_2 - 2M = 8[\text{mH}]$이므로

상호인덕턴스는 $M = \dfrac{L_{가} - L_{차}}{4} = \dfrac{20-8}{4} = 3[\text{mH}]$

---

15 평형 3상 3선식 회로가 있다. 부하는 Y결선이고 $V_{AB} = 100\sqrt{3}\angle 0°[\text{V}]$일 때, $I_A = 20\angle -120°[\text{A}]$이었다. Y결선된 부하 한상의 임피던스는 몇 [Ω]인가?

① $5\angle 60°$ ② $5\sqrt{3}\angle 60°$

③ $5\angle 90°$ ④ $5\sqrt{3}\angle 90°$

[정답] 11 ① 12 ④ 13 ③ 14 ① 15 ③

🔍 **해설**

성형결선(Y결선)

성형결선(Y 결선), 선간 전압 $V_l = 100\sqrt{3} \angle 0° [\text{V}]$,
선전류 $I_l = 20 \angle -120° [\text{A}]$일 때 한 상의 임피던스

$$Z = \frac{V_P}{I_P} = \frac{\frac{V_l}{\sqrt{3}} \angle -30°}{I_l} = \frac{\frac{100\sqrt{3} \angle 0°}{\sqrt{3}} \angle -30°}{20 \angle -120°} = 5 \angle 90° [\Omega]$$

16 RC 직렬회로의 과도현상에 대한 설명이다. 옳게 설명한 것은?

① RC 값이 클수록 과도 전류값은 빨리 사라진다.

② RC 값이 클수록 과도 전류값은 천천히 사라진다.

③ RC 값에 관계없다.

④ $\dfrac{1}{RC}$ 값이 클수록 과도 전류값은 천천히 사라진다.

🔍 **해설**

과도현상

$R-C$ 직렬시 시정수는 $\tau = RC [\text{sec}]$이므로 RC가 클수록 시정수가 크므로 과도현상이 길어져 과도 전류는 천천히 사라진다.

17 4단자 정수를 구하는 식으로 틀린 것은?

① $A = \left(\dfrac{V_1}{V_2}\right)_{I_2=0}$ ② $B = \left(\dfrac{V_2}{I_2}\right)_{V_2=0}$

③ $C = \left(\dfrac{I_1}{V_2}\right)_{I_2=0}$ ④ $D = \left(\dfrac{I_1}{I_2}\right)_{V_2=0}$

🔍 **해설**

4단자 정수

$\begin{pmatrix} V_1 = AV_2 + BI_2 \\ I_1 = CV_2 + DI_2 \end{pmatrix}$ 에서 4단자 정수를 구하면

$A = \dfrac{V_1}{V_2}\Big|_{I_2=0}$: 전압비 → 권수비 n

$C = \dfrac{I_1}{V_2}\Big|_{I_2=0}$: 어드미턴스 → 0

$B = \dfrac{V_1}{I_2}\Big|_{V_2=0}$: 임피이던스 → 0

$D = \dfrac{I_1}{I_2}\Big|_{V_2=0}$: 전류비 → 권수비 역수 $\dfrac{1}{n}$

18 $f(t) = \delta(t) - ae^{-at}$의 라플라스 변환은? (단, $\delta(t)$는 임펄스 함수이다)

① $\dfrac{1}{s+a}$ ② $\dfrac{6-a}{s+a}$

③ $\dfrac{a}{s+a}$ ④ $\dfrac{s}{s+a}$

🔍 **해설**

선형의 정리

$£[af_1(t) \pm bf_2(t)] = aF_1(s) \pm bF_2(s)$에 의해서

$F(s) = £[f(t)] = £[\delta(t) - ae^{-at}]$

$= 1 - a\dfrac{1}{s+a} = \dfrac{s+a-a}{s+a} = \dfrac{s}{s+a}$

19 전압 $v = 20\sin20t + 30\sin30t [\text{V}]$이고, 전류가 $i = 30\sin20t + 20\sin30t [\text{A}]$이면 소비전력[W]은?

① 1200   ② 600

③ 400   ④ 300

🔍 **해설**

비정현파 교류전력

유효전력

$P = V_2 I_2 \cos\theta_2 + V_3 I_3 \cos\theta_3$

$= \dfrac{1}{2}(20 \times 30\cos0° + 30 \times 20\cos0°) = 600[\text{W}]$

20 회로에서 단자 $a-b$에 나타나는 전압 V_{ab}는 약 몇 [V]인가?

① 6.8   ② 7.7

③ 4.3   ④ 5.2

🔍 해설

밀만의 정리

밀만의 정리를 적용하면

$$V_{ab} = \frac{\frac{E_1}{R_1} + \frac{E_2}{R_2}}{\frac{1}{R_1} + \frac{1}{R_2}} = \frac{\frac{2}{5} + \frac{10}{2}}{\frac{1}{5} + \frac{1}{2}} = 7.7[\text{V}]$$

시행일 ▸ 2023년 3회

01 한 상의 임피던스가 $Z = 20 + j10[\Omega]$인 Y결선 부하에 대칭 3 상 선간전압 200[V]를 가할 때 유효 전력은?

① 1600[W] ② 1700[W]

③ 1800[W] ④ 1900[W]

🔍 해설

대칭 3상 교류전력

$Z = 20 + j10 = \sqrt{20^2 + 10^2} = \sqrt{500}\,[\Omega]$, Y결선,

$V_l = 200[\text{V}]$일 때 상전류는

$$I_P = \frac{V_P}{Z} = \frac{\frac{V_l}{\sqrt{3}}}{Z} = \frac{\frac{200}{\sqrt{3}}}{\sqrt{500}} = \frac{200}{\sqrt{1500}}[\text{A}]$$

유효전력 $P = 3I_P^2 R = 3 \times \left(\frac{200}{\sqrt{1500}}\right)^2 \times 20 = 1600[\text{W}]$

02 그림과 같이 저항 R_1, R_2 및 인덕턴스 L의 직렬회로가 있다. 이 회로에 대한 서술에서 올바른 것은?

① 이 회로의 시정수는 $\dfrac{L}{R_1 + R_2}[\text{S}]$이다.

② 이 회로의 특성근은 $\dfrac{R_1 + R_2}{L}$이다.

③ 정상전류값은 $\dfrac{L}{R_2}$이다.

④ 이 회로의 전류값은 $i(t) = \dfrac{L}{R_1 + R_2}\left(1 - e^{\frac{1}{R_1 + R_2}}\right)$이다.

🔍 해설

① 시정수 $\tau = \dfrac{L}{R_1 + R_2}[\text{s}]$

② 특성근은 $p = -\dfrac{R_1 + R_2}{L}$

③ 정상전류 $i_s = \dfrac{L}{R_1 + R_2}[\text{A}]$

④ 전류 $i(t) = \dfrac{E}{R_1 + R_2}\left(1 - e^{-\frac{R_1 + R_2}{L}t}\right)[\text{A}]$이다.

03 왜형파 전압 $e = 100\sqrt{2}\sin\omega t + 75\sqrt{2}\sin 3\omega t + 20\sqrt{2}\sin 5\omega t\,[\text{V}]$를 $R - L$ 직렬회로에 인가할 때에 제3고조파 전류의 실효치는 얼마인가? (단, $R = 4[\Omega]$, $\omega L = 1[\Omega]$이다.)

① 75[A] ② 20[A]

③ 4[A] ④ 15[A]

🔍 해설

$R - L$직렬, $R = 4[\Omega]$, $\omega L = 1[\Omega]$에서

3고조파 임피던스는 $Z_3 = R + j3\omega L = 4 + j1 \times 3 = 4 + j3 = 5[\Omega]$

3고조파 전류는 $I_3 = \dfrac{V_3}{Z_3} = \dfrac{75}{5} = 15[\text{A}]$

04 저항과 리액턴스의 직렬회로에 $E = 14 + j38[\text{V}]$인 교류 전압을 가하니 $j = 6 + j2[\text{A}]$의 전류가 흐른다. 이 회로의 저항과 리액턴스는 얼마인가?

① $R = 4[\Omega]$, $X_L = 5[\Omega]$

② $R = 5[\Omega]$, $X_L = 4[\Omega]$

③ $R = 6[\Omega]$, $X_L = 3[\Omega]$

④ $R = 7[\Omega]$, $X_L = 2[\Omega]$

🔍 해설

임피던스 $Z = \dfrac{E}{I} = \dfrac{14 + j38}{6 + j2} = 4 + 5j[\Omega]$이므로

∴ $R = 4[\Omega]$, $X_L = 5[\Omega]$

[정답] 2023년 3회 01 ① 02 ① 03 ④ 04 ①

전기자기학

전력공학

전기기기

회로이론

전기설비기술기준

05 전원과 부하가 다같이 △결선된 3상 평형회로가 있다. 전원전압이 200[V], 부하 한상의 임피던스가 $6+j8$ [Ω]인 경우 선전류[A]는?

① 20
② $\dfrac{20}{\sqrt{3}}$
③ $20\sqrt{3}$
④ $10\sqrt{3}$

🔍 **해설** ----------------

$Z=6+j8=\sqrt{6^2+8^2}=10[\Omega]$, △결선,
$V_l=200[V]$일 때
상전류는 $I_P=\dfrac{V_P}{Z}=\dfrac{V_l}{Z}=\dfrac{200}{10}=20[A]$
선전류 $I_l=\sqrt{3}\,I_P=\sqrt{3}\times20=20\sqrt{3}\,[A]$

06 같은 저항 $r[\Omega]$ 6개를 사용하여 그림과 같이 결선하고 대칭 3상 전압 $V[V]$를 가하였을 때 흐르는 전류 I는 몇 [A]인가?

① $\dfrac{V}{2r}$
② $\dfrac{V}{3r}$
③ $\dfrac{V}{4r}$
④ $\dfrac{V}{5r}$

🔍 **해설** ----------------

△결선을 Y결선으로 변환 시 각상의 저항은 1/3배로 감소하므로 등가회로는 아래 그림과 같다.

이때 각 상의 저항 값은
$R_a=R_b=R_c=R_p=r+\dfrac{r}{3}=\dfrac{4r}{3}[\Omega]$이 되므로

Y 결선시 선전류 $I_1=I_P=\dfrac{V_p}{R_p}=\dfrac{\dfrac{V}{\sqrt{3}}}{\dfrac{4r}{3}}=\dfrac{\sqrt{3}\,V}{4r}[A]$이므로

△결선에 흐르는 상전류는 $I=\dfrac{I_l}{\sqrt{3}}=\dfrac{V}{4r}[A]$

07 그림과 같은 회로의 영상 임피던스 Z_{01}, $Z_{02}[\Omega]$는 각각 얼마인가?

① 9, 5
② 6, $\dfrac{10}{3}$
③ 4, 5
④ 4, $\dfrac{20}{9}$

🔍 **해설** ----------------

영상 임피던스

4단자 정수 $A=1+\dfrac{4}{5}=\dfrac{9}{5}$, $B=4$, $C=\dfrac{1}{5}$, $D=1$이므로

1차 영상 임피던스 $Z_{01}=\sqrt{\dfrac{AB}{CD}}=\sqrt{\dfrac{\dfrac{9}{5}\times4}{\dfrac{1}{5}\times1}}=6[\Omega]$

2차 영상 임피던스 $Z_{02}=\sqrt{\dfrac{BD}{AC}}=\sqrt{\dfrac{4\times1}{\dfrac{9}{5}\times\dfrac{1}{5}}}=\dfrac{10}{3}[\Omega]$

08 600[kVA], 역률 0.6(지상)의 부하 A와 800[kVA], 역률 0.8(진상)의 부하 B가 함께 접속되어 있을 때 전체 피상전력[kVA]은?

① 0
② 960
③ 1000
④ 1400

🔍 **해설**

부하 A의 유효전력과 무효전력
$P_1 = P_{a1}\cos\theta_1 = 600 \times 0.6 = 360[\text{kW}]$
$P_{r1} = P_{a1}\sin\theta_1 = 600 \times 0.8 = 480[\text{kvar}]$

부하 B의 유효전력과 무효전력
$P_2 = P_{a2}\cos\theta_2 = 800 \times 0.8 = 640[\text{kW}]$
$P_{r2} = P_{a2}\sin\theta_2 = 800 \times 0.6 = 480[\text{kvar}]$

전체유효전력 $P = P_1 + P_2 = 360 + 640 = 1000[\text{kW}]$

전체무효전력은 역률이 지상과 진상이므로

무효전력은 반대이므로 $P = P_{r1} - P_{r2} = 480 - 480 = 0[\text{kvar}]$

전체피상전력 $P_a = \sqrt{P^2 + P_r^2} = \sqrt{1000^2 + 0^2} = 1000[\text{kVA}]$

09 그림의 T형 회로에 대한 4단자 정수 A, B, C, D 로 틀린 것은?

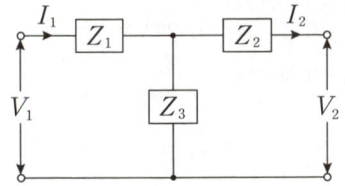

① $A = 1 + \dfrac{Z_1}{Z_2}$ ② $B = \dfrac{Z_1 Z_2}{Z_3} + Z_1 + Z_2$

③ $C = 1 + \dfrac{Z_3}{Z_2}$ ④ $D = 1 + \dfrac{Z_2}{Z_3}$

🔍 **해설**

$C = \dfrac{1}{Z_3}$

10 내부 임피던스가 순저항 6[Ω]인 전원과 120[Ω]의 순저항 부하 사이에 임피던스 정합을 위한 이상변압기의 권선비는?

① $\dfrac{1}{\sqrt{20}}$ ② $\dfrac{1}{\sqrt{2}}$

③ $\dfrac{1}{20}$ ④ $\dfrac{1}{2}$

🔍 **해설**

이상변압기의 권선비

$n = \sqrt{\dfrac{R_1}{R_2}} = \sqrt{\dfrac{6}{120}} = \sqrt{\dfrac{1}{20}}$

11 저항 40[Ω], 임피던스 50[Ω]의 직렬 유도부하에서 100[V]가 인가될 때, 소비되는 무효전력은?

① 120[Var] ② 160[Var]

③ 200[Var] ④ 250[Var]

🔍 **해설**

$R = 40[\Omega]$, $Z = 50[\Omega]$, $V = 100[\text{V}]$일 때

직렬 유도부하시 유도리액턴스

$X_L = \sqrt{Z^2 - R^2} = \sqrt{50^2 - 40^2} = 30[\Omega]$이므로

전류 $I = \dfrac{V}{Z} = \dfrac{100}{50} = 2[\text{A}]$

무효전력 $P_r = I^2 X_L = 2^2 \times 30 = 120[\text{Var}]$

12 그림과 같은 회로에서 입력을 $V_1(s)$, 출력을 $V_2(s)$ 라 할 때, 전압비 전달함수는?

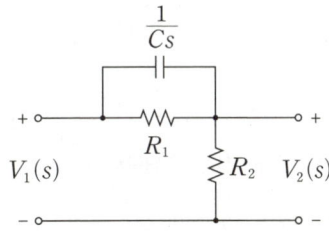

① $\dfrac{R_1}{R_1 C s + 1}$

② $\dfrac{R_2 + R_1 R_2 C s}{R_1 + R_2 + R_1 R_2 C s}$

③ $\dfrac{R_1 R_2 S + R C s}{R_1 C s + R_1 R_2 S^2 + C}$

④ $\dfrac{S + 1}{S + (R_1 + R_2) + R_1 R_2 C}$

🔍 **해설**

문제의 R_1과 C가 병렬이므로 합성 임피던스 등가 회로는 그림과 같다.

$$Z = \frac{R_1 + \frac{1}{Cs}}{R_1 + \frac{1}{Cs}} = \frac{R_1}{1 + R_1 Cs} \text{ 이므로}$$

$$G(s) = \frac{V_2(s)}{V_1(s)} = \frac{\text{출력 임피던스}}{\text{입력 임피던스}}$$

$$= \frac{R_2}{\frac{R_1}{1 + CsR_1} + R_2} = \frac{R_2 + R_1 R_2 Cs}{R_1 + R_2 + R_1 R_2 Cs}$$

13 그림에서 10[Ω]의 저항에 흐르는 전류는 몇 [A]인가?

① 13   ② 14

③ 15   ④ 16

🔍 **해설**

중첩의 원리를 이용하여 전압원을 단락시 전류
$I_1 = 10 + 2 + 3 = 15[A]$
전류원 개방시 전류 $I_2 = 0[A]$이므로
전체전류는
$\therefore I = I_1 + I_2 = 15 + 0 = 15[A]$

14 그림과 같은 회로에서 $L_1[H]$ 양단의 전압 $V_1[V]$은? (단, 상호 인덕턴스는 무시한다.)

① $\dfrac{L_1}{L_1 + L_2} V$ ② $\dfrac{L_1 + L_2}{L_1} V$

③ $\dfrac{L_2}{L_1 + L_2} V$ ④ $\dfrac{L_1 + L_2}{L_2} V$

🔍 **해설**

L_1과 L_2가 직렬연결이므로
각 인덕턴스의 임피던스는
$Z_1 = j\omega L_1[\Omega]$, $Z_2 = j\omega L_2[\Omega]$이므로
전압분배법칙에 의해서 $V_1 = \dfrac{Z_1}{Z_1 + Z_2} V = \dfrac{L_1}{L_1 + L_2} V[V]$

15 $F(s) = \dfrac{s+1}{s^2 + 2s}$의 역라플라스 변환은?

① $\dfrac{1}{2}(1 - e^{-t})$ ② $\dfrac{1}{2}(1 - e^{-2t})$

③ $\dfrac{1}{2}(1 + e^{-t})$ ④ $\dfrac{1}{2}(1 + e^{-2t})$

🔍 **해설**

역라플라스변환

$$F(s) = \frac{s+1}{s^2 + 2s} = \frac{s+1}{s(s+2)} = \frac{A}{s} + \frac{B}{s+2}$$

$$A = \lim_{s \to 0} s \cdot F(s) = \left[\frac{s+1}{s+2} \right]_{s=0} = \frac{1}{2}$$

$$B = \lim_{s \to 0} (s+2)F(s) = \left[\frac{s+1}{s} \right]_{s=-2} = \frac{1}{2}$$

$$F(s) = \frac{\frac{1}{2}}{s} + \frac{\frac{1}{2}}{s+2} = \frac{1}{2}\left(\frac{1}{s} + \frac{1}{s+2} \right)$$

$$\therefore f(t) = \frac{1}{2}(1 + e^{-2t})$$

16 그림과 같은 $e = E_m \sin\omega t$인 정현파 교류의 반파 정현파형의 실효값은?

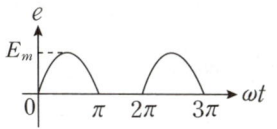

① E_m

② $\dfrac{E_m}{\sqrt{2}}$

③ $\dfrac{E_m}{2}$

④ $\dfrac{E_m}{\sqrt{3}}$

🔍 **해설** - - - - - - - - - - - - - - - - -

반파정현파형의 실효값 $V = \dfrac{E_m}{2}$ [V]

17 그림에서 a, b 단자의 전압이 100[V], a, b에서 본 능동회로망 N의 임피던스가 15[Ω]일 때, a, b 단자에 10[Ω]일의 저항을 접속하면 a, b 사이에 흐르는 전류는 몇 [A]인가?

① 2

② 4

③ 6

④ 8

🔍 **해설** - - - - - - - - - - - - - - - - -

테브난의 정리

테브난의 등가임피던스 $Z_T = 15$[Ω]이고
테브난의 등가전압 $V_T = 100$[V]이므로 등가회로를 작성하면

$I = \dfrac{V_T}{Z_T + Z_L} = \dfrac{100}{15 + 10} = 4$ [A]

18 $F(s) = \dfrac{3s+10}{s^3 + 2s^2 + 5s}$일 때 $f(t)$의 최종값은?

① 0

② 1

③ 2

④ 3

🔍 **해설** - - - - - - - - - - - - - - - - -

최종값 정리

$$\lim_{t \to \infty} f(t) = \lim_{s \to 0} sF(s)$$
$$= \lim_{s \to 0} s \cdot \dfrac{3s+10}{s^3 + 2s^2 + 5s} = 2$$

19 대칭 좌표법에 관한 설명중 잘못된 것은?

① 대칭좌표법은 일반적인 비대칭 n상 교류회로의 계산에도 이용된다.

② 대칭 3상 전압의 영상분과 역상분은 0이고, 정상분만 남는다.

③ 비대칭 n상 교류회로는 영상분, 역상분 및 정상분의 3성분으로 해석한다.

④ 비대칭 3상회로의 접지식 회로에는 영상분이 존재하지 않는다.

🔍 **해설** - - - - - - - - - - - - - - - - -

비대칭 3상회로의 접지식 회로에는 영상분이 존재한다.

20 저항 1[Ω]과 인덕턴스 1[H]를 직렬로 연결한 후 60[Hz], 100[V]의 전압을 인가할 때 흐르는 전류의 위상은 전압의 위상보다 어떻게 되는가?

① 뒤지지만 90° 이하이다.

② 90° 늦다.

③ 앞서지만 90° 이하이다.

④ 90° 빠르다.

🔍 **해설** - - - - - - - - - - - - - - - - -

유도 리액턴스 $X_L = \omega L = 2\pi f L = 2\pi \times 60 \times 1 = 377$[Ω]

$R - L$직렬연결시 위상 $\theta = \tan^{-1}\dfrac{X_L}{R} = \tan^{-1}\dfrac{377}{1} = 89.85°$이고 유도성 이므로 전류는 전압보다 위상이 뒤지지만 90° 이하이다.

[**정답**] 16 ③ 17 ② 18 ③ 19 ④ 20 ①

시행일 2024년 1회

01 다음 중 테브난의 정리와 쌍대의 관계가 있는 것은?

① 밀만의 정리　　　　② 중첩의 원리
③ 노튼의 정리　　　　④ 보상의 정리

🔍 **해설**

테브난의 정리

테브난의 정리와 쌍대의 관계는 노튼의 정리이다.

02 교류전압 100[V], 전류 20[A]로서 1.2[kW]의 전력을 소비하는 회로의 리액턴스는 몇 [Ω]인가?

① 3　　　　　② 4
③ 5　　　　　④ 10

🔍 **해설**

$R-X$직렬회로의 단상교류전력

$V=100[V]$, $I=20[A]$, $P=1.2[kW]$일 때
리액턴스는 무효 전력 $P_r=\sqrt{P_a{}^2-P^2}=I^2X$ 이므로

$$X=\frac{\sqrt{P_a{}^2-P^2}}{I^2}=\frac{\sqrt{(VI)^2-P^2}}{I^2}$$

$$=\frac{\sqrt{(100\times20)^2-(1.2\times10^3)^2}}{20^2}=4[\Omega]$$

03 4단자망에서 영상 임피던스는 몇 [Ω]인가?

① 600　　　　② 450
③ 300　　　　④ 200

🔍 **해설**

영상 임피던스

T형 회로에서 좌우 대칭시 $A=D$이므로
영상 임피던스는 $Z_{01}=Z_{02}=\sqrt{\dfrac{B}{C}}$ 가 되므로

$C=\dfrac{1}{450}$, $B=300+300+\dfrac{300\times300}{450}=800$

$$\therefore Z_{01}=\sqrt{\frac{800}{\frac{1}{450}}}=600[\Omega]$$

04 $F(s)=\dfrac{s^2+s+3}{s^3+2s^2+5s}$일 때 $f(t)$의 초기값은?

① 1　　　　　② 2
③ 3　　　　　④ 5

🔍 **해설**

초기값 정리

$$\lim_{t\to0}f(t)=\lim_{s\to\infty}s\cdot F(s)=\lim_{s\to\infty}s\cdot\frac{s^2+s+3}{s^3+2s^2+5s}=1$$

05 $e=E_m\cos\left(100\pi t-\dfrac{\pi}{3}\right)[V]$와 $i=I_m\sin\left(100\pi t+\dfrac{\pi}{4}\right)[A]$의 위상차를 시간으로 나타내면 약 몇 초인가?

① 3.33×10^{-4}　　　　② 4.33×10^{-4}
③ 6.33×10^{-4}　　　　④ 8.33×10^{-4}

🔍 **해설**

e를 정리하면 다음과 같다.

$$e=E_m\cos\left(100\pi t-\frac{\pi}{3}\right)=E_m\sin\left(100\pi t-\frac{\pi}{3}+\frac{\pi}{2}\right)$$

$=E_m\sin\left(100\pi t+\dfrac{\pi}{6}\right)$이므로 전류와 전압사이의

위상차 $\theta=\dfrac{\pi}{4}-\dfrac{\pi}{6}=\dfrac{\pi}{12}$

$\theta=\omega t$의 식에서 $t=\dfrac{\theta}{\omega}=\dfrac{\frac{\pi}{12}}{100\pi}=\dfrac{1}{1200}=8.33\times10^{-4}[\sec]$

[**정답**] 2024년 1회　01 ③　02 ②　03 ①　04 ①　05 ④

06 그림과 같은 회로의 임피던스 파라미터 Z_{22}를 구하면?

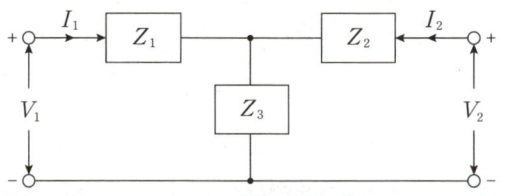

① Z_3

② $Z_1 + Z_2$

③ $Z_2 + Z_3$

④ $Z_1 + Z_3$

해설

임피던스 파라미터

T형 회로에서 임피던스 파라미터 찾는 방법

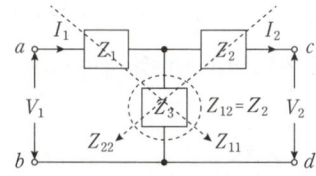

① Z_{11} : 앞쪽 임피던스와 중앙 임피던스를 더한다.
   → $Z_{11} = Z_1 + Z_3$

② Z_{22} : 뒤쪽 임피던스와 중앙 임피던스를 더한다.
   → $Z_{22} = Z_2 + Z_3$

③ $Z_{12} = Z_{21}$ → 중앙 임피던스를 취한다.
   → $Z_{12} = Z_{21} = Z_3$

07 $Z = 5\sqrt{3} + j5[\Omega]$인 3개의 임피던스를 Y 결선하여 $250[V]$의 대칭 3상 전원에 연결하였다. 소비전력은?

① 약 $3125[W]$

② 약 $5410[W]$

③ 약 $6250[W]$

④ 약 $7120[W]$

해설

대칭 3상 교류전력

$Z = 5\sqrt{3} + j5 = \sqrt{(5\sqrt{3})^2 + 5^2} = 10[\Omega]$, Y결선,
$V_l = 250[V]$일 때

상전류는 $I_P = \dfrac{V_P}{Z} = \dfrac{\frac{V_l}{\sqrt{3}}}{Z} = \dfrac{\frac{250}{\sqrt{3}}}{10} = 14.43[A]$

유효전력 $P = 3I_P^2 \cdot R = 3 \times 14.43^2 \times 5\sqrt{3} = 5410[W]$

08 $22[kVA]$의 부하가 0.8의 역률로 운전될 때 이 부하의 무효전력$[kVar]$은?

① 11.5

② 12.3

③ 13.2

④ 14.5

해설

단상교류전력

$P_a = 22[kVA]$, $\cos\theta = 0.8$일 때 무효전력은
$\sin\theta = \sqrt{1 - \cos^2\theta} = \sqrt{1 - 0.8^2} = 0.6$이므로
$P_r = VI\sin\theta = P_a\sin\theta = 22 \times 0.6 = 13.2[kVar]$

참고

$\cos^2\theta + \sin^2\theta = 1$

09 정현파 교류의 실효값을 구하는 식이 잘못된 것은?

① 파고율 × 평균치

② $\dfrac{최대치}{\sqrt{2}}$

③ $\dfrac{\pi}{2\sqrt{2}} \times$ 평균치

④ $\sqrt{\dfrac{1}{T}\int i^2 dt}$

해설

정현파 교류의 실효값

- 정현파 교류의 실효값 $I = \sqrt{\dfrac{1}{T}\int_0^T i^2 dt} = \dfrac{I_m}{\sqrt{2}}$

- $\dfrac{\pi}{2\sqrt{2}} \times$ 평균치 $= \dfrac{\pi}{2\sqrt{2}} \times \dfrac{2I_m}{\pi} = \dfrac{I_m}{\sqrt{2}}$

10 RL 직렬회로에 $e = 10 + 100\sqrt{2}\sin\omega t + 50\sqrt{2}\sin(3\omega t + 60°) + 60\sqrt{2}\sin(5\omega t + 30°)[V]$인 전압을 가하였다. 이때 3고조파 전류의 실효치$[A]$는? (단, $R = 8[\Omega]$, $\omega L = 2[\Omega]$이다.)

① 1

② 3

③ 5

④ 7

해설

n고조파 직렬 임피던스

$R - L$직렬, $R = 8[\Omega]$, $\omega L = 2[\Omega]$에서
3고조파 임피던스는 $Z_3 = R + j3\omega L = 8 + j3 \times 2 = 8 + j6 = 10[\Omega]$

3고조파 전류는 $I_3 = \dfrac{V_3}{Z_3} = \dfrac{50}{10} = 5[A]$

[정답] 06 ③ 07 ② 08 ③ 09 ① 10 ③

11 주기함수 $f(t)$의 푸리에 급수 전개식으로 옳은 것은?

① $f(t)=\sum_{n=1}^{\infty}a_n\sin n\omega t+\sum_{n=1}^{\infty}b_n\sin n\omega t$

② $f(t)=b_0+\sum_{n=2}^{\infty}a_n\sin n\omega t+\sum_{n=2}^{\infty}b_n\cos n\omega t$

③ $f(t)=a_0+\sum_{n=1}^{\infty}a_n\cos n\omega t+\sum_{n=1}^{\infty}b_n\sin n\omega t$

④ $f(t)=\sum_{n=1}^{\infty}a_n\cos n\omega t+\sum_{n=1}^{\infty}b_n\cos n\omega t$

🔍 해설

비정현파 교류 함수

$f(t)=a_0+\sum_{n=1}^{\infty}a_n\cos n\omega t+\sum_{n=1}^{\infty}b_n\sin n\omega t$

12 대칭 6상식의 성형결선의 전원이 있다. 상전압이 100[V]이면 선간전압[V]은?

① 600 ② 300

③ 220 ④ 100

🔍 해설

대칭 n상 교류회로

상수 $n=6$, Y 결선, $V_P=100[\text{V}]$일 때

선간전압은 $V_l=2\sin\dfrac{\pi}{n}V_P=2\sin\dfrac{\pi}{6}\times100=100[\text{V}]$

13 다음과 같은 회로에서 $t=0$인 순간에 스위치 S를 닫았다. 이때 전류 $i(t)$는?

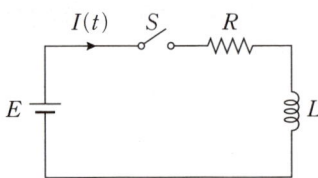

① $\dfrac{E}{R}e^{-\frac{R}{L}t}$ ② $\dfrac{E}{R}(1-e^{-\frac{R}{L}t})$

③ $\dfrac{E}{R}(1-e^{-\frac{L}{R}t})$ ④ $\dfrac{E}{R}e^{-\frac{L}{R}t}$

🔍 해설

$R-L$직렬연결

$R-L$직렬연결에서 스위치 인가시 전류

$\therefore i(t)=\dfrac{E}{R}(1-e^{-\frac{R}{L}t})[\text{A}]$

14 전달함수 출력(응답)식 $C(s)=G(s)R(s)$에서 입력함수 $R(s)$를 단위 임펄스 $\delta(t)$로 인가할 때 이 계의 출력은?

① $C(s)=G(s)\delta(s)$ ② $C(s)=\dfrac{G(s)}{\delta(s)}$

③ $C(s)=\dfrac{G(s)}{s}$ ④ $C(s)=G(s)$

🔍 해설

임펄스 응답

임펄스응답이란 기준입력이 단위임펄스 함수 $r(t)=\delta(t)$인 경우의 응답(출력)으로

전달함수 $G(s)=\dfrac{C(s)}{R(s)}$

입력라플라스 $R(s)=£\,[\delta(t)]=1$

응답(출력) $C(s)=G(s)R(s)=G(s)$

15 불평형 Y 결선의 부하 회로에 평형 3상 전압을 가할 경우 중성점의 전위 $V_{n'n}[\text{V}]$는? (단, Z_1, Z_2, Z_3는 각 상의 임피던스[Ω]이고, Y_1, Y_2, Y_3는 각 상의 임피던스에 대한 어드미턴스[℧]이다.)

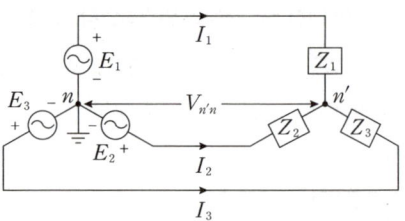

① $\dfrac{E_1+E_2+E_3}{Z_1+Z_2+Z_3}$ ② $\dfrac{Z_1E_1+Z_2E_2+Z_3E_3}{Z_1+Z_2+Z_3}$

③ $\dfrac{E_1+E_2+E_3}{Y_1+Y_2+Y_3}$ ④ $\dfrac{Y_1E_1+Y_2E_2+Y_3E_3}{Y_1+Y_2+Y_3}$

해설

중성점간 전위차(밀만의 정리)

$$V_{n'n} = \frac{\dfrac{E_1}{Z_1} + \dfrac{E_2}{Z_2} + \dfrac{E_3}{Z_3}}{\dfrac{1}{Z_1} + \dfrac{1}{Z_2} + \dfrac{1}{Z_3}} = \frac{Y_1 E_1 + Y_2 E_2 + Y_3 E_3}{Y_1 + Y_2 + Y_3}[\mathrm{V}]$$

16 3상 불평형 전압에서 역상 전압이 $50[\mathrm{V}]$이고 정상 전압이 $200[\mathrm{V}]$, 영상전압이 $10[\mathrm{V}]$라고 할 때 전압의 불평형률은?

① 0.01　　　　　　② 0.05

③ 0.25　　　　　　④ 0.5

해설

불평형률

$$\text{불평형률} = \frac{\text{역상전압}}{\text{정상전압}} = \frac{50}{200} = 0.25$$

17 RLC 직렬회로에서 $R = 100[\Omega]$, $L = 0.1 \times 10^{-3}$ $[\mathrm{H}]$, $C = 0.1 \times 10^{-6}[\mathrm{F}]$일 때, 이 회로는?

① 진동적이다.

② 비진동적이다.

③ 정현파로 진동한다.

④ 진동과 비진동을 반복한다.

해설

$R - L - C$ 직렬

진동 여부의 판별식에서

$$2\sqrt{\frac{L}{C}} = 2\sqrt{\frac{0.1 \times 10^{-3}}{0.1 \times 10^{-6}}} = 20\sqrt{10} \text{ 이므로}$$

$R > 2\sqrt{\dfrac{L}{C}}$ 의 관계를 가지므로 비진동적이다.

18 $800[\mathrm{kW}]$, 역률 $80[\%]$의 부하가 있다. $\dfrac{1}{4}$ 시간 동안 소비되는 전력량$[\mathrm{kWh}]$은?

① 800　　　　　　② 600

③ 400　　　　　　④ 200

해설

소비전력량

$\cos\theta = 0.8$, $P = 800[\mathrm{kW}]$, $t = \dfrac{1}{4}[\mathrm{hour}]$일 때

소비전력량은 $W = P \cdot t = 800 \times \dfrac{1}{4} = 200[\mathrm{kWh}]$

19 3상 회로에 △결선된 평형 순저항 부하를 사용하는 경우 선간 전압 $220[\mathrm{V}]$, 상전류가 $7.33[\mathrm{A}]$라면 1상의 부하저항은 약 몇 $[\Omega]$인가?

① 80　　　　　　② 60

③ 45　　　　　　④ 30

해설

환상결선(△결선)

환상결선(△결선), 선간 전압 $V_l = 220[\mathrm{V}]$, 상전류 $I_p = 7.33[\mathrm{A}]$, 순저항 부하이므로 한상의 부하저항은

$$R = \frac{V_p}{I_p} = \frac{V_l}{I_p} = \frac{220}{7.33} = 30[\Omega]$$

20 $G(j\omega) = 10(j\omega) + 1$에서 절점 각주파수 $\omega_0[\mathrm{rad/sec}]$는?

① 0.1　　　　　　② 1

③ 10　　　　　　④ 100

해설

절점주파수

주파수 전달함수 $G(j\omega) = 10(j\omega) + 1$

에서 절점주파수 ω 값은 실수부와 허수부가 같아지는 ω이므로

$1 = 10\omega$식에서 $\omega = \dfrac{1}{10} = 0.1[\mathrm{rad/sec}]$가 된다.

[**정답**] 16 ③　17 ②　18 ④　19 ④　20 ①

전기자기학

전력공학

전기기기

회로이론

전기설비기술기준

01

$F(s) = \dfrac{3s + 10}{s^3 + 2s^2 + 5s}$ 일 때 $f(t)$의 최종값은?

① 0 ② 1
③ 2 ④ 3

🔍 **해설**

최종값 정리

$\lim\limits_{t \to \infty} f(t) = \lim\limits_{S \to 0} sF(s)$ 에 의해서

$\lim\limits_{t \to \infty} f(t) = \lim\limits_{S \to 0} sF(s) = \lim\limits_{s \to 0} s \cdot \dfrac{3s + 10}{s^3 + 2s^2 + 5s} = 2$

02

불평형 회로에서 영상분이 존재하는 3상 회로 구성은?

① $\triangle - \triangle$결선의 3상 3선식
② $\triangle - Y$결선의 3상 3선식
③ $Y - Y$결선의 3상 3선식
④ $Y - Y$결선의 3상 4선식

🔍 **해설**

대칭분 전압, 전류

3상 4선식 $Y - Y$결선(접지식)은 영상분이 존재 한다.

03

저항 $R = 5000[\Omega]$, 정전용량 $C = 20[\mathrm{uF}]$가 직렬로 접속된 회로에 일정 전압 $E = 100[\mathrm{V}]$를 가하고 $t = 0$에서 스위치를 넣을 때 콘덴서 단자전압 $V[\mathrm{V}]$을 구하면? (단, $t = 0$에서 콘덴서 전압은 0이다.)

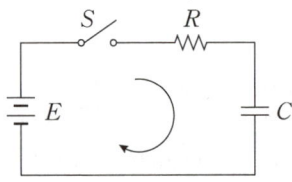

① $100(1 - e^{10t})$ ② $100e^{10t}$
③ $100(1 - e^{-10t})$ ④ $100e^{-10t}$

🔍 **해설**

$R - C$ 직렬연결

C에 걸리는 전압

$v_c = E\left(1 - e^{-\frac{1}{RC}t}\right) = 100\left(1 - e^{-\frac{1}{5000 \times 20 \times 10^{-6}}t}\right) = 100\left(1 - e^{-10t}\right)$

04

$9[\Omega]$과 $3[\Omega]$의 저항 3개를 그림과 같이 연결하였을 때 A, B 사이의 합성저항 $[\Omega]$은?

① $6[\Omega]$ ② $4[\Omega]$
③ $3[\Omega]$ ④ $2[\Omega]$

🔍 **해설**

임피던스 등가변환

Y결선된 $3[\Omega]$ 저항을 $\triangle$결선으로 변환하면 합성저항은 3배 증가되어 $9[\Omega]$으로 바뀐다.

$R_{AB} = \dfrac{4.5 \times (4.5 + 4.5)}{4.5 + (4.5 + 4.5)} = 3[\Omega]$

05

평형 3상 유도전동기의 출력이 10[HP], 선간전압 200[V], 효율 90[%], 역률 85[%]일 때, 이 전동기에 유입되는 선전류는 약 몇 [A]인가? (단, 1[HP]는 746[W]이다.)

① 40   ② 28

③ 20   ④ 14

🔍 해설 - - - - - - - - - - - - - - -

대칭 3상 교류전력

3상 유도전동기, 출력 $P = 10[\text{Hp}] = 10 \times 746[\text{W}]$

$V_l = 200[\text{V}]$, $\eta = 90[\%]$, $\cos\theta = 85[\%]$일 때

입력 $P_i = \dfrac{P}{\eta} = \sqrt{3}\,V_l I_l \cos\theta[\text{W}]$에서 유입선전류는

$\begin{aligned} I_l &= P/\eta\,\sqrt{3}\,V_l\cos\theta \\ &= (10 \times 746)/(0.9 \times \sqrt{3} \times 200 \times 0.85) \\ &= 28[\text{A}] \end{aligned}$

---

06 정현파 교류전압의 파고율은?

① 0.91   ② 1.11

③ 1.41   ④ 1.73

🔍 해설 - - - - - - - - - - - - - - -

정현파의 파고율

정현파의 실효값과 평균값 전류가 I, I_a라 하면

$I = \dfrac{I_m}{\sqrt{2}}$, $I_a = \dfrac{2I_m}{\pi}$ 이므로

$\text{파고율} = \dfrac{\text{최댓값}}{\text{실효값}} = \dfrac{I_m}{\dfrac{I_m}{2}} = \sqrt{2} = 1.41$

$\text{피형율} = \dfrac{\text{실효값}}{\text{평균값}} = \dfrac{\dfrac{I_m}{\sqrt{2}}}{\dfrac{2I_m}{\pi}} = \dfrac{\pi}{2\sqrt{2}} = 1.11$

---

07 다음과 같은 회로가 정저항 회로가 되기 위한 $R[\Omega]$의 값은?

① 200   ② 2

③ 2×10^{-2} ④ 2×10^{-4}

🔍 해설 - - - - - - - - - - - - - - -

정저항 회로

$R^2 = \dfrac{L}{C}$, $R = \sqrt{\dfrac{L}{C}}$ 이므로

$\therefore R = \sqrt{\dfrac{4 \times 10^{-3}}{0.1 \times 10^{-6}}} = 200[\Omega]$

---

08 그림 (a)와 그림 (b)가 역회로 관계에 있으려면 L의 값[mH]은? (단, $K^2 = 2000$이다.)

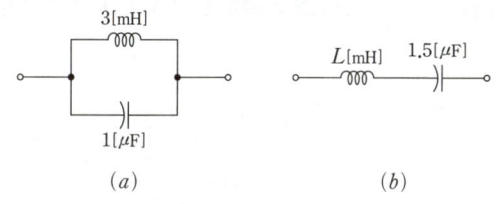

(a) (b)

① 1.5×10^6 ② 2×10^6

③ 3   ④ 2

🔍 해설 - - - - - - - - - - - - - - -

역(쌍대)회로

$L_1 = 3[\text{mH}]$, $C_2 = 1[\mu\text{F}]$이고

역회로에서 $C_1 = 1.5[\mu\text{F}]$일 때 $L_2 = L$은 역회로 관계식에서

$Z_1 \cdot Z_2 = \dfrac{L_1}{C_1} = \dfrac{L_2}{C_2} = K^2$이므로

$L_2 = \dfrac{C_2}{C_1} L_1 = \dfrac{1 \times 10^{-6}}{1.5 \times 10^{-6}} \times 3 \times 10^{-3} \times 10^3 = 2[\text{mH}]$

---

09 그림과 같은 회로에서 $e_0[\text{V}]$의 위상은 $e_i[\text{V}]$보다 어떻게 되는가?

① 앞선다.   ② 뒤진다.

③ 동상이다.   ④ 90도 앞선다.

[**정답**] 06 ③   07 ①   08 ④   09 ②

해설

L(코일)의 위치에 따른 회로해석

입력 측	출력 측
적분회로	미분회로
지상보상회로	진상보상회로
입력전압이 출력전압의 위상보다 앞선다.	입력전압이 출력전압의 위상보다 뒤진다.

10 그림과 같은 L형 회로의 4단자 A, B, C, D 정수 중 A는?

① $1+\dfrac{1}{\omega LC}$ ② $1-\dfrac{1}{\omega^2 LC}$

③ $1+\dfrac{1}{j\omega L}$ ④ $\dfrac{1}{2\sqrt{LC}}$

해설

4단자 정수

L형 회로의 4단자정수

$A=1+\dfrac{\frac{1}{j\omega C}}{j\omega L}=1-\dfrac{1}{\omega^2 LC}$

11 비정현파의전압이$3+10\sqrt{2}\sin\omega t+5\sqrt{2}\sin(3\omega t)$ [V]일 때 실효치[V]는?

① 11.5 ② 10.5
③ 9.5 ④ 8.5

해설

비정현파 교류의 실효값

실효전압은 $V=\sqrt{V_0+V_1^2+V_3^2}$
$=\sqrt{3^2+10^2+5^2}=11.5[V]$

12 기본파의 $60[\%]$인 제3고조파와 $80[\%]$인 제5고조파를 포함하는 전압의 왜형률은?

① 0.3 ② 1
③ 5 ④ 10

해설

비정현파 교류의 왜형률

$V_3=0.6V_1$, $V_5=0.8V_1$일 때 전압의

왜형률$=\dfrac{\sqrt{V_3^2+V_5^2}}{V_1}=\dfrac{\sqrt{(0.6V_1)^2+(0.8V_1)^2}}{V_1}=1$

13 어떤 교류회로에 $e=100\sin\omega t+20\sin\left(3\omega t+\dfrac{\pi}{3}\right)[V]$인 전압을 가했을 때 이것에 의해 회로에 흐르는 전류가 $i=40\sin\left(\omega t-\dfrac{\pi}{6}\right)+5\sin\left(3\omega t+\dfrac{\pi}{12}\right)[A]$라 한다. 이 회로에서 소비되는 전력은 약 몇 [kW]인가?

① 1.27 ② 1.77
③ 1.97 ④ 2.27

해설

비정현파 교류전력

$e=100\sin\omega t+20\sin\left(3\omega t+\dfrac{\pi}{3}\right)[V]$
$i=40\sin\left(\omega t-\dfrac{\pi}{6}\right)+5\sin\left(3\omega t+\dfrac{\pi}{12}\right)[A]$
유효전력[W]은
$P=V_1I_1\cos\theta_1+V_3I_3\cos\theta_3$
$=\dfrac{1}{2}(100\times40\cos30°+20\times5\cos45°)\times10^{-3}$
$=1.77[kW]$가 된다.

14 그림과 같은 회로에서 공진시의 어드미턴스[℧]는?

[정답] 10② 11① 12② 13② 14①

cal engineer · electrical engineer · electrical engineer · electrical engineer · electrical engineer · electrical engineer · electrical engineer · electrical engineer

전기자기학

전력공학

전기기기

회로이론

전기설비기술기준

① $\dfrac{CR}{L}$　　　② $\dfrac{LC}{R}$

③ $\dfrac{CL}{R}$　　　④ $\dfrac{LR}{C}$

🔍 해설

공진회로

합성 어드미턴스를 구하면

$Y = \dfrac{1}{R+j\omega L} + j\omega C$

$= \dfrac{R}{R^2 + \omega^2 L^2} + j\left(\omega C - \dfrac{\omega L}{R^2 + \omega^2 L^2}\right)[\mho]$

이고 공진시 허수부가 0 이 되어야 하므로

$\omega C = \dfrac{\omega L}{R^2 + \omega^2 L^2}$　　$\therefore R^2 + \omega^2 L^2 = \dfrac{L}{C}$

공진 어드미턴스는 $Y = \dfrac{R}{R^2 + \omega^2 L^2} = \dfrac{CR}{L}[\mho]$

15 회로에서 저항 15[Ω]에 흐르는 전류는 몇 [A]인가?

① 0.5　　　② 2

③ 4　　　④ 6

🔍 해설

중첩의 정리

중첩의 원리에 의하여 전류원 개방시 50[V]에 의한

전류 $I_1 = \dfrac{50}{5+15} = 2.5[\text{A}]$

전압원 단락시 6[A]에 의한

전류 $I_2 = \dfrac{5}{5+15} \times 6 = 1.5[\text{A}]$이므로

전체전류는 $I = I_1 + I_2 = 2.5 + 1.5 = 4[\text{A}]$

16 그림과 같은 고역 여파기에서 공칭 임피던스 $K[\Omega]$ 및 차단 주파수 $f_c[\text{kHz}]$는 얼마인가?

① 400, 25.9　　　② 460, 20.9

③ 480, 18.9　　　④ 500, 15.9

🔍 해설

고역 여파기에서 공칭 임피던스 $K^2 = Z_1 Z_2 = \dfrac{L}{C}$ 이므로

$K = \sqrt{\dfrac{L}{C}} = \sqrt{\dfrac{2.5 \times 10^{-3}}{0.01 \times 10^{-6}C}} = 500[\Omega]$

차단 주파수 $f_c = \dfrac{K}{4\pi L} = \dfrac{500}{4\pi \times 2.5 \times 10^{-3}} \times 10^{-3} = 15.9[\text{kHz}]$

17 그림과 같은 회로에서 전류 $I[\text{A}]$를 나타내는 식은?

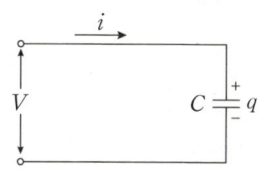

① $i = C\dfrac{dv}{dt}$　　　② $i = C\dfrac{dq}{dt}$

③ $i = \dfrac{qV}{C}$　　　④ $i = C\dfrac{q}{j\omega C}$

🔍 해설

콘덴서의 축적전하량 $q = Cv[\text{C}]$이므로

콘덴서에 흐르는 전류 $i = \dfrac{dq}{dt} = C\dfrac{dv}{dt}[\text{A}]$

[**정답**] 15 ③ 16 ④ 17 ①

18 전기회로에서 일어나는 과도현상은 그 회로의 시정수와 관계가 있다. 이 사이의 관계를 바르게 표현한 것은?

① 회로의 시정수가 클수록 과도현상은 오랫동안 지속된다.
② 시정수가 클수록 과도현상은 빨리 사라진다.
③ 시정수는 과도현상의 지속시간에는 상관되지 않는다.
④ 시정수의 역이 클수록 과도현상은 천천히 사라진다.

🔍 **해설**

시정수
- 시정수가 크면 과도현상이 오래도록 지속된다.
- 시정수가 작을수록 과도현상은 짧아진다.

19 $R=50[\Omega]$, $L=200[\text{mH}]$의 직렬 회로에 주파수 $f=50[\text{Hz}]$의 교류에 대한 역률[%]은?

① 82.3   ② 72.3
③ 62.3   ④ 52.3

🔍 **해설**

$R-L$ 직렬 회로
$R=50[\Omega]$, $L=200[\text{mH}]$, $f=50[\text{Hz}]$일 때
$R-L$ 직렬 회로의 역률은
$$\cos\theta = \frac{R}{Z} = \frac{R}{\sqrt{R^2 + X_L^{\,2}}}$$
$$= \frac{50}{\sqrt{50^2 + (2\times 3.14 \times 50 \times 200 \times 10^{-3})^2}}$$
$$= 0.623 = 62.3[\%]$$

20 공급전압이 10[V]이며 회로에 흐르는 전류가 10[A]일 때, 이 회로의 유효전력이 50[W]라면 전압과 전류의 위상차는?

① 0°   ② 30°
③ 45°   ④ 60°

🔍 **해설**

단상교류전력
$V=10[\text{V}]$, $I=10[\text{A}]$, $P=50[\text{W}]$일 때
유효전력 $P=VI\cos\theta[\text{W}]$에서 역률
$$\cos\theta = \frac{P}{VI} = \frac{50}{10\times 10} = 0.5$$이므로
위상차 $\theta = \cos^{-1}0.5 = 60°$

시행일 ▶ **2024년 3회**

01 그림에서 a, b단자에 200[V]를 가할 때 저항 2[Ω]에 흐르는 전류 $I_1[\text{A}]$는?

① 40   ② 30
③ 20   ④ 10

🔍 **해설**

저항의 합성저항은 $R_0 = 2.8 + \dfrac{2\times 3}{2+3} = 4[\Omega]$이므로

전체전류 $I = \dfrac{V}{R_0} = \dfrac{200}{4} = 50[\text{A}]$이 된다.

따라서 2[Ω]에 흐르는 전류는 전류 분배 법칙에 의하여
$$I_1 = \frac{3}{2+3} \times 50 = 30[\text{A}]$$

02 정현파 교류의 실효값을 계산하는 식은?

① $I = \dfrac{1}{T^2}\displaystyle\int_0^T i^2 dt$ ② $I^2 = \dfrac{2}{T}\displaystyle\int_0^T i\,dt$

③ $I^2 = \dfrac{1}{T}\displaystyle\int_0^T i^2 dt$ ④ $I = \sqrt{\dfrac{2}{T}\displaystyle\int_0^T i^2 dt}$

🔍 **해설**

정현파 교류의 실효값은
$$I = \sqrt{\frac{1}{T}\int_0^T i^2 dt} = \sqrt{i^2 \text{의 한주기 평균값}}$$ 이므로
$$I^2 = \frac{1}{T}\int_0^T i^2 dt$$

[정답] 18 ① 19 ③ 20 ④ 2024년 3회 01 ② 02 ③

03 그림에서 회로가 주파수에 관계없이 일정한 임피던스를 갖도록 C의 값[μF]을 결정하면?

① 20
② 10
③ 2.454
④ 0.24

🔍 **해설**

정저항 회로

$R^2 = \dfrac{L}{C}$, $R = \sqrt{\dfrac{L}{C}}$ 이므로

$C = \dfrac{L}{R^2} = \dfrac{2 \times 10^{-3}}{10^2} \times 10^6 = 20[\mu F]$

04 $\pounds[f(t)] = F(s)$일 때의 $\displaystyle\lim_{t \to \infty} f(t)$는?

① $\displaystyle\lim_{s \to 0} F(s)$
② $\displaystyle\lim_{s \to 0} sF(s)$
③ $\displaystyle\lim_{s \to \infty} F(s)$
④ $\displaystyle\lim_{s \to \infty} sF(s)$

🔍 **해설**

최종값 정리

$\displaystyle\lim_{t \to \infty} f(t) = \lim_{s \to 0} sF(s)$

05 4단자 정수 A, B, C, D 중에서 어드미턴스 차원을 가진 정수는?

① A
② B
③ C
④ D

🔍 **해설**

4단자 정수

$\begin{pmatrix} V_1 = AV_2 + BI_2 \\ I_1 = CV_2 + DI_2 \end{pmatrix}$ 에서 4단자 정수를 구하면

$A = \dfrac{V_1}{V_2}\Big|_{I_2=0}$: 전압비 ➡ 권수비 n

$C = \dfrac{I_1}{V_2}\Big|_{I_2=0}$: 어드미턴스 ➡ 0

$B = \dfrac{V_1}{I_2}\Big|_{V_2=0}$: 임피이던스 ➡ 0

$D = \dfrac{I_1}{I_2}\Big|_{V_2=0}$: 전류비 ➡ 권수비 역수 $\dfrac{1}{n}$

06 그림과 같은 회로에서 $t=0$일 때 스위치 K를 닫을 때 과도 전류 $i(t)$는 어떻게 표시되는가?

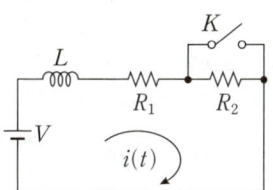

① $i(t) = \dfrac{V}{R_1}\left(1 - \dfrac{R_2}{R_1 + R_2}e^{-\frac{R_1}{L}t}\right)$

② $i(t) = \dfrac{V}{R_1 + R_2}\left(1 + \dfrac{R_2}{R_1}e^{-\frac{(R_1+R_2)}{L}t}\right)$

③ $i(t) = \dfrac{V}{R_1}\left(1 + \dfrac{R_2}{R_1}e^{-\frac{R_1}{L}t}\right)$

④ $i(t) = \dfrac{R_1 V}{R_2 + R_1}\left(1 + \dfrac{R_1}{R_2 + R_1}e^{-\frac{(R_1+R_2)}{L}t}\right)$

🔍 **해설**

스위치 K를 닫은 후의 전류 $i(t) = i_s + i_t$에서

정상전류$(t=\infty)$ $i_s = \dfrac{V}{R_1}$[A]이고

과도전류 $i_t = Ae^{pt} = Ae^{-\frac{R_1}{L}t}$가 되므로

$i(t) = \dfrac{V}{R_1} + Ae^{-\frac{R_1}{L}t}$[A]가 된다.

이때 스위치 K를 닫는 순간, 즉 $t=0$일 때 회로에

흐르는 정상전류는 $t(0) = \dfrac{V}{R_1 + R_2}$[A]이며 이 전류는

$i(t) = \dfrac{V}{R_1} + Ae^{-\frac{R_1}{L}t}\Big|_{t=0} = \dfrac{V}{R_1} + A$와 같다.

$\therefore i(0) = \dfrac{V}{R_1} + A = \dfrac{V}{R_1 + R_2}$[A]의 식에서

$A = \dfrac{V}{R_1 + R_2} - \dfrac{V}{R_1} = \dfrac{-R_2 V}{R_1(R_1 + R_2)}$가 된다.

$\therefore i(t) = \dfrac{V}{R_1} - \dfrac{R_2 V}{R_1(R_1 + R_2)}e^{-\frac{R_1}{L}t}$

$= \dfrac{V}{R_1}\left(1 - \dfrac{R_2}{R_1 + R_2}e^{-\frac{R_1}{L}t}\right)$[A]

[**정답**] 03 ① 04 ② 05 ③ 06 ①

ical engineer · electrical engineer · electrical engineer · electrical engineer · electrical engineer · electrical engineer · electrical engineer · electrical engineer

전기자기학 전력공학 전기기기 회로이론 전기설비기술기준

07 어떤 소자가 $60[\text{Hz}]$에서 리액턴스 값이 $10[\Omega]$이었다. 이 소자를 인덕터 또는 커패시터라 할 때, 인덕턴스 $[\text{mH}]$와 정전용량 $[\mu\text{F}]$은 각각 얼마인가?

① $26.53[\text{mH}]$, $295.37[\mu\text{F}]$

② $18.37[\text{mH}]$, $265.25[\mu\text{F}]$

③ $18.37[\text{mH}]$, $295.37[\mu\text{F}]$

④ $26.53[\text{mH}]$, $265.25[\mu\text{F}]$

🔍 해설

$L[\text{H}]$ 및 $C[\text{F}]$만의 회로

유도성 리액턴스 $X_L = \omega L = 2\pi f L = 10[\Omega]$에서

자기인덕턴스는 $L = \dfrac{X_L}{2\pi f} = \dfrac{10}{2\pi \times 60} \times 10^3 = 26.53[\text{mH}]$

용량성 리액턴스 $X_C = \dfrac{1}{\omega C} = \dfrac{1}{2\pi f C} = 10[\Omega]$에서

정전용량은 $C = \dfrac{1}{2\pi f X_c} = \dfrac{1}{2\pi \times 60 \times 10} \times 10^6 = 265.25[\mu\text{F}]$

08 선간전압 $220[\text{V}]$, 역률 $60[\%]$인 평형 3상 부하에서 소비전력 $P = 10[\text{kW}]$일 때 선전류는 약 몇 $[\text{A}]$인가?

① 25.3

② 32.8

③ 43.7

④ 53.6

🔍 해설

대칭 3상 교류전력

3상, $V_l = 220[\text{V}]$, $\cos\theta = 0.6$, $P = 10[\text{kW}]$이므로

소비전력 $P = \sqrt{3}\, V_l I_l \cos\theta [\text{W}]$에서

선전류 $I_l = \dfrac{P}{\sqrt{3}\, V_l \cos\theta} = \dfrac{10 \times 10^3}{\sqrt{3} \times 220 \times 0.6} = 43.7[\text{A}]$

09 $20[\text{kVA}]$ 변압기 2대로 공급할 수 있는 최대 3상 전력은 약 몇 $[\text{kVA}]$인가?

① 17

② 25

③ 35

④ 40

🔍 해설

3상 V 결선

V 결선시 출력 $P_v = \sqrt{3}\, K = \sqrt{3} \times 20 = 35[\text{kVA}]$

10 3상 회로의 선간 전압이 각각 $80[\text{V}]$, $50[\text{V}]$, $50[\text{V}]$일 때의 전압의 불평형률 $[\%]$은?

① 39.6

② 57.3

③ 73.6

④ 86.7

🔍 해설

불평형률

① 선간전압이 120, 100, 100$[\text{V}]$이면 불평형률은 약 $13[\%]$

② 선간전압이 80, 50, 50$[\text{V}]$이면 불평형률은 약 $39.6[\%]$

11 그림과 같은 회로에서 스위치 S를 $t=0$에서 닫았을 때 $(V_L)_{t=0} = 100[\text{V}]$, $\left(\dfrac{di}{dt}\right)_{t=0} = 400[\text{A/sec}]$이다. $L[\text{H}]$의 값은?

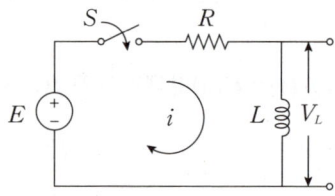

① 0.75

② 0.5

③ 0.25

④ 0.1

🔍 해설

$R - L$ 직렬연결

$V_L = L \cdot \dfrac{di}{dt}[\text{V}]$에서 $100 = L \times 400$

$\therefore L = 0.25[\text{H}]$

12 그림과 같은 회로에서 저항 $0.2[\Omega]$에 흐르는 전류는 몇 $[\text{A}]$인가?

① 0.1　　　　　　　　② 0.2

③ 0.3　　　　　　　　④ 0.4

🔍 해설 - - - - - - - - - - - - - -

테브난의 정리

테브난의 정리에 의해서 테브난의 등가저항은
전압원단락, 전류원 개방시 개방단에서 본 등가저항이므로

$R_T = \dfrac{4 \times 6}{4+6} + \dfrac{6 \times 4}{6+4} = 4.8[\Omega]$이고

테브난의 등가전압은 개방단자 사이에 걸리는 전압이므로

$V_T = V_b - V_a = \dfrac{6}{4+6} \times 10 - \dfrac{4}{6+4} \times 10 = 2[V]$가 되어

$0.2[\Omega]$에 흐르는 전류는

$I = \dfrac{V_T}{R_{ab} + R_T} = \dfrac{2}{0.2 + 4.8} = 0.4[A]$

---

13 $\dfrac{1}{s^2 + 2s + 5}$의 라플라스 역변환 값은?

① $e^{-2t}\cos 2t$　　　　　② $\dfrac{1}{2}e^{-t}\sin t$

③ $\dfrac{1}{2}e^{-t}\sin 2t$　　　　④ $\dfrac{1}{2}e^{-t}\cos 2t$

🔍 해설 - - - - - - - - - - - - - -

역라플라스변환

$\pounds^{-1}\left[\dfrac{1}{s^2+2s+5}\right] = \pounds^{-1}\left[\dfrac{1}{(s+1)^2+2^2}\right]$

$= \pounds^{-1}\left[\dfrac{\frac{1}{2} \times 2}{(s+1)^2+2^2}\right] = \dfrac{1}{2}e^{-t}\sin 2t$

---

14 다음의 회로가 정저항 회로가 되기 위한 $L[H]$의 값은?

① 1　　　　　　　　② 0.1

③ 0.01　　　　　　　④ 0.001

🔍 해설 - - - - - - - - - - - - - -

정저항 회로

$R^2 = \dfrac{L}{C}, R = \sqrt{\dfrac{L}{C}}$ 이므로

$L = CR^2 = 100 \times 10^{-6} \times 10^2 = 0.01[H]$

---

15 $600[kVA]$, 역률 0.6(지상)의 부하 A와 $800[kVA]$, 역률 0.8(진상)의 부하 B가 합계 접속되어 있을 때 전체 피상전력$[kVA]$은?

① 0　　　　　　　　② 960

③ 1000　　　　　　　④ 1400

🔍 해설 - - - - - - - - - - - - - -

- 부하 A의 피상전력
  $P_A = 600 \times 0.6 - j600 \times 0.8 = 360 - j420[kVA]$
- 부하 B의 피상전력
  $P_B = 800 \times 0.8 + j800 \times 0.6 = 640 + j420[kVA]$
- 전체피상전력
  $P_a = P_A + P_B = 360 - j420 + 640 + j420 = 1000[kVA]$

---

16 기본파의 30[%]인 제3고조파와 기본파의 20[%]인 제5고조파를 포함하는 전압의 왜형률은 약 얼마인가?

① 0.21　　　　　　　② 0.31

③ 0.36　　　　　　　④ 0.42

🔍 해설 - - - - - - - - - - - - - -

비정현파 교류의 왜형률

$V_3 = 0.3V_1$, $V_5 = 0.2V_1$일 때 전압의

왜형률 $= \dfrac{\sqrt{V_3^2 + V_5^2}}{V_1} = \dfrac{\sqrt{(0.3V_1)^2 + (0.2V_1)^2}}{V_1} = 0.36$

---

17 3상 회로의 대칭분 전압이 $V_0 = -8+j3[V]$, $V_1 = 6-j8[V]$, $V_2 = 8+j12[V]$일 때, a상태의 전압$[V]$은? (단, V_0는 영상분, V_1은 정상분, V_2는 역상분 전압이다.)

① $5-j6$　　　　　　② $5+j6$

③ $6-j7$　　　　　　④ $6+j7$

[정답] 13 ③　14 ③　15 ③　16 ③　17 ④

🔍 해설

불평형(비대칭) 3상의 전압

a상의 전압 $V_a = V_0 + V_1 + V_2$

b상의 전압 $V_b = V_0 + a^2 V_1 + a V_2$

c상의 전압 $V_c = V_0 + a V_1 + a^2 V_2$ 이므로

a상의 전압 $V_a = V_0 + V_1 + V_2$

$\qquad\qquad = -8 + j3 + 6 - j8 + 8 + j12 = 6 + j7$

---

18 다음과 같은 비정현파 전압 및 전류에 의한 전력을 구하면 몇 [W]인가?

$$v = 100\sin\omega t - 50\sin(3\omega t + 30°) + 20\sin(5\omega t + 45°)[V]$$
$$i = 20\sin\omega t + 10\sin(3\omega t - 30°) + 5\sin(5\omega t - 45°)[A]$$

① 1175　　　　　　　② 925

③ 875　　　　　　　④ 825

🔍 해설

비정현파 교류전력

$v = 100\sin\omega t - 50\sin(3\omega t + 30°) + 20\sin(5\omega t + 45°)[V]$

$i = 20\sin\omega t + 10\sin(3\omega t - 30°) + 5\sin(5\omega t - 45°)[A]$일 때

유효전력[W]은

$P = V_1 I_1 \cos\theta_1 + V_3 I_3 \cos\theta_3 + V_5 I_5 \cos\theta_5$

$\quad = \dfrac{1}{2}(100 \times 20\cos0° - 50 \times 10\cos60° + 20 \times 5\cos90°)$

$\quad = 875[W]$

---

19 어떤 회로에 전압 $v(t) = V_m\cos\omega t$를 가했더니 회로에 흐르는 전류는 $i(t) = I_m\sin\omega t$였다. 이 회로가 한 개의 회로 소자로 구성되어 있다면 이 소자의 종류는? (단, $V_m > 0$, $I_m > 0$이다.)

① 저항　　　　　　　② 인덕턴스

③ 정전용량　　　　　④ 컨덕턴스

🔍 해설

$L[H]$만의 회로

전압 $v(t) = V_m\cos\omega t = V_m\sin(\omega t + 90°)$

전류 $i(t) = I_m\sin\omega t$ 이므로 전압이 전류보다 위상이 90° 앞서므로 $L[H]$만의 회로이다.

---

20 그림에서 $R = (=5[\Omega])$를 흐르는 전류의 크기 [A]는?

① 1　　　　　　　　② 2

③ 3　　　　　　　　④ 4

🔍 해설

중첩의 정리

중첩의 원리에 의하여 전류원 개방시 10[V]에 의한

전류 $I_1 = \dfrac{10}{5} = 2[A]$

전압원 단락시 2[A]에 의한

전류 $I_2 = 0[A]$이므로

전체전류는 $I = I_1 + I_2 = 2 + 0 = 2[A]$

시행일 ▶ 2025년 1회

01 최댓값이 $100[V]$인 사인파 교류의 평균값은?

① 141　　　　　　　② 70.7

③ 63.7　　　　　　　④ 53.8

🔍 해설

정현파의 평균값

$V_a = \dfrac{2V_m}{\pi} = \dfrac{2 \times 100}{\pi} = 63.7[V]$이므로

---

02 그림의 3상 Y결선 회로에서 소비하는 전력[W]은?

---

① 3072   ② 1536

③ 768   ④ 512

🔍 해설

$Z=24+j7=\sqrt{24^2+7^2}=25[\Omega]$, Y결선, $V_l=200[V]$일 때

상전류는 $I_P=\dfrac{V_P}{Z}=\dfrac{\frac{V_l}{\sqrt{3}}}{Z}=\dfrac{\frac{200}{\sqrt{3}}}{25}=4.618[A]$

유효전력 $P=3I_P^2\cdot R=3\times4.618^2\times24=1536[W]$

03   3상 불평형 전압에서 불평형률이란?

① $\dfrac{역상전압}{영상전압}\times100$ ② $\dfrac{정상전압}{역상전압}\times100$

③ $\dfrac{역상전압}{정상전압}\times100$ ④ $\dfrac{영상전압}{정상전압}\times100$

🔍 해설

불평형률

전압의 불평형률$=\dfrac{역상전압}{정상전압}\times100[\%]$

04   직류 과도현상의 저항 $R[\Omega]$과 인덕턴스 $L[H]$의 직렬 회로에서 옳지 않은 것은?

① 회로에서 시정수는 $\tau=\dfrac{R}{L}[s]$이다.

② $t=0$에서 직류 저항 $E[V]$를 가했을 때 $t[s]$ 후의 전류는 $i(t)=\dfrac{E}{R}(1-e^{-\frac{R}{L}t})[A]$이다.

③ 과도 기간에 있어서의 인덕턴스 L의 단자 전압은 $v_L(t)=Ee^{-\frac{R}{L}t}$이다.

④ 과도 기간에 있어서의 저항 R의 단자 전압은 $v_R(t)=E(1-e^{-\frac{R}{L}t})$이다.

🔍 해설

$R-L$ 직렬회로에서

과도 기간에 있어서의 시정수는 $\tau=\dfrac{L}{R}[s]$이다.

05   그림의 회로에서 스위치 S를 닫을 때 콘덴서의 초기 전하를 무시하고 회로에 흐르는 전류를 구하면?

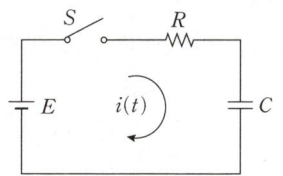

① $\dfrac{E}{R}e^{\frac{C}{R}t}$ ② $\dfrac{E}{R}e^{\frac{R}{C}t}$

③ $\dfrac{E}{R}e^{-\frac{1}{CR}t}$ ④ $\dfrac{E}{R}e^{\frac{1}{CR}t}$

🔍 해설

$R-C$ 직렬회로에서 스위치를 닫았을 때 흐르는 전류

$i(t)=\dfrac{E}{R}e^{-\frac{1}{RC}t}[A]$

06   아래와 같은 비정현파 전압을 RL 직렬회로에 인가할 때에 제 3고조파 전류의 실효값 [A]은? (단, $R=4[\Omega]$, $\omega L=1[\Omega]$이다.)

$$v=100\sqrt{2}\sin\omega t+75\sqrt{2}\sin3\omega t+20\sqrt{2}\sin5\omega t[V]$$

① 4   ② 15

③ 20   ④ 75

🔍 해설

n고조파 직렬 임피던스

$R-L$직렬, $R=4[\Omega]$, $\omega L=1[\Omega]$에서

3고조파 임피던스는 $Z_3=R+j3\omega L=4+j1\times3=4+j3=5[\Omega]$

3고조파 전류는 $I_3=\dfrac{V_3}{Z_3}=\dfrac{75}{5}=15[A]$

07   시간함수 $1-\cos\omega t$를 라플라스 변환하면?

① $\dfrac{s}{s^2+\omega^2}$ ② $\dfrac{\omega^2}{s(s^2+\omega^2)}$

③ $\dfrac{s}{s(s^2+\omega^2)}$ ④ $\dfrac{\omega^2}{s(s^2+\omega^2)}$

[정답] 03 ③   04 ③   05 ③   06 ②   07 ②

전기자기학

전력공학

전기기기

회로이론

전기설비기술기준

🔍 **해설**

선형의 정리

$£[af_1(t) \pm bf_2(t)] = aF_1(s) \pm bF_2(s)$에 의해서

$£[\sin\omega t] = \dfrac{\omega}{s^2+\omega^2}$, $£[\cos\omega t] = \dfrac{s}{s^2+\omega^2}$ 이므로

$F(s) = £[f(t)] = £[1-\cos\omega t]$

$\quad = \dfrac{1}{s} - \dfrac{s}{s^2+\omega^2} = \dfrac{s^2+\omega^2-s^2}{s(s^2+\omega^2)} = \dfrac{\omega^2}{s(s^2+\omega^2)}$

08 그림에서 4단자 회로 정수 A, B, C, D 중 출력 단자 3, 4가 개방되었을 때의 $\dfrac{V_1}{V_2}$인 A의 값은?

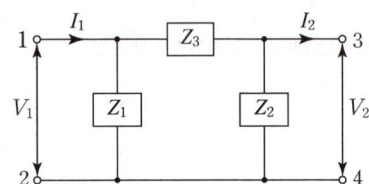

① $1+\dfrac{Z_2}{Z_1}$ ② $1+\dfrac{Z_3}{Z_2}$

③ $1+\dfrac{Z_2}{Z_3}$ ④ $1+\dfrac{Z_1+Z_2+Z_3}{Z_1Z_3}$

🔍 **해설**

π형 회로의 4단자 정수

$\begin{bmatrix} A & B \\ C & D \end{bmatrix} = \begin{bmatrix} 1+\dfrac{Z_3}{Z_2} & Z_3 \\ \dfrac{Z_1+Z_2+Z_3}{Z_1Z_2} & 1+\dfrac{Z_3}{Z_1} \end{bmatrix}$

09 다음과 같은 회로에서 a, b 양단의 전압은 몇 [V]인가?

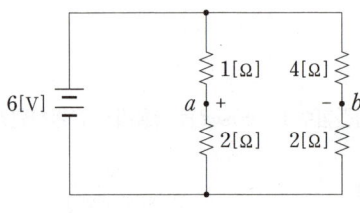

① 1   ② 2
③ 2.5   ④ 3.5

🔍 **해설**

a점의 전위 $V_a = \dfrac{2}{1+2} \times 6 = 4[V]$

b점의 전위 이므로 $V_b = \dfrac{2}{4+2} \times 6 = 2[V]$이므로

a, b 양단의 전압 $V_{ab} = V_a - V_b = 4-2 = 2[V]$

10 1상의 직렬 임피던스가 $R=6[\Omega]$, $X_L=8[\Omega]$인 △결선의 평형부하가 있다. 여기에 선간전압 100[V]인 대칭 3상 교류전압을 가하면 선전류는 몇 [A]인가?

① $3\sqrt{3}$ ② $\dfrac{10\sqrt{3}}{3}$
③ 10   ④ $10\sqrt{3}$

🔍 **해설**

$Z=6+j8[\Omega]$, $V_l=100[V]$에서
△결선시 상전압과 선간전압은 같고
선전류는 상전류의 $\sqrt{3}$ 배이므로

$I_l = \sqrt{3} I_p = \sqrt{3} \dfrac{V_p}{Z} = \sqrt{3} \dfrac{V_l}{Z}$

$\quad = \sqrt{3} \dfrac{100}{\sqrt{6^2+8^2}} = 10\sqrt{3}$ [A]가 된다.

11 $F(s) = \dfrac{2}{(s+1)(s+3)}$의 역라플라스 변환은?

① $e^{-t}-e^{-3t}$ ② $e^{-t}-e^{3t}$
③ e^t-e^{3t} ④ e^t-e^{-3t}

🔍 **해설**

역라플라스변환

$F(s) = \dfrac{2}{(s+1)(s+3)} = \dfrac{A}{(s+1)} + \dfrac{B}{(s+3)}$

$A = F(s)(s+1)|_{s=-1} = \left[\dfrac{2}{s+3}\right]_{s=-1} = 1$

$B = F(s)(s+3)|_{s=-3} = \left[\dfrac{2}{s+1}\right]_{s=-3} = -1$

$F(s) = \dfrac{1}{s+1} - \dfrac{1}{s+3}$

$\therefore f(t) = e^{-t} - e^{-3t}$

12 그림과 같은 회로에서 선형저항 3[Ω]양단의 전압은?

① 4.5[V]

② 3[V]

③ 2.5[V]

④ 2[V]

🔍 해설

중첩의 원리에 의하여 3[Ω]에 흐르는 전류는

전류원 개방시 2[V]에 의한 전류 $I_1 = \dfrac{2}{3}[A]$

전압원 단락시 1[A]에 의한 전류 $I_2 = 0[A]$이므로

전체전류는 $I = I_1 + I_2 = \dfrac{2}{3} + 0 = \dfrac{2}{3}[A]$

그러므로 3[Ω] 양단의 전압은 $V = IR = \dfrac{2}{3} \times 3 = 2[V]$

13 $R-L-C$ 직렬공진에서 $R=100[\Omega]$, $L=314$ [mH], $C=125.6[pF]$일 때, 선택도(전압 확대율) Q는?

① 2×10^3

② 3×10^3

③ 4×10^2

④ 5×10^2

🔍 해설

$R=100[\Omega]$, $L=314[mH]$, $C=125.6[pF]$일 때 직렬공진시 첨예도는

$$Q = \frac{1}{R}\sqrt{\frac{L}{C}} = \frac{1}{100}\sqrt{\frac{314 \times 10^{-3}}{125.6 \times 10^{-12}}} = 5 \times 10^2$$

14 실효값이 100[V]인 정현파 전압이 있다. $t=0$에서의 순시값이 $-50\sqrt{2}$일 때 전압의 순시값은?

① $100\sin\left(\omega t + \dfrac{\pi}{6}\right)$

② $100\sqrt{2}\sin\left(\omega t - \dfrac{\pi}{6}\right)$

③ $100\sqrt{2}\sin\left(\omega t + \dfrac{\pi}{6}\right)$

④ $100\sqrt{2}\cos\left(\omega t + \dfrac{\pi}{6}\right)$

🔍 해설

실효값 $V=100[V]$, $t=0$에서
순시전압 $v(0) = -50\sqrt{2}$ 이므로

$$v(t) = V_m\sin(\omega t + \theta) = 100\sqrt{2}\sin(\omega t + \theta)$$

$$v(0) = 100\sqrt{2}\sin\theta = -50\sqrt{2}$$

$$\sin\theta = -\frac{1}{2} = -0.5$$

$$\theta = \sin^{-1}(-0.5) = -30° = -\frac{\pi}{6}\ \text{이므로}$$

순시치 전압은 $v(t) = 100\sqrt{2}\sin\left(\omega t - \dfrac{\pi}{6}\right)[V]$

15 $L=2[H]$인 인덕턴스에 $i(t) = 20 \cdot e^{-2t}[A]$의 전류가 흐를때 L의 단자전압[V]은?

① $40 \cdot e^{-2t}$

② $-40 \cdot e^{-2t}$

③ $80 \cdot e^{-2t}$

④ $-80 \cdot e^{-2t}$

🔍 해설

$L=2[H]$, $i(t) = 20e^{-2t}[A]$이므로 코일의 단자전압은

$$v = L\frac{di(t)}{dt} = 2\frac{d}{dt}(20e^{-2t})$$

$$= 2 \times 20 \times e^{-2t} \times (-2) = -80e^{-2t}[V]$$

🔽 참고

$$\frac{d}{dt}e^{at} = e^{at} \times a$$

16 3상 불평형 전압이 $V_a=80[V]$, $V_b=-40-j30$ [V], $V_c=-40+j30[V]$라고 할 때, 대칭분 전압 중 역상전압 $V_2[V]$는?

① 0

② 22.7

③ 57.3

④ 68.1

🔍 해설

역상분 전압

$$V_2 = \frac{1}{3}(V_a + a^2 V_b + aV_c)$$

$$= \frac{1}{3}\{80 + 1\angle 240° \times (-40-j30) + 1\angle 120° \times (-40-j30)\}$$

$$= 22.68[V]$$

[정답] 12 ④ 13 ④ 14 ② 15 ④ 16 ②

17 비정현파에 있어서 여현대칭의 조건은?

① $f(t) = f(-t)$ ② $f(t) = -f(-t)$

③ $f(t) = -f(t)$ ④ $f(t) = -f\left(t + \dfrac{T}{2}\right)$

🔍 **해설**

비정현파 대칭조건

① $f(t) = f(-t)$: 여현대칭

② $f(t) = -f(-t)$: 정현대칭

③ $f(t) = -f\left(t + \dfrac{T}{2}\right)$: 반파대칭

18 공급전압이 $10[\text{V}]$이며 회로에 흐르는 전류가 $10[\text{A}]$일 때, 이 회로의 유효전력이 $50[\text{W}]$라면 전압과 전류의 위상차는?

① $0°$ ② $30°$

③ $45°$ ④ $60°$

🔍 **해설**

유효전력 $P = VI\cos\theta[\text{W}]$이므로

역률 $\cos\theta = \dfrac{P}{VI} = \dfrac{50}{10 \times 10} = 0.5$

위상차 $\theta = \cos^{-1}0.5 = 60°$

19 다음 회로에서 $V_1 = 30[\text{V}]$일 때 저항 $R[\Omega]$값은?

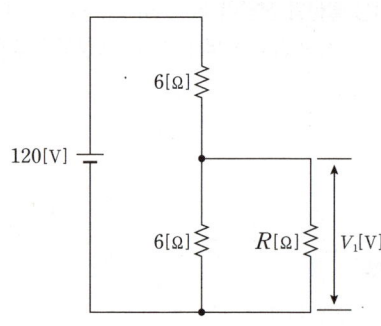

① $2[\Omega]$ ② $3[\Omega]$

③ $4[\Omega]$ ④ $5[\Omega]$

🔍 **해설**

$6[\Omega]$과 $R[\Omega]$이 병렬연결인 부분의 전압은 $30[\text{V}]$로 같으므로 직렬연결인 $6[\Omega]$의 걸리는 전압은 $V_2 = 120 - 30 = 90[\text{V}]$이 된다. 전압분배법칙에 의해서

$$V_2 = \frac{6}{6 + \dfrac{6 \times R}{6 + R}} \times 120 = 90[\text{V}]$$

$\therefore R = 3[\Omega]$

20 다음 전압원 회로를 등가회로인 전류원 회로로 표현한 값은?

① $5.5 + j7.33$ ② $5.5 - j7.33$

③ $9.16\angle53°$ ④ $14.4 + j19.2$

🔍 **해설**

합성임피던스는 $Z = \dfrac{40 \times j30}{40 + j30} = 14.4 + j19.2[\Omega]$이므로

등가변환시 전류원의 전류

$$I = \frac{V}{Z} = \frac{220\angle0°}{14.4 + j19.2} = 5.5 - j7.33[\text{A}]$$

시행일 ▶ **2025년 2회**

01 최대치 $100[\text{V}]$, 주파수 $60[\text{Hz}]$인 정현파 전압이 $t = 0$에서 순시치가 $50[\text{V}]$이고 이 순간에 전압이 감소하고 있을 경우의 정현파의 순시치식은?

① $100\sin(120\pi t + 45°)$

② $100\sin(120\pi t + 135°)$

③ $100\sin(120\pi t + 150°)$

④ $100\sin(120\pi t + 30°)$

[**정답**] 17 ① 18 ④ 19 ② 20 ① 2025년 2회 01 ③

🔍 **해설**

최댓값 $V_m = 100[V]$, 주파수 $f = 60[Hz]$, $t = 0$에서
순시전압 $v(t) = 50[V]$이므로

$$v(t) = V_m\sin(\omega t + \theta)$$
$$= 100\sin(2\pi \times 60t + \theta)$$
$$= 100\sin(120\pi t + \theta)$$

$v(0) = 100\sin\theta = 50$, $\sin\theta = 0.5$
$\theta = \sin^{-1}0.5 = 30°$, $150°$이며
$t = 0$에서 순시치 전압이 감소하는 경우의 전압은
$v(t) = 100\sin(120\pi t + 150°)[V]$

02 저항 $R_1 = 10[\Omega]$과 $R_2 = 40[\Omega]$이 직렬로 접속된
회로에 $100[V]$, $60[Hz]$인 정현파 교류전압을 인가할 때,
이 회로에 흐르는 전류로 옳은 것은?

① $\sqrt{2}\sin377t[A]$ ② $2\sqrt{2}\sin377t[A]$
③ $\sqrt{2}\sin422t[A]$ ④ $2\sqrt{2}\sin422t[A]$

🔍 **해설**

$i = I_m\sin\omega t = \dfrac{V_m}{R}\sin\omega t$ 식을 이용하여

$i = \dfrac{\sqrt{2}V}{R_1 + R_2}\sin2\pi ft = \dfrac{100\sqrt{2}}{10 + 40}\sin(2\pi \times 60 \times t)$
$= 2\sqrt{2}\sin377t$

03 전압 $v = V\sin\omega t[V]$, 전류 $i = I(\sin3\omega t - \sin5\omega t)$
의 교류의 평균 전력은?

① 0 ② $\dfrac{1}{2}VI$
③ $\dfrac{1}{2}VI\cos\theta$ ④ 5

🔍 **해설**

비정현파의 평균전력은
전압과 전류의 같은 성분이 없으므로 소비전력은 0이 된다.

04 저항 $4[\Omega]$과 유도 리액턴스 $X_L[\Omega]$이 병렬로 접속
된 회로에 $12[V]$의 교류전압을 가하니 $5[A]$의 전류가 흘
렀다. 이 회로의 $X_L[\Omega]$은?

① 8 ② 6
③ 3 ④ 1

🔍 **해설**

$R - L$ 병렬회로에서는 단자전압이 일정하므로
저항에 흐르는 전류를 구하면

$I_R = \dfrac{V}{R} = \dfrac{12}{4} = 3[A]$

전체전류가 $I = 5[A]$이므로
유도리액턴스에 흐르는 전류는

$I = \sqrt{I_R^2 + I_L^2}[A]$
$I_L = \sqrt{I^2 - I_R^2} = \sqrt{5^2 - 3^2} = 4[A]$
$X_L = \dfrac{V}{I_L} = \dfrac{12}{4} = 3[\Omega]$

05 주기함수 $f(t)$의 푸리에 급수 전개식으로 옳은 것은?

① $f(t) = \displaystyle\sum_{n=1}^{\infty}a_n\sin n\omega t + \sum_{n=1}^{\infty}b_n\sin n\omega t$

② $f(t) = b_0 + \displaystyle\sum_{n=2}^{\infty}a_n\sin n\omega t + \sum_{n=2}^{\infty}b_n\cos n\omega t$

③ $f(t) = a_0 + \displaystyle\sum_{n=1}^{\infty}a_n\cos n\omega t + \sum_{n=1}^{\infty}b_n\sin n\omega t$

④ $f(t) = \displaystyle\sum_{n=1}^{\infty}a_n\cos n\omega t + \sum_{n=1}^{\infty}b_n\cos n\omega t$

🔍 **해설**

비정현파의 주기함수

$f(t) = a_0 + \displaystyle\sum_{n=1}^{\infty}a_n\cos n\omega t + \sum_{n=1}^{\infty}b_n\sin n\omega t$

06 $E = 40 + j30[V]$의 전압을 가하면 $I = 30 + j10$
$[A]$의 전류가 흐른다. 이 회로의 역률은?

① 0.456 ② 0.567
③ 0.854 ④ 0.949

🔍 **해설**

복소전력을 계산하면
$P_a = \overline{E}I = (40 - j30)(30 + j10) = 1500 - j500$이므로

역률 $\cos\theta = \dfrac{P}{P_a} = \dfrac{1500}{\sqrt{1500^2 + 500^2}} = 0.949$

[정답] 02 ② 03 ① 04 ③ 05 ③ 06 ④

07 그림과 같은 순저항으로 된 회로에 대칭 3상 전압을 가했을 때 각 선에 흐르는 전류가 같으려면 R의 값[Ω]은?

① 20
② 25
③ 30
④ 35

대칭 3상 회로의 각 선전류가 모두 같아지려면 각 상의 저항이 모두 같아야 하므로 등가회로를 그려서 이를 알 수 있다.

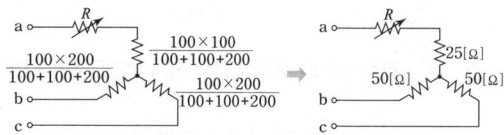

등가회로에서 각 상의 저항을 R_a, R_b, R_c라 하면
$R_a = R + 25[\Omega]$, $R_b = 50[\Omega]$, $R_c = 50[\Omega]$
$R_a = R_b = R_c$인 경우
∴ $R = 25[\Omega]$

08 리액턴스 함수가 $Z(s) = \dfrac{3s}{s^2 + 15}$로 표시되는 리액턴스 2단자망은?

①

②

③

④

함수와 회로망의 관계

$Z(s) = \dfrac{3s}{s^2 + 15}$에서 모든 분자를 1로 하면

$Z(s) = \dfrac{1}{\dfrac{s^2}{3s} + \dfrac{15}{3s}} = \dfrac{1}{\dfrac{s}{3} + \dfrac{5}{s}} = \dfrac{1}{\dfrac{1}{3}s + \dfrac{1}{\dfrac{1}{5}s}}$가 된다.

여기서 분수안의 s계수는 $C = \dfrac{1}{3}[\text{F}]$ 값,

$\dfrac{1}{s}$계수는 $L = \dfrac{1}{5}[\text{H}]$값을 나타내며 분수안의 +는 병렬을 의미한다.

09 $F(s) = \dfrac{s+1}{s^2 + 2s}$의 역라플라스 변환은?

① $\dfrac{1}{2}(1 - e^{-t})$
② $\dfrac{1}{2}(1 - e^{-2t})$
③ $\dfrac{1}{2}(1 + e^{t})$
④ $\dfrac{1}{2}(1 + e^{-2t})$

역라플라스변환

$F(s) = \dfrac{s+1}{s^2 + 2s} = \dfrac{s+1}{s(s+2)} = \dfrac{A}{s} + \dfrac{B}{s+2}$

$A = \lim_{s \to 0} s \cdot F(s) \Big|_{s=0} = \left[\dfrac{s+1}{s+2}\right]_{s=0} = \dfrac{1}{2}$

$B = \lim_{s \to 0} (s+2)F(s) \Big|_{s=-2} = \left[\dfrac{s+1}{s}\right]_{s=-2} = \dfrac{1}{2}$

$F(s) = \dfrac{\dfrac{1}{2}}{s} + \dfrac{\dfrac{1}{2}}{s+2} = \dfrac{1}{2}\left(\dfrac{1}{s} + \dfrac{1}{s+2}\right)$

∴ $f(t) = \dfrac{1}{2}(1 + e^{-2t})$

10 그림의 회로에서 단자 a, b에 $3[\Omega]$의 저항을 연결할 때 저항에서의 소비 전력은 몇 [W]인가?

① $\dfrac{1}{12}$
② $\dfrac{1}{3}$
③ 1
④ 12

a, b에 3[Ω]의 저항을 연결하고
2[A] 전류원과 1[Ω] 저항을 전압원으로 등가변환하면

위의 등가회로에서 흐르는 전류는

$$I = \frac{V}{R} = \frac{3-2}{1+2+3} = \frac{1}{6}[A]$$

3[Ω]에서의 소비전력은

$$P = I^2 R = \left(\frac{1}{6}\right)^2 \times 3 = \frac{1}{12}[W]$$

11 그림과 같이 저항 R_1, R_2 및 인덕턴스 L의 직렬회로가 있다. 이 회로에 대한 서술에서 올바른 것은?

① 이 회로의 시정수는 $\dfrac{L}{R_1+R_2}$[S]이다.

② 이 회로의 특성근은 $\dfrac{R_1+R_2}{L}$ 이다.

③ 정상전류값은 $\dfrac{E}{R_2}$ 이다.

④ 이 회로의 전류값은 $i(t) = \dfrac{E}{R_1+R_2}\left(1-e^{-\frac{L}{R_1+R_2}t}\right)$이다.

해설

$R-L$ 직렬회로에서 스위치 On시

① 시정수 $\tau = \dfrac{L}{R_1+R_2}$[sec]

② 특성근은 $p = -\dfrac{R_1+R_2}{L}$

③ 정상전류 $i_s = \dfrac{E}{R_1+R_2}$[A]

④ 전류 $i(t) = \dfrac{E}{R_1+R_2}\left(1-e^{-\frac{R_1+R_2}{L}t}\right)$[A]

12 불평형 3상 전류가 다음과 같을 때 역상 전류 I_2는 약 몇 [A]인가?

$$I_a = 15+j2[A], \; I_b = -20-j14[A],$$
$$I_c = -3+j10[A]$$

① $1.91+j6.24$ ② $2.17+j6.34$

③ $3.38-j4.26$ ④ $4.27-j3.68$

해설

역상분전류는

$I_2 = \dfrac{1}{3}(I_a + a^2 I_b + a I_c)$

$= \dfrac{1}{3}\{15+j2+1\angle 240°(-20-j14)+1\angle 120°(-3-j10)\}$

$= 1.91+j6.24$[A]

13 3대의 단상 변압기를 △결선으로 하여 운전하던 중 변압기 1대가 고장으로 제거하여 V결선으로 한 경우 공급할 수 있는 전력은 고장 전 전력의 [%]인가?

① 57.7   ② 50.0

③ 63.3   ④ 67.7

해설

V결선시 출력비$= \dfrac{\text{고장후의 전력}}{\text{고장전의 전력}} = 0.577 = 57.7[\%]$

14 r[Ω]인 6개의 저항을 그림과 같이 접속하고 평형 3상 전압 E를 가했을때 전류 I는 몇 [A]인가?
(단, $r=3$[Ω], $E=60$[V]이다.)

[**정답**] 11 ① 12 ① 13 ① 14 ①

① 8.66   ② 9.56

③ 10.8   ④ 12.6

△결선을 Y결선으로 변환 시 각상의 저항은 1/3배로 감소하므로 이때 각 상의 저항 값은

$$R_a = R_b = R_c = R_p = r + \frac{r}{3} = \frac{4r}{3}[\Omega]$$이 되므로

Y 결선시 선전류 $I_l = I_P = \dfrac{V_p}{R_p} = \dfrac{\frac{E}{\sqrt{3}}}{\frac{4r}{3}} = \dfrac{\sqrt{3}\,E}{4r}[\text{A}]$이므로

주어진 수치를 대입하면 $I_l = \dfrac{\sqrt{3} \times 60}{4 \times 3} = 8.66[\text{A}]$

---

15 그림의 T형 회로에 대한 4단자 정수 A, B, C, D 로 틀린 것은?

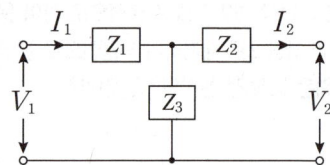

① $A = 1 + \dfrac{Z_1}{Z_3}$ ② $A = \dfrac{Z_1 Z_2}{Z_3} + Z_1 + Z_2$

③ $C = 1 + \dfrac{Z_3}{Z_2}$ ④ $D = 1 + \dfrac{Z_2}{Z_3}$

T형 회로의 4단자 정수

$$\begin{bmatrix} A & B \\ C & D \end{bmatrix} = \begin{bmatrix} 1 + \dfrac{Z_1}{Z_3} & Z_1 + Z_2 + \dfrac{Z_1 Z_2}{Z_3} \\ \dfrac{1}{Z_3} & 1 + \dfrac{Z_2}{Z_3} \end{bmatrix}$$

---

16 $V = 50\sqrt{3} - j50[\text{V}]$, $I = 15\sqrt{3} + j15[\text{A}]$일 때 유효전력 $P[\text{W}]$ 무효전력 $Q[\text{Var}]$는 각각 얼마인가?

① $P = 3000$, $Q = -1500$

② $P = 1500$, $Q = -1500\sqrt{3}$

---

③ $P = 750$, $Q = -750\sqrt{3}$

④ $P = 2250$, $Q = -1500\sqrt{3}$

복소전력

$$\begin{aligned} P_a &= V\bar{I} = (50\sqrt{3} - j50) \times (15\sqrt{3} - j15) \\ &= 1500 - 1500\sqrt{3}\,[\text{Var}] \end{aligned}$$이므로

$P = 1500[\text{W}]$, $Q = -1500\sqrt{3}\,[\text{Var}]$

---

17 평형 3상 3선식 회로가 있다. 부하는 Y 결선이고 $V_{ab} = 100\sqrt{3} \angle 0°[\text{V}]$일 때 $I_a = 20 \angle -120°[\text{A}]$이었다. Y 결선된 부하 한 상의 임피던스는 몇 $[\Omega]$인가?

① $5 \angle 60°$ ② $5\sqrt{3} \angle 60°$

③ $5 \angle 90°$ ④ $5\sqrt{3} \angle 90°$

Y결선시 상전압과 상전류는

$$V_p = \frac{V_l}{\sqrt{3}} \angle -30° = \frac{100\sqrt{3} \angle 0°}{\sqrt{3}} \angle -30° = 100 \angle -30°[\text{V}]$$

$I_p = I_l = 20 \angle -120°[\text{A}]$이므로
한상의 임피던스는

$$Z = \frac{V_p}{I_p} = \frac{100 \angle -30°}{20 \angle -120°} = 5 \angle 90°[\Omega]$$

---

18 $\cos\omega t$의 라플라스 변환은?

① $\dfrac{s}{s^2 - \omega^2}$ ② $\dfrac{s}{s^2 + \omega^2}$

③ $\dfrac{\omega}{s^2 - \omega^2}$ ④ $\dfrac{\omega}{s^2 + \omega^2}$

$$\pounds[\cos\omega t] = \frac{s}{s^2 + \omega^2}, \ \pounds[\sin\omega t] = \frac{\omega}{s^2 + \omega^2}$$

---

19 시정수 τ를 갖는 $R - L$ 직렬 회로에 직류 전압을 가할 때 $t = 3\tau$ 되는시간에 회로에 흐르는 전류는 최종값의 몇 $[\%]$가 되는가?

① 63　　　　　　　② 86

③ 95　　　　　　　④ 98

🔍 해설

$R-L$ 직렬회로에서 스위치 on시

$t=3\tau=3\dfrac{E}{R}[\mathrm{s}]$일 때 전류

$i(t)=\dfrac{E}{R}\left(1-e^{-\frac{R}{L}t}\right)\Big|_{t=3\frac{L}{R}}=\dfrac{E}{R}(1-e^{-3})=0.95\dfrac{E}{R}[\mathrm{A}]$

정상전류 $i_s=\dfrac{E}{R}[\mathrm{A}]$의 $0.95=95[\%]$

---

20 임피던스 궤적이 직선일 때 이의 역수인 어드미턴스 궤적은?

① 원점을 통하는 직선　　② 원점을 통하지 않는 직선

③ 원점을 통하는 원　　　④ 원점을 통하지 않는 원

🔍 해설

임피던스 궤적이 직선일 때 이의 역수인 어드미턴스 궤적은 원점을 통하는 원이 된다.

시행일 **2025년 3회**

01 그림과 같은 주기 전압파에서 $t=0$으로부터 $0.02[\mathrm{s}]$ 사이에는 $v=5\times10^4(t-0.02)^2$으로 표시되고 $0.02[\mathrm{s}]$에서부터 $0.04[\mathrm{s}]$까지는 $v=0$이다. 전압의 평균값은 약 얼마인가?

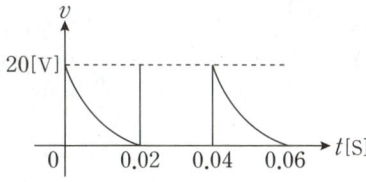

① 2.2　　　　　　② 3.3

③ 4　　　　　　　④ 5.5

🔍 해설

$V_a=\dfrac{1}{T}\displaystyle\int_0^T v\,dt$

$\quad=\dfrac{1}{0.04}\displaystyle\int_0^{0.02}5\times10^4(t-0.02)^2\,dt$

$\quad=\dfrac{5\times10^4}{0.04}\left[\dfrac{1}{3}t^3-0.02t^2+0.02^2t\right]_0^{0.02}$

$\quad=\dfrac{5\times10^4}{0.04}\left[\dfrac{1}{3}\times0.02^3-0.02\times0.02^2+0.02^2\times0.02\right]$

$\quad=3.3[\mathrm{V}]$

---

02 ωt가 0에서 π까지 $i=10[\mathrm{A}]$, π에서 2π까지는 $i=0[\mathrm{A}]$인 파형을 푸리에 급수로 전개하면 a_0는?

① 14.14　　　　　② 10

③ 7.05　　　　　　④ 5

🔍 해설

직류분은 평균값을 말하므로 구형 반파에 대한 직류분 다음과 같다.

$a_o=I_a=\dfrac{I_m}{2}=\dfrac{10}{2}=5[\mathrm{A}]$

---

03 전류가 1[H]의 인덕터를 흐르고 있을 때 인덕터에 축적되는 에너지[J]는 얼마인가?

(단, $i=5+10\sqrt{2}\sin100t+5\sqrt{2}\sin200t$이다.)

① 150[J]　　　　　② 100[J]

③ 75[J]　　　　　　④ 50[J]

🔍 해설

$L=1[\mathrm{H}]$, $i=5+10\sqrt{2}\sin100t+5\sqrt{2}\sin200t[\mathrm{A}]$일 때 전류의 실효값은

$I=\sqrt{I_0^2+I_1^2+I_2^2}=\sqrt{5^2+10^2+5^2}=\sqrt{150}[\mathrm{A}]$가 된다.

이때 코일에 축적되는 에너지는

$W=\dfrac{1}{2}LI^2=\dfrac{1}{2}\times1\times(\sqrt{150})^2=75[\mathrm{J}]$가 된다.

[정답] 20 ③　2025년 3회　01 ②　02 ④　03 ③

04
그림과 같은 L형 4단자 회로망에 R_1, R_2를 정합하기 위하여 Z_1을 구한값은? (단, $R_2 > R_1$이다.)

① $\pm jR_2\sqrt{\dfrac{R_1}{R_2-R_1}}$ ② $\pm jR_1\sqrt{\dfrac{R_1}{R_2-R_1}}$

③ $\pm j\sqrt{R_2(R_2-R_1)}$ ④ $\pm j\sqrt{R_1(R_2-R_1)}$

해설

역 L형 여파기의 4단자 정수는

$A=1+\dfrac{Z_1}{Z_2}$, $B=Z_1$, $C=\dfrac{1}{Z_2}$, $D=1$

$\therefore R_1=Z_{01}=\sqrt{\dfrac{AB}{CD}}=\sqrt{\dfrac{Z_1\left(1+\dfrac{Z_1}{Z_2}\right)}{\dfrac{1}{Z_2}}}=\sqrt{Z_1(Z_1+Z_2)}\ \cdots\ ①$

$R_2=Z_{02}=\sqrt{\dfrac{BD}{AC}}=\sqrt{\dfrac{Z_1}{\dfrac{1}{Z_2}\left(1+\dfrac{Z_1}{Z_2}\right)}}=\sqrt{\dfrac{Z_1Z_2{}^2}{Z_1+Z_2}}\ \cdots\ ②$

식 ①, ②에서

$Z_1=\pm j\sqrt{R_1(R_2-R_1)}$

$Z_2=\mp jR_2\sqrt{\dfrac{R_1}{R_2-R_1}}$

05
$R-C$ 직렬 회로에 $t=0$일 때 직류 전압 10[V]를 인가하면, $t=0.1$초 일때 전류[mA]의 크기는? (단, $R=1000[\Omega]$, $C=50[\mu F]$이고, 처음부터 정전 용량의 전하는 없었다고 한다.)

① 약 2.25   ② 약 1.8

③ 약 1.35   ④ 약 2.4

해설

$R-C$ 직렬연결시 스위치 On시 전류

$i(t)=\dfrac{E}{R}e^{-\frac{1}{RC}t}$ 에서 $t=0.1$이므로

$i(t)=\dfrac{10}{1000}e^{-\frac{0.1}{1000\times 50\times 10^{-6}}}\times 10^3=10e^{-2}=1.35[\text{mA}]$

06
그림과 같은 4단자망의 영상 전달정수 θ는?

① $\sqrt{5}$ ② $\log_e\sqrt{5}$

③ $\log_e\dfrac{1}{\sqrt{5}}$ ④ $5\log_e\sqrt{5}$

해설

4단자 정수를 구하면

$A=1+\dfrac{4}{5}=\dfrac{9}{5}$ $B=4+0+\dfrac{4\times 0}{5}=4$

$C=\dfrac{1}{5}$ $D=1+\dfrac{0}{5}=1$

이때 영상 전달정수는

$\theta=\log_e(\sqrt{AD}+\sqrt{BC})$

$=\log_e\left(\sqrt{\dfrac{9}{5}\times 1}+\sqrt{4\times\dfrac{1}{5}}\right)=\log_e\sqrt{5}$

07
△ 결선된 저항부하를 Y결선으로 바꾸면 소비전력은? (단, 저항과 선간전압은 일정하다.)

① 3 배로 된다.   ② 9 배로 된다.

③ $\dfrac{1}{9}$로 된다.   ④ $\dfrac{1}{3}$로 된다.

해설

△결선시 소비전력은

$P_\triangle=3I_P{}^2R=3\left(\dfrac{V_P}{R}\right)^2R=3\left(\dfrac{V_L}{R}\right)^2R=3\dfrac{V_L{}^2}{R}[\text{W}]$

Y결선시 소비전력은

$P_Y=3I_P{}^2R=3\left(\dfrac{V_P}{R}\right)^2R=3\left(\dfrac{V_L}{\sqrt{3}R}\right)^2R=\dfrac{V_L{}^2}{R}[\text{W}]$이므로

$P_Y=\dfrac{1}{3}P_\triangle$

08 부하에 $100\angle30°[V]$의 전압을 가하였을 때 $10\angle60°$[A]의 전류가 흘렀다면 부하에서 소비되는 유효전력은 약 몇 [W]인가?

① 400
② 500
③ 682
④ 866

🔍 **해설**

단상 교류전력 $V=100\angle30°[V]$, $I=10\angle60°[A]$일 때
유효전력은 $P=VI\cos\theta=100\times10\times\cos30°$
$\qquad\qquad =200\sqrt{3}=866[W]$

09 그림과 같이 높이가 1인 펄스의 라플라스 변환은?

① $\dfrac{1}{s}(e^{-as}+e^{-bs})$

② $\dfrac{1}{a-b}\left(\dfrac{e^{-as}+e^{-bs}}{s}\right)$

③ $\dfrac{1}{s}(e^{-as}-e^{-bs})$

④ $\dfrac{1}{a-b}\left(\dfrac{e^{-as}-e^{-bs}}{s}\right)$

🔍 **해설**

아래 그림에 의해서 시간함수
$f(t)=u(t-a)-u(t-b)$가 되므로

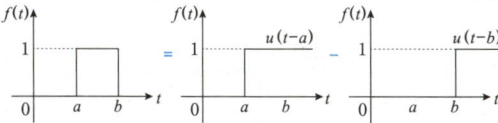

시간추이정리 $£[f(t-a)]=F(s)e^{-as}$에 의해서
라플라스 변환하면 $F(s)=\dfrac{1}{s}e^{-as}-\dfrac{1}{s}e^{-bs}=\dfrac{1}{s}(e^{-as}-e^{-bs})$가 된다.

10 그림은 평형 3상 회로에서 운전하고 있는 유도전동기의 결선도이다. 각 계기의 지시가 $W_1=2.36[kW]$, $W_2=5.95[kW]$, $V=200[V]$, $I=30[A]$일 때, 이 유도전동기의 역률은 약 몇 [%]인가?

① 80
② 76
③ 70
④ 66

🔍 **해설**

2전력계법에 의한 유효전력은
$P=W_1+W_2=\sqrt{3}\,VI\cos\theta[W]$식을 이용하여 역률은
$\therefore\ \cos\theta=\dfrac{W_1+W_2}{\sqrt{3}\,VI}=\dfrac{(2.36+5.95)\times10^3}{\sqrt{3}\times200\times30}=0.8=80[\%]$

11 저항(R)과 유도 리액턴스(X_L)의 직렬 회로에 $E=14+j38[V]$인 교류전압을 가하니 $I=6+j2[A]$의 전류가 흐른다. 이 회로의 저항 $R[\Omega]$과 유도 리액턴스 $X_L[\Omega]$은?

① $R=4[\Omega]$, $X_L=5[\Omega]$
② $R=5[\Omega]$, $X_L=4[\Omega]$
③ $R=6[\Omega]$, $X_L=3[\Omega]$
④ $R=7[\Omega]$, $X_L=2[\Omega]$

🔍 **해설**

$R-X_L$ 직렬 회로의 임피던스는
$Z=\dfrac{E}{I}=\dfrac{14+j38}{6+j2}=4+j5=R+jX_L[\Omega]$이므로
$\therefore\ R=4[\Omega]$, $X_L=5[\Omega]$

[**정답**] 08 ④ 09 ③ 10 ① 11 ①

12 다음과 같은 교류 브리지 회로에서 Z_0에 흐르는 전류가 0이 되기 위한 각 임피던스의 조건은?

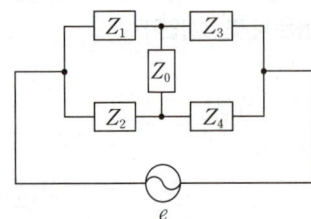

① $Z_1 Z_2 = Z_3 Z_4$ 　　② $Z_1 Z_2 = Z_3 Z_0$
③ $Z_2 Z_3 = Z_1 Z_0$ 　　④ $Z_2 Z_3 = Z_1 Z_4$

해설

교류 브리지 회로에서 Z_0에 흐르는 전류가 0인 조건은
브릿지 평형조건이므로
$\therefore Z_2 Z_3 = Z_1 Z_4$

13 3상 불평형 전압에서 역상 전압이 50[V]이고 정상전압이 200[V], 영상전압이 10[V]라고 할 때 전압의 불평형률[%]은?

① 1　　② 5
③ 25　　④ 50

해설

불평형률 $= \dfrac{\text{역상분}}{\text{정상분}} \times 100 = \dfrac{50}{200} \times 100 = 25[\%]$

14 대칭 3상 Y결선 부하에서 각상의 임피던스가 $Z = 16 + j12[\Omega]$이고 부하전류가 5[A]일 때 이 부하의 선간전압[V]은?

① $100\sqrt{2}$　　② $100\sqrt{3}$
③ $200\sqrt{2}$　　④ $200\sqrt{3}$

해설

$Z = 16 + j12[\Omega] = \sqrt{16^2 + 12^2} = 20[\Omega]$
Y결선시 $I_l = I_P = 5[A]$이므로
선간전압은 $V_l = \sqrt{3} V_P = \sqrt{3} I_P Z = \sqrt{3} \times 5 \times 20 = 100\sqrt{3}[V]$

15 저항만으로 구성된 그림의 회로에 평형 3상 전압을 가했을 때 각 선에 흐르는 선전류가 모두 같게 되기 위한 R[Ω]은?

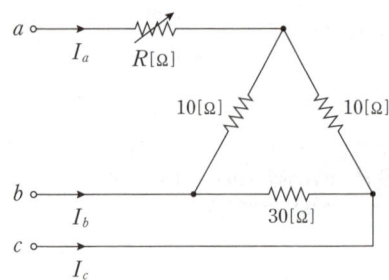

① 2　　② 4
③ 6　　④ 8

해설

대칭 3상 회로의 각 선전류가 모두 같아지려면
각 상의 저항이 모두 같아야 하므로
△결선을 Y결선으로 저항을 바꾸면

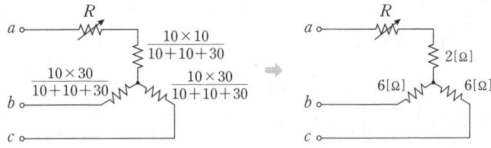

등가회로 (b)에서 각 상의 저항을 R_a, R_b, R_c라 하면
$R_a = R + 2[\Omega]$, $R_b = 6[\Omega]$, $R_c = 6[\Omega]$
$R_a = R_b = R_c$인 경우
$\therefore R = 4[\Omega]$

16 그림과 같은 회로에서 2[Ω]의 단자전압[V]은?

① 3　　② 4
③ 6　　④ 8

[**정답**] 12 ④　13 ③　14 ②　15 ②　16 ③

el engineer · electrical engineer · electrical engineer · electrical engineer · electrical engineer · electrical engineer · electrical engineer · electrical engineer

전기자기학

전력공학

전기기기

회로이론

전기설비기술기준

🔍 **해설**

중첩의 원리에 의하여
전류원 개방시 50[V]에 의한 전류

$I_1 = \dfrac{50}{5+15} = 2.5[\text{A}]$

전압원 단락시 6[A]에 의한 전류

$I_2 = \dfrac{5}{5+15} \times 6 = 1.5[\text{A}]$이므로

전체전류는 $I = I_1 + I_2 = 1 + 2 = 3[\text{A}]$
2[Ω]의 단자전압 $V = IR = 3 \times 2 = 6[\text{V}]$

17 비접지 3상 Y 부하의 각 선에 흐르는 비대칭 각 선
전류를 I_a, I_b, I_c라할 때 선전류의 영상분 I_0는?

① $I_a + I_b$
② $I_a + I_b + I_c$
③ $\dfrac{1}{3}(I_a - I_b - I_c)$
④ 0

🔍 **해설**

비접지 3상 Y부하의 세 전류의 합은 $I_a + I_b + I_c = 0$이므로

영상분 전류 $I_o = \dfrac{1}{3}(I_a + I_b + I_c) = 0$이 된다.

18 그림과 같은 회로에서 스위치 S를 닫았을 때 시정수
의 값[s]은? (단, $L = 10[\text{mH}]$, $R = 20[\text{Ω}]$이다.)

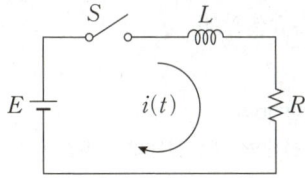

① 2000
② 5×10^{-4}
③ 200
④ 5×10^{-3}

🔍 **해설**

$R - L$ 직렬회로에서 스위치 On시

시정수 $\tau = \dfrac{L}{R} = \dfrac{10 \times 10^{-3}}{20} = 5 \times 10^{-4}[\text{sec}]$

19 저항 30[Ω]과 유도 리액턴스 40[Ω]을 병렬로 접속
한 회로에 120[V]의 교류 전압를 가할 때의 전 전류[A]는?

① 5
② 6
③ 8
④ 10

🔍 **해설**

$R - L$ 병렬회로에서는 단자전압이 일정하므로
각 소자에 흐르는 전류를 구하면

$I_R = \dfrac{V}{R} = \dfrac{120}{30} = 4[\text{A}]$, $I_L = \dfrac{V}{X_L} = \dfrac{120}{40} = 3[\text{A}]$

전체전류 $I = I_R - jI_L = 4 - j3 = \sqrt{4^2 + 3^2} = 5[\text{A}]$가 된다.

20 복소전력 $S[\text{kVA}]$, 임피던스 $Z = R + jX$일 때
역률공식이 아닌 것은? (단, $S = P + jQ$, $Z = R + jX$,
$Y = G + jB$이다.)

① $\dfrac{Q}{P}$
② $\dfrac{R}{|Z|}$
③ $\dfrac{P}{|S|}$
④ $\dfrac{G}{|Y|}$

🔍 **해설**

역률 $\cos\theta = \dfrac{P}{|S|} = \dfrac{R}{|Z|} = \dfrac{G}{|Y|}$

시행일 2023년 1회

01 수소냉각식 발전기의 시설 중 발전기, 조상기안의 수소 순도가 몇 [%] 이하로 저하한 경우 경보장치를 시설하는가?

① 75 ② 80
③ 85 ④ 90

해설

수소냉각식 발전기

수소냉각식의 발전기·조상기 또는 이에 부속하는 수소 냉각 장치는 다음 에 따라 시설하여야 한다.
① 발전기 또는 조상기는 기밀구조(氣密構造)의 것이고 또한 수소가 대기압에서 폭발하는 경우에 생기는 압력에 견디는 강도를 가지는 것일 것
② 발전기축의 밀봉부에는 질소 가스를 봉입할 수 있는 장치 또는 발전기 축의 밀봉부로부터 누설된 수소 가스를 안전하게 외부에 방출할 수 있는 장치를 시설할 것
③ 발전기 내부 또는 조상기 내부의 수소의 순도가 85 % 이하로 저하한 경우에 이를 경보하는 장치를 시설할 것
④ 발전기 내부 또는 조상기 내부의 수소의 압력을 계측하는 장치 및 그 압력이 현저히 변동한 경우에 이를 경보하는 장치를 시설할 것
⑤ 발전기 내부 또는 조상기 내부의 수소의 온도를 계측하는 장치를 시설할 것

02 사용전압이 15[kV] 초과 25[kV] 이하인 특고압 가공전선로가 상호 간 접근 또는 교차하는 경우 사용전선이 양쪽 모두 나전선이라면 이격거리는 몇 [m] 이상이어야 하는가? (단, 중성선 다중접지 방식의 것으로서 전로에 지락이 생겼을 때에 2초 이내에 자동적으로 이를 전로로부터 차단하는 장치가 되어 있다.)

① 1.0 ② 1.2
③ 1.5 ④ 1.75

해설

15[kV] 초과 25[kV] 이하 특고압 가공전선로 이격거리

사용전선의 종류	이격거리
어느 한쪽 또는 양쪽이 나전선인 경우	1.5[m]
양쪽이 특고압 절연전선인 경우	1.0[m]
한쪽이 케이블이고 다른 한쪽이 케이블이거나 특고압 절연전선인 경우	0.5[m]

03 전기철도측의 전식방지 또는 전식예방에 대한 방법으로 틀린 것은?

① 장대레일의 채택
② 레일본드의 양호한 시공
③ 절연도상 및 레일과 침목 사이에 절연층의 설치
④ 변전소 간 간격 확대

해설

전기철도 전식방지대책

전기철도측의 전식방식 또는 전식예방을 위해서는 다음 방법을 고려하여야 한다.
① 변전소 간 간격 축소
② 레일본드의 양호한 시공
③ 장대레일채택
④ 절연도상 및 레일과 침목사이에 절연층의 설치

[**정답**] 2023년 1회 01 ③ 02 ③ 03 ④

04 사용전압이 고압인 전로에만 사용되는 케이블은?

① 콤바인덕트케이블

② 연피케이블

③ 비닐외장케이블

④ 폴리에틸렌외장케이블

🔍 **해설**

고압용 케이블

사용전압이 고압인 전로(전기기계기구 안의 전로를 제외한다)의 전선으로 사용하는 케이블은 KS에 적합한 것으로 연피케이블·알루미늄피케이블·클로로프렌외장케이블·비닐외장케이블·폴리에틸렌외장케이블·저독성 난연 폴리올레핀외장케이블·콤바인 덕트 케이블 또는 KS에서 정하는 성능 이상의 것을 사용하여야 한다. 연피케이블, 비닐외장케이블, 폴리에틸렌외장케이블은 저압에서도 사용된다.

05 전동기의 과부하 보호 장치의 시설에서 전원측 전로에 시설한 과전류 차단기의 정격 전류가 몇 [A] 이하의 것이면 이 전로에 접속하는 단상전동기에는 과부하 보호 장치를 생략할 수 있는가?

① 16　　　　　　　② 20

③ 10　　　　　　　④ 30

🔍 **해설**

저압전로 중의 전동기 보호용 과전류보호장치의 시설

옥내에 시설하는 전동기(정격 출력이 0.2[kW] 이하인 것을 제외한다. 이하 여기에서 같다)에는 전동기가 손상될 우려가 있는 과전류가 생겼을 때에 자동적으로 이를 저지하거나 이를 경보하는 장치를 하여야 한다. 다만, 다음의 어느 하나에 해당하는 경우에는 그러하지 아니하다.

① 전동기를 운전 중 상시 취급자가 감시할 수 있는 위치에 시설하는 경우

② 전동기의 구조나 부하의 성질로 보아 전동기가 손상될 수 있는 과전류가 생길 우려가 없는 경우

③ 단상전동기로써 그 전원측 전로에 시설하는 과전류 차단기의 정격전류가 16[A](배선차단기는 20[A]) 이하인 경우

06 특고압 가공전선로의 지지물로 사용하는 B종 철주, B종 철근콘크리트주 또는 철탑의 종류에서 전선로의 지지물 양쪽의 경간의 차가 큰 곳에 사용하는 것은?

① 보강형　　　　　② 인류형

③ 각도형　　　　　④ 내장형

🔍 **해설**

특고압 가공전선로의 철주·철근 콘크리트주 또는 철탑의 종류

특고압 가공전선로의 지지물로 사용하는 B종 철근·B종 콘크리트주 또는 철탑의 종류는 다음과 같다.

① 직선형

전선로의 직선부분(3° 이하인 수평각도를 이루는 곳을 포함한다. 이하 같다)에 사용하는 것. 다만, 내장형 및 보강형에 속하는 것을 제외한다.

② 각도형

전선로중 3°를 초과하는 수평각도를 이루는 곳에 사용하는 것

③ 인류형

전가섭선을 인류하는 곳에 사용하는 것

④ 내장형

전선로의 지지물 양쪽의 경간의 차가 큰 곳에 사용하는 것

⑤ 보강형

전선로의 직선부분에 그 보강을 위하여 사용하는 것

07 저압 옥측전선로에서 목조의 조영물에 시설할 수 있는 공사 방법은?

① 합성수지관공사

② 연피 또는 알루미늄 케이블공사

③ 애자사용공사

④ 금속몰드공사

🔍 **해설**

저압 옥측전선로

저압 옥측전선로는 다음의 공사방법에 의할 것

① 애자공사(전개된 장소에 한한다.)

② 합성수지관공사

③ 금속관공사(목조 이외의 조영물에 시설하는 경우에 한한다)

④ 버스덕트공사[목조 이외의 조영물(점검할 수 없는 은폐된 장소는 제외한다)에 시설하는 경우에 한한다]

⑤ 케이블공사(연피 케이블, 알루미늄피 케이블 또는 무기물절연(MI) 케이블을 사용하는 경우에는 목조 이외의 조영물에 시설하는 경우에 한한다)

[**정답**] 04 ①　05 ①　06 ④　07 ①

전기자기학

전력공학

전기기기

회로이론

전기설비기술기준

08 금속제 가요전선관공사에 있어서 저압 옥내배선 시설에 맞지 않는 것은?

① 단선 사용시 단면적 10[mm²] 이하의 것
② 가요전선관 안에는 전선에 접속점이 없을 것
③ 전개된 장소이거나 점검할 수 없는 은폐된 장소의 경우 1종 가요전선관을 사용할 것
④ 옥외용 비닐절연전선을 제외한 절연전선일 것

🔍 해설

금속제 가요전선관

가요전선관은 2종 금속제 가요전선관일 것. 다만, 전개된 장소이거나 점검할 수 있는 은폐된 장소(옥내배선의 사용전압이 400[V] 초과인 경우에는 전동기에 접속하는 부분으로서 가요성을 필요로 하는 부분에 사용하는 것에 한한다) 또는 점검 불가능한 은폐장소에 기계적 충격을 받을 우려가 없는 조건일 경우에는 1종 가요전선관(습기가 많은 장소 또는 물기가 있는 장소에는 비닐 피복 1종 가요전선관에 한한다)을 사용할 수 있다.

09 가공전선로의 지지물에 시설하는 통신선과 특고압 가공전선 사이의 이격거리는 몇 [m] 이상이어야 하는가? (단, 특고압 가공전선로의 다중 접지를 한 중성선을 제외한다.)

① 1.4
② 1
③ 1.2
④ 0.8

🔍 해설

첨가통신선의 이격거리

통신선과 특고압 가공전선(특고압 가공전선로의 다중 접지를 한 중성선은 제외한다) 사이의 이격거리는 1.2[m] 이상일 것. 다만, 특고압 가공전선이 케이블인 경우에 통신선이 절연전선과 동등 이상의 절연성능이 있는 것인 경우에는 0.3[m] 이상으로 할 수 있다.

10 변전소에 울타리 담 등을 시설할 때, 사용전압이 345[kV]이면 울타리 담 등의 높이와 울타리 담 등으로부터 충전부분까지의 거리의 합계는 몇 [m] 이상으로 하여야 하는가?

① 8.16
② 8.28
③ 8.40
④ 9.72

🔍 해설

울타리·담 등의 높이와 충전부분까지의 거리의 합계

160[kV]까지 6[m]이므로 10[kV]당 12[cm]가산
6+(34.5−16)×0.12에서 6+(18.5 → 19)×0.12
합계=6+19×0.12=8.28[m]

11 사용전압이 35[kV] 이하인 특고압 가공전선과 가공약전류 전선 등을 동일 지지물에 시설하는 경우, 특고압 가공전선로는 어떤 종류의 보안공사로 하여야 하는가?

① 제1종 특고압 보안공사
② 제2종 특고압 보안공사
③ 제3종 특고압 보안공사
④ 제4종 특고압 보안공사

🔍 해설

공가

사용전압이 35[kV] 이하인 특고압 가공전선과 가공약전류전선 등(전력보안 통신선 및 전기철도의 전용부지 안에 시설하는 전기철도용 통신선을 제외한다. 이하 같다)을 동일 지지물에 시설하는 경우, 특고압 가공전선로는 제2종 특고압 보안공사에 의할 것

12 내부고장이 발생하는 경우를 대비하여 자동차단장치 또는 경보장치를 시설하여야 하는 특고압용 변압기의 뱅크용량의 구분으로 알맞은 것은?

① 500[kVA] 이상 1000[kVA] 미만
② 1000[kVA] 이상 5000[kVA] 미만
③ 5000[kVA] 이상 10000[kVA] 미만
④ 10000[kVA] 이상 15000[kVA] 미만

🔍 해설

특고압용 변압기의 보호장치

뱅크용량의 구분	동작조건	장치의 종류
5000[kVA] 이상 10000[kVA] 미만	변압기내부고장	자동차단장치 또는 경보장치
10000[kVA] 이상	변압기내부고장	자동차단장치
타냉식변압기(변압기의 권선 및 철심을 직접 냉각시키기 위하여 봉입한 냉매를 강제 순환시키는 냉각 방식을 말한다)	냉각장치에 고장이 생긴 경우 또는 변압기의 온도가 현저히 상승한 경우	경보장치

[정답] 08 ③ 09 ③ 10 ② 11 ② 12 ③

13 지중 전선로에 사용하는 지중함의 시설기준으로 틀린 것은?

① 조명 및 세척이 가능한 적당한 장치를 시설할 것
② 견고하고 차량 기타 중량물의 압력에 견디는 구조일 것
③ 그 안의 고인 물을 제거할 수 있는 구조로 되어 있는 것
④ 뚜껑은 시설자 이외의 자가 쉽게 열 수 없도록 시설할 것

🔍 **해설**

지중함의 시설
① 지중함은 견고하고 차량 기타 중량물의 압력에 견디는 구조일 것
② 지중함은 그 안의 고인 물을 제거할 수 있는 구조로 되어 있을 것.
③ 폭발성 또는 연소성의 가스가 침입할 우려가 있는 것에 시설하는 지중함으로서 그 크기가 1[m³] 이상인 것에는 통풍장치 기타 가스를 방산시키기 위한 적당한 장치를 시설할 것.
④ 지중함의 뚜껑은 시설자이외의 자가 쉽게 열 수 없도록 시설할 것

14 교류 전기철도 급전시스템에서의 레일 전위의 최대 허용 접촉전압은 작업장 및 이와 유사한 장소에서는 몇 [V](실효값)를 초과하지 않아야 하는가?

① 20   ② 25
③ 30   ④ 35

🔍 **해설**

레일 전위의 위험에 대한 보호
교류 전기철도 급전시스템에서의 레일 전위의 최대 허용 접촉전압은 작업장 및 이와 유사한 장소에서는 최대 허용 접촉전압을 25[V](실효값)를 초과하지 않아야 한다.

15 전로의 절연 원칙에 따라 대지로부터 반드시 절연하여야 하는 것은?

① 전로의 중성점에 접지공사를 하는 경우의 접지점
② 계기용변성기의 2차측 전로에 접지공사를 하는 경우의 접지점
③ 시험용변압기
④ 저압 가공전선로의 접지측 전선

🔍 **해설**

전로의 절연 원칙
전로는 다음 이외에는 대지로부터 절연하여야 한다.
- 각종 접지점
- 전기로, 전기보일러, 전기욕기, 전해조, 시험용변압기

16 저압 옥내배선에 사용하는 연동선의 최소 굵기는 몇 [mm²]인가?

① 1.5   ② 2.5
③ 4.0   ④ 6.0

🔍 **해설**

저압 옥내배선의 사용전선
저압 옥내배선의 전선은 단면적 2.5[mm²] 이상의 연동선 또는 이와 동등 이상의 강도 및 굵기의 것

17 가연성 분진에 전기설비가 발화원이 되어 폭발할 우려가 있는 곳에 시설하는 저압 옥내 전기설비는 공사방법으로 알맞지 않은 것은? (두께 2[mm] 미만의 합성수지 전선관 및 난연성이 없는 콤바인 덕트관을 사용하는 것을 제외)

① 합성 수지관 공사   ② 금속관 공사
③ 가요 전선관 공사   ④ 케이블 공사

🔍 **해설**

가연성 분진(소맥분·전분·유황 기타 가연성의 먼지로 공중에 떠다니는 상태에서 착화하였을 때에 폭발할 우려가 있는 것을 말하며 폭연성 분진을 제외한다. 이하 같다)에 전기설비가 발화원이 되어 폭발할 우려가 있는 곳에 시설하는 저압 옥내 전기설비는 합성수지관, 금속관, 케이블 공사만 시공이 가능하다.

18 최대사용전압이 6600[V]인 변압기 전로의 절연내력시험은 최대사용전압의 몇 배의 시험전압에서 10분간 견디어야 하는가?

① 0.72   ② 0.92
③ 1.25   ④ 1.5

[**정답**] 13 ①   14 ②   15 ④   16 ②   17 ③   18 ④

🔍 **해설**

변압기 전로의 시험전압

권선의 종류	시험전압	시험전압
최대 사용전압 7[kV] 이하	최대 사용전압의 1.5배의 전압(500[V] 미만으로 되는 경우에는 500[V]) 다만, 중성점이 접지되고 다중접지된 중성선을 가지는 전로에 접속하는 것은 0.92배의 전압(500[V] 미만으로 되는 경우에는 500[V])	시험되는 권선과 다른 권선, 철심 및 외함 간에 시험전압을 연속하여 10분간 가한다.

19 선도체의 단면적이 몇 [mm²] 이하인 다상회로의 경우, 중성선의 단면적은 최소한 선도체의 단면적 이상이어야 하는가? (단, 선도체는 구리선인 경우)

① 10   ② 16
③ 22   ④ 25

🔍 **해설**

중성선의 단면적
다음의 경우는 중성선의 단면적은 최소한 선도체의 단면적 이상이어야 한다.
① 2선식 단상회로
② 선도체의 단면적이 구리선 16[mm²], 알루미늄선 25[mm²] 이하인 다상 회로
③ 제3고조파 및 제3고조파의 홀수배수의 고조파 전류가 흐를 가능성이 높고 전류 종합고조파왜형률이 15~33[%]인 3상회로

20 중성선 다중 접지식으로 전로에 지락이 생겼을 때에 2초 이내에 자동적으로 이를 전로로부터 차단하는 장치가 되어 있는 사용전압 22900[V]인 특고압 가공전선과 식물과의 이격거리는 몇 [m] 이상이어야 하는가?

① 1.2   ② 1.5
③ 2   ④ 2.5

🔍 **해설**

사용전압이 15[kV]를 초과하고 25[kV] 이하인 특고압 가공전선로(중성선 다중접지 방식의 것으로서 전로에 지락이 생겼을 때에 2초 이내에 자동적으로 이를 전로로부터 차단하는 장치가 되어 있는 특고압 가공전선과 식물 사이의 이격거리는 1.5[m] 이상일 것

시행일 ◀ 2023년 2회

01 중성점 접지용 접지도체는 공칭단면적 몇 [mm²] 이상의 연동선이어야 하는가?

① 4   ② 16
③ 2   ④ 2.5

🔍 **해설**

중성점 접지용 접지도체의 굵기
접지도체의 굵기는 고장 시 흐르는 전류를 안전하게 통할 수 있는 것으로서 다음에 의한다.
· 특고압·고압 전기설비용 접지도체는 단면적 6[mm²] 이상의 연동선 또는 동등 이상의 단면적 및 강도를 가져야 한다.
· 중성점 접지용 접지도체는 공칭단면적 16[mm²] 이상의 연동선 또는 동등 이상의 단면적 및 세기를 가져야 한다.

02 다음 상에 따른 전선의 색상으로 알맞은 것은?

① N – 녹색   ② L3 – 회색
③ L2 – 청색   ④ L1 – 적색

🔍 **해설**

전선의 식별

상(문자)	색상
L1	갈색
L2	흑색
L3	회색
N	청색
보호도체	녹색 – 노랑

03 수중조명등의 시설공사에서 절연변압기는 그 2차측 전로의 사용전압이 몇 [V] 이하인 경우에는 1차 권선과 2차 권선사이에 금속제의 혼촉 방지판을 설치하여야 하는가?

① 150   ② 60
③ 30   ④ 300

[**정답**] 19 ② 20 ② 2023년 2회 01 ② 02 ② 03 ③

해설

수중조명등의 시설

· 절연변압기 2차전압 30[V] 이하 : 혼촉 방지판을 설치
· 절연변압기 2차전압 30[V] 초과 : 지락이 발생하면 자동적으로 전로를 차단하는 장치를 시설할 것

04 과전류차단기로 저압전로 사용하는 주택용 배선차단기의 동작전류로 알맞은 것은?

① 1.05 ② 1.3
③ 1.13 ④ 1.45

해설

과전류트립 동작시간 및 특성(주택용)

정격전류의 구분	시간(분)	정격전류의 배수	
		불용단 전류	용단 전류
63[A] 이하	60	1.13배	1.45배
63[A] 초과	120	1.13배	1.45배

05 사람이 상시 통행하는 터널안의 교류 220[V]의 배선을 애자 사용공사에 의하여 시설 할 경우 전선은 노면상 몇 [m] 이상의 높이로 시설하여야 하는가?

① 2.0 ② 2.5
③ 3.0 ④ 3.5

해설

터널 안 전선로의 시설

전압	전선의 종류	애자사용 공사시 높이
저압	2.6[mm] 이상 인장강도 2.30[kN] 이상	노면상, 레일면상 2.5[m] 이상
고압	4[mm] 이상 인장강도 5.26[kN] 이상	노면상, 레일면상 3[m] 이상

06 가반형의 용접전극을 사용하는 아크 용접장치의 시설에 대한 설명으로 잘못된 것은?

① 용접 변압기의 1차측 전로의 대지전압은 300[V] 이하일 것
② 용접변압기의 1차측 전로에는 용접 변압기에 가까운 곳에 쉽게 개폐할 수 있는 개폐기를 시설할 것
③ 전로는 용접 시 흐르는 전류를 안전하게 통할 수 없는 것일 것
④ 용접 변압기는 절연 변압기 일 것

해설

아크용접장치

· 용접변압기는 절연변압기일 것
· 용접변압기의 1차측 전로의 대지전압은 300[V] 이하일 것
· 용접변압기의 1차측 전로에는 용접 변압기에 가까운 곳에 쉽게 개폐할 수 있는 개폐기를 시설할 것
· 전로는 용접 시 흐르는 전류를 안전하게 통할 수 있는 것일 것

07 전력계통에서 돌발적으로 발생하는 이상현상에 대비하여 대지와 계통을 연결하는 것으로, 중성점을 대지에 접속하는 것은 무엇인가?

① 피뢰시스템접지 ② 단독접지
③ 계통접지 ④ 보호접지

해설

계통접지

계통접지란 전력계통에서 돌발적으로 발생하는 이상현상에 대비하여 대지와 계통을 연결하는 것으로, 중성점을 대지에 접속하는 것을 말한다.

08 저압 옥내배선을 합성수지관공사에 의하여 실시하는 경우 사용할 수 있는 단선(동선)의 최대 단면적은 몇 [mm²]인가?

① 4 ② 6
③ 10 ④ 16

해설

합성수지관공사

· 절연전선 일 것(옥외용 비닐 절연전선을 제외)
· 전선은 연선일 것

[정답] 04 ④ 05 ② 06 ③ 07 ③ 08 ③

- 단선 사용시 단면적 10[mm²](알루미늄선은 단면적 16[mm²]) 이하의 것
- 전선은 합성수지관 안에서 접속점이 없도록 할 것
- 관 상호 간 및 박스와는 관을 삽입하는 깊이를 관의 바깥 지름의 1.2배(접착제를 사용하는 경우에는 0.8배) 이상으로 하고, 관의 지지점 간의 거리는 1.5[m] 이하로 할 것

09 사용 전압이 400[V] 이하인 저압 가공전선은 지름 몇 [mm] 이상의 절연전선이어야 하는가?

① 2.6　　　　　　　② 3.6
③ 4.0　　　　　　　④ 5.0

🔍 **해설**

저압 가공전선의 굵기

	400[V] 이하			400[V] 초과	
나전선	3.2[mm]	3.43[kN]	시가지	5.0[mm]	8.01[kN]
절연전선	2.6[mm]	2.30[kN]	시가지외	4.0[mm]	5.26[kN]

10 과전류차단기로 저압전로에 사용하는 범용의 퓨즈 (「전기용품 및 생활용품 안전관리법」에서 규정하는 것을 제외한다)의 정격전류가 16[A]인 경우 용단전류는 정격전류의 몇 배인가? (단, 퓨즈(gG)인 경우이다.)

① 1.25　　　　　　　② 1.5
③ 1.6　　　　　　　④ 1.9

🔍 **해설**

퓨즈(gG)의 용단특성

정격전류의 구분	시간	정격전류의 배수	
		불용단 전류	용단 전류
4[A] 이하	60분	1.5배	2.1배
4[A] 초과 16[A] 미만	60분	1.5배	1.9배
16[A] 이상 63[A] 이하	60분	1.25배	1.6배
63[A] 초과 160[A] 이하	120분	1.25배	1.6배
160[A] 초과 400[A] 이하	180분	1.25배	1.6배
400[A] 초과	240분	1.25배	1.6배

11 금속관 공사에 의한 저압 옥내배선의 방법으로 틀린 것은?

① 전선으로 단선 16[mm²]를 사용하였다.
② 전선의 접속점은 없도록 하였다.
③ 콘크리트에 매설하는 관은 두께 1.2[mm] 이상을 사용하였다.
④ 전선은 절연전선을 사용하였다.

🔍 **해설**

금속관공사

- 전선의 종류
  절연전선 일 것(옥외용 비닐 절연전선을 제외)
- 전선은 연선일 것. 단, 다음의 것은 적용하지 않는다.
  - 짧고 가는 합성수지관에 넣은 것.
  - 단면적 10[mm²](알루미늄선은 단면적 16[mm²]) 이하의 것

12 조상기의 보호장치로서 내부 고장시에 자동적으로 전로로부터 차단되는 장치를 설치하여야 하는 조상기 용량은 몇 [kVA] 이상인가?

① 5000　　　　　　　② 7500
③ 10000　　　　　　　④ 15000

🔍 **해설**

조상설비의 보호장치

조상설비의 보호장치		
설비종별	뱅크용량의 구분	자동적으로 전로로부터 차단하는 장치
전력용 커패시터 및 분로리액터	500[kVA] 초과 ~ 15000[kVA] 미만	내부에 고장 또는 과전류
	15000[kVA] 이상	내부에 고장 및 과전류 또는 과전압
조상기	15000[kVA]	내부에 고장

[정답] 09 ①　10 ③　11 ①　12 ④

13 특고압 가공전선로에서 B종 철주의 경간은 몇 [m] 이하로 하여야 하는가?

① 100   ② 200

③ 150   ④ 250

🔍 **해설**

가공전선로의 표준 경간

지지물	고압 가공전선로
A종(목주)	150[m] 이하
B종	250[m] 이하
철탑	600[m] 이하

14 고압 가공전선으로 ACSR(강심알루미늄연선)을 사용할 때의 안전율은 얼마 이상이 되는 이도로 시설하여야 하는가?

① 1.38   ② 2.1

③ 2.5   ④ 4.01

🔍 **해설**

고압 가공전선의 안전율

고압 가공전선은 케이블인 경우 이외에는 그 안전율이 경동선 또는 내열 동합금선은 2.2 이상, 그 밖의 전선은 2.5 이상이 되는 이도로 시설하여야 한다.

15 임시 전선로 시설시 건조물의 상부조영재 옆쪽의 최소 이격거리 몇 [m] 이상 인가?

① 4   ② 1

③ 0.4   ④ 0.1

🔍 **해설**

조영물 조영재의 구분		접근형태	이격거리
건조물	상부 조영재	위쪽	1[m]
		옆쪽 또는 아래쪽	0.4[m]
	상부이외의 조영재		0.4[m]

16 제1종 특고압 보안공사로 시설하는 전선로의 지지물로 사용할 수 있는 것은?

① 목주   ② 철탑

③ A종 철주   ④ A종 콘크리트주

🔍 **해설**

제1종 특고압 보안공사

35[kV]를 넘는 전선과 건조물과 제2차 접근상태인 경우 목주나 A종은 사용불가하며, B종 철주, B종 철근콘크리트주, 철탑을 사용하여야 한다.

17 수소냉각식 발전기 및 이에 부속하는 수소냉각장치에 관한 시설기준 중 잘못된 것은?

① 발전기안의 수소의 압력 계측장치 및 압력 변동에 대한 경보 장치를 시설할 것

② 발전기안의 수소 밀도를 계측하는 장치를 시설할 것

③ 발전기는 기밀 구조이고 또한 수소가 대기압에서 폭발하는 경우에 생기는 압력에 견디는 강도를 가지는 것일 것

④ 발전기안의 수소의 순도가 85% 이하로 저하한 경우에 경보를 하는 장치를 시설할 것

🔍 **해설**

수소냉각식 발전기 등의 시설

- 발전기 또는 조상기는 기밀구조의 것이고 또한 수소가 대기압에서 폭발하는 경우에 생기는 압력에 견디는 강도를 가지는 것일 것
- 발전기축의 밀봉부에는 질소 가스를 봉입할 수 있는 장치 또는 발전기 축의 밀봉부로부터 누설된 수소 가스를 안전하게 외부에 방출할 수 있는 장치를 시설할 것
- 발전기 내부 또는 조상기 내부의 수소의 순도가 85[%] 이하로 저하한 경우에 이를 경보하는 장치를 시설할 것
- 발전기 내부 또는 조상기 내부의 수소의 압력을 계측하는 장치 및 그 압력이 현저히 변동한 경우에 이를 경보하는 장치를 시설할 것
- 발전기 내부 또는 조상기 내부의 수소의 온도를 계측하는 장치를 시설할 것
- 발전기 내부 또는 조상기 내부로 수소를 안전하게 도입할 수 있는 장치 및 발전기안 또는 조상기안의 수소를 안전하게 외부로 방출할 수 있는 장치를 시설할 것

[정답] 13 ④ 14 ③ 15 ③ 16 ② 17 ②

(우측 탭) 전기자기학 / 전력공학 / 전기기기 / 회로이론 / **전기설비기술기준**

18 35[kV]의 특고압 가공전선로를 시가지에 시설할 경우 지표상의 최저 높이는 몇 [m]이어야 하는가? (단, 전선은 특고압 절연전선이다.)

① 4   ② 5
③ 6   ④ 8

🔍 **해설** ----------

시가지 등에서 170[kV] 이하 특고압 가공전선의 높이

사용전압의 구분	지표상의 높이
35[kV] 이하	10[m] (특고압 절연전선인 경우 8[m])
35[kV] 초과	10[m]에 35[kV]를 초과하는 10[kV] 또는 그 단수마다 0.12[m]를 더한 값

19 지중 공가설비로 사용하는 광섬유 케이블 및 동축케이블은 지름 몇 [mm] 이하이어야 하는가?

① 16   ② 5
③ 4   ④ 22

🔍 **해설** ----------

지중통신선로설비 시설
지중 공가설비로 사용하는 광섬유 케이블 및 동축케이블은 지름 22[mm] 이하일 것

20 시가지에서 특고압 가공전선로의 지지물에 시설하는 통신선은 단선의 경우 지름 몇 [mm] 이상의 절연전선 또는 광섬유 케이블이여야 하는가?

① 2   ② 5
③ 4   ④ 2.5

🔍 **해설** ----------

특고압 가공전선로 첨가설치 통신선의 시가지 인입
시가지에 시설하는 통신선은 특고압 가공전선로의 지지물에 시설하여서는 아니 된다. 다만, 통신선이 절연전선과 동등 이상의 절연성능이 있고 인장강도 5.26[kN] 이상의 것. 또는 연선의 경우 단면적 16[mm²](단선의 경우 지름 4[mm]) 이상의 절연전선 또는 광섬유 케이블인 경우에는 그러하지 아니하다.

---

01 선도체와 같은 재질의 보호도체를 사용시 선도체의 단면적이 16[mm²]일 경우 보호도체의 단면적은 몇 [mm²]를 사용해야 하는가?

① 6   ② 2.5
③ 10   ④ 16

🔍 **해설** ----------

보호도체의 최소 단면적

선도체의 단면적 S ([mm²], 구리)	보호도체의 최소 단면적([mm²], 구리)		
	보호도체의 재질이 선도체와 같은 경우	보호도체의 재질이 선도체와 다른 경우
$S \leq 16$	S	$(k_1/k_2) \times S$
$16 < S \leq 35$	16	$(k_1/k_2) \times 16$
$S > 35$	$S/2$	$(k_1/k_2) \times (s/2)$

02 최대사용전압 7[kV] 초과 25[kV] 이하인 중성점 접지식 전로의 절연내력시험은 몇배의 전압으로 하는가? (중성선을 가지는 것으로서 그 중성선을 다중접지 하는 것에 한한다)

① 0.72   ② 0.92
③ 1.25   ④ 0.64

🔍 **해설** ----------

절연내력시험전압

최대사용전압에 의한 전로의 종류	시험전압	최저 시험전압
최대사용전압 7[kV]를 초과 25[kV] 이하 중성점 접지식 전로 (중성선을 가지는 것으로서 그 중성선을 다중 접지하는 것에 한한다.)	0.92배	—

직류로 시험 할 수 있으며, 표에서 정한 시험전압의 2배의 직류전압으로 절연내력을 시험한다.

03 옥내의 네온 방전등 공사시 전선의 지지점 간의 거리는 몇 [m] 이하이어야 하는가?

---

① 1

② 2

③ 3

④ 4

해설

네온 방전등

· 전선 상호간의 이격거리는 60[mm] 이상일 것
· 전선지지점간의 거리는 1[m] 이하로 할 것
· 애자는 절연성·난연성 및 내수성이 있는 것일 것

04 사용전압이 400[V] 초과인 저압 가공전선이 시가지 시설시 종류로 잘못된 것은?

① 인입용 비닐절연전선

② 지름 5[mm] 이상의 경동선

③ 케이블

④ 나전선(중성선 또는 다중접지된 접지측 전선으로 사용하는 전선)

해설

저압 가공전선의 굵기 및 종류

① 저압 가공전선은 나전선(중성선 또는 다중접지된 접지측 전선으로 사용하는 전선에 한한다), 절연전선, 다심형 전선 또는 케이블을 사용하여야 한다.
② 사용전압이 400[V] 이하인 저압 가공전선은 케이블인 경우를 제외하고는 인장강도 3.43[kN] 이상의 것 또는 지름 3.2[mm](절연전선인 경우는 인장강도 2.3[kN] 이상의 것 또는 지름 2.6[mm] 이상의 경동선) 이상의 것이어야 한다.
③ 사용전압이 400[V] 초과인 저압 가공전선은 케이블인 경우 이외에는 시가지에 시설하는 것은 인장강도 8.01[kN] 이상의 것 또는 지름 5[mm] 이상의 경동선, 시가지 외에 시설하는 것은 인장강도 5.26[kN] 이상의 것 또는 지름 4[mm] 이상의 경동선이어야 한다.
④ 사용전압이 400[V] 초과인 저압 가공전선에는 인입용 비닐절연전선을 사용하여서는 안 된다.

05 등기구의 주변에 발광과 대류 에너지의 열영향에서 가연성 재료로부터 적절한 간격을 유지하여야 하며, 제작자에 의해 다른 정보가 주어지지 않으면, 스포트라이트나 프로젝터는 모든 방향에서 가연성 재료로부터 최소의 거리로 잘못 된 것은?

① 정격용량 100[W] 초과 300[W] 이하 : 0.8[m]

② 정격용량 500[W] 초과 : 1.0[m] 초과

③ 정격용량 100[W] 이하 : 0.4[m]

④ 정격용량 300[W] 초과 500[W] 이하 : 1.0[m]

해설

열 영향에 대한 주변의 보호

등기구는 가연성 재료로부터 적절한 간격을 유지하여야 하며, 제작자에 의해 다른 정보가 주어지지 않으면, 스포트라이트나 프로젝터는 모든 방향에서 가연성 재료로부터 다음의 최소 거리를 두고 설치하여야 한다.
① 정격용량 100[W] 이하 : 0.5[m]
② 정격용량 100[W] 초과 300[W] 이하 : 0.8[m]
③ 정격용량 300[W] 초과 500[W] 이하 : 1.0[m]
④ 정격용량 500[W] 초과 : 1.0[m] 초과

06 저압 가공전선로 또는 고압 가공전선로와 기설 가공약전류 전선로가 병행하는 경우에는 유도작용에 의한 통신상의 장해가 생기지 아니하도록 전선과 기설 약전류 전선간의 이격거리는 몇 [m] 이상이어야 하는가? (단, 전기철도용 급전선로는 제외한다.)

① 2

② 4

③ 6

④ 8

해설

가공 약전류전선로의 유도장해

저·고압 가공전선로와 기설 가공약전류전선로가 병행하는 경우에는 유도작용에 의하여 통신상의 장해가 생기지 아니하도록 전선과 기설 약전류 전선간의 이격거리는 2[m] 이상이어야 한다.

07 금속제 가요전선관공사에 있어서 저압 옥내배선 시설에 맞지 않는 것은?

① 단선 사용시 단면적 10[mm²] 이하의 것

② 가요전선관 안에는 전선에 접속점이 없을 것

③ 2종금속제 가요전선관(습기가 많은 장소 또는 물기가 있는 장소에는 비닐 피복 1종 가요전선관)

④ 가요전선관에 접지를 하지 않는다.

해설

① 전선은 절연전선(옥외용 비닐절연전선을 제외한다)일 것
② 전선은 연선일 것. 다만, 단면적 10[mm²](알루미늄선은 단면적 16[mm²]) 이하인 것은 그러하지 아니하다.
③ 가요전선관 안에는 전선에 접속점이 없도록 할 것
④ 가요전선관은 2종 금속제 가요전선관일 것
⑤ 가요전선관공사는 접지공사를 할 것

08 비나 이슬에 젖지 않는 장소에서 400[V] 이하인 저압 애자사용 공사에 의한 옥측전선로를 시설할 때 전선과 조영재와의 이격거리는 몇 [m] 이상 이어야 하는가?

① 0.025
② 0.045
③ 0.06
④ 0.05

🔍 **해설**

저압 옥측전선로의 애자사용공사

시설 장소	전선 상호간의 간격		전선과 조영재 사이의 이격거리	
	400[V] 이하	400[V] 초과	400[V] 이하	400[V] 초과
비나 이슬에 젖지 않는 장소	0.06[m]	0.06[m]	0.025[m]	0.025[m]
비나 이슬에 젖는 장소	0.06[m]	0.12[m]	0.025[m]	0.045[m]

09 내부고장이 발생하는 경우를 대비하여 차단장치를 시설하여야 하는 특고압용 변압기의 뱅크 용량의 구분으로 알맞은 것은?

① 5000[kVA] 미만
② 5000[kVA] 이상 10000[kVA] 미만
③ 10000[kVA] 이상
④ 15000[kVA] 이상

🔍 **해설**

특고압용 변압기의 보호장치

뱅크용량의 구분	동작조건	장치의 종류
5000[kVA] 이상 10000[kVA] 미만	내부고장	자동차단장치 또는 경보장치
10000[kVA] 이상	내부고장	자동차단장치
타냉식변압기	고장 또는 변압기의 온도상승	경보장치

10 전력용 커패시터에 과전압이 생긴경우에 자동적으로 전로로부터 차단하는 장치를 해야하는 뱅크용량의 구분으로 알맞은 것은?

① 뱅크용량 1000[kVA] 이상
② 뱅크용량 10000[kVA] 이상
③ 뱅크용량 300[kVA] 이상
④ 뱅크용량 15000[kVA] 이상

🔍 **해설**

조상설비의 보호장치

조상설비의 보호장치		
설비종별	뱅크용량의 구분	자동적으로 전로로부터 차단하는 장치
전력용 커패시터 및 분로리액터	500[kVA] 초과 ~ 15000[kVA] 미만	내부에 고장 또는 과전류
	15000[kVA] 이상	내부에 고장 및 과전류 또는 과전압
조상기	15000[kVA]	내부에 고장

11 다음 그림에서 L_1은 어떤 크기로 동작하는 기기의 명칭인가?

① 교류 1000[V] 이하에서 동작하는 단로기
② 교류 1000[V] 이하에서 동작하는 피뢰기
③ 교류 1500[V] 이하에서 동작하는 단로기
④ 교류 1500[V] 이하에서 동작하는 피뢰기

🔍 **해설**

보안장치표준

- RP_1 : 교류 $300[V]$ 이하에서 동작하고, 최소 감도 전류가 $3[A]$ 이하로서 최소 감도전류 때의 응동시간이 1사이클 이하이고 또한 전류 용량이 $50[A]$, 20초 이상인 자복성이 있는 릴레이 보안기
- L : 교류 $1[kV]$ 이하에서 동작하는 피뢰기
- E : 접지

---

12 사용전압이 $25[kV]$ 이하인 다중접지방식 지중전선로를 관로식 또는 직접매설식으로 시설하는 경우, 그 이격거리가 몇 $[m]$ 이상이 되도록 시설하여야 하는가?

① 0.1   ② 0.3
③ 0.6   ④ 1.0

🔍 **해설**

지중전선 상호 간의 접근 또는 교차

사용전압이 $25[kV]$ 이하인 다중접지방식 지중전선로를 관로식 또는 직접매설식으로 시설하는 경우, 그 이격거리가 $0.1[m]$ 이상이 되도록 시설하여야 한다.

---

13 고압 지중 케이블로서 직접매설식에 의하여 콘크리트제, 기타 견고한 관 또는 트라프에 넣지 않고 부설할 수 있는 케이블은?

① 비닐외장케이블   ② 고무외장케이블
③ 클로로프렌외장케이블   ④ 콤바인덕트케이블

🔍 **해설**

지중전선로의 시설
직접매설식, 관로식, 암거식으로 시공
콤바인덕트케이블 : 콘크리트 트라프에 넣지 않고 직접 묻을 수 있는 케이블

---

14 가공전선로의 지지물에 시설하는 지선으로 연선을 사용할 경우 소선은 최소 몇 가닥 이상이어야 하는가?

① 3   ② 5
③ 7   ④ 9

🔍 **해설**

- 지선에 연선을 사용할 경우에는 소선 3가닥 이상의 연선일 것
- 지선의 안전율은 2.5 이상일 것
- 소선의 지름 $2.6[mm]$ 이상의 금속선을 사용할 것
- 인장하중의 최저는 $4.3[kN]$ 이상일 것
- 도로횡단시 높이는 $5[m]$ 단, 교통에 지장이 없을 경우 $4.5[m]$

---

15 특고압 가공전선이 저고압 가공전선과 제1차 접근 상태로 시설하는 경우, $22.9[kV]$ 특고압 가공전선과 저고압 가공전선 사이의 이격거리는 몇 $[m]$ 이상이어야 하는가?

① 2.0   ② 2.12
③ 2.2   ④ 2.5

🔍 **해설**

특고압 가공전선과 저고압 가공전선 등의 접근 또는 교차

사용전압의 구분	이격거리
$60[kV]$ 이하	$2[m]$
$60[kV]$ 초과	$2[m]$에 사용전압이 $60[kV]$를 초과하는 $10[kV]$ 또는 그 단수마다 $0.12[m]$을 더한 값

---

16 사용전압 $154[kV]$의 가공전선을 시가지에 시설하는 경우 전선의 지표상의 높이는 최소 몇 $[m]$ 이상이어야 하는가?

① 7.44   ② 9.44
③ 11.44   ④ 8.13

🔍 **해설**

특고압 가공전선의 높이(시가지)

- $35[kV]$ 이하인 경우 $10[m]$ 이상
  (단, 특고압절연전선 사용시 $8[m]$)
- $35[kV]$ 초과인 경우 $10[kV]$당 $12[cm]$ 가산할 것

이격거리$=10[m]+$단수$\times 0.12[m]$이므로
$10+(15.4-3.5)\times 0.12$에서 $10+(11.9 \rightarrow$ 절상 $12)\times 0.12$
$\therefore 10+12\times 0.12=11.44[m]$

[정답] 12 ①   13 ④   14 ①   15 ①   16 ③

전기자기학 / 전력공학 / 전기기기 / 회로이론 / 전기설비기술기준

17 하중을 지탱하는 전차선로 설비의 강도는 작용이 예상되는 하중의 최악 조건 조합에 대하여 경동선의 경우 최소 안전율 몇 이 곱해진 값을 견디어야 하는가?

① 2.0　　　　② 1.0
③ 2.5　　　　④ 2.2

🔍 **해설**

전차선로 설비의 안전율

하중을 지탱하는 전차선로 설비의 강도는 작용이 예상되는 하중의 최악 조건 조합에 대하여 다음의 최소 안전율이 곱해진 값을 견디어야 한다.
1. 합금전차선의 경우 2.0 이상
2. 경동선의 경우 2.2 이상
3. 조가선 및 조가선 장력을 지탱하는 부품에 대하여 2.5 이상
4. 복합체 자재(고분자 애자 포함)에 대하여 2.5 이상
5. 지지물 기초에 대하여 2.0 이상
6. 장력조정장치 2.0 이상
7. 빔 및 브래킷은 소재 허용응력에 대하여 1.0 이상
8. 철주는 소재 허용응력에 대하여 1.0 이상
9. 브래킷의 애자는 최대 만곡하중에 대하여 2.5 이상
10. 지선은 선형일 경우 2.5 이상, 강봉형은 소재 허용응력에 대하여 1.0 이상

18 전기철도 변전소에 대한 사항으로 잘못된 것은?

① 제어반의 경우 디지털계전기방식을 원칙으로 하여야 한다.
② 개폐기는 개폐상태의 표시, 쇄정장치 등을 설치하여야 한다.
③ 급전용변압기는 직류 전기철도의 경우 3상 스코트결선 변압기를 적용한다.
④ 차단기는 계통의 장래계획을 감안하여 용량을 결정하고, 회로의 특성에 따라 기종과 동작책무 및 차단시간을 선정하여야 한다.

🔍 **해설**

변전소의 설비
1. 변전소 등의 계통을 구성하는 각종 기기는 운용 및 유지보수성, 시공성, 내구성, 효율성, 친환경성, 안전성 및 경제성 등을 종합적으로 고려하여 선정하여야 한다.

2. 급전용변압기는 직류 전기철도의 경우 3상 정류기용 변압기, 교류 전기철도의 경우 3상 스코트결선 변압기의 적용을 원칙으로 하고, 급전계통에 적합하게 선정하여야 한다.
3. 차단기는 계통의 장래계획을 감안하여 용량을 결정하고, 회로의 특성에 따라 기종과 동작책무 및 차단시간을 선정하여야 한다.
4. 개폐기는 선로 중 중요한 분기점, 고장발견이 필요한 장소, 빈번한 개폐를 필요로 하는 곳에 설치하며, 개폐상태의 표시, 쇄정장치 등을 설치하여야 한다.
5. 제어용 교류전원은 상용과 예비의 2계통으로 구성하여야 한다.
6. 제어반의 경우 디지털계전기방식을 원칙으로 하여야 한다.

19 연료전지의 내압 시험은 내압 부분 중 최고 사용압력이 0.1[MPa] 이상의 부분은 최고 사용압력의 몇 배의 수압을 가압하여 10분간 실험을 실시하는가?

① 1.1　　　　② 1.25
③ 1.5　　　　④ 2

🔍 **해설**

연료전지

내압시험은 연료전지 설비의 내압 부분 중 최고 사용압력이 0.1[MPa] 이상의 부분은 최고 사용압력의 1.5배의 수압(수압으로 시험을 실시하는 것이 곤란한 경우는 최고 사용압력의 1.25배의 기압)까지 가압하여 압력이 안정된 후 최소 10분간 유지하는 시험을 실시하였을 때 이것에 견디고 누설이 없어야 한다.

20 발전기가 정격운전상태에 있을 때, 동기기 단자에서의 전압을 무엇이라 하는가?

① 부족전압　　　② 과전압
③ 유도전압　　　④ 정격전압

🔍 **해설**

정격전압
발전기가 정격운전상태에 있을 때, 동기기 단자에서의 전압을 말한다.

[정답] 17 ④　18 ③　19 ③　20 ④

시행일　2024년 1회

01 선도체와 같은 재질의 보호도체를 사용시 선도체의 단면적이 16[mm²]일 경우 보호도체의 단면적은 몇 [mm²]를 사용해야 하는가?

① 6 　　　　　② 2.5
③ 10 　　　　　④ 16

🔍 해설

보호도체의 최소단면적

선도체의 단면적 S ([mm²], 구리)	보호도체의 최소 단면적([mm²], 구리)
	보호도체의 재질이 선도체와 같은 경우
$S \leq 16$	S
$16 < S \leq 35$	16
$S > 35$	$S/2$

02 수소냉각식 발전기의 시설 중 발전기, 조상기안의 수소 순도가 몇 [%] 이하로 저하한 경우 경보장치를 시설하는가?

① 75 　　　　　② 80
③ 85 　　　　　④ 90

🔍 해설

수소냉각식 발전기

수소냉각식의 발전기·조상기 또는 이에 부속하는 수소 냉각 장치는 다음 에 따라 시설하여야 한다.
① 발전기 또는 조상기는 기밀구조(氣密構造)의 것이고 또한 수소 가 대기압에서 폭발하는 경우에 생기는 압력에 견디는 강도를 가지는 것일 것
② 발전기축의 밀봉부에는 질소 가스를 봉입할 수 있는 장치 또는 발전기 축의 밀봉부로부터 누설된 수소 가스를 안전하게 외부에 방출할 수 있는 장치를 시설할 것
③ 발전기 내부 또는 조상기 내부의 수소의 순도가 85[%] 이하로 저하한 경우에 이를 경보하는 장치를 시설할 것
④ 발전기 내부 또는 조상기 내부의 수소의 압력을 계측하는 장치 및 그 압력이 현저히 변동한 경우에 이를 경보하는 장치를 시설할 것
⑤ 발전기 내부 또는 조상기 내부의 수소의 온도를 계측하는 장치를 시설할 것

03 저압전로에 사용하는 배선용 차단기의 경우 산업용일 경우 63[A] 이하 일 때 동작 전류는 몇 배인가?

① 1.05배 　　　　　② 1.13배
③ 1.3배 　　　　　④ 1.45배

🔍 해설

과전류트립 동작시간 및 특성(산업용)

정격전류의 구분	시간(분)	정격전류의 배수	
		불용단전류	용단전류
63[A] 이하	60	1.05배	1.3배
63[A] 초과	120	1.05배	1.3배

04 고압 보안 공사시 목주의 풍압하중에 대한 안전율은 얼마인가?

① 1.2 　　　　　② 1.3
③ 1.5 　　　　　④ 2.0

🔍 해설

목주의 안전율

전압의 구분	안전율(일반)	안전율(보안공사시)
저압	1.2	1.5
고압	1.3	1.5
특고압	1.5	2.0

05 제2종 특고압 보안공사에 있어서 B종 철근콘크리트주에 사용하는 경우에 최대 경간은 몇 [m]인가?

① 100[m] 　　　　　② 150[m]
③ 200[m] 　　　　　④ 400[m]

🔍 해설

특고압 보안공사시 경간

지지물	경 간[m]		
	저·고압 보안	1종 특고압 보안	2·3종 특고압 보안
목주·A종	100		100
B종	150	150	200
철탑	400	400	400

[정답] 2024년 1회 01 ④ 02 ③ 03 ③ 04 ③ 05 ③

전기자기학

전력공학

전기기기

회로이론

전기설비기술기준

06 가공전선로의 지지물을 지선을 시설할 때 옳은 방법은?

① 지선의 안전율을 2.0으로 하였다.
② 소선은 최소 2가닥 이상의 연선을 사용하였다.
③ 지중의 부분 및 지표상 20[cm]까지의 부분은 아연도금 철봉 등 내부식성 재료를 사용하였다.
④ 도로를 횡단하는 곳의 지선의 높이는 지표상 5[m]로 하였다.

해설

지지선의 시설
· 지선에 연선을 사용할 경우에는 소선 3가닥 이상의 연선일 것
· 지선의 안전율은 2.5 이상일 것
· 소선의 지름 2.6[mm] 이상의 금속선을 사용할 것
· 인장하중의 최저는 4.31[kN] 이상일 것
· 도로횡단시 높이는 5[m] 단, 교통에 지장이 없을 경우 4.5[m]

07 22.9[kV] 중성선 다중접지 계통에서 각 접지선을 중성선으로부터 분리하였을 경우의 1[km]마다의 중성선과 대지 사이의 합성 전기저항값은 몇 [Ω] 이하이어야 하는가? (단, 전로에 지락이 생겼을 때에 2초 이내에 자동적으로 전로로부터 차단하는 장치가 되어 있다고 한다.)

① 15
② 30
③ 50
④ 100

해설

25[kV] 이하 중성선 다중접지방식

사용전압	각 접지점의 대지 전기저항치	1[km] 마다의 합성 전기저항치
15[kV] 초과 25[kV] 이하	300[Ω]	15[Ω]

08 전기철도차량에 전력을 공급하는 전차선의 가선방식에 포함되지 않는 것은?

① 가공방식
② 강체방식
③ 제3궤조방식
④ 지중조가선방식

해설

전기철도 가선방식
전기철도차량에 전력을 공급하는 전차선의 가선방식으로 가공식, 강체식, 제3궤조식으로 분류한다.

09 금속덕트 공사에 의한 저압 옥내배선에서, 금속덕트에 넣은 전선의 단면적의 합계는 일반적으로 덕트 내부 단면적의 몇 [%] 이하이어야 하는가? (단, 전광표시 장치·출퇴표시등 기타 이와 유사한 장치 또는 제어회로 등의 배선만을 넣는 경우에는 제외)

① 20
② 30
③ 40
④ 50

해설

금속덕트공사
금속 덕트에 넣은 전선의 단면적(절연피복의 단면적을 포함한다)의 합계는 덕트의 내부 단면적의 20[%](전광표시 장치·출퇴표시등 기타 이와 유사한 장치 또는 제어회로 등의 배선만을 넣는 경우에는 50[%]) 이하일 것

10 내부고장이 발생하는 경우를 대비하여 차단장치를 시설하여야 하는 특고압용 변압기의 뱅크 용량의 구분으로 알맞은 것은?

① 5000[kVA] 미만
② 5000[kVA] 이상 10000[kVA] 미만
③ 10000[kVA] 이상
④ 15000[kVA] 이상

해설

특고압용 변압기의 보호장치

특고압용 변압기의 보호		
뱅크용량의 구분[kVA]	동작조건	장치의 종류
5000 이상 ~10000 미만	내부고장	자동차단장치 또는 경보장치
10000 이상	내부고장	차단장치

[정답] 06 ④ 07 ① 08 ④ 09 ① 10 ③

11 통신선(광섬유 케이블 제외)에 직접 접속하는 옥내 통신 설비를 시설하는곳에는 통신선의 구별에 따라 어떠한 설비를 하는가?

① 전류조정장치   ② 전압조정장치
③ 저항조정장치   ④ 보안장치

해설

보안장치의 시설
통신선(광섬유 케이블을 제외한다)에 직접 접속하는 옥내통신 설비를 시설하는 곳에는 통신선의 구별에 따라 표준에 적합한 보안장치 또는 이에 준하는 보안장치를 시설하여야 한다.

12 고압 가공전선이 도로를 횡단 할 때 지표상의 높이는 몇 [m] 이상으로 하여야 하는가? (교통이 번잡하지 않은 도로는 제외)

① 5   ② 4
③ 6   ④ 3.5

해설

고압가공전선의 높이

도로횡단	철도횡단	횡단보도교위	기타
6[m]	6.5[m]	3.5[m]	5[m]

13 154[kV] 가공 전선로를 1종 특고압 보안공사에 의하여 시설하는 경우 사용 전선은 단면적 몇 [mm²] 이상의 경동연선이어야 하는가?

① 55   ② 150
③ 38   ④ 200

해설

1종 특고압 보안공사

사용전압	전선의 굵기		인장강도
특고압	100[kV] 미만	55[mm²] 이상	21.67[kN] 이상
	100[kV] 이상	150[mm²] 이상	58.84[kN] 이상
	300[kV] 이상	200[mm²] 이상	77.47[kN] 이상

14 사무실 건물의 조명설비에 사용되는 백열전등 또는 방전등에 전기를 공급하는 옥내전로의 대지전압은 몇 [V] 이하인가?

① 250   ② 300
③ 350   ④ 400

해설

옥내전로의 대지 전압의 제한
백열전등(전기스탠드 및 「전기용품 및 생활용품 안전관리법」의 적용을 받는 장식용의 전등기구를 제외) 또는 방전등(방전관·방전등용 안정기 및 방전관의 점등에 필요한 부속품과 관등회로의 배선을 말하며 전기스탠드 기타 이와 유사한 방전등 기구를 제외한)에 전기를 공급하는 옥내 전로(주택의 옥내 전로를 제외)의 대지전압은 300[V] 이하여야 한다.

15 풍력터빈에 설비의 손상을 방지하기 위하여 시설하는 운전 상태를 계측하는 계측장치로 틀린 것은?

① 조도계   ② 압력계
③ 온도계   ④ 풍속계

해설

풍력터빈에는 설비의 손상을 방지하기 위하여 운전 상태를 계측하는 다음의 계측장치를 시설하여야 한다.
① 회전속도계
② 나셀(Nacelle) 내의 진동을 감시하기 위한 진동계
③ 풍속계
④ 압력계
⑤ 온도계

16 저압 옥상전선로의 시설기준으로 틀린 것은?

① 전개된 장소에 위험의 우려가 없도록 시설할 것
② 전선은 지름 2.6[mm] 이상의 경동선을 사용할 것
③ 전선은 절연전선(옥외용 비닐 절연전선은 제외)을 사용할 것
④ 전선은 상시 부는 바람 등에 의하여 식물에 접촉하지 아니하도록 시설하여야 한다.

[**정답**] 11 ④   12 ③   13 ②   14 ②   15 ①   16 ③

🔍 **해설** ----------------------

저압 옥상전선로

- 전선은 인장강도 2.30[kN] 이상의 것 또는 지름 2.6[mm] 이상의 경동선을 사용할 것
- 전선은 절연전선(OW전선을 포함한다) 또는 이와 동등 이상의 절연성능이 있는 것을 사용할 것
- 전선은 조영재에 견고하게 붙인 지지기둥 또는 지지대에 절연성·난연성 및 내수성이 있는 애자를 사용하여 지지하고 또한 그 지지점 간의 거리는 15[m] 이하일 것
- 전선과 그 저압 옥상 전선로를 시설하는 조영재와의 간격은 2[m] (전선이 고압 절연전선, 특고압 절연전선 또는 케이블인 경우에는 1[m]) 이상일 것

---

17 수상전로의 시설기준으로 옳은 것은?

① 사용전압이 고압인 경우에는 클로로프렌 캡타이어 케이블을 사용한다.

② 수상전로에 사용하는 부대(浮臺)는 쇠사슬 등으로 견고하게 연결한다.

③ 고압 수상전로에 지락이 생길 때를 대비하여 전로를 수동으로 차단하는 장치를 시설한다.

④ 수상선로의 전선은 부대의 아래에 지지하여 시설하고 또한 그 절연피복을 손상하지 아니하도록 시설한다.

🔍 **해설** ----------------------

수상전선로

수상전선로에는 이와 접속하는 가공전선로에 전용개폐기 및 과전류 차단기를 각 극(과전류 차단기는 다선식 전로의 중성극을 제외한다)에 시설하고 또한 수상전선로의 사용전압이 고압인 경우에는 전로에 지락이 생겼을 때에 자동적으로 전로를 차단하기 위한 장치를 시설하여야 한다. 전선은 부대의 위에 지지하여 시설하고 또한 그 절연피복을 손상하지 아니하도록 시설한다.

---

18 사용전압이 400[V] 이하인 저압 가공전선은 케이블이나 절연전선인 경우를 제외하고 인장강도가 3.43[kN] 이상인 것 또는 지름이 몇 [nm] 이상의 경동선이어야 하는가?

① 1.2[mm]
② 2.6[mm]
③ 3.2[mm]
④ 4.0[mm]

🔍 **해설** ----------------------

저압 가공전선의 굵기

	400[V] 이하		**400[V] 초과**		
나전선	3.2[mm]	3.43[kN]	시가지	5.0[mm]	8.01[kN]
절연전선	2.6[mm]	2.30[kN]	시가지외	4.0[mm]	5.26[kN]

---

19 전기울타리의 시설에 관한 설명중 옳지 않은 것은?

① 사용전압은 250[V] 이하 이어야 한다.

② 사람이 쉽게 출입하지 아니하는 곳에 시설할 것

③ 전선은 인장강도 1.38[kN] 이상의 것 또는 지름 2[mm] 이상의 경동선일 것

④ 전선과 이를 지지하는 기둥 사이의 이격거리는 30[cm] 이상일 것

🔍 **해설** ----------------------

전기울타리의 시설

① 사용전압은 250[V] 이하이어야 한다.
② 사람이 쉽게 출입하지 아니하는 곳에 시설할 것
③ 전선은 인장강도 1.38[kN] 이상의 것 또는 지름 28[mm] 이상의 경동선일 것
④ 전선과 이를 지지하는 기둥 사이의 이격거리는 2.5[cm] 이상일 것
⑤ 전선과 다른 시설물(가공전선 제외) 또는 수목 사이의 이격거리는 30[cm] 이상일 것

---

20 다음 중 가연성 분진에 전기설비가 발화원이 되어 폭발할 우려가 있는 곳에 시공할 수 있는 저압 옥내배선공사는?

① 버스덕트공사
② 라이팅덕트공사
③ 가요전선관공사
④ 금속관공사

🔍 **해설** ----------------------

가연성 먼지(소맥분·전분·유황 기타 가연성의 먼지로 공중에 떠다니는 상태에서 착화하였을 때에 폭발할 우려가 있는 것을 말하며 폭연성 먼지를 제외)에 전기설비가 발화원이 되어 폭발할 우려가 있는 곳에 시설하는 저압 옥내 전기설비는 합성수지관, 금속관, 케이블 공사에 준하여 시설한다.

01 전력보안통신설비인 무선통신용 안테나 등을 지지하는 철주의 기초 안전율은 얼마 이상이어야 하는가? (단, 무선용 안테나 등이 전선로의 주위 상태를 감시할 목적으로 시설되는 것이 아닌 경우이다.)

① 1.3
② 1.5
③ 1.8
④ 2.0

🔍 해설

전력보안 통신설비인 무선통신용 안테나 또는 반사판을 지지하는 철주·철근콘크리트주 또는 철탑의 기초의 안전율은 1.5 이상이어야 한다.

02 소세력 회로의 최대 사용전압이 15[V]라면, 절연변압기의 2차 단락전류는 몇 [A] 이하이어야 하는가?

① 1
② 3
③ 5
④ 8

🔍 해설

소세력 회로

소세력 회로의 최대 사용전압의 구분	2차 단락전류	과전류 차단기의 정격전류
15[V] 이하	8[A]	5[A]
15[V] 초과 30[V] 이하	5[A]	3[A]
30[V] 초과 60[V] 이하	3[A]	1.5[A]

03 전기철도차량에 전력을 공급하는 전차선의 가선방식에 포함되지 않는 것은?

① 가공방식
② 강체방식
③ 제3레일방식
④ 지중조가선방식

🔍 해설

전차선의 가선방식

전기철도차량에 전력을 공급하는 전차선의 가선방식으로 가공식, 강체식, 제3궤조식으로 분류한다.

04 전선 기타의 가섭선 주위에 두께 6[mm], 비중 0.9의 빙설이 부착된 상태에서 을종 풍압하중은 구성재의 수직투영면적 1[m²]당 몇 [Pa]을 기초로 하여 계산하는가? (단, 다도체를 구성하는 전선이 아니라고 한다.)

① 333
② 372
③ 588
④ 666

🔍 해설

전선 기타의 가섭선 주위에 두께 6[mm], 비중 0.9의 빙설이 부착된 상태에서 수직 투영면적 372[Pa](다도체를 구성하는 전선은 333[Pa]), 그 이외의 것은 갑종풍압하중의 2분의 1을 기초로 하여 계산한 것

05 주택 등 저압 수용 장소에서 고정 전기설비에 TN-C-S 접지방식으로 접지공사 시 중성선 겸용 보호도체(PEN)를 알루미늄으로 사용할 경우 단면적은 몇 [mm²]이상이어야 하는가?

① 2.5
② 6
③ 10
④ 16

🔍 해설

주택 등 저압수용장소에서 TN-C-S 접지방식으로 접지공사를 하는 경우에 보호도체는 다음과 같이 시설하여야 한다.
• 중성선 겸용 보호도체(PEN)는 고정 전기설비에만 사용할 수 있고, 그 도체의 단면적이 구리는 10[mm²] 이상, 알루미늄은 16[mm²] 이상이어야 하며, 그 계통의 최고전압에 대하여 절연시켜야 한다.

06 일반주택 및 아파트 각 호실의 현관등은 몇 분 이내에 소등 되도록 타임스위치를 시설해야 하는가?

① 5
② 4
③ 3
④ 6

🔍 해설

• 관광숙박업 또는 숙박업입구등은 1분 이내 소등되는 것
• 일반주택 및 아파트의 현관등은 3분 이내 소등되는 것

[정답] 2024년 2회 01 ② 02 ④ 03 ④ 04 ② 05 ④ 06 ③

07 고압 가공인입선이 케이블 이외의 것으로서 그 전선의 아래쪽에 위험 표시를 하였다면 전선의 지표상 높이는 몇 [m]까지로 할 수 있는가?

① 2.5 ② 3.5
③ 4.5 ④ 5.5

🔍 **해설**

고압 가공인입선의 높이

도로횡단	철도횡단	횡단보도교위	기타
6[m]	6.5[m]	3.5[m]	5[m] (단, 위험표시를 하면 3.5[m])

08 시가지 또는 그 밖에 인가가 밀집한 지역에 154[kV] 가공 전선로의 전선을 케이블로 시설하고자 한다. 이때 가공전선을 지지하는 애자장치의 50[%] 충격섬락전압 값이 그 전선의 근접한 다른 부분을 지지하는 애자장치 값의 몇 [%] 이상이어야 하는가?

① 75 ② 100
③ 105 ④ 110

🔍 **해설**

애자장치는 50[%] 충격섬락전압의 값이 타부분 애자장치 값의 110[%](사용전압이 130[kV]를 넘는 경우는 105[%]) 이상인 것을 사용하거나 아크혼을 취부하고 또는 2연 이상의 현수애자, 장간애자를 사용한다.

09 철도·궤도 또는 자동차도의 전용터널 안의 전선로의 시설 방법으로 틀린 것은?

① 고압전선은 케이블공사로 하였다.
② 저압전선을 가요전선관 공사에 의하여 시설하였다.
③ 저압전선으로 지름 2.0[mm]의 경동선을 사용하였다.
④ 저압전선을 애자사용공사에 의하여 시설하고 이를 레일면상 또는 노면상 2.5[m] 이상의 높이로 유지하였다.

🔍 **해설**

철도·궤도 또는 자동차도의 전용터널 안의 전선로의 저압전선으로는 지름 2.6[mm] 이상을 사용

10 어느 유원지의 어린이 놀이기구인 유희용 전차에 전기를 공급하는 전로의 사용전압은 교류인 경우 몇 [V] 이하이어야 하는가?

① 20 ② 40
③ 60 ④ 100

🔍 **해설**

유희용 전차에 전기를 공급하는 전로의 사용전압은 직류의 경우는 60[V] 이하, 교류의 경우는 40[V] 이하일 것

11 전식방지대책에서 매설금속체측의 누설전류에 의한 전식의 피해가 예상되는 곳에 고려하여야 하는 방법으로 틀린 것은?

① 절연코팅 ② 배류장치 설치
③ 변전소 간 간격 축소 ④ 저준위 금속체를 접속

🔍 **해설**

전식방지대책
매설금속체측의 누설전류에 의한 전식의 피해가 예상되는 곳은 다음 방법을 고려하여야 한다.

• 배류장치 설치   • 절연코팅
• 매설금속체 접속부 절연   • 저준위 금속체를 접속
• 궤도와의 이격거리 증대   • 금속판 등의 도체로 차폐

12 사용전압이 22.9[kV]인 특고압 가공전선과 그 지지물·완금류·지주 또는 지선 사이의 이격거리는 몇 [cm] 이상이어야 하는가?

① 15 ② 20
③ 25 ④ 30

🔍 **해설**

특고압 가공전선과 지지물 등의 이격거리

사용전압[kV]	이격거리[cm]
15 미만	15
15 이상 25 미만	20
25 이상 35 미만	25

[**정답**] 07 ② 08 ③ 09 ③ 10 ② 11 ③ 12 ②

13 변압기 1차측 3300[V], 2차측 220[V]의 변압기 전로의 절연내력시험 전압은 각각 몇 [V]에서 10분간 견디어야 하는가?

① 1차측 4950[V], 2차측 500[V]
② 1차측 4500[V], 2차측 400[V]
③ 1차측 4125[V], 2차측 500[V]
④ 1차측 3300[V], 2차측 400[V]

🔍 해설

종 류	절연내력시험전압	최저 시험전압
7[kV] 이하	1.5배	500[V]

- 1차측절연내력시험전압＝3300[V]×1.5배＝4950[V]
- 2차측절연내력시험전압＝220[V]×1.5배＝330[V](최저시험전압500[V] 적용)

14 전기욕기에 전기를 공급하기 위한 전원 변압기의 2차측 전로의 사용전압은 몇 [V] 이하 이어야 하는가?

① 10 ② 20
③ 30 ④ 60

🔍 해설

전기욕기에 전기를 공급하기 위하여는 전기욕기용 전원장치(내장되어 있는 전원변압기의 2차측 전로의 사용전압이 10[V] 이하인 것에 한한다)를 사용할 것

15 저압 옥상전선로의 시설에 대한 설명으로 틀린 것은?

① 전선은 절연전선을 사용한다.
② 전선은 지름 2.6[mm] 이상의 경동선을 사용한다.
③ 전선은 상시 부는 바람 등에 의하여 식물에 접촉하지 않도록 시설한다.
④ 전선과 옥상 전선로를 시설하는 조영재와의 이격거리를 0.5[m]로 한다.

🔍 해설
저압 옥상전선로의 시설

- 전선은 절연전선일 것
- 전선은 지름 2.6[mm] 이상의 경동선 또는 인장강도 2.30[kN] 이상일 것
- 전선은 조영재에 견고하게 붙인 지지주 또는 지지대에 절연성·난연성 및 내수성이 있는 애자를 사용하여 지지하고 또한 그 지지점 간의 거리는 15[m] 이하일 것
- 저압 옥상전선로의 전선은 상시 부는 바람 등에 의하여 식물에 접촉하지 아니하도록 시설하여야 한다.

16 계통 연계하는 분산형전원설비를 설치하는 경우 자동적으로 분산형전원설비를 전력계통으로부터 분리하기 위한 장치 시설 및 해당 계통과의 보호협조를 실시하여야 하는 경우로 알맞지 않은 것은?

① 단독운전 상태
② 연계한 전력계통의 이상 또는 고장
③ 조상설비의 이상 발생 시
④ 분산형전원설비의 이상 또는 고장

🔍 해설
계통 연계용 보호장치의 시설

계통 연계하는 분산형전원설비를 설치하는 경우 다음에 해당하는 이상 또는 고장 발생 시 자동적으로 분산형전원설비를 전력계통으로부터 분리하기 위한 장치 시설 및 해당 계통과의 보호협조를 실시하여야 한다.
- 분산형전원설비의 이상 또는 고장
- 연계한 전력계통의 이상 또는 고장
- 단독운전 상태

17 전기철도차량이 전차선로와 접촉한 상태에서 견인력을 끄고 보조전력을 가동한 상태로 정지해 있는 경우, 가공 전차선로의 유효전력이 200[kW] 이상일 경우 총 역률은 몇 보다는 작아서는 안되는가?

① 0.9 ② 0.7
③ 0.6 ④ 0.8

🔍 해설
전기철도 차량의 역률

전기철도차량이 전차선로와 접촉한 상태에서 견인력을 끄고 보조전력을 가동한 상태로 정지해 있는 경우, 가공 전차선로의 유효전력이 200[kW] 이상일 경우 총 역률은 0.8보다는 작아서는 안된다.

[정답] 13 ① 14 ① 15 ④ 16 ③ 17 ④

18 1차 22900[V], 2차 3300[V]의 변압기를 옥외에 시설할때 구내에 취급자 이외의 사람이 들어가지 아니하도록 울타리를 시설하려고 한다. 이 때 울타리의 높이는 몇 [m] 이상으로 하여야 하는가?

① 2 　　　　　　　　② 3
③ 4 　　　　　　　　④ 5

🔍 **해설**

- 울타리 담등의 높이 : 2[m] 이상
- 지표면과 울타리·담등의 하단사이의 간격 : 15[cm] 이하

19 특고압 가공전선로의 지지물로 사용하는 목주의 풍압하중에 대한 안전율은 얼마 이상이어야 하는가?

① 1.2 　　　　　　　② 1.5
③ 2.0 　　　　　　　④ 2.5

🔍 **해설**

목주의 안전율

	일반	보안공사시
저압	1.2	1.5
고압	1.3	1.5
특고압	1.5	2.0

20 전선의 접속방법으로 틀린 것은?

① 알루미늄 도체의 전선관 동도체의 전선을 접속할 때에는 전기적 부식이 생기지 않도록 한다.
② 접속부분을 절연전선의 절연물과 동등이상의 절연효력이 있도록 충분히 피복한다.
③ 두 개 이상의 전선을 병렬로 사용할 때 각 전선의 굵기를 35[mm²] 이상의 동선을 사용한다.
④ 전선의 세기를 20[%] 이상 감소시키지 않는다.

🔍 **해설**

두 개 이상의 전선을 병렬로 사용하는 경우에는 다음에 의하여 시설한다.

병렬로 사용하는 각 전선의 굵기는 동선 50[mm²] 이상 또는 알루미늄 70[mm²] 이상으로 하고, 전선은 같은 도체, 같은 재료, 같은 길이 및 같은 굵기의 것을 사용할 것

시행일 ▶ **2024년 3회**

01 154[kV]가공 전선로를 시가지에 시설하는 경우 특별고압 가공전선에 지락 또는 단락이 생기면 몇 초 이내에 자동적으로 이를 전로로부터 차단하는 장치를 시설하는가?

① 1 　　　　　　　　② 2
③ 3 　　　　　　　　④ 5

🔍 **해설**

특고압 시가지의 시설

사용전압이 100[kV]를 초과하는 특고압 가공전선에 지락 또는 단락이 생겼을 때에는 1초 이내에 자동적으로 이를 전로로부터 차단하는 장치를 시설할 것

02 지중 전선로를 직접 매설식에 의하여 시설하는 경우에 차량 및 기타 중량물의 압력을 받을 우려가 있는 장소의 매설 깊이는 몇 [m] 이상인가?

① 1.0 　　　　　　　② 1.2
③ 1.5 　　　　　　　④ 1.8

🔍 **해설**

지중전선로의 매설깊이

지중 전선로를 직접 매설식에 의하여 시설하는 경우에는 매설 깊이를 차량 기타 중량물의 압력을 받을 우려가 있는 장소에는 1.0[m] 이상, 기타 장소에는 0.6[m] 이상으로 하고 또한 지중 전선을 견고한 트라프 기타 방호물에 넣어 시설하여야 한다.

03 특고압을 직접 저압으로 변성하는 변압기 중 시설하여서는 안 되는 것은?

① 전기로 등 전류가 큰 전기를 소비하기 위한 변압기
② 발전소, 변전소, 개폐소 또는 이에 준하는 곳의 소내용 변압기

③ 사용전압이 100[kV] 초과인 변압기로서 그 특고압측 권선과 저압측 권선이 혼촉하는 경우 자동차단장치를 설치한 것

④ 교류식 전기 철도용 신호회로에 전기를 공급하기 위한 변압기

🔍 **해설**

사용전압이 100[kV] 이하인 변압기로서 그 특고압측 권선과 저압측 권선사이에 접지공사(접지저항 값이 10[Ω] 이하인 것에 한한다)를 한 금속제의 혼촉방지판이 있는 것

04 과부하 보호장치 설치시 단락의 위험과 화재 및 인체에 대한 위험성이 최소화 되도록 시설된 경우, 분기점으로부터 몇 [m]까지 이동하여 설치할 수 있는가?

① 1   ② 2

③ 3   ④ 4

🔍 **해설**

분기회로의 과부하 보호장치

과부하 보호장치는 분기점에 설치해야 하나, 분기점과 분기회로의 과부하 보호장치의 설치점 사이의 배선 부분에 다른 분기회로나 콘센트 회로가 접속되어 있지 않고, 다음중 하나를 충족하는 경우에는 변경이 있는 배선에 설치할 수 있다.

• 단락보호가 이루어지고 있는 경우 부하측으로 거리에 구애 받지 않고 이동하여 설치할 수 있다.

• 단락의 위험과 화재 및 인체에 대한 위험성이 최소화 되도록 시설된 경우, 분기점으로부터 3[m]까지 이동하여 설치할 수 있다.

05 금속덕트 공사에 적당하지 않은 것은?

① 전선은 절연전선을 사용한다.

② 덕트의 끝부분은 항시 개방시킨다.

③ 덕트 안에는 전선의 접속점이 없도록 한다.

④ 덕트의 안쪽 면 및 바깥 면에는 산화 방지를 위하여 아연도금을 한다.

🔍 **해설**

금속덕트의 시설

덕트의 끝부분은 막을 것

06 고압 가공전선로에 시설하는 피뢰기의 접지공사의 접지선이 그 접지공사 전용의 것인 경우에 접지저항 값은 몇 [Ω]까지 허용되는가?

① 20   ② 30

③ 50   ④ 75

🔍 **해설**

피뢰기의 접지

고압 및 특고압의 전로에 시설하는 피뢰기 접지저항 값은 10[Ω] 이하로 하여야 한다. 다만, 고압가공전선로에 시설하는 피뢰기의 접지도체가 그 접지공사 전용의 것인 경우에 그 접지공사의 접지저항 값이 30[Ω] 이하인 때에는 그 피뢰기의 접지저항 값이 10[Ω] 이하가 아니어도 된다.

07 다음 ( )에 들어갈 내용으로 옳은 것은?

전차선로는 무선설비의 기능에 계속적이고 또한 중대한 장해를 주는 ( )가 생길 우려가 있는 경우에는 이를 방지하도록 시설하여야 한다.

① 전자파   ② 혼촉

③ 단락   ④ 정전기

🔍 **해설**

전자파 장해의 방지

전차선로는 무선설비의 기능에 계속적이고 또한 중대한 장해를 주는 전자파가 생길 우려가 있는 경우에는 이를 방지하도록 시설하여야 한다.

08 폭연성 분진 또는 화약류의 분말이 존재하는 곳의 저압 옥내배선은 어느 공사에 의하는가? (단, 사용전아비 400[V] 초과인 방전등을 제외한 경우이다.)

[**정답**] 04 ③   05 ②   06 ②   07 ①   08 ①

① 금속관 공사   ② 애자사용 공사

③ 합성수지관 공사   ④ 캡타이어 케이블 공사

🔍 **해설**

폭연성 먼지 또는 화약류의 분말이 전기설비가 발화원이 되어 폭발할 우려가 있는 곳에 시설하는 저압 옥내 전기설비(사용전압이 400[V] 초과인 방전등을 제외)는 금속관공사 또는 케이블공사(캡타이어케이블을 사용하는 것을 제외)에 의할 것

09 전로의 중성점을 접지하는 목적으로 볼 수 없는 것은?

① 전로의 보호장치의 확실한 동작의 회로

② 부하전류의 일부를 대지로 방전하여 전선 절약

③ 이상전압의 억제

④ 대지전압의 저하

🔍 **해설**

전로의 중성점 접지 목적

· 이상전압의 억제

· 대지전압의 저하

· 전로의 보호장치의 확실한 동작의 확보

10 특고압 가공전선로의 지지물로 사용되는 B종 철근·B종 콘크리트주의 각도형은 전선 중 최소 몇 도를 초과하는 수평각도를 이루는 곳에 사용하는가?

① 3   ② 5

③ 8   ④ 10

🔍 **해설**

특고압 가공전선로의 철주·철근 콘크리트주 또는 철탑의 종류

· 직선형

전선로의 직선부분(3° 이하인 수평각도를 이루는 곳을 포함)에 사용하는 것

· 각도형

전선로중 3°를 초과하는 수평각도를 이루는 곳에 사용하는 것

11 저압 가공전선과 고압 가공전선을 동일 지지물에 시설하는 경우 이격거리는 몇 [cm] 이상이어야 하는가? (단, 각도 주(角度柱)·분기주(分岐柱) 등에서 혼촉(混觸)의 우려가 없도록 시설하는 경우는 제외한다.)

① 50   ② 60

③ 70   ④ 80

🔍 **해설**

저고압의 병가

고압~저압
50[cm]
단 . 고압측에 케이블사용시 30[cm]

12 특고압을 옥내에 시설하는 경우 그 사용 전압의 최대 한도는 몇 [kV] 이하인가? (단, 케이블 트레이 공사는 제외)

① 25[kV]   ② 80[kV]

③ 100[kV]   ④ 160[kV]

🔍 **해설**

특고압 옥내 전기설비의 시설

사용전압은 100[kV] 이하일 것. 다만, 케이블트레이공사에 의하여 시설하는 경우에는 35[kV] 이하일 것

13 직류 750[V]인 전차선과 건조물 간의 최소 절연간격은 동적인 경우 몇 [mm]인가?

① 25   ② 100

③ 150   ④ 170

🔍 **해설**

전차선로의 충전부와 건조물 간의 절연이격

시스템 종류	공칭전압 [V]	동적[mm]		정적[mm]	
		비오염	오염	비오염	오염
직류	750	25	25	25	25
	1500	100	110	150	160
단상교류	25000	170	220	270	320

14 전력보안통신설비에서 전원공급기의 시설로 알맞지 않은 것은?

① 지상에서 4[m] 이상 유지할 것

② 누전차단기를 내장할 것

③ 시설방향은 인도측으로 시설하며 외함은 접지를 시행할 것

④ 기기주, 변압기 전주 및 분기주 등 설비 복잡개소에는 전원공급기를 시설할 수 있다.

🔍 **해설** - - - - - - - - - - - - - - - - - - -

전원공급기의 시설

① 전원공급기는 다음에 따라 시설하여야 한다.
  • 지상에서 4[m] 이상 유지할 것
  • 누전차단기를 내장할 것
  • 시설방향은 인도측으로 시설하며 외함은 접지를 시행할 것
② 기기주, 변압기 전주 및 분기주 등 설비 복잡개소에는 전원공급기를 시설할 수 없다.

15 특고압 가공전선로를 가공케이블로 시설하는 경우 잘못된 것은?

① 조가용선에 행거의 간격은 1[m]로 시설하였다.

② 조가용선 및 케이블의 피복에 사용하는 금속체에는 접지공사를 하였다.

③ 조가용선은 단면적 22[mm²]의 아연도강연선을 사용하였다.

④ 조가용선에 접촉시켜 금속테이프를 간격 20[cm] 이하의 간격을 유지시켜 나선형으로 감아 붙였다.

🔍 **해설** - - - - - - - - - - - - - - - - - - -

가공케이블의 시설

• 인장강도 13.93[kN] 이상 또는 단면적 22[mm²] 이상 아연도강연선일 것
• 조가용선에 접촉시켜 금속테이프를 간격 20[cm] 이하의 간격을 유지시켜 나선형으로 감아 붙인다.
• 케이블은 조가용선에 행거로 시설할 것. 이 경우에는 사용전압이 특고압인 때에는 그 행거의 간격을 50[cm] 이하로 시설하여야 한다.

16 수도관을 접지극으로 사용하는 경우에 대한 사항으로 (   )안에 알맞은 것은?

> 접지도체와 금속제 수도관로의 접속은 안지름 (   ) [mm] 이상인 부분 또는 여기에서 분기한 안지름 (   ) [mm] 미만인 분기점으로부터 5[m] 이내의 부분에서 하여야 한다. 다만, 금속제 수도관로와 대지 사이의 전기저항 값이 (   )[Ω] 이하인 경우에는 분기점으로부터의 거리는 5[m]을 넘을 수 있다.

① 75, 60, 2   ② 75, 75, 3

③ 75, 60, 3   ④ 75, 75, 2

🔍 **해설** - - - - - - - - - - - - - - - - - - -

수도관 접지

지중에 매설되어 있고 대지와의 전기저항 값이 3[Ω] 이하의 값을 유지하고 있는 금속제 수도관로가 다음에 따르는 경우 접지극으로 사용이 가능하다.

접지도체와 금속제 수도관로의 접속은 안지름 75[mm] 이상인 부분 또는 여기에서 분기한 안지름 75[mm] 미만인 분기점으로부터 5[m] 이내의 부분에서 하여야 한다. 다만, 금속제 수도관로와 대지 사이의 전기저항 값이 2[Ω] 이하인 경우에는 분기점으로부터의 거리는 5[m]을 넘을 수 있다.

17 파이프라인 등의 전열장치에 대한 사항으로 잘못된 것은?

① 발열체는 그 온도가 피 가열 액체의 발화 온도의 90[%]를 넘지 아니하도록 시설할 것

② 발열체 상호 간의 접속은 용접 또는 프렌지 접합에 의할 것

③ 발열체에는 슈를 직접 붙이지 아니할 것

④ 발열체 상호 간의 프렌지 접합부 및 발열체와 통기관·드레인관 등의 부속물과의 접속부분에는 발열체가 발생하는 열에 견디는 절연물을 삽입할 것

🔍 **해설** - - - - - - - - - - - - - - - - - - -

파이프라인 등의 전열장치(발열선 시설)

[정답] 14 ④ 15 ① 16 ④ 17 ①

- 발열체는 그 온도가 피 가열 액체의 발화 온도의 80[%]를 넘지 아니하도록 시설할 것
- 발열체 상호 간의 접속은 용접 또는 프렌지 접합에 의할 것
- 발열체에는 슈를 직접 붙이지 아니할 것
- 발열체 상호 간의 프렌지 접합부 및 발열체와 통기관·드레인관 등의 부속물과의 접속부분에는 발열체가 발생하는 열에 견디는 절연물을 삽입할 것

18 전로 중에 개폐기를 시설하는 경우에 각 극에 설치하지 않아도 되는 경우에 해당되지 않는 것은?

① 제어회로 등에 조작용 개폐기를 시설하는 경우
② 특고압 가공전선로로서 다중 접지를 한 중성선 포함 각 극에 개폐기를 시설하는 경우
③ 저압 옥내전로에 접속하는 전원측의 전로의 그 저압 옥내 전로의 인입구에 가까운 곳에 전용의 개폐기를 쉽게 개폐할 수 있는 곳의 각 극에 시설하는 경우
④ 사용전압이 400[V] 이하인 옥내 전로로서 다른 옥내전로(정격전류가 16[A] 이하인 과전류 차단기 또는 정격전류가 16[A]를 초과하고 20[A] 이하인 배선차단기로 보호되고 있는 것)에 접속하는 길이 15[m] 이하의 전로에서 전기의 공급을 받는 것

🔍 해설

전로 중에 개폐기를 시설하는 경우(이 기준에서 개폐기를 시설하도록 정하는 경우에 한한다)에는 그곳의 각 극에 설치하여야 한다. 다만, 다음의 경우에는 그러하지 아니하다.
- 제어회로 등에 조작용 개폐기를 시설하는 경우
- 특고압 가공전선로로서 다중 접지를 한 중성선 이외의 각 극에 개폐기를 시설하는 경우

19 전기저장 장치의 시설 기준으로 잘못된 것은?

① 전선은 공칭단면적 2.5[mm³]이상의 연동선 또는 이와 동등 이상의 세기 및 굵기의 것일 것
② 단자를 체결 또는 잠글 때 너트나 나사는 풀림방지 기능이 있는 것을 사용하여야 한다.

③ 외부터미널과 접속하기 위해 필요한 접점 압력이 사용 기간 동안 유지 되어야 한다.
④ 옥측 또는 옥외에 시설할 경우에는 애자사용공사로 시설한다.

🔍 해설

전기저장 장치의 시설
옥측 또는 옥외에 시설할 경우에는 합성수지관공사, 금속관공사, 금속제 가요전선관공사, 케이블 공사에 의하여 시설한다.

20 사용전압이 저압인 전로에서 정전이 어려운 경우 등 절연저항 측정이 곤란한 경우에는 누설전류를 몇 [mA] 이하로 유지하여야 하는가?

① 0.1[mA]   ② 1.0[mA]
③ 10[mA]   ④ 100[mA]

🔍 해설

누설전류
저압 전로에서 정전이 어려운 경우 등 절연저항 측정이 곤란한 경우 저항성분의 누설전류가 1[mA] 이하이면 그 전로의 절연성능은 적합한 것으로 본다.

시행일 ◀ 2025년 1회

01 고압 보안공사에서 지지물로 B종 철근콘크리트주를 사용할 때 경간은 몇 [m] 이하이어야 하는가?

① 250   ② 100
③ 150   ④ 200

🔍 해설

지지물 종류 \ 구분	A종주, 목주 [m]	B종주 [m]	철탑 [m]
표준경간	150	250	600
저·고압 보안공사	100	150	400

02 특고압 가공전선이 건조물과 제1차 접근상태로 시설되는 경우 특고압 가공전선로는 제 몇 종 특고압 보안공사를 하여야 하는가?

① 제1종 특고압 보안공사

② 제2종 특고압 보안공사

③ 제3종 특고압 보안공사

④ 제4종 특고압 보안공사

🔍 **해설** - - - - - - - - - - - - - - - -

특고압 가공전선과 건조물

특고압 가공전선이 건조물과 제1차 접근상태로 시설되는 경우에는 특고압 가공전선로는 제3종 특고압 보안공사에 의해야 한다.

03 22.9[kV] 중성선 다중접지 계통에서 각 접지선을 중성선으로부터 분리하였을 경우의 1[km]마다의 중성선과 대지 사이의 합성 전기저항값은 몇 [Ω] 이하이어야 하는가? (단, 전로에 지락이 생겼을 때에 2초 이내에 자동적으로 전로로부터 차단하는 장치가 되어 있다고 한다.)

① 15   ② 30

③ 50   ④ 100

🔍 **해설** - - - - - - - - - - - - - - - -

사용전압	각 접지점의 대지 전기저항치	1[km] 마다의 합성 전기저항치
15[kV] 초과 25[kV] 이하	300[Ω]	15[Ω]

04 다리의 윗면에 시설하는 것은 특별한 경우 이외에 전선의 높이를 다리의 노면상 몇 [m] 이상으로 하여 시설하는가?

① 3   ② 4

③ 5   ④ 6

🔍 **해설** - - - - - - - - - - - - - - - -

다리(교량)에 시설하는 전선로

다리의 윗면에 시설하는 것은 다음에 의하는 이외에 전선의 높이를 다리의 노면상 5[m] 이상으로 하여 시설하고 다음에 따른다.

① 전선은 케이블인 경우 이외에는 인장강도 2.30[kN] 이상의 것 또는 지름 2.6[mm] 이상의 경동선의 절연전선일 것

② 전선과 조영재 사이의 간격은 전선이 케이블인 경우 이외에는 0.3[m] 이상일 것

③ 전선은 케이블인 경우 이외에는 조영재에 견고하게 붙인 완금류에 절연성·난연성 및 내수성의 애자로 지지할 것

05 고압용 또는 특고압용 개폐기의 시설에 있어서 잘못된 것은?

① 고압용 또는 특고압용의 개폐기는 그 작동에 따라 그 개폐상태를 표시하는 장치가 되어 있는 것이어야 한다.

② 중력 등에 의하여 자연히 작동할 우려가 있는 것은 자물쇠장치 기타 이를 방지하는 장치를 시설하여야 한다.

③ 고압용 또는 특고압용에 위험표시를 해야한다.

④ 고압용 또는 특고압용의 개폐기로서 부하전류를 차단하기 위한 것이 아닌 개폐기는 부하전류가 통하고 있을 경우에는 회로가 열리지 않도록 시설하여야 한다.

🔍 **해설** - - - - - - - - - - - - - - - -

개폐기의 시설

① 전로 중에 개폐기를 시설하는 경우(이 기준에서 개폐기를 시설하도록 정하는 경우에 한한다)에는 그곳의 각 극에 설치하여야 한다.

② 고압용 또는 특고압용의 개폐기는 그 작동에 따라 그 개폐상태를 표시하는 장치가 되어 있는 것이어야 한다. 다만, 그 개폐상태를 쉽게 확인할 수 있는 것은 그러하지 아니하다.

③ 고압용 또는 특고압용의 개폐기로서 중력 등에 의하여 자연히 작동할 우려가 있는 것은 자물쇠장치 기타 이를 방지하는 장치를 시설하여야 한다.

④ 고압용 또는 특고압용의 개폐기로서 부하전류를 차단하기 위한 것이 아닌 개폐기는 부하전류가 통하고 있을 경우에는 회로가 열리지 않도록 시설하여야 한다. 다만, 개폐기를 조작하는 곳의 보기 쉬운 위치에 부하전류의 유무를 표시한 장치 또는 전화기 기타의 지령 장치를 시설하거나 태블릿 등을 사용함으로서 부하전류가 통하고 있을 때에 열린 회로의 조작을 방지하기 위한 조치를 하는 경우는 그러하지 아니하다.

⑤ 전로에 이상이 생겼을 때 자동적으로 전로를 개폐하는 장치를 시설하는 경우에는 그 개폐기의 자동 개폐 기능에 장해가 생기지 않도록 시설하여야 한다.

[정답] 02 ③   03 ①   04 ③   05 ③

06 공통접지, 통합접지 공사를 하는 경우 보호도체의 단면적 계산식은? (단, 차단 시간은 5초 이하이다. S : 단면적, I : 고장전류 실효값, t :보호장치의 동작시간, 재질 및 초기온도와 최종온도에 따라 정해지는 계수)

① $S = \dfrac{\sqrt{IK}}{t}$ ② $S = \dfrac{\sqrt{I^2 t}}{k}$

③ $S = \dfrac{\sqrt{I^2 K}}{t}$ ④ $S = \dfrac{\sqrt{It}}{k}$

🔍 **해설** ----------

보호도체 단면적

차단시간이 5초 이하인 경우에만 다음 계산식을 적용한다.

$$S = \frac{\sqrt{I^2 t}}{k}$$

여기서, S : 단면적[mm^2]

     I : 보호장치를 통해 흐를 수 있는 예상 고장전류 실효값(A)

     t : 자동차단을 위한 보호장치의 동작시간(s)

     k : 보호도체, 절연, 기타 부위의 재질 및 초기온도와 최종온도에 따라 정해지는 계수

07 저압 옥측전선로에서 목조의 조영물에 시설할 수 있는 공사 방법은?

① 금속관공사

② 버스덕트공사

③ 합성수지관공사

④ 연피 또는 알루미늄 케이블공사

🔍 **해설** ----------

저압 옥측전선로의 공사방법

① 애자공사(전개된 장소)

② 합성수지관공사

③ 금속관공사(목조 이외의 조영물에 시설하는 경우)

④ 버스덕트공사[목조 이외의 조영물(점검할 수 없는 은폐된 장소는 제외한다)에 시설하는 경우]

⑤ 케이블공사(연피 케이블, 알루미늄피 케이블 또는 무기물절연(MI) 케이블을 사용하는 경우에는 목조 이외의 조영물에 시설하는 경우)

08 저압 옥내배선을 전개된 장소에서 애자사용공사로 시공할 때 전선 상호간의 간격은 몇 [cm] 이상이어야 하는가?

① 2   ② 4

③ 6   ④ 8

🔍 **해설** ----------

저압 애자사용공사

전 압		전선과 조영재와의 이격거리		전선상호간격
저압	400[V] 이하	2.5[cm] 이상		6[cm] 이상
	400[V] 초과	건조한 장소	2.5[cm] 이상	
		기타의 장소	4.5[cm] 이상	

09 폭발성 또는 연소성의 가스가 침입할 우려가 있는 곳에 시설하는 지중전선로의 지중함은 그 크기가 최소 몇 [m^3] 이상인 경우에는 통풍장치 기타 가스를 방사시키기 위한 적당한 장치를 시설하여야 하는가?

① 1   ② 3

③ 5   ④ 10

🔍 **해설** ----------

• 지중함은 견고하고 차량 기타 중량물의 압력에 견디는 구조일 것
• 지중함은 그 안의 고인 물을 제거할 수 있는 구조로 되어 있을 것
• 폭발성 또는 연소성의 가스가 침입할 우려가 있는 것에 시설하는 지중함으로서 그 크기가 1[m^3] 이상인 것에는 통풍장치 기타 가스를 방사시키기 위한 적당한 장치를 시설할 것
• 지중함의 뚜껑은 시설자 이외의 자가 쉽게 열 수 없도록 시설할 것

10 저압 가공전선의 굵기 및 종류에 대한 사항으로 잘못된 것은?

① 저압 가공전선은 나전선절연전선, 다심형 전선 또는 케이블을 사용하여야 한다.

② 사용전압이 400[V] 이하인 저압 가공전선은 절연전선인 경우 지름 2.6[mm] 이상을 사용한다.

[정답] 06 ②   07 ③   08 ③   09 ①   10 ④

③ 사용전압이 400[V] 초과인 저압 가공전선을 시가지 외에 시설하는 것은 지름 4[mm] 이상의 경동선이어야 한다.

④ 사용전압이 400[V] 초과인 저압 가공전선에는 인입용 비닐절연전선을 사용한다.

🔎 해설
저압 가공전선의 굵기 및 종류
① 저압 가공전선은 나전선(중성선 또는 다중접지된 접지측 전선으로 사용하는 전선에 한한다), 절연전선, 다심형 전선 또는 케이블을 사용하여야 한다.
② 사용전압이 400[V] 이하인 저압 가공전선은 케이블인 경우를 제외하고는 인장강도 3.43[kN] 이상의 것 또는 지름 3.2[mm](절연전선인 경우는 인장강도 2.3[kN] 이상의 것 또는 지름 2.6[mm] 이상의 경동선) 이상의 것이어야 한다.
③ 사용전압이 400[V] 초과 저압 가공전선은 케이블인 경우 이외에는 시가지에 시설하는 것은 인장강도 8.01[kN] 이상의 것 또는 지름 5[mm] 이상의 경동선, 시가지 외에 시설하는 것은 인장강도 5.26[kN] 이상의 것 또는 지름 4[mm] 이상의 경동선이어야 한다.
④ 사용전압이 400[V] 초과인 저압 가공전선에는 인입용 비닐절연전선을 사용하여서는 안 된다.

11 수소냉각식 발전기 및 이에 부속하는 수소냉각장치에 대한 시설기준으로 틀린 것은?

① 발전기 내부의 수소의 온도를 계측하는 장치를 시설할 것
② 발전기 내부의 수소의 순도가 70[%] 이하로 저하한 경우에 경보를 하는 장치를 시설할 것
③ 발전기는 기밀구조의 것이고 또한 수소가 대기압에서 폭발하는 경우에 생기는 압력에 견디는 강도를 가지는 것일 것
④ 발전기 내부의 수소의 압력을 계측하는 장치 및 그 압력이 현저히 변동한 경우에 이를 경보하는 장치를 시설할 것

🔎 해설
수소냉각식 발전기
수소냉각식의 발전기·조상기 또는 이에 부속하는 수소 냉각 장치는 다음에 따라 시설하여야 한다.

① 발전기 또는 조상기는 기밀구조(氣密構造)의 것이고 또한 수소가 대기압에서 폭발하는 경우에 생기는 압력에 견디는 강도를 가지는 것일 것
② 발전기축의 밀봉부에는 질소 가스를 봉입할 수 있는 장치 또는 발전기 축의 밀봉부로부터 누설된 수소 가스를 안전하게 외부에 방출할 수 있는 장치를 시설할 것
③ 발전기 내부 또는 조상기 내부의 수소의 순도가 85[%] 이하로 저하한 경우에 이를 경보하는 장치를 시설할 것
④ 발전기 내부 또는 조상기 내부의 수소의 압력을 계측하는 장치 및 그 압력이 현저히 변동한 경우에 이를 경보하는 장치를 시설할 것
⑤ 발전기 내부 또는 조상기 내부의 수소의 온도를 계측하는 장치를 시설할 것

12 사용전압이 35[kV] 이하인 특고압 가공전선이 상부 조영재의 위쪽에 시설되는 경우, 특고압 가공전선과 건조물의 조영재 이격거리는 몇 [m] 이상이어야 하는가? (단, 전선의 종류는 케이블이라고 한다.)

① 0.5[m]   ② 1.2[m]
③ 2.5[m]   ④ 3.0[m]

🔎 해설

조영재의 구분	전선종류	접근형태	이격거리[m]
상부 조영재	특고압 절연전선	위쪽	2.5
	케이블		1.2
	기타전선		3

13 전기철도차량에 전력을 공급하는 전차선의 가선방식에 포함되지 않는 것은?

① 가공방식   ② 강체방식
③ 제3레일방식   ④ 지중조가선방식

🔎 해설
전차선의 가선방식
전기철도차량에 전력을 공급하는 전차선의 가선방식으로 가공식, 강체식, 제3궤조식으로 분류한다.

[**정답**] 11 ② 12 ② 13 ④

14 저압전로에 사용하는 배선용 차단기의 경우 산업용일 경우 63[A] 이하 일 때 동작 전류는 몇 배인가?

① 1.05배

② 1.13배

③ 1.3배

④ 1.45배

🔍 해설 ----------------------------------

과전류트립 동작시간 및 특성(산업용)

정격전류의 구분	시간[분]	정격전류의 배수	
		부동작전류	동작전류
63[A] 이하	60	1.05배	1.3배
63[A] 초과	120	1.05배	1.3배

15 전력보안통신설비의 전원공급기 시설에 대한 설명 중 잘못된 것은?

① 지상에서 4[m] 이상 유지할 것

② 누전차단기를 내장할 것

③ 기기주, 변압기 전주 및 분기주 등 설비 복잡개소에는 전원공급기를 시설한다.

④ 전원공급기 시설시 통신사업자는 기기 전면에 명판을 부착하여야 한다.

🔍 해설 ----------------------------------

전원공급기의 시설

① 전원공급기는 다음에 따라 시설하여야 한다.
  • 지상에서 4[m] 이상 유지할 것
  • 누전차단기를 내장할 것
  • 시설방향은 인도측으로 시설하며 외함은 접지를 시행할 것

② 기기주, 변압기 전주 및 분기주 등 설비 복잡개소에는 전원공급기를 시설할 수 없다. 다만, 현장여건상 부득이한 경우에는 예외적으로 전원공급기를 시설할 수 있다.

③ 전원공급기 시설시 통신사업자는 기기 전면에 명판을 부착하여야 한다.

16 주택에 시설하는 전기저장장치는 이차전지에서 전력변환장치에 이르는 옥내 직류 전로에 지락이 생겼을 때 자동적으로 전로를 차단하는 장치를 시설할 때 옥내전로의 대지전압은 직류 몇 [V]까지 적용할 수 있는가?

① 300

② 400

③ 500

④ 600

🔍 해설 ----------------------------------

옥내전로의 대지전압 제한

주택에 시설하는 전기저장장치는 이차전지에서 전력변환장치에 이르는 옥내 직류 전로를 다음에 따라 시설하는 경우 옥내전로의 대지전압은 직류 600[V]까지 적용할 수 있다.

• 전로에 지락이 생겼을 때 자동적으로 전로를 차단하는 장치를 시설할 것

• 사람이 접촉할 우려가 없는 은폐된 장소에 시설하여야 할 것(다만, 사람이 접촉할 우려가 있는 장소에 시설하는 경우에는 전선에 방호장치를 시설할 것)

17 다음 빈칸 ㉠, ㉡에 알맞은 것은?

전로에 시설하는 기계기구의 철대 및 금속제 외함에는 접지공사를 하여야 하나 저압용 기계기구에 전기를 공급하는 전로의 전원측에 절연변압기(2차 전압이 (㉠)[V] 이하이며, 정격용량이 (㉡)[kVA] 이하인 것에 한한다)를 시설하고 또한 그 절연변압기의 부하측 전로를 접지하지 않은 경우이에 따르지 않는다.

① ㉠ : 300, ㉡ : 5

② ㉠ : 300, ㉡ : 3

③ ㉠ : 500, ㉡ : 5

④ ㉠ : 500, ㉡ : 3

🔍 해설 ----------------------------------

기계기구의 철대 및 외함의 접지 생략

저압용 기계기구에 전기를 공급하는 전로의 전원측에 절연변압기(2차 전압이 300[V] 이하이며, 정격용량이 3[kVA] 이하인 것에 한한다)를 시설하고 또한 그 절연변압기의 부하측 전로를 접지하지 않은 경우

18 선도체와 같은 재질의 보호도체를 사용시 선도체의 단면적이 16[mm²]일 경우 보호도체의 단면적은 몇 [mm²]를 사용해야 하는가?

① 6

② 2.5

③ 10

④ 16

[정답] 14 ③ 15 ③ 16 ④ 17 ② 18 ④

🔍 **해설**

보호도체의 최소 단면적

선도체의 단면적 S ([mm²], 구리)	보호도체의 최소 단면적([mm²], 구리)
	보호도체의 재질이 선도체와 같은 경우
$S \leq 16$	S
$16 < S \leq 35$	16
$S > 35$	$S/2$

19 태양광발전이나 풍력발전 등이 현재 조건에서 가능한 최대의 전력을 생산할 수 있도록 인버터 제어를 이용하여 해당 발전원의 전압이나 회전속도를 조정하는 최대출력추종 기능으로 알맞은 용어는?

① BIPV
② MPPT
③ BMS
④ BAPV

🔍 **해설**

① "MPPT"란 태양광발전이나 풍력발전 등이 현재 조건에서 가능한 최대의 전력을 생산할 수 있도록 인버터 제어를 이용하여 해당 발전원의 전압이나 회전속도를 조정하는 최대출력추종(MPPT : Maximum Power Point Tracking) 기능을 말한다.
② "건물일체형 태양광발전(BIPV : Building-Integrated Photovoltaic)"이란 태양광모듈을 건축물에 설치하여 건축 부자재의 역할 및 기능과 전력생산을 동시에 할 수 있는 설비로 창호, 스팬드럴, 커튼월, 이중파사드, 외벽, 지붕재 등 건축물을 일부 또는 완전히 둘러싸는 벽, 창, 지붕 형태로 모듈이 제거될 경우 건물 외장재의 핵심기능이 상실 또는 훼손될 수 있어 다른 건축자재로 대체되어야 하는 구조의 태양광설비의 유형을 말한다.
③ "건물부착형 태양광발전(BAPV : Building-Attached Photovoltaic)"이란 건축물 경사 지붕 또는 외벽 등에 밀착하여 설치하는 태양광설비의 유형을 말한다.
④ "전지관리시스템(BMS : Battery Management System)"이란 이차전지의 전압, 전류, 온도 등의 값을 측정하여 이차전지를 효율적으로 사용할 수 있도록 상위 시스템과의 통신을 통해 현재의 상태를 전송하며, 이상 징후 발생 시 내부 안전장치를 작동시키는 등 이차전지를 관리하는 시스템을 말한다.

20 보호도체의 전기적 연속성에 대한 사항으로 잘못된 것은?

① 기계적인 손상, 화학적·전기화학적 열화, 전기역학적·열역학적 힘에 대해 보호되어야 한다.
② 나사접속·클램프접속 등 보호도체 사이 또는 보호도체와 타 기기 사이의 접속은 전기적연속성 보장 및 기계적 강도와 보호를 구비하여야 한다.
③ 보호도체를 접속하는 나사는 다른 목적으로 겸용해서는 안 된다.
④ 접속부는 납땜으로 접속한다.

🔍 **해설**

보호도체의 전기적 연속성
보호도체의 보호는 다음에 의한다.
① 기계적인 손상, 화학적·전기화학적 열화, 전기역학적·열역학적 힘에 대해 보호되어야 한다.
② 나사접속·클램프접속 등 보호도체 사이 또는 보호도체와 타 기기 사이의 접속은 전기적연속성 보장 및 기계적강도와 보호를 구비하여야 한다.
③ 보호도체를 접속하는 나사는 다른 목적으로 겸용해서는 안 된다.
④ 접속부는 납땜(Soldering)으로 접속해서는 안 된다.

시행일 ▶ 2025년 2회

01 저압 가공전선의 높이는 도로를 횡단하는 경우와 철도를 횡단하는 경우 각각 및 [m] 이상이어야 하는가?

① 도로 : 지표상 5, 철도 : 레일면상 6
② 도로 : 지표상 5, 철도 : 레일면상 6.5
③ 도로 : 지표상 6, 철도 : 레일면상 6
④ 도로 : 지표상 6, 철도 : 레일면상 6.5

🔍 **해설**

저압 가공전선의 높이

설치장소	저.고압 가공전선의 높이
도로횡단	지표상 6.0[m] 이상
철도횡단	지표상 6.5[m] 이상

[정답] 19 ② 20 ④ 2025년 2회 01 ④

02 금속관공사에서 절연부싱을 사용하는 가장 주된 목적은?

① 관의 끝이 터지는 것을 방지
② 관내 해충 및 이물질 출입 방지
③ 관의 단구에서 조영재의 접촉 방지
④ 관의 단구에서 전선 피복의 손상 방지

🔍 **해설** -

관의 끝부분에는 전선의 피복을 손상하지 아니하도록 적당한 구조의 부싱을 사용할 것

03 계통 연계하는 분산형전원설비를 설치하는 경우 자동적으로 분산형전원설비를 전력계통으로부터 분리하기 위한 장치 시설 및 해당 계통과의 보호협조를 실시하여야 하는 경우로 알맞지 않은 것은?

① 단독운전 상태
② 연계한 전력계통의 이상 또는 고장
③ 조상설비의 이상 발생 시
④ 분산형전원설비의 이상 또는 고장

🔍 **해설** -

계통 연계용 보호장치의 시설
계통 연계하는 분산형전원설비를 설치하는 경우 다음에 해당하는 이상 또는 고장 발생 시 자동적으로 분산형전원설비를 전력계통으로부터 분리하기 위한 장치 시설 및 해당 계통과의 보호협조를 실시하여야 한다.
• 분산형전원설비의 이상 또는 고장
• 연계한 전력계통의 이상 또는 고장
• 단독운전 상태

04 변압기에 의하여 특고압전로에 결합되는 고압전로에는 사용전압의 3배 이하의 전압이 가하여진 경우에 방전하는 피뢰기를 어느 곳에 시설할 때, 방전장치를 생략할 수 있는가?

① 변압기의 단자
② 변압기의 단자의 1극
③ 고압전로의 모선의 각상
④ 특고압 전로의 1극

🔍 **해설** -

특고압과 고압의 혼촉 등에 의한 위험방지 시설
특고압전로에 결합되는 고압전로에는 사용전압의 3배 이하인 전압이 가하여진 경우에 방전하는 장치를 그 변압기의 단자에 가까운 1극에 설치하여야 한다.
단, 사용전압의 3배 이하인 전압이 가하여진 경우에 방전하는 피뢰기를 고압전로의 모선의 각상에 시설하는 때에는 방전장치를 생략할 수 있다.

05 사용전압 22.9[kV]의 가공전선이 철도를 횡단하는 경우, 전선의 레일면상의 높이는 몇 [m] 이상인가?

① 5   ② 5.5
③ 6   ④ 6.5

🔍 **해설** -

특고압 가공 전선의 높이

사용전압의 구분	지표상의 높이
35[kV] 이하	5[m] (철도 또는 궤도를 횡단하는 경우에는 6.5[m], 도로를 횡단하는 경우에는 6[m], 횡단보도교의 위에 시설하는 경우로서 전선이 특고압 절연전선 또는 케이블인 경우에는 4[m])

06 가공전선로의 지지물의 강도계산에 적용하는 풍압하중은 빙설이 많은 지방 이외의 지방에서 저온계절에는 어떤 풍압하중을 적용하는가? (단, 인가가 연접되어 있지 않다고 한다.)

① 갑종풍압하중
② 을종풍압하중
③ 병종풍압하중
④ 을종과 병종풍압하중을 혼용

🔍 **해설** -

풍압하중
• 빙설이 많은 지방 이외의 지방에서는 고온계절에는 갑종 풍압하중, 저온계절에는 병종 풍압하중
• 빙설이 많은 지방에서는 고온계절에는 갑종 풍압하중, 저온계절에는 을종 풍압 하중

[**정답**] 02 ④ 03 ③ 04 ③ 05 ④ 06 ③

07 교통신호등 제어장치의 2차측 배선의 최대사용전압은 몇 [V] 이하이어야 하는가?

① 150
② 200
③ 300
④ 400

🔍 **해설**

교통신호등

교통신호등 제어장치의 2차측 배선의 최대사용전압은 300[V] 이하이어야 한다.

08 주택용 배선차단기의 순시트립범위에 해당하지 않는 것은? [In]은 차단기의 정격전류이다.

① 3[In] 초과 ~ 5[In] 이하
② 5[In] 초과 ~ 10[In] 이하
③ 10[In] 초과 ~ 20[In] 이하
④ 20[In] 초과 ~ 30[In] 이하

🔍 **해설**

저압 배선용차단기

순시트립에 따른 구분(주택용 배선차단기)

형	순시트립범위[In]
B	3 초과 ~ 5 이하
C	5 초과 ~ 10 이하
D	10 초과 ~ 20 이하

비고 1. B, C, D : 순시트립전류에 따른 차단기 분류
2. In : 차단기 정격전류

09 방전등용 안정기로부터 방전관까지의 전로를 무엇이라 하는가?

① 가섭선
② 가공 인입선
③ 관등회로
④ 지중관로

🔍 **해설**

관등회로

방전등용 안정기 또는 방전등용 변압기로부터 방전관까지의 전로

10 전력보안 통신설비인 무선용 안테나 등을 지지하는 철주의 기초의 안전율이 얼마 이상이어야 하는가?

① 1.3
② 1.5
③ 1.8
④ 2.0

🔍 **해설**

전력보안 통신설비인 무선통신용 안테나 또는 반사판을 지지하는 철주·철근콘크리트주 또는 철탑의 기초의 안전율은 1.5 이상이어야 한다.

11 전기온상용 발열선은 그 온도가 몇 [°C]를 넘지 않도록 시설하여야 하는가?

① 50
② 60
③ 80
④ 100

🔍 **해설**

전기온상 장치

전기온상에 전기를 공급하는 전로의 대지전압은 300[V] 이하일 것

• 발열선 및 발열선에 직접 접속하는 전선은 전기온상선(電氣溫床線)일 것
• 발열선은 그 온도가 80[°C]를 넘지 않도록 시설할 것
• 발열선 및 발열선에 직접 접속하는 전선은 손상을 받을 우려가 있는 경우에는 방호장치를 할 것
• 발열선은 다른 전기설비·약전류전선 등 또는 수관·가스관이나 이와 유사한 것에 전기적·자기적 또는 열적인 장해를 주지 않도록 시설할 것

12 다음 중 전력보안 통신용 전화설비를 하여야 하는 곳의 기준으로 옳은 것은?

① 2이상의 발전소 상호 간
② 원격 감시 제어가 되는 변전소
③ 원격감시제어가 되는 발전소
④ 원격감시 제어가 되지 않는 발전소

🔍 **해설**

전력보안통신설비의 시설 장소

• 원격감시제어가 되지 아니하는 발전소·변전소·발전제어소·변전제어소·개폐소 및 전선로의 기술원 주재소와 이를 운용하는 급전소간
• 2 이상의 급전소 상호간과 이들을 총합 운용하는 급전소간

[정답] 07 ③ 08 ④ 09 ③ 10 ② 11 ③ 12 ④

전기자기학

전력공학

전기기기

회로이론

전기설비기술기준

13 가공 전선로의 지지물에는 취급자가 오르고 내리는데 사용하는 발판 볼트 등은 특별한 경우를 제외하고 지표상 몇 [m] 미만에는 시설하지 않아야 하는가?

① 1.0 ② 1.5
③ 1.8 ④ 2.0

🔍 **해설**

발판볼트
가공전선로의 지지물에 취급자가 오르고 내리는데 사용하는 발판 볼트 등을 지표상 1.8[m] 미만에 시설하여서는 안된다.

14 전차선과 차량 간의 최소 절연이격거리는 단상교류 25[kV]일 때 동적은 몇 [mm]인가?

① 100 ② 150
③ 170 ④ 270

🔍 **해설**

전차선과 차량 간의 최소 절연이격거리

시스템 종류	공칭전압[V]	동적[mm]		정적[mm]	
직류	750	25	25	25	25
	1500	100	110	150	160
단상교류	25000	170	220	270	320

15 발열선의 지지점 간의 거리는 몇 [m] 이하이어야 하는가? (단, 발열선 상호간격 0.06[m] 미만)

① 0.5 ② 1
③ 1.5 ④ 2

🔍 **해설**

전기온상 장치
발열선의 지지점 간의 거리는 1[m] 이하일 것. 다만, 발열선 상호 간의 간격이 0.06[m] 이상인 경우에는 2[m] 이하로 할 수 있다.

16 저압 가공전선 상호간을 접근 또는 교차하여 시설하는 경우 전선 상호간 이격거리 및 하나의 저압 가공전선과 다른 저압 가공전선로의 지지물사이의 이격거리는 각각 몇 [cm] 이상이어야 하는가? (단, 어느 한 쪽의 전선이 고압 절연전선, 특고압절연전선 또는 케이블이 아닌 경우이다.)

① 전선 상호간 : 30[cm], 전선과 지지물간 : 30[cm]
② 전선 상호간 : 30[cm], 전선과 지지물간 : 60[cm]
③ 전선 상호간 : 60[cm], 전선과 지지물간 : 30[cm]
④ 전선 상호간 : 60[cm], 전선과 지지물간 : 60[cm]

🔍 **해설**

저압 가공전선 상호 간의 이격거리는 60[cm](고/특고압절연전선 또는 케이블 30[cm]) 이상, 저압 가공전선과 다른 저압 가공전선로의 지지물 사이의 이격거리는 30[cm] 이상이어야 한다.

저압 가공전선 등의 지지물	60[cm] (고압 가공전선이 케이블인 경우에는 30[cm])

17 최대사용전압 60[kV]초과의 정류기 절연내력시험전압은 직류측 최대사용전압의 몇 배의 직류전압인가?

① 1 ② 1.1
③ 1.25 ④ 1.5

🔍 **해설**

전로의 절연내력시험전압

전로의 종류	시험전압
최대사용전압이 60[kV]를 초과하는 정류기에 접속되고 있는 전로	교류측 및 직류 고전압측에 접속되고 있는 전로는 교류측의 최대사용전압의 1.1배의 직류전압
	직류측 중성선 또는 귀선이 되는 전로(이하 이장에서 "직류 저압측 전로"라 한다)는 아래에 규정하는 계산식에 의하여 구한 값

[정답] 13 ③ 14 ③ 15 ② 16 ③ 17 ②

18 열차의 설계속도가 $250 < V \le 300[\text{km/h}]$, 속도등급이 300킬로급인 경우, 전차선의 기울기는? (단, 구분장치 또는 분기 구간이 아닌 경우이다)

① 0   ② 1

③ 2   ④ 3

🔍 **해설**

전차선의 기울기

설계속도 V (km/시간)	속도등급	기울기(천분율)
$300 < V \le 350$	350킬로급	0
$250 < V \le 300$	300킬로급	0
$200 < V \le 250$	250킬로급	1
$150 < V \le 200$	200킬로급	2
$120 < V \le 150$	150킬로급	3
$70 < V \le 120$	120킬로급	4
$V \le 70$	70킬로급	10

19 태양광설비의 전력변환장치 시설기준으로 잘못된 것은?

① 인버터는 실내·실외용을 구분할 것
② 각 직렬군의 태양전지 개방전압은 인버터 입력전압 범위 이내일 것
③ 옥외에 시설하는 경우 방수등급은 IPX4 이상일 것
④ 옥외에 시설하는 경우 방수등급은 IPX5 이상일 것

🔍 **해설**

태양광 설비 전력변환장치의 시설
인버터, 절연변압기 및 계통 연계 보호장치 등 전력변환장치의 시설은 다음에 따라 시설하여야 한다.
- 인버터는 실내·실외용을 구분할 것
- 각 직렬군의 태양전지 개방전압은 인버터 입력전압 범위 이내일 것
- 옥외에 시설하는 경우 방수등급은 IPX4 이상일 것

20 그림은 전력선 반송통신용 결합장치의 보안 장치이다. 잘못된 것은?

단국장치

① F : 정격전류 10[A] 이하의 포장 퓨즈
② DR : 전류 용량 2[A] 이하의 배류 선륜
③ L1 : 교류 300[V] 이하에서 동작하는 피뢰기
④ L2 : 동작 전압이 교류 1.3[kV]를 초과하고 1.6[kV] 이하로 조정된 방전갭 것

🔍 **해설**

전력선 반송통신용 결합장치의 보안 장치
DR : 전류 용량 2[A] 이상의 배류 선륜

시행일 ▶ **2025년 3회**

01 선도체와 같은 재질의 보호도체를 사용시 선도체의 단면적이 16[mm²]일 경우 보호도체의 단면적은 몇 [mm²]를 사용해야 하는가?

① 6   ② 2.5

③ 10   ④ 16

[**정답**] 18 ①   19 ④   20 ②   2025년 3회 01 ④

해설

보호도체의 최소 단면적

선도체의 단면적 S ([mm²], 구리)	보호도체의 최소 단면적([mm²], 구리)
	보호도체의 재질이 선도체와 같은 경우
$S \leq 16$	S
$16 < S \leq 35$	16
$S > 35$	$S/2$

02 최대사용전압 7[kV] 초과 25[kV] 이하인 중성점 접지식 전로의 절연내력시험은 몇배의 전압으로 하는가? (중성선을 가지는 것으로서 그 중성선을 다중접지 하는 것에 한한다)

① 0.72
② 0.92
③ 1.25
④ 0.64

해설

절연내력시험전압

전로의 종류	시험전압	최저 시험전압
최대사용전압 7[kV]를 초과 25[kV] 이하 중성점 접지식 전로(중성선을 가지는 것으로서 그 중성선을 다중 접지하는 것에 한한다.)	0.92배	–

직류로 시험 할 수 있으며, 표에서 정한 시험전압의 2배의 직류전압으로 절연내력을 시험한다.

03 옥내의 네온 방전등 공사시 전선의 지지점 간의 거리는 몇 [m] 이하이어야 하는가?

① 1
② 2
③ 3
④ 4

해설

- 전선의 지지점 간의 거리는 1[m] 이하일 것
- 전선 상호 간의 간격은 6[cm] 이상일 것

04 사용전압이 400[V] 초과인 저압 가공전선이 시가지 시설시 종류로 잘못된 것은?

① 인입용 비닐절연전선
② 지름 5[mm] 이상의 경동선
③ 케이블
④ 나전선(중성선 또는 다중접지된 접지측 전선으로 사용하는 전선)

해설

저압 가공전선의 굵기 및 종류

① 사용전압이 400[V] 이하인 저압 가공전선은 케이블인 경우를 제외하고는 인장강도 3.43[kN] 이상의 것 또는 지름 3.2[mm] (절연전선인 경우는 인장강도 2.3[kN] 이상의 것 또는 지름 2.6[mm] 이상의 경동선) 이상의 것이어야 한다.
② 사용전압이 400[V] 초과인 저압 가공전선은 케이블인 경우 이 외에는 시가지에 시설하는 것은 인장강도 8.01[kN] 이상의 것 또는 지름 5[mm] 이상의 경동선, 시가지 외에 시설하는 것은 인장강도 5.26[kN] 이상의 것 또는 지름 4[mm] 이상의 경동선이어야 한다.
③ 사용전압이 400[V] 초과인 저압 가공전선에는 인입용 비닐절연전선을 사용하여서는 안 된다.

05 등기구의 주변에 발광과 대류 에너지의 열영향에서 가연성 재료로부터 적절한 간격을 유지하여야 하며, 제작자에 의해 다른 정보가 주어지지 않으면, 스포트라이트나 프로젝터는 모든 방향에서 가연성 재료로부터 최소의 거리로 잘 못 된 것은?

① 정격용량 100[W] 초과 300[W] 이하 : 0.8[m]
② 정격용량 500[W] 초과 : 1.0[m] 초과
③ 정격용량 100[W] 이하 : 0.4[m]
④ 정격용량 300[W] 초과 500[W] 이하 : 1.0[m]

해설

등기구 열 영향에 대한 주변의 보호

가연성 재료로부터 안전거리를 유지하여야 하며, 제작자에 의해 다른 정보가 주어지지 않으면, 스포트라이트나 프로젝터는 모든 방향에서 가연성 재료로부터 다음의 최소 거리를 두고 설치하여야 한다.
① 정격용량 100[W] 이하 : 0.5[m]
② 정격용량 100[W] 초과 300[W] 이하 : 0.8[m]
③ 정격용량 300[W] 초과 500[W] 이하 : 1.0[m]
④ 정격용량 500[W] 초과 : 1.0[m] 초과

[정답] 02 ② 03 ① 04 ① 05 ③

06 저압 가공전선로 또는 고압 가공전선로와 기설 가공 약전류 전선로가 병행하는 경우에는 유도작용에 의한 통신상의 장해가 생기지 아니하도록 전선과 기설 약전류 전선간의 이격거리는 몇 [m] 이상이어야 하는가? (단, 전기철도용 급전선로는 제외한다.)

① 2
② 4
③ 6
④ 8

🔍 **해설**

가공 약전류전선로의 유도장해

저·고압 가공전선로와 기설 가공약전류전선로가 병행하는 경우에는 유도작용에 의하여 통신상의 장해가 생기지 아니하도록 전선과 기설 약전류 전선간의 이격거리는 2[m] 이상이어야 한다.

07 금속제 가요전선관공사에 있어서 저압 옥내배선 시설에 맞지 않는 것은?

① 단선 사용시 단면적 10[mm²] 이하의 것
② 가요전선관 안에는 전선에 접속점이 없을 것
③ 2종금속제 가요전선관(습기가 많은 장소 또는 물기가 있는 장소에는 비닐 피복 1종 가요전선관)
④ 가요전선관에 접지를 하지 않는다.

🔍 **해설**

금속제 가요전선관

가요전선관은 2종 금속제 가요전선관일 것. 다만, 전개된 장소이거나 점검할 수 있는 은폐된 장소(옥내배선의 사용전압이 400[V] 초과인 경우에는 전동기에 접속하는 부분으로서 가요성을 필요로 하는 부분에 사용하는 것에 한한다) 또는 점검 불가능한 은폐장소에 기계적 충격을 받을 우려가 없는 조건일 경우에는 1종 가요전선관(습기가 많은 장소 또는 물기가 있는 장소에는 비닐 피복 1종 가요전선관에 한한다)을 사용할 수 있다. 가요전선관에는 접지를 실시한다.

08 비나 이슬에 젖지 않는 장소에서 400[V] 이하인 저압 애자사용 공사에 의한 옥측전선로를 시설할 때 전선과 조영재와의 이격거리는 몇 [m] 이상 이어야 하는가?

① 0.025
② 0.045
③ 0.06
④ 0.05

🔍 **해설**

옥측전선로
시설장소별 조영재 사이의 간격

시설 장소	전선 상호간의 간격		전선과 조영재 사이의 이격거리	
	400[V] 이하	400[V] 초과	400[V] 이하	400[V] 초과
비나 이슬에 젖지 않는 장소	0.06[m]	0.06[m]	0.025[m]	0.025[m]
비나 이슬에 젖는 장소	0.06[m]	0.12[m]	0.025[m]	0.045[m]

09 발전기 등의 보호장치로서 정격출력이 몇 [kW]를 넘는 증기터빈은 그 스러스트베어링이 현저하게 마모되거나 온도가 현저히 상승한 경우 자동적으로 이를 전로로부터 차단하는 장치를 시설하여야 하는가?

① 2000
② 3000
③ 5000
④ 10000

🔍 **해설**

발전기 등의 보호장치
정격출력이 10000[kW]를 초과하는 증기터빈은 그 스러스트 베어링이 현저하게 마모되거나 그의 온도가 현저히 상승한 경우

10 전력용 커패시터에 과전압이 생긴경우에 자동적으로 전로로부터 차단하는 장치를 해야하는 뱅크용량의 구분으로 알맞은 것은?

① 뱅크용량 1000[kVA] 이상
② 뱅크용량 10000[kVA] 이상
③ 뱅크용량 300[kVA] 이상
④ 뱅크용량 15000[kVA] 이상

🔍 **해설**

조상설비의 보호장치

[정답] 06 ① 07 ④ 08 ① 09 ④ 10 ④

설비종별	뱅크용량의 구분	자동적으로 전로로부터 차단하는 장치
전력용 커패시터 및 분로리액터	500[kVA] 초과 15000[kVA] 미만	내부에 고장 또는 과전류
	15000[kVA] 이상	내부에 고장 및 과전류 또는 과전압
조상기	15000[kVA]	내부에 고장

① 0.1
② 0.3
③ 0.6
④ 1.0

해설

지중전선 상호 간의 접근 또는 교차

사용전압이 25[kV] 이하인 다중접지방식 지중전선로를 관로식 또는 직접매설식으로 시설하는 경우, 그 간격이 0.1[m] 이상이 되도록 시설하여야 한다.

11 다음 그림에서 L_1은 어떤 크기로 동작하는 기기의 명칭인가?

① 교류 1000[V] 이하에서 동작하는 단로기
② 교류 1000[V] 이하에서 동작하는 피뢰기
③ 교류 1500[V] 이하에서 동작하는 단로기
④ 교류 1500[V] 이하에서 동작하는 피뢰기

해설

보안장치표준
- RP_1 : 교류 300[V] 이하에서 동작하고, 최소 감도 전류가 3[A] 이하로서 최소 감도전류 때의 응동시간이 1사이클 이하이고 또한 전류 용량이 50[A], 20초 이상인 자복성이 있는 릴레이 보안기
- L : 교류 1[kV] 이하에서 동작하는 피뢰기
- E : 접지

12 사용전압이 25[kV] 이하인 다중접지방식 지중전선로를 관로식 또는 직접매설식으로 시설하는 경우, 그 이격거리가 몇 [m] 이상이 되도록 시설하여야 하는가?

13 고압 지중 케이블로서 직접매설식에 의하여 콘크리트제, 기타 견고한 관 또는 트라프에 넣지 않고 부설할 수 있는 케이블은?

① 비닐외장케이블
② 고무외장케이블
③ 클로로프렌외장케이블
④ 콤바인덕트케이블

해설

지중전선로의 시설
직접매설식, 관로식, 암거식으로 시공

콤바인덕트케이블 : 콘크리트 트라프에 넣지 않고 직접 묻을 수 있는 케이블

14 가공전선로의 지지물에 시설하는 지선으로 연선을 사용할 경우 소선은 최소 몇 가닥 이상이어야 하는가?

① 3
② 5
③ 7
④ 9

해설

- 지선에 연선을 사용할 경우에는 소선 3가닥 이상의 연선일 것
- 지선의 안전율은 2.5 이상일 것
- 소선의 지름 2.6[mm] 이상의 금속선을 사용할 것
- 인장하중의 최저는 4.31[kN] 이상일 것
- 도로횡단시 높이는 5[m] 단, 교통에 지장이 없을 경우 4.5[m]

[정답] 11 ② 12 ① 13 ④ 14 ①

15 특고압 가공전선이 저고압 가공전선과 제1차 접근 상태로 시설하는 경우, 22.9[kV] 특고압 가공전선과 저고압 가공전선 사이의 이격거리는 몇 [m] 이상이어야 하는가?

① 2.0 ② 2.12

③ 2.2 ④ 2.5

🔍 **해설** ------------------------------------

특고압 가공전선의 접근 또는 교차

- 특고압 가공전선이 저고압 가공전선 등과 제2차 접근상태로 시설되는 경우
- 특고압 가공전선과 저고압 가공전선등과의 수평 간격은 2[m] 이상일 것

16 사용전압 154[kV]의 가공전선을 시가지에 시설하는 경우 전선의 지표상의 높이는 최소 몇 [m] 이상이어야 하는가?

① 7.44 ② 9.44

③ 11.44 ④ 8.13

🔍 **해설** ------------------------------------

시가지 등에서 170[kV] 이하 특고압 가공전선로 높이

사용전압의 구분	지표상의 높이
35[kV] 이하	10[m] (특고압 절연전선인 경우 8[m])
35[kV] 초과	10[m]에 35[kV]를 초과하는 10[kV] 또는 그 단수마다 0.12[m]를 더한 값

$10 + (15.4 - 3.5) \times 0.12 = 11.44$(여기서 괄호 안은 소숫점 올림)

17 하중을 지탱하는 전차선로 설비의 강도는 작용이 예상되는 하중의 최악 조건 조합에 대하여 경동선의 경우 최소 안전율 몇 이 곱해진 값을 견디어야 하는가?

① 2.0 ② 1.0

③ 2.5 ④ 2.2

🔍 **해설** ------------------------------------

전차선로 설비의 안전율

하중을 지탱하는 전차선로 설비의 강도는 작용이 예상되는 하중의 최악 조건 조합에 대하여 다음의 최소 안전율이 곱해진 값을 견디어야 한다.
① 합금전차선의 경우 2.0 이상
② 경동선의 경우 2.2 이상
③ 조가선 및 조가선 장력을 지탱하는 부품에 대하여 2.5 이상
④ 복합체 자재(고분자 애자 포함)에 대하여 2.5 이상
⑤ 지지물 기초에 대하여 2.0 이상
⑥ 장력조정장치 2.0 이상
⑦ 빔 및 브래킷은 소재 허용응력에 대하여 1.0 이상
⑧ 철주는 소재 허용응력에 대하여 1.0 이상
⑨ 브래킷의 애자는 최대 굽힘하중에 대하여 2.5 이상
⑩ 지지선은 선형일 경우 2.5 이상, 강봉형은 소재 허용응력에 대하여 1.0 이상

18 전기철도 변전소에 대한 사항으로 잘못된 것은?

① 제어반의 경우 디지털계전기방식을 원칙으로 하여야 한다.

② 개폐기는 개폐상태의 표시, 쇄정장치 등을 설치하여야 한다.

③ 급전용변압기는 직류 전기철도의 경우 3상 스코트결선 변압기를 적용한다.

④ 차단기는 계통의 장래계획을 감안하여 용량을 결정하고, 회로의 특성에 따라 기종과 동작책무 및 차단시간을 선정하여야 한다.

🔍 **해설** ------------------------------------

전기철도 변전소의 설비

① 변전소 등의 계통을 구성하는 각종 기기는 운용 및 유지보수성, 시공성, 내구성, 효율성, 친환경성, 안전성 및 경제성 등을 종합적으로 고려하여 선정하여야 한다.
② 급전용변압기는 직류 전기철도의 경우 3상 정류기용 변압기, 교류 전기철도의 경우 3상 스코트결선 변압기의 적용을 원칙으로 하고, 급전계통에 적합하게 선정하여야 한다.
③ 차단기는 계통의 장래계획을 고려하여 용량을 결정하고, 회로의 특성에 따라 기종과 동작책무 및 차단시간을 선정하여야 한다.
④ 개폐기는 선로 중 중요한 분기점, 고장발견이 필요한 장소, 빈번한 개폐를 필요로 하는 곳에 설치하며, 개폐상태의 표시, 잠금장치 등을 설치하여야 한다.
⑤ 제어용 교류전원은 상용과 예비의 2계통으로 구성하여야 한다.
⑥ 제어반의 경우 디지털계전기방식을 원칙으로 하여야 한다.

[**정답**] 15 ① 16 ③ 17 ④ 18 ③

19 연료전지의 내압 시험은 내압 부분 중 최고 사용압력이 0.1[MPa] 이상의 부분은 최고 사용압력의 몇 배의 수압을 가압하여 10분간 실험을 실시하는가?

① 1.1
② 1.25
③ 1.5
④ 2

🔍 **해설** -

연료전지설비의 구조

내압시험은 연료전지 설비의 내압 부분 중 최고 사용압력이 0.1[MPa] 이상의 부분은 최고 사용압력의 1.5배의 수압(수압으로 시험을 실시하는 것이 곤란한 경우는 최고 사용압력의 1.25배의 기압)까지 가압하여 압력이 안정된 후 최소 10분간 유지하는 시험을 실시하였을 때 이것에 견디고 누설이 없어야 한다.

20 발전기가 정격운전상태에 있을 때, 동기기 단자에서의 전압을 무엇이라 하는가?

① 부족전압
② 과전압
③ 보호전압
④ 정격전압

🔍 **해설** -

정격전압

발전기가 정격운전상태에 있을 때, 동기기 단자에서의 전압을 정격전압이라 말한다.

CREATIVE

INDUSTRIAL

ELECTRIC

저자와
협의 후
인지생략

전기기사·산업기사 필기 이론+과년도

발행일 8판1쇄 발행 2025년 11월 10일
발행처 듀오북스
지은이 대산전기수험연구회
펴낸이 박승희

등록일자 2018년 10월 12일 제2021-20호
주소 서울시 중랑구 용마산로96길 82, 2층(면목동)
편집부 (070)7807_3690
팩스 (050)4277_8651
웹사이트 www.duobooks.co.kr

정가 38,000원 ISBN 979-11-90349-87-1 13560